普通高等教育"十一五"国家级规划教材

有机化学

中山大学　香港科技大学
古练权　汪波　黄志纾　吴云东　编著

高等教育出版社·北京

内容提要

本书是普通高等教育“十一五”国家级规划教材。

本书是按照有机化合物的结构与性质的关系以及有机化学的反应类型为主线的新体系来安排教学内容和顺序的有机化学教科书。全书分为三大部分，共二十章。第一部分是有机化合物的结构和性质。介绍有机化合物的结构理论、各种类型官能团的结构特征，化合物的命名原则及规律、结构和物理性质、化学性质以及波谱性质特征等。第二部分是有机化学反应。按照反应类型分类，系统讨论各类有机化学反应的基本特点和规律，包括反应机理、反应活性、选择性、立体化学以及在合成中的应用等。第三部分是生物有机化合物。介绍生物体中主要有机化合物结构、性质特点及生物功能。

本书可作为高等学校化学、生命科学和药学等专业的本科生学习有机化学课程的教科书或参考书。

图书在版编目(CIP)数据

有机化学/古练权等编著. —北京：高等教育出版社，2008.11(2024.7重印)

ISBN 978-7-04-024362-8

Ⅰ.有… Ⅱ.古… Ⅲ.有机化学-高等学校-教材 Ⅳ.O62

中国版本图书馆CIP数据核字(2008)第145192号

策划编辑 鲍浩波　　责任编辑 岳延陆　　封面设计 于 涛
责任绘图 尹 莉　　版式设计 马敬茹　　责任校对 杨雪莲
责任印制 高 峰

出版发行	高等教育出版社	咨询电话	400-810-0598
社　　址	北京市西城区德外大街4号	网　　址	http://www.hep.edu.cn
邮政编码	100120		http://www.hep.com.cn
印　　刷	固安县铭成印刷有限公司	网上订购	http://www.landraco.com
开　　本	787×1092 1/16		http://www.landraco.com.cn
印　　张	53.25		
字　　数	1 320 000	版　　次	2008年11月第1版
插　　页	2	印　　次	2024年7月第12次印刷
购书热线	010-58581118	定　　价	66.00元

物 料 号　24362-00

序

大部分基础有机化学教科书都是以有机化合物的官能团为线索来安排教学内容的。这种编排的好处在于每一章的内容相对独立和系统，学生不会因为某一部分没有掌握好而影响到后续章节的学习。缺点是不同官能团之间的内在联系与区别往往得不到很好的阐述，而且相似的内容重复较多。十多年前我在香港科技大学开始我的教学生涯时就设想，可否按照有机化合物的结构与性质的关系以及有机化学的反应类型来安排教学内容和顺序？2000 年，高等教育出版社邀请中山大学古练权教授和我新编一部化学专业学生使用的《有机化学》教材。我觉得这是一个很好的机会，共同尝试写出一部在编写理念、章节结构和内容安排方面有所创新的《有机化学》教材。2001 年，中山大学古练权、汪波、黄志纾和我开始了新编《有机化学》教材工作。经过将近八年的共同努力，在中山大学进行教学实践的基础上，经过多次修改，终于将这部《有机化学》教材交付出版，与广大老师和同学们见面。

本书分三部分。第一部分：系统介绍有机化合物的结构理论与结构特征，命名，物理性质和化学性质概述，以及光谱学性质。第二部分：按有机化学反应进行分类阐述，详细讨论了有机化学反应的机理、反应活性、选择性、立体化学特征以及合成应用。第三部分：介绍了脂类，糖类，氨基酸、多肽和蛋白质，核苷酸和核酸等生物大分子的结构、性质及生物功能。

本书的第一个特点是强调有机化学的系统性。以化合物的结构为主线，系统讨论化学结构对反应特性及其规律的影响。例如，卤代烃、醇、醚、硫醇、硫醚以及胺等化合物，都有一个碳−杂原子极性共价键。由于不同杂原子电负性不同，结果导致它们进行亲核取代反应的活性有很大差别。按照反应类型编排系统地学习有机化合物的结构与反应，有利于理解它们之间的内在联系和区别。所以，第一部分是学习有机化学的基础，也是学习的难点。希望老师和同学一定要注重结构与性质关系的教与学。

第二个特点是强调有机化合物基础结构理论。特别强调利用定性的分子轨道理论阐述有机化合物的结构与性质的关系。事实上分子轨道理论是目前理解化学反应最成功的理论。例如，利用分子轨道理论，可以很好地理解为什么烷烃不活泼，而烯烃和炔烃则容易发生亲电加成反应。又如，分子轨道理论可以很好地解释各种芳香分子和芳香离子的特殊稳定性。因此，学好分子结构基础理论是非常重要的。

第三个特点是强调有机酸碱理论的重要性。本书在第四章中用了较大的篇幅系统介绍各类化合物的酸碱性质及其影响因素，并在后续的章节中广泛地应用有机化合物的酸碱性强弱对比，及应用酸碱理论来分析阐明反应活性的差异。例如，不同的羰基化合物的 α−氢酸性不同，因此与 α−氢相关的反应中表现出的反应活性也不同。又如，离去基团的离去倾向与离去基团形成的负离子碱性密切相关。

总之，本书在编写理念、章节结构和内容安排方面都是一个新的尝试。其优点是系统性和理论性比较强，有助于引导学生在较高的层面上来学习有机化学，为学好和学活有机化学打下基础。同时，由于减少了重复内容，篇幅大大减小，有利于学生的阅读与学习。当然，上述特点也对教师和学生提出了更高的要求，希望使用本书的老师和学生在系统性和理论方面多下功夫。我们本着探索和学习的愿望，希望通过本书与广大的同行交流，更希望大家提出宝贵意见，使之不断改进和成熟，目的是提高基础有机化学的教学效果和水平。

吴云东

2008年7月25日

前　言

有机化学是化学、生命科学、药学及相关学科专业的一门重要基础课。在有机化学100多年的发展历史中，有机化学教科书经过不断总结经验和改进，已经形成了一个完整体系。出现了许多影响很大、应用很广的教科书。

随着有机化学的发展，特别是近几十年来，有机化学与生命科学及相关学科的相互交叉和渗透的深入，新的反应和现象不断发现，新的理论不断阐明，先进研究手段的广泛应用，使有机化学的内容越来越丰富。作为基础课程的有机化学，如何在保证学科的基础性和系统性基础上，在不增加学时的情况下，使学生能够更好和更全面地学习和掌握有机化学的基本内容和知识，已经成为有机化学教学中的一个突出课题。我们在认真研究了目前国内外出版的有机化学教科书基础上，结合我们多年的教学经验和对学生基础的分析，决定尝试编写一本按照有机化合物的结构与性质的关系以及有机化学的反应类型为主线的新体系来安排教学内容和顺序的有机化学教科书，希望能更好地体现有机化学学习的规律性和系统性。从2001年开始，我们在中山大学进行教学实践的基础上，经过多次修改，终于完成了这部《有机化学》的编写工作。

教科书体系简介

本书按照有机化合物的结构与性质的关系以及有机化学的反应类型来安排全书的章节。全书内容分为三个部分：一、有机化合物的结构和性质；二、有机化学反应；三、生物有机化合物。

第一部分包括有机化合物分子结构基础、饱和碳氢化合物、不饱和碳氢化合物、含杂原子官能团化合物和有机酸碱理论、分子的手性与旋光异构、色谱和光谱等六章（第一章到第六章）。

第一章：系统介绍了原子结构与价键理论，分子轨道理论和杂化轨道理论，介绍了基本活性中间体的结构。此外，还介绍了有机化合物结构的表示方法，阐述了各种官能团化合物的分类及其结构特征。这些基本理论是正确认识有机化合物价键结构特点以及分子三维结构的基础，也是全面掌握有机化学内容的基础。

第二章到第五章：分别阐述了碳氢化合物烷烃、烯烃、炔烃和芳香烃，以及各种官能团化合物的基本结构、稳定性以及化学反应特征。讨论了有机化合物的异构现象，介绍了有机化合物立体结构的表示方法。系统讨论了有机化合物酸碱理论以及影响有机化合物酸碱性的电子效应和空间效应。

第六章：介绍了有机化合物的分离纯化的原理和技术。系统介绍了紫外-可见光谱、红外光谱、核磁共振谱和质谱的基本原理、技术，讨论了有机化合物波谱特征性质与结构的关系，以及如何利用波谱数据分析化合物的结构。

第一部分的学习重点是：全面掌握有机化合物的结构理论，并建立有机化合物的三维空间结构概念。全面掌握有机化合物酸碱理论、影响因素及其对有机化合物性质的影响。例如，在有机化学中，很多化学反应可以看成是酸碱反应，有机反应能否顺利进行以及反应活性如何都可以用化合物的酸碱性强弱进行分析。

本书的第二部分将根据反应类型对有机化学反应进行系统讨论。包括：有机化学反应的基本问题、sp^3 杂化碳原子的亲核取代反应、消去反应、不饱和碳－碳键的加成反应、氧化还原反应、芳环的亲电亲核取代反应及芳环取代基反应、羰基化合物的亲核加成和亲核取代反应、羰基 α－取代反应和缩合反应、分子骨架重排反应与周环反应和多步骤有机合成等十章（第七章到第十六章）。本部分是全书的主体。在有机化合物的结构理论和酸碱理论指导下，应用热力学和动力学的基本原理全面认识有机化学反应的规律、反应机理。系统讨论反应条件及反应物结构对有机化学反应的活性及选择性的影响规律及有机反应立体化学特征。学习如何应用有机化学反应特点和规律，分析和解决有机合成问题。

这一部分的学习重点是理解和掌握各类有机化学反应的规律、反应机理及不同反应之间的内在联系。由于本书是按照有机化学反应类型分章节进行讨论的，因此，在每一章中，都可能涉及各种不同类型的化合物。所以，对不同化合物的结构特点、官能团性质及其相互影响等都必须全面掌握。难点是同时需要理解和掌握的内容和信息比较多；优点是有利于对比、认识不同类型化合物的反应规律，全面系统地掌握不同类型化合物的反应特点。

第三部分内容是生物有机化合物，包括：脂类，糖类，氨基酸、多肽和蛋白质，核苷、核苷酸和核酸等四章（第十七章到第二十章）。着重介绍生物体中的主要有机化合物的结构、性质特点及生物功能。这一部分内容对于理解有机化学与生命科学的融合和交叉，学习如何应用有机化学的观点、理论和方法解决生命科学中的化学问题至关重要。本部分相关内容也是学习其他相关课程，如生物化学、化学生物学、药物化学、食品化学、营养化学以及环境化学等的重要基础。

在采用本教材进行实际教学时，可以根据不同学校和不同的专业方向需要对书中的内容有所取舍。如生命科学和药学的非药化专业学生，可以少学习一些与有机合成相关的内容。但是有一点是共同的，都需要学习好第一部分以及第二部分的基本内容，系统掌握有机化合物结构与性质的关系。

另外，在本书中也适当加入了一些有机化学及相关学科进展的知识介绍内容（部分以小资料形式出现），将有助于开阔同学们的知识面和提高学习兴趣。

学习方法引导

有机化合物种类繁多，反应变化复杂。如何从复杂的体系中总结出有机化学的系统性和规律性，是有机化学教科书希望解决的问题。本书与目前使用的有机化学教科书在编排体系上是完全不同的。因此，有必要对如何更好地使用本书进行学习做一些介绍，供同学们参考。

首先，扎实地掌握有机化合物结构是学好有机化学的第一步。结构决定性质，这是化学学科的基本规律。有机化合物数目非常庞大，但是类型却只有十几种，每种类型的有机化合物的性质都有一些共同之处，主要由官能团结构特征决定每一类型化合物的性质特征。因此，掌握各官能团的结构特征尤为重要。在有机化合物基本结构基础上，理解和掌握反应的特点、作用机理和规律，是全面和系统地掌握和应用各种有机化学反应的关键。

在有机化学学习中，初学者普遍感到困难的是难以掌握有机化合物的三维空间结构。建议同学们从学习第一章的杂化轨道理论开始就采用一些辅助工具，如分子模型和化学绘图软件（如 ChemOffice 的 Chem3D）等，这有助于在头脑中建立起有机分子的三维空间图像。为了更准确客观地表示有机化合物的结构，也为了帮助同学们尽快掌握有机化合物的三维空间结构，本书尽可能多地采用了三维立体结构的表示方法。同学们在学习时，如果能经常动手画一画有机化合物的立体结构，则可以更快更扎实地掌握这部分内容。

第二，学好有机化学，加强理解基础上的记忆是十分必要的。这就需要在学习中熟悉、掌握和应用结构与性质关系的基本规律。这些基本规律包括有机化学结构理论，酸碱理论，官能团之间相互转换规律，反应热力学、动力学基本原理以及影响化合物性质的电子效应和空间效应等。

价键理论、杂化轨道理论和分子轨道理论是最基本的结构理论，其中的难点在于分子轨道理论。基础有机化学中，要求定性地掌握分子轨道理论的基本要点及其对有机化学问题的阐述。本书采取了逐步深入的方式进行讨论。在第一章、第三章和第十五章分别介绍了该理论的基本要点，并对共轭体系、芳香性，以及前线轨道理论和对称性守恒原理对周环反应条件和立体化学特征进行了分析和阐述。

与其他有机化学教科书不同，本书特别强调了运用有机酸碱理论及有机化合物的酸碱性强弱来分析和理解有机化学反应的特征。因为有机化合物中存在多种原子与氢形成的化学键，如C—H、O—H、N—H、S—H 和 P—H 键等。根据质子酸碱理论，当上述这些化学键发生异裂，氢以质子形式离去时，实际上是这些氢的酸性的体现。因此，相关化合物的反应活性可以直接用这些氢的酸性强弱来进行衡量。由于质子酸碱强弱体现的是溶液中的性质，且可以用 pK_a 值定量的衡量，因此，也为有机化学反应性质提供了一个可以参考的定量标准。建议同学们在课程学习初期特别注重加强第四章内容的学习。如果能在第一部分较好地理解并记住一些典型有机化合物类型的酸碱性基本数据，则有利于在后面有机反应学习中理解和分析有关反应的活性与选择性。

第三，尽可能多地完成本书各相关章节的练习题。这对于学好有机化学是十分有帮助的。多年的教学实践中，很多同学反映说，听得懂课，看得懂书，但是却不会做题。究其原因还在于没有扎实地掌握基本理论和规律。同时，还必须认识有机化学反应条件的重要性。一个官能团在不同的反应条件下可能发生多种类型反应。而多官能团化合物，则可能发生更多、更复杂的反应变化。除了要考虑反应条件外，多种官能团在分子内或分子间的相互作用和影响也是需要考虑的因素。因此，掌握扎实的基本理论和反应规律，善于根据不同情况和条件分析主要的反应部位和反应方向，多实践，多总结，多思考，就能提高分析问题和解决问题的能力。

最后需要强调的是，有机化学课程内容是一个完整的体系。本书按照有机化合物的结构与性质的关系以及反应类型的新体系安排有机化学基本内容，每一章都是后续章节的基础，前后内容一环紧扣一环。因此，循序渐进地掌握每一章的内容十分重要。此外，在学习中应及时地解决每一章学习中的疑惑和问题，因为这些疑惑和问题的累积会成为我们学好有机化学的阻碍。

致谢

本书从 2001 年确定编写原则、章节结构和内容安排，到 2003 年 9 月写出初稿，再到今年将书稿交付出版社，经历了近八年的时间。这期间得到多方支持和帮助，在此我们谨致以诚挚感谢。

本书在七年的教学实践中，得到中山大学化学与化学工程学院、药学院、生命科学院和环境科学学院的同学们的理解和大力支持，并且在学习过程中提出了许多很好的建议。很多同学参加了书稿的绘图和输入工作，为本书的完成作出了贡献。他们是张伟雄、杨贤锋、冯华杰、柯卓锋、侯金强、彭谦、崔剑方、莫冬传、刘艳、姚尚清、陈泳、周丽华、黎亮、高磊、胡小波、黄映凤、林广欣、李杰、李任民、李志菊、冼超文、幸苑娜、余莉莉、左传为等。与本教材配套的精品课程网站的制作和维护得到中山大学信息与网络中心以及化学与化学工程学院厚朴工作室老师和同学们的大力支持。

本书在七年多来的教学实践中，得到了中山大学化学与化学工程学院和药学院任课老师季凤英、佘志刚、刘岚、彭爱云、邱立勤、邵光、黎星术、鲁桂、卜宪章、马林、蔡继文、陈文华、庞冀燕、李厚金、陆伟刚、池振国、曾兆华等的支持和指点。

山西大学的丁景范教授为我们仔细地审阅全书，指出了多处错误，并提出了很多很好的建议。丁教授严谨治学、精益求精的精神使我们深受感动。

高等教育出版社岳延陆、鲍浩波和秦凤英老师在本书编写过程中给予了许多指导和帮助。

我们还要感谢以下基金对本书编写的支持：

1. 21世纪世界银行贷款教学改革项目基金
2. 中山大学教材建设基金
3. 香港科技大学访问学者基金
4. 中山大学博学工程“有机化学立体化教材”项目基金
5. 教育部精品课程建设项目基金
6. 广东省教育厅精品课程建设项目基金

由于本书采用的是新的体系，虽然经过将近八年的实践和多次的修改，错误和不完善之处在所难免。我们诚恳希望阅读和使用本书的广大教师和学生提出宝贵的意见。并欢迎与我们直接进行交流。

E-mail 地址：oc_zsust@yahoo.com.cn

作 者

2008年8月

目　录

第一部分　有机化合物的结构与性质

第二部分　有机化学反应

第三部分　生物有机化合物

绪论

一、认识有机化学

人类所赖以生存的大自然是一个充满生机的世界。从太空看我们的家园——地球，映入眼帘的是一个美丽的蓝色星球。这个星球的表面，覆盖着各式各样的植被，生活着多种不同的动物和微生物。太阳提供了这个星球所有生命活动所需要的光和能量，地球独有的水和大气层提供了生命活动所必需的基本物质条件。

生命赖以形成、进化和发展的物质基础是有机化合物（organic compounds，简称有机物）——一类曾经被认为只有生命力才能创造的有别于无机物的化合物。有机物其实是由元素周期表中的一个元素——碳为主构成的一大类化合物，因此，有机化学（organic chemistry）也称为研究碳化合物的化学。

一种元素的化合物就能形成一门重要的独立学科，这是与碳在自然界的重要性密不可分的。图 0-1 是碳在自然界中循环的一个示意图，从中不难看出碳及其化合物在自然界的生命活动中的重要作用。

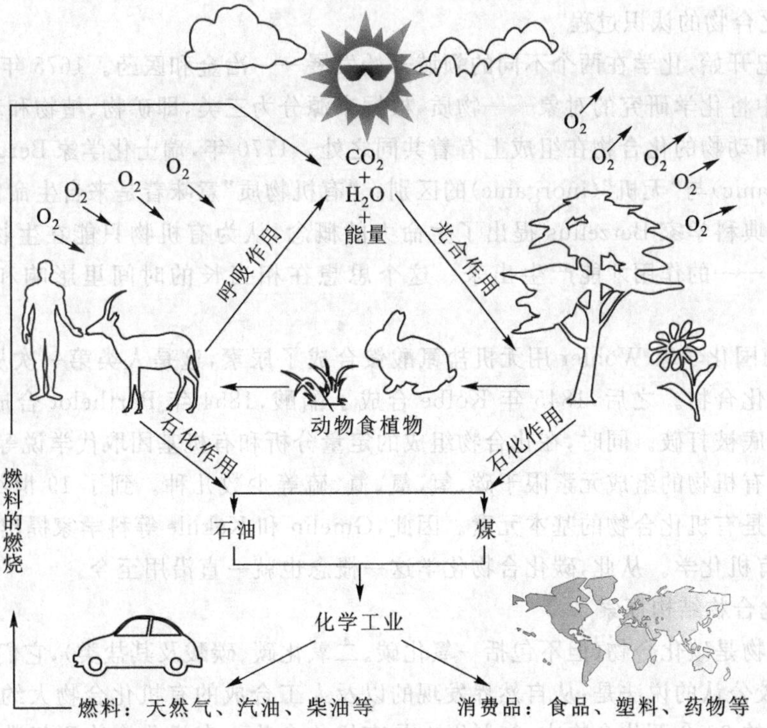

图 0-1 碳在自然界的循环

每天，太阳将能量传送到地球，地球上的植物——自养生物，利用大气层中的二氧化碳和地球上的水，通过光合作用，合成碳水化合物及其他有机物质，也就是说，将太阳的能量以化学物质——有机物的形式储存起来；同时，地球上的动物等异养生物又通过进食植物，将食物消化吸收，提供自身的物质需要，并且将植物中有机物所储存的能量释放出来，作为自己的生命活动能量。在这个过程中，有机物中的碳原子又被氧化成二氧化碳而回到大气中，从而完成了一个从无生命形式到有生命形式，又从有生命形式到无生命形式的循环。而在地表下，生命体在个体生命结束后，机体经过腐败、微生物分解等复杂变化，最后变成煤、石油和天然气等。它们的一部分被人们用作燃料消耗了，又变成了二氧化碳。另一部分则被用于制造多种有机化学产品，形成石油化工和多种应用化工行业，为人们的生活提供非常丰富多彩的物质资源。

有机物在人类生活中的作用多种多样，为人类的衣食住行提供了丰富的物质基础。例如，碳水化合物、脂肪和蛋白质以及维生素等提供了人类生存的物质保障；食用调味品和食品添加剂则令食物更加美味可口；天然纤维和合成纤维提供了各种保暖的衣物；而天然的与合成的染料令人们的穿戴美丽多彩；复合材料使家庭、办公用品更加坚固耐用，美观大方；石油燃料释放出大量的能量，为现代化交通提供动力，推动着时代高速前进；各种天然和合成药物保障了人类的健康。

因此，有机化学已经成为许多现代科学技术中的基础，如生命科学、医药学、农业、石油化工、材料科学、食品和日用化工等。

二、有机化学的发展历史

人类认识有机物的历史十分久远。几千年前，人类就懂得酿造酒和醋，知道用简陋的蒸馏方法，制取松节油等。然而，直到 19 世纪，有机化学才作为一门科学真正开始发展起来。

1. 有机化合物的认识过程

从 16 世纪开始，化学在两个不同的领域开始发展——冶金和医药。1675 年 Lemerry 在《化学教程》一书中将化学研究的对象——物质，根据来源分为三类，即矿物、植物和动物。进一步发现，来自植物和动物的化合物在组成上有着共同之处。1770 年，瑞士化学家 Bergmann 首先提出了“有机”(organic)与“无机”(inorganic)的区别。“有机物质”意味着是来自生命体的物质。当时的化学权威瑞典科学家 Berzelius 提出了生命力的概念，认为有机物只能在生物体内受特殊力量——生命力——的作用才能产生出来。这个思想在相当长的时间里影响和统治着有机化学界。

1828 年德国化学家 Wöhler 用无机盐氰酸铵合成了尿素，这是人类第一次从无机化合物人工合成了有机化合物。之后，1845 年 Kolbe 合成了醋酸，1854 年 Berthelot 合成了脂肪，至此，“生命力论”彻底被打破。同时，在化合物组成的定量分析和有机基团取代学说等研究过程中，人们逐渐认识到有机物的组成元素限于碳、氢、氧、氮、硫等少数几种。到了 19 世纪 50 年代前后，进一步发现碳是有机化合物的基本元素。因此，Gmelin 和 Kekulé 等科学家提出用“碳化合物的化学”来定义有机化学。从此，碳化合物化学这一概念也就一直沿用至今。

2. 有机化合物结构探索

有机化合物是碳化合物(但不包括一氧化碳、二氧化碳、碳酸及其盐类)，它们种类繁多，数目庞大，目前比较公认的说法是：从自然界发现的以及人工合成的有机化合物大约有三千万，并且在每年新合成的 30 余万化合物中，90%以上是有机化合物。有机化合物不仅数目庞大，且性质功能各异。形态上有气体、液体和固体，且具有丰富多彩的颜色以及各种气味和味道。性质功能更是千差万别，如用作能源的燃料，具有特殊光电性质的功能显示材料，各种装饰材料、涂料等。在生命体中，有机化合物更是具有多种生物功能，是整个生命活动的物质基础。有机化合物之所以数量众多，且性质功能各异，其关键就在于碳原子结构的特殊性。

19 世纪，科学家们认识到：碳原子不仅能与多种其他元素的原子相互结合，而且能与其他碳原子结合。多个碳原子相互连接再以氢原子饱和余价，形成了反应中表现为一种化学整体的原子团。由于这类原子团在化学反应中保持相对的稳定，因此称为特定的基团(groups)，上述由碳原子和氢原子组成的基团就称为烃基(alkyl)。只含有碳和氢的化合物成为烃(hydrocarbon)，其他含氧、氮、硫、卤素的有机化合物均可以看成是烃的衍生物。碳原子之间的相互连接规模可以从两个碳原子到多个碳原子，因此，可以形成大小和结构各异的烃基。这就使得含氧、含氮、含硫、含卤素的有机化合物的性质因烃基大小和结构不同而表现出很大的性质差异。碳原子之间能相互结合并与其他多种元素结合的特点是碳化合物种类繁多的原因之一。

19 世纪 20 年代，人们发现许多元素组成相同的有机化合物却具有不同性质——即同分异构现象(isomerism)。由此，化学家们认识到物质的性质不仅仅取决于分子的组成，而且取决于分子内原子间的相互结合顺序。1852 年英国化学家 Frankland 认为无机物分子中各原子存在特定的结合比例，提出了化合力(combination power)的概念。在此基础上，确立了化学价的概念。在建立化合价概念的同时，化学家们进一步建立了分子中原子连接理论，并发展了用图解式表示分子内各原子相互连接的方式与次序的方法，即分子结构式(molecular structures)(现在称它为构造式，constitution)。1861 年俄国化学家 Butlerov 在《论物质结构》中明确指出分子结构是可知的，并指出可以从化合物的合成或分解过程中获取有关信息来确定分子结构。此后，化学家们开展了测定分子构造的各种物理、化学方法的研究，从而确定了一大批化合物分子中的原子连接次序。后来，英国化学家 Couper 和德国化学家 Kekulé 提出了碳四价理论。Kekulé 还确定了苯的结构，明确指出了碳与碳原子可以相互连接成环状结构。

在对分子内原子连接次序进行研究的同时，法国物理学家 Arago、Biot 和瑞典化学家 Berzelius 都发现了物质的旋光性——即某些物质或溶液能使偏振光发生偏转的现象。1848—1853 年间，一位法国化学家、微生物学家 Pasteur 分离了旋光性不同的酒石酸钠铵晶体。1860 年，Pasteur 指出这种现象是由于分子内原子的空间排布不同而引起的。1873 年德国化学家 Wislicenus 认为分子内原子的空间排布不同是产生不同旋光性的原因。1874 年，荷兰化学家 van′t Hoff 和法国化学家 Le Bel 几乎同时提出了碳原子的四面体价键理论。该理论不仅很好地解释了物质旋光性与分子构型的关系，说明了立体异构中存在的对映异构。至此，分子结构的理论就从原子的相互连接顺序深入到空间的立体排布，即从分子构造深入到分子构型(configuration)。

1885 年德国化学家 Baeyer 针对环状化合物的稳定性提出了环张力学说，较好地解释了环丙烷和环丁烷的不稳定性以及环戊烷的稳定性现象，但是却不能解释环己烷与环戊烷具有几乎相同的稳定性问题。1890 年德国化学家 Sachse 指出环己烷分子中的六个碳不在同一个平面，可以形成两种不同的环系(船型和椅型)，在这些环系中，碳原子可以保持正四面体的正常角度，第一次提出构象(conformation)的概念，即同一构型的分子由于价键的轴向旋转而产生的分子中原子在空间的不同排布。由于当时没能分离得到这两种不同的环己烷，这一学说没有受到重视。30 年后，德国化学家 Mohr 重新研究了这个问题，提出非平面无张力环的学说。Mohr 指出由于环己烷的不同构象依靠单键旋转可以快速相互转变，难以分离。他还预测十氢化萘有两个可以分离的异构体。1946 年，挪威物理化学家 Hassell 用 X 射线衍射法证明了十氢化萘的两种异构体的存在。从此，有机化合物的结构研究深入到构象异构层面。

上述有机化学发展历史清晰地描绘了有机化合物的一个重要特点，即多层次的结构异构现象。因此要深刻理解有机化合物的性质，必须很好地从分子构造、构型和构象三个层次上把握有机化合物的结构特点（具体内容将分别在第二章、第三章和第五章介绍）。

3. 有机结构分析方法

有机化合物结构分析的第一步是确定其组成。19 世纪有机化学发展初期，Berzelius 和 Liebig 建立了较为精确的常量元素分析方法，为有机化合物的组成研究奠定了基础。1912 年 Pregl 发展了有机元素的微量分析法。在此基础上，又发展了超微量分析法，将分析试样由微量分析的毫克数量级提高到微克数量级。

有机化合物分子的元素含量确定后，其组成元素的原子数目比也就确定了。根据组成元素的原子数目比可以写出分子的经验式，而实际的分子式可以是这个经验式的倍数。如某化合物的分子组成为 C∶H∶O=1∶2∶1，其分子式可以是 $(CH_2O)_n$。如果能够确定该化合物的相对分子质量，则可以确定其分子式。

确定相对分子质量是结构分析的第二步。19 世纪，化学家们主要是通过测定有机化合物的蒸气密度，根据 Avogadro 定律计算出有机化合物的相对分子质量。此外，还有依据有机化合物的性质而确定其相对分子质量的分析方法，如有机酸的相对分子质量测定可以借助测定其金属盐灼烧后的纯金属残渣量计算而得，胺的相对分子质量则通过灼烧其与氯化铂的配位化合物测定剩余的纯铂计算而得。

早在 1912 年科学家就提出了将分子按其大小和电荷进行分离的设想。直到 1942 年，科学家制造出了世界上第一台商业化单聚焦质谱仪。之后，质谱仪被普遍用于确定有机化合物的相对分子质量以及分子结构。电离方式和分析器是质谱仪的关键技术。电子轰击电离是最初采用的电离技术，因为电子轰击能量高，容易产生碎片，为结构解析提供了丰富的信息，但是不容易得到分子离子峰。20 世纪 70 ～ 80 年代发展了基质辅助激光解吸电离技术、快原子轰击技术和电喷雾电离技术，使热不稳定有机化合物也能获得分子离子峰，使质谱的应用范围扩大到复杂有机化合物，包括高相对分子质量生物大分子的分析。Fenn 和 Tanaka 分别因为在电喷雾技术和软激光解吸技术的突出贡献分享了 2002 年 Nobel 化学奖。20 世纪 50 年代开始，成功研制了四极分析器与电子轰击电离组合的四极杆质谱。到 80 年代，随着四极质量过滤器的离子阱质谱技术的不断成熟，扩大了质谱仪的质量分析范围，提高了灵敏度和分辨率。目前基质辅助激光解吸电离技术，即飞行时间质谱，一般可以测到几十万原子质量单位。1974 年发展了傅里叶变换（Fourier transformation）离子回旋共振质谱仪技术，由于超导磁体的采用提供了高稳定的强磁场，使得傅里叶变换离子回旋共振质谱具有高分辨率及质量测量的高准确度，分辨率高达 100 多万，即相对分子质量可以精确测定到百万分之一的原子质量单位。这类高分辨质谱不仅可以准确确定有机化合物分子式（详见第六章），还可以为有机结构分析提供更多信息。

同分异构是有机化合物的普遍现象，分子式确定后，有机化合物的结构分析仍然是一个十分复杂的问题。起初区别有机化合物同分异构主要依靠测定它们的物理性质如熔点、沸点、折射率等，同时通过化学转化确定它们之间的结构关联。例如，在 19 世纪时，丙醇和异丙醇这两种异构体的结构是通过分析它们的氧化转化产物而确定的，前者的氧化产物为丙酸，而后者的氧化产物为丙酮。这样的方法用于分析复杂化合物的结构时，需要耗费大量的时间和精力。一个新发现的有机化合物的结构往往需要通过全合成方法才能完全得以确证。

1892年，红外光谱开始被用于有机基团的测定。1905年Coblentz发表了128种有机化合物和无机化合物的红外吸收光谱。1930年科学家们测定了大量有机化合物的红外吸收光谱，并在此基础上总结归纳了基频峰的归属。1947年第一台双光束自动记录红外光谱仪正式诞生，从此红外光谱在有机化合物结构鉴定中发挥着越来越重要的作用。20世纪70年代末出现的傅里叶变换红外光谱仪在能量、单色性和灵敏度等各方面都得到大大提高。有机分子吸收红外线的能量后不仅引起分子各基团的振动能级的变化，同时也引起转动能级的变化，所得到的吸收谱带比较宽。因此，到目前为止，红外光谱更多地用于有机化合物官能团的确定。

在20世纪40～60年代，物质结构的测定主要依靠光谱仪，但受到灵敏度和分辨率不高的限制。1922年，Stern首先发展分子束方法，测定了质子磁矩，并因此获得1943年的Nobel物理学奖。在此基础上，1938年Rabi发现了测定原子核磁性的共振方法，获得1944年的Nobel物理学奖。1946年，Purcell和Bloch同时提出质子核磁共振的实验报告，发展了核磁精密测量的新方法，并首先用核磁共振的方法研究了固体物质、原子核的性质、原子核之间及核周围环境能量交换等问题，他们俩共同分享了1952年的Nobel物理学奖。50年代核磁共振开始应用于化学领域。随着研究的深入，“化学位移”和自旋-自旋偶合现象被发现，核磁共振信号与化学键以及整个分子结构的关系不断被揭示，使得利用核磁共振测定有机化合物的结构成为可能。1963年布鲁克(Bruker)公司推出了第一台商用脉冲核磁共振谱仪。1966年瑞士化学家Ernst提出了提高核磁共振精确度的假设，后来又采用数学中的傅里叶变换将实验中用时间函数测得的信号转化为核磁共振谱图，这样，核磁共振技术被用于测定不同环境中^{1}H，^{13}C，^{15}N，^{19}F，^{31}P等多种原子信息。1969年世界上第一台商品化傅里叶变换核磁共振仪投入使用，从此，核磁共振技术成为有机化学家测定分子结构最重要的手段。1975年，Ernst解决了二维核磁共振实验中的关键技术问题，因此他获得1991年Nobel化学奖。现在，随着技术的发展，核磁共振技术不仅是研究有机小分子的常规手段，而且已经用于生物大分子的溶液测定，得到它们的二维图像以及三维图像。另一位瑞士化学家Wüthrich因为解决核磁共振测定生物大分子结构问题获得了2002年Nobel化学奖。

在核磁共振技术用于测定分子的三维图像前，只有X射线能够给出晶体结构的三维图像。20世纪20年代，英国化学家开始研究有机化合物的晶体结构，Bragg和Cork为解决相位问题分别提出了重原子法和同晶型置换法。1934年美国的Patterson提出了用衍射振幅平方为系数计算傅里叶级数，从而绕开了相位问题。此后，X射线晶体衍射技术在有机化合物和生物大分子结构分析方面取得了一系列重大成果：美国化学家Pauling测定了一系列氨基酸和肽的晶体结构，于1951年提出了多肽链的α-螺旋构型或β-折叠层构型；1953年英国卡文迪实验室的Watson和Crick根据X射线衍射实验结果建立了脱氧核糖核酸的双螺旋结构；Kendrew和Perutz利用X射线技术测定了肌红蛋白和血红蛋白的晶体结构；英国Hodgkin测定了包括青霉素和维生素B_{12}在内的一系列重要化合物的晶体结构；美国Lipscomb研究了硼烷结构化学；美国的Deisenhofer和德国的Huber，Michael测定了光合作用中心的三维结构等。1963年和1964年Hauptman和Karle提出直接法解决晶体结构测定问题，在X射线晶体结构测定方法学上又取得突破。1968年Klug将晶体结构分析原理应用于电子显微学，开创了“晶体电子显微学”并用于揭示重要的核酸-蛋白质复合物结构。上述的多项重要成果中多个获得 Nobel 奖。

4. 有机合成研究

1824 年 Wöhler 在研究氰酸铵的过程中，加热氰酸铵得到了尿素，发表了《论尿素的人工合成》，反应式如下：

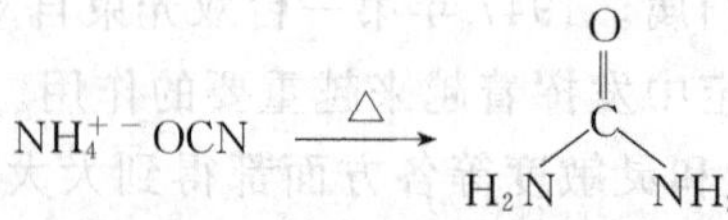

由于当时还不知道如何从元素直接合成得到氰酸盐，所以这个发现并没有被看成是人工合成有机物的完整过程。但是，作为一个典型从无机物氰酸铵合成有机物尿素的例子，引起了很多化学家的注意。

1845 年，Kolbe 用硫、活性炭、氯和水等无机原料，通过若干步骤合成了醋酸，人们终于意识到人工合成有机物是可能的。此后，多种其他有机物也被相继合成成功，如石蜡烃、醇、脂肪酸、甘油、苹果酸、毒芹碱和尿酸等。特别是在 1854 年，Berthelot 把一定量的脂肪酸和甘油置于厚壁试管中，加热生成了脂肪和水，这一发现引起巨大轰动。因为脂肪是细胞组织内的物质，它的人工合成意味着“生命力论”被彻底推翻。由此，有机合成化学得到蓬勃发展。不久，Berthelot 又完成了苯的合成。后来，安息香酸、苦杏仁油、水杨酸、香草醛等众多苯的衍生物被合成。1856 年 Perkin 以铬酸氧化苯胺得到苯胺紫。之后，品红、茜素、靛蓝、靛品红等几百种染料被合成，染料工业由此飞跃发展。

进入 20 世纪后，有机化学家们利用有机合成方法制造各种人类生活的必需品，如人造丝(1903 年)、人造棉(1912 年)、化学纤维(1912 年)、人工合成塑料(1909—1918 年)、人造橡胶(1930 年)和尼龙(1940 年)等。在这一时期，石油裂解技术的发展为人工合成有机化合物提供了重要化工原料，如多种烯烃和苯的衍生物(1913—1936 年)。此后，人们利用有机合成技术，合成了新的药物、植物生长激素、除草剂、杀虫剂、昆虫信息激素、炸药、新型香料以及新型感光染料等各种新化合物。到 20 世纪 60 年代，我国化学家完成了生物大分子——蛋白质牛胰岛素的人工合成。美国化学家 Merrifield 发明了固相合成方法，并应用于蛋白质和核酸的合成，实现了多肽与核酸的自动化合成。这些生物大分子的合成，使人类在认识生命现象以及征服疾病方面又向前迈进了一步。

在研究有机合成过程中，有机化学家们发现了很多新试剂和新反应，极大地充实了有机化学学科，推动了有机合成方法学的发展。在 20 世纪初，Grignard 首次将金属有机化合物用于有机合成；20 年代 Diels 和 Alder 发现了[4+2]环加成反应；30 年代 Ziegler 引入了有机锂，50 年代，又引入了有机铝。其后，Wittig 引入有机磷，Brown 引入有机硼，Corey 引入有机硫，Posner 引入有机铜等。同时，有机化学家发现了大量的有机反应类型，其中部分反应是以发现者的名字命名的。如 Wurtz 烷烃合成反应、Cannizzaro 醛歧化反应、Clemmensen 还原法、Claisen 酯缩合反应、Zaitsev 消除反应、Hofmann 重排等。具有众多的人名反应也成为有机化学的一大特色。

随着对有机反应与合成的深入研究，人们不仅能够在合成中很好地控制反应的化学选择性与区域选择性，而且还能很好地控制合成反应中的立体选择性，使得反应主要形成所需要的目标产物，减少了分离纯化过程，提高了合成效率。其中，不对称合成是目前备受关注的有机合成研究领域之一。不对称合成是指合成具有特定构型的手性分子。手性在自然界是一个普遍现象，组成生命的生物分子如糖、氨基酸、蛋白质等都是有手性的。为了获得特定构型的手性分子，传统方法是合成外消旋体后再进行分离，而不对称合成则是在合成中引入特定手性条件，从而直接得到所需的单一手性产物。美国科学家 Knowles、日本科学家 Noyori 和美国科学家 Sharpless 在“手性催化氢化反应”和“手性催化环氧化反应”领域里做出了突出贡献，共同分享了 2001 年 Nobel 化学奖。

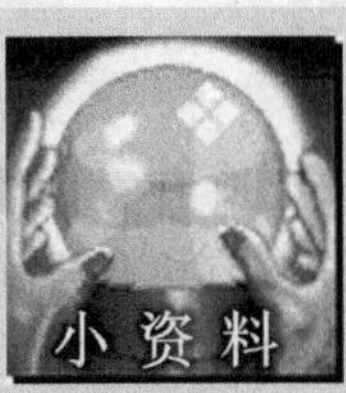

海葵毒素

随着有机化学理论的深入发展，有机化学家的合成技巧也越来越高超，合成的物质也越来越复杂。如 20 世纪 90 年代初，美国哈佛大学一个研究小组合成的海葵毒素。

海葵毒素(palytoxin)是目前最强的冠状动脉收缩剂。它能选择性地作用于细胞膜的“钠通道”，增加心肌收缩的力量，延长电冲动在肌肉中传递的时间，它还是一种研究心肌和神经膜兴奋现象的有效工具。

海葵毒素相对分子质量为 2680.1±0.15，分子式为 $C_{129}H_{223}N_3O_{54}$，具有 64 个不对称中心和 8 个双键，可能的异构体有 10^{23} 种。确定了海葵毒素的结构后，哈佛大学的 Kishi 等先通过合成 8 个关键结构片段，再将这些片段通过立体选择性引入双键对接，而得到海葵毒素整个分子。合成这样庞大且手性中心众多的分子，引入双键对接分子片段是关键，各分子片段中的保护基团十分重要。全保护海葵毒素羧酸带有 8 种 42 个保护基，通过不同方式脱去保护基团后，再完成最后合成。因而这个合成被誉为“化学合成中的攀登珠穆朗玛峰”。

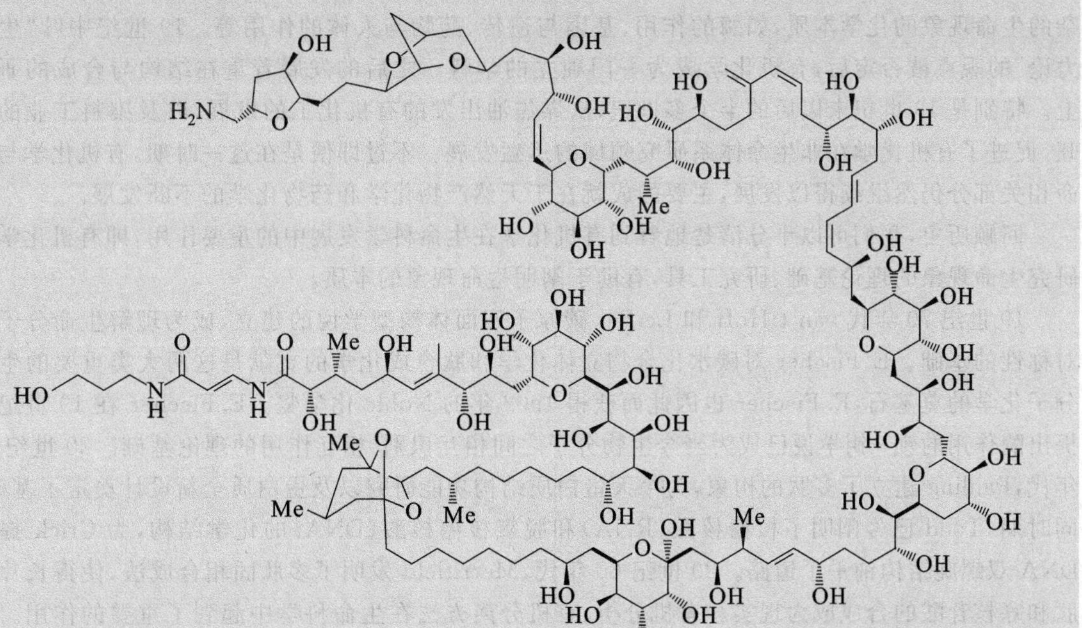

海葵毒素

近几十年来，有机合成的发展除了方法的创新之外，新的合成技术也层出不穷。Merrifield的固相(solid phase)合成方法实现了多肽、蛋白质和核酸的自动合成；固态(solid state)合成又称为无溶剂合成，该技术与水相合成是近年发展环境友好化学的新领域；酶促合成是生物技术与有机合成的结合，是选择性与专一性合成的重要技术之一；微波、超声波辅助合成是实现快速合成的重要途径；组合合成技术改革了传统的合成观念，实现了化合物库的合成，从而满足高通量快速生物活性筛选对大量化合物试样的需要，加快新药研发的速度。有机合成方法与技术的快速发展必将进一步推动有机化学的全面发展。

三、有机化学是现代科学技术的重要基础学科

有机化学研究的对象是物质世界最丰富多彩的有机化合物，包括了组成地球上所有生命体的有机物质，以及食品、纺织品、药品到各种各样的合成材料，种类繁多的日用品等。有机化学研究的主要内容是各类有机化合物的组成、结构、性质、合成方法等。有机化学研究的目的是在了解有机化合物结构与性质的基础上，创新发展具有优良性能和用途的新型有机化合物，以满足人类生存发展以及对物质文明的需求。

有机化学的上述特点，决定了有机化学学科在现代科学技术中所具有的特殊地位，即有机化学学科是现代科学技术的重要基础学科。与有机化学密切相关的学科包括化学、生命科学、医药学、农业科学、石油化工、材料科学、食品和日用化工等。有机化学与这些学科的交叉和渗透，不仅对相关学科的发展起到重大推动作用，而且，这些学科发展过程中提出来的有机化学问题，也是未来有机化学发展的重要资源和动力。以化学与生命科学关系为例，可以清楚地看出这种学科间的交叉渗透是促进相互发展的强大动力。

有机化学的发展始终与生命科学的发展息息相关。起初有机化学的名称就是用以表达生命化合物的化学，以便区别于无生命的化合物。对有机化合物空间结构的理解有助于我们理解繁杂的生命现象的化学本质，如酶的作用、基因与遗传、药物与人体的作用等。19 世纪中叶“生命力论”的观点被否定后，有机化学成为一门独立的学科。之后的发展着重在结构与合成的研究上。特别是 19 世纪末以后的半个多世纪，从煤焦油出发的有机化工的发展，以及染料工业的兴旺，促进了有机化学在非生命体系研究领域的迅猛发展。不过即便是在这一时期，有机化学与生命相关部分仍然继续得以发展，主要的成就在于天然产物化学和药物化学的不断发展。

回顾历史，我们可以十分清楚地看到有机化学在生命科学发展中的重要作用，即有机化学是研究生命现象的理论基础、研究工具，有助于阐明生命现象的本质。

19 世纪 70 年代 van't Hoff 和 Le Bel 碳原子四面体构型学说的建立，成为理解生命分子不对称性的基础。E. Fischer 对碳水化合物立体化学和肽合成化学的贡献是这两大类重要的生命分子化学的奠基石，E. Fischer 也因此而获得 1902 年的 Noble 化学奖。E. Fischer 在 19 世纪末提出酶作用的锁-钥学说已成为当今生物分子之间相互识别、相互作用的理论基础。20 世纪 50 年代，Pauling 建立了多肽的构象，为今天蛋白质结构功能研究以及蛋白质全新设计奠定了基础。同时期，Todd 已经阐明了核糖核酸(RNA)和脱氧核糖核酸(DNA)的化学结构，为 Crick 提出 DNA 双螺旋结构铺平了道路。20 世纪 60 年代，Merrifield 发明了多肽固相合成法，使得长片段肽和寡核苷酸的合成成为现实。有机分析、有机分离方法在生命科学中起到了重要的作用。色谱手段的运用帮助 Sanger 成功地阐明了胰岛素两个主链的化学结构，该成果获得 1958 年Nobel 化学奖。离子交换色谱、气相色谱、高效液相色谱等技术的出现使得蛋白质一级结构测定工作达到了高速、超微量和自动化的程度。

另一方面，我们应该注意到这样一个事实：生命科学研究经过从个体到组织到细胞到亚细胞单位过程，现在已经全面进入分子水平。而有机化学的对象则从早期的小分子碳化合物发展到大分子，而进入超分子化学阶段。科学的发展已经进入一个新的相互渗透、相互交叉、相互融合的阶段。生命科学中的化学问题是未来有机化学发展的重要资源和推动力。加强对生命现象中有机化学问题的研究必然给有机化学的发展带来理论概念、研究方法和实验手段等多方面的新突破，这是有机化学新的活力之所在。

新的发展对有机化学工作者提出了新的要求——创新以及不同学科渗透、应用能力是新型有机化学家的基本素质。创新的灵感来自我们对大自然的热爱和崇敬，来自我们对人类文明历史和创造力的认同。扎实的多学科基础知识和不拘于已有的经验和规律的思维习惯是我们创新的基础。有机化学对结构与性质关系的探索，以及对合成设计与应用的研究是其近两个世纪发展的精华，也是其魅力与挑战之所在。我们在这本书的具体内容介绍中，将尽可能结合这两方面的特点，将有机化学的绚丽多彩展示给读者！

四、百年 Nobel 化学奖列表

表 0-1 列出与有机化学相关的百年 Nobel 化学奖获奖年代、获奖者及其贡献。

表 0-1　百年 Nobel 化学奖一览表（仅列出与有机化学关系密切者）

年代	获奖者	特别贡献
1902	Hermann Emil Fischer (1852—1919)	合成糖和嘌呤
1905	Johann Friedrich Wilhelm Adolf von Baeyer (1935—1917)	有机染料和氢化芳香化合物工作
1907	Eduard Buchner (1860—1917)	发现非细胞发酵
1910	Otto Wallach (1847—1931)	脂环族化合物方面的开拓性工作
1912	Victor Grignard (1871—1935) Paul Sabatier (1854—1941)	发现格氏试剂 发现金属粉末催化有机物的氢化
1915	Richard Martin Willstätter (1872—1942)	研究植物色素特别是叶绿素
1923	Fritz Pregl (1869—1930)	发明有机物的微量分析方法
1927	Heinrich Otto Wieland (1877—1957)	研究胆酸及有关化学结构
1928	Adolf Otto Reinhold Windaus (1876—1959)	研究甾族化合物的结构及其与维生素关系
1929	Arthur Harden (1865—1940) Hans von Euler-Chelpin (1873—1964)	研究糖的发酵和发酵酶
1930	Hans Fischer (1881—1945)	合成了铁血红素
1937	Walter Norman Haworth (1883—1950) Paul Karrer (1889—1971)	研究糖和维生素 C 研究胡萝卜素、黄素及维生素 A 和维生素 B

续表

年代	获 奖 者	特 别 贡 献
1938	Richard Kuhn (1900—1967)	研究类胡萝卜素和维生素
1939	Adolf Friedrich Johann Butenandt (1903—1995) Leopold Ruzicka (1887—1976)	研究性激素 研究大环化合物和多萜化合物
1946	James Batcheller Sumner (1887—1955) John Howard Northrop (1891—1987) 和 Wendell Meredith Stanley (1904—1971)	发现酶可以结晶 制备了纯酶和病毒蛋白
1947	Sir Robert Robinson (1886—1975)	测定了天然植物产物—生物碱的结构
1948	Arne Wilhelm Kaurin Tiselius (1902—1971)	利用电泳方法发现了血清蛋白的复杂性
1950	Otto Paul Hermann Diels (1876—1954) 和 Kurt Alder (1902—1958)	发现和发展了双烯合成法(即 Diels-Alder 反应)
1955	Vincent du Vigneaud (1901—1978)	合成了多肽激素
1957	Lord (Alexander R.) Todd (1907—1997)	合成了各种核苷、核苷酸和含核苷酸的辅酶
1958	Frederick Sanger (1918—)	精确测定了胰岛素的结构
1961	Melvin Calvin (1911—1997)	研究光合作用的化学过程
1962	John Cowdery Kendrew (1917—1997) 和 Max Ferdinand Perutz (1914—2002)	测定了蛋白质的三维结构
1964	Dorothy Crowfoot Hodgkin (1910—1994)	用 X 射线方法测定了胆甾醇等生物激素、青霉素、酶和维生素 B_{12} 的结构
1965	Robert Burns Woodward (1917—1979)	合成了多种复杂结构的天然产物,包括叶绿素
1969	Derek Harold Richard Barton (1918—1998) 和 Odd Hassel (1897—1981)	发展了构象的概念并阐明了分子的特性和空间构型、构象的关系
1970	Lius Federico Leloir (1906—1987)	发现了糖核苷酸及其在糖的生物合成中的作用
1971	Gerhard Herzberg (1904—1999)	测定了多种自由基的电子结构和几何形状
1972	Christian Boehmer Anfinsen (1916—1995) 和 Stanford Moore (1913—1982) 和 Willian Howard Stein (1911—1980)	研究了核糖核酸酶活性中心的分子结构与催化活性的关系
1973	Ernst Otto Fischer (1918—2007) 和 Geoffrey Wilkinson (1921—1996)	开拓了有机金属化学
1975	John Warcup Cornforth (1917—) Vladimir Prelog (1906—1998)	揭示了酶催化反应过程严格的立体专一性 阐明了手性分子的光学活性和反应中立体选择性
1979	Herbert Charles Brown (1912—2004) Georg Wittig (1897—1987)	有机硼的研究——硼氢化钠和硼氢化反应 有机磷——Wittig 试剂
1980	Paul Berg (1926—); Walter Gilbert (1932—) 和 Frederich Sanger (1918—)	DNA 重组,基因工程的开拓者 测定了核酸中碱基顺序

续表

年代	获 奖 者	特 别 贡 献
1981	Kenichi Fukui (1918—1998) 和 Roald Hoffmann(1937—　)	分别独立提出了反应的前线轨道理论和轨道对称性守恒原理
1984	Robert Bruce Merrifield (1921—2006)	发展了固相合成方法
1987	Donald James Cram (1919—2001), Jean-Marie Lehn (1939—　) 和 Charles John Pedersen(1904—1989)	研究冠醚、穴醚和手性冠醚等，提出和发展了分子识别、超分子化学和主客体化学
1988	Johann Deisenhofer (1943—　), Robert Huber (1937—　) 和 Hartmut Michel (1948—　)	测定了光合作用反应中心的三维结构
1989	Sidney Altman (1939—　) 和 Thomas Robert Cech (1947—　)	发现了核糖核酸(RNA)的催化性质
1990	Elias James Corey (1928—　)	提出了严格逻辑性的"逆合成分析原理"
1991	Richard Robert Ernst (1933—　)	发展了高分辨核磁共振技术
1994	George Andrew Olah (1927—　)	发现碳正离子稳定存在方法，研究碳正离子的结构
1997	Paul Delos Boyer (1918—　) 和 John Ernest Walker (1941—　) Jens Christian Skou (1918—　)	阐明了合成三磷酸腺苷(ATP)的酶的机理 发现了一种离子转移酶 Na^+, K^+—ATP 酶
2000	Alan J. Heeger (1936—　), Alan G. MacDiarmid (1927—2007), Hideki Shirakawa (1936—　)	发现和发展了导电高分子
2001	William S. Knowles (1917—　) 和 Ryoji Noyori (1938—　) K. Barry Sharpless (1941—　)	不对称催化氢化反应 不对称环氧化反应
2002	John B. Fenn (1917—　) 和 Koichi Tanaka (1959—　); Kurt Wüthrich (1938—　)	发展了软电离方质谱测定分析生物高分子 发展了核磁共振光谱法确定溶液中生物高分子的三维结构
2003	Peter Agre (1949—　), Roderick MacKinnon (1956—　)	发现了细胞膜水通道，细胞膜离子通道的结构和机理研究
2004	Aaron Ciechanover (1947—　), Avram Hershko (1937—　), Irwin Rose (1926—　)	泛素介导的蛋白质降解
2005	Yves Chauvin (1930—　), Robert H. Grubbs (1942—　), Richard R. Schrock (1945—　),	有机化学烯烃复分解反应的研究
2006	Roger D. Kornberg (1947—　)	通过一系列的转录相关复合物（RNA 聚合酶Ⅱ、模板 DNA、合成出的 mRNA、核苷酸、调控蛋白)的晶体结构从分子水平上阐明了真核转录的分子机制

思考题

1. 有机化学的研究主要包括哪几个方面?

2. 查阅文献,谈谈有机化学研究的某一领域如结构理论、分离分析方法、有机合成、有机化工(煤或石油)、精细化工、药物化学的研究历史、现状和发展趋势。

3. 查阅文献,谈谈有机化学最新的研究前沿动态如绿色有机、不对称合成、超分子、分子识别、新药设计理论等。

第一部分
有机化合物的结构与性质

第一章 有机化合物分子结构基础

(Structural Foundations for Organic Molecules)

有机化学是碳化合物的化学。有机化合物主要由碳、氢和少数几种元素如氧、氮、硫、磷和卤素等组成。有机化合物分子通过原子间生成化学键而得到稳定。在下面的几个常见有机化合物中,碳原子总是生成四个键,氮原子生成三个键,而氧原子和氢原子则分别生成两个和一个键。同时,我们也注意到,甲烷的四个键形成正四面体,氨分子的三个 N—H 键呈三角锥形,水分子呈 V 字形,两个 O—H 键成 105°角,而平面分子乙烯和甲醛中 H—C—H 键角大约为 120°。

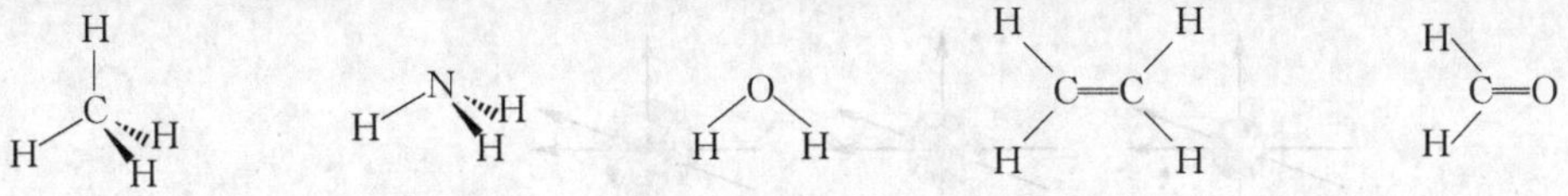

为什么有机化合物有这样的成键特性呢?理解有机化合物分子中各种原子的成键特性对于我们进一步认识和理解化合物的物理性质和化学性质至关重要。

1.1 原子结构与价键理论

现代化学键理论建立在对氢原子电子结构的认识基础上。氢原子由一个带正电荷的质子和一个带负电荷的电子组成。由于质子远比电子重,可以看成是电子在质子的吸引下运动(如图 1-1)。

根据量子力学原理,氢原子的电子只能在特定的原子轨道上运动,这些原子轨道有特定的能量和形状,更确切地说是电子云密度分布在原子核周围的特定区域。氢原子中的原子轨道能级如图 1-2(a)所示,原子轨道的能量由主量子数 n 所决定,当 n 由 1 增至 2 至 3…时,轨道能量增加,因为电子距离原子核越来越远。

图 1-1 电子围绕核运动示意图

当 $n=1$ 时,只有一种轨道存在的可能性,即 1s 轨道;当 $n=2$ 时,有两种可能轨道 2s 和 2p;而当 $n=3$ 时,则有三种可能轨道,即 3s,3p 和 3d 轨道。s 轨道对原子核呈球形对称,p 轨道呈哑铃形,有三个不同方向,分别指向 x,y,z 轴上。d 轨道有五个,分别指向不同的方向。s 和 p 轨道的形状如图 1-3 所示。

对于其他的原子,核外电子多于一个,原子轨道与氢原子轨道类似,只不过同一主量子数的 s 轨道较 p 轨道稳定,而 p 轨道又比 d 轨道稳定[参见图 1-2(b)]。总的原子轨道能级为:

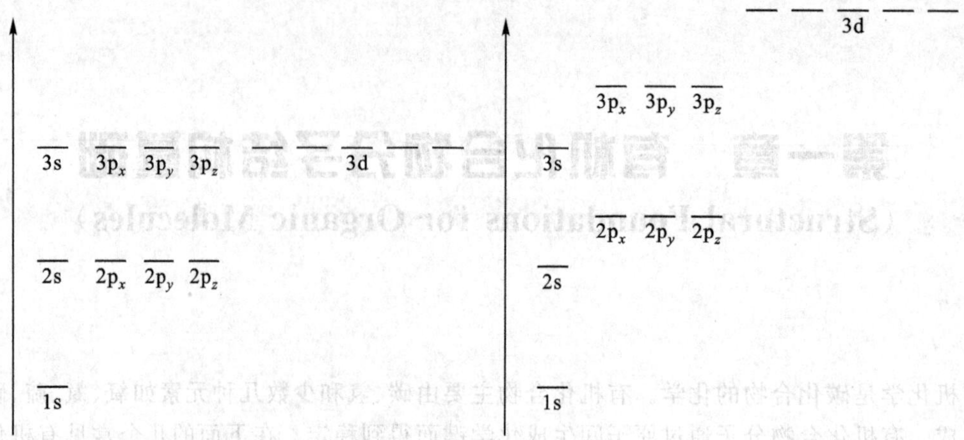

(a) 氢原子的原子轨道能级图　　　　(b) 其他原子的原子轨道能级图

图 1-2　氢原子和其他原子的原子轨道能级图

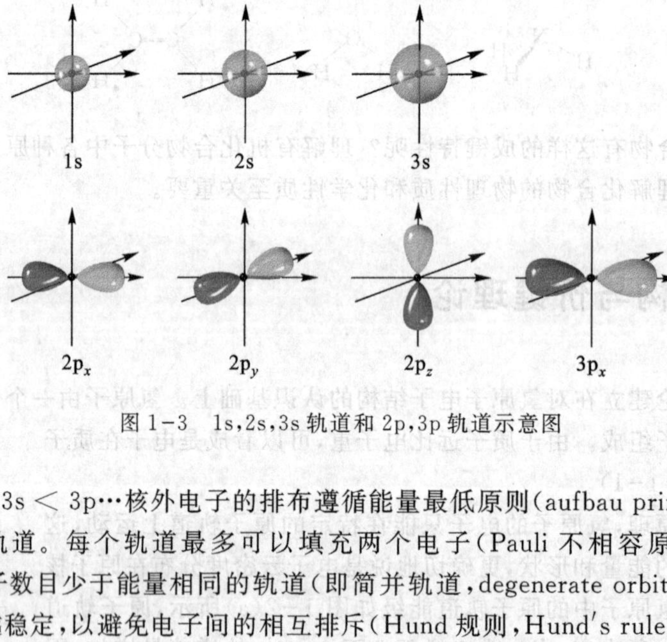

图 1-3　1s,2s,3s 轨道和 2p,3p 轨道示意图

1s < 2s < 2p < 3s < 3p…核外电子的排布遵循能量最低原则(aufbau principle),即优先进入能量较低的原子轨道。每个轨道最多可以填充两个电子(Pauli 不相容原理,Pauli exclusion principle)。当电子数目少于能量相同的轨道(即简并轨道,degenerate orbitals)数时,则以电子占据越多的轨道越稳定,以避免电子间的相互排斥(Hund 规则,Hund's rule)。

对于氢原子来说,只有一个电子,故该电子占有 1s 轨道。这种状态称为氢原子的基态(ground state),表示能量最低。如果该电子占有 2s 或 2p 轨道时,原子的能量就会很高,这时称为激发态(excited state)。一般只有吸收一定能量的光子,电子才能从基态跃迁到激发态。氢原子总是以 1s 轨道与其他原子成键。

表 1-1 给出了周期表 1～18 号元素原子的电子结构。可以看出,除第一周期只有两个元素氢和氦以外,第二和第三周期均有八个元素。第二周期的元素从锂到氖,1s 轨道总有两个电子,而 2s 和 2p 轨道的电子数之和由 1 增加至 8。从钠到氩,1s,2s,2p 轨道总是全满的,而 3s 和 3p 轨道的电子数之和由 1 增加至 8。

表 1-1　有机化合物主要组成元素及相关周期或主族元素原子的核外电子排布

ⅠA	ⅡA	ⅢA	ⅣA	ⅤA	ⅥA	ⅦA	0
H $1s^1$							He $1s^2$
Li $1s^2$ $2s^1$	Be $1s^2$ $2s^2$	B $1s^2$ $2s^2 2p^1$	C $1s^2$ $2s^2 2p^2$	N $1s^2$ $2s^2 2p^3$	O $1s^2$ $2s^2 2p^4$	F $1s^2$ $2s^2 2p^5$	Ne $1s^2$ $2s^2 2p^6$
Na $1s^2$ $2s^2 2p^6$ $3s^1$	Mg $1s^2$ $2s^2 2p^6$ $3s^2$	Al $1s^2$ $2s^2 2p^6$ $3s^2 3p^1$	Si $1s^2$ $2s^2 2p^6$ $3s^2 3p^2$	P $1s^2$ $2s^2 2p^6$ $3s^2 3p^3$	S $1s^2$ $2s^2 2p^6$ $3s^2 3p^4$	Cl $1s^2$ $2s^2 2p^6$ $3s^2 3p^5$	Ar $1s^2$ $2s^2 2p^6$ $3s^2 3p^6$

氦、氖、氩等惰性元素因为其最外层电子为全充满状态，即 2 个（氦原子）或 8 个电子（氖、氩原子等，也称为八隅体 octet），能量最低，化学性质上表现为惰性。其他元素的原子均有通过失去电子、得到电子或者共享电子形成这种稳定电子排布的倾向，这一规律称为八隅律（octet rule）。这是元素的原子形成化学键的基础。一般来说，次外层以内的电子处于全充满的低能状态，在原子间相互结合过程中不发生改变，这类电子称为核心电子（core electrons）。原子最外层电子称为价电子（valence electrons），例如，碳原子有 4 个价电子。原子间通过价电子的失去、得到或者共享方式结合在一起就形成稳定的分子，这种结合力称为化学键（chemical bond）。

氢原子一般与另一原子共享一对电子而形成一个化学键，而碳原子的最外层电子有 4 个，它可以与四个氢原子共享 4 对电子而形成四个化学键，如甲烷分子。氮原子和氧原子可以分别与三个和两个氢原子结合，如氨分子和水分子。除了与氢原子的结合外，碳、氮、氧也可以分别与其他的原子形成四个、三个和两个化学键。如碳原子与两个氢原子和一个氧原子结合得到稳定的甲醛，而在乙烯分子中，每个碳原子各自与两个氢原子结合，而两个碳原子之间再互相共享 2 个电子而使每个原子都处于八隅体状态。这些分子中原子共享电子对的情况可以表示如下：

甲烷　　氨　　水　　乙烯　　甲醛

1.2　有机化合物结构的表示方法

1.2.1　Lewis 结构式

上述用一个“点”代表 1 个电子的方法来表示分子中成键情况的结构式称为 Lewis 结构式（Lewis structures）。在书写 Lewis 结构式时，必须注意以下规则：除氢外，每个主族元素原子的最外层电子不多于 8 个，中性原子的外层电子结构应满足全充满的稳定八隅体结构。一般来说，在中性分子中,氢原子形成一个共价键,氧原子形成两个共价键,氮原子形成三个共价键,碳原子形成四个共价键,卤素原子形成一个共价键。

根据以上规则,可以写出以下有机化合物分子如乙炔、甲胺、甲基亚胺、氢氰酸、甲醇和丙酮等的 Lewis 结构式。

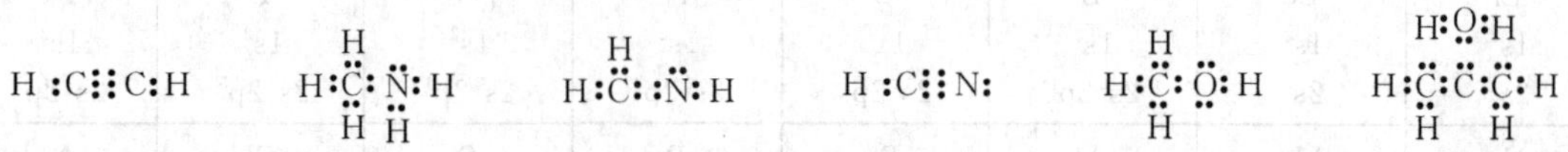

乙炔 甲胺 甲基亚胺 氢氰酸 甲醇 丙酮

可见,碳原子不仅可以与碳、氮、氧等原子形成单键,还可以与它们形成双键或三键,如乙烯和乙炔分子中就分别形成了碳-碳双键和三键,甲醛和丙酮分子有碳-氧双键,而亚胺分子中存在碳-氮双键,氢氰酸分子中还存在碳-氮三键。

Lewis 结构式将组成分子的原子最外层电子全部表示出来,可以清楚地知道分子中每个原子的价电子成键情况。例如,是否有成对的未成键电子(nonbonding electrons)——即孤对电子(lone-pair electrons),以及是否带电荷等详细情况。

以氯甲烷为例,在氯甲烷分子中氯原子与一个碳原子形成一个化学键,此外,在氯原子上还有 3 对孤对电子(如图 1-4)。所有含卤素的有机化合物中的卤素原子都具有同样的成键特征。含氧有机化合物中的氧通常带有 2 对孤对电子,如上述甲醇、甲醛和丙酮分子中的氧都含有 2 对孤对电子。而含氮化合物则一般带有 1 对孤对电子。如上述氨、甲胺、甲基亚胺和氢氰酸分子的氮原子上都带有 1 对孤对电子。后续章节中将看到这类孤对电子对于化合物的性质有着十分重要的影响。

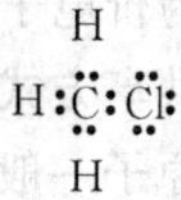

图1-4 氯甲烷的 Lewis 结构式

Lewis 结构式可以简化表示,即用"短线"表示成键电子对,用"点"来表示未成对电子和孤对电子。例如,水、甲醇、甲醛、甲胺、甲基亚胺和氯甲烷的 Lewis 结构式可以简写为

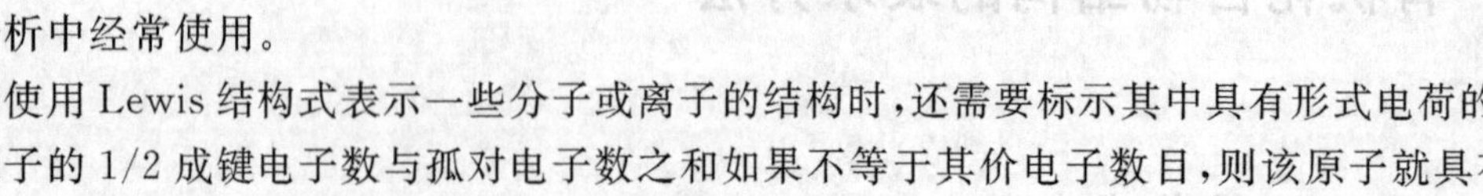

水 甲醇 甲醛 甲胺 甲基亚胺 氯甲烷

这样的表达方式,较好地区别了成键电子对与未成键电子对,更加直观简明。在描述反应进程的机理分析中经常使用。

当使用 Lewis 结构式表示一些分子或离子的结构时,还需要标示其中具有形式电荷的原子。一个原子的 1/2 成键电子数与孤对电子数之和如果不等于其价电子数目,则该原子就具有形式电荷(formal charges)。即

$$\text{形式电荷} = \text{原子的价电子数} - (\text{孤对电子数} + 1/2\ \text{成键电子数})$$

例如,在硝酸分子中,氮原子的 1/2 成键电子数目为 4,而其价电子数目为 5,因此,氮原子的形式电荷为 +1,而与氮原子以单键相连又没有连接氢原子的氧原子的 1/2 成键电子数目与孤对电

子数目之和为 7，比其价电子数目多一个，因此，氧原子的形式电荷为－1。完整正确的 Lewis 结构式中必须标示这些形式电荷(图 1-5)。

这种形式电荷并不表示实际的电荷或电子云密度分布情况。例如，在硝酸分子中，氮原子并不带有一个完整的正电荷，而只是带有部分的正电荷，另一部分正电荷分布在氢原子上。相应的，负电荷也不是局限在一个氧原子上而是在三个氧原子上都有所分布。

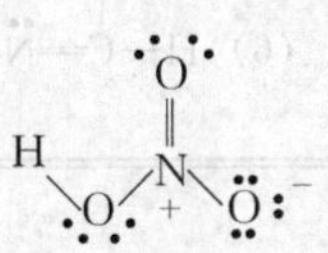

图1-5　硝酸的Lewis结构式

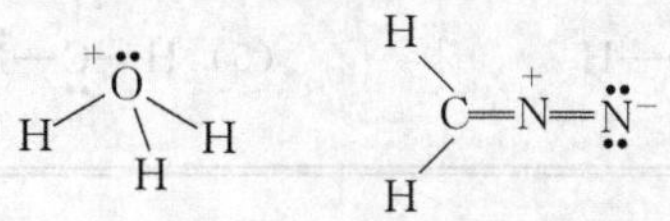

质子化水　　重氮甲烷

图1-6　质子化水和重氮甲烷的Lewis结构式

在一些分子或离子中，形式电荷与实际电荷分布可以完全不同。例如，质子化水(H_3O^+)的 Lewis 结构式中，氧原子的形式电荷为＋1，但是实际的正电荷分布在三个氢原子上。又如，重氮甲烷(CH_2N_2)的 Lewis 结构式中，与碳原子直接相连的氮原子带有一个正电荷的形式电荷，而另一个氮原子带一个负电荷(图 1-6)。实际的正电荷主要是分布在氢原子上。

分子中各个区域的实际电子云密度可以用静电势图来进行表示，一般用深(红)色表示电子云密度较高的区域，浅(蓝)色表示电子云密度较低的区域，本书给出的静电势图的颜色标尺如下所示(见彩页 1)：

$-3.0\times e^{-2}$  $3.0\times e^{-2}$

以上讨论的硝酸、质子化水和重氮甲烷的静电势图如图 1-7 所示(见彩页 1)。

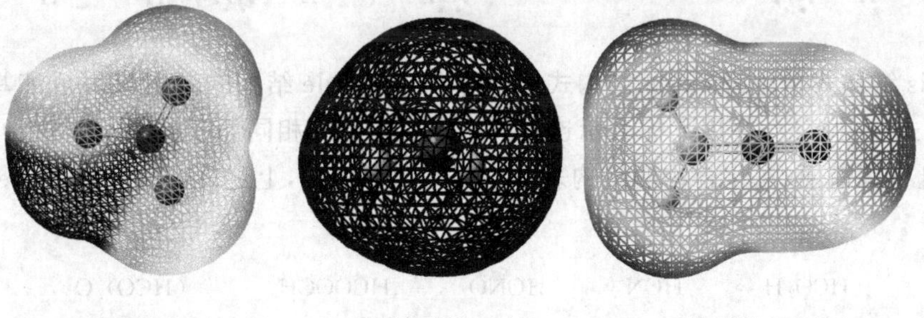

硝酸(HNO_3)　　质子化水(H_3O^+)　　重氮甲烷(CH_2N_2)

图 1-7　硝酸、质子化水和重氮甲烷的静电势图

习题 1-1　写出下列化合物的 Lewis 结构式：

(1) 氯化氢(HCl)　　(2) 亚硝酸(HNO_2)　　(3) 肼(N_2H_4)

(4) 二氧化碳(CO_2)　　(5) 氨基钠($NaNH_2$)　　(6) 光气($COCl_2$)

(7) 甲醚(CH_3OCH_3)　　(8) 乙醇(CH_3CH_2OH)　　(9) 乙醛(CH_3CHO)

(10) 甲酸(HCOOH)　　(11) 乙腈(CH_3CN)　　(12) 甲酰胺($HCONH_2$)

习题 1-2　下列 Lewis 结构式是否正确，如果不正确，请给出正确的 Lewis 结构式。

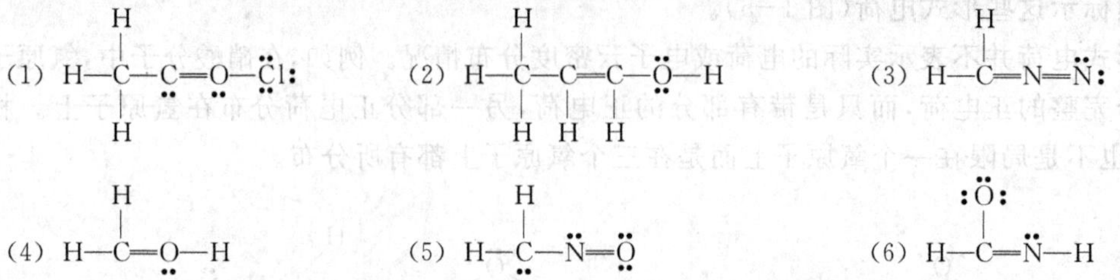

1.2.2　Kekulé 结构式

使用 Lewis 结构式可以详细地表示分子中每个原子的最外层电子分布情况，但书写比较繁琐。因此在表示化合物结构时更常用的是 Kekulé 结构式（Kekulé structures）。

Kekulé 结构式中，以短线表示成键电子对，非键电子略去不写。以下是甲酸、氢氰酸、亚硝酸、甲酸甲酯、甲酸酐的 Kekulé 结构式与 Lewis 结构简式比较：

Kekulé 式：

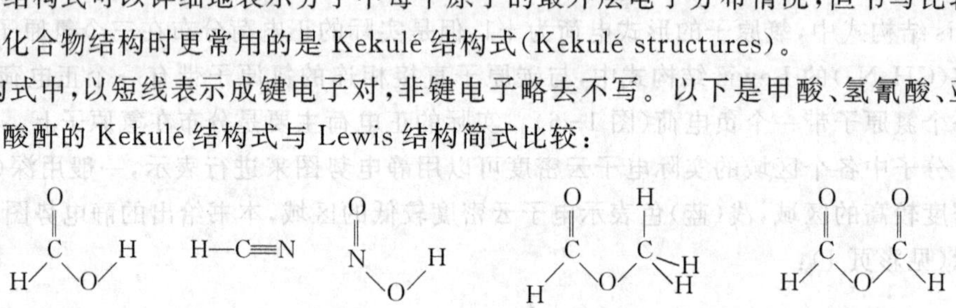

Lewis 式：

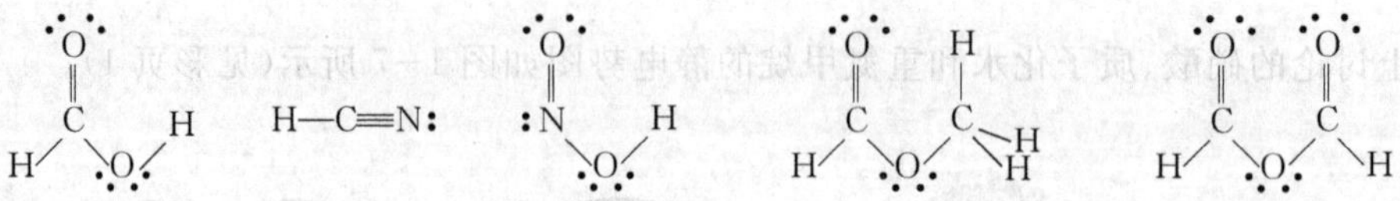

与 Lewis 结构式相比，Kekulé 结构式简单得多。Kekulé 结构式还可以写成缩写式，即略去 Kekulé 结构式中的短线，并用下标表示连在同一个原子上的相同原子的数目。这种缩写式由于表达清楚，且书写简便，在化合物的结构表示中更常用。例如，上述几个化合物的 Kekulé 缩写式表示如下：

HCO_2H　　HCN　　HONO　　$HCOOCH_3$　　$(HCO)_2O$

键线式则是另一种简化的 Kekulé 结构书写方式，以短线代表 C—C 键，而 C—H 键则略去不写，然后加上碳氢以外的其他原子组成的官能团即可。这种表示方式非常直观和简便。

Kekulé 式：

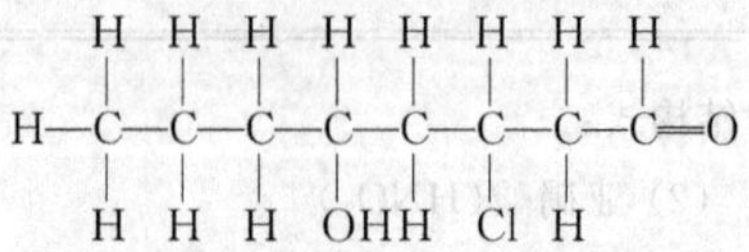

缩写式：

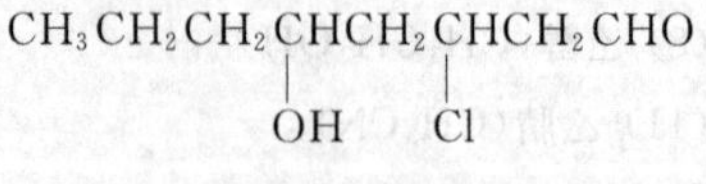

键线式：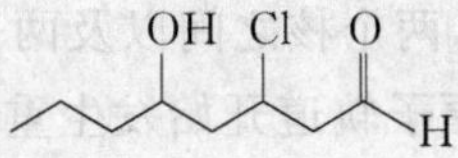

注意，以上键线式结构中羰基碳原子连接的氢是不可以省略的，否则会误以为羰基碳原子上连接了一个甲基(CH_3)。

习题 1-3　将下列 Kekulé 结构式改写为缩写式和键线式：

(1) 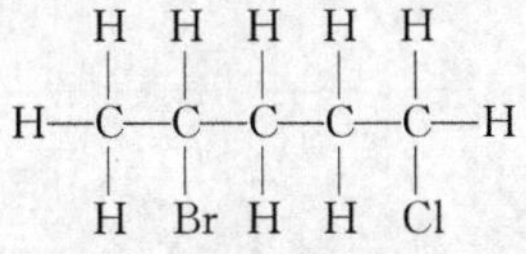

(2) 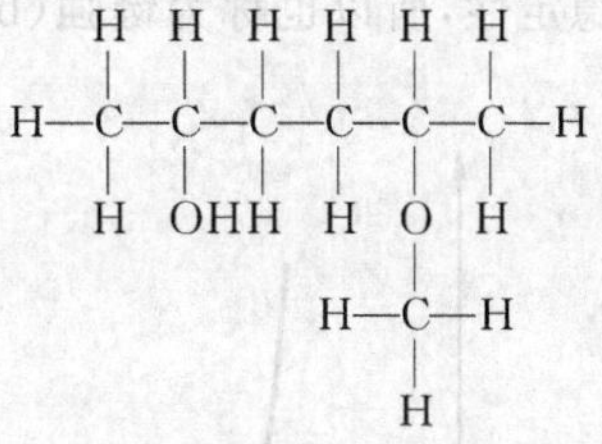

(3) 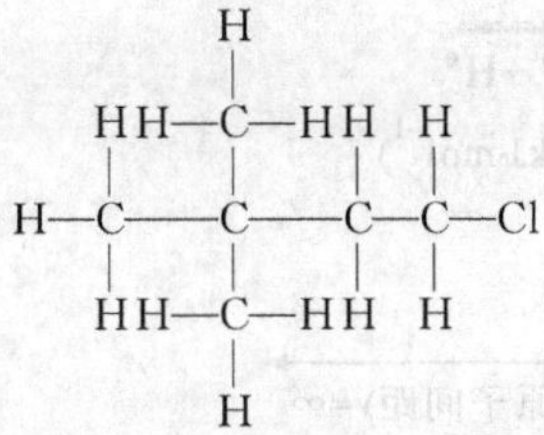

(4) 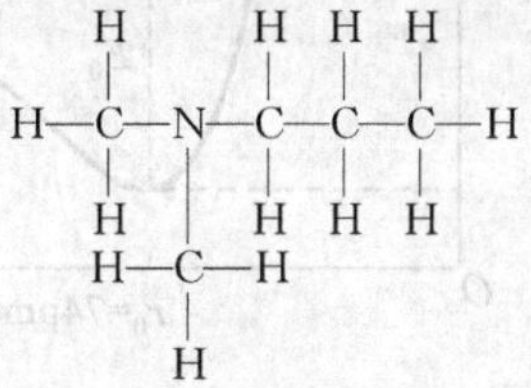

(5) 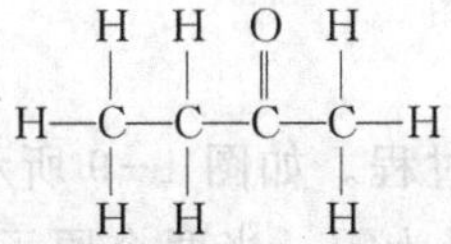

(6) 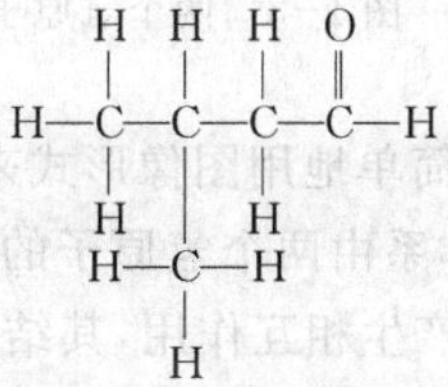

1.3　分子轨道理论简介

分子轨道理论(molecular orbital theory)认为原子在相互结合形成共价键时，由原子轨道组成分子轨道(molecular orbitals)，分子轨道属于整个分子。与原子轨道类似，分子轨道描述了分子中的电子云分布情况，分子轨道也有特定的尺寸、形状和能量，电子进入分子轨道同样符合能量最低原则、Pauli 不相容原理和 Hund 规则。

当原子间形成化学键而生成分子时，每个电子就受到分子中所有原子核和其他所有电子的作用。因此电子的运动状态需要用分子轨道来描述。下面从两个氢原子成键生成氢分子为例来认识分子轨道理论。

如图 1-8 所示，当两个氢原子分离很远时，它们各自独立，每个氢原子的单电子可以用 1s 轨道来描述。当两个氢原子逐渐接近时，氢原子 A 的电子开始受到氢原子 B 核的吸引，氢原子 B

的电子也开始受到氢原子 A 核的吸引，同时，两个核之间以及两个电子间也开始产生相互排斥。此时，两个 1s 轨道开始产生相互作用，也即原子轨道开始发生重叠，这种作用随着两个原子间距离的缩小而增加。当两个原子间的距离达到一个特定值（r_0）时，体系的能量达到最低，即表示两个氢原子之间形成了共价键。进一步缩小两个原子间的距离时，两个原子核之间的电荷排斥能增加大于电子得到两个核吸引的稳定能的增加，从而导致总能量升高，故 r_0 就是氢分子的H—H键的键长（bond length），而这个过程得到的稳定能 E_0 就是氢分子的 H—H 键的键能（bond dissociation energy）。成键过程所释放的能量，也正是断裂该键所需要的能量，所以键能的高低代表了键的强度或稳定性，所以也称为键强（bond strength）。

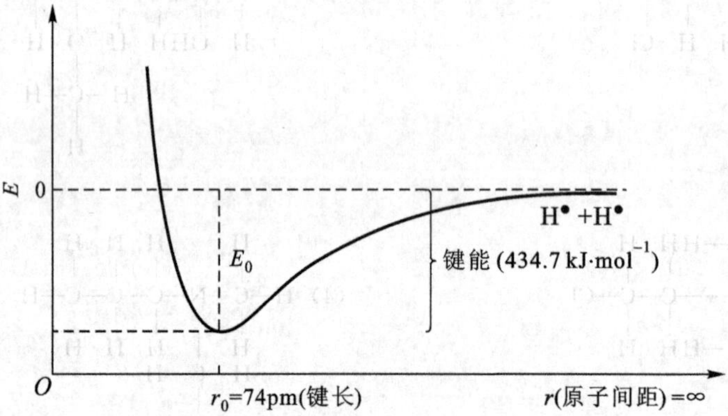

图 1-8 两个氢原子相互靠近时的能量变化示意图

分子轨道理论可以简单地用图像形式来描述两个原子间的成键过程。如图 1-9 所示，当两个氢原子距离很远时，体系由两个氢原子的 1s 轨道描述，这时的能量为零。当两个原子距离缩小时，两个 1s 轨道开始产生相互作用，其结果是生成两个分子轨道。而这两个分子轨道可以由这两个 1s 原子轨道线性组合而成。两个原子轨道正结合生成的分子轨道能量较低，称为成键轨道（bonding orbital），而两个原子轨道负结合生成的分子轨道能量较高，称为反键轨道（antibonding orbital）。

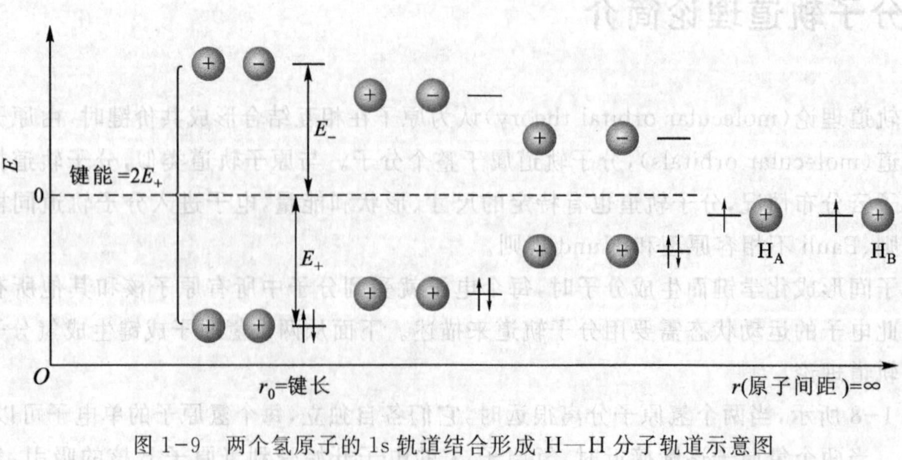

图 1-9 两个氢原子的 1s 轨道结合形成 H—H 分子轨道示意图

成键轨道与反键轨道的能级分裂随着原子间距离的缩小而增大，当达到 r_0 时，分裂达到最大，即成键轨道能量达到最低。与原子轨道一样，每个分子轨道可以填充两个电子，所以氢分子中的两个电子总是占据成键轨道。相应的，H—H 键的稳定性也随着原子间距离的缩小而增加，当达到 r_0 时，键能最大。该键能等于成键轨道能量降低值的两倍。

需要说明的是：图 1-9、图 1-10 和图 1-11 中的正负符号不是电荷的表示，而是表示轨道的位相。有时为了避免与电荷符号混淆，常常采用不同深浅度（或不同的颜色）来表示轨道的不同位相，如图 1-12 所示。

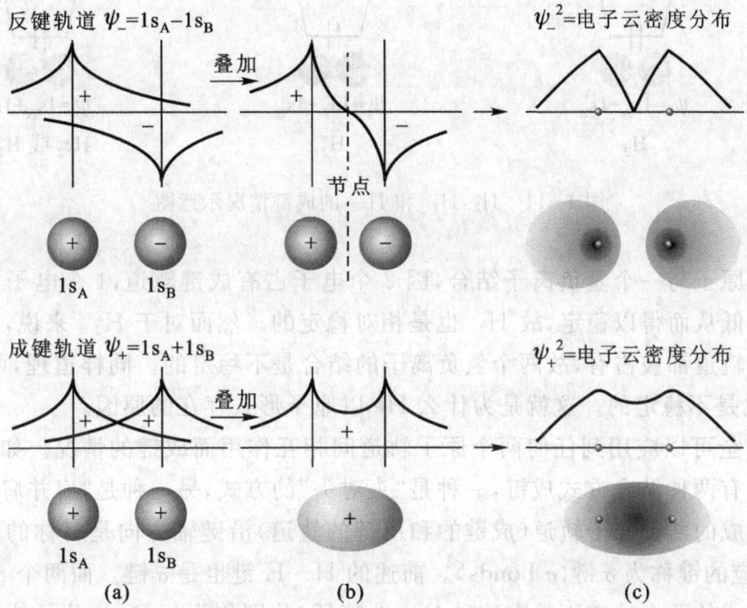

图 1-10　两个氢原子 1s 轨道叠加和电子云密度分布情况示意图

怎样理解成键轨道的稳定性和反键轨道的不稳定性呢？两个氢原子 1s 轨道叠加的情形可以用两个波函数的线性叠加来表示，如图 1-10 所示。对于成键轨道 ψ_+ 来说，两个原子轨道的同位相叠加的结果使得波函数在两原子间增高；而对于反键轨道 ψ_- 来说，则正好相反，两轨道是进行反位相叠加使得波函数在两个原子正中互相抵消而形成一个节点（node），节点处的电子云密度为零。分子轨道波函数本身并没有物理意义，而波函数的平方则有物理意义，即为分子的电子云密度分布。从图 1-10(c) 中可以看出，成键轨道中的电子主要集中在两个原子之间，受到两个核的吸引，故处于一个能量较低的稳定状态。反之，如果反键轨道被电子占有时（通常反键轨道没有电子占有），则其电子云主要分布在两原子的两侧，在两个原子核中间区域的节点处的电子云密度为零，这样电子不能得到两个原子核的吸引，并且两个核的正电荷会产生使它们相互远离的排斥作用，因此能量较高。

通常，两个原子轨道成键的情况由图 1-11 表示。成键轨道的能量降低与反键轨道的能量升高大致相同，但后者稍大一些。对于氢分子来说，两个电子占有成键轨道，故两个氢原子可以生成一个氢分子而得到两倍的 E_+ 稳定能，这就是 H—H 键的键能。其中 E_+ 为成键轨道与原子轨道之间的势能差。

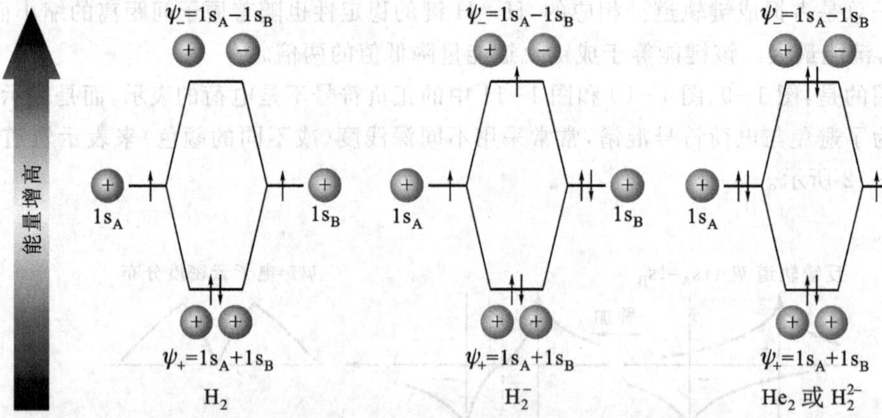

图 1-11 H_2,H_2^- 和 He_2 的成键情况示意图

如果一个氢原子与一个氢负离子结合,因 2 个电子占有成键轨道,1 个电子占有反键轨道,体系的总势能降低从而得以稳定,故 H_2^- 也是相对稳定的。然而对于 H_2^{2-} 来说,因有 4 个电子,成键轨道与反键轨道都被占有,故两个氢负离子的结合是不稳定的。同样道理,两个 He 原子结合成 He_2 分子也是不稳定的。这就是为什么 He 以原子形式存在的原因。

上述原理完全可以应用到任何两个原子轨道间相互作用而成键的情况。如图 1-12 所示,两个 p 轨道可以有两种结合方式成键,一种是"头对头"的方式,另一种是"肩并肩"的方式。通过头对头重叠而生成的两个分子轨道(成键的和反键的轨道)沿键轴方向是对称的,分别称为 σ 和 σ^* 分子轨道,相应的键称为 σ 键(σ bonds)。前述的 H—H 键也是 σ 键。而两个 p 轨道通过肩并肩重叠的方式形成的两个轨道不具有这种对称性特征,分别称为 π 和 π^* 分子轨道,相应的键称为 π 键(π bonds)。由于头对头的重叠比肩并肩的重叠更加有效,所以 σ 与 σ^* 分子轨道的能级分裂大于 π 与 π^* 分子轨道的能级分裂。换句话说,即 σ 键一般强于 π 键。

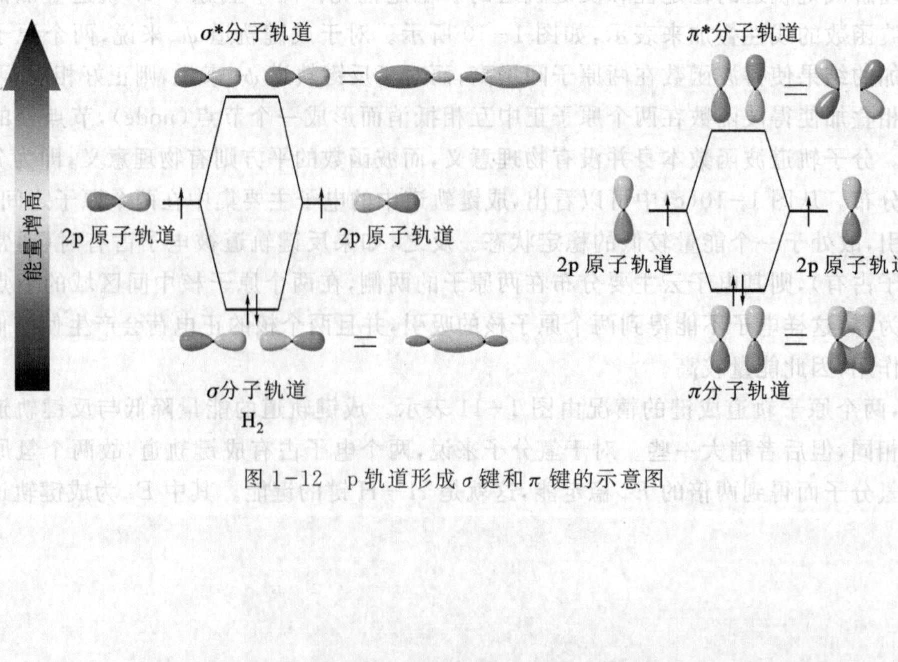

图 1-12 p 轨道形成 σ 键和 π 键的示意图

习题 1-4　预测下列轨道能否有效形成分子轨道

(1) 一个原子的 1s 轨道沿 x 轴方向与另一个原子的 $2p_x$ 轨道相互作用；

(2) 一个原子 1s 轨道沿 x 轴方向与另一个原子的 $2p_y$ 轨道或 $2p_z$ 轨道相互作用。

习题 1-5　利用分子轨道理论预测下列分子或离子是否能够稳定存在

(1) He_2^+　　(2) Be_2　　(3) N_2　　(4) O_2^-

1.4　杂化轨道理论

共价键的本质是原子间的原子轨道相互重叠，达到电子共享目的。这种成键方式决定了共价键具有饱和性和方向性。饱和性是指每个原子的最外层轨道全充满后就不能再结合其他原子的电子。方向性是指原子轨道具有一定的方向，原子结合组成分子时，各原子轨道之间一般只有在轴向方向上进行重叠才能有效成键。因此分子内各键之间的夹角，即键角(bond angles)是一定的。

对分子中键角的研究发现，很多分子的键角并不等于原子轨道间的夹角。例如，2s 轨道是球形的，三个简并的 2p 轨道相互垂直，每个 p 轨道呈哑铃形，且哑铃的两瓣位相相反(见图 1-3)。氧原子的价电子排布是 $2s^2 2p^4$，即两个单电子分别在两个相互垂直的 2p 轨道中，当氧原子与氢原子组成水分子时，如果以氧原子的两个 2p 轨道上的单电子与两个氢原子的 1s 轨道单电子分别成键，则 H—O—H 的键角应为 90°，而实际测得的键角是 104.5°。类似的，NH_3 分子中 H—N—H的键角应为 90°，实际测得 107.3°。实验测得最简单的碳氢化合物 CH_4 是四面体结构，H—C—H 键角为 109.5°。为了解释这种现象，Pauling 于 1931 年提出了杂化轨道理论(hybrid orbital theory)。

杂化轨道理论指出：上述分子中的氧、氮和碳并不是简单地以 2p 轨道与氢原子的 1s 轨道成键，而是在成键前，氧、氮和碳原子的 2s 轨道和 2p 轨道先进行了杂化。所谓杂化(hybridization)是一个能量的重组均化过程。经过了能量均化后的杂化轨道，其形状更有利于形成共价键时轨道间的重叠，从而形成能量更低和更稳定的共价键。

1.4.1　sp^3 杂化与碳－氢、碳－碳单键

碳原子的电子构型为 $1s^2 2s^2 2p_x^1 2p_y^1 2p_z^0$，其中 1s 轨道中的两个电子不参与成键。首先是 2s 轨道中的一个电子激发到 2p 轨道中，然后由能量较低的 2s 轨道与能量较高的三个 2p 轨道进行杂化，形成四个简并(即能量相同的)的 sp^3 杂化轨道(sp^3-hybrid orbitals)。每个 sp^3 杂化轨道含有 1/4 的 s 轨道成分，3/4 的 p 轨道成分，其能量高于 2s 轨道，低于 2p 轨道。

如图 1-13 所示，sp^3 杂化轨道的形状类似 p 轨道，具有相位相反的两瓣，与 p 轨道不同之处在于 sp^3 杂化轨道的两瓣大小不同。其中正相位的一瓣较大，由 p 轨道的正相位部分与 s 轨道相加而得；负相位的一瓣较小，由 p 轨道的负相位部分与 s 轨道相减而得。四个简并的 sp^3 杂化

轨道采取相互尽可能远离的方式在空间排布，以减少电子间的相互排斥作用，即形成四面体结构，轨道夹角为 109.5°。每个 sp^3 杂化轨道上各排布一个自旋量子数相同的电子，即自旋平行的电子。

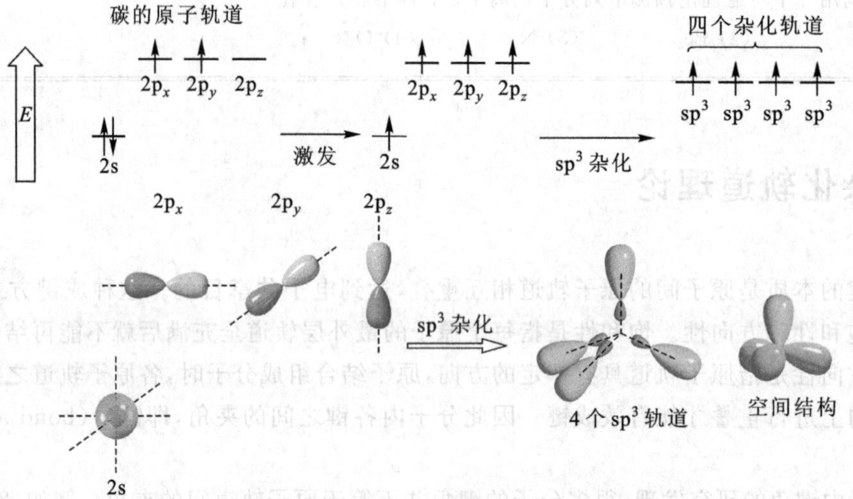

图 1-13　碳原子的 sp^3 杂化轨道及其空间排布图

甲烷分子的轨道成键图以及球棍模型、比例模型如图 1-14 所示。在甲烷分子中，碳原子以 sp^3 杂化轨道与氢原子的 1s 轨道形成 σ 键。四个 C—H 键的键角等于碳的 sp^3 杂化轨道的键角，即 109.5°，因此，甲烷分子的形状为正四面体。甲烷分子中的 C—H 键的键长为 110 pm。

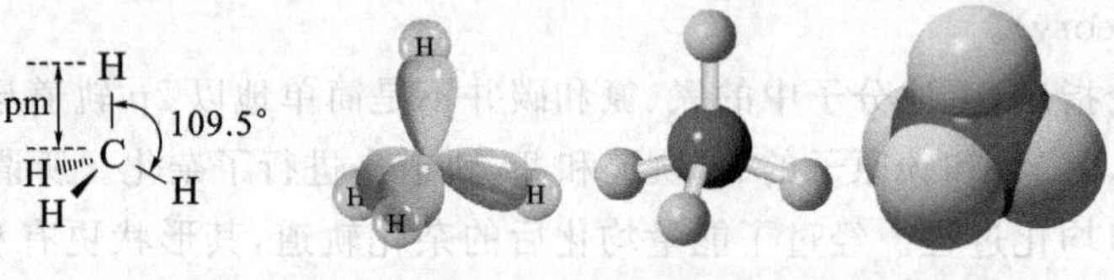

图 1-14　甲烷的轨道成键与球棍模型、比例模型示意图

乙烷分子的轨道成键图与球棍模型、比例模型如图 1-15 所示。乙烷分子由两个碳原子和六个氢原子组成，其中的两个碳原子均以 sp^3 杂化轨道成键。两个碳原子各以一个 sp^3 杂化轨

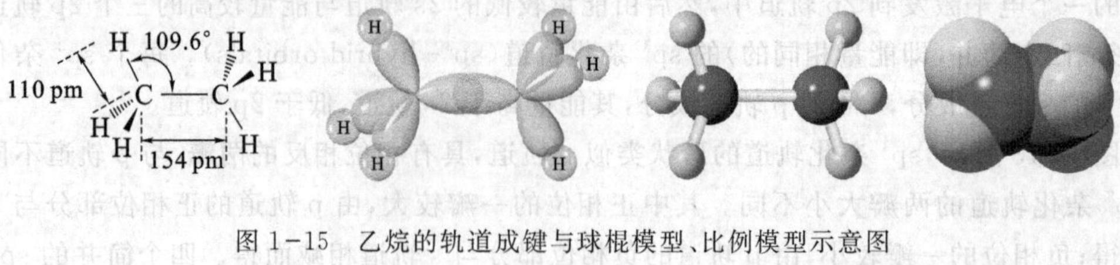

图 1-15　乙烷的轨道成键与球棍模型、比例模型示意图

道相互连接形成碳－碳 σ 单键。此外，每个碳上的另外三个 sp^3 杂化轨道与氢原子的 1s 轨道分别形成三个碳－氢 σ 键。乙烷分子中的 H—C—C 键角略大于 109.5°，C—C 键的键长为154 pm，C—H 键的键长为 110 pm。

习题 1-6　CH_2Cl_2 有几种异构体？如果碳不是四面体构型而是平面正四边形，则 CH_2Cl_2 有几种异构体呢？

习题 1-7　试根据杂化轨道理论解释为什么 NH_3 和 H_2O 的分子形状分别是角锥形和 V 形，并尝试说明为什么 H—N—H 和 H—O—H 键角小于 109.5°。

1.4.2　sp^2 杂化与碳－碳双键

乙烯分子是最简单的含有 C═C 双键的有机化合物。实验证明，乙烯是一个平面分子。

根据杂化轨道理论，乙烯分子的两个碳原子采用另一种杂化轨道成键，即 sp^2 杂化轨道。所谓 sp^2 杂化轨道（sp^2-hybrid orbitals）是指由一个 2s 轨道与两个 2p 轨道进行杂化，形成三个简并的杂化轨道。每个 sp^2 杂化轨道含有 1/3 的 s 轨道成分，2/3 的 p 轨道成分，其能量高于 2s 轨道，低于 2p 轨道。单个 sp^2 杂化轨道的形状类似于 sp^3 杂化轨道。由于电子间的相互排斥作用，三个 sp^2 杂化轨道处于相互远离的方向，即分别伸向平面三角形的三个顶点，轨道间夹角为 120°。余下一个未杂化的 $2p_z$ 轨道垂直于三个 sp^2 杂化轨道所在的平面。三个 sp^2 杂化轨道与一个 $2p_z$ 轨道的空间排布如图 1-16 所示。在 sp^2 杂化的碳原子中，4 个最外层电子中的 3 个自旋平行地占据三个 sp^2 杂化轨道，另外 1 个单电子占据 $2p_z$ 轨道。

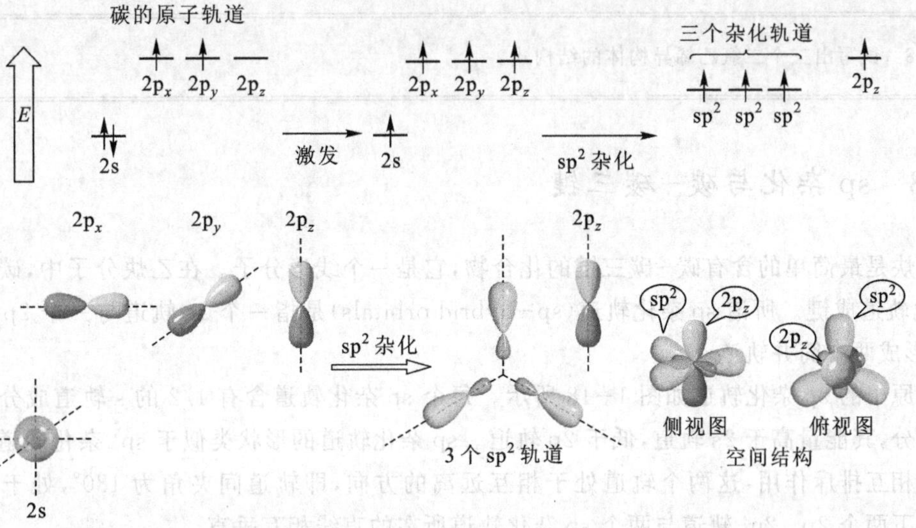

图 1-16　碳原子的 sp^2 杂化轨道与 $2p_z$ 轨道的空间排布图

乙烯分子的成键情况以及乙烯分子的球棍模型如图 1-17 所示。在乙烯分子中，两个碳原子各以一个 sp^2 杂化轨道相互重叠形成一个 C—Cσ 键，其余的 sp^2 杂化轨道分别与氢原子的 1s

轨道形成四个 C—Hσ 键，这样，两个碳原子与四个氢原子处于同一个平面上。两个碳原子未杂化的 $2p_z$ 轨道可以相互平行地侧面重叠形成 π 键。π 键的电子云分布在乙烯分子所在平面的上下两方。

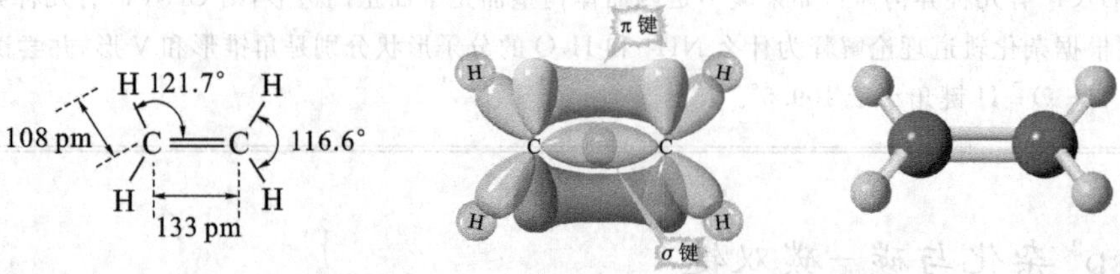

图 1-17　乙烯的成键情况与分子球棍模型示意图

乙烯分子碳-碳双键（C══C）中的两个键是不等同的，一个是由 sp^2—sp^2 形成的 σ 键，由于轨道重叠程度较大，所以键的强度较强；另一个是由 p—p 形成的 π 键，由于侧面相叠，重叠程度较弱，键的强度较弱。因此反应中碳-碳双键中的 π 键比较活泼，容易发生多种不同的反应，如亲电加成反应（见第十章）。另一方面，由于 π 键的形成限制了绕 σ 键的轴向旋转，烯烃存在顺反异构体（见第三章）。

在稳定的化合物中，任何只与三个原子相连的碳都采用 sp^2 杂化轨道成键，且 sp^2 杂化碳原子的 p 轨道必须与一个相邻原子的 p 轨道形成 π 键，这个相邻原子可以是另一个碳原子，也可以是其他元素的原子，如氮原子、氧原子等（见 1.5.3 和 1.5.4 节）。

习题 1-8　试写出三个二氯乙烯异构体的结构式。

1.4.3　sp 杂化与碳-碳三键

乙炔是最简单的含有碳-碳三键的化合物，它是一个线形分子。在乙炔分子中，碳原子采取 sp 杂化轨道成键。所谓 sp 杂化轨道（sp-hybrid orbitals）是指一个 2s 轨道与一个 2p 轨道进行杂化，形成两个简并轨道。

碳原子的 sp 杂化轨道如图 1-18 所示。每个 sp 杂化轨道含有 1/2 的 s 轨道成分，1/2 的 p 轨道成分，其能量高于 2s 轨道，低于 2p 轨道。sp 杂化轨道的形状类似于 sp^3 杂化轨道。由于电子间的相互排斥作用，这两个轨道处于相互远离的方向，即轨道间夹角为 180°，处于同一直线上。余下两个 $2p_y$、$2p_z$ 轨道与两个 sp 杂化轨道所在的直线相互垂直。

乙炔的成键情况与分子球棍模型如图 1-19 所示。在乙炔分子中，两个碳原子之间相互以 sp—sp 杂化轨道形成一个 σ 键，并各自用一个 sp 杂化轨道与氢原子的 1s 形成一个 σ 键，这样形成一个直线形分子。同时两个碳原子之间分别以 $2p_y$—$2p_y$，$2p_z$—$2p_z$ 侧面重叠形成两个相互垂直的 π 键，这两个 π 键分别处于 C—Cσ 键的上下两方和前后两方。乙炔分子中的 C—C 键键长

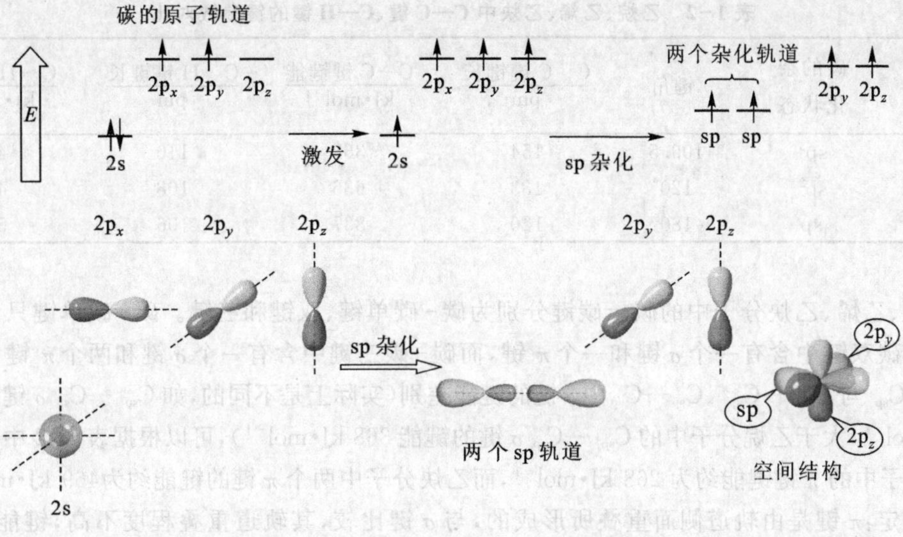

图 1-18　sp 杂化碳原子的轨道与 $2p_y$、$2p_z$ 轨道的空间排布图

为 120 pm，而 C—H 键的键长为 106 pm。

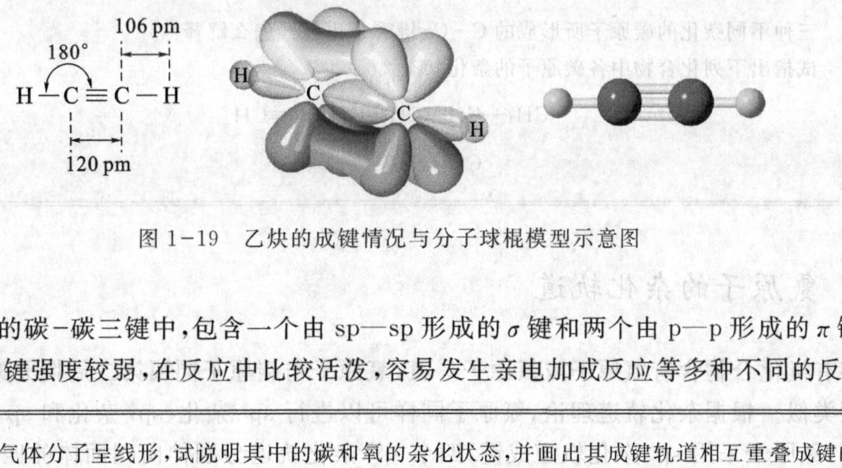

图 1-19　乙炔的成键情况与分子球棍模型示意图

乙炔分子的碳-碳三键中，包含一个由 sp—sp 形成的 σ 键和两个由 p—p 形成的 π 键。与乙烯类似，π 键的键强度较弱，在反应中比较活泼，容易发生亲电加成反应等多种不同的反应。

习题 1-9　CO_2 气体分子呈线形，试说明其中的碳和氧的杂化状态，并画出其成键轨道相互重叠成键的示意图。

习题 1-10　试分析 H_3C—CN 中氰基(—C≡N)中 C 和 N 的杂化状态，并画出其成键轨道的示意图。

1.4.4　碳原子不同杂化轨道的比较

从 sp→sp^2→sp^3，杂化轨道中 s 轨道成分逐渐减少(50%→33.3%→25%)，轨道与核的距离逐渐增大，因此，形成的键也越来越长，键强度减弱。

表 1-2 中列出了 sp^3、sp^2、sp 杂化的碳原子所形成的 σ 键的键角、键长、键能。从表 1-2 的数据可以清楚地看出 C—H 键的键长从乙烷到乙烯到乙炔不断缩短，键能不断增大。

表 1-2 乙烷、乙烯、乙炔中 C—C 键、C—H 键的键参数对比

分子	碳的杂化状态	键角	C—C 键键长 / pm	C—C 键键能 / $kJ\cdot mol^{-1}$	C—H 键键长 / pm	C—H 键键能 / $kJ\cdot mol^{-1}$
乙烷	sp^3	109.5°	154	368	110	423
乙烯	sp^2	120°	133	636	108	448
乙炔	sp	180°	120	837	106	548

乙烷、乙烯、乙炔分子中的碳－碳键分别为碳-碳单键、双键和三键。碳-碳单键只含有一个 σ 键，碳-碳双键中含有一个 σ 键和一个 π 键，而碳-碳三键中含有一个 σ 键和两个 π 键。如果忽略 $C_{sp^3}—C_{sp^3}$ 与 $C_{sp^2}—C_{sp^2}$、$C_{sp}—C_{sp}$ 中 σ 键的键能差别(实际上是不同的，如 $C_{sp^2}—C_{sp^2}$ σ 键的键能为 381 $kJ\cdot mol^{-1}$，大于乙烷分子中的 $C_{sp^3}—C_{sp^3}$ σ 键的键能 368 $kJ\cdot mol^{-1}$)，可以根据表 1-2 中数据计算出乙烯分子中的 π 键键能约为 268 $kJ\cdot mol^{-1}$，而乙炔分子中两个 π 键的键能约为469 $kJ\cdot mol^{-1}$。因此可以肯定：π 键是由轨道侧面重叠所形成的，与 σ 键比较，其轨道重叠程度不高，键能较低，相对较不稳定，易发生亲电加成反应(详见第十章)。

不同杂化轨道的碳原子形成的共价键间键角不同，这是因为不同的杂化轨道间的夹角不同。因此，sp^3 杂化碳原子形成的共价键间夹角大约为 109.5°，sp^2 杂化碳原子的约为 120°，sp 杂化碳原子的约为 180°。

习题 1-11 三种不同杂化的碳原子所形成的 C—Cσ 键哪个更强？怎么解释？

习题 1-12 试指出下列化合物中各碳原子的杂化状态。

$$CH_3—\underset{\displaystyle CH_3}{\underset{|}{CH}}—CH{=}CH—C{\equiv}CH$$

1.4.5 氮原子的杂化轨道

许多有机化合物含有氮原子或氧原子。氮、氧原子与碳原子同属第二周期元素，它们的外层电子构型类似。根据杂化轨道理论，氮原子同样可以进行 sp^3 杂化、sp^2 杂化和 sp 杂化。在氨和胺分子中，氮原子采用 sp^3 杂化轨道成键，四个 sp^3 杂化轨道分别伸向四面体的四个顶点。由于氮的原子序数比碳大 1，外层电子数目也相应多一个，氮原子的四个 sp^3 杂化轨道中有一个被孤对电子占据(图 1-20)，因此，氮原子只能形成三个 σ 键，由此形成的氨和胺分子呈三角锥形(如图 1-21 所示)。

在氨和胺分子中，H—N—H、C—N—H 或 C—N—C 的键角常常不等于 109.5°，只是与之接近。例如，在氨分子中，H—N—H 键角为 107.3°，这是因为氮原子上的未成键电子对具有较大的排斥力，使得 H—N—H 键角有所减小。而在胺分子中，C—N—H 或 C—N—C 的键角会受到烃基体积大小和孤对电子的综合影响(详见第四章)。

亚胺和氰基的结构如图 1-22 所示。亚胺分子中，氮原子采用 sp^2 杂化轨道成键。与乙烯类似，亚胺中的碳-氮双键是由 $C_{sp^2}—N_{sp^2}$ 形成的 σ 键和 $C_p—N_p$ 形成的 π 键组成，其氮原子以及与

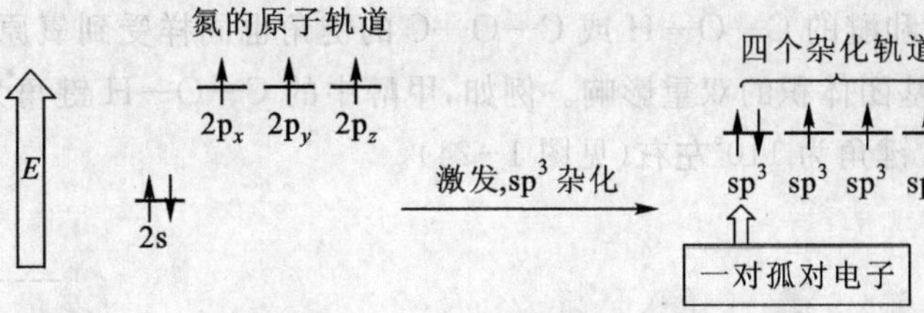

图 1-20　氮原子的 sp^3 杂化

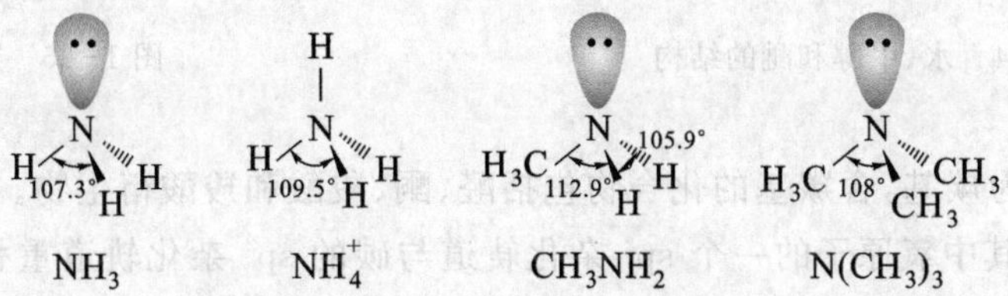

图 1-21　氨、铵离子和胺分子的结构图

之相连的原子处于同一平面。腈分子中，氰基则类似于乙炔，呈直线形。氰基中的氮原子以 sp 杂化轨道成键，碳-氮三键中，一个是由 $C_{sp}—N_{sp}$ 形成的 σ 键，两个是由 $C_p—N_p$ 形成的 π 键。与碳-碳双键和三键不同的是碳-氮双键和三键是极性共价键(参阅 1.5 节)。

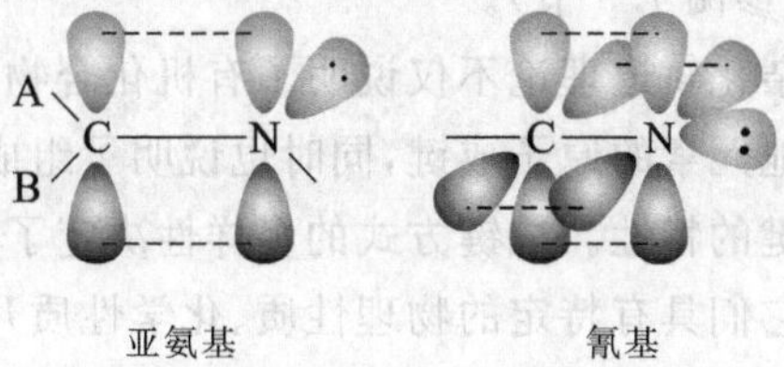

图 1-22　亚胺和氰基的结构

1.4.6　氧原子的杂化轨道

有机含氧化合物主要有醇、酚、醚、醛、酮、羧酸及其衍生物。在这些化合物中，氧可以与碳原子以单键或双键形式相连。C—O 单键和 C═O 双键中氧原子通常分别以 sp^3 杂化轨道或 sp^2 杂化轨道成键。不同于碳、氮原子，氧原子有 6 个外层电子，因此，一般只能形成两个共价键，另有两对孤对电子(图 1-23)。

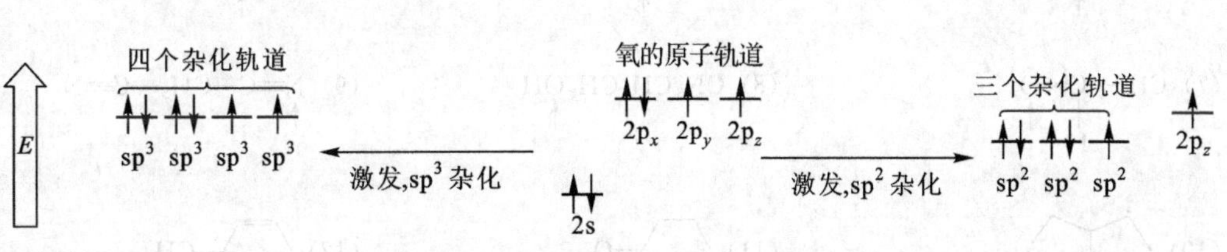

图 1-23　氧原子的杂化轨道

与氨相比，水分子的 H—O—H 键角由于受到两对孤对电子的排斥作用进一步减小，只有

104.5°。与胺类似，醇和醚的 C—O—H 或 C—O—C 的键角也同样受到氧原子上的两对孤对电子排斥作用以及相连基团体积的双重影响。例如，甲醇中的 C—O—H 键角为 108.9°，而一般醚类化合物的 C—O—C 键角为 110°左右（见图 1-24）。

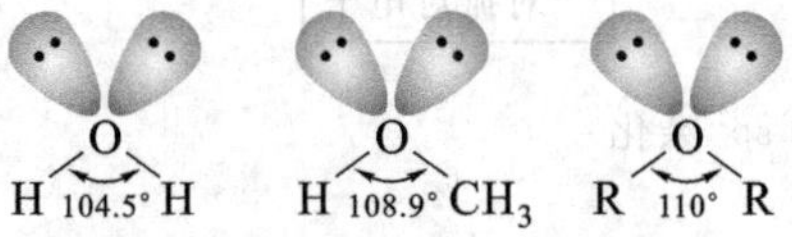

图 1-24 水、甲醇和醚的结构

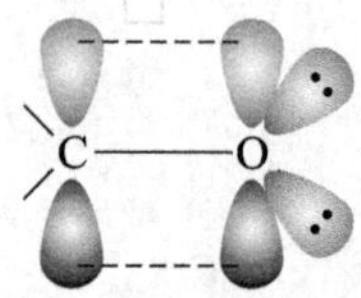

羰基

图 1-25 羰基的结构

C ═O 双键称为羰基，含羰基的化合物包括醛、酮、羧酸和羧酸衍生物。C ═O 双键中氧以 sp^2 杂化轨道成键，其中氧原子的一个 sp^2 杂化轨道与碳的 sp^2 杂化轨道重叠形成一个 σ 键，同时，氧的 p 轨道电子与碳的 p 轨道电子形成 π 键，其结构与乙烯类似。不同之处在于：羰基氧原子上有两对孤对电子，因此不再与其他原子或基团相连（见图 1-25），并且 C ═O 双键是极性共价键（参阅 1.5 节）。

杂化轨道理论不仅说明了有机化合物中的碳原子可以通过不同的杂化轨道与另外的碳原子或其他元素的原子成键，同时也说明了组成有机化合物的其他原子如氧、氮等通过不同的杂化轨道成键的特性。成键方式的多样性决定了有机化合物结构的多样性和复杂性。有机化合物的结构是它们具有特定的物理性质、化学性质乃至复杂生理功能的分子基础。

习题 1-13 试分析 HCHO 中碳-氧双键的成键形式，回答：HCHO 分子的形状是怎样的？

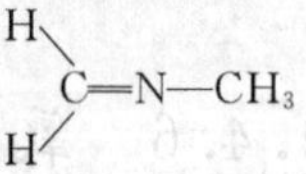

又如何？

习题 1-14 下列构造式中箭头标示的原子采用哪种杂化轨道成键？

(1) 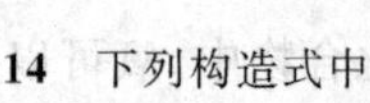

(2) 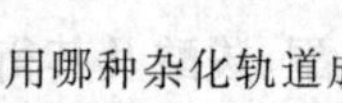

(3)

(4) 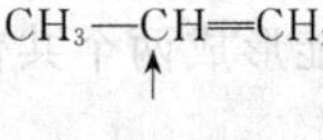

(5) 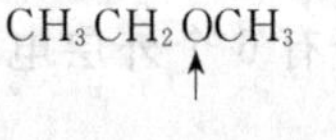

(6) 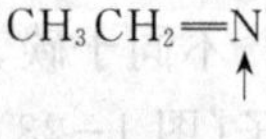

(7) 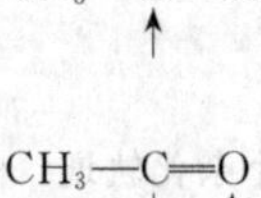

(8) 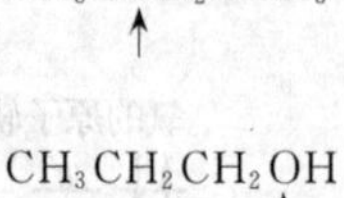

(9) 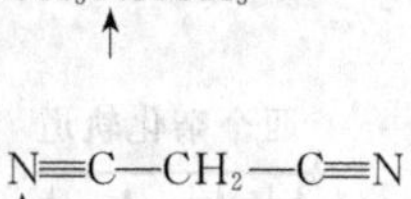

(10) 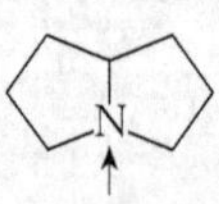

(11) 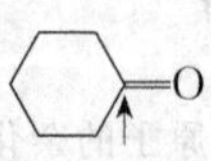

(12) 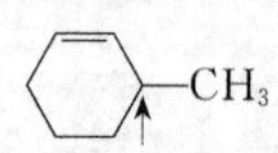

习题 1-15 试分析甲酸、甲酸甲酯的结构，指出其中各键间键角以及各原子在空间的排布情况，以图示表示。

1.5　电负性与键的极性

1.5.1　元素的电负性

不同元素的原子由于核外电子的排布不同，原子核对电子的吸引程度也不同。在同一周期中，如从锂到氟，价电子数目从 1 增加到 7，而原子核电荷也从 +3 增加到 +9。这样，价电子受到核的吸引作用也逐渐增加，即价电子的稳定性从锂到氟逐渐增加，原子半径从锂到氟逐渐降低。因此，同一周期从左到右，原子失去电子而形成八隅体的能力降低，相反，得到电子形成八隅体的能力增强。即锂通常表现为失去电子成正离子，而氮、氧、氟通常表现为得到电子成为负离子。碳居于第二周期中间，既不容易得到 4 个电子，也不容易失去 4 个电子，通常以共享电子的方式形成八隅体。这是有机化合物的一个普遍的结构特征，即以共价键方式成键。

同一主族元素的原子从上到下，随着价电子层的主量子数增大，价电子距离原子核越来越远，受原子核吸引力也就越来越弱，原子半径不断增大。这意味着失去价电子形成八隅体的能力增强，而得到电子成八隅体的能力减弱。例如，第一主族元素从锂到钠到钾到铷，失去电子形成八隅体能力增强，而第七主族元素从氟到氯到溴到碘得到电子形成八隅体的能力减弱。

Pauling 于 1932 年将原子在分子中吸引电子的能力定义为元素的电负性(electronegativity)。通过规定氟原子的电负性为 4.0，并计算求出了其他元素的相对电负性值。电负性计算有多种不同的方法，得出的数值也略有不同。表 1-3 列出了 Pauling 计算得出的常见主族元素原子的电负性值。

表 1-3　常见主族元素的电负性值

ⅠA	ⅡA	ⅢA	ⅣA	ⅤA	ⅥA	ⅦA
H						
2.1						
Li	Be	B	C	N	O	F
1.0	1.5	2.0	2.5	3.0	3.5	4.0
Na	Mg	Al	Si	P	S	Cl
0.9	1.2	1.5	1.8	2.1	2.5	3.0
K	Ca					Br
0.8	1.0					2.8
						I
						2.5

不同杂化状态的碳原子具有不同的电负性。从 $sp \rightarrow sp^2 \rightarrow sp^3$，由于杂化轨道中 s 成分减少，与原子核的距离越来越远，原子核对杂化轨道中电子的吸引能力也越来越弱，使得不同杂化状态的碳的电负性不同，其顺序为

$$\chi_{C_{sp}} > \chi_{C_{sp^2}} > \chi_{C_{sp^3}}$$

1.5.2　极性共价键与偶极矩

当同种元素的原子形成共价键时，成键的两个原子电负性相同，共享电子对平均为两个原子所共有，这种共价键称为非极性共价键（nonpolar covalent bonds），如 H—H、F—F、C—C 等共价键都是非极性共价键。由非极性共价键形成的分子没有极性，称为非极性分子（nonpolar molecules）。相反，不同种元素的原子间成键，如 H—Cl、C—Cl、H—O、C—O、H—N 和 C—N 等共价键中，由于成键的两个原子之间的电负性不相同，共享电子对较多地被吸引在电负性较大的元素原子核外围运动。这样共价键连接的两个原子就表现出净电荷分离情况，电负性较大的原子端显示部分负电荷，而电负性较小的原子端显示部分正电荷。这种共价键被称为极性共价键（polar covalent bonds），相应的具有极性的分子称为极性分子（polar molecules）。键的极性可以用“$+\!\!\!\longrightarrow$”表示，以箭头端指向负电荷端。例如：

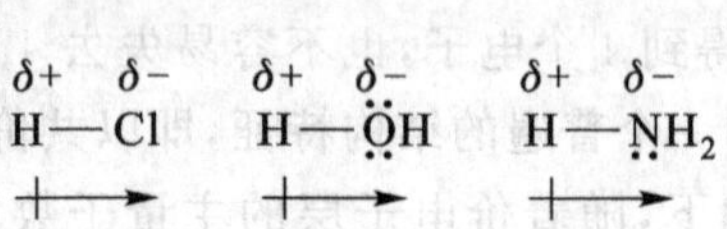

分子轨道理论能够从键的形成角度很好地分析键的极性情况。如图 1-26(a)所示，当两个碳原子以两个 sp^3 杂化轨道来生成 σ 和 σ^* 分子轨道时，两个 sp^3 杂化轨道对 σ 和 σ^* 轨道的贡献是一样的。这时 σ 轨道中的 2 个电子由两个碳原子平均分享，这样的 σ 键就没有极性。

如图 1-26(b)所示，一个碳原子与一个氟原子成键，也可以看成是 C_{sp^3} 杂化轨道和 F_{sp^3} 杂化轨道成键。因为氟的电负性大于碳的电负性，外层电子离核较近也就是说，C_{sp^3} 的能量比 F_{sp^3} 的能量高。这样当两个原子轨道重叠生成两个分子轨道时，σ_{C-F} 轨道就更像 F_{sp^3}，即 F_{sp^3} 对 σ_{C-F} 轨道的贡献大于 C_{sp^3} 对 σ_{C-F} 轨道的贡献。对于 $\sigma_{C-F}{}^*$ 轨道来说，则正好相反，C_{sp^3} 的贡献大于 F_{sp^3} 的贡献。因为 C—F 键的 2 个电子在 σ_{C-F} 轨道中，这样，2 个电子在 F 原子周围出现的概率高于在碳原子周围的概率，也即 2 个电子更靠近 F 原子，而使得 F 原子带部分负电荷，碳原子则带部分正电荷。

上面的原理可以推广到其他体系，如图 1-27 所示。

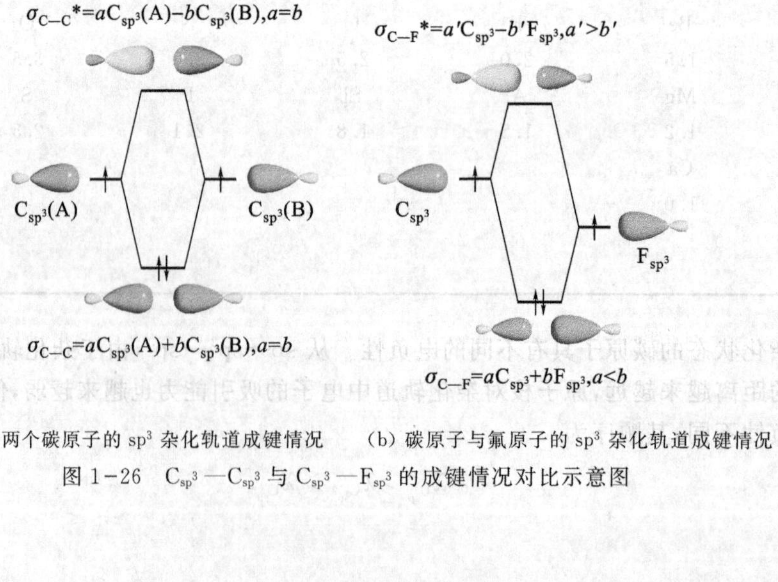

(a) 两个碳原子的 sp^3 杂化轨道成键情况　　(b) 碳原子与氟原子的 sp^3 杂化轨道成键情况

图 1-26　C_{sp^3}—C_{sp^3} 与 C_{sp^3}—F_{sp^3} 的成键情况对比示意图

图 1-27　有机化合物中常见化学键的极性顺序

H—H 键和 C—C 键没有极性。碳的电负性只比氢的电负性略大，所以一般认为 C—H 键的极性很小，属于非极性键的范围。而 H—N，H—O，H—F 键和 C—N，C—O，C—F 键则为极性键，并且从氮到氧到氟，其与氢或碳形成的共价键极性增强。第三周期元素从磷到硫到氯也呈现同样的变化规律。

键的极性对于有机化合物的物理性质和化学性质都有重要影响。键的极性对有机反应的发生是至关重要的，大多数的反应都发生在电子云密度较高的原子或基团上，也称为富电子（electron-sufficient）原子或基团，或电子云密度较低的原子或基团即缺电子（electron-deficient）的原子或基团上。

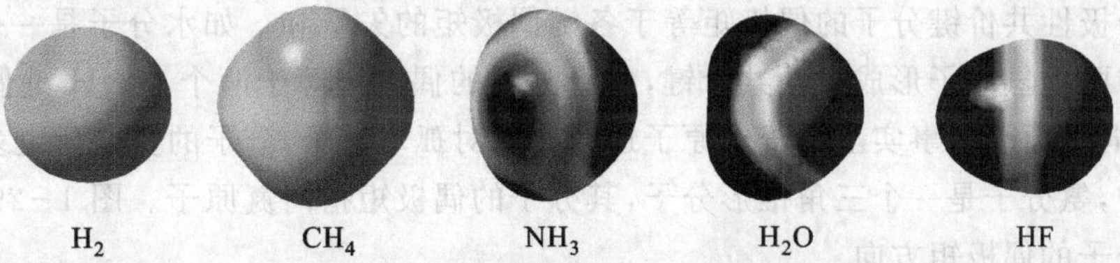

图 1-28　H_2、CH_4、NH_3、H_2O 和 HF 分子静电势图

现在可以通过化学软件描绘一个分子的尺寸、形状及电荷密度分布情况。如图 1-28 中采用不同的颜色表示了氢气、甲烷、氨气、水和氟化氢分子的静电势（见彩页 1）。图 1-28 显示，氢分子和甲烷分子基本上没有极性，而氨气、水和氟化氢分子中的负电荷主要分布在电负性较大的氮、氧、氟原子上，且随着氮、氧、氟元素的电负性增加，分子中氢原子的正电荷密度越来越高。可见，键的极性或者说分子的电子云密度分布直接取决于成键原子的电负性高低。

习题 1-16　使用“δ+”和“δ−”表示下列键的键极性。

(1) H_3C—Cl　(2) F—Br　(3) H_3C—NH_2　(4) HO—Br

(5) H_3C—OH　(6) H_3C—MgBr　(7) H_2N—OH　(8) 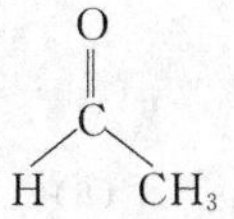 中的 C═O 键

共价键的极性可以用偶极矩（dipole moment）μ 来表示，即等于分子所呈现的正电荷或负电荷（e，两者是相等的）与正负电荷中心间的距离（d）的乘积：

$$\mu = e \times d$$

偶极矩的单位为 C·m。常见共价键的偶极矩列于表 1-4 中。

表 1-4 常见共价键的偶极矩值

键	偶极矩/(10^{-30} C·m)	键	偶极矩/(10^{-30} C·m)
H—C	1.33	C—O	2.33
H—N	4.34	C—F	5.34
H—O	5.0	C—Cl	5.0
H—F	5.67	C—Br	4.67
H—Cl	3.67	C—I	4.0
H—Br	2.67	C═O	7.7
H—I	1.33	C═N	3.0
C—C	0	C≡N	11.8
C—N	0.67		

含有多个极性共价键分子的偶极矩等于各键偶极矩的矢量和。如水分子是一个 V 形分子，氧原子分别与两个氢原子形成极性共价键，整个分子的偶极矩等于两个 O—H 键偶极矩的矢量和，其方向指向氧原子。事实上由于氧原子还存在两对孤对电子，分子的负电荷更多分布在孤对电子端。同样，氨分子是一个三角锥形分子，其分子的偶极矩指向氮原子。图 1-29 中分子右边的箭头表示分子的偶极矩方向。

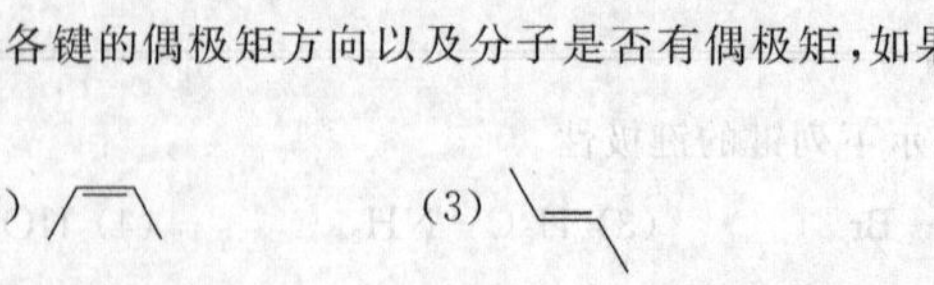

图 1-29 水和氨分子的偶极矩方向

习题 1-17 指出下列化合物中各键的偶极矩方向以及分子是否有偶极矩，如果有，画出其偶极矩方向。

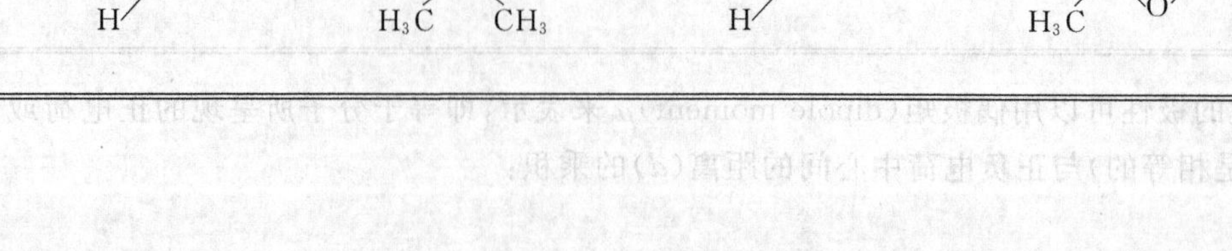

1.6　有机分子的基本骨架和官能团

1.6.1　有机分子的基本骨架

有机化合物的基本骨架由碳原子和氢原子组成。有机化合物是在碳原子和氢原子所组成的包括碳-碳单键、双键和三键以及碳-氢键的开链或环状基本骨架上构建起来的。只含有碳和氢两种元素原子的有机化合物称为烃(hydrocarbons)。

烃类化合物可以根据是否成环分为开链烃和环烃,也可以根据所含碳-碳键类型分为饱和烃(saturated hydrocarbons)和不饱和烃(unsaturated hydrocarbons)。前者只含有碳-碳单键,又称为烷烃(alkanes),后者含有碳-碳双键或三键,称为烯烃(alkenes)或炔烃(alkynes)。在不饱和烃中还有一类十分特殊的环烃,以苯为代表,称为芳香烃(aromatic hydrocarbons)。它们虽高度不饱和,但与典型不饱和烃的反应性质有很大差别,如不容易发生亲电加成反应,而容易发生亲电取代反应。这种特殊的稳定性称为芳香性(aromaticity)(见第三章和第十二章)。

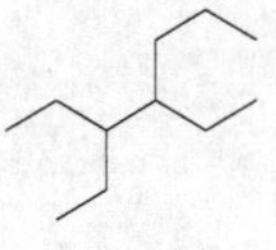
(开链)烷烃

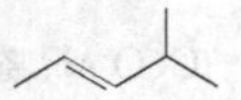
(开链)烯烃

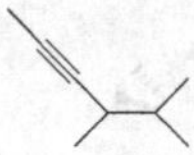
(开链)炔烃

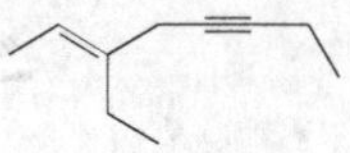
(开链)不饱和烃

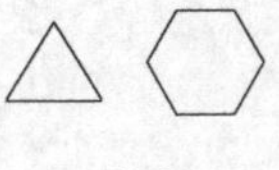
环烷烃

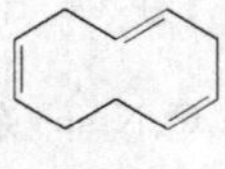
环烯烃

环炔烃

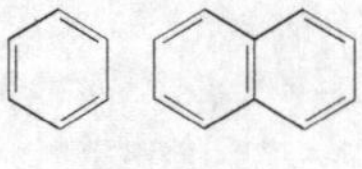
芳香烃

习题 1-18　请写出下列各化合物的类型。

(1) 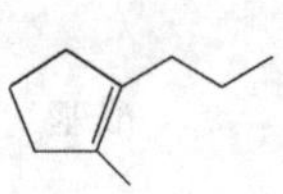

(2) 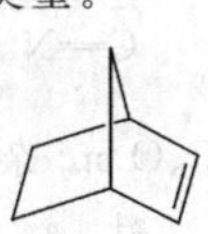

(3) 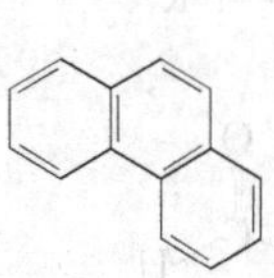

(4) 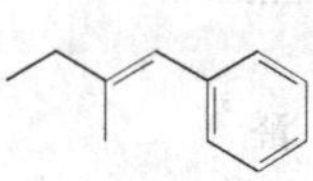

1.6.2　有机分子的官能团

除碳和氢两种基本元素外,有机化合物还含有氧、氮、硫、磷、卤素等,如含卤素的海洋天然产物,含过氧桥键结构的天然化合物等。这些化合物从结构上可以看成是碳氢化合物中氢被各种不同原子或基团取代后的产物,即烃的衍生物(derivatives of hydrocarbons),如醇 ROH 可以看做是烃中的氢被羟基(—OH)取代的化合物,胺则是烃中的氢被氨基($—NH_2$)取代的化合物。这些基团在有机分子中形成了不同于 C—C 键和 C—H 键的极性共价键。它们往往是反应的活性中心，并且通过电子效应和空间效应影响到分子的邻位或空间距离相近部位发生变化。由于这些基团具有不同的性质如反应功能，因此称为官能团(functional groups)。表 1-5 列出了重要官能团结构及中英文名称。碳-碳双键和碳-碳三键由于其 π 键的不饱和性常常成为反应的活性中心，因此也归属于官能团。

表 1-5 重要官能团结构的名称及化合物基本类别

化合物类别	官能团	结构特征	官能团名称
烯烃 alkenes	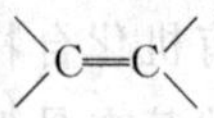	C sp^2 杂化 σ 键+π 键	碳-碳双键
炔烃 alkynes	—C≡C—	C sp 杂化 σ 键+2 个 π 键	碳-碳三键
卤代烃 alkyl halides	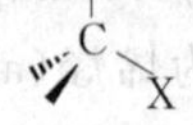	C sp^3 杂化 $\overset{\delta+}{C}—\overset{\delta-}{X}$	碳-卤素键
醇/酚 alcohols / phenols	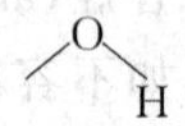	C、O sp^3 杂化 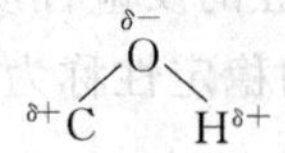	羟基
醚 ethers	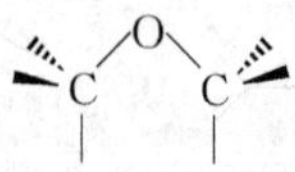	C、O sp^3 杂化 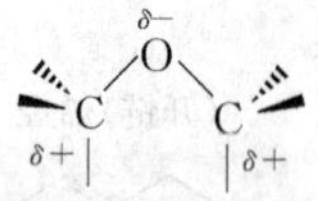	烷氧基
胺 amines	$—NH_2$	C、N sp^3 杂化 $\overset{\delta+}{C}—\overset{\delta-}{N}$	氨基
亚胺 imines	=NH =NR	C、N sp^2 杂化 $\overset{\delta+}{C}=\overset{\delta-}{N}$	亚氨基
醛 aldehydes	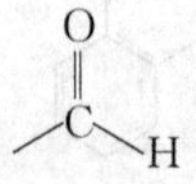	C、O sp^2 杂化 $\overset{\delta+}{C}=\overset{\delta-}{O}$	醛基
酮 ketones	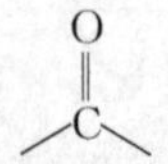	C、O sp^2 杂化 $\overset{\delta+}{C}=\overset{\delta-}{O}$	羰基
羧酸 carboxylic acids	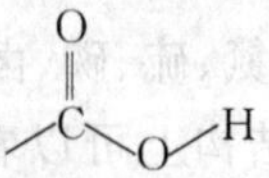	以下化合物中羰基 C、O 为 sp^2 杂化 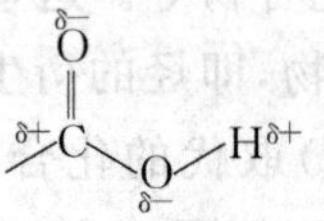	羧基

续表

化合物类别	官能团	结构特征	官能团名称
酰卤 actyl halides	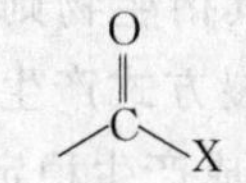	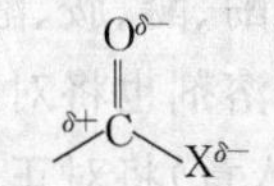	卤甲酰基
酸酐 acid anhydrides	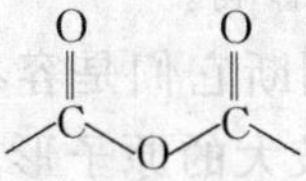	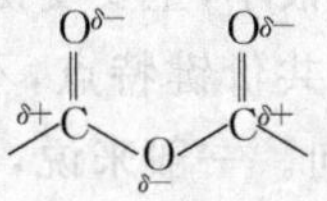	酰氧甲酰基
酯 esters	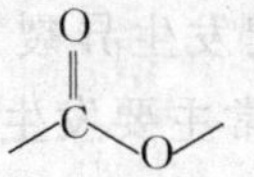	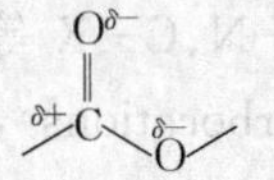	烃氧甲酰基
酰胺 amides	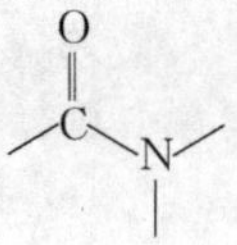	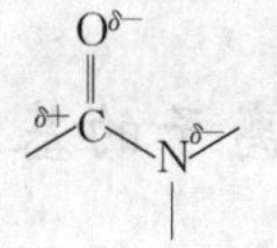	氨基甲酰基或 取代氨基甲酰基
腈 nitriles	—C≡N	C、N sp 杂化 $\overset{\delta+}{C}\equiv\overset{\delta-}{N}$	氰基

1.7 键的断裂方式与反应活性中间体的基本结构

有机化合物的化学变化过程是一个断裂某些原有的化学键并形成新的化学键的过程。因此，键的断裂方式以及断裂过程中所形成的分子片断的结构和性质，是研究有机化学反应过程的基本问题。

1.7.1 化学键的断裂方式

化学键的断裂有均裂和异裂两种不同的方式：

共价键的均裂：　$A—B \longrightarrow A\cdot + B\cdot$

共价键的异裂：　$A—B \longrightarrow A^{+} + B^{-}$

均裂就是指原来共享电子对成键的两个原子各自带走一个电子，从而形成两个带单电子的片断，这种片断称为自由基(radicals)。与均裂不同，异裂则是指原来共享的电子对被成键的两个原子之一带走，通常中性分子发生异裂形成了一个带负电荷的片断和一个带正电荷的片断，前者称为负离子(anions)，后者称为正离子(cations)。

由不同元素的原子所形成的共价键往往具有不同的性质，在参与化学反应时断裂的方式也各不相同。一般来说，极性共价键更倾向于发生异裂，而弱极性或非极性共价键则倾向于发生均裂。例如，烷烃主要通过 C—H 键的均裂发生自由基反应(参见第二章和第七章)，而各种含杂原子官能团化合物如卤代烃、醇、酚、醚、胺、醛酮、羧酸及其衍生物则以离子型反应为主(参见第八章及以后各章)。此外，反应的溶剂也将对化学键的断裂方式产生很大的影响。一般来说，极性溶剂由于溶剂化作用(参见第八章)将对正、负离子的形成产生稳定作用，从而有助于发生键的异裂。而均裂反应受溶剂影响很小，主要受键能大小的影响。

根据有机化合物的各种共价键特点，不仅可以判断它们是容易发生均裂，还是容易发生异裂，而且可以判断异裂的方向。一般来说，由电负性较大的原子形成负离子，而电负性较小的原子形成正离子。例如，极性共价键 N—H、O—H、X—H 键发生异裂形成氮负离子、氧负离子、卤素负离子和质子，而 C—O、C—N、C—X 等极性共价键发生异裂只能是形成氮负离子、氧负离子、卤素负离子和碳正离子(carbocations)，C—H 键通常主要发生均裂，但是在一定条件下也可以发生异裂(参见第四章和第十四章)，形成碳负离子(carbanions)和质子。

1.7.2　自由基和各种离子的基本结构

有机化合物反应中常见的自由基有卤素自由基、氧自由基和碳自由基(参见第七章和第十章)，其中碳自由基具有平面结构。杂化轨道理论指出在碳自由基中，碳原子采用 sp^2 杂化方式，并使用三个 sp^2 杂化轨道形成三个 σ 键，形成一个平面结构，而在垂直于该平面的 2p 轨道上有一个单电子。甲基自由基的结构如图 1-30 所示。

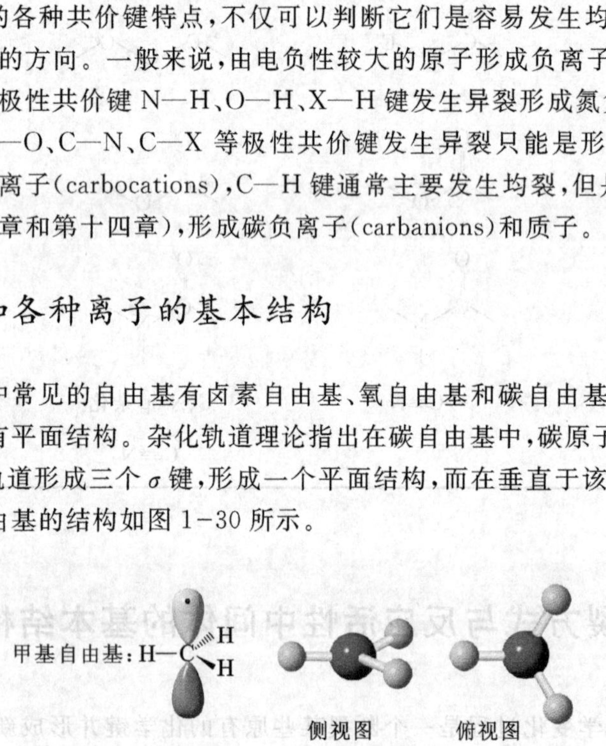

图 1-30　甲基自由基的结构

有机化学中常见的正离子有碳正离子，碳正离子的结构与碳自由基类似，也是平面结构，其中心碳原子也是采用 sp^2 杂化方式，并使用三个 sp^2 杂化轨道形成三个 σ 键，不同之处在于碳正离子中，2p 轨道上没有电子。甲基正离子的结构如图 1-31 所示。

有机化学中负离子的种类最多，有卤素负离子(X^-)、烷氧基负离子(RO^-)、氨基或取代氨基

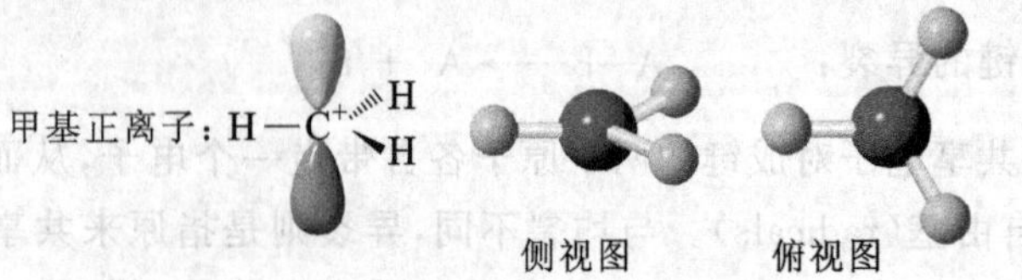

图 1-31　甲基正离子的结构

负离子($RR'N^-$)和碳负离子(R_3C^-)。各种不同类型的负离子的稳定性主要受到元素电负性的影响。形成负离子元素的电负性越大,则形成的负离子越稳定。即上述四种负离子的稳定性顺序如下:

$$X^- > RO^- > RR'N^- > R_3C^-$$

碳负离子的结构与碳正离子或碳自由基不同。因为带负电荷的碳原子最外层有三对成键电子和一对未成键电子,这样的四对电子需要采取相互远离的方式排列,以降低相互排斥的能量,因此碳负离子一般采用 sp^3 杂化轨道成键,未成键电子对与三个共价键形成一个四面体结构。例如,甲基负离子的结构如图 1-32 所示:

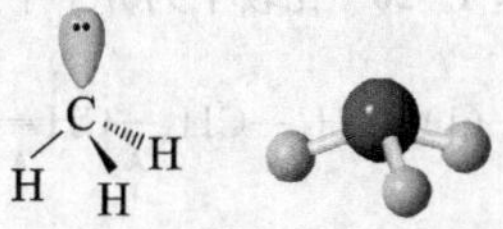

图 1-32　甲基负离子的结构

第三章、第四章和第七章将详细讨论各种结构因素对这些离子和自由基的稳定性影响。在有机化学中,由于碳自由基、碳正离子和碳负离子是多种反应的重要中间体,且由于它们都具有很高的能量,在反应过程中存在的时间非常短,所以又称为活性中间体(active intermediates)。有机反应中的活性中间体还有卡宾和苯炔,有关活性中间体的结构与稳定性以及对反应速率等多方面的影响将在第七章及后续章节深入讨论。

习题 1-19　指出下列分子中哪些具有离子键,哪些具有共价键,哪些同时具有离子键和共价键。

(1) CH_3ONa　(2) $(CH_3)_2NLi$　(3) HCHO　(4) KOH　(5) CH_3CH_2Br

(6) CH_3COONa　(7) NaN_3　(8) $NaHSO_3$　(9) CH_2Cl_2　(10) CH_3SO_3Na

习题 1-20　试画出下列分子或离子的 Lewis 结构式。

(1) CH_3OH　(2) $(CH_3)_2NH$　(3) CH_3CHO　(4) SO_3　(5) NO^+

(6) N_3^-　(7) $CH_3CH{=}NH$　(8) $CH_3COCH_2^-$　(9) CH_3O^-　(10) $CH_3CH_2^+$

习题 1-21　试写出满足下列要求的只含有碳和氢两种元素原子的有机化合物的 Kekulé 结构式。

(1) 含有五个 sp^3 碳原子;

(2) 含有三个 sp^3 碳和两个 sp^2 杂化碳原子;

(3) 含有三个 sp^3 碳和两个 sp 杂化碳原子。

习题 1-22　写出对应下列分子式可能的 Kekulé 结构式,并指出它们属于哪一类官能团化合物。

(1) C_2H_6O　(2) C_3H_9N　(3) C_2H_5N　(4) C_2H_4O　(5) $C_2H_4O_2$

习题 1-23　预测下列分子中指定的键角。

(1) CH_3CH_2OH 中的 C—O—H 键　(2) $(CH_3)_2NH$ 中的 C—N—C 键

(3) CH_3OCH_3 中的 C—O—C 键　(4) $CH_2{=}O$ 中的 H—C—H 键

(5) $H_3C{-}C{\equiv}N$ 中的 C—C—N 键　(6) $HC{\equiv}C{-}CH_3$ 中的 C—C—C 键

(7) $CH_2{=}C{=}CH_2$ 中的 C—C—C 键　(8) HCOOH 中的 O—C—O 键

习题 1-24　试指出下列化合物中各个碳、氧和氮原子的杂化状态。

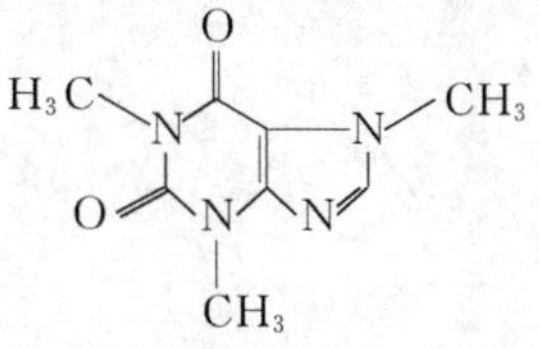

咖啡因

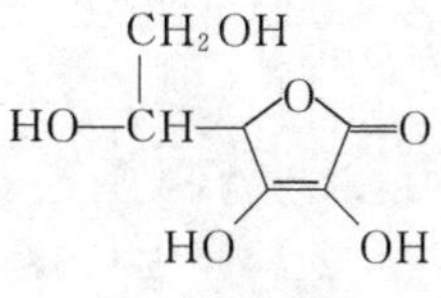

维生素C

习题 1-25 试比较下列各组键的极性大小。

(1) $CH_3—Br$ $CH_3—Cl$ (2) $CH_3—OH$ $CH_3—Cl$

(3) $CH_3—OCH_3$ $CH_3—NHCH_3$ (4) $CH_3—OCH_3$ $CH_3—SCH_3$

(5) 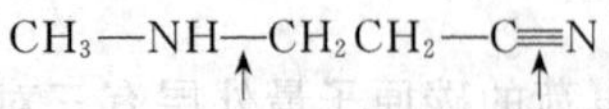

(6) 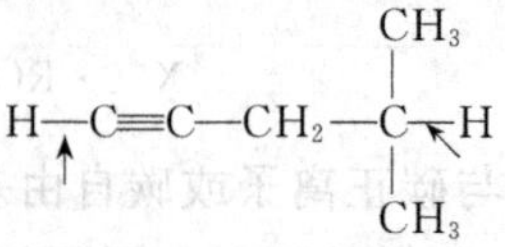

习题 1-26 比较下列分子中用箭头标记的键的长短与键的强弱。

(1) 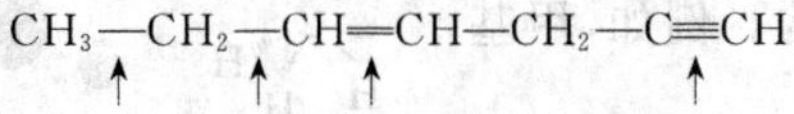

(2) 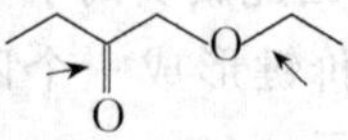

(3) 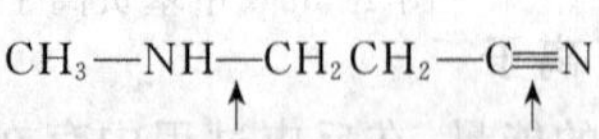

(4) 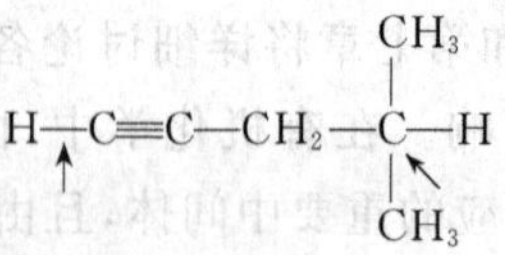

习题 1-27 下列分子中用箭头标记的原子是否一定与 sp^2 杂化碳原子共平面。

(1) 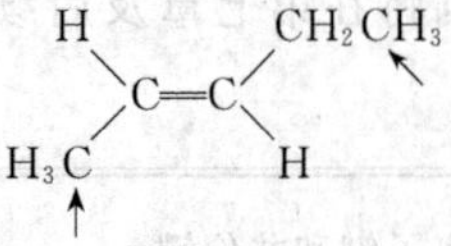

(2) 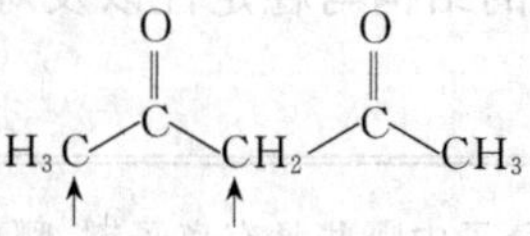

(3) 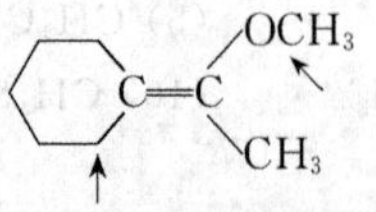

(4) 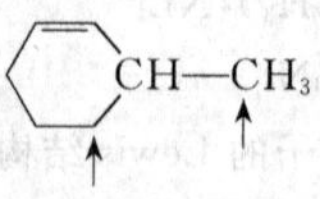

习题 1-28 从键的极性情况分析下列化学反应方程式是否合理。

(1) $CH_3CH_2OH + ClCH_2CH_3 \longrightarrow CH_3CH_2OCH_2CH_3 + HCl$

(2)

(3) $CH_3CH_2MgBr + HOCH_3 \longrightarrow CH_3CH_2OCH_3 + HMgBr$

第二章　饱和碳氢化合物

(Saturated Hydrocarbons)

只含有碳和氢两种元素的化合物称为碳氢化合物(hydrocarbons),简称烃。烃是最简单的有机化合物,所有的有机化合物都可以看成是烃的衍生物。按照烃化合物分子中碳原子杂化状态不同,可以将烃分为饱和烃(saturated hydrocarbons)和不饱和烃(unsaturated hydrocarbons)。本章将讨论含有 sp^3 杂化碳原子,即只含有 C—C 单键的饱和碳氢化合物的命名、构象、物理性质、化学稳定性和主要反应特点。

2.1　碳氢化合物的分类

不含有 C—C 重键的碳氢化合物称为烷烃(alkanes)。烷烃可以分为开链烷烃和环烷烃。甲烷(CH_4)、乙烷(CH_3CH_3)、丙烷($CH_3CH_2CH_3$)和丁烷($CH_3CH_2CH_2CH_3$)等都是开链烷烃,它们的组成符合通式 C_nH_{2n+2}(其中 n 为任意正整数)。从组成上看,每个烷烃只相差一个或多个 CH_2 单位,这样的系列化合物称为同系物(homologous)。图 2-1 是开链烷烃球棍模型示意图。

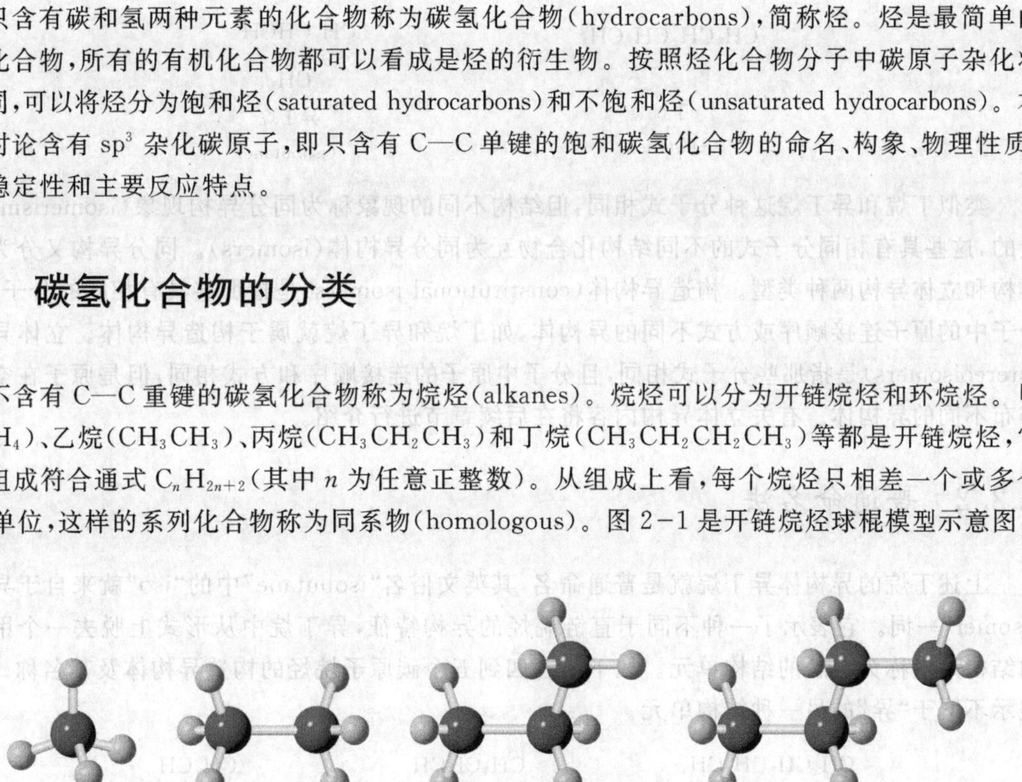

甲烷 (methane)　　乙烷 (ethane)　　丙烷 (propane)　　丁烷 (butane)

图 2-1　开链烷烃球棍模型示意图

环丙烷、环丁烷、环戊烷等是环烷烃。只含有一个环的环烷烃组成符合通式 C_nH_{2n}。

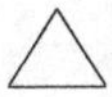

环丙烷 (cyclopropane)

环丁烷 (cyclobutane)

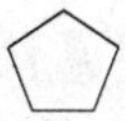

环戊烷 (cyclopentane)

2.2 开链烷烃的命名

2.2.1 烷烃的同分异构

含一到三个碳原子的烷烃只有一个结构式与分子式对应，即甲烷、乙烷和丙烷。四个碳的烷烃除了直链的丁烷外，还有一个带支链结构的化合物，俗称异丁烷。

丁烷 (butane)　　异丁烷 (isobutane)

类似丁烷和异丁烷这种分子式相同，但结构不同的现象称为同分异构现象(isomerism)。相应的，这些具有相同分子式的不同结构化合物互为同分异构体(isomers)。同分异构又分为构造异构和立体异构两种类型。构造异构体(constitutional isomers)是指那些具有相同的分子式，但分子中的原子连接顺序或方式不同的异构体，如丁烷和异丁烷就属于构造异构体。立体异构体(stereoisomers)是指那些分子式相同，且分子中原子的连接顺序和方式相同，但是原子在空间的排布不同的异构体。有关立体异构内容将在后续章节进行介绍。

2.2.2 普通命名法

上述丁烷的异构体异丁烷就是普通命名，其英文俗名“isobutane”中的“iso”就来自于异构体“isomer”一词。它表示了一种不同于直链烷烃的异构特征，异丁烷中从形式上脱去一个甲基后的结构片段称为“异”的结构单元。以下是含四到五个碳原子烷烃的构造异构体及其名称。“新”表示不同于“异”的另一种结构单元。

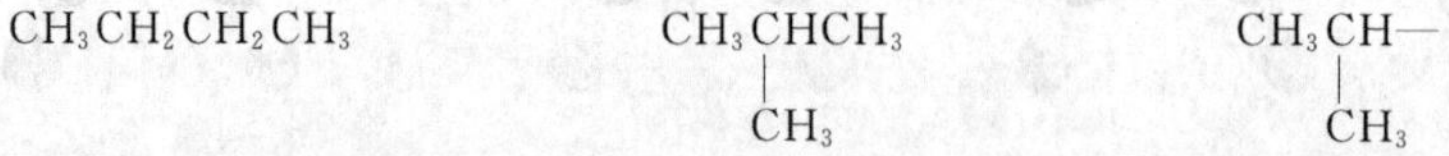

正丁烷 (n-butane)　　异丁烷 (isobutane)　　“异”基结构单元 (“iso”)

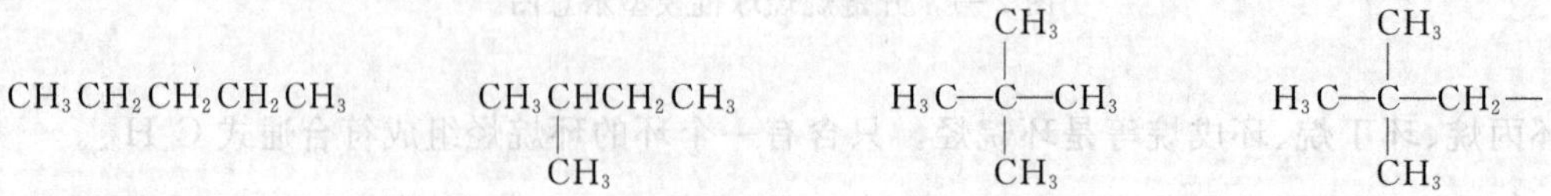

正戊烷 (n-pentane)　　异戊烷 (isopentane)　　新戊烷 (neopentane)　　“新”基结构单元 (“neo”)

以上所用的名称为普通命名。普通命名法原则如下：

1. 以烷烃中的全部碳原子数加上“烷”字，称为“某烷”或“某(碳)烷”。碳原子数在十以内的中文名称以天干——甲、乙、丙、丁、戊、己、庚、辛、壬、癸加“烷”组成，如含有八个碳原子的烷烃称为辛烷。碳原子数在十以上的以中文数字表示，如十一(碳)烷。英文命名中，除了含一到四个碳原子的烷烃外，均用希腊数目词头表示碳原子的数目，以-ane 词尾表示烷烃。

表 2-1 列出了部分直链烷烃的中英文名称对照。

表 2-1　部分直链烷烃的中英文名称对照

碳数	分子式	构造式	中文名	英文名
1	CH_4	CH_4	甲烷	methane
2	C_2H_6	CH_3CH_3	乙烷	ethane
3	C_3H_8	$CH_3CH_2CH_3$	丙烷	propane
4	C_4H_{10}	$CH_3CH_2CH_2CH_3$	丁烷	butane
5	C_5H_{12}	$CH_3(CH_2)_3CH_3$	戊烷	pentane
6	C_6H_{14}	$CH_3(CH_2)_4CH_3$	己烷	hexane
7	C_7H_{16}	$CH_3(CH_2)_5CH_3$	庚烷	heptane
8	C_8H_{18}	$CH_3(CH_2)_6CH_3$	辛烷	octane
9	C_9H_{20}	$CH_3(CH_2)_7CH_3$	壬烷	nonane
10	$C_{10}H_{22}$	$CH_3(CH_2)_8CH_3$	癸烷	decane
11	$C_{11}H_{24}$	$CH_3(CH_2)_9CH_3$	十一烷	undecane
12	$C_{12}H_{26}$	$CH_3(CH_2)_{10}CH_3$	十二烷	dodecane
13	$C_{13}H_{28}$	$CH_3(CH_2)_{11}CH_3$	十三烷	tridecane
20	$C_{20}H_{42}$	$CH_3(CH_2)_{18}CH_3$	二十烷	eicosane
21	$C_{21}H_{44}$	$CH_3(CH_2)_{19}CH_3$	二十一烷	heneicosane
30	$C_{30}H_{62}$	$CH_3(CH_2)_{28}CH_3$	三十烷	triacontane

2. 直链烷烃称为“正某烷”，而具有特定支链结构的异构体可以使用如前所述的“异(iso)”或“新(neo)”来表示。

分子式为 C_6H_{14} 的烷烃有 5 种异构体，但是使用普通命名法只能命名其中的 3 种：己烷、异己烷和新己烷，另外两个就难以命名了。七个碳的烷烃有 9 种构造异构体，使用普通命名法只能命名两个。注意“新”字一般不用于七个或七个碳以上的烷烃的异构命名。

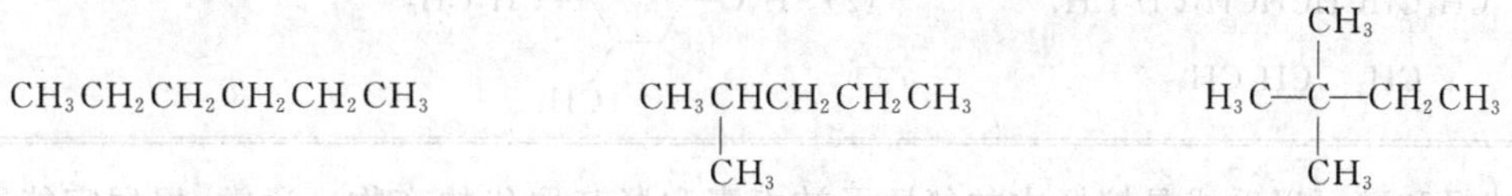

己烷　(hexane)　　异己烷　(isohexane)　　新己烷　(neohexane)

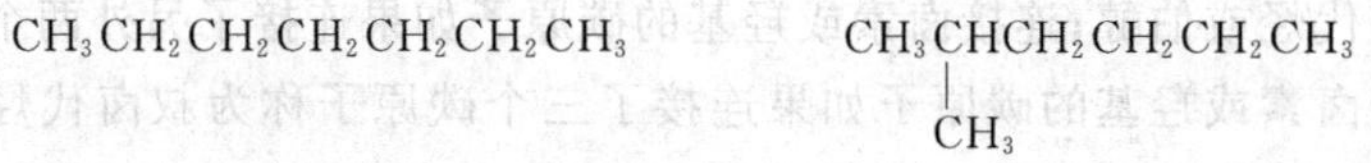

庚烷　(heptane)　　异庚烷　(isoheptane)

习题 2－1　写出分子式为 C_6H_{14}、C_7H_{16} 的除上述异构体以外的全部异构体的构造式。

在有机化学中，同分异构现象十分普遍，随着碳原子数目的增加，同一分子式的同分异构体数目迅速增加。如分子式为 $C_{10}H_{22}$ 的烷烃有 75 种异构体，分子式为 $C_{15}H_{32}$ 的烷烃有 4 347 种异构体，而分子式为 $C_{20}H_{42}$ 的烷烃数目超过 36 万种异构体。显然，不能使用类似"异"或"新"的标记方法来解决同分异构体的命名问题，而是需要一套准确的规则来命名化合物。1892 年在瑞士日内瓦召开的国际纯粹与应用化学联合会(International Union of Pure and Applied Chemistry，简称 IUPAC)上制定了一套系统命名法(systematic nomenclature)，也称为 IUPAC 命名法(IUPAC nomenclature)。IUPAC 命名原则最近一次的修订是在 1979 年。根据 IUPAC 命名原则，中国化学会组织成立了"有机化学名词小组"，对我国一直沿用的《有机化学物质的系统命名原则》(1960)进行了增补和修订，制定了《有机化学命名原则》(1980)。本书主要介绍有机化合物的中英文普通命名和 IUPAC 命名。

在讲述 IUPAC 命名前，首先要了解烷烃中碳和氢的种类以及有机化学中"基"的概念。

2.2.3　烷烃中碳和氢的种类

烷烃分子中有的碳连接一个碳，有的连接两个碳、三个碳或四个碳。它们分别称为一级(1°)碳、二级(2°)碳、三级(3°)碳和四级(4°)碳，或分别称为伯碳、仲碳、叔碳和季碳。将伯碳、仲碳、叔碳上所连接的氢分别称为伯氢、仲氢和叔氢。例如：

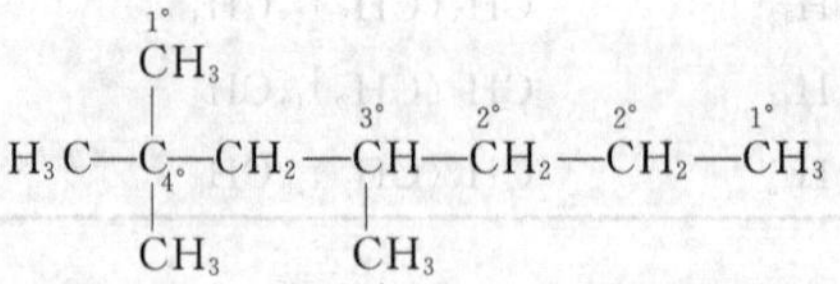

这些不同的碳和氢在波谱中有不同的特征(详见第六章)，在化学反应中有不同的反应活性和选择性(详见第二部分)。伯、仲、叔、季对应的英文是 primary、secondary、tertiary、quarternary。

习题 2－2　使用 1°、2°、3°和 4°标注以下烷烃中的碳。

(1) 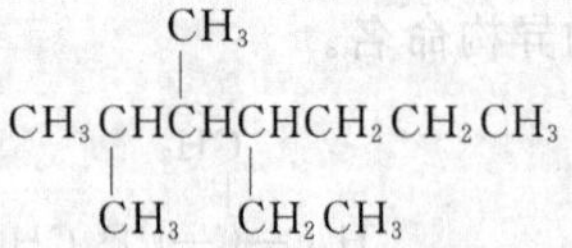　　(2) 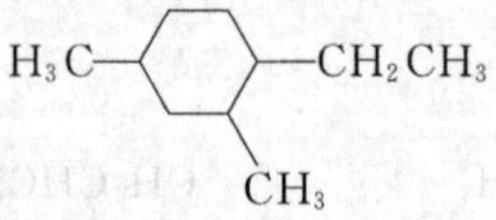

卤代烃和醇可以看成是烷烃中的氢原子被卤素和羟基取代的产物。通常，根据官能团卤素原子和羟基所连的烷基的不同，对卤代烃和醇进行分类。连接卤素或羟基的碳原子如果只与另一个碳原子直接相连，称为伯卤代烃或伯醇；连接卤素或羟基的碳原子如果连接了另外两个碳原子则称为仲卤代烃或仲醇；连接卤素或羟基的碳原子如果连接了三个碳原子称为叔卤代烃或叔醇。只含有一个碳原子的卤代烃或醇，即卤代甲烷或甲醇，由于连接卤素或羟基的是甲基，性质上比较特别，因此，常常单列出来。例如：

CH_3X	$CH_3CH_2CH_2CH_2X$	CH_3CH_2CHX | CH_3	CH_3 | $H_3C—C—X$ | CH_3
卤代甲烷	伯(1°)卤代烷	仲(2°)卤代烷	叔(3°)卤代烷
CH_3OH	$CH_3CH_2CH_2CH_2OH$	CH_3CH_2CHOH | CH_3	CH_3 | $H_3C—C—OH$ | CH_3
甲醇	伯(1°)醇	仲(2°)醇	叔(3°)醇

烷烃分子中从形式上脱去一个氢后的剩余部分称为“烷基”(alkyl)。IUPAC 命名原则中规定了各类不同基的命名。四个碳以内的“烷基”常用普通名。英文中“基”的名称是在烷烃名后面去掉“ane”加上“yl”。表 2-2 列出了常见“烷基”的普通名。

表 2-2　常见烷基的普通名

来源烷烃	烷基	中文名	英文名	简写
CH_4	$CH_3—$	甲基	methyl	Me
CH_3CH_3	$CH_3CH_2—$	乙基	ethyl	Et
$CH_3CH_2CH_3$	$CH_3CH_2CH_2—$	正丙基	*n*-propyl	*n*-Pro
	$CH_3CH—$ | CH_3	异丙基	isopropyl	*i*-Pro
$CH_3CH_2CH_2CH_3$	$CH_3CH_2CH_2CH_2—$	正丁基	*n*-butyl	*n*-Bu
	$CH_3CH_2CH—$ | CH_3	仲丁基	*sec*-butyl	*sec*-Bu
CH_3CHCH_3 | CH_3	$CH_3CHCH_2—$ | CH_3	异丁基	isobutyl	*i*-Bu
	CH_3 | $H_3C—C—$ | CH_3	叔丁基	*tert*-butyl (*t*-butyl)	*tert*-Bu (*t*-Bu)
$CH_3(CH_2)_3CH_3$	$CH_3CH_2CH_2CH_2CH_2—$	正戊基	*n*-pentyl	*n*-Pent
$CH_3CHCH_2CH_3$ | CH_3	$CH_3CHCH_2CH_2—$ | CH_3	异戊基	isopentyl	*i*-Pent
	CH_3 | $CH_3CH_2C—$ | CH_3	叔戊基	*tert*-pentyl (*t*-pentyl)	*tert*-Pent (*t*-Pent)
CH_3 | CH_3CCH_3 | CH_3	CH_3 | $CH_3CCH_2—$ | CH_3	新戊基	neopentyl	*neo*-Pent

2.2.4　烷烃的 IUPAC 系统命名

在 IUPAC 命名中，化合物的名称主要由三个部分组成：首先是母体名，放在全名的最后；第二部分是取代基的名称和编号，置于母体名前；第三部分是对化合物构型（详见第三章和第五章）的标识，用括号表示于名称的最前面。例如：

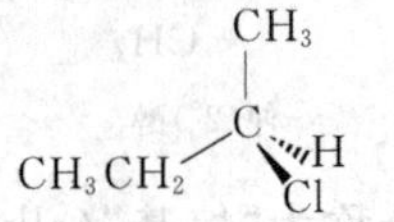

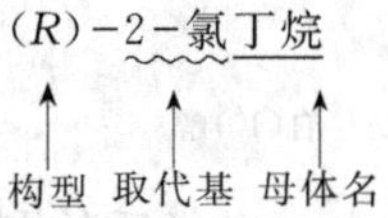

烷烃的 IUPAC 命名原则如下：

1. 选择一条最长的碳链作为主链，以该主链所含的碳原子数目加上"烷"，作为母体名，英文名以-ane 为词尾。例如：

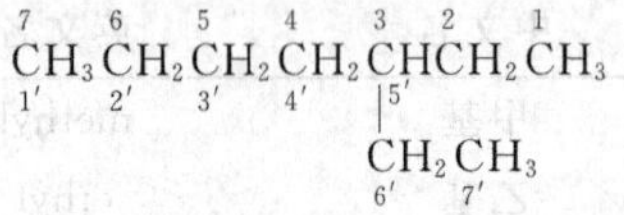

母体名：庚烷
(heptane)

2. 对主链碳原子进行编号，从靠近支链的一端开始，使支链具有最低位次。上例中，不带"′"的编号才是正确的，即化合物名称为 3-乙基庚烷，因为 3＜5′。

3. 把支链的名称和编号写在母体名称前面，支链的编号与支链名称之间，以及不同支链间用短线"-"连接。如上例的名称最后确定为 3-乙基庚烷(3-ethylheptane)。相同的取代基可以合并，用二(di)、三(tri)、四(tetra)等表示相同取代基的数目，它们的编号在短线前用逗号分隔列出。例如：

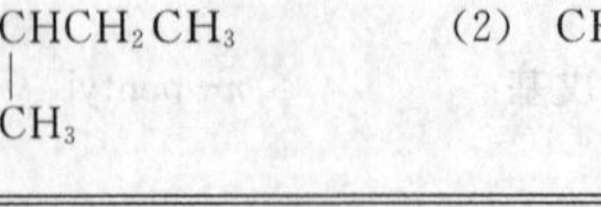

2,5-二甲基庚烷
(2,5-dimethylheptane)

习题 2-3　试给出下列烷烃的 IUPAC 中英文名称。

(1) 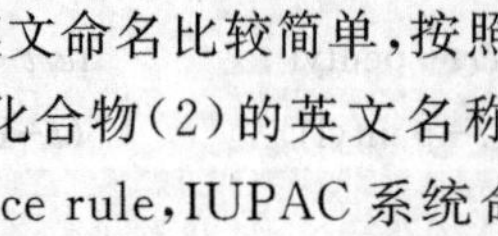　　(2) 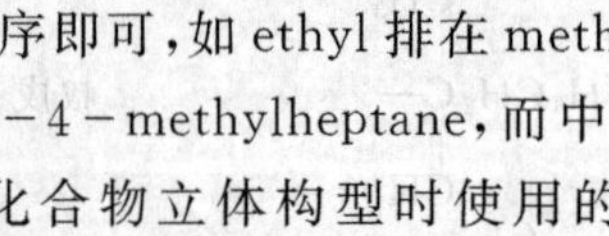

在回答上述习题时，有一个问题需要注意，即列出多个不同的取代基时，要按照一定的顺序。对此，英文命名比较简单，按照字母排列顺序即可，如 ethyl 排在 methyl，或者 propyl 前面。习题 2-3 中化合物(2)的英文名称为 3-ethyl-4-methylheptane，而中文命名则要依照次序规则(sequence rule，IUPAC 系统命名中表示化合物立体构型时使用的规则)，确定基团的"优先(priority)"顺序，"优先"基团排在后面。根据次序规则，乙基优先于甲基，因此，3-ethyl-4-methylheptane 的中文名称为：4-甲基-3-乙基庚烷。

次序规则的规定如下：

(1) 将各种取代基的原子按其原子序数大小排列，原子序数大的为“优先”基团，若为同位素，则质量高的定为“优先”，以“>”表示“优先于”。例如：Cl>O>N>H；D>H。

(2) 如果两个基团的第一个元素相同（例如碳），则比较与它直接相连的几个原子。比较时，按原子序数排列，先比较各组中最大者；若仍相同，再依次比较第二、第三个。若仍相同，则沿取代基链逐次相比。例如，基团—CH_2Cl 优先于基团 —$C(CH_3)_2$（OH），因为，两个基团中碳原子连接的原子分别为 Cl，H，H 和 O，C，C，氯原子的原子序数大于氧原子。又如，基团 —$CHCH_3$（OH）优先于基团—CH_2OH，因为两个基团中碳原子分别连接 O，C，H 和 O，H，H，它们都连接了氧，依次比较碳原子所连接的原子序数第二大的原子，碳的原子序数大于氢。再如基团 —$\overset{1}{C}H_2\overset{2}{C}H\overset{3}{C}H_3$（2位OH）与基团 —$\overset{1}{C}H_2\overset{2}{C}H\overset{3}{C}H_3$（2位$CH_3$）比较，由于这两个基团的 C1 所连接的原子相同，均为 C，H，H，需要依次比较 C2 上所连接原子的原子序数，前者连接的是 O，C，H，后者连接的是 C，C，H，因此，前者优先于后者。

(3) 含有双键和三键的基团，可以认为连有两个或三个相同原子。例如：

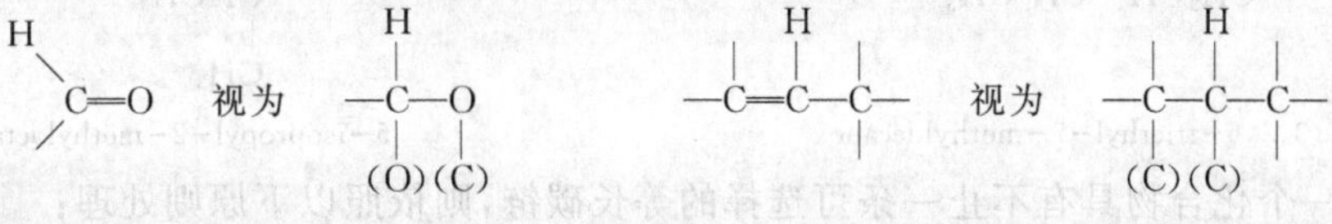

习题 2-4　试比较以下各对基团的优先顺序。

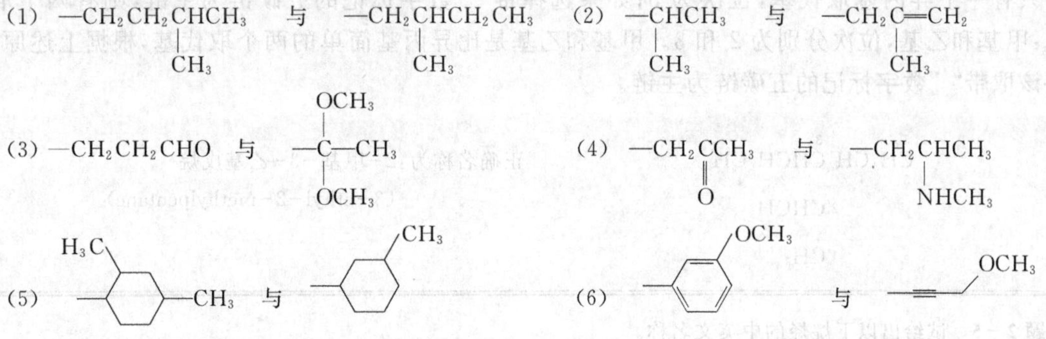

以下列出了常见烷基的优先顺序：

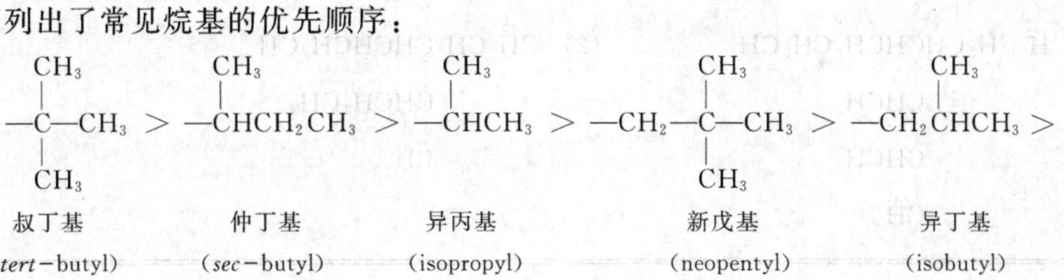

叔丁基	仲丁基	异丙基	新戊基	异丁基
(*tert*-butyl)	(*sec*-butyl)	(isopropyl)	(neopentyl)	(isobutyl)

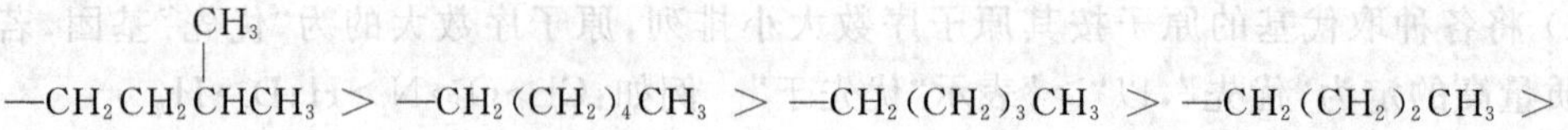

异戊基 (isopentyl)　　正己基 (n-hexyl)　　正戊基 (n-pentyl)　　正丁基 (n-butyl)

$-CH_2CH_2CH_3 > -CH_2CH_3 > -CH_3 > -H$

正丙基 (n-propyl)　　乙基 (ethyl)　　甲基 (methyl)　　氢 (hydrogen)

4. 如果主链从两个方向编号都符合最低位次原则，则给先列出基团以小编号，后列出基团以大编号。即中文命名时“优先”基团给大编号，英文则给字母顺序靠后的基团给大编号。下例中，从左到右编号和从右到左编号，两个取代基都分别处于3位和5位，这时，在英文命名中，因为“ethyl”是先列出基团，所以给小编号，在中文命名中，乙基是“优先”基团所以给大编号。

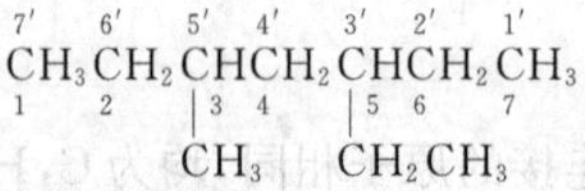

3-甲基-5-乙基庚烷

(3-ethyl-5-methylheptane)

英文命名中的前缀di，tri，tetra，sec和tert不计入排序中，但iso，neo和cyclo计入排序中。例如：

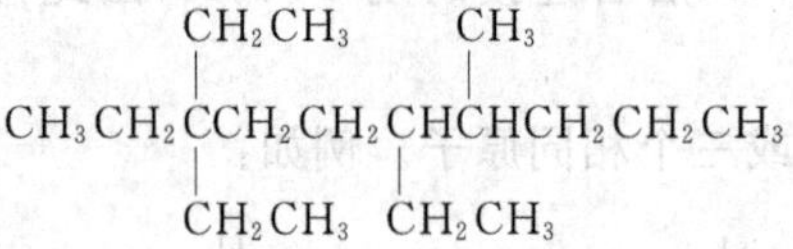

3,3,6-triethyl-7-methyldecane

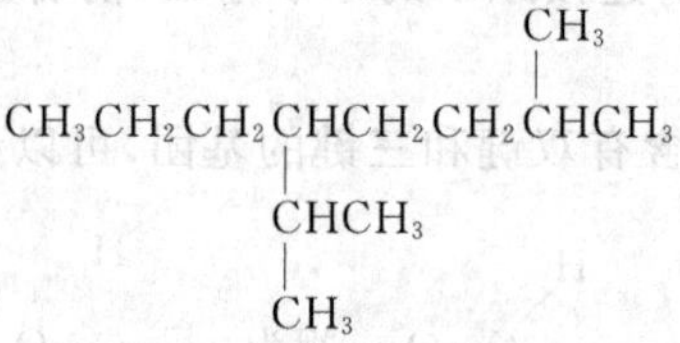

5-isopropyl-2-methyloctane

5. 如果一个化合物具有不止一条可选择的等长碳链，则依照以下原则处理：

(1) 以取代基数目最多的碳链为主链。下例中如果选择不带“′”数字标记的五碳链为主链，则只有一个异丙基取代基，位次为3；如果选择带“′”数字标记的五碳链为主链，则有两个取代基：甲基和乙基，位次分别为2和3。甲基和乙基是比异丙基简单的两个取代基，根据上述原则，应该取带“′”数字标记的五碳链为主链。

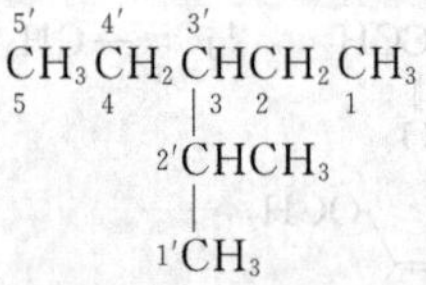

正确名称为：2-甲基-3-乙基戊烷

(3-ethyl-2-methylpentane)

习题 2-5　试给出以下烷烃的中英文名称。

(1) 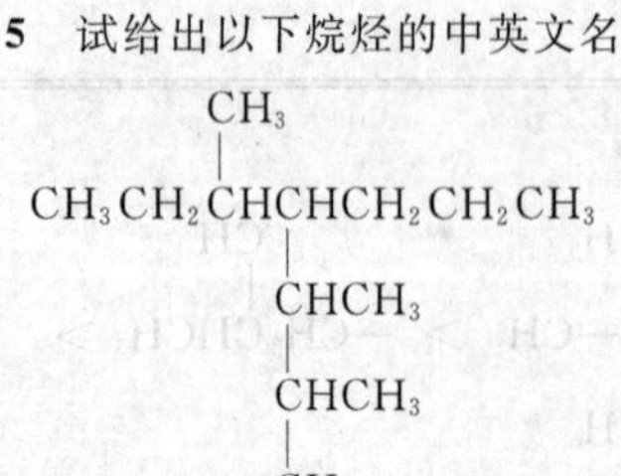

(2) 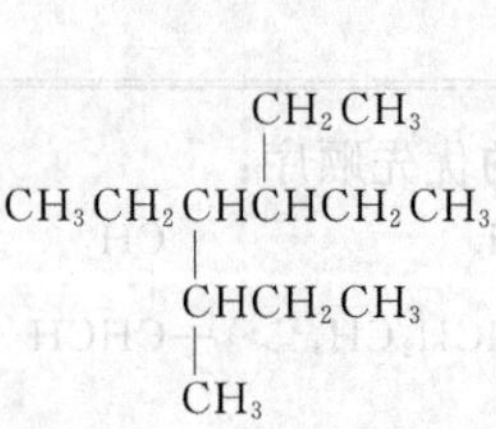

(2) 如果取代基数目一样多的等长链不止一条，则以侧链位次最低的链为主链。下例中如果选择不带“′”数字标记的七碳链为主链，则取代基的位次为3,4,5，如果选择带“′”数字标记的七碳链为主链，则取代基的位次为2,4,5，因此，应该取带“′”数字标记的七碳链为主链。

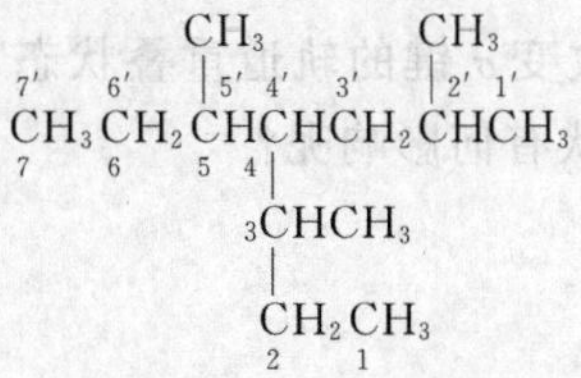

2,5-二甲基-4-仲丁基庚烷
或　(4-(*sec*-butyl)-2,5-dimethylheptane)
2,5-二甲基-4-(1-甲基丙基)庚烷
(或　2,5-dimethyl-4-(1-methylpropyl)heptane)

6. 如果支链还有分支，不能用简单基的名称来命名，需要对支链按照类似上述原则进行编号和命名。编号从支链与主链相连的碳原子开始。如下例中不带“′”标记的数字表示主链的编号，带“′”标记的数字表示支链编号。

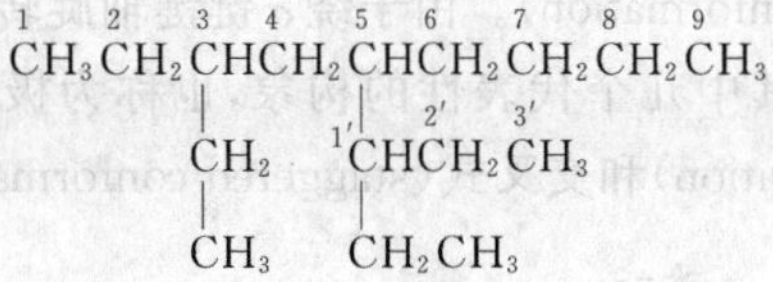

3-乙基-5-(1-乙基丙基)壬烷
(3-ethyl-5-(1-ethylpropyl)nonane)

IUPAC系统命名中允许使用“异”、“仲”、“叔”、“新”等命名常见烷基，但更倾向于使用烷基的系统名。例如：

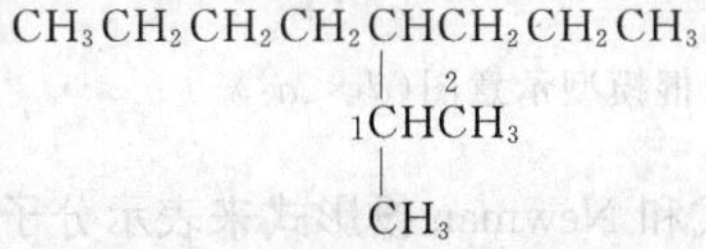

4-异丙基辛烷
(4-isopropyloctane)
或　4-(1-甲基乙基)辛烷
(或　4-(1-methylethyl)octane)

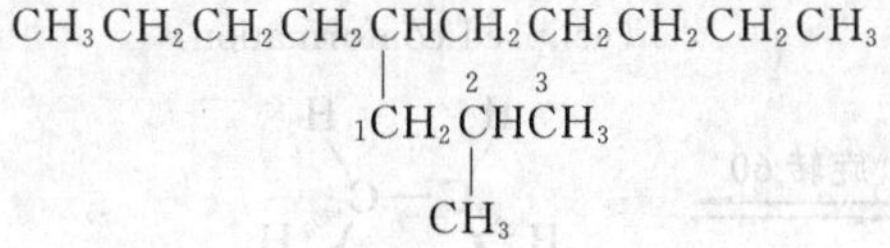

5-异丁基癸烷
(5-isobutyldecane)
或　5-(2-甲基丙基)癸烷
(或　5-(2-methylpropyl)decane)

习题 2-6　试用中英文命名以下烷烃。

(1) 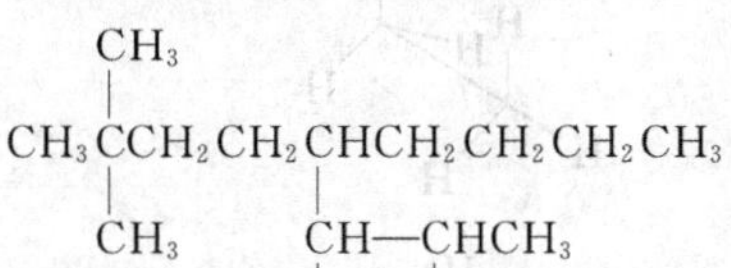　(2) 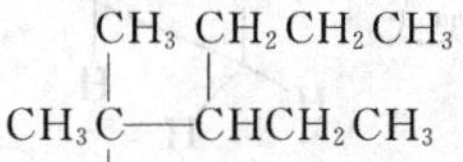

习题 2-7　试根据名称写出以下化合物的结构。

(1) 2,3-dimethylhexane　(2) 2,2-二甲基-4-丙基辛烷

(3) 4-isopropyl-2,4,5-trimethylheptane　(4) 2,5-二甲基-4-异丁基辛烷

(5) 4,4-diethyldecane　(6) 4-(1,1-dimethylethyl)octane

2.3　开链烷烃的构象

所有 σ 键是轴向对称的，因此，绕 σ 键键轴的旋转不会改变 σ 键的轨道重叠状态，不影响成键性质，更不会导致 σ 键的断裂。那么这种旋转对分子的形状有何影响呢？

先看看最简单的乙烷分子中 C—C 单键旋转的情况。

2.3.1　乙烷的构象

当旋转乙烷分子中的 C—Hσ 键时，分子没有任何改变。但是当旋转 C—Cσ 键时，情况就不同了。旋转过程中，C1 和 C2 上的氢原子间的距离发生了改变（见图 2-2）。这种由于围绕 σ 键旋转而形成分子内原子在空间的不同排布称为构象（conformation）。由于绕 σ 键键轴旋转的角度是无数的，因此由此形成的构象也是无数的。下面分析其中几个代表性的构象，也称为极限构象。例如，乙烷的极限构象有两种：重叠式（eclipsed conformation）和交叉式（staggered conformation）。

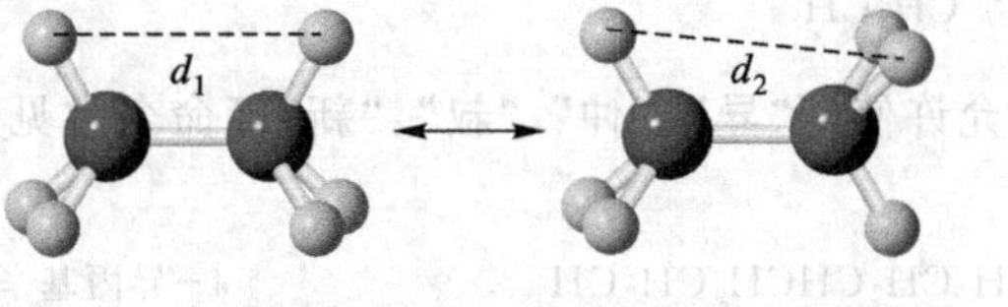

图 2-2　乙烷不同空间构象球棍模型示意图（$d_1 < d_2$）

可以使用以下三种表示方法——楔形式、锯架式和 Newman 投影式来表示分子的三维形象。

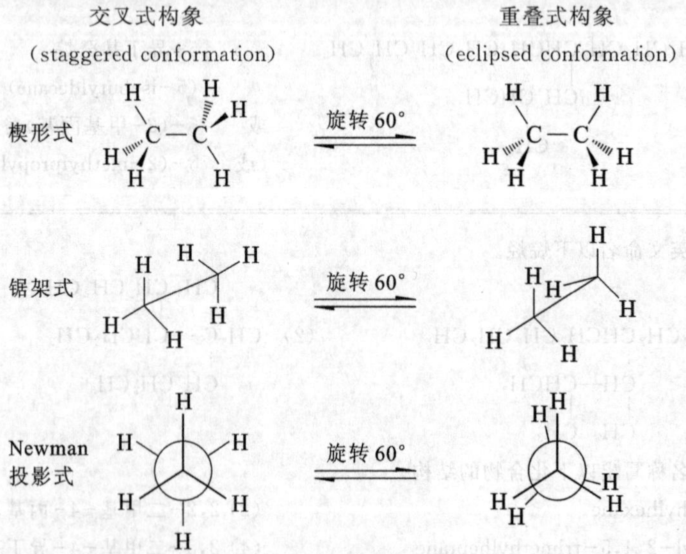

楔形式和锯架式是两种透视的表示方法。在楔形式表达中，用实线代表在纸平面的键，楔型实线“/”（solid wedges）表示朝向纸平面上方的键，楔型虚线“⋯”（hatched wedges）表示指向纸

平面下方的键。锯架式是从一定倾斜的角度观察分子而得到。Newman 投影式则是设想将分子的 C—C 键垂直纸面，以光垂直照射并投影到纸面而得到的表达式。使用 Newman 投影式时我们可以十分清楚地看出两个碳原子上取代基在空间的相互关系。因此，在分析化合物的不同构象时，常使用 Newman 投影式。

乙烷分子在进行 C—Cσ 键旋转过程中，从交叉式构象逐步到重叠式构象，两个碳原子上的氢原子在空间上逐步靠近。当原子距离太近，小于 van der Waals 半径时就会产生 van der Waals 斥力。乙烷分子重叠式构象中前后两个碳原子上靠近的氢原子的距离经计算为 229 pm，小于两个氢原子的 van der Waals 半径之和(120 pm×2)。

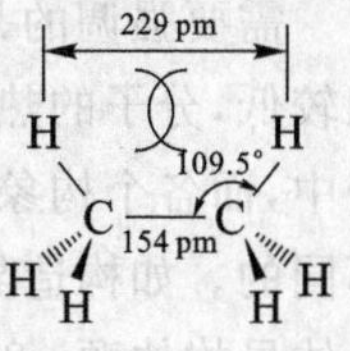

另一方面，两个碳-氢 σ 键的电子对由于空间上的靠近会产生闭壳排斥作用(closed-shell repulsion)，并且这种作用远大于上述 van der Waals 斥力。由于这两种排斥作用，重叠式构象具有较高的势能，比较不稳定。分子将尽可能避免这种不稳定构象，这种由于绕 C—Cσ 键旋转而产生的分子内原子(团)间的排斥作用称为"扭转张力"(torsional strain)。常见原子和基团的 van der Waals 半径列于表 2-3 中。

表 2-3　一些原子或基团的 van der Waals 半径

原子或基团	van der Waals 半径/pm	原子或基团	van der Waals 半径/pm
H	120	F	135
N	150	Cl	180
P	190	Br	195
O	140	I	215
S	185	$CH(CH_3)_2$	—
CH_2	200	$C(CH_3)_3$	—
CH_3	200		

对化合物的构象及其能量变化进行分析称为构象分析(conformational analysis)。图 2-3

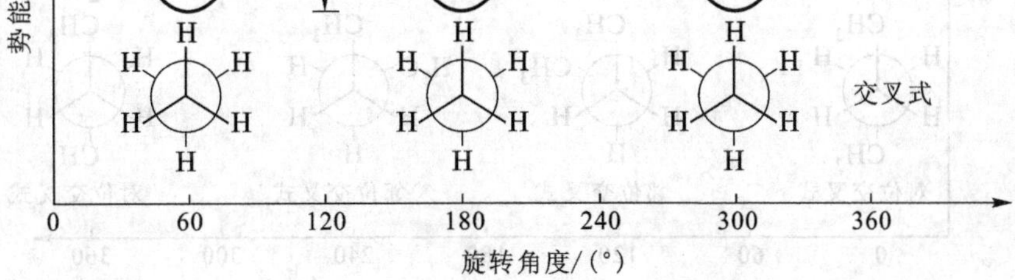

图 2-3　乙烷构象分析势能图

给出了乙烷分子绕 C—Cσ 键旋转不同角度的构象式与能量高低变化图,即为乙烷的构象分析势能曲线图。

乙烷分子的交叉式构象与重叠式构象的能垒仅 12.1 kJ·mol^{-1}。一般分子室温下的热运动能量(~84 kJ·mol^{-1})足以克服这个能垒。所以,乙烷的 C—C 键在室温下可以自由转动,各种构象式不断转换。从统计学概率上讲,绝大多数分子处于能量较低的交叉式构象。

需要强调的是:构象异构虽然是立体异构的一种形式,但是由于多数构象间相互转化的能垒比较低,分子的热运动足以克服这一能垒,因此,常温下,每个分子都处于各种不同构象的快速转变中,而各个构象在常温下也是不能分离的。这与其他异构形式能够得到不同的异构化合物是不同的。如构造异构体丁烷与异丁烷具有不同的熔点、沸点以及各种不同的反应性质。又比如,立体异构体顺-2-丁烯与反-2-丁烯也具有不同的物理和化学性质(详见第三章)。

由于构象的不可分离特性,因此,一般不将各构象称为构象异构体(conformers,或 conformational isomers)。如果某些化合物有几个处于构象分析势能曲线图的势能波谷的较稳定构象,则将这些较稳定构象称为构象异构体。从这个意义上来说,乙烷只有一个处于波谷的构象式,不存在构象异构体。不过以下将要讲述的丁烷有三个构象异构体,它们分别是一个对位交叉式构象和两个邻位交叉式构象。

2.3.2 丁烷的构象

正丁烷较乙烷增加了两个碳原子,可以有绕 C1—C2 、C2—C3 和 C3—C4 三个 σ 键旋转的不同构象。其中,C1—C2 和 C3—C4 的旋转情况是相同的。正丁烷绕 C2—C3σ 键键轴旋转形成的极限构象以及势能分析情况如图 2-4 所示。

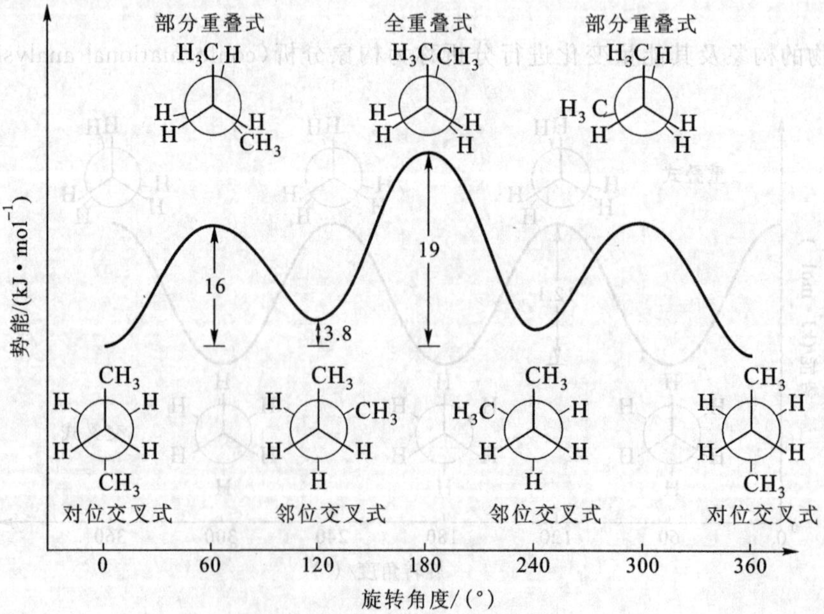

图 2-4 正丁烷构象分析势能图

正丁烷 C2—C3σ 键旋转与乙烷不同，可以形成三种不同的极限交叉式构象和三种不同的极限重叠式构象。分别取名为对位交叉式和邻位交叉式，全重叠式和部分重叠式。其对应的能量高低为：对位交叉式构象中，甲基处于相互最远离的位置，能量最低；邻位交叉式构象中甲基处于相邻的位置，相互靠近，产生一定的扭转张力，能量比对位交叉式高；部分重叠式构象中，甲基与氢邻近产生较大的扭转张力，能量进一步升高；全重叠式构象中，甲基与甲基邻近，氢与氢邻近，扭转张力最大，能量最高。

习题 2-8　根据乙烷和正丁烷的不同构象的能量差计算出 H—H 重叠张力，H—CH_3 重叠张力，CH_3—CH_3 重叠张力，以及 CH_3—CH_3 邻位交叉的张力。（提示：从乙烷的交叉与重叠构象可得到 H—H 重叠张力 4 $kJ \cdot mol^{-1}$）

习题 2-9　试分析正丁烷 C1—C2σ 键旋转所形成的各种极限构象式及其能量高低。

对于任意的烷烃，由于每个 C—C 键均可旋转，因此整个分子的极限构象是多种多样的。比如，正己烷就存在多个极限构象，其中，全交叉式的极限构象是其中扭转张力最小的（图 2-5），但通常只有在固态时才可能被固定成这种构象。

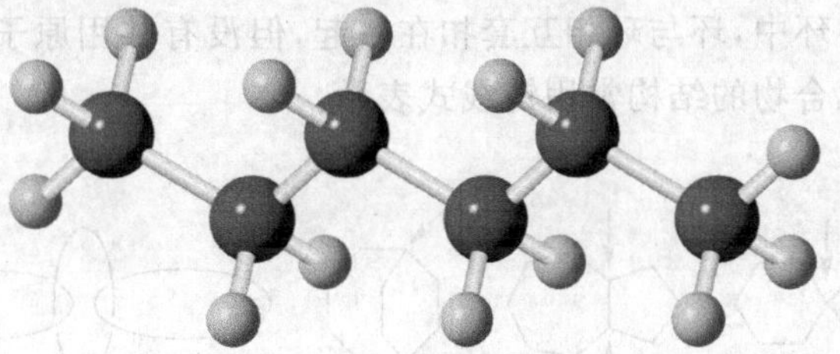

图 2-5　正己烷全交叉式球棍模型图

习题 2-10　画出 1-溴丁烷 C1—C2σ 键旋转所形成的各种极限构象式，并分析其能量高低。

习题 2-11　分析 2,2,3,3-四甲基丁烷绕 C2—C3σ 键的旋转情况，并作出相应的构象分析。

习题 2-12　运用 Newman 投影式画出下列各种烷烃的极限构象，并指出其最稳定的构象。

(1) 2-甲基丁烷绕 C2—C3σ 键旋转形成的极限构象

(2) 3-甲基戊烷绕 C2—C3σ 键旋转形成的极限构象

(3) 3,3-二甲基己烷 C3—C4σ 键旋转形成的极限构象

2.4　环烷烃的命名

环烷烃(cycloalkanes)可以看成是烷烃首尾两个碳原子相互连接而形成的。因此与相应碳数的开链烷烃相比，分子组成中少了两个氢原子，单环的环烷烃分子式符合 C_nH_{2n} 的通式。显然，每增加一个环，分子式中就少两个氢。所以，在确证没有碳-碳双键和碳-碳三键存在时，根据分子中实际的氢原子数目与相应碳原子数的开链烷烃氢原子数目相比就可以计算出环的数

目。为了方便起见，可以用不饱和度来表示分子组成的氢原子数目与理论上最大可能数目之差的情况。对于烃类而言，理论上最大可能氢原子数目为相应碳原子数开链烷烃中的氢原子数。对于分子式为 C_nH_m 的化合物，其不饱和度可以根据下式进行计算得出：

$$不饱和度(\Omega)=\frac{(2n+2)-m}{2}$$

不饱和度在有机化合物结构分析中是一个重要的基本概念，第六章将进一步介绍含杂原子情况下不饱和度的计算方法。

根据环的多少，环烷烃可分为单环、双环和多环。判断一个多环化合物含有几个环，主要有以下两种方法。一种方法是通过分子的不饱和度进行判断，即环的数目等于分子的总不饱和度扣除分子内双键和三键的不饱和度。第二种方法是根据将该多环化合物转变为开链化合物所需断开的碳-碳键数目来判断。如果需要断两个键，则为二环化合物，如果需要断三个键，则为三环化合物。

根据环与环的连接方式，环状化合物又分为螺环(spirocyclic compounds)、稠环(fused cyclic compounds)、桥环(bridged cyclic compounds)和套索环(lariat cyclic compounds)等形式。螺环化合物中环与环共用一个原子，稠环化合物中两个环共用两个相邻的原子，桥环化合物中环与环共用两个以上原子，套索环中，环与环相互套扣在一起，但没有共用原子(见图 2-6，其中箭头所指为共用原子)。环状化合物的结构常用键线式表示。

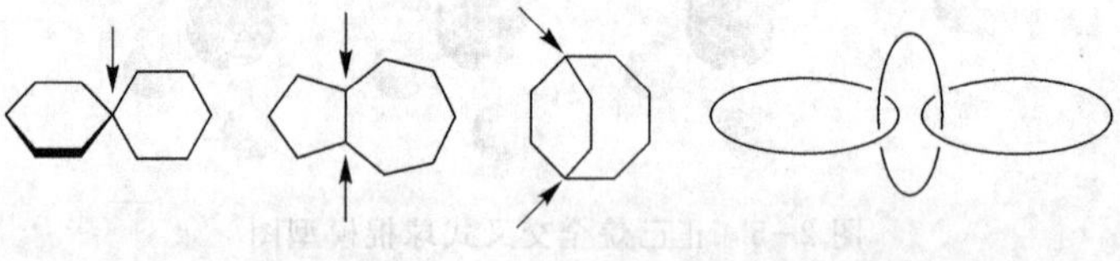

图 2-6　螺环、稠环、桥环和套索环示例

环状化合物结构的多样性以及功能的多样性等特点使得它们在有机化学中占有十分重要的地位。图 2-7 中列出了一些天然环烃或人工合成的环烃。其中，dictyopterene B 是单环烃，

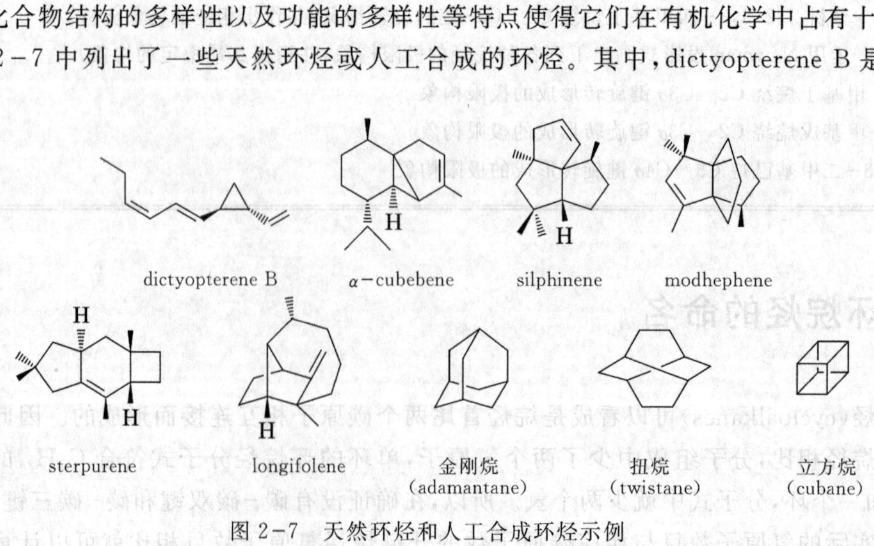

图 2-7　天然环烃和人工合成环烃示例

silphinene兼具有螺环和桥环结构，其余多数为桥环化合物。本章将首先讨论简单的单环环烷烃和桥环烷烃的命名，单环环烷烃的物理性质和稳定性特点。深入的立体化学特征以及化学反应性质等问题将在后续章节讨论。

2.4.1 单环环烷烃的命名

单环环烷烃的命名与开链烷烃不同之处在于碳数前加上“环”(cyclo)，称为“环某烷”。例如：

环丙烷 (cyclopropane)

环丁烷 (cyclobutane)

环戊烷 (cyclopentane)

环己烷 (cyclohexane)

取代环烷烃是否以环烷烃作为母体取决于环上取代基的碳数和复杂程度。如果环上取代基的碳数较少，且较简单，则以环为母体，并给取代基的位置以最小的编号。单取代环烷烃取代基所在位置为1位，可以省略。例如：

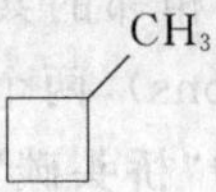
甲基环丁烷 (methylcyclobutane)

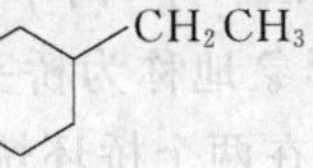
乙基环己烷 (ethylcyclohexane)

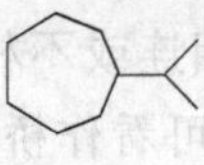
异丙基环庚烷 (isopropylcycloheptane)

如果支链碳数超过环上的碳数或者环只是结构复杂化合物的一部分，则将环的部分作为取代基命名。例如：

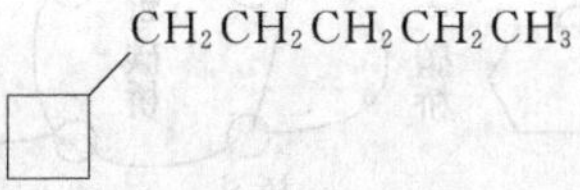
1-环丁基戊烷 (1-cyclobutylpentane)

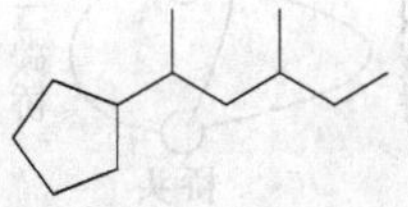
4-甲基-2-环戊基己烷 (2-cyclopentyl-4-methylhexane)

当环上有多个取代基时，则将1位编号给予能使第2个取代基编号最小的位置。例如：

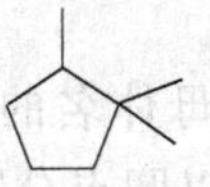
1,1,2-三甲基环戊烷 (1,1,2-trimethylcyclopentane) 而不是1,2,2-或1,5,5-取代

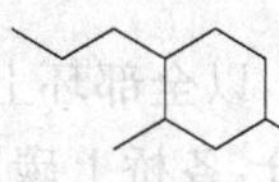
2-甲基-4-乙基-1-丙基环己烷 (4-ethyl-2-methyl-1-propylcyclohexane) 而不是1,3,4-或1,2,5-取代

在符合最低位次原则基础上，如果有两种或多种编号选择，则先列出的取代基给小编号，后列出的基团给大编号。即中文命名中“优先”基团给大编号，英文命名中字母顺序排后的给大编号。例如：

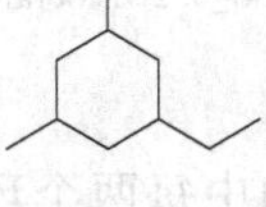
1-甲基-3-乙基-5-丙基环己烷 (1-ethyl-3-methyl-5-propylcyclohexane)

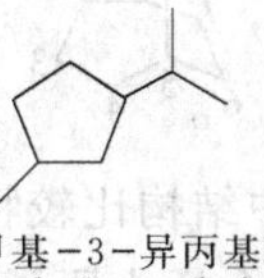
1-甲基-3-异丙基环戊烷 (1-isopropyl-3-methylcyclopentane)

习题 2-13　给出下列化合物的中英文名称。

(1) 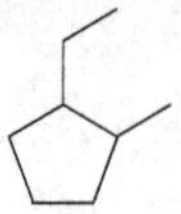　　(2) 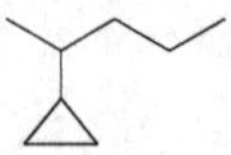　　(3) 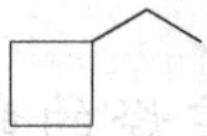

(4) 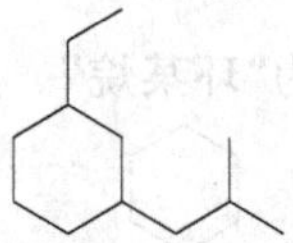　　(5) 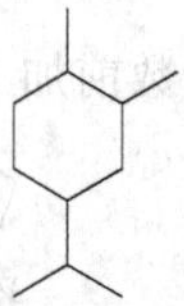　　(6) 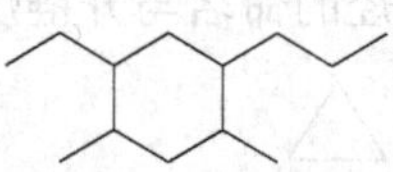

2.4.2　二环桥环烷烃和稠环烃的命名

二环桥环烷烃(bridged bicyclic alkanes)中，两个环通过两个相邻或不相邻的共用原子相连，这两个相连或不相连的共用原子被形象地称为桥头碳(bridgehead carbons)，两个桥头碳原子间的碳链可看作桥(bridges)。图 2-8 在两个桥环烷烃的右边示意了其中“桥头碳”和“桥”的含义。

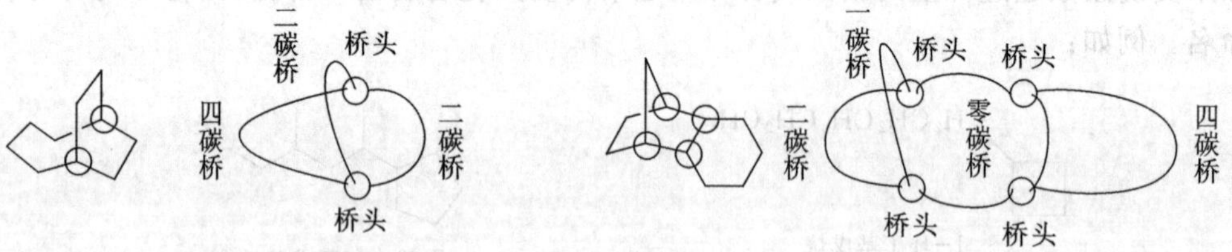

二环桥环烷烃　　　　　　　　　　　　多环桥环烷烃

图 2-8　桥环烷烃中“桥头”和“桥”的示意图

二环桥环烷烃命名时，以全部环上碳原子数加上“烷”字作为母体名的一部分，环的数目“二环”作为母体名的另一部分，各桥上碳原子数依次从大到小排列，以圆点分隔置于方括号中，放在“二环”与“某烷”中间，组成母体。然后给环上的碳原子编号，从桥头碳开始，绕最长的桥到另一个桥头，再绕次长桥回来，最后给最短的桥上碳原子编号。可能的情况下给取代基以小的编号。例如：

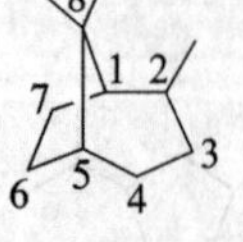

2,8,8-三甲基二环[3.2.1]辛烷
(2,8,8-trimethylbicyclo[3.2.1]octane)

稠环烃是桥环烃中结构比较特殊的一类环烃，它们结构中每两个环都是通过两个共用原子相连的，即桥环烃中两个桥头原子为相邻关系。因此仍然采用桥环烃的命名规则。由于稠环烃

中共用原子处于相邻位置，因此两个共用原子间是一个零碳桥。例如：

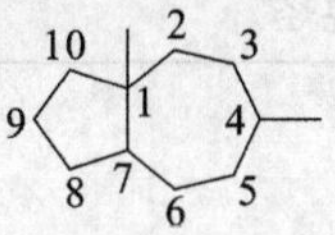

1,4-二甲基二环[5.3.0]癸烷
(1,4-dimethylbicyclo[5.3.0]decane)

习题 2-14　给出下列二环桥环烷烃的中英文名称。

(1) 　(2) 　(3) 　(4) 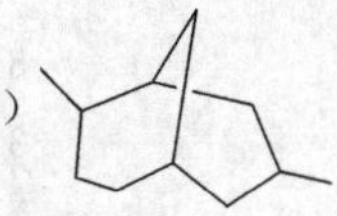

2.5　烷烃和环烷烃的燃烧热、生成热与稳定性

化合物的稳定性取决于它的能量状态，能量越高者越不稳定。稳定的化合物通常不容易发生化学反应，相反，在反应中容易形成。因此理解和掌握化合物的稳定性对于理解化学反应至关重要。

由于无法确定化合物的绝对势能，因此通常是通过比较不同化合物的燃烧热或生成热来衡量化合物相对势能高低，从而判断它们的相对稳定程度。

2.5.1　燃烧热

一个化合物在标准状态下完全燃烧生成二氧化碳和水的过程中所放出的热量($\Delta H_c^{\ominus}$)即为化合物的燃烧热(combustion heat)。

烷烃在空气中燃烧生成二氧化碳和水，反应式如下：

$$C_nH_{2n+2}(g)+\frac{3n+1}{2}O_2(g) \longrightarrow nCO_2(g)+(n+1)H_2O(l)+\Delta H_c^{\ominus}$$

对于相同组成的异构体来说，可以通过比较它们的燃烧热高低来比较它们的相对稳定性。燃烧热越高的化合物所具有的势能就越高，也就越不稳定。烷烃的不同异构体能量是不同的。表 2-4 列出了一些烷烃的燃烧热。

表 2-4 中数据表明：(1) 随着碳原子数增加，燃烧热的数值增大，这是因为产生了更多的二氧化碳和水，放出更多的热量；(2) 同碳数的烷烃，支链烷烃的燃烧热较直链烷烃的低，说明支链烷烃相对稳定一些；(3) 单环环烷烃的分子组成为 C_nH_{2n}，即可看作$(CH_2)_n$，因此，可以将每个单环环烷烃的燃烧热数据除以碳原子数，得出它们各自单个亚甲基(CH_2)的平均燃烧热，由此可以比较环大小不同的单环环烷烃的稳定性。从环丙烷、环丁烷、环戊烷到环己烷，单个亚甲基的平均燃烧热是降低的，意味着从三元环到六元环的稳定性是增加的。环庚烷的稳定性小于环己烷。

表 2-4 一些烷烃的燃烧热

烷烃	$\Delta H_c^\ominus$ /(kJ·mol^{-1})	烷烃	$\Delta H_c^\ominus$ /(kJ·mol^{-1})
甲烷	−891.2		
乙烷	−1561.4		
丙烷	−2220.3	环丙烷	−2092.2(−697.4/C)
丁烷	−2879.1	环丁烷	−2747.3(−686.8/C)
戊烷	−3537.2	环戊烷	−3322.0(−664.4/C)
异戊烷	−3530.5		
新戊烷	−3516.2		
己烷	−4195.6	环己烷	−3954.5(−659.1/C)
庚烷		环庚烷	−4639.3(−662.8/C)

* 说明：括号内的 $\Delta H_c^\ominus$ 数值为每个环烷烃的 $\Delta H_c^\ominus$ 除以环烷烃的碳数取绝对值而得。

小资料

热 量 计

热量计(a calorimeter)是一个用来准确测量反应中放出热量的仪器。它由一个传热良好的密闭的反应器和盛有液体的隔热容器所组成。烷烃在反应器中燃烧，反应器浸入液体中，产生的热量迅速完全地传给液体，通过测量液体温度的变化就可以计算反应放出的热量了。

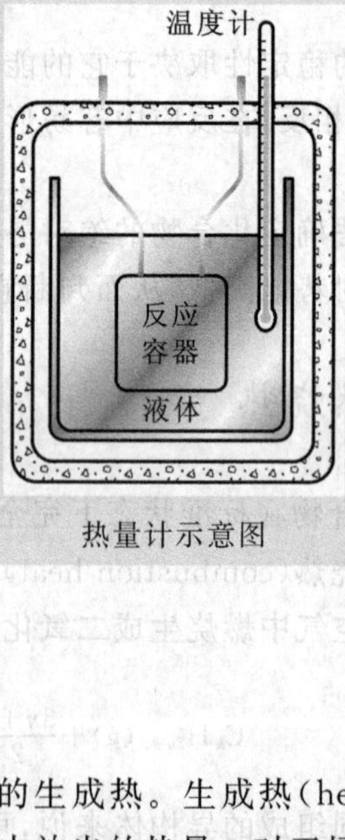

热量计示意图

2.5.2 生成热

另一个判断烃类化合物相对稳定性的方法是测量它们的生成热。生成热(heat of formation, $\Delta H_f^\ominus$)是指在标准状态下从单质元素合成化合物的过程中放出的热量。对于烃类化合物而言，是指由单质碳(石墨)和氢气生成该化合物的过程中所放出的热。

$$n\mathrm{C} + (n+1)\mathrm{H_2} \longrightarrow \mathrm{C}_n\mathrm{H}_{2n+2} + \Delta H_f^\ominus$$

事实上大多数烃类化合物难以从单质碳和氢合成，因此通常烃类的生成热是通过燃烧热以及气体二氧化碳[CO_2(g)]和液态水[H_2O(l)]的生成热数据计算而得。例如，乙烷不能直接从单质碳和氢气进行合成，但是已知乙烷[C_2H_6(g)]的燃烧热以及气体二氧化碳和液态水的生成热，因此可以写出相应的反应方程式如下：

$$\mathrm{C_2H_6(g)} + \frac{7}{2}\mathrm{O_2(g)} = 2\mathrm{CO_2(g)} + 3\mathrm{H_2O(l)} \quad \Delta H_c^\ominus(\mathrm{C_2H_6(g)}) \qquad (1)$$

$$C(s)+O_2(g) \longrightarrow CO_2(g) \qquad \Delta H_f^\ominus(CO_2(g)) \qquad (2)$$

$$H_2(g)+\frac{1}{2}O_2(g) \longrightarrow H_2O(l) \qquad \Delta H_f^\ominus(H_2O(l)) \qquad (3)$$

由(2)×2＋(3)×3－(1)得：

$$2C(s)+3H_2(g) \longrightarrow C_2H_6(g) \qquad \Delta H_f^\ominus(C_2H_6(g)) \qquad (4)$$

因此，乙烷的生成热可以由下式进行计算：

$$\Delta H_f^\ominus(C_2H_6(g))=\Delta H_f^\ominus(CO_2(g))\times 2+\Delta H_f^\ominus(H_2O(l))\times 3-\Delta H_c^\ominus(C_2H_6(g)) \qquad (5)$$

一些烷烃和 CO_2 与 H_2O 的生成热(标准状态)列于表 2-5 中。

表 2-5　一些烷烃和 CO_2 与 H_2O 的生成热(标准状态)

化合物	$\Delta H_f^\ominus/(kJ\cdot mol^{-1})$	化合物	$\Delta H_f^\ominus/(kJ\cdot mol^{-1})$
甲烷	－74.9	CO_2	－393.7
乙烷	－84.5	$H_2O(g)$	－241.8
丙烷	－103.7	$H_2O(l)$	－285.8
丁烷	－127.2	H_2	0
2-甲基丙烷	－135.6	O_2	0
戊烷	－146.9	C(石墨)	0
己烷	－167.2		

2.6　烷烃和环烷烃的化学反应与稳定性

化合物的稳定性不仅可以从燃烧热判断，也可以从化学键的强弱进行判断。形成化学键的过程既是一个能量降低的过程，也是一个放热的过程。因此，断裂一个化学键就是一个能量升高并吸热的过程。一个化合物发生化学变化，一定要断裂其中的一些化学键，同时再形成一些新的化学键。因此，如果化合物中原有的化学键比较强，则不容易断裂，相对不容易发生化学反应。另一方面，化合物中键的极性也是影响其稳定性的重要因素。如果化学键具有极性，则组成该化学键的原子间电荷分布不均匀，其中缺电子中心容易受到富电子基团(常常称为亲核试剂，nucleophilic reagents 或者 nucleophiles)的进攻，其中的负电荷中心则容易受到缺电子基团(常常称为亲电试剂，electrophilic reagents 或者 electronphiles)的进攻。

烷烃和环烷烃分子中只含有 C—C 键和 C—H 键，C—C 键的键能平均为 347 $kJ\cdot mol^{-1}$，C—H键为 435 $kJ\cdot mol^{-1}$，属于比较强的 σ 键类型(参阅第七章表 7-2)。同时由于碳原子与氢原子的电负性相差不大，C—H 键极性很弱，既不容易受到亲电试剂的进攻，也不容易受到亲核试剂的进攻。因此，烷烃的化学性质不活泼，主要是发生卤代反应、燃烧反应及裂解反应。

卤代反应是指烷烃中的氢原子被卤素原子取代的反应，这种类型的反应也称为取代反应(substitution)。例如，甲烷可以与氯气在光照或高温条件下反应生成一氯甲烷、二氯甲烷、三氯甲烷和四氯化碳等。

烷烃的裂解反应是指在高温(800 ℃左右)或者催化剂作用条件下,大分子烷烃断键形成小分子烷烃或烯烃的反应。在高温条件下的键断裂反应称为热裂解反应(thermal cracking)。它是石油化工的重要反应。在这个过程中原油转化为汽油、煤油和柴油等。热裂解反应也是乙烯的重要生产方法。

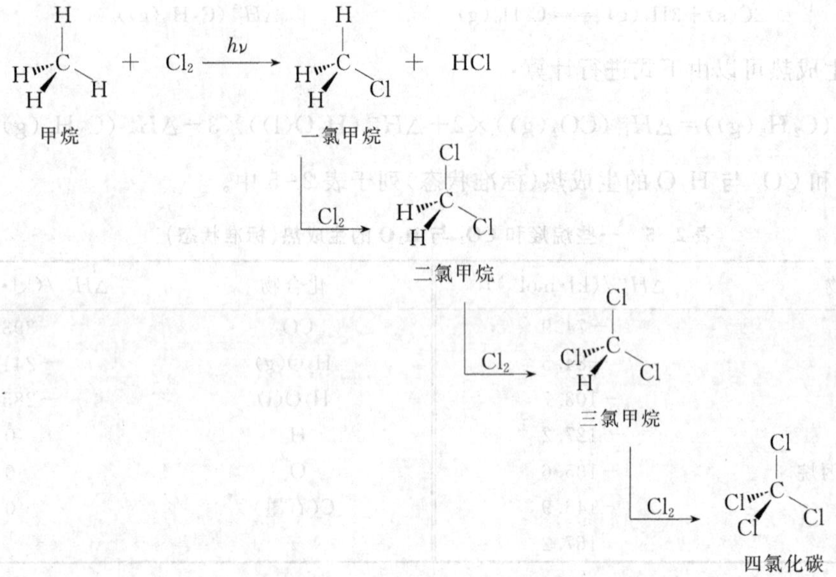

烷烃的卤代和热裂解反应都是经过化学键的均裂而进行的,在第七章将详细讨论烷烃的卤代反应。

多数烷烃的化学性质不活泼,但是小环的环烷烃则容易发生开环反应。例如,环丙烷在室温下即可与溴反应生成 1,3-二溴丙烷,而环丁烷稍微加热也可以与溴发生加成开环反应生成 1,4-二溴丁烷。

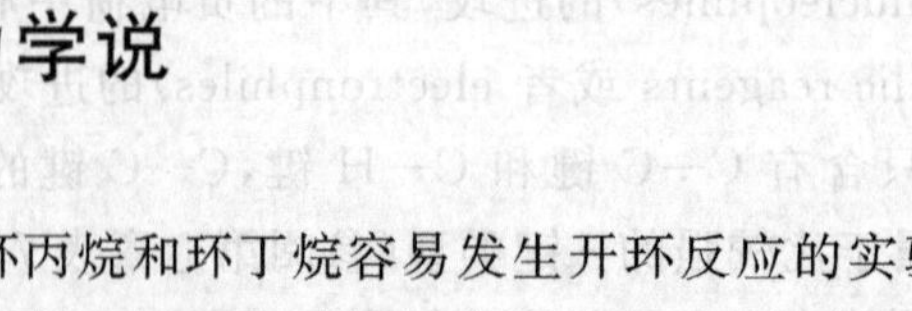

这些事实说明小环环烷烃不稳定,与从燃烧热分析中得到的稳定性结论一致。

2.7 Baeyer 环张力学说

燃烧热的数据分析以及环丙烷和环丁烷容易发生开环反应的实验事实都说明它们不稳定。事实上,在天然产物中发现三元环和四元环的概率远小于五元环和六元环。对此,德国化学家 Adolf von Baeyer 于 1885 年提出了环张力学说,认为环丙烷和环丁烷的不稳定性来自于键的角张力。已经知道,环烷烃中碳原子是以 sp^3 杂化轨道成键的,sp^3 杂化轨道间夹角是 109.5°。Baeyer 假设环是平面的,计算得出环烷烃中 C—C—C 键的键角是:环丙烷 60°,环丁烷 90°,环戊烷 108°,环己烷 120°。可见,环丙烷和环丁烷的 C—C—C 键角远远小于 109.5°,成键时必须压迫轨道夹角减小，这是造成它们不稳定的原因。这种由于键角与轨道夹角不同所引起的张力称为角张力(angular tension)。

图 2-9 显示了环丙烷碳原子的 sp^3 杂化轨道成键的情况。环丙烷中的 σ 键与一般烷烃中的 σ 键有很大不同。环丙烷中，由于相邻的 sp^3 轨道无法在轴向平面上重叠，形成了一个弯曲的 σ 键。这样的 σ 键由于轨道重叠不好，形成的键强度不高，容易断裂发生化学反应。

Baeyer 还指出一个环状化合物的 C—C—C 键角与理想的 sp^3 杂化轨道夹角间的差别越大，则环越不稳定。根据以上各环中 C—C—C 键角的计算值，环戊烷应该比环已烷稳定。但从单个 CH_2 的平均燃烧热看，环戊烷却不及环己烷稳定。出现偏差的原因在于 Baeyer 计算各种环的 C—C—C键角时，假设环烷烃的环上碳原子在同一平面上。实际上，除环丙烷外，其他环烷烃的环上碳原子并不是处于同一平面。这是 Baeyer 张力学说的局限性。要深入理解环烷烃的稳定性差异，需要研究环烷烃的构象。

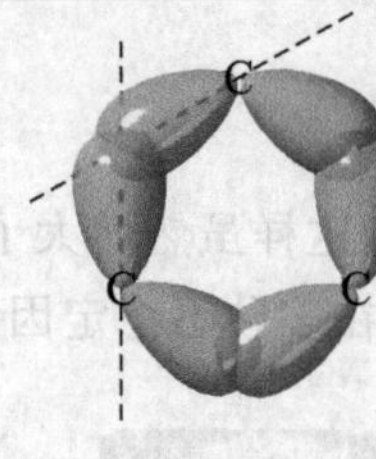

图 2-9　环丙烷分子成键情况

2.8　环烷烃的构象

2.8.1　环丙烷的构象

三点确定一个平面，因此环丙烷的三个碳必定在一个平面上。环丙烷除了存在角张力使得它不稳定外，还存在扭转张力。因为在环丙烷分子中，任意两个相邻的碳原子只能处于重叠式构象，相邻碳上的氢原子间距离小于它们的 van der Waals 半径之和，与乙烷的重叠式构象一样，存在着扭转张力。图 2-10 为环丙烷的构象和球棍模型。

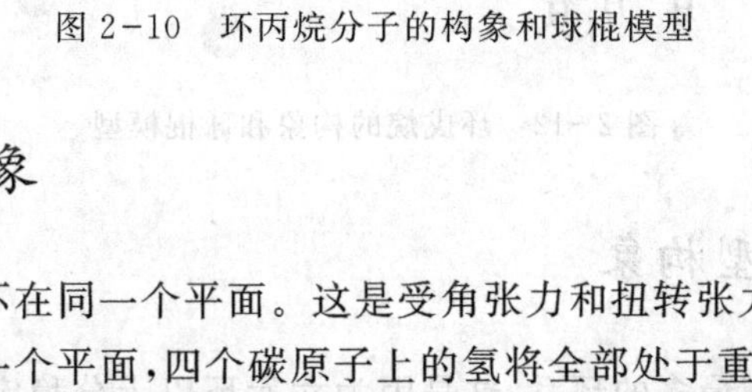

图 2-10　环丙烷分子的构象和球棍模型

2.8.2　环丁烷的构象

环丁烷的四个碳原子不在同一个平面。这是受角张力和扭转张力综合影响的结果。如果环丁烷的四个碳原子处于同一个平面，四个碳原子上的氢将全部处于重叠式构象位置，分子的扭转张力(八对重叠的氢)比环丙烷(六对重叠的氢)还大。因此，环丁烷分子是弯曲的，其中的一个亚甲基偏离另外三个碳原子所在平面约 25°(如图 2-11 所示)。

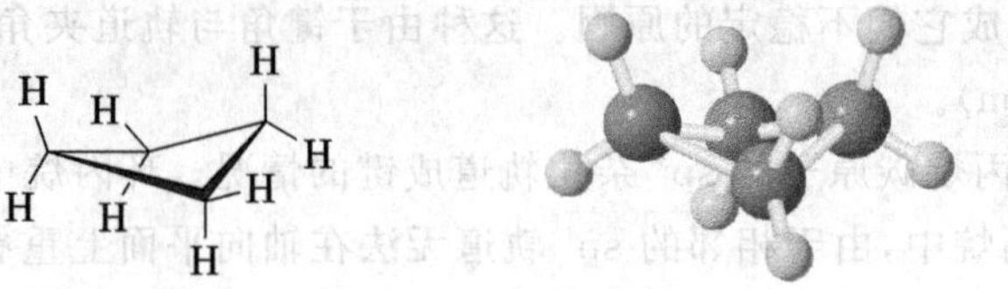

图 2-11　环丁烷的构象和球棍模型

这样虽然增大了角张力，但减少了扭转张力，并且减少的程度多于角张力增加的程度。可见，在多种不稳定因素影响下，分子将自然选择一种能量最低的状态。

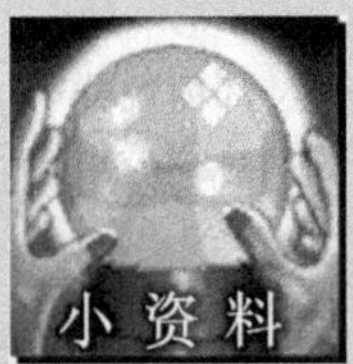

有机化学家已经合成了一些高张力环，如二环[1.1.0]丁烷等。Philip Eaton 等首先合成了立方烷，预计这是一个具有极强爆炸性的分子。

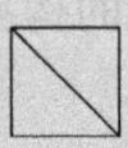

二环[1.1.0]丁烷
(bicyclo[1.1.0]butane)

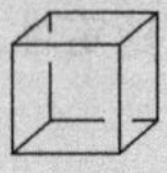

立方烷
(cubane)

prosmane

2.8.3　环戊烷的构象

如果环戊烷如 Baeyer 所假设的是一个平面分子，其角张力几乎不存在，但是 10 对重叠的氢将产生很大的扭转张力。因此，环戊烷折叠成信封状，四个碳原子在同一个平面，另一个碳原子稍微翘起(图 2-12)。这样环上只有两个相邻的碳原子(图 2-12 中的 C3 和 C4)为重叠构象，其余均不是重叠式。

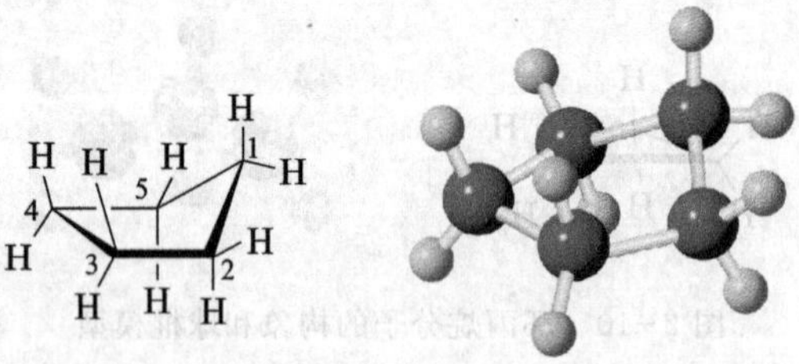

图 2-12　环戊烷的构象和球棍模型

2.8.4　环己烷的椅型构象

六元环是自然界中发现最多的环系，这是因为六元环以十分稳定的构象形式存在。在这个构象中，基本上不存在任何角张力和扭转张力。图 2-13 以两种不同的方式表示了环己烷的这一稳定构象。从中间的式子容易看出 C2、C3、C5 和 C6 构成了一个平面，类似一张椅子面。C1 朝下，类似椅子腿，C4 朝上类似椅子靠背。因此该构象被形象地称为椅型构象（chair conformation）。

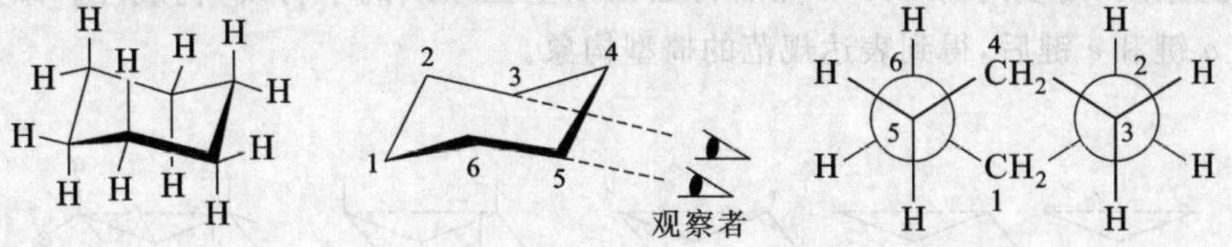

图 2-13　环己烷的椅型构象

环己烷的椅型构象中，所有 C—C—C 键角均为 111°，与 sp^3 杂化轨道夹角 109.5°十分接近，基本上没有角张力。用 Newman 投影式表示这一构象，可以清楚地观察到椅型构象中任意两个相邻碳原子的构象全部为交叉式。因此也不存在扭转张力。

仔细观察环己烷椅型构象的球棍模型，可以观察到另外两个相互平行的平面，即 C1、C3 和 C5 组成的下平面以及 C2、C4 和 C6 组成的上平面（如图 2-14 所示，可见彩页 1）。以这两个平面为基准，可以看到下平面碳原子上向下的键垂直于该平面向下，而上平面碳原子上向上的键垂直于该平面向上，因此称之为直立键，也称为 *a* 键（axial bonds）。其余的键则平伏伸向环的两侧，因此称之为平伏键，也称为 *e* 键（equatorial bonds）。

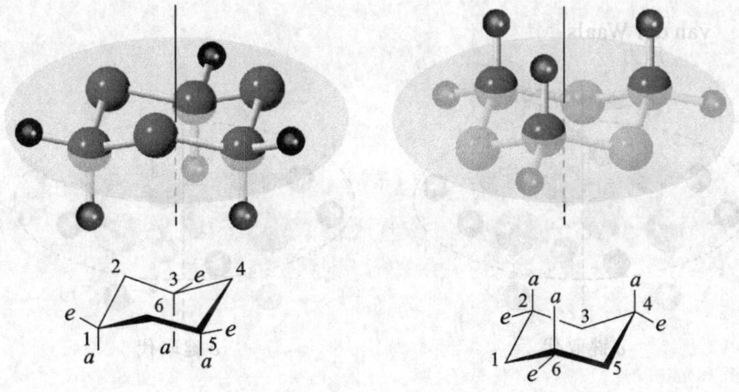

下平面和向下的 *a* 键及向上的 *e* 键　　上平面和向上的 *a* 键及向下的 *e* 键

图 2-14　环己烷椅型构象的球棍模型和 *a*、*e* 键分析图

为了清晰准确地表达环己烷椅型构象中 *a*、*e* 键的关系，画椅型构象时，不能将椅子面画成水平面（如图 2-15 左图所示），而应将奇数碳或偶数碳构成的平面作为水平面（如图 2-15 右图所示）。

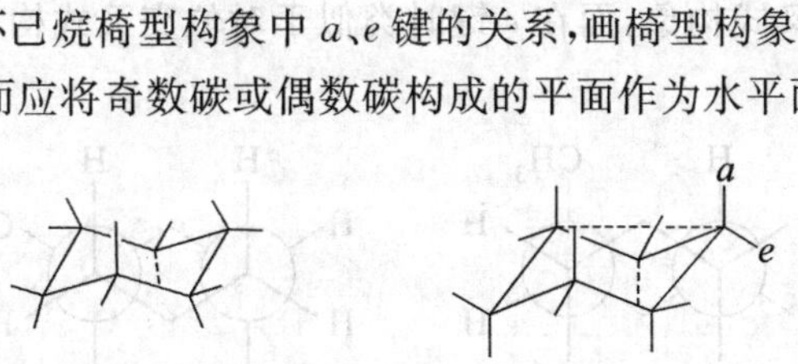

a 和 *e* 键的关系不清晰　　*a* 和 *e* 键的关系清晰

图 2-15　环己烷椅型构象的两种画法对比

具体画法如下：先画一条折线，折线的两端在水平线上，弯折角约为 135°。然后从折线左端向下画出第三条线，角度约为 110°。然后再画出以上三条线的平行线，构成环。添上各个碳原子上应有的 a 键和 e 键后，得到表达规范的椅型构象。

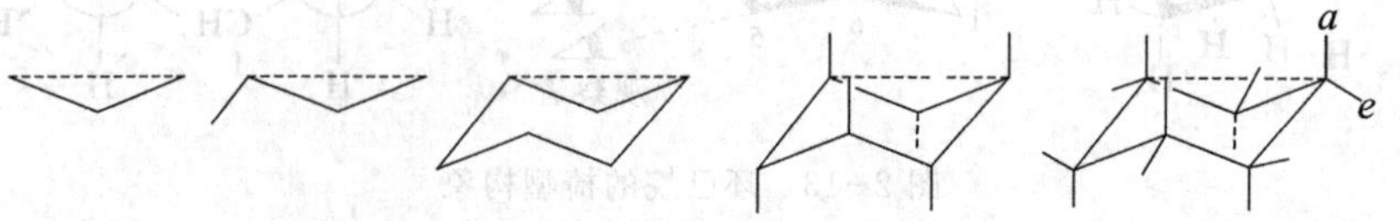

2.8.5 单取代环己烷的构象分析

单取代环己烷有两种椅型构象：一种构象中，取代基在 a 键；另一种构象中，取代基在 e 键，如图 2-16 所示（见彩页 1）。分析这两种构象异构体可发现，当取代基在 a 键时，取代基与相隔一个碳原子的 a 键氢原子会产生 van der Waals 斥力；如果取代基在 e 键，则不存在这种 van der Waals 斥力。因此，取代基在 e 键的构象是较稳定构象，即优势构象。

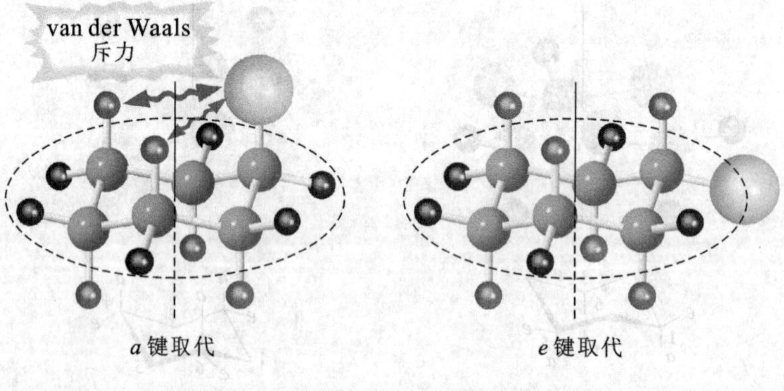

图 2-16 椅型单取代环己烷球棍模型图

使用 Newman 投影式能更清楚地表示出这种差异。对比丁烷的构象可以发现，取代基在 a 键时类似于丁烷的邻位交叉式构象，而在 e 键时类似于对位交叉式构象。

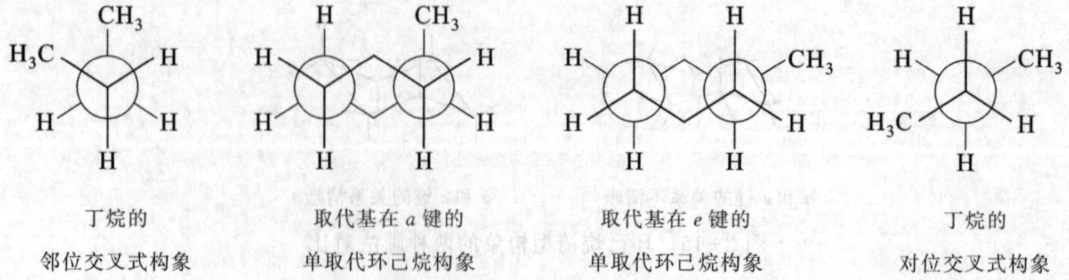

虽然上述两个单取代环己烷构象的能量不同，但是它们可以通过环翻转(ring-flip)而相互转化。这种环翻转实际上是由若干 C—Cσ 键的轴向协同旋转而完成的。借助模型进行环的翻转试验，可以观察到 *a*、*e* 键在环翻转过程中的变化规律。随着环的翻转，原来组成上平面的碳原子转化成下平面碳，但环上碳原子原来连接的向上的键仍然向上，只是从 *a* 键转变为 *e* 键。原来向下的键仍然保持向下，但从 *e* 键转变为 *a* 键。

不同的取代基，由于大小不同，它们与 *a* 键氢的相互作用强弱也不同。因此，取代基在 *a* 键和 *e* 键的比例会有所不同。例如，甲基的体积较异丙基小，前者处于 *a* 键的构象占全部构象的比例就高于异丙基在 *a* 键构象所占的比例。表 2-6 列出取代基在 *a* 键时与 *a* 键氢的作用力数据。

表 2-6　单取代环己烷的取代基与单个 *a* 键 H 的张力

Y	1,3 *a* 键 H—Y 的张力 kJ·mol^{-1}	Y	1,3 *a* 键 H—Y 的张力 kJ·mol^{-1}
—F	0.5	—CH$(CH_3)_2$	4.6
—Cl	1.0	—C$(CH_3)_3$	11.4
—Br	1.0	—C_6H_5	6.3
—OH	2.1	—COOH	2.9
—CH_3	3.8	—CN	0.4
—CH_2CH_3	4.0		

习题 2-15　根据图中的 A、B、C 三个基团的所在位置，标出经翻转后它们各自的位置所在。

习题 2-16　分析表 2-6 中数据回答为什么叔丁基与 *a* 键 H 的张力远大于异丙基，而异丙基与乙基、甲基接近？

习题 2-17　分析表 2-6 中数据回答为什么氰基与 *a* 键 H 的张力比甲基小得多，仅 0.4 kJ·mol^{-1}。

2.8.6　二取代环己烷的构象分析

二取代环己烷除了构象问题外，还有构型问题。如果两个取代基同处于环的上方或下方，则为顺式(*cis*−)；反之则为反式(*trans*−)。先以 1,2−二甲基环己烷为例，分析比较两种构型的稳定性。

顺式构型中，两个取代基同为上或同为下，由于相邻碳原子的取代基同为上时，只能是一个在 *a* 键，一个在 *e* 键，在翻转后仍然是一个在 *e* 键，一个在 *a* 键。所以对于 1,2−二甲基环己烷，翻转前后两个构象异构体能量相同。

反式构型中，两个取代基一个向上，一个向下，则有两种情况，同为 *a* 键或者同为 *e* 键。它们相互转化，显然平衡会趋向两个 *e* 键的构象，即稳定的 *e*、*e* 构象在反式构型化合物中所占比例大，整个化合物处于相对较低势能状态。

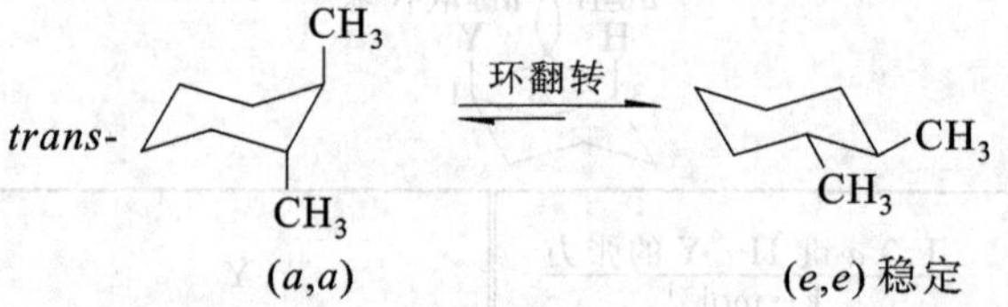

进一步比较 *trans*−1,2−二取代环己烷与 *cis*−1,2−二取代环己烷的优势构象，可以得出反式构型更稳定的结论。

习题 2−18　分别对 1,3−和 1,4−二甲基环己烷的顺反异构体进行构象分析，并回答顺−1,3−二甲基环己烷和反−1,3−二甲基环己烷哪个更稳定？1,4−二甲基环己烷又如何呢？

习题 2−19　画出下列分子稳定的椅型构象，并估计其中张力的大小。

(1) 反−1−甲基−3−氯环己烷　　(2) *cis*−1−ethyl−2−methylcyclohexane

(3) 顺−1−乙基−4−溴环己烷　　(4) *cis*−1−*tert*−butyl−4−ethylcyclohexane

习题 2−20　标出下列化合物中各取代基是在 *a* 键还是 *e* 键，并回答它是否为稳定构象，如果不是，请画出其稳定构象。

(1) 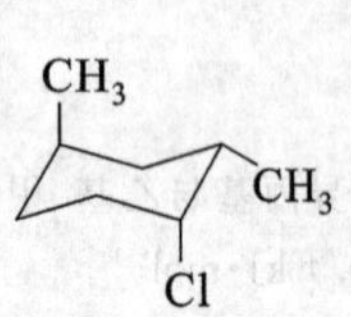

(2) 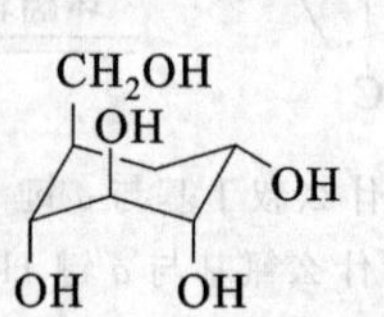

(3) 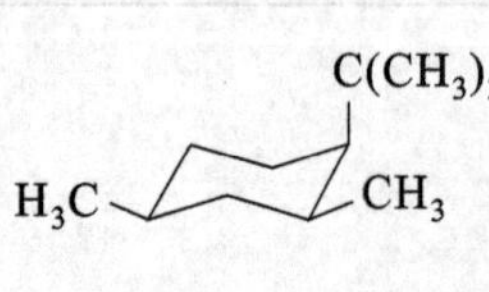

(4) 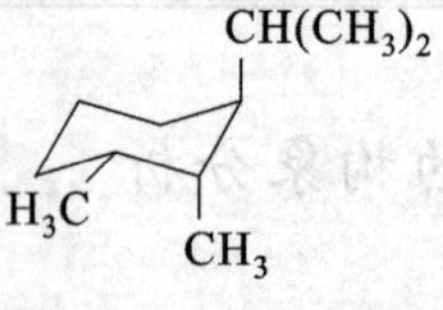

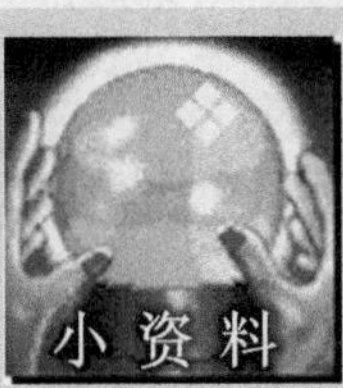

trans-4-叔丁基-1-环己烷羧酸乙酯的水解速率是 *cis*-4-叔丁基-1-环己烷羧酸乙酯的 20 倍。这是因为前者的乙氧甲酰基处于 *e* 键，试剂进攻酯羰基时不会受到来自 *a* 键氢的位阻影响。

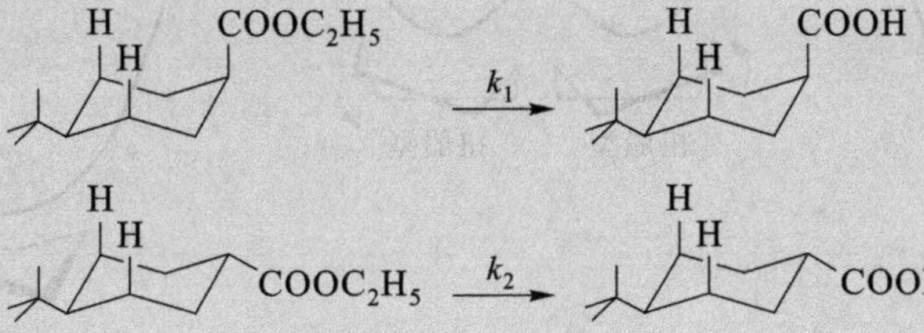

$k_2 = 20\ k_1$

2.8.7 环己烷的其他构象

环己烷除了椅型的稳定构象外，还有船型(boat)、半椅型(half-chair)和扭船型(twist boat)等极限构象。

相比椅型构象而言，船型构象中 C2、C3、C5 和 C6 也组成一个平面，不同的是 C1 和 C4 同时在该平面的上方，形状很像条船，所以称为船型。从船型的 Newman 投影式可以清楚地看到，船型构象中，有两对相邻碳(图 2-17 中 C2—C3 和 C5—C6)上的氢原子处于全重叠构象，能量自然高于椅型。

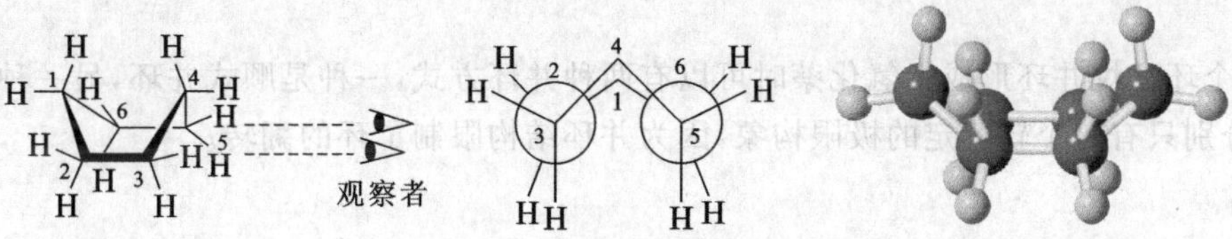

图 2-17　环己烷的船型构象及其球棍模型

扭船型构象是将船型构象的船底碳进行适当的扭转，避免了氢原子的全重叠，因此能量较船型稍低。半椅型则是四种构象中能量最高的一种，其中 C1、C2、C3 和 C4 在一个平面上，呈全重叠式，仅 C5 和 C6 分别在该平面的上下两方。

扭船型 　　半椅型 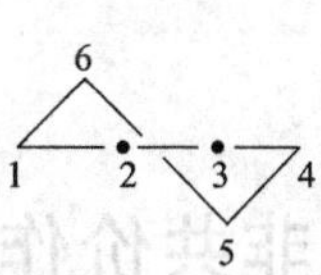

环己烷的椅型、半椅型、扭船型和船型构象的相对能量高低及其相互转化过程如图 2-18 所示。

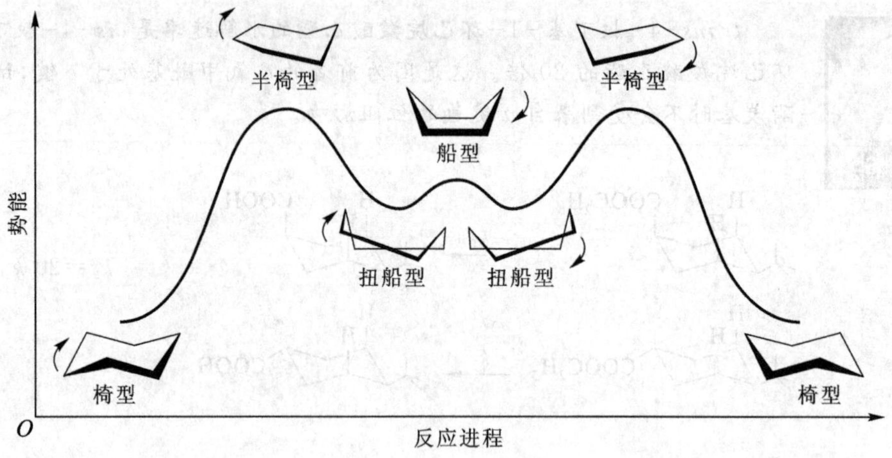

图 2-18　环己烷椅型、半椅型、扭船型和船型等构象转化势能图

2.8.8　多环烷烃的构象

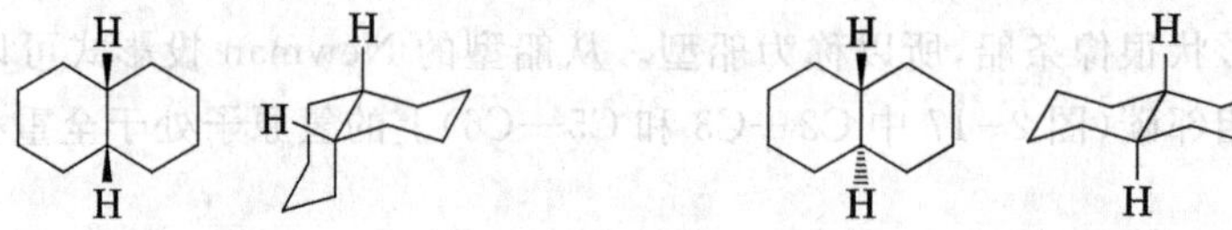

顺十氢化萘　　反十氢化萘

当两个环己烷并环形成十氢化萘时可以有两种并环方式，一种是顺式并环，另一种是反式并环，它们分别只有一个较稳定的极限构象，因为并环结构限制了环的翻转。

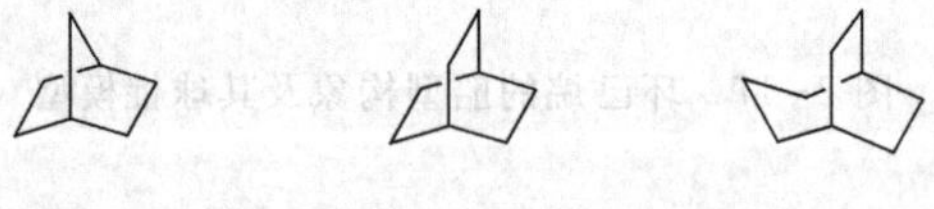

二环[2.2.1]庚烷　二环[2.2.2]辛烷　二环[3.2.2]壬烷

具有二环[2.2.1]、二环[2.2.2]和二环[3.2.2]结构的桥环化合物，其中的六元环多为船型构象，因为桥连结构限制了相关原子的空间排布。以上实例均说明在一定条件下，化合物的构型直接决定其构象。

2.9　分子间的非共价作用与烷烃的物理性质

有机化合物的物理性质主要包括熔、沸点以及溶解性能等。熔点是化合物在一定压力条件下从固态转变成液态的温度，而沸点则是物质从液态转变成气态的温度。分子间的间距是固态时小于液态，液态时小于气态，因此，物质从固态转变成液态，或者从液态转变成气态都需要提高温度，说明将分子间的间距拉大需要一定的能量，也就是说分子间存在着相互作用力。这种分子间的相互作用力不同于上一章所讨论的化学键的力，一般将这类分子间的相互作用力统称为非共价作用(noncovalent interaction)。

如果说熔、沸点反映了同种分子间的相互作用，那么化合物的溶解性能则反映了溶质分子与溶剂分子间的相互作用的情况。因此，通过研究化合物的物理性质将有助于认识有机化合物分子间的非共价作用情况，在后续章节还将看到这种作用对于有机化合物的波谱性质以及化学性质的广泛影响。

2.9.1 分子间的非共价作用概述

非共价作用是一类广泛存在于共价键分子间(或分子内)的作用力，主要有氢键、偶极-偶极作用和 van der Waals 作用力等。

1. 氢键

当氢原子与电负性较大的原子(F、O、N、Cl)形成共价键(以 A—H 表示)的时候，由于这些原子具有较强的吸电子作用，使得 A—H 键的共用电子对明显地远离氢原子，从而使氢原子带有较多的正电荷。因此，该氢原子容易与其他电负性较大原子(以 B 表示)的孤对电子产生静电吸引作用。这种静电作用称为氢键(hydrogen bond)，一般可以用 A—H┄B 来表示。

氢键的强弱与形成氢键的杂原子 A、B 的电负性密切相关，电负性越大，氢键越强；氢键也与受体杂原子 B 的原子半径相关，半径越小，氢键越强。由于元素原子的电负性是 F>O>N~Cl，形成氢键的强弱顺序是：F—H┄F>O—H┄O>N—H┄N，而氯原子由于原子半径较大，不容易形成氢键，但是 Cl^- 容易形成氢键。通常形成一个氢键可以放出 5~40 $kJ\cdot mol^{-1}$ 的能量，当 B 为负离子时，则形成的氢键更强，可以释放出更多的能量，最多可以达到 120 $kJ\cdot mol^{-1}$。

氢键具有方向性。一方面由于氢键是 B 原子的未共用电子对与缺电子的氢原子结合，当氢键方向与 B 原子的未共用电子对的对称轴一致时，形成氢键最强。另一方面，由于氢键中的 A、B 原子带部分负电荷，而氢原子带部分正电荷，因此，当 A—H┄B 在同一条直线上时，A、B 原子的负电荷排斥作用最小，形成的氢键最强(如图 2-19 所示)。实验证据支持氢键的线形或近似线形的结构。

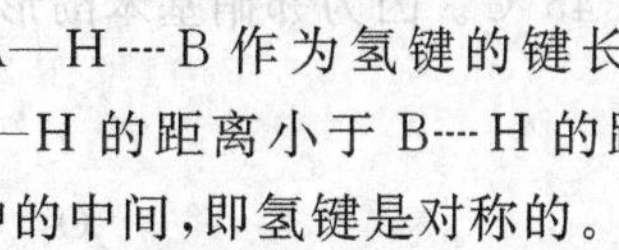

图 2-19 氢键 A—H┄B 的键角对氢键强度的影响

理论上氢键的键长应该用 B┄H 距离来表示，但是实际上由于测量上的困难，经常不容易确定氢原子的位置，因此，目前更多地采用 A、B 之间的距离，即 A—H┄B 作为氢键的键长。表 2-7给出了一些典型氢键的键长。多数氢键是不对称的，即 A—H 的距离小于 B┄H 的距离，但在少数氢键中，如 F—H┄F^- 氢键中，氢原子处于 A、B 原子中的中间，即氢键是对称的。

表 2-7 典型的氢键的键长

氢键类型	键长/(10^{-8} cm)
O—H┄O	2.70
O—H┄O^-	2.63

续表

氢键类型	键长/(10^{-8} cm)
O—H···N	2.88
N—H···O	3.04
$^{+}$N—H···O	2.93
N—H···N	3.10

氢键对含氧、含氮化合物的物理性质、光谱特征和化学性质有着非常重要的影响，有机化合物的氢键可分为分子内氢键和分子间氢键。比如，邻硝基苯酚可以形成分子内氢键，而对硝基苯酚只能形成分子间氢键。

氢键直接影响化合物的熔点、沸点和溶解性等。通常分子间氢键使熔点、沸点升高。例如，乙醇可以形成分子间氢键，二甲醚(CH_3OCH_3)不能形成分子间氢键；前者沸点为 78 ℃，而后者只有−23 ℃，常温下为气体。类似的，正丁醇可以形成分子间氢键，其沸点(117.2 ℃)明显高于其同分异构体乙醚(34.5 ℃)。

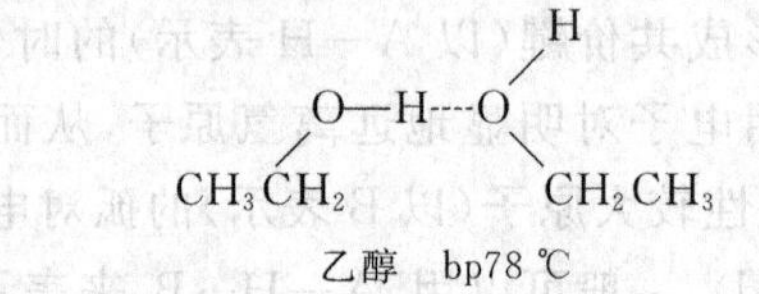

乙醇　bp78 ℃

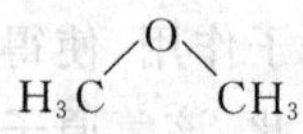

二甲醚　bp−23 ℃

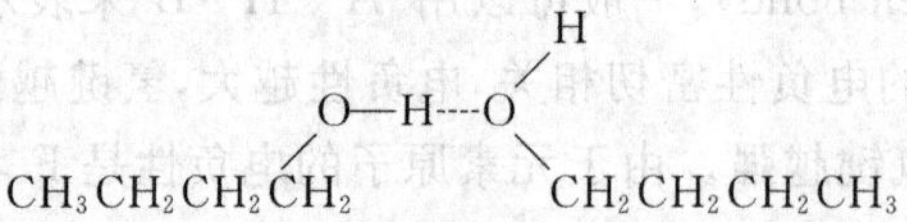

正丁醇　bp117.2 ℃

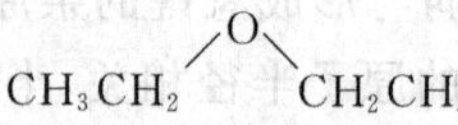

乙醚　bp34.5 ℃

又如，丙酸以氢键形成两分子聚集体，其沸点为 141 ℃，比不能形成氢键的同分异构体甲酸乙酯(54.5 ℃)和乙酸甲酯(57.4 ℃)高得多(详见 4.4 节)。

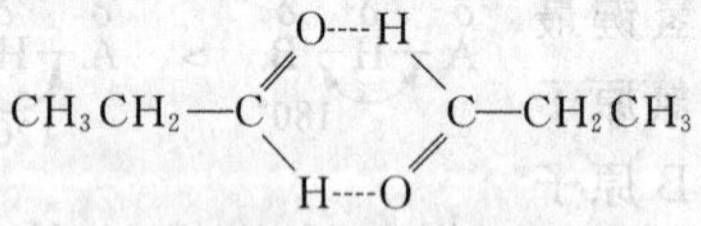

丙酸　bp141 ℃

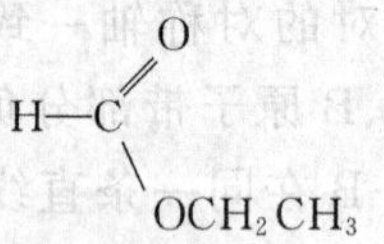

甲酸乙酯　bp54.5 ℃

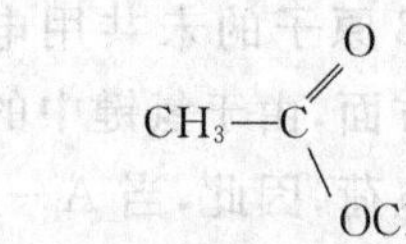

乙酸甲酯　bp57.4 ℃

相反，分子内氢键使熔点、沸点下降。如对硝基苯酚的熔点为 114 ℃，邻硝基苯酚的熔点只有 45 ℃。因为邻硝基苯酚形成分子内氢键，分子间作用力减弱。

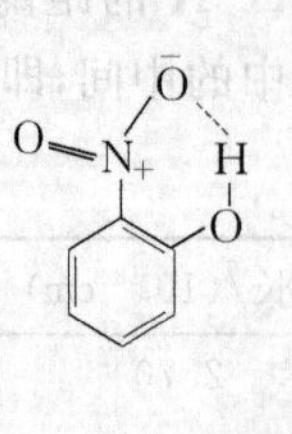

邻硝基苯酚　mp45 ℃

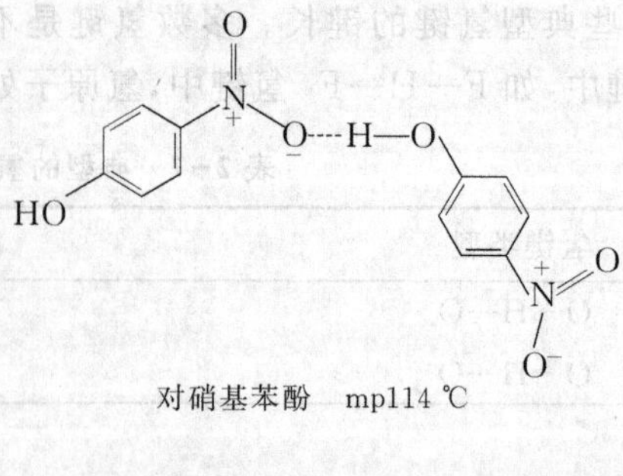

对硝基苯酚　mp114 ℃

含有杂原子的化合物，可以与水形成分子间氢键，在水中显示不同程度的溶解度，如甲醇、乙醇、丙酮等可以与水任意混溶，乙醚和乙酸乙酯也在水中有一定的溶解性。

在第四章可以看到很多氢键影响化合物酸碱性质的实例，后续章节还将看到更多氢键影响化合物化学性质的实例。含氧含氮化合物不仅是有机化合物中种类繁多、功能各异的重要化合物，而且还是生命体化合物的重要组成分子，因此，可以说氢键是影响有机化合物物理、化学性质乃至生命功能的最重要的非共价作用力。

2. 偶极－偶极作用

电负性不同的元素形成极性共价键，当一个分子的所有极性共价键的矢量和不等于零时，分子就具有固定的偶极矩，而呈现电荷分离状态，一端带部分正电荷，一端带部分负电荷。当这样的两个分子相互靠近时，一个分子的正电端与另一个分子的负电端因静电作用而相互靠近。分子间的这种作用力称为偶极－偶极作用(dipole-dipole interaction)。如图 2-20 所示，偶极－偶极作用有两种作用方式。偶极－偶极作用使极性分子处于一种相对有序的排列中。

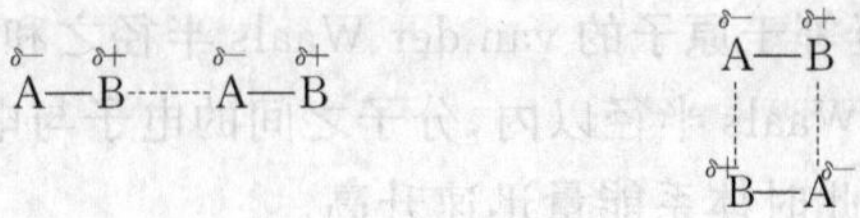

图 2-20　偶极－偶极两种作用方式示意图

除饱和烃类化合物外，其他的有机化合物多数都具有极性，即具有偶极矩。因此偶极－偶极作用是有机化合物中普遍存在的一种非共价作用，对有机化合物的物理、化学性质有着广泛而重要的影响。例如，*cis*-2-丁烯具有偶极矩，而其同分异构 *trans*-2-丁烯的偶极矩为零，前者具有较高的沸点(详见 3.11 节)。含氧、含氮、含卤素化合物普遍具有比烷烃高得多的沸点也与偶极－偶极作用密切相关(详见第四章)。例如，卤代烃和相应相对分子质量的烷烃比较，沸点要高得多，二氯甲烷是液体(bp40 ℃)，戊烷为气体。又如，碳－氮三键是极性共价键，乙腈(CH_3CN)沸点为80 ℃，比含有非极性共价键(碳－碳三键)的丙炔沸点高得多，丙炔在常温下是气体。有机化合物溶解性能的一般规律是：极性大的分子，由于存在偶极－偶极作用易溶解于极性溶剂中，而难溶于非极性溶剂。第八章还将看到溶剂的极性对反应物的活性的影响。因此，偶极－偶极作用不仅显著地影响化合物的物理性质如熔点、沸点、溶解性等，还影响化合物的化学性质。

3. van der Waals 作用

除了上述氢键作用和偶极－偶极作用外，所有的分子，包括极性的和非极性的分子之间还存在另一种作用，即 van der Waals 作用(van der Waals force)。van der Waals 作用包括分子在一定距离内的吸引作用以及分子靠近到一定程度后引起的排斥作用。

分子在一定距离内的 van der Waals 吸引作用主要由分子运动时的瞬时偶极引起。由于分子中的电子云在某一瞬间可能发生变形，从而导致分子中的正、负电荷中心不重叠，使得该分子具有了一个瞬时偶极(instantaneous dipole)。当其他分子与之靠近到一定距离时，该瞬时偶极就相当于一个外电场，诱导靠近的分子产生一个与之方向相反的诱导偶极(induced dipole)。诱导偶极之间的相互吸引使分子相互靠近，体系能量降低。这种吸引作用又称为诱导偶极－诱导偶极作用(induced-dipole-induced-dipole interaction),也称为 London 作用(London interaction),或色散力(dispersion interaction)。这种作用可以用图2-21表示。

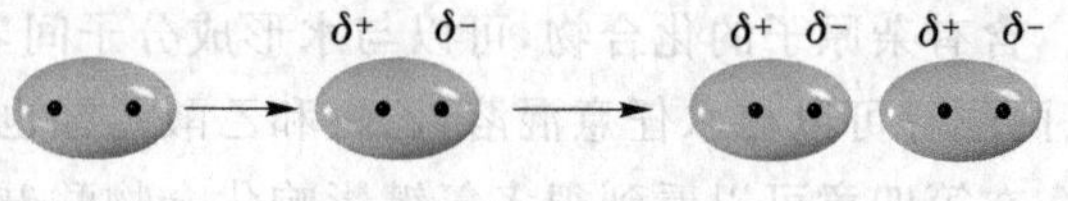

图 2-21 诱导偶极-诱导偶极作用示意图

与偶极-偶极作用和氢键相比,这种诱导偶极-诱导偶极作用是一种相对较弱的作用力。其强度与分子的可极化率相关。分子的可极化率(polarizability)是表示分子外层电子发生形变容易程度的一个物理性质常数。分子的可极化率越大,产生的诱导偶极也越大,分子之间由于诱导偶极-诱导偶极作用所产生的相互吸引作用也越大。另一方面,诱导偶极-诱导偶极作用也与分子之间相互作用的面积有关。作用面积越大,作用强度越大。

值得注意的是:van der Waals 作用其实包括吸引力和斥力两种。上述诱导偶极-诱导偶极作用属于吸引力,而在讨论烷烃的构象时曾经讨论到 van der Waals 斥力。图 2-22 很好地说明了分子间 van der Waals 作用随距离变化的情况。当两个分子相互靠近时,van der Waals 吸引力(诱导偶极-诱导偶极作用)使分子之间相互吸引。随着距离的不断靠近,体系能量不断减低,当不同分子的原子相互接近至等于原子的 van der Waals 半径之和时,体系能量达到最低。而一旦距离进一步缩小到 van der Waals 半径以内,分子之间的电子与电子间将产生迅速增大的排斥作用,即 van der Waals 斥力,此时体系能量迅速升高。

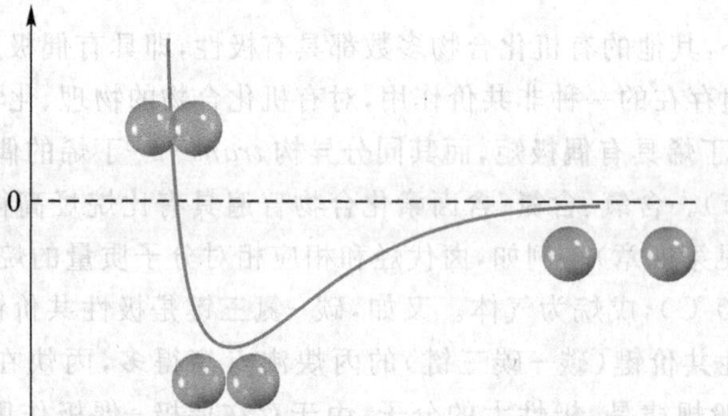

图 2-22 分子间 van der Waals 作用随距离变化的示意图

2.9.2 烷烃的熔点、沸点变化规律

常温下四个碳以及四个碳以下的烷烃是气体,五到十八个碳的烷烃主要以液体形式存在,十九碳以上的烷烃熔点才高于 25 ℃,以固体形式存在。表 2-8 列出了十个碳以内的直链烷烃与部分环烷烃、支链烷烃的物理常数。

表 2-8　十个碳以内的直链烷烃及部分环烷烃、支链烷烃的物理常数

名称	构造式	熔点/℃	沸点/℃	相对密度(d_4^{20})
甲烷	CH_4	−182	−164	—
乙烷	CH_3CH_3	−183.3	−88.6	—
丙烷	$CH_3CH_2CH_3$	−189.7	−42.1	—
环丙烷		−127.6	−32.7	—
正丁烷	$CH_3(CH_2)_2CH_3$	−138.4	−0.5	—
环丁烷		−50	12	—
异丁烷		−159.4	−11.7	—
正戊烷	$CH_3(CH_2)_3CH_3$	−130	36.1	0.7457
环戊烷	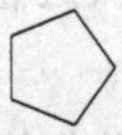	−93.9	49.2	0.7457
异戊烷	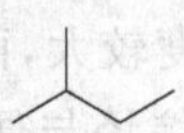	−159.9	27.8	0.6201
新戊烷		−16.5	9.5	0.6135
正己烷	$CH_3(CH_2)_4CH_3$	−95	69	0.6603
环己烷	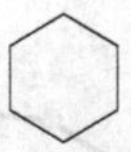	6.5	80.7	0.7785
异己烷	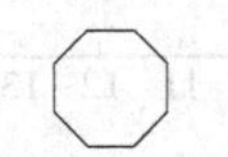	−153.7	60.3	0.6532
正庚烷	$CH_3(CH_2)_5CH_3$	−90.5	98.4	0.6837
环庚烷	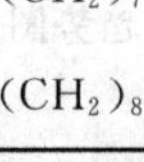	−12	118.5	0.8098
正辛烷	$CH_3(CH_2)_6CH_3$	−56.8	125.7	0.7025
环辛烷	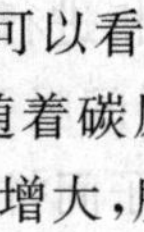	14.3	150.0	0.8349
正壬烷	$CH_3(CH_2)_7CH_3$	−51	150.8	0.7176
正癸烷	$CH_3(CH_2)_8CH_3$	−29.7	174.1	0.7300

从表 2-8 中沸点数据可以看出以下变化规律：

(1) 直链烷烃的沸点随着碳原子的增加而增加，这是因为碳原子的增加，相对分子质量增大，分子间相互作用的面积增大，所以总的作用力增大。

(2) 相同碳数的烷烃中，支链烷烃比直链烷烃的沸点低，这是因为分支使得分子形状不规则，分子间接触面积减小，分子间作用力随之减小。

(3) 相同碳数的环烷烃具有比直链烷烃高的沸点，这是因为直链烷烃中每一个C—C键都可以自由旋转，分子构象的可变度很大，影响到分子间的作用面积，而环烷烃分子受到环的刚性制约，其构象变化相对较少，分子形状相对较规则，分子间作用面积较大，分子间作用力较大。可见烷烃的分子形状主要通过影响分子间的作用面积而影响作用力的大小，从而影响化合物的沸点高低。后续章节将看到分子形状通过影响分子的偶极大小或者能否形成氢键影响分子间作用力大小的情况。

烷烃的熔点变化也存在与上述沸点类似的变化规律。比如，直链烷烃的熔点随着碳数的增加而升高，多数支链烷烃的熔点低于直链烷烃，而环烷烃具有比直链烷烃高的熔点等。

由于熔点反映的是分子在固相中的相互作用，而固相中分子间的相互作用显著地受到分子能否紧密排列(packing)的影响，因此，烷烃的熔点变化规律有着不同于沸点的变化之处。如果某种烷烃分子能够紧密排列，则可能比其他异构体具有相对较高的熔点。例如，支链烷烃新戊烷的熔点高于直链戊烷及其他异构体，就是因为新戊烷的分子形状近似球形，对称性高，在固相时可以形成紧密堆积，熔点反而升高。

如果以直链烷烃的熔点对碳原子数作图，得到一条"之"字形曲线(如图 2-23 所示)，可以看出从奇数碳烷烃增长一个碳到偶数碳烷烃时，熔点的升高幅度较大，而从偶数碳烷烃增长一个碳到奇数碳烷烃时，熔点的升高幅度较小。其原因在于奇数碳烷烃与偶数碳烷烃在固相的紧密排列程度不同。

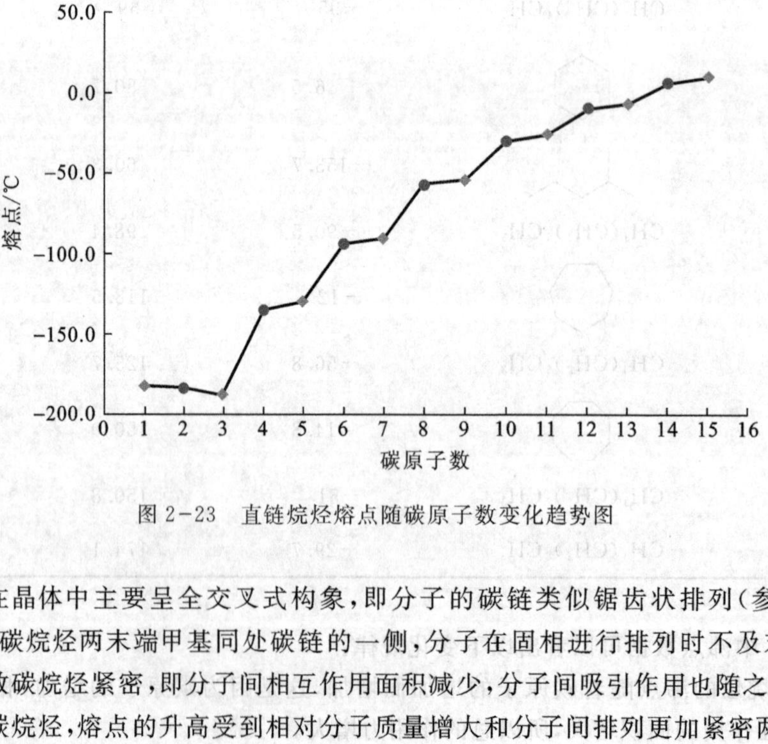

图 2-23 直链烷烃熔点随碳原子数变化趋势图

长链烷烃在晶体中主要呈全交叉式构象，即分子的碳链类似锯齿状排列(参阅图 2-5 和图 2-24)，奇数碳烷烃两末端甲基同处碳链的一侧，分子在固相进行排列时不及末端甲基分在碳链两侧的偶数碳烷烃紧密，即分子间相互作用面积减少，分子间吸引作用也随之减弱。从奇数碳烷烃到偶数碳烷烃，熔点的升高受到相对分子质量增大和分子间排列更加紧密两个因素影响，熔点升高数值较大。

图 2-24　直链烷烃的全交叉式构象的球棍模型

2.9.3　烷烃的溶解性能与疏水作用

化合物在某种溶剂中的溶解性能大小，取决于溶质分子与溶剂分子间的作用力大小。一个普遍的规律是“相似相溶”(like dissolves like)。烃类化合物极性很小，因此它们几乎不溶于水，而溶于非极性或弱极性有机溶剂。

非极性化合物的分子间主要以诱导偶极相互作用，而极性化合物的分子间则存在偶极-偶极作用以及诱导偶极作用，它们之间的作用力远大于非极性分子间的相互作用。如果这种差别太大，则这两种化合物混合时，两种分子间的作用不能使体系能量降低，则两种分子倾向于保持在各自的相中。这种非极性分子难溶于极性溶剂的作用称为疏水作用(hydrophobic interaction)。

你知道吗

石油醚(petroleum ether)的名称中有醚字，但其本身并不是醚类化合物。它是实验室常用的非极性有机溶剂，主要由低碳数的烷烃混合物组成。通常以沸程划分为石油醚Ⅰ(bp30～60 ℃)、石油醚Ⅱ(bp60～90 ℃)和石油醚Ⅲ(bp90～120 ℃)。

习题 2-21　根据下列名称写出化合物的结构。

(1) 2,2,3-三甲基庚烷　　(2) 1-甲基-4-乙基环壬烷

(3) 3-ethyl-4-methylhexane　　(4) *cis*-1-ethyl-2-methylcycloheptane

(5) 4-叔丁基庚烷　　(6) 4,5-diisopropylnonane

(7) 2-甲基-4-环丙基戊烷　　(8) 2-cyclobutyl-1,3-dimethylcyclooctane

习题 2-22　给出下列结构的中英文 IUPAC 名称。

(1) 

(2) 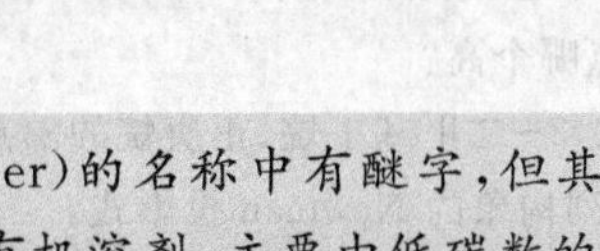

(3) $(CH_3CH_2CH_2)_4C$

(4) 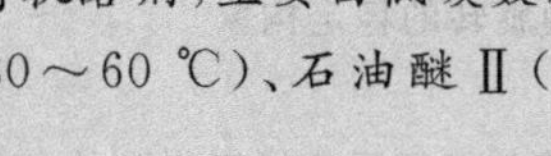

(5) 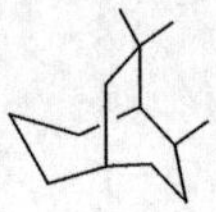

(6) 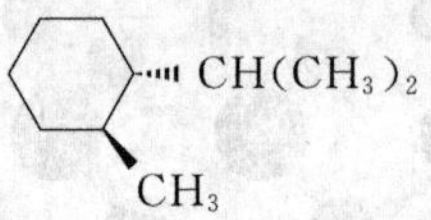

习题 2-23 指出下列化合物中有几个伯碳，几个仲碳，几个叔碳和几个季碳。

(1) 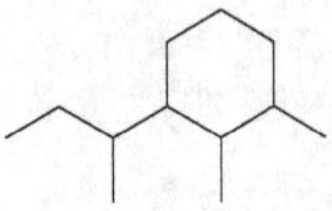

(2) 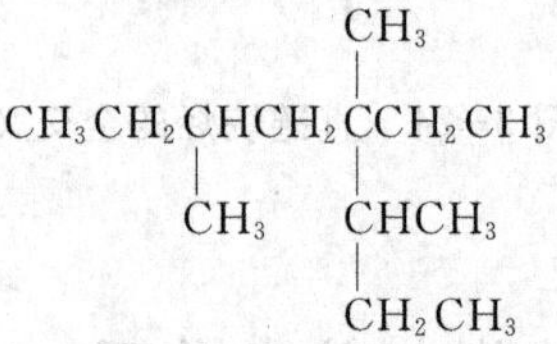

习题 2-24 尝试写出下列烷烃的结构。

(1) 共五个碳原子，都是仲碳　　(2) 共八个碳原子，含有一个异丙基和一个叔丁基

(3) 共七个碳原子，只有一个伯碳　　(4) 共八个碳原子，其中两个季碳，六个仲碳

习题 2-25 根据名称写出下列化合物的结构，并判断其名称是否为正确的 IUPAC 系统命名，如果不是，写出正确的命名。

(1) 3-甲基-2-乙基戊烷　　(2) 1-methyl-3-ethylcycloheptane

(3) 1-(2,3-二甲基戊基)环丁烷　　(4) 1-methyl-1-cyclopropylbutane

(5) 5,7,7-三甲基二环[2.2.1]庚烷

习题 2-26 回答下列问题，并简要解释理由。

(1) 3-甲基戊烷和甲基环戊烷的沸点哪个高？

(2) 新戊烷和正戊烷的熔点哪个高？

(3) 正己烷、2-甲基戊烷、2,2-二甲基丁烷、正庚烷的沸点高低顺序如何？

习题 2-27 根据要求，画出下列构象的 Newman 投影式。

(1) 2-甲基己烷 C3—C4 σ 键旋转的稳定构象

(2) 甲基环己烷的稳定构象

习题 2-28 试写出戊烷和环戊烷与氯气反应可以得到的一氯代产物的结构。

第三章 不饱和碳氢化合物

（Unsaturated Hydrocarbons）

不饱和碳氢化合物是指分子中含有碳－碳双键（C═C）或碳－碳三键（C≡C）的碳氢化合物。主要可以分为烯烃、炔烃和芳香烃。本章分别对它们的结构、命名、物理性质和化学稳定性与主要反应特点进行讨论。

3.1 烯烃的结构和命名

含有碳－碳双键的碳氢化合物称为烯烃。碳－碳双键中，碳原子采用 sp^2 杂化轨道成键（1.4.2 节），形成了两个不等同的键，其中一个键是由碳原子的 sp^2 杂化轨道轴向重叠形成的 σ 键，键的强度较高；另一个是由碳原子的 p 轨道侧面重叠形成的 π 键，键的强度较弱。因为 sp^2 杂化碳原子具有平面结构，形成的乙烯也是平面分子（参阅图 1-17）。

烯烃可分为单烯烃和多烯烃，包括开链烯烃和环烯烃。由于碳－碳双键的形成，烯烃较烷烃含有较少的氢原子，每增加一个双键，分子中氢的数目就减少两个。含有一个碳－碳双键的开链烯烃的分子通式为 C_nH_{2n}，可以看出它们与单环环烷烃是同分异构体，其差别在于分子中原子连接方式和顺序的不同，属于构造异构。虽然单环环烷烃与含一个 C═C 双键的开链烯烃从分子式计算的不饱和度都为 1，不过通常所说的不饱和烃是指含有 π 键的烯烃和炔烃，而不包括环烷烃。

3.1.1 烯烃的顺反异构

烯烃分子中碳－碳双键的 π 键电子云分布在双键平面的上下两方，限制了绕碳－碳 σ 键的自由旋转，因此碳－碳双键上所连接的基团具有两种不同的空间排布形式。例如，2－丁烯分子中的两个甲基可以处于双键碳原子的同侧，称为顺式烯烃（*cis*－）；也可以处于双键碳原子的异侧，称为反式烯烃（*trans*－）。

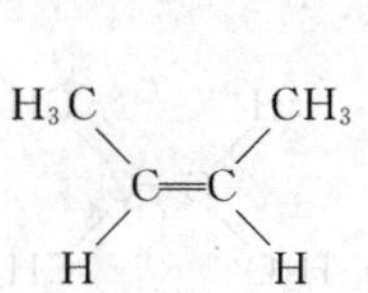

cis－2－丁烯

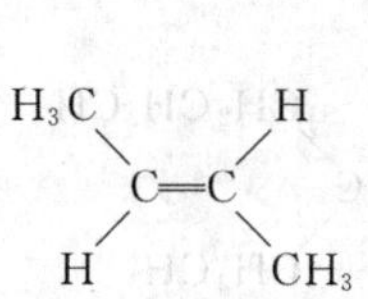

trans－2－丁烯

这种分子式相同，分子内原子的连接顺序和方式也相同，但是原子或基团在空间的排布或距离不同所形成的异构现象称为构型异构（configuration isomerism）。构型异构是不同于构象异构的一种立体异构。构象异构（第二章）是绕 σ 键键轴旋转所产生的异构，它们之间的转化不需要破坏化学键。但是构型异构体（configuration isomers）的相互转化需要通过断裂化学键才能进行。例如，顺式和反式 2-丁烯的相互转化需要断裂 π 键（如图 3-1 所示）。也就是说，每个构型异构体都是一个具有特定熔点和沸点等物理化学性质的化合实体。

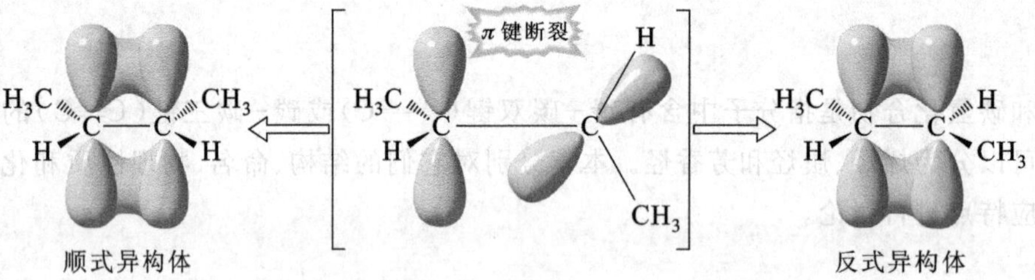

图 3-1　2-丁烯顺反异构体的转换

对于简单烯烃，如 2-丁烯，可以用 *cis*-或 *trans*-来表示其顺反异构体的构型。但是对于其他多数烯烃分子就不能简单地用 *cis*-或 *trans*-来命名了。如 3-乙基-2-己烯的双键碳连接了四个不同的基团，则很难像简单烯烃那样确定两个构型异构体哪个是 *cis*-，哪个为 *trans*-。

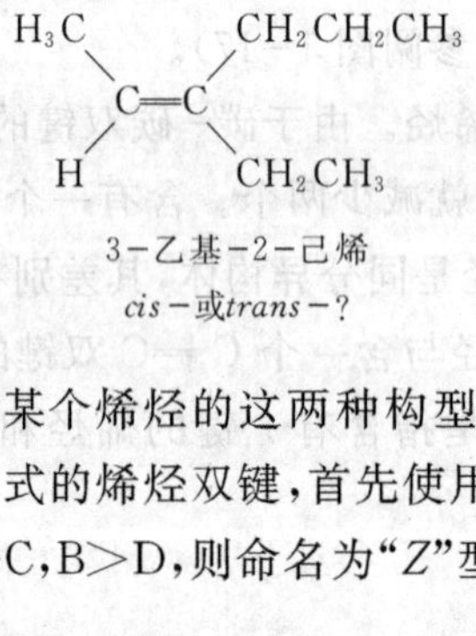

3-乙基-2-己烯
cis-或*trans*-?

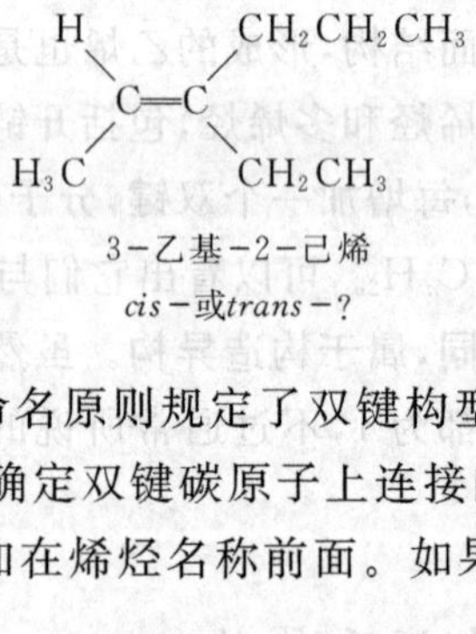

3-乙基-2-己烯
cis-或*trans*-?

为了准确表示某个烯烃的这两种构型，IUPAC 命名原则规定了双键构型的“*Z*、*E*”命名法：对于一个表示为下式的烯烃双键，首先使用次序规则确定双键碳原子上连接的四个取代基的优先顺序。如果 A＞C，B＞D，则命名为“*Z*”型，用括号加在烯烃名称前面。如果 A＞C，而 B＜D，则命名为“*E*”型。

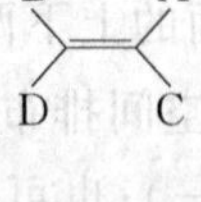

若 A＞C，B＞D 为“*Z*”型
若 A＞C，B＜D 为“*E*”型

这样，上面给出 3-乙基-2-己烯的两个构型异构体的构型分别为（*Z*）和（*E*）：

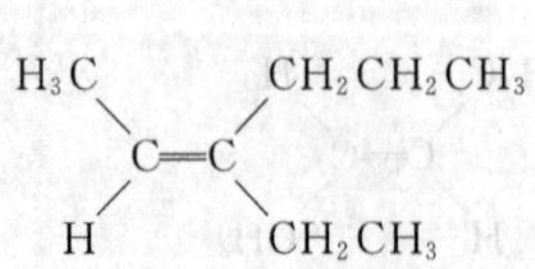

（*Z*）-3-乙基-2-己烯

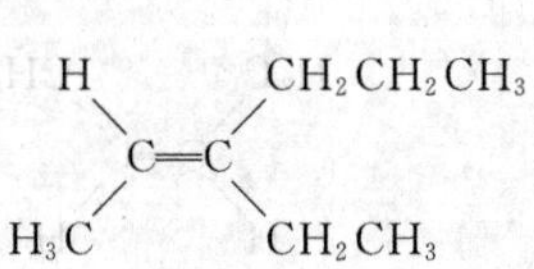

（*E*）-3-乙基-2-己烯

3.1.2　单烯烃的命名

单烯烃的 IUPAC 命名原则与烷烃类似，但也有所不同，具体命名原则如下：

1. 选取含有双键的最长碳链作为母体主链，编号时给双键以尽可能小的编号。母体名为“某烯”(十碳以内)或“某碳烯”(十个碳以上)。英文名的词尾统一为“-ene”。母体名前还要加上双键的位次。例如：

$CH_3CH_2CH{=}CH_2$　　1-丁烯 (1-butene)

$CH_3CH{=}CHCH_2$　　2-丁烯 (2-butene)

请注意一定要加上双键编号，如果只命名为丁烯，则可能是 1-丁烯或 2-丁烯，就违背了一个名称只能写出唯一一个结构式的命名基本原则。另外，分子中可能存在不含双键的碳链长于含双键碳链的情况，这时仍要以含双键的碳链为母体。例如：

$\overset{6}{C}H_3\overset{5}{C}H_2\overset{4}{C}H_2\overset{3}{C}H_2\overset{2}{C}(=\overset{1}{C}H_2)CH_2CH_3$

正确的命名为　2-乙基-1-己烯
(2-ethyl-1-hexene)

2. 有取代基存在时，仍然要给双键以最小编号。例如：

$CH_3CH{=}CHCH(CH_3)CH_3$　　4-甲基-2-戊烯 (4-methyl-2-pentene)

$CH_3C(CH_2CH_3){=}CHCH_2CH_2CH_2CH_3$　　3-甲基-3-辛烯 (3-methyl-3-octene)

3. 如果从两个方向给主链编号，双键编号是相同的，则选取使取代基编号最小的方向进行编号。例如：

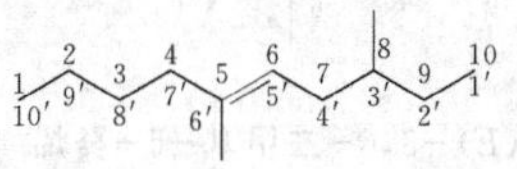

正确母体和取代基编号为　3,6-二甲基-5-癸烯
(3,6-dimethyl-5-decene)

4. 如果是环烯烃，则双键的编号指定为 1，可省略双键的编号。例如：

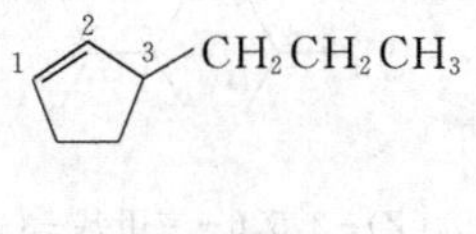

3-丙基环戊烯
(3-propylcyclopentene)

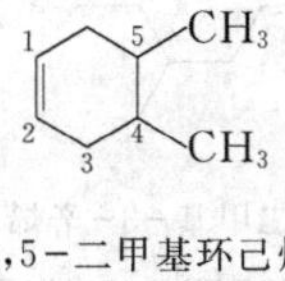

4,5-二甲基环己烯
(4,5-dimethylcyclohexene)

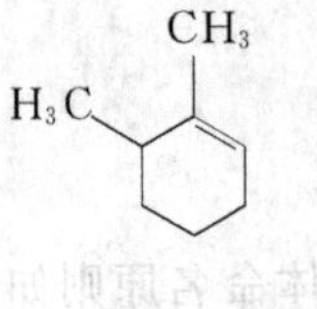

1,6-二甲基环己烯
(1,6-dimethylcyclohexene)

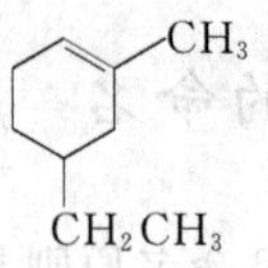

1-甲基-5-乙基环己烯
(5-ethyl-1-methylcyclohexene)

取代基的列出顺序以及在取代基编号序列相同时给先列出的基团以小编号的原则与烷烃命名一致。例如：

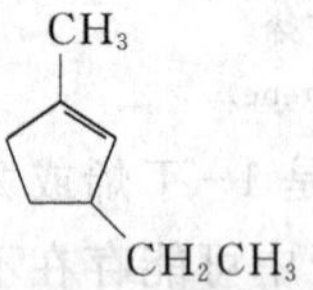

1-甲基-3-乙基环戊烯
(3-ethyl-1-methylcyclopentene)

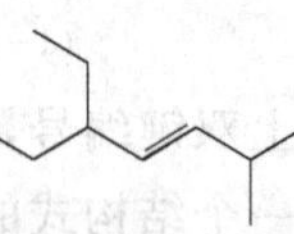

3-甲基-6-乙基-4-辛烯
(3-ethyl-6-methyl-4-octene)

5．在确定了母体名称和取代基的位次以及名称后，如果化合物的结构式已经明确表示出双键的构型，则需要对双键的构型进行标识。如上述 3-甲基-6-乙基-4-辛烯的结构式已经明确地表达其双键构型，因此，该化合物完整的名称应该是 (*E*)-3-甲基-6-乙基-4-辛烯。

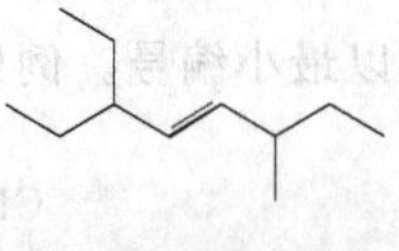

完整的名称为　(*E*)-3-甲基-6-乙基-4-辛烯
[(*E*)-3-ethyl-6-methyl-4-octene]

又如，在讲述第 3 条原则的实例中，其双键构型也是 *E* 型，化合物的完整名称为 (*E*)-3,6-二甲基-5-癸烯。

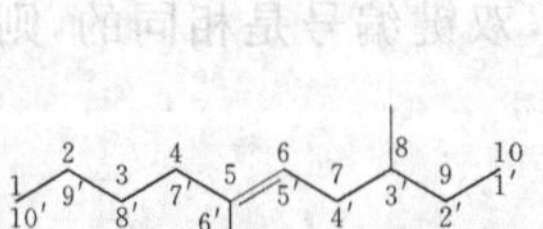

完整的名称为　(*E*)-3,6-二甲基-5-癸烯
[(*E*)-3,6-dimethyl-5-decene]

以下是两个双键构型为 *Z* 型的实例。

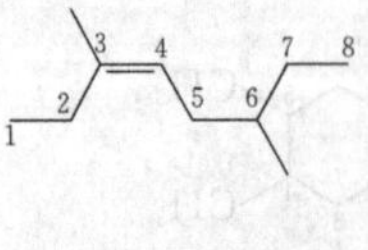

(*Z*)-3,6-二甲基-3-辛烯
[(*Z*)-3,6-dimethyl-3-octene]

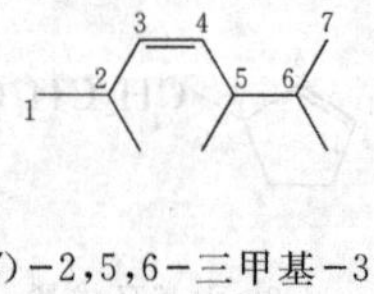

(*Z*)-2,5,6-三甲基-3-庚烯
[(*Z*)-2,5,6-trimethyl-3-heptene]

习题 3-1　给出下列化合物的中英文 IUPAC 名称。

(1) 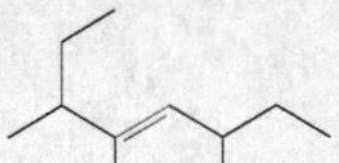　(2) 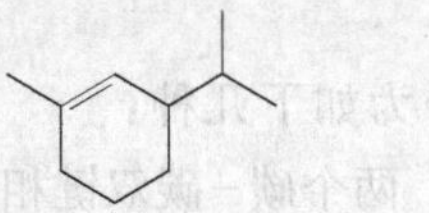　(3) 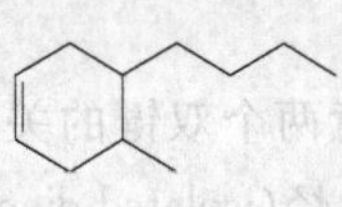

习题 3-2　给出下列烯烃的中英文 IUPAC 名称。

(1) $CH_3CHCH{=}CHCH_3$（2 位 C 上连 CH_3）

(2) $CH_3CH_2C{=}C{-}CHCH_3$（3 位 C 上连 CH_3，4 位 C 上连 CH_3，5 位 C 上连 CH_3）

(3) 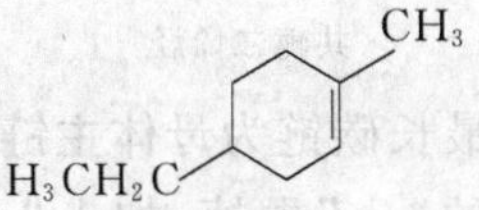

(4) 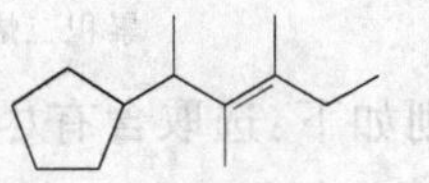

(5) 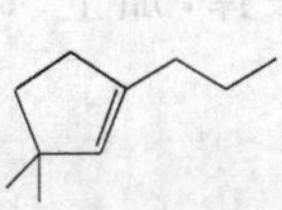

(6) 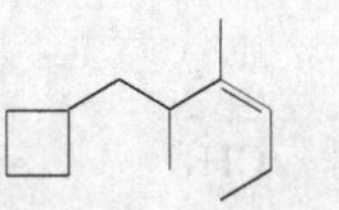

3.1.3　烯烃中碳和氢的类型

烯烃化合物中有两种特别的碳和氢。一种是 sp^2 杂化的双键碳以及与之相连的氢原子，称为乙烯型碳和氢(vinylic carbons and hydrogens)。另一种是与双键碳直接相连的 sp^3 杂化碳以及该碳连接的氢，称为烯丙型碳和氢(allylic carbons and hydrogens)。它们具有特殊的波谱特征和化学反应性质，如乙烯型卤代烃与烯丙型卤代烃反应性能相差很大，一般烯丙型卤代烃比较活泼，而乙烯型卤代烃化学性质很不活泼(详见第八章)

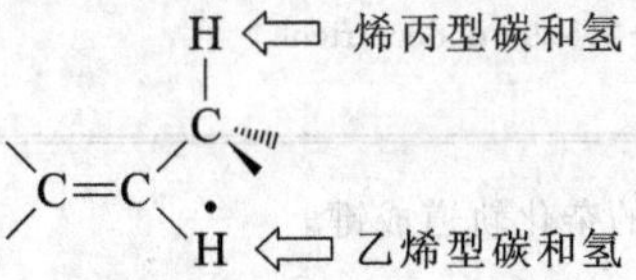

$CH_2{=}CHCl$	$CH_2{=}CHCH_2Cl$
乙烯型卤代烃	烯丙型卤代烃

正因为乙烯型碳和氢与烯丙型碳和氢在结构和性质上有很大差异，我们需要认识和区别这两种烃基的类型。从丙烯分子中形式上脱去一个氢形成基的时候，有三种可能，即可以从 1-，2-或 3-碳原子上去掉一个氢原子，前两种都是去掉双键碳原子上的氢，分别称为 1-丙烯基和异丙烯基。而后者去掉的是烯丙位的氢，通常称为烯丙基(allyl)。1-丙烯基和异丙烯基属于乙烯型的烃基，烯丙基则是烯丙型烃基中的最简单的代表。

$—CH{=}CHCH_3$	$CH_2{=}C(CH_3)—$	$CH_2{=}CHCH_2—$
1-丙烯基(1-propenyl)	异丙烯基(isopropenyl)	烯丙基(allyl)

3.1.4 多烯烃的命名

多烯烃中任意两个双键的关系可分为如下几种：

(1) 孤立二烯烃(isolated dienes)——两个碳-碳双键相隔了一个或一个以上的 sp^3 杂化碳原子。

(2) 累积二烯烃(cumulated dienes)——两个碳-碳双键共用一个碳原子。

(3) 共轭二烯烃(conjugated dienes)——两个碳-碳双键之间以一个单键直接相连。其中共轭二烯烃具有特殊的共轭稳定能(详见 3.5 节)。

$CH_3CH{=}CH{-}CH_2CH{=}CH_2$ 孤立二烯烃

$CH_3CH{=}C{=}CHCH_2CH_3$ 累积二烯烃

$CH_3CH{=}CH{-}CH{=}CH{-}CH_3$ 共轭二烯烃

多烯烃的 IUPAC 命名原则如下：选取含有尽可能多的双键的最长碳链为母体主链，并给双键以尽可能小的编号，称为“某几烯”。英文命名将烷烃词尾中的“ne”去掉，加上“diene”或“triene”等词尾。例如：

$H_2C{=}C{=}CH_2$

丙二烯

(propadiene)

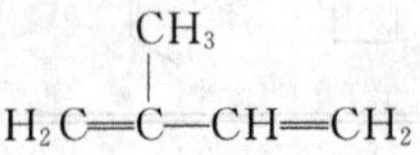

2-甲基-1,3-丁二烯

(2-methyl-1,3-butadiene)

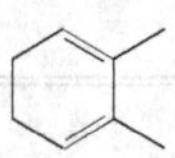

2,3-二甲基-1,3-环己二烯

(2,3-dimethyl-1,3-cyclohexadiene)

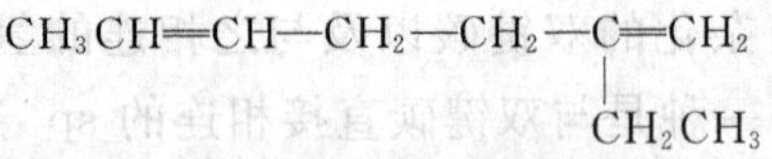

2-乙基-1,5-庚二烯

(2-ethyl-1,5-heptadiene)

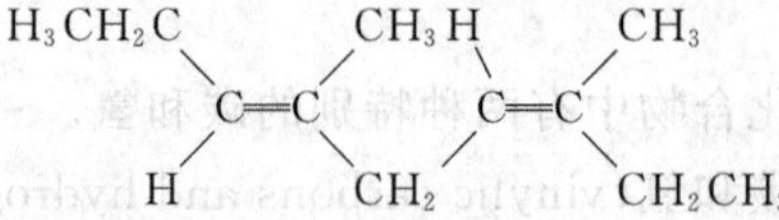

(3*Z*,6*E*)-3,6-二甲基-3,6-壬二烯

[(3*Z*,6*E*)-3,6-dimethyl-3,6-nonadiene]

(5*E*,9*E*)-2,6,10-三甲基-2,5,9-十二碳三烯

[(5*E*,9*E*)-2,6,10-trimethyl-2,5,9-dodecatriene]

习题 3-3 试说明累积二烯烃中三个双键碳是否使用同样的杂化轨道成键。

习题 3-4 命名下列多烯烃。

(1) 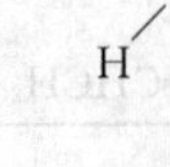

(2) 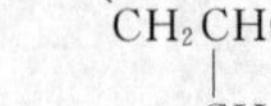

(3)

(4)

(5)

3.2　炔烃的分类与命名

含有碳－碳三键的碳氢化合物称为炔烃(alkynes)。根据所含三键的数目,炔烃可分为单炔烃和多炔烃。单炔烃又可分为末端炔烃(terminal alkynes)和非末端炔烃(internal alkynes)。末端炔烃由于炔氢的存在,性质上表现出酸性。由于三键碳的 sp 杂化要求形成的两个 σ 键的键角为 180°,较小的环中很难存在三键,因此,小环炔烃比较少见。分子中,每形成一个碳－碳三键,氢原子数目就减少四个,即增加两个不饱和度,开链单炔烃的分子通式为 C_nH_{2n-2},与单环单烯烃或开链二烯烃互为同分异构体。

乙炔的常用英文名"acetylene"

$$H—C\equiv C—H$$

"acetylene"不仅是乙炔的另一个常用英文名,而且常用于炔烃的普通命名法,将三键碳上的两个取代基名称置于"acetylene"前面可以得到任何一个简单炔烃的普通名。例如:

$H_3C—C\equiv C—CH_3$　　二甲基乙炔(dimethylacetylene)

$H_3C—C\equiv C—C_2H_5$　　甲基乙基乙炔(ethylmethylacetylene)

炔烃的 IUPAC 命名原则与烯烃类似:选取含有碳－碳三键的最长碳链作为母体主链,给碳－碳三键以尽可能小的编号,母体为"某炔"或"某碳炔"(十碳以上),英文的词尾为"yne",母体名前要加上三键的位次。

如果从主链的两个方向编号,炔烃可获得相同的编号,则选能使取代基编号最小的方向进行编号。例如:

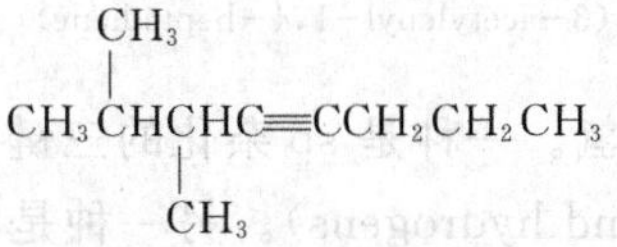

2,3－二甲基－4－辛炔
(2,3－dimethyl－4－octyne)

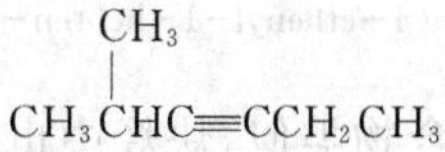

2－甲基－3－己炔
(2－methyl－3－hexyne)

如果分子中同时含有双键和三键,则应选择含有双、三键最多又尽可能最长的链作为母体主链,命名为"某几烯几炔",英文词尾为"enyne"。双键和三键的数目使用"di"、"tri"等表示,并给双键和三键的原子以尽可能小的编号。

如下列化合物含有两条等长的最长碳链,命名时,应选择含有两个双键和一个三键的十碳链为母体主链,命名为 5－(3－丁烯基)－1,3－癸二烯－6－炔。

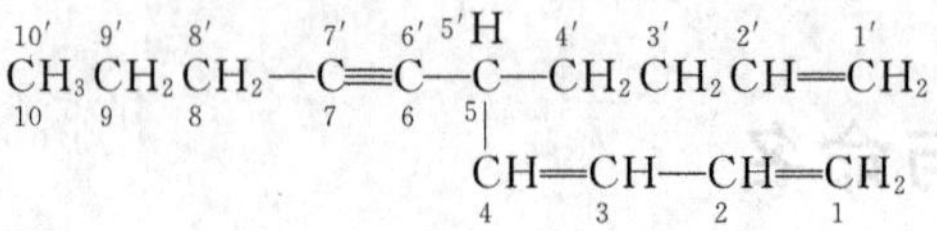

5-(3-丁烯基)-1,3-癸二烯-6-炔

[5-(3-butenyl)-1,3-decadien-6-yne]

又如,下列化合物中,含有两个双键和一个三键的六碳链不是分子中最长的碳链,根据上述规则,仍然选择它作为母体主链。

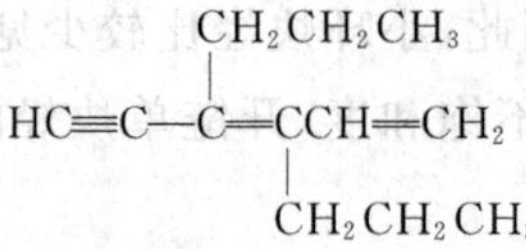

3,4-二丙基-1,3-己二烯-5-炔

(3,4-dipropyl-1,3-hexadien-5-yne)

如果从两个方向给主链编号所得的双键和三键编号相同,则给双键以最小编号。如:

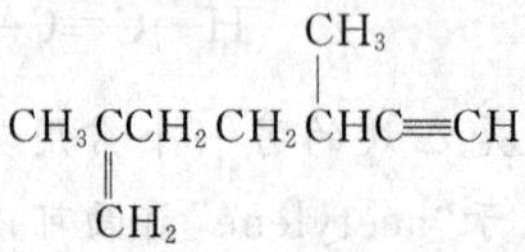

2,5-二甲基-1-庚烯-6-炔

(2,5-dimethyl-1-hepten-6-yne)

如果有两个不同的含有相同数目的双、三键的主链可被选择,由以下规则确定主链:① 碳原子数最多者;② 若碳原子数目也相同,则选择双键数目最多者。如 4-乙烯基-1-庚烯-5-炔中,选择同时含有一个双键和一个三键的七个碳链为主链,而不是含有两个双键的六碳链,因为七碳链长于六碳链。而在 3-乙炔基-1,4-庚二烯中,含有一个双键和一个三键的碳链与同时含有两个双键的碳链都是七个碳,则这时选择后者作为母体主链。

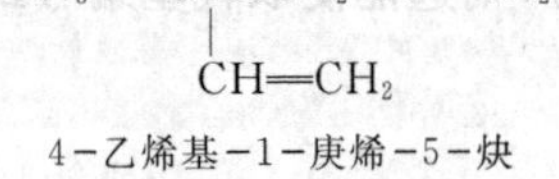

4-乙烯基-1-庚烯-5-炔

(4-ethenyl-1-hepten-5-yne)

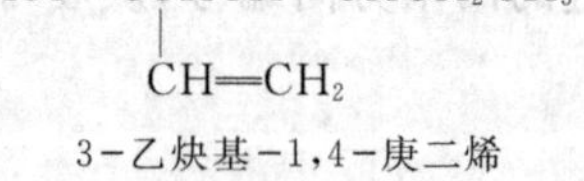

3-乙炔基-1,4-庚二烯

(3-acetylenyl-1,4-heptadiene)

与烯烃化合物类似,炔烃中也存在两种特别的碳和氢。一种是 sp 杂化的三键碳原子以及与之相连的氢原子,称为炔碳和炔氢(acetylenic carbons and hydrogens)。另一种是与三键碳直接相连的 sp^3 杂化碳以及连接在该碳上的氢,称为炔丙型碳和氢(propargyl carbons and hydrogens)。它们的波谱特征和化学反应特性很不相同,如乙炔型氢具有明显的酸性,可以与 $Ag(NH_3)_2^+$ 等形成金属炔化物。

与丙烯类似，丙炔从 1 位的三键碳原子上脱去一个氢后的基团称为丙炔基(propynyl)，而从 3 位的 sp^3 杂化碳原子上脱去一个氢原子后的基团称为炔丙基(propargyl)。

$—C≡C—CH_3$	$HC≡C—CH_2—$
丙炔基 (propynyl)	炔丙基 (propargyl)

习题 3-5　用 IUPAC 命名原则命名以下化合物。

(1)　$CH_3CH═CHCH_2CH_2C≡CH$

(2)　$H_2C═CHCH(CH_3)CH_2C≡CCH_2CH_3$

(3)　$H_2C═CHCH(CH_2CH_2CH_2CH_3)C≡CCH_3$

(4)　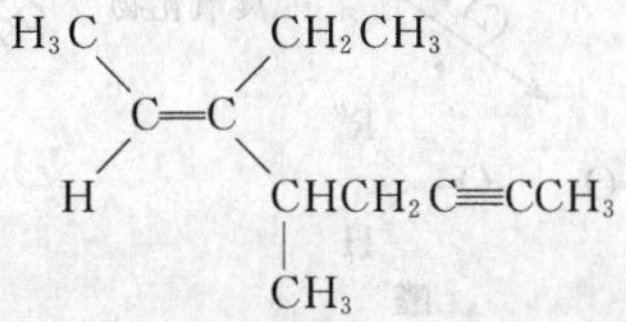

3.3　烯烃的 π 键与化学性质

烯烃与烷烃在结构上的最大不同之处在于：烯烃中双键的碳原子是 sp^2 杂化，在以 sp^2 杂化轨道形成三个 σ 键外，两个相邻的 sp^2 杂化碳原子以各自的单电子占据 p 轨道形成一个 π 键(参见 1.4.2 节)。由于 π 键的成键方式是侧面重叠成键，轨道之间的叠加程度不及 σ 键，键的强度较弱，键能大约为 260 $kJ \cdot mol^{-1}$，是 C—C σ 键键能的 2/3(参见 1.4.4 节)，因此，π 键的断裂发生加成反应生成 σ 键产物就成为烯烃化学性质的主要特征。

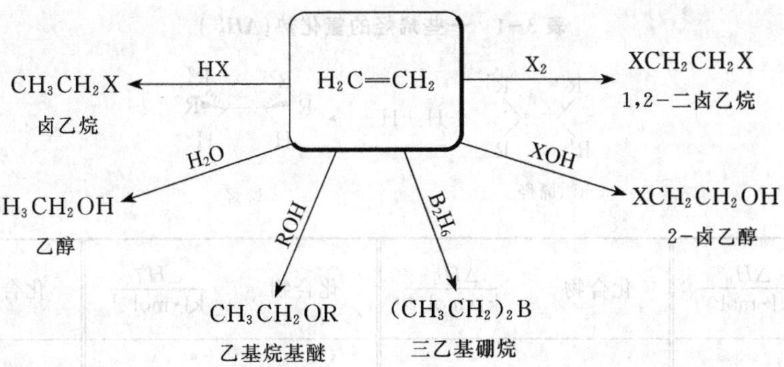

能够与烯烃发生加成反应的试剂很多，有水、醇、卤化氢、卤素、次卤酸、乙硼烷等。乙烯与这些试剂的加成产物见上式，第十章将对这些反应进行详细的讨论。

此外，烯烃还可以与氢气加成生成烷烃，也可以在一些氧化剂作用下加成氧化形成邻二醇，或与过氧酸反应生成环氧化合物，还可以与臭氧加成水解或在其他氧化剂作用下断键形成小分子醛、酮或羧酸。

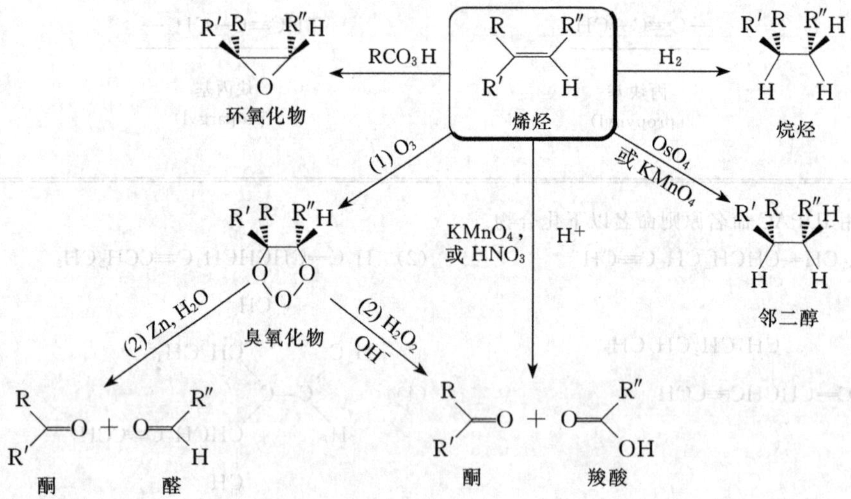

这些反应也都与烯烃的 π 键的断裂有关，不过在有机化学中习惯上将它们称为氧化还原反应，有关内容将在第十一章进行深入讨论。

3.4 烯烃的稳定性与氢化热

与烷烃类似，烯烃的稳定性也可以根据燃烧热和生成热数据进行判断。不过，由于烯烃的化学活泼性主要在于 π 键发生加成反应，因此，烯烃的稳定性更常用氢化热来判断，因为这样有助于比较不同烯烃中 π 键的稳定性。氢化热（heat of hydrogenation）是指 1 mol 烯烃，在标准条件下完全氢化所放出的热量。表 3-1 中列出了一些烯烃的氢化热（$\Delta H_h^\ominus$）。

表 3-1 一些烯烃的氢化热（$\Delta H_h^\ominus$）

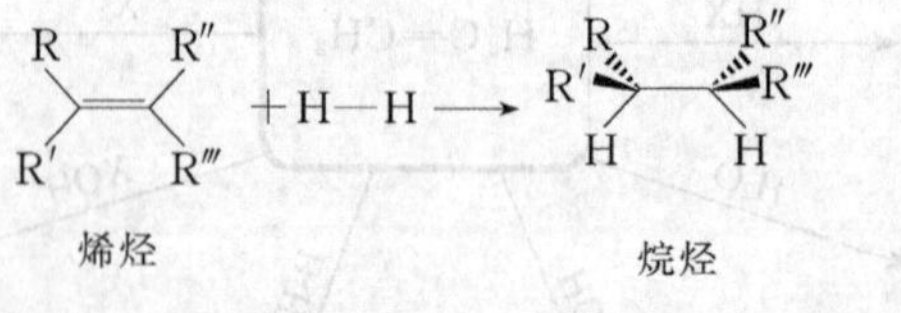

化合物	$\dfrac{\Delta H_h^\ominus}{\text{kJ·mol}^{-1}}$	化合物	$\dfrac{\Delta H_h^\ominus}{\text{kJ·mol}^{-1}}$	化合物	$\dfrac{\Delta H_h^\ominus}{\text{kJ·mol}^{-1}}$	化合物	$\dfrac{\Delta H_h^\ominus}{\text{kJ·mol}^{-1}}$
	−137.3	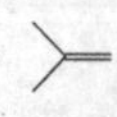	−118.9	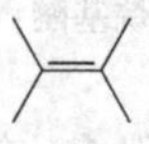	−111.3	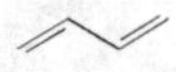	−239.0
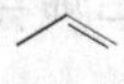	−126.0	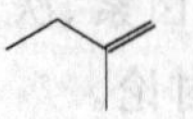	−119.3		−223.9		−226.5

续表

化合物	$\frac{\Delta H_h^{\ominus}}{kJ\cdot mol^{-1}}$	化合物	$\frac{\Delta H_h^{\ominus}}{kJ\cdot mol^{-1}}$	化合物	$\frac{\Delta H_h^{\ominus}}{kJ\cdot mol^{-1}}$	化合物	$\frac{\Delta H_h^{\ominus}}{kJ\cdot mol^{-1}}$
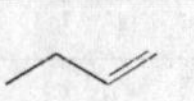	−126.8		−119.7		−128.9		−254.5
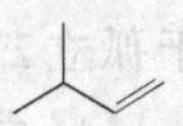	−126.8	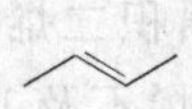	−115.5	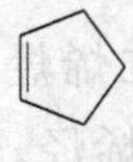	−110.5	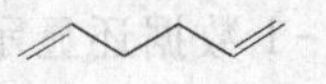	−253.2
	−126.8	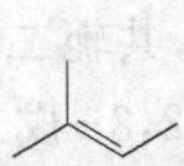	−112.6	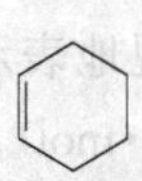	−118.5	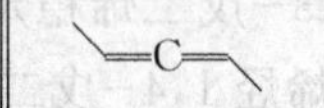	−295

氢化反应断开一个 C—C π 键和一个 H—H σ 键而生成两个 C—H σ 键，反应是放热的。放热越多，表示双键越不稳定。从表 3-1 数据可以分析不同类型双键的稳定性情况：单取代末端双键的稳定性小于双取代末端双键和顺式二取代烯烃，小于反式二取代烯烃，小于三烷基取代双键和四烷基取代双键。各种类型烯烃之间的氢化热差值情况如下所示：

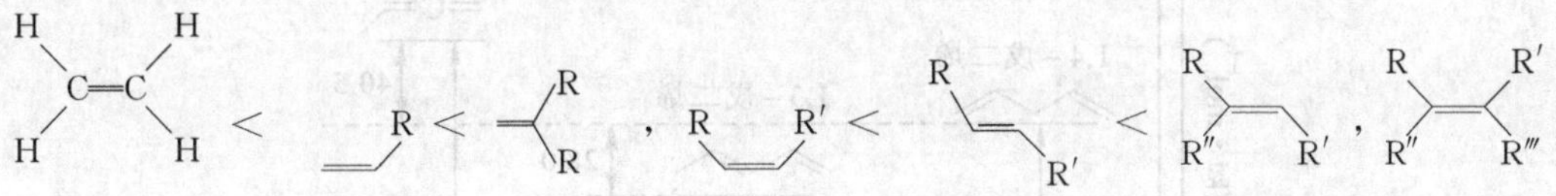

	乙烯		单取代末端烯烃		二取代末端烯烃		顺式二取代烯烃		反式二取代烯烃		三取代烯烃		四取代烯烃
相邻两者的氢化热差值/$kJ\cdot mol^{-1}$		≈10		7～8		4		3		1			

顺式二取代烯烃的稳定性不及反式二取代烯烃。这是因为顺式烯烃两个烃基在空间上过于拥挤而产生了 van der Waals 斥力（见图 3-2）。实验测得（*Z*）-2-丁烯 C1—C2—C3 的键角为 127°，大于正常 sp^2 杂化轨道夹角，这也是 van der Waals 斥力存在的证据。

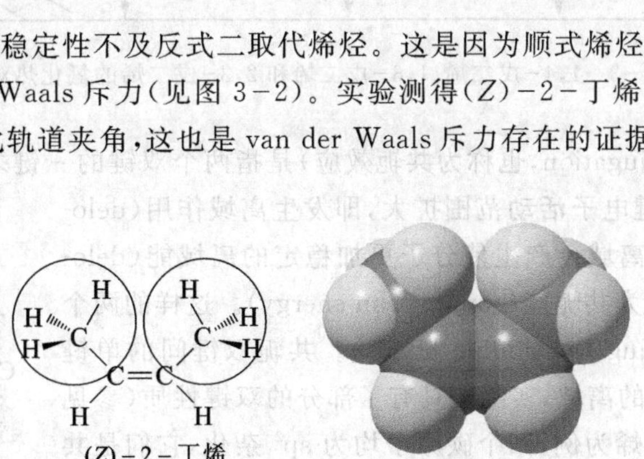

图 3-2 （*Z*）-2-丁烯比例模型图

比较环丙烯、环丁烯、环戊烯和环已烯的氢化热，可以看出环丙烯和环丁烯势能增高，稳定性降低，特别是环丙烯，其氢化热数值几乎是一般双键的两倍。这是因为双键碳原子用 sp^2 杂化轨道成键，使得小环的环张力进一步增大的缘故。

3.5 二烯烃的稳定性与共轭结构

表 3-1 数据还显示：不同类型的二烯烃稳定性不同。累积二烯烃的稳定性小于孤立二烯烃，而孤立二烯烃稳定性又小于共轭二烯烃。比如 2,3-戊二烯不及 1,4-戊二烯稳定，1,4-戊二烯不及 1,3-戊二烯稳定。图 3-3 直观地表示出了这种差异，共轭二烯烃 1,3-戊二烯的氢化热比孤立二烯烃 1,4-戊二烯的低 28.0 $kJ\cdot mol^{-1}$，而累积二烯烃 2,3-戊二烯则高出 40.5 $kJ\cdot mol^{-1}$。

为什么共轭二烯烃比孤立二烯烃更加稳定呢？有两个原因：一是共轭二烯烃中连接两个双键的 σ 键是由两个碳原子的 sp^2 杂化轨道形成的，由于 sp^2 杂化轨道中的 s 成分较多，离核较近，形成的共价键强度较大，因此使得共轭二烯烃稳定；另一个更重要的原因是两个 π 键之间产生了共轭作用。

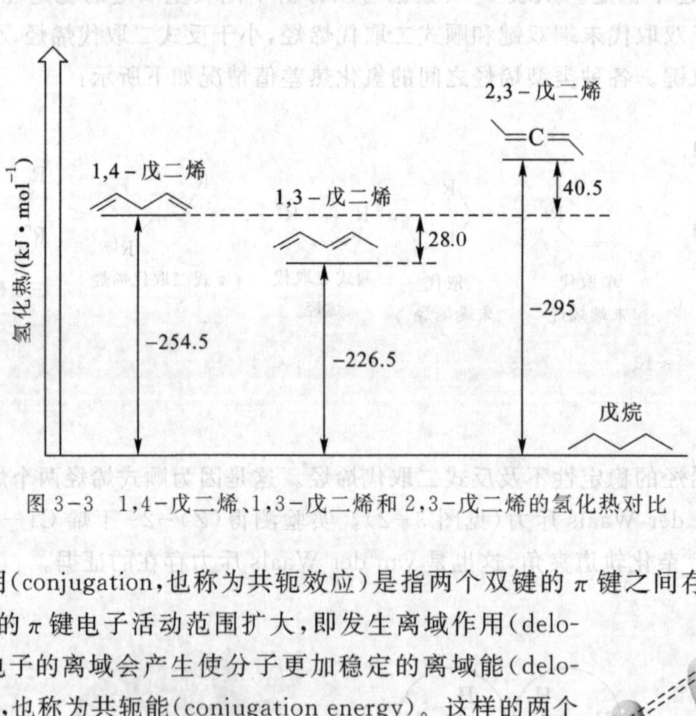

图 3-3 1,4-戊二烯、1,3-戊二烯和 2,3-戊二烯的氢化热对比

所谓共轭作用(conjugation，也称为共轭效应)是指两个双键的 π 键之间存在一定的轨道相互作用，使得其中的 π 键电子活动范围扩大，即发生离域作用(delocalized effect)。电子的离域会产生使分子更加稳定的离域能(delocalization energy)，也称为共轭能(conjugation energy)。这样的两个 π 键称为共轭双键(conjugated double bonds)。共轭双键间的单键因为轨道的重叠和电子的离域，实际上具有了部分的双键性质(参见图 3-4)。以 1,3-丁二烯为例，四个碳原子均为 sp^2 杂化，它们是共平面的，而垂直于碳原子所在平面的四个 p 轨道相互平行，因此 C2 和 C3 的 p 轨道将产生部分重叠，从而使得两个 π 键电子的实际活动范围从两个碳原子扩大到四个碳原子。

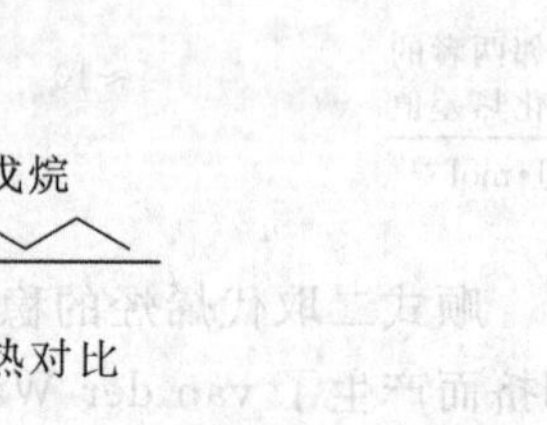

图 3-4 共轭烯烃的 π 键共轭作用示意图

1,3-戊二烯与 1,4-戊二烯的氢化热差值为 28.0 $kJ\cdot mol^{-1}$，这里包括了来自 π 键共轭作用

的贡献，也包含了双键的多烷基取代稳定作用。因为1,4-戊二烯的两个双键均为单烷基取代的末端双键，而1,3-戊二烯则包含一个单烷基取代的末端双键和一个反式二烷基取代双键。

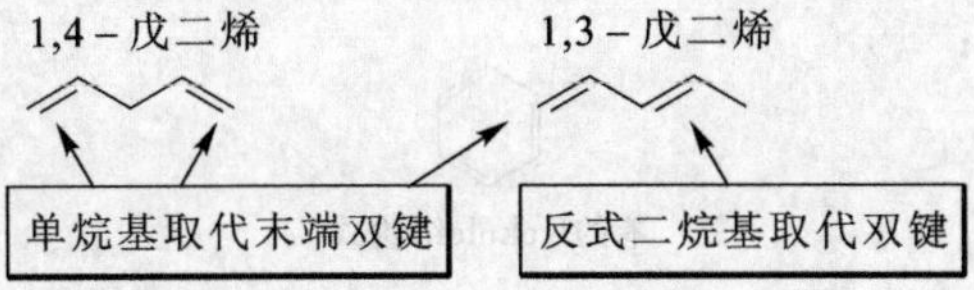

单烷基取代末端双键与反式二烷基取代双键的氢化热相差约 11.3 kJ·mol^{-1}（参考1-丁烯与(*E*)-2-丁烯的氢化热差），扣除这部分贡献，来自双键的共轭能约为 16.7 kJ·mol^{-1}。

共轭效应体现在共轭二烯烃的加成反应中，例如，1,3-丁二烯与氯化氢加成不仅得到3-氯-1-丁烯，同时也得到双键发生移位的加成产物1-氯-2-丁烯。前者是1,3-丁二烯的一个双键与氯化氢直接加成的产物，称为1,2-加成产物，后者是因为共轭效应影响，氯化氢的氢原子和氯原子分别加成在C1和C4上，这种加成称为共轭加成（congugated addition），也称为1,4-加成。

$$H_2C{=}CH{-}CH{=}CH_2 \xrightarrow{HCl} H_2C{=}CH{-}\underset{Cl}{\underset{|}{CH}}{-}\underset{H}{\underset{|}{CH_2}} + \underset{H}{\underset{|}{H_2C}}{-}CH{=}CH{-}\underset{Cl}{\underset{|}{CH_2}}$$

1,3-丁二烯　　3-氯-1-丁烯（1,2-加成产物）　　1-氯-2-丁烯（1,4-加成产物）

累积二烯烃的稳定性不及孤立二烯烃，这点容易从2,3-戊二烯与1,4-戊二烯的氢化热差值看出（见图3-3）。丙二烯的氢化热与丙炔十分接近，说明它们的稳定性类似，可能是因为累积二烯烃中两个双键的共有碳原子也是采用sp杂化轨道成键的。

$$H_2C{=}C{=}CH_2 + 2H_2 \xrightarrow{Pt} CH_3CH_2CH_3 \qquad \Delta H_h^\ominus = -295.1\ kJ\cdot mol^{-1}$$

$$H_3C{-}C{\equiv}CH + 2H_2 \xrightarrow{Pt} CH_3CH_2CH_3 \qquad \Delta H_h^\ominus = -292.6\ kJ\cdot mol^{-1}$$

丙二烯中的C2为sp杂化，C1—C2和C2—C3两个π键相互垂直，连接在C1和C3上的氢原子分别处在两个相互垂直的平面上，不能产生π键相互共轭（见图3-5）。这种结构特征使得丙二烯型分子可能形成不同的构型异构体（详见第五章）。

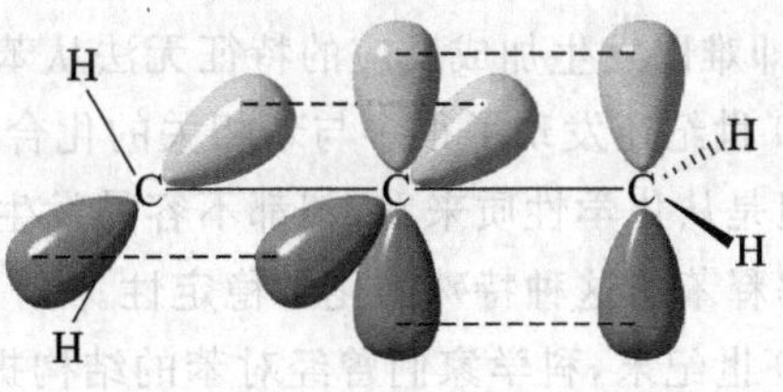

图3-5 累积二烯烃的两个π键示意图

3.6 苯的结构与化学反应特性

1825年Michael Faraday从照明气中分离到一个沸点为80 ℃的纯化合物，元素分析显示其组成的碳氢比为1∶1，高于单烯烃的碳氢比1∶2。1834年Mitscherlich加热苯甲酸得到了同一化合物，并测得其相对分子质量为78，从而确定其分子式为C_6H_6。该化合物即为苯。根据分子式计算可知，苯的不饱和度为4，但是研究表明苯的化学性质相当稳定，难以发生加成反应。不过在一定条件下可以发生取代反应，并且发生取代反应时，只产生一种一取代产物和三种二取代产物。

苯的取代反应只产生一种一取代产物，说明苯的六个氢是等同的。根据碳原子 4 价，氢原子 1 价的成键规律和上述实验事实，1866 年 Kekulé 提出苯具有单双键交替的环状结构，这一结构被称为苯的 Kekulé 结构式：

苯的Kekulé结构式

但是该结构无法说明苯的取代反应只产生三种二取代产物。根据 Kekulé 结构式，可以写出四种不同的二取代产物：两个邻位产物，一个间位和一个对位二取代产物。

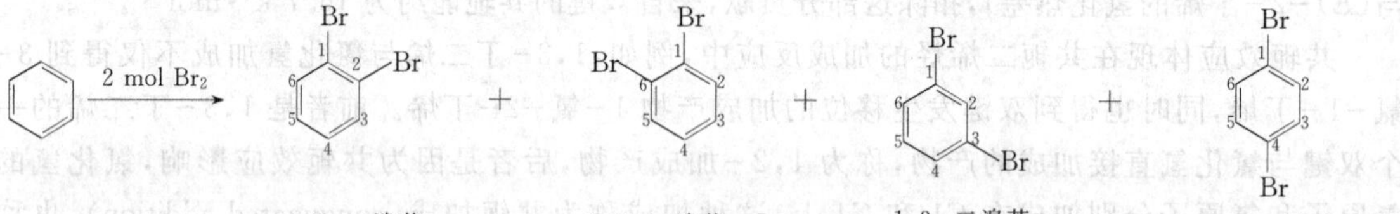

1,2－二溴苯（1,2－dibromobenzene）　1,6－二溴苯（1,6－dibromobenzene）　1,3－二溴苯（1,3－dibromobenzene）　1,4－二溴苯（1,4－dibromobenzene）

对此，Kekulé 提出一个解释：苯的两种单双键交替结构处于快速变化中。同样，1,2－二溴苯和 1,6－二溴苯也处于快速变化中而不能分离。

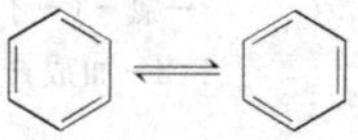

苯的Kekulé结构式

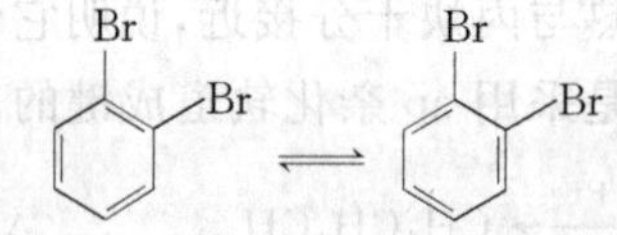

1,2－二溴苯　　1,6－二溴苯

至此苯的 Kekulé 结构式较好地说明了苯的取代产物数目，但是苯的最重要的一个化学反应特征，即难以发生加成反应的特征无法从苯的 Kekulé 结构式得以解释。

19 世纪还发现了很多与苯相关的化合物，它们的共同特征是具有高的不饱和度，C/H 比例高。但是从化学性质来看，却都不容易发生加成反应，而是发生取代反应。显然，Kekulé 结构式难以解释苯的这种特殊的化学稳定性。

19 世纪末，科学家们曾经对苯的结构提出其他多种不同的结构式。例如，Claus 的对位键结构式，Ladenberg 的棱形结构式和 Armstrong 的向心结构式，后来因不能反映苯的真实结构而被淘汰。值得指出的是其中的双环结构式和棱形结构式所代表的化合物已经被合成，证明是苯的同分异构体。

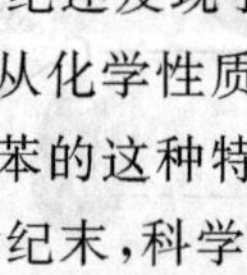

对位键结构式

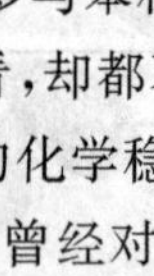

双环结构式

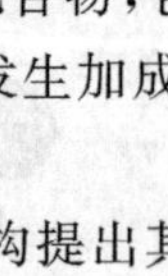

棱形结构式

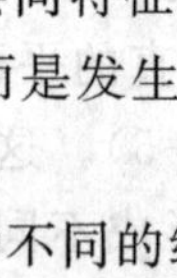

向心结构式

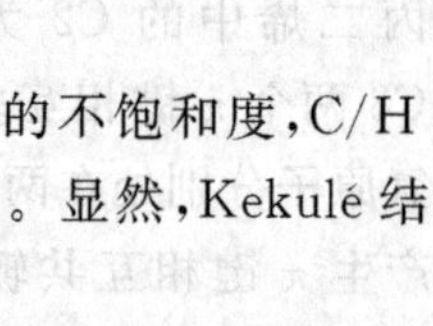

苯的真实结构

直到 20 世纪 30 年代，随着 X 射线技术的发展，才确定苯是一个纯化合物，具有单一的结构：苯及其衍生物中苯环上六个碳原子在同一平面，并且每个碳－碳键的键长均为 139 pm，介于碳－碳单键（154 pm）和碳－碳双键（133 pm）键长之间。各碳－碳键间的键角为 120°。

显然，Kekulé 结构式并没有很好的表达出苯的这一真实结构，当然也就不能解释苯及其衍生物的化学稳定性。

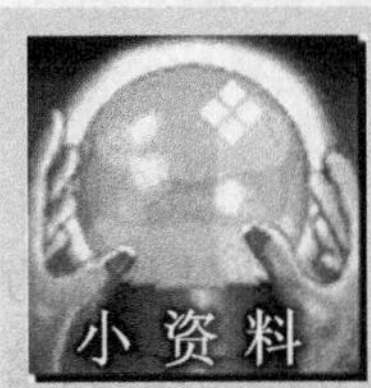

Friedrich August Kekulé

Friedrich August Kekulé（1829—1896），1829 年 9 月 7 日出生于德国达姆施塔特。中学时代的 Kekulé 已才华初露，他能讲四种流利的外语：法语、拉丁语、意大利语和英语；并在建筑方面表现出惊人的天资，设计建造过达姆施塔特市的三幢房子。1847 年，他考入古森大学学建筑学。在大学里，Kekulé 听了当时很受欢迎的化学家李比希讲课后，就被这门奇妙的、具有强大生命力的学科所吸引。于是，他立志转学化学。此举遭到了亲人们的坚决反对。为此，他曾一度被迫转入达姆施塔特市的高等工艺学校求学。1849 年秋天，他回到了李比希实验室，继续进行分析化学实验。李比希被这位学生的坚强意志深深地感动了。在他的指引下，Kekulé 从此走上了研究化学的道路。1852 年 6 月，Kekulé 取得化学博士学位，1854 年到伦敦的约翰·施坦豪斯的实验室工作。1858 年由李比希和本生推荐到比利时根特大学任教授，1867 年应聘为波恩大学教授，直至逝世。

Kekulé 在有机化学结构理论方面作出了重大的贡献，1858 年提出了碳四价和碳原子之间可以连接成链的学说，这一学说成为有机分子结构理论的基础；1865 年又提出了苯的结构，解决了长期困扰着有机化学界的一个问题。

关于 Kekulé 悟出苯分子的环状结构的经过，一直是化学史上的一个趣闻。据他自己说这来自于一个梦。那是他在比利时的根特大学任教时，一天夜晚，他在书房中打起了瞌睡，眼前又出现了旋转的碳原子。碳原子的长链像蛇一样盘绕卷曲，忽见一蛇抓住了自己的尾巴，并旋转不停。他像触电般地猛醒过来，整理苯环结构的假说，又忙了一夜。对此，Kekulé 说："我们应该会做梦！那么我们就可以发现真理，但在清醒的理智检验之前不要宣布我们的梦。"

应该指出的是，Kekulé 能够从梦中得到启发，成功地提出重要的结构学说，并不是偶然的。这是由于他善于独立思考，平时总是冥思苦想有关的原子、分子、结构等问题，才会梦其所思；更重要的是，他懂得化合价的真正意义，善于捕捉直觉形象；加之以事实为依据，以严谨的科学态度进行多方面的分析和探讨，这一切都为他取得成功奠定了基础。

3.7　苯的共振结构与共振理论

对于苯的结构和稳定性，历史上有过多种学说。1913—1924 年间，俄国和德国的科学家分别提出了"中介结构"和"中间状态"的概念，认为 Kekulé 结构是一种极限结构。对苯而言，可以看成两个结构式所表示结构之间的"中间状态"。其后英国的 Robinson 和 Ingold 利用"中介"概念解释一些难以用一种结构式来表示的分子结构。事实上，这些学说，包括苯的两个 Kekulé 结构式快速互变，已经蕴含了共振论的雏形。

20 世纪 30 年代，Pauling 提出了共振论，认为“有些分子的真正结构是两个或两个以上的价键结构式的共振结果”，这些价键结构式被称为共振结构(resonance structures)。如苯的结构可以用两个共振结构表示如下：

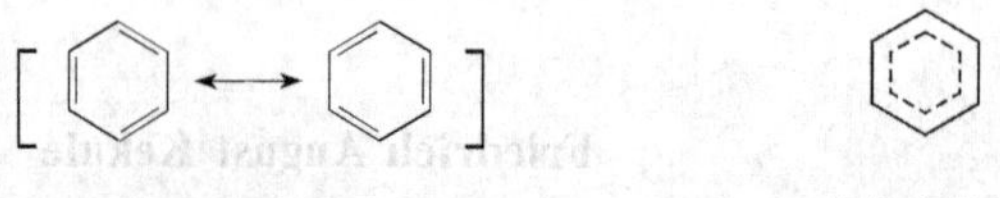

共振极限结构式　　　　共振杂化体

一般称左边的两个结构式为共振极限结构式(resonance contributors)，右边的非经典结构称为共振杂化体(resonance hybrid)。需要强调的是，共振杂化体才代表了这些分子或离子的真实结构，而每个共振极限结构式是不存在的，它只存在于人们的想象中。不过因为共振极限结构可以较方便地说明了其中电子的成键情况，例如有多少对成键电子，多少孤对电子以及有无单电子或是否带电荷等情况，因此，在具体分析有机化学反应机理中常使用它们。

现在对于苯的结构，可以用杂化轨道理论和分子轨道理论给出很好的解释。杂化轨道理论认为，苯环的六个碳原子均采用 sp^2 杂化轨道成键，每个碳原子分别用三个 sp^2 杂化轨道与两个碳原子和一个氢原子形成 σ 键，组成一个平面六元环，余下一个 p 轨道，相互间侧面重叠形成一个大 π 键。π 电子云分布在环平面的上下两方(见图 3-6)。

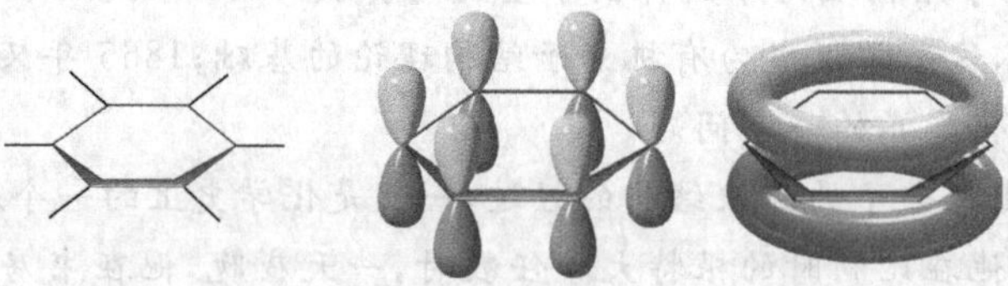

图 3-6　苯的成键情况示意图

这种情况意味着电子的运动范围扩大了，一般结合两个原子的共享电子对是围绕着这两个原子运动的。在苯环中，六个 p 轨道电子形成一个大 π 键，其运动范围扩大到整个苯环的六个碳原子。这种电子的离域将产生一个离域能，从而降低体系的能量，稳定化合物，运用分子轨道理论可以计算出它们的离域能大小。

除了苯以外，在有机化学中，有不少结构难以用一个经典的 Kekulé 结构式或 Lewis 结构式准确表达。如甲酸根负离子中的两个 C—O 键键长相等，碳酸根负离子中三个 C—O 键键长相等，其真实的结构如下图中的共振杂化体结构所示，酸根离子的负电荷分别均匀地分布在两个氧或三个氧原子上。相应的，可以分别写出两个或三个共振极限结构式。

共振极限结构式　　　　共振杂化体

甲酸根负离子

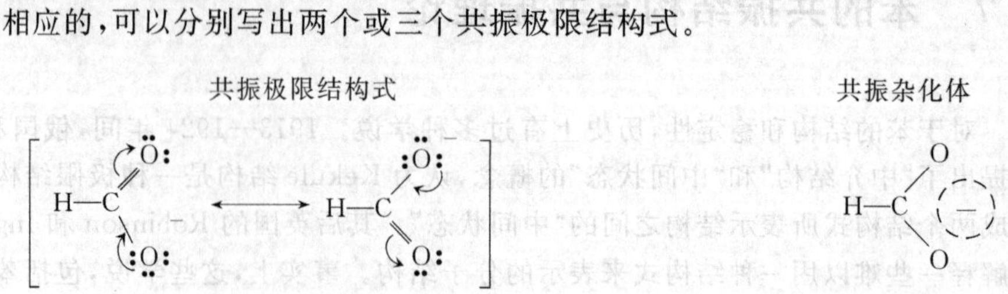

碳酸根负离子

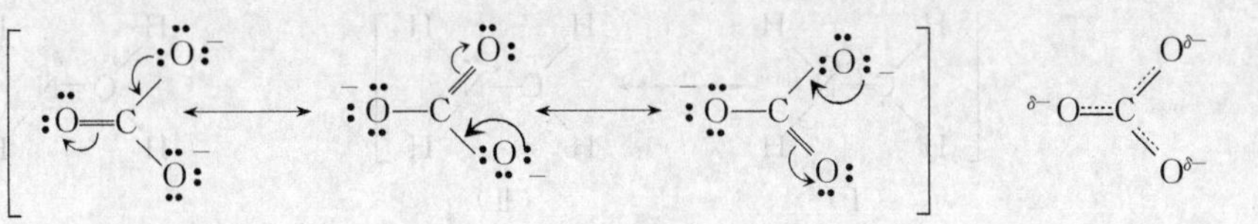

当使用共价键和杂化轨道理论观点来分析上述甲酸根负离子和碳酸根负离子的结构时，可以发现其中羧酸根负离子的相关原子均为以 sp^2 杂化轨道成键，具有相互平行的 π 键和(或)p 轨道，从而使得轨道间的侧面重叠成为可能，因此，电子的运动具有与苯环类似的离域特点。这就是共振论所表示的非经典结构的本质，即具有共轭作用基团的真实结构可以用若干个共振的经典结构共同进行表达。

有机化学中，共轭作用主要分为两种，一种是类似 1,3-丁二烯和苯中的 π-π 共轭(即双键间的共轭)，另一种是类似碳酸根负离子和羧酸根负离子中的 p-π 共轭(即具有 p 轨道的原子与双键的共轭)。氧原子和氮原子与 π 体系相连时，常常表现出 p-π 共轭作用，因为氧原子和氮原子具有孤对电子。图 3-7 显示了碳酸根和羧酸根负离子的 p-π 共轭作用。

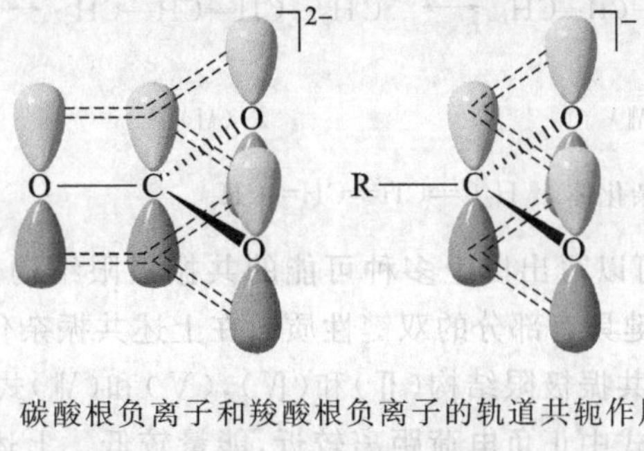

图 3-7　碳酸根负离子和羧酸根负离子的轨道共轭作用示意图

在以上苯、甲酸根和碳酸根的三个实例中，每个共振极限结构式的能量是完全相同的，因此它们对于共振杂化体的贡献是相同的。在另外一些实例中，可能出现共振极限结构式能量不相等的情况。例如，当甲醛分子中的氧质子化后的结构可以用两个共振极限结构表示，这两个结构的能量是不同的，因此对于共振杂化体的贡献也是不等同的。

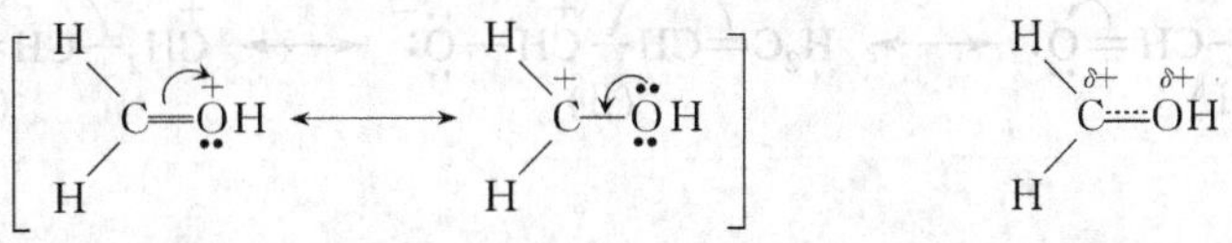

(Ⅰ)　　　　(Ⅱ)

上述结构式(Ⅰ)中碳、氧以双键相连，形式正电荷分布在氧原子上。该结构中每个原子都达到外层八电子的稳定构型，能量较低。而结构式(Ⅱ)中，碳、氧以单键相连，正电荷在碳原子上。该结构中的碳原子外层只有六个电子，没有达到全充满的八隅体电子构型，所以相对不稳定，能量较高。因此，这两个结构对于真实结构的贡献是不等同的，能量较低者的贡献更大。

类似地，质子化亚胺的共振结构中，形式正电荷在氮原子上的结构(Ⅰ)能量较低，对真实结构的贡献更大。因为该共振结构中全部原子满足八隅体电子构型。

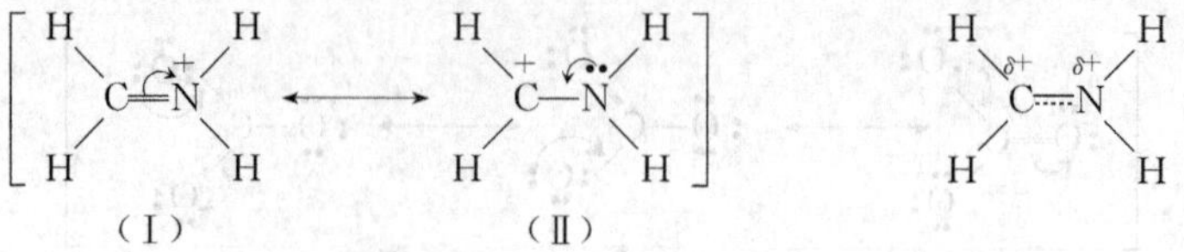

一般来说，可以依据以下基本原则判断不同极限结构的稳定性以及相应结构对体系能量的贡献大小：

(1) 全部原子的外层电子构型均达到八隅体稳定构型者比较稳定。

(2) 结构中的共价键数目较多者比较稳定。

(3) 没有电荷分离的结构式比较稳定。

通常符合八隅体电子结构的较稳定结构式也是共价键数目较多的结构式。

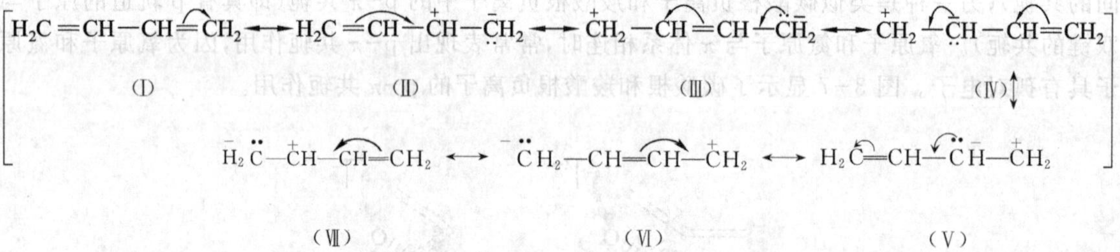

共振杂化体 $H_2C \cdots CH \cdots CH \cdots CH_2$

共轭烯烃 1,3-丁二烯可以写出以上多种可能的共振极限结构，其中共振极限结构(Ⅲ)和(Ⅵ)清楚地表明了 C2—C3 键具有部分的双键性质。在上述共振杂化体中，(Ⅰ)式最稳定，对共振杂化体贡献最大。其次是共振极限结构(Ⅱ)和(Ⅳ)，(Ⅴ)和(Ⅶ)式对共振杂化体的贡献较大，因为(Ⅱ)、(Ⅳ)、(Ⅴ)和(Ⅶ)式中正负电荷距离较近，能量较低。上述共振极限结构式除(Ⅰ)式外都有电荷分离情况，不过由于每个碳原子上都可能带正电荷，或者负电荷，因此，综合结果则在共振杂化体中每个碳原子上都呈电中性。

与此类似，α,β-不饱和醛(酮)的 C═C 双键与 C═O 双键共轭使得 α-碳和羰基碳之间具有部分的双键性质，可以用共振结构表示如下：

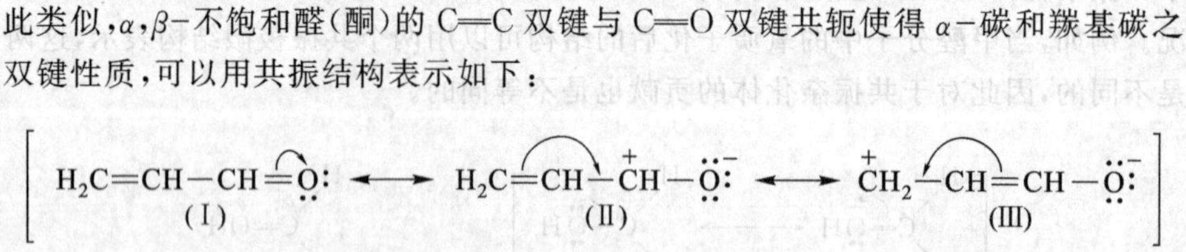

共振杂化体 $\overset{\delta+}{H_2C} \cdots CH \cdots \overset{\delta+}{CH} \cdots O^{\delta-}$

对比该化合物与 1,3-丁二烯的共振结构，可以明显地看出它们的区别。首先，该 α,β-不饱和酮只能写出三个共振极限结构式，这是因为 C═O 双键是一个极性双键，其 π 键发生极化的方向只能有一个，即氧原子上带负电荷，碳原子上带正电荷。其次，由于结构(Ⅱ)中羰基碳带正电荷，结构(Ⅲ)中 β-碳带正电荷，而在这两个结构中氧都是带负电荷的，最终的共振杂化体具有部分电荷分离特征。正是这种特征使得 α,β-不饱和酮不仅羰基碳可以接受亲核试剂的进攻，而且 β-碳也可以接受亲核试剂的进攻(详见第十三章)。

共振结构所表示的是电子的离域特征，若干共振结构间的差异仅在于相互共轭的 p 轨道和 π 轨道电子的位置发生了改变，分子的其他结构特征没有变化，如原子的连接顺序没有改变，分子的总电荷数目没有改变等。因此在书写分子的共振结构式时，必须遵循以下基本规则：

(1) 书写共振结构式时，不能移动任何原子。

(2) 只可以转移共轭体系内的 π 电子和未成键的孤对电子或单电子。

(3) 电子转移前后分子中电子总数不发生改变，成对和未成对电子数也不发生改变。

一般在书写一个化合物的共振结构时，采取先写出一个经典的 Lewis 结构，然后再分析其中的共轭效应，合理地移动共轭体系内的相关电子，写出其他能量相近的共振极限结构，最后综合写出共振杂化体。在共振结构的书写中，常常分别用弯箭头"⌒→"和鱼钩箭头"⌒"表示成对电子和成单电子的合理移动方向，箭头的尾端起始于电子移动的起点，箭头的尖端表示电子移动的终点。

例如，乙酸根负离子中，共轭作用发生在氧负离子的孤对电子与羰基的 C ═O 双键的 π 键之间，其中氧上孤对电子对羰基 C ═O 具有给电子共轭作用。因此，在写出一个经典的 Lewis 结构(Ⅰ)之后，从共振极限式(Ⅰ)的氧负离子上将 p 轨道上的一对孤对电子移向羰基碳，形成一个新的 π 键，同时，原羰基的 π 键电子移向羰基氧，形成氧负离子，这样就写出了共振极限式(2)。综合结果，负电荷为两个氧原子所分担，因此可以写出共振杂化体(3)，其中，相互共轭的原子用虚线连接，部分的负电荷用"δ −"表示。

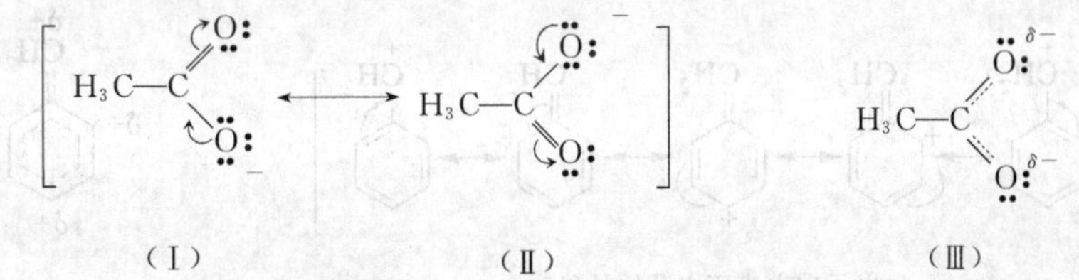

(Ⅰ)　(Ⅱ)　(Ⅲ)

共振极限式　共振杂化体

在烯丙型碳正离子中，由于碳正离子的空 p 轨道与相邻 π 键的 p 轨道平行，从而形成共轭作用，共轭的结果是 π 键电子流向空 p 轨道，正电荷得到分散。即 π 键的一对电子发生离域作用，为结构中标记为 1、2、3 的三个碳原子所共有，原 C3 上的正电荷也为这三个碳原子所共有，不过电子云密度在 C1 和 C3 上更低一些。此外共轭还使得 C1—C2 双键与 C2—C3 单键键长发生平均化。这种共轭效应可以用两个能量相同的共振极限结构式表示：

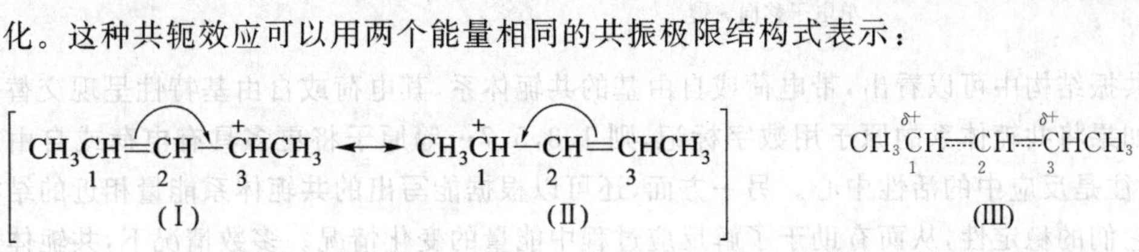

共振极限式　共振杂化体

从共振极限式(Ⅰ)向(Ⅱ)的转变相当于 π 键的一对电子移向碳正离子，形成一个新的 π 键，而 C1 成为碳正离子。结合两个共振极限式，可以写出其共振杂化体如式(Ⅲ)所示，显然，正电荷虽然为三个碳原子所共有，但更多地分布在 C1 和 C3 上。由此可以确定，如果该碳正离子与负离子结合，其反应位点必定在 C1 或 C3 上(详见第十章)。

烯丙型碳自由基的 p 轨道单电子与相邻 π 键的 p 轨道形成共轭作用。用共振结构表示时，极限共振式(Ⅰ)中的自由基单电子与相邻 π 键的一个电子形成新的 π 键，原 π 键的另一个碳原子成为自由基。与上述烯丙型碳正离子类似，容易写出其共振杂化体，并且得知 C1 和 C3 具有更多的碳自由基特性，也是反应中的主要活性位点(详见第十章)。

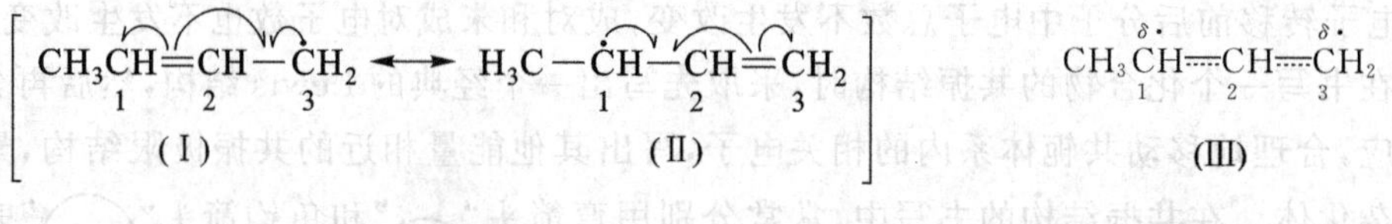

共振极限式　　　　　　　　　　共振杂化体

以下几个实例具有多个共轭的 π 键，从而可以顺序写出多个共振极限式。

共振极限式　　　　　　　　　　共振杂化体

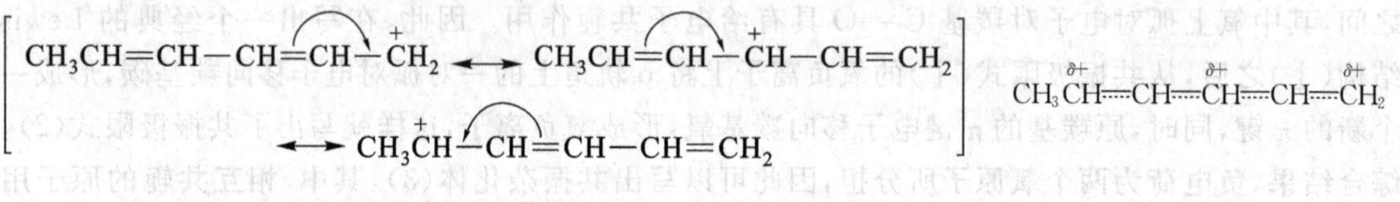

π 电子向着带正电荷原子移动

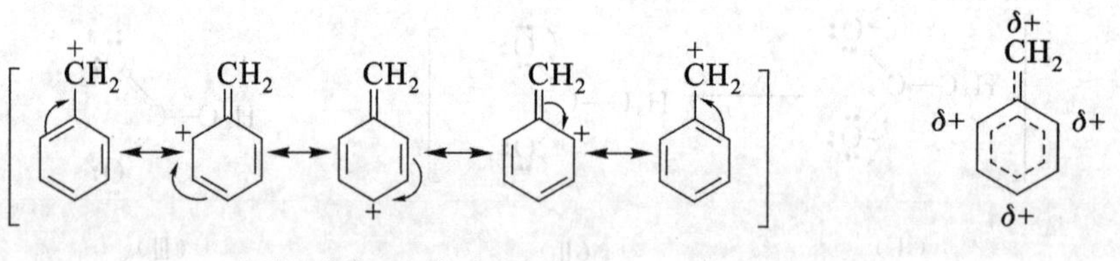

π 电子向着带正电荷原子移动

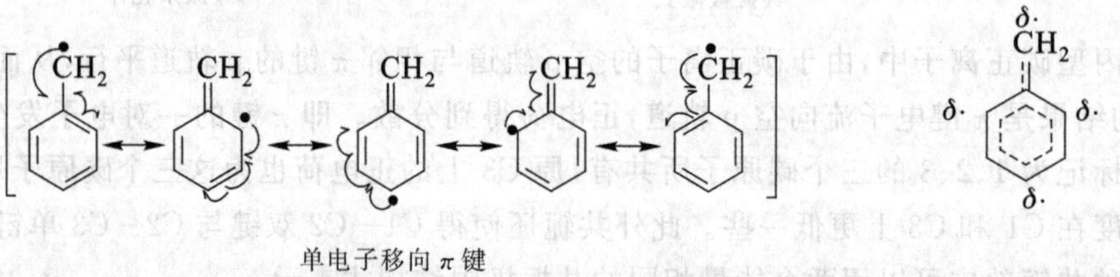

单电子移向 π 键

从上述共振结构中可以看出，带电荷或自由基的共轭体系，其电荷或自由基特性呈现交替分布特点。即如果将共轭体系的原子用数字标记，则 1、3、5、7…等原子将更多具有电荷或自由基特性，它们往往是反应中的活性中心。另一方面，还可以根据能写出的共轭体系能量相近的结构式多少判断它们的稳定性，从而有助于了解反应过程中能量的变化情况。多数情况下，共轭体系越大，能写出的能量相近的共振极限式也越多，体系能量也越低。如碳正离子(Ⅰ)的稳定性就不及(Ⅱ)，因为碳正离子(Ⅱ)具有更大的共轭体系，能写出更多的共振极限式，体系能量因共轭效应降低得更多。

$CH_3CH_2CH_2CH{=}CH-\overset{+}{C}H_2$　(Ⅰ)

$CH_3CH{=}CH-CH{=}CH-\overset{+}{C}H_2$　(Ⅱ)

但是这个原则不是普遍适用的，在以下芳香性的分析中，将看到与之不一致的实例。

习题 3-6　试画出上述(Ⅰ)和(Ⅱ)所示的碳正离子的共振极限式和共振杂化体结构。

习题 3-7　试画出下列化合物的共振结构，并说明共轭体系的电荷分布规律。

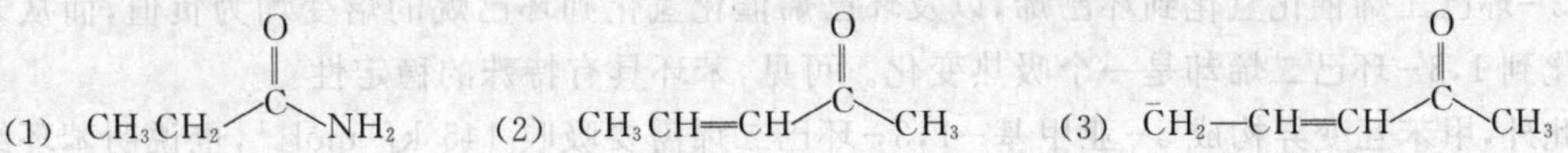

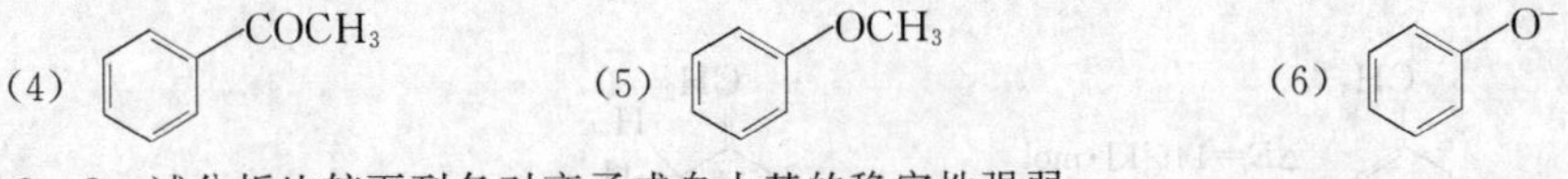

习题 3-8　试分析比较下列各对离子或自由基的稳定性强弱。

(1) $CH_3CH_2CH_2CH{=}CH{-}O^-$　与　$CH_3CH{=}CH{-}CH{=}CH{-}O^-$

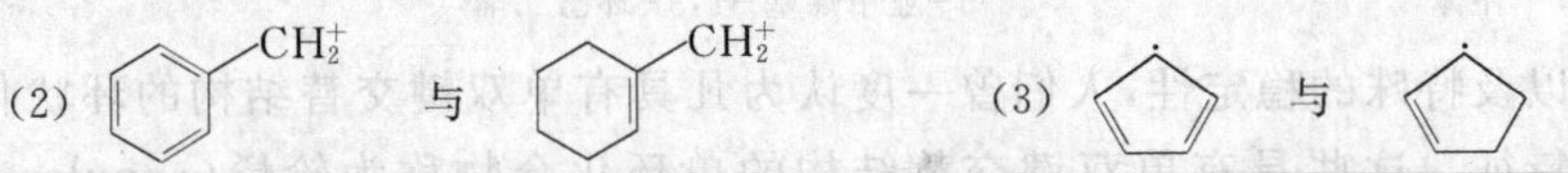

3.8　芳香性与 Hückel 规则

苯及其衍生物的分子组成虽然具有高的不饱和度，但是化学性质比起典型的烯烃和炔烃要稳定得多，它们不容易发生加成反应，而能够发生取代反应。因为这些化合物普遍具有芳香气味，而被称为芳香化合物。后来人们也将这类化合物的特殊稳定性称为芳香性(aromaticity)。

苯环的稳定性可以通过对比苯的氢化热与假想的不共轭的环己三烯氢化热看出(图 3-8)。环己烯的氢化热为 $-120\ kJ\cdot mol^{-1}$，假想的非共轭的环己三烯应该具有 $-359\ kJ\cdot mol^{-1}$ 的氢化热，但是苯环的实际氢化热只有 $-208\ kJ\cdot mol^{-1}$，足足低了 $151\ kJ\cdot mol^{-1}$，说明苯环具有非常大的共轭能。

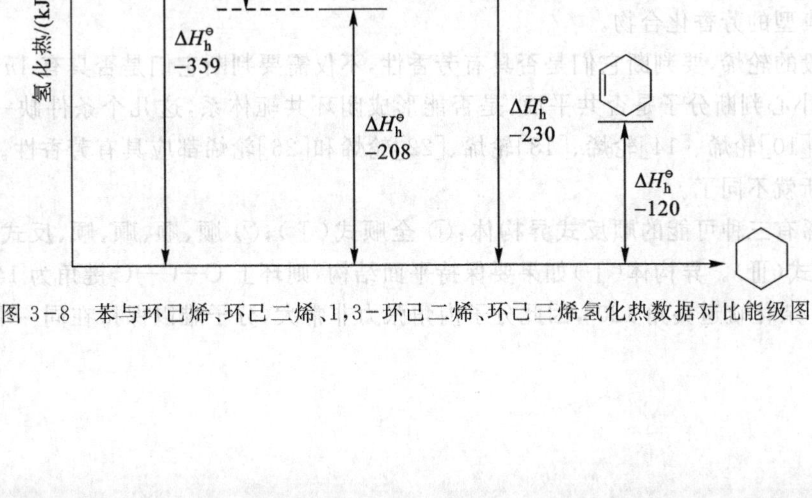

图 3-8　苯与环己烯、环己二烯、1,3-环己二烯、环己三烯氢化热数据对比能级图

从图 3-8 数据可以得出从苯催化氢化逐步转化为环己烯的焓变数值如下：

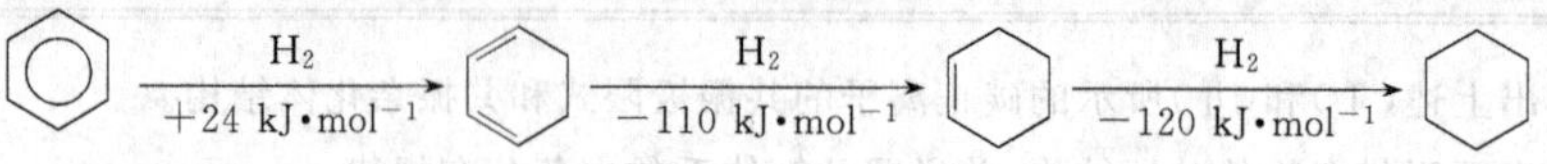

从 1,3-环己二烯催化氢化到环己烯，以及环己烯催化氢化到环己烷的焓变均为负值，而从苯催化氢化到 1,3-环己二烯却是一个吸热变化。可见，苯环具有特殊的稳定性。

此外，甲苯互变异构成 5-亚甲基-1,3-环己二烯需要吸收 145 $kJ\cdot mol^{-1}$，也说明苯环结构具有特殊的稳定性。

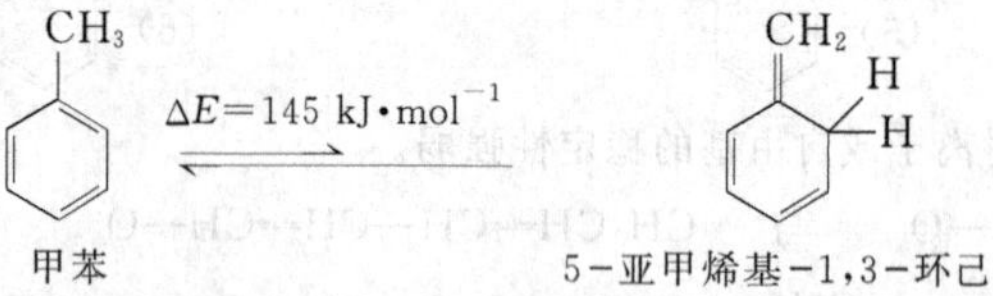

甲苯　　5-亚甲烯基-1,3-环己二烯

基于苯的结构特征以及特殊的稳定性，人们曾一度认为凡具有单双键交替结构的环状化合物都具有类似的稳定性特征。这些具有单双键交替结构的单环化合物称为轮烯(annulenes)。一般用环上碳原子数目加方括号置于“轮烯”母体名前来命名。比如苯可以称为[6]轮烯，环丁二烯为[4]轮烯，环辛四烯则为[8]轮烯，又比如大环轮烯——[10]轮烯、[14]轮烯、[18]轮烯等。

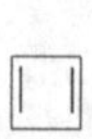

环丁二烯
(cyclobutadiene)
[4]轮烯
([4]annulene)

苯
(benzene)
[6]轮烯
([6]annulene)

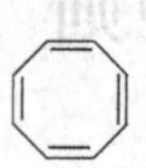

环辛四烯
(cyclooctatetraene)
[8]轮烯
([8]annulene)

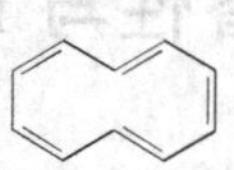

环癸五烯
(cyclodecapentaene)
[10]轮烯
([10]annulene)

这些轮烯中的双键要达到完全的共轭，则需要轮烯具有平面结构，使得全部环上碳的 p 轨道得以相互平行，从而达到相互重叠。事实上，并非所有的轮烯都像苯环一样具有芳香性。如环丁二烯很不稳定，只能在低温时才可被分离，而且化学性质非常活泼，容易发生加成反应。而环辛四烯的性质与一般的烯烃相似。这是为什么呢?

根据对苯以及多种轮烯的研究，Hückel 总结出以下经验规则：以 sp^2 杂化的原子形成的含有$(4n+2)$个 π 电子的单环平面体系，具有相应的特殊稳定性。这一规则又称为 $4n+2$ 规则。

Hückel 规则明确地指出了一个化合物具有芳香性的必要条件：首先，该化合物一定是环状分子；其次，该环状分子的环上原子均为 sp^2 杂化；第三，该环状分子必须是平面或接近平面；第四，环上全部原子相互平行参与共轭的 p 轨道中电子数目之和必须等于 $4n+2$。根据这个原则，苯是一个最典型的芳香化合物。

对于一般的轮烯，要判断它们是否具有芳香性，不仅需要判断它们是否具有 $4n+2$ 个共轭的 π 电子，还要小心判断分子是否共平面，是否能形成闭环共轭体系，这几个条件缺一不可。仅从电子数判断，[10]轮烯、[14]轮烯、[18]轮烯、[22]轮烯和[26]轮烯都应具有芳香性。但仔细分析后作出的判断就不同了。

[10]轮烯有三种可能的顺反式异构体：① 全顺式(Ⅰ)；② 顺、顺、顺、顺、反式(Ⅱ)；③ 顺、顺、反、顺、反式(Ⅲ)。异构体(Ⅰ)如果要保持平面结构，则环上 C—C—C 键角为 144°，这个角度远远大于 sp^2 杂化轨道夹角 120°，因此分子内角张力非常大，分子难以保持在同一平面内。异构

体(Ⅱ)中尽管有一个反式双键，缓解了不少角张力，但是仍然不能共平面。因此这两个异构体都没有芳香性。

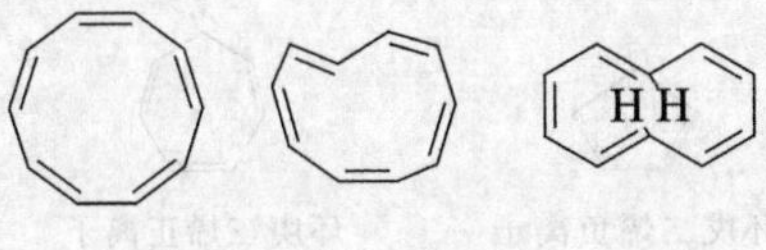

(Ⅰ)　(Ⅱ)　(Ⅲ)

[10]轮烯的三种可能异构体

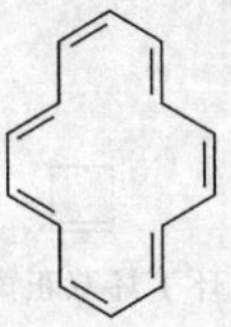

[14]轮烯

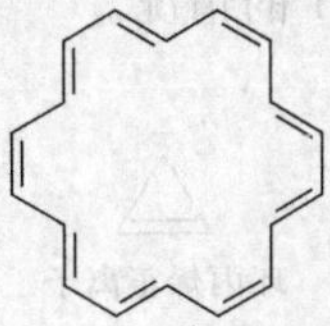

[18]轮烯

异构体(Ⅲ)几乎没有角张力，但环内两个氢原子距离太近，远小于它们的 van der Waals 半径之和。因此，具有很高的 van der Waals 斥力，使得分子不能共平面，结果也不具有芳香性。如果将异构体(Ⅲ)的环内两个氢原子用亚甲基碳桥替换，得到 1,6-亚甲基[10]轮烯，其环烯骨架接近平面，是一个芳香化合物。

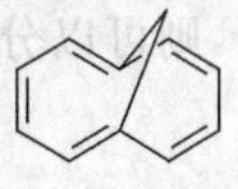

1,6-亚甲基[10]轮烯

[14]轮烯、[18]轮烯、[22]轮烯和[26]轮烯均具有芳香性，核磁共振氢谱数据证实了这一点(参见第 6 章)。但具有更大的环的轮烯如[30]轮烯则没有芳香性，估计与大环碳原子难以共平面有关。这也是 Hückel 规则的局限性。Hückel 规则主要适用于环不是太大的单环体系的芳香性判断。

Hückel 还进一步指出平面的闭环共轭体系，如果含有 $4n$ 个共轭的 π 电子，则具有反芳香性。由于具有反芳香性的化合物很不稳定，只要有可能，化合物会自然趋向非平面结构而成为非芳香化合物。因此，具有反芳香性的化合物并不多。环丁二烯是一个典型的反芳香化合物。环辛四烯则是一个非芳香化合物。

如果环辛四烯具有平面环结构，则其 C—C—C 键角为 135°，比 sp^2 杂化轨道夹角 120°大很多，因此具有很大的角张力。另一方面，如果环辛四烯具有平面结构，则形成共平面的八电子闭环共轭结构，具有反芳香性。大的角张力以及反芳香性双重因素使得平面的环辛四烯结构十分不稳定。因此环辛四烯趋向不形成共轭平面环。

“平面的”环辛四烯

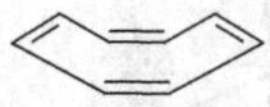

环辛四烯的真实结构

实际上，环辛四烯是如上图所示的澡盆结构，各 C ═C 双键间并没有共轭作用，从而与一般烯烃的稳定性类似，即环辛四烯是一个非芳香性分子。芳香的、反芳香的和非芳香的英文分别对应于 aromatic，anti-aromatic，nonaromatic。

除了轮烯可能具有芳香性外，含杂原子的环状化合物也可以具有芳香性，因为杂原子上的孤对电子可以参与共轭，形成闭环的共轭体系，如呋喃、噻吩、咪唑和吡啶等(详见 4.8 节)。

此外，满足 Hückel 规则条件的某些离子也具有芳香性。如环丙烯正离子、环丁烯双正离子、环戊二烯负离子和环庚三烯正离子等都具有芳香性。这些离子的共同特征是环上碳原子都

是 sp^2 杂化,从而可以形成一个闭环的共轭体系,环丙烯正离子和环丁烯双正离子都具有两个 π 电子,符合 $4n+2$ 中 $n=0$ 的情况,而环戊二烯负离子和环庚三烯正离子都具有六个 π 电子,符合 $4n+2$ 中 $n=1$ 的情况。

环丙烯正离子　环丁烯双正离子　环戊二烯负离子　环庚三烯正离子

以下重点分析环戊二烯负离子的形成与稳定性。

环戊二烯没有芳香性,因为它的环上有一个 sp^3 杂化的碳,因此无法形成一个闭合的环状共轭体系。如果通过化学反应令其失去一个氢原子,或者一个质子,或者其衍生物失去一个带负电荷基团,则可以分别形成环戊二烯自由基、环戊二烯负离子、环戊二烯正离子。

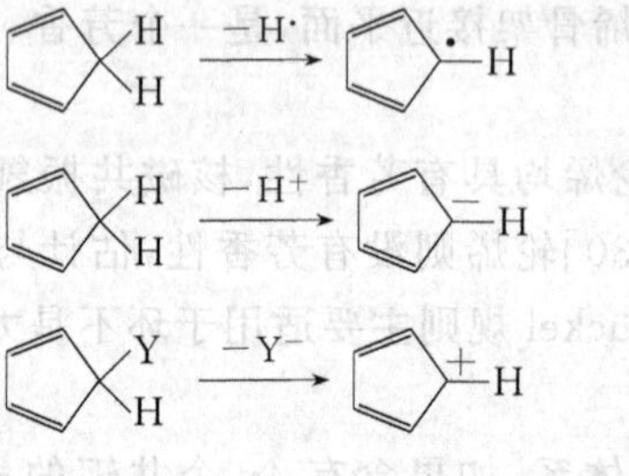

环戊二烯自由基的形成

环戊二烯负离子的形成

环戊二烯正离子的形成

它们的共同特征是:环上五个碳均采用 sp^2 杂化轨道成键,且每个碳上的 p 轨道相互平行排列形成一个闭合的环。三者的不同之处在于闭合的共轭环上的 p 轨道电子数目不同,根据 Hückel 规则可以判断它们是否具有芳香性。环戊二烯自由基呈中性(即不带电荷),每个 p 轨道中只有一个电子,形成一个具有五个 p 电子的闭合共轭环,是一个非芳香性共轭环;环戊二烯正离子中,两对 π 电子和一个空 p 轨道,其闭合的共轭环中只有四个 p 电子,具有反芳香性;唯有环戊二烯负离子中,有一个 p 轨道上充满两个电子,加上两对 π 电子,因此共有六个共轭的闭环 p 电子,具有芳香性。如图 3-9 所示。

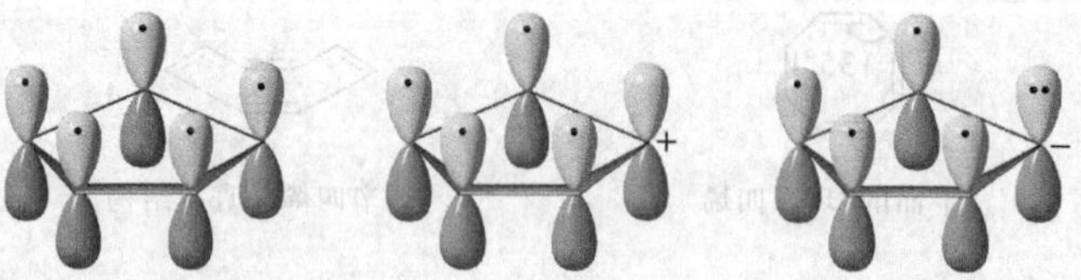

环戊二烯自由基　环戊二烯正离子　环戊二烯负离子

图 3-9　环戊二烯自由基、正离子和负离子的结构示意图

环戊二烯负离子具有芳香性,并非说它与苯同样稳定,而是指它比环戊二烯正离子以及环戊二烯自由基稳定,也比多数碳负离子稳定。实际情况的确如此,环戊二烯负离子很容易形成,在醇钠的碱性条件下容易由环戊二烯脱质子形成。环戊二烯的 pK_a 只有 16,比叔丁醇的 pK_a 值小,可见环戊二烯的酸性比叔丁醇强(详见 4.5.3 节)。

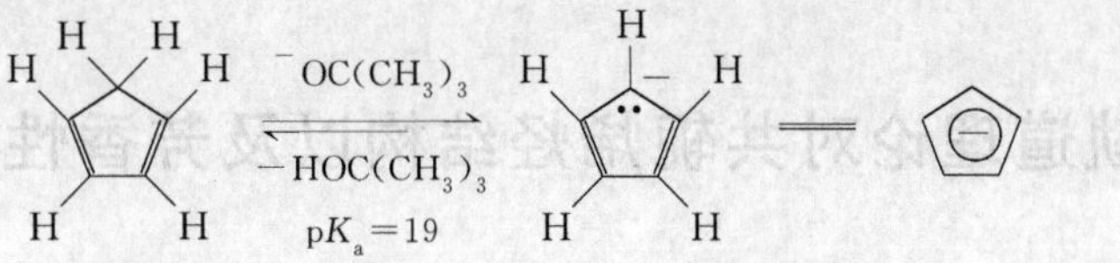

$pK_a = 16$

环戊二烯负离子
(cyclopentadienyl anion)

相反，环戊二烯正离子是反芳香性的，很不稳定，因此不容易形成。环戊二烯醇在酸性条件下可以质子化，但是却不能够脱水形成环戊二烯正离子。

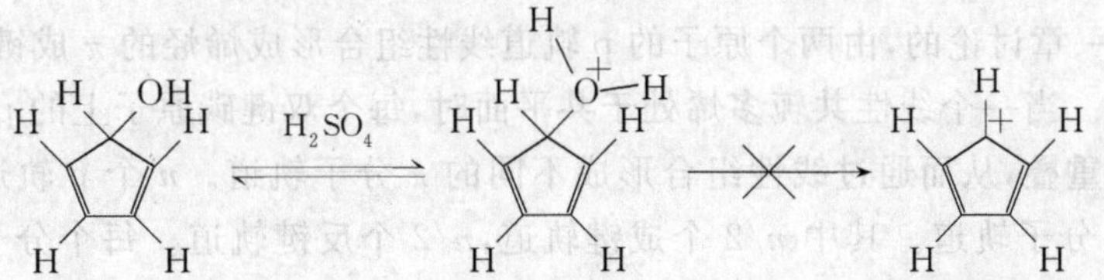

环戊二烯正离子
(cyclopentadienyl cation)

值得注意的是，对于类似环戊二烯离子和轮烯的体系，如果简单地使用共振结构进行分析，可能会导致错误的结论。例如环戊二烯负离子和环戊二烯正离子均可以写出一系列共振结构。但是前者具有芳香性，而后者是反芳香的。

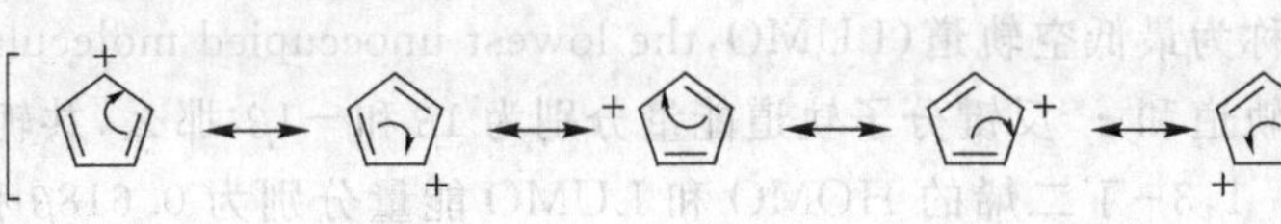

环戊二烯正离子：4π 电子，具有反芳香性，共振结构显示是稳定的，矛盾

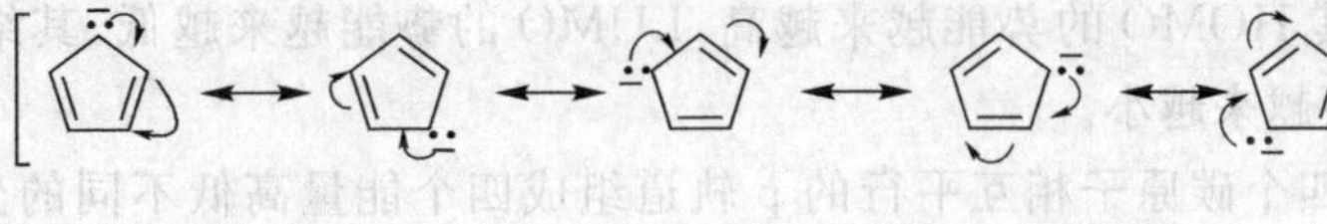

环戊二烯负离子：6π 电子，具有芳香性，与共振结构显示一致

上述实例说明，共振结构理论定性地采用多个共振的经典结构来表示一个离域的共轭体系，虽然为共轭体系的定性描述提供了一个较为方便的表示方式，但是却有很大的局限性。因此，为了从本质上对共轭分子的稳定性进行阐述，有必要进一步深入讨论分子轨道理论。分子轨道理论可以定量地描述一个共轭体系的分子轨道能级情况以及电子填充情况，从而更加科学和准确地阐述共轭体系的稳定性和芳香性。以下简要介绍分子轨道理论对共轭烯烃和芳香烃的阐述。

习题 3-9　薁(azulene)和杯烯(calicene)均为极性分子，具有较大的偶极矩。请问这是为什么？请判断它们是否有芳香性。

薁：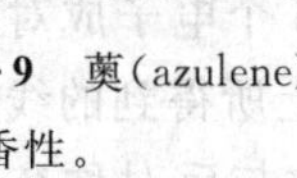　　杯烯：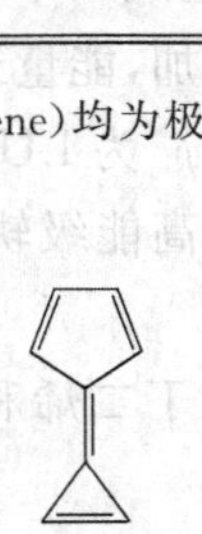

习题 3-10　画出[14]轮烯的两个构型异构体。

3.9　分子轨道理论对共轭烯烃结构以及芳香性的阐述

量子化学可以很好地解释共轭烯烃和芳香烃的稳定性。最简单的量子化学处理方法是Hückel分子轨道理论。关于这一理论的详细讨论将在物理化学或结构化学课程中进行。这里只给出最基本的图像,以帮助认识和理解有机化学中的基本实验现象。

Hückel分子轨道理论关于线性共轭多烯的基本图像归纳如下:

(1) 正如在第一章讨论的,由两个原子的p轨道线性组合形成烯烃的π成键分子轨道和π^*反键分子轨道一样。当一个线性共轭多烯处于共平面时,每个双键碳原子上的p轨道相互平行,可以进行肩并肩的重叠,从而通过线性组合形成不同的π分子轨道。n个p轨道线性组合形成不同能级的n个π分子轨道。其中$n/2$个成键轨道,$n/2$个反键轨道。每个分子轨道可以填充两个电子,所以n个p电子正好填充所有的$n/2$个成键分子轨道。

(2) 由p轨道组合成线性共轭多烯的π分子轨道时,最低能级轨道没有节点,即n个p轨道同位相叠加,次低能级轨道有一个节点,从低能级轨道到高能级轨道的节点数目不断增多,最高能级轨道每相邻的两个p轨道均进行位相相反的叠加。

(3) 最高能级的被占轨道称为最高被占轨道(HOMO,the highest occupied molecular orbital),最低能级的非占轨道称为最低空轨道(LUMO,the lowest unoccupied molecular orbital)。如果单烯烃的π成键分子轨道和π^*反键分子轨道能量分别为1β和-1β,那么,共轭多烯的分子轨道能量如图3-10所示。1,3-丁二烯的HOMO和LUMO能量分别为0.618β和-0.618β,而1,3,5-己三烯的HOMO和LUMO的能量分别为0.445β和-0.445β。可以看出,共轭多烯分子随着共轭链的增大,其HOMO的势能越来越高,LUMO的势能越来越低,其结果是HOMO与LUMO之间的能级差越来越小。

1,3-丁二烯中,四个碳原子相互平行的p轨道组成四个能量高低不同的分子轨道,分别为ψ_1、ψ_2、ψ_3和ψ_4。ψ_1没有节点,能量最低;ψ_2有一个节点,能量次低;ψ_3有两个节点,能量次高;ψ_4有三个节点,能量最高。4个电子成对进入能量较低的ψ_1和ψ_2。ψ_2是1,3-丁二烯的HOMO,ψ_3为LUMO。由图3-10中可以看出,ψ_2代表了类似经典单、双键交替的情况,而ψ_1则表示C2和C3间也同样具有双键性质,于是整个分子形成了一个大的离域π键,因此通常将共轭的π键称为大π键。

1,3,5-己三烯中,六个碳原子相互平行的p轨道组成六个能量高低不同的分子轨道,分别为ψ_1、ψ_2、ψ_3、ψ_4、ψ_5和ψ_6。从ψ_1到ψ_6,随着节点数的增加,能量逐步增高。6个电子成对进入能量较低的ψ_1、ψ_2和ψ_3。ψ_3是1,3,5-己三烯的HOMO,ψ_4为LUMO。从以上所得到的线性共轭多烯的π分子轨道可以看出,其对称性从低能级轨道到高能级轨道呈现对称与反对称交替变化的规律(详见15.6.2节)。

由图3-10数据,可以进一步计算得出乙烯、1,3-丁二烯和1,3,5-己三烯的成键稳定能如下:

乙烯的稳定能为2β,1,3-丁二烯的稳定能大于$4\beta(0.618\times2\beta+1.618\times2\beta=4.472\beta)$,1,3,5-己三烯的稳定能则大于$6\beta(0.445\times2\beta+1.247\times2\beta+1.802\times2\beta=6.988\beta)$。这部分大于若干孤立

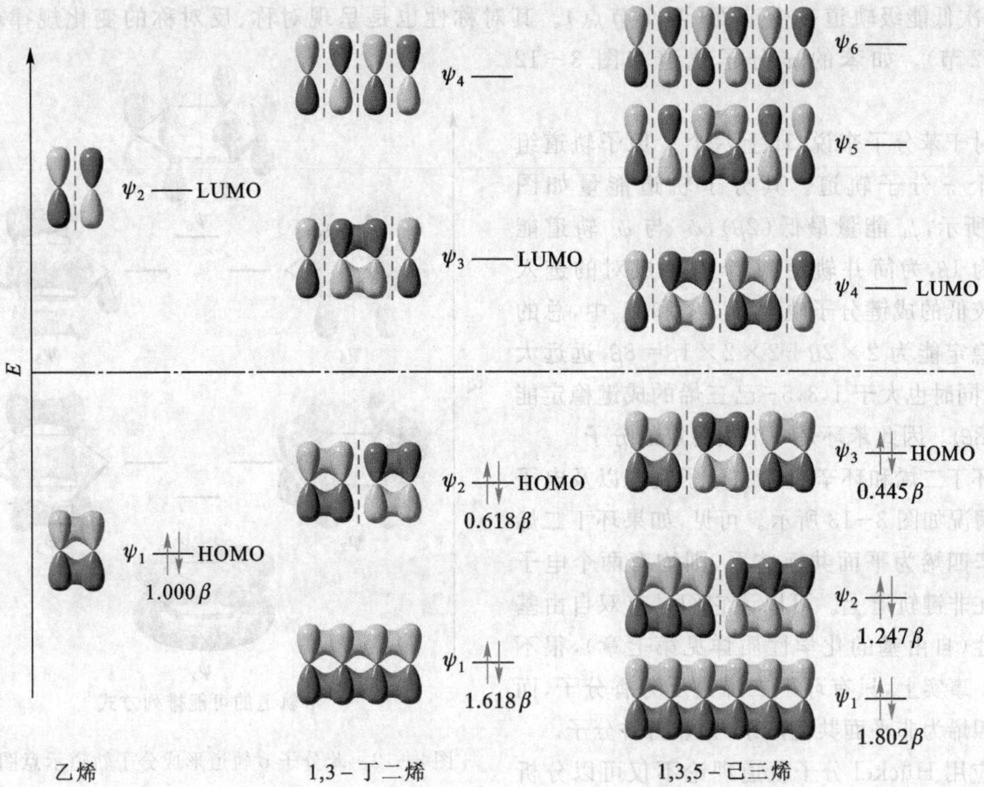

图 3-10　乙烯、1,3-丁二烯、1,3,5-已三烯的 π 分子轨道及能级示意图

双键稳定能之和的能量即为共轭稳定能。至此，共轭多烯的稳定性也就得到很好的解释。

Hückel 分子轨道理论对环状共轭多烯的 π 体系的处理可以得到如下结果：

(1) n 个共平面的 p 轨道线性组合成 n 个 π 分子轨道。

(2) π 分子轨道的能量可以如下得到，以 2β 为半径画一个圆，从圆的最低点对圆进行 n 等分，得到圆上每个点的位置就分别代表每一个 π 分子轨道的能量。如环丁二烯、苯、环辛四烯的 π 分子轨道能级如图 3-11 所示，环丁二烯有一个成键轨道，两个非键轨道和一个反键轨道；苯环有三个成键轨道，三个反键轨道；环辛四烯有三个成键轨道，三个反键轨道和两个非键轨道。

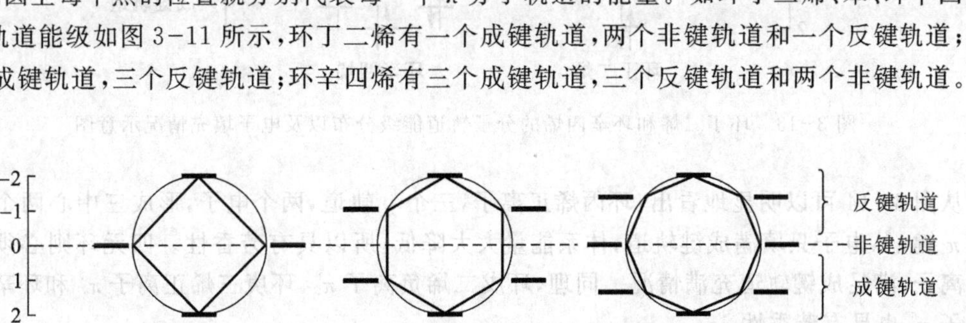

图 3-11　环状共轭轮烯的 π 分子轨道能级分布

环状共轭多烯的分子轨道从低能级轨道到高能级轨道节面数不断增多，最低能级轨道没有

节面,次低能级轨道一个节面(两个节点)。其对称性也是呈现对称、反对称的变化规律(参阅15.6.2节)。如苯的 π 分子轨道如图 3-12 所示。

对于苯分子来说,环上六个 p 原子轨道组成六个 π 分子轨道。其分子轨道能量如图 3-11所示,ψ_1 能量最低(2β),ψ_2 与 ψ_3 轨道能量同为 1β,为简并轨道,6 个电子成对的进入能量较低的成键分子轨道 ψ_1、ψ_2 和 ψ_3 中,总的成键稳定能为 $2\times2\beta+2\times2\times1\beta=8\beta$,远远大于 6β,同时也大于 1,3,5-己三烯的成键稳定能(6.988β)。因此苯环是一个很稳定的分子。

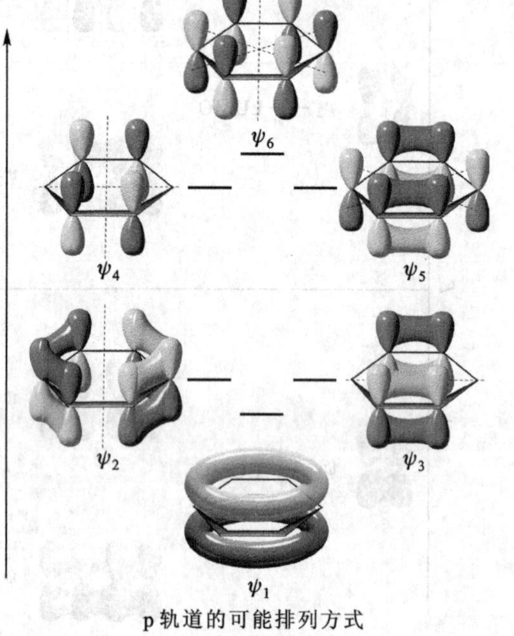

图 3-12 苯分子 p 轨道形成分子轨道示意图

环丁二烯和环辛四烯的分子轨道以及电子填充情况如图 3-13 所示。可见,如果环丁二烯和环辛四烯为平面共轭体系,则均有两个电子填充在非键轨道上。可以说它们具有双自由基的特性(自由基的化学性质详见第七章),很不稳定。事实上,只有环丁二烯是反芳香分子,而环辛四烯为非平面共轭体系,为非芳香分子。

应用 Hückel 分子轨道理论不仅可以分析判断哪些分子具有芳香性,哪些分子具有反芳香性,而且还可以说明为什么一些离子如环戊二烯负离子,环丙烯正离子和环庚三烯正离子等同样具有芳香性。类似地,可以利用一个正多边形的经验规律画出各种环状共轭体系的 π 键分子轨道能级图(图 3-14)。

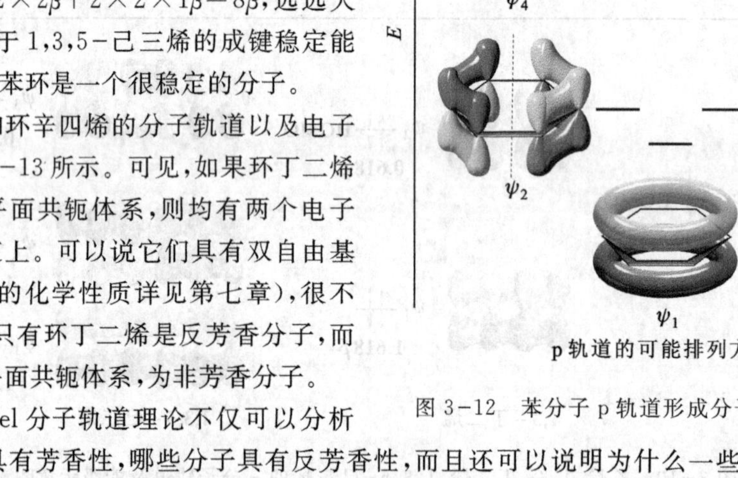

图 3-13 环丁二烯和环辛四烯的分子轨道能级分布以及电子填充情况示意图

从图 3-14 可以明显地看出:环丙烯正离子,三个 p 轨道,两个电子,形成三中心两个 π 电子的大 π 键 π_3^2,电子只填满成键轨道,体系能量大大降低,所以具有芳香性。四元环则必须形成二价正离子,满足成键轨道充满情况。同理,环戊二烯负离子 π_5^6、环庚三烯正离子 π_7^6 和环辛四烯双正离子 π_8^6 也具有芳香性。

随着共轭体系的增大,π 分子轨道中 HOMO 与 LUMO 之间的能级差越来越小,这个差值与紫外光的能量相当。因此,共轭烯烃可以吸收紫外光,使电子从 HOMO 轨道跃迁到 LUMO 轨道,从而产生紫外吸收光谱。紫外吸收光谱是共轭烯烃的一个重要的光谱性质,对于结构分析以及一些化学变化动力学研究都十分重要(详见第六章)。

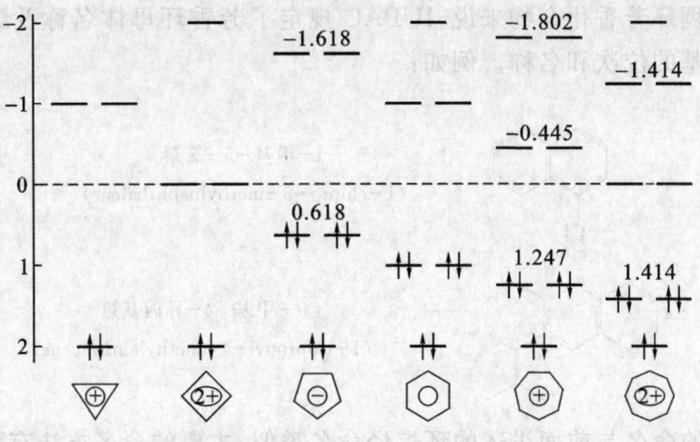

图 3-14　单环烯烃或离子的 π 分子轨道能级和基态的电子构型

习题 3-11　分析下列化合物中的 N、S、O 的成键情况，并判断它们是否具有芳香性。

(1) 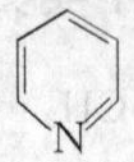　(2) 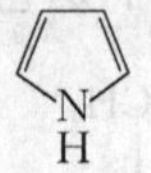　(3) 　(4) 　(5) 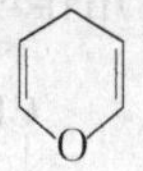

3.10　芳香烃的分类与命名

芳香烃主要分为单环芳香烃和多环芳香烃，后者又可分为联芳香化合物和稠环芳香化合物。苯及其衍生物是单环芳香烃的典型代表。联苯和联萘及其衍生物是联芳香化合物的代表，而萘、蒽、菲、芘等是稠环芳香烃的代表。

苯
(benzene)

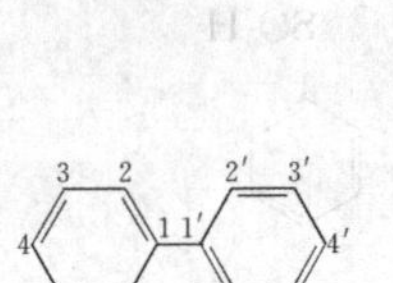
联苯
(biphenyl)

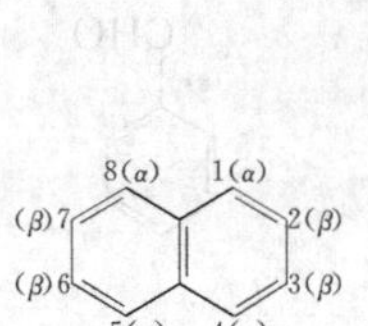
萘
(naphthalene)

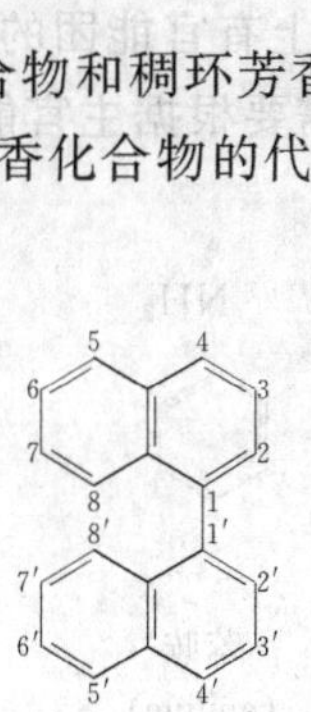
1,1′-联萘
(1,1′-binaphthalene)

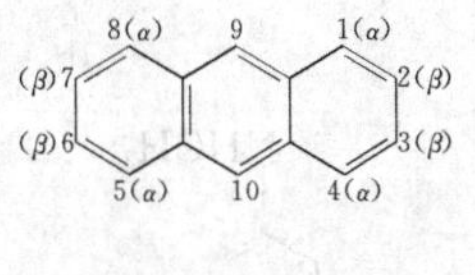
蒽
(anthracene)

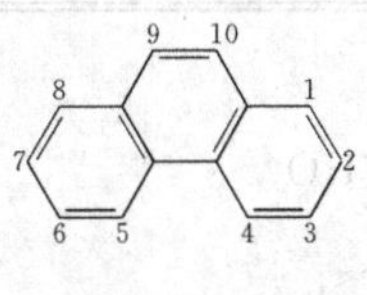
菲
(phenanthrene)

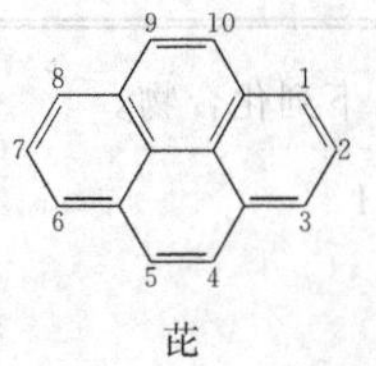
芘
(pyrene)

对于联芳香和稠环芳香化合物来说，IUPAC 规定了芳香环母体名称及编码规则，命名时在母体名前加上取代基的位次和名称。例如：

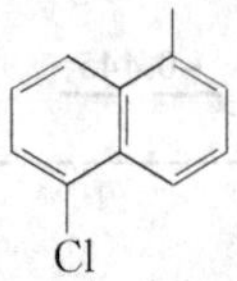

1－甲基－5－氯萘
(1－chloro－5－methylnaphthalene)

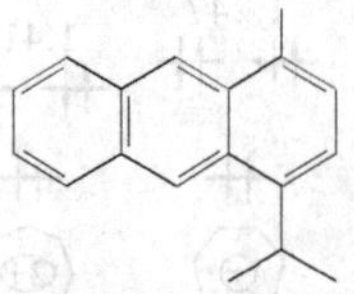

1－甲基－4－异丙基蒽
(1－isopropyl－4－methylanthracene)

苯及其衍生物的命名与前面讲述的环烷烃命名类似，主要的命名方法有两种：一是在取代基碳链不太长或不复杂的情况下，多采用以苯或带官能团的苯环为母体；二是侧链很长或很复杂时，以苯作取代基。需要注意的是英文名中苯为 benzene，但苯基(C_6H_5—)为 phenyl，而 benzyl 代表的却是苯甲基(常称为苄基，$C_6H_5CH_2$—)。

常用作母体的烃基苯俗名有甲苯、各种二甲苯和苯乙烯，以下是它们的结构和中英文名称：

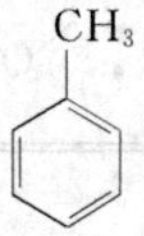

甲苯
(toluene)

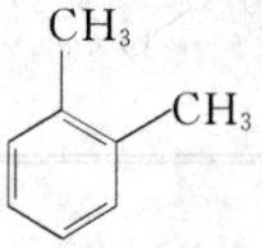

邻二甲苯
(*o*－xylene)

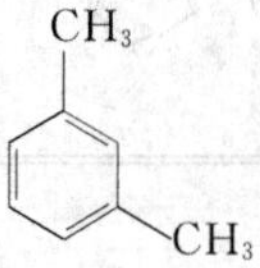

间二甲苯
(*m*－xylene)

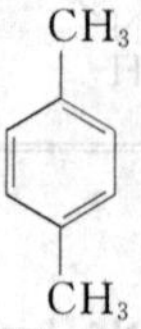

对二甲苯
(*p*－xylene)

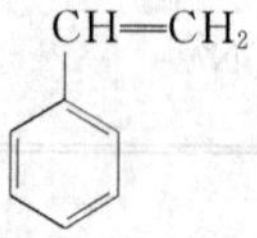

苯乙烯
(styrene)

苯环上有官能团的化合物的命名与一般官能团命名方法类似(参见第四章)，当多个官能团存在时，需要根据主官能团顺序选择合适的母体。常用苯环官能团母体名称及其选择顺序如下所示：

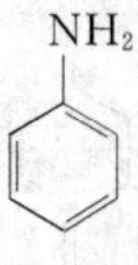

苯胺
(aniline)

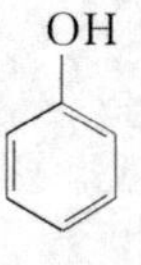

苯酚
(phenol)

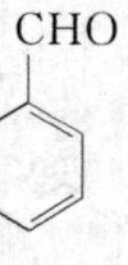

苯甲醛
(benzaldehyde)

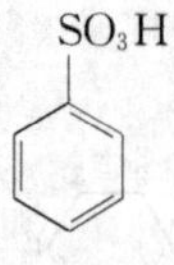

苯磺酸
(benzene sulfonic acid)

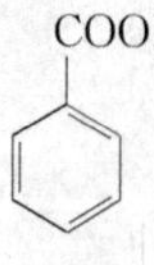

苯甲酸
(benzoic acid)

→

多个官能团存在时，优先采用右边的母体名，其他的官能团作取代基

习题 3－12　命名下列化合物。

(1) 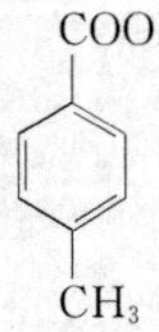

(2) 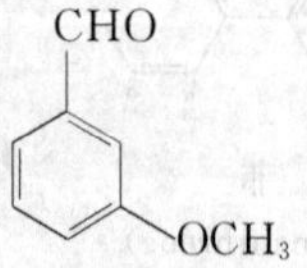

(3) 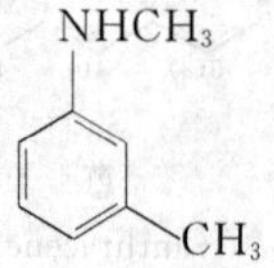

(4) 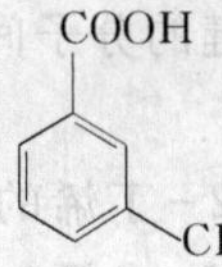
(5) 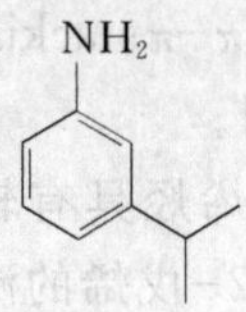
(6) 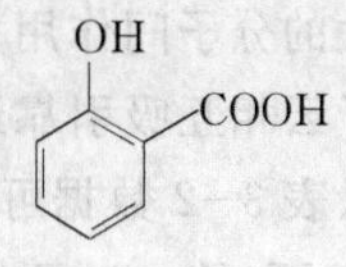

(7) 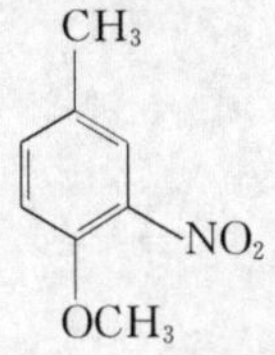
(8) 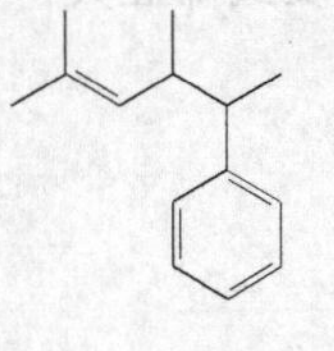
(9) 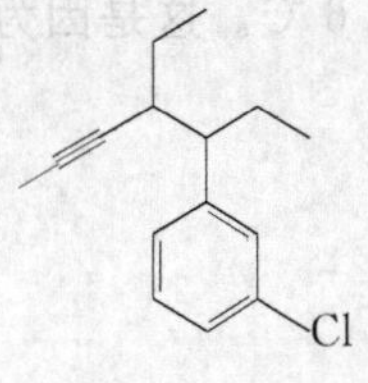

硝基、卤素、烷氧基等均作为取代基，不用作母体名。取代基位次编号原则是优先给主要官能团为 1 位，并使各取代基位次最小。取代基位次可以用 1,2,3,4,5,6 标注，也可以用邻(ortho-，简称 *o*-)，间(meta-，简称 *m*-)，对(para-，简称 *p*-)表示。例如：

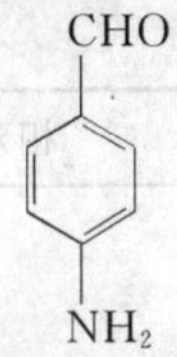

对氨基苯甲醛
(*p*-aminobenzaldehyde)

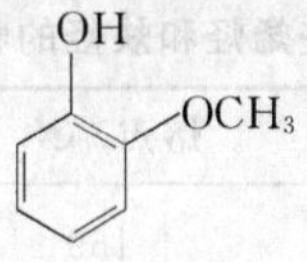

2-甲氧基苯酚(愈创木酚)
(2-methoxyphenol)

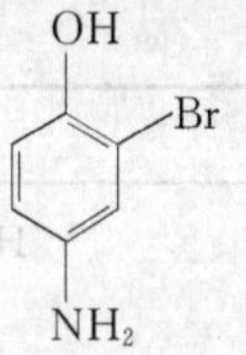

4-氨基-2-溴苯酚
(4-amino-2-bromophenol)

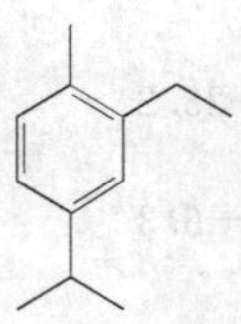

2-乙基-4-异丙基甲苯
(2-ethyl-4-isopropyltoluene)

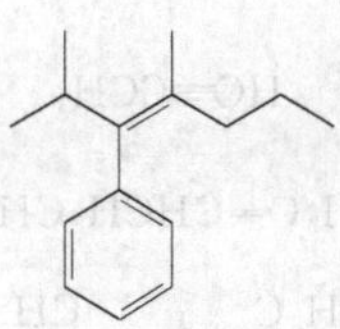

(*Z*)-2,4-二甲基-3-苯基-3-庚烯
[(*Z*)-2,4-dimethyl-3-phenyl-3-heptene]

3.11　不饱和烃的熔点、沸点变化规律

与烷烃不同，烯烃中双键碳原子是用 sp^2 杂化轨道成键，炔烃中的三键碳原子则是用 sp 杂化轨道成键。由于 C_{sp^2}、C_{sp^3} 与 C_{sp} 的电负性不同，就使得烯烃和炔烃分子可能具有一定的偶极矩，且末端炔烃极性比烯烃略强。如丙烯分子的偶极矩为 1.17×10^{-30} C·m，1-丁烯的偶极矩为 1.0×10^{-30} C·m，而 1-丁炔的偶极矩为 2.67×10^{-30} C·m。

四个碳以及四个碳以下的烯烃和炔烃在室温下基本都是气体。表 3-2 中列出了一些烯烃和炔烃的物理常数。对比表 2-7 和表 3-2 数据，可以看出两三个碳的烯烃和炔烃的熔点和沸点比相应的烷烃高。这主要有两方面原因，一是不对称的烯烃和炔烃分子具有一定的极性，另一方面则是因为不同分子的 π 键间可能存在 π-π 堆积作用，从而使得烯烃和炔烃分子比烷烃分子具有更大的分子间作用力。所谓 $\pi-\pi$ 堆积作用($\pi-\pi$ stacking)是指两个具有 π 键的分子间通过 π 键电子云相互吸引靠近的一种分子间相互作用。

从表 3-2 数据可以看出顺式烯烃较反式烯烃具有较高的沸点，如(Z)-2-丁烯的沸点为 3.7 ℃，而(E)-2-丁烯的沸点为 0.9 ℃；(Z)-2-戊烯的沸点(36.9 ℃)比(E)-2-戊烯(36.3 ℃)高 0.6 ℃。这是因为顺式烯烃偶极矩比反式烯烃大：

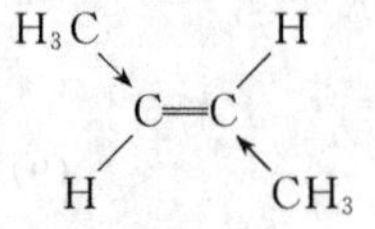

$\mu=0$

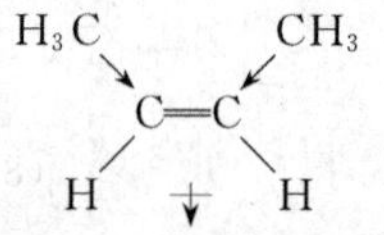

$\mu=1.10\times10^{-30}$ C·m

与沸点不同的是，顺式异构体比反式异构体具有较低的熔点。这是因为熔点不仅与化合物的极性有关，而且还与分子在固体中排列(packing)的紧密程度有关。*trans*-2-丁烯的分子形状比 *cis*-2-丁烯更有利于固体中的紧密排列，因此熔点较高。

结构类型相同的炔烃与烯烃相比，前者因极性较大，熔沸点均较高。

表 3-2　一些烯烃和炔烃的物理常数

名称	结构	熔点/℃	沸点/℃	相对密度(d_4^{20})
乙烯	$H_2C=CH_2$	−169	−103.7	—
乙炔	$HC\equiv CH$	−81.8	−84.0	—
丙烯	$H_2C=CHCH_3$	−185.2	−47.4	—
丙炔	$HC\equiv CCH_3$	−101.5	−23.2	—
1-丁烯	$H_2C=CHCH_2CH_3$	−185.3	−6.3	—
(Z)-2-丁烯	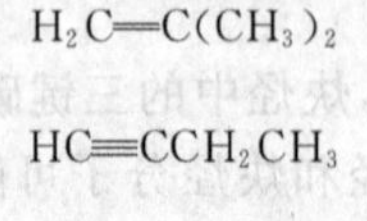	−138.9	3.7	—
(E)-2-丁烯	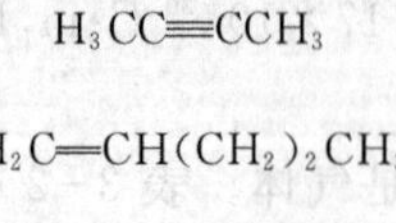	−105.5	0.9	—
异丁烯	$H_2C=C(CH_3)_2$	−140.3	−6.9	—
1-丁炔	$HC\equiv CCH_2CH_3$	−125.7	8.1	—
2-丁炔	$H_3CC\equiv CCH_3$	−32.2	27	0.691 0
1-戊烯	$H_2C=CH(CH_2)_2CH_3$	−138	30	0.640 5
(Z)-2-戊烯		−151.4	36.9	0.655 6

续表

名称	结构	熔点/℃	沸点/℃	相对密度(d_4^{20})
(*E*)-2-戊烯	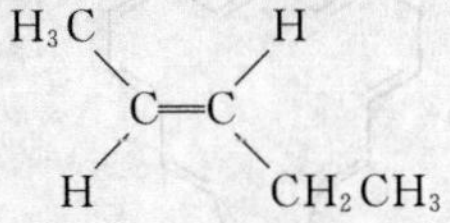	−136	36.3	0.6482
环戊烯		−135	44.2	0.7720
环己烯	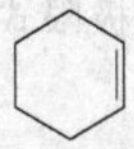	−103.5	83	0.8102
1-戊炔	$HC{\equiv}C(CH_2)_2CH_3$	−90	40.2	0.6901
2-戊炔	$H_3CC{\equiv}CCH_2CH_3$	−101	56	0.7107
1-己烯	$H_2C{=}CH(CH_2)_3CH_3$	−139.8	63.3	0.6731
1-己炔	$HC{\equiv}C(CH_2)_3CH_3$	−131.9	71.3	0.7155
苯		5.5	80.1	0.8765

习题 3-13　命名下列化合物。

(1) $CH_3CH{=}CHCHCH_3$（C-4 上连有 CH_3）

(2) $CH_3CH{=}CH{-}CH{=}CHCHCH_2CH_3$（C-6 上连有 $CH{=}CH_2$）

(3) 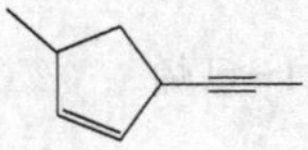

(4) 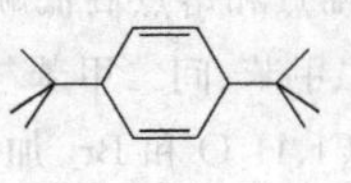

(5) 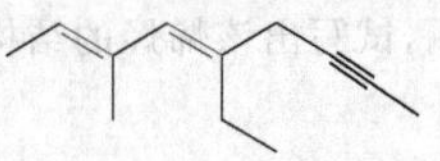

(6) 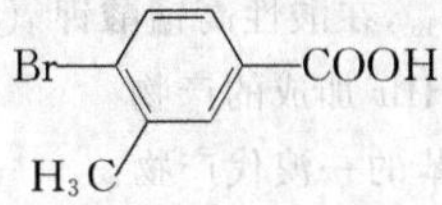

(7) 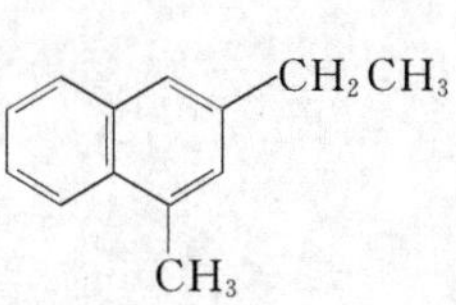

(8) 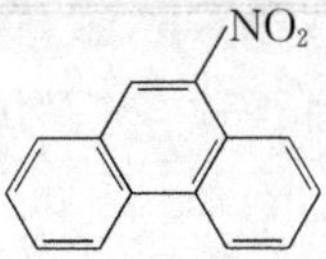

(9) 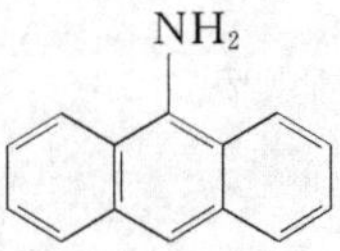

(10) 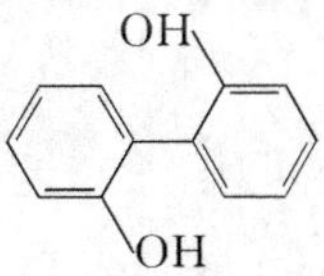

习题 3-14　判断下列化合物是否具有芳香性。

(1) 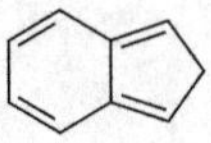　(2) 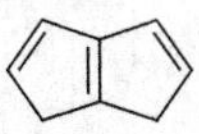　(3) 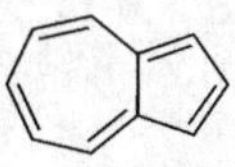

(4) 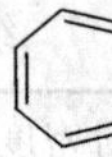 (5)  (6) 

(7) 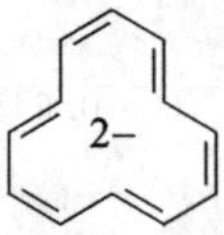 (8) 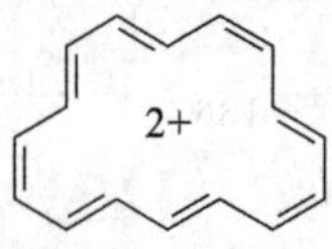 (9) 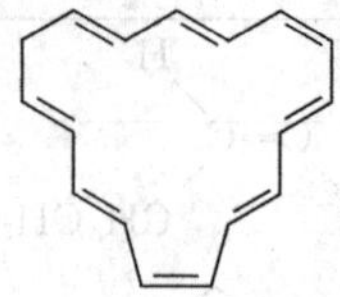

[12]轮烯双负离子 [16]轮烯双正离子

习题 3-15 判断下列化合物中是否存在共轭效应，如果有，写出它们的共振极限式和共振杂化体结构。

(1)  (2) 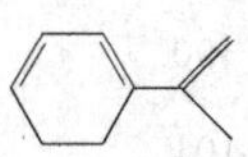 (3) 

(4) 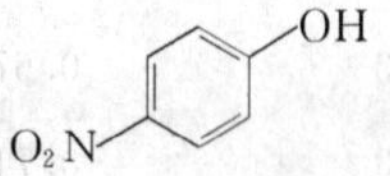 (5) 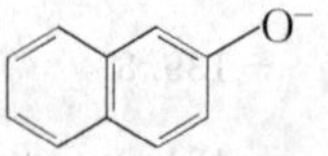 (6) 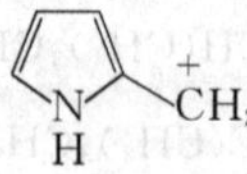

习题 3-16 查阅资料讨论 Hückel 规则的适用范围。

习题 3-17 如何判断稠环的共轭轮烯结构化合物是否具有芳香性？

习题 3-18 具有芳香性的分子或离子一定能写出共振结构，但是能写出共振结构的分子或离子则未必具有芳香性，为什么？

习题 3-19 判断下列各组化合物的氢化热高低。

(1) 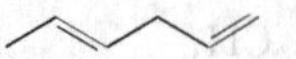 与  (2) 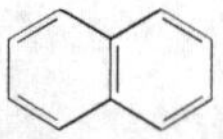 与 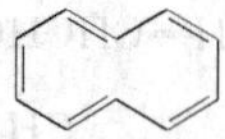

习题 3-20 试判断下列各组化合物的沸点和熔点高低顺序，说明理由。

(1) 1-丁烯与 1-己烯 (2) 邻二甲苯、间二甲苯与对二甲苯 (3) 环己烯与 1-己烯

习题 3-21 试写出丙烯和环己烯与 HCl、H_2O 和 Br_2 加成的产物。

习题 3-22 某烯烃分子式为 $C_{10}H_{18}$，在酸性高锰酸钾氧化下得到丁二酸和丙酮，试写出该烯烃的结构。

习题 3-23 试写出丙炔与 2 mol HBr 加成的产物。

习题 3-24 试写出甲苯和间二甲苯的一溴代产物。

第四章　含杂原子官能团化合物和有机酸碱理论

（Compounds Containing Heteroatom Functional Groups and Organic Acid-Base Theory）

大多数有机化合物不仅含有碳、氢两种原子，而且还含有氮、氧和卤素等杂原子。这些杂原子是形成有机化合物官能团的主要部分，对有机化合物的物理和化学性质具有重要影响。本章将介绍含杂原子官能团化合物的命名原则、结构特征、物理性质、主要反应特性以及有机化合物的酸碱性问题。

4.1　含氮、氧、卤素官能团化合物的命名

在本书第一章（1.6 节）已经列出了主要官能团的类型及名称。关于含官能团化合物的命名，IUPAC 命名原则规定如下：选择含有官能团的最长碳链作主链，并给予官能团以尽可能小的编号。不同官能团用不同的尾缀表示，并在母体名称前加上取代基的位次与名称，必要时标示化合物的构型。多个官能团存在于同一分子中时，则按照主官能团次序选择主官能团作母体，其他官能团作为取代基。表 4-1 中列出了主要官能团作母体时的尾缀以及作为取代基的词头名。表中官能团从上到下为主官能团次序，即列在上面的官能团优先于下面的官能团用作母体。具体说明如下：

1. 与其他官能团不同，卤素和硝基总是作为取代基，前者的英文名是将元素名称词尾的“ine”改为“o”，如 fluoro，chloro，bromo，iodo。后者的英文名为“nitro”。

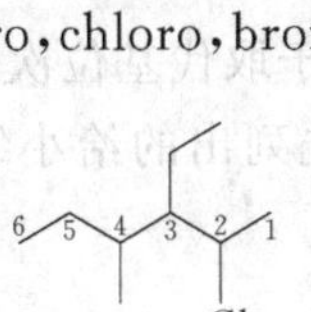

4-甲基-3-乙基-2-氯己烷

（2-chloro-3-ethyl-4-methylhexane）

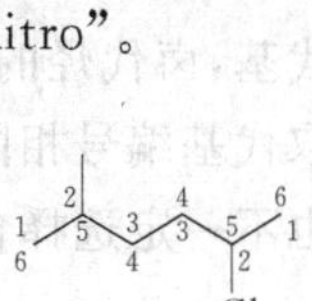

2-甲基-5-氯己烷

（2-chloro-5-methylhexane）

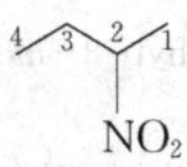

2-硝基丁烷

（2-nitrobutane）

表 4-1 含 N、O、X 官能团的词头词尾中英文名称

官能团	作为取代基名称		作为母体和词尾名称	
	中文	英文	中文	英文
—COOH	羧基	carboxyl	酸	-carboxylic acid(含碳) -oic acid(不含碳)
—COOR	烃氧羰基	alkoxycarbonyl	酯	-carboxylate -oate
—COX	卤甲酰基	halocarbonyl	酰卤	-carboxylhalide -oylhalide
$—CONH_2$	氨基甲酰基	carbamoyl 或 carbamyl	酰胺	-carboxamide -amide
$—CONR_2$	二烃基氨基甲酰基	dialkylcarbamoyl	酰胺	-carboxamide -amide
—CN	氰基	cyano	腈	-carbonitrile -nitrile
—CHO	甲酰基	formyl or formoxyl	醛	-carbaldehyde -al
>C=O	氧代	oxo	酮	-one
—OH	羟基	hydroxy	醇(酚)	-ol
$—NH_2$	氨基	amino	胺	-amine
—HNR	*N*-烷基氨基	*N*-alkylamino	胺	-amine
$—NR_2$	*N*,*N*-二烷基氨基	*N*,*N*-dialkylamino	胺	-amine
—OR	烃氧基	alkoxy	醚	-ether
—R	烷基	alkyl		
—X(—F,—Cl, —Br,—I)	卤代	Halo (fluoro,chloro, bromo,iodo)		
$—NO_2$	硝基	nitro		
—NO	亚硝基	nitroso		

卤素作为取代基,卤代烃的命名完全遵守烷烃命名中关于取代基位次等的原则,上例中以两个方向编号所得取代基编号相同(2 和 5),因此按照取代基先列出的给小编号,反之给大编号的原则命名。此外也不一定选择含卤素的最长碳链。例如:

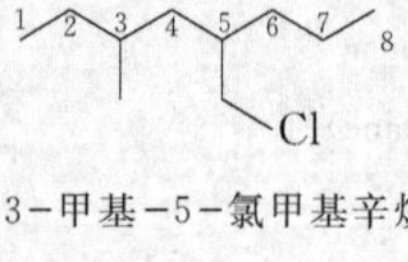

3-甲基-5-氯甲基辛烷

(5-chloromethyl-3-methyloctane)

2. 醚的命名中,一般取较简单的烃基部分连同氧原子作为取代基处理,命名为烃氧基。英文名为烃基词头加“oxy”组成。例如:

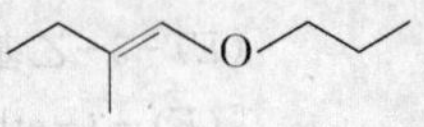

(E)-2-甲基-1-丙氧基-1-丁烯

[(E)-2-methyl-1-propoxy-1-butene]

醚的普通命名由两个烃基的名称加“醚”的词尾组成，简单的烃基列在前面，如上述化合物的普通名为丙基(2-甲基-1-丁烯基)醚。又如 $CH_3OCH_2CH_3$ 为甲乙醚。

当一个化合物同时存在醚键与其他官能团时，则一般将不带其他官能团的烃氧基部分作为取代基进行命名，如：

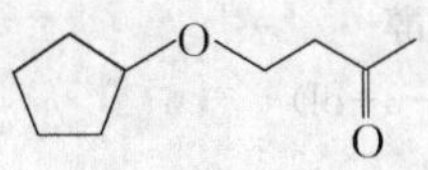

4-环戊氧基-2-丁酮

(4-cyclopentoxy-2-butanone)

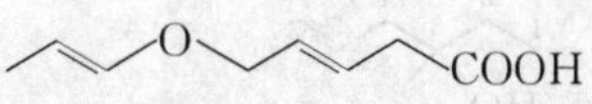

(E)-5-((E)-1-丙烯氧基)-3-戊烯酸

[(E)-5-((E)-1-propenoxy)-3-pentenoic acid]

3. 除醛基、羧基、酰卤、酯、酸酐的官能团编号自然为1不需加以说明外，其他官能团作母体时要在母体名称前加上官能团的编号。位次为1时可省略。例如：

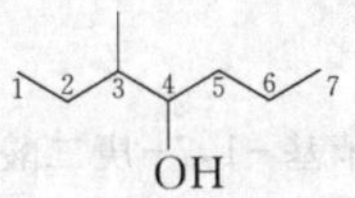

3-甲基-4-庚醇

↑

官能团的位次

(3-methyl-4-heptanol)

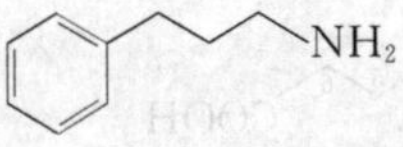

3-苯基-1-丙胺

↑

可省略

(3-phenylpropanamine)

4. 编号时应给官能团以最小编号。例如以下两个化合物都是从距离官能团羟基较近的碳链端开始编号，给羟基所连接的碳原子以最小编号。

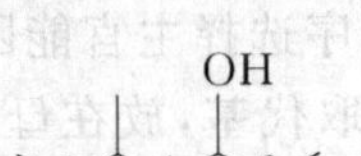

5-甲基-3-庚醇

5-methyl-3-heptanol

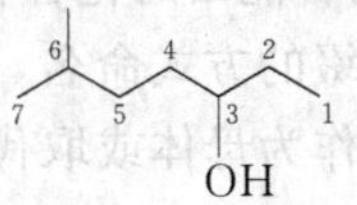

6-甲基-3-庚醇

(6-methyl-3-heptanol)

5. 如果分子中同时含有碳-碳双键或三键，则应选择同时含有双键或三键及官能团的最长碳链作为主链，命名为“某烯＋某官能团母体名”或“某炔＋某官能团母体名”。英文名的尾为“en”或者“yn”＋“官能团母体名词尾”，并且要给官能团以最小编号。

以下实例中均选择同时含有双键或三键和官能团的最长碳链为主链，如例1中，应选择含有双键和官能团的七碳链为主链，而不是选择只含官能团不含双键的八碳链。

例1

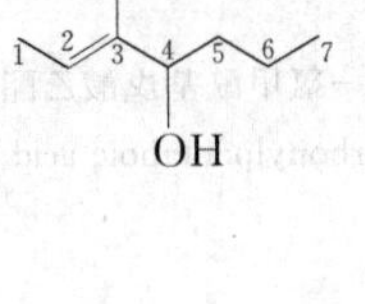

(E)-3-丙基-2-庚烯-4-醇

↑ 双键位次　↑ 官能团位次

[(E)-3-propyl-2-hepten-4-ol]

例 2 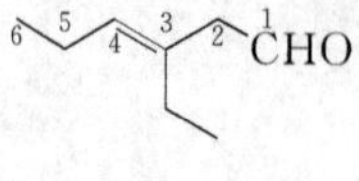

(*E*)-3-乙基-3-己烯醛

[(*E*)-3-ethyl-3-hexenal]

例 3 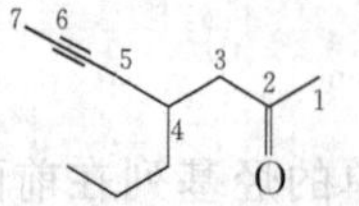

4-丙基-5-庚炔-2-酮

(4-propyl-5-heptyn-2-one)

另一方面，含有不饱和键和官能团的碳链编号时仍然给官能团以最小编号。例 4 中如果从靠近双键端开始编号得到的编号组合为 1、4、4，比现在的编号组合 3、3、5 更符合最低序列原则，但是，因为没有给官能团以最小编号，也不能采用。

例 4 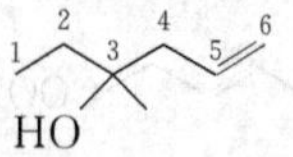

3-甲基-5-己烯-3-醇

(3-methyl-5-hexen-3-ol)

6. 含多个相同官能团的化合物使用二、三、四等表示相同官能团的数目，相应的英文为 "di"、"tri"、"tetra"。例如：

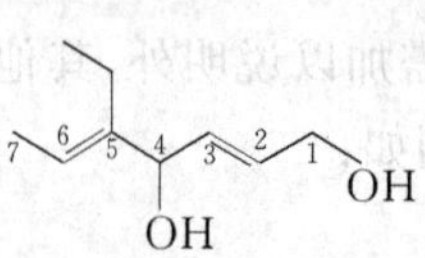

(2*E*,5*E*)-5-乙基-2,5-庚二烯-1,4-二醇

[(2*E*,5*E*)-5-ethyl-2,5-heptadien-1,4-diol]

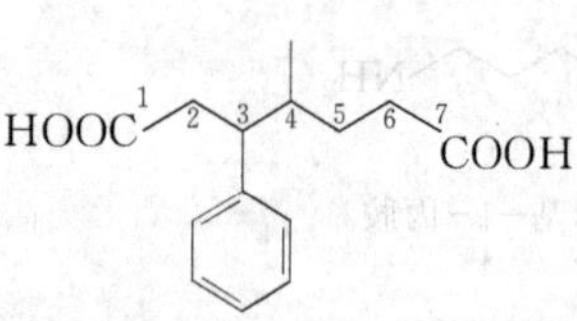

4-甲基-3-苯基-1,7-庚二酸

(4-methyl-3-phenyl-1,7-heptanedioic acid)

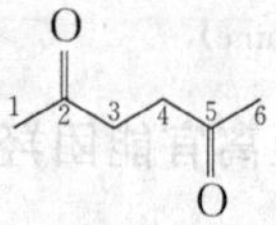

2,5-己二酮

(2,5-hexanedione)

7. 含有多个不同官能团的化合物，要按照主官能团次序选择主官能团作为母体，采用在主碳链碳数词干后加后缀的方式命名，而其他官能团则作为取代基，放在母体名的前面。表 4-1 中列出各官能团分别作为母体或取代基时的名称，主官能团次序也在表中体现，排位在上的官能团优先于排位在下官能团作为主官能团。例如：

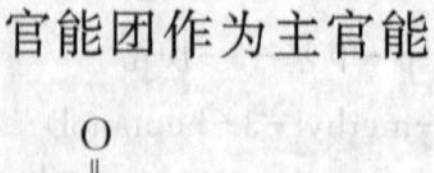

2-乙基-5-氧代己酸

(2-ethyl-5-oxo-hexanoic acid)

2-甲基-4-羟基己醛

(4-hydroxy-2-methylhexanal)

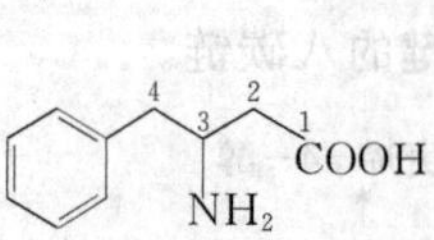

4-苯基-3-氨基丁酸

(3-amino-4-phenylbutanoic acid)

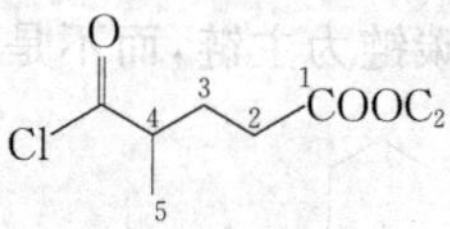

4-氯甲酰基戊酸乙酯

(4-chlorocarbonylpentanoic acid ethyl ester)

8. 羧酸酯的英文命名有两种方法。一种方法是将羧酸酯的烃氧基部分的烃基放在名称的最前面，与母体名称间加空格，母体的词尾用“oate”，这是最常采用的方法。如丁酸乙酯的英文名为 ethyl butanoate，又如苯甲酸丁酯的英文名为 butyl benzoate。当羧酸酯母体上有多个较复杂的取代基时，常常采用另一种方法来命名。如上述 4-氯甲酰基戊酸乙酯。这种方法是首先命名羧酸，然后加上羧酸酯中烃氧基的“烃基”英文名，最后加上酯的类别名称“ester”。三者之间以空格间隔。

9. 醛、羧酸或酯类化合物都有两种词尾，如羧酸中文为“羧酸”和“酸”，英文分别对应于“carboxylic acid”和“oic acid”。前者词尾本身含有羧基碳，后者不包括。一般使用后者表示取代基比较简单的链烃母体，如上例 4-苯基-3-氨基丁酸中，羧基碳就包含在主链母体名称中，中文直接称为丁酸，英文是将“butane”去掉末尾的“e”加上“oic acid”。但是对于一些环烃上直接连接羧基，使用这种方法不方便表示，这时就需要使用“羧酸”或“carboxylic acid”表示。如环己烷上连接了羧基，就可以命名为环己烷羧酸。类似的有环丙烷甲醛、1,2,3-环丙烷三甲醛、环戊烷羧酸环戊酯和 1,2-环丁烷二羧酸二乙酯。

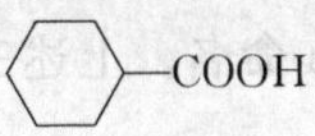

环己烷羧酸

(cyclohexanecarboxylic acid)

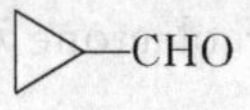

环丙烷甲醛

(cyclopropanecarbaldehyde)

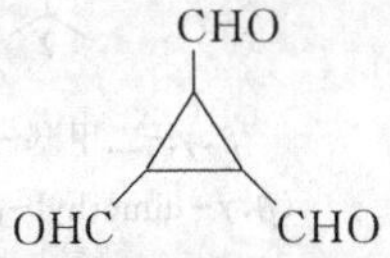

1,2,3-环丙烷三甲醛

(1,2,3-cyclopropanetricarbaldehyde)

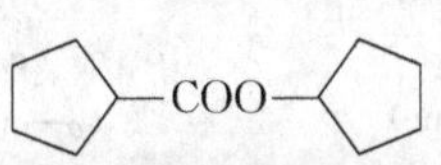

环戊烷羧酸环戊酯

(cyclopentyl cyclopentane carboxylate)

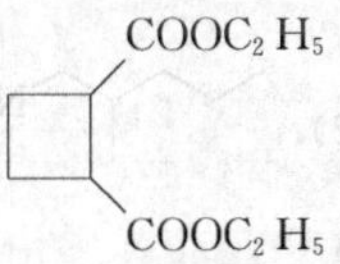

1,2-环丁烷二羧酸二乙酯

(diethyl-1,2-cyclobutane dicarboxylate)

当链烃化合物上有多个羧基或醛基、羟基等官能团时，也可以使用上述命名方法，如 2-羟基-1,2,3-丙烷三羧酸和 1,2,3-丙烷三酰胺。

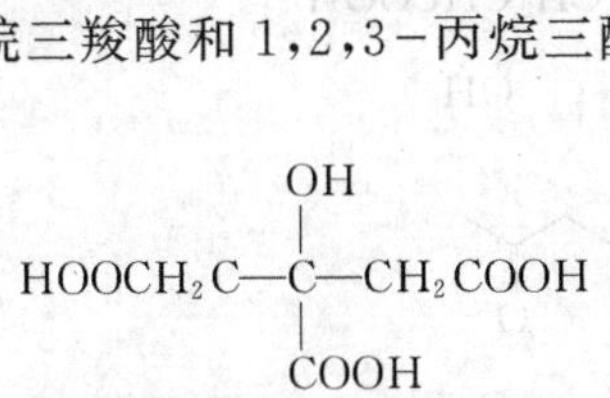

2-羟基-1,2,3-丙烷三羧酸

(2-hydroxy-1,2,3-propanetricarboxylic acid)

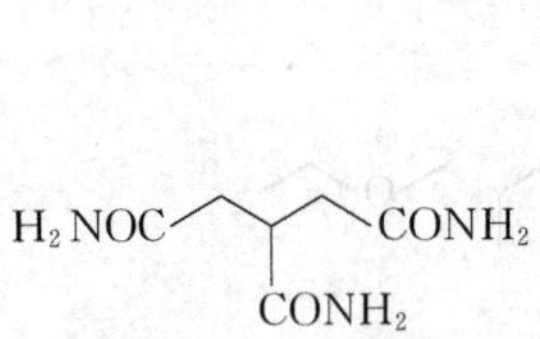

1,2,3-丙烷三酰胺

(1,2,3-propane tricarboxamide)

10. 胺和酰胺化合物的氮原子上有取代基时，以“N-”标明取代基位次。如：

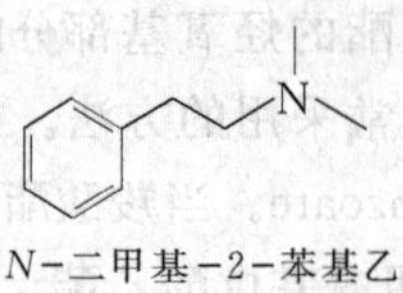

N,*N*-二甲基-2-苯基乙胺

(*N*,*N*-dimethyl-2-phenylethanamine)

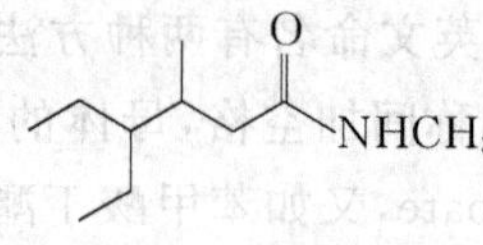

N,3-二甲基-4-乙基己酰胺

(4-ethyl-*N*,3-dimethylhexanamide)

11. 环状内酯和内酰胺的命名，往往采用杂环化合物的命名方法(参见 4.8 节)，将它们分别命名为"2-氧杂"+"某酮"，和"2-氮杂"+"某酮"，英文名分别为"2-oxa"+ "cycloalkanone"和"2-aza"+ "cycloalkanone"。例如：

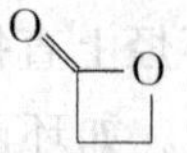

2-氧杂环丁酮

(2-oxacyclobutanone)

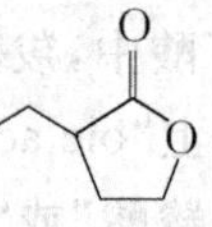

5-乙基-2-氧杂环戊酮

(5-ethyl-2-oxacyclopentanone)

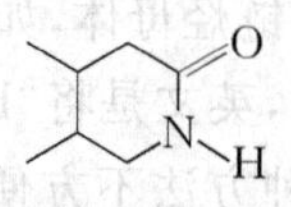

4,5-二甲基-2-氮杂环己酮

(4,5-dimethyl-2-azacyclohexanone)

这些环状内酯和内酰胺常采用俗名，这时采用希腊字母词干+内酯或内酰胺表示，英文名则分别为希腊字母词干 + olactone 和希腊字母词干+olactam 命名。上述三个化合物的俗名如下所示：

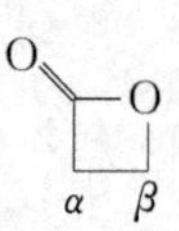

β-丙内酯

(*β*-propiolactone)

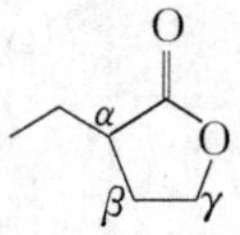

α-乙基-*γ*-丁内酯

(*α*-ethyl-*γ*-butyrolactone)

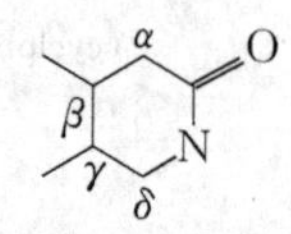

β,*γ*-二甲基-*δ*-戊内酰胺

(*β*,*γ*-dimethyl-*δ*-valerolactam)

习题 4-1　命名下列化合物。

(1) 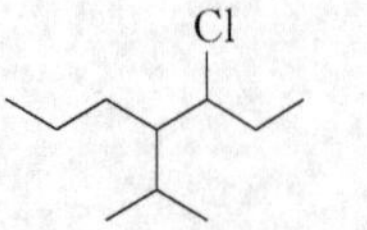

(2) 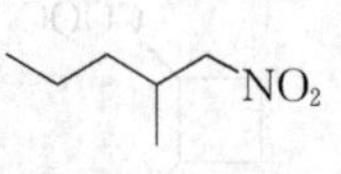

(3) 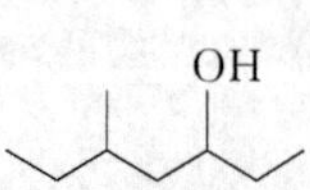

(4) 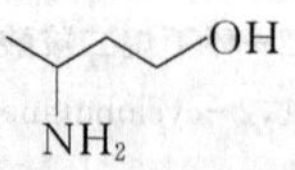

(5) 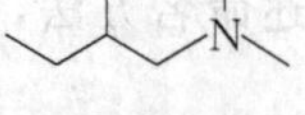

(6) 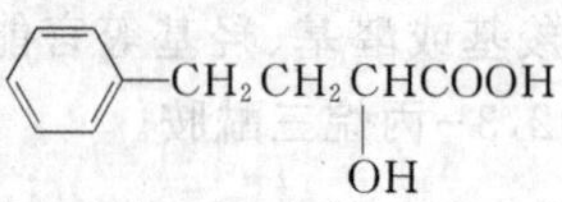

(7) 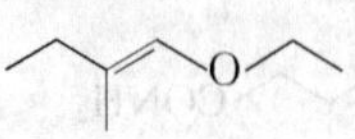

(8) 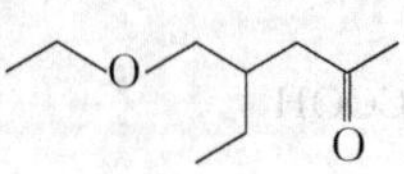

(9) 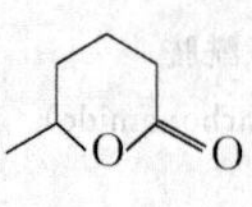

(10) 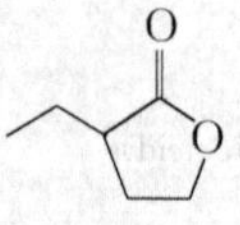

4.2　卤代烃的结构与物理和化学性质

卤代烃与烷烃的不同在于其结构中有一个或多个氢原子被卤素原子取代，含有 C—X 键。C—X 键是极性共价键，其中卤素原子带部分负电荷，而碳原子带部分正电荷，这一结构特点决定了卤代烃的物理和化学性质。

4.2.1　卤代烃的结构与物理性质

由于卤代烃含有 C—X 极性共价键，分子偶极矩一般不等于零。由于分子间存在偶极-偶极作用，因此，卤代烃的熔沸点都较相应碳数的烷烃高。表 4-2 列出了部分卤代烃与烷烃的沸点对比。

表 4-2　烷烃与卤代烃的沸点对比　(℃)

结构式	Y				
	H	F	Cl	Br	I
CH_3—Y	−161.7	−78.4	−24.2	3.6	42.4
CH_3CH_2—Y	−88.6	−37.7	12.3	38.4	72.3
$CH_3CH_2CH_2$—Y	−42.1	−2.5	46.5	71.1	102.5
$(CH_3)_2CH$—Y	−42.1	−9.4	35.7	59.5	89.5
$CH_3CH_2CH_2CH_2$—Y	−0.5	32.5	78.4	101.6	130.5
$(CH_3)_3C$—Y	−11.7	12.1	50.9	73.3	100.1
$CH_3CH_2CH_2CH_2CH_2$—Y	36.1	62.8	107.8	129.6	157.0

相同碳数的卤代烃从 F→I 沸点呈增加趋势，原因在于从 F→I，周期数增加，原子半径增大，外层电子受核约束力相对减弱，电子的可极化率(polarizability)增大，诱导偶极-诱导偶极作用从 F→I 不断增大，同时原子体积增大(如图 4-1)，分子间作用面积也增大，因此使得总的分子间作用力不断增大。

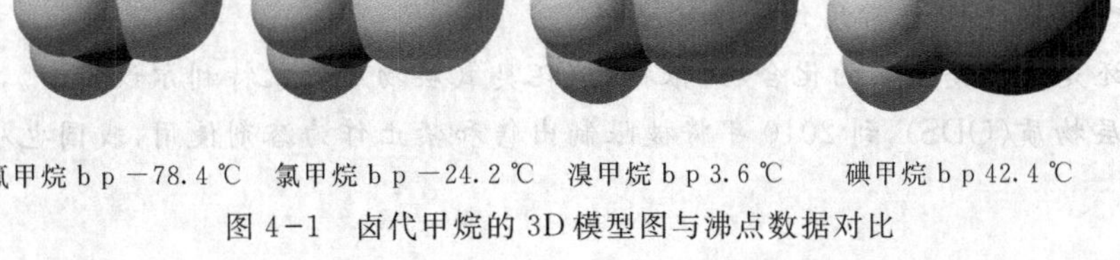

氟甲烷 b p −78.4 ℃　氯甲烷 b p −24.2 ℃　溴甲烷 b p 3.6 ℃　碘甲烷 b p 42.4 ℃

图 4-1　卤代甲烷的 3D 模型图与沸点数据对比

对比构造异构体卤代正丙烷与卤代异丙烷以及卤代正丁烷与卤代叔丁烷的沸点(表 4-2)，可以发现具有分支的近似球状分子(参见图 4-2)的卤代异丙烷和卤代叔丁烷的沸点低于相应的直链卤代烃卤代正丙烷和卤代正丁烷，这是因为支链导致分子间接触表面积减少，从而使得依赖于分子间作用面积的色散力减弱。

	氯代正丙烷	氯代异丙烷	氯代正丁烷	氯代叔丁烷
bp	46.6 ℃	35.7 ℃	78.4 ℃	50.9 ℃
mp	−123 ℃	−118 ℃	−123 ℃	−25 ℃

图 4-2 氯代正丙烷和氯代异丙烷以及氯代正丁烷和氯代叔丁烷的 3D 模型与熔沸点数据对比

支链结构对于熔点的影响与沸点有所不同，当支链结构使得整个分子形状十分接近球形时，则在固体中能够最大程度地进行紧密排列（或者称堆积），这样的异构体通常将具有比较高的熔点。例如，氯代异丙烷和氯代叔丁烷的熔点均高于相应的直链氯代烃氯代正丙烷和氯代正丁烷。这些作用类似于直链烷烃与支链烷烃的熔沸点变化规律。

习题 4－2 比较下列各对卤代烷的沸点高低，简要说明理由，再查阅手册对比验证或修正分析结果。

(1) 1-氯戊烷与 3-氯戊烷 (2) 1-氯戊烷与氯代环戊烷 (3) 3-溴己烷与 3-氯己烷

在溶解性方面，由于卤代烷有一定极性，可溶于多数极性或非极性有机溶剂中。同时，液体的卤代烃也能较好地溶解多种有机化合物。因此，卤代烷本身也常用作溶剂。如氯仿（$CHCl_3$）、二氯甲烷（CH_2Cl_2）常用作分离纯化的萃取溶剂。与含氧的萃取溶剂如乙醚等不同，它们一般不能与水形成氢键，且具有较强的疏水作用，几乎不溶于水，而多数有机化合物能溶解于其中，因此，萃取往往较完全。二氯甲烷和氯仿也常用作反应溶剂。如果需要较高的反应温度可用沸点较高的 1,2-二氯乙烷或 1,1,2,2-四氯乙烷。

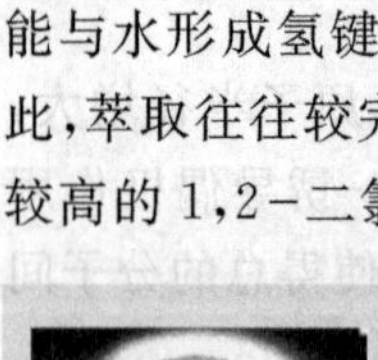

卤代烷都有一定的毒性。例如，氯仿有一定的麻醉作用，而四氯化碳在体内会造成累积性中毒。凡在体内不易于被氧化的化合物多为累积性中毒。例如，苯因其特殊的稳定性难以氧化，属于累积性中毒化合物。相反，甲苯因为甲基可以氧化，最终生成苯甲酸随尿液排出体外，所以不具有累积性毒性，苯甲酸钠常用作食品防腐剂。

卤代烃还是破坏臭氧层的化合物，根据《消耗臭氧层物质的蒙特利尔议定书》，四氯化碳作为消耗臭氧层物质（ODS），到 2010 年将被限制出售和禁止作为溶剂使用，我国也从 2007 年起禁止生产。

卤代烃在水中的溶解性很差，且随着烃基部分碳原子数的增加，水溶性迅速下降。因为分子中烃基部分所占比例增多将使得疏水作用增强。表 4-3 列出了一到三个碳的氟代烃、氯代烃和溴代烃在水中的溶解性情况。

表 4-3　部分卤代烷在水中的溶解性

氟代烷	水溶性	氯代烷	水溶性	溴代烷	水溶性
CH_3F	易溶	CH_3Cl	可溶	CH_3Br	微溶
CH_3CH_2F	可溶	CH_3CH_2Cl	微溶	CH_3CH_2Br	微溶
$CH_3CH_2CH_2F$	微溶	$CH_3CH_2CH_2Cl$	微溶	$CH_3CH_2CH_2Br$	微溶

从表 4-3 数据可见，氟代烃溶解性相对最好。一个碳和两个碳的氟代烃都可溶于水，而氯代烃只有一个碳的在水中可溶，到溴代烃则连一个碳的也只是微溶于水。这是因为从 F→I，C—X 键的极性降低，并且由于原子半径的增大，表面电荷越来越分散，不容易与水形成溶剂化作用，因此水溶性也降低。

习题 4-3　为什么单卤代烃在水中的溶解度随着烷基部分碳原子数目的增加而降低？

4.2.2　卤代烃的化学反应特性

正如结构对物理性质的影响一样，卤代烃的 C—X 键是其化学反应特征的结构基础。由于 C—X 键的键能较 C—H 键弱，因此，卤代烃的化学性质相对活泼。并且，由于卤素原子的吸电子作用，与卤素直接相连的碳原子带部分正电荷，容易受到富电子基团的进攻，发生取代反应。这些富电子基团称为亲核试剂（nucleophiles），相应的取代反应就称为亲核取代反应（nucleophilic substitution）。例如，溴乙烷可以在氢氧化钠水溶液中发生水解生成乙醇，也可以与乙醇钠反应形成乙醚，还可以与氨反应生成乙胺、二乙胺、三乙胺及四乙基铵盐等。有关亲核取代反应的详细讨论见第八章。

$$\underset{\text{乙醚}}{CH_3CH_2OCH_2CH_3} \xleftarrow{NaOCH_2CH_3} \underset{\text{溴乙烷}}{CH_3CH_2Br} \xrightarrow{NaOH-H_2O} \underset{\text{乙醇}}{CH_3CH_2OH}$$

$$CH_3CH_2Br \xrightarrow{NH_3} \underset{\text{乙胺}}{CH_3CH_2NH_2} \xrightarrow{CH_3CH_2Br} \underset{\text{二乙胺}}{(CH_3CH_2)_2NH} \xrightarrow{CH_3CH_2Br} \underset{\text{三乙胺}}{(CH_3CH_2)_3N} \xrightarrow{CH_3CH_2Br} \underset{\text{四乙基铵溴化盐}}{(CH_3CH_2)_4N^+\ Br^-}$$

另一方面，卤素的吸电子作用使得与卤素相连的碳原子带有部分正电荷，该缺电子碳原子又会吸引与之相邻的共价键电子对偏向自己，结果就使得键的极性得以沿着 σ 键传递。这种由于某一原子或基团的电负性或极性使得 σ 键电子沿着共价键向某一方向移动，导致共享电子对发生偏移的作用，称为诱导效应（inductive effect）。

$$\overset{\delta\delta\delta+}{C} \longrightarrow \overset{\delta\delta+}{C} \longrightarrow \overset{\delta+}{C} \longrightarrow \overset{\delta-}{Cl}$$

诱导效应的作用强度随着相隔 σ 键的数目增加迅速减弱。一般来说相隔三个 σ 键以上时，诱导效应的影响可以忽略。除卤素外，羟基、氨基、硝基、氰基等含杂原子的基团通常都表现出吸电子诱导效应。

卤素的诱导效应使得与之相连的 β-碳上的氢（即 β-氢）酸性增强（详见 4.5 节），从而可以在碱的作用下发生 β-消去反应（elimination）生成烯烃（详见第九章）。例如，氯乙烷在氢氧化钾的醇溶液中加热可以脱去氯化氢形成乙烯，1-苯基-1-溴乙烷在类似条件下反应发生消去反应则得到苯乙烯。

$$\underset{\text{氯乙烷}}{CH_3CH_2Cl} \xrightarrow[\triangle]{KOH-EtOH} \underset{\text{乙 烯}}{CH_2{=}CH_2}$$

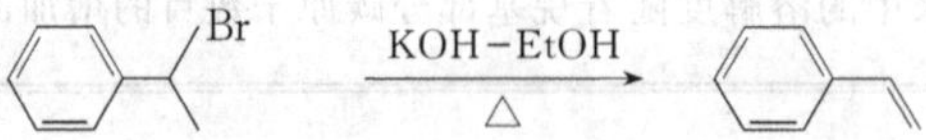

1-苯基-1-溴乙烷　　　　苯乙烯

4.3　含 C—O、C—N 单键化合物的结构与物理和化学性质

含 C—O 单键的有机化合物包括醇、酚和醚，含 C—N 单键的有机化合物有胺和季铵盐等，它们可以分别看成是水分子和氨分子中的氢被烃基取代的产物。一般情况下，醇、醚、胺和季铵等分子中的氧、氮原子均采用 sp^3 杂化轨道成键。不过由于氧、氮原子的外层电子结构与碳原子不同，氧和氮原子分别带有两对和一对孤对电子。这些孤对电子不仅影响到分子中各键间的键角（见 1.5 节），而且也是这些化合物形成氢键的结构基础（见 2.9 节）。

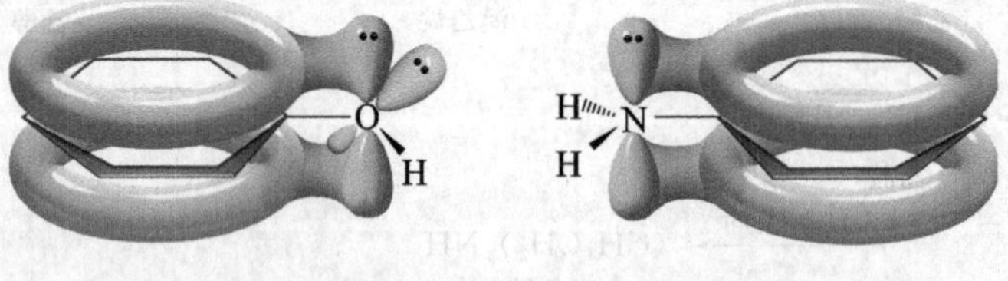

图 4-3　苯酚、苯胺中孤对电子与苯环共轭的示意图

苯酚和苯胺与脂肪族醇、胺的结构不同。图 4-3 示意了苯酚和苯胺分子中孤对电子与苯环共轭的结构。苯酚和苯胺分子中，由于氧、氮原子直接与苯环相连，氧、氮原子均以 sp^2 杂化轨道成键，H—O—C 键角约 120°。氧原子上的一对孤对电子以及氮原子的孤对电子处于 p 轨道，从而与苯环形成共轭，使得体系能量降低。类似地，当醇和胺分子中氧、氮原子直接与 π 体系相连时，都会发生这种杂化状态的转变，从而形成共轭作用，使分子更加稳定。

在烷烃中，碳原子和氢原子可分为一级，二级和三级。同样，根据杂原子所连接的骨架碳原子的类型，可以将卤代烷和醇也分为伯，仲，叔三类。胺的分类不同于醇和卤代烃，伯胺、仲胺和叔胺是根据氮原子上连接烃基数目多少而划分的(见表 4-4)。

表 4-4　1°、2°和 3°卤代烷、醇和胺分类表

RCH_2X 1°卤代烷(伯)	R_2CHX 2°卤代烷(仲)	R_3CX 3°卤代烷(叔)	
RCH_2OH 1°醇	R_2CHOH 2°醇	R_3COH 3°醇	
$R-NH_2$ 1°胺	R_2NH 2°胺	R_3N 3°胺	R_4N^+ 季铵正离子

与 C—C 键比较,C—O 键和 C—N 键是极性共价键,因此,在这些含有 C—O、C—N 单键的有机化合物——醇(酚)、醚和胺中,分子间存在着较强的偶极-偶极作用,而且醇、酚和伯胺、仲胺可以形成氢键,因此醇、酚和伯胺、仲胺的熔沸点较高。醚分子中不存在 O—H 键,不能形成分子间氢键,它们的熔沸点显著低于醇和酚。同样,叔胺由于不再具有 N—H 键,不能形成氢键,沸点也较相应的伯胺、仲胺低。表 4-5 列出了部分醇、酚、醚和胺的物理常数。

表 4-5　部分醇、酚、醚和胺的物理常数

化合物	熔点/℃	沸点/℃	溶解性能/[g·(100 g H_2O)$^{-1}$]
CH_3OH	−93.9	65.15^{73}	∞
CH_3NH_2	−93.5	−6.3	959^{25} mL
CH_3CH_2OH	−117.3	78.5	∞
CH_3OCH_3	−138.5	−23	$3\,700^{18}$ mL
$CH_3CH_2NH_2$	−81	16.6	∞
CH_3NHCH_3	−93	6.9	易溶
$CH_3CH_2CH_2OH$	−126.5	97.4	∞
CH_3CHCH_3 | OH	−89.5	82.4	溶解
$CH_3CH_2OCH_3$	−113	7.4	溶解
$CH_3CH_2CH_2NH_2$	−83.0	47.8	∞
$CH_3CH_2NHCH_3$	—	36.7	
$(CH_3)_3N$	−117.2	2.87	41^{19}
$CH_3CH_2CH_2CH_2OH$	−89.5	117.2	9^{15}
$CH_3CH_2CHCH_3$ | OH	−88.5	99.5	12.5^{20}
$(CH_3)_3COH$	25.5	82.3	∞
$CH_3CH_2OCH_2CH_3$	−116.2	34.5	7.5^{20}
$CH_3CH_2CH_2CH_2NH_2$	−49.1	77.8	易溶
$CH_3CH_2CH_2NHCH_3$	−104.5	63	溶解
$CH_3CH_2NHCH_2CH_3$	−48	56.3	易溶
—OH	25.15	161.1	3.6^{20}

续表

化合物	熔点/℃	沸点/℃	溶解性能/[g·(100 g H_2O)$^{-1}$]
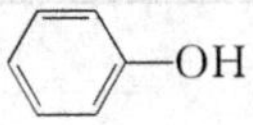	43	181.75	8.2^{15}
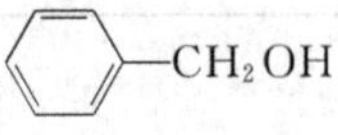	−15.3	205.35	4^{17}
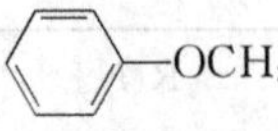	−37.5	155	不溶
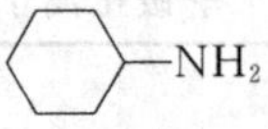	−17.7	134.5	溶解
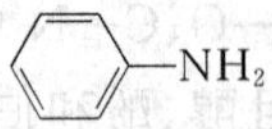	−6.3	184.13	3.6^{18}
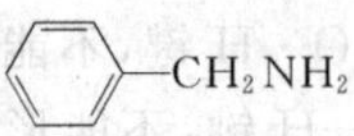	—	185	溶解
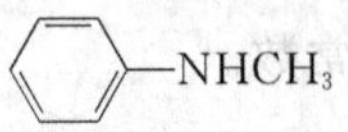	−57	196.25	0.01^{25}

在溶解性能方面，所有醇、酚、醚和伯、仲、叔胺由于含氧或含氮，一般均能与水分子形成氢键，故在水中有一定的溶解度。

通常醇、酚、醚和伯、仲、叔胺的水溶性随着烃基部分碳原子数目的增多而逐步降低，这是因为烃基部分所占比例增大导致疏水作用增强。如烃基部分比较小的一些化合物如甲醇、乙醇、乙胺等可以与水以任意比例混溶，而丁醇部分溶于水，辛醇微溶于水。小分子醇类化合物如甲醇、乙醇、丙醇和丁醇等常用作反应溶剂，一般常用于使用醇钠作试剂或催化剂的反应中，如酯缩合等反应（见第十四章）。

醚类化合物虽然自身不能形成氢键，但是可以与水分子形成氢键，在水中有一定的溶解度。因此当使用乙醚从水中提取有机物时，有时需要向水中加入一些电解质，降低乙醚在水中的溶解度，从而减少有机物随乙醚进入水相的量，提高萃取效率。

习题 4－4　环己醇和苯酚都是含有六个碳和一个羟基的化合物，但是苯酚的沸点较高，为什么？

习题 4－5　氯代苯的相对分子质量比苯酚大，但是苯酚的沸点较高，为什么？

习题 4－6　甲基苯基醚和苄醇是同分异构体，为什么苄醇的沸点较高？

虽然 C—O 键和 C—N 键与 C—X 键都是极性共价键，其碳原子也带有部分的正电荷，但是由于含氧、含氮基团的性质各不相同，与卤素也不同，因此它们的化学反应特征既有类似之处，又不相同。

含 C—O 键的化合物，如醇和醚，能接受亲核试剂进攻发生亲核取代反应。其中醇可以与卤化氢发生亲核取代反应生成卤代烃，醚则只能在 HI 或 HBr 作用下发生醚链的断键反应。与卤代烃相比，羟基和烷氧基碱性较强（详见 4.5 节），不容易离去，因此醇发生亲核取代反应比卤代烃难，而醚更难。例如，烯丙醇在溴化钾和硫酸（实际上等于溴化氢）的作用下可以形成烯丙基溴,而苄基甲基醚则需要在氢碘酸作用下才能发生醚键断裂生成甲醇和苄基碘。

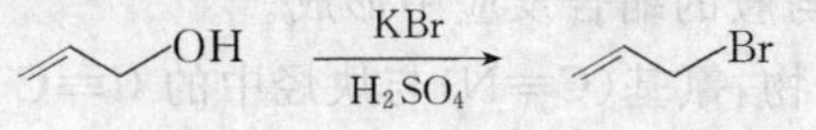

烯丙醇　　　　烯丙基溴

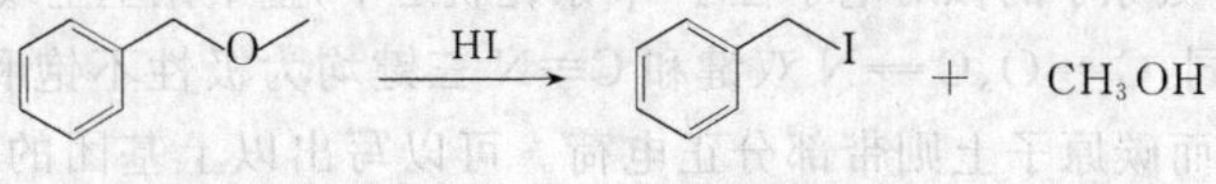

甲基苄基醚　　　　苄基碘　　　　甲醇

氨基负离子的碱性比氢氧根离子和烷氧基负离子更强,更难离去,因此胺通常不能接受亲核试剂进攻发生亲核取代反应。但是胺以及醇、酚等化合物因为氮、氧原子上有孤对电子,可以作为亲核试剂与卤代烃发生亲核取代反应(详见 4.2 节和第八章),与羰基化合物发生亲核加成反应(详见 4.4 节和第十三章)等。其中胺的氮原子电负性较小,给出孤对电子的能力最强,因此作为亲核试剂的活性最高。

烷氧基负离子和氨基(烷氨基)负离子的碱性强、不易离去的特点使得醚和胺不发生消去反应。而醇在酸性条件下可以发生消去反应。例如,环己醇在硫酸作用下加热脱水是制取环己烯的方法。

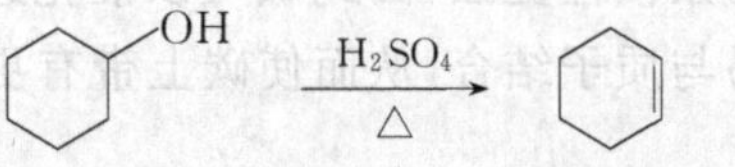

环己醇　　　　环己烯

在含 C—O 键和 C—N 键的化合物中,醚的化学性质相对最稳定。这是醚类化合物更常用作反应溶剂的原因。

此外,醇、酚和胺还可以发生氧化反应(详见第十一章)。

4.4　含 C═O、C═N、C≡N 键化合物的结构与性质

含 C═O、C═N、C≡N 键的化合物包括醛、酮、羧酸及其衍生物、亚胺和腈。醛酮和亚胺中的 C═O、C═N 双键与烯烃中的 C═C 双键类似。其中,氧、氮原子分别以 sp^2 杂化轨道与碳的 sp^2 杂化轨道形成 σ 键,再以 p 轨道与碳的 p 轨道侧面重叠形成 π 键。官能团醛基、羰基和亚氨基具有平面结构,其中心碳原子形成的三个 σ 键的键角均为 120°。羰基(C═O 键)中氧原子上的两对孤对电子和亚氨基(C═N 键)中氮原子的一对孤对电子均处于 sp^2 杂化轨道中(见 1.4 节)。

亚胺中氮原子只有一对孤对电子,结构不对称,由于 C—N π 键阻碍了 σ 键的自由旋转,亚胺与烯烃类似具有顺反异构。

亚胺 imines
或 Schiff bases

当 $R_1 > R_2$ 时,为 *cis*-,
当 $R_1 < R_2$ 时,为 *trans*-

亚胺氮原子上的孤对电子也同样具有碱性(参见 4.5 节),因此取代亚胺也称为 Schiff 碱(Schiff bases),一般是在醛酮与胺的缩合反应中形成。

腈是含有氰基的一类化合物,氰基(C≡N)与炔烃中的 C≡C 键类似。其中,氮原子以 sp 杂化轨道与碳的 sp 杂化轨道形成 σ 键,再以两个相互垂直的 p 轨道与碳的两个相互垂直的 p 轨道侧面重叠形成两个 π 键。氮原子的孤对电子位于 sp 杂化轨道中,整个氰基呈线形结构(见 1.4 节)。

与 C═C 双键不同,C═O、C═N 双键和 C≡N 三键均为极性不饱和键,负电荷相对集中在氧原子和氮原子端,而碳原子上则带部分正电荷。可以写出以上基团的共振结构式表示这一情况。

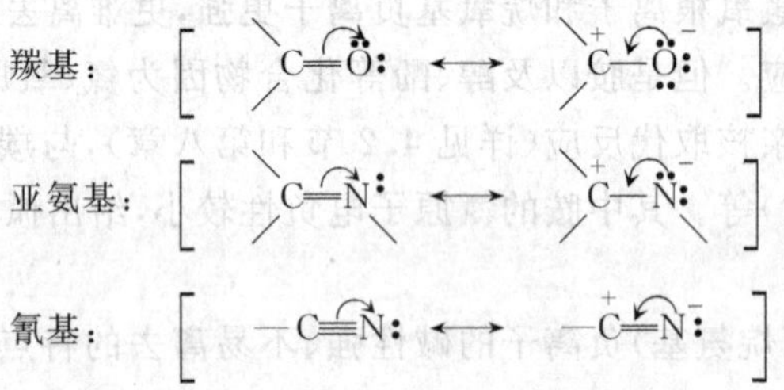

羰基、亚氨基和氰基都容易接受亲核试剂进攻发生亲核加成反应(第十三章)。亲核试剂在碱性条件下以负离子形式存在,亲核性更强,因此碱可以催化这一类型的亲核反应。另一方面,由于氧、氮原子的孤对电子容易与质子结合,从而使碳上带有更强的正电荷,因此酸也可以催化亲核加成反应。

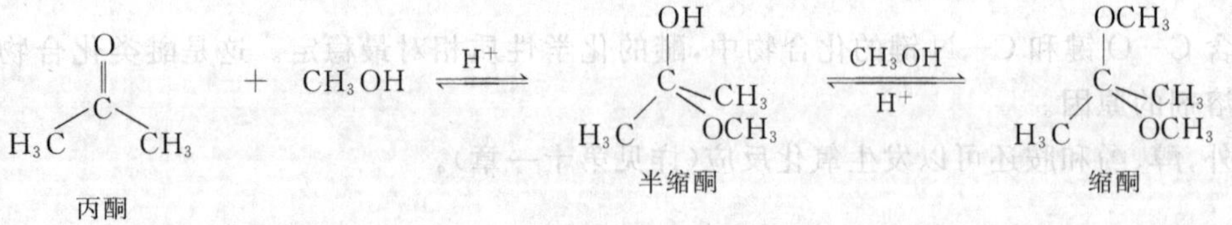

羧酸及其衍生物是另一类含有 C═O 双键的化合物,其结构与醛酮有所不同。羧酸及其衍生物中,与羰基碳原子相连的只有一个是烃基,另一个是羟基、烷氧基、氨基、N-取代氨基或卤素原子。这些基团的氧、氮或卤素原子上均带有孤对电子,因此与羰基存在一定的共轭效应。以下是这种共轭效应的共振结构表示。

羧酸及其衍生物：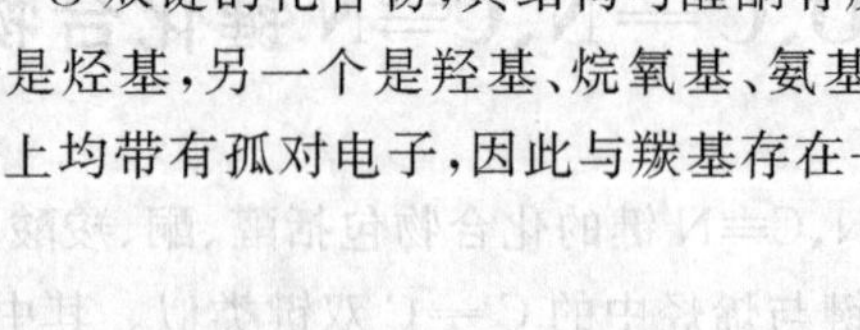

Y＝OH,羧酸;Y＝OR,酯;Y＝X,酰卤;Y＝OCOR,酸酐;Y＝NH_2,或NHR,或NR_2,酰胺

另一方面,氧、氮或卤素的电负性比碳大,因此,对羰基碳具有一定的吸电子诱导效应。给电子共轭效应与吸电子诱导效应的共同作用,使得羧酸及其衍生物中的羰基表现出与醛酮不同的反应特点。例如,羧酸及其衍生物的亲核反应活性与醛酮不同,羧酸衍生物类型不同,亲核反应活性也不同(详见第十三章)。又如,羧酸及其衍生物可以发生亲核取代反应,这是醛酮所不具备的性质。酰卤、酸酐的水解即为亲核取代反应。这个反应容易进行的原因在于卤素或另一个酰

基的吸电子作用，使羰基碳的缺电子程度增加，反应活性增加，容易与弱的亲核试剂水反应，并且由于卤素负离子或者酰氧负离子容易离去，最终发生亲核加成-消去反应，即亲核取代反应：

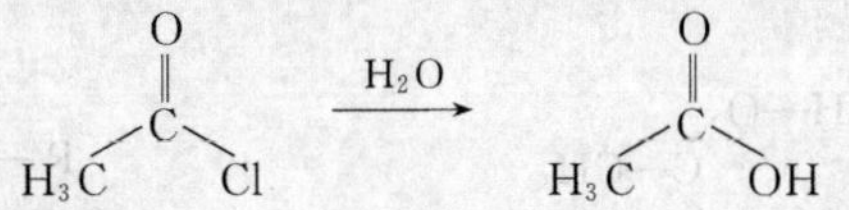

乙酰氯　　　　　　　　乙酸

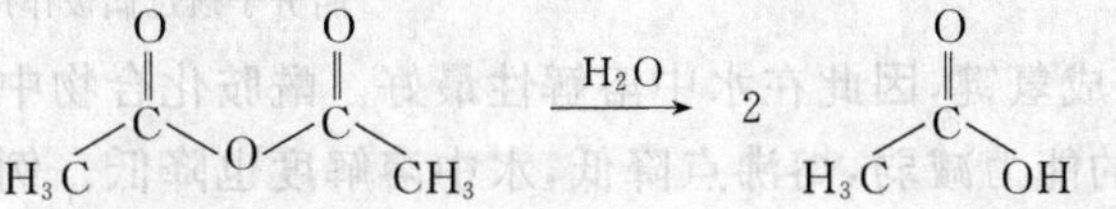

乙酸酐　　　　　　　　乙酸

可见，羧酸及其衍生物能够发生亲核取代反应，直接与它们结构中的羰基连有含氧、氮原子的基团或卤素原子相关。

由于分子中存在极性共价键，醛酮、羧酸及其衍生物和亚胺、腈等化合物都具有一定的偶极矩，熔、沸点相应的比不饱和碳氢化合物高。以下对比了若干相对分子质量相当的不同类型含氧、含氮化合物的沸点：

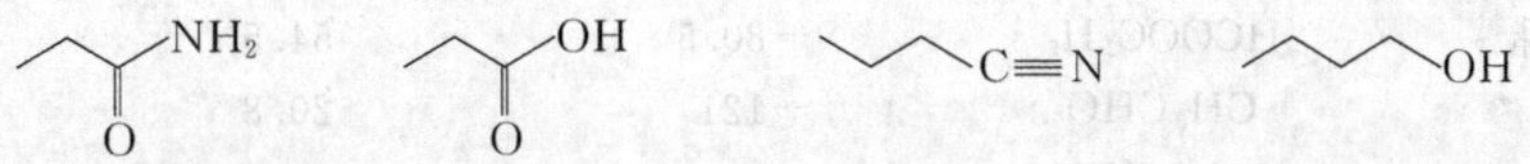

M_r	73.09	74.08	69.11	74.12
bp/℃	213	141	118	117

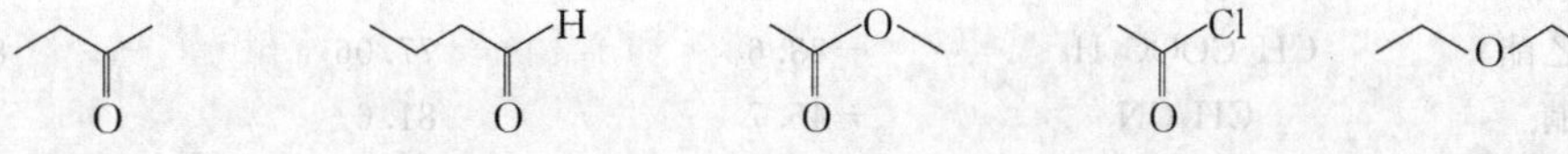

M_r	72.11	72.11	74.08	78.5	74.12
bp/℃	79.6	75.7	57.4	50.9	34

可见，它们的沸点顺序是：酰胺＞羧酸＞腈～醇＞醛～酮＞羧酸酯～酰氯＞醚。

酰胺的沸点最高，是因为酰胺的分子间不仅存在氢键作用，而且由于氮原子上孤对电子的给电子共轭效应使得酰胺羰基氧带有较多的负电荷，氮原子则带较多的正电荷，从而在两个酰胺分子间形成很强的离子-离子作用：

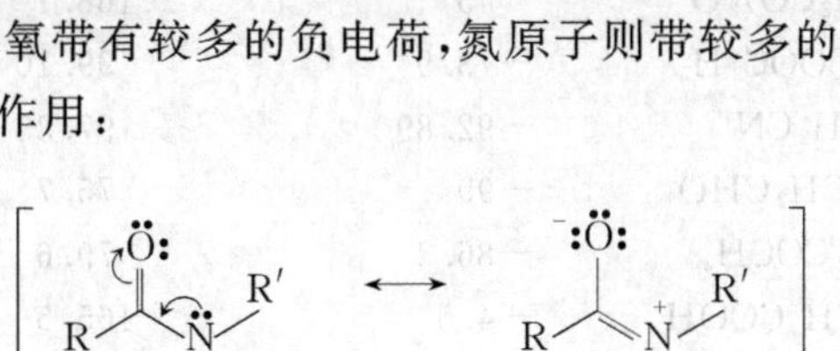

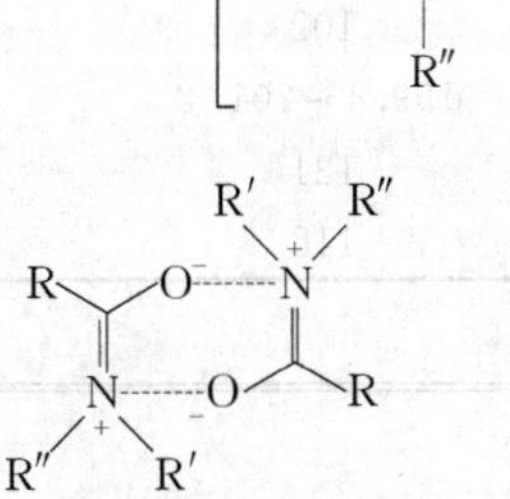

强的离子作用

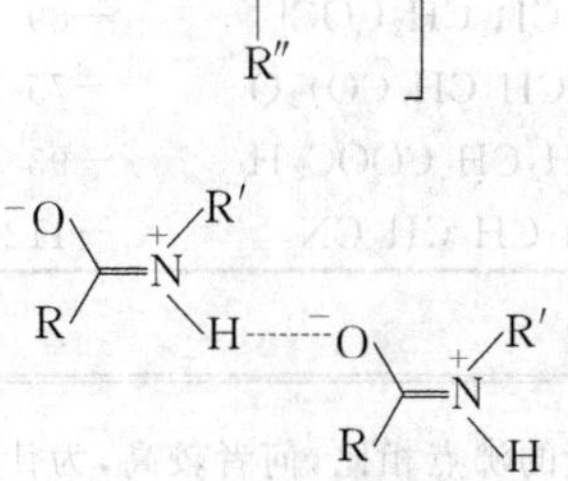

氢键作用

羧酸因为可以形成分子间氢键，常以二聚体形式存在，熔点、沸点均很高。而腈的沸点与醇类似，则是因为氰基的极性较大，加上氰基的线性结构使得它们容易通过偶极作用形成二聚体，所以比较稳定。

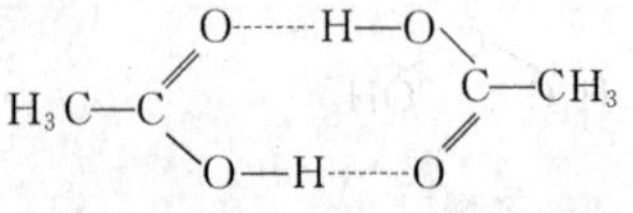

乙酸分子由于氢键作用形成二聚体

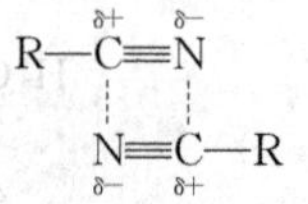

腈分子通过偶极作用形成二聚体

羧酸最容易与水形成氢键，因此在水中溶解性最好。酰胺化合物中，随着氮上氢原子被烃基取代，分子间形成氢键的能力减弱，熔沸点降低，水中溶解度也降低。例如，甲酰胺沸点为 210 ℃(分解)，*N*，*N*-二甲基甲酰胺则只有 153 ℃。

表 4-6 中对比了部分醛、酮、羧酸及其衍生物以及亚胺和腈的物理常数。

表 4-6　部分醛、酮、羧酸及其衍生物以及亚胺和腈的物理常数

化合物名称	结构式	熔点/℃	沸点/℃	水溶性 g·(100 gH_2O)$^{-1}$
甲醛	HCHO	−92	−21	易溶
甲酸	HCOOH	8.4	100.7	∞
甲酸乙酯	$HCOOC_2H_5$	−80.5	54.5	11^{18}，微分解
乙醛	CH_3CHO	−121	20.8	6^{25}
乙酸	CH_3COOH	16.6	117.9	∞
乙酰氯	CH_3COCl	−112	50.9	分解
乙酸酐	$(CH_3CO)_2O$	−73.1	139.55	分解
乙酸乙酯	$CH_3COOC_2H_5$	−83.6	77.06	8.5^{15}
乙腈	CH_3CN	−45.7	81.6	∞
丙醛	CH_3CH_2CHO	−81	48.8	20^{20}
丙酮	CH_3COCH_3	−95.3	56.2	∞
丙酸	CH_3CH_2COOH	−20.8	141	∞
丙酰氯	CH_3CH_2COCl	−94	80	分解
丙酸酐	$(CH_3CH_2CO)_2O$	−45	168.1^{712}	分解
丙酸乙酯	$CH_3CH_2COOC_2H_5$	−73.9	99.10	2.4^{20}
丙腈	CH_3CH_2CN	−92.89	97.35	11.9^{40}
丁醛	$CH_3CH_2CH_2CHO$	−99	75.7	4
丁酮	$CH_3CH_2COCH_3$	−86.3	79.6	26.8
丁酸	$CH_3CH_2CH_2COOH$	−4.5	165.5	∞
丁酰氯	$CH_3CH_2CH_2COCl$	−89	102	分解
丁酸酐	$(CH_3CH_2CH_2CO)_2O$	−75	199.4～201.4	分解
丁酸乙酯	$CH_3CH_2CH_2COOC_2H_5$	−93	121	微溶
丁腈	$CH_3CH_2CH_2CN$	−112	118	微溶

习题 4-7　羧酸和羧酸酯的沸点相比，何者较高，为什么？

习题 4-8　*N*，*N*-二甲基乙酰胺的相对分子质量比乙酰胺的大，因此沸点也相应较高，这种说法正确吗？为什么？

习题 4－9　查阅手册认识可以与水以任意比例混溶的醇、醛、酮和羧酸。

4.5　有机化合物的酸碱性

有机化合物的酸碱性质对于理解和分析许多有机化学反应问题十分重要，此外，有机酸碱理论还有助于深入理解有机化学中的电子效应、空间效应以及催化机制。

酸(acid)最初是指具有酸味的物质，现在英语中的酸“acid”来自拉丁语 acidus(sour)。而碱(base)则是指中和酸的化合物。近代酸碱理论是从 19 世纪后期开始形成的。主要的代表理论有：Arrhenius 的水－离子论，Brønsted－Lowry 的质子论以及 Lewis 的电子论。

4.5.1　Arrhenius 酸碱理论

Arrhenius 认为，凡在水溶液中能解离出氢离子的物质称为酸，在水溶液中能解离出氢氧根离子的物质称为碱。酸性强弱可以由化合物在水溶液中解离出氢离子的能力强弱来区分，比如硫酸(H_2SO_4)比醋酸(CH_3COOH)在水溶液中能更多地解离出氢离子，因此硫酸的酸性比醋酸强。

$$\underset{\text{sulfuric acid}}{H_2SO_4} + H_2O \rightleftharpoons H_3O^+ + HSO_4^-$$

acetic acid

类似地，能更完全地解离出氢氧根离子的是强碱。如氢氧化钠在水中溶解度大，解离成氢氧根离子更完全，其碱性比氢氧化镁强。

$$NaOH \rightleftharpoons Na^+ + {}^-OH$$
$$Mg(OH)_2 \rightleftharpoons Mg^{2+} + 2\,{}^-OH$$

在水中，氢离子的浓度与氢氧根离子的浓度是相关的，二者的乘积等于水的离子积常数，即

$$K_w = [H_3O^+][{}^-OH] = 1.00\times10^{-14}\ (25\ ℃)$$

如果某种酸的水溶液中氢离子浓度为 1.00×10^{-3}，则其中的氢氧根离子浓度为 1.00×10^{-11}。在中性纯水中，氢离子浓度与氢氧根离子浓度相等，因此，酸性水溶液的氢离子浓度一定是大于 1.00×10^{-7}，反之，碱性水溶液的氢离子浓度小于 1.00×10^{-7}。一般用 pH 来表示水溶液的酸碱性。酸性水溶液的 pH 小于 7，碱性水溶液的 pH 大于 7。

$$pH = -\lg[H_3O^+]$$

Arrhenius 水-离子酸碱理论成功地解决了很多水溶液中无机化合物的酸碱问题。但是，它不能解决非水体系的酸碱问题。因此 Arrhenius 酸碱理论常称为狭义酸碱理论。大多数有机物在水中溶解性能不好，甚至不溶，有机反应更多的是在有机相完成，因此，Arrhenius 酸碱理论不适合于有机化合物。在有机化学中，主要运用 Brønsted-Lowry 的质子论和 Lewis 的电子论解决有机酸碱问题。

4.5.2 Brønsted-Lowry 的质子酸碱理论

1923 年，Brønsted 和 Lowry 同时提出了质子酸碱理论，指出凡能给出质子的分子或离子都是酸，凡能与质子结合的分子或离子都是碱。Arrhenius 酸和碱同样包括在这一酸碱范围中。因为氢离子即质子，给出氢离子的是酸，而氢氧根离子可以与质子结合成水，因此属于碱。但是 Brønsted-Lowry 酸碱理论比 Arrhenius 酸碱理论具有更广泛的适用性，因此也被称为广义酸碱理论。根据这一理论，酸和碱彼此统一在对质子的关系上。因此，Brønsted-Lowry 酸碱也常称为质子酸碱，取 Brønsted-Lowry 酸的第一个英文字母，又常称为 B 酸。

Brønsted-Lowry 酸解离质子后余下的部分，称为共轭碱（conjugated bases）。类似地，Brønsted-Lowry 碱接受质子后的部分就称为共轭酸（congjugated acids）。如下式所示，A 与 B 之间的关系，称为共轭酸碱对，简称共轭酸碱。

$$\underset{\text{共轭酸}}{\text{酸(A)}} \rightleftharpoons \underset{\text{碱}}{\text{共轭碱(B)}} + H^+$$

Brønsted-Lowry 酸碱理论中，可以用 pK_a 值表示酸的强弱，用 pK_b 值表示碱的强弱。假设在水溶液中，对于一个 Brønsted-Lowry 酸，酸的平衡常数 K_a 与溶液中各组分浓度间存在以下关系：

$$HA + H_2O \overset{K_a}{\rightleftharpoons} H_3\overset{+}{O} + A^-$$

$$K_a = \frac{[H_3O^+][A^-]}{[HA]}$$

$$pK_a = -\lg K_a = -\lg \frac{[H_3O^+][A^-]}{[HA]} = pH + \lg \frac{[HA]}{[A]}$$

酸的平衡常数 K_a 越大，即 pK_a 越小，则溶液中水合质子浓度越大，则该 Brønsted-Lowry 酸的酸性越强。类似的，对于一个 Brønsted-Lowry 碱，碱的平衡常数 K_b 与溶液中各组分浓度关系如下所示，且碱的平衡常数 K_b 越大，即 pK_b 越小，则溶液中氢氧根离子浓度越大，则该 Brønsted-Lowry 碱的碱性越强。

$$B + H_2O \overset{K_b}{\rightleftharpoons} B\overset{+}{H} + OH^-$$

$$K_b = \frac{[BH^+][OH^-]}{[B]}$$

$$pK_b = -\lg K_b$$

对于共轭酸碱对，在水溶液中存在以下关系式：

$$pK_a + pK_b = 14$$

由此可见，当一个碱的碱性越强，即 pK_b 值越小时，其共轭酸的酸性越弱，即 pK_a 值越大，反之亦然。这种关系在非水体系中同样成立，只是 pK_a 值与 pK_b 值之和不等于 14 而已。

水的物质的量浓度为 55.56 mol·L^{-1}，因此可以计算得到水的 pK_a 为 15.7。具体计算如下：

$$H_2O \xrightleftharpoons{K_a} H^+ + {}^-OH$$

$$K_a = \frac{[H^+][^-OH]}{[H_2O]} = \frac{K_w}{[H_2O]} = \frac{10^{-14}}{55.56} \approx 1.80 \times 10^{-16}$$

$$pK_a = -\lg(1.80 \times 10^{-16}) \approx 15.7$$

4.5.3 有机化合物的酸性及其影响因素

氢是有机化合物中的一个主要组成元素，很多有机化合物的性质与它们中存在的各种不同氢的活泼性相关。根据 Brønsted-Lowry 理论，这些氢的性质都可以通过分析它们的质子酸性进行分析和理解。如醇、酚和羧酸中羟基(O—H)的氢在一定条件下可以解离，因此具有酸性。解离出质子后的烷氧基负离子、芳氧负离子和酰氧负离子即为对应的共轭碱。

羧酸 $\quad RCOOH \rightleftharpoons RCO\ddot{\underset{\cdot\cdot}{O}}{:}^- + H^+$

酸 共轭碱

酚

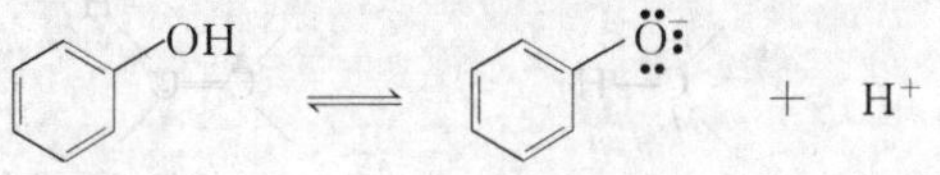

酸 共轭碱

醇 $\quad ROH \rightleftharpoons R\ddot{\underset{\cdot\cdot}{O}}{:}^- + H^+$

酸 共轭碱

又比如，末端炔烃中连接在 sp 杂化碳原子上的氢以及醛酮化合物中与羰基碳直接相连的碳原子上的氢在一定条件下可以解离，也属于质子酸。

炔烃 $\quad R-C\equiv C-H \rightleftharpoons R-C\equiv C{:}^- + H^+$

酸 共轭碱

醛或酮

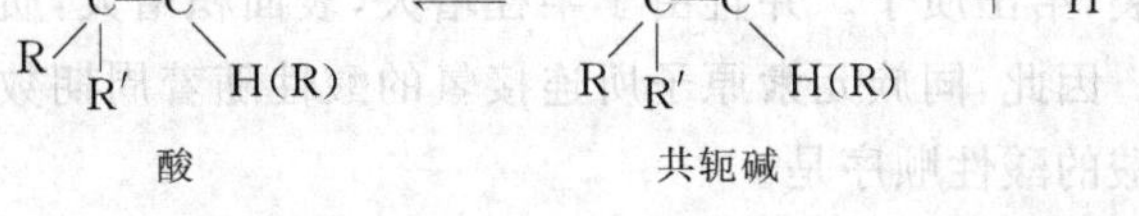

酸 共轭碱

类似这种碳原子上的氢具有酸性的情况在有机化学中十分普遍。通过比较分析它们的酸性强弱,有助于掌握其反应的活性差异。以下将详细讨论电子效应和空间效应等因素对有机化合物中各种氢的酸性结构的影响。

习题 4-10　试比较醇、酚和羧酸的酸性强弱顺序,说明你的理由。

习题 4-11　为什么可以用 Brønsted-Lowry 酸碱理论处理有机化合物的 C—H 键反应活性问题?

---

1. 电负性的影响

碳、氮、氧、氢是有机化合物的主要组成元素。碳、氮、氧同为第二周期的元素,从碳到氮到氧,随着原子序数的增加,其元素原子的电负性逐步增加。因此,从 C—H 键到 N—H 键,再到 O—H 键,键的极性逐步增强,其中氢的酸性也逐步增加。

	烷烃	胺	醇	
	C—H	N—H	O—H	F—H
pK_a	46～50	36～40	15.5～18	3.2

烷烃中 C—H、胺中 N—H、醇中 O—H 以及 F—H 的 pK_a 范围如上所示。F—H 的酸性最强,因为氟原子的电负性最大。

同种元素的原子由于采用不同杂化方式成键,也会导致电负性的差异,从而影响到有机化合物的酸性。从 $sp \rightarrow sp^2 \rightarrow sp^3$,杂化轨道中 s 轨道成分逐渐减少,轨道离核越来越远,核对杂化轨道中电子的吸引能力也越来越弱。因此,不同杂化状态的碳的电负性顺序为 $\chi_{C_{sp}} > \chi_{C_{sp^2}} > \chi_{C_{sp^3}}$。相应的,不同杂化碳所形成的 C—H 的酸性强弱顺序为 $C_{sp}—H > C_{sp^2}—H > C_{sp^3}—H$。即炔氢的酸性大于烯氢的酸性,大于烷氢的酸性,三者的 pK_a 值范围如下:

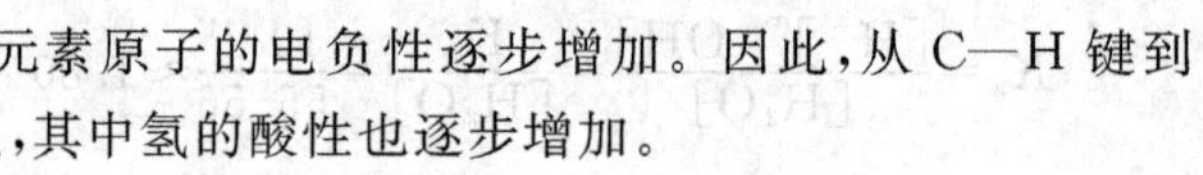

	烷烃	烯烃	炔烃
pK_a	46～50	43～44	～25

烷烃是有机化合物中最弱的酸。根据 Brønsted-Lowry 酸碱理论,其共轭碱,即烷烃脱去质子所形成的碳负离子则是有机化学中最强的碱。由于碳负离子不稳定,一般使用烷烃的金属化物,即有机金属化合物。可以说,有机金属化合物是有机化学中的最强碱,如烷基锂、格氏试剂等(参阅 4.9 节)。

2. 原子半径的影响

对于同一主族不同周期的元素,随着周期数的增加,原子半径相应增大,核对外层电子的束缚力逐渐减弱,电负性也随之减弱。从这个角度来说,与之相连的氢的酸性应该降低。但是,正是由于核对外层电子的束缚力减弱,外层电子更容易极化,导致它们与氢原子所形成的键强度不高,容易极化断裂,给出质子。并且由于半径增大,表面积增大,质子解离后的负离子电荷更加分散,稳定性增强。因此,同族元素原子所连接氢的酸性随着周期数的增大而增大,如氢碘酸、氢溴酸、盐酸和氢氟酸的酸性顺序是:

$$HI > HBr > HCl > HF。$$

它们的 pK_a 如下所示：

	F—H	Cl—H	Br—H	I—H
pK_a	3.2	−7	−9	−10

同样的规律也存在于由其他主族元素的原子与氢组成的化合物中，如硫化氢的酸性比水强、硫醇的酸性比醇强，它们的 pK_a 范围对比如下：

	HO—H	HS—H	RO—H	RS—H
pK_a	15.7	8.05	15.5～18	～10

3. 共轭效应的影响

有机化学中，含 O—H 键的 Brønsted-Lowry 酸有醇、酚和羧酸。它们的 pK_a 值范围及其与水、碳酸的比较如下所示：

	RO—H	HO—H	ArO—H	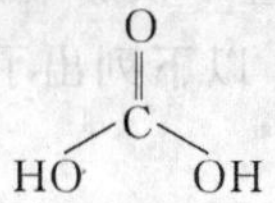	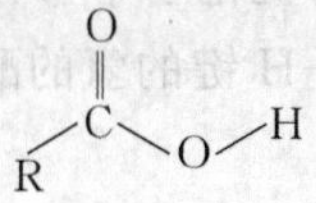
	醇	水	酚	碳酸	羧酸
pK_a	15～18	15.7	～10	6.4	～5

由此可见，醇、酚和羧酸的酸性强弱顺序是醇 < 酚 < 羧酸，且羧酸的酸性比碳酸略强，醇的酸性略弱于水。事实上，相对分子质量不太大的酚和羧酸可以与氢氧化钠反应成盐，从而溶解于水溶液中。而一般的醇难以与氢氧化钠反应。不过它们都可以与金属钠反应放出氢气。羧酸的酸性略强于碳酸，因此，相对分子质量不太大的羧酸常可以与碳酸氢钠反应成盐，从而溶解在相应的水溶液中。实际应用中，常利用它们的酸性差异分离纯化相关化合物。

习题 4-12　试设计一个分离流程用于分离下列混合物：

(1) 苯酚和环己醇　(2) 苯甲酸和苯甲醇。

习题 4-13　利用酯化反应从苯甲酸和正丁醇制备苯甲酸正丁酯，反应完成后所得到的反应混合物中含有产物和未反应完的原料，试设计一个分离方法除去未反应的原料。

醇、酚和羧酸中共同的结构特点是它们都含有羟基，而 O—H 键的极性，使它们都具有一定的酸性。那么醇、酚和羧酸在结构上的不同点则使得它们的酸性强弱存在明显差异。

酚的酸性比醇强可以从以下两个方面来认识。与醇相比，酚中氧原子直接与芳香环相连，氧原子采用 sp^2 杂化，它的一对孤对电子与苯环发生 p－π 共轭，使得 O—H 键进一步极化，质子更容易解离，因此酚的酸性比醇强。另一方面，酸性强弱也可以从其共轭碱负离子的稳定性进行分析。共轭碱负离子越稳定，则酸的解离越完全，即酸性越强。对比醇和酚，解离后的芳氧负离子，由于 p－π 共轭效应导致负电荷得以分散，整个体系比醇解离后的烷氧负离子更稳定。因此，酚的酸性比醇强。

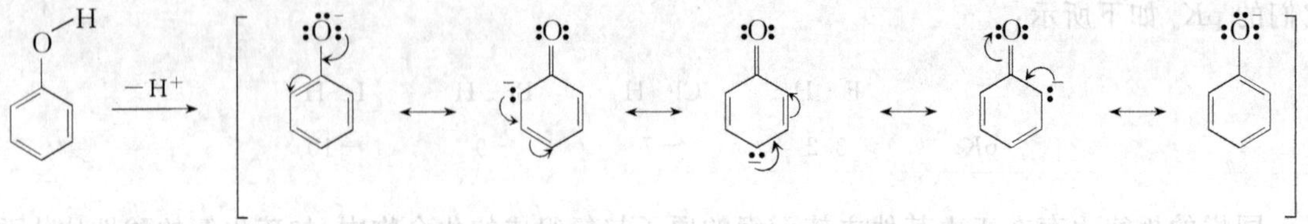

羧酸分子中，羟基氧原子也是 sp^2 杂化，其上的孤对电子与羰基共轭，使得 O—H 键极性增加，容易解离。另一方面，由于羰基吸电子作用强于苯环，解离后的酰氧负离子通过共轭效应，能量降低更多，使体系更稳定。因此酸性比酚强。

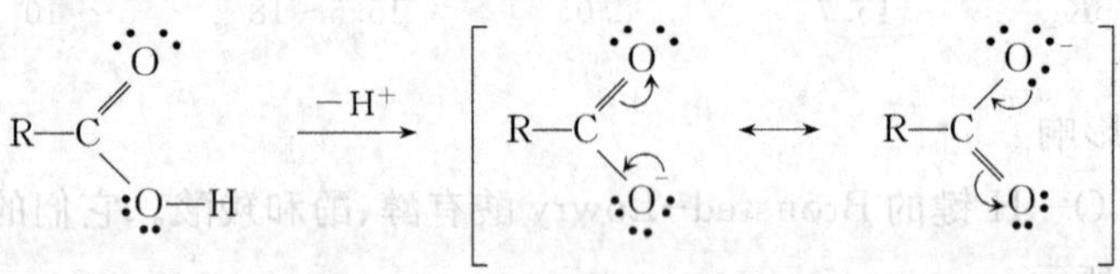

在有机化学中，共轭效应不仅影响醇、酚和羧酸的酸性，同样会影响到有机化合物中 C—H 键和 N—H 键的氢的酸性。以下列出了若干代表化合物中 C—H 键的 pK_a 值：

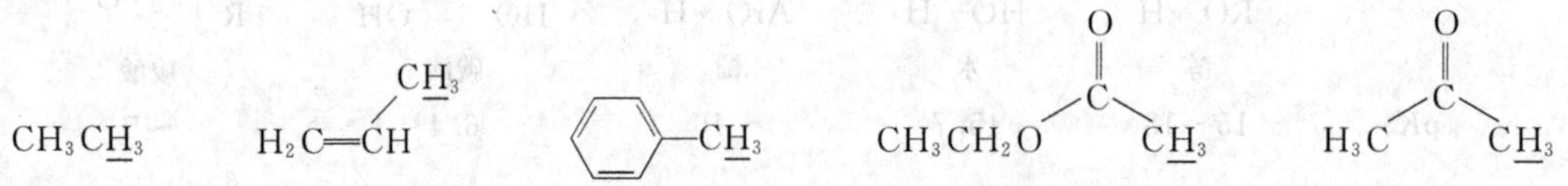

	乙烷	丙烯	甲苯	乙酸乙酯	丙酮
pK_a	50	43	41	24.5	20

可见，烯丙位或苄基位氢的酸性比一般 sp^3 杂化碳原子上氢的酸性强，与羰基相连的 sp^3 杂化碳原子上氢的酸性大大增强，这是因为形成的负离子受 C═C 双键和 C═O 双键的共轭效应影响得以稳定。

$$\left[\ CH_2{=}CH{-}\bar{C}H_2 \longleftrightarrow H_2\bar{C}{-}CH{=}CH_2\ \right]$$

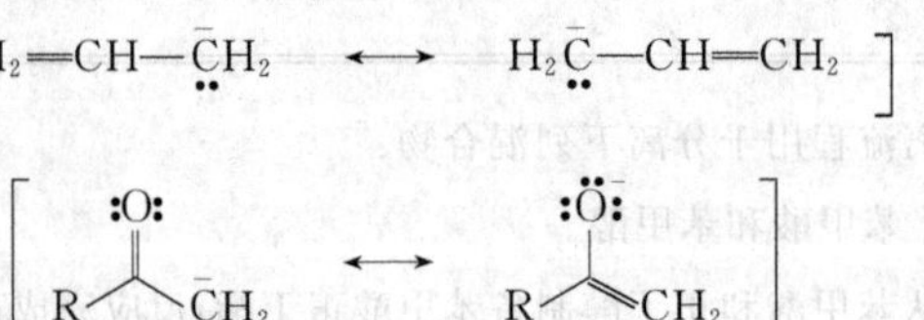

硝基化合物和腈分子中直接与硝基或氰基相连的 C—H 键具有较强的酸性，也是因为脱去质子后的负离子能够与硝基或氰基共轭比较稳定的缘故。

	CH_3NO_2	CH_3CN
pK_a	～10	25

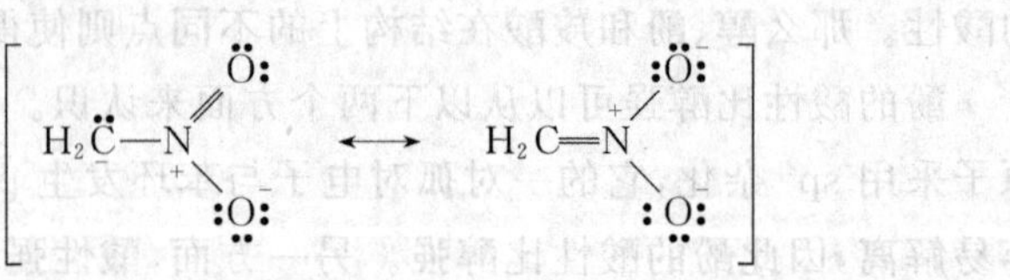

习题4－14　甲苯的甲基氢、二苯甲烷的亚甲基氢和三苯甲烷的次甲基氢的 pK_a 分别为 41，34 和 31.5，试给出合理的解释？

习题 4－15　苯甲酸（pK_a 为 4.3）的酸性比乙酸（pK_a 为 4.76）强，为什么？

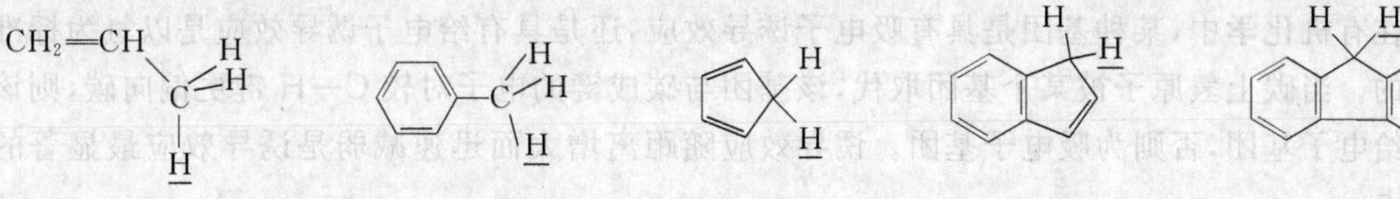

	丙烯	甲苯	环戊二烯	茚	芴
pK_a	43	41	16.0	20	23

与丙烯的烯丙型氢和甲苯的苄基型氢相比，环戊二烯中的烯丙型氢和茚、芴分子中的苄基型氢（均为亚甲基）的 pK_a 值小很多。原因在于这些氢以质子形式脱去后，将形成六电子的芳香性环负离子。由此也从另一个侧面说明了芳香化合物的特殊稳定性。

习题 4－16　试给出环戊二烯负离子的共振结构。

胺中 N—H 键的氢的酸性比醇弱很多，但是酰胺 N—H 键的氢的酸性则与醇类似。这是因为酰胺分子中氮原子直接与羰基相连，受到羰基的吸电子作用，氮原子上的氢酸性增强。

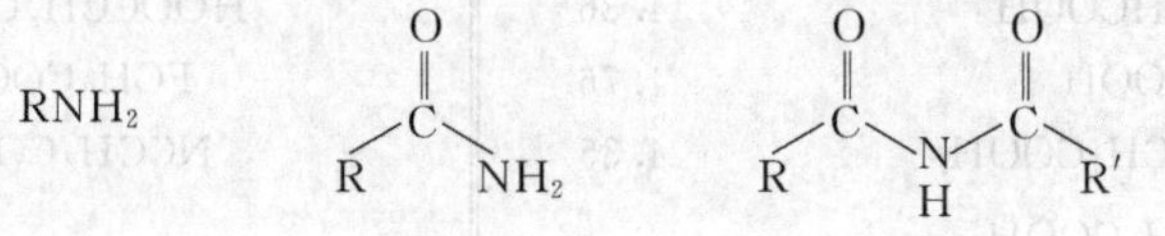

	胺	酰胺	酰亚胺
pK_a	36～40	～16	～9

在酰亚胺分子中，N—H 键的氮原子与两个羰基相连，酸性进一步增强，可以在氢氧化钠作用下脱质子成盐。Gabriel 伯胺合成法就是利用邻苯二甲酰亚胺（pK_a 为 8.3）的酸性，在碱作用下与卤代烃反应合成伯胺（参见第八章）。

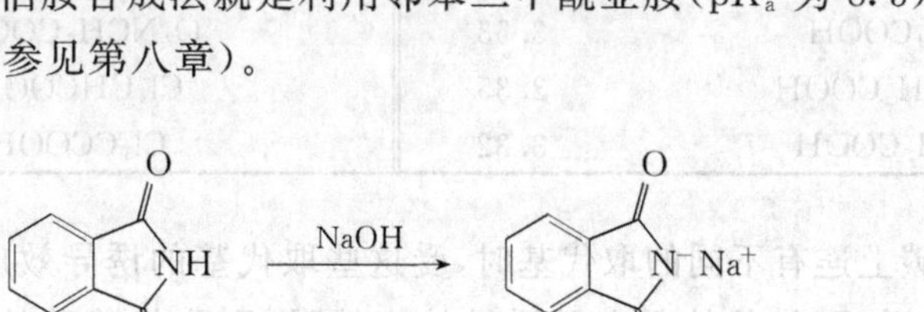

习题 4－17　试比较下列化合物中有下划线氢的酸性强弱。

(1) $CH_3CH_2C\underline{H_2}CH_2CH_3$　$CH_3CH_2COC\underline{H_2}CH_3$　$CH_3COC\underline{H_2}COCH_3$

(2) $C\underline{H_3}COOCH_3$　$C\underline{H_3}COCH_3$　$C\underline{H_3}CH=CH_2$

(3) $CH_3CH_2O\underline{H}$　$CH_3CH_2COO\underline{H}$　$CH_3CH_2N\underline{H_2}$

(4) $CH_3C\underline{H_2}NO_2$　$CH_3C\underline{H_2}CN$　$CH_3C\underline{H_2}CHO$

(5) 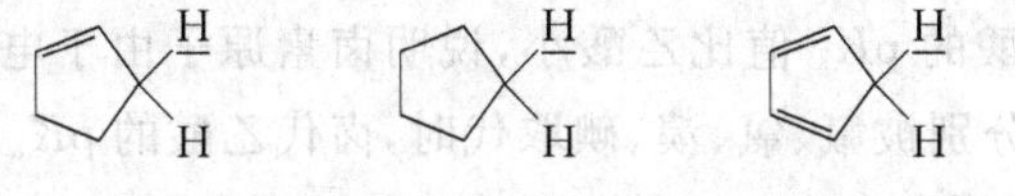

4. 诱导效应的影响

诱导效应(参见 4.2.2 节)广泛存在于各类有机化合物中,对化合物的性质具有重要的影响作用。在有机化学中,某种基团是具有吸电子诱导效应,还是具有给电子诱导效应是以氢为标准来确定的。当碳上氢原子被某个基团取代,该基团与碳成键的电子对较 C—H 键更偏向碳,则该基团为给电子基团,否则为吸电子基团。诱导效应随距离增大而迅速减弱是诱导效应最显著的作用特点。

$X \leftarrow CR_3$	$H—CR_3$	$Y \rightarrow CR_3$
吸电子诱导效应	标准	给电子诱导效应

诱导效应的强弱可以通过测定偶极矩获得,也可以通过测定酸或碱的解离常数来估量。表 4-7 中列出了部分取代乙酸的 pK_a 值。

表 4-7　部分取代乙酸的 pK_a 值

化合物	pK_a	化合物	pK_a
$(CH_3)_3CCOOH$	5.05	ICH_2COOH	3.18
CH_3CH_2COOH	4.88	$BrCH_2COOH$	2.90
$CH_3CH_2CH_2COOH$	4.87	$ClCH_2COOH$	2.86
$(CH_3)_2CHCOOH$	4.86	$HOOCCH_2COOH$	2.85
CH_3COOH	4.76	FCH_2COOH	2.66
$H_2C=CHCH_2COOH$	4.35	$NCCH_2COOH$	2.50
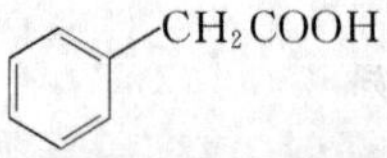	4.31	$CH_3SO_2CH_2COOH$	2.36
$HOCH_2COOH$	3.83	$H_3\overset{+}{N}CH_2COOH$	2.34
CH_3COCH_2COOH	3.58	$(CH_3)_3\overset{+}{N}CH_2COOH$	1.83
CH_3OCH_2COOH	3.53	O_2NCH_2COOH	1.68
$C_2H_5COOCH_2COOH$	3.35	$Cl_2CHCOOH$	1.26
$HC\equiv CCH_2COOH$	3.32	Cl_3CCOOH	0.64

当羧基的 α-碳上连有不同的取代基时,受这些取代基的诱导效应影响,相应的取代羧酸的酸性不同。一般来说,取代基的吸电子诱导效应越强,则取代羧酸的酸性越强。反之亦然。因此,分析表 4-7 数据可以认识有机化学中常见基团的诱导效应特点与强弱。一般来说,基团的诱导效应及其影响因素有以下规律:

(1) 同一族的元素随着电子层的增加,吸电子诱导效应降低。例如:

$$—F > —Cl > —Br > —I$$

$$—OR > —SR$$

$$—NR_2 > —PR_2$$

从表 4-7 的 pK_a 数据可以看到,卤代乙酸的 pK_a 值比乙酸小,说明卤素原子由于电负性较大,均具有吸电子诱导效应。当羧基的 α-氢分别被氟、氯、溴、碘取代时,卤代乙酸的 pK_a 值逐渐增大,酸性逐渐减弱。说明同族元素的原子随周期数增加,吸电子诱导效应减弱。

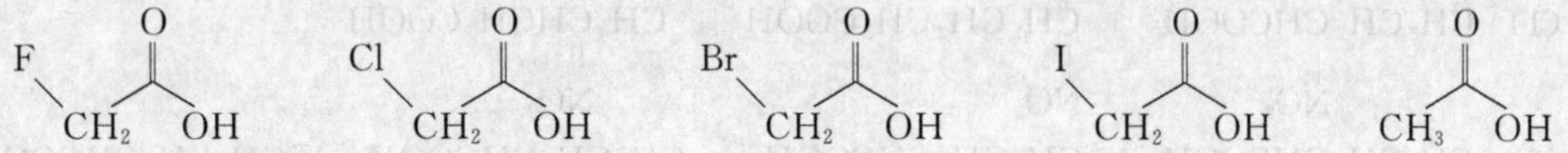

pK_a	2.66	2.86	2.90	3.18	4.76

(2) 同一周期的元素从左到右吸电子诱导效应增加。例如：

$$-F > -OR > -NR_2 > -CR_3$$

对比乙酸与 α-氟代乙酸、α-甲氧基乙酸的 pK_a 值，可以得出以上同一周期元素原子的吸电子诱导效应变化规律。

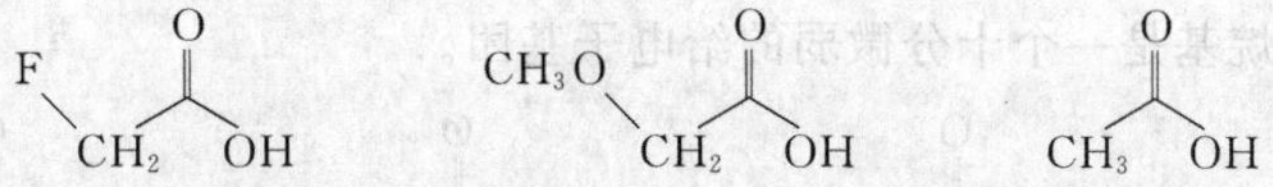

pK_a	2.66	3.53	4.76

(3) 不同杂化状态的碳原子以 s 轨道成分多者吸电子能力强。即：$C_{sp} > C_{sp^2} > C_{sp^3}$。反映在基团的吸电子效应上有如下顺序：

$$-C\equiv CH > -CH=CH_2 > -CH_2-CH_3$$

对比 3-丁炔酸、3-丁烯酸和丁酸的 pK_a 值大小，说明不同杂化状态碳原子的吸电子能力强弱如上所述。

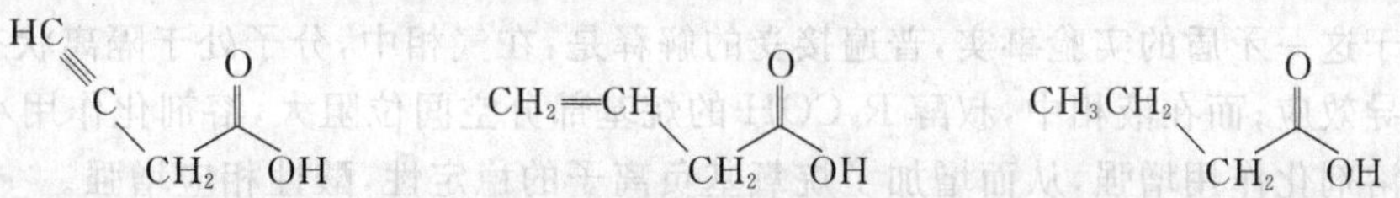

pK_a	3.32	4.35	4.82

(4) 带正电荷的基团具有强的吸电子诱导效应，带负电荷的基团具有强的给电子诱导效应。例如 $(CH_3)_3N^+CH_2COOH$ 的 pK_a 仅为 1.83，酸性比氟代乙酸更强。磺酰基也是一个具有强的吸电子诱导效应的基团。如 $CH_3SO_2CH_2COOH$ 的 pK_a 为 2.36。

综合以上分析以及表 4-7 中取代乙酸的 pK_a 值，可以得出有机化学中常见吸电子基团的吸电子诱导效应强弱顺序为

$$NO_2 > CN > F > Cl > Br > I > C\equiv C > OCH_3 \sim OH > C_6H_5 > C=C > H$$

取代基的吸电子诱导效应随距离增大而迅速下降，以下氯代酸的 pK_a 值可以很好地说明诱导效应的这一特点。

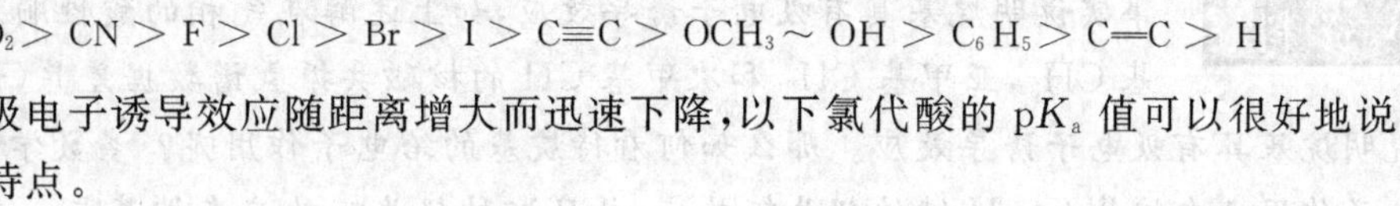

	丁酸	4-氯代丁酸	3-氯代丁酸	2-氯代丁酸
pK_a	4.82	4.70	4.41	2.82

习题 4-18　将下列各种化合物的酸性进行排序：

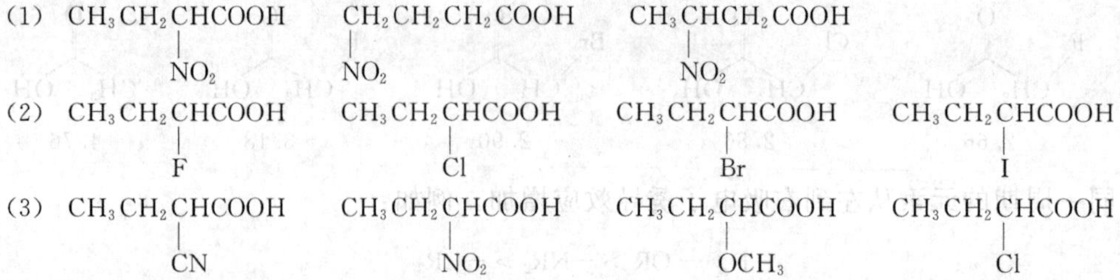

5. 烷基的电子效应

乙酸的 α-氢被烷基取代得到的丙酸、丁酸、异丁酸和新戊酸的 pK_a 值均比乙酸略大(见表4-7),可以看出烷基是一个十分微弱的给电子基团。

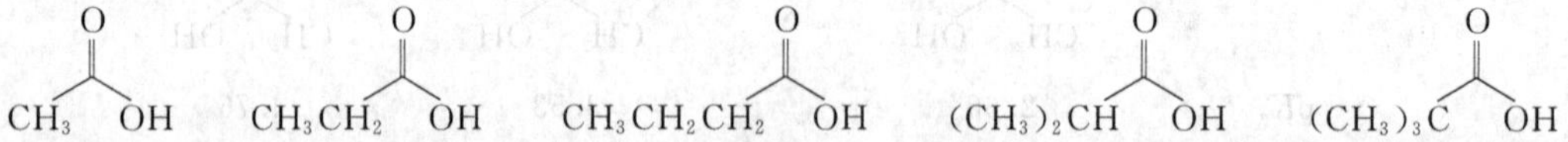

	乙酸	丙酸	丁酸	异丁酸	新戊酸
pK_a	4.76	4.88	4.87	4.86	5.05

不同类型的醇在水溶液中的酸性次序为:$CH_3OH > RCH_2OH > R_2CHOH > R_3COH$,也说明烷基是一个弱的给电子基团。

但是,不同类型的醇在气相中的酸性次序与在水溶液中恰恰相反,即

$$R_3COH > R_2CHOH > RCH_2OH > CH_3OH$$

对于这一矛盾的实验事实,普遍接受的解释是:在气相中,分子处于隔离状态,烷基表现为吸电子诱导效应;而在液相中,叔醇 R_3COH 的烷基部分空间位阻大,溶剂化作用小,相应的仲醇和伯醇的溶剂化作用增强,从而增加了烷氧基负离子的稳定性,酸性相应增强。

习题 4-19　查阅文献,全面讨论有机化学中烷基的电子效应。

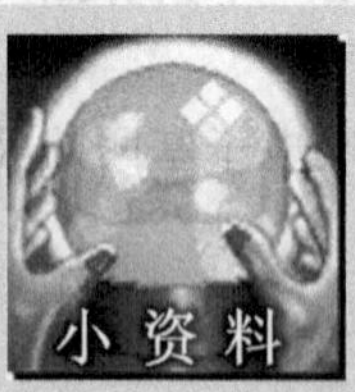

烷基的超共轭效应

在有机化学中,多数情况下烷基表现为给电子作用,但是也有不少实验事实说明烷基具有吸电子诱导效应,如上述醇在气相的酸性顺序。又比如甲基 CH_3,亚甲基 CH_2 和次甲基 CH 的核磁共振氢谱数据差异(详见第六章),也说明烷基具有吸电子诱导效应。那么如何看待烷基的给电子作用呢?多数学者认为烷基的给电子作用来自烷基 C—H 键的超共轭效应,并且这种超共轭效应在烷基与 π 体系或带 p 轨道原子相连时表现得尤为突出。由于烷基的 C—H 键中氢原子比较小,C—H 键的 σ 电子云与空间上靠近的 π 体系或 p 轨道产生一定程度的不完全平行轨道重叠,即 C—H 键的 σ 电子发生了所谓离域作用。这种作用类似共轭效应,但又有所不同,因此称为超共轭效应(hyperconjugation)。右图显示了甲苯中甲基与苯环间的超共轭效应。

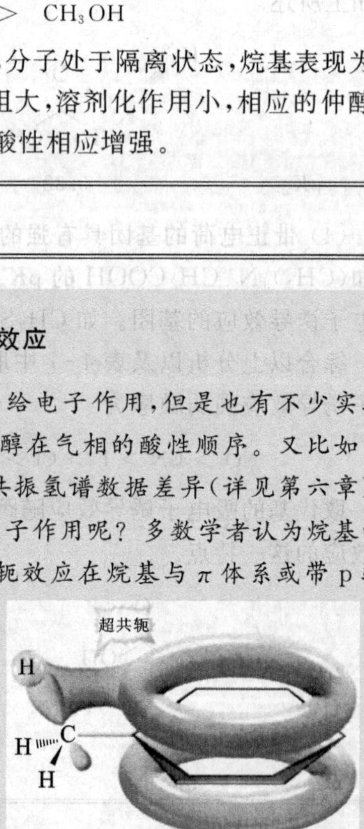

6. 共轭效应和诱导效应的综合影响

当苯酚和苯甲酸的苯环上连接了取代基，酸性会发生改变。一般来说，苯环上有吸电子基团存在，则酸性增强。这可以从两个方面来理解：一方面吸电子基团使苯酚或苯甲酸的羟基氧上孤对电子通过共轭效应移向芳环，削弱了 O—H 键；另一方面，吸电子基团有利于芳氧负离子或酰氧负离子的电荷分散，使之更稳定。如 2,4,6－三硝基苯酚的 pK_a 仅为 0.25，属于强酸，俗称苦味酸。相反，当苯环上连接有给电子基团时，酸性减弱。下面列出了一系列对位取代的苯酚和苯甲酸的 pK_a 数据。

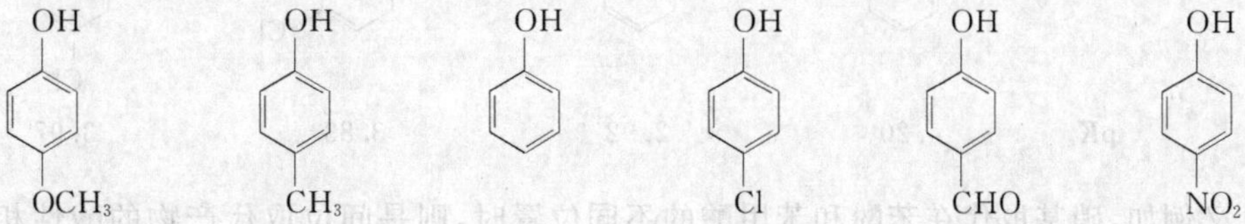

pK_a	10.21	10.19	9.95	9.38	7.66	7.14

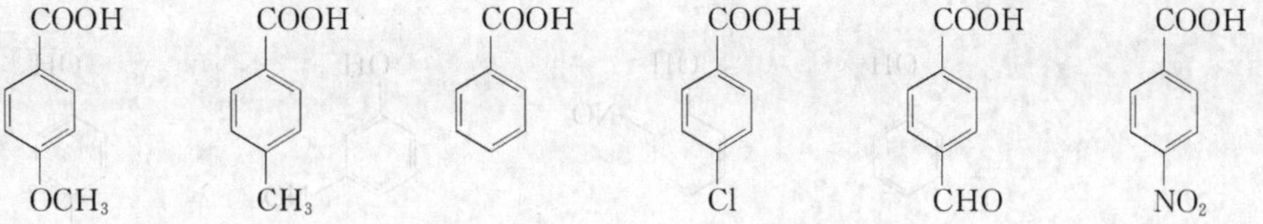

pK_a	4.47	4.34	4.20	3.97	3.70	3.44

从这些数据可以看出，硝基、醛基和氯表现出吸电子效应，且硝基的吸电子作用强于醛基，强于氯，而甲基表现出弱的给电子作用。这些规律与前述取代乙酸中得出的规律基本一致。

值得注意的是，在前述取代乙酸的酸性讨论中，烷氧基表现为吸电子诱导效应，但是在取代苯酚和取代苯甲酸中，甲氧基却表现出给电子效应，且给电子作用强于甲基。对比取代乙酸和取代苯酚或取代苯甲酸的结构，容易看出它们最大的不同在于，前者中，烷氧基是与 sp^3 杂化的碳原子相连，而在后者中是与 sp^2 杂化的苯环碳原子相连。正是这样的结构差异导致了在这两个体系中，烷氧基表现出不同的电子效应。

当烷氧基与苯环相连时，烷氧基中的氧原子一方面由于电负性较大，对苯环表现出吸电子的诱导效应，而另一方面，氧原子上的孤对电子又对苯环具有给电子的共轭效应。从上述 pK_a 数据来看，显然，两种效应共同作用的结果是共轭的给电子效应强于诱导的吸电子效应。

可见，取代基对取代苯酚和取代苯甲酸的酸性影响比较复杂。主要是某些取代基与苯环相连时，不仅表现出诱导效应，而且还表现出给电子的共轭效应。因此，需要针对具体情况进行详细的分析。

取代基的取代位置对取代苯酚和取代苯甲酸酸性的影响则更加复杂。通常来说，当取代基在羟基或羧基的对位时，更多地将体现出共轭效应的影响，在间位取代时的共轭效应影响减弱，而在邻位时则更多受到诱导效应影响，同时还会受到空间效应的影响，情况更加复杂。遇到具体问题需要进行具体分析。

例如，在氯代苯酚和氯代苯甲酸中，氯原子主要表现为吸电子的诱导效应，而诱导效应随着距离的增大迅速递减。因此，当氯原子取代在羟基或羧基的邻位、间位和对位时，其酸性逐渐减弱。

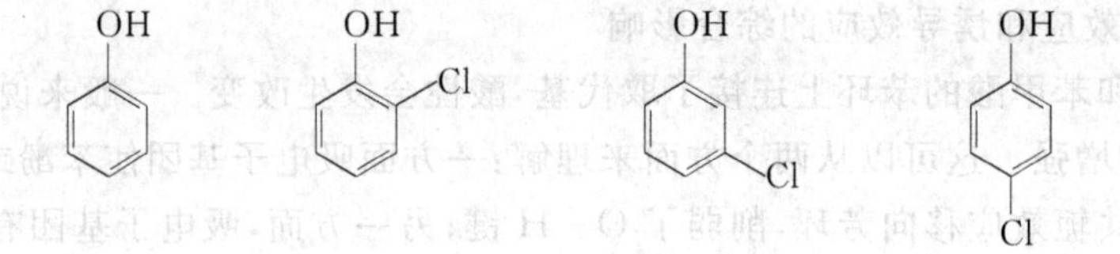

pK_a	10	8.48	9.02	9.38

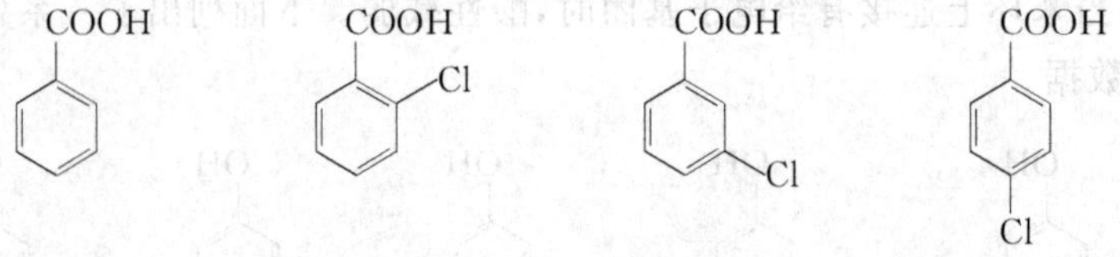

pK_a	4.20	2.92	3.83	3.97

又例如，硝基取代在苯酚和苯甲酸的不同位置时，则是间位取代产物的酸性相对最弱，其原因在于硝基的结构不同于氯原子，表现出的电子效应也不相同。

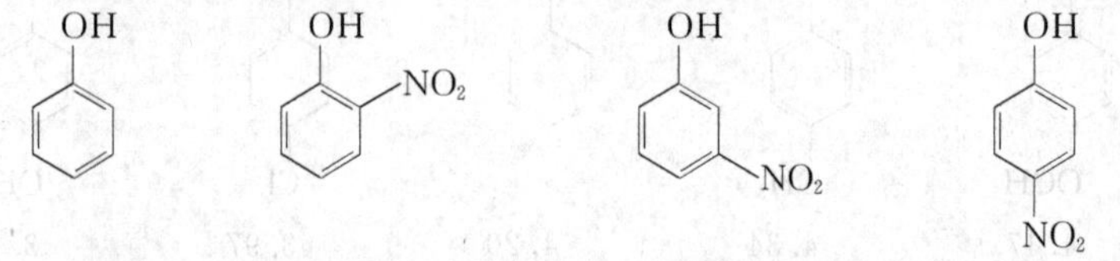

pK_a	10	7.22	8.39	7.15

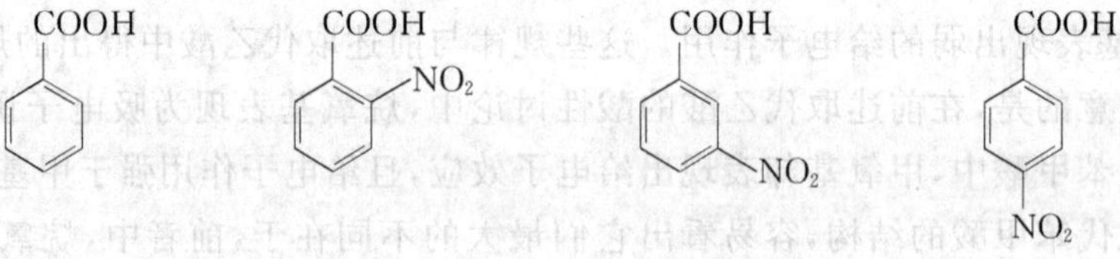

pK_a	4.20	2.21	3.49	3.44

硝基的结构如图 4-4 所示。硝基中的氮原子和两个氧原子均采用 sp^2 杂化轨道成键。氮原子以三个 sp^2 杂化轨道分别与两个氧原子以及苯环的碳原子形成三个 σ 键，然后以处于 p 轨道的一对孤对电子与两个氧原子上的单电子形成一个三中心四电子的大 π 键（记为 π_3^4）。

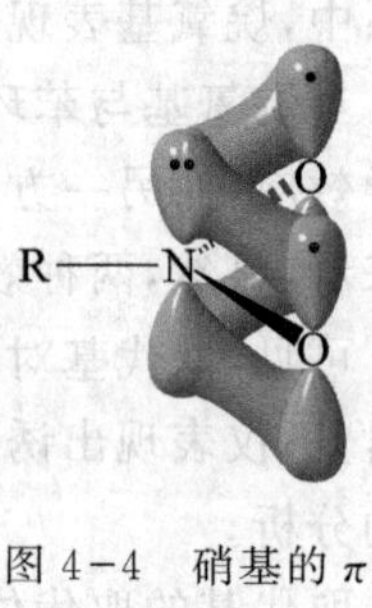

图 4-4 硝基的 π 键结构

由于硝基中的氧、氮原子电负性均较碳原子大，因此硝基表现出吸电子的诱导效应。另一方面，当硝基与另一个 π 体系如苯环或双键碳相连，且共平面时，硝基的大 π 键可以与相邻的 π 键形成共轭效应。这种情况下，硝基对与之相连基团还会表现出吸电子的共轭效应，即此时硝基表现出双重的吸电子效应。

正是硝基的吸电子共轭效应使得邻位、对位硝基苯酚和硝基苯甲酸的酸性增强更多，而间位增强较少。因为共轭效应的作用强度并不随距离的增大而减弱。通常在共轭体系中，电荷呈交替状分布，如下所示，苯氧负离子的负电荷主要分布邻对位。由此可见，具有吸电子共轭效应的硝基连接在邻位或对位时，能更好地起到分散负电荷的作用。

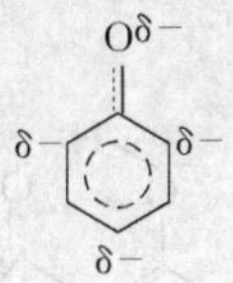

共轭效应的这一特点也可以通过对比分析邻、间、对硝基苯酚的芳氧负离子的共振结构，而得到清楚的阐述。

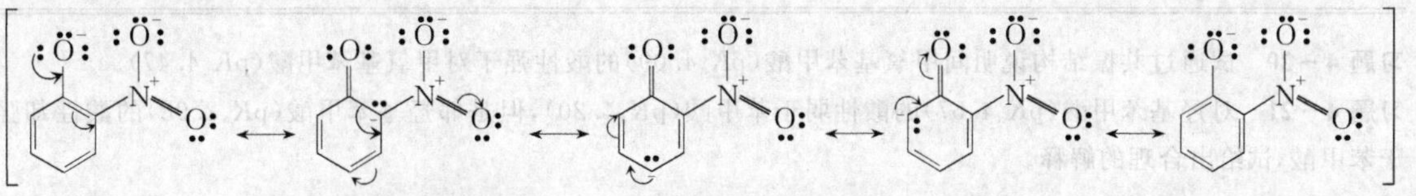

硝基直接连接在负碳上
有利于分散电荷

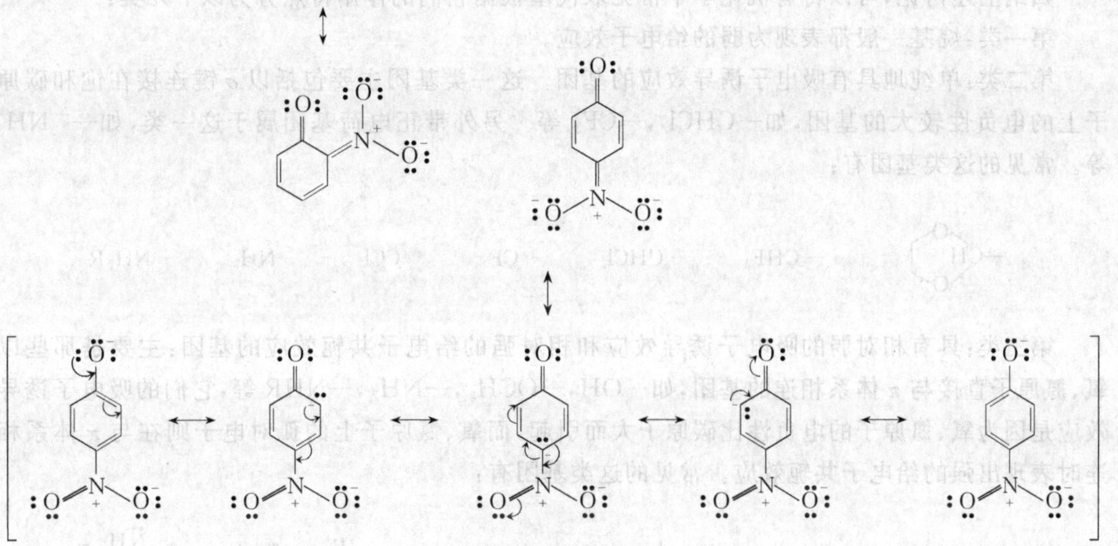

硝基直接连接在负碳上
有利于分散电荷

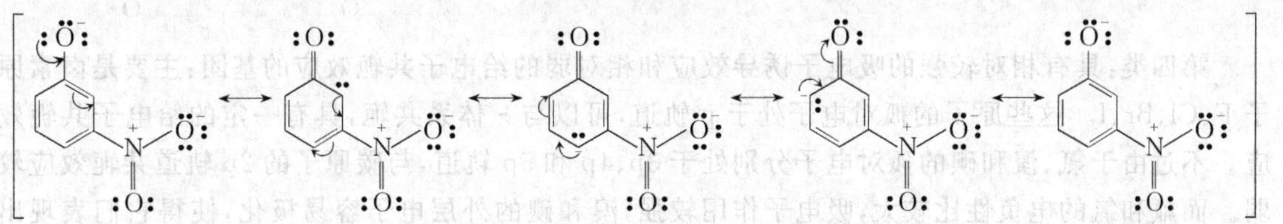

邻、对硝基苯酚比间硝基苯酚可以多写出两个更稳定的负电荷分散于硝基上的共振极限式，体系中的负电荷得到更好的分散，因此能量较低，芳氧负离子更稳定。当硝基在间位时，无法通过共轭效应来达到分散负电荷的作用，此时硝基主要只能通过诱导效应分散苯氧负离子的负电荷。这就是间位硝基苯酚酸性增强比较少的原因。邻、间、对硝基苯甲酸的情况与此类似。

邻硝基苯酚中硝基距离酚羟基比较近，硝基的吸电子诱导效应应该比较强，即邻硝基苯酚应该表现出更强的酸性，但是实际上其酸性与对硝基苯酚的相近，这是因为酚羟基与邻位硝基可以形成六元环氢键，从而削弱了氢的解离。可见，当取代基处于邻位时还可能有更多的复杂因素影响化合物的酸性。

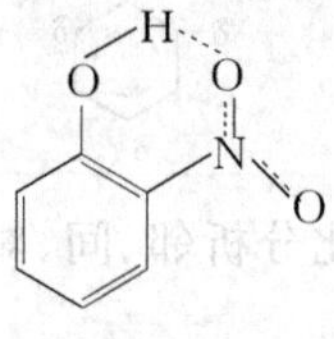

习题 4－20 试通过共振结构说明间甲氧基苯甲酸（pK_a4.09）的酸性强于对甲氧基苯甲酸（pK_a4.47）。

习题 4－21 对羟基苯甲酸（pK_a4.57）的酸性弱于苯甲酸（pK_a4.20），但是邻羟基苯甲酸（pK_a2.98）的酸性却强于苯甲酸，试给出合理的解释。

归纳上述讨论，可以将有机化学中常见取代基根据它们的作用特点分为以下几类：

第一类：烷基一般都表现为弱的给电子效应。

第二类：单纯地具有吸电子诱导效应的基团。这一类基团主要包括以 σ 键连接在饱和碳原子上的电负性较大的基团，如—$CHCl_2$，—CF_3 等。另外带正电荷基团属于这一类，如—$^+NH_3$ 等。常见的这类基团有：

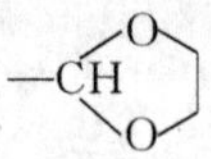　—CHF_2　—$CHCl_2$　—CF_3　—CCl_3　—$\overset{+}{N}H_3$　—$\overset{+}{N}H_2R$

第三类：具有相对弱的吸电子诱导效应和相对强的给电子共轭效应的基团：主要是那些以氧、氮原子直接与 π 体系相连的基团，如—OH，—OCH_3，—NH_2，—NHR 等，它们的吸电子诱导效应是因为氧、氮原子的电负性比碳原子大而引起，而氧、氮原子上的孤对电子则在与 π 体系相连时表现出强的给电子共轭效应。常见的这类基团有：

—$\ddot{O}H$　—$\ddot{O}R$　—$\ddot{N}H_2$　—$\ddot{N}RR'$　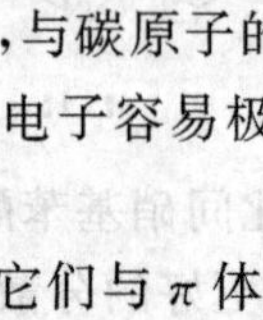　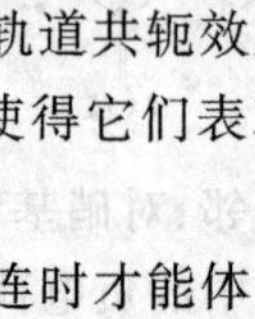

第四类：具有相对较强的吸电子诱导效应和相对弱的给电子共轭效应的基团：主要是卤素原子 F、Cl、Br、I。这些原子的孤对电子处于 p 轨道，可以与 π 体系共轭，具有一定的给电子共轭效应。不过由于氯、溴和碘的孤对电子分别处于 3p、4p 和 5p 轨道，与碳原子的 2p 轨道共轭效应较弱。而氟和氯的电负性比较大，吸电子作用较强，溴和碘的外层电子容易极化，使得它们表现出的吸电子诱导效应均强于给电子的共轭效应。

值得注意的是第三类和第四类基团的给电子共轭效应只在它们与 π 体系相连时才能体现出来，如果是与饱和碳原子的基团相连，则只表现出单纯的吸电子诱导效应，例如它们都使取代乙酸的酸性增强。

第五类：具有强的吸电子诱导效应和强的吸电子共轭效应的基团：主要有硝基、羰基、磺酸基等。它们的结构中都具有不饱和极性 π 键，可以与相邻的 π 体系共轭，因此诱导效应和共轭效应都表现为吸电子。常见的这类基团有：

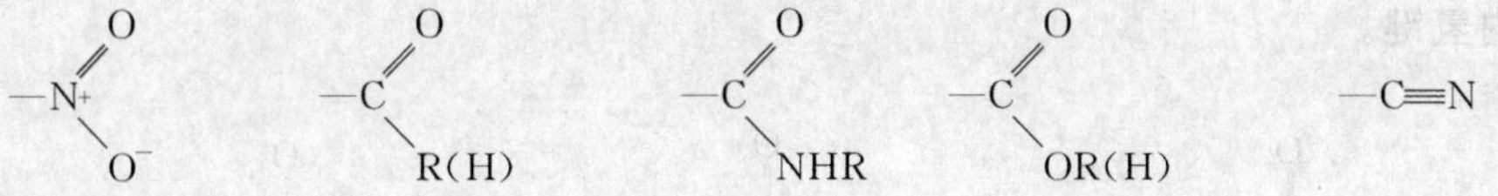

习题 4－22　试比较下列化合物的酸性强弱：

(1)　(2)　(3)　(4)　(5)

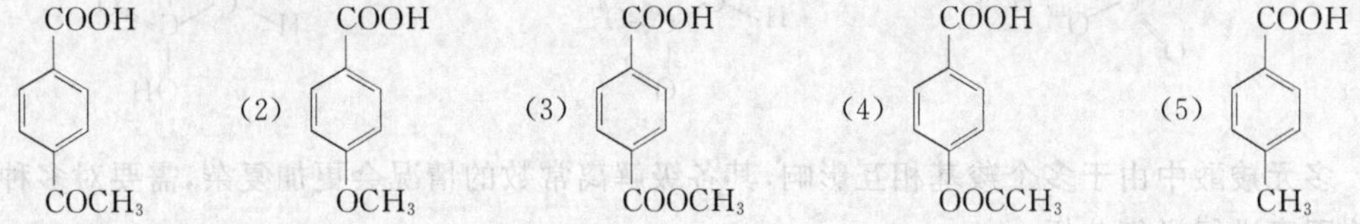

7. 关于二元羧酸的讨论

部分二元羧酸的 pK_{a_1} 和 pK_{a_2} 值列于表 4－8 中。

表 4－8　部分二元酸的酸性

二　元　酸	pK_{a_1}	pK_{a_2}
HOOCCOOH	1.27	4.27
$HOOCCH_2COOH$	2.85	5.70
$HOOC(CH_2)_2COOH$	4.21	5.64
$HOOC(CH_2)_3COOH$	4.34	5.41
$HOOC(CH_2)_4COOH$	4.43	5.41
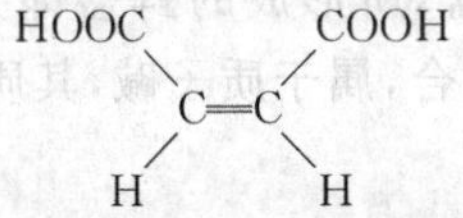	1.85	6.07
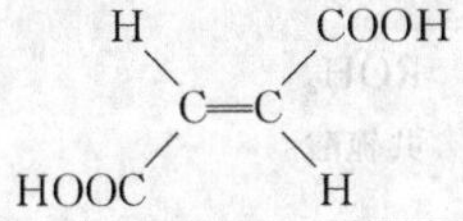	3.03	4.44

从表 4－8 列出的部分二元羧酸的 pK_{a_1} 和 pK_{a_2} 值可以看出，pK_{a_1} 从乙二酸到丁二酸，第二个羧基与第一个羧基的距离逐渐增大，对第一个羧基的吸电子作用逐步减小，因此，pK_{a_1} 逐步增大，酸性减弱。当第二个羧基距离第一个羧基三个 σ 键以上时，即从丁二酸到己二酸，这种影响就更小了。

二元羧酸的 pK_{a_2} 值普遍大于它们的 pK_{a_1} 值，这是因为羧基解离后所形成的酰氧负离子不再表现为强的吸电子的诱导效应，而且其所带的负电荷显然会阻碍第二个羧基的解离。

与 pK_{a_1} 的变化不同，从乙二酸到己二酸，pK_{a_2} 值并不是顺序增大或减少，而是在丙二酸时出现最大值。这是由于丙二酸中两个羧基的空间距离比较特殊而导致的。在丙二酸中，第一个羧基解离后的酰氧负离子与另一个羧基的氢原子正好可以形成稳定的分子内六元环氢键，从而较大程度地限制了第二个羧基氢的解离。类似的情况也出现在顺丁烯二酸中。顺丁烯二酸的 pK_{a_1} 比反丁烯二酸的 pK_{a_1} 小很多，而 pK_{a_2} 则是前者比后者大很多。这是因为顺丁烯二酸在第一个羧基解离后，可以与分子内的另一个羧基氢原子形成分子内氢键，从而稳定了一级解离的酰氧负离子，又限制了二级解离的发生。相反，反丁烯二酸中的两个羧基处于反式双键的两侧，无法形成分子内氢键。

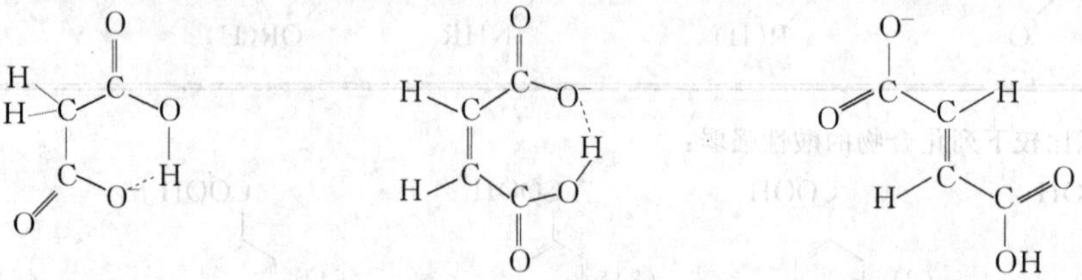

多元羧酸中由于多个羧基相互影响，其各级解离常数的情况会更加复杂，需要对多种可能的影响因素进行详细分析。

4.5.4 有机化合物的碱性及其影响因素

含氧、含氮有机化合物由于O—H，N—H键的活泼性容易解离出质子而显示酸性。另一方面，由于氧、氮等元素的原子具有孤对电子，较容易结合质子，从这个意义上说，它们又属于质子碱。如胺类化合物中的氮原子容易质子化形成铵盐，胺与铵盐为一对共轭酸碱。

胺 $\underset{\text{碱}}{RNH_2} + H^+ \rightleftharpoons \underset{\text{共轭酸}}{R\overset{+}{N}H_3}$

又如，醇、醚等化合物中的氧原子容易结合质子形成𬭩盐，所形成的𬭩盐即为醇、醚的共轭酸。此外含氧化合物醛酮和羧酸等的羰基氧也可以与质子结合，属于质子碱，其质子化后的产物即为共轭酸。

醇 $\underset{\text{碱}}{ROH} + H^+ \rightleftharpoons \underset{\text{共轭酸}}{R\overset{+}{O}H_2}$

醚 $\underset{\text{碱}}{ROR'} + H^+ \rightleftharpoons \underset{\text{共轭酸}}{R\overset{+}{O}HR'}$

醛酮 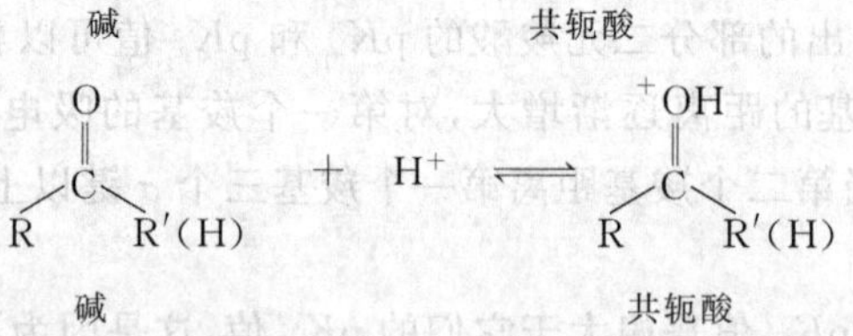

一般认为胺是典型的有机碱，而许多天然胺俗称生物碱。胺中氮原子的孤对电子可以接受质子，其碱性强弱可以用 pK_b 来表示，pK_b 值越小，碱性越强，其共轭酸酸性越弱。常见胺的 pK_b 值以及它们的共轭酸的 pK_a 值对比列于表 4-9 中。

表 4-9 常见胺的 pK_b 值以及它们的共轭酸的 pK_a 值

胺	pK_b(25 ℃)	共轭酸	pK_a(25 ℃)
NH_3	4.76	$\overset{+}{N}H_4$	9.24
CH_3NH_2	3.38	$CH_3\overset{+}{N}H_3$	10.62

续表

胺	pK_b(25 ℃)	共轭酸	pK_a(25 ℃)
$CH_3CH_2NH_2$	3.36	$CH_3CH_2\overset{+}{N}H_3$	10.64
$C_6H_5NH_2$	9.40	$C_6H_5\overset{+}{N}H_3$	4.60
$C_6H_5CH_2NH_2$	4.67	$C_6H_5CH_2\overset{+}{N}H_3$	9.33
$(CH_3)_2NH$	3.27	$(CH_3)_2\overset{+}{N}H_2$	10.73
$(CH_3)_3N$	4.21	$(CH_3)_3\overset{+}{N}H$	9.79
$(CH_3CH_2)_2NH$	3.06	$(CH_3CH_2)_2\overset{+}{N}H_2$	10.94
$(CH_3CH_2)_3N$	3.25	$(CH_3CH_2)_3\overset{+}{N}H$	10.75

脂肪伯胺的碱性随碳链增长的变化并不大，一般 pK_b 值在 3～5 的范围间。伯胺、仲胺和叔胺相比，仲胺碱性相对最强。这是因为烷基的给电子作用，使得仲胺碱性强于伯胺。叔胺虽然比仲胺又增加了一个给电子烷基，但因为空间位阻的关系，溶剂化作用减弱，碱性反而减弱。与脂肪胺相比，苯胺的碱性大大降低，这是因为氮上的孤对电子与苯环上的 π 电子有部分共轭效应，从而使得氮原子上的电子云密度降低，与质子结合能力减弱。苄胺因为氨基与苯环间相隔了一个 sp^3 杂化碳，无法形成孤对电子与 π 键的共轭效应，因此碱性与脂肪胺相似。

表 4-10 列出了部分取代苯胺的 pK_b 值。从表中数据可以看出，具有给电子效应的取代基使取代苯胺的碱性增强，而具有吸电子效应的基团使碱性降低。具有共轭效应的取代基在对位对碱性影响强于间位。当取代基在邻位时，对碱性的影响比较复杂。

表 4-10　取代苯胺的 pK_b 值

取　代　基	pK_b		
	邻	间	对
H	9.40	9.40	9.40
OH	9.28	9.83	8.50
OMe	9.48	9.77	8.66
CH_3	9.56	9.28	8.90
Cl	11.35	10.48	10.02
NO_2	14.26	11.53	13.00

在有机化学中，一般认为羧酸、酚和胺分别表现为酸性、弱酸性和碱性。实际上，它们酸碱性表现的另一面也是不容忽视的。例如，羧酸和醇分子中氧原子上存在孤对电子，因此可以接受质子，从这个角度来看，羧酸和酚以及醇又是一个弱碱。而质子化的醇则是一个强酸，其 pK_a 值大约在 −2.5 左右。相比之下，羧酸和丙酮的碱性更弱，这是因为羧酸和酮中的羰基氧是 sp^2 杂化，其电负性比醇中的 sp^3 杂化的氧原子大，使得羰基氧上孤对电子的给出能力较弱，即与质子结合的能力较弱。事实的确如此，质子化羧酸和质子化丙酮酸性更强，其 pK_a 值在 −6 左右。

	$CH_3—\overset{+}{O}H_2$	$CH_3CH_2—\overset{+}{O}H_2$	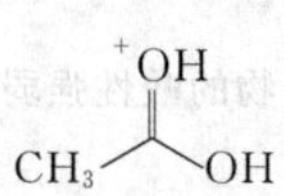	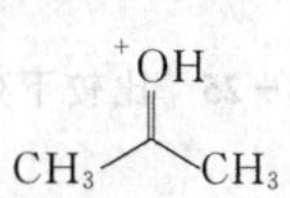
	质子化甲醇	质子化乙醇	质子化乙酸	质子化丙酮
pK_a	−2.5	−2.4	−6.1	−6.5

质子化羧酸的酸性略弱于质子化丙酮，也就是说羧酸中羰基氧的碱性略强于酮羰基氧的碱性。原因在于羧酸中羰基与羟基相连，羟基具有较强的给电子共轭效应，从而增强了其羰基氧原子给出孤对电子与质子结合的能力。而酮羰基与烷基相连，烷基的给电子作用弱于羟基。

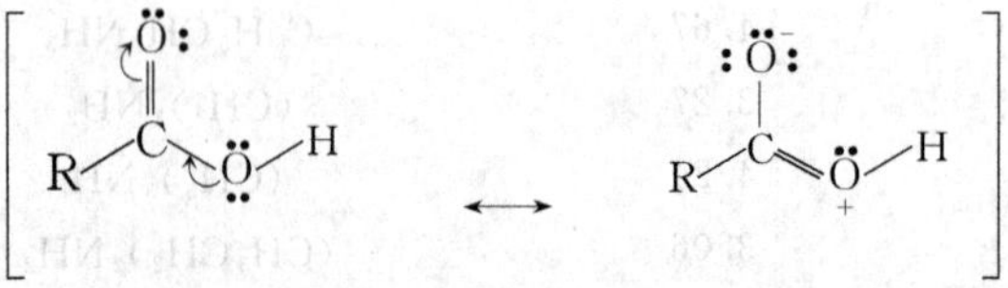

类似的规律也体现在含氮化合物中。质子化的胺也是酸，其 pK_a 值大约在 11 左右，酸性与酚类化合物相当。质子化乙腈的 pK_a 为 −10.1，酸性非常强。质子化亚胺的酸性介于两者之间。

	$CH_3\overset{+}{N}H_3$	$CH_3CH_2\overset{+}{N}H_3$	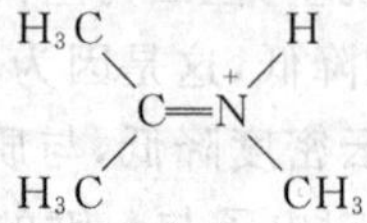	$CH_3C\equiv\overset{+}{N}H$
	质子化甲胺	质子化乙胺	质子化亚胺	质子化乙腈
pK_a	10.62	10.64	5.5	−10.1

附录Ⅰ和附录Ⅱ将列出不同类型有机化合物中各种氢的 pK_a 值范围以及部分质子化有机化合物的 pK_a 值。

习题 4-23　试解释表 4-10 中邻、间、对位羟基取代、氯代和硝基苯胺的 pK_b 变化规律。

习题 4-24　将下列各组化合物按碱性从强到弱顺序排列。

(1) 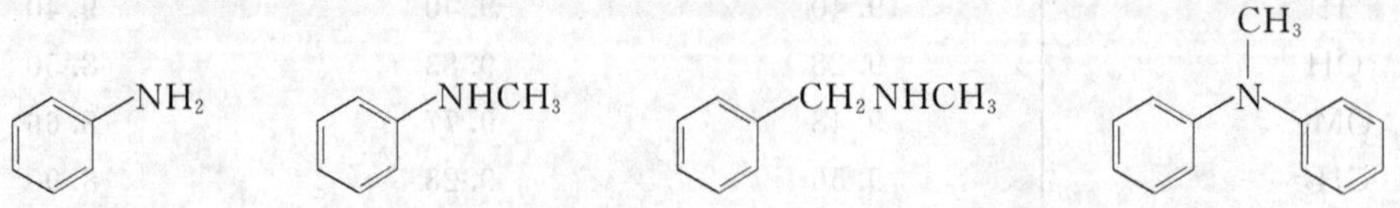

(2) 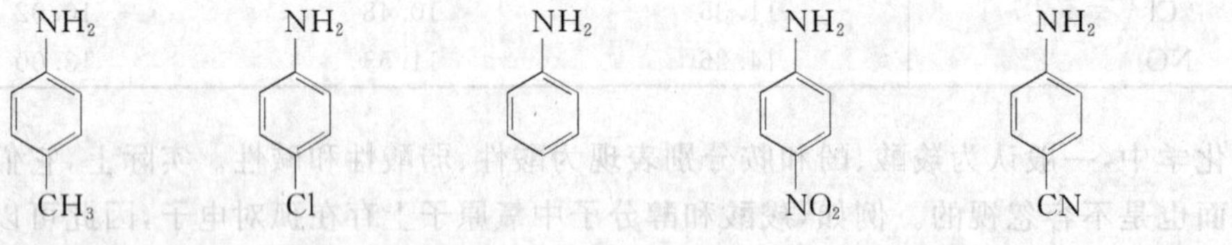

(3) $(CH_3CH_2)_3N$ 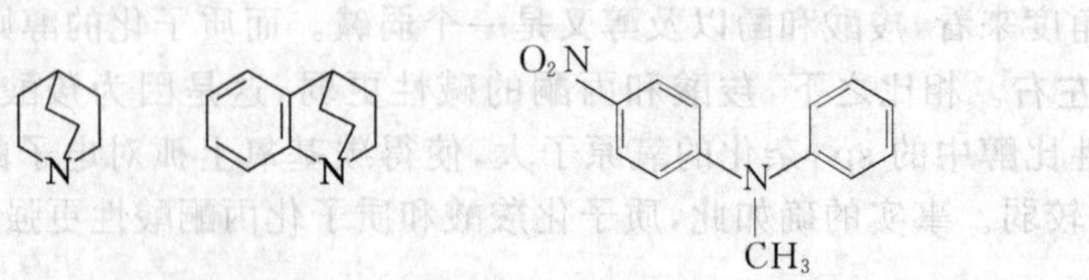

习题 4-25　比较下列各组化合物的酸性强弱顺序：

(1) $CH_3CH_2-\overset{O}{\overset{\|}{C}}-\overset{+}{N}H_3$　　$CH_3CH_2-CH_2\overset{+}{N}H_3$　　$CH_3\underset{Cl}{\underset{|}{C}H}CH_2\overset{+}{N}H_3$

(2) 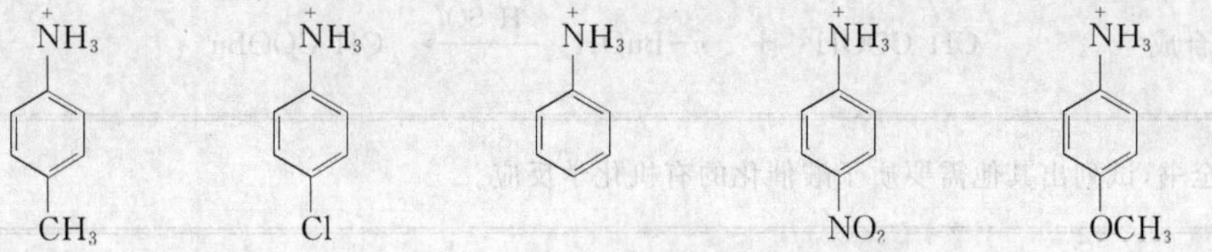

(3) $CH_3CH_2CH_2COOH$　　　$CH_3CH_2CH_2CH_2NH_2$

$CH_3CH_2CH_2C(=O)—NH_2$　　　$CH_3CH_2CH_2CH_2OH$

4.5.5 有机反应中常用的质子酸和质子碱试剂

许多有机化学反应都具有质子传递特点。例如：

酸　　碱　　共轭碱　　共轭酸

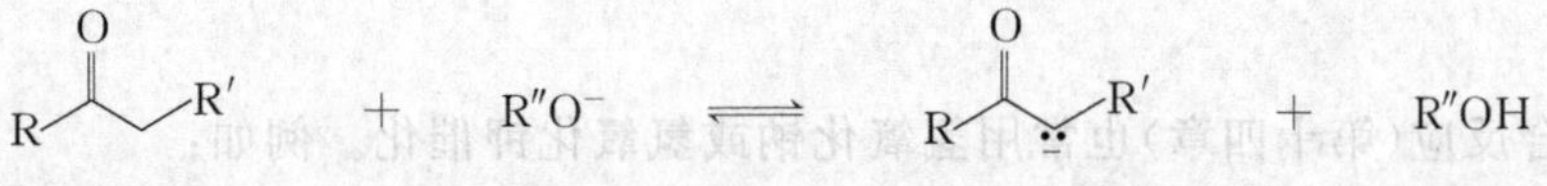

酸　　碱　　共轭碱　　共轭酸

有些有机反应需要质子酸催化，而有些则需要质子碱催化，还有一些既可以用质子酸催化，又可以用质子碱催化。

常用质子酸以无机酸为主，如盐酸、硫酸、硝酸、磷酸和多聚磷酸等。在一些无水反应体系中，常使用干燥的氯化氢气体。有机质子酸包括醋酸（乙酸）和对甲苯磺酸等，对甲苯磺酸常作为固体酸，用于无水反应体系中。需要质子酸催化的反应主要有：烯烃和炔烃 π 键的亲电加成反应（第十章），醇的脱水反应（第九章），苯环的亲电取代反应（第十二章），羰基化合物的亲核加成反应（第十三章）以及部分经过正离子的碳骨架重排反应（第十五章）等。例如：

烯烃与醇的加成　$(CH_3)_2C{=}CH_2 + CH_3CH_2OH \xrightarrow{H_2SO_4} (CH_3)_3C—OCH_2CH_3$

炔烃与水的加成 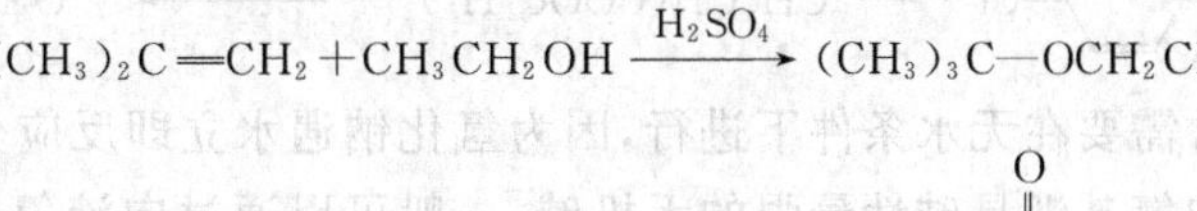

醇的脱水反应 

苯的硝化反应 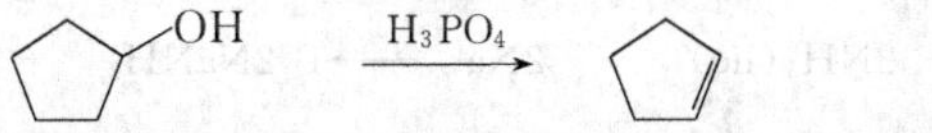

丙酮与乙二醇生成缩酮 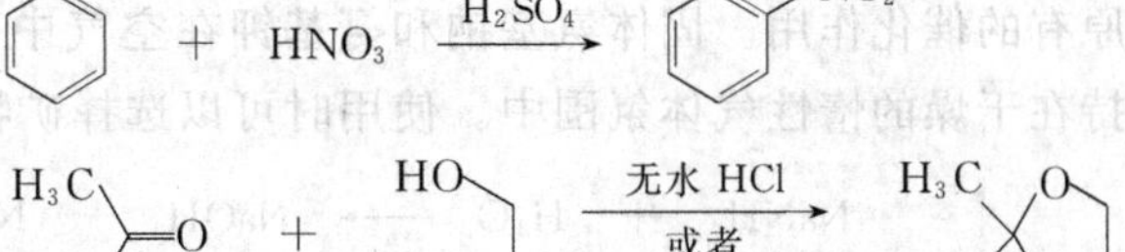

乙酸正丁酯的合成	$CH_3COOH + n\text{-}BuOH \xrightarrow{H_2SO_4} CH_3COOBu^n$

习题 4－26 查阅全书，试列出其他需要质子酸催化的有机化学反应。

有机化学反应中常用的质子碱包括无机碱和有机碱两大类。

常用的无机碱有碳酸钠(Na_2CO_3)、碳酸钾(K_2CO_3)、氢氧化钠(NaOH)、氢氧化钾(KOH)、氢化钠(NaH)和氨基钠($NaNH_2$)、氨基钾(KNH_2)。其中碳酸钠和碳酸钾的碱性最弱，常常用于一些不需要强碱的反应中。如卤代烃的亲核取代反应(第八章)，一般在有机溶剂如丙酮中使用，多为非均相催化。例如：

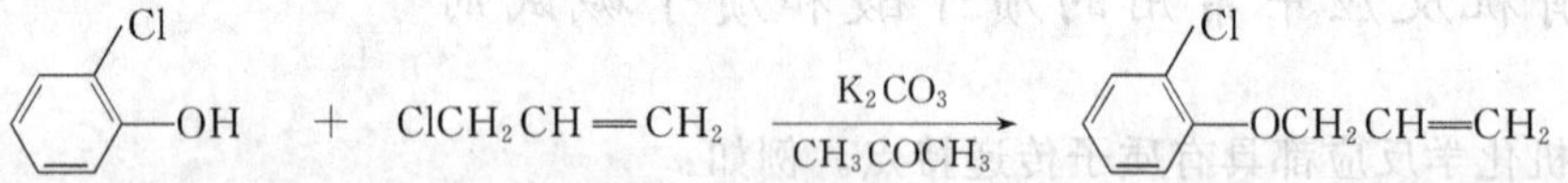

氢氧化钠和氢氧化钾的碱性比碳酸钠和碳酸钾强，可以用于有机相和水相反应中，如卤代烃的消去反应(第九章)：

$$ClCH_2CH_2CH(OCH_3)_2 \xrightarrow{NaOH} CH_2{=}CHCH(OCH_3)_2$$

Aldol 缩合反应(第十四章)也常用氢氧化钠或氢氧化钾催化。例如：

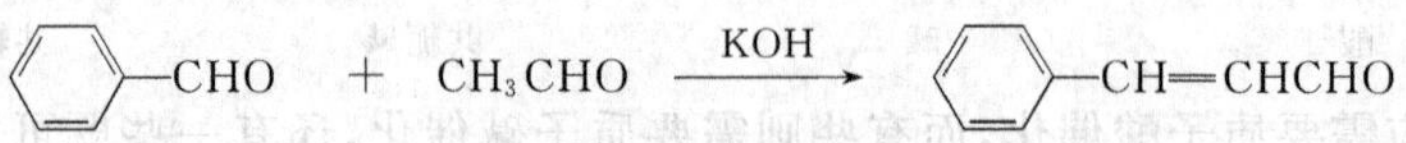

氢化钠的碱性较强，且反应是完全不可逆的，在反应中由氢化钠中的负氢与反应物中的质子结合放出氢气。它主要用于一些较难进行的消去反应或亲核取代反应中，例如：

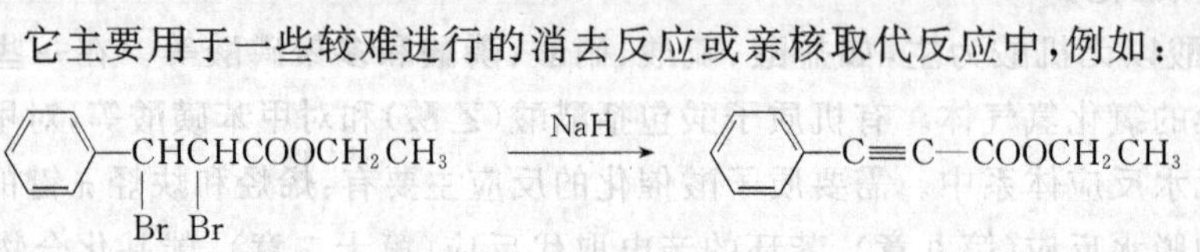

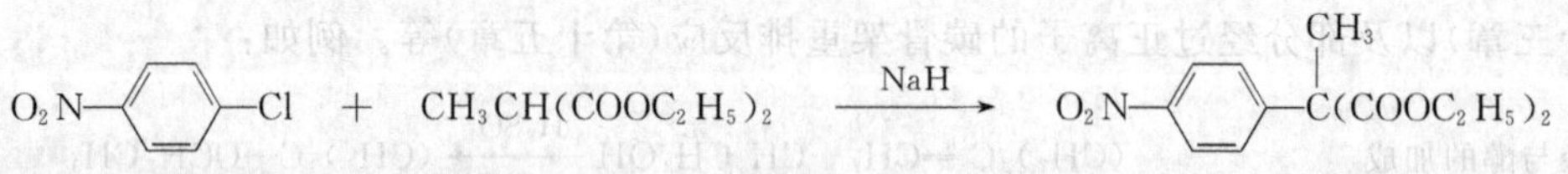

反应通常需要在无水条件下进行，因为氢化钠遇水立即反应分解成氢氧化钠，并放出氢气。

氨基钠和氨基钾是碱性最强的无机碱，一般可以通过向液氨中加入金属钠或金属钾反应制备而得，并在液氨中使用。

$$2NH_3(liq) + 2Na \longrightarrow 2NaNH_2 + H_2$$

因为氨基钠和氨基钾碱性强，一般不能在酸性较强的质子型溶剂如醇、水中进行，否则会醇解或水解，失去原有的催化作用。固体氨基钠和氨基钾在空气中会潮解生成氢氧化钠和氢氧化钾，因此需要保持在干燥的惰性气体氛围中。使用时可以选择矿物油或液氨作为反应介质。

$$NaNH_2 + H_2O \longrightarrow NaOH + NH_3$$
$$KNH_2 + C_2H_5OH \longrightarrow C_2H_5OK + NH_3$$

氨基钠也常用于卤代烃消去卤化氢生成炔烃的反应以及将末端炔烃转化为炔基负离子的反应。

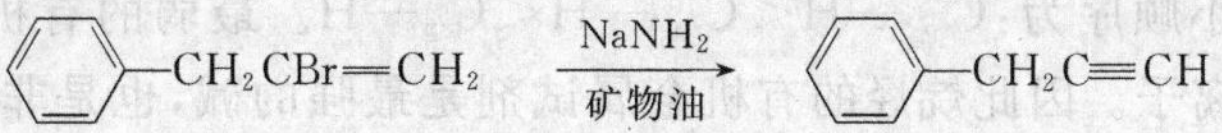

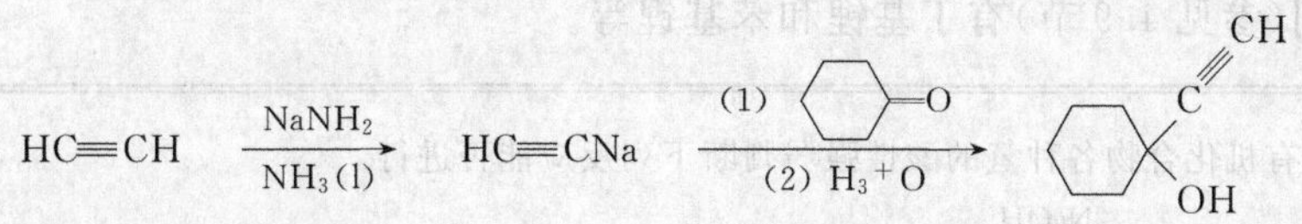

有机反应中常用的有机碱主要有胺类有机化合物、醇钠、醇钾、胺基锂以及金属锂试剂等。

胺类化合物如吡啶(参见 4.8 节)、二乙胺、三乙胺等属于较弱的碱,常用于一些有卤化氢产生的反应中,例如醇与氯磺酸反应生成磺酸酯的反应,使用吡啶或者三乙胺帮助除去反应中的氯化氢:

$$CH_3CH_2CH_2CH_2OH \xrightarrow[(C_2H_5)_3N]{C_6H_5SO_2Cl} CH_3CH_2CH_2CH_2OSO_2C_6H_5$$

醇与二氯亚砜(参见 4.6 节)作用转化为氯代烃的反应中,吡啶的存在与否还会影响到反应的机理和立体化学(参见第八章)。

醇钠和醇钾的碱性比氢氧化钠和氢氧化钾略强,这一点通过对比水和醇的酸性可以看出。水的酸性(pK_a 为 15.7)比醇的(pK_a 一般在 16~18 范围内)略强,因此,它们的共轭碱的碱性强弱相反,即烷氧基负离子强于氢氧负离子。常用的醇钠、醇钾有甲醇钠、甲醇钾、乙醇钠、乙醇钾、正丁醇钠、正丁醇钾、叔丁醇钠和叔丁醇钾。醇钠和醇钾一般是在醇溶液中直接制备并使用的。反应中要除去水,因为水作为一个比醇略强的酸,能够将醇钠(相当于弱酸的盐)转化为醇(弱酸),并生成氢氧化钠(相当于强酸水的盐)。

醇钠和醇钾常用于缩合反应中,羰基化合物的 α-氢受羰基的吸电子作用影响,具有一定的酸性,其 pK_a 一般在 18~20 的范围内,比醇的酸性略弱。醇钠或醇钾的碱性比羰基化合物脱去 α-氢后形成的碳负离子略弱,因此由醇钠催化的缩合反应往往是热力学平衡反应(参见第十四章)。

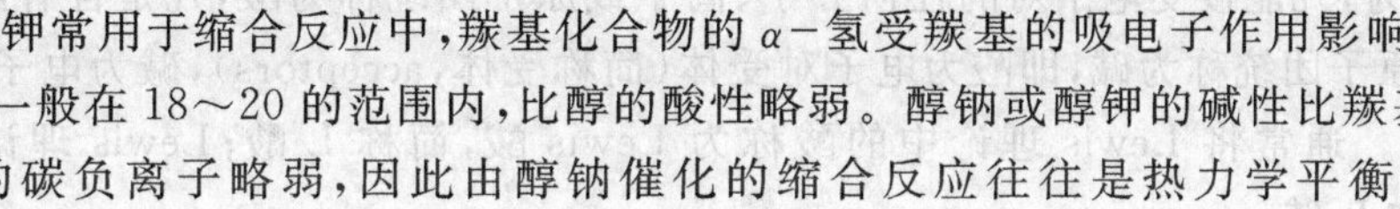

胺除了作为碱,其 N—H 键也是极性共价键,连接在氮原子上的氢 pK_a 在 35 左右,是一个比醛酮 α-氢更弱的酸。这也意味着其共轭碱(即氨基负离子)的碱性很强。在醛酮的亲核反应中,常使用二异丙基氨基锂($LiN[CH(CH_3)_2]_2$,LDA)作为强碱使醛酮定量地转化成烯醇负离子。这与无机化学中强酸将弱酸从弱酸盐中置换出来的道理是相同的。

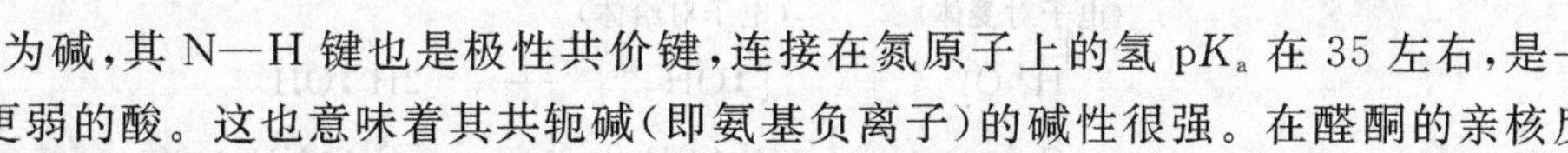

丙酮　　二异丙基氨基锂　　烯醇负离子　　二异丙基胺

pK_a　20　　　　35

与胺基锂碱性相当或更强的碱是烃基锂化合物,因为烃类化合物中连接在碳原子上氢酸性最弱,其共轭碱自然就最强。如二苯甲烷、三苯甲烷脱去质子后可形成与苯环共轭的碳负离子,其 pK_a 值与胺相当,也就是说二苯甲基负离子,三苯甲基负离子的碱性与烷氨基负离子相当。烃类化合物中酸性大小顺序为:$C_{sp^3}—H < C_{sp^2}—H < C_{sp}—H$。最弱的有机酸为烷烃,这就意味着最强的碱为烷基负离子。因此烷烃的有机金属试剂是最强的碱,也是非常好的亲核试剂。常用的金属锂试剂(参见 4.9 节)有丁基锂和苯基锂等。

习题 4-27　根据有机化合物各种氢的酸性强弱判断下列反应能否进行。

(1) $CH_2═CH—CH_3 \xrightarrow{NaOH} CH_2═CH—\bar{C}H_2$

(2) 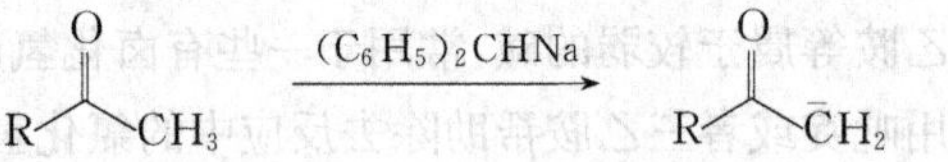

(3) $CH_3CH_2C≡CH \xrightarrow{BuLi} CH_3CH_2C≡CLi$

习题 4-28　卤代烃与酚反应制备酚醚中,多使用氢氧化钠作为碱,而制备醇醚,则通常采用卤代烃直接与醇钠反应,为什么?

4.5.6　Lewis 电子酸碱理论及其在有机化学中的应用

Brønsted-Lowry 质子酸碱理论,可以解释有机化合物的酸碱性以及反应活性,但是仍然有它的局限性。在 Brønsted-Lowry 提出质子论的同年(1923 年),Lewis 提出了酸碱的电子理论。Lewis 理论认为,凡能接受电子对的任何分子、离子或原子团统称为酸,凡是含有给出电子对的分子、离子或原子团统称为碱,即酸为电子对受体(简称受体,acceptors),碱为电子对给体(简称给体,donors)。通常将 Lewis 理论中的酸称为 Lewis 酸,简称 L 酸;Lewis 理论中的碱称为 Lewis 碱,简称 L 碱。

按照 Lewis 的电子酸碱理论,可以把酸碱中和反应和配位化合物的形成都看成是生成酸碱络合物的过程。例如:

酸 (电子对受体)		碱 (电子对给体)		酸碱络合物
H_3^+O	+	$[:OH]^-$	⟶	$2H:OH$
Cu^{2+}	+	$4[:NH_3]$	⟶	$[Cu(:NH_3)_4]^{2+}$
BF_3	+	$:OEt_2$	⟶	$F_3B:OEt_2$

Lewis 电子对理论大大扩展了酸碱的范围,凡具有合适的空轨道可以接受电子对的分子或离子,如具有空轨道的分子三氟化硼、三氯化铝、二氯化锌以及金属离子 Cu^{2+}、Ag^+、Fe^{3+} 等均属于 Lewis 酸。凡具有孤对电子或者 π 电子的分子或离子,如醇、胺、醛酮和烯烃、炔烃、芳香烃以及氢氧负离子等都属于 Lewis 碱。其中以孤对电子作为电子给体的,称为 n-供体,以 π 电子作为电子给体的,称为 π-供体。

运用 Lewis 电子理论可以解释很多有机反应性质。例如,醇可以与氯化钙形成络合物,因此实验室不能用无水氯化钙干燥醇类化合物。酚或烯醇结构化合物可以与三氯化铁形成有色络合物，常用于这类结构化合物的鉴别。醚可以与具有空轨道的金属化合物形成络合物，可以稳定金属试剂，因此格氏试剂常在醚类试剂中制备并进行后续反应。但是，在苯环的亲电 Friedel-Crafts 酰基化反应中（第十二章）不能使用醚类溶剂，因为醚类溶剂可以与催化剂三氯化铝等 Lewis 酸结合，使之失去催化功能。Friedel-Crafts 酰基化反应中，催化剂三氯化铝等的使用量需要随酰化试剂的不同而改变，如使用酰卤，三氯化铝的用量为 1～2 mol，而使用酸酐则需要使用 2～3 mol，因为羰基氧可以与三氯化铝形成酸碱络合物，从而令这部分三氯化铝不能起到催化作用。此外，三氟化硼和硼烷等常保存在醚类溶剂中，也是因为可以形成酸碱络合物保持稳定的缘故。

由此可见，在有机化学中，要特别注意含氧、含氮官能团化合物的孤对电子的 Lewis 碱性及其对性质的影响。

有机化学中常见的 Lewis 酸多为无机化合物，如氯化锌、三氯化铁、三氯化铝、三氟化硼乙醚溶液以及硼烷的乙醚溶液等。主要用于苯环的亲电取代反应，如卤代反应、Friedel-Crafts 烷基化反应和酰基化反应中。

习题 4-29　简述 Lewis 酸碱的概念，试列出具有 Lewis 酸性和 Lewis 碱性的有机化合物。

4.6　含硫官能团的有机化合物

硫与氧同属一个主族，只是周期数不同。因此，含硫化合物与含氧化合物有很多相似之处。如可以形成硫醇（thiols）、硫醚（thioethers）和硫醇酯（thioesters）。它们的结构和性质均与醇（酚）、醚类似，不同之处在于硫是第三周期元素，使用的是 3s 和 3p 轨道杂化后成键，与碳 2s、2p 杂化轨道以及氢的 1s 轨道的匹配不好，形成的 C—S 键和 S—H 键强度比 C—O 和 O—H 键弱。因此，硫醇，硫酚的 pK_a 分别为 10 左右和 7～8，比相应的醇（pK_a 15～18）和酚（pK_a～10）要小得多，酸性更强。

硫元素的电负性仅 2.5，比氧的（3.5）要低得多，且外层电子云受核控制弱而易极化。硫醇、硫酚难以形成氢键，分子间的相互作用弱，其沸点都比醇低。如甲硫醇沸点 6 ℃，而甲醇沸点 65 ℃；苯硫酚的沸点 168 ℃，而苯酚沸点 181.4 ℃。硫醇由于不能与水形成氢键，在水中溶解度要比相应的醇低得多。如乙醇能与水任意比例混溶，而乙硫醇在 100 g 水中的溶解度仅为1.5 g。

因为硫的电负性小，外层电子容易极化，其孤对电子的给电子能力要强得多。因此，硫醇、硫醚等容易与一些重金属离子形成配合物。二巯基化合物常用作汞金属中毒的解毒剂。如：

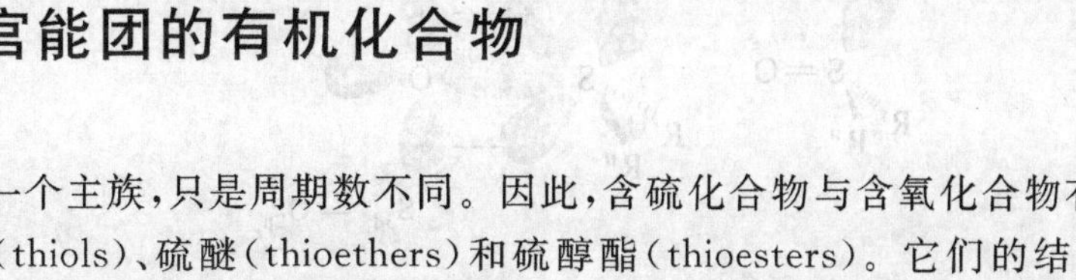

硫与氧不同之处还在于它有 3d 轨道，外层电子可以超过 8 个，因此有更高价态形式。如硫醚可氧化成亚砜和砜，磺酸及其衍生物是含硫化合物的最高氧化态形式。

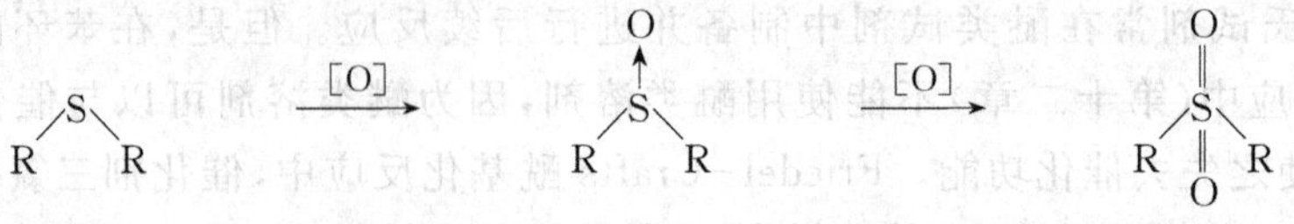

硫醚 (thioether)　　亚砜 (sulfoxide)　　砜 (sulfone)

甲磺酸 (methanesulfonic acid)　　甲磺酸酯 (methanesulfonic acid ester)　　甲磺酰氯 (methanesulfonyl chloride)　　甲磺酰胺 (methanesulfonamide)

亚砜的结构如图 4－5 所示，其中心硫原子以 $3sp^3$ 轨道与氧的 $2p_x$ 轨道成键，同时硫又以 $3d_{xy}$ 轨道与氧的 $2p_z$ 轨道形成反馈键，形成的是一个类似胺分子的角锥形状，是一个手性分子（参阅第五章），在现代不对称合成中应用很广。

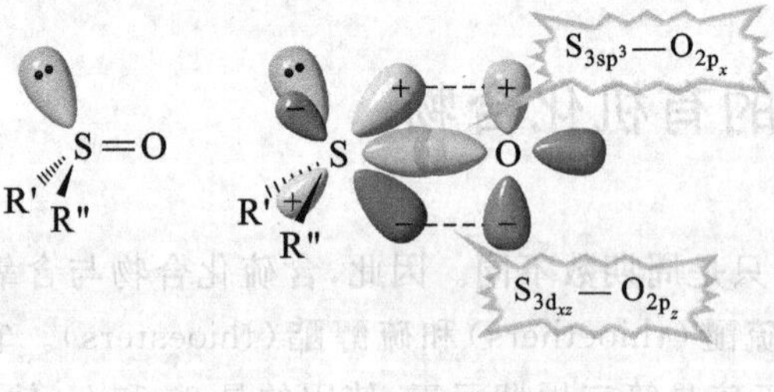

图 4－5　亚砜成键示意图

锍盐是硫醚与卤代烃反应而形成的稳定的离子型晶体化合物，分子形状也为角锥状，加上硫上的孤对电子可看作四面体。锍盐在碱作用下脱卤代氢得到硫 ylide。这是一类建构 C＝C 双键的试剂（参与第十三章）。

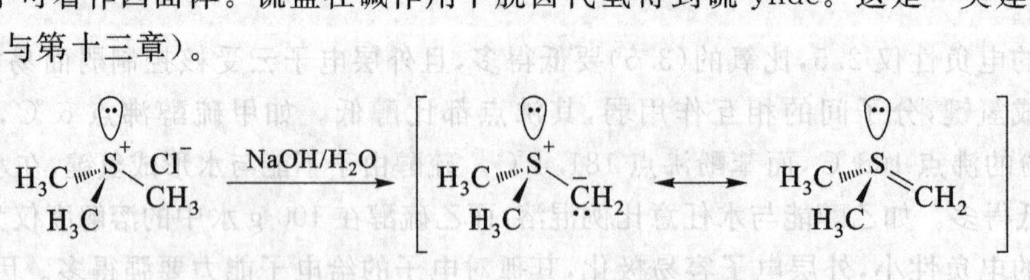

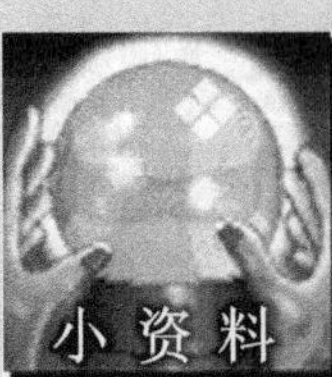

二甲基亚砜（dimethyl sulfoxide，简称 DMSO）是一种应用广泛的非质子性极性溶剂，由于其电正性中心硫原子处于分子中部，不容易对负离子产生溶剂化作用，只有带部分负电荷的氧可以使溶液中的正离子溶剂化，从而使溶液中的负离子（即亲核试剂）“裸露”而使亲核活性大大增强（参见第八章）。这类型溶剂还有 DMF（N,N－二甲基甲酰胺）等。

4.7　含磷官能团的有机化合物

磷与氮的关系类似于硫与氧。磷可以与碳成键形成膦和季鏻盐。膦和季鏻盐的结构与胺和季铵盐类似，其分子形状分别为角锥状和四面体。不过在膦中 C—P—C 键角介于 90°和 109.5°间。如：三甲基膦的 C—P—C 键角为 99°。当膦连接的三个烃基不同时，以及季鏻盐四个烃基不同时，都会形成手性分子（见第五章）。

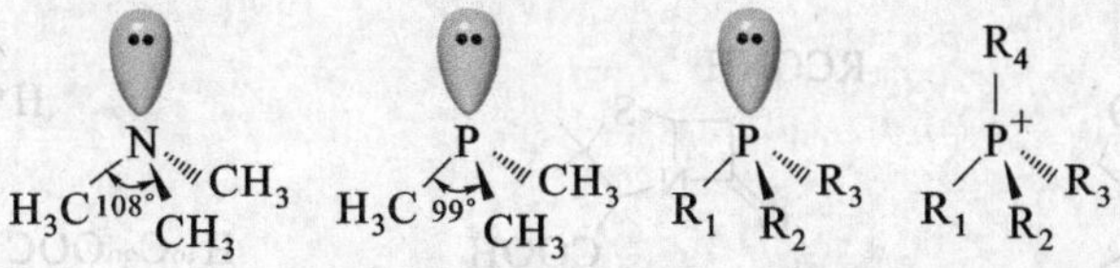

手性分子

与胺相比，膦更容易氧化，生成氧化膦。此外，膦是比胺更强的亲核试剂。

通常含硫有机化合物中不包含硫酸酯类化合物，尽管硫酸二甲酯是常用的甲基化试剂（见第二十章）。但是，有机磷化合物都包含磷酸酯化合物。这与该类化合物在生物体中的普遍存在以及重要功能是密切相关的。如三磷酸腺苷（ATP）是生物能量的物质形式。磷脂类化合物组成细胞膜的双层脂质膜，是脂里面的组成成分，也是遗传基因物质 DNA 和 RNA 的主要成分。因此，本书除在有机反应部分介绍磷 ylide 试剂在合成中的应用外，也将在生物大分子部分介绍有关磷化合物在生物体中的功能。

4.8　杂环化合物的命名、结构与性质

杂环化合物（heterocyclic compounds），尤其是芳香杂环化合物，是有机化合物中重要的一大类有机化合物。它们是构成生物体重要物质 DNA、RNA 的骨架部分。人体必需的 20 种氨基酸中有三种（组氨酸、脯氨酸、色氨酸）具有杂环结构。许多生理活性物质如药物、农药等，以及大多数精细化工品，如荧光增白剂、染料、抗氧化剂、防腐剂等都具有杂环结构。现代不对称合成中也常用杂环化合物作为手性配体。

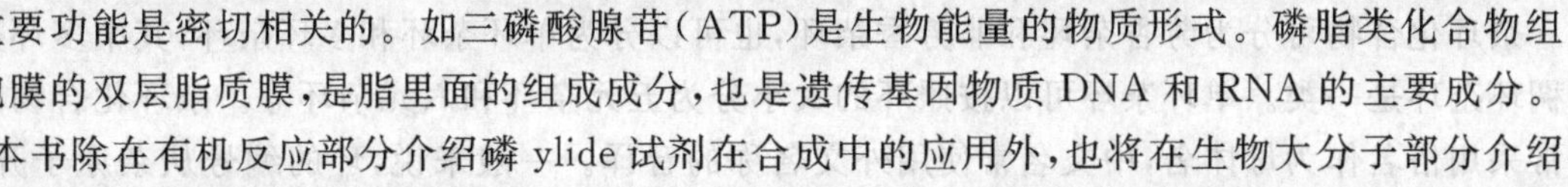

胞嘧啶　胸腺嘧啶　尿嘧啶　腺嘌呤　鸟嘌呤

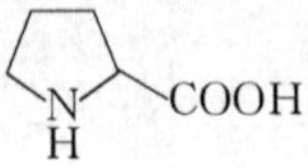

脯氨酸
(proline)

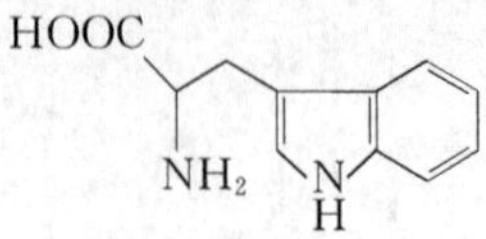

色氨酸
(tryptophan)

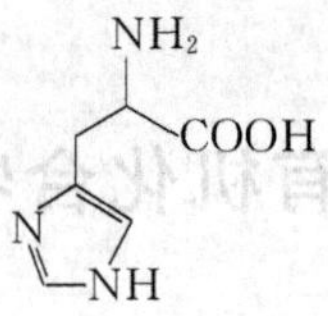

组氨酸
(histidine)

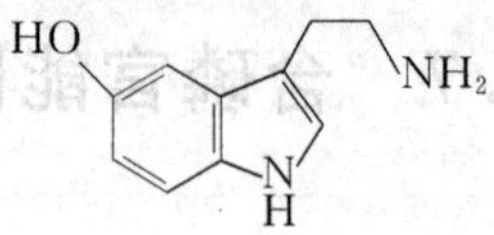

5-羟色胺

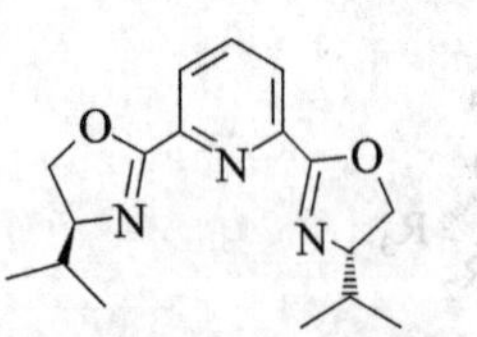

二(噁唑啉基)吡啶配体

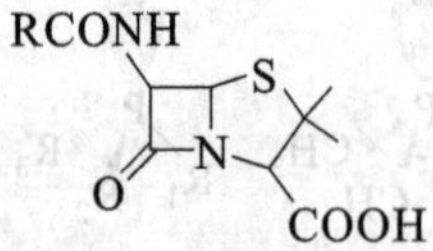

青霉素

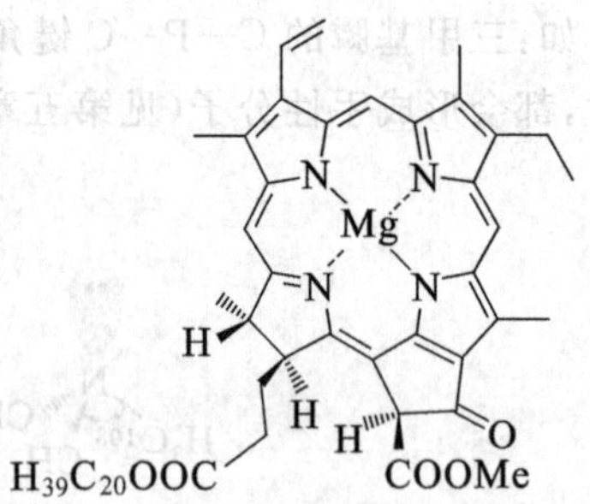

叶绿素 a 的结构

4.8.1 分类与命名

杂环化合物可分为芳香杂环和非芳香杂环,也可以分为单环杂环和多环杂环,其中多环杂环中稠环杂环是一类。单环杂环可以按照环的大小分为五元杂环和六元杂环等。杂环化合物的命名常采用俗名作为母体名,中文名常使用外文名称的音译。一般来说,环的编号从杂原子开始,有多个杂原子时,则从原子序数大的杂原子开始,并给所有杂原子以尽可能小的编号。下面列出了常见杂环母体的中英文名称及部分编号。

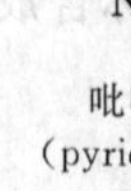

吡咯
(pyrrole)

呋喃
(furan)

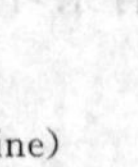

噻吩
(thiophene)

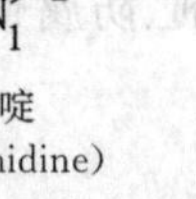

1*H*-吡唑
(1*H*-pyrazole)

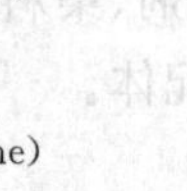

1*H*-咪唑
(1*H*-imidazole)

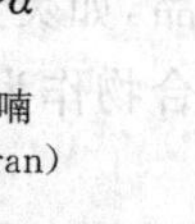

噁唑
(oxazole)

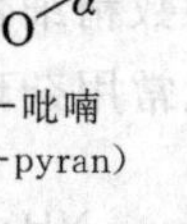

噻唑
(thiazole)

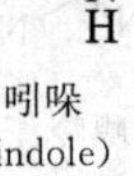

吡啶
(pyridine)

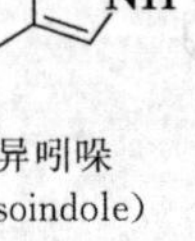

哒嗪
(pyridazine)

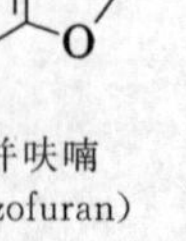

嘧啶
(pyrimidine)

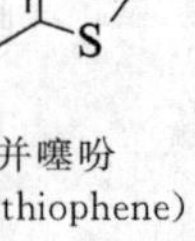

吡嗪
(pyrazine)

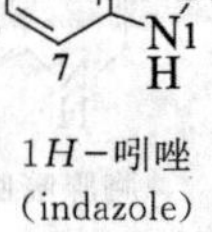

α-吡喃
(α-pyran)

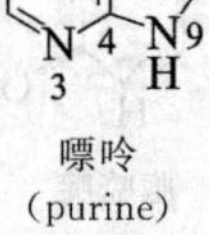

γ-吡喃
(γ-pyran)

吲哚
(indole)

异吲哚
(isoindole)

苯并呋喃
(benzofuran)

苯并噻吩
(benzothiophene)

1*H*-吲唑
(indazole)

嘌呤
(purine)

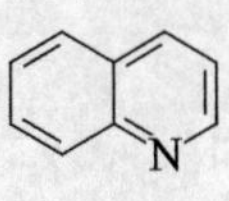
喹啉
(quinoline)

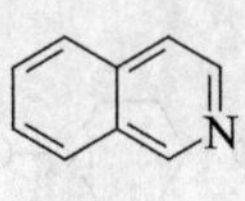
异喹啉
(isoquinoline)

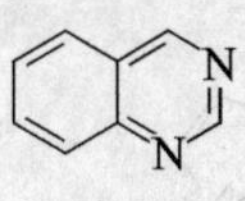
喹唑啉
(quinazoline)

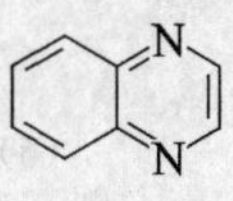
喹喔啉
(quinoxaline)

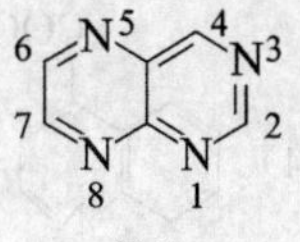
蝶啶
(pteridine)

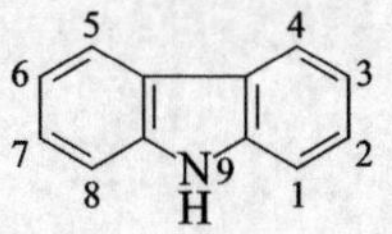
咔唑
(carbazole)

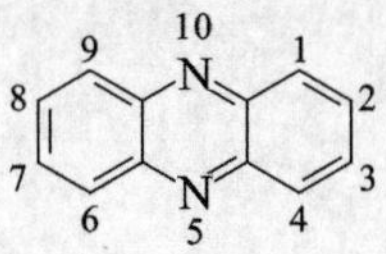
吩嗪
(phenazine)

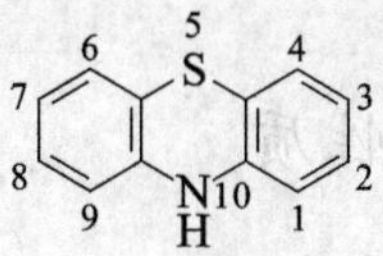
吩噻嗪
(phenothiazine)

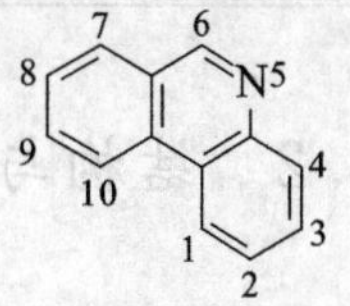
菲啶
(phenanthridine)

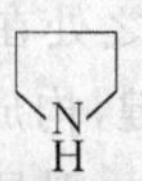
吡咯烷
(pyrrolidine)

哌啶
(piperidine)

哌嗪
(piperazine)

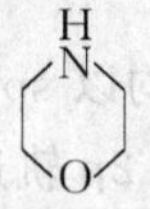
吗啡啉
(morpholine)

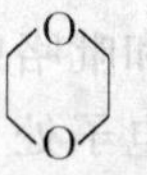
二氧六环
(1,4-dioxane)

单环杂环化合物的命名也可用 Hantzsch-Widman 系统命名法。该系统命名法采用“杂原子词头”加上表示环大小与饱和程度的“词干”组成杂环化合物的名称，常见“词头”和“词干”列于表 4-11 中。

表 4-11　Hantzsch-Widman 系统命名法的词头与词干

元素	词头	环大小	不饱和环	饱和环
O	oxa	3	irene (irineforn)	irane (iridine)
S	thia	4	ete	etane (etidine)
N	aza	5	ole	olane (olidine)
		6	ine	inane (ane for “ox”)
		7	epine	epane

以下几个杂环化合物的名称是采用 Hantzsch-Widman 系统命名法得到的。

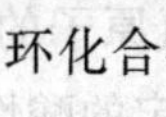
环氧乙烷
(oxirane)

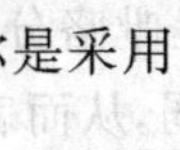
1,2-氧氮杂环丁烷
(1,2-oxazetidine)

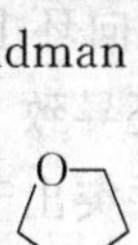
1,3-二氧杂环戊烷
(1,3-dioxolane)

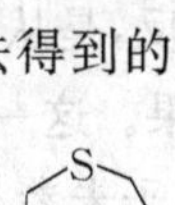
硫杂环庚烷
(thiepane)

稠杂环的命名这里不作详细介绍。

习题 4-30　命名下列化合物。

(1) 

(2) 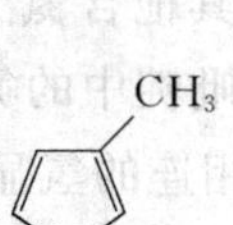

(3) 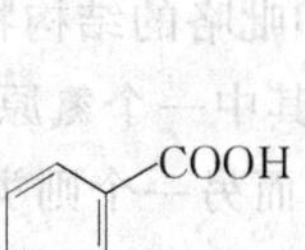

(4) 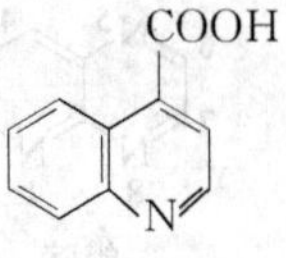　(5) 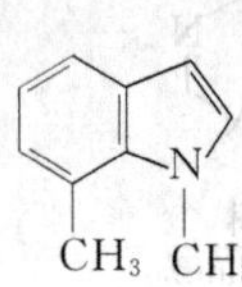　(6) 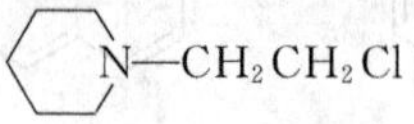

4.8.2　结构与基本性质

4.8.1 节列出的常见杂环化合物中大部分为芳香杂环化合物，如吡啶、吡咯等。之所以称之为芳香杂环，是因为它们具有与苯等芳香烃类似的特殊稳定性。以下以吡啶和吡咯为代表分析其结构特征。

在吡啶和吡咯中，氮原子均以 sp^2 杂化轨道成键(图 4-6)。它们的不同之处在于：吡啶中，氮原子的单电子处于未杂化的 2p 轨道中，并与相邻碳原子的 p 轨道形成 π 键，构成 6 电子大 π 键的一部分，另一对孤对电子则处于 sp^2 杂化轨道中，伸向环外方向；而吡咯中，则是单电子处于 sp^2 杂化轨道，与氢原子的 1s 轨道形成 σ 键，而孤对电子处于 p 轨道中，与环上另外四个碳原子的 p 轨道电子形成大 π 键。因此两者的性质有很大不同。

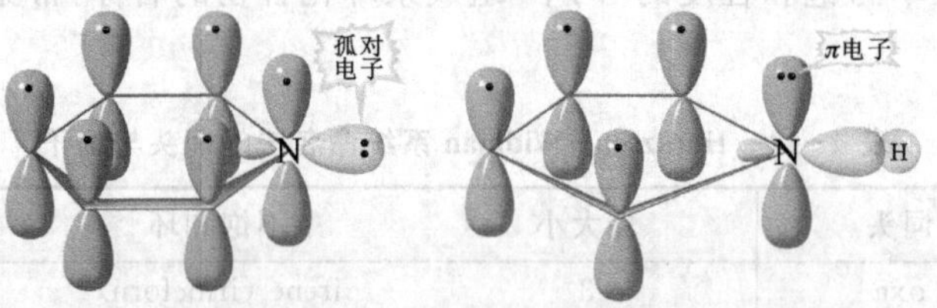

吡啶　　　　　吡咯

图 4-6　吡啶、吡咯的分子轨道示意图

吡啶分子的偶极矩方向与哌啶相同，是指向氮原子端，极性增大。而吡咯分子中的偶极矩方向与四氢吡咯相反，是从氮原子端指向环上碳原子。这是吡咯分子中的氮原子的孤对电子参与 6 电子大 π 键的结果。这一结构特征还导致 N—H 键被削弱，从而表现出一定的酸性。相反，吡啶分子中，由于孤对电子未参与大 π 键，并突出于环外，因此表现出一定的碱性，常用作碱性催化剂。

7.41×10^{-30} C·m　　3.90×10^{-30} C·m　　5.27×10^{-30} C·m　　6.04×10^{-30} C·m

吡啶　　哌啶　　四氢吡咯　　吡咯

认识了吡啶和吡咯的结构特征，则容易分析其他含氮芳香杂环的结构及性质。如咪唑分子中有两个氮原子，其中一个氮原子的结构类似于吡啶中的氮原子，孤对电子未参与环上 6 电子大 π 键，故显示碱性，而另一个则类似于吡咯，与氮相连的氢显示酸性。

五元的含氧和含硫杂环化合物呋喃和噻吩也是芳香杂环。它们中的氧原子和硫原子，也是

以 sp^2 杂化轨道成键，各有一对孤对电子在 p 轨道，与环上四个碳原子的 p 轨道形成 6 电子大 π 键。由于呋喃中氧原子的电负性较大，吸电子作用较强，而噻吩中硫原子又是以 3p 轨道与碳原子的 2p 轨道共轭，其轨道的重叠程度不及 2p－2p 共轭高，共轭程度较弱。因此，这两个分子的偶极矩与相应的饱和杂环相比，偶极矩方向没有改变，只是数值减小。

2.34×10^{-30} C·m　　5.77×10^{-30} C·m　　1.70×10^{-30} C·m　　6.34×10^{-30} C·m

---

习题4－31　请分析咪唑、噁唑和噻唑中氮、氧、硫原子均采用何种杂化轨道成键，各自以哪个轨道成键，多少个电子参与形成大 π 键？其中的氮原子将表现为碱性吗？

习题 4－32　请分析嘌呤中各个氮原子的成键轨道及碱性？

习题 4－33　判断下列化合物哪些可作为碱，哪些可作为酸，哪些既可作为碱又可作为酸？

(1) 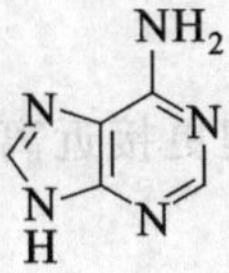
(2) 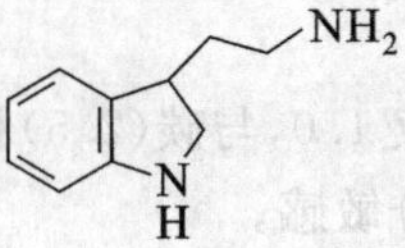
(3) 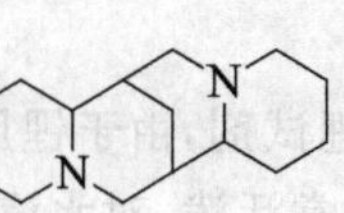

(4) 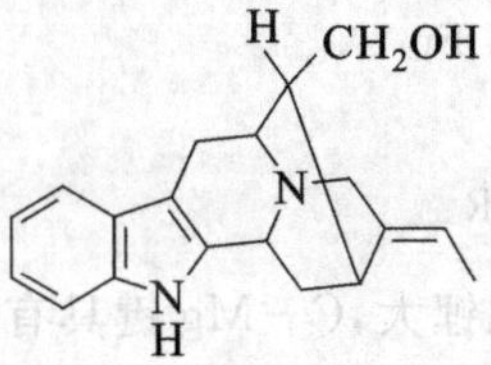
(5) 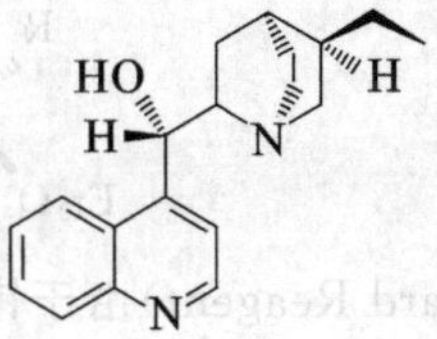
(6) 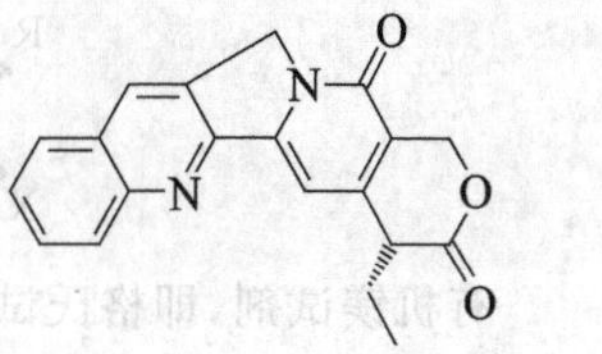

4.9　有机金属化合物

有机金属化合物(organometallic compounds)是指含有金属－碳极性共价键的一类有机化合物。碳可以与第一主族元素锂、第二主族元素镁、第三主族元素铝、第四主族元素锡，以及过渡金属元素原子如钛、铜、锌、钯等形成共价键。这些有机金属试剂在碳－碳键的形成以及不对称合成中应用十分广泛。本书着重介绍有机锂、有机镁(Grignard 试剂)和有机铜(锂)试剂。

4.9.1　有机金属化合物的命名

有机金属试剂的命名主要有两种方法。如果有机金属试剂中只含有有机基团和金属，则采用在金属名称前加上相应的有机基团名称的方法命名。如有机铜(锂)、有机锌试剂就常用这种方法进行命名：

$CH_3CH_2CH_2CH_2Li$	$(CH_3)_2CuLi$
正丁基锂	二甲基铜锂
(butyllithium)	(lithium dimethylcopper)

有些有机金属试剂中，金属除了与有机基团相连外，还与其他原子，常见为卤素相连，则采用另外一种方法命名，即以卤化烃基金属盐命名。例如：

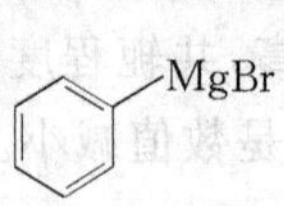

CH_3CH_2MgCl

溴化苯基镁
(phenylmagnesium bromide)

氯化乙基镁
(ethylmagnesium chloride)

使用这种方法命名的还有有机汞和有机铝试剂，它们也是有机反应常用到的试剂。例如：

$CH_3CH_2CH_2HgCl$
氯化丙基汞
(propylmercury chloride)

$[(CH_3)_2CH]_2AlCl$
氯化二异丙基铝
(diisopropylalumium chloride)

4.9.2 有机金属化合物的结构

有机锂试剂，由于锂原子电负性仅 1.0，与碳(2.5)相差较大，因此 C—Li 键更接近离子键结构，性质非常活泼，对水汽、氧气等十分敏感。

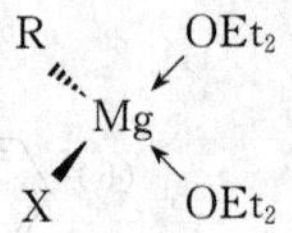

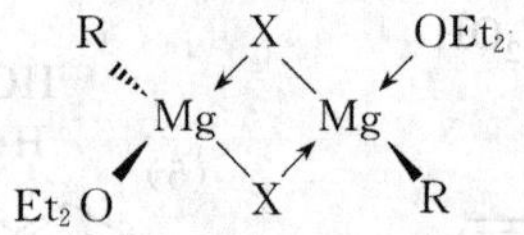

有机镁试剂，即格氏试剂(Grignard Reagent)由于镁的电负性比锂大，C—Mg 键具有较强的共价键性质，并且常常与醚类试剂中氧的孤对电子形成配位，或形成二聚体。

有机铜(锂)试剂相对活泼性较低。它们在反应中与有机锂试剂的选择性不同。比如，在对 α,β-不饱和醛酮的亲核加成中，有机锂试剂一般得到 1,2-加成产物，而有机铜(锂)试剂则主要得到 1,4-加成产物。

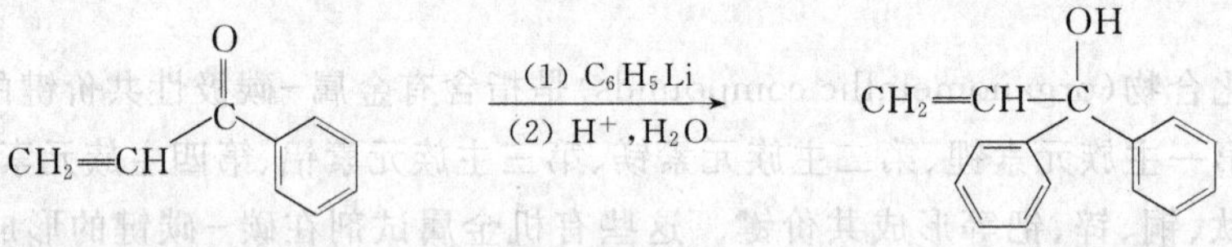

1,2-加成为主

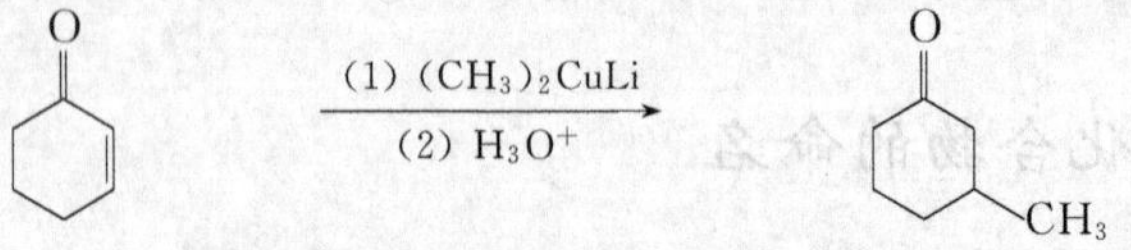

1,4-加成为主

4.9.3 有机金属化合物的性质及作用

由于金属元素的电负性较小，碳-金属键中的碳原子成为富电子中心，是很好的亲核试剂，可以与卤代烃和羰基化合物发生亲核取代和亲核加成反应(详见第八章和第十三章)，是形成碳-

碳键的重要反应，因此它们在合成上的应用十分广泛。

由于有机金属化合物化学性质十分活泼，对空气和水敏感，因此，一般需要在比较苛刻的无水、无氧条件下制备，并且在制备后立即使用。

习题 4-34　试给出下列化合物的中英文系统名。

(1) 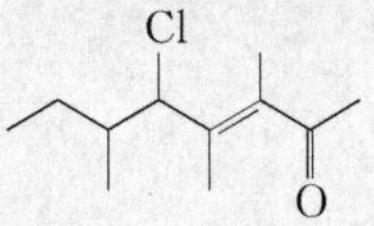

(2) 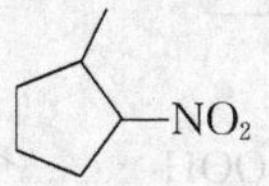

(3) 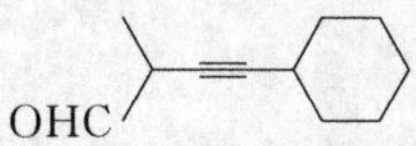

(4) 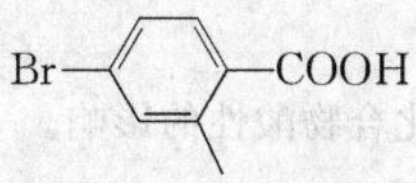

(5) 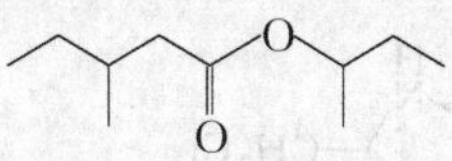

(6) 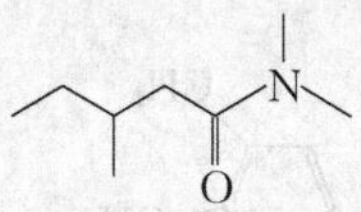

(7) 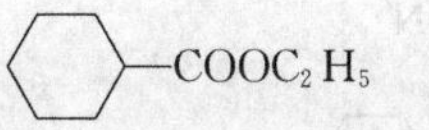

(8) 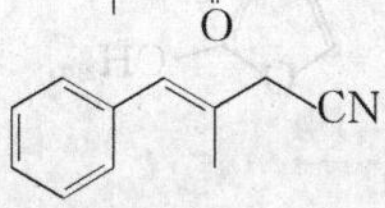

(9) 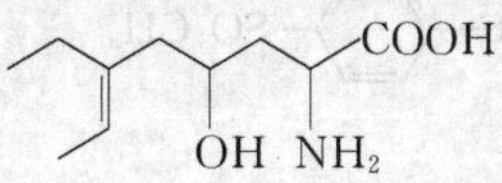

(10) 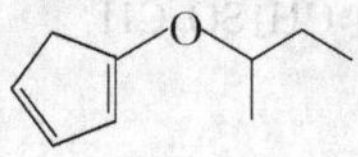

习题 4-35　比较下列各组化合物的沸点高低。

(1) $CH_3CH_2CH_2OH$　　$CH_3CH_2CH_2F$　　$CH_3CH_2CH_2Cl$

(2) 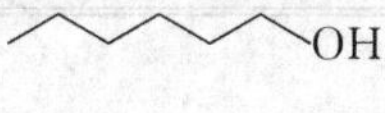

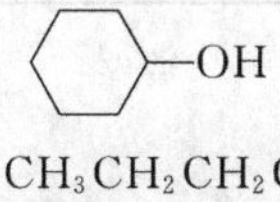

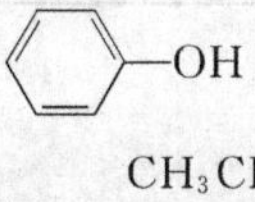

(3) $CH_3CH_2CH_2CHO$　　$CH_3CH_2CH_2CH_2OH$　　$CH_3CH_2OCH_2CH_3$

(4) 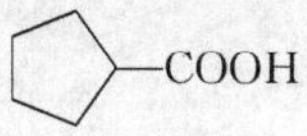

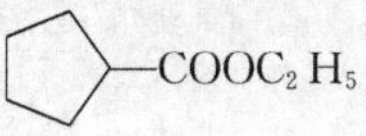

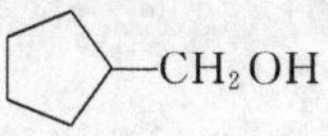

(5) 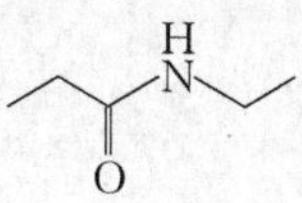

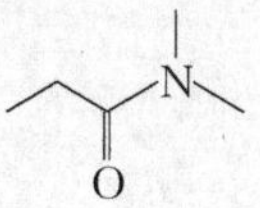

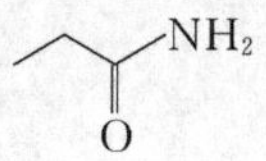

习题 4-36　烯烃的加成反应与醛酮的加成反应有何不同之处？

习题 4-37　C═O 键与 C═N 键相比，哪个更容易发生亲核加成反应？

习题 4-38　醛酮的羰基比羧酸酯的羰基更容易接受亲核试剂的进攻，为什么？

习题 4-39　实验室常用有机溶剂有石油醚、苯、二氯甲烷、三氯甲烷、乙醚、丙酮、甲醇、乙醇、乙酸乙酯、乙腈、二甲基亚砜、*N*,*N*-二甲基甲酰胺等，查阅手册了解哪些可以与水以任意比例互溶。

习题 4-40　试写出下列化合物的共轭酸结构。

(1) $CH_3CH_2CH_2OH$　　(2) $C_6H_5CH_2NH_2$　　(3) $C_6H_5COCH_2CH_3$

(4) $CH_3CH_2CH_2COOH$　　(5) $CH_3CH_2OCH_3$　　(6) $CH_3COOC_2H_5$

习题 4-41　试比较下列各组化合物中有下画线氢的酸性强弱。

(1) $CH_3CH_2C\underline{H}_2COOCH_3$　　$CH_3C\underline{H}_2CH_2COOCH_3$　　$C\underline{H}_3CH_2CH_2COOCH_3$

(2) $C_6H_5C\underline{H}_2C_6H_5$　　$C_6H_5C\underline{H}_2CH_3$　　$C_6H_{11}C\underline{H}_2CH_3$

(3) $C_6H_5C\underline{H}_2NO_2$　　$C_6H_5C\underline{H}_2CN$　　$C_6H_5C\underline{H}_2COCH_3$

(4) $CH_2{=}CHC\underline{H}_2CH_3$　　$HC{\equiv}CC\underline{H}_2CH_3$　　$CH_3CH_2C\underline{H}_2CH_3$

(5)  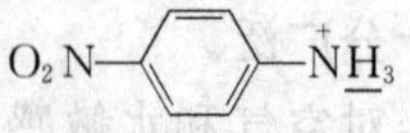 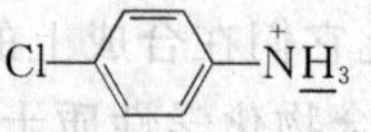

(6) $CH_3COC\underline{H_2}COCH_3$ $CH_3COC\underline{H_2}COOCH_3$ $CH_3COC\underline{H_2}CH_2CH_3$

习题 4－42 试比较下列各组化合物的共轭碱的碱性强弱。

(1) $CH_3CH_2CH_2NH_2$ $CH_3CH_2CH_2OH$ CH_3CH_2COOH

(2) 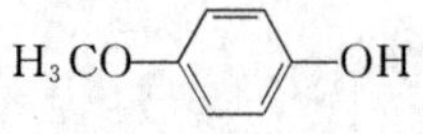 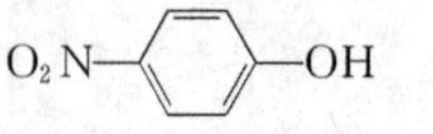 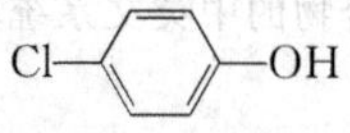

(3) 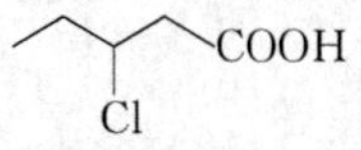 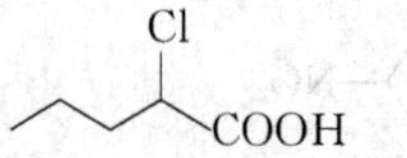 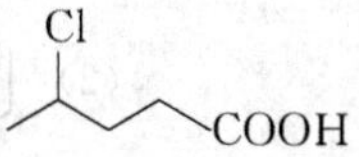

习题 4－43 举例说明分子内氢键对化合物酸性的影响。

习题 4－44 命名下列化合物。

(1) 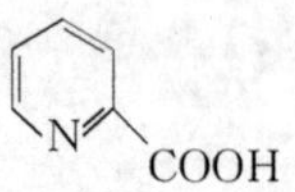 (2) 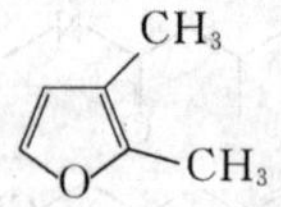 (3) 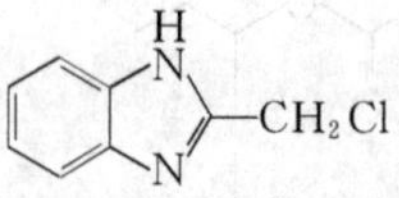

(4) 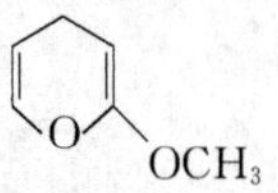 (5) $CH_3SO_2CH_3$ (6) 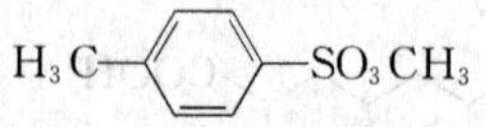

(7) 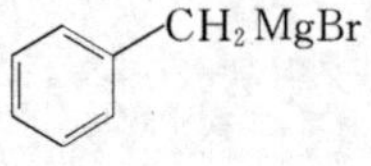 (8) 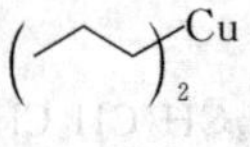 (9) $(C_6H_5)_3P{=}O$

第五章 分子的手性与旋光异构

(Chirality of Molecules and Optical Isomerism)

同分异构是有机化学中一个十分普遍的现象。有机化合物的同分异构体分为构造异构体和立体异构体，其中立体异构体又包括构型异构体和构象异构体。在第二章、第三章和第四章分别讨论了烷烃的构象异构、烯烃的顺反异构以及亚胺的顺反异构。有机化学的立体异构中还有一个十分重要的构型异构现象，即旋光异构。之所以称为旋光异构(optical isomerism)是因为这类异构体有一个重要的性质，即它们能使偏振光发生不同方向的偏转。例如，丙氨酸有两种异构体，在自然界中主要存在的是 L 型的异构体，它能使偏振光向右偏转，其比旋光度为+14.5°，而另一种 D 型的异构体，则使偏振光向左偏转。

L-丙氨酸 $[\alpha]_D^{20}=+14.5°$　　D-丙氨酸 $[\alpha]_D^{20}=-14.5°$

深入地研究发现，旋光异构形成的关键在于分子的不对称性，或者称为手性。当认真观察你的左手和右手时会发现一个现象：它们看上去很相似，但实际上是不同的，其特征是彼此不能完全重叠。如果在你的右手前面放一面镜子，你会发现镜子里的像恰如你的左手一样。即你的左手和右手是实物与镜像的关系，且它们不能完全重叠(图 5-1)。在自然界和日常生活中，还能找到许多这样的例子。如海螺的螺纹，日常生活中使用的螺丝钉等。它们都具有实物不能与镜像重合的特性。这种特性称为手性，英文中使用 chirality 来表达(chiral 来自希腊语 cheir,"手"的意思)。

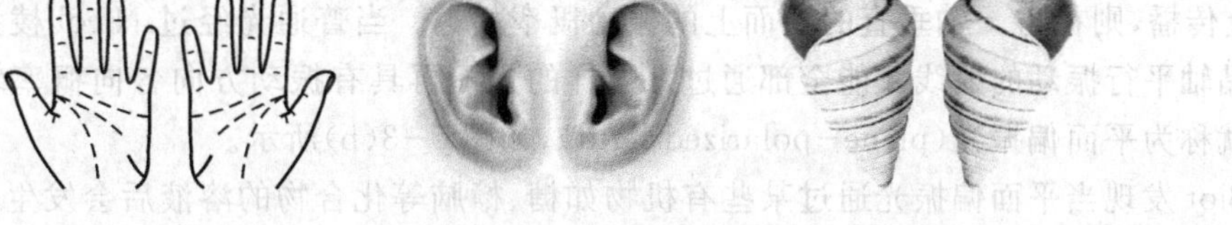

图 5-1　自然界中手性现象

上述丙氨酸这样的异构现象在有机化学中十分普遍，因为这种手性是由分子中的 sp^3 杂化碳原子连接了四个不同的基团而成为不对称分子所引起。而 sp^3 杂化碳原子是有机化合物骨架的基本构成，因此，手性是有机化学中普遍存在的现象，而 sp^3 杂化碳原子的四面体构型正是多数有机化合物可能具有手性的结构基础。

除了 sp^3 杂化碳原子可能形成手性分子外，sp^2 杂化和 sp 杂化碳原子在一定条件下也可能形成手性分子。并且，sp^3 杂化的氮原子，sp^3 杂化的磷原子以及 sp^3 杂化的硫原子也可能形成手性化合物。

有机化合物的手性特征对于它们的很多性质，尤其是对化合物的生物活性有着重要的影响。自然界中许多重要的生物分子如蛋白质和糖都具有特定的手性特征，并且这些手性特征在生命运动中的各种生物分子间及其与小分子间的识别过程中起着十分重要的作用。本章将详细讨论手性分子的基本问题。

5.1 光学活性与对映异构现象的发现

立体化学的研究源于 19 世纪法国科学家 Biot 对平面偏振光的研究。

光波是一种电磁波，电场和磁场振动的方向与光前进的方向相互垂直。如果光线从纸面后方射出，则它的前进方向与纸面垂直，电场和磁场振动的方向可以用箭头表示（如图 5-2）。

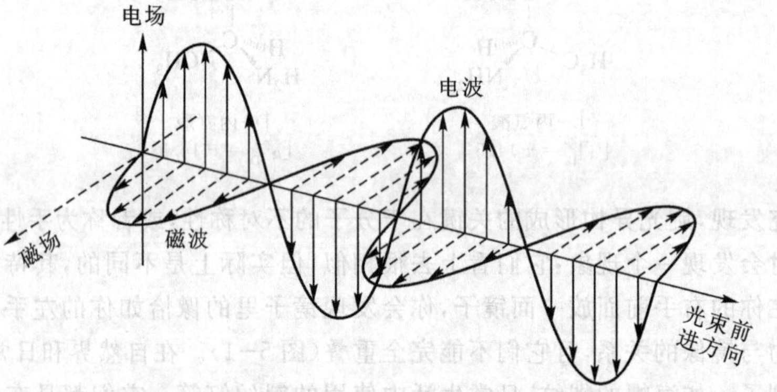

图 5-2 光波

从太阳和电灯等光源发出的光，在振动的波面内各方向具有相同的概率，这种振动方向各向概率均等的光称为自然光（unpolarized light）。图 5-3(a)表示了自然光的这种特性，即自然光在 x 轴上传播，则在与 x 轴垂直的波面上的振动概率相等。当普通光经过 Nicol 棱镜后，只有与棱镜的晶轴平行振动的射线才能全部通过。这样的光不再具有振动方向各向概率均等的特性，这种光就称为平面偏振光（plane-polarized light），如图 5-3(b)所示。

Biot 发现当平面偏振光通过某些有机物如糖、樟脑等化合物的溶液后会发生偏转，但不是所有物质都具有这种特性。这种可以使平面偏振光发生偏转的特性称为旋光活性（optical activity）。

测量液体或溶液的旋光活性的仪器称为旋光仪（polarimeter）。旋光仪的工作原理如图 5-4 所示。旋光仪由一个光源，一个起偏镜，试样池，检偏镜组成。光源发出的普通光经过起偏镜后成为平面偏振光。平面偏振光在经过了置于试样池的有机物质溶液后，是否发生了偏振，以及偏

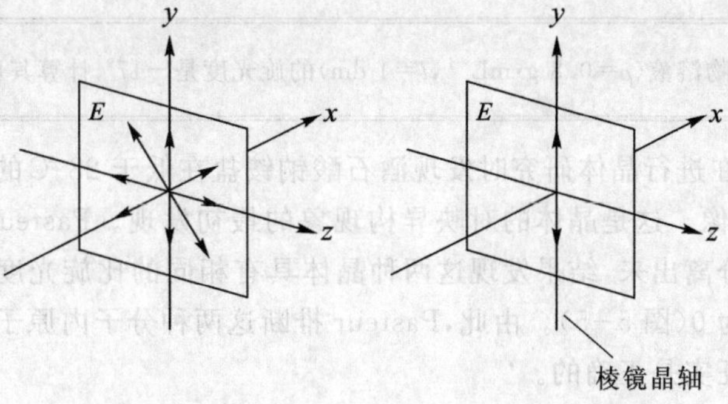

(a) 自然光　　(b) 偏振光

图 5-3　沿 x 轴方向传播的自然光与偏振光对比

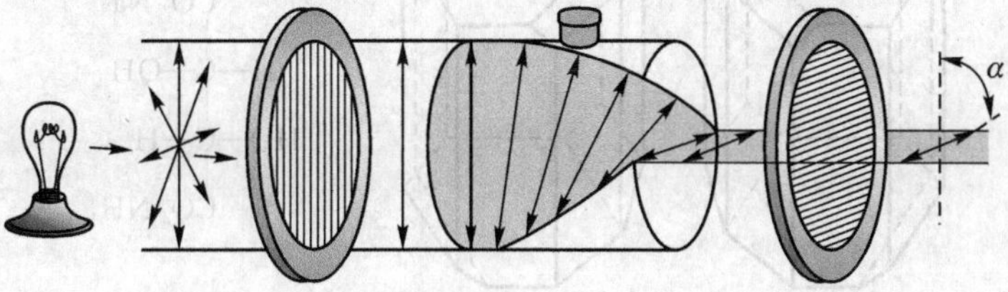

图 5-4　旋光仪工作原理

振角度的大小，则可以由调整检偏镜的角度测量得到。现在的自动旋光仪可以测量微量试样，旋光度可精确到千分之一度。

物质使平面偏振光发生偏转有两个方向，有的使之向左偏转，称为“左旋”(levorotatory)，标记为“(－)”；有的使偏振光向右偏转，称为“右旋”(dextrorotatory)，标记为“(＋)”。物质使偏振光发生偏转的角度大小与试样的浓度成正比，与试样池的长度成正比，此外还与偏振光的波长及测定温度有关。为了便于比较不同物质的旋光活性，通常规定在一定温度(T)和钠光源(589 nm 波长)条件下，试样管长度为 1 dm，试样浓度为 1 g·mL^{-1} 时测得的旋光度称为物质的比旋光度(specific rotation)$[\alpha]_D^T$。比旋光度是一个化合物的物理常数。

$$[\alpha]_D^T=\frac{\alpha}{l\times\rho}$$

式中，上标 T 表示摄氏温度，下标 D 表示钠光源，波长为 589 nm；α 为实测的旋光度；l 为试样池的长度，单位为 dm；ρ 为试样的浓度，单位为 g·mL^{-1}。

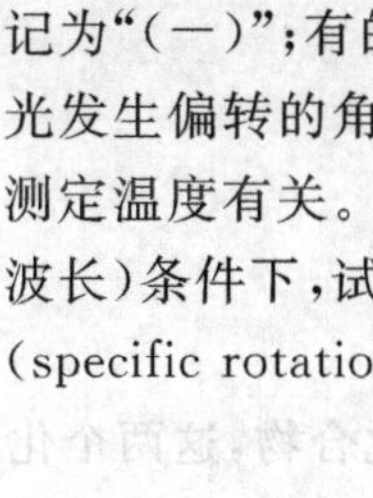

当使用手动旋光仪测定化合物的旋光度时，只要转动到偏振光的振动面与检偏镜(Nicol 棱镜)的晶轴方向相同时，就能看见偏振光。这时的读数就是该化合物的真实旋光度吗？回答是否定的。因为手动转盘只有 360°，而且向右转动 10°与向左转动 350°达到同样的位置，那么旋光度可能是＋10°，也可能是－350°，也可能是在＋10°或－350°之上增加若干个 360°，这时需要进一步试验判断其真实旋光度的值。最简便有效的方法就是将试样溶液的浓度稀释一倍，再测定一次。前后两个值应该成倍数关系，这样得出的数值就是该化合物的真实旋光度。

习题 5-1　测得一个化合物溶液($\rho=0.8\ g\cdot mL^{-1}$,$l=1\ dm$)的旋光度是$-17°$,计算其比旋光度。

1849 年,Pasteur 在进行晶体研究时发现酒石酸钠铵盐在低于 28 ℃的温度下结晶出两种不同的晶体,并且互为镜像。这是晶体的对映异构现象的最初发现。Pasteur 经过细致的工作,在显微镜下将两种晶体分离出来,结果发现这两种晶体具有相同的比旋光度值,但方向相反,而未分离的混合物旋光度为 0(图 5-5)。由此,Pasteur 推断这两种分子内原子空间的排列是不对称的。后来这一推断被证实是正确的。

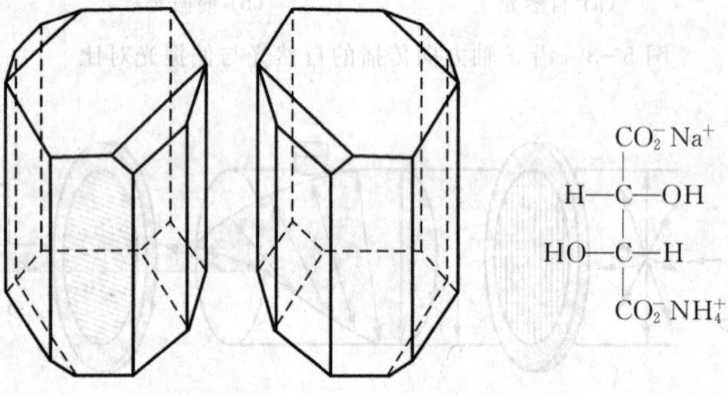

图 5-5　酒石酸铵钠盐晶体示意图

5.2　手性分子与手性碳原子

5.2.1　手性分子

一个化合物的分子与其镜像不能互相叠合,则必然存在一个与镜像相应的化合物,这两个化合物之间的关系,相当于左手和右手的关系,即互相对映。这种互相对映的两个化合物称为对映异构体(enantiomers)。这类化合物分子称为手性分子(chiral molecules)。旋光性是识别分子手性与非手性分子的基本特性。

5.2.2　分子的手性与对称性

手性分子与非手性分子的根本区别在于分子是否具有一定的对称性。手性分子是因为分子不具有某些对称元素,从而使之与其镜像不能相互叠合,而成为对映异构体。

一个物体或分子的对称元素主要有对称轴、对称面、对称中心等。

1. 对称轴

一个物体或分子中如果存在一条轴线,绕这条轴线作一定角度的旋转,这个物体或分子可以回复成与旋转前一样的形象，则这条轴线为该物体或分子的对称轴，标记为 C_n，n 表示该旋转轴转动的角度为 $2\pi/n$ 或其倍数。任何物体或分子均具有 C_1 对称轴。等边三角形具有三条穿过各顶点的 C_2 轴，和一个垂直于三角形所在平面的 C_3 轴。水分子具有一个通过氧原子以及分子平面的 C_2 轴，氨分子则具有一个通过氮原子并垂直于三个氢原子所在平面的 C_3 轴，如图 5-6 所示。

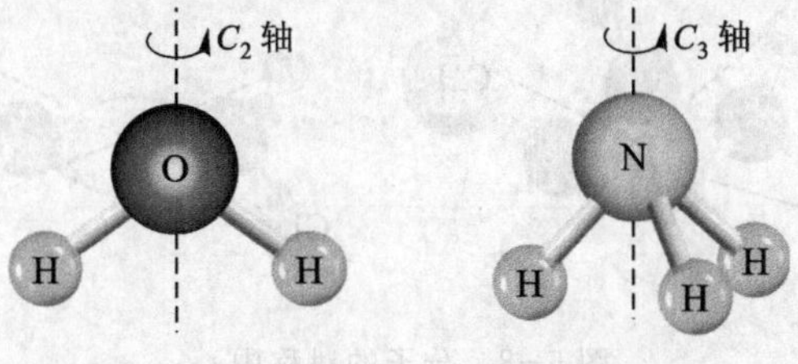

图 5-6　H_2O、NH_3 的对称轴示意图

习题 5-2　甲烷，二氯甲烷分子分别具有多少个对称轴？

2. 对称面

对称面是某些物体或分子中存在的一个面，通过这个面进行对映操作后得到与对映操作前一样的物体或分子外形。任何平面分子都具有一个对称面，即分子所在的平面。因此水分子就存在两个对称面，一个是分子所在的平面，一个是通过其 C_2 轴的对称面。氨分子则存在三个通过 C_3 轴的对称面，如图 5-7 所示(见彩页 2)。

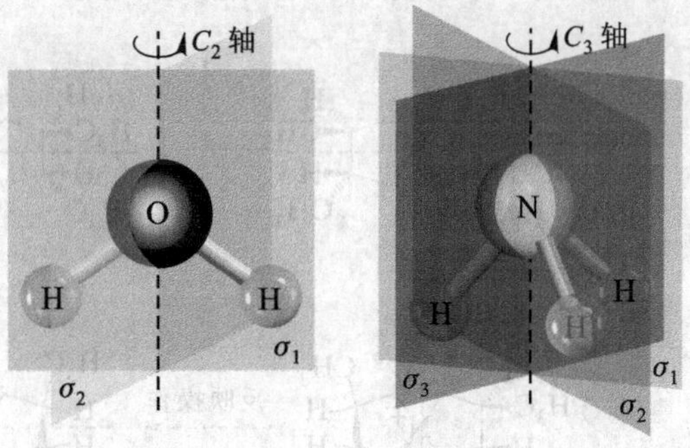

图 5-7　H_2O、NH_3 的对称面示意图

事实上，对称面就是将分子分开成为互为镜像的两半的平面。

习题 5-3　甲烷、二氯甲烷、三氯甲烷分子分别具有多少个对称面？乙烯分子呢？

3. 对称中心

某些物体或分子中存在一个点，将物体或分子相对于该点进行反演后，物体或分子的外形与反演前一样，这个点即为该物体或分子的对称中心，标记为 i(图 5-8)。正方形有一个对称中心，圆或者球也存在对称中心。但是正四面体不存在对称中心，不过由四面体碳原子组成的分子可以有对称中心，如反式1,3-二甲基环丁烷。有机分子中也存在其他的具有对称中心的分子，如(*E*)-1,2-二氯乙烯等。

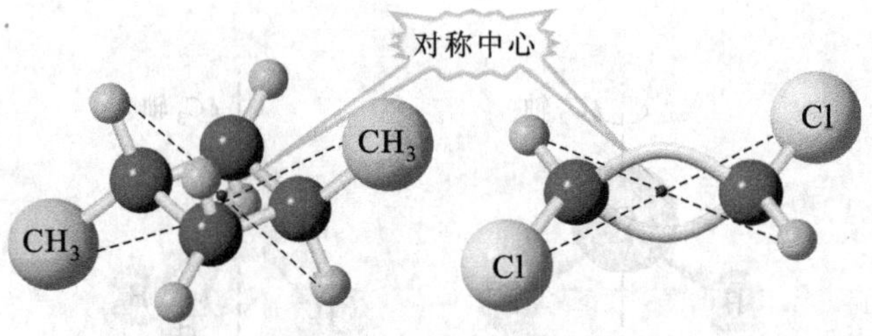

图 5-8 分子的对称中心

4. 象转轴

象转轴与上述对称元素不同，其对应的对称操作要复杂一些。如果物体或分子中存在这样一条轴线，在旋转 $2\pi/n$ 后再相对垂直该旋转轴的平面进行反映，得到的物体或分子的外形与进行对称操作前相同，则这条轴线为 n 次象转轴，标记为 S_n。上述(*E*)-1,2-二氯乙烯具有 S_2。

已经证明：如果一个分子不存在对称面(σ)、对称中心(i)以及四重象转轴(S_4)，则该分子必不能与其镜像重合，即该分子一定是手性分子。

小资料

不存在对称面又不具有对称中心却具有四重象转轴(S_4)的分子很少。1956年，首次合成一个含有四重象转轴的分子。

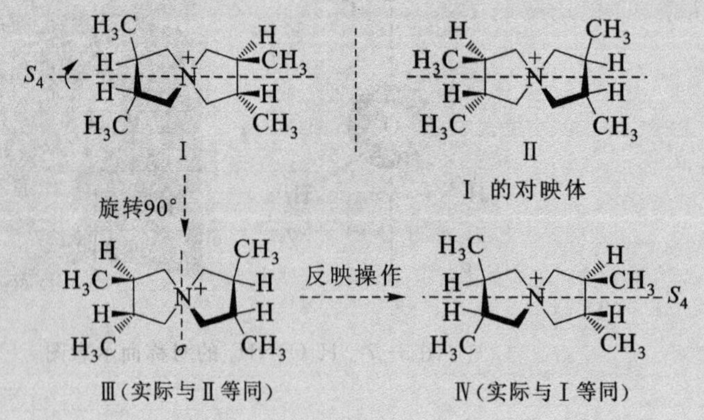

5.2.3 手性碳原子与对映异构

sp^3 杂化的四面体碳原子是多数有机分子具有手性的结构基础。甲烷分子没有对称中心，但是存在四条 C_3 轴，三条 C_2 轴和六个对称面。三条 C_2 轴同时也是三条四重象转轴 S_4(图 5-9，可见彩页 2)。

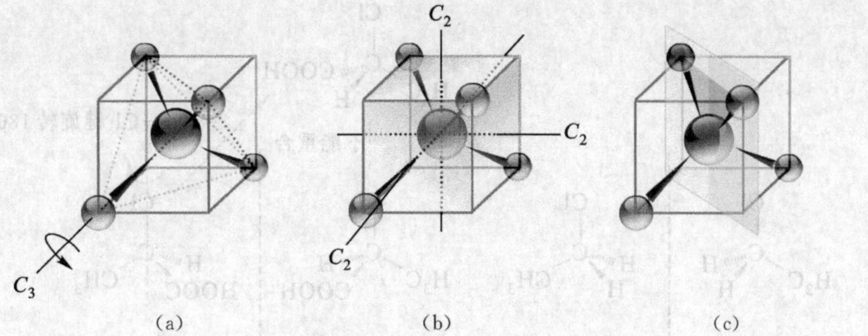

图 5-9　甲烷分子的对称性

(a) 4 条 C_3 轴中的其中一条(每个 H、C 原子连线为一条轴，共 3 条)　(b) C_2 轴共 3 条

(c) 6 个对称面中其中一个(每 2 个同一面上的 H 原子和中央 C 原子三点共面，共 6 组)

从图 5-10 可见，当甲烷分子的一个氢原子被氯取代后，对称性随即下降，只有一条通过 C—Cl 键的 C_3 轴和穿过该 C_3 轴的三个对称面了。假如再将另一个氢原子用甲基取代，则分子对称性进一步下降，只存在一个对称面，即 C—Cl 键和 C—C 键所在的平面(图 5-10 中 X、C、Y 所在的平面)。可见一取代甲烷和二取代甲烷(两个取代基不同)仍然具有对称面，因此，其镜像一定可以与其自身重合，分子没有手性。

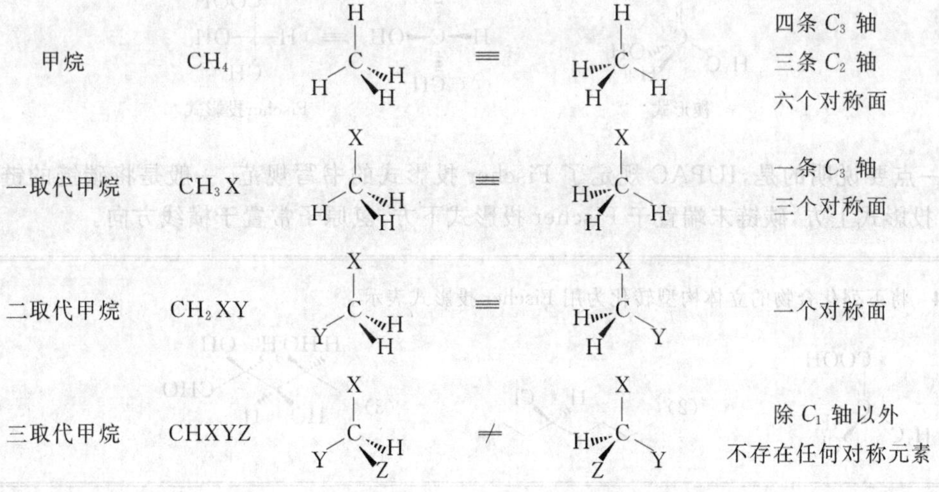

图 5-10　取代甲烷分子的对称元素与对称性分析

如果再将其中一个氢原子用其他原子或基团取代，该分子不再存在除 C_1 轴以外的任何对称元素，其镜像不能与其自身重合。这种连有四个不同基团的 sp^3 碳称为手性碳原子(chiral carbons)。只含有一个手性碳原子的分子必然存在两个不能重合的分子，它们是对映异构体。

对映异构体的物理和化学性质相同，只是旋光活性方面存在差异，即一个使平面偏振光向右偏转，一个使之向左偏转，比旋光度的绝对值相等。因此，将一对对映异构体等量混合后，由于一半分子使偏振光左旋一定角度，另一半分子使之右旋相同的角度，最后测得的比旋光度等于零。这种对映异构体的等量混合物称为外消旋体(racemate)。

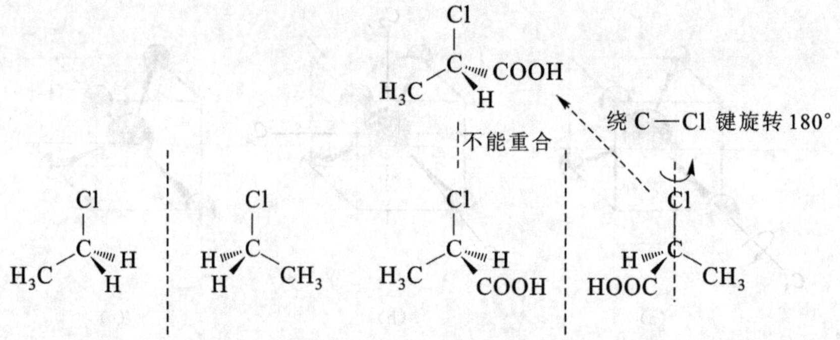

对映异构体的构型有多种表示方法。一种是楔形式（参阅 2.3.1 节），将碳原子与之相连的两个 σ 键原子放置在纸面上，另两个 σ 键原子则一个在纸面后方，一个在纸面前方，分别用虚线和楔形线表示，如上述对映异构体的表示式。另一种常用表示方法是 Fischer 投影式。将一个四面体碳原子置于纸平面上，两个基团指向纸面的前方（横线表示），另两个基团指向纸面的后方（竖线表示），光从纸平面前方照射投影到后方就显出一个“十”字。横线代表纸面前方的，竖线代表纸面后方的。要注意的是“十”字中心的碳原子不能写出，因为一旦写出“C”就变成了一般的构造式，而不再具有任何立体意义了。以下对照了 2-羟基丙酸的两种表示方法。

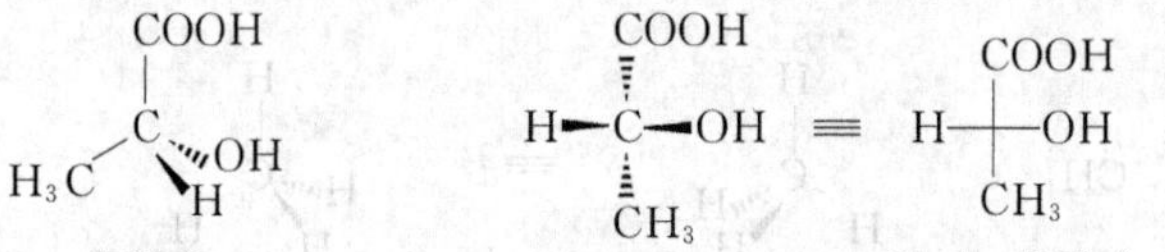

楔形式 Fischer投影式

有一点要说明的是，IUPAC 规定了 Fischer 投影式的书写规范，一般是将碳链的链头置于 Fischer 投影式上方，碳链末端置于 Fischer 投影式下方，氢原子常置于横线方向。

习题 5-4 将下列化合物的立体构型转化为用 Fischer 投影式表示。

(1) 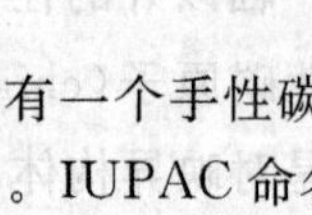 (2) 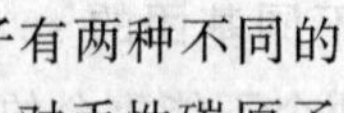 (3) 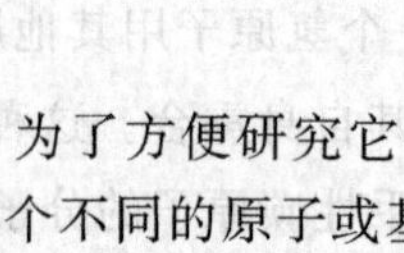

5.2.4 手性碳原子的 *R*、*S* 构型

含有一个手性碳原子的分子有两种不同的空间排布。为了方便研究它们，需要给这两种构型命名。IUPAC 命名原则规定：对手性碳原子所连接的四个不同的原子或基团按照次序规则排序，然后将排在最后的基团置于远离观察者的位置，根据所看到的另外三个基团的排列顺序进行命名。如果是顺时针排列，则命名为“*R*”构型；如果是逆时针排列，则命名为“*S*”构型，如图 5-11 所示。

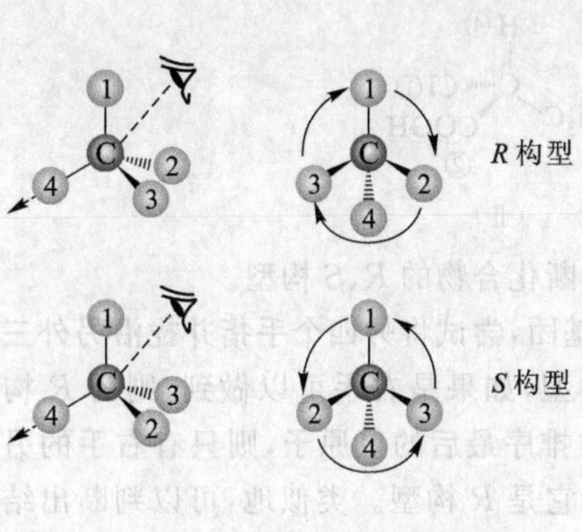

图 5-11 IUPAC 对 R、S 构型的规定图解

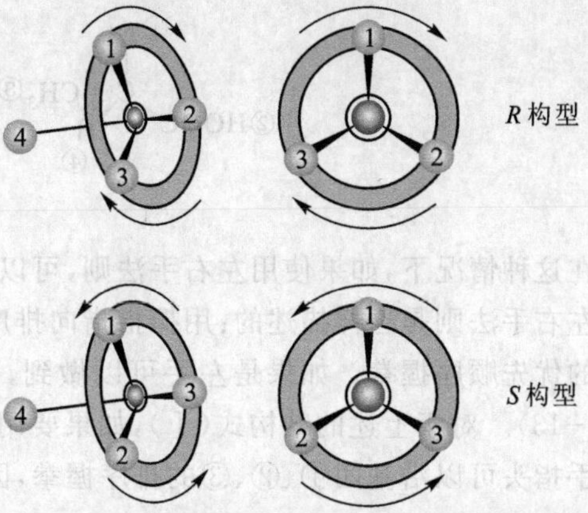

图 5-12 借助方向盘的想象进行 R 与 S 构型的判断

也可以将四面体碳原子想象成为一个方向盘，帮助理解 IUPAC 命名原则。按次序规则排列在最后的原子或基团在方向盘的连杆上，其他三个原子或基团则在圆盘上，如果是顺时针排列，则为“R”构型；如果是逆时针排列，则为“S”构型（图 5-12）。

举例分析如下：

2-丁醇的 C2 连有氢原子、甲基、乙基和羟基等四个不同的基团，是一个手性碳原子，整个分子成为手性分子。手性碳连接的四个基团的排序为 $H < CH_3 < C_2H_5 < OH$，则下图左边的结构式代表 R 构型，右边的结构是 S 构型。

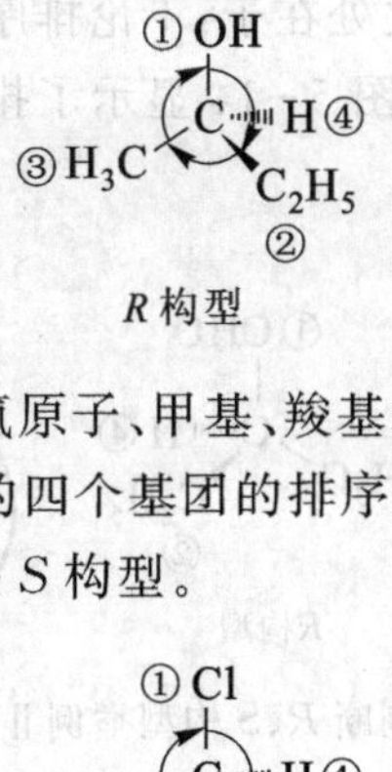

R 构型

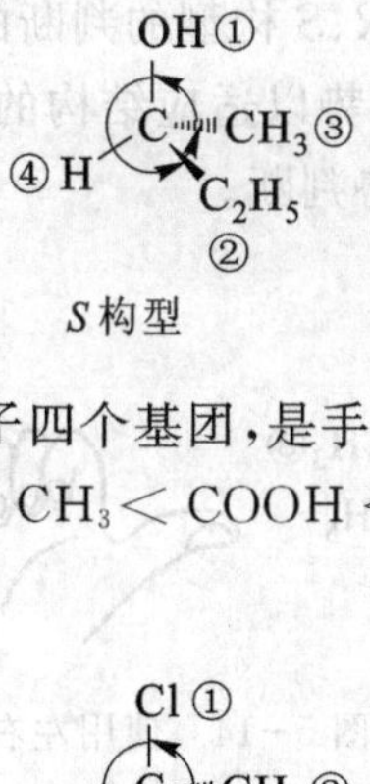

S 构型

2-氯丙酸的 C2 连有氢原子、甲基、羧基和氯原子四个基团，是手性碳原子，整个分子也是手性分子。手性碳原子连接的四个基团的排序为 $H < CH_3 < COOH < Cl$，则下图左边的结构式代表 R 构型，右边的结构是 S 构型。

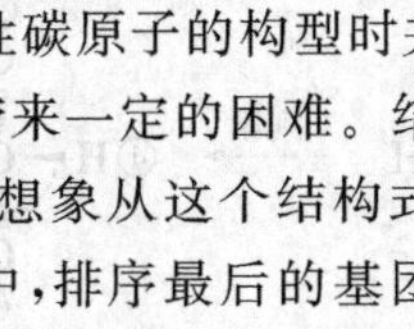

R 构型

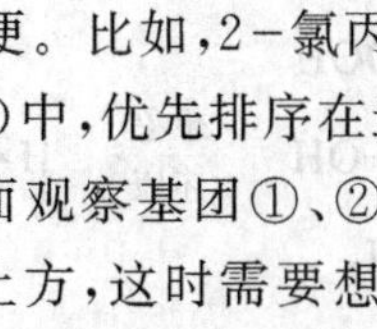

S 构型

由于基团在空间位置的表达方式不同，有时直接使用 IUPAC 命名原则或上述借助方向盘的想象来判断含有一个手性碳原子的构型时并不方便。比如，2-氯丙酸如果表达为以下两种方式，则给 R、S 构型的判断带来一定的困难。结构（Ⅰ）中，优先排序在最后的基团处于纸面前方，距离观察者最近，这时需要想象从这个结构式的背面观察基团①、②、③的排列顺序，从而判断 R、S 构型。而结构式（Ⅱ）中，排序最后的基团处于上方，这时需要想象从这个结构式的下方观察，判断 R、S 构型。这种想象过程中容易出错而导致构型判断错误。

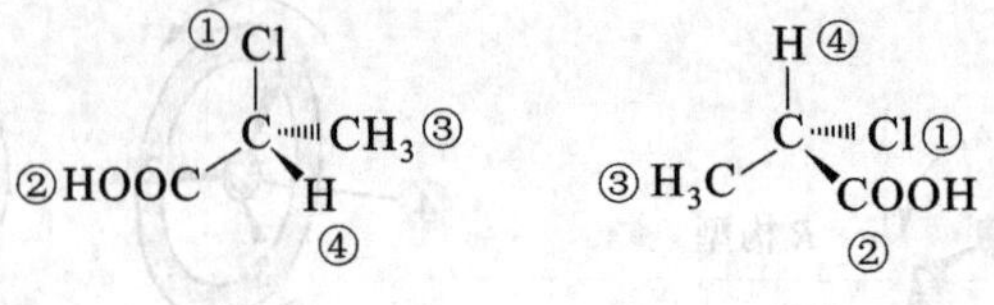

（Ⅰ）　　　　　　（Ⅱ）

在这种情况下，如果使用左右手法则，可以方便地判断化合物的 R、S 构型。

左右手法则是这样描述的：用拇指指向排序最后的基团，尝试将另四个手指并拢沿另外三个基团的优先顺序握拳。如果是左手可以做到，则为 S 构型，如果是右手可以做到，则为 R 构型（图 5-13）。对于上述的结构式（Ⅰ），如果要用拇指指向排序最后的氢原子，则只有右手的另外四个手指头可以沿基团①、②、③的排序握拳，因此，判断它是 R 构型。类似地，可以判断出结构式（Ⅱ）是 S 构型。

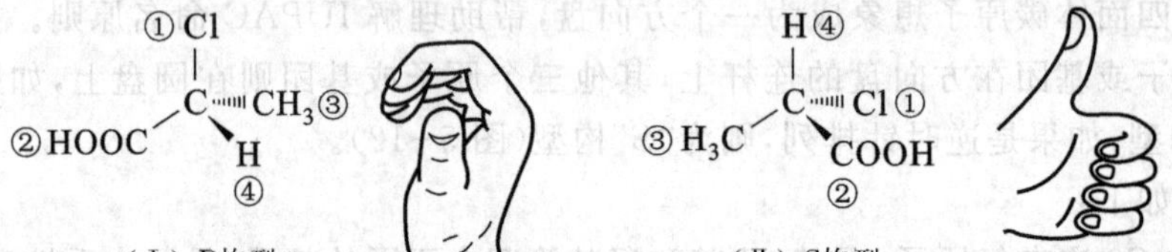

（Ⅰ）R构型　　　　（Ⅱ）S构型

图 5-13　使用左右手法则判断 R、S 构型举例Ⅰ

使用左右手法则进行 R、S 构型的判断的方便之处在于：不论排序最后的基团处于空间的什么位置，都能够通过改变手势以适应结构的特征。图 5-14 显示了排序最后基团处于楔形式的另外两个不同位置时的手势判断。

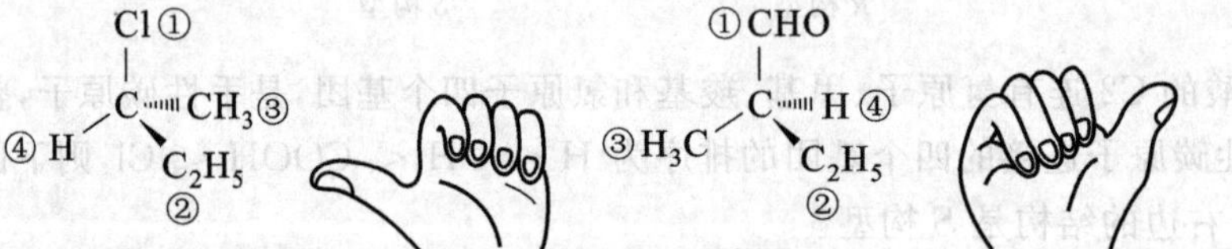

S构型　　　　R构型

图 5-14　使用左右手法则判断 R、S 构型举例Ⅱ

如果化合物的立体构型用 Fischer 投影式表示，则使用 IUPAC 命名原则判断其构型时，需要首先通过想象还原其真实结构，即将在横线的基团想象成在纸平面上方，而在竖线的基团想象成在纸平面下方。

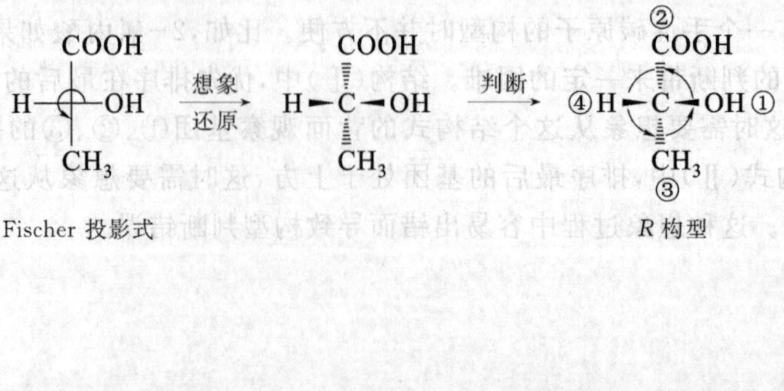

Fischer 投影式　　　　R 构型

上例中从纸面方向看，优先基团排序的旋转方向是逆时针，由于优先排序最后的氢原子处于横线方向，即实际是最靠近我们，所以最终还原后判断的构型是 *R* 构型。对多个实例进行考察后发现，这是一般规律。因此人们提出了判断 Fischer 投影式 *R*,*S* 构型的简便方法，即纸面分析法。使用此方法，无需想象基团在空间的位置，只需要在纸面上判断排序基团的顺序就可以准确地判断 *R*,*S* 构型。具体步骤如下：首先根据次序规则确定手性碳原子上连接的原子或基团的优先次序，然后分两种情况进行判断：① 当优先排序最后的基团处于竖线方向时，则意味着排序最后的基团远离我们，可以直接根据 IUPAC 命名原则命名 *R*、*S* 构型，即顺时针排列为 *R* 构型，逆时针排列为 *S* 构型；② 当优先排序最后的基团处于横线方向时，意味着该基团最靠近我们，此时从纸面上看到的另外三个基团的优先顺序如果是顺时针排列，则为 *S*，如果是逆时针排列，则为 *R*。

例如，2-羟基丙酸的两个对映异构体分别用如下的两个 Fischer 投影式表示，右边结构式的氢在竖线上，基团①、②、③的优先顺序是逆时针方向排列，构型是 *S* 型；左边结构式中氢在横线上，基团①、②、③的优先顺序仍然是逆时针方向排列，但构型是 *R* 型。

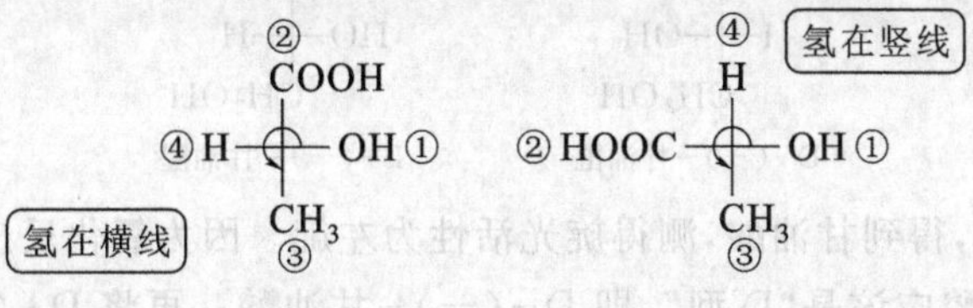

R 构型——逆时针方向排列　　*S* 构型——逆时针方向排列

从以上判断可以看出，当 Fischer 投影式的两个基团互换位置后，则改变了该化合物的构型。如果 Fischer 投影式在纸面上旋转 90°，则构型也发生改变，如 3-氨基丁酸用以下的左式表示时代表的是 *R* 构型，而在纸面旋转 90°后，则表示 *S* 构型，再继续沿同一方向旋转 90°后，即相当于向同一方向旋转了 180°，则又表示 *R* 构型。由此可见，Fischer 投影式在纸面上旋转 180°，则构型不发生改变。

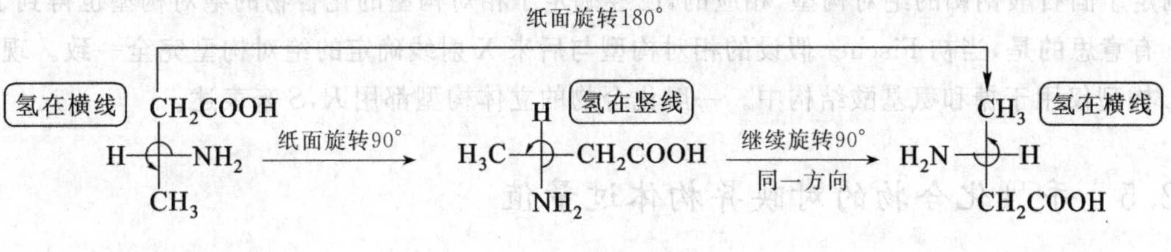

(*R*)-3-氨基丁酸　　(*S*)-3-氨基丁酸　　(*R*)-3-氨基丁酸

习题 5-5　写出下列化合物名称所代表的结构式。（用楔形式或 Fischer 投影式表示）

(1) (*R*)-3-羟基己酸　　(2) (*S*)-2,2-二甲基-3-溴丁烷

(3) (*R*)-3-甲基环己酮　　(4) (2*R*,3*S*)-2,3-二羟基丁二酸二乙酯

习题 5-6　判断以下手性碳原子的构型。

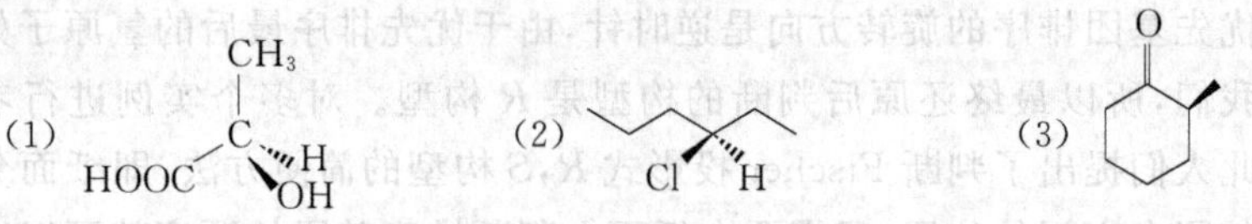

与化合物的其他性质一样，旋光性与结构有着密切关系。R,S 构型分别代表了手性分子的某一特定构型，但是 R 构型的分子未必使偏振光发生向右偏转。例如，(R)－甘油醛的旋光性是右旋，但是(R)－乳酸的旋光性是左旋。这是因为 R,S 构型判别中是依据基团中原子序数大小进行优先排序的，这种排序未必代表了结构与旋光性的对应关系。因此，不能从化合物的 R,S 构型去推断其旋光性为左旋或者右旋。

反过来，测定出一个化合物的比旋光度，也不能推断分子的实际构型。分子内原子的实际空间构型(即绝对构型)可以用两个方法确定：一是采用构型关联法，二是应用 X 射线单晶衍射法。以下着重介绍构型关联法。

1891 年 Fischer 规定了右旋甘油醛和左旋甘油醛的构型，分别取名为 D 型和 L 型。

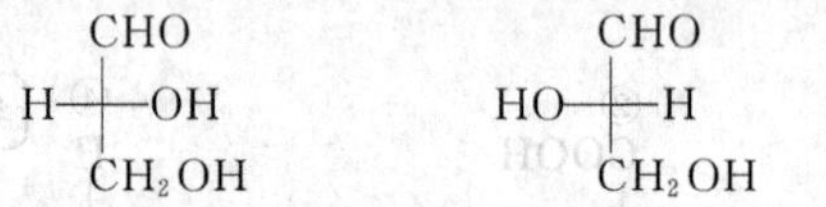

D－(＋)－甘油醛　　L－(－)－甘油醛

然后氧化(＋)－甘油醛，得到甘油酸，测得旋光活性为左旋。因为氧化反应中不涉及手性中心碳原子，所以(－)－甘油酸应该是"D 型"，即 D－(－)－甘油酸。再将 D－(－)－甘油酸还原得到(－)－乳酸，其构型也必为 D 型。

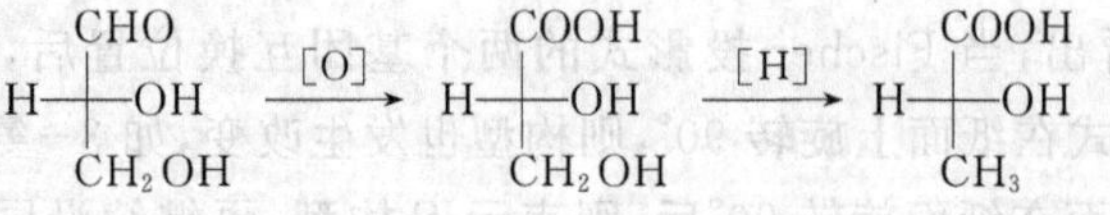

D－(＋)－甘油醛　　D－(－)－甘油酸　　D－(－)－乳酸

在 1951 年前的几十多年间，科学家们通过关联法确立了大量化合物的构型。因为(＋)－甘油醛和(－)－甘油醛的构型在当时是假定的，所以实际上得到是相对构型。直到 1951 年，X 射线测定了酒石酸钠铷的绝对构型，相应的，已经确定了相对构型的化合物的绝对构型也得到了确定。有意思的是，当初 Fischer 假设的相对构型与后来 X 射线确定的绝对构型完全一致。现在，D,L 构型仅用于糖和氨基酸结构中。一般化合物的立体构型都用 R,S 来表述。

5.2.5　手性化合物的对映异构体过量值

应用化学合成方法制备手性有机化合物时，很难获得单一的手性分子，而常常得到其中一种异构体过量的对映异构体混合物。这时往往采用对映异构体过量值(enantiomeric excess，简称 ee 值)表示该手性化合物的纯度。

$$\text{对映异构体过量值(ee 值)}=\frac{\text{含量较多的对映异构体量}-\text{含量较少的对映异构体量}}{\text{含量较多的对映异构体量}+\text{含量较少的对映异构体量}}\times 100\%$$

$$=\text{主要的对映异构体百分含量}-\text{次要的对映异构体百分含量}$$

例如，某手性合成得到 R 构型产物 99 %，而 S 构型产物仅占 1 %，其 ee 值为 98%，如果 R 构型产物占 95%，S 构型产物占 5 %，则 ee 值为 90 %。

手性化合物的纯度除了用对映异构体过量值表示外，还可以用光学纯度表示。光学纯度(optical purity，简称 op 值)是指某手性化合物实际测得的比旋光值与其单一异构体的比旋光值的百分比。

$$\text{光学纯度(op 值)}=\frac{\text{实际测得的比旋光值}}{\text{单一异构体的比旋光值}}\times 100\%$$

例如(S)-(+)-2-丁醇的比旋光值为 +13.00，某个实际合成得到的2-丁醇所测得的比旋光值为 +5.30，该2-丁醇试样的 op 值即为 40.76 %。

理论上，ee 值应该等于 op 值。如上例的2-丁醇试样的 ee 值也应该等于 40.76%。但是实际上由于旋光值受到试样纯度的影响，op 值与 ee 值可能有一定偏差。例如，如果上例的2-丁醇试样的2-丁醇含量不足 100%，则 ee 值就不等于 40.76% 了。假如试样中含有很微量的旋光物质，即使只有 0.1%，都会给 op 值的测定带来很大的误差。因此，目前比较认可的准确测定对映异构体纯度的方法为手性色谱柱方法(参阅 5.7 节)，如手性气相色谱或者手性高效液相色谱。如果测试条件适当，则通过手性色谱柱的方法可以准确地测定出试样的 ee 值，并同时确定试样是否含有其他杂质。

5.3 含有两个及两个以上手性碳原子的手性分子

当一个分子中含有两个或两个以上手性碳原子时，由于每个手性碳原子都可以有 R 和 S 两种构型，因此含有 n 个手性碳原子分子的构型异构体数目为 2^n。例如，2-氨基-3-羟基丁酸，总共有四个构型异构体，其中两对为对映异构体[(Ⅰ)和(Ⅱ)，(Ⅲ)和(Ⅳ)]，如图 5-15。而(Ⅰ)与(Ⅲ)或(Ⅳ)，以及(Ⅱ)与(Ⅲ)或(Ⅳ)的关系，则为"非对映异构体"(diastereomers)。非对映异构体是指那些不互为镜像的立体异构体。

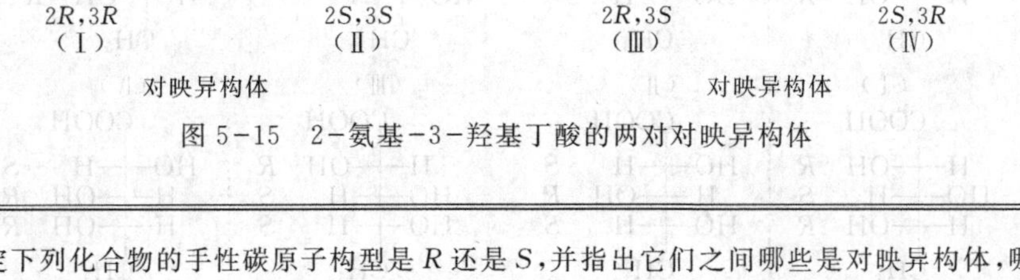

2R,3R (Ⅰ)　2S,3S (Ⅱ)　2R,3S (Ⅲ)　2S,3R (Ⅳ)

图 5-15　2-氨基-3-羟基丁酸的两对对映异构体

习题 5-7　确定下列化合物的手性碳原子构型是 R 还是 S，并指出它们之间哪些是对映异构体，哪些互为非对映异构体，哪些是相同的。

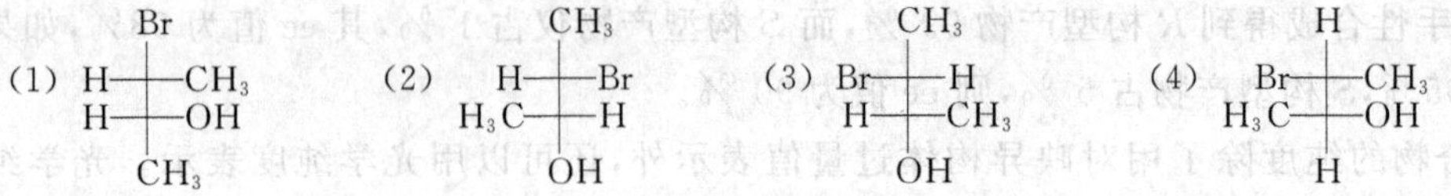

习题 5-8　chloramphenicol 是 1949 年分离得到的具有很强杀菌作用的化合物，其结构如图所示。试确定其手性碳原子的构型。

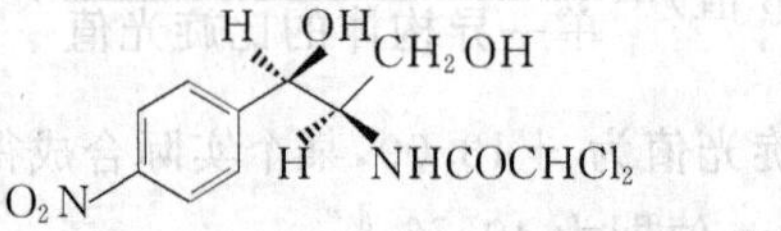

氯霉素

当一个化合物中含有两个相同的手性碳原子时，构型异构体数目将减少，如酒石酸。图 5-16 显示，(Ⅲ)与(Ⅳ)是相同的分子，只要把(Ⅲ)在纸平面上旋转 180°就可以与(Ⅳ)重叠了。仔细观察(Ⅲ)，可以发现在 C2 与 C3 间存在一个对称面，所以该分子不是手性分子。这类含有两个或多个手性碳原子，但是存在对称面的分子称为内消旋体(meso)。

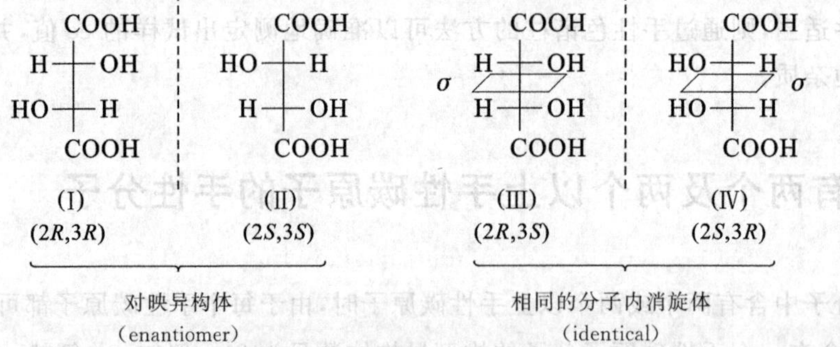

图 5-16　酒石酸的手性异构体

习题 5-9　*cis*-1,4-二甲基环己烷具有手性碳原子吗？这个分子是手性分子吗？*cis*-1,2-二甲基环己烷又如何呢？

含有三个手性碳原子的分子，最多可产生 $2^3=8$ 个构型异构体，它们是四对对映异构体。例如，2,3,4-三羟基戊酸的四对对映异构体结构如下所示：

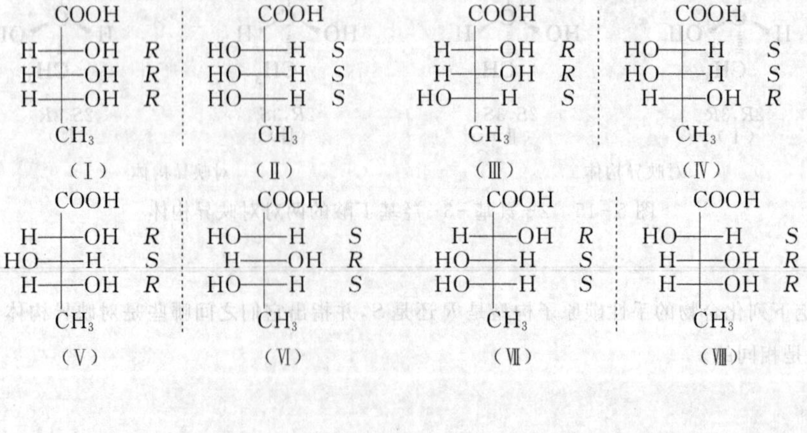

不过当分子中存在相同的手性碳原子时，异构体数目会相应减少。例如，2,3,4-三羟基戊二酸有三个手性碳原子，虽然可以写出图 5-17 的八个结构式，但是，因为 C2 和 C4 是相同的手性碳原子，2,3,4-三羟基戊二酸实际只有四个立体异构体。图 5-17 中有四个结构式不离开纸面进行 180°旋转就可以转化成另四个结构式，这意味着每一对以恒等号联系的两个结构式代表的是同一个化合物。（Ⅰ）与（Ⅴ）、（Ⅱ）与（Ⅵ）之间是非对映异构的关系，而（Ⅲ）与（Ⅳ）或（Ⅶ）与（Ⅷ）之间是对映异构的关系。

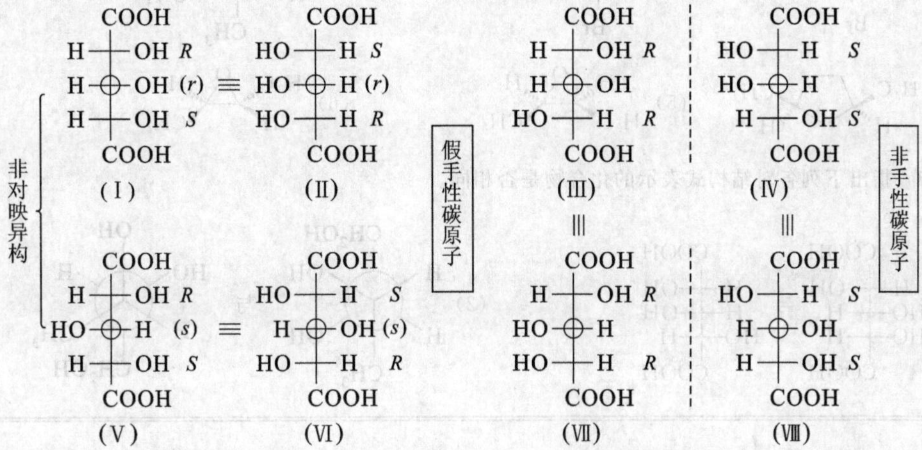

图 5-17　2,3,4-三羟基戊二酸的手性异构体

2,3,4-三羟基戊二酸的四个立体异构体中，当 C2 和 C4 的构型相反时，即分别为 *R*-或 *S*-[结构式（Ⅰ）或（Ⅱ）与（Ⅴ）或（Ⅵ）]，分子中的 C3 从理论上说是一个手性碳原子。但是从它们的 Fischer 结构中，可以明显看出，通过 C3 分子存在着一个对称面，此时，无论 C3 的构型如何，这些结构式代表的都是非手性分子。因此，我们称 C3 为假手性碳原子（pseudo-chiral carbon），也称为假不对称碳原子（pseudo-asymmetric carbon）。而结构式（Ⅰ）[或（Ⅱ）]与结构式（Ⅴ）[或（Ⅵ）]代表了一对非对映异构体。

而当 C2 和 C4 的构型相同时，即同为 *R* 或 *S* 构型，C3 实际上连接了两个完全相同的基团，因此，C3 是一个非手性碳原子（achiral carbon）。这时，C2 和 C4 同为 *R* 构型的结构式Ⅲ或Ⅶ与同为 *S* 构型的结构Ⅳ或Ⅷ是一对对映异构体。

习题 5-10　分析下列化合物有几个手性原子。

（1）胆固醇（cholesterol）

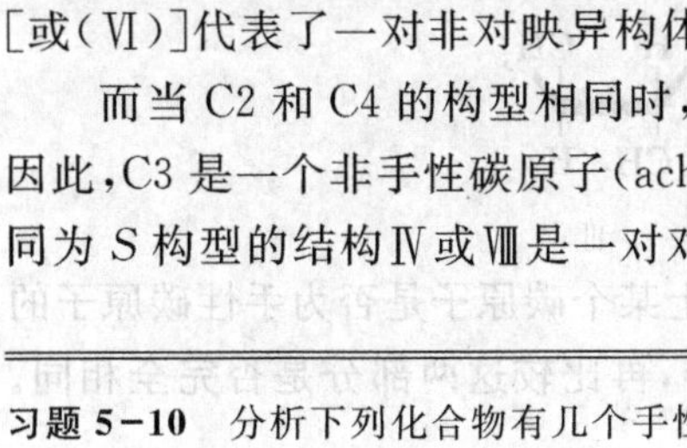

（2）吗啡（morphine）

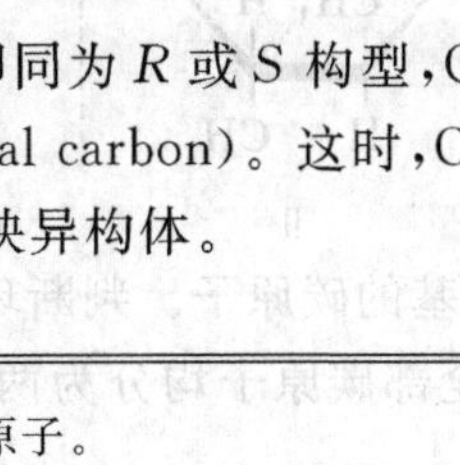

（3）麻黄素（ephedrine）

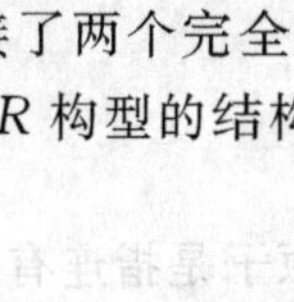

习题 5-11　写出下列化合物的构型异构体，并回答是否有内消旋体。

(1) 2,3-二溴丁烷　　(2) 2,3-二溴己烷

(3) 2,4-二溴戊烷　　(4) 2,4-二溴己烷

习题 5-12　下列哪些结构代表的是内消旋体？

(1) 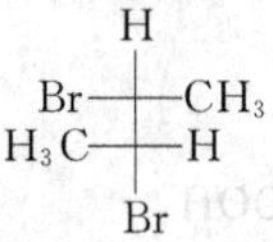

(2) 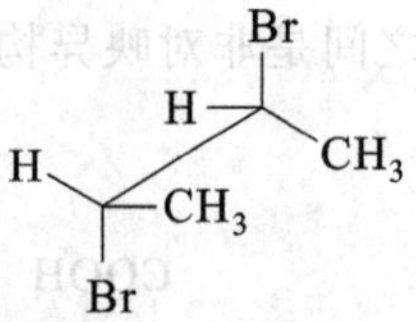

(3) 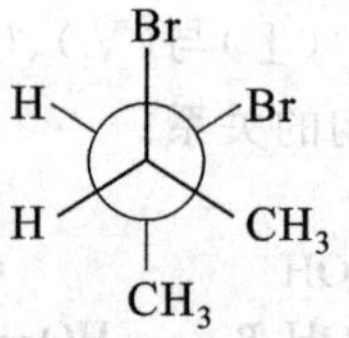

(4) 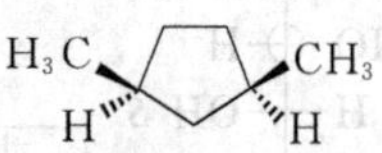

(5) 

(6) 

习题 5-13　指出下列各对结构式表示的化合物是否相同。

(1) 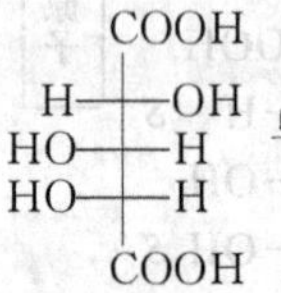 与 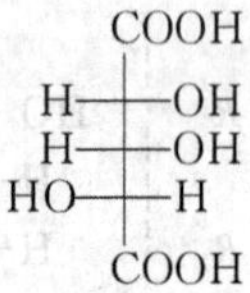

(2) 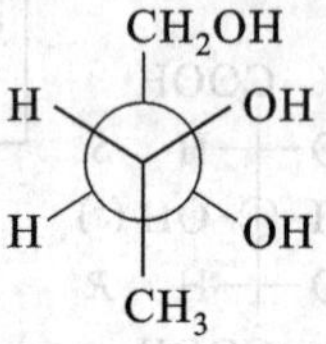 与 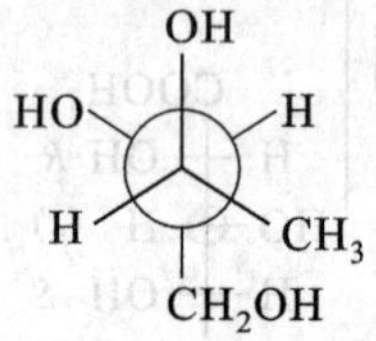

5.4　环状化合物的构型异构问题

多数情况下，二取代环烷烃不仅存在顺反异构，也存在旋光异构。

例如，1,2-二甲基环己烷，可以写出三个异构体，一个为顺式，两个反式，Ⅱ和Ⅲ其实是一对对映异构体。

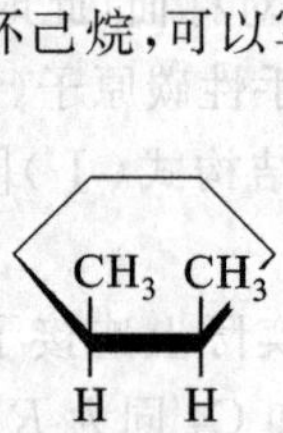
Ⅰ

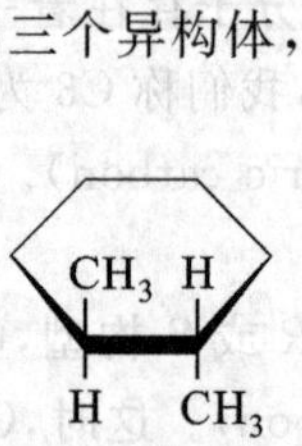
Ⅱ

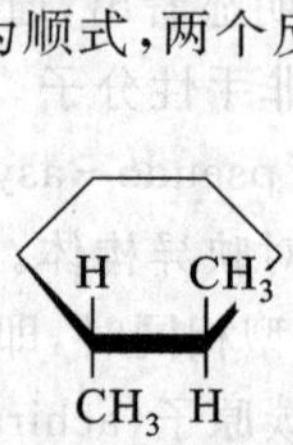
Ⅲ

手性碳原子是指连有四个不同取代基的碳原子。判断环上某个碳原子是否为手性碳原子的一个基本方法是：通过该碳原子将环上全部碳原子均分为两半，再比较这两部分是否完全相同。如果不同则该碳原子是手性碳原子。

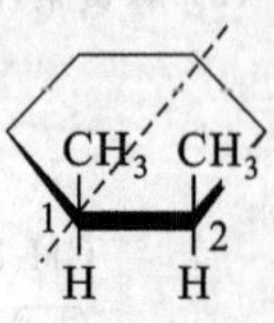
C1连接有H，CH_3，CH_2—，$CH(CH_3)$—

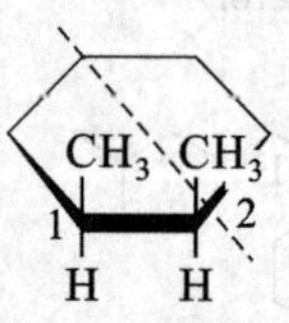
C2也连接有H，CH_3，CH_2—，$CH(CH_3)$—

根据这一方法，分析 1,2-二甲基环己烷的 C1 和 C2，可以看出它们都是手性碳原子，并且是

两个相同的手性碳原子。因此,只能存在上述三个异构体,其中的顺式异构体存在一个对称面,是含有两个相同手性碳原子的内消旋体。

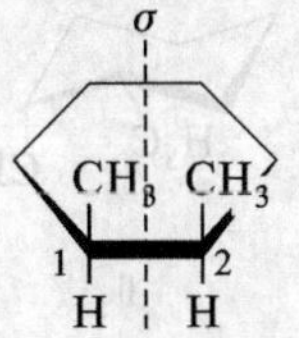

如果将其中一个甲基更换为乙基,则成为含有两个不同手性碳的分子,这时,顺式分子中不再存在对称面,因此也存在一对对映异构体。

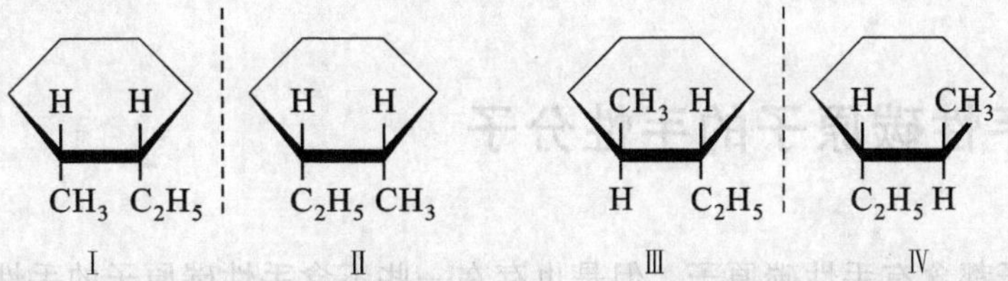

对于取代环烷烃,如果是含有手性碳原子的情况,更准确的命名应该使用 R,S 构型,而不是使用顺反构型。或者从另一个角度来理解,则顺反构型说明的是两个取代基相对的空间构型情况,而 R,S 构型则用于说明各个异构体每个碳原子准确的绝对构型。

习题 5-14 写出 1,3-二氯环己烷和 1-氯-3-溴环己烷的全部构型异构体,并指出它们的对映异构关系及是否存在内消旋体。

与 1,2-或 1,3-二取代环己烷不同,1,4-二取代环己烷分子中存在一个通过 C1 和 C4 及其取代基的对称面,因此不是手性分子。C1 和 C4 根据前面指出的方法进行分析也不是手性碳原子,因此只有顺反异构问题而没有对映异构或非对映异构问题。命名中也就直接使用顺式(*cis*-)或者反式(*trans*-)加以区别。

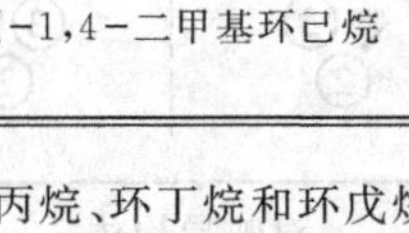

顺-1,4-二甲基环己烷

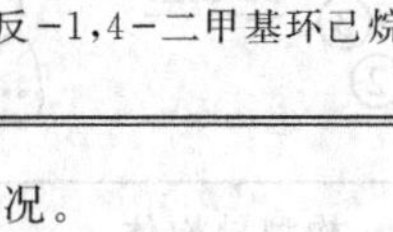

反-1,4-二甲基环己烷

习题 5-15 分析二取代环丙烷、环丁烷和环戊烷的构型异构体情况。

在分析上述环烃的构型问题时,没有考虑环烃的构象,而是简单地将环看作平面来处理。需要说明的是:这种处理方法是合理的。因为将环作为平面简化处理,其实是代表了各种构象的综合结果。已经知道,化合物的构象是无数的,许多构象之间的关系也是对映异构的关系,且互为对映异构关系的构象之间往往又是可以相互转化的,并且由于能量相等,也是等量存在的。例如,顺-1,2-二甲基环己烷有两个可能的椅型构象,它们的关系是对映异构的关系,且可以通过环翻转而迅速转换。

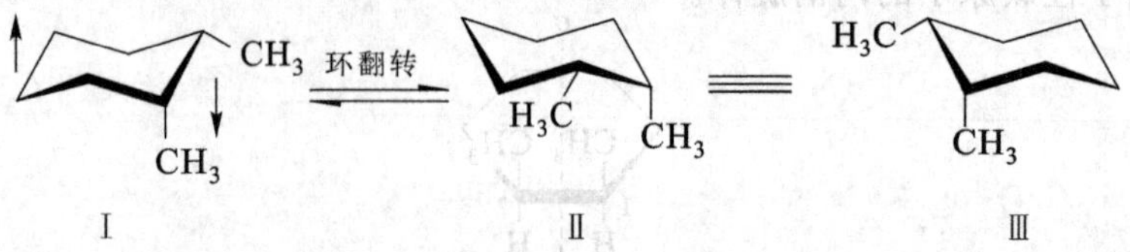

习题 5-16　在丁烷的构象分析中，有两个邻位交叉构象和两个部分重叠构象，确定它们是否为对映异构关系。

5.5　不含手性碳原子的手性分子

多数手性分子都含有手性碳原子。但是也存在一些不含手性碳原子的手性分子。

5.5.1　含氮、磷、硫原子的手性分子

与碳原子类似，氮、磷、硫也可以进行 sp^3 杂化。如果将孤对电子看成一个“取代基”，也可能形成手性氮原子、手性磷原子。只是通常条件下含孤对电子的开链叔胺较容易翻转，因此通常把这种异构归属于构象异构。季铵阳离子和季鏻阳离子则类似于四面体碳，当连接的四个基团不同时，就成为手性氮原子和手性磷原子。

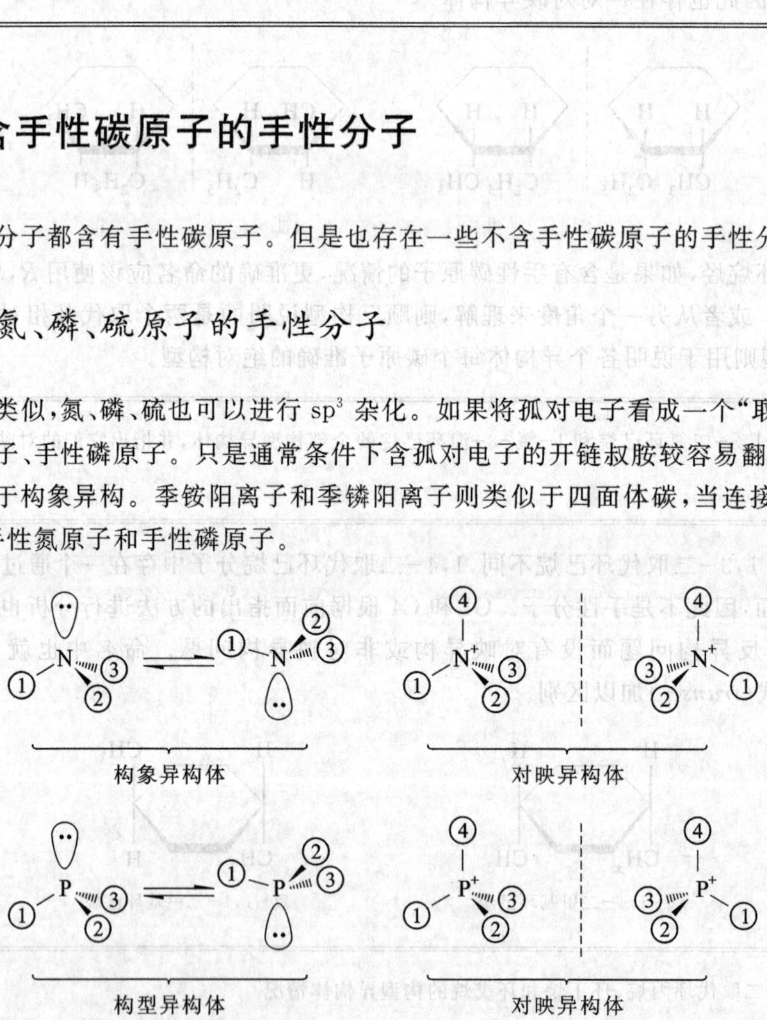

叔胺的两个异构体属于构象异构，而三烷基膦的两个异构体归属于构型异构，说明构型异构与构象异构的划分界线关键在于异构体之间的转化能垒高低。如果异构体相互转化的能垒较低，异构体之间在室温可以相互转化，不能分离，则成为构象异构体。如果异构体之间转化的能垒较高，室温下难以相互转化，可以分离，则成为构型异构体。如果叔胺受环状结构阻碍不能翻转，如 Troger′s 碱，则成为具有构型异构的手性分子。

Troger's 碱

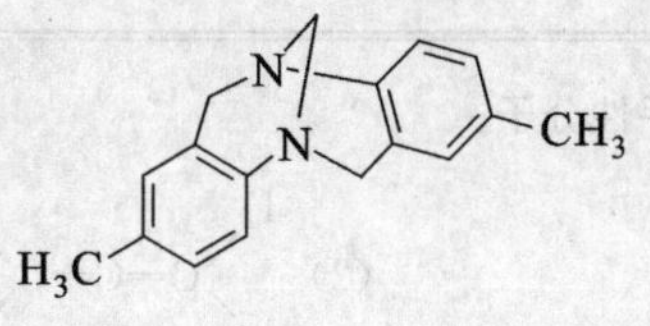

此外，温度也是一个重要的影响因素，例如，第四章讨论的单取代环己烷有两种椅型构象，即取代基分别处于 e 键和 a 键，两者能量不同，但是室温条件下能相互快速转化，属于构象异构。如果将温度降低到足够低，则相互的转化变得困难，则可能进行分离，即具有构型异构的特征。

与氮和磷原子不同，硫原子的 sp^3 杂化有两对孤对电子，似乎不可能形成手性化合物。但是，硫是第三周期元素，可以用 3d 轨道成键，因此可以形成价态高于两价的化合物。其高价态的化合物就具有构型异构体，如不对称合成中一种常用的手性试剂亚砜就是手性分子，如图 5-18 所示。

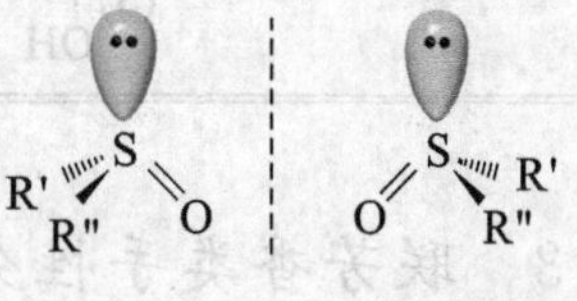

图 5-18 亚砜的一对对映异构体

5.5.2 丙二烯型手性分子

丙二烯型分子结构中的中心碳原子为 sp 杂化，两个双键互相垂直，从而使得丙二烯两端的取代基处于相互垂直的位置。如下所示，如果取代基 a 不同于 b，则该化合物的镜像不能与其重叠，即成为手性分子。

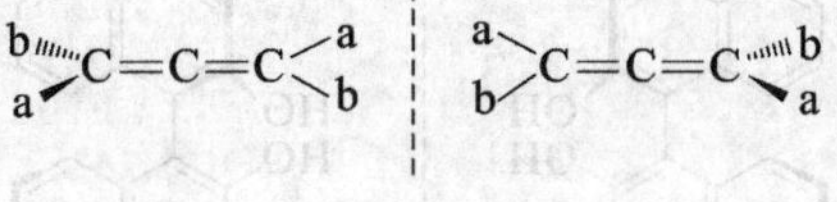

van't Hoff 在 1874 年提出正四面体碳的构型时，就预言了这类型手性分子的存在。直到 60 年后，Mills 首次合成了具有旋光活性的丙二烯型化合物——1,3-二苯基-1,3-二(β-萘基)丙二烯。

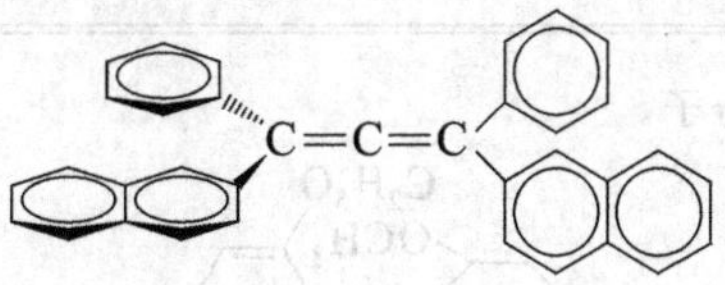

与丙二烯型类似的手性分子还有螺环化合物，环外双键化合物，它们的共同特征是两对取代基处于两个相互垂直的平面上。例如：

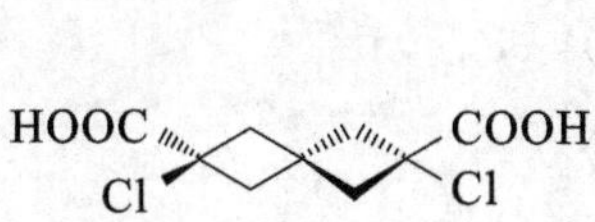

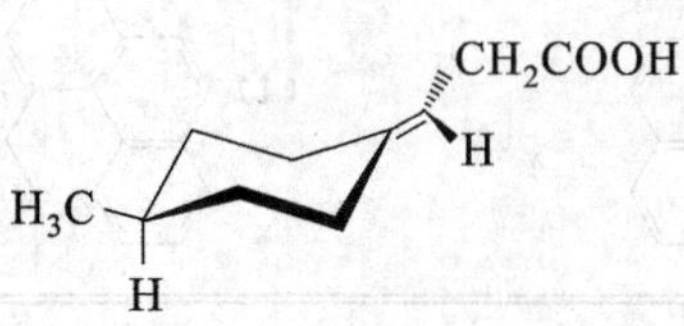

习题 5-17　判断下列分子是否手性分子。

(1) 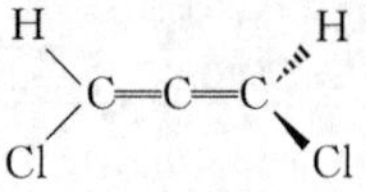

(2) 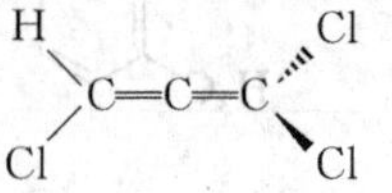

(3) 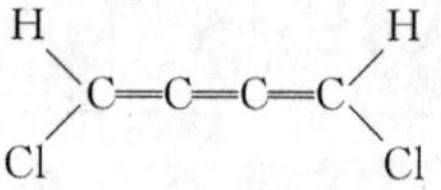

(4) 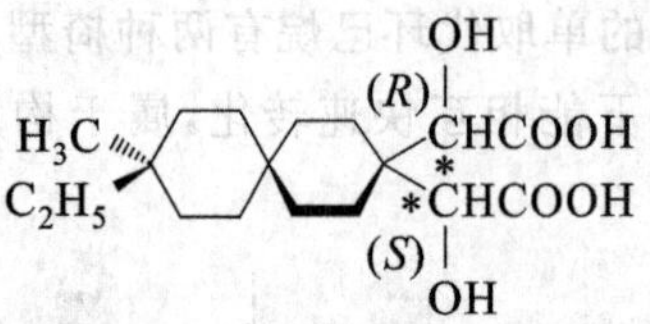

(5) 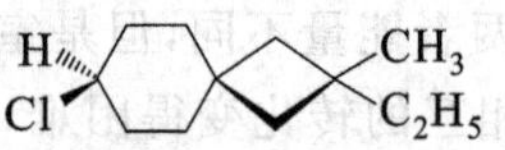

(6) 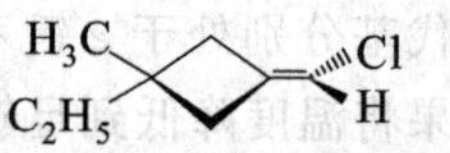

5.5.3　联芳香类手性分子

联芳香类手性分子是一类由于单键旋转受阻使得构象异构的相互转化能垒升高，造成构象异构的相互转化困难而形成的手性分子，又称为位阻异构现象(atropisomerism)。常见的有联苯类、联萘类手性分子。其中 1,1′-联-2-萘酚(Ⅲ)和(Ⅳ)是不对称合成常用的手性试剂之一。

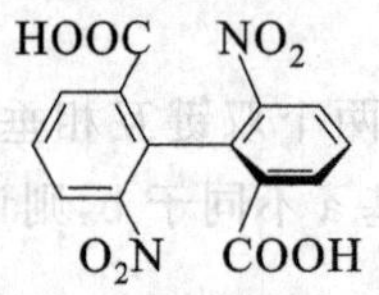

(Ⅰ)

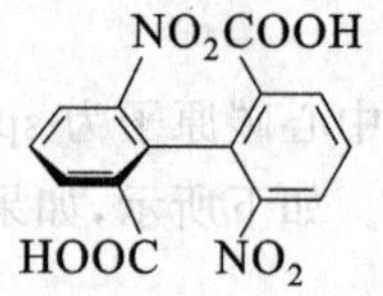

(Ⅱ)

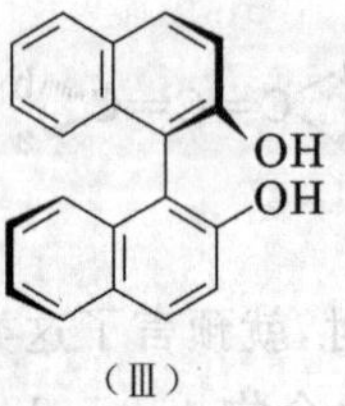

(Ⅲ)

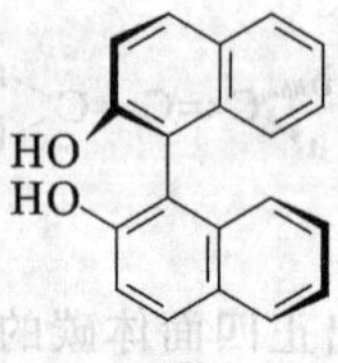

(Ⅳ)

这类手性分子由于是碳-碳单键旋转受阻而形成，因此，对于联苯而言，四个邻位取代基必须足够大，形成的手性分子才不至于相互转化从而具有对映异构体。

习题 5-18　判断下列分子是否手性分子。

(1) 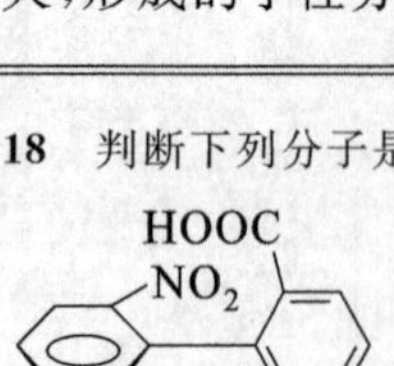

(2) 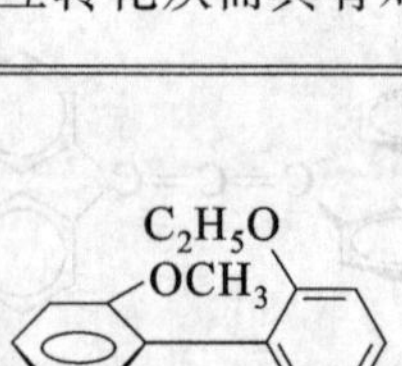

(3) 

(4) 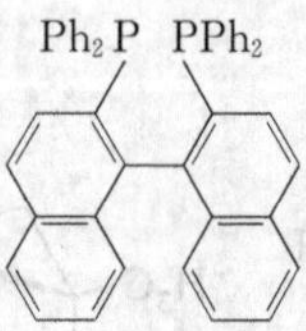

5.5.4　螺旋形芳香稠环手性分子

螺苯是一类由五个以上苯环邻位稠合而成的稠环烃。

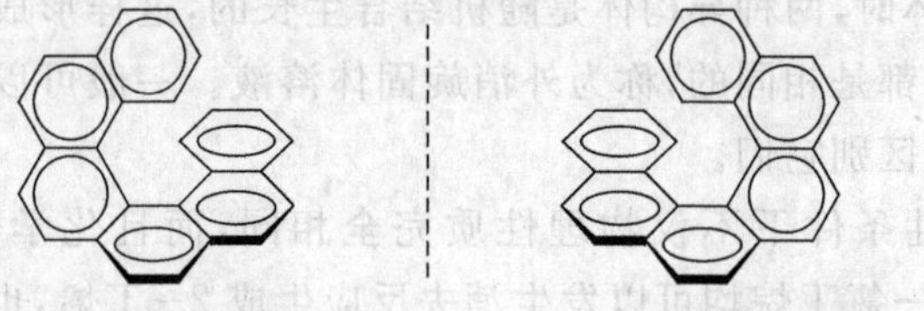

(－)－[6]－螺苯　　(＋)－[6]－螺苯

(－)－[6]－hexahelicene　　(＋)－[6]－hexahelicene

邻位稠合的苯环数超过五个后，由于头尾苯环的靠近，分子内原子间的 van der Waals 斥力使得整个分子不可能共平面，头尾苯环上下错开，整个分子形成一种类似螺旋梯的结构，故得名螺苯。简单螺苯的命名是用方括号标记其中稠合的苯环数目加螺苯而得，如[6]螺苯。已经知道[6]螺苯、[9]螺苯和[11]螺苯具有很强的旋光特性。如[6]螺苯的摩尔旋光度为 2 000°，而[11]螺苯则高达 5 000°。

5.6　手性化合物的性质

手性化合物中，一对对映异构体在熔点、沸点及溶解性能等物理性质完全相同，比旋光度绝对值一般也是相同的，仅比旋光度的方向不同。而非对映异构体的熔点、沸点及溶解性能则明显不同。表 5－1 中列出了酒石酸的几个立体异构体及外消旋体的物理常数。可以看出内消旋体的熔点、密度以及在水中的溶解性与其非对映异构体——左旋或右旋的酒石酸有着明显的差异。外消旋体的熔点、密度以及在水中的溶解度也与组成它的一对对映异构体明显不同。这说明在酒石酸的外消旋体中，左旋的和右旋的酒石酸由于分子间作用力，形成了较稳定的结合体，表现出类似化合物的性质。

表 5－1　酒石酸的几个立体异构体的物理常数

立体异构体	mp/℃	$[\alpha]_D$	$\rho/(g\cdot cm^{-3})$	水中溶解度(20 ℃)/$[g\cdot(100\ mL\ H_2O)^{-1}]$
(＋)	168～170	＋12	1.759 8	139.0
(－)	168～170	－12	1.759 8	139.0
meso	146～148	0	1.666 0	125.0
(±)	206	0	1.788 0	20.6

一般来说，外消旋体有时可以表现出类似酒石酸这样的“化合物”性质，这样的外消旋体通常具有比各对映异构体较高的熔点和密度，称为外消旋化合物；也有的外消旋体表现出混合物特征，其熔点比对映异构体低，称为外消旋混合物。这是因为在形成晶体时，外消旋体中的右旋异构体与左旋异构体的晶间作用力不同所引起的。如果对映异构体中的某一种异构体对同类分子

具有较大的亲和力，则在晶体形成生长过程中，右旋异构体和左旋异构体分别结晶析出，这样就形成了外消旋混合物。如果外消旋体中的某一种异构体对于构型相反的分子具有更大的亲和力，则会形成一对对映异构体配对的晶体，这就是外消旋化合物。

还有一种情况，就是外消旋体中某一种异构体对构型相反的分子的亲和力与对同类分子的亲和力类似，则在形成固体时，两种异构体是随机结合生长的，这样形成的外消旋固体的性质与每一个异构体的很多性质都是相同的，称为外消旋固体溶液。一般可以根据外消旋体的熔点或溶解度与单一异构体对比区别它们。

对映异构体在非手性条件下不仅物理性质完全相同，而且化学性质也是相同的。比如(*R*)-2-氯丁烷和(*S*)-2-氯丁烷均可以发生消去反应生成2-丁烯，也可以与乙醇钠发生亲核取代反应成醚，生成产物构型则随着反应机理不同而有所不同（详见第八章）。

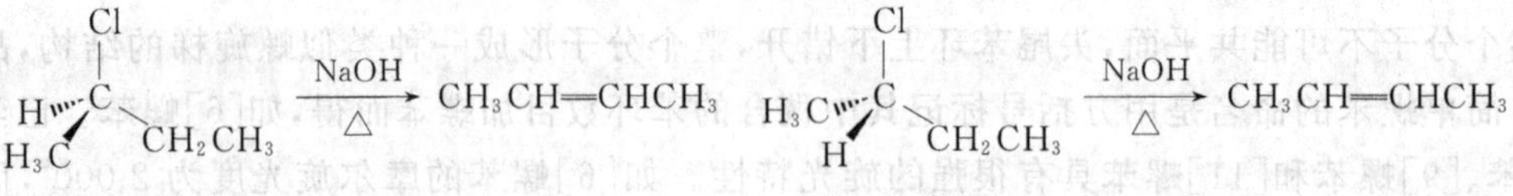

(*R*)-2-氯丁烷　　(*S*)-2-氯丁烷

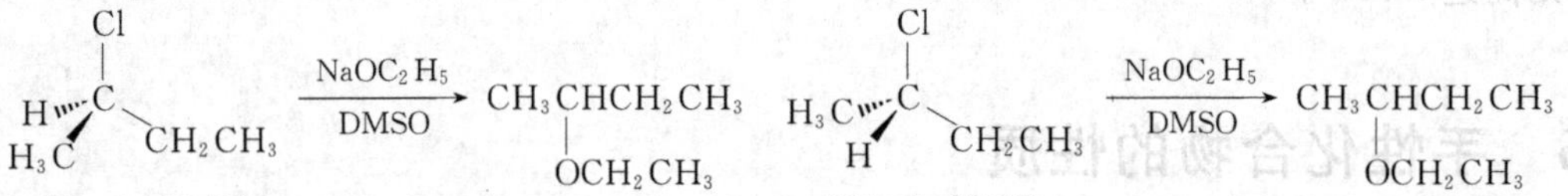

(*R*)-2-氯丁烷　　(*S*)-2-氯丁烷

5.7　手性识别与对映体的拆分

由于众多组成生命体的化合物如糖、氨基酸、蛋白质等都是手性化合物，一些手性药物分子的对映异构体表现出不同的药理活性，通常只是一种具有药理作用，而另一种没有活性，甚至有毒。因此，立体选择地合成或有效分离对映异构体是有机化学中的一个重要课题。对映异构体的分离称为拆分(resolution)。

对映异构体在非手性条件下，化学与物理性质没有差异，很难将对映异构体进行分离。但是在手性条件下，它们的性质则表现出差异。这是因为手性分子之间的相互识别受到基团在空间排布的影响。利用这种差异，可以设计多种不同的拆分方法。

对映异构体拆分的原理和方法主要分为两类：一是应用手性试剂和条件，与对映异构体结合或反应，转化成物理性质相差较大的非对映异构体进行分离；二是根据手性试剂与对映异构体的反应速率不同而进行分离。具体的拆分方法包括：

1. 晶种结晶法

在外消旋化合物的过饱和溶液中加入其中一个光学异构体的晶体（常称为种晶），控制适当的浓度和温度，使两种对映体的结晶速度产生差异，从而得到这种光学异构体的晶体。这种方法要求外消旋体的溶解度比单一一种对映体的溶解度大。此方法虽然得到的光学异构体纯度不高，但因为不需要其他手性条件，不失为一种大量制备光学异构体的方法。但是这一方法只适用于可以形成外消旋化合物的对映异构体。

2. 化学法

应用已有的另一种手性试剂与对映异构体进行适当的化学反应，如酸碱反应、酯化反应等，得到物理性质差异较大的非对映异构体，再通过结晶、层析等方法达到分离的目的。这种方法主要运用于有机酸、有机碱、氨基酸、醇、醛和酮等。

常用于拆分有机酸的手性试剂是生物碱，如(－)－马钱子碱、(－)－番木鳖碱、(＋)－辛可宁、(－)－奎宁碱。而(＋)－酒石酸、(＋)－樟脑－10－磺酸、(＋)－3－溴代樟脑－8－磺酸等常用于有机碱的拆分。氨基酸需先进行磺化反应保护氨基，然后再用生物碱拆分。

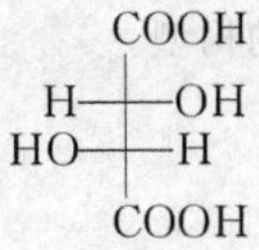

(＋)－酒石酸

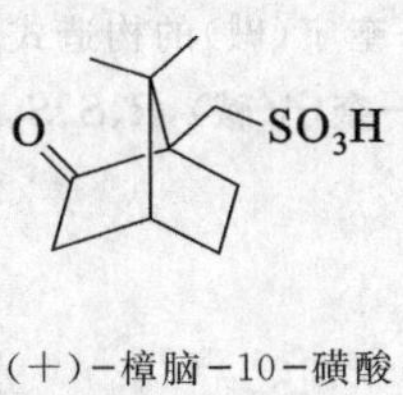

(＋)－樟脑－10－磺酸

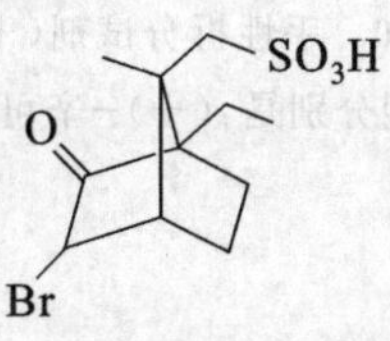

(＋)－3－溴代樟脑－8－磺酸

醇类化合物的化学拆分主要有两种方法。一种方法是利用手性酸与之形成非对映异构的酯进行分离，酒石酸是常用的拆分醇类化合物的手性酸。例如，外消旋的 2－丁醇与(*R*,*R*)－(＋)－酒石酸反应，得到非对映异构的两个酯(Ⅰ)和(Ⅱ)。(Ⅰ)和(Ⅱ)的物理性质有较大差异，从而利用常规方法分离。最后再各自水解得到(*R*)－2－丁醇和(*S*)－2－丁醇。

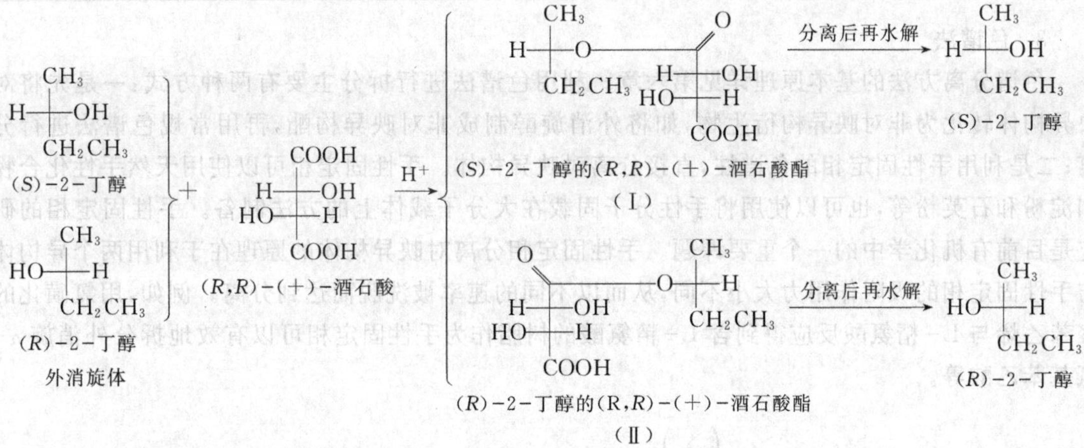

另一个方法则是将手性醇的对映异构体混合物与非手性二元酸形成单酯，然后利用手性生物碱与之形成非对映异构的盐进行拆分。

醛酮常采用与薄荷酰肼和酒石酸酰胺酰肼直接制备成非对映异构腙或缩氨脲进行拆分。

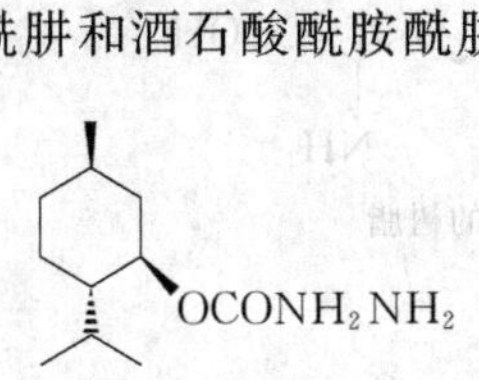

薄荷酰肼

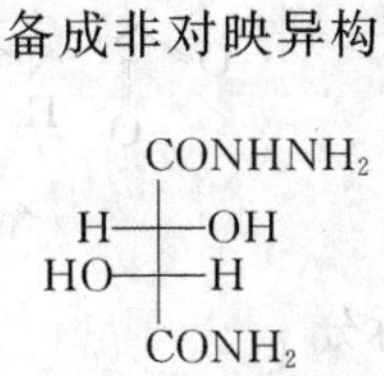

酒石酸酰胺酰肼

习题 5-19　指出下列手性拆分试剂有几个手性原子。它们结构中哪个氮原子具有碱性？

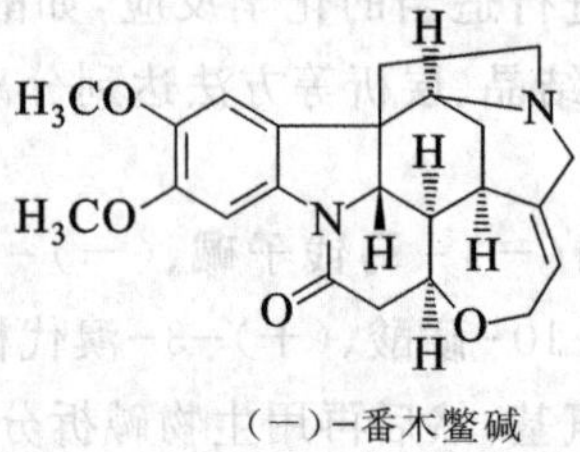

(－)-番木鳖碱

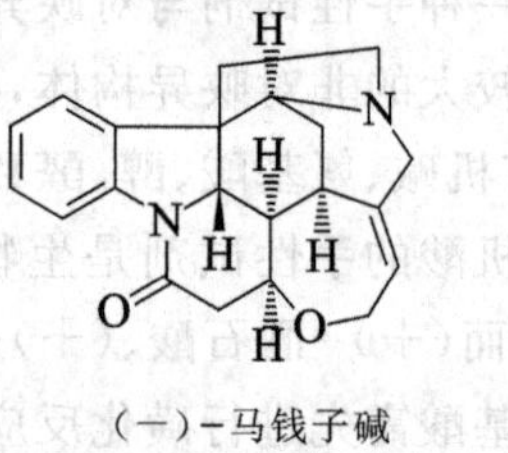

(－)-马钱子碱

习题 5-20　手性拆分试剂(＋)-辛可宁和(－)-奎宁(碱)的构造式如下所示。已知它们结构中 C3、C4、C8 和 C9 的构型分别是：(＋)-辛可宁，*R*、*S*、*R*、*S*；(－)-奎宁(碱)，*R*、*S*、*S*、*R*。准确画出它们的构型。

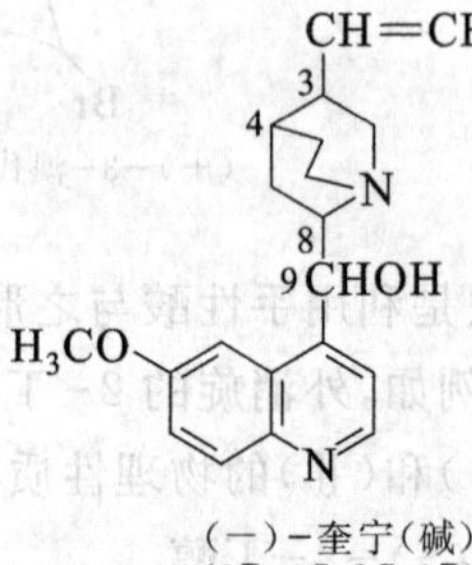

(－)-奎宁(碱)
(3*R*,4*S*,8*S*,9*R*)

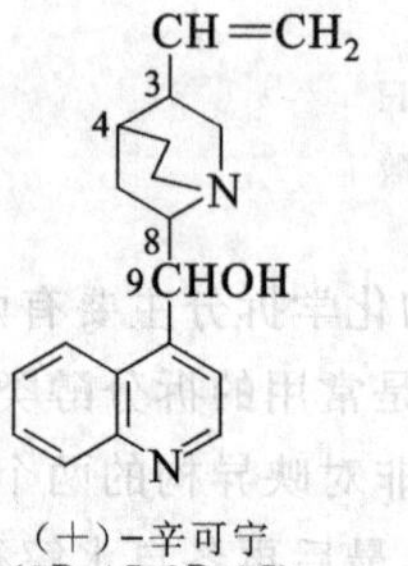

(＋)-辛可宁
(3*R*,4*S*,8*R*,9*S*)

3．色谱法

色谱分离方法的基本原理详见第六章。利用色谱法进行拆分主要有两种方式：一是先将对映异构体转化为非对映异构衍生物，如将外消旋醇制成非对映异构酯，再用常规色谱法进行分离；二是利用手性固定相的色谱柱，直接分离对映异构体。手性固定相可以使用天然手性化合物如淀粉和石英粉等，也可以使用将手性分子固载在大分子载体上的方法制备。手性固定相的研究是目前有机化学中的一个重要课题。手性固定相分离对映异构体的原理在于利用两个异构体与手性固定相的吸附作用力大小不同，从而以不同的速率被洗脱而达到分离。例如，用氯磺化的聚苯乙烯与 L-精氨酸反应得到含 L-精氨酸的树脂作为手性固定相可以有效地拆分外消旋 α-氨基苯乙酸等。

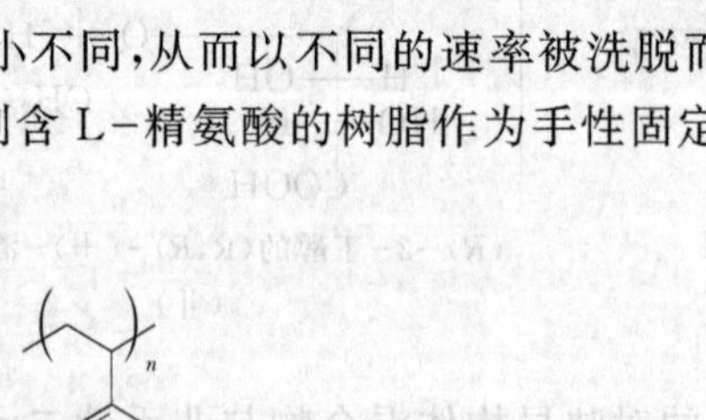

含L-精氨酸的树脂

4．形成分子复合物拆分

有些化合物可以与外消旋体中的某一种异构体形成容易分解的分子复合物，从而达到拆分的目的。这样的化合物可以是手性化合物，如环糊精，也可以是非手性分子，如脲。

环糊精含有 6、7、或 8 个 D-(+)-葡萄吡喃糖结构单元的环状寡糖，分别被称为 α-、β-和γ-环糊精。它们的外形呈圆筒状，上下两端开口一大一小，端口连接着羟基，是亲水端，其内腔则为疏水区。α-、β-和γ-环糊精由于组成环的糖单元数目不同，具有不同大小的空腔。当手性分子大小以及空间构型合适时，就可以与之形成复合物。如果对映异构体中的一种形成复合物的速率比较快，则可以利用沉淀再分解的方法拆分对映异构体。常用环糊精拆分手性羧酸酯、亚砜、亚磺酸酯、膦酸酯等化合物。图 5-19 为 α-环糊精结构。

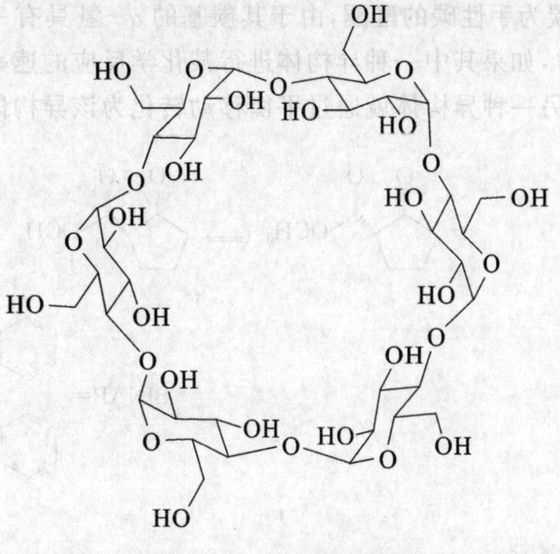

图 5-19　α-环糊精

5. 酶法拆分

酶是一种专一性生物催化剂，能选择性地识别特定构型的手性分子，并催化其转化反应。反应后，拆分对映异构体的问题就转化为分离两种不同物质的问题。如利用氨基酰化酶可以将外消旋酰化氨基酸中的 L 型水解成氨基酸，从而分离出 L-氨基酸(详见第十九章)。

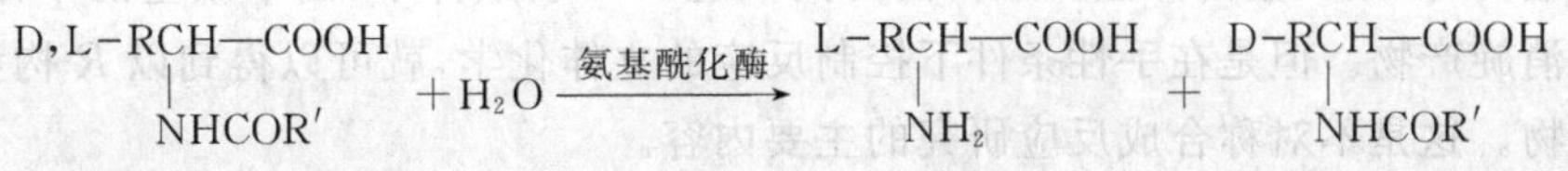

N-酰化-DL-氨基酸　　L-氨基酸　　*N*-酰化-D-氨基酸

6. 动力学拆分

所谓动力学拆分是利用一对对映异构体与手性试剂的反应速率不同，在反应进行到一定阶段终止反应，从而获得单一异构体的反应产物，另一个异构体则主要以未反应的形式留存下来，从而达到有效地拆分目的。

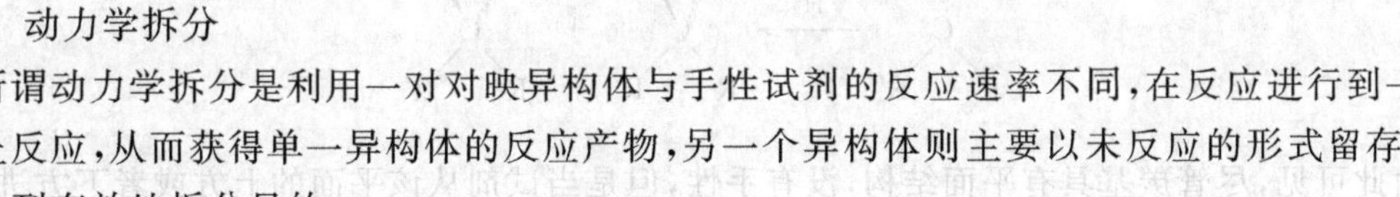

(*S*)-(−)-醇　(*R*)-(+)-醇　(*R*)-(+)-2-苯基丁酸酐　(*S*)-醇的酯　(*R*)-(+)-醇

上式中，外消旋 2-甲基-1-苯基-1-丙醇的两个异构体与(*R*)-(+)-2-苯基丁酸酐的酯化反应速率存在显著的差异，在反应的适当阶段停止反应，可以主要得到(*S*)-醇的酯和未反应的(*R*)-醇。

这种方法原理与酶法类似，不同的是这里使用的是手性化学试剂，而酶法拆分采用的是生物手性试剂——酶。

如果在一定条件下可以实现对映异构体的外消旋化，则可以实现动态动力学拆分。例如，α－碳为手性碳的醛酮，由于其羰基的 α－氢具有一定的酸性，在一定条件下可以发生外消旋化。此时，如果其中一种异构体进行某化学反应的速率大于另一种，则随着该异构体在反应过程中消耗，另一种异构体就通过平衡移动转化为该异构体。最终得到这种构型为主的反应产物。

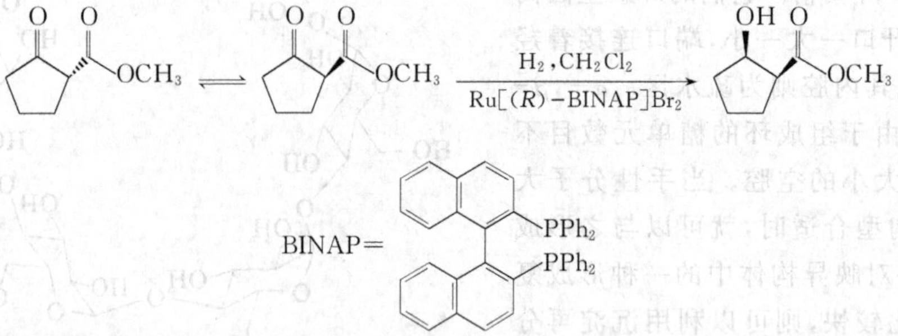

5.8 潜手性中心与潜手性面

不对称合成是指应用特殊的合成策略和方法，得到单一手性异构体的合成方法。动力学拆分原理与不对称合成是密切相关的。实际上不对称合成反应就是创造良好的手性条件，使得有机反应按照一定的立体选择方向进行。在有机反应中，加成反应是使非手性分子转变为手性分子的常见反应，如醛酮羰基的加氢反应得到醇的反应。一般条件下，由于羰基的平面结构，反应得到的是外消旋产物。但是在手性条件下控制反应的立体化学，就可以得到以 R 构型或者 S 构型为主的产物。这是不对称合成反应研究的主要内容。

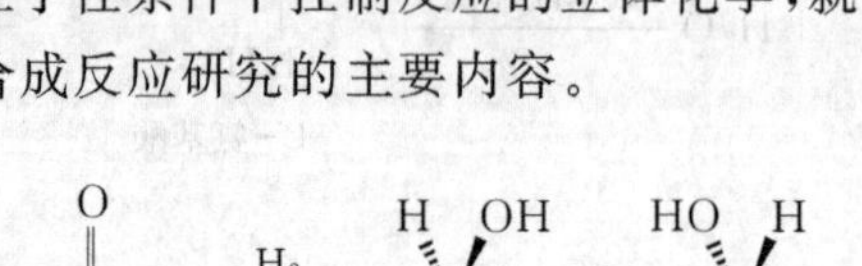

由此可见，尽管羰基具有平面结构，没有手性，但是当试剂从该平面的上方或者下方进攻，发生加成反应时，则相应得到构型相反的两个产物。这就说明羰基的上下两个面并不是等价的，一般称这样的面为潜手性面(prochiral plane)。如果上述 R′ 优先于 R，该羰基从上面看，三个基团呈顺时针排布，称为 *re* 面，下方的面称为 *si* 面。为了方便表示，将羰基所在的平面垂直于纸平面，这时，如图所示的左面是 *re* 面，右面是 *si* 面。

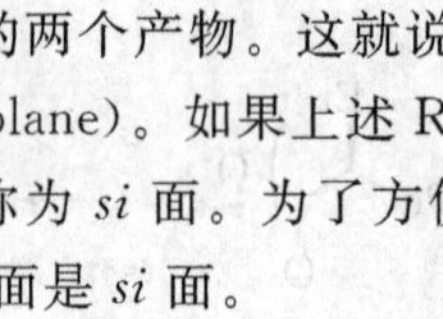

类似地，一些亚甲基碳原子上的两个氢原子也具有这样的特征。即在化学反应中，如果其中一个氢原子被取代，则得到一种构型的手性分子(R 构型)，另一个氢原子被取代则得到其对映异构体(S 构型)。这样的亚甲基碳原子称为潜手性中心(prochiral center)，也称为潜手性碳原子

(prochiral carbon)，与潜手性碳相连的氢称为潜手性氢原子(prochiral hydrogen)。实际上，两个潜手性氢所处的手性环境是不同的。如果其中一个氢被取代得到 R 构型产物，则该氢称为潜(R)－氢，记为 H_R，反之，则称为潜(S)－氢，记为 H_S，如下式所示。

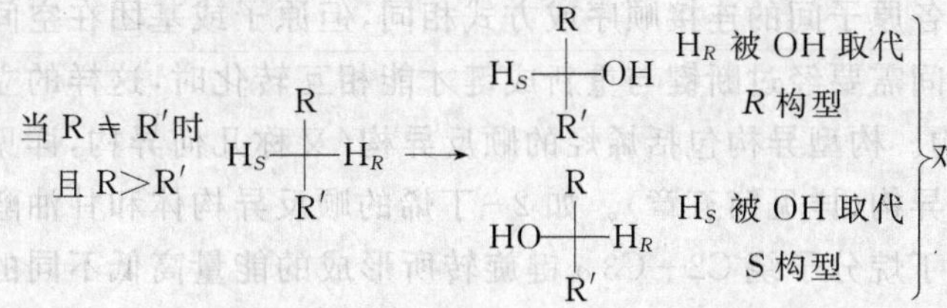

在有机化学反应中，一般的加成反应试剂或取代反应试剂并不能识别潜手性面或潜手性氢，但是在生命体中，酶可以识别潜手性面和潜手性中心，从而催化合成得到特定构型的化合物。不对称合成中，通过手性试剂的识别作用，也能达到识别潜手性中心或潜手性面，从而达到控制产物的立体化学特征的目的。

5.9　有机化合物同分异构小结

上述各章节已经详细分析了有机化合物的各种结构异构现象，包括构造异构和立体异构，构造异构和立体异构中又有多种不同的异构形式。

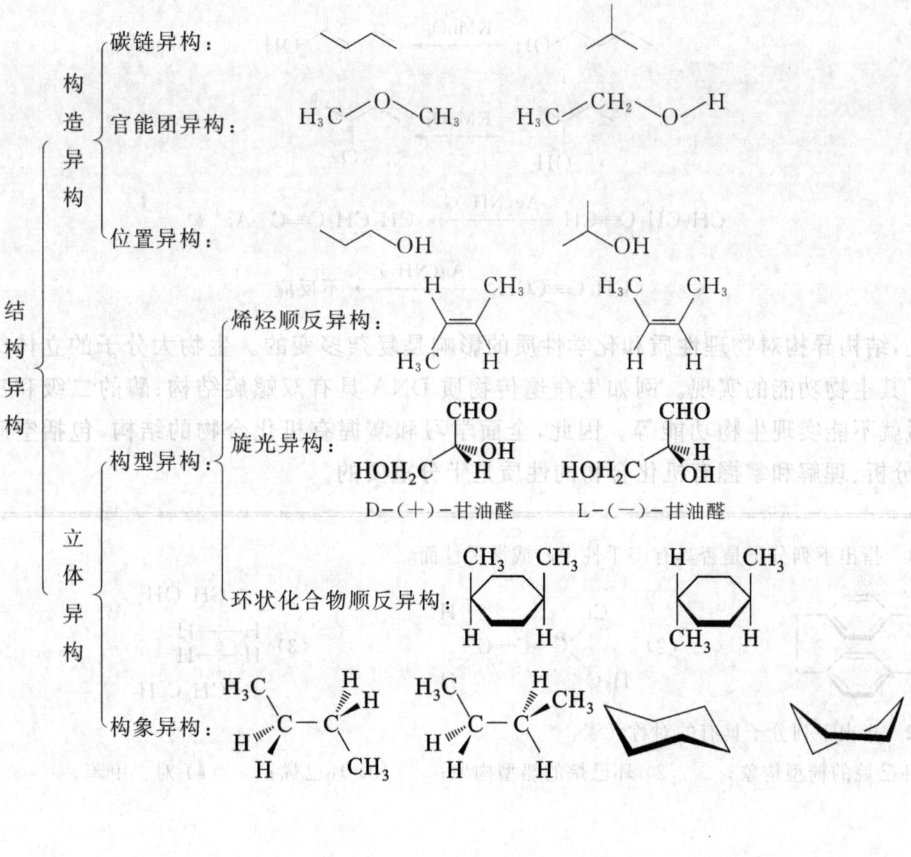

构造异构是指由于分子内各原子间的连接顺序或方式不同所形成的异构。构造异构包括碳链异构、官能团异构和位置异构等。例如，丁烷和异丁烷互为碳链异构体，乙醇和二甲醚互为官能团异构体，正丙醇和异丙醇则互为位置异构体。

立体异构是指分子内各原子间的连接顺序或方式相同，但原子或基团在空间的排列不同所形成的异构。当立体异构间需要经过断键与重新成键才能相互转化时，这样的立体异构称为构型异构，否则称为构象异构。构型异构包括烯烃的顺反异构（又称几何异构，详见第三章）、旋光异构和环状化合物的顺反异构（详见第五章）。如 2-丁烯的顺反异构体和甘油醛的两个旋光异构体均属于构型异构体。丁烷分子绕 C2—C3 σ 键旋转所形成的能量高低不同的对位交叉式构象和邻位交叉式构象以及环己烷的椅型和扭船型构象都属于构象异构（详见第二章）。

从前述各类型有机化合物的物理性质讨论，可以清楚地看出，结构异构是性质差异的基础。如丁烷的沸点（−0.5 ℃）比异丁烷的（−11.7 ℃）高，因为异丁烷的碳链分支使得分子间接触面积减小，降低了分子间 van der Waals 作用力。正丁醇的沸点（117.2 ℃）比异丁醇的（99.5 ℃）高，因为异丁醇的碳链分支阻碍了分子间羟基间氢键的形成。邻硝基苯酚由于形成分子内氢键，其熔点（45 ℃）较对硝基苯酚的熔点（114 ℃）低。

后续章节中还将看到异构导致光谱性质的差异（第六章）以及化学反应性质的差异。例如，正丁醇可以氧化成丁酸，而仲丁醇一般只氧化成丁酮。又如 1-丁炔可以与银氨溶液反应生成炔化银沉淀，而 2-丁炔由于没有与三键碳直接相连的氢，不能发生这一反应。这个反应常用于鉴别末端炔烃与非末端炔烃。

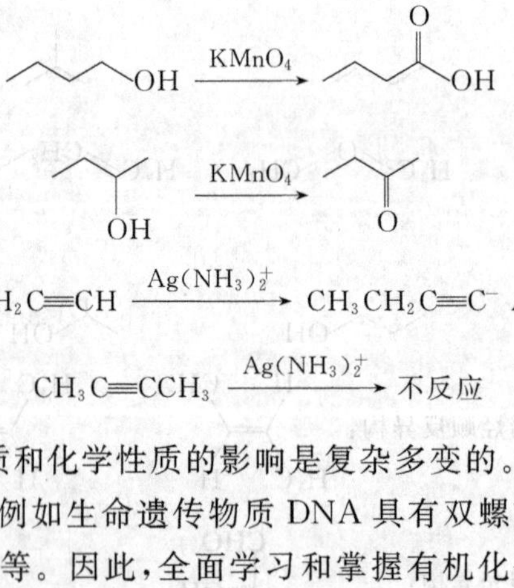

$$CH_3CH_2C{\equiv}CH \xrightarrow{Ag(NH_3)_2^+} CH_3CH_2C{\equiv}C^- \ Ag^+ \downarrow$$

$$CH_3C{\equiv}CCH_3 \xrightarrow{Ag(NH_3)_2^+} \text{不反应}$$

可见，结构异构对物理性质和化学性质的影响是复杂多变的。生物大分子的立体结构还直接决定了其生物功能的实现。例如生命遗传物质 DNA 具有双螺旋结构；酶的二级和三级结构被破坏后就不能实现生物功能等。因此，全面学习和掌握有机化合物的结构，包括空间立体结构，对于分析、理解和掌握有机化合物的性质是十分重要的。

习题 5-21 指出下列分子是否具有潜手性中心或潜手性面。

(1) 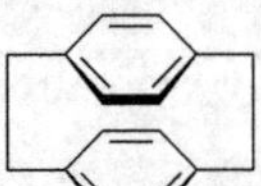

(2) 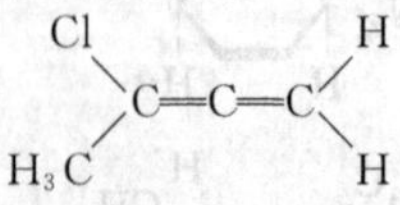

(3) 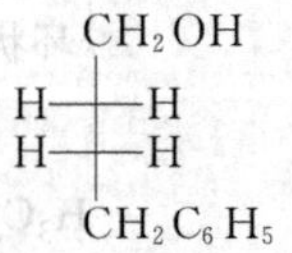

习题 5-22 指出下列分子具有的对称元素。

(1) 环己烷的椅型构象；（2）环己烷的船型构象；（3）环己烯；（4）对二甲苯。

习题 5-23　指出下列分子含有几个手性碳原子，回答它们是否是手性分子，并判断其中手性碳原子的 *R*、*S* 构型。

(1) 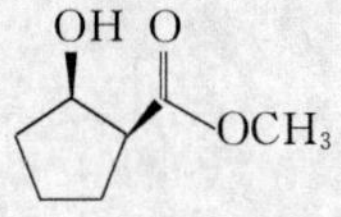

(2) 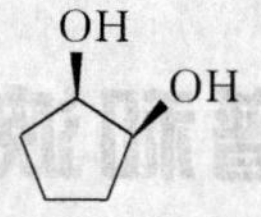

(3) 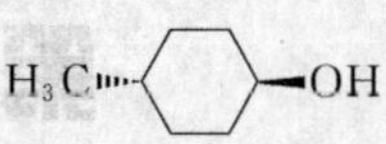

(4) 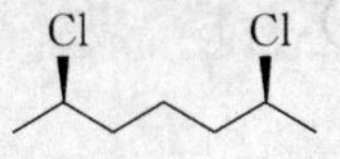

(5) 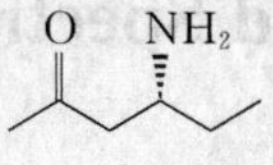

(6) 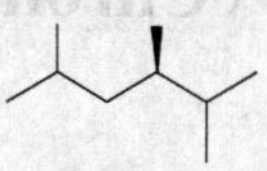

(7) 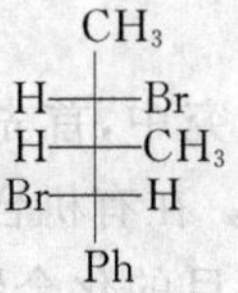

(8) 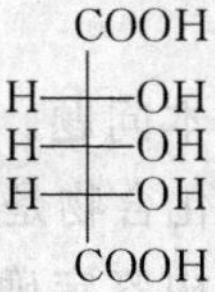

(9) 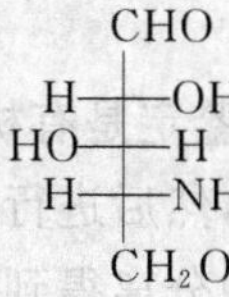

习题 5-24　判断下列分子是否手性分子。

(1) 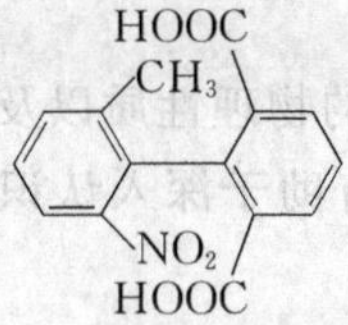

(2) 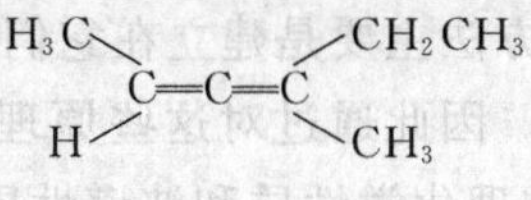

(3) 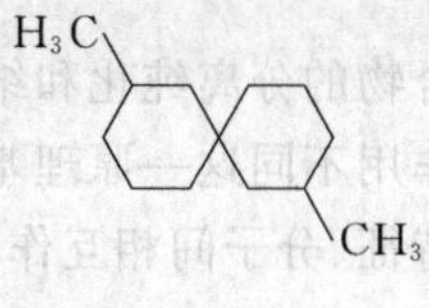

习题 5-25　查阅文献，举例说明对映异构体的拆分方法。

习题 5-26　查阅文献，了解手性对于香料的香型特征是否有影响。

习题 5-27　查阅文献，了解手性药物研究现状。

第六章　色谱和波谱

（Chromatography and Spectroscopy）

分离纯化与结构鉴定是有机化学研究中的两个基本问题。在天然产物研究中，首先需要分离纯化得到纯化合物，然后进行结构鉴定，从而确定该化合物是否为新化合物。在有机合成研究中，需从反应混合物中分离得到各种产物，然后通过结构鉴定确定是否得到了目的化合物，以及得到了哪些副产物等，在此基础上才有可能进一步改进反应条件以获得更好的选择性和更高的产率。

有机化合物的分离纯化和结构鉴定方法主要是建立在它们具有不同的物理性质以及它们与光波的相互作用不同这一原理基础上的。因此通过对这些原理的讨论，有助于深入认识有机化合物的结构特征、分子间相互作用以及物理化学性质和波谱性质。

经典的有机化合物的分离纯化方法有重结晶、蒸馏、萃取、升华等，它们都是利用有机化合物具有不同物理性质进行分离的。例如，重结晶是利用化合物在某种溶剂中的溶解度不同进行分离的方法；蒸馏则是利用化合物的沸点不同进行分离；升华是利用一些化合物具有直接从固体气化为气体的特点进行分离的方法；萃取可以有效地将水溶性较小的有机化合物与水溶性无机物分离开来。通常这些方法都只能适用于某些类型化合物的纯化，并且除了萃取方法外，其他方法对于初始纯度有较高的要求。与上述各种分离方法相比，色谱法（chromatography）则是利用有机化合物与其他化合物的相互作用不同进行分离纯化的。这一方法是目前应用最广且最有效的一种有机化合物的分离分析方法。它不仅可用于化合物的分离，在有标准物进行对照的情况下，也常用于化合物的定性定量分析。本章将简要介绍色谱法的基本类型与原理。

在有机化学发展早期，鉴别一些较简单的化合物是否为同一化合物，常常根据它们的熔点（混合熔点法）、沸点、密度以及折射率等是否相同来进行鉴定，而化合物的结构则往往需要经过烦琐的化学转化加以证实。随着物理方法和技术的发展，人们对化合物与电磁波的相互作用有了深入的了解，从而发展了三种波谱方法：紫外可见光谱（ultraviolet and visible spectroscopy，简称 UV－Vis）、红外光谱（infrared spectroscopy，简称 IR）、核磁共振谱（nuclear magnetic resonance spectroscopy，简称 NMR）。此外，利用带电粒子在磁场的运动轨迹与质荷比的关系发展了质谱（mass spectrometry，简称 MS）。这四种技术都是利用仪器进行快速检测，并能准确地提供有机化合物的结构信息。与传统的鉴定方法比较，它们具有以下优点：① 试样用量少，一般 2～3 mg甚至＜1 mg 就可完成分析；② 除质谱外，无试样消耗，可回收大部分试样；③ 省时，简便而准确；④ 配合元素分析或高分辨质谱可确定化合物的分子式及结构，准确性高。因此，这四种技术是现代有机化合物结构乃至生物分子结构分析的重要手段。本章将重点讨论其基本原理及其应用。尽管质谱方法不是建立在化合物与光波的相互作用上，但是习惯上将这四种技术统称为有机化合物结构分析的四大波谱技术。其中紫外-可见光谱可以给出含共轭结构的有机物的结构信息；红外光谱用于鉴定有机化合物中官能团的种类；核磁共振谱帮助我们确定一个有机化合物的碳氢骨架；质谱则用来确定有机化合物的相对分子质量和分子式以及化合物的部分结构特征。

6.1 色谱技术

色谱是利用不同的有机化合物与两种不同相的物质间相互作用力的不同进行分离的方法，其中两相中固定不动的一相称为固定相(stationary phase)，另一个流动的相则称为流动相(mobile phase)。色谱法种类繁多，根据流动相的物理状态分为液相色谱法(LC，liquid chromatography)和气相色谱法(GC，gas chromatography)。按色谱过程中的分子间作用力的不同可分为吸附色谱、分配色谱、键合相色谱、离子交换色谱、凝胶色谱、亲和色谱等。按固定相的附着方式可分为柱色谱、纸色谱、薄层色谱等。按固定相与流动相的极性区别又可分为正相色谱和反相色谱，其中正相色谱的固定相极性大于流动相极性，反相色谱的固定相极性小于流动相极性。

6.1.1 色谱法的基本类型

按色谱过程中的物理化学作用可将色谱分为吸附色谱、分配色谱、键合相色谱、离子交换色谱、凝胶色谱、亲和色谱等。以下就不同类型的色谱方法作一简单介绍。

1. 吸附色谱

吸附色谱(adsorption chromatography)是有机化学中最常用的一种用于化合物分离纯化和分析的色谱法。它的基本原理是利用固体吸附剂对不同物质吸附能力的差异来达到分离的目的。其作用机理是溶质分子和流动相分子对吸附剂表面活性中心的竞争吸附。当溶质分子吸附力强于流动相时，表现为溶质移动缓慢，当溶质分子吸附力较弱时，则表现为溶质分子移动较快。利用不同溶质分子具有不同的移动速度，即可以将不同的溶质分子进行分离。

固体吸附剂是一些多孔的物质，表面积大，表面存在许多吸附活性中心用于吸附溶质或溶剂分子。常用的吸附剂有硅胶 (silica gel) 和氧化铝 (aluminum oxide) 等。

2. 分配色谱

分配色谱(partition chromatography)的原理是固定液被机械地吸附在惰性载体上(如滤纸、全多孔微粒硅胶吸附剂等)形成固定相，亦即分配色谱的固定相为液体。试样分子依据它们在流动相和固定相间的溶解度不同，分别进入两相分配而实现分离。根据极性可分为正相分配色谱和反相分配色谱。正相分配色谱的固定相载体上涂布的是极性固定液，流动相是非极性溶剂，可分离极性较强的水溶性试样，而且弱极性组分先被洗脱出来；反相分配色谱的固定相载体上涂布的是非极性或弱极性固定液，流动相是极性溶剂，可分离极性较弱的试样，而且强极性组分先被洗脱出来

对于液-液分配色谱，固定相中的固定液往往容易溶解到流动相中去，所以重现性很差，而且不能进行梯度洗脱，现在已经很少采用。

3. 键合相色谱

考虑到分配色谱法中固定液容易流失的缺点，因此将各种不同的有机官能团通过化学反应共价结合到固定相惰性载体上，形成键合固定相，这样所固定的成分就不会溶解到流动相中去了。键合固定相由于具有化学稳定性良好、柱效高、寿命长、重现性好，适于各种类型有机化合物的分离以及可以进行梯度洗脱等优点，已被广泛应用于高效液相色谱中。

键合相色谱(linkage phase chromatography)根据极性不同分为正相键合相色谱(固定相极性>流动相极性)和反相键合相色谱(固定相极性<流动相极性)。正相键合相色谱的固定相是含有二羟基、醚基、氰基、氨基等极性基团的有机分子，适于分离极性和强极性化合物。反相键合相色谱的固定相是含有烷基、苯基等非极性有机分子，例如最常用的 C_{18} 柱(或称 ODS 柱，即 octadecyltrichloro silane)就是最典型的代表，其极性很小，适于分离非极性和弱极性非离子型试样，是目前液相色谱的最主要分离模式。

常用的键合相是硅烷化键合相，它是硅胶与有机硅烷反应的产物：

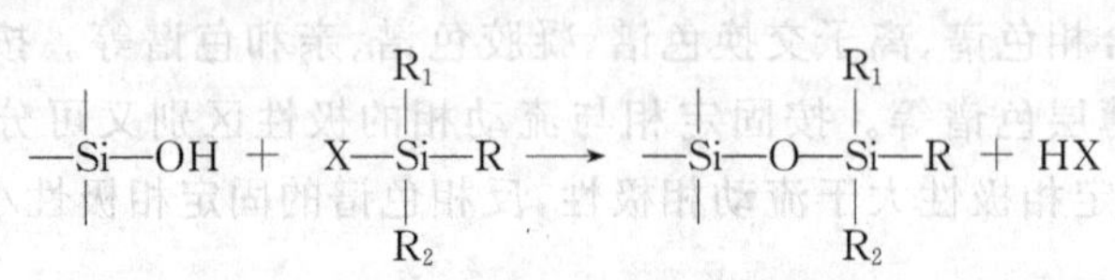

硅胶　　有机硅烷　　硅烷化键合相

X 为 Cl, CH_3O, C_2H_5O 等。

R 为 C_8H_{17}, $C_{10}H_{21}$, $C_{18}H_{37}$ 等(即分别为 C_8, C_{10}, C_{18} 填料)。

R_1, R_2 为 Cl, CH_3O, C_2H_5O, CH_3 等。

此外，将手性有机分子键合到惰性载体上可以得到手性固定相(chiral stationary phase, CSP)，用于手性化合物的分离纯化，是现代色谱技术的又一突破。由于对映异构体的拆分一直以来都是一个相当困难的问题，手性柱色谱的出现在很大程度上解决了这一难题。

使用手性固定相进行对映体分离是基于对映体与手性固定相表面的手性分子之间形成瞬态的分析物-CSP 络合物，使分析物移动速度产生差异，从而达到分离目的。目前，市场上有一百多种用于手性柱色谱的手性固定相商品。根据分离机理，可将它们分为五大类：①"Pirkle"固定相，它主要通过给电子体-吸电子体相互作用形成分析物-CSP 络合物；② 纤维素衍生物，它涉及吸引相互作用接着通过包合进入手性空腔；③ 环糊精和冠醚类，它们能与手性分析物形成包合络合物；④ 非对映金属络合物，是利用手性配体交换作用形成分析物-CSP 络合物；⑤ 蛋白质类，所形成的分析物-CSP 络合物是基于蛋白质分子与分析物间的疏水或极性相互作用。

4. 离子交换色谱法

离子交换色谱(ion-exchange chromatography)的固定相是一些能进行离子交换的材料。该法利用固定相中的离子与流动相中的试样离子进行可逆交换的能力不同而达到分离离子型化合物的目的。常用的固定相有阳离子交换树脂和阴离子交换树脂。

试样中的离子与离子交换树脂上的离子交换过程有以下两种方式：

(1) 阳离子交换

$$\boxed{\text{树脂}}\text{—}R\ Y^+ + X^+ \rightleftharpoons \boxed{\text{树脂}}\text{—}R^-X^+ + Y^+$$

阳离子交换树脂

（2）阴离子交换

$$\boxed{树脂}—R^{+}Y^{-} + X^{-} \rightleftharpoons \boxed{树脂}—R^{+}X^{-} + Y^{-}$$

阴离子交换树脂

溶质离子与离子交换剂交换能力越强，越易保留在固定相上而难于洗脱出来。有机酸、碱、盐及氨基酸等物质常用离子交换色谱法进行分离和分析。

5. 凝胶色谱法

凝胶色谱法（gel chromatography）是以一定孔径的凝胶作为固定相，利用试样组分的分子大小不同而在流经凝胶时渗入凝胶微孔的程度不同从而达到分离的目的。体积大的分子不能渗透到凝胶微孔中，较早地被洗脱流出，体积小的分子则因渗入凝胶孔中而滞留时间较长（图 6-1）。

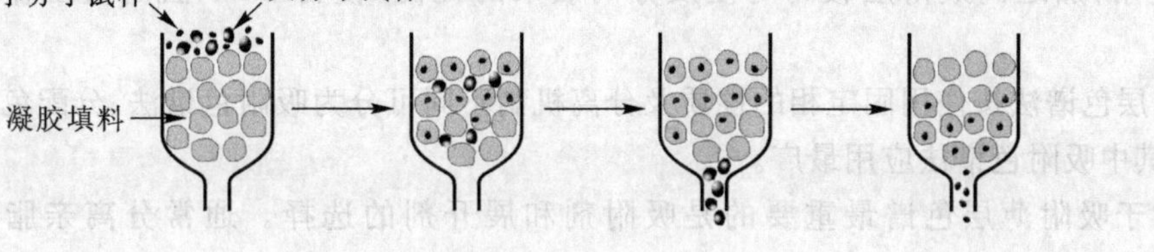

图 6-1　凝胶色谱法示意图

这种分离方法主要用于较大分子的分离，如蛋白质、核酸等生物大分子。

凝胶是一类化学惰性的多孔物质，它不具有吸附、分配和离子交换等作用，有类似分子筛的作用。一定孔径的凝胶分子是通过有机或无机分子的聚合形成的，通常表面形成亲水性单分子层和多层覆盖，以消除或抑制除体积大小以外的其他效应的影响。典型的凝胶主要包括葡聚糖凝胶（sephadex）、琼脂糖凝胶（superose）、聚丙烯酰胺凝胶（polyacrylamide biogels）等。

6. 亲和色谱法

亲和色谱（affinity chromatography）是一种适合于分离生物活性物质的方法。许多生物分子可以与某些特殊结构的分子发生专一性可逆结合，这种性质称作亲和性，如酶与底物、抗原与抗体、激素与受体等之间均具有亲和性。这种生物分子与特异分子间的相互识别和结合能力称作亲和力。亲和色谱就是利用生物分子的这种亲和性将试样中能与亲和剂产生亲和力的组分从其他组分中分离出来，达到分离纯化的目的。

此法一般是将亲和剂通过共价键固载到载体上作为固定相，当有亲和性的组分随流动相流经固定相时，与亲和剂相互作用而被留在柱上，其他没有亲和性的组分则先被洗脱出来。然后改变条件，将被分离的组分从柱中洗脱出来（图 6-2）。这种方法特别适用于生物化学试样，如各种酶、辅酶、激素和免疫球蛋白等的分离。

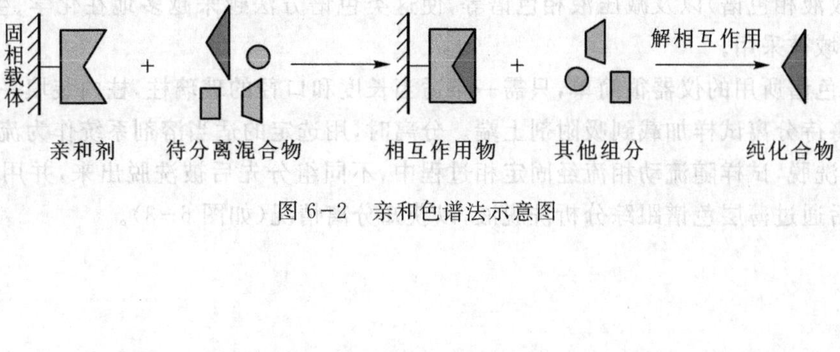

图 6-2　亲和色谱法示意图

6.1.2　重要的色谱方法

1. 薄层色谱法

薄层色谱法(thin-layer chromatography,TLC)是将细粉状的吸附剂或其他载体涂布于玻璃板、塑料板或铝片上,形成一均匀的薄层。在该薄层板的一端点样,用适当溶剂展开并显色后,可分析混合物试样的组成情况。如果在同一块板上平行点一标准试样作为参比,则可鉴别所测试样与参比试样是否相同。

薄层色谱广泛用于有机试样和药品中各种物质的组成分析。早期的TLC法,在定量方面受到限制,因而常用气相色谱和高效液相色谱法来进行定量分析,近年来随着薄层扫描仪的使用,加之高效薄层板均匀度及分离效果的提高,使得TLC法定量工作得到了很大的发展。

薄层色谱法按使用固定相的性质及分离机制不同可分为吸附色谱法、分配色谱法、凝胶色谱法等,其中吸附色谱法应用最广。

对于吸附薄层色谱最重要的是吸附剂和展开剂的选择。通常分离亲脂性化合物选择硅胶、氧化铝等作为吸附剂;分离亲水性化合物常选择纤维素、聚酰胺等作为吸附剂;酸性物质首先考虑用硅胶板,碱性物质一般选用氧化铝板,而中性物质则对硅胶板和氧化铝板都适用。

总的来说,任何类型的化合物都可首先考虑使用硅胶和氧化铝,但若水溶性物质在薄层板上分离效果不佳,可改用正相分配薄层色谱(如纸色谱);脂溶性物质在吸附薄层板上分离不好,则可改用反相分配薄层色谱(如C_{18}材料作固定相的薄层色谱)。薄层色谱法展开剂(即流动相)的选择直接关系到能否获得理想的分离效果。总的原则是所选用的展开剂应使试样组分的R_f值(如右图所示,$R_f=f2/f1$)在0.2～0.6之间。往往单一溶剂组成的展开剂(又称一元展开剂)不能获得理想的分离效果,因而经常选用二元甚至多元展开剂来进行薄层色谱,以达到好的分离效果。

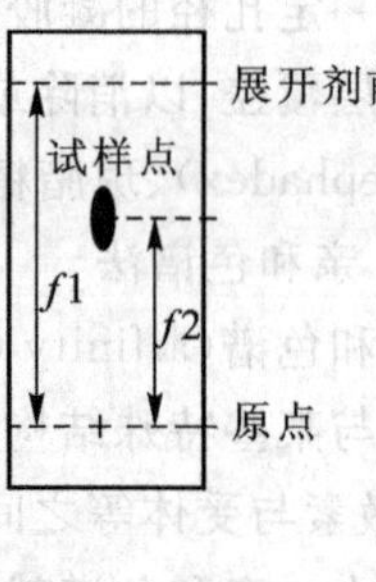

2. 吸附柱色谱法

吸附柱色谱法(column chromatography)是柱色谱技术中最常用的一种。主要用于分离纯化有机合成产物、天然产物等,应用极为广泛。它的处理量少则毫克级多则千克级,分离条件易于掌握,实验设备简单,是实验室最常用的分离纯化有机化合物的方法。

吸附柱色谱法从最初的常压柱色谱已发展到今天的加压柱色谱(或快速柱色谱)、高压液相色谱(或高效液相色谱)以及减压液相色谱等,使这类色谱方法越来越多地在化学、生物化学、药学等各个领域被采用。

吸附柱色谱所用的仪器很简单,只需一条适当长度和口径的玻璃柱,柱内装填一定高度的吸附剂,然后将待分离试样加载到吸附剂上端。分离时,用选定的适当溶剂系统作为流动相对上载的试样进行洗脱,试样随流动相流经固定相过程中,不同组分先后被洗脱出来,并用不同的接收瓶接收,最后通过薄层色谱跟踪分析洗脱液,以获知分离情况(如图6-3)。

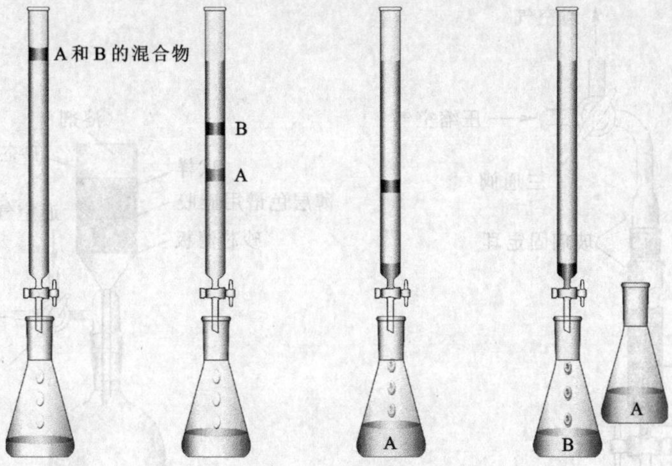

图 6-3　吸附柱色谱法示意图

柱色谱的分离效果受到柱子直径长度比、固定相以及流动相性质的影响。通常可以采用固定相材料相同的薄层色谱分析帮助确定柱色谱用的流动相溶剂系统。

一般来说，对试样进行粗级分离时可装填相对短而粗的柱子，使柱料比（吸附剂量与试样量之比）约为 10∶1。当分离 R_f 值（溶质移动距离与流动相移动距离的比）比较接近的混合物时，选择相对细而长的柱子和较高的柱料比通常可以提高分离效率。

常用于吸附柱色谱的吸附剂有硅胶、氧化铝和聚酰胺（粒度 63～200 μm）。其中硅胶适于分离大多数低极性物质或把复杂的混合物分离成若干组分，但是由于吸附剂表现出弱酸性（pH 3～5），因此硅胶不适于强碱性物质或对酸性敏感物质的分离。另外，它也不适于分离化学性质接近，例如仅是双键位置不同的物质。

除硅胶以外，氧化铝是另一种常用的吸附剂，它包括三种类型：碱性氧化铝（pH＝9）、中性氧化铝（pH＝7.5）和酸性氧化铝（pH＝4）。当正确使用具有适当活性的这类吸附剂时，可以成功地分离大多数物质。氧化铝适合于分离空间排列或官能团不同的有机小分子，也适合于分离在分子内部能形成氢键的物质。

除上述两种无机型吸附剂外，大分子的聚酰胺作为吸附剂也广泛应用于有机化学和生物化学中，常用于酚类、醌类、酸类、硝基化合物等的分离。

快速柱色谱（flash column chromatography，FCC）是目前广泛使用的一种技术。该法采用颗粒更细（40～63 μm），比表面积更大的固定相材料，提高了分离效果，同时通过加压技术加快流动相的流出速度，从而大大节约了分离时间。对一般的天然产物以及有机合成产物的分离都可获得满意结果[参见图 6-4(a)]。

另一种加快流动相的流出速度的技术是减压技术，由此发展起来的减压液相色谱（vacuum liquid chromatography，VLC）也是当今广泛得到应用的一种技术。该法一般采用砂芯布氏漏斗或玻璃柱作为分离设备，其装置图如图 6-4(b)所示。这种色谱法使用粒度很细的薄层色谱用吸附剂（10～40 μm），在减压下用干法装填，以使柱装填密度达到最大。减压液相色谱法特别适用于复杂试样（如植物提取物）的粗级分离。

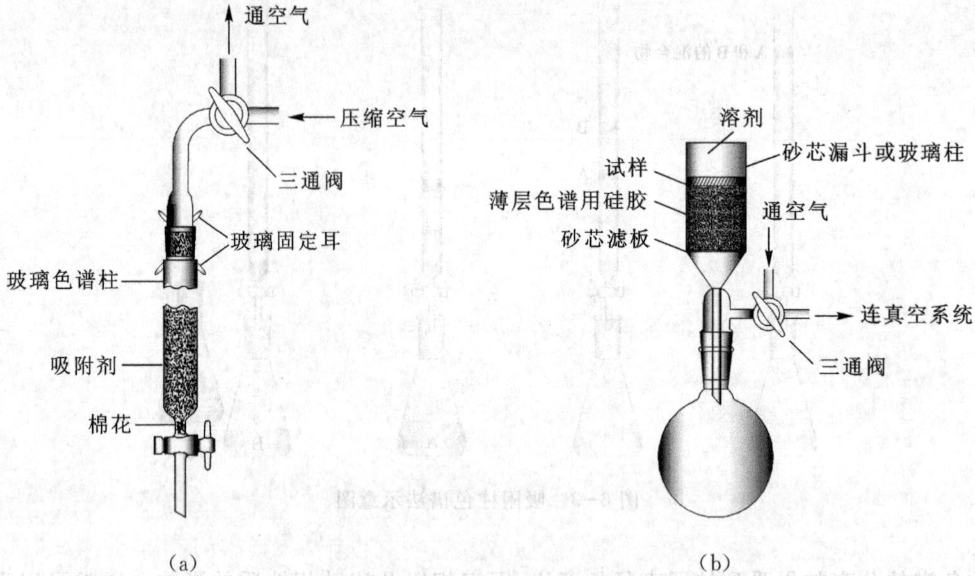

图 6-4　快速柱色谱法和减压液相色谱法示意图

3. 高效液相色谱法

以液体为流动相,用高压输送流动相流经颗粒均匀而细小的固定相从而达到高效、高灵敏度地分离和分析各种待测试样的色谱技术称为高效液相色谱法(high performance liquid chromatography,HPLC)或高压液相色谱法(high pressure liquid chromatography,HPLC)。

正相 HPLC 是由极性固定相和非极性(或弱极性)流动相所组成的 HPLC 体系。其代表性的固定相是改性硅胶、氰基柱等,代表性的流动相是正己烷。吸附色谱也属正相 HPLC。反相 HPLC 是由非极性固定相和极性流动相所组成的液相色谱体系,与正相 HPLC 体系正好相反。其代表性的固定相是十八烷基键合硅胶(C_{18}柱),代表性的流动相是甲醇和乙腈。

HPLC 法在试样的定性分析、定量分析以及分离纯化等方面都具有广泛的应用,特别是对挥发性低的,热稳定性差或相对分子质量大的组分的测定尤为有利。该法的具体流程、仪器装备及操作请参看有关专著。

4. 气相色谱法

气相色谱法是以气体作为流动相的色谱分离和分析技术,它主要用于分离、分析可汽化的各种组分。也可用作制备的目的。有关气相色谱的详细讨论,可参考有关专著。

6.1.3　色谱法的应用

色谱法除了用于有机化合物的分离纯化外,另一个重要应用就是帮助确定化合物的纯度。有机化合物经过分离纯化后,在进行结构鉴定前,还需要通过各种方法确定它的纯度。经典的通过测定化合物的物理常数,如熔点、沸点、折射率等来确定其纯度的方法仍在沿用,不过现今更多采用的是色谱方法来鉴定化合物的纯度。例如应用 TLC 可以粗略地确定一个化合物的纯度,但是由于结构或极性类似的化合物可能在 TLC 上显示同一个 R_f 值,从而会导致判断失误,因此通常采用若干个不同的展开剂系统进行判别,以减少这种失误。GC 和 HPLC 法是目前更常用的一种鉴别化合物纯度的方法,该方法比 TLC 法更准确,但没有 TLC 法那样简便易行,并且能否选择到合适的分析条件使不同化合物得以完全分离将直接影响到结果的准确性。

6.2　质谱

质谱法是结构分析与确定非常重要的分析方法。20 世纪初最早建立起来的质谱分析手段主要用于分析同位素。一直到 20 世纪 50 年代以后,特别是 80 年代以来,兴起了有机化合物的质谱分析。近些年来,随着各种软电离技术(如快原子轰击、电喷雾电离、基质辅助激光解析电离等)的运用,使质谱的应用扩展到生物大分子的研究领域。

质谱法可以直接提供相对分子质量的信息,还可以通过测定精确质量确定化合物的分子式,同时通过对质谱图中碎片离子的分析将会获得一些重要的结构信息。因此,质谱分析已经成为有机化合物结构分析与确定最有力的工具之一。

6.2.1　基本原理

质谱是利用多种离子化技术,将试样分子转化为离子,经过离子质量分析器和检测器等将产生的离子按照质荷比(质量 m 与电荷 z 的比值,常用 m/z 表示)的大小依次分离并定量记录下来,获得待测试样的质谱图。

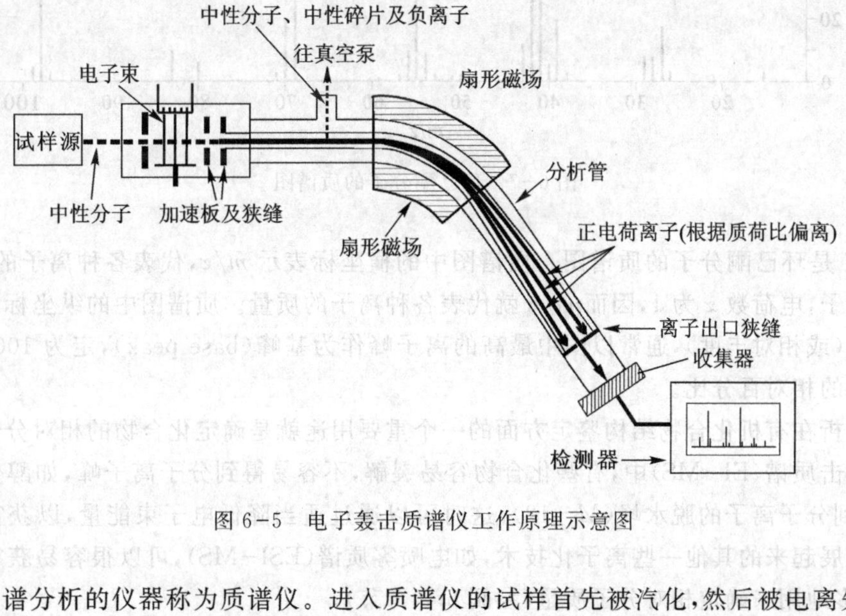

图 6-5　电子轰击质谱仪工作原理示意图

用于质谱分析的仪器称为质谱仪。进入质谱仪的试样首先被汽化,然后被电离失去一个电子,形成分子离子。产生分子离子最常用的方法是用一束高能电子轰击汽化的试样分子,图 6-5 是电子轰击质谱仪工作原理示意图。由于高能电子束转移给了试样分子足够多的能量,使许多分子离子并不停留在这一状态，会进一步发生键的断裂，形成各种更小的碎片，包括正离子、自由基、中性分子和自由基正离子等。如图 6-5 和图 6-6 所示，所有带正电荷的碎片离子（正离子和自由基正离子）在通过一对带负电荷的加速及聚焦板后被加速进入分析管，中性分子和负离子碎片不被加速，经真空泵被泵出分析仪。正电荷离子在扇形磁场作用下以曲线轨迹偏离，偏离轨迹的直径大小依赖于质荷比，质荷比越小，离子产生的偏离越大，偏离轨迹的直径就越小。当逐渐增加磁场强度时，这些偏离程度不同的离子依次经过离子出口狭缝被收集并记录下来，得到质谱图。

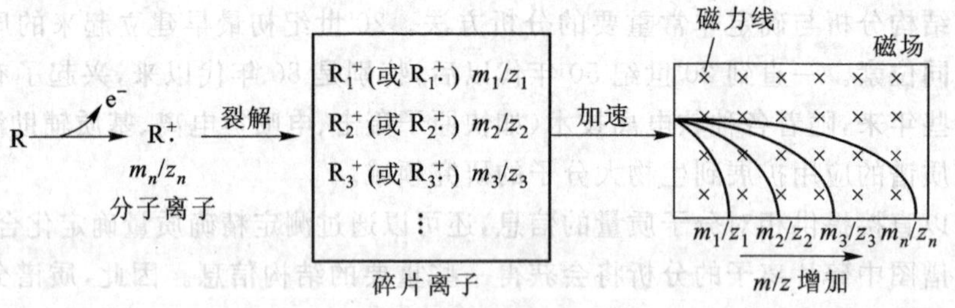

图 6-6　质谱的基本原理图

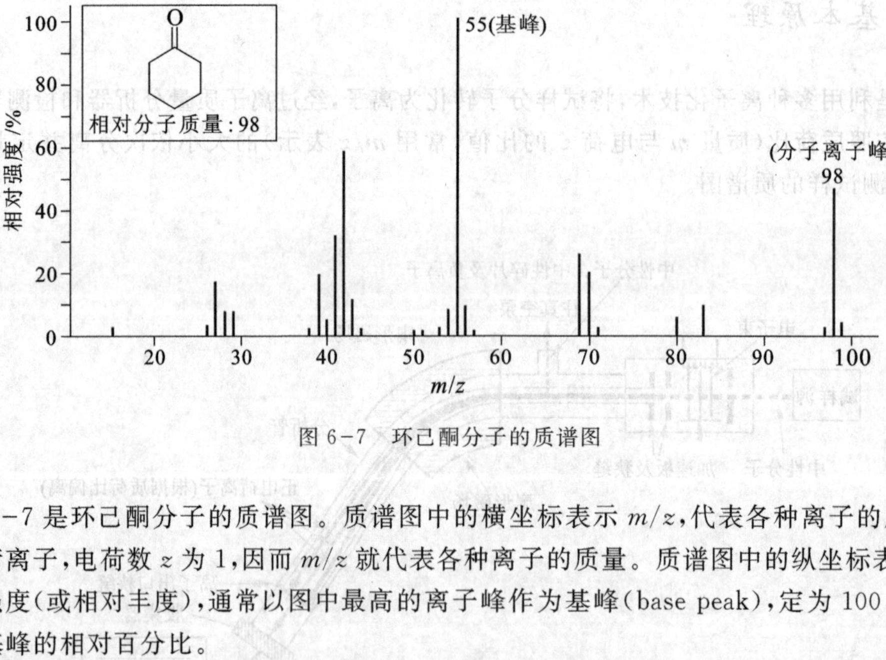

图 6-7　环己酮分子的质谱图

图 6-7 是环己酮分子的质谱图。质谱图中的横坐标表示 m/z，代表各种离子的质荷比，对于单电荷离子，电荷数 z 为 1，因而 m/z 就代表各种离子的质量。质谱图中的纵坐标表示各离子的相对强度（或相对丰度），通常以图中最高的离子峰作为基峰（base peak），定为 100，其他峰的高度为基峰的相对百分比。

质谱分析在有机化合物结构鉴定方面的一个重要用途就是确定化合物的相对分子质量。不过在电子轰击质谱（EI-MS）中，有些化合物容易裂解，不容易得到分子离子峰，如醇分子容易脱水，往往得到分子离子的脱水峰（$M-18$），这时可以通过适当降低电子束能量，以获得分子离子峰。随后发展起来的其他一些离子化技术，如电喷雾质谱（ESI-MS），可以很容易获得分子离子峰，因此更多地用来确定相对分子质量（参阅 6.2.3 节）。

化合物分子的结构特征决定了它在电子轰击质谱中的裂解方式，因此，通过分子离子和碎片离子间的关系，利用裂解规律可以获得分子的部分结构信息。这是电子轰击质谱在有机化合物结构鉴定中的又一重要用途。在有机化合物的结构解析中，常常通过质谱分析验证分子结构的合理性。

6.2.2　高分辨质谱确定化合物分子式

一般的质谱给出的是各种离子近似的质量(通常为整数)。根据定义，^{12}C 核的精确质量为 12，把 ^{12}C 作为标准，可以得到其他核的精确质量，有机化合物中常见元素的精确质量列于表 6-1 中。

表 6-1　有机化合物中常见组成元素的精确质量

元素	精确质量/u	元素	精确质量/u	元素	精确质量/u
^{1}H	1.007 825	^{16}O	15.994 914	^{32}S	31.972 1
^{12}C	12.000 00	^{19}F	18.998 40	^{35}Cl	34.968 9
^{14}N	14.003 050	^{31}P	30.973 76	^{79}Br	78.918 3

高分辨质谱(High-Resolution Mass Spectrometry，HRMS)应用超静电及磁场聚焦技术形成非常精确的电子束，检测相对分子质量的精确性可以达到 1/20 000，即获得的质量数精确到小数点后 3～4 位，称为精确质量(exact mass)。根据各原子核的精确质量可以计算一个分子式的精确相对分子质量，然后与高分辨质谱获得的精确质量数进行比较，就可以确定这个化合物的分子式。例如，一个质量数为 44 的分子离子，可能的分子式是 C_3H_8，C_2H_4O，CO_2 或 CH_4N_2，并可以分别计算出它们的精确相对分子质量。如果高分辨质谱测得的精确相对分子质量是 44.028，与这个数值最接近的是分子式为 C_2H_4O 的精确质量，因而可以确定这个化合物的分子式为 C_2H_4O。

C_3H_8		C_2H_4O		CO_2		CH_4N_2	
3 C	36.000 00	2 C	24.000 00	1 C	12.000 00	1 C	12.000 00
8 H	8.062 60	4 H	4.031 30			4 H	4.031 30
		1 O	15.994 91	2 O	31.989 82	2 N	28.006 10
	44.062 60		44.026 21		43.989 82		44.037 40

6.2.3　离子化技术种类

获得质谱的关键是运用各种离子化技术将试样分子离子化。下面简单分述几种重要的离子化技术。

1. 电子轰击离子化

电子轰击离子化(electron impact ionization，EI)是一种有机化合物离子化的常用方法。这种方法使用具有一定能量的电子直接轰击试样(最常用的高能电子的能量为 70 eV)，使试样分子电离。它能给出丰富的碎片离子信息并具备成熟的离子裂解理论，是有机结构分析鉴定的有力手段。现已建立了 EI 质谱标准图谱库，便于检索。该法的优点是灵敏度高，谱图信息丰实，重现性好。缺点是不适于挥发性差、热稳定性差的化合物的分析。另外，某些化合物的分子离子峰不强，有时甚至观察不到。

2. 化学离子化

化学离子化(chemical ionization,CI)是利用反应气体(如甲烷等)与试样分子发生反应从而使试样分子离子化。由于在离子化过程中没有涉及高能量轰击过程，因而 C—C 键断裂情况很少，碎片离子主要来自官能团或氢的离去。从而可以获得主要官能团的信息。该法的优点是可获得较强的准分子离子峰($[M+H]^+$，质子化的分子)，有利于相对分子质量的确定；并可以获得有关试样分子官能团的信息。缺点是不适用于挥发性差、热稳定性差的化合物的分析。

3. 快原子轰击离子化

快原子轰击离子化(fast atom bombardment ionization,FAB)是通过在快原子枪中产生的惰性气体快原子束轰击溶于基质中的试样靶从而使试样分子离子化。所用基质通常是一些非挥发性的极性黏稠液体(如甘油等)。该法的优点是使用范围广，特别适用于强极性、高相对分子质量、挥发性及热稳定性差的物质的分析；可获得较强的准分子离子峰(如$[M+H]^+$，$[M+Na]^+$等)。缺点是基质峰会带来或多或少的干扰，并且重现性差，灵敏度不高。

4. 电喷雾离子化

电喷雾离子化(electrospray ionization,ESI)是使用电喷雾电子源通过离子蒸发过程将离子化的试样蒸发进入空间进行分析检测。一般情况下只能获得相对分子质量信息，但若在离子源后面配备碰撞区，则可使得离子发生有规律的裂解，从而获得试样分子的结构信息。此法的优点是能产生多电荷离子，使得 m/z 呈若干倍的减小。这样，质量范围只有几千的仪器就能检测质量数为十几万的生物大分子。这种质谱仪常与液相色谱联用，如目前广泛使用的 LC-MS(液相色谱-质谱联用仪)可以对混合物各组分进行分析鉴定，大大提高了分析速率。另外还可通过碰撞诱导分解反应获得除相对分子质量以外的分子结构信息数据。通常小分子得到 $[M+H]^+$ 或 $[M-H]^+$ 的单电荷离子，而生物大分子则产生多电荷离子。缺点是试样溶液流量不能太高。

5. 基质辅助激光解吸离子化

基质辅助激光解吸离子化(matrix assisted laser desorption ionization,MALDI)的原理类似于 FAB，仅用激光(光子枪)替代快原子枪。而且在 MALDI 中引入的是固体基质(如芥子酸、2,5-二羟基苯甲酸、阿魏酸等)。通常只给出分子离子(M^{+})或准分子离子峰($[M+H]^+$ 或 $[M-H]^+$)。该法特别适用于蛋白质、多肽、寡核苷酸等生物大分子的离子化。缺点则是不能获得分子结构方面的信息。

6.2.4 质谱中的离子类型

在质谱中出现的离子主要有以下几种：

1. 分子离子

试样分子经过电离后失去一个外层电子而形成的带正电荷的离子称为分子离子(molecular ions)。分子离子是一种自由基正离子，即分子中含有一个单电子和一个正电荷，因此又称奇电子离子(用 $M^{+\cdot}$ 表示)。失去的电子可以是成键电子，如 π 电子和 σ 电子，也可以是非键电子(又称 n 电子)，如孤对电子。失去电子的容易程度为 n 电子$>\pi$ 电子$>\sigma$ 电子。

$$\mathrm{M\!:} \longrightarrow \mathrm{M}^{+\cdot} + e^-$$

n 电子　$\mathrm{R{-}\ddot{Y}{-}R'} \longrightarrow \mathrm{R{-}\overset{+\cdot}{Y}{-}R'} + e^-$

π 电子　$\mathrm{{-}C\!:\,:\!C{-}} \longrightarrow \mathrm{{-}C\!:\!\overset{+}{\cdot}C{-}} + e^-$

σ 电子　$\mathrm{{-}C:C{-}} \longrightarrow \mathrm{{-}C\overset{+}{\cdot}C{-}} + e^-$

由于多数分子离子在电子束的轰击下会进一步裂解为碎片，因此，在 EI 质谱图中，相对强度最大的离子峰不一定是分子离子峰，分子离子峰的强弱主要决定于分子离子的稳定性。有些化合物的分子离子很不稳定，其 EI 质谱图不显示分子离子峰。对于用 EI 这种"硬"电离方法无法获得分子离子峰的试样，可尝试采用 CI、FAB 或 ESI 等"软"电离方法，以取得分子离子的信息。一些有机化合物的分子离子的稳定性规律如下：

芳香化合物＞共轭烯烃＞环烷烃＞直链烷烃＞硫醇＞酮＞胺＞酯＞醚＞羧酸＞支链烷烃＞醇

在确定质谱图中的分子离子峰时，需要注意几点：① 分子离子必须是质谱图中质量最高的奇电子离子；② 分子离子应有合理的质量丢失，且分子离子与碎片离子之间的关系应符合裂解规律（参阅 6.2.6 节）；③ 分子离子的质量数应符合氮规则。所谓氮规则是指：有机化合物分子中含奇数个氮时，其相对分子质量应为奇数；含偶数个（包括 0 个）氮时，其相对分子质量应为偶数。

根据分子离子，可以给出化合物的相对分子质量和分子式（高分辨质谱，精确到小数点后四位），还可以推测化合物的部分结构特征。

2. 碎片离子

分子离子进一步发生化学键的断裂（裂解，fragmentation）所形成的离子称为碎片离子（fragment ions）。通常碎片离子可以给出化合物的原子或基团的种类及连接方式等结构信息。裂解是按一定的规律进行的（参阅 6.2.6 节）。通常中间过渡态活化能较低以及所形成的离子较稳定（参阅第七章）的裂解方式较易进行。

3. 同位素离子

组成有机化合物的常见元素 C、H、O、N、S 及卤素等，在自然界中多数都有同位素。因而在质谱中存在含有同位素的离子，称同位素离子（isotopic ions）。同位素离子峰的强度与同位素的天然丰度是相对应的。有机化合物中常见同位素的天然丰度列于表 6-2。

表 6-2　有机化合物中常见同位素的天然丰度

元素	相对丰度	$A+1$ 型同位素	相对丰度	$A+2$ 型同位素	相对丰度
^{1}H	100	^{2}H	0.015		
^{12}C	100	^{13}C	1.1		
^{14}N	100	^{15}N	0.37		
^{16}O	100	^{17}O	0.04	^{18}O	0.20
^{19}F	100				
^{28}Si	100	^{29}Si	5.1	^{30}Si	3.4
^{31}P	100				
^{32}S	100	^{32}S	0.80	^{34}S	4.4
^{35}Cl	100			^{37}Cl	32.5
^{79}Br	100			^{81}Br	98.0

同位素离子可以提供分子结构的重要信息。特别对鉴定分子中是否含有 Cl、Br 原子很有用。因这些元素含有较丰富的高两个质量数的同位素，通过二项式$(A+B)^n$ 的展开式（其中 A 为常见元素的天然丰度，B 为其同位素的天然丰度，n 为该元素在分子中的个数），可推算出分子离子和同位素离子峰的强度。反之，通过质谱中分子离子和同位素离子峰的强度比，也可推测分子中这些元素的存在与否及其个数。例如，在 $CHCl_3$ 分子中，有三个 Cl，$n=3$，而相对丰度 $^{35}Cl:{}^{37}Cl \approx 3:1$，$(A+B)^n=(3+1)^3=3^3+3\times3^2\times1+3\times3\times1^2+1^3=27+27+9+1$，说明质量数为 $M:M+2:M+4:M+6$ 的离子峰的强度比为 27∶27∶9∶1。

例如，图 6-8 为溴苯的质谱图。谱图中 m/z 156 代表的是化合物的分子离子峰，m/z 158 则是化合物分子的同位素离子峰($M+2$)，二者的强度比为 1∶1，说明分子中含有一个 Br 原子。

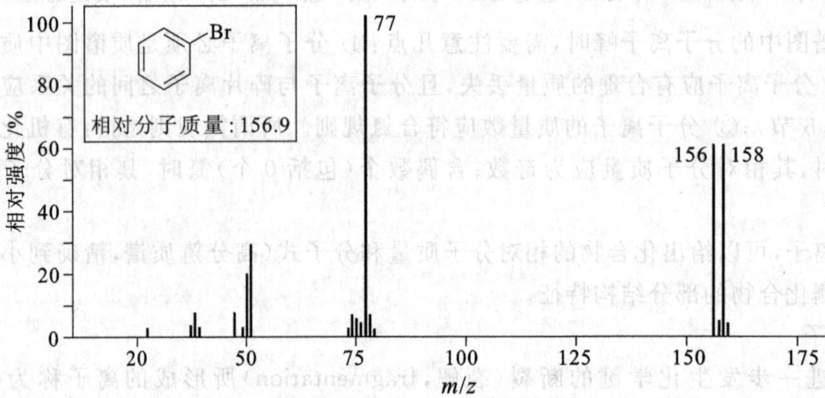

图 6-8 溴苯分子的质谱图

4. 多电荷离子

失掉两个或两个以上电子的离子称多电荷离子（multiply-charged ions）。由于离子带有多个电荷，其质荷比(m/z)与单电荷离子相比要小，现代质谱技术正是利用多电荷离子这一特点测定大分子的相对分子质量的。

6.2.5 离子相对强度的影响因素

一般来讲，中间过渡态活化能较低或裂解所形成的较稳定离子在质谱图中相对强度较强。以下是几个影响离子相对强度的主要因素：

1. 稳定离子产生优先原则

根据化学热力学原理，在分子离子裂解过程中能够产生稳定碎片离子的反应优先进行，离子相对强度越强。如碳正离子的稳定性有如下顺序：3°碳正离子＞2°碳正离子＞1°碳正离子＞甲基碳正离子，因此烃类化合物多在有较多支链的碳原子处发生断裂。存在共轭体系的离子更加稳定，如烯丙基正离子、苄基正离子等相当稳定，常常作为基峰出现在质谱图中。

2. Stevenson 规则

对于奇电子离子 $A^{+\cdot}BCD$ 的简单断裂可以产生以下两组碎片：

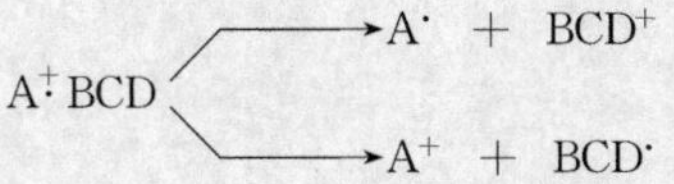

Stevenson 规则指出：电离能（失去电子所需能量）较高的碎片倾向于形成自由基，电离能较低的碎片倾向于形成正离子。一般来说，比较稳定的离子电离能较低，离子相对强度较高。

3. 最大烷基丢失原则

当离子中的同一原子上连接有几个烷基时，裂解倾向于失去最大烷基。例如，下列烷烃中，a 断裂形成的离子相对强度 $>$ b 断裂形成的离子相对强度 $>$ c 断裂形成的离子相对强度 $>$ d 断裂形成的离子相对强度。由下图可知，d 断裂能形成更稳定的碳正离子。

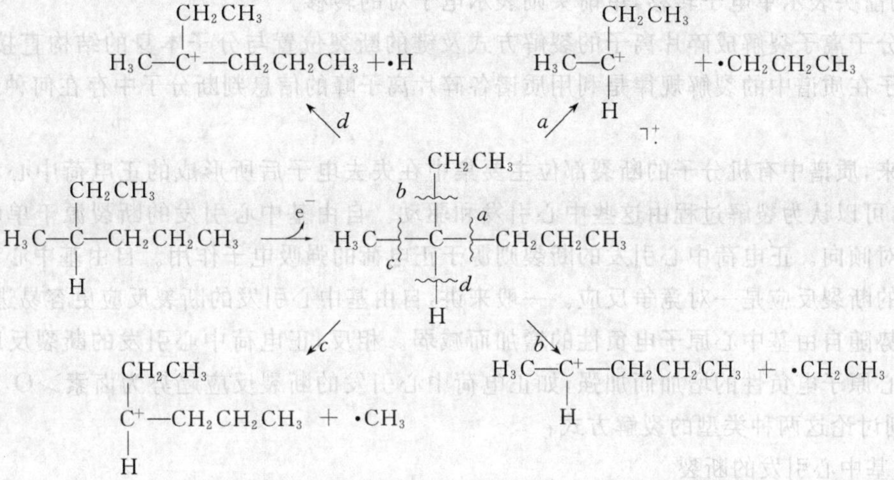

由此可见，在这种情况下，形成更稳定的自由基要比形成更稳定的碳正离子更重要。

4. 中性小分子及稳定自由基生成优先原则

离子在断裂过程中，若能生成 H_2，CH_4，H_2O，C_2H_4，CO，NO，CH_3OH，H_2S，HCl，CH_2 ═C═O，CO_2 等中性小分子以及烯丙基自由基、苄基自由基、叔丁基自由基等稳定的自由基，则断裂反应容易进行，产生的离子相对强度较强。例如，在 1-己醇的质谱图（图 6-9）中观察不到 m/z 102的分子离子峰，却可以看到分子脱水后的离子峰 m/z 84。

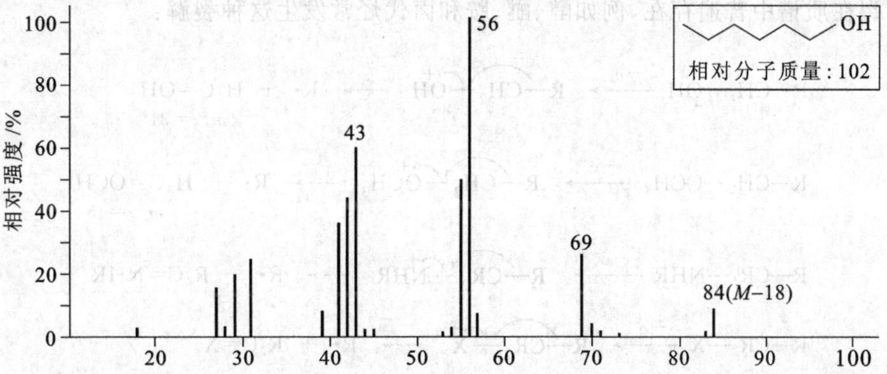

图 6-9　1-己醇分子的质谱图

6.2.6 质谱裂解规律

分子离子或准分子离子被进一步轰击变成各种碎片离子的过程称为裂解。质谱中主要有以下三种裂解方式：

(1) 均裂 $A—B \longrightarrow A\cdot + B\cdot$

(2) 异裂 $A—B \longrightarrow A^+ + B^-$

(3) 半异裂 $X^+\cdot Y \longrightarrow X^+ + Y\cdot$

上式中，鱼钩箭头表示单电子转移，单箭头则表示电子对的转移。

质谱中分子离子裂解成碎片离子的裂解方式及键的断裂位置与分子本身的结构直接相关，因此认识分子在质谱中的裂解规律是利用质谱各碎片离子峰的信息判断分子中存在何种结构的基础。

归结起来，质谱中有机分子的断裂部位主要集中在失去电子后所形成的正电荷中心和自由基中心附近，可以认为裂解过程由这些中心引发和驱动。自由基中心引发的断裂源于单电子具有强烈的成对倾向。正电荷中心引发的断裂则源于正电荷的强吸电子作用。自由基中心和正电荷中心引发的断裂反应是一对竞争反应。一般来讲，自由基中心引发的断裂反应更容易进行，而且其反应趋势随自由基中心原子电负性的增加而减弱。相反，正电荷中心引发的断裂反应趋势随正电荷中心原子电负性的增加而加强，如正电荷中心引发的断裂反应趋势为卤素＞O，S＞N，C。以下分别讨论这两种类型的裂解方式：

1. 自由基中心引发的断裂

这种裂解由分子离子中的单电子自由基引发，导致与中心官能团相邻的 α－碳上键的均裂，形成烃基自由基与正离子，故又称为 α－断裂：

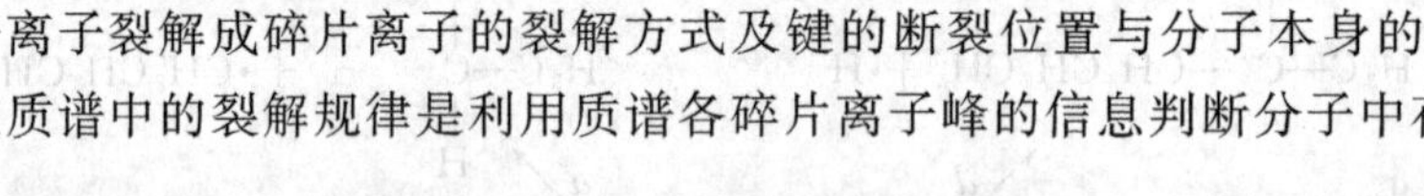

（Y通常为电负性较大的原子，如X，O，N等）

α－断裂在质谱中普遍存在，例如醇、醚、胺和卤代烃常发生这种裂解：

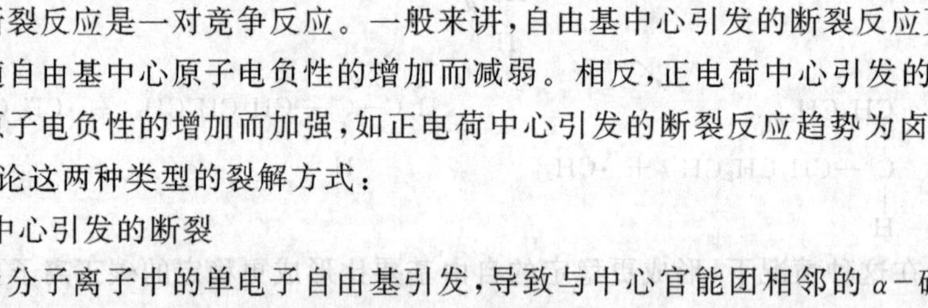

图 6-10 是 3-甲基-2-丁醇的质谱裂解情况和质谱图。由于仲醇存在两种 α－断裂方式，因而得到两个不同的正离子碎片，m/z 45 和 m/z 73。其中，m/z 45 的碎片离子峰是基峰，由最大

烷基丢失原则可以得到解释。同时，由于分子离子（m/z 88）极不稳定，在质谱图中看不到分子离子峰。

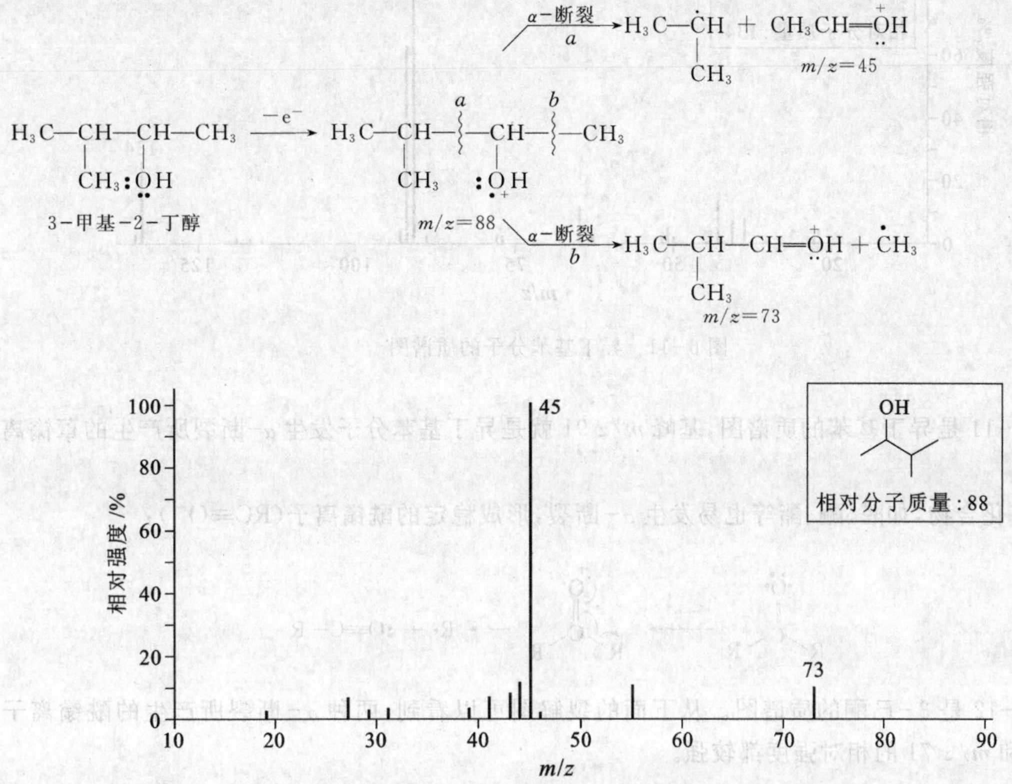

图 6-10　3-甲基-2-丁醇分子的裂解图和质谱图

根据杂原子孤对电子对正电荷的共轭稳定作用随杂原子电负性的降低而增强，即 N＞S＞O，因此，在下面分子的裂解中，优先的 α-断裂是生成碳-氮双键正离子，而非碳-氧双键正离子：

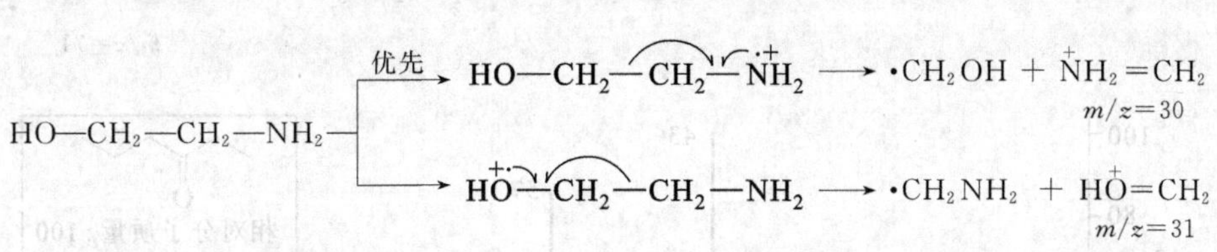

另外，含烯丙基、苄基的烃类分子也发生 α-断裂，形成相当稳定的烯丙基正离子（m/z 41）和草鎓离子（m/z 91）：

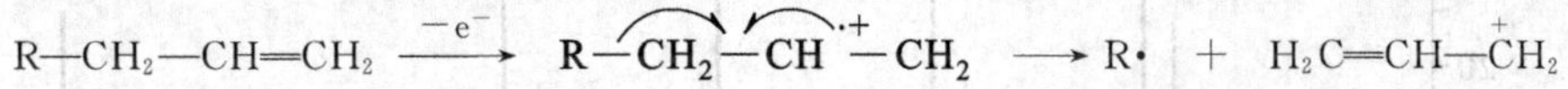

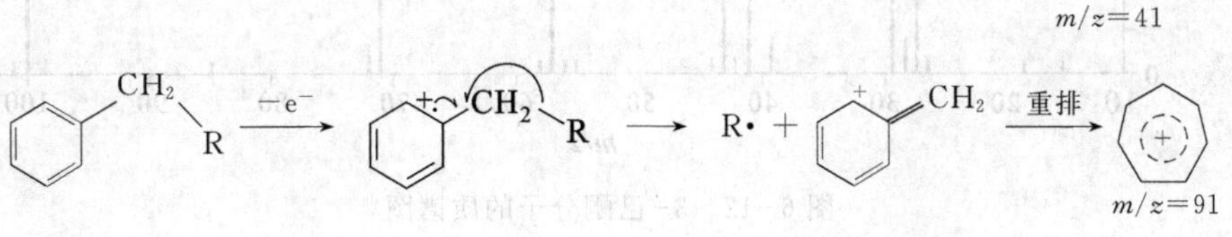

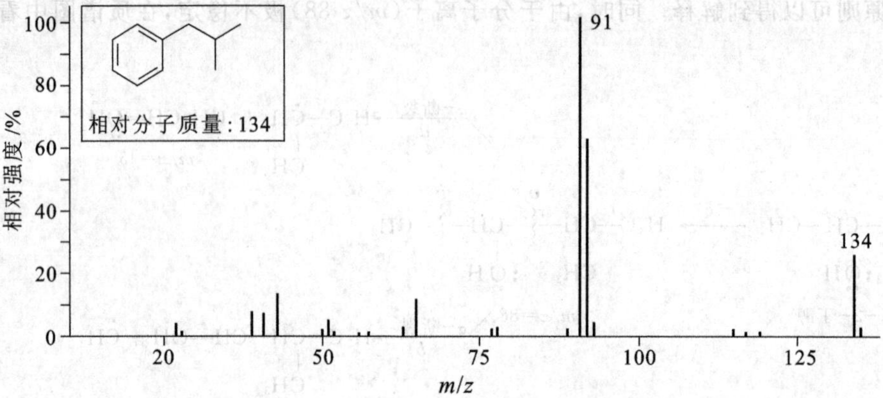

图 6-11　异丁基苯分子的质谱图

图 6-11 是异丁基苯的质谱图，基峰 m/z 91 就是异丁基苯分子发生 α-断裂所产生的䓬鎓离子峰。

羰基化合物，如醛、酮、酯等也易发生 α-断裂，形成稳定的酰鎓离子($RC\equiv O^+$)：

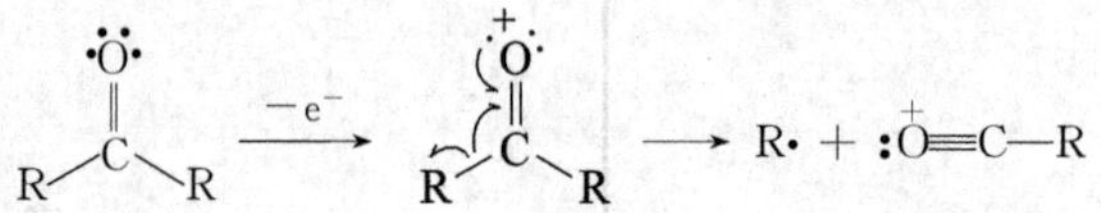

图6-12 是 3-己酮的质谱图。从下面的裂解图可以看到，两种 α-断裂所产生的酰鎓离子 m/z 57 和 m/z 71 的相对强度都较强。

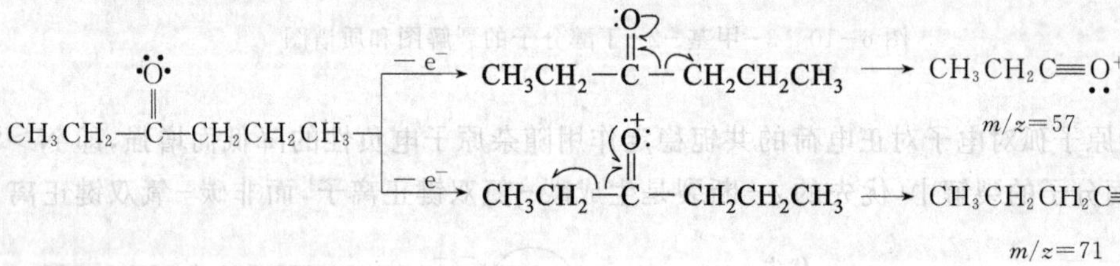

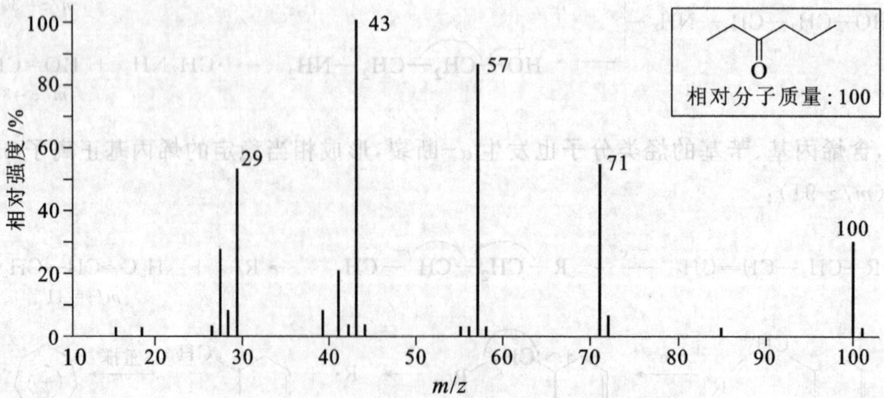

图 6-12　3-己酮分子的质谱图

具有某些特征结构的分子会发生某种特殊的裂解方式，这对分子的结构确定提供了重要信息。例如，在含有 γ-H 的分子中，容易发生一种自由基中心引发的氢重排裂解反应，称为麦氏重排（McLafferty 重排）。重排中，γ-H 经六元环过渡态重排至自由基中心，同时引发 β 键断裂，形成脱去烯烃的奇电子离子。麦氏重排裂解反应通式如下：

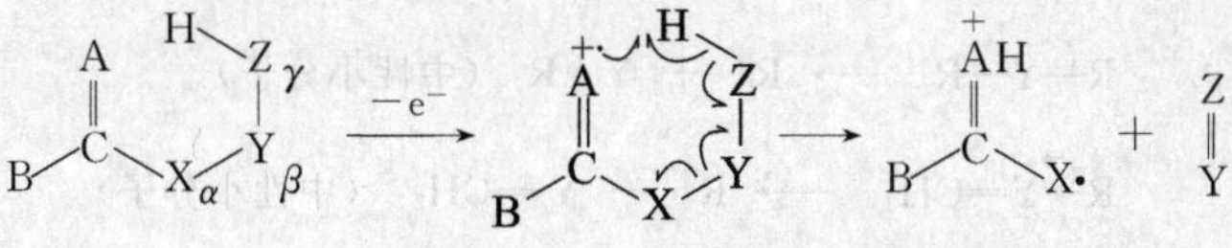

（A，X＝C，N，O，S等；B＝H，OH，OR，NH_2 NHR，NR_2，X等；Y，Z＝烃基）

由上式可知，醛、酮、羧酸、酯、酰胺、酰卤、烯烃、亚胺等只要 γ 位上有氢，均可以发生麦氏重排。图 6-13 是戊酸的质谱图，基峰 m/z 60 便是经麦氏重排反应产生的碎片离子峰。

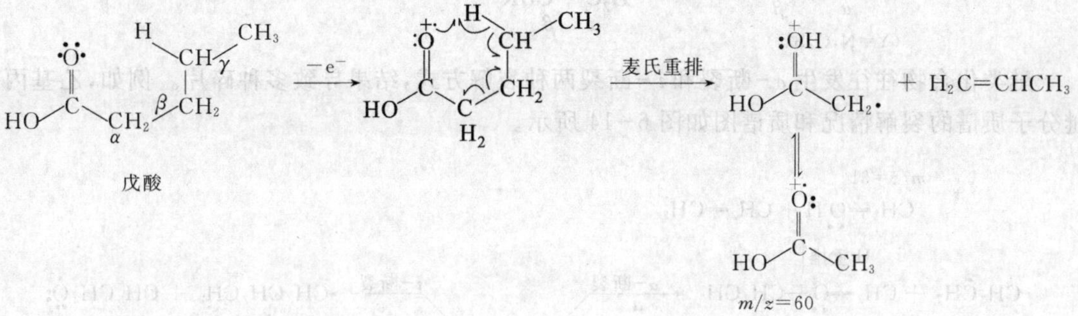

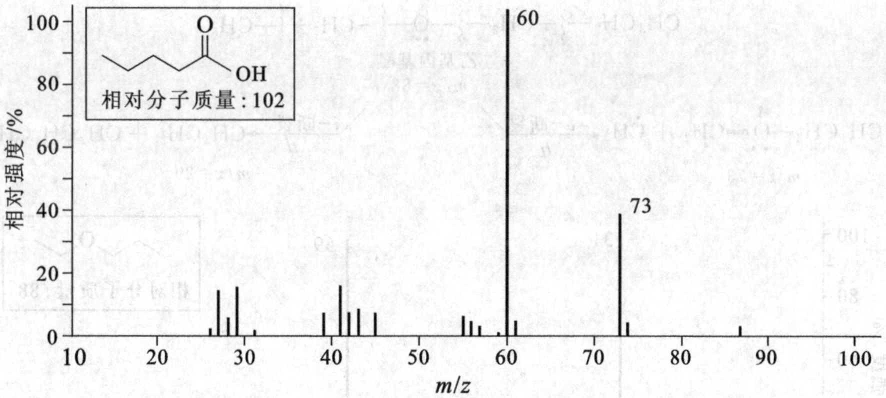

图 6-13　戊酸分子的质谱图

2. 正电荷中心引发的裂解

由正电荷中心引发的裂解既可以是奇电子离子（如分子离子）也可以是偶电子离子（如正离子）中的正电荷引发所致，结果是产生键的异裂，生成烃基正离子和自由基碎片或烃基正离子和中性小分子。这种裂解源于正电荷的强吸电子诱导作用，使与正电荷中心相连接的键发生异裂，因此又称诱导断裂或 i-断裂。常见的裂解模式如下：

（1）奇电子离子

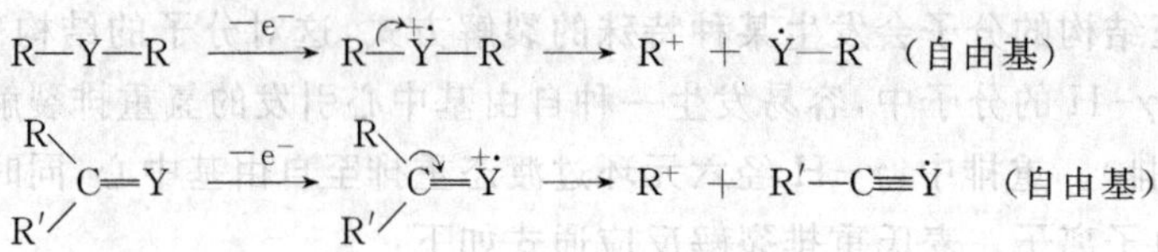

（2）偶电子离子

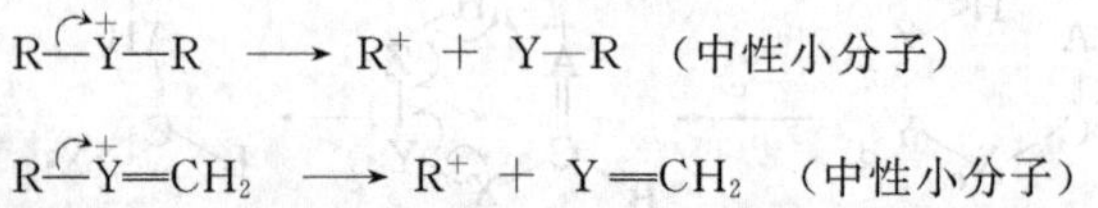

此外，β 位上有氢的非环状偶电子离子还可以发生重排反应。重排中，β-氢经四元环过渡态重排至正电荷中心，同时引发连接的 α 键断裂，形成脱去烯烃的正离子。

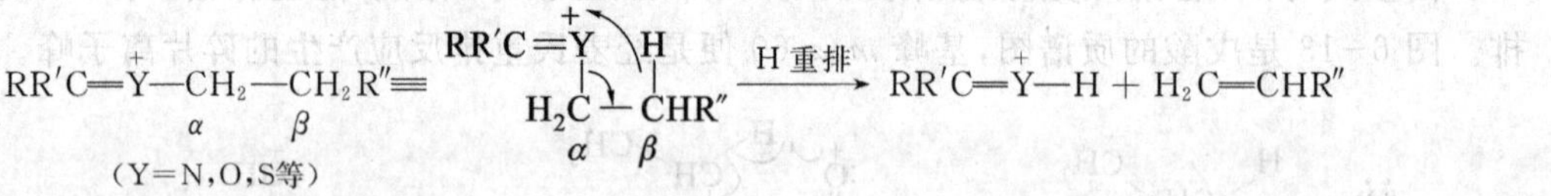

醚类化合物往往发生 α-断裂和 i-断裂两种裂解方式，结果导致多种碎片。例如，乙基丙基醚分子质谱的裂解情况和质谱图如图 6-14 所示。

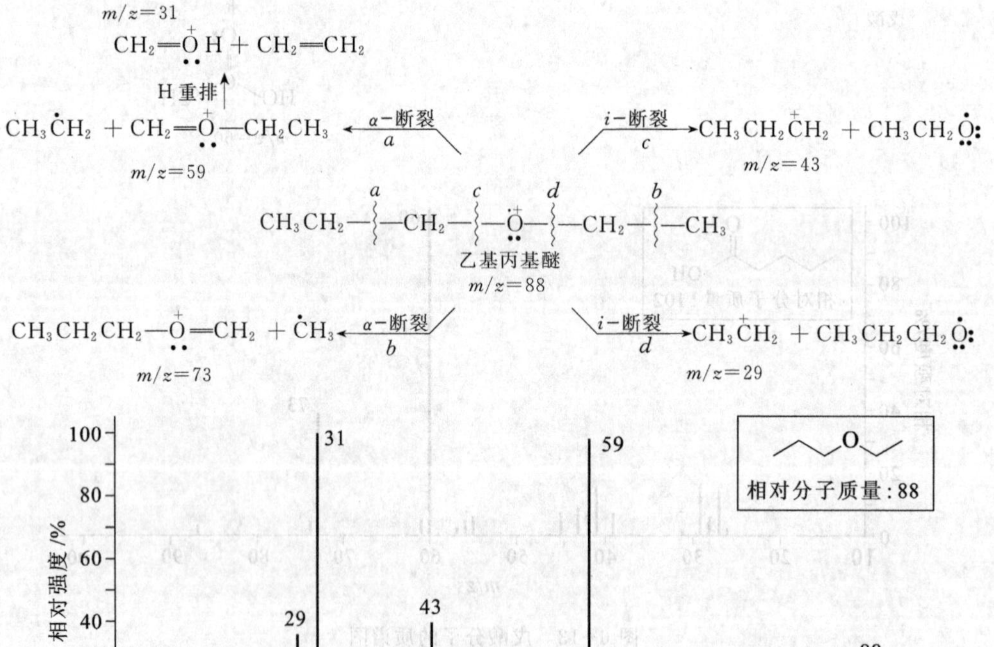

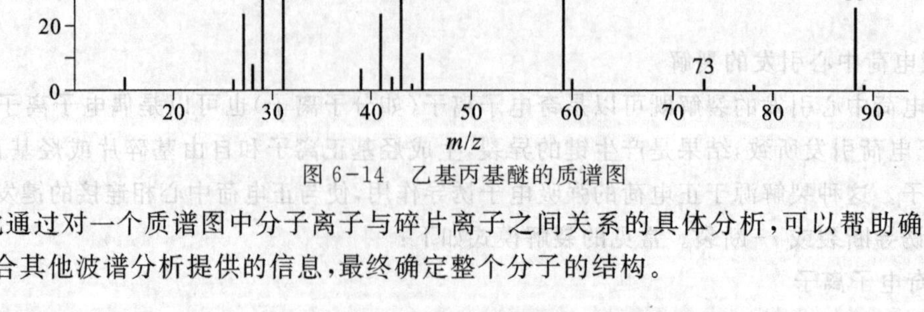

图 6-14　乙基丙基醚的质谱图

因此通过对一个质谱图中分子离子与碎片离子之间关系的具体分析，可以帮助确定部分的结构，结合其他波谱分析提供的信息，最终确定整个分子的结构。

习题 6－1　两种不同的环烷烃的质谱给出相同的分子离子峰 $m/z=98$，其中一个基峰在 $m/z=69$，而另一个基峰在 $m/z=83$。请确定这两个环烷烃的结构。

习题 6－2　分别写出下列化合物的质谱碎裂情况，请用箭头标明碎裂过程中键的裂解方式和电子的走向。

(1) $CH_3COCH_2CH_2CH_2CH_3$；　(2) $CH_3CH_2OCH(CH_3)CH_2CH_2CH_3$；　(3) $(CH_3)_3CBr$

习题 6－3　甲基丁基醚、甲基仲丁基醚和甲基叔丁基醚的质谱显示如下。请归属图 A,B,C 分别是哪个化合物。

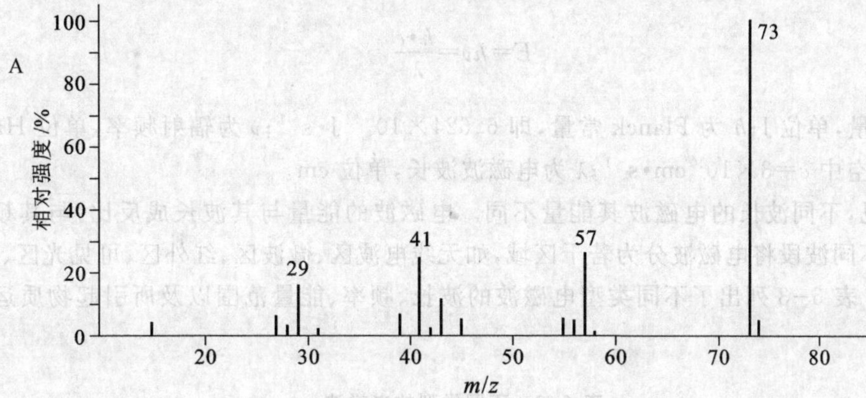

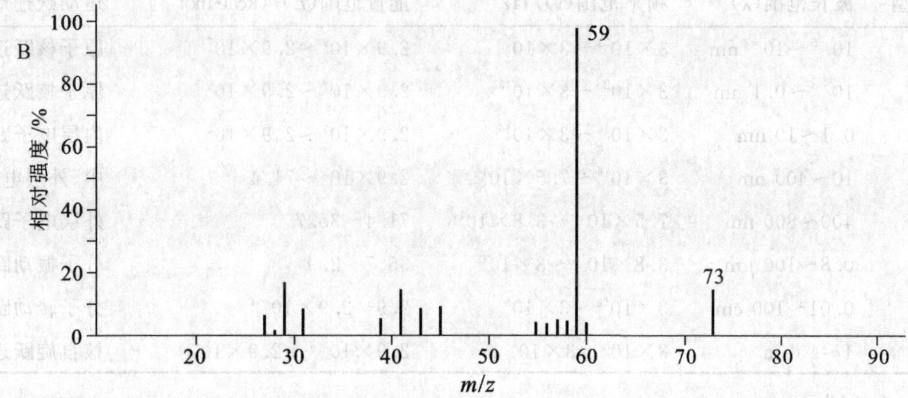

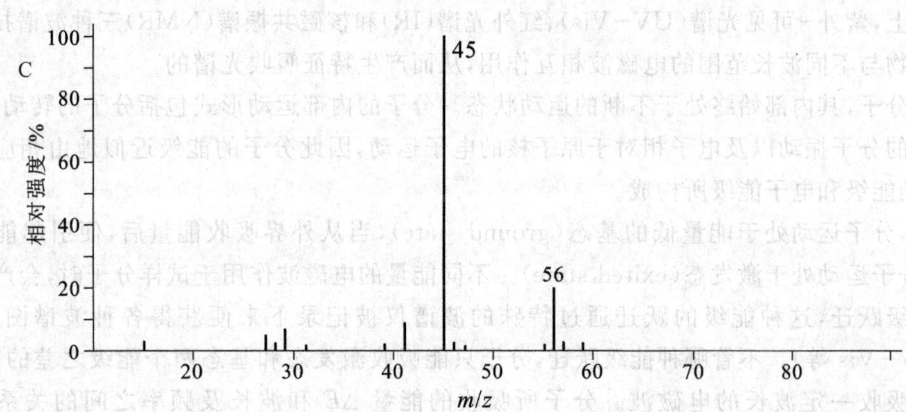

6.3 电磁波与波谱技术

光是电磁波,其能量(辐射能)大小可用波长(λ)或频率(ν)来表示。波长或频率与能量的关系符合以下关系式:

$$E=h\nu=\frac{h\cdot c}{\lambda}$$

式中,E 为能量,单位 J;h 为 Planck 常量,即 $6.624\times10^{-34}\ \mathrm{J\cdot s^{-1}}$;$\nu$ 为辐射频率,单位 Hz;c 为光传播速度,真空中 $c=3\times10^{10}\ \mathrm{cm\cdot s^{-1}}$;$\lambda$ 为电磁波波长,单位 cm。

由此可见,不同波长的电磁波其能量不同。电磁波的能量与其波长成反比,与其频率成正比。通常按不同波段将电磁波分为若干区域,如无线电波区、微波区、红外区、可见光区、紫外区、X 射线区等。表 6-3 列出了不同类型电磁波的波长、频率、能量范围以及所引起物质运动的各种跃迁形式。

表 6-3 不同类型的电磁波

电磁波类型	波长范围(λ)	频率范围(ν)/Hz	能量范围(E)/(kcal·mol⁻¹)*	运动跃迁形式
宇宙射线	$10^{-5}\sim10^{-3}$ nm	$3\times10^{22}\sim3\times10^{20}$	$2.9\times10^{9}\sim2.9\times10^{7}$	原子核跃迁
γ 射线	$10^{-3}\sim0.1$ nm	$3\times10^{20}\sim3\times10^{18}$	$2.9\times10^{7}\sim2.9\times10^{5}$	原子核跃迁
X 射线	$0.1\sim10$ nm	$3\times10^{18}\sim3\times10^{16}$	$2.9\times10^{5}\sim2.9\times10^{3}$	内层电子跃迁
紫外	$10\sim400$ nm	$3\times10^{16}\sim7.5\times10^{14}$	$2.9\times10^{3}\sim71.4$	中、外层电子跃迁
可见	$400\sim800$ nm	$7.5\times10^{14}\sim3.8\times10^{14}$	$71.4\sim35.7$	外层电子跃迁
红外	$0.8\sim100$ μm	$3.8\times10^{14}\sim3\times10^{12}$	$35.7\sim2.9$	分子振动跃迁
微波	$0.01\sim100$ cm	$3\times10^{12}\sim3\times10^{8}$	$2.9\sim2.9\times10^{-4}$	分子转动跃迁
无线电波	$1\sim10^{4}$ m	$3\times10^{8}\sim3\times10^{4}$	$2.9\times10^{-4}\sim2.9\times10^{-8}$	核自旋跃迁

* 1cal=4.184 J。

事实上,紫外-可见光谱(UV-Vis)、红外光谱(IR)和核磁共振谱(NMR)三种波谱技术就是利用有机物与不同波长范围的电磁波相互作用,从而产生特征吸收光谱的。

一个分子,其内部始终处于不断的运动状态。分子的内部运动形式包括分子的转动,原子核之间相对的分子振动以及电子相对于原子核的电子运动,因此分子的能级近似地由相应的转动能级、振动能级和电子能级所构成。

通常,分子运动处于能量低的基态(ground state),当从外界吸收能量后,便引起能级的跃迁,这时分子运动处于激发态(exited state)。不同能量的电磁波作用于试样分子时,会产生各种不同的能级跃迁,这种能级的跃迁通过特殊的波谱仪被记录下来便获得各种波谱图(如 IR,NMR,UV-Vis 等)。不管哪种能级跃迁,分子只能吸收激发态和基态两个能级之差的能量,即分子只能吸收一定波长的电磁波。分子所吸收的能量 ΔE 和波长及频率之间的关系符合关系式:

$$\Delta E = E_e - E_0 = h\nu = \frac{h \cdot c}{\lambda}$$

吸收的能量大小取决于物质的分子结构，分子不同，ΔE 不同，则吸收的光的波长不同，所获得的吸收光谱也不同。因此研究物质的吸收光谱，可以鉴别物质的分子结构。

从表 6-3 中可以看出，红外光谱是分子振动能级跃迁所产生的吸收光谱，核磁共振谱则是核自旋能级跃迁所产生的吸收光谱，紫外－可见光谱是电子能级跃迁所产生的吸收光谱。基于此，红外光谱也被称作分子振动光谱，紫外－可见光谱也被称作电子光谱。下面将分别讨论这三种吸收光谱与有机化合物结构的关系。

6.4　红外光谱

红外光是波长范围在 800 nm～100 μm 的电磁波。如图 6-15 所示，红外光区又可以细分为近红外区（波长范围在 800 nm～2.5 μm）、红外区（波长范围在 2.5～25 μm）和远红外区（波长范围在 25～100 μm）。通常红外光谱 (infrared spectroscopy，IR) 系指波长范围在 2.5～25 μm 的吸收光谱，它反映的是分子中原子间的振动和变角运动情况。

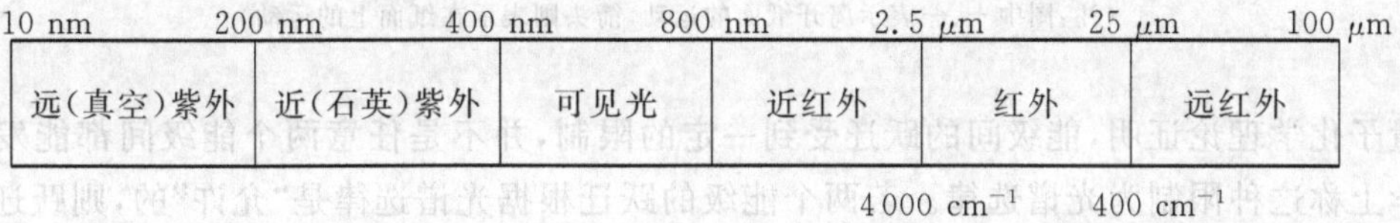

图 6-15　紫外－红外光区电磁波的细分

6.4.1　原理

以共价键相连的原子就像用弹簧连接的球，它们在不停地以各种形式振动着，其振动频率决定于原子的质量和共价键的强度。当电磁波辐射频率与基团振动的频率相同时，分子便吸收电磁波的能量而发生振动能级的跃迁，使振动的振幅加大。红外光谱仪记录下吸收峰的位置，便获得红外光谱图。

共价键的振动包括伸缩振动 (stretching vibration，用符号 ν 表示) 和弯曲振动 (bending vibration，用符号 δ 表示) 两种。伸缩振动是一种键长改变的运动，即沿着键的方向发生振动，而弯曲振动则是一种键角改变的运动。对于一个双原子分子，如 H—Cl，仅存在一种伸缩振动。但对于多原子分子，则存在伸缩振动和弯曲振动两种形式。图 6-16 表示的是—CH_2—中两个

C—H键的各种振动形式，包括对称伸缩振动(ν_s)、不对称伸缩振动(ν_{as})、面内剪式弯曲振动(scissor)、面内摇摆弯曲振动(rock)、面外扭曲弯曲振动(twist)和面外摇摆弯曲振动(wag)。

(1) 伸缩振动

(2) 弯曲振动

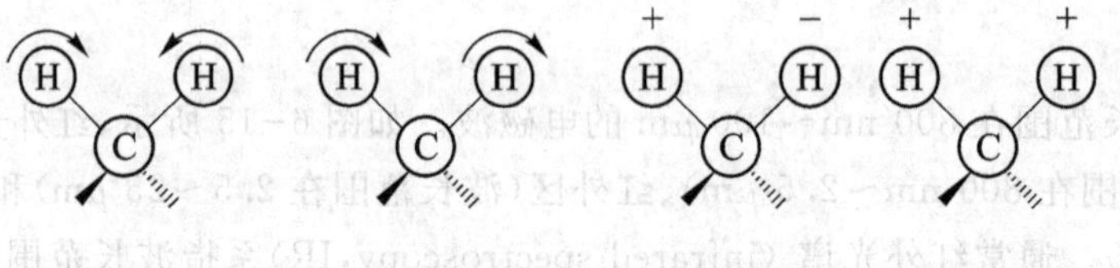

图 6-16　共价键的各种振动形式

(注:图中+、-表示离开纸面的运动，箭头则表示在纸面上的运动)

量子化学理论证明，能级间的跃迁受到一定的限制，并不是任意两个能级间都能发生跃迁，光谱学上称这种限制为光谱选律。若两个能级的跃迁根据光谱选律是"允许"的，则跃迁概率大，出现较强的吸收峰；若跃迁是"禁阻"的，则跃迁概率小，出现较弱的峰，甚至观察不到信号。对于双原子分子，可将其看作一个简单的谐振子，其原子间的伸缩振动近似地可看作是一种简谐振动。对于简谐振动来说，其光谱旋律为 $\Delta\nu=\pm1$，即跃迁必须在相邻的振动能级之间进行，其中最为重要的跃迁就是 $\nu_0\rightarrow\nu_1$，称为本征跃迁，其吸收波数遵循 Hooke 定律(参见 6.4.3)，相应的吸收峰称做基频峰(basetone peak)。事实上，分子振动是一种近似的简谐振动，并不严格遵守 $\Delta\nu=\pm1$ 的光谱选律，可能会产生 $\Delta\nu=\pm2$ 或更高的跃迁，在红外光谱中有时可以观察到波数为基频峰二倍或更高倍的倍频峰(multiple tone peak)。此外，基频峰之间可以相互作用，形成频率加合或相减的合频峰(combination tone peak)。通常又将倍频峰和合频峰统称为泛频峰(overtone peak)。由于形成这些泛频峰的跃迁概率较小，与基频峰相比，吸收峰的强度要弱得多，经常被基频峰掩盖，特别有意义的泛频峰的波数范围主要在 2 000 cm^{-1}左右。

一般来说，不同基团有不同的红外光谱吸收，而同一基团在不同的化合物中，其吸收位置差异不大，因此通常可通过红外光谱确定某化合物中存在的键和官能团的种类。

6.4.2　红外光谱图

如图 6-17 所示，红外光谱图中的横坐标代表波长，通常用波数 σ(即波长的倒数，$\sigma=1/\lambda$)表示，单位为 cm^{-1}，红外光谱的波数范围在 4 000～400 cm^{-1}之间。纵坐标代表光透过程度，常用

透过率 $T(\%)$表示。

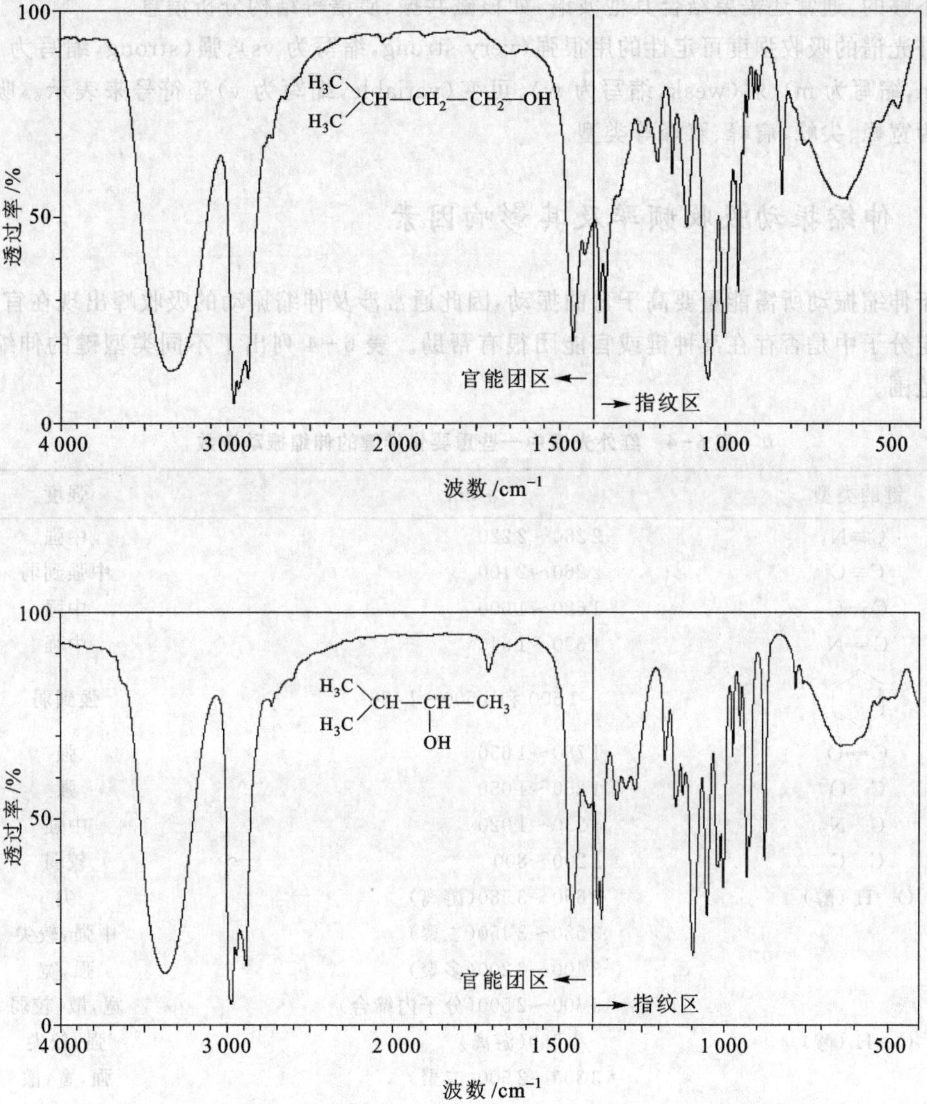

图 6-17　3-甲基-1-丁醇和 3-甲基-2-丁醇的红外光谱图

一般将整个红外光谱分为两个区，官能团区（functional group region）和指纹区（fingerprint region）。大多数官能团的特征吸收峰出现在 4 000～1 400 cm^{-1}之间，因而称为官能团区。1 400～600 cm^{-1}范围通常显示出各种化合物的差异，即每种化合物在这个区域内都有其独特的吸收模式，因而称为指纹区。例如，3-甲基-1-丁醇和 3-甲基-2-丁醇含有相同的羟基官能团，在官能团区出现同样的吸收峰，可是在指纹区却显示出不同的吸收图谱，因而可以区分它们（图 6-17）。

吸收峰的位置与分子结构有关。分子中每种不同的伸缩或弯曲振动都会给出一种吸收峰，因而红外光谱看起来相当复杂。一般并不需要尝试去解析一个红外光谱图中所有的吸收峰，只需关心那些涉及某种化合物结构的特征吸收峰。当要确定一个未知化合物的结构时，仅凭红外光谱是不够的，通常还需要结合其他波谱，如核磁共振、质谱等结构分析信息。

红外光谱的吸收强度可定性的用很强（very strong，缩写为 vs）、强（strong，缩写为 s）、中强（medium，缩写为 m）、弱（weak，缩写为 w）、可变（variable，缩写为 v）等符号来表示。吸收峰的形状分为宽峰、尖峰、肩峰、双峰等类型。

6.4.3　伸缩振动吸收频率及其影响因素

由于伸缩振动所需能量要高于弯曲振动，因此通常涉及伸缩振动的吸收峰出现在官能团区，对于确定分子中是否存在某种键或官能团很有帮助。表 6-4 列出了不同类型键的伸缩振动特征频率范围。

表 6-4　红外光谱中一些重要化学键的伸缩振动波数

键的类型	σ/cm^{-1}	强度
C≡N	2 260～2 220	中强
C≡C	2 260～2 100	中强到弱
C═C	1 680～1 600	中强
C═N	1 690～1 640	中强
	～1 600 和 1 500～1 430	强到弱
C═O	1 780～1 650	强
C—O	1 250～1 050	强
C—N	1 230～1 020	中强
C—C	1 200～800	较弱
O—H（醇）	3 650～3 580（游离）	尖
	3 550～3 450（二聚）	中强，较尖
	3 400～3 200（多聚）	强，宽
	3 600～2 500（分子内缔合）	宽，散，较弱
O—H（酸）	～3 550（游离）	强，较尖
	3 300～2 500（二聚）	强，宽，散
N—H	3 500～3 300	中强
C—H	3 300～2 700	中强

根据经典力学原理，键的伸缩振动遵循 Hooke 定律，即一个键伸缩所需的能量与键的强度和成键原子的质量有关。相应的，在红外光谱中的吸收峰波数 σ 可以近似地通过 Hooke 方程计算：

$$\sigma=\frac{1}{2\pi c}\left[\frac{f(m_1+m_2)}{m_1m_2}\right]^{\frac{1}{2}}$$

式中，σ 为伸缩振动吸收红外光的波数，单位为 cm^{-1}；f 为键的力常数（force constant），相当于弹簧的 Hooke 常数；m_1 和 m_2 为原子的质量，单位为 g；$m_1m_2/(m_1+m_2)$ 为折合质量。

力常数反映键的强度，它与化学键的键能成正比。键能越大，力常数越大。Hooke 定律表明键的强度越大，振动频率越高；分子的折合质量越小（亦即原子的质量越轻），振动频率越高。振动频率高意味着红外吸收峰在较高的波数出现。

以下就影响分子伸缩振动频率的主要因素进行讨论。

1. 键级

键级（bond order）是指化学键的级数，亦即两个原子间所形成化学键的个数。由于键级影响着键的强度，因而它会对吸收峰的位置产生影响。基团的原子组成相同时，键的级数越大，振动频率越高，如 C≡C、C═C 和 C—C 键的级数分别为 3、2 和 1，因而 C≡C 键在较高的 ~2 100 cm^{-1} 发生伸缩振动，C═C 键的伸缩振动吸收为 ~1 650 cm^{-1}，C—C 键的伸缩振动吸收则在 1 200~800 cm^{-1} 区域。这种趋势同样适合于各级碳-氧键和碳-氮键。归纳起来，有以下规律：$\sigma_{C\equiv C}>\sigma_{C=C}>\sigma_{C-C}$；$\sigma_{C\equiv N}>\sigma_{C=N}>\sigma_{C-N}$；$\sigma_{C=O}>\sigma_{C-O}$（表 6-4）。

2. 成键原子的杂化形式

不同类型 C—H 键的伸缩振动主要依赖于碳的杂化形式。因为 s 成分越多的键其强度越高，因而 C—H 键强弱顺序为 C_{sp}—H＞C_{sp2}—H＞C_{sp3}—H，它们的伸缩振动波数分别在 ~3 300 cm^{-1}，~3 100 cm^{-1} 和小于 3 000 cm^{-1}。

当 C—H 键中的碳为 sp^2 杂化时，可进一步根据 C═C 键伸缩振动的特征吸收确定体系是一般烯烃还是芳烃。在 ~1 600 cm^{-1} 处仅存在一个吸收峰预示烯烃的存在，而在 ~1 600 cm^{-1} 和 ~1 500~1 430 cm^{-1} 两处出现两个尖峰表明苯环的存在（如图 6-18）。可是要注意，N—H 键的弯曲振动吸收也恰好在 ~1 600 cm^{-1} 处，故在此波长的吸收并不总是预示 C═C 键的存在，不过通常 N—H 键弯曲振动产生的吸收峰要比 C═C 键的宽些，强度也大些。

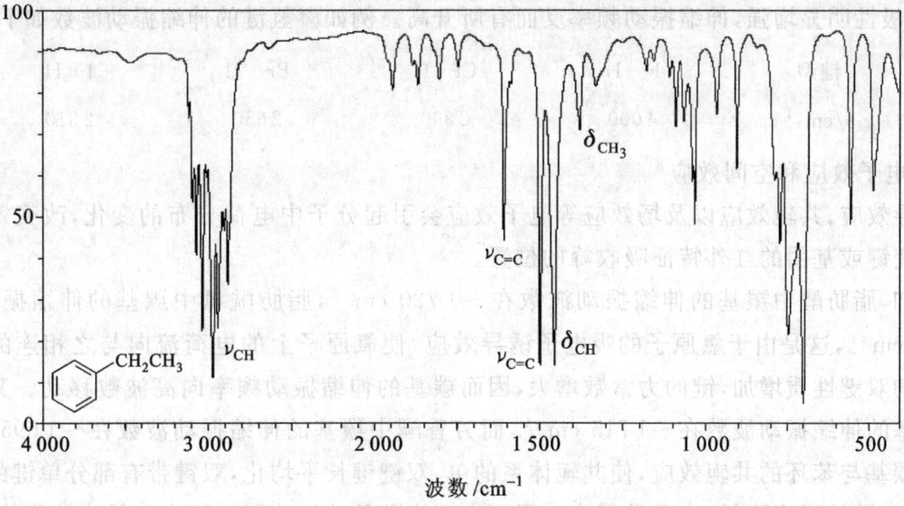

图 6-18 乙苯的红外光谱图

如图 6-19 所示，醛基中的═C—H 伸缩振动出现在 ~2 700 cm^{-1}。由于该波数处无其他特征吸收，因而醛基很容易被鉴别出来。

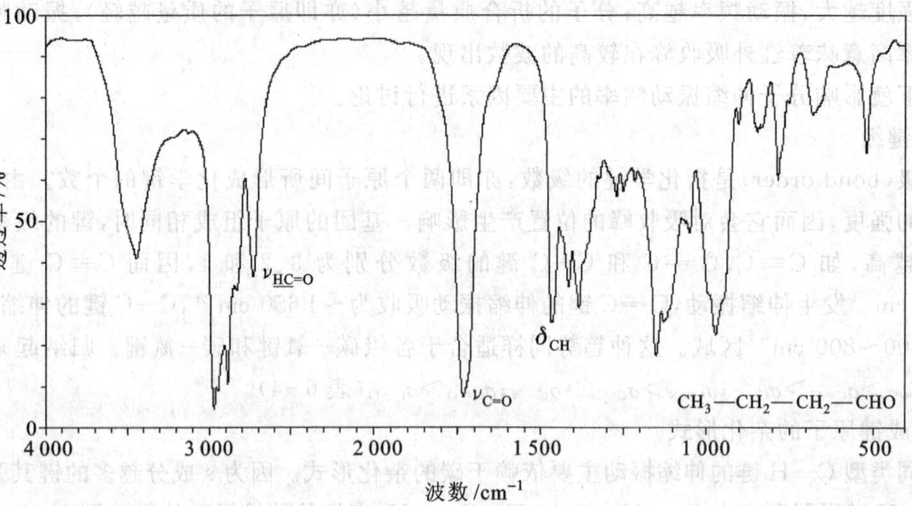

图 6-19　丁醛的红外光谱图

3. 质量效应

构成化学键的原子质量不同，则振动频率不同。与氢原子形成的各种化学键，如 C—H、O—H、N—H 等键，由于氢原子的存在，它们都具有较小的折合质量，因此红外吸收峰出现在高波数区，一般都超过 2 700 cm^{-1}。对同族元素来说，彼此质量差别较大，伸缩振动频率随原子序数增加明显变小；对同周期元素来说，彼此质量差别不明显，但随原子序数增加，电负性明显增大，键的极性明显增强，伸缩振动频率反而有所升高。例如卤氢键的伸缩振动波数如下：

键型	F—H	Cl—H	Br—H	I—H
σ/cm^{-1}	4 000	2 890	2 650	2 310

4. 电子效应和空间效应

诱导效应、共轭效应以及场效应等电子效应会引起分子中电荷分布的变化，改变键的强弱，从而改变键或基团的红外特征吸收峰的位置。

例如，脂肪醛中羰基的伸缩振动波数在～1 720 cm^{-1}，脂肪酰氯中羰基的伸缩振动波数在～1 800 cm^{-1}，这是由于氯原子的吸电子诱导效应，使氧原子上的电荷流向与之相连的碳原子，使羰基的双键性质增加，键的力常数增大，因而羰基的伸缩振动频率向高波数移动。又如，脂肪酮中羰基的伸缩振动波数在～1 715 cm^{-1}，而芳香酮中羰基的伸缩振动波数在～1 695 cm^{-1}，这是由于羰基与苯环的共轭效应，使共轭体系的单、双键键长平均化，双键带有部分单键的性质，即键长增加，键的强度降低，力常数减小。因而表现为羰基的伸缩振动频率向低波数移动。

事实上，当一个杂原子与双键或三键相连接时，吸电子的诱导效应与给电子的共轭效应同时存在，这时需要考虑二者综合的结果。当吸电子诱导效应占优势（如卤原子、氧原子）时，则红外吸收移向高波数；当共轭效应占优势（如氮原子，硫原子）时，则红外吸收移向低波数。例如：

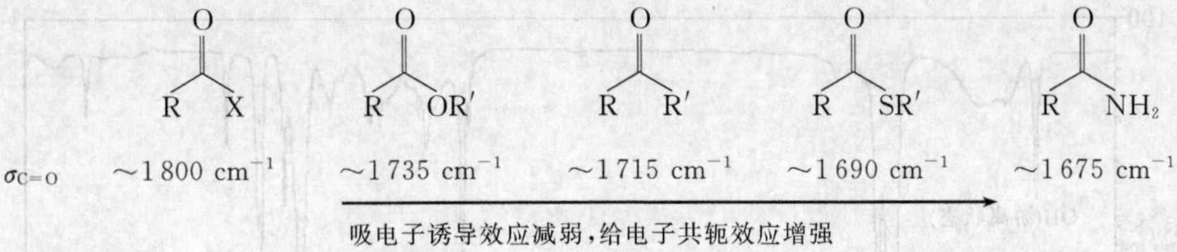

当一个共轭体系因为所连接基团的空间位阻破坏了整个体系的共平面性，则会削弱共轭效应的影响，从而表现为振动波数升高。例如，下列 α,β-不饱和羰基化合物的伸缩振动频率的不同就由空间效应引起：

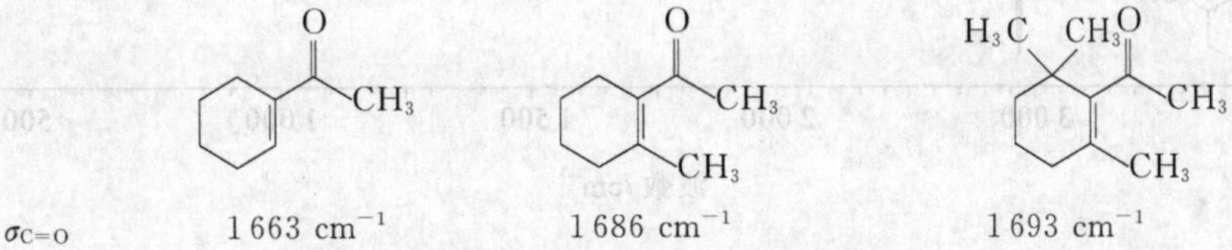

小环化合物由于环张力的存在使碳原子的键角及键长发生改变，因而振动波数与正常键存在差异。正如下图所示：

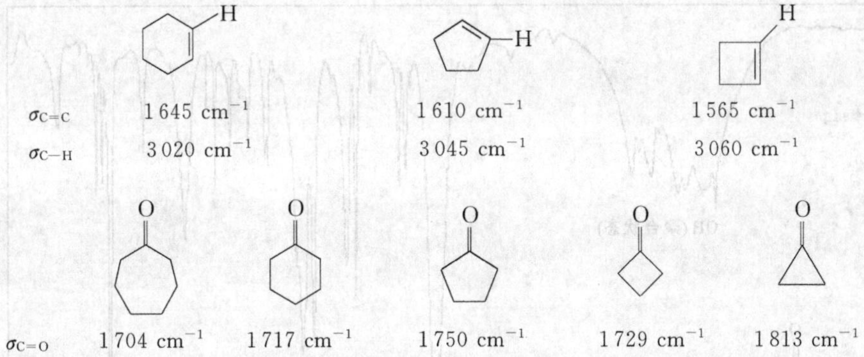

随着环的减小，环张力变大，环内各键（如环烯烃中的 C＝C 键）强度削弱，吸收峰频率随之下降，环外各键（如环烯烃中的 C—H 键，环酮中的 C＝O 键）强度增强，吸收峰频率随之升高。

5. 氢键

氢键的存在将使 O—H（醇、酚和羧酸）或 N—H（胺和酰胺）伸缩振动峰位置向低波数方向移动，且峰形由尖峰变为宽峰。这是因为氢键的形成削弱了 O—H 或 N—H 键的强度，而且氢键在强度上的可变性使得峰形变宽。例如，醇分子间形成氢键而以缔合形式存在时，O—H 吸收峰出现在 3 550～3 200 cm^{-1}；而醇分子间不形成氢键而以游离形式存在时，O—H 吸收峰会出现在 3 650～3 580 cm^{-1}（参见表 6-4）。因此可以通过红外光谱了解分子或基团间的相互作用情况。图 6-20 是环己醇的红外光谱，3 623 cm^{-1} 处的尖峰表明游离羟基的存在。图 6-21 是苯甲酸的红外光谱，2 554～3 073 cm^{-1} 处宽而散的峰表明羟基形成了氢键。一般情况下，羧酸类化合物的红外光谱图表现出的羧酸基 O—H 伸缩振动吸收都为宽而散的峰形，说明这些羧酸分子主要以二聚体的形式存在。

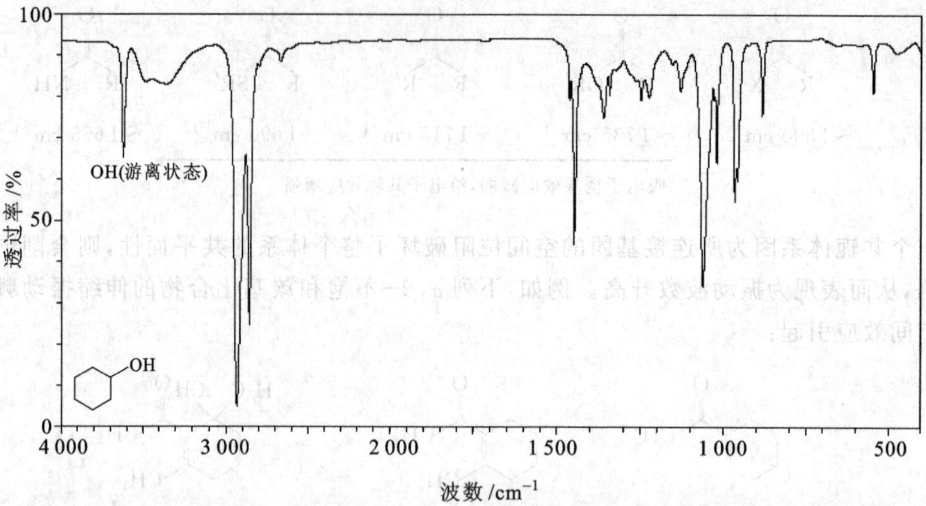

图 6-20 环己醇的红外光谱图

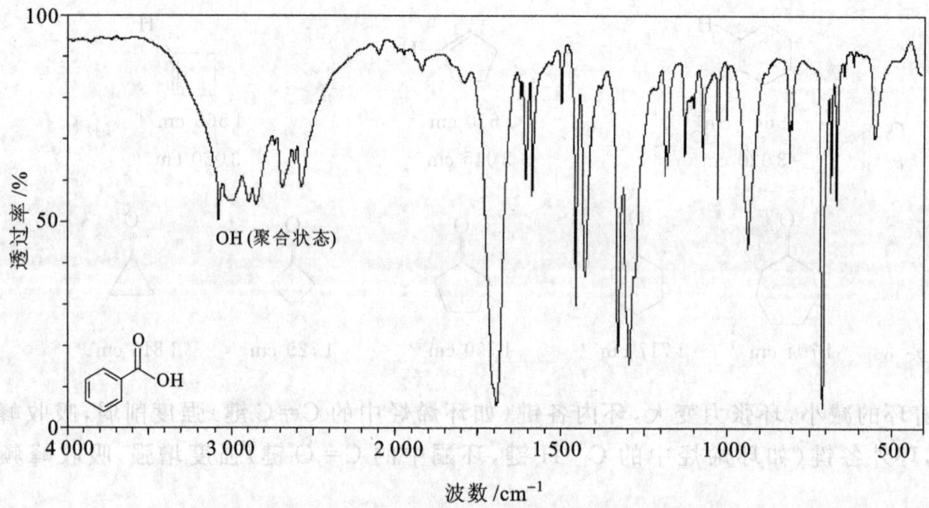

图 6-21 苯甲酸的红外光谱图

另外,溶液的浓度也是分子间是否形成氢键的重要影响因素。溶液的浓度高时,由于分子与分子之间相对较靠近,易形成分子间氢键。氢键的存在使 O—H 或 N—H 的吸收峰出现在低波数,而且峰形较宽。稀溶液时不易形成氢键,O—H 或 N—H 吸收峰出现在高波数,峰形较尖锐,表现为游离的羟基或氨基存在形式。

图 6-22 中,上、下图分别是位置异构体 5-羟基-1,4-萘醌和 6-羟基-1,4-萘醌的红外光谱图。由于 5-羟基-1,4-萘醌分子中的羟基与羰基存在分子内氢键,因此 O—H 的伸缩振动吸收又宽又散,而且强度大大削弱。6-羟基-1,4-萘醌分子中的羟基并不能与羰基形成分子内氢键,但可以形成分子间氢键,图中 O—H 的伸缩振动吸收峰出现在 3 346 cm^{-1} 处,从较宽较强的

峰形以及吸收位置可以推断分子的缔合形式以多聚为主。

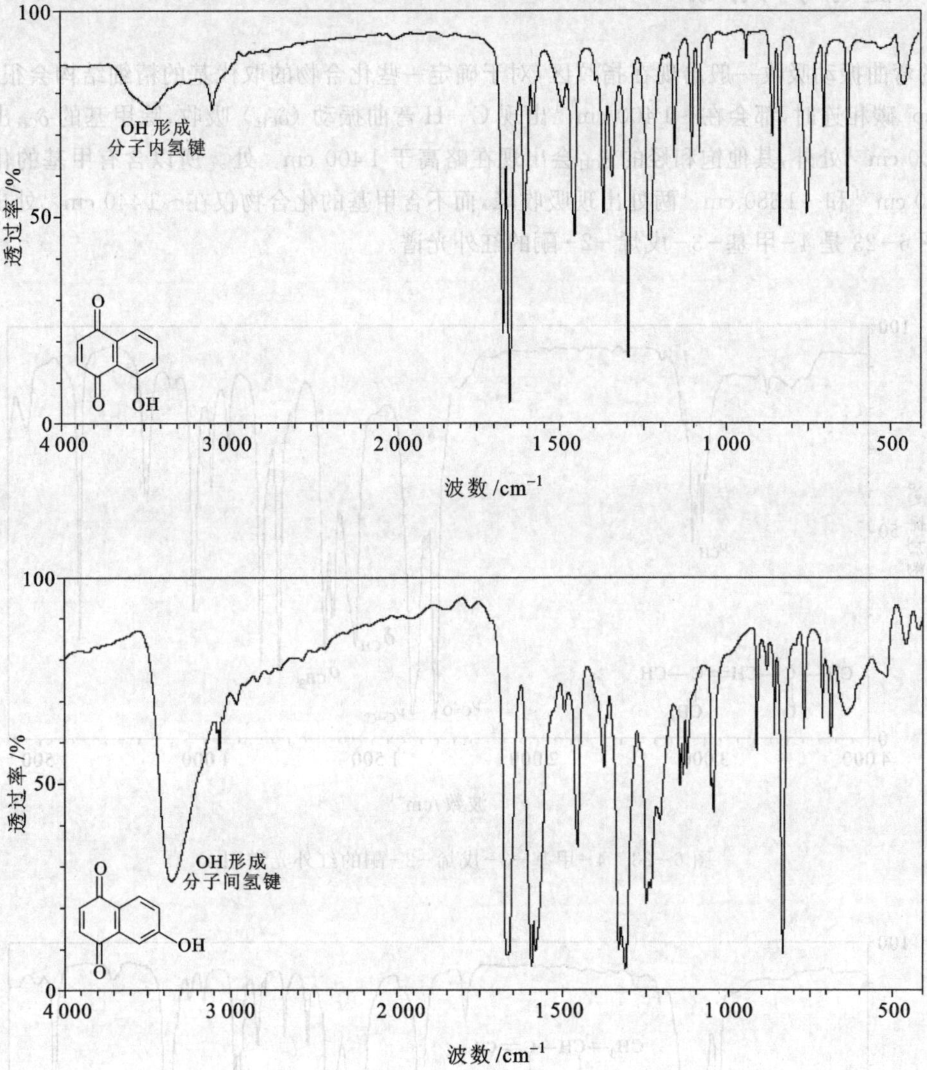

图 6-22　5-羟基-1,4-萘醌和 6-羟基-1,4-萘醌的红外光谱图

6. 互变异构

具有 β-二酮结构的一类化合物存在酮式-烯醇式互变异构现象，使得羰基的双键性质削弱，具有部分单键的性质，而且共振结构和分子内氢键的存在，致使 C═O 的伸缩振动吸收峰出现在 1 640～1 540 cm^{-1}，而且峰形强而宽。

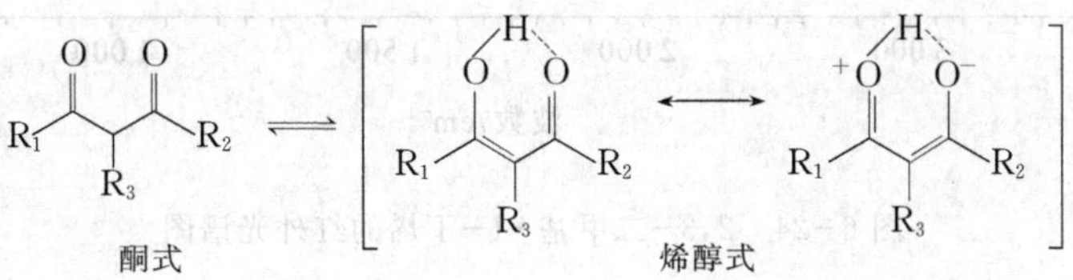

6.4.4　键的弯曲振动

键的弯曲振动吸收一般出现在指纹区，对于确定一些化合物的取代基的精细结构会很有帮助。当氢与 sp^3 碳相连时，都会在～1 400 cm^{-1} 出现 C—H 弯曲振动（δ_{CH}）吸收，除甲基的 δ_{CH} 出现在略低于 1 400 cm^{-1} 处外，其他饱和烃的 δ_{CH} 会出现在略高于 1 400 cm^{-1} 处。所以含有甲基的化合物会在～1 440 cm^{-1} 和～1380 cm^{-1} 两处出现吸收峰，而不含甲基的化合物仅在～1 440 cm^{-1} 处出现吸收峰。如图 6－23 是 4－甲基－3－戊烯－2－酮的红外光谱。

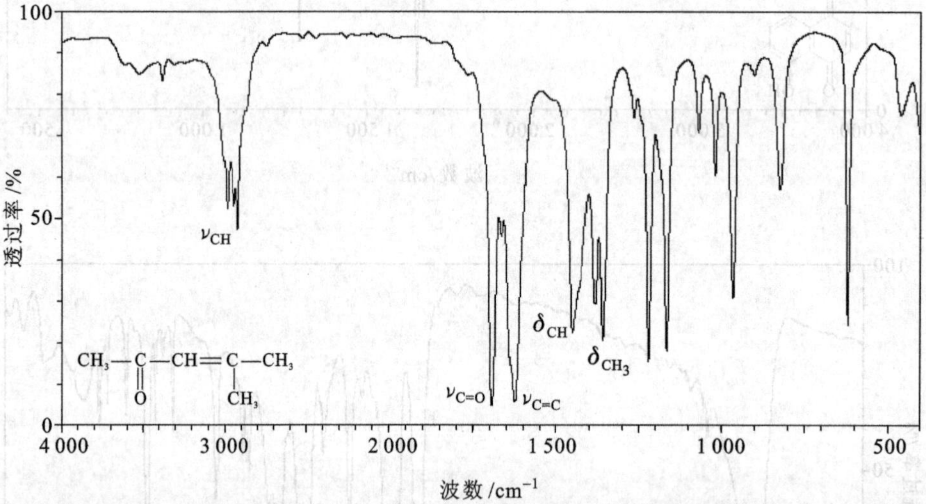

图 6－23　4－甲基－3－戊烯－2－酮的红外光谱图

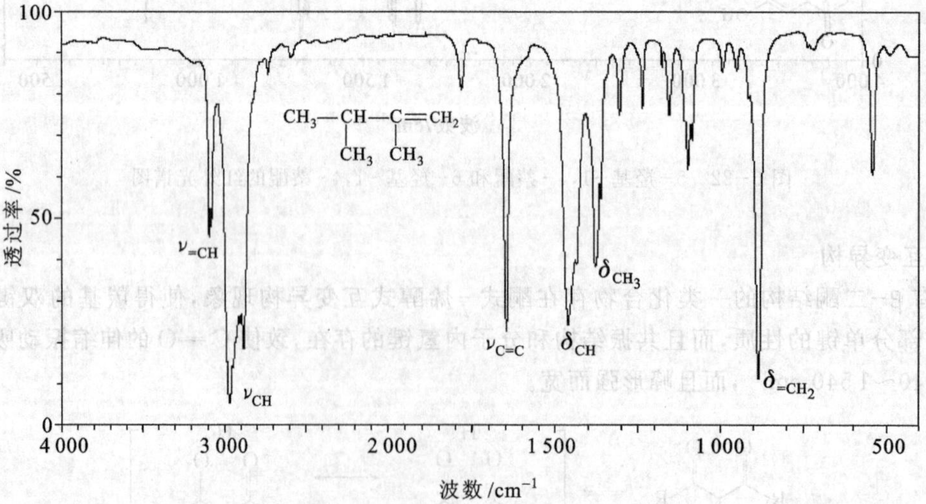

图 6－24　2,3－二甲基－1－丁烯的红外光谱图

当氢与 sp^2 碳相连时，C—H 弯曲振动吸收出现在 1 000～600 cm^{-1} 区域内。表 6-5 中可见，烯烃的 C—H 弯曲振动频率依赖于双键取代基的数目及双键的构型。图 6-24 是 2,3-二甲基-1-丁烯的红外光谱，888 cm^{-1} 处的吸收峰表明二取代末端双键的存在。苯环的不同取代类型也可以从红外光谱指纹区中的 C—H 弯曲振动吸收进行判断（表 6-6）。

表 6-5　C—H 键的红外特征吸收

C—H 伸缩振动（ν_{CH}）		σ/cm^{-1}	
C≡C—H		～3 300(s)	
C═C—H		3 100～3 020(s)	
C—C—H		2 960～2 850(s)	
C—C(═O)—H		～2 700(v)	
C—H 弯曲振动（δ_{CH}）		**σ/cm^{-1}**	
CH_3—，—CH_2—，—CH— (CH 带竖键)		1 450～1 420 (m)	
CH_3—		1 385～1 365(m)	
—$CH(CH_3)_2$		双峰 ～1 385；～1 368	两峰强度相等
—$C(CH_3)_3$		双峰 1 395；～1 368	低频峰是高频峰的两倍
—$(CH_2)_n$—（$n\geq 14$）		～720(m)	
RCH═CHR	反式	980～965(s)	
RCH═CHR	顺式	730～650(w and br)	
$RCH═CH_2$	单取代	910～905(s)；995～985(s)	
$R_2C═CH_2$	末端	895～885(s)	
$R_2C═CHR$	三取代	840～790(s)	
$R_2C═CR_2$	四取代	无	

表 6-6　取代苯的红外特征吸收

振动类型		σ/cm^{-1}
═C—H 伸缩振动（$\nu_{=CH}$）		3 030±40，强度不定
苯环骨架 C═C 伸缩振动（$\nu_{C=C}$）		1 600～1 450，峰形尖锐，常为四个峰，但不一定同时出现
═C—H 弯曲振动（$\delta_{=CH}$）	5 个氢相邻	770～730(vs)，710～690(s)
	4 个氢相邻	770～735(vs)
	3 个氢相邻	810～750(vs)
	2 个氢相邻	860～800(vs)
	1 个氢	900～860 (m)

6.4.5 红外吸收峰的强度及其影响因素

红外吸收强度与分子振动过程中偶极矩的变化有关,偶极矩的变化幅度越大,吸收强度越大。单质和对称分子的对称伸缩振动没有偶极矩变化,因此不产生红外吸收。

一般来说,基团或键的极性越大,在振动过程中的偶极矩的变化幅度越大,因而吸收强度也越大,如 Y—H 键的红外吸收峰强度顺序为:O—H>N—H>C—H。对于对称性分子(包括同质双原子分子如氮气、氧气分子等,以及对称多原子分子如二氯甲烷、二氧化碳分子等),由于其对称伸缩振动没有偶极矩变化,不产生红外吸收峰。

电子效应也对红外吸收峰的强度产生重要的影响。能降低基团极性的诱导效应将使吸收强度降低,反之,则会使吸收强度增加。例如,羰基为强极性基团,当一吸电子基团与羰基相连时,C=O 键的极性会降低,C=O 伸缩振动吸收峰的强度随之减弱。共轭效应由于增大了 π 电子的离域程度,使不饱和键的极化程度增大,可理解为键容易发生形变,振动能级跃迁概率增大,因此使不饱和键的伸缩振动强度显著增加。

氢键作用大大提高了键的极化作用,因此伸缩振动吸收强度会有不同程度的增加。

键的数目是影响红外吸收峰强度的另一个因素,例如,辛醛中 C—H 伸缩振动峰的强度要远强于乙醛中的 C—H 伸缩振动峰,因为前者存在 15 个饱和 C—H 键,而后者仅存在 3 个饱和 C—H 键(参见图 6-25)。

试样浓度也会影响吸收峰的强度,浓度越高,峰越强。

总之,红外光谱主要用于鉴别化合物各种基团的种类,对苯环和烯烃取代类型的鉴别也提供了重要信息。但仅靠红外光谱往往不能确定一个化合物的精确结构,常常需要借助其他波谱分析数据才能达到这个目的。另一个方面,红外光谱可以验证一个已知化合物的结构,即检验已确定结构的合理性。

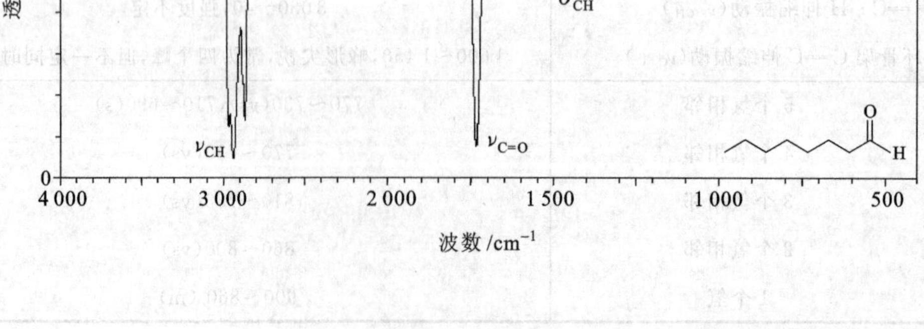

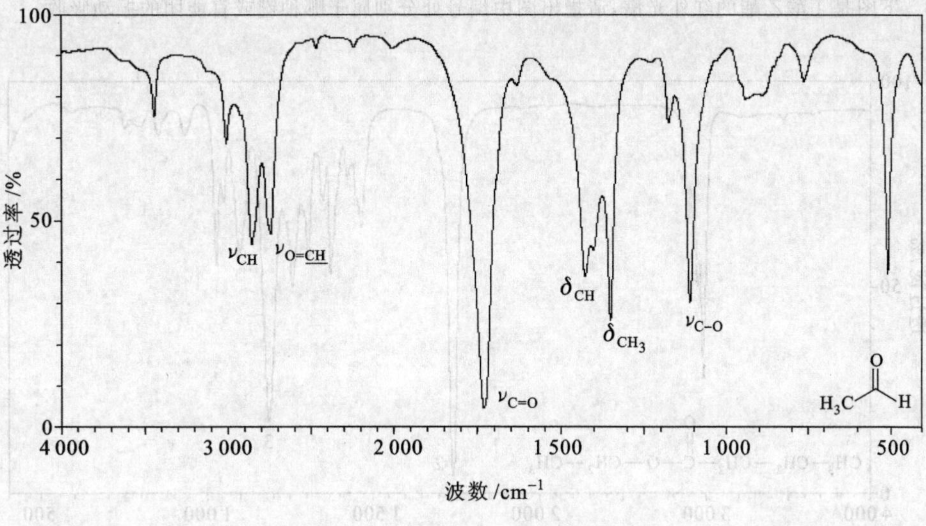

图 6-25　辛醛和乙醛的红外光谱图

习题 6-4　红外光谱中官能团的伸缩振动频率主要与哪些因素有关？请比较以下不同键的伸缩振动在红外光谱中的吸收峰频率高低顺序。

(1) —C—H　(2) ═C—H　(3) O—H　(4) C═C　(5) C═O　(6) C—O　(7) C≡N

习题 6-5　用 IR 光谱区分：

(1) $CH_3CH_2CH_2CH_2CH_3$ 和 $CH_3CH_2CH_2OCH_2CH_3$

(2) $CH_3CH_2CH_2COOH$ 和 $CH_3CH_2CH_2CH_2OH$

(3) $CH_3CH_2CH_2CO_2CH_3$ 和 $CH_3CH_2CH_2CH_2CO_2H$

习题 6-6　试比较 2-甲基-2-戊烯和 2,3,4-三甲基-2-戊烯的红外光谱在指纹区有何不同。

习题 6-7　下图是 1-乙酰基环己烯的红外光谱，请指出图中编号处分别属于哪种键或官能团的振动吸收。

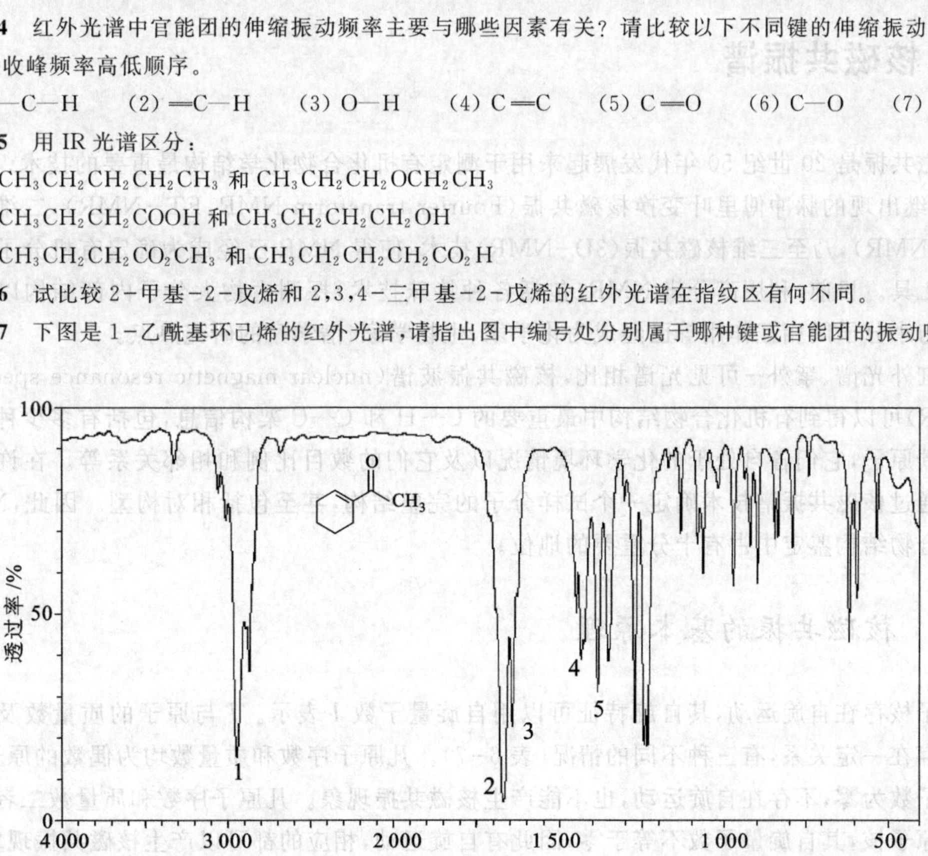

习题 6－8　下图是丁酸乙酯的红外光谱，请指出图中编号处分别属于哪种键或官能团的振动吸收。

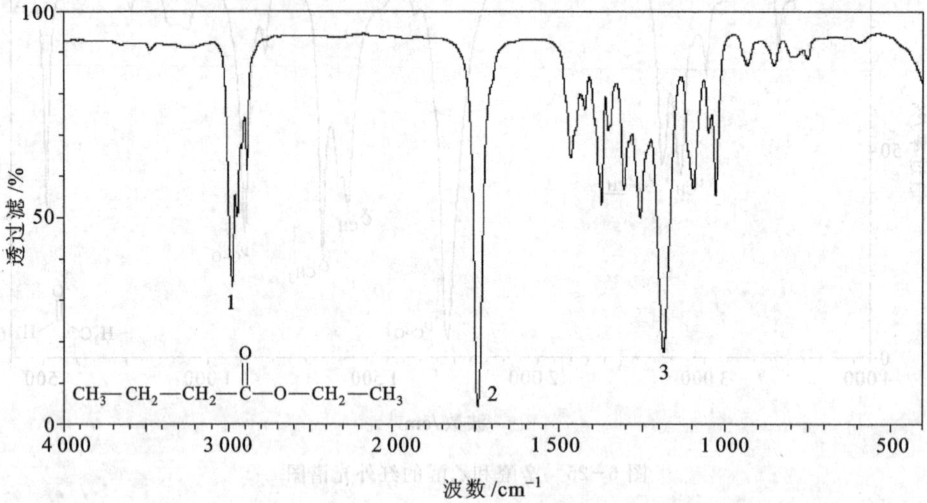

6.5　核磁共振谱

核磁共振是 20 世纪 50 年代发展起来用于测定有机化合物化学结构最重要的技术。发展到今天，相继出现的脉冲傅里叶变换核磁共振（Fourier transform NMR，FT－NMR），二维核磁共振（2D－NMR），乃至三维核磁共振（3D－NMR）技术，使得 NMR 已经成为确定有机分子结构最有用的工具。目前，利用高分辨 NMR（包括各种特殊技术）探测生物大分子内部结构以及生物大分子与小分子间相互作用等已经成为化学家、生物学家、谱学家的研究热点。

与红外光谱、紫外－可见光谱相比，核磁共振波谱（nuclear magnetic resonance spectroscopy，NMR）可以得到有机化合物结构中最重要的 C—H 和 C—C 架构信息，包括有多少种不等价质子或碳原子，它们各自处于的化学环境情况以及它们的数目比例和相邻关系等。在许多情况下可以通过核磁共振谱技术确定一个试样分子的完整结构，甚至包括相对构型。因此，NMR 在有机化合物结构鉴定中占有十分重要的地位。

6.5.1　核磁共振的基本原理

原子核存在自旋运动，其自旋特征可以用自旋量子数 I 表示。I 与原子的质量数及原子序数之间存在一定关系，有三种不同的情况（表 6-7）。凡原子序数和质量数均为偶数的原子核，其自旋量子数为零，不存在自旋运动，也不能产生核磁共振现象。凡原子序数和质量数二者不都是偶数的原子核，其自旋量子数不等于零，因此有自旋运动，相应的都可以产生核磁共振现象。

由于 $I>1/2$ 的情况相当复杂，目前 NMR 主要研究的是 $I=1/2$ 的原子核，如 ^{1}H，^{13}C，^{15}N，^{19}F，^{31}P，它们的核磁共振谱分别用 ^{1}H NMR，^{13}C NMR，^{15}N NMR，^{19}F NMR，^{31}P NMR 表示。本

书着重介绍^{1}H NMR和^{13}C NMR。

表 6-7　原子核的自旋量子数与 NMR 信号

NMR 信号	分类	质量数	原子序数	自旋量子数(I)	电荷分布	原子核形状
无	A	偶数	偶数	0	均匀	非自旋球体
有	B	偶数	奇数	1,2,3…	不均匀	自旋椭圆体
有	C	奇数	奇或偶数	1/2,3/2,5/2 …	$I=1/2$　均匀 $I=$其他　不均匀	自旋球体 自旋椭圆体

如图 6-26 所示，处于不断的自旋运动的核相当于一个小磁铁，在无外加磁场时其自旋是任意取向的。但是，将自旋量子数为 1/2 的核放到一个外加磁场下，则有两种自旋状态，亦即核磁矩(μ)有两种取向。其中，与外加磁场顺向排列的核能量低，磁量子数 $m=+1/2$，又称 α-自旋态(E_1)；与外加磁场逆向排列的核能量高，磁量子数 $m=-1/2$，又称 β-自旋态(E_2)。正常情况下，多数原子核处在低能量的 α-自旋态。

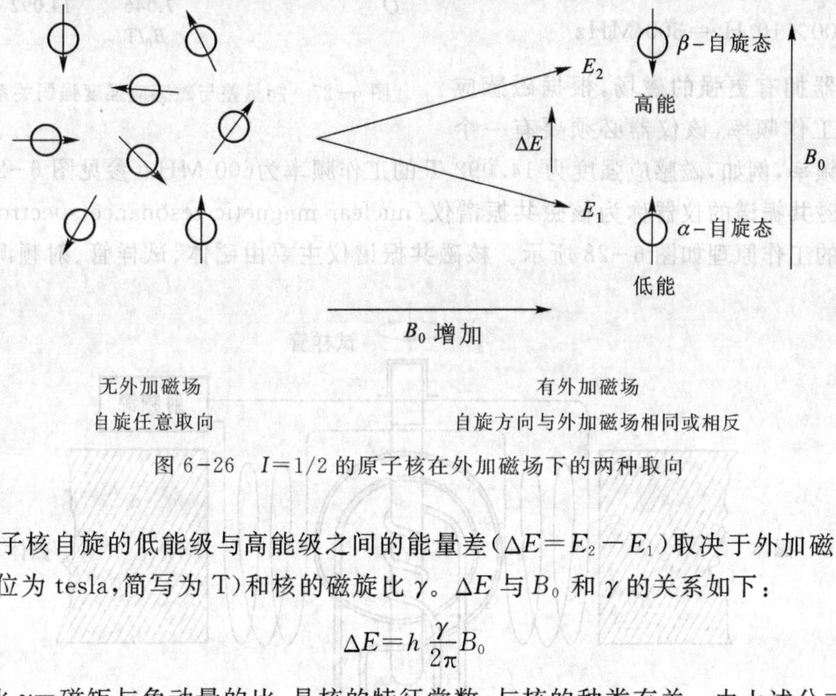

图 6-26　$I=1/2$ 的原子核在外加磁场下的两种取向

某一原子核自旋的低能级与高能级之间的能量差($\Delta E=E_2-E_1$)取决于外加磁场的磁感应强度 B_0(单位为 tesla，简写为 T)和核的磁旋比 γ。ΔE 与 B_0 和 γ 的关系如下：

$$\Delta E=h\frac{\gamma}{2\pi}B_0 \tag{6-1}$$

式中，磁旋比 $\gamma=$磁矩与角动量的比，是核的特征常数，与核的种类有关。由上述公式可以看出，ΔE 与 B_0 呈线性关系，B_0 越大，ΔE 越大，正如图 6-27 所示，$\Delta E_2>\Delta E_1$。

如果这时用一定频率的无线电射频照射原子核，当无线电射频的能量刚好等于两个自旋态的能级差时，即

$$\Delta E=h\nu \tag{6-2}$$

则低能量状态的 α-自旋态将吸收该无线电射频的能量，发生自旋翻转(spin hipping)跃迁到高能态。这种现象就叫核磁共振现象，发生核磁共振现象的核将产生一个无线电射频的吸收信号。

结合公式(6-1)和公式(6-2)，则可以得出发生核磁共振时，核磁共振信号的频率(ν)与外加磁感应强度 B_0 和磁旋比 γ 成正比，符合下列方程：

$$\Delta E = h\nu = h\frac{\gamma}{2\pi}B_0 \tag{6-3}$$

$$\nu = \frac{\gamma}{2\pi}B_0 \tag{6-4}$$

可见核磁共振时吸收的无线电射频的频率取决于原子核的种类和外加磁场的磁感应强度。

对于氢原子核而言，γ 值为 $2.675\times10^8\ T^{-1}\cdot s^{-1}$，如果磁感应强度为 7.046 T，则通过下面的计算，可以得出该核磁共振仪需要 300 MHz 的工作频率。

$$\nu = \frac{\gamma}{2\pi}B_0$$

$$= \frac{2.675\times10^8}{2\times3.1416}T^{-1}s^{-1}\times7.046\ T$$

$$= 300\times10^6\ Hz = 300\ MHz$$

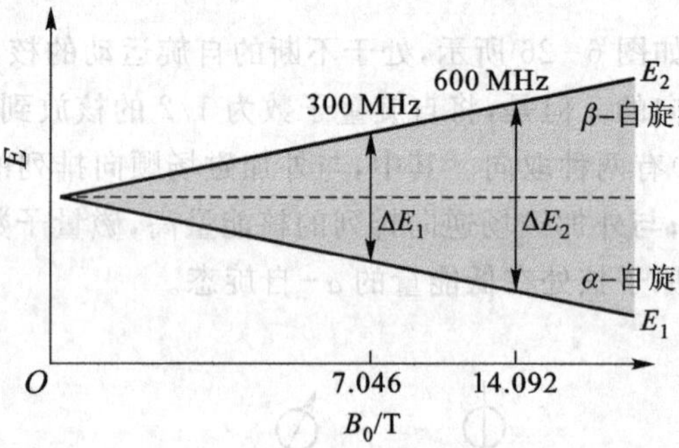

图 6-27　能量差与磁感应强度强弱关系示意图

如果仪器拥有更强的磁场，根据磁感应强度正比于工作频率，该仪器必须要有一个更高的工作频率，例如，磁感应强度为 14.092 T 的工作频率为600 MHz(参见图 6-27)。

测定核磁共振谱的仪器称为核磁共振谱仪(nuclear magnetic resonance spectrometer)。核磁共振谱仪的工作原理如图 6-28 所示。核磁共振谱仪主要由磁体、试样管、射频源、射频放大

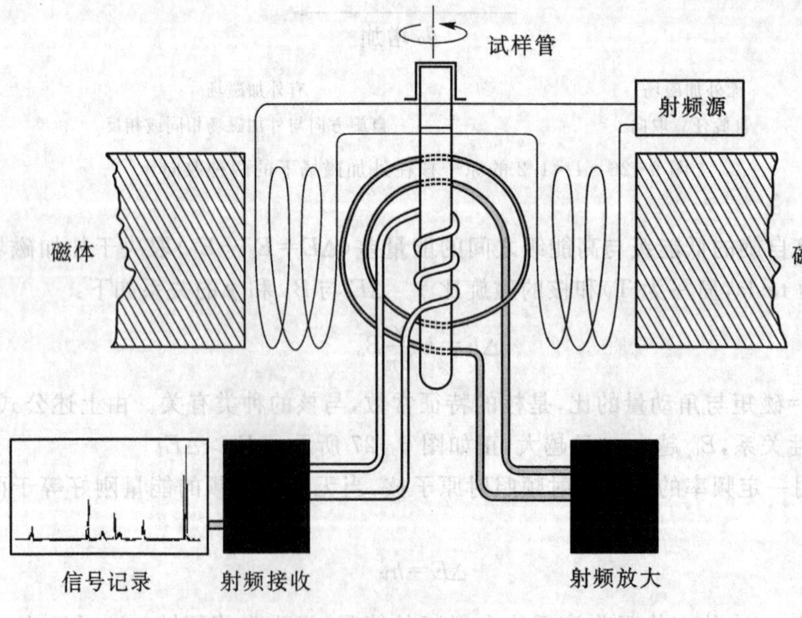

图 6-28　连续波核磁共振谱仪工作原理示意图

器、射频接收器和信号记录仪组成。核磁共振谱仪按射频频率不同(^{1}H 核的共振频率)分为 90 MHz、200 MHz、300 MHz、400 MHz、500 MHz、600 MHz 等仪器，目前国际市场上供应的仪器射频频率最高可达到 900 MHz。核磁共振谱仪所用的磁体分为永久磁体、电磁体和超导磁体，其中超导磁体因场强高和稳定均匀被广泛使用，特别是高分辨的核磁共振谱仪，如 300 MHz 以上的仪器，均使用超导磁体。核磁共振谱仪按射频源和扫描方式不同分为连续波核磁共振谱仪(CW-NMR)和脉冲傅里叶变换核磁共振谱仪(PFT-NMR)。目前，PFT-NMR 谱仪因灵敏度高、省时、使用简便等显著优点已基本替代了 CW-NMR 谱仪。从仪器组成上讲，PFT-NMR 谱仪是在 CW-NMR 谱仪基础上增加了脉冲程序器和数据采集及处理系统。

6.5.2 氢核磁共振波谱(^{1}H NMR spectroscopy)

1. 屏蔽效应与化学位移

根据公式(6-4)，似乎有机化合物中的所有的氢核(在核磁共振波谱学中常称作质子，proton)在一定磁场下都只吸收同一个频率的无线电射频，产生一个核磁共振吸收信号。同理，所有的碳核也只产生一个核磁共振吸收信号。果真如此的话，核磁共振谱对于有机化合物的结构解析就没有任何意义了。事实上，正如图 6-29 所示，由于原子核外的电子也是处于高速的运动中，它们在外加磁场条件下会形成一个抵抗外加磁场的电子环流，产生感应磁场强度($B_{感应}$)，从而使得原子核实际感受到的磁感应强度($B_{实际}$)弱于外加磁场磁感应强度 B_0。即

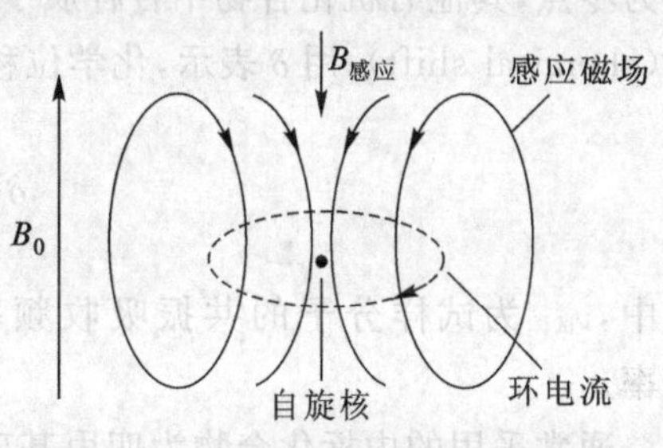

图 6-29 核外电子的逆磁屏蔽效应

$$B_{实际}=B_0-B_{感应} \tag{6-5}$$

这种现象称为电子对核的逆磁屏蔽效应(shielding effect)。由于有机化合物中的质子(或其他核)处于不同的化学环境中，产生的感应磁场不同，因而受到的屏蔽效应就不同，从而导致它们在一定的磁感应强度下的核磁共振吸收信号出现在不同的频率。公式(6-4)可写为

$$\nu_{实际}=\frac{\gamma}{2\pi}B_{实际}=\frac{\gamma}{2\pi}(B_0-B_{感应}) \tag{6-6}$$

根据公式(6-6)可以知道：当固定磁感应强度时，如果核外电子云密度高，核受到的屏蔽效应较大，实际感受的磁感应强度($B_{实际}$)相应较小，核磁共振吸收将出现在低频区；如果核外电子云密度低，核受到的屏蔽效应较小，实际感受的磁感应强度($B_{实际}$)相应较大，核磁共振吸收将出现在高频区。如图 6-30 所示，核磁共振波谱图的横坐标表示的核磁共振吸收峰的位置，纵坐标表示核磁共振吸收信号的强度。从左到右，磁感应强度逐渐增加，图的左边是低场(downfield)，右边是高场(upfield)。在低场出现吸收信号的核，在较低磁感应强度下产生共振，说明它们受到较弱的屏蔽效应；在高场出现吸收信号的核，在较高磁感应强度下产生共振，说明它们受到较强的屏蔽效应。

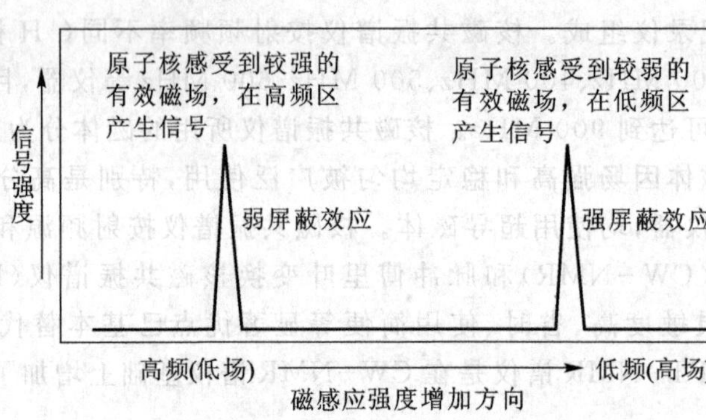

图 6-30 强屏蔽效应与弱屏蔽效应

一般来说，这种核外电子的屏蔽效应产生的感应磁场与外加磁场相比小很多，也就是说，不同质子(或其他核)的核磁共振吸收信号频率之差(Hz 级)相对于仪器的工作频率(MHz 级)小得多。为了方便表示，一般在核磁共振谱的测定中，加入一个内标物质，将其核磁共振吸收信号设置为零点，其他有机化合物中各种质子信号与该内标物质子信号的频率相对差别被称为化学位移(chemical shift)，用 δ 表示，化学位移的计算公式如下：

$$\delta=\frac{(\nu_{样品}-\nu_{标准})}{\nu_{仪器}}\times 10^{6}$$

式中，$\nu_{试样}$ 为试样分子的共振吸收频率；$\nu_{标准}$ 为标准物质的共振吸收频率；$\nu_{仪}$ 为仪器的工作频率。

通常采用的内标化合物为四甲基硅烷(tetramethylsilane，TMS)，该化合物中全部质子的化学环境完全相同，只产生一个核磁共振吸收信号，并且由于硅的电负性比碳小，因此，TMS 中氢核外的电子云密度较高，受到的屏蔽作用较大，其核磁共振信号的频率比大多数有机化合物的质子信号都要低。将其核磁共振吸收信号设定为零，放在核磁共振谱图的最右边，则多数有机化合物质子的化学位移值都为正值，出现在谱图的左边。使用四甲基硅烷为内标的另一个原因，是它的沸点只有 27 ℃，容易在试样测试后从体系中除去，从而回收试样。

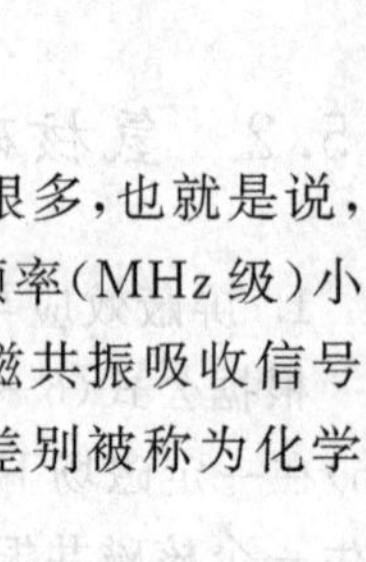

根据 6.5.1 所述，吸收频率与工作频率成正比关系，既然化学位移(δ)是试样吸收频率($\nu_{试样}-\nu_{标准}$)相对于仪器工作频率($\nu_{仪}$)获得的数值，因此一种分子的同种质子在不同磁感应强度的仪器中测得的 δ 值是相同的。也就是说，化学位移决定于化合物的结构，与所用仪器无关。所以化学位移可方便地作为分子结构判定的依据。

多数有机化合物的质子信号出现在 $\delta=0\sim10$ 范围内，δ 越大，说明共振吸收频率越大，质子信号出现在越低场，即越靠近谱图的左边。例如，图 6-31 是苯乙酮的 ^{1}H NMR 谱，其中甲基质子的化学位移在 2.61，芳香质子(ArH)的化学位移在 7.45～7.95，分别表示为 $\delta=2.61$ 和 $\delta=7.45\sim7.95$。

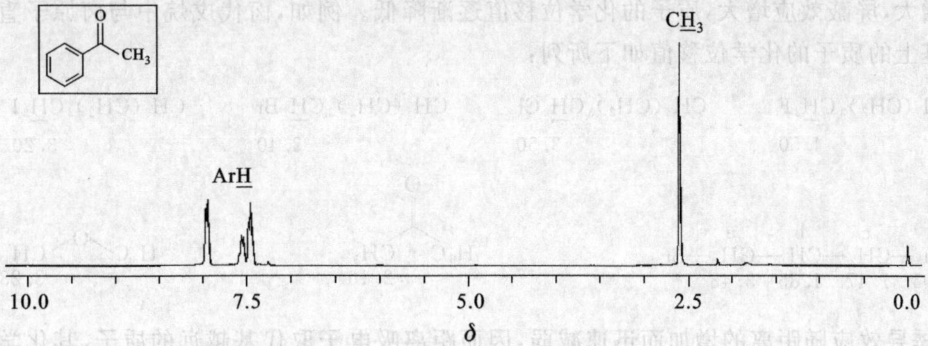

图 6-31　苯乙酮的[1] H NMR 谱

2. 化学位移与分子结构的关系

有机化合物中的各类质子的化学位移值列于表 6-8 中。

表 6-8　各种特征质子的化学位移(δ)

质子类型	化学位移近似值	质子类型	化学位移近似值
$(C\underline{H}_3)_4Si$	0	$R_2C\underline{H}I$	2.5～4
$RC\underline{H}_3$	0.9	$R_2C\underline{H}COOH$	2～2.6
$R_2C\underline{H}_2$	1.3	$R_2C\underline{H}COOR$	2～2.2
$R_3C\underline{H}$	1.4	$ROC\underline{H}R_2$	3.3～4
$(C\underline{H}_2)_3$	0.2	$RCOOC\underline{H}R_2$	3.7～4.8
$R_2C=CRC\underline{H}_3$	1.7	$RCOC\underline{H}R_2$	2～3
$ArC\underline{H}_3$	2.3	$RC\underline{H}O$	9～10
$ArC\underline{H}R_2$	2.2～3	$R_2C\underline{H}NO_2$	4.3～4.5
$R_2C=C\underline{H}_2$	4.5～5.9	$RC\underline{H}NR_2$	2～3
$R_2C=C\underline{H}R$	5.3	$R_2C=CRO\underline{H}$	15～19
$-C\equiv C\underline{H}$	1.7～3.5	$ArO\underline{H}$	4～7,可变
$Ar\underline{H}$	6.5～8.5	$RO\underline{H}$	2～5.5,可变
$R_2C\underline{H}F$	4～4.5	$R_2CHCOO\underline{H}$	10～12,可变
$R_2C\underline{H}Cl$	3～4	$RN\underline{H}_2$, $R_2N\underline{H}$	1.5～4,可变
$R_2C\underline{H}Br$	2.5～4	$RCON\underline{H}$, $ArCON\underline{H}$	5～9.4,可变

上一节已经讲述了核外电子云密度高低是影响有机化合物中各种质子化学位移的重要因素,因此,电子效应将对化合物的化学位移产生重要影响。另一方面,通过对比不同类型质子的化学位移,可以帮助我们进一步认识有机化学中基团的电子效应。以下将对一些基本规律进行具体分析。

(1) 诱导效应的影响　一般来讲,吸电子诱导效应会降低核外的电子云密度,因而与不含取代基的氢相比,吸电子取代基使邻近的氢受到的屏蔽效应变小,核磁共振吸收信号出现在较低场。具体情况总结如下:

① 随着主族元素周期数的增加,吸电子诱导效应减弱,因此,与之相连的碳上氢的电子云密

度随之增大,屏蔽效应增大,质子的化学位移值逐渐降低。例如,卤代戊烷中与卤原子直接相连的亚甲基上的质子的化学位移值如下所列:

$CH_3(CH_2)_3C\underline{H}_2F$	$CH_3(CH_2)_3C\underline{H}_2Cl$	$CH_3(CH_2)_3C\underline{H}_2Br$	$CH_3(CH_2)_3C\underline{H}_2I$
4.50	3.50	3.40	3.20

$\overset{d}{CH_3}—\overset{c}{CH_2}—\overset{b}{CH_2}—\overset{a}{CH_2}—Br$

0.95　1.47　1.85　3.43

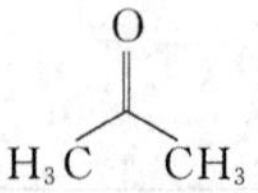

2.16

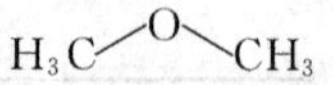

3.23

② 诱导效应随距离的增加而迅速减弱,因而距离吸电子取代基越远的质子,其化学位移值越低。如上列的 1-溴丁烷分子中,与溴相连的碳上质子 H_a,电子云密度相对最低,屏蔽效应最弱,在较低场(δ3.43)出现信号,而离 Br 最远的甲基质子 H_d 受取代基影响最弱,在较高场(δ0.95)出现信号。从 a、b、c、d 四种质子的化学位移的变化可以明显看出:诱导效应随着相隔 σ 键的数目增加迅速递减。

③ 与羰基相连的碳上质子(—CO—CH—)的化学位移比与氧原子相连的碳上质子(—O—C $\underline{H}$—)的化学位移值小,说明羰基的吸电子作用不及氧原子。例如,丙酮中质子的化学位移为 2.16,而二甲醚中质子的化学位移为 3.23。

(2) 抗磁各向异性与去屏蔽效应　从表 6-8 的数据可以看到:(ⅰ) 饱和伯、仲和叔质子的化学位移值依次增大,即 $\delta_{CH} > \delta_{CH_2} > \delta_{CH_3}$;(ⅱ) 饱和程度不同的碳原子上质子的化学位移值大小顺序是:$\delta_{烯氢} > \delta_{炔氢} > \delta_{烷氢}$。这与从不同杂化碳原子的电负性大小 $\chi_{C_{sp}} > \chi_{C_{sp^2}} > \chi_{C_{sp^3}}$ 推测的结果($\delta_{炔氢} > \delta_{烯氢} > \delta_{烷氢}$)不相符;(ⅲ) 苯环碳上质子的化学位移值比烯质子还要高,即 $\delta_{芳氢} > \delta_{烯氢}$;(ⅳ) 醛质子的化学位移值相当高,$\delta$9～10。显然,以上这些规律不能够简单用电子效应进行解释,这要从分子的电子云特征及其在磁场条件下产生的电子环流特点进行分析。

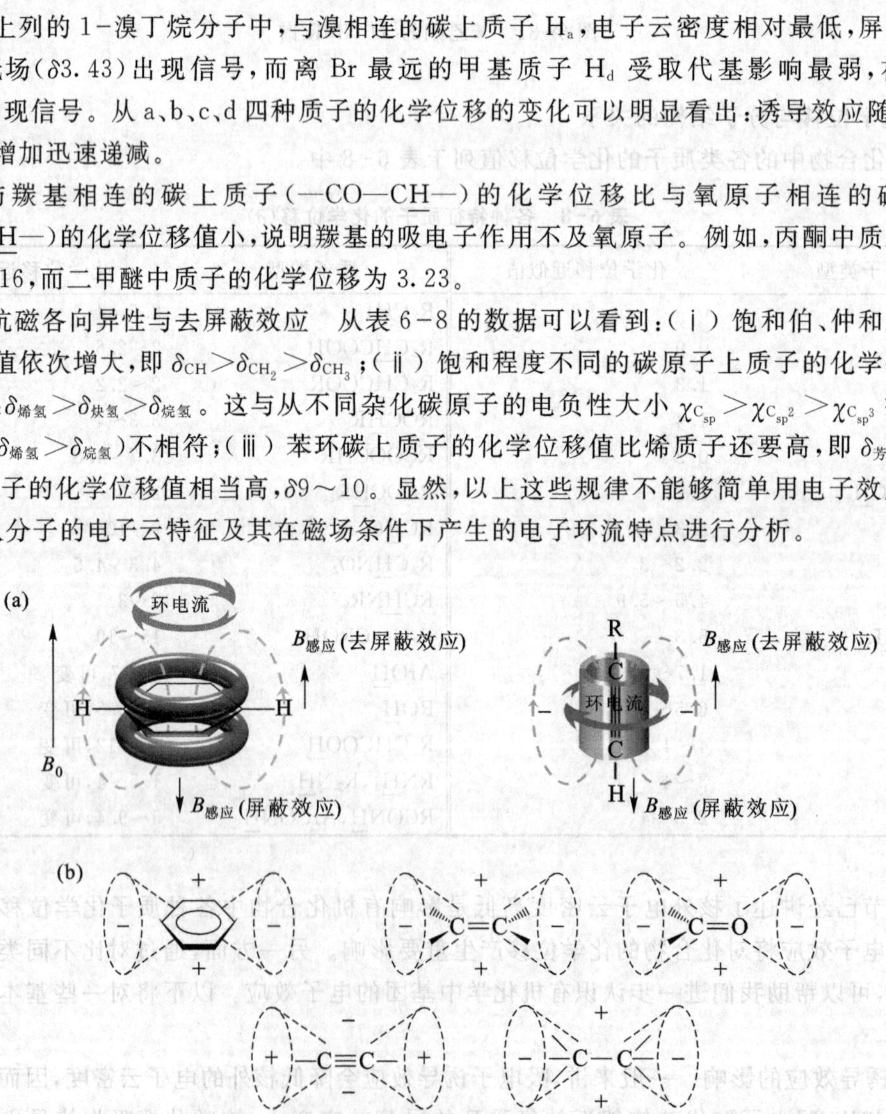

图 6-32　苯环、烯、羰基、三键和单键的屏蔽与去屏蔽作用

(注:"+"表示屏蔽区,"-"表示去屏蔽区)

以苯环和炔烃为代表，它们在外加磁场中产生的电子环流情况如图 6-32(a)所示，可以看出：

① 苯环 π 电子云分布在分子平面的上下方，呈圆盘状。苯环上的氢正处于感应磁力线的顺外加磁场方向，将感受到比外加磁场更大的磁感应强度(即 $B_{实际}>B_0$)，因此苯环上的质子信号将出现在高频(或低场)区。烯质子和醛质子与芳质子情况类似，信号都出现在低场区。这种顺磁屏蔽效应称为去屏蔽效应(deshielding effect)。去屏蔽效应往往发生在含有 π 电子流的结构中，这种 π 电子流形成的环电流通常会产生抗磁和顺磁两个区域，抗磁区(或称屏蔽区)引起的是屏蔽效应(用"+"号表示)，顺磁区(或称去屏蔽区)引起的是去屏蔽效应(用"-"号表示)，参见图 6-32(b)。分子的这种不同区域对外加磁场产生不同的感应磁场的现象称作抗磁各向异性(diamagnetic anisotropy)。

② 炔烃的两个 π 键相互作用的结果使得其电子云在两个碳原子周围形成圆柱状，炔烃的氢处于感应磁力线的抵抗外加磁场方向，因此其质子化学位移在较高场。

③ σ 体系(单键)存在较弱的抗磁各向异性效应，其电子云排布呈与三键类似的柱形，只是环电流方向与炔烃的正好垂直，因此 C—C 单键的去屏蔽区是以单键为轴的圆锥体。这就很容易理解 $\delta_{CH}>\delta_{CH_2}>\delta_{CH_3}$ 的规律，当甲烷中的氢依次被碳取代后，质子感受到去屏蔽效应逐渐加强，因此化学位移值依次增加。

④ 醛基质子处于去屏蔽区，加上羰基的吸电子作用，其信号出现在低场，化学位移一般在 δ9～10范围。

如果能设计一个分子，令其质子处于苯环的屏蔽区，则其化学位移一定在高场区域。情况的确如此，如下图对环吩分子中处于苯环上方的亚甲基质子信号都出现高场，[5]对环吩的化学位移值只有-1.0，粪卟啉类分子中处于芳环内的胺质子 H_b 由于处于高屏蔽区，其化学位移值达到-4.0。

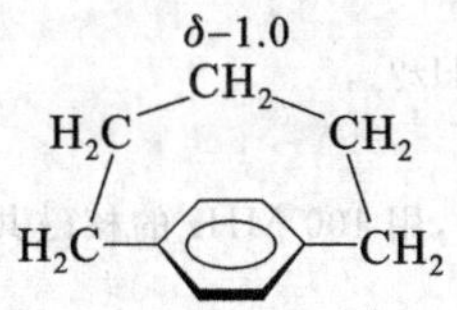

[5]对环吩

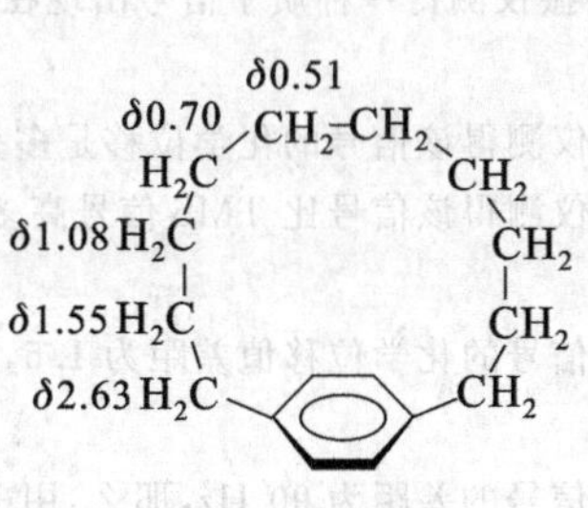

[10]对环吩

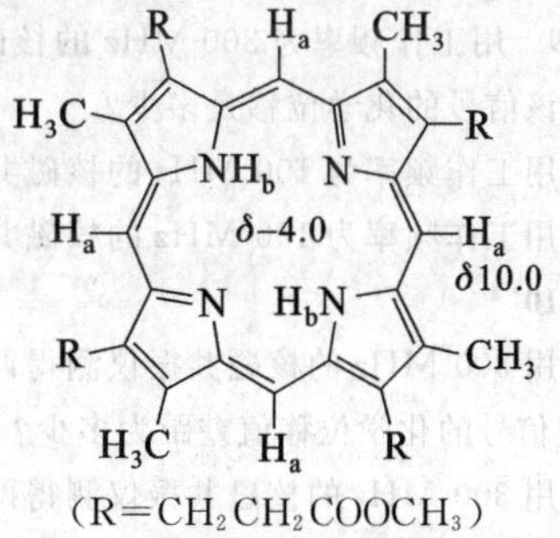

($R=CH_2CH_2COOCH_3$)
粪卟啉Ⅰ甲基酯

^{1}H NMR 谱为确定环状轮烯体系是否具有芳香性提供了很好的实验依据。如环辛四烯上质子的 δ 值为 5.78，与苯环上质子的化学位移值 δ7.34 相比要小得多，而与普通烯烃(δ4.5～5.9)相似，充分说明环辛四烯不具有芳香性，其性质类似于普通烯烃。

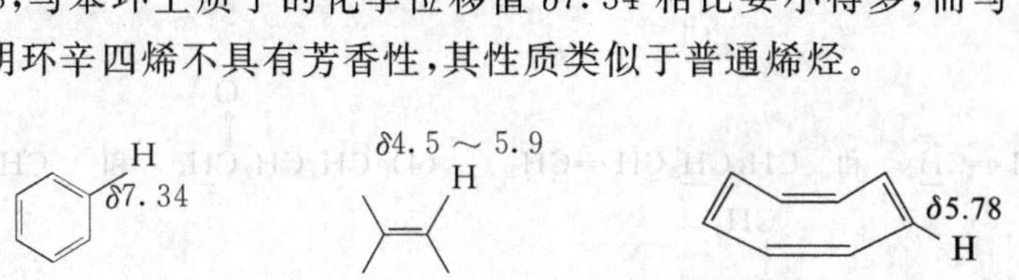

(3) 氢键的影响 氢键可以削弱对质子的屏蔽，使核磁共振吸收移向低场。通常，分子内氢键受环境影响较小，所以与试样浓度、温度变化关系不大；分子间氢键受环境影响较大，当试样浓度、温度发生变化时，氢键质子的化学位移会发生变化。从表 6-8 中可以看出醇的羟基质子和胺的氨基质子的化学位移范围比较宽，就是与试样形成氢键的情况有关。

在利用[1]H NMR 谱解析化合物结构时，首先需要判断该化合物中存在何种氢。为方便记住各类型 H 的大致化学位移范围，图 6-33 将[1]H NMR 谱各种质子信号出现的情况做了归纳，以便于记忆。

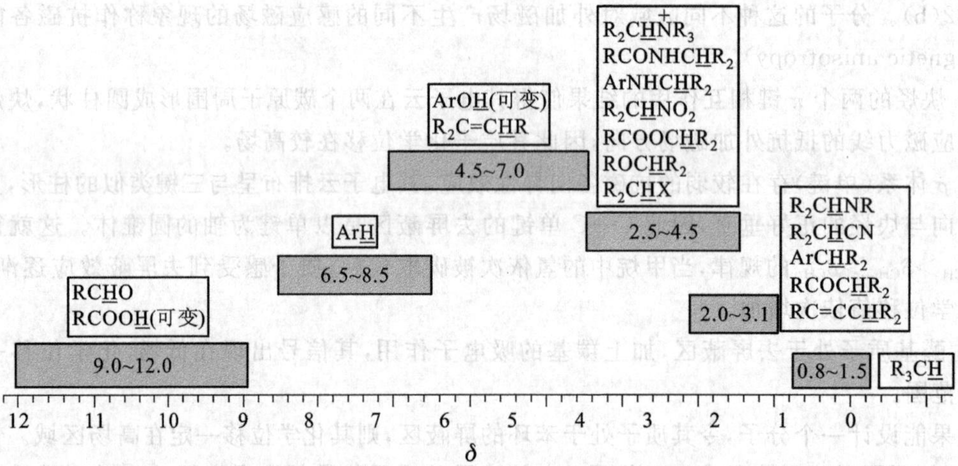

图 6-33 有机化合物的质子化学位移区域图

习题 6-9 用工作频率为 300 MHz 的核磁共振仪测得一种质子信号出现在比 TMS 信号高 120 Hz 的地方，问：

(1) 该信号的化学位移是多少？

(2) 用工作频率为 100 MHz 的核磁共振仪测得该信号的化学位移是多少？

(3) 用工作频率为 100 MHz 的核磁共振仪测得该信号比 TMS 信号高多少 Hz？

习题 6-10

(1) 用 300 MHz 的核磁共振仪测得两组信号的化学位移值差距为 1.5，那么，用 100 MHz 的核磁共振仪测得这两组信号的化学位移值差距为多少？

(2) 用 300 MHz 的核磁共振仪测得两组信号的差距为 90 Hz，那么，用 100 MHz 的核磁共振仪测得这两组信号的差距为多少？

习题 6-11 比较下列每对化合物中画线质子的化学位移，指出哪个更处于低场？

(1) $CH_3CH_2C\underline{H}_2Cl$ 和 $CH_3CH_2\underline{C}HCH_3$（Cl 连于 CH）　(2) $CH_3CH_2C\underline{H}_2Cl$ 和 $CH_3CH_2C\underline{H}_2Br$

(3) $CH_3CH_2CH{=}C\underline{H}_2$ 和 $CH_3C\underline{H}_2CH{=}CH_2$　(4) $CH_3CH_2C(=O)\underline{H}$ 和 $CH_3CH_2COOC\underline{H}_3$

(5) $C\underline{H}_3CH(CH_3)OCH_3$ 和 $CH_3CH(CH_3)OC\underline{H}_3$

习题 6－12　[18]轮烯的^{1}H NMR 谱出现两组信号，一组在 δ9.25，另一组则出现在非常高场，化学位移为 −2.88。请根据所学苯环的抗磁各向异性知识，归属这两组信号。

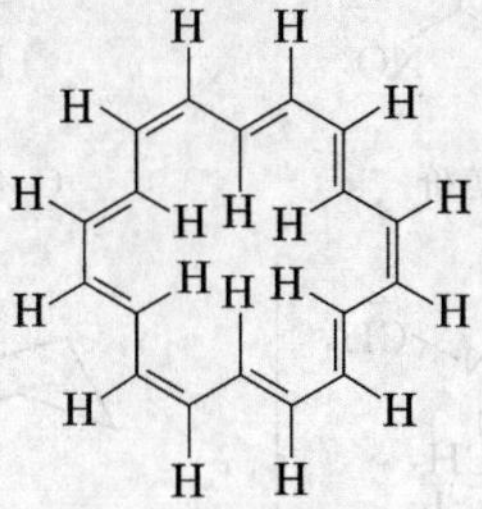

[18]轮烯

3. 化学等价质子与不等价质子

分子中处于相同化学环境的质子被称为化学等价质子(chemically equivalent protons)。化学等价质子的化学位移值相同，因此，如果按等价质子分组，等价质子的组数直接对应于^{1}H NMR谱中信号的组数。判断一个化合物中有多少种等价质子对于利用^{1}H NMR 谱解析化合物的结构十分重要。判断分子中质子是否等价的常用依据是：可以通过对称操作或快速机理(如构象转换)互换的质子是化学等价的。

对称操作包括对称轴旋转和其他对称操作(如对称面的对映和对称中心的反演)。其中通过对称轴旋转互换的质子是等位质子，等位质子在任何环境中都是化学等价的。例如图 6－34 中的结构 A、B、C、D 和 E 中的 H_a 与 H_b 均为等位质子。通过其他对称操作互换的质子称为对映异位质子，这种质子在非手性溶剂中是化学等价的，但在手性溶剂或手性环境中则是化学不等价的，如图 6－34 中结构 F，G 和 H 中的 H_a 与 H_b 就是对映异位质子的关系。

不能通过对称操作进行互换的质子称为非对映异位质子，这种质子在任何环境中都是化学不等价的，例如图 6－34 中结构 I～N 中的 H_a、H_b 或 H_c 均为化学不等价质子，因此会在^{1}H NMR中出现不同的共振吸收信号。

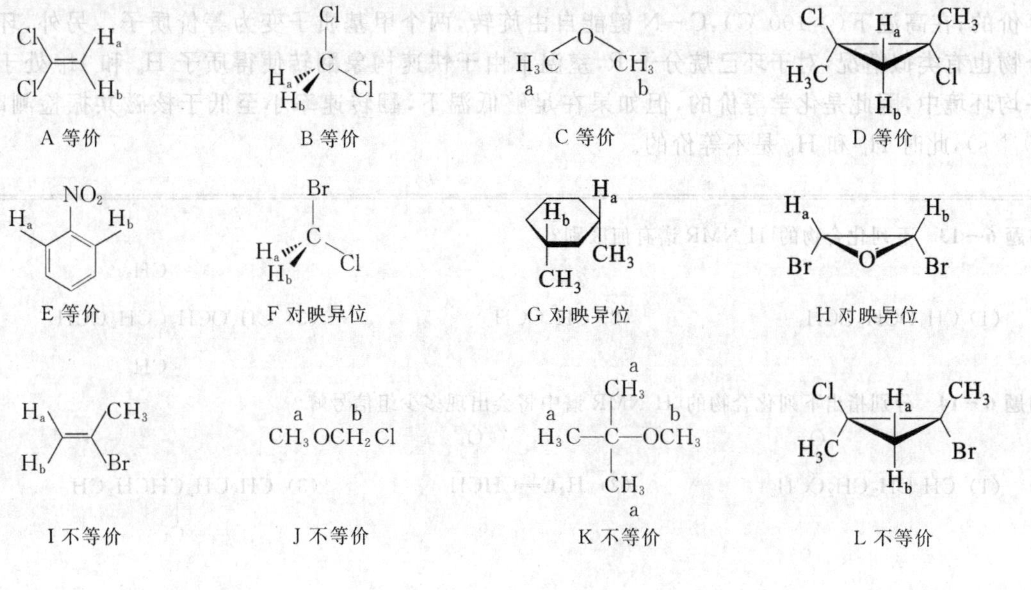

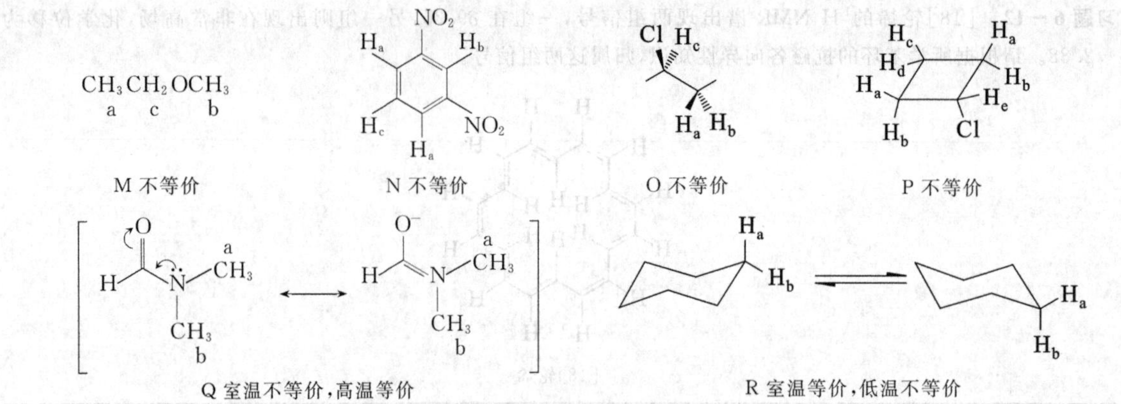

图 6-34　质子的化学等价与不等价

（注：图中所标“等价”或“不等价”指的是不同字母编号质子之间的关系；所标“对映异位质子”在非手性环境下为等价质子，手性环境下为不等价质子）

值得注意的是，同一碳原子上的两个质子并非都是化学等价的，有以下几种情况：

① 与手性碳相连的亚甲基上的两个质子是化学不等价的。如结构 O 中亚甲基上的质子 H_a 和 H_b 是化学不等价的。

② 末端烯烃分子中，如果 C2 上的两个取代基相同（如结构 A），则 C1 上的质子 H_a 和 H_b 是化学等价的，如果 C2 上的两个取代基不相同（如结构 I），则 C1 上的两个质子 H_a 和 H_b 是化学不等价的。

③ 环状化合物中如果环平面上方和下方的化学环境不同，则将导致同碳上的两个质子不等价，如结构 P 的 ^1H NMR 谱出现五组信号，这是因为质子 H_a 和 H_b 尽管与同一个碳原子相连，但它们的化学环境却不同：H_a 与 Cl 处于反式，而 H_b 与 Cl 处于顺式。同样，H_c 和 H_d 也是不等价的两个质子。

④ 虽然同碳上的质子通过快速机理（如构象转换）能够互换，因而是化学等价的，但这种情况通常是相对的、有条件的。例如结构 Q，在室温下，由于 p-π 共轭的存在，*N*,*N*-二甲基甲酰胺分子中酰氨基的 C—N 键不能自由旋转，使两个甲基与羰基的相对位置不同，其质子是化学不等价的；在高温下（>100 ℃），C—N 键能自由旋转，两个甲基质子变为等价质子。另外，环状化合物也有类似情况，对于环己烷分子 R，室温下由于快速构象翻转使得质子 H_a 和 H_b 处于一个平均环境中，因此是化学等价的，但如果在足够低温下，翻转速率小至低于核磁共振检测时（约 10^{-8} s），此时 H_a 和 H_b 是不等价的。

习题 6-13　下列化合物的 ^1H NMR 谱有何区别？

(1) $CH_3OCH_2OCH_3$　　(2) CH_3OCH_3　　(3) 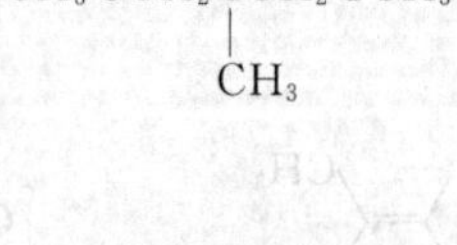

习题 6-14　分别指出下列化合物的 ^1H NMR 谱中将会出现多少组信号峰？

(1) 　　(2) 　　(3) 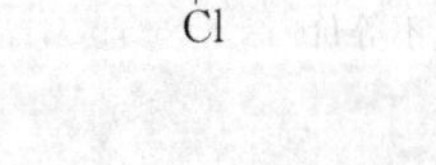

(4) $H_2C{=}CHCl$　(5) 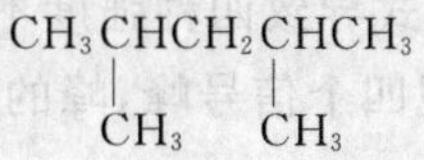　(6) 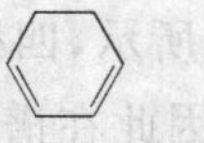

(7) 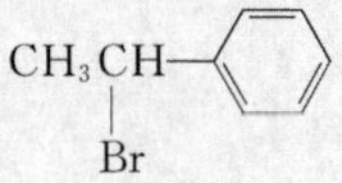　(8) 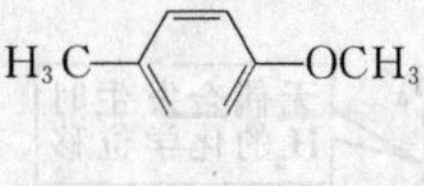　(9) 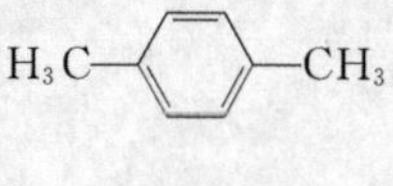

(10) 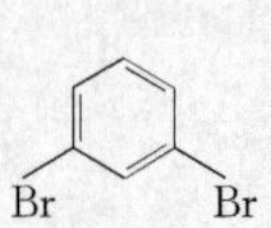　(11) 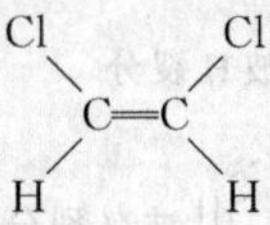　(12) 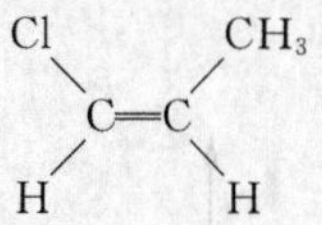

4. 信号的自旋裂分与偶合常数

(1) 自旋偶合与偶合裂分　在分子中，不仅核外的电子对质子的共振吸收产生屏蔽或去屏蔽的影响，邻近不等价质子之间也因核的自旋相互作用影响双方的共振吸收，结果引起谱线增多，这种邻近原子核之间的相互作用称为自旋偶合(spin coupling)，由此产生的信号裂分称为偶合裂分或自旋裂分(coupling splitting or spin splitting)。通常邻近质子指的是相邻碳原子上的质子，因此产生的偶合又称为邻碳偶合(adjacent coupling)。但应该清楚，若两个相邻碳原子上的氢是等价的，如 $ClC\underline{H}_2C\underline{H}_2Cl$，则 ^1H NMR 信号是一个单峰，并不表现出裂分。

一个质子信号被裂分的数目符合 $n+1$ 规则，其中的 n 表示与某种指定质子相邻近的等价质子的数目。例如 CH_3CHCl_2 中，与甲基相邻近的是次甲基上的一个质子，因而 CH_3 被裂分为双重峰，而反过来与次甲基相邻近的是 CH_3 中的三个质子，因而 CH 被裂分为四重峰。任何一个氢被邻近 n 个等价氢裂分为 $n+1$ 重峰时，该多重峰间的理论强度比恰好是二项式 $(a+b)^n$ 展开式各项的系数比，这些系数可以很容易地由 Pascal 三角形得出(表 6-9)。

表 6-9　核磁共振信号的多重性及信号中各峰的相对强度

引起裂分的等价质子数目(n)	信号的多重性($n+1$)	各峰的相对强度
0	单峰(singlet,s)	1
1	双峰(doublet,d)	1　1
2	三重峰(triplet,t)	1　2　1
3	四重峰(quartet,q)	1　3　3　1
4	五重峰(quintet,m*)	1　4　6　4　1
5	六重峰(sextet,m)	1　5　10　10　5　1
6	七重峰(septet,m)	1　6　15　20　15　6　1

* m＝mutiplet，表示多重峰。

以四重峰信号为例，引起裂分的等价质子为三个，四个峰的峰强度比为 1∶3∶3∶1。根据每种化学环境中的质子受到邻近质子两种自旋态(α-自旋态和β-自旋态)的小磁场的作用，引起裂分的三个质子产生的磁场可以有四种不同的排列方式：① 均与外加磁场同向；② 均与外加磁场反向；③ 两个与外加磁场同向、一个与外加磁场反向；④ 一个与外加磁场同向、两个与外加磁场反向。正如图 6-35 所示，四种排列方式导致四种强度不同的小磁场，使得观察核感受到的实际磁场也有四种情况，因此在谱图中出现四个信号峰，峰的强度与排列方式的多少有关。

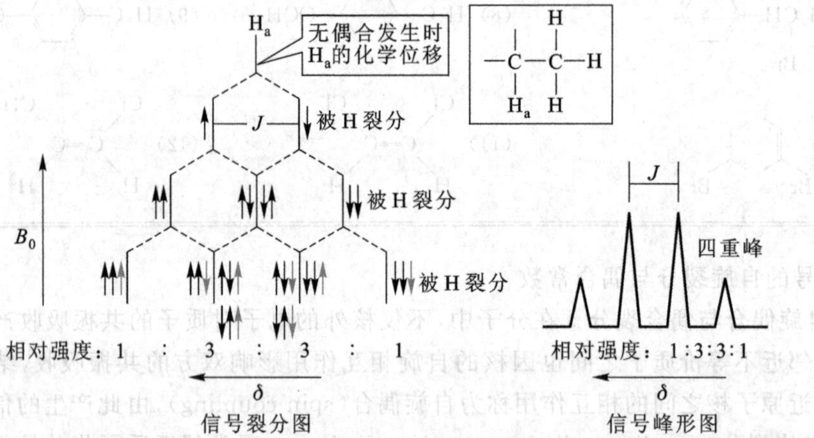

图 6-35 四重峰的裂分情况以及由三个等价质子所产生的磁场的排列方式示意图

一个裂分信号中两峰间的距离被称做偶合常数(coupling constant)，通常用 J 表示，单位 Hz。邻碳偶合是相邻碳上质子通过三个化学键的偶合，可用 ^3J 表示其偶合常数，如 $^3J_{ab}$ 表示相隔三个键的质子 a 被质子 b 偶合裂分的偶合常数。图 6-36 所示为二溴丙烷的 ^{1}H NMR 谱，$\delta 2.35$ 的五重峰来自 C2 上的质子；$\delta 3.57$ 的三重峰来自 1、3 位碳上的质子，两组峰的偶合常数相等，而且两组峰强度还会出现内侧高、外侧低的情况，这是判断相互偶合的两组峰的重要依据，称做向心规则。

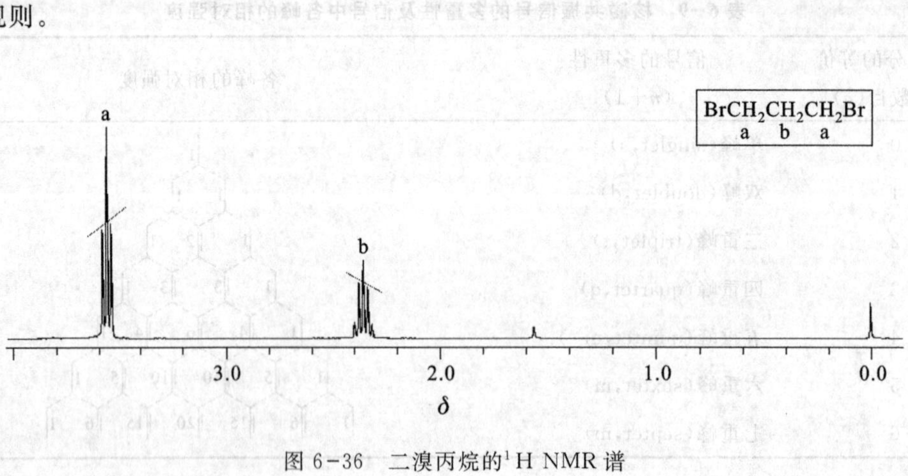

图 6-36 二溴丙烷的 ^{1}H NMR 谱

当一个信号被不止一组质子裂分，信号裂分的情况相对要复杂些，通常可以用信号裂分图进行分析解释，以便更好的理解。在信号裂分图中，信号峰用垂线表示，一次表示一种裂分。例如，图 6-37 所示的质子 b 的信号裂分图中，由于不同的质子 a 和质子 c 对质子 b 产生了不同的裂分，即 $^3J_{ba} \neq {}^3J_{bc}$，经两次裂分后得到双双峰(doublet of doublet，简称 dd 峰)。应该注意四重峰

(q)与双双峰(dd)之间的不同。尽管二者都含有四个峰，但四重峰由邻近的三个等价质子裂分而来，其相对峰强度比为 1∶3∶3∶1，且各峰之间是等距离的；对于双双峰，是由邻近的两个不等价的质子裂分产生，其相对峰强度比为 1∶1∶1∶1，各峰之间不一定是等距离的。

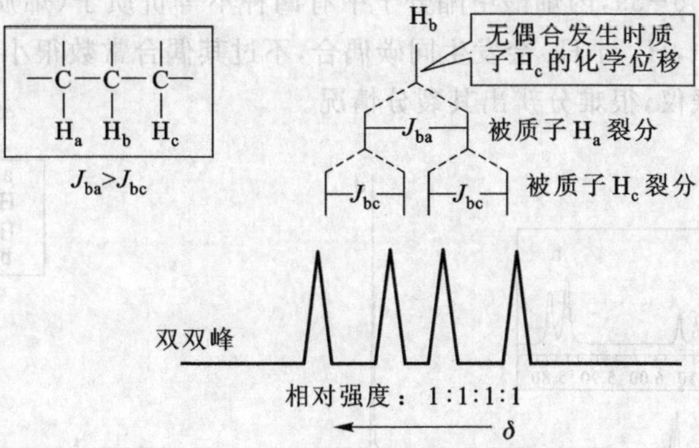

图 6-37　双双峰的信号裂分图

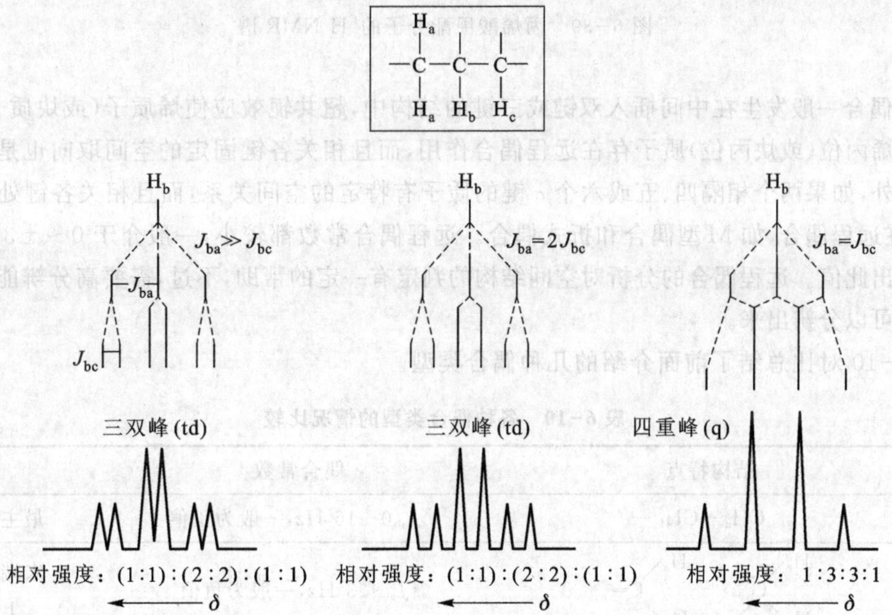

图 6-38　结构片断—$CH_{a_2}$$\underline{CH_b}$$CH_c$—中 H_b 的可能裂分情况分析

实际上，信号裂分的具体情况会受到 J 值的影响。图 6-38 分析了结构片断—$CH_{a_2}$$\underline{CH_b}$$CH_c$—中 H_b 可能裂分的三种典型情况：(1) 当$^3J_{ba}$远远大于$^3J_{bc}$时，所有的裂分峰之间没有任何重叠出现，最终得到六重峰，通常将这种第一次被两个等价质子(如 H_a)裂分为三重峰，而后被一个质子(如 H_c)二次裂分所得到的裂分信号称做三双峰(td)；(2) 当$^3J_{ba}$等于两倍的$^3J_{bc}$时，则会出现等距的六重峰，可看做是一种特殊的三双峰；(3) 当$^3J_{ba}$等于$^3J_{bc}$时，出现部分裂分峰重叠的情况，实际上相当于三个等价质子裂分的情况，即裂分为四重峰(q)。

除最常见的邻碳偶合外，也有同碳上两种不等价质子相互偶合的情况，称为同碳偶合(geminal coupling)；还有相距超过三个键的两组不等价质子相互偶合的情况，称为远程偶合(long-range coupling)。如图 6-39，丙烯酸甲酯分子中有四种不等价质子(烯质子 H_a，H_b，H_c 和甲基质子 H_d)的信号。其中，H_a 与 H_b 会发生同碳偶合，不过其偶合常数很小($^2J<3.0$ Hz)，若非使用高分辨率的核磁共振仪，很难分辨出其裂分情况。

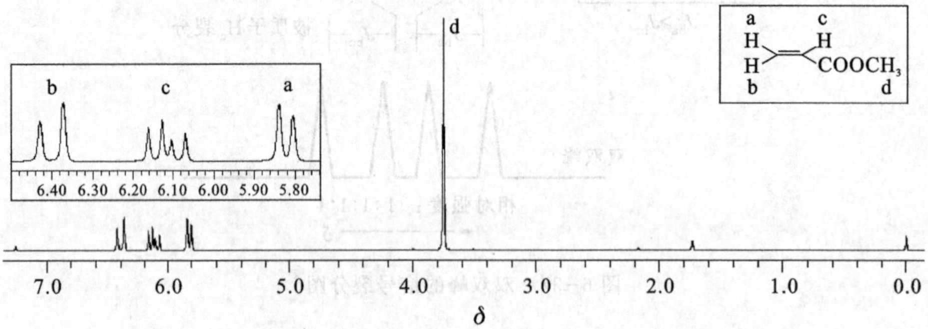

图 6-39 丙烯酸甲酯分子的 ^{1}H NMR 谱

远程偶合一般发生在中间插入双键或三键的结构中，超共轭效应使烯质子(或炔质子)与相隔四个键的烯丙位(或炔丙位)质子存在远程偶合作用，而且相关各键固定的空间取向也是一个重要原因。另外，如果两个相隔四、五或六个 σ 键的质子有特定的空间关系，而且相关各键处于同一平面，也存在远程偶合，如 M 型偶合和折式偶合。远程偶合常数都较小，一般介于 0～±3 Hz 间，个别的会超出此值。远程偶合的分析对空间结构的判定有一定的帮助，不过，需要高分辨能力的核磁共振仪才可以分辨出来。

表 6-10 对比总结了前面介绍的几种偶合类型。

表 6-10 各种偶合类型的情况比较

偶合类型	结构特点	偶合常数	备注
邻碳偶合	$—CH_a—CH_b—$	$^3J_{ab}$ 0～16 Hz，一般为正值	最主要的偶合
同碳偶合	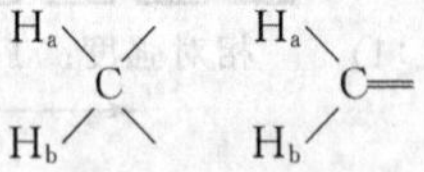	$^2J_{ab}<3$ Hz，一般为负值	末端烯烃或环上亚甲基
远程偶合	$—CH_a═C—CH_b—$ 烯(炔)丙基型 $—CH_a—C═C—CH_b—$ 升烯丙基型	$^4J_{ab}$ 0～±3 Hz，可正可负，$^4J_{顺}>^4J_{反}$ $^5J_{ab}$ 0～3 Hz，一般为正值，$^5J_{反}>^5J_{顺}$	含 π 体系，各键处于同一平面
远程偶合	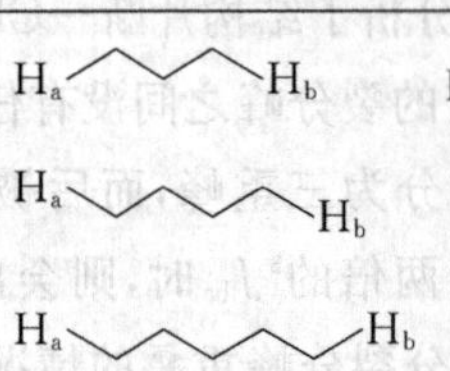 M 型 折式	M 型：$^4J_{ab}$ 1～4 Hz，一般为正值 折式：$^5J_{ab}$，$^6J_{ab}$ 1～3 Hz，一般为正值	含高度平展结构或桥环结构

前面的讨论已经知道，有机化合物中质子的核磁共振吸收频率随着仪器的磁感应强度（或无线电射频的工作频率）提高而增大（参见6.5.1节），如果两个邻近质子的化学位移差异（$\Delta\nu$）较小，低分辨（即低磁感应强度或低工作频率）的核磁共振仪就有可能分辨不出，获得堆叠在一起的信号。一般来讲，要获得裂分清晰的谱图，两个邻近H的化学位移差异（$\Delta\nu$）至少是它们偶合常数（J）的10倍，即$\Delta\nu/J \geqslant 10$。图6-40分析了$\Delta\nu/J$值对乙基信号分辨情况的影响。碘乙烷分子中亚甲基质子与甲基质子化学位移相差1.4，若在10 MHz核磁共振仪上分析，则相应的$\Delta\nu$只有14 Hz，而在200 MHz核磁共振仪上分析，$\Delta\nu$达到280 Hz。由于偶合常数$^3J=7.5$ Hz，因此只有在>50 MHz的核磁共振仪上才能看到清晰的裂分信号。

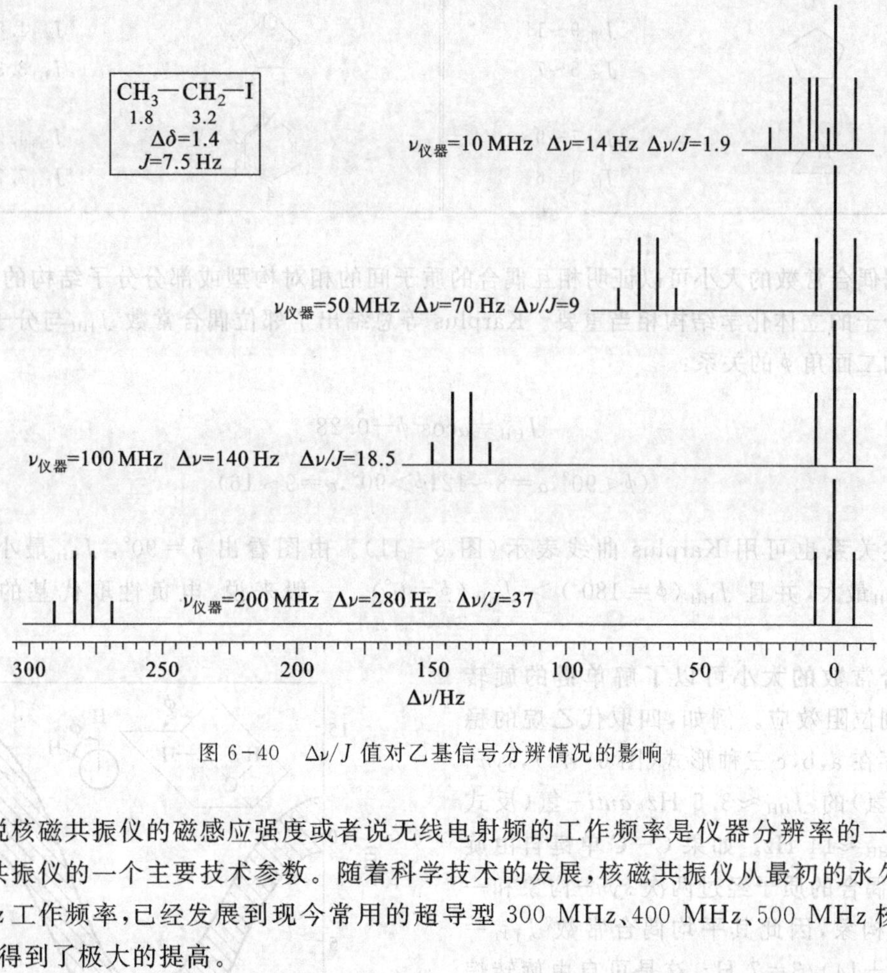

图6-40　$\Delta\nu/J$值对乙基信号分辨情况的影响

可以说核磁共振仪的磁感应强度或者说无线电射频的工作频率是仪器分辨率的一个标志，也是核磁共振仪的一个主要技术参数。随着科学技术的发展，核磁共振仪从最初的永久磁铁型的60 MHz工作频率，已经发展到现今常用的超导型300 MHz、400 MHz、500 MHz核磁共振仪，分辨率得到了极大的提高。

（2）偶合常数与分子结构的关系　在分析复杂的核磁共振谱时，偶合常数的信息是相当重要的，可以通过J值的高低推测相互偶合质子的相对空间位置（如顺或反式，a键或e键等），也可通过相互偶合的质子的偶合常数相同这一原则来确定哪些质子是相互邻近的。表6-11列出了一些常见结构的质子偶合常数。

表 6-11 一些结构中质子的偶合常数

发生偶合的质子类型	J/Hz	发生偶合的质子类型	J/Hz
—CH═CH—	^3J 6～8		$^3J_{顺}$ 4.5 $^3J_{反}$ 3.1
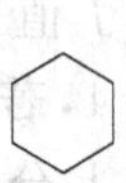	$^3J_{ee}$ 0～4 $^3J_{ae}$ 1～5 $^3J_{aa}$ 8～12	CH═CH_2	$^3J_{顺}$ 6～12 $^3J_{反}$ 12～18 ^2J 0～3
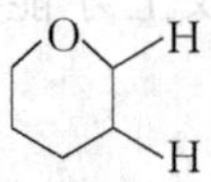	$^3J_{ae}$ ～4 $^3J_{aa}$ ～9	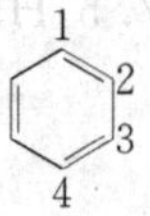	$^3J_{1,2}$ 6～10 $^3J_{1,3}$ 1～3 $^3J_{1,4}$ 0～1
	$^3J_{顺}$ 9～11 $^3J_{反}$ 5～7	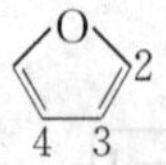	$^3J_{2,3}$ 1.8 $^3J_{3,4}$ 3.3
	$^3J_{顺}$ 7～9 $^3J_{反}$ 4～6	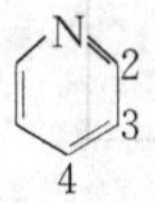	$^3J_{2,3}$ 4.9 $^3J_{3,4}$ 7.7

根据偶合常数的大小可以证明相互偶合的质子间的相对构型或部分分子结构的构象，这对于确定分子的立体化学结构相当重要。Karplus 等总结出了邻位偶合常数$^3J_{HH}$与分子中相互偶合质子的二面角 ϕ 的关系：

$$^3J_{HH}=\alpha\cos^2\phi-0.28$$

$$(\phi<90^\circ,\alpha=8\sim12;\phi>90^\circ,\alpha=9\sim16)$$

上述关系也可用 Karplus 曲线表示(图 6-41)。由图看出 $\phi=90^\circ$，$^3J_{HH}$ 最小，$\phi=0^\circ$ 或 180°，$^3J_{HH}$最大，并且$^3J_{HH}(\phi=180^\circ)>{}^3J_{HH}(\phi=0^\circ)$。一般来说，电负性取代基的存在会减小$^3J_{HH}$。

偶合常数的大小可以了解单键的旋转是否受到位阻效应。例如，四取代乙烷的稳定构象存在 a，b，c 三种形式(图 6-42)，*syn*-氢(顺式氢)的$^3J_{HH}\approx3.5$ Hz，*anti*-氢(反式氢)的$^3J_{HH}\approx14$ Hz。如果 C—C 单键自由旋转一周，偶合的质子经过两次 *syn*-构象和一次 *anti*-构象，因此其平均偶合常数$^3J_{平均}=(2\times3.5+14)/3=7$ Hz，这是可自由旋转烷基特征的邻位偶合常数值。但是，如果分子中的 C—C 单键旋转受阻，$^3J_{HH}$ 将会偏离 7.0 Hz这一平均值，从而可以根据偶合常数的大小确定两个质子的相对空间位置。

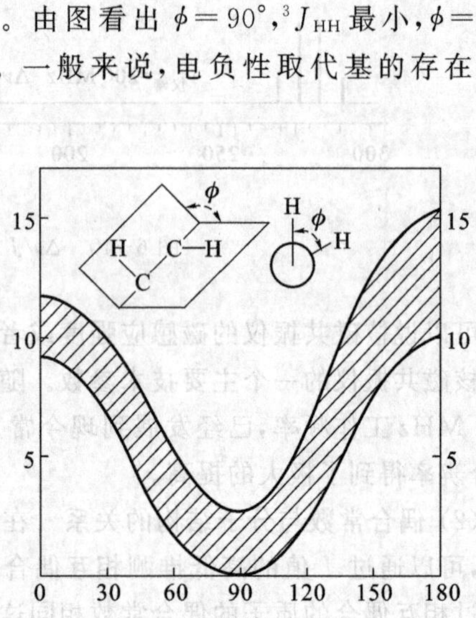

图 6-41 $^3J_{HH}$与 ϕ 的关系(Karplus 曲线)

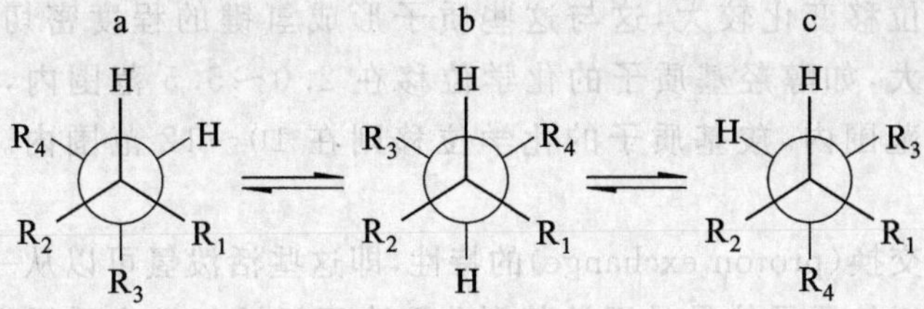

ϕ	60°	180°	−60°
两个氢的关系	*syn*	*anti*	*syn*
$^3J_{HH}$	3.5 Hz	14 Hz	3.5 Hz

图 6-42　四取代乙烷的稳定构象及二溴二氢肉桂酸乙酯的$^3J_{HH}$

偶合常数的大小还可以区分反式烯烃和顺式烯烃。表 6-11 和图 6-43 均说明反式烯烃的偶合常数明显大于顺式烯烃的偶合常数，这是因为反式烯烃中—HC ═CH—的二面角 ϕ 为 180°，偶合常数较大，而顺式烯烃中—HC ═CH—的二面角 ϕ 为 0°，偶合常数相对较小。

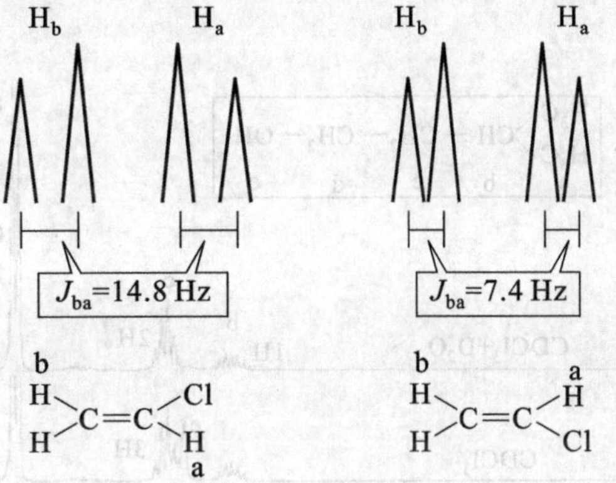

图 6-43　顺式烯烃和反式烯烃的偶合常数

习题 6-15　用图 6-31 的表示方式预测：

(1) 三重峰信号中各峰的相对强度　　(2) 五重峰信号中各峰的相对强度

习题 6-16　指出下列各化合物^{1}H NMR 谱的信号数和每组信号的多重性：

(1) $ICH_2CH_2CH_2Br$　　(2) $ClCH_2CH_2CH_2Cl$　　(3) $ICH_2CH_2CHBr_2$

习题 6-17　画出下列两种情况下右图结构中 H_b 的裂分图：

(1) $J_{ba}=12$ Hz 和 $J_{bc}=6$ Hz

(2) $J_{ba}=12$ Hz 和 $J_{bc}=12$ Hz

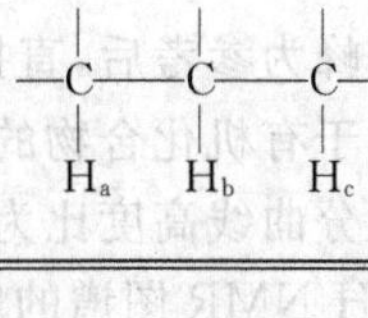

---

5. 活泼氢与氘-氢交换

活泼氢是指直接与氧原子或氮原子相连的质子，如羟基、氨基、羧基等基团中的质子。

通常，活泼氢的化学位移变化较大，这与这些质子形成氢键的程度密切相关。形成氢键程度越大，化学位移越大，如醇羟基质子的化学位移在 2.0～5.5 范围内，脂肪胺氨基质子的化学位移在 1.5～4 范围内，羧基质子的化学位移则在 10～12 范围内。此外，还与测定条件密切相关。

活泼氢具有质子交换(proton exchange)的特性，即这些活泼氢可以从一个分子转移到另一个分子。与活泼氢邻近的质子信号是否被其裂分取决于活泼氢发生质子交换速率的快慢。例如，纯乙醇试样中，质子交换速率非常慢，基本可以认为没有发生，这时，羟基质子会被正常地裂分并裂分其相邻质子。而在微量酸、碱存在下，这种质子交换的速率会因为酸碱的催化而加快，此时谱图记录的是各种可能化学环境的平均贡献，这种情况下，看到的就是一个较宽的单峰，并且相邻质子也不被其裂分。

在^1H NMR 谱中，活泼氢由于在不同测定条件下信号位置的可变性，比较不容易被识别。可以利用质子交换特性，通过氘-氢交换(重氢交换)进一步确证它们，即在已测得^1H NMR 谱的试样中加入 1～2 滴氘代水(D_2O)，充分振摇后再次进行^1H NMR 测定，比较两次获得的波谱，如果加 D_2O 后获得的波谱有信号消失的现象(氘并不产生核磁共振信号)，表明试样分子中存在活泼氢。例如，异戊醇氘代前后的^1H NMR 谱如图 6-44 所示。

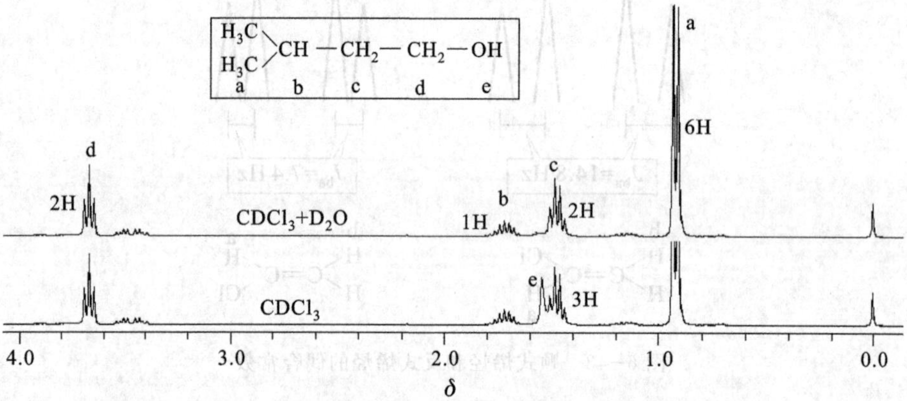

图 6-44 加 D_2O 前后异戊醇分子的^1H NMR 谱

6. 积分曲线和峰面积

核磁共振氢谱中，共振信号峰的峰面积与产生峰的质子数成正比。通常用积分曲线(integration curve)来表示峰面积(peak area)，亦即积分曲线的高度与峰面积成正比关系。因此，可以通过量取积分曲线的高度得出不同类型 H 数目的相对比值，现在的核磁共振仪一般可以通过选取特定峰为参考后，直接给出相对高度值。若知道整个分子的质子数，便可算出各组氢的数目。这对于有机化合物的结构解析十分有帮助。图 6-45 是 1-溴丁烷分子的^1H NMR 图，各组信号的积分曲线高度比为 2:2:2:3。

7. ^1H NMR 图谱的解析

前几节的讨论已经说明^1H NMR 谱可以提供解析有机化合物结构非常有用的信息：

(1) 从核磁共振信号的数目得知该化合物中有几种等价质子。

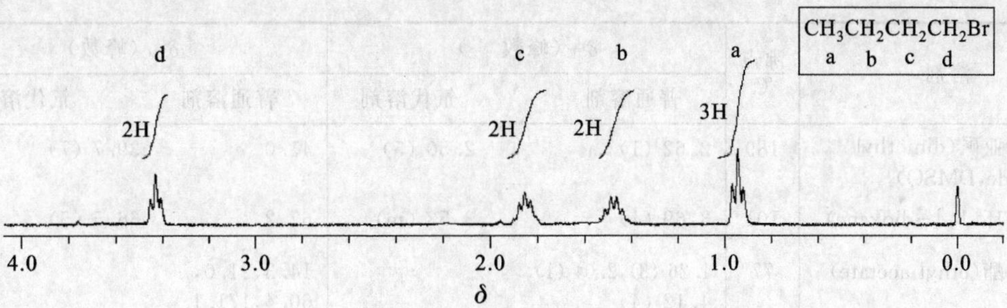

图 6-45　1-溴丁烷分子的 ^{1}H NMR 谱

(2) 从各种质子的化学位移得知它们的化学环境。

(3) 从各个质子的信号的裂分偶合常数判断它们的相邻关系。

(4) 从各个质子的信号积分曲线高度比得知它们的数目比。

(5) 通过氘-氢交换判断是否含有活泼氢。

有了这些信息，对于简单的化合物基本上可以直接得出其结构，较复杂的化合物可能还需要进行详细分析或其他谱图配合。可以说 ^{1}H NMR 对于有机化合物的结构解析十分重要。以下给出了解析 ^{1}H NMR 图谱的一般步骤，并结合一些实例进行分析。

步骤 1　标识出杂质峰。最常见的杂质峰便是溶剂峰。核磁共振测试所用的试样一般被溶解在氘代溶剂中，由于氘代溶剂的纯度一般达不到 100%，因此含有痕量的非氘代或不完全氘代溶剂成分，在谱图中会出现相应的溶剂峰，表 6-12 列出了常用溶剂的化学位移值。所以在进行 ^{1}H NMR 测试时，需要选择合适的溶剂，并记录所用的溶剂，而在得到谱图时首先需要将氘代溶剂峰圈出，以免干扰谱图分析。

表 6-12　常用溶剂的化学位移值*

溶剂	沸点 ℃	$\delta_{^1H}$（峰数**）		$\delta_{^{13}C}$（峰数）	
		普通溶剂	氘代溶剂	普通溶剂	氘代溶剂
乙酸(acetic acid)	118	2.10 (1), 11.42 (br)	2.03 (5), 11.53 (1)	20.8, 178.1	20.0 (7), 178.4 (br)
丙酮(acetone)	57	2.16 (1)	2.04 (5)	30.8, 206.6	29.8 (7), 206.0 (13)
乙腈(acetonitrile)	82	2.01 (1)	1.93 (5)	1.79, 116.9	1.3 (7), 117.8 (br)
苯(benzene)	80	7.34 (1)	7.20 (br)	128.4	128.0 (3)
氯仿(chloroform)	62	7.26 (1)	7.24 (1)	77.2	77.0 (3)
环己烷(cyclohexane)	81	1.43 (1)	1.38 (br)	27.1	26.3 (5)
1,2-二氯乙烷 (1,2-Dichloroethane)	84	3.73 (1)	3.72 (br)	43.6	43.6 (5)
乙醚(diethyl ether)	35	1.21 (3) 3.47 (4)	1.07 (m) 3.34 (m)	15.4 66.0	14.5 (7) 65.3 (5)
N,*N*-二甲基甲酰胺 (*N*, *N* - dimethylformamide, DMF)	153	2.88 (1) 2.97 (1) 8.02 (br)	2.91 (5) 8.01 (br)	31.3 36.4 162.6	35.2 (7) 162.7 (3)

续表

溶剂	沸点 ℃	$\delta_{^1H}$（峰数**）		$\delta_{^{13}C}$（峰数）	
		普通溶剂	氘代溶剂	普通溶剂	氘代溶剂
二甲基亚砜（dimethyl sulfoxide，DMSO）	189	2.62 (1)	2.50 (5)	41.0	39.7 (7)
二氧六环（1，4-dioxane）	101	3.69 (1)	3.53 (m)	67.2	66.5 (5)
乙酸乙酯（ethyl acetate）	77	1.26 (3)，2.04 (1) 4.12 (4)		14.3，21.0， 60.4，171.1	
乙醇（ethanol）	79	1.23 (3) 2.61 (br) 3.69 (4)	1.17 (m) OH (不定) 3.59 (br)	18.1 57.8	17.2 (7) 56.8 (5)
甲醇（methanol）	65	3.42 (1) 4.19 (1)	3.30 (5) 4.78 (br)	50.1	49.0 (7)
二氯甲烷（methlene chloride）	40	5.30 (1)	5.32 (3)	53.5	53.8 (5)
吡啶（pyridine）	116	7.16 (m) 7.54 (m) 8.52 (m)	7.19 (br) 7.55 (br) 8.71 (br)	123.8 135.9 149.9	123.5 (3) 135.5 (3) 149.9 (3)
四氢呋喃（tetrahydrofuran，THF）	66	1.84 (m) 3.73 (m)	1.73 (br) 3.58 (br)	25.8 66.0	25.3 (br) 67.4 (5)
三氟乙酸（trifluoroacetic acid）	72		11.50 (1)		116.6 (4)，164.2 (4)
水（water）	100	0.44 (in C_6D_6) 1.58 (in $CDCl_3$) 2.17 (in CD_3CN) 2.83 (in acetone-d_6) 3.65 (in DMSO-d_6)			

*以 TMS 为化学位移的标准。

**化学位移值后面括号内的 br 表示宽的单峰，m 表示多重峰。

选择氘代溶剂的原则主要有三点：① 能够溶解试样；② 对于来源于合成的试样，一般能预测可能出现的信号位置，因此在选择溶剂时，尽量选择杂质峰不会掩盖试样核磁共振信号的溶剂；③ 对于未知试样，如天然产物，则常优先选择氘代氯仿，因为氯仿的峰在芳香区（δ7.24），是一单峰，而且不易吸水，只要试样本身十分干燥，不会出现水峰，对于 δ0～7 区间以及 δ7.3 以上的峰都不会掩盖。相比较而言，丙酮和 DMSO 等溶剂容易吸水，在 δ4 以下区域会产生掩盖现象。如果在得到谱图后怀疑部分试样信号峰被溶剂峰或水峰掩盖，则需要更换溶剂进行再次测试。

另外，试样处理中还可能残留少量未除尽的溶剂，也需要在得到谱图后第一时间内进行判断。在排除了溶剂峰的影响后，就可以根据上述讨论的原理进行以下步骤 2～5 的分析。最后进行步骤 6 的综合解析。

步骤 2　根据积分曲线确定各组峰的相应质子数。

步骤 3　根据各峰的化学位移确定各组质子的类别。

步骤 4　根据峰的偶合裂分情况确定基团间的相互关系。

步骤 5　采用重水交换的方法识别活泼氢（包括 OH，NH，COOH）。

步骤 6　综合以上各种信号，推断分子结构并验证。

实例分析如下：

实例 1：甲基丙烯酸甲酯的^1H NMR 谱解析(图 6-46)。

解：图中有四组质子信号。根据化学位移和积分曲线可知，δ1.95 处三个质子的单峰由 H_a(与烯碳相连的甲基质子)产生，δ3.75 处三个质子的单峰由 H_d(与羧基氧相连的甲基质子)产生，δ5.56 处一个质子的单峰由 H_b(与烯碳相连的质子)产生，δ6.10 处一个质子的单峰由 H_c(与烯碳相连的质子)产生。

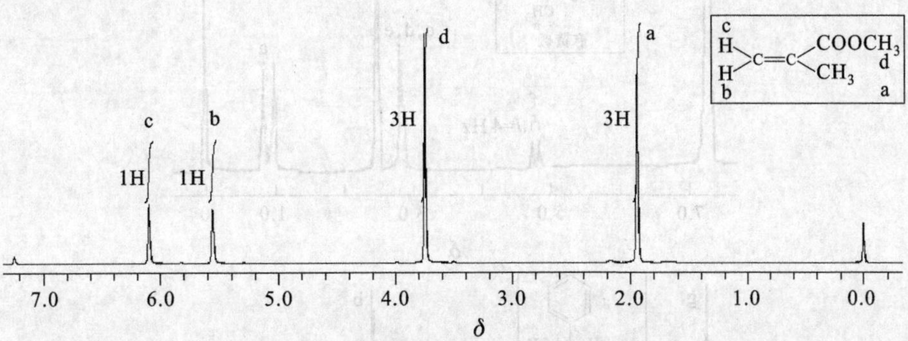

图 6-46　甲基丙烯酸甲酯的^1H NMR 谱

需要说明的是：由于同碳偶合以及远程偶合的作用很弱，谱图中并未能观察到由它们引起的裂分。另外，绝大多数情况下，与其邻位烯碳上的取代基处于顺式的烯质子的化学位移在较低场，与其邻位烯碳上的取代基处于反式的烯质子的化学位移在较高场。

实例 2：甲苯和苯甲腈的^1H NMR 谱解析(图 6-47)。

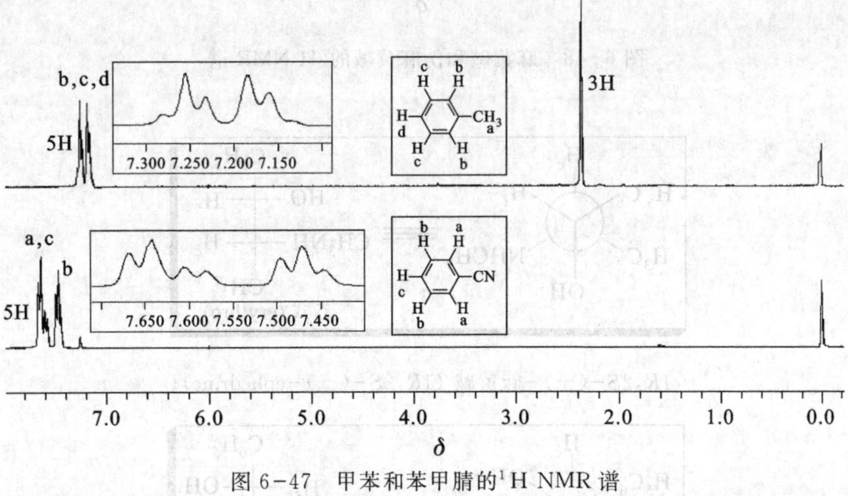

图 6-47　甲苯和苯甲腈的^1H NMR 谱

解：甲苯中甲基的存在使得苯环上的 H_b、H_c、H_d 成为不等价质子，因而理论上应存在四组质子信号。可是实际谱图中，五个芳香质子的信号在 δ7.10～7.30 内表现为复杂信号，裂分并不是很清晰。这是由于甲基的电子效应比较弱，由此引起三种质子的不等价效应也很弱，因而这三种芳香质子的核磁共振信号出现重叠或部分重叠现象。而苯甲腈分子的^1H NMR 谱较明显地出现三组芳香质子信号，H_a 为双峰(d)，H_b 为三重峰(t)，H_c 为双峰(d)，这是由于氰基是强电子效应基团，引起较强的不等价效应，因此可以将三种芳香质子区分开来。

实例 3：麻黄碱和伪麻黄碱的 ^{1}H NMR 谱解析（图 6-48）。

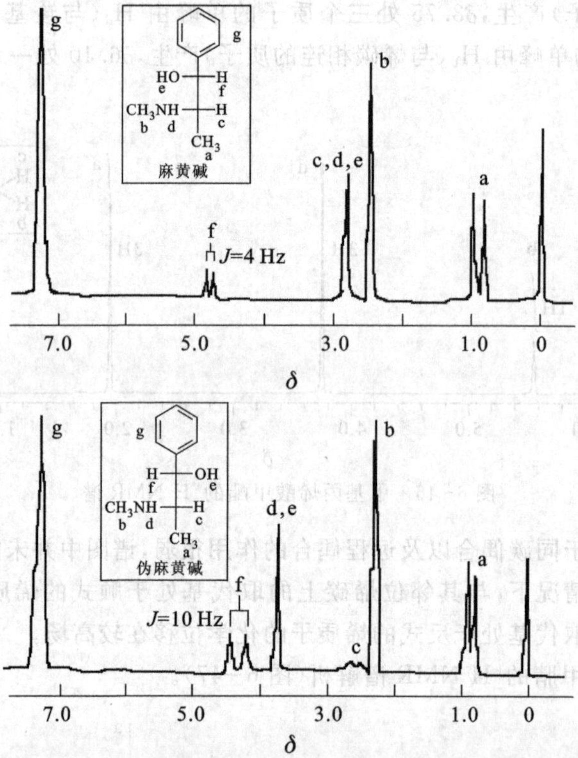

图 6-48　麻黄碱和伪麻黄碱的 ^{1}H NMR 谱

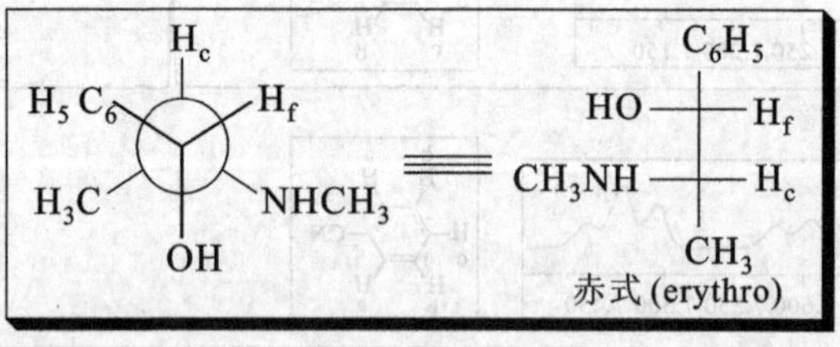

1*R*，2*S*-（−）-麻黄碱（1*R*，2*S*-（−）-ephedrine）

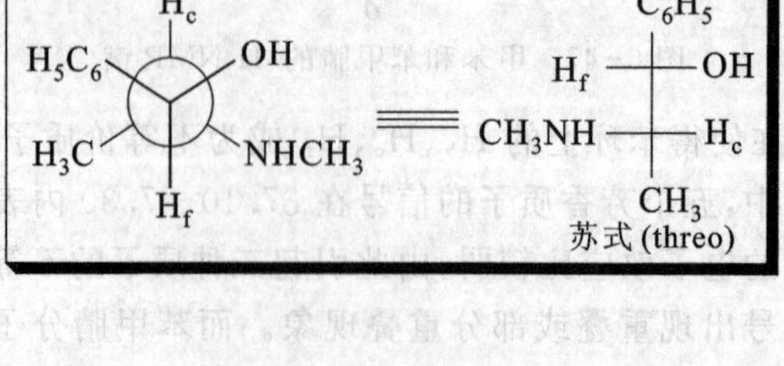

1S，2S-（+）-伪麻黄碱（1*S*，2*S*-（+）-pseudoephedrine）

解：这两种物质是一对非对映异构体，麻黄碱的构型为赤式（Fischer 投影式中两个取代基处于同侧），伪麻黄碱的构型为苏式（Fischer 投影式中两个取代基处于异侧），它们的 ^1H NMR谱中最明显的差异在于与苯环直接相连的次甲基 H_f 受相邻 H_c 的裂分的偶合常数不同，麻黄碱的 J_{fc} 值约为 4 Hz，而伪麻黄碱的 J_{fc} 值约为 10 Hz。这是因为两种光学异构体的稳定构象中 H_c 与 H_f 的相对位置不同，在麻黄碱分子中为邻位交叉构象，而伪麻黄碱分子中为对位交叉构象。

实例 4：已知某化合物的分子式为 $C_5H_{12}O$，其 ^1H NMR 数据为：$\delta(CDCl_3)$ 0.92 (3H, t, $J=7.0$ Hz)，1.20 (6H, s)，1.50 (2H, q, $J=7.0$ Hz)，1.64 (1H, brs)。试分析确定该化合物的化学结构。

解：由分子式可以推断，该化合物为饱和开链分子，可能是一个醇或一个醚类化合物。由 ^1H NMR 数据分析，化学位移为 0.92 的三个质子应该是烷烃中的甲基，其被裂分为三重峰，说明与之相连的有一个亚甲基（$-CH_2-$），由此可以推断分子中含有一个乙基（CH_3CH_2-）。化学位移为 1.20 的六个质子应该归属为两个化学等价的甲基，其单峰信号指出这两个甲基与一个季碳原子相连，由此推断分子中存在 $(CH_3)_2C<$ 结构。很显然，化学位移为 1.50 的两个质子信号应该由上述乙基中的亚甲基产生。由以上推测可知，所有五个碳和 12 个氢中的 11 个氢已经得到归属，余下的是化学位移为 1.64 的宽单峰信号，结合峰型和一个质子的特征，可以推断该信号由醇羟基产生。因此，化合物的结构被确定为 2-甲基-2-丁醇。

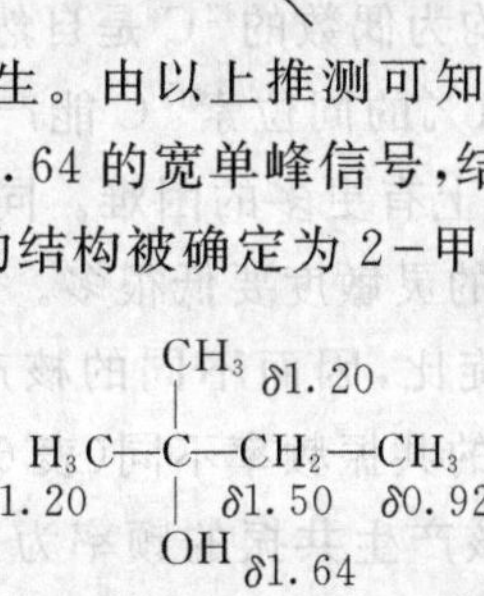

习题 6-18　纯乙醇的 ^1H NMR 谱还是乙醇溶解在 CH_2Cl_2 中测得的 ^1H NMR 谱中羟基质子信号出现在更低场？

习题 6-19　如何使用 ^1H NMR 区别下列各组化合物？

(1) $BrCH_2CH_2CH_2Br$　和　$BrCH_2CH_2CH_2NO_2$

(2) $(CH_3)_2CHCH(CH_3)_2$　和　$(CH_3)_3CCH_2CH_3$

(3) $(CH_3)_3CCOOCH_3$　和　$(CH_3)_2C(OCH_3)_2$

(4) 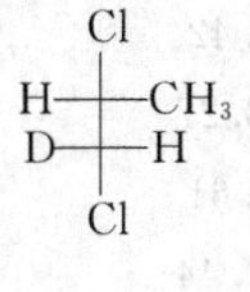 和 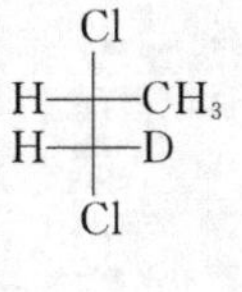

(5) 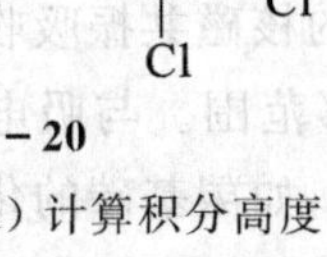 和 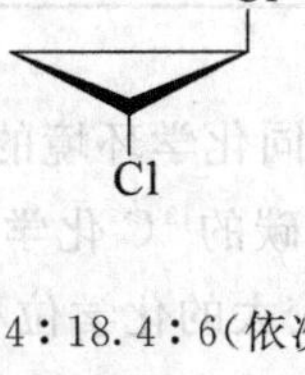

习题 6-20

(1) 计算积分高度比为 4∶18.4∶6（依次从谱图的左边到右边）的化合物中不同种类质子的比例。

(2) 给出一个符合上题中相对积分比的化合物的结构。

习题 6-21　$CH_3COOCH_2CH_2C_6H_5$ 的 ^1H NMR 谱如下，请归属各信号。

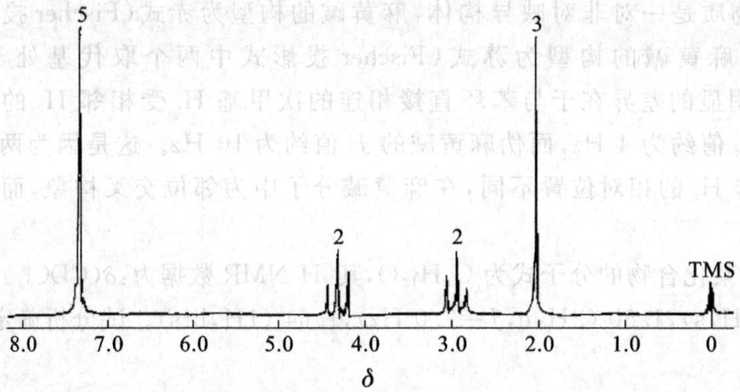

6.5.3 碳核磁共振波谱(^{13}C NMR spectroscopy)

与质子不同,原子序数和质量数均为偶数的^{12}C是自然界丰度最高的碳元素,因此不能发生核磁共振现象。而天然丰度只有1.11%的同位素^{13}C能产生核磁共振现象。但是检测^{13}C要比检测^{1}H(天然丰度为99.98%)在技术上有更多的困难。同一磁场强度下,^{1}H和^{13}C被检出的相对灵敏度为6 400∶1,可见^{13}C被检出的灵敏度要低很多。

由于每种原子核都有自己的磁旋比,因而不同的核产生核磁共振所需的能量不同(参见6.5.1节),亦即在相同强度的磁场中的共振频率不同(表6-13)。例如,在7.05 T的磁场中,^{1}H核产生共振的频率为300 MHz,^{13}C核产生共振的频率为75.45 MHz(约为氢核的1/4)。通常核磁共振仪的工作频率指的是^{1}H的共振频率。因此,对于一个300 MHz的核磁共振仪进行^{13}C NMR测试时,应该使用75.45 MHz表示仪器的工作频率。

表6-13 某些自旋量子数为1/2的原子核的核磁共振性质

原子核	天然丰度/%	磁旋比/($10^{7}\cdot s^{-1}\cdot T^{-1}$)	7.05 T磁场中共振频率/MHz
^{1}H	99.985	26.753	300
^{13}C	1.108	6.728	75.45
^{15}N	0.37	−2.712	30.42
^{19}F	100	25.179	228.27
^{29}Si	4.70	−5.319	59.61
^{31}P	100	10.840	121.44

^{13}C NMR谱与^{1}H NMR谱在原理上是相同的,处于不同化学环境的碳的核磁共振吸收峰出现在不同化学位移处,表6-14是TMS作标准物质时各种碳的^{13}C化学位移范围。与吸电子基团相连的碳的核磁共振吸收出现在低场(高频区),即具有较大的化学位移值,如羰基碳的化学位移一般在160～220范围内,是所有碳中化学位移值最大的。一般烷烃的甲基的化学位移为8～35,是所有碳中化学位移值最小的。

表 6-14 各种碳的^{13}C 化学位移范围(TMS 作标准物质)

杂化形式	碳的类型	δ	杂化形式	碳的类型	δ
	$(CH_3)_3Si$	0		═C	100～150
	$R—CH_3$	8～35		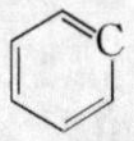	110～170
	$R—CH_2—R$	15～50		RCONHR	165～175
	R_3CH	20～60	sp^2	RCOOR	165～175
sp^3	R_4C	30～40		RCOOH	175～185
	C—I	0～40		RCHO	190～200
	C—Br	25～65		R_2CO	205～220
	C—Cl	35～80		RCOCl	168～170
	C—N	40～60	sp	C≡N	115～125
	C—O	50～80		C≡C	65～85

与^{1}H NMR 相比，^{13}C NMR 有如下特点：

(1) ^{13}C NMR 谱需要的试样量要比^{1}H NMR 谱多得多，或者需要更多的扫描累加次数和时间才能获得^{13}C NMR 谱。例如，一般^{1}H NMR 只要几分钟就可以测得，而^{13}C NMR 谱图在试样量足够的情况下至少需要 1 h，有时甚至需要十几个小时。

(2) ^{13}C NMR 的化学位移范围 0～220，要比^{1}H 的化学位移(δ0～12)范围大得多。这意味着碳谱中各信号不像氢谱那样容易重叠。

(3) 由于^{13}C 天然丰度非常低，因而被相邻的^{13}C 偶合裂分的可能性相当小，可以不予考虑。另一方面，虽然^{13}C 信号会被直接连接的质子裂分，但常规的^{13}C NMR 谱为去偶谱，即消除了^{1}H 与^{13}C 间的偶合作用，因而^{13}C NMR 谱中的碳信号均为单峰。例如，异戊醇的^{13}C NMR 谱如图 6-49所示。

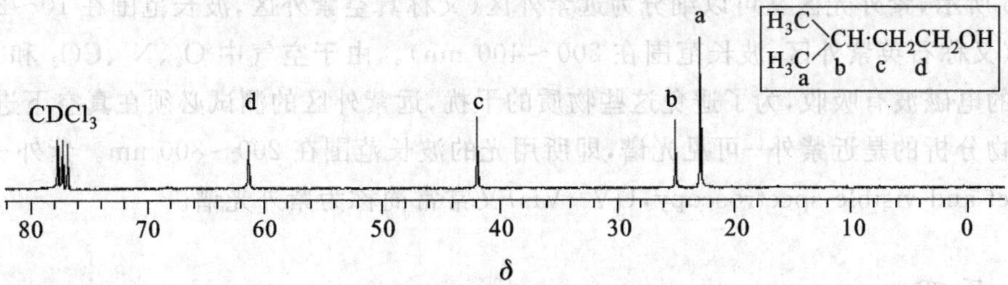

图 6-49 异戊醇的^{13}C NMR 谱

(4) 由于^{13}C 的含量很低，因此^{13}C NMR 中各信号的峰面积积分不能准确地反映不同信号的数目比，即不像^{1}H NMR，^{13}C NMR 信号的峰面积并不能真实地反映引起该信号的碳的数目。不过随着仪器分辨率的提高，现在 500 MHz 核磁共振仪的积分有一定的参考价值。

习题 6-22 根据^{13}C NMR 谱判断该化合物是苯乙酸乙酯还是丁酸苯基酯？

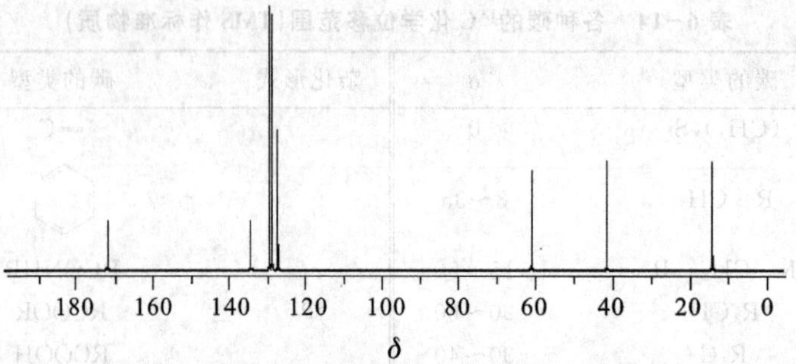

习题 6－23　分别对下列各化合物回答以下两个问题：

(1) 它们的^{13}C NMR 谱中可以看到多少个信号？

(2) 指出哪个碳信号将出现在最高场？

a. $CH_3CH_2CH_2Br$　　b. $CH_3CH_2OCH_3$　　c. $CH_3CH(Br)CH_3$

d. $CH_3CH_2\overset{O}{\overset{\|}{C}}OCH_3$　　e. $CH_3\overset{CH_3}{\underset{CH_3}{C}}OCH_3$　　f. $(CH_3)_2C{=}CH_2$

g. 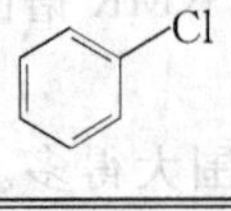　　h. $CH_3CH_2\overset{O}{\overset{\|}{C}}H$　　i. $CH_3\overset{O}{\overset{\|}{C}}CH_2CH_2\overset{O}{\overset{\|}{C}}CH_3$

6.6 紫外－可见光谱

紫外光是波长范围在 10～400 nm 的电磁波，可见光是波长范围在 400～800 nm 的电磁波。如图 6－15 所示，紫外光区又可以细分为远紫外区（又称真空紫外区，波长范围在 10～200 nm）和近紫外区（又称石英紫外区，波长范围在 200～400 nm）。由于空气中 O_2、N_2、CO_2 和 H_2O 对远紫外光区的电磁波有吸收，为了避免这些物质的干扰，远紫外区的测试必须在真空下进行。一般用于有机物分析的是近紫外－可见光谱，即所用光的波长范围在 200～800 nm。紫外－可见光谱(ultraviolet and visible spectroscopy，UV－Vis)又常常简称为紫外光谱。

6.6.1　原理

分子吸收紫外－可见光后，会引起电子能级的跃迁 (electronic transition)，将价电子从低能量的基态激发到能量较高的激发态。有机分子中通常存在三种不同类型的价电子，即形成单键的 σ 电子，形成双键的 π 电子和未共用的 n 电子（也称非键电子，如孤对电子，单电子）。根据分子轨道理论，分子中这三种电子能级的能量高低次序为 $\sigma^* > \pi^* > n > \pi > \sigma$，根据这一能级次序，如图 6－50 所示，就可以比较各种不同形式的能级跃迁所需能量的大小及吸收波长的长短。根据轨道匹配性原则，有意义的电子跃迁有 4 种类型，即 $\sigma\rightarrow\sigma^*$，$n\rightarrow\sigma^*$，$\pi\rightarrow\pi^*$，$n\rightarrow\pi^*$，各种跃迁所需能量的大小($\Delta E$)次序为 $\sigma\rightarrow\sigma^*>n\rightarrow\sigma^*>\pi\rightarrow\pi^*>n\rightarrow\pi^*$。四种电子能级跃迁的具体情况如表 6-15所示。

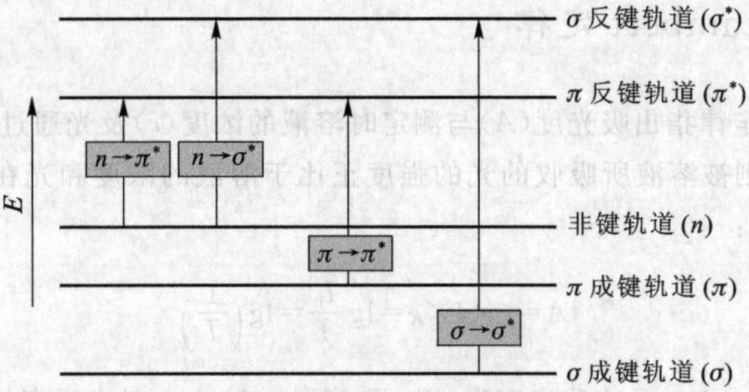

图 6-50　价电子的分子轨道能级图

表 6-15　不同类型的价电子能级跃迁

跃迁类型	吸收光区域	谱带名称注	波长范围	吸光强度
$\sigma\rightarrow\sigma^*$	远紫外		$<$200 nm	强,$\kappa>10^4\ L\cdot mol^{-1}\cdot cm^{-1}$
$\pi\rightarrow\pi^*$	远紫外(孤立双键)		$\leqslant$200 nm	强,$\kappa>10^4\ L\cdot mol^{-1}\cdot cm^{-1}$
	近紫外(共轭双键)	K 带	$>$210 nm	强,$\kappa>10^4\ L\cdot mol^{-1}\cdot cm^{-1}$
	近紫外(芳香基团)	B 带	230～270 nm	弱,$\kappa<10^3\ L\cdot mol^{-1}\cdot cm^{-1}$
	远紫外(芳香结构不连共轭或助色团)	E_1 和 E_2 带	$<$200 nm	强,$\kappa>10^3\ L\cdot mol^{-1}\cdot cm^{-1}$
	近紫外(芳香结构连有共轭或助色团)	K 带或 E_2 带	$\geqslant$200 nm	强,$\kappa>10^3\ L\cdot mol^{-1}\cdot cm^{-1}$
$n\rightarrow\sigma^*$	远紫外或近紫外		$<$或$>$200 nm	弱,$\kappa<10^3\ L\cdot mol^{-1}\cdot cm^{-1}$
$n\rightarrow\pi^*$	近紫外	*R* 带	270～350 nm	弱,$\kappa<10^2\ L\cdot mol^{-1}\cdot cm^{-1}$

注 表中谱带名称中的大写字母分别源自:K＝Konjuierte (德文,共轭),B＝Benzenoid (苯型的),E＝Ethylenic (乙烯型的),R＝Radikalartig (德文,基团型的)

从图 6-50 和表 6-15 可以看到,有机分子的紫外-可见光谱主要是由于 $\pi\rightarrow\pi^*$ 跃迁(π 电子从成键轨道向反键轨道的跃迁)和 $n\rightarrow\pi^*$ 跃迁(非键电子从非键轨道向 π 反键轨道的跃迁)所产生。并且同一发色团(这里指能产生紫外-可见光谱的官能团)可能同时发生两种或两种以上类型的跃迁,光谱中会出现其相应的吸收谱带。丙酮的紫外光谱如图 6-51所示,187 nm 处的吸收峰由 $\pi\rightarrow\pi^*$ 跃迁产生,270 nm 处的吸收峰由 $n\rightarrow\pi^*$ 跃迁产生。

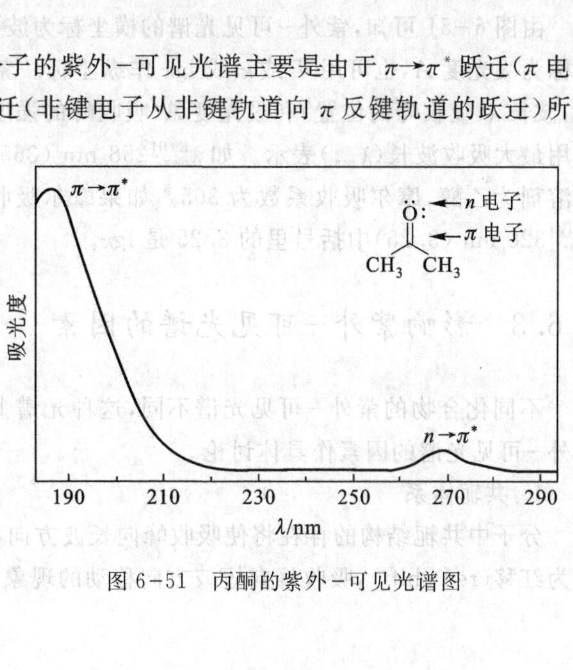

图 6-51　丙酮的紫外-可见光谱图

由表 6-3 可知,相对于分子振动和转动能级的跃迁,电子能级的跃迁所需能量最大,因此当电子能级跃迁时,不可避免地伴随着分子振动和转动能级的跃迁,也就是说，所获得的电子光谱实际上既包括因价电子跃迁而产生的吸收谱线，也含有因分子振动和转动能级跃迁而产生的吸收谱线，因而所获得的吸收谱带一般都是宽峰。

6.6.2　Beer－Lambert 定律

Beer－Lambert 定律指出吸光度(A)与测定时溶液的浓度(c)及光通过液层的厚度(l)有关，如果溶剂不吸收光，则被溶液所吸收的光的强度正比于溶液的浓度和光在溶液中经过的距离。可用下列关系式描述：

$$A=c\times l\times \kappa=\lg \frac{I_0}{I}=\lg\left(\frac{1}{T}\right)$$

式中，A 为吸光度(Absorbance，也称光密度，用 OD 表示)；I_0 为入射光强度；I 为透过光强度；T 为 I/I_0＝透过率(Transmittance，也称透射率或透射比)；c 为试样浓度，单位 mol/L；l 为液层厚度，一般即为试样池厚度，单位 cm；κ——摩尔吸收系数 (molar absorptivity)，单位为 $L\cdot mol^{-1}\cdot cm^{-1}$。

摩尔吸收系数 κ 是化合物在某一特定波长下的特征常数，如丙酮在 187 nm 处的摩尔吸收系数为 900 $L\cdot mol^{-1}\cdot cm^{-1}$，在 274 nm 处的摩尔吸收系数为 15 $L\cdot mol^{-1}\cdot cm^{-1}$，它反映了物质在某一波长下光吸收的强度。$\kappa$ 越大，表示光吸收强度越大。

前面(参见 6.4.1)已有所论述，光吸收强度很大程度上决定于跃迁的概率。对于紫外－可见光谱来说，如果跃迁是“允许”的，跃迁概率大，光吸收强度强(一般 $\kappa>10^3\,L\cdot mol^{-1}\cdot cm^{-1}$)，如 $\pi\to\pi^*$ 的跃迁(K 带)；若跃迁是“禁阻”的，跃迁概率小，光吸收强度弱(一般 $\kappa<10^3\,L\cdot mol^{-1}\cdot cm^{-1}$)，如 $n\to\pi^*$ 的跃迁(R 带)，这是由于 n 轨道的电子与 π 轨道的电子集中在不同的空间区域，尽管 $n\to\pi^*$ 的跃迁需要的能量较低，其跃迁的概率却是较小的，因此表现在 κ 值较小。

由于测定紫外－可见光谱时，试样都需要溶解在一定的溶剂中配成均相溶液，溶剂不同，所获得的 κ 并不完全相同，因而在报道某一紫外－可见光谱数据时应标明所使用的溶剂。

由图 6－51 可知，紫外－可见光谱的横坐标为波长，通常使用 nm 作单位(1 nm＝10^{-9} m)，纵坐标为吸光度 A，也可用 T 或 κ 或 $\lg\kappa$ 作纵坐标。紫外－可见光谱图可为我们提供两个重要数据：波长 λ(吸收峰的位置)和吸光度 A(吸收峰的强度)。通常紫外－可见光谱数据中吸收峰的位置用最大吸收波长(λ_{max})表示。如 λ_{max}^{EtOH} 258 nm (365)表示吸收峰的最大吸收波长为 258 nm，所用溶剂为乙醇，摩尔吸收系数为 365。如果摩尔吸收系数很大，则往往取对数值 $\lg\kappa$ 来表示，如 λ_{max}^{EtOH} 320 nm (3.25)中括号里的 3.25 是 $\lg\kappa$。

6.6.3　影响紫外－可见光谱的因素

不同化合物的紫外－可见光谱不同，这种光谱上的差异取决于化合物的结构。以下就影响紫外－可见光谱的因素作具体讨论。

1. 共轭体系

分子中共轭结构的存在将使吸收峰向长波方向移动，通常把吸收峰向长波方向移动的现象称为红移(red shift)，吸收峰向短波方向移动的现象称为蓝移(blue shift)。

图 6-52 中列出了乙烯和 1,3-丁二烯的紫外光谱数据，1,3-丁二烯中共轭结构的存在使得由 $\pi\rightarrow\pi^*$ 跃迁产生的吸收峰红移 52 nm。这是因为共轭使分子中的 HOMO 与 LUMO 轨道之间的能级差减小(详见第三章讨论)，正如图中所示，乙烯中的 π(HOMO)与 π^*(LUMO)轨道之间的能级差 ΔE_1 高于 1,3-丁二烯的 ΔE_2，因此，前者光谱的 λ_{max} 相应较短。

	乙烯	1,3-丁二烯
λ_{max}	165 nm	217 mm
κ	15 000	21 000

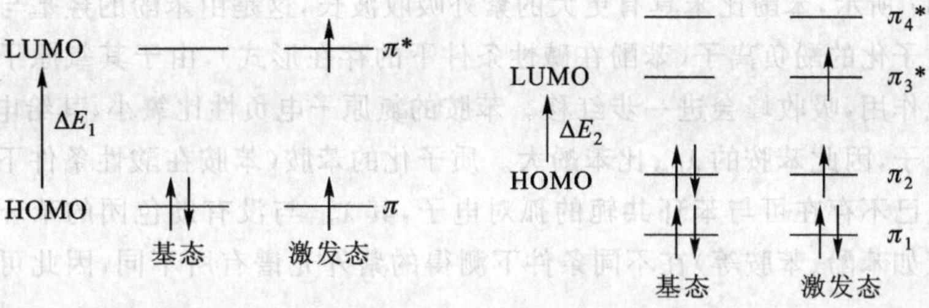

图 6-52 乙烯与 1,3-丁二烯的电子跃迁能级图对比

表 6-16 列出了含不同数目共轭双键的烯烃的 λ_{max}。由此可见，共轭体系越大，吸收的能量越低，吸收峰波长越长，而且吸收强度越大。

表 6-16 一些共轭烯烃的 λ_{max} 和 κ

化合物	共轭双键数目	λ_{max}/nm	κ/(L·mol^{-1}·cm^{-1})
乙烯	1	165	15000
1,3-丁二烯	2	217	21000
1,3,5-己三烯	3	256	50000
1,3,5,7-辛四烯	4	290	85000
1,3,5,7,9-癸五烯	5	334	125000
1,3,5,7,9,11-十二碳六烯	6	364	138000

事实上，只有当分子中存在共轭体系时，$\pi\rightarrow\pi^*$ 跃迁所需的能量才落到大于 210 nm 的近紫外光区范围内，因此紫外-可见光谱主要用于确定分子中是否存在共轭体系。

2. 生色团和助色团(chromophore and auxochrome)

凡是能吸收某一段波长的电磁波的基团，称为该段波长的生色团(chromophore)，也就是分子中产生光吸收的主体部分。对于紫外-可见光谱来说，其生色团包括碳-碳共轭结构，含杂原子的共轭结构以及能发生 $n\rightarrow\pi^*$ 跃迁的基团等。例如，羰基就是丙酮的生色团。生色团相同的结构类似物，通常会有相近的 λ_{max}。如下图中的四个化合物具有相同的生色团，因而也会有相近的 λ_{max}。

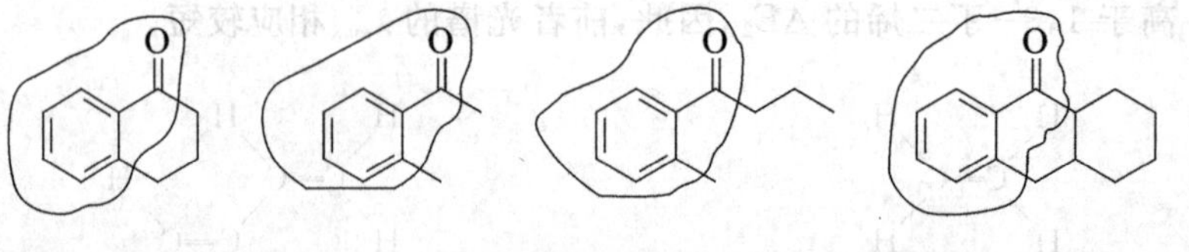

当一个取代基与一个生色基团相连时，能够改变(往往是增加)吸收波长和吸收强度，该取代基团称为助色团(auxochrome)。助色团一般含有 n 电子，例如，OH 和 NH_2 就是典型的助色团。这是因为氧原子和氮原子上的孤对电子与生色团(例如共轭烯烃或苯环)形成了 p-π 共轭，增大了电子离域范围，降低了 HOMO 与 LUMO 间的能级差，从而使吸收峰红移。

正如表 6-17 所示，苯酚比苯具有更大的紫外吸收波长，这是由苯酚的羟基与苯环存在 p-π 共轭所致。去质子化的酚负离子(苯酚在碱性条件下的存在形式)，由于其氧原子具有比苯酚更强的给电子共轭作用，吸收峰会进一步红移。苯胺的氮原子电负性比氧小，其给电子共轭能力要强于苯酚的氧原子，因此苯胺的 λ_{max} 比苯酚大。质子化的苯胺(苯胺在酸性条件下的存在形式)，由于其氮原子上已不存在可与苯环共轭的孤对电子，其 λ_{max} 与没有助色团的苯环相近。另外可以看到，化合物(如苯酚、苯胺等)在不同条件下测得的紫外光谱有所不同，因此可用于化合物存在形式的鉴别。

表 6-17　一些助色团单取代苯的紫外光谱数据 (B 带)

助色团	无	CH_3	OCH_3	OH	O^-	NH_2	NH_3^+	Cl
λ_{max}/nm	254	262	269	270	287	280	254	257
κ/($L\cdot mol^{-1}\cdot cm^{-1}$)	250	260	1 500	1 450	2 600	1 450	160	170
溶剂	正己烷	正己烷	水	水	NaOH-H_2O	水	HCl-H_2O	乙醇

共轭体系上连接了烷基也会影响紫外吸收，这是因为这时的烷基具有超共轭效应，降低了共轭体系 HOMO 与 LUMO 之间的能级差，不过这种影响没有孤对电子的共轭效应所产生的影响显著，一般使紫外最大吸收波长红移 5～10 nm，如表 6-17 中甲苯与苯的 λ_{max} 的差异是 8 nm。

1,3-丁二烯　λ_{max}=217 nm

2,3-二甲基-1,3-丁二烯　λ_{max}=226 nm(实测值)　λ_{max}=217+5×2=227 nm(计算值)

(2E,4E)-2,4-己二烯　λ_{max}=227 nm(实测值)

图 6-53　Woodward-Fieser 规则预测化合物紫外光谱的最大吸收波长

R. B. Woodward 和 L. F. Fieser 总结了各种不同的共轭体系以及各种取代基的影响规律，称为 Woodward-Fieser 规则(详见有关紫外光谱专著)，可用于计算及预测化合物紫外光谱的 λ_{max}。如图 6-53 所示，1,3-丁二烯的紫外最大吸收波长为 217 nm，2,3-二甲基-1,3-丁二烯和

(2*E*,4*E*)-2,4-己二烯比它多了两个甲基取代，根据 Woodward-Fieser 规则计算，预测它们的 λ_{max} 为 217+5×2=227 nm，实测值分别为 226 和 227 nm。

3. 立体结构

空间结构的不同也会对吸收峰的波长和强度产生影响。共轭分子中参与共轭的各原子同处在一个平面(称共平面)时，共轭效应最强，HOMO 与 LUMO 的能量差最小，紫外光谱的波长最长。如果共轭体系的邻近基团由于空间位阻效应影响了这种共平面结构，从而削弱了共轭效应，则通常导致紫外-可见光谱吸收峰蓝移，并且吸收强度降低。例如：

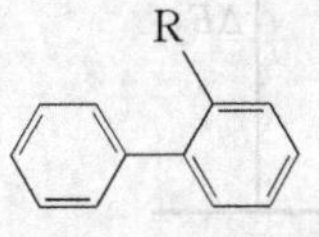

—R	H	CH_3	C_2H_5
λ_{max}/nm	249	237	233
κ/(L·mol^{-1}·cm^{-1})	14 500	10 500	900

顺反异构体的吸收谱带特征常有明显的区别，例如，顺式二苯乙烯分子中具有较大的空间位阻作用，使得两个苯环偏离同一平面，因此，其最大吸收波长较短，摩尔吸收系数较小。

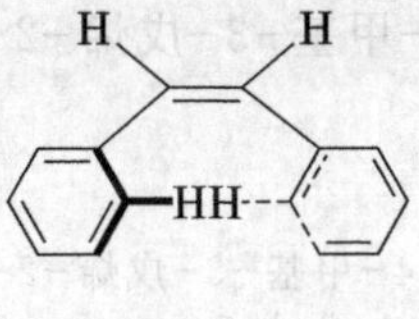

顺二苯乙烯

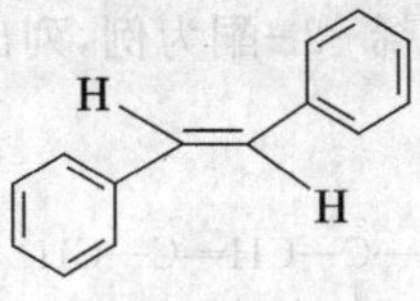

反二苯乙烯

	顺二苯乙烯	反二苯乙烯
λ_{max}/nm	278	295
κ/(L·mol^{-1}·cm^{-1})	13 500	27 000

共轭双键的 *s-cis* 和 *s-trans* 构象也会影响化合物的紫外吸收。开链共轭烯烃一般处于较稳定的 *s-trans* 构象，但是在环状的共轭二烯中，两个双键被固定成 *s-cis* 构象，其紫外吸收表现为较大的最大吸收波长和较小的摩尔吸收系数。如 (2*E*,4*E*)-2,4-己二烯 *K* 带的 λ_{max} 为 227 nm，κ 为 14 200 L·mol^{-1}·cm^{-1}，而 1,3-环己二烯 K 带的 λ_{max} 为 256 nm，κ 为 8 000 L·mol^{-1}·cm^{-1}。

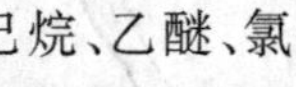

s-trans

(2*E*,4*E*)-2,4-己二烯

λ_{max}=227 nm(κ=14,200 L·mol^{-1}·cm^{-1})

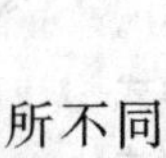

s-cis

1,3-环己二烯

λ_{max}=256 nm(κ=8,000 L·mol^{-1}·cm^{-1})

4. 溶剂

测定紫外光谱时，要选用一定的溶剂。选择溶剂时，应注意避免溶剂带来的干扰。有机化合物常用的溶剂有正己烷、乙醚、氯仿、乙醇、甲醇、水等。

某一试样溶液的紫外-可见光谱常随所用溶剂的不同而有所不同，包括吸收峰的位置和强度。产生这种现象的一个原因是，溶质与溶剂分子之间存在各种非共价相互作用，如静电相互作用、氢键等。这种作用对分子能级的影响不同，致使光谱产生差异。极性溶剂往往使 λ_{max}(在惰性溶剂测得)发生位移，这是溶剂化效应的结果。如图 6-54 所示，一般来说，极性溶剂使 $n\rightarrow\pi^*$ 吸收谱带发生蓝移，而使 $\pi\rightarrow\pi^*$ 吸收谱带发生红移。这是因为，发生 $n\rightarrow\pi^*$ 跃迁时，基态比激发态极性大，基态因溶剂化效应导致的稳定化程度要比激发态高，进而使 $n\rightarrow\pi^*$ 跃迁的能量增加，吸收蓝移；另一方面，发生 $\pi\to\pi^*$ 跃迁时，激发态比基态极性大，激发态因溶剂化效应导致的稳定化程度要比基态高，进而使 $\pi\to\pi^*$ 跃迁的能量降低，吸收红移。

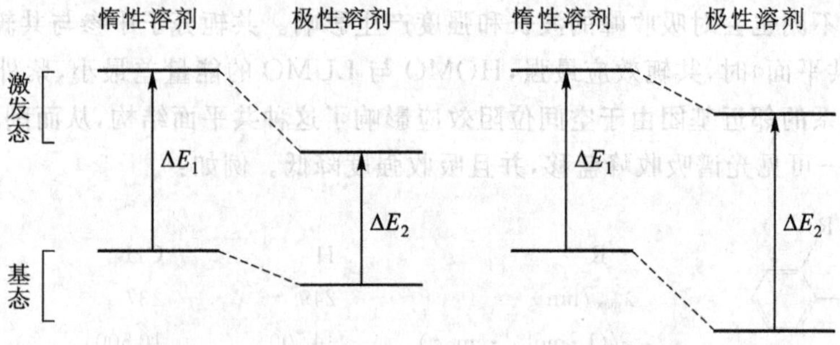

$\pi\to\pi^*$（$\Delta E_1>\Delta E_2$，红移） $n\to\pi^*$（$\Delta E_1<\Delta E_2$，蓝移）

图 6-54 溶剂极性对电子跃迁能量的影响

下面以 4-甲基-3-戊烯-2-酮为例，列出了 4-甲基-3-戊烯-2-酮的紫外光谱与溶剂极性的关系：

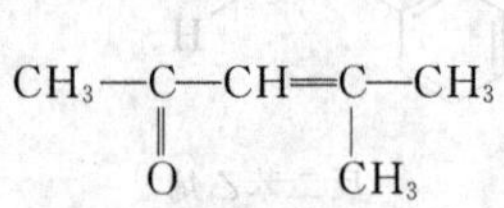

4-甲基-3-戊烯-2-酮
4-methyl-3-penten-2-one

溶剂	正己烷	乙醚	乙醇	水
介电常数	1.9	4.3	24.6	78.5
$\lambda_{max}(\pi\to\pi^*)$/nm	229.5	230	237	244.5
$\lambda_{max}(n\to\pi^*)$/nm	327	326	315	305

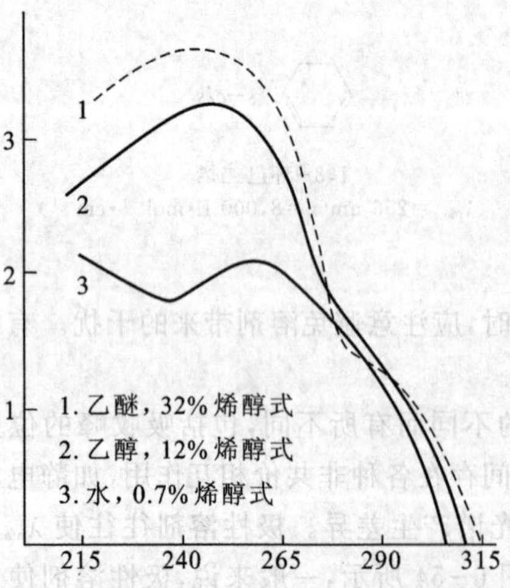

图 6-55 乙酰乙酸乙酯在不同溶剂中的紫外光谱

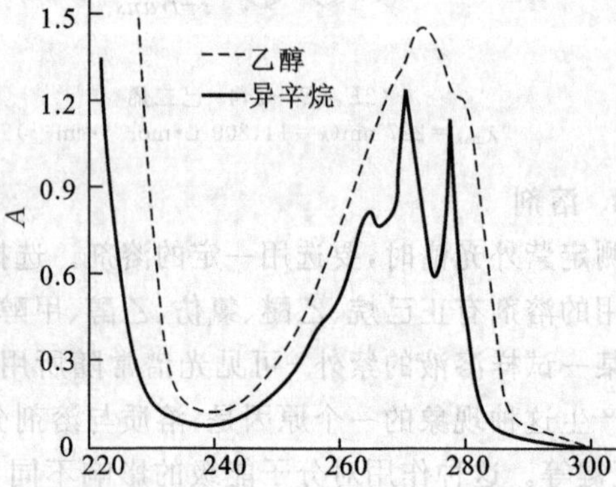

图 6-56 苯酚在不同溶剂中的紫外光谱

一些有机化合物在溶液中存在互变异构现象，如酮式-烯醇式互变异构，由于互变异构平衡随溶剂的不同而有所改变，造成不同溶剂下紫外光谱产生差异。例如，乙酰乙酸乙酯的酮式特征吸收带在 $\lambda_{max}=275$ nm($\kappa=20$ L·mol^{-1}·cm^{-1})，由 $n\rightarrow\pi^*$ 跃迁产生，烯醇式特征吸收带在 $\lambda_{max}=245$ nm($\kappa=18\,000$ L·mol^{-1}·cm^{-1})附近，由 $\pi\rightarrow\pi^*$ 跃迁产生。在不同的溶剂中，溶剂化效应的不同导致酮式与烯醇式比例不等，紫外光谱随之不同。如图 6-55 为乙酰乙酸乙酯在不同溶剂中的紫外光谱，正己烷中其烯醇化程度最高，随着溶剂极性的增大，其特征吸收峰强度降低，说明烯醇含量随之降低。

另外，溶剂极性增加常使光谱精细结构变模糊，如图 6-56，苯酚在异辛烷中的光谱，表现出振动的吸收亚带，这是由分子振动能级跃迁产生的吸收带。在乙醇中，溶剂分子与溶质分子间存在各种不同的相互作用，使得振动能级不一致，振动谱线逐渐趋于连续，振动吸收峰难于分辨，成为一个宽的吸收峰。

6.6.4　可见光谱与颜色

呈白色的太阳光是各种波长可见光的混合光。当其中某种波长的光被物质吸收后，剩余的混合光就会显示出一定的颜色。表 6-18 列出了被吸收光的波长与所观察到的颜色间的关系。

表 6-18　被吸收光的波长与观察到的颜色的关系

被吸收的光的波长 λ/nm	观察到的颜色
380—460	黄
380—500	橙
440—560	红
480—610	紫
540—650	蓝
380—420 和 610—700	绿

化合物含有比较大的共轭体系时，它将吸收可见光（即 $\lambda_{max}>400$ nm)，化合物就会有颜色。如存在于辣椒中的辣椒红素(capsanthin)是一种红色物质，其分子中存在一个含有 11 个双键的大共轭体系，$\lambda_{max}=483$ nm，其化学结构如下所示：

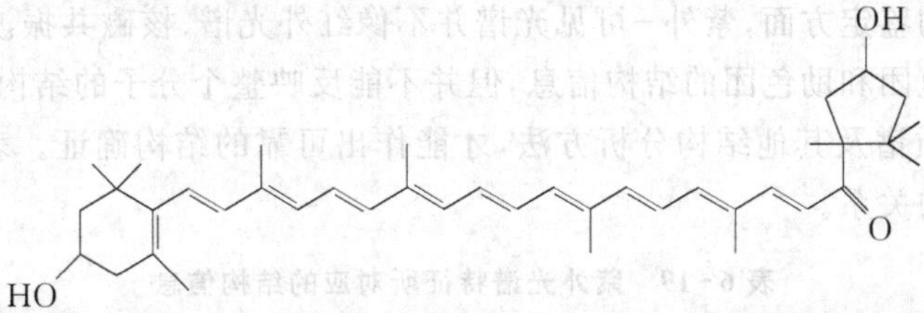

辣椒红素(capsanthin，红色)，$\lambda_{max}=483$ nm($\kappa=121\,000$ L·mol^{-1}·cm^{-1})

图 6-57 展示了叶绿素 a 和叶绿素 b 的紫外特征吸收光谱。叶绿素(chlorophylls)是存在于绿色植物叶绿体中的光合色素。从结构上看，叶绿素分子是由卟啉环与金属镁构成的有机金属配合物，又称镁卟啉(magnesium porphyrin)。叶绿素分子中大共轭体系的存在，使得它能够吸收可见光而显示颜色。叶绿素在固体状态是黑色，在溶液状态呈绿色。在高等植物中，主要存在的叶绿素是

叶绿素 a 和叶绿素 b。由图 6-57 可知，它们虽然在结构上的差异仅仅是第Ⅱ吡咯环上 C3 位置的取代基不同（叶绿素 a 为甲基，叶绿素 b 为甲酰基），但它们的紫外光谱却存在明显差异。

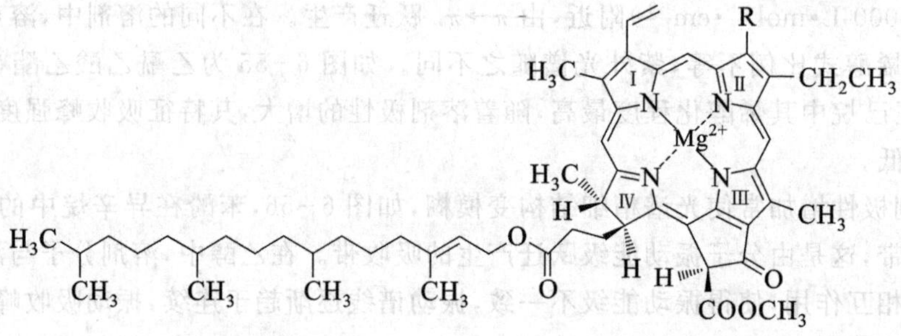

叶绿素 a R=CH_3； 叶绿素 b R=CHO

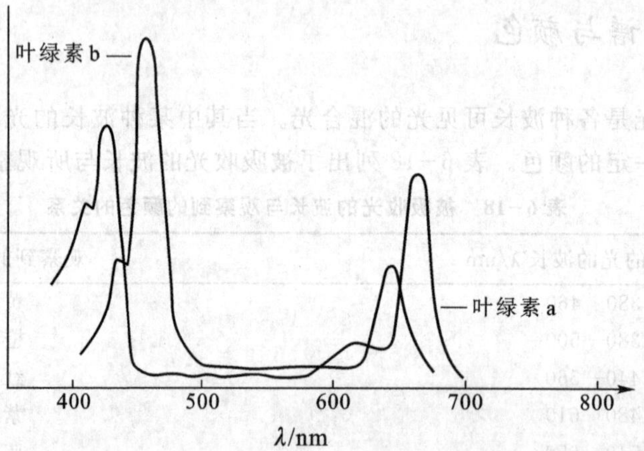

图 6-57 叶绿素 a 和叶绿素 b 的紫外光谱图

6.6.5 紫外-可见光谱的应用

在化合物的结构鉴定方面，紫外-可见光谱并不像红外光谱、核磁共振波谱那样重要。虽然它能提供分子中生色团和助色团的结构信息，但并不能反映整个分子的结构特征，必须结合红外光谱、核磁共振谱、质谱及其他结构分析方法，才能作出可靠的结构确证。表 6-19 是紫外光谱特征与分子结构间的关系。

表 6-19 紫外光谱特征所对应的结构信息

紫外光谱特征	结构信息
>200 nm 无吸收	饱和碳氢化合物，饱和胺、醇、醚等不含双键的化合物
>210 nm 有强吸收，$\kappa > 10^4\ L \cdot mol^{-1} \cdot cm^{-1}$	K 带吸收，共轭双烯、α,β-不饱和酮或更长的共轭体系
260～300 nm 有中强吸收，$\kappa = 200 \sim 1000\ L \cdot mol^{-1} \cdot cm^{-1}$	B 带吸收，苯环。若 $\kappa > 10\,000\ L \cdot mol^{-1} \cdot cm^{-1}$，苯环连有共轭发色团

续表

紫外光谱特征	结构信息
270～350 nm 有弱吸收，$\kappa<100\ L\cdot mol^{-1}\cdot cm^{-1}$	R 带吸收，饱和醛酮等非共轭的含 n 电子发色团化合物
多种谱带，甚至延伸至可见光区	长链共轭体系或多环芳香性生色团

但是，在某些方面，如化合物的定量分析、反应动力学研究、pK_a 值测定等，紫外－可见光谱法却是非常有用的。以下就紫外－可见光谱的应用作一简要介绍。

1. 定量分析

紫外－可见光谱法进行定量分析具有快速、灵敏度高等优点，广泛用于微量或痕量分析中。紫外－可见光谱法不需要显色剂，但待测试样必须在紫外－可见光区有吸收并且在测试浓度范围内服从 Beer－Lambert 定律。

利用紫外－可见光谱法测定试样中某单组分含量时，其原理与一般比色分析相同：即将待测组分的纯品配成一系列浓度不同的标准溶液，并利用紫外－可见光谱仪确定该组分特征吸收峰的最大吸收波长 λ_{max}。然后在此波长下测试一系列不同浓度的标准溶液的吸光度，以浓度为横坐标、吸光度为纵坐标，绘制出标准曲线（如图 6－58 所示）。由待测未知试样溶液的吸光度对照上述标准曲线，就可得出待测试样中该组分的含量。

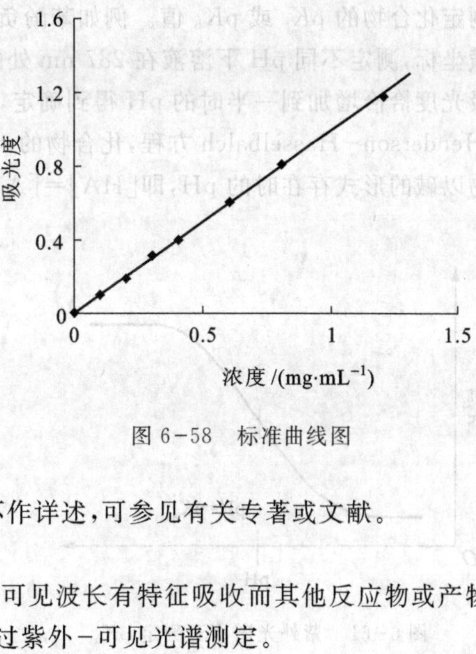

图 6－58　标准曲线图

当要测定混合物中几个组分的含量时，如果这些组分的 λ_{max} 互相不重叠，则可按上述程序逐一在各自不同的 λ_{max} 处分别测得各组分含量。如果这些组分的 λ_{max} 有一定程度的重叠而彼此有干扰时，则可用解联立方程的办法求得，这里就不作详述，可参见有关专著或文献。

2. 反应动力学研究

如果反应中的一个反应物或产物在某一紫外－可见波长有特征吸收而其他反应物或产物在该波长处没有明显吸收，这个反应的反应速率可通过紫外－可见光谱测定。

许多酶反应动力学研究也是通过紫外－可见光谱分析的方法来进行的。例如，L－苹果酸脱氢酶催化 L－苹果酸盐（L－malate）的脱氢生成草酰乙酸盐（oxaloacetate）。整个反应中，辅酶 NAD^+ 作为氧化剂，还原后的 NADH 在 340 nm 处有一特征吸收，而 NAD^+ 在此处并无吸收（参见图 6－59）。因此，可以通过监测 340 nm 处吸收强度的升高来测定酶促反应的速率（图 6－60）。

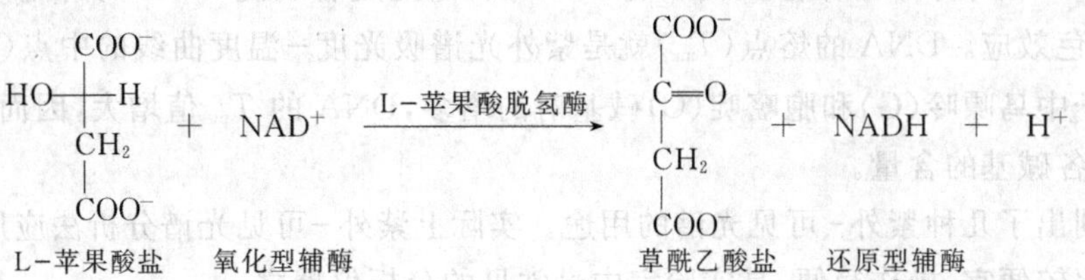

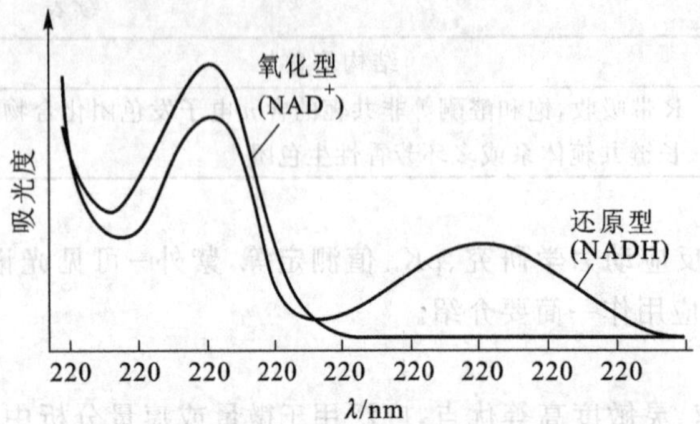

图 6-59 NADH 和 NAD$^+$ 的紫外光谱图

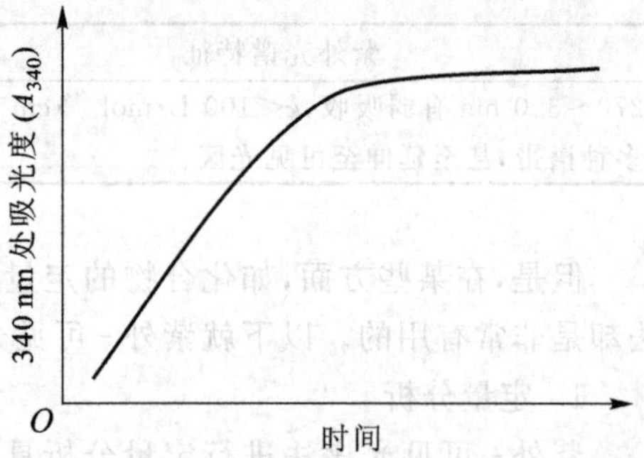

图 6-60 紫外光谱用于酶反应动力学研究

3. pK_a 值的测定

在酸碱平衡中,如果只有酸或碱其中一个存在紫外-可见特征吸收,则可通过紫外-可见光谱测定化合物的 pK_a 或 pK_b 值。例如苯酚负离子特征吸收的 λ_{max} 为 287 nm,如果以不同 pH 作为横坐标,测定不同 pH 下溶液在 287 nm 处的光吸收强度,获得滴定曲线。苯酚的 pK_a 就可通过吸光度恰恰增加到一半时的 pH 得到确定,即在此 pH 时,一半的苯酚转化为苯酚负离子。根据 Henderson-Hasselbalch 方程,化合物的 pK_a 就是一半的化合物以酸的形式存在和一半的化合物以碱的形式存在时的 pH,即[HA]=[A$^-$](图 6-61)。

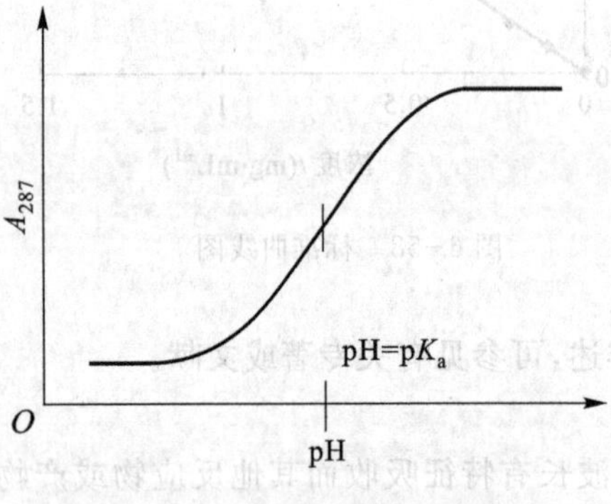

图 6-61 紫外光谱用于测定 pK_a

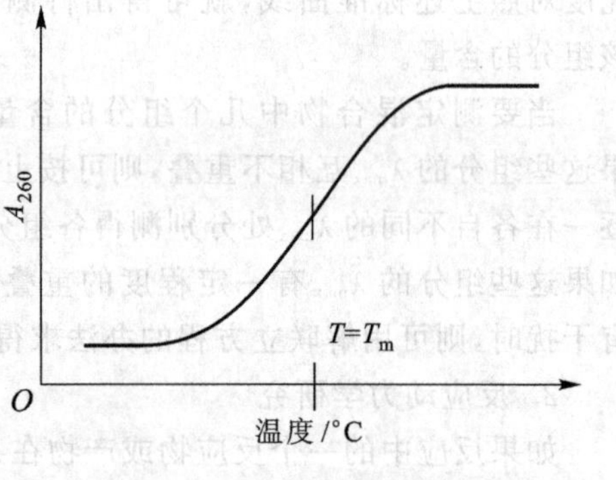

图 6-62 紫外光谱用于测定 T_m

4. DNA 熔点(T_m)值的测定

紫外-可见光谱还可以用来测定 DNA 中核苷酸的组成。DNA 双螺旋在加热到一定温度时会解开为两条单链 DNA(又称 DNA 的热变性),此时的温度称为 DNA 的熔点(T_m)。由于单链 DNA 在 260 nm 的摩尔吸收系数要比双链 DNA 大,因此随着双链 DNA 的解链,溶液吸光度会增加,又称增色效应。DNA 的熔点(T_m)就是紫外光谱吸光度-温度曲线的中点(图 6-62)。原则上随着分子中鸟嘌呤(G)和胞嘧啶(C)碱基对的增多,DNA 的 T_m 值增大,因而可用该法估计 DNA 分子中各碱基的含量。

上面仅列出了几种紫外-可见光谱的用途。实际上紫外-可见光谱分析法应用极为广泛,而且所用仪器比较便宜,操作简便,是实验室中最常见的分析仪器之一。

小资料

细胞色素

细胞色素(cytochrome)是一类重要的功能性生物分子，存在于所有生物体内(除某些厌氧菌外)。细胞色素的重要功能是通过分子中的 Fe^{2+} 和 Fe^{3+} 的相互转化在各种氧化还原反应中传递电子，是重要的生物电子传递体。

细胞色素属于结合蛋白质。分子中由于存在血红素辅基而显颜色，并且具有特征的紫外-可见光谱。通常还原型(Fe 的价态为 II)细胞色素的 UV 光谱中出现 α,β 和 γ 三条谱带。不同的细胞色素含有不同结构的血红素，它们的 UV 特征吸收有一定的差异，其中 α 谱带最为特征，常常用于细胞色素的鉴定和分析。表中列出了四种不同的细胞色素的 UV 特征吸收情况，图中展示了还原型和氧化型细胞色素 c 的 UV 光谱，很明显氧化型细胞色素的 α 谱带消失，因此利用这一光谱特点可以对含细胞色素的氧化还原反应进行检测分析。

细胞色素类型	λ/nm		
	γ带	β带	α带
细胞色素 a	439		600
细胞色素 b	429	532	563
细胞色素 c	415	521	550
细胞色素 c_1	418	524	554

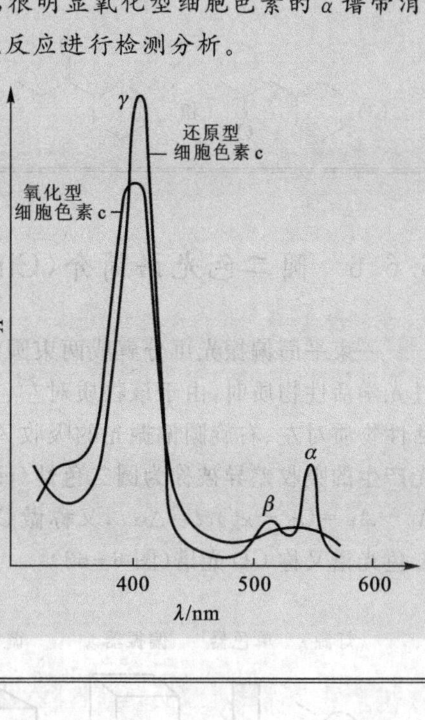

习题 6-24　请将下列化合物的紫外吸收波长从大到小排序：

(1) a. $CH_2=CHCH_2CH=CHNH_2$　b. $CH_3CH=CHCH=CHNH_2$　c. $CH_3CH_2CH_2CH_2CH_2NH_2$

(2) a. 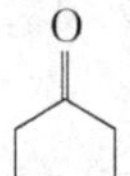　b. 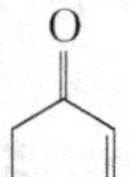　c. 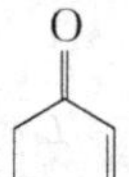　d.

(3) a. 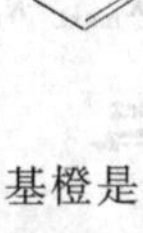

b. 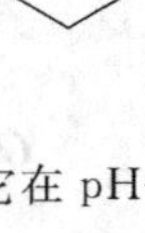

c. 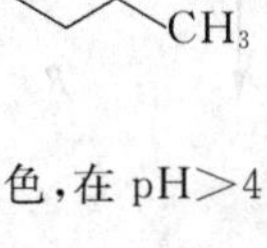

习题 6-25

(1) 甲基橙是一种酸碱指示剂，它在 pH<4 的溶液中呈红色，在 pH>4 的溶液中呈黄色。试解释这种颜色的变化。

(2) 酚酞也是一种指示剂，但其颜色变化更为显著：在 pH<8.5 的溶液中呈无色，在 pH>8.5 的溶液中则呈红紫色。试解释这种颜色的变化。

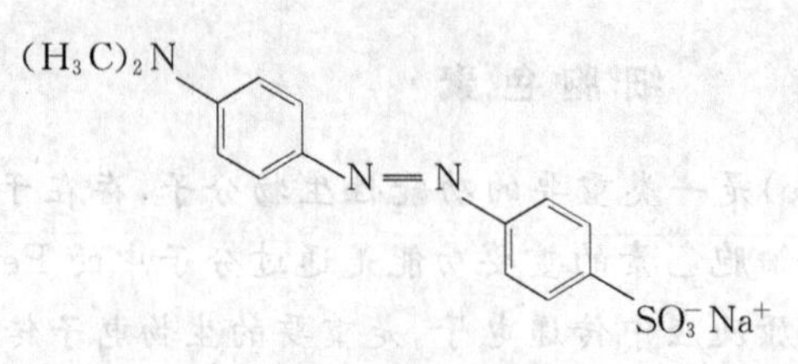

甲基橙

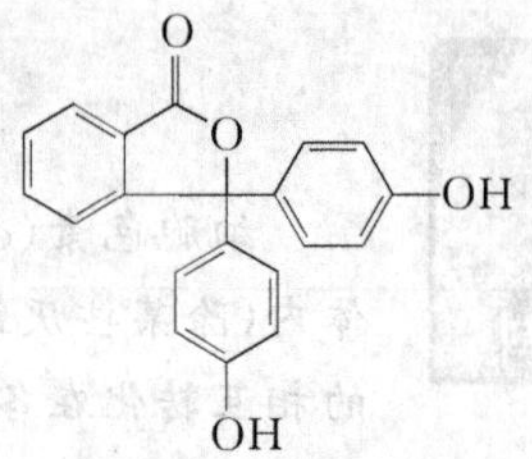

酚酞

习题 6－26　用紫外光谱区别下列各对化合物：

（1）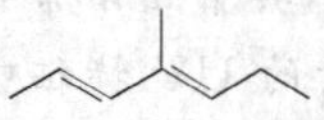 和 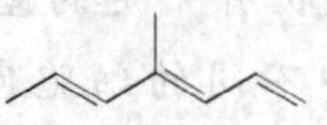　（2）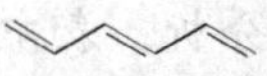 和 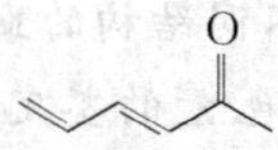

（3）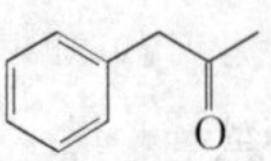 和 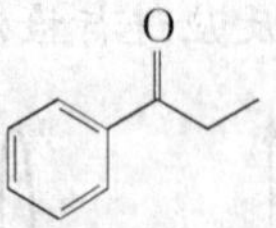　（4）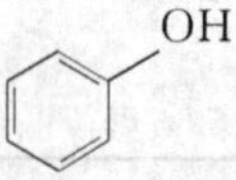 和 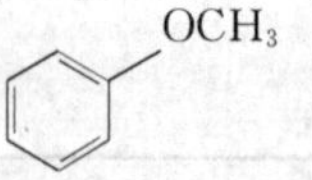

6.6.6　圆二色光谱简介(Circular Dichroism Spectroscopy, CD)

一束平面偏振光可分解成两束圆偏振光，左旋圆偏振光和右旋圆偏振光。当平面偏振光通过光学活性物质时，由于该物质对左、右旋圆偏振光的折射率不同，传播速度也不相同，导致光学活性物质对左、右旋圆偏振光的吸收 A_L 与 A_R 是不同的。这种光学活性物质对左、右旋圆偏振光产生的吸收差异被称为圆二色性(circular dichroism，简称 CD)。二者之间的吸收差值 $\Delta A = A_L - A_R = (\kappa_L - \kappa_R)cl = \Delta\kappa cl$，又称做 CD 信号。由不同波长产生的 CD 信号所绘制成的曲线即圆二色光谱又称 CD 光谱(图 6-63)。

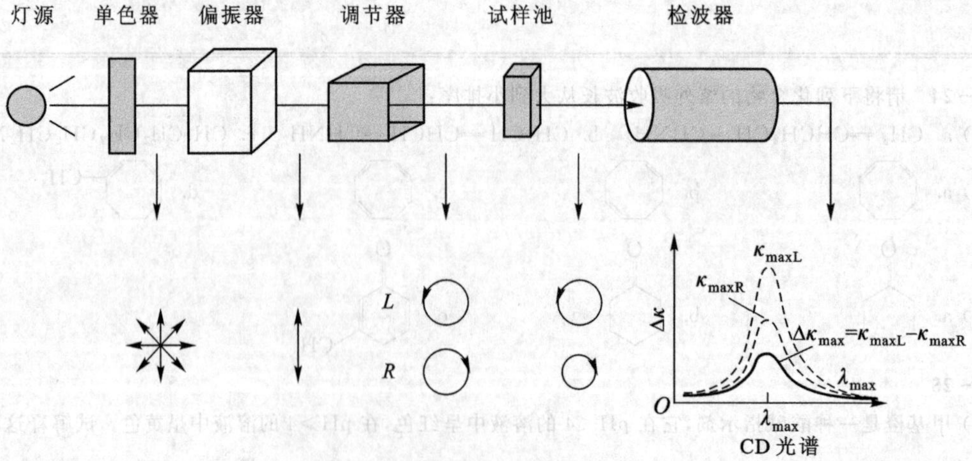

图 6-63　CD 光谱仪工作原理示意图

有机物分子中的能级跃迁受到不对称环境的影响是产生 CD 光谱的本质原因。导致 CD 信号的产生一般可分为三种不同的情况：① 由固有的手性结构产生；② 由对称结构处在手性环境中产生；③ 由分子中不相互交叠的轨道的偶合作用产生。

CD 光谱的解析基本上可依赖于对相应吸收光谱的了解和认识。事实上，CD 光谱仪与相应的吸收光谱仪（如紫外-可见光谱仪）使用相同光谱区的光源，所不同的是 CD 光谱仪使用的是平面偏振光，而紫外-可见光谱仪使用的是单色光。吸收光谱表明 κ 和 λ 的关系，而 CD 光谱表明 $\Delta\kappa$ 和 λ 的关系。由此可见，CD 光谱的波长范围与相应的吸收谱基本一致，所不同的是 CD 光谱纵坐标（$\Delta\kappa$）有正有负。如果 $\Delta\kappa>0$，为正圆二色性，如图 6-63 所示，获得正的 CD 光谱（正峰）；如果 $\Delta\kappa<0$，为负圆二色性，获得负的 CD 光谱（负峰）。一对对映异构体的圆二色性完全相反，如果是外消旋体，则在 CD 光谱中看不到吸收信号。纯手性的化合物将会得到相对最强的 CD 光谱。

最为常见和目前已得到广泛应用的是紫外-可见光区的 CD 光谱技术，红外光区的 CD 光谱技术也在近年来得到迅速发展。CD 光谱在手性化合物，包括有机小分子和生物大分子的结构分析中具有重要应用价值。它可以探测分子的空间结构，可以研究空间结构的动态变化，可以研究蛋白质和核酸的二级结构，还可以进行小分子与生物分子相互作用的研究。

6.7　综合分析

在化合物结构分析及确定中，常常运用红外光谱、质谱、核磁共振谱等多种波谱分析技术进行综合分析，各波谱信息间相互印证、补充，最终准确获得结构方面的信息。在掌握了各种波谱分析技术的基本理论和规律之后，综合分析技术的掌握显得更为重要。

当知道一个化合物的分子式后，可通过下面的公式计算分子的不饱和度，从而获得分子结构中不饱和键或成环方面的信息。原则上，一个双键或一个环的不饱和度计为 1，一个三键的不饱和度计为 2。

对于通式为 $C_nH_mN_aO_bX_c$ 的化合物，不饱和度 Ω 的计算公式为

$$\Omega=[(2n+2)-m+a-c]/2。$$

例如，分子式为 $C_9H_{11}NO$ 的化合物的不饱和度 $\Omega=[(2\times9+2)-11+1]/2=5$，表明这个化合物的不饱和度是 5。

以下通过几个实例介绍综合分析在化合物结构解析中的应用。

实例 1：图 6-64 是分子式为 $C_9H_{10}O$ 的化合物的红外光谱和 ^1H NMR 谱，试确定该化合物的结构。

解析这类题的一种途径就是先从分子式和红外光谱获得有用的结构信息，然后再通过 NMR 谱信息拓展对整个分子结构的全面了解。以下是解析该谱图的具体过程：

(1) 该化合物分子式为 $C_9H_{10}O$，不饱和度等于 5，这样高的不饱和度含有苯环的可能性很大。从红外光谱中 $\sigma>3\,000\ cm^{-1}$，以及 $\sigma\approx1\,600\ cm^{-1}$ 和 $1\,440\ cm^{-1}$ 的振动吸收峰可以推断化合物含有一个苯环，并且存在与饱和碳相连的氢（$\sigma<3\,000\ cm^{-1}$）。^1H NMR 谱 $\delta7.4\sim8.0$ 的信号

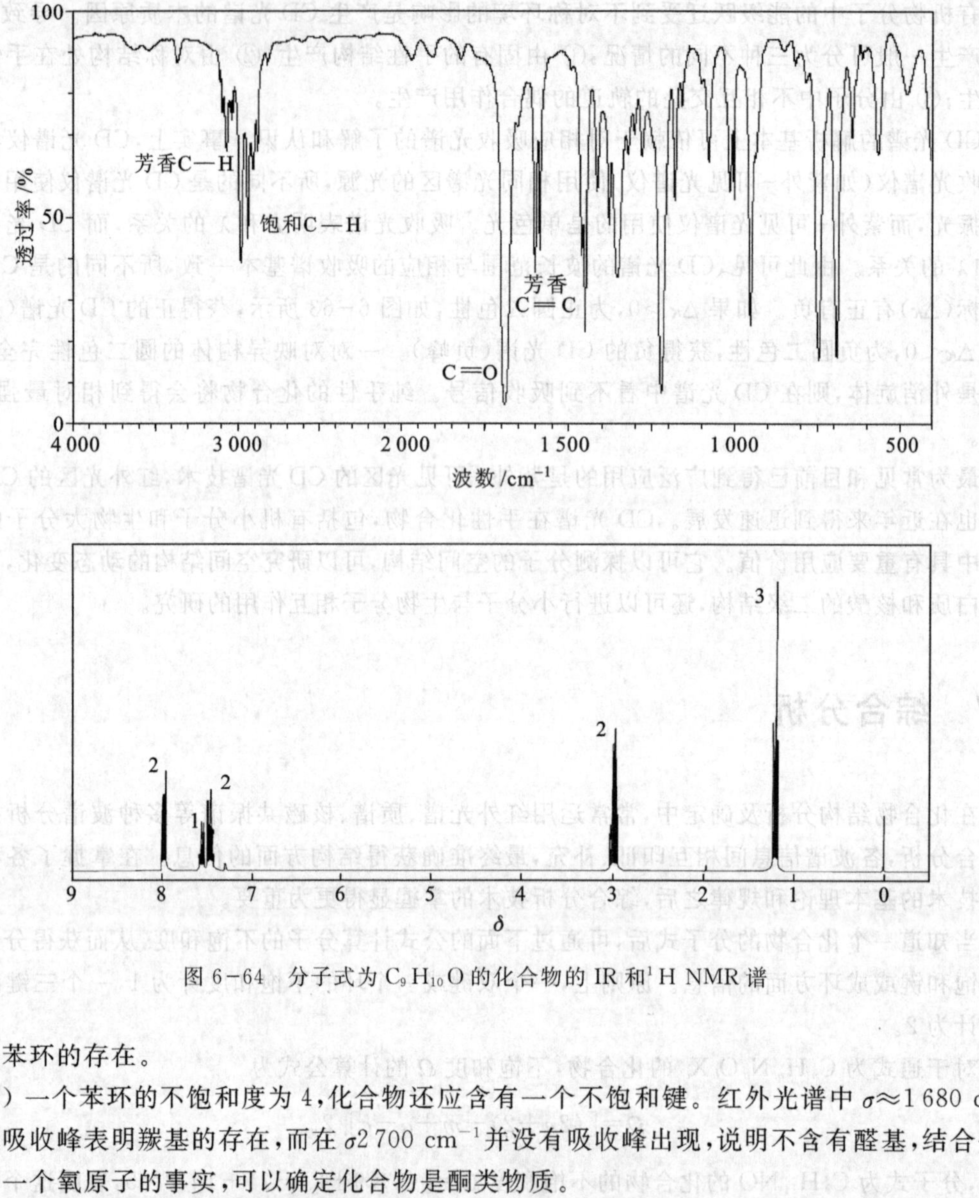

图 6-64 分子式为 $C_9H_{10}O$ 的化合物的 IR 和 ^1H NMR 谱

也证实苯环的存在。

(2) 一个苯环的不饱和度为 4,化合物还应含有一个不饱和键。红外光谱中 $\sigma \approx 1\,680\ cm^{-1}$ 的振动吸收峰表明羰基的存在,而在 $\sigma 2\,700\ cm^{-1}$ 并没有吸收峰出现,说明不含有醛基,结合分子中只有一个氧原子的事实,可以确定化合物是酮类物质。

(3) 再者,羰基的红外吸收频率低于普通羰基,说明它可能与一个 sp^2 杂化的碳相连,由于电子的离域使之具有部分单键的特征,这表明该羰基直接与苯环相连。

(4) ^1H NMR 谱中在 $\delta \approx 1.2$ 的三重峰和 $\delta \approx 3.0$ 的四重峰表明乙基的存在,而且根据化学位移可以推测该乙基与一吸电子基团相连。综上所述,该化合物的结构如右式所示。^1H NMR 谱中各质子信号的积分比(5∶2∶3)证实了这一结果的正确性。

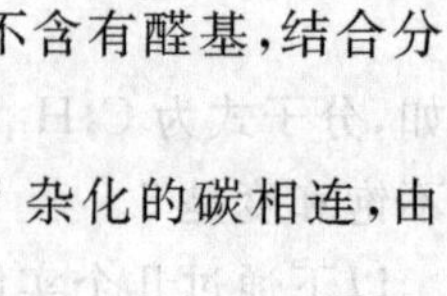

实例 2:一个无色固体 $C_{10}H_{13}NO$,其^1H NMR 谱数据为:δ7.3 (5H,m),6.5 (1H,brs),3.5 (2H,q),2.6 (2H,t),1.9 (3H,s),D_2O 交换试验表明分子中含有活泼氢(δ6.5)。红外光谱表明分子中含有羰基。试推断它的化学结构。

第一，从化合物的分子式可以计算其不饱和度为 5，很有可能含有苯环，而^{1}H NMR 谱数据表明有五个芳香氢，说明含有单取代苯环结构。既然红外光谱表明分子中含有羰基，则分子的五个不饱和度都得以解析，其结构中不再含有其他不饱和键或环状结构。

第二，D_2O 交换试验表明分子中含有活泼氢（δ6.5），由于上述分析已经说明分子中的氧原子已经形成羰基，则该活泼氢只可能是氨基氢，且因为只有一个活泼氢，因此可以断定是仲胺。

第三，该化合物的^{1}H NMR 谱数据 δ3.5(2H,q)，2.6(2H,t)，和 1.9(3H,s)显示该化合物含有两个亚甲基和一个甲基。在此，可以将所有可能的片段都列出来：

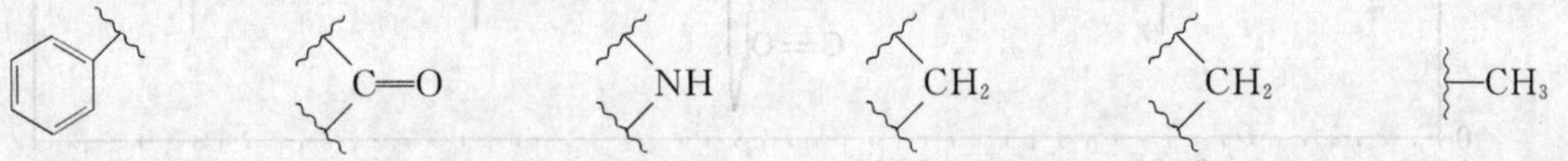

第四，仔细分析^{1}H NMR 谱数据，可以得出上述片段的连接信息。其中，δ2.6(2H,t)的亚甲基应与 δ3.5(2H,q)的亚甲基相连，被裂分成三峰；δ3.5(2H,q)的亚甲基还与氨基连接，只有这样，该亚甲基才有可能被裂分为四重峰，并且化学位移向低场移动。甲基的^{1}H NMR 谱信号为单峰，且化学位移为 δ1.9，说明它与羰基相连。氨基氢的化学位移值达到 δ6.5，说明该氨基一定与羰基相连。这样，δ2.6(2H,t)的亚甲基只能与苯环连接。至此，可以得出该化合物的结构为 *N*-乙酰基苯乙胺。

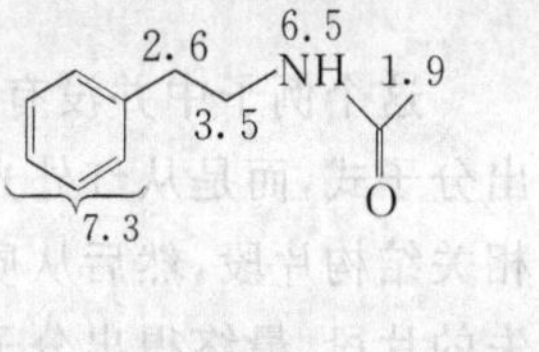

实例 3：有一化合物的质谱、红外光谱图如图 6-65 所示，^{1}H NMR 和^{13}C NMR 波谱数据列于表 6-20。请结合质谱、红外光谱和核磁共振谱推测化合物的分子式和结构，并进一步指出^{1}H NMR和^{13}C NMR 谱中的各吸收峰与结构中氢和碳的对应关系。

表 6-20　未知化合物的^{1}H NMR 和^{13}C NMR 波谱数据

^{1}H NMR,δ	^{13}C NMR,δ
11.63 (1H,brs),7.29 (5H,brs),3.44 (1H,t), 1.84～2.06 (2H,m),0.90 (3H,t)	180.7,138.5,128.7,128.2,127.4,53.5,26.3, 12.0

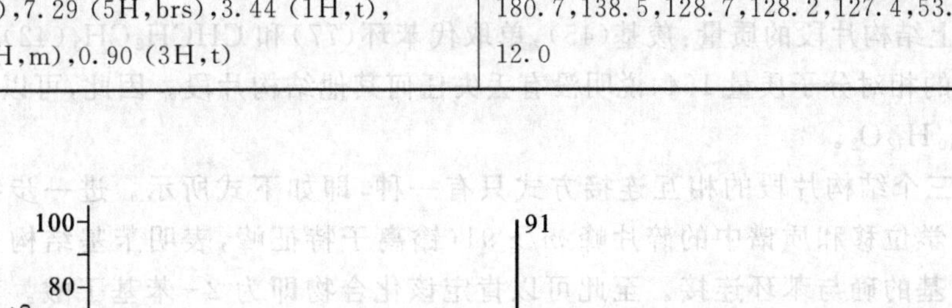

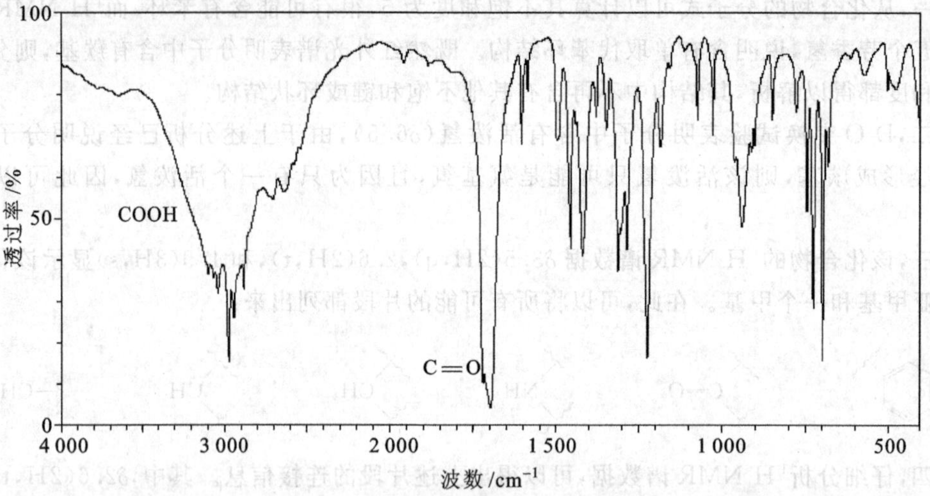

图 6-65　未知化合物的质谱和红外光谱图

这个例子中并没有给出化合物的分子式，却有四种波谱分析结果。一般来说，先不要急于给出分子式，而是从红外光谱出发首先推测出官能团信息，结合核磁共振谱得出碳和氢的种类以及相关结构片段，然后从质谱给出的相对分子质量中扣除已确定的结构片段质量，再寻找是否有丢失的片段，最终得出分子式和结构。具体分析过程如下：

(1) 结合红外光谱中 σ3 400～2 500 cm^{-1} 的宽单峰及 1 700 cm^{-1} 的强吸收峰，^{1}H NMR 谱中极低场(δ11.6)的宽峰，以及^{13}C NMR 谱中 $\delta\approx180$ 处的信号峰，可以推测分子中含有 COOH，质谱图中正好有失去 COOH 的碎片峰 m/z 119($[M-45]^+$)，进一步证实了分子中含有一个羧基。

(2) ^{1}H NMR 谱的芳香氢信号为宽单峰，质子数为 5，表明化合物为单取代苯衍生物；再者，三组饱和质子信号比为 1:2:3，根据裂分情况可以确定分子中存在结构片段—$CHCH_2CH_3$。

(3) 由以上结构片段的质量：羧基(45)，单取代苯环(77)和 $CHCH_2CH_3$(42)进行加和刚好等于质谱给出的相对分子质量 164，说明没有丢失任何其他结构片段。因此，可以得出化合物的分子式应为 $C_{10}H_{12}O_2$。

(4) 以上三个结构片段的相互连接方式只有一种，即如下式所示。进一步结合核磁共振中各信号的化学位移和质谱中的碎片峰 m/z 91(鎓离子特征峰，表明苄基结构片段的存在)，可以确证次甲基的确与苯环连接。至此可以肯定该化合物即为 2-苯基丁酸。其^{1}H NMR 和^{13}C NMR谱数据归属如下：

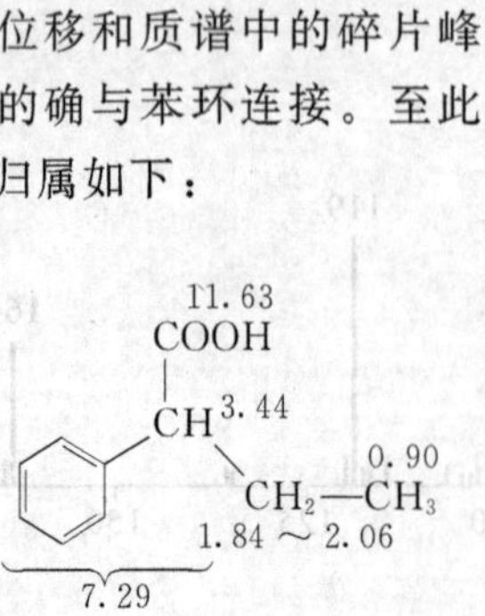

^{1}H NMR 归属

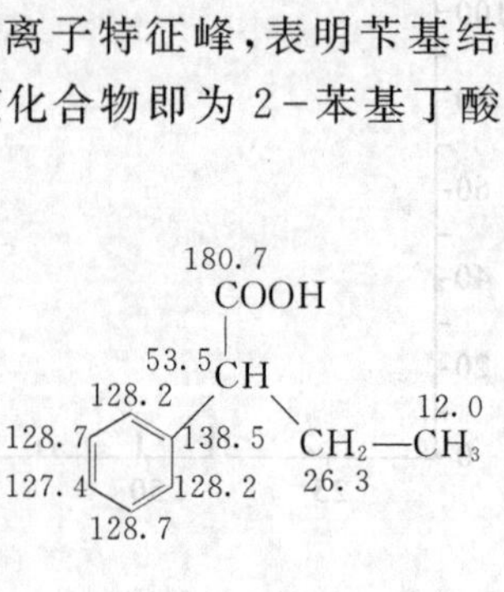

^{13}C NMR 归属

习题 6－27　以下两组[1]H NMR 数据，分别对应于 1－chloropropane 和 1－iodopropane，请指出它们的对应关系。

A. δ1.00(3H,t),1.82(2H,m),3.20(2H,q)　　　B. δ1.02(3H,t),1.80(2H,m),3.50(2H,q)

习题 6－28　分子式为 C_3H_5Br 的四个结构异构体在[1]H NMR 中各有几组信号？其裂分峰形如何？峰面积比又如何？

习题 6－29　硝基苯的[1]H NMR 谱数据如下：δ:8.24(2H,d),7.73 (1H,t),7.56(2H,dd)，请指出每个峰代表苯环上哪个氢？并思考从中可以得出苯环上硝基的 *o*－,*p*－,*m*－电子云密度分布情况。

习题 6－30　化合物 A 和 B，分子式同为 C_4H_9Cl，A 的[13]C NMR 去偶谱只有两个信号，B 有四个信号，B 的最低场信号峰在未去偶谱中呈双峰，请给出 A 和 B 的结构。

习题 6－31　对于 1－丁烯，*cis*－2－丁烯和 2－甲基丙烯三个化合物，请问使用[1]H NMR 还是[13]C NMR 区别它们更好，请加以解释。

习题 6－32　请指出下列各对化合物在 IR 和[1]H NMR 谱中最特征的区别。

(1) 3－己酮和 3－己醇　　　(2) 乙酸乙酯与丙酸甲酯

习题 6－33　根据[1]H NMR 谱确定下列化合物的结构。

(1) C_9H_{12}

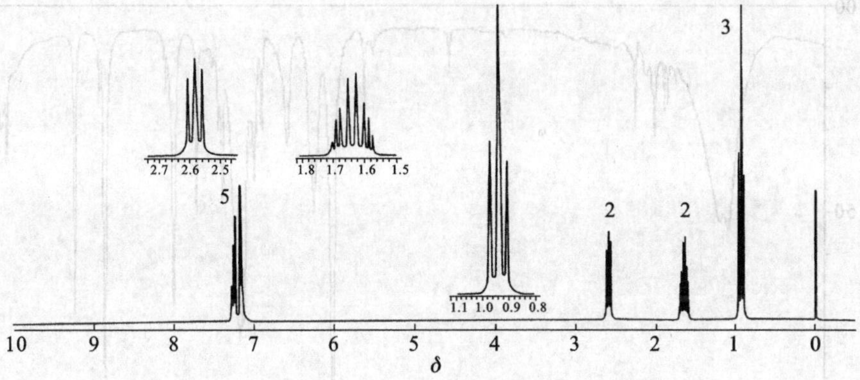

(2) $C_5H_{10}O$

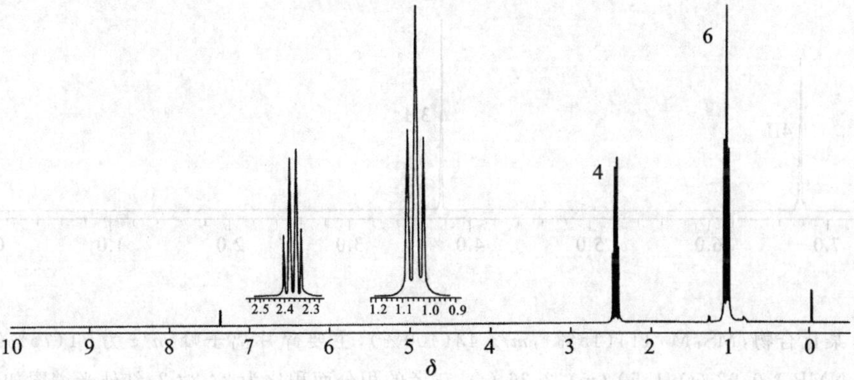

(3) $C_9H_{10}O_2$

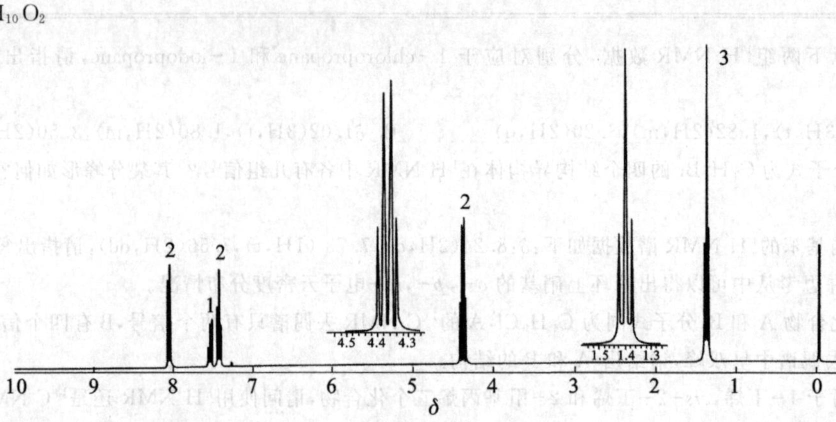

习题 6－34　根据以下信息确定结构。

(1) $C_4H_{10}O_2$，^1H NMR：两个单峰(2∶3)

(2) $C_6H_{10}O_2$，^1H NMR：两个单峰(2∶3)

(3) $C_8H_6O_2$，^1H NMR：两个单峰(1∶2)

习题 6－35　分子式 $C_7H_8O_2$，IR 和^1H NMR 图如下，请推导其结构。

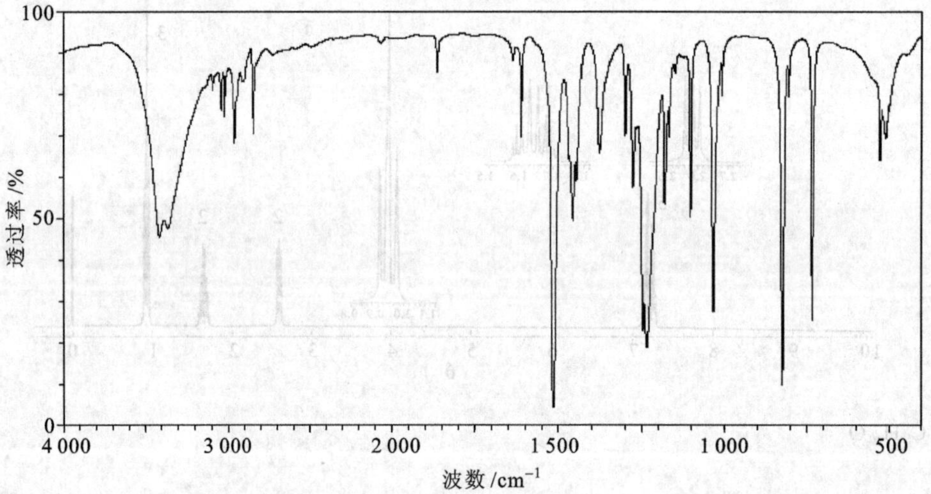

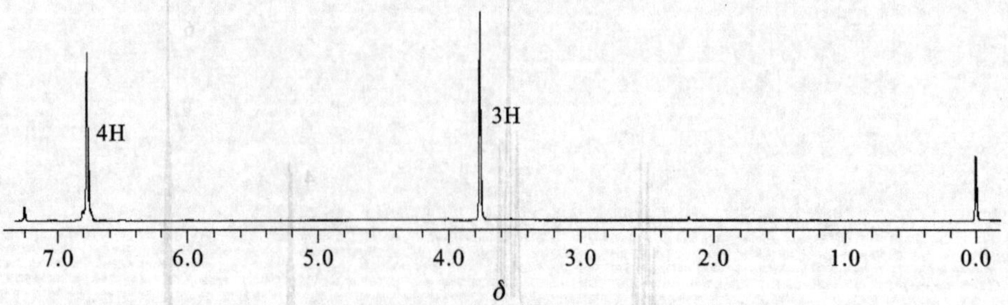

习题 6－36　某化合物，MS：M^+ 114(15%)，m/z 43(100%)，主要碎片离子峰 m/z 为 71(75%)，27(40%)，58(8%)；^1H NMR δ：0.92 (t)，1.59 (m)，2.36 (t)，三者的积分面积比为 3∶2∶2；红外光谱图如下，请推导其结构。

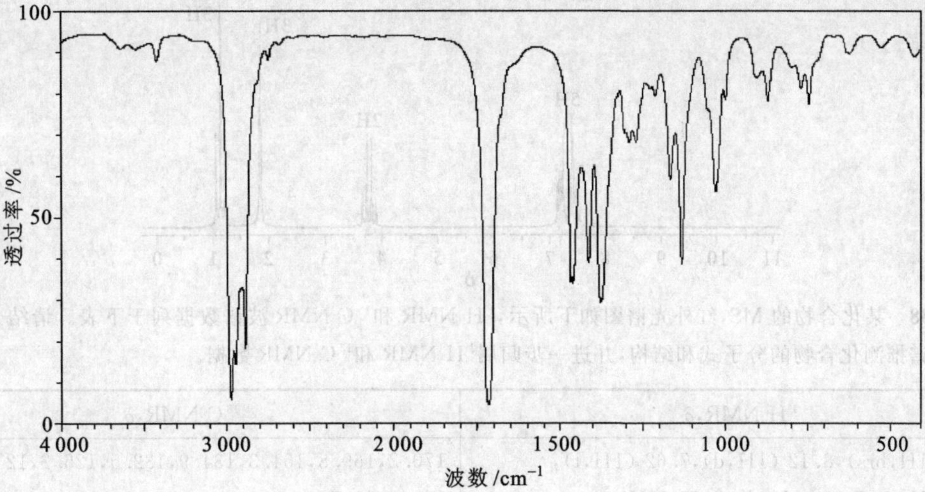

习题 6－37　已知某化合物与 *N*－乙酰基苯乙胺是同分异构体，其 MS，IR 和 ^{1}H NMR 图如下所示，试推导其结构。

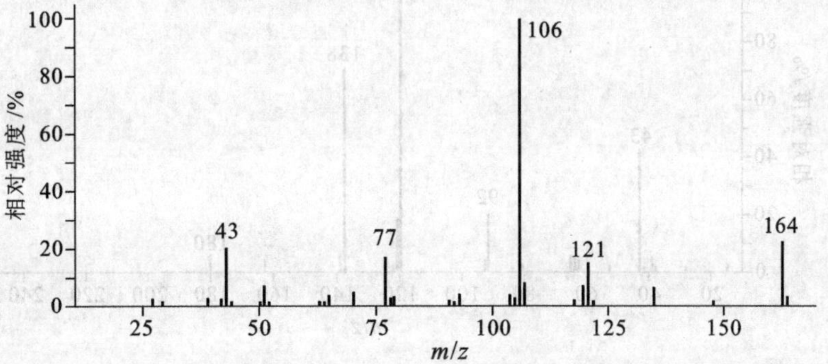

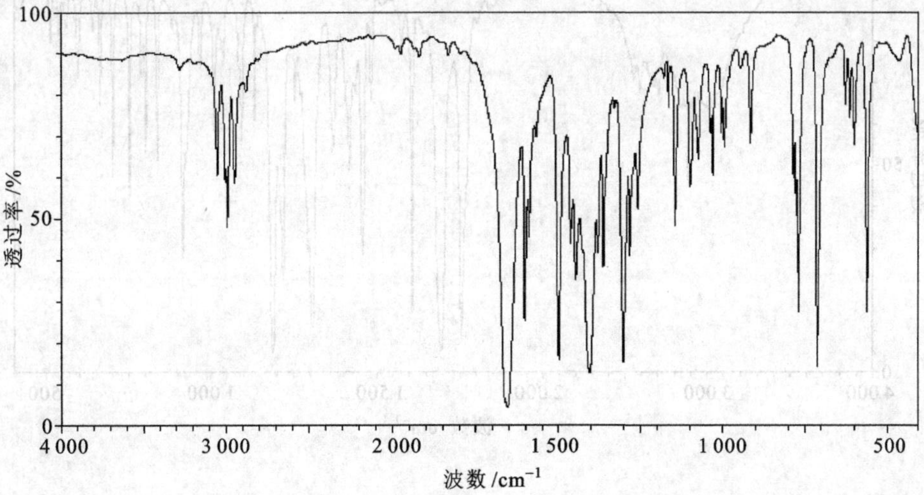

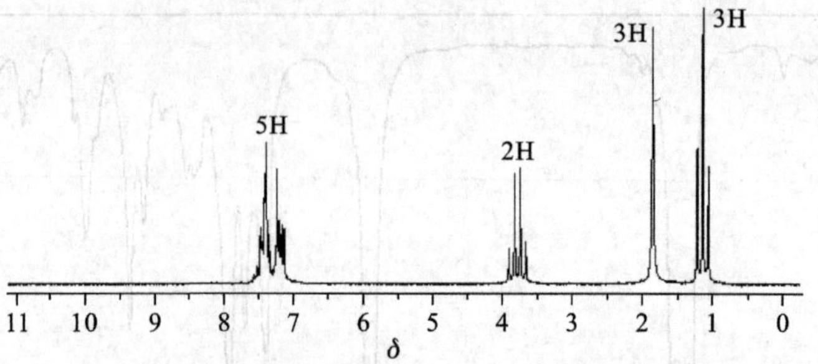

习题 6－38 某化合物的 MS，红外光谱图如下所示，^{1}H NMR 和 ^{13}C NMR 波谱数据列于下表。请结合 MS、IR 和 NMR 谱推测化合物的分子式和结构，并进一步归属 ^{1}H NMR 和 ^{13}C NMR 数据。

^{1}H NMR，δ	^{13}C NMR，δ
11. 33 (1H，brs)，8. 12 (1H，d)，7. 62 (1H，t)，7. 36 (1H，t)，7. 14 (1H，d)，2. 35 (3H，s)	170. 2，169. 8，151. 3，134. 9，132. 5，126. 2，124. 0，122. 3，21. 0

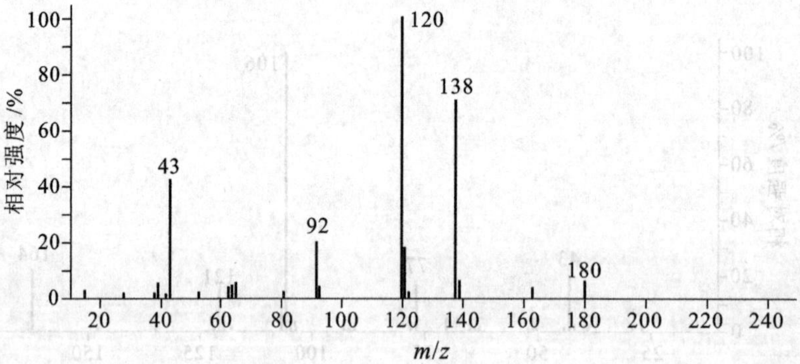

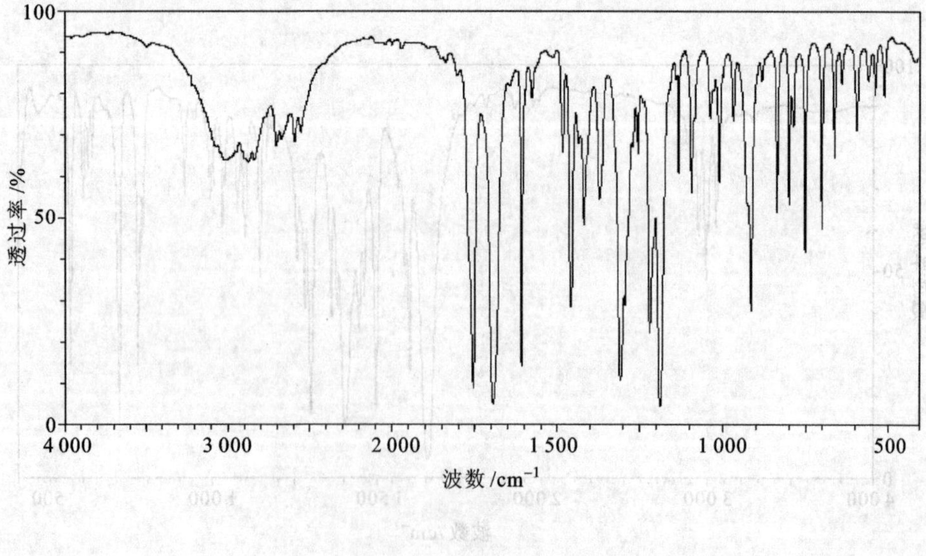

第二部分 有机化学反应

有机化合物在一定条件下能发生化学反应，生成新的化合物，这是有机化学中最重要和最丰富多彩的部分，也是在石油化工、精细化工品合成与生产、材料化工和药物合成等领域实际应用最多的部分，因此自然成为有机化学中最重要的部分。

虽然有机化合物种类繁多，有机反应千变万化，但是这些变化有规律可循。从本质上讲，有机化学反应是一个旧键断裂和新键形成的过程。第一部分已经讨论了有机化合物的基本结构理论、各类型官能团化合物的结构特征和物理性质、波谱性质以及主要的化学反应性质特点。在此基础上，这一部分将根据反应类型分类系统深入地讨论有机化合物中各类型官能团的化学反应及其在合成中的应用。

第七章　有机化学反应的基本问题

(General Problems of Organic Reactions)

研究有机化学反应主要包括以下几方面问题：反应能否进行，反应进行的方向，反应进行的程度，反应进行的速率，不同的反应物、不同的试剂或不同的温度、压力等条件对反应速率的影响，反应历程(机理)，以及反应立体化学特点与选择性等。

本章将主要介绍有关热力学和动力学基本原理、有机化学反应的机理及研究方法、反应的活性中间体结构与稳定性等基本问题。并结合烷烃的自由基卤代反应详细讨论如何运用这些原理具体剖析有机反应。

7.1　键的解离能与反应中的焓变(热效应)

元素的原子通过价电子的共享形成共价键并结合成稳定分子的过程是一个体系能量降低的过程，也就是一个放能的过程，释放的能量即为所形成化学键的键能(参见 1.3 节)。反之，如果化学键断裂，则需要提供能量。

化学键的断裂有均裂和异裂两种不同的方式(参见 1.7 节)，这两种方式在断裂过程中需要的能量是不同的，一般将键的均裂所需要的能量称为键的解离能(bond-dissociation enthalpy, $\Delta_d H^\ominus$)。表 7-1 列出了有机化合物中部分化学键的解离能。

表 7-1　部分化学键的解离能

键	$\Delta_d H^\ominus$/(kJ·mol^{-1})	键	$\Delta_d H^\ominus$/(kJ·mol^{-1})	键	$\Delta_d H^\ominus$/(kJ·mol^{-1})
CH_3—H	439	$(CH_3)_2CH$—OH	393	$(CH_3)_2CH$—Br	285
CH_3CH_2—H	423	$(CH_3)_3C$—OH	389	$(CH_3)_3C$—Br	264
$CH_3CH_2CH_2$—H	423	C_6H_5—OH	464	C_6H_5—Br	339
$(CH_3)_2CH$—H	414	$C_6H_5CH_2$—OH	339	$C_6H_5CH_2$—Br	243
$(CH_3)_3C$—H	406	H—H	435	CH_3—I	239
C_6H_5—H	464	F—F	159	CH_3CH_2—I	230
$C_6H_5CH_2$—H	368	Cl—Cl	242	H—NH_2	448
CH_3—CH_3	368	Br—Br	192	CH_3—NH_2	356
CH_3CH_2—CH_3	355	I—I	150	CH_3CH_2—NH_2	351

续表

键	$\Delta_d H^{\ominus}$/(kJ·mol^{-1})	键	$\Delta_d H^{\ominus}$/(kJ·mol^{-1})	键	$\Delta_d H^{\ominus}$/(kJ·mol^{-1})
$(CH_3)_2CH—CH_3$	351	$CH_3—F$	451	$(CH_3)_2CH—NH_2$	351
$(CH_3)_3C—CH_3$	334	$CH_3—Cl$	350	$(CH_3)_3C—NH_2$	343
$C_6H_5—CH_3$	422	$CH_3CH_2—Cl$	343	$C_6H_5—NH_2$	427
$C_6H_5CH_2—CH_3$	314	$(CH_3)_2CH—Cl$	338	$C_6H_5CH_2—NH_2$	—
$CH_2=CH_2$	636	$(CH_3)_3C—Cl$	330	$H—OCH_3$	426
$CH\equiv CH$	837	$C_6H_5—Cl$	402	$H—F$	571
$H—OH$	497	$C_6H_5CH_2—Cl$	301	$H—Cl$	432
$CH_3—OH$	380	$CH_3—Br$	294	$H—Br$	366
$CH_3CH_2—OH$	393	$CH_3CH_2—Br$	289	$H—I$	298

键的解离能与平均键能概念上有所不同,平均键能则为断裂同一类型键的键能之平均值。表 7-2 中列出了常见共价键的平均键能。

表 7-2 常见共价键的平均键能(kJ·mol^{-1})

	H	C	N	O	F	Si	S	Cl	Br	I
H	435.1									
C	414.2	347.3								
N	389.1	305.4	163.2							
O	464.4	359.8	221.8	196.6						
F	564.8	485.3	272.0	188.3	154.8					
Si	318.0	301.2	—	451.9	564.8	221.8				
S	347.3	372.0	—	—	—	—	251.0			
Cl	431.0	339.0	192.5	217.6	—	380.7	255.2	242.7		
Br	364.0	284.5	—	200.8		309.6	217.6	—	192.5	
I	297.1	217.6	—	234.3	—	234.3	—	—	—	150.6

化合物的化学变化是一个部分原有化学键断裂,同时形成若干新的化学键的过程。断裂原有的化学键需要能量,而形成新的化学键则放出能量。如果在某一个反应中,形成化学键所释放的能量大于断裂原有化学键所需要的能量,则总反应表现为放热反应(exothermal reaction),反之则为吸热反应(endothermal reaction)。一般有机化学反应都是在等压条件下进行的,在热力学中,将等压条件下系统变化的热效应称为焓变(enthalpy change),用 ΔH 表示。焓变是系统的容量性质(capacity property),与物质的量成正比。此外,焓变也是状态函数,与温度、压力有关。因此通常采用标准状态(25 ℃和 1atm,即 298.15 K 和 101.325 kPa)下的摩尔焓变($\Delta H^{\ominus}$)值来分析体系变化的热效应。第二和第三章中介绍的生成热和燃烧热即是化合物的标准摩尔生成焓和标准摩尔燃烧焓。

反应中的焓变可以由实验直接测定(如燃烧热的测定),也可以根据已有物质的燃烧焓或生

成焓计算而得。此外，反应中的焓变可以由反应物与生成物变化的键的解离能计算而得。即

$$\Delta H^\ominus = \text{断裂键的解离能之和} - \text{新生成键的解离能之和。}$$

在计算反应的焓变时，应使用键的解离能。例如，在叔丁烷与溴发生卤代反应生成叔丁基溴和溴化氢的反应中，包含了一个叔丁烷的 C—H 键的断裂和溴分子 Br—Br 键的断裂，同时形成了叔丁基溴中的 C—Br 键以及溴化氢分子中的 H—Br 键。根据表 7-1 中键的解离能数据可以计算出反应的焓变为 $-32\ \text{kJ}\cdot\text{mol}^{-1}$。

$$(CH_3)_3C{-}H + Br{-}Br \longrightarrow (CH_3)_3C{-}Br + H{-}Br$$

$$\Delta H^\ominus = (406+192-264-366)\text{kJ}\cdot\text{mol}^{-1} = -32\ \text{kJ}\cdot\text{mol}^{-1}$$

当某个化学键的解离能还不清楚的情况下，可以使用同类型键的平均键能代替。如上述计算中，如果使用表 7-2 的平均键能数据，则得出反应的焓变为 $-41.8\ \text{kJ}\cdot\text{mol}^{-1}$。

$$\Delta H^\ominus = (414.2+192.5-284.5-364)\text{kJ}\cdot\text{mol}^{-1} = -41.8\ \text{kJ}\cdot\text{mol}^{-1}$$

这一数值与根据键的解离能计算所得是有偏差的，这种偏差来自平均键能与键的解离能的偏差。

7.2　化学平衡与 Gibbs 自由能

热力学(thermodynamics)主要描述化学平衡体系的性质。原则上所有的化学反应都有可逆性，只是不同的反应，可逆程度有很大的差别。一个可逆反应可以用化学平衡方程式描述。当达到化学平衡点时，反应物与生成物的浓度之间呈现一定的比例关系，以平衡常数 K_{eq} 表示：

$$A + B \rightleftharpoons C + D$$

$$K_{eq} = \frac{[C][D]}{[A][B]}$$

根据热力学原理，平衡常数与体系的 Gibbs 自由能变化 $\Delta G^\ominus$ 的关系为

$$\Delta G^\ominus = -RT\ln K_{eq}$$

式中，R 为摩尔气体常数($8.314\times10^{-3}\text{kJ}\cdot\text{mol}^{-1}\cdot\text{K}^{-1}$)，$T$ 为反应时的热力学温度[$T=(t+273)\text{K}$]，$\Delta G^\ominus$ 为体系的 Gibbs 自由能变化(Gibbs free-energy change)，它是一个状态函数，也是一个容量函数，因此，常用标准状态下的摩尔 Gibbs 自由能变化值表示体系的变化情况。当 $\Delta G^\ominus<0$ 时，反应生成物具有比反应物更低的自由能，也即生成物更加稳定，这样的反应将放出能量，因此称为放能反应(exergonic reaction)；反之，当 $\Delta G^\ominus>0$ 时，反应需要吸收能量，称为吸能反应(endoergonic reaction)。

从平衡常数 K 与 Gibbs 自由能的关系可以看出：当 $\Delta G^\ominus<0$ 时，平衡常数 $K_{eq}>1$，平衡向生成物方向移动；当 $\Delta G^\ominus>0$ 时，平衡常数 $K_{eq}<1$，则平衡逆向移动。根据反应的 Gibbs 自由能，可以判断反应能否进行。

$\Delta G^\ominus$ 不仅与体系的焓变有关，还与体系的熵变(entropy change)有关。三者的关系如下：

$$\Delta G^\ominus = \Delta H^\ominus - T\Delta S^\ominus$$

其中 $\Delta H^{\ominus}$ 是体系在标准状态下的摩尔焓变，它表示了体系在变化中的热效应，$\Delta H^{\ominus}>0$，反应吸热，不利于平衡的正向移动，$\Delta H^{\ominus}<0$，反应放热，有利于平衡的正向移动；$\Delta S^{\ominus}$ 是体系在标准状态下的摩尔熵变，熵变反映了体系的有序程度的变化情况，$\Delta S^{\ominus}>0$，熵增加，有利于反应正向进行，$\Delta S^{\ominus}<0$，熵减少，不利于反应正向进行。

当反应前后分子数目相等时，体系的熵变是比较小的，则反应的平衡常数主要与焓变相关；而当反应前后分子数目不相等时，体系的熵变也将影响反应的平衡，尤其当反应在气相进行的时候。在这样的反应中，反应的平衡移动受温度的影响很大。例如，烯烃与氢的加成反应中，反应前是两个分子，反应后只有一个分子，因此是一个熵减少的反应。从键能分析，反应过程中断裂了一个烯烃的 π 键和氢气分子的 H—H 键，同时形成了两个 C—Hσ 键，根据平均键能可以计算反应的摩尔焓变如下：

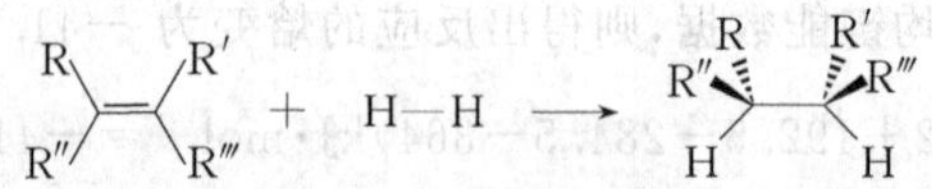

$$\Delta H^{\ominus}=(+268+435.1-2\times414.2)\,\mathrm{kJ\cdot mol^{-1}}=-125.3\ \mathrm{kJ\cdot mol^{-1}}$$

该反应的熵变大约为 $-125\ \mathrm{J\cdot K^{-1}\cdot mol^{-1}}$，在 25 ℃条件下，可以计算出反应体系的 Gibbs 自由能变化值为

$$\Delta G^{\ominus}=\Delta H^{\ominus}-T\Delta S^{\ominus}=[-125.3-298\times(-0.125)]\,\mathrm{kJ\cdot mol^{-1}}=-88.05\ \mathrm{kJ\cdot mol^{-1}}$$

这时的 Gibbs 自由能变化值为负值，反应可以正向进行。随着反应温度的升高，熵变与温度的乘积越来越大，可以预计反应将变得越来越不利于正向进行。以下分别计算了反应在 400 ℃和 800 ℃进行时的 Gibbs 自由能变化值：

400 ℃时：$\Delta G^{\ominus}=\Delta H^{\ominus}-T\Delta S^{\ominus}=[-125.3-673\times(-0.125)]\,\mathrm{kJ\cdot mol^{-1}}=-41.175\ \mathrm{kJ\cdot mol^{-1}}$

800 ℃时：$\Delta G^{\ominus}=\Delta H^{\ominus}-T\Delta S^{\ominus}=[-125.3-1\,073\times(-0.125)]\,\mathrm{kJ\cdot mol^{-1}}=+8.825\ \mathrm{kJ\cdot mol^{-1}}$

从以上计算数据可以明显看出，当温度升高到一定条件下，反应将逆向进行。事实上，在高温条件下，烯烃加氢反应是可以逆向进行的，即烷烃脱氢生成烯烃。

可见，对于熵减少的反应升高反应温度不利于反应进行，因为在高温下受熵变的影响，反应容易逆向进行。通常在烯烃的催化氢化反应中，往往通过加压的方式有利于熵的减少，且增大反应物的浓度，促进反应平衡正向移动。

7.3 反应速率与动力学基本原理

从化学反应的焓变以及自由能变化可以知道反应前后的势能变化情况，从而帮助判断反应是否能够进行以及进行的程度。但是化学反应的问题实际上要复杂得多，例如，有些反应从热力学分析认为是可以进行的，但由于反应速率很慢，使反应失去实际意义。因此要全面认识有机化学反应，只掌握热力学原理是不够的，还需要进一步讨论反应的动力学(kinetics)原理。动力学原理主要描述反应进行的速率以及影响因素等规律。

7.3.1　反应速率及其与反应物浓度的关系

反应速率(reaction rates)是指化学反应进行的快慢,它可以用参加反应的各反应物的量随时间的减少率或生成物的量的增长率来表示。对于反应式:

$$A+B \longrightarrow C+D$$

其反应速率可以表示为

$$v=-\frac{d[A]}{dt}=-\frac{d[B]}{dt}=\frac{d[C]}{dt}=\frac{d[D]}{dt}$$

通常反应速率与反应物浓度直接相关,即随着反应物浓度的减少而下降。一般可以通过采用其他反应物浓度大大过量,只改变一种反应物浓度的方式,测定出各反应物浓度对反应速率的影响关系。如果测定得到反应速率与化合物 A 的浓度的 a 次方成正比,与化合物 B 的浓度的 b 次方成正比,则总的反应速率与各反应物的浓度关系就可以表示为

$$v=k[A]^a[B]^b$$

各反应物浓度的方次和(即 $a+b$)就称为该反应的反应级数(reaction orders),公式中的 k 称为反应速率常数(reaction constants)。当某一特定反应在特定条件下进行时,反应级数和反应速率常数均为定值。一个反应的反应级数和反应速率常数都是该反应的特征参数,这两个参数从不同侧面反映了一个反应的本质特征。

实验发现,很多反应的反应级数并不等于参与反应的分子数。例如,叔丁基溴的水解反应有两个分子参与,但是实验测定发现,无论是在中性水溶液中还是在碱性水溶液中进行反应,反应速率只与叔丁基溴的浓度成正比,即反应级数仅为一级。

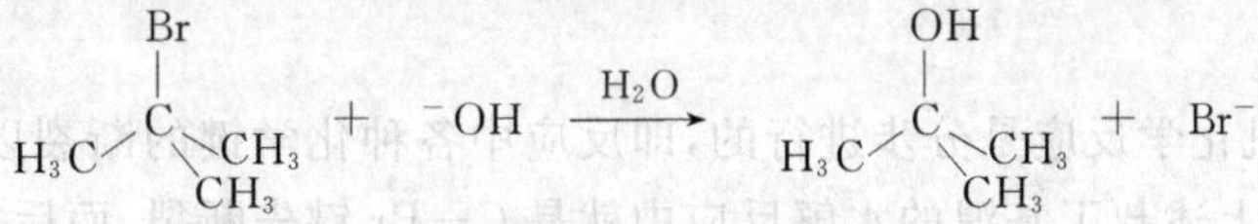

$$v=k[(CH_3)_3CBr]$$

进一步研究发现,反应级数不等于参与反应的分子数的反应往往是分步进行的,其中的某一步或某几步反应速率比较慢,成为限速步骤,而在这些步骤中反应只涉及某个或某几个反应物,因此,宏观上表现出来就是反应速率仅与这几个化合物的浓度相关,即反应级数是某一个或几个限速步骤的综合结果。上例中叔丁基溴的水解反应就是一个两步反应(详见第八章):

第一步:

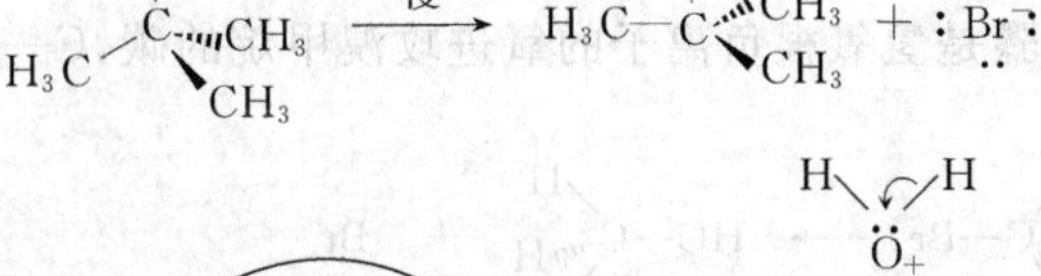

第二步:

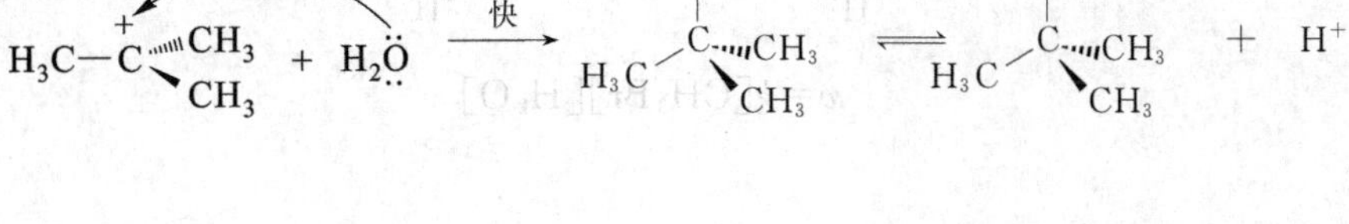

或者 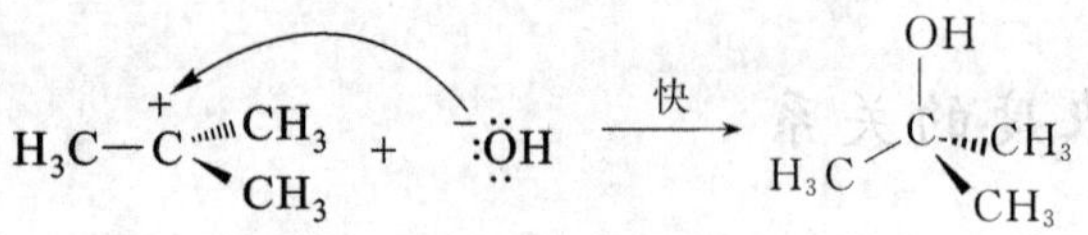

首先是叔丁基溴的 C—Br 键发生异裂，形成碳正离子中间体，这是一个慢步骤。而碳正离子一旦形成，立即就与水分子结合并脱去一个质子，或者在碱性条件下直接与氢氧负离子结合形成最终的水解产物。由于在限速步骤中只涉及叔丁基溴，因此反应速率只与叔丁基溴的浓度成正比，表现为一级反应。

可见，测定一个反应的反应级数将有助于深入分析反应的微观过程。

类似上例的每一个分步反应称为基元反应(elementary reactions)，在基元反应中，新键的形成与旧键的断裂是同步进行的，反应物到生成物之间不再有任何中间体形成。实验证明基元反应的反应级数等于参与反应的分子数，也就是说反应速率与各反应物浓度指数幂的乘积成正比。因此根据基元反应的方程式可以直接写出该反应的速率公式。如果某基元反应可以表示为

$$aA + bB \longrightarrow cC + dD$$

则反应速率与各反应物浓度关系为

$$v = k[A]^a[B]^b$$

这一规律称为基元反应的质量作用定律(rate law)。

有些有机反应本身就是一步反应，即基元反应，如丁二烯与乙烯形成环己烯的 Diels-Alder 反应(详见第十章)：

在这样的反应中，旧键的断裂与新键的形成是同步进行的，这样的反应也称为协同反应(concerted reactions)。

不过更多的有机化学反应是分步进行的，即反应中各种化学键的断裂以及形成是按照一定顺序进行的。例如，上述叔丁基溴的水解反应中就是 C—Br 键先断裂，而后才形成 C—O 键。这种情况下，往往采用一系列的基元反应来描述各个化学键的断裂以及形成顺序的微观过程，这种描述就称为反应历程或反应机理(reaction mechanism)。

深入认识某一类型反应的反应机理，将有助于分析掌握该反应中的能量变化、速率快慢影响因素以及立体化学特征等重要信息。值得注意的是，有机化学的反应机理都是根据实验事实提出的，一个有机反应机理是否能够被接受，关键在于它是否能够合理解释各种实验事实。例如，实验测得溴甲烷在 80％乙醇的碱性水溶液中进行的水解反应为二级反应，反应速率与溴甲烷的浓度以及 OH^- 的浓度乘积成正比。根据这一实验结果得出了不同于上述叔丁基溴的水解反应机理。这是一个双分子反应，其关键步骤是氢氧根负离子的氧进攻溴甲烷的碳，C—Br 键断裂的同时形成 C—O 键：

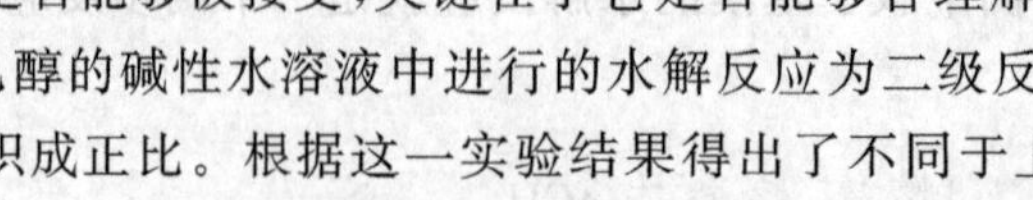

$$v = k[CH_3Br][H_2O]$$

这样的双分子反应机理不仅解释了该反应的动力学特征，而且还能说明反应的立体化学特征（详见第八章），因此被广泛接受。

7.3.2 反应速率与温度的关系

研究表明，反应速率常数 k 与反应温度有很大的关系。一般来说，温度越高，反应速率常数越大，反应速率越快。在大量实验事实的基础上，1889 年 Arrhenius 提出了 Arrhenius 方程。Arrhenius 方程描述的反应速率常数与温度的关系如下：

$$\ln k = -E_a/RT + \ln A$$

或

$$k = Ae^{-E_a/RT}$$

式中，R 为摩尔气体常数，T 为热力学温度，A 为指数前因子（pre-exponential factor），E_a 为 Arrhenius 活化能（Arrhenius activation energy）。E_a 可以通过实验测定得到，所以也称为实验活化能。对于某一反应来说，A 和 E_a 均为定值，当反应的温度区间变化不大时，E_a 和 A 不随温度的改变而改变（图 7-1）。

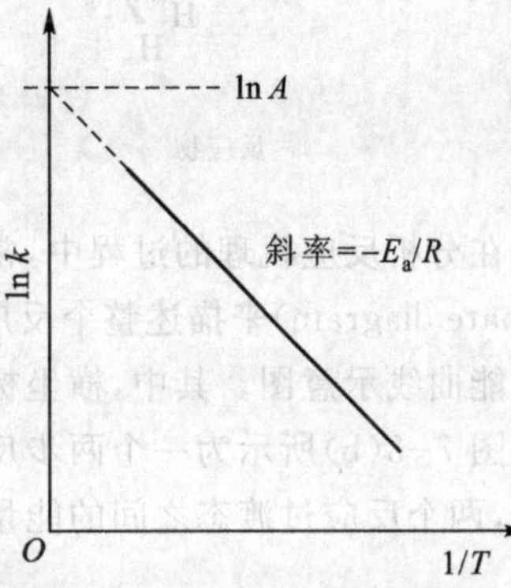

图 7-1　反应速率常数与温度的关系

Arrhenius 方程式的指数前因子代表了分子碰撞的概率和取向因素，只有合适取向的碰撞才是有效碰撞；活化能则是在反应过程中分子必须克服的一个能垒（energy barrier），这个能垒主要来自分子相互接近时的相互排斥能。只有动能足够大的分子，即具有高于这个能垒的动能的分子才能越过这个能垒进行反应。这就好比化学反应中的反应物和生成物分处在一座山峰两侧的山脚，从反应物到生成物，必须要越过山峰才能达到。

在一定温度条件下，体系中具有不同动能的分子的分布符合 Bolzmann 分布规律，温度越高，具有较高动能的分子比例越高（图 7-2），因此，提高反应温度将使更多的分子具有高于活化能的动能，从而加速反应的进行。

从 Arrhenius 方程还可以看出，反应速率与温度的关系依赖于活化能的高低，活化能越高，则温度变化导致的反应速率变化越大。如果某反应的活化能为零，则反应速率将不受温度的影响。

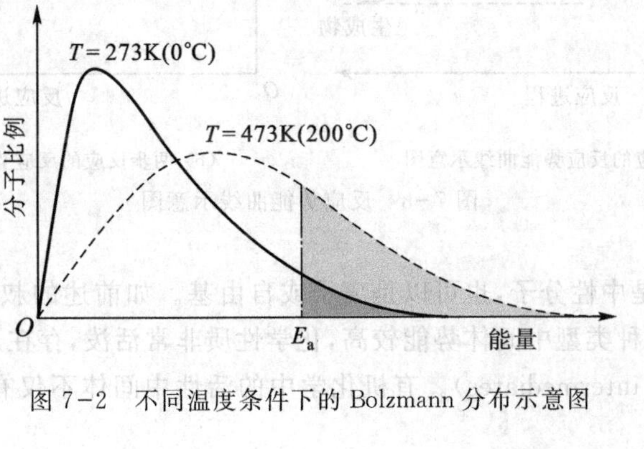

图 7-2　不同温度条件下的 Bolzmann 分布示意图

7.3.3 反应过渡态理论与 Hammond 假说

20 世纪 30 年代中期，在量子力学和统计力学发展的基础上，Eyring 和 Polany 等人提出了反应速率的过渡态理论（theory of transition state），从分子层面指出了活化能的含义。过渡态理论认为，从反应物转变成生成物需要经过的一个高能过渡态（transition state），即由反应分子形成的活化络合物（activated complex），该活化络合物的能量即为反应的活化能（activated energy）。例如，前面提到的溴甲烷的水解反应，需要经过 C—Br 键逐步断裂和 C—O 键逐步形成的活化中间过渡态。

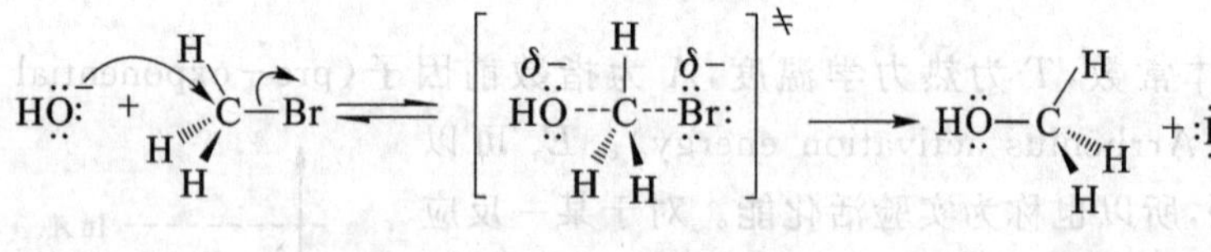

在分析反应机理的过程中，常常采用反应势能曲线（reaction energy profile，或 reaction coordinate diagram）来描述整个反应进程中的势能变化情况。图 7-3(a)所示为一步放能反应的反应势能曲线示意图。其中，横坐标为反应进程，纵坐标为势能，能量的最高点代表了过渡态的能量。图 7-3(b)所示为一个两步反应的反应势能曲线图。在两步反应中，反应将经过两个反应过渡态，两个反应过渡态之间的能量低点即为反应中间体（reaction intermediates）所处的势能点。

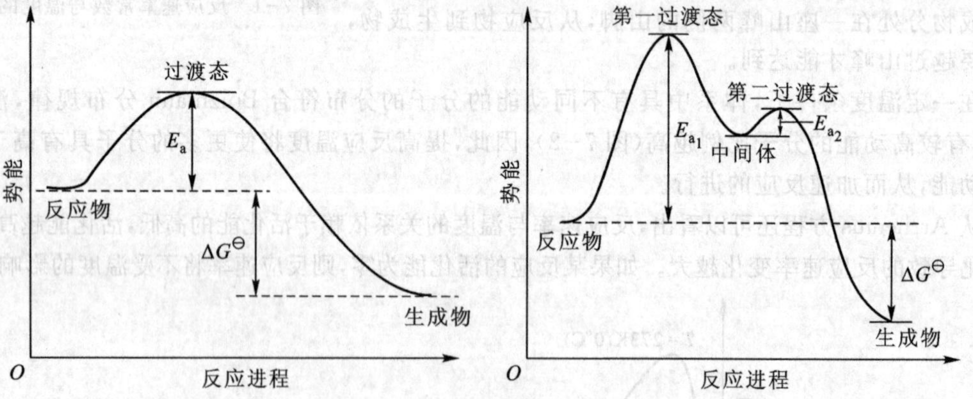

(a) 一步反应的反应势能曲线示意图　　(b) 两步反应的反应势能曲线示意图

图 7-3　反应势能曲线示意图

反应中间体可以是中性分子，也可以是离子或自由基。如前述的叔丁基溴的水解反应就经过碳正离子中间体，这种类型中间体势能较高，化学性质非常活泼，存在寿命非常短，因此又称为活性中间体（activated intermediates）。有机化学中的活性中间体不仅有碳正离子，还有碳自由基、碳负离子和卡宾等(详见 7.4 和 7.5 节)。

值得注意的是,中间体(含活性中间体)不同于反应过渡态。中间体(含活性中间体)是真实存在的、可以分离或捕获且结构明确的物质形态,但是过渡态是无法分离得到的,它是反应过程中介于反应物结构和生成物结构之间的假想状态。其结构可能更接近反应物,也可能更接近生成物,也可能处于两者中间。

在某一反应中,过渡态的结构以及能量高低直接关系到反应速率的快慢,但是由于过渡态是无法分离的假想状态,难以直接判断其结构与势能高低。Hammond 假说建立了过渡态与反应物或生成物的关联,从而可以通过反应物或生成物的结构与能量来推测过渡态的结构与能量。

Hammond 假说(Hammond's hypothesis)认为,在基元反应中,过渡态的结构、能量与反应物或生成物两者中能量较高的一边类似。也就是说在自由能降低(即放能反应)的基元反应中,反应过渡态中原有的化学键断裂程度不高,新键也只是初步形成,其过渡态的结构和能量与反应物接近,如下式(1)所示;在自由能增高(即吸能反应)的基元反应中,反应过渡态中原有的键已经基本断裂,新键也已经基本形成,因此,其过渡态的结构和能量与生成物接近,如下式(3)所示;在自由能变化不明显的反应中,则过渡态的结构和能量居于两者中间,即原有的化学键部分断裂,新键部分形成,如下式(2)所示。

$$\mathrm{A{-}B} + \mathrm{C} \longrightarrow \begin{cases} (1)\ [\mathrm{A}\cdots\mathrm{B}\cdots\cdots\mathrm{C}]^{\ddagger} \\ (2)\ [\mathrm{A}\cdots\mathrm{B}\cdots\mathrm{C}]^{\ddagger} \\ (3)\ [\mathrm{A}\cdots\cdots\mathrm{B}\cdots\mathrm{C}]^{\ddagger} \end{cases} \longrightarrow \mathrm{A} + \mathrm{B{-}C}$$

反应物　　　三种可能的过渡态　　　生成物

上述三种从反应物经过过渡态到生成物的势能变化情况可以用反应势能曲线图形象地加以说明(图 7-4)。一个反应是否吸能或放能,由生成物与反应物间的自由能变化来决定(当反应的熵变很小时,可以用焓变 $\Delta H^{\ominus}$ 表示)。根据 Hammond 假说,在放能反应中,过渡态结构和能量与反应物接近,即较早达到过渡态(曲线Ⅰ代表的情况);吸能反应则相反,反应较晚达到过渡态,过渡态结构与能量均与生成物接近(曲线Ⅲ代表的情况)。

Hammond 假说只适用于基元反应。对于非基元的多步骤有机反应中,可以运用 Hammond

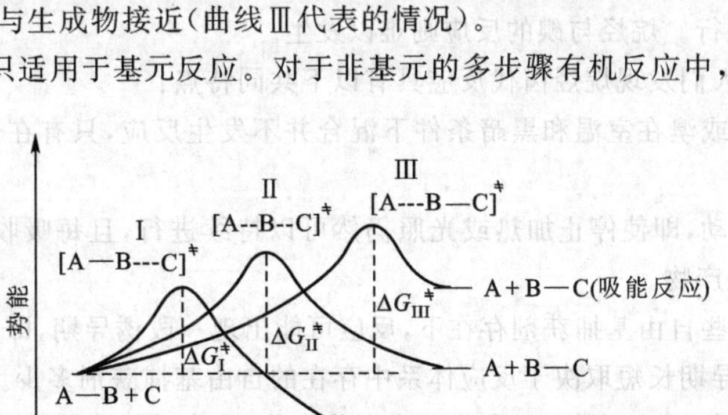

图 7-4 三种可能的反应势能曲线示意图

假说分析其中每一步基元反应中的过渡态结构与能量情况。不过，一般主要分析其中反应最慢的限速基元反应情况。

习题 7-1 一个多步反应的反应势能图如右所示，请问：

(1) 这是一个几步反应？

(2) 各步反应和总反应是吸热还是放热？

(3) 哪一步反应是决定反应速率的关键步骤？

(4) A、B、C、D、E、F、G 各点，哪些代表的是中间体，哪些代表的是过渡态？

(5) 反应物、中间体和生成物中哪一个最稳定？哪一个最不稳定？

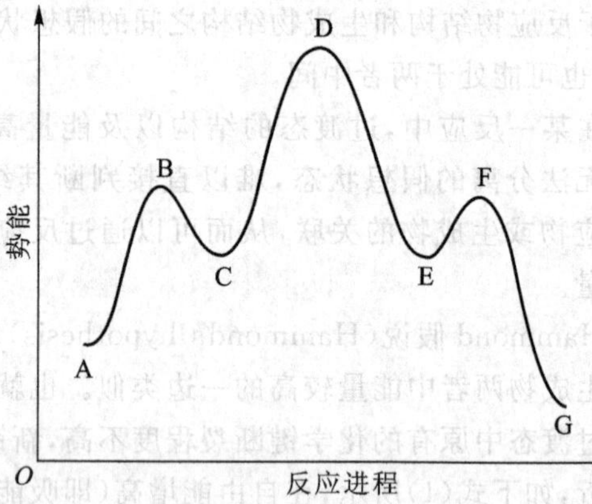

7.4 烷烃的卤代反应及其反应机理

烷烃的卤代反应在气相中进行，没有溶剂的参与，是应用反应热力学原理和动力学原理以及分析研究有机化学反应的机理、活性和选择性等基本问题的理想模型。

7.4.1 自由基卤代反应的特点

烷烃可以在光照或加热条件下与氯气或溴发生卤代反应。烷烃与氟的反应则无需光照或加热即可以进行，且反应十分剧烈，会导致烷烃发生断键等副反应，通常只有在惰性气体稀释的条件下才可能较顺利进行。烷烃与碘的反应则难以发生。

通过大量实验，人们发现烷烃卤代反应具有以下共同特点：

(1) 烷烃与氯气或溴在室温和黑暗条件下混合并不发生反应，只有在光照或加热条件下才反应。

(2) 反应一旦启动，即使停止加热或光照仍然可以持续进行，且每吸收一个光子，可以引发产生数千个氯代烷烃产物。

(3) 在氧气或某些自由基捕获剂存在下，反应可能出现一段诱导期，即光照或加热一段时间后反应才能发生，诱导期长短取决于反应体系中存在的自由基捕获剂多少。

(4) 反应产物复杂，有一卤代、二卤代和多卤代产物，也有碳链成倍增长的产物。例如，甲烷的氯代反应可以用下列反应式表示：

$$CH_4 + Cl_2 \xrightarrow{h\nu} HCl + CH_3Cl + CH_2Cl_2 + CHCl_3 + CCl_4 + CH_3CH_3 + CH_2ClCH_2Cl + \cdots$$

7.4.2 自由基卤代反应机理分析

有机化学反应中，共价键的断裂方式有均裂和异裂两种（参阅 1.7 节）。烷烃中的 C—C 键和 C—H 键键能大，键强度高，且极性很小（参阅 2.6 节），因此烷烃不仅化学性质相对不活泼，而且在反应中主要以均裂的方式进行，也就是说经过自由基活性中间体进行反应。上述烷烃的卤代反应需要在光照或加热条件下进行的实验事实，说明反应的开始需要能量（光能或热能），即首先断裂某个化学键形成高反应活性的自由基中间体，然后继续反应形成产物。

从表 7-2 数据容易看出，卤素的 X—X 键的键能（150 ～ 242 $kJ\cdot mol^{-1}$）比 C—C 键（347 $kJ\cdot mol^{-1}$）和 C—H 键（414 $kJ\cdot mol^{-1}$）的键能低很多，因此在烷烃的卤代反应中首先断裂 X—X 键形成卤素自由基是最有利的。然后再由较高活性的卤素自由基去夺取烷烃中 C—H 键的氢原子，形成键强度较高的 X—H 键（297 ～ 565 $kJ\cdot mol^{-1}$）。

根据以上分析和烷烃卤代反应的其他特点，人们提出了烷烃卤代的自由基链反应机理。自由基链反应分为链引发、链增长和链终止三个阶段。以甲烷氯代反应为例，可以写出各步反应的具体历程如下，各反应焓变根据表 7-1 的键解离能数据计算得出。

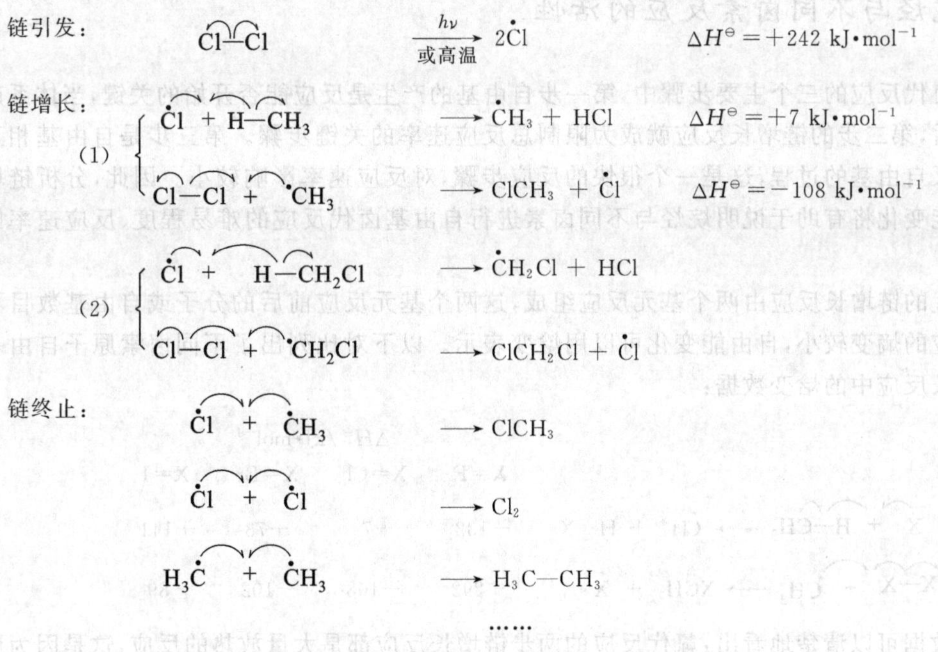

根据上述反应机理，可以清楚地描述烷烃卤代反应的过程：

首先，自由基链引发反应是决定反应能否开始的关键步骤。在该步骤中，氯分子或溴分子分解成自由基的反应是一个吸能反应，没有光照或加热提供足够的能量，反应无法开始，这就是烷烃与 Cl_2 或 Br_2 在黑暗中混合不能反应的原因。而反应一旦开始，由于链增长两步反应的总焓变为负值，即为放热反应，随着链增长的循环进行，反应热积聚，使反应速率不断加快，出现反应剧烈甚至难以控制的情况。

第二，因为烷烃的卤代反应是一个自由基取代反应，如果反应体系中存在自由基捕获剂，光照或加热条件下生成的氯自由基或溴自由基被捕获，则无法引发链增长阶段反应，此时，反应将出现一段诱导期。诱导期与自由基捕获剂含量有关，在全部自由基捕获剂消耗殆尽后，链增长反应才启动，反应真正开始。

第三，链增长反应中，由氯自由基进攻烷烃的 C—H 键开始，先生成碳自由基，然后碳自由基与 Cl_2 反应，在形成氯代烃的同时，又形成一个新的氯自由基，因此，反应一旦开始就可以周而复始地循环下去，直至反应结束。所以每吸收一个光子，可以形成数千个卤代产物分子。

需要强调的是：自由基能量很高，很不稳定，一旦两个自由基相互碰撞会迅速结合发生链终止反应。不过在反应体系中，自由基的高反应活性，使得它在形成后立即与周围分子发生下一步反应，其浓度难以在体系中积累，即在反应体系中自由基的浓度始终保持在很低的水平。因此，链终止的反应也就不可能成为一个主要反应，而链增长反应可以一直持续到反应物 Cl_2 消耗完为止。

第四，随着链增长反应的进行，一卤代产物浓度增大，也会与体系中氯自由基反应，形成二卤代产物，类似地可以生成三卤代、四卤代等产物。同时由于体系中的各种自由基一旦有机会碰撞，会相互结合，从而形成多种复杂产物。

7.4.3 烷烃与不同卤素反应的活性

自由基卤代反应的三个主要步骤中，第一步自由基的产生是反应能否开始的关键，当体系产生了自由基后，第二步的链增长反应就成为限制总反应速率的关键步骤。第三步是自由基相互碰撞结合淬灭自由基的过程，这是一个很快的反应步骤，对反应速率影响较小。因此，分析链增长步骤的势能变化将有助于说明烷烃与不同卤素进行自由基卤代反应的难易程度、反应速率以及反应活性。

烷烃卤代的链增长反应由两个基元反应组成，这两个基元反应前后的分子或自由基数目不变，因此，反应的熵变较小，自由能变化可以用焓变表示。以下对比列出了不同卤素原子自由基在两个链增长反应中的焓变数据：

	$\Delta H^{\ominus}$ /kJ·mol^{-1}			
	X=F	X=Cl	X=Br	X=I
$\dot{X} + H—CH_3 \longrightarrow \dot{C}H_3 + H—X$	−132	+7	+73	+141
$X—X + \dot{C}H_3 \longrightarrow XCH_3 + \dot{X}$	−292	−108	−102	−89

从焓变数据可以清楚地看出：氟代反应的两步链增长反应都是大量放热的反应，这是因为形成 H—F、C—F 键的键能很高（参看表 7-1 数据）。反应大量放热的结果加之链反应特点将导致反应体系热量大量积聚，使反应过于剧烈，最终使生成的氟甲烷发生分解反应，生成碳和氟化氢。氯代和溴代的第一步链增长反应是吸热反应，但第二步是放热反应，且总结果为放热反应，反应进行中也存在热量积聚的情况，需要适当控制反应的进行，以防止反应热量积聚使反应过于剧烈，尤其是氯代反应需要控制反应条件。碘代反应的链增长过程总结果是一个吸热反应，其焓变近似等于自由能的变化，根据热力学原理，$\Delta G^{\ominus}$ 的变化为正值，该反应难以进行。事实上，烷烃

碘代反应的逆反应很容易进行，例如，碘甲烷和碘化氢反应可以得到甲烷和碘：

$$H_3C—I + H—I \longrightarrow CH_4 + I_2$$

在烷烃的链增长反应中，除氟代反应外，其他卤代反应中，形成烷基自由基的第一步变化一般为吸热反应，而烷基自由基与卤素反应形成卤代烃和卤素自由基的第二步链增长反应却都是放热的。由此可以预见，链增长反应中第一步所需的活化能通常比第二步高，即链增长反应的第一步是影响烷烃卤代反应速率的关键。例如，甲烷氯代反应的链增长过程的反应势能曲线如图 7-5所示。

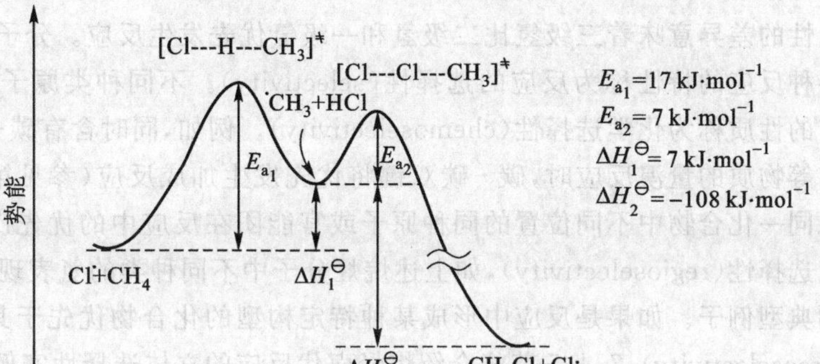

图 7-5　甲烷氯代反应链增长阶段的势能变化图

以下对比列出了甲烷与各种卤素反应的链增长反应第一步的活化能：

	X=F	X=Cl	X=Br	X=I
	E_a/kJ·mol^{-1}			
$\dot{X} + H—CH_3 \longrightarrow \dot{C}H_3 + H—X$	+4	+17	+75	>+141

可见，从氟到碘，反应的活化能逐步增加，反应速率逐步减慢，反应活性逐步降低。因此卤代反应的活性是：氟代反应 > 氯代反应 > 溴代反应 > 碘代反应。事实上，碘代反应难以进行，而氟代反应由于反应过于剧烈，致使烷烃断裂等副反应发生，而难以实际运用。因此，在有机化学中，直接运用烷烃的卤代反应合成卤代烃主要局限于氯代烃和溴代烃。

7.4.4　烷烃的不同类型氢在卤代反应中的活性与选择性

进一步研究其他烷烃的卤代反应发现，当丙烷发生氯代反应时，可以生成两种不同的一卤代产物——1-氯丙烷和 2-氯丙烷，分别是分子中的一级氢和二级氢被氯取代的产物。丙烷分子中有六个一级氢和两个二级氢，如果只考虑碰撞概率，两个一卤代产物 1-氯丙烷与 2-氯丙烷的比例应该是 3∶1，但是实验结果约为 1∶1。类似的，叔丁烷有九个一级氢和一个三级氢，但是，在氯代反应中得到的两个一卤代产物 2-甲基-1-氯丙烷与 2-甲基-2-氯丙烷的比例约为 2∶1。

$$2CH_3CH_2CH_3 + 2Cl_2 \xrightarrow[25\ ℃]{h\nu} \underset{45\%}{CH_3CH_2CH_2Cl} + \underset{55\%}{CH_3CH(Cl)CH_3} + 2HCl$$

$$2(CH_3)_3CH + 2Cl_2 \xrightarrow[25\ ℃]{h\nu} \underset{64\%}{(CH_3)_2CHCH_2Cl} + \underset{36\%}{(CH_3)_3CCl} + 2HCl$$

以上实验结果说明，一级、二级和三级氢发生氯代反应的活性不同：三级氢的活性比二级氢的高，二级氢的活性又比一级氢的高。从以上产物比例和各种氢的数目可以计算出一级、二级和三级氢的相对反应活性约为 1∶3.6∶5.0。

这种反应活性的差异意味着三级氢比二级氢和一级氢优先发生反应。分子中某种原子或官能团优先发生某种反应的特性称为反应的选择性(selectivity)。不同种类原子或官能团中的一种优先发生反应的性质称为化学选择性(chemoselectivity)。例如，同时含有碳－碳双键和碳－碳三键的化合物与等物质的量溴反应时，碳－碳双键将优先发生加成反应(参见第十章)就属于化学选择性。如果同一化合物中不同位置的同种原子或官能团在反应中的优先次序不同，则这种选择性称为区域选择性(regioselectivity)，如上述烷烃分子中不同种类的氢表现出不同的活性就是区域选择性的典型例子。如果是反应中形成某种特定构型的化合物优先于其他构型，则称为立体选择性(stereoselectivity)，7.4.5 节将介绍烷烃卤代反应的立体选择性实例。

选择性直接与反应活性相关，即与反应速率相关。例如，三种不同类型的氢具有不同的反应活性，说明它们在反应中的活化能高低不同，从而发生反应的速率不同。根据烷烃自由基卤代反应机理，丙烷氯代生成 1－氯丙烷和 2－氯丙烷的反应在链引发步骤没有差异，链终止步骤所需活化能很小，并非决定反应速率的关键步骤，也不影响它们的反应活性。因此，丙烷氯代生成 1－氯丙烷和 2－氯丙烷的活性差异主要取决于链增长反应步骤，且主要取决于链增长反应的第一步。

丙烷氯代生成 1－氯丙烷和 2－氯丙烷的链增长反应机理如下所示，其中的焓变值根据表 7-1列出的键的解离能数据计算得出。

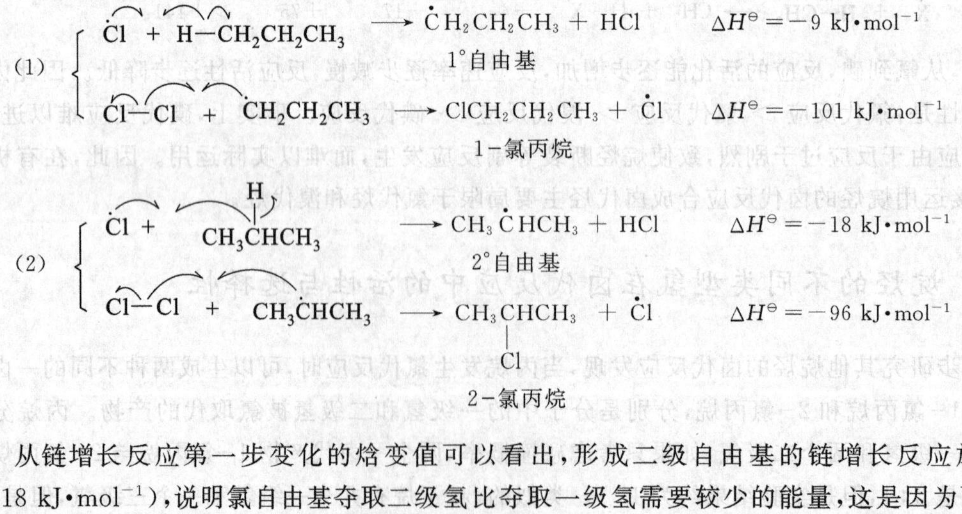

从链增长反应第一步变化的焓变值可以看出，形成二级自由基的链增长反应放热更多($-18\ kJ\cdot mol^{-1}$)，说明氯自由基夺取二级氢比夺取一级氢需要较少的能量，这是因为丙烷中二级氢的 H—C 键解离能低于一级氢的 H—C 键的解离能。这也意味着异丙基自由基(二级碳自

由基)比正丙基自由基(一级碳自由基)稳定,因此处于较低的势能位置。对比它们的反应势能曲线(图 7-6),可以明显地看出两者的反应活化能不同,大约相差 4 kJ·mol^{-1},因此,生成 2-氯丙烷的反应速率比生成 1-氯丙烷的反应速率快,反应活性较高。

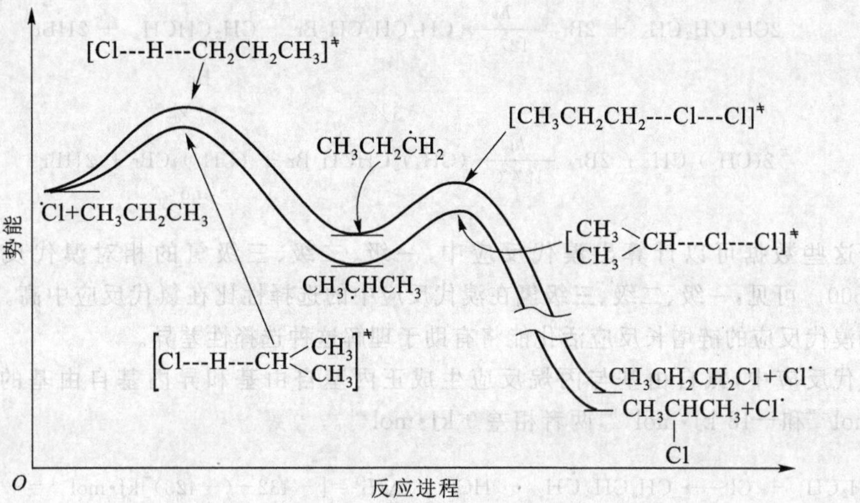

图 7-6　丙烷氯代反应链增长步骤的势能变化图

习题 7-2　根据表 7-1 数据计算出叔丁烷氯代反应的链增长反应焓变值,说明三级自由基比一级自由基稳定。

类似的分析可以得出三级碳自由基比一级碳自由基稳定的结论。因此,叔丁烷进行氯代反应时,三级氢的活性高于一级氢。这种自由基稳定顺序适用于其他烷烃的一级、二级和三级氢。一般来说,氯代反应中,一级、二级和三级氢的活性顺序可以由链增长反应势能曲线图(图 7-7)得到说明。

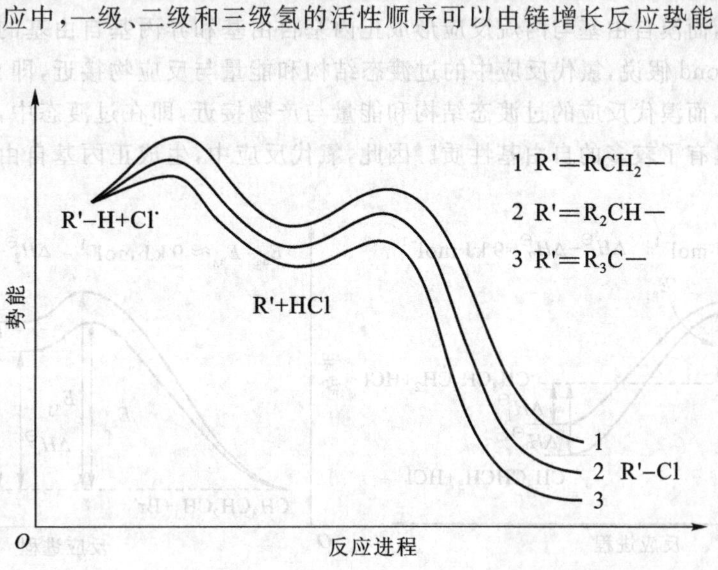

图 7-7　1°、2°、3°氢氯代反应链增长步骤的势能变化对比示意图

溴代反应中，一级、二级、三级氢表现出更大的活性差异。丙烷溴代生成的产物 2-溴丙烷与 1-溴丙烷的比例为 97∶3，而叔丁烷溴代生成的产物叔丁基溴与异丁基溴的比例大于 99∶1。

$$2CH_3CH_2CH_3 + 2Br_2 \xrightarrow[127\ ℃]{h\nu} \underset{3\%}{CH_3CH_2CH_2Br} + \underset{97\%}{CH_3\underset{Br}{\underset{|}{C}}HCH_3} + 2HBr$$

$$2(CH_3)_3CH + 2Br_2 \xrightarrow[127\ ℃]{h\nu} \underset{<1\%}{(CH_3)_2CHCH_2Br} + \underset{>99\%}{(CH_3)_3CBr} + 2HBr$$

根据这些数据可以计算出溴代反应中，一级、二级、三级氢的相对溴代反应活性约为 1∶82∶1 600。可见，一级、二级、三级氢在溴代反应中的选择性比在氯代反应中高。对比分析氯代反应和溴代反应的链增长反应活化能将有助于理解这种选择性差异。

在氯代反应中，氯自由基与丙烷反应生成正丙基自由基和异丙基自由基的焓变分别为 $-9\ kJ\cdot mol^{-1}$ 和 $-18\ kJ\cdot mol^{-1}$，两者相差 $9\ kJ\cdot mol^{-1}$。

$$CH_3CH_2CH_3 + \dot{C}l \longrightarrow CH_3CH_2\dot{C}H_2 + HCl \quad \Delta H_1^{\ominus}=[-432-(-423)]kJ\cdot mol^{-1}=-9\ kJ\cdot mol^{-1}$$

$$CH_3CH_2CH_3 + \dot{C}l \longrightarrow CH_3\dot{C}HCH_3 + HCl \quad \Delta H_2^{\ominus}=[-432-(-414)]kJ\cdot mol^{-1}=-18\ kJ\cdot mol^{-1}$$

溴代反应中，溴自由基与丙烷反应生成正丙基自由基和异丙基自由基的焓变分别为 $+57\ kJ\cdot mol^{-1}$ 和 $+48\ kJ\cdot mol^{-1}$，两者也是相差 $9\ kJ\cdot mol^{-1}$，与氯代反应相同。

$$CH_3CH_2CH_3 + \dot{B}r \longrightarrow CH_3CH_2\dot{C}H_2 + HBr \quad \Delta H_3^{\ominus}=[-366-(-423)]kJ\cdot mol^{-1}=+57\ kJ\cdot mol^{-1}$$

$$CH_3CH_2CH_3 + \dot{B}r \longrightarrow CH_3\dot{C}HCH_3 + HBr \quad \Delta H_4^{\ominus}=[-366-(-414)]kJ\cdot mol^{-1}=+48\ kJ\cdot mol^{-1}$$

氯代和溴代反应的不同在于：氯自由基与丙烷反应生成正丙基自由基和异丙基自由基的反应均为放热反应，而溴自由基与丙烷反应形成正丙基自由基和异丙基自由基的反应则为吸热反应。根据 Hammond 假说，氯代反应中的过渡态结构和能量与反应物接近，即在过渡态中，旧键的断裂程度较低，而溴代反应的过渡态结构和能量与产物接近，即在过渡态中，旧键的断裂程度高，过渡态已经具有了较多的自由基性质。因此，氯代反应中，生成正丙基自由基和异丙基自由

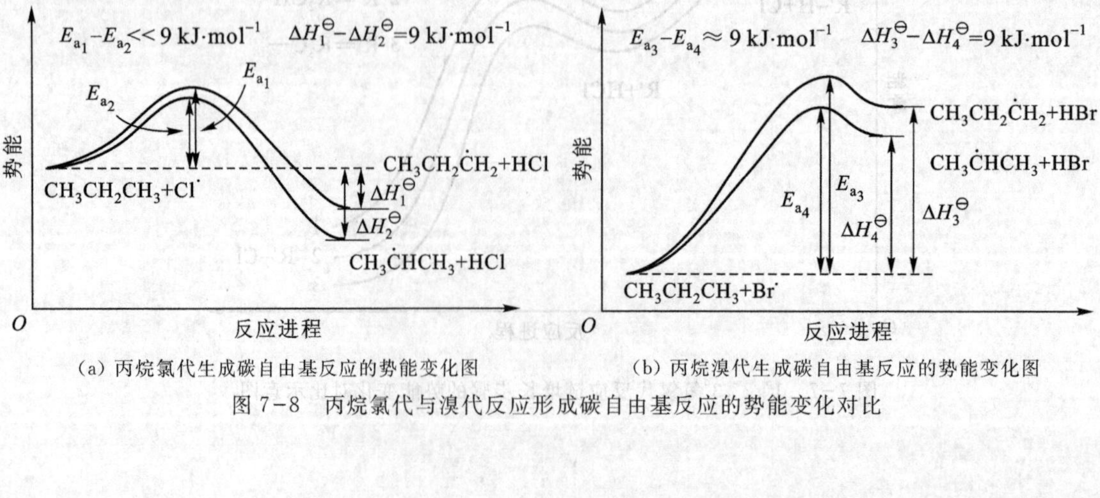

(a) 丙烷氯代生成碳自由基反应的势能变化图　　(b) 丙烷溴代生成碳自由基反应的势能变化图

图 7-8 丙烷氯代与溴代反应形成碳自由基反应的势能变化对比

基的活化能差比焓变差(9 kJ·mol^{-1})要小很多,如图 7-8(a)所示。而在溴代反应中生成正丙基自由基和异丙基自由基的活化能差则与焓变的差值接近,如图 7-8(b)所示。结果是溴代反应中二级氢与一级氢的反应活性相差较大,反应选择性更高。

从以上分析可以知道,溴自由基活性不及氯自由基,导致溴代反应的链增长反应中需要更高的活化能,即溴代反应的活性低于氯代反应。正是由于这种活性的差别,使得溴代反应中,不同类型氢的反应活性表现出更大的差异,从而使得反应的选择性增高。这是有机化学中一个普遍的规律,即反应试剂活性越低,对于不同类型氢或不同类型官能团的反应选择性越高。

7.4.5 自由基的结构与烷烃卤代反应的立体化学

上述烷烃卤代反应的自由基机理分析显示,该反应的活性中间体——自由基——的稳定性顺序为

$$3^\circ\text{碳自由基} > 2^\circ\text{碳自由基} > 1^\circ\text{碳自由基}$$

已经知道碳自由基的中心碳原子采用 sp^2 杂化方式,并使用三个 sp^2 杂化轨道形成三个 σ 键,组成一个平面三角形,而在垂直于该平面的 2p 轨道上有 1 个单电子(参见 1.7 节)。碳自由基之所以具有上述稳定性顺序,是因为碳自由基的单电子 p 轨道可以与 C—Hσ 键形成超共轭效应(hyperconjugation)(图 7-9)。这是一种使碳自由基稳定的电子效应。

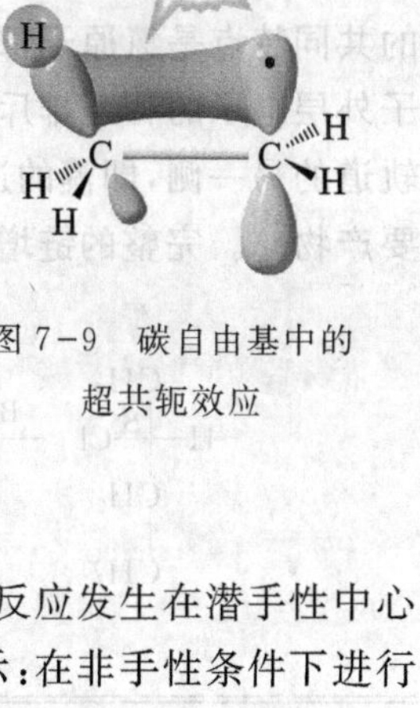

图 7-9 碳自由基中的超共轭效应

随着碳自由基从一级到二级到三级,其中心碳原子相邻的 C—H 键增多,超共轭效应相对增强,所以稳定性增强。由此可以推断,一级碳自由基的稳定性顺序大于甲基自由基。因此,碳自由基的稳定性顺序为

$$3^\circ > 2^\circ > 1^\circ > \cdot CH_3$$

碳自由基的平面结构在烷烃卤代反应中已得到证实。当自由基卤代反应发生在潜手性中心(参阅 5.8 节)碳原子上时,卤代反应将形成新的手性中心。实验事实显示:在非手性条件下进行反应时,一般都得到外消旋体,即一对对映异构体等量混合物。这是因为从碳自由基的平面上方或下方进攻的概率相等。例如:

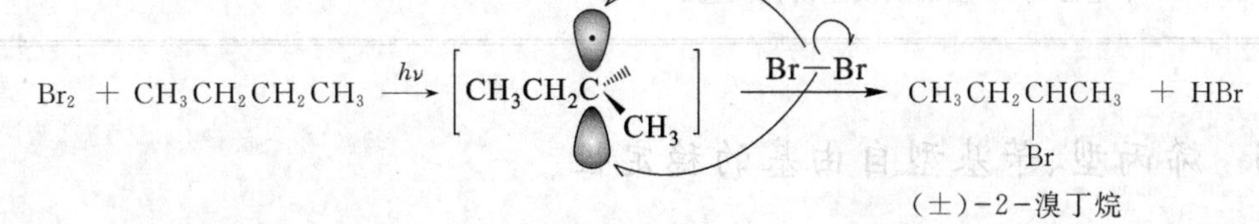

(±)-2-溴丁烷

如果取代反应发生在具有特定构型的碳原子邻位,则该手性中心的构型将对新形成的手性碳构型产生手性诱导作用,从而使得其中一个异构体成为主要产物。例如,(S)-2-氯丁烷的 C3 上发生自由基溴代反应,将形成一个新的手性中心,因此可能得到两种构型的产物 A 和 B,A、B

是一对非对映异构体。

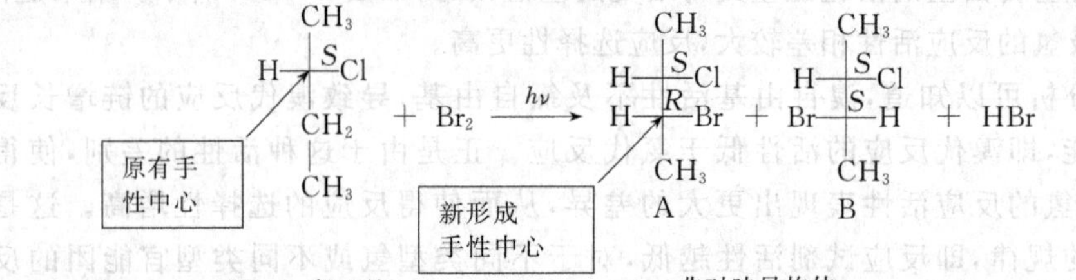

(S)-2-氯丁烷　　　　非对映异构体

实验结果是 A 为主要产物。我们可以从形成产物 A 和 B 的自由基稳定性进行对比分析来解释这一实验结果。当 C—Cl 键与碳自由基 p 轨道平行时，氯原子的 p 轨道可以与碳自由基的 p 轨道形成一定的相互作用，从而使体系能量降低，因此，该反应中碳自由基的两个较稳定构象如图 7-10 所示。

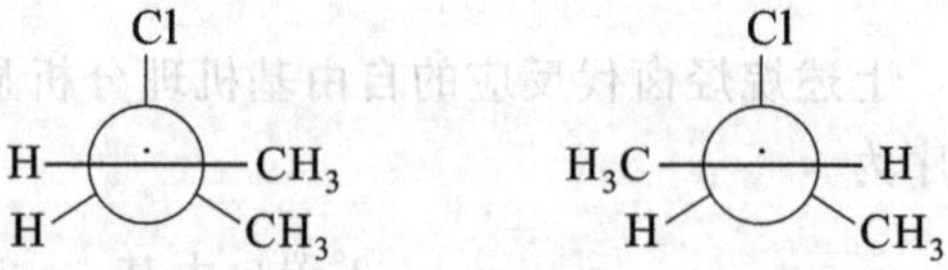

Ⅰ　　　　Ⅱ

图 7-10　(S)-2-氯-3-丁基自由基的较稳定构象

构象Ⅰ中的两个甲基相互靠近，将产生扭转张力，而构象Ⅱ中两个甲基处于远离的位置，扭转张力较小，因此，构象Ⅱ比构象Ⅰ更加稳定，也就是说，体系中构象Ⅱ是主要的优势构象。这两个构象的共同特点是氯原子都处于自由基 p 轨道的一侧。如果溴从该侧进攻，则氯与溴靠近时，两个原子外层电子的相互排斥将使体系的能量升高。因此，该自由基与溴的反应主要发生在自由基 p 轨道的另一侧，即溴的进攻发生在氯的反位。以这种方式反应，优势构象 II 的反应产物即为主要产物 A。完整的链增长反应机理如下所示：

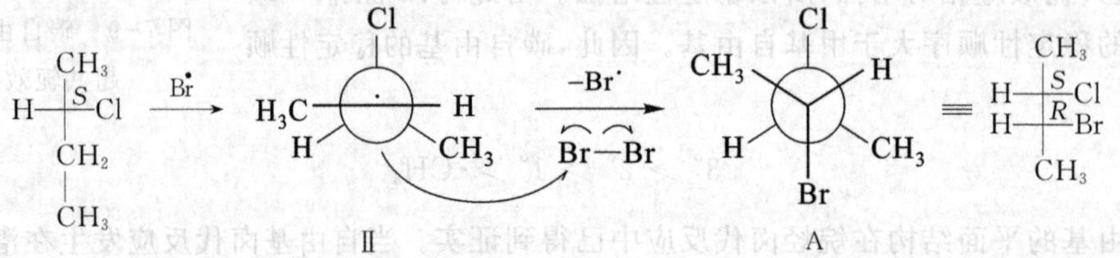

习题 7-3　通过分析活性中间体的结构和稳定性，指出下列反应的主要产物（准确表示其构型）。

(1) (R)-2-氯戊烷 C3 上的氢发生溴代反应；

(2) (S)-3-甲基己烷 C3 上的氢发生溴代反应。

7.4.6　烯丙型、苄基型自由基的稳定性

除了超共轭效应可以帮助稳定碳自由基外，共轭效应更是稳定碳自由基的重要电子效应。具有共轭效应的烯丙型和苄基型碳自由基表现出特别的稳定性，因此，烯丙型氢和苄基型氢的卤代反应是选择性很高的反应，具有较重要的合成价值。图 7-11 图示了烯丙型和苄基型碳自由

基中的共轭效应。

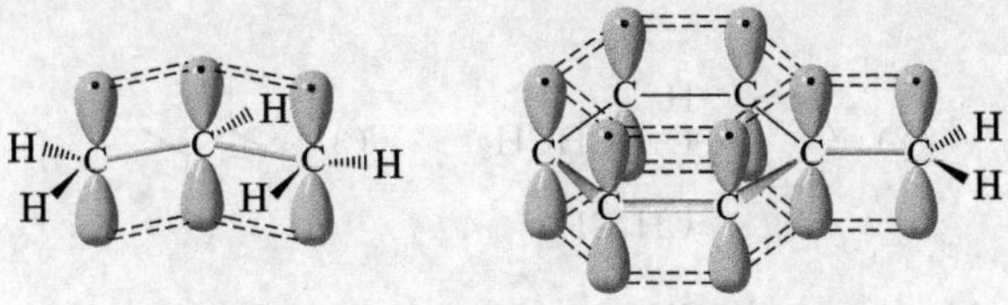

图 7-11　烯丙型和苄基型碳自由基的结构

习题 7-4　分别写出乙苯中乙基的两种氢进行自由基氯化反应的链增长反应机理，并计算出各步的 $\Delta H^{\ominus}$，然后画出该反应的反应势能变化图，进一步判断 1-苯基-1-氯乙烷是否能成为主要产物。

综上所述，活性中间体碳自由基的稳定顺序如下：

3°苄基型 > 3°烯丙型 > 2°苄基型 > 2°烯丙型 > [1°苄基型 ~ 1°烯丙型 > 3° > 2° > 1°] > $\cdot CH_3$

方框中部分顺序值得注意，这是碳自由基与碳正离子稳定性（详见 7.5 节）顺序不同的部分。

7.4.7　自由基卤代反应的合成应用

自由基卤代反应的产物是卤代烃，而卤代烃在有机合成中具有重要的位置，因为卤素的引入得到极性 C—X 键，可以进一步进行多种官能团变换（详见第八章），也可以通过消去反应生成不饱和烃类化合物（详见第九章）。因此自由基卤代反应的一个主要合成应用就是合成卤代烃。不过其应用比较局限，这主要是因为烷烃卤代反应不易控制，且选择性不高，产物较复杂的缘故。

自由基卤代反应主要应用于以下三种情况：

(1) 分子中只有一种氢的烷烃，这样将得到一种一卤代产物。例如，环己烷的卤代：

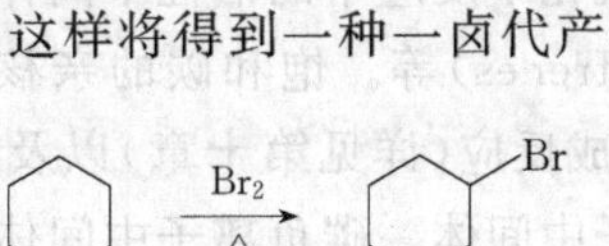

(2) 分子中具有烯丙型结构的烃类在其烯丙基碳原子上引入卤素。例如：

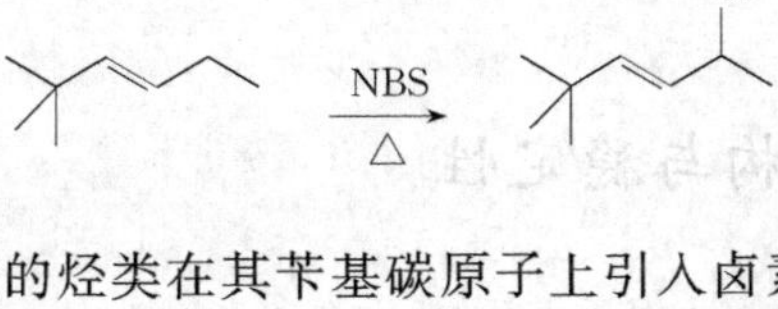

(3) 分子中具有苄基型结构的烃类在其苄基碳原子上引入卤素。例如：

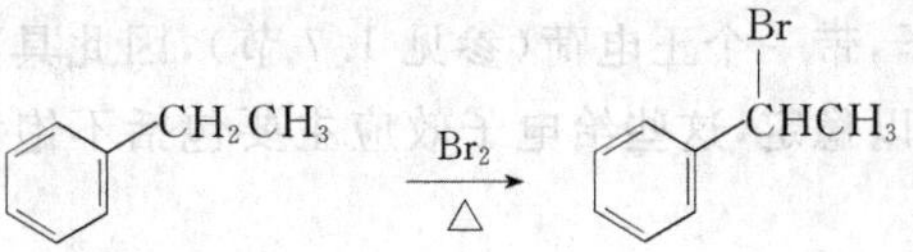

习题 7－5　写出下列化合物发生一氯代的所有可能产物，并指出哪个或哪几个是主要产物。

(1) 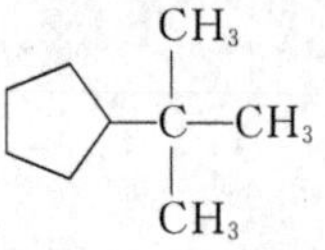　(2) 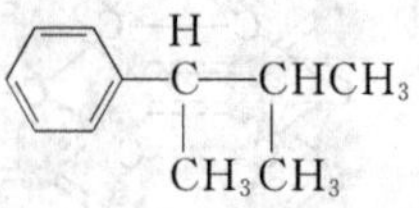　(3) 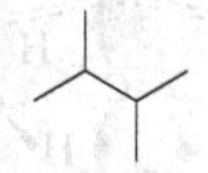

(4) 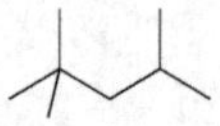　(5) 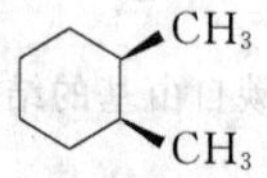　(6) 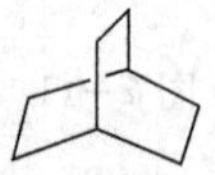

习题 7－6　提出合适的起始原料，利用烷烃的自由基卤代反应合成下列化合物。

(1) 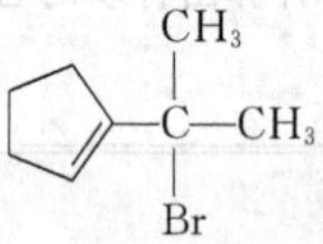　(2) 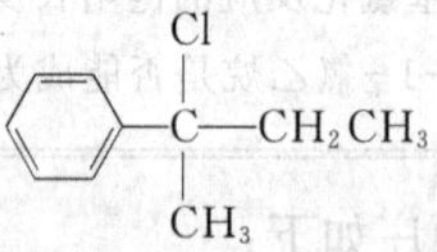　(3) 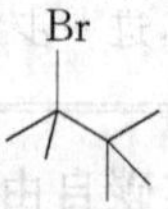

(4) 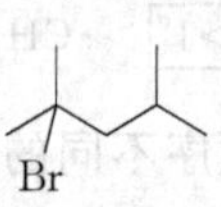　(5) 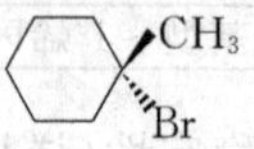

7.5 有机反应的其他活性中间体

从上述关于烷烃自由基卤代反应的讨论中可以看出，反应活性中间体的结构和稳定性对于全面把握有机化学反应十分重要。掌握了活性中间体的结构与稳定性，才能很好地分析反应速率情况、对比不同试剂或同一反应物的不同部位的反应活性与选择性、分析反应的立体化学特征以及深入讨论相关合成应用。有机化学反应中的活性中间体不仅有碳自由基，还有碳正离子、碳负离子、卡宾(carbenes)和氮宾(nitrenes)等。饱和碳的亲核取代反应(详见第八章)、消去反应(详见第九章)、不饱和烃的亲电加成反应(详见第十章)以及苯环的 Friedel－Crafts 烷基化反应(详见第十二章)等都经过碳正离子中间体。碳负离子中间体主要出现在羰基化合物的缩合反应中(详见第十四章)。卡宾中间体与碳－碳双键的加成反应是合成环丙烷的重要方法(详见第十章)。此外，卡宾和氮宾也是某些重排反应的活性中间体(详见第十五章)。本节将介绍它们的结构及稳定性特征。

7.5.1 碳正离子的结构与稳定性

碳正离子的结构与碳自由基十分相似，其中心碳原子也是采用 sp^2 杂化轨道成键，只是碳正离子由于其 2p 轨道没有电子，带一个正电荷(参见 1.7 节)，因此具有很强的亲电能力。任何给电子效应都将使碳正离子得以稳定，这些给电子效应主要包括不饱和键的共轭效应以及烷基的给电子超共轭效应。

碳正离子的稳定性顺序与碳自由基类似，也是 3°碳正离子 ＞ 2°碳正离子 ＞ 1°碳正离子，同时，烯丙型和苄基型碳正离子较稳定(图 7-12)。综合结果，碳正离子稳定性顺序如下：

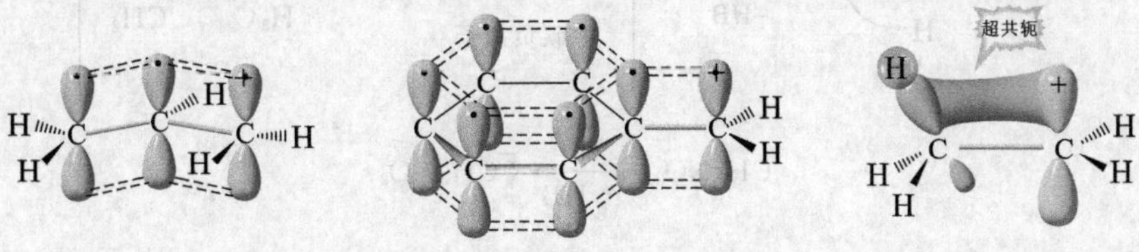

图 7-12　烯丙型、苄基型碳正离子的共轭效应以及碳正离子的超共轭效应

3°苄基型 ＞ 3°烯丙型 ＞ 2°苄基型 ＞ 2°烯丙型 ＞ [3° ＞ 2°～1°苄基型～1°烯丙型 ＞1°] ＞ $^+CH_3$

其中，方框中部分是与碳自由基的稳定性不同的部分。这种不同反映了碳正离子的缺电子特征。正是由于碳正离子的缺电子，超共轭效应对于碳正离子的稳定作用强于对碳自由基的稳定作用。

习题 7-7　画出苄基型碳自由基和碳正离子的共振极限结构和共振杂化体。

习题 7-8　试解释碳正离子与碳自由基的稳定性顺序的不同。

习题 7-9　比较下列碳正离子或碳自由基的稳定性顺序。

(1) 

(2) $CH_3CH{=}CH\overset{+}{C}HCH_3$　　$CH_3CH{=}CHCH_2\overset{+}{C}H_2$　　$CH_3CH{=}CH\overset{+}{C}(CH_3)CH_3$

(3) $CH_3\overset{+}{C}H(CH_3)$　　$(CH_3)_3C^+$　　$CH_3CH_2\overset{+}{C}H_2$

(4) $CH_3CH_2\dot{C}(CH_2CH_3)CH_2CH_3$　　$CH_3\dot{C}HCH(CH_2CH_3)CH_2CH_3$

(5) 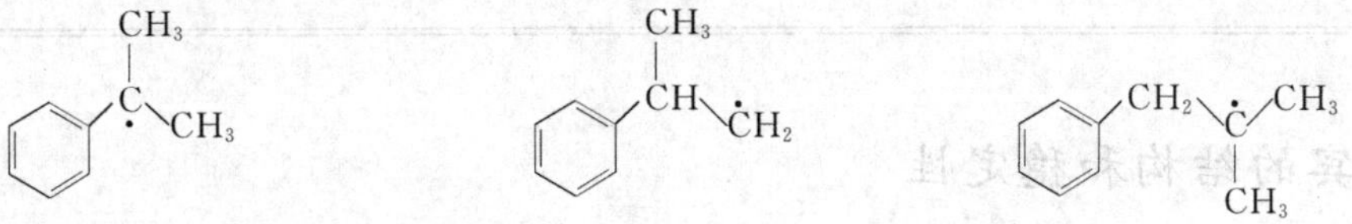

7.5.2　碳负离子的结构与稳定性

碳负离子是由有机化合物的 C—H 键在碱的作用下脱质子而形成。这种脱质子作用其实是 C—H 键酸性(参阅 4.5 节)的体现。通常是酸性越强的氢越容易脱去，而氢的酸性大小是直接与形成碳负离子的稳定性相关。

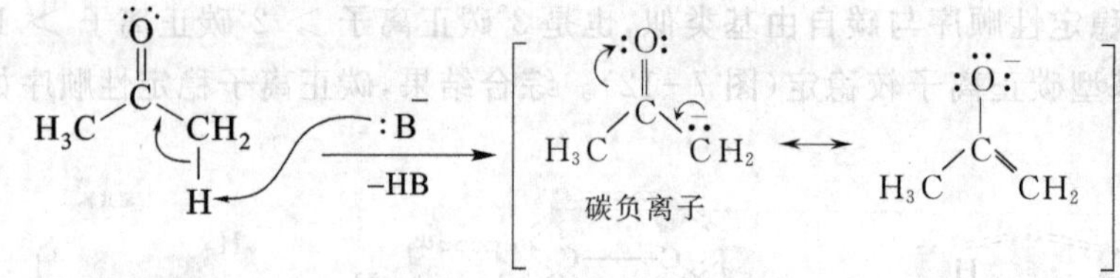

$$CH_3NO_2 \xrightarrow[-HB]{:\bar{B}} \bar{:}CH_2NO_2$$

碳负离子的稳定性与相邻基团分散负电荷的能力有关。相邻基团的吸电子作用越强，则碳负离子越稳定。从另一个角度看，相邻基团的吸电子作用越强，形成碳负离子的碳原子上氢的酸性也越强。因此，可以用某个碳原子上氢的 pK_a 值来判断该碳原子形成碳负离子的稳定程度。如二硝基甲烷[$CH_2(NO_2)_2$]的 pK_a 比硝基甲烷(CH_3NO_2)的小很多，前者为 3.57，后者为 10.21，因此，可以判断$(O_2N)_2CH^-$ 比 $O_2NCH_2^-$ 稳定。

由于烷基具有给电子作用，一级、二级和三级碳负离子的稳定性顺序与碳正离子和碳自由基不同，一般情况下，其稳定性顺序为

$$1^\circ碳负离子 > 2^\circ碳负离子 > 3^\circ碳负离子$$

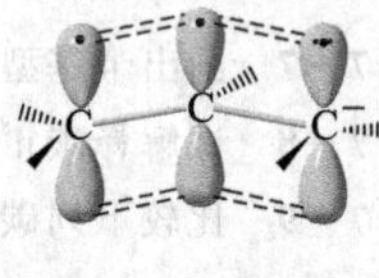

图 7-13 烯丙型碳负离子的结构

不过当碳负离子与 π 体系相连时，碳负离子的结构从 sp^3 杂化转化为 sp^2 杂化，从而可以有效地形成共轭效应(如图 7-13)，达到分散负电荷，稳定碳负离子的目的。因此烯丙型和苄基型碳负离子是稳定的。

习题 7-10 请查阅下列化合物中画线 H 的 pK_a 值，并判断它们脱去氢质子形成的碳负离子的稳定性：

(1) $CH_3\overset{O}{\overset{\|}{C}}—\underline{CH_3}$ (2) $\underline{CH_3}—\overset{O}{\overset{\|}{C}}H$ (3) $\underline{CH_3}C≡CCH_3$

(4) $\underline{CH_3}CN$ (5) $\underline{CH_3}\overset{O}{\overset{\|}{C}}—OC_2H_5$ (6) $\underline{CH_3}NO_2$

(7) $CH_3C≡C\underline{CH_2}CH_3$ (8) 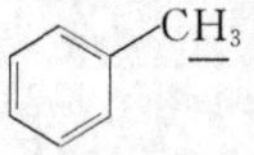

7.5.3 卡宾的结构和稳定性

卡宾通常由含有容易离去基团的分子消去一个中性分子而形成。如 CH_3Br 在碱作用下可以消去 HBr 形成亚甲基卡宾($:CH_2$，methylene)，重氮甲烷和烯酮受光分解也能得到亚甲基卡宾。

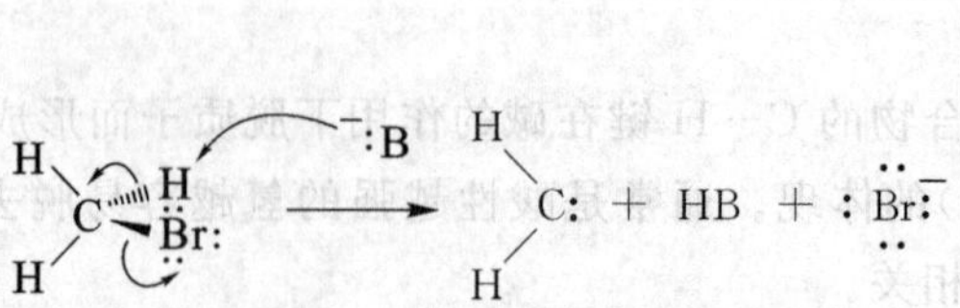

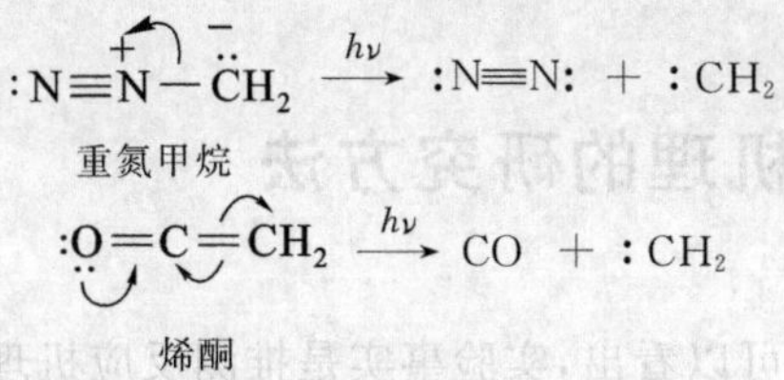

α-重氮化合物的分解是得到取代卡宾的常用方法：

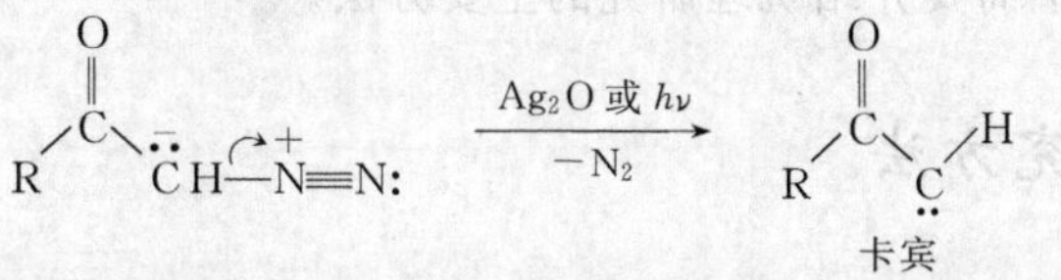

与碳自由基类似，卡宾属于不带正负电荷的中性的活性中间体。卡宾有两种结构形态：单线态(singlet state)和三线态(triplet state)。单线态卡宾中碳原子以 sp^2 杂化轨道与两个其他原子或基团形成两个 σ 键，1 对电子占据另一个 sp^2 杂化轨道，同时还有一个空 p 轨道。单线态卡宾中 R—C—R 键角约为 100°～110°。根据分子轨道计算，三线态卡宾能量较高。实验测得不同卡宾的两个 σ 键键角介于 120°～180°之间，因此，认为碳原子的杂化状态有两种可能：一种是 sp^2 杂化，一种是 sp 杂化。无论采用哪种杂化方式，碳原子均使用杂化轨道成键。另外 2 个单电子在 sp 杂化成键时，分别处于两个 p 轨道中；而在 sp^2 杂化时，则分别处于一个 sp^2 杂化轨道中和一个 p 轨道中(图 7-14，可见彩页 2)。

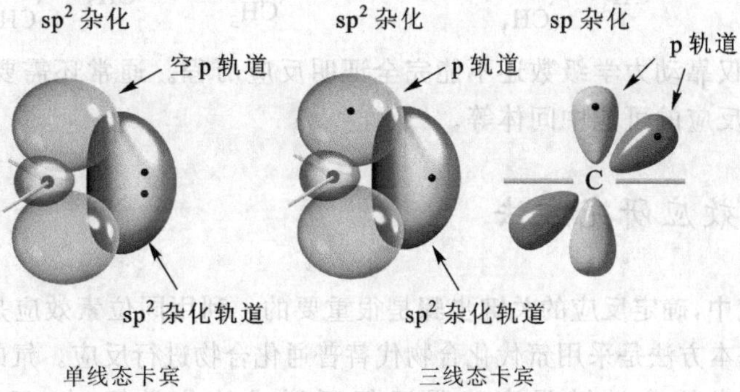

图 7-14　卡宾的结构

卡宾碳原子外层只有 6 个电子，具有很高的亲电反应活性。单线态卡宾的结构中有 1 对未成键电子和一个空 p 轨道，因此在反应中，它既可以用孤对电子占据的 sp^2 杂化轨道与缺电子基团反应，也可以用空 p 轨道去接受其他原子或基团的孤对电子，从而表现出亲电和亲核的双重反应性能。

氮宾是与卡宾很类似的一类活性中间体，不同之处在于活性中心是氮原子，而不是碳原子。它们主要存在于某些重排反应的反应过程中(详见第十五章)。

后续章节将在各种类型有机化学反应的讨论中，进一步分析各类活性中间体的结构和稳定性，从而理解有机反应中势能变化，探讨不同反应物、不同试剂条件下的反应活性、选择性以及立体化学问题。

7.6　有机化学反应机理的研究方法

从自由基卤代反应的讨论可以看出，实验事实是推测反应机理的基础，合理的机理能很好地解释所发现的实验事实。研究有机化学反应机理的困难不仅在于反应的复杂性，而且受到研究方法与观点的限制。以下简要介绍机理研究的主要方法。

7.6.1　动力学研究方法

测定反应物的浓度对反应速率的影响，确定反应级数对于反应机理研究具有重要意义。如饱和碳原子上的亲核取代反应，伯卤代烃在碱性条件下水解，动力学表现为二级反应，最终确定该反应为双分子反应；叔卤代烃的反应在动力学表现为一级反应，确定其历程为经过碳正离子的单分子反应历程(详见第八章)。

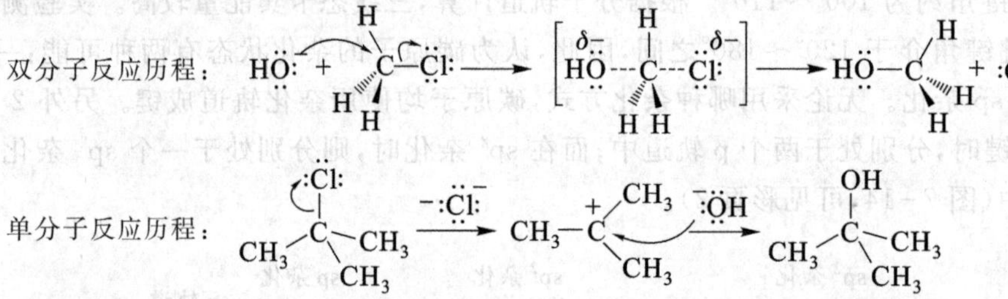

对于多步反应，仅靠动力学级数还不能完全证明反应历程。通常还需要更多的实验确定反应的关键步骤，分析反应的可能中间体等。

7.6.2　同位素效应研究方法

在反应机理研究中，确定反应的关键步骤是很重要的。利用同位素效应是确定反应关键步骤的重要方法之一。基本方法是采用氘代化合物代替普通化合物进行反应。氘的化学性质与氢非常类似，但是，氘所形成的化学键强度略强于氢所形成的化学键，如 H—H 键的解离能为 435 $kJ\cdot mol^{-1}$，而 D—D 键的解离能为 444 $kJ\cdot mol^{-1}$。因此断裂氘与相关原子组成的化学键(D—Y)比断裂相应的 H—Y 键需要更高的反应活化能。如果 C—H 键的断裂是反应的关键步骤，则用氘代化合物进行反应时，能观察到明显的反应速率降低。比如上述烷烃的自由基卤代反应中，用氘代甲烷进行反应的速率只有甲烷的 1/12，说明 C—H 键的断裂是该反应的关键步骤。

$$CH_4 + Cl^{\cdot} \longrightarrow {}^{\cdot}CH_3 + HCl \qquad 相对反应速率为 12$$

$$CD_4 + Cl^{\cdot} \longrightarrow {}^{\cdot}CD_3 + DCl \qquad 相对反应速率为 1$$

7.6.3　反应中间体“捕获”方法

应用化学方法 “捕获”中间体，或者用物理或化学方法对中间体进行定性和定量分析。这种方法可以为反应历程提供直接的证据。例如，N,N-二苯基-N'-(2,4,6-三硝基苯基)肼是常用的化学法检测自由基的捕获剂。

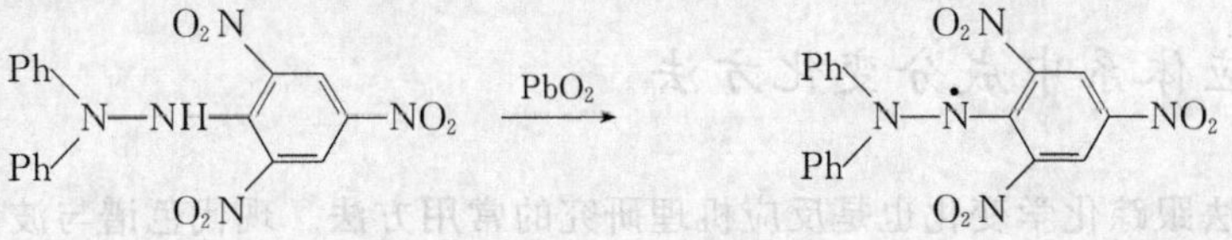

N,N-二苯基-N'-(2,4,6-三硝基苯基)肼自由基(紫色)

N,N-二苯基-N'-(2,4,6-三硝基苯基)肼氧化后能生成较稳定的自由基，在固态时可以保持很久，且不与氧作用，不发生二聚。该自由基在 10^{-5} mol·L^{-1} 时呈现紫色，如果体系中有自由基产生，则在反应体系中加入该自由基后，两种自由基相互结合，体系的颜色将发生变化，从而可以确定该反应中间体为自由基。

顺磁共振仪可以捕获单电子自由基的信息，顺磁共振仪原理与核磁共振(第六章)类似，只是它不涉及成对电子的磁矩。使用顺磁共振仪检测反应中的自由基受到自由基存在时间长短的影响。有时反应中生成的自由基活性很高，存在时间短，就难以检测到。这时，常用亚硝基化合物和甲亚胺-N-氧化物捕获自由基中间体，生成稳定的自由基，再用于顺磁共振仪检测。

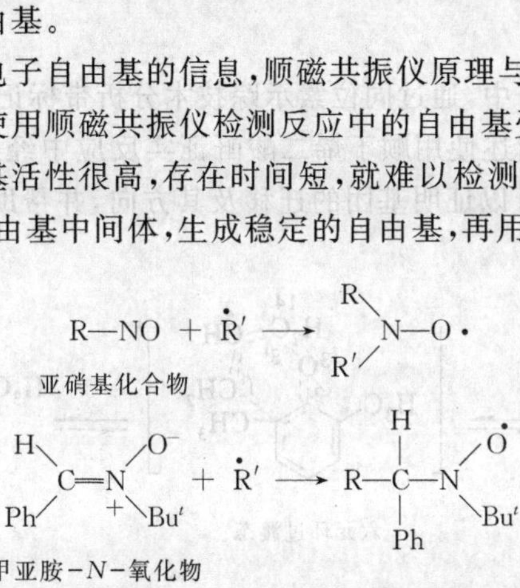

对于一些比较稳定的中间体，采用捕获剂与之反应，得到稳定的化合物再进行分离分析也是常用的方法。比如，在研究 Claisen 重排反应(第十五章)中，为了证实反应中间体是具有共轭二烯结构的 2,4-环己二烯酮类化合物，使用顺丁烯二酸酐与之发生 Diels-Alder 反应(第十章)，结果分离得到相应的加成产物，反应机理得到证实。

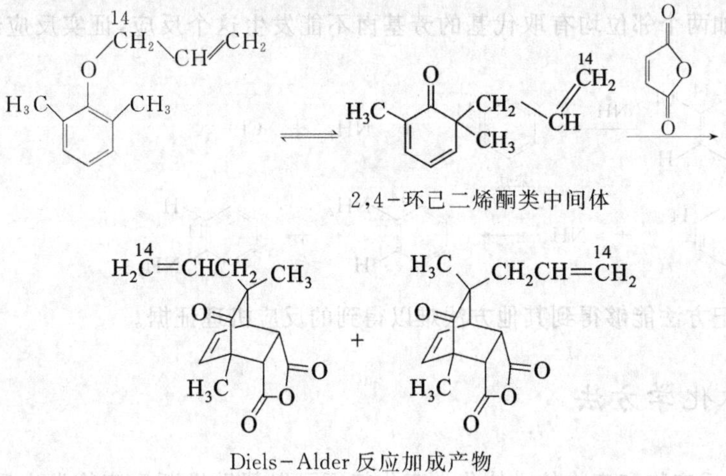

Diels-Alder 反应加成产物

使用捕获剂的方法能有效地证实中间体的生成与存在，但是这种方法对体系也会产生较大的干扰，而且对于快速进行的反应不易操作。

7.6.4 跟踪反应体系中成分变化方法

应用波谱分析方法跟踪化学变化也是反应机理研究的常用方法。现代色谱与波谱联用技术如 GC-MS、LC-MS 为这一方法提供了可行的检测手段。不过由于这种方法是对整个反应体系进行分析，因此谱图比较复杂，不利于分析。并且对于快速进行的反应也不易跟踪记录到快速变化的过程。

7.6.5 示踪原子方法

将同位素引入化合物分子中，通过同位素示踪技术分析带标记原子部分的去向，可以为机理的确定提供有用的信息。如前述使用顺丁烯二酸酐证实反应中经过了双烯酮中间体的实例中，使用了 C^{14} 标记的起始原料，可以证明基团的迁移及其方向，并帮助确证该反应是一个经过六元环过渡态的协同反应。

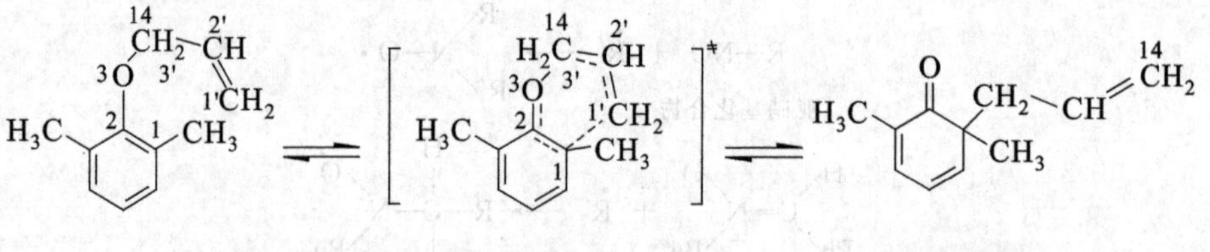

又比如，用 C^{14} 标记的氯苯在氨基钠的作用下进行芳香亲核反应，发现产物中有一半是氨基进入离去基团所在的位置，另一半则是进入离去基团的邻位：

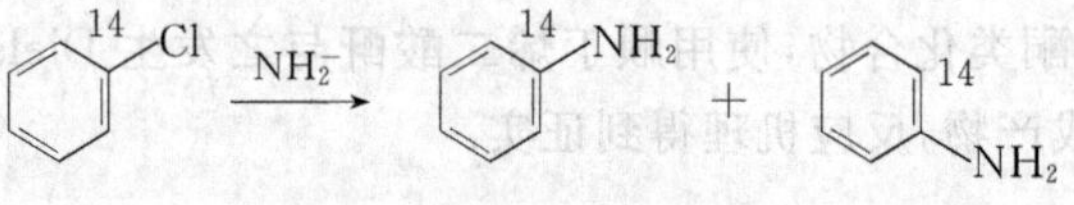

结合其他证据，如两个邻位均有取代基的芳基卤不能发生这个反应，证实反应经过苯炔中间体历程：

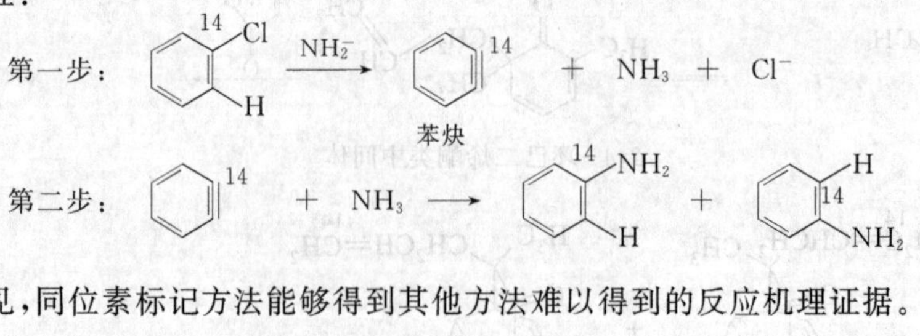

可见，同位素标记方法能够得到其他方法难以得到的反应机理证据。

7.6.6 立体化学方法

根据反应中反应物和产物的立体化学变化特征可以帮助推断反应物发生反应的方式，这种方法在有机化学机理研究中应用很广。如叔卤代烃的水解得到外消旋化产物是反应经历了碳正离子机理的很好佐证。立体化学是有机化学中内容十分丰富的一个部分。在本书的第一部分主要讨论了有机化合物静态的立体化学特征，从本章开始，将深入讨论有机反应中动态的立体化学变化问题。

习题 7-11　反应的焓变如何得出？可以直接用焓变判断反应是否可以进行吗？

习题 7-12　判断下列反应在气相进行是否有熵变？如果有，$\Delta S^{\ominus}$ 是负值还是正值？

(1) $A + B \longrightarrow C + D$　　(2) $A + B \longrightarrow C$

(3) $A \longrightarrow C + D$　　(4) $A \longrightarrow B$

习题 7-13　化学反应速率主要受哪些因素的影响？反应温度升高，反应速率是否有变化？如果有，是增大呢？还是减小呢？反应如果是可逆的，则逆反应的速率随着温度的升高情况如何？

习题 7-14　如何分析比较基元反应的活化过渡态结构和能量高低？

习题 7-15　有机化学反应的活性中间体主要有哪些？它们的结构是怎样的？

习题 7-16　影响碳正离子、碳自由基和碳负离子等活性中间体的稳定性因素有哪些，它们各自的稳定性顺序如何？

习题 7-17　比较下列各组活性中间体的稳定性顺序。

(1) 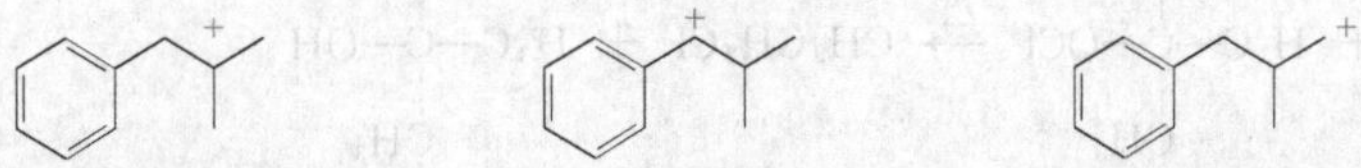

A　B　C

(2) 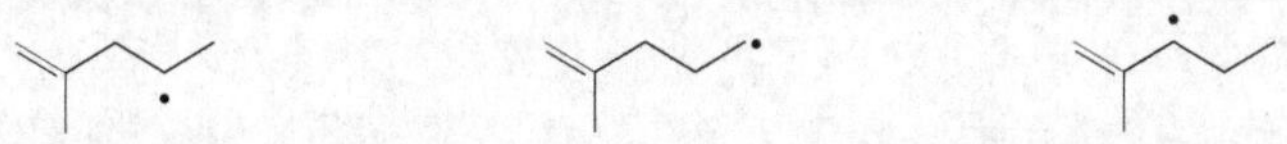

A　B　C

(3) 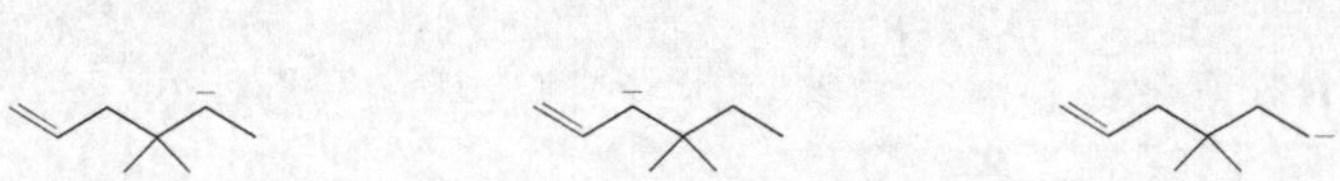

A　B　C

(4) 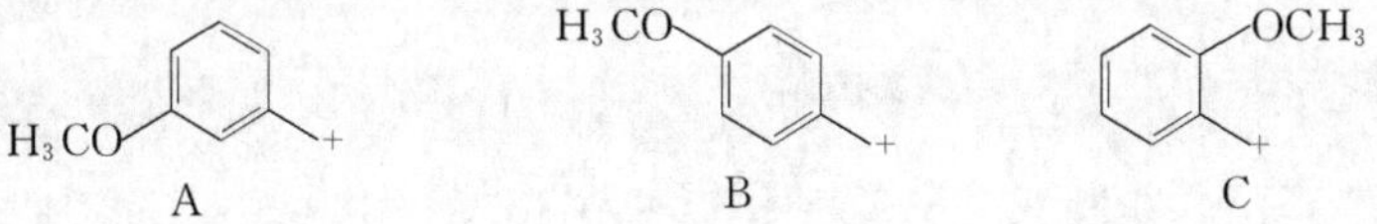

A　B　C

(5) 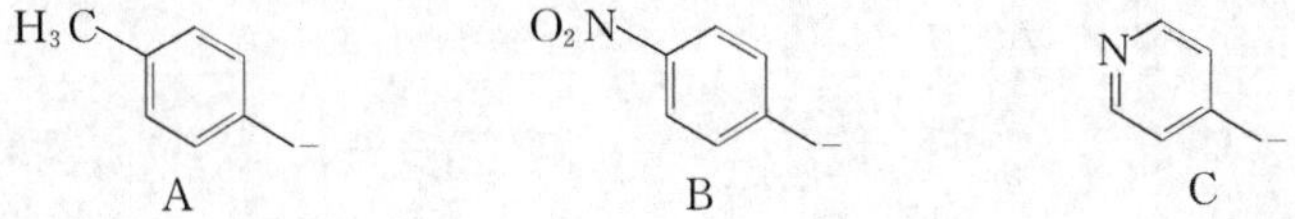

A　B　C

(6) 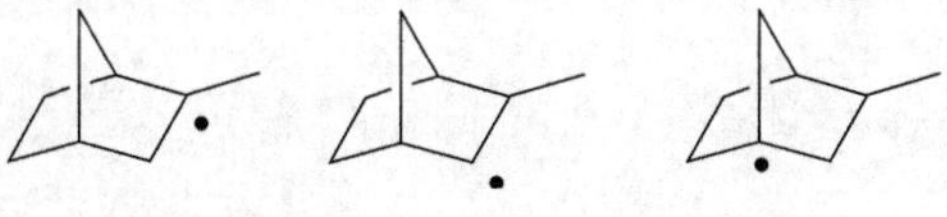

A　B　C

习题 7-18　完成下列反应，写出反应物、主要产物或反应条件（必要时，准确给出产物的立体构型）。

(1) 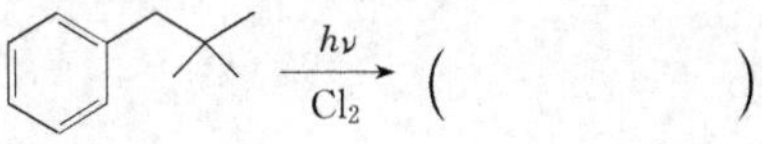

(2) 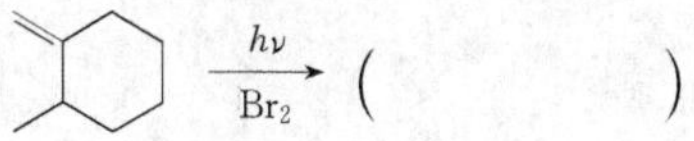

(3) 

(4) 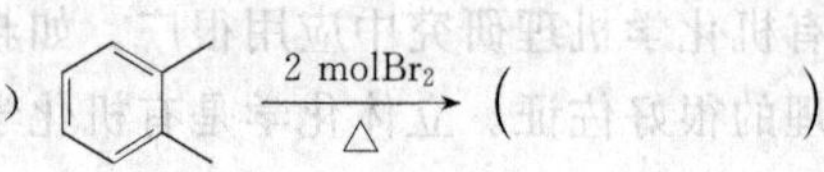

(5) 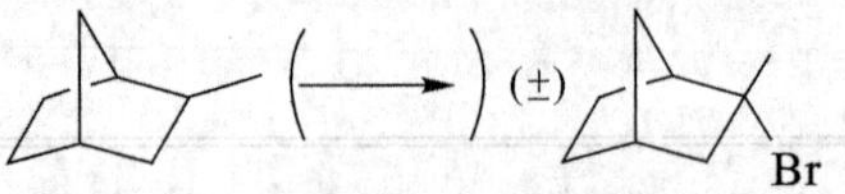

(6) 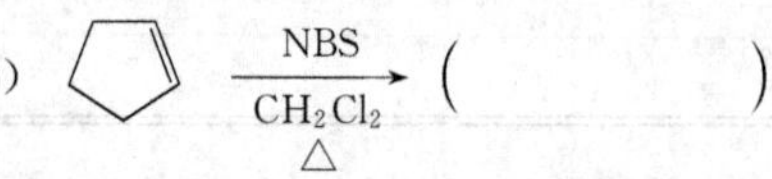

习题 7-19 指出下列转化中哪些步骤需要使用烷烃的自由基卤代反应。

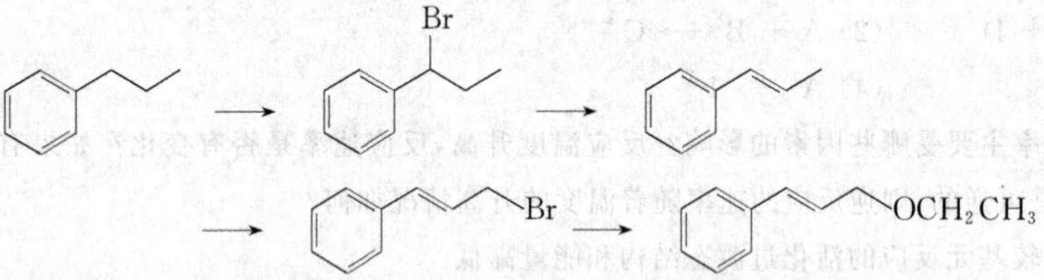

习题 7-20 举例说明比较烷烃的自由基氯代反应和溴代反应，哪一个活性较高，哪一个对 1°氢、2°氢、3°氢的选择性更好。

习题 7-21 为下列反应提出一个合理的反应机理。

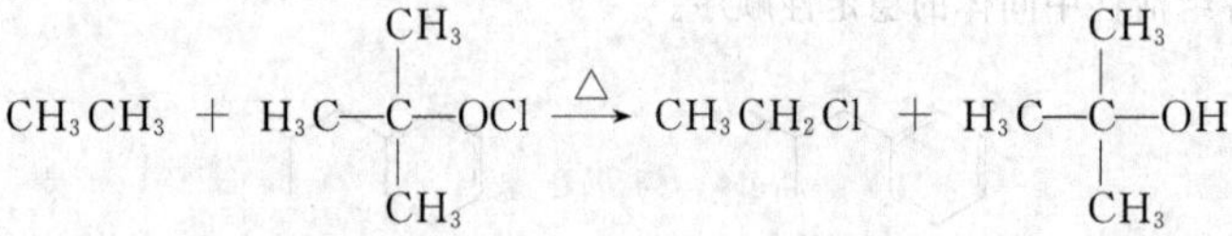

第八章　sp³ 杂化碳原子的亲核取代反应

（Nucleophilic Substitutions at sp³ Hybridized Carbon）

卤代烃的 C—X 键为极性共价键，其中的碳原子带部分正电荷，容易接受富电子亲核试剂的进攻（参见 4.2.2 节），从而发生亲核取代反应（nucleophilic substitution，简称 S_N）。除了卤代烃之外，醇、醚及其磺酸酯中的 C—O 键也是极性共价键，也能发生类似的亲核取代反应（参见 4.3 节）。其中，卤代烃和磺酸酯的亲核取代反应是合成多种有机化合物的重要方法，在有机合成中有着广泛的应用。鉴于该类型亲核取代反应是发生在 sp^3 碳原子上，因此也称为 sp^3 杂化碳原子的亲核取代反应（nucleophilic substitutions at sp^3 hybridized carbon），以区别于羰基化合物的亲核取代反应（参见第十三章）。以下是该类型反应的通式：

$$-\overset{|}{\underset{|}{C}}-X \;+\; Nu\!: \longrightarrow -\overset{|}{\underset{|}{C}}-Nu \;+\; X\!:^-$$

其中：X＝Cl、Br、I、OTs 等离去基团，Nu 表示亲核试剂

本章拟依次讨论有关反应能否进行的判断依据，反应机理，影响反应速率的因素和反应的立体化学特征，以及该反应在合成中的应用。为讨论方便，通常将卤代烃或磺酸酯等接受亲核试剂进攻的含有缺电子碳原子的反应物称为底物（substrates），而底物中的卤素原子或磺酰氧基在反应中将离开底物，被称为离去基团（leaving groups，简称 LG）。

8.1　有机溶剂的分类以及溶剂化效应

键的极性是亲核取代反应的诱因，这一点不同于上一章介绍的烷烃卤代反应。烷烃中的 C—H键是非极性键，其断裂方式以均裂为主。而在亲核取代反应中，键的极性导致成键原子的电荷分布不均匀，形成了一个缺电子碳原子，从而接受亲核试剂的进攻发生亲核取代反应。因此，在亲核取代反应中，共价键是以异裂方式进行的（参阅 1.7 和 8.2 节）。由于大多数有机化合物中碳原子与官能团连接的键都是极性共价键，因此异裂成为有机化学反应中十分普遍的一种反应方式。共价键发生异裂的反应中，发生反应的共价键往往存在着电荷分离的特征，而进攻试剂又多为负离子，且在反应过程中也将形成负离子或者电荷分离的过渡态。因此，溶剂的极性以及其他一些特征将对反应活性乃至机理产生十分重要的影响。所以，在详细讨论亲核取代反应机理及其影响因素之前，有必要简要介绍有机化学反应溶剂的分类、特性以及溶剂化效应。

在有机化学研究中，溶剂的用途很多，如作为反应溶剂、萃取溶剂、薄层色谱的展开剂或柱色谱分离的洗脱剂等。无论做什么用途，一般都要求所用溶剂的化学性质相对稳定，至少在具体使用过程中不发生化学反应。因此，不同的化学反应、不同产物的分离纯化对于溶剂也有着不同的要求。大多数的有机化合物，只要是液体，且沸点适中，都可以作为溶剂使用，如较低相对分子质量的烷烃、芳香烃、卤代烃和醇、醚、酮、羧酸及其酯类或酰胺类都可以用作溶剂。烷烃和芳香烃属于非极性溶剂(nonpolar solvents)，常用的有石油醚、己烷、环己烷和苯、甲苯等，其中石油醚是低级烃的混合物，按沸程高低又分为30～60 ℃，60～90 ℃，90～120 ℃三种。卤代烃和醇、醚、酮、胺、羧酸及其酯类或酰胺类则属于极性溶剂(polar solvents)，常用的有二氯甲烷、氯仿、氯苯、甲醇、乙醇、乙醚、四氢呋喃(THF)、二甘醇二甲醚($CH_3OCH_2CH_2OCH_2CH_2OCH_3$，又称为一缩二乙二醇二甲醚)、丙酮、丁酮、乙酸、乙酸乙酯、*N*,*N*-二甲基甲酰胺(DMF)和二甲基亚砜(DMSO)、乙腈等。

溶剂的极性不仅可以用溶剂分子的偶极矩(参阅1.5.2节)表示，而且可以用介电常数(ε)表示。介电常数是表示溶剂电绝缘性质的一个物理常数，介电常数值越大，在电场作用下发生极化导致导电的可能性越大，即绝缘性能越差。一般来说，介电常数越大，极性越大。值得注意的是：介电常数大小顺序与偶极矩大小顺序不完全对应，这是因为偶极矩表示的是分子的静态电荷分离情况，而介电常数则体现了在外电场作用下分子的电子云分布发生极化的能力。极性的有机分子溶解于溶剂中，相当于在溶剂分子周围施加了一个外电场，如果该溶剂分子的电子容易极化，则溶剂与该极性分子的作用将增强，从而使两者更好地相溶。例如，苯的偶极矩为零，但是介电常数却比二氧六环还要略大一些；二氯甲烷的偶极矩 5.17×10^{-30} C·m，小于乙酸乙酯的 6.04×10^{-30} C·m，但是其介电常数却为 8.9 $F\cdot m^{-1}$，大于乙酸乙酯的 6.0 $F\cdot m^{-1}$。实际的情况是，苯和二氯甲烷是很多极性有机化合物的优良溶剂，原因就在于它们在极性溶质分子作用下容易极化，从而与极性分子产生较强的作用力。

有机溶剂中，非极性和低极性的烃类、芳香烃和卤代烃等难溶于水，在水中溶解度很小，而含氧、含氮的极性溶剂由于可以与水形成氢键，因此在水中都有一定的溶解性。需要注意的是：不仅仅是甲醇和乙醇可以与水以任意比例混溶，很多含氧含氮溶剂也能与水以任意比例混溶，如THF、丙酮、乙酸、DMF和乙腈等。因此当选择它们用于无水反应中时，应注意干燥除水。不过这种特性也为它们的使用带来一定的方便。如DMF和DMSO沸点较高(分别为153 ℃和189 ℃)，常用作亲核取代反应的溶剂，反应结束后难以通过蒸馏方式除去，这时可以利用它们与水的良好互溶性，采用较大量水稀释反应混合液，然后用低沸点有机溶剂萃取的方式得到所需要的产物。二氯甲烷、氯仿、乙醚和乙酸乙酯因为在水中的溶解度较小，且沸点较低，常作为萃取溶剂使用。

从以上讨论可以看出，极性、沸点和水中溶解度是有机溶剂的三个重要特征，表8-1列出了部分常用有机溶剂的分类及其基本性质。此外，有机溶剂还有一个重要特征，那就是溶剂是否具有O—H、N—H等活泼氢。类似乙醇和乙酸等含有活泼氢的溶剂称为质子型极性溶剂(protic polar solvents)，而不含有活泼氢的溶剂均可以称为非质子型溶剂。不过一般只将那些不含有活泼氢的强极性溶剂称为非质子型极性溶剂(aprotic polar solvents)，如丙酮、DMF、DMSO和乙腈等。之所以要区分质子型极性溶剂与非质子型极性溶剂，关键在于它们具有不同的溶剂化作用特点，从而广泛影响在溶剂中进行的异裂型反应。

表 8-1　常用有机溶剂的分类及基本物理性质

分类			溶剂中文名	英文名（缩写）	沸点[a] (bp/℃)	水溶性[b] $g\cdot(100\ gH_2O)^{-1}$	介电常数 (ε)	偶极矩 $[\mu/(10^{-30}\ C\cdot m)]$
非极性		烃类	己烷	hexane	68.74	不溶	1.9	0
非极性		烃类	环己烷	cyclohexane	81	0.01	2.0	0
非极性		烃类	苯	benzene	80.1	0.18	2.3	0
非极性		烃类	甲苯	toluene	110.8	0.05	2.4	0
极性溶剂	弱极性溶剂	卤代烃	二氯甲烷	dichloromethane	40～41	1.30	8.9	5.17
极性溶剂	弱极性溶剂	卤代烃	氯仿	chloroform	61.2	0.82(20 ℃)	4.8	3.84
极性溶剂	弱极性溶剂	卤代烃	氯苯	chlorobenzene	132	0.05(30 ℃)	5.6	—
极性溶剂	弱极性溶剂	醚	乙醚	diethyl ether	34.5	6.0	4.3	3.84
极性溶剂	弱极性溶剂	醚	四氢呋喃	tetrahedrofuran (THF)	66	∞	7.6	5.77
极性溶剂	弱极性溶剂	醚	二氧六环	dioxane	101.1	∞	2.2	1.50
极性溶剂	弱极性溶剂	醚	二甘醇二甲醚	dimethyl carbitol	162	∞	—	—
极性溶剂	弱极性溶剂	酯	乙酸乙酯	ethyl acetate	77.1	8.1	6.0	6.04
极性溶剂	质子型极性溶剂	醇	甲醇	methanol	65	∞	32.7	5.67
极性溶剂	质子型极性溶剂	醇	乙醇	ethanol	78	∞	24.6	5.64
极性溶剂	质子型极性溶剂	醇	异丙醇	isopropanol	82.5	∞	19.9	—
极性溶剂	质子型极性溶剂	羧酸	甲酸	formic acid	100.8	∞	58.5	6.07
极性溶剂	质子型极性溶剂	羧酸	乙酸	acetic acid	118	∞	6.2	5.60
极性溶剂	质子型极性溶剂	其他	水	water	100	—	80.2	6.17
极性溶剂	质子型极性溶剂	其他	液氨	liquid ammonia	−33.5	∞	22.4	4.34
极性溶剂	非质子型极性溶剂	其他	丙酮	acetone	56.5	∞	20.7	9.07
极性溶剂	非质子型极性溶剂	其他	乙腈	acetonitrile	80～82	∞	37.5	13.1
极性溶剂	非质子型极性溶剂	其他	二甲基亚砜	dimethyl sulfoxide (DMSO)	189	25.3	46.7	11.6
极性溶剂	非质子型极性溶剂	其他	*N*,*N*-二甲基甲酰胺	*N*,*N*-dimethylformamide (DMF)	153	∞	36.7	12.7
极性溶剂	非质子型极性溶剂	其他	六甲基磷三酰胺	hexamethyl phosphoric triamide (HMPT)	233	∞	30	14.4

a：0.1 MPa 条件下；b：除非特别说明均为 25 ℃条件下溶解度，小于 0.01 $g\cdot(100\ gH_2O)^{-1}$ 记为不溶，以任意比例混溶记为∞。

所谓溶剂化作用(solvation)是指溶剂分子以分子间作用力分散包围溶质分子的一种作用。无机盐溶解于水就是一个典型的例子。例如,氯化钠固体在水中溶解过程中,氯负离子与金属钠离子间的离子键被极性的水分子破坏,水分子以带部分正电荷的氢原子与氯负离子形成偶极-离子(静电)作用,类似地,水分子中带部分负电荷的氧原子与钠离子也形成偶极-离子(静电)作用。最终,在每个氯离子周围都包围有若干个水分子,而每个钠离子周围也包围有若干个水分子,从而导致氯离子与钠离子间的离子键彻底破坏,氯离子和钠离子分别形成溶剂化的离子分散在水溶液中。图 8-1 是水分子对正、负离子的溶剂化作用的示意图:

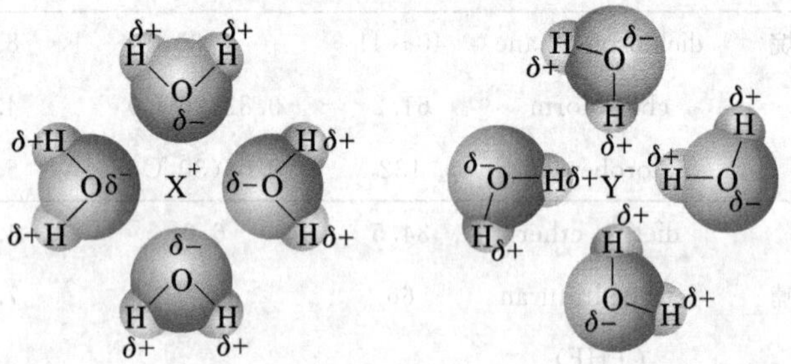

图 8-1 水对正离子和负离子的溶剂化作用示意图

有机化合物主要以共价键成键,因此一般难以产生这样的溶剂化作用。通常,在有机溶剂与有机溶质分子间更多存在的是偶极-偶极作用、偶极-诱导偶极作用或疏水作用等。但是,在有机反应中,如果反应试剂是离子,或者反应过程中有离子的形成,则溶剂化作用将对反应速率、活性和选择性产生重要影响。质子型极性溶剂与非质子型极性溶剂的结构特点不同,因此对正、负离子的溶剂化作用不同。一般来说质子型溶剂中 O—H 键或 N—H 键中的 O、N 原子带部分负电荷,氢原子带部分正电荷,由于氢原子体积小,分子中极性的正、负两端都暴露在分子表面,因此类似于水的作用,可以对正、负离子均形成溶剂化作用(参见图 8-1)。而多数非质子型极性溶剂,如 DMSO、DMF 和丙酮等,具有一个共同的结构特点,其正电荷中心被烃基包围在分子中间(详见图 8-2,可见彩页 2),难以对负离子形成溶剂化作用,而只与正离子形成溶剂化作用。这

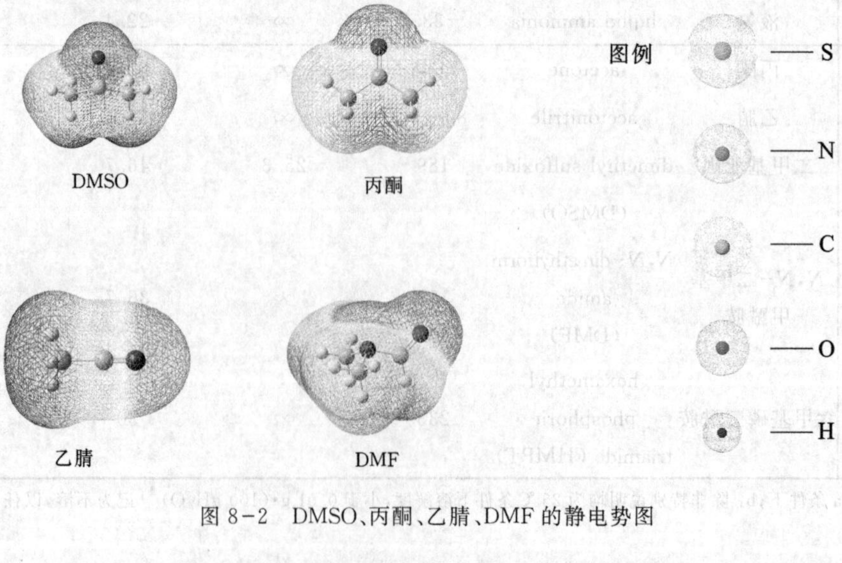

图 8-2 DMSO、丙酮、乙腈、DMF 的静电势图

种特点使得质子型极性溶剂与非质子型极性溶剂对饱和碳上的亲核取代反应产生不同的影响(详见 8.5 节)。

事实上，溶剂分子与作为溶质的反应物、产物或中间体的作用(包括溶剂化作用)是几乎所有在溶剂中进行的有机反应不容忽视的影响因素之一。不过，由于溶剂作用十分复杂，对反应的影响目前尚不十分清楚。因此，本书仅在本章讨论非质子型极性溶剂与质子型极性溶剂对 S_N1 和 S_N2 反应的影响。

8.2　亲核取代反应能否进行的酸碱性判断依据

在第七章，已经阐述了判断一个反应能否进行的热力学判据，即从反应的自由能变化来进行判断(参阅 7.2 节)。因为 $\Delta G^{\ominus} = -RT\ln K_{eq}$，因此当自由能变化 $\Delta G^{\ominus} < 0$ 时，平衡常数 $K_{eq} > 1$，平衡向生成物方向移动；当 $\Delta G^{\ominus} > 0$ 时，平衡常数 $K_{eq} < 1$，则平衡逆向移动。又因为自由能的变化与焓变和熵变存在以下关系 $\Delta G^{\ominus} = \Delta H^{\ominus} - T\Delta S^{\ominus}$，在熵变较小的情况下，可以直接利用反应的键能或解离能数据计算焓变值进行判断。不过这种方法基本上只适用于气相反应。当反应在溶液中进行时，由于溶剂分子与反应物、中间体以及生成物之间存在复杂的相互作用(参阅 8.1 节)，从而难以直接用键能数据计算得出的焓变值来判断一个反应能否进行。这种情况下，一个较为简便可行的方法就是利用反应物的酸碱性强弱来判断反应能否进行。因为化合物的酸碱性强弱是在相关溶剂中的行为，基本可以体现了溶剂与反应物、中间体以及生成物之间的相互作用。

利用酸碱性判断反应能否进行的一般原则是：强碱可以置换弱碱，强酸可以置换弱酸。对于饱和碳上的亲核取代反应而言，亲核试剂是碱，离去基团离去后形成的负离子也是碱。比较两者的碱性强弱即可判断反应能否进行。例如，氢氧负离子的碱性强于氯负离子(HCl 的 pK_a 为 −7，H_2O 的 pK_a 为 15.7)，因此氯甲烷可以与 KOH 或 NaOH 的水溶液反应，生成甲醇和氯负离子；反过来，甲醇与氯负离子(由盐酸盐提供氯负离子)的反应则不能进行。

$$\underset{}{CH_3Cl} + \underset{强碱}{OH^-} \longrightarrow CH_3OH + \underset{弱碱}{Cl^-}$$

$$CH_3OH + \underset{弱碱}{Cl^-} \not\longrightarrow CH_3Cl + \underset{强碱}{OH^-}$$

正是因为卤负离子的碱性较弱，卤代烃可以与多种碱性较卤负离子强的亲核试剂反应得到各种产物，如卤代烃可以与烷氧基负离子反应生成醚，与氨反应得到胺，与氰根负离子反应得到腈，与炔基负离子反应得到碳链增长的炔烃等。

与卤代烃类似的还有磺酸酯。磺酸的酸性较强(pK_a 一般为 −3～3)，磺酰氧负离子的碱性较弱，因此磺酸酯也可以与多种亲核试剂反应形成各种产物。表 8-2 列出了与卤代烃或磺酸酯反应的亲核试剂及其相应产物。

甲醇虽然不能与氯负离子反应生成氯甲烷，但是如果改变反应条件，与盐酸反应，甲醇就可以转化为氯甲烷，因为盐酸的酸性比水强。

$$CH_3OH + HCl \longrightarrow CH_3Cl + H_2O$$

强酸　　　　　　　　弱酸

醇、醚和胺分子具有与卤代烃、磺酸酯类似的结构，即结构中也含有极性共价键。它们的分子中直接与氧原子或氮原子相连的碳原子也是缺电子的，带部分正电荷，理论上也可能接受富电子的亲核试剂的进攻，发生亲核取代反应。但是实际上，醇需要与卤化氢反应才能转化为卤代烃，醚类化合物一般只在氢碘酸作用下发生醚键的断裂反应，而胺则基本上不能作为底物发生亲核取代反应。其原因在于氢氧负离子和烷氧基负离子的碱性较强（它们的共轭酸的 pK_a 分别为 15.7 和 15.5～18），而氨基负离子是有机化合物中很强的碱（其共轭酸的 pK_a 分别为 36～40）。

可见，利用化合物的酸碱性，很容易理解有机化合物反应特性的差别。

表 8-2　与卤代烃或磺酸酯反应的亲核试剂及其相应产物

亲核试剂	产物	亲核试剂	产物	亲核试剂	产物
HO^-，H_2O	醇 ROH	NH_3	胺 RNH_2	CN^-	腈 RCN
		RNH_2	$RNHR'$		
		R_2NH	R_2NR'		
RO^-，ROH	醚 ROR′	R_3N	季铵盐	$R—C≡C^-$	炔
			$R_3N^+R'X^-$		R—C≡C—R′
HS^-	硫醇 RSH	PH_3	膦 RPH_2	RMgX	烷烃 R—R′
		RPH_2	$RPHR'$	RLi	或烯烃
		R_2PH	R_2PR'	R_2CuLi	
RS^-	硫醚 RSR′	R_3P	季鏻盐		
			$R_3P^+R'X^-$		

习题 8-1　判断下列亲核取代反应能否进行。

(1) $CH_3CH_2OH + NaBr \longrightarrow CH_3CH_2Br + NaOH$

(2) $C_6H_5CH_2NH_2 + {}^-OH \longrightarrow C_6H_5CH_2OH + {}^-NH_2$

(3)
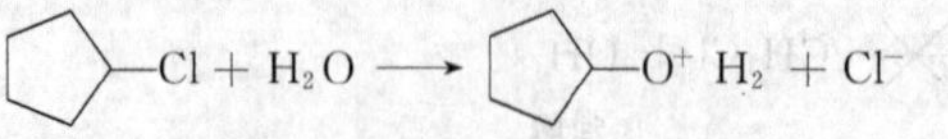

(4)
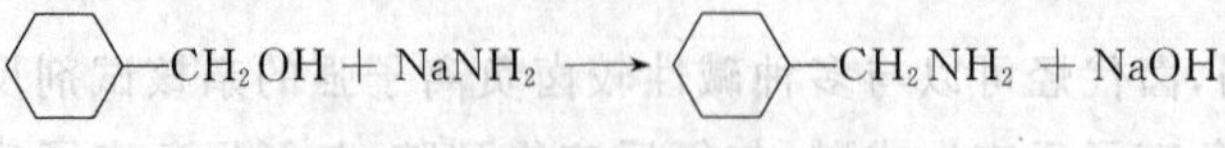

(5)

8.3　亲核取代反应的 S_N1 和 S_N2 机理

极性共价键的异裂是卤代烃或磺酸酯的亲核取代反应的基本特征之一，根据与亲核试剂作用的特点，该类型反应的可能机理有两种类型：S_N1 机理和 S_N2 机理。

8.3.1　S_N1 反应机理

所谓 S_N1 反应是单分子亲核取代反应（unimolecular nucleophilic substitution）的简称，其中，“S”表示取代反应（substitution），“N”表示亲核的（nucleophilic），“1”表示单分子反应。

S_N1 反应是一个经历碳正离子中间体的两步反应。第一步是卤代烃或磺酸酯中的 C—X 键或 C—O 键发生异裂，其中的卤素原子或磺酰氧基以负离子形式首先离去，形成碳正离子中间体，然后，碳正离子中间体再与亲核试剂结合，形成最终的取代产物。S_N1 反应机理如下：

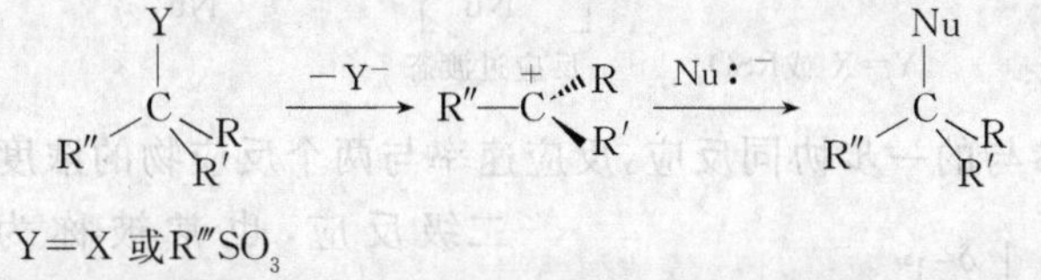

两步反应中，碳正离子势能较高，不稳定，是一个活性中间体，它的形成即第一步 C—X 键的异裂为吸能反应，是两步反应中的慢反应，即决定速率的关键步骤。该步反应只有一个分子（即底物）参与，因此被称为单分子反应，并且反应速率只与底物的浓度成正比，不受亲核试剂浓度的影响，动力学表现为一级反应有时也称为一级亲核取代反应（first-order nucleophilic substitution）。反应势能曲线如图 8-3 所示。

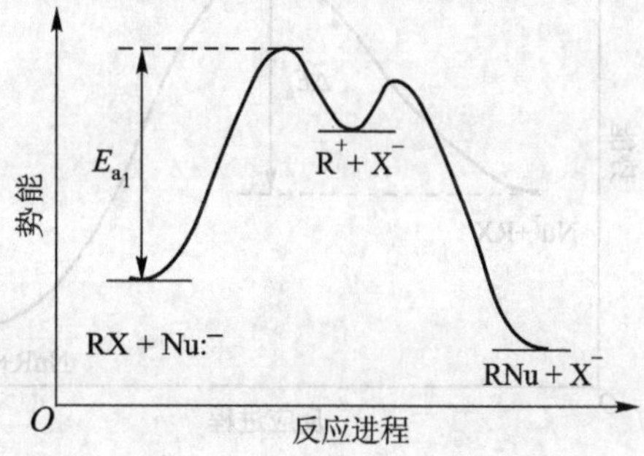

图 8-3　S_N1 反应的反应势能变化示意图

S_N1 反应经过碳正离子活性中间体。由于碳正离子具有平面结构，其中的碳原子采取 sp^2 杂化轨道成键，空 p 轨道垂直于该平面。因此，亲核试剂从该平面两边进攻的概率相等。如果 S_N1 反应发生在手性碳原子上，反应将得到消旋化产物（图 8-4）。

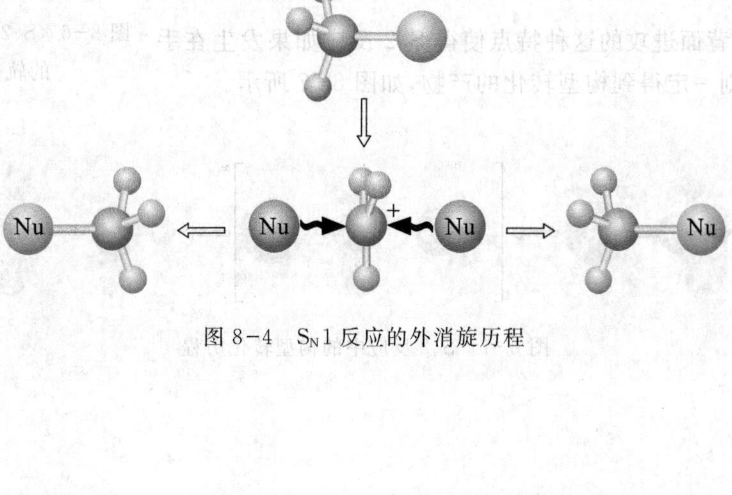

图 8-4　S_N1 反应的外消旋历程

8.3.2 S_N2 反应机理

亲核取代反应的另一种可能机理为双分子亲核取代反应(bimolecular nucleophilic substitution),简称 S_N2 反应。卤代烃或磺酸酯在亲核试剂的进攻下,伴随着碳原子与亲核试剂相连的共价键 C—Nu 形成,底物中的 C—X 键或 C—O 键逐步发生异裂,最终卤素原子或磺酰氧基以负离子形式离去,形成取代产物。S_N2 反应机理如下:

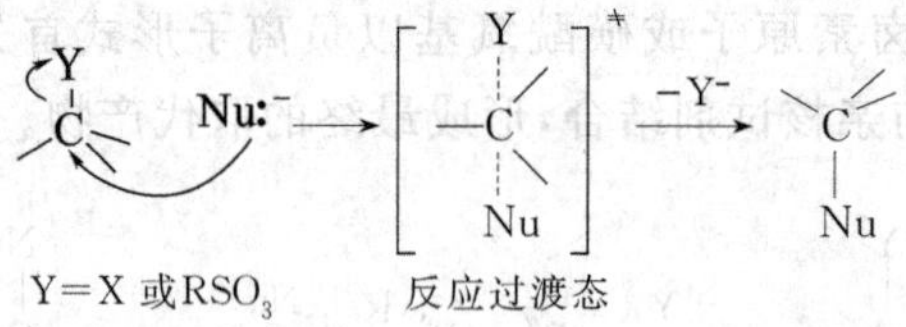

这是一个双分子参与的一步协同反应,反应速率与两个反应物的浓度成正比,动力学表现为二级反应,也常被称为二级亲核取代反应(second-order nucleophilic substitution)。其反应势能曲线如图 8-5 所示,该反应经过一个过渡态,过渡态的能量即为反应过程中势能的最高点。

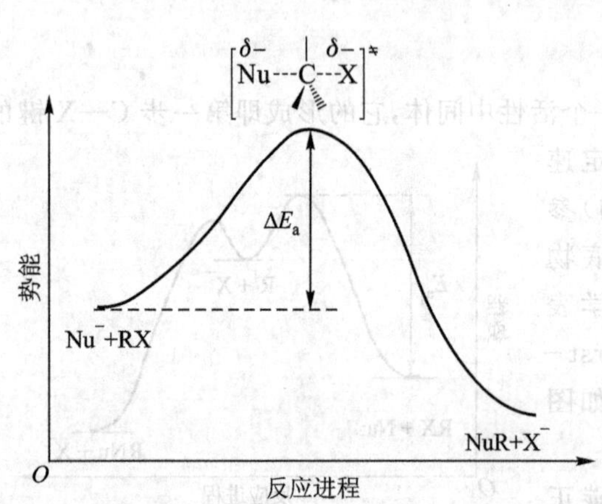

图 8-5 S_N2 反应的反应势能变化曲线

S_N2 反应机理中,亲核试剂是在底物中的离去基团离去前进入的。而亲核试剂和底物中的离去基团均带有部分的负电荷,如果它们相互靠近,则势必产生较大的排斥作用,从而使得过渡态的势能升高。为了避免出现这种情况,亲核试剂多采用从离去基团背面进攻的方式进攻底物中的缺电子碳原子。另一方面,为了使得亲核试剂与离去基团这两个带负电荷基团尽可能远离,S_N2 反应中间过渡态的中心碳原子为 sp^2 杂化,亲核试剂与离去基团则处于该中心碳原子与三个 σ 键组成的平面两侧(图 8-6)。过渡态中,进攻的亲核试剂与碳原子之间的共价键已部分形成,离去基团与碳原子之间的共价键则处于部分断裂状态。

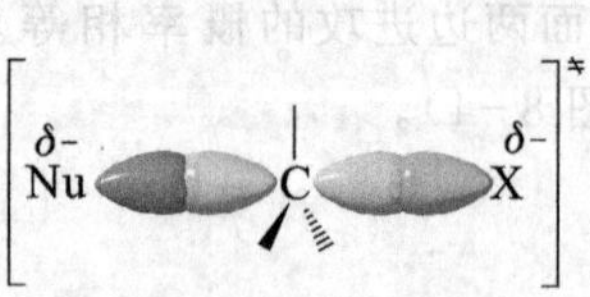

图 8-6 S_N2 反应中间过渡态的轨道示意图

亲核试剂从背面进攻的这种特点使得 S_N2 反应如果发生在手性碳原子上时,则一定得到构型转化的产物,如图 8-7 所示。

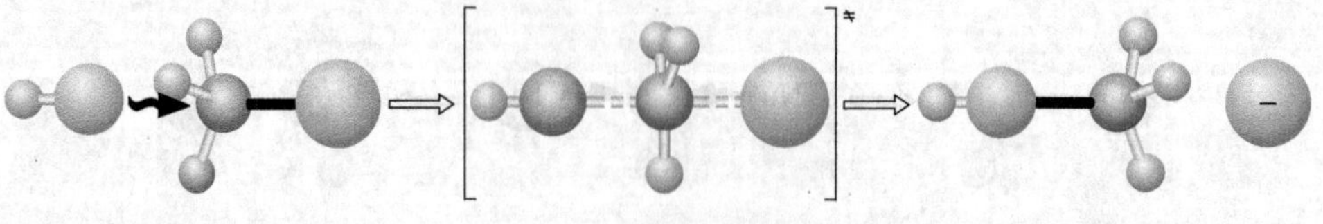

图 8-7 S_N2 反应中的构型转化历程

这种现象在 1896 年被德国化学家 Walden 发现。Walden 通过实验证明，右旋(＋)和左旋(－)的苹果酸可以通过氯代后再水解这样两步亲核取代反应进行相互转化。由此可以肯定，在醇转化为氯代烃或氯代烃转化为醇的步骤中一定发生了构型转化。尽管当时尚无法确定具体发生在哪一步反应中。

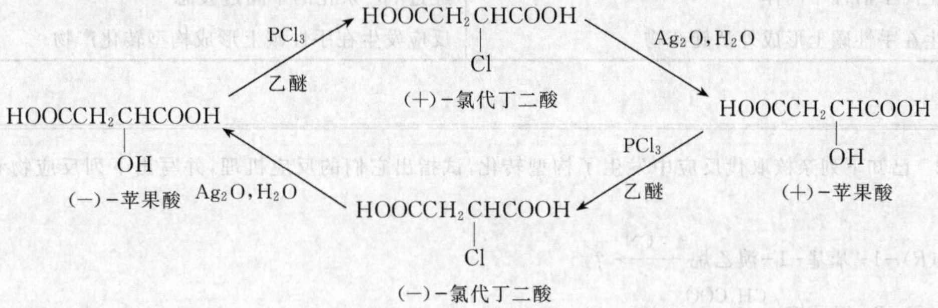

之后人们进行了大量的研究，20 世纪 20 年代和 30 年代，Kenyon 和 Philips 巧妙地设计了一个转化反应，证实了这种构型转化存在于磺酸酯的亲核取代反应中。并且发现这种转化普遍存在于一级醇的磺酸酯和二级醇的磺酸酯的亲核取代反应中。

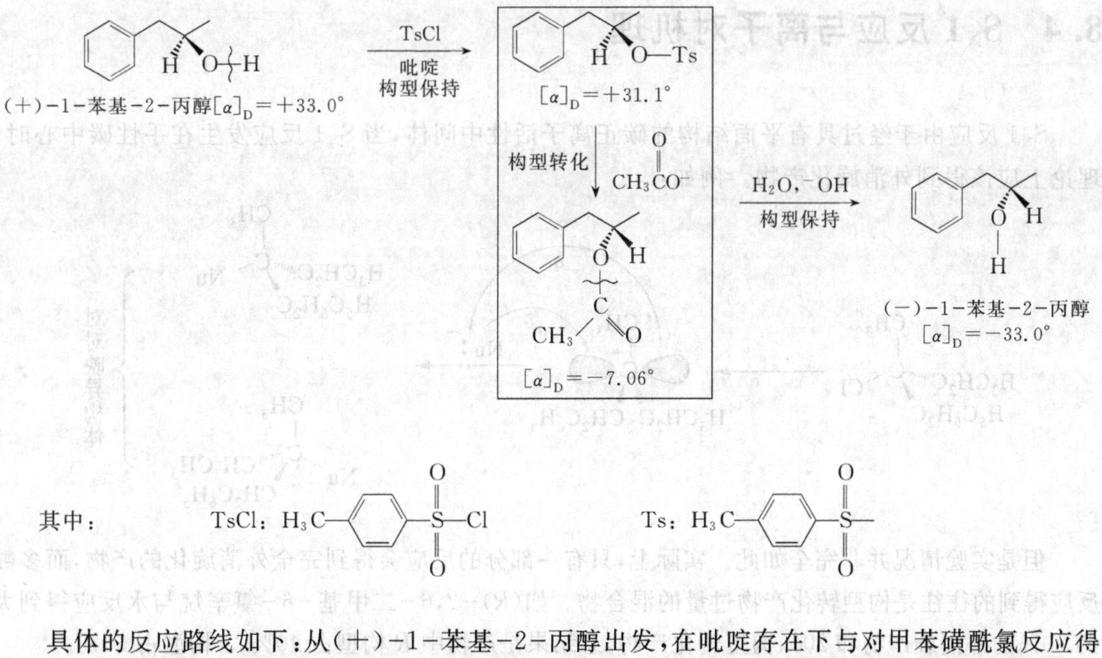

其中：

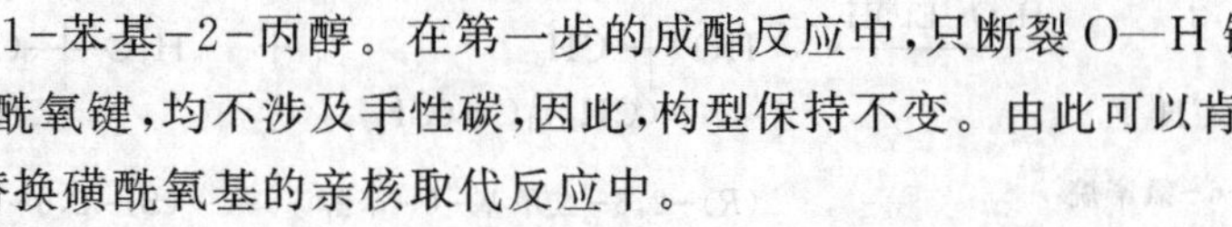

具体的反应路线如下：从(＋)－1－苯基－2－丙醇出发，在吡啶存在下与对甲苯磺酰氯反应得到(＋)－1－苯基－2－丙醇的磺酸酯，磺酸酯与乙酸根负离子进行亲核取代反应得到乙酸酯，乙酸酯水解得到(－)－1－苯基－2－丙醇。在第一步的成酯反应中，只断裂 O—H 键，而在第三步的水解反应中，只断裂酰氧键，均不涉及手性碳，因此，构型保持不变。由此可以肯定构型的转化发生在乙酸根负离子替换磺酰氧基的亲核取代反应中。

综上所述，表 8-3 对比归纳了 S_N1 反应和 S_N2 反应机理的基本特点。

表 8-3　S_N1 和 S_N2 反应特点对比

S_N1 反应	S_N2 反应
单分子两步反应	双分子一步反应
动力学为一级反应	动力学为二级反应
经过碳正离子活性中间体	经过 sp^2 杂化的中间过渡态
反应发生在手性碳上形成外消旋产物	反应发生在手性碳上形成构型转化产物

习题 8-2　已知下列亲核取代反应中发生了构型转化，试指出它们的反应机理，并写出下列反应物和产物的构型。

(1) (*R*)-1-苯基-1-溴乙烷 $\xrightarrow{^-CN}$?

(2) (*S*)-2-溴己烷 $\xrightarrow{CH_3COO^-}$?

习题 8-3　试对比 S_N1 反应的活性中间体和 S_N2 反应过渡态的结构分析烃基结构以及溶剂极性对它们反应速率的影响。

8.4　S_N1 反应与离子对机理

S_N1 反应由于经过具有平面结构的碳正离子活性中间体，当 S_N1 反应发生在手性碳中心时，理论上应该得到外消旋化产物。例如：

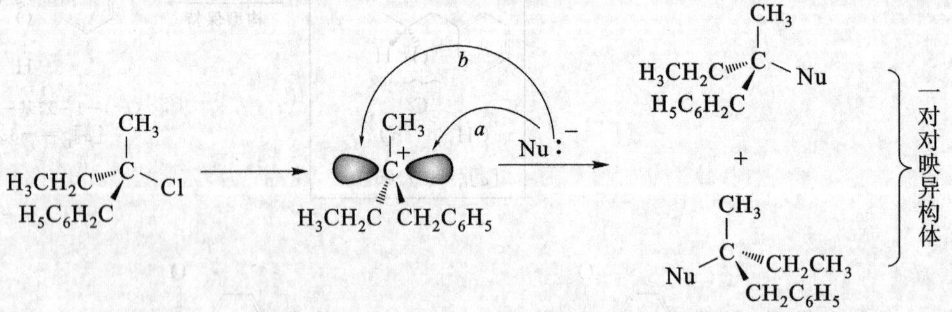

但是实验情况并非完全如此。实际上，只有一部分的反应会得到完全外消旋化的产物，而多数反应得到的往往是构型转化产物过量的混合物。如(*R*)-2,6-二甲基-6-氯辛烷与水反应得到大约 80%的外消旋产物和 20%构型转化产物，总结果是产物中 *R* 构型占 40%，*S* 构型占 60%。

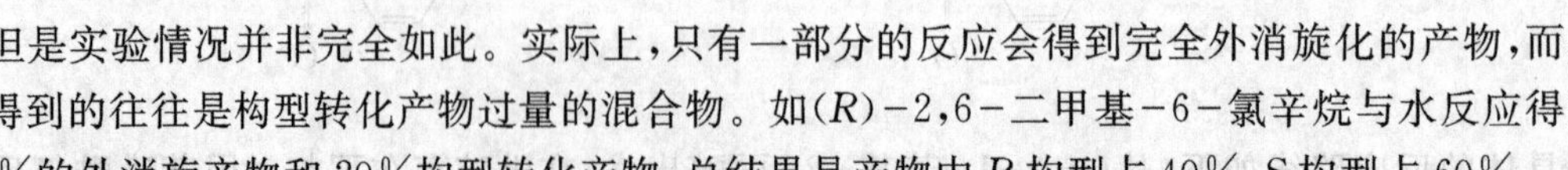

(*R*)-2,6-二甲基-6-氯辛烷　　(*R*)-2,6-二甲基-6-辛醇 40%(构型保持)　　(*S*)-2,6-二甲基-6-辛醇 60%(构型转化)

为了解释这一现象，Winstein 提出了“离子对机理”理论。Winstein 指出：当底物发生键的异裂形成碳正离子和离去基团负离子时，正、负离子间的静电作用使之成为离子对，于是尚未离去的负离子将对亲核试剂的进攻起到阻碍作用，如果亲核试剂进攻发生在这一阶段，则得到构型转化产物；当负离子离去而形成自由碳正离子后，再受到亲核试剂的进攻，才可以得到外消旋化产物。图 8-8 为离子对机理示意图。

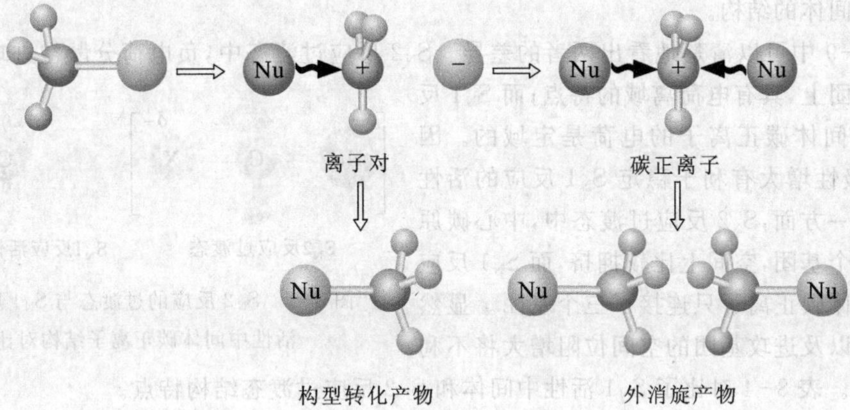

图 8-8　Winstein 离子对机理示意图

习题 8-4　1952 年 Winstein 研究了一系列 S_N1 反应，其中光学纯的 2,2-二甲基-1-苯基-1-丙醇的对甲苯磺酸酯（$[\alpha]_D=-30.3°$）与 CH_3COO^- 反应得到了相应的乙酸酯，测得其比旋光度为 +5.3°。已知光学纯的 2,2-二甲基-1-苯基-1-丙醇的乙酸酯比旋光度为 +53.6°，计算实际产物中两种对映异构体的百分比，并进一步回答反应中的构型转化率和外消旋比例。

$[\alpha]_D=-30.3°$　　　实测　$[\alpha]_D=+5.3°$

光学纯　$[\alpha]_D=+53.6°$

8.5　影响 S_N1 和 S_N2 反应的因素

影响反应的因素主要有以下几个方面：① 底物的结构；② 亲核试剂的结构与活性；③ 反应条件，包括溶剂、温度等。S_N2 反应与 S_N1 反应同属于亲核取代反应，共同的反应特征是底物中的离去基团被碱性更强的亲核试剂所取代。因此，底物中的离去基团对两种反应有着相同的影响，即离去基团越容易离去，反应越容易进行。另一方面，S_N2 反应与 S_N1 反应的机理不同，那么影响因素以及对反应的影响也随之有所不同。S_N1 反应中，亲核试剂是在反应活性中间体生成后才与之快速结合的，所以亲核试剂的结构与性质不影响 S_N1 反应。而在 S_N2 反应中，亲核试剂的进攻能力对反应却有着很大的影响。此外，底物烃基部分的结构、反应的溶剂等条件也对两种反应都有着重要的影响。

从以上对反应机理和特征的讨论中容易看出，S_N2 反应速率取决于反应中过渡态能量高低，而 S_N1 反应则取决于活性中间体碳正离子的稳定性。图 8-9 对比了 S_N2 反应过渡态与 S_N1 反应的活性中间体的结构。

从图 8-9 中可以清楚地看出两者的差异。S_N2 反应过渡态中，负电荷分散在进攻的亲核试剂和离去基团上，具有电荷离域的特点；而 S_N1 反应的活性中间体碳正离子的电荷是定域的。因此，溶剂的极性增大有利于稳定 S_N1 反应的活性中间体。另一方面，S_N2 反应过渡态中，中心碳原子连接了五个基团，空间上比较拥挤，而 S_N1 反应的活性中间体碳正离子只连接了三个基团。显然所连接基团以及进攻基团的空间位阻增大将不利于 S_N2 反应。表 8-4 对比了 S_N1 活性中间体和 S_N2 反应过渡态结构特点。

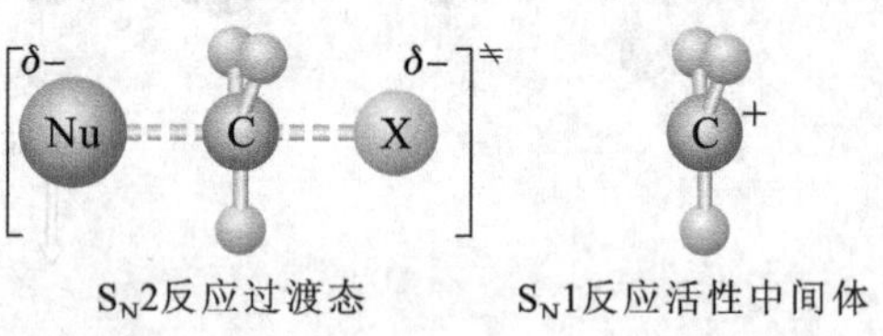

图 8-9 S_N2 反应的过渡态与 S_N1 反应的活性中间体碳正离子结构对比

表 8-4 S_N1 活性中间体和 S_N2 反应过渡态结构特点对比

S_N1 活性中间体	S_N2 反应过渡态
电荷定域	电荷离域
中心碳原子空间不拥挤	中心碳原子空间较拥挤

下面将详细讨论底物中的离去基团、底物的烃基结构、反应溶剂和亲核试剂对 S_N1 反应和 S_N2 反应的影响。

8.5.1 离去基团的影响

无论是 S_N1 反应，还是 S_N2 反应，离去基团都是反应活性的重要影响因素。离去基团越容易离去，则反应越容易进行。

离去基团的离去倾向由离去基团形成负离子的稳定性所决定，而这种稳定性与负离子的碱性直接相关。离去基团形成的负离子碱性越强，则越难离去。

不同周期卤素原子形成的卤代烃具有不同的反应活性，这是因为不同的卤素负离子碱性强弱不同。氢卤酸的酸性依次是氢碘酸最强，氢溴酸次之，氢氯酸（即盐酸）再次之，氢氟酸最弱（详见 4.5.3 节），由此可以判断碘代烷的活性最高，氟代烷的活性最低，因为氟负离子的碱性最强，碘负离子的碱性最弱。事实上，在合成应用中常使用氯代烃和溴代烃作为亲核取代反应的底物。而碘代烃较少使用，主要是因为碘比较贵，且碘代烃过于活泼，相对不稳定。

	F—H	Cl—H	Br—H	I—H
pK_a	3.2	−8	−9	−10

在 8.2 节从酸碱性强弱原则阐述了醇和醚主要在酸性条件下才能发生亲核取代反应。对此，也可以从离去基团的离去倾向强弱给予说明。醇醚中的羟基或烷氧基由于碱性较强不是好的离去基团。在酸性条件下，羟基或烷氧基可以进行质子化，转化为中性水分子或醇分子，成为一个离去倾向较强的离去基团，从而大大提高它们进行亲核取代反应的活性。中性水分子或醇分子容易离去的原因在于它们的碱性大大减弱，这点可以从它们质子化的共轭酸酸性较强看出（详见 4.5.4 节）。质子化的水 pK_a 值为 −1.7，质子化甲醇为 −2.5，质子化的乙醇为 −2.4，均为强酸，即它们的共轭碱水、甲醇和乙醇均为弱碱。

$$\mathrm{R{-}OH} \xrightarrow{H^+} \mathrm{R{-}\overset{+}{O}H_2} \xrightarrow{X^-} \mathrm{R{-}X + H_2O}$$

pK_a　H_2O 15.7　　$H_3\overset{+}{O}$ −1.7　亲核取代反应容易进行

$$\mathrm{R{-}OR'} \xrightarrow{H^+} \mathrm{R{-}\overset{+}{O}HR'} \xrightarrow{I^-} \mathrm{R{-}I + R'OH} \quad \text{或} \quad \mathrm{R'I + ROH}$$

pK_a　ROH 16～18　　ROH_2^+ −3～3　亲核取代反应容易进行

综上所述，不同类型化合物在中性或碱性条件下进行亲核取代反应的活性顺序如下：

磺酸酯，碘代烷 ＞ 溴代烷 ＞ 氯代烷 ＞ 氟代烷 ≫ 醇 ＞ 醚

磺酸酯和碘代烷的活性类似，有些条件下磺酸酯活性更高。不过由于碘代烷比较不稳定，所以更常使用磺酸酯作为亲核取代反应的底物。氯代烃和溴代烃因为反应活性适中，原料易得且相对比较稳定，也常用于实际合成应用中。不过当氯代烃或溴代烃容易发生消去反应（参见第九章）时，则更多使用磺酸酯作为亲核取代反应的底物。

醇类化合物可以通过与磺酰氯的酯化反应（原理类似羧酸酯的形成，参见第 13.7 节）将它们转化为磺酸酯，再作为底物用于亲核取代反应。将醇转化为磺酸酯，相当于将醇中不好的离去基团羟基转化为好的离去基团磺酰氧基。这与醇在酸性条件下质子化有着同样提高活性的效果，不过这样的转化可以实现碱性或中性条件下的亲核取代反应，从而避免醇在酸性条件下发生不必要的脱水副反应（参见 9.3.1 节）。

习题 8-5　对比下列各对化合物进行亲核取代反应的活性。

(1) $CH_3CH_2CH_2Br$ 与 $CH_3CH_2CH_2Cl$　　(2) $(CH_3)_2CHCH_2I$ 与 $(CH_3)_2CHCH_2OTs$

(3) $C_6H_5CH_2OTs$ 与 $C_6H_5CH_2OH$　　(4) $(CH_3)_3CCH_2CH_2OH$ 与 $(CH_3)_3CCH_2CH_2O^+H_2$

8.5.2　底物的烃基结构对 S_N1 和 S_N2 反应的影响

对不同烃基结构的卤代烃在碱性条件下水解反应的动力学研究结果表明：溴甲烷、溴乙烷和 2-溴丙烷的水解速率与卤代烃的浓度以及碱的浓度成正比，即反应级数为二级，且反应速率常数从溴甲烷到溴乙烷到 2-溴丙烷呈下降趋势。而 2-甲基-2-溴丙烷的反应速率却不受加入碱的浓度影响，只与卤代烃的浓度成正比，即动力学呈一级反应。

$$RBr + H_2O \xrightarrow[OH^-,\ 55\ ℃]{80\%C_2H_5OH-H_2O} ROH + HBr \qquad v=k[RBr][OH^-]$$

CH_3Br	CH_3OH	$k=2\,140\ mol^{-1}\cdot L\cdot s^{-1}$
C_2H_5Br	C_2H_5OH	$k=171\ mol^{-1}\cdot L\cdot s^{-1}$
$(CH_3)_2CHBr$	$(CH_3)_2CHOH$	$k=4.75\ mol^{-1}\cdot L\cdot s^{-1}$
$(CH_3)_3CBr$	$(CH_3)_3COH$	$v=k[RBr]$

可见卤代烃的烃基结构不仅影响反应的速率，而且还影响反应的动力学特征。根据上述对反应机理分析可知，不同的反应机理具有不同的动力学特征。因此，可以说烃基的结构是影响反应机理以及反应速率的重要因素。溴甲烷、溴乙烷（伯卤代烃）和 2－溴丙烷（仲卤代烃）主要以 S_N2 机理反应为主，而 2－甲基－2－溴丙烷（叔卤代烃）则以 S_N1 机理反应为主。

不同烃基结构的卤代烃或磺酸酯进行亲核取代反应的立体化学特征，也进一步说明了这一点。Kenyon 和 Philips 研究了一系列立体构型转化的亲核取代反应后，得出这样的结论：一级和二级卤代烃和磺酸酯的亲核取代反应总是伴随着构型转化。这就是说，一级和二级卤代烃和磺酸酯的亲核取代反应以 S_N2 机理进行。为什么一级和二级卤代烃和磺酸酯以 S_N2 反应为主，而三级卤代烃和磺酸酯则以 S_N1 反应为主呢？

S_N1 的活性中间体和 S_N2 的过渡态结构差别（参见图 8－9）清楚地表明空间效应对于 S_N1 和 S_N2 反应的影响是不同的。S_N2 反应的过渡态中，亲核试剂与中心碳原子的键已经部分形成，离去基团与中心碳原子的键则部分断裂，中心碳原子连接的基团从四个变成五个，空间上较拥挤（参见图 8－6），因此，在 S_N2 反应中，中心碳原子上的取代基越多或体积越大，中间过渡态能量越高（参见图 8－10），反应速率越慢。

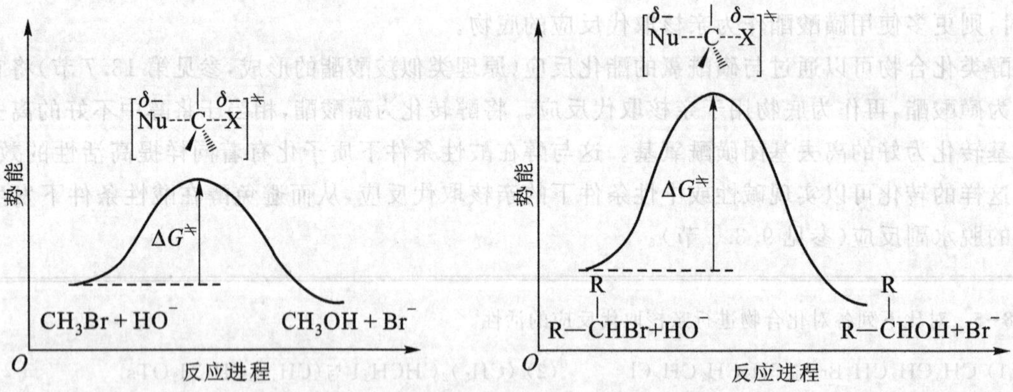

图 8－10　底物位阻增大对 S_N2 反应活化能的影响示意图

另一方面，对比溴甲烷、溴乙烷、2－溴丙烷和 2－甲基－2－溴丙烷的立体结构（图 8－11，箭头所指球表示中心碳原子），可以看出：溴甲烷中的缺电子碳原子相对比较裸露，容易受到亲核试剂的进攻；溴乙烷的连溴碳原子上还连接了一个甲基，对于亲核试剂的进攻有一定的空间阻碍作用，所以反应速率常数减小；这种阻碍作用到 2－溴丙烷进一步加大，反应速率常数进一步减小。2－甲基－2－溴丙烷的连溴碳原子上连接了三个甲基，空间位阻效应达到最大，亲核试剂难以靠近缺电子碳原子，结果只能在卤代烃解离成碳正离子后再与之结合。

以上两个方面的分析清楚地说明空间位阻不利于 S_N2 反应。正是由于这种空间位阻效应，

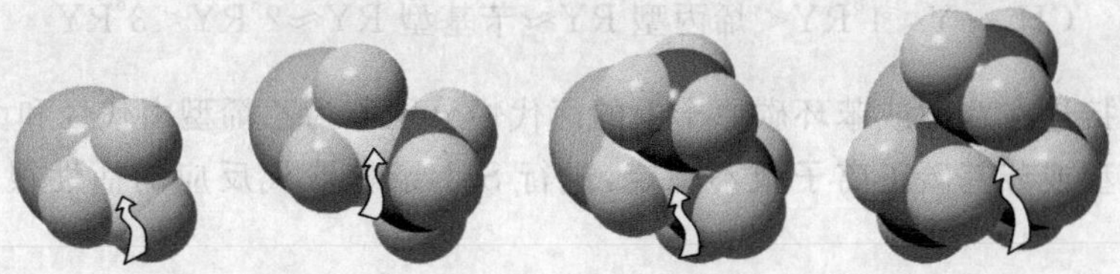

溴甲烷 溴乙烷 2-溴丙烷 2-甲基-2-溴丙烷

其中：箭头表示亲核试剂进攻的中心碳原子区域（从离去基团的背面进攻）

图 8-11 溴甲烷、溴乙烷、2-溴丙烷和 2-甲基-2-溴丙烷的分子比例模型图

底物的烃基结构不仅影响到亲核取代反应的速率，而且还影响到其进行的机理和途径，即：一级和二级卤代烃或磺酸酯以 S_N2 反应为主，而三级卤代烃或磺酸酯则以 S_N1 反应为主。并且在 S_N2 反应中，反应活性顺序为：三级 RX＜二级 RX＜一级 RX＜CH_3X。

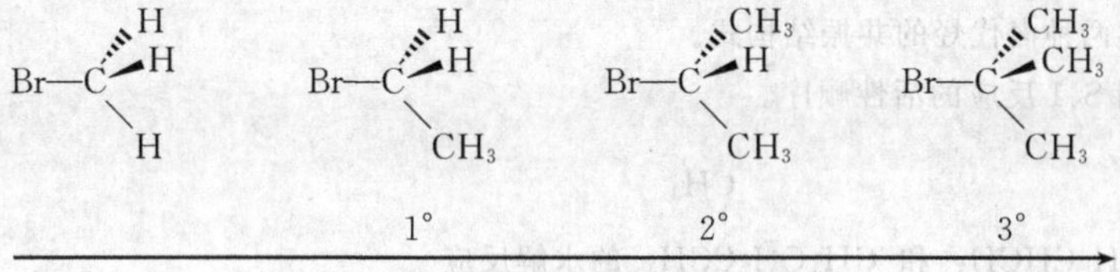

1° 2° 3°

反应活性降低

例如，在溴代烃的氯代反应中，相对反应活性如下：

$$R—Br + Cl^- \longrightarrow R—Cl + Br^-$$

	$(CH_3)_3C—Br$	$(CH_3)_3CCH_2Br$	$(CH_3)_2CHBr$	CH_3CH_2Br	CH_3Br
相对反应活性	＜1	1	500	40 000	2 000 000

←反应活性降低

习题 8-6 判断下列氯代烃经过 S_N2 历程水解的活性顺序。

(1) CH_3CH_2Br　$CH_3CHBr(CH_3)$　$CH_3CHBr(CH_2CH_3)$　$(CH_3)_3CBr$

(2)

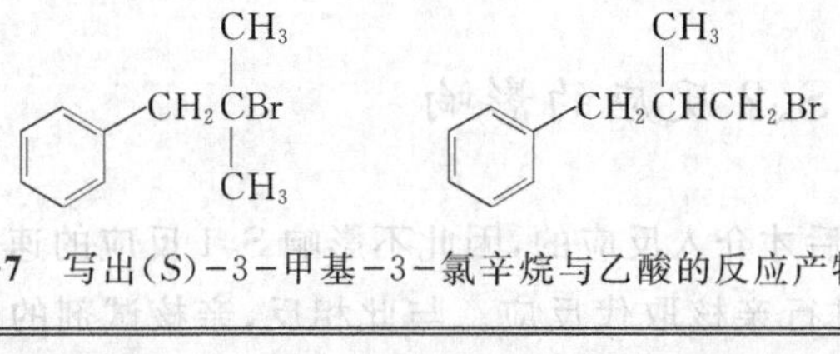

习题 8-7 写出(S)-3-甲基-3-氯辛烷与乙酸的反应产物，并画出原料和产物的空间构型。

在 S_N1 反应中，底物的烃基结构是通过影响碳正离子的稳定性而影响反应活性的。已知碳正离子的稳定性顺序如下（参阅 7.5.1 节）：

$$^+CH_3 < 1°RCH_2^+ < \text{烯丙型}\ \diagup\!\!\diagdown CH_2^+ \approx \text{苄基型}\ Ar—CH_2^+ \approx 2°R_2CH^+ < 3°R_3C^+$$

因此，不同类型的卤代烃和磺酸酯的 S_N1 反应活性顺序为

$$CH_3—Y < 1°RY <$$ 烯丙型 $RY \approx$ 苄基型 $RY \approx 2°RY < 3°RY$

卤素原子直接连在双键或苯环碳原子上的卤代烃分别称为乙烯型卤代烃和卤代芳烃。由于它们形成的乙烯型或芳基碳正离子很不稳定，进行 S_N1 亲核取代反应的活性很低，一般情况下不反应。

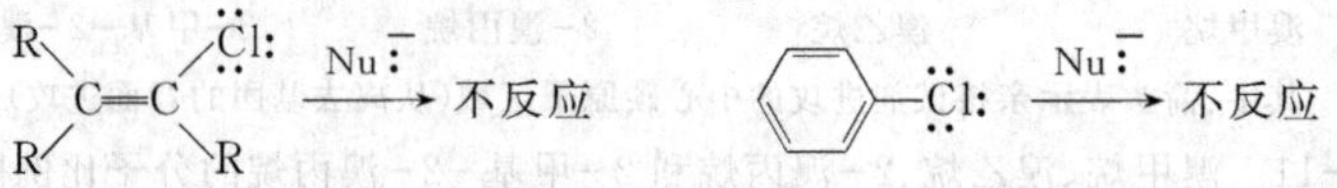

实际上，乙烯型卤代烃和卤代芳烃不仅难以进行 S_N1 亲核取代反应，而且难以进行 S_N2 亲核取代反应，因为该类型的卤代烃，其卤素上的孤对电子与 π 体系共轭，加强了 C—X 键强度，并降低了 C—X 键极性。

习题 8-8　画出上述两种卤代烃的共振结构式。

习题 8-9　比较下列 S_N1 反应的活性顺序。

(1) $CH_3CH_2CH_2CH(Cl)CH_3$ 和 $CH_3CH_2C(CH_3)(Cl)CH_3$ 的水解反应

(2) $H_2C{=}CHCH_2Br$ 和 $CH_3CH(Br)CH_3$ 的醇解反应

(3) $CH_3CH_2C(CH_3)(Br)CH_3$ ＋ H_2O 和 $CH_3CH_2C(CH_3)(Br)CH_3$ ＋ ^-OH

(4) $CH_3CH_2C(CH_3)(Br)CH_3$ ＋ AcOH/H_2O 和 $CH_3CH_2C(CH_3)(Br)CH_3$ ＋ AcOH/EtOH

8.5.3　亲核试剂的亲核性强弱对 S_N2 反应的影响

S_N1 反应中，亲核试剂是在碳正离子形成后才介入反应的，因此不影响 S_N1 反应的速率。事实上，弱的亲核试剂往往倾向于以 S_N1 机理进行亲核取代反应。与此相反，亲核试剂的亲核性强弱是影响 S_N2 反应的一个主要因素。图 8-12 显示了不同的亲核试剂的亲核性强弱对 S_N2 反应速率的影响：亲核试剂的亲核性越强，S_N2 反应所需要的活化能就越低，反应的速率就越高。一般来说，较强的亲核试剂是 S_N2 反应所必需的。

亲核试剂可以是中性分子或负离子。当亲核试剂是负离子时，反应产物是中性的。如在碱性条件下卤代烃与氢氧负离子反应直接生成中性的产物醇。

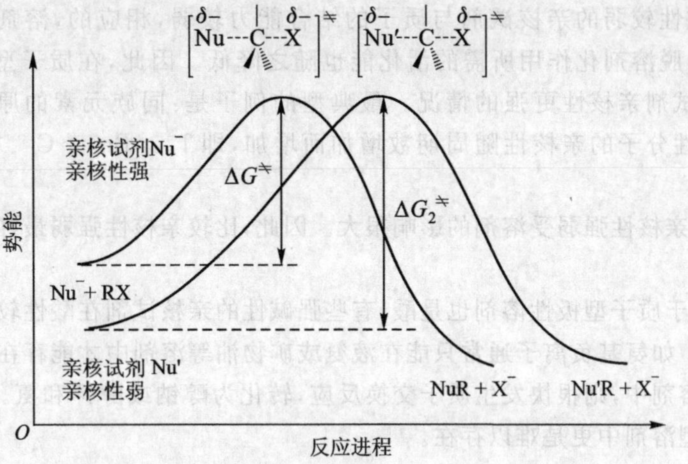

图 8-12　不同的亲核试剂的亲核性强弱对 S_N2 反应速率的影响

$$^{-}OH + R—Br \longrightarrow R—OH + Br^{-}$$

当亲核试剂是中性分子时，初始产物是正离子，尚需经过脱质子过程才能得到最终的中性产物。如卤代烃进行水解反应时，中性水分子作为亲核试剂，首先生成的是质子化的带正电荷的醇，然后脱质子才得到最终的中性产物醇。

$$H_2O: + R—Br \longrightarrow R—\overset{+}{O}H_2 + Br^{-}$$
$$\xrightarrow{-H^+} R—OH$$

无论是中性亲核试剂还是负离子亲核试剂，其共同特点是含有未成键电子对，因此也可以与质子结合，即属于 Brønsted-Lowry 碱。试剂的亲核性相应于试剂结合缺电子碳原子的能力，而 Brønsted-Lowry 碱的碱性则相应于结合质子的能力。可以说，试剂的亲核性与碱性都是它们给电子能力的体现。因此，亲核试剂的亲核性强弱与碱性强弱是密切相关的。在非质子型溶剂中，不存在质子与缺电子碳原子竞争亲核试剂的情况，并且，非质子型极性溶剂不能使负离子溶剂化（参阅 8.1 节）。这时，试剂的亲核性强弱顺序与碱性强弱顺序基本一致。以下概括了在非质子型溶剂中亲核性强弱顺序的基本规律：

（1）同周期元素原子形成的负离子、负离子基团或中性分子随着原子序数的增加亲核性减弱：$H_2N^- > HO^- > F^-$；$R_3C^- > R_2N^- > RO^- > F^-$；$H_3N > H_2O$；$R_3N > R_2O$。

（2）卤素原子形成的负离子、负离子基团或中性分子的亲核性随周期数增加而减弱，即 $F^- > Cl^- > Br^- > I^-$，而氧族氮族原子则相反，即 $RS^- > RO^-$，$R_3P > R_3N$。

（3）同种元素带负电荷基团的亲核性强于中性基团：$^{-}OH > H_2O$；$HS^- > H_2S$。

（4）对于含氧试剂，亲核性强弱顺序如下：$RO^- > HO^- > ArO^- > RCOO^- > ROH > H_2O$。

当亲核取代反应在质子型溶剂中进行时，亲核试剂将受到质子型极性溶剂的溶剂化作用，而这种溶剂化作用稳定了亲核试剂，即溶剂化的亲核试剂具有较低的势能。而较稳定的溶剂化亲核试剂进攻缺电子碳原子时首先必须脱溶剂化作用，这将导致亲核反应的活化能升高，不利于亲核取代反应的进行。

一般来说，碱性较弱的亲核试剂与质子的结合能力较弱，相应的，溶剂化作用减弱，发生亲核取代反应时，脱溶剂化作用所需的活化能也随之降低。因此，在质子型溶剂中，有时会出现碱性弱的亲核试剂亲核性更强的情况。最典型的例子是：同族元素的原子形成的负离子、负离子基团或中性分子的亲核性随周期数增加而增加，即 $I^- > Br^- > Cl^- > F^-$，$RS^- > RO^-$，$R_3P > R_3N$。

可见，试剂的亲核性强弱受溶剂的影响很大。因此，比较亲核性强弱最好在相同条件下进行比较。

不仅如此，由于质子型极性溶剂也是酸，有些强碱性的亲核试剂在酸性较强的质子型溶剂中实际上无法存在。如氨基负离子通常只能在液氨或矿物油等溶剂中才能存在。如果将氨基钠或氨基钾溶解于醇溶剂中，则很快发生质子交换反应，转化为醇钠或醇钾和氨。类似地，碳负离子亲核试剂在质子型溶剂中更是难以存在。

由此可见，实施一个亲核取代反应，选择适当的溶剂是至关重要的。事实上，在合成制备化合物时，人们更希望通过 S_N2 的反应机理来实现亲核取代反应。因此，更常采用在非质子型溶剂中实施亲核取代反应。这种情况下，不仅可以采用反应活性更高的负离子亲核试剂使反应快速进行，而且反应的可控性更好，不会发生重排反应（详见 8.6 节）。

亲核试剂的亲核性强弱不仅受溶剂的影响，还受多种因素如底物及其浓度的影响。因此，准确地比较亲核试剂的亲核性强弱往往需要限定很多条件。一般要求在同一种溶剂中，针对同一种底物进行比较。例如，在醇－水混合溶剂中，若干亲核试剂对溴甲烷的亲核取代反应活性如下：

$$H_3C{-}Br + Nu\!:^-（或\ Nu\!:） \longrightarrow H_3C{-}Nu（或\ H_3C{-}\overset{+}{Nu}） + Br^-$$

Nu:	H_2O	CH_3COO^-	NH_3	Cl^-	HO^-	CH_3O^-	I^-	^-CN	HS^-
相对反应活性：	1	500	700	1 000	16 000	25 000	100 000	125 000	125 000

反应活性增加 ⟶

习题 8-10 写出下列亲核试剂与 1-溴丁烷反应的产物。

(1) NaI (2) KOH (3) $CH_3C{\equiv}CLi$ (4) NH_3 (5) C_2H_5ONa

习题 8-11 比较下列各组亲核试剂在非质子型极性溶剂中的亲核性强弱顺序。

(1) $(CH_3)_2N^-$ 和 $(CH_3)_2NH$ (2) H_2O 和 H_2S

(3) $CH_3CH_2O^-$，$(CH_3CH_2)_3C^-$ 和 $(CH_3CH_2)_2N^-$

(4) $CH_3CH_2CH_2CH_2CH_2O^-$，$(CH_3)_3CO^-$ 和 $CH_3CH_2\underset{CH_3}{\underset{|}{C}}HO^-$

(5) 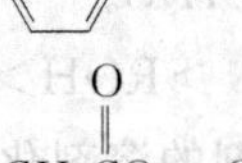， 和 HO^-

(6) $CH_3\overset{O}{\overset{\|}{C}}O^-$，$CH_3CH_2O^-$ 和 $CH_3CH_2S^-$

此外，亲核试剂的体积增大也不利于 S_N2 反应，因为空间位阻不利于 S_N2 反应的进行。一般卤代烃与体积较小的亲核试剂如甲醇钠、乙醇钠等作用时较容易发生亲核取代反应，而与体积较大的亲核试剂如叔丁醇钠作用则容易发生消去反应(详见 9.5 节)。

8.5.4　溶剂对 S_N1 和 S_N2 反应的影响

前面的讨论已经看到,溶剂的特性对亲核试剂的亲核性强弱以及亲核试剂的存在方式均有着很大的影响。这是溶剂影响 S_N2 反应的情况。在 S_N1 反应中,溶剂主要是通过影响离子的稳定性而影响反应活性。

在 S_N1 反应中,极性溶剂有利于通过溶剂化作用稳定活性中间体碳正离子和离去基团形成的负离子,因此,增大溶剂极性有利于 S_N1 反应的进行。质子型极性溶剂对 S_N1 反应更为有利,因为质子型溶剂可以同时稳定正离子和负离子。例如,叔丁基氯的醇解反应中,增加乙醇-水混合溶剂中水的含量,溶剂极性增加,S_N1 反应活性增大。

$$(CH_3)_3C—Cl + ROH \longrightarrow (CH_3)_3C—OR + HCl$$

溶剂	乙醇	水(40%)与乙醇(60%)	水(80%)与乙醇(20%)	水
相对反应活性	1	100	14 000	100 000

反应活性随极性增大而增高 →

S_N2 反应通常在较强的亲核试剂进攻下进行,这些强的亲核试剂多为负离子。如果反应在质子型溶剂中进行,则负离子的亲核试剂将被溶剂化作用稳定,使亲核活性降低,不利于亲核反应的进行。相反,如果在非质子型极性溶剂中进行 S_N2 反应,就不存在对亲核试剂负离子的溶剂化作用,此时,带负电荷的亲核试剂将处于"裸露"状态,反应活性大大高于在质子型溶剂中的反应。例如,1-溴丁烷与叠氮负离子(N_3^-)的反应在不同溶剂中的相对反应活性如下:

$$H_3CH_2CH_2CH_2C—Br + N_3^- \longrightarrow H_3CH_2CH_2CH_2C—N_3 + Br^-$$

溶剂	CH_3OH	H_2O	DMSO	DMF	CH_3CN	HMPA
相对反应活性	1	7	1 300	2 800	5 000	200 000

活性增加 →

溶剂对亲核试剂亲核性的影响主要限于那些体积较小,容易与质子型溶剂形成氢键而溶剂化的亲核试剂。其他不易形成氢键溶剂化的亲核试剂如 I^-、HS^-、SCN^- 等,则在两种类型溶剂中的亲核性强弱相差不大。

你知道吗

冠醚是一类含有多个氧的大环醚,因其结构很像王冠,称为冠醚(crown ether)。命名为 *n*-冠-*m*,其中,"冠"表示冠醚,"冠"字前面的数字表示环中的总原子数(碳和氧),"冠"字后面的数字表示氧原子数。如 18-冠-6,12-冠-4,15-冠-5 等。

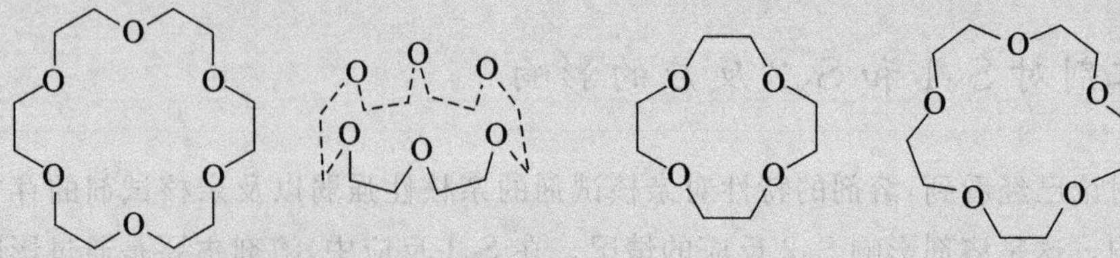

18-冠-6　　　12-冠-4　　　15-冠-5

18-冠-6(18-crown-6)可以与钾离子形成十分稳定的络合物。当使用卤化钾作为亲核试剂时,由于18-冠-6络合卤化钾中的钾离子,使卤负离子"裸露",从而可以提高卤负离子的亲核活性,促进反应的进行。如在质子型溶剂中,氟是一个弱的亲核试剂,难以取代氯代烃得到氟代烃。但是在非质子型溶剂乙腈中,加入18-冠-6和KF,因为18-冠-6络合KF中的钾离子,结果使弱溶剂化的近乎"裸露"的氟离子成为好的亲核试剂,可以取代氯代烃中氯,得到氟代烃。

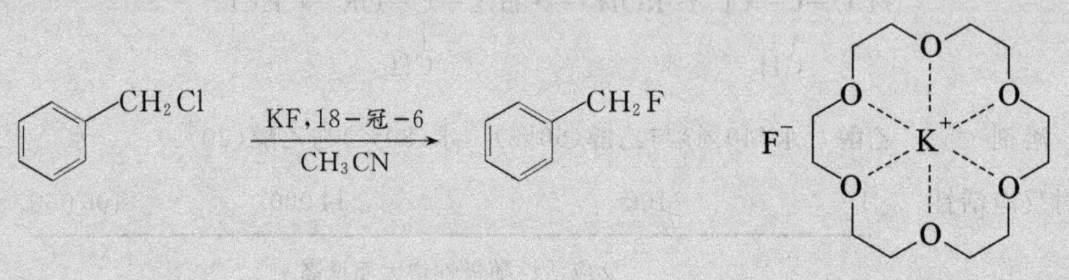

18-冠-6络合钾离子,使氟离子"裸露"

习题 8-12　六甲基磷三酰胺(HMPA)的结构如下所示:

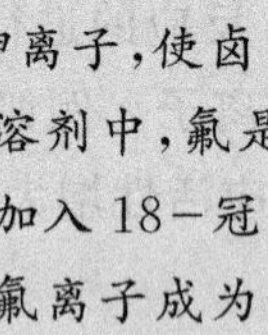

使用化学绘图软件观看其立体结构和电子云密度分布。

习题 8-13　比较下列化合物进行 S_N2 反应的活性顺序。

(1) H_3C-Br, CH_3OTs, $(CH_3)_3CCl$, $(CH_3)_2CHCl$

(2) CH_3CH_2Br, CH_3CH_2Cl, CH_3CH_2OH, CH_3CH_2OTs

习题 8-14　比较下列 S_N2 反应的活性顺序。

(1) $H_3CH_2C-\underset{CH_3}{\overset{H}{C}}-Cl$　　$CH_3\underset{CH_3}{CH}CH_2Cl$　　$CH_3CH_2CH_2CH_2Cl$ 在 NaOH 水溶液中反应

(2) $CH_3\underset{CH_3}{CH}CH_2Br$　　$CH_3\underset{CH_3}{CH}CH_2Cl$　　$CH_3\underset{CH_3}{CH}CH_2OTs$　与 NaI 反应

(3)

(4) 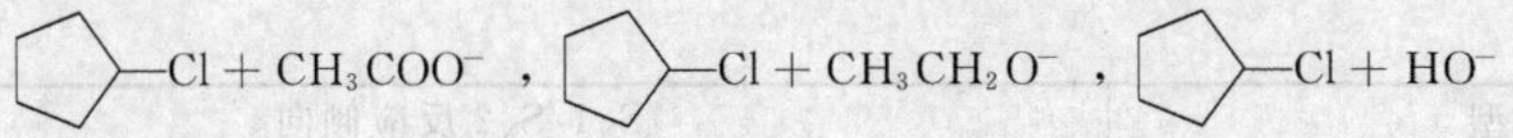

(5) 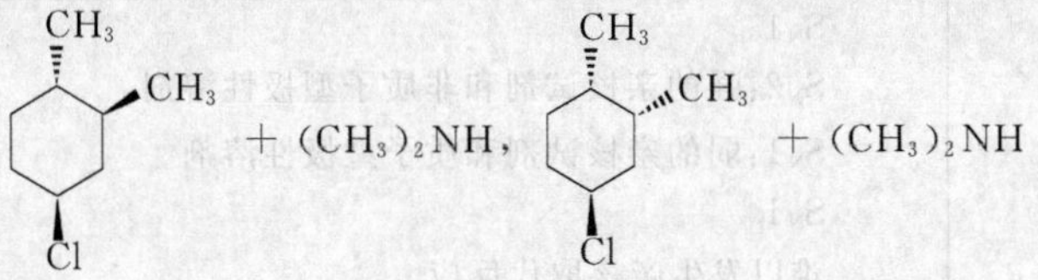

8.5.5 S_N1 和 S_N2 反应的竞争

以上基于 S_N1 反应的活性中间体和 S_N2 过渡态的结构，对比讨论了影响 S_N1 和 S_N2 反应的各种因素，现归纳如下（表 8-5）：

(1) 好的离去基团是两种机理都必需的。

(2) 亲核试剂的亲核能力强有利于 S_N2 反应，弱的亲核试剂则倾向于 S_N1 反应。

(3) 质子型极性溶剂有利于 S_N1 反应，而非质子型极性溶剂则有利于 S_N2 反应。

(4) 底物烃基结构的影响比较复杂一些，对于 S_N1 反应，烃基结构主要是通过影响碳正离子稳定性而影响反应活性，而对于 S_N2 反应，空间位阻是烃基结构影响反应活性的主要原因。

表 8-5　影响 S_N1 和 S_N2 反应的各种因素

影响因素	S_N1	S_N2
离去基团	离去倾向大有利	离去倾向大有利
亲核试剂	亲核性强弱影响不大	亲核性强有利
	$CH_3Y<1^\circ RY<2^\circ RY<3^\circ RY$	$CH_3Y>1^\circ RY>2^\circ RY>3^\circ RY$
底物烃基结构	与碳正离子稳定性一致	过渡态空间位阻大不利
	烯丙型和苄基型容易反应	烯丙型和苄基型容易反应
	乙烯型和苯基型难反应	乙烯型和苯基型难反应
溶剂	质子型极性溶剂＞非质子型极性溶剂	质子型极性溶剂＜非质子型极性溶剂

S_N1 和 S_N2 反应是 sp³ 杂化碳原子的亲核取代反应的两种典型的反应机理，实际上，很多反应并不是单一地遵循 S_N1 或 S_N2 反应机理，只是在一定条件下，优先以某种机理进行而已。从这个意义上说，S_N1 反应与 S_N2 反应总是处于竞争之中。不同类型的卤代烃发生 S_N1 反应或 S_N2 反应的倾向见表 8-6。

表 8-6　不同类型的卤代烃的 S_N1/S_N2 反应倾向

卤代烃类型	S_N1/S_N2 反应倾向
CH_3X 和 $1^\circ RX$	S_N2
$2^\circ RX$	S_N2：强的亲核试剂和非质子型极性溶剂 S_N1：弱的亲核试剂和质子型极性溶剂

续表

卤代烃类型	S_N1/S_N2 反应倾向
3°RX	S_N1
1°和 2°烯丙型和苄基型 RX	S_N2：强的亲核试剂和非质子型极性溶剂 S_N1：弱的亲核试剂和质子型极性溶剂
3°烯丙型和苄基型 RX	S_N1
乙烯型和苯基型 RX	难以发生亲核取代反应

一般来说，伯卤代烃或磺酸酯主要以 S_N2 反应机理进行亲核取代反应，叔卤代烃或磺酸酯则主要以 S_N1 反应机理进行亲核取代反应，仲卤代烃或磺酸酯的反应情况则比较复杂，强的亲核试剂和非质子型极性溶剂条件下有利于 S_N2，弱的亲核试剂和质子型极性溶剂则更有利于 S_N1。在合成应用中，为避免重排副反应的发生（详见 8.6 节）以及外消旋化等，更倾向于采用 S_N2 反应条件。

例如，(*S*)-2-溴丁烷在甲醇钠的 DMSO 溶液中主要发生 S_N2 反应，生成构型转化的产物，而在甲醇中发生溶剂解（即甲醚化）反应则主要以 S_N1 反应为主，因为甲氧基负离子比甲醇的亲核性强，且 DMSO 为非质子型极性溶剂。

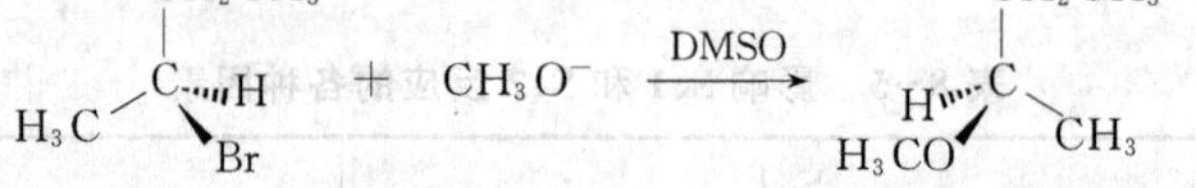

(*S*)-2-溴丁烷　　构型转化产物：(*R*)-2-甲氧基丁烷

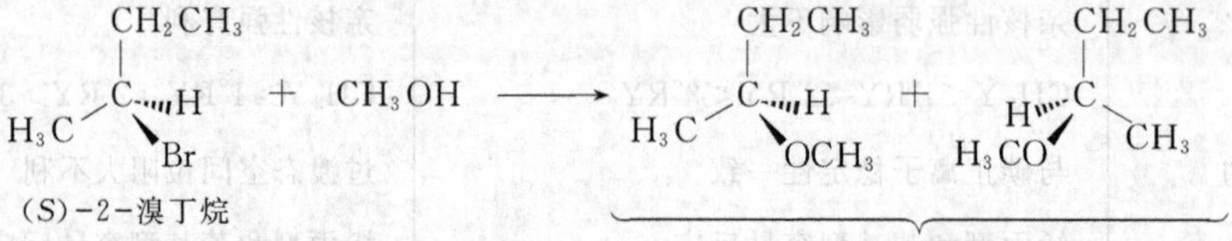

(*S*)-2-溴丁烷　　外消旋体

亲核取代反应不仅仅存在两种反应机理（S_N1 和 S_N2）的竞争，而且还存在着与消去反应的竞争（详见 9.5 和 9.6 节），特别是对于叔卤代烃。因此在应用亲核取代反应实现合成转化时还需要小心避免消去反应的发生。

习题 8-15　判断下列各组亲核取代反应哪个更容易以 S_N1 机理进行。

(1) 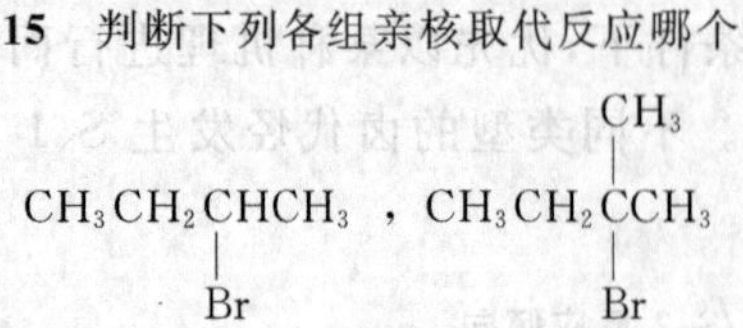 ，$CH_3CH_2CH_2CH_2Br$ 与 OH^- 反应

(2) 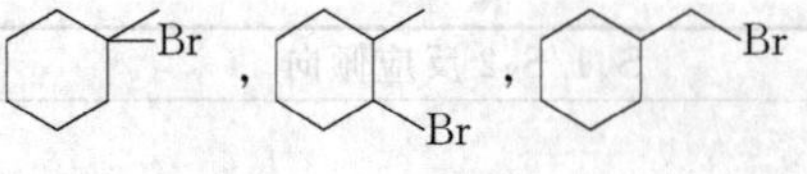 与 NH_3 反应

(3) 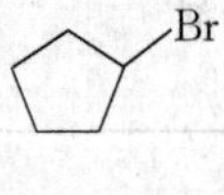 分别与 H_2O，^-OH，$^-OCH_2CH_3$ 反应

(4) 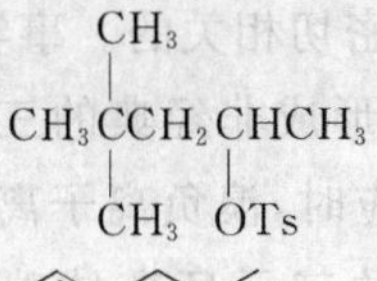 与 CH_3COOH 分别在 DMSO 和 EtOH 中反应

(5) 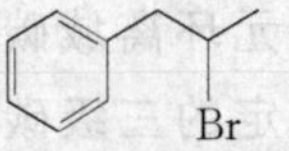 $+ CH_3COO^- /CH_3COOH$，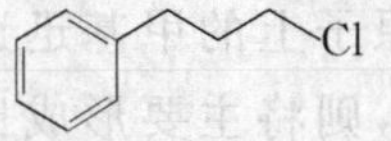 $+ CH_3COO^- /DMSO$

8.5.6　分子内亲核取代反应

亲核取代反应不仅可以发生在分子间，还可以发生在分子内。当一个分子内同时存在着离去基团和亲核基团，并且它们在空间的距离合适时，就可能发生分子内的亲核反应，形成环状产物。并且，由于分子内反应的熵减比较小，速率一般大于分子间的反应。常见的分子内亲核取代反应主要有形成三元环、五元环或六元环的反应。五元环和六元环是比较稳定的环系结构，容易形成。例如：

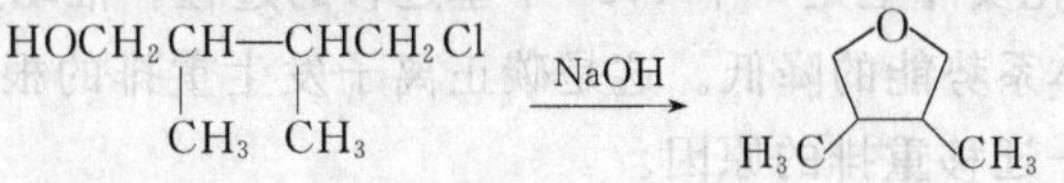

三元环结构虽然不够稳定，但是，当亲核基团处于离去基团的 β-位时，空间上十分靠近，也容易发生分子内亲核取代反应形成三元环。

习题 8-16　下列化合物哪些会发生分子内 S_N2 反应？

(1) $ClCH_2CH_2CH_2NH_2$，$ClCH_2CH_2NH_2$，$ClCH_2CH_2CH_2CH_2NH_2$，$ClCH_2CH_2CH_2CH_2CH_2NH_2$

(2) 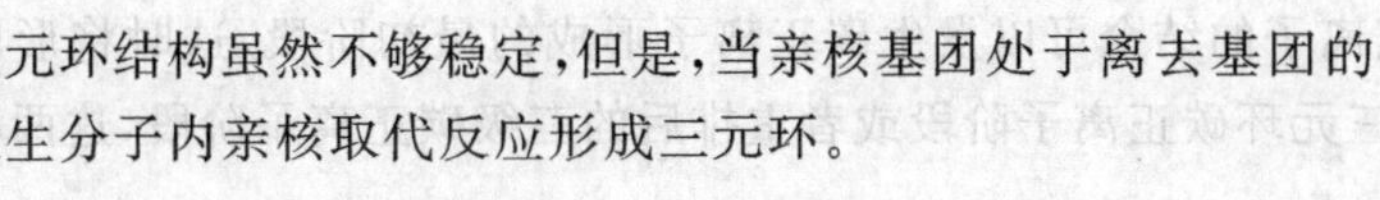

8.6　S_N1 反应中的碳正离子重排

经过碳正离子机理的有机反应中，常常会发现有碳骨架发生改变的产物。这种发生碳骨架改变的反应称为重排反应(rearrangement)，这类反应的产物称为重排产物(rearrangement products)。例如，2,2-二甲基-3-溴丁烷在合适条件下进行 S_N1 反应，结果得到的主要产物是重排产物。

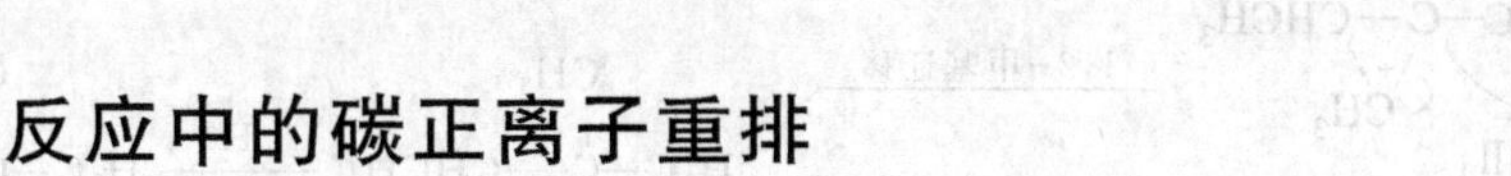

次要产物　　　　主要产物(重排产物)

经过碳正离子的反应常常发生重排，这与碳正离子的缺电子特征是密切相关的。事实上，由于碳正离子缺电子，相邻碳原子的氢或甲基等基团往往与缺电子碳原子形成非经典的三元环离域结构，稳定碳正离子。如上例中 2,2-二甲基-3-溴丁烷进行 S_N1 反应时，溴负离子离去形成二级碳正离子（Ⅰ），此时，相邻碳原子上的甲基迅速与之形成非经典的三元环离域碳正离子（Ⅱ），三元环碳正离子再次开环时，则将主要形成比二级碳正离子更加稳定的三级碳正离子（Ⅲ）。

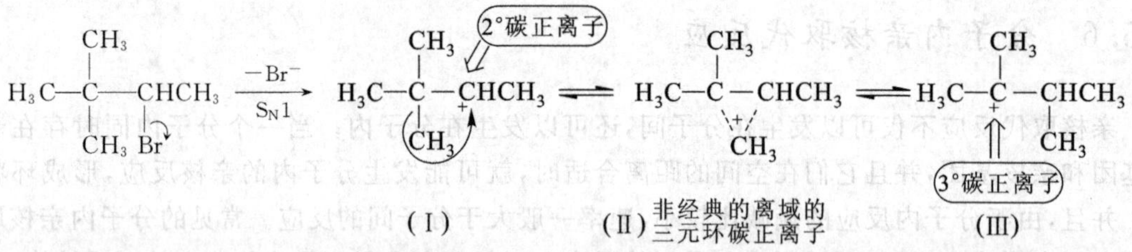

上述三种碳正离子之间的转化十分快速，结构（Ⅱ）可能是低能的过渡态，也可能是能量低点，而从（Ⅰ）到（Ⅲ）的变化实际上是一个 1,2-甲基迁移的过程。推动这种迁移的动力来自于形成更加稳定碳正离子时体系势能的降低。这是碳正离子发生重排的根本原因，也是碳正离子容易发生重排，且多为 1,2-迁移重排的原因。

体系中的亲核试剂与碳正离子的结合可以发生碳正离子形成的最初阶段，这时将形成非重排产物。此外，也可以发生在三元环碳正离子阶段或者重排后的三级碳正离子阶段，这两种情况下，一般形成重排产物。

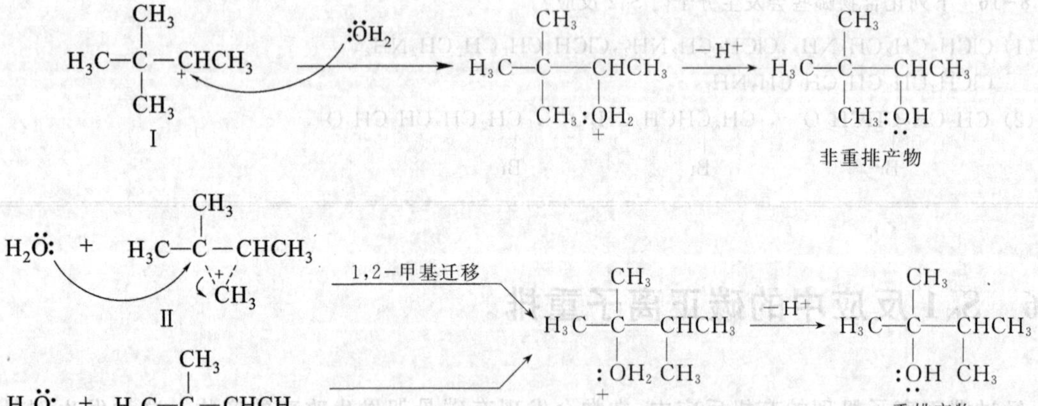

通常，也可以将重排反应简化地分步骤书写如下：

第一步，碳正离子的形成：

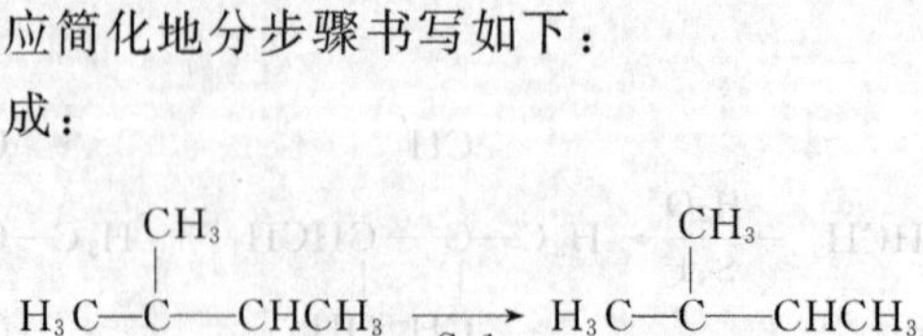

第二步，碳正离子的重排：

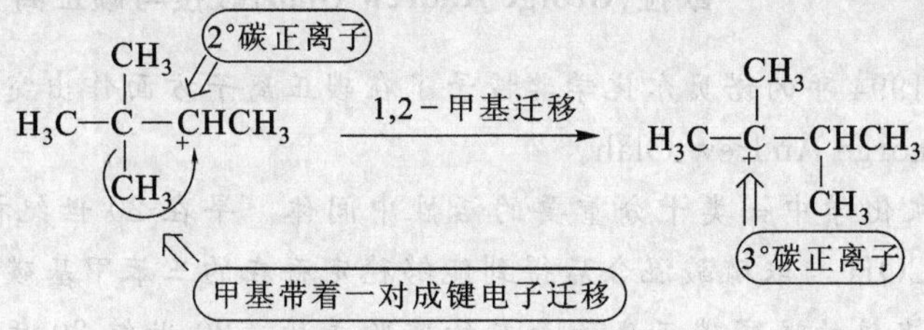

第三步，重排后碳正离子与亲核试剂结合：

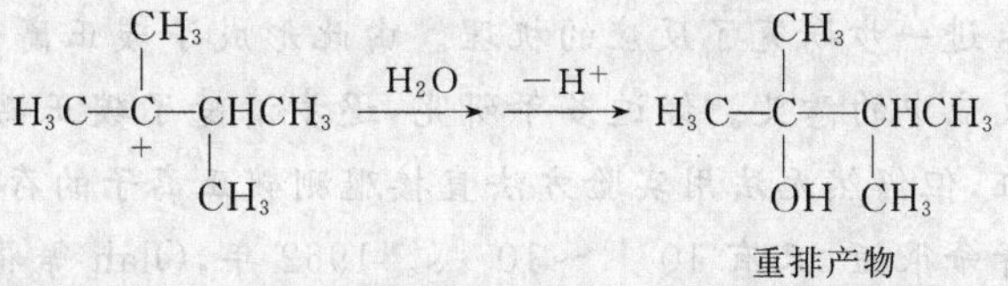

前面已经讨论过，亲核取代反应可以按照 S_N2 方式进行，也可以按照 S_N1 方式进行，尤其是二级卤代烃。如果反应在强碱性条件下进行，则反应主要以 S_N2 方式进行，此时发生重排反应的可能性比较小。因此，亲核取代反应中是否有重排产物的形成也是判断反应按 S_N1 或 S_N2 机理进行的有力证据之一。

除甲基外，氢原子也可以发生迁移。例如：

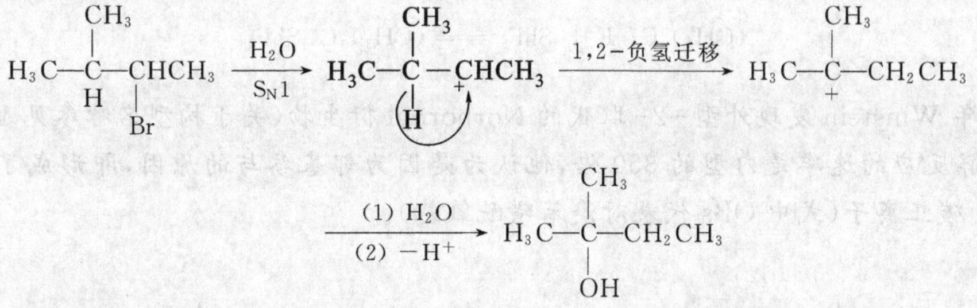

既然碳正离子的缺电子特性使得它常常处于非经典的三元环离域结构，因此，一般来说，只有处于碳正离子邻位的基团才可能发生迁移。常见的迁移基团有甲基、氢原子、苯基和溴原子等。迁移可能发生在碳正离子生成后，也可能是在离去基团离去的同时。如果是发生在离去基团离去的同时，则将产生邻基参与效应（参阅以下小资料和 8.7.1 节）。

重排反应在合成中应用十分广泛（详见第十五章），但是很多时候也是产生副反应的主要原因。学习并掌握有关规律，懂得在必要时巧妙运用或选择适当反应条件避免其发生，有助于设计简便和可控的合成路线。例如，在亲核取代反应中，对于二级卤代烷或磺酸酯，可以通过选用亲核性强的亲核试剂以及非质子型极性溶剂使反应主要以 S_N2 机理反应，从而有效地避免重排。例如：

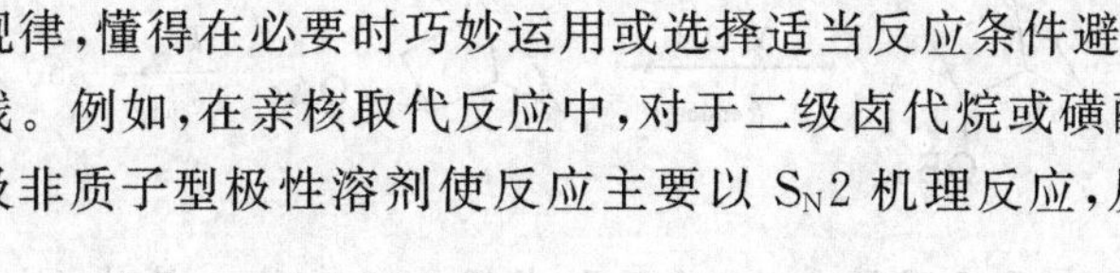

欧拉(George Andrew Olah)教授与碳正离子

1994 年的诺贝尔化学奖授予了在碳正离子方面作出突出贡献的美国化学家 George Andrew Olah。

碳正离子是有机化学中一类十分重要的活性中间体。早在 20 世纪初，Norris 和 Kehrmann 分别发现 Ph_3COH 与浓硫酸混合后得到能够稳定存在的三苯甲基碳正离子的深黄色溶液，但是当时缺乏较直接的观察碳正离子存在的实验手段。20 世纪 20 年代，Meerwein 发现溶剂的极性增加以及使用 Lewis 酸均可以加速莰烯与氯化氢的加成产物的重排反应(Wagner–Meerwein 重排，参见第十五章)，并指出该重排反应机理是碳正离子重排。随后，英国的 Ingold 和 Hughes 进一步研究了反应的机理。由此形成了碳正离子活性中间体的概念，并阐述了它们在有机反应中的意义。经过多年研究，逐步清楚了碳正离子活性中间体的立体化学和反应动力学特征，但仍然无法用实验方法直接观测碳正离子的存在，原因在于通常的反应条件下碳正离子的寿命很短，只有 10^{-10}～10^{-6} s。1962 年，Olah 等将 $(CH_3)_3CF$ 溶解于过量的超强酸介质 SbF_5 中，发现叔丁基氟化物在 ^1H NMR δ1.5 处的双峰(氢与氟偶合的结果)完全消失，而在 δ4.3 处出现一个去屏蔽作用很强的质子信号。如此强的去屏蔽作用显然是来自叔碳正离子的作用。随后在测得的 ^{13}C NMR 中发现，相应的叔碳正离子信号出现在 δ335.2 处，比正常的叔碳原子的化学位移向低场移动了几乎 300。这些实验结果确定无疑地证明了叔丁基正离子的存在。

$$(CH_3)_3C—F + SbF_5 \rightleftharpoons (CH_3)_3C^+ SbF_6^-$$

1949 年 Winstein 发现外型-2-取代的 Norbornyl 衍生物(关于构型名称参见 10.9.5 节)进行溶剂解反应的速率是内型的 350 倍，他认为是因为邻基参与的原因，即形成了非经典的 Norbornyl 碳正离子(式中 OBs 代表对溴苯磺酰氧基)。

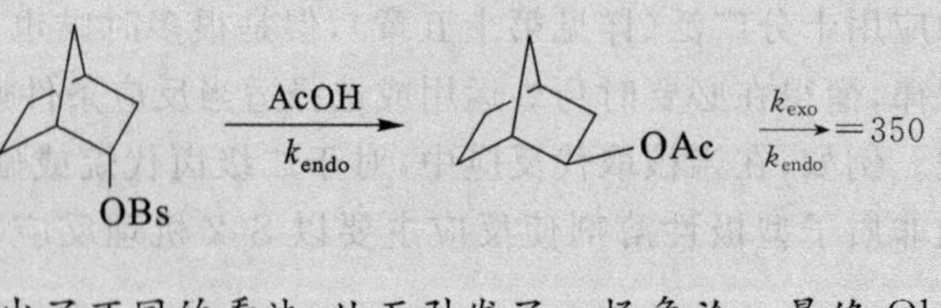

1962 年 Brown 提出了不同的看法，从而引发了一场争论。最终 Olah 用三种不同的方法制备得到了 Norbornyl 碳正离子，然后用低温 NMR 方法进行了详细研究，为非经典 Norbornyl 碳正离子的存在提供了丰富而直接的证据。

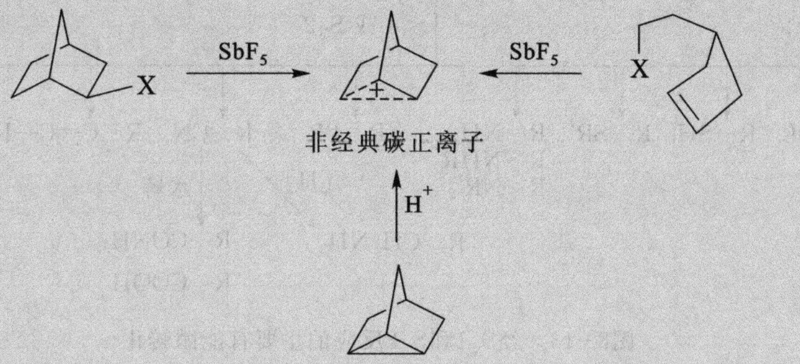

1972 年，Olah 提出碳正离子系统新概念，将碳正离子(carbocation)分为两类：一类是三配位碳正离子，即经典碳正离子(carbenium ion)，第二类为五配位碳正离子，即非经典碳正离子(carbonium ion)，如前述 Norbornyl 碳正离子。

习题 8-17　下列卤代烃进行亲核取代反应时，哪些容易发生重排反应。分别写出它们进行 S_N1 和 S_N2 反应生成醇的反应条件及产物。

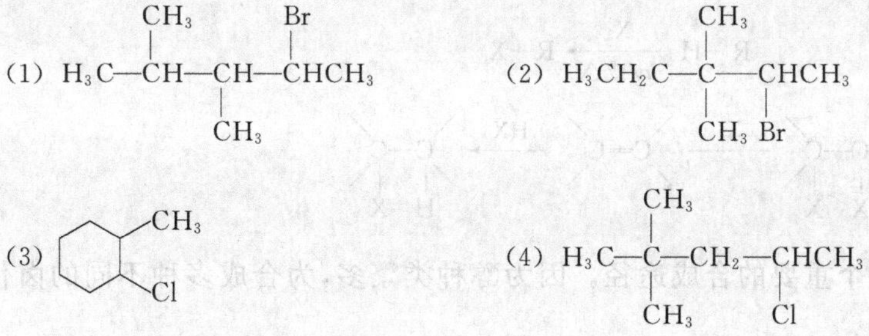

8.7　通过 S_N1 和 S_N2 反应实现官能团的相互转化

在有机合成中，可以方便地通过 S_N1 和 S_N2 反应实现化合物的官能团转化。图 8-13 列出了主要的官能团转化。

醇与卤代烃和磺酸酯之间的转化：

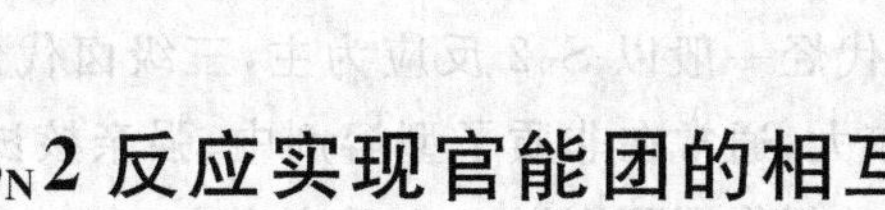

卤代烃或磺酸酯与其他官能团化合物之间的转化：

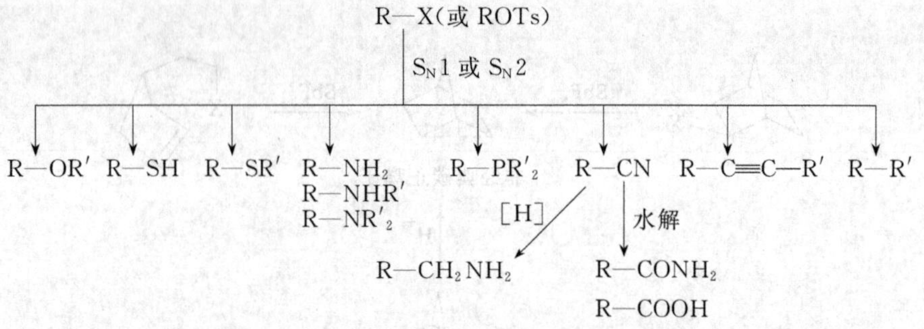

图8-13 经S_N1和S_N2反应的主要官能团转化

本节着重讨论醇与卤代烃和磺酸酯之间的转化，以及卤代烃或磺酸酯转化成醚、硫醇、硫醚、胺和膦的反应。卤代烃或磺酸酯与含碳亲核试剂的反应将在 8.8 节讨论。

8.7.1 卤代烃与醇的相互转化

卤代烃和醇是两类重要的化工基本原料，在有机合成与转化中占据了十分重要的位置。卤代烃可以通过自由基卤代反应(参见 7.4 节)获得，也可以通过不饱和烃的加成反应(详见第十章)合成。

$$\text{R—H} \xrightarrow[h\nu\text{ 或 }\triangle]{X_2} \text{R—X}$$

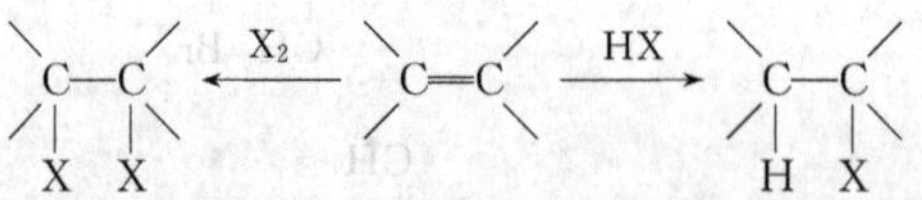

从醇转化成卤代烃也是一个重要的合成途径。因为醇种类繁多，为合成多种不同的卤代烃提供了丰富资源。

卤代烃转化成醇的反应，在讨论 S_N1 和 S_N2 机理和反应影响因素中已经涉及了很多，归纳起来主要有以下几点：一级卤代烃一般以 S_N2 反应为主，三级卤代烃一般以 S_N1 反应为主。二级卤代烃则受反应条件影响较大，通常在非质子型溶剂中、强亲核试剂作用下以 S_N2 反应为主，在质子型极性溶剂中、弱亲核试剂作用下则以 S_N1 反应为主。

$$1°\text{RX：} \quad \text{R—X} \xrightarrow[S_N2]{^-OH/H_2O} \text{R—OH}$$

$$2°\text{RX：} \quad \text{R—X} \xrightarrow[S_N2]{^-OH/DMSO} \text{R—OH}$$

$$2°,3°\text{RX：} \quad \text{R—X} \xrightarrow[S_N1]{H_2O\text{-}EtOH} \text{R—OH}$$

本节着重讨论醇转化为卤代烃的途径、试剂及相关条件。

1. 醇直接与 HX 反应

$$\text{R—OH} \xrightarrow{HX} \text{R—X}$$

这是一个十分简便的转化方法。由于醇羟基不是一个好的离去基团，常常需要在酸性条件下进行。通常是将醇溶于硫酸，加入卤化钠或卤化钾，加热回流即可制得。低沸点卤代烃可以直接蒸馏获得粗产物。反应中，也可以使用 $ZnCl_2$ 等路易斯酸代替质子酸。例如：

$$CH_3CH_2CH_2CH_2OH \xrightarrow[H_2SO_4,\triangle]{KBr} CH_3CH_2CH_2CH_2Br$$

$$H_2C{=}CH{-}CH_2OH \xrightarrow[H_2SO_4,\triangle]{KBr} H_2C{=}CHCH_2Br$$

$$CH_3CH_2CH_2CH_2CH_2OH \xrightarrow[\triangle]{HCl,ZnCl_2} CH_3CH_2CH_2CH_2CH_2Cl + H_2O$$

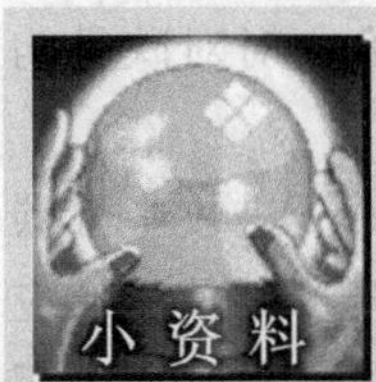

使用 Lucas 试剂可以鉴别碳数目小于 6 的醇的种类。Lucas 试剂由无水氯化锌溶于浓盐酸制得，醇在 Lucas 试剂作用下反应转化成氯代烃。反应前的醇可以溶解于 Lucas 试剂，反应后的氯代烃不溶于 Lucas 试剂，产生分层现象。并且一级、二级和三级醇的反应速率不同，因此可以用于鉴别。通常烯丙型醇或苄醇和三级醇的反应速率最快，室温下立即出现浑浊，二级醇在室温下放置几分钟出现浑浊，一级醇则需要加热反应后出现浑浊。乙烯型醇或者酚的亲核取代反应活性很差，因此在加热条件下也不反应，不出现浑浊现象。

大多数二级、三级和烯丙型或苄基型醇的亲核取代反应多以 S_N1 机理进行，而多数一级醇则以 S_N2 机理进行。当反应以 S_N1 机理进行时，可能发生重排反应。例如：

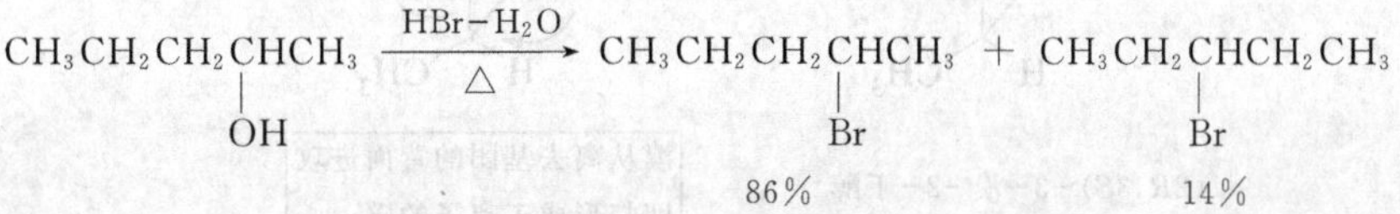

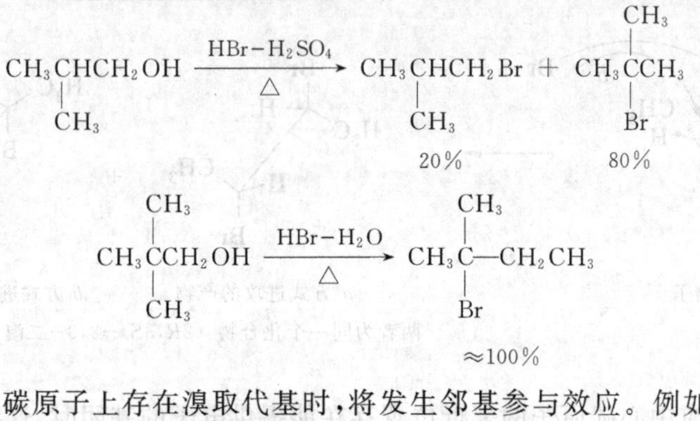

当醇羟基的邻位碳原子上存在溴取代基时，将发生邻基参与效应。例如，(2*R*,3*S*)-3-溴-2-丁醇与氢溴酸反应，得到内消旋的二溴化物，但如果是(2*S*,3*S*)-3-溴-2-丁醇与氢溴酸反应，则得到一对对映异构体的等量混合物，即外消旋体。

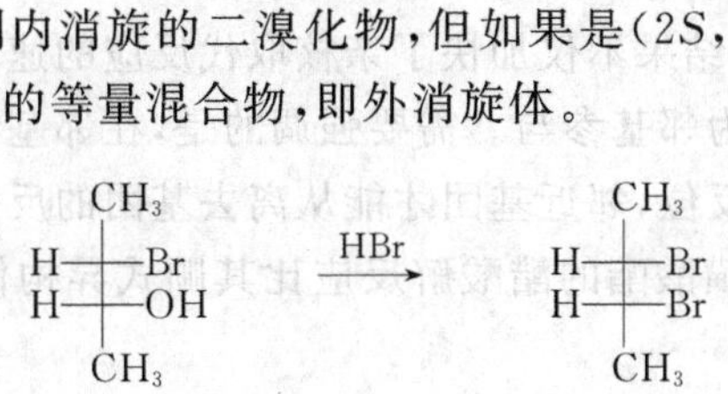

(2*R*,3*S*)-3-溴-2-丁醇　(2*R*,3*S*)-2,3-二溴丁烷(内消旋体)

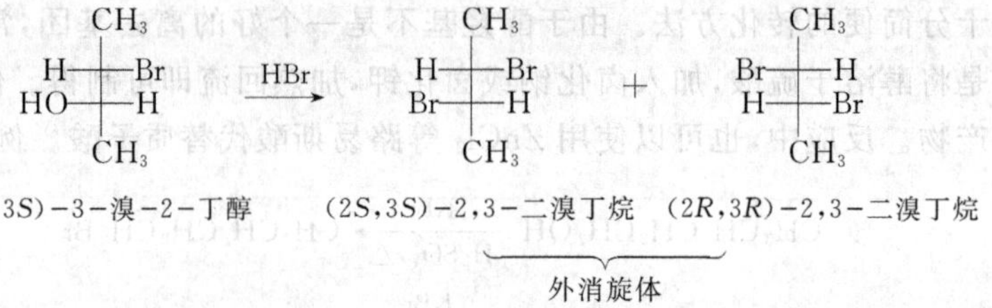

(2*S*,3*S*)-3-溴-2-丁醇 (2*S*,3*S*)-2,3-二溴丁烷 (2*R*,3*R*)-2,3-二溴丁烷

上述反应是一个二级醇与 HBr 的反应，主要遵循 S_N1 反应的机理。在质子化的醇脱水形成碳正离子的过程中，邻位的溴原子由于原子半径较大，外层电子云极化率较高，可以从离去基团的背面进攻即将形成正离子的碳，形成一个三元环的正离子——环溴鎓离子。这时，溴负离子只能从原来离去基团的一方进攻环溴鎓离子。由于可以进攻 C2 或 C3，因此产物为一对对映异构体。不过对于(2*R*,3*S*)-3-溴-2-丁醇而言，两个产物相同，为内消旋体。

在上述反应中，实际上发生了两次亲核取代过程，一次是处于羟基 β 位的溴原子进攻中心碳原子，然后是环溴鎓离子接受溴负离子的亲核进攻。环溴鎓离子的形成与进一步开环，使得反应中相邻两个碳的构型同时发生转化或保持，使产物具有特定的立体化学特征。另一方面，由于相邻基团在分子内的进攻比外加的亲核试剂进攻快，而碳正离子的形成是 S_N1 反应速率的决定步骤，因此，这种反应的速率往往较快。

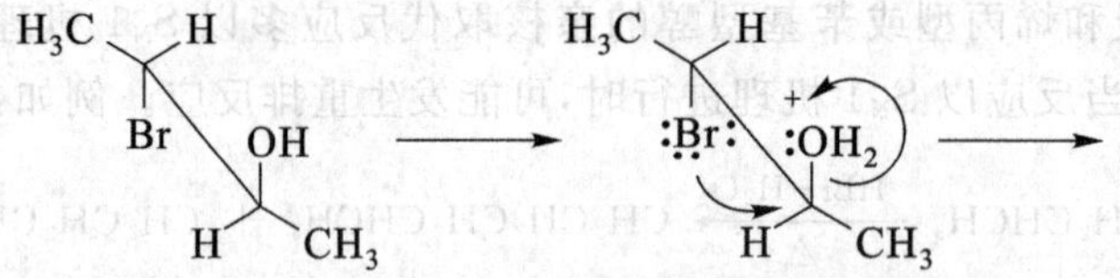

(2*R*,3*S*)-3-溴-2-丁醇

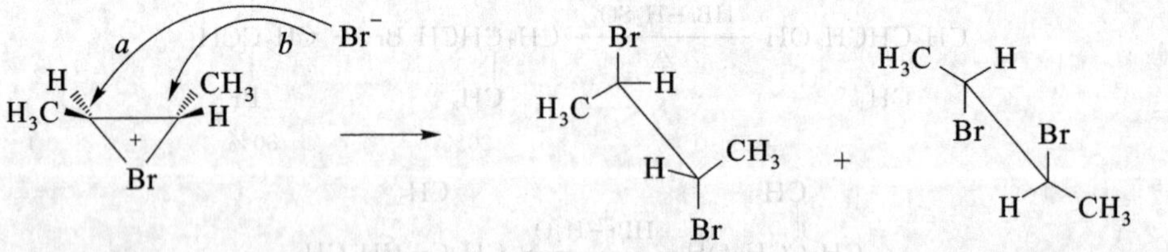

环溴鎓离子　　*a* 方式进攻的产物　　*b* 方式进攻的产物

两者为同一个化合物：(2*R*,3*S*)-2,3-二溴丁烷(内消旋)

一般来说，当反应中心碳原子的邻近位置存在能提供电子的基团时，这些基团可以通过某种环状中间体参与亲核取代反应，其结果不仅加快了亲核取代反应的速率，而且往往使产物具有立体化学专一性。这种反应过程称为邻基参与。需要强调的是，在邻基参与反应中，相邻基团必须处于离去基团的反位。只有处于反位，邻近基团才能从离去基团的反位进攻中心碳原子。例如，反-2-乙酰氧基环己醇的对溴苯磺酸酯的醋酸解反应比其顺式异构体快 630 倍，所得产物都是反式一二乙酸酯的外消旋混合物。

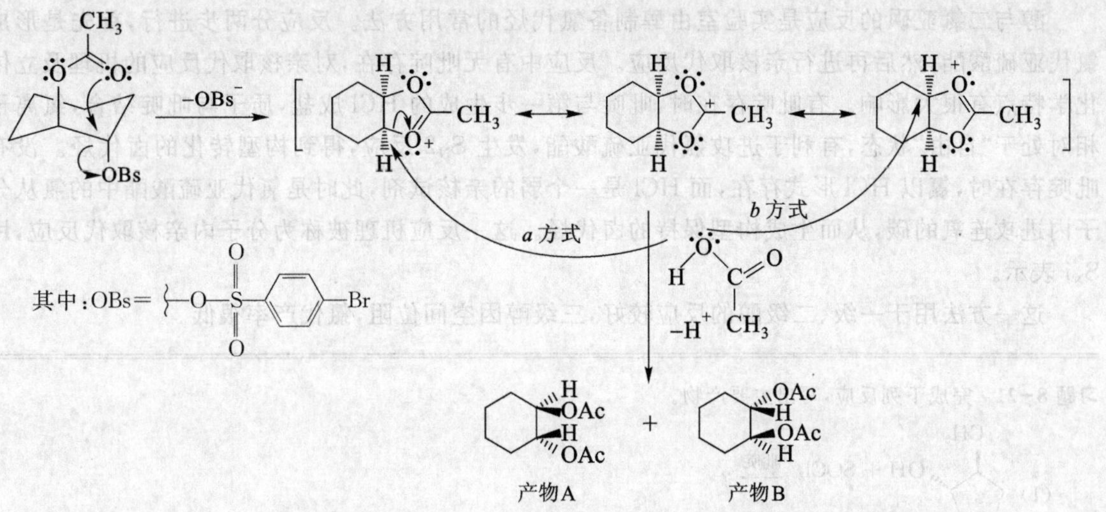

这是因为反-2-乙酰氧基环己醇的对溴苯磺酸酯经历了邻基参与的对称桥连离子中间体，而顺式异构体无法发生邻基参与。

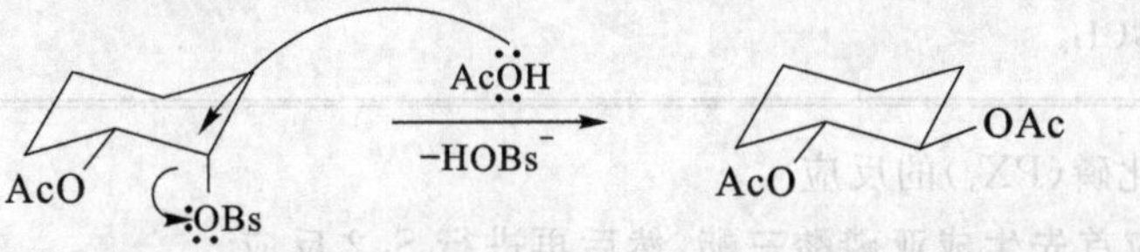

习题 8-18　写出(2*S*,3*S*)-3-溴-2-丁醇与氢溴酸反应生成外消旋体的机理，说明外消旋体生成的立体化学。

习题 8-19　写出(2*R*,3*S*)-3-溴-2-戊醇和(2*S*,3*S*)-3-溴-2-戊醇与氢溴酸反应的产物。

习题 8-20　写出(1*R*,2*R*)-2-溴环己醇和(1*S*,2*R*)-2-溴环己醇与氢溴酸反应的产物。

2. 醇与二氯亚砜($SOCl_2$)的反应

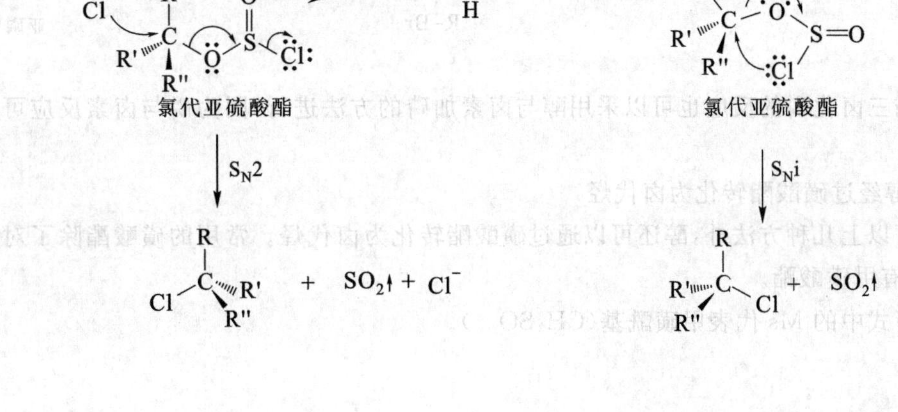

醇与二氯亚砜的反应是实验室由醇制备氯代烃的常用方法。反应分两步进行，首先是形成氯代亚硫酸酯，然后再进行亲核取代反应。反应中有无吡啶存在，对亲核取代反应的机理及立体化学特点有很大影响。有吡啶存在时，吡啶与第一步生成的 HCl 成盐，质子与吡啶结合，氯离子相对处于“自由”状态，有利于进攻氯代亚硫酸酯，发生 S_N2 反应，得到构型转化的卤代烃。没有吡啶存在时，氯以 HCl 形式存在，而 HCl 是一个弱的亲核试剂，此时是氯代亚硫酸酯中的氯从分子内进攻连氧的碳，从而生成构型保持的卤代烃。这一反应机理被称为分子内亲核取代反应，用 S_Ni 表示。

这一方法用于一级、二级醇的反应较好，三级醇因空间位阻，氯代产率很低。

习题 8-21 完成下列反应，写出主要产物。

(1) 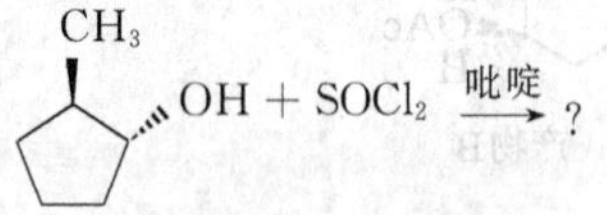

(2) 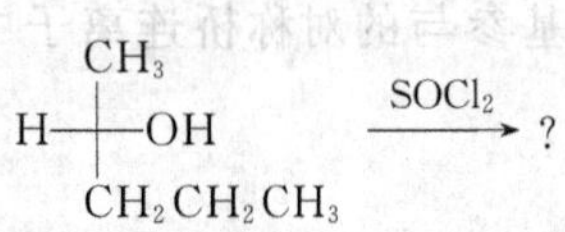

---

3. 醇与三卤化磷(PX_3)的反应

醇与 PX_3 反应首先生成亚磷酸三酯，然后再进行 S_N2 反应。

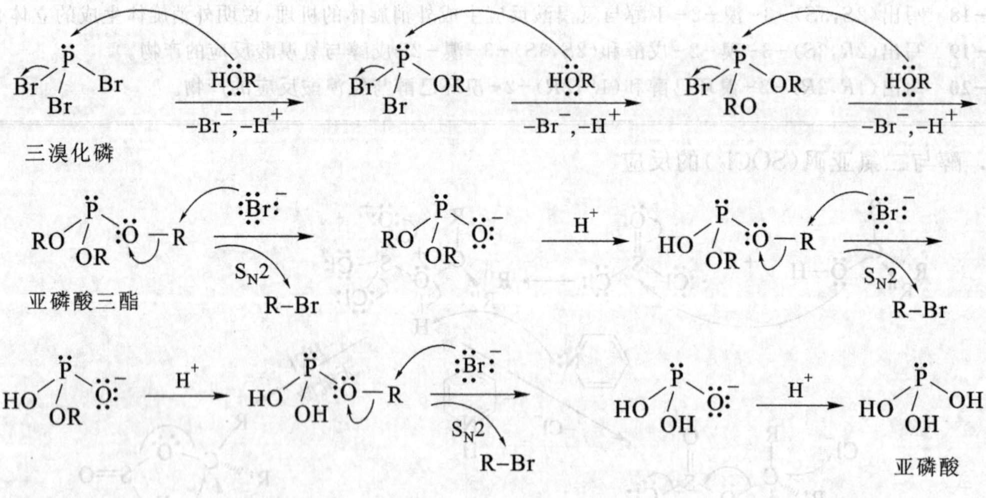

醇与三卤化磷的反应也可以采用醇与卤素加磷的方法进行，因为磷与卤素反应可以生成三卤化磷。

4. 醇经过磺酸酯转化为卤代烃

除了以上几种方法外，醇还可以通过磺酸酯转化为卤代烃。常用的磺酸酯除了对甲苯磺酸酯外，还有甲磺酸酯。

以下式中的 Ms 代表甲磺酰基(CH_3SO_2-)。

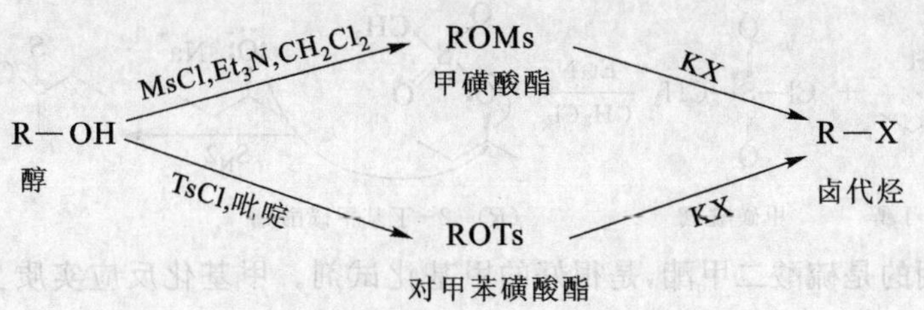

这一方法不仅适用于氯代烷和溴代烷的合成，也可以用于碘代烷的制备。此外，碘代烷的制备还可用氯代烷或溴代烷与碘化钠在丙酮溶液中通过析出不溶性的氯化钠或溴化钠而得。

$$R—Cl(Br) + NaI \xrightarrow{\text{丙酮}} R—I + NaCl(Br)$$

习题 8-22　现需制备(R)-2-氯辛烷和(S)-2-氯辛烷。但实验室只有(R)-2-辛醇。请为合成两个氯代烷设计两条合理的合成路线。如果还需要合成(S)-2-辛醇，又该如何合成?

8.7.2　Williamson 醚合成法

卤代烷与醇钠在无水条件下的亲核取代反应是重要的合成醚的方法，即 Williamson 醚合成法。

$$R—X + R'ONa \longrightarrow R—O—R' + NaX$$

在这类合成反应中要注意两方面的问题：第一是亲核取代反应与消去反应（第九章）的竞争问题；第二是重排反应问题。在下面的例 1 中，由于三级卤代烃的空间位阻较大，而醇钠又是强碱，因此消去反应成为主反应。但如果使用叔丁醇钠与碘甲烷反应则能顺利得到预期产物。例 2 中，虽然反应物为一级卤代烷，但 β 碳原子上取代基增多，空间位阻增大，反应主要以 S_N1 机理进行，结果重排产物成为主产物。用新戊醇钠与溴乙烷反应，反应以 S_N2 机理进行，从而有效地避免重排反应发生。

例 1：$(CH_3)_3CBr + CH_3ONa \xrightarrow{E2} (CH_3)_2C{=}CH_2 + CH_3OH + NaBr$

$(CH_3)_3CONa + CH_3I \xrightarrow{S_N2} (CH_3)_3COCH_3$

例 2：$(CH_3)_3CCH_2Br + CH_3CH_2ONa \xrightarrow[\text{重排}]{S_N1} H_3C—\underset{OCH_2CH_3}{\overset{CH_3}{C}}—CH_2CH_3$　主要产物

$(CH_3)_3CCH_2ONa + CH_3CH_2Br \xrightarrow{S_N2} H_3C—\underset{CH_3}{\overset{CH_3}{C}}—CH_2OCH_2CH_3$

除了使用卤代烷外，磺酸酯和硫酸酯也常用于醚的合成：

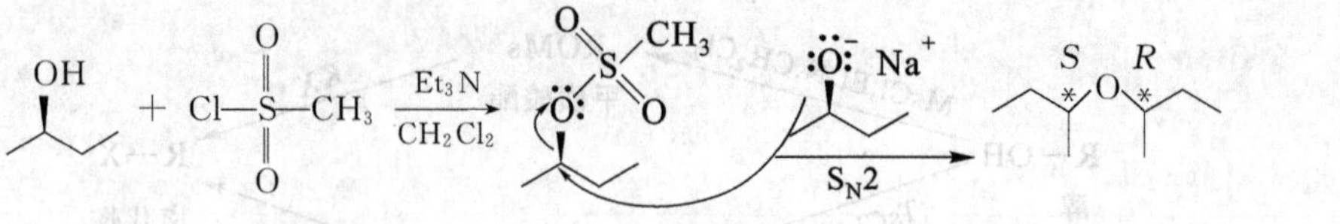

(*R*)-2-丁醇　　甲磺酰氯　　(*R*)-2-丁基甲磺酸酯

硫酸酯最常用的是硫酸二甲酯，是很好的甲基化试剂。甲基化反应实质上是醇或酚在碱性条件下，形成烷氧负离子进攻硫酸二甲酯中缺电子甲基碳发生的亲核取代反应。

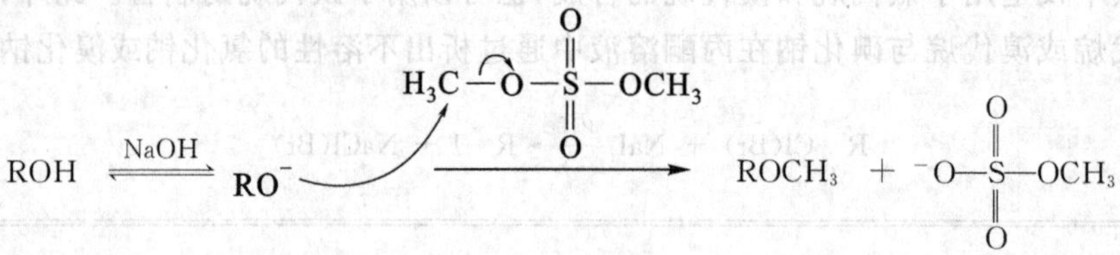

习题 8-23　解释下列反应物的两个酚羟基活性为什么不同。

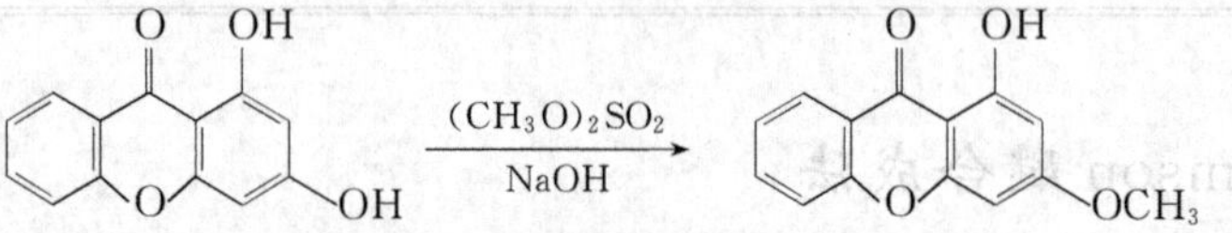

环氧化合物也是醚，它们可以通过邻卤代醇在碱性条件下发生分子内 S_N2 反应制得。

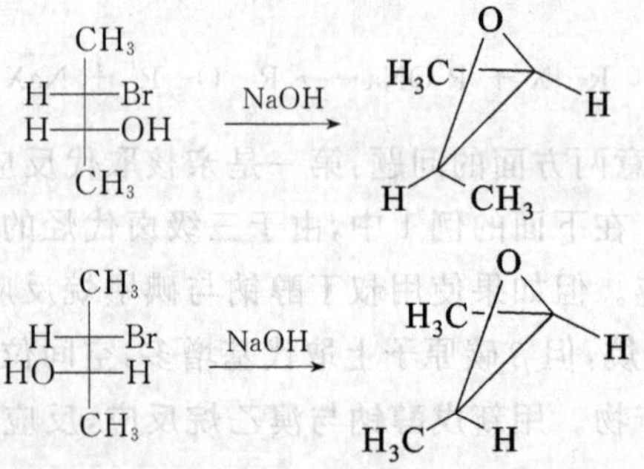

习题 8-24　写出上述环氧化合物生成的反应机理。

习题 8-25　(1*R*,2*R*)-2-氯环己醇在 NaOH 作用下可以形成 1,2-环氧环己烷，而(1*S*,2*R*)-2-氯环己醇在同样条件下不能生成 1,2-环氧环己烷，而是主要发生消去反应，为什么？

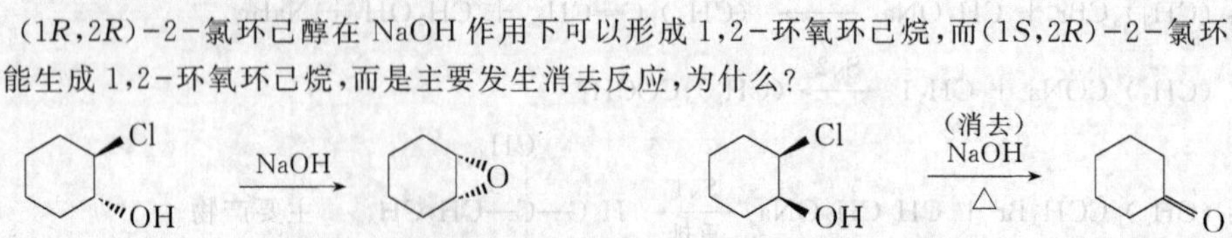

(1*R*,2*R*)-2-氯环己醇　　1,2-环氧环己烷　　(1*S*,2*R*)-2-氯环己醇　　环己酮

习题 8-26　完成下列反应

(1) 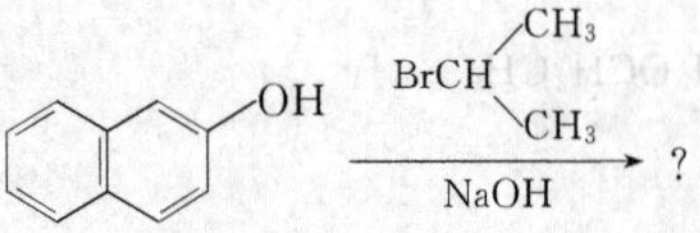

(2) 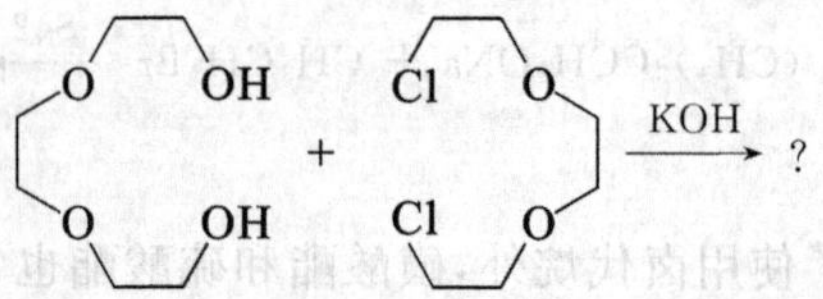

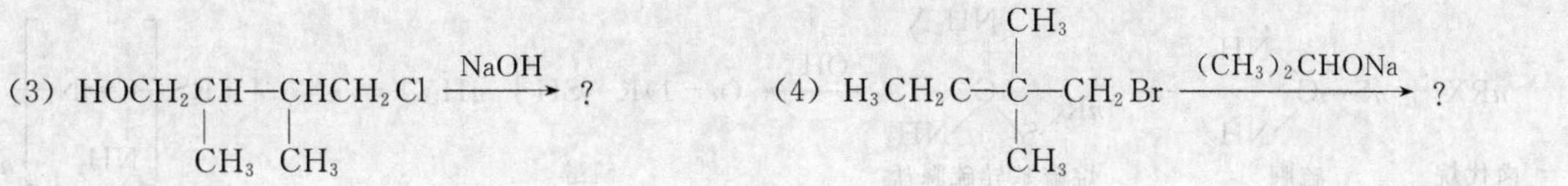

8.7.3　硫醇和硫醚的合成

硫醇和硫醚的合成类似于醇和醚的合成。常用 NaSH 和 Na_2S 作为合成硫醇和硫醚的亲核试剂。

$$R{-}X \xrightarrow{NaSH} R{-}SH$$

$$R{-}X \xrightarrow{R'SNa} R{-}S{-}R'$$

$$R{-}OMs \xrightarrow{NaSH} R{-}SH$$

$$R{-}OTs \xrightarrow{R'SNa} R{-}S{-}R'$$

例如：

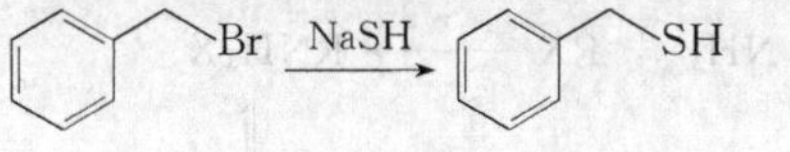

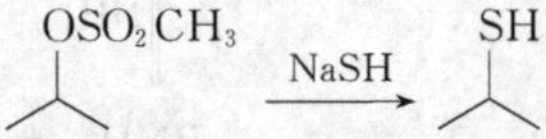

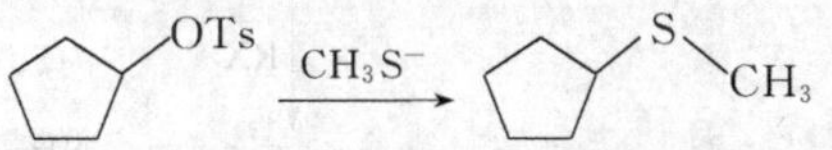

值得注意的是，在硫醇的合成中，生成的硫醇可以与巯基负离子相互作用，转化成烷硫基负离子，从而与体系中尚未反应的卤代烃或磺酸酯反应生成硫醚。因此硫醇的合成中存在一个反应程度的控制问题。

$$\underset{\text{卤代烃}}{R{-}X} \xrightarrow{NaSH} \underset{\text{硫醇}}{R{-}SH} \underset{-H_2S}{\overset{NaSH}{\rightleftharpoons}} \underset{\text{硫醇钠}}{R{-}SNa} \xrightarrow{R{-}X} \underset{\text{硫醚}}{R{-}S{-}R}$$

上述硫醇合成的反应控制问题也存在于其他有机反应中。对于一个连续反应：

$$A \xrightarrow{k_1} B \xrightarrow{k_2} C$$

能否获得 B，取决于 k_1 与 k_2 大小。如果 $k_1 > k_2$，则可以通过反应时间控制获得高产率的 B；如果 $k_2 > k_1$，则难以获得高产率的 B。这时就需要寻找其他合成方法和途径。

另一个合成硫醇的方法是使用硫代乙酸与 RX 进行 S_N2 反应，首先得到硫醇的乙酸酯，再水解可以得到高产率的硫醇。

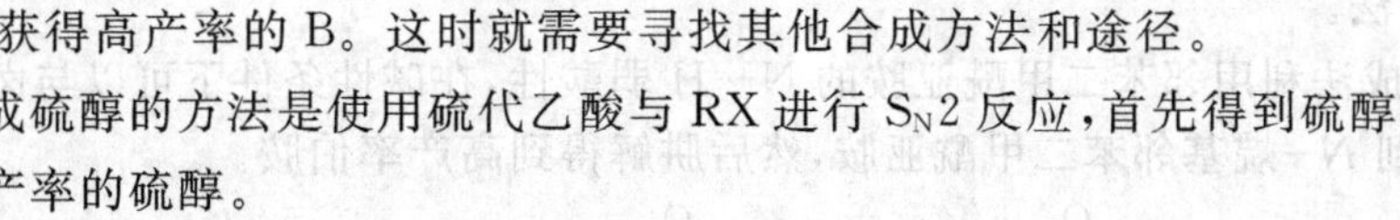

类似的方法是使用卤代烷与硫脲一起反应，以避免硫醚的生成。

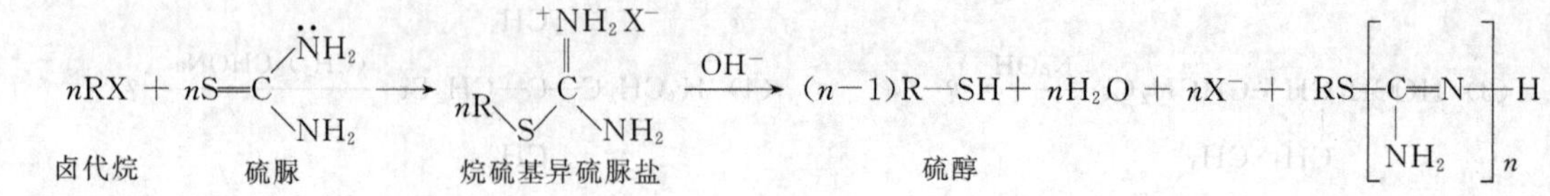

习题 8-27 合成下列化合物。

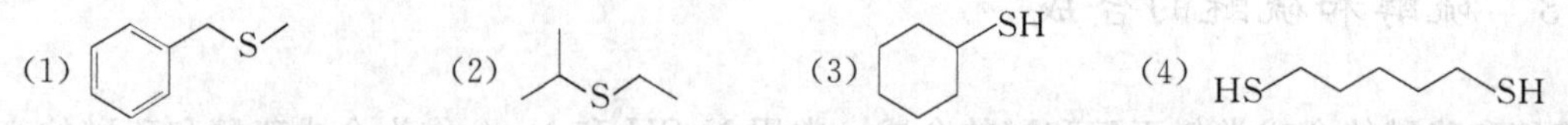

8.7.4 胺和膦的制备

氨的亲核性强于水，胺的亲核性强于醇。氨和胺分子可以与卤代烃或磺酸酯直接反应，而醇往往需要转化为烷氧负离子才能发生反应。这种亲核性大小的差异，使得胺的制备比醇和醚要复杂得多，主要问题是反应程度不易控制，从而导致产物的产率不高。

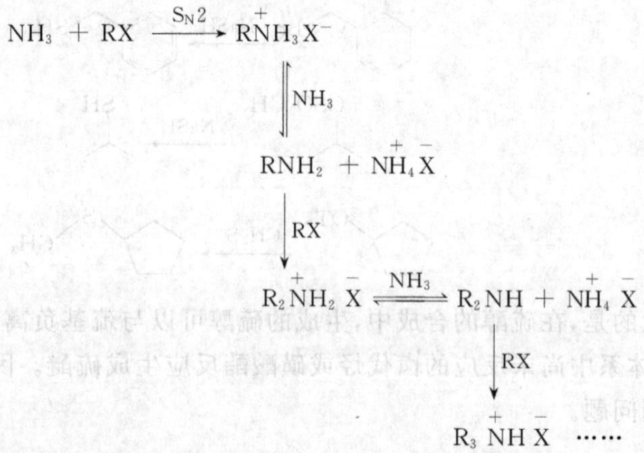

氨与卤代烃反应得到伯胺的氢卤酸盐($RNH_3^+X^-$)，$RNH_3^+X^-$虽然不能发生亲核取代反应，但是它能与氨发生质子交换，从而使反应体系中产生亲核性比氨更强的伯胺(RNH_2)。伯胺将与卤代烃竞争进一步生成仲胺的氢卤酸盐。质子交换后得到仲胺(R_2NH)，仲胺比伯胺更容易与卤代烃反应，生成叔胺的氢卤酸盐。如此继续进行，结果反应体系中将生成 RNH_2，R_2NH，R_3N 乃至 $R_4^+NX^-$ 的混合物。

由于反应程度不易控制，限制了卤代烃或磺酸酯的直接胺化反应的实际应用。对于伯胺，常用 Gabriel 合成法。

Gabriel 合成法利用邻苯二甲酰亚胺的 N—H 弱酸性，在碱性条件下可以与卤代烃或磺酸酯经 S_N2 反应得到 *N*-烷基邻苯二甲酰亚胺，然后肼解得到高产率伯胺。

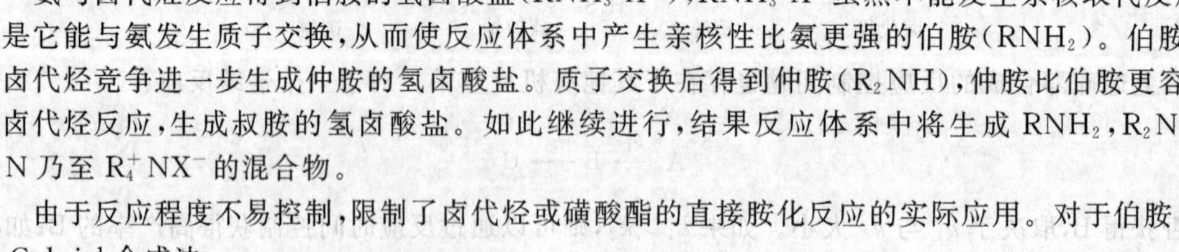

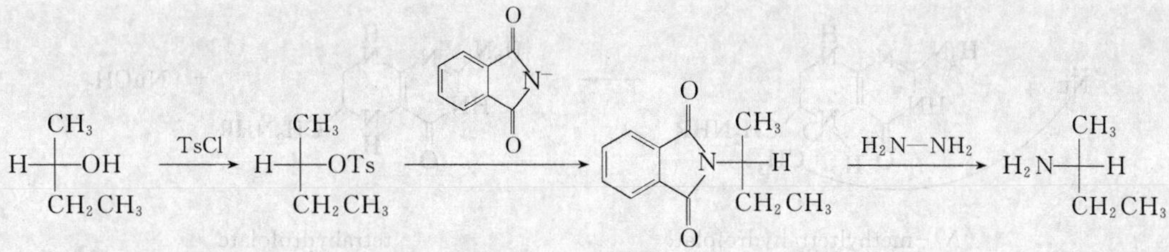

关于仲胺和叔胺的合成，将在以后讨论。

膦的制备类似于胺，可以从 RX 与 PH_3 的亲核取代反应制得。要注意的是膦的亲核性强于胺，并且由于空 d 轨道存在，在空气中容易氧化，因此，一级、二级、三级膦要在隔离空气的条件下合成与保存。三苯基膦是一个重要的试剂，与 RX 反应可以得鏻盐，再与碱作用可以制得 Wittig 试剂。Wittig 试剂与羰基化合物的缩合是形成碳－碳双键的重要方法(详见 13.5.4 节)。

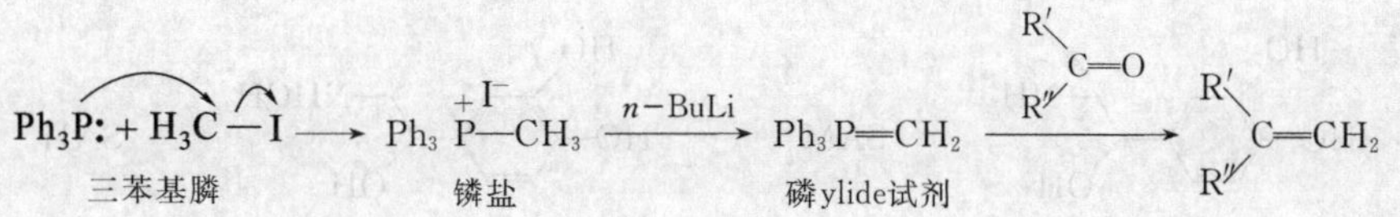

习题 8-28 尝试合成下列胺。

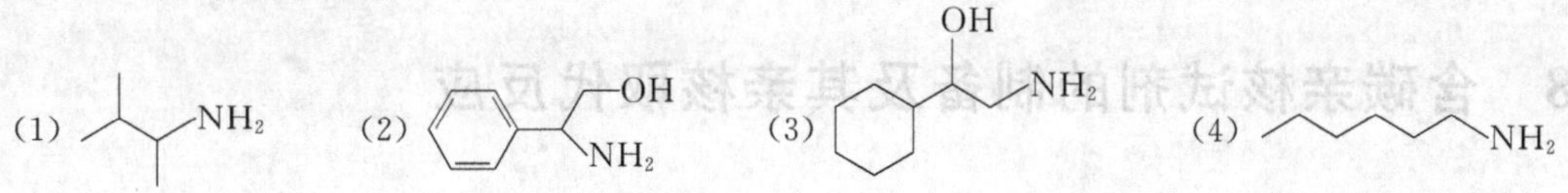

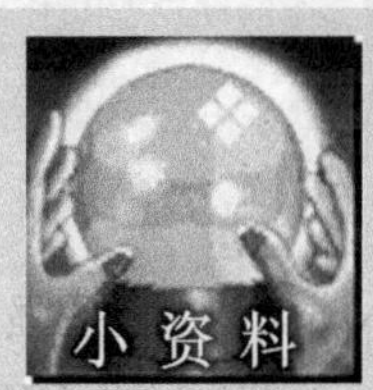

生物体系中的甲基化试剂

在实验室进行甲基化反应时，常使用碘甲烷或硫酸二甲酯作为甲基化试剂。在生命体的细胞中，甲基化反应也是一个重要的生物化学反应。生物体内常见的甲基化试剂是两个可溶于水的(*S*)－adenosylmethiomine(SAM)和 N^5－methyltetrahydrofolate。

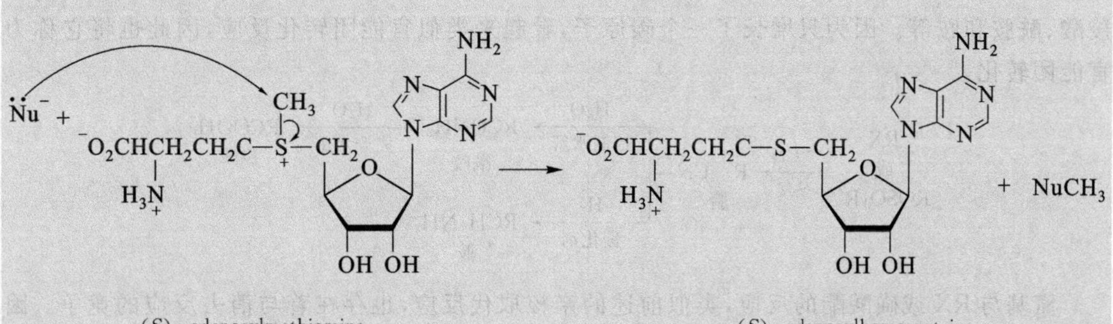

(*S*)－adenosylmethiomine
SAM

(*S*)－adenosylhomocysteine
SAH

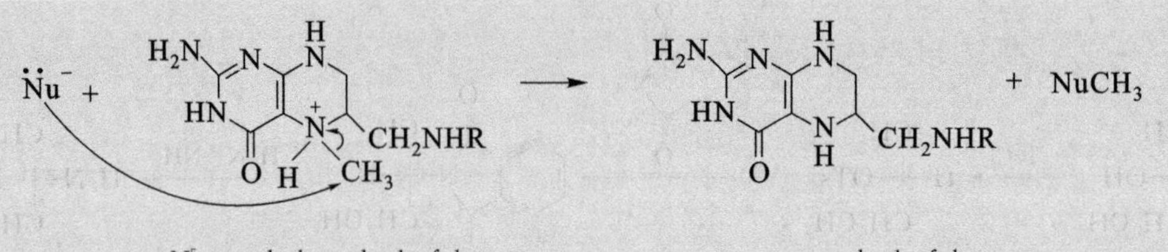

N^5-methyltetrahydrofolate　　　　tetrahydrofolate

以上这两个试剂中，甲基所连的基团都是非常好的离去基团，因此，生物体系中的甲基化反应能顺利进行。

去甲肾上腺素(norepinephrine 或 noradrenaline)和肾上腺素(epinephrine 或 adrenaline)在生物体内是兴奋心脏、收缩血管、升高血压的激素，其中，肾上腺素活性更高。SAM 在细胞中酶的作用下，能将甲基转移到去甲肾上腺素的氨基上，从而使之转化为肾上腺素。

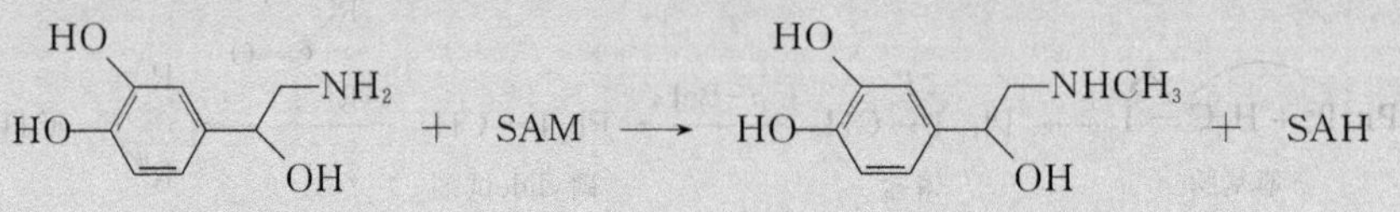

去甲肾上腺素　　　　肾上腺素

8.8　含碳亲核试剂的制备及其亲核取代反应

含碳亲核试剂的亲核取代反应是构建碳-碳键的重要方法之一。主要的含碳亲核试剂有氰基、炔基负离子和有机金属试剂。

8.8.1　sp 杂化碳亲核试剂

氰基负离子是最简单易得的含碳亲核试剂。与醇和水相比，氢氰酸(HCN，$pK_a=9$)是强酸，其共轭碱 $^-$CN 的碱性较 $^-$OH 和 $^-$OR 弱，但亲核性较 $^-$OH 和 $^-$OR 强(8.5.3 节)。当 RX 或磺酸酯与 $^-$CN 反应时可以得到腈，而腈可以通过水解或加氢还原反应，合成增长一个碳的羧酸、酰胺和胺等。因为只增长了一个碳原子，看起来类似官能团转化反应，因此也将它称为官能团转化。

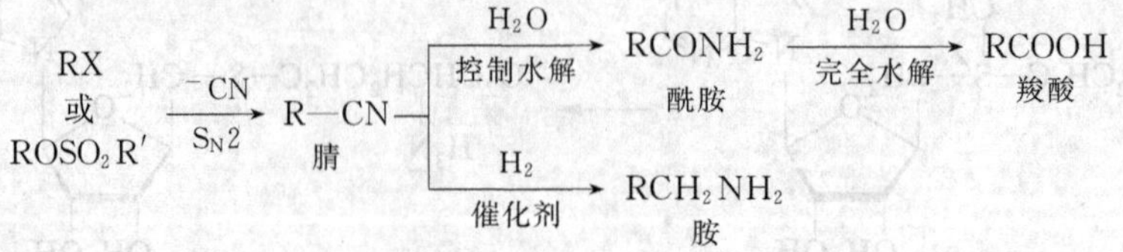

氰基与 RX 或磺酸酯的反应，类似前述的亲核取代反应，也存在着与消去反应的竞争。因此，实际合成应用中多采用一级卤代烃或磺酸酯为原料。

与氰基同属 sp 杂化碳的亲核试剂是炔基负离子。炔氢是弱酸($pK_a\approx25$)，在强碱作用下可以形成炔基负离子。

$$R—C \equiv C—H \xrightarrow{NaNH_2} R—C \equiv \overset{-}{C}: \overset{+}{Na}$$

炔基负离子与磺酸酯或卤代烃反应是合成高级炔烃的重要方法之一。

$$R—C \equiv C:^- + R'—O—SO_2CH_3 \longrightarrow R—C \equiv C—R'$$

习题 8−29　给出下列化合物的合成路线。

(1) 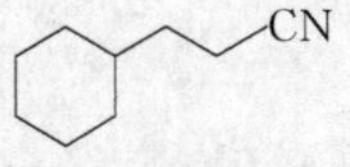　(2) 　(3) 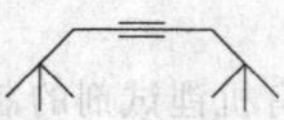

8.8.2　有机金属化合物的制备及其亲核取代反应

除了上述 C_{sp} 亲核试剂外，还有 C_{sp^2} 和 C_{sp^3} 亲核试剂。有机金属试剂是其中的主要类型。最常见的有机金属化合物主要有：锂试剂、镁试剂（也称 Grignard 试剂）和铜锂试剂。

1. 有机金属化合物的制备

有机金属化合物的制备方法主要有两种：一种是以卤代烃与零价金属直接制备而得，另一种是从一种有机金属试剂与另一种金属反应转化而来。有机锂和有机镁试剂多采用第一种方法，即使用卤代烃与零价金属在醚中反应制备而得。而铜锂试剂则由锂试剂与碘化亚铜（CuI）等亚铜盐反应转化而得。例如：

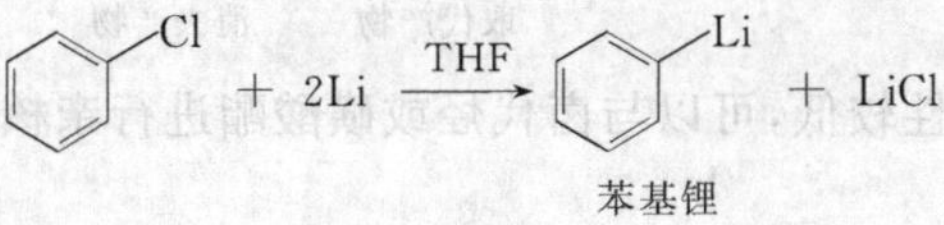

苯基锂

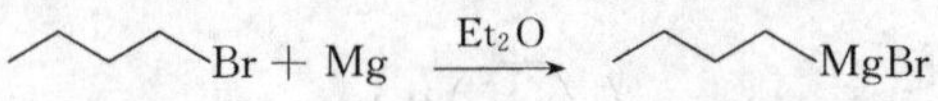

丁基溴化镁

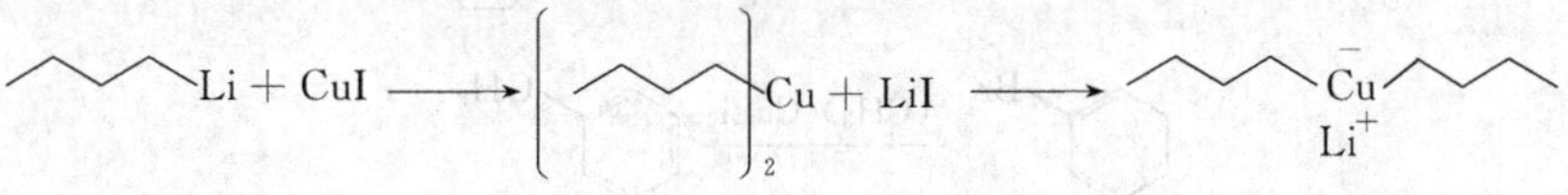

二丁基铜　　二丁基铜锂

由于多数有机金属试剂中的 C—M 键极性强，性质活泼，对水和氧气敏感，合成中都应隔绝空气和水分，并避免采用质子型溶剂。

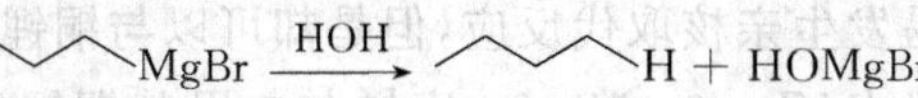

丁基溴化镁

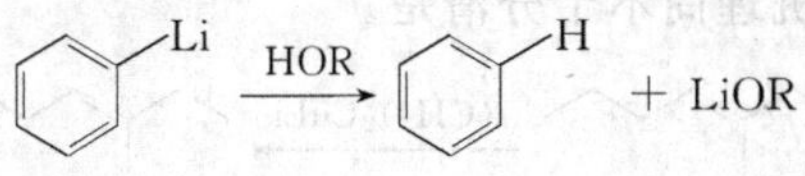

苯基锂

2. 有机金属化合物的亲核取代反应

有机金属化合物中的 C—M 键是极性共价键，其中碳原子带部分的负电荷。因此，有机金属化合物可以作为亲核试剂与卤代烃或磺酸酯进行亲核取代反应。反应结果是 RX 中的缺电子烃基与有机金属试剂中的富电子烃基连接形成 C—C 键，得到碳链增长的产物，这类反应也称为偶联反应(coupling reaction)。这是一类重要的碳链增长的合成反应。

事实上，在使用卤代烃与金属直接反应制备有机锂试剂和有机镁试剂的反应中，生成的有机锂试剂或者有机镁试剂可能与体系中尚未反应的卤代烃发生偶联反应。可以说，偶联反应是制备有机金属试剂中一个难以避免的主要副反应。

有机锂试剂的制备：　$R—X + Li \xrightarrow{Et_2O} RLi$

制备中的副反应：　$R—X + RLi \xrightarrow{Et_2O} \underset{\text{偶联产物}}{R—R} + LiX$

有机镁试剂的制备：　$R—X + Mg \xrightarrow{Et_2O} RMgX$

制备中的副反应：　$R—X + RMgX \xrightarrow{Et_2O} \underset{\text{偶联产物}}{R—R} + MgX_2$

在有机金属试剂中，有机锂和有机镁特别活泼，是非常强的碱，它们与 RX 反应，除了生成亲核取代产物外，还可能引起消去反应。因此，在合成中较少应用。

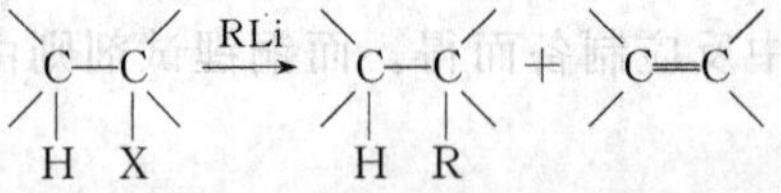

取代产物　　消去产物

相反，有机铜锂试剂活性较低，可以与卤代烃或磺酸酯进行亲核取代反应。该反应是合成烃类化合物的常用方法。

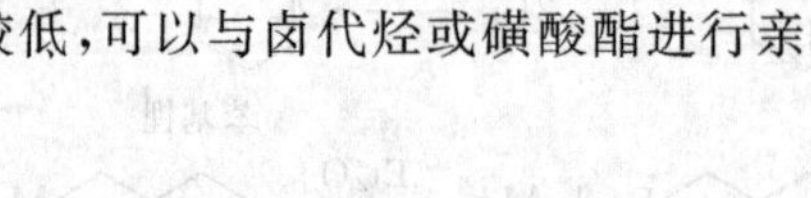

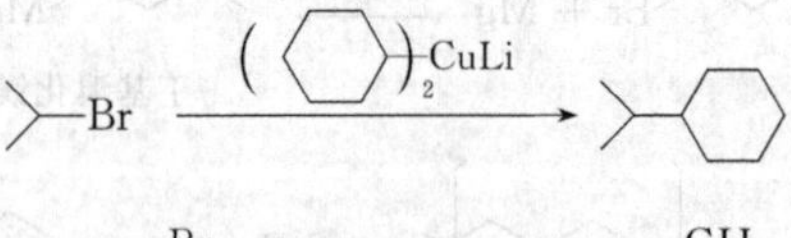

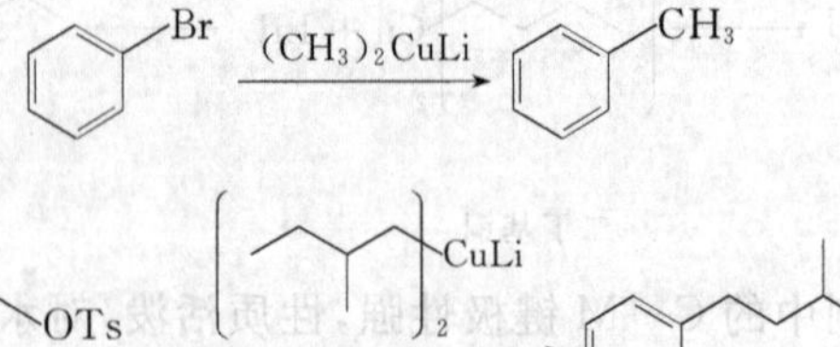

一般乙烯型卤代烃不易发生亲核取代反应，但是却可以与铜锂试剂反应，并且得到双键构型不变的偶联产物。例如下式中(*Z*)-3-溴-3-庚烯与二甲基铜锂反应，甲基直接在溴的位置取代，双键构型保持。该反应的机理尚不十分清楚。

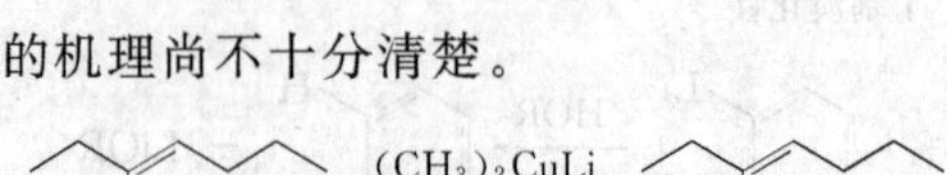

习题 8-30　完成下列反应，写出反应物、产物或反应条件。

(1) 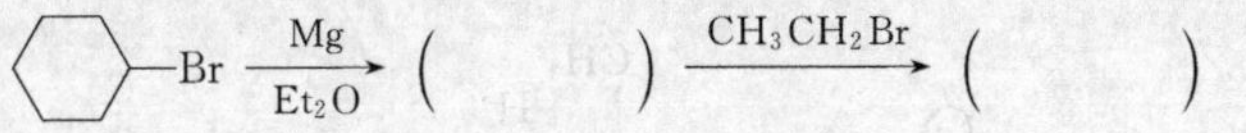

(2) 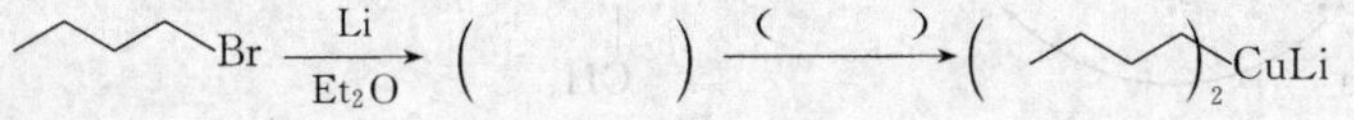

(3) 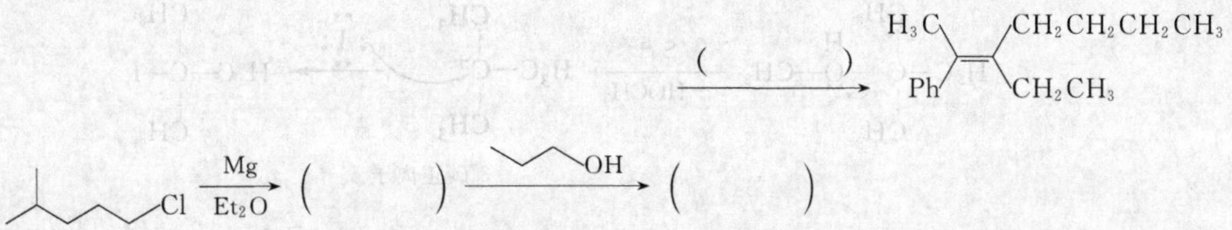

(4) 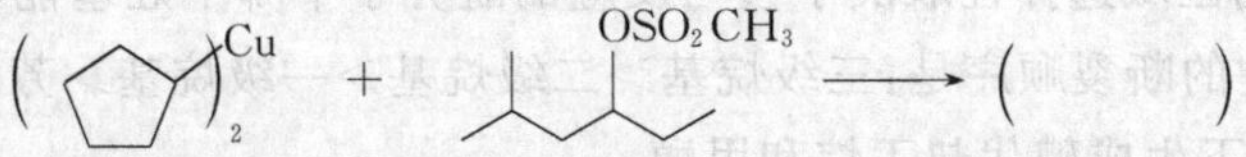

习题 8-31　提出合成下列化合物的路线。

(1) 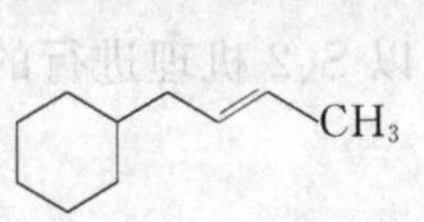　(2) 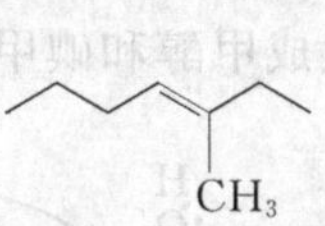

8.9　醚(环醚)的亲核取代反应

8.9.1　醚与 HI、HBr 的亲核取代反应

醚类化合物是有机化化合物中比较稳定的一类化合物，因此常用作有机反应的溶剂。比如，乙醚、四氢呋喃、二氧六环和乙二醇二甲醚等常用于多种有机化学反应中。不过醚类化合物在 HI 和 HBr 作用下可以发生醚键的断裂反应，反应的实质是亲核取代反应。

在醚的亲核取代反应中，离去基团是烷氧基负离子(^{-}OR)。烷氧基负离子的碱性与氢氧负离子^{-}OH 相当或者略强(参阅醇和水的 pK_a 值)。因此，它们都不是好的离去基团，醚与醇一样不容易发生亲核取代反应。但是在酸催化条件下，醚可以质子化。质子化后的醚与质子化的醇类似，难离去的基团烷氧基转化为碱性较弱容易离去的中性醇分子，因此可以发生亲核取代反应。典型的反应条件是高浓度的 HI 或 HBr 存在下并加热进行。

$$ROR' + HI \xrightarrow{\triangle} ROH + R'I$$

$$ROR' + HBr \xrightarrow{\triangle} ROH + R'Br$$

质子化后的醚可以发生 S_N1 或者 S_N2 反应。如果质子化的醚在离去基团离去后，可以生成

比较稳定的碳正离子，则亲核取代反应以 S_N1 反应机理进行。例如，甲基叔丁基醚在 HI 作用下质子化脱去 CH_3OH 后，可以形成叔丁基碳正离子，所以反应以 S_N1 机理进行。

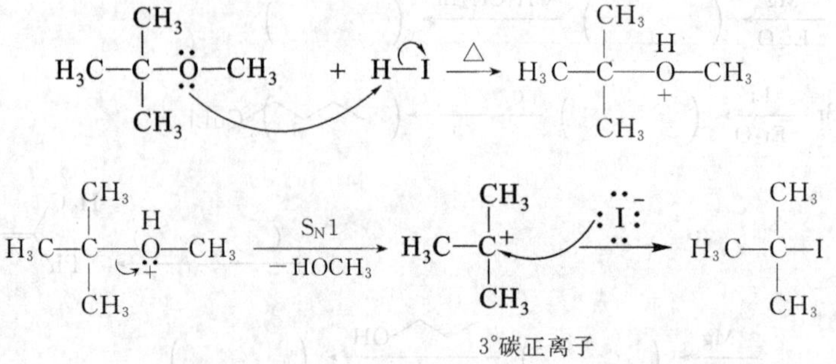

不对称的醚发生 S_N1 反应时，反应的区域选择性取决于参与反应的醚分子中哪个烃基能够生成比较稳定的碳正离子。因此，烷氧键的断裂顺序是：三级烷基＞二级烷基＞一级烷基＞芳基。例如，上例中甲基叔丁基醚在 HI 作用下生成碘代叔丁烷和甲醇。

如果质子化的醚在离去基团离去后，生成的碳正离子不稳定，则亲核取代反应主要以 S_N2 反应机理进行。例如，二甲醚在 HI 作用下生成甲醇和碘甲烷的反应是以 S_N2 机理进行的。

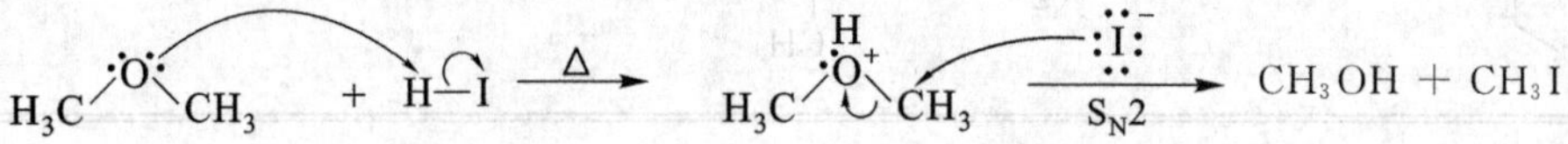

当反应以 S_N2 机理进行时，使用 HI 将比 HBr 具有更高的反应活性，因为 I^- 的亲核性比 Br^- 强。另一方面，不对称的醚在发生烷氧键断裂时，优先在空间位阻较小的一端进行。这种情况主要发生在一级烷基与甲基形成的醚中。例如，甲基丙基醚在 HI 作用下发生 S_N2 反应，优先生成碘甲烷和丙醇。

$$CH_3OCH_2CH_2CH_3 \xrightarrow[\triangle]{HI} H_3C-\overset{+}{\underset{H}{O}}CH_2CH_2CH_3 \xrightarrow[S_N2]{I^-} CH_3I + HOCH_2CH_2CH_3$$

对于其他不对称醚，由于二级和三级烃基的醚更多倾向 S_N1 反应，而 S_N1 反应相对于 S_N2 反应速率较快，因此，多数不对称醚在发生烷氧键断裂时，优先顺序与 S_N1 反应中顺序相同，即三级烷基＞二级烷基＞一级烷基＞芳基。例如，仲丁基丙基醚与 HI 作用生成 2-碘丁烷和丙醇；苯乙醚在 HI 作用下生成苯酚和碘乙烷。

$$CH_3CH_2\underset{CH_3}{\underset{|}{C}}HOCH_2CH_2CH_3 \xrightarrow[\triangle]{HI} CH_3CH_2\underset{CH_3}{\underset{|}{C}}HI + HOCH_2CH_2CH_3$$

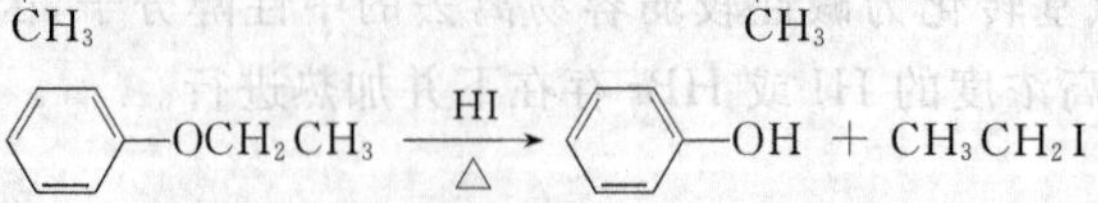

如果反应中存在过量的 HI，则反应中生成的醇可以继续发生醇的亲核取代反应，生成碘代烃。如苄基乙基醚在过量 HI 作用下，先生成碘甲基苯和乙醇，然后乙醇继续反应生成碘代乙烷。

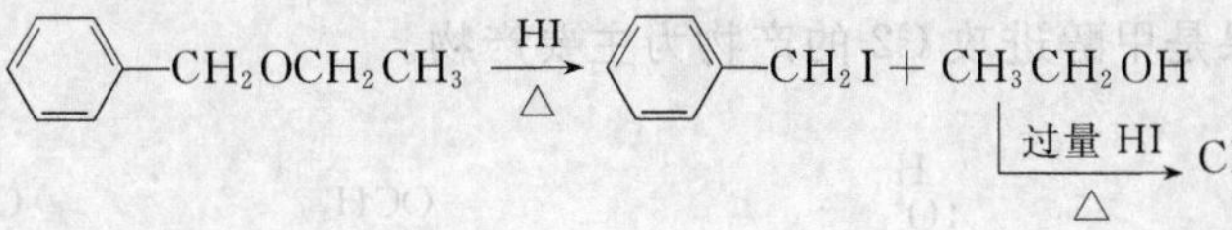

习题 8-32 写出下列化合物与 HI 作用的主要产物。

(1) $CH_3CH{=}CHOCH_2CH_3$ (2) $CH_3CH_2CH_2OC(CH_3)_2CH_2CH_3$ (3) 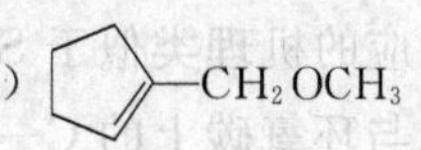

(4) 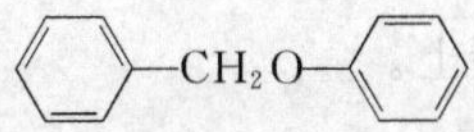 (5) 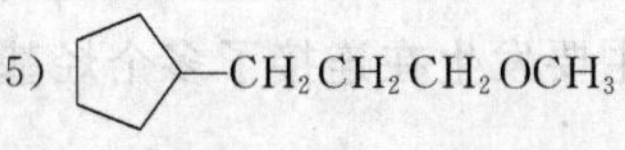 (6) 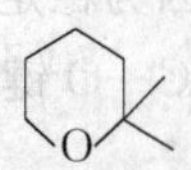

8.9.2 1,2-环氧化合物的开环反应

1,2-环氧化合物是醚类化合物中结构和性质比较特别的环醚类化合物,因此在合成中应用十分广泛。虽然 1,2-环氧化合物发生亲核取代反应时的离去基团也是烷氧基,但是环氧部分的三元环结构具有较大的环张力,因此,发生亲核取代反应的活性比一般的醚类化合物高。1,2-环氧化合物不仅能在酸性条件下发生亲核取代反应,而且可以在碱性条件下与多种亲核试剂发生反应。

在酸性条件下,1,2-环氧化合物首先形成质子化环醚,然后在卤负离子的进攻下发生环氧环的开环反应。比如,环氧乙烷与 HBr 作用开环得到 2-溴乙醇。

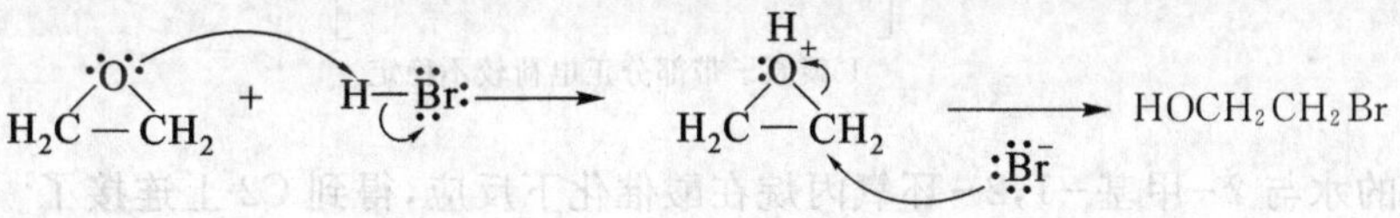

在酸性条件下质子化的 1,2-环氧化合物,还可以接受弱的亲核试剂 H_2O 或 ROH 的进攻,发生开环反应。

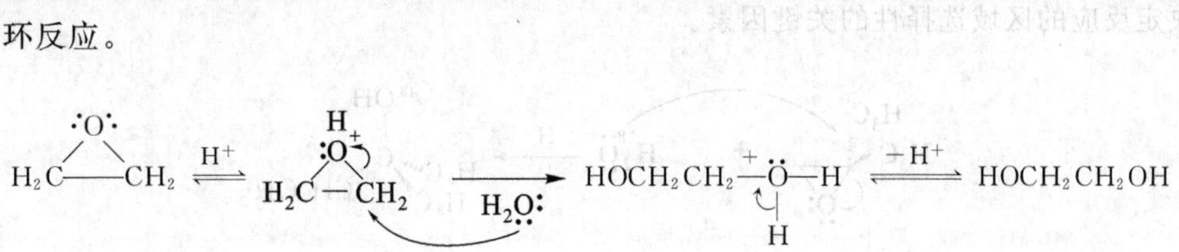

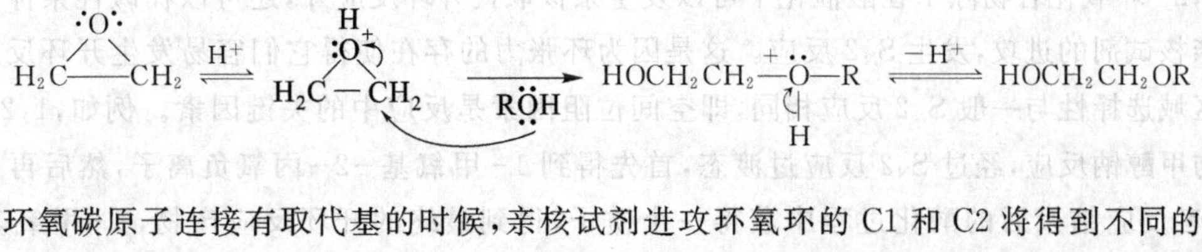

当环氧碳原子连接有取代基的时候,亲核试剂进攻环氧环的 C1 和 C2 将得到不同的产物。比如,1,2-环氧丙烷在酸性条件下与甲醇作用时,可以生成 2-甲氧基-1-丙醇和 1-甲氧基-2-

丙醇两种产物。实验结果是甲醇进攻 C2 的产物为主要产物。

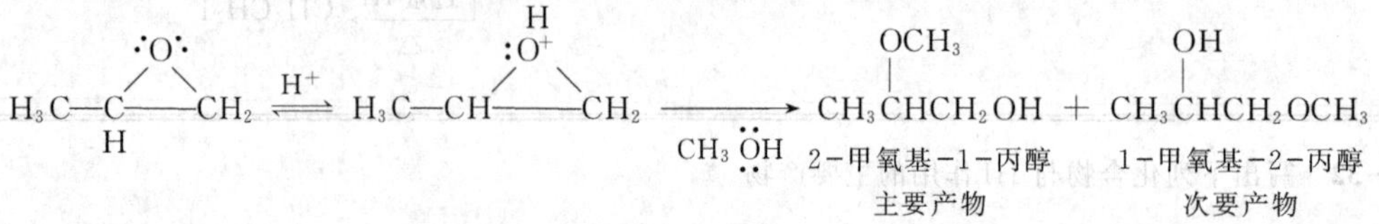

反应的机理类似于 S_N2 反应，但是过渡态中原来环氧环中的一个 C—O 键已经部分断裂，进攻试剂与环氧碳上的 C—O 键部分形成，因此环氧碳原子已经具有部分碳正离子的性质（如下式中的Ⅰ和Ⅱ）。因为稳定碳正离子的因素也将稳定该反应的具有部分碳正离子性质的过渡态，因此，环氧环中的 C—O 键的断裂主要发生在连接了多个烃基的环氧碳上。

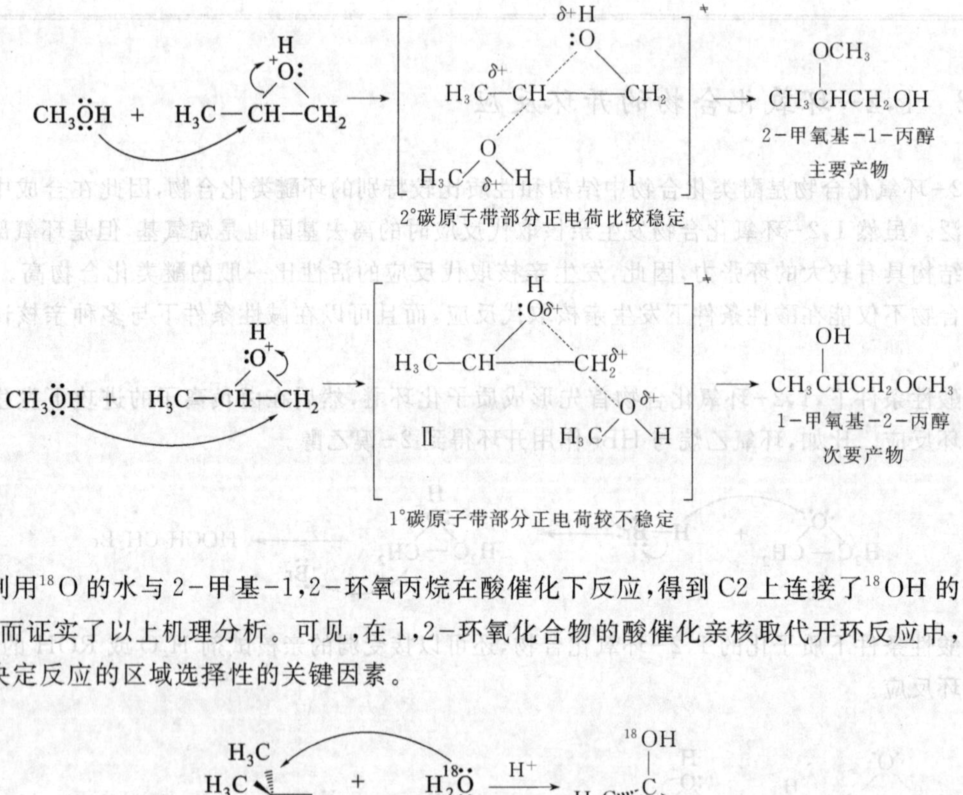

利用 ^{18}O 的水与 2-甲基-1,2-环氧丙烷在酸催化下反应，得到 C2 上连接了 ^{18}OH 的开环产物，从而证实了以上机理分析。可见，在 1,2-环氧化合物的酸催化亲核取代开环反应中，电子效应是决定反应的区域选择性的关键因素。

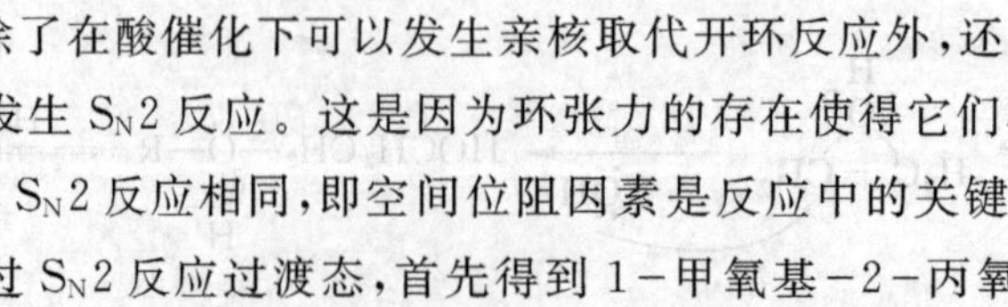

1,2-环氧化合物除了在酸催化下可以发生亲核取代开环反应外，还可以在碱性条件下接受多种亲核试剂的进攻，发生 S_N2 反应。这是因为环张力的存在使得它们容易发生开环反应。反应的区域选择性与一般 S_N2 反应相同，即空间位阻因素是反应中的关键因素。例如，1,2-环氧丙烷与甲醇钠反应，经过 S_N2 反应过渡态，首先得到 1-甲氧基-2-丙氧负离子，然后再从溶剂中，或者反应结束后的酸化过程中获得一个质子，得到最终的开环反应产物，1-甲氧基-2-丙醇。

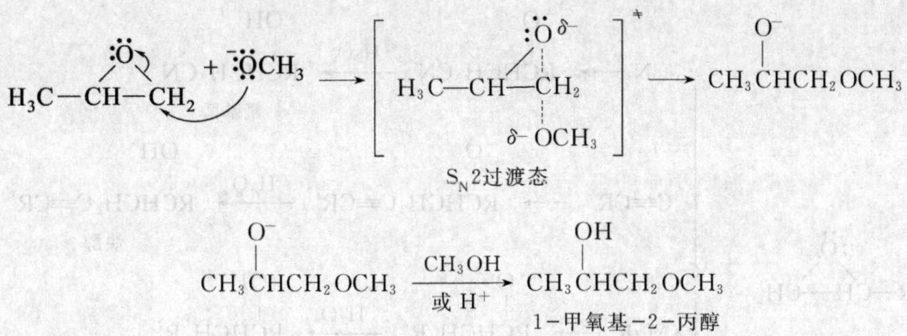

1-甲氧基-2-丙醇

通过(S)-2-甲基-1,2-环氧丁烷与甲醇钠反应得到手性碳构型保持不变的产物,充分说明在碱性条件下亲核试剂进攻的是空间位阻较小的C1,因此,反应不影响手性中心的构型。

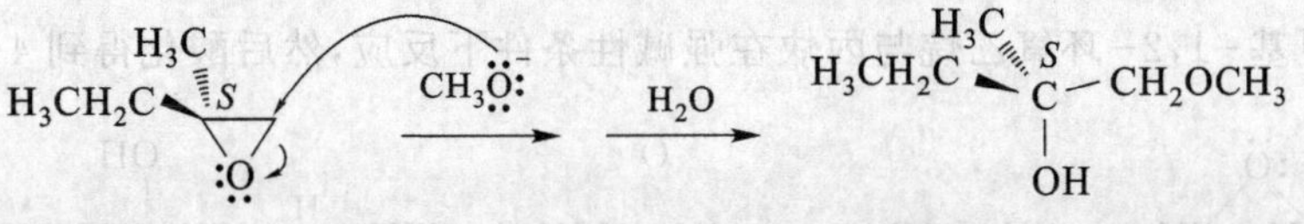

(S)-2-甲基-1,2-环氧丁烷　　(S)-2-甲基-1-甲氧基-2-丁醇

在碱性条件下,可以与1,2-环氧化合物发生亲核取代反应的亲核试剂很多,包括含氧、含氮和含碳等亲核试剂,因此在合成上用途很广。其中含氧、含氮试剂主要是氢氧负离子、烷氧负离子、芳氧负离子和胺,反应分别得到1,2-二醇、烷氧基或酚氧基取代的醇以及N-烷基氨基醇。

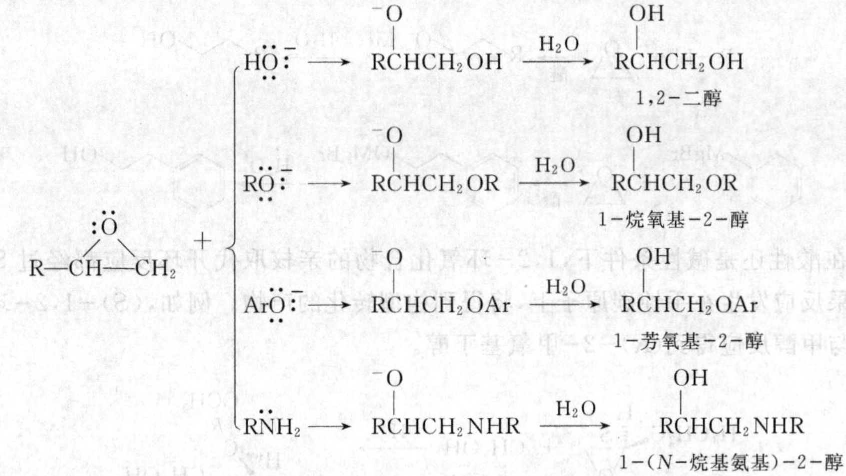

例如,1,2-环氧丙烷与甲胺反应可以得到1-甲氨基-2-丙醇。

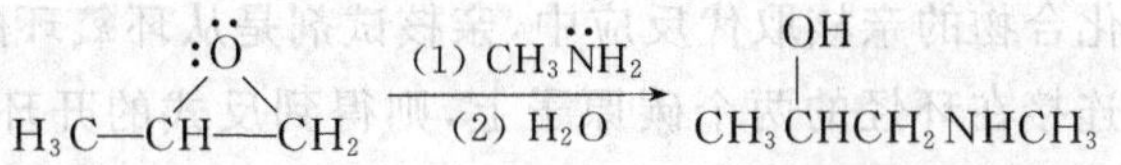

1-甲氨基-2-丙醇

多种含碳的亲核试剂也可以与1,2-环氧化合物发生亲核取代反应。这些反应是得到增长碳链的醇的重要方法。例如,氰基负离子与1,2-环氧化合物反应得到氰基醇,炔基负离子和有机金属试剂如格氏试剂或锂试剂与1,2-环氧化合物反应得到碳链增长的醇。

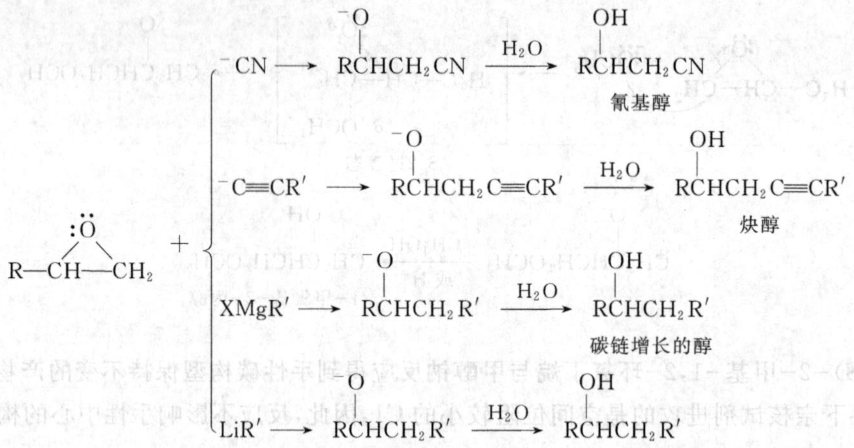

例如，2-甲基-1,2-环氧乙烷与丙炔在强碱性条件下反应，然后酸化得到4-己炔-2-醇。

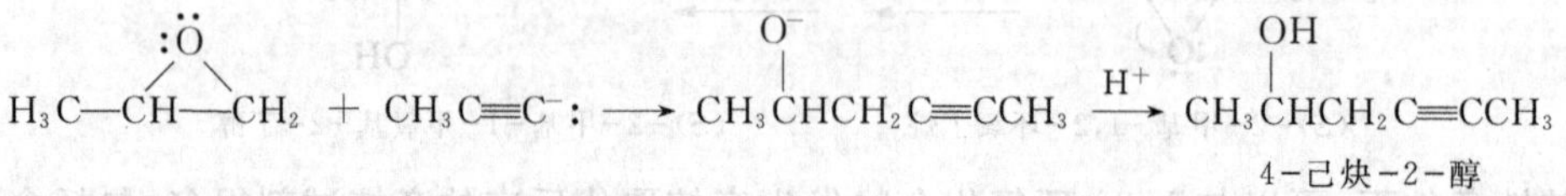

又如，环氧乙烷与 RLi 或 RMgX 试剂进行 S_N2 反应，是合成增加两个碳的醇的好方法。反应通常在醚类溶剂中进行，因为有机金属试剂常常在这些溶剂中制备并直接使用。由此可见，1,2-环氧化合物这类环醚的稳定性与一般醚类化合物有很大区别。

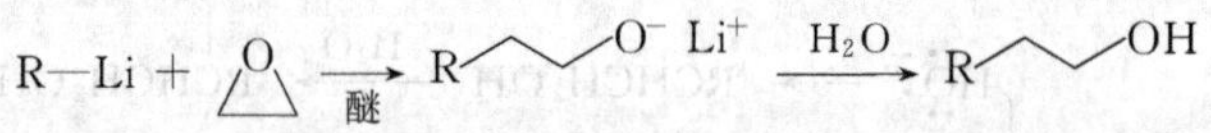

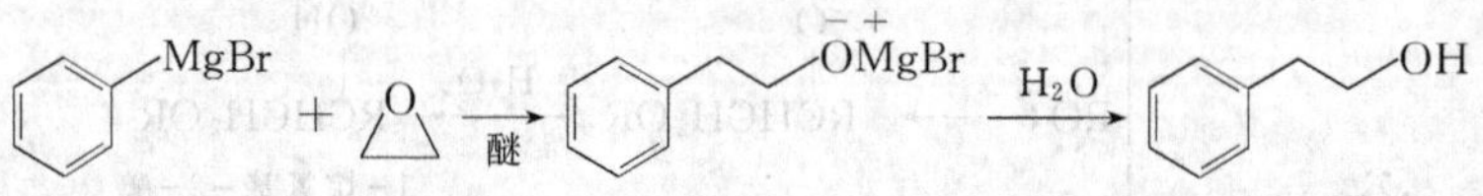

无论是在酸性还是碱性条件下，1,2-环氧化合物的亲核取代开环反应都经过 S_N2 反应历程，因此，如果反应发生在手性碳原子上，将得到构型转化的产物。例如，(*S*)-1,2-环氧丁烷在酸性条件下与甲醇反应得到(*R*)-2-甲氧基丁醇。

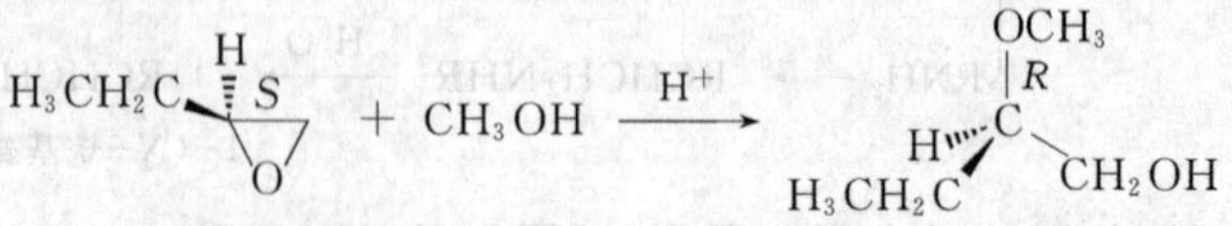

(*S*)-1,2-环氧丁烷　　(*R*)-2-甲氧基丁醇

此外，在1,2-环氧化合物的亲核取代反应中，亲核试剂是从环氧环的背面进攻环氧碳的，因此，如果1,2-环氧环是连接在环烃的两个碳原子上，则得到反式的开环产物。例如，1,2-环氧环己烷在氰基负离子的进攻下开环将得到反式2-氰基环己醇。

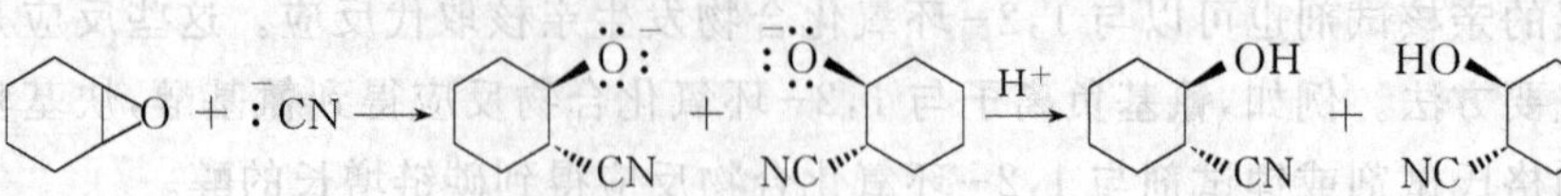

习题 8-33　完成下列反应，写出反应物、产物或反应条件。

(1) 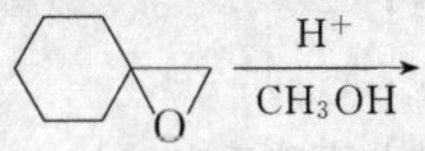　(2) 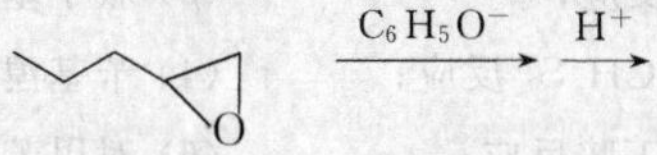

(3) 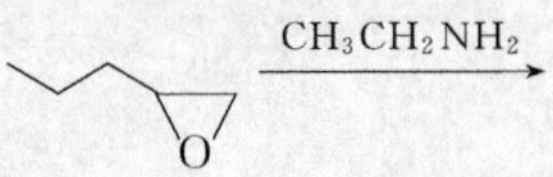　(4) 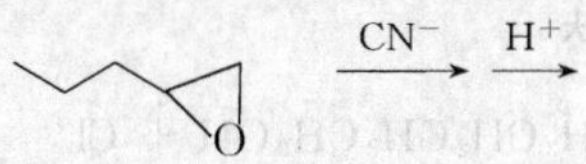

(5) 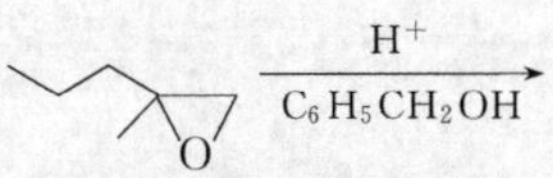　(6) 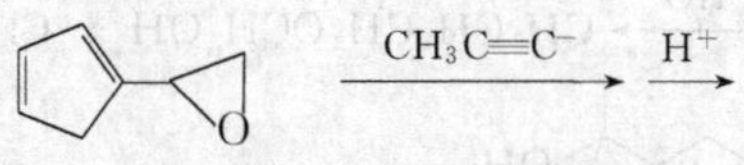

(7) 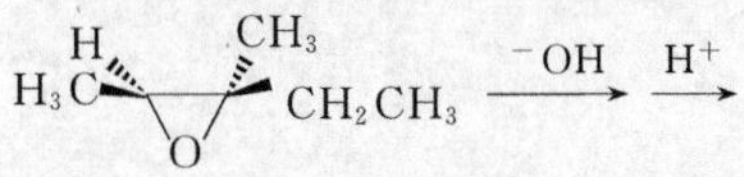

(8) 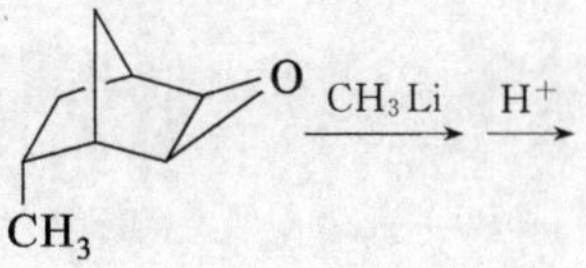　(9) 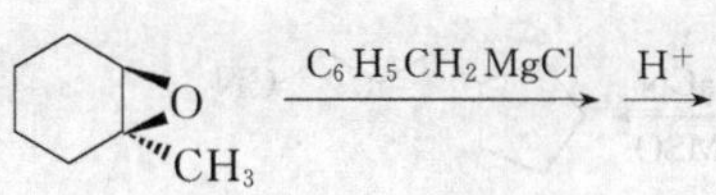

习题 8-34　提出合成下列化合物的路线。

(1) 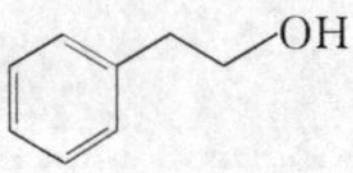　(2) 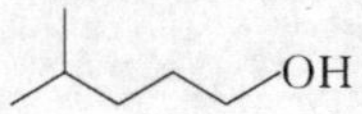

(3) 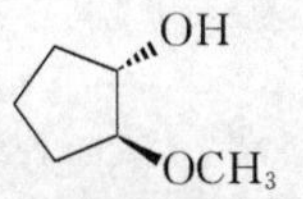　(4) 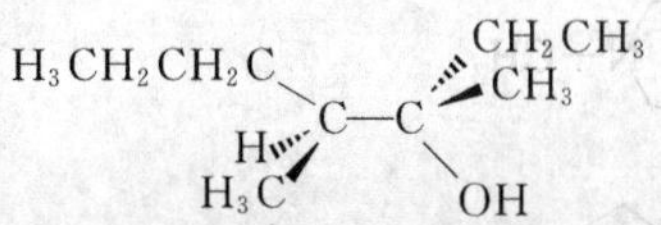

习题 8-35　简述 S_N1 反应和 S_N2 反应的动力学特征和立体化学特征。

习题 8-36　简述底物烃基部分结构对 S_N1 反应和 S_N2 反应的影响。

习题 8-37　举例说明溶剂类型和极性对 S_N1 反应和 S_N2 反应的影响有何不同。

习题 8-38　请说出常见的质子型溶剂和非质子型极性溶剂，并查阅手册了解它们的水溶性情况。

习题 8-39　卤素负离子 F^-，Cl^-，Br^-，I^- 的亲核性强弱顺序在乙醇中与在丙酮中是否不同，为什么？

习题 8-40　下列各对试剂在甲醇中哪个是更好的亲核试剂。

(1) ^-CN 与 ^-OH　(2) H_2O 与 H_2S　(3) NH_3 与 H_2N^-

(4) HO^- 与 CH_3COO^-　(5) Cl^- 与 Br^-　(6) CH_3O^- 与 CH_3COO^-

习题 8-41　上述各对试剂在 DMSO 中哪个是更好的亲核试剂。

习题 8-42　下列各对基团或离子中哪个是更好的离去基团。

(1) —OH 与—OTs　(2) —NH_2 与—$NHCOCH_3$　(3) —NH_2 与—N^+H_3

(4) —OCH_3 与 —$\overset{+}{O}(H)CH_3$　(5) —Br 与—OMs　(6)—Cl 与—Br

习题 8-43　判断下列各组反应进行的快慢。

(1) DMSO 中 1-溴丁烷与苯酚钠反应以及 1-溴丁烷与环己醇钠反应；

(2) 丙酮中 1-溴丁烷与乙醇钠反应以及 2-溴丁烷与乙醇钠反应；

(3) 甲醇-水混合溶剂中叔丁基溴的水解反应与 2-溴丁烷的水解反应；

（4）丙酮中 Na_2CO_3 催化的苄基溴与丁醇的反应以及溴代苯与丁醇的反应。

习题 8-44　判断下列反应倾向于以 S_N1 还是 S_N2 机理进行。

（1）1-溴丁烷与高浓度乙醇钠反应；　（2）叔丁基溴与乙醇反应；

（3）2,2-二甲基-1-氯丙烷与 CH_3S^- 反应；　（4）苄基溴与丙炔钠反应；

（5）1-甲基-1-氯环己烷与叔丁胺反应；　（6）对甲苯磺酸仲丁醇酯与丙胺反应。

习题 8-45　判断下列各组反应哪个更快。

（1）$CH_3CH_2CH_2CH_2Cl \xrightarrow{HO^-} CH_3CH_2CH_2CH_2OH + Cl^-$

$CH_3CH_2CH_2OCH_2Cl \xrightarrow{HO^-} CH_3CH_2CH_2OCH_2OH + Cl^-$

（2）
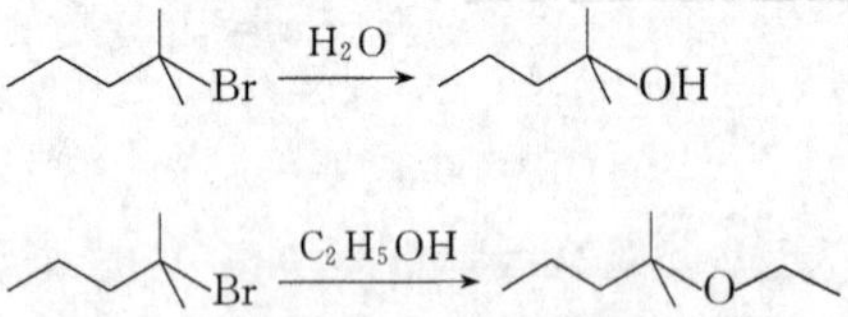

（3）
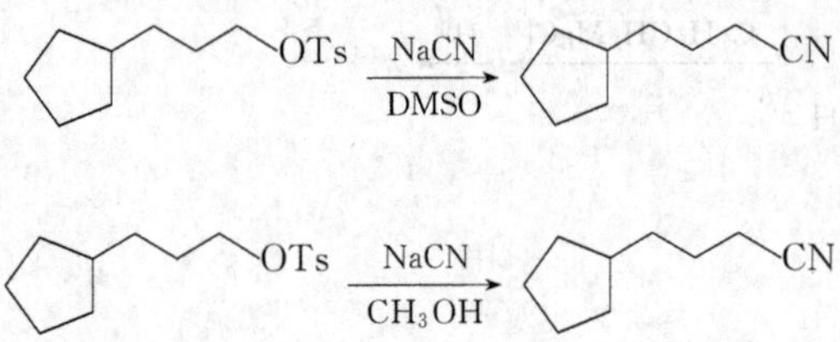

（4）
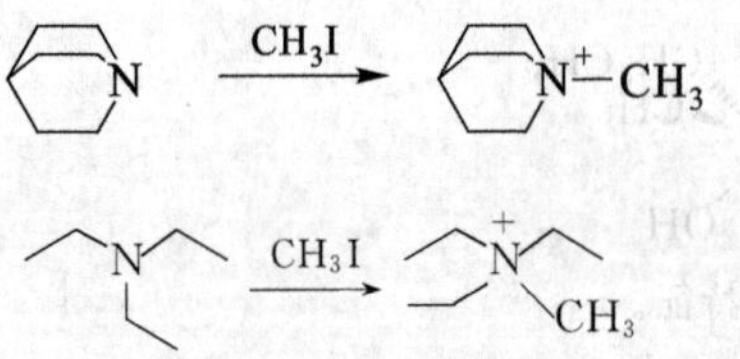

习题 8-46　完成反应，必要时请准确写出产物的立体结构。

（1）

（2）
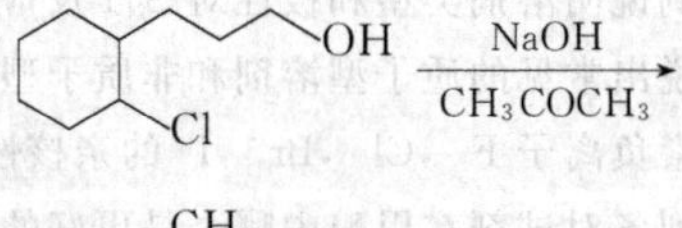

（3）
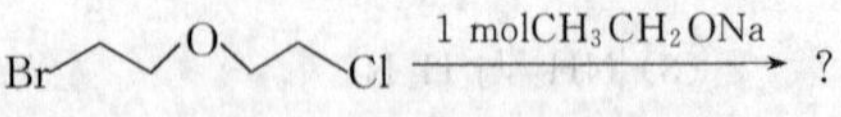

（4）
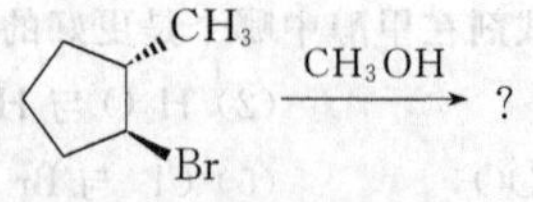

（5）
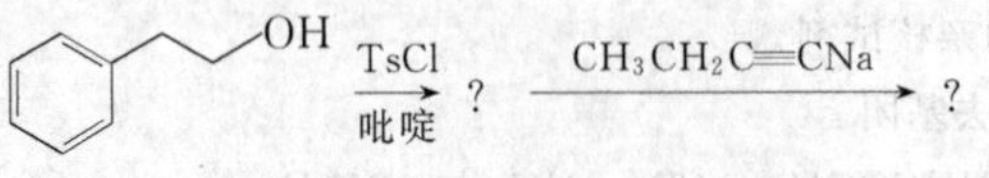

（6）
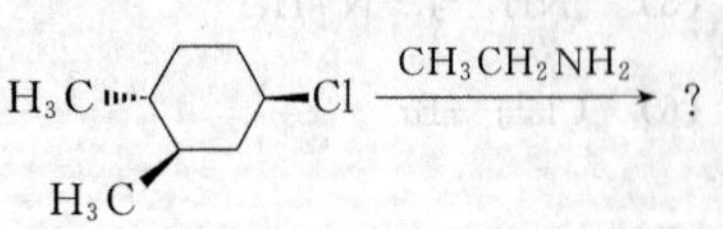

（7）
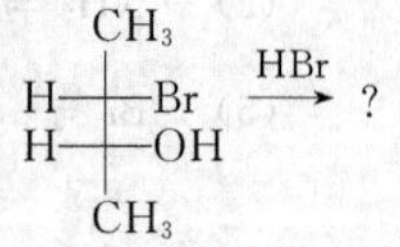

（8）
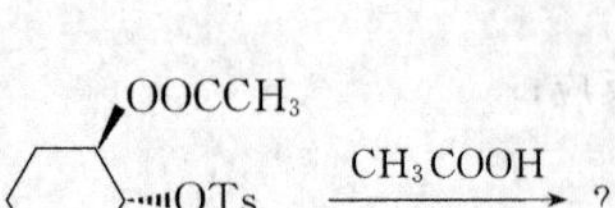

（9）
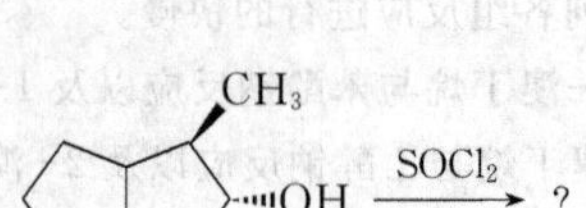

（10）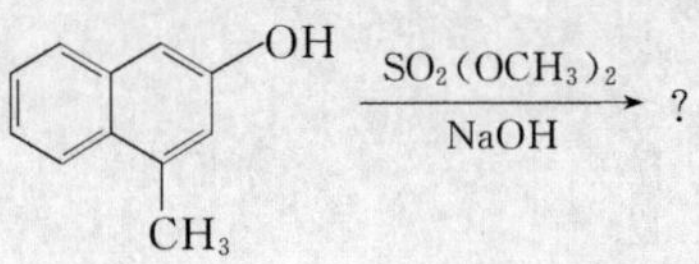

（11）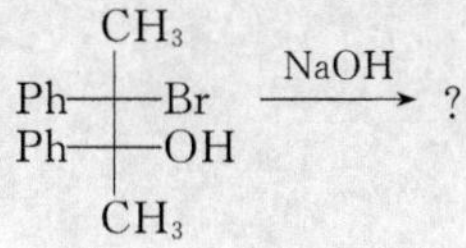

（12）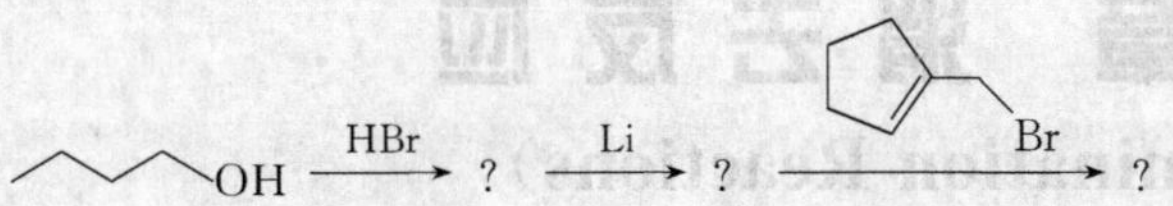

习题 8-47　为下列化合物提出两条或两条以上的合成路线，并比较它们的优劣，可以使用甲苯、环己烷，以及四个碳或四个碳以下的有机原料。

（1）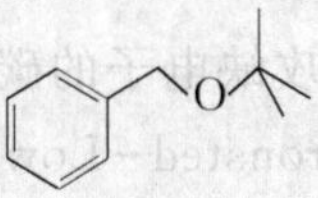

（2）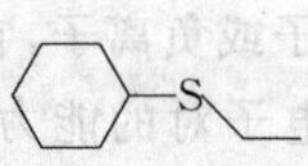

（3）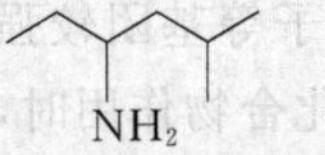

（4）

习题 8-48　为下列化合物提出合适的合成路线，可以使用吡啶、环戊烷和不超过四个碳的有机原料。

（1）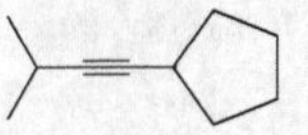

（2）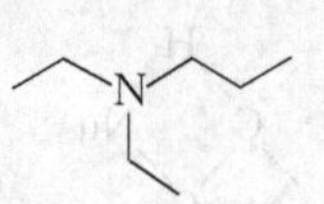

（3）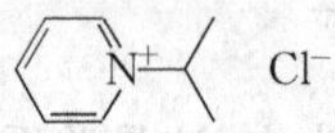

（4）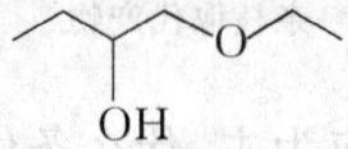

习题 8-49　为下列变化提出可能的机理。

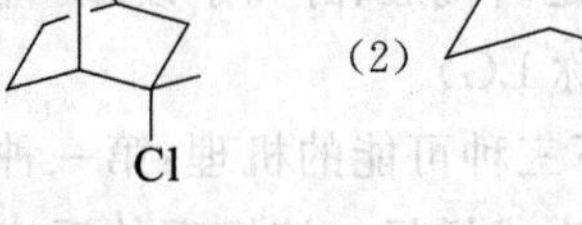

习题 8-50　在有机金属试剂制备中，四氢呋喃比乙醚更加稳定金属试剂，为什么？

习题 8-51　分析下列卤代烃进行亲核取代反应的活性，并说明理由。

（1）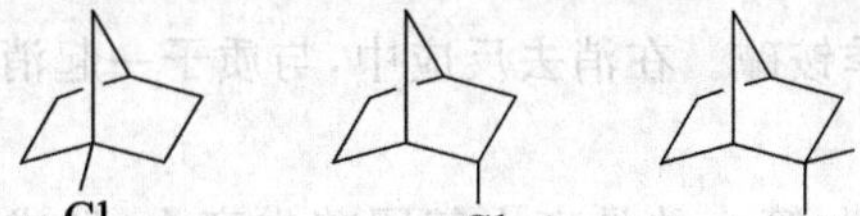

（2）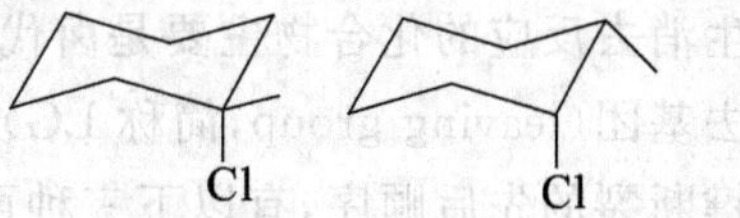

第九章　消去反应

（Elimination Reactions）

亲核试剂一般是具有孤对电子的中性分子或负离子，它们除了可以进攻缺电子的碳原子发生亲核取代反应外，还具有结合质子与给出电子对的能力，也可以作为 Brønsted－Lowry 质子碱。卤代烃、醇和季铵碱等类型化合物，受到卤素原子、羟基以及季铵正离子等基团较强的吸电子诱导作用影响，其 β 位氢原子具有一定的酸性，因此，当亲核试剂与上述化合物作用时，具有碱性的亲核试剂也能进攻 β－氢，从而发生消去反应（elimination）。

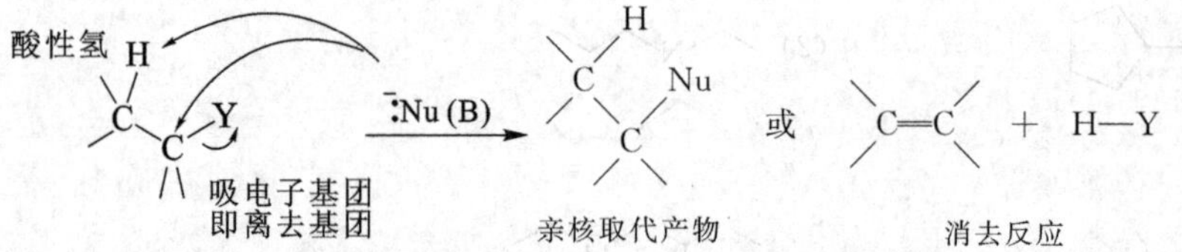

那么究竟在什么条件下以亲核取代反应为主，什么条件下以消去反应为主，这是关系到如何控制反应方向的问题。本章将首先分析消去反应的机理，进而讨论各种影响反应活性和选择性的因素，以及消去反应与取代反应的竞争问题。

9.1　消去反应的机理

能发生消去反应的化合物主要是卤代烃、醇和季铵碱。在消去反应中，与质子一起消去的基团称为离去基团（leaving group，简称 LG）。

根据键断裂的先后顺序，有以下三种可能的机理：第一种是离去基团首先离去，形成碳正离子，然后从相邻碳原子上脱去质子，生成烯烃。该机理的反应速率主要决定于碳正离子的形成，是一个单分子的两步反应，称为单分子消去反应（unimolecular elimination，简称 E1 反应）；第二种是碱首先进攻离去基团相邻碳原子上的氢（即 β－氢），结果在碱夺取质子的同时，离去基团也离去，形成烯烃。这是一个类似 S_N2 反应的一步双分子反应，反应速率与底物和碱的浓度成正比，称为双分子消去反应 bimolecular elimination，简称 E2 反应）。第三种情况出现在离去基团不容易离去时，碱首先进攻氢原子，并先脱去质子，生成碳负离子，而后离去基团离去，这个机理称为 E1cB 机理，即单分子碳负离子机理，其中 cB 表示碳负离子中间体，碳负离子中间体是一类含碳碱（a carbon base）。三种消去反应机理如图 9－1 所示。

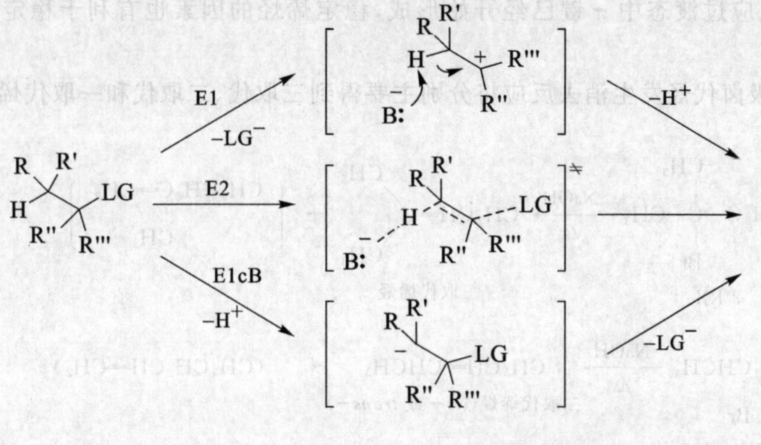

图 9-1 消去反应的三种机理

从以上反应机理中可以看出，E1 反应与 S_N1 反应都经过碳正离子中间体，如果亲核试剂与碳正离子的结合速率快于其作为碱与质子的结合，则发生 S_N1 反应，否则发生 E1 反应。E2 反应与 S_N2 反应十分类似，不同之处仅在于 E2 反应中，具有碱性的亲核试剂是进攻氢原子，而在 S_N2 反应则是进攻碳原子。E1cB 机理则是经过碳负离子活性中间体过程。

9.2 E2 反应

9.2.1 反应过渡态与反应活性

E2 反应是一个协同的双分子反应，反应级数为 2。反应经过一个过渡态，此时 α-碳原子与离去基团之间的键已经部分断裂，β-碳原子与氢原子之间的键已经部分断裂，α-碳原子与 β-碳原子间的 π 键也开始形成。

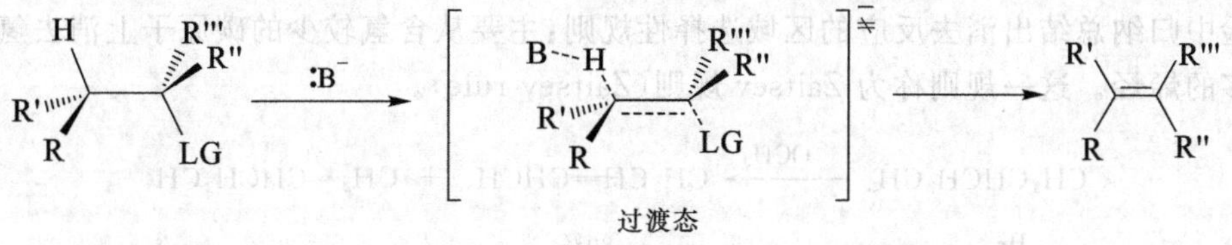

过渡态

因此，凡能促进两个旧键断裂和稳定新形成双键的因素均能促进反应的进行。以下是影响反应活性的基本规律：

(1) 离去基团越容易离去，则反应活性越高，如 RI > RBr > RCl。

(2) 进攻试剂的碱性越强，则反应活性越高，如 $HO^- > CH_3COO^-$。

(3) 反应底物卤代烃的活性为 3° > 2° > 1°。这是因为多取代烯烃比少取代的烯烃更稳定

(见 3.4 节)，而 E2 反应过渡态中 π 键已经开始形成，稳定烯烃的因素也有利于稳定反应的过渡态。

三级、二级和一级卤代烃发生消去反应将分别主要得到三取代、二取代和一取代烯烃。

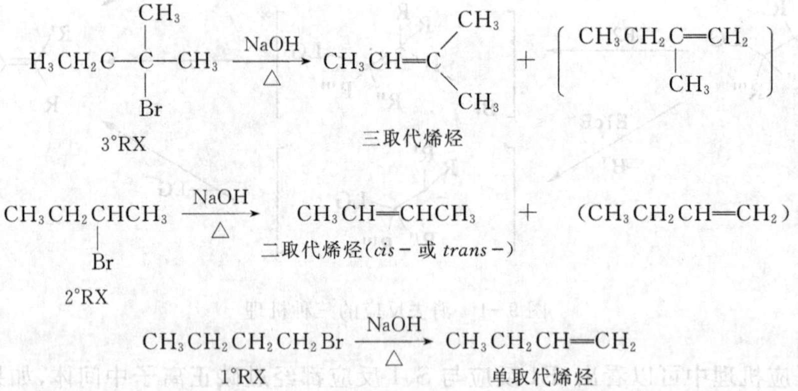

习题 9－1 指出下列每组底物在相同的条件下进行 E2 反应哪个速率较快。

(1) 2－溴丁烷与 1－溴丁烷；(2) 2－甲基－2－氯戊烷与 2－甲基－3－氯戊烷；

(3) 溴代环己烷与氯代环己烷；(4) 2－苯基－1－溴丙烷与 2－甲基－1－溴丙烷。

习题 9－2 指出 2－溴丁烷在下列各种碱作用下发生 E2 消去反应的速率快慢顺序：

(1) 乙醇钠；(2) 叔丁醇钠；(3) 醋酸钠；(4) 氢氧化钠。

习题 9－3 写出下列化合物进行消去反应的可能产物，并标明产物中双键的构型。

(1) 2－甲基－2－己醇；(2) 1－甲基－2－溴环戊烷；(3) 4－苯基－3－己醇。

9.2.2 E2 反应的区域选择性

E2 消去反应中，受碱进攻消去的是 β－氢原子。从上述反应活性讨论的实例中可以看到，除一级卤代烃外，二级和三级卤代烃在消去反应中，由于具有两个或两个以上的 β－碳原子，反应中究竟消去哪个 β－氢原子，这是反应的区域选择性问题。早在 19 世纪，俄国化学家 Zaitsev 就从大量实验中归纳总结出消去反应的区域选择性规则：主要从含氢较少的碳原子上消去氢，得到取代基较多的烯烃。这一规则称为 Zaitsev 规则(Zaitsev rule)。

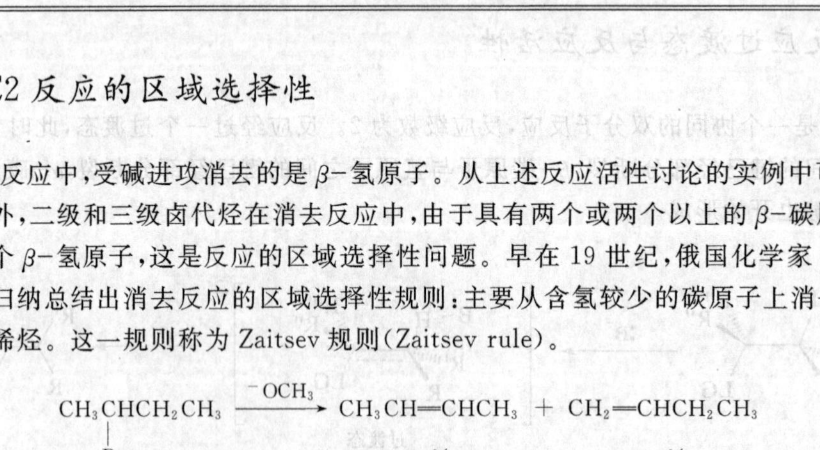

消去反应的 Zaitsev 规则可以从反应过渡态结构及反应势能变化图来解释。例如，2-溴丁烷在醇钠的作用下发生消去反应，可以消去 C3 上的 β-氢原子得到 2-丁烯，也可以消去 C1 上的 β-氢原子得到 1-丁烯。从烯烃的稳定性顺序可以判断 2-丁烯比 1-丁烯稳定。E2 反应的过渡态已经具有部分的双键性质，因此，可以稳定产物 2-丁烯的因素，同样可以稳定形成 2-丁烯的反应过渡态。这样，生成的 2-丁烯的过渡态能量较低，反应速率快，所以优先生成(参见图 9-2)。

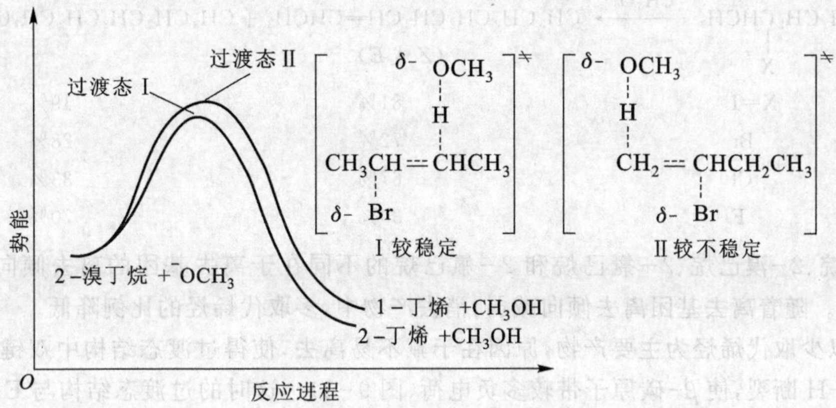

图 9-2　2-溴丁烷的 E2 反应势能变化图及相应过渡态结构图

进一步的研究发现，E2 反应的区域选择性也受到其他多种因素如碱分子的体积大小、离去基团的离去倾向、反应底物结构等因素的影响。

1. 碱的结构

碱的分子体积大小对 E2 反应方向有很大影响。例如，在 2,3-二甲基-2-溴丁烷的消去反应中，当使用乙醇钠作为碱时，多取代烯烃 2,3-二甲基-2-丁烯是主要产物，占 79%；但是当使用体积较大的叔丁醇钠作碱时，多取代烯烃 2,3-二甲基-2-丁烯成为次要产物，只占 27%。进一步增大碱的体积如 2-甲基-2-丁醇钠和 3-乙基-3-戊醇钠时，则多取代烯烃的比例进一步降低。这说明随着碱的体积增大，多取代烯烃生成量大大减少。这是因为碱的体积增大，不利于接近空间位阻较大的含氢较少碳原子上的 β-氢原子。

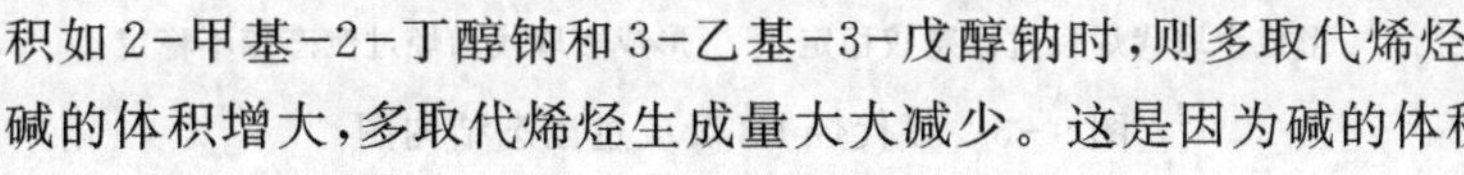

碱：$CH_3CH_2O^-$	79%	21%
$(CH_3)_3CO^-$	27%	73%
$CH_3CH_2C(CH_3)_2O^-$	19%	81%

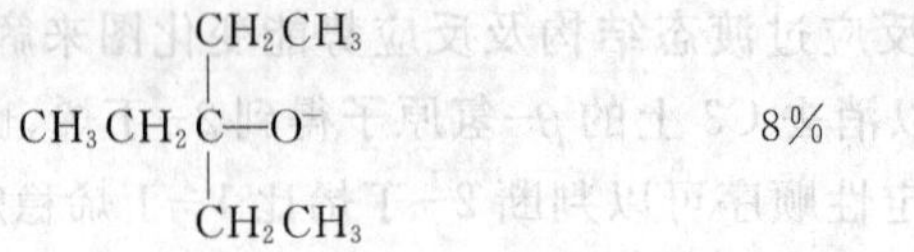

2. 离去基团

离去基团的离去倾向，对 E2 反应有重要的影响。例如，在 2-卤代己烷的消去反应中，从碘代到氟代，多取代烯烃的比例逐渐减少。2-氟己烷则主要生成少取代烯烃。

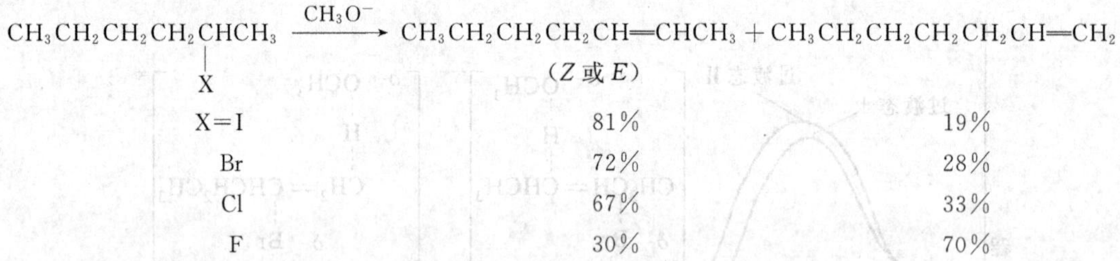

2-碘己烷、2-溴己烷、2-氯己烷和 2-氟己烷的不同在于离去基团的离去倾向不同：I ＞ Br ＞ Cl ＞F。随着离去基团离去倾向减弱，消去产物中，多取代烯烃的比例降低。

氟代烃以少取代烯烃为主要产物，原因在于氟不易离去，使得过渡态结构中双键成分减少，更倾向于 C—H 断裂，使 β-碳原子带较多负电荷(图 9-3)。这时的过渡态结构与 E1cB 机理的活性中间体碳负离子有一定程度的相似性，因此也称该过渡态具有似 E1cB 负离子特征。由于烷基的给电子作用，碳负离子的稳定性是 3°＜2°＜1°。因此可以推断，在离去基团离去倾向小的情况下，形成少取代烯烃产物的过渡态比形成多取代烯烃产物的过渡态稳定。

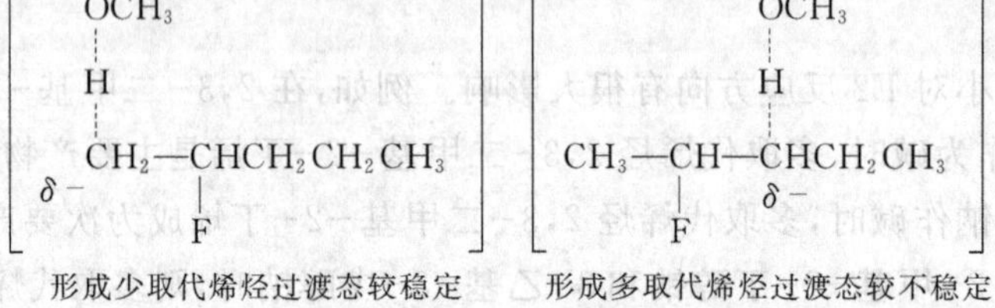

形成少取代烯烃过渡态较稳定　形成多取代烯烃过渡态较不稳定

图 9-3　氟代烃 E2 反应过渡态结构图

3. 反应底物的结构

共轭烯烃由于共轭作用比一般烯烃稳定。因此，如果发生消去反应的底物经过消去反应后可以生成共轭烯烃，也可能出现不遵循 Zaitsev 规则的结果。例如：

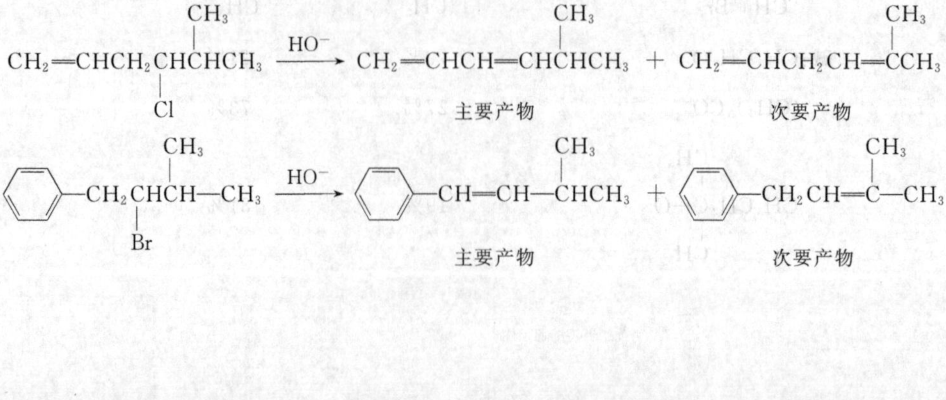

有机化学中有很多类似 Zaitsev 规则这样的经验规律，限于历史条件，他们只能归纳当时所认识的现象，随着有机化学实验和理论的发展，人们才逐渐从根本上认识了这些现象的本质，从而得以更好地从结构与性质关系角度去理解有关的规律。

从本质上看，E2 消去反应的区域选择性规律可以理解为：过渡态结构的稳定性以及消去产物（烯烃）的稳定性决定着消去反应的区域选择性方向。除非下列三种情况，否则消去反应的主要产物一般为多取代烯烃：① 碱的体积很大；② 当卤代烃为氟代烃时；③ 消去后可形成较稳定的共轭烯烃。

习题 9－4　写出下列卤代烃可能的 E2 消去产物，并指出哪个是主要产物。

(1) 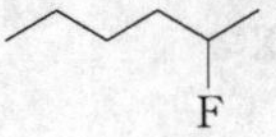

(2) 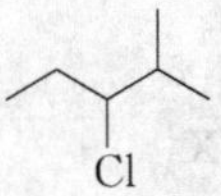

(3) 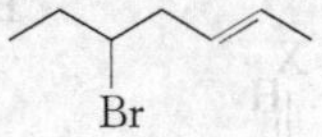

(4) 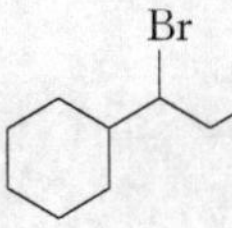

(5) 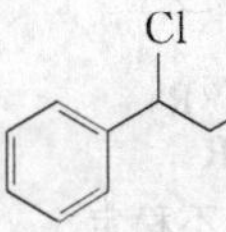

(6) 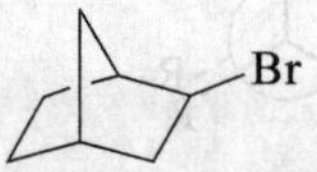

习题 9－5　完成下列反应，写出可能的 E2 消去反应产物，并指出哪个是主要产物。

(1) 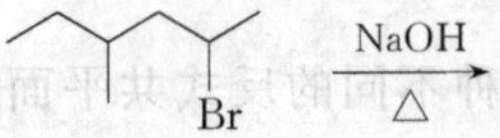

(2) 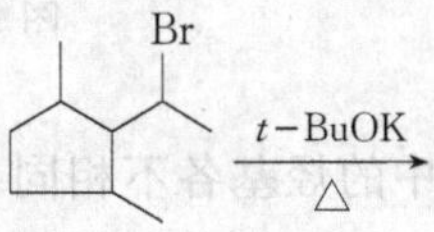

(3) 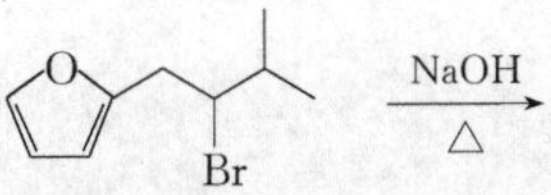

(4) 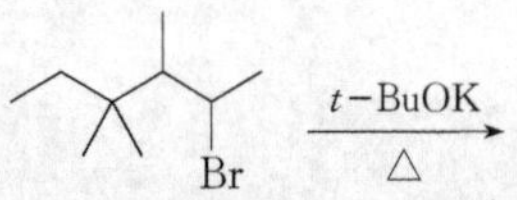

9.2.3　E2 反应的立体化学

E2 反应是一个协同反应。一般来说，协同反应需要满足一定的立体取向，才能使反应中正在断裂的键可以与正在形成的键发生轨道重叠，从而使电子顺利地从一个共价键转移到另一个共价键。

E2 消去反应的过渡态中，π 键已经部分形成。这意味着断裂中的 C—Hσ 键必须与断裂中的 C—LGσ 键平行，只有这样，占据 C—Hσ 键的电子对才能顺利地流向 C—LGσ 键的空轨道。

为了保证断裂中的 C—Hσ 键与断裂中的 C—LGσ 键平行，E2 反应的过渡态有两种共平面消去构象，一种是反式共平面（anti－coplaner）构象，一种是顺式共平面（syn－coplaner）构象（如图 9-4 所示）。顺式共平面消去经过的过渡态是重叠式构象，并且在消去反应中，进攻试剂碱必须从靠近离去基团的方向进攻 β－H，从而与离去基团之间存在较大的排斥作用，因此过渡态能量较高。相反，反式共平面消去经过的过渡态是交叉式构象，并且进攻试剂碱是在与离去基团相反的方向进攻 β－H，不存在与离去基团之间的排斥作用，过渡态能量较低，有利于反应的进行。

所以，E2 消去一般具有反式共平面的立体化学特征。

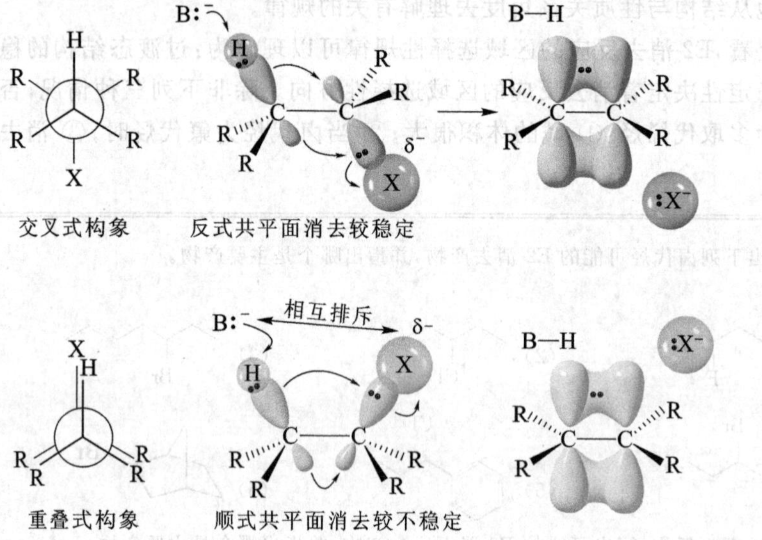

图 9-4 E2 反应过渡态构象分析

如果图 9-4 中的烃基各不相同，则在 E2 反应中，可能形成两种不同的反式共平面过渡态，它们都属于交叉式构象，最终将分别导致不同构型的烯烃。

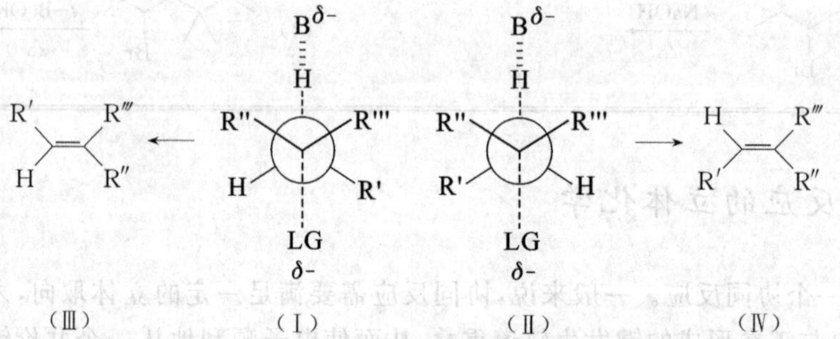

显然，如果取代基 R″的体积大于 R‴，则(Ⅰ)式较稳定，那么主要产物如(Ⅲ)式所示，否则主要产物则如(Ⅳ)式所示。

根据 E2 反应的区域选择性，2-溴丁烷和 2-溴戊烷发生消去反应的主要产物分别为 2-丁烯和 2-戊烯。根据以上对 E2 反应立体化学特征的讨论，可以进一步预测主要产物中顺反异构体的比例情况，即以反式烯烃为主。除了上述分析的立体化学因素外，反式烯烃较顺式烯烃稳定(参见 3.3 节)也是一个重要的因素。

习题 9-6 画出 2-溴丁烷发生 E2 消去反应生成顺、反 2-丁烯的过渡态构象。

习题 9-7 解释下列事实。

(1) (2*S*,3*S*)-2-bromo-3-phenylbutane ⟶ (*E*)-2-phenyl-2-butene

(2) $(2S,3R)$-2-bromo-3-phenylbutane ⟶ (Z)-2-phenyl-2-butene

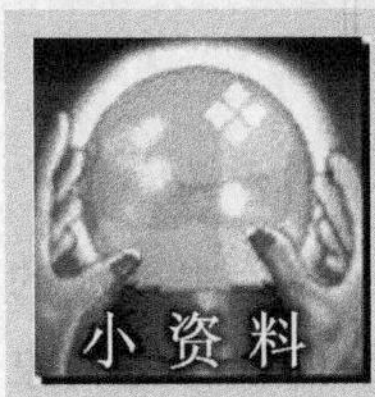

同位素效应

氘是氢的同位素，C—D 键比 C—H 键的强度大约强 5.0 $kJ\cdot mol^{-1}$，因此，如果反应中 C—H 键的断裂是关键步骤，则使用同位素取代的起始物就可以发现反应速率的快慢差异，这种效应称为同位素效应。同位素效应是研究反应机理的一种常用方法。例如，2-溴丙烷发生消去反应得到丙烯，如果换成 1,1,1,3,3,3-六氘代-2-溴丙烷，则消去反应的速率只有2-溴丙烷的七分之一。但是2-溴丙烷与 1,1,1,3,3,3-六氘代-2-溴丙烷发生取代反应的速率则没有差异。

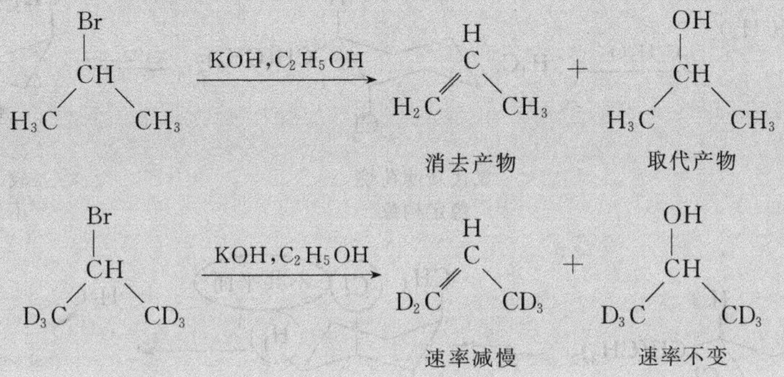

9.2.4　环状化合物的 E2 消去反应

环状化合物进行消去反应时，由于 E2 反应的反式共平面消去的要求，待消去的氢一般要求处于离去基团的反式。

大多数环己烷衍生物的稳定构象是椅型构象。在椅型构象中，相邻两个碳原子上的 a 键是相互平行的，且方向相反。也就是说它们处于反式共平面方向，如果离去基团和氢原子分别处于相邻碳原子的 a 键，将有利于 E2 消去反应的进行。否则，反应将难以进行。

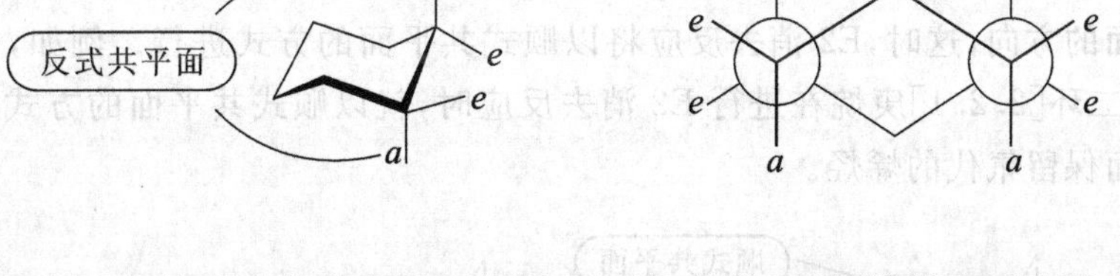

例如，溴代环己烷的较稳定构象是溴原子处于环己烷的 e 键，该构象难以发生 E2 反应。因此一般首先进行环的翻转，转变成溴原子在 a 键的较不稳定构象，然后才在 NaOH 作用下，与相邻碳原子上的 a 键氢发生 E2 反应。

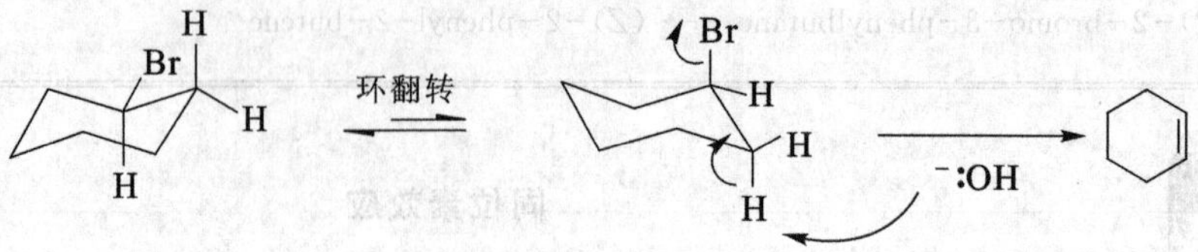

环己烷衍生物在 E2 消去反应中的这种立体化学要求，不仅会影响它们进行 E2 消去反应的速率，还可能改变反应的区域选择性。例如，氯代新薄荷烷(neomenthyl chloride)的较稳定构象中，氯原子与待消去的氢原子恰好处于相邻碳原子上的 *a* 键方向，其反应速率比氯代薄荷烷(menthyl chloride)快 200 倍。氯代薄荷烷不仅速率比新薄荷烷慢，而且区域选择性也发生了改变，由于 H_1 无法与氯原子处于反式共平面的位置，因此，最终得到反 Zaitsev 规则的烯烃。

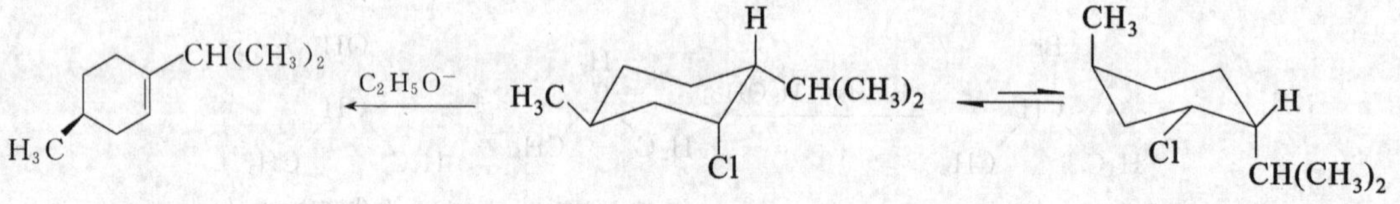

氯代新薄荷烷 稳定构象　　较不稳定构象 不发生 E2 反应

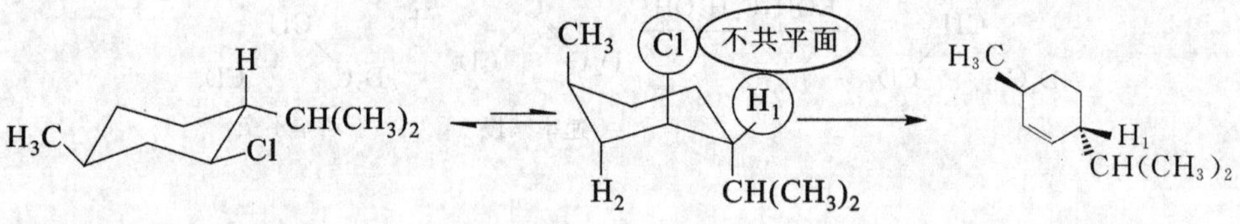

氯代薄荷烷较稳定构象不发生 E2 反应　　较不稳定构象

立体化学的因素影响反应区域选择性的情况也出现在 *trans*-1-甲基-2-溴环己烷的 E2 反应中。

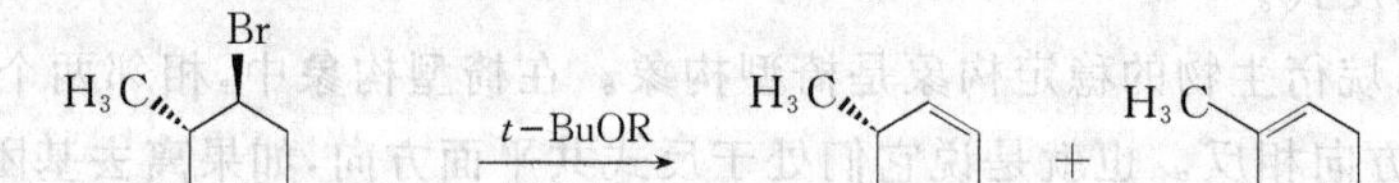

trans-1-甲基-2-溴环己烷　　3-甲基环己烯 100%　　1-甲基环己烯 0%

有些桥环化合物，由于环的刚性使得分子固定为重叠式构象，其中的离去基团和氢原子只能处于顺式共平面的方向，这时，E2 消去反应将以顺式共平面的方式进行。例如，(2endo，3exo)-2-氘代-3-溴二环[2.2.1]庚烷在进行 E2 消去反应时，就以顺式共平面的方式进行，结果只得到消去氢原子而保留氘代的烯烃。

习题 9-8 预测下列 E2 反应的产物。

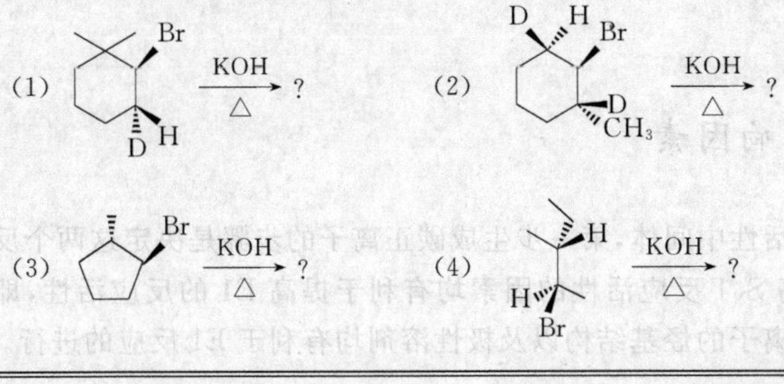

9.2.5 醇的 E2 消去反应

醇分子中的羟基不是一个好的离去基团，因此，醇的消去反应常常需要在酸性条件下进行。酸性条件下进行的消去多为 E1 消去（见 9.3.1 节）。除了酸性条件可以催化醇的消去反应外，还有一些试剂如三氯氧磷（$POCl_3$）等可以有效地促进醇的脱水反应，并且该条件下的脱水反应遵循 E2 机理进行。这是因为三氯氧磷可以将醇转化成二氯磷酸酯（$ROPOCl_2$），从而将离去倾向弱的离去基团羟基转变成容易离去的二氯磷酰氧基（$—OPOCl_2$）。吡啶在这个反应中既作为溶剂，又作为碱帮助脱去 β-氢原子。

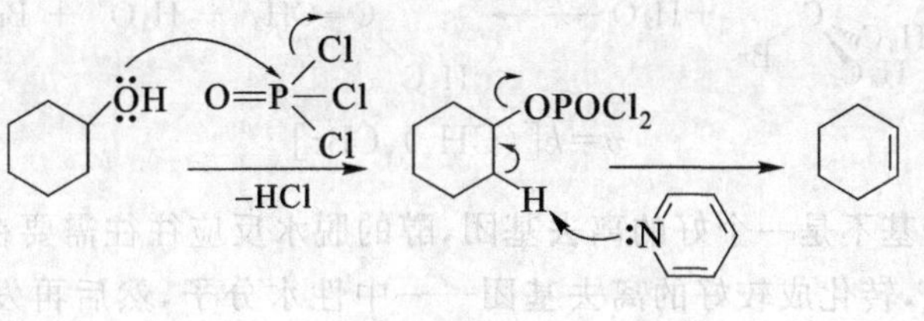

二氯磷酸酯

习题 9-9 预测下列醇在吡啶溶剂中，$POCl_3$ 作用下的脱水产物结构。

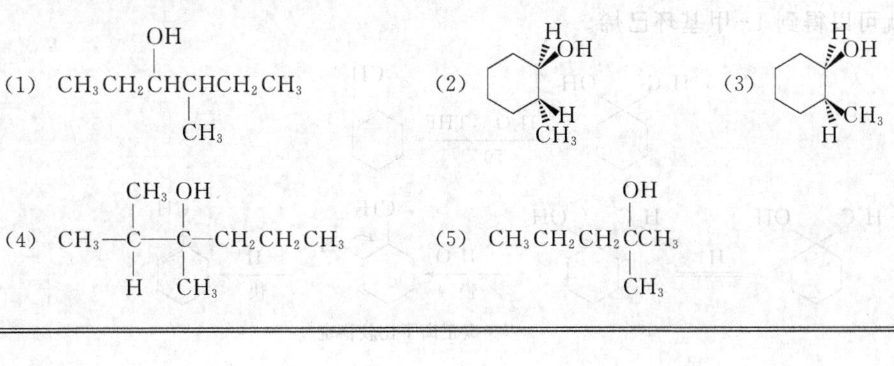

9.3 E1 反应

9.3.1 E1 反应活性及其影响因素

E1 反应与 S_N1 反应具有相同的活性中间体，第一步生成碳正离子的步骤是决定这两个反应速率共同的步骤。因此凡有利于提高 S_N1 反应活性的因素均有利于提高 E1 的反应活性，即好的离去基团、有利于生成较稳定碳正离子的烃基结构以及极性溶剂均有利于 E1 反应的进行。

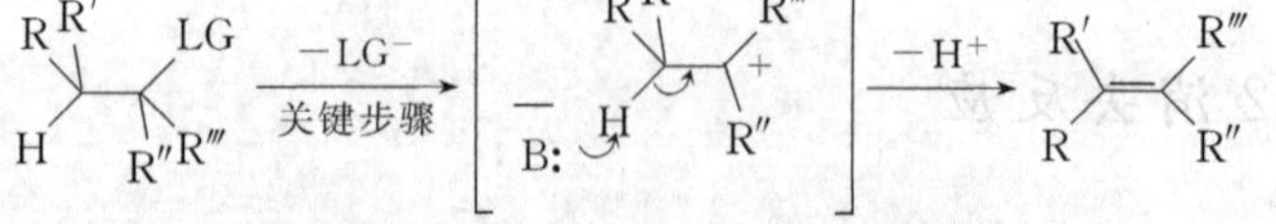

1. 不同类型卤代烃的相对反应活性与碳正离子稳定性顺序相同：

$$3°苄基型 > 3°烯丙型 > 2°苄基型 > 2°烯丙型 >$$
$$3° > 1°苄基型 \sim 1°烯丙型 \sim 2° > 1° > 乙烯型$$

事实上，三级、二级和烯丙型、苄基型卤代烃主要发生 E1 消去，而一级卤代烃则以 E2 消去为主。例如，叔丁基溴在水中的消去反应速率只与叔丁基溴的浓度有关。

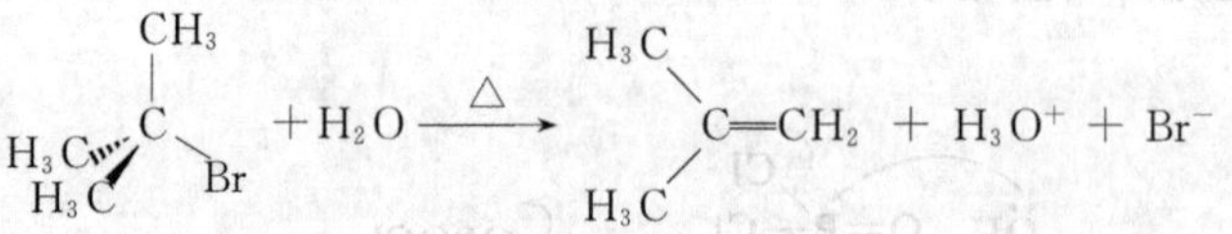

$$v = k[(CH_3)_3CBr]$$

醇分子中，由于羟基不是一个好的离去基团，醇的脱水反应往往需要在酸性条件下进行。此时，醇羟基首先质子化，转化成较好的离去基团——中性水分子，然后再发生消去。醇在酸性条件下的脱水反应以 E1 反应为主，并且不同的醇在酸性条件下发生 E1 消去反应的活性不同，通常是 3°醇 > 2°醇 > 1°醇，这个顺序与它们形成的碳正离子稳定性顺序一致。

叔醇通常在比较温和的条件下就能发生酸催化 E1 消去，这是因为反应中的活性中间体三级碳正离子比较稳定，反应的活化能较低。例如，1-甲基环己醇在 50℃ 的四氢呋喃溶剂中，用硫酸水溶液催化就可以得到 1-甲基环己烯。

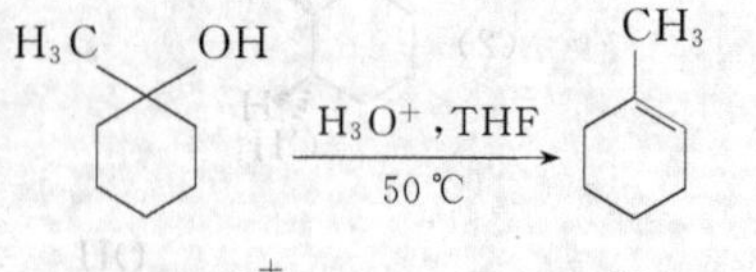

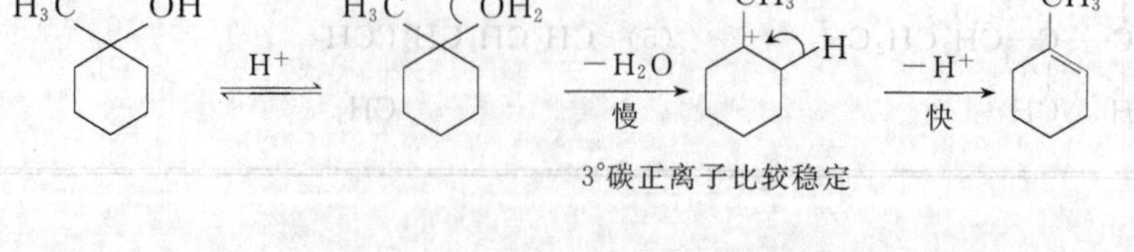

又如，2－甲基－2－丁醇在类似的条件下，不需加热就能得到 E1 消去产物。

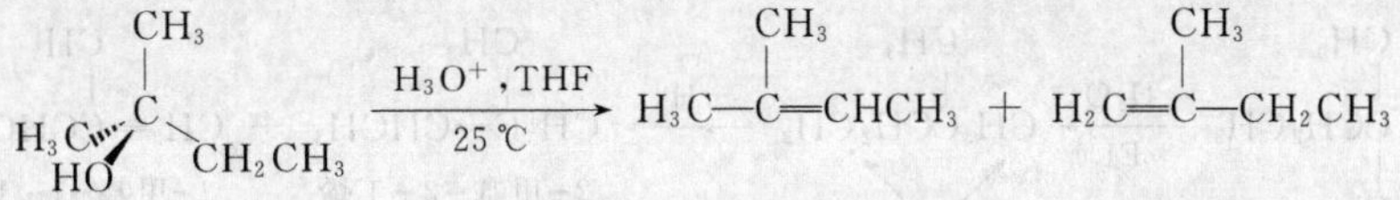

2－甲基－2－丁醇　　　　2－甲基－2－丁烯（主要产物）　　　　2－甲基－1－丁烯（次要产物）

仲醇在酸性条件下的消去反应需要较剧烈的条件，如使用较高浓度的硫酸(75%)和较高的反应温度(100 ℃)。伯醇在酸性条件下的消去反应则往往需要更高浓度的硫酸(95%)和更高的反应温度(150 ℃)。

2. 卤代烃的卤素不同，进行 E1 反应的活性不同：

$$RI > RBr > RCl > RF$$

这是因为不同的卤负离子离去倾向不同，生成碳正离子的容易程度不同。

习题 9－10　指出下列碳正离子的稳定性。

(1) A 　B 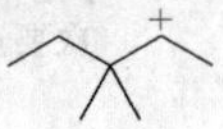　C 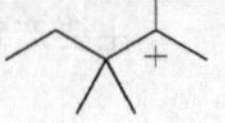　D 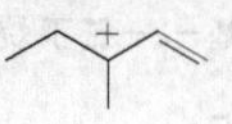

(2) A 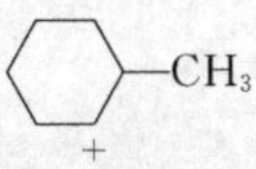　B 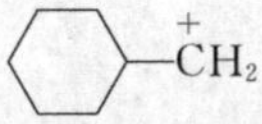　C 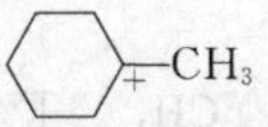　D 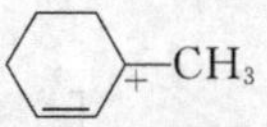

习题 9－11　指出以下卤代烃的类型(1°，2°，3°，烯丙型，乙烯型，苄基型和芳基型 RX)。

(1) 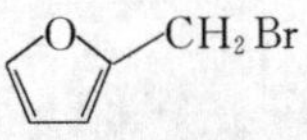　(2) 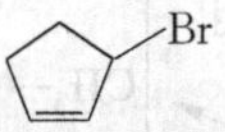　(3) 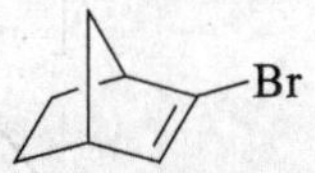

(4) 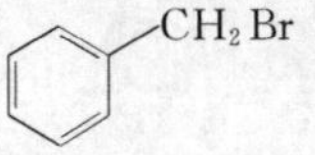　(5) 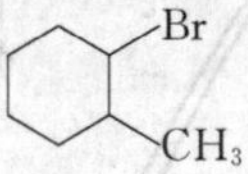　(6) 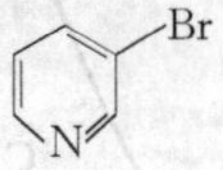

(7) $CH_3CH{=}CFCH_2CH_3$　(8) $(CH_3CH_2)_3CBr$　(9) $CH_3CH_2CH_2CH_2Cl$

习题 9－12　指出下列各组卤代烃发生 E1 消去反应的活性顺序。

(1) $CH_3CH{=}CFCH_2CH_3$　$(CH_3CH_2)_3CBr$　$CH_3CH_2CH_2CH_2Cl$

(2) 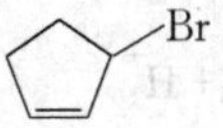　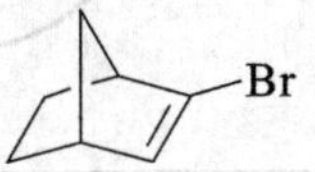　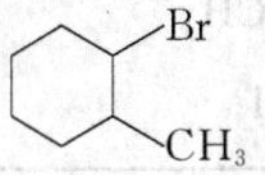

(3) $CH_3CH_2CH(Br)CH_2CH_3$　$CH_3CH_2CH(Cl)CH_2CH_3$　$CH_3CH_2CH(F)CH_2CH_3$

9.3.2 E1 反应的区域选择性

E1 反应在第一步形成碳正离子后，将脱去相邻碳原子上的氢得到最终的消去产物——烯烃。当碳正离子连接了两个或两个以上的相邻碳原子，就可能具有两个或多个 β－氢原子，反应可能产生多种烯烃，即 E1 反应同样存在区域选择性问题。例如，2－甲基－2－氯丁烷在 E1 条件下的消去产物可能有 2-甲基-2-丁烯和 2-甲基-1-丁烯。

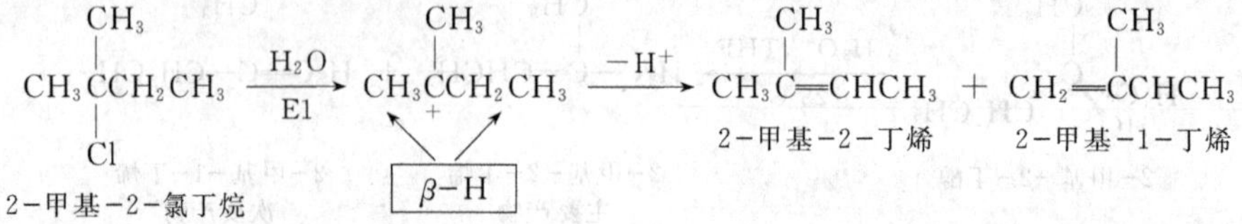

上例的反应中，第一步的碳正离子形成后有两种消去方向，即反应存在区域选择性问题。E1 反应究竟从哪个 β-碳原子上消去 β-氢原子，主要决定于第二步脱质子反应的活化能高低。在该步反应的过渡态中，双键已经部分形成，因此，稳定烯烃的因素有利于稳定 E1 消去的第二步反应过渡态。由此可见，Zaitsev 规则同样适用于 E1 反应。例如，2-甲基-2-氯丁烷在 E1 条件下的消去产物仍然以多取代的烯烃为主：

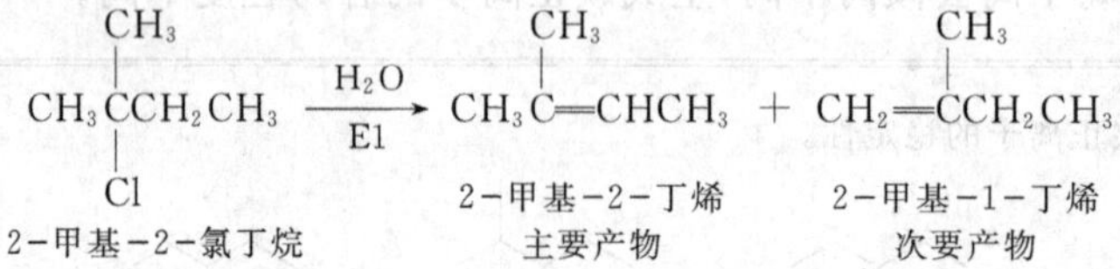

其反应势能变化如图 9-5。

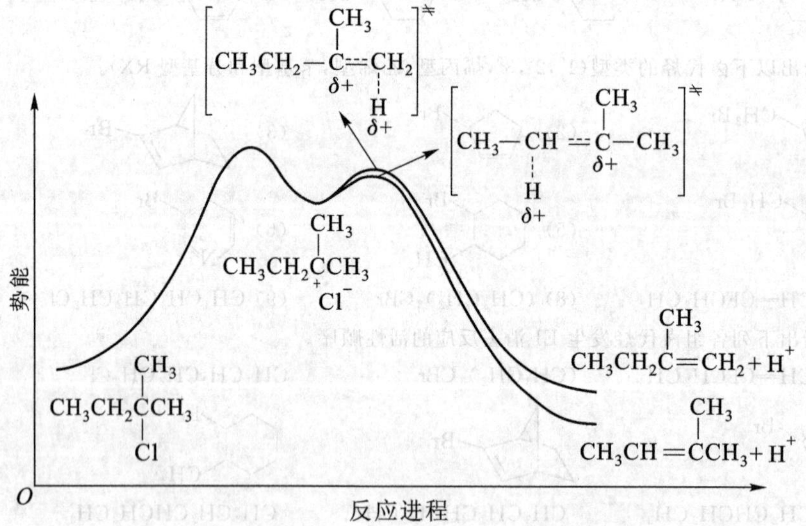

图 9-5　2-甲基-2-氯丁烷的 E1 反应势能变化图

9.3.3　E1 反应的立体化学

3,4-二甲基-3-氯己烷在进行 E1 消去反应时，可能得到五种消去产物：3-甲基-2-乙基-1-戊烯、(*Z*)-3,4-二甲基-3-己烯、(*E*)-3,4-二甲基-3-己烯、(*Z*)-3,4-二甲基-2-己烯和(*E*)-3,4-二甲基-2-己烯。这里除了区域选择性问题，还存在立体选择性问题。

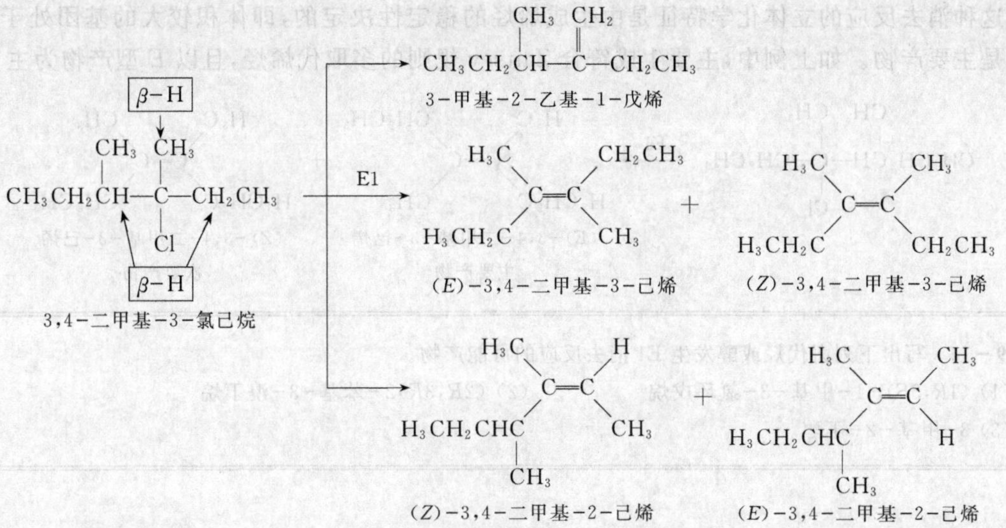

习题 9-13　上例中哪两个是属于符合 Zaitsev 规则的区域选择性产物?

E1 反应由于经过碳正离子中间体,而碳正离子是以 sp^2 杂化轨道与相邻碳原子成键,其空 p 轨道垂直于三个 sp^2 杂化轨道所在的平面。此时只要相邻的 C—Hσ 键与碳正离子的空 p 轨道在同一个平面,C—Hσ 键的电子对就可以顺利地流向碳正离子的空 p 轨道。在脱去质子的过程中,与氢相连的碳原子将发生杂化方式的改变,即从 sp^3 转化成 sp^2,结果形成最终产物的 π 键。由于正离子与相邻碳原子之间的 σ 键可以自由旋转,因此将得到两种双键构型不同的消去产物(图 9-6)。

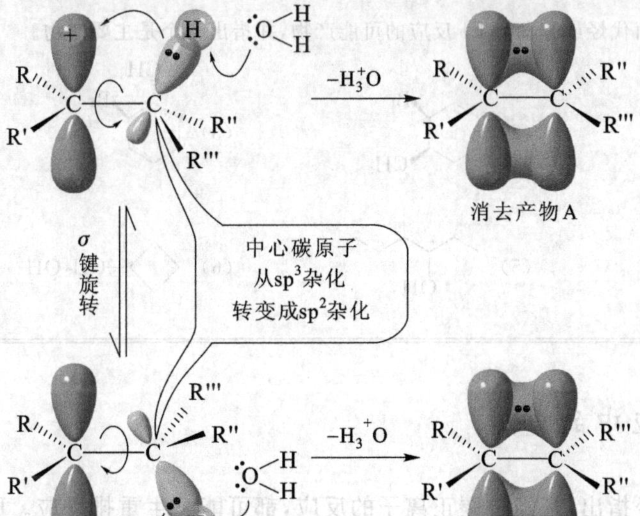

图 9-6　E1 反应的脱质子过程中的立体化学特征

这种消去反应的立体化学特征是由生成烯烃的稳定性决定的，即体积较大的基团处于双键两侧是主要产物。如上例中，主要生成符合 Zaitsev 规则的多取代烯烃，且以 *E* 型产物为主：

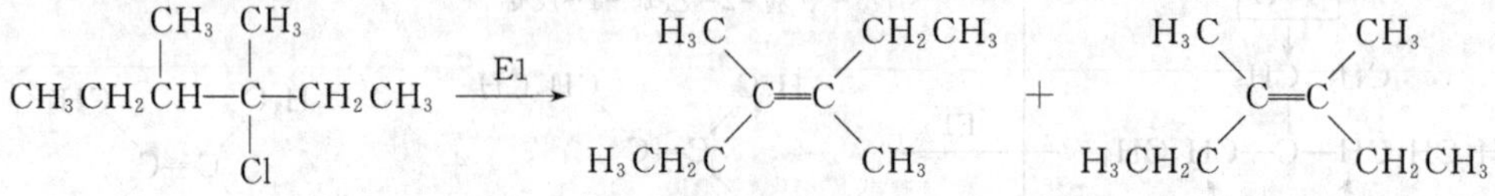

(*E*)-3,4-二甲基-3-己烯　主要产物　　(*Z*)-3,4-二甲基-3-己烯　次要产物

习题 9-14 写出下列卤代烃或醇发生 E1 消去反应的可能产物。

(1) (1*R*,3*S*)-1-甲基-3-氯环戊烷　(2) (2*R*,3*R*)2-苯基-3-溴丁烷

(3) 3-甲基-2-丁醇。

9.3.4 环状化合物的 E1 消去反应

E1 反应由于经过碳正离子中间体，离去基团与质子不是同时离去，不再需要反式共平面消去，因此，环状卤代烃的消去反应一般主要得到符合 Zaitsev 规则的烯烃。例如：

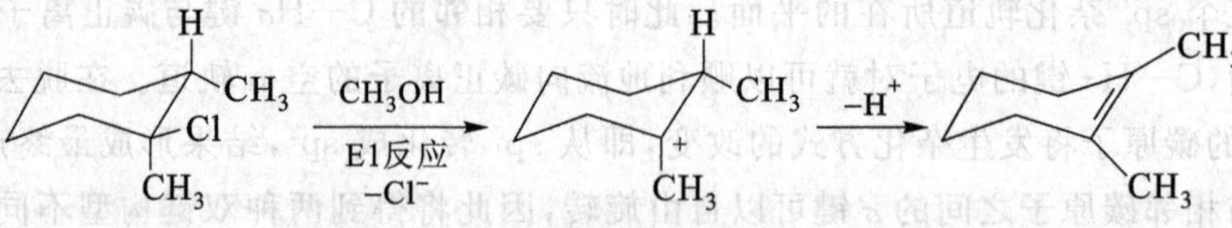

习题 9-15 写出下列卤代烃或醇发生 E1 反应的可能产物，并指出哪个是主要产物。

(1) 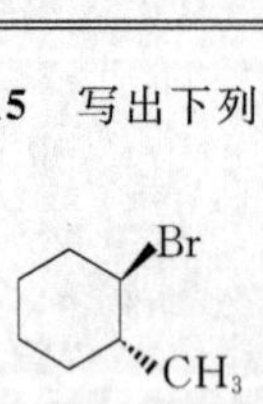　(2) 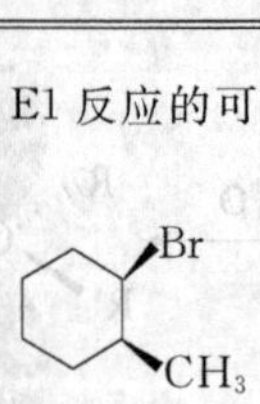　(3) 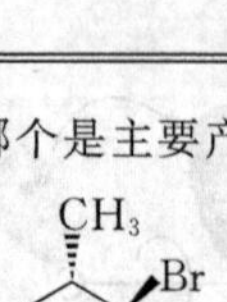

(4) 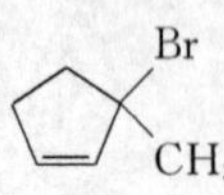　(5) 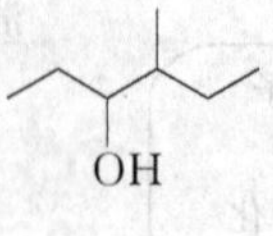　(6) 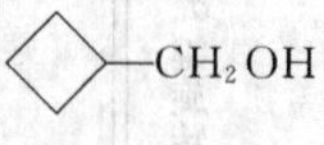

9.3.5 E1 反应中的重排

在第八章中曾经指出：凡经过碳正离子的反应，都可能发生重排反应。E1 消去也不例外，例如，2-甲基-2-苯基-3-氯丁烷在甲醇溶液中进行消去反应，首先形成二级碳正离子，经过 1,2-甲基迁移重排后，可以得到稳定的三级苄基型碳正离子，结果得到的主要产物是重排后的消去产物 2-甲基-3-苯基-2-丁烯。

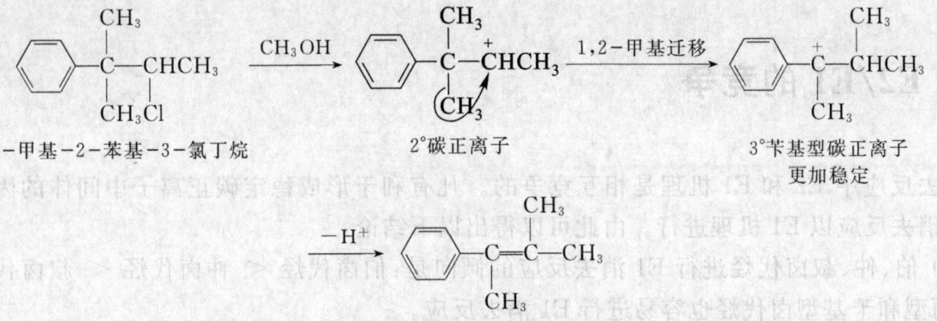

2-甲基-2-苯基-3-氯丁烷　2°碳正离子　3°苄基型碳正离子更加稳定

2-甲基-3-苯基-2-丁烯

又如，2-苯基-3-氯丁烷在甲醇溶液中进行消去反应，形成二级碳正离子后经过1,2-氢迁移重排，可以得到稳定的三级苄基型碳正离子，结果得到的主要产物是重排后的消去产物2-苯基-2-丁烯。

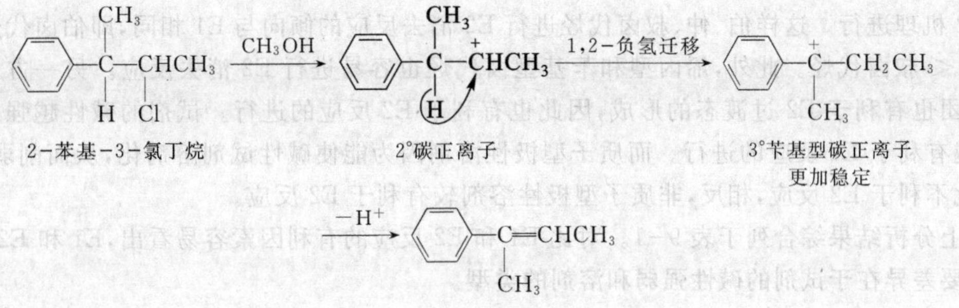

2-苯基-3-氯丁烷　2°碳正离子　3°苄基型碳正离子更加稳定

2-苯基-2-丁烯

习题 9-16　下列碳正离子哪些容易发生重排。

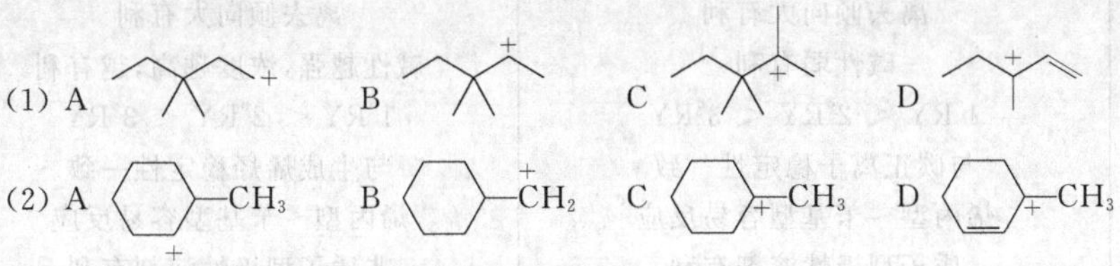

习题 9-17　写出下列反应的机理。

(1)

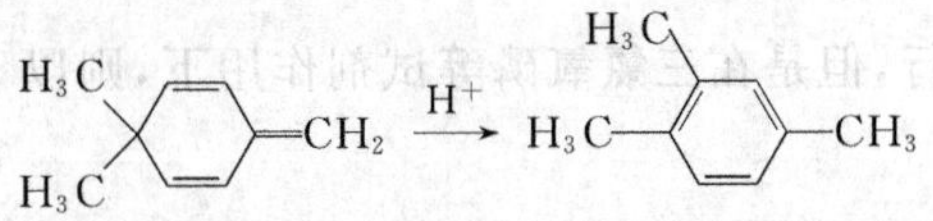

(2)

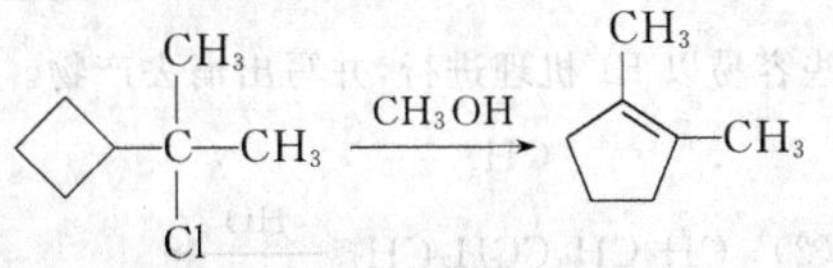

(3)

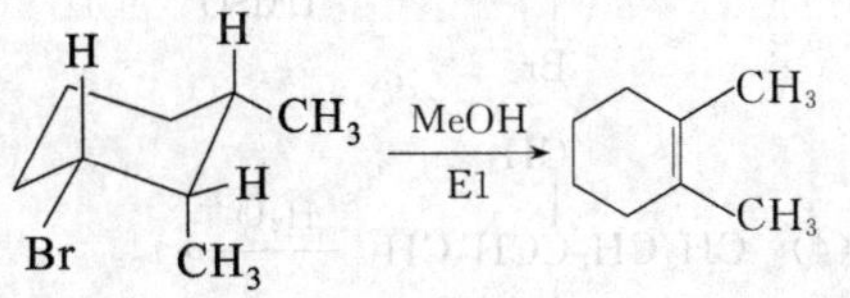

9.4 E2/E1 的竞争

消去反应中 E2 和 E1 机理是相互竞争的。凡有利于形成稳定碳正离子中间体的因素都将有利于消去反应以 E1 机理进行。由此可以得出以下结论：

(1) 伯、仲、叔卤代烃进行 E1 消去反应的倾向是：伯卤代烃 < 仲卤代烃 < 叔卤代烃。此外，烯丙型和苄基型卤代烃也容易进行 E1 消去反应。

(2) 好的离去基团有利于碳正离子的形成，因此有利于 E1 反应的进行。

(3) 质子型极性溶剂有利于稳定碳正离子，因而有利于 E1 反应的进行。

(4) 弱碱性的试剂不利于进攻 β-氢原子，反应也将主要以 E1 方式进行。

对于 E2 反应而言，有利于形成稳定的具有部分双键性质过渡态的因素都将有利于消去反应以 E2 机理进行。这样伯、仲、叔卤代烃进行 E2 消去反应的倾向与 E1 相同，即伯卤代烃 < 仲卤代烃 < 叔卤代烃。此外，烯丙型和苄基型卤代烃也容易进行 E2 消去反应。另一方面，好的离去基团也有利于 E2 过渡态的形成，因此也有利于 E2 反应的进行。试剂的碱性越强，浓度越高，则越有利于 E2 反应的进行。而质子型极性溶剂因为能使碱性试剂溶剂化，从而削弱它的进攻，因此不利于 E2 反应，相反，非质子型极性溶剂较有利于 E2 反应。

以上分析结果综合列于表 9-1。对比 E1 和 E2 反应的有利因素容易看出，E1 和 E2 反应条件的主要差异在于试剂的碱性强弱和溶剂的类型。

表 9-1 影响 E1 和 E2 反应的各种因素

影响因素	E1	E2
离去基团	离去倾向大有利	离去倾向大有利
碱的强弱	碱性弱有利	碱性越强，浓度越高，越有利
底物烃基结构	$1°RY < 2°RY < 3°RY$ 与碳正离子稳定性一致 烯丙型～苄基型容易反应	$1°RY < 2°RY < 3°RY$ 与生成烯烃稳定性一致 烯丙型～苄基型容易反应
溶剂	质子型极性溶剂有利	非质子型极性溶剂有利

醇在酸性条件下的消去，一般以 E1 机理进行，但是在三氯氧磷等试剂作用下，则以 E2 机理为主。

习题 9-18 指出以下反应哪些容易以 E2 反应机理进行，哪些容易以 E1 机理进行，并写出消去产物。

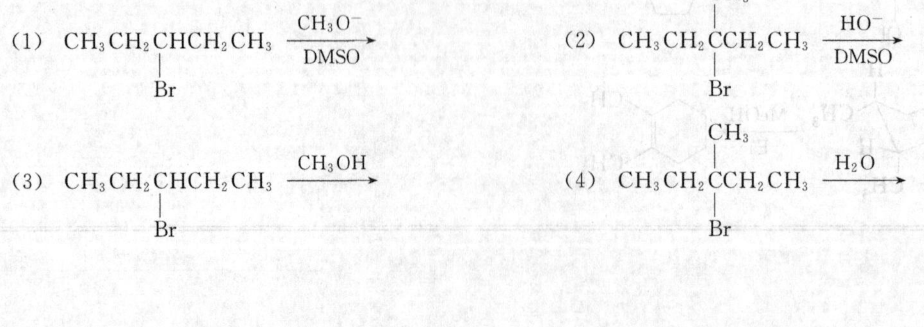

9.5 E2/S_N2 的竞争

由于亲核试剂同时又是碱，因此，E2 和 S_N2 反应之间也存在相互竞争。如果亲核试剂进攻碳原子，则发生 S_N2 反应；如果亲核试剂作为碱进攻的是氢原子，则发生 E2 反应。可见，E2 和 S_N2 反应经历的反应过渡态是不同的。

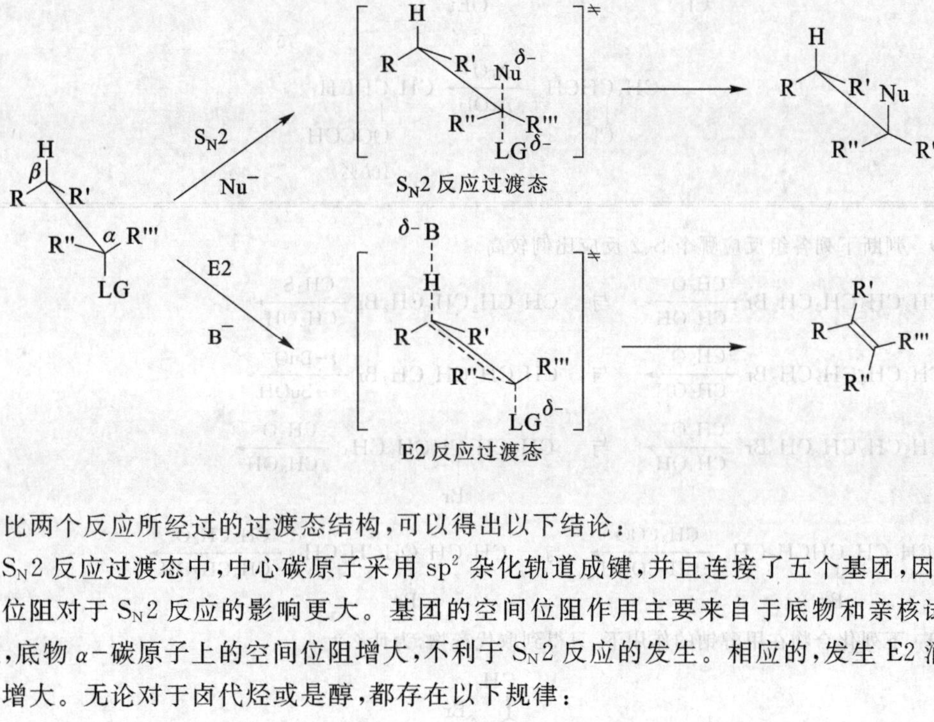

对比两个反应所经过的过渡态结构，可以得出以下结论：

1. S_N2 反应过渡态中，中心碳原子采用 sp^2 杂化轨道成键，并且连接了五个基团，因此，基团的空间位阻对于 S_N2 反应的影响更大。基团的空间位阻作用主要来自于底物和亲核试剂。一般来说，底物 α-碳原子上的空间位阻增大，不利于 S_N2 反应的发生。相应的，发生 E2 消去反应的倾向增大。无论对于卤代烃或是醇，都存在以下规律：

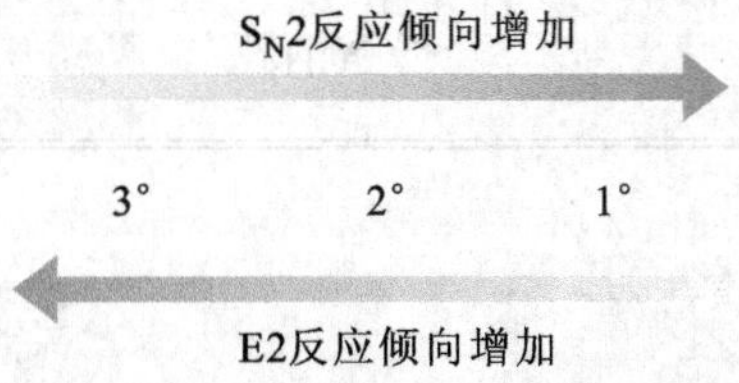

从一级卤代烃到三级卤代烃，由于生成烯烃的稳定性增加，实际上二级和三级卤代烃以消去反应为主，而一级卤代烃以 S_N2 反应为主。另外，β-碳原子上取代基多少以及亲核试剂的体积大小也对 S_N2 反应有着很大的影响。即使是一级卤代烃，如果 β-碳原子上取代基多或亲核试剂(又是碱)体积增大，消去反应比率也会增大。例如：

$$CH_3CH_2CH_2Br \xrightarrow[CH_3OH]{CH_3O^-} \underset{90\%}{CH_3CH_2CH_2OCH_3} + \underset{10\%}{CH_3CH{=}CH_2}$$

$$CH_3-\overset{\overset{CH_3}{|}}{C}HCH_2Br \xrightarrow[CH_3OH]{CH_3O^-} \underset{40\%}{CH_3-\overset{\overset{CH_3}{|}}{C}HCH_2OCH_3} + \underset{60\%}{CH_3-\overset{\overset{CH_3}{|}}{C}{=}CH_2}$$

$$CH_3CH_2CH_2CH_2CH_2Br \xrightarrow[t\text{-}BuOH]{t\text{-}BuO^-} \underset{15\%}{CH_3CH_2CH_2CH_2CH_2OC(CH_3)_3} + \underset{85\%}{CH_3CH_2CH_2CH{=}CH_2}$$

2. **亲核试剂的碱性越强，对氢的结合能力增强，发生消去反应的概率越大。**

$$\underset{\underset{Cl}{|}}{CH_3CHCH_3} \xrightarrow[EtOH]{EtO^-} \underset{25\%}{\underset{\underset{OEt}{|}}{CH_3CHCH_3}} + \underset{75\%}{CH_3CH{=}CH_2}$$

$$\underset{\underset{Cl}{|}}{CH_3CHCH_3} \xrightarrow[AcOH]{AcO^-} \underset{100\%}{\underset{\underset{OOCCH_3}{|}}{CH_3CHCH_3}}$$

习题 9-19　判断下列各组反应哪个 S_N2 反应比例较高。

(1) $CH_3CH_2CH_2CH_2Br \xrightarrow[CH_3OH]{CH_3O^-}$　与　$CH_3CH_2CH_2CH_2Br \xrightarrow[CH_3OH]{CH_3S^-}$

(2) $CH_3CH_2CH_2CH_2Br \xrightarrow[CH_3OH]{CH_3O^-}$　与　$CH_3CH_2CH_2CH_2Br \xrightarrow[t\text{-}BuOH]{t\text{-}BuO^-}$

(3) $CH_3CH_2CH_2CH_2Br \xrightarrow[CH_3OH]{CH_3O^-}$　与　$\underset{\underset{Br}{|}}{CH_3CH_2CHCH_2CH_3} \xrightarrow[CH_3OH]{CH_3O^-}$

(4) $\underset{\underset{Br}{|}}{CH_3CH_2CHCH_2CH_3} \xrightarrow[CH_3COOH]{CH_3COO^-}$　与　$\underset{\underset{Br}{|}}{CH_3CH_2CHCH_2CH_3} \xrightarrow[CH_3CH_2OH]{CH_3CH_2O^-}$

习题 9-20　下列化合物在甲醇钠的作用下，只得到取代产物，为什么？

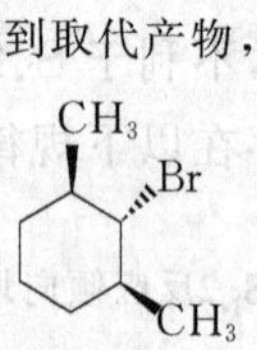

9.6　E1/S_N1 的竞争

E1 和 S_N1 反应也是一对相互竞争的反应机理。E1 反应和 S_N1 反应的第一步是相同的，它们都经过碳正离子中间体。不同之处在于生成碳正离子后，如果脱去 β-氢原子的速率较快，则发生 E1 反应，生成烯烃；如果与亲核试剂结合得更快，则发生 S_N1 反应，生成取代产物。

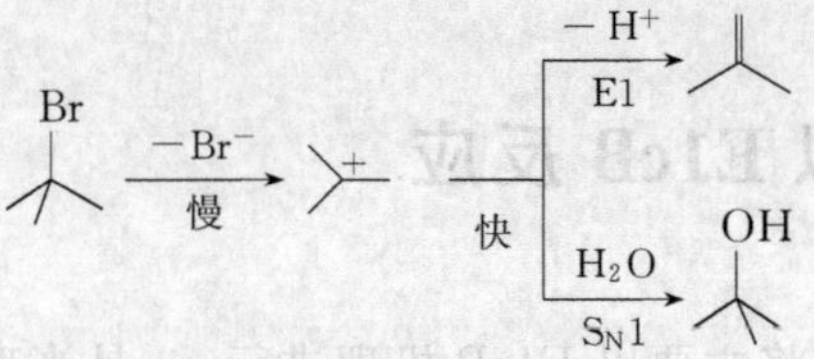

E1 反应和 S_N1 反应中，决定反应速率的关键步骤相同，即为生成碳正离子中间体的步骤，因此，E1 反应和 S_N1 反应表现出共同的反应活性顺序：

对于不同类型的卤代烃或醇，反应活性为：$3° > 2° > 1°$。

对于不同卤素取代的卤代烃，反应活性为：$RI > RBr > RCl$。

决定反应朝着哪个方向进行的关键在于第二步快反应。如果亲核试剂与碳正离子结合的速率快于脱质子的速率，则发生 S_N1 反应，否则以 E1 反应为主。显然，如果亲核试剂的碱性越弱，亲核性越强，则越有利于 S_N1 反应的发生。

一般来说，提高反应温度，发生 E1 反应的可能性增加。例如，三级 RX 进行的 S_N1 和 E1 两个反应可以表示为以下化学平衡：

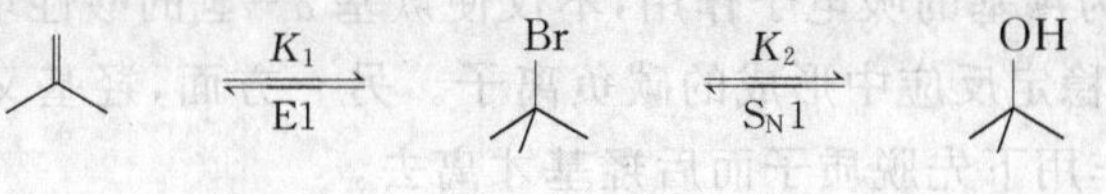

根据化学平衡常数与 Gibbs 自由能的关系，可以写出：

$$K_1^\ominus = e^{-\Delta G_1^\ominus/RT} \qquad \Delta G_1^\ominus = \Delta H_1^\ominus - T\Delta S_1^\ominus$$

$$K_2^\ominus = e^{-\Delta G_2^\ominus/RT} \qquad \Delta G_2^\ominus = \Delta H_2^\ominus - T\Delta S_2^\ominus$$

E1 消去反应是一个熵增加（$\Delta S_1^\ominus > 0$）的反应，而 S_N1 反应则是一个熵变化很少（可近似看作 $\Delta S_2^\ominus \approx 0$）的反应，因此，上式又可以改写为

$$K_1^\ominus = e^{(\Delta H_1^\ominus - T\Delta S_1^\ominus)/RT}$$

$$K_2^\ominus \approx e^{-\Delta H_2^\ominus/RT}$$

显然，$K_1^\ominus$ 受温度的影响要大于 $K_2^\ominus$。因为 $\Delta S_1^\ominus > 0$，则 $\Delta G_1^\ominus$ 随着温度的升高而减小，因此提高反应温度有利于消去反应的进行。

习题 9-21 指出以下反应是否能进行，如果能，则写出反应产物，并指出它们更倾向于发生消去反应还是亲核取代反应。

（1）$CH_3CH_2CH_2CH_2Br \xrightarrow[E2/S_N2\ 条件]{CH_3OH}$　（2）$CH_3CH_2CH_2CH_2Br \xrightarrow[E2/S_N2\ 条件]{CH_3O^-}$

（3）$CH_3CH_2CH(Br)CH_2CH_3 \xrightarrow[E1/S_N1\ 条件]{CH_3OH}$　（4）$CH_3CH_2CH(Br)CH_2CH_3 \xrightarrow[E2/S_N2\ 条件]{CH_3O^-}$

（5）$CH_3CH_2C(CH_3)(Br)CH_2CH_3 \xrightarrow[E1/S_N1\ 条件]{CH_3OH}$　（6）$CH_3CH_2C(CH_3)(Br)CH_2CH_3 \xrightarrow[E2/S_N2\ 条件]{CH_3O^-}$

9.7 E1cB 反应和似 E1cB 反应

在以下两种情况消去反应将主要以 E1cB 机理进行：一是当离去基团为强的吸电子基，或者在离去基团的 β 位上有强的吸电子基，β-氢原子的酸性增强，且能形成较稳定的碳负离子；另一种是离去基团难离去的情况。

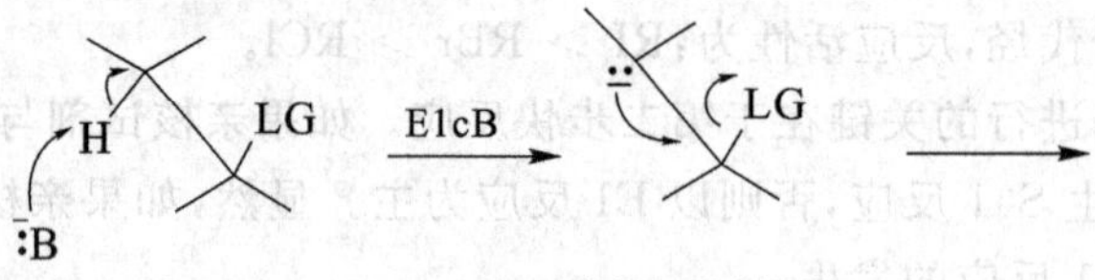

碳负离子中间体

实际上，属于 E1cB 机理的消去反应例子并不多，β-羟基酮在碱性条件下的消去反应是典型的 E1cB 反应。这是因为羰基的吸电子作用，不仅使羰基 α-氢的酸性增强（pK_a 在 20 左右），而且通过吸电子共轭作用稳定反应中形成的碳负离子。另一方面，羟基又不是好的离去基团。从而导致 β-羟基酮在碱作用下先脱质子而后羟基才离去。

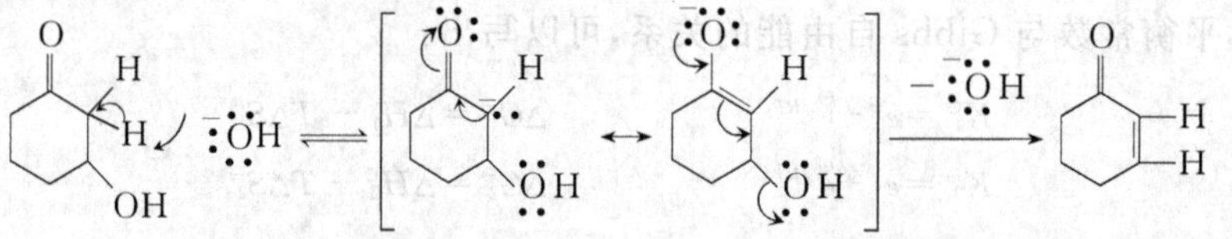

当离去基团为强的吸电子基或者离去基团较难离去时，更常见的情况是，消去反应并不是按照理想的 E1cB 机理进行，而是经过类似碳负离子的过渡态进行消去。因为过渡态具有部分碳负离子的特征，通常称为似 E1cB 机理。例如氟代烃的消去反应就是以似 E1cB 机理进行的（见 9.2.2 节）。

似 E1cB 消去反应中并没有碳负离子活性中间体产生，它与 E2 消去反应一样，都是通过协同反应进行的。

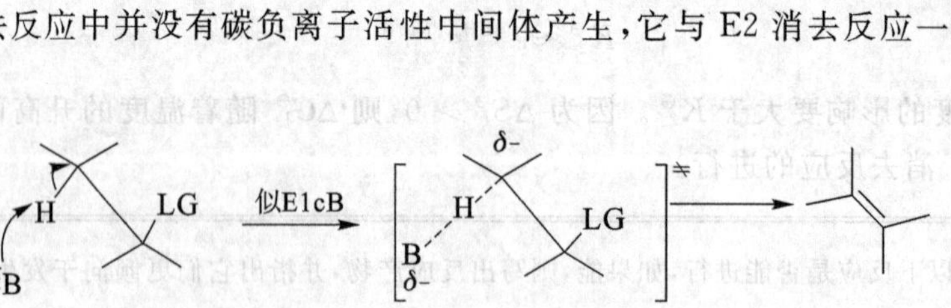

似E1cB过渡态

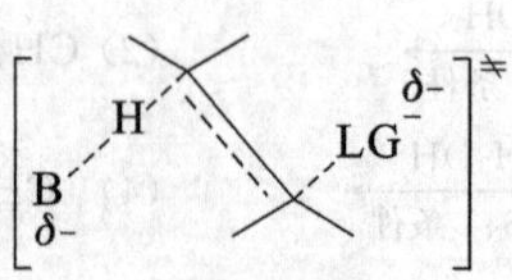

一般E2过渡态

对比似 E1cB 过渡态与 E2 反应过渡态，可以看出在似 E1cB 过渡态中，负电荷主要分布在进攻试剂碱和连接氢的碳原子上，离去基团与碳原子之间的键还没有断裂，产物中的 π 键尚未形成。E2 过渡态中的负电荷则主要分布在进攻试剂碱和离去基团上，离去基团与碳原子之间的键部分断裂，产物中的 π 键部分形成。

除了氟代烃的消去反应经历似 E1cB 机理外，季铵碱在加热等条件下的消去反应也是以似 E1cB 机理进行的。

$$CH_3CH_2CH_2\underset{\substack{|\\ {}^{+}N(CH_3)_3OH^-}}{CH}CH_3 \xrightarrow[C_2H_5OH]{KOC_2H_5,\triangle} \underset{\text{1-戊烯 } 98\%}{CH_3CH_2CH_2CH{=}CH_2} + \underset{\text{2-戊烯 } 2\%}{CH_3CH_2CH{=}CHCH_3}$$

$$CH_3CH_2\overset{\substack{CH_3\\ |}}{\underset{\substack{|\\ CH_3}}{\overset{+}{N}}}CH_2CH_2R\ \ OH^- \xrightarrow{\triangle} CH_2{=}CH_2 + (CH_3)_2NCH_2CH_2R + H_2O$$

这类反应是德国化学家 Hofmann 于 19 世纪发现的，因此称为 Hofmann 消去(Hofmann elimination)。Hofmann 消去反应的区域选择性不符合 Zaitsev 规则，它是从含氢较多的碳原子上消去氢原子，生成的主要产物为取代基较少的烯烃，这种消去反应选择性称为 Hofmann 规则 Hofmann′s rule)，相应的主要产物即取代较少的烯烃也称为 Hofmann 烯烃。

季铵碱的 Hofmann 消去反应的选择性之所以符合 Hofmann 规则，是由于反应以似 E1cB 机理进行。似 E1cB 机理中的过渡态具有部分的碳负离子性质，其稳定性与碳负离子类似，而碳负离子的稳定性是 1°＞ 2° ＞ 3°，因此其区域选择性不同于 E1 和 E2 反应。

由于季铵碱消去的区域选择性不同于一般卤代烃或醇，常用于合成取代基较少的烯烃。一般以伯胺或者卤代烃为起始原料，分别与过量的卤代甲烷或三甲基胺反应转化为季铵盐，然后碱化加热发生 Hofmann 消去得到需要的烯烃。

$$\left.\begin{array}{l} RCH_2CH_2X \xrightarrow{N(CH_3)_3} \\ RCH_2CH_2NH_2 \xrightarrow[\text{过量 } CH_3X]{} \end{array}\right\} RCH_2CH_2N(CH_3)_3^+X^- \xrightarrow{Ag_2O} RCH_2CH_2N(CH_3)_3^+OH^-$$

$$\xrightarrow{\triangle} RCH{=}CH_2$$

季铵碱的 Hofmann 消去是早期测定含氮杂环分子结构的一种常用方法。如 3-甲基四氢吡咯和 2-甲基四氢吡咯是同分异构体，将它们分别制备成甲基化季铵盐，再转化成季铵碱进行 Hofmann 消去，根据产物结构可判断原来胺的结构。2-甲基四氢吡咯经过两次甲基化和 Hofmann 消去，得到 1,4-戊二烯；3-甲基四氢吡咯经过两次甲基化和 Hofmann 消去，得到 2-甲基-1,3-丁二烯。

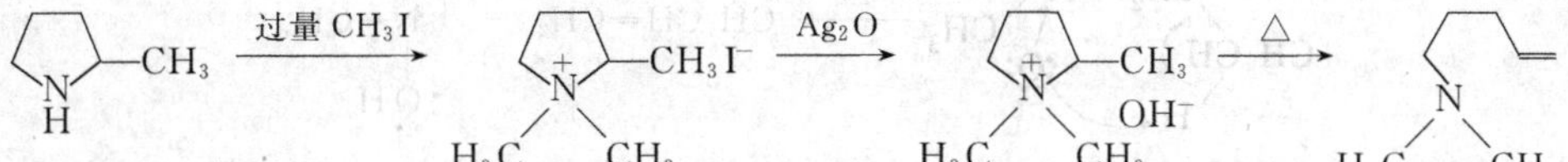

2-甲基四氢吡咯

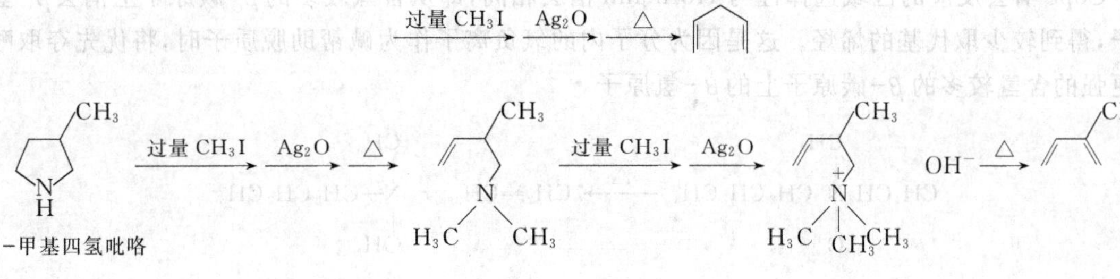

3-甲基四氢吡咯

习题 9-22　完成下列反应：

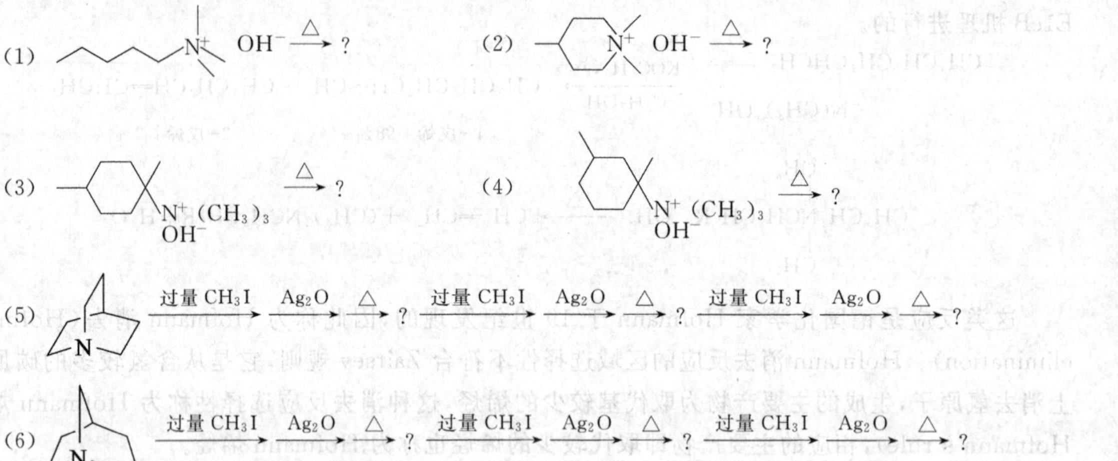

9.8　Cope 消去反应

Cope 消去反应是指叔胺氧化物在加热条件下发生的消去反应。例如：

$$\underset{\text{叔胺氧化物}}{CH_3CH_2CH_2\overset{\overset{\large CH_3}{|}}{\underset{\underset{\large O^-}{|}}{N^+}}CH_3} \xrightarrow{\triangle} CH_3CH{=}CH_2 + \underset{N,N\text{-二甲基羟胺}}{HO{-}N(CH_3)_2}$$

叔胺氧化物中的氧带负电荷，可以作为碱帮助脱去 β-氢原子。由于氧负离子和 β-氢原子处于同一分子内，因此，Cope 消去反应是一个分子内的 E2 消去，并且是一个顺式消去。

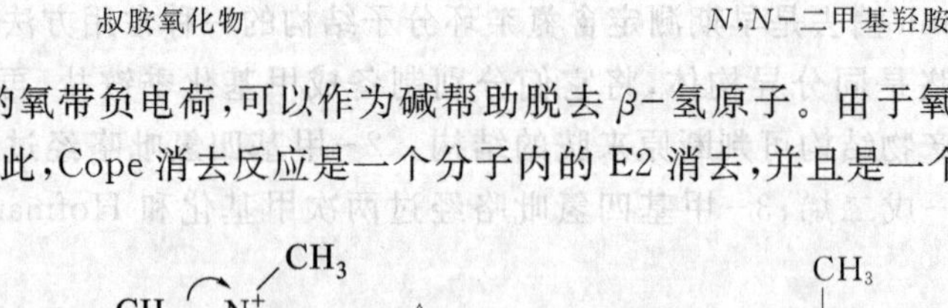

Cope 消去反应的区域选择性与 Hofmann 消去相同，即从含氢较多的 β-碳原子上消去 β-氢原子，得到较少取代基的烯烃。这是因为分子内的氧负离子作为碱帮助脱质子时，将优先夺取酸性更强的含氢较多的 β-碳原子上的 β-氢原子。

$$CH_3CH_2\overset{\overset{\large CH_3}{|}}{\underset{\underset{\large O^-}{|}}{N^+}}CH_2CH_2CH_3 \xrightarrow{\triangle} CH_2{=}CH_2 + \overset{\overset{\large CH_3}{|}}{\underset{\underset{\large OH}{|}}{N}}{-}CH_2CH_2CH_3$$

叔胺氧化物可以从叔胺在过氧化氢作用下氧化得到。

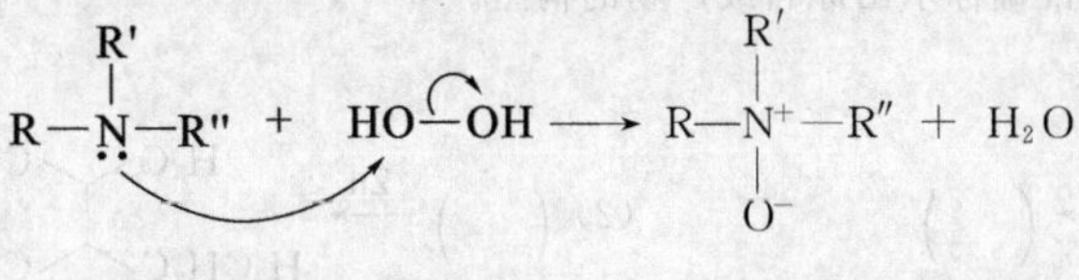

习题 9-23　Cope 消去反应的过渡态更多地具有烯烃特征还是碳负离子特征？为什么？

习题 9-24　完成下列反应：

(1) 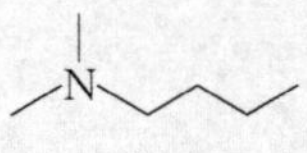 $\xrightarrow{HOOH}$? $\xrightarrow{\triangle}$?　(2) 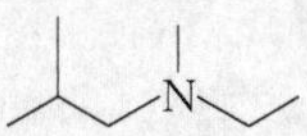 $\xrightarrow{HOOH}$? $\xrightarrow{\triangle}$?

(3) 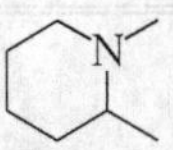 $\xrightarrow{HOOH}$? $\xrightarrow{\triangle}$?　(4) 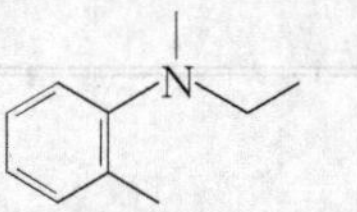 $\xrightarrow{HOOH}$? $\xrightarrow{\triangle}$?

9.9　邻二卤代烃消去 X_2 的反应

与前面讨论的卤代烃脱卤化氢、醇失水的季铵碱消去反应不同，邻二卤代烃可以在活泼金属作用下，经过有机金属化合物中间体消去邻二卤代烃的两个卤素原子：

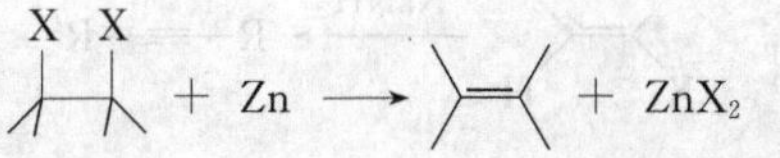

该反应包括了锌的氧化和邻二卤代烃的还原。常用的活泼金属为容易氧化形成二价阳离子的金属，如锌或锡等。反应首先是金属锌插入 C—X 键中间，类似格氏试剂反应（第八章），形成有机锌中间体，然后再消去 $ZnBr_2$ 形成烯烃。反应的立体化学特征是反式共平面消去。

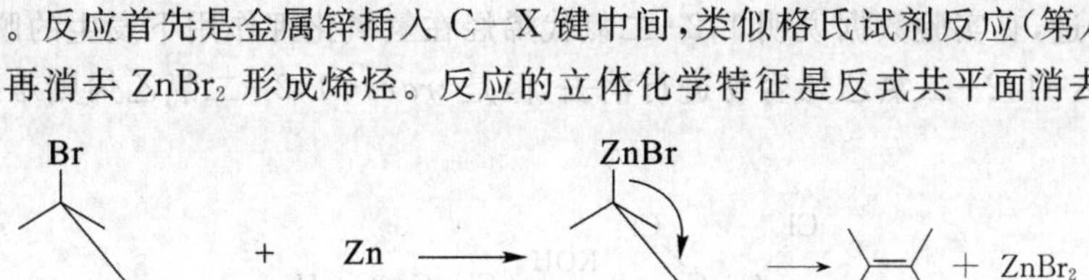

除活泼金属之外，碘负离子也能使邻二卤代烃消去分子中的两个卤素原子生成烯烃。反应以 E2 消去机理进行。

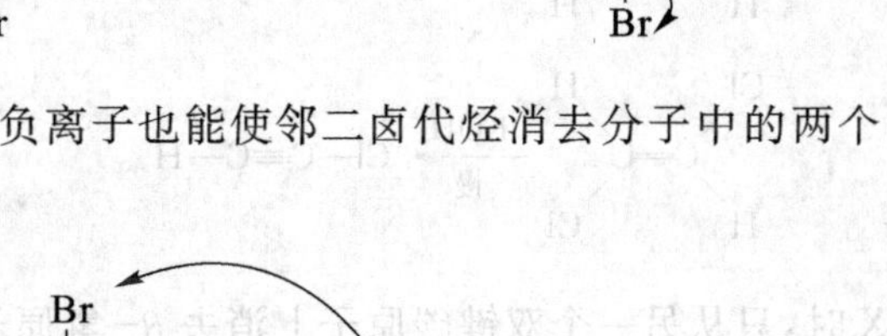

习题 9-25　完成下列反应,准确标示出原料或产物的构型。

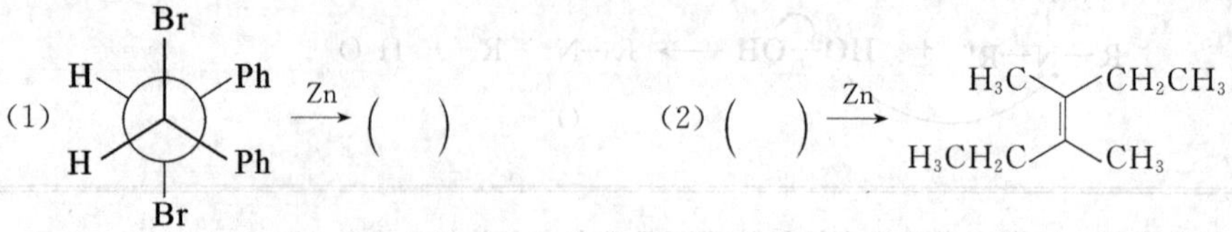

习题 9-26　问下列反应哪个能发生,哪个不能发生?

9.10　乙烯型卤代烃消去 HX 的反应

乙烯型卤代烃是一类不活泼的卤代烃,因为其卤素原子直接与双键相连,卤素原子上的孤对电子与 π 键共轭,C—X 键强度增大,不易发生消去反应。因此消去反应相对需要更强的碱或者更高的反应温度,一般在强碱如氨基钠($NaNH_2$)作用下,可以脱去 HX 生成炔烃。

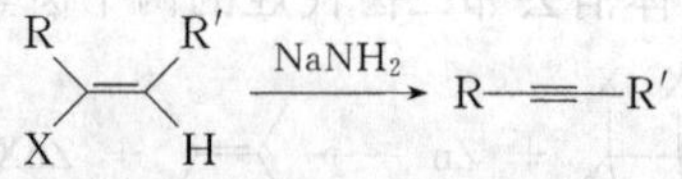

理论上,乙烯型卤代烃消去 HX 反应也有三种可能途径:E1、E2 和 E1cB。但是由于产物炔烃没有任何立体化学特征能够提供足够的反应机理信息,所以难以用实验证据来说明反应进行的详细机理。不过,有实验数据说明 1,2-二氯代烯烃在氢氧化钾作用下发生的脱 HX 的反应是异侧消去。如 *cis*-1,2-二氯乙烯容易进行消去,但是 *trans*-1,2-二氯乙烯则难以消去,两者速率相差 20 倍。

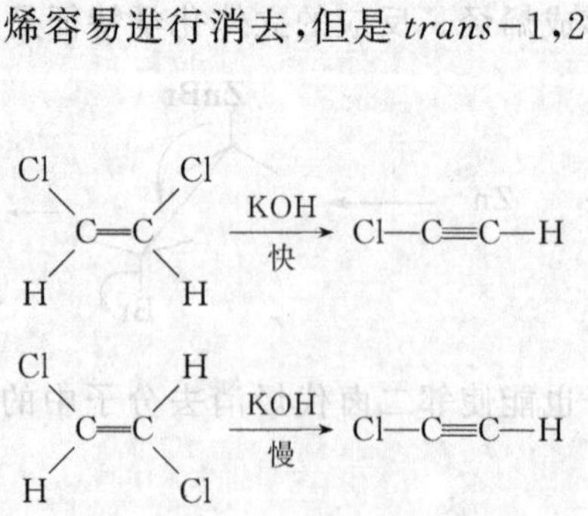

乙烯型卤代烃消去 HX 时,只从另一个双键碳原子上消去 β-氢原子生成炔烃,而不会生成累积二烯烃。

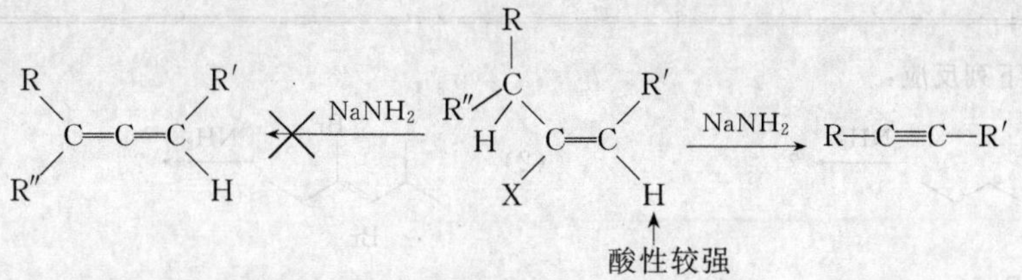

在形成炔烃的反应中，也可能得到三键移位的产物。例如：

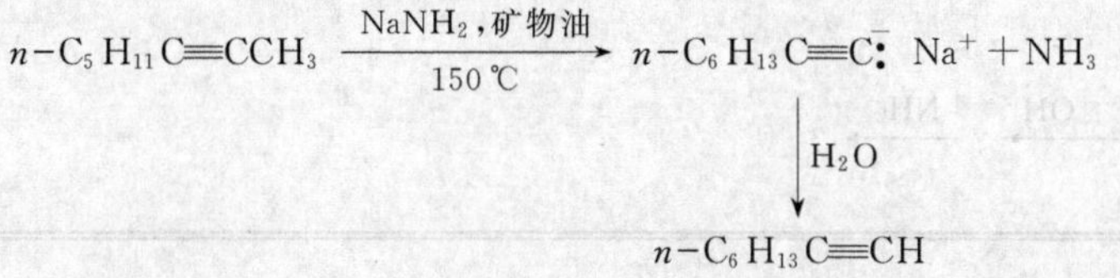

因为炔的 α-氢原子具有一定的酸性，在强碱氨基钠的作用下可以形成负离子，并发生以下平衡反应：

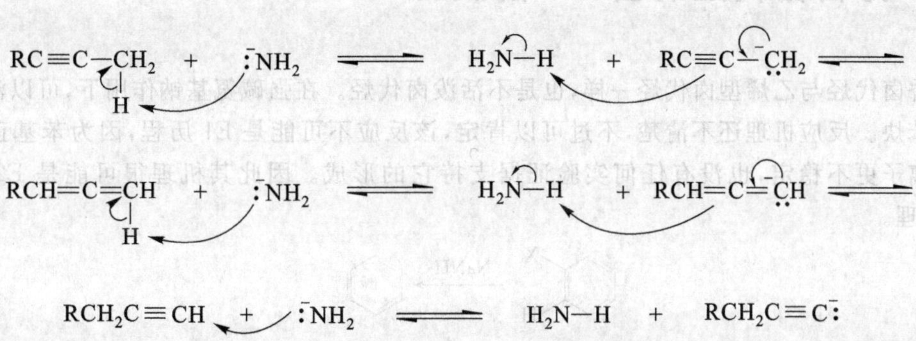

NH_3 的 pK_a 为 38，而炔氢的 pK_a 为 25，最后平衡移向末端炔烃。这是一个酸碱平衡控制的稳定产物。当在液氨中进行该反应时，由于反应温度较低，可以较好地避免三键移位的发生。

比氨基钠碱性更强的碱丁基锂和苯基锂等也可以令乙烯型卤代烃发生消去反应生成炔烃。

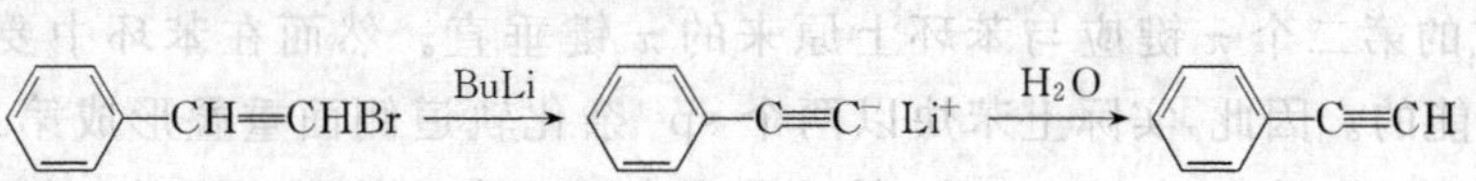

如果在消去反应中得到的是末端炔烃，一般是以炔基钠或炔基锂形式存在，需要时，可以将它们作为亲核试剂进一步进行亲核取代反应（参见 8.8.1 节）或者亲核加成反应（参见 13.5.2 节），从而得到碳链增长的产物。

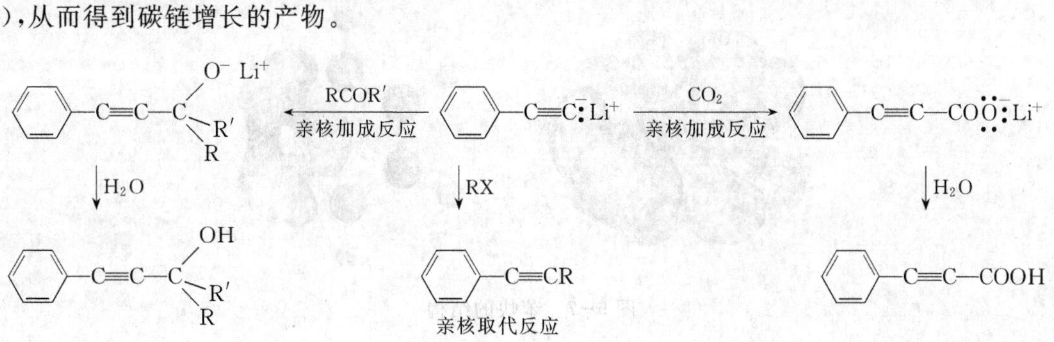

习题 9-27 完成下列反应：

(1) 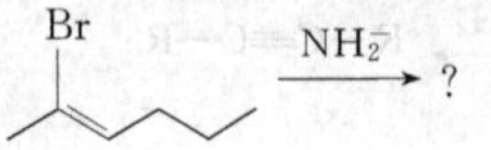

(2) 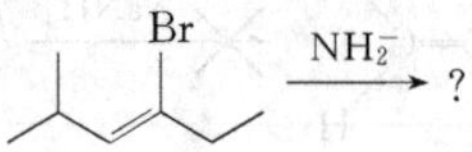

(3) 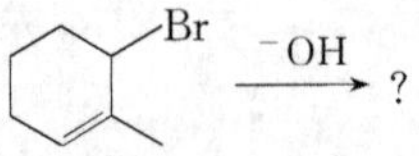

(4) 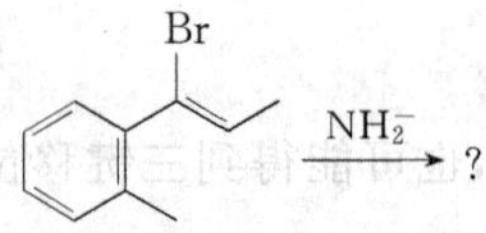

(5) 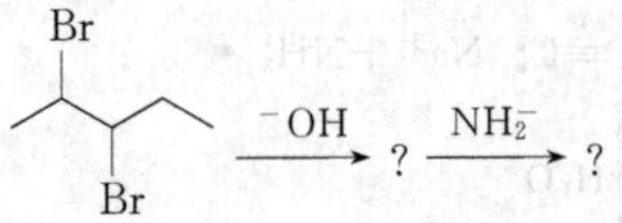

9.11 芳香卤代烃消去 HX 的反应

芳香卤代烃与乙烯型卤代烃一样，也是不活泼卤代烃。在强碱氨基钠作用下，可以消去卤化氢形成苯炔。反应机理还不清楚，不过可以肯定，该反应不可能是 E1 历程，因为苯基正离子比乙烯正离子更不稳定，也没有任何实验证据支持它的形成。因此其机理很可能是 E2 或者似 E1cB 机理。

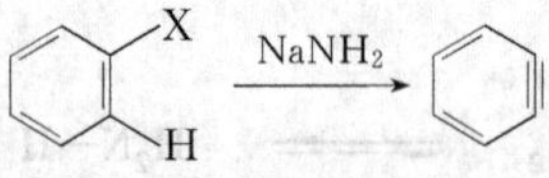

9.11.1 苯炔的结构

苯炔的结构很特殊，它是一个包括C≡C的六元环。与一般炔烃的C≡C一样，苯炔中C≡C的两个碳原子形成的第二个 π 键应与苯环上原来的 π 键垂直。然而在苯环中要保持 sp 杂化的 180°键角是不可能的。因此，实际上苯炔以两个 sp^2 杂化轨道侧面重叠形成第二个 π 键。苯炔的结构图如 9-7 所示（见彩页 3）。显然，其重叠程度比两个 p 轨道形成的 π 键低，能量较高，化学性质活泼。

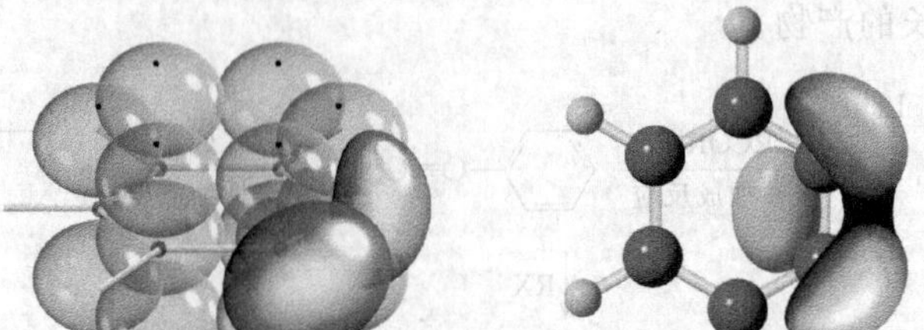

图 9-7 苯炔的结构

9.11.2 苯炔的反应

苯炔中的第二个 π 键强度很弱，容易发生加成反应，如遇氨或水，则形成苯胺或苯酚。

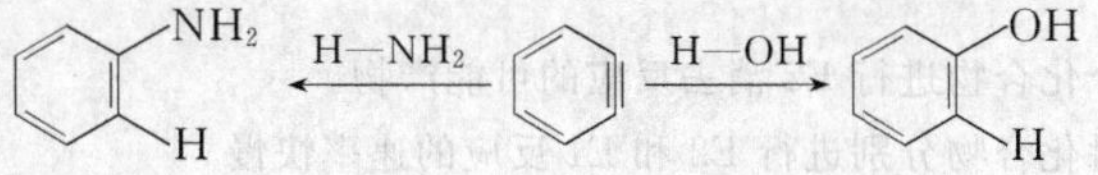

苯炔也可以发生其他的加成反应，如 Diels-Alder 反应等（详见 10.9 节）。

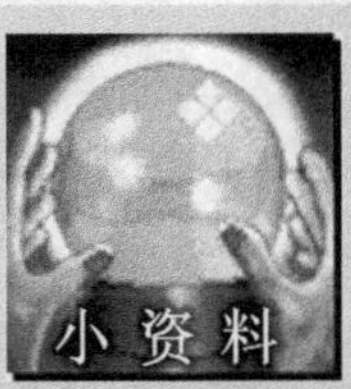

生物体系中消去反应

糖代谢是提供生命体能量的重要途径（第十八章）。葡萄糖的有氧氧化包括两个阶段：丙酮酸的氧化脱羧和三羧酸循环。三羧酸循环中柠檬酸转化成异柠檬酸就经过了消去与加成两步反应。

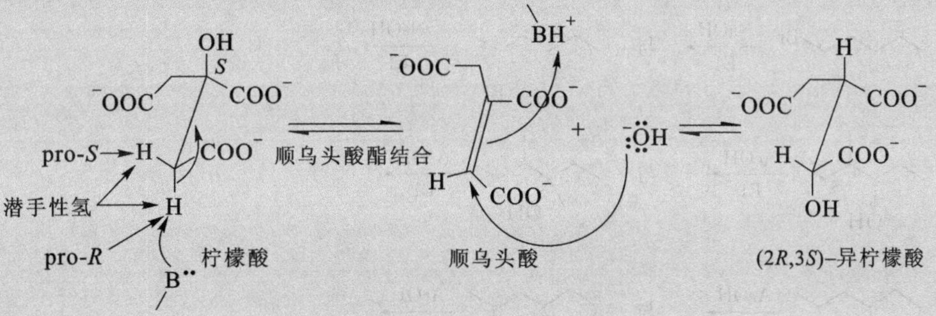

这里顺乌头酸酯与柠檬酸按“三点附着”方式结合，只有其中一个潜手性氢被活化参与羟基转移反应（图 9-8）。

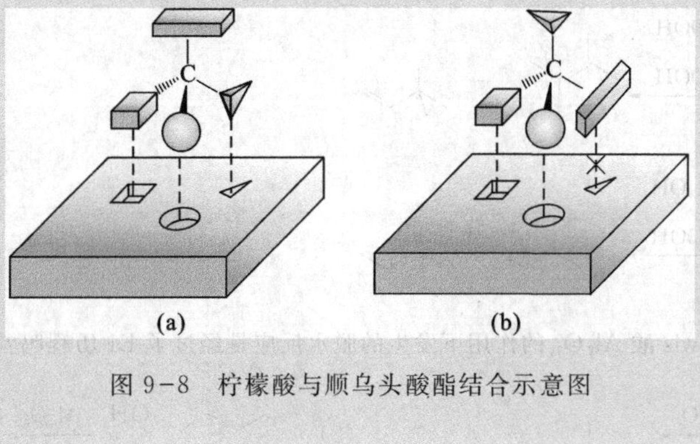

图 9-8　柠檬酸与顺乌头酸酯结合示意图

习题 9-28　写出下列化合物进行 E1 消去反应的可能产物，并指出哪个是主要产物。

(1) $(CH_3)_3C-\underset{Br}{C}HCH_3$　(2) 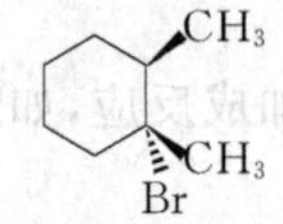　(3) 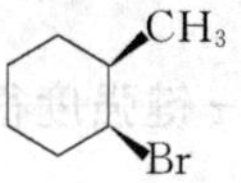

习题 9-29　写出上题的三个化合物进行 E2 消去反应的可能产物。

习题 9-30　试比较下列各对化合物分别进行 E2 和 E1 反应的速率快慢。

(1) 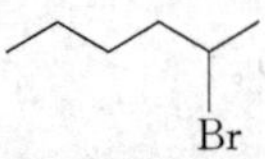 与 　(2) 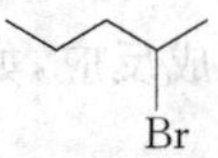 与 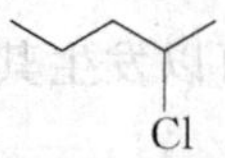

(3) 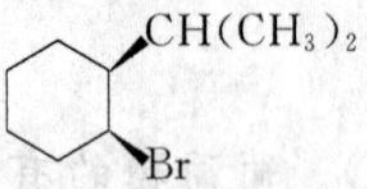 与 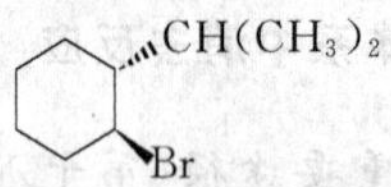　(4) 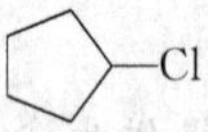 与 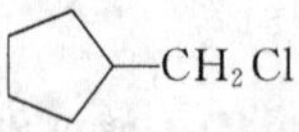

习题 9-31　试比较下列各组反应速率快慢。

(1) 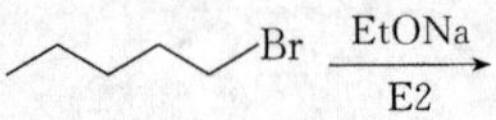 与 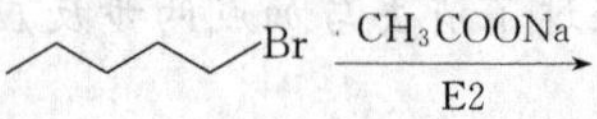

(2) 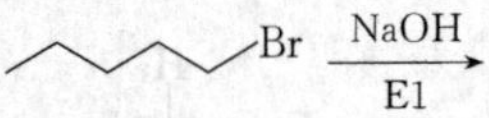 与 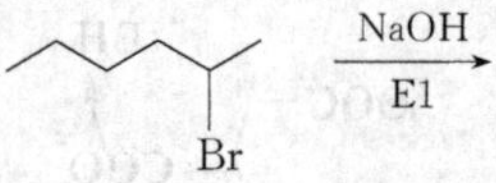

(3) 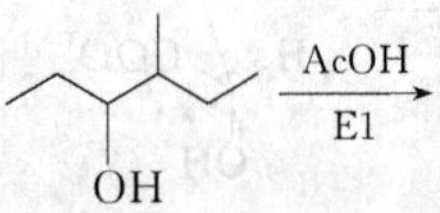 与 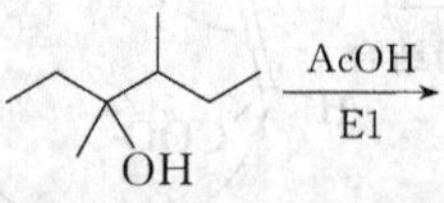

(4) 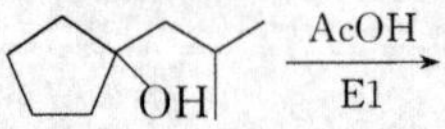 与 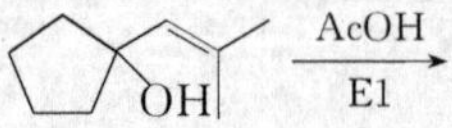

(5) 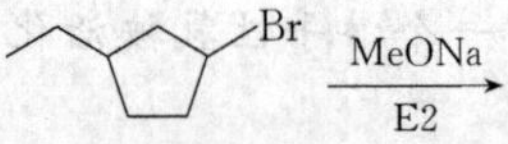 与 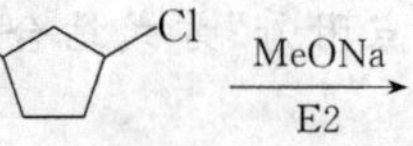

习题 9-32　试提出以下反应的机理，说明理由，并判断哪个产物是主要产物。

(1) 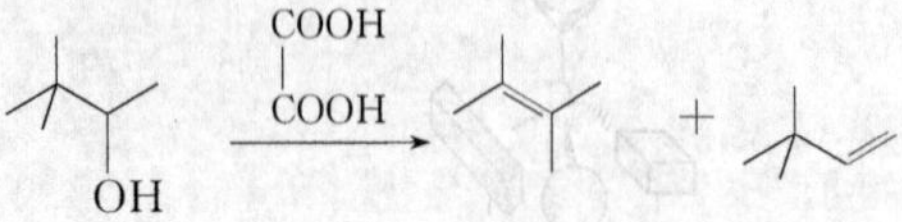

(2) 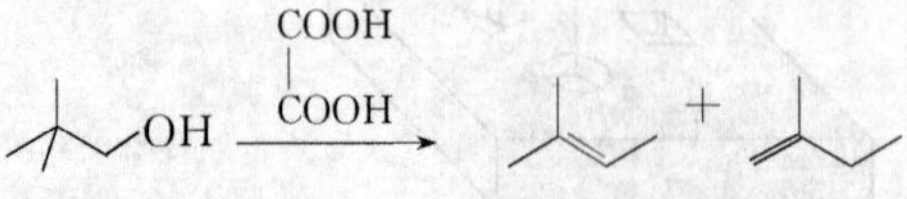

习题 9-33　以下醇在 Lewis 酸 Al_2O_3 的作用下发生的脱水反应是经过了 E1 历程吗？为什么？

(1) 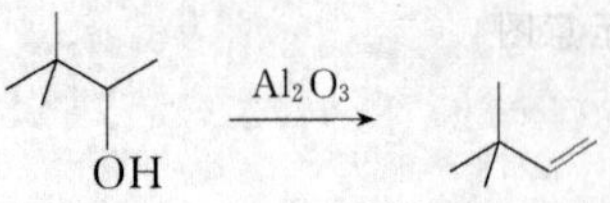　(2) 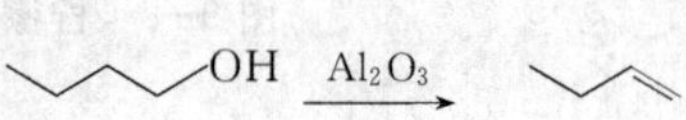

习题 9-34　试为下列反应提出合理的反应机理。

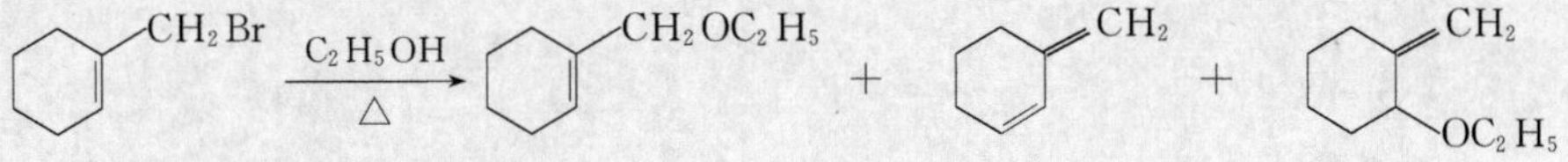

习题 9-35　判断下列各对反应哪个更倾向发生消去反应，而不是取代反应。

(1) 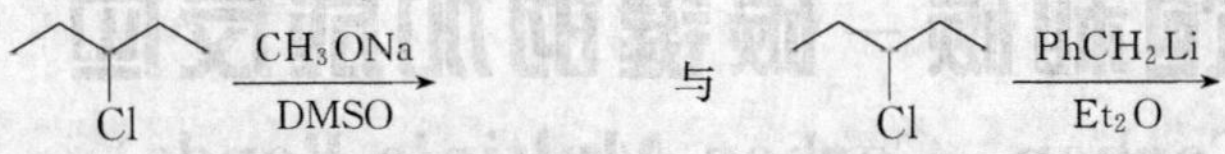

(2) 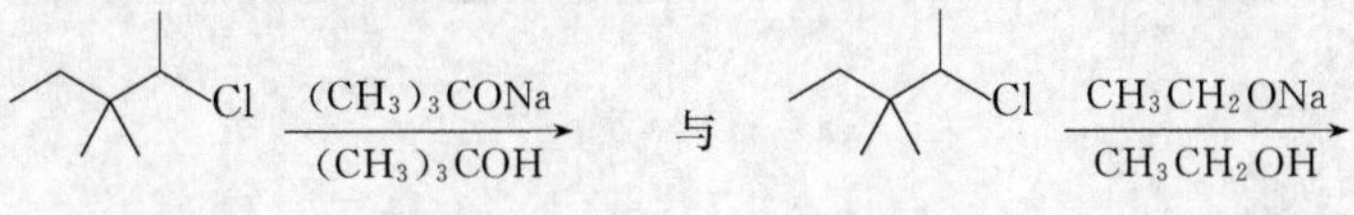

(3) 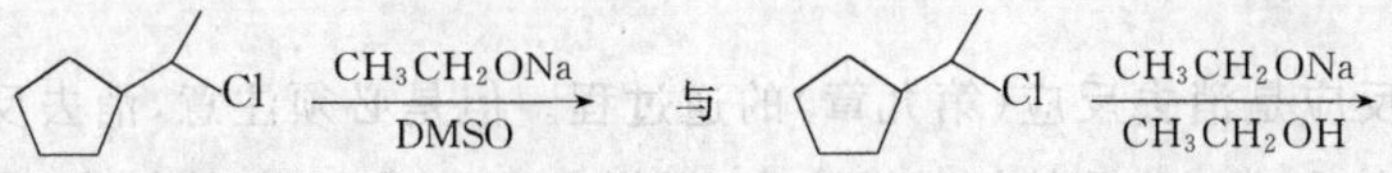

(4) 

习题 9-36　某卤代烃在叔丁醇钾作用下发生 E2 消去反应得到唯一的烯烃 2,4-二苯基-2-戊烯，试推断该卤代烃的卤素原子连接在哪个碳原子上，如果所得到的 2,4-二苯基-2-戊烯的构型如下所示，试写出该卤代烃的立体构型。

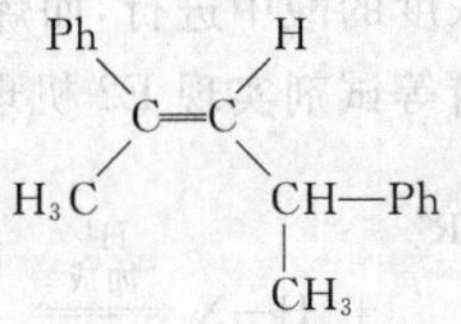

习题 9-37　当 2-苯基-3-溴丁烷在甲醇钠作用下发生 E2 消去反应时，得到两个烯烃，写出产物的结构，并预测哪个是主要产物。(2*R*,3*R*)-2-苯基-3-溴丁烷得到的产物是两个甲基处于双键同侧，试画出反应过渡态的 Newman 投影式说明这一反应结果，并根据这一结果直接写出(2*S*,3*S*)-2-苯基-3-溴丁烷在同样条件下的消去产物。

习题 9-38　解释下列反应中为什么氘代烯烃是主要产物。

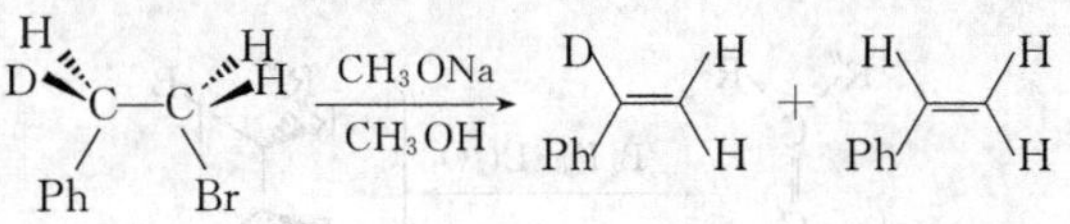

主要产物　　次要产物

习题 9-39　完成下列合成转化。

(1) 从  合成 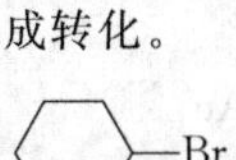

(2) 以环己烷和 2-丁醇为原料合成 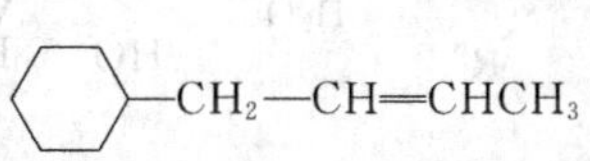

习题 9-40　解释下列反应产物的形成。

(1) 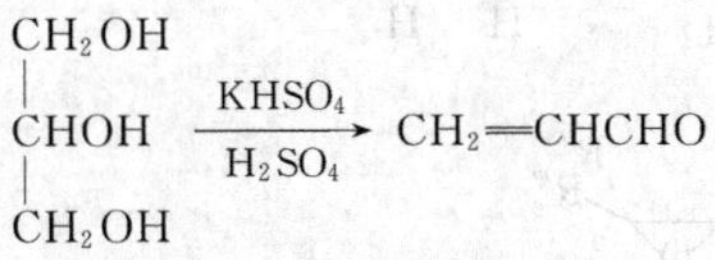　(2) 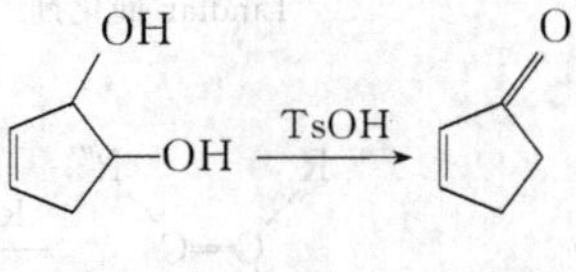

第十章 不饱和碳-碳键的加成反应

（Additions to Carbon-Carbon Multiple Bonds）

不饱和碳-碳键的加成反应是消去反应（第九章）的逆过程。但是必须注意，消去反应和加成反应并非是逆反应。在不饱和碳-碳键的加成反应中，烯烃与 HX 或 H_2O 的加成，是在酸性条件下进行，反应经过碳正离子活性中间体。但是，卤代烃脱去卤化氢形成烯烃是在碱性条件下进行，并且可以经过 E1、E2 或 E1cB 机理，即反应可以经过碳正离子（E1 机理）或者碳负离子（E1cB 机理）活性中间体，也可以不经过任何活性中间体（E2 机理）进行。醇的脱水反应虽然可以在酸性条件下进行，并且主要以 E1 机理为主，但实际进行反应的条件与烯烃的水合反应也存在很大差异，醇的脱水消去是在较高浓度的酸中进行，而烯烃与水的加成是在稀酸催化条件下进行。另一方面，醇还可以通过三氯氧磷等试剂实现 E2 机理的消去反应。

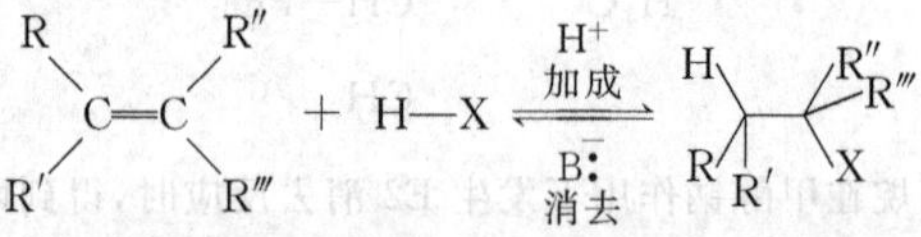

不饱和碳-碳键不仅可以与卤化氢或水发生加成反应，而且可以与多种亲电试剂发生加成反应，如硼烷或醋酸汞等。此外，不饱和碳-碳键还可以发生催化氢化，环氧化反应以及环加成反应等。

与硼烷加成

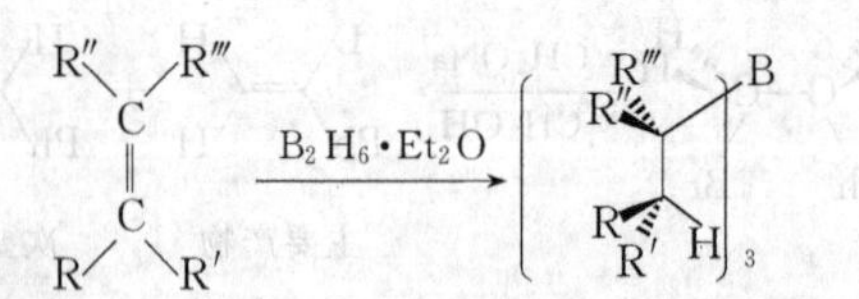

与醋酸汞加成

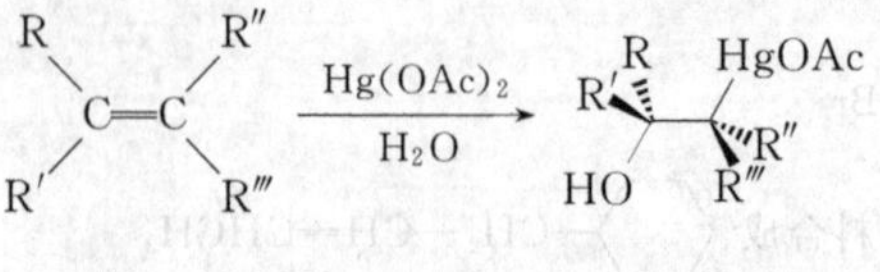

催化加氢反应

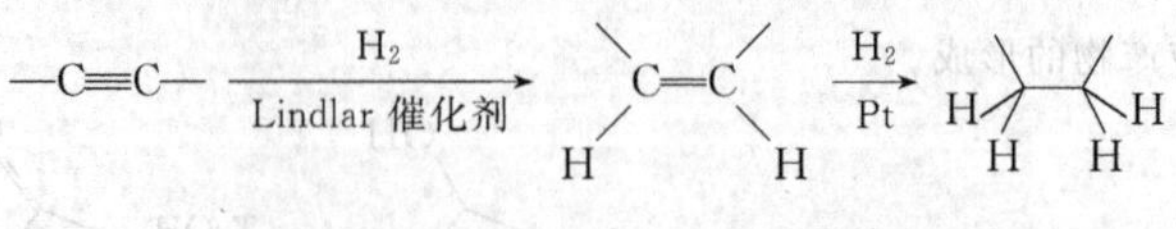

环氧化反应

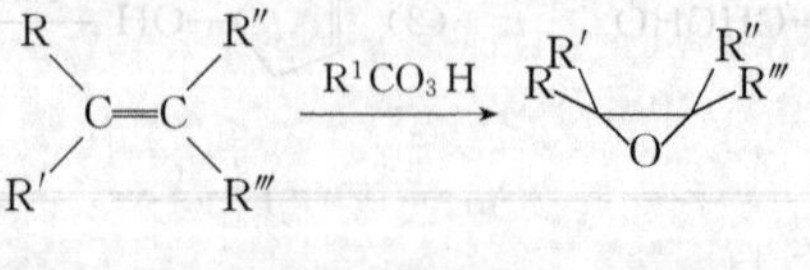

环加成反应
(如Diels－Alder反应)

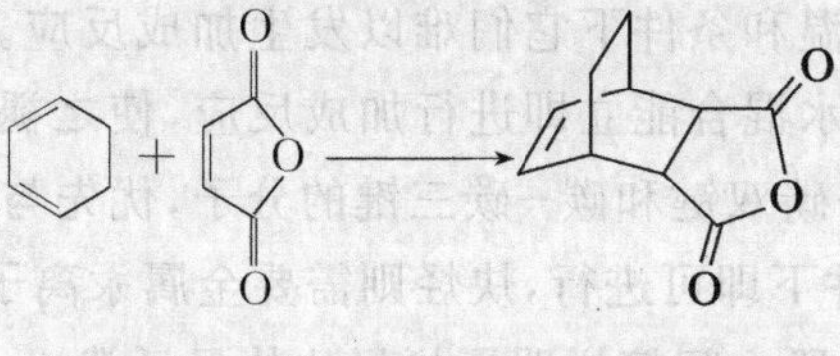

上述反应尽管产物、机理、选择性和立体化学特点各不相同，但是它们的反应结果都是不饱和碳－碳键中的π键断裂，与亲电试剂或另一种反应物形成加合产物，即发生了加成反应。本章将详细讨论有关反应的机理、反应活性、选择性和立体化学问题，并介绍它们在合成中的应用。

10.1 不饱和碳－碳键的结构与加成反应活性

不饱和碳－碳键的结构特征是含有π键。由于π键是由p轨道侧面重叠形成的共价键，其键的强度不及轴向重叠所形成σ键，化学性质比较活泼，容易发生加成反应(图10－1，可见彩页3)。

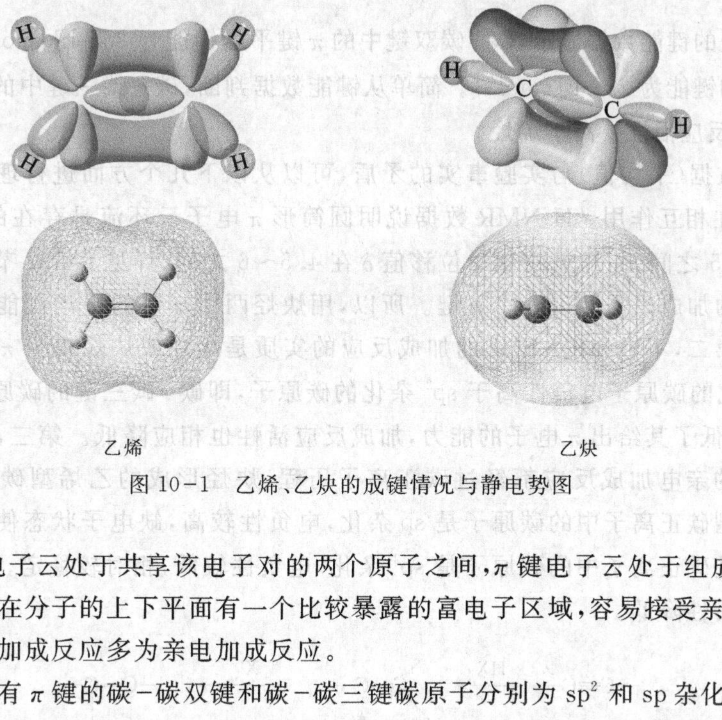

图10－1 乙烯、乙炔的成键情况与静电势图

不同于σ键电子云处于共享该电子对的两个原子之间，π键电子云处于组成共价键原子的上下平面两方，即在分子的上下平面有一个比较暴露的富电子区域，容易接受亲电试剂的进攻。因此，不饱和键的加成反应多为亲电加成反应。

另一方面，含有π键的碳－碳双键和碳－碳三键碳原子分别为sp^2和sp杂化碳原子，其电负性比sp^3杂化碳原子大，对π键电子云的吸引力比较强。因此，不饱和碳－碳键并不十分活泼，往往需要比较强的亲电试剂才能引发加成反应。亲电试剂主要是质子酸如氢卤酸或Lewis酸，如Br^+，乙硼烷(B_2H_6)等。当亲电试剂的活性不够时，则需要质子酸催化。例如，水和醇不是好的亲电试剂，它们与不饱和碳－碳键的加成往往需要质子酸的催化。

含有不饱和碳－碳键的化合物有烯烃、炔烃和芳香烃。它们进行亲电加成的活性顺序是：烯烃 > 炔烃 > 芳香烃。芳香烃的环内有多个π键，实际上形成了一个十分稳定的芳香共轭体系

(参阅 3.6～3.9 节)，因此，在温和条件下它们难以发生加成反应。烯烃比炔烃容易进行亲电加成反应，如烯烃在室温下与溴水混合能立即进行加成反应，使之褪色，而炔烃则需要几分钟后才见到褪色现象。同时含有碳－碳双键和碳－碳三键的分子，优先与溴反应的是碳－碳双键。烯烃与水的加成反应在酸催化条件下即可进行，炔烃则需要金属汞离子催化。炔烃的催化氢化(详见 11.2.1 节)难以停留在烯烃阶段也间接说明了烯烃比炔烃活泼。

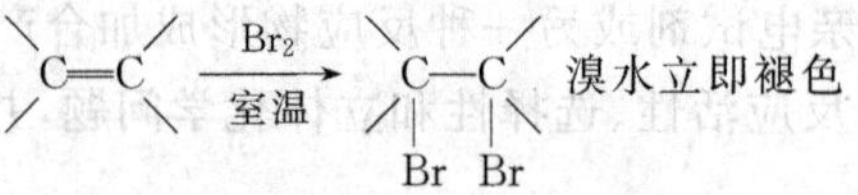

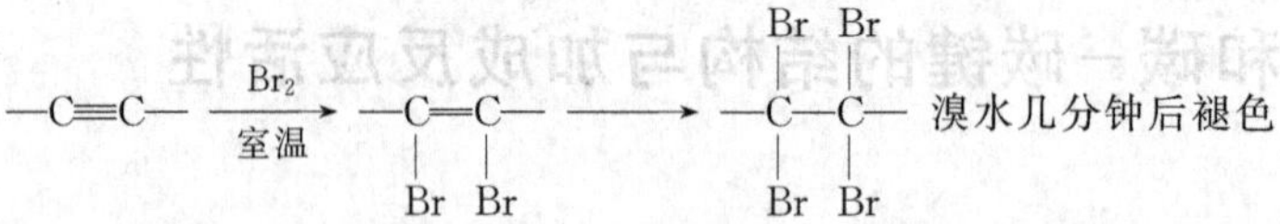

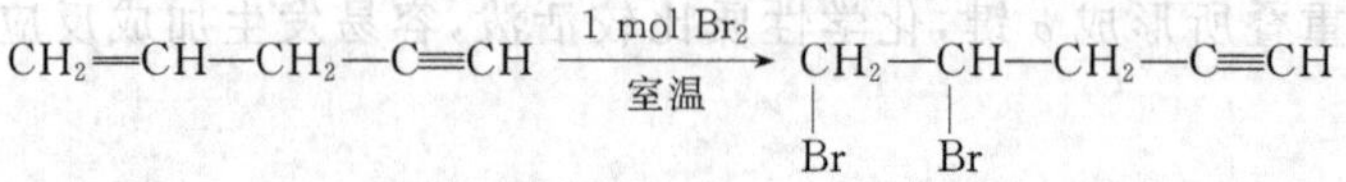

烯烃和炔烃的键能数据显示，碳－碳双键中的 π 键平均键能为 255 kJ·mol^{-1}，碳－碳三键中的每个 π 键平均键能为 232 kJ·mol^{-1}。简单从键能数据判断，碳－碳三键中的每个 π 键强度要弱于烯烃，似乎反应活性要高于烯烃。

对于键能数据(平均值)与实验事实的矛盾，可以从以下几个方面进行理解：第一，炔烃中的两个 π 键存在相互作用。^{1}H NMR 数据说明圆筒形 π 电子云环流是存在的，炔氢化学位移值 δ 在 1.7～3.5 之间，而烯氢的化学位移值 δ 在 4.5～6 之间(详见 6.5.2 节)。因此，不能简单地认为炔烃的加成只需断裂一个 π 键。所以，用炔烃两个 π 键的平均键能与烯烃的 π 键相比并不准确。第二，不饱和碳－碳键的加成反应的实质是烯烃或炔烃提供 π 电子与亲电试剂成键，而 sp 杂化的碳原子电负性高于 sp^2 杂化的碳原子，即碳－碳三键的碳原子对电子的吸引力较大，从而降低了其给出 π 电子的能力，加成反应活性也相应降低。第三，烯烃或炔烃与卤化氢、水、卤素的亲电加成反应都经过碳正离子历程，炔烃形成的乙烯型碳正离子相对不稳定。因为乙烯型碳正离子中的碳原子是 sp 杂化，电负性较高，缺电子状态使其能量升高。而烯烃形成的烷基碳正离子中的碳原子是 sp^2 杂化，电负性较低，相对较稳定。以上三个原因都使炔烃的反应活性降低。

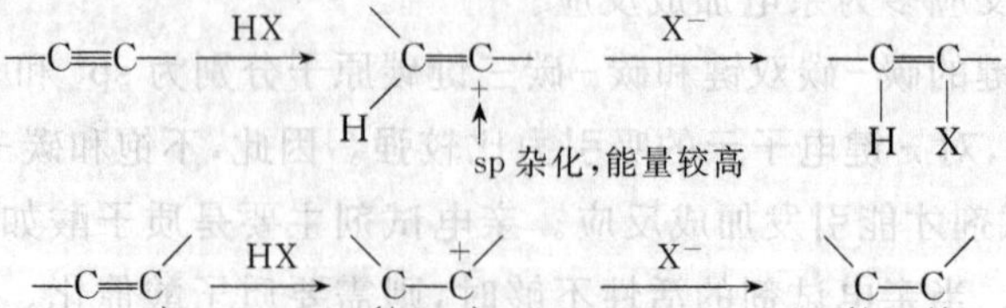

烯烃和炔烃加成形成碳正离子的反应势能变化如图 10-2 所示。

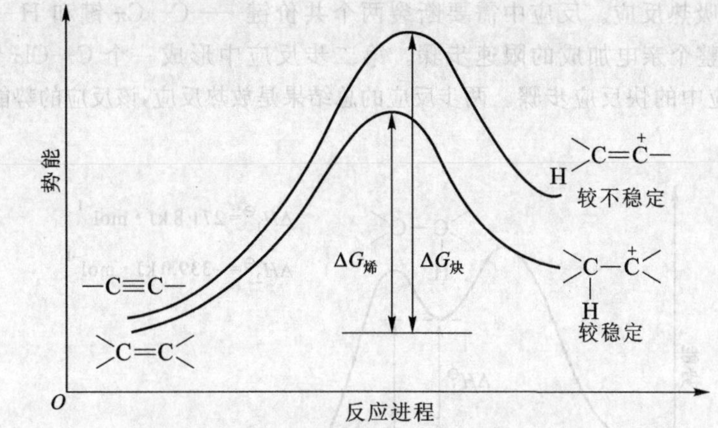

图 10-2　烯烃与炔烃亲电加成反应势能变化对比图

10.2　烯烃与 HX 的亲电加成

亲电加成反应是不饱和碳-碳键的主要加成反应，它包括与亲电试剂 HX、H_2O、ROH、X_2、XOH 的反应，也包括与硼烷、醋酸汞的反应。亲电试剂不同，其加成机理、立体化学和区域选择性也有所不同。本节将讨论与质子型亲电试剂 HX 的反应。

10.2.1　烯烃与 HX 加成反应机理与反应活性

烯烃与质子型亲电试剂 HX 的反应分两步进行。第一步是亲电试剂中的质子首先与 π 键的碳原子结合，形成碳正离子。第二步反应则是碳正离子与亲电试剂的卤素负离子(即亲核部分)结合，形成最终的加成产物。

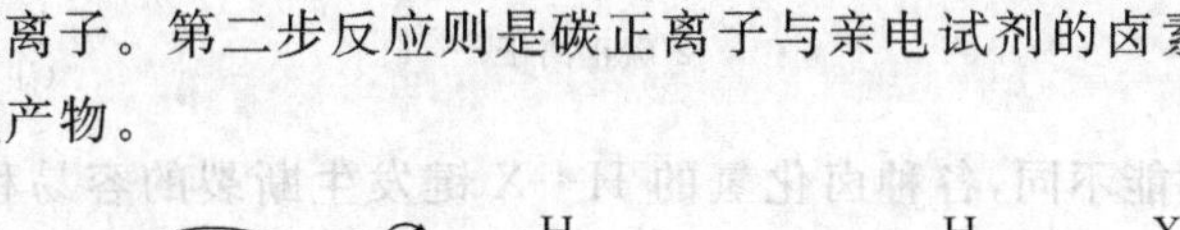

以烯烃与氯化氢的加成为例，由于氯原子的电负性较大，H—Cl 键的电子云偏向氯原子。反应中，带部分正电荷的氢原子与烯烃的 π 键结合，H—Cl 键进一步极化断裂，从而形成碳正离子和氯负离子。然后碳正离子和氯负离子结合形成加成产物。

第一步：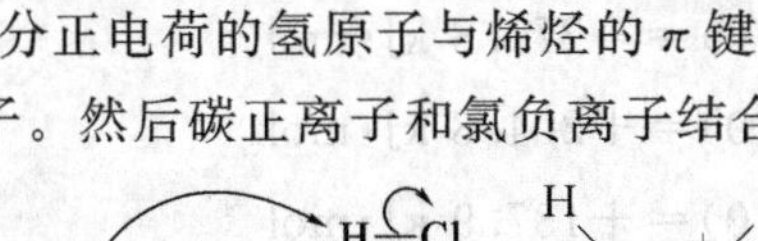

$\Delta H_1^\ominus = +271.8\ \text{kJ·mol}^{-1}$

第二步：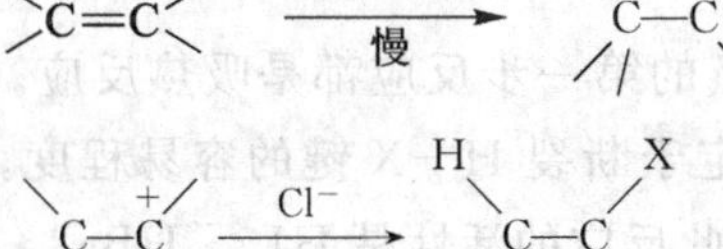

$\Delta H_2^\ominus = -339.0\ \text{kJ·mol}^{-1}$

第一步反应是吸热反应。反应中需要断裂两个共价键——C—Cπ 键和 H—Clσ 键，只形成一个 C—Hσ 键，是整个亲电加成的限速步骤。第二步反应中形成一个 C—Clσ 键，放出大量热量，是整个加成反应中的快反应步骤。两步反应的总结果是放热反应，该反应的势能变化如图 10-3 所示。

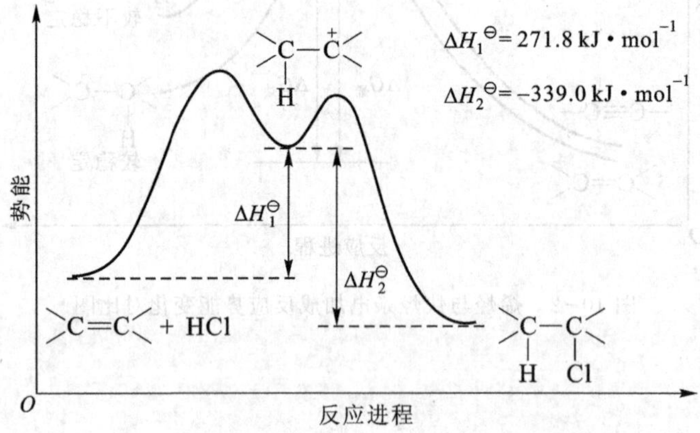

图 10-3 烯烃与 HCl 加成的反应势能曲线图

由于碳正离子的形成是反应的关键步骤，因此，反应活化能的高低决定于所形成碳正离子的稳定性，即反应的活性与形成碳正离子的稳定性顺序一致。如乙烯与氯化氢的加成活性低于 2-丁烯与氯化氢的加成活性，因为乙烯与氯化氢的加成经过的活性中间体是一级碳正离子，2-丁烯与氯化氢的加成经过二级碳正离子，二级碳正离子的稳定性高于一级碳正离子。

$$CH_2{=}CH_2 \xrightarrow{HCl} \underset{1^\circ\text{碳正离子}}{CH_3-\overset{+}{C}H_2} \xrightarrow{Cl^-} CH_3-CH_2Cl$$

$$CH_3CH{=}CHCH_3 \xrightarrow{HCl} \underset{2^\circ\text{碳正离子}}{CH_3CH_2\overset{+}{C}HCH_3} \xrightarrow{Cl^-} CH_3CH_2\underset{Cl}{\underset{|}{C}}HCH_3$$

因为 H—X 键的键能不同，各种卤化氢的 H—X 键发生断裂的容易程度不同，因此在与烯烃的加成反应中，活性也不同。根据表 7-2 的平均键能数值，可以计算出各种卤化氢与烯烃加成的第一步反应中的能量变化如下：

当 X=F 时，$\Delta H_r^{\ominus} = -414.2+(564.8+255.0) = +405.6\ kJ \cdot mol^{-1}$

当 X=Cl 时，$\Delta H_r^{\ominus} = -414.2+(431.0+255.0) = +271.8\ kJ \cdot mol^{-1}$

当 X=Br 时，$\Delta H_r^{\ominus} = -414.2+(364.0+255.0) = +204.8\ kJ \cdot mol^{-1}$

当 X=I 时，$\Delta H_r^{\ominus} = -414.2+(297.1+255.0) = +137.9\ kJ \cdot mol^{-1}$

以上焓变数据均为正值，说明烯烃与各种卤化氢的第一步反应都是吸热反应。反应活化能的高低除了决定于所形成碳正离子的稳定性，还决定于断裂 H—X 键的容易程度。因为 H—X 键的键能是 H—I < H—Br < H—Cl < H—F，因此反应的活性是 HI > HBr > HCl > HF。事实上，由于氟化氢键能太高，在气相中不容易发生亲电加成反应。

习题 10−1　比较下列各组烯烃与 HCl 反应的活性。

(1) $CH_2{=}CH_2$　与　$CH_3CH{=}CH_2$

(2) $CH_3CH{=}CHCH_3$　与　$CH_2{=}CHCH{=}CH_2$

(3) 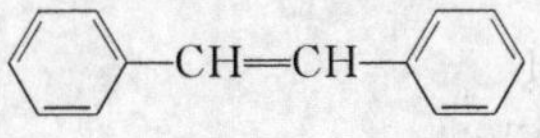 与 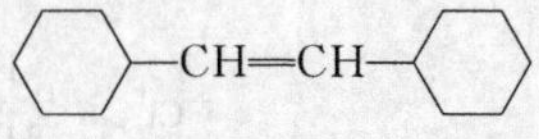

(4) 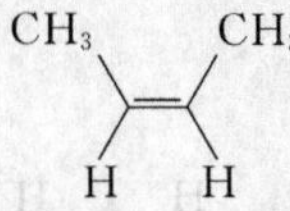 与 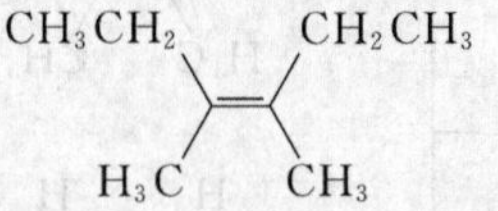

10.2.2　烯烃与 HX 在气相和溶液相中亲电加成反应

烯烃与 HCl 和 HBr 的反应可以在气相中进行，也可以在溶液中进行。在气相中，极性分子卤化氢的带部分正电荷的氢原子逐渐接近烯烃的 π 键，先形成 C—Hσ 键，另一个双键碳原子成为碳正离子(图 10−4)。碳正离子和卤素负离子形成后，由于在气相中没有任何溶剂化稳定作用，很快结合生成加成产物。例如，2−丁烯与氯化氢在气相中的反应，经过碳正离子，得到 2−氯丁烷。

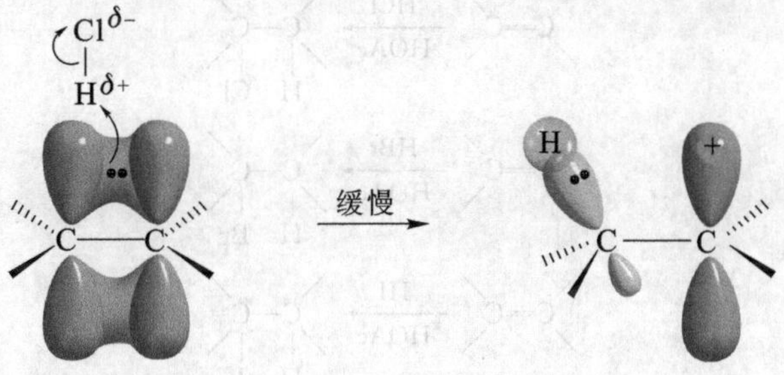

图 10−4　烯烃与 HCl 在气相反应形成 C—Hσ 键和碳正离子

$$CH_3CH{=}CHCH_3 \xrightarrow[\text{慢}]{H-Cl} CH_3CH_2\overset{+}{C}HCH_3 \xrightarrow[\text{快}]{Cl^-} CH_3CH_2\underset{\displaystyle Cl}{\underset{|}{C}H}CH_3$$

氯化氢和溴化氢溶解在水溶液中就转化为氢氯酸和氢溴酸，因此，在水溶液中主要是以质子(或水合质子)和卤负离子的形式存在：

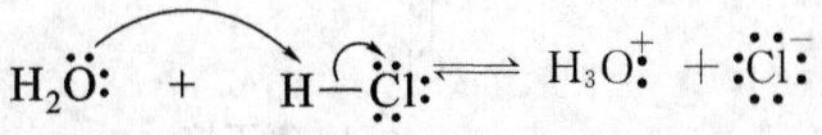

因此，亲电加成反应的第一步反应速率在水溶液中大大快于在气相中的速率，因为气相中需要断裂 H—Xσ 键，才能加成形成碳正离子和卤负离子，能量上很不利，而在水溶液中，已经形成的质子容易与双键发生加成反应，并且水的存在还能通过溶剂化作用稳定加成后形成的碳正离子和卤负离子。

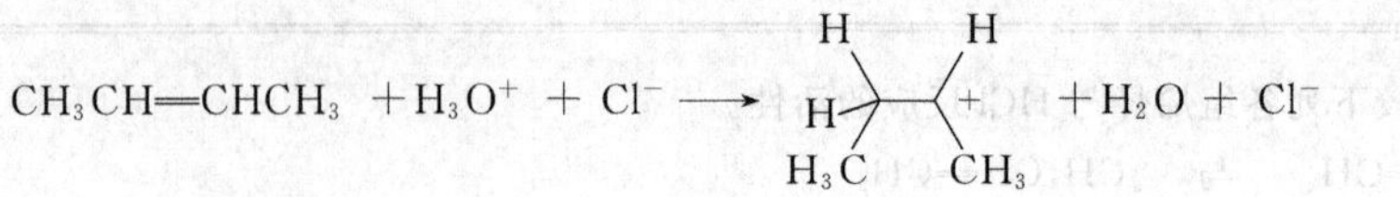

不过在水溶液中反应也带来了竞争问题。

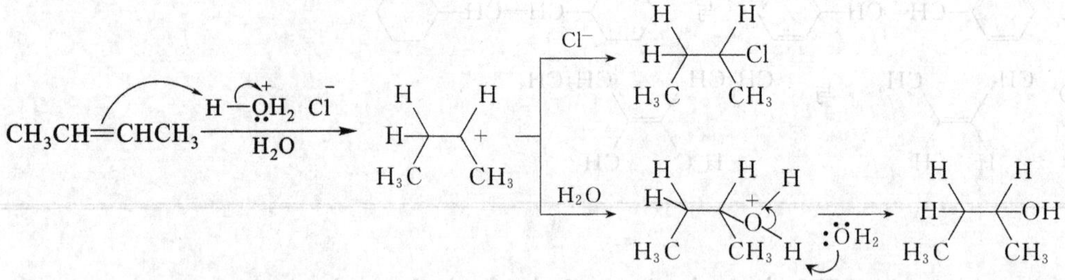

在烯烃与质子加成形成碳正离子后，碳正离子既可以与卤素负离子反应，也可以与水反应，从而生成卤代烃和醇两种加成产物。尽管卤素负离子带负电荷，其亲核性比水强（详见 8.5.3 节），但是在水溶液中水是大量存在的，而且卤素负离子的外层有溶剂化的水分子包围，也会阻碍卤素负离子与碳正离子的结合。

如果希望制备的主要产物是卤代烃，则可以采用中等极性溶剂如醋酸进行反应，并且避免水的存在。在醋酸溶液中 HX 的反应活性为 HI > HBr > HCl。

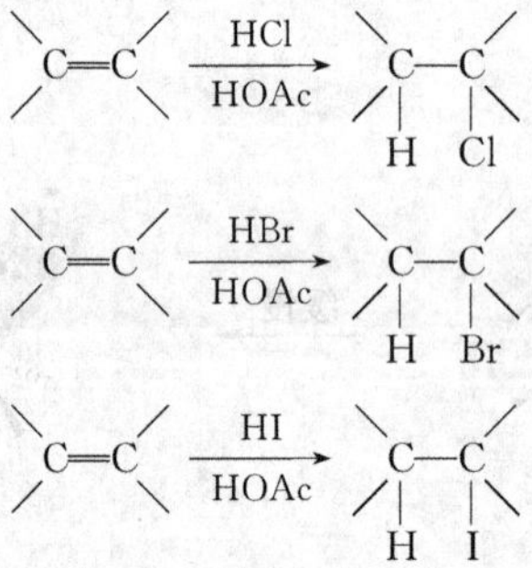

10.2.3　烯烃与 HX 加成反应的区域选择性

不对称的烯烃与卤化氢和水发生亲电加成反应有两种可能的加成方向。如 1-丁烯与氯化氢反应可能得到 1-氯丁烷和 2-氯丁烷，实验结果是 2-氯丁烷为主要产物。

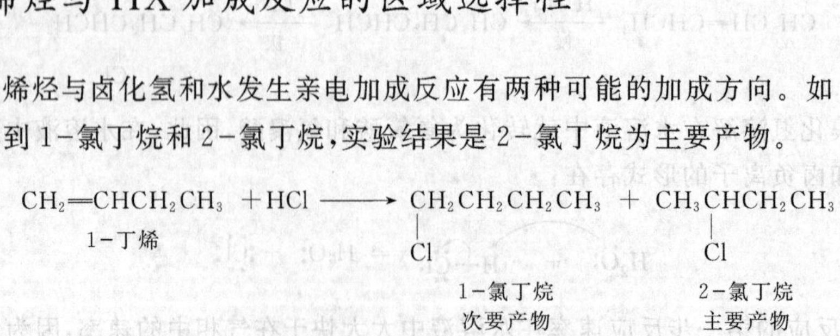

根据以上亲电加成反应机理，生成碳正离子的一步为限速步骤，碳正离子的稳定性不仅决定反应速率的快慢，而且也决定反应的取向。形成主要产物 2-氯丁烷的活性中间体为二级碳正离子，其稳定性高于一级碳正离子。

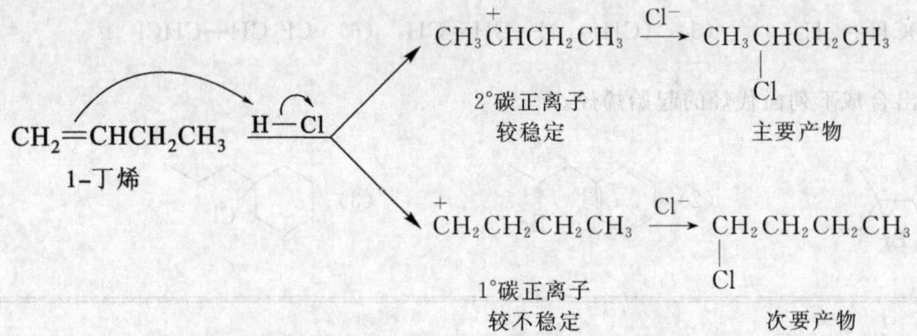

1869 年，Markovnikov 根据大量实验结果，提出了一个重要规律：当卤化氢与不对称烯烃加成时，卤素原子（带负电荷，为试剂的亲核部分）加在烯烃含氢较少的碳原子上。这就是亲电加成反应区域选择性的 Markovnikov 规则（Markovnikov's rule）。现在人们清楚了碳正离子及其稳定性规律，可以从本质上更好地理解 Markovnikov 规则。其实是亲电试剂（质子）先加成到含氢较多的双键碳上，形成更加稳定的碳正离子，因此 Markovnikov 规则也可以表达为：亲电试剂（即 H^+）加在含氢较多的碳原子上。

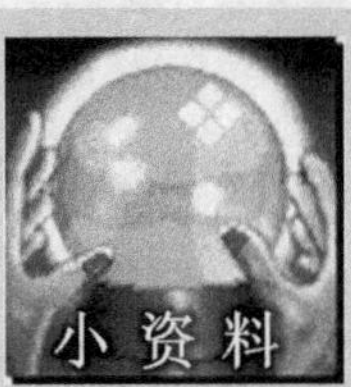

Vladimir Vasilevich Markovnikov

Vladimir Vasilevich Markovnikov（1838—1904），出生于 Russia 的一个军官家庭。1856 年入 Kazan 大学法律系，同时旁听 Butlerov 的有机化学课程，并在 Butlerov 指导下做实验，毕业后留校任化学助教。1865—1867 年在 Baeyer 实验室与 Kolbe 实验室工作。回国后，继 Butlerov 任 Kazan 大学教授。1869 年以《化合物中原子相互影响的一些材料》这个毕业论文获得博士学位。之后分别于 1871 年和 1873 年在 Odessa 大学和 Moscow 大学担任教授。

他在有机化学上发展了 Butlerov 的结构学说。通过研究双键与氢卤酸加成反应，概括出 Markovnikov 规则（简称马氏规则）。另外，他不赞同碳原子只能形成五元环和六元环的观点，一直致力于合成含四元环和七元环的化合物。

在不对称烯烃与卤化氢加成的反应中，也存在一些反 Markovnikov 规则加成的例子。例如：

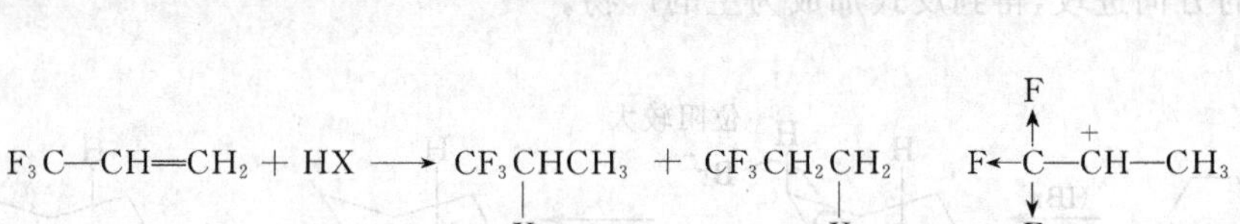

这是因为 CF_3 是一个强的吸电子基团，如果质子加在 C1 上，则形成的碳正离子不稳定，所以质子加在 C2 上的加成反应产物成为主要产物。

习题 10－2　写出下列化合物与 HBr 反应的主要产物。

（1） 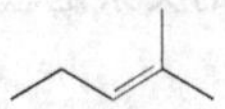　（2） 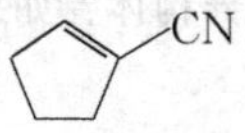

　（3） 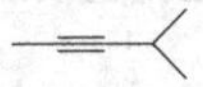

(4) $CH_3OCH=CH_2$ (5) $(CH_3)_3\overset{+}{N}—CH=CH_2$ (6) $CF_3CH=CHCl$

习题 10-3 指出合成下列卤代烃的起始烯烃。

(1) 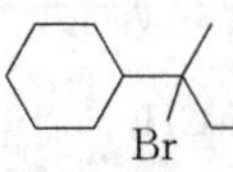

(2) 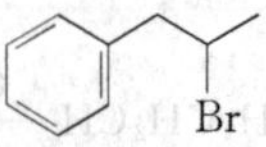

(3) 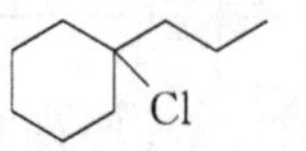

10.2.4 烯烃与 HX 加成反应的立体化学

2-丁烯与卤化氢的加成由于经过碳正离子中间体,碳正离子的平面结构使卤素负离子可以从碳正离子平面的两个方向进攻,因此最终产物是外消旋产物——(*R*)-2-氯丁烷和(*S*)-2-氯丁烷(图 10-5)。这是一般烯烃的亲电加成反应的立体化学特征。

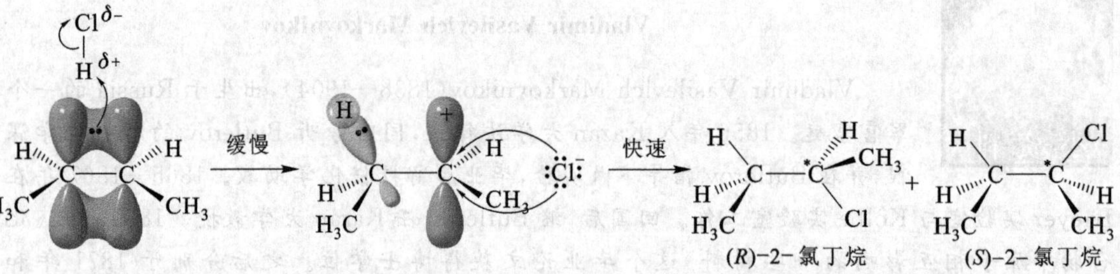

图 10-5 2-丁烯与 HCl 加成形成外消旋产物过程

环己烯衍生物的加成反应一般得到反式为主的产物。这是因为在形成了碳正离子时,氢原子往往处在 *a* 键上,将对卤负离子的进攻碳正离子产生位阻影响,从而使得卤负离子更多地从 *a* 键氢的相反的方向进攻,得到反式加成为主的产物。

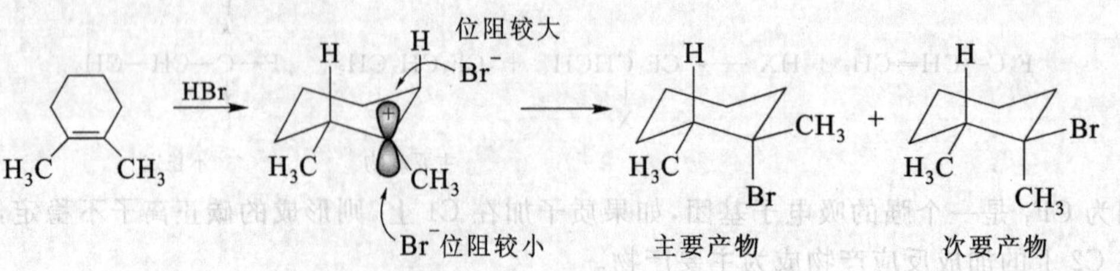

习题 10-4 上述 1,2-二甲基环己烯的反式加成产物有几个异构体?如果不止一个,它们的关系是怎样的?并分析它们的形成过程。

10.2.5　烯烃与 HX 加成反应中的分子重排

烯烃与卤化氢的亲电加成反应需要经过碳正离子，因此也可能发生类似于 S_N1 和 E1 反应中的分子重排反应。如 3,3-二甲基-1-丁烯与氯化氢的反应中，甲基迁移的重排产物是主要产物，而 3-甲基-1-丁烯与氯化氢的反应主要得到负氢迁移的重排产物。

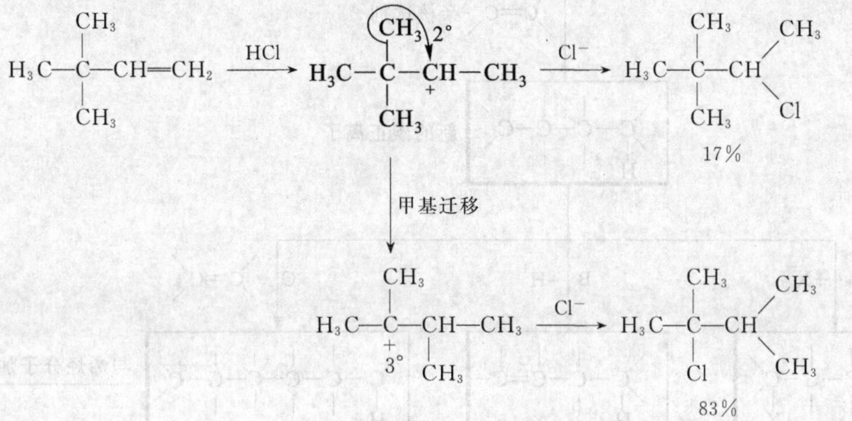

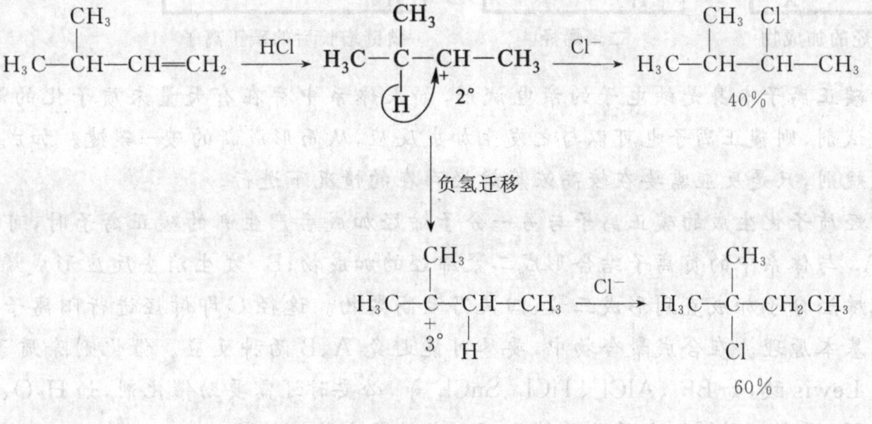

习题 10-5　写出下列烯烃与溴化氢反应的可能产物。

(1) 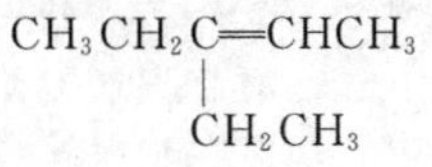　(2) 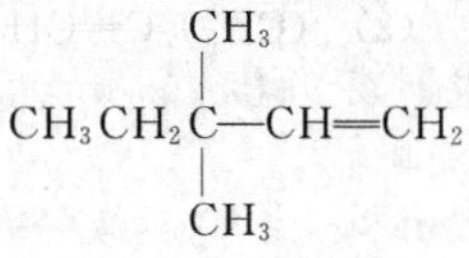

碳正离子与不饱和碳-碳键的加成——碳链的增长

亲电加成反应中，烯烃质子化形成碳正离子，碳正离子可以与亲核试剂结合形成加成产物。烯烃经过碳正离子发生聚合的图示如下：

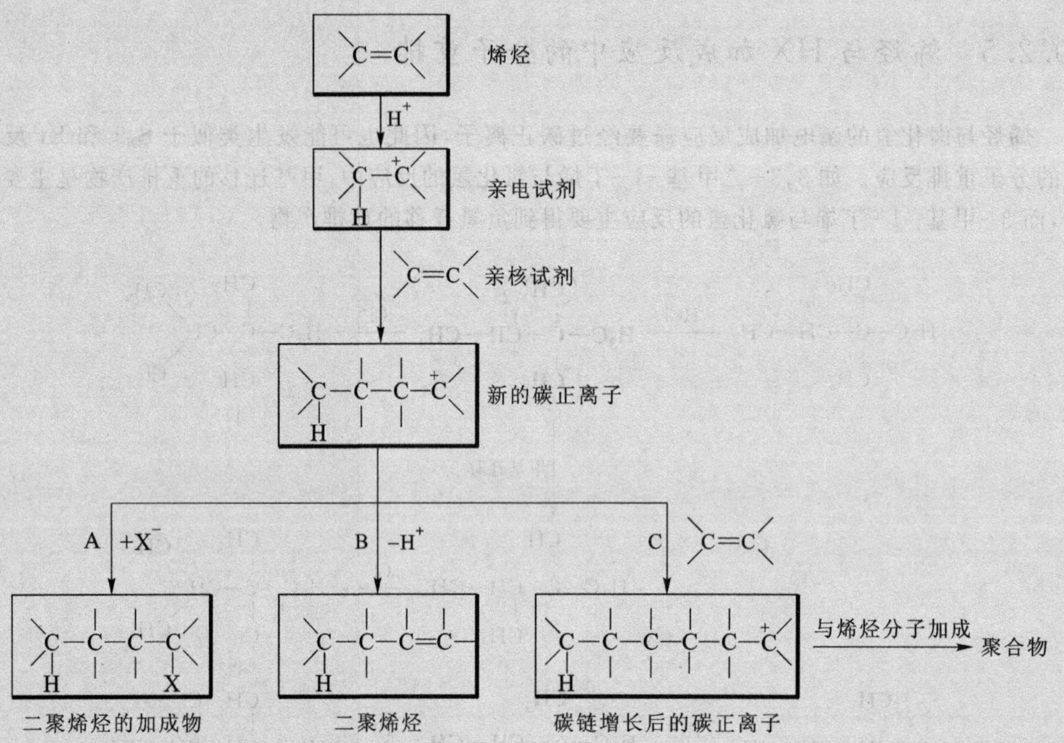

由于碳正离子本身是缺电子的亲电试剂，如果体系中存在有大量未质子化的烯烃——一种亲核试剂，则碳正离子也可以与之发生加成反应，从而形成新的碳-碳键。加成反应同样符合马氏规则，只是反应需要在较高浓度烯烃存在的情况下进行。

当烯烃质子化生成的碳正离子与另一分子烯烃加成后产生新的碳正离子时，可能发生多种反应：A. 与体系中的负离子结合形成二聚烯烃的加成物；B. 发生消去反应形成烯烃；C. 继续与其他烯烃分子加成直到形成三聚、四聚乃至高聚物。途径 C 即烯烃进行阳离子聚合形成聚合物的基本原理。在合成聚合物中，要尽可能避免 A、B 两种反应。催化剂除质子酸外，还可以使用 Lewis 酸，如 BF_3、$AlCl_3$、$TiCl_4$、$SnCl_4$ 等，必要时还需要助催化剂，如 H_2O、ROH 等。

思考题：写出下列烯烃在质子酸催化下形成的聚合物的结构。

(1) 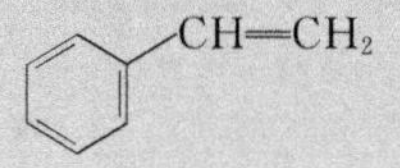

(2) $(CH_3)_2C{=}CH_2$ (3) $CH_2{=}CHCH_3$

10.3 烯烃与水和醇的亲电加成反应

对比烯烃与卤化氢的反应，烯烃与水或醇的加成反应在第一步需要较高的活化能，因为 H—O 键的键能较高，断裂比较困难。例如，烯烃与水加成的第一步反应焓变为 $+305.2\ kJ\cdot mol^{-1}$，比烯烃与氯化氢加成的焓变值 $+271.8\ kJ\cdot mol^{-1}$ 高 $23.4\ kJ\cdot mol^{-1}$。

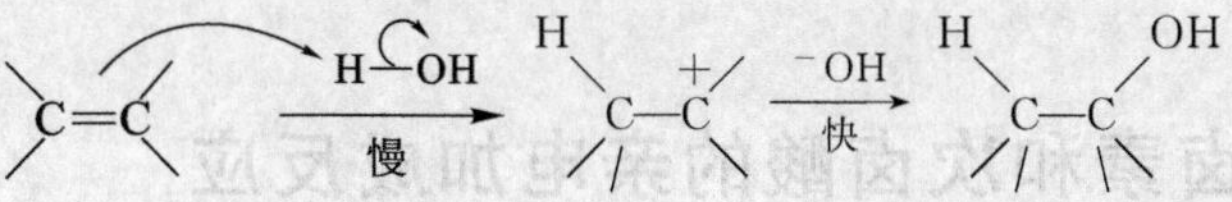

$$\Delta H_r^{\ominus} = -414.2 + (464.4 + 255.0) = +305.2\ \text{kJ}\cdot\text{mol}^{-1}$$

事实上，烯烃与水或醇的加成反应需要质子酸催化，硫酸是常用的酸催化剂。因为 HSO_4^- 是一个很弱的亲核试剂，反应主要朝着与水加成形成醇或与醇加成形成醚的方向进行。

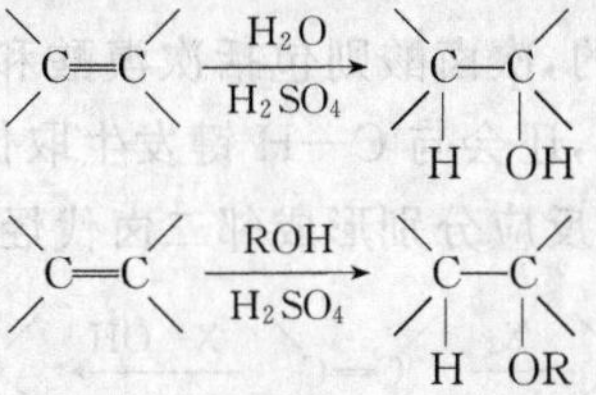

一般在水和醇与烯烃的加成反应中，不采用氢卤酸(HX)作催化剂。如果采用氢卤酸作催化剂，则卤负离子会参与反应竞争，产物将是卤代烃与醇的混合物(参阅 10.2.2 节)。

如果使用较高浓度的硫酸在低温下与烯烃反应，可得到硫酸氢酯，加水稀释和加热可得到醇，这是烯烃的间接水合法。

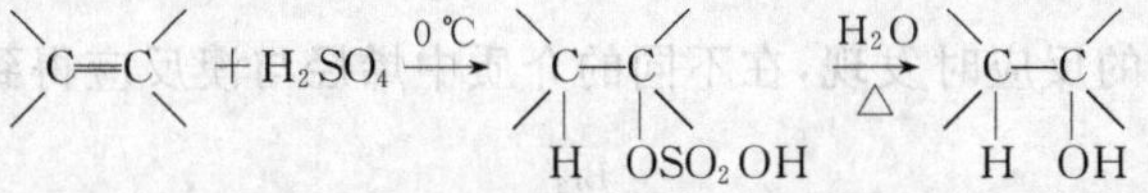

烯烃与水或醇的加成反应的机理、区域选择性以及立体化学特征类似于烯烃与 HX 的加成反应。由于反应经过碳正离子，如果在反应中形成新的手性碳原子，则将得到一对对映异构体。例如，苯乙烯的加水反应得到外消旋的 1-苯基-1-乙醇。

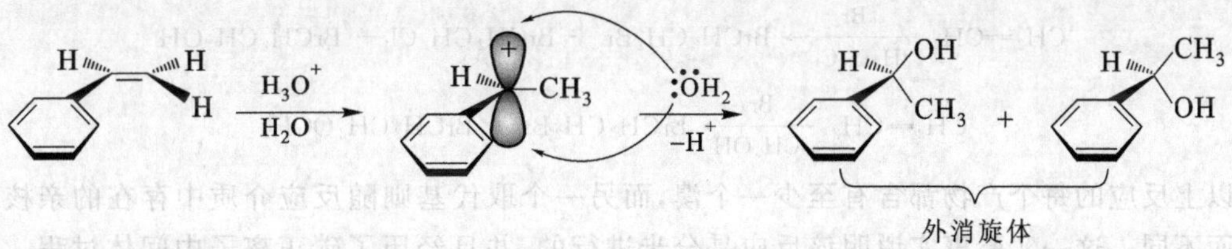

习题 10-6　预测下列化合物在硫酸催化下与水反应的可能产物，画出反应中碳正离子的构型，分析判断主要产物的构型。

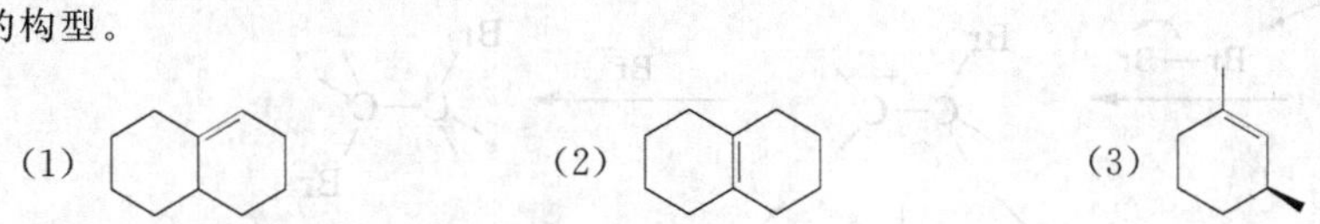

习题 10-7　提出合理路线完成以下合成。

(1) $CH_3CH_2CH_2CH_2Br \longrightarrow CH_3CH_2CH(OH)CH_3$

(2) $CH_3CH_2CH_2CH_2Br \longrightarrow CH_3CH_2CH(OCH_2CH_2CH_2CH_3)CH_3$

10.4　烯烃与卤素和次卤酸的亲电加成反应

卤素和次卤酸是另一类可以与烯烃发生加成反应的亲电试剂。其中次卤酸(XOH)是卤素溶解在水中形成,因此,反应条件也经常表示为卤素加水(X_2+H_2O)。通常,容易与烯烃发生亲电加成的卤素主要有溴和氯,相应的,次卤酸则包括次溴酸和次氯酸。碘不够活泼,难以与烯烃加成;而氟则太活泼,不仅发生加成,还会与 C—H 键发生取代反应,形成复杂的混合物。

亲电试剂卤素和次卤酸与烯烃反应分别形成邻二卤代烃和邻卤代醇。

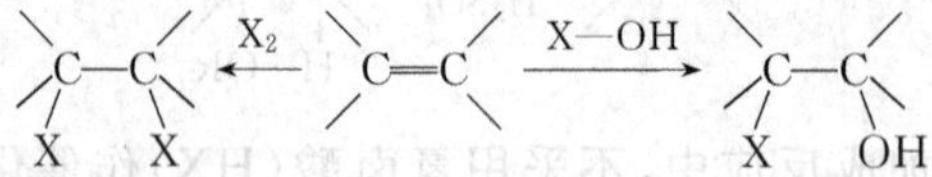

邻二卤代烃　　　　邻卤代醇

10.4.1　烯烃与卤素和次卤酸加成的反应机理

在研究烯烃与卤素的反应时发现,在不同的介质中烯烃与溴反应得到不同的产物。例如:

$$CH_2{=}CH_2 \xrightarrow[CCl_4]{Br_2} BrCH_2CH_2Br$$

$$CH_2{=}CH_2 \xrightarrow[H_2O]{Br_2} BrCH_2CH_2Br + BrCH_2CH_2OH$$

$$CH_2{=}CH_2 \xrightarrow[H_2O,Cl^-]{Br_2} BrCH_2CH_2Br + BrCH_2CH_2Cl + BrCH_2CH_2OH$$

$$CH_2{=}CH_2 \xrightarrow[CH_3OH]{Br_2} BrCH_2CH_2Br + BrCH_2CH_2OCH_3$$

以上反应的每个产物都含有至少一个溴,而另一个取代基则随反应介质中存在的亲核试剂不同而不同。这一实验事实说明该反应是分步进行的,并且经历了碳正离子中间体过程。参照前述烯烃与卤化氢或水的反应,可以写出形成上述产物的反应机理:

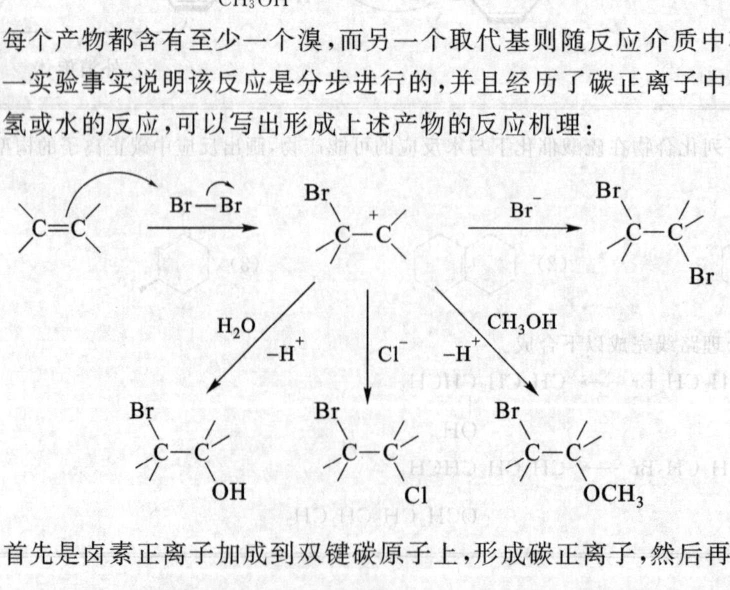

加成反应中首先是卤素正离子加成到双键碳原子上,形成碳正离子,然后再与体系中的亲核

试剂结合形成加成产物。在不同的溶剂及体系中，存在着不同的亲核试剂，因此分别得到不同的产物，如上述例子中的邻二卤代烃、邻卤代醇和邻卤代醇的醚。

这一机理还可以解释不同烯烃与卤素反应的活性差别(10.4.2)，以及与次卤酸反应的区域选择性(10.4.3)。

习题 10−8　根据烯烃与 XOH 反应的机理预测反应的区域选择性。

10.4.2　烯烃与卤素加成的反应活性

不同的烯烃与溴加成的反应速率是不同的，以下列出了一组烯烃与溴加成的相对反应速率：

$H_2C{=}CH_2$	$CH_3CH{=}CH_2$	$C_6H_5CH{=}CH_2$
1	2	3.4
$(CH_3)_2C{=}CH_2$	$(CH_3)_2C{=}C(CH_3)_2$	$BrCH{=}CH_2$
10.4	14	<0.04

从以上数据可以看出，双键碳原子上连接的烷基或苯基越多，则烯烃发生加成反应的速率越快。这可以从两个方面进行理解：一是由于烷基和苯基的给电子作用，双键碳原子上连有的烷基或苯基越多，π 键电子云密度越高，亲核性能越强，反应速率就越快；二是由于烷基和苯基的给电子作用，使得反应中形成的活性中间体碳正离子的稳定性增加，反应需要的活化能较低，反应速率加快。

双键碳原子上连接的烷基和苯基增多时，虽然加成反应的空间位阻也会增加。但是实验证明，在烯烃与卤素的加成反应中，反应活性主要取决于电子效应，而不是空间效应。

当双键碳原子上连有溴时，反应速率减慢。这是因为溴原子电负性较大，对双键碳原子具有吸电子诱导作用，虽然溴原子同时对双键具有给电子的共轭作用，但前者占优势，因此总体表现为吸电子效应。这种吸电子作用降低了 π 键电子云密度，使反应速率降低。

10.4.3　烯烃与次卤酸加成的区域选择性

实验结果显示，不对称烯烃与次卤酸加成时，卤素原子加在含氢较多的碳原子上。例如：

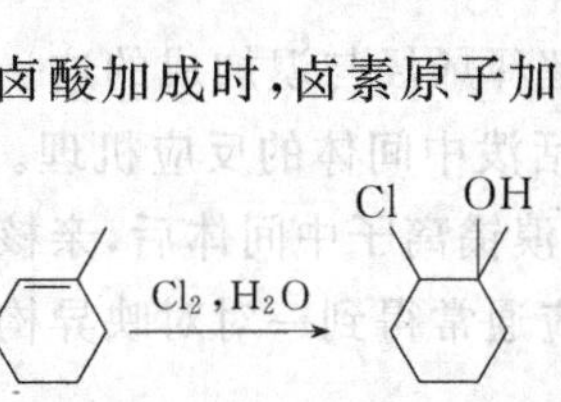

这是符合 Markovnikov 规则的。因为在次卤酸中，溴或氯的电负性不及氧，X—O 键中的卤素原子带部分正电荷，因此，首先与双键发生加成的亲电试剂是次卤酸中的卤素原子。

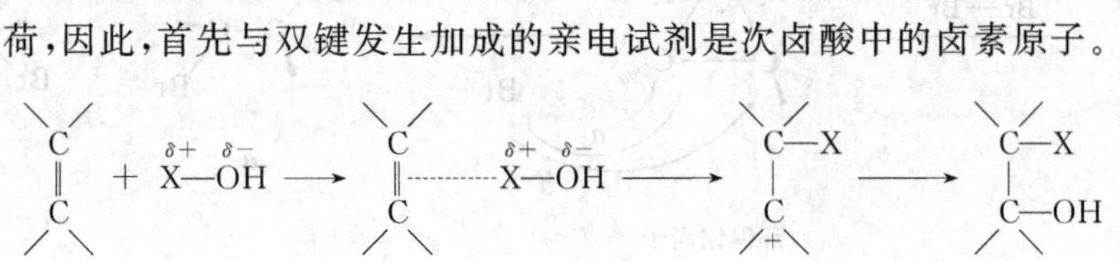

与前述的烯烃与卤化氢或水的反应类似，第一步反应所形成碳正离子的稳定性是决定反应的区域选择性之关键。例如，1－甲基环己烯与次氯酸反应中，带正电荷的氯原子加成到双键上，有两种加成方向，一个是加成到含氢较多的双键碳原子上，形成三级碳正离子，另一种是加成到含氢较少的双键碳原子上，形成二级碳正离子。由于三级碳正离子比二级碳正离子稳定，卤素加成到含氢较多的双键碳原子上的产物为主要产物。

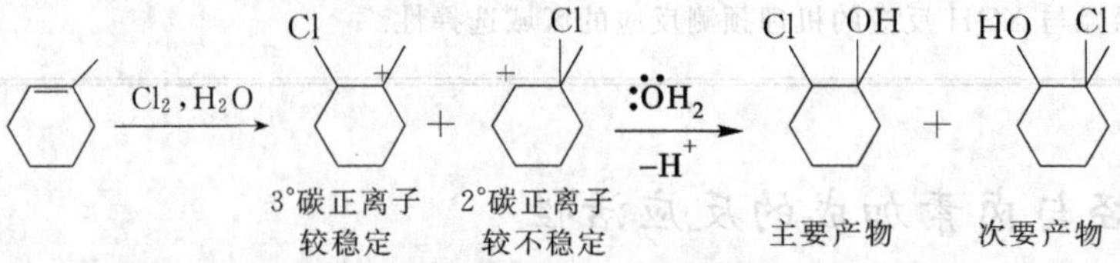

烯烃可以在碱性水溶液中与溴反应生成邻溴代醇。在实验室制备邻溴代醇的另一个方法是使用二甲基亚砜(DMSO)作溶剂，N－溴代丁二酰亚胺(NBS)作为溴的来源。这样烯烃可以较好地溶于DMSO中，而NBS较稳定，易处理，在水中可以逐步分解生成溴，从而避免了使用大量有毒易挥发的溴。

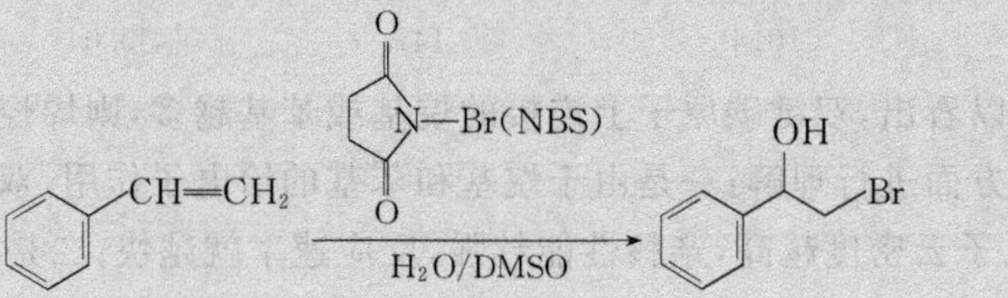

10.4.4　烯烃与卤素和次卤酸反应的立体化学

烯烃与溴反应，往往得到反式加成的产物。如环戊烯与溴加成只得到 *trans*－1,2－二溴环戊烷的一对对映异构体，而没有发现 *cis*－1,2－二溴环戊烷。

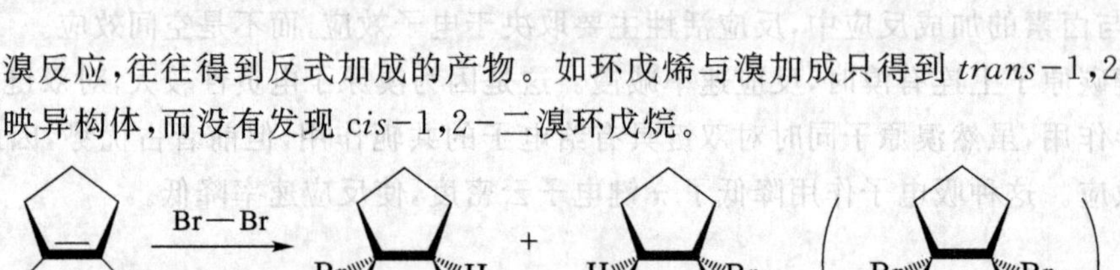

显然，上述碳正离子历程无法解释烯烃与溴加成的这一立体化学特征。1937年，Kimball和Koberts提出了环溴鎓离子为反应活泼中间体的反应机理。环溴鎓离子是在烯烃与溴分子靠近时引起溴极化后加成得到。形成环溴鎓离子中间体后，亲核试剂溴负离子或氯负离子，水或醇等均只能从溴鎓离子的背面进攻，反应通常得到一对对映异构体。

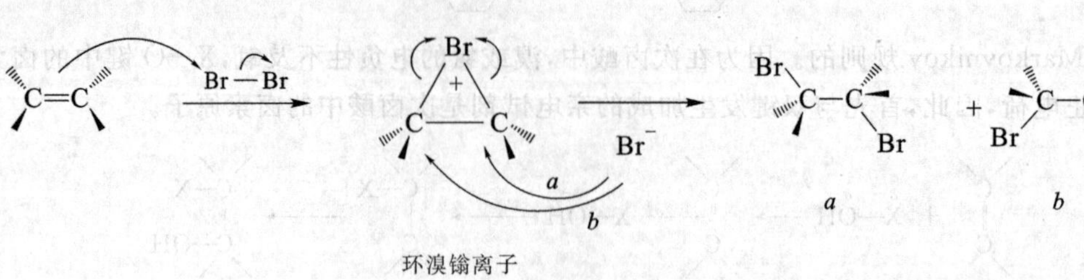

烯烃与次溴酸的反应也同样具有反式加成的立体化学特征。

习题 10-9 解释下列实验结果。

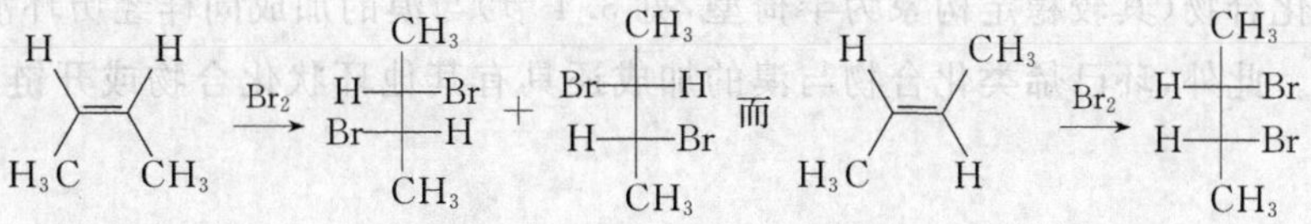

环溴鎓离子的机理能很好地解释烯烃与溴加成的立体化学特征，可见，立体化学证据对于化学反应机理研究的重要性。在环溴鎓离子提出很多年后，Olah 为环溴鎓离子的存在提供了有力的实验证据——制备了稳定的环溴鎓离子二氧化硫溶液。

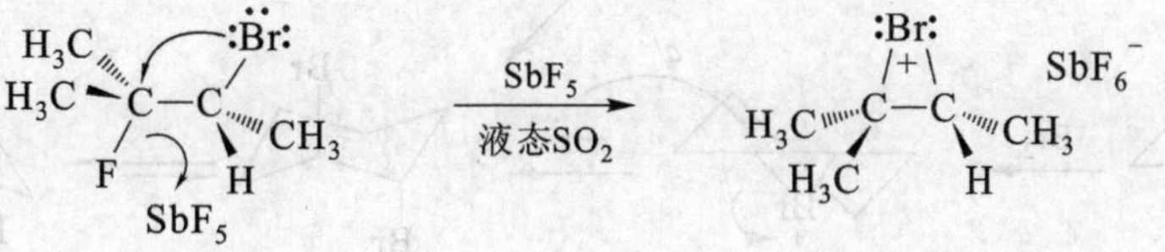

溴鎓离子

氯与烯烃的加成主要也能经过环氯鎓离子，得到反式加成产物，不过选择性不高。例如，1-苯丙烯与氯加成得到 68% 的顺式加成(syn-addition)产物和 32% 的反式加成(anti-addition)产物。

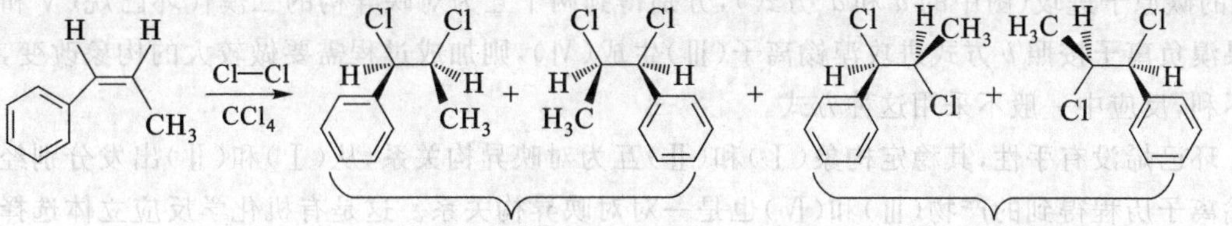

顺式加成产物 68%　　反式加成产物 32%

这可能是由于氯原子的电负性比溴大，且原子半径又比溴小，相应的环氯鎓离子的稳定性不及环溴鎓离子，当底物如 1-苯丙烯可以形成较稳定的碳正离子时，与氯的反应更倾向以碳正离子历程进行。此时，由于形成的氯负离子与碳正离子形成离子对，使得反应以顺式加成的方式进行。

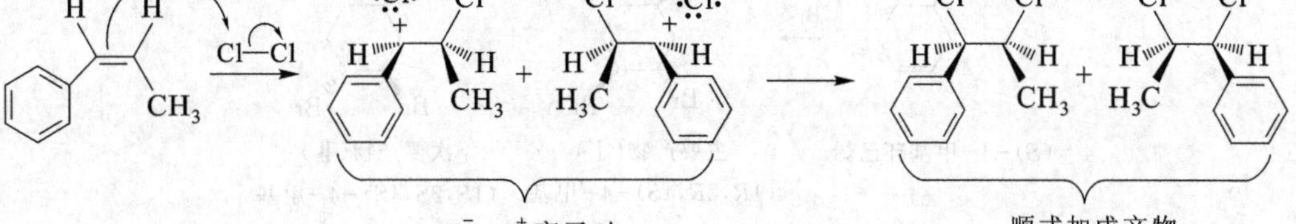

Cl^{-}—C^{+} 离子对　　顺式加成产物

10.4.5 环己烯类化合物与溴的加成反应

环己烯类化合物(其较稳定构象为半椅型,见3.4节)与溴的加成同样经历环溴鎓离子,生成反式加成产物。此外,环己烯类化合物与溴的加成还具有其他环状化合物或开链化合物所不具有的特殊规律。

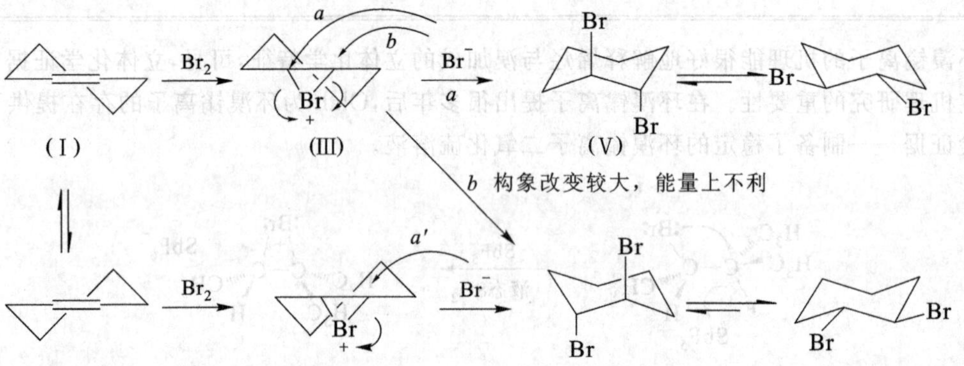

环己烯的较稳定构象是两个互为对映异构的半椅型构象(Ⅰ和Ⅱ),当与溴发生加成反应时,首先形成环溴鎓离子(Ⅲ和Ⅳ),然后是溴负离子从环溴鎓离子的背面进攻。与一般开链烯烃不同,(Ⅲ)和(Ⅳ)接受溴负离子进攻时只能是一个方向,即朝着能转化为椅型构象且两个溴原子在 a 键的碳原子进攻(图中的 a 和 a' 方式),分别得到两个互为对映异构的二溴代环己烷(Ⅴ和Ⅵ)。如果溴负离子按照 b 方式进攻溴鎓离子(Ⅲ)生成(Ⅵ),则加成过程需要做较大的构象改变,能量上不利,反应中一般不采用这种方式。

环己烯没有手性,其稳定构象(Ⅰ)和(Ⅱ)互为对映异构关系,从(Ⅰ)和(Ⅱ)出发分别经过环溴鎓离子历程得到的产物(Ⅲ)和(Ⅳ)也是一对对映异构关系。这是有机化学反应立体选择性的一个规律:在没有手性的条件下,只能得到没有手性的产物或者外消旋体。

如果是特定构型的取代环己烯与溴加成,结果将生成不等量的非对映异构加成产物。如(*S*)-4-甲基环己烯与溴加成主要得到(1*R*,2*R*,4*S*)-4-甲基-1,2-二溴环己烷(Ⅰ),(1*S*,2*S*,4*S*)-4-甲基-1,2-二溴环己烷(Ⅱ)是次要产物;而(*R*)-4-甲基环己烯与溴加成主要得到(1*S*,2*S*,4*R*)-4-甲基-1,2-二溴环己烷(Ⅲ),(1*R*,2*R*,4*R*)-4-甲基-1,2-二溴环己烷(Ⅳ)是次要产物:

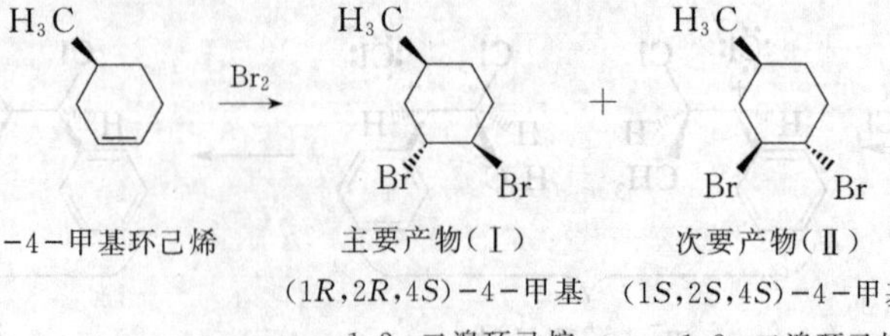

(*S*)-4-甲基环己烯　　主要产物(Ⅰ) (1*R*,2*R*,4*S*)-4-甲基-1,2-二溴环己烷　　次要产物(Ⅱ) (1*S*,2*S*,4*S*)-4-甲基-1,2-二溴环己烷

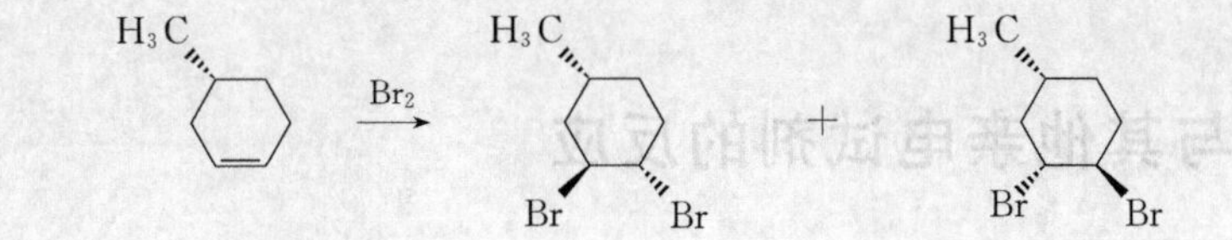

(*R*)-4-甲基环己烯　主要产物(Ⅲ)　次要产物(Ⅳ)

(1*S*,2*S*,4*R*)-4-甲基-1,2-二溴环己烷　(1*R*,2*R*,4*R*)-4-甲基-1,2-二溴环己烷

以(*R*)-4-甲基环己烯为例，其与溴进行加成反应的立体化学变化过程如下式所示：

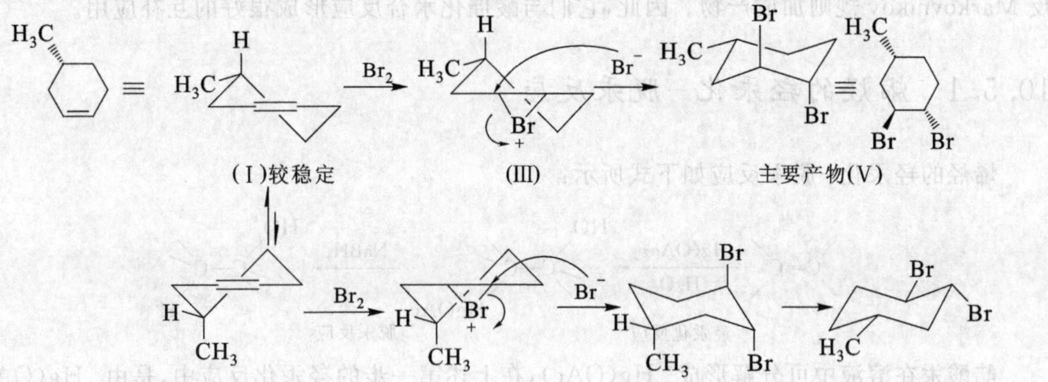

(Ⅰ)较稳定　(Ⅲ)　主要产物(Ⅴ)

(Ⅱ)较不稳定　(Ⅳ)　少量产物(Ⅵ)

(*R*)-4-甲基环己烯的两个半椅型构象能量不同，其中甲基在 *e* 键的半椅型构象(Ⅰ)能量较低，是较稳定构象。(Ⅰ)经过环溴鎓离子(Ⅲ)得到主要产物(1*S*,2*S*,4*R*)-4-甲基-1,2-二溴环己烷(Ⅴ)。甲基在 *a* 键的较不稳定构象(Ⅱ)经过环溴鎓离子(Ⅳ)将得到少量的产物(1*R*,2*R*,4*R*)-4-甲基-1,2-二溴环己烷(Ⅵ)。产物(Ⅴ)和(Ⅵ)是一对非对映异构体。可见，反应物(*R*)-4-甲基环己烯中甲基的特定构型，影响了构象的不同稳定性，从而使得加成反应具有一定的立体选择性，优先生成非对映异构产物中的一个。这种反应选择性称为非对映异构选择性(diastereo-selectivity)。

这种由于反应物具有特定的构型，反应物中原有的手性中心使得反应中经过的两种过渡态具有不同的能量，从而得到不等量的非对映异构体的现象在有机化学反应中是普遍存在的。事实上，在非对映异构体的立体选择性合成中，常用方法之一就是利用反应物中已有的手性中心，对反应中新的手性中心的产生起到一个诱导作用，这种合成称为手性诱导合成。

习题 10-10　分析解释上述(*S*)-4-甲基环己烯与溴加成反应的主产物形成历程。

习题 10-11　写出下列化合物与溴加成的产物。

(1) 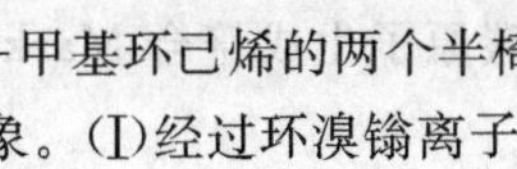

(2) 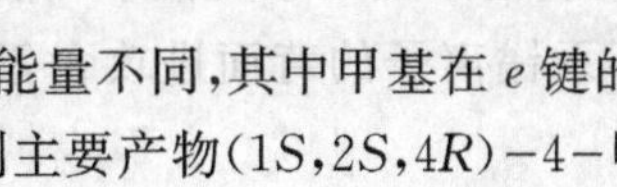

(3) 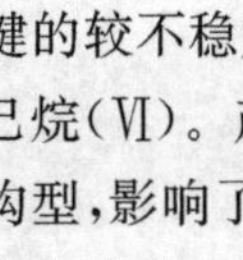

10.5 烯烃与其他亲电试剂的反应

烯烃的羟汞化-脱汞(oxymercuration-demercuration)和硼氢化-氧化(hydroboration-oxidation)反应属于烯烃与亲电试剂的加成反应,是从烯烃制备醇的常用方法。与酸催化下的水合反应不同,这两个反应可避免重排反应发生,前者得到 Markovnikov 规则加成产物,后者得到反 Markovnikov 规则加成产物。因此,它们与酸催化水合反应形成很好的互补应用。

10.5.1 烯烃的羟汞化-脱汞反应

烯烃的羟汞化-脱汞反应如下式所示:

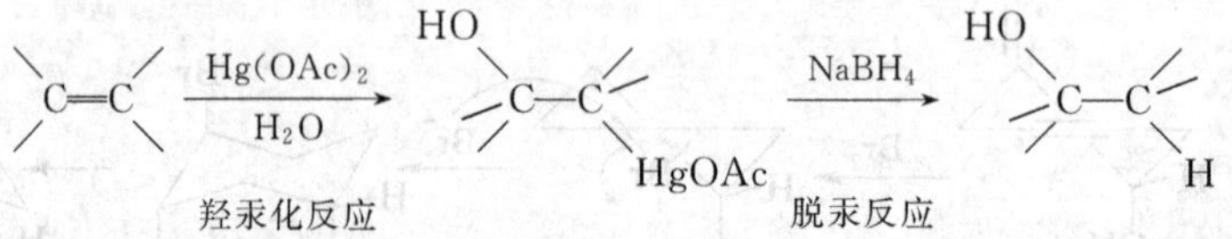

醋酸汞在溶液中可分解形成$^+Hg(OAc)$,在上述第一步的羟汞化反应中,是由$^+Hg(OAc)$作为 Lewis 酸加成到烯烃碳-碳双键上形成一个类似于环溴鎓离子的三元环汞鎓离子(mercuronium ion),然后,亲核试剂水从环汞鎓离子的背面进攻含氢较少的碳原子生成符合 Markovnikov 规则的羟汞加成产物:

$$Hg(OAc)_2 \rightleftharpoons {}^+Hg(OAc) + {}^-OAc$$

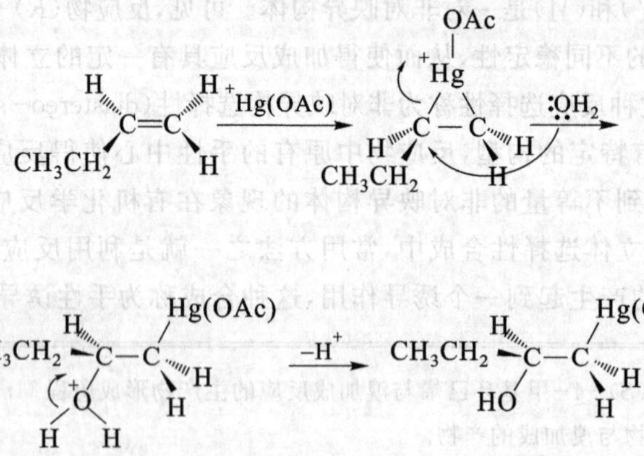

得到的羟汞化产物在硼氢化钠($NaBH_4$)作用下去汞,则得到醇。硼氢化钠脱汞的机理尚不清楚,可能是通过自由基机理进行的。

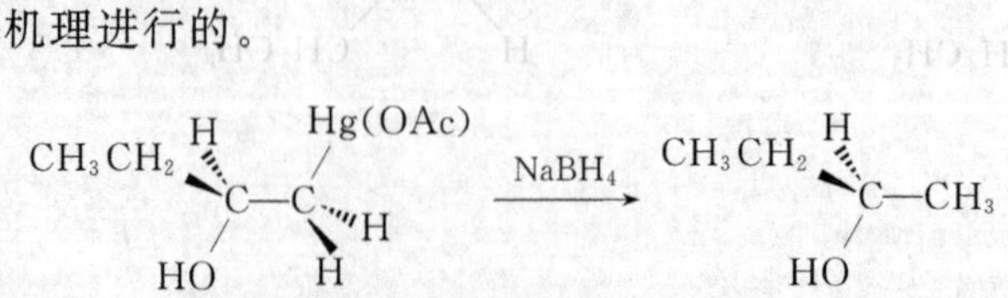

由于亲电试剂$^+Hg(OAc)$可以从双键平面的上下两方进行加成,因此,实际得到的加成产物

是一对对映异构体。如上例完整的反应式如下所示：

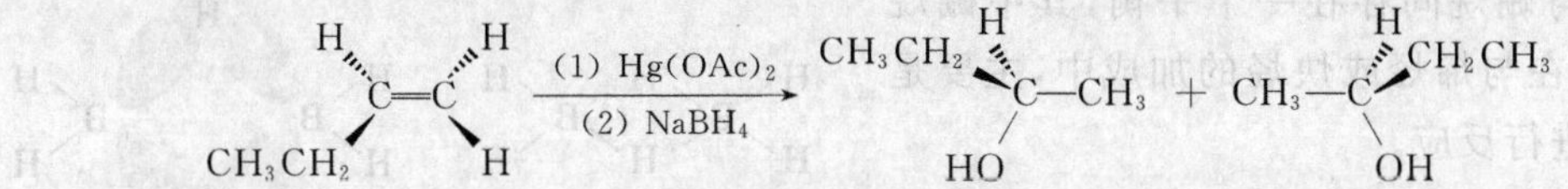

烯烃通过羟汞化-脱汞反应可以得到与酸催化反应的区域选择性相同的醇。但是由于反应中没有碳正离子的形成，因此避免了重排副反应的发生。如3,3-二甲基-1-丁烯直接酸催化加水只能得到2,3-二甲基-2-丁醇，得不到预期的3,3-二甲基-2-丁醇，但改用羟汞化-脱汞方法就可以得到单一的3,3-二甲基-2-丁醇。

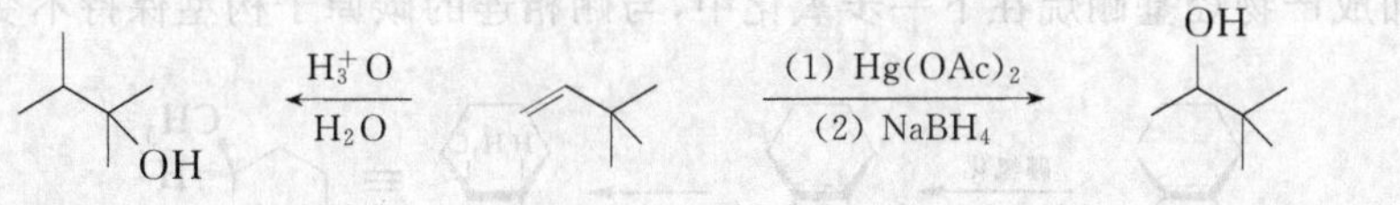

2,3-二甲基-2-丁醇　3,3-二甲基-1-丁烯　3,3-二甲基-2-丁醇

习题 10-12　写出下列烯烃在酸催化条件下与水反应的产物以及通过羟汞化-脱汞的产物。

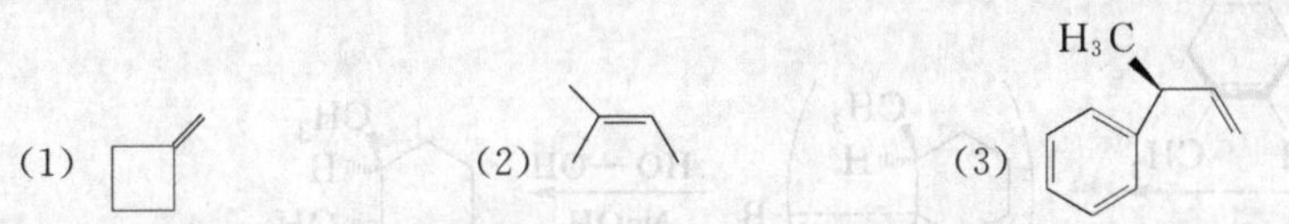

10.5.2　烯烃与乙硼烷的加成反应

烯烃与乙硼烷(B_2H_6)加成后，在碱性双氧水作用下氧化生成醇的反应称为硼氢化-氧化反应。这是另一个从烯烃合成醇的途径。这一反应可以获得用其他方法得不到的反 Markovnikov 规则加成的醇，并且在立体化学上显示出顺式加成特征。如1-甲基环己烯经过硼氢化-氧化反应得到顺式加成产物 *trans*-2-甲基环己醇。由于双键是平面结构，顺式加成可以从平面上方或下方进行加成，且进攻概率相等，因此得到的产物是一对对映异构体。

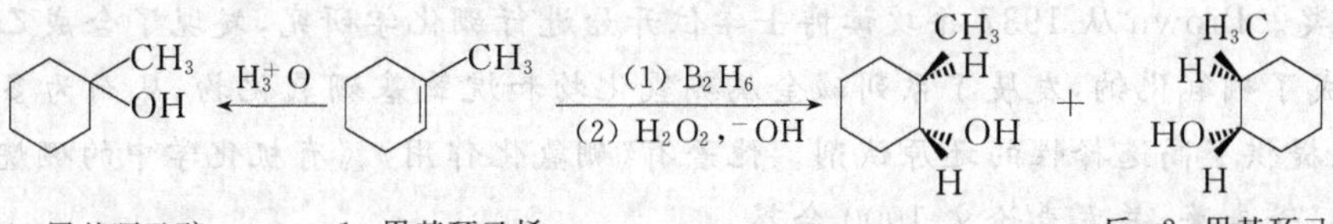

1-甲基环己醇　1-甲基环己烯　反-2-甲基环己醇

硼氢化-氧化反应的区域选择性和立体化学特点表明该反应的机理不同于以上所讨论的各种加成反应。

硼原子只有三个价电子，可以形成三个共价键的中性分子。由于外层未达到8个电子的稳定构型，硼烷 BH_3 是一个高度缺电子的分子，常作为 Lewis 酸与富电子体系配位。正是由于这种缺电子特点，硼烷通常以二聚体乙硼烷(diborane)的形式存在。两个硼烷通过各自的一个 B—Hσ 键与另一个硼烷分子中硼原子的空轨道重叠，形成两个 B—H—B 桥键，结合成乙硼烷分子。这种 B—H—B 桥键是由三个原子共享两个电子形成，因此又称为三中心二电子键

(图 10-6)。

乙硼烷与硼烷间存在一个平衡，其中硼烷含量较少，但在与烯烃或炔烃的加成中，主要是以硼烷形式进行反应。

$$B_2H_6 \rightleftharpoons BH_3$$

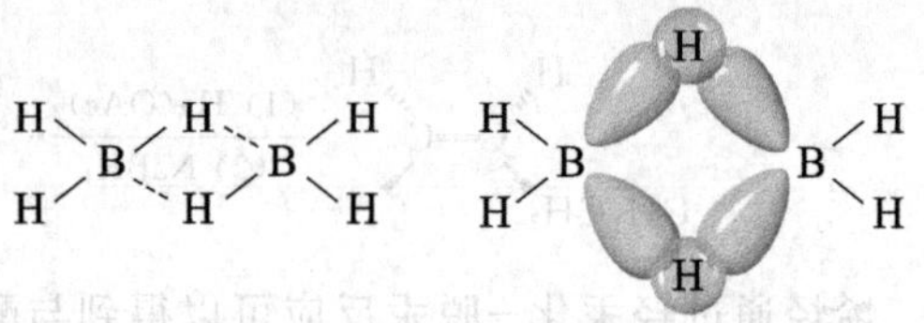

图 10-6 乙硼烷的三中心二电子桥键结构

硼烷与烯烃的加成经过一个四元环过渡态，因此表现为顺式加成。同时由于空间位阻关系，硼原子与取代基较少的双键碳原子结合，反应的区域选择性特征为反 Markovnikov 规则加成。顺式加成产物烃基硼烷在下一步氧化中，与硼相连的碳原子构型保持不变，并转化为醇。

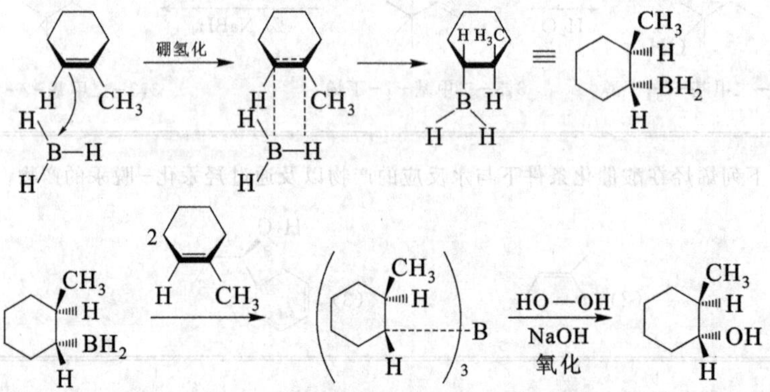

小资料

Herbert Charles Brown

Herbert Charles Brown(1912—2004)美国有机化学家。1912 年 5 月 22 日生于 London。1935 年进入 Chicago 大学，1936 年获得学士学位，1938 年获博士学位。之后跟随 Kharasch 教授进行博士后研究。1947 年后一直在 Purdue 大学任教授，直到 2004 年底去世。

Brown 一生的杰出成就在于他对硼以及有机硼的贡献，因此于 1979 年与 Wittig 分享了 Nobel 化学奖。Brown 从 1937 年攻读博士学位开始进行硼化学研究，发现了合成乙硼烷的简单方法，合成了硼氢化钠，发展了系列碱金属硼氢化物和烷氧基硼氢化物，从而为多种羰基化合物的还原提供了高选择性的还原试剂。他著有《硼氢化作用》、《有机化学中的硼烷》和《有机合成与硼烷》等专著，并发表论文 1000 余篇。

Brown 的个人经历和硼化学研究的基本情况可以参阅 1979 年获得 Nobel 奖时发言和自传。

习题 10-13 选择合适的方法完成下列转化。

(1) 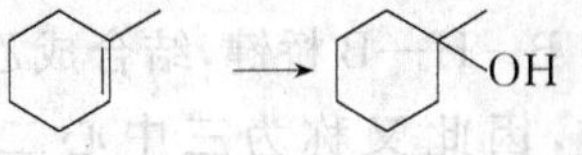　(2) 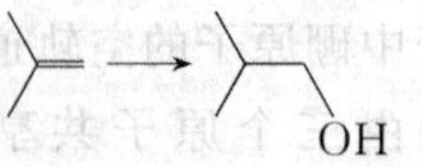

(3) 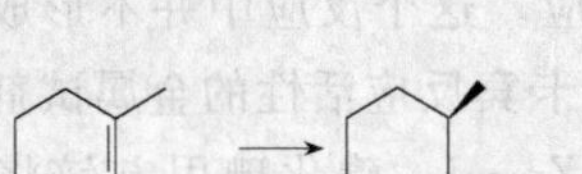 (4) 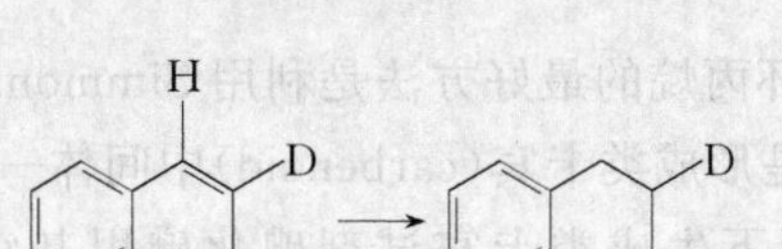

10.5.3 烯烃与卡宾的加成——环丙烷的合成

卡宾(R_2C:)是一个中性的活性中间体(参阅 7.5.3 节)。它虽然不带电荷,但卡宾的碳原子外层只有 6 个电子,因此是一个好的亲电试剂,可以与烯烃加成形成环丙烷,这是形成环丙烷类化合物的重要方法。

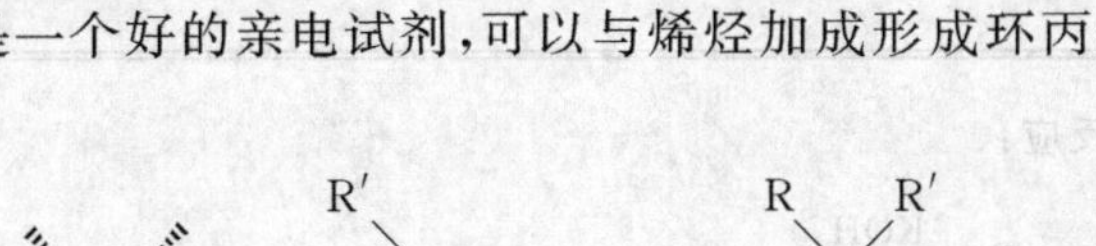

卡宾　　环丙烷类化合物

多卤代烷在碱作用下发生 α-消除是制备卡宾的主要方法。如氯仿在氢氧化钾或叔丁醇钾作用下,首先脱去质子得到三氯甲基负离子($^-$:CCl_3),该负离子不稳定,再脱去一个氯负离子就得到二氯卡宾(图 10-7)。

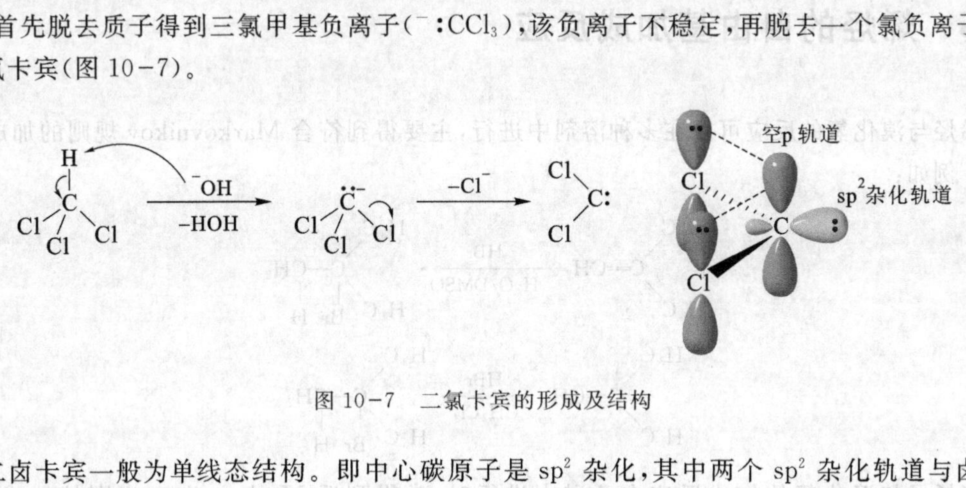

图 10-7　二氯卡宾的形成及结构

二卤卡宾一般为单线态结构。即中心碳原子是 sp^2 杂化,其中两个 sp^2 杂化轨道与卤原子成键,一个被孤对电子占据,还有一个垂直于三个 sp^2 杂化轨道的空 p 轨道与相邻卤原子的 p 轨道重叠。二卤卡宾与烯烃的加成是立体专一的顺式加成。例如:

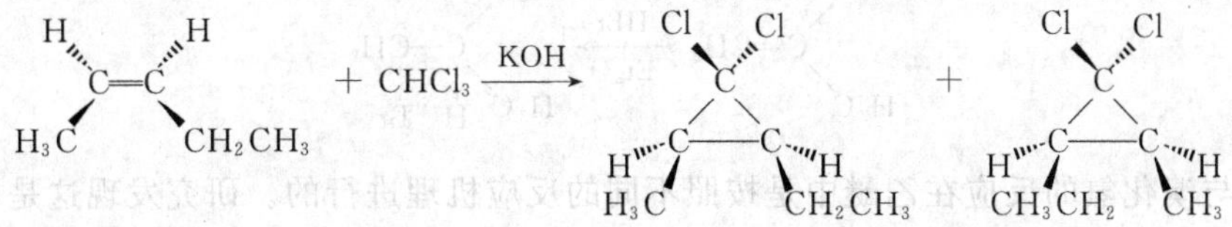

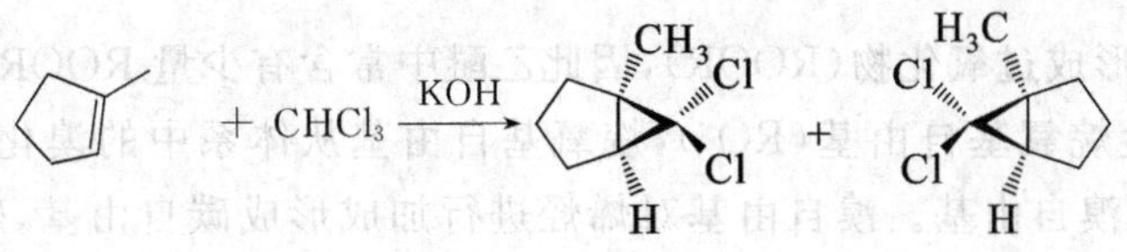

制备无卤代环丙烷的最好方法是利用 Simmons-Smith 反应。这个反应中并不形成亚甲基卡宾(:CH_2)，而是形成类卡宾(carbenoid)中间体——具有类似卡宾反应活性的金属试剂。如二碘甲烷在 Zn 作用下生成类卡宾试剂碘化碘甲基锌 I—CH_2—Zn—I。碘化碘甲基锌将亚甲基 CH_2 转移到双键上，形成环丙烷。

$$CH_2I_2 + Zn(Cu) \xrightarrow{\text{醚}} I—CH_2—Zn—I \quad \text{相当于}[:CH_2]$$

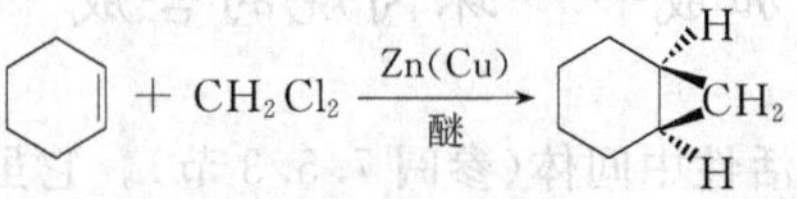

习题 10-14　请完成下列反应：

(1) 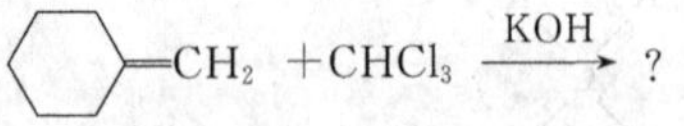

(2) $(CH_3)_2CHCH═CHCH_3 + CH_2I_2 \xrightarrow{Zn(Cu)} ?$

10.6 烯烃的自由基加成反应

烯烃与溴化氢的反应可以在多种溶剂中进行，主要得到符合 Markovnikov 规则的加成反应产物。例如：

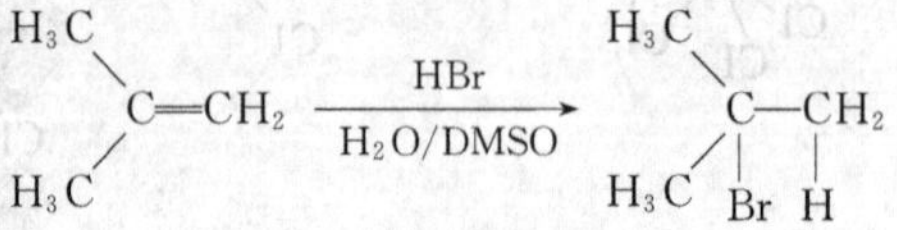

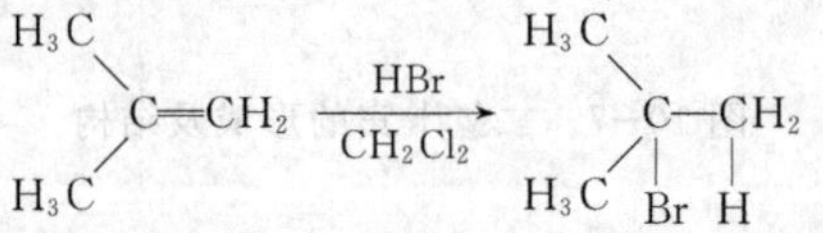

但是当烯烃与溴化氢的加成反应在乙醚中进行时，常得到反 Markovnikov 规则的加成产物。例如：

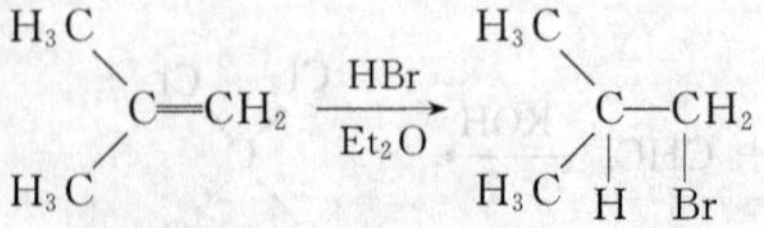

这表明烯烃与溴化氢的反应在乙醚中是按照不同的反应机理进行的。研究发现这是一个自由基加成的反应。

乙醚容易氧化，形成过氧化物(ROOR)，因此乙醚中常含有少量 ROOR。过氧化物在光照或加热条件下容易产生烷氧基自由基(RO·)，烷氧基自由基从体系中的溴化氢夺得质子，生成醇(ROH)，同时产生了溴自由基。溴自由基对烯烃进行加成形成碳自由基，碳自由基又从溴化氢中夺取氢原子而回馈体系一个溴自由基，如此使自由基的链增长反应不断进行，直到反应结束。具体反应过程如下式所示：

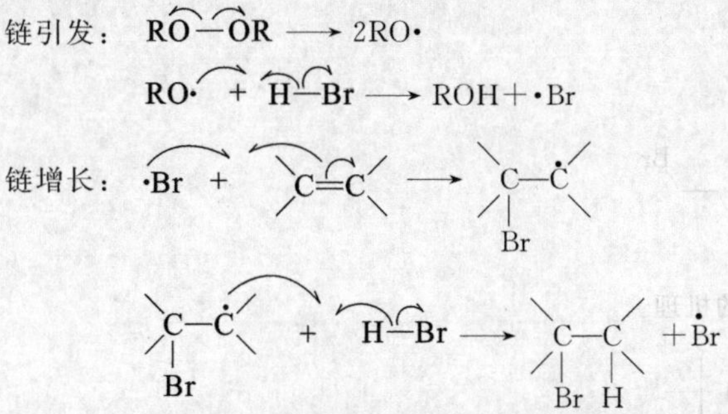

在上述反应中，活性中间体碳自由基的形成是反应活性的关键步骤。由于自由基的稳定性顺序是 3° > 2° > 1°，因此溴优先加在含氢较多的双键碳原子上，从而得到反 Markovnikov 规则的加成产物。立体化学反应特性则由双键和碳自由基的平面结构所决定，加成试剂可以从平面的两面进攻，因此当反应中只形成一个新的手性碳原子时，则将得到一对对映异构体（即外消旋体）：

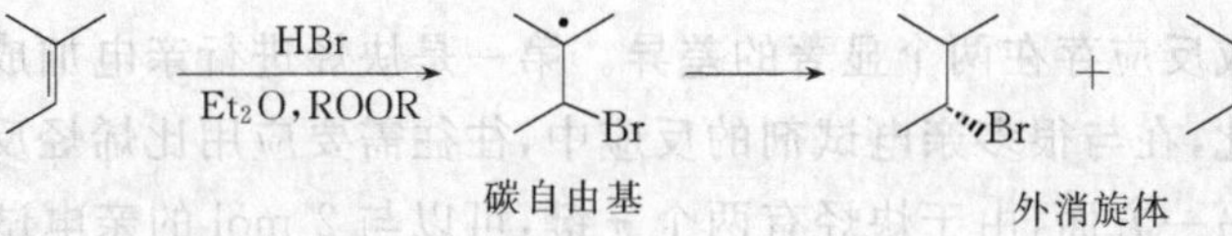

如果反应中形成两个手性碳，则可能产生顺式（*syn*）和反式（*anti*）两种加成产物，且两种加成产物都是一对对映异构体。例如：

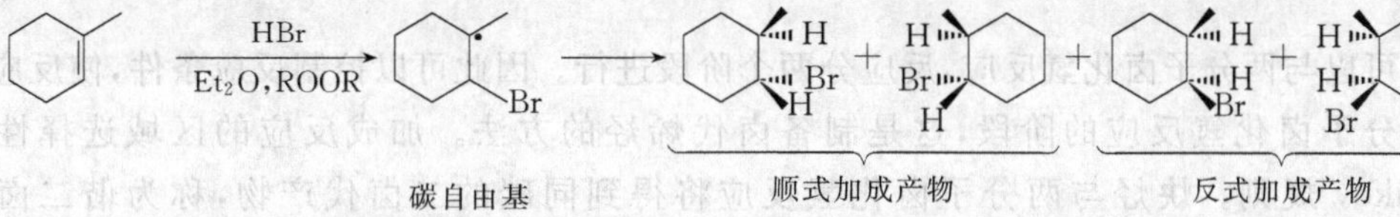

烯烃与溴化氢的亲电加成和自由基加成的区域选择性不同为合成提供了两种选择。不过，这类反应的立体选择性差，在合成上应用价值不大。烯烃与氯化氢不能发生自由基加成，这与 H—Cl 键强度直接相关。

炔烃与溴化氢在过氧化物存在下也可以进行自由基加成，得到反 Markovnikov 规则加成产物——溴代烯烃。例如：

$$CH_3CH_2CH_2C\equiv CH \xrightarrow[ROOR]{HBr} CH_3CH_2CH_2CH=CHBr$$

类似于碳正离子可以与烯烃加成（参阅 10.4 节），碳自由基也可以与烯烃加成得到聚合物。自由基聚合是合成聚合物的重要方法之一，将在高分子课程中详细讨论。

习题 10－15　选择合适的试剂和条件完成下列转化。

(1) 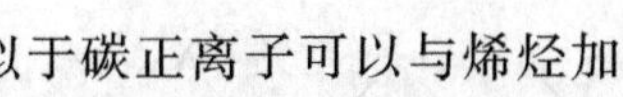

(2) 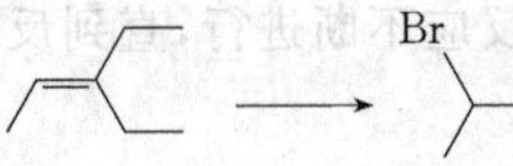

(3) 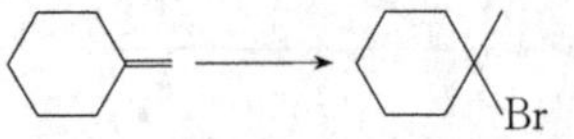

(4) 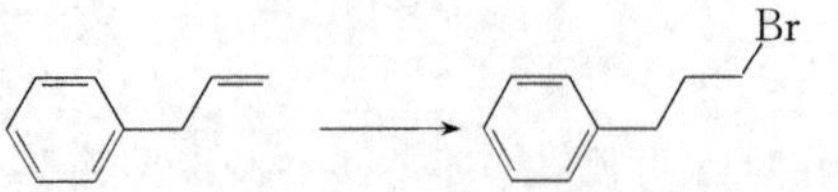

习题 10-16 尝试写出苯乙烯自由基聚合的机理。

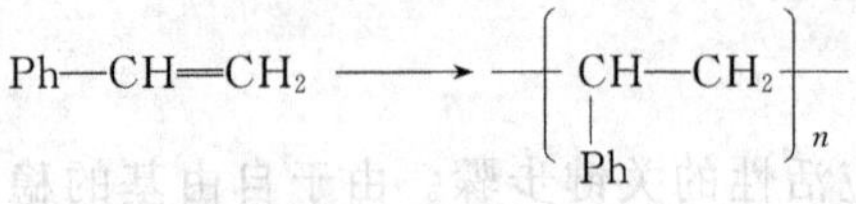

10.7 炔烃的亲电加成反应和亲核加成反应

炔烃和烯烃的加成反应存在两个显著的差异。第一是炔烃进行亲电加成反应的活性不及烯烃(详见 10.1 节),因此,在与很多亲电试剂的反应中,往往需要应用比烯烃反应更强的催化剂或更剧烈的反应条件。另一方面,由于炔烃有两个 π 键,可以与 2 mol 的亲电试剂进行分步加成。

10.7.1 炔烃与 HX 的加成

炔烃可以与两分子卤化氢反应,反应分两个阶段进行。因此可以控制反应条件,使反应停留在只与一分子卤化氢反应的阶段,这是制备卤代烯烃的方法。加成反应的区域选择性符合 Markovnikov 规则。炔烃与两分子卤化氢反应将得到同碳的二卤代产物,称为偕二卤代物(geminal dihalides)。

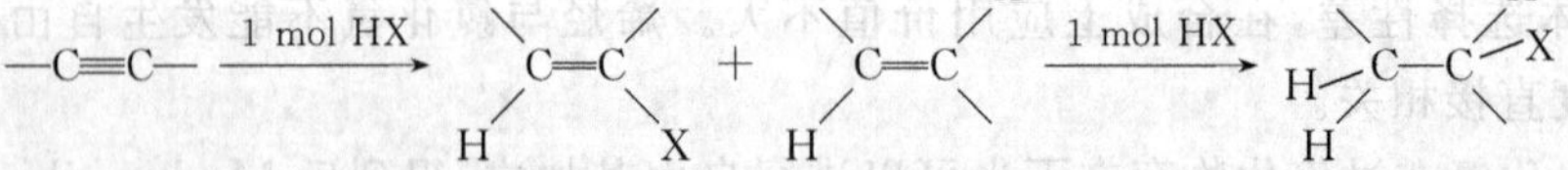

炔烃与卤化氢的反应由于要经过不稳定的乙烯型碳正离子,加成速率比烯烃要慢,并且由于乙烯型碳正离子是线性的,与卤素负离子的结合可以形成顺式加成(*syn*—addition)和反式加成(*anti*—addition)卤代烯烃的混合物。

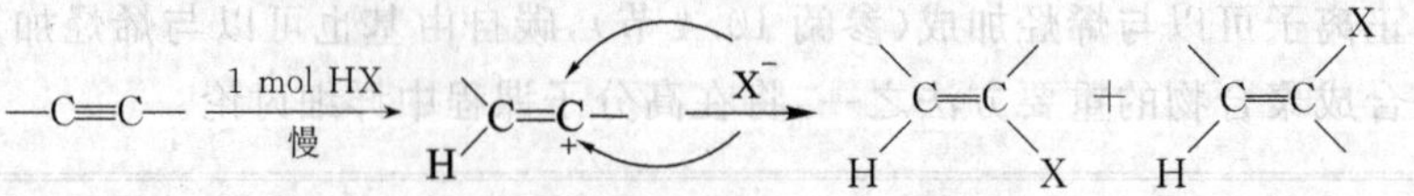

顺式加成　　反式加成

由于卤代烯烃双键碳原子上卤素原子的吸电子作用,使得其 π 键电子云密度比一般烯烃低,因此,与第二分子卤化氢进行亲电加成反应活性也随之降低。

卤代烯烃继续与第二分子的卤化氢发生加成反应时，质子可以加在与卤素相连的双键碳原子上得到碳正离子Ⅰ，也可以加在不与卤素相连的双键碳原子上形成碳正离子Ⅱ。实验结果表明，质子主要是加在不与卤素相连的双键碳原子上，形成偕二卤代物。

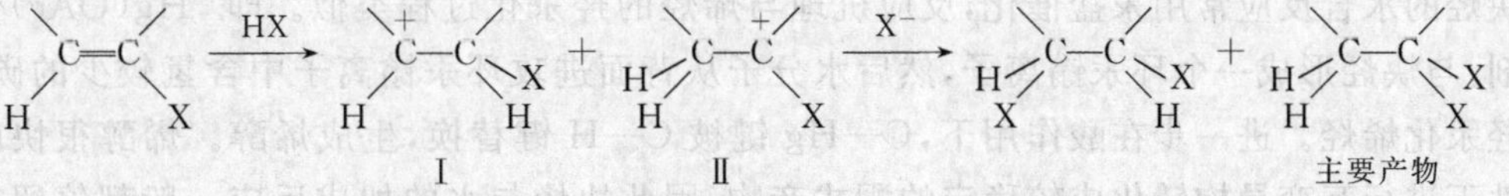

这是因为与卤素相连的双键碳原子的电子云密度较低，导致质子优先加成在未与卤素原子相连的双键碳原子上。另一方面，两种加成方式所形成的碳正离子稳定性也明显不同。如图 10-8 所示，在碳正离子(Ⅱ)中，碳正离子空 p 轨道可以与卤素原子处于 p 轨道的孤对电子形成共轭，使其稳定性大于未与卤素原子相连的碳正离子(Ⅰ)，因此，反应优先形成结构为(Ⅱ)的碳正离子，最终以生成偕二卤代产物为主。

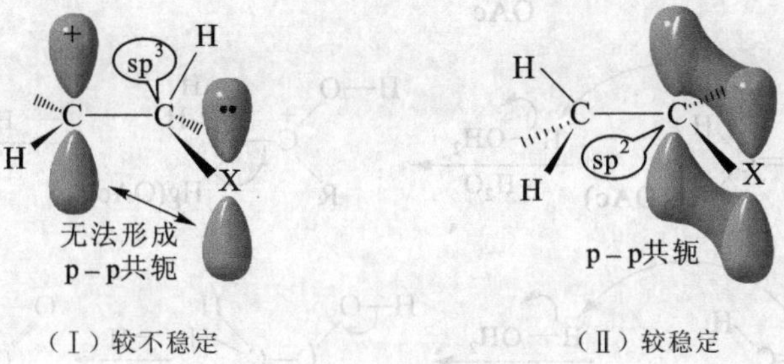

图 10-8　卤代烯烃与第二分子 HX 加成形成碳正离子稳定性分析

可以用共振结构表示连卤素碳正离子的 p-p 共轭效应：

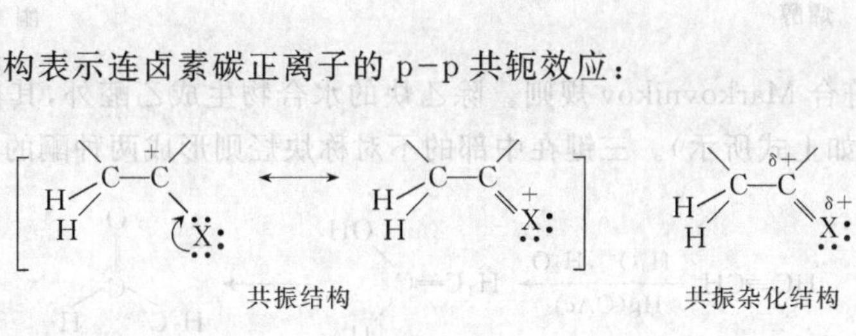

10.7.2　炔烃与 X_2 的加成

卤素与炔烃反应一般比烯烃困难，如乙炔与氯气加成需在光照或 $FeCl_3$、$SnCl_2$ 催化下进行：

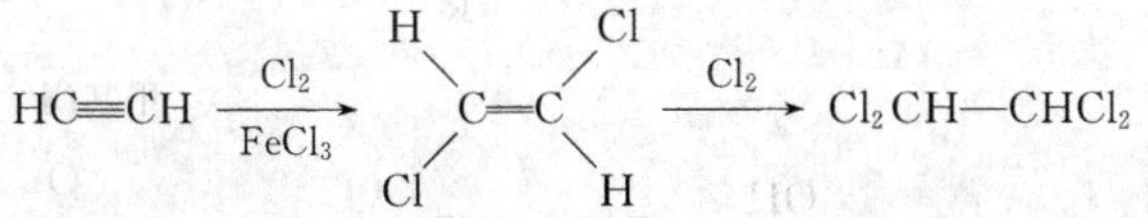

通常炔烃与 X_2 的加成为反式加成。例如：

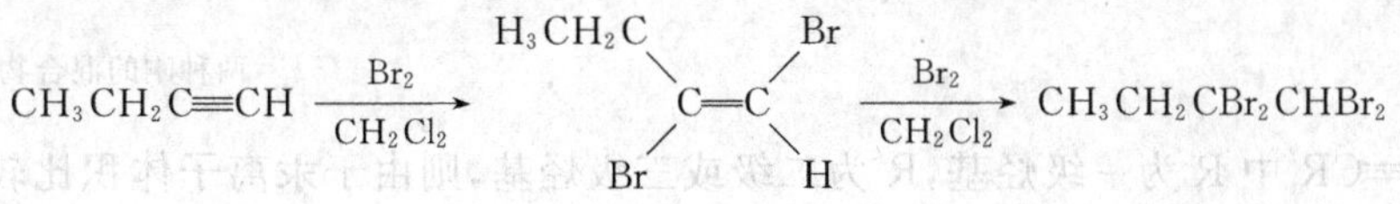

10.7.3 炔烃的水合反应和硼氢化-氧化反应

炔烃的水合反应常用汞盐催化，反应机理与烯烃的羟汞化过程类似。即$^{+}$Hg(OAc)作为亲电试剂，与炔烃形成一个环汞鎓离子，然后水分子从背面进攻环汞鎓离子中含氢较少的碳原子，生成羟汞化烯烃。进一步在酸作用下，C—Hg 键被 C—H 键替换，生成烯醇。烯醇很快就在酸性条件下进行互变异构转化成较稳定的酮式产物，因此炔烃与水的加成反应一般都停留在与一分子水加成的阶段：

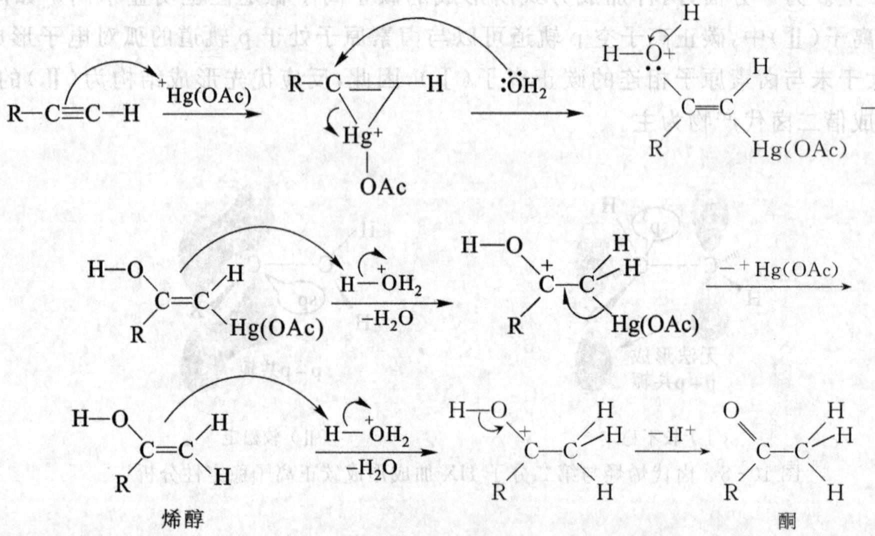

这一加成反应符合 Markovnikov 规则。除乙炔的水合物生成乙醛外，其他末端炔烃均形成甲基酮($RCOCH_3$)(如上式所示)。三键在中部的不对称炔烃则形成两种酮的混合物。

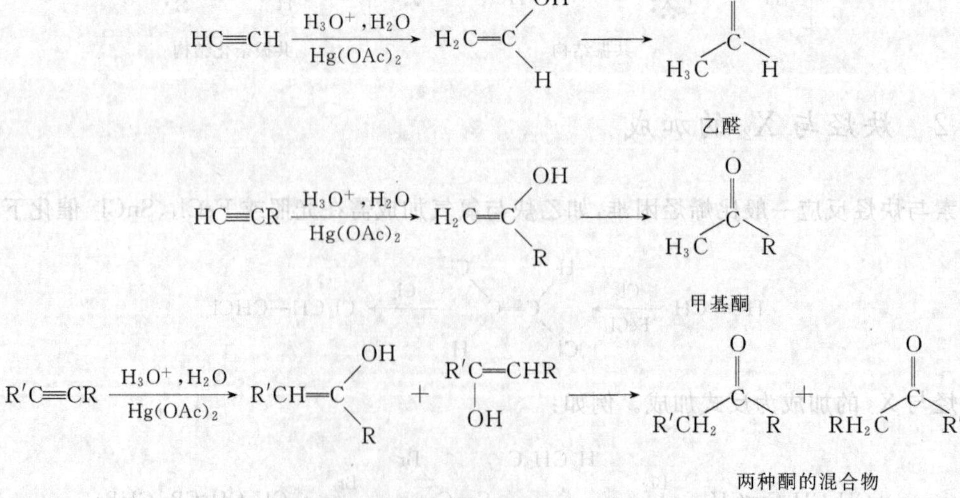

如果RC≡CR′中 R 为一级烃基，R′为二级或三级烃基，则由于汞离子体积比较大，空间位阻

作用使得汞离子主要加成在与一级烃基 R 相连的三键碳原子上，即中间体 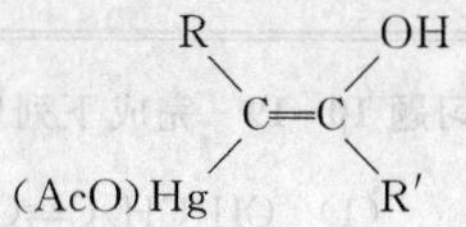

比 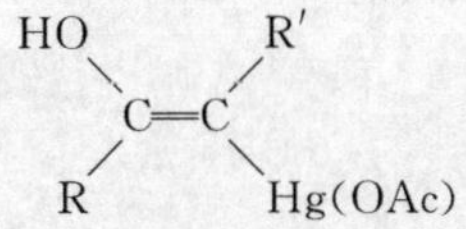 稳定，最终加成产物以 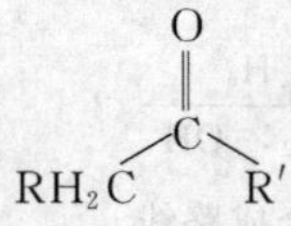 为主。

烯醇和酮在结构上只是一个氢原子的位置和双键位置不同，这种异构体往往可以相互迅速转化，这种现象称为互变异构现象(tautomerism)。烯醇和酮的互变异构是有机化学中最常见的一种互变异构现象。这种互变异构会影响到羰基化合物的反应特性(参阅 14.1.2 节)以及生物功能。

习题 10-17　写出下列炔烃在汞盐催化下的水合产物。

(1) 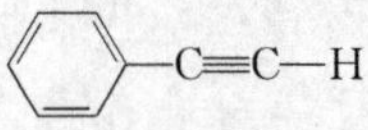　(2) 　(3) 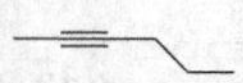

习题 10-18　写出酸催化下炔烃与水加成机理。

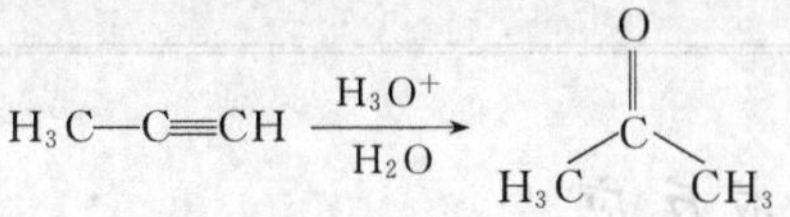

炔烃也可以与乙硼烷加成生成烯基硼烷，然后在碱性双氧水条件下氧化得到烯醇，经互变异构得到醛或酮。

炔烃与乙硼烷加成反应的区域选择性为反 Markovnikov 规则加成，故末端炔烃经过硼氢化-氧化可以得到醛。这正好与炔烃在汞盐或酸催化水合反应互补。因此，我们可以通过选用不同的方法从同一起始炔烃出发获得不同的产物。这也是研究反应选择性的目的所在。

C—C 三键在中部的不对称炔烃与乙硼烷反应没有特定的选择性，因此一般只能得到两种酮的混合物。

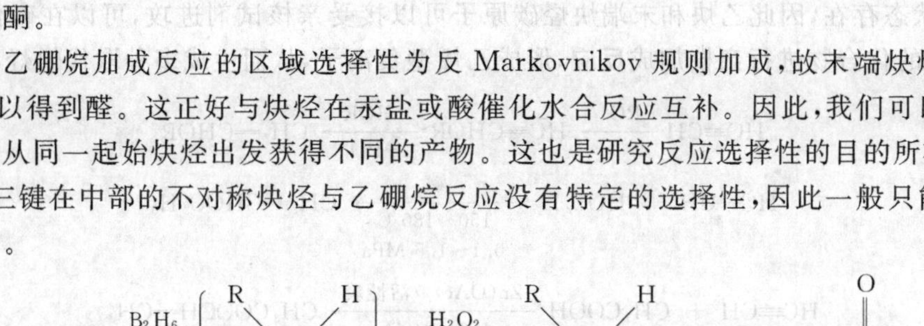

醛

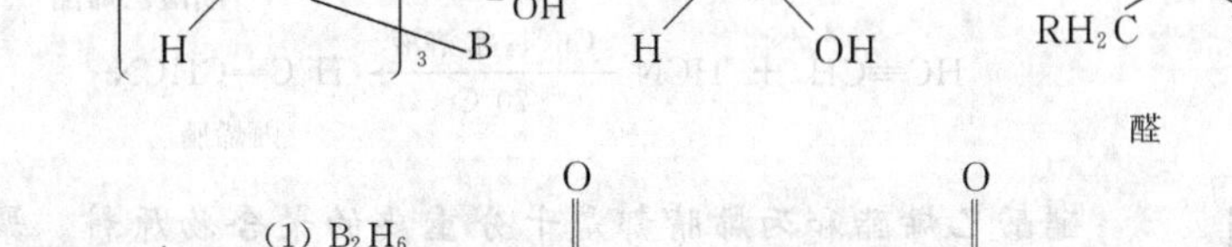

两种酮的混合物

炔烃与乙硼烷形成的烯基硼烷还可以在醋酸作用下生成顺式烯烃，这是一个很好的从炔烃得到顺式烯烃的方法。例如：

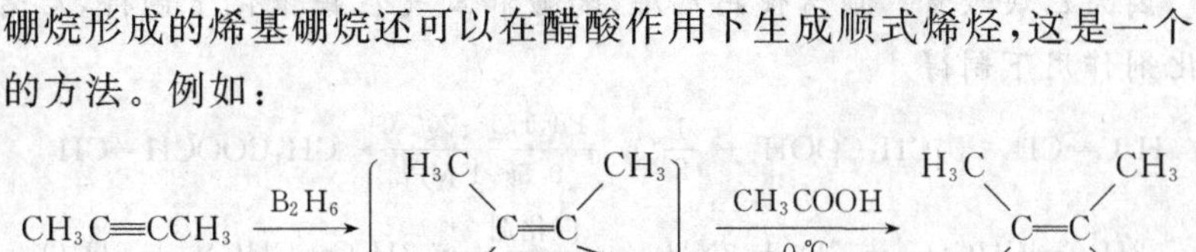

习题 10-19 完成下列反应。

(1) $CH_3CH_2C{\equiv}CH \xrightarrow[(2)\ H_2O_2,\ ^-OH]{(1)\ B_2H_6}$? (2) $CH_3C{\equiv}CCH_3 \xrightarrow[(2)\ H_2O_2,\ ^-OH]{(1)\ B_2H_6}$?

(3) $CH_3CH_2CH_2C{\equiv}CCH_3 \xrightarrow[(2)\ H_2O_2,\ ^-OH]{(1)\ B_2H_6}$?

习题 10-20 为下列合成转化提出合理的合成路线。

(1) $CH_3CH_2\underset{\displaystyle Br}{\underset{|}{C}}HCH_3$ 合成 $CH_3CH_2CH_2CHO$

(2) $(CH_3)_2\underset{\displaystyle Br}{\underset{|}{C}}CH_2CH_2CH_3$ 合成 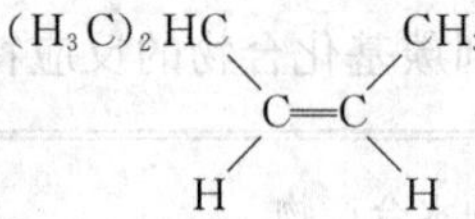

(3) $HC{\equiv}CH$,  合成 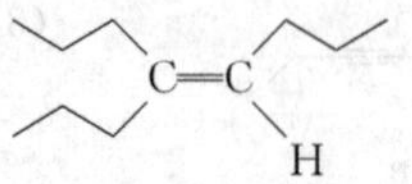

10.7.4 炔烃的亲核加成反应

在碳原子的各种杂化状态中,电负性大小顺序为 sp > sp^2 > sp^3。炔烃的碳-碳三键中,碳以 sp 杂化状态存在,因此乙炔和末端炔烃碳原子可以接受亲核试剂进攻,可以在碱催化下与一些含活泼氢的化合物进行亲核加成反应,形成乙烯型负离子,从而生成多种取代烯烃。例如:

$$HC{\equiv}CH \xrightarrow{RO^-} H\bar{C}{=}CHOR \xrightarrow[-RO^-]{HOR} CH_2{=}CHOR$$

$$HC{\equiv}CH + HOC_2H_5 \xrightarrow[\substack{150\sim180\ ℃\\0.1\sim1.5\ MPa}]{碱} CH_2{=}CHOC_2H_5$$

$$HC{\equiv}CH + CH_3COOH \xrightarrow[170\sim210\ ℃]{Zn(OAc)_2/活性炭} \underset{醋酸乙烯酯}{CH_3COOCH{=}CH_2}$$

$$HC{\equiv}CH + HCN \xrightarrow[70\ ℃]{CuCl_2\ 水溶液} \underset{丙烯腈}{H_2C{=}CHCN}$$

你知道吗

醋酸乙烯酯和丙烯腈都是十分重要的聚合物原料。聚醋酸乙烯酯主要以胶乳形式用于乳胶漆,表面涂料和黏合剂中。聚丙烯腈可用于合成纤维(腈纶)、塑料、丁腈橡胶等。醋酸乙烯酯和丙烯腈的工业制法不是从乙炔出发的,因为乙炔较贵。前者使用乙烯、醋酸和氧气在钯催化下制得,后者使用丙烯和氨,氧气在催化剂作用下制得。

$$H_2C{=}CH_2 + CH_3COOH + \frac{1}{2}O_2 \xrightarrow[0.5\sim1\ MPa]{Pd,175\sim200\ ℃} CH_3COOCH{=}CH_2$$

$$2H_2C{=}CHCH_3 + 3O_2 + 2NH_3 \xrightarrow[400\sim500\ ℃]{催化剂} 2H_2C{=}CHCN + 6H_2O$$

10.8　共轭二烯烃的亲电加成反应

二烯烃中，孤立二烯烃的性质与烯烃没有明显差异，上述有关烯烃的反应及其特点同样适合于孤立二烯烃。共轭二烯烃的双键之间存在共轭作用，因此，在亲电加成反应中表现出特殊的性质。

10.8.1　共轭烯烃的1,2－和1,4－加成反应

当共轭二烯烃与一分子的亲电试剂反应时，分子中只有一个双键发生加成，并得到两种加成产物。例如，1,3-丁二烯与一分子氯气反应可以得到3,4-二氯-1-丁烯或1,4-二氯-2-丁烯；与一分子溴化氢反应可以得到3-溴-1-丁烯或1-溴-2-丁烯。

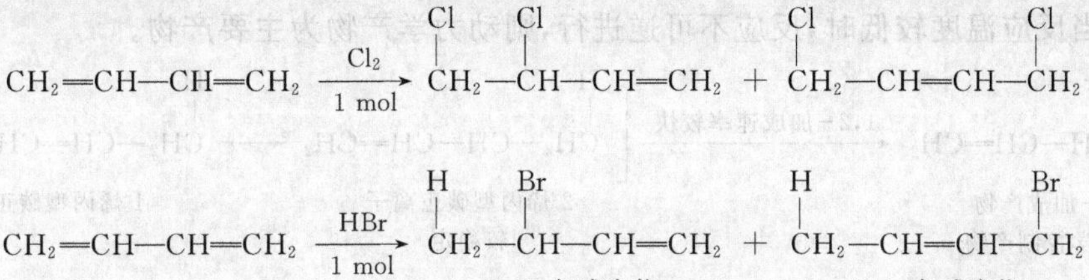

1,2-加成产物　　1,4-加成产物

以上两个加成产物分别称为1,2-加成产物（1,2-addition product，也称直接加成）和1,4-加成产物（1,4-addition product，也称共轭加成）。注意，1,2-加成产物和1,4-加成产物指的是共轭二烯烃的四个 sp^2 碳的编号，而不是整个分子的碳链编号。

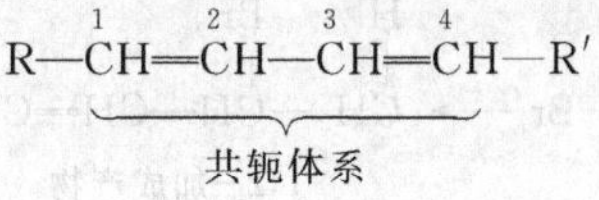

如：

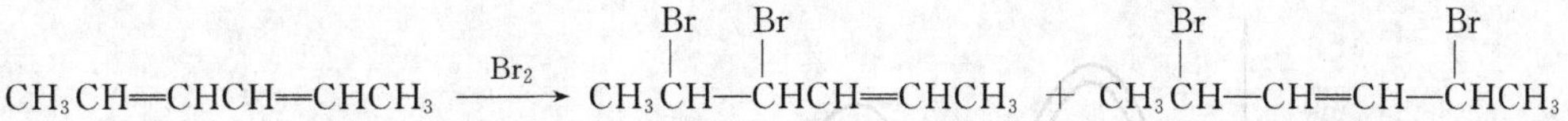

1,2-加成产物　　1,4-加成产物

10.8.2　共轭二烯烃与HX加成的动力学和热力学控制

烯烃与溴化氢加成中，第一步是形成碳正离子。共轭二烯烃所形成的碳正离子是烯丙型碳正离子。在这个离子中，碳正离子与相邻的双键共轭。从共振结构可以看出，第二步碳正离子与亲核的溴负离子 Br^- 结合的位置有两个，而不是一个，因此有可能形成1,2-加成和1,4-加成两种产物。

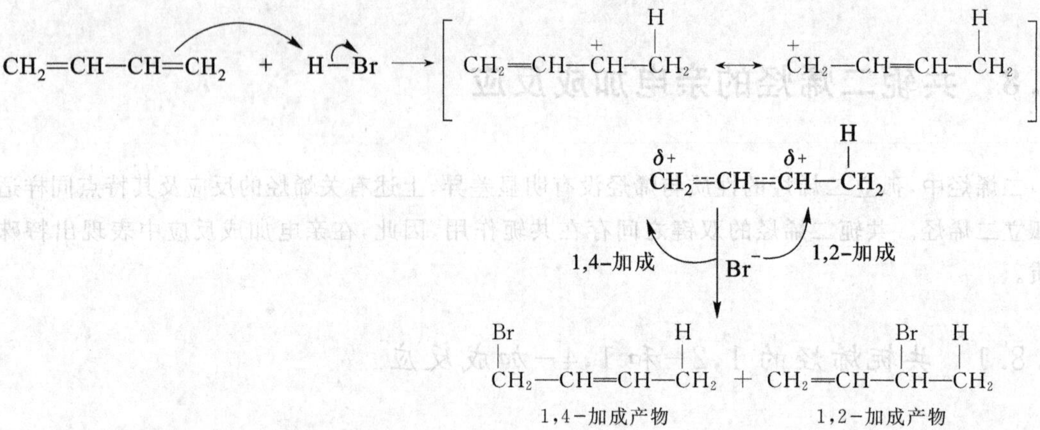

1,3-丁二烯质子化形成的碳正离子有两个极限共振式，二者对体系能量的贡献是不同的。因为一个是二级烯丙型碳正离子，一个是一级烯丙型碳正离子，显然前者较稳定。因此，生成1,2-加成产物的速率较快，是动力学控制(kinetic control)，相应的产物为动力学产物(kinetic product)。当反应温度较低时，反应不可逆进行，则动力学产物为主要产物。

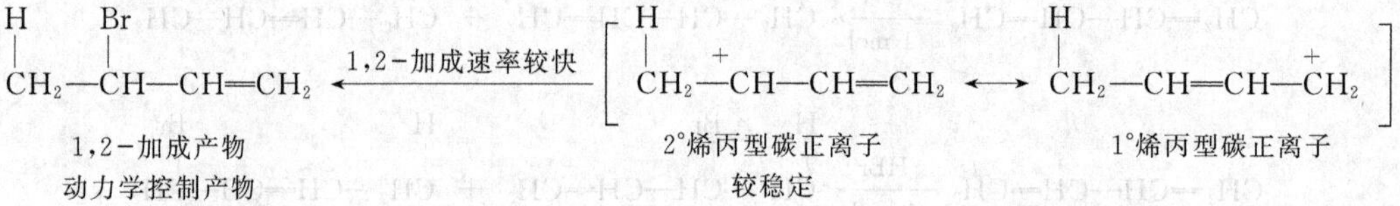

另一方面，比较两种产物的结构可以发现，1,3-丁二烯的1,2-加成产物是末端单取代烯烃，而1,4-加成产物是二取代烯烃，根据烯烃的稳定性顺序可知，1,4-加成产物更稳定，即能量更低。当反应温度较高的情况下，反应成为可逆反应，那么，反应的主要产物将是能量较低的产物，即反应为热力学控制(thermodynamic control)，相应的产物为热力学产物(thermodynamic product)。

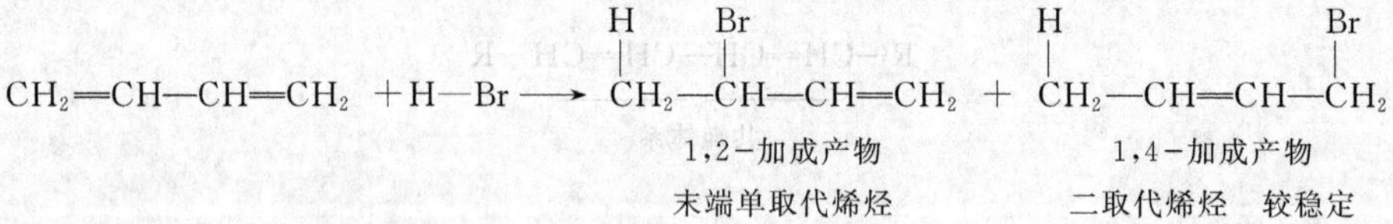

从1,3-丁二烯的1,2-加成和1,4-加成反应势能曲线图(图10-9)可以清楚地看出动力学

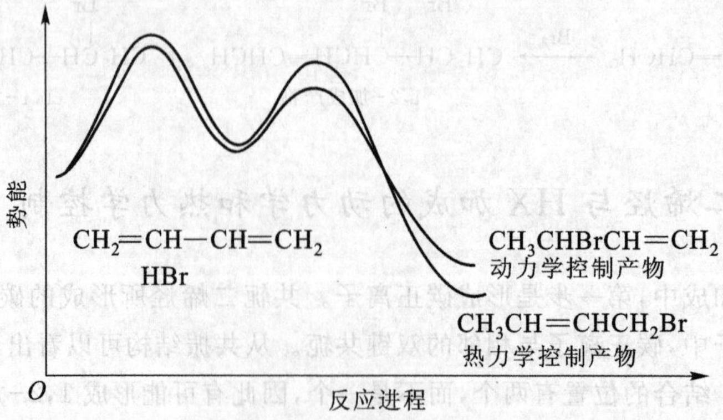

图10-9　动力学与热力学控制的反应势能变化比较

控制和热力学控制的区别。

需要注意的是,反应只有存在可逆的情况下才可能产生热力学控制。当反应不可逆进行时,反应由动力学控制。这种关系可以由图 10-10 表示。

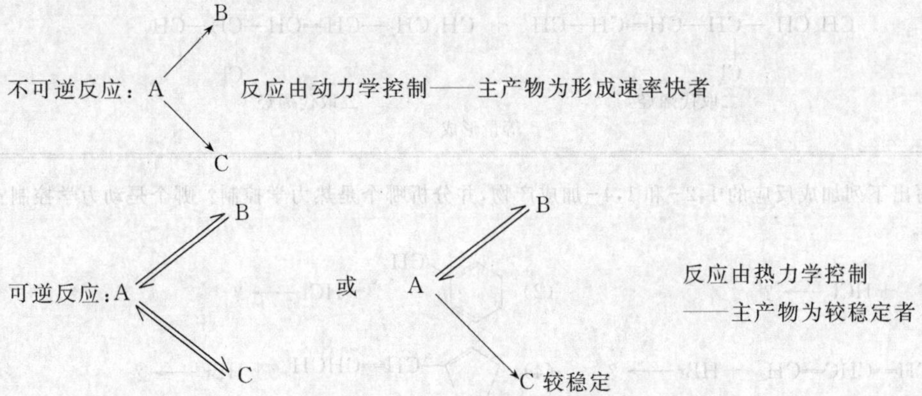

图 10-10　热力学控制和动力学控制图解

有些反应在较温和的条件下是不可逆的,而在较激烈的条件下是可逆的。对于这样的反应通常有一个温度转化点,低于这个温度是不可逆的,而高于这个温度就成为可逆反应。这个温度点随反应的不同而不同。例如,45 ℃时 1,3-丁二烯与氯化氢加成反应受动力学因素控制为主,但是 1,3-丁二烯与溴化氢反应则已经属于热力学控制。这是因为 C—Cl 键键能高于 C—Br 键,要使反应可逆,需要更高的能量,即需要更高的反应温度。

实际上,并非所有的共轭二烯烃的 1,2-加成产物都是动力学控制的,或 1,4-加成产物都是热力学控制的。究竟哪个产物是动力学控制,哪个产物是热力学控制,主要决定于共轭二烯烃的结构。如 4-甲基-1,3-戊二烯与溴化氢反应的 1,2-加成产物为热力学产物,而 1,4-加成产物为动力学产物。

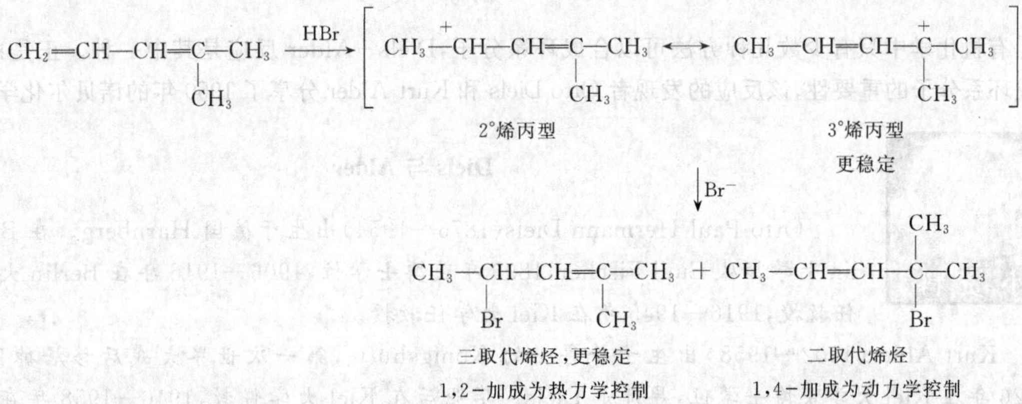

又如,2,4-己二烯与氯化氢的加成反应,1,2-加成产物和 1,4-加成产物稳定性基本相同,而且活性中间体碳正离子的两个极限共振式能量也相等,所以无论反应条件怎样改变,都得到等量的两个加成产物。

$$CH_3CH{=}CH{-}CH{=}CH{-}CH_3 \xrightarrow{HCl}$$

$$\left[CH_3CH_2-\overset{+}{C}H-CH=CH-CH_3 \longleftrightarrow CH_3CH_2-CH=CH-\overset{+}{C}H-CH_3 \right]$$

2°烯丙型　　　2°烯丙型

$\downarrow Cl^-$

$$CH_3CH_2-\underset{Cl}{\underset{|}{CH}}-CH=CH-CH_3 + CH_3CH_2-CH=CH-\underset{Cl}{\underset{|}{CH}}-CH_3$$

二取代烯烃　　　二取代烯烃

等量形成

习题 10-21　写出下列加成反应的 1,2-和 1,4-加成产物，并分析哪个是热力学控制？哪个是动力学控制？

(1) 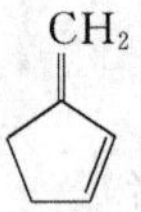 $+HCl \longrightarrow ?$

(2) 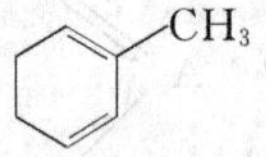 $+HCl \longrightarrow ?$

(3) $CH_3CH=CH\underset{CH_3}{\underset{|}{C}}=CH_2$ $+HBr \longrightarrow ?$

(4) 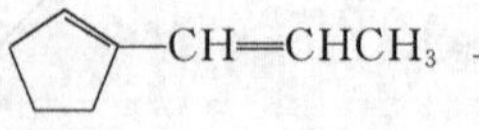 $+HBr \longrightarrow ?$

10.9　共轭二烯烃的 Diels-Alder 反应

共轭二烯烃与非共轭二烯烃在性质上最大的不同是共轭二烯烃可以与烯或炔进行加成反应得到环己烯类化合物。如 1,3-丁二烯和 3-丁烯-2-酮反应得到 3-环己烯基甲基酮。这类反应称为 Diels-Alder 反应(Diels-Alder reaction)。

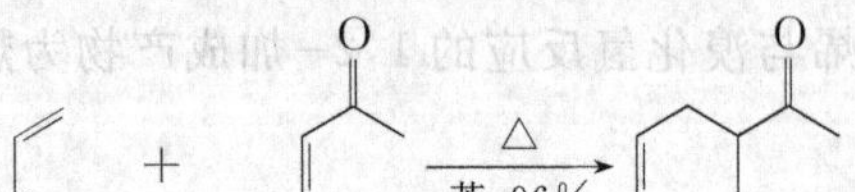

有机化学中只有少数几种方法可以合成环系分子，Diels-Alder 反应是其中一种。正是由于合成环系分子的重要性，该反应的发现者 Otto Diels 和 Kurt Alder 分享了 1950 年的诺贝尔化学奖。

Diels 与 Alder

Otto Paul Hermann Diels(1876—1954)出生于德国 Harnberg。在 Berlin 大学师从 Emil Fischer，1899 年获博士学位，1906—1916 年在 Berlin 大学任教授，1916—1945 年在 Kiel 大学任教授。

Kurt Alder(1902—1958)出生于普鲁士的 Königshütte，第一次世界大战后移居德国。1926 年在 Kiel 大学获博士学位，导师是 Diels。毕业后在 Kiel 大学任教，1940—1958 年在德国的 Cologne 大学任教授。

Diels 在研究甾类化合物中，从胆结石中分离出纯胆固醇。他成功地将胆固醇在硒存在下加热至 300 ℃脱氢转变为芳香烃。这个反应被称为 Diels 脱氢反应。这种硒脱氢法可加以推广，如环己烯或环己烷在此条件下即可脱氢芳构化。此外，也可作为鉴定甾族骨架的方法。

Diels 最重要的发现就是与他的学生 Alder 共同发现的 Diels-Alder 反应。这个反应为合成六元环化合物提供了简单的途径，产率高，立体专一性和定位选择性很高，是有机合成中的一个重要反应。因此，他们分享了 1950 年的 Nobel 化学奖。

10.9.1　Diels-Alder 反应机理

Diels-Alder 反应的机理不同于其他加成反应。它是一个经过周环（pericyclic）过程的一步协同反应。在环状过渡态中，烯烃的两个双键碳原子与共轭二烯烃的 C1、C4 逐步从 sp^2 杂化转化成 sp^3 杂化，形成两个新的 σ 键，同时共轭二烯烃的 C2、C3 仍保持 sp^2 杂化，形成环己烯产物中新的双键。

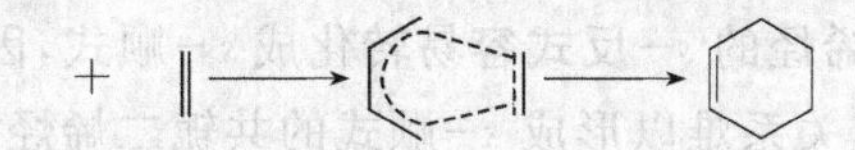

10.9.2　亲双烯体结构与反应活性

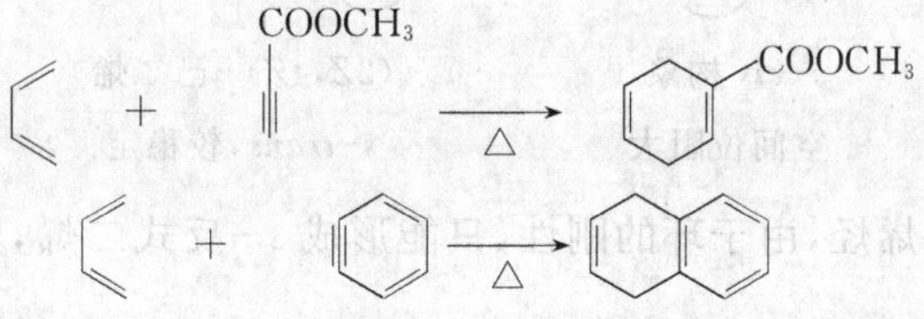

Diels-Alder 反应中的两个反应物，分别称之为双烯体（diene）和亲双烯体（dienophile）。亲双烯体中，乙烯的反应活性较低。实验结果表明，具有吸电子基的烯烃具有较高的反应活性，如丙烯醛、丙烯酸酯、顺丁烯二酸酐、丙烯腈等都具有较高的反应活性。除了烯烃外，炔烃也可以作为亲双烯体，如丙炔酸酯，反应得到环己二烯产物。苯炔也可以作为亲双烯体，产物为苯并环己烯。

部分常见的亲双烯体结构如下：

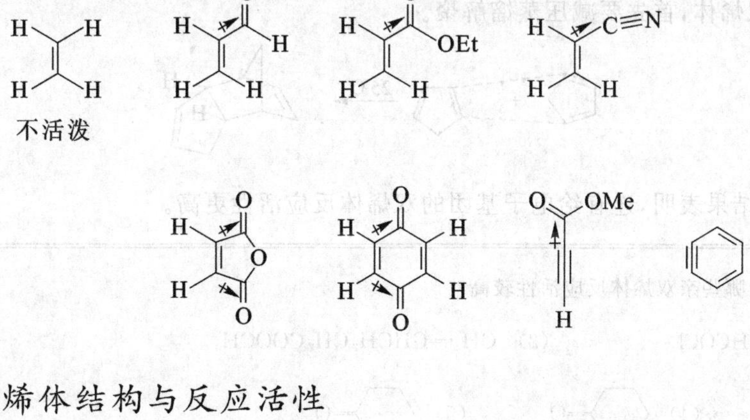

10.9.3　双烯体结构与反应活性

共轭二烯烃的 C2、C3 具有部分的双键性质，这是由于两个双键共轭的结果，因此，绕 C2—

C3σ 单键的旋转比一般烷烃中的 C—Cσ 单键需要较高的能量，结果是开链的共轭二烯烃主要以两种构象形式存在——*s*-反式和 *s*-顺式。*s* 表示单键，共轭的两个双键在 C2—C3σ 单键的异侧称为 *s*-反式（*s*-*trans*），在同侧则称为 *s*-顺式（*s*-*cis*）。例如：

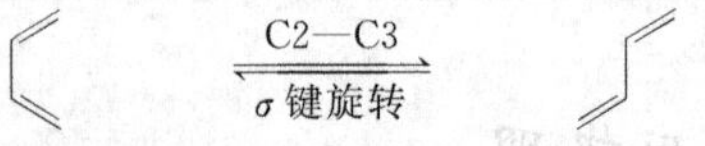

s-*cis*-1,3-丁二烯　　*s*-*trans*-1,3-丁二烯

Diels-Alder 反应是协同反应，只有 *s*-*cis* 共轭二烯烃才能反应。

可以反应　　无反应，反应端相距太远

一般来说，开链共轭二烯烃的 *s*-反式容易转化成 *s*-顺式，因此也可以进行 Diels-Alder 反应。但是如果由于空间位阻关系难以形成 *s*-顺式的共轭二烯烃如(2*Z*,4*Z*)-己二烯则难以进行 Diels-Alder 反应。

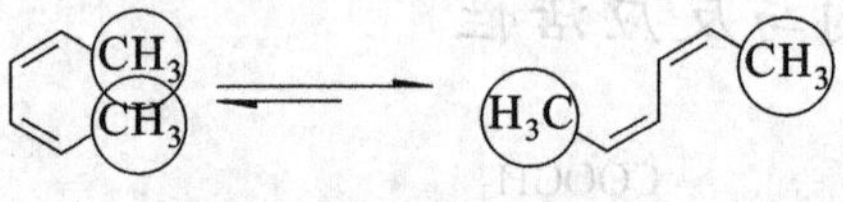

s-*cis* 构象　　(2*Z*,4*Z*)-己二烯

空间位阻大　　*s*-*trans*，较稳定

还有一些环状共轭二烯烃，由于环的刚性，只能形成 *s*-反式二烯，则无法进行 Diels-Alder 反应。例如：

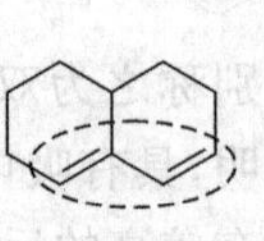

s-*trans*

相反，有些共轭二烯烃只有 *s*-顺式构象，如环内双烯，则容易发生 Diels-Alder 反应。如环戊二烯在常温下以二聚体形式存在，需要减压蒸馏才能得到环戊二烯单体。因此在实验中如果要用环戊二烯作为双烯体，首先要减压蒸馏解聚。

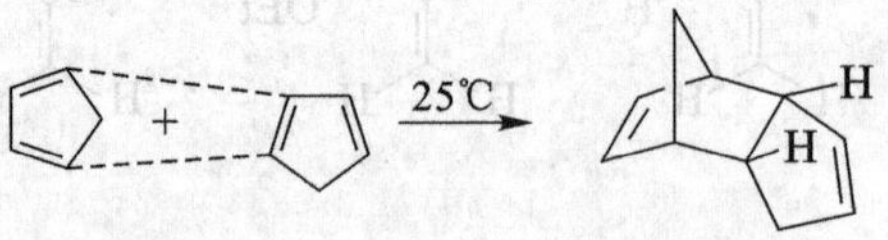

此外，实验结果表明，连有给电子基团的双烯体反应活性更高。

习题 10-22　下列哪些亲双烯体反应活性较高？

(1) CH_2═CHCOCl　　(2) CH_2═$CHCH_2CH_2COOCH_3$

(3) 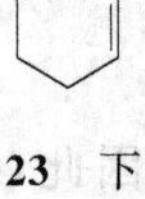　　(4) 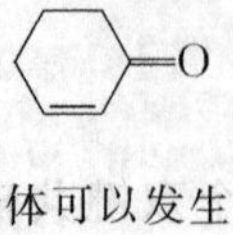　　(5) 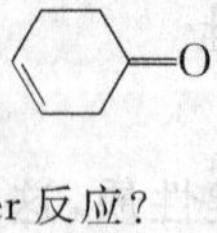

习题 10-23　下列哪些双烯体可以发生 Diels-Alder 反应？

(1) 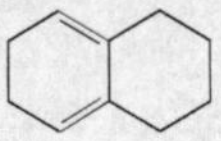　(2) 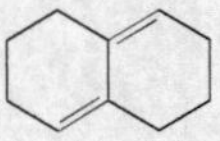　(3) 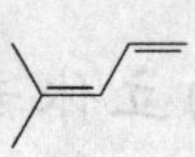

习题 10-24　写出下列 Diels-Alder 反应的产物。

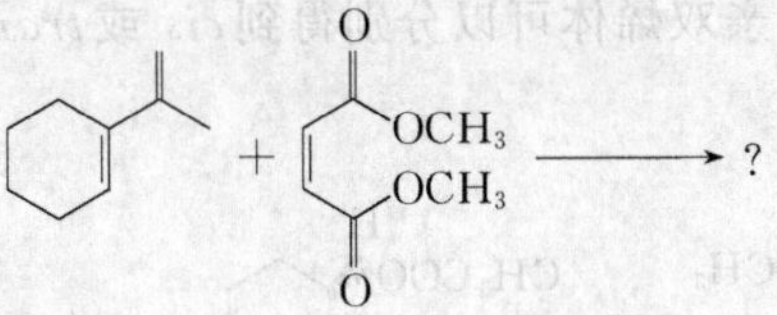

10.9.4　Diels-Alder 反应的区域选择性

Diels-Alder 反应具有很高的区域选择性。当双烯体和亲双烯体上均有取代基且为不对称结构时，有可能产生两个不同的反应产物：

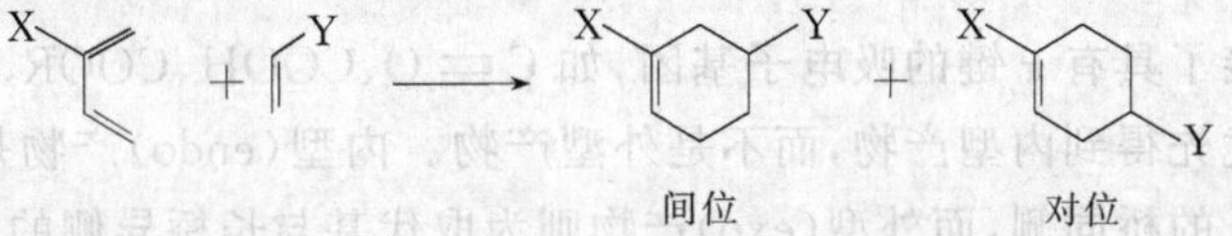

间位　　对位

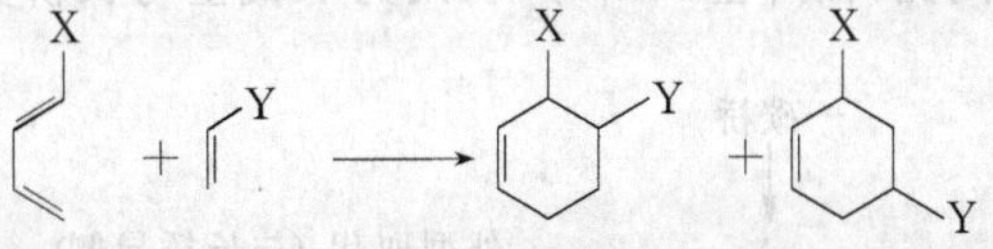

邻位　　间位

实验结果表明，主要产物通常是邻位或对位产物。如 1,3-戊二烯与丙烯酸甲酯反应得到邻位取代产物占 61%，是主要产物，1-甲氧基-1,3-丁二烯与丙烯醛反应只得到邻位取代产物，2-甲基-1,3-丁二烯与丙烯醛反应的主要产物是对位取代产物。

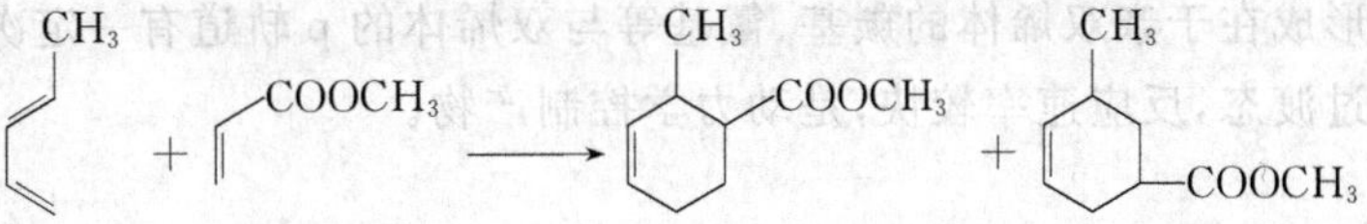

61%　　39%

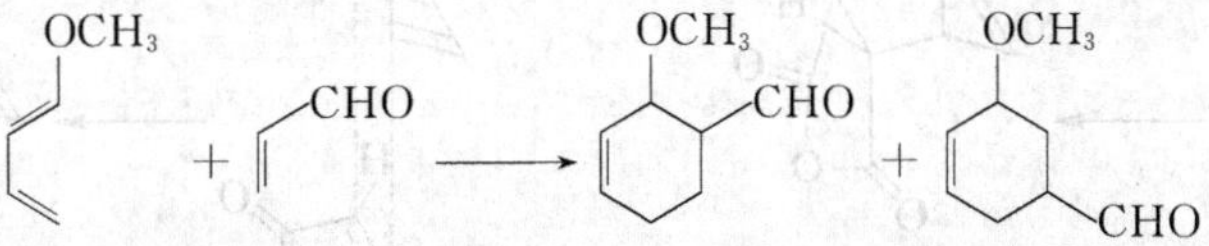

100%　　0%

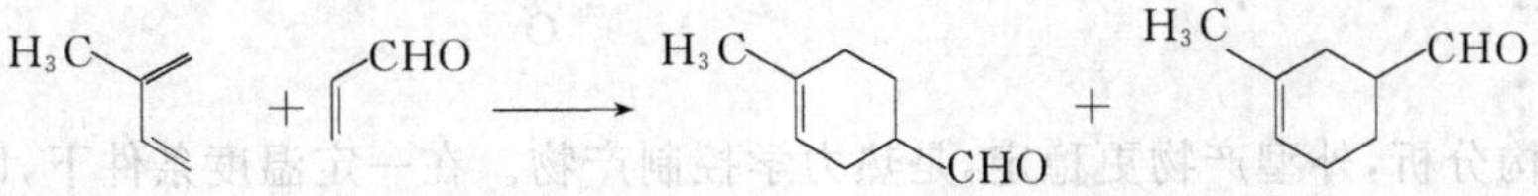

70%　　30%

10.9.5　Diels−Alder 反应的立体专一性

Diels−Alder 反应之所以在有机化学中具有重要地位，除了它是少数合成环系分子的方法外，另一个主要原因是反应的立体专一性。如 *Z* 型和 *E* 型亲双烯体可以分别得到 *cis* 或 *trans* 二取代环己烯产物。

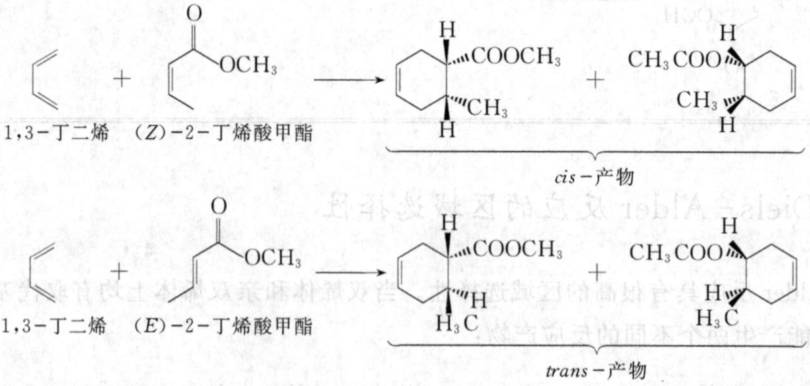

当亲双烯体连接了具有 π 键的吸电子基团，如 C＝O、COOH、COOR、NO_2 等基团时，与环状共轭二烯烃反应优先得到内型产物，而不是外型产物。内型(endo)产物是指成桥环后原亲双烯体的取代基与较长的桥同侧，而外型(exo)产物则为取代基与长桥异侧的产物。

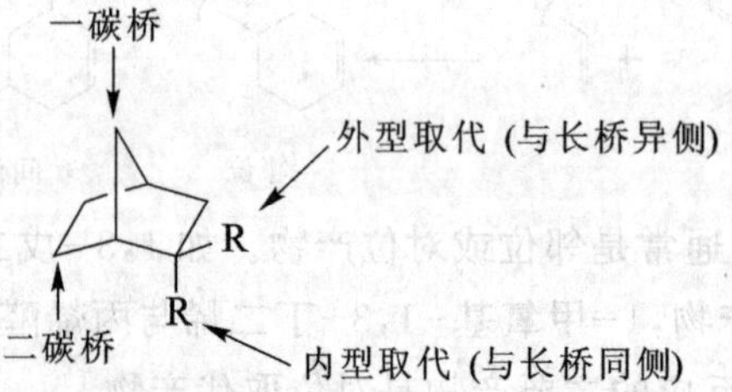

内型产物的形成在于亲双烯体的羰基、氰基等与双烯体的 p 轨道有一定次级相互作用，从而稳定了反应中间过渡态，反应速率较快，是动力学控制产物。

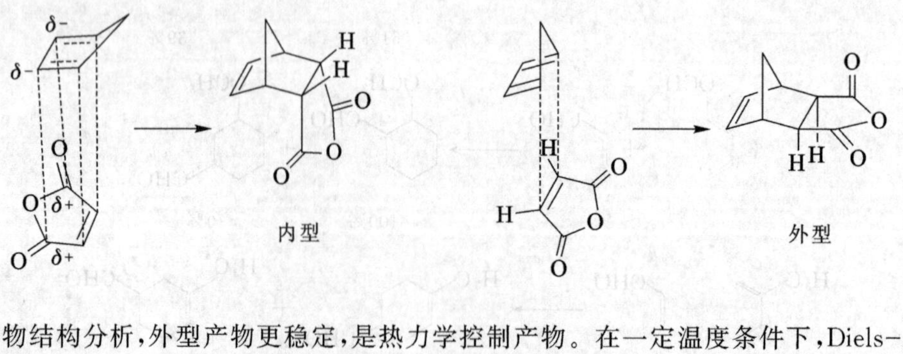

从产物结构分析，外型产物更稳定，是热力学控制产物。在一定温度条件下，Diels−Alder 反应是可逆的，这时，热力学控制产物，即外型产物就成为主要产物。例如，呋喃与 *1H*−吡咯−2,5

－二酮发生 Diels－Alder 反应，在 25 ℃时反应主要得到内型的动力学产物，而在 90 ℃时反应则主要得到外型的热力学控制产物。

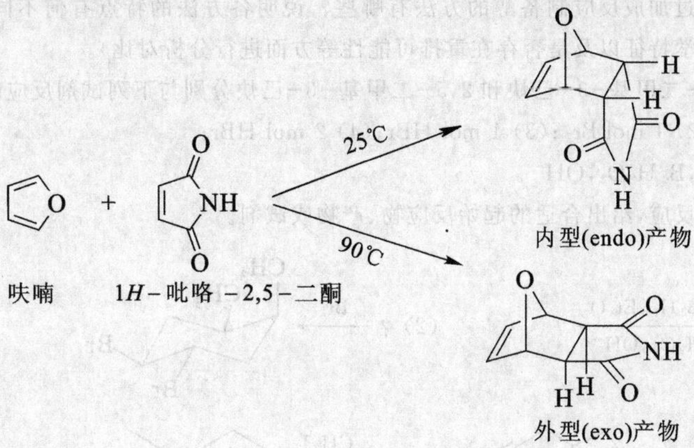

习题 10－25　完成下列反应式。

(1) 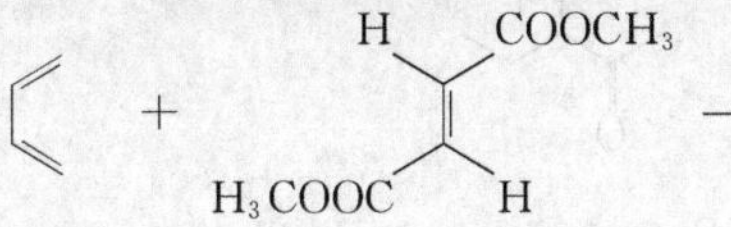

(2) 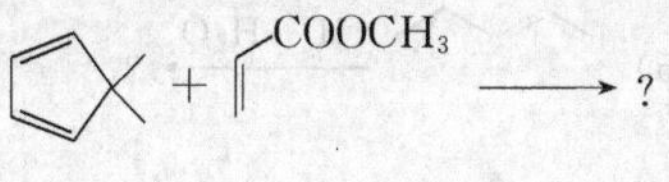

(3) 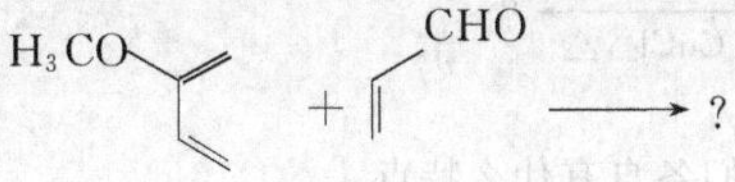

(4) 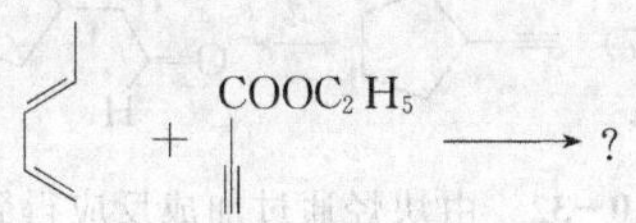

(5) 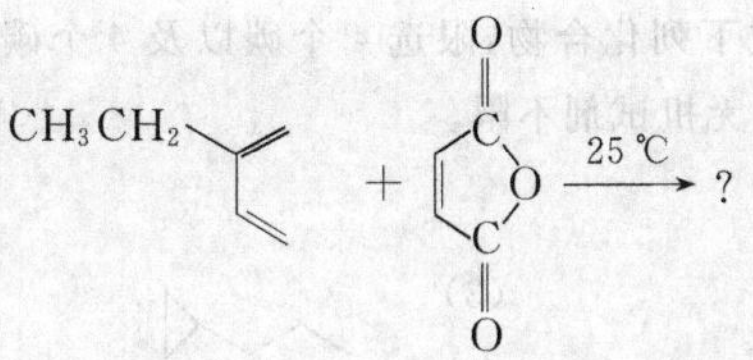

(6) 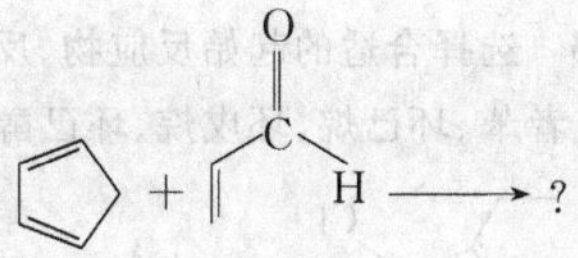

习题 10－26　写出(*R*)－3－甲基环己烯与下列试剂作用的产物，准确表示产物的构型。

(1) Br_2；(2) HCl；(3) H_3O^+；(4) 浓硫酸；(5) B_2H_6，Et_2O；(6) $Hg(OAc)_2$；

(7) Br_2，OH^-，H_2O；(8) $CHCl_3$，KOH；(9) HBr，$(t-BuO)_2$；(10) CH_2I_2，Zn(Cu)。

习题 10－27　写出下列不饱和烃与 1 mol HBr 反应的产物。

(1) 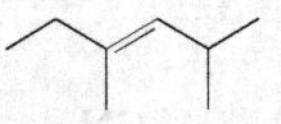　(2) 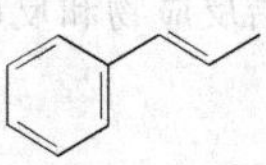

(3) 　(4) 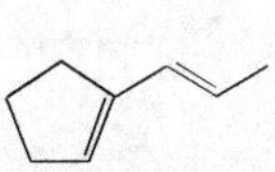

习题 10－28　某两个烯烃与溴反应分别得到下列化合物 A 和 B：

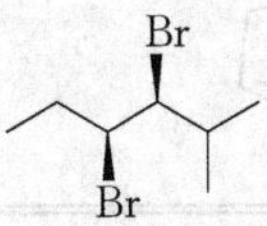

A.

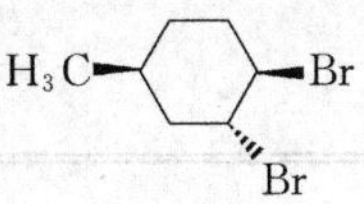

B.

(1) 试写出这两个烯烃的准确构型；

(2) 写出上述反应机理，并指出这两个烯烃是否可能形成其他的产物，如果有，分析哪个产物是主要产物。

习题 10-29　由烯烃通过加成反应制备醇的方法有哪些？说明各方法的特点有何不同(提示：可以从机理、活性、区域选择性、立体化学特征以及是否存在重排可能性等方面进行分析对比)。

习题 10-30　写出 2,2-二甲基-3-己炔和 2,5-二甲基-3-己炔分别与下列试剂反应的产物。

(1) H_3^+O, Hg^{2+}；(2) 1 mol Br_2；(3) 1 mol HBr；(4) 2 mol HBr；

(5) A. B_2H_6, Et_2O, B. H_2O_2, OH^-。

习题 10-31　完成下列反应，给出合适的起始反应物、产物或试剂。

(1) 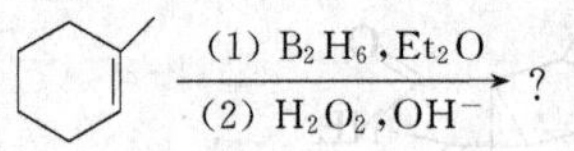

(2) 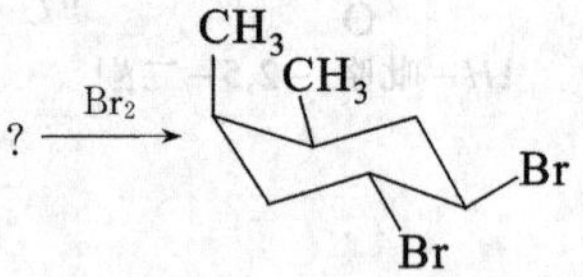

(3) 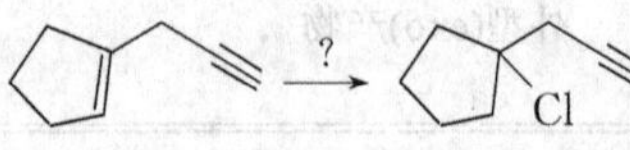

(4) 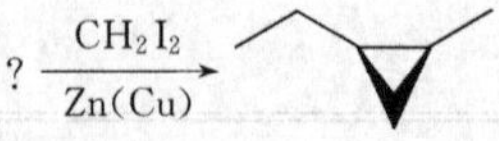

(5) 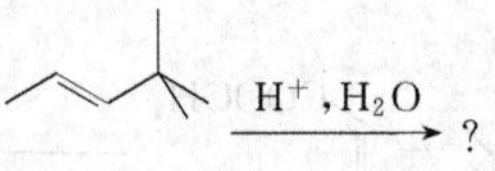

(6) 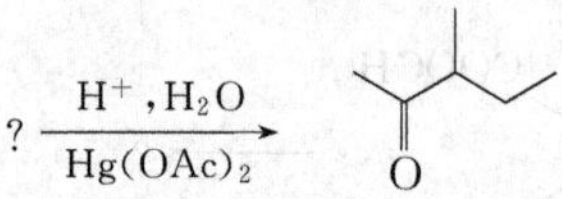

(7) 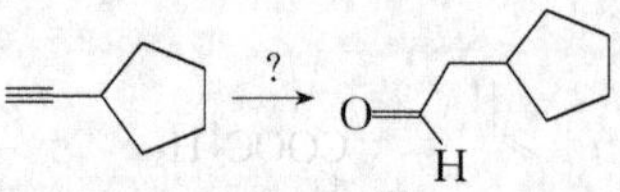

(8) 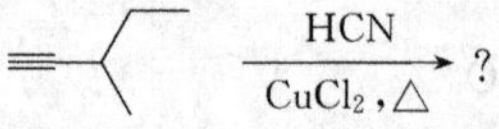

习题 10-32　由炔烃通过加成反应得到醛、酮的方法有哪些？它们各自有什么特点。

习题 10-33　选择合适的起始反应物、反应条件和合成路线合成下列化合物，限选 4 个碳以及 4 个碳以下的有机反应物或者苯、环己烷、环戊烷、环己醇、环戊醇等易得的原料，无机试剂不限。

(1) 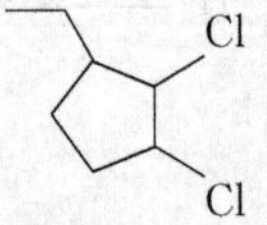

(2) 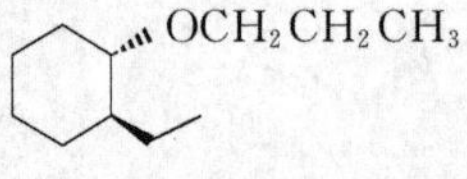

(3) 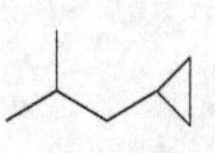

(4) 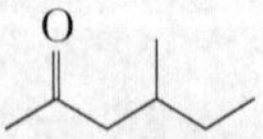

(5) 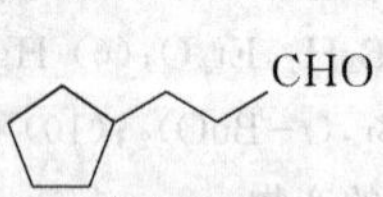

(6) 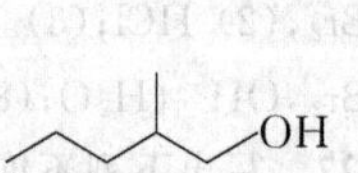

习题 10-34　提出通过环加成反应合成下列化合物的起始反应物和反应条件。

(1) 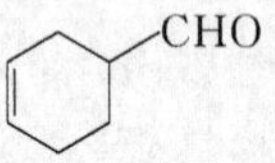

(2) 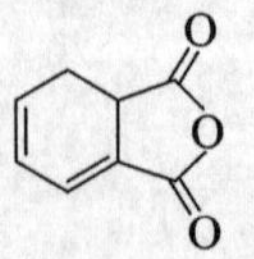

(3) 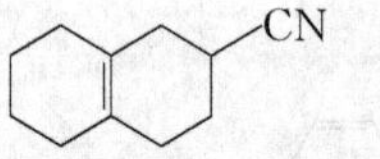

(4) 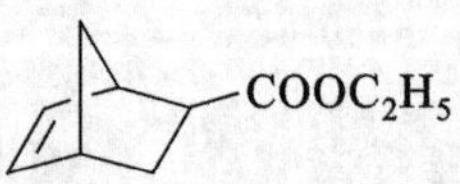

(5) 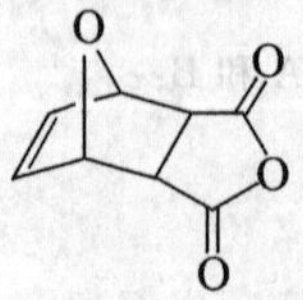

(6) 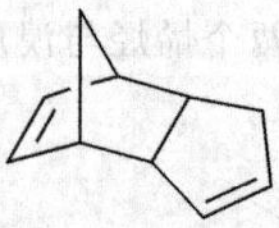

第十一章 氧化还原反应

(Redox Reaction)

氧化还原反应是最重要的有机化学反应类型之一,也是自然界最普遍、规模最大的、与生命关系最密切的一类反应。例如,植物的光合作用和动物体内的氧化代谢等都属于氧化还原反应。

11.1 官能团的氧化程度与氧化还原反应

氧化还原反应的本质是电子得失过程。与典型的无机化合物的氧化还原相比较,有机氧化还原反应具有部分得失电子特征,表观上更多地体现在键极性的变化上。当C—H键转化为C—N,C—O或C—X键时,由于氮原子、氧原子和卤素原子的电负性较大,围绕在碳原子周围的共价电子对逐渐远离该碳原子。这种远离可以理解为碳原子部分地失去了电子,定义为发生了氧化反应(oxidation reaction),与之相反的过程就是还原反应(reduction reaction)。

另一方面,当含有碳-碳,碳-氮,碳-氧重键的化合物发生π键断裂,加氢转化成C—H、N—H或O—H单键时,因为氢原子的电负性较小,共价电子对更偏向碳原子和氮、氧杂原子,因此可以理解为碳、氮、氧原子均部分地得到了电子,这时,该化合物发生了还原反应,相反的过程就是氧化。为了方便比较,可以将碳原子所连接的N、O、X等电负性较大的原子数目以及π键的数目之和定义为该碳原子的氧化程度(oxidation level)。反应前后碳原子氧化程度的变化可以作为判断是否发生了氧化还原反应的依据。有机化合物中主要官能团碳原子的氧化程度列于表11-1中。

表 11-1 常见官能团中碳的氧化程度

氧化程度	0	1	2	3	4
常见官能团	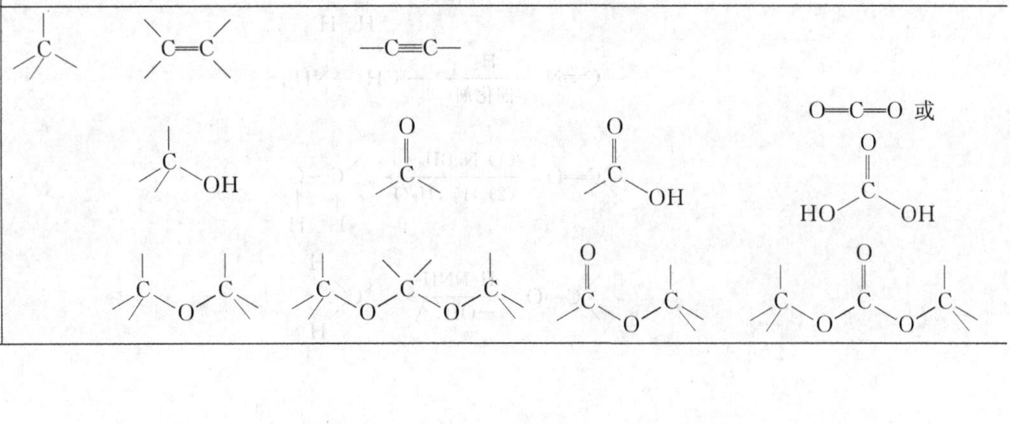				

续表

氧化程度	0	1	2	3	4
常见官能团		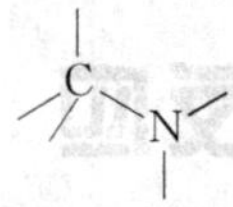 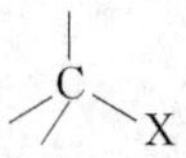	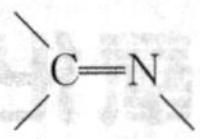	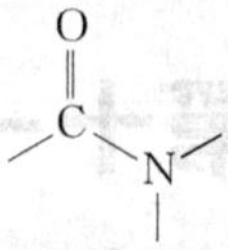 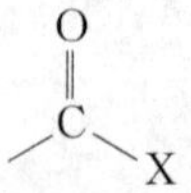	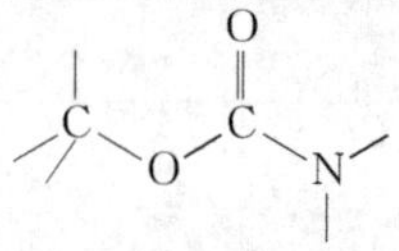 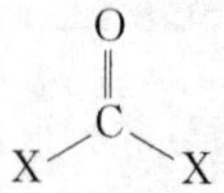

用这种观点来分析有机反应，会发现很多反应中，碳原子的氧化程度都有变化。例如，前述烷烃的自由基卤代反应（参阅 7.4 节），其反应中心的碳原子氧化程度从 0 变化为 1，理论上可以归属于氧化反应。又如，芳环的亲电取代反应（详见 12.1 和 12.2 节），其反应中心的碳原子氧化程度从 1 变化为 2，也可以归属于氧化反应。不过，习惯上并不将它们归属于氧化还原反应。

还有一些反应，同一化合物中某个碳原子可能还原了，而另一个碳原子可能氧化了，总结果是整个化合物的氧化还原状态变化为零。如烯烃与 HX 和 H_2O 加成，其中一个双键碳原子形成 C—H 键是还原了，另一个则形成 C—O 键是氧化了。这种反应一般也不归于氧化还原反应。类似的情况也存在于醇和卤代烃的消去反应中。

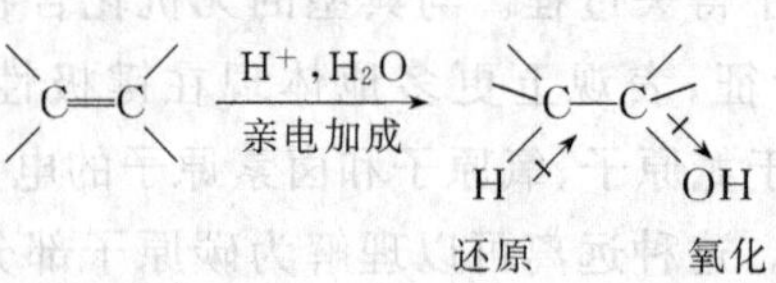

在有机化学中，习惯上只将加氧或脱氢的反应称为氧化反应，如醇在氧化剂作用下脱氢生成醛、酮的反应以及醛、酮氧化生成羧酸或羧酸衍生物的反应属于氧化反应。

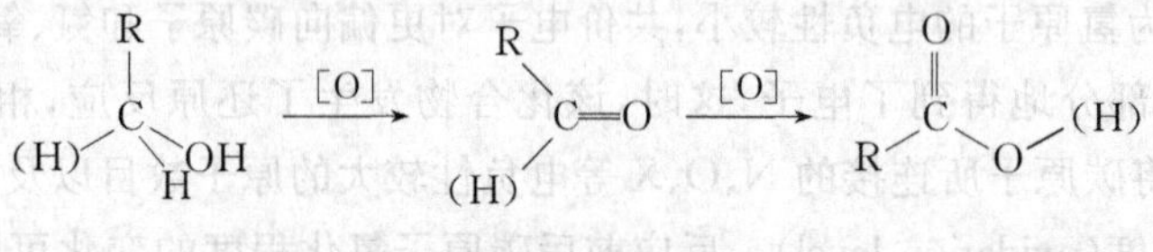

而将加氢或脱氧的反应称为还原反应，如烯烃和腈的催化氢化，以及羰基在 $NaBH_4$ 作用下生成醇或在 H_2NNH_2 作用下生成亚甲基的反应属于还原反应。

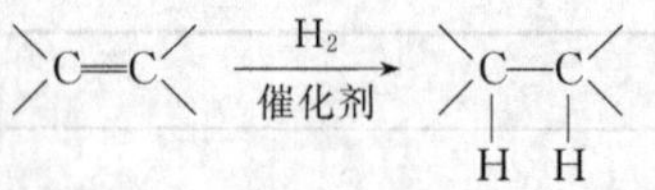

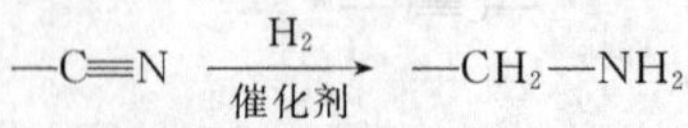

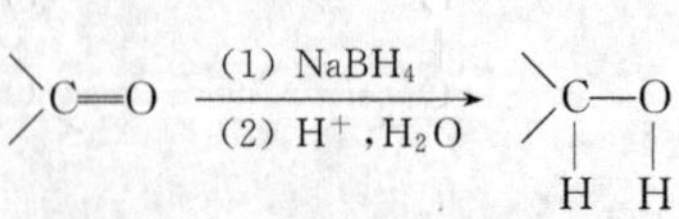

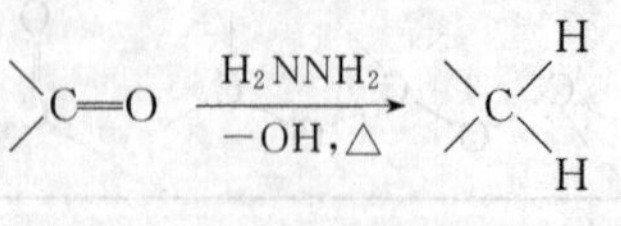

氧化还原反应是有机化学中一类涉及化合物面广、反应条件差异大、机理复杂多样的反应类型。本章就常见的氧化还原反应进行讨论。

11.2　还原反应

凡具有 C—C、C—O、C—N 不饱和键的化合物均含有易被还原的 π 键。这就是说烯烃、炔烃、芳烃、醛、酮、亚胺、羧酸及其衍生物均可以发生还原反应。此外，小环化合物和卤代烃也可以被还原(11.2.1 节和 11.2.2 节)。

含有不饱和键化合物的还原反应主要为加氢还原，也有部分为脱氧还原，如羰基还原为亚甲基的反应即为一个典型的脱氧还原。加氢还原与加成反应有某些类似之处。根据还原试剂不同可分为催化氢化、金属氢化物的负氢还原和金属-液氨的电子-质子还原。

催化氢化还原：

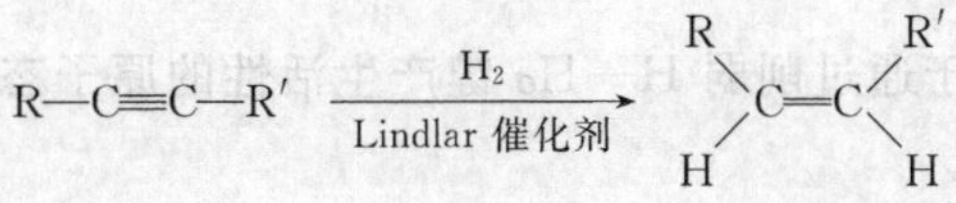

(*Z*)

电子-质子还原：

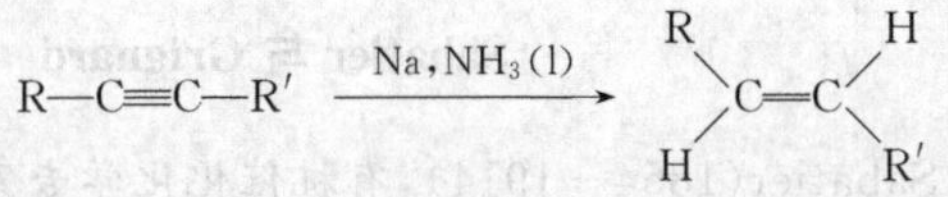

(*E*)

负氢还原：

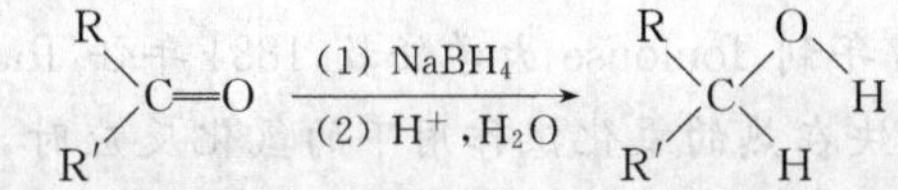

还原试剂不同，则还原反应的机理不同，反应活性和立体化学特征也各不相同。以下将按照还原试剂不同对还原反应进行讨论。

11.2.1　催化氢化还原

催化氢化是指化合物在金属催化剂催化下，一定温度和压力条件下，与氢气加成的反应。只要催化剂合适，几乎所有含有不饱和键的官能团化合物均可以通过催化氢化被还原。

最早的催化氢化报导是 1874 年，Von Wilde 在铂黑存在下还原乙烯和乙炔得到乙烷。但是催化氢化还原方法被广泛采用还是在 1897 年以后。这主要归功于 Paul Sabatier 和他的合作者发现了粉末金属催化氢化的方法，并提出了催化作用是由于反应物与催化剂形成了不稳定的中间产物的理论假设。Paul Sabatier 对许多有机物的催化氢化和脱氢反应做了系统的考察，并研究了不同的金属粉末对特定反应的选择性。因为 Paul Sabatier 的贡献，他与格氏试剂的发现者 Victor Grignard 分享了 1912 年的 Nobel 化学奖。

1. 催化氢化的机理与催化剂活性

催化氢化反应中的关键是催化剂的制备和选用。如果没有催化剂，一般有机化合物与氢气的反应是难于发生的。催化氢化的详细机理还没有完全研究清楚，一般认为氢气先被吸附在金属的表面，H—Hσ 键被削弱，同时 C—Cπ 键的 p 轨道与金属的空轨道配位，π 键也被削弱。然后是原子态氢加成到重键上，形成加成产物并脱离金属表面。图 11-1 为乙烯的催化加氢示意图。

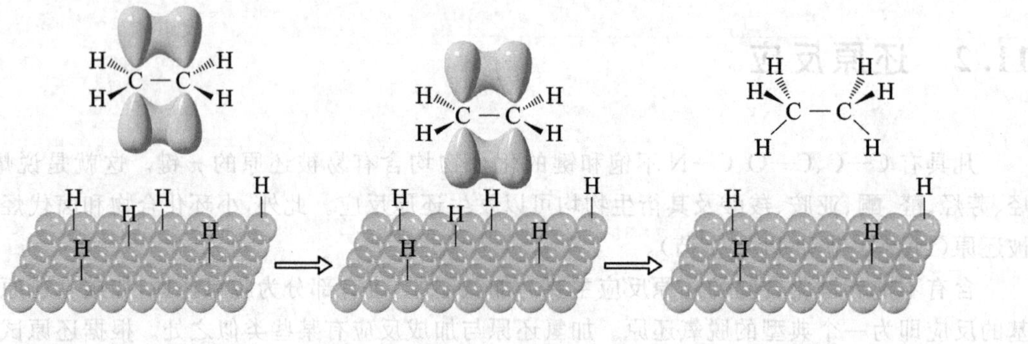

图 11-1 乙烯的催化加氢示意图

可见，催化剂的作用在于通过削弱 H—Hσ 键产生活性的原子态氢，同时削弱被加成物的 π 键，降低加氢反应的活化能。

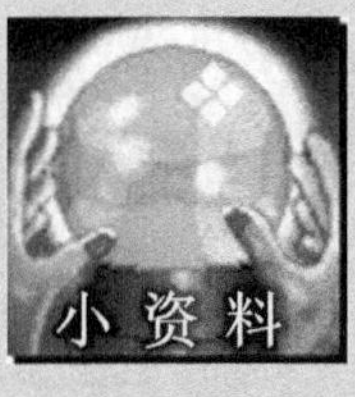

Sabatier 与 Grignard

Paul Sabatier(1854—1914)，有机催化化学专家，1854 年 11 月 5 日生于法国南部的 Carcassonne。1880 年获得博士学位后在 Bordeaux 理学院执教两年，然后于 1883 年到 Toulouse 大学任教，1884 年任 Toulouse 大学化学教授。

1897 年 Sabatier 研究乙炔在热的氧化镍作用下的氢化反应时，发现了金属镍粉的催化作用。在此基础上，Sabatier 发明了用于有机合成的金属粉末催化剂，并研究了有机化合物的加氢方法。这是有机化学中重要的还原方法之一，应用十分广泛。例如，油脂中的不饱和脂肪酸可以经催化氢化转化为饱和脂肪酸，这是油脂工业的基础转化反应。今天人们能品尝到美味的人造奶油，就得益于 Sabatier 的研究成果。

Victor Grignard(1871—1935)，法国有机化学家。1871 年 5 月 6 日生于法国 Cherbourg，1891 年有机会进入 Lyons 大学学习，但因没有通过 1892 年的数学证书考试，他入伍服兵役，1893 年复员后重新进入 Lyons 大学学习，1894 年获得数学学位后得到一个三年级的学习职位，跟从 Louis Bouveault 教授工作。后来他获得提升，师从 Philippe Barbier 教授，1901 年以优秀的论文"有机镁试剂研究"获得博士学位。Grignard 发现的格氏试剂是化学研究与生产中功能最多、最有价值的化学试剂之一。因此，Grignard 与 Sabatier 分享了 1912 年的 Nobel 化学奖。

常用的加氢催化剂有铂(Pt)、钯(Pd)、铑(Rh)、钌(Ru)和镍(Ni)。一般将金属粉末吸附在某种载体上，常用的载体有活性炭、$CaCO_3$、$BaSO_4$ 和 Al_2O_3 等。如常见的铂碳(Pt/C)和钯碳(Pd/C)是指铂和钯吸附在活性炭上制成的催化剂。以上这些金属中铂、钯、铑、钌较贵重，镍较便宜，因此，工业上镍的应用更为广泛。此外，铁(Fe)、铬(Cr)、钴(Co)和铜(Cu)等金属的活性虽然较低，但在高温高压下仍然可以催化加氢反应，也是工业中经常使用的异相催化剂。实验室则常直接用二氧化铂(PtO_2)、二氧化钯(PdO_2)作为催化剂，因为氢气可以还原二氧化铂和二氧化钯得到极细的金属粉末铂和钯。实验室常用的催化剂还有 Raney 镍。Raney 镍通常是使用镍铝合金与氢氧化钠加热除去合金中的铝所制得。

$$\text{NiAl 合金} \xrightarrow[\triangle]{NaOH} Ni + NaAlO_2 + H_2$$

金属催化剂催化活性顺序是：Pt ＞ Pd ＞ Ni。

催化氢化常用的溶剂有乙醇、甲醇、乙酸、乙酸乙酯等。

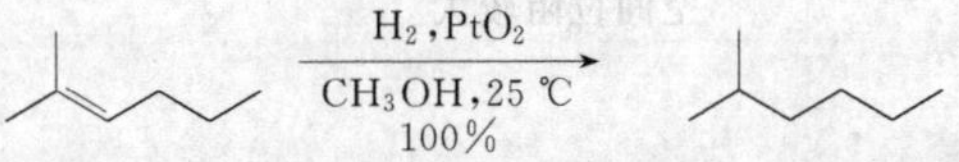

催化氢化反应的温度、压力条件对反应活性影响很大。一般加压和提高温度有利于反应速率的提高。值得注意的是，催化氢化反应在一定条件下是可逆的，因此必须控制在适当的反应温度和压力条件下进行催化氢化反应。

2. 催化氢化的立体化学

由于催化氢化在催化剂表面进行，因此催化氢化是一个立体专一性反应。一般以顺式加成的方式进行。例如，1-甲基-2-乙基环己烯催化氢化得顺式-1-甲基-2-乙基环己烷的外消旋体：

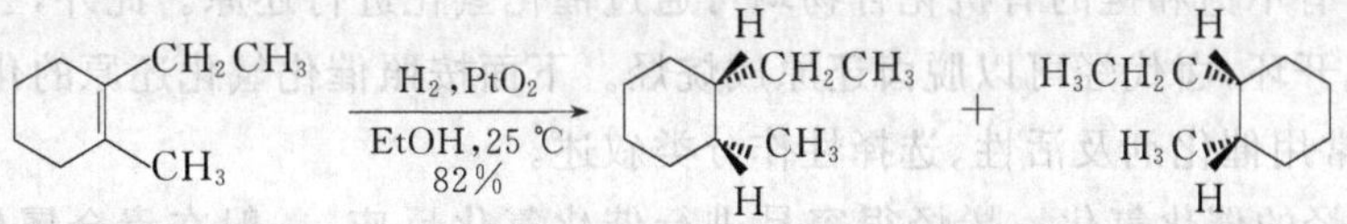

Lindlar 催化剂是将 5%Pd-$CaCO_3$ 用乙酸铅和喹啉处理后得到的催化活性有所下降的催化剂。在该催化剂作用下，炔烃的催化氢化可以停留在烯烃的阶段，且得到的产物是顺式烯烃。

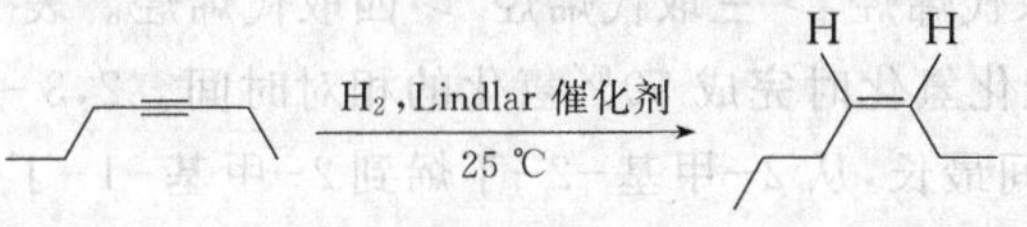

如果反应物的 π 键两面具有不同的空间位阻，则加成以位阻较小的一面进攻为主。在此条件下，可以得到旋光活性的产物。例如：

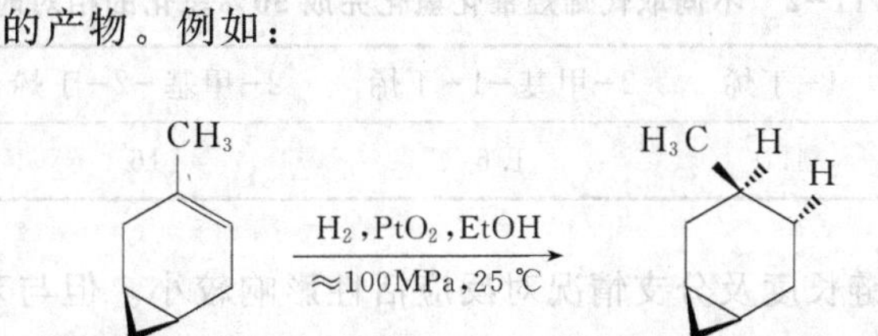

又如，(*S*)-2-甲基环戊酮在钯催化的氢化反应中，主要形成(1*R*,2*S*)-2-甲基环戊醇。这是因为甲基体积比氢大，妨碍了羰基的 π 键从甲基所在的面与催化剂钯表面结合，不利于氢从该面与羰基的 π 键加成。

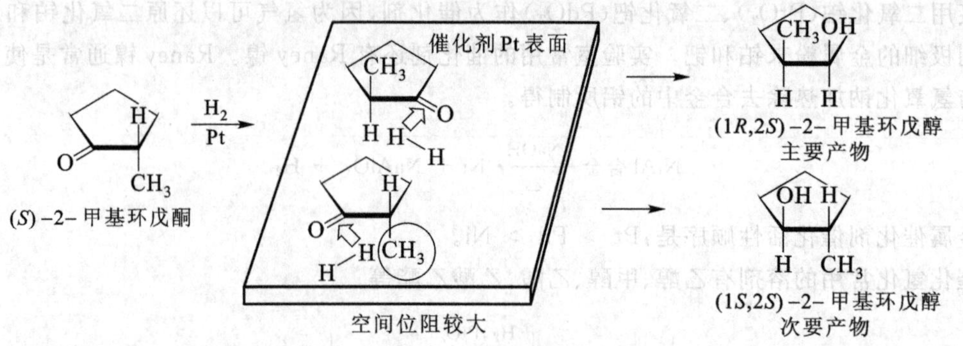

习题 11-1　写出下列化合物催化氢化产物的构型。

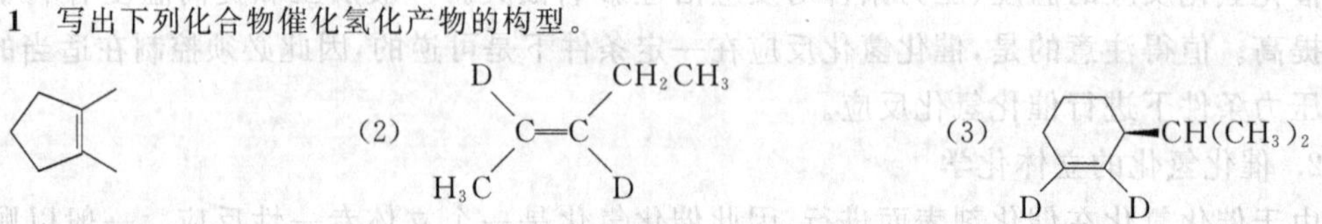

3. 各类化合物的催化氢化反应与反应活性

几乎全部含有不饱和键的有机化合物均可通过催化氢化进行还原。此外，三元环、四元环化合物也可以氢化开环，卤代烃可以脱卤还原成烷烃。下面按照催化氢化还原的化合物类型，对它们的还原产物、常用催化剂及活性、选择性作分类叙述。

(1) 不饱和烃的催化氢化　烯烃很容易进行催化氢化反应，一般在贵金属催化下即可在室温和常压下进行氢化还原反应。烯烃π键与催化剂表面金属原子的空轨道结合有助于氢化反应的进行，因此立体因素就成为主要的影响反应活性的因素。不同取代烯烃的反应活性规律为：乙烯 > 单取代烯烃 > 双取代烯烃 > 三取代烯烃 > 四取代烯烃。表 11-2 列举了几个不同取代类型烯烃的化合物进行催化氢化时完成 50%氢化的相对时间。2,3-二甲基-2-丁烯属于四取代烯烃，氢化所需要的时间最长，从 2-甲基-2-丁烯到 2-甲基-1-丁烯，再到 1-丁烯，双键碳原子上连接的取代基逐步减少，氢化所需要的时间也依次减少。

表 11-2　不同取代烯烃催化氢化完成 50%氢化的相对时间

	1-丁烯	2-甲基-1-丁烯	2-甲基-2-丁烯	2,3-二甲基-2-丁烯
完成 50%氢化的相对时间	1.0	1.6	16	45

双键碳上连有的支链长度及分支情况对反应活性影响较小。但与苯环相连的双键较 1-烯烃更易加氢还原。以下是一组在 Ni/Al_2O_3 催化下烯烃与环烯烃的相对反应活性：

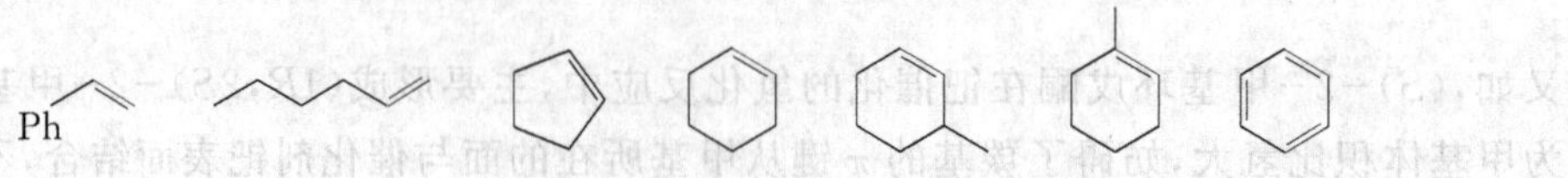

相对反应活性	900	306	294	150	134	5	1.0

烯烃的催化氢化容易发生异构化，从而影响到最终产物的立体化学。例如，1,2,3,4,5,6,7,8－八氢化萘的催化氢化产物应该为顺十氢化萘，但是由于反应中容易发生异构化而转化为1,2,3,4,4a,5,6,7－八氢化萘，结果得到的还原产物中，反十氢化萘的比例占90%，顺十氢化萘仅占10%。

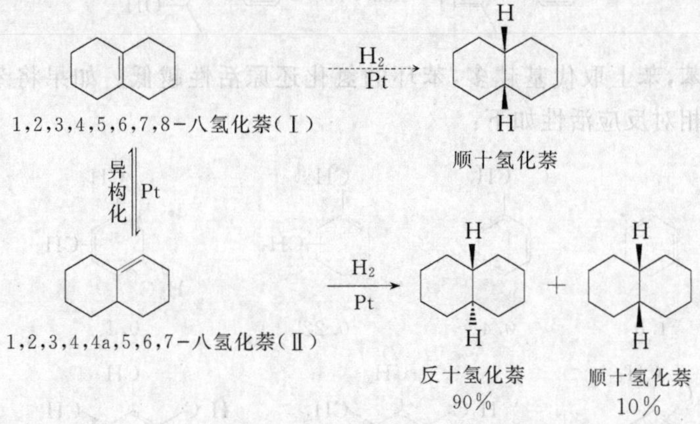

由于双键的氢化还原活性随着取代基增多而下降，起始烯烃Ⅰ的氢化速率较低，相反，异构化反应速率提高。异构化以后的烯烃Ⅱ再氢化以得到反式产物为主。

炔烃在Pt/C和Pd/C催化下可以完全氢化得到烷烃。

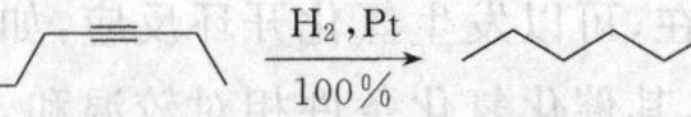

如果使用Lindlar催化剂，则反应可以停留在烯烃这一步。反应为顺式加成，得到顺式烯烃。

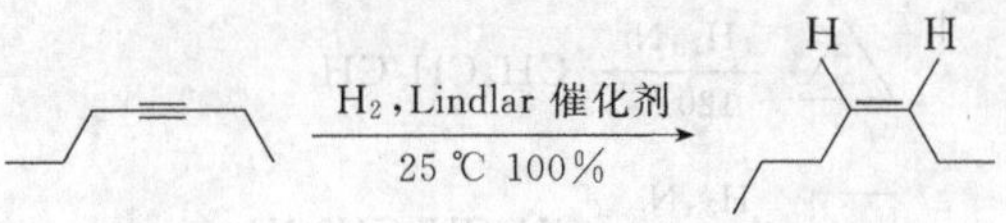

孤立二烯烃或多烯烃进行催化氢化时，可以完全氢化得到烷烃。如果其分子结构中两个双键或多个双键的结构差异较大，则可以控制反应在较活泼的双键上进行。如使用硼化镍催化2－甲基－1,5－己二烯时，使用1.0 mol H_2 得到产率为95%的2－甲基－1－己烯。

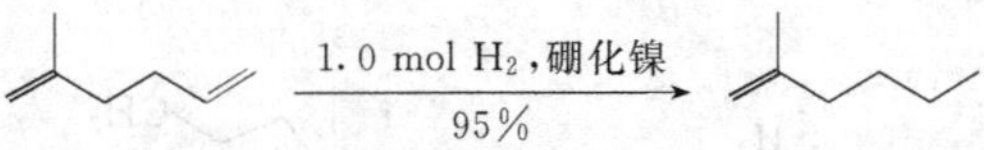

共轭二烯烃的氢化通常可以得到多种可能的产物，因此很少有实际应用价值。但当烯烃与芳香环、羰基共轭时，则其氢化还原具有实际应用价值。

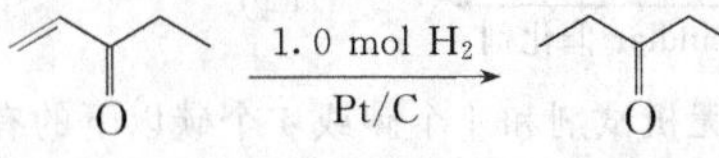

芳香烃的氢化还原比一般的不饱和脂肪烃困难，也比醛、酮、腈、卤代烃和硝基化合物的还原难一些，通常需要更活泼的催化剂如 PtO_2 等进行催化。因此可以控制氢化还原的条件，选择性地还原较容易氢化的基团而不影响芳香环。例如，3－苯基－2－丁酮在Raney镍作用下催化氢

化，可以得到 3－苯基－2－丁醇。

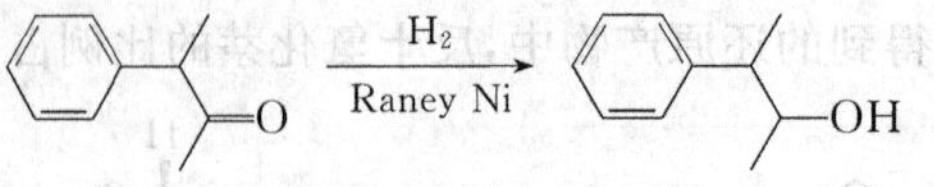

对于苯和取代苯，苯上取代基越多，苯环的氢化还原活性越低。如果将苯的反应活性定为 1，则不同取代苯的相对反应活性如下：

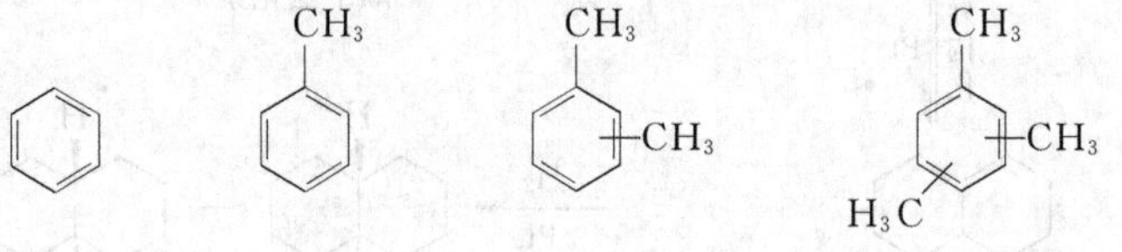

1.0　　0.4　　0.22　　0.1

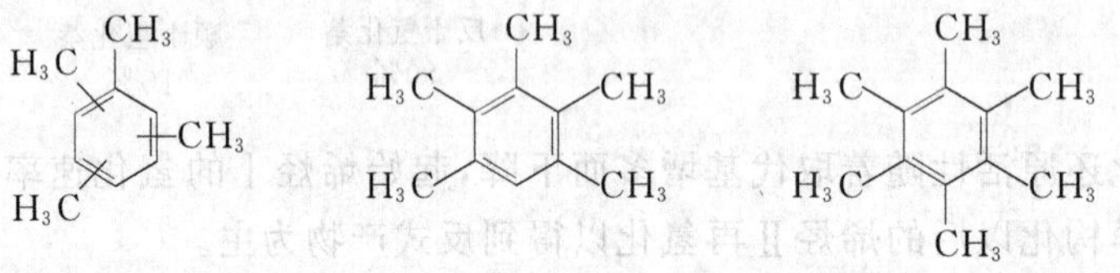

0.04　　0.005　　0.0001

小环化合物由于环张力的存在，可以发生氢化开环反应，如环丙烷和环丁烷用镍催化即可发生氢化开环。环丙烷的张力最大，其催化氢化条件相对较温和，反应温度为 120 ℃。而环丁烷在同样的催化剂作用下需要在 200 ℃下氢化开环。不存在环张力的环戊烷则需要使用活性较高的催化剂，如 12%Pt/C，并且在 300 ℃下才可以氢化开环。

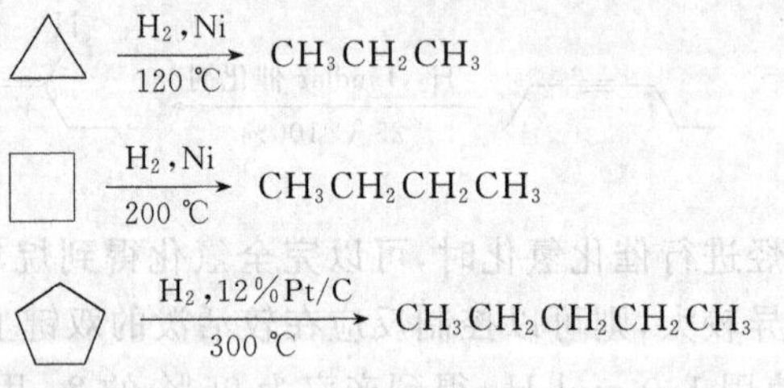

习题 11－2　完成下列反应。

(1) $CH_3CH_2\underset{CH_3}{\underset{|}{C}}HCH{=}CHCH_3 \xrightarrow[\text{Raney Ni}]{H_2}$

(2) 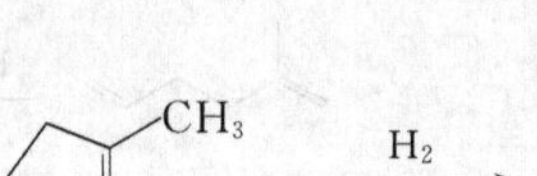

(3) $CH_3CH_2C{\equiv}CCH(CH_3)_2 \xrightarrow[\text{Lindlar 催化剂}]{H_2}$

(4) 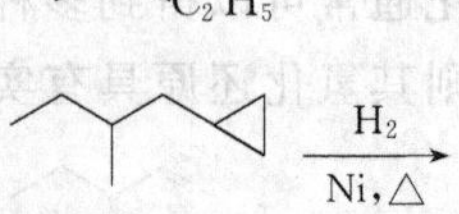

习题 11－3　完成以下合成，可以使用无机试剂和 4 个碳或 4 个碳以下的有机试剂。

(1) 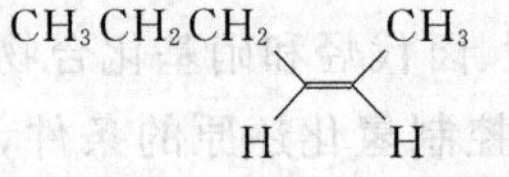

(2) 从环戊烷合成 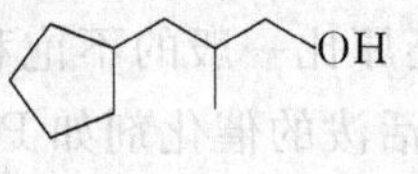

（2）含羰基（C═O）、亚胺基（C═N）和氰基（C≡N）化合物的催化氢化　醛、酮经催化氢化可以分别得到伯醇和仲醇。常用催化剂为 Raney 镍、PtO_2 和 Pd/C。

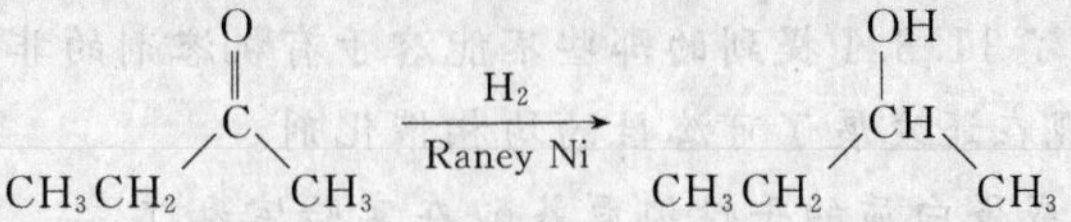

酮　　　　2°醇

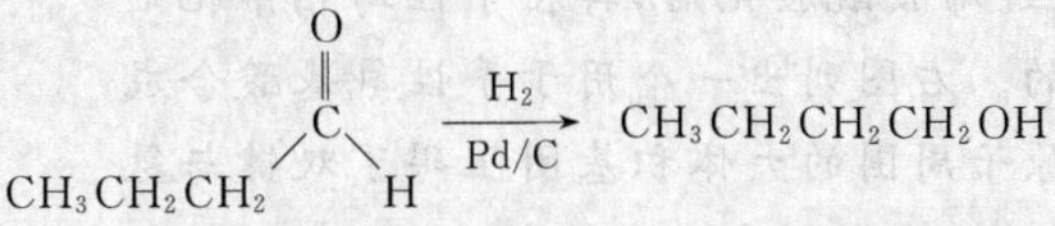

醛　　　　1°醇

亚胺和腈通过催化氢化可以得到仲胺和伯胺。

$$CH_3CH_2CH{=}NCH_3 \xrightarrow{H_2,Pd/C} CH_3CH_2CH_2{-}NHCH_3$$

亚胺　　　　2°胺

$$CH_3CH_2CH_2C{\equiv}N \xrightarrow{2\ mol\ H_2,Pd/C} CH_3CH_2CH_2CH_2NH_2$$

腈　　　　1°胺

亚胺可以通过醛、酮的亲核加成反应（详见第十三章）获得，醛、酮与胺进行亲核加成得到亚胺后再进行还原的反应统称为还原氨化（reductive amination）。这是一个十分有用的合成胺类化合物的方法。

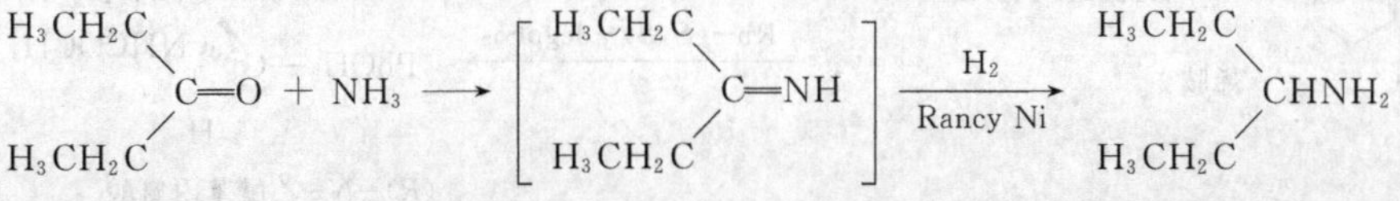

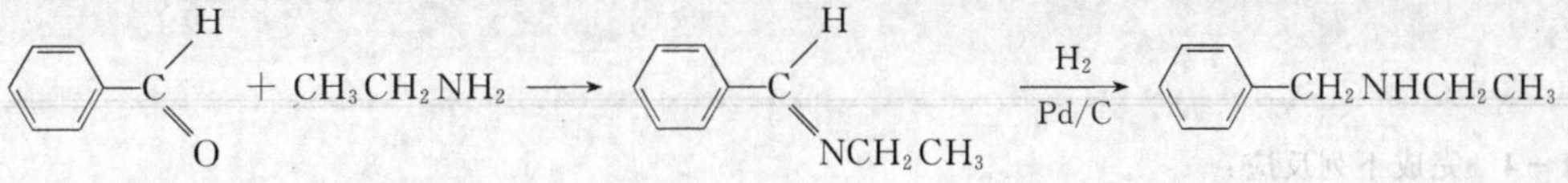

羧酸及其衍生物中，酰氯最容易被氢化还原，其活性甚至高于不饱和碳－碳键。酰氯先被还原为醛，继而被还原成伯醇。

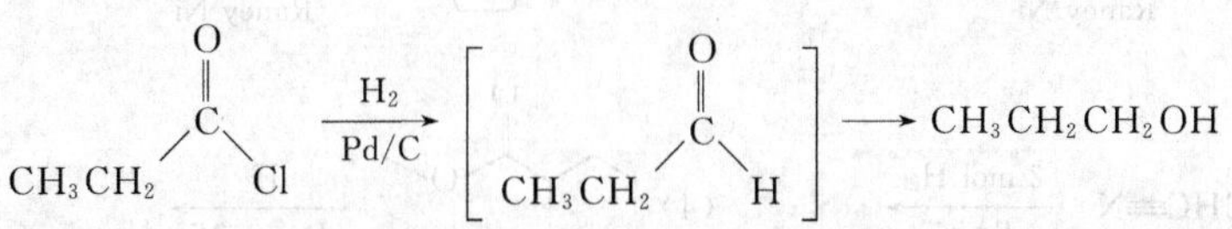

采用一般的氢化催化剂，反应通常难以停留在醛这一步。只有经过特殊处理降低了活性的催化剂才能做到，如 Rosenmund 还原。

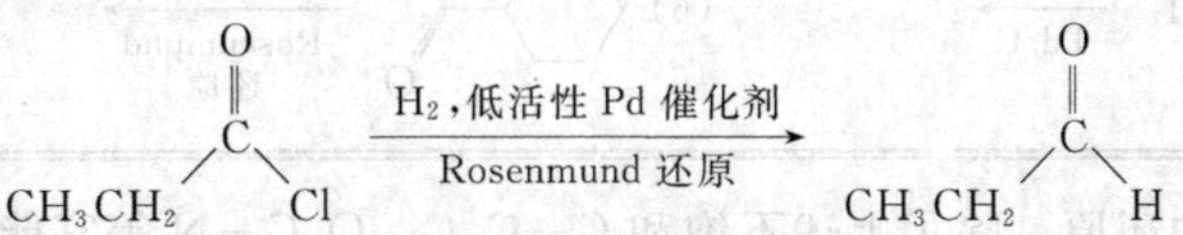

羧酸衍生物中的羧酸、酯和酰胺活性很低，较难被氢化还原。需要特殊的催化剂，并且在 140～420 ℃温度和 15.1～100 MPa 高压条件下才能实现，因此实际应用较少。

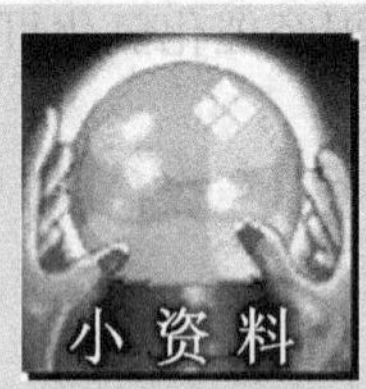

可溶性均相催化剂

除了11.3.1提到的那些不能溶于有机溶剂的非均相催化剂Pt/C、Pd/C等外，现在还发展了可溶性的均相催化剂。

组成蛋白质的手性纯氨基酸在实验室和工业上的手性合成，就是经过烯胺酰胺化后，再在手性均相催化剂作用下催化氢化来完成的。右图列出一个用于手性氨基酸合成的手性膦配体结构。磷原子周围的大体积基团阻碍了双键与氢加成的一个面，从而高选择性地得到手性纯氨基酸。

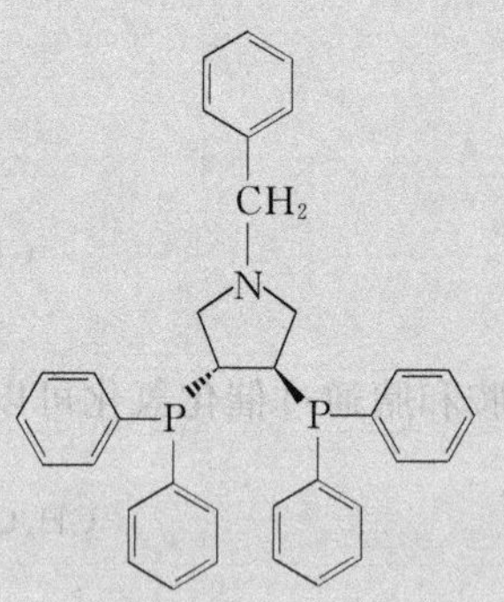

(*R*,*R*)-degphos

通常在手性合成中，可以分别制得两种构型的配体，相应的也就可以分别得到两种构型的加成产物。如使用(*R*,*R*)-degphos作配体，可以得到(*S*)-*N*-乙酰苯丙氨酸[(*S*)-*N*-acetylpheny lalanine]，而改用(*S*,*S*)-Degphos，则得到(*R*)-*N*-乙酰苯丙氨酸[(*R*)-*N*-acetylphenylalaine]。

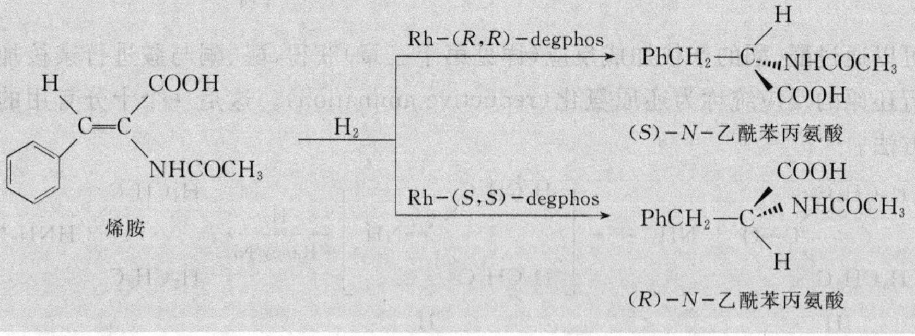

习题 11-4　完成下列反应：

(1) 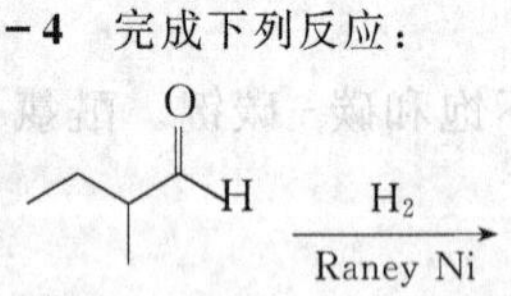

(2) 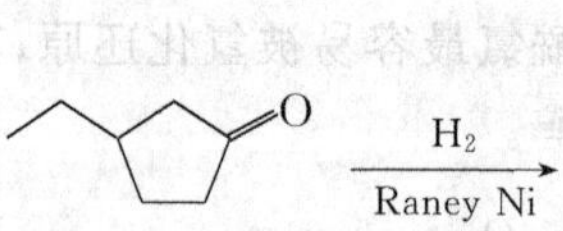

(3) 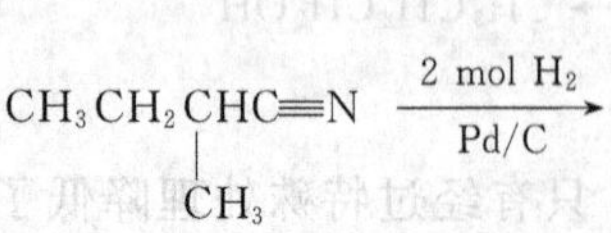

(4) 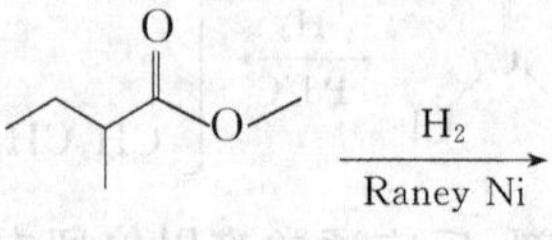

(5) 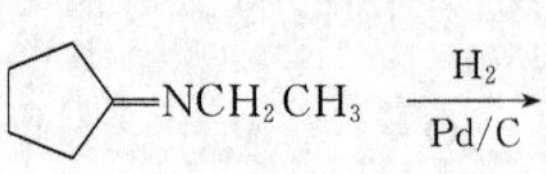

(6) 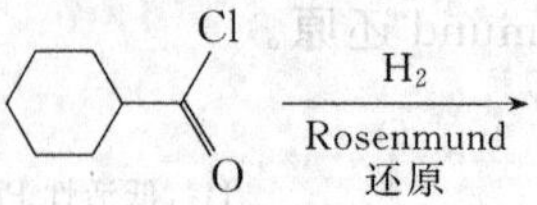

(3) 其他官能团的还原　除了上述不饱和C—C、C—O、C—N等官能团外，还有其他一些基团的还原在合成中也具有广泛的应用。

① 苄基醚经过氢化还原得到醇，这是羟基保护后的脱保护基的一种方法。苄基硫醚的氢化

还原得到甲基化合物,可用于特殊甲基化合物的合成。例如:

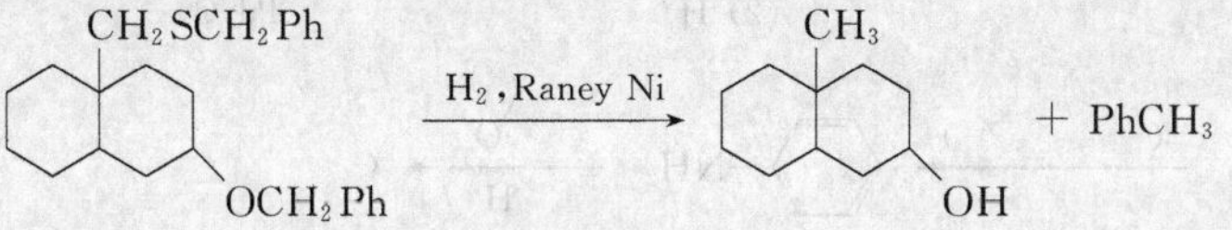

② 硝基化合物的催化氢化还原,在不同条件下可能得到各种不同的产物。最终还原产物是伯胺,还原主要经过亚硝基、羟胺等不同的阶段。

$$\underset{\text{硝基化合物}}{RNO_2} \xrightarrow{H_2} \underset{\text{亚硝基化合物}}{[RNO]} \longrightarrow \underset{\text{羟胺}}{RNHOH} \longrightarrow \underset{1^\circ\text{胺}}{RNH_2}$$

硝基化合物的催化氢化还原是合成胺,特别是合成芳香胺的主要方法之一。例如:

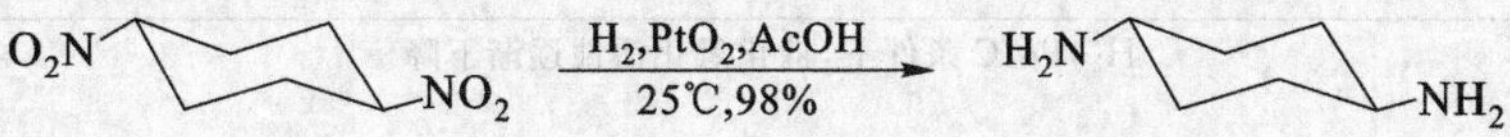

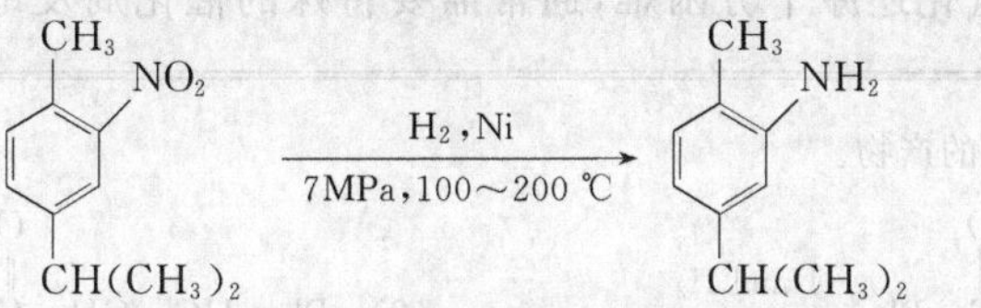

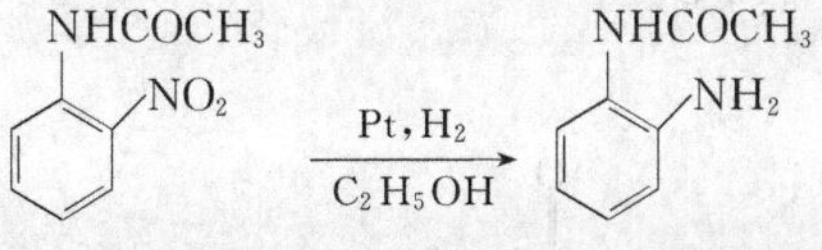

③ 缩硫酮的氢解脱硫是羰基的温和还原方法。缩硫酮的形成将在第十三章中讨论。

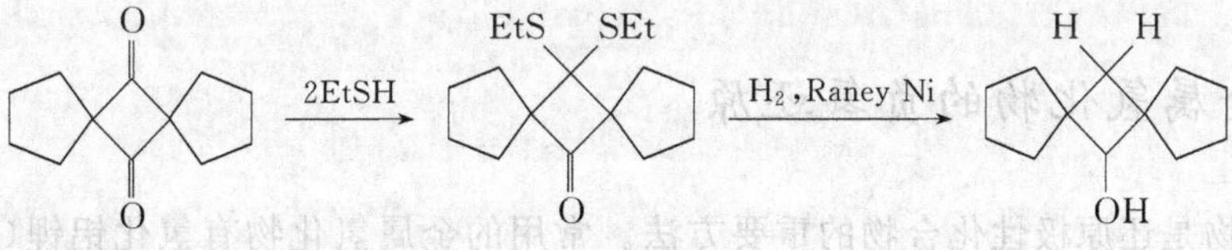

④ 卤代烃的氢化脱卤。将卤代烃中的卤素用氢替换的方法有好几种,催化氢化是其中的一种。因为反应中需要断裂 C—X 键,因此,卤代烃的氢化脱卤反应活性顺序为 RI＞RBr＞RCl＞RF。氟代烃的还原需要很强烈的条件,一般难以进行。氯代烃在较剧烈的条件下也不容易氢化还原,只有 RBr 和 RI 的氢化能在 Raney 镍作用下以较高的产率进行。不同类型的卤代烃的反应活性则为

$$1^\circ RX < 2^\circ RX < 3^\circ RX < \text{芳基型 } ArX < \text{乙烯型 } RX < \text{烯丙型 } RX < \text{苄基型 } RX$$

习题 11－5　完成下列反应,给出中间体、产物或反应条件。

(1) 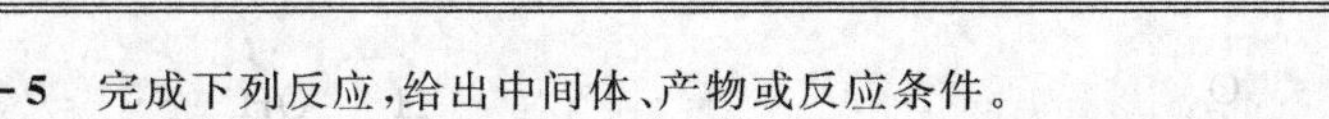

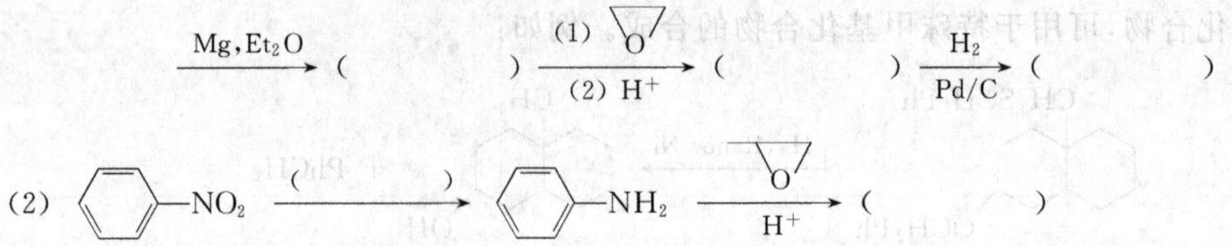

4. 不同官能团在催化氢化中的活性比较

大多数有机官能团化合物均可以被氢化还原。因此，不同官能团的相对反应活性将直接影响反应的选择性。当多官能团化合物进行氢化还原时，选择适当的还原条件，可以使反应按预期方向进行。在催化氢化中，各种不同官能团化合物的相对反应活性如下：

$$\mathrm{R{-}\overset{O}{\overset{\|}{C}}Cl} > \mathrm{RC{\equiv}CR} > \mathrm{R{-}\overset{O}{\overset{\|}{C}}H} > \mathrm{RCH{=}CHR} > \mathrm{R{-}\overset{O}{\overset{\|}{C}}R} > \mathrm{RC{\equiv}N} > \mathrm{RCH{=}NR}$$

H_2,Pd/C 条件下，催化氢化活性逐渐下降 →

羧酸、酯和酰胺的氢化还原十分困难，通常需要特殊的催化剂及苛刻的反应条件。

习题 11－6　写出下列反应的产物。

(1) $\mathrm{Ph{-}HC{=}CH{-}\overset{O}{\overset{\|}{C}}{-}Ph} \xrightarrow[\text{Pd/C}]{1\ \text{mol}\ H_2}$　　(2) $\mathrm{Ph{-}HC{=}CH{-}\overset{O}{\overset{\|}{C}}H} \xrightarrow[\text{Pd/C}]{1\ \text{mol}\ H_2}$

习题 11－7　如何实现下列转化？

$$\mathrm{Ph{-}CH{=}CH{-}\overset{O}{\overset{\|}{C}}H} \xrightarrow{?} \mathrm{Ph{-}CH_2CH_2{-}\overset{O}{\overset{\|}{C}}H}$$

11.2.2　金属氢化物的负氢还原

金属氢化物是还原极性化合物的重要方法。常用的金属氢化物有氢化铝锂(lithium aluminum hydride, $LiAlH_4$，简称 LAH)、硼氢化钠(sodium borohydride, $NaBH_4$)、硼氢化锂(lithium borohydride, $LiBH_4$)和硼氢化钾(potassium borohydride, KBH_4)。其中氢化铝锂活性最高。

金属氢化物主要用于极性化合物的还原，这类试剂不仅可以还原极性不饱和共价键，如醛、酮、羧酸及其衍生物等，还可以还原极性饱和共价键，如卤代烃、磺酸酯和环氧化物。在这些还原反应中，金属氢化物提供负氢进攻极性共价键中的缺电子碳原子。该类型试剂不能还原碳－碳不饱和键。这就为选择性地还原含双键的官能团化合物提供了一种好方法。例如，当碳－碳双键不与羰基共轭时，可以使用 $LiAlH_4$ 和 $NaBH_4$ 选择性还原其中的羰基生成不饱和醇：

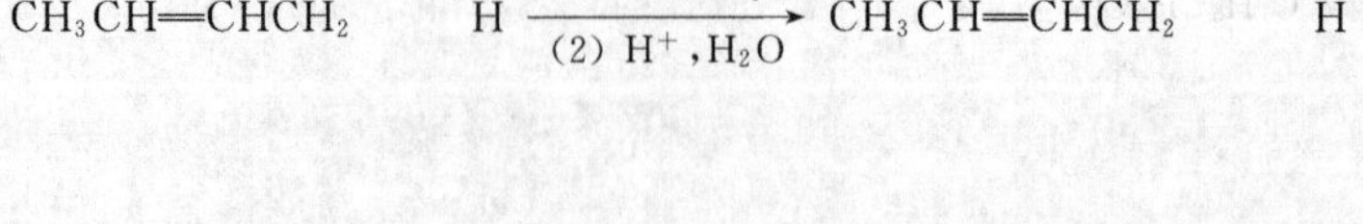

1. 金属氢化物还原极性不饱和键化合物的机理

金属氢化物还原极性不饱和共价键化合物的机理是负氢的亲核加成反应(参阅 13.2 节)。以羰基化合物为例,其还原机理可以表述如下:首先由 AlH_4^-(或 BH_4^-)作为亲核试剂进攻羰基中的缺电子碳,形成一个烷氧基三氢化铝负离子,进一步与另一分子羰基化合物反应,得到二烷氧基二氢化铝负离子,如此再与第三个、第四个羰基化合物反应,直到生成四烷氧基铝负离子,最后水解得到还原产物醇。

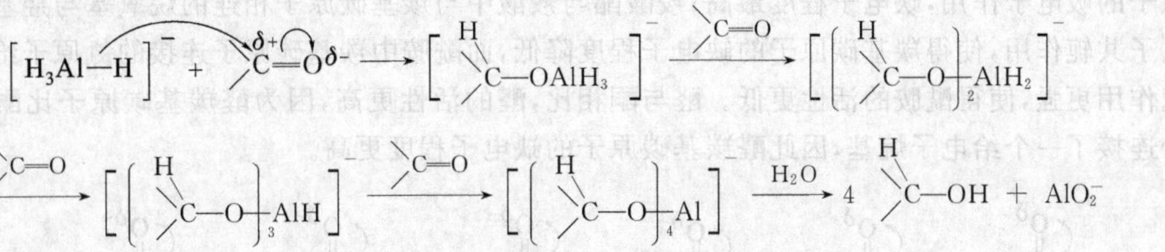

从上述机理可以看出,还原 1.0 mol 醛、酮只需要 0.25 mol $LiAlH_4$(或 $NaBH_4$)。不过实际上常采用过量的 $LiAlH_4$ 或 $NaBH_4$ 以促使反应进行完全。

将羧酸及其衍生物还原成醇需要更多剂量的 $LiAlH_4$。一般来说,还原 1.0 mol 的羧酸酯需要 0.5 mol 的 $LiAlH_4$,因为 0.25 mol 的 $LiAlH_4$ 只能将羧酸酯还原到醛的阶段。还原 1.0 mol 的羧酸则需要 0.75 mol 的 $LiAlH_4$,因为羧酸的活泼氢还会额外消耗 0.25 mol 的 $LiAlH_4$。同理,酰胺氮原子上的氢具有酸性也会消耗额外 $LiAlH_4$,因此还原不同种类的酰胺需要 $LiAlH_4$ 的用量也是不同。

习题 11-8 试分析还原 1.0 mol 不同类型的酰胺分别需要多少摩尔的 $LiAlH_4$。

2. 金属氢化物还原极性饱和键化合物的机理

金属氢化物还原极性饱和共价键化合物是由金属氢化物提供负氢进攻底物的缺电子碳原子,通过亲核取代反应而实现的。例如,卤代烃还原是通过一步的 S_N2 反应发生负氢的亲核取代反应而被还原成烷烃:

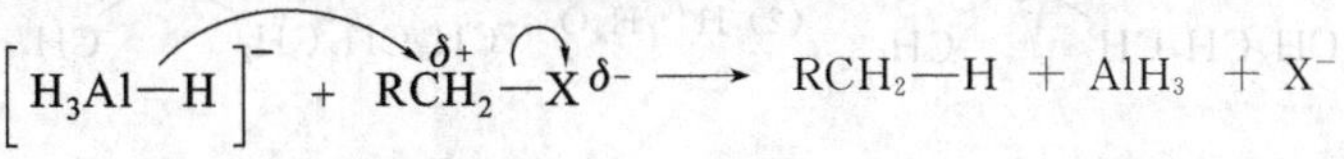

反应遵循 S_N2 反应机理,受空间位阻的影响,甲基卤代烃和伯卤代烃比仲卤代烃和叔卤代烃更容易还原。磺酸酯的还原也有类似的规律。相应的,环氧乙烷类化合物在金属氢化物的作用下,主要产物是负氢加成在位阻较小的环氧碳原子上的醇。

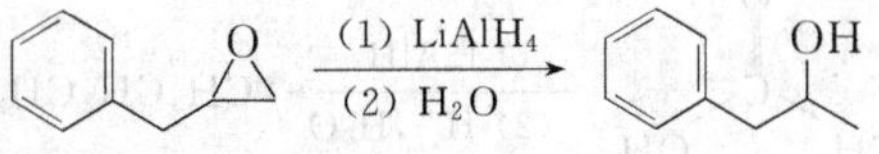

3. 含极性不饱和键化合物的还原反应活性

不同类型的极性不饱和键化合物在金属氢化物还原反应中的反应活性不同。因为还原反应是由金属氢化物提供负氢进行亲核加成反应而实现,因此,极性不饱和键化合物中极性不饱和键碳原子的缺电子程度是反应活性的决定性因素。一般来说,被还原化合物的不饱和碳的缺电子程度越高，则被负氢还原的活性越高。根据极性不饱和键的极性以及其中缺电子碳原子所连接的基团不同，可以对比分析其缺电子碳原子的缺电子程度，从而判断它们的活性顺序。

由于氧的电负性较氮高，碳－氧不饱和键的极性强于碳－氮不饱和键，因此，多数碳－氧极性不饱和键接受负氢还原剂进攻的能力更强。

羰基化合物中，酰卤的还原活性最高，其次是醛、酮类化合物，再次是羧酸酯和羧酸，最后是酰胺。这是因为酰卤分子中的羰基碳原子不仅受到羰基氧原子的吸电子作用，而且还受到卤素原子的吸电子作用，缺电子程度最高；羧酸酯与羧酸中与羰基碳原子相连的烷氧基与羟基具有给电子共轭作用，使得羰基碳原子的缺电子程度降低，而酰胺中羰基碳原子连接的氮原子给电子共轭作用更强，使得酰胺的活性更低。醛与酮相比，醛的活性更高，因为醛羰基碳原子比酮羰基碳少连接了一个给电子烷基，因此醛羰基碳原子的缺电子程度更高。

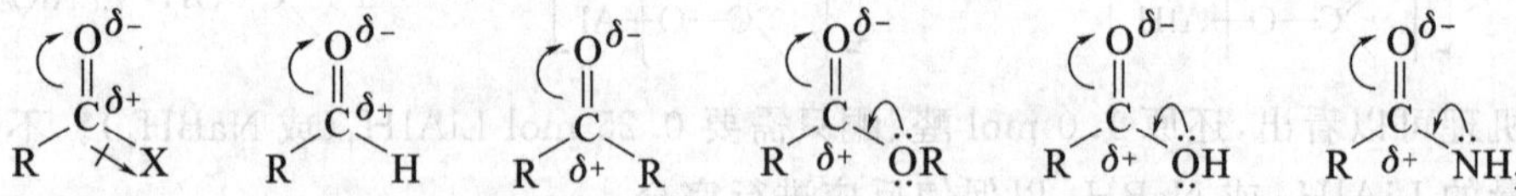

酰卤　　　醛　　　酮　　　羧酸酯　　　羧酸　　　酰胺

综上所述，不饱和键化合物被负氢还原试剂还原的活性顺序如下：

RCOCl ＞ RCHO ＞ RCOR ＞ RCH═NR ＞ RCOOR ＞ RCOOH ＞ RCONHR ＞ RC≡N

醛、酮羰基的反应活性较高，可用 $LiAlH_4$ 和 $NaBH_4$ 还原。由于 $LiAlH_4$ 需要使用绝对无水的醚作溶剂，操作相对繁琐，而 $NaBH_4$ 比较稳定，反应不需要在无水条件下进行，操作较简便，因此 $NaBH_4$ 更常用于醛、酮的还原，一般常使用醇作为反应溶剂。

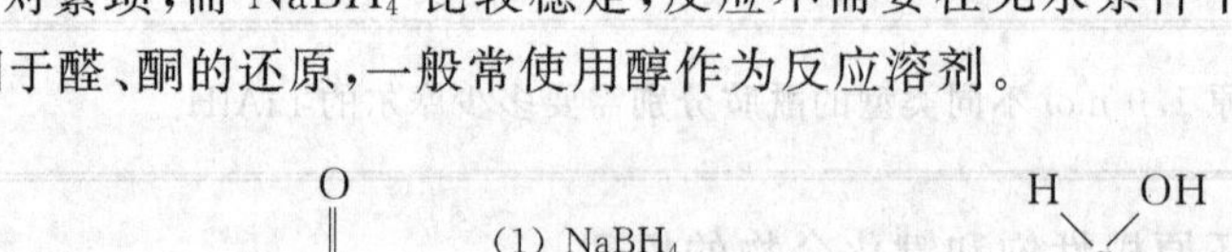

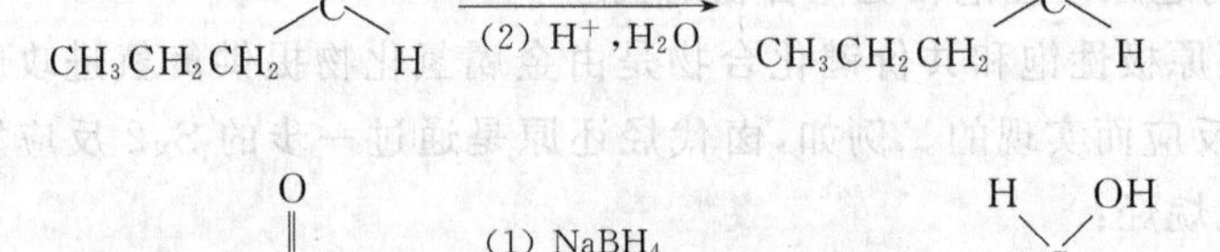

羧酸、酯及酰胺的反应活性较差，一般情况下不能被 $NaBH_4$ 还原，但可以被 $LiAlH_4$ 还原。值得注意的是，酰胺还原一般得到的是酰胺羰基转化为亚甲基的产物，而酯的还原反应将发生烷氧键的断裂形成两个醇。

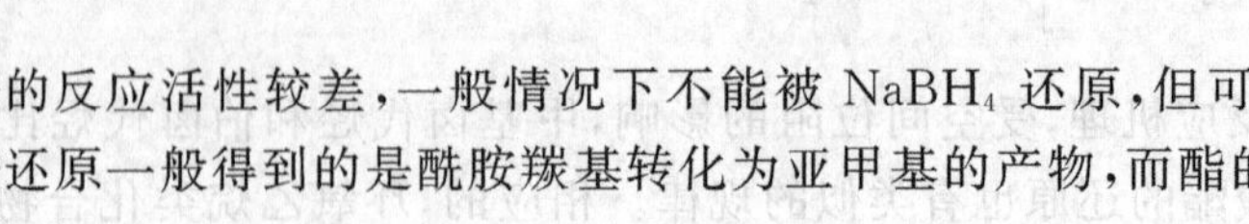

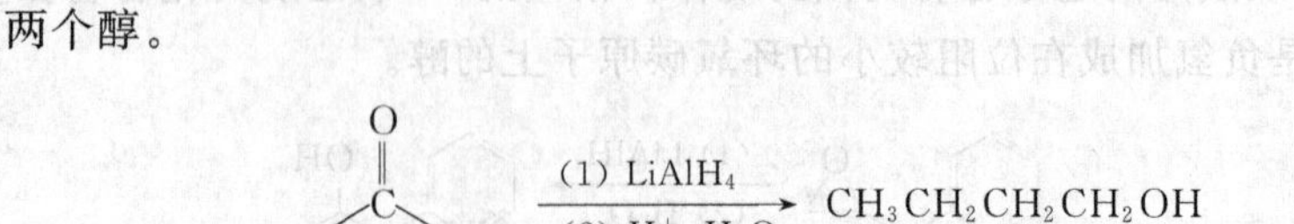

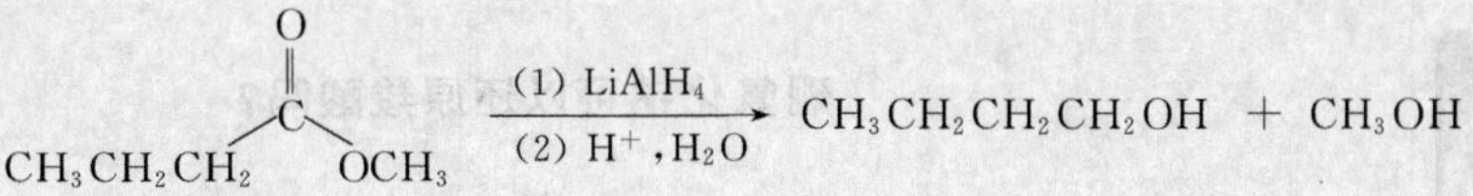

单独使用 $NaBH_4$ 是不能还原羧酸、羧酸酯和酰胺，因此可以作为选择性的还原剂，还原含羰基的羧酸或羧酸酯或酰胺中的羰基，而保留羧基或酯基。例如：

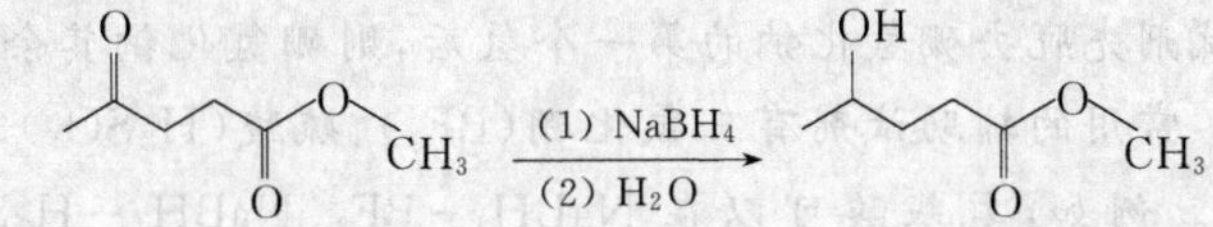

酰卤完全还原可以得到醇。不过当使用体积大活性低的烷基氢化铝或烷氧基氢化铝锂为还原剂，并在低温条件下进行还原反应，则可以将反应控制在生成醛的阶段。羧酸酯也可以采用此方法还原生成醛。

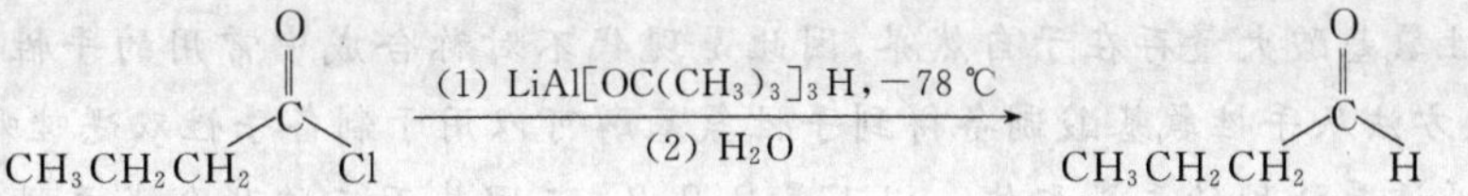

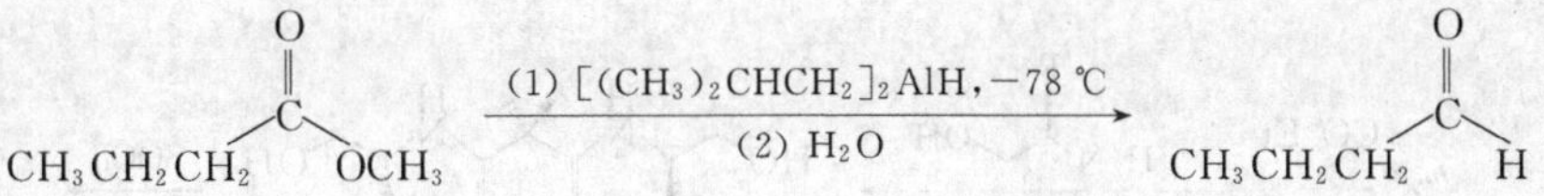

习题 11－9　给出下列反应的产物。

(1) 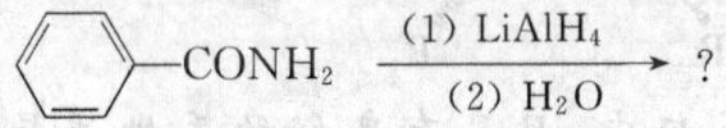　(2) 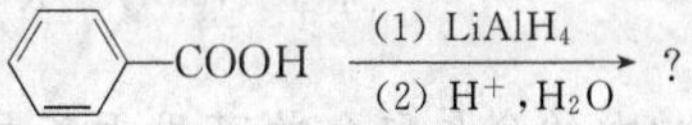

(3) 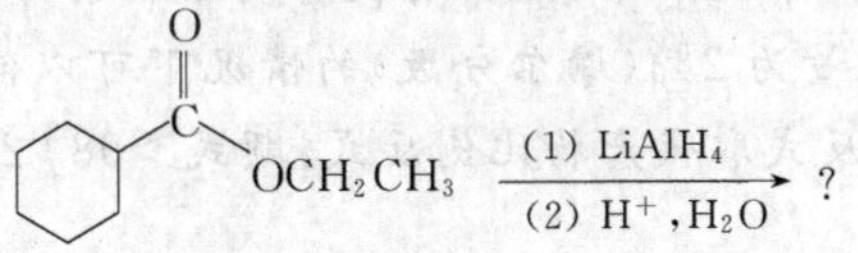　(4) 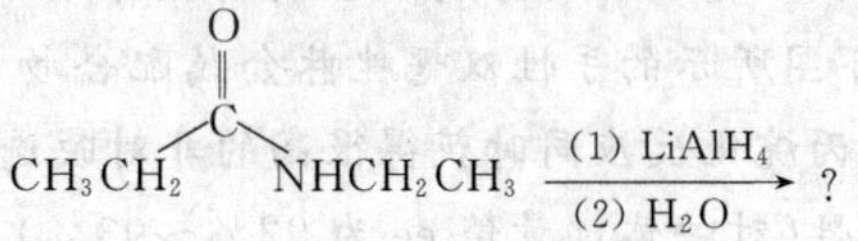

(5) $CH_3CH_2COCH_2CH_3 \xrightarrow[(2)\ H^+,H_2O]{(1)\ NaBH_4}$?　(6) $CH_3CH_2CH_2CH_2COOH \xrightarrow[(2)\ H^+,H_2O]{(1)\ LiAlH_4}$?

(7) 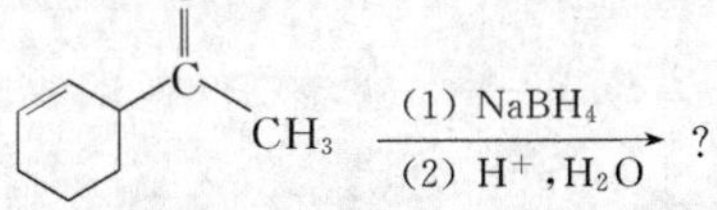　(8) 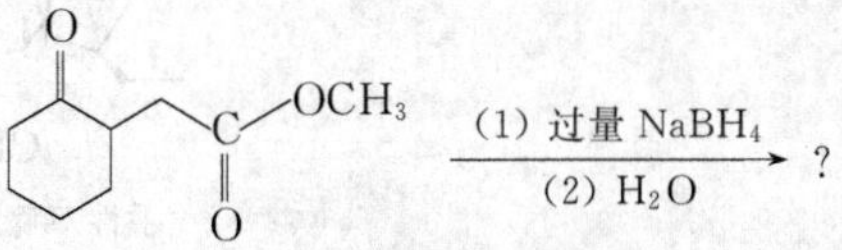

(9) 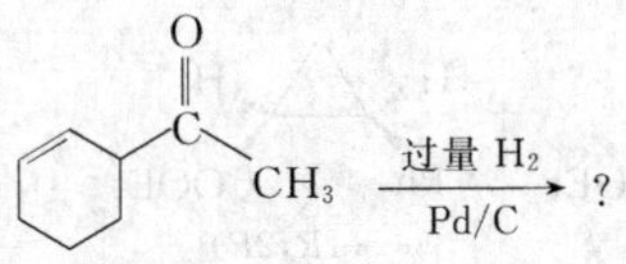　(10) 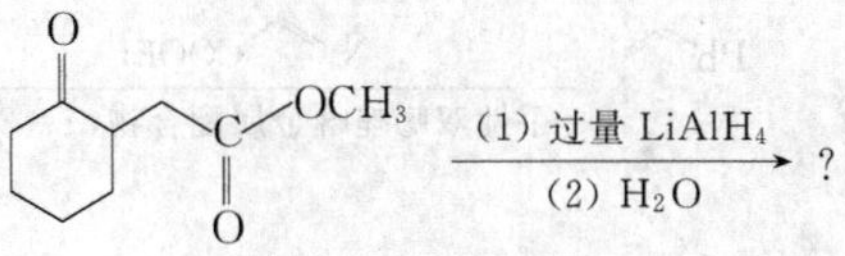

小资料

硼氢化钠可以还原羧酸吗?

一般来说，氢化铝锂的还原活性高于硼氢化钠，前者可以还原羧酸及其衍生物，后者却不能。硼氢化钠和氢化铝锂都有四个负氢可用于还原，深入的研究发现它们的四个负氢活性是不同的。其中，硼氢化钠的四个氢活性是依次递增的，氢化铝锂则相反。一般认为硼氢化钠活性不高，主要是因为它的第一个氢活性不高。在使用一些辅助试剂先脱去硼氢化钠的第一个氢后，则硼氢化钠其余的氢的活性就可以还原羧酸及其衍生物。常用的辅助试剂有三氟化硼(BF_3)、硫酸(H_2SO_4)、碘(I_2)和三甲基氯硅烷[$(CH_3)_3SiCl$]等。例如，氨基酸可以在 $NaBH_4-BF_3$、$NaBH_4-H_2SO_4$、$NaBH_4-I_2$ 或 $NaBH_4-(CH_3)_3SiCl$ 等试剂作用下还原为氨基醇。

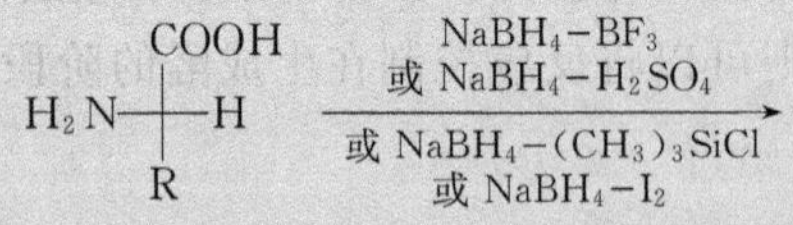

由于手性氨基酸大量存在于自然界，因此是现代不对称合成中常用的手性源化合物。例如，通过上述方法从手性氨基酸制备得到手性氨基醇可以用于制备手性双噁唑啉，这是一类具有良好的手性诱导活性的手性配体。以下是从 2,2-二甲基丙二酸酯合成手性双噁唑啉试剂的合成路线：

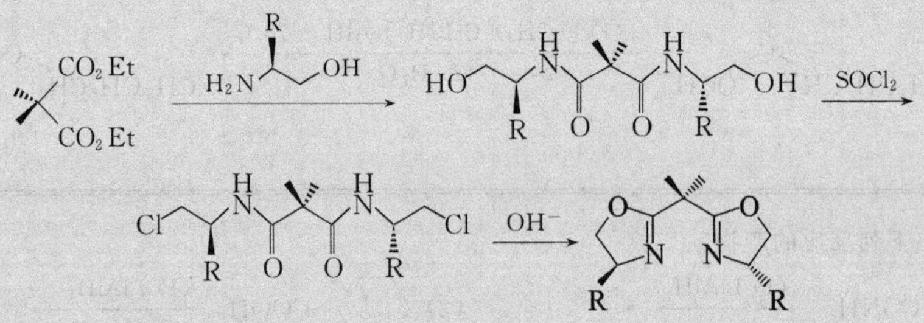

手性双噁唑啉的金属配合物可用于多种有机化学反应中，且具有良好的手性诱导性能。例如，下图所示的手性双噁唑啉金属配合物在使用量为 2%(摩尔分数)的情况下可以使苯乙烯的环丙烷化反应同时获得很高的非对映选择性(反式取代产物比例反式∶顺式＞98∶2)和对映选择性(对映体过量值 ee 为 92%～93%)。

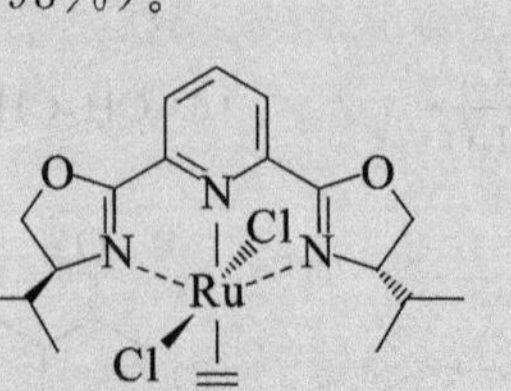

手性双噁唑啉金属配合物

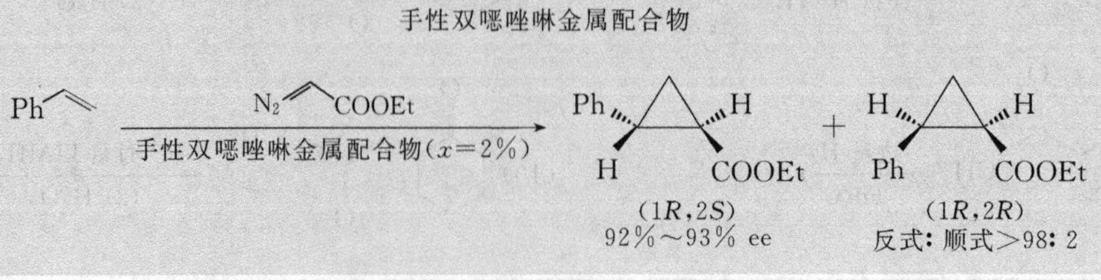

4. 环己酮类化合物还原的立体化学

一般羰基化合物被负氢还原的立体化学与羰基化合物的亲核加成反应相同(参阅第十三章的相关内容)。环己酮类化合物在使用 $LiAlH_4$ 或 $NaBH_4$ 还原时，如果没有直立键的位阻影响，则以形成稳定的产物为主，即还原后羟基处于平伏键。但是如果有直立键位阻影响，则以位阻较小一面进攻的产物为主，即还原后羟基处于直立键。

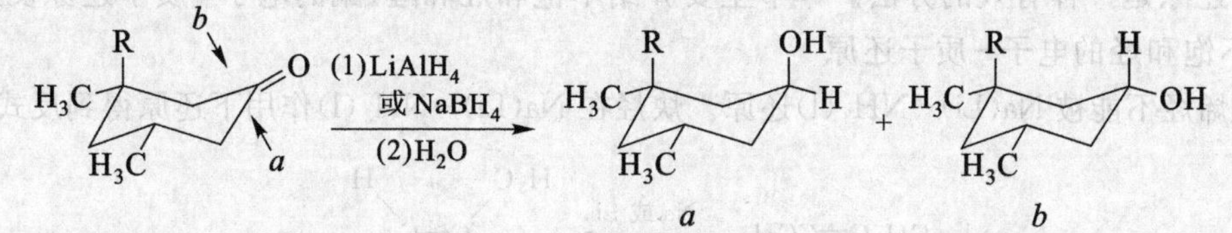

a *b*

当 R＝H 时，*b* 为主产物；
当 R≠H 时，*a* 为主产物

(进攻位阻小
反应活化能低)

(产物较稳定)

例如：

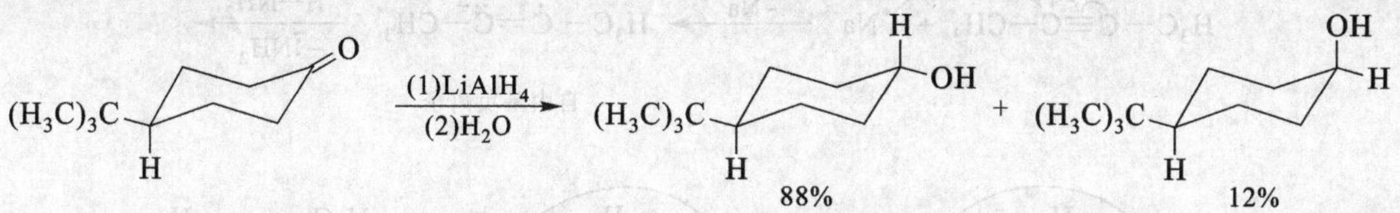

88% 12%

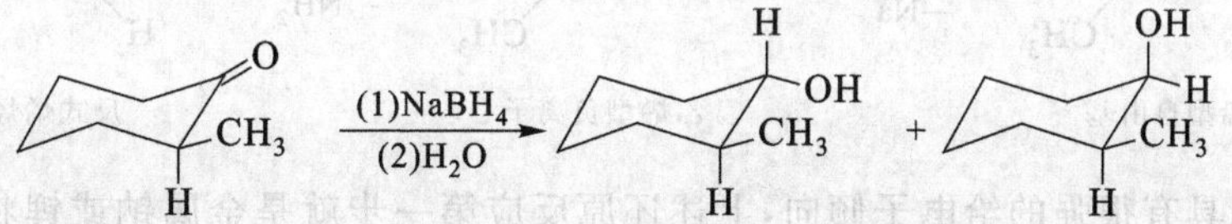

69% 31%

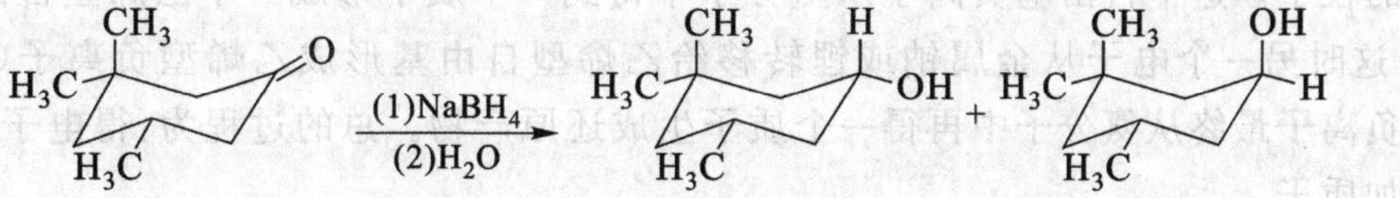

36% 64%

习题 11－10 判断下列还原反应中的主要产物构型。

(1) 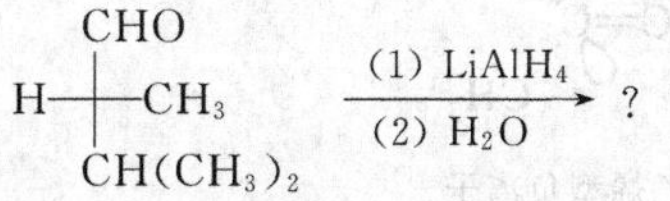

(2) 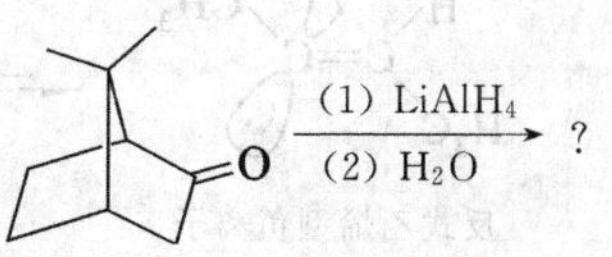

(3) 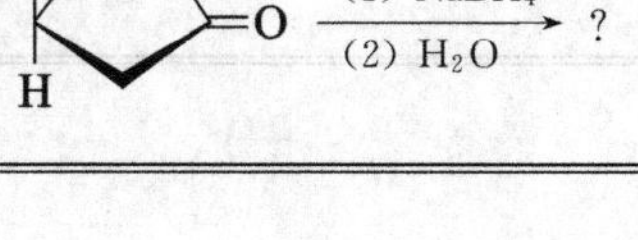

(4) 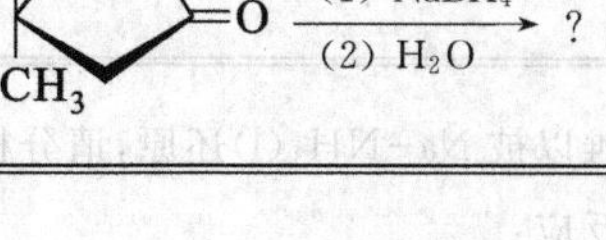

11.2.3 电子-质子还原

电子-质子还原试剂是溶解在液氨中的碱金属，反应中由金属提供电子，氨提供质子给反应物。这种反应又称为溶解金属还原(dissolving metal reduction)。对于一些极性化合物或特定官能团的还原是一种有效的方法。本节主要介绍不饱和烃和醛、酮的电子-质子还原反应。

1. 不饱和烃的电子-质子还原

一般烯烃不能被 Na(Li)-NH_3(l)还原。炔烃在 Na(Li)-NH_3(l)作用下还原得到反式烯烃。

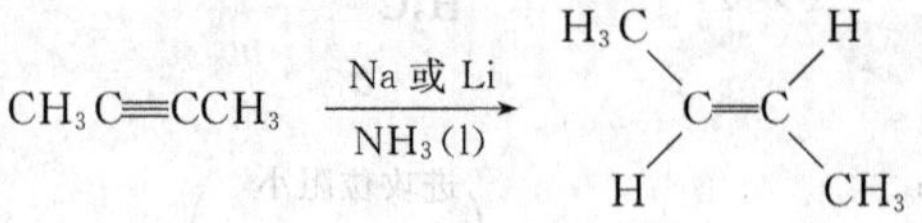

反应机理如下：

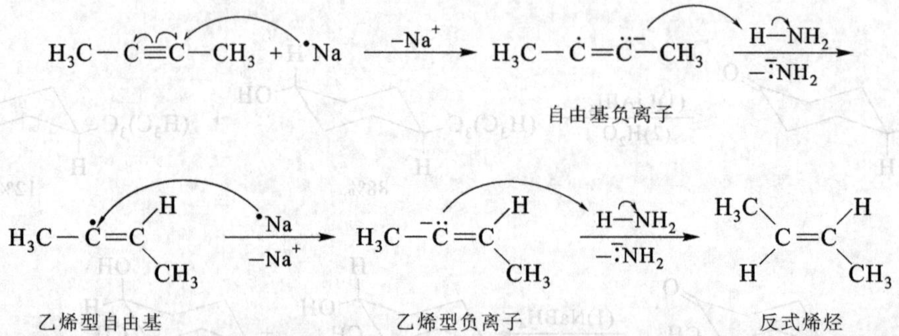

金属钠或锂具有很强的给电子倾向，上述还原反应第一步就是金属钠或锂将一个电子转移给炔烃的 sp 杂化碳原子，形成一个自由基负离子(radical anion)，即含有一个未配对电子并带一个负电荷的粒子。这个自由基负离子从氨分子中得到一个质子形成一个乙烯型自由基(vinylic radical)。这时另一个电子从金属钠或锂转移给乙烯型自由基形成乙烯型负离子(vinylic anion)，烯基负离子最终从氨分子中再得一个质子生成还原产物。总的过程为：得电子—加质子—得电子—加质子。

最终还原产物的反式构型是由乙烯型负离子的稳定性决定的。反式乙烯型负离子较顺式稳定，因此得到反式加成产物。

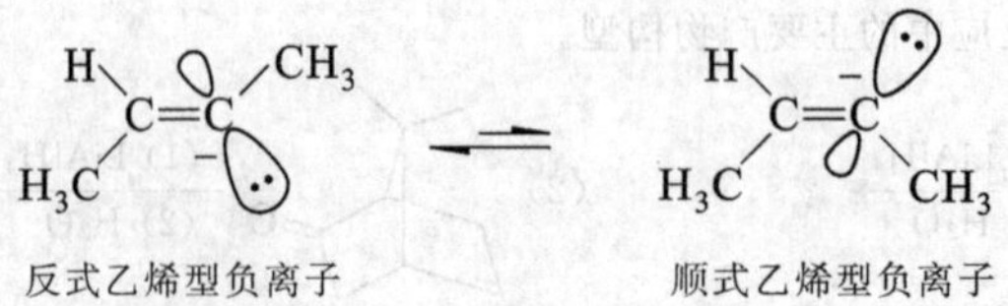

反式乙烯型负离子　　　　顺式乙烯型负离子

较稳定　　　　不稳定

习题 11-11 末端炔烃难以被 Na-NH_3(l)还原，请分析其原因。

习题 11-12 完成下列反应：

(1) 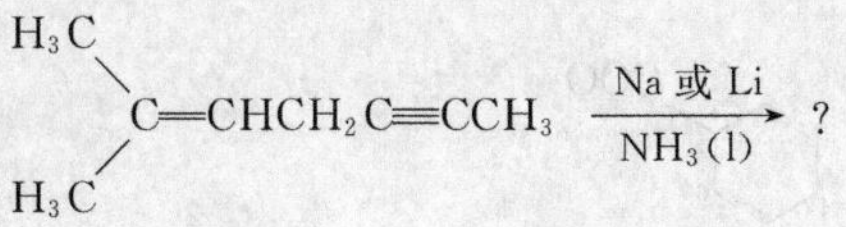

(2) 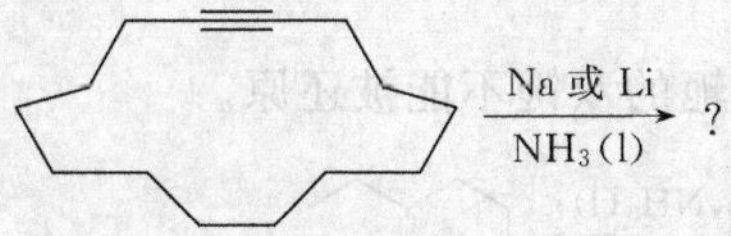

习题 11－13　选用合适的不超过 3 个碳的原料完成以下合成：

(1) 1－溴戊烷　　(2) *cis*－2－戊烯　　(3) *trans*－2－戊烯

苯及其同系物在碱金属(Na、K 或 Li)和液氨与醇的混合液中可以被还原为 1,4－环己二烯或环己烯,甚至是环己烷。这个反应称为 Birch 还原。该转化不完全,1,4－环己二烯和环己烯的比例取决于所用的金属、溶剂和质子的给体(醇、氨或胺)。例如,苯在钠－液氨－甲醇条件下反应完全转化为环己二烯,在锂－液氨中反应得到 91%的 1,4－环己二烯和 9%的环己烯,在钙－液氨中反应得到的主要产物是环己烯:

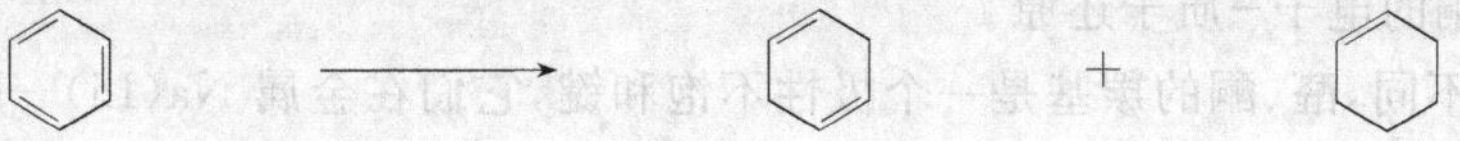

反应条件:	Na(过量 25%～100%),NH_3(l),CH_3OH	≈100%	
	Li,NH_3(l),60 ℃	91%	∶ 9%
	Ca,NH_3(l),60 ℃	21%	∶ 79%

Birch 还原的机理如下:苯环首先从钠－液氨－醇中获得一个电子,形成负离子自由基,然后获得一个质子,成为自由基,该自由基再获得一个电子成为负离子,最后获得第二个质子生成 1,4－环己二烯。进一步还原可以得到环己烯。

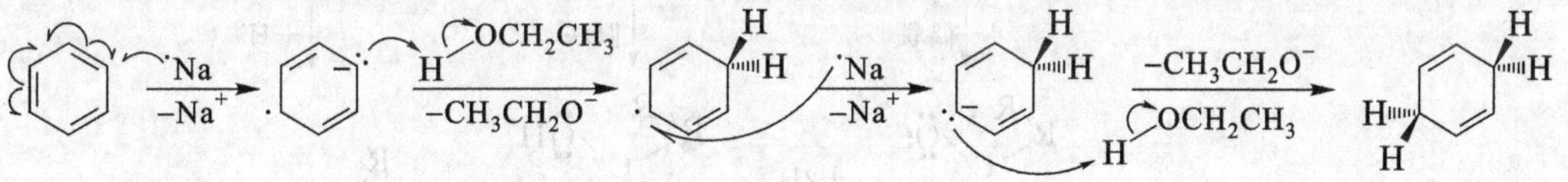

一取代苯进行 Birch 还原反应时,如果苯环上的取代基是给电子基团,连接给电子取代基的碳将不被还原,即生成取代基连接在双键碳原子上的产物。

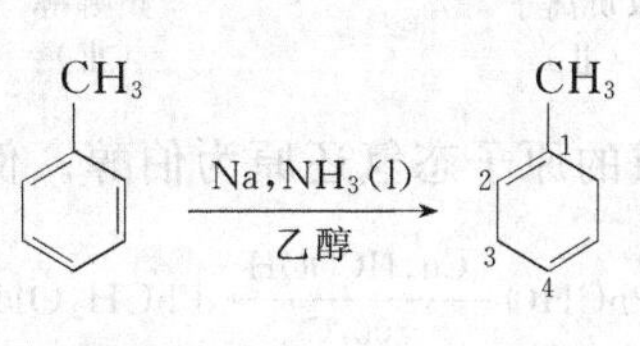

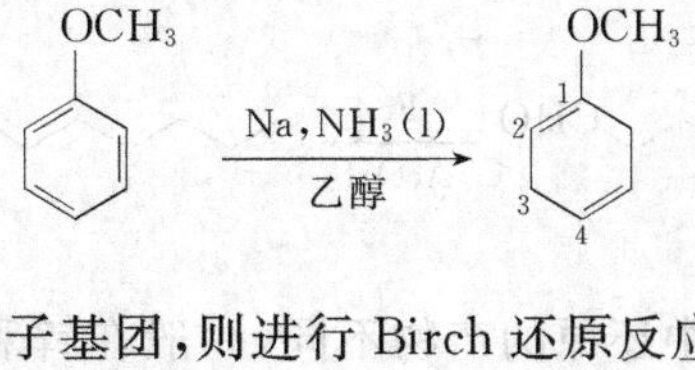

如果苯环上的取代基是吸电子基团,则进行 Birch 还原反应时,连接取代基的碳将优先被还原,即生成取代基连接在 sp^3 杂化碳原子上的产物。

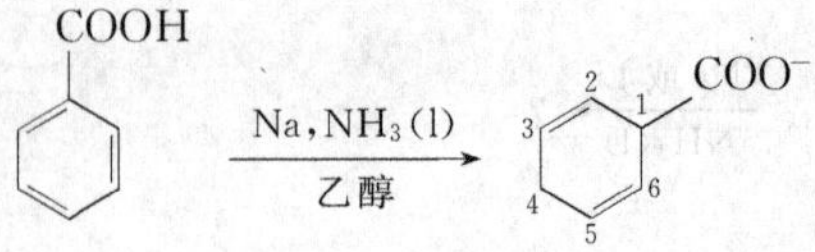

如果有双键与苯环共轭则先还原双键，但不与苯环共轭的双键不能被还原。

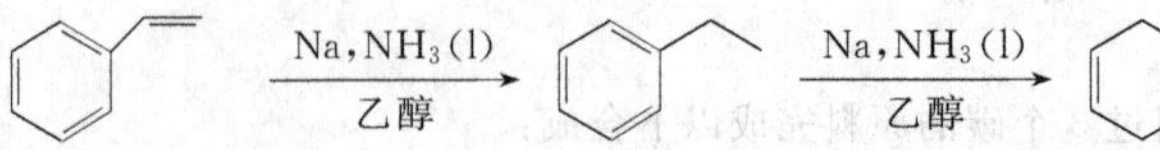

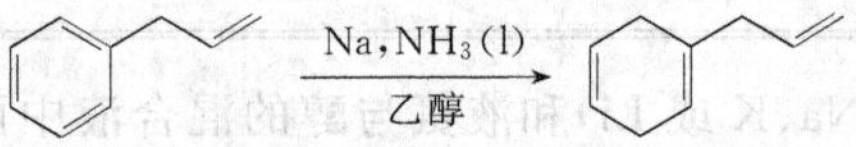

习题 11-14　试解释为什么苯环上连接有给电子基团时，Birch 还原的产物中取代基连接在双键碳原子上，而当连接了吸电子基团时，得到的还原产物中取代基连接在 sp^3 杂化的碳原子上。

2. 醛、酮的电子-质子还原

与炔烃不同，醛、酮的羰基是一个极性不饱和键，它们在金属 Na(Li)—NH_3(l)的作用下，从金属原子那里获得一个电子所形成的自由基负离子(Ⅰ)相对稳定，并且能够双分子偶联形成双负离子(Ⅱ)后再质子化得到频哪醇(pinacol)(Ⅲ)。同样，自由基负离子(Ⅰ)也可以按照"$+H^+$— $+e^-$— $+H^+$"的方式得到单分子还原产物醇(Ⅵ)。

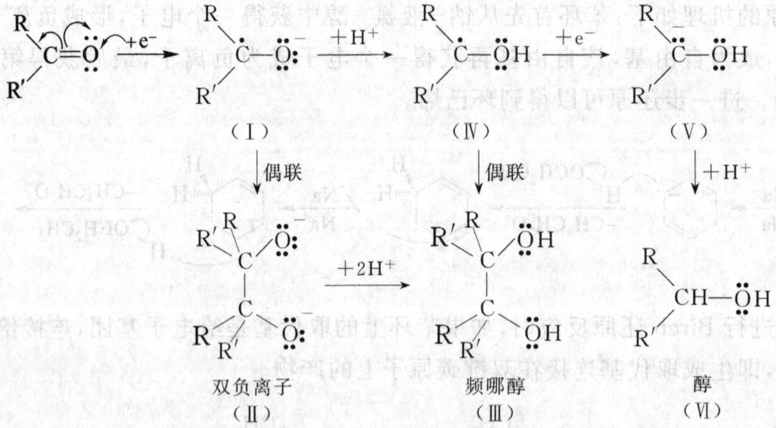

醛可以被金属与酸作用所形成的原子态氢还原为伯醇。例如：

$$PhCHO \xrightarrow[200\ ^\circ C]{Cu,\ HCOOH} PhCH_2OH$$

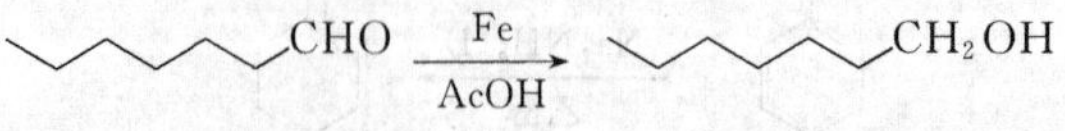

酮在不同的金属和质子溶剂中还原的产物不同，一般在锌和钠等金属与醇作用下还原成仲醇，在铝-汞齐、金属镁或钠-液氨作用下则发生双分子还原得到频哪醇。

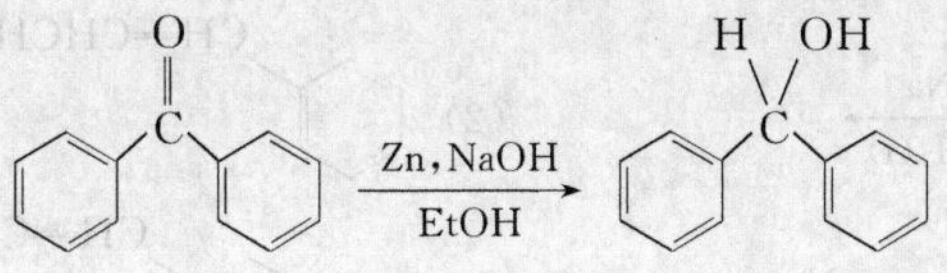

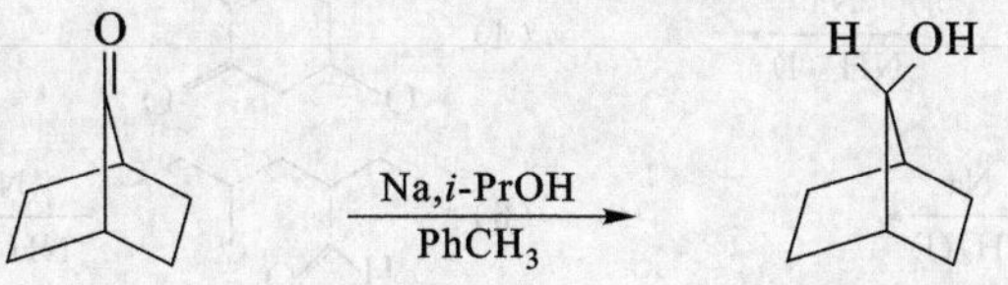

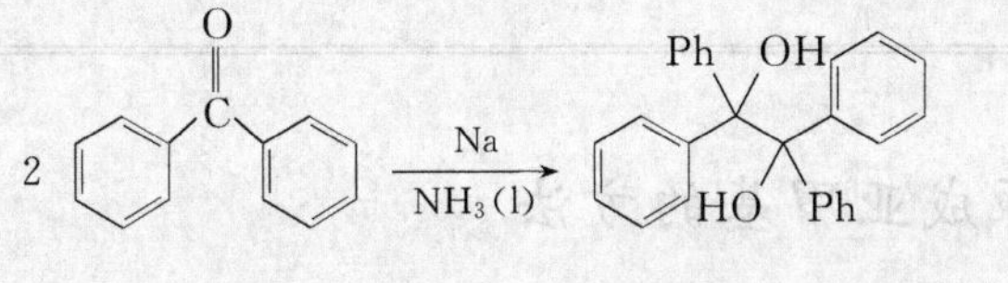

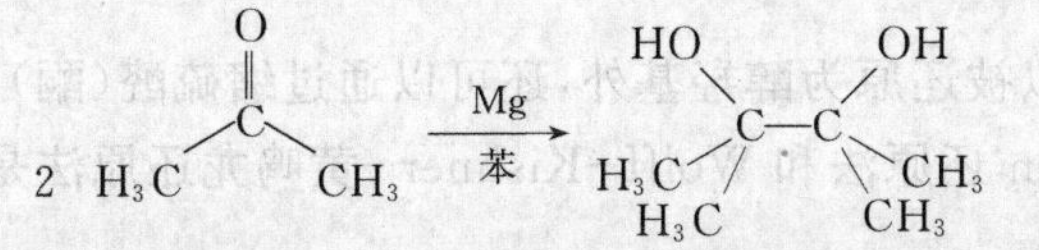

α,β-不饱和醛、酮在使用 Na(Li)-NH_3(l)试剂时，与羰基共轭的双键首先被还原。

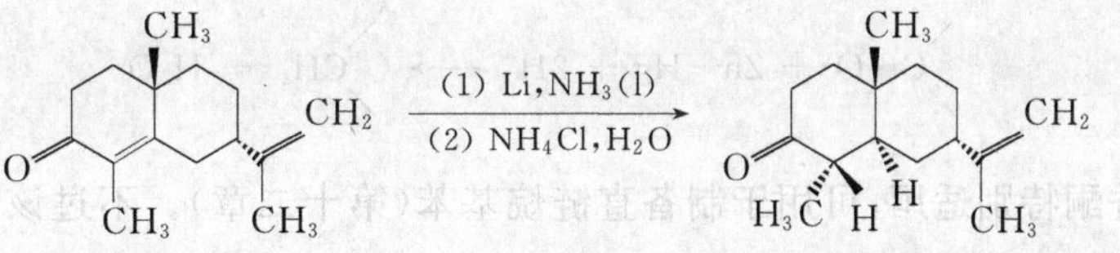

98%

实际上，这个结果是由 α,β-不饱和醛、酮的共轭加成所产生的(参阅 13.6 节)。在上述实例中，α,β-不饱和羰基首先发生共轭的 1,4-加成，形成烯醇负离子。然后在弱酸性的氯化铵水溶液中得到质子，生成烯醇。最后通过互变异构转化为酮式结构，即表面看起来只是双键被还原了。

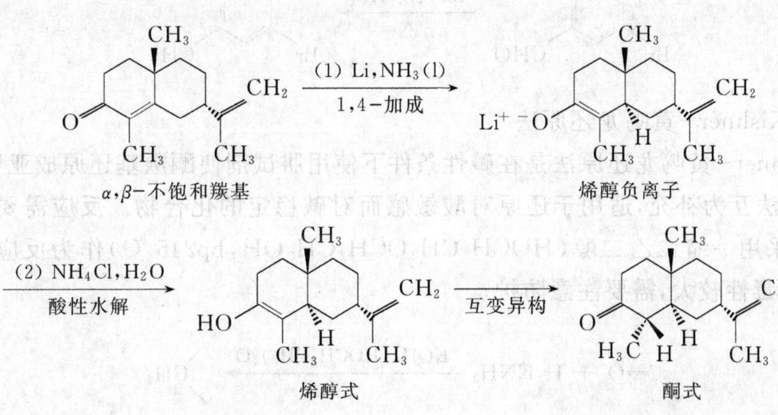

α,β-不饱和羰基　烯醇负离子　烯醇式　酮式

习题 11-15　完成下列反应：

(1) 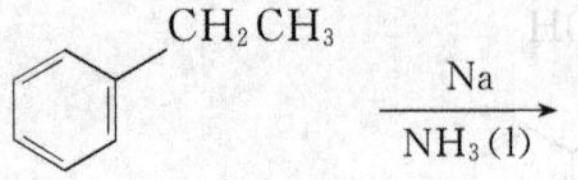

(2) 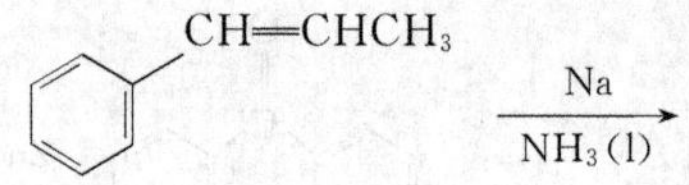

(3) 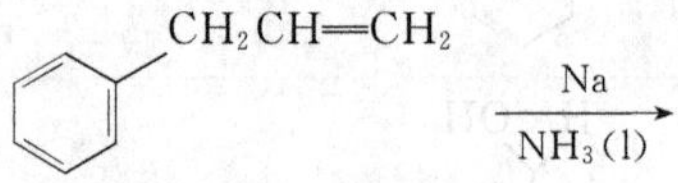

(4) 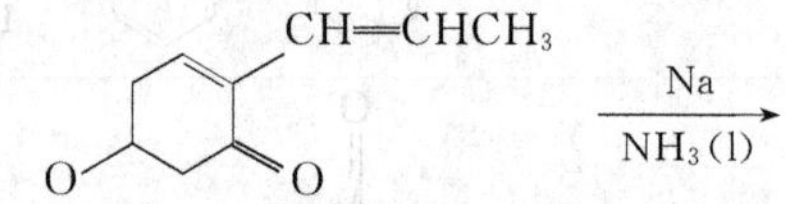

(5) 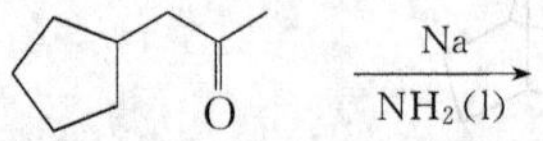

(6) 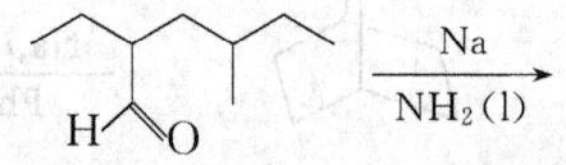

11.2.4　羰基还原成亚甲基的方法

醛、酮的羰基除了可以被还原为醇羟基外，还可以通过缩硫醛(酮)的催化氢化还原成亚甲基(11.2.1节)。Clemmensen 还原法和 Wolff-Kishner-黄鸣龙还原法是另外两种将醛、酮的羰基还原为亚甲基的方法。

1. Clemmensen 还原法

醛、酮在锌汞齐-盐酸作用下回流可以将羰基还原为亚甲基：

$$\gt C{=}O + Zn{-}Hg + 2H^+ \longrightarrow \gt CH_2 + H_2O$$

这个方法对于芳香酮特别适用，可用于制备直链烷基苯(第十二章)。不过该方法只适用于对酸稳定的化合物。例如：

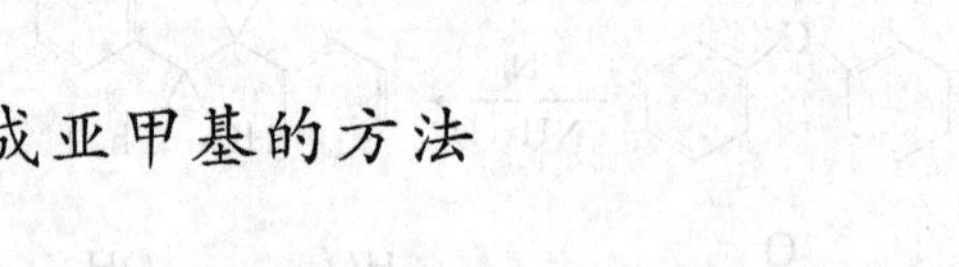

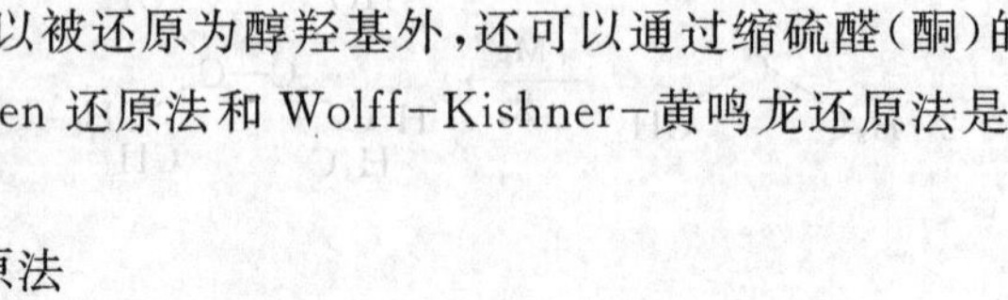

2. Wolff-Kishner-黄鸣龙还原法

Wolff-Kishner-黄鸣龙还原法是在碱性条件下使用肼试剂使酮羰基还原成亚甲基，该方法与 Clemmensen 法互为补充，适用于还原对酸敏感而对碱稳定的化合物。反应需要在较高温度下进行，因此常采用一缩二乙二醇($HOCH_2CH_2OCH_2CH_2OH$，bp245 ℃)作为反应的溶剂。该反应中使用的肼毒性较大，需要注意防护。

$$\gt C{=}O + H_2NNH_2 \xrightarrow[\triangle]{KOH,(HOCH_2CH_2)_2O} \gt CH_2$$

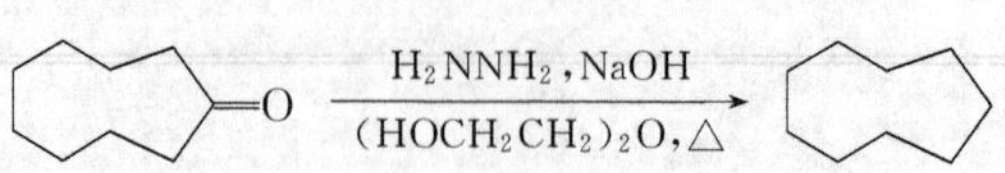

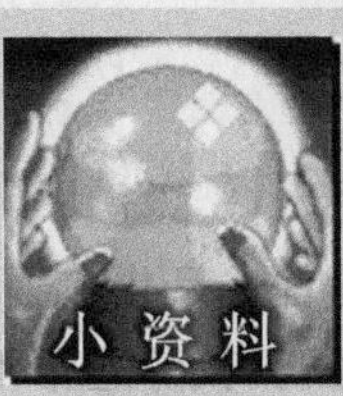

黄鸣龙

黄鸣龙(1898—1979)，中国有机化学家，我国甾族激素药物工业奠基人。1898年7月3日生于江苏省扬州市。1920年，浙江医药专科学校毕业后即赴瑞士，在Zurich大学学习。1922年去德国Berlin大学深造，1924年，获博士学位。

黄鸣龙早期研究植物化学，曾进行过中药延胡索、细辛的有效成分研究。后来他研究甾族化学，和合作者一起发现了甾族化合物的“双烯酮酚”反应。该反应可用于合成雌性激素。他研究了山道年类化合物的立体化学，并确定了山道年类化合物的相对构型，为后来国内外解决山道年化合物的绝对构型及全合成提供了理论依据。

1958年，在黄鸣龙领导下，研究以国产薯蓣皂苷元为原料合成可的松的先进方法获得成功，并投入了生产，使我国的甾体激素药物从进口一跃而为出口。

Wolff-Kishner-黄鸣龙还原法是黄鸣龙1946年在美国Harvard大学化学系任博士研究员时改良的。当时他在研究原方法过程中，出现了意外的情况，但他继续研究下去，并得到了出乎意料的好产率。之后他仔细分析原因，并经多次试验后总结出改良方法，使反应产率大大提高。此方法为世界各国广泛应用，并普遍称为黄鸣龙还原法。

习题 11-16　完成下列反应：

(1) 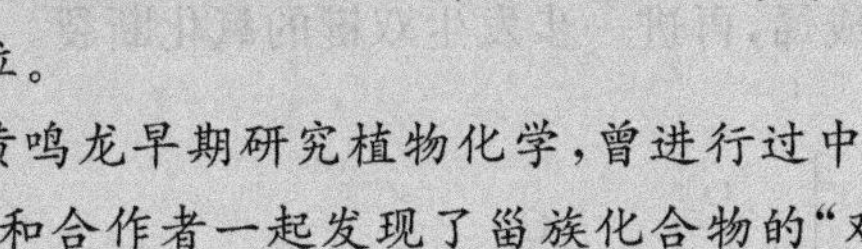

(2) 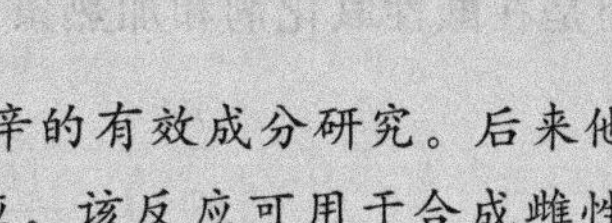

(3) 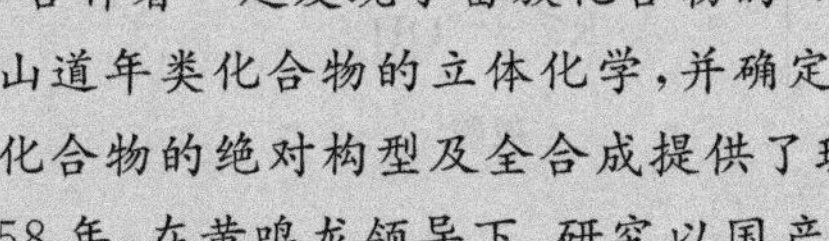

(4) 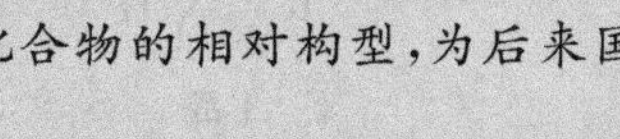

11.3　氧化反应

氧化反应是还原反应的逆向反应，但是除催化氢化和脱氢是实质的可逆反应外，多数氧化反应与还原反应实际上并不是可逆反应。实现氧化反应需要使用氧化剂。氧化剂种类繁多，其中包括氧化性的非金属含氧酸如 HNO_3、HIO_4，金属氧化物如 CrO_3、OsO_4，金属含氧酸及其盐如 H_2CrO_4、$KMnO_4$、$K_2Cr_2O_7$，以及有机氧化剂如过氧酸 RCO_3H 等。这些氧化剂可以氧化多种有机化合物，氧化机理不同，氧化产物也各不相同。与还原反应相比，氧化反应机理比较复杂，有很多机理尚不十分清楚。

11.3.1 醇的氧化

醇的氧化依氧化程度不同，可以分别生成醛、酮和羧酸等产物。一般来说伯醇首先氧化成醛，继而氧化为羧酸。选择适当条件可以使氧化反应停留在醛的阶段。仲醇氧化形成酮。叔醇通常不能被氧化，但是在酸性氧化剂和加热条件下可能脱水成烯，再进一步发生双键的氧化断裂。

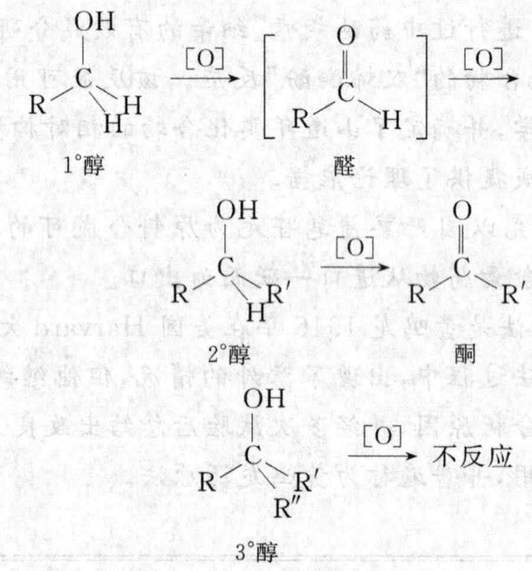

可以氧化醇的氧化剂主要有铬酸、高锰酸钾和硝酸等。

1. 铬酸氧化剂

铬酸是氧化醇最常用的试剂之一。一般由 CrO_3 或 $Na_2Cr_2O_7$ 溶于硫酸制得。由 CrO_3 与稀硫酸制成的氧化剂又称 Jones 试剂。

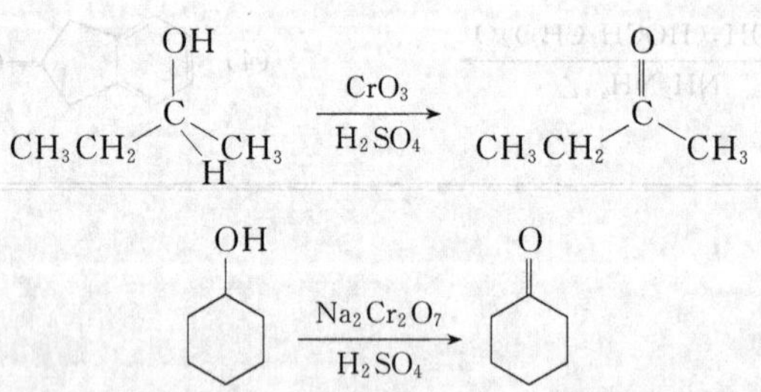

铬酸氧化醇的第一步是形成铬酸酯，然后发生 E2 消去反应形成羰基。

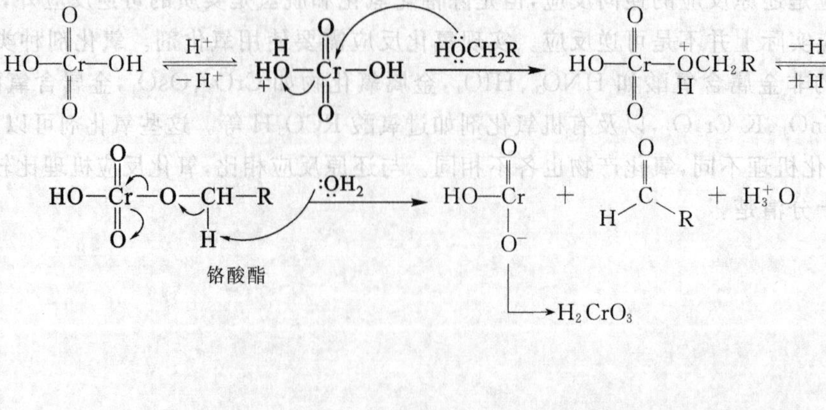

伯醇氧化成醛后，会继续通过水合醛氧化成羧酸。水合醛是在酸性条件下生成的醛与水的加成物，这是一个平衡反应（详见 13.3.1 节）。因为通常用铬酸氧化醇的反应都是在酸性水溶液中进行，因此氧化反应难以停留在生成醛的阶段。

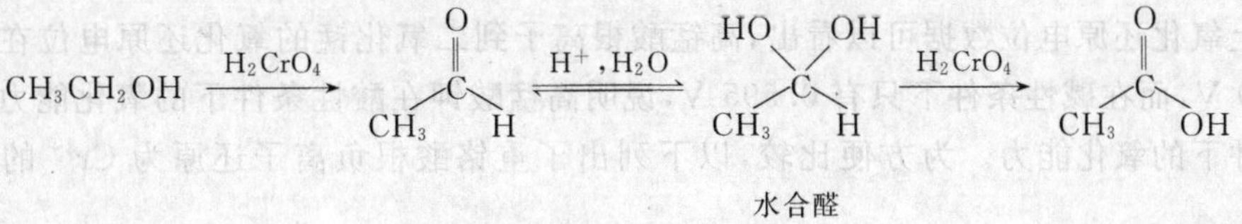

如果反应在无水条件下进行，则反应可以停留在醛这一步。这就是 PCC 和 Sarrett 试剂氧化伯醇得到醛的原理。因为 PCC 和 Sarrett 试剂氧化醇的反应均在无水的有机溶剂中进行。PCC 是氯铬酸吡啶盐（pyridinium chlorochromate）的缩写，Sarrett 试剂则是铬酐（CrO_3）与二吡啶络合物，常用的反应溶剂为二氯甲烷。

$$CH_3CH_2CH_2CH_2OH \xrightarrow[CH_2Cl_2,25\ ℃]{PCC} CH_3CH_2CH_2CHO$$

$$CH_3(CH_2)_4C\equiv CCH_2OH \xrightarrow[CH_2Cl_2,25\ ℃]{\text{Sarrett 试剂}} CH_3(CH_2)_4C\equiv CCHO$$

使用 H_2CrO_4 或 PCC、Sarrett 试剂氧化醇一般不影响碳-碳双键或三键。可用于含不饱和碳-碳键的醇的氧化。

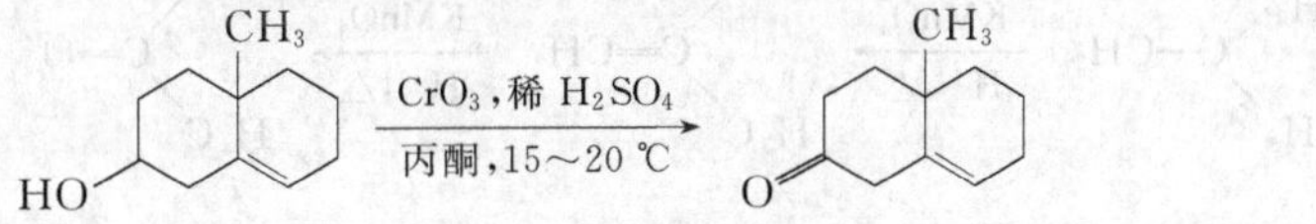

当然如果铬酸过量且反应条件过于激烈，双键也可以被氧化。因此叔醇在铬酸存在和强烈反应条件下会脱水成烯（参见 9.3 节），再发生双键的断键氧化（详见 11.3.2 节）。

由于醇在铬酸作用下的氧化有明显的颜色变化，氧化剂铬酸或重铬酸为橙色，氧化醇后还原成三价铬离子是蓝色，因此，铬酸氧化醇的反应可以用于醇的鉴别。

2. 高锰酸钾或二氧化锰氧化剂

高锰酸钾的氧化性能受酸碱性影响很大，在不同的 pH 条件下，它们的氧化还原电位不同。锰有多种价态，锰的各种价态在酸性和碱性条件下转化的氧化还原电位如下：

酸性条件下：

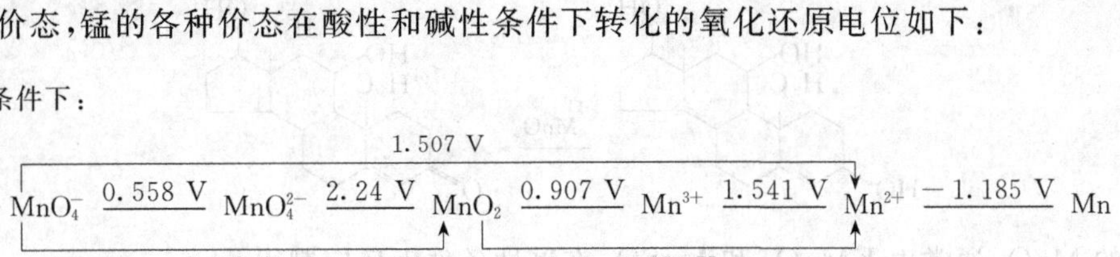

碱性条件下：

$$MnO_4^- \xrightarrow{0.558\ V} MnO_4^{2-} \xrightarrow{0.60\ V} MnO_2 \xrightarrow{-0.2\ V} Mn^{3+} \xrightarrow{0.15\ V} Mn^{2+} \xrightarrow{-1.55\ V} Mn$$

$$MnO_4^- \xrightarrow{0.595\ V} MnO_2 \qquad MnO_2 \xrightarrow{-0.045\ V} Mn^{2+}$$

从以上氧化还原电位数据可以看出，高锰酸根离子到二氧化锰的氧化还原电位在酸性条件下为 1.679 V，而在碱性条件下只有 0.595 V，说明高锰酸钾在酸性条件下的氧化能力明显强于在碱性条件下的氧化能力。为方便比较，以下列出了重铬酸根负离子还原为 Cr^{3+} 的氧化还原电位：

$$Cr_2O_7^{2-} \xrightarrow{1.33\ V} Cr^{3+}$$

与重铬酸根负离子到 Cr^{3+} 的氧化还原电位 1.33 V 相比，酸性高锰酸钾的氧化还原电位较大，说明其氧化性强于重铬酸，而碱性高锰酸钾氧化性则弱于重铬酸。因此醇可以在酸性高锰酸钾中氧化。如果与碱性高锰酸钾作用，则需要加热才能氧化。而在中性、低温条件或稀的高锰酸钾作用下可能不氧化。

高锰酸钾氧化醇的产物与铬酸氧化醇的产物类似。伯醇氧化成醛后会很快继续氧化成酸，仲醇氧化成酮，叔醇则需要在酸性 $KMnO_4$ 条件下加热方可脱水成烯，再发生双键的氧化断键。

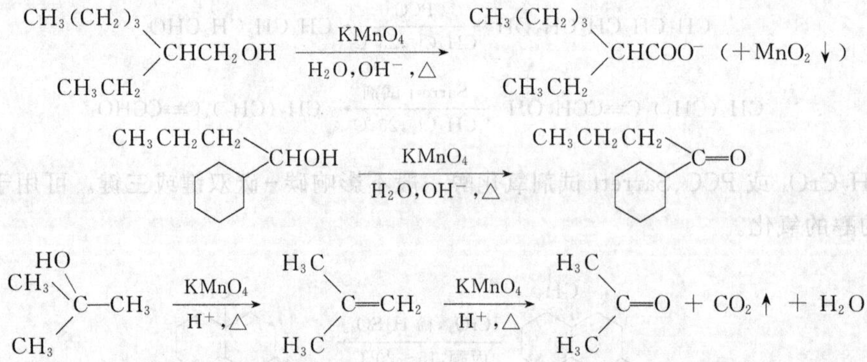

二氧化锰还原为 Mn^{2+} 的氧化还原电位为 1.224，与重铬酸的氧化能力相近，因此二氧化锰也可以氧化醇，不过一般需要新制的二氧化锰才能实现氧化。此外，由于二氧化锰的氧化能力比较温和，可以选择性的氧化烯丙位的羟基，而不影响碳－碳双键。相反酸性高锰酸钾则容易在氧化醇羟基的同时氧化不饱和碳－碳键。

$$CH_2{=}CHCH_2OH \xrightarrow[25\ ^\circ C]{MnO_2} CH_2{=}CHCHO$$

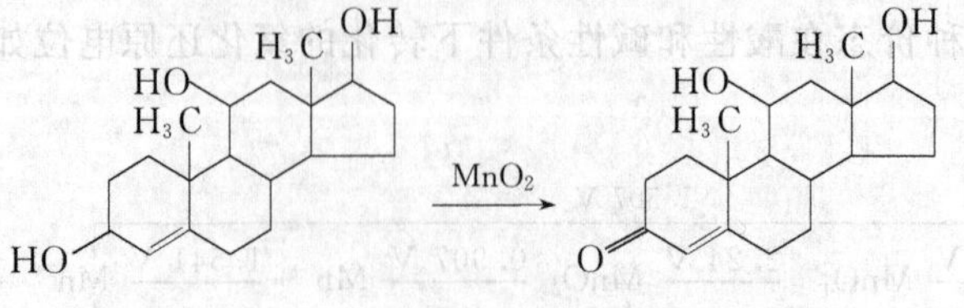

新鲜的 MnO_2 通常由 $KMnO_4$ 和 $MnSO_4$ 在碱性条件下反应制得。

$$2KMnO_4 + 3MnSO_4 + 4NaOH \longrightarrow 5MnO_2\downarrow + K_2SO_4 + 2NaSO_4 + 2H_2O$$

3. 其他氧化剂

（1）硝酸　伯醇用稀硝酸氧化可以得到羧酸。仲醇和叔醇则需要在较浓的硝酸中氧化，产物是断裂成小分子的羧酸。一般只有对称的环状仲醇才可以采用硝酸氧化，实现某些特定目标产物的合成，如环己醇氧化成己二酸。

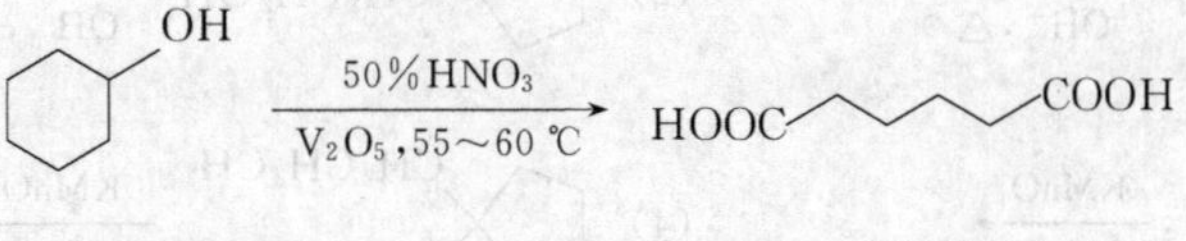

己二酸

（2）Swern 氧化　一种应用很广的氧化醇的方法称为 Swern 氧化。此法使用二甲基亚砜（CH_3SOCH_3）、草酸二酰氯（ClCOCOCl）和三乙胺作反应试剂。因为反应不是在酸性条件下进行，可以将伯醇氧化成醛，也可以将仲醇氧化成酮。

$$CH_3CH_2CH_2CH_2OH \xrightarrow[Et_3N,\ -60\ ℃]{DMSO,\ (COCl)_2} CH_3CH_2CH_2CHO$$

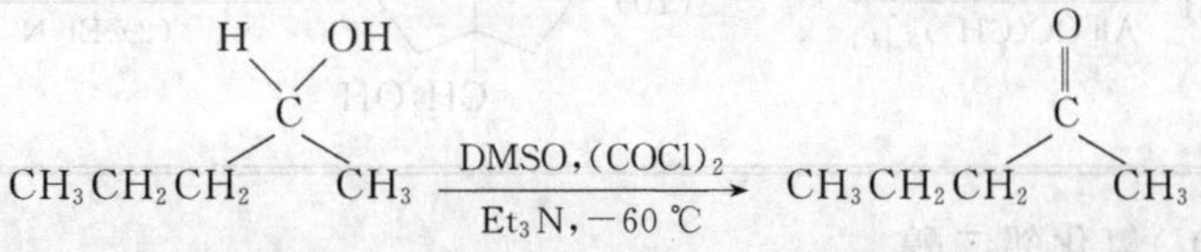

在 Swern 氧化反应中，首先是二甲基亚砜与草酸二酰氯经过两次亲核取代反应（第一步亲核取代反应是发生在羰基碳原子上的，参阅 13.7 节）生成二甲基氯代硫鎓离子（dimethyl-chloro sulfonium ion），然后是二甲基氯代硫鎓离子使得醇氧化成醛或酮。氧化机理如下：

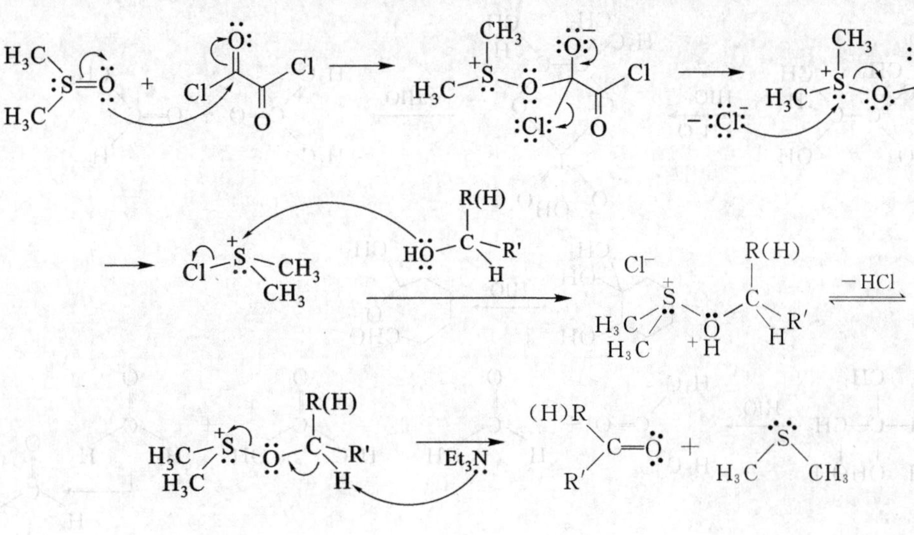

(3) Oppenauer 氧化　醇的 Oppenauer 氧化法是在叔丁醇铝或异丙醇铝存在下，仲醇与丙酮(或甲乙酮、环己酮)进行氢交换的反应，仲醇变成酮，而丙酮则还原成异丙醇。反应不影响分子中的其他官能团，因此适用于氧化含有碳-碳不饱和键或其他对酸不稳定基团的仲醇。

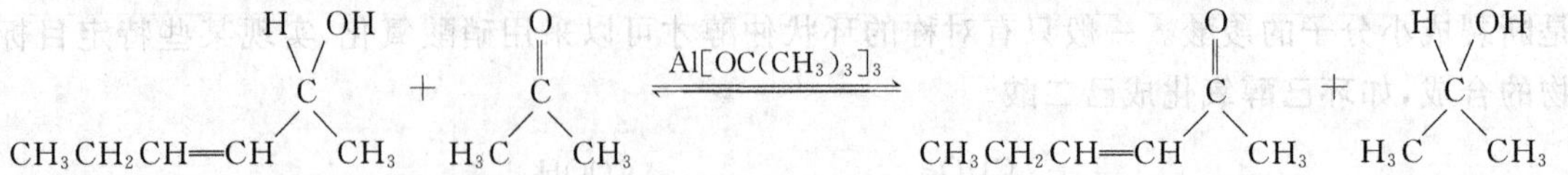

习题 11-17　完成下列反应

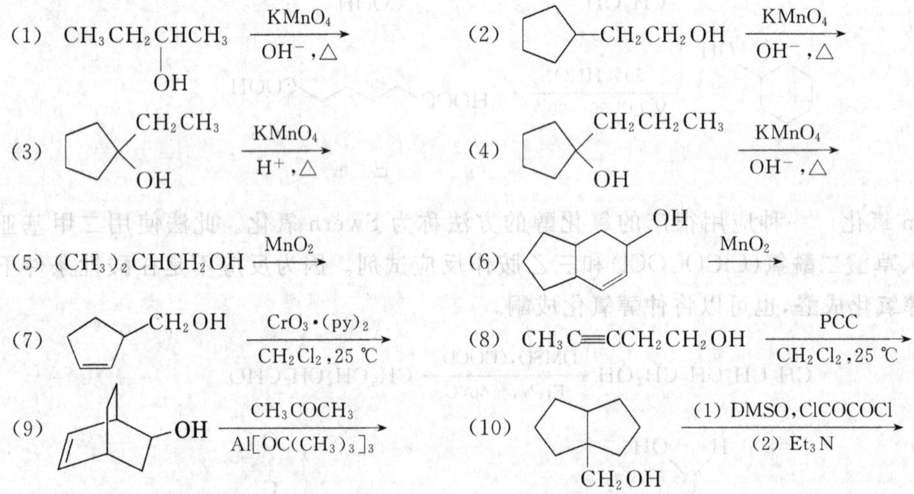

4. 高碘酸(HIO_4)氧化邻二醇

高碘酸可以使邻二醇氧化断键形成醛和酮。反应的第一步是形成环状中间体，然后引发原来连接羟基的两个碳原子间的 σ 键断裂，形成羰基化合物。产物为醛、酮或羧酸，碳链端位伯羟基首先生成甲醛，甲醛在高碘酸的作用下可以进一步氧化成甲酸。

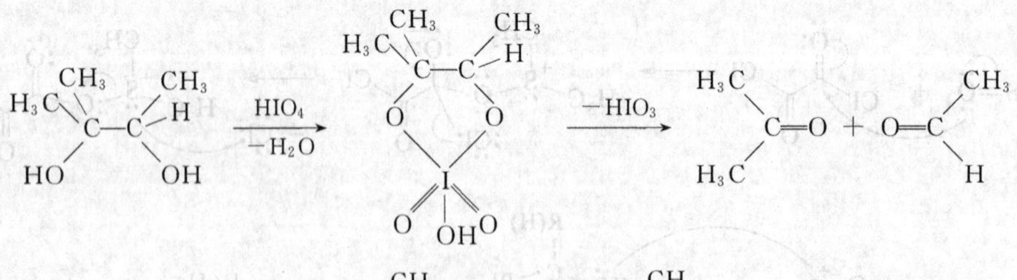

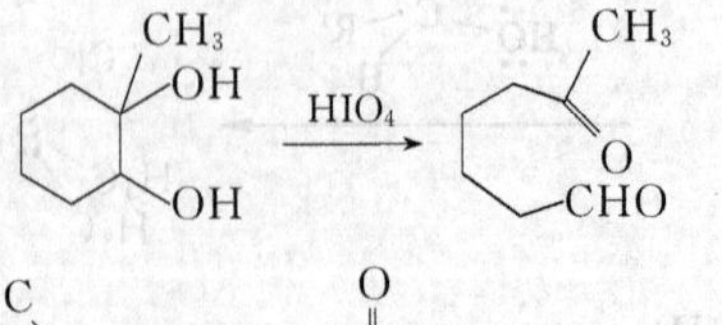

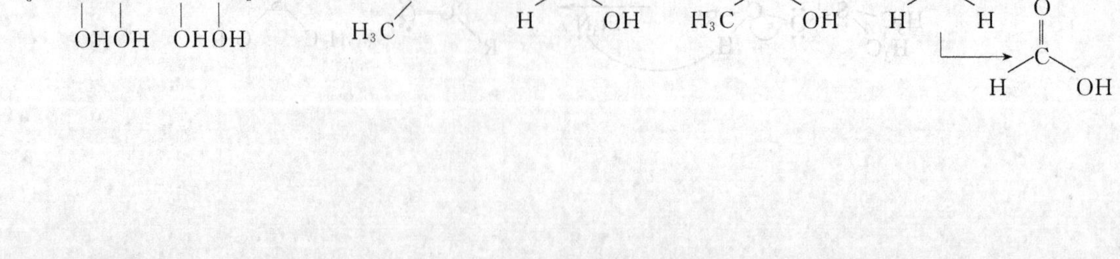

由于高碘酸氧化醇需要经过环状中间体，因此当化合物构型或构象使得两个邻位羟基远离而难以形成环状中间体时，反应将无法进行。1,2－环已二醇有顺式和反式两种构型，可以写出三种极限椅型构象。

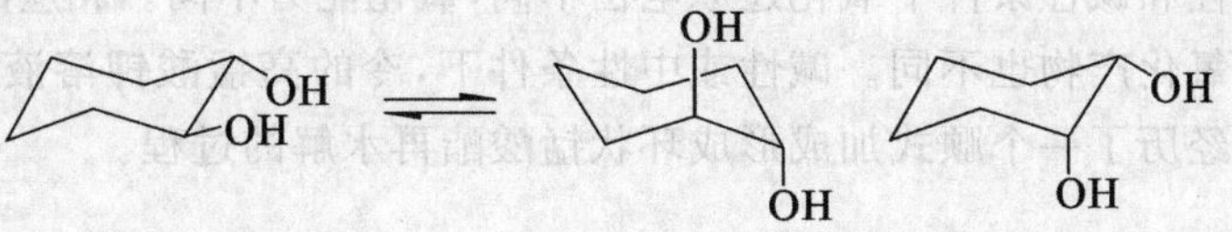

trans(*e*,*e*)　(Ⅰ)　　*trans*(*a*,*a*)　(Ⅱ)　　*cis*(*e*,*a*)　(Ⅲ)

显然构象(Ⅱ)中的两个羟基相互远离，无法形成氧化断裂的环状中间体，不能发生 HIO_4 氧化断键反应。不过，通常构象(Ⅱ)可以通过环翻转转化为构象(Ⅰ)，因此，反应可以进行。但是环已烷上有取代基，或者连接了其他环结构，使两个邻位羟基处于远离位置，则使得 HIO_4 氧化断键反应难以发生。如以下化合物则无法发生 HIO_4 氧化断键反应：

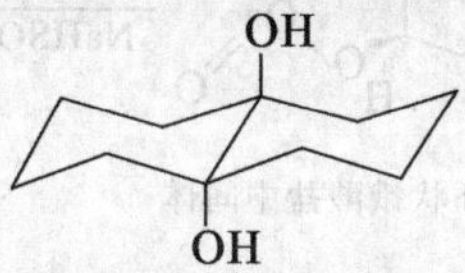

习题 11－18　解释下列化合物中，为什么只有化合物 D 难以发生 HIO_4 氧化反应。

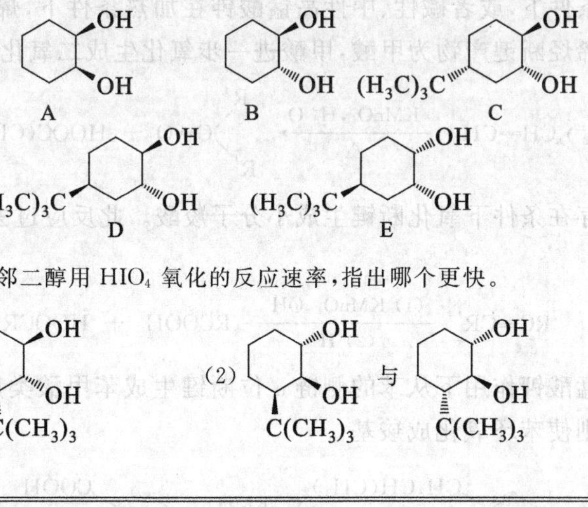

习题 11－19　比较下列各对邻二醇用 HIO_4 氧化的反应速率，指出哪个更快。

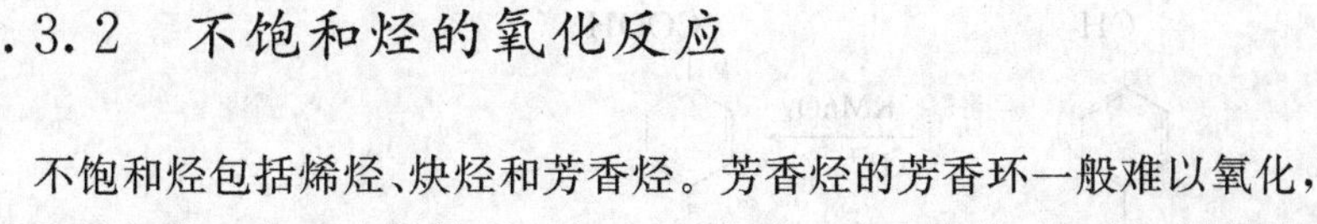

11.3.2　不饱和烃的氧化反应

不饱和烃包括烯烃、炔烃和芳香烃。芳香烃的芳香环一般难以氧化，但其侧链较易氧化。烯烃和炔烃的氧化反应大多数情况下都发生在碳－碳重键处，并引起键的断裂，生成小分子醛、酮或羧酸。在过氧酸条件下，烯烃氧化形成环氧化合物以及烯烃氧化形成邻二醇的反应情况例外。能够使重键发生断键氧化的氧化剂主要有高锰酸钾和臭氧。无论是否断键，氧化过程与双键的性质有关。

1. 高锰酸钾和四氧化锇的氧化反应

高锰酸钾在酸性和碱性条件下氧化还原电位不同，氧化能力不同。相应的，烯烃在碱性和酸性高锰酸钾作用下氧化产物也不同。碱性或中性条件下，冷的高锰酸钾溶液主要将烯烃氧化成顺式邻二醇。反应经历了一个顺式加成形成环状锰酸酯再水解的过程。

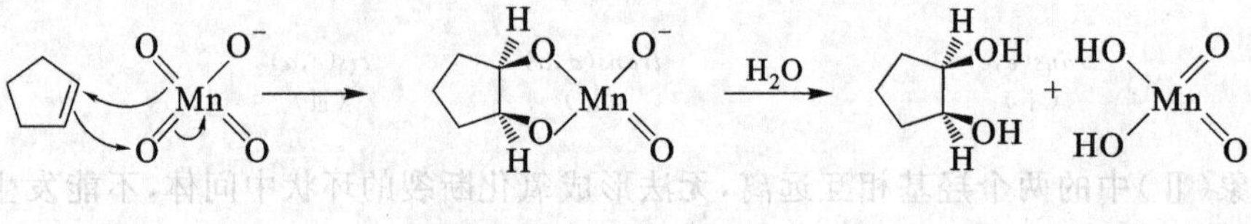

环状锰酸酯中间体　　*cis*-1,2-环戊二醇

烯烃在四氧化锇(OsO_4)作用下也形成顺式邻二醇。反应机理与上述高锰酸钾氧化类似。

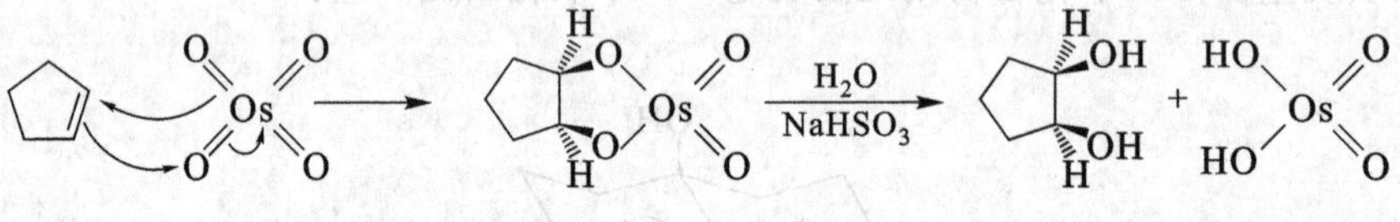

环状锇酸盐中间体　　*cis*-1,2-环戊二醇

上述两个反应中，以高锰酸钾为氧化剂的反应容易发生进一步氧化断键，因此产率不高。而四氧化锇氧化几乎是定量进行，但试剂价格昂贵，而且毒性大，因此，现在多使用催化量的四氧化锇和过氧化氢(H_2O_2)的混合物作氧化剂。

在酸性高锰酸钾条件下，或者碱性、中性高锰酸钾在加热条件下，烯烃将在双键处发生断键形成酮或羧酸。末端烯烃断键产物为甲酸，甲酸进一步氧化生成二氧化碳。

$$\mathrm{RR'C{=}CH{-}(CH_2)_n{-}CH{=}CH_2 \xrightarrow[\triangle]{KMnO_4,\ H_3^+O} RR'C{=}O + HOOC(CH_2)_nCOOH + CO_2\uparrow}$$

炔烃在高锰酸钾存在条件下氧化断键生成小分子羧酸。此反应过去曾用来分析推断炔烃中三键的数量与结构。

$$\mathrm{RC{\equiv}CR' \xrightarrow[(2)\ H^+]{(1)\ KMnO_4,\ OH^-} RCOOH + HOOCR'}$$

烃基取代苯在高锰酸钾作用下从苯的侧链 α 位断键生成苯甲酸类产物。若 α-碳原子为季碳原子，没有氢原子，则使苯环氧化成羧基。

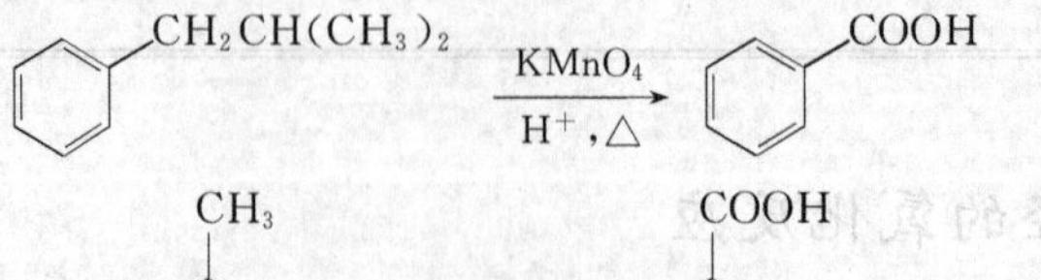

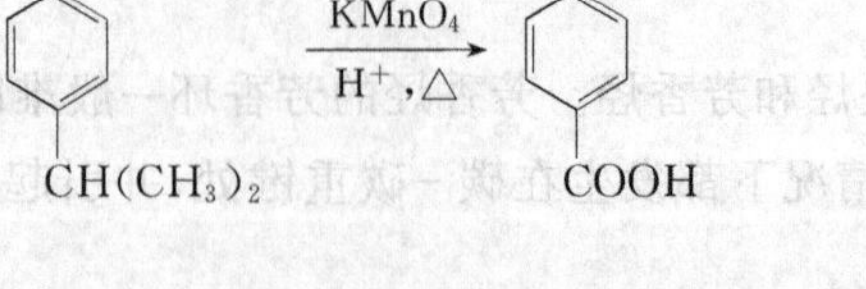

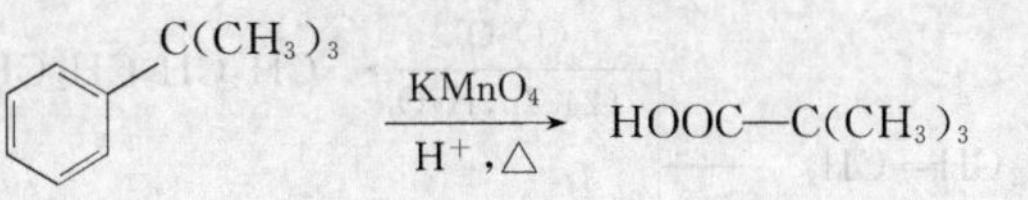

习题 11-20　写出下列反应的产物，六元环产物用构象式表示。

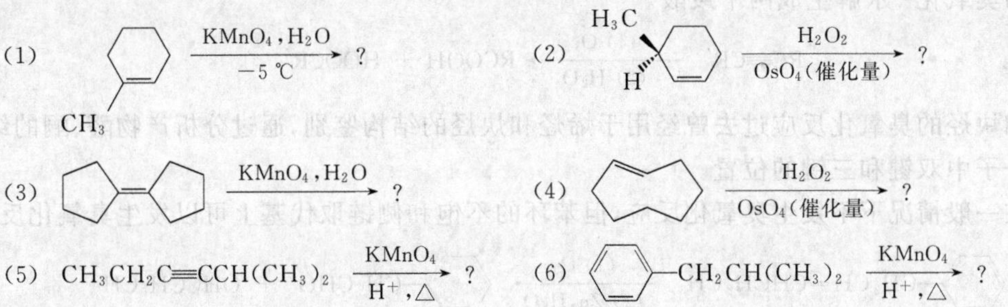

2. 臭氧的氧化反应

臭氧(O_3)可以使碳-碳双键、三键发生氧化断裂。烯烃的臭氧化反应第一步是臭氧对C═C键的偶极加成形成一级臭氧化物(monozonide)，然后经过重排转化成臭氧化物(ozonide)。臭氧化物在锌粉或二甲硫醚作用下水解则得到醛和酮；如果在弱氧化剂如过氧化氢(H_2O_2，俗称双氧水)存在下水解，则得到酮和羧酸。

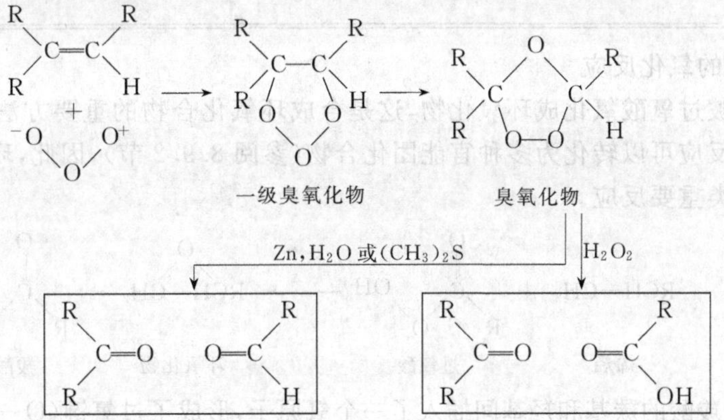

以下是烯烃臭氧化反应的实例：

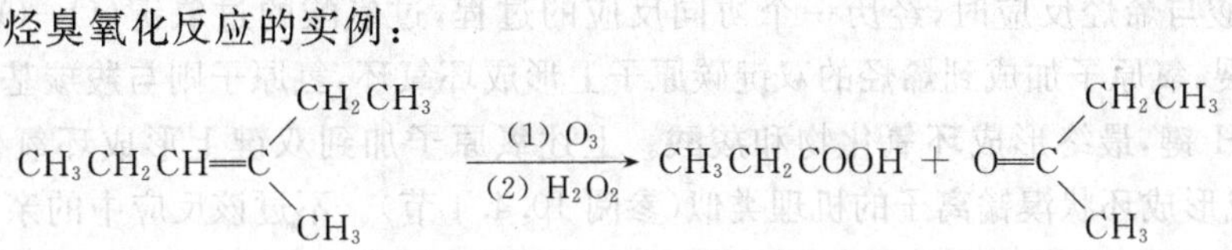

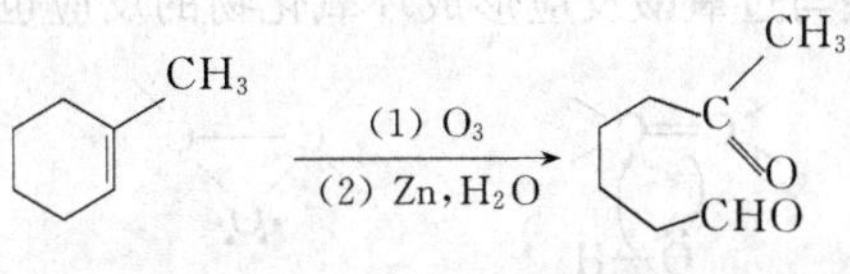

$$CH_3CH_2CH_2CH{=}CHCH_2CH_2CH_3 \xrightarrow[(2)\ Zn,H_2O]{(1)\ O_3} 2CH_3CH_2CH_2CHO$$

末端烯烃的臭氧化反应在氧化剂或还原剂存在下水解分别生成二氧化碳和甲醛。

$$CH_3CH_2CH_2CH{=}CH_2 \xrightarrow[(2)\ Zn,H_2O]{(1)\ O_3} CH_3CH_2CH_2CHO + CH_2O$$

$$CH_3CH_2CH_2CH{=}CH_2 \xrightarrow[(2)\ H_2O_2]{(1)\ O_3} CH_3CH_2CH_2COOH + CO_2$$

炔烃的臭氧化-水解生成两个羧酸。

$$RC{\equiv}CR' \xrightarrow[(2)\ H_2O]{(1)\ O_3} RCOOH + HOOCR'$$

烯烃和炔烃的臭氧化反应过去曾经用于烯烃和炔烃的结构鉴别，通过分析产物醛、酮的结构可以确定分子中双键和三键的位置。

苯环在一般情况下不发生臭氧化反应，但苯环的不饱和侧链取代基上可以发生臭氧化反应。

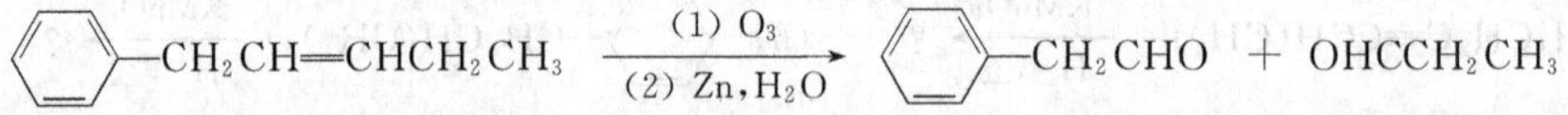

习题 11－21　完成下列反应。

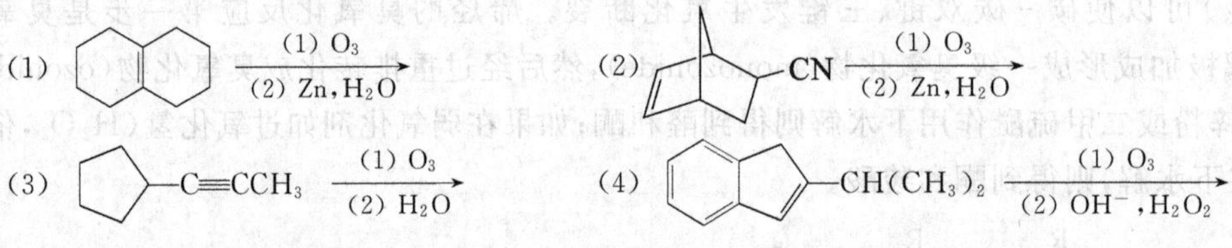

3. 过氧酸的氧化反应

烯烃可以被过氧酸氧化成环氧化物，这是合成环氧化合物的重要方法之一。由于环氧化物通过亲核开环反应可以转化为多种官能团化合物（参阅 8.9.2 节），因此，环氧化合物的合成是有机化学中的一类重要反应。

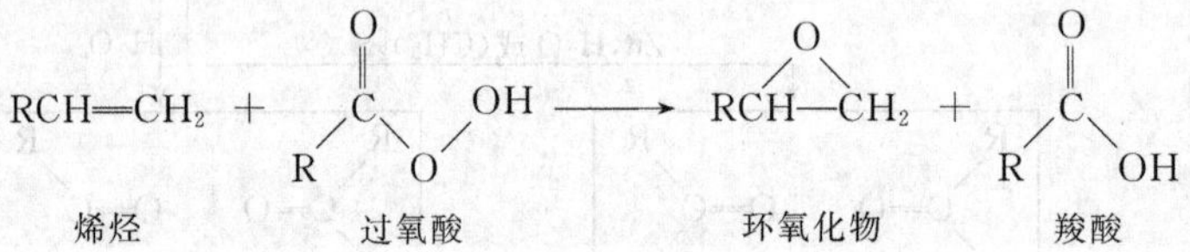

过氧酸中，羧酸的羰基和羟基间插入了一个氧原子，形成了过氧键（O—O 键）。该过氧键容易断裂。当过氧酸与烯烃反应时，经历一个协同反应的过程，过氧酸的过氧键（O—O 键）与羟基的 O—H 同时断裂，氧原子加成到烯烃的双键碳原子上形成环氧环，氢原子则与羧羰基的氧原子结合形成新的 O—H 键，最终形成环氧化物和羧酸。上述氧原子加到双键上形成环氧化物的过程与 C═C 与溴加成形成环状溴鎓离子的机理类似（参阅 10.4.4 节）。不过该反应中的亲电试剂是氧原子而不是溴正离子。因此，烯烃与过氧酸反应形成环氧化物的反应也是一个亲电加成反应。

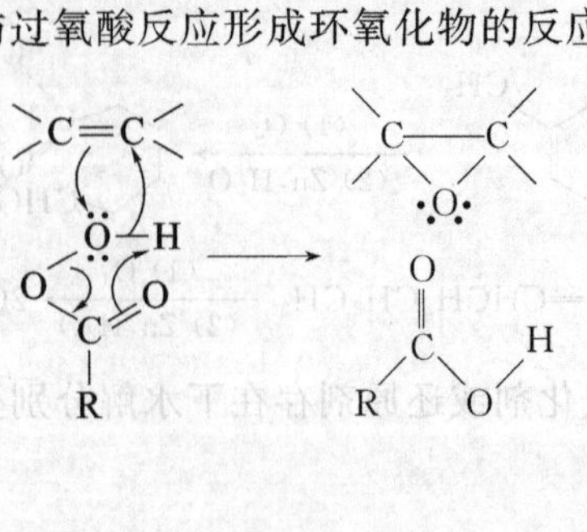

由于反应属于亲电加成反应，双键上电子云密度越高，环氧化速率就越快，因此，多取代烯烃的反应活性较高。如果一个分子中有多个双键，电子云密度高的双键将优先进行环氧化反应。例如：

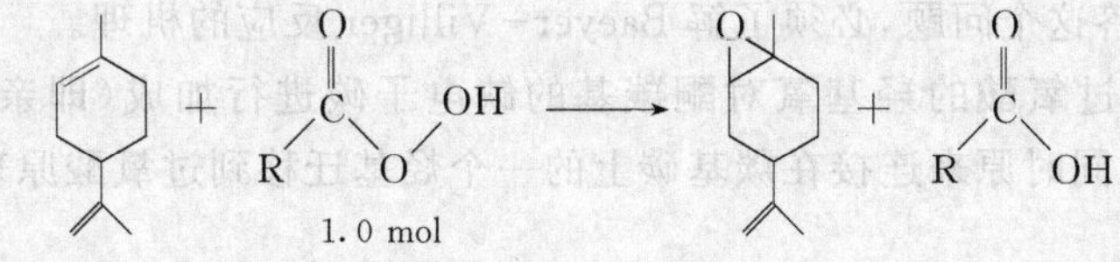

烯烃的环氧化反应是一个立体专一的顺式加成反应。

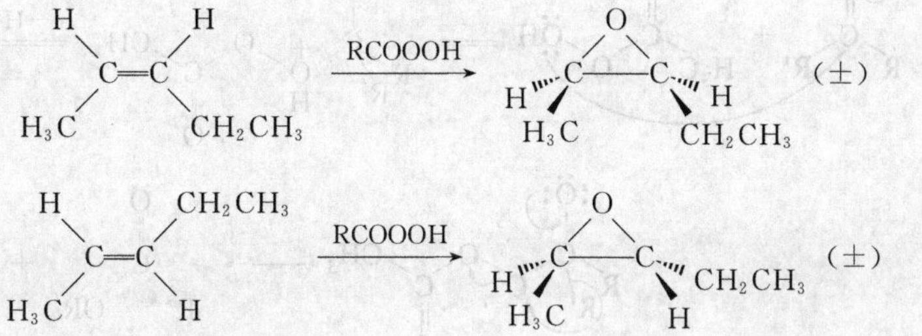

常见的过氧酸有间氯代过氧苯甲酸（*m*-chloroperoxybenzoic acid，缩写为 *m*-CPBA）。

习题 11-22　完成下列反应，写出反应物或产物的构型。

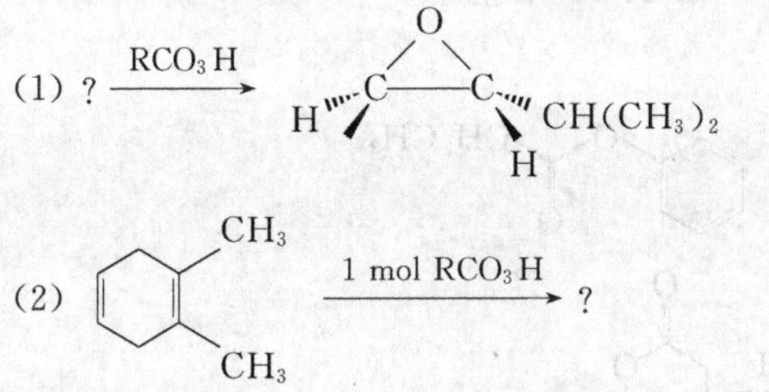

11.3.3　醛、酮的氧化反应

与酮相比较，醛特别容易氧化。过氧化氢、铬酸和高锰酸钾等均可以使之氧化成羧酸。甚至弱的氧化剂如 Tollens 试剂、Fehling 试剂和 Bendict 试剂等也可以使醛氧化（参阅 18.2.5 节）。相反，酮却不容易氧化，只有在强氧化剂作用和剧烈的氧化条件下才能断键生成小分子羧酸。事实上，11.3.1 节中讲述了硝酸氧化环己醇生成己二酸的反应就经过了环己酮的中间步骤。除了少数例子如环己酮氧化有一定合成价值外，酮的断键氧化没有应用价值。本节将重点讨论在过氧酸作用下，醛形成羧酸，酮生成酯（含环内酯）的反应。这类反应称为 Baeyer-Villiger 氧化。

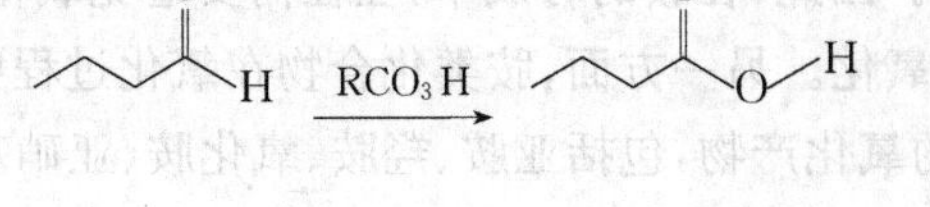

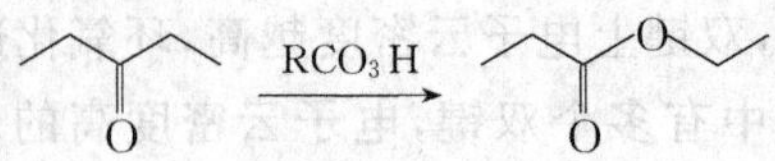

对于不对称的酮来说，反应中可能形成两种酯，究竟哪一个会成为主要产物呢？这是一个区域选择性问题。要回答这个问题，必须了解 Baeyer－Villiger 反应的机理。

反应的第一步是过氧酸的羟基氧对酮羰基的缺电子碳进行加成（即亲核加成，参阅 13.2 节），然后过氧键断裂，同时原来连接在羰基碳上的一个烃基迁移到过氧酸原来的羟基氧上，形成最终的羧酸酯。

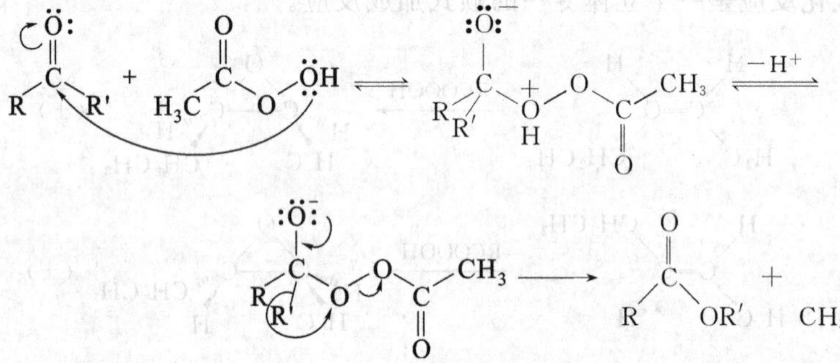

这个反应中迁移的烃基带着一对成键电子迁移。根据实验结果，迁移基团的相对迁移倾向顺序为

$$H > 3°R > 2°R \sim 苯基 > 1°R > 甲基$$

例如：

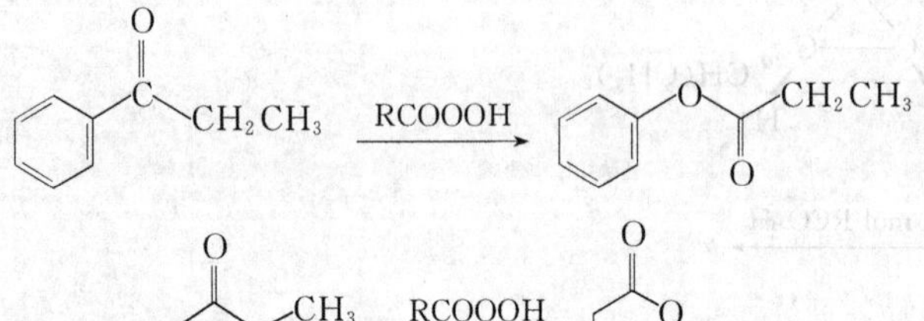

习题 11－23 写出下列醛、酮进行 Baeyer－Villiger 氧化反应的产物。

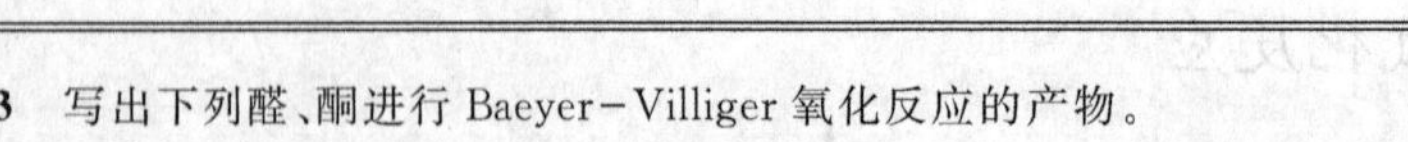

(1) (2) (3)

11.3.4 胺的氧化反应

胺类化合物很容易氧化。因此，在胺的合成中，往往需要避免氧化副反应的发生。在胺的储存过程中也需要隔离空气防止氧化。另一方面，胺类化合物在氧化过程中，根据氮原子上连接的氢原子数目不同，可以形成不同的氧化产物，包括亚胺、羟胺、氧化胺、亚硝基化合物和硝基化合物等。

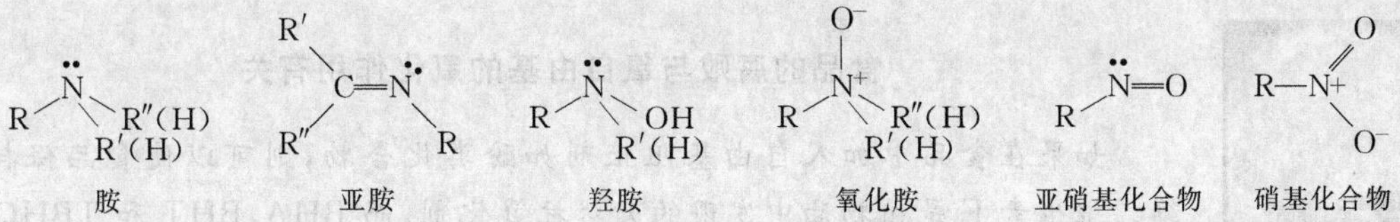

一般来说，伯胺的氧化产物往往是多种氧化形式的混合物，没有实际应用价值；仲胺一般氧化生成羟胺，即氮原子上直接连接羟基的化合物；叔胺则氧化为氧化胺，氧化胺可以发生 Cope 消去反应（参见 9.8 节）。常用的氧化剂有过氧化氢和过氧酸等。

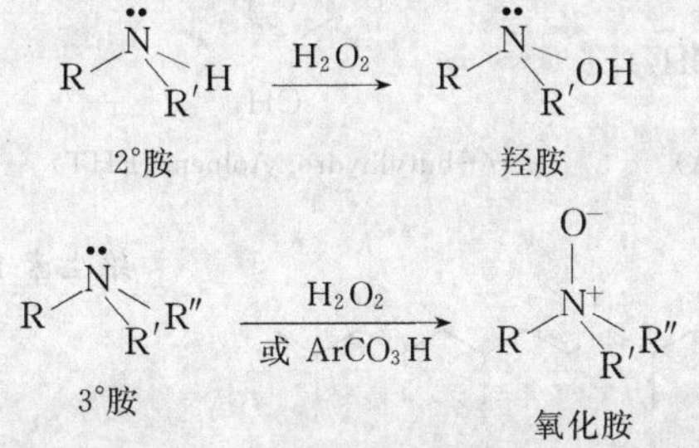

芳香胺也容易氧化，与脂肪胺类似，芳香伯胺和仲胺的氧化产物复杂，没有实际应用价值。苯胺的氧化产物甚至可以是醌。

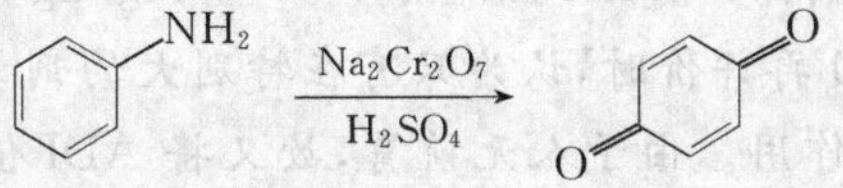

11.4　酚和醌的氧化还原反应

邻苯二酚和对苯二酚在氧化剂作用下可以氧化为邻苯醌和对苯醌。在还原剂作用下醌容易还原成酚。Fremy 盐的结构式为$(KSO_3)_2NO$，是一种常用氧化剂，它不仅可以使酚氧化成醌，还可以将苯二胺直接氧化成对苯醌。

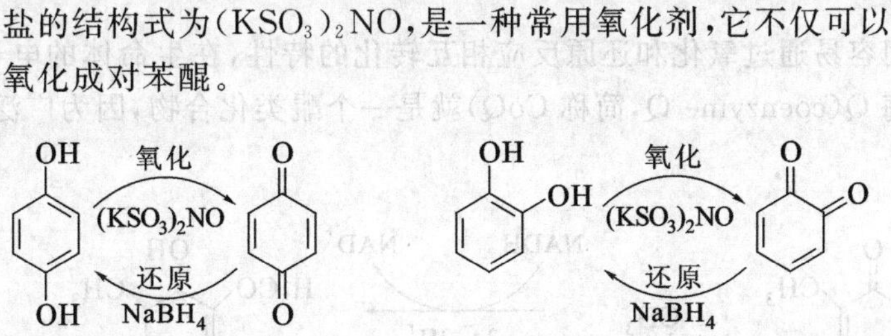

酚和醌的互变在于得失两个氢原子，因此，对苯二酚又称为氢醌(hydroquinone)。酚易氧化的特性使它能起到消除自由基的作用。

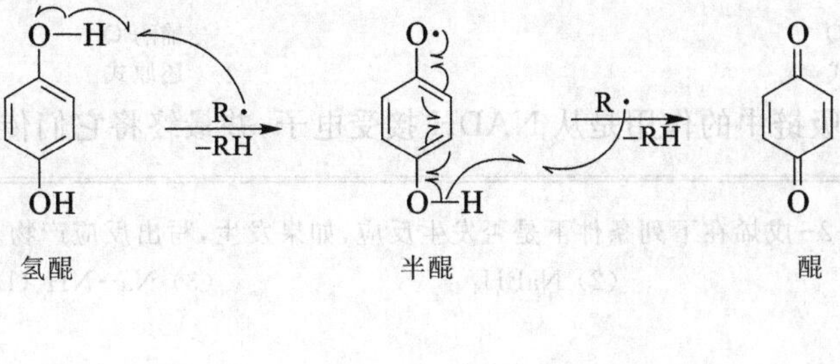

食品的腐败与氧自由基的氧化作用有关

如果在食品中加入自由基阻止剂如酚类化合物，则可以使食品保持新鲜。维生素 E 是植物油中发现的天然抗氧化剂，而 BHA、BHT 和 TBHQ 则是合成抗氧化剂。

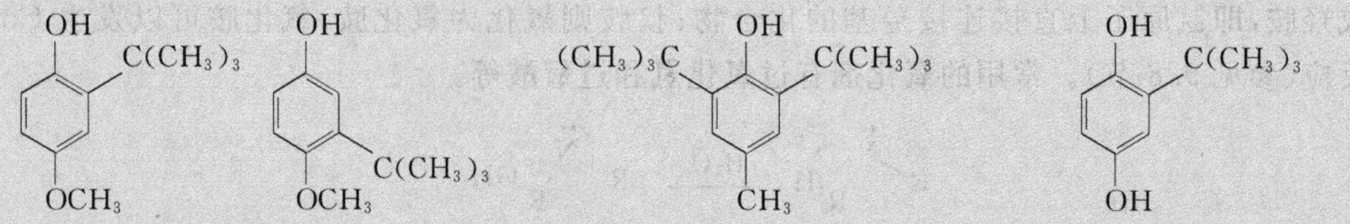

tert-butylhydroxyanisde(BHA)　　*tert*-butylhydroxytoluene(BHT)　　2-*tert*-butylhydroquinone(TBHQ)

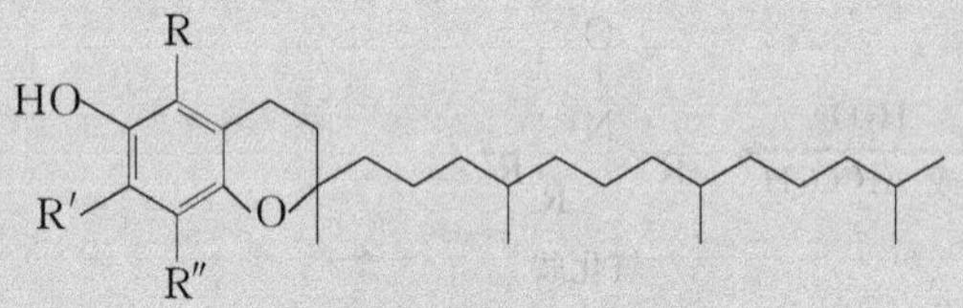

维生素 E　α：$R=R'=R''=CH_3$

β：$R=R''=CH_3$，$R'=H$

γ：$R=H$，$R'=R''=CH_3$

BHT 有抑制人体呼吸酶活性等嫌疑。美国 FDA 曾一度禁用，希腊、土耳其等国也禁用。后因证明其安全性还是能得到保证，ADI 值降为 0～0.3 mg/kg 后继续使用。BHA 有致癌的嫌疑，但 1989 年 FAO/WHO 再评价时，认为只有在特别大的剂量(20 g/kg)时才会对大鼠前胃致癌。而对猪和狗无有害作用。由于人无前胃，故又将 ADI 值制定为 0～0.5mg/kg，允许在食品中使用。比较而言，TBHQ 与其他抗氧化剂相比，具有更高的安全性。FAO/WHO 食品添加剂联合专家委员会在 19 次、21 次、30 次、37 次、44 次会议上对此均进行了评价，认为 TBHQ 无致突变性，在 5 000 mg/kg 剂量下对大小白鼠也无致癌作用。当然，天然抗氧化剂成分的毒性远远低于人工合成的抗氧化剂。因此，有关天然抗氧化剂的研究受到重视，主要有维生素 E、茶多酚等。

氢醌与醌之间容易通过氧化和还原反应相互转化的特性，在生命体的电子传递中起到十分重要的作用。辅酶 Q(coenzyme Q，简称 CoQ)就是一个醌类化合物，因为广泛存在于生命体中，又称为泛醌。

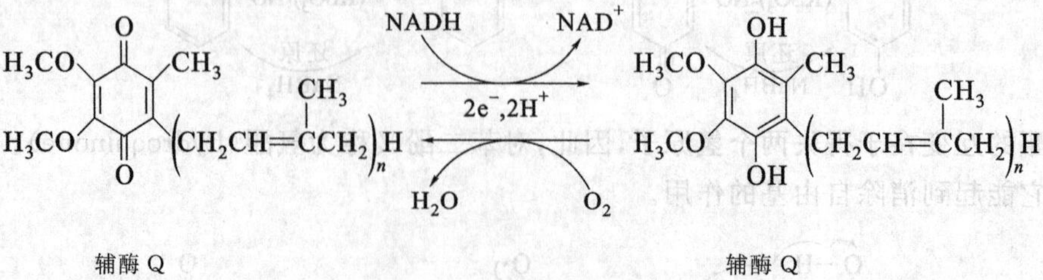

辅酶 Q　　　　　　　　　　辅酶 Q
氧化式　　　　　　　　　　还原式

泛醌在生命体呼吸链中的作用是从 NADH 接受电子，并最终将它们传递给 O_2。

习题 11-24　指出(*E*)-2-戊烯在下列条件下是否发生反应，如果发生，写出反应产物。

(1) H_2/Raney Ni　　(2) $NaBH_4$　　(3) $Na-NH_3(l)$

(4) CH_3CO_2H/H_2O_2	(5) $KMnO_4/OH^-$	(6) $KMnO_4, H^+/\triangle$
(7) $LiAlH_4$	(8) Lindlar 催化剂	(9) ① O_3/② H_2O_2
(10) H_2/Pt	(11) OsO_4/H_2O_2	(12) ① O_3/② Zn, H_2O

习题 11－25　指出 2－甲基－3－己炔在下列条件下是否发生反应，如果发生，写出反应产物。

(1) H_2/Pt	(2) $NaBH_4$	(3) $Na-NH_3(l)$
(4) ① O_3/② H_2O	(5) $KMnO_4, H^+/\triangle$	(6) H_2/Lindlar 催化剂

习题 11－26　指出 2－甲基环己酮(A)，丁醛(B)和乙酸正丁酯(C)在下列条件下是否发生反应，如果发生，写出反应产物。

(1) H_2/Raney Ni	(2) $NaBH_4$	(3) $Na-NH_3(l)$
(4) CH_3CO_3H	(5) $KMnO_4/OH^-$	(6) $KMnO_4, H^+/\triangle$
(7) $LiAlH_4$	(8) Ag_2O, NH_3	(9) ①O_3/②H_2O_2
(10) H_2/Pt	(11) HNO_3	(12) $K_2Cr_2O_7, H^+/\triangle$
(13) MnO_2	(14) CrO_3	(15) $CrO_3\cdot(py)_2$

习题 11－27　完成下列反应，写出产物、反应物或反应条件，必要时，准确写出产物或反应物的构型

(1) 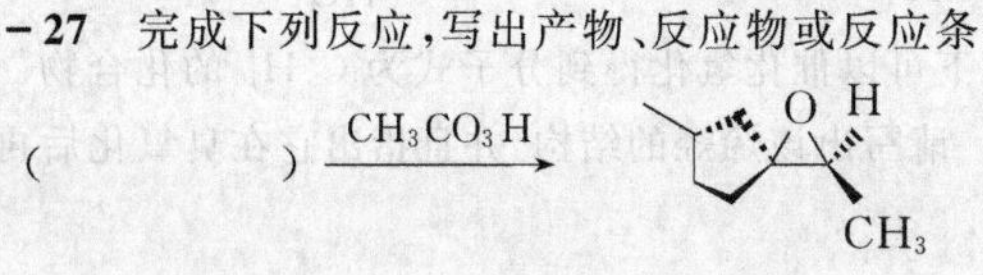

(2) 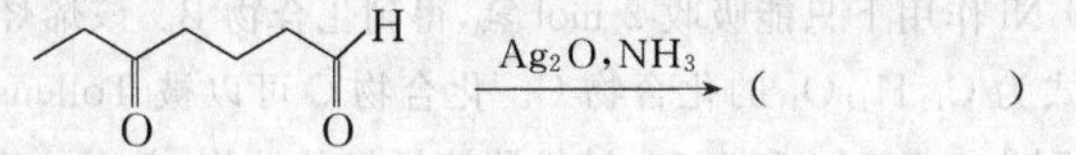

(3) 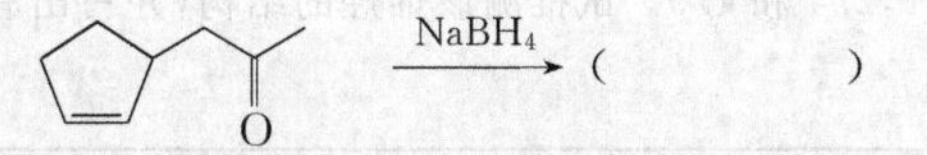

(4) 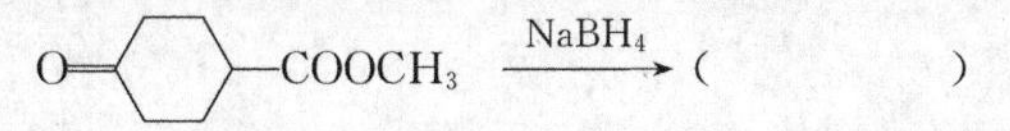

(5) 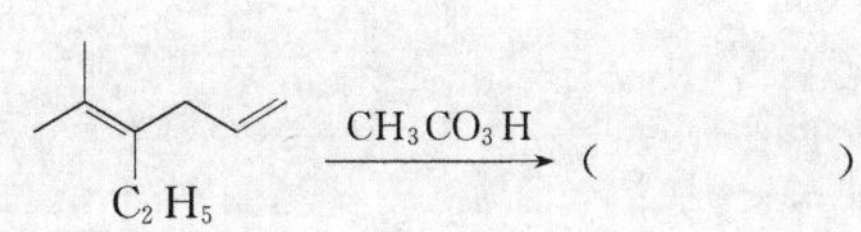

(6) 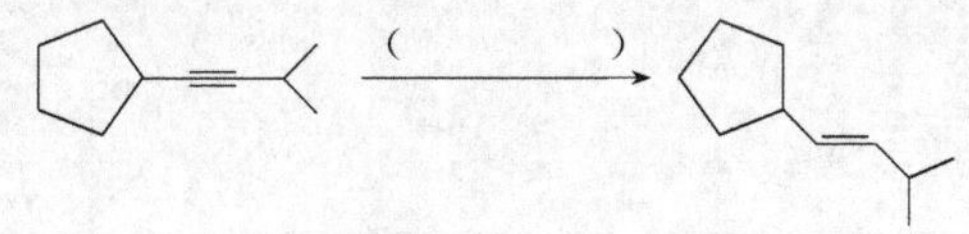

(7) 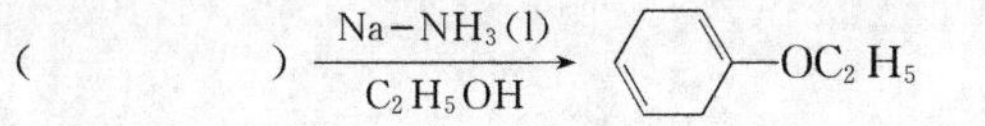

(8) 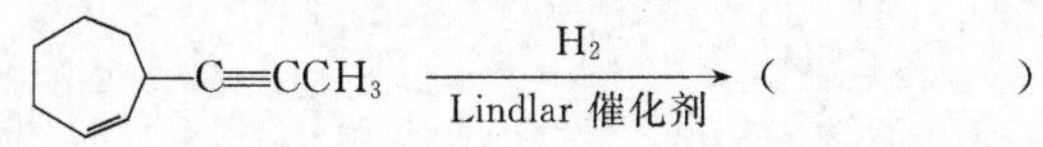

(9) 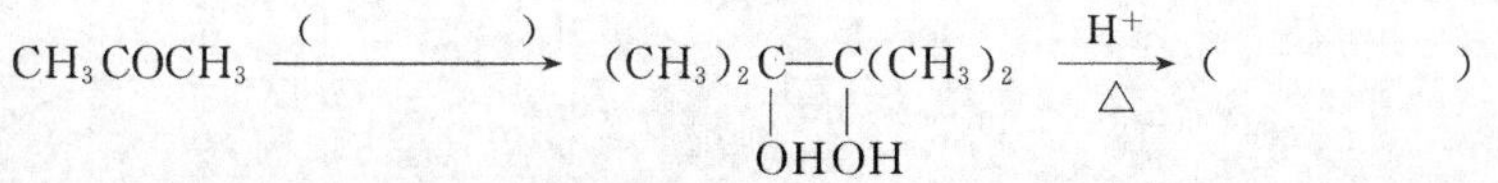

(10) 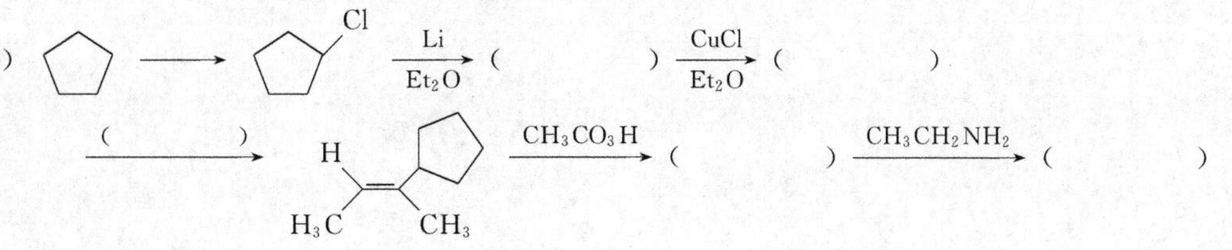

习题 11-28　为下列化合物提出合理的合成路线，可以使用苯、环己烷、环戊烷以及其他 4 个碳或 4 个碳以下的原料和无机试剂。

(1) 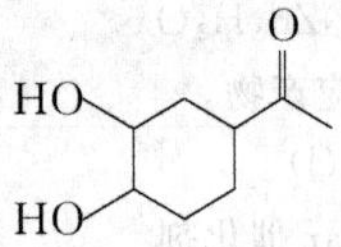　(2) 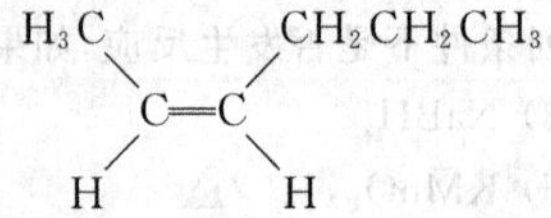　(3) 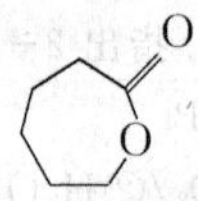

(4) 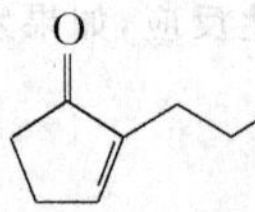　(5) 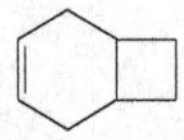　(6) 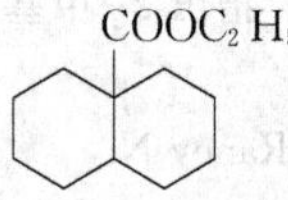

(7) 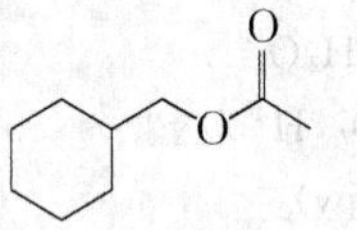　(8) 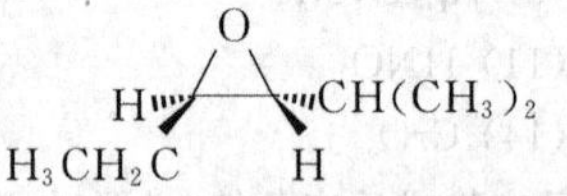　(9) 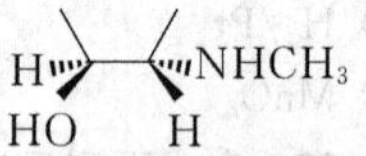

习题 11-29　分子式为 C_5H_6 的烯烃在 Raney Ni 作用下可以催化氢化得到分子式为 C_5H_{10} 的化合物。该烯烃在光照条件下与氯反应只能得到一种单取代的氯代烃。请写出该烯烃的结构，并且指出它在臭氧化后再在锌粉作用下水解的产物。

习题 11-30　分子式为 $C_{10}H_{14}$ 的烯烃 A 在 Raney Ni 作用下只能吸收 2 mol 氢，得到化合物 B。该烯烃 A 经过臭氧氧化，再在锌粉存在下水解，只得到一个分子式为 $C_{10}H_{14}O_4$ 的化合物 C。化合物 C 可以被 Tollens 试剂氧化，其 ^{1}H NMR 谱图中只有三组峰，化学位移值分别为 9.7，2.4 和 1.9。试推测该烯烃的结构，并写出有关的反应方程式。

第十二章 芳环的亲电取代、亲核取代反应及芳环取代基的反应

(Electrophilic and Nucleophilic Substitutions at Aromatic Rings, Reactions of Substituents of Aromatic Rings)

苯和其他芳香烃的结构特征是环上每个原子均采用 sp^2 杂化轨道成键，并处于同一平面上。它们的 p 轨道相互共轭形成一个环状大 π 键，且大 π 键的 π 电子数目为 $4n+2$。这样的环状共轭体系具有特殊的稳定性，即芳香性，它们在反应中倾向于保持芳香环不被破坏，因此其主要的反应为发生在芳环上的取代反应以及芳环上取代基的反应。

12.1 苯的亲电取代反应与烯烃的亲电加成反应对比

苯环的 π 电子云分布在环平面的上下两方，这种结构特征与烯烃类似，因此在反应特性上也与烯烃类似，如苯环与烯烃类似，它们都是很好的电子给体，容易受到亲电试剂的进攻(图 12-1)。

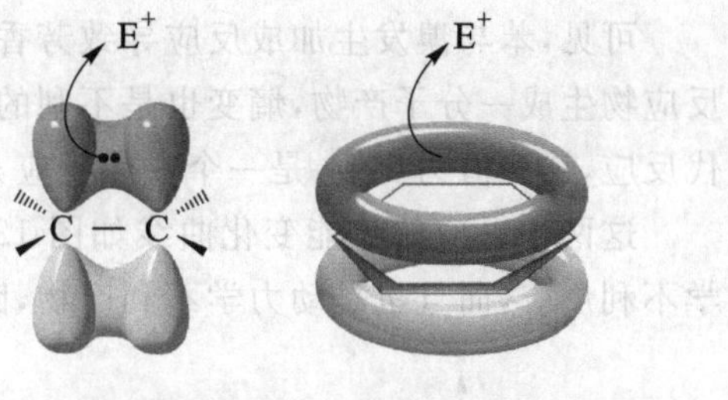

图 12-1 烯烃和苯环与亲电试剂作用的示意图

但是苯环具有一个重要的不同于烯烃的结构特征，即苯环具有芳香性，十分稳定。当苯环受到亲电试剂进攻形成碳正离子时，意味着可能破坏苯的芳香环结构，因此反应的活化能很高(图 12-2)，也就是说，该反应需要高活性的亲电试剂。实际上，对苯环的亲电进攻一般都需要在催化剂帮助下才能进行。

在大多数情况下，苯与亲电试剂形成碳正离子后，不倾向于形成加成产物，而是脱去一个质子形成取代产物，从而恢复苯的芳香环结构。

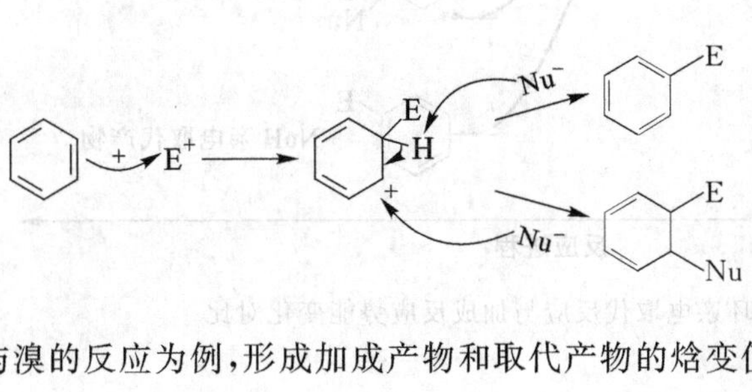

取代产物具有芳香性

加成产物失去芳香性

以苯与溴的反应为例，形成加成产物和取代产物的焓变值如下：

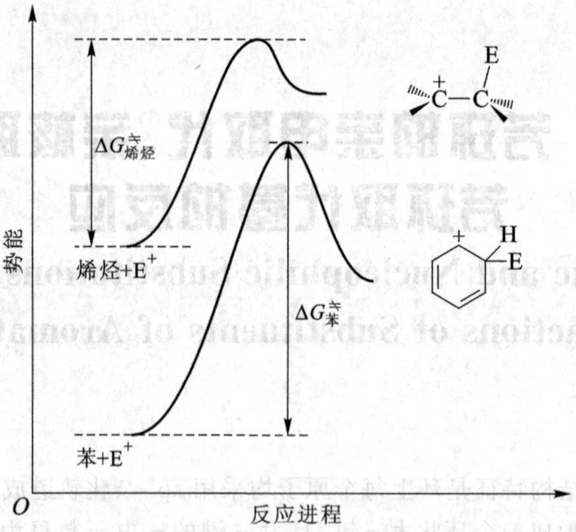

图 12-2　亲电试剂与烯烃或苯反应的反应势能曲线对比

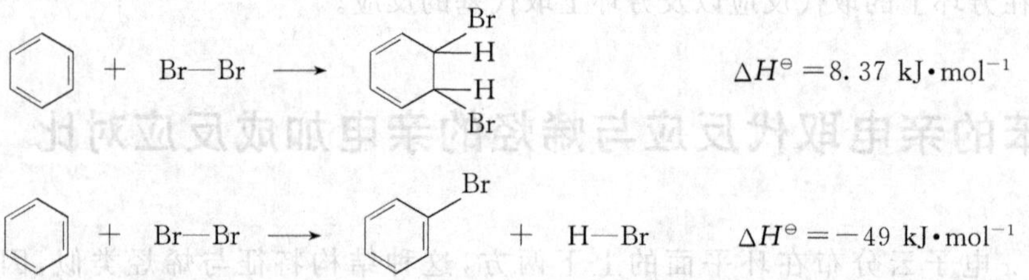

可见,苯与溴发生加成反应导致芳香稳定能的丧失,反应为吸热反应。由于该反应从两分子反应物生成一分子产物,熵变也是不利的,因此,该反应是一个热力学不利的反应。相反,发生取代反应,焓变值为负值,是一个放热反应,且熵变较小,因此,该反应是一个热力学有利的反应。

这两种反应的势能变化曲线如图 12-3 所示。由此可以清楚地看出:亲电加成不仅是热力学不利反应,而且也是动力学不利产物,因为亲电加成第二步反应活化能较高。

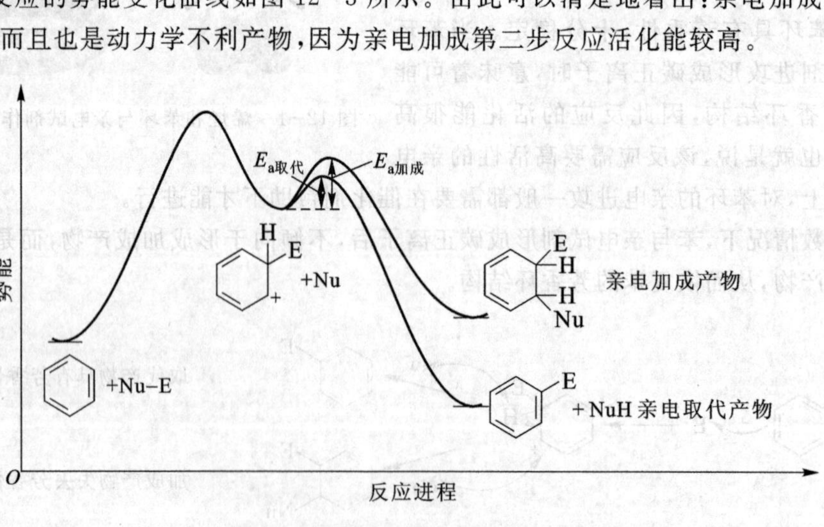

图 12-3　苯环亲电取代反应与加成反应势能变化对比

环己烯与溴加成的焓变值为$-121\ kJ\cdot mol^{-1}$，而苯与溴加成的焓变值却为正值。可见，烯烃的π键容易发生亲电加成反应，而苯却不容易发生加成反应。这正是苯环的芳香稳定性体现。

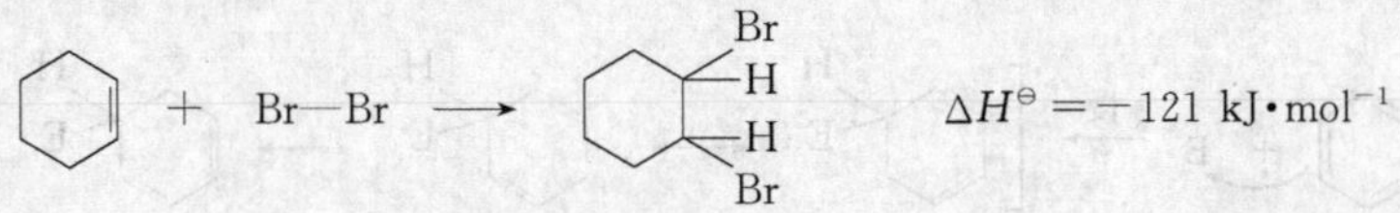

虽然苯环与亲电试剂的反应需要较高的活化能，但是由于形成的环碳正离子与环内两个双键共轭，一般可以写出三个共振结构，因此形成的碳正离子有一定的稳定性。

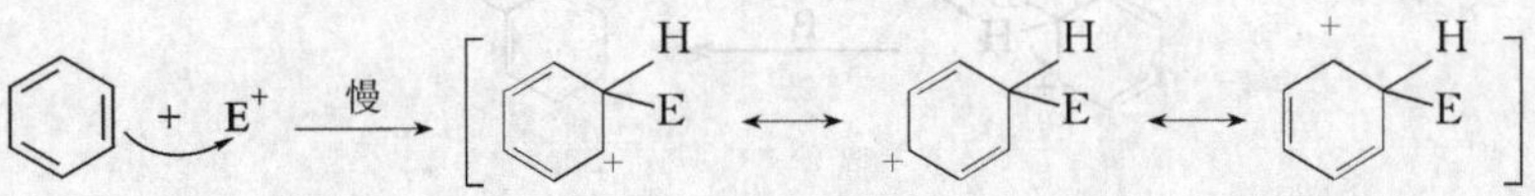

事实上，当苯环上的取代基可以稳定该碳正离子时（如苯酚、苯胺、烷基苯等），反应活性较高（详见12.3节），有时可以不需要催化剂，反应即可进行，甚至形成多取代产物。可见，在苯及其衍生物的亲电取代反应中，分析比较该反应中间体的稳定性是判断反应活性高低和反应方向的一个重要依据。

12.2　苯环的亲电取代反应及其机理分析

苯环的亲电取代反应是在苯环上引入取代基的重要方法之一。苯环的亲电取代反应主要有以下五类：

(1) 卤代(halogenation)反应：卤素原子氯、溴和碘取代苯环上的氢原子；

(2) 硝化(nitration)反应：硝基(NO_2)取代苯环上的氢；

(3) 磺化(sulfonation)反应：磺基(SO_3H)取代苯环上的氢；

(4) Friedel-Crafts 烷基化(alkylation)反应：烷基(R)取代苯环上的氢；

(5) Friedel-Crafts 酰基化(acylation)反应：酰基(RC═O)取代苯环上的氢。

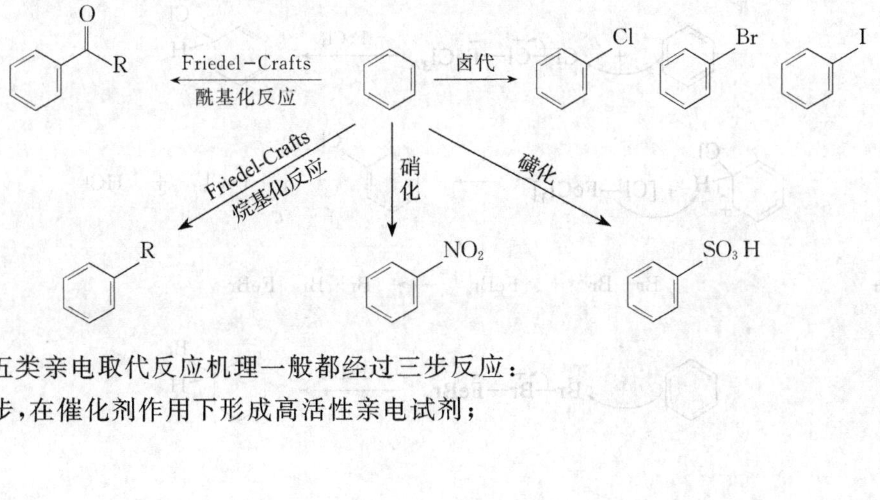

以上五类亲电取代反应机理一般都经过三步反应：

第一步，在催化剂作用下形成高活性亲电试剂；

$$\text{亲电试剂} + \text{催化剂} \longrightarrow \text{强亲电试剂}$$

第二步，亲电试剂与苯环结合形成环碳正离子；

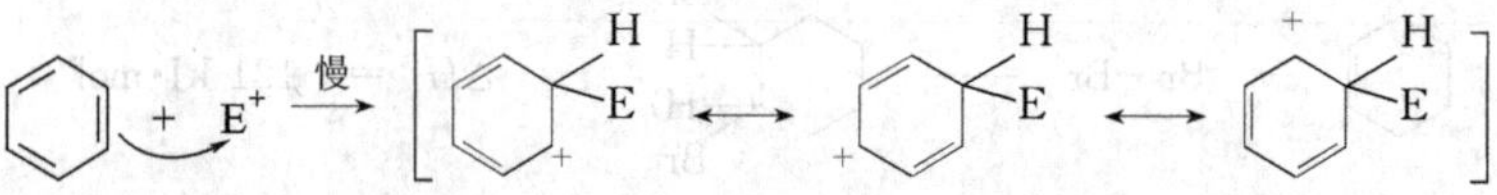

第三步，在碱的帮助下脱去质子得到取代产物，催化剂往往在这个过程中再生。

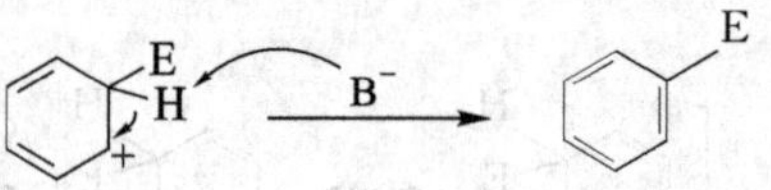

苯环五种亲电取代反应的不同之处主要在于亲电试剂不同，形成亲电试剂的反应不同，以及需要的催化剂不同。下面将着重讨论：

(1) 各反应的亲电试剂是什么？

(2) 该亲电试剂如何在催化剂的帮助下产生？

(3) 催化剂是什么以及它们在反应中是如何再生的？

(4) 帮助脱去质子的碱又是什么？

12.2.1 卤代反应

苯环的卤代反应包括氯代、溴代和碘代，其中氯代和溴代反应需要 Lewis 酸催化，常用的催化剂主要是三卤化铁。Lewis 酸的作用在于与卤素分子氯和溴形成络合物，从而削弱卤素分子的 X—X 键。因此，实际进攻苯环的亲电试剂是 $X_2 \cdot FeX_3$，而不是 X_2。亲电试剂进攻苯环形成环碳正离子的同时，也产生了帮助脱去质子所需要的碱 FeX_4^-。最后在脱去质子形成取代产物的同时，产生卤化氢，并再生出催化剂三卤化铁。以下是氯代和溴代的反应机理。

氯代：$\quad Cl—Cl + FeCl_3 \longrightarrow Cl—\overset{+}{Cl}—\overset{-}{Fe}Cl_3$

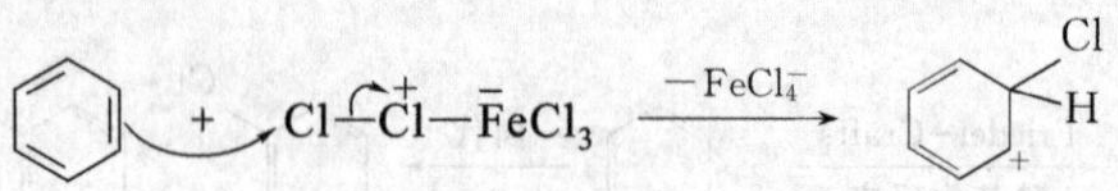

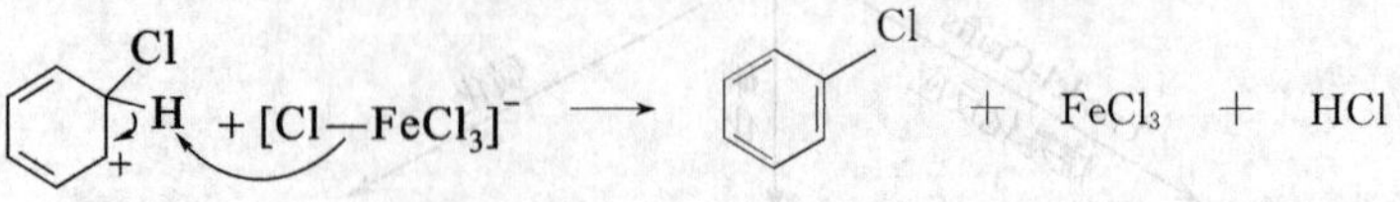

溴代：$\quad Br—Br + FeBr_3 \longrightarrow Br—\overset{+}{Br}—\overset{-}{Fe}Br_3$

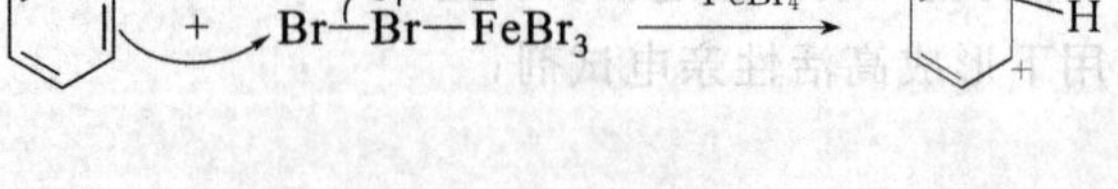

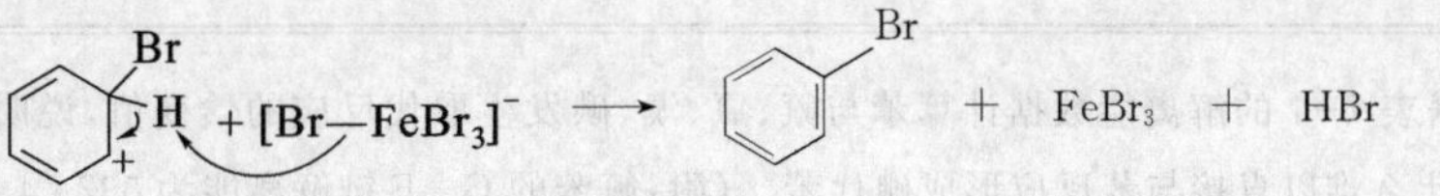

上述反应中使用的催化剂 Lewis 酸容易与空气中水汽结合而失去催化活性，操作中应注意保持干燥无水。实际进行反应时，常常采用直接向反应体系中加入金属铁的方法，从而减少称量过程的吸水。铁与卤素反应生成三卤化铁，再催化亲电反应的进行。

$$2Fe + 3X_2 \longrightarrow 2FeX_3$$

与氯代和溴代不同，苯的碘代反应中需要加入氧化剂先将 I_2 氧化成 I^+，再以 I^+ 作为亲电进攻试剂。常用硝酸(HNO_3)或二价铜盐作氧化剂。反应中需要足量的氧化剂。

亲电试剂的形成： $$I_2 \xrightarrow{HNO_3} 2I^+$$

或 $$I_2 + 2CuCl_2 \longrightarrow 2I^+ + 2CuCl + 2Cl^-$$

亲电取代：

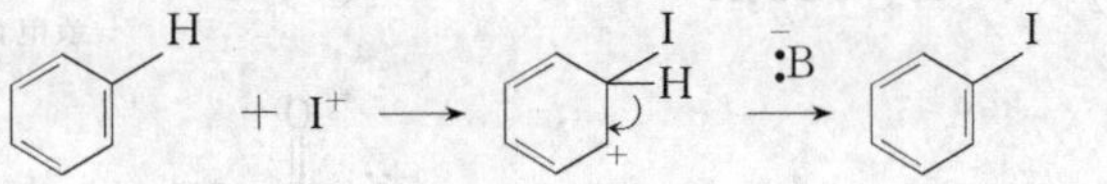

上述反应中帮助脱去质子的碱在氯化铜氧化剂条件下是氯负离子，而在硝酸氧化剂作用下，可能是硝酸根负离子。

氯化碘(ICl)也是常用的碘代试剂。

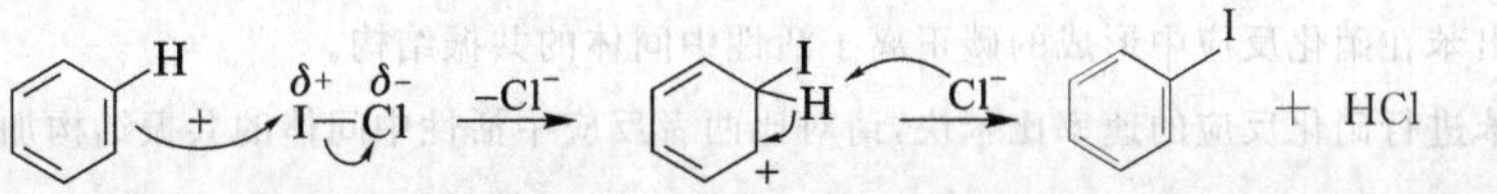

氟太活泼，若直接与苯反应，会使苯中的 C—H 键、C—C 键断裂，生成复杂的多种混合物。因此一般不能直接氟代，而是通过重氮盐反应获得氟代苯(详见 12.9.3 节)。

小资料

氟代苯除了可以通过重氮盐反应获得外，还可以通过有机铊中间体制备。苯与三氟乙酸铊反应，形成二(三氟乙酸)苯基铊中间体，该有机铊中间体再与氟化钾和三氟化硼反应生成氟代苯。

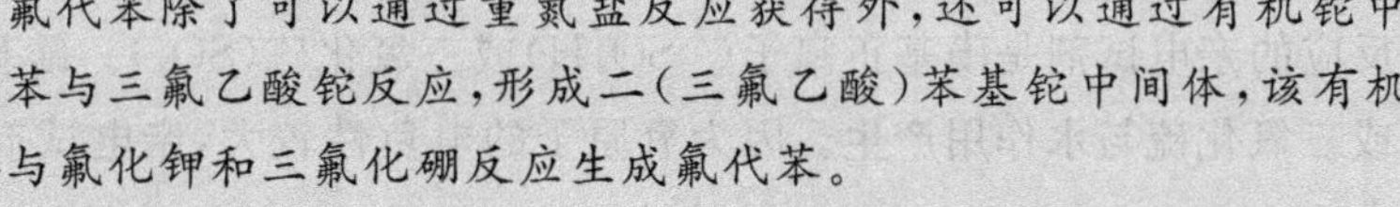

碘苯也可以通过二(三氟乙酸)苯基铊与 KI 的水溶液反应得到。

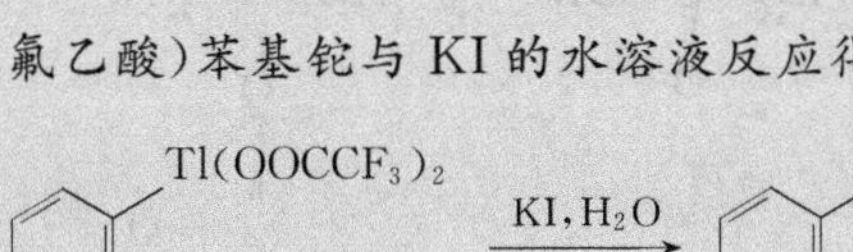

将氧化铊(Tl_2O_3)悬浮于含水量为 10%～20%的三氟乙酸中，加热就可以制得三氟乙酸铊，反应液可以直接用于下一步反应。尽管三氟乙酸铊在合成中有一定的应用。不过，有机铊毒性很大，且容易被人体吸收。因此实验操作中务必做好防护工作。

习题 12－1　根据表 7-1 的解离能数据计算苯与氟、氯、溴、碘发生取代反应的焓变值，说明卤素与苯反应的活性顺序以及碘为什么难以直接与苯反应形成碘代苯。（附：氟苯的 C—F 键解离能为 532.4 kJ·mol^{-1}，碘代苯的 C—I 键解离能为 280.4 kJ·mol^{-1}）

习题 12－2　为上述有机铊中间体——二(三氟乙酸)苯基铊——的形成提出可能的机理。

12.2.2　硝化反应

苯的硝化反应需要硫酸作催化剂。一方面硫酸使硝酸质子化后脱水产生亲电试剂$^{+}NO_2$，另一方面硫酸氢根负离子作为碱也帮助活泼中间体碳正离子脱去质子。

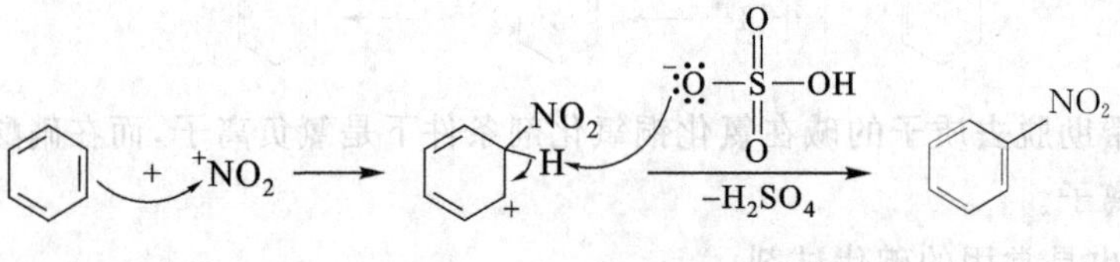

习题 12－3　写出苯在硝化反应中形成的碳正离子活性中间体的共振结构。

习题 12－4　甲苯进行硝化反应的速率比苯快，请对比两者反应中活性中间体的共振结构加以解释。

12.2.3　磺化反应

磺化反应的亲电试剂是磺基正离子($^{+}SO_3H$)或三氧化硫(SO_3)。磺基正离子由硫酸分子间相互作用或三氧化硫与水作用产生。因为氧原子的电负性较大，亲电试剂磺基正离子的正电荷在硫原子上。

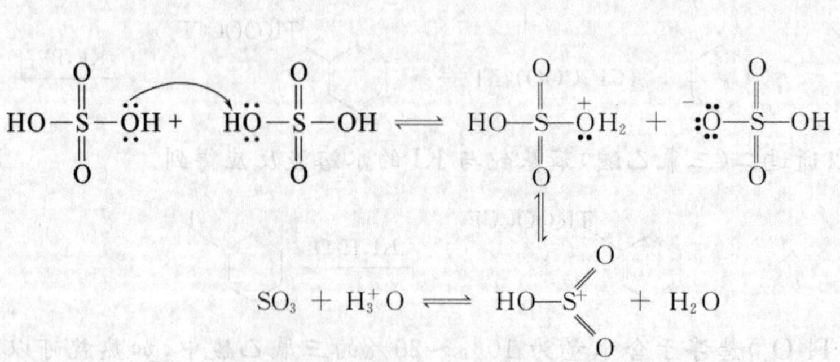

三氧化硫虽然是中性分子，但是因为氧原子的电负性较大，硫原子上带一定的正电荷，是一个很好的亲电试剂。三氧化硫的共振结构式如下：

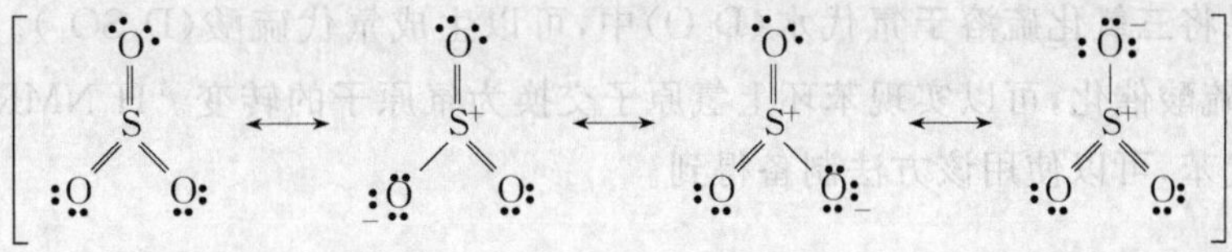

当亲电试剂是磺基正离子时，与苯反应产生的活性中间体脱去质子即可形成苯磺酸。

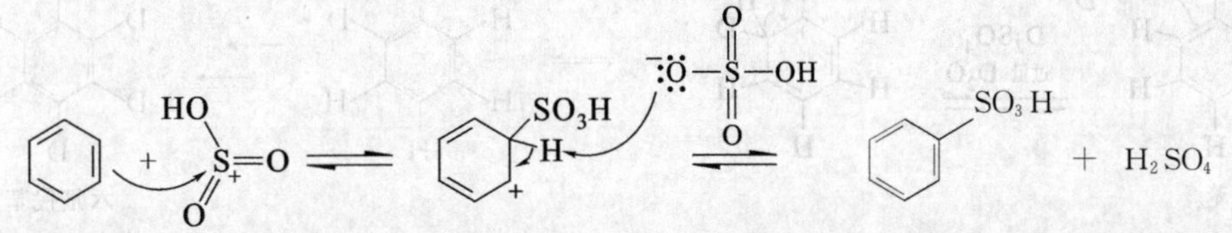

当亲电试剂是三氧化硫时，反应首先形成一个偶极离子，苯环带正电荷，磺酸根带负电荷。该偶极离子从硫酸中夺取一个质子生成带磺基的碳正离子，然后再从连接磺基的碳上脱去一个质子，形成最终的磺化产物——苯磺酸。

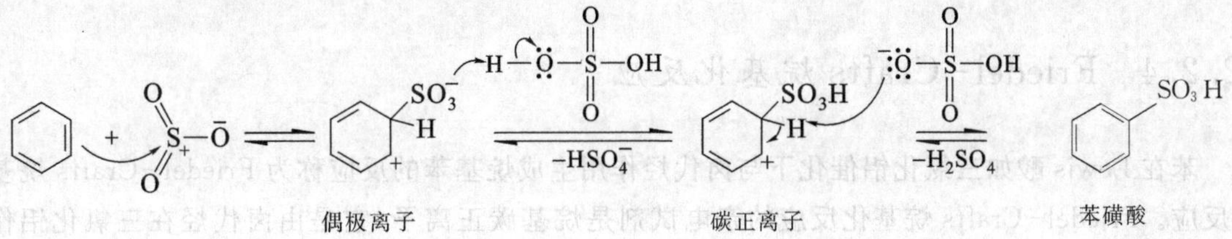

习题 12－5 写出上述磺化反应形成的偶极离子的共振结构，说明正电荷分布在环碳原子上，而负电荷分布在氧原子上。

磺化反应是一个可逆反应。苯磺酸在稀酸中加热会发生水解，重新生成苯。反应机理与磺化的过程刚好相反，第一步是苯磺酸的苯环发生质子化反应，得到碳正离子中间体，然后脱去磺基正离子（$^{+}SO_3H$）。利用磺化反应的可逆性可以在合成中保护苯环的某些位置，控制亲电取代反应中基团的区域选择性（详见 12.3.7 节）。

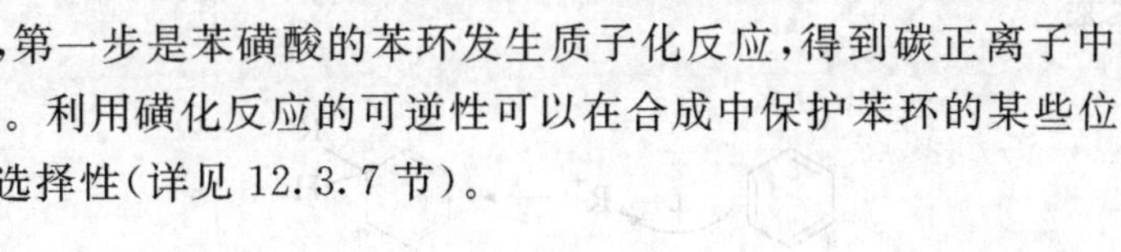

由于磺化产物在稀酸条件下可以水解发生可逆反应，而磺化反应中形成亲电试剂过程中将产生水分子，因此在磺化反应中采用浓硫酸甚至发烟硫酸。发烟硫酸（fuming sulfuric acid）是指含有 7% 三氧化硫的硫酸。采用浓硫酸或发烟硫酸的目的在于尽量减少体系中的水含量，并提高亲电试剂的浓度，促进反应正向进行。

磺化的可逆反应是由于苯环的质子化引起的。事实上，这种质子化作用在苯的酸性水溶液中也是存在的，只是反应处于平衡中，质子化的环碳正离子可以脱去质子，又回复苯环结构，所以观察不到。如果将三氧化硫溶于氘代水(D_2O)中,可以生成氘代硫酸(D_2SO_4)。在大量的氘代水中,使用氘代硫酸催化,可以实现苯环上氢原子交换为氘原子的转变。^{1}H NMR 中使用的氘代溶剂——六氘代苯,可以使用该方法制备得到。

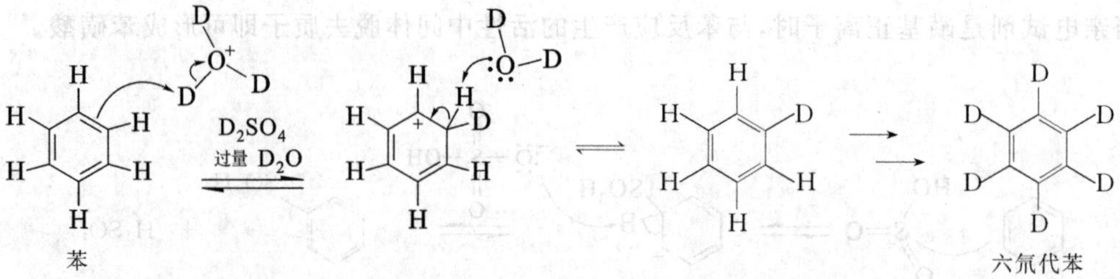

习题 12-6　写出在氘代硫酸催化下,甲苯与氘代水反应生成一氘代甲苯的可能产物以及反应中间体,并预测哪种产物为主要产物。

12.2.4　Friedel-Crafts 烷基化反应

苯在 Lewis 酸如三氯化铝催化下与卤代烃作用生成烷基苯的反应称为 Friedel-Crafts 烷基化反应。Friedel-Crafts 烷基化反应的亲电试剂是烷基碳正离子,它是由卤代烃在三氯化铝作用下形成的。

$$R-Cl + AlCl_3 \longrightarrow R^+ + {}^-AlCl_4$$

该烷基正离子进攻苯环生成环状碳正离子,然后在$^-AlCl_4$ 的作用下脱去一个质子形成亲电取代产物——烷基苯。

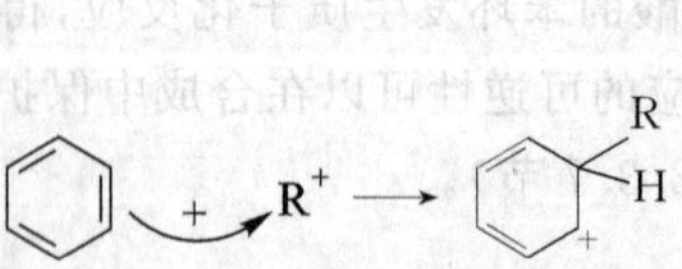

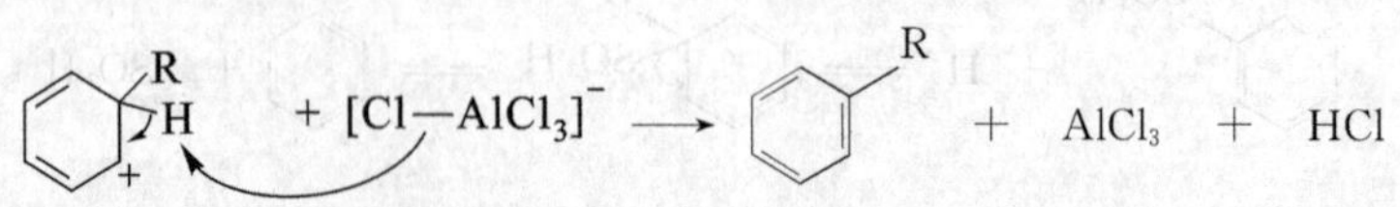

伴随着烷基苯的生成,三氯化铝被释放出来,可以再作用于没有反应的卤代烃,形成新的烷基碳正离子亲电试剂。因此,三氯化铝在该反应中是催化剂。一般在 Friedel-Crafts 烷基化反应中采用催化量(0.2～0.3 eq.)的三氯化铝。

氟代烃、氯代烃、溴代烃和碘代烃均可以用作 Friedel-Crafts 反应试剂,但是乙烯型卤代烃和苯基型卤代烃不能用于该反应,因为它们形成的碳正离子不稳定(第八章)。

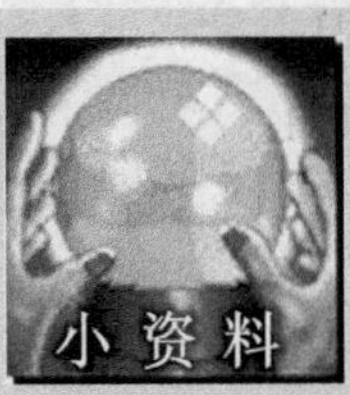

Charles Friedel 和 James Mason Crafts

Charles Friedel，法国化学家。1832 年 3 月 12 日出生于法国 Strasbourg（当时属于德国），1899 年 4 月 20 日在法国 Montauban 去世。Charles Friedel 先后师从于 Louis Pasteurh 和 Charles Adolphe Wurtz。1856 年成为巴黎矿业学院的矿物陈列室主任，后来任矿物学教授（1876—1884），1884—1899 年转到 La Sorbonne 大学任有机化学教授。Charles Friedel 一生在无机化学和有机化学两个方面都作出了很大的贡献。其中，最著名的工作是他和美国化学家 James Mason Crafts（1839—1917）一起发现了芳香烃的烷基化反应和酰基化反应，为苯的衍生物合成提供了一个很好的方法。

James Mason Crafts，美国化学家。1839 年 3 月 8 日出生于 Boston，1917 年 6 月 20 日在 Richfield 去世。James Mason Crafts 最初在 Lawrence 理工大学学工程和采矿，1858 年毕业后到欧洲学化学，曾与 Robert Bunsen 和 Charles Adolphe Wurtz 一道工作。1866 年回到美国，先后在 Cornell 大学（1868 年起）和 Massachusetts 理工学院（MIT，1871 年起）任化学教授。1874 年因为健康原因回到巴黎矿业学院与 Charles Friedel 一道工作，并于 1877 年在那里发现了 Friedel-Crafts 烷基化和酰基化反应。

由于烷基具有给电子作用，Friedel-Crafts 反应得到的一烷基化产物中，苯环上电子密度高于苯，进行亲电取代反应的活泼性也高于苯。因此，反应可能出现多烷基化产物。为避免或尽量减少多烷基化反应的发生，常使用大大过量的苯。此外，由于 Friedel-Crafts 烷基化反应的亲电试剂是碳正离子，也有可能发生重排副反应。有时重排的取代产物甚至会成为主要的或唯一的产物。因此，重排反应的发生往往导致难以达到某些预期的合成结果。

例如，1-氯丁烷与苯反应，只能得到 35％的正丁基苯，而 1,2-氢迁移重排后的产物仲丁基苯成为主要产物。一般难以直接用 Friedel-Crafts 烷基化反应实现直链烷基取代苯的合成。

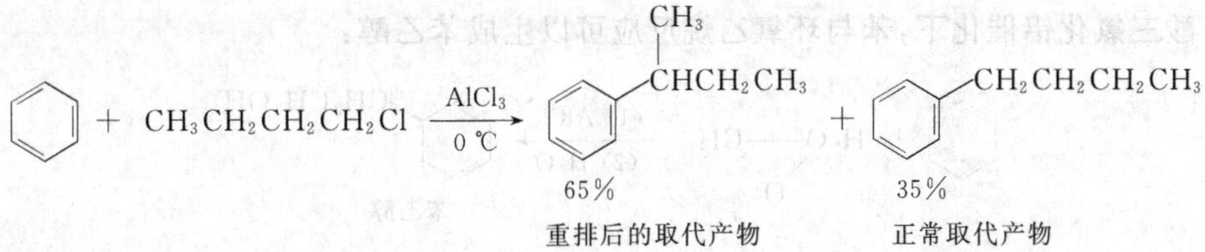

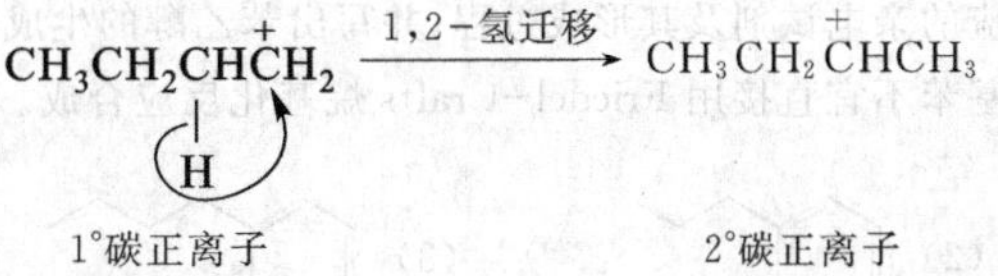

又如，新戊基氯与苯反应完全得不到正常的取代产物新戊基苯，只能得到 1,2-甲基迁移重排后的取代产物。

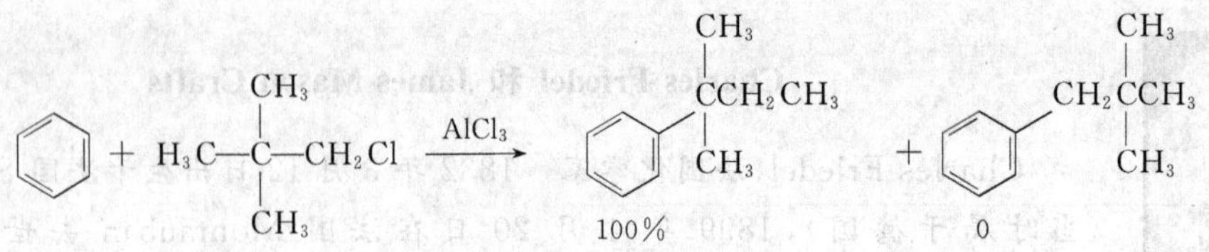

重排后的取代产物

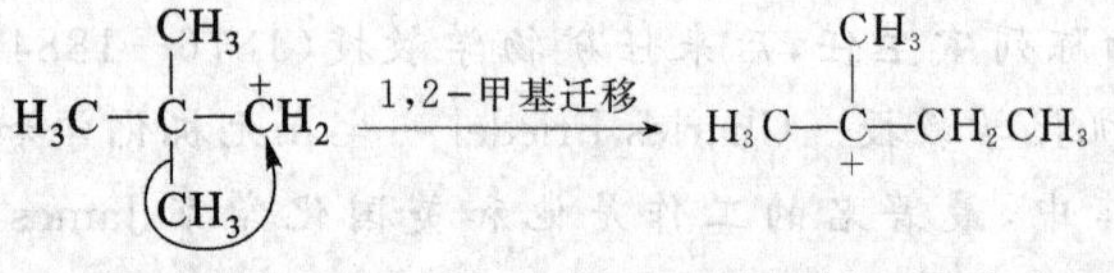

1°碳正离子　　3°碳正离子

因此，选用 Friedel-Crafts 烷基化反应合成烷基取代苯时，需要仔细分析进攻试剂烷基正离子是否容易发生重排。如果容易发生重排，则不能直接用 Friedel-Crafts 烷基化反应合成这些烷基取代苯。

苯的烷基化反应除了可以使用卤代烃作为烷基化试剂外，还可以使用烯烃、醇或环氧化物。在酸性条件下烯烃、醇或环氧化物均可以产生碳正离子，对苯进行亲电进攻。例如在氟化氢作用下，苯与 2-丁烯反应生成仲丁基苯：

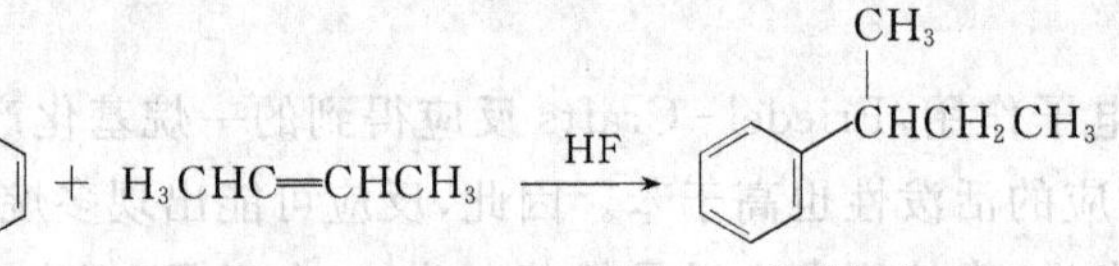

仲丁基苯

在硫酸作用下，苯与异丙醇反应可以得到异丙苯：

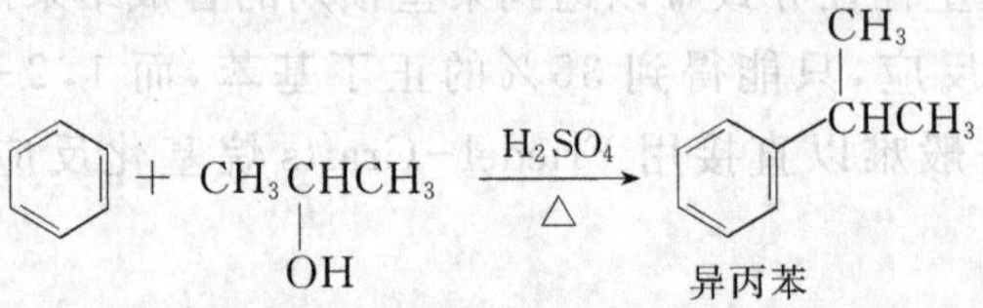

异丙苯

在 Lewis 酸三氯化铝催化下，苯与环氧乙烷反应可以生成苯乙醇：

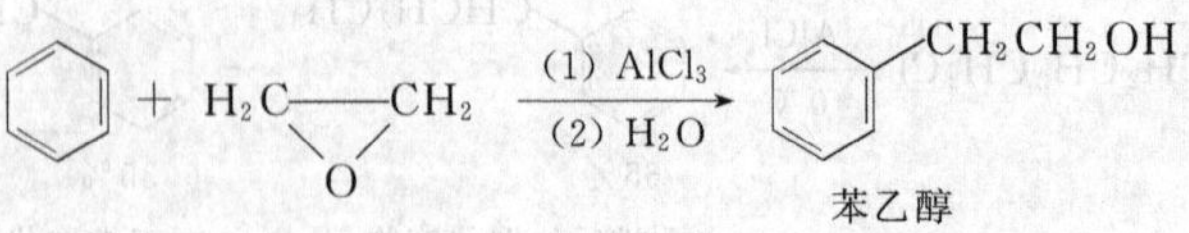

苯乙醇

习题 12-7　写出上述三个反应的亲电试剂及其形成过程，并写出苯乙醇的生成机理。

习题 12-8　判断下列哪些烷基苯不宜直接用 Friedel-Crafts 烷基化反应合成。

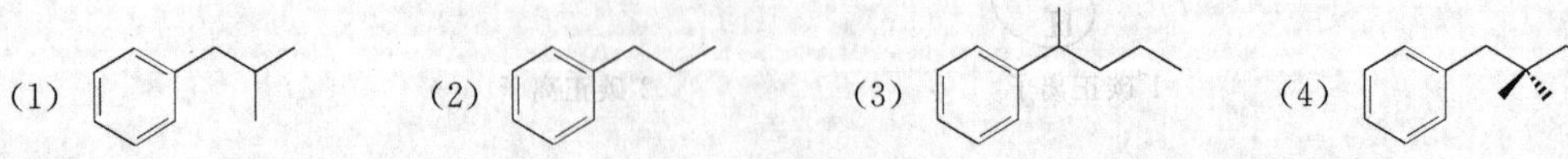

12.2.5　Friedel－Crafts 酰基化反应

在 Lewis 酸催化下，苯与酰卤、酸酐等试剂反应可以得到酰基苯。该反应称为 Friedel－Crafts 酰基化反应。

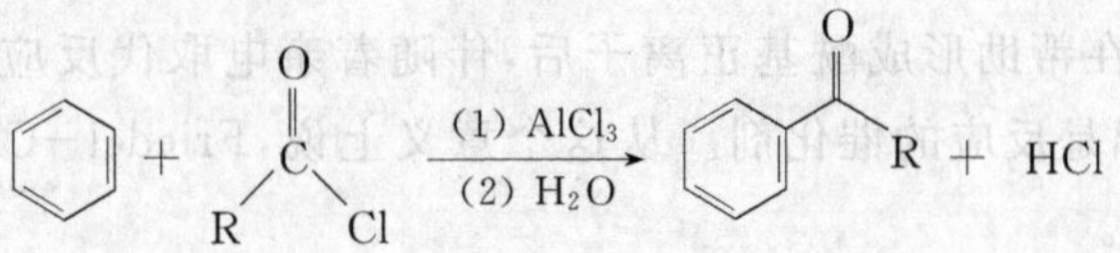

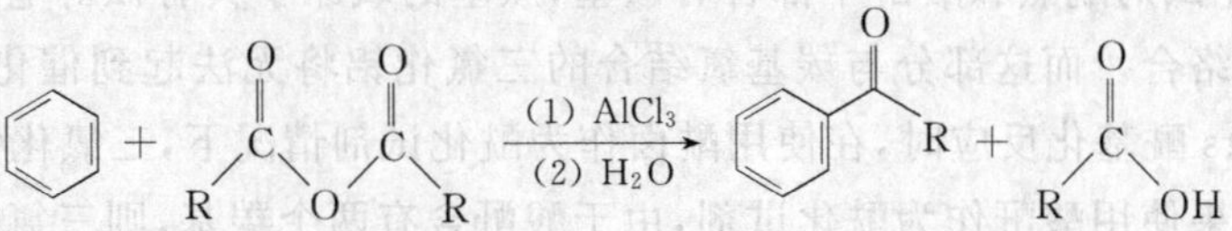

酰基化反应的机理主要包括三步：首先是酰卤或酸酐在三氯化铝作用下形成酰基正离子(acylium ion)；第二步是酰基正离子对苯环进行亲电进攻，生成环状碳正离子；最后脱去质子恢复稳定的芳香环(苯环)结构，完成取代过程。以酰氯为酰化试剂为例，反应的机理如下：

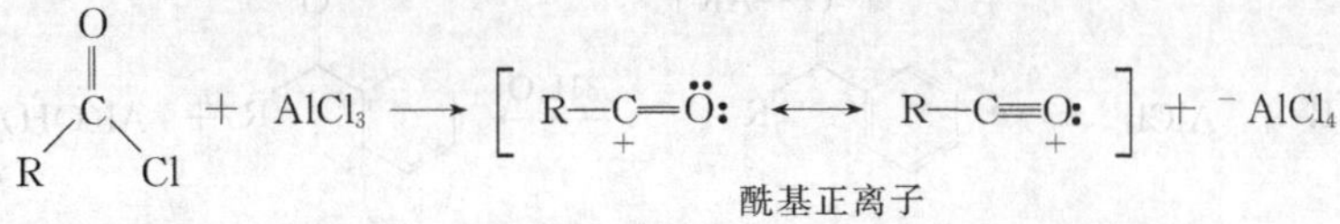

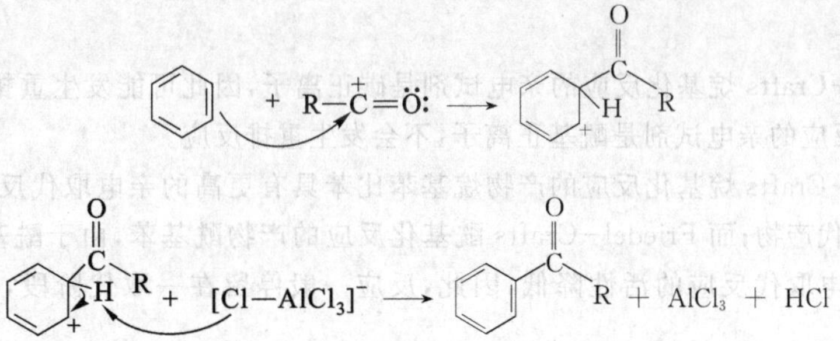

Lewis 酸三氯化铝的作用在于帮助酰基正离子的形成。当使用酰氯作酰化试剂，酰氯中的氯与三氯化铝结合，使酰氯中的 C—Cl 键削弱断裂，形成酰基正离子。

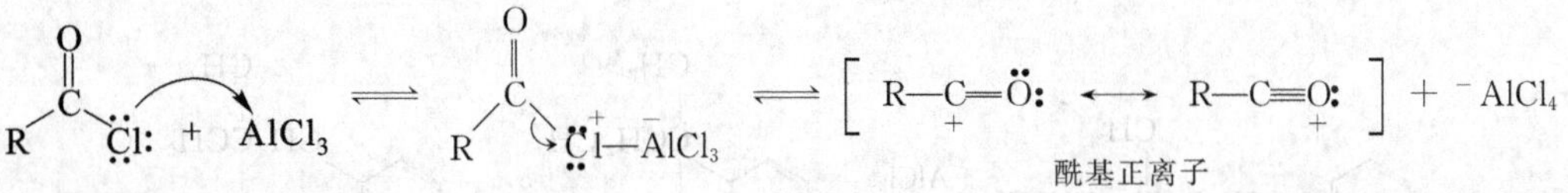

当使用酸酐作为酰化试剂，酸酐中 C—O 单键的氧原子与三氯化铝结合，使酸酐中 C—O 单键断裂，形成酰基正离子。

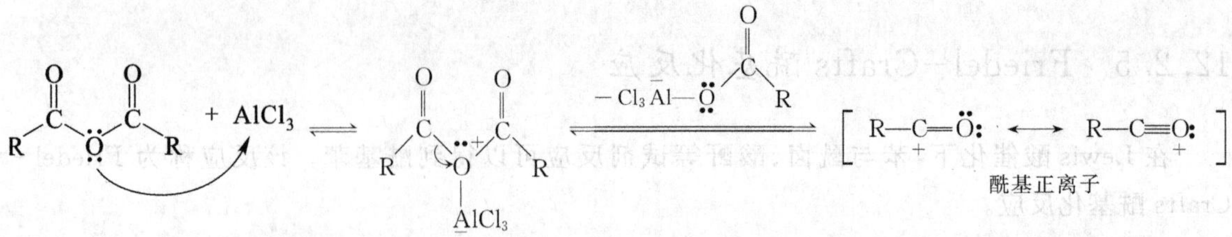

Lewis 酸三氯化铝在帮助形成酰基正离子后，伴随着亲电取代反应的完成，又被释放出来。因此，Lewis 酸三氯化铝是反应的催化剂。从这个意义上说，Friedel－Crafts 酰基化反应只需要使用催化量的三氯化铝。

但是，由于酰化试剂酰氯和酸酐中都含有羰基，羰基的氧原子具有孤对电子，属于 Lewis 碱，也可以与三氯化铝络合。而这部分与羰基氧结合的三氯化铝将无法起到催化作用。因此，实际进行 Friedel－Crafts 酰基化反应时，在使用酰卤作为酰化试剂情况下，三氯化铝与底物的摩尔比需要大于 1∶1。如果使用酸酐作为酰化试剂，由于酸酐含有两个羰基，则三氯化铝与底物的摩尔比要大于 2∶1。

Friedel－Crafts 酰基化反应结束时，酰基化产物中羰基氧仍处于与三氯化铝络合的状态。因此反应结束后，首先要将反应混合物倒入冰水中水解络合物，再进行萃取，分离纯化取代产物。

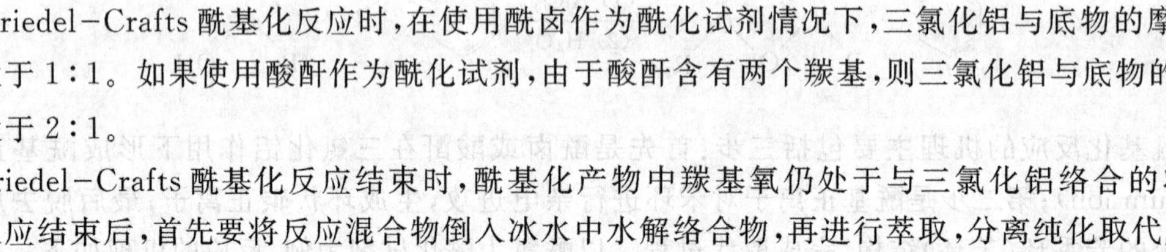

对比 Friedel－Crafts 烷基化反应和 Friedel－Crafts 酰基化反应，可以发现两个反应具有不同的反应特点：

(1) Friedel－Crafts 烷基化反应的亲电试剂是碳正离子，因此可能发生重排反应；而 Friedel－Crafts 酰基化反应的亲电试剂是酰基正离子，不会发生重排反应。

(2) Friedel－Crafts 烷基化反应的产物烷基苯比苯具有更高的亲电取代反应活性，因此，反应常常生成多取代产物；而 Friedel－Crafts 酰基化反应的产物酰基苯，由于酰基的吸电子作用，使进一步发生亲电取代反应的活性降低，因此，反应一般停留在一取代阶段，不会产生多取代产物。

Friedel－Crafts 烷基化反应中存在重排以及形成多取代产物的问题，常常限制了它们在合成上的应用。某些烷基苯的合成常常需要采用先进行酰基化，再还原羰基的方法来实现。例如，2，2－二甲基－1－氯丙烷与苯的烷基化反应只能得到重排后的碳正离子进攻苯环的取代产物，而得不到预期的烷基苯：

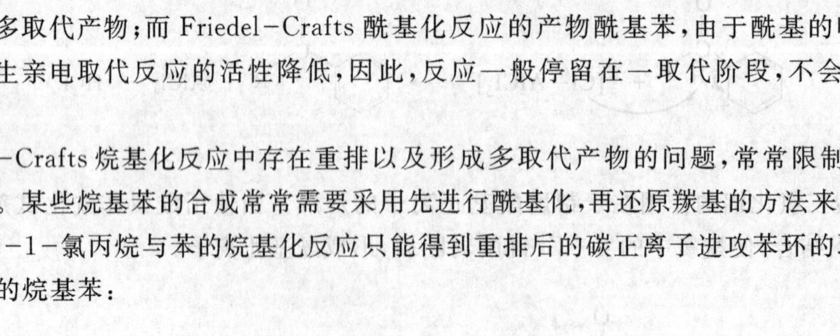

这时，可以采用先进行酰基化，然后再还原羰基为亚甲基的方法得到预期的烷基苯。

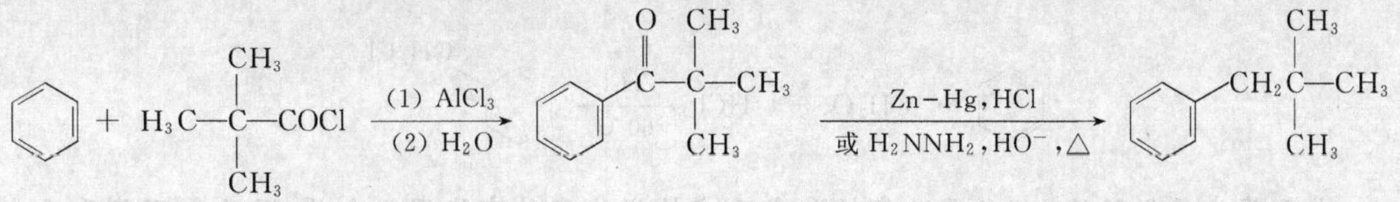

羰基还原为亚甲基的两种方法——Clemmensen 法和 Wolff-Kishner-黄鸣龙法——各有特点，前者适合于对碱不稳定的化合物，后者适合于对酸不稳定的化合物(参阅 11.2.4 节)。因此，要根据化合物的结构特点与性质分别采用不同的方法。例如：

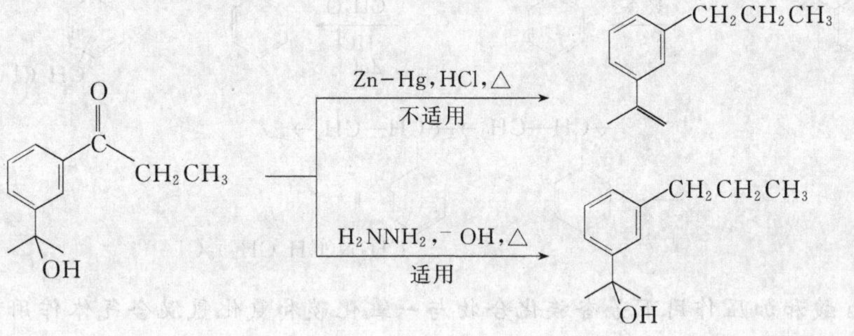

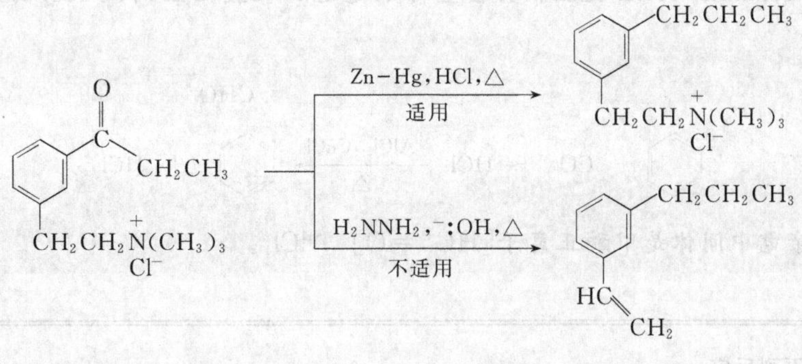

如果化合物遇酸遇碱均不稳定，则可以采用经过缩硫酮的催化氢化还原(参阅 11.2.1 节)。

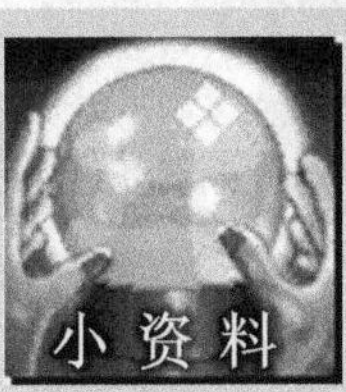

氯甲基化反应与 Gattermann-Koch 反应是与 Friedel-Crafts 反应相关的两个反应。苯在无水氯化锌作用下与甲醛和氯化氢反应得到氯化苄的反应称为氯甲基化反应。反应中，甲醛与氯化氢作用生成亲电中间体$[H_2C{=}O^+H]Cl^-$，对苯环进行亲电进攻。首先生成苯甲醇，然后进一步在氯化氢作用下转变为氯化苄。

$$CH_2O + HCl \longrightarrow \left[\; H_2C{=}\overset{+}{O}H \quad Cl^- \longleftrightarrow H_2\overset{+}{C}{-}OH \quad Cl^- \;\right]$$

总结果为

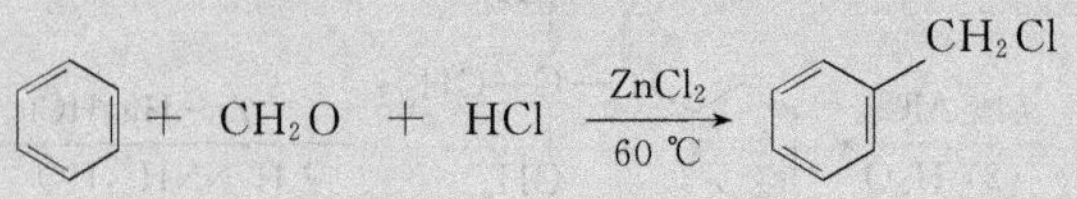

由于苄基氯很活泼，可以通过亲核取代反应转化为多种官能团化合物，因此氯甲基化反应应用很广。例如可进行大分子接枝反应：

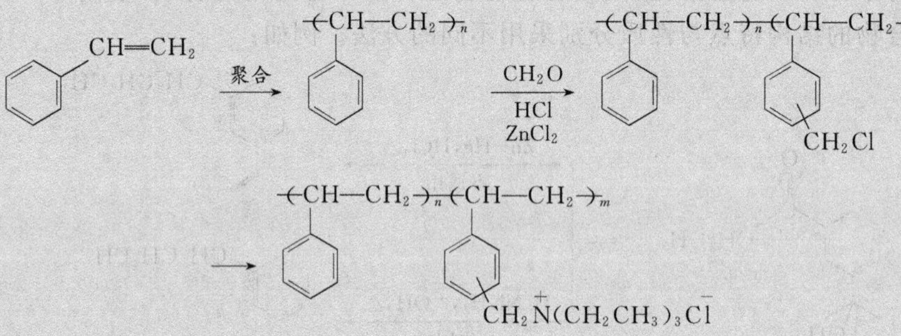

在 Lewis 酸和加压作用下芳香族化合物与一氧化碳和氯化氢混合气体作用可以制得芳香醛，这就是 Gattermann－Koch 反应。实验室可以通过加入氯化亚铜(CuCl)的方法避免采用高压反应条件。

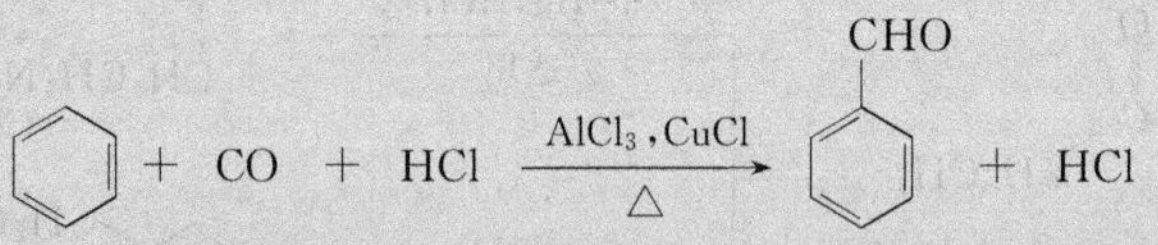

反应中的亲电中间体是甲酰正离子$[HC^+=O]^- AlCl_4$。

习题 12－9 完成下列反应。

(1) 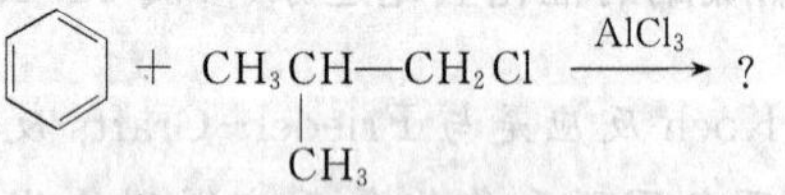

(2) 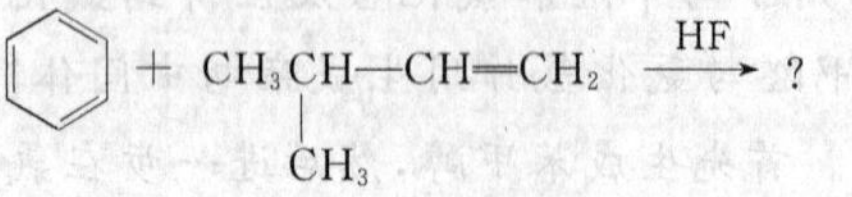

(3) 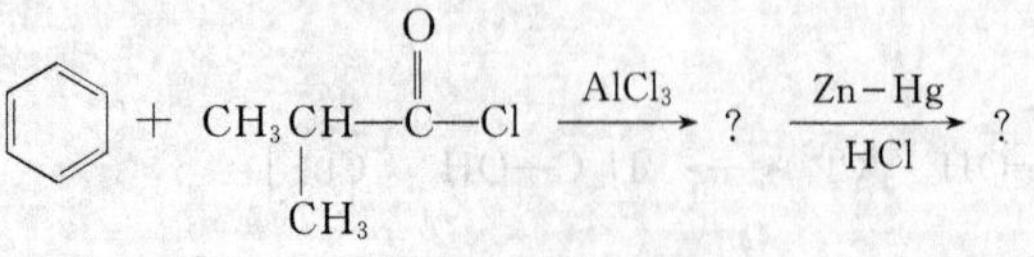

习题 12－10 指出下列化合物的合成路线是否合理，如果不合理，提出一个合理的合成路线。

(1) 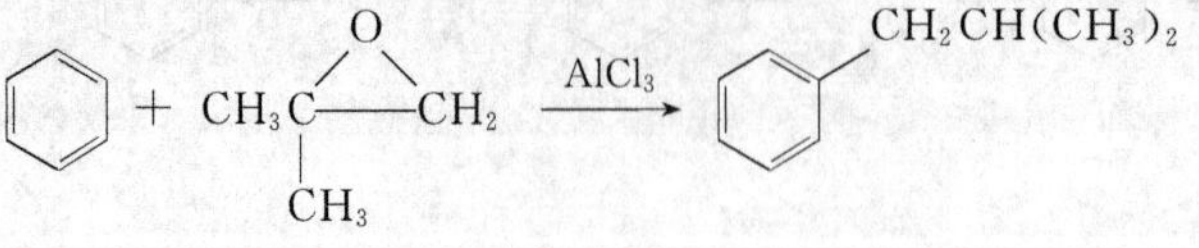

(2) 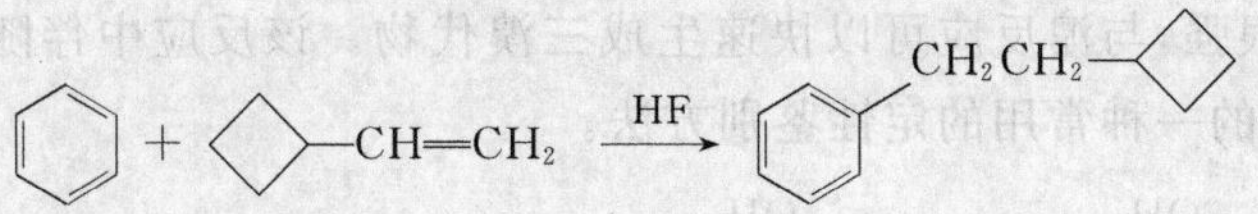

12.3　取代基对苯环亲电取代反应的影响:反应活性与定位规律

12.3.1　取代苯的亲电取代反应实验事实

取代苯与苯一样可以进行上述各种类型的亲电取代反应。实验证明,苯环上的取代基不同,发生亲电取代反应的活性也不同,并且新引入取代基的位置,即反应的区域选择性也不同。

1. 致活基团和邻对位定位基

实验数据证明:烷基、羟基、烷氧基以及氨基和取代氨基等基团都能使苯环上的亲电取代反应速率加快,且以邻、对位取代产物为主。例如,在溴代反应中,甲苯的反应速率是苯的600倍,并且以邻位和对位取代产物为主,而乙苯也具有类似的特性。

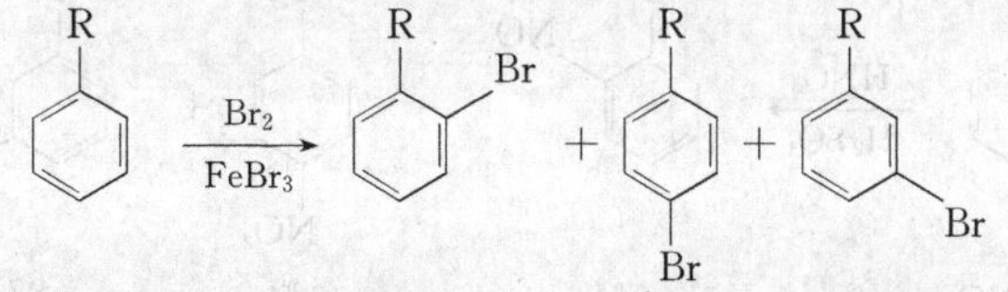

$R=CH_3$	~40%	~60%	<1%
$R=C_2H_5$	~38%	~62%	<1%

又如,甲苯的硝化速率比苯快25倍,且以邻、对位取代产物为主。而苯酚的硝化速率比甲苯更快,也以邻、对位取代产物为主。同样的规律也存在于烷氧基苯以及乙酰苯胺的亲电取代反应中。

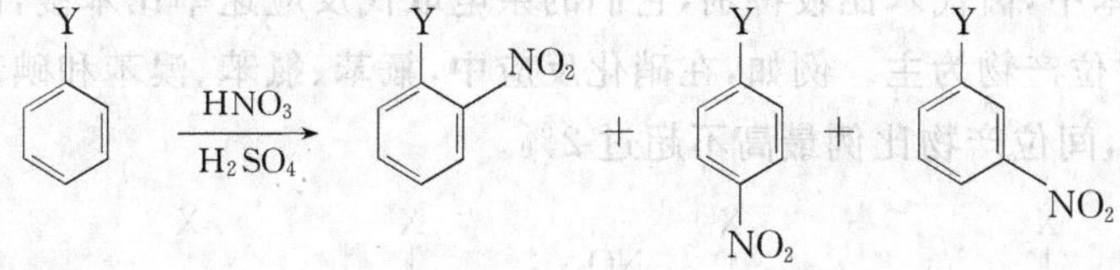

$Y=CH_3$	58%	38%	4%
$Y=OH$	50%	50%	0
$Y=NHCOCH_3$	19%	79%	2%

通常根据取代基团使反应速率提高的特性将它们称为致活基团(activating groups),同时又根据它们令新引入的基团进入邻、对位的特性,将它们称为邻对位定位基(ortho,para-directing substituents)。

苯酚和苯胺的亲电反应活性很强，与溴反应可以快速生成三溴代物。该反应中伴随有明显的颜色变化，因此成为苯酚和苯胺的一种常用的定性鉴别方法。

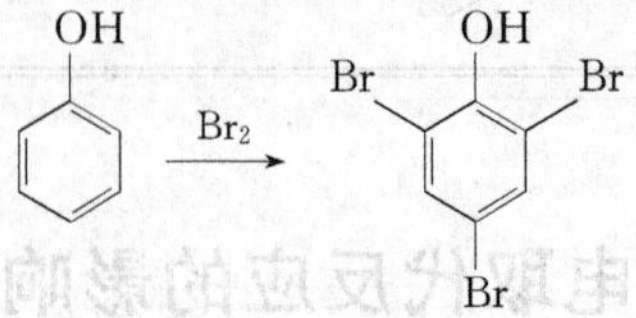

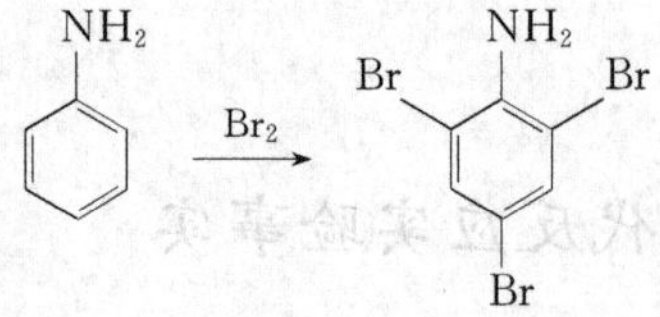

2. 强致钝基团和间位定位基

另一类取代苯的亲电取代反应速率则大大低于苯，且它们的亲电取代产物为间位取代产物。这些取代苯的取代基有硝基、氰基、羰基等，通常将这类基团称为致钝基团(deactivating groups)，也称为间位定位基(meta-directing substituents)。例如，硝基苯进行亲电取代反应的速率大约只有苯的百万分之一，硝基苯、苯甲酸以及苯乙酮进行硝化反应的各种取代产物比例如下所示，均以间位产物为主。

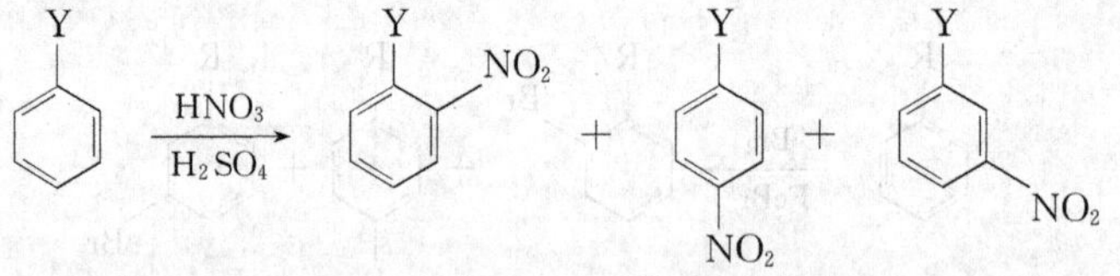

$Y=NO_2$	2%	11%	87%
Y=COOH	22%	2%	76%
$Y=COCH_3$	26%	9%	72%

这些含强致钝基团的取代苯由于反应活性低，大多数难以发生 Friedel-Crafts 酰基化反应。硝基苯经常被用作亲电取代反应的溶剂，就是因为它的反应活性很低。

3. 弱致钝基团和邻对位定位基

在所有的取代苯中，卤代苯比较特别，它们的亲电取代反应速率比苯慢，但是，它们的亲电取代产物却是以邻、对位产物为主。例如，在硝化反应中，氟苯、氯苯、溴苯和碘苯的邻、对位产物比例和均在 98%以上，间位产物比例最高不超过 2%。

X=F	12%	88%	0
X=Cl	30%	70%	0
X=Br	37%	62%	1%
X=I	38%	60%	2%

综合多种取代苯的亲电取代反应活性以及定位情况，可以得到图 12-4 所示(见彩页 3)的活性顺序以及分组说明。

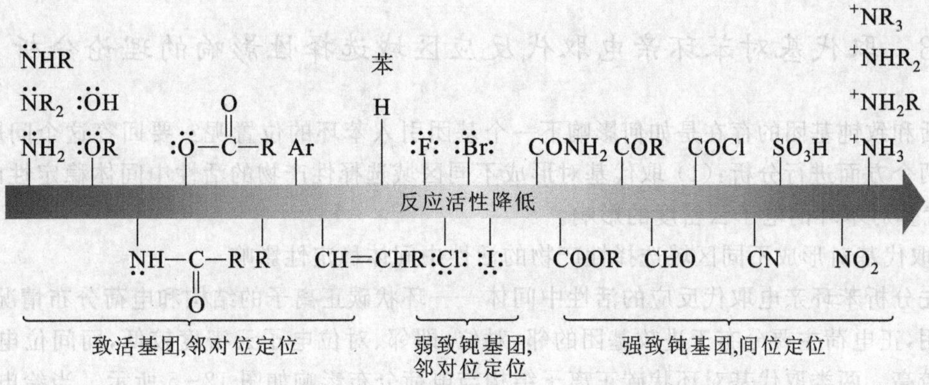

图 12-4　各种单取代苯进行亲电取代反应的活性顺序及定位规律

习题 12-11　比较下列化合物进行硝化反应的反应活性

(1)
(2)
(3)

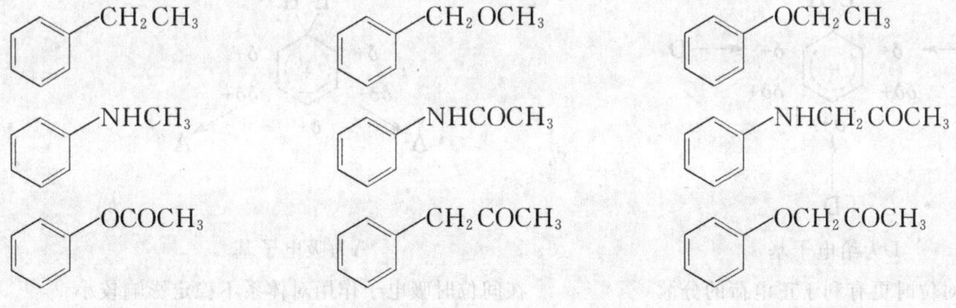

12.3.2　取代基对苯环亲电取代反应活性影响的理论分析

理论上，取代苯与苯的亲电取代反应机理相同，其限速步骤也是亲电试剂进攻苯环形成正离子的反应。由此可以推断：凡能增大苯环上电子云密度并且稳定活性中间体环碳正离子的基团都能提高反应的速率。反之，凡降低苯环上电子云密度且使活性中间体环碳正离子能量升高的基团都将降低反应速率。因此致活基团应该是给电子基团(electron donor group，简称 EDG)，也称为电子给体(electron donor)，而致钝基团则是吸电子基团(electron withdrawing group，简称 EWG)，也称为电子受体(electron acceptor)。

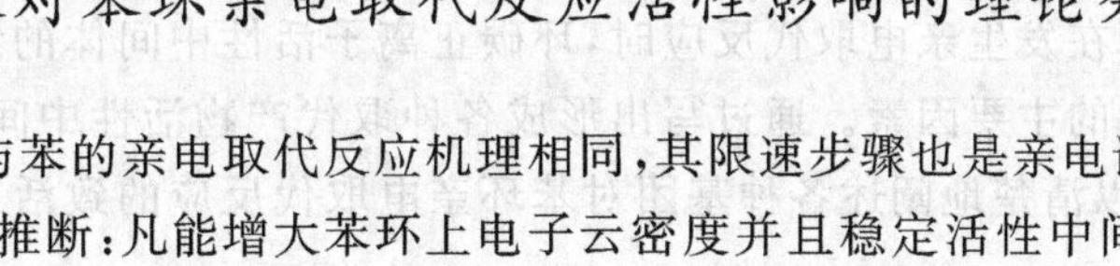

对比各种取代苯的反应活性可以确定：硝基、氰基、羰基、卤素等使反应活性降低，说明它们

是吸电子致钝基团，其中铵基正离子是最强的吸电子基团，卤素是弱的致钝基团；而各种烃基、烷氧基、羟基和氨基或 *N*-烷基氨基等使苯环的亲电取代反应活性增加，说明它们是给电子的致活基团，其中烃基的给电子作用较弱，而氨基和 *N*-烷基氨基的给电子作用最强。

12.3.3 取代基对苯环亲电取代反应区域选择性影响的理论分析

致活和致钝基团的存在是如何影响下一个基团引入苯环的位置呢？要回答这个问题，可以从以下两个方面进行分析：(1) 取代基对形成不同区域选择性产物的活性中间体稳定性的影响；(2) 取代基对苯环的电子云密度的影响。

1. 取代基对形成不同区域选择性产物的活性中间体稳定性影响

首先分析苯环亲电取代反应的活性中间体——环状碳正离子的结构和电荷分布情况。由于共轭作用，正电荷主要分布于进攻基团的邻、对位，即邻、对位电子云密度较低，而间位电子云密度相对较高。两类取代基对环状碳正离子结构与电荷分布影响如图 12-5 所示。当给电子基团(D)处于该碳正离子的邻、对位时，将有助于正电荷的分散，起到稳定该碳正离子作用；相反，吸电子基团处于间位时，对该碳正离子的不稳定影响作用降低，从而使反应中间体的碳正离子相对地处于一个较稳定状态。

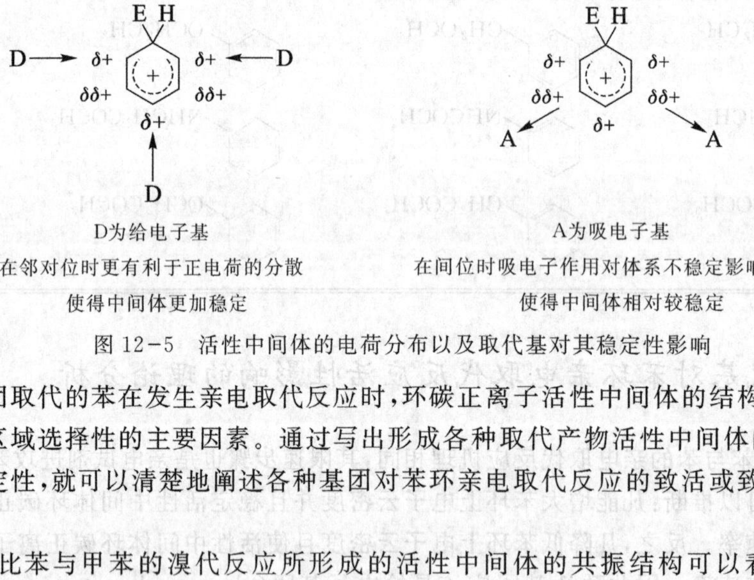

图 12-5 活性中间体的电荷分布以及取代基对其稳定性影响

不同基团取代的苯在发生亲电取代反应时，环碳正离子活性中间体的结构和稳定性是影响反应活性和区域选择性的主要因素。通过写出形成各种取代产物活性中间体的共振结构，并对比分析其稳定性，就可以清楚地阐述各种基团对苯环亲电取代反应的致活或致钝作用以及定位作用。

例如，对比苯与甲苯的溴代反应所形成的活性中间体的共振结构可以看出：当亲电试剂 Br_2-$FeBr_3$ 络合物进攻甲苯的邻、对位时，所形成活性中间体的三个极限共振结构中包含一个三级碳正离子和两个二级碳正离子，而进攻间位所形成活性中间体的极限共振结构式与苯类似，均为二级碳正离子。

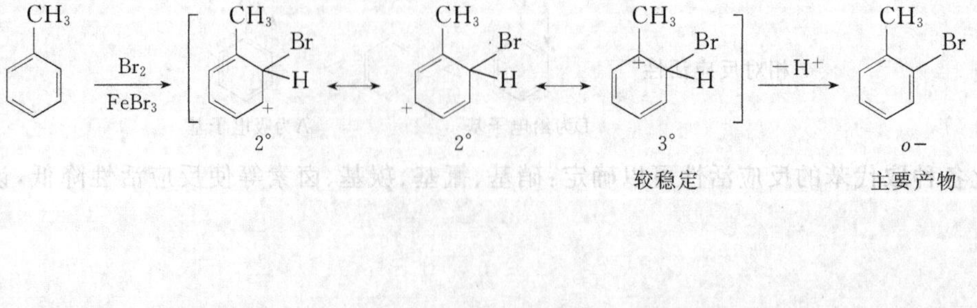

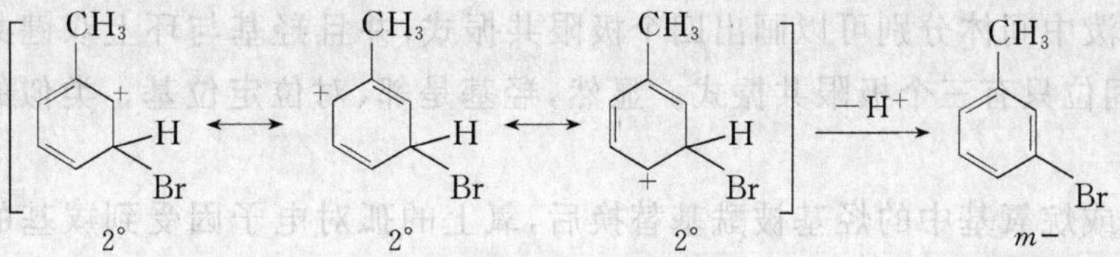

m-
次要产物

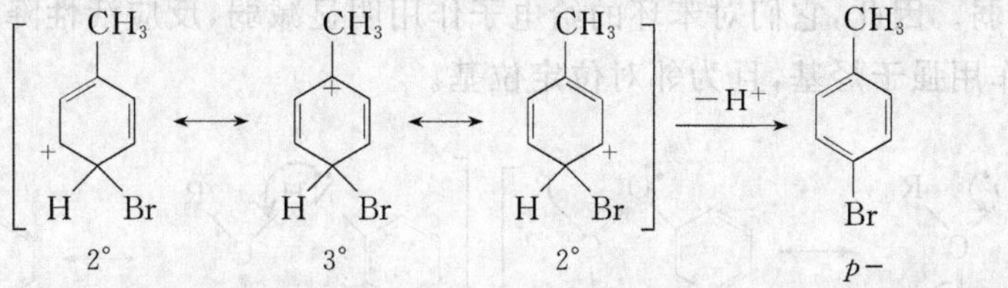

较稳定　　*p*-
主要产物

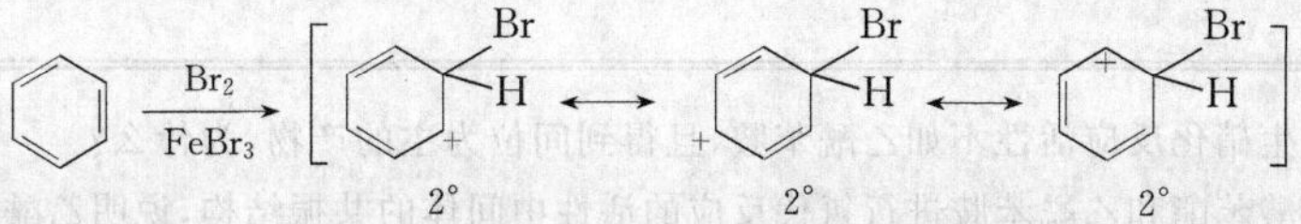

由于三级碳正离子的稳定性高于二级碳正离子，因此甲苯形成邻、对位取代产物的活性中间体比苯的稳定，反应生成邻、对位活泼中间体的活化能也相应较低，反应速率较快，而间位的反应速率与苯相比并没有明显提高，最终得到较高比率的邻、对位产物。

习题 12-12　写出乙苯发生溴代反应形成的活性中间体的共振结构式，说明为什么它主要形成邻、对位取代产物。

又如，氮、氧原子直接与苯环相连使得苯环上亲电取代反应活性增强，并且致活作用大于烷基。这是因为氮、氧原子上的孤对电子可以与苯环的 π 键共轭，这种共轭作用是给电子的，能很好地稳定亲电取代反应的活性中间体。

苯酚的邻、间、对位进行亲电取代反应形成的活泼中间体的极限共振式如下：

邻位

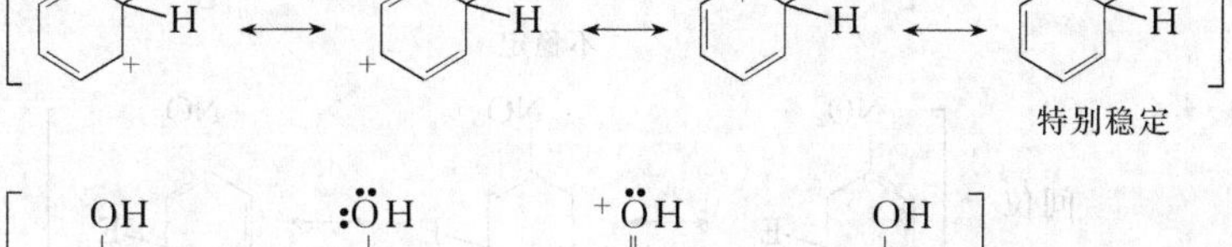

特别稳定

对位

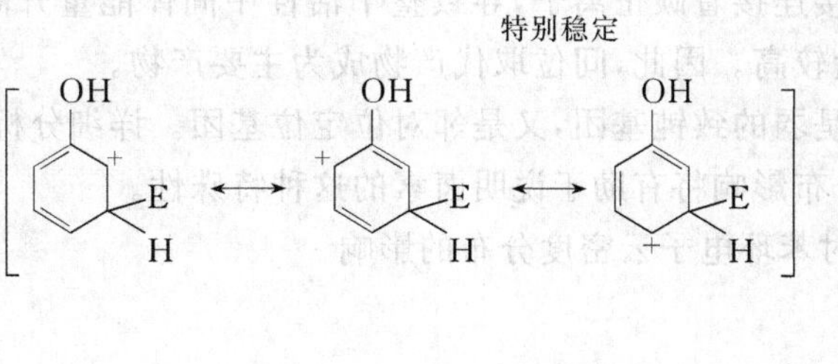

特别稳定

间位

可见，邻、对位活泼中间体分别可以画出四个极限共振式，并且羟基与环上双键共轭的极限共振式特别稳定，而间位只有三个极限共振式。显然，羟基是邻、对位定位基。类似的，氨基也是邻、对位定位基。

当羟基的氢或烷氧基中的烃基被酰基替换后，氧上的孤对电子因受到羰基的吸电子共轭作用，与苯环的共轭作用减弱，反应活性降低。同理，酰氨基中的氮与苯环的共轭作用也被羰基的吸电子作用所减弱。因此，它们对苯环的给电子作用明显减弱，反应活性降低。但是仍然属于致活基团，其致活作用强于烃基，且为邻对位定位基。

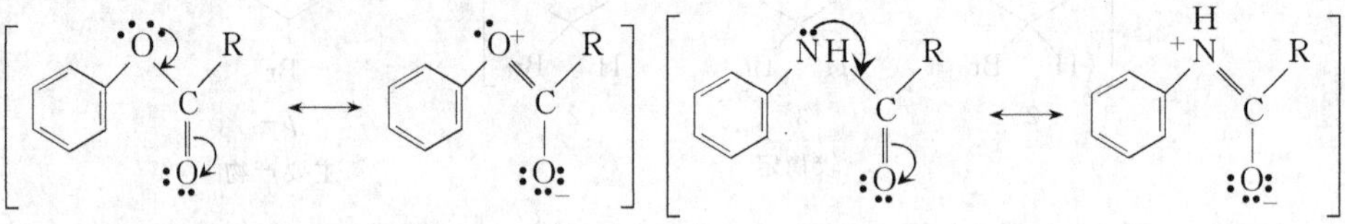

习题12－13 苯胺发生硝化反应活性不如乙酰苯胺，且得到间位为主的产物，为什么？

习题12－14 写出乙酸苯酯和乙酰苯胺进行氯代反应的活性中间体的共振结构，说明乙酰氧基和乙酰氨基是邻对位定位基。

同样，分析致钝基团取代的苯进行亲电取代反应所形成不同位置取代产物的活性中间体的共振结构，可以很好地阐述致钝基团的定位效应。例如，硝基苯进行亲电取代反应时，亲电试剂分别进攻邻、间、对位形成的活性中间体结构如下：

邻位

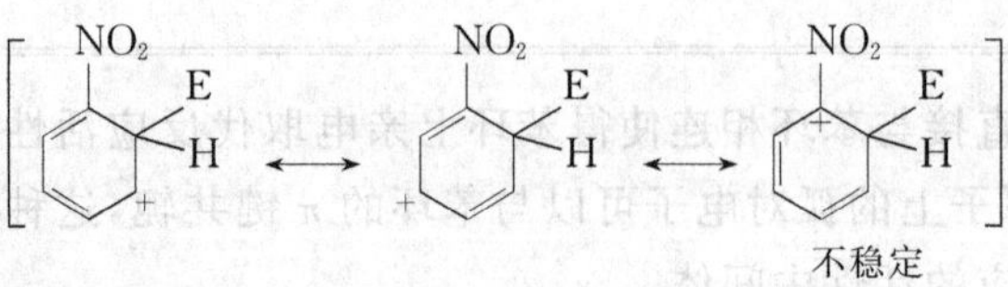

对位

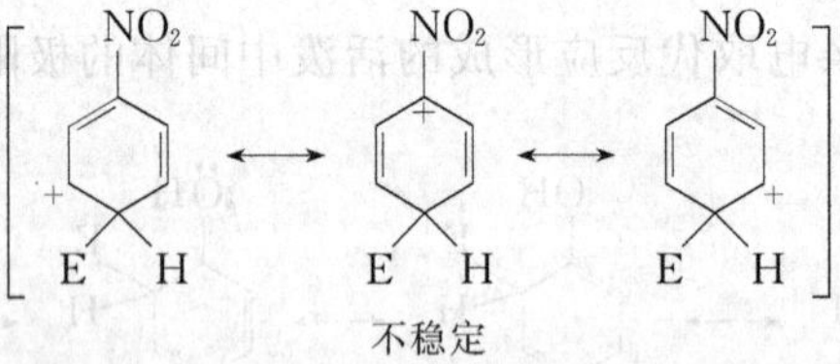

间位

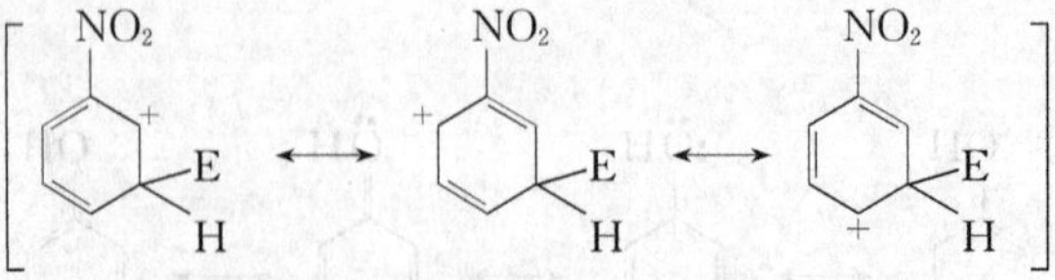

由于硝基的吸电子作用，邻、对位亲电进攻形成活泼中间体均有一个特别不稳定的极限共振结构式，即强吸电子基团硝基直接连接着碳正离子，导致整个活性中间体能量升高，相应的，形成邻、对位取代产物的过渡态能量较高。因此，间位取代产物成为主要产物。

卤素比较特殊，它们既是弱的致钝基团，又是邻对位定位基团。详细分析取代基不同的电子效应对苯环的电子云密度分布影响将有助于说明卤素的这种特殊性。

2. 取代基的电子效应对苯环电子云密度分布的影响

取代基对于苯环的电子效应分为诱导效应和共轭效应。苯环亲电取代反应的致钝基团都具有吸电子诱导作用,以下给出了各种类型致钝基团的吸电子诱导作用示意:

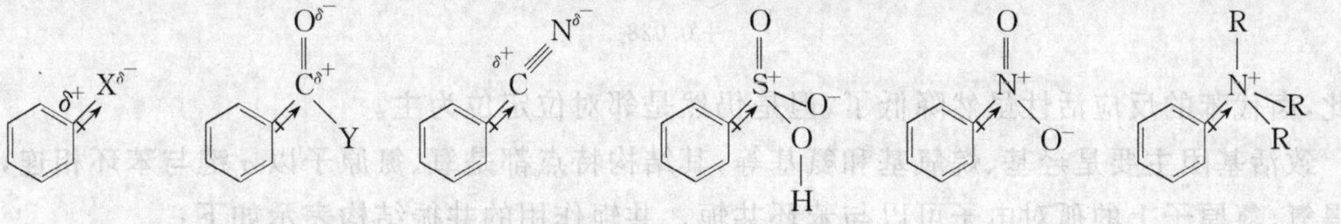

在上述吸电子基团中,除季铵正离子外,其他含羰基基团以及氰基、磺基和硝基等还同时具有吸电子共轭作用,而卤素原子则同时具有弱的给电子共轭作用。

共轭效应的影响可以通过写出分子的共振结构进行分析。以羰基化合物为例,可以写出分子的共振结构如下:

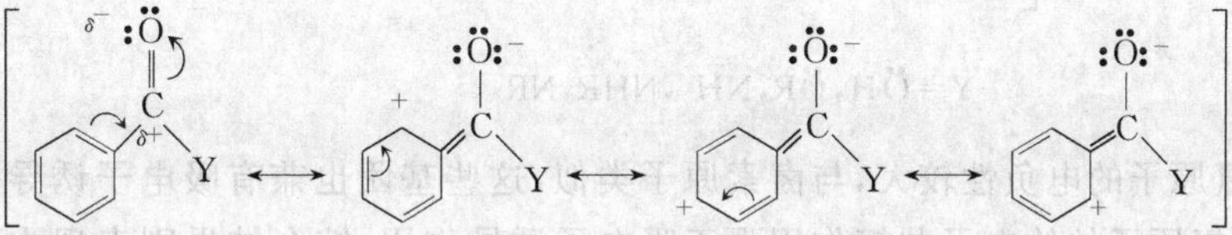

上述共振结构式十分清楚地显示了吸电子共轭作用使邻对位电子云密度显著下降的特点。这个特点将导致邻对位反应活性降低的程度比间位更明显,因此,反应将主要发生在间位。

硝基苯的硝基具有类似的结构特征,用分子轨道法可以近似地计算出硝基苯的各个位置的有效电荷分布,结果显示:间位具有最低的正电荷分布,而邻对位的正电荷密度要高很多。

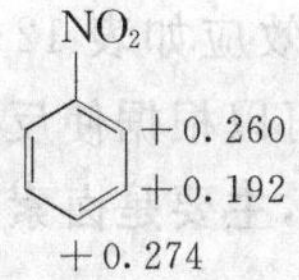

因此,亲电试剂优先进攻硝基苯的间位,即电子云密度相对最高的位置。

习题 12-15　写出硝基苯的共振结构,说明间位的电子云密度相对最高的机理。

在致钝基团中,卤素是特例,因为卤素原子具有两种相反的作用——吸电子的诱导效应和给电子共轭效应。由于卤素原子的给电子共轭作用,使得其邻对位的电子云密度有所升高,以下的共振结构式可以说明这一点:

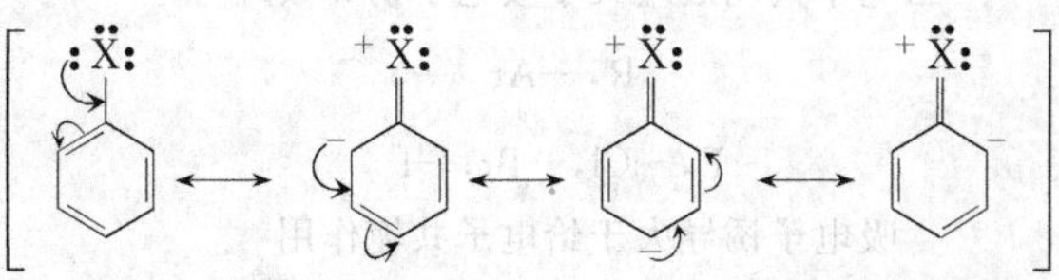

同时,卤素的吸电子诱导作用使整个苯环的电子云密度下降,两种效应的综合结果是邻对位电子云密度相对降低较少。用分子轨道法可以近似计算出氯代苯环上各位置的有效电荷分布,结果是:间位具有最高正电荷分布,而邻对位的正电荷密度要低很多。

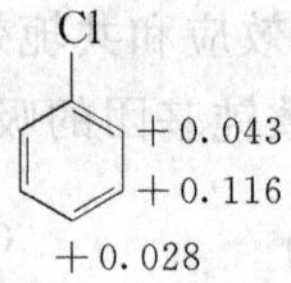

因此,卤代苯的反应活性虽然降低了,但是仍然是邻对位定位为主。

致活基团主要是羟基、烷氧基和氨基等,其结构特点都是氧、氮原子以 σ 键与苯环相连,这就使得氧、氮原子上的孤对电子可以与苯环共轭。共轭作用的共振结构表示如下:

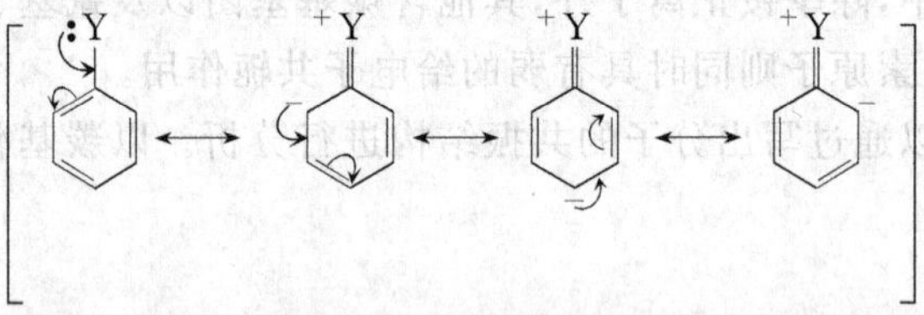

Y=$\ddot{O}$H,$\ddot{O}$R,NH_2,NHR,NR_2

由于氧、氮原子的电负性较大,与卤素原子类似,这些基团也兼有吸电子诱导作用。与卤素不同的是,氧、氮原子的给电子共轭作用强于吸电子诱导作用,综合结果则表现为致活作用和邻对位定位。

12.3.4　不同取代基定位效应小结

不同取代基的致活、致钝作用与定位效应如表 12-1 所示:总的来说可以将取代基分为三组:① 致活基团和邻对位定位组,进一步可以根据使反应活性提高的程度分为强致活、中等致活和弱致活;② 弱致钝基团和邻对位定位组,主要是卤素取代基;③ 强致钝基团和间位定位组,包括羰基、氰基和硝基等。

表 12-1　不同取代电子效应与定位效应小结

致活、致钝作用	基团及电子效应	定位效应
强致活基团	—$\ddot{O}$:$^-$,—$\ddot{N}H_2$,—$\ddot{N}R_2$,—$\ddot{O}$H,—$\ddot{O}$R	邻对位定位
	给电子共轭效应大于吸电子诱导效应	
中等致活基团	—NHCOR,—OCOR	邻对位定位
	给电子共轭效应大于吸电子诱导效应	
弱致活基团	—R,—Ar	邻对位定位
弱致钝基团	—F,—Cl,—Br,—I	邻对位定位
	吸电子诱导大于给电子共轭作用	
强致钝基团	—$CONH_2$,—COOR,—COR,—CHO, —SO_3H,—CN,—CF_3,—NO_2,—$\overset{+}{N}R_3$	间位定位
	吸电子诱导和吸电子共轭作用	

习题 12－16　比较下列化合物进行亲电取代反应的反应活性。

(1) 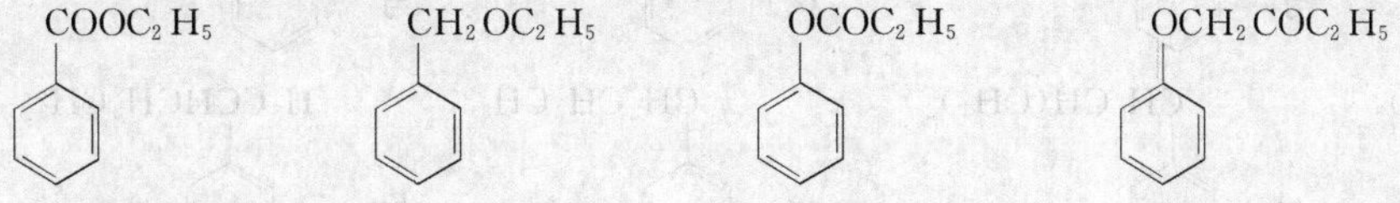

(2) 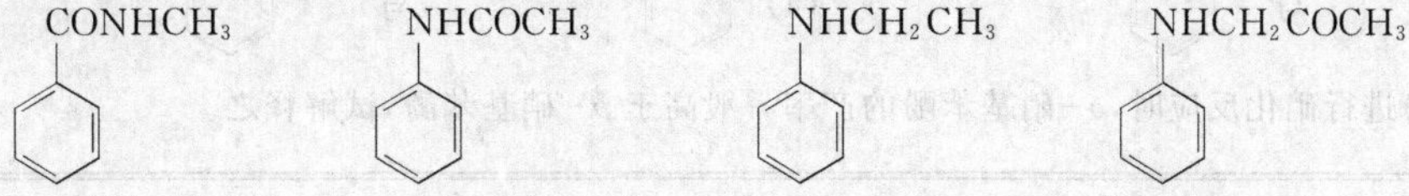

(3) 

(4) 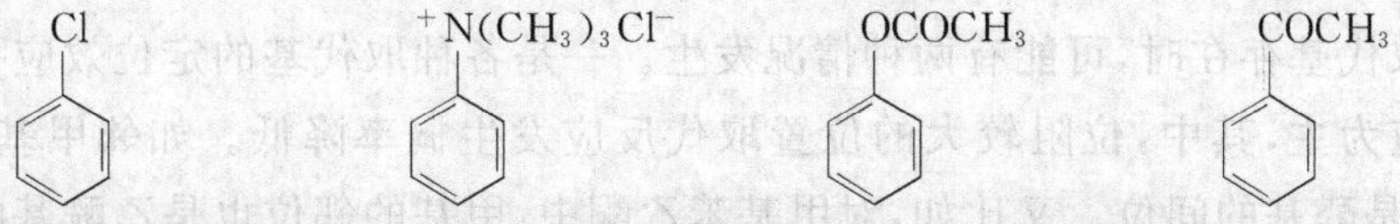

12.3.5　邻位与对位取代比例

邻对位定位基控制的苯环亲电取代反应得到的邻位与对位产物比例，随着定位基的不同而不同。一般的规律是：邻位与对位取代产物比例主要取决于取代基的空间位阻作用。例如，甲苯硝化得到的邻位与对位比例是 61∶39，乙苯的为 50∶50，而叔丁苯则为 18∶82。显然随着烷基的体积增大，邻位产物的比例下降。

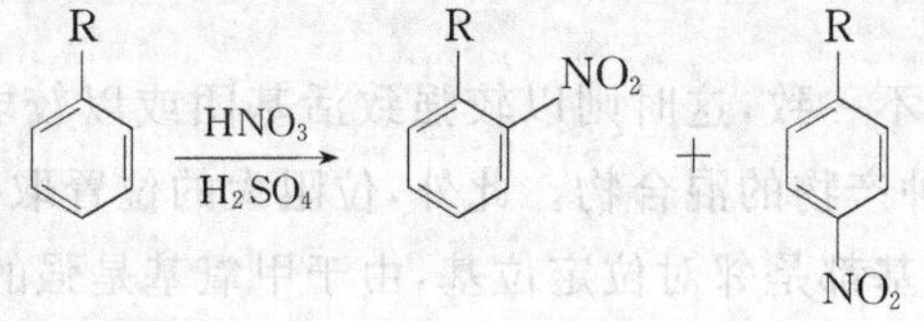

$R=CH_3$	61%	39%
$R=CH_2CH_3$	50%	50%
$R=C(CH_3)_3$	18%	82%

叔丁苯的磺化反应只能得到对位产物。可见由于磺基比硝基的体积大，导致叔丁基与磺基这两个大体积基团处于邻位时的空间位阻太大，反应活化能太高，难以进行，因此只形成对位取代产物。

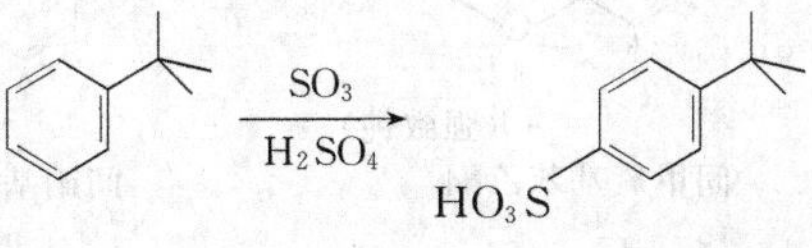

习题 12－17　指出下列各对烷基苯发生硝化反应时，生成对位产物较多的是哪个？

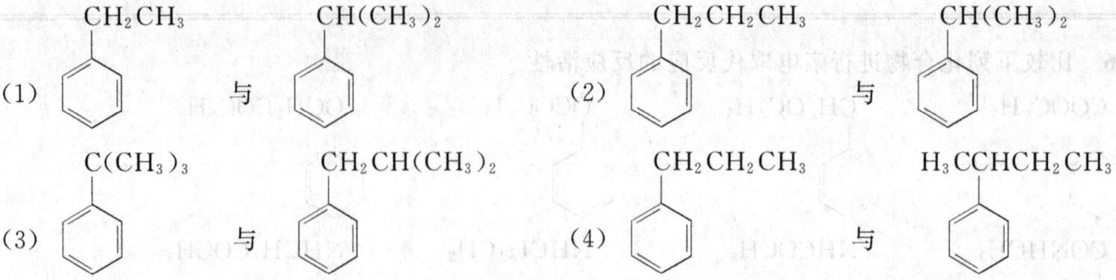

习题 12－18　苯酚进行硝化反应时，o－硝基苯酚的产率一般高于 p－硝基苯酚，试解释之。

12.3.6　多种取代基团同时存在的影响

当苯环上有多个取代基存在时，可能有两种情况发生。一是各种取代基的定位效应一致，则以它们共同的定位效应为主，其中，位阻较大的位置取代反应发生概率降低。如邻甲基苯甲醛中，甲基的邻对位刚好是醛基的间位。又比如，对甲基苯乙酮中，甲基的邻位也是乙酰基的间位。而在间溴甲苯中，甲基的邻对位也是溴的邻对位，不过甲基与溴原子间的 C2 由于空间位阻的缘故，较难发生取代反应：

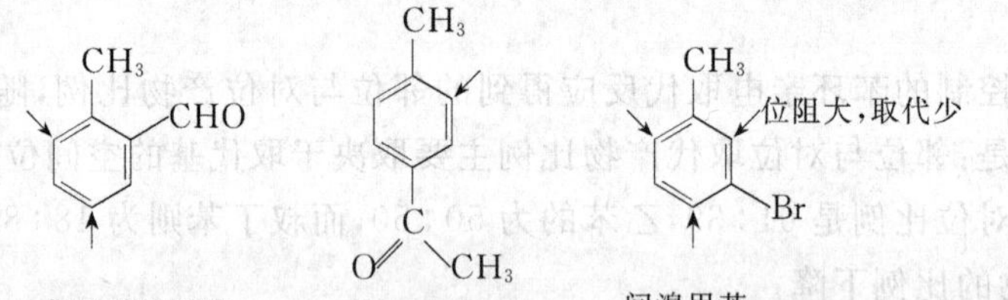

邻甲基苯甲醛　　对甲基苯乙酮　　间溴甲苯

二是各种取代基的定位效应不一致，这时则以较强致活基团或以较弱致钝基团的定位为主。活性相当时，则反应将得到各种产物的混合物。此外，位阻大的位置取代反应发生概率降低。如对甲基苯甲醚中的甲氧基和甲基都是邻对位定位基，由于甲氧基是强的致活基团，取代发生在甲氧基的邻位的是主要产物。又比如，间甲氧基苯乙酮中，甲氧基是致活基团，而乙酰基是致钝基团，反应中的主要产物由甲氧基决定，只是 C2 的位阻较大，发生取代反应的概率减少。间硝基溴苯中，溴是弱致钝基团，硝基是强致钝基团，结果苯环上的亲电取代定位主要由溴决定，同样，C2 的空间位阻较大，发生取代反应的概率减少。

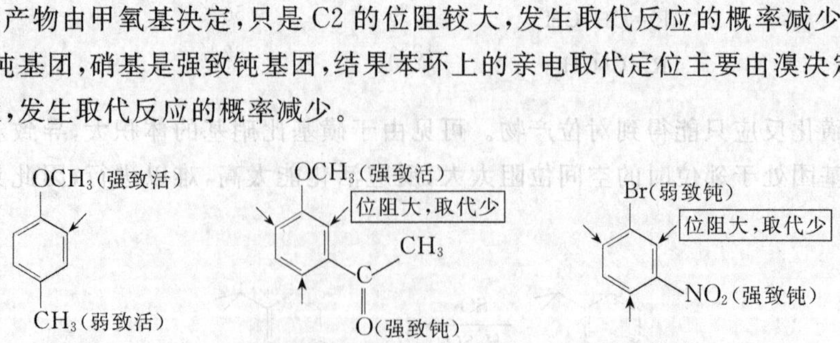

对甲氧基甲苯　　间甲氧基苯乙酮　　间硝基溴苯

习题 12－19　用箭头表示下列化合物发生亲电取代反应时，亲电试剂的主要进攻位置。

(1)

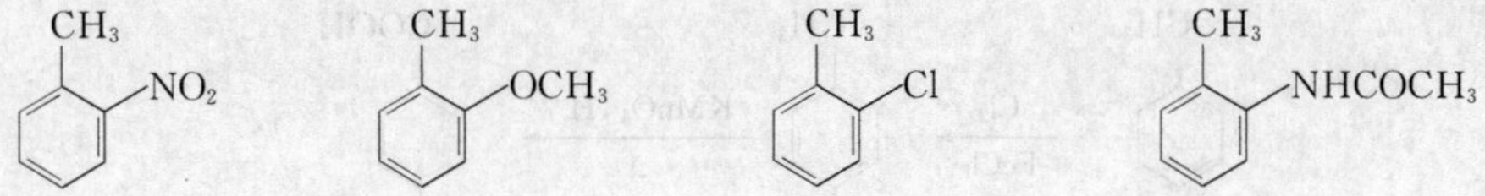

(2)

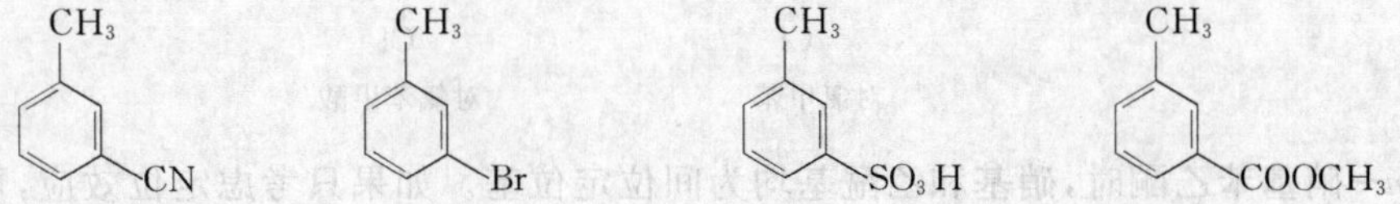

(3)

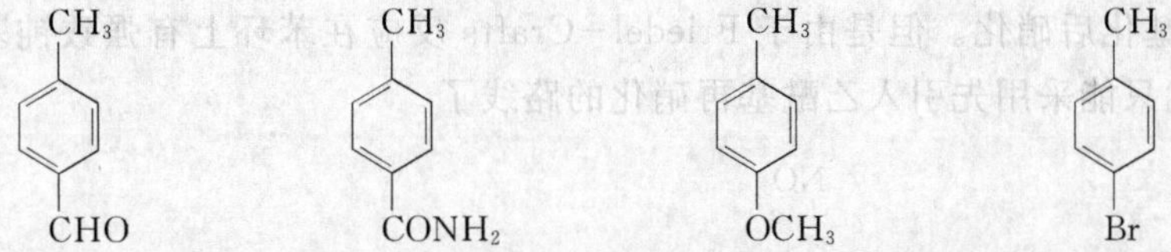

(4)

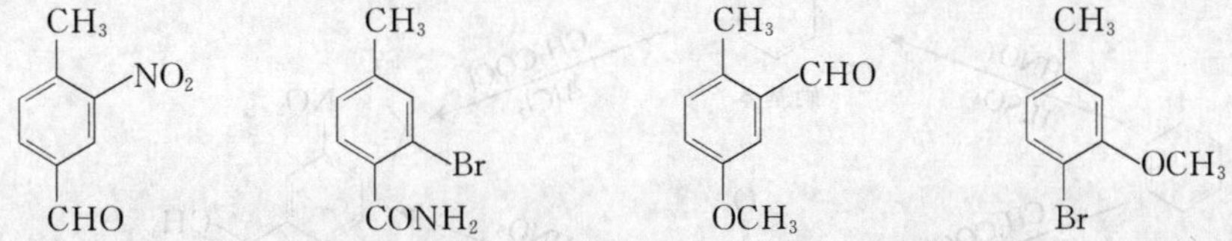

12.3.7 取代基的致活、致钝效应与定位效应在合成中的应用

在设计苯的衍生物合成中，需要仔细考虑基团的定位效应以及致活、致钝效应，合理地设计基团的引入顺序，并采用合适的反应条件。例如，要合成间溴苯磺酸和对溴苯磺酸，可以采用两种不同的合成路线。因为磺基是间位定位基，溴为邻对位定位基，因此，前者可采取先磺化后溴代的方法，后者则要采用先溴代后磺化的合成路线。

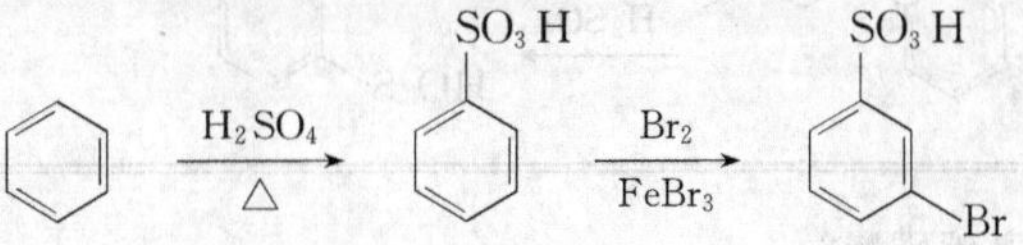

苯磺酸　　间溴苯磺酸

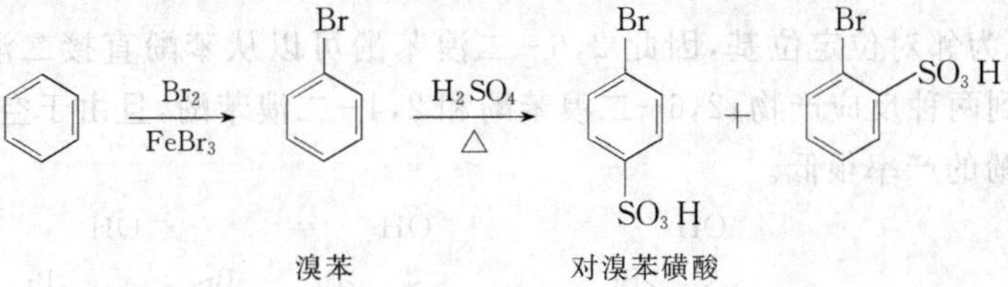

溴苯　　对溴苯磺酸

同样，从甲苯出发合成间氯苯甲酸和对氯苯甲酸，需要分别采用先氧化后氯代和先氯代后氧化两条不同的合成路线。

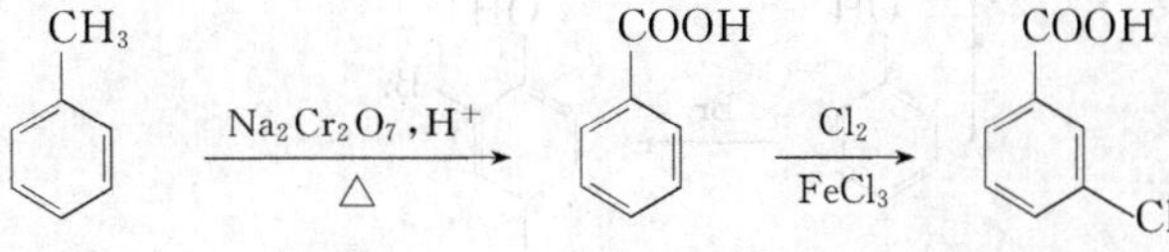

苯甲酸　　间氯苯甲酸

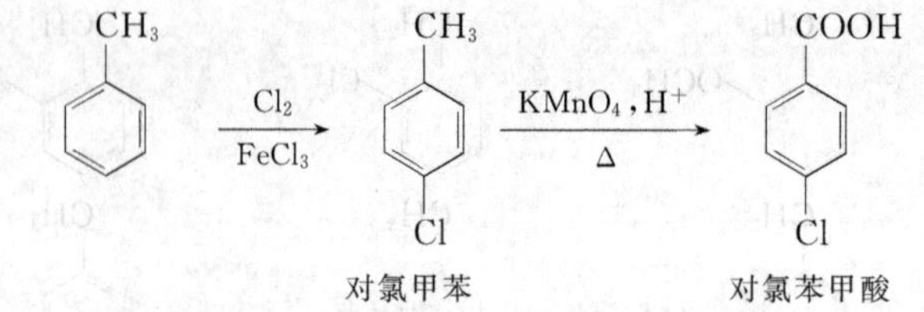

在合成 m-硝基苯乙酮时，硝基和乙酰基均为间位定位基。如果只考虑定位效应，可以先硝化后酰基化，或者先酰基化后硝化。但是由于 Friedel-Crafts 反应在苯环上有强致钝基时难以进行，因此，合成路线就只能采用先引入乙酰基再硝化的路线了。

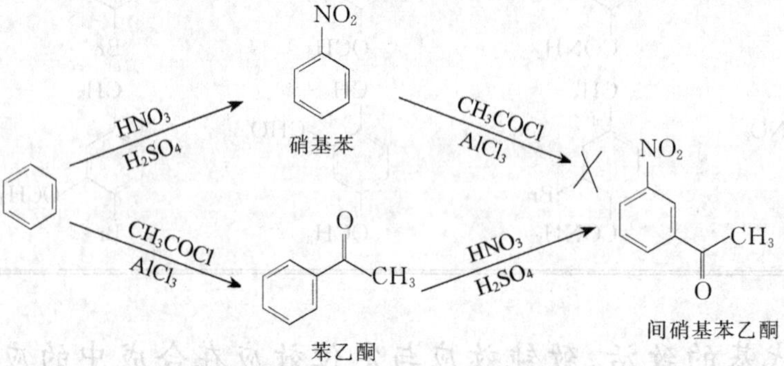

如要合成 p-丁基苯磺酸，则磺基要在最后才引入。而正丁基苯则需要采用先引入丁酰基后再还原的方法。

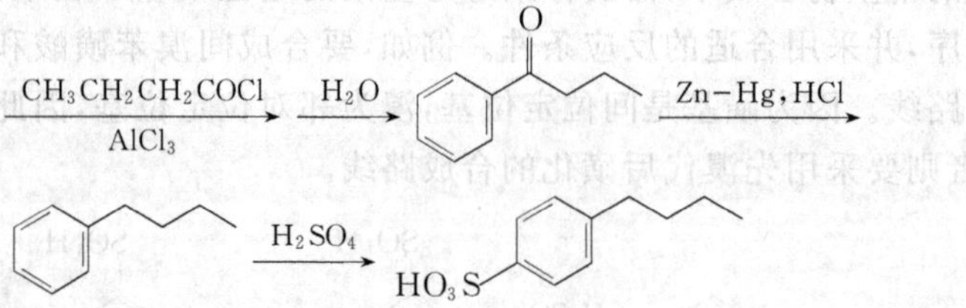

习题 12-20　如何合成 m-丁基苯磺酸？

苯酚中的羟基为邻对位定位基，因此 2，6-二溴苯酚可以从苯酚直接二溴代合成得到。但是，这种方法将得到两种反应产物：2，6-二溴苯酚和 2，4-二溴苯酚，且由于空间位阻效应，目标产物 2，6-二溴苯酚的产率很低。

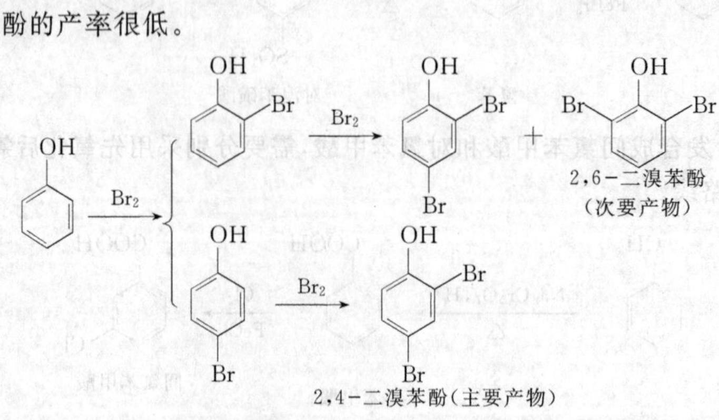

为了解决这个问题，可以利用磺化反应的可逆性。首先在苯酚羟基的对位引入磺基，然后进行二溴代反应，这时溴代必然发生在羟基的两个邻位，水解脱去磺基后可以得到单一的 2,6－二溴苯酚。

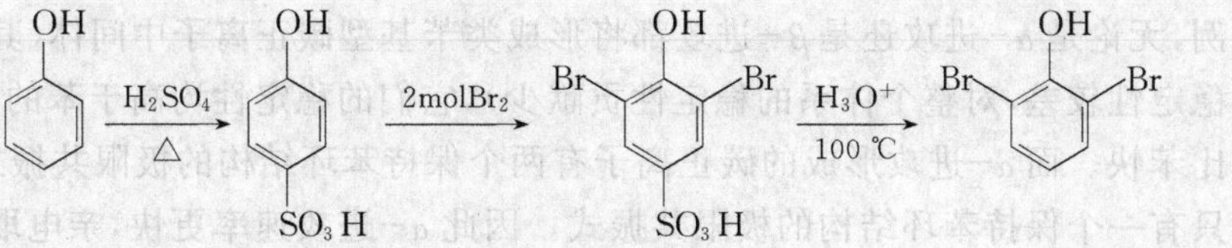

这种合成策略对于合成其他邻位取代产物也是可行的。

习题 12－21　为下列苯的衍生物提出合理的合成路线。

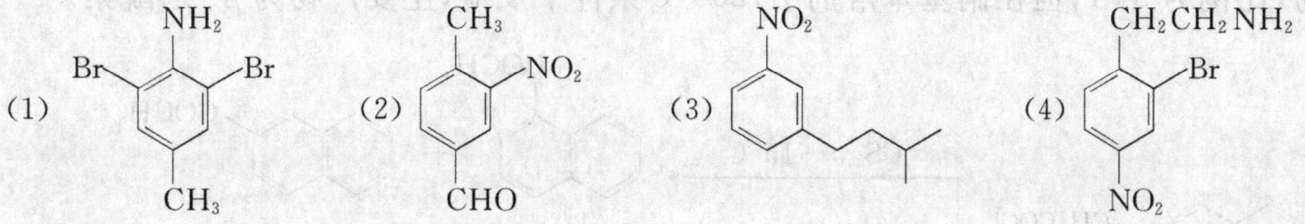

12.4　多环芳烃的亲电取代反应

多环芳烃进行亲电取代反应的活性一般比苯高，如萘的活性高于苯，蒽的活性比萘还要高。多环芳烃进行亲电取代反应时环上不同部位的反应活性不同。如萘的 α 位活性高于 β 位，而蒽、菲则主要生成 9 位或 10 位取代产物。对于这些实验事实，可以根据活性中间体结构与稳定性分析加以解释。

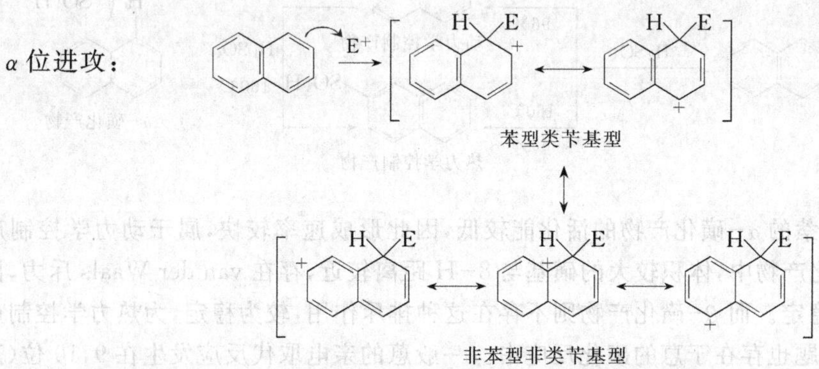

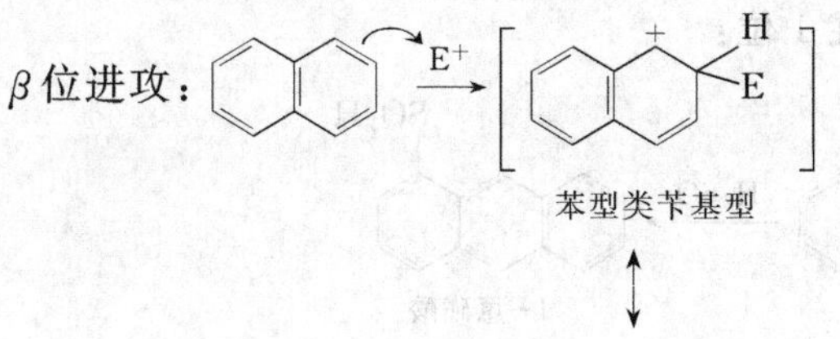

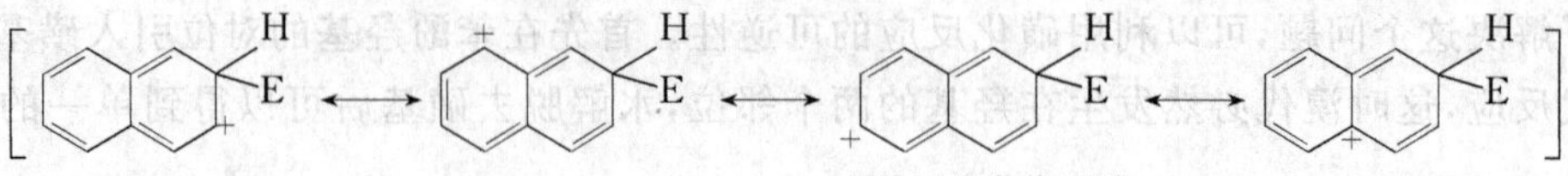

非苯型非类苄基型

以萘为例，无论是α-进攻还是β-进攻都将形成类苄基型碳正离子中间体（其他非类苄基型的碳正离子稳定性较差，对整个体系的稳定性贡献少），它们的稳定性均高于苯的活性中间体，因此反应速率比苯快。而α-进攻形成的碳正离子有两个保持苯环结构的极限共振式，β-进攻形成的碳正离子只有一个保持苯环结构的极限共振式。因此α-进攻速率更快，亲电取代反应主要发生在α位。

萘的亲电取代反应主要发生在α位的情况并不是绝对的。反应定位效应还会受到反应溶剂和温度的影响。例如，萘的酰基化反应在二硫化碳溶剂中，-15 ℃反应得到α-乙酰萘和β-乙酰萘的混合物，比例为 3∶1；但在硝基苯溶剂中，200 ℃条件下反应，主要产物为β-乙酰萘。

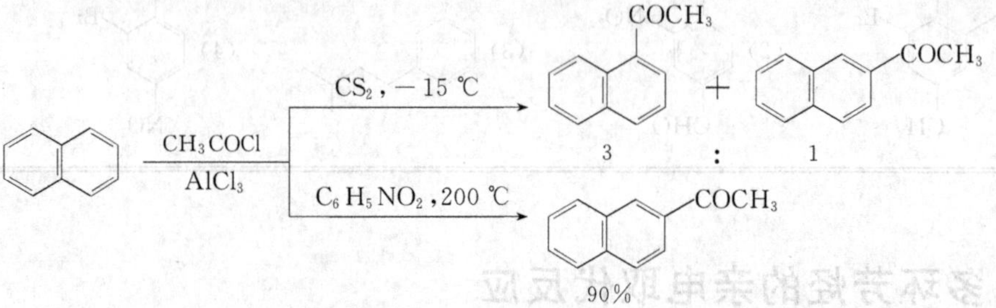

温度主要是影响动力学产物与热力学产物的形成比例，一般来说，高温有助于热力学产物的形成。例如，萘在 60 ℃进行磺化反应主要形成α-磺化产物，而在 160 ℃下主要生成β-磺化产物：

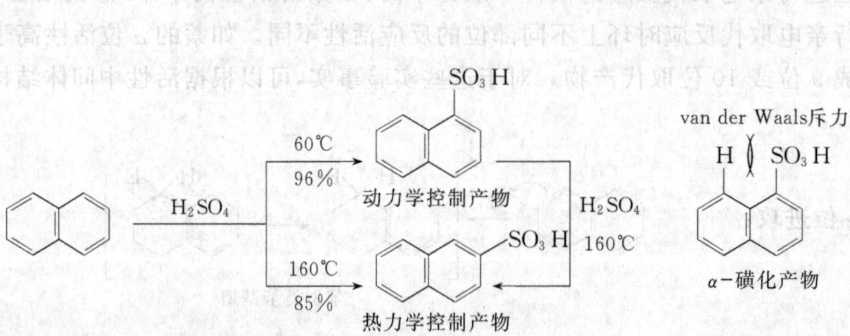

这是因为形成萘的α-磺化产物的活化能较低，因此形成速率较快，属于动力学控制产物。但是在萘的α-磺化产物中，体积较大的磺基与 8-H 距离较近，存在 van der Waals 斥力，因此具有较高的势能，不稳定。而β-磺化产物则不存在这种排斥作用，较为稳定，为热力学控制产物。

类似的问题也存在于蒽的磺化反应中。一般蒽的亲电取代反应发生在 9，10 位（蒽环的编号参阅 3.10 节），但磺化反应则主要发生在 1 位：

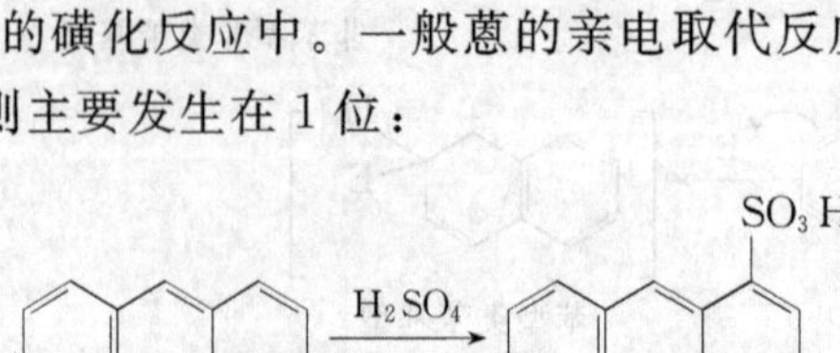

1-蒽磺酸

如果发生在 9 位，则磺基将与 1 位和 8 位的两个氢原子产生排斥作用，能量较高，较不稳定。

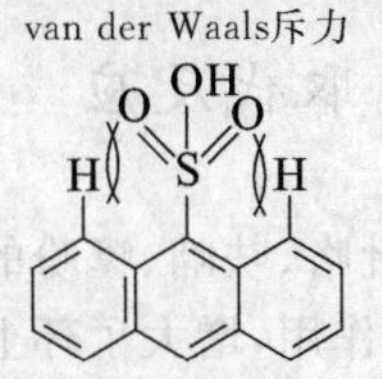

9-蒽磺酸

多环芳烃上的取代基对进一步的亲电取代反应也有定位作用。例如，如果萘环的 1 位有邻对位取代基时，亲电取代反应多进入 4 位，2 位次之；如果萘环的 2 位有邻对位定位基，则反应主要发生在 1 位，3 位次之，也可能发生在 6 位（相当于对位）；如果萘环上有间位取代基，则无论处于 1 位或 2 位，均使下一个亲电进攻基团进入 5，8 位。

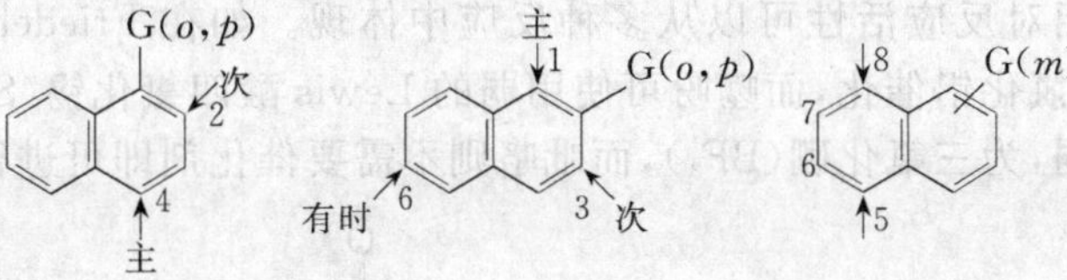

磺化或 Friedel-Crafts 反应常进入 6，7 位，即以热力学稳定产物为主。

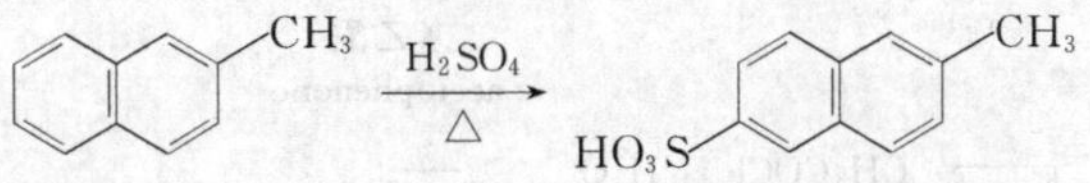

（热力学控制产物）

80%

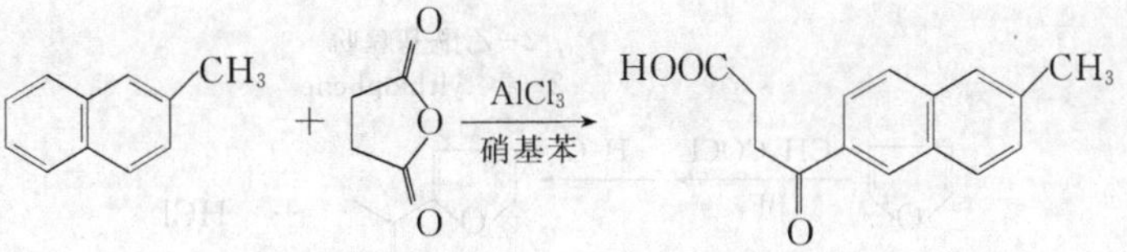

（热力学控制产物）

~70%

习题 12-22　2-甲氧基萘发生亲电取代时，亲电试剂主要进入 1 位，也有少数 3 位和 6 位，解释之。

习题 12-23　下列化合物发生亲电取代反应时，亲电试剂主要进入哪个位置，用箭头表示。

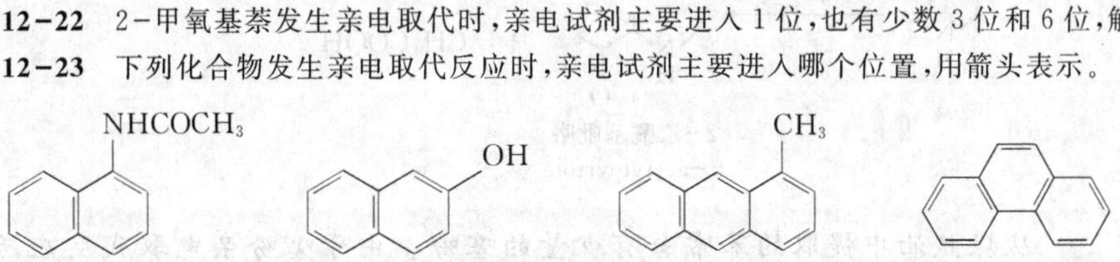

12.5　芳香杂环化合物的亲电取代反应

芳香杂环化合物的结构具有芳香性特点。因此也具有与苯类似的性质，即进行化学反应时倾向于不破坏芳香环结构，在反应时也以取代反应为主。

12.5.1　五元芳香杂环的亲电取代反应

在亲电取代反应中，五元芳香杂环吡咯、呋喃、噻吩的活性高于苯环，这是因为杂环上氮、氧、硫等原子上的孤对电子具有给电子共轭作用，增大了环上碳原子的电子云密度，使亲电反应更容易进行。三个五元杂环化合物中，吡咯活性最高，噻吩最低，因为吡咯的氮原子给电子共轭作用最强。

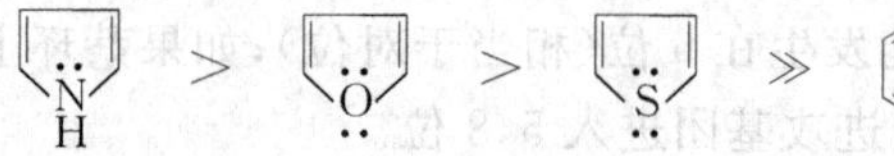

五元杂环与苯的相对反应活性可以从多种反应中体现。如在 Friedel－Crafts 酰基化反应中，苯需要 Lewis 酸三氯化铝催化，而噻吩可使用弱的 Lewis 酸四氯化锡($SnCl_4$)催化，呋喃的反应使用的 Lewis 酸更弱，为三氟化硼(BF_3)，而吡咯则不需要催化剂即可进行酰基化反应。

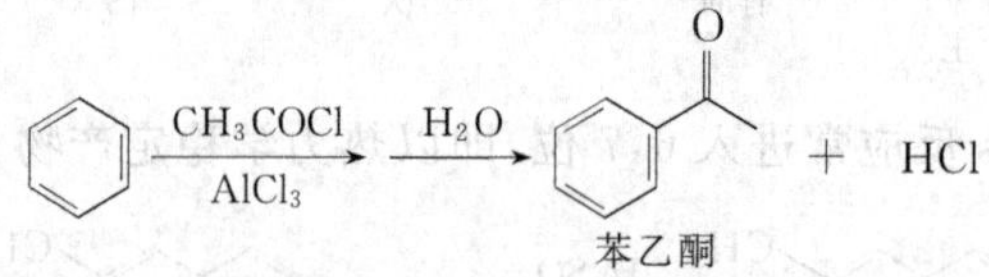

苯乙酮
acetophenone

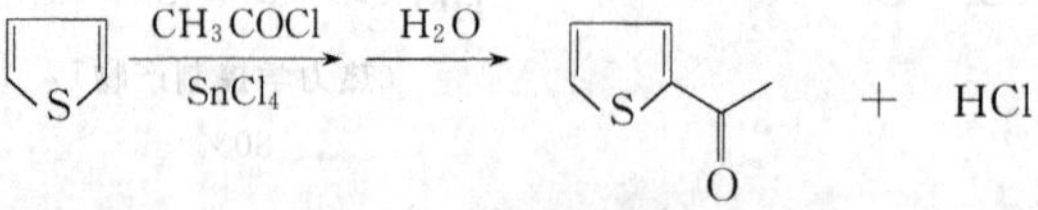

2－乙酰基噻吩
2－acetylthiophene

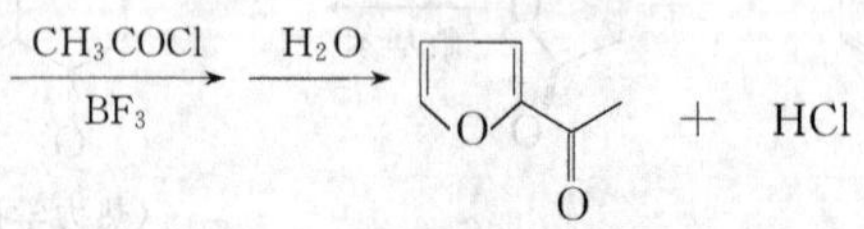

2－乙酰基呋喃
2－acetylfuran

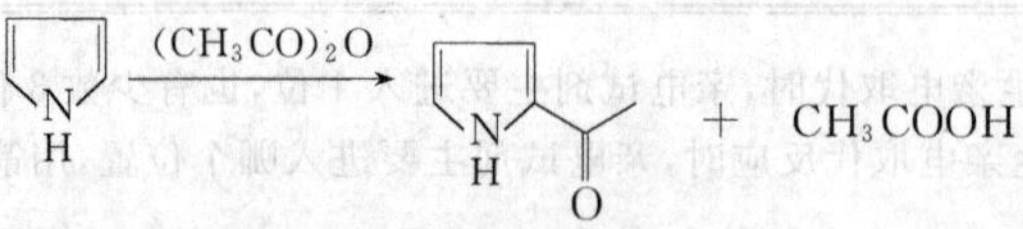

2－乙酰基吡咯
2－acetylpyrrole

从煤焦油中提取的苯常含有少量的噻吩。由于噻吩亲电取代反应活性远远高于苯，在室温下即可与硫酸反应生成噻吩磺酸而溶于硫酸中，因此可以通过硫酸洗涤除去苯中的噻吩。

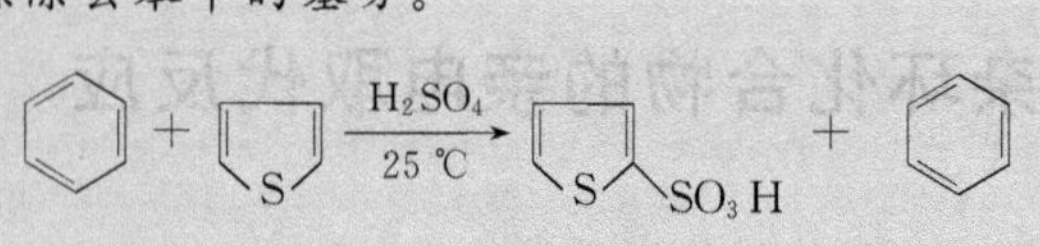

溶于硫酸　　不溶于硫酸

吡咯、呋喃、噻吩的硝化反应只需要弱的硝化试剂在温和的条件即可进行。如果使用硝酸，则因为硝酸的强氧化性，不能得到预期的硝化产物，只生成焦油。常用的弱硝化试剂有硝酸乙酸酐。

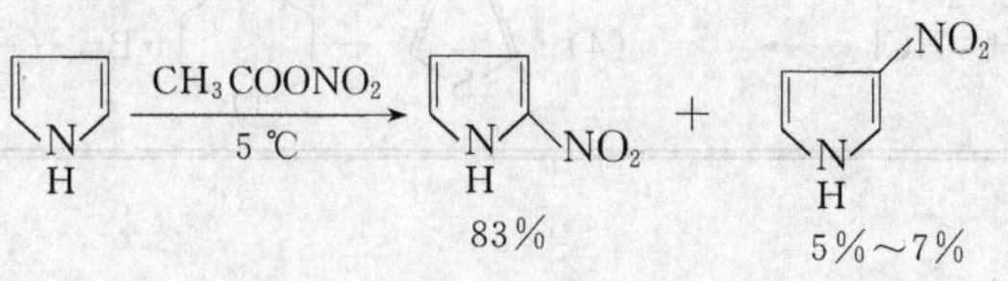

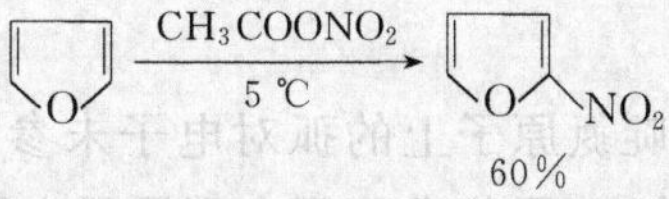

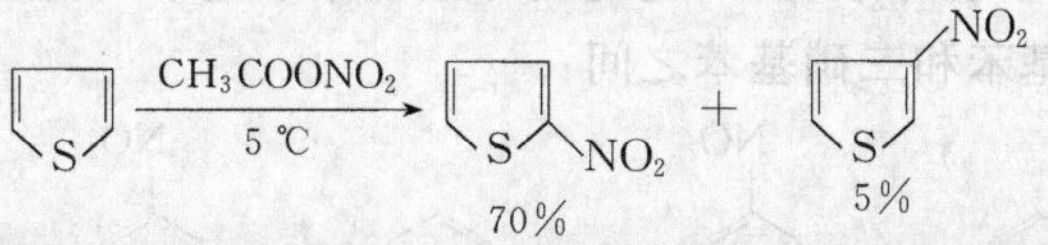

吡咯的反应活性与苯酚类似，很容易发生卤代反应，并且常得到多卤代产物。

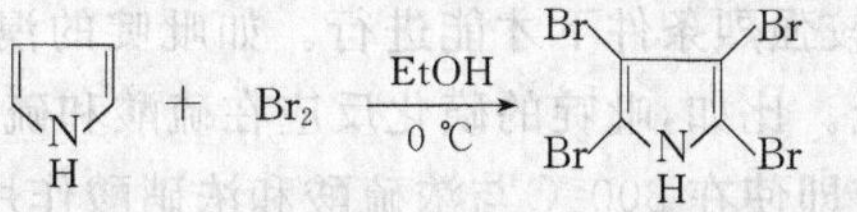

呋喃与溴反应十分剧烈，通常得不到正常的取代产物。2-溴呋喃的制备需要使用弱的溴化试剂——二氧六环的溴化物。

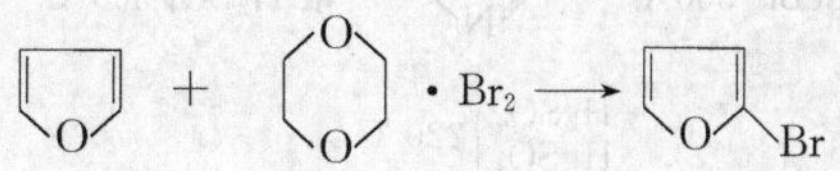

吡咯、呋喃和噻吩在亲电取代反应中以 α-取代产物为主。其原因在于杂原子氮、氧、硫的给电子共轭作用使 α 位取代的活泼中间体更加稳定的缘故。

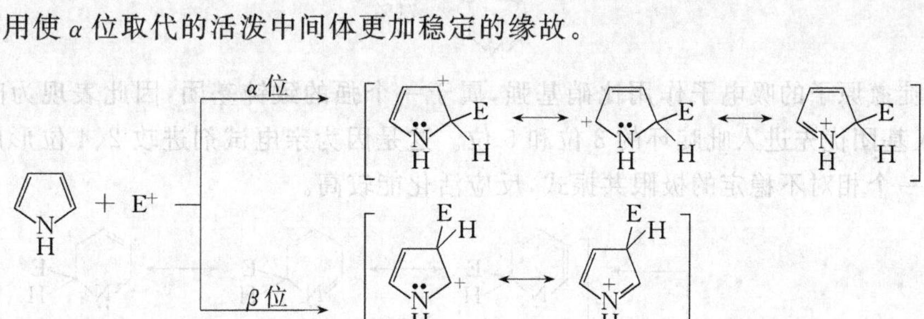

如果两个 α 位（即 2 位和 5 位）均被取代基占据，则亲电取代反应会发生在 β 位。

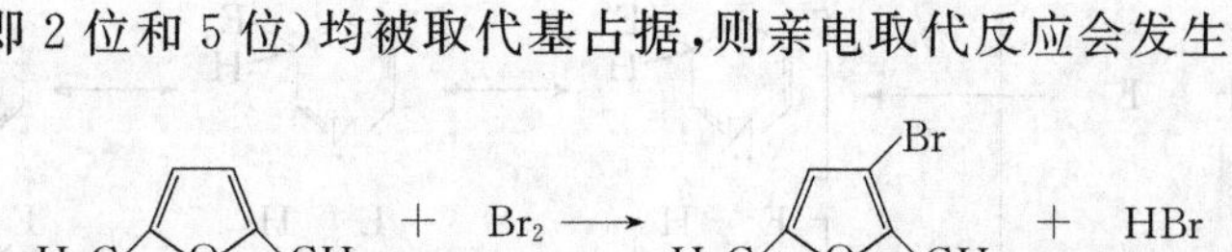

习题 12-24　完成下列反应，写出主要反应产物。

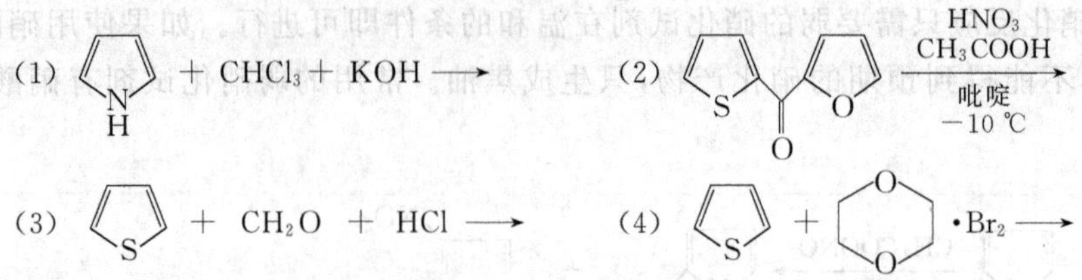

12.5.2 六元芳香杂环——吡啶的亲电取代反应

与上述三个五元杂环不同，吡啶氮原子上的孤对电子未参与共轭体系(参阅 4.8.2 节)。而氮原子表现出较强的吸电子诱导效应，因此吡啶环上碳原子电子云密度比苯环低，其亲电取代反应活性较苯环低，介于硝基苯和二硝基苯之间：

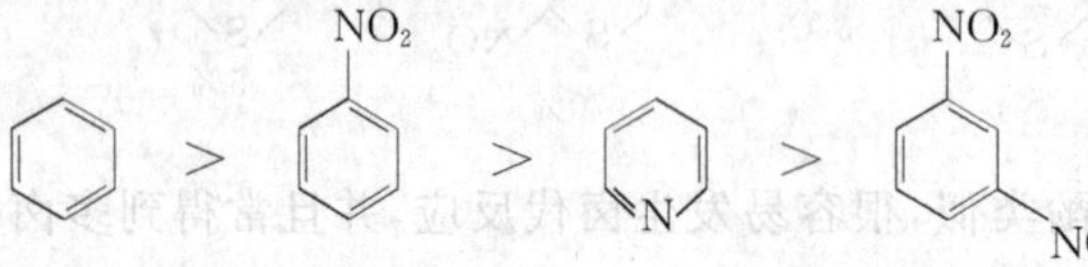

吡啶的亲电取代只能在较强烈条件下才能进行。如吡啶的溴代、磺化和硝化均需在 200 ℃以上才能进行，而且产率很低。比如，吡啶的磺化反应在硫酸和硫酸汞的共同作用下 220 ℃才能顺利进行，而吡啶的硝化反应即使在 300 ℃与浓硫酸和浓硝酸作用一天，也只能得到产率 6%的 3-硝基吡啶。

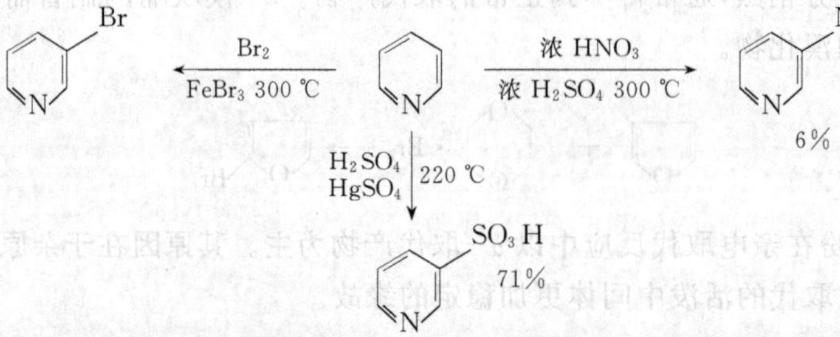

由于吡啶氮原子的吸电子作用比硝基强，属于一个强的致钝基团，因此表现为间位定位效应，即新引入基团优先进入吡啶环的 3 位和 5 位。这是因为亲电试剂进攻 2、4 位形成的活泼中间体均含有一个相对不稳定的极限共振式，反应活化能较高。

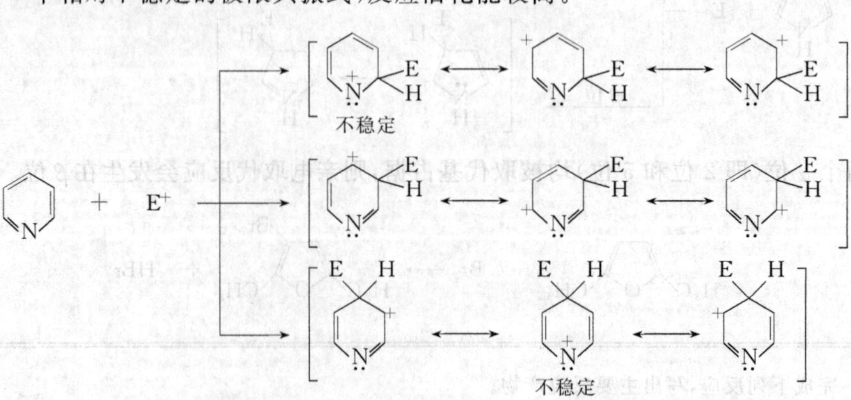

吡啶不能进行 Friedel–Crafts 烷基化和酰基化反应。但是吡啶与酰卤作用可以形成 N–酰基吡啶盐。这是因为吡啶氮原子在 sp^2 杂化轨道上有一对未成键电子，具有较强的碱性和亲核性，形成 N–酰基吡啶盐的反应实际上是吡啶环氮原子表现为亲核试剂进攻酰卤中的缺电子碳的结果，也可以看成是吡啶环上氮原子接受亲电试剂进攻的结果。

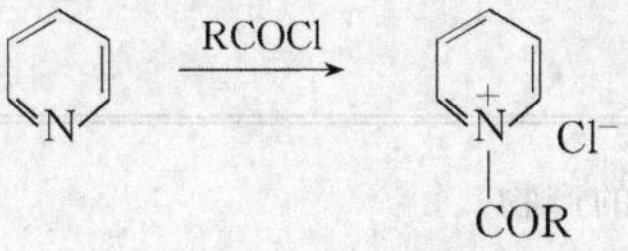

N–酰基吡啶盐

上述反应过程中，吡啶氮原子使用的是 sp^2 杂化轨道上的未成键电子对，因此，反应产物 N–酰基吡啶盐仍然具有芳香性。这种盐是一种温和的酰基化反应试剂，可以使醇酰化形成酯。

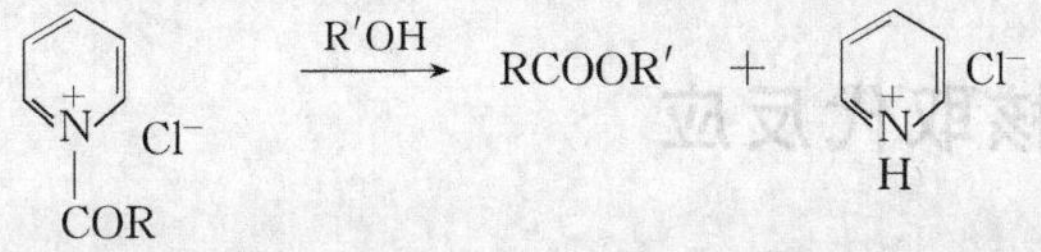

N–酰基吡啶盐　　　　吡啶盐酸盐

同样，吡啶也能形成具有芳香性的 N–硝基、N–磺基盐，它们是温和的硝化和磺化试剂。

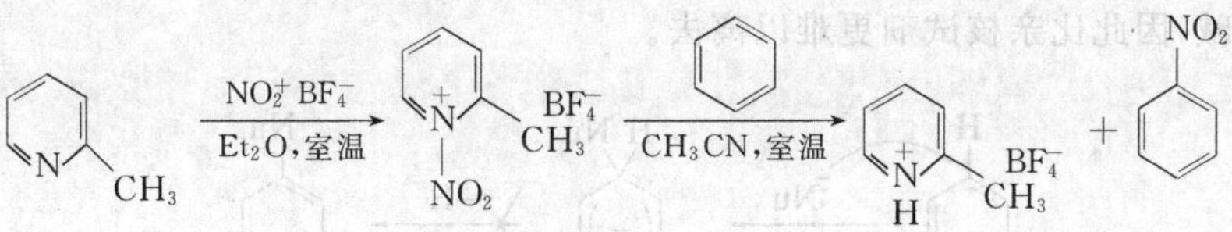

N–硝基吡啶盐

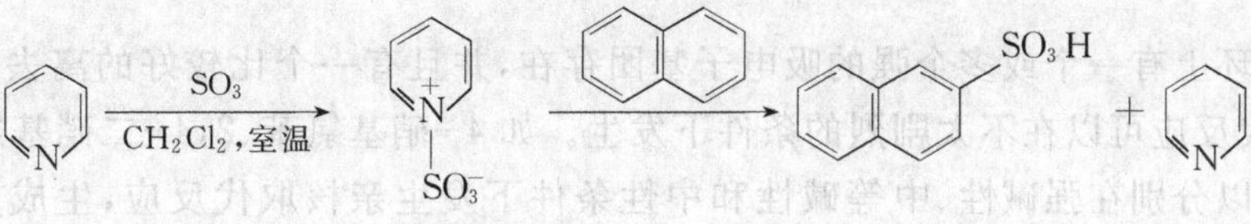

N–磺基吡啶盐

吡啶氮原子的碱性和亲核性还表现在可以与多种酸成盐，以及与其他亲电试剂如卤代烃反应形成 N–烷基吡啶盐。

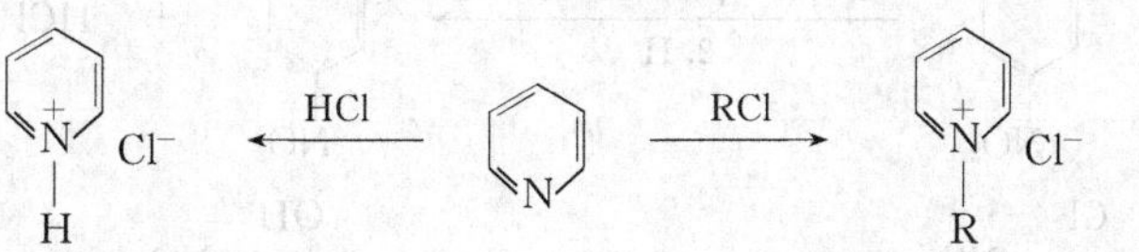

吡啶盐酸盐　　　　N–烷基吡啶盐

在许多有机反应中，吡啶常用于帮助去除反应中形成的酸。由于吡啶是一个比较温和的碱，在一些复杂化合物的碱催化反应中，它不仅可以有效地促进反应的进行，而且可以避免不必要的副反应。例如，含有内酯环的醇与卤代烃的成醚反应中，可以使用吡啶作为碱，促进反应进行，同时又保持内酯环的稳定。

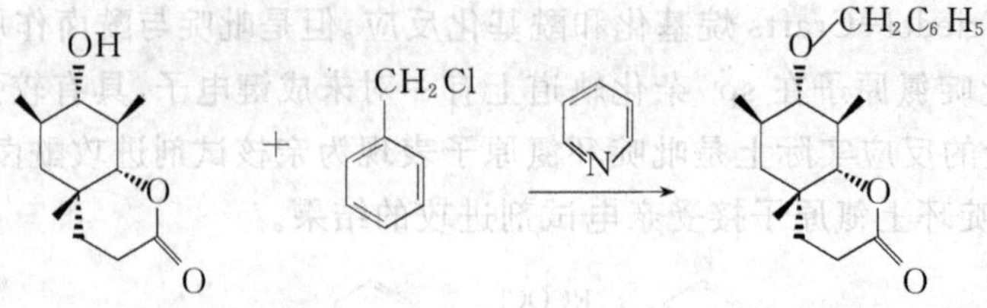

习题 12－25　写出吡啶与下列试剂反应的产物。

(1) Br_2　(2) CH_3COCl　(3) $CH_3CH_2CH_2Cl$

(4) HCl　(5) HNO_3/H_2SO_4　(6) SO_3, CH_2Cl_2, 室温

12.6　芳环的亲核取代反应

通常，苯难以发生亲核取代反应主要有两个原因：一是苯环的 π 电子云会在亲核负离子接近它时产生排斥作用；二是在亲核试剂与苯环加成形成了环状负离子后，由于氢负离子是一个比进攻试剂更强的碱，因此比亲核试剂更难以离去。

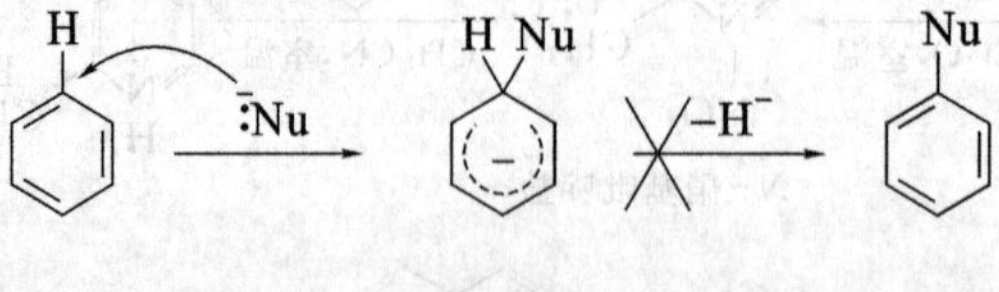

然而当苯环上有一个或多个强的吸电子基团存在，并且有一个比较好的离去基团（如卤素）时，则亲核取代反应可以在不太剧烈的条件下发生。如 4－硝基氯苯、2,4－二硝基氯苯和 2,4,6－三硝基氯苯可以分别在强碱性、中等碱性和中性条件下发生亲核取代反应，生成 4－硝基苯酚、2,4－二硝基苯酚和 2,4,6－三硝基苯酚。

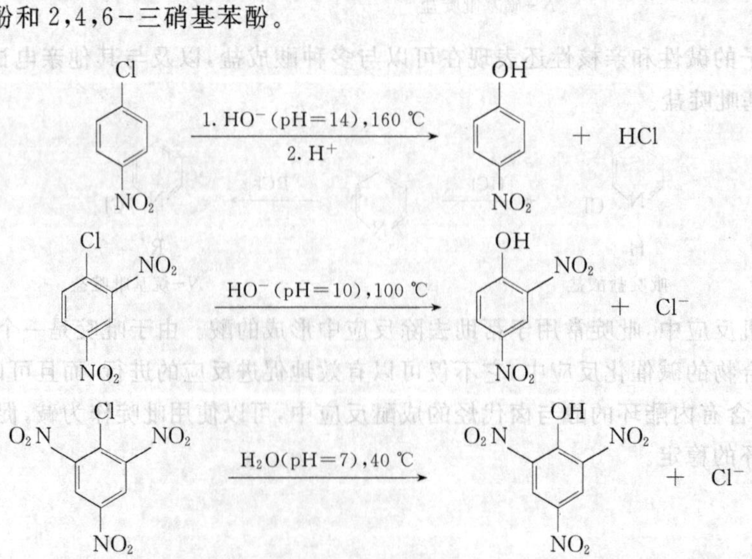

上述亲核取代反应经过了两步的芳环亲核取代反应(S_NAr)过程。第一步,亲核试剂从垂直于芳环的 p 轨道方向进攻芳环,形成一个共振稳定的碳负离子;第二步,离去基团离去,恢复芳香环稳定结构。

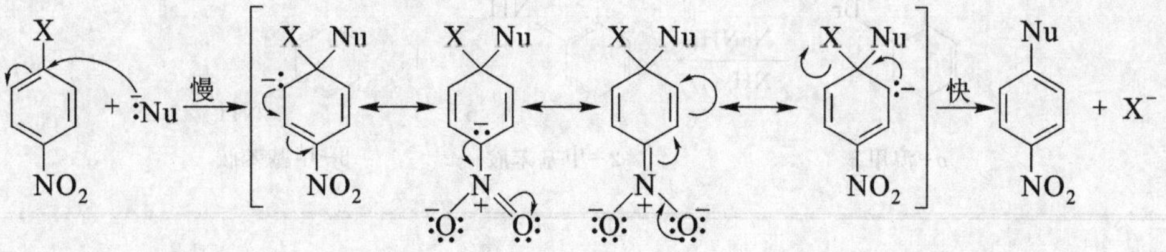

在芳环的亲核取代反应中,进攻的亲核试剂的碱性应该比离去基团的碱性强。吸电子基团则必须处于离去基团的邻位或对位,只有这样,吸电子基团才能有效地稳定反应活性中间体。

通过芳环的亲核取代反应可以合成某些取代苯化合物。如 4-硝基氟苯在醇钠作用下可以发生亲核取代反应,一步得到 4-硝基苯酚的甲基醚:

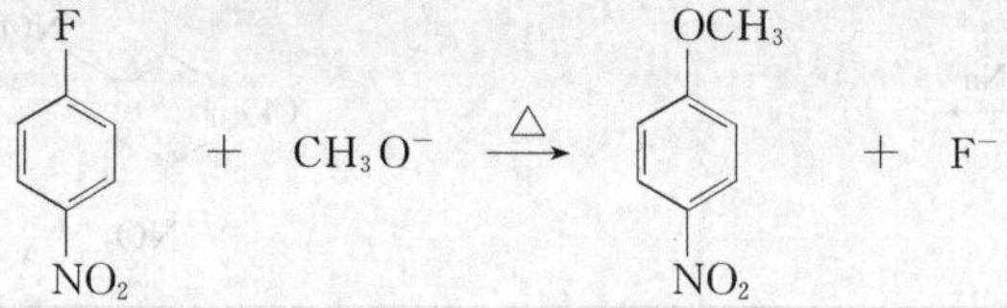

又如,2,4-二硝基溴苯与乙胺发生亲核取代反应得到 *N*-乙基-2,4-二硝基苯胺。

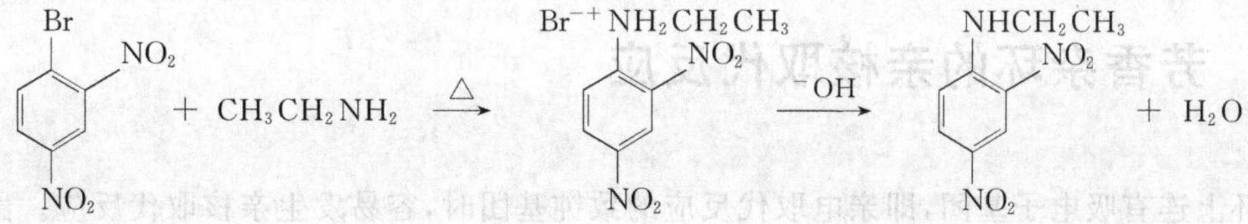

2,4-二硝基溴苯　　　　　　　　　　　　　　　　　　　*N*-乙基-2,4-二硝基苯胺

2,4-二硝基氟苯与蛋白质 N 端氨基酸的氨基能发生亲核取代反应,此反应是多肽的氨基酸顺序分析的重要反应之一(参阅 19.2 节)。

苯环的亲核取代反应还可以通过苯炔中间体(参阅 9.11 节)进行。在强碱氨基钠($NaNH_2$)的液氨溶液中,卤代苯可以发生消去反应形成苯炔(benzyne)。苯炔进一步与氨加成则可以生成苯胺。以^{14}C标记的氯苯进行反应时,生成的苯胺是氨基连在^{14}C上以及^{14}C相邻碳上的混合物,从而证实该反应经过了苯炔中间体。

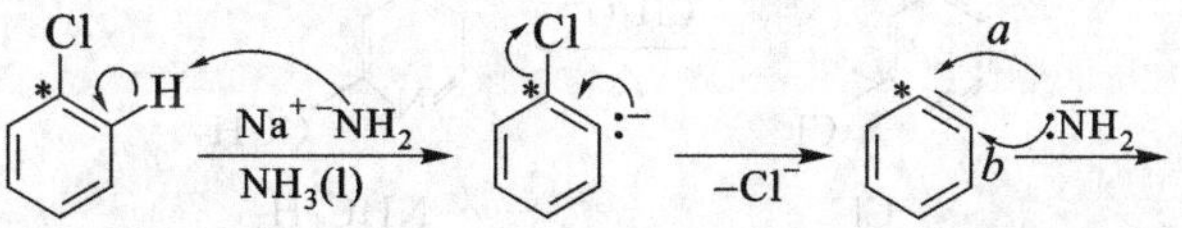

苯炔

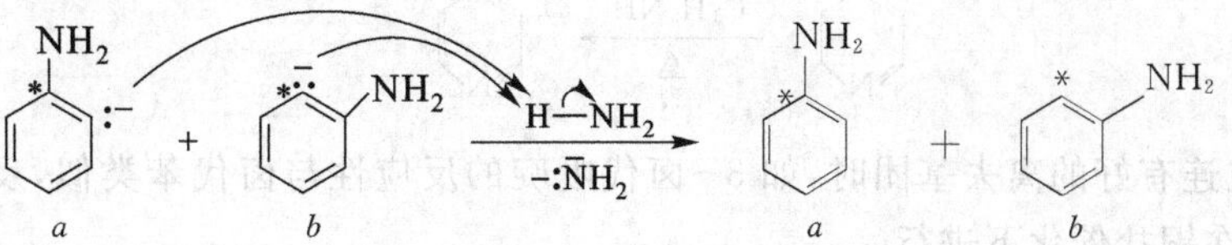

卤代苯中如果还有其他取代基，则可能得到两个取代产物。如 *o*-溴甲苯在氨基钠作用下，得到 2-甲基苯胺和 3-甲基苯胺的混合物。

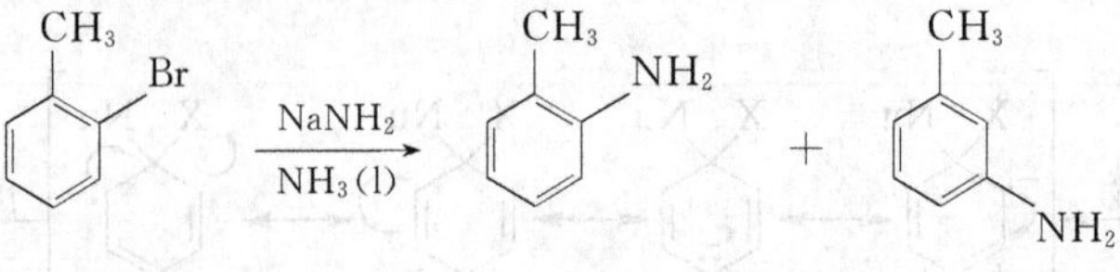

o-溴甲苯　　2-甲基苯胺　　3-甲基苯胺

习题 12-26　完成下列反应，写出反应产物。

(1) 

(2) 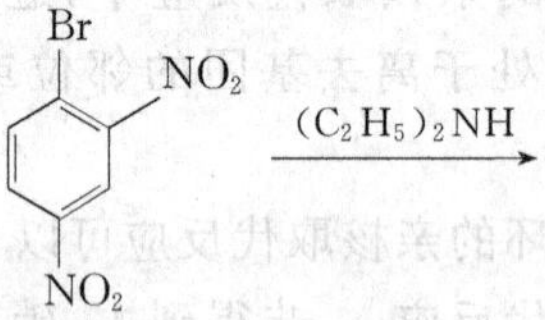

(3) 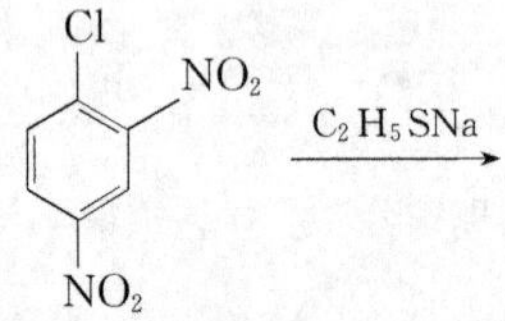

(4) 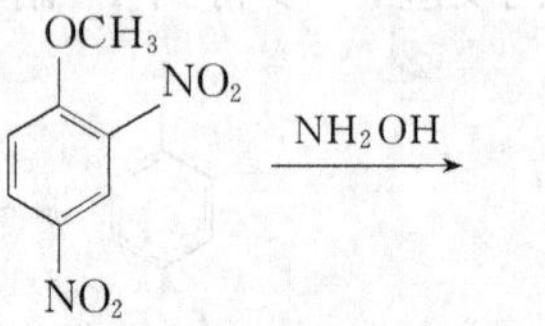

12.7　芳香杂环的亲核取代反应

苯环上连有吸电子基团，即亲电取代反应的致钝基团时，容易发生亲核取代反应。由此可以判断，吡啶应该比苯容易发生亲核取代反应。事实上，吡啶的 2 位或 4 位上连有好的离去基团时，容易发生亲核取代反应。例如：

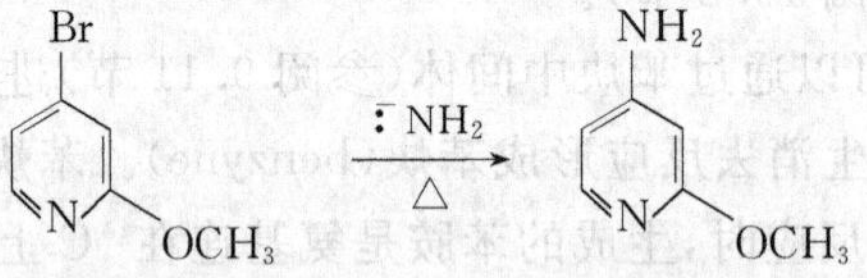

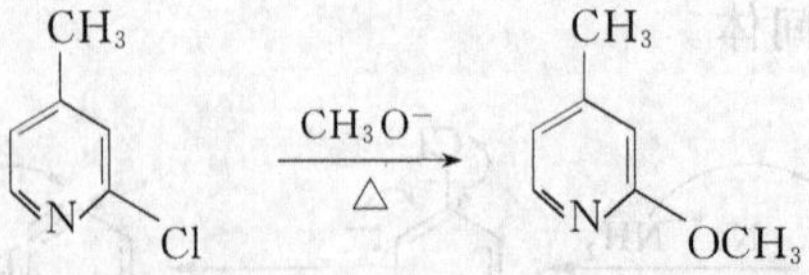

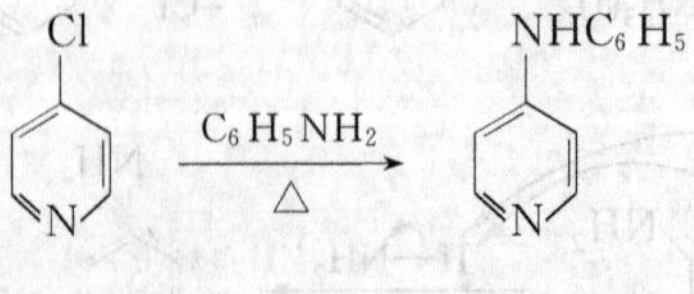

吡啶的 3 位连有好的离去基团时，如 3-卤代吡啶的反应性与卤代苯类似，反应要求条件较强烈，并且需要在铜盐催化下进行。

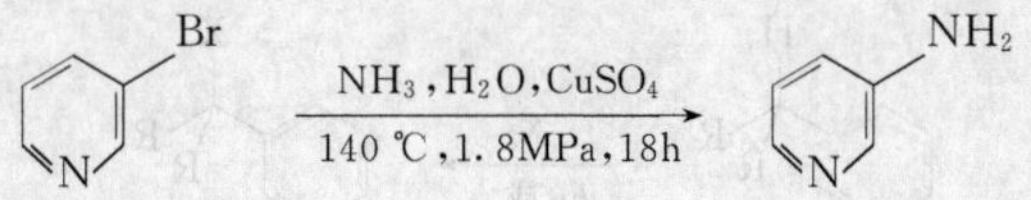

吡啶的 2、3、4 位进行亲核取代反应的活性不同，是因为它们各自在反应中形成的负离子中间体稳定性不同。其中，亲核反应发生在 2 位或者 4 位形成的负离子中间体比较稳定。

2 位亲核反应：

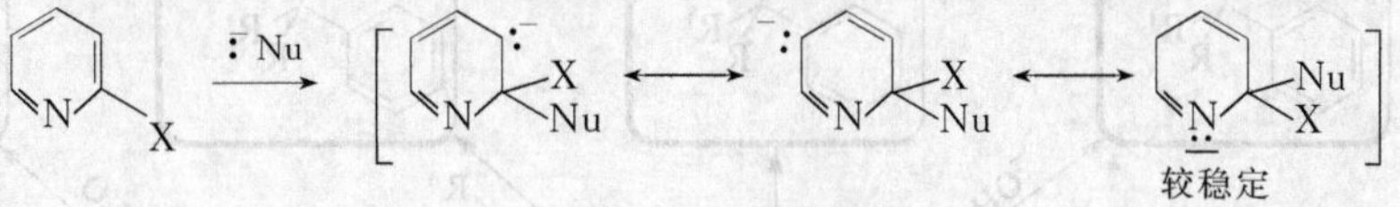

3位亲核反应：

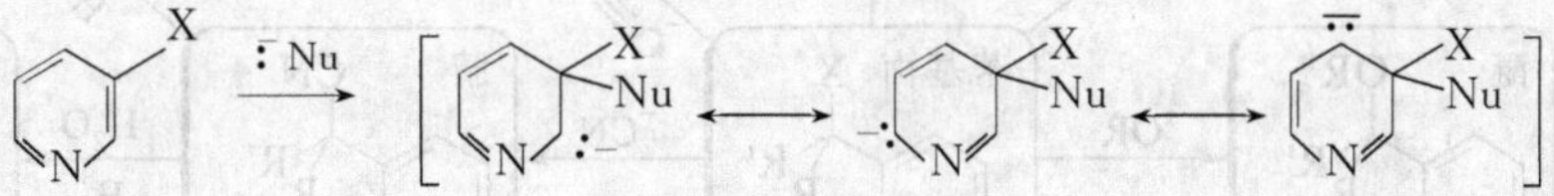

4位亲核反应：

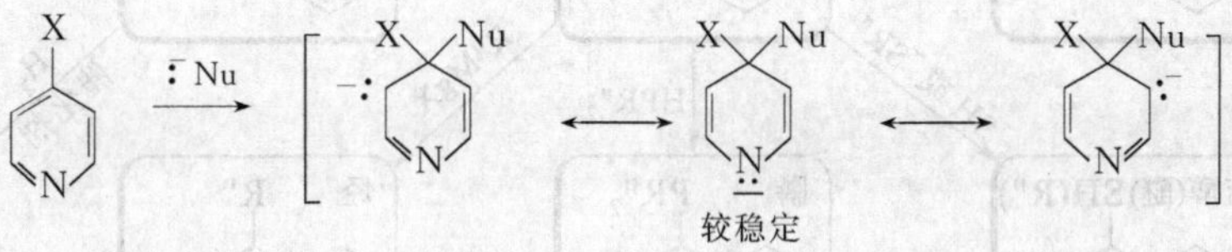

习题 12－27　吡啶在氨基钠的作用下可以生成 2－氨基吡啶，试写出反应的机理。

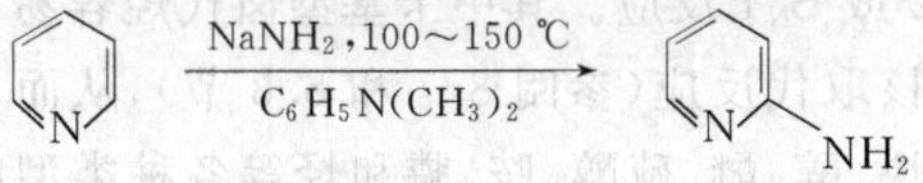

习题 12－28　写出下列反应的产物。

(1) 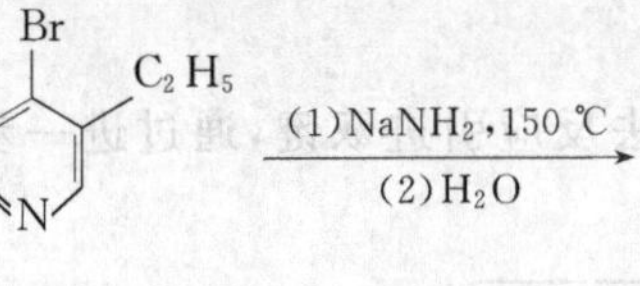

(2) 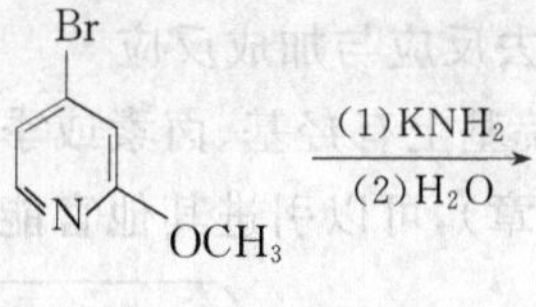

(3) 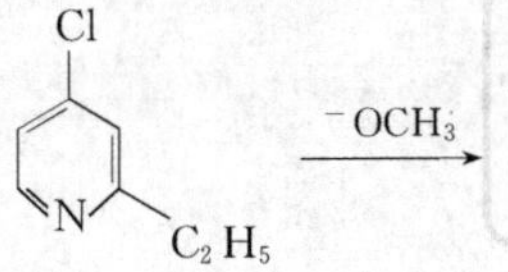

(4) 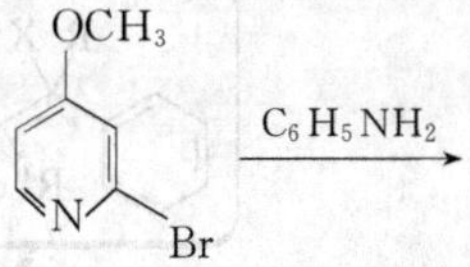

12.8　芳环取代基的反应

受芳环的影响，芳环上取代基的反应具有某些特点。主要包括：

1. 自由基卤代反应

由于苄基型自由基特别稳定，苄基氢的卤代反应选择性高，是合成中十分有用的引入官能团的方法之一。

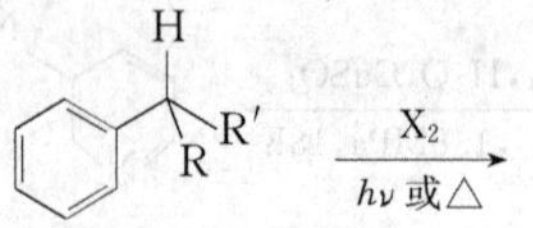

2. 侧链碳原子上的亲核取代反应

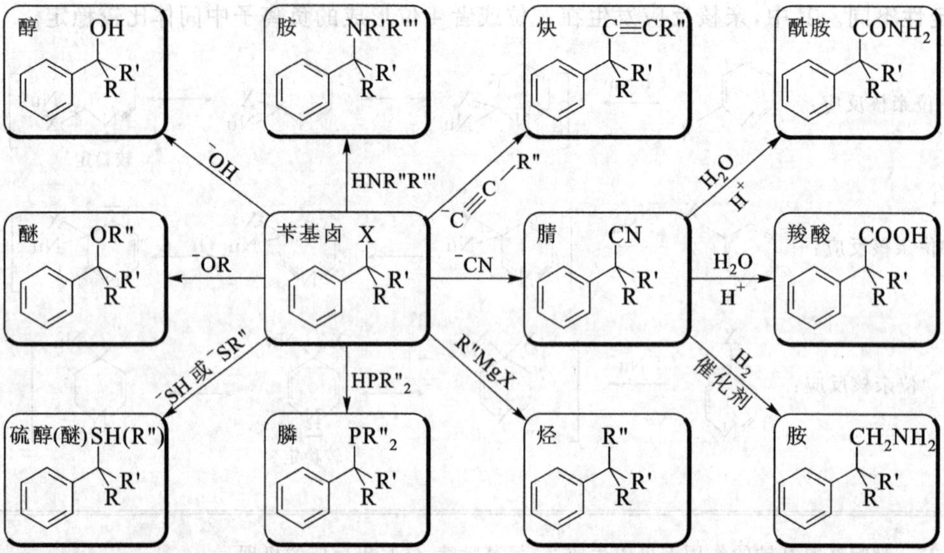

苯环侧链烷基上如果有卤素存在，即可发生 S_N2 或 S_N1 反应。其中苄基型卤代烃容易与多种含氧、含硫、含氮、含磷，以及含碳亲核试剂发生亲核取代反应(参阅 8.7 和 8.8 节)，从而可用于苯环侧链的官能团转化，生成多种苯基取代的腈、炔、醇、醚、硫醇、胺、膦和烃等各种类型的化合物，其中，腈还可以水解得酰胺、羧酸(详见 13.7.3 节)，或者还原为胺(参阅 11.2.1 节)。

3. 侧链消去反应与加成反应

苯环侧链烷基上有羟基、卤素或季铵盐，则可以发生消去反应引进双键，通过进一步的加成反应(参阅第十章)，可以引进其他官能团。

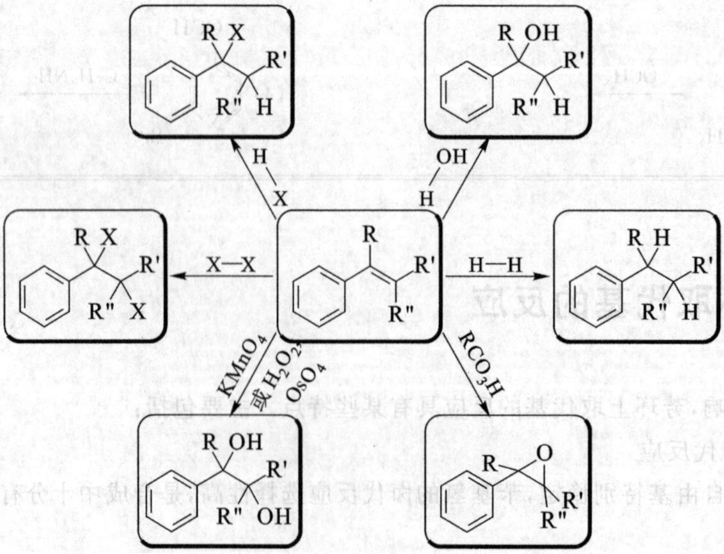

4. 侧链氧化反应

当苯环侧链 α-碳上含有氢原子时，在强氧化剂作用下，苯环侧链将被氧化断链生成苯甲酸（参阅 11.3.2 节）。

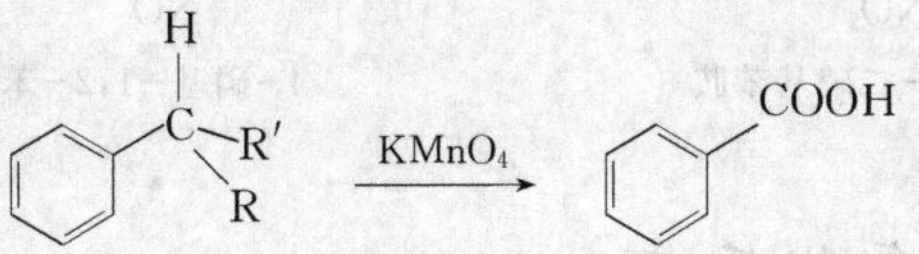

12.9　芳香胺的制备及其反应

12.9.1　芳香胺的制备

芳香胺除了可以通过芳环的亲核取代反应（参阅 12.6 节）得到外，还可以通过硝基化合物的还原制备。硝基还原为氨基的最常用方法有两种：一种是金属或金属盐加酸；另一种则是催化氢化。前一种方法中常用的金属或金属盐有铁、锌、锡和二氯化锡。其中，二氯化锡不能还原醛基，但可以还原硝基，是一种常用的选择性还原剂。

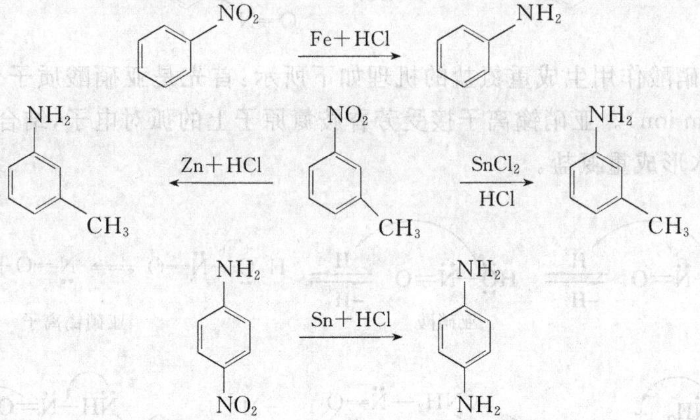

二硝基化合物还可以通过硫化铵（H_2S+NH_4OH）、硫氢化钠（NaSH）或硫化钠（Na_2S）等选择还原其中一个硝基。但是两个硝基中哪一个被还原尚无法预测，只能通过实验进行探索。例如，2,4-二硝基甲苯在二氯化锡作用下生成 2-硝基还原的产物，而在硫氢化铵作用下则得到 4-硝基还原的产物。2,4-二硝基苯胺在硫化氢和氢氧化铵作用下生成 2-硝基还原的产物。

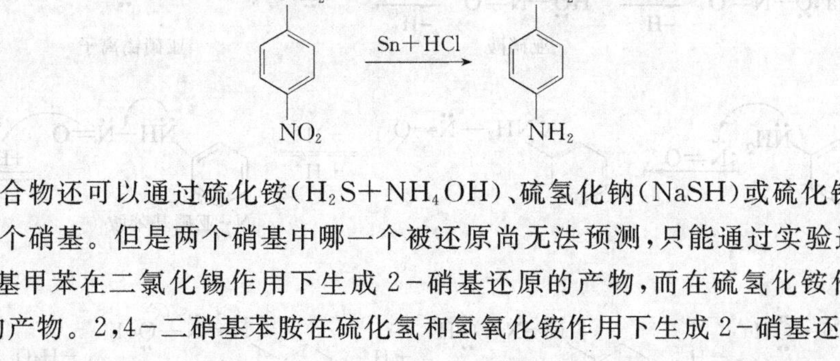

2-甲基-5-硝基苯胺　　2,4-二硝基甲苯　　4-甲基-3-硝基苯胺

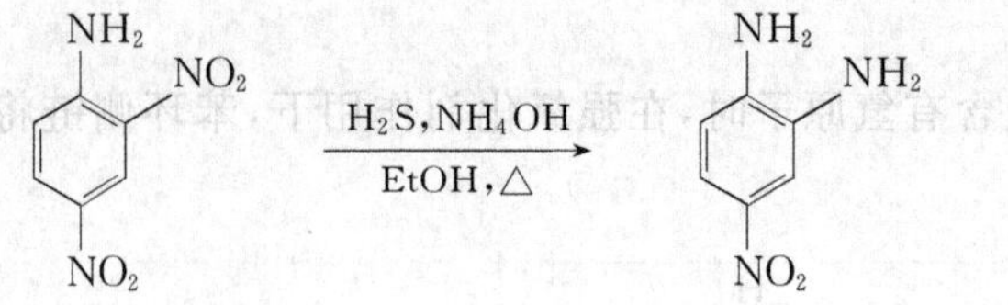

2,4-二硝基苯胺　　　　4-硝基-1,2-苯二胺

12.9.2　芳香胺的重氮化反应

芳香伯胺与亚硝酸在低温下反应生成重氮盐，芳香仲胺与亚硝酸作用生成 N-亚硝基芳胺，芳香叔胺与亚硝酸反应则在苯环上引入一个亚硝基。

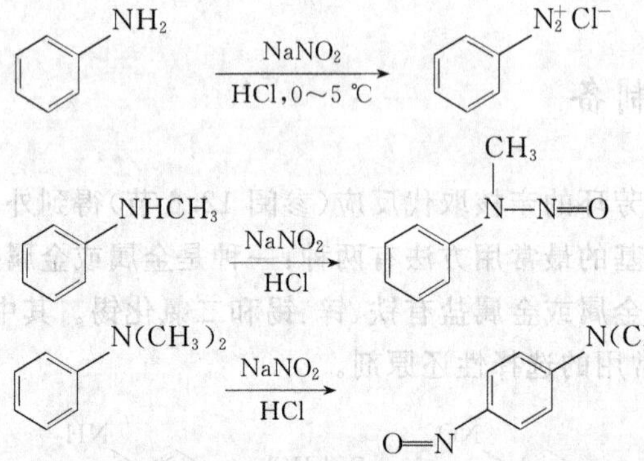

芳香伯胺与亚硝酸作用生成重氮盐的机理如下所示：首先是亚硝酸质子化后脱水形成亚硝鎓离子（nitrosonium ion）。亚硝鎓离子接受芳香胺氮原子上的孔对电子，结合成 N-亚硝基芳香胺，再经质子化脱水形成重氮盐。

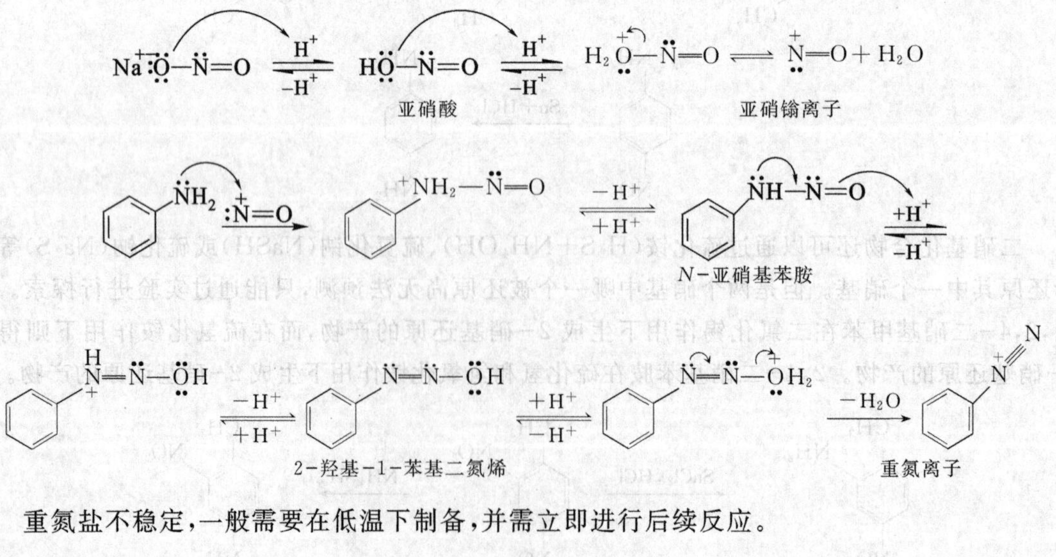

重氮盐不稳定，一般需要在低温下制备，并需立即进行后续反应。

12.9.3　芳香重氮盐的反应及其在合成中的应用

芳香重氮盐不稳定，重氮基很容易以中性分子氮气形式离去，留下芳基正离子，或在一定条件下形成芳基自由基，从而发生取代、水解、还原以及偶联等反应，在有机合成中具有重要应用价值。

1. 取代反应

芳基重氮盐在溴化亚铜(CuBr)、氯化亚铜(CuCl)或氰化亚铜(CuCN)作用下可以发生取代反应生成溴苯、氯苯和苯甲腈，称为 Sandmeyer 反应。这里一价铜离子是必需的，反应可能经过苯自由基的氧化还原过程。

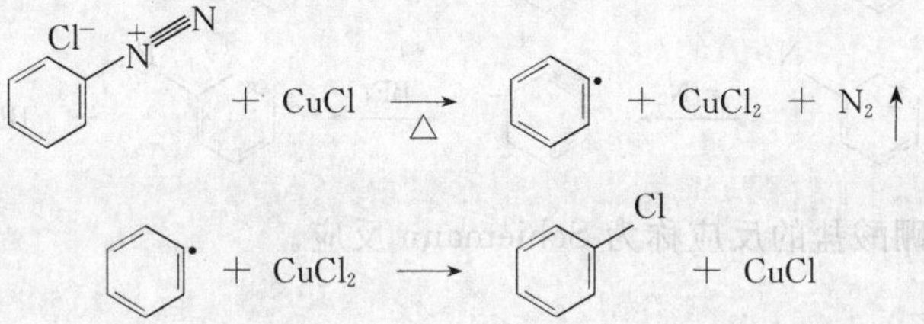

上述第一步反应中，重氮离子被亚铜离子还原，生成苯基自由基和氯化铜($CuCl_2$)。第二步反应中，苯基自由基夺取氯化铜中的氯，使氯化铜还原为氯化亚铜。可见，一价铜离子主要起催化作用。同样，在溴化亚铜或氰化亚铜作用下，苯基重氮盐可以发生类似的反应，形成溴代苯和苯甲腈。苯甲腈的生成常在中性条件下进行，以避免剧毒气体氢氰酸(HCN)的产生。

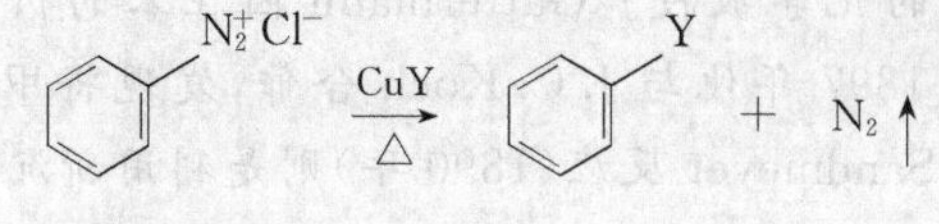

Y=Cl,Br,CN

Gattermann 发现直接用少量金属铜作催化，芳基重氮盐能与盐酸或氢溴酸反应生成氯苯和溴苯。该反应称为 Sandmeyer-Gattermann 反应。

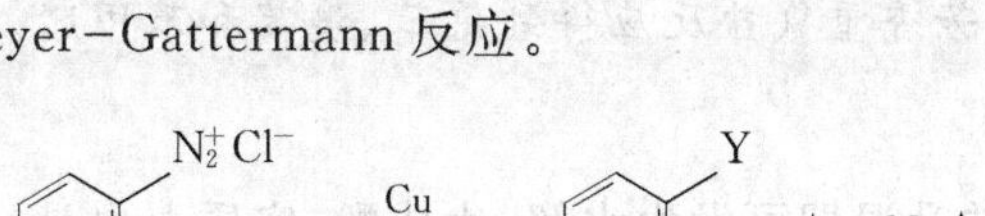

Y=Cl,Br

此外，在金属铜催化下，芳基重氮盐还能与亚硝酸钠、亚硫酸钠和硫氰酸钾反应，生成硝基苯、苯磺酸或苯硫氰化物。

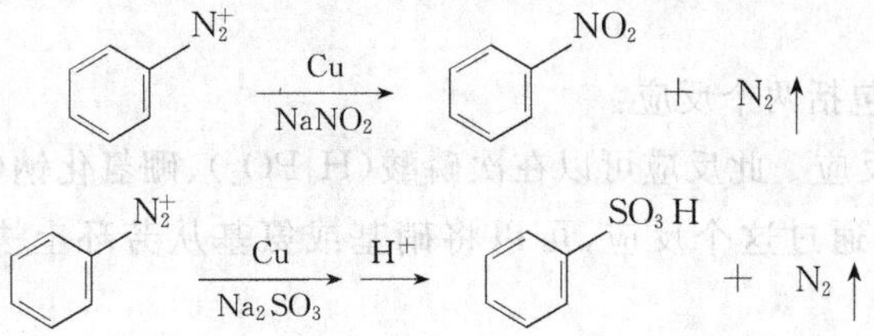

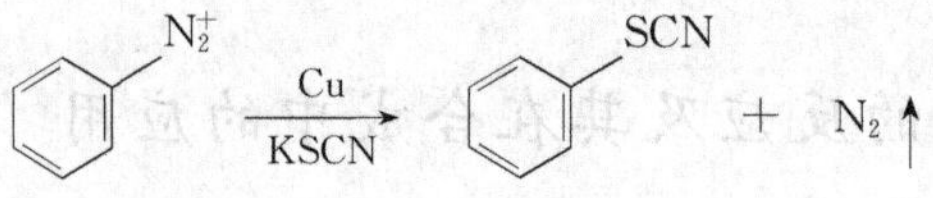

从芳基重氮盐制备碘代芳烃、氟代芳烃的条件与氯代芳烃、溴代芳烃不同。芳基重氮盐与碘化钾或碘化钠反应可以得到碘代芳烃，而与氟硼酸盐(如 $NaBF_4$)反应可以得到氟代芳烃。它们的取代反应经过芳基正离子阶段。碘代反应中还包括了一个碘负离子的氧化反应。

$$I^- \xrightarrow{[O]} I_2$$

$$I^- + I_2 \longrightarrow I_3^-$$

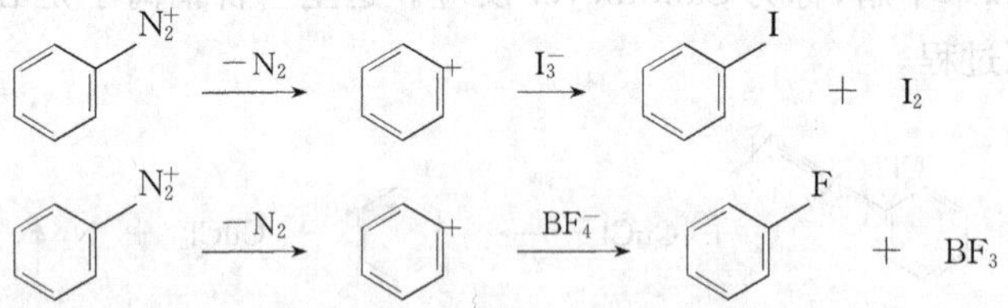

芳基重氮盐与氟硼酸盐的反应称为 Schiemann 反应。

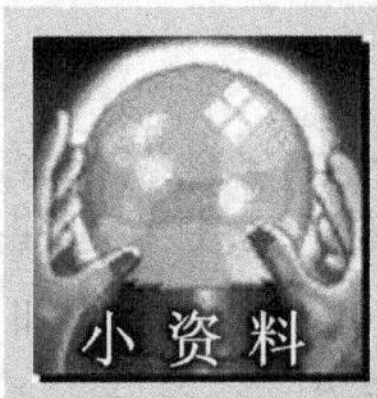

Ludwig Gattermann 和 Traugott Sandmeyer

Ludwig Gattermann，德国有机化学家。1860 年 4 月 20 日出生于 Goslar，1920 年 6 月 20 日在 Freiburg 去世。Gattermann 在 Goettingen 大学学习，后来担任该校 Victor Meyer 的助教，1889 年随 Meyer 迁往 Heidelberg，1900 年成为 Freiburg 大学的化学教授。Gattermann 因在苯的衍生物方面的工作而著名。Gattermann-Koch 反应是 1897 年他与 J. C. Koch 合作，发现将甲酰基引入苯环的方法(见 12.2.5 节)。Gattermann-Sandmeyer 反应(1890 年)则是利用新沉淀的铜粉促进重氮化合物转变成苯的另一种衍生物的方法。

Traugott Sandmeyer(1854—1922)出生于瑞典，在 Heidelberg 大学获得博士学位，1884 年发现了一价铜盐可以与芳香重氮盐反应得到氯苯、溴苯和苯甲腈。

2. 重氮盐的水解

芳基重氮盐溶液加水并升温即可发生水解，生成酚，实质上也是一个经过芳基正离子的羟基取代重氮基的反应。这是在芳环上引入羟基的一种方法。

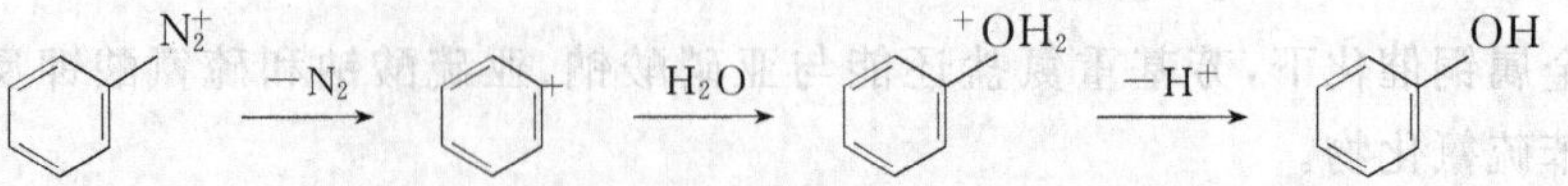

3. 重氮盐的还原

芳基重氮盐的还原包括两个反应：

(1) 除去重氮基的反应　此反应可以在次磷酸(H_3PO_2)、硼氢化钠($NaBH_4$)等条件下进行。常用的试剂是次磷酸。通过这个反应，可以将硝基或氨基从芳环上去除，这是合成中常用的方法。

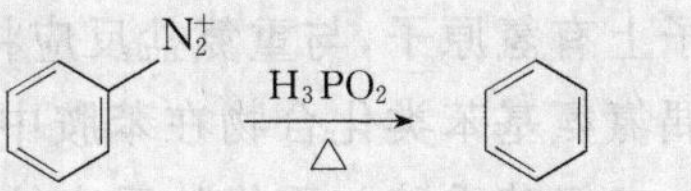

（2）还原成肼的反应　重氮盐在某些还原剂如硫代硫酸钠、亚硫酸钠、亚硫酸氢钠、氯化亚锡加盐酸等作用下还原为肼。这是制备苯肼的方法。苯肼毒性很大，操作时要注意防护。

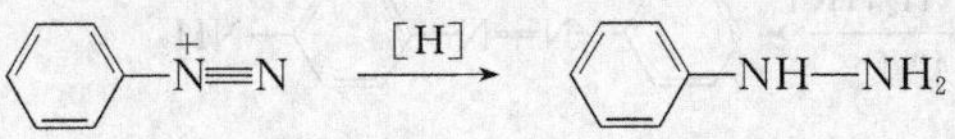

4. 重氮盐的偶联反应

重氮盐也可以作为亲电试剂发生芳香亲电取代反应。但由于它们只在低温条件下才能稳定存在，因此只有非常活泼的芳香化合物酚类或芳香胺类等才能在室温以下的条件下与之反应，生成偶氮化合物。这一反应称为芳香重氮盐的偶联反应。

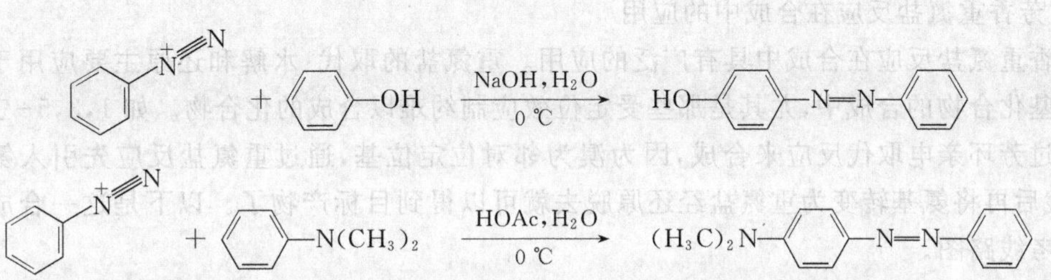

重氮盐与酚的偶联常在 pH8～10 的弱碱性条件下进行，这是因为碱性条件下有助于酚转化为酚氧负离子，进一步提高了芳环上电子云密度和亲电取代反应的活性。

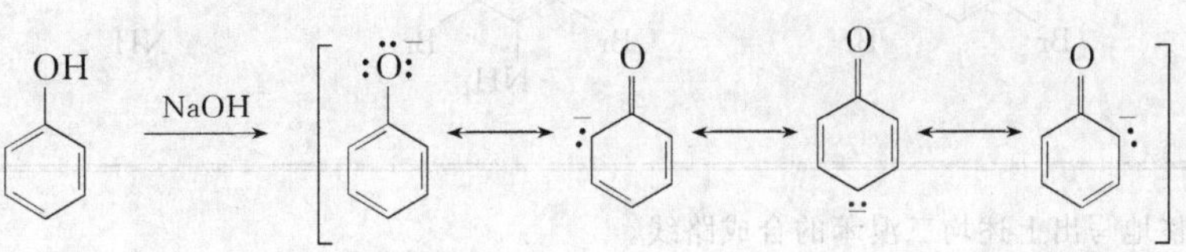

苯氧负离子是最活泼的邻对位定位基，因此主要在酚的邻、对位发生偶联。通常优先进入对位。对位如果有基团占据，则进入邻位。

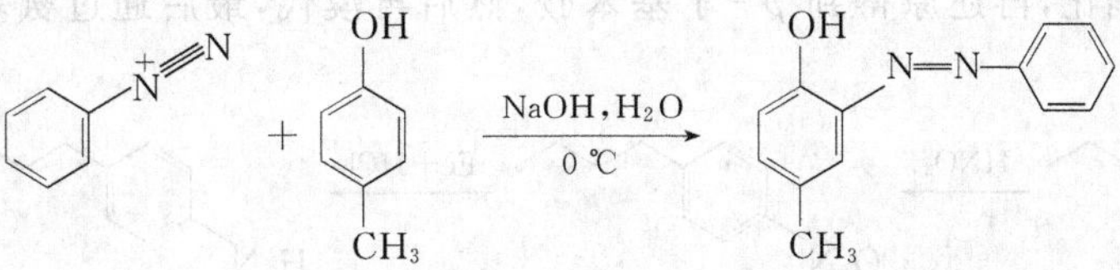

重氮盐与芳胺的反应也是优先在对位，若对位被取代基占据，偶联才发生在邻位。为了改善芳香胺在上述反应中的溶解性能，反应在弱酸性条件下进行。要注意控制酸的用量。如果过多，则胺在酸性条件下会发生质子化，从而导致亲电取代反应活性的降低，使偶联反应难以进行。

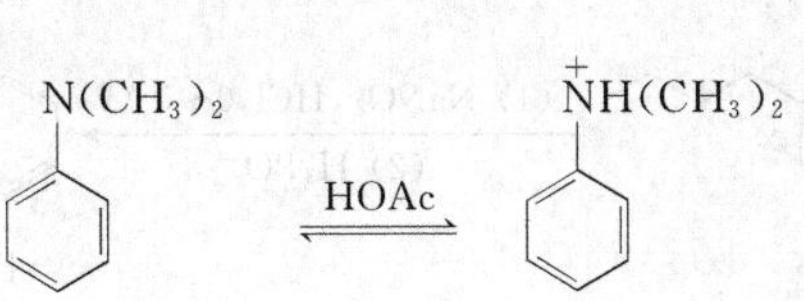

芳香伯胺和仲胺由于氮原子上有氢原子，与重氮盐反应将首先发生氮原子上的偶联反应，生成苯偶氮氨基苯类化合物。苯偶氮氨基苯类化合物在苯胺中与少量苯胺盐酸盐一起加热，容易发生重排而生成对氨基偶氮苯。二级芳香胺与重氮盐反应的产物更容易发生重排。

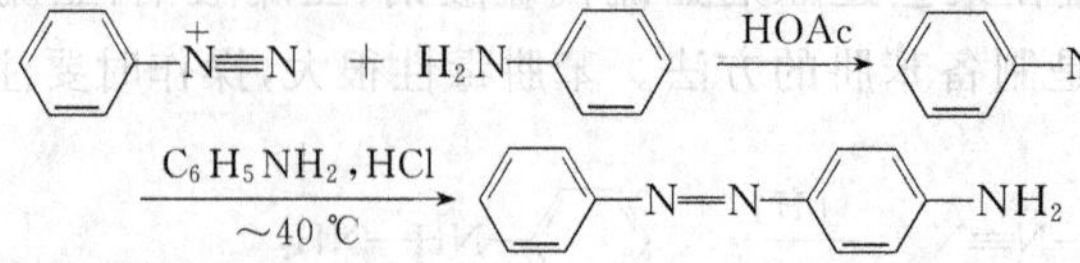

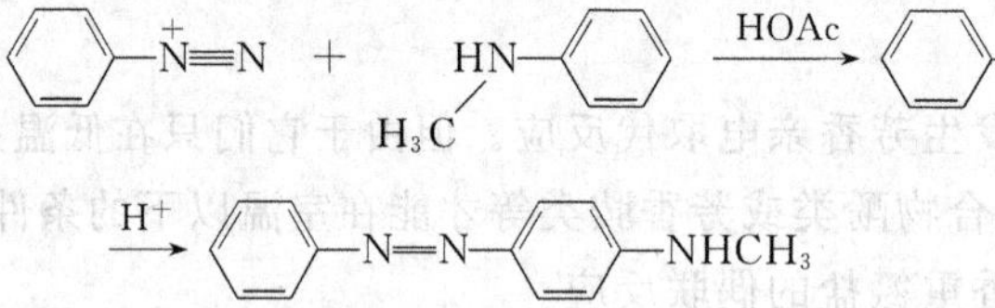

5. 芳香重氮盐反应在合成中的应用

芳香重氮盐反应在合成中具有广泛的应用。重氮盐的取代、水解和还原主要应用于各种芳香取代基化合物的合成中，尤其是那些受定位效应制约难以合成的化合物。如1,3,5-三溴代苯难以通过芳环亲电取代反应来合成，因为溴为邻对位定位基，通过重氮盐反应先引入氨基定位基，溴代后再将氨基转变为重氮盐经还原脱去就可以得到目标产物了。以下是这一合成路线的逆向思考线路图。

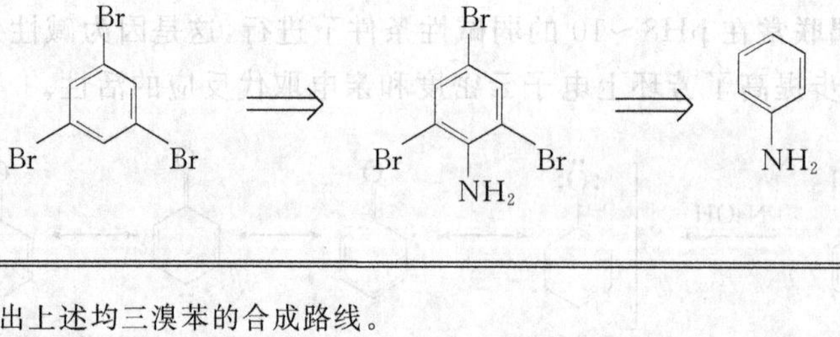

习题 12-29 完整地写出上述均三溴苯的合成路线。

同样，许多邻对位定位基的间位取代物均可利用这一方法制得。如合成 m-溴丁基苯可以从丁基苯出发，先硝化，再还原得到 p-丁基苯胺，然后再溴代，最后通过氨基重氮化除去氨基得到。

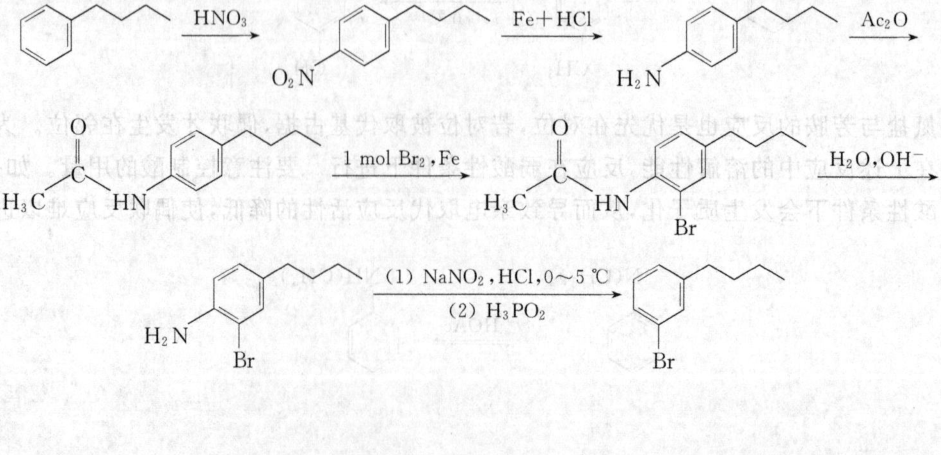

间位定位基的邻、对位产物也可利用这一方法合成。如合成 *p*-硝基苯甲腈，可以从苯胺出发，制备乙酰苯胺后再硝化，得到 *p*-硝基苯胺后通过重氮化反应在氨基所在的位置引入氰基。以下是该合成的逆向思考过程示意：

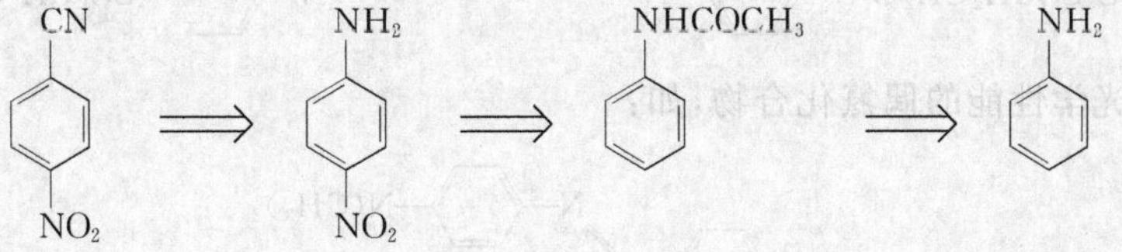

习题 12-30　完整地写出上述 *p*-硝基苯甲腈的合成路线。

芳香腈和氟苯难以直接通过亲电取代反应合成，通过重氮盐反应可以方便的制取。例如，可以从苯胺出发，乙酰化保护氨基后进行硝化反应，再水解除去乙酰基，可以得到 2,4-二硝基苯胺，然后通过重氮化-取代反应得到 2,4-二硝基氟苯。

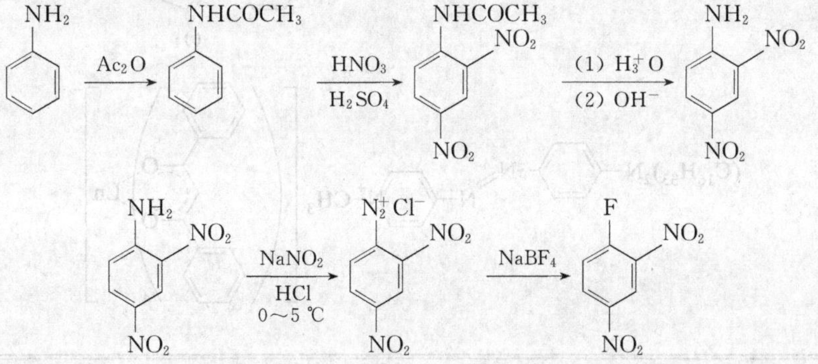

重氮盐的偶联反应是合成偶氮化合物的重要方法。偶氮化合物具有大的共轭体系，常用作指示剂、染料。近年又发现它们具有非线性光学性能。以下列举了一些指示剂、染料和具有非线性光学性能的偶氮化合物。

甲基橙(methyl orange)

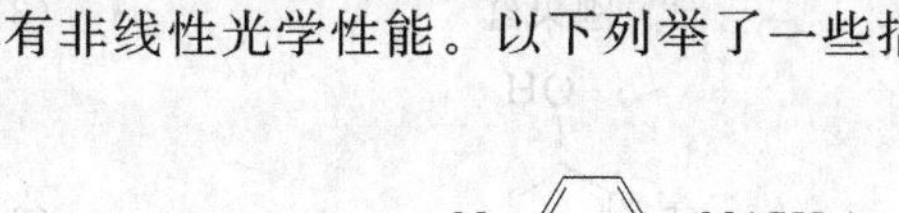

刚果红(Congo red)

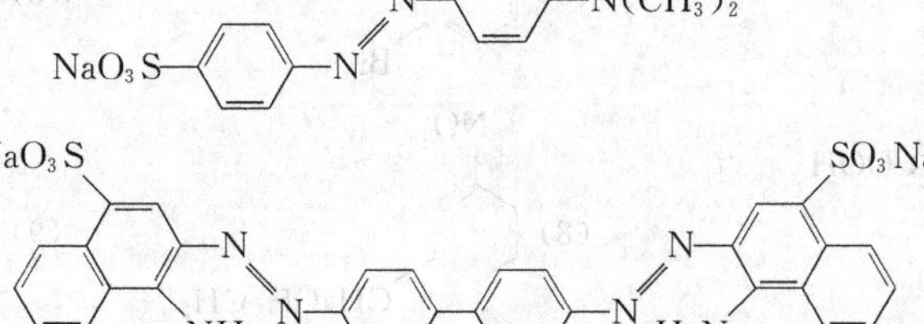

迎春红(红色染料)

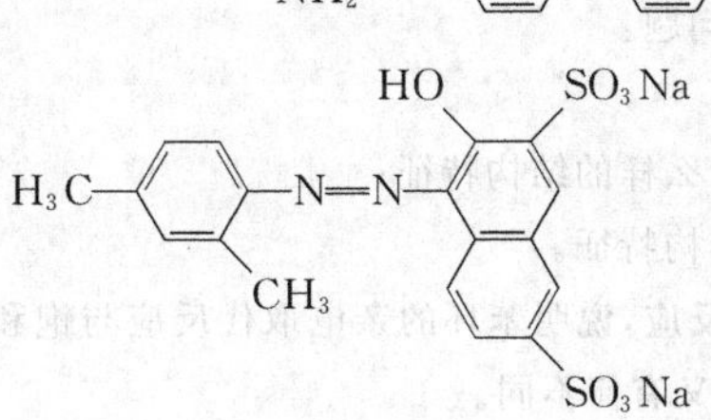

活性黑 5

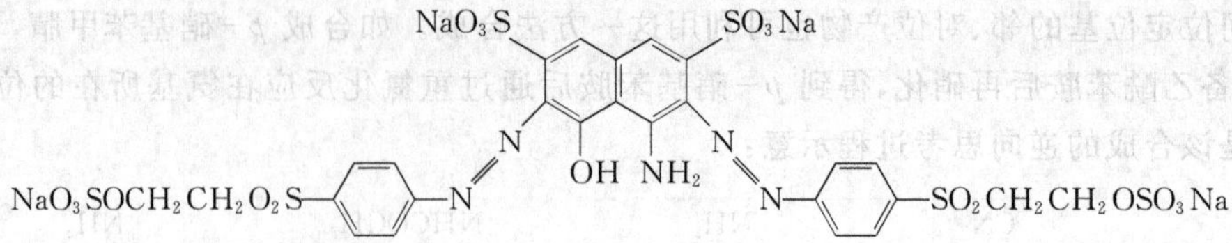

具有非线性光学性能的偶氮化合物，如：

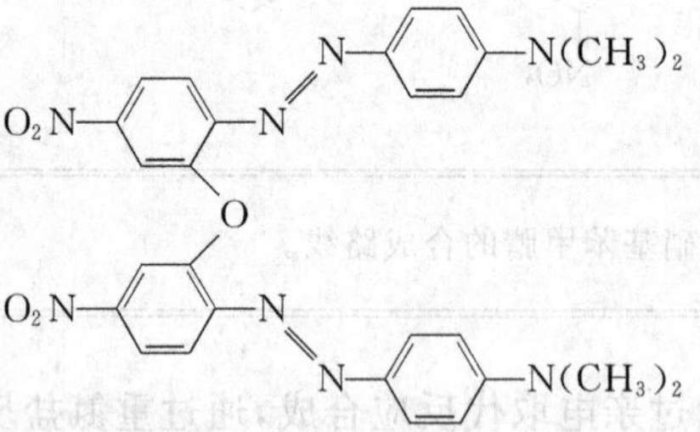

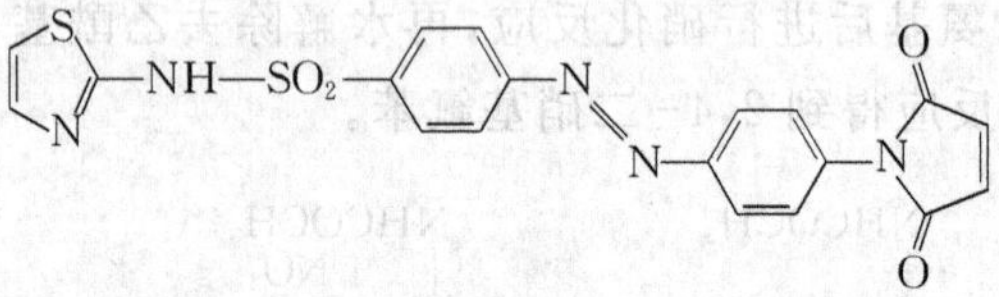

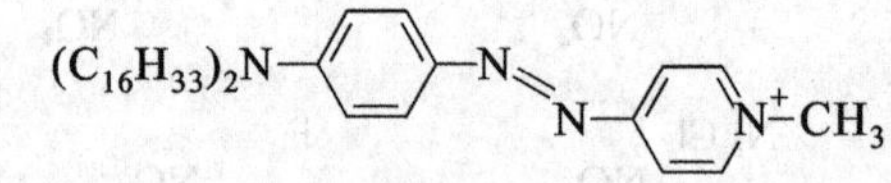

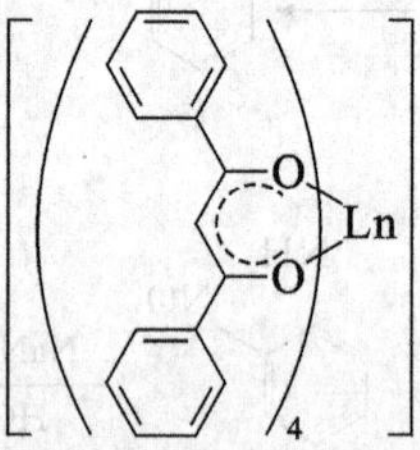

习题 12-31 设计合理的合成路线，从适当的原料出发合成下列化合物：

(1) 甲基橙 (2) 刚果红 (3) 活性黑 5

(4) 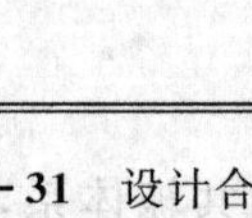 (5) 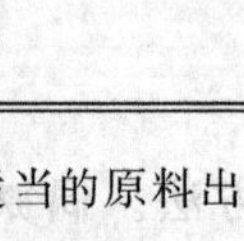 (6)

(7) 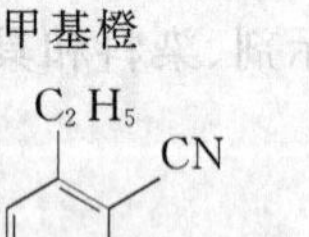 (8) 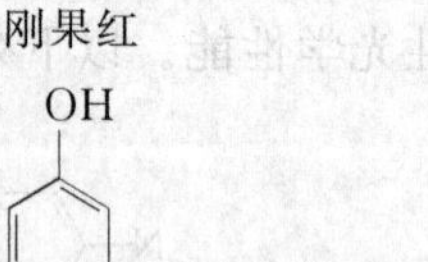 (9) 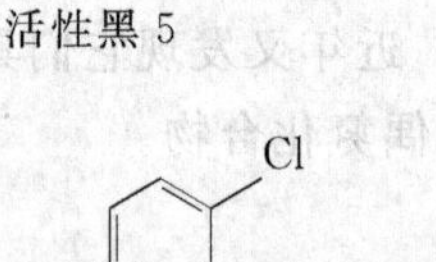

习题 12-32 查阅文献资料回答下列问题：

(1) 什么是非线性光学材料；

(2) 非线性光学材料一般都具有什么样的结构特征；

(3) 荧光染料一般具有什么样的结构特征。

习题 12-33 对比已经学习过的取代反应，说明苯环的亲电取代反应与饱和碳原子上的亲核取代反应（S_N1 和 S_N2）有什么不同，与烷烃的自由基卤代又有何不同。

习题 12-34　指出下列各试剂组合可能形成什么亲电试剂与苯反应？进一步帮助脱去质子的碱又是什么？

(1) $HOCl + H^+$；(2) $HNO_3 + HOAc$；(3) $ICl + ZnCl_2$；(4) H_2SO_4；(5) $HNO_2 + H^+$

习题 12-35　在气态或在己烷等非极性溶剂中，碘呈现紫色，但是在苯的溶液中却呈现棕色，而一旦进行分离又只能得到未发生反应的苯，试解释这一现象。

习题 12-36　苯的亲电取代是一个两步反应，实验研究表明：在苯的多数亲电取代反应中，并不明显地表现出同位素效应，这是否意味着第二步消去质子的反应不是关键步骤？试阐述理由。

习题 12-37　试写出苯与下列试剂反应的产物。

(1) $CH_3CH=CH_2 + HF$　(2) $CH_2=CHCH_2Cl + ZnCl_2$　(3) $(CH_3)_2CHCOCl + AlCl_3$

(4) 环氧乙烷 + $AlCl_3$　(5) 环己醇 + BF_3　(6) $(CH_3)_2CHCH_2Cl + AlCl_3$

习题 12-38　苯与醋酸汞[$(CH_3COO)_2Hg$]和高氯酸($HClO_4$)作用形成 $C_6H_5HgOOCCH_3$，试给出反应机理说明该产物的形成过程。该反应表现出同位素效应，即 $k_H > k_D$，这说明该反应与多数苯的亲电取代反应有什么不同(参见习题 12-36)。

习题 12-39　苯在 $AlCl_3$ 作用下首先形成 1,2,4-三甲基苯，然后继续在 $AlCl_3$ 作用下加热会异构为 1,3,5-三甲基苯，这说明了什么问题？

习题 12-40　以下给出了一个合成路线，试说明是否可以用甲苯直接进行酰基化反应得到该目标产物，为什么？该反应利用了烷基化反应的什么特点以保护甲苯的对位？

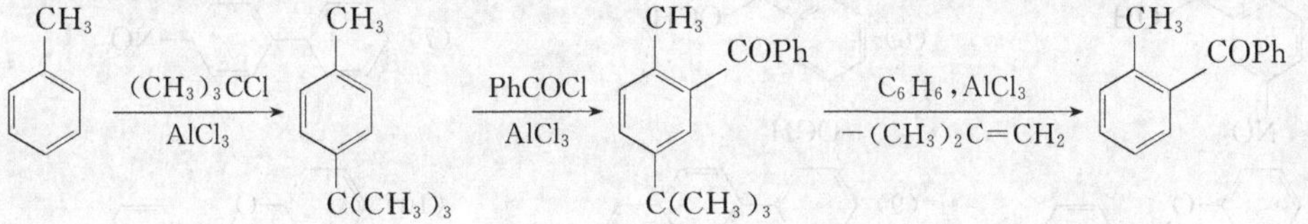

习题 12-41　试比较下列化合物进行亲电取代反应的活性高低，间位与邻对位产物比例：

(1)

(2)
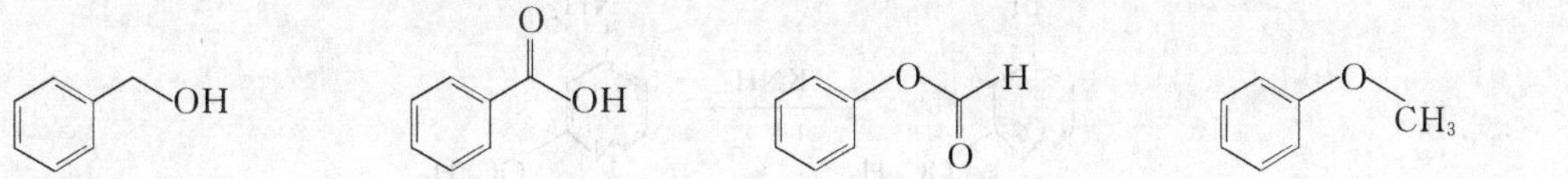

(3)
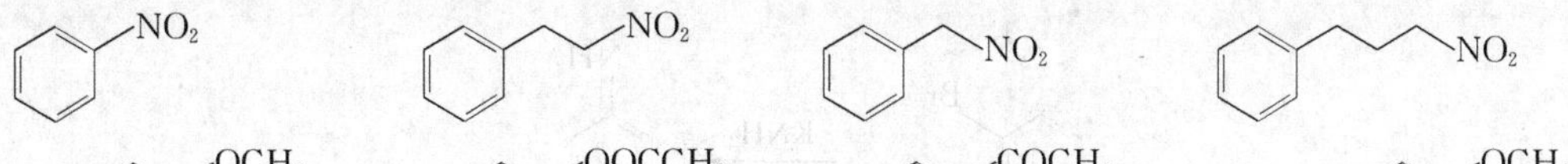

(4)
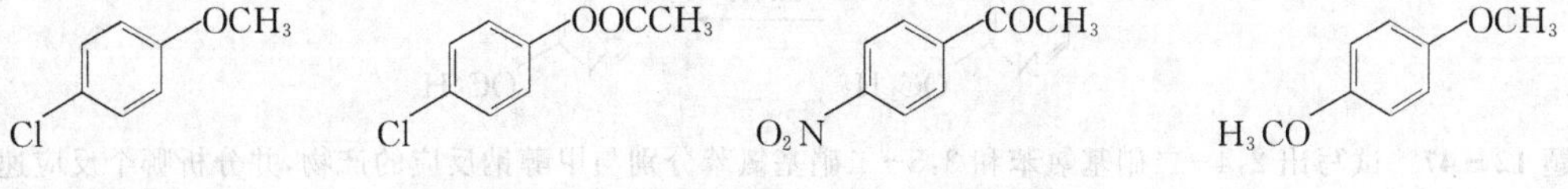

习题 12-42　完成下列反应，写出可能的主要产物，或者给出合适的反应条件。

(1)
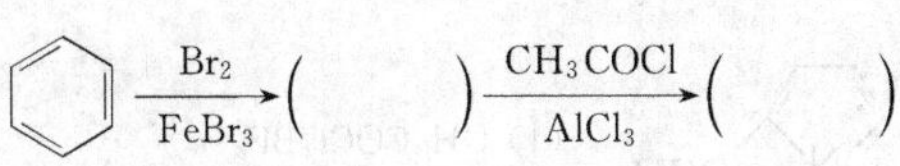

(2)
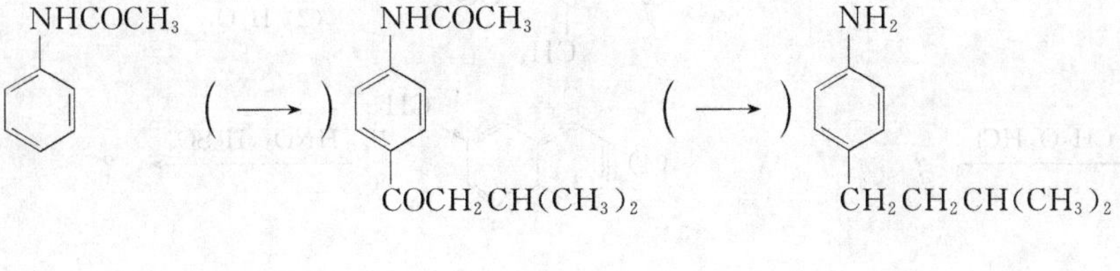

(3) 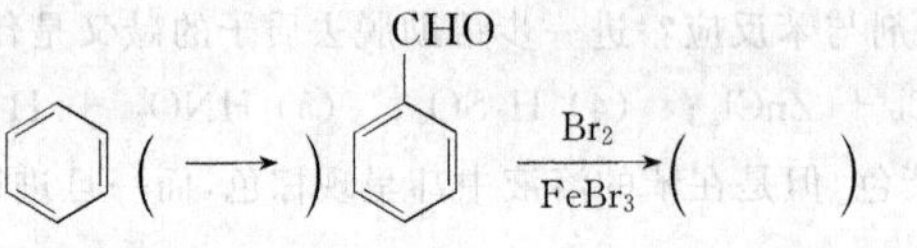

(4) 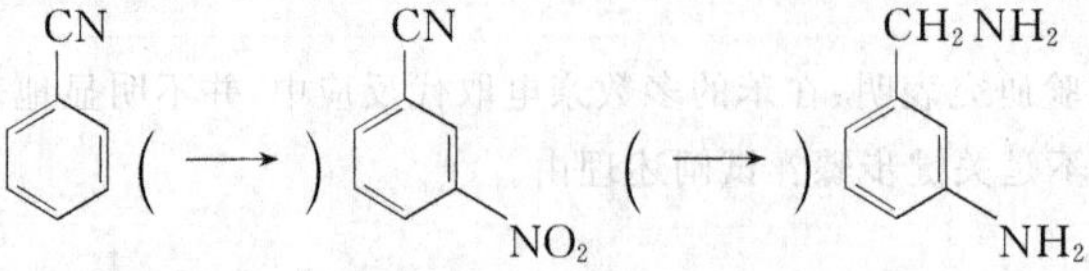

习题 12－43　解释 1-硝基萘发生亲电取代反应时，亲电试剂主要进入 5，8 位，并预测 5，8 位两种产物的比例哪种更高。

习题 12－44　预测萘与丁二酸酐在 $AlCl_3$ 作用下的反应产物，说明理由。

习题 12－45　用箭头标示出下列化合物进行芳环上的亲电取代反应的主要位置：

(1) 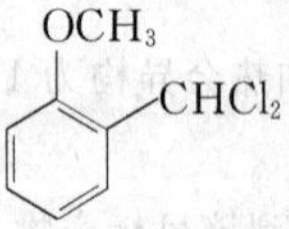
(2) 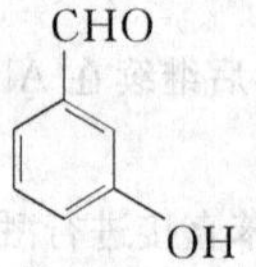
(3) 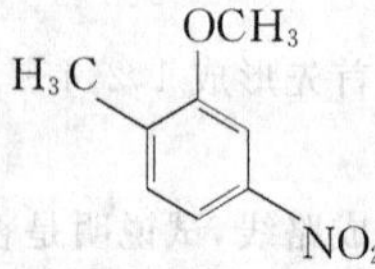
(4) 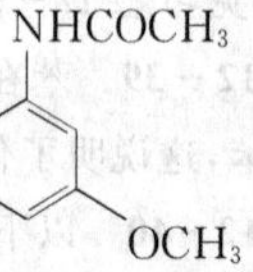

(5) 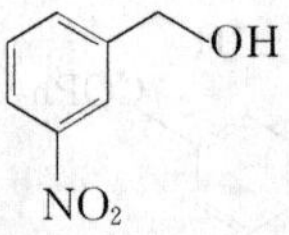
(6) 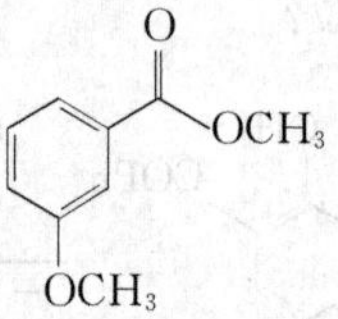
(7) 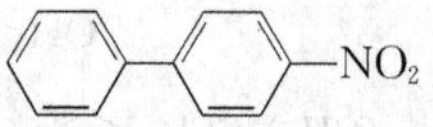

(8) 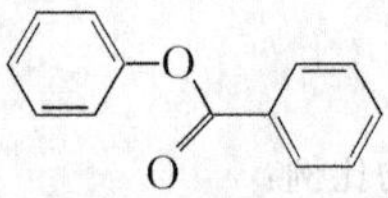
(9) 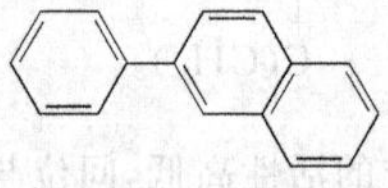
(10) 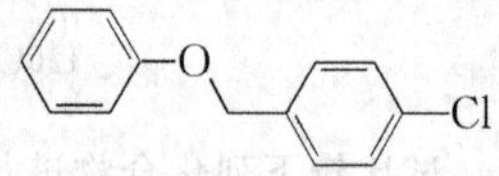

习题 12－46　2-乙氧基-4-溴吡啶和 2-乙氧基-3-溴吡啶在氨基钾作用下均转化为 4-氨基-2-乙氧基吡啶，试推测该反应的机理，并设计一个实验方案验证所提出的方案是否正确。

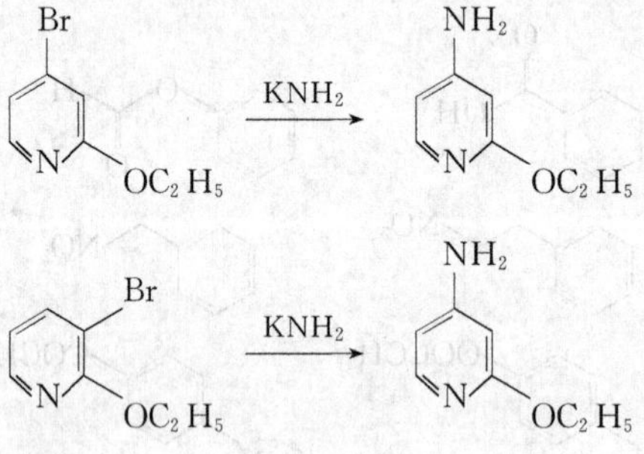

习题 12－47　试写出 2，4-二硝基氯苯和 3，5-二硝基氯苯分别与甲醇钠反应的产物，并分析哪个反应速率更快。

习题 12－48　试写出下列反应的产物：

(1) 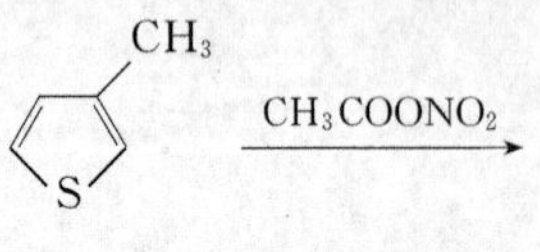
(2) 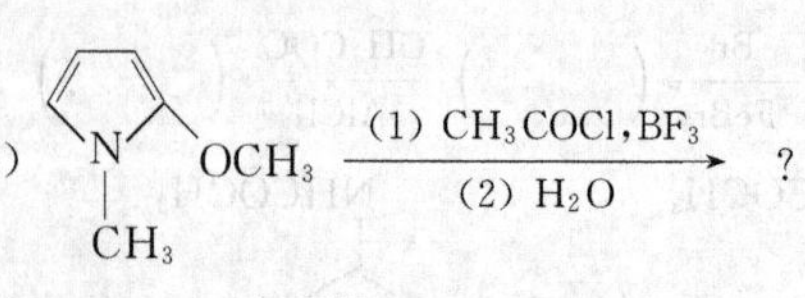

(3) 
(4) 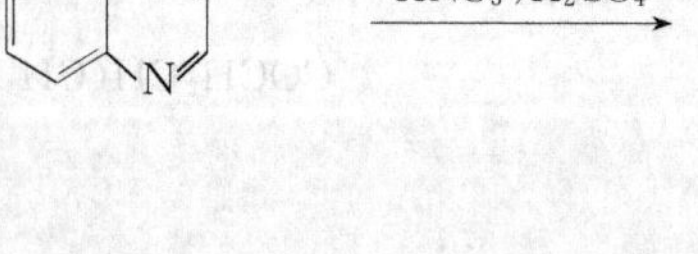

(5) 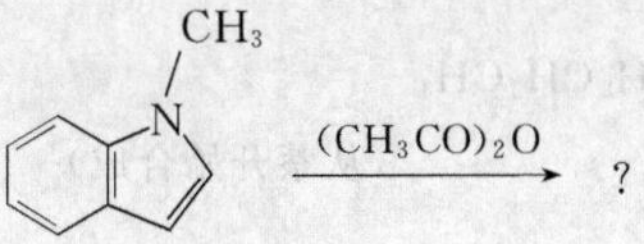　(6) 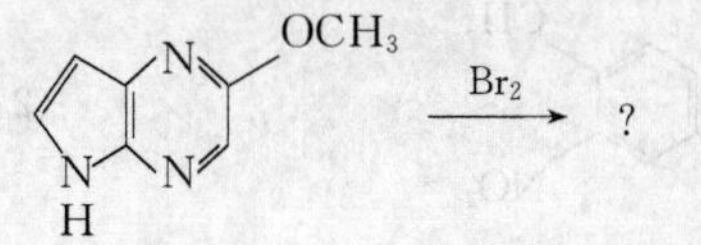

习题 12－49　试解释下列实验事实：

(1) 2,6-二甲氧基氯苯不能在氨基钠作用下形成苯炔。

(2) 氯苯与氨基钠作用下经过苯炔形成氨基苯，如果用氘代溴苯代替溴苯，反应速率减慢。

(3) 氘代氟苯在氨基钠作用下容易发生 D－H 交换，却不容易形成氨基苯。

习题 12－50　试为以下反应提出合理的反应机理：

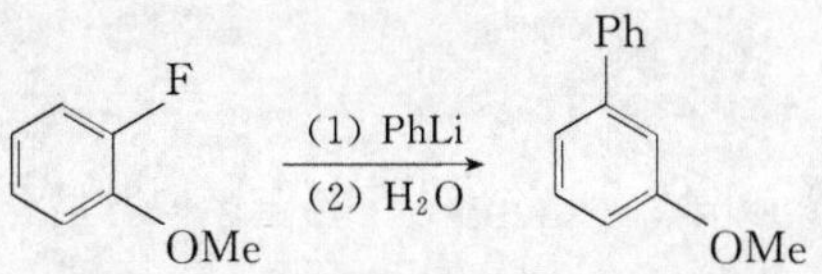

习题 12－51　为什么脂肪胺形成重氮盐的反应难以用于合成？芳香胺在亚硝酸作用下形成重氮盐的反应为什么需要保持反应温度在 0 ℃进行，并且制备后迅速进行下一步反应？

习题 12－52　试完成下列反应。

(1) 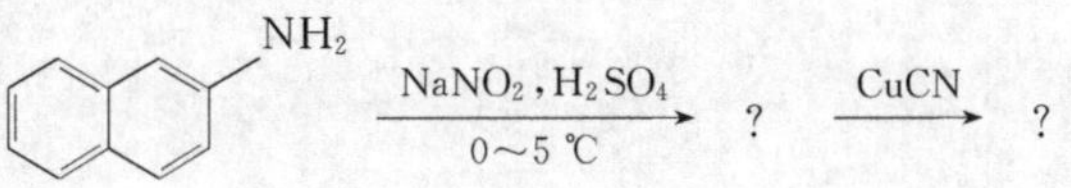

(2) 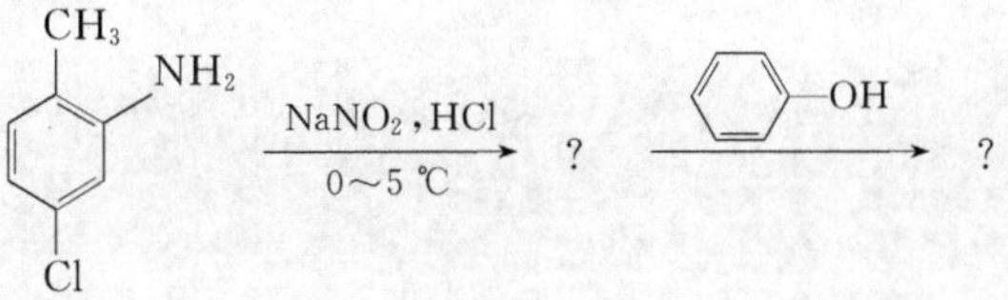

(3) 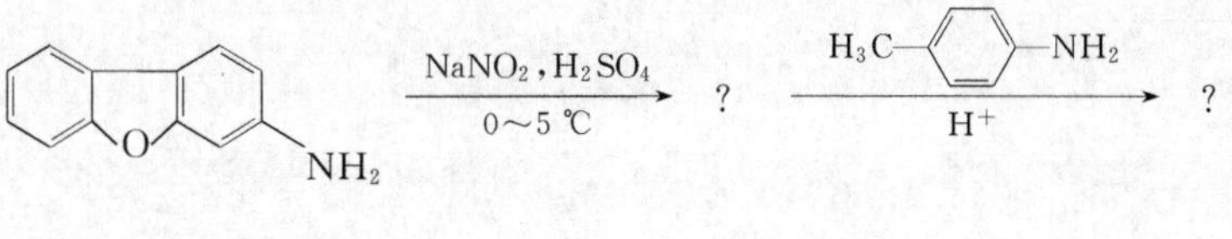

(4) 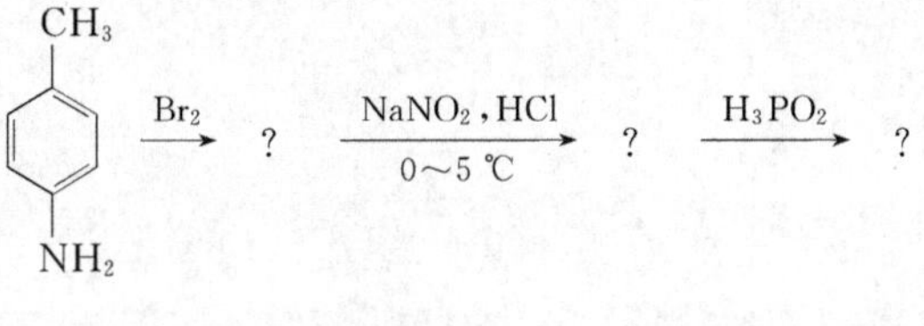

习题 12－53　试选择合适的原料和试剂，为下列化合物设计两条合理的合成路线，并进行比较。

(1) 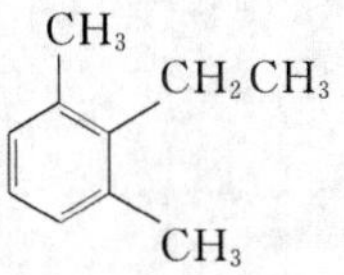　(2) 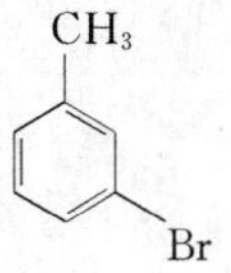　(3) 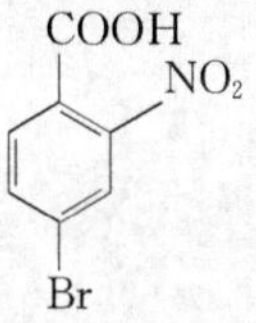

习题 12－54　除特别指定外，以苯、甲苯或二甲苯为原料，设计合理的合成路线合成下列化合物：

(1) 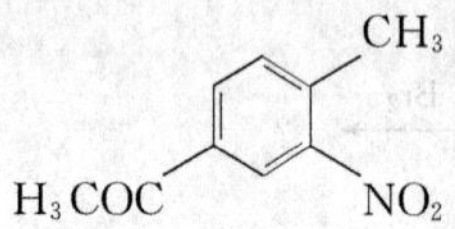

(2) 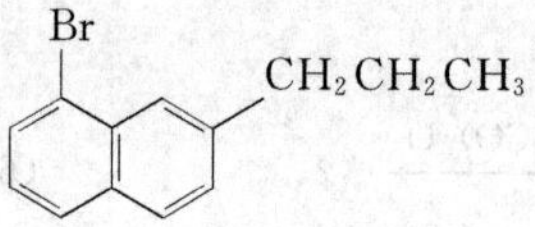

（从萘开始合成）

(3) 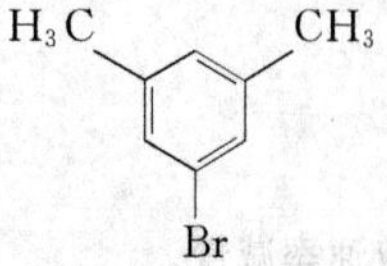

(4) 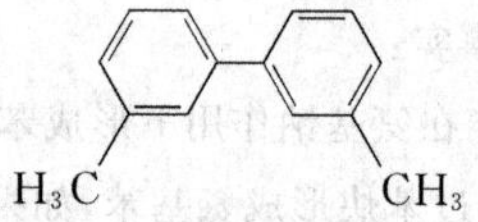

（从联苯开始合成）

第十三章　羰基化合物的亲核加成和亲核取代反应

(Nucleophilic Addition and Substitution of Carbonyl Compounds)

羰基化合物是指含有羰基(C＝O)官能团的化合物，包括醛、酮、羧酸及其衍生物，其基本官能团结构列于表1-3中。羰基碳原子的缺电子特征使它成为亲核试剂进攻的中心。羰基中存在的极性π键使醛、酮、羧酸及其衍生物均可以发生亲核加成反应。醛酮与某些亲核试剂加成后，可以发生消去的反应而表现为羰基氧的“取代”反应，最终形成碳－氮双键或碳－碳双键产物。例如，羰基氧被氮“取代”就是加成后脱水的结果，而羰基氧被碳“取代”的反应是在与磷 ylide 试剂加成后脱去三苯基氧磷的结果。羧酸及其衍生物由于具有可离去的基团，在亲核试剂进攻羰基后可以发生离去基团的离去，最终表现为亲核取代反应。以下列出了羰基可能发生的几种主要反应类型：

(1) 亲核加成：

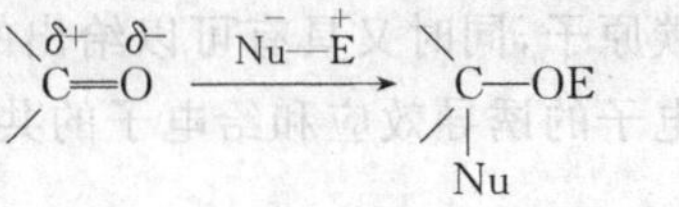

(2) 羰基氧被氮“取代”：

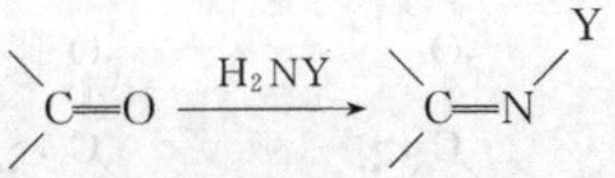

(3) 羰基氧被碳“取代”：

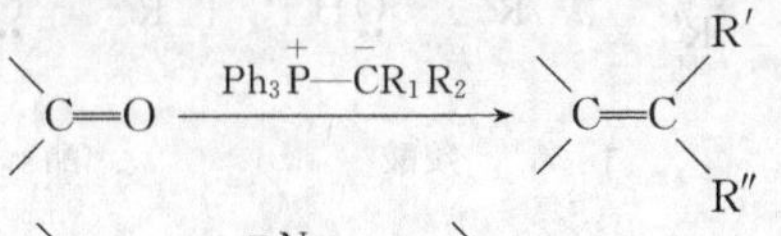

(4) 亲核取代反应：

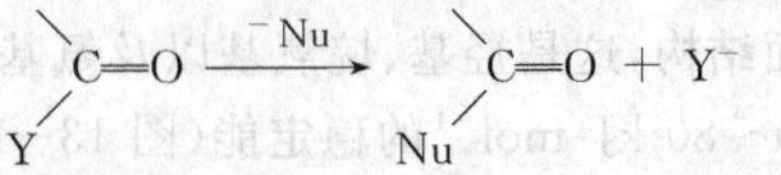

Y＝X，OOCR，OH，OR，NH_2(NHR，NR_2)等

13.1　羰基化合物的结构与反应活性

羰基化合物的基本反应特性是由羰基的极性双键所决定的。羰基化合物在进行上述几种类型的反应时，亲核试剂对缺电子羰基碳的亲核进攻都是其中的关键步骤：

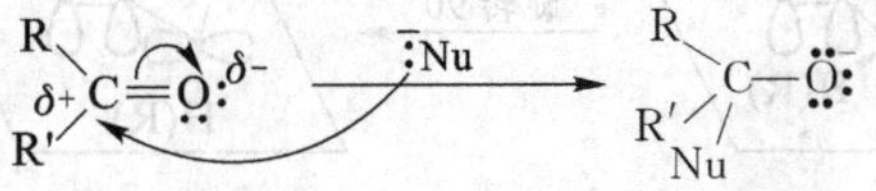

不同的羰基化合物，由于与羰基相连的基团不同，羰基碳原子上的电子云密度不同，因此接

受亲核试剂进攻的活性不同。此外，羰基碳原子接受亲核试剂进攻的难易程度也受到羰基 α 位基团的空间位阻影响。

对比醛与酮的结构，由于烷基的给电子作用以及烷基体积比氢大的缘故，酮羰基的反应活性不及醛，一般醛的反应活性也不及甲醛。

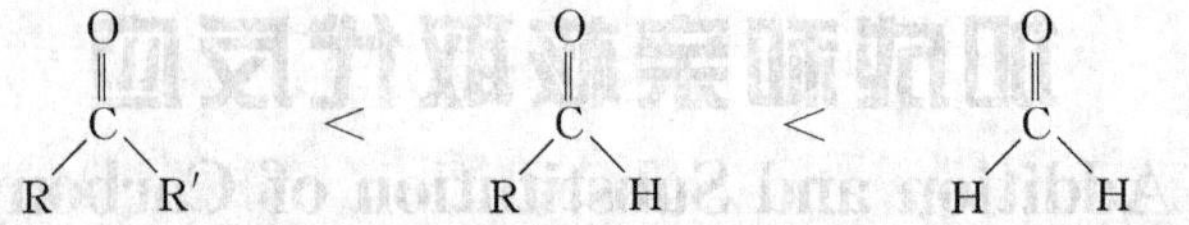

另一方面，酮羰基的 α-碳原子上取代基越多，接受亲核试剂进攻的空间位阻越大，相应的酮羰基的亲核反应活性就越小。比如，2,4-二甲基-3-戊酮的反应活性明显低于 3-甲基丁酮，且二者都低于丙酮。

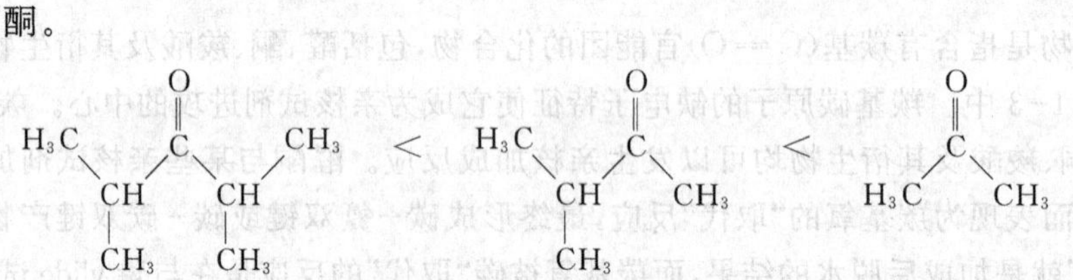

醛、酮羰基的反应活性与羧酸及其衍生物有较大的差异。从结构上看，它们之间的差异主要在于与羰基相连的基团不同。羧酸及其衍生物的羰基分别与含卤素、氧和氮原子的基团相连。由于卤素、氧和氮原子的电负性大于碳原子，同时又具有可以给出的未成键电子对，因此，当它们与羰基双键相连时，将同时表现出吸电子的诱导效应和给电子的共轭效应。

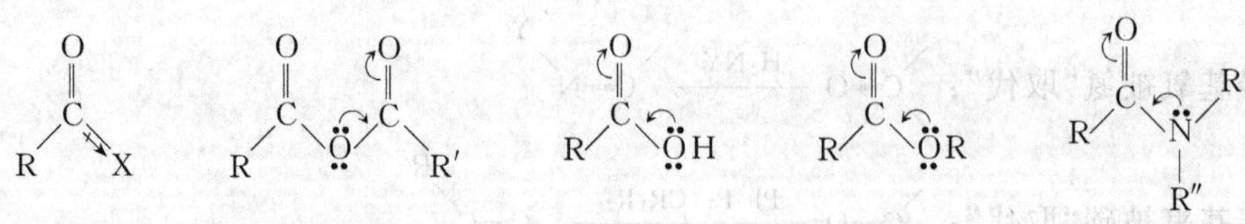

酰卤　　　　酸酐　　　　羧酸　　　　酯　　　　酰胺

羧酸、羧酸酯和酰胺都是平面结构，这是羟基、烷氧基以及氨基具有给电子共轭效应的证据。这种共轭效应大约给体系提供 60～80 $kJ\cdot mol^{-1}$ 的稳定能（图 13-1）。

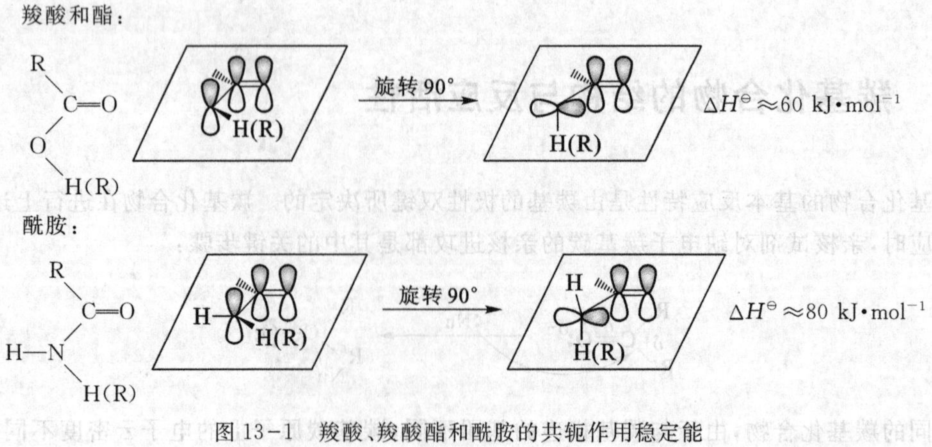

图 13-1　羧酸、羧酸酯和酰胺的共轭作用稳定能

含卤素、氧和氮原子的基团与羰基相连时同时表现出给电子共轭效应和吸电子诱导效应，其综合结果是：酰卤中的卤素主要表现为吸电子诱导效应，酸酐的酰氧基主要表现为吸电子诱导和共轭效应，二者都将使羰基碳原子的电子云密度进一步降低；而羧酸中的羟基、羧酸酯中的烷氧基以及酰胺中的烷氨基则主要体现出给电子的共轭效应，从而使羰基碳原子上的电子云密度升高。因此，酰卤和酸酐的亲核反应活性高于醛酮，其中又以酰卤活性最高。而羧酸、羧酸酯和酰胺，亲核反应活性不及醛酮，其中羧酸与酯相当，酰胺的活性最低。因此总的亲核反应活性顺序如下：

酰卤 ＞ 酸酐 ＞ 醛 ＞ 酮 ＞ 羧酸 ～ 酯 ＞ 酰胺

这个活性顺序与它们被金属氢化物还原的活性顺序(参阅 11.2.2 节)基本一致，因为金属氢化物的还原反应实质上是负氢对羰基的亲核加成。

从上述讨论中可以看出，醛、酮与羧酸及其衍生物的结构具有不同的特点，这种不同的结构特点导致它们在接受亲核试剂进攻时的反应活性不同，并且具有不同的反应特征。醛、酮主要发生亲核加成反应，而羧酸及其衍生物则主要表现为亲核取代反应，因为羧酸及其衍生物结构中具有一个较好的离去基团，如卤素、烷氧基等。

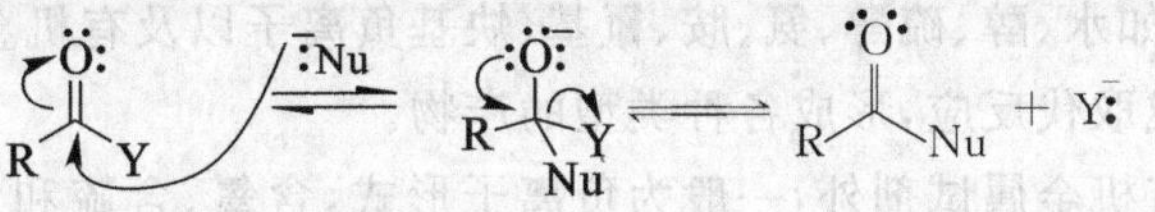

离去基团的离去倾向也将影响亲核取代反应的活性，一般来说，离去基团碱性越弱，则越容易离去。图 13-2 给出了各种羰基化合物的离去基团以及它们的共轭酸的 pK_a 值。这些数据表明，各种羰基化合物发生亲核取代反应的活性顺序是：

酰卤 ＞ 酸酐 ＞ 羧酸 ～ 酯 ＞ 酰胺 ≫ 醛 ＞ 酮

这一顺序与上述羰基化合物接受亲核试剂进攻发生亲核加成反应的活性明显不同，即醛、酮难以发生亲核取代反应，因为离去基团 H^- 和 R^- 碱性太强。当乙醛或甲基酮的三个 α-氢原子均被卤素原子取代时，则将成为一个好的离去基团，从而在碱的进攻下发生离去，这是卤仿反应的原理(详见 14.2 节)。

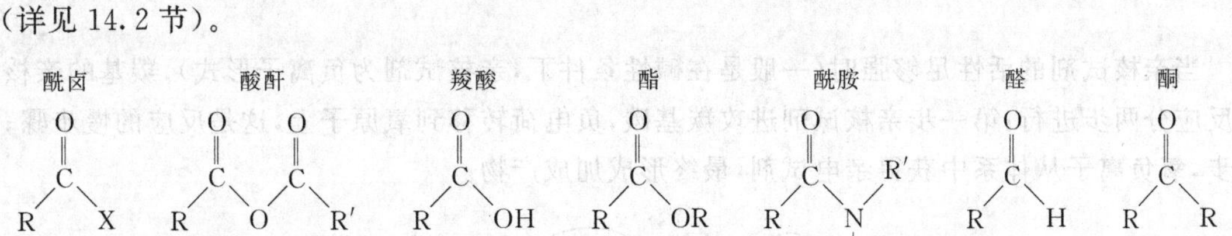

离去基团的共轭酸及其 pK_a 值，如图 13-2 所示。

习题 13-1　比较下列各对羰基化合物接受亲核试剂进攻的能力。

(1) 苯乙酮与苯乙醛　　(2) 2-戊酮与 3-甲基丁酮
(3) 丁酸乙酯与丁酰胺　　(4) 对硝基苯乙酮与对甲氧基苯乙酮
(5) 2-甲基环己酮与 2,6-二甲基环己酮　　(6) 3-戊酮与丙酸乙酯

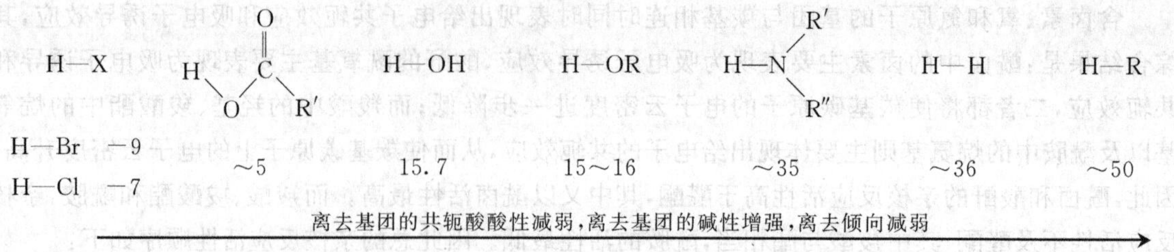

图 13-2　各种羰基化合物的离去基团离去倾向以及其共轭酸的 pK_a 值对比

13.2　羰基化合物的亲核加成反应概述

13.2.1　与羰基加成的亲核试剂

常见的亲核试剂，如水、醇、硫醇、氨、胺、氰基、炔基负离子以及有机金属试剂等，都能与羰基化合物进行亲核加成或取代反应，形成各种类型的产物。

含碳亲核试剂除有机金属试剂外，一般为负离子形式，含氧、含硫和含氮试剂在不同酸碱条件下则可以有两种不同的形式，一种是负离子形式，另一种是中性分子形式。

负离子亲核试剂：^-OH、^-OR、^-SR、^-H、$^-C{\equiv}N$、$^-C{\equiv}CR$、$^-CR_3$

中性分子亲核试剂：HOH、HOR、HSR、NH_3、H_2NR、HNR_2、M—R

负离子亲核试剂多存在于碱性条件下，而中性分子亲核试剂多存在于中性或酸性条件下。不同亲核试剂的亲核活性不同，同类亲核试剂的负离子形式的亲核性高于中性分子形式。高活性亲核试剂和低活性亲核试剂的反应机理也有所不同。

13.2.2　羰基亲核加成反应的机理

当亲核试剂的活性足够强时（一般是在碱性条件下，亲核试剂为负离子形式），羰基的亲核加成反应分两步进行：第一步亲核试剂进攻羰基碳，负电荷转移到氧原子上，这是反应的慢步骤；第二步，氧负离子从体系中获得亲电试剂，最终形成加成产物。

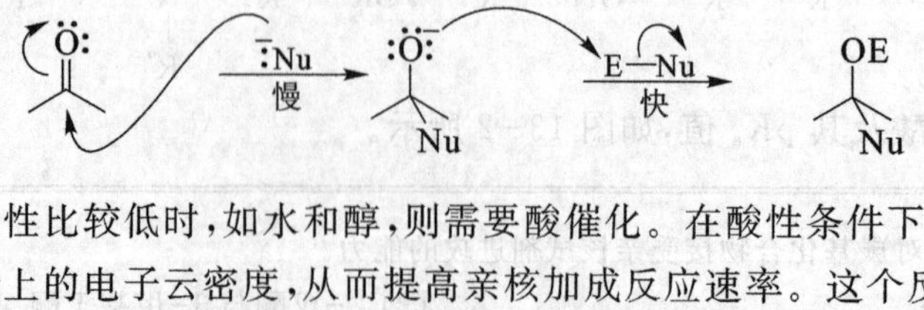

当亲核试剂的活性比较低时，如水和醇，则需要酸催化。在酸性条件下，羰基氧发生质子化，进一步降低了羰基碳上的电子云密度，从而提高亲核加成反应速率。这个反应分三步进行：首先是羰基氧快速质子化，然后是亲核试剂进攻活化了的羰基碳，得到一个带正电荷的加成物，最后该正离子加成物脱去一个质子得到最终的加成产物。在这三步反应中，第一步质子化和第三步脱质子的反应均为快反应，只有第二步亲核试剂的进攻为慢步骤，并决定了整个加成反应的速率

快慢。酸催化条件下的反应多为可逆反应。

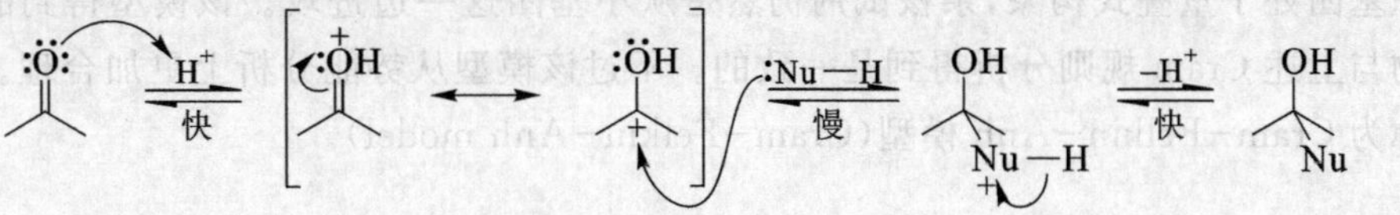

13.2.3　羰基亲核加成反应的立体化学

羰基亲核加成反应过程中，羰基碳原子由 sp^2 杂化状态转变为 sp^3 杂化状态，分子形状则由平面型转变为四面体型。这一过程中，羰基碳可能转变为手性碳。通常反应形成的手性碳是两种构型的等量混合物，因为亲核试剂从羰基所在平面的上方或下方进攻的概率均等。例如，丁酮被 $NaBH_4$ 还原将得到 50％的(*R*)-2-丁醇(butanol)和 50％的(*S*)-2-丁醇。

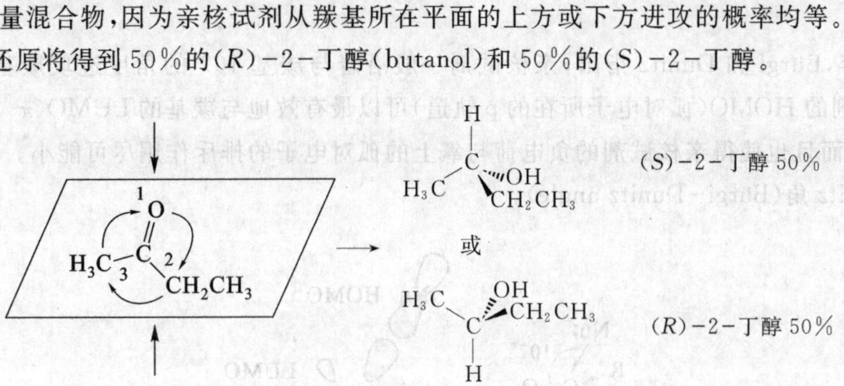

如果羰基的 α-碳原子是一个特定构型的手性碳，情况就不同了。α-碳原子原有的构型将诱导新形成的手性碳以某种构型为主。因为，这时亲核试剂从羰基平面两面进攻的空间位阻不同，从而导致进攻的概率不同。Cram 提出了一个判断主要产物的经验规则，即 Cram 规则：将 α-手性碳上除羰基外的另外三个基团按体积大小编为大、中和小，分别以 L、M 和 S 代表，规定羰基上的 R 基团与大的基团处于重叠式构象，羰基氧则处于中等基团与小基团中间，则亲核试剂主要从小基团所在的这一面进攻。

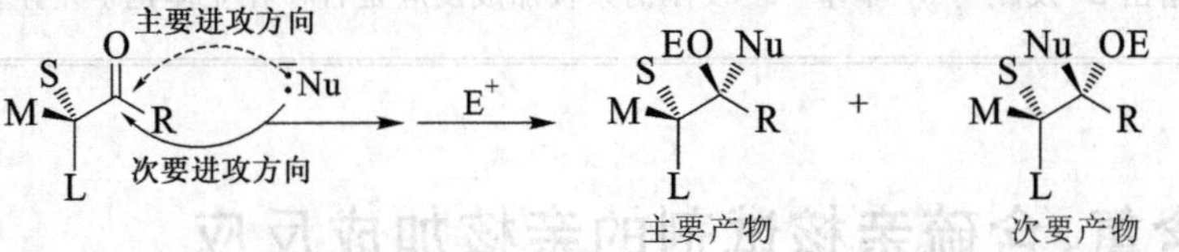

例如，(*R*)-2-甲基丁醛与溴化苄基镁反应，主要产物为(2*R*,3*R*)-3-甲基-1-苯基-2-戊醇。

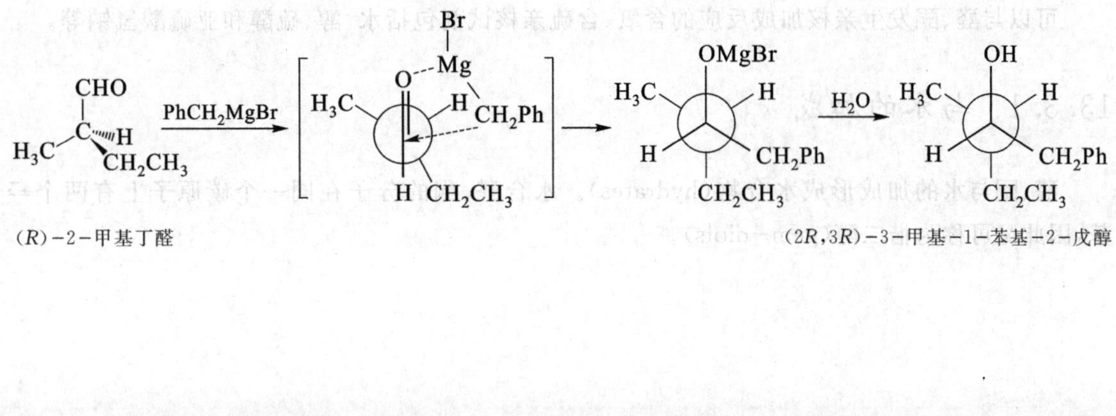

1968 年，Felkin 提出了 Felkin－Anh 模型，认为羰基碳原子上的烷基不应与 α－碳原子上的最大体积基团处于重叠式构象，亲核试剂仍然是从小基团这一边进攻。该模型得到的最终主要立体产物与上述 Cram 规则分析得到是一致的。不过该模型从势能分析上更加合理。一般也将该模型称为 Cram－Felkin－Anh 模型（Cram－Felkin－Anh model）。

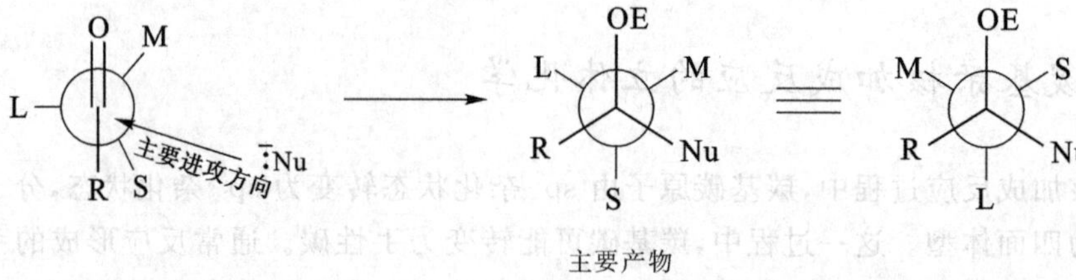

1974 年，Bürgi 和 Dunitz 指出，亲核试剂一般沿着与羰基 107°的角度进攻羰基碳原子，这样，亲核试剂的 HOMO（孤对电子所在的 p 轨道）可以最有效地与羰基的 LUMO（π^* 轨道）重叠，形成 σ 键。而且也使得亲核试剂的负电荷与氧上的孤对电子的排斥作用尽可能小。该角度称为 Bürgi－Dunitz 角（Bürgi－Dunitz angle）。

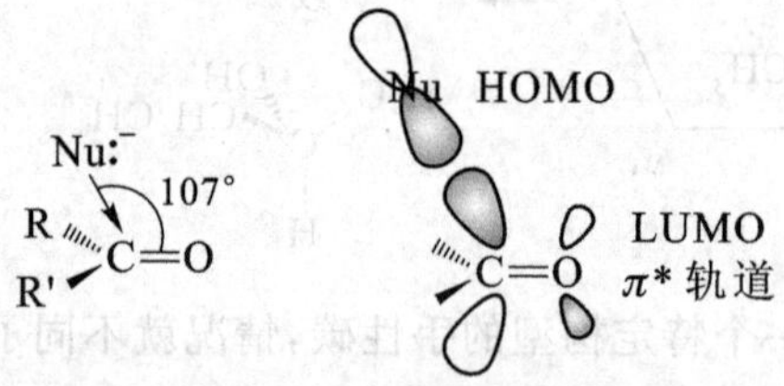

Bürgi－Dunitz 角的提出，使我们对羰基加成反应的立体化学特征（Cram－Felkin－Anh 模型）的理解更加完整和全面。

习题 13－2　写出 2－戊酮分别在酸性和碱性条件下与乙醇加成的反应机理。

习题 13－3　比较指出 2－戊酮与 3－甲基－2－戊酮的亲核加成反应是否存在立体化学差异。

13.3　与含氧、含硫亲核试剂的亲核加成反应

可以与醛、酮发生亲核加成反应的含氧、含硫亲核试剂包括水、醇、硫醇和亚硫酸氢钠等。

13.3.1　与水的加成

醛、酮与水的加成形成水合物（hydrates）。水合醛、酮的分子在同一个碳原子上有两个羟基，因此又可称为偕二醇（gem－diols）。

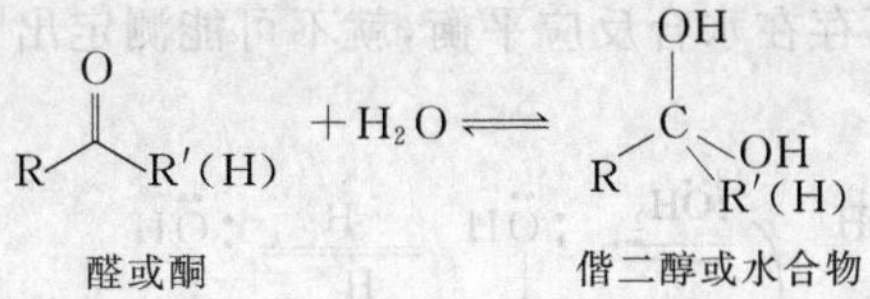

水是一个弱的亲核试剂，与羰基的加成需要酸或碱催化。碱催化时，亲核试剂为^-OH。酸碱催化的反应机理分别表示如下：

碱催化：

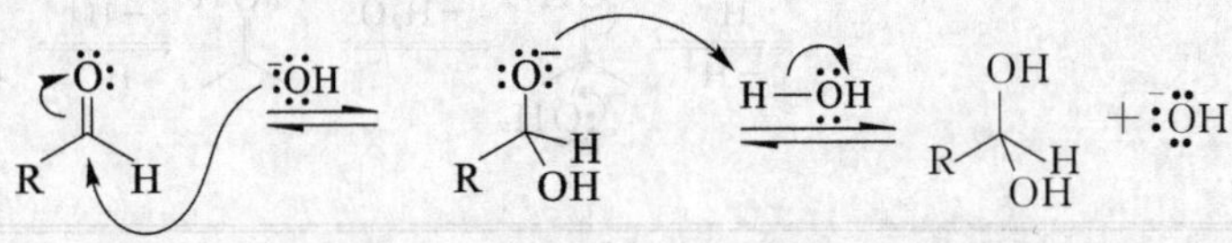

酸催化：

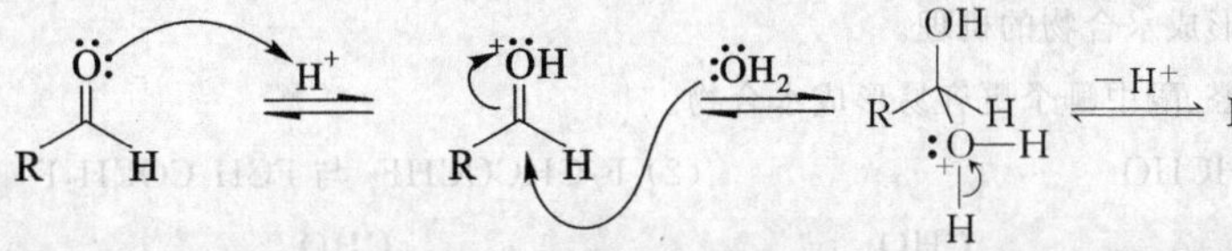

醛、酮的水合反应是一个可逆反应。酸碱催化虽然可以加快反应达到平衡的速率，但不能改变可逆反应的平衡常数。大多数醛、酮的水合物不稳定，它们的水合反应平衡常数很小。如丙酮水合反应达到平衡时，只有 0.2% 的丙酮转化为水合物。目前普遍认为空间位阻和电子效应是水合物不稳定的主要原因。从甲醛到乙醛，再到丙酮，分子中的烷基增多，烷基的给电子作用使得羰基的亲核活性降低，形成水合物的难度也增加。另一方面，从醛酮转变成水合物，羰基碳原子从 sp^2 杂化状态转变成 sp^3 杂化状态，羰基上的烷基增多也使水合物中的各基团空间位阻增大，不利于水合物的稳定。因此，从甲醛到乙醛，再到丙酮，水合平衡常数逐渐减少。带有强吸电子基的醛如三氟乙醛、三氯乙醛则可以形成稳定的水合物。

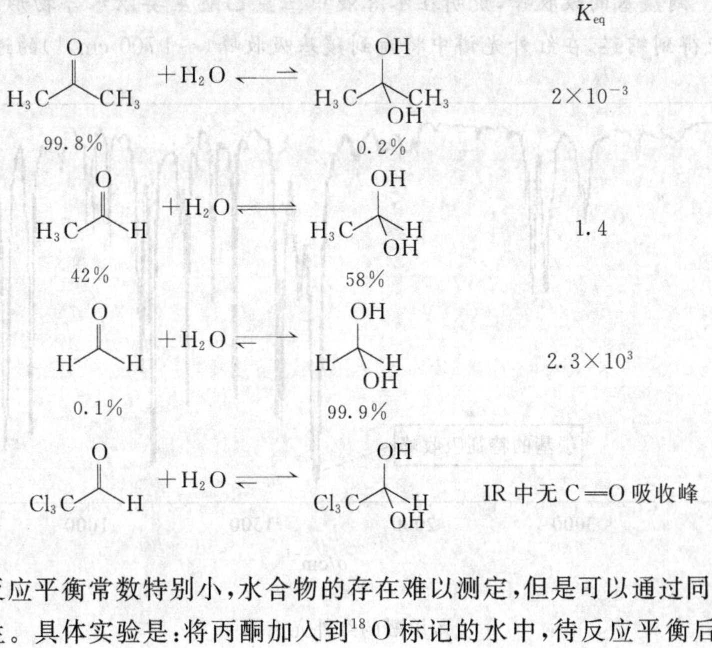

丙酮的水合反应平衡常数特别小，水合物的存在难以测定，但是可以通过同位素实验测定证实水合反应的发生。具体实验是：将丙酮加入到^{18}O标记的水中，待反应平衡后，分离出的丙酮

含有^{18}O标记的丙酮。如果不存在水合反应平衡，就不可能测定出^{18}O标记的丙酮。

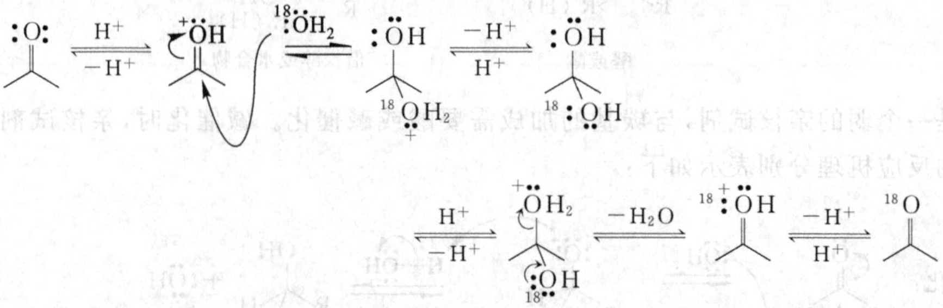

习题 13-4　写出三氯乙醛形成水合物的机理。

习题 13-5　指出下列各对醛、酮中哪个更容易形成水合物。

(1) Cl_3CCHO 与 Cl_2CHCHO　　(2) $F_2CHCOCHF_2$ 与 FCH_2COCH_2F

(3) 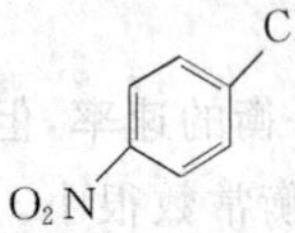 与 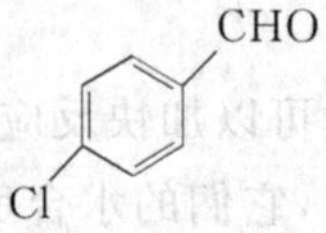　　(4) 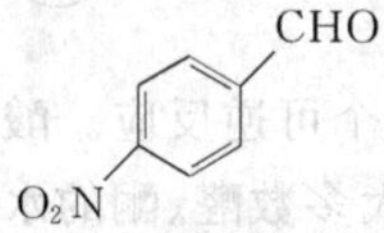 与 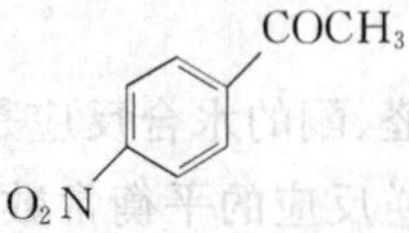

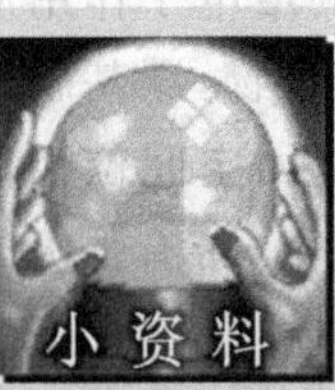

由于羰基在红外光谱中具有特征的吸收峰(1 650～1 800 cm^{-1})，当羰基进行亲核加成后，随着羰基的逐步减少，该特征吸收峰也将逐渐减弱，直至消失。因此，可以利用红外光谱对反应进行程度进行跟踪。醛、酮是否容易形成水合物可以用红外光谱进行判别。如三氯乙醛的水溶液在红外光谱中几乎观察不到羰基的吸收峰，说明在水溶液中三氯乙醛主要以水合物形式存在。又如，苯甲醛与甲醇反应得到缩醛，在红外光谱中将看到羰基吸收峰(～1 700 cm^{-1})的逐步消失。

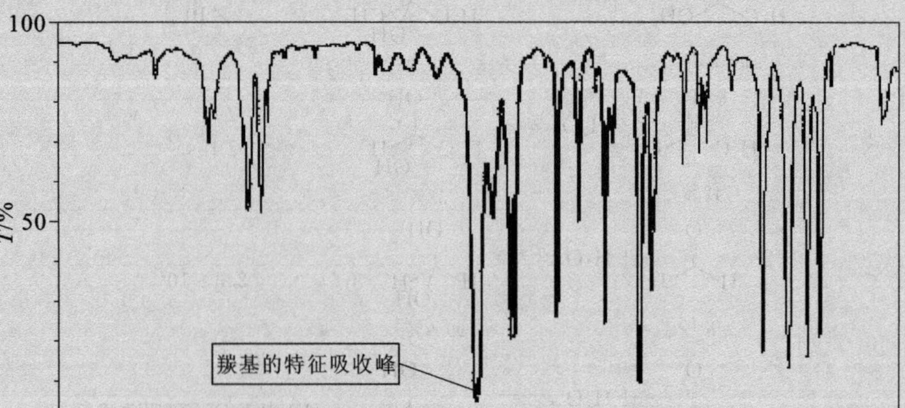

苯甲醛的红外光谱图

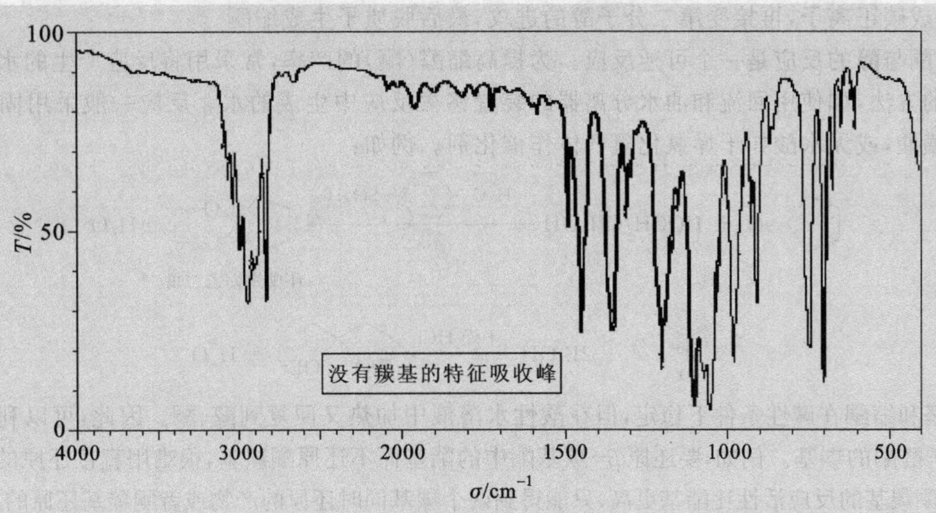

苯甲醛与甲醇的缩醛的红外光谱图

13.3.2　与醇加成

醛、酮与 1 mol 醇反应生成半缩醛（hemiacetals）或半缩酮（hemiketals），然后可以继续与 1 mol醇反应生成缩醛（acetals）或缩酮（ketals）：

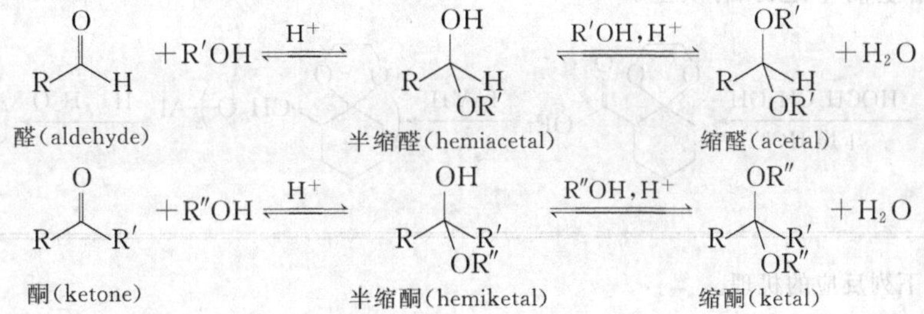

这个反应需要在固体酸或无水酸催化条件下进行。反应机理与酸性条件下水合反应类似。以下以形成半缩酮和缩酮的反应为例予以说明：

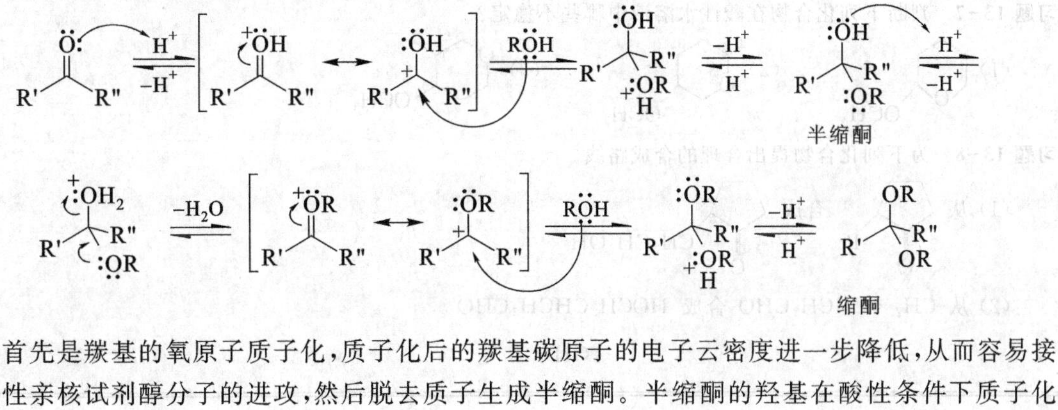

首先是羰基的氧原子质子化，质子化后的羰基碳原子的电子云密度进一步降低，从而容易接受中性亲核试剂醇分子的进攻，然后脱去质子生成半缩酮。半缩酮的羟基在酸性条件下质子化

脱水，形成碳正离子，再接受第二分子醇的进攻，最后脱质子生成缩酮。

醛、酮与醇的反应是一个可逆反应。为提高缩醛(酮)的产率，常采用将反应产生的水从体系中移去的方法，如使用回流和油水分离器的装置移去反应中生成的水。反应一般采用固体酸如对甲苯磺酸，或无水酸如干燥氯化氢气体作催化剂。例如：

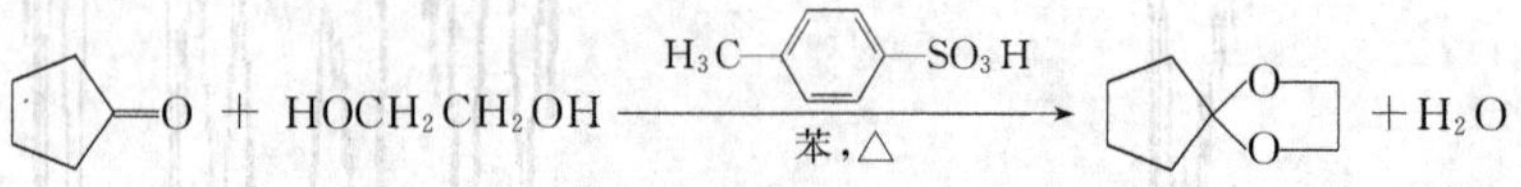

环戊酮缩乙二醇

缩醛和缩酮在碱性条件下稳定，但在酸性水溶液中加热又回复到醛、酮。因此，可以利用这一反应保护醛酮的羰基。例如，要还原β-羰基酯中的酯基而不还原酮羰基，很难用直接还原的方法实现，因为酮羰基的反应活性比酯基更高，只能得到两个羰基同时还原的产物或者酮羰基还原的产物。

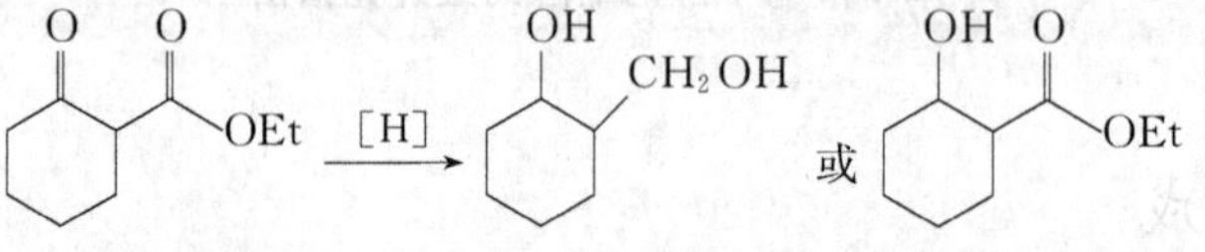

β-羰基酯　　两个羰基同时还原的产物　　酮羰基还原的产物

如果采用先将酮羰基转化为缩酮，再还原酯基，最后水解回复酮羰基的合成路线，就可以实现选择性还原酯基而不还原酮羰基。

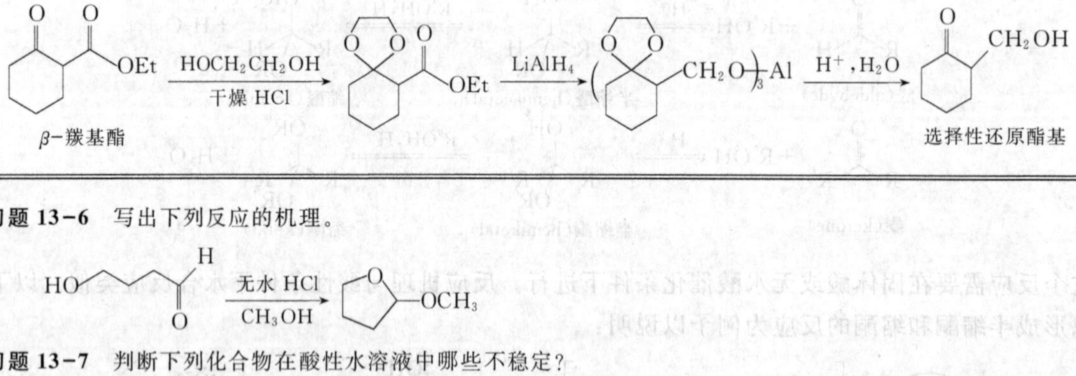

β-羰基酯　　选择性还原酯基

习题 13-6　写出下列反应的机理。

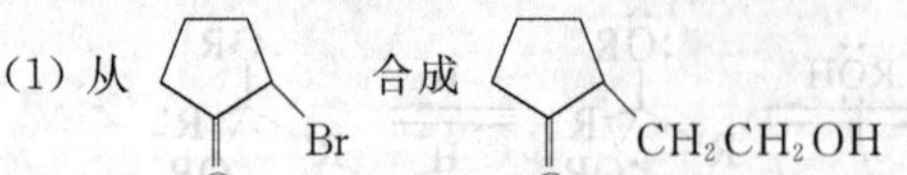

习题 13-7　判断下列化合物在酸性水溶液中哪些不稳定？

(1) 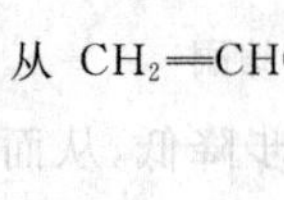

(2) 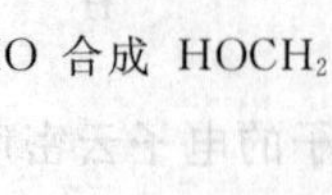

(3) 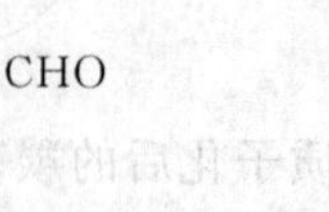

习题 13-8　为下列化合物提出合理的合成路线。

(1) 从

合成

(2) 从 $CH_2=CHCH_2CHO$ 合成

13.3.3　与硫醇加成

与醇的反应类似,醛、酮与硫醇反应可以生成缩硫醛和缩硫酮。

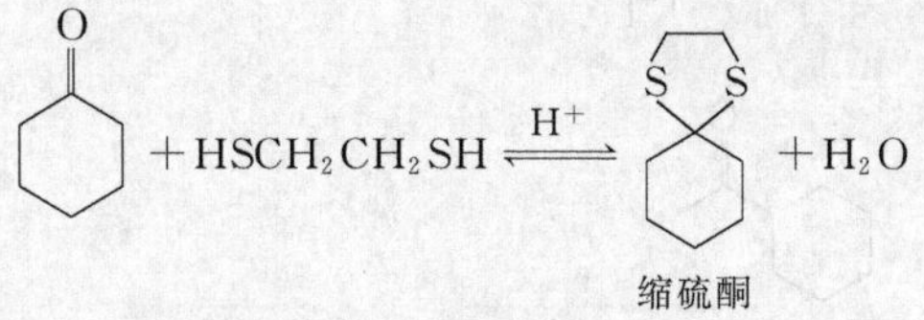

缩硫醛和缩硫酮较难水解回复成醛和酮。但是可以在 Raney Ni 催化下氢解(11.2.1 节),从而将 C—S 键还原成 C—H 键。

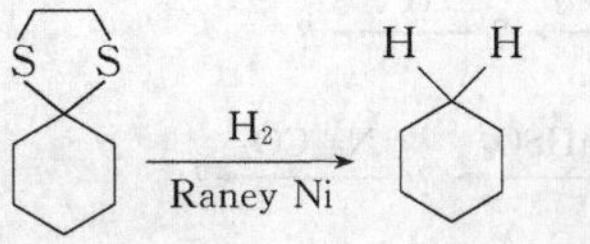

以上两个反应的组合为羰基还原成亚甲基提供了一个新的方法,此法可在中性条件下将羰基还原成亚甲基,是 Clemmensen 还原法和 Wolff-Kishner-黄鸣龙还原法(见 11.2.4 节)的补充。

13.3.4　与饱和亚硫酸氢钠溶液的反应

醛和某些活泼酮可以与饱和亚硫酸氢钠溶液反应生成稳定的加成物。通常采用过量的饱和亚硫酸氢钠溶液与醛或酮一起振荡,可以较完全地得到醛或酮与亚硫酸氢钠的加成物。

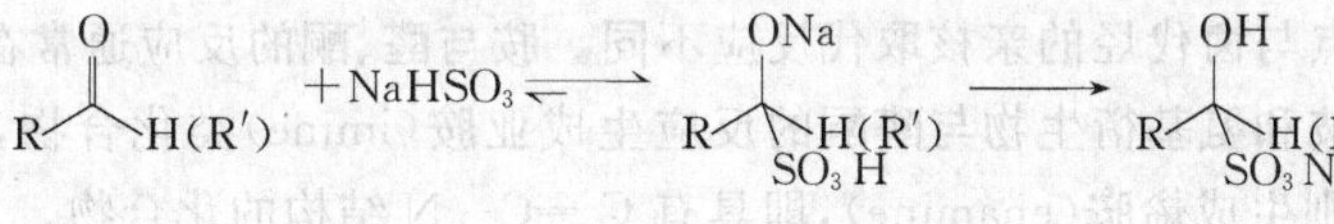

醛或酮与亚硫酸氢钠的加成物是 α-羟基磺酸钠盐。它不溶于乙醚,但溶于水。利用这个反应可以将醛或酮与其他不溶于水的有机物分离。这个反应是可逆的,当用酸或碱处理时,亚硫酸氢钠不断转化为亚硫酸或亚硫酸钠,平衡逆向移动,加成物分解成原来的醛或酮。

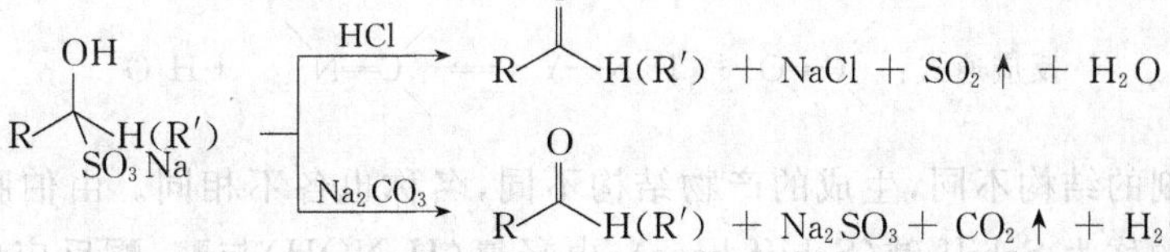

空间位阻较大的酮难以发生这类加成反应。一般只有脂肪甲基酮、C_8 以下环酮较容易反应。苯乙酮虽然也是甲基酮,但因苯基体积大,加成产物的产率很低。

习题 13-9　判断下列各对醛酮哪个较容易与亚硫酸氢钠反应生成加合物。

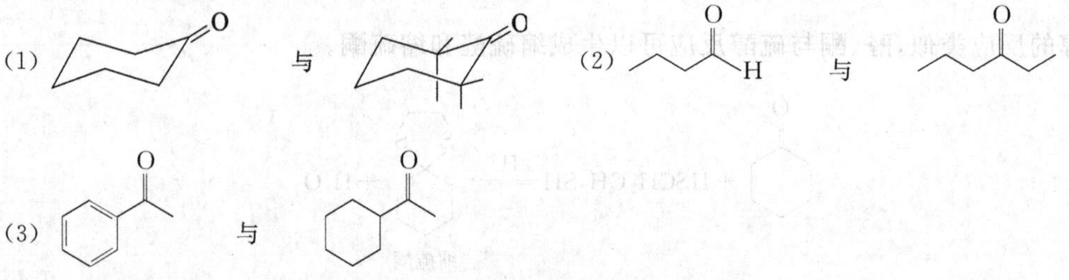

习题 13-10　设计一个分离丁酮与苯的混合物的方案。

习题 13-11　完成下列反应。

(1) $CH_3CH_2CH_2CHO \xrightarrow{\text{饱和 }NaHSO_3} ? \xrightarrow{H^+} ?$

(2) $C_6H_5CH_2CH_2COCH_3 \xrightarrow{\text{饱和 }NaHSO_3} ? \xrightarrow{Na_2CO_3} ?$

(3)
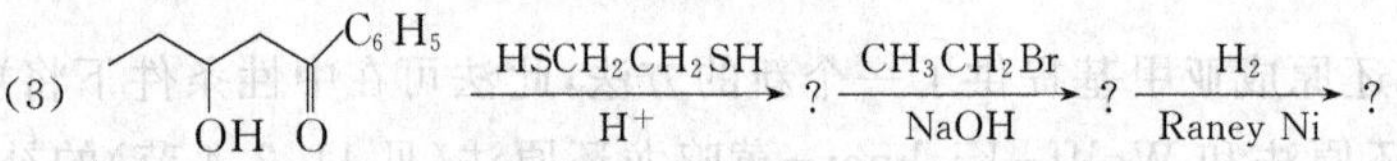

13.4　与含氮亲核试剂的亲核加成反应

能与醛、酮进行亲核加成反应的含氮亲核试剂主要有伯胺、氨基衍生物（Y—NH_2）和仲胺。叔胺不能反应，这一点与卤代烃的亲核取代反应不同。胺与醛、酮的反应通常在加成后还会发生脱水反应，结果是伯胺和氨基衍生物与醛酮的反应生成亚胺（imine）类化合物，即从 C═O 键转化为 C═N 键，仲胺则生成烯胺（enamine），即具有 C═C—N 结构的化合物。

13.4.1　与伯胺和氨基衍生物的加成反应

醛、酮与伯胺及各种氨基衍生物（统一用 Y—NH_2 表示）反应生成亚胺类化合物。

$$\text{反应通式：}\quad >C{=}O + H_2N{-}Y \rightleftharpoons >C{=}N{-}Y + H_2O$$

含氮亲核试剂的结构不同，生成的产物结构不同，名称也各不相同。由伯胺（RNH_2）与醛、酮反应生成的产物称为 Schiff 碱（Schiff base）；由羟氨（H_2NOH）与醛、酮反应生成的产物称为肟（oxime）；由肼（H_2NNH_2）与醛、酮反应生成的产物称为腙（hydrazone）；由氨基脲（$H_2NNHCONH_2$）与醛、酮反应生成的产物称为缩氨脲（semicarbazone）。各种氨基衍生物与醛酮的加成产物列于表 13-1。

表 13-1　伯胺和氨基衍生物($Y—NH_2$)与醛、酮加成反应

反应物		生成物	
基团 Y	名称	结构式	名称
R	1°胺	$>C{=}N-R$	Schiff 碱(Schiff base)
OH	羟氨	$>C{=}N-OH$	肟(oxime)
NH_2	肼	$>C{=}N-NH_2$	腙(hydrazone)
NHC_6H_5	苯肼	$>C{=}N-NHC_6H_5$	苯腙(phenylhydrazone)
$NHCONH_2$	氨基脲	$>C{=}N-NHCONH_2$	缩氨脲(semicarbazone)

在色谱和波谱方法发明以前,醛、酮与氨基衍生物的反应是提纯分离和鉴别醛、酮的重要方法。特别是形成苯腙、肟和缩氨脲的反应,因为这些产物容易结晶,且具有不同的特征熔点。

亚胺的形成经过了亲核加成和脱水两个反应。反应机理与缩醛、缩酮的形成类似。第一步是氨基进攻羰基碳,之后经过质子迁移得到中性的加成中间体。该中间体结构类似于半缩醛(酮),不稳定,易脱水形成最终的亚胺产物。整个反应结果相当于羰基氧被氮取代了。亚胺具有顺反异构体,在一定条件下可以转化。不过,一般情况下反式较稳定。其他的氨基衍生物的反应机理与此类似。

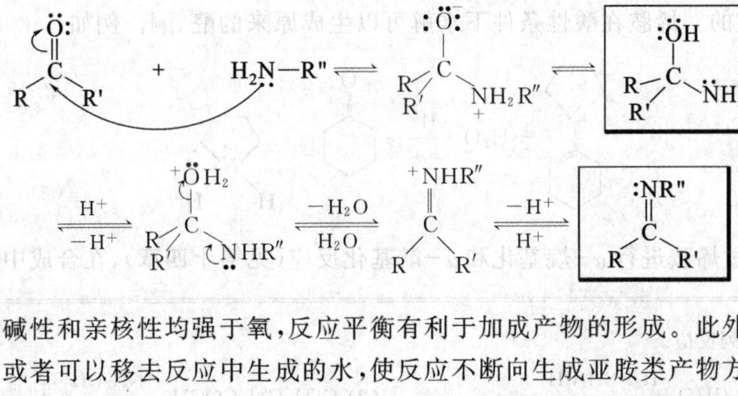

因为氮的碱性和亲核性均强于氧,反应平衡有利于加成产物的形成。此外,由于亚胺类化合物以沉淀析出或者可以移去反应中生成的水,使反应不断向生成亚胺类产物方向进行。

反应中需要小心控制 pH。适量的酸将有利于脱水反应进行,但如果酸性太强,则将导致亲核试剂的氨基质子化而丧失亲核活性。反应的最适宜的 pH 可以通过测定不同 pH 下的反应速率而确定。一般情况下，pH4.5 比较合适。

醛、酮与伯胺以及其他氨基衍生物的反应也是可逆的。如在酸性水溶液中亚胺可以水解生成原来的醛、酮。

$$>C{=}NR + H_2O \xrightarrow{H^+} >C{=}O + H_3\overset{+}{N}R$$

13.4.2　与仲胺的加成反应

醛、酮与仲胺的反应也经过亲核加成与脱水过程。由于仲胺的氮原子上只有一个氢，亲核加成后得到的中性 α-羟基胺中间体的氮原子上没有氢，因此，脱去水分子后，首先形成亚铵正离子。然后再从原羰基的 α-碳上脱去质子，最终形成烯胺。

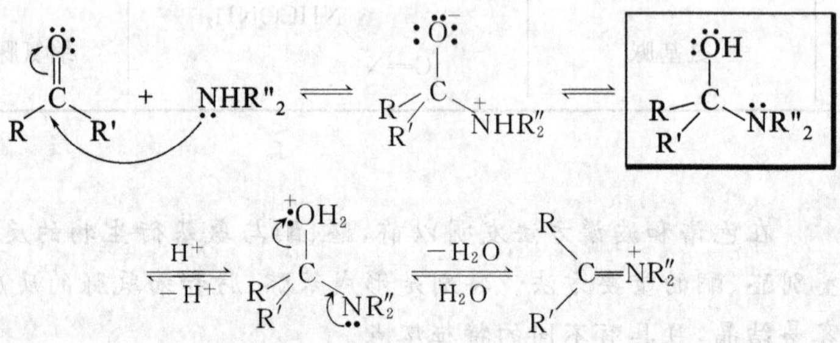

如 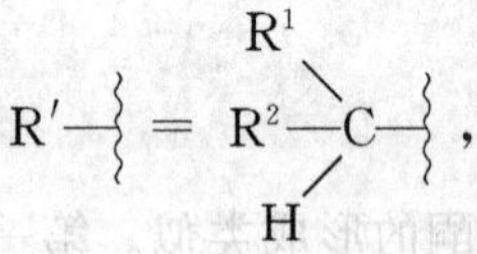，则

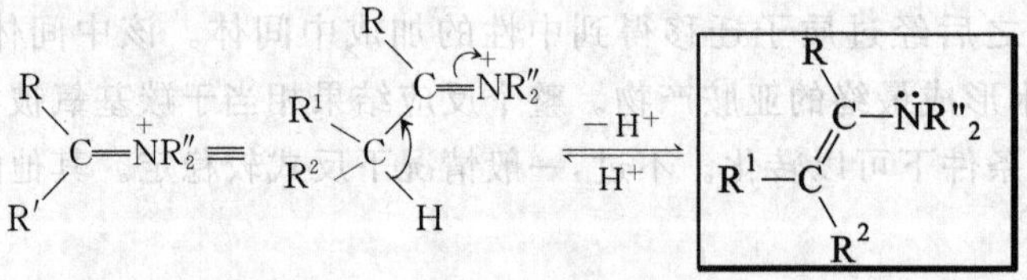

这个反应也是可逆的。烯胺在酸性条件下水解可以生成原来的醛、酮。例如：

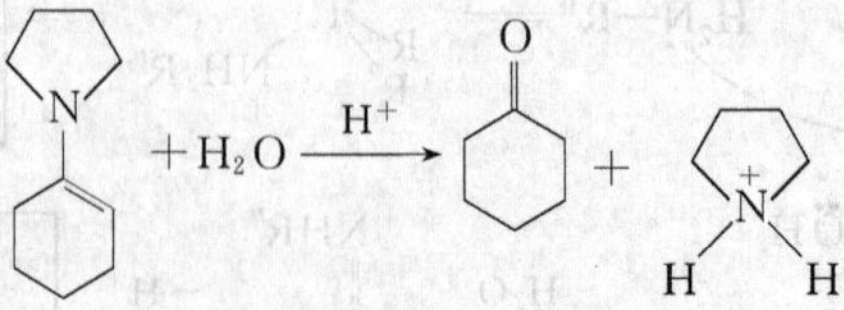

醛、酮可以通过烯胺进行 α-烷基化和 α-酰基化反应（见第十四章），在合成中应用很广。

习题 13-12　完成下列反应。

(1) $CH_3CH_2CH_2CHO \xrightarrow[H^+]{H_2NCH_2CH_3} ?$　　(2) $C_6H_5CH_2COCH_3 \xrightarrow[H^+]{NH_2OH} ?$

(3) 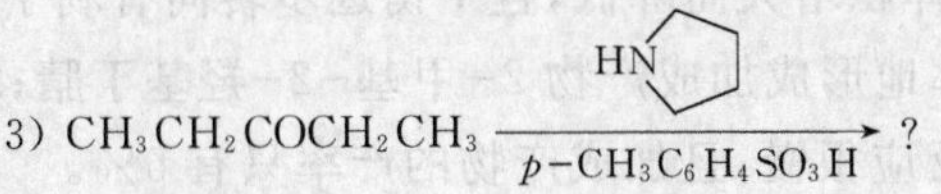　(4) $CH_3CH_2COCH_3 \xrightarrow[H^+]{C_6H_5NHNH_2}$?

13.5　与含碳亲核试剂的加成反应

羰基化合物与含碳亲核试剂的反应是形成新的碳-碳键的重要方法，也是合成一些特定官能团化合物的重要途径。含碳亲核试剂主要有氰基负离子、炔基负离子、有机金属试剂、ylide 试剂以及羰基化合物自身形成的烯醇负离子。其中烯醇负离子的形成与反应很多，将在第十四章系统地进行讨论。本节主要讨论前四种含碳亲核试剂的亲核加成反应。

13.5.1　与氰基负离子的加成反应

醛、酮与氰基负离子加成得到 α-羟基腈。反应在弱碱性条件下进行。第一步是氰基负离子进攻羰基碳原子，然后氧负离子再从体系中夺取质子生成加成产物 α-羟基腈。

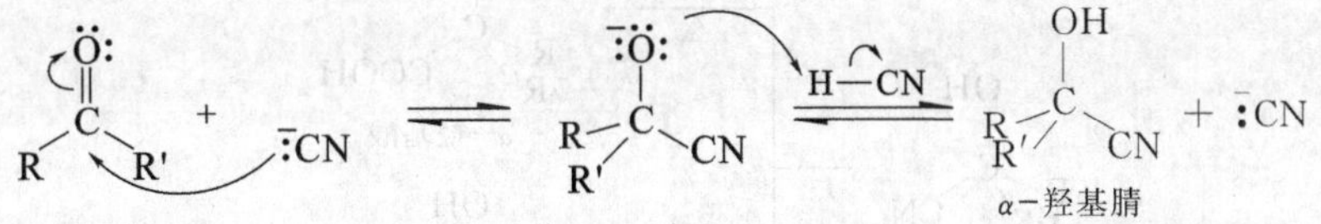

α-羟基腈
cyanohydrin

由于氢氰酸是有毒气体，反应通常是采用醛或酮与过量的氰化钠混合在一起，逐步往里面加入盐酸的方式进行。反应过程中应严格控制酸碱性，如果碱性不够，则无法保证氰基负离子对羰基碳的进攻，且会产生有毒气体氢氰酸；如果碱性过强，又会缺乏质子，难以形成最终加成产物。

$$H^+ + {}^-CN \rightleftharpoons HCN$$

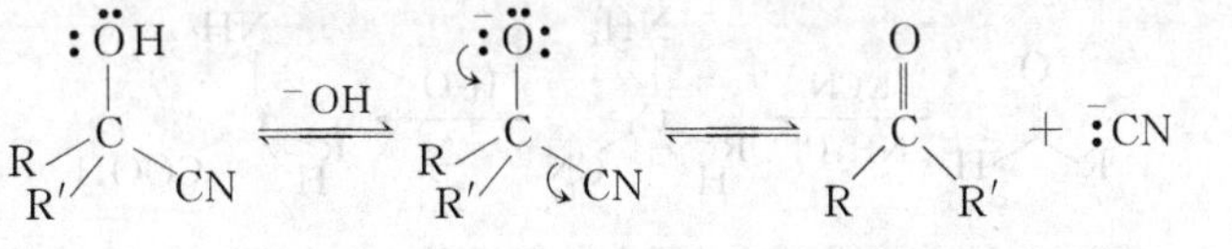

α-羟基腈的形成是可逆的，反应活性和平衡常数受醛酮结构的影响很大。当连接在羰基碳原子上的烃基体积增大时，空间位阻增大，反应活性降低。一般来说，甲醛的反应活性最高，且可以定量地形成 α-羟基腈。除甲醛外的大多数醛，其反应平衡倾向于形成加成产物。如丁醛基本上可以定量地形成加成产物。

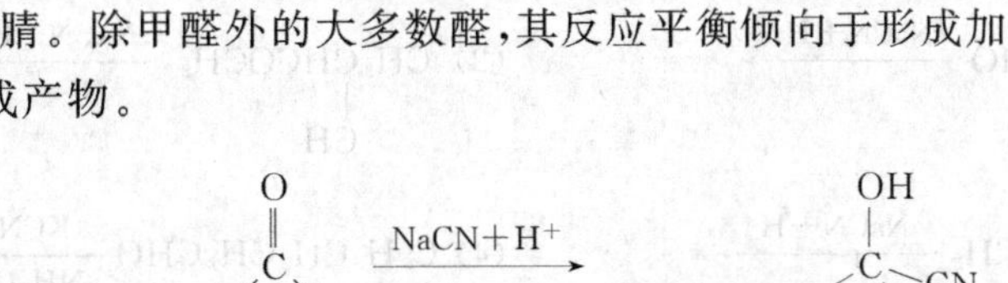

丁醛　　2-羟基戊腈（100%）

酮的反应活性则随着羰基 α-碳原子上基团的体积增大而降低，且平衡逐步转向有利于逆反应方向进行。例如，丁酮可以与氢氰酸反应，高产率地形成加成产物 2-甲基-2-羟基丁腈；2,4-二甲基-3-戊酮（俗名为二叔丁基酮）与氢氰酸的反应很慢，且加成产物的产率只有 5%。

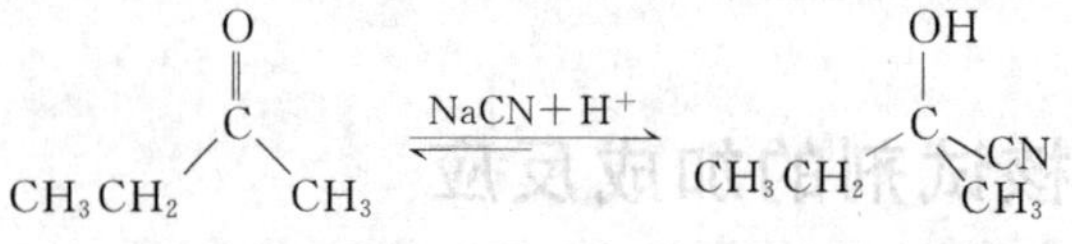

丁酮　　2-甲基-2-羟基丁腈（95%）

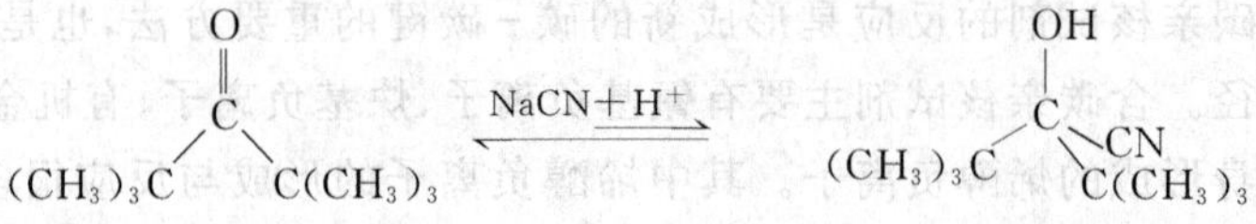

2,4-二甲基-3-戊酮　　3,3-二甲基-2-叔丁基-2-羟基丁腈（<5%）

醛、酮与氰基负离子加成的产物 α-羟基腈比原有醛、酮增长了一个碳。腈可以水解成酸，或加氢还原成胺。所以通过醛、酮与氰基负离子的加成再水解或加氢还原是得到 α-羟基酸和 β-氨基醇的主要合成方法。

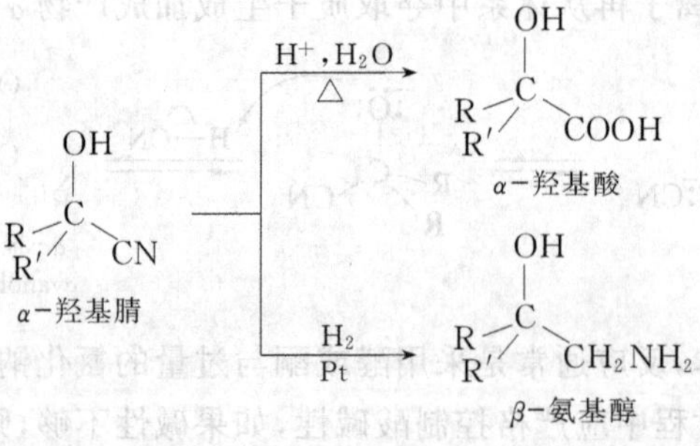

与上述反应类似的是 Strecker 合成，醛在氯化铵和氰化钾作用下形成 α-氨基腈，水解后可以得到外消旋的 α-氨基酸。

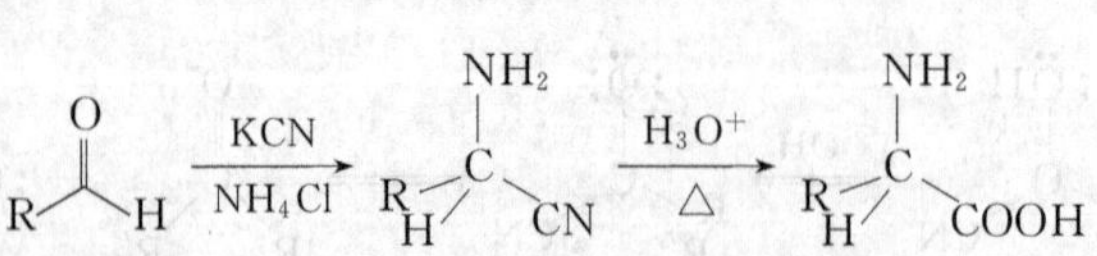

习题 13-13　完成下列反应

(1) $\underset{\mid\atop CH_3}{CH_3CH}CH_2CHO \xrightarrow{NaCN+H^+}$　　(2) $\underset{\mid\atop CH_3}{CH_3CH}COCH_3 \xrightarrow{NaCN+H^+}$

(3) $\underset{\mid\atop CH_3}{CH_3CH}CO\underset{\mid\atop CH_3}{CHCH_3} \xrightarrow{NaCN+H^+}$　　(4) $C_6H_5CH_2CH_2CHO \xrightarrow[NH_4Cl]{KCN}$

习题 13-14　选择合适的起始原料合成下列化合物

(1) 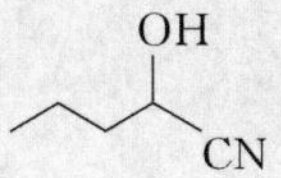　(2) 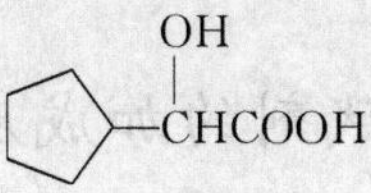

(3) 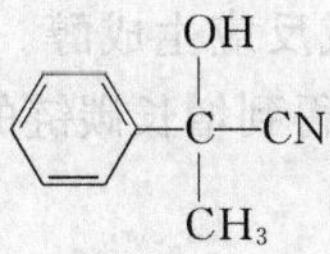　(4) 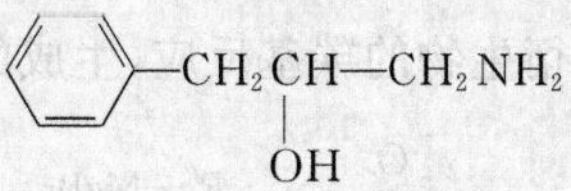

13.5.2　与炔基负离子的加成反应

末端炔烃在强碱作用下可以脱质子形成炔基负离子，炔基负离子可以与醛、酮加成，经水解后得到炔丙基醇。

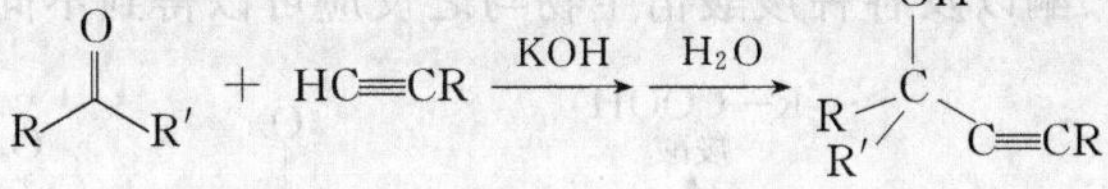

通过炔丙基醇脱水，选择性加氢，可以得到共轭二烯烃。例如：

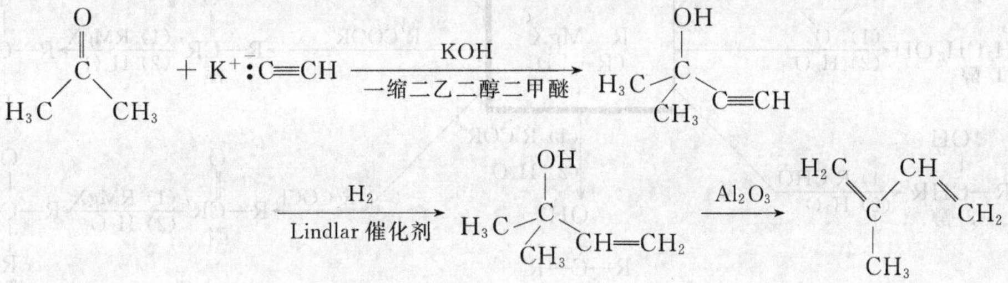

炔基负离子还可以与酰卤反应生成炔酮。

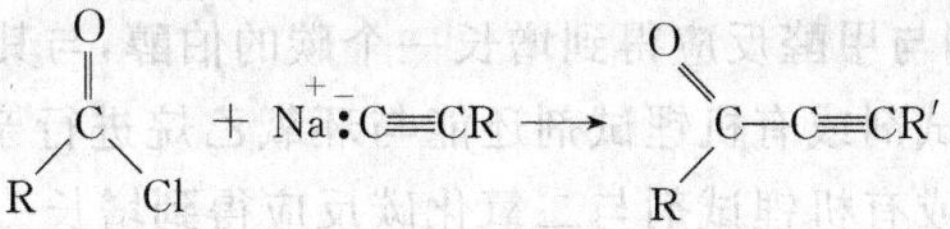

习题13-15　完成下列反应。

(1) 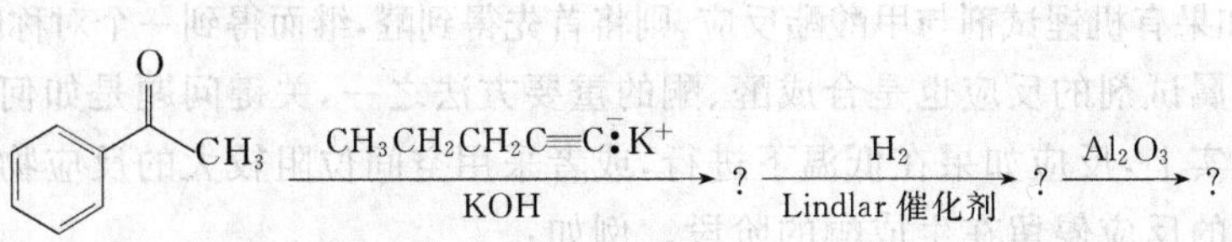

(2) 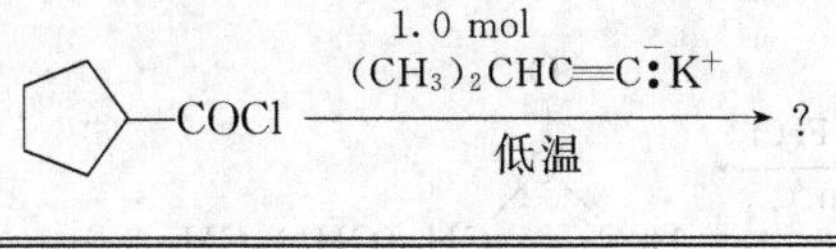

13.5.3　与有机金属试剂的加成反应

有机金属试剂如格氏试剂、有机锂试剂等，可以与醛、酮的羰基发生加成反应生成醇。有机金属试剂也可以与羧酸衍生物的羰基反应，生成的酮可以进一步发生亲核加成得到增长碳链的醇。

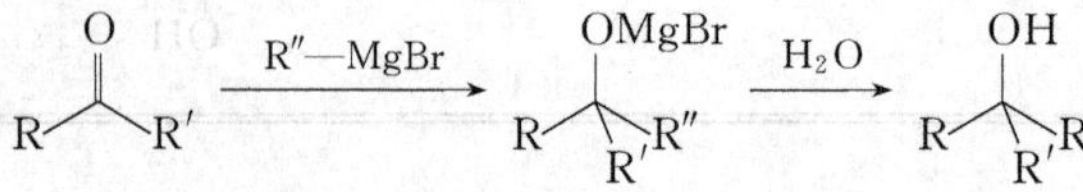

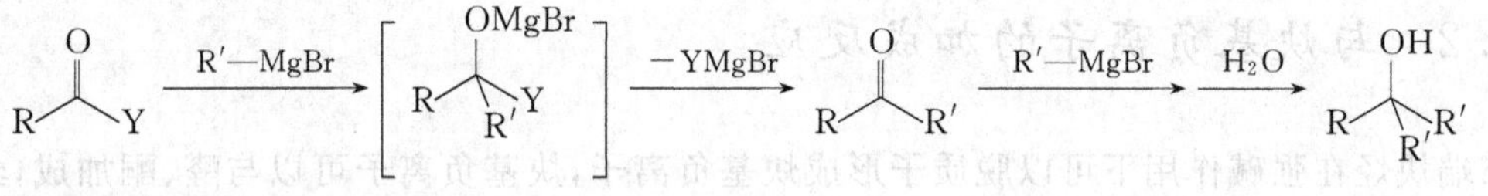

其中：Y＝X 或 OR

以上反应是由醛、酮以及羧酸衍生物合成醇的重要方法，在有机合成中应用很广。以格氏试剂和有机锂试剂为例，醛、酮以及各种羧酸衍生物与之反应可以得到不同结构的醇。

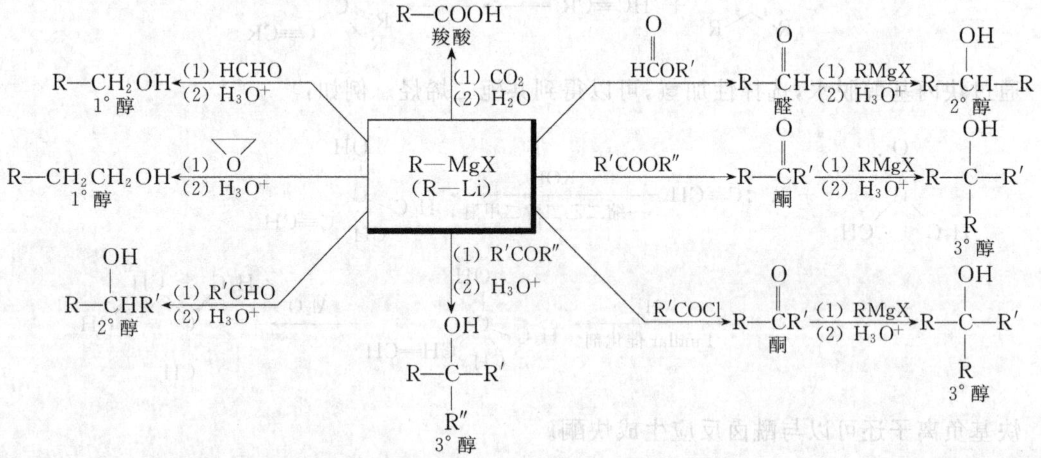

格氏试剂或有机锂试剂与甲醛反应得到增长一个碳的伯醇，与其他醛反应得到仲醇，与酮反应得到叔醇。类似地，格氏试剂或有机锂试剂还能与环氧乙烷进行亲核开环加成得到增长两个碳的伯醇。此外，格氏试剂或有机锂试剂与二氧化碳反应得到增长一个碳的羧酸。

格氏试剂或有机锂试剂与酰卤或酯反应，首先形成酮，但酮很容易进一步与第二分子有机金属试剂反应生成叔醇。这样得到的叔醇具有两个相同的烃基。一般酮与金属试剂加成得到的叔醇可以有三个不同的烃基。如果有机锂试剂与甲酸酯反应，则将首先得到醛，继而得到一个对称的仲醇。

羧酸衍生物与有机金属试剂的反应也是合成醛、酮的重要方法之一，关键问题是如何有效地控制反应进行的程度。事实上，反应如果在低温下进行，或者采用空间位阻较大的反应物都有可能使酰卤或酯与格氏试剂的反应停留在生成酮的阶段。例如：

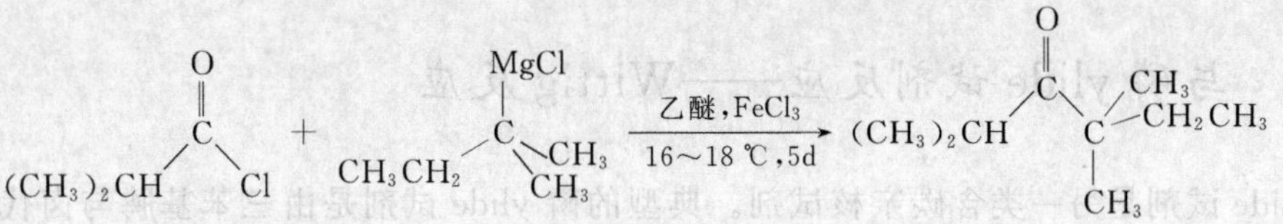

另一方面，使用较不活泼的有机金属试剂，如有机镉试剂或有机铜锂试剂等，也是有效地控制反应停留在生成酮这一阶段的好方法。

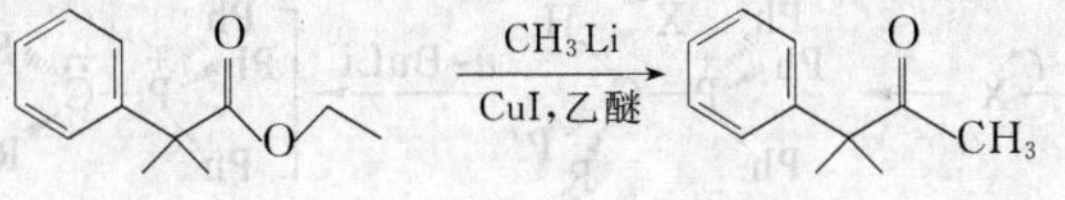

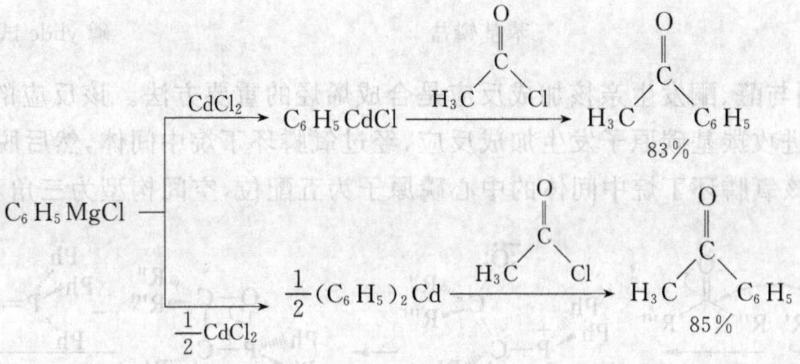

此外，腈与格氏试剂反应，一般停留在生成亚胺盐的阶段，亚胺盐水解可以得到酮。

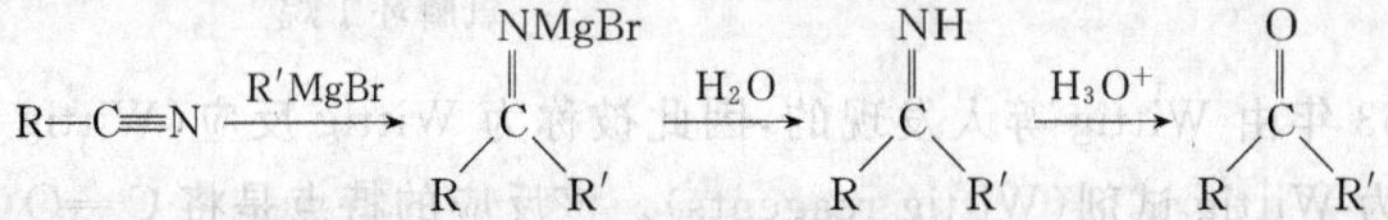

习题 13-16　完成下列反应。

(1) 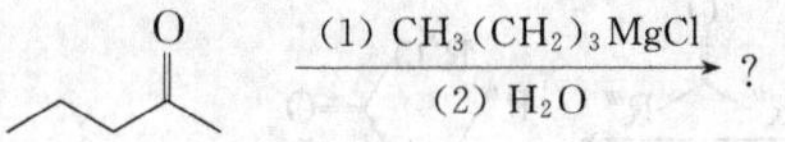

(2) 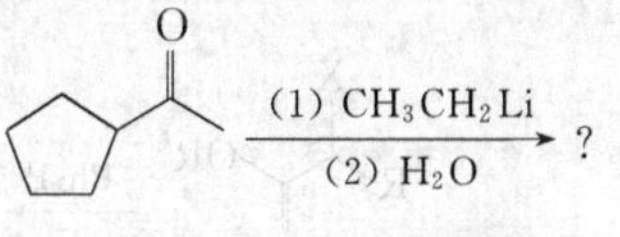

(3) 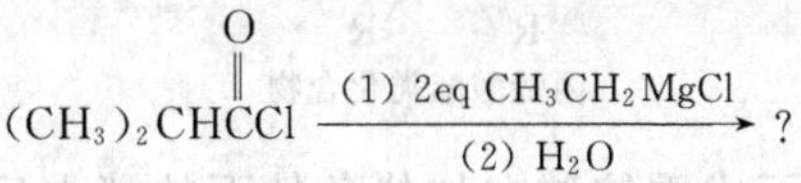

(4) 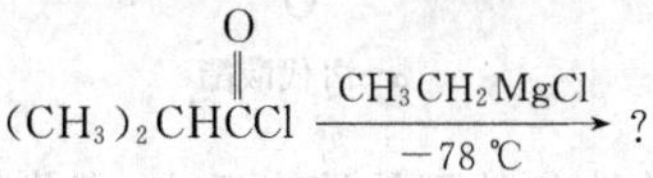

(5) 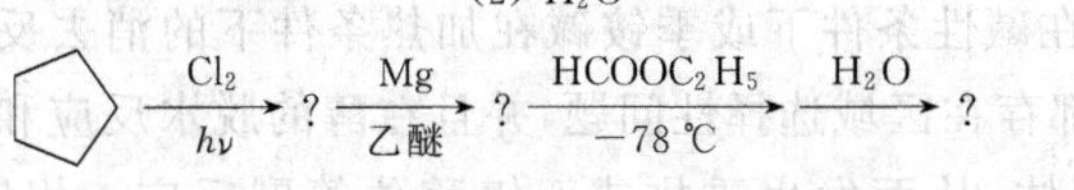

(6) 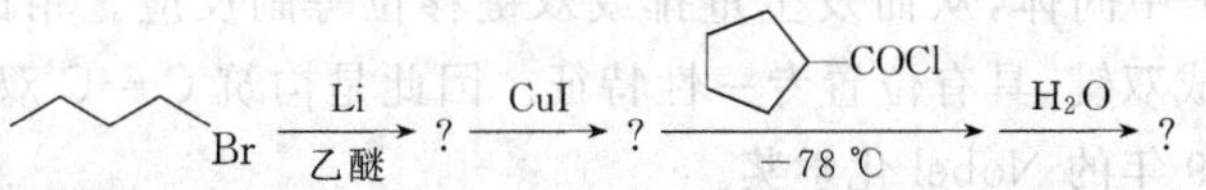

(7) 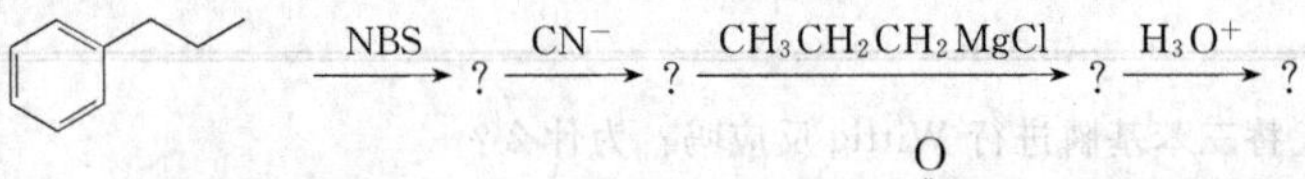

(8) 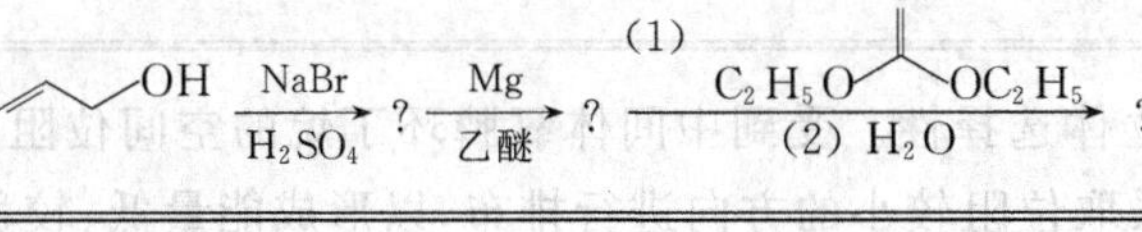

13.5.4 与磷 ylide 试剂反应——Wittig 反应

磷 ylide 试剂是另一类含碳亲核试剂。典型的磷 ylide 试剂是由三苯基膦与卤代烃形成鏻盐，与鏻正离子直接相连的碳上氢受到较强的吸电子作用，因此具有较强的酸性，在强碱如醇钠、正丁基锂、二乙基氨基锂等的作用下，将脱去质子形成稳定的碳负离子试剂——磷 ylide 试剂。

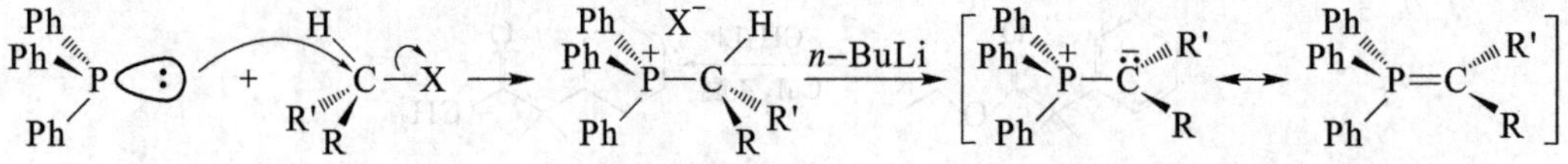

磷 ylide 试剂与醛、酮发生亲核加成反应是合成烯烃的重要方法。该反应的机理是：ylide 试剂中的碳负离子进攻羰基碳原子发生加成反应，经过氧膦环丁烷中间体，然后脱去三苯基氧膦形成 C═C 双键。该氧膦环丁烷中间体的中心磷原子为五配位，空间构型为三角双锥形。

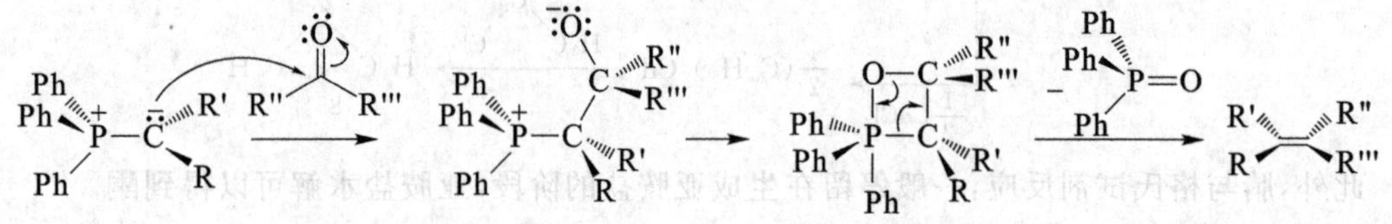

该反应是 1953 年由 Wittig 等人发现的，因此被称为 Wittig 反应（Wittig reaction），其中磷 ylide 试剂也常称为 Wittig 试剂（Wittig reagents）。该反应的特点是将 C═O 双键转化为 C═C 双键，即专一性地在羰基的位置形成 C═C 双键，并且产率非常高。在 Wittig 反应中，也可以使用 α-卤代酸酯制备磷 ylide 试剂，从而可以合成丙烯酸酯类化合物。

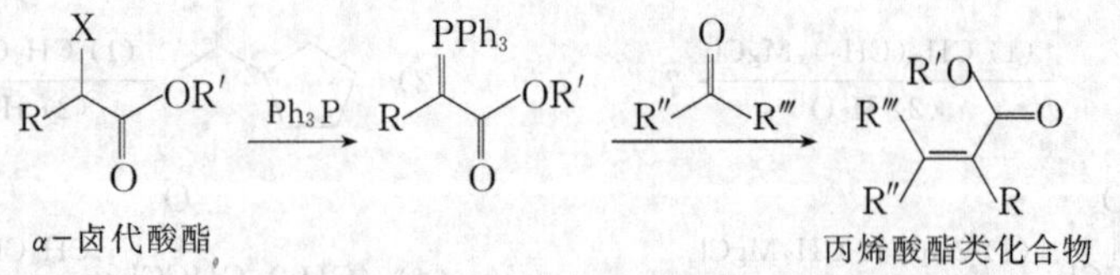

醇在酸性条件下的消去反应、卤代烃在碱性条件下或季铵碱在加热条件下的消去反应也可以得到碳-碳双键化合物，但是这些反应都存在区域选择性问题，并且在醇的脱水反应和卤代烃的消去反应中，还可能经过碳正离子中间体，从而发生重排或双键移位等副反应。相比之下，Wittig 反应则是在羰基所在位置形成双键，具有位置专一性特征。因此是构筑 C═C 双键的重要方法之一。为此，Wittig 获得 1979 年的 Nobel 化学奖。

习题 13-17 请问能使用三丁基膦代替三苯基膦进行 Wittig 反应吗？为什么？

Wittig 反应同时具有比较好的立体选择性。受到中间体氧膦环丁烷的空间位阻影响，R、R′、R″、R‴四个基团在空间上将尽量采取位阻较小的方向进行排布，以形成能量低、较稳定的中间产物。即 R 与 R′、R″与 R‴中体积较大的基团将相互远离，所以反应产物一般以反式烯烃为主。

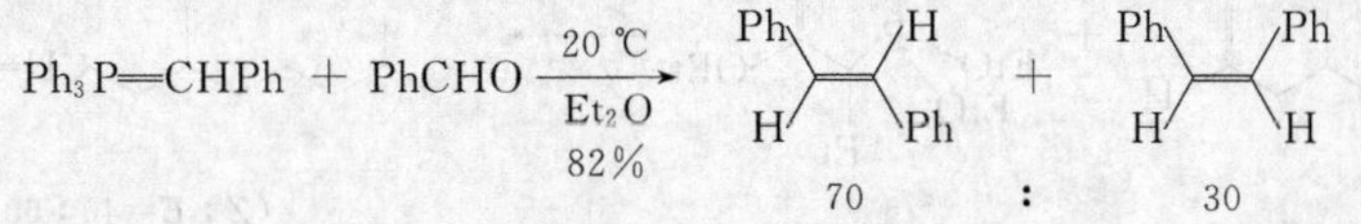

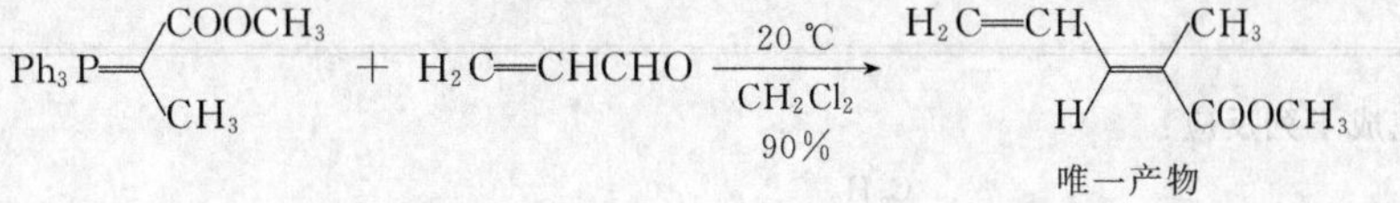

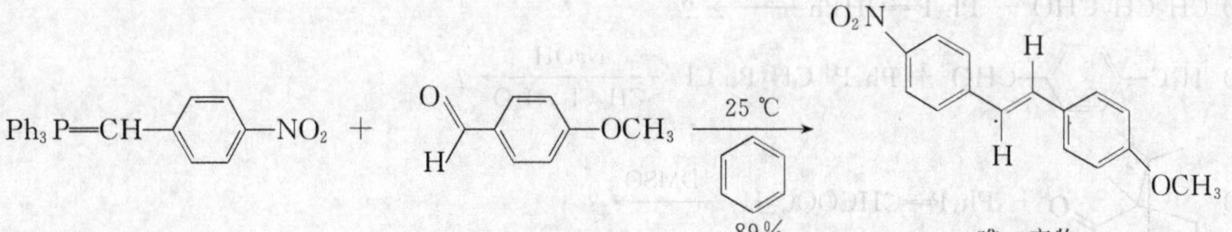

上述反应中形成的磷 ylide 试剂由于其 C═P 双键分别与苯环或羰基共轭，因此比较稳定，在这种情况下，加成产物以反式烯烃为主。当磷 ylide 较活泼时，则顺式产物比例升高。此外，顺反比例还会受到溶剂和碱的影响。例如：

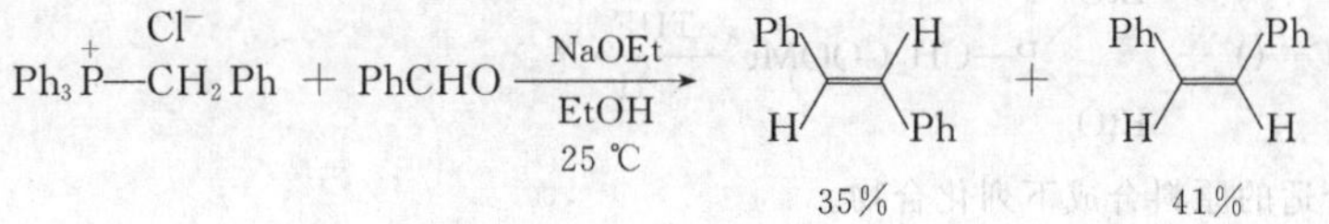

$$Ph_3P{=}CH{-}COOMe + CH_3CHO \longrightarrow H_3CHC{=}CH{-}COOCH_3$$

溶剂	*Z* 型	*E* 型
DMF	3%	97%
DMF＋BuLi	20%	80%
CH_3OH	38%	62%

Horner 进一步发现可以用亚磷酸酯代替三苯基膦制备磷 ylide。这类反应称为 Wittig-Horner 反应(Wittig-Hornor reaction)。

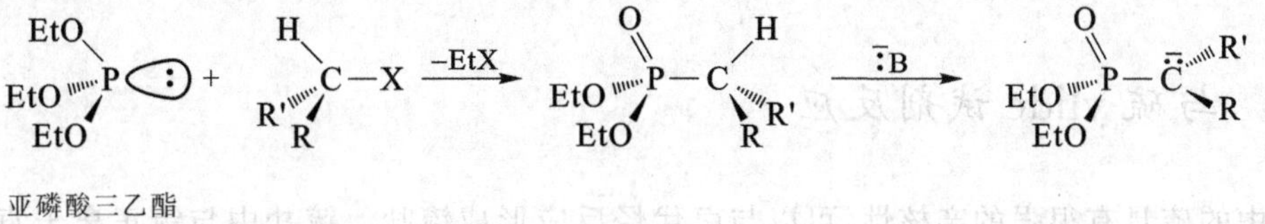

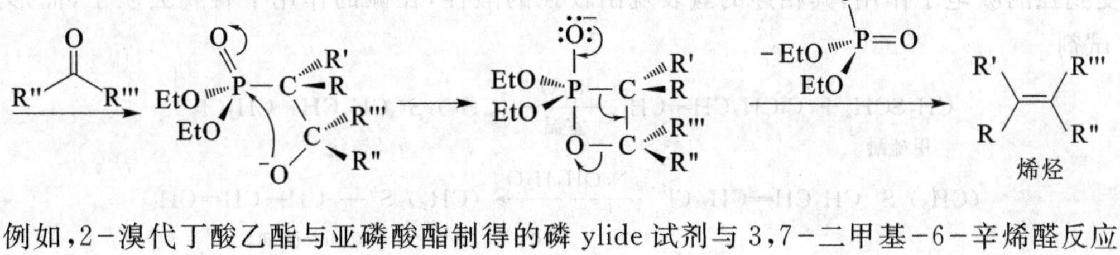

例如，2-溴代丁酸乙酯与亚磷酸酯制得的磷 ylide 试剂与 3,7-二甲基-6-辛烯醛反应得到

5,9-二甲基-2-乙基-2,8-癸二烯酸乙酯，以 *E* 型产物为主。

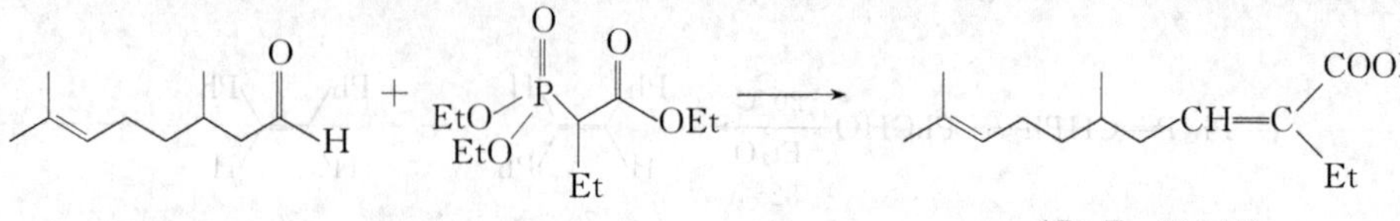

（*Z*：*E*=40：60）

习题 13-18　完成下列反应：

(1) $CH_3CH_2CHO + Ph_3P{=}CHPh \xrightarrow{C_6H_6}$?

(2) 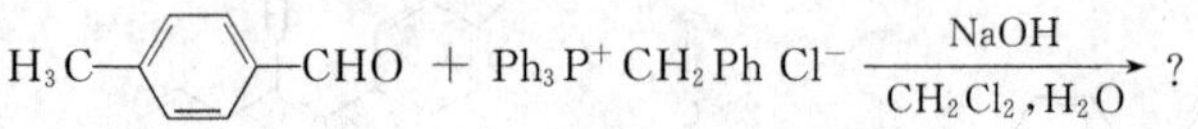

(3) 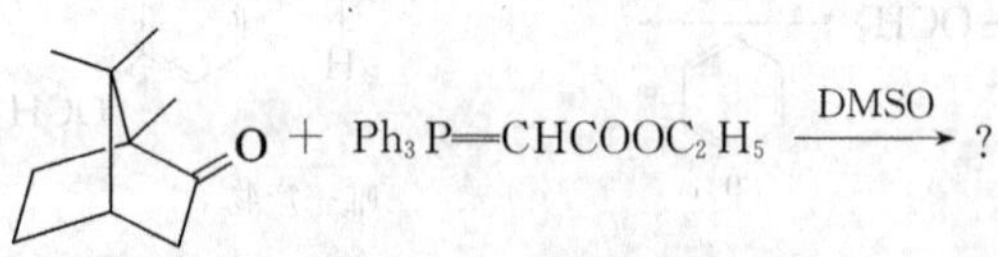

(4) $CH_3CH_2CH_2CHO + Ph_3P{=}C(CH_3)(C_2H_5) \xrightarrow{CH_2Cl_2}$?

(5) $(CH_3CH_2)(CH_3)C{=}O + (EtO)_2P(=O){-}CH_2COOMe \xrightarrow[NaH]{THF}$?

习题 13-19　选择合适的原料合成下列化合物。

(1) 

(2) 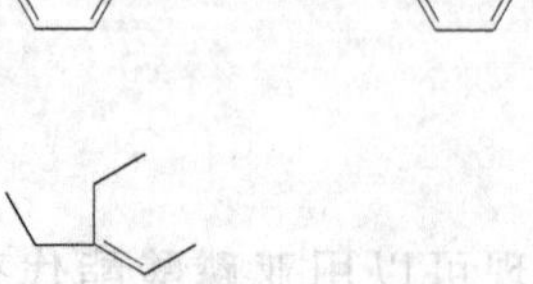

(3) 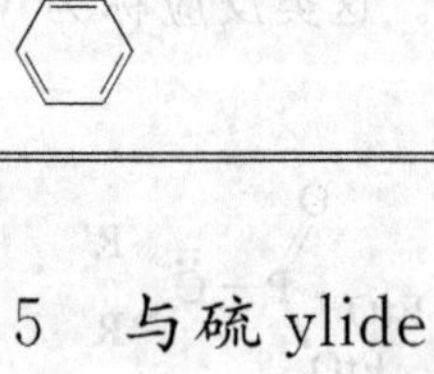

(4)

13.5.5　与硫 ylide 试剂反应

硫醚中的硫具有很强的亲核性，可以与卤代烃反应形成锍盐。锍盐中与锍正离子直接相连的碳受到强的吸电子作用，其相连的氢表现出较强的酸性，在碱的作用下将脱去质子，而形成硫 ylide 试剂。

$$\underset{\text{甲硫醚}}{CH_3SCH_3} + ClCH_2CH{=}CH_2 \xrightarrow[\text{室温}]{H_2O} \underset{\text{锍盐}}{(CH_3)_2S^+\ CH_2CH{=}CH_2Cl^-}$$

$$(CH_3)_2S^+\ CH_2CH{=}CH_2\ Cl^- \xrightarrow{NaOH, H_2O} \underset{\text{硫ylide试剂}}{(CH_3)_2S^+{-}^-CH{-}CH{=}CH_2}$$

硫 ylide 试剂是一个稳定的两性离子型化合物。除了卤代烃，α-卤代酸酯也能够与锍盐反应形成硫 ylide 试剂，并且所形成的硫 ylide 试剂比较稳定。

$$\underset{\text{硫醚}}{CH_3SCH_3} + BrCH_2COOC_2H_5 \xrightarrow[\text{室温}]{CH_3COCH_3} \underset{\text{锍盐}}{(CH_3)_2S^+CH_2COOC_2H_5\ Br^-}$$

$$(CH_3)_2S^+CH_2COOC_2H_5Br^- \xrightarrow{NaH} \underset{\text{硫ylide试剂}}{(CH_3)_2S^+—^-\ddot{C}H—COOC_2H_5}$$

此外，亚砜也能与卤代烃进行亲核取代反应，形成另一种硫 ylide 试剂。

$$\underset{\text{亚砜}}{CH_3\overset{O}{\overset{\|}{S}}CH_3} + CH_3I \longrightarrow (CH_3)_2\overset{O}{\overset{\|}{S^+}}CH_3\ I^- \xrightarrow{NaH,DMSO} \underset{\text{硫ylide试剂}}{(CH_3)_2\overset{O}{\overset{\|}{S^+}}—^-\ddot{C}H_2}$$

硫 ylide 试剂与一般的醛、酮发生加成反应形成 1,2-环氧类化合物，与不饱和共轭醛、酮的加成反应则发生在共轭双键上，得到环丙烷类化合物。

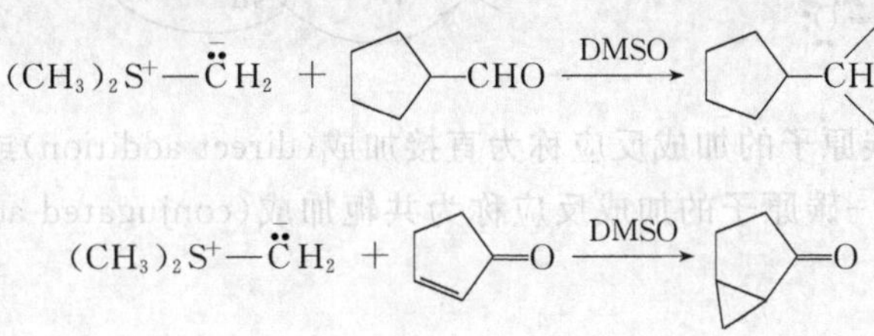

习题 13-20　完成下列反应。

(1) 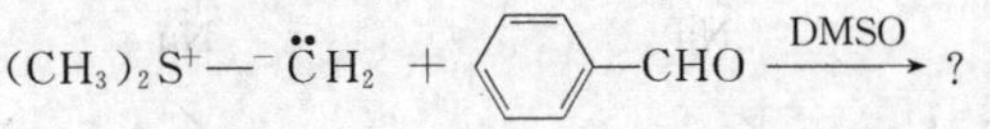

(2) $(CH_3)_2S^+—^-\ddot{C}H—C\equiv CCH_3 + CH_2═CHCOOCH_3 \xrightarrow{DMSO}$?

(3) 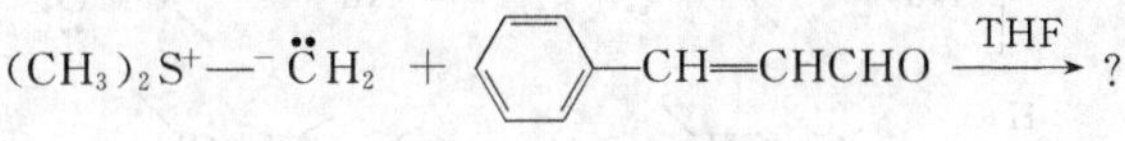

(4) 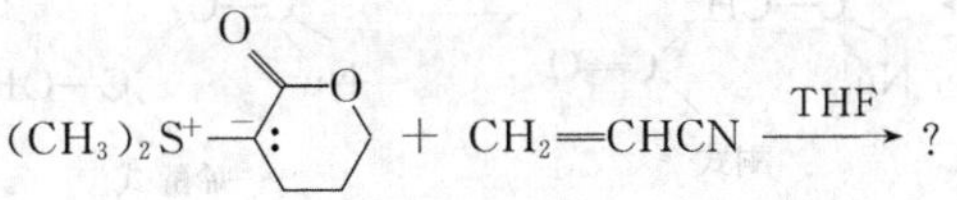

13.6　α,β-不饱和羰基化合物的亲核加成反应

由于共轭烯烃的亲电加成反应生成的碳正离子中间体与双键共轭，可能得到 1,2-和 1,4-两种加成产物。通常一个为动力学控制产物，一个为热力学控制产物。究竟哪一个是动力学产物，哪一个是热力学产物，则由共轭烯烃的结构决定。如 1,3-丁二烯的 1,2-加成产物是动力学控制产物，而 4-甲基-1,3-戊二烯与 HBr 反应的 1,2-加成产物为热力学产物(详见 10.8 节)。

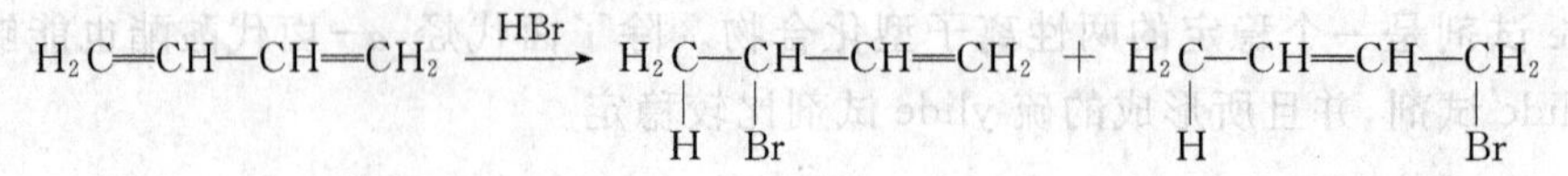

一取代烯烃　　　　　　　　二取代烯烃，较稳定

1,2-加成动力学控制　　　　1,4-加成热力学控制

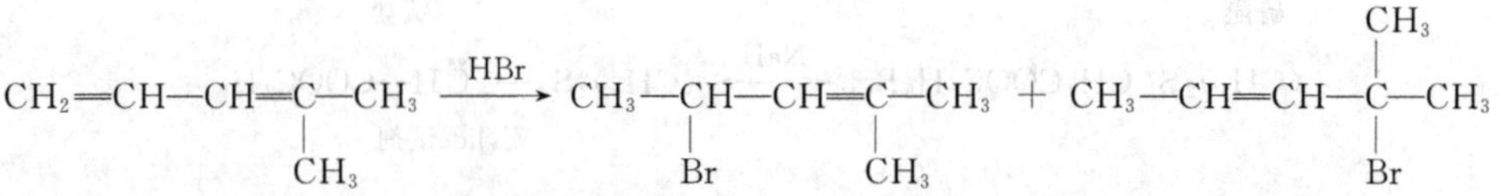

三取代烯烃，较稳定　　　　　二取代烯烃

1,2-加成为热力学控制　　　　1,4-加成为动力学控制

α,β-不饱和羰基化合物具有类似的共轭结构特征，它们的共振结构式显示具有两个亲电中心，即羰基碳原子和 β-碳原子。这就意味着亲核试剂可以进攻羰基碳原子，也可以进攻 β-碳原子。

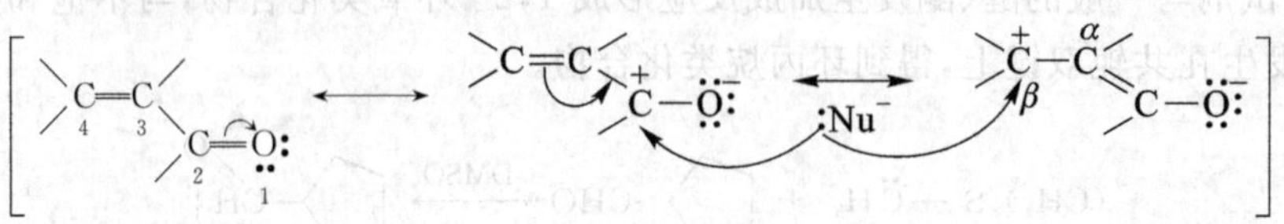

亲核试剂进攻羰基碳原子的加成反应称为直接加成(direct addition)或 1,2-加成(1,2-addition)。亲核试剂进攻 β-碳原子的加成反应称为共轭加成(conjugated addition)，也称为 1,4-加成(1,4-addition)。

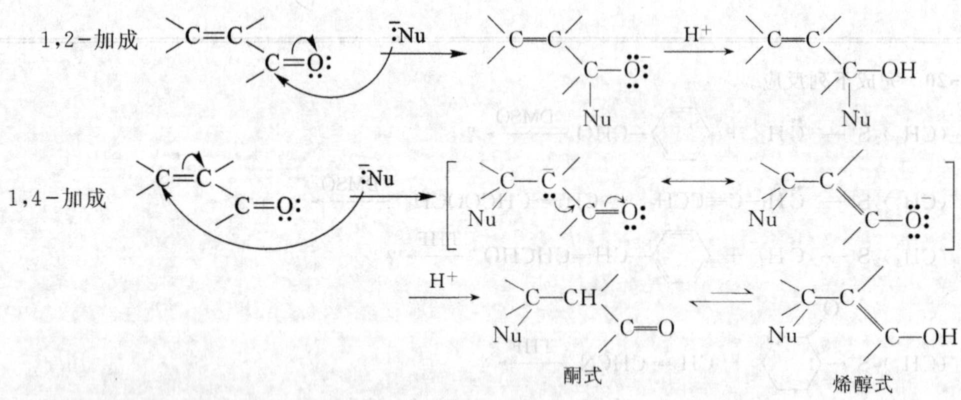

一般来说，强碱性的亲核试剂倾向于生成 1,2-加成产物，弱碱性的亲核试剂则倾向于生成 1,4-加成产物。如有机锂试剂和负氢的加成一般得到 1,2-加成产物，而有机铜锂试剂、氰根负离子、胺和硫醇的加成则以 1,4-加成产物为主。

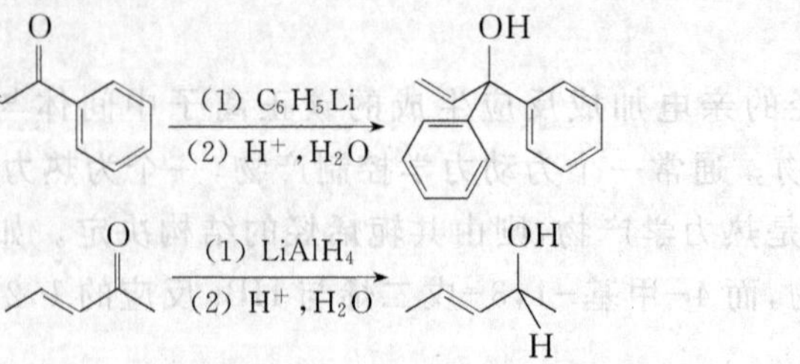

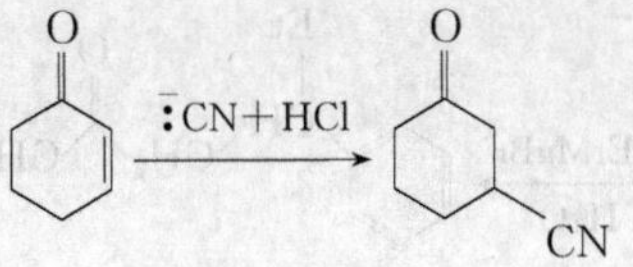

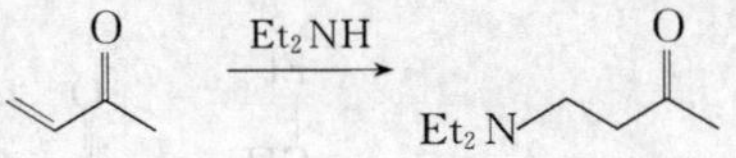

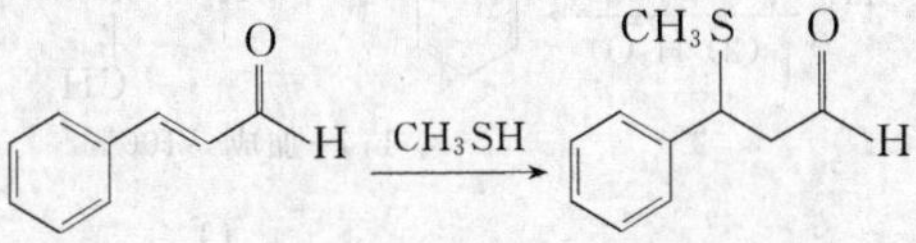

为什么强碱性亲核试剂容易形成直接加成产物，而弱碱性亲核试剂则易于形成共轭加成产物？原因在于亲核试剂直接进攻羰基碳原子的速率高于进攻β-碳原子的速率，而进攻β-碳原子形成1,4-加成产物的反应是不可逆的。因此，最终形成1,2-加成产物还是1,4-加成产物将取决于1,2-加成的可逆程度。亲核试剂碱性强，加成后不易离去，使1,2-加成为不可逆过程，这时的反应产物以形成速率较快的1,2-加成产物为主。相反，如果亲核试剂的碱性弱，它们往往又是较好的离去基团，此时的1,2-加成成为可逆反应，最终则因为1,4-加成产物的不可逆而成为主要产物。

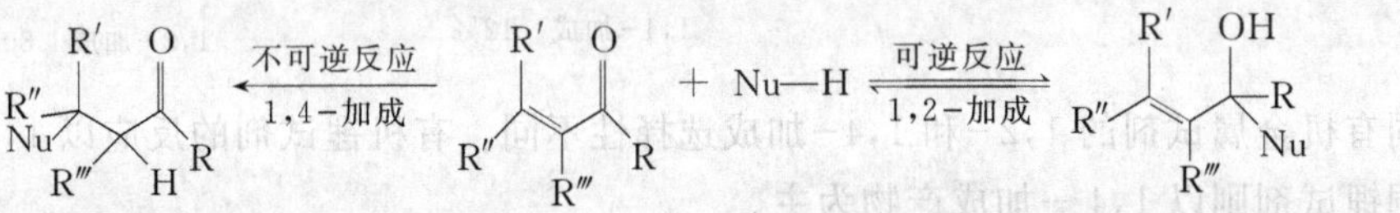

除了亲核试剂的碱性会影响1,2-和1,4-加成的选择性外，空间位阻对1,2-和1,4-加成选择性也有影响。格氏试剂是强碱，它们与α,β-不饱和醛、环状α,β-不饱和酮加成时，因为醛羰基和环酮羰基位阻较小，主要得到1,2-加成产物。例如：

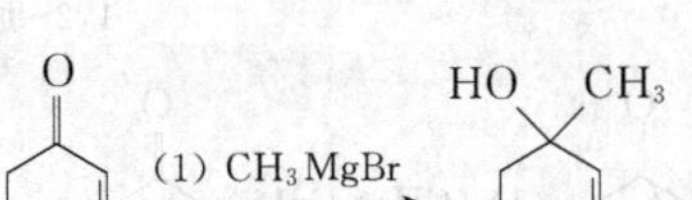

1,2-加成为主

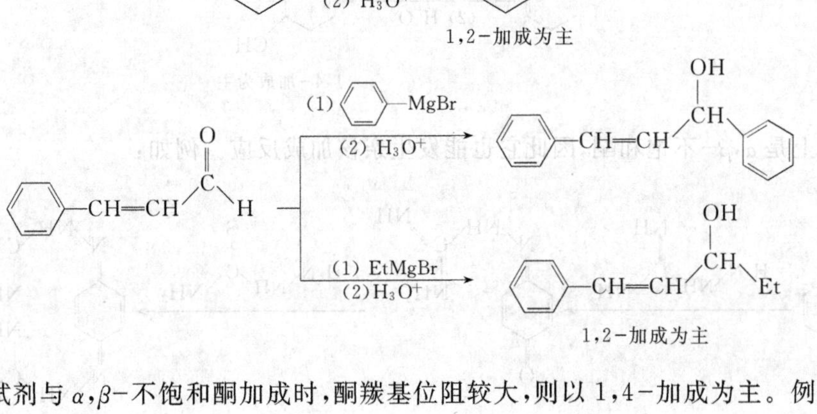

1,2-加成为主

但是当格氏试剂与α,β-不饱和酮加成时，酮羰基位阻较大，则以1,4-加成为主。例如：

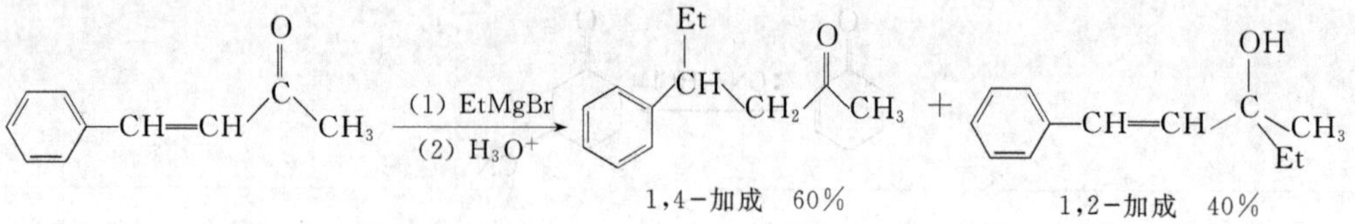

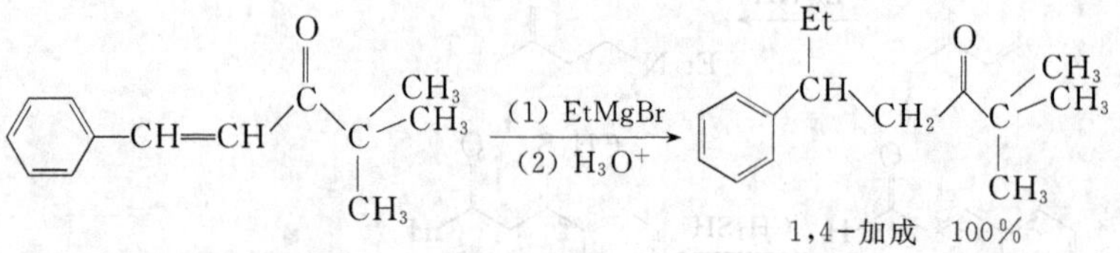

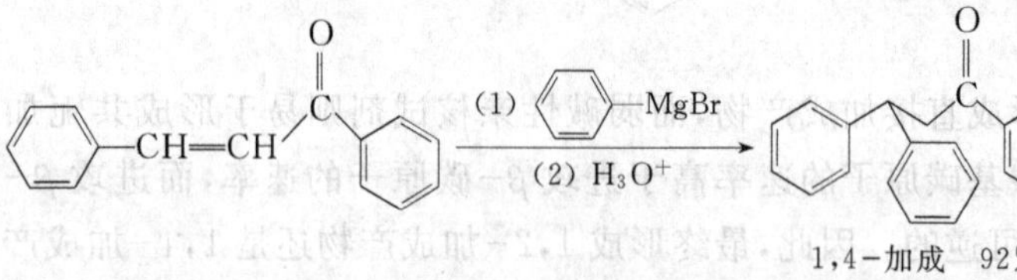

如果β-碳原子上烃基较大，而且格氏试剂的烃基也大，则主要产物以1,2-加成为主。例如：

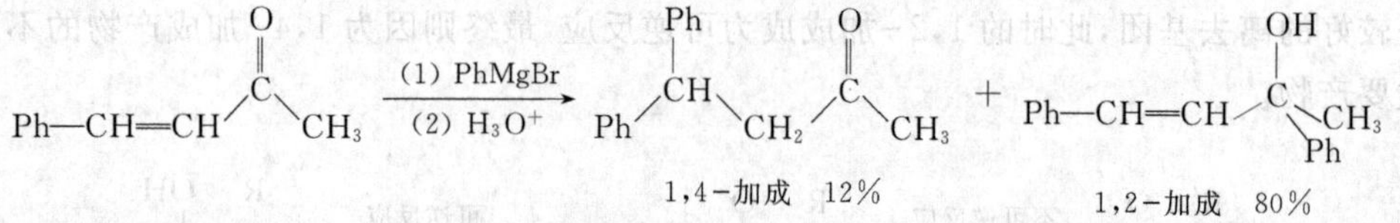

不同有机金属试剂的1,2-和1,4-加成选择性不同。有机锂试剂的反应以1,2-加成为主，二烷基铜锂试剂则以1,4-加成产物为主。

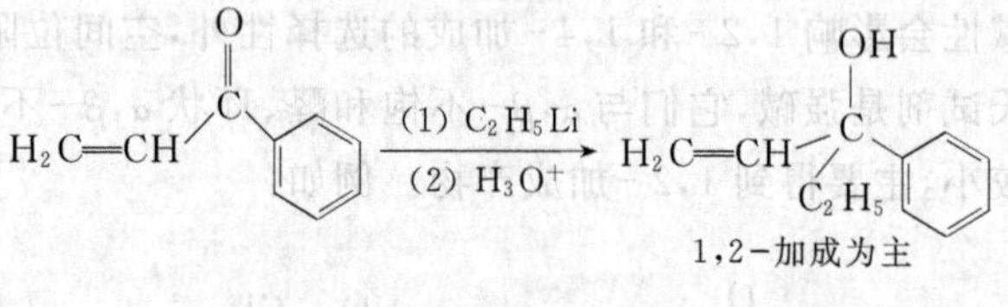

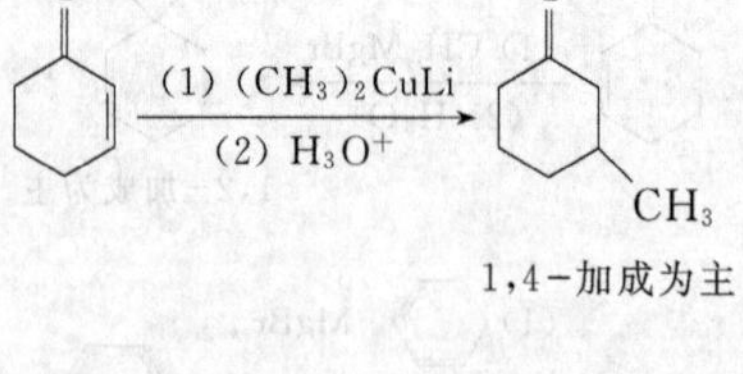

醌实质上是α,β-不饱和酮，因此它也能发生亲核加成反应。例如：

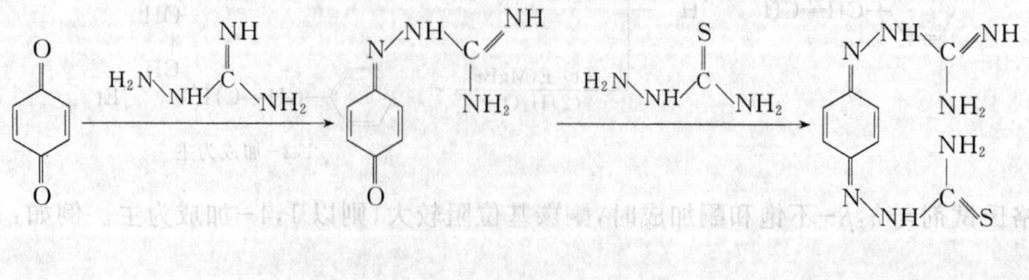

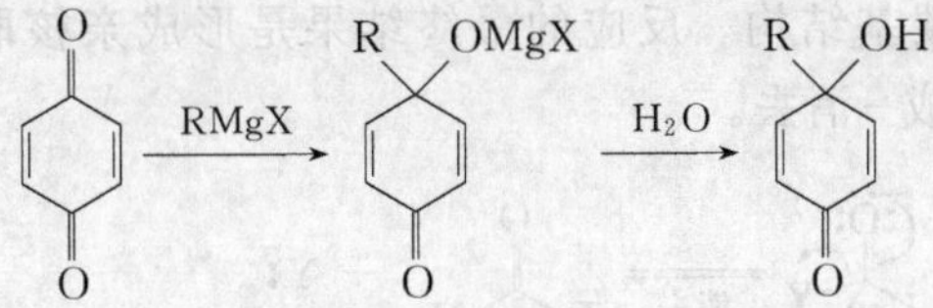

不过,由于醌结构的特殊性,通过烯醇-酮式互变即可能转化为酚——具有芳香性。如上述对苯醌与1 mol羟氨的加成物以及与1 molGrignard试剂的加成物都可能进行互变异构或重排,分别转化为对亚硝基苯酚和取代对苯二酚。

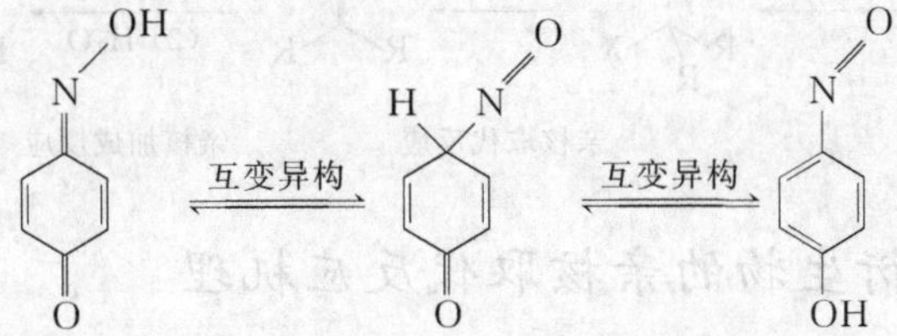

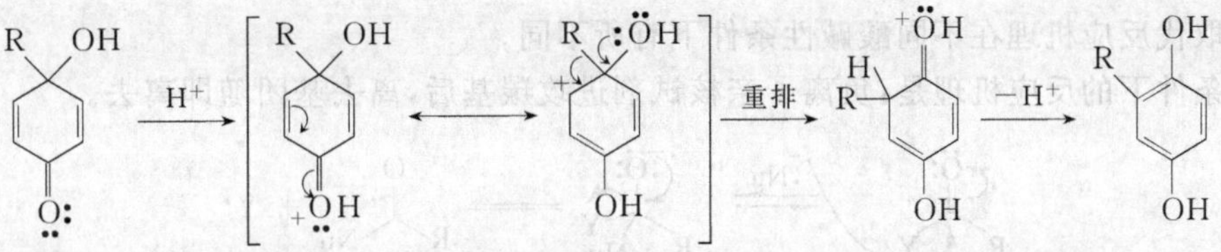

习题13-21　写出3-戊烯-2-酮与下列试剂反应的产物

(1) CH_3Li;　(2) C_2H_5MgBr;　(3) $(CH_3CH_2)_2CuLi$;

(4) $C_6H_5CH_2SH$;　(5) $(CH_3CH_2)_2CHNH_2$;　(6) $(CH_3)_2CHOH$。

习题 13-22　完成下列反应

(1) $(C_2H_5)_2C{=}CHC(=O)CH_3 \xrightarrow[H^+]{CH_3OH}$　(2) $(C_2H_5)_2C{=}CHC(=O)CH_3 \xrightarrow{CH_3NH_2}$

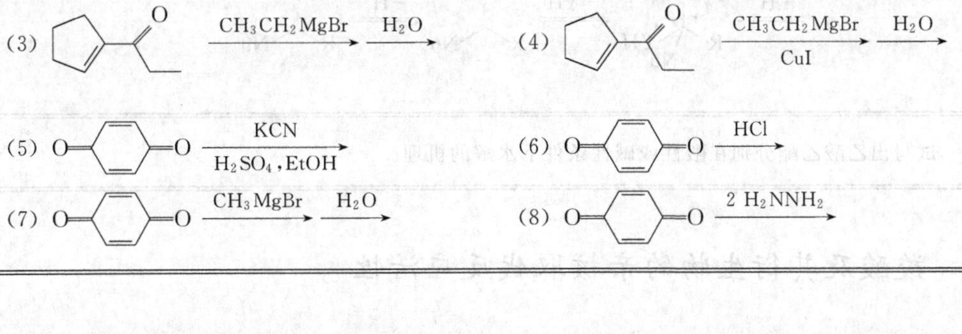

13.7　羧酸及其衍生物的亲核取代反应

羧酸及其衍生物结构与醛、酮的不同之处(参见13.1节)在于羧酸及其衍生物的羰基连接了一个碱性较弱的基团(—X,—OCOR,—OH,—OR或—NR_2基),当亲核试剂进攻羰基碳原子后，这些基团容易带着一对电子离去，从而恢复羰基结构。反应的最终结果是形成亲核取代产物，而不是得到加成产物。反应的实质是亲核加成-消去。

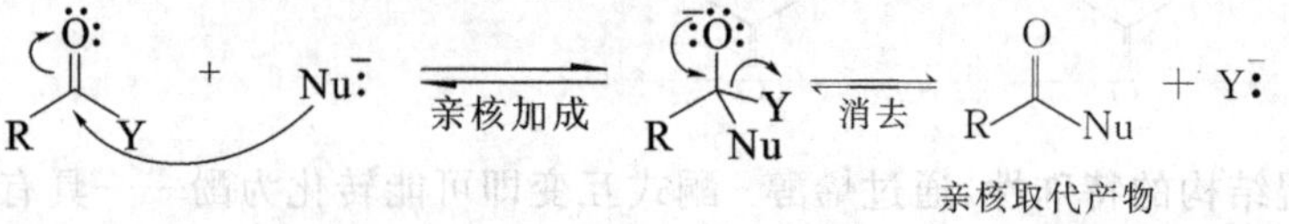

酰卤和酯与有机金属试剂形成酮的反应也是一种亲核取代反应。

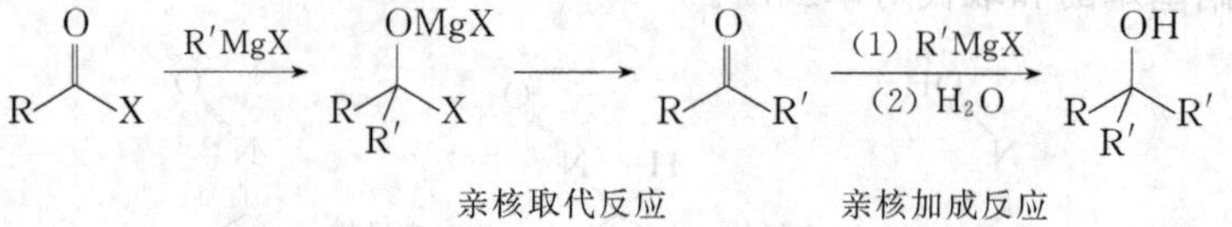

13.7.1　羧酸及其衍生物的亲核取代反应机理

亲核取代反应机理在不同酸碱性条件下有所不同。

碱性条件下的反应机理是：负离子亲核试剂进攻羰基后，离去基团随即离去。

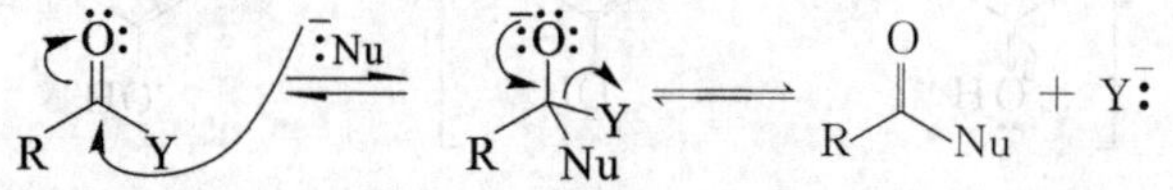

酸性条件下的反应机理是：羰基首先质子化，然后是中性（弱）亲核试剂对羰基进行亲核加成，得到的四面体加成产物再在酸催化下发生消去反应，最终得到取代产物。

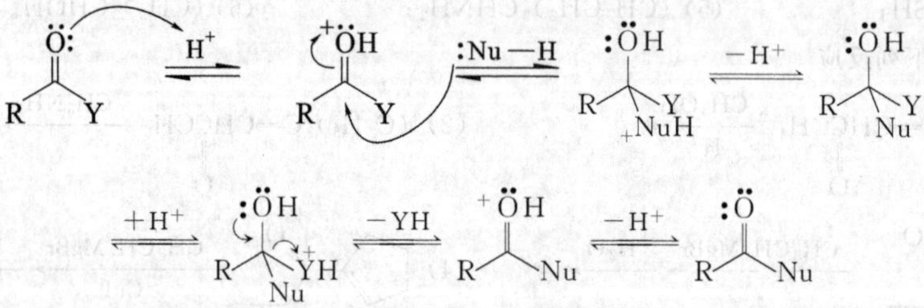

习题13-23　试写出乙酸乙酯分别在酸性或碱性条件下水解的机理。

13.7.2　羧酸及其衍生物的亲核取代反应活性

羰基化合物的结构对亲核反应活性具有重要影响。根据羰基碳原子的缺电子程度，可以得出羰基化合物接受亲核试剂进攻的反应活性顺序如下：

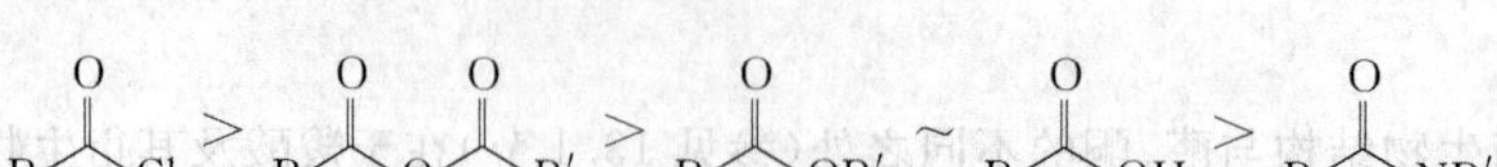

另一方面,离去基团的离去倾向大小也将影响亲核取代反应活性。下面几类化合物的酸性强弱顺序是:$HX>RCOOH>ROH\sim H_2O>R_2NH$(详见13.1节),因此它们的共轭碱碱性强弱顺序为:$X^-<RCOO^-<RO^-\sim HO^-<R_2N^-$。碱性越弱的亲核试剂,离去倾向越大。由此得出的羧酸及其衍生物发生亲核取代反应的活性顺序与上述顺序一致。另外,硫醇酯(RCOSR′)的反应活性与酸酐相当,而羧基负离子的活性最低。

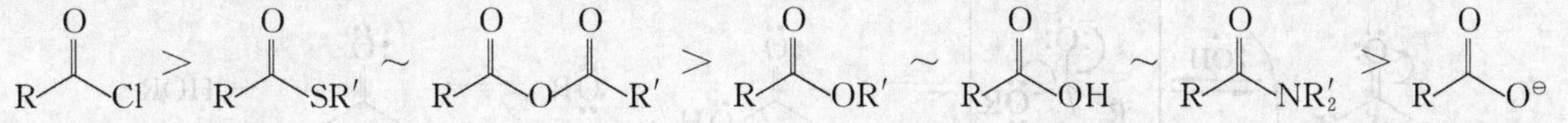

在羧酸及其衍生物的亲核取代反应中,一般只有反应活性高的可以转化为反应活性低的,同样条件下,反应活性低的则较难逆转为反应活性高的。如酰胺可以很容易地从酰卤通过亲核取代反应制得,但是酰氯却无法由酰胺直接转化而得。不过羧酸衍生物均可以在碱性或酸性条件下水解得到羧酸或羧酸根负离子。而羧酸又可以在一定条件下转化为酰卤或酸酐。最终,羧酸衍生物可以通过羧酸进行相互转化。

习题 13-24　比较下列羰基化合物进行亲核取代反应的活性顺序。

(1) 乙酸酐、乙酸乙酯和乙醛；　(2) 苯甲酰氯、苯甲酸苯基酯和苯甲酸乙酯；

(3) 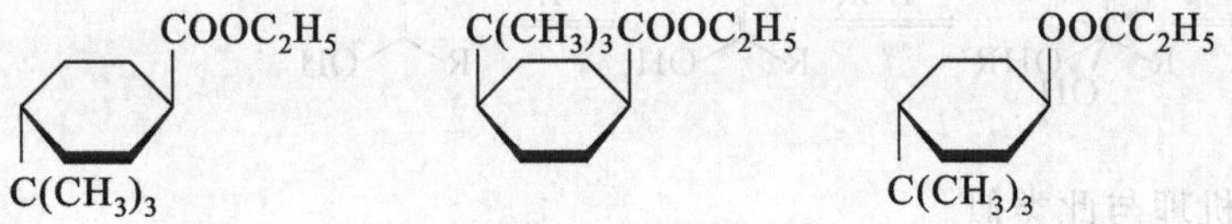

13.7.3　羧酸衍生物的相互转化——通过酰基的亲核取代反应

1. 羧酸衍生物的水解

所有的羧酸衍生物以及腈均可以通过碱性或酸性条件下的水解转化为羧酸。其中,酰卤的反应活性最高,酸酐次之,一般不需要酸碱催化即可进行,并且多数酰卤和酸酐在空气中的湿气作用下即可水解,因此需要在干燥的条件下保存。

相比之下,酯、酰胺以及腈的反应活性不够高,它们的水解需要在酸碱催化和加热条件下进行。

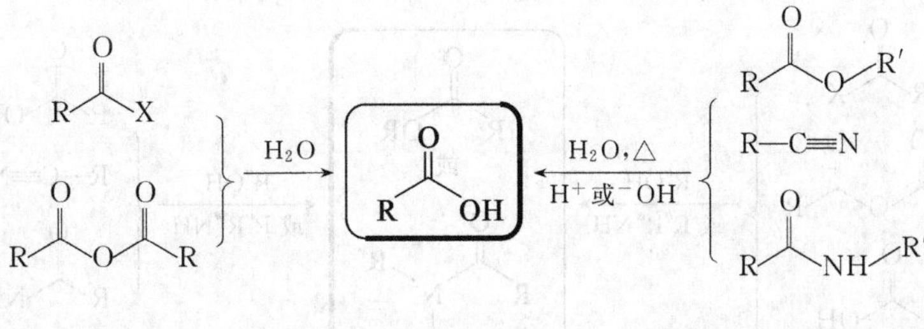

下面以酯的水解反应为例,分析碱性或酸性条件下的水解机理。

在碱性条件下，氢氧负离子进攻羰基碳形成四面体中间体。这个中间体可能发生两个反应：一是断裂 C—OH 键恢复到起始物，二是断裂 C—OR 键生成羧酸。由于离去基团 RO^- 是一个比羧酸根负离子强的碱（ROH 的 pK_a 约 15～18），所以几乎可以定量地将羧酸转化为羧酸根负离子，推动平衡向着水解反应方向进行。总的结果是，这个反应中需要等物质的量的碱将羧酸转化为羧酸根负离子。

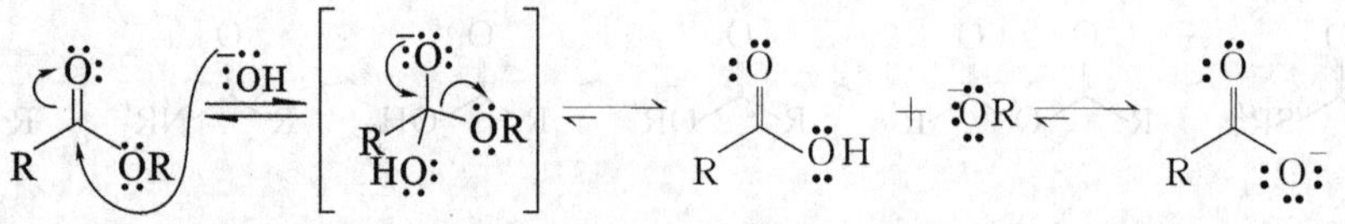

在酸性条件下，酯的水解反应是一个可逆反应。与碱性条件的反应机理相比，主要的不同之处在于羰基将首先质子化，以增加羰基碳原子接受亲核试剂进攻的活性。此外，反应过程中增加了多次的质子转移过程。

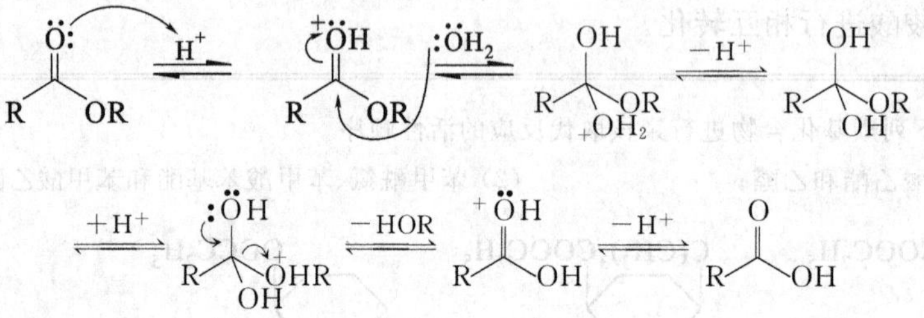

酰胺和腈的水解反应机理与此类似。

习题 13-25 写出下列反应的产物。

(1) $CH_3CH_2CH_2COOC_2H_5 \xrightarrow[H_2O]{H^+} ?$ (2) $C_6H_5CH_2COCl \xrightarrow{H_2O} ?$

(3) 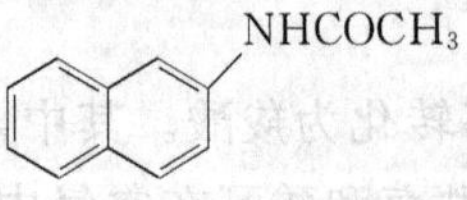 $\xrightarrow[H_2O]{^-OH} ?$ (4) 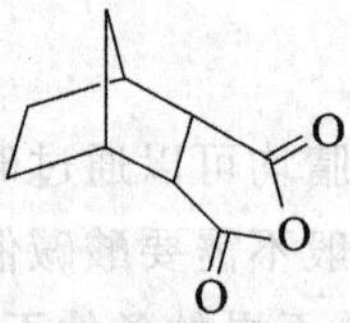 $\xrightarrow{H_2O} ?$

2. 羧酸及其羧酸衍生物与醇和氨（胺）的反应

几乎所有的羧酸和羧酸衍生物均可以与醇和氨（胺）反应生成酯和酰胺。

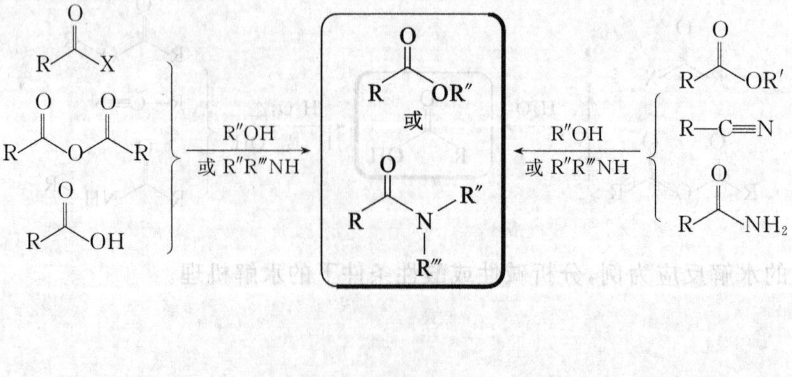

与水解反应相似，酰卤和酸酐与醇和氨(胺)的反应很容易进行，这是合成酯和酰胺的重要方法。由于反应中有盐酸或羧酸生成，常在反应中加入一些碱，如吡啶、三级胺等，一方面中和酸，另一方面也起到一定的催化作用。

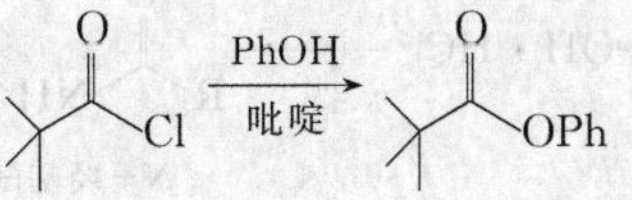

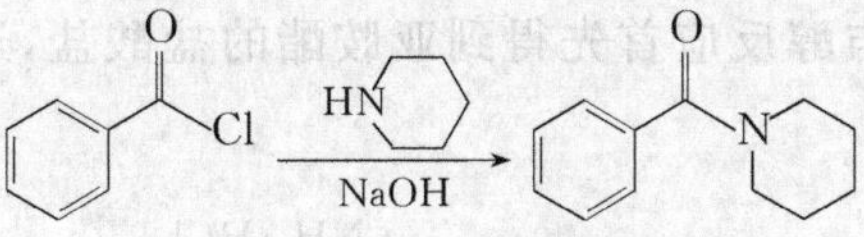

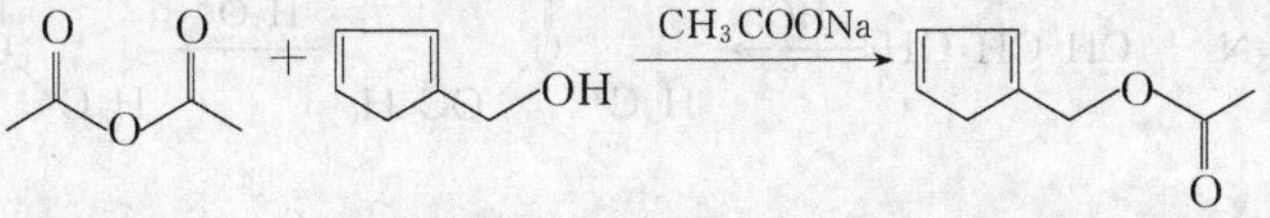

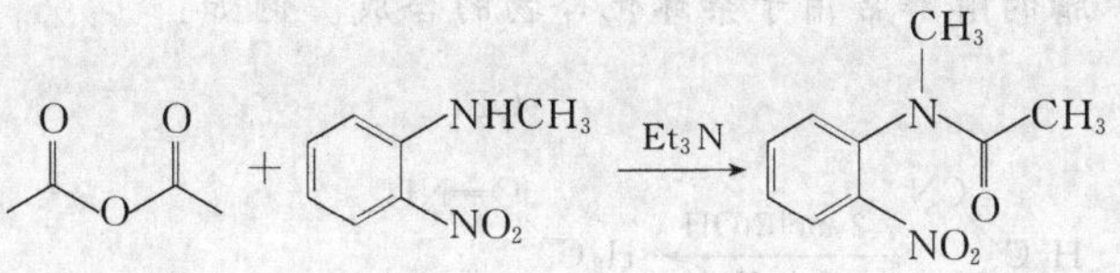

羧酸与醇的反应是可逆的。常需要酸催化，并采用不断从体系中移去产物水或酯的方法促使平衡朝着形成酯的方向进行。

$$CH_3COOH + CH_3CH_2CH_2CH_2OH \xrightarrow[\triangle]{H^+} CH_3COOCH_2CH_2CH_2CH_3 + H_2O$$

羧酸与氨(胺)的反应首先形成铵盐，经加热脱水得到酰胺。

$$RCOOH + HNR'R'' \longrightarrow RCO\overset{-}{O}\overset{+}{N}H_2R'R'' \xrightarrow{\triangle} RCONR'R''$$

由于羧酸活性不够高，合成中更多采用酰卤或酸酐与醇和胺反应来制备酯和酰胺。

酯可以与醇进行酯交换反应(transesterification)。例如：

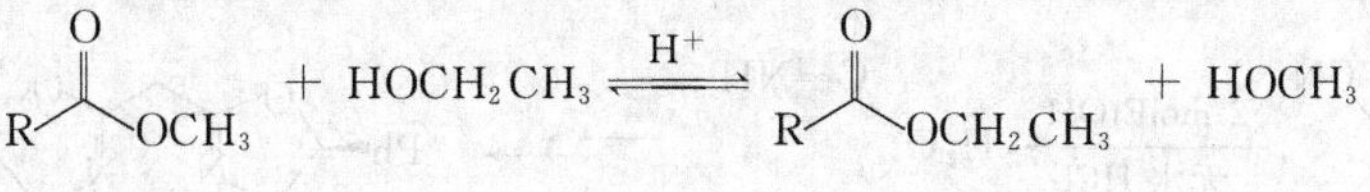

当两个酯的反应活性及稳定性均相当时，影响上述平衡的关键因素就在于醇的浓度。可以采用增加或降低某种醇的浓度促使平衡朝着预期的方向进行。如果其中一种醇的沸点较低时，可以通过蒸馏移去的方法，使平衡向高沸点醇的方向进行。合成中常用甲酯进行酯交换反应就是这个道理。

酯可以与氨或胺反应，也可以与肼和羟氨反应。

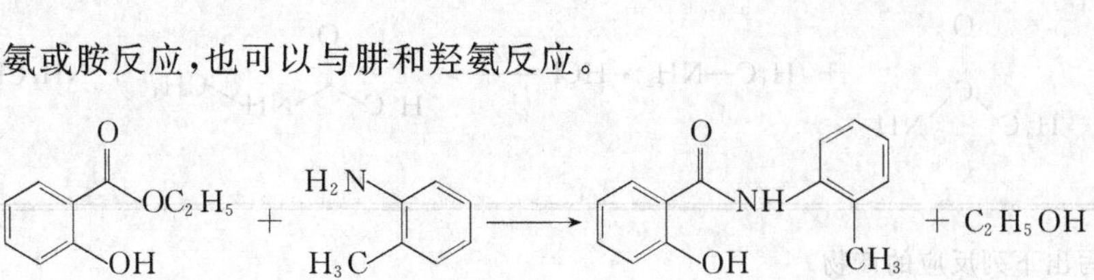

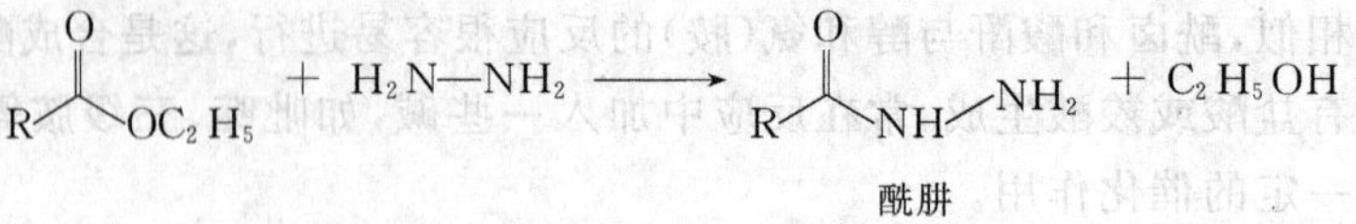

酰肼

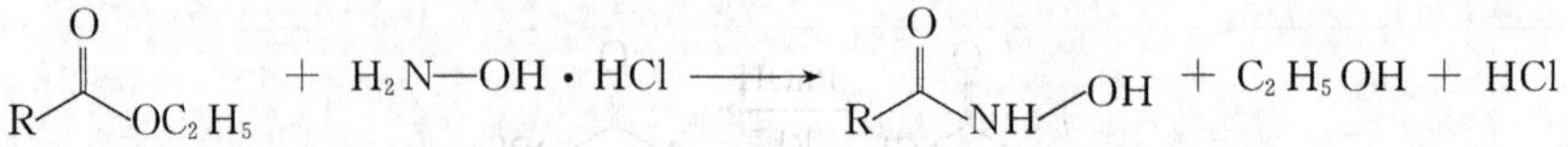

N-羟基酰胺

腈在无水氯化氢存在下与醇反应首先得到亚胺酯的盐酸盐，进一步水解可以得到羧酸酯。例如：

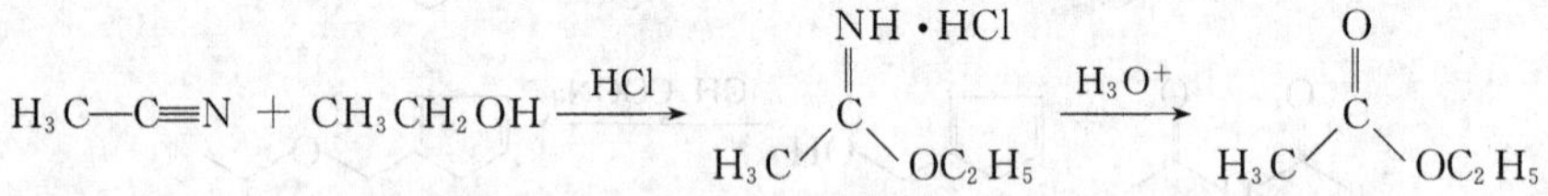

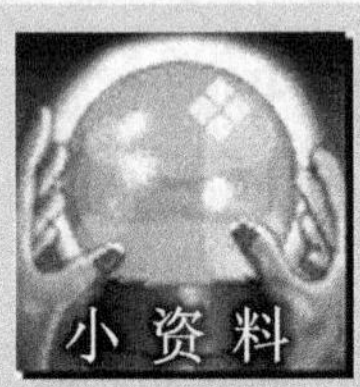

腈的醇解常用于杂环化合物的合成。例如：

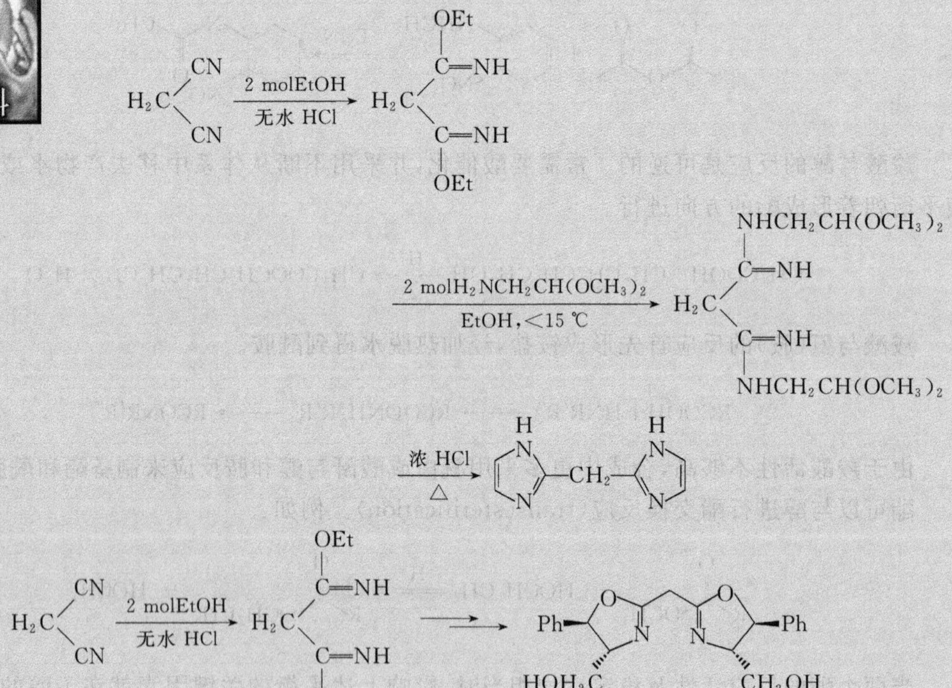

酰胺也可进行胺交换反应。例如：

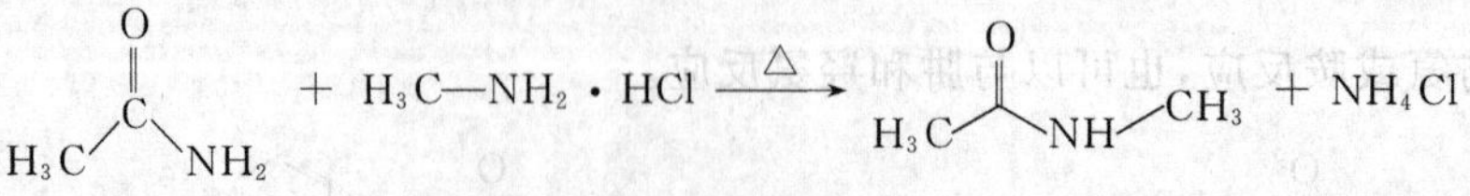

习题 13-26 写出下列反应的产物

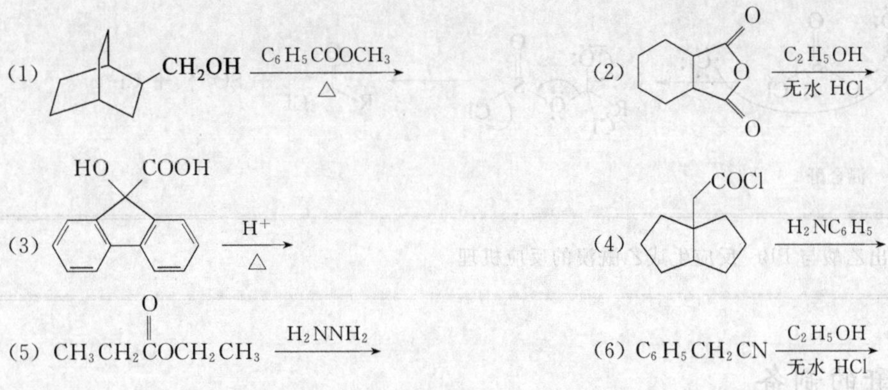

13.7.4　酰氯的制备

酰卤是所有羧酸衍生物中活性最高的化合物，不能通过羧酸、酸酐、酯或酰胺等直接与卤负离子的亲核取代反应来制备。因为 OH^-、$RCOO^-$、RO^-、RNH^- 等基团的离去倾向均弱于 X^-。

常用的制备方法是羧酸与二氯亚砜（$SOCl_2$）、三氯化磷（PCl_3）或五氯化磷（PCl_5）反应。

$$RCOOH \xrightarrow{SOCl_2(bp79\ ℃)} RCOCl + SO_2\uparrow + HCl\uparrow$$

$$RCOOH \xrightarrow{\frac{1}{3}PCl_3(bp75\ ℃)} RCOCl + \frac{1}{3}H_3PO_3$$

$$RCOOH \xrightarrow{PCl_5(bp166\ ℃)} RCOCl + \underset{bp107\ ℃}{POCl_3} + HCl\uparrow$$

在这三个反应中，羧酸与二氯亚砜的反应应用最广泛。因为反应后的产物中除酰卤外都是气体，而且二氯亚砜本身的沸点很低。反应可以直接在过量的二氯亚砜中进行。然后蒸馏除去二氯亚砜即可得到酰氯，这样得到的产物可以直接用于酯和酰胺的制备。酰氯如需进一步纯化，只能采取减压蒸馏的方法。因为酰卤不稳定，易水解，很多常用的分离纯化方法如萃取、层析法都不能使用。

羧酸与二氯亚砜、三氯化磷或五氯化磷反应的结果表现为羧酸的羟基被氯取代，但是实际反应并不是经过直接的氯负离子进攻羧基碳原子的亲核取代进行的。例如，羧酸与 $SOCl_2$ 反应，首先是羧酸中羟基氧作为亲核试剂进攻二氯亚砜的硫原子，形成四价硫中间体，然后脱质子，脱去氯负离子得到氯代亚硫酸与羧酸的混合酐。经过这个转化，原来羧酸中的离去基团羟基转化成容易离去的基团氯代亚硫酰氧基（ClSOO—）。此时，体系中的氯负离子再进攻该混合酐的羰基碳原子，然后失去二氧化硫和氯负离子得到最终的酰氯产物。

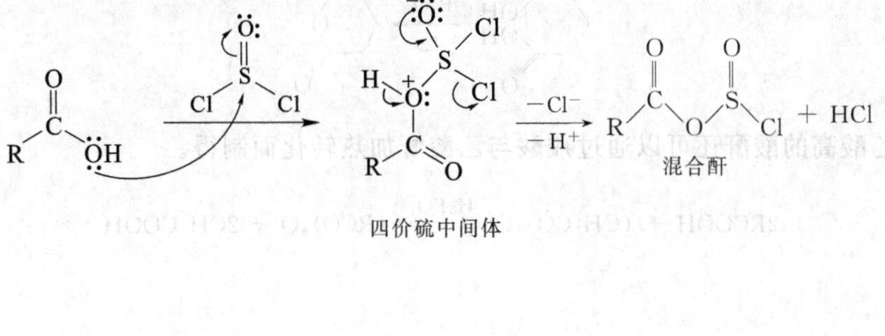

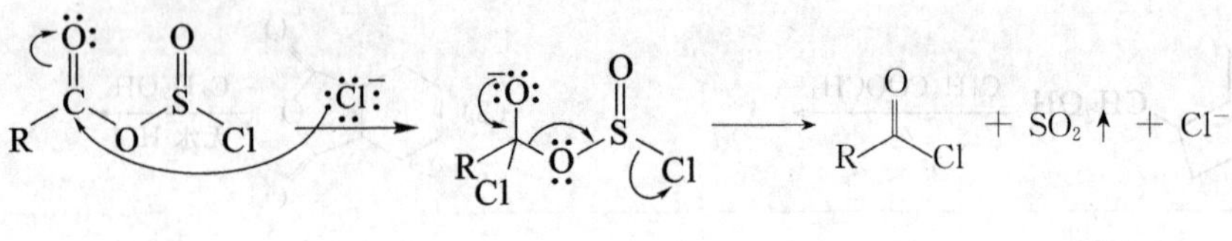

混合酐

习题 13-27　试写出乙酸与 PBr_3 反应生成乙酰溴的反应机理。

13.7.5　酸酐的制备

酸酐的反应活性也很高，常用于制备酯和酰胺。酸酐的制备主要有两种方法：一种方法是酰氯与羧酸钠盐反应，另一种是羧酸失水。

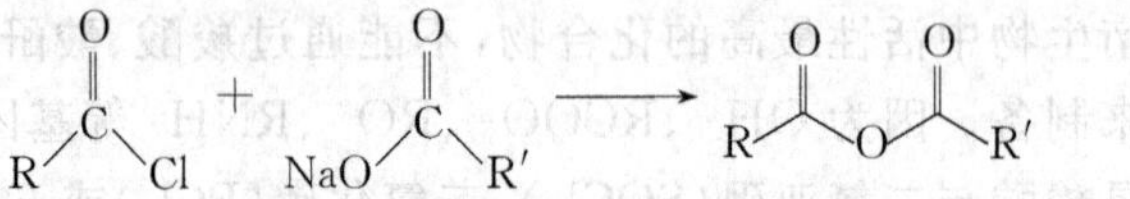

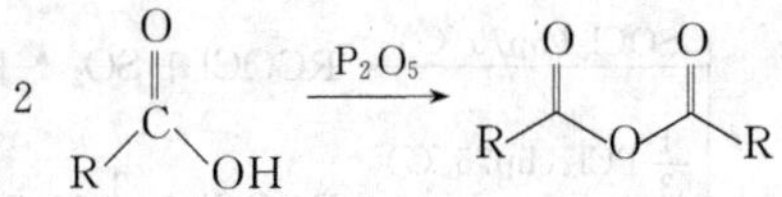

前一种方法适用于混合酸酐的制备，后一种方法则主要适用于同种酸或部分二元酸形成五元环、六元环的环状酸酐。在羧酸失水生成酸酐的反应中，除了加热的方法外，还可以采用在加热的同时，使用一定量的脱水剂，如五氧化二磷（P_2O_5）等。例如，丙酸钠与乙酰氯反应生成乙丙酐，顺丁烯二酸在加热条件下可以脱水成酐，戊二酸在五氧化二磷作用下加热脱水成酐。

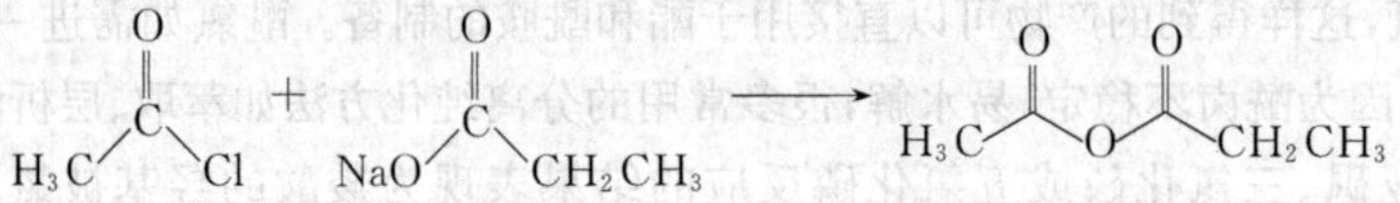

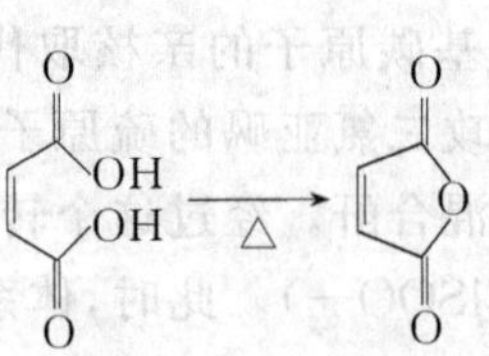

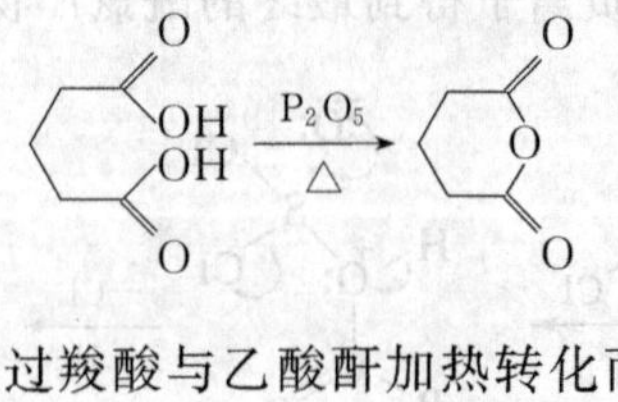

沸点比乙酸高的酸酐还可以通过羧酸与乙酸酐加热转化而制得。

$$2RCOOH + (CH_3CO)_2O \xrightleftharpoons{H_3PO_4} (RCO)_2O + 2CH_3COOH$$

乙酸酐是唯一的一种有商品供应的酸酐。工业上乙酸酐是通过乙烯酮与乙酸反应制得的。

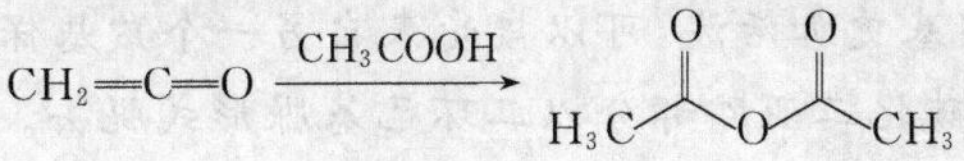

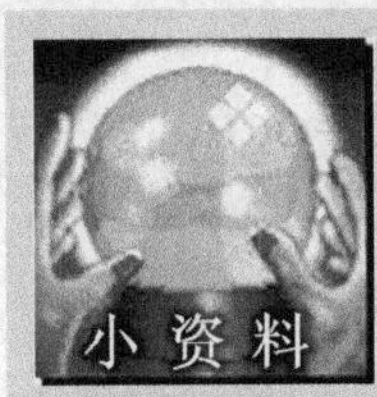

烯酮与碳化二亚胺试剂

羧酸分子内失水形成具有 RCH═C═O 结构的化合物，称为烯酮。因此，烯酮可以看成是分子内的酸酐。乙烯酮是最简单的烯酮。烯酮中羰基的 π 键与 C═C 双键的 π 键处于相互垂直的位置，无法形成共轭作用。因此，烯酮中的羰基是活泼的，容易接受亲核试剂的进攻，发生亲核加成反应。如果是含活泼氢的化合物，如水、卤化氢、羧酸、醇或胺等与之加成，则是试剂中氢加成到氧原子上，另一部分加在羰基的碳原子上，得到的加成产物具有烯醇结构，经过互变异构转换生成羧酸衍生物：

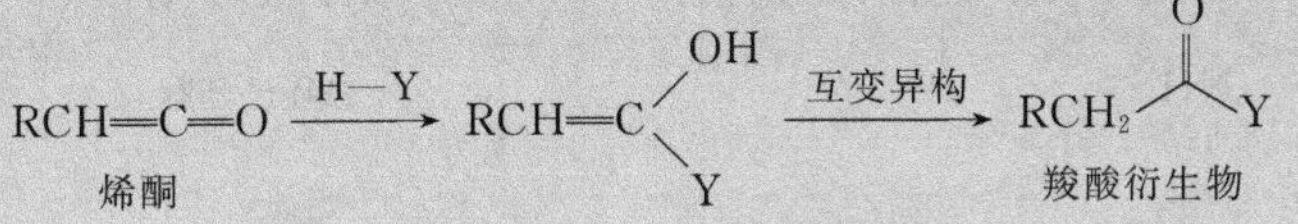

Y=OH，X，OOCR′，OR′NHR′

如果亲核试剂是格氏试剂，则加成产物水解后互变异构得到酮。

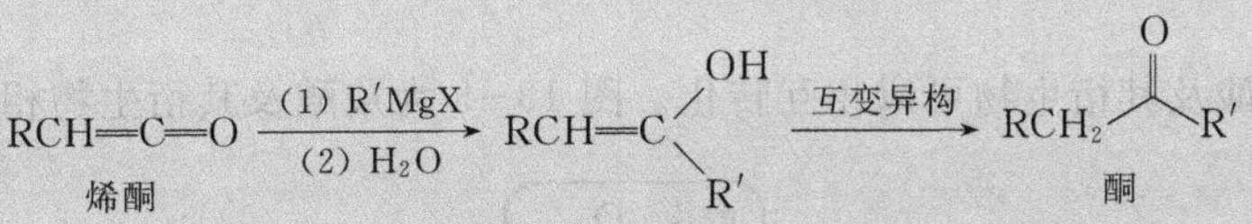

烯酮的一般制备方法是：α-溴代酰溴与锌粉共热，发生 E2 消去反应，失去两个溴原子，生成烯酮。

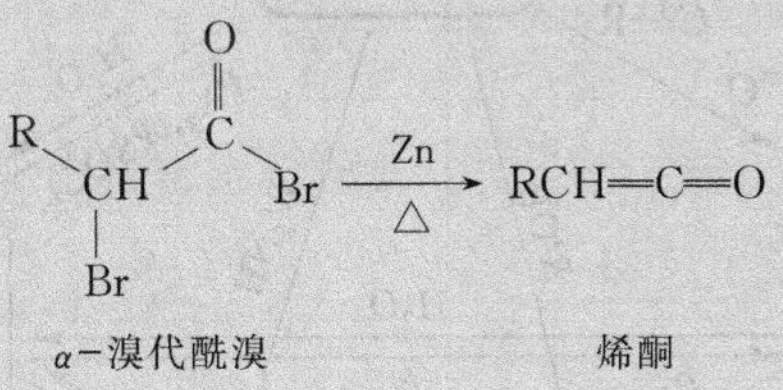

碳化二亚胺是一类具有 —N═C═N— 结构的化合物，其中心碳原子由于受两个氮原子的吸电子作用，容易接受亲核试剂的进攻。这类化合物中使用最广泛的是 N,N'-二环己基碳化二亚胺（N,N'-dicyclohexylcarbodiimide，简称 DCC），它可以用下列反应制备：

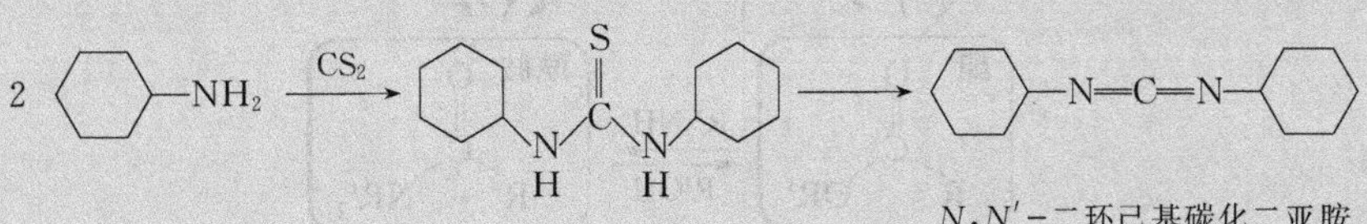

N,N'-二环己基碳化二亚胺

N,N'-二环己基碳化二亚胺在多肽和蛋白质的合成中常用来活化羧基。其原理在于碳化二亚胺可以与羧酸发生加成反应，形成类酸酐结构。该结构中，由于 C═N 极性双键的吸电子作用，使来自羧酸的羰基更加活泼，可以接受来自另一个羧基保护的氨基酸氨基的亲核进攻，同时 N,N'－二环己基碳化二亚胺部分以二环己基脲形式脱去。

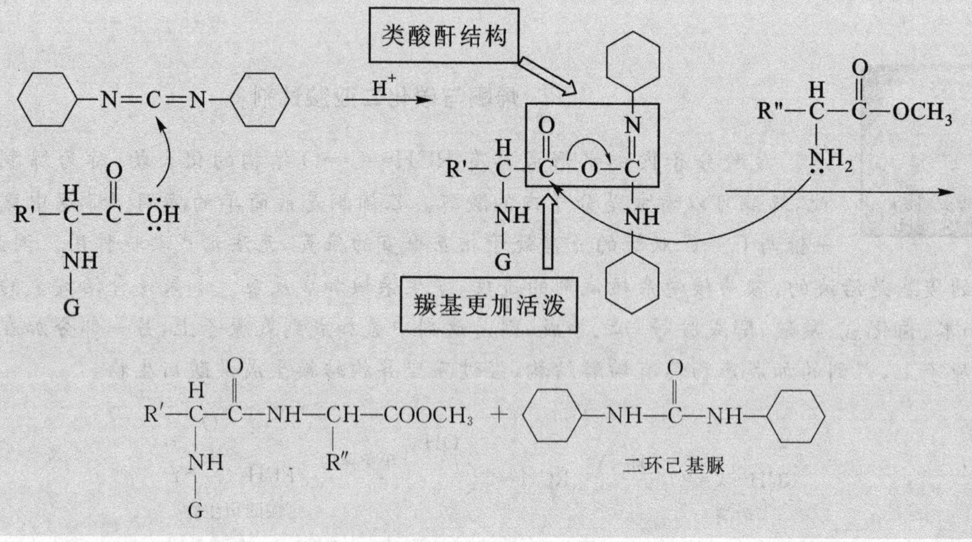

13.7.6　羧酸及其衍生物的相互转化小结

综上所述，羧酸及其衍生物可以相互转化。图 13-3 为羧酸及其衍生物相互转化图。

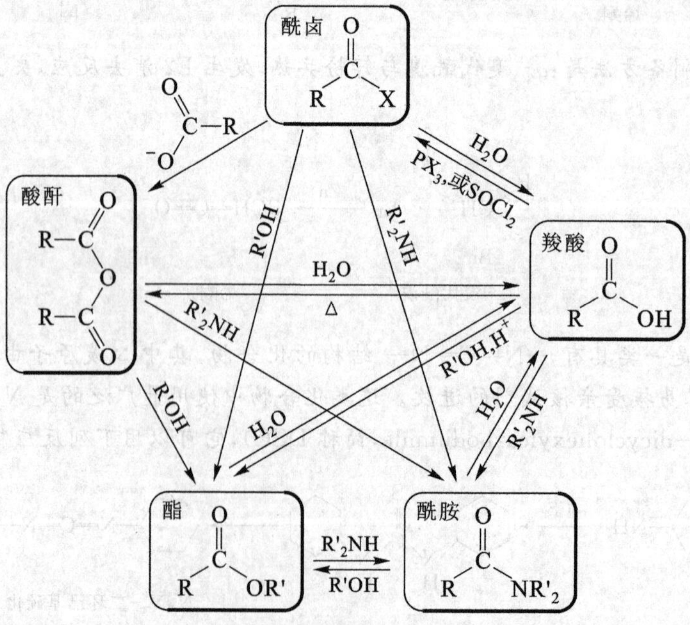

图 13-3　羧酸及其衍生物的相互转化图

一般来说，高活性羧酸衍生物形式可以通过亲核取代反应直接转化为较低活性形式。如酰卤最活泼，因此酰卤容易转化为酸酐、羧酸、酯和酰胺，常用于制备酸酐、酯和酰胺。又如，酸酐活性仅低于酰卤，一般容易水解成羧酸，同时也是常用的制备酯和酰胺的方法。羧酸转化成酯的反应常常是可逆的，需要酸催化并不断移走产物以促进平衡的移动。酯交换反应，以及酯与酰胺的相互转化反应往往也是可逆的，为促使平衡朝着生成目标产物的方向进行，常采用移走产物的方法。因此常用甲酯进行酯交换反应，因为生成的产物甲醇具有较低的沸点，可以方便地通过蒸馏从反应体系中移去。利用平衡移动方法也可能使活性最低的酰胺与醇反应得到酯。

活性居中的羧酸是各种形式衍生物相互转化的中心纽带。如酯和酰胺均能在酸或碱作用下水解为羧酸，而酰卤则常常是通过羧酸与二氯亚砜等试剂作用得到，酸酐则可以通过两分子羧酸在脱水剂存在下加热脱水得到。

习题 13-28　戊醛、2-戊酮和 2,4-二甲基-3-戊酮与下列试剂是否有反应，如果有，写出反应方程式。

(1) $CH_3CH_2OH+HCl$(无水)　(2) $NaCN+HCl$　(3) $NaHSO_3$

(4) H_2NNH_2　(5) $NaBH_4$；　(6) $H_2NCONHNH_2$

习题 13-29　比较下列反应的速率快慢顺序。

(1) 环戊酮、戊醛、苯乙酮和二苯酮与 $NaHSO_3$ 的反应

(2) 乙醛、丙酮、乙酸乙酯和乙酰氯与 C_2H_5MgBr 反应

习题 13-30　完成下列反应，写出主要产物。

(1) 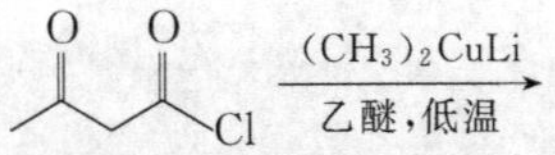

(2) 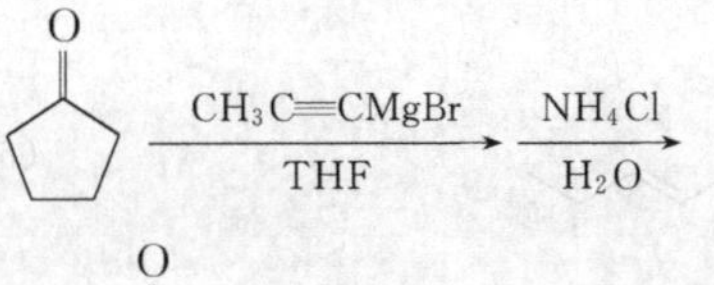

(3) 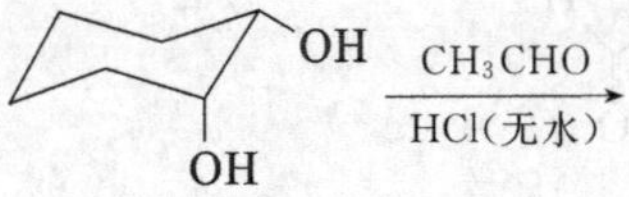

(4) 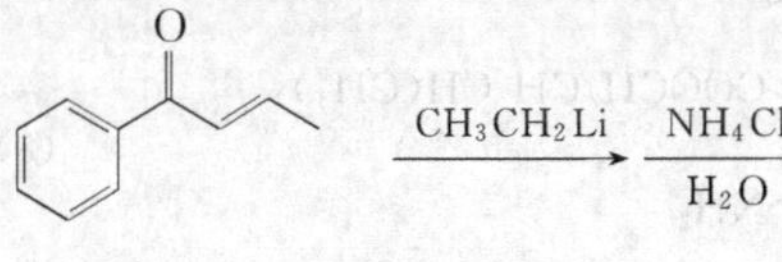

(5) 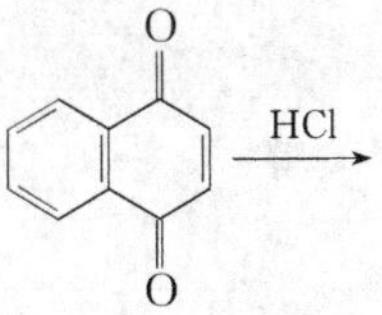

(6) 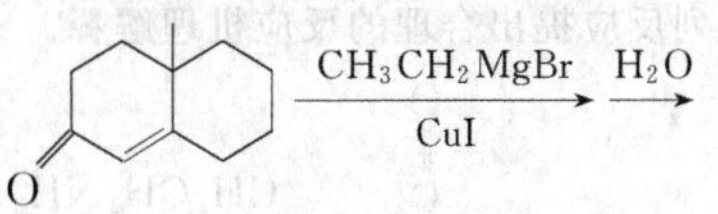

(7) 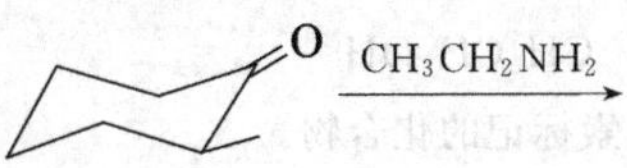

(8) 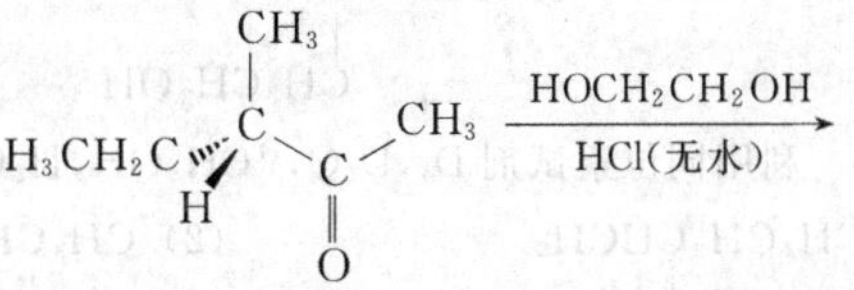

(9) 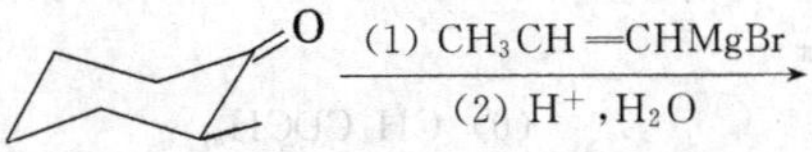

(10) 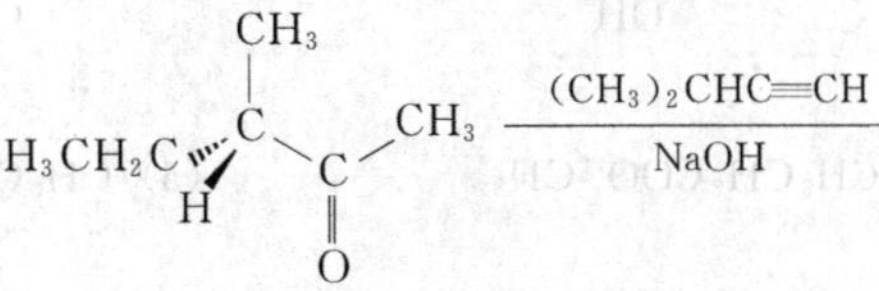

(11) $(CH_3)_2CHCOOH \xrightarrow{PBr_3} ? \xrightarrow{C_6H_5CH_2OH} ?$

(12) 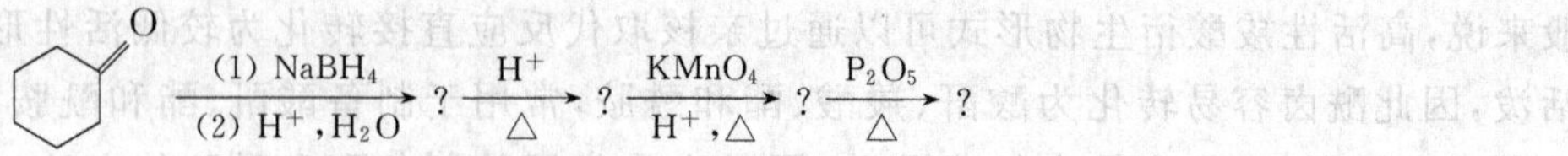

(13) 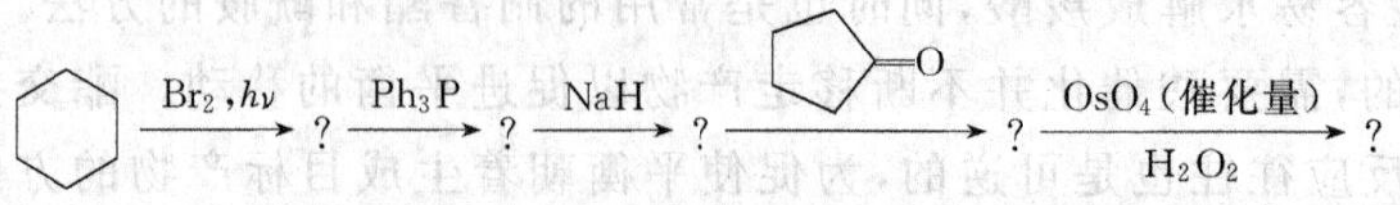

(14) 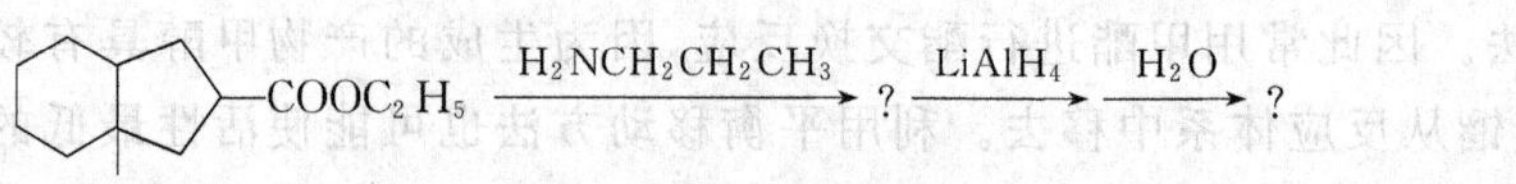

(15) 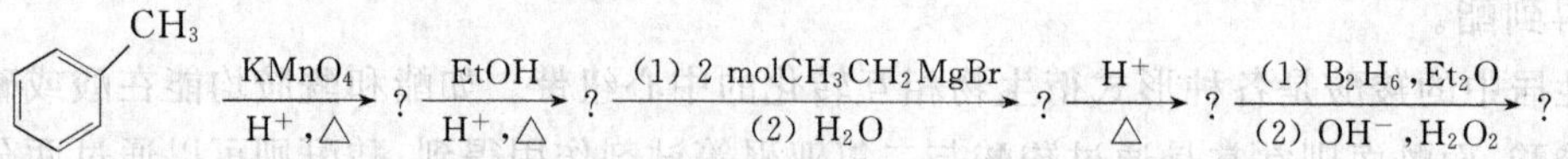

习题 13-31　硫醇的羧酸酯也可以进行水解反应，请写出碱性条件下水解的机理，并比较硫醇的羧酸酯与醇的羧酸酯的水解速率大小。

习题 13-32　完成以下合成转化，除了指定的原料和苯、甲苯、环己烷、环戊烷外，其他原料只能用四个碳以及四个碳以下的醇或卤代烃。

(1) 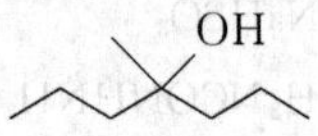　　(2) 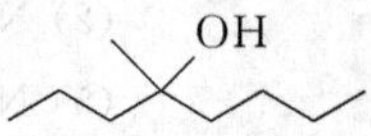

(3) 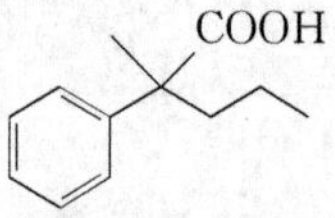　　(4) 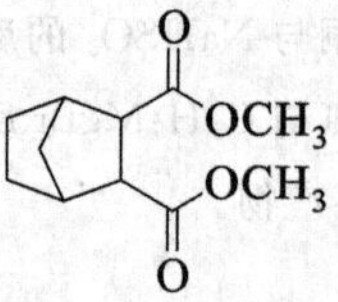

(5) 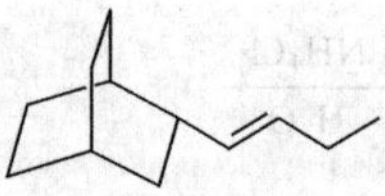　　(6) 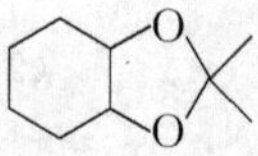

(7) 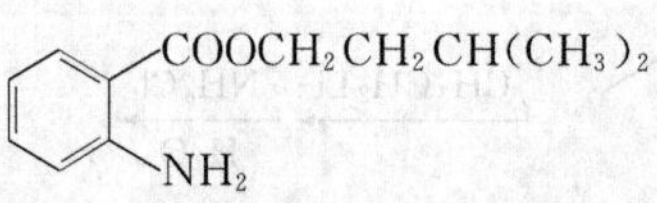　　(8) 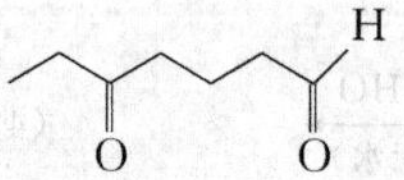

(9) $n\text{-}C_{12}H_{25}NH_2 \longrightarrow n\text{-}C_{12}H_{25}NHCH_2CH_2COOCH_3$

习题 13-33　为下列反应提出合理的反应机理解释。

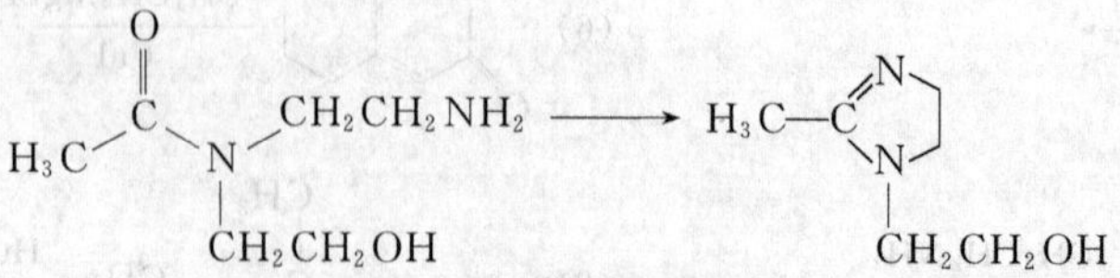

习题 13-34　利用同位素试剂 D_2，D_2O，$^{14}CH_3OH$，H_2O^{18} 合成以下同位素标记的化合物。

(1) $^{14}CH_3CH_2CH(OH)CH_3$　　(2) $CH_3CH(CH_3)^{14}CH_2OH$　　(3) $CH_3CH(CH_3)CH_2OD$

(4) $CH_3CH_2COO^{14}CH_3$　　(5) $CH_3CH(^{18}OCH_3)_2$　　(6) $CH_3CD(OH)CH_3$

第十四章　羰基化合物 α－取代反应和缩合反应

（Substitutions at the α－Carbon of Carbonyl Compounds and Condensation Reactions）

羰基化合物中的羰基（C＝O）是一个极性双键，羰基碳原子是一个缺电子的亲电中心，可以接受亲核试剂的进攻，发生亲核加成或取代反应。含碳亲核试剂对羰基碳的亲核加成，是构筑新的碳－碳单键和双键的重要方法。常见的含碳亲核试剂有氰基负离子（CN^-）、Grignard 试剂等有机金属试剂以及 ylide 试剂等。羰基化合物除了缺电子的羰基碳原子可以接受亲核试剂进攻外，还有另一个反应活性中心，即羰基 α－氢。由于羰基 α－氢受羰基的吸电子作用影响而具有酸性，在碱的作用下，可以脱去 α－氢，形成碳负离子，该碳负离子与羰基共轭而得以稳定。由于该碳负离子的共振结构之一为烯醇结构，又称为烯醇负离子（enolates）。

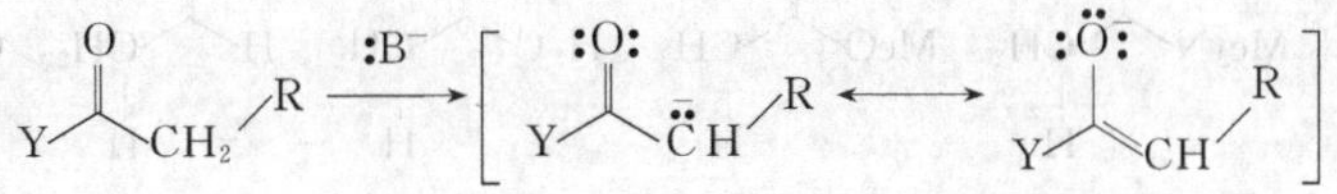

烯醇负离子是一类富电子基团，可以接受亲电试剂的进攻或者作为亲核试剂，进行多种亲核取代、加成或缩合反应。除羰基化合物外，分子中含有强吸电子基如氰基或硝基的化合物，其 α－氢酸性较强，同样能进行类似的亲核取代、亲核加成或缩合反应。所有这些反应均可以建构 C—C 键，常常应用于复杂结构有机化合物的合成，因此在有机合成中占有十分重要的地位。本章将着重讨论与羰基化合物 α－氢有关的各种反应。

14.1　羰基化合物的 α－氢酸性以及烯醇、烯醇负离子的形成与结构

14.1.1　羰基化合物及其类似化合物的 α－氢酸性

由于羰基、氰基、硝基或其他基团的吸电子作用，与它们相连的 α－氢比较活泼，具有一定的酸性。可以通过测定 α－氢解离的难易程度，即用化合物 α－氢的 pK_a 值表示其活性的强弱（表 14－1）。

通常邻位碳原子的吸电子诱导效应和共轭效应可以使饱和碳原子上氢的酸性增强。例如，烷烃氢的 pK_a 大约为 46～50，而烯丙型碳上氢的 pK_a 为 42～44，就是因为该质子脱去后形成的碳负离子可以得到双键共轭效应的稳定作用，从而使酸性增强。醛酮羰基 α－氢的 pK_a 只有

16～20，是因为其脱去质子后形成的碳负离子不仅受到羰基双键的共轭作用稳定，并且受到羰基的吸电子作用，其负电荷得到较大程度的分散，从而比烯丙型碳负离子更加稳定。

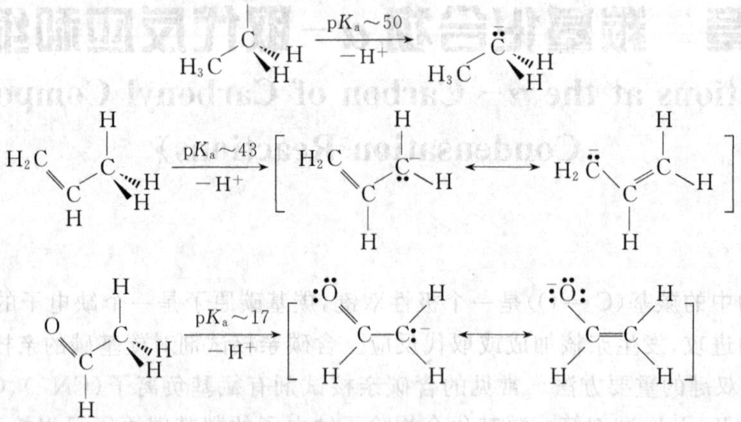

表14-1 的数据清楚地显示：不同羰基的吸电子作用不同，因而不同的羰基化合物中 α-氢的酸性也不同。从酰胺→酯→酮→醛→酰卤，其羰基的吸电子作用逐步增强，相应的 α-氢酸性逐步增加，脱去 α-氢形成碳负离子的反应活性也逐步增强。

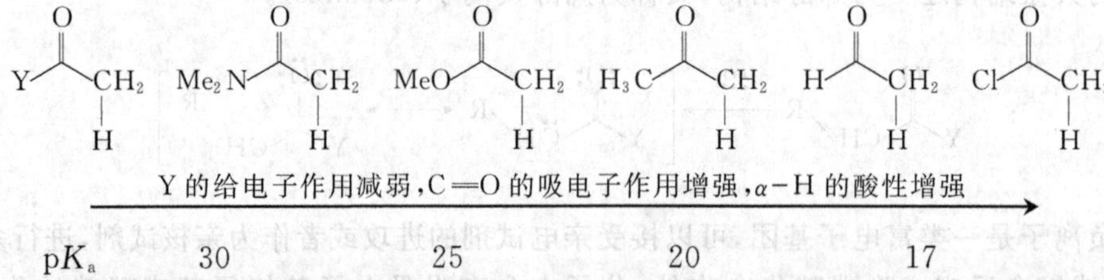

由于羰基化合物 α-氢的酸性，在一定条件下可以形成烯醇或烯醇负离子，从而可以作为亲核试剂发生一系列重要反应。

当一个 sp^3 杂化碳原子连接了两个羰基或其他吸电子基团时，该碳原子连接的氢原子酸性增强。例如，丙二酸二乙酯 $CH_2(COOCH_2CH_3)_2$ 的亚甲基连接了两个乙氧羰基，其氢原子的酸性比一般的酯强很多（pK_a 为 13）。2，4-戊二酮（$CH_3COCH_2COCH_3$）的亚甲基连接了两个羰基，其氢原子的酸性也比一般的酮强很多（pK_a 为 8.9）。而乙酰乙酸乙酯（$CH_3COCH_2COOCH_2CH_3$）的亚甲基连接了一个乙氧羰基和一个羰基，其氢原子的酸性介于丙二酸二乙酯和 2，4-戊二酮之间（pK_a 为 11）。这类 1，3-二羰基化合物及其类似物比一般羰基化合物更容易形成烯醇负离子，从而作为好的亲核试剂发生多种反应（详见 14.3 和 14.6 节），在有机合成中有重要用途（详见 14.7 节）。

表 14-1 一些化合物的 pK_a 值

化合物	pK_a	化合物	pK_a
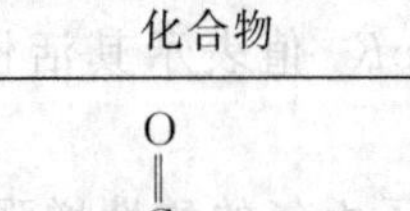	30		13

续表

化合物	pK_a	化合物	pK_a
$\underline{CH_3}$—C≡N	25	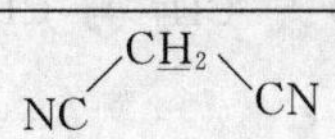	12
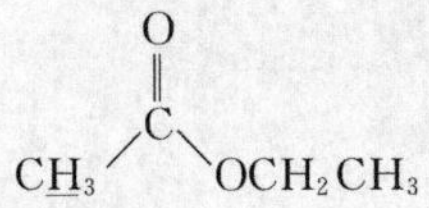	25	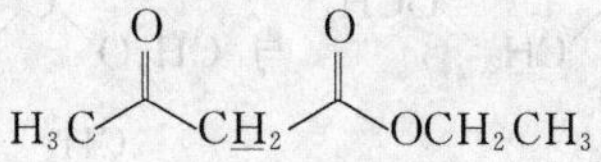	11
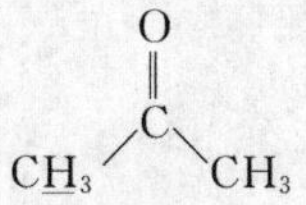	20	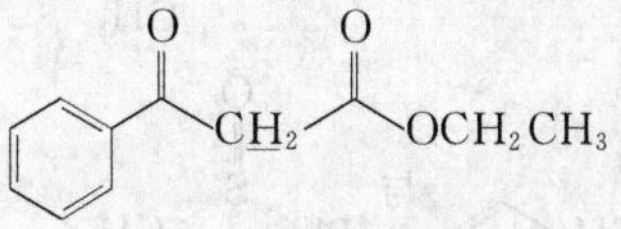	9.4
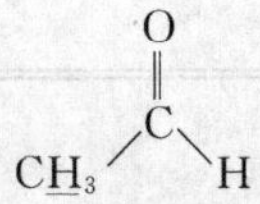	17	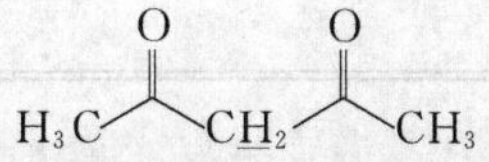	8.9
$\underline{CH_3}$—NO_2	10	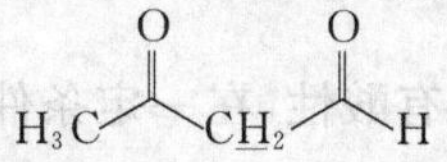	5.9
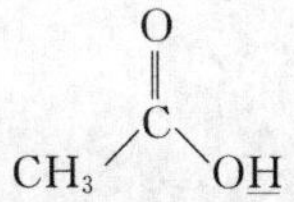	4.7	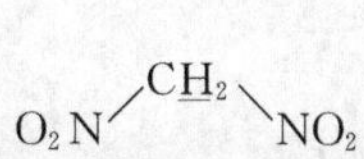	3.6

表 14-1 数据还表明氰基的吸电子作用与酯基相当，硝基的吸电子作用最强，因此，硝基化合物的 α-氢的酸性很强。例如，硝基乙烷的亚甲基氢的酸性与 2,4-戊二酮相当，而二硝基甲烷的 pK_a 只有 3.6，比乙酸的酸性还强。

习题 14-1　表 14-1 中数据表明，硝基甲烷（CH_3NO_2）的酸性强于乙腈（CH_3CN），试写出它们脱去一个质子后形成的碳负离子的共振结构，并解释硝基甲烷酸性较强的原因。

习题 14-2　试比较下列各对化合物中有下画线氢的酸性强弱，并简要说明理由。

(1) 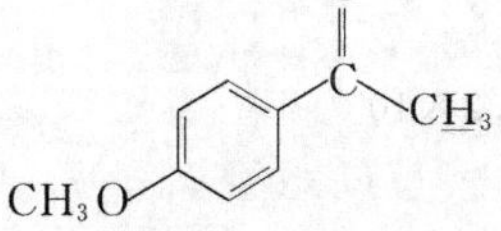 与 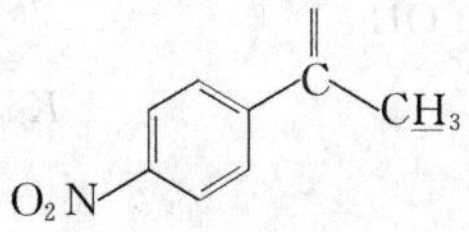

(2) 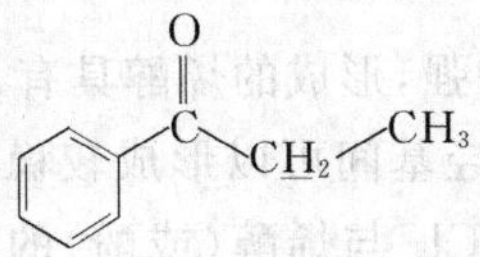 与 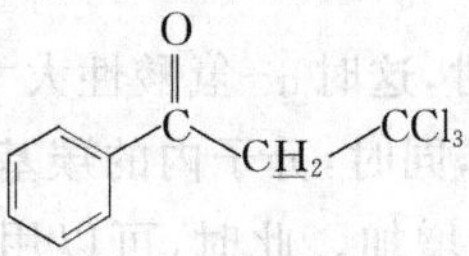

(3) 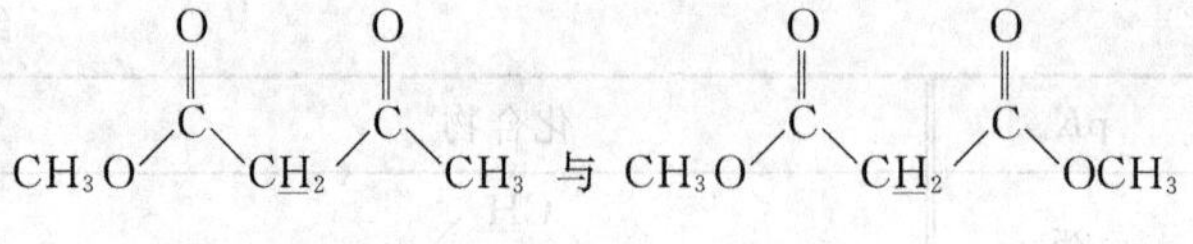

(4) 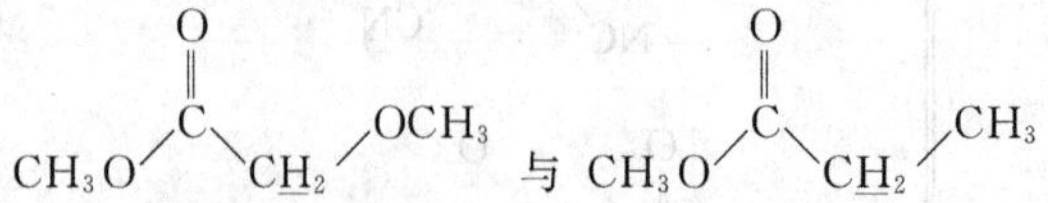

(5) 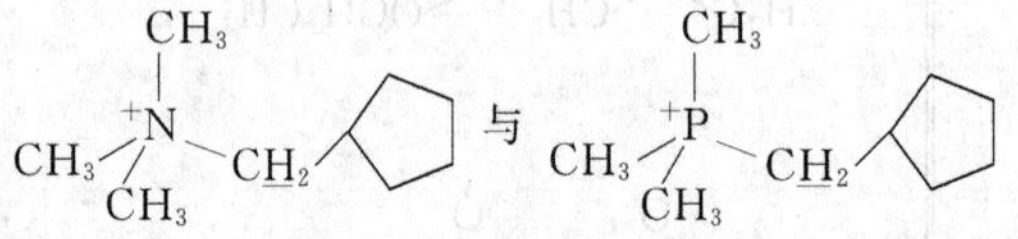

(6) 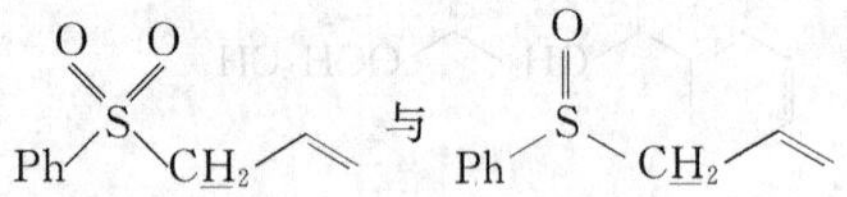

14.1.2 酮式-烯醇式互变异构

羰基的 α-氢具有酸性，在一定条件下可以从碳原子上迁移到羰基氧原子上，同时，双键则从羰基上移位到羰基碳原子和 α-碳原子上，从而形成烯醇式，这种异构变化现象称为羰基化合物的酮式-烯醇式互变异构(keto-enol tautomerism)。下式即为酮式-烯醇式互变异构平衡的一般表示式：

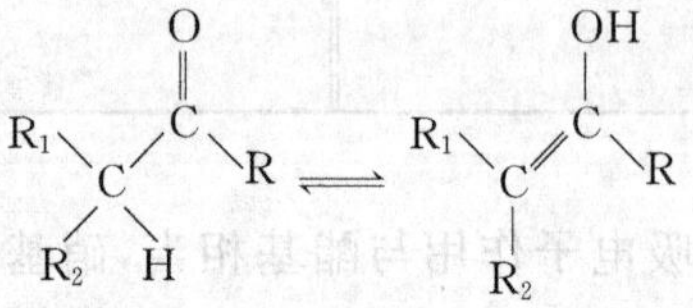

对于一般的醛酮，酮式结构比较稳定，因此烯醇式异构体含量很低，烯醇式-酮式的平衡常数很小。例如：

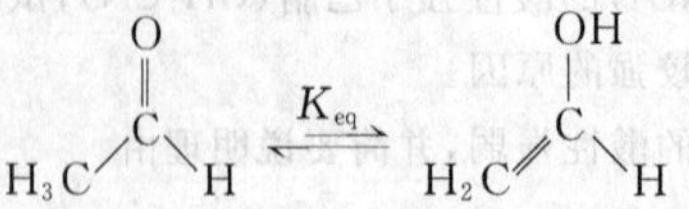

$K_{eq} \sim 5.9 \times 10^{-7}$

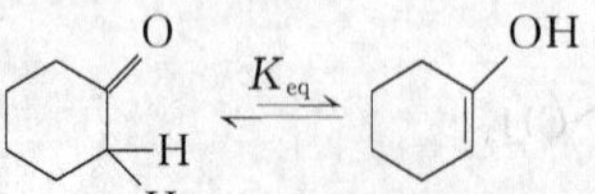

$K_{eq} \sim 4.2 \times 10^{-7}$

但是当羰基的 α-碳原子上再连接一个羰基时，这时 α-氢酸性大大增强，形成的烯醇具有 α,β-不饱和酮的结构。由于碳-碳双键与羰基共轭，同时，分子内的羰基与羟基间可以形成较稳定的六元环氢键结构，因此，溶液中的烯醇含量大大增加。此时，可以用 $FeCl_3$ 与烯醇(或酚)的络合显色反应检测到烯醇的存在。具有这种结构的化合物通常称为 1,3-二羰基化合物，又称为 β-二羰基化合物。由于它们的 α-氢酸性强，容易形成烯醇或烯醇负离子，是很好的亲核试剂，广泛应用于有机合成中。

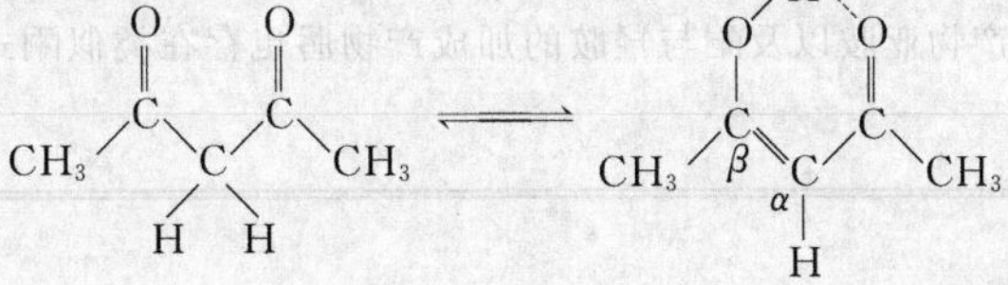

醛酮的烯醇式含量高低与 pK_a 值大小相对应（表 14-2）。酯和酰胺由于 α-氢活性较低，不容易形成烯醇结构。例如，乙酸乙酯的烯醇式-酮式的平衡常数仅为 10^{-20}。

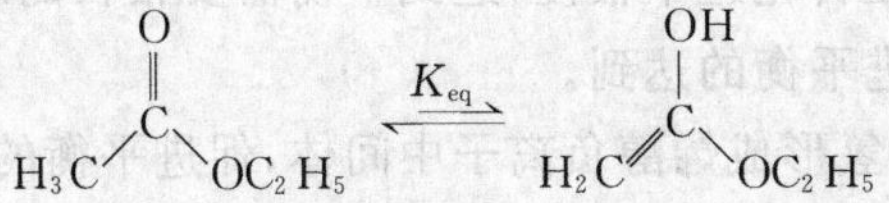

$K_{eq} \sim 10^{-20}$

酚类化合物是一类特殊的烯醇，当其异构为酮式结构后，原来的芳香性结构被破坏，因此，其酮式结构不稳定。苯酚的烯醇式-酮式互变异构平衡常数为 $10^{11\sim14}$。

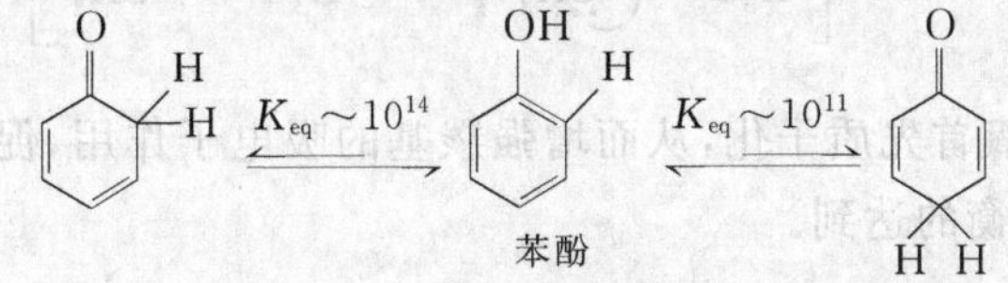

苯酚

稳定的烯醇

表 14-2　某些醛酮化合物的 pK_a 值以及烯醇式含量

化合物	pK_a	烯醇式含量/%
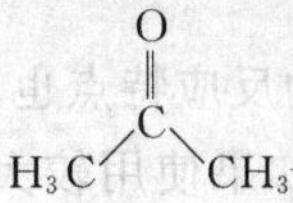	20	0.000 25
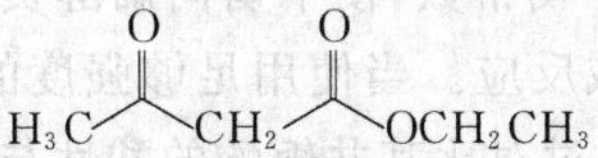	11	7.5
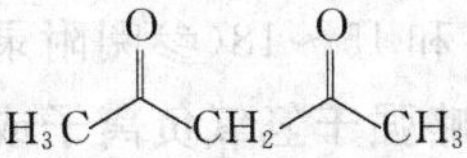	8.9	15

习题 14-3　请写出下列化合物的烯醇式结构，如果能写出的烯醇结构有两个或两个以上，则对比它们的稳定性，并说明理由。

(1) 　(2) 　(3)

(4) 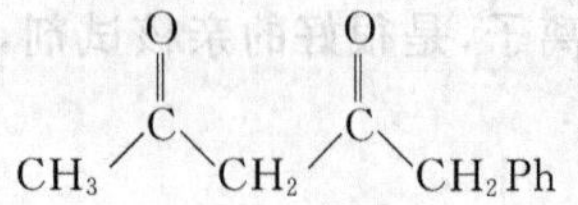　(5) 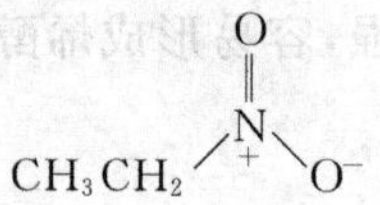　(6) $PhCH_2CH_2CN$

习题 14-4　酮与伯胺的加成产物亚胺以及酮与羟胺的加成产物肟也存在类似酮式和烯醇式的互变异构，请尝试写出它们的互变异构平衡。

14.1.3　烯醇或烯醇负离子的形成

在中性条件下，酮式与烯醇式的相互转化速率很慢，达到平衡需要很长的时间。微量的酸或碱能促进酮式与烯醇式的相互转变，促进平衡的达到。

在碱性条件下，通过碱夺去羰基 α-氢形成烯醇负离子中间体，促进平衡的达到。

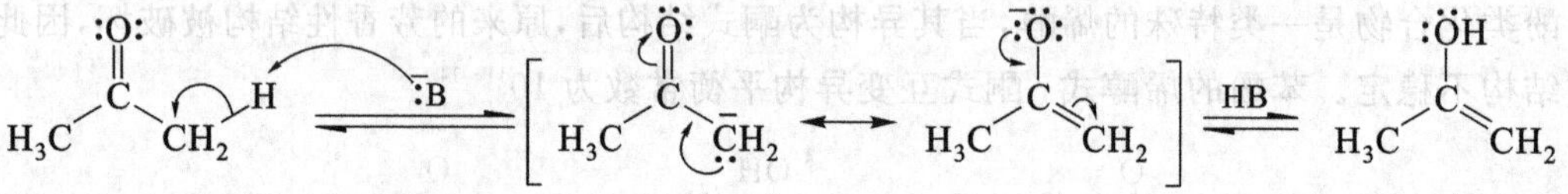

在酸性条件下，羰基氧首先质子化，从而增强羰基的吸电子作用，促进 α-氢的离去，加速了酮式-烯醇式互变异构平衡的达到。

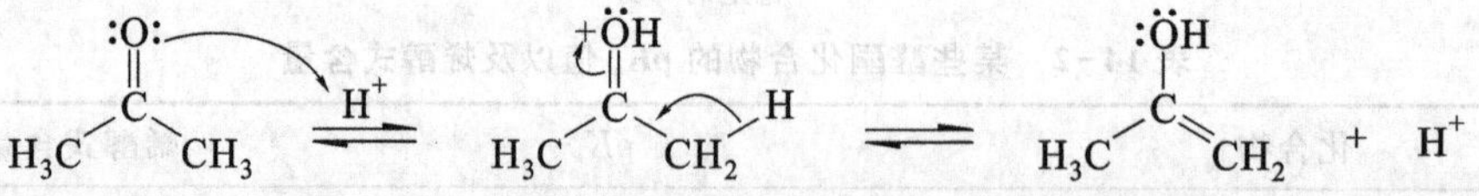

可见，酸或碱催化的互变异构机理是不同的。正因为如此，它们的反应特点也不同。酸催化一般不改变酮式-烯醇式互变异构的平衡常数。碱催化情况则不同，如果使用较大量的强碱，将主要形成烯醇负离子，从而可以改变酮式-烯醇式互变异构的平衡常数，使平衡向烯醇负离子方向移动。事实上，这是由于醛酮的 α-氢与加入的碱发生了酸碱反应。当使用足够强度的碱时，可以使醛酮完全转化成烯醇负离子。碱的强度是否足够可以通过对比其共轭酸的酸性与羰基化合物的酸性强弱来确定。

醛、酮 α-氢的 pK_a 一般在16～20，水和醇的 pK_a 分别为15.7和15～18(参阅附录一)，即醛酮 α-氢的酸性略弱于水和醇。因此，其共轭碱烯醇负离子的碱性略强于氢氧负离子或烷氧基负离子。在氢氧化钠(或钾)或醇钠(或钾)作用下，醛酮转化为烯醇负离子的反应是一个可逆过程，平衡体系中烯醇负离子含量很低，如环己酮在氢氧化钠作用下形成的烯醇负离子含量低于0.1%。

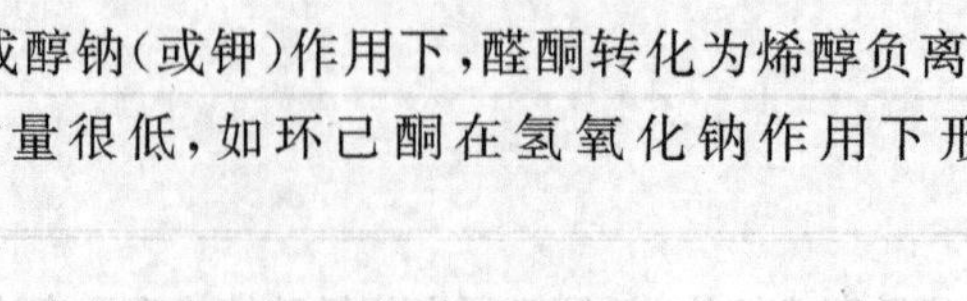

二异丙基氨基锂(lithium diisopropylamide,简称 LDA)或烷基锂是很强的碱,而它们的共轭酸酸性——二异丙基胺或烷烃的 $\mathrm{p}K_\mathrm{a}$ 分别为 35 和 50,是很弱的酸。因此,在 LDA 或烷基锂的作用下,醛、酮可以定量转化为烯醇负离子。

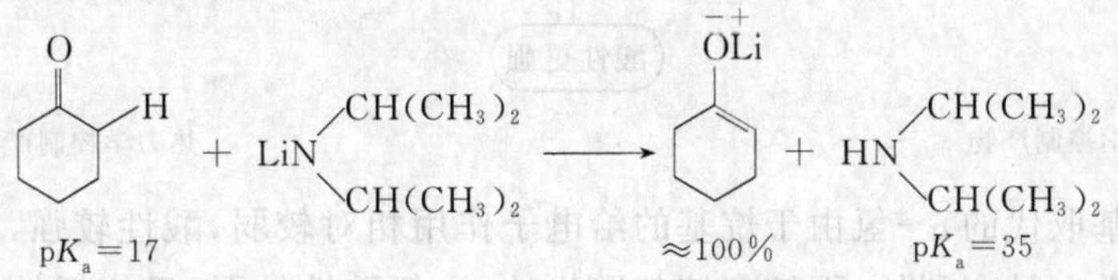

LDA 常用于使醛、酮定量转化为烯醇负离子。不仅因为它是一个足够强的碱,而且它在四氢呋喃(THF)等常用有机溶剂中具有良好的溶解性能。此外,两个异丙基的位阻作用,也使它不易作为亲核试剂与羰基化合物进行亲核加成反应,并且在不对称酮的烯醇化过程中有较好的区域选择性(详见 14.1.4 节)。LDA 的脱质子作用在 -78 ℃的低温也能顺利进行。

另一个常用强碱是具有类似特性的三苯基甲基锂。

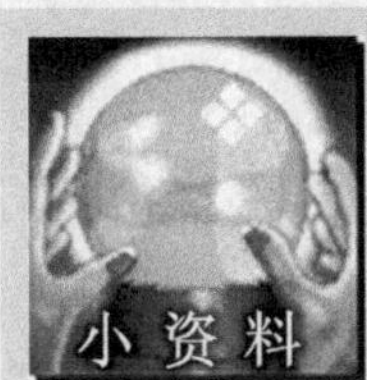

LDA 的制备与使用

在有机化学中,LDA 是一个广泛使用的能有效形成烯醇负离子的强碱。制备 LDA 需要用更强的碱来夺取二异丙基胺的氨基上的质子。通常用正丁基锂与二异丙基胺反应制备,而正丁基锂可以用 1-溴丁烷与金属锂反应制备得到。

$$\underset{\text{1-溴丁烷}}{CH_3CH_2CH_2CH_2Br} + Li \xrightarrow{\text{无水乙醚}} \underset{\text{正丁基锂}}{CH_3CH_2CH_2CH_2Li}$$

$$\underset{\text{正丁基锂}}{CH_3CH_2CH_2CH_2Li} + \underset{\mathrm{p}K_\mathrm{a}=35}{HN(CHMe_2)_2} \longrightarrow \underset{\mathrm{p}K_\mathrm{a}=50}{CH_3CH_2CH_2CH_3} + \underset{\text{LDA}}{LiN(CHMe_2)_2}$$

LDA 非常活泼,需要在绝对无水无氧条件下制备。此外由于密闭保存的 LDA 溶液,放置太久也会逐渐失效,因此一般都是制备后立即使用。购买的 LDA 溶液也需要在低温下保存备用。

14.1.4　烯醇负离子形成的区域选择性

在丙酮和环己酮形成烯醇负离子的反应中,由于丙酮和环己酮都是对称酮,即羰基的左右两个 α 位是等同的,因此无论从哪个 α 位上脱去质子,都将得到相同的烯醇负离子。醛类化合物的羰基旁边只有一个 α 位,在形成烯醇负离子的反应中,只可能生成一种烯醇负离子。但是对于一个不对称的酮而言,位于羰基左右两侧的 α-氢不等同,这时就存在区域选择性问题。例如,2-甲基环己酮的 2-氢和 6-氢是羰基的两种 α 位氢,分别脱去 α-氢将得到不同的烯醇负离子。

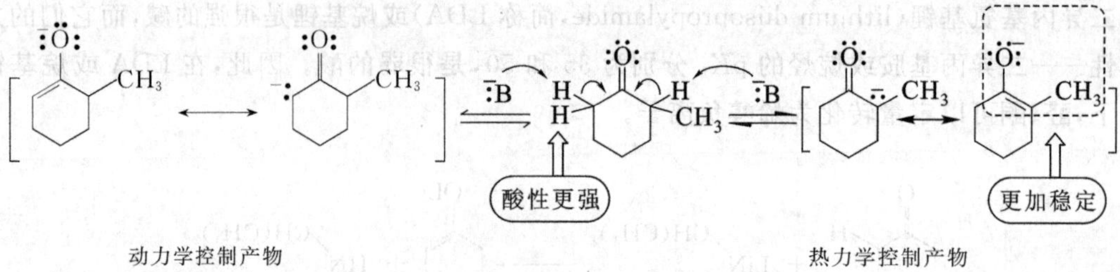

其中，较少烷基取代的 α-氢由于烷基的给电子作用相对较弱，酸性较强，反应活性较高，容易脱去，即在动力学上是有利的；而较多烷基取代的 α-氢酸性较弱，反应活性较低，在动力学上不利，但是生成的烯醇负离子受到多取代烯烃稳定性的影响，相对较稳定，属于热力学控制产物。因此，当在酸催化或弱碱催化的条件下，酮式与烯醇式或烯醇负离子之间处于可逆平衡时，主要形成热力学控制产物，即脱去多取代的 α-氢，生成多取代的烯醇或烯醇负离子。例如：

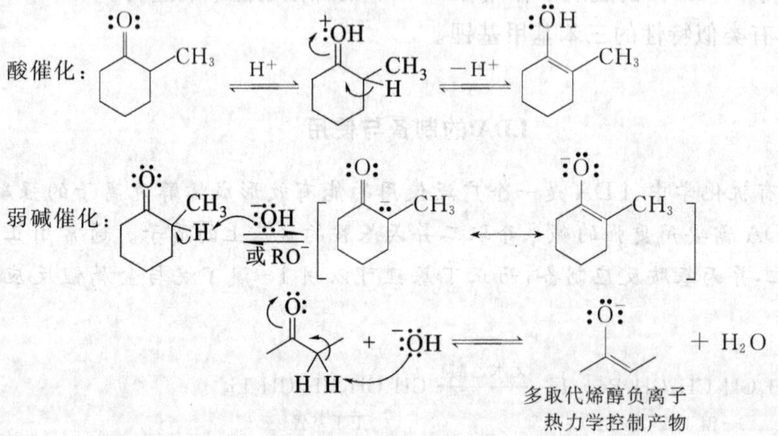

相反，在较大体积的强碱作用下，且酮式形成烯醇负离子的反应为不可逆时，则主要脱去较少取代的 α-氢生成烯醇负离子。常用的这类型碱体积很大的强碱主要有 LDA 和三苯基甲基锂等。反应需要控制在强碱过量以及低温反应条件下（如 −78 ℃）。例如：

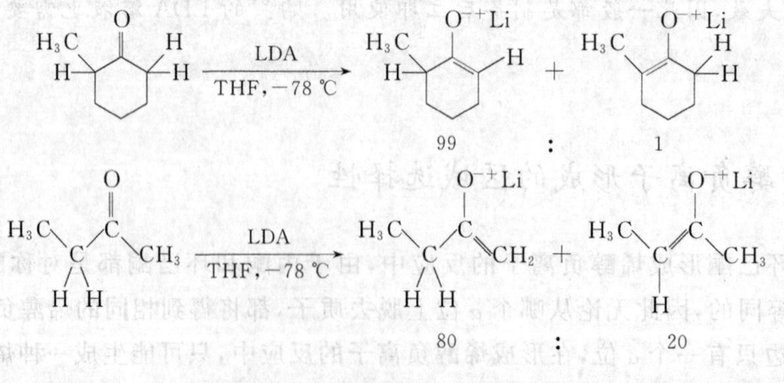

在利用 LDA 转化醛、酮成烯醇负离子的过程中，如果使用过量的醛、酮，则已经形成的烯醇负离子与过量的醛、酮可以进行质子交换，使得形成烯醇负离子的反应成为可逆反应，从而导致热力学控制产物与动力学控制产物的竞争。反应在达到平衡后最终将转向形成热力学控制的多

取代产物。

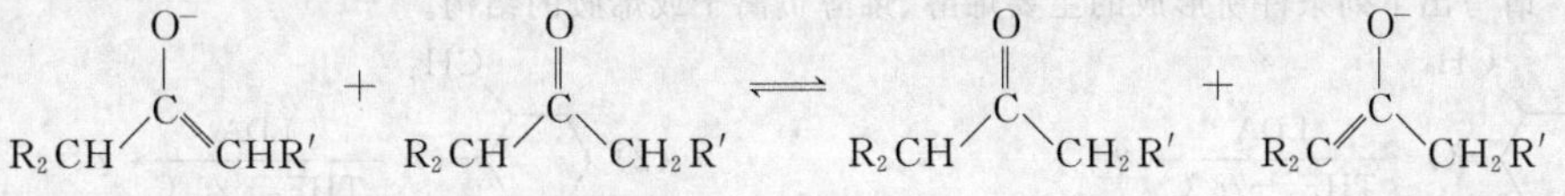

（Ⅰ）动力学控制产物　　过量酮　　酮　　（Ⅱ）热力学控制产物

酯的α-氢酸性较醛酮弱，在氢氧化钠或醇钠作用下，烯醇负离子含量很低，但在 LDA 作用下也能定量地转化成烯醇负离子。

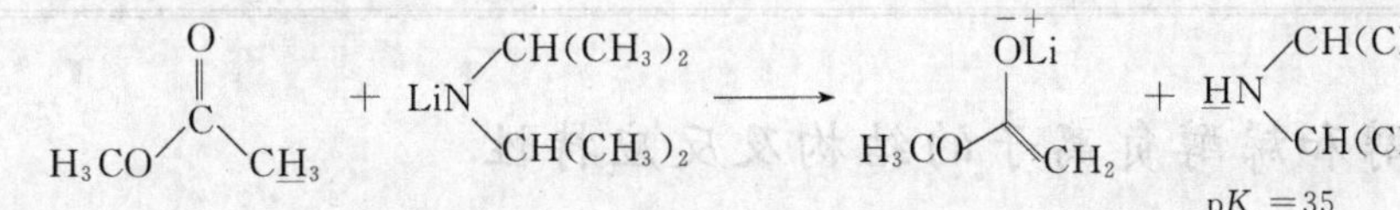

$pK_a=25$　　$pK_a=35$

氘氢交换（D-H 交换）是一种检测烯醇中间体有否形成的方法。在氘代盐酸（DCl）或氘代氢氧化钠（NaOD）催化下，醛、酮可以在重水作用下进行α-氢的 D-H 交换。

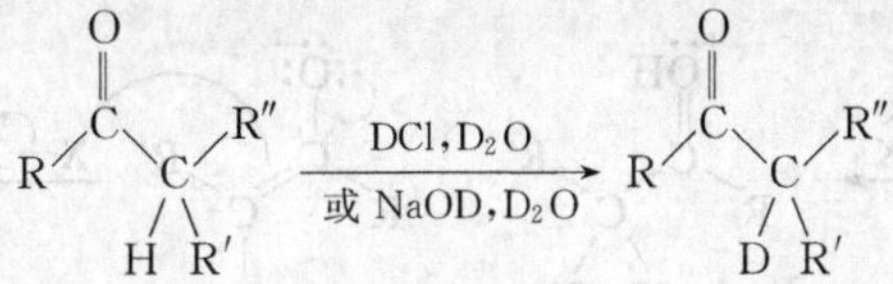

醛、酮溶解于含有氘代盐酸或氘代氢氧化钠的重水中时，所有的α-氢都可以发生 D-H 交换。在稀溶液中，重水大大过量将促使 D-H 交换进行完全。例如：

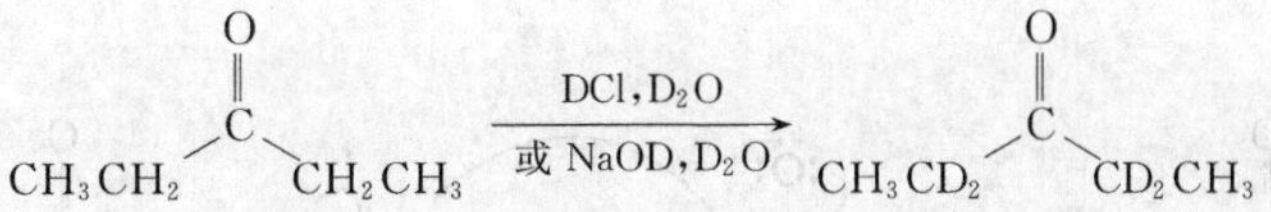

水溶性不好的醛、酮通过充分的搅拌振摇也可以发生 D-H 交换。例如：

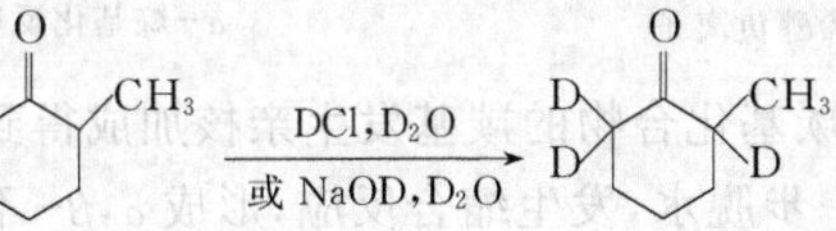

D-H 交换的速率不仅受到醛、酮浓度和酸碱浓度的影响，同时也受到醛、酮α-氢的活性影响。因此，通过测定醛、酮α-氢的 D-H 交换的速率，有助于判断醛、酮α-氢的活性。下面列出几种酮进行 D-H 交换的相对反应速率。数据表明：4,4-二甲基-2-戊酮的 3-氢的 D-H 交换速率比较慢，说明其邻近的叔丁基阻碍了碱接近该氢原子。2-丁酮的 1 位氢较 3 位氢活泼可能有两方面原因，一是 3 位氢受甲基的给电子作用影响，酸性较弱，二是 1 位氢邻近没有其他基团，不存在空间位阻。

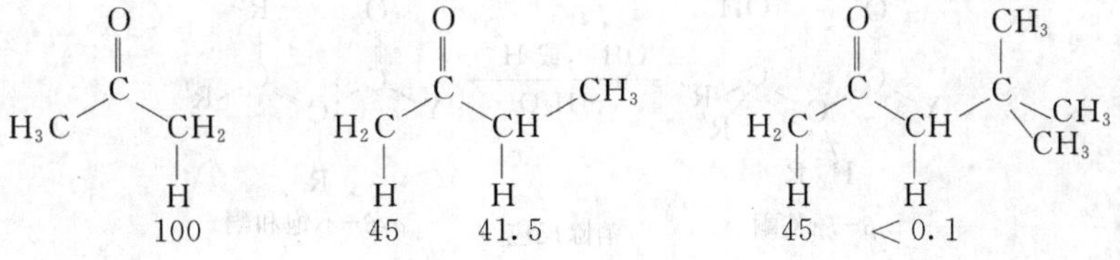

习题 14-5　请写出下列条件所形成的主要烯醇、烯醇负离子或烯胺的结构。

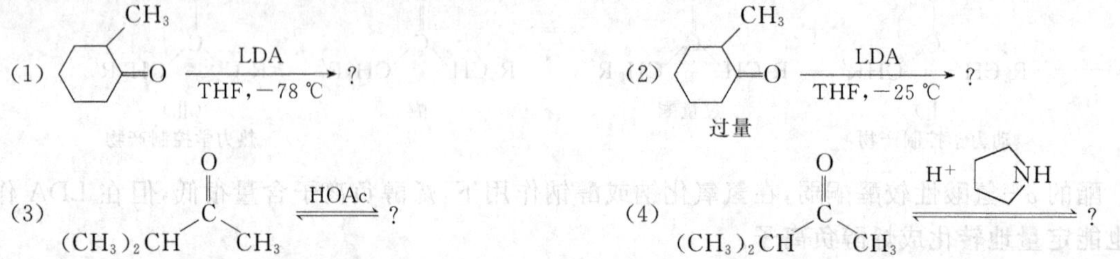

14.1.5　烯醇和烯醇负离子的结构及反应特性

与烯烃相比，烯醇和烯醇负离子中的 C═C 双键由于受到羟基或氧负离子的给电子共轭作用，双键碳上电子云密度增加，更容易接受亲电试剂的进攻，如与卤素反应生成 α-卤代醛酮（详见 14.2 节）。

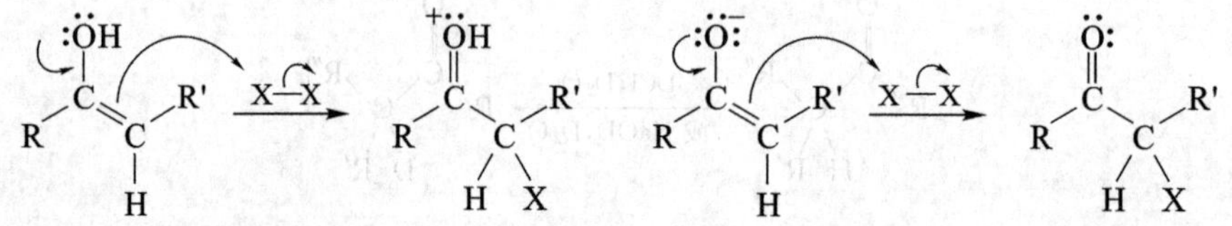

从另一个角度看，烯醇和烯醇负离子是一个富电子基团，因此是一个好的亲核试剂，可以发生一系列亲核反应。例如，烯醇负离子可以与卤代烃发生亲核取代生成 α-烷基取代的羰基化合物（详见 14.3 节）。

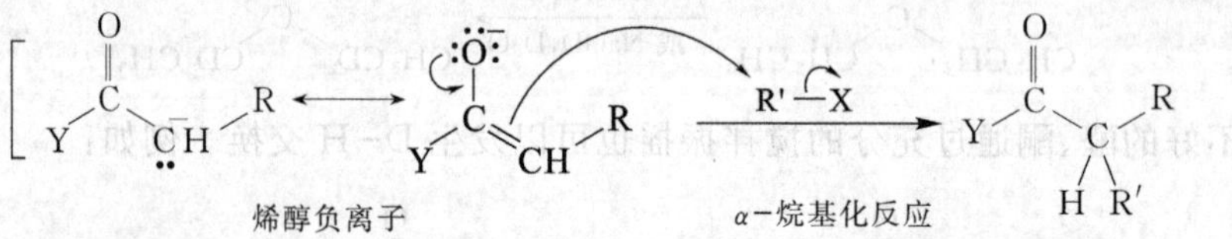

又如，烯醇负离子可以与羰基化合物的羰基发生亲核加成得到 β-羟基酮，即羟醛反应（aldol reaction）。β-羟基酮可以进一步脱水，发生缩合反应，形成 α,β-不饱和羰基化合物，即羟醛缩合反应（aldol condensation）（详见 14.4 节）。

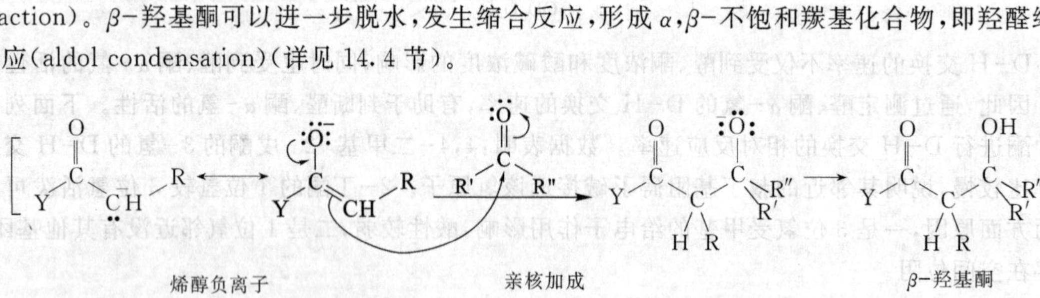

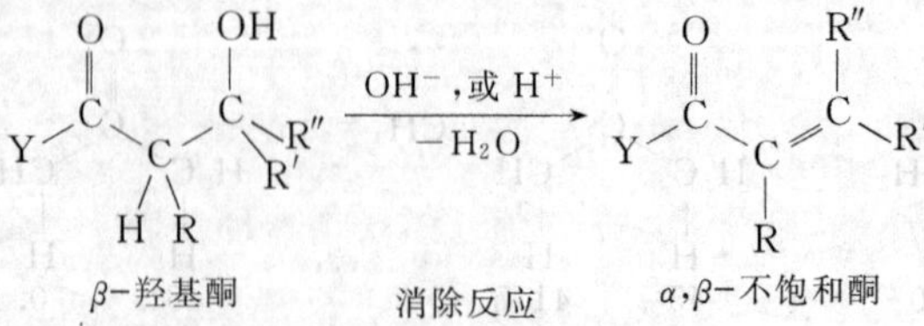

烯醇负离子还可以与 α,β-不饱和羰基化合物发生 1,4-共轭加成，形成 1,5-二羰基化合物，即 Michael 反应，加成产物还可以进一步发生分子内亲核加成与缩合反应成环，即 Robinson 环合反应（详见 14.6 节）。

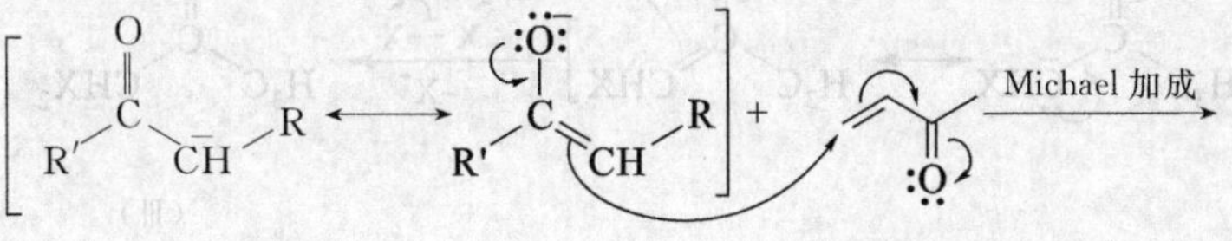

α,β-不饱和酮

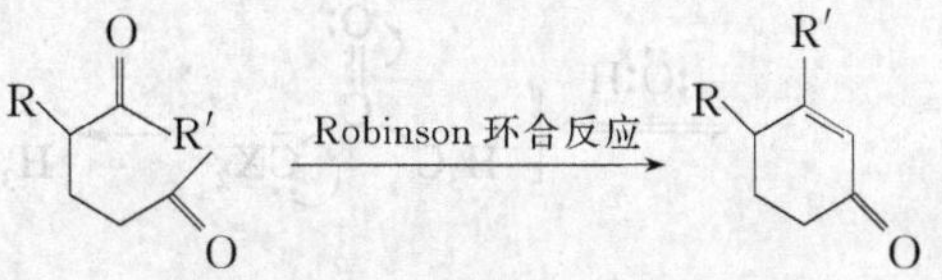

1,5-二羰基化合物

值得注意的是：烯醇或烯醇负离子具有平面结构，如果羰基的 α-氢连接的是手性碳原子，则伴随着烯醇化过程，原 sp^3 杂化的手性碳原子转化为 sp^2 杂化的平面碳原子，继而发生加成或取代反应，都将得到外消旋化的产物。这是所有通过烯醇或烯醇负离子反应的立体化学特征。

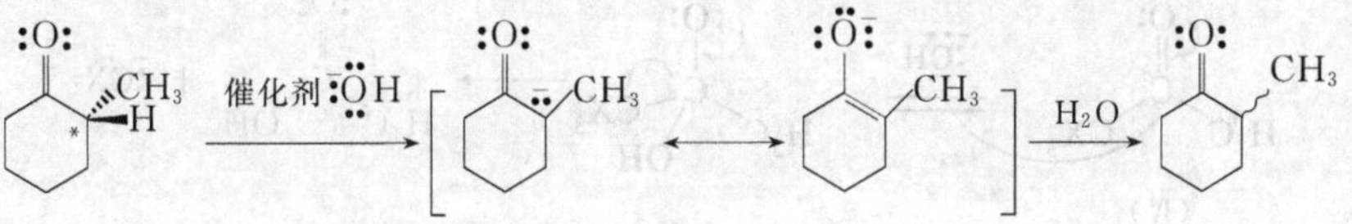

14.2　羰基化合物的 α-卤代反应

羰基化合物的 α-卤代反应主要发生在醛、酮、羧酸和酰卤的 α-氢上。

14.2.1　醛、酮的 α-卤代反应

醛、酮的 α-卤代反应是在酸或碱的催化下，通过烯醇或烯醇负离子进行的。酸或碱催化的机理不同，取代反应进行的程度也不同。

1. 碱催化机理

碱催化的关键步骤是碱夺取醛、酮的 α-氢，形成富电子的烯醇负离子，再接受亲电试剂卤素的进攻，最终生成 α-卤代醛、酮。

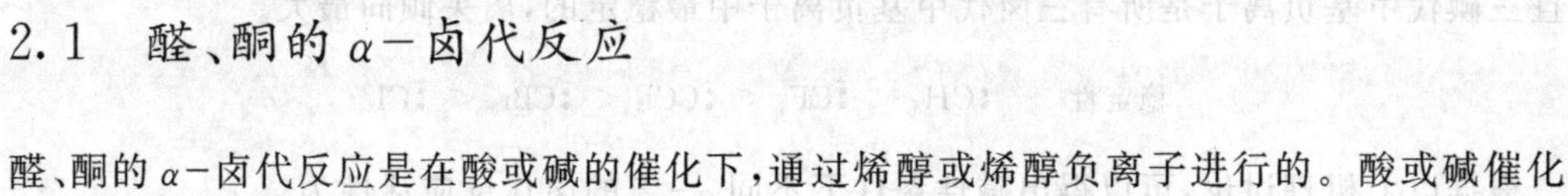

（Ⅰ）　　（Ⅱ）

与 α-卤代前的反应物（Ⅰ）相比，上述反应式中的单卤代产物（Ⅱ）的亚甲基由于增加了卤素

原子的吸电子作用，酸性增强，更容易与碱反应形成烯醇负离子，因此反应难以停留在单卤代阶段。在卤素足够的情况下，往往得到多卤代产物。

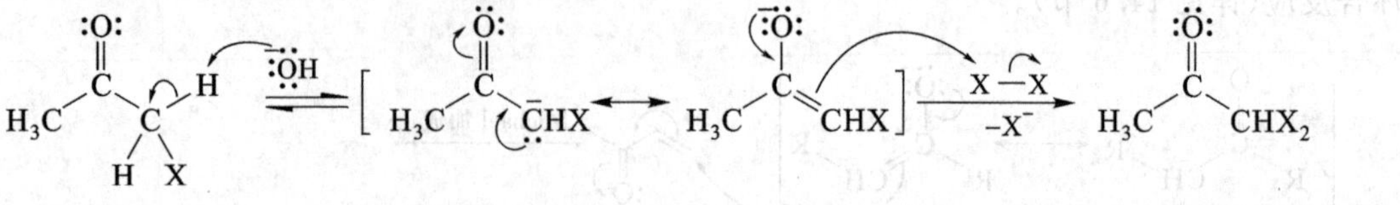

（Ⅱ）　　　　　　　　　　　　　　　　　　　　　　　　　　　　　　　　（Ⅲ）

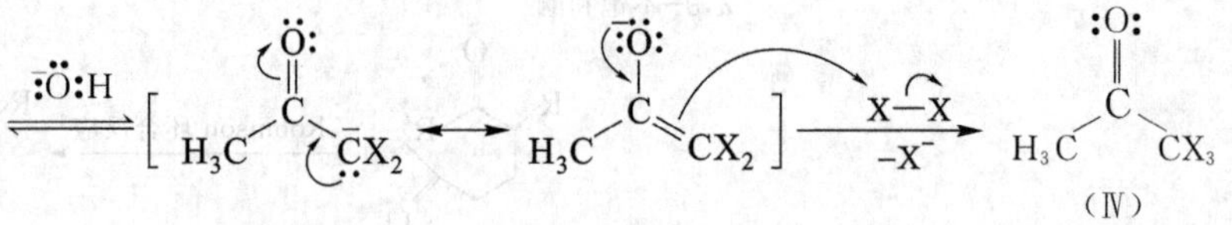

（Ⅳ）

对于甲基酮而言，α-卤代反应在进行到生成三卤代产物（Ⅳ）后，由于三卤代甲基具有强的吸电子作用，使羰基接受亲核试剂进攻的反应活性增加，同时也由于三卤代甲基负离子比较稳定，使得三卤代甲基成为一个好的离去基团，最终体系中的碱进攻羰基，引发脱去三卤代甲基负离子，发生亲核取代反应，使三卤代醛酮转化为卤仿和羧酸。该反应称为卤仿反应（haloform reaction）。

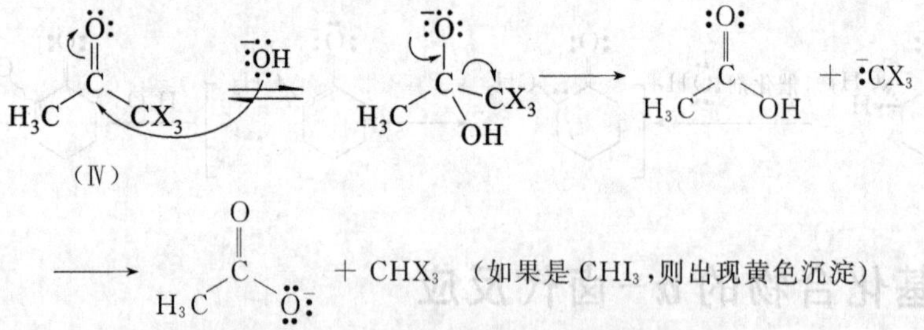

若使用碘进行卤化反应，将析出碘仿的黄色沉淀，称为碘仿反应（iodoform reaction），是鉴别甲基酮结构的特征反应。事实上碘仿反应是卤仿反应中最容易进行的，因为 I—I 键容易断裂，并且三碘代甲基负离子是所有三卤代甲基负离子中最稳定的，离去倾向最大。

稳定性　　$\bar{:}CH_3 < \bar{:}CF_3 < \bar{:}CCl_3 < \bar{:}CBr_3 < \bar{:}CI_3$

根据以上机理讨论，可以得出碱性条件下不同 α-氢的卤代反应活性为

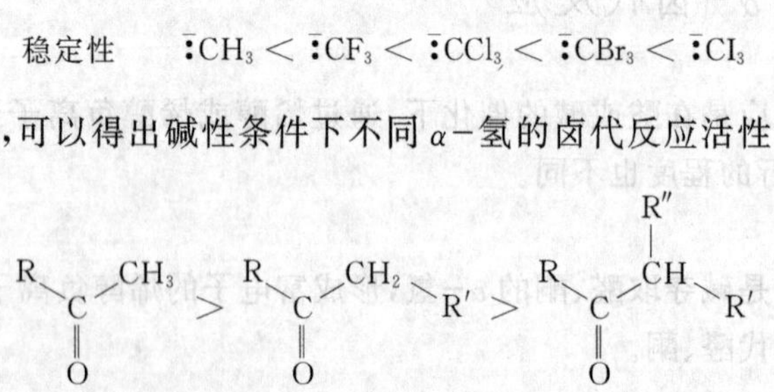

多烷基取代的 α-氢受到烷基的给电子作用，酸性减弱；同时 α-氢的烷基取代增多，也增大了碱进攻该 α-氢的空间位阻。

习题 14-6　试分析一级、二级和三级 α-氢在碱性条件下的活性顺序。

习题 14-7　下列哪些化合物在卤仿试验中显阳性？

(1) 戊醛　(2) 2-戊酮　(3) 3-戊酮　(4) 苯乙酮　(5) 戊醇　(6) 2-丁醇

习题 14-8　除了甲基酮会发生碘仿反应外，具有 CH_3—CH(OH)—结构的醇也能发生碘仿反应，为什么？

2. 酸催化机理

在酸性条件下，羰基氧首先质子化，从而增强了羰基的吸电子作用，促进 α-氢的离去形成烯醇结构。然后卤素对烯醇双键进行加成，烯醇羟基氧原子上的孤对电子进行同步转移，再次形成质子化羰基的结构，最后脱去质子得到 α-卤代醛酮。

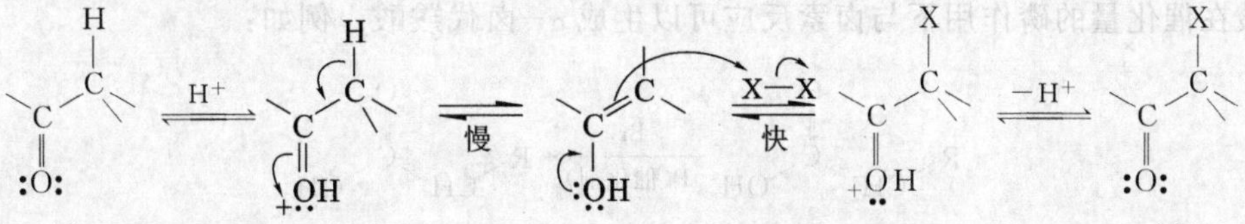

(Ⅰ)　　　　　　　　　　　　　　　　　　(Ⅱ)

比较 α-卤代前后的结构(Ⅰ)和(Ⅱ)，可以看出卤素原子取代氢原子后，由于卤素原子的吸电子诱导作用，单卤代产物(Ⅱ)中羰基氧原子的电子云密度下降，不利于与质子的结合，从而降低了发生二卤代反应的活性。因此酸催化卤代反应与碱催化不同，可以停留在一取代阶段。

习题 14-9　试比较下列结构的醛、酮在酸催化条件下发生 α-卤代反应的活泼性顺序。

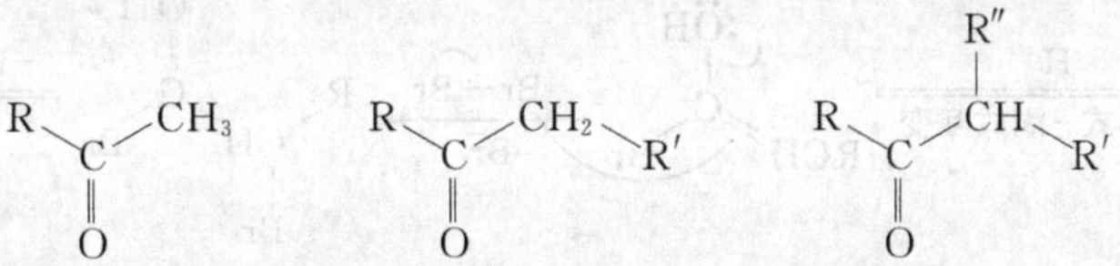

习题 14-10　请完成下列反应，写出主要产物。

(1) 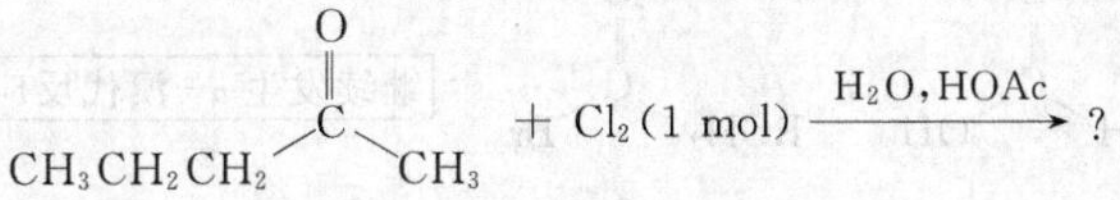

(2) 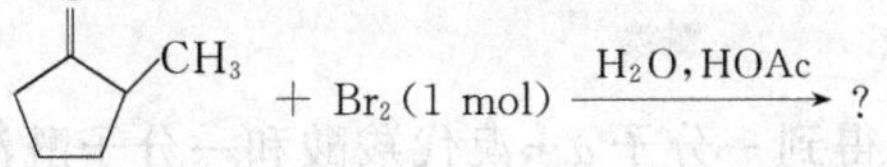

(3) 

习题 14-11　请为下列反应提出合理的机理，并计算需要多少摩尔的碘？

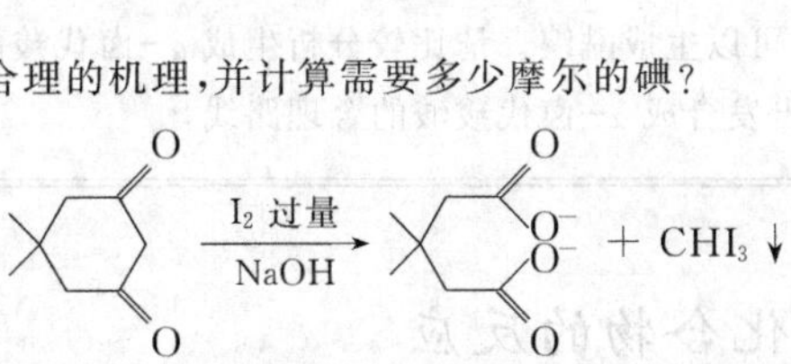

14.2.2　羧酸及酰卤的卤代反应

羧酸及其衍生物中，只有酰卤的羰基受卤素的吸电子作用影响，使 α-氢的酸性增强，容易发生烯醇化并发生 α-卤代反应。而羧酸、酯和酰胺由于羟基、烷氧基和烷氨基的给电子共轭作用，使得 α-氢的酸性减弱，不容易发生烯醇化，因此酯和酰胺不能发生 α-卤代反应。羧酸可以通过转化为酰卤，再进行 α-卤代反应。

羧酸在催化量的磷作用下与卤素反应可以生成 α-卤代羧酸。例如：

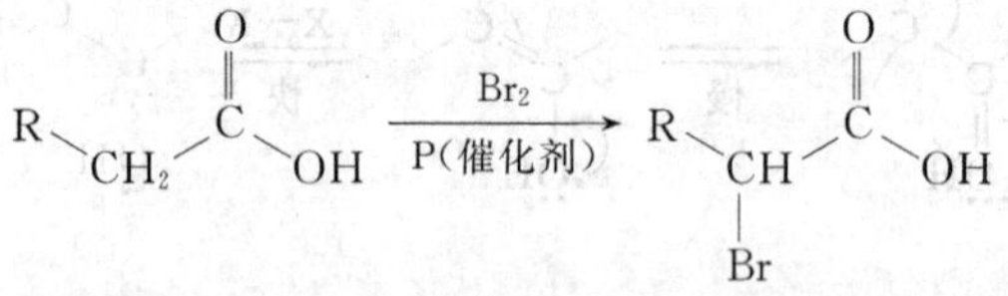

该反应实质上是羧酸在催化量的磷作用下与溴反应首先形成酰溴，然后通过酰溴进行 α-溴代反应。

$$P + Br_2 \longrightarrow PBr_3$$

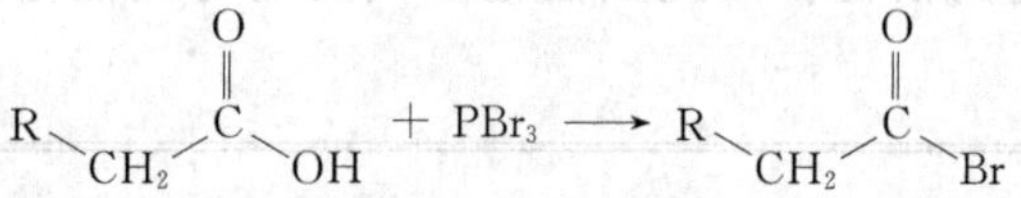

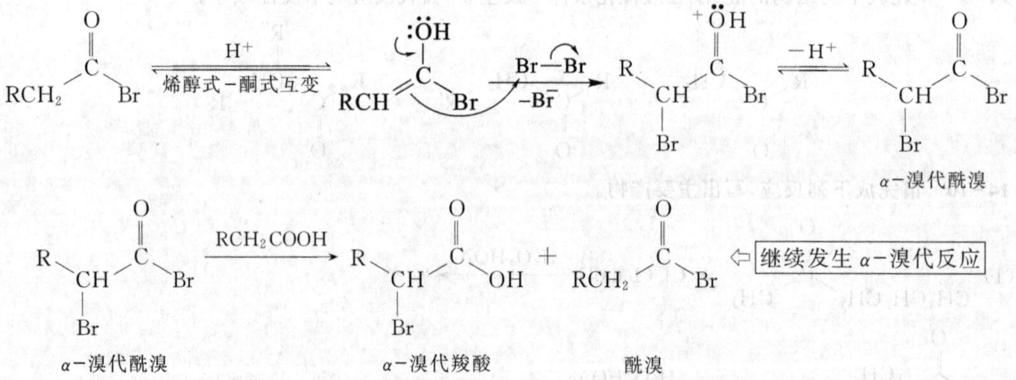

生成的 α-溴代酰溴与体系中的羧酸进行交换得到一分子 α-溴代羧酸和一分子酰溴，该酰溴可以继续进行 α-溴代反应。因此，在这个反应中，只需要催化量的磷或三溴化磷。

习题 14-12　羧酸在 PBr_3 作用下可以生成酰溴。请比较分析生成 α-卤代羧酸与生成酰卤条件的差异？

习题 14-13　试提出一个从羧酸出发合成 α-卤代羧酸的合理路线。

14.2.3　α-卤代羰基化合物的反应

当醛、酮发生 α-卤代反应生成 α-卤代醛、酮后，α-碳原子同时受到羰基和卤素原子的吸电子作用成为缺电子中心，加上卤素是一个好的离去基团，可以与亲核试剂发生饱和碳上的亲核取代反应，也可以发生卤代烃的消去反应。

利用羧酸的α-卤代反应和进一步的亲核取代反应，可以合成α-氨基酸。例如，可以从3-苯基丙酸经过α-溴代再氨化来合成外消旋α-苯丙氨酸。

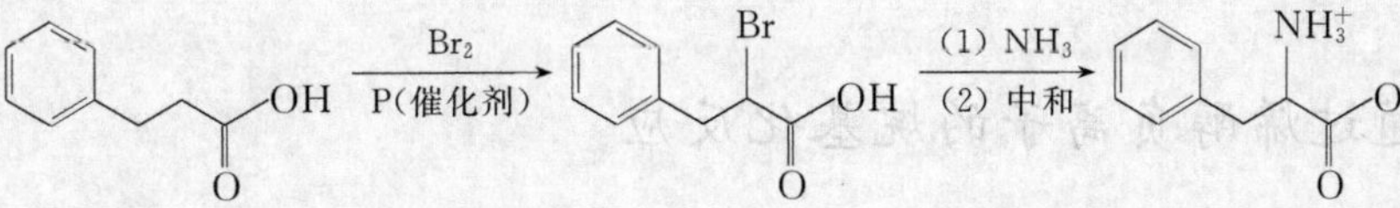

α-卤代酮的亲核取代反应或消去反应通常需要在强碱条件下进行，反应前需要对羰基进行保护，以避免因为碱（也是亲核试剂）进攻羰基碳原子，引发不必要的副反应。消去反应如果在弱碱（如吡啶）存在的加热条件下进行，则不需要保护羰基。

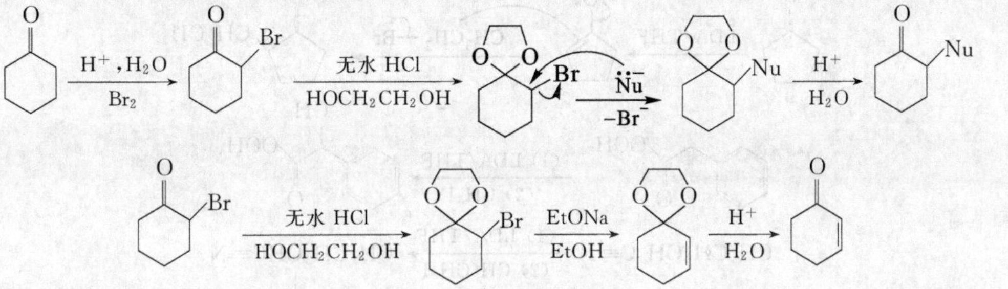

习题 14-14　请为下列合成转化设计合理的合成路线。

(1) CH_3CH_2CHO 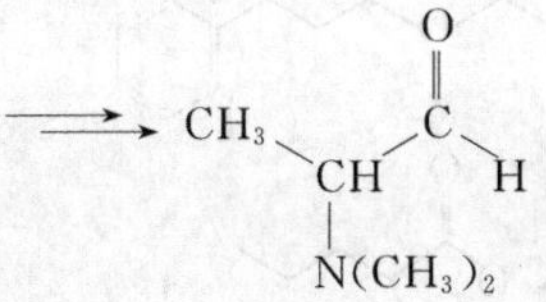

(2) 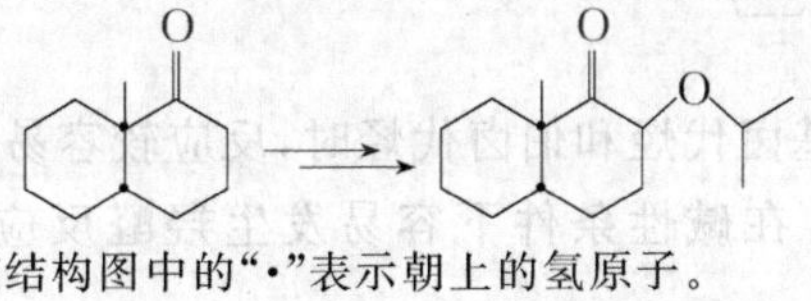

说明：该结构图中的"•"表示朝上的氢原子。

(3) 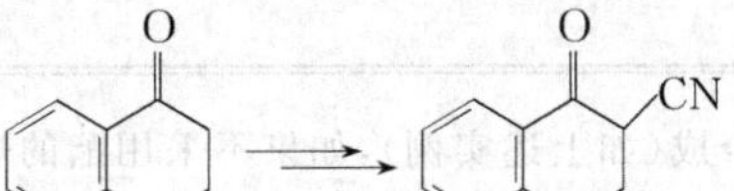

(4) 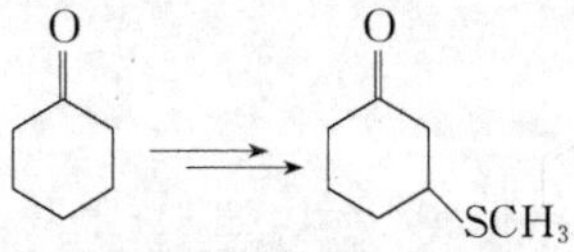

习题 14-15　请尝试用两条以上的合成路线合成下列化合物。

(1) 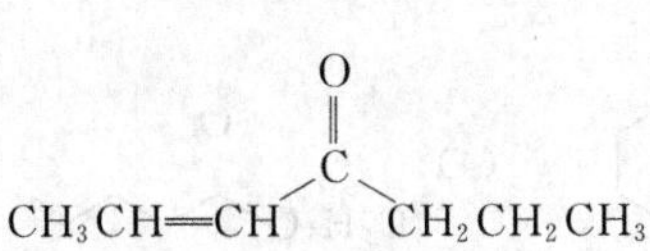

(2) 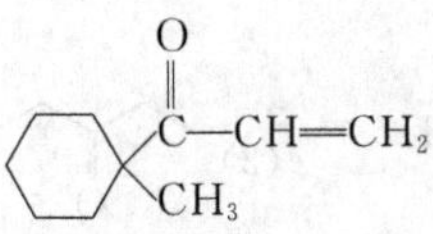

14.3　酮和酯的烷基化反应

14.3.1　通过烯醇负离子的烷基化反应

酮、酯和腈可以在强碱 LDA 作用下定量转化为烯醇负离子，该烯醇负离子可以作为亲核试剂，与卤代烃发生亲核取代反应得到 α－烷基化的酮和酯，这个反应称为酮和酯的烷基化反应(alkylation of ketones and esters)。这是构建碳－碳键的重要方法。

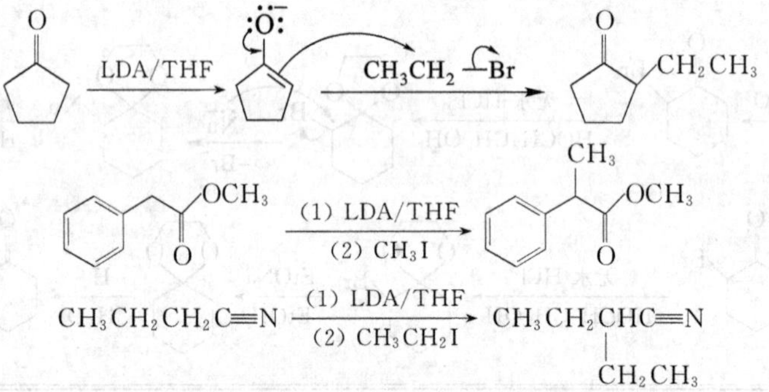

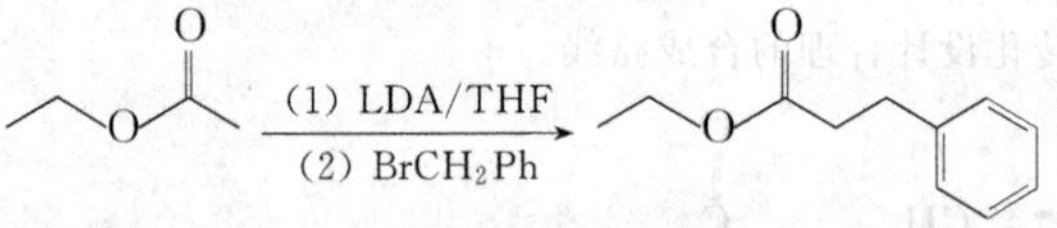

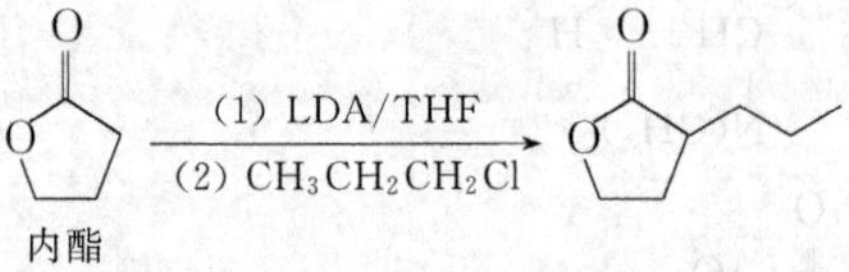

内酯

由于反应按照 S_N2 反应机理进行，当卤代烃为甲基卤代烃和伯卤代烃时，反应较容易进行。

醛羰基的碳原子接受亲核试剂的反应活性较高，在碱性条件下容易发生羟醛反应(详见 14.4 节)，因此其 α－烷基化反应产率较低。

习题 14－16　3－苯基丙酸乙酯可以通过乙酸乙酯的烷基化反应合成(如上述实例)，如果不采用酯的烷基化反应，试提出另一条合成路线，并对比分析两条合成路线的优劣。

3－苯基丙酸乙酯：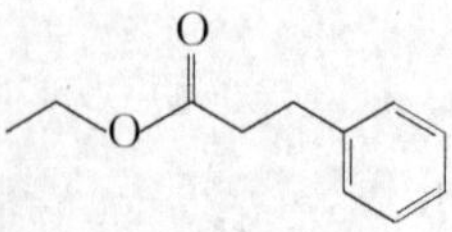

习题 14－17　试选择合适的原料，通过酮酯烷基化反应合成下列化合物。

(1) 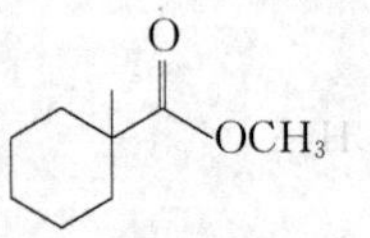　(2) 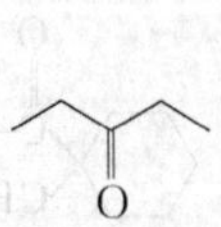　(3) 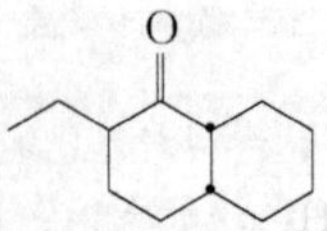　(4) 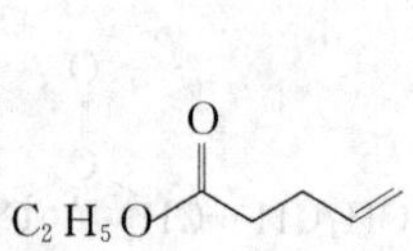

酮和酯直接与 LDA 反应进行烷基化还可能发生卤代烃的消去、多烷基化反应和 *O*－烷基化等副反应。例如：

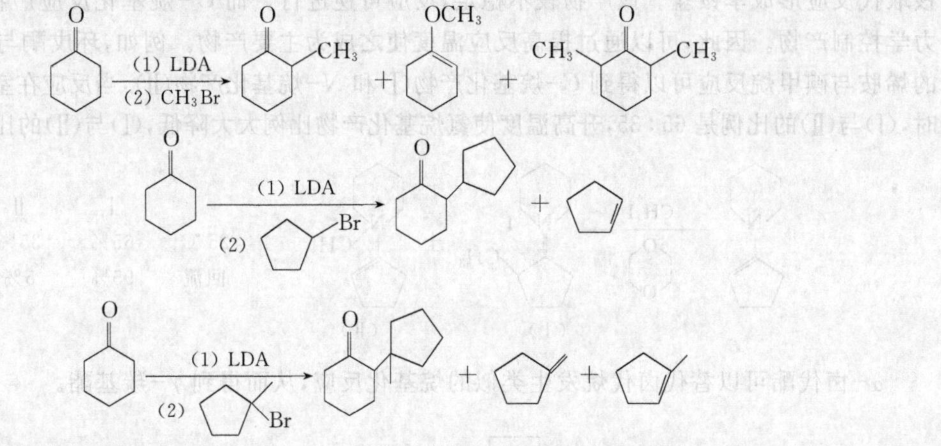

习题 14－18　如果使用二异丙基氨基钾替换 LDA，上述烷基化反应中的 *O*－烷基化反应是否更容易发生？为什么？

习题 14－19　在上述烷基化反应中，如果使用 2°或 3°卤代烃，烷基化反应的产率是降低还是升高？为什么？

14.3.2　通过亚胺或烯胺的烷基化反应

含氮亲核试剂胺与醛、酮加成可以形成亚胺或烯胺（参见 13.4 节）。亚胺的结构与酮类似，其碳－氮双键的 α－氢也具有一定的酸性，在强碱烷基锂的作用下，也能脱去质子形成碳负离子，继而与卤代烃发生亲核取代反应，再经水解可以得到 α－烷基化酮。

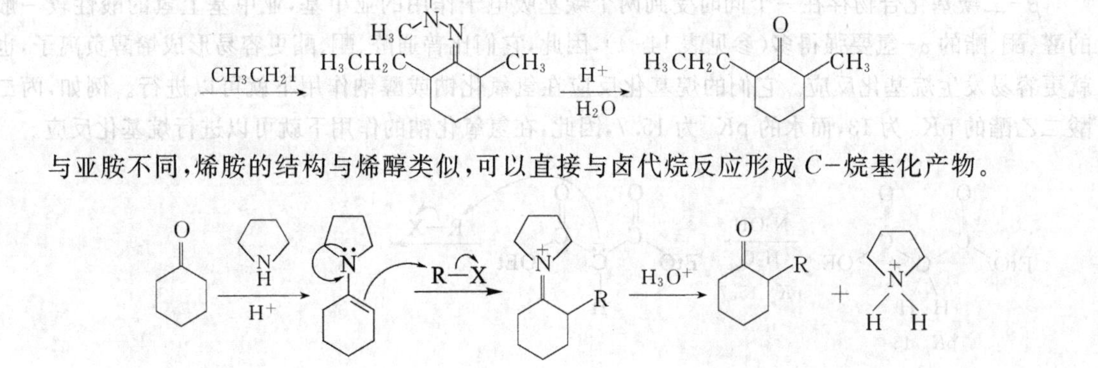

与亚胺不同，烯胺的结构与烯醇类似，可以直接与卤代烷反应形成 *C*－烷基化产物。

由于烯胺中氮原子的亲核性强于烯醇中的氧原子，烯胺与卤代烃反应时，除了可以发生 C-烷基化反应外，还可能发生 N-烷基化反应，即烯胺的氮原子作为亲核试剂与卤代烃发生亲核取代反应形成季铵盐。该产物较不稳定，反应可逆进行。而 C-烷基化反应产物较稳定，是热力学控制产物。因此，可以通过提高反应温度使之成为主要产物。例如，环戊酮与六氢吡啶形成的烯胺与碘甲烷反应可以得到 C-烷基化产物(Ⅰ)和 N-烷基化产物(Ⅱ)，当反应在室温条件下进行时，(Ⅰ)与(Ⅱ)的比例是 65∶35，升高温度使氮烷基化产物比例大大降低，(Ⅰ)与(Ⅱ)的比例为 95∶5。

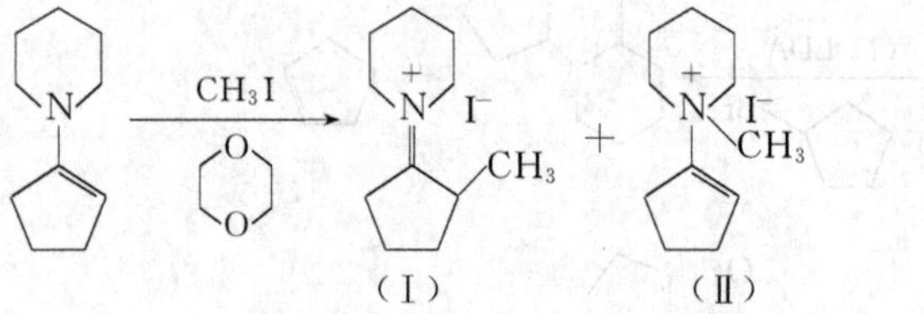

	Ⅰ	Ⅱ
25 ℃	65%	35%
回流	95%	5%

α-卤代酯可以替代卤代烷发生类似的烷基化反应，从而得到 γ-羰基酯。

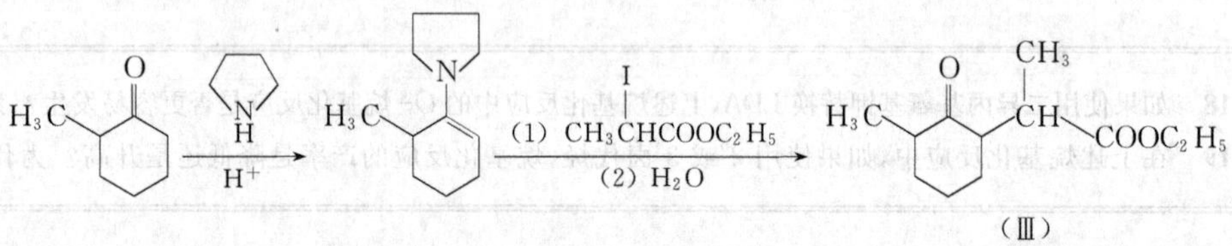

(Ⅲ)

γ-羰基酯

习题 14-20　为什么在上述 γ-羰基酯的合成反应中，在弱酸性条件下得到少取代的烯胺？

习题 14-21　完成下列反应，写出主要产物。

(1) 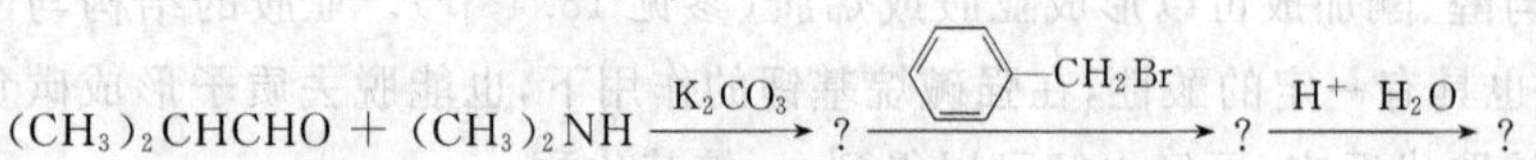

(2) 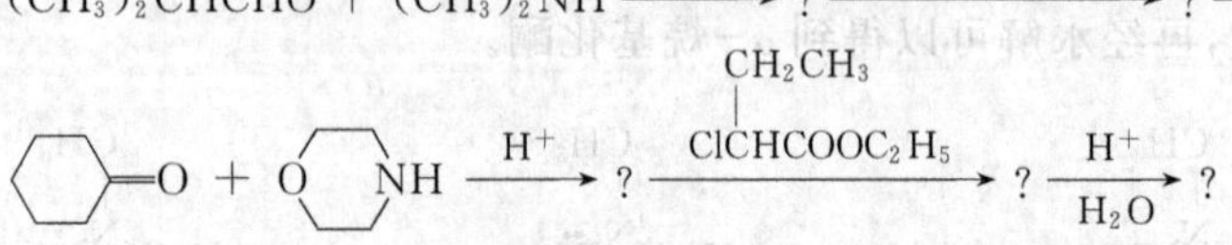

14.3.3　β-二羰基化合物的烷基化反应

β-二羰基化合物存在一个同时受到两个羰基吸电子作用的亚甲基，亚甲基上氢的酸性较一般的醛、酮、酯的 α-氢要强得多(参见表 14-1)，因此，它们比普通醛、酮、酯更容易形成烯醇负离子，也就更容易发生烷基化反应。它们的烷基化反应在氢氧化钠或醇钠作用下就可以进行。例如，丙二酸二乙酯的 pK_a 为 13，而水的 pK_a 为 15.7，因此，在氢氧化钠的作用下就可以进行烷基化反应。

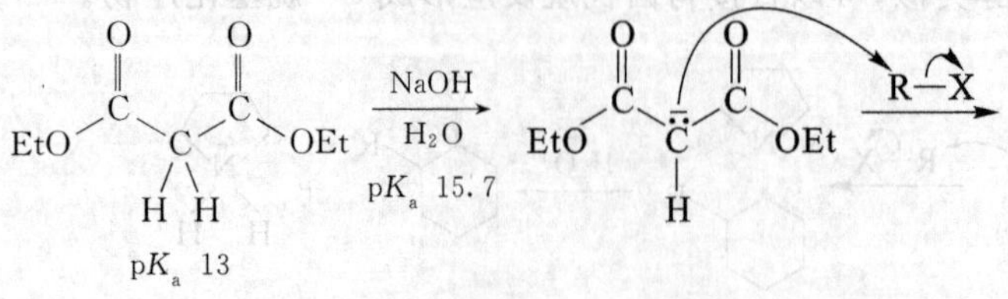

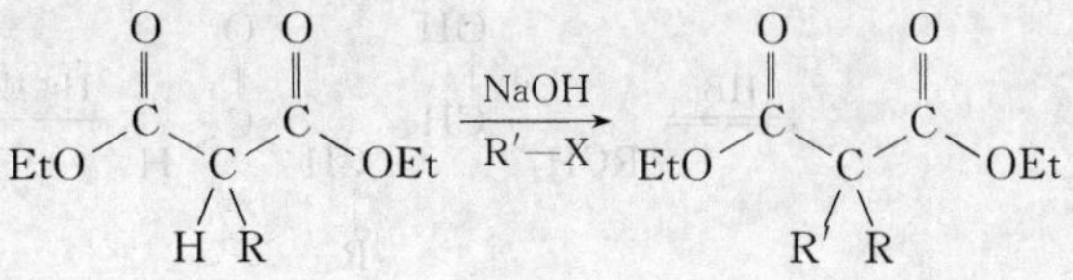

又如，乙酰乙酸乙酯的 pK_a 为 11，而醇的 pK_a 为 16～18，在醇钠作用下可以发生烷基化反应。

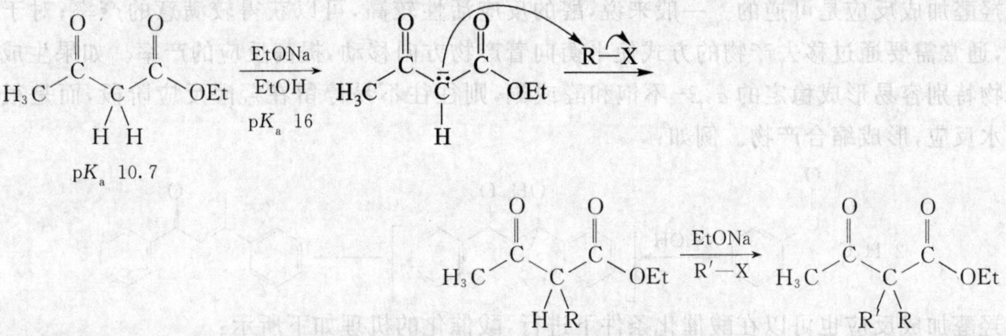

类似上述β-二羰基化合物的反应是十分重要的建构 C—C 键的反应，在本章 14.7 节将小结有关化合物的反应特性以及在有机合成中的应用。

习题 14-22　请解释为什么在上述反应中不使用相应的羧酸，而是使用酯。

14.4 羟醛加成和羟醛缩合反应

14.4.1 醛或酮分子的羟醛加成和羟醛缩合反应

醛、酮可以在碱性条件下形成烯醇负离子，这个负离子具有亲核性，而未烯醇化的醛、酮具有可接受亲核试剂进攻的羰基碳原子，它们之间能发生亲核反应，生成β-羟基醛(酮)。这一反应因为产物中同时含有羟基和醛基而被称为羟醛加成(aldol addition)，也简称为羟醛反应(aldol recation)。β-羟基醛(酮)在一定条件下易失水，形成α,β-不饱和醛酮，这类反应被称为羟醛缩合(aldol condensation)。

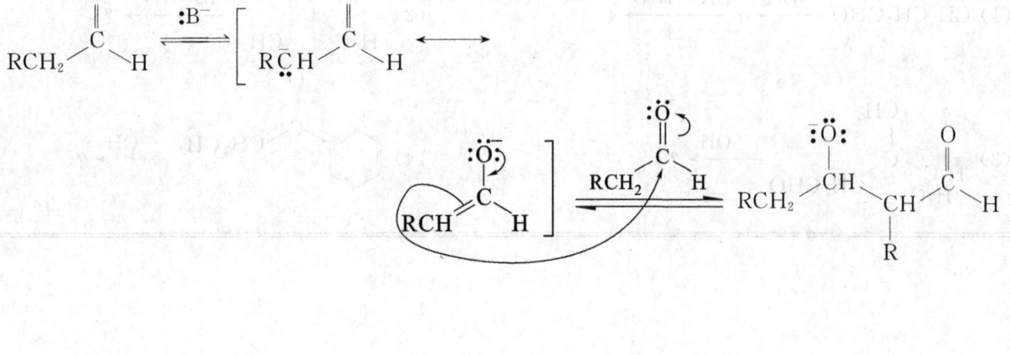

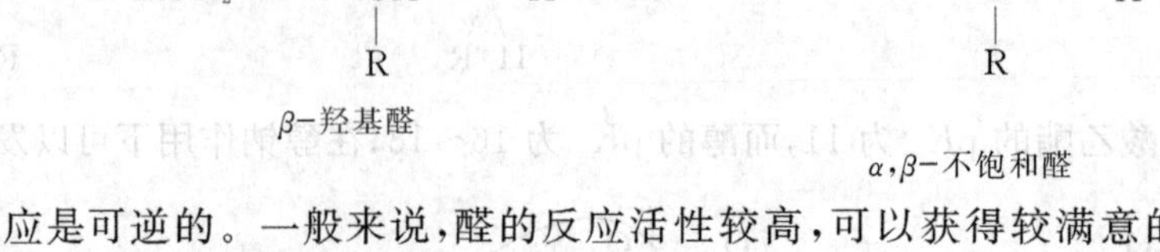

β−羟基醛　　α,β−不饱和醛

羟醛加成反应是可逆的。一般来说，醛的反应活性较高，可以获得较满意的产率；对于酮的反应，通常需要通过移去产物的方式使平衡向着产物方向移动，提高反应的产率。如果生成的加成产物特别容易形成稳定的α,β−不饱和醛或酮，则往往不易停留在羟醛反应阶段，而是很快发生脱水反应，形成缩合产物。例如：

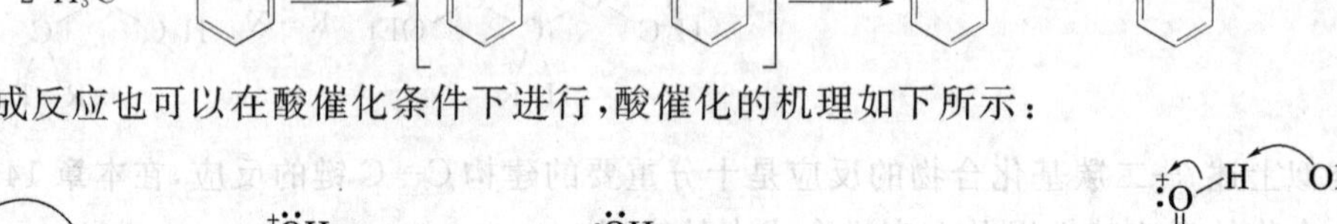

羟醛加成反应也可以在酸催化条件下进行，酸催化的机理如下所示：

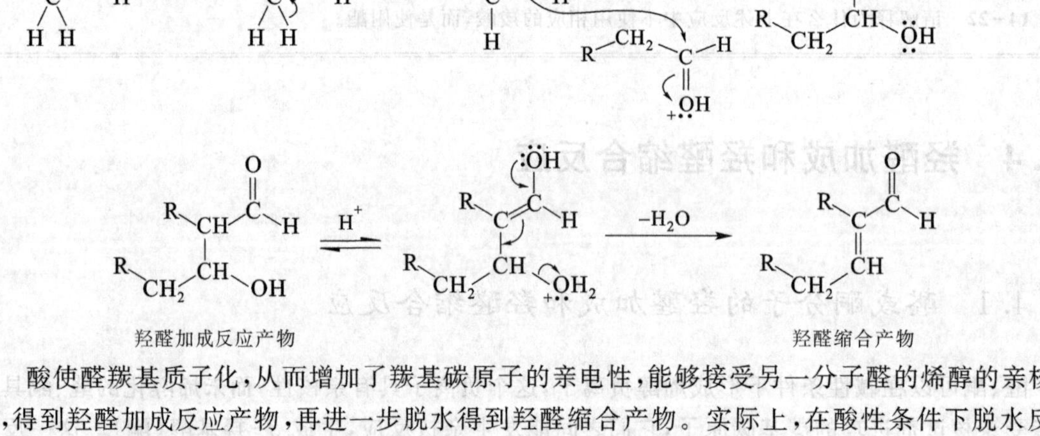

羟醛加成反应产物　　羟醛缩合产物

酸使醛羰基质子化，从而增加了羰基碳原子的亲电性，能够接受另一分子醛的烯醇的亲核进攻，得到羟醛加成反应产物，再进一步脱水得到羟醛缩合产物。实际上，在酸性条件下脱水反应速率很快，羟醛加成反应产物很难稳定存在，一般只能得到缩合产物。

习题 14−23 请完成下列反应，写出主要产物。

(1) $CH_3CH_2CHO \xrightarrow{^-OH} ? \xrightarrow[\triangle]{H^+, H_2O} ?$

(2) 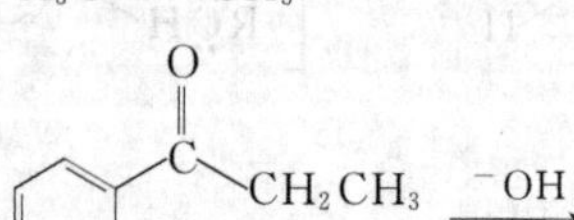

(3) 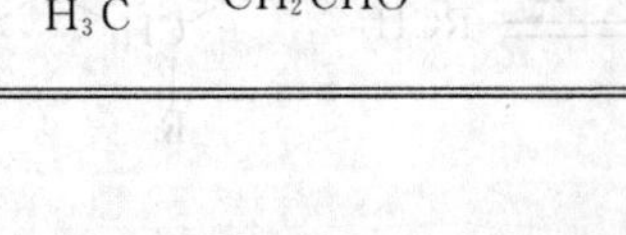

(4) 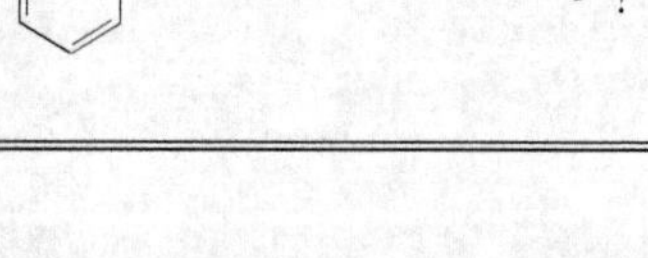

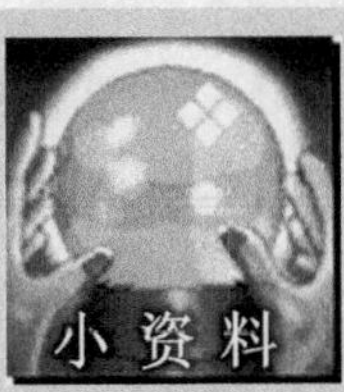

阿司匹林

阿司匹林是人们最早使用的化学药品之一，1899 年上市至今已经一百多年，现在仍在广泛使用，并且不断发现它的新的药用价值，被誉为医药中的"常青树"。它的工业生产是从苯酚出发，利用 Kolbe-Schmitt 羧化反应，制得水杨酸(salicylic acid)，然后再酯化得到乙酰水杨酸(acetylsalicylic)即阿司匹林(aspirin)：

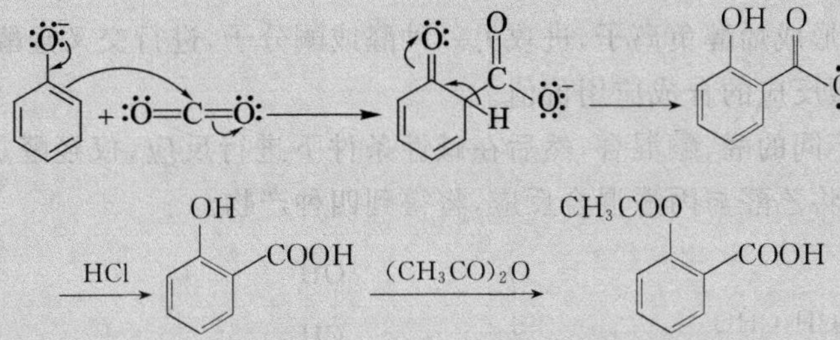

水杨酸 o-羟基苯甲酸　　阿司匹林 乙酰水杨酸

其中，Kolbe-Schmitt 羧化反应既可以理解为苯酚的苯环上发生了亲电取代反应，也可以理解为苯酚脱质子后形成的一种特殊的烯醇负离子(即苯氧负离子)对二氧化碳(一个特殊的羰基化合物)的羰基发生的亲核加成反应。

14.4.2 分子内羟醛加成反应和羟醛缩合反应

当分子内有两个距离合适的羰基及α-氢时，在碱性条件下可以发生分子内的羟醛反应或缩合，形成五元环或六元环的β-羟基醛酮或α,β-不饱和醛酮。一般来说，五元环的β-羟基醛、酮更容易发生脱水缩合。

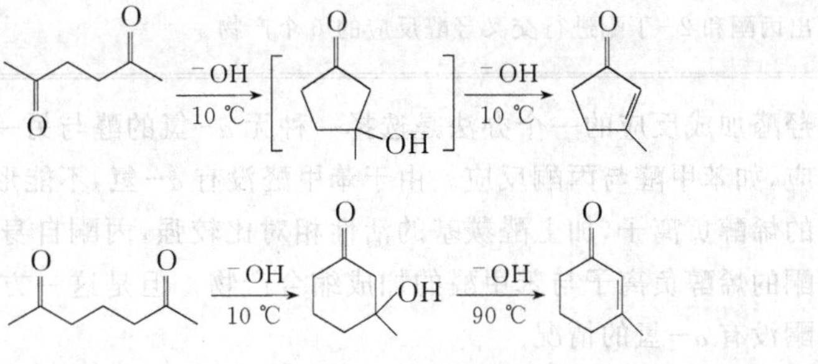

习题 14-24 试写出下列分子发生分子内羟醛缩合的产物。

(1) 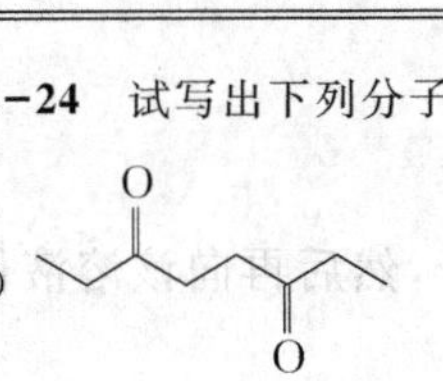　　(2) 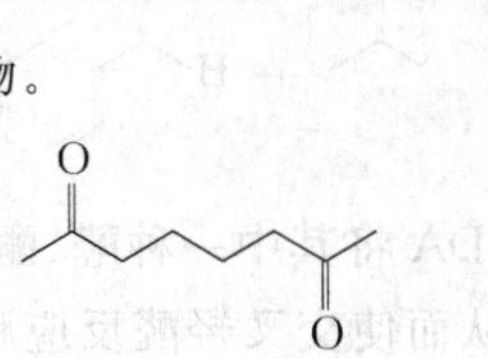

(3) 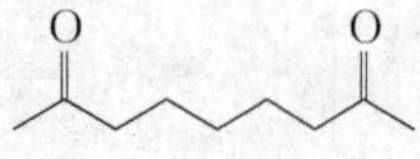

14.4.3 交叉羟醛加成反应和羟醛缩合反应

羟醛加成反应及羟醛缩合具有重要的合成应用价值，因为这是一类增长碳链的反应。如果能够让一种醛、酮分子形成烯醇负离子，进攻另一种醛或酮分子，进行交叉羟醛加成或缩合反应，将进一步扩展这一类型反应的合成应用价值。

如果直接将两种不同的醛、酮混合，然后在碱性条件下进行反应，仅羟醛加成反应产物就可能至少有四种。例如，将乙醛与丙醛混合反应，将得到四种产物。

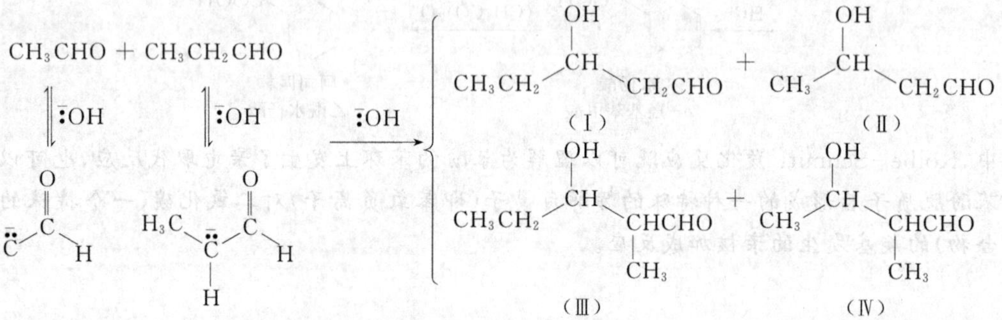

上式中加成产物(Ⅰ)和(Ⅱ)是乙醛的烯醇式作为亲核试剂分别进攻乙醛或丙醛的羰基碳原子所得，加成产物(Ⅲ)和(Ⅳ)是丙醛的烯醇式作为亲核试剂分别进攻乙醛或丙醛的羰基碳原子所得。

如果参与反应的酮是不对称酮，则有两种不同的 α-氢可以参与反应，则可能得到更多的羟醛加成反应产物。

习题 14-25 写出丙酮和 2-丁酮进行交叉羟醛反应的 6 个产物。

实现交叉羟醛加成反应的一个办法是选择一种无 α-氢的醛与另一种含有 α-氢的酮进行交叉羟醛加成反应，如苯甲醛与丙酮反应。由于苯甲醛没有 α-氢，不能形成烯醇负离子，这样混合物中只有丙酮的烯醇负离子，加上醛羰基的活性相对比较强，丙酮自身的羟醛反应速率较慢，于是主要生成丙酮的烯醇负离子与苯甲醛的加成缩合产物。但是这一方法有局限性，只能应用于其中一种醛或酮没有 α-氢的情况。

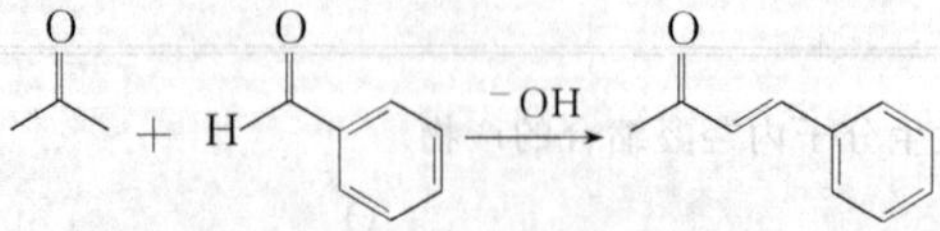

另一个办法是先用 LDA 将其中一种醛、酮定量地形成烯醇负离子，然后再向该溶液体系中慢慢滴加另一种醛或酮，从而使交叉羟醛反应顺利进行。

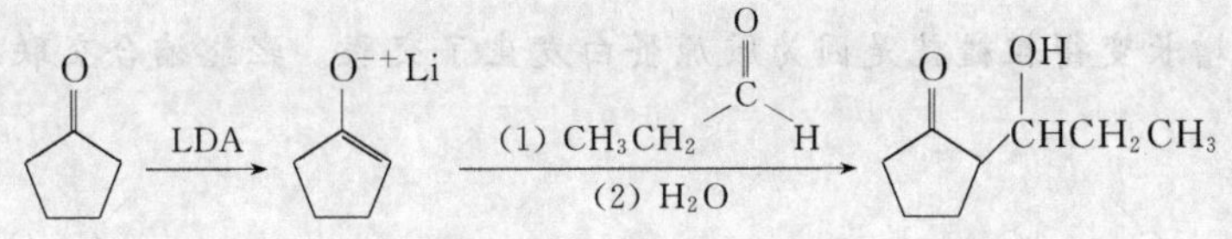

习题 14-26　给出下列各对醛、酮进行交叉羟醛反应的产物。

(1) $CH_3CH_2CHO + CH_3CH_2CH_2CHO$　　(2) $CH_3COCH_3 + CH_3CH_2CHO$

(3) CH_2O(足量) $+ CH_3CH_2CH_2CHO$

习题 14-27　利用羟醛加成反应和其他反应合成下列化合物。

(1) 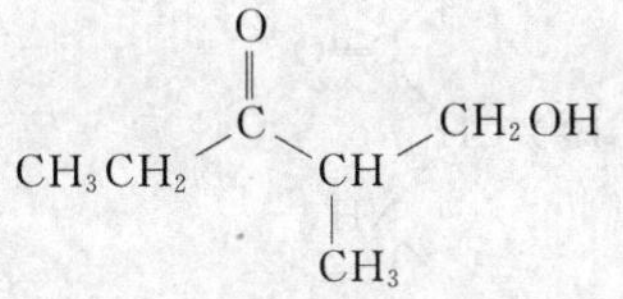

(2) 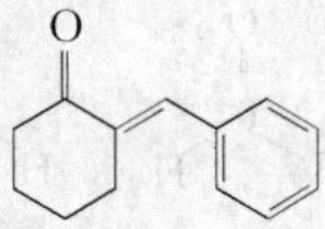

(3) 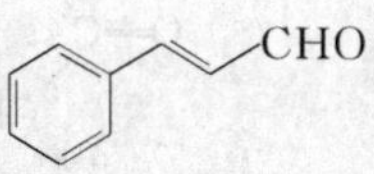

习题 14-28　为下列反应提出合理的机理。

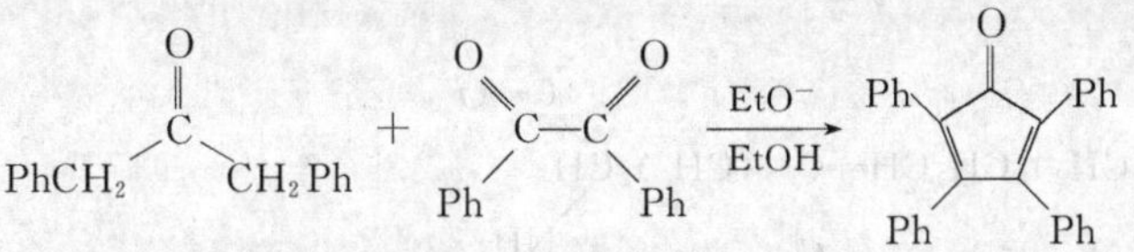

小资料

生物体系中的羟醛加成反应和羟醛缩合

D-葡萄糖是自然界中含量最丰富的糖。葡萄糖的生物合成是以两分子丙酮酸为原料，经过一系列复杂反应形成的，这个过程称为葡糖异生(gluconeogenesis)。其中的一个关键反应就是在醛缩酶(aldolase)作用下的羟醛加成反应。相反，由葡萄糖分解为丙酮酸的过程称为糖酵解(glycolysis)。

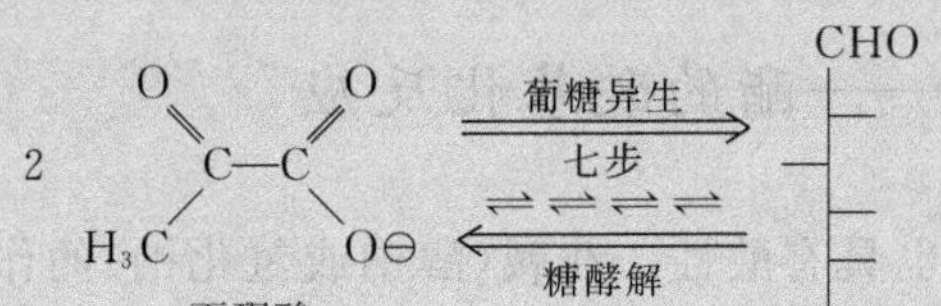

丙酮酸

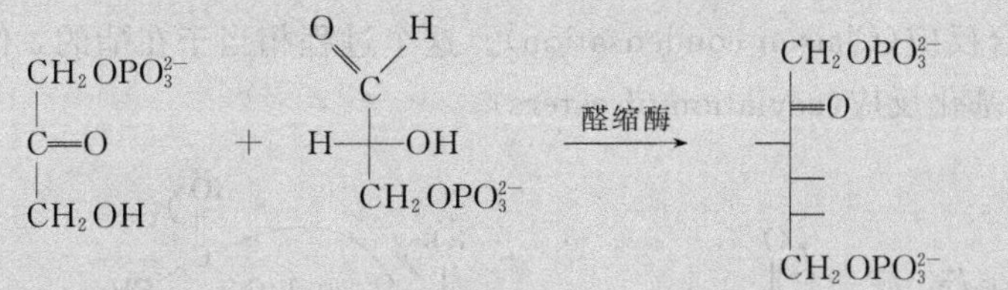

二羟基丙酮磷酸酯　D-甘油醛-3-磷酸酯　D-果糖-1,6-二磷酸酯

另一个发生在生物体中的羟醛缩合反应例子是动物随着年龄的增长，胶原蛋白发生交联化过程。胶原蛋白是一种广泛存在于动物体的骨骼、牙齿、皮肤、软管、肌腱中的蛋白质，动物

肌肉随着年龄的增长变得粗糙就是因为胶原蛋白发生了交联。羟醛缩合交联反应是其中的一种重要反应。

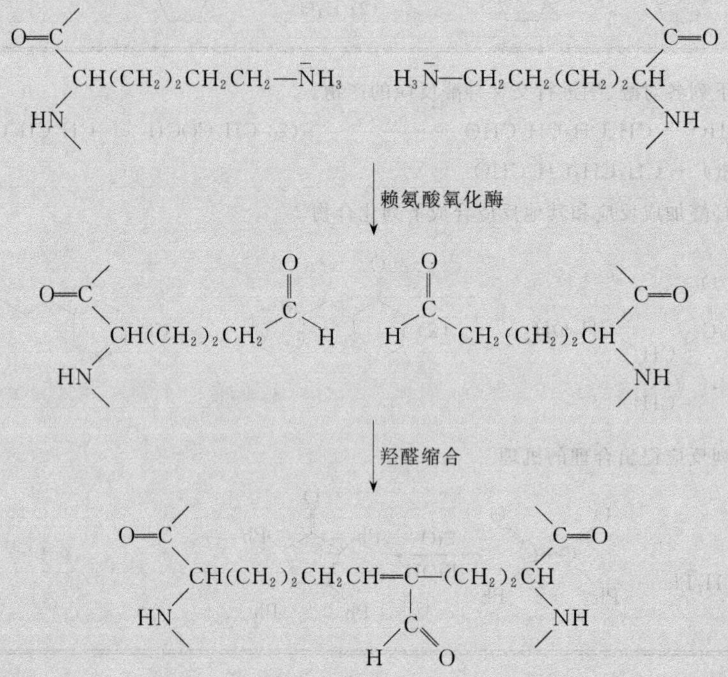

交联化胶原蛋白
(crosslinked collagen)

14.5　酮和酯的酰基化反应

14.5.1　Claisen 缩合——酯的酰基化反应

与醛、酮类似，酯的 α-氢也具有酸性。在碱（醇钠或氢化钠）的作用下，可以产生烯醇负离子，与体系中的另一分子酯发生亲核加成，进一步脱去一个烷氧基，最终形成 β-羰基酯，这个反应称为 Claisen 缩合反应（Claisen condensation）。这个过程相当于在酯的 α 位引入了一个酰基，因此又称为酯的酰基化反应（acylation of esters）。

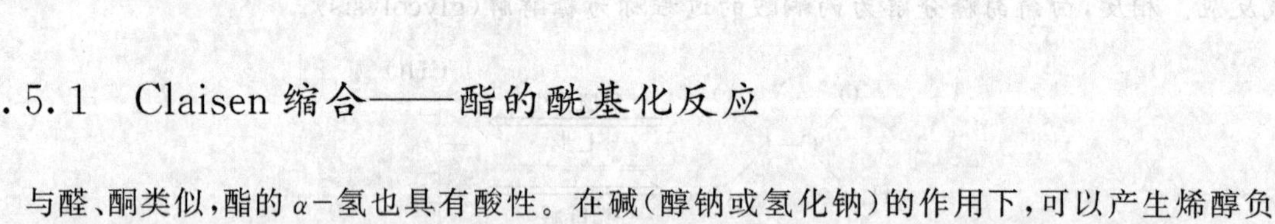

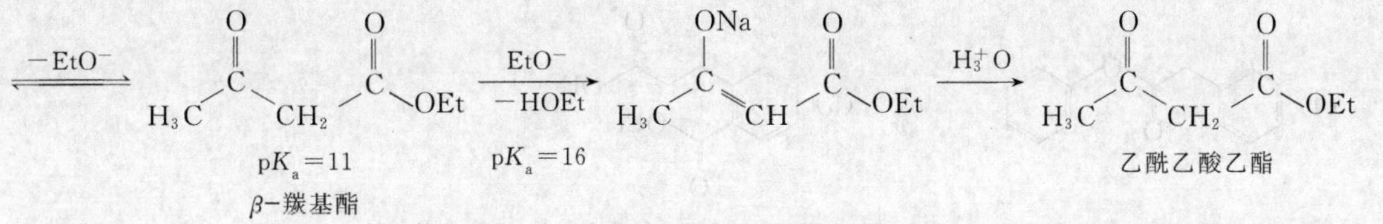

酯的 α-氢酸性较醛、酮弱，因此它在醇钠作用下生成 β-羰基酯的过程是可逆的。但由于生成的 β-羰基酯的亚甲基酸性较强(乙酰乙酸乙酯的 pK_a 为 11)，可以在醇钠(醇的 pK_a 约 16)作用下转化成烯醇钠盐，从而促进反应正向移动。反应结束后再加酸得到缩合产物。

在酯缩合反应中，需要用等物质的量或过量的碱。另一方面，具有两个 α-氢的酯才可以在醇钠作用下有效地发生 Claisen 缩合反应。

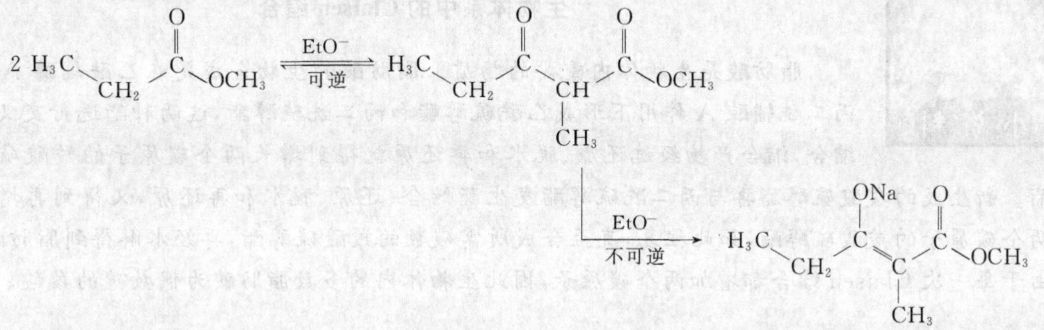

当酯羰基的 α-碳上只有一个氢时，其酸性更弱，此时需要使用比醇钠更强的碱如三苯甲基钠、苯基锂、LDA，才能使反应进行。使用这些强碱一方面可以有效地使酯形成烯醇负离子；另一方面，只有这些强碱才能使加成产物转化为烯醇盐，因为在这种情况下，缩合产物中两个羰基间的碳原子上没有氢，而只在酮羰基的另一个邻位碳原子上有一个 pK_a 大约为 19 的 α-氢。例如，2-甲基丙酸乙酯可以在三苯甲基钠的作用下发生 Claisen 缩合反应。

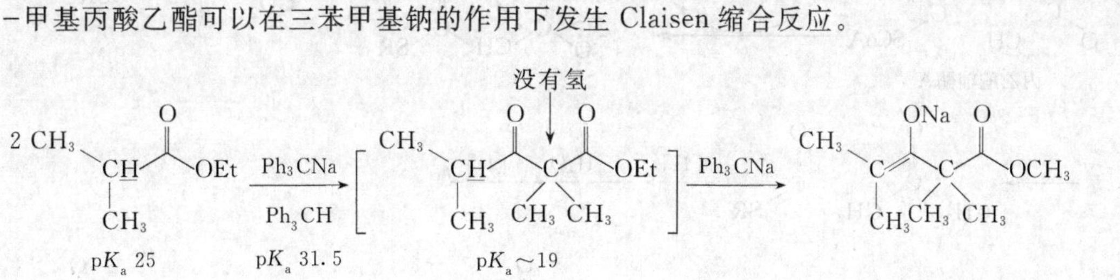

酯缩合反应的产物在适当的条件下可以发生逆反应，一般使用催化量的醇钠和等物质的量的醇即可。

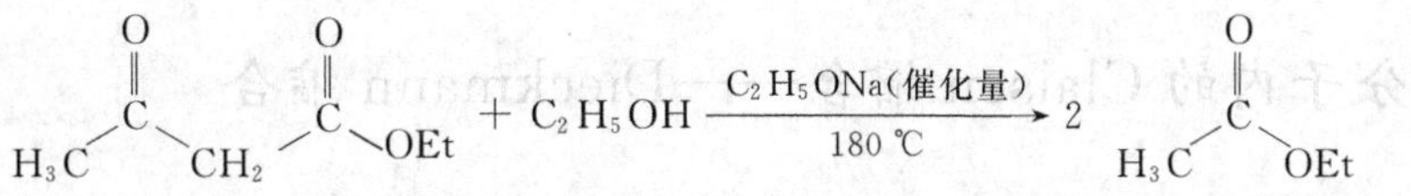

习题 14-29　写出下列化合物在等物质的量乙醇钠催化下反应的主要产物。

(1) $CH_3COOCH_2CH_2CH_2CH_3$　　(2) $(CH_3)_2CHCH_2COOCH_3$　　(3) $CH_3CH_2CH_2COOC_2H_5$

(4) 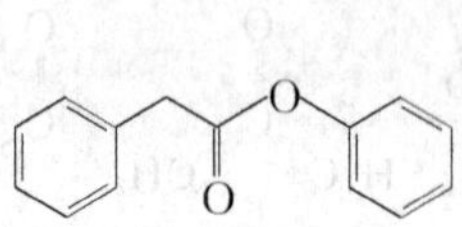　(5) 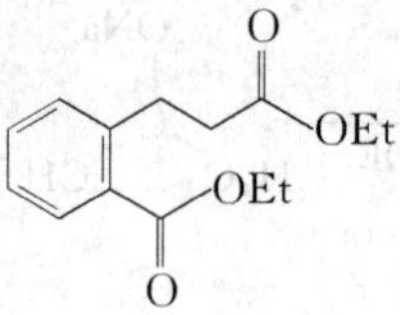

习题 14-30　写出下列化合物在乙醇中,催化量乙醇钠作用下反应的主要产物。

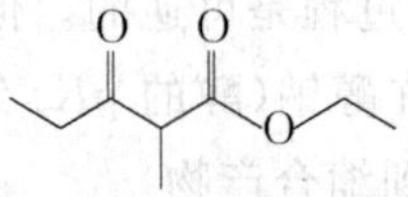
(1)

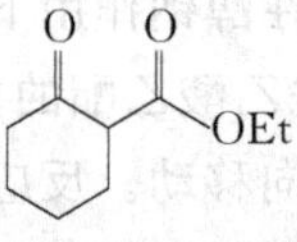
(2)

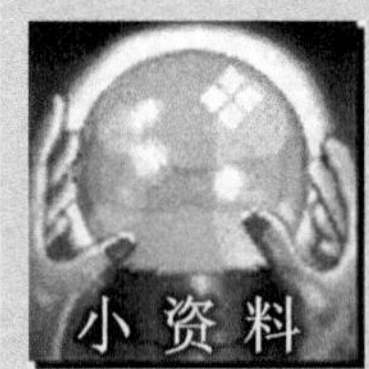

生物体系中的 Claisen 缩合

脂肪酸是生物体内重要的物质。脂肪酸的生物合成是在乙酰辅酶 A 和丙二酰辅酶 A 作用下形成乙酰硫醇酯和丙二酰硫醇酯,这两种酯进行交叉酯缩合,缩合产物经过还原、脱水和再还原就得到增长两个碳原子的羧酸硫醇酯。新生成的羧酸硫醇酯再与丙二酰硫醇酯发生酯缩合、还原、脱水和再还原,又得到再增长两个碳原子的羧酸硫醇酯,如此往复,直至合成所需碳数的羧酸硫醇酯,再经水解得到脂肪酸。由于每一次 Claisen 缩合都增加两个碳原子,因此生物体内的多数脂肪酸为偶数碳的羧酸。

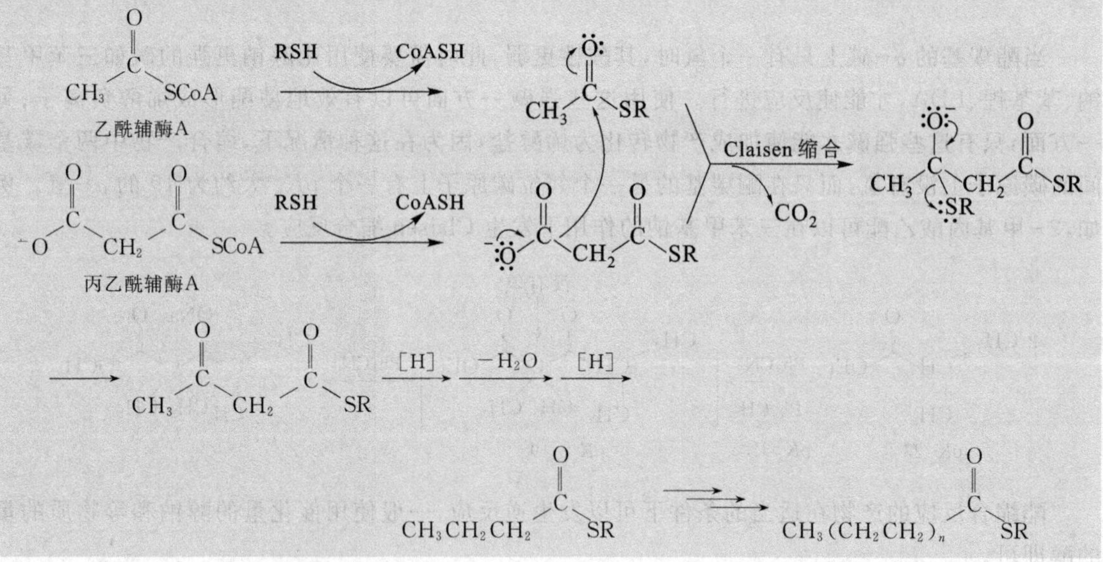

14.5.2　分子内的 Claisen 缩合——Dieckmann 缩合

与分子内羟醛加成反应和缩合反应类似,分子内距离适当的两个酯基,也可以进行分子内的酯缩合反应,称为 Dieckmann 缩合(Dieckmann condensation)。

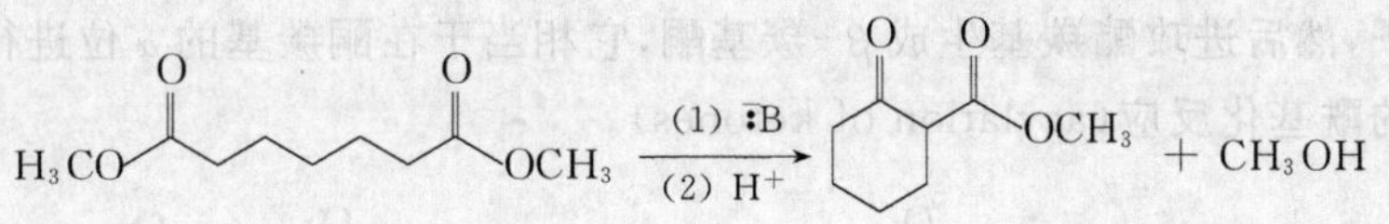

与 Claisen 酯缩合过程一样，产物进一步形成烯醇盐是反应正向移动的动力。对于不对称二酯的缩合，反应将有两个可能的方向。

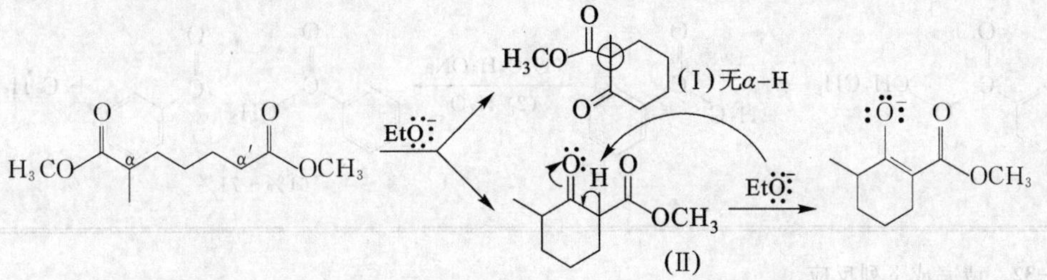

在醇钠存在的条件下，α-氢的反应活性较低，形成(Ⅰ)的速率要慢一些，尤其是在形成β-羰基酯(Ⅰ)后不存在α-氢，不能进一步形成烯醇盐促使平衡正向移动。因此反应平衡最终向生成产物(Ⅱ)的方向进行。

14.5.3　交叉 Claisen 缩合

不含α-氢的酯可以与另一分子有α-氢的酯进行交叉酯缩合。不含α-氢的酯主要有甲酸酯、碳酸二酯、草酸二酯、苯甲酸酯和新戊酸酯等几类：

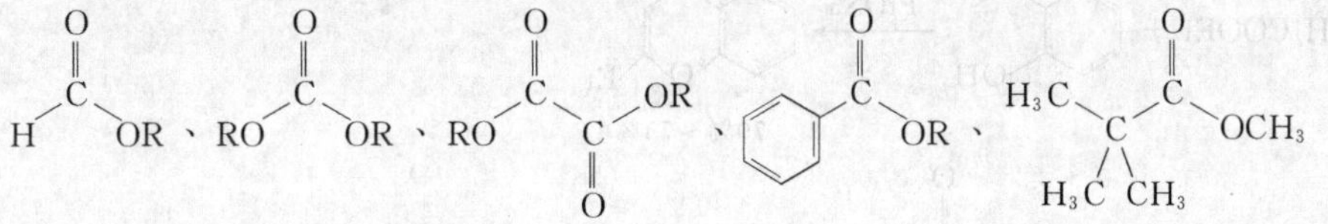

它们与其他酯进行交叉酯缩合的方法在合成上应用很广。如甲酸酯可以在酯的α位引入甲酰基。

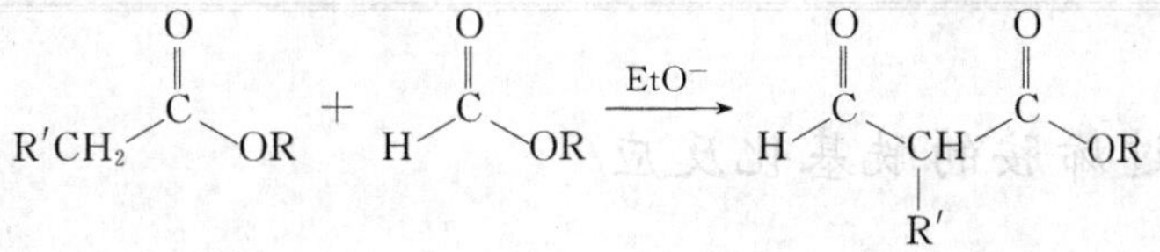

习题 14-31　写出上述这些无α-氢的酯与其他酯进行交叉酯缩合的产物，并分析产物的结构特征。

14.5.4　酮的酰基化反应

酮羰基的α-氢活性较酯羰基的α-氢活性高，所以将酮、酯与碱一起混合反应时，酮将优先形成烯醇负离子，然后进攻酯羰基生成 β-羰基酮，它相当于在酮羰基的 α 位进行了酰基化反应，所以也称为酮的酰基化反应(acylation of ketones)。

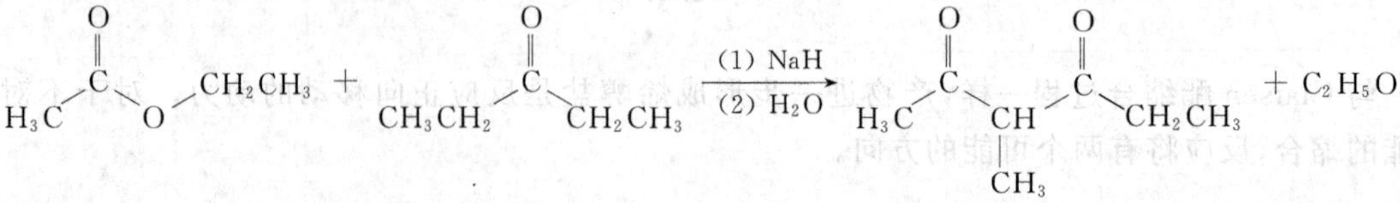

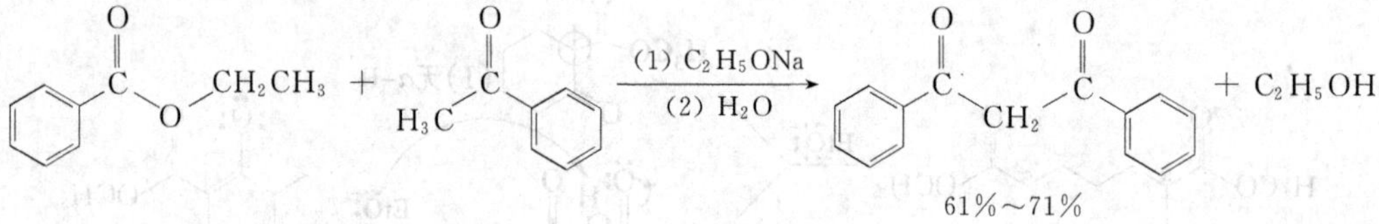

习题 14-32　请完成下列反应。

(1) $CH_3COOEt + CH_3COCH_2CH(CH_3)_2 \xrightarrow{NaNH_2}$?

(2) CH_3COOEt + CH_3CO—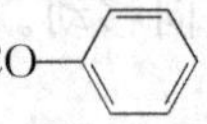 $\xrightarrow{NaNH_2}$?

(3) CH_3COOEt + 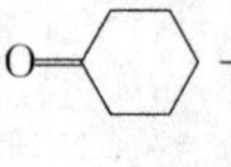 $\xrightarrow{NaNH_2}$?

(4) $CH_3CH_2COOEt + CH_3COCH_2CH_3 \xrightarrow{NaNH_2}$?

习题 14-33　请为下列反应提出合理的机理。

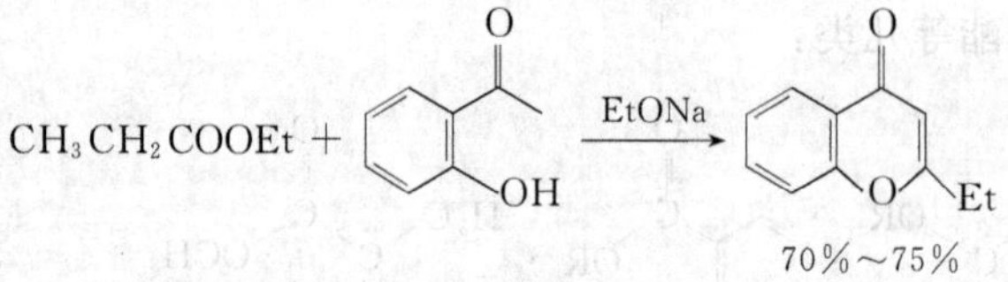

(提示：先生成酮酯缩合产物 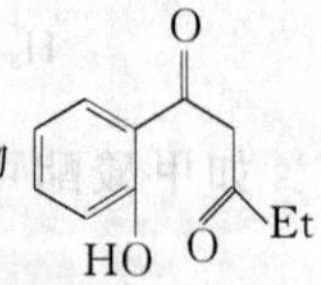)

14.5.5　酮通过烯胺的酰基化反应

酮经过烯胺中间体进行烷基化(见 14.3.2)可以得到 α-烷基酮：

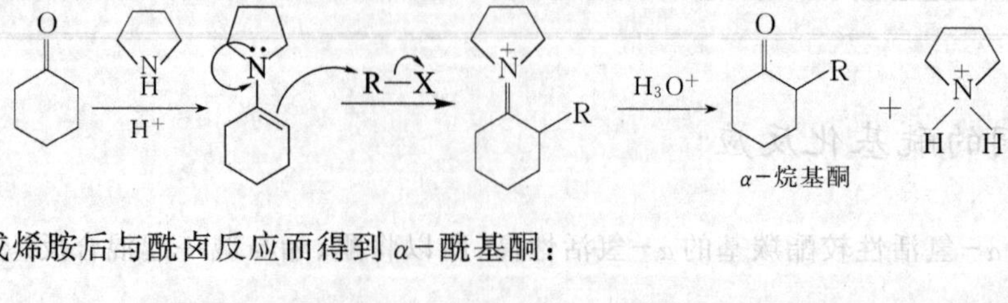

也可以在形成烯胺后与酰卤反应而得到 α-酰基酮：

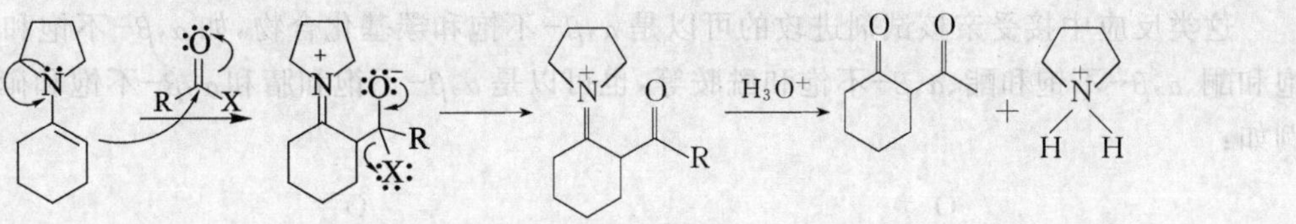

习题 14-34　请为下列化合物的合成提出合理的合成路线。

(3) 由环戊酮合成辛酸

14.6　Michael 反应和 Robinson 环合反应

多种亲核试剂与 α,β-不饱和羰基化合物反应时，既可以发生 1,2-加成，也可以发生 1,4-加成。一般当亲核试剂为弱碱时，反应可逆进行，则以 1,4-加成的热力学控制产物为主。烯醇负离子作为亲核试剂，与 α,β-不饱和羰基化合物发生共轭 1,4-加成，形成 1,5-二羰基化合物的反应称为 Michael 反应(Michael reaction)。

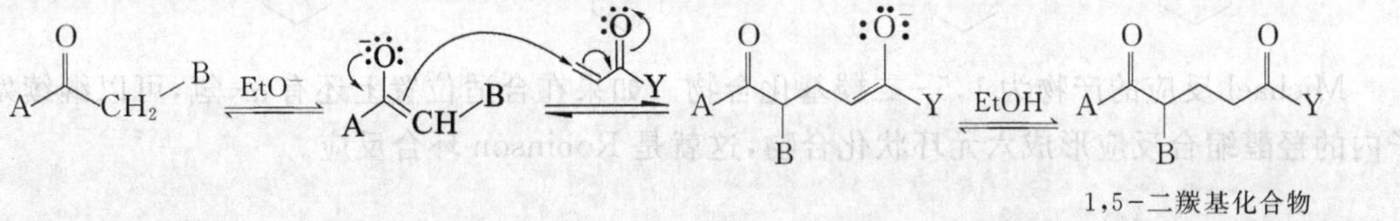

上述反应中的亲核试剂可以是各种可以形成烯醇负离子的化合物，即醛、酮、羧酸酯、腈和硝基化合物。例如：

$$H_2C{=}CHCOOCH_3 + (CH_3)_2CHNO_2 \xrightarrow[70\ ^\circ C]{R_4\overset{+}{N}\overset{-}{O}H} (CH_3)_2\underset{\displaystyle}{\overset{NO_2}{\overset{|}{C}}}CH_2CH_2COOCH_3$$

β-二羰基化合物是 Michael 反应最佳的亲核试剂，因为 β-二羰基化合物中介于两个羰基间的亚甲基酸性较强，较容易形成烯醇负离子。例如，丙二酸二乙酯很容易与 3-丁烯-2-酮进行 Michael 反应：

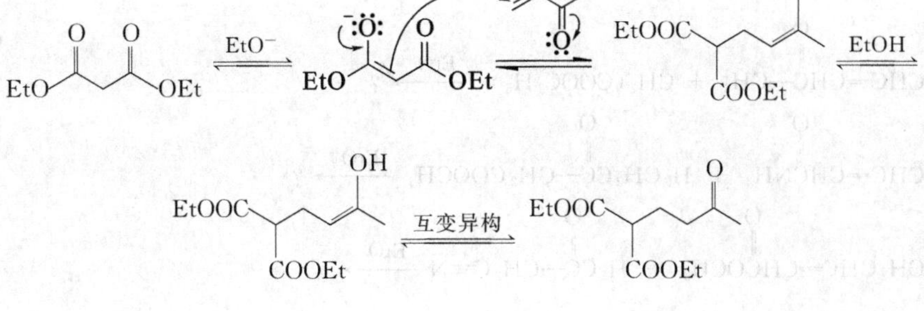

这类反应中接受亲核试剂进攻的可以是 α,β-不饱和羰基化合物，如 α,β-不饱和醛、α,β-不饱和酮、α,β-不饱和酯、α,β-不饱和酰胺等，也可以是 α,β-不饱和腈和 α,β-不饱和硝基化合物。例如：

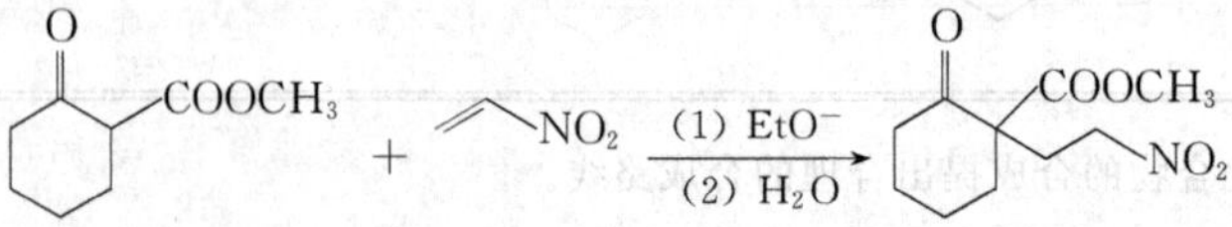

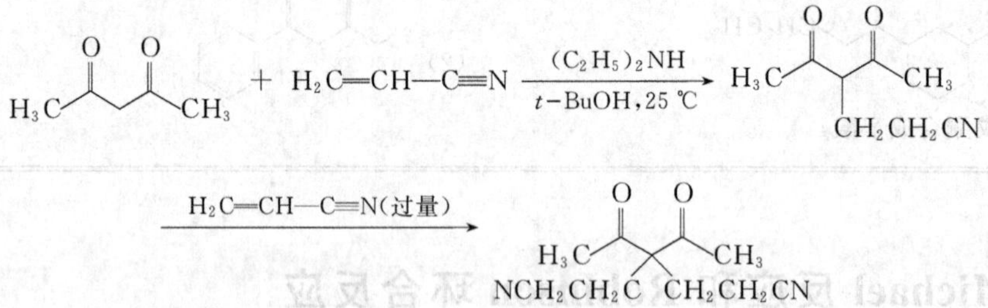

烯胺也可以与 α,β-不饱和羰基化合物发生 Michael 反应，加成产物水解后也是得到 1,5-二羰基化合物。该反应称为 Stork 烯胺反应(Stork enamine reaction)。

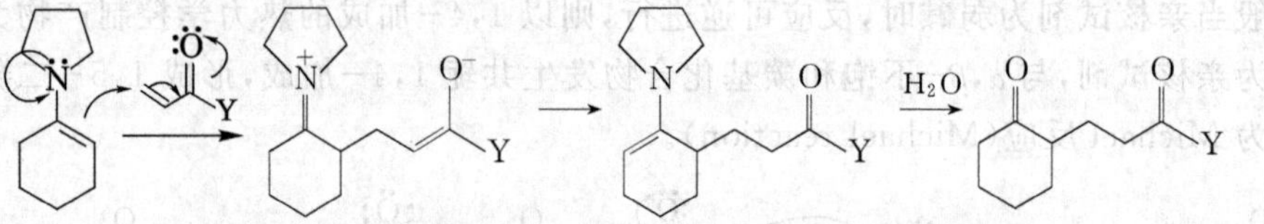

Michael 反应的产物为 1,5-二羰基化合物。如果在合适位置上还有 α-氢，可以继续发生分子内的羟醛缩合反应形成六元环状化合物，这就是 Robinson 环合反应。

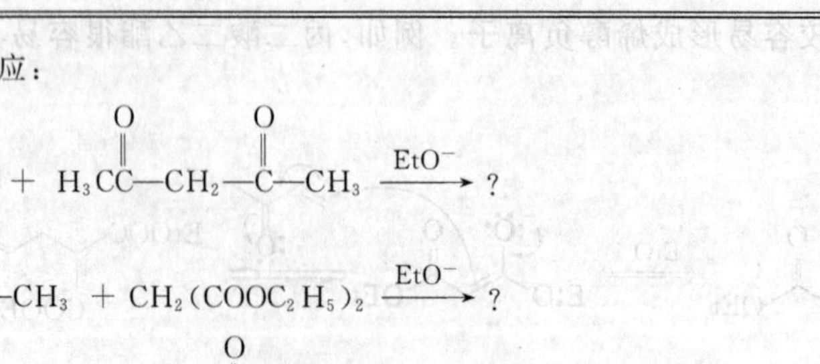

习题 14-35　完成下列反应：

(1) $H_2C{=}CH{-}\overset{O}{\overset{\|}{C}}H + H_3C\overset{O}{\overset{\|}{C}}{-}CH_2{-}\overset{O}{\overset{\|}{C}}{-}CH_3 \xrightarrow{EtO^-} ?$

(2) $H_3CHC{=}CH\overset{O}{\overset{\|}{C}}{-}CH_3 + CH_2(COOC_2H_5)_2 \xrightarrow{EtO^-} ?$

(3) $H_3CHC{=}CH\overset{O}{\overset{\|}{C}}NH_2 + H_3CH_2C\overset{O}{\overset{\|}{C}}{-}CH_2COOCH_3 \xrightarrow{EtO^-} ?$

(4) $H_3CH_2CHC{=}CH\overset{O}{\overset{\|}{C}}OCH_3 + H_3C\overset{O}{\overset{\|}{C}}{-}CH_2C{\equiv}N \xrightarrow{EtO^-}$

习题 14-36　试完成下列合成：

(1) 从 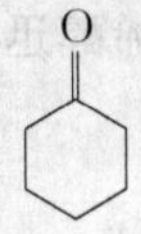 合成 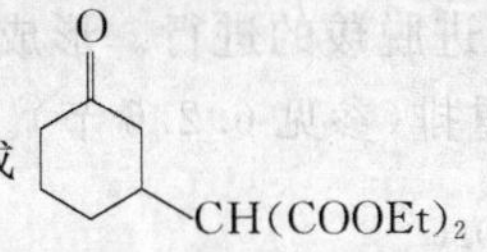

(2) 从 $CH_3\overset{O}{\overset{\|}{C}}CH_3$ 合成 $CH_3\overset{O}{\overset{\|}{C}}CH_2CH_2CH(COOEt)_2$

14.7　β-二羰基化合物的反应及其在有机合成中的应用

酮和酯的酰基化反应可以得到β-羰基酮或β-羰基酯。这两类化合物中两个羰基互相处于β位，因此统称为β-二羰基化合物。β-二羰基化合物中处于两个羰基之间的亚甲基氢，由于同时受到两个吸电子基团的影响，酸性强于一般羰基化合物的α-氢(参见表 14-1)，因此，它们比普通醛、酮、酯更易形成烯醇负离子，即它们在碱性条件下是一个非常好的含碳亲核试剂。14.3.3 节和 14.6 节中已经讨论了它们的烷基化反应和 Michael 反应，这些反应都是重要的形成新的碳-碳键或构建环系的反应。

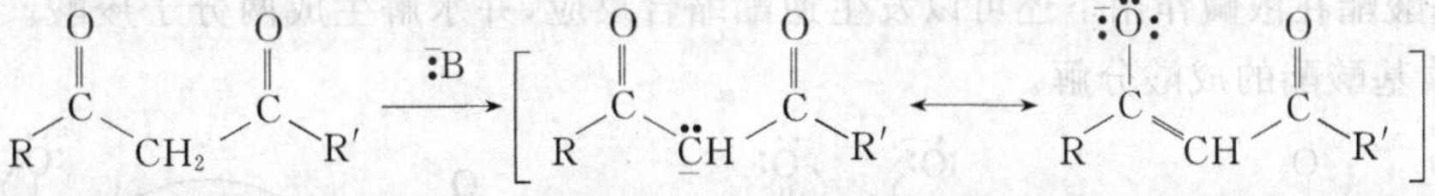

$pK_a \approx 5 \sim 11$　　良好的亲核试剂

β-二羰基化合物中的β-羰基酸酯和β-二羧酸酯还有一个特殊反应，即它们水解成酸后可以发生脱羧反应，这就进一步扩大了它们在有机合成中的应用。以下先讨论这两类化合物的特性反应，然后小结它们在有机合成中的应用。

14.7.1　β-羰基酸酯和β-二羧酸酯的水解脱羧反应

β-羰基酸酯和β-二羧酸酯是稳定的化合物，但是它们一旦在酸性或稀碱性条件下水解成β-羰基酸和β-二羧酸或它们的羧酸负离子，均很容易脱羧，这是因为中性分子 CO_2 是一个好的离去基团。

碱性条件下水解形成的羧酸根负离子进一步脱去中性分子片段 CO_2，形成烯醇负离子。烯醇负离子受羰基的共轭作用而稳定。

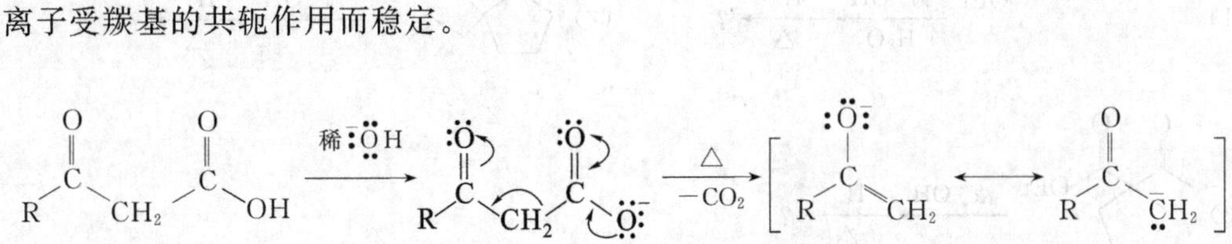

较稳定

酸性条件下水解生成羧酸，它比碱性条件下形成的羧基负离子更容易脱羧，因为羧酸中的羧基氢可以经过六元环环状过渡态迁移到 β-羰基氧上，促进脱羧的进行。形成的烯醇迅速互变异构为稳定的酮式结构。这个反应过程类似 McLafferty 重排（参见 6.2.6 节）。

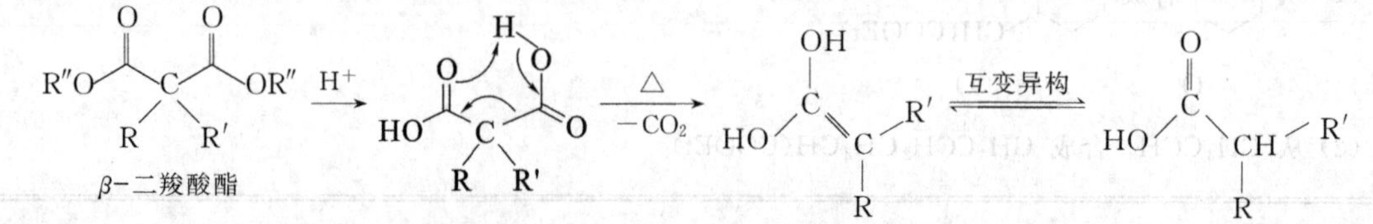

在稀碱或酸性条件下，β-羰基酸酯的水解反应最终保留酮羰基部分，因此称为 β-羰基酸酯的成酮分解。

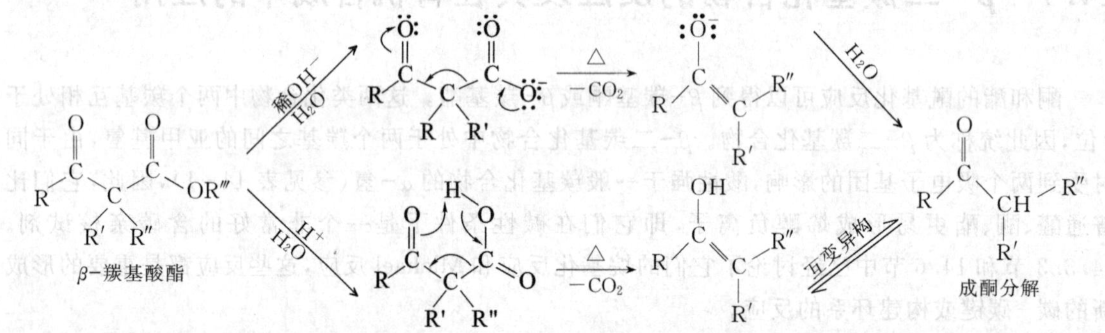

β-羰基酸酯在浓碱作用下还可以发生逆酯缩合反应，并水解生成两分子羧酸。这一分解反应称为 β-羰基酸酯的成酸分解。

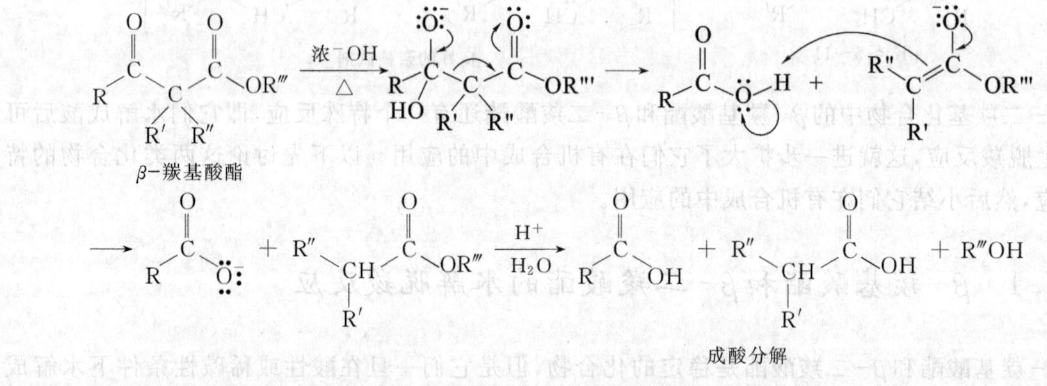

习题 14-37　完成下列反应，写出主要产物。

(1) 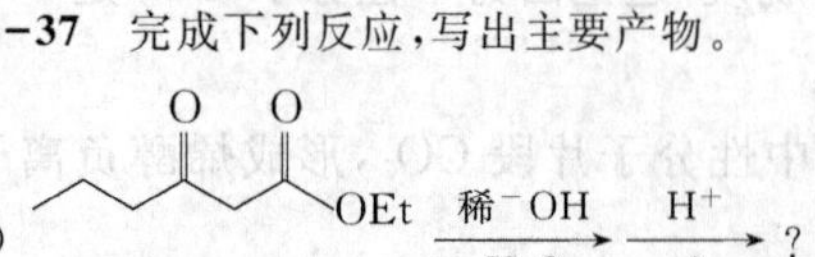

(2) 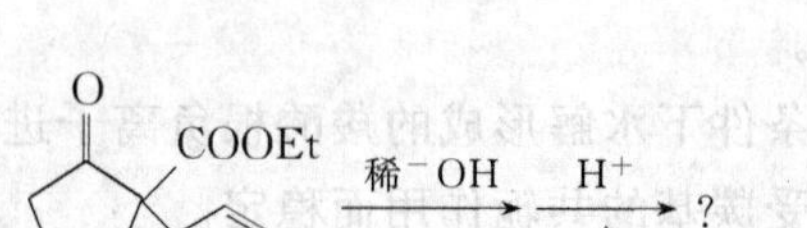

(3) 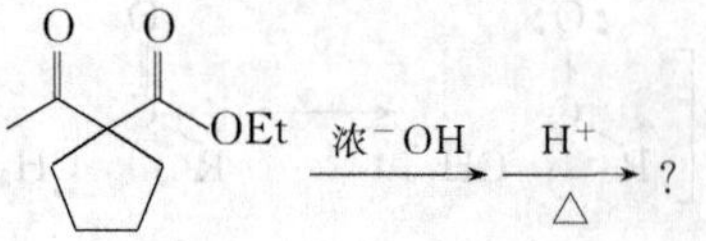

14.7.2　β-二羰基化合物在合成中的应用

β-羰基酯的亚甲基十分活泼，能进行亲核加成或取代反应，之后又能通过成酮或成酸分解反应，除去部分基团，从而得到所需结构的合成产物。例如：

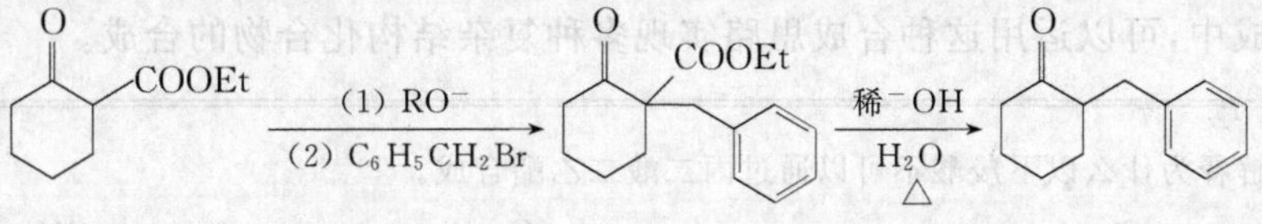

β-二羰基化合物的合成应用很广，适用于各种碳链增长、成环等合成。其中，乙酰乙酸乙酯和丙二酸二乙酯是β-二羰基化合物的两个典型代表化合物，以下将分别介绍它们在合成中的应用。

1. 丙二酸二乙酯合成法——取代乙酸的合成

结合丙二酸二乙酯的烷基化反应以及上述水解脱羧反应，可以方便地合成所需要的各种取代乙酸。这种合成取代乙酸的方法称为丙二酸二乙酯合成法。

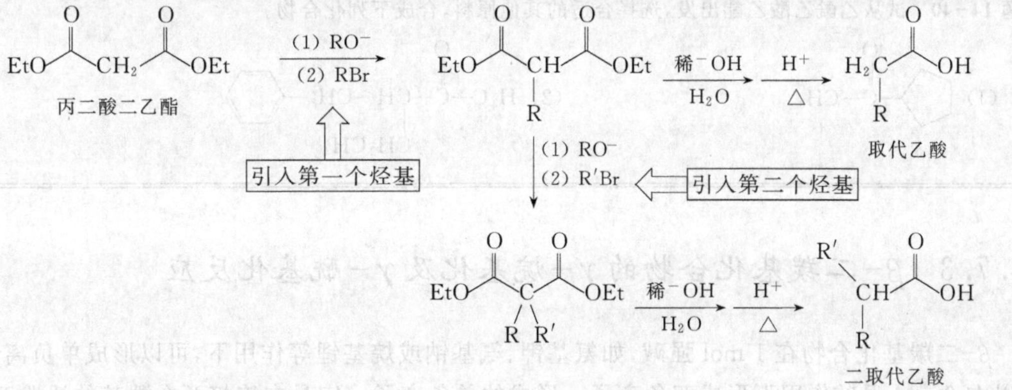

丙二酸二乙酯具有两个活泼的α-氢，在碱作用下，可以先后两次与两个不同的卤代烃反应，引入两个不同的烃基，从而合成多种二取代乙酸。

2. 乙酰乙酸乙酯合成法——合成甲基酮和取代乙酸

与丙二酸二乙酯不同，乙酰乙酸乙酯的结构不对称，其水解途径有两条，一种是成酮分解，一种是成酸分解，相应的就有两方面的合成应用，即合成取代甲基酮和取代乙酸。只是由于丙二酸二乙酯合成法可以合成取代乙酸，因此，乙酰乙酸乙酯合成法更多地应用于取代甲基酮的合成。以下主要列出了乙酰乙酸乙酯合成甲基酮的路线图：

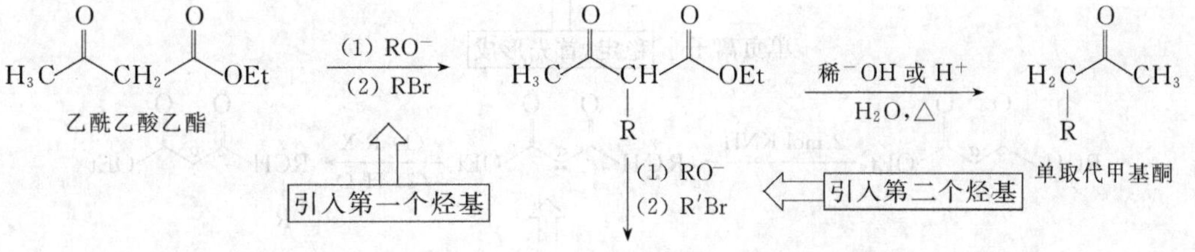

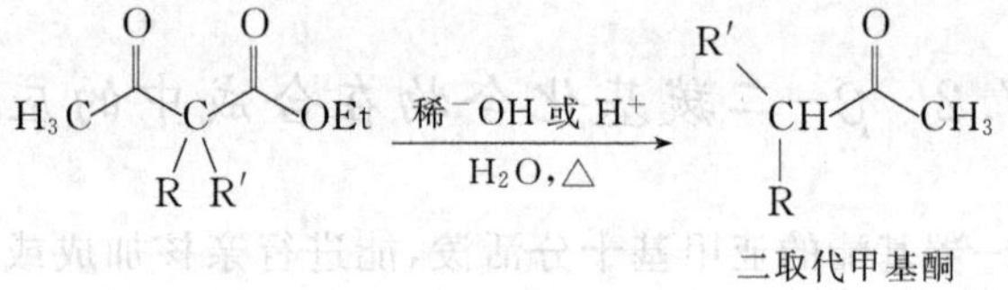

二取代甲基酮

丙二酸二乙酯合成法和乙酰乙酸乙酯合成法只是β-二羰基化合物合成应用的两个特例。在实际有机合成中，可以运用这种合成思路实现多种复杂结构化合物的合成。

习题 14-38　试解释为什么以下羧酸不可以通过丙二酸二乙酯合成。

(1) 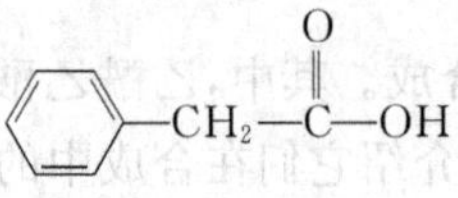　(2) 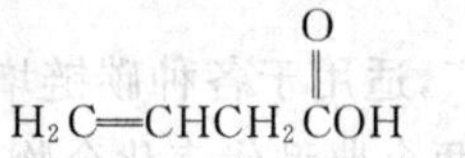　(3) 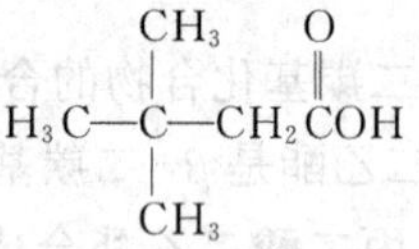

习题 14-39　试从丙二酸二乙酯出发，选择合适的其他原料，合成下列化合物。

(1) 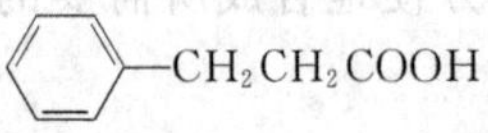　(2) 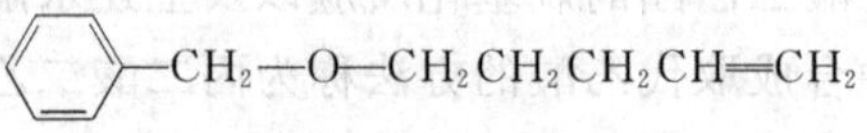

习题 14-40　试从乙酰乙酸乙酯出发，选择合适的其他原料，合成下列化合物。

(1) 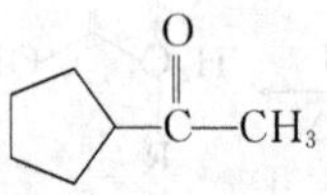　(2) 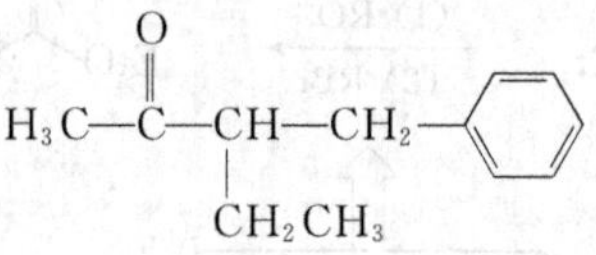

14.7.3　β-二羰基化合物的γ-烷基化及γ-酰基化反应

β-二羰基化合物在 1 mol 强碱，如氨基钾、氨基钠或烷基锂等作用下，可以形成单负离子，也可以在 2 mol 强碱作用下形成双负离子。形成的单负离子一定是在连接两个羰基的活泼亚甲基位置，即α位，因为α-氢酸性强，形成的负离子稳定。此时与卤代烃或酰卤反应可以得到α-烷基化或酰基化产物。双负离子是在α位和γ位同时脱去质子所形成，由于α位负离子比较稳定，反应活性不及γ位高，与卤代烃或酰卤的亲核取代反应将首先发生在γ位。这就是β-二羰基化合物的γ-烷基化及γ-酰基化反应。

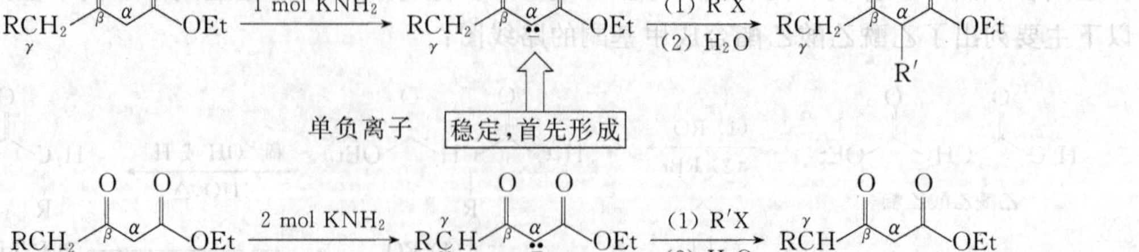

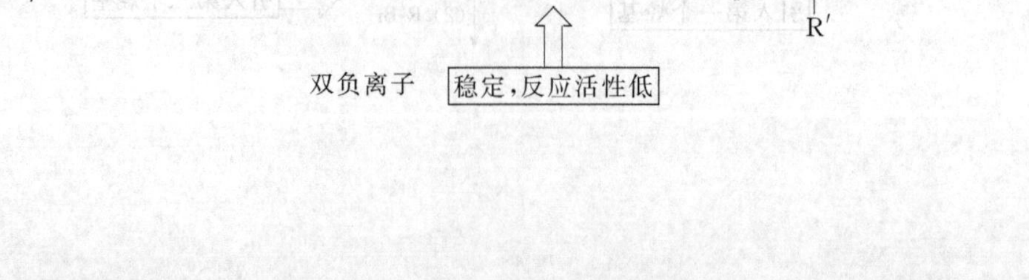

例如,已二酸酯通过 Claisen 酯缩合可以得到一个五元环的 β-羰基酯。这个环状 β-羰基酯在 2 mol 氨基钾作用下,形成 α 位和 γ 位同时脱去质子的双负离子,该双负离子与 1 mol 卤代烃反应时,优先形成 γ-烷基化产物。

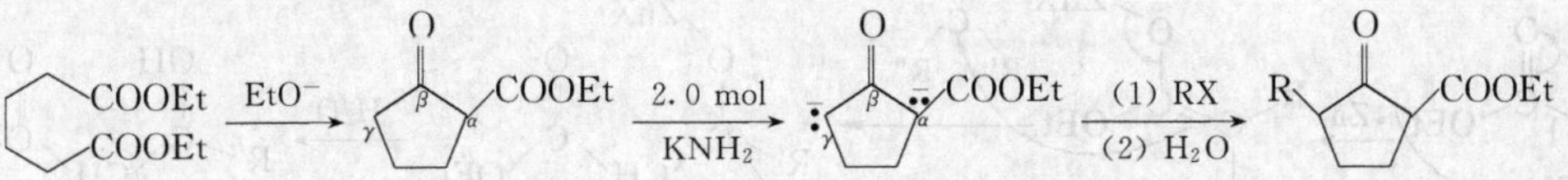

对于不对称的 β-二羰基化合物,反应主要发生在酸性更强的 γ 位上。例如,1-苯基-2,4-戊二酮在 2 mol 氨基钠作用下,优先形成的是 α 位以及与苯基相连的 γ 位脱质子的双负离子(Ⅰ),因为双负离子(Ⅰ)比(Ⅱ)稳定。如果此时加入卤代烃,则烷基化反应优先发生在双负离子(Ⅰ)相应的 γ 位上。

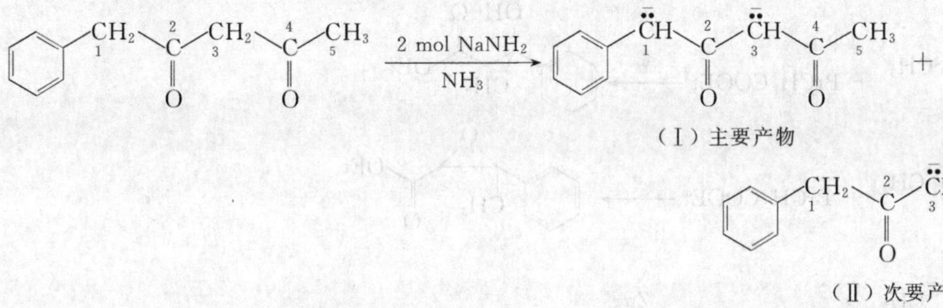

14.8　其他缩合反应

14.8.1　α-卤代酸酯的缩合反应

酮与酯相比,酮的 α-氢的酸性较强,因此,当酯与酮在碱性条件下混合进行缩合反应时,一定是酮的 α-氢脱去形成碳负离子,然后进攻酯羰基,生成酮的 α-酰基化反应(见 14.5.4)。但是,如果使用 α-卤代酸酯代替一般的酯,则同时连接酯基和卤素原子的亚甲基氢比一般醛、酮的 α-氢更加活泼,在碱的作用下,α-卤代酸酯首先脱去 α-氢,得到烯醇负离子。烯醇负离子进攻酮羰基的碳原子后,形成的加成中间体氧负离子的邻位碳上有一个好的离去基团,因此发生了邻位氧负离子参与下的脱卤反应,最终生成 α,β-环氧酯。这类反应称为 Darzens 反应(Darzens reaction)。

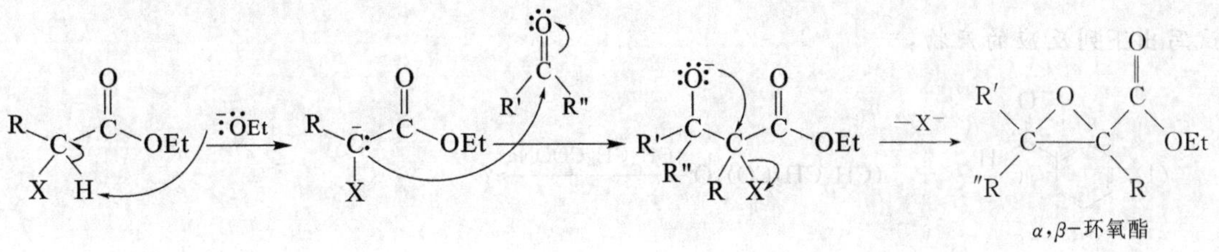

α,β-环氧酯

α-卤代酸酯还可以在锌粉的还原作用下，先脱去卤素，形成的烯醇盐与醛或酮羰基发生亲核加成，生成β-羟基酯。这类反应称为 Reformatsky 反应(Reformatsky reaction)。

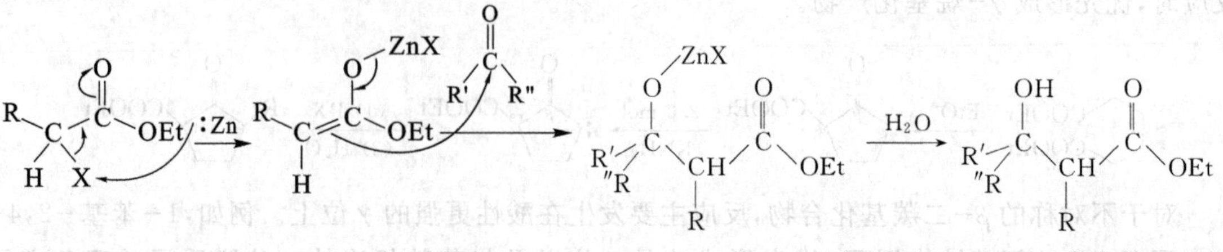

β-羟基酯

习题 14-41 写出下列反应的主要产物或反应条件。

(1) 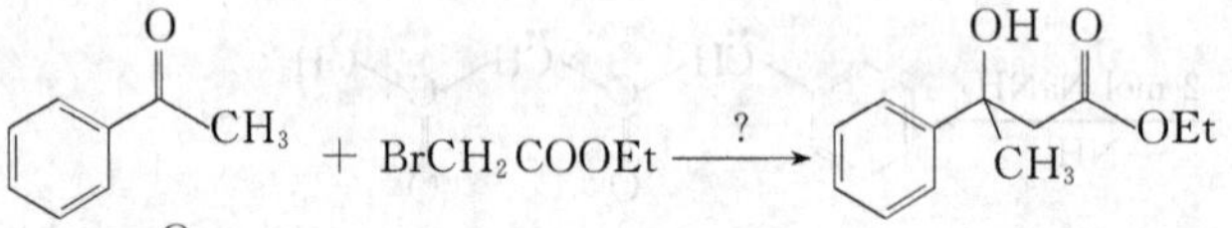

(2) 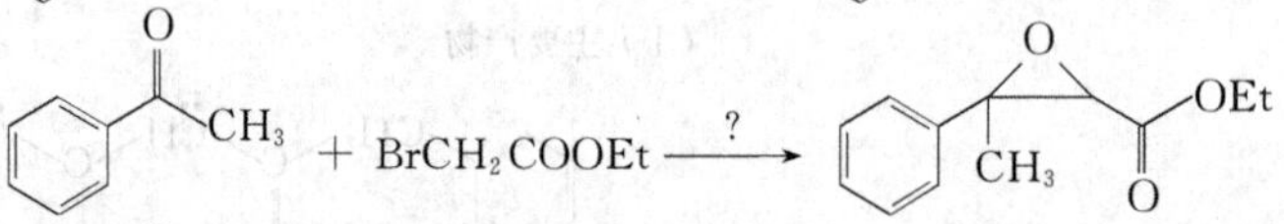

(3) 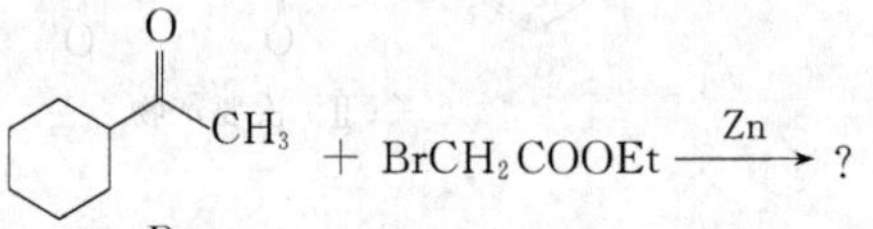

(4) 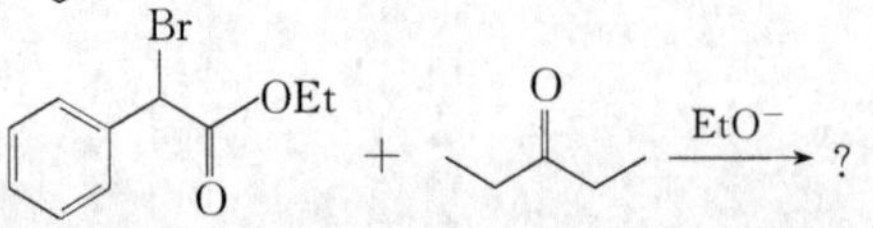

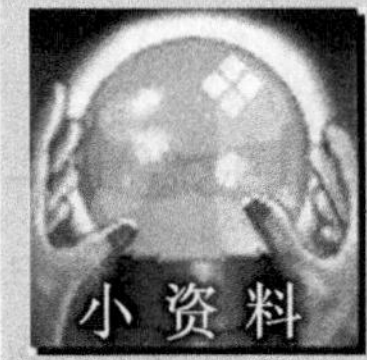

α,β-不饱和羧酸的合成与 Perkin 反应

β-羟基酯脱水水解可以得到α,β-不饱和羧酸。Perkin 反应也是一种制备α,β-不饱和羧酸的方法。由芳香醛与羧酸酐在弱碱羧酸钠催化下反应而得。例如，肉桂酸可以由苯甲醛和乙酸酐在乙酸钠作用下合成：

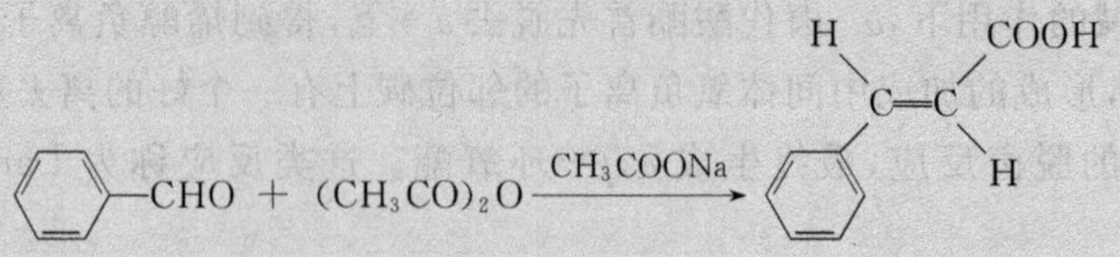

肉桂酸

试写出下列反应的产物：

(1) 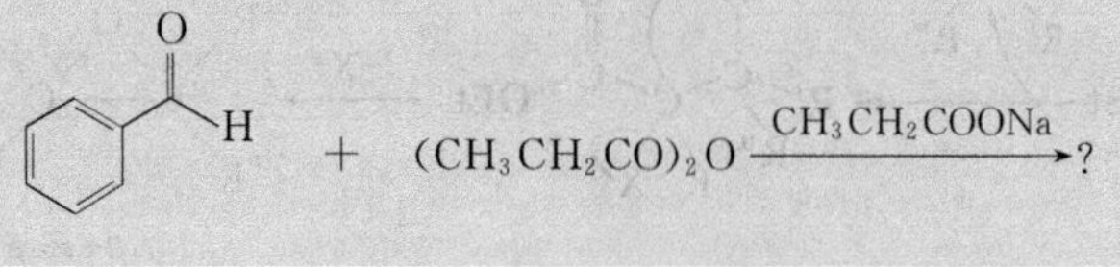

(2) 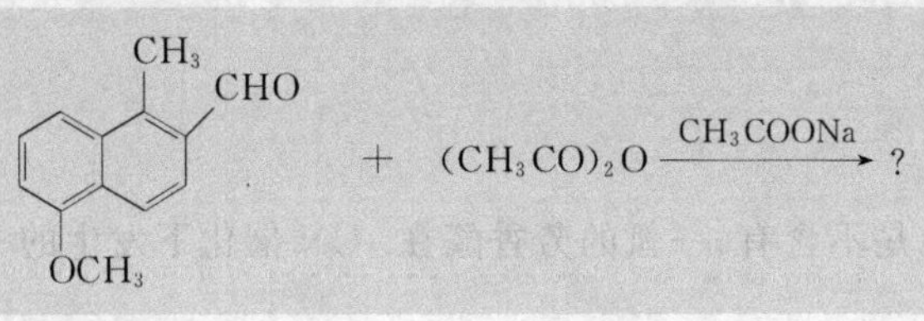

14.8.2　Mannich 反应

当甲醛、二甲胺和酮混合在一起，在弱酸催化下进行反应，可以得到酮的 α 位胺甲基化产物，这就是 Mannich 反应（Mannich reaction）。

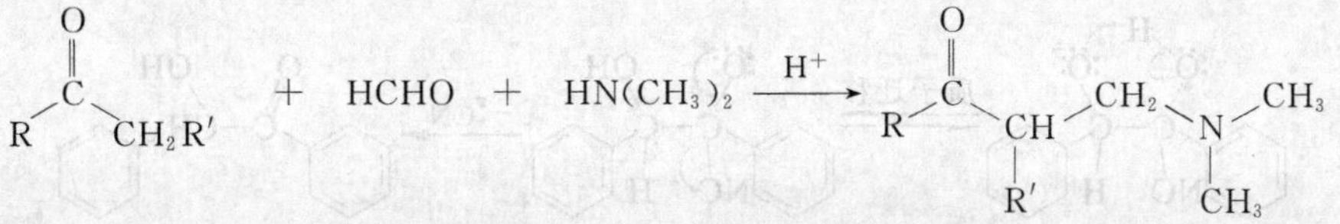

反应的机理如下：由于醛羰基的反应活性比酮羰基高，将首先与二甲胺反应生成亚胺正离子。同时，体系中存在的酮在弱酸催化下互变异构成烯醇结构。

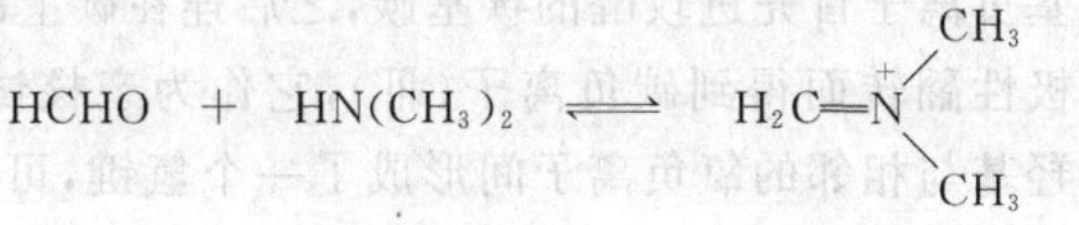

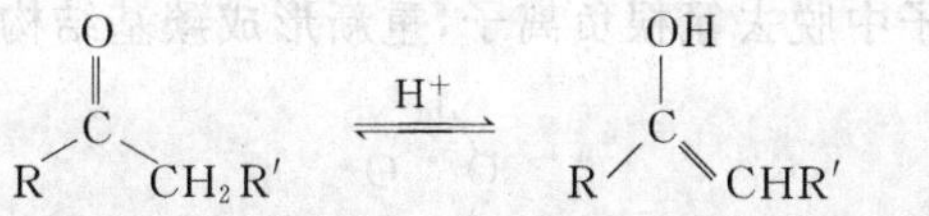

亚胺正离子的双键碳受到 N^+ 的强吸电子作用，具有很强的接受亲核试剂（酮的烯醇）进攻的能力，从而发生亲核加成，最终得到 α 位胺甲基化的产物。

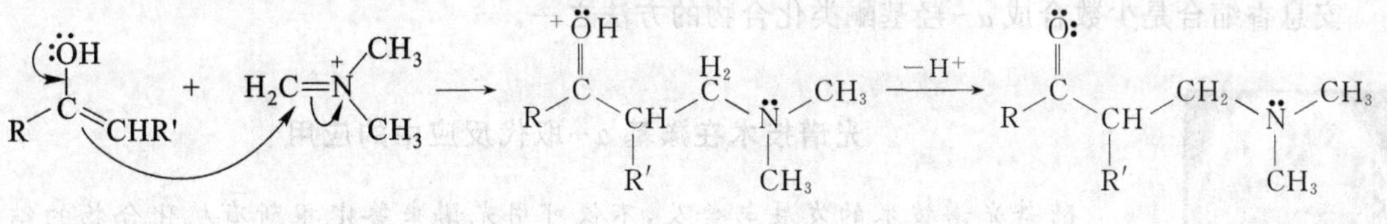

Mannich 反应曾经在颠茄酮的合成中起到了重要作用。

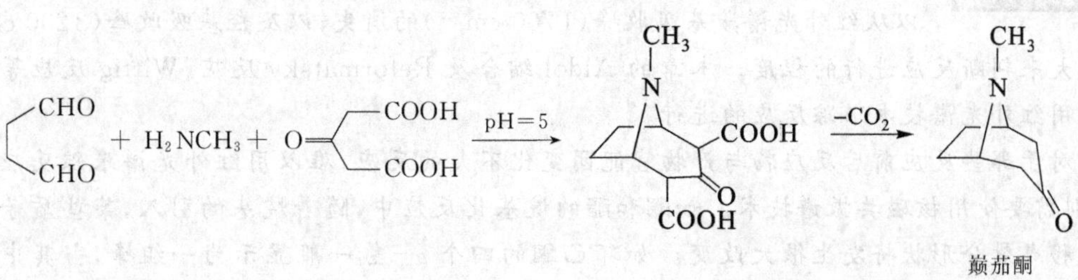

颠茄酮

14.8.3 安息香缩合

安息香缩合(benzoin condensation)是不含有 α-氢的芳香醛在$^{-}$CN 催化下发生的一类生成 α-羟基酮的亲核加成反应。

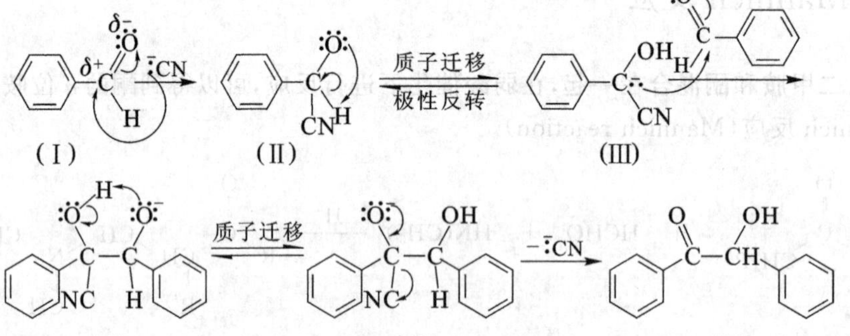

(Ⅰ) (Ⅱ) (Ⅲ) (Ⅳ) (Ⅴ) (Ⅵ)

在安息香缩合中，氰基负离子首先进攻醛的羰基碳，之后连在碳上的质子迁移到相邻氧负离子上，发生羰基碳原子的极性翻转而得到碳负离子(Ⅲ)，它作为亲核试剂再进攻另一分子苯甲醛，得到(Ⅳ)。(Ⅳ)中的羟基与相邻的氧负离子间形成了一个氢键，可以顺利地进行质子迁移，得到(Ⅴ)。最后从(Ⅴ)分子中脱去氰根负离子，重新形成羰基结构，生成 α-羟基酮(Ⅵ)。

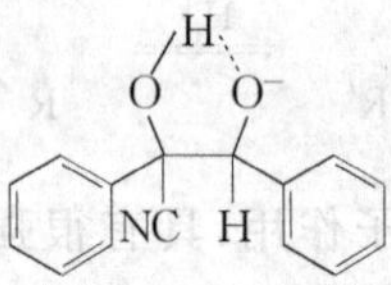

分子(Ⅳ)中的氢键

安息香缩合是少数合成 α-羟基酮类化合物的方法之一。

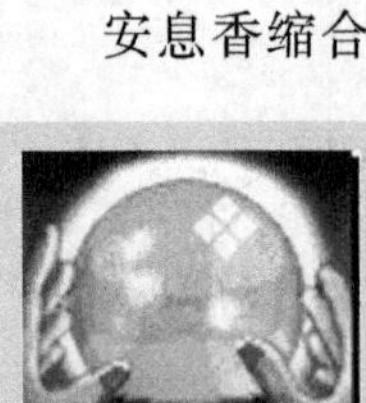

光谱技术在羰基 α-取代反应中的应用

随着光谱技术的发展与普及，不仅可用光谱来鉴定推断有机化合物的结构，而且越来越广泛地用于反应进程的跟踪。如羰基还原成羟基反应中，可以从红外光谱羰基吸收峰(1700 cm^{-1})的消失，以及羟基吸收峰(3200 cm^{-1})的增大来判断反应进行的程度。本章的 Aldol 缩合及 Reformatsky 反应、Wittig 反应等都可以利用红外光谱技术跟踪反应的进行。

对于那些反应前后反应物与产物官能团变化不大的反应，难以用红外光谱跟踪反应的进程，则需要使用核磁共振谱技术。如酮和酯的烷基化反应中，随着烷基的引入，某些质子的化学位移或裂分形状将发生很大改变。如环己酮的四个 α-氢一般显示为一组峰，当其中一个 α-氢被甲基取代后，另外三个 α-氢将分成至少两组峰，其中一个裂分成多重峰。

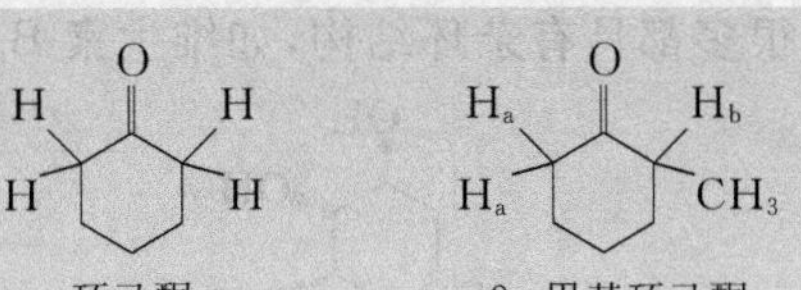

环己酮　　2-甲基环己酮

习题 14-42　小结能得到 1,2-二羟基或 α-羟基酮的合成方法。

习题 14-43　列表小结本章各反应的进程用哪种光谱法跟踪会更加有效。

14.9　缩合反应与杂环化合物的合成

杂环化合物是有机化合物中结构和功能都十分重要的一大类化合物，它们普遍存在于天然产物中，如生命遗传物质 DNA 就是由含有芳香杂环化合物嘌呤和嘧啶骨架结构的碱基胞嘧啶、胸腺嘧啶、尿嘧啶、腺嘌呤和鸟嘌呤构成的(详见 20.2.1 节)。

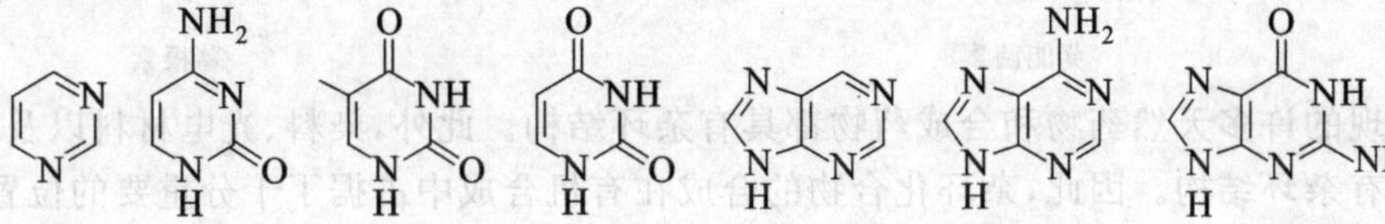
嘧啶　胞嘧啶　胸腺嘧啶　尿嘧啶　嘌呤　腺嘌呤　鸟嘌呤

又如，抗生素药物青霉素是青霉菌的代谢产物，其母核结构为四元环内酰胺并氢化噻唑环。不同的青霉素具有不同的侧链 R 基团。

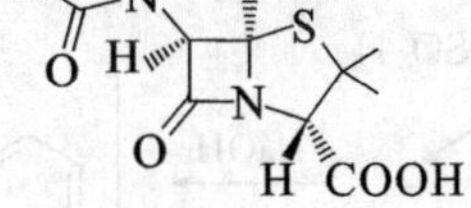
青霉素

植物光合作用的催化剂叶绿素以及动物血液中输送氧气的载体血红蛋白都是具有多吡咯结构的化合物。

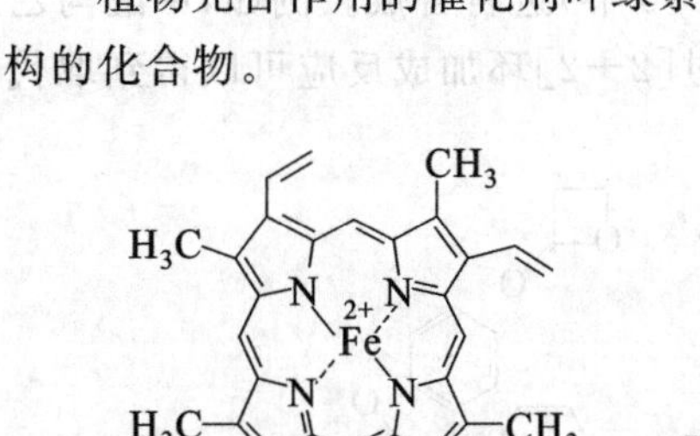
血红素

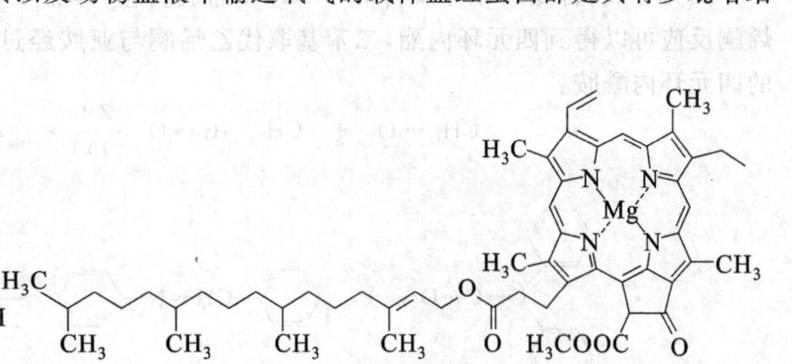
叶绿素 a

人体所必需的B族维生素很多都具有杂环结构，如维生素 B_1、B_2 和 B_6 等。

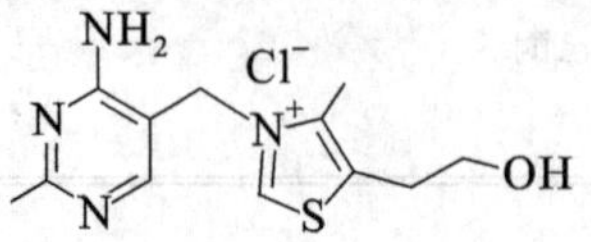

维生素 B_1

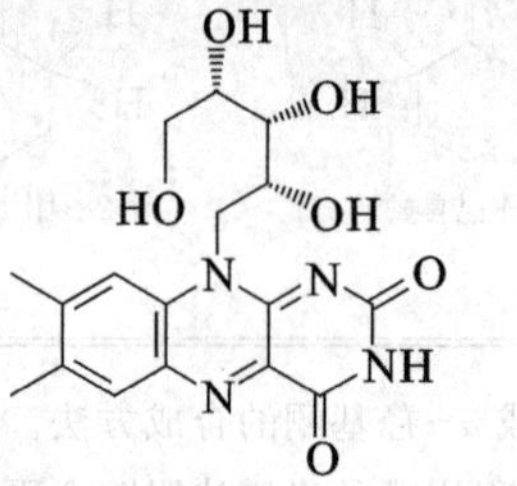

维生素 B_2

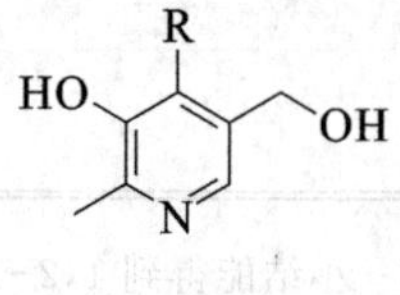

R=—CH_2OH，—CHO，—CH_2NH_2

维生素 B_6

莫能菌素(monensin)是一种具有螺环含氧杂环结构的抗真菌和抗原虫菌素。黄酮和异黄酮类化合物是许多中药的有效成分，它们都含有 γ-吡喃酮结构，如中草药葛根的有效成分葛根素是临床治疗心绞痛的药物，属于异黄酮苷。

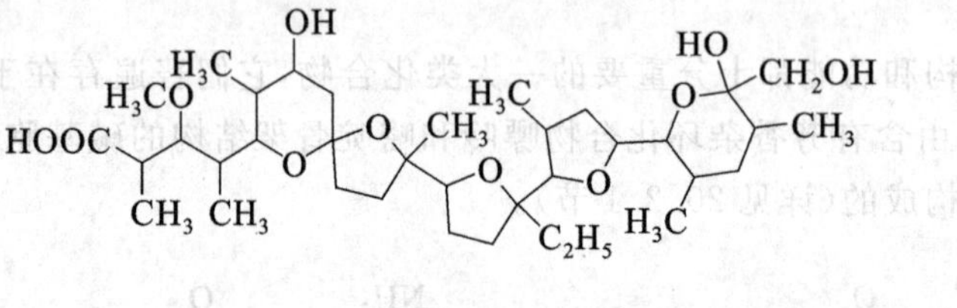

莫能菌素

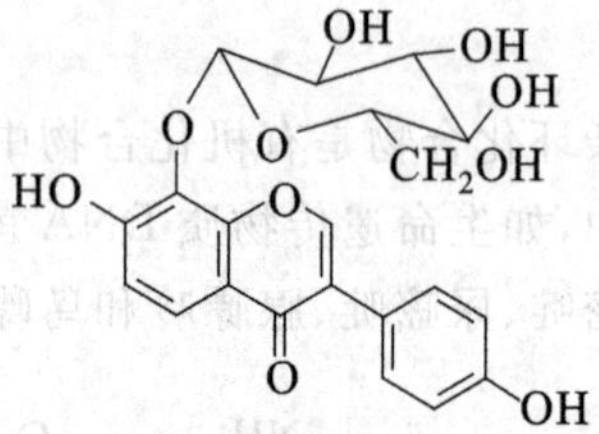

葛根素

已经发现的许多天然药物和合成药物都具有杂环结构。此外，染料、光电材料以及结构功能材料也多具有杂环结构。因此，杂环化合物的合成在有机合成中占据了十分重要的位置。

杂环分为芳香杂环和非芳香杂环，非芳香杂环化合物的合成方法在前述章节已经有所涉及，如通过分子内亲核取代反应(参见 8.5.6 节)或者过氧酸氧化烯烃(参见 11.3.2 节)可以得到 1,2-环氧化合物，也即三元氧杂环。通过分子内亲核反应也可以得到三元含氮杂环，例如，邻氨基醇在硫酸作用下形成邻氨基硫酸酯，然后在碱性条件下发生分子内亲核取代反应，由氨基进攻邻位连接硫酸酯基的缺电子碳，最终形成三元含氮的杂环结构：

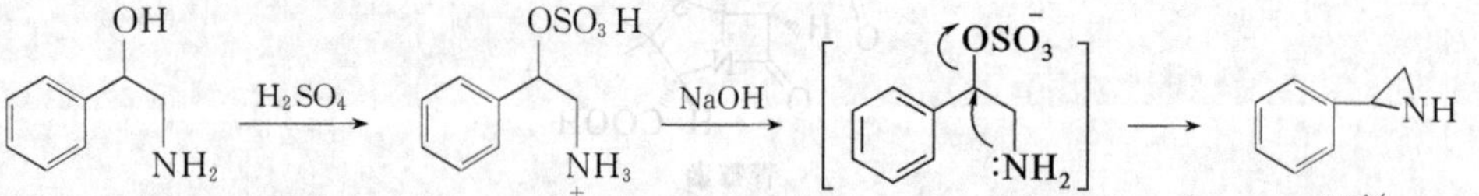

90%

四元含氧、含氮杂环可以利用[2+2]环加成反应(详见 15.6 节)进行合成。例如，甲醛与乙烯酮反应可以得到四元环内酯，二苯基取代乙烯酮与亚胺经过[2+2]环加成反应可以得到取代的四元环内酰胺：

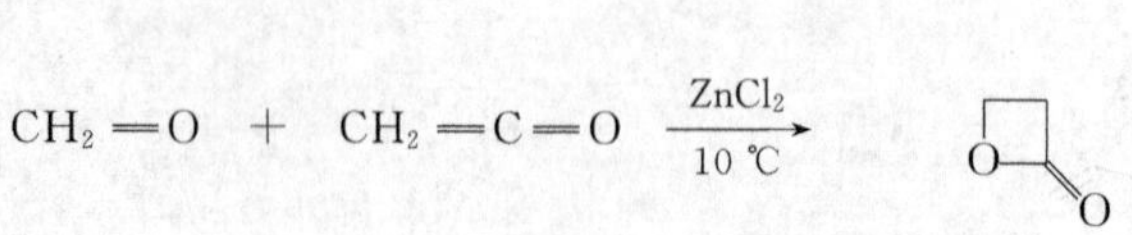

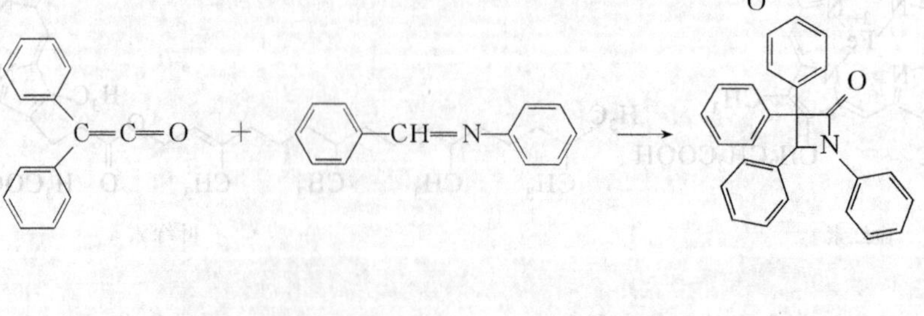

与上述分子间的环加成反应不同，青霉素分子中的四元内酰胺环可以通过分子内的亲核加成反应得到，其中氨基作为亲核试剂，羰基则为亲电试剂：

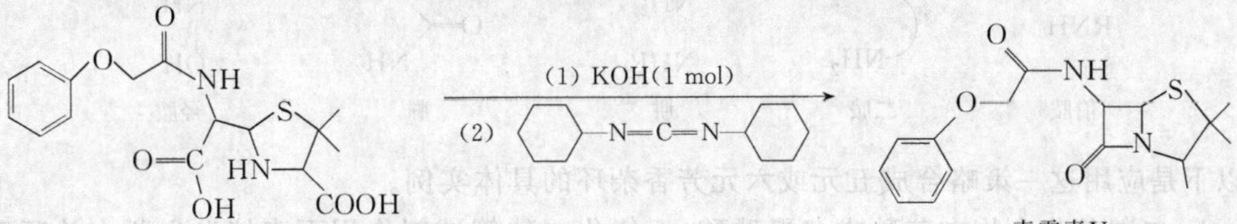

青霉素V

相比之下，五元或六元的非芳香杂环的合成比较容易通过分子内或分子间反应实现。例如，4-氯丁胺很容易进行分子内的饱和碳原子上的亲核取代反应关环形成四氢吡咯环，5-羟基戊酸容易发生分子内亲核加成-消去反应得到六元环内酯：

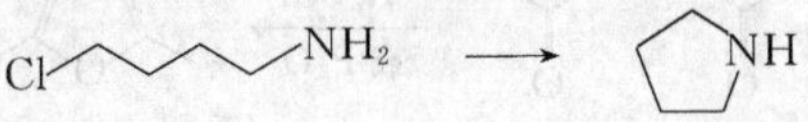

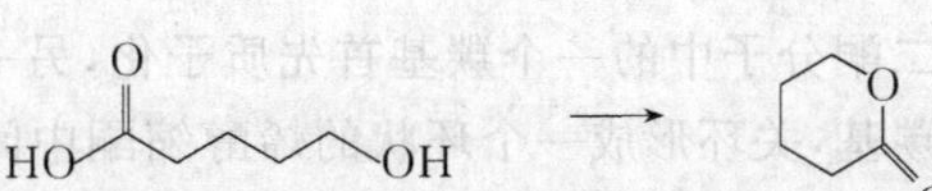

合适的 α,ω-二卤代烃与亲核试剂胺或硫负离子发生分子间亲核取代反应也是合成杂环的常用方法。例如：

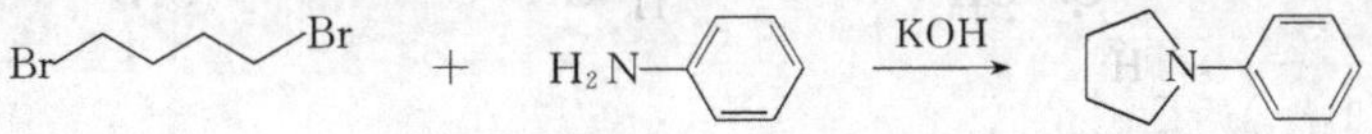

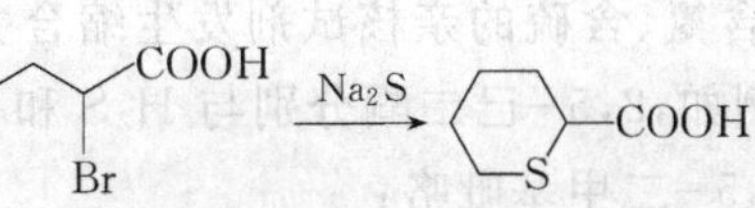

从以上非芳香杂环的合成中可以看到，利用含氮、氧、硫原子基团的亲核特性，与卤代烃发生亲核取代反应，或者与羰基化合物发生亲核加成或取代反应是得到需要的杂环结构化合物的重要途径。

合成芳香杂环化合物，需要在关环的同时发生消去反应，以便得到合适的不饱和度，因此在芳香杂环的合成中更多地应用了缩合反应。以下将着重介绍一些典型的利用缩合反应合成五元和六元芳香杂环化合物的原理和实例。

1. 利用二羰基化合物作为双亲电试剂合成五元或六元芳香杂环

芳香杂环的建环反应通常是利用两个双官能团片断进行缩合反应合成需要的结构。二羰基化合物由于具有两个羰基，是一个双亲电中心试剂，可以同时与两个亲核中心反应，一步关环，因此在五元和六元芳香杂环的合成中经常使用。

常用的二羰基化合物包括：

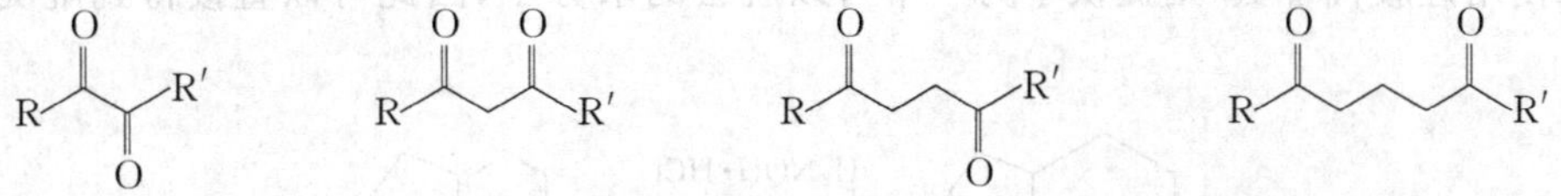

相应地，伯胺或二胺类化合物、肼和脲等是良好的含氮双亲核中心试剂，羟胺是氮氧双亲核

试剂，H_2S则是含硫的双亲核试剂。例如：

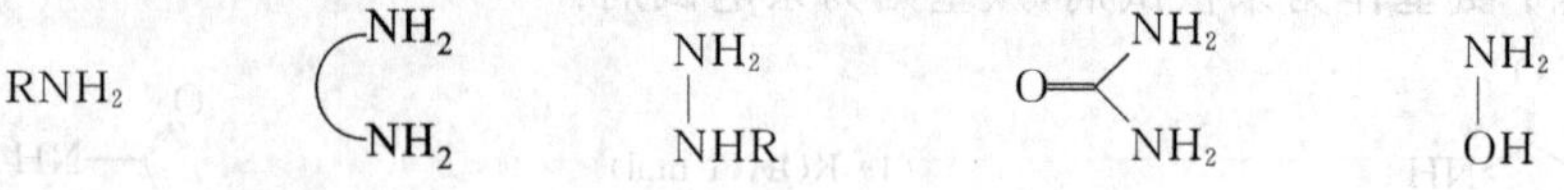

伯胺　　二胺　　肼　　脲　　羟胺

以下是应用这一策略合成五元或六元芳香杂环的具体实例。

1,4-二羰基化合物在硫酸或多聚磷酸、五氧化二磷等试剂作用下直接发生脱水关环反应，是合成呋喃衍生物的一个常用方法。例如，2,5-己二酮在硫酸或五氧化二磷作用下可以合成2,5-二甲基呋喃。

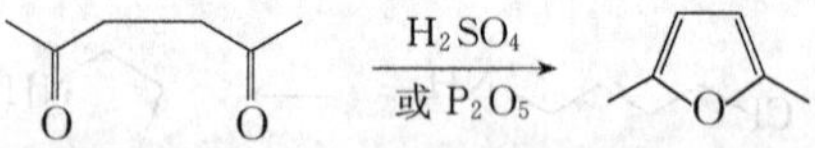

反应机理如下：2,5-己二酮分子中的一个羰基首先质子化，另一个羰基转化为烯醇，这样，烯醇的羟基氧进攻质子化的羰基，关环形成一个环状的烯醇缩酮中间体，继续在酸催化下脱水，得到最终的呋喃环结构。这个合成方法称为 Paal-Knorr 合成法。

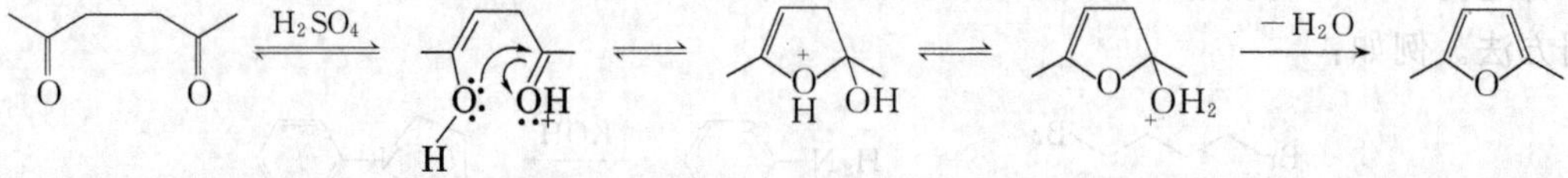

1,4-二羰基化合物与含氮、含硫的亲核试剂发生缩合关环反应是得到五元或六元含氮、含硫芳香杂环的方法之一。例如，2,5-己二酮分别与H_2S和NH_3反应，然后脱去两分子水，可以得到2,5-二甲基噻吩或2,5-二甲基吡咯：

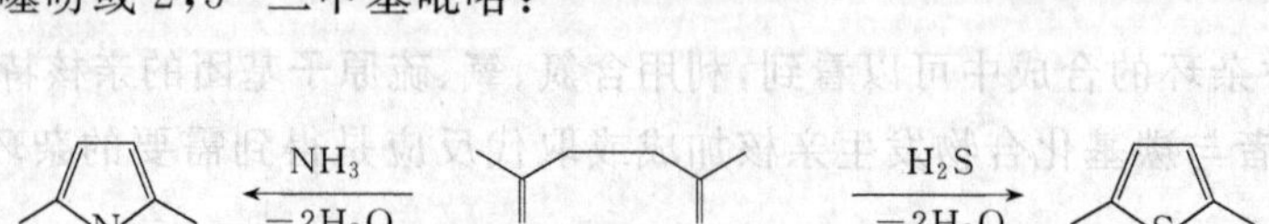

吡啶也可以利用类似的反应合成。但是由于环的大小不同于五元环，因此需要使用1,5-二羰基化合物为原料，并且通过该缩合反应所形成的关环产物只有两个双键，还需要经过氧化脱氢才能得到最终的芳香杂环结构。例如：

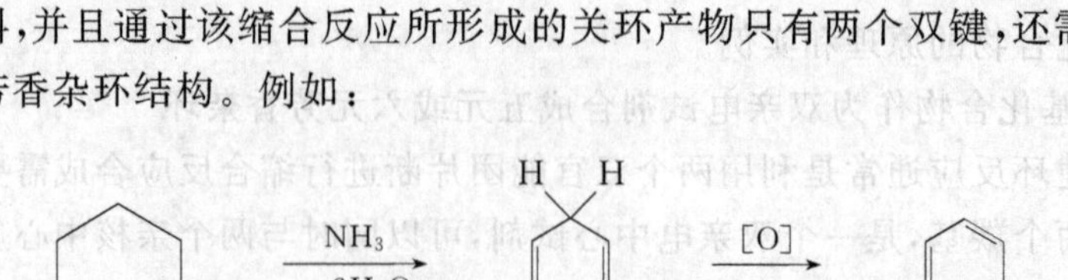

如果使用羟胺代替氨，则提供了另一个可以脱去的水分子，因此可以直接得到吡啶环结构。例如：

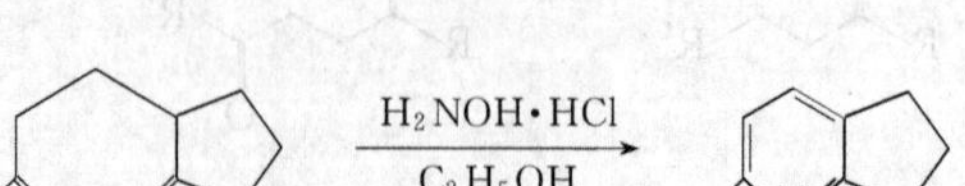

1,4-二羰基化合物与肼反应得到六元环的关环产物后,也需要再氧化脱去一分子氢才可以得到哒嗪及其衍生物。如2,5-己二酮与肼在醋酸催化下关环得到3,6-二甲基-4,5-2*H*哒嗪,然后在金属钯催化下脱氢就得到3,6-二甲基哒嗪:

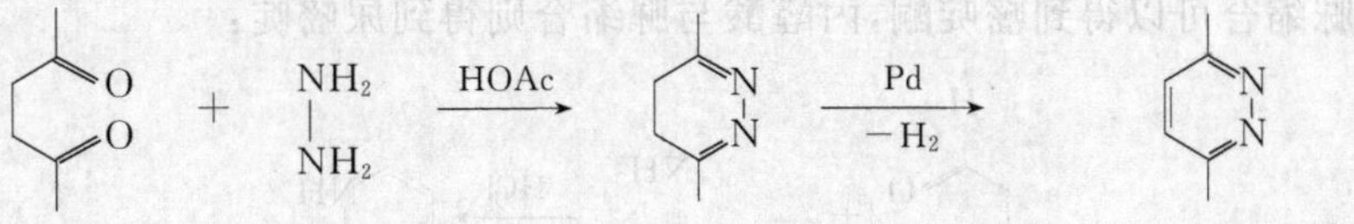

3,6-二甲基-4,5-2*H*哒嗪　3,6-二甲基哒嗪

但是如果采用带羟基的1,4-二酮为原料,则可以一步直接得到哒嗪环。例如使用3-羟基-2,5-己二酮与肼在甲醇中回流可以高产率地得到3,6-二甲基哒嗪。

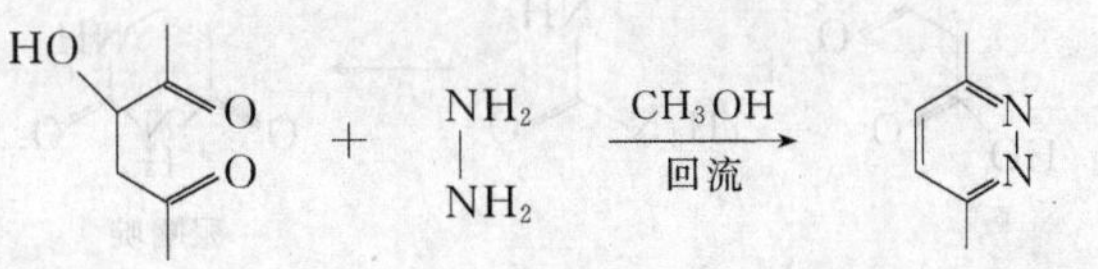

3,6-甲基哒嗪

1,2-和1,3-二羰基化合物常用于含多个杂原子的芳香杂环的合成。例如,丙二醛与肼反应可以得到吡唑,而丙二醛的缩醛与羟胺反应可以得到异噁唑。

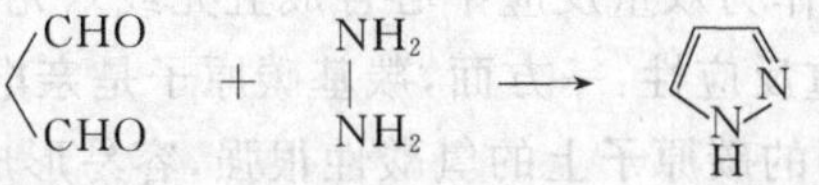

吡唑

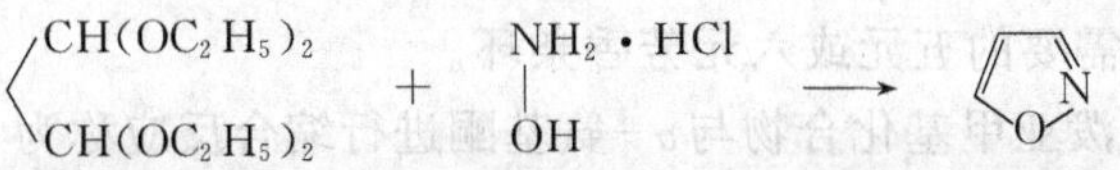

异噁唑

习题14-44　尝试写出下列反应的产物。

(1) 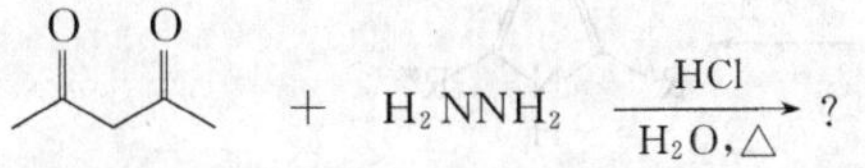

(2) 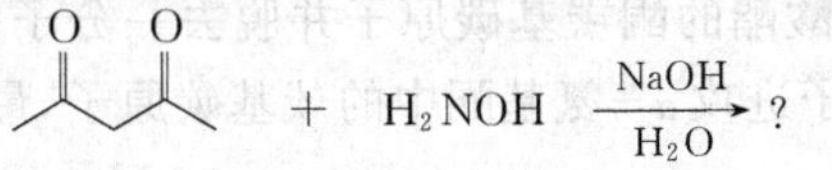

习题14-45　安替比林是一种二氢吡唑类退烧镇痛药,可以用苯肼与乙酰乙酸乙酯反应合成,请尝试为该反应写出合理的反应机理。

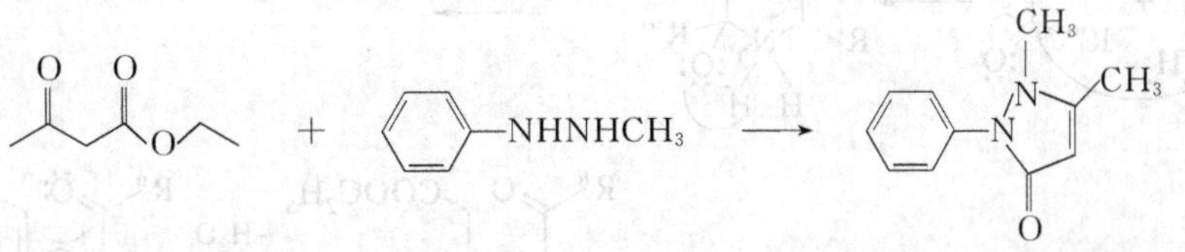

安替比林

又如,乙二醛与邻苯二胺缩合可以得到苯并二嗪环类化合物喹噁啉:

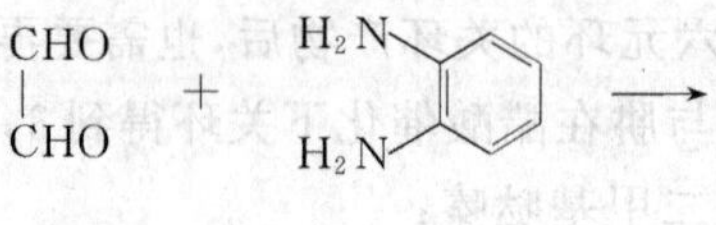
喹噁啉

丙二醛与脲缩合可以得到嘧啶酮，丙醛酸与脲缩合则得到尿嘧啶：

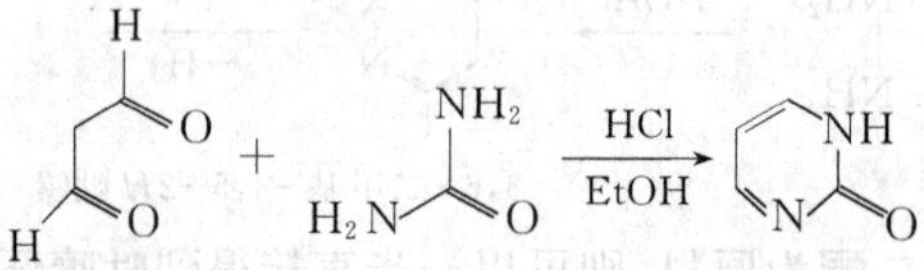
嘧啶酮

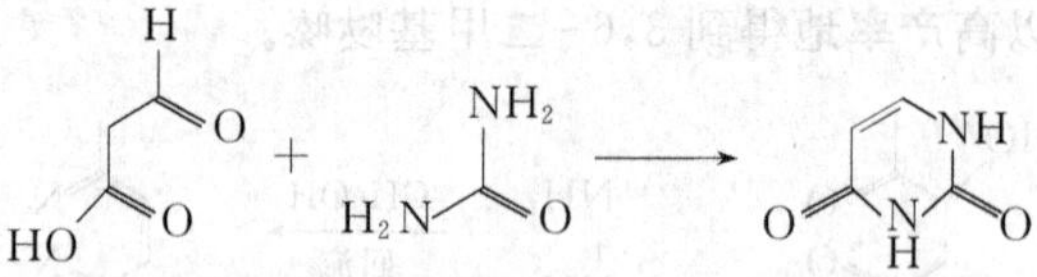
尿嘧啶

习题 14－46 尝试写出上述形成尿嘧啶的反应机理。

2．利用 β－二羰基化合物作为双重反应中心合成五元或六元芳香杂环

β－二羰基化合物具有双重反应性：一方面，羰基碳原子是亲电反应中心，可以接受亲核试剂进攻；另一方面，两个羰基之间的碳原子上的氢酸性很强，容易形成负离子的亲核反应中心，作为亲核试剂进攻其他亲电中心。如果另有一个具有双重反应中心的含氮、含氧试剂，则两者可以顺利地进行缩合反应得到需要的五元或六元芳香杂环。

β－羰基酸酯等含活泼亚甲基化合物与 α－氨基酮进行缩合反应称为 Knorr 反应，是合成吡咯环的常用方法。

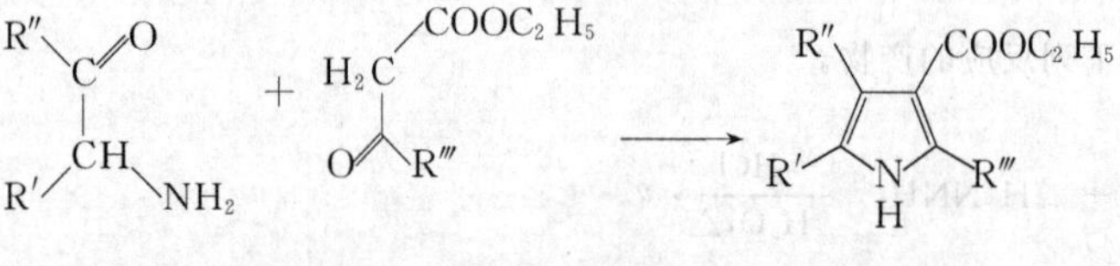

反应机理如下：α－氨基酮中的氨基进攻 β－羰基酸酯的酮羰基碳原子并脱去一分子水，得到烯胺中间体，再发生 β－羰基酸酯的活泼亚甲基碳原子进攻 α－氨基酮中的羰基碳原子，最后再脱去一分子水，互变异构化得到吡咯环。

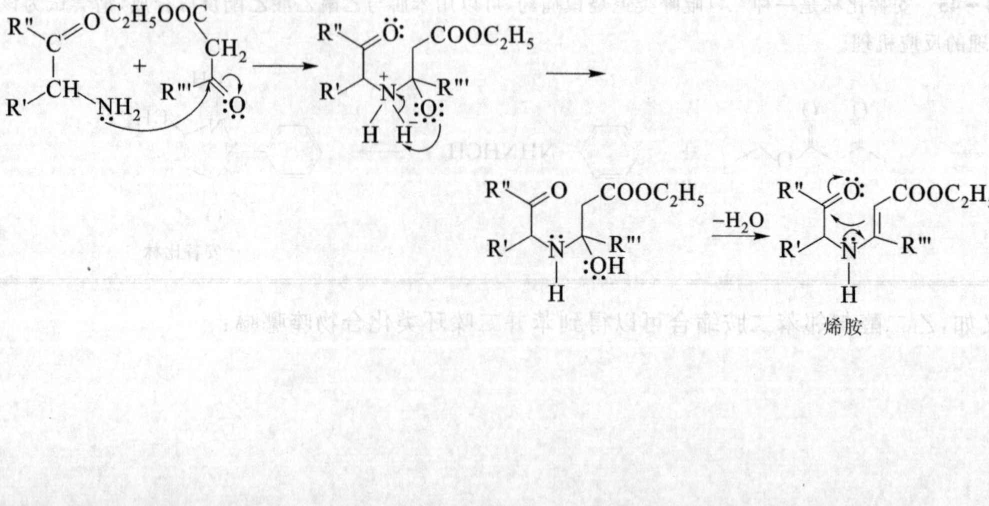
烯胺

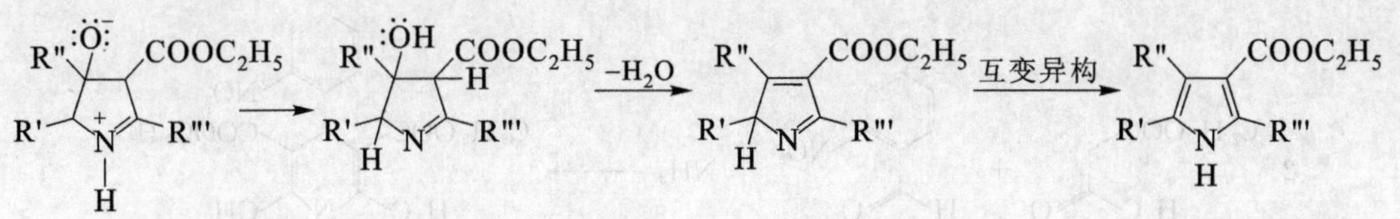

例如，乙酰乙酸乙酯与3-氨基乙酰乙酸乙酯反应可以得到3,5-二甲基-2,4-吡咯二甲酸酯：

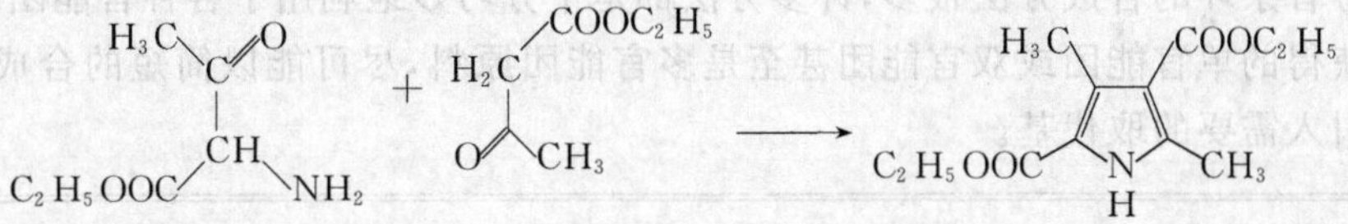

在吡啶的Hantzsch合成法中，采用两分子β-羰基酸酯与一分子醛和一分子氨反应得到关环中间体，再氧化即可得到吡啶衍生物。该反应中的β-羰基酸酯既作为亲核中心（活泼亚甲基），又作为亲电中心（羰基碳）。值得注意的是，吡啶环上连接的烷氧酰基在碱性条件下可以脱去。

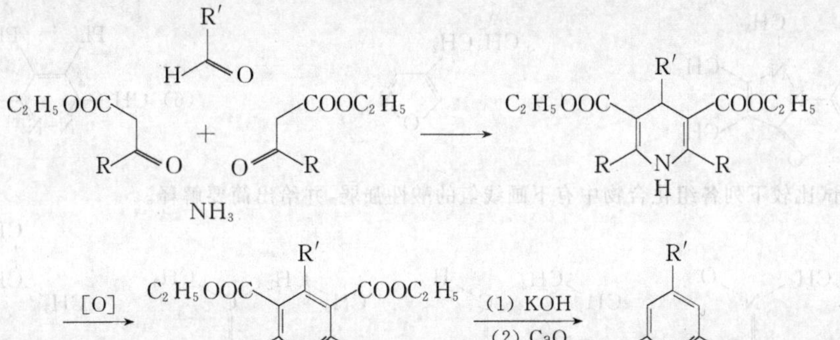

Hantzsch合成法合成二氢吡啶环的反应机理如下：首先是β-羰基酸酯与醛缩合形成一个α,β-不饱和酮，然后再与另一分子β-羰基酸酯发生Michael反应，得到1,5-二羰基化合物，最后与氨缩合关环得到二氢吡啶环。

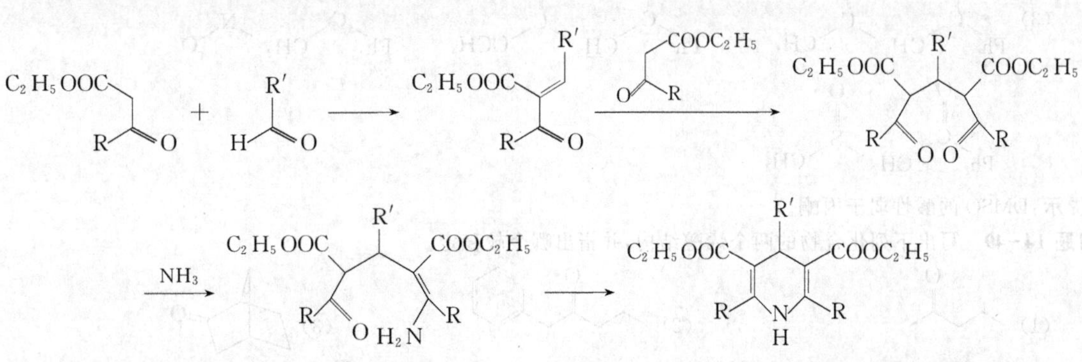

Hantzsch合成法在合成吡啶环的同时，可以方便地在多个取代位置引入取代基，因此在吡啶衍生物合成中应用十分广泛。例如，治疗心血管疾病的2*H*-吡啶类药物如硝苯地平等都可以通过Hantzsch合成法合成。

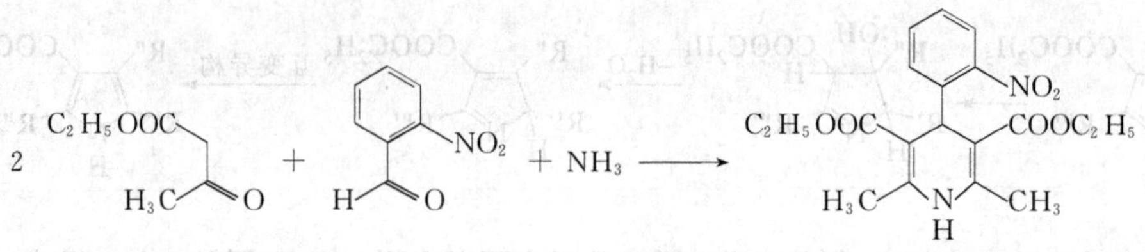

硝苯地平

事实上芳香杂环的合成方法很多，许多方法都是十分巧妙地利用了各种官能团的反应性，设计采用容易获得的单官能团或双官能团甚至是多官能团原料，尽可能以简短的合成路线在合成杂环的同时引入需要的取代基。

习题 14-47　试给出合成下列化合物的合适原料。

(1) 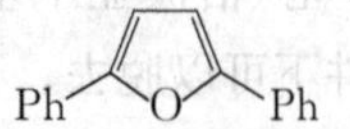　(2) 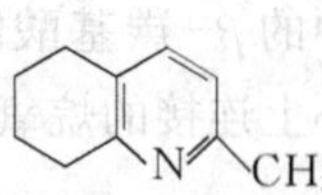　(3) 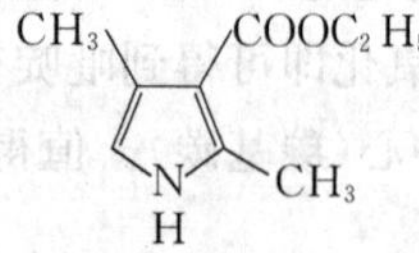

(4) 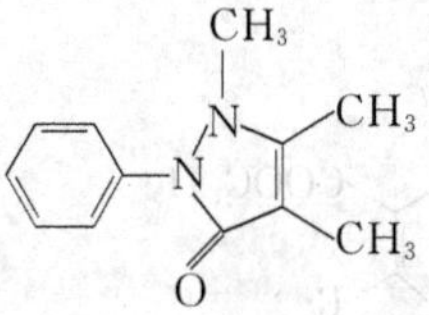　(5) 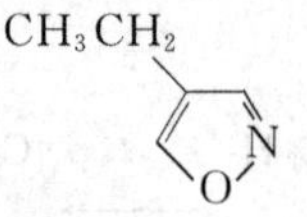　(6) 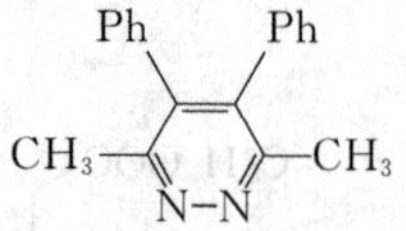

习题 14-48　试比较下列各组化合物中有下画线氢的酸性强弱，并给出简要解释。

(1) 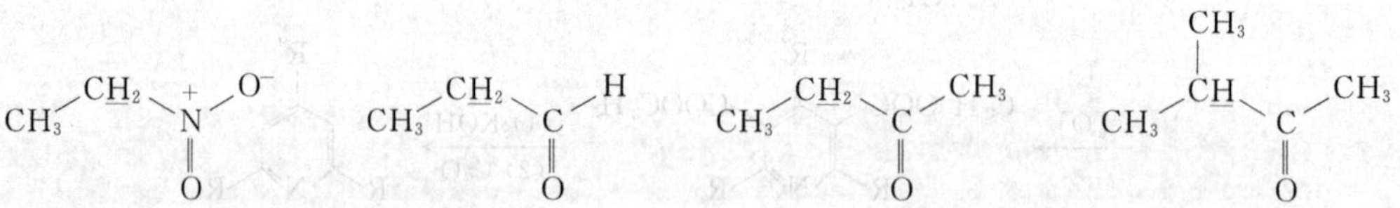

(2) 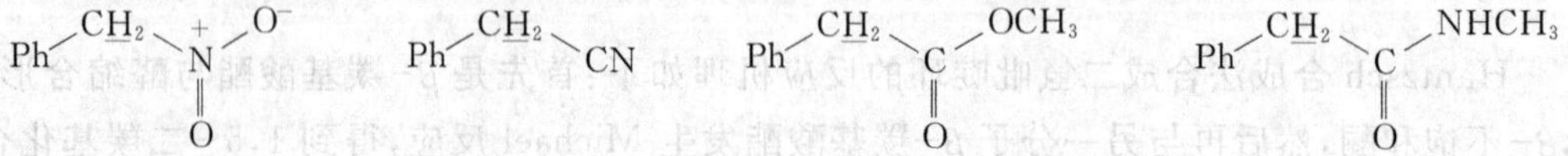

(3) 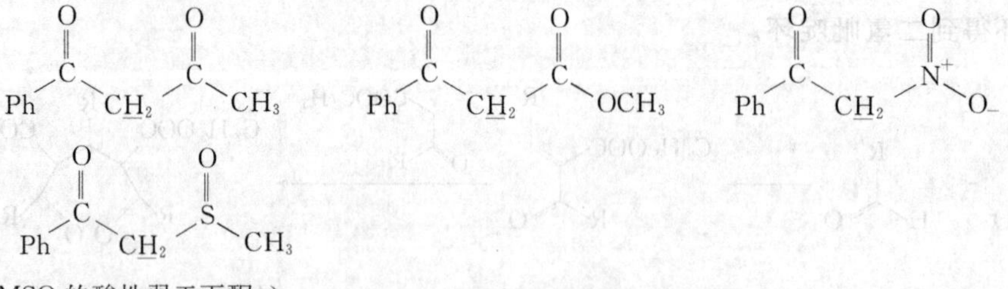

（提示：DMSO 的酸性弱于丙酮。）

习题 14-49　写出下列化合物的两个烯醇结构，并指出哪个较稳定。

(1) 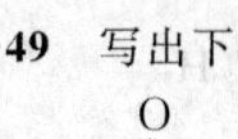　(2) 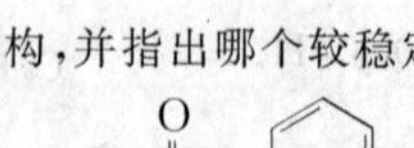　(3) 

(4) 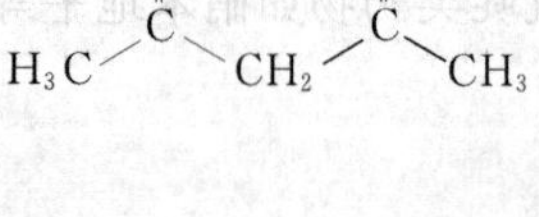　(5) 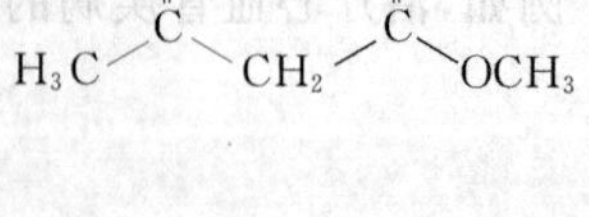　(6) 

习题 14-50　1,3-二羰基化合物具有较稳定的烯醇结构，因此，烯醇含量较单羰基化合物高。试对比分析 1,2-二羰基化合物和 1,4-二羰基化合物的烯醇稳定性。

习题 14-51　除了酮和酯有酮式-烯醇式互变异构现象外，还有不少有机化合物也同样具有互变异构现象，试给出 3～4 种这样的化合物，并指出具有什么样结构特征的化合物具有类似酮式-烯醇式互变异构。

习题 14-52　试写出(*R*)-3-甲基-2-戊酮在酸性条件下进行 D-H 交换的产物，并回答该产物是否具有光活性，为什么？

习题 14-53　以苯丙酸为起始原料，通过α-卤代反应和氨解反应合成α-氨基苯丙酸，请问产物是否具有光活性？为什么？

习题 14-54　*trans*-4-叔丁基-2-甲基环己酮在碱的作用下会异构化为 *cis*-4-叔丁基-2-甲基环己酮，试解释这一转化过程。

习题 14-55　酮可以在 LDA 作用下进行烷基化反应或者转化为烯胺进行烷基化反应（即 Stork 反应），试分析这两种途径中分别存在什么副反应，是否可以通过改变反应条件减少副反应的发生？根据对比结果，你认为哪种途径更好？

习题 14-56　4-己烯-2-酮在酸或碱的作用下可以转化为 3-己烯-2-酮，试为该变化提出合理的机理。

习题 14-57　试分析 3-丁烯醛在碱性 D_2O 中进行 D-H 交换可能形成的一氘代产物有几种，二氘代产物呢？如果反应充分地进行，最终将得到几氘代产物？写出其结构。

习题 14-58　试完成下列反应：

(1) 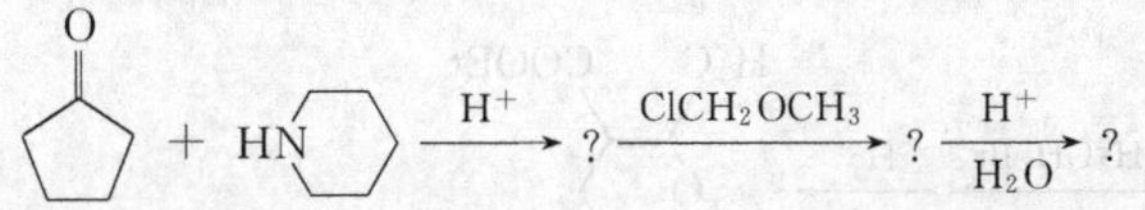

(2) 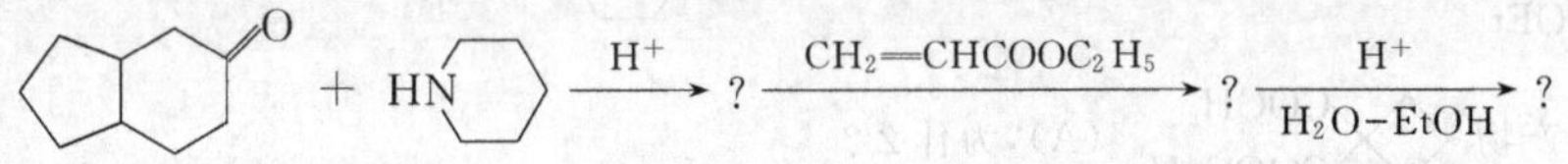

(3) 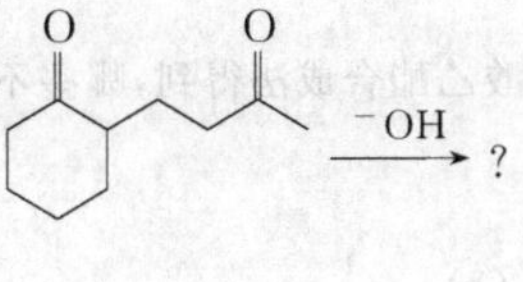

(4) 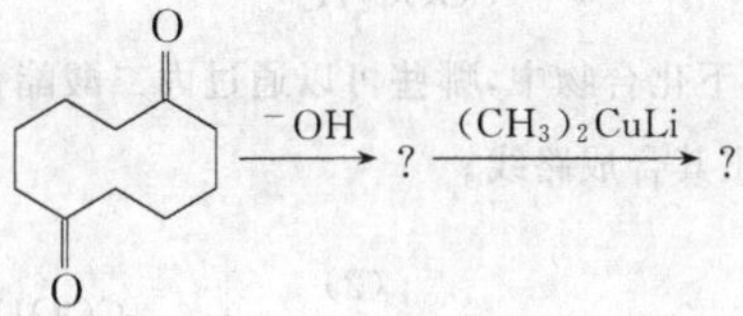

(5) 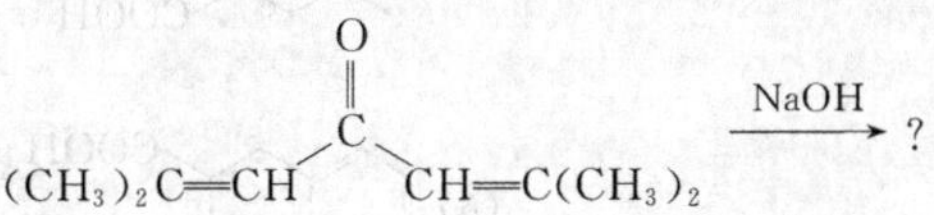

(6) 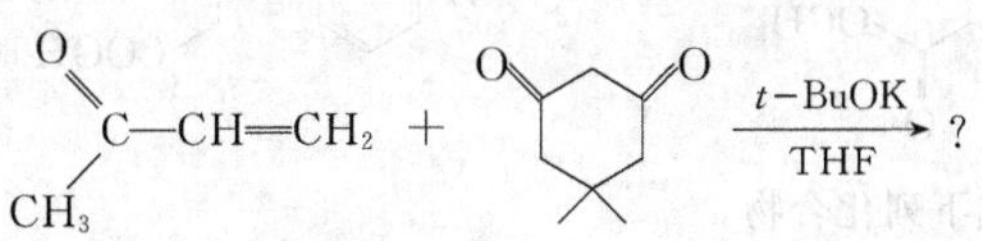

(7) 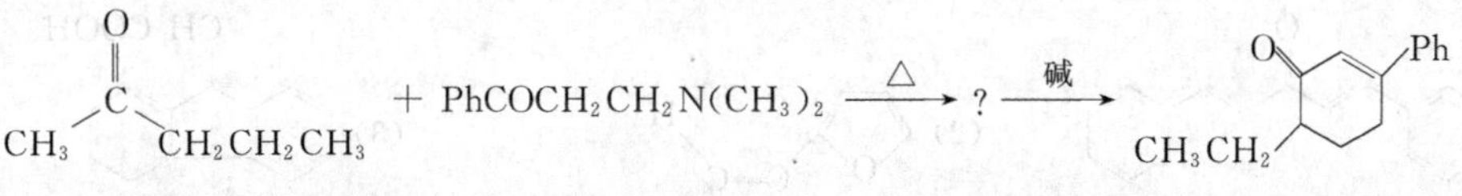

(8) 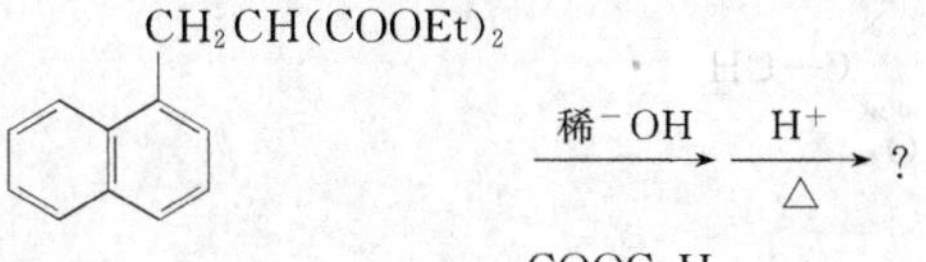

(9) 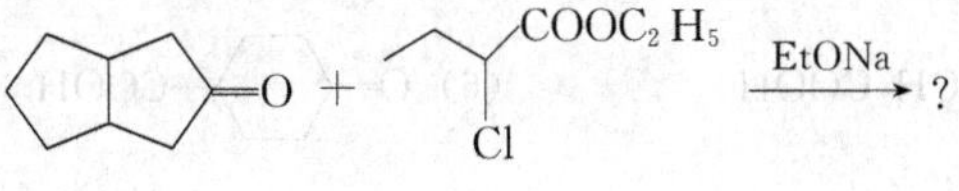

(10) 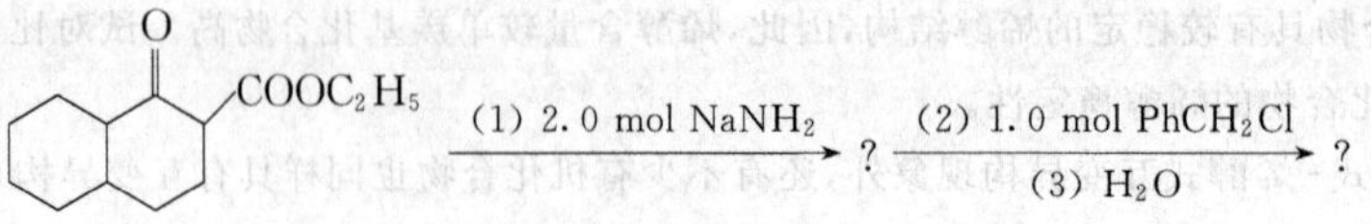

(11) 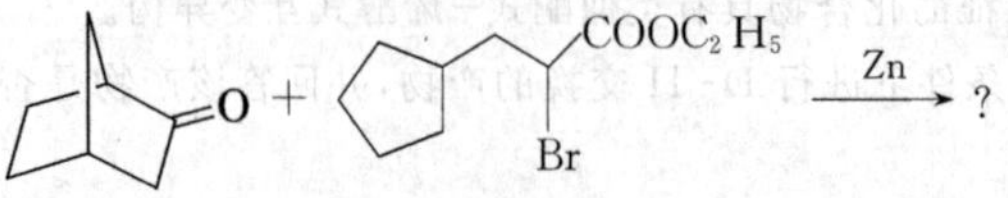

(12) 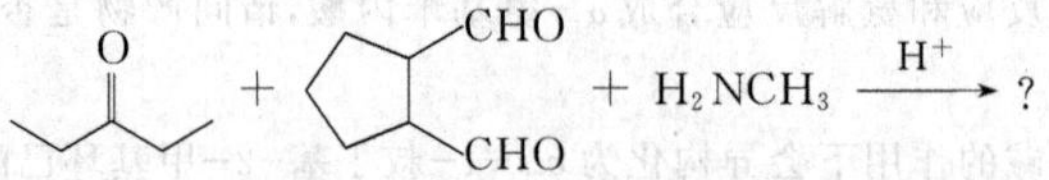

习题 14-59 完成下列反应，写出中间体或产物或反应条件。

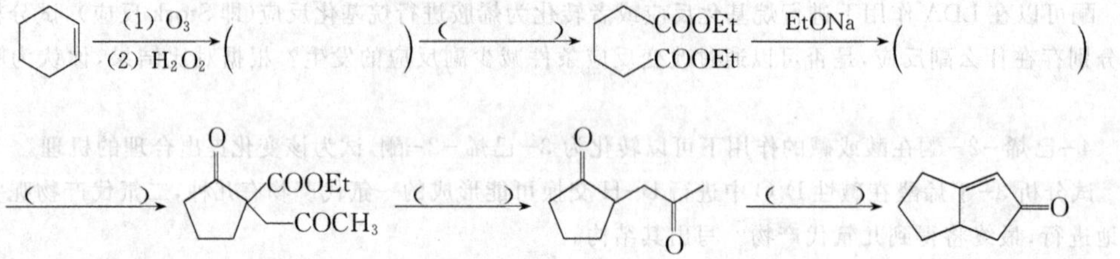

习题 14-60 解释下列实验事实。

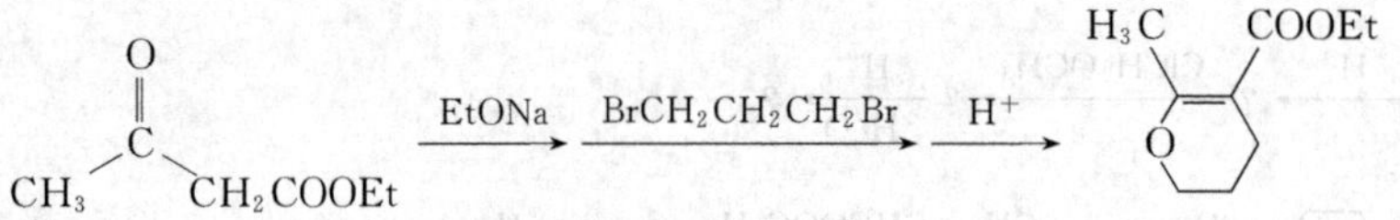

此反应设计未得到预计产物 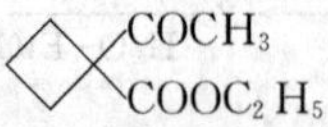 (A)，为什么？

习题 14-61 试分析以下化合物中，哪些可以通过丙二酸酯合成法或乙酰乙酸乙酯合成法得到，哪些不可以，为什么？如果可以，请给出其合成路线。

(1) 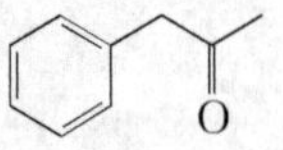 (2) 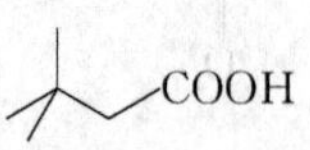 (3) 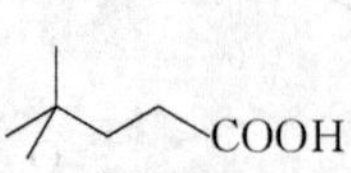

(4) 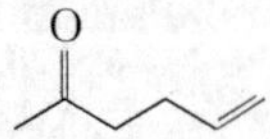 (5) 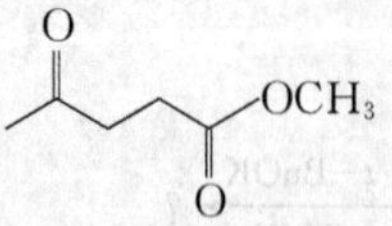 (6) 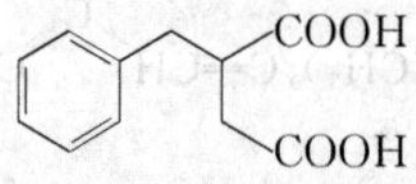

习题 14-62 试选择合适的起始原料和合成路线合成下列化合物。

(1) 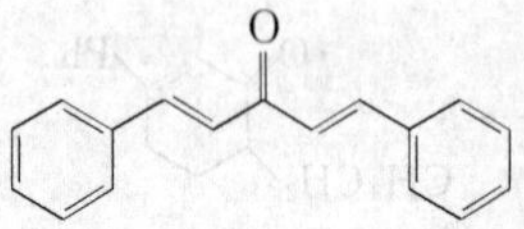 (2) 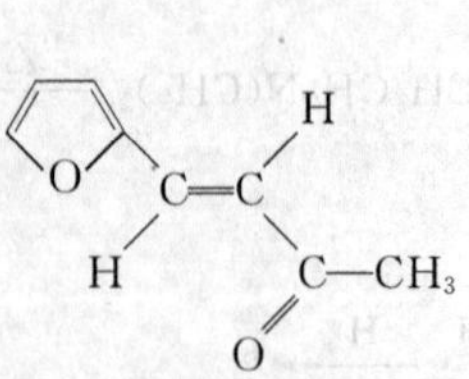 (3) 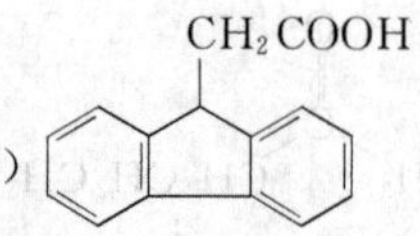

(4) 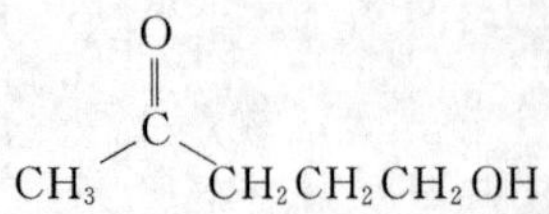 (5) 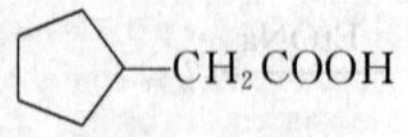 (6) 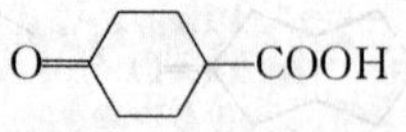

(7) 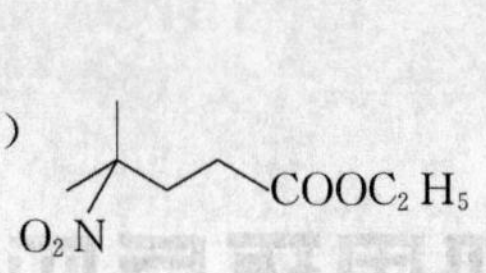

(8) 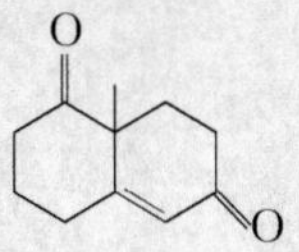

(9) 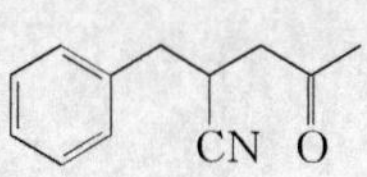

(10) 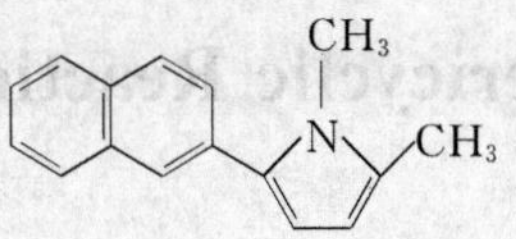

(11) 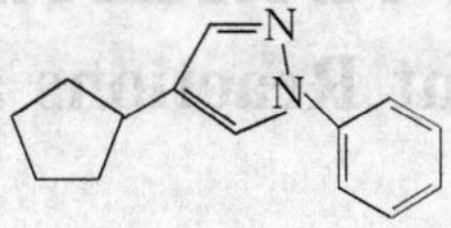

(12) 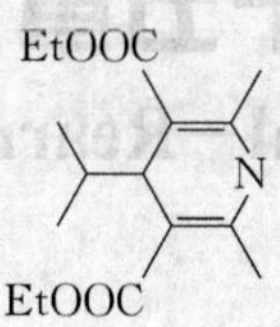

第十五章　分子骨架重排反应和周环反应

(Skeletal－Rearrangement Reactions and Pericyclic Reactions)

在大多数有机化学反应中，反应主要发生在官能团部位，分子的基本骨架不变。但是也有一类反应，反应物的官能团发生反应时，会引起官能团相邻位置或其他适当位置发生基团的迁移、重键位置的改变、环的扩大或缩小等变化，导致分子骨架的改变。这类反应称为分子骨架重排反应(skeletal－rearrangement reactions)。分子重排反应可以经过正离子、负离子、自由基等活性中间体分步进行，也可以不经过任何活性中间体，以协同反应的方式一步完成。

周环反应(pericyclic reactions)是一类形式上经过一个环状过渡态完成的反应。反应可以是协同反应机理，也可能是分步反应机理。周环反应包括三种类型的反应：环加成，电环化和 σ 迁移反应。

分子骨架重排反应和周环反应是有机化学中两类比较特殊的反应。对这些反应的深入研究，不仅有助于深入认识有机化合物的特性，而且可以发展合成某些特定结构化合物的新方法。

15.1　重排反应简介

在讨论饱和碳原子的亲核取代反应、碳－碳双键的亲电加成反应、卤代烃和醇的消去反应，以及芳香环的 Friedel－Crafts 烷基化反应中，已经接触到了一些重要的重排反应。如饱和碳原子亲核取代反应中的重排反应：

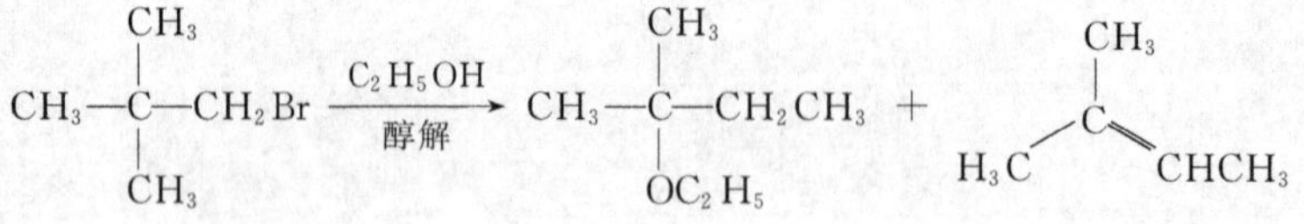

碳－碳双键亲电加成反应中的重排反应：

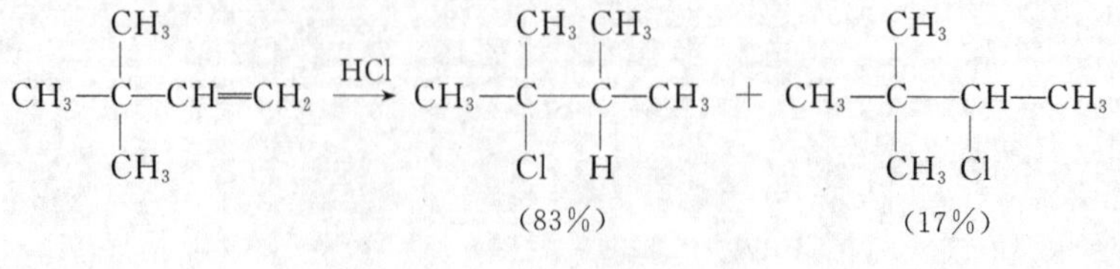

醇消去反应中的重排反应：

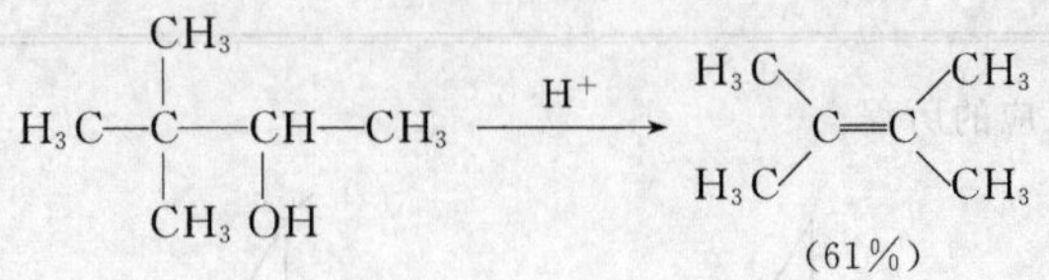

上述例子都是经过碳正离子的重排反应。重排反应还可经过其他活性中间体如负离子(anions)、自由基(radicals)、卡宾(carbenes)和乃春(nitrenes)等。本章将根据重排的活泼中间体对常见的重排反应进行分类介绍。

在重排反应的机理研究中，除了一般的研究方法外，还需要应用一些特殊研究方法。如交叉实验法等。交叉实验法是用于研究重排反应发生在分子内还是分子间的一种方法。该方法是将两种具有类似结构的反应物混合进行重排反应，如果出现交叉产物，则确定为分子间重排；反之，如果不出现交叉产物，则可确定为分子内反应。

15.2　经过正离子的重排

经过碳正离子发生的重排反应都有以下共同特点，即反应朝着生成更加稳定的碳正离子方向进行，重排过程主要通过烃基转移或负离子转移而实现。

15.2.1　Wagner-Meerwein 重排

萜类化合物在进行脱水和脱卤化氢反应时，容易发生经由碳正离子的重排反应，称为 Wagner-Meerwein 重排。例如：

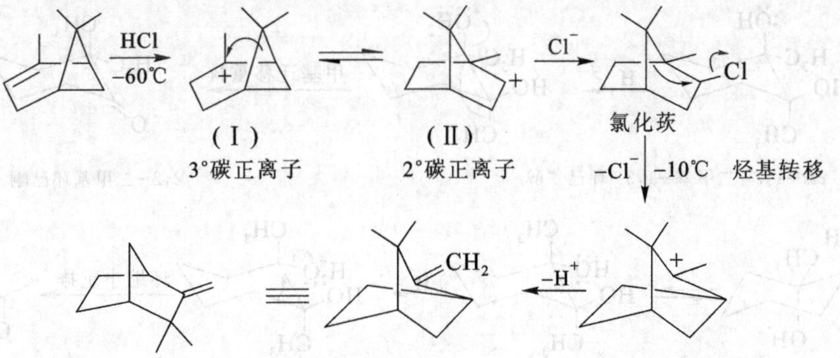

一般来说，重排反应朝着生成较稳定碳正离子的方向进行。上述实例中，从初始形成的碳正离子(Ⅰ)重排成碳正离子(Ⅱ)，虽然是从三级碳正离子到二级碳正离子，但是由于碳正离子(Ⅰ)的结构中存在一个四元环，重排后转化成五元环，环张力减小，因此，从碳正离子(Ⅰ)到碳正离子(Ⅱ)的重排仍然是一个从相对不稳定到较稳定碳正离子的过程。上述桥环化合物受环刚性的影响，可能有多个可迁移的基团与即将形成碳正离子的碳原子在空间上靠近，因此较容易发生迁移，往往在形成碳正离子之初已经发生迁移，而以较稳定的非经典三元环碳正离子形式存在(参阅 8.6 节)。这也使得有些桥环的萜类化合物重排得到多种不同产物。

习题 15-1　写出下列重排反应的历程。

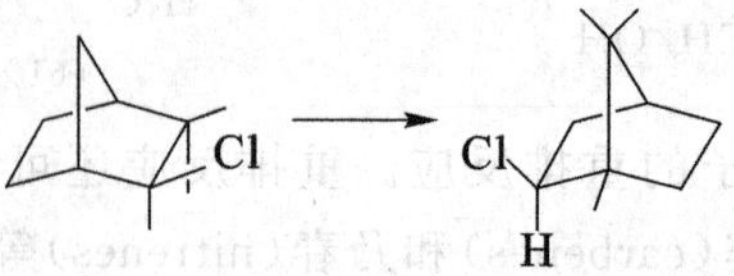

15.2.2 pinacol 重排

pinacol(频哪醇)重排是邻二醇在酸作用下重排成不对称酮的反应。首先是醇羟基发生质子化，然后脱水形成碳正离子，与此同时邻位连羟基碳上的基团发生迁移，缺电子中心转移到羟基的氧上，最后脱去质子生成酮。

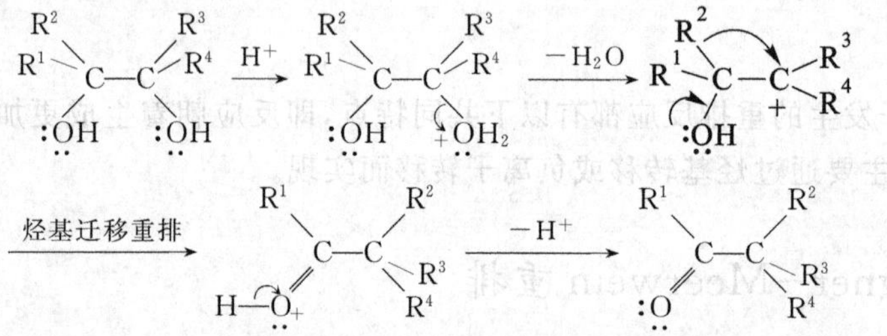

研究证明，该反应经过了一个邻基参与的三元环状碳正离子，因此重排时发生迁移的基团和离去的质子化羟基处于反式位置。

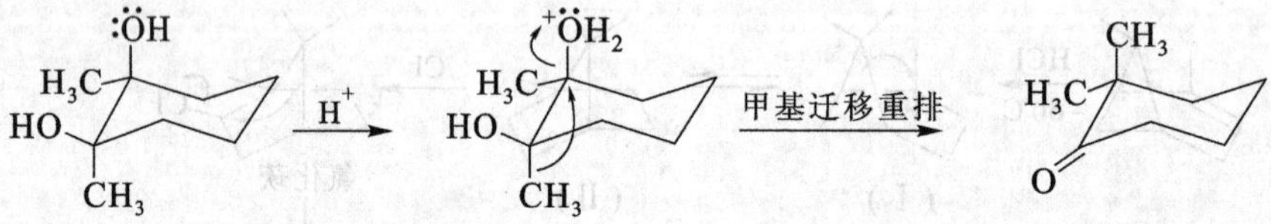

cis-1,2-二甲基-1,2-环己二醇　　2,2-二甲基环己酮

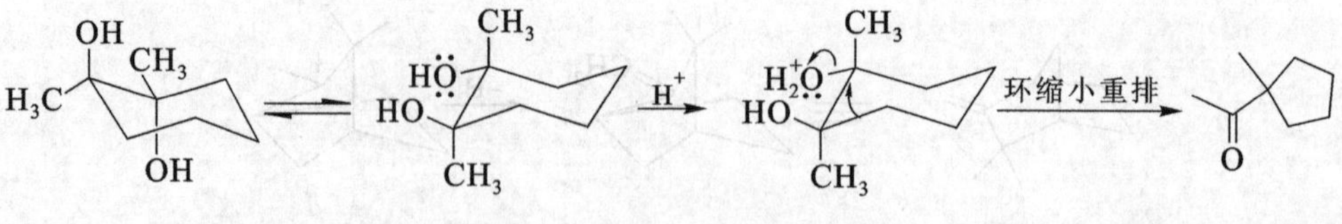

trans-1,2-二甲基-1,2-环己二醇　　1-甲基-1-乙酰基环戊烷

上式中 *cis*-1,2-二甲基-1,2-环己二醇中有一个羟基和相邻的甲基同时处于 *a* 键方向，恰好处于反式共平面的位置，结果发生了甲基的迁移生成 2,2-二甲基环己酮。相反，*trans*-1,2-二甲基-1,2-环己二醇中，没有甲基处于羟基的反式共平面方向，结果发生了环上烃基的迁移，生成环缩小的重排产物 1-甲基-1-乙酰基环戊烷。

不对称的取代乙二醇有两个不等同的羟基，发生反应时两个羟基的活性有所区别，其中电子云密度较高的羟基优先发生质子化。例如，1,1-二苯基乙二醇优先在连接两个苯基的 C1 羟基上进行质子化，然后是负氢迁移生成2,2-二苯基乙醛。连接亚甲基的羟基上发生质子化而进行苯基迁移的重排产物为次要产物：

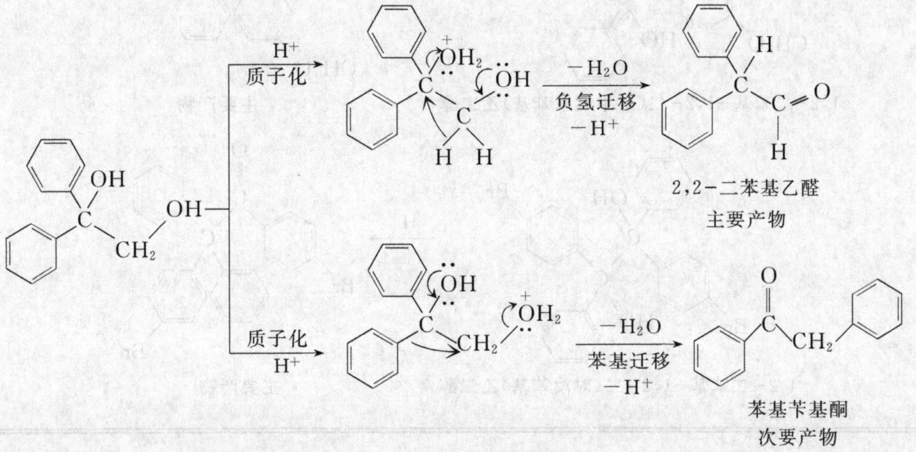

又如，1,1,2-三苯基乙二醇发生 pinacol 重排得到的主要产物是负氢迁移的产物。

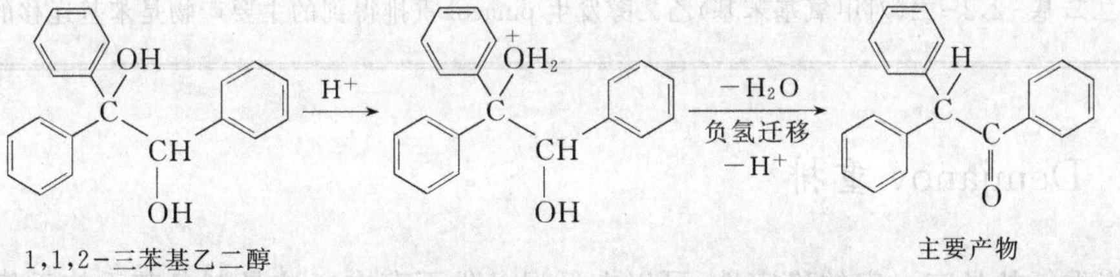

对称的取代乙二醇中，两个羟基是等同的，不存在质子化优先顺序的问题，但是与羟基相连的碳原子上基团发生迁移的优先顺序可能不同。一般来说，亲核性更强的基团优先迁移。例如，1,2-二甲基-1,2-二苯基乙二醇质子化，优先迁移的是苯基，而不是甲基，因此主要产物是3,3-二苯基-2-丁酮：

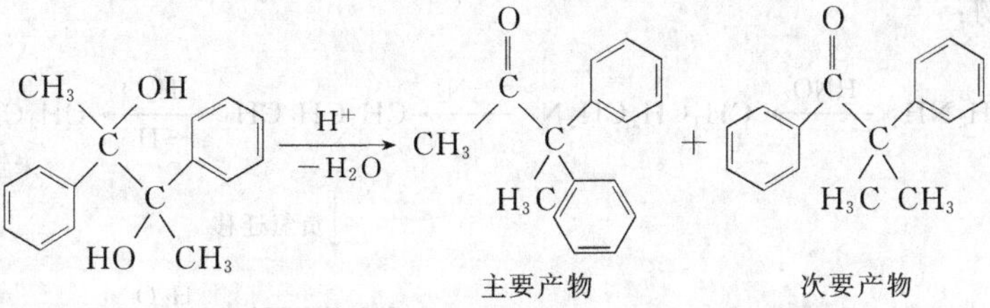

又如，1,2-二苯基-1,2-二(对甲氧基苯基)乙二醇发生 pinacol 重排得到的主要产物是对甲氧基苯基迁移的产物；而1,2-二苯基-1,2-二(对溴苯基)乙二醇发生 pinacol 重排得到的主要产物是苯基迁移的产物：

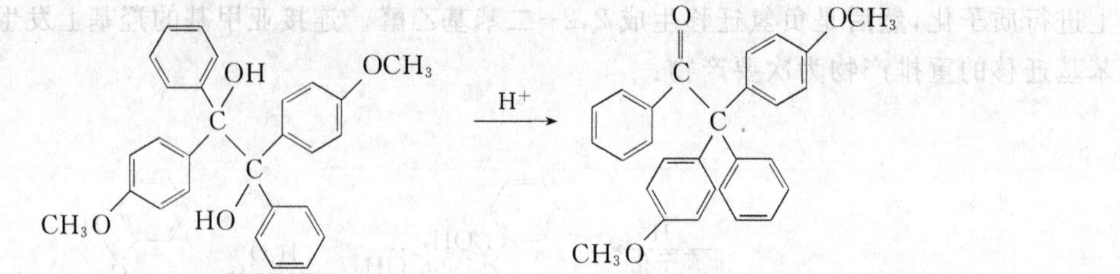

1,2-二苯基-1,2-二(对甲氧基苯基)乙二醇　　　　主要产物

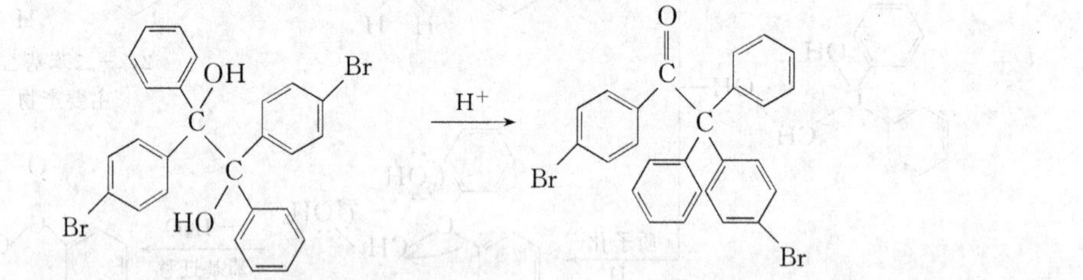

1,2-二苯基-1,2-二(对溴苯基)乙二醇　　　　主要产物

习题 15-2　解释下列实验结果：

1,2-二苯基-1,2-二(对甲氧基苯基)乙二醇发生 pinacol 重排得到的主要产物是对甲氧基苯基迁移的产物，而 1,1-二苯基-2,2-二(对甲氧基苯基)乙二醇发生 pinacol 重排得到的主要产物是苯基迁移的产物。

15.2.3　Demjanov 重排

芳香族重氮盐具有一定的稳定性，可以在低温条件下存在。这是制备芳香族重氮盐，并实现其取代反应，合成各种芳香族化合物的前提。与芳香族重氮盐相比，脂肪族重氮盐非常不稳定，因此，当脂肪族胺在亚硝酸作用下生成重氮盐后，很快分解，生成的碳正离子经重排得到醇。这一重排反应称为 Demjanov 重排。该重排反应属于分子内重排，反应往往得到重排产物和未重排产物的混合物。例如，丙胺在亚硝酸作用下，经过重氮化，分解放出氮气，再与水反应得到丙醇和异丙醇的混合物：

$$CH_3CH_2CH_2NH_2 \xrightarrow{HNO_2} CH_3CH_2CH_2\overset{+}{N_2} \xrightarrow{-N_2} CH_3CH_2\overset{+}{C}H_2 \xrightarrow[-H^+]{H_2O} CH_3CH_2CH_2OH \text{（未重排产物）}$$

$$CH_3CH_2\overset{+}{C}H_2 \xrightarrow{\text{负氢迁移}} CH_3\underset{+}{C}HCH_3 \xrightarrow[-H^+]{H_2O} CH_3\underset{OH}{\underset{|}{C}H}CH_3 \text{（重排产物）}$$

异丁胺在亚硝酸作用下也是得到未重排产物异丁醇和重排产物叔丁醇的混合物。重排反应中，从一级碳正离子重排成稳定的三级碳正离子，反应较容易进行，因此，反应混合物中重排产物叔丁醇为主要产物。

$$(CH_3)_2CHCH_2NH_2 \xrightarrow{HNO_2} \underset{\substack{(25\%)\\ \text{未重排产物}}}{(CH_3)_2CH{-}CH_2{-}OH} + \underset{\substack{(75\%)\\ \text{重排产物}}}{(CH_3)_3C{-}OH}$$

环烷基甲胺与亚硝酸作用，经由碳正离子重排，可以得到环扩大和环缩小产物。

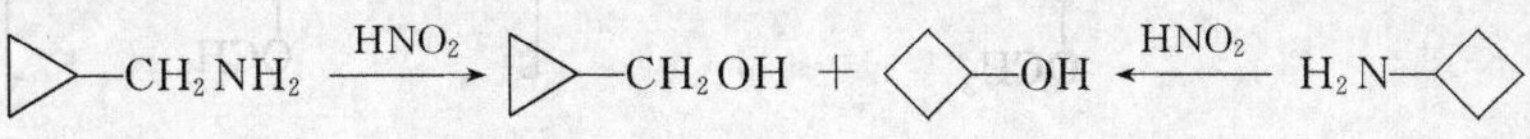

习题 15－3　写出下列重排的机理。

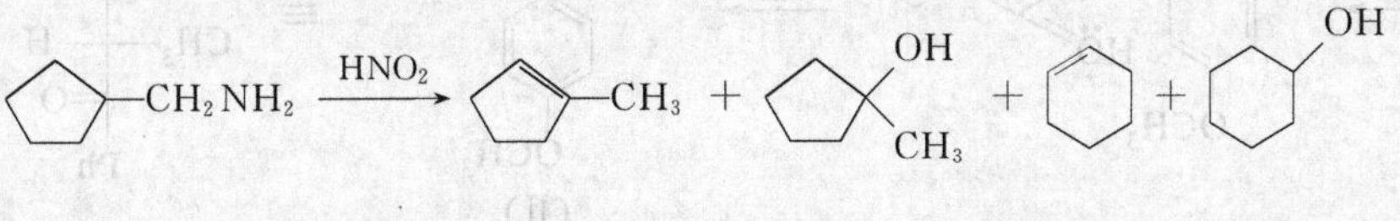

15.2.4　Tiffeneau-Demjanov 重排

邻氨基醇在亚硝酸的作用下，经重氮化重排生成酮，该反应称为 Tiffeneau-Demjanov 重排。例如：

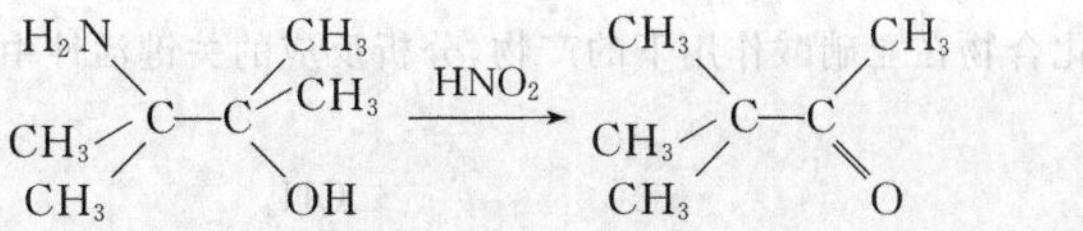

此反应与 pinacol 重排很类似，属于分子内烃基迁移重排。反应通过桥式三元环碳正离子机理进行，迁移基团从离去基团背面进攻。如具有旋光活性的 1,2-氨基醇（Ⅰ）在冷的冰醋酸中与亚硝酸反应，由于该氨基醇的较稳定构象中，对甲氧基苯基恰好处于离去基团氨基的反式共平面位置，当氨基转化为重氮基分解脱去氮气的过程中，将发生对甲氧基苯基的迁移，得到具有旋光活性的酮（Ⅱ）。

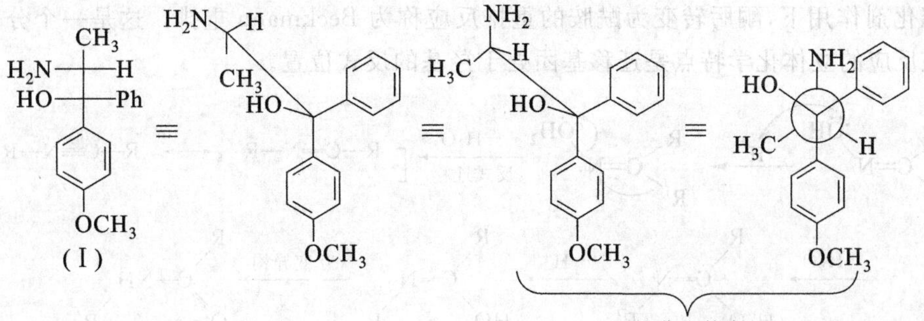

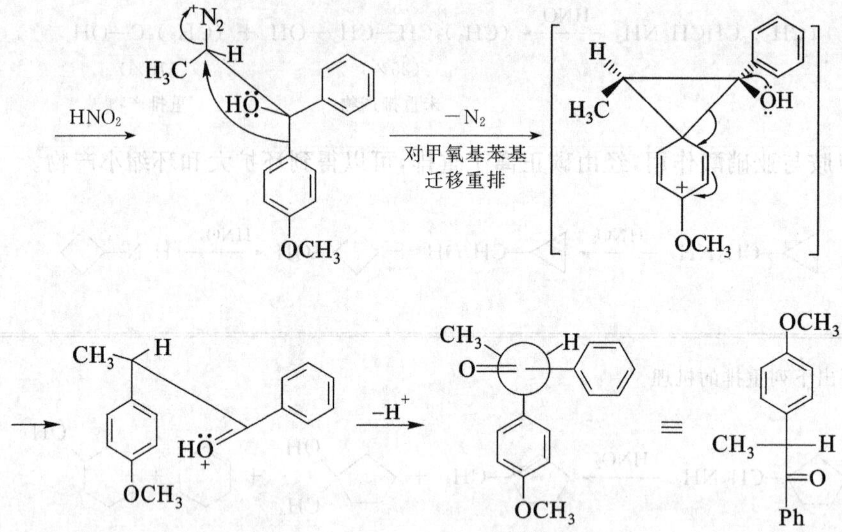

(Ⅱ)

1-氨甲基环烷醇与亚硝酸反应可以得到扩大一个碳的环酮，是制备 $C_5 \sim C_9$ 环酮的方法。

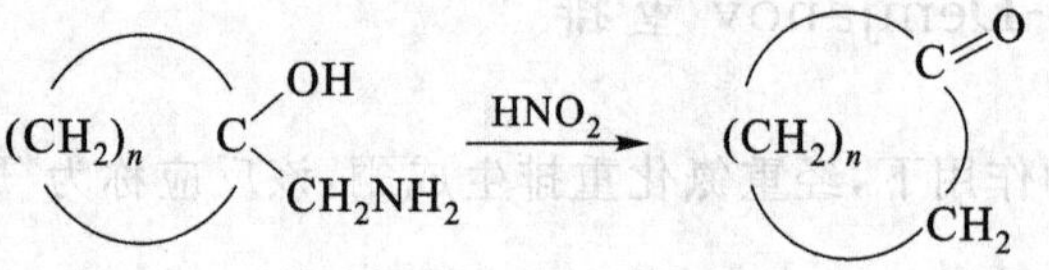

习题 15－4　试写出下列化合物在亚硝酸作用下的产物，分析反应的关键活性中间体，准确写出产物构型。

(1) 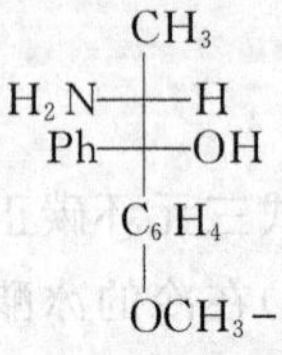　　　　(2) 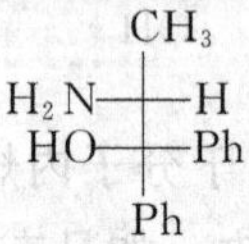

15.2.5　Beckmann 重排

在催化剂作用下，酮肟转变为酰胺的重排反应称为 Beckmann 重排。这是一个分子内重排反应。该反应的立体化学特点是迁移基团处于羟基的反式位置。

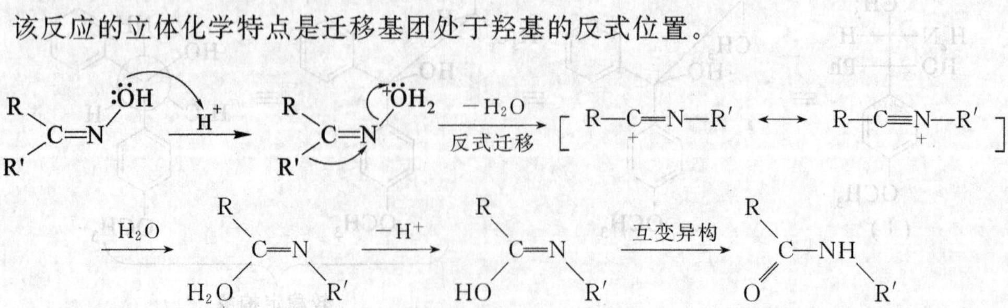

以下是几个 Beckmann 重排实例：

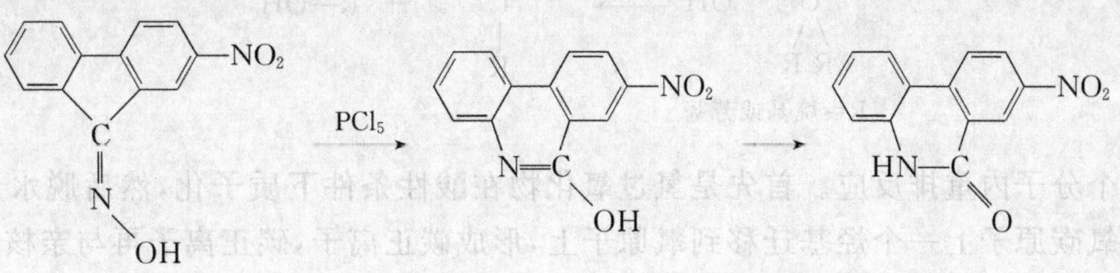

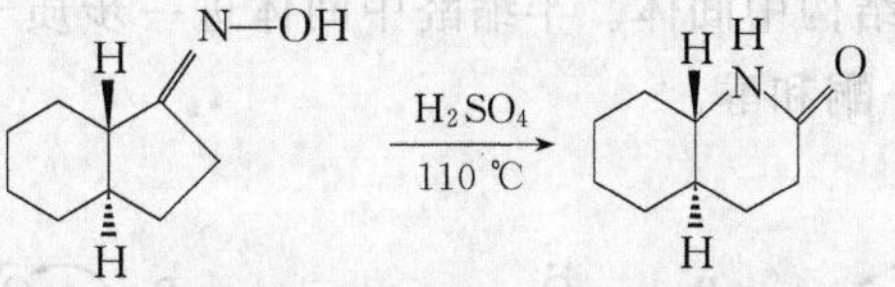

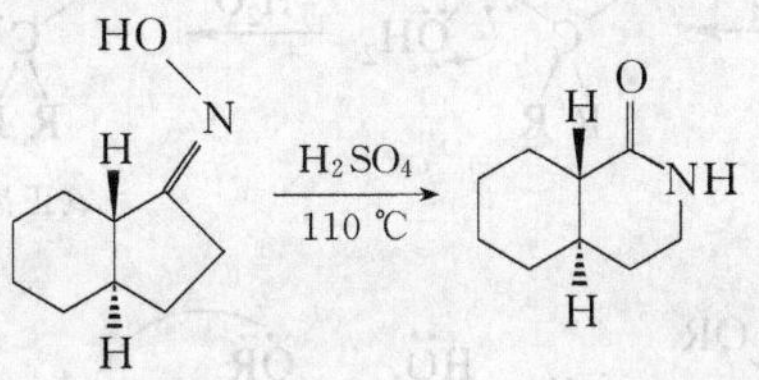

在 Beckmann 重排中，当迁移基团是手性碳原子时，其构型在迁移前后保持不变。

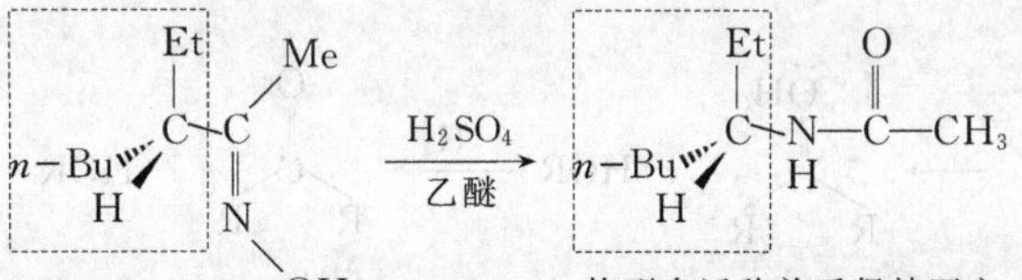

构型在迁移前后保持不变

在不同催化剂作用下，产物形成的中间过程有所不同。质子酸催化下主要是羟基质子化脱水后重排；酰卤催化剂则是将羟基酯化，然后酰氧基团离去后发生重排。除了质子酸和酰卤，催化剂还可以是五氯化磷(PCl_5)、苯磺酰氯($PhSO_2Cl$)、三氯乙醛(CCl_3CHO)等。

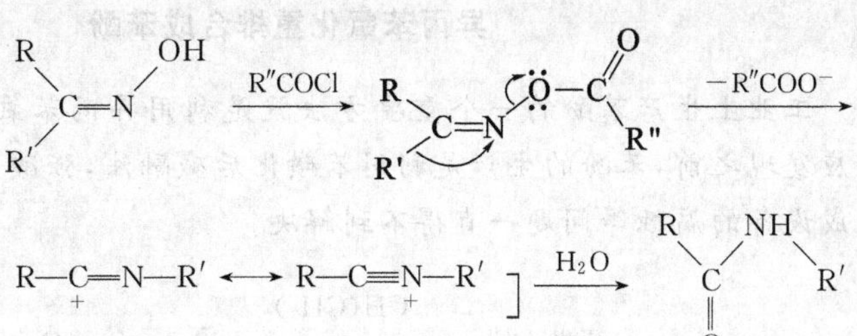

15.2.6　氢过氧化物重排

烃类化合物和空气中的氧气作用或者被过氧化氢氧化，可以形成氢过氧化物(ROOH)。氢过氧化物在质子酸或 Lewis 酸作用下，发生重排断裂反应，生成一分子酮和一分子醇。

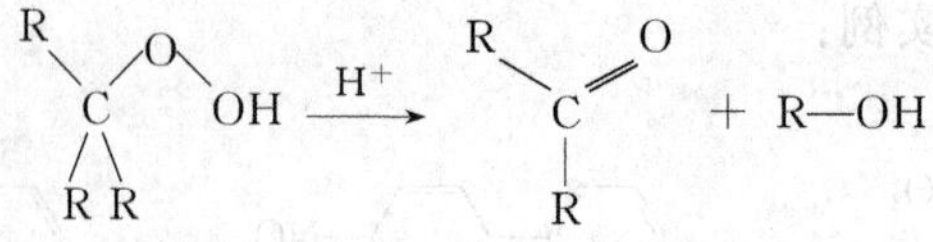

R=烷基或芳基

这是一个分子内重排反应。首先是氢过氧化物在酸性条件下质子化，然后脱水形成氧正离子，随后，连氧碳原子上一个烃基迁移到氧原子上，形成碳正离子，碳正离子再与亲核试剂水结合并脱去一个质子得到半缩醛结构中间体。半缩醛中间体进一步质子化、脱去一分子醇和一个质子，得到最终的重排产物——酮和醇。

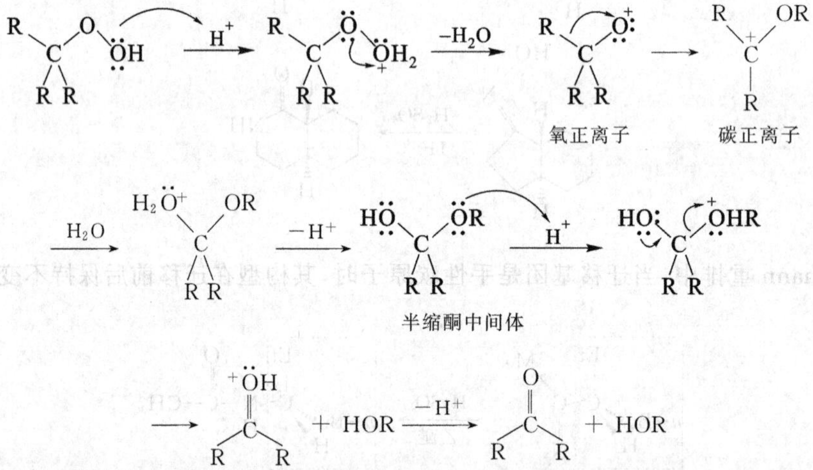

在氢过氧化物重排中，基团迁移的活泼性顺序大致为

$$\text{芳基} > 3°\text{R} > 2°\text{R} > \text{Pr}\sim\text{H} > \text{Et} > \text{Me}$$

小资料

异丙苯氧化重排合成苯酚

工业上生产苯酚的一个重要方法就是利用异丙苯氧化重排反应。在此反应发现之前，苯酚的生产是利用苯磺化后碱融法，强酸、强碱的使用和高温造成设备的腐蚀等问题一直得不到解决。

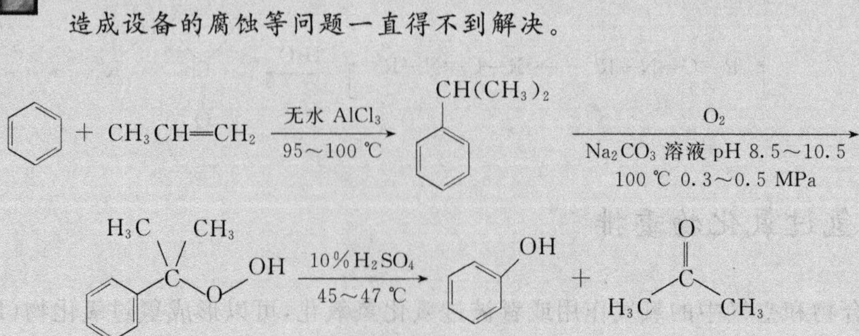

习题 15－5　写出下列反应的主要产物。

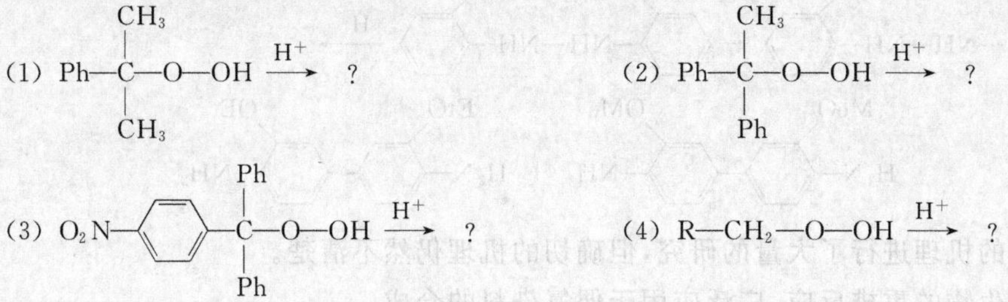

15.2.7　联苯胺重排

氢化偶氮苯(又称为二苯基肼)在酸性条件下可以发生重排,生成二氨基联苯。此类反应称为联苯胺重排。通常以对位取代(4,4′－)为主要产物,邻对位(2,4′－)取代的产物为次要产物。如二苯基肼在氯化氢的95%乙醇溶液作用下得到70%的4,4′－二氨基联苯和30%的2,4′－二氨基联苯。

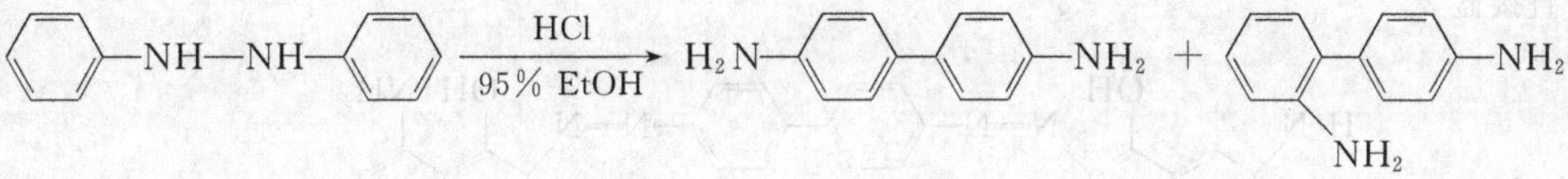

≈70%　　≈30%

如果对位被其他取代基占据,则生成邻位取代产物。例如,二(对甲基苯基)肼的两个苯环的对位都被甲基占据,在酸作用下重排得到5－甲基－N^1－(4－甲基苯基)邻苯二胺。苯基对甲基苯基肼中一个苯环的对位被甲基占据,在酸作用下重排得到N^1－(4－甲基苯基)对苯二胺和N^1－(4－甲基苯基)邻苯二胺的混合物。

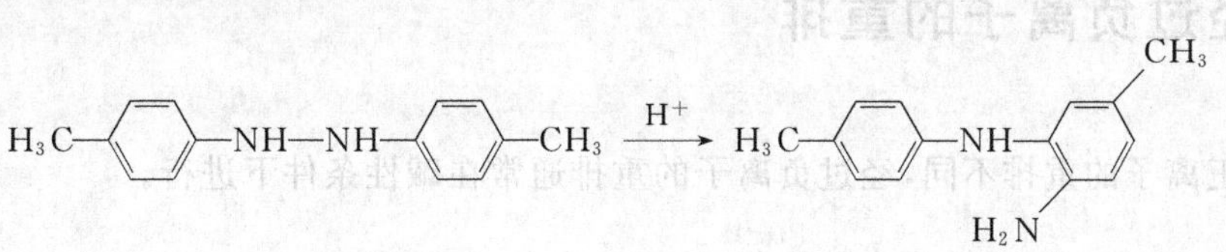

二(对甲基苯基)肼　　5－甲基－N^1－(4－甲基苯基)邻苯二胺

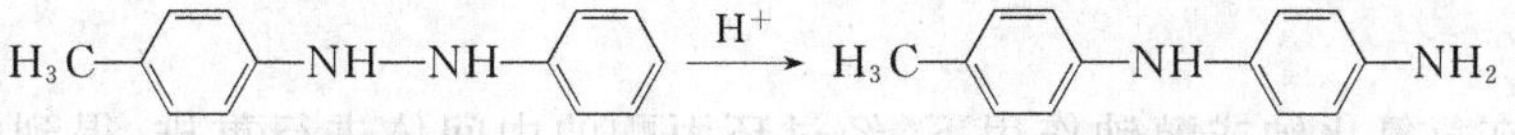

苯基对甲基苯基肼　　N^1－(4－甲基苯基)对苯二胺

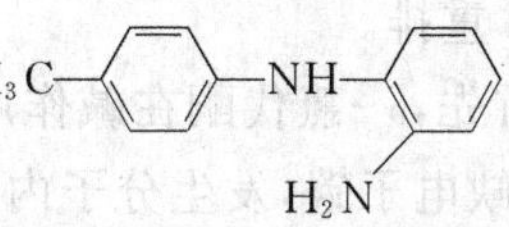

N^1－(4－甲基苯基)邻苯二胺

研究证明该反应是分子内重排。将两个不同的底物混合进行重排反应,得不到交叉的重排产物。例如,将二(邻甲氧基苯基)肼与二(邻乙氧基苯基)肼混合进行重排反应,只得到它们各自重排的产物。

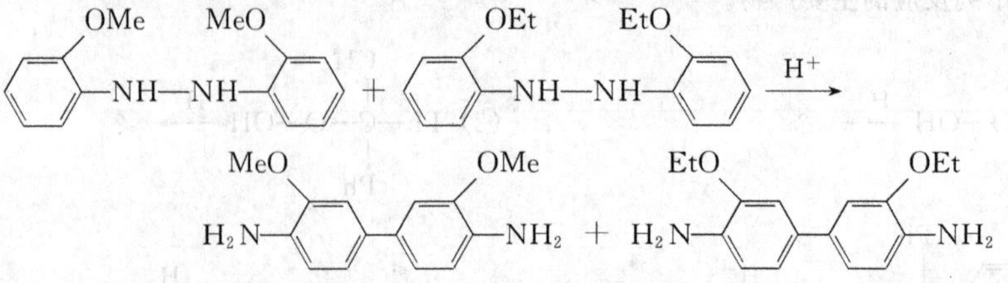

虽然对该反应的机理进行了大量的研究,但确切的机理仍然不清楚。

联苯胺及其衍生物的重排反应,广泛应用于偶氮染料的合成。

习题 15-6 设计合成路线引用上述反应合成以下染料。

(1) 直接红 2

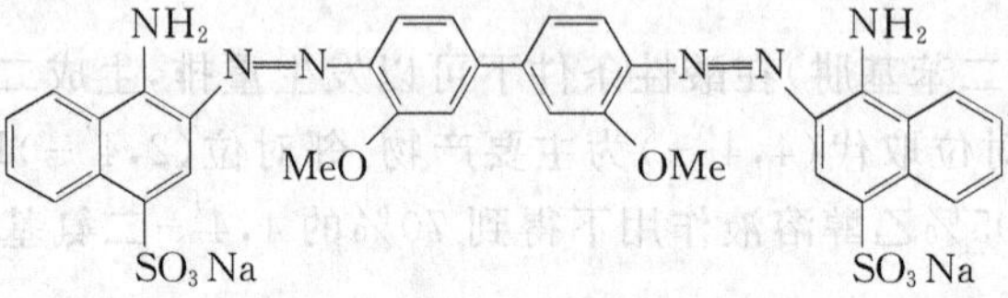

(2) 直接蓝 2

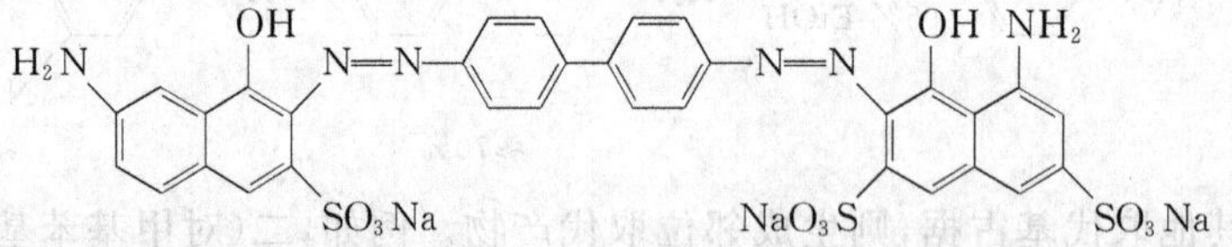

15.3 经过负离子的重排

与经过正离子的重排不同,经过负离子的重排通常在碱性条件下进行。

15.3.1 Favorskii 重排

α-卤代酮在氢氧化钠或醇钠作用下,经过环丙酮的中间体进行重排,得到羧酸或羧酸酯。此反应称为 Favorskii 重排。

反应机理如下:首先,α-氯代酮在碱作用下脱去酮羰基的α-氢,形成碳负离子。该碳负离子再进攻连接氯原子的缺电子碳,发生分子内亲核取代反应,形成三元环酮中间体。然后,体系中的碱进一步进攻羰基碳原子,发生三元环的开环。最后,开环形成的碳负离子从醇溶剂分子中得到一个质子,生成最终的重排产物酯。如果是采用氢氧化钠或氢氧化钾作为碱,则重排产物为羧酸。

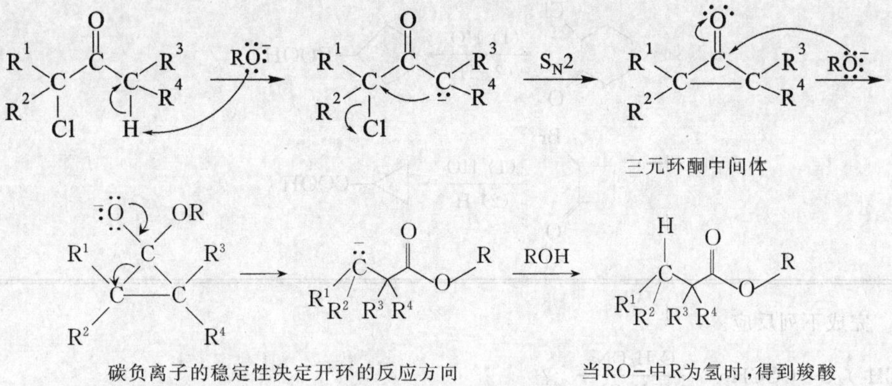

反应中三元环酮在碱作用下进一步开环的区域选择性由形成碳负离子的稳定性决定，反应一般将朝着生成较稳定的碳负离子方向进行。例如，3-甲基-3-溴-2-丁酮在乙醇钠作用下经过三元环酮中间体后再在醇钠的作用下开环，优先发生 b 方式开环，因为 b 方式开环生成比较稳定的碳负离子，结果主要产物为 2,2-二甲基丙酸乙酯。

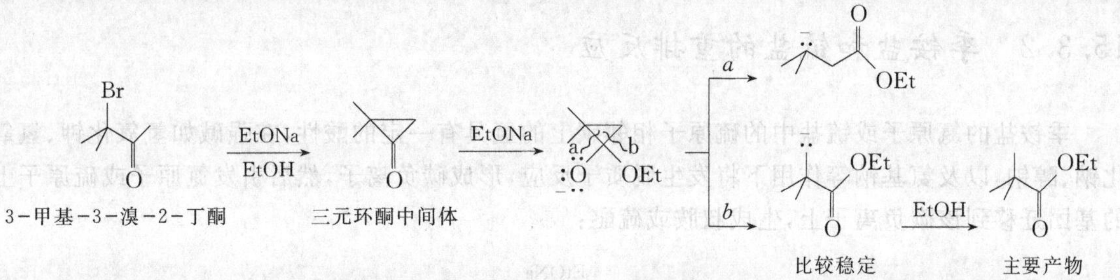

1-苯基-3-氯丙酮和 1-苯基-1-氯丙酮在氢氧负离子作用下，均生成 3-苯基丙酸，说明它们经过了相同的中间体 2-苯基环丙酮。这也进一步证明上述反应机理是正确的。

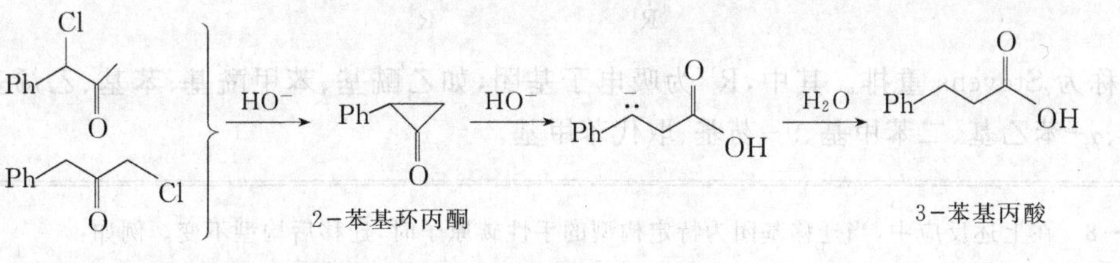

反应过程中的环丙酮中间体未能被分离到，但是如果在 1,3-二苯基-1-氯丙酮进行 Favorskii 重排的反应体系中加入呋喃，则可以得到中间体三元环酮与呋喃发生 1,3-偶极环加成（参阅 15.6 节）的产物。这一实验间接证明了三元环酮中间体的存在。

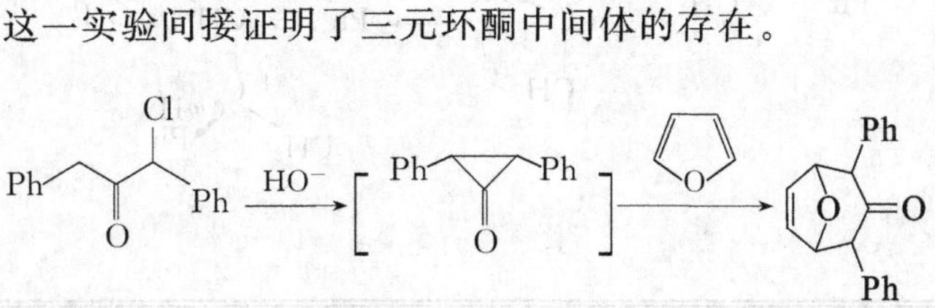

α-卤代环酮重排得到环缩小的产物，可以用来合成环缩小的羧酸。

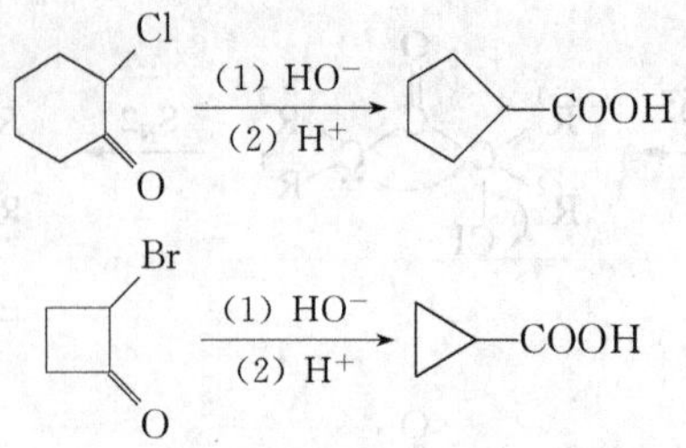

习题 15－7　完成下列反应。

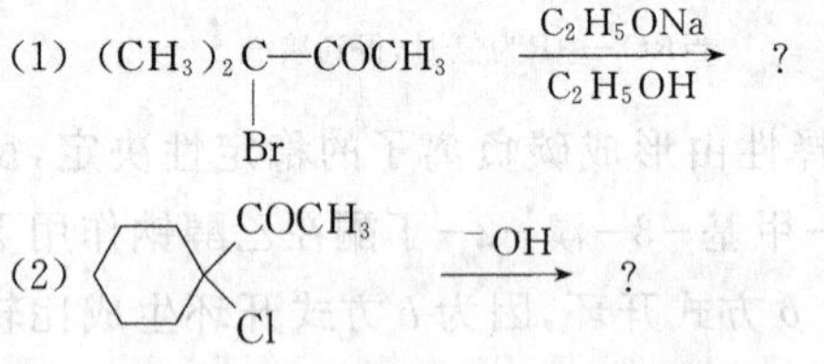

15.3.2　季铵盐和锍盐的重排反应

季铵盐的氮原子或锍盐中的硫原子相邻碳上的氢具有一定的酸性，在强碱如氢氧化钾、氢氧化钠、醇钠，以及氨基钠等作用下将发生脱质子反应，形成碳负离子，然后引发氮原子或硫原子上的基团迁移到该碳负离子上，生成叔胺或硫醚：

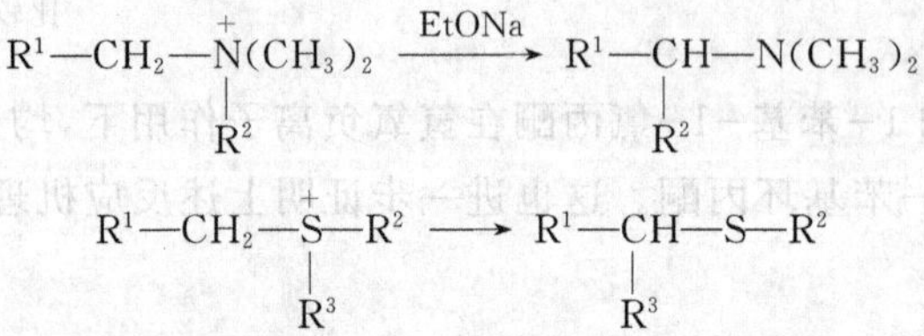

该反应称为 Stevens 重排。其中，R^1 为吸电子基团，如乙酰基、苯甲酰基、苯基、乙烯基；R^2，R^3 为苄基、α－苯乙基、二苯甲基、9－芴基、取代苯甲基。

习题 15－8　在上述反应中，当迁移基团为特定构型的手性碳原子时，迁移后构型不变。例如：

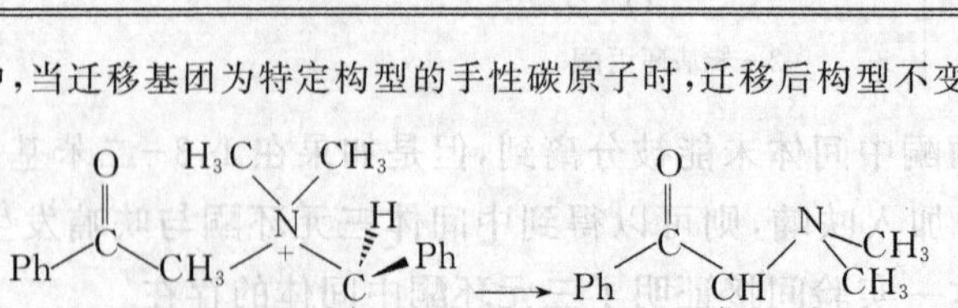

请问这说明了什么？

苯甲基三烷基季铵盐或锍盐在苯基锂、氨基锂或氨基钠作用下，氮原子或硫原子上的一个烷基对苯环进攻发生亲核重排反应，结果生成苯环上多取代的叔胺。该反应称为 Sommelet-Hauser重排。

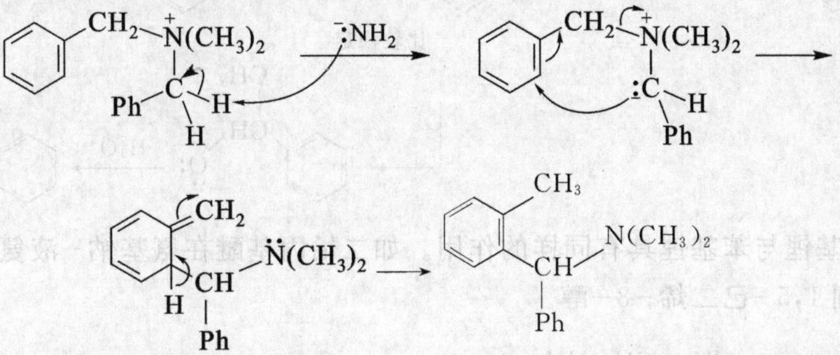

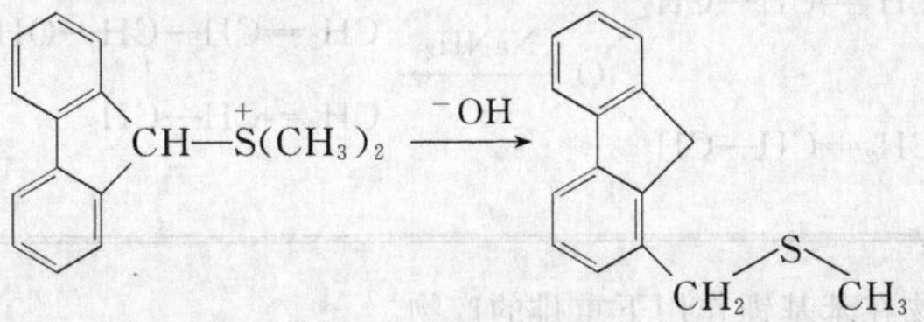

习题 15－9　写出下列反应的机理。

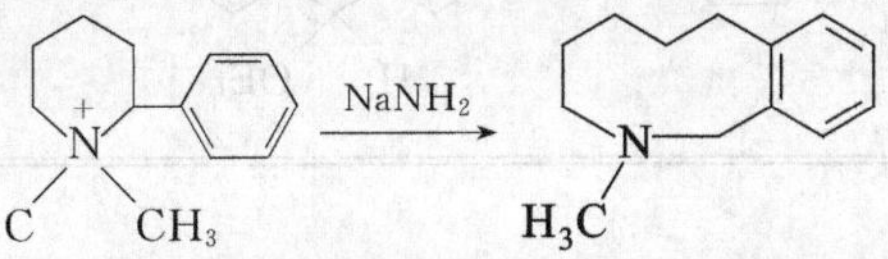

15.3.3 Wittig 重排

醚在苯基锂、氨基锂或氨基钠作用下，发生烷基移位生成醇。此反应称为 Wittig 重排。

$$R^1-CH_2-O-R^2 \xrightarrow[(2)\ H_3O^+]{(1)\ RLi} R^1-\underset{\displaystyle R^2}{\underset{|}{CH}}-OH$$

反应的机理如下：首先是连氧碳原子上的氢在强碱作用下脱去一个质子，形成碳负离子，随后连接在氧原子上的另一个烃基发生迁移，碳氧键断裂，负电荷转移到氧原子上。最后水解得到醇。

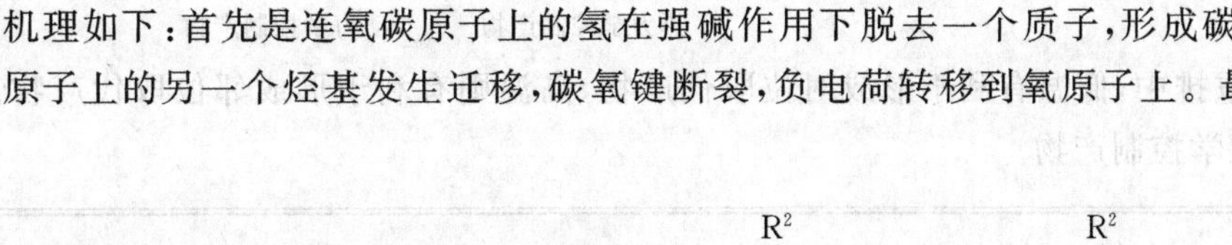

反应中哪个烃基发生迁移，取决于形成碳负离子的稳定性。例如，甲基苄基醚在苯基锂作用下，优先在苄基上发生脱质子的反应，因此，最终产物是1－苯基乙醇。

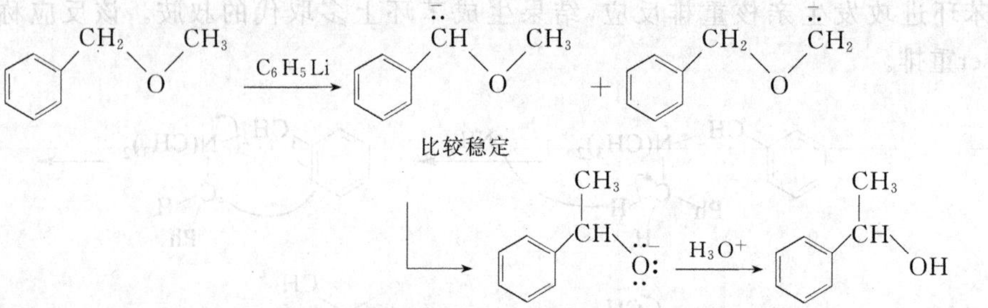

氨基钠和氨基锂与苯基锂具有同样的作用。如二烯丙基醚在氨基钠-液氨作用下可以发生Wittig重排，得到1,5-己二烯-3-醇。

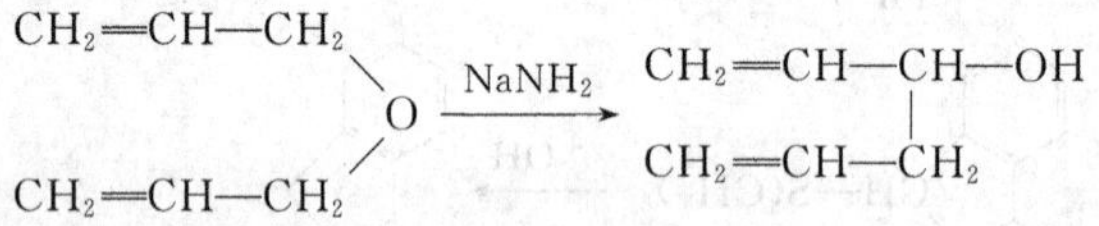

习题 15-10　给出下列化合物在苯基锂作用下重排的产物。

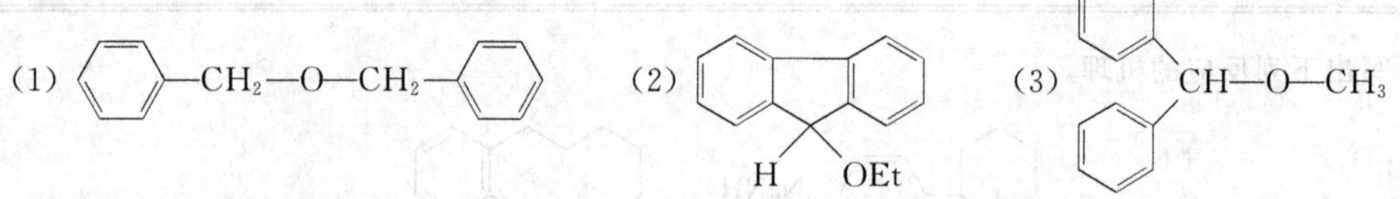

15.3.4　Fries 重排

酚酯类化合物在 Lewis 酸如无水三氯化铝作用下发生分子间重排，酰基迁移到苯环的邻位或对位。该反应称为 Fries 重排。

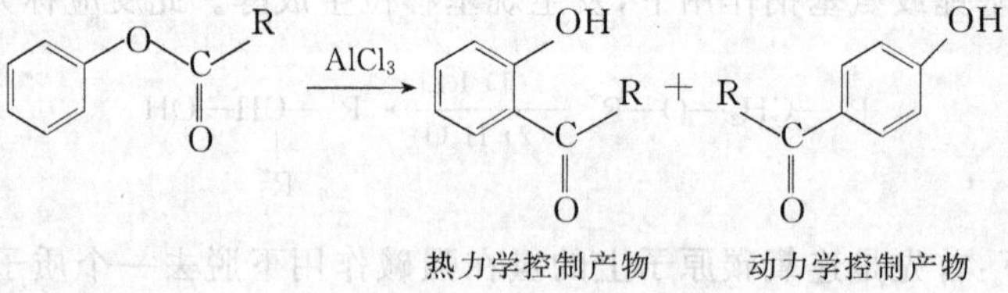

Fries 重排中，低温有利于形成对位取代产物，高温则有利于形成邻位取代产物。说明邻位产物是热力学控制产物。

习题 15-11　比较邻羟基苯乙酮和对羟基苯乙酮，说明前者比较稳定的理由。

混合酯经过重排反应后，发现有交叉产物生成，证明该重排反应是分子间重排反应。反应机理如下：酚酯在 Lewis 酸三氯化铝作用下，首先发生酚氧原子与三氯化铝的配位作用，形成 Lewis酸碱络合物，从而削弱了羰基碳原子与酚氧原子的共价键，导致C—O键断裂，形成酰基正离子。随后酰基正离子对苯环进行亲电进攻,受苯氧负离子与三氯化铝络合基团的作用,反应主要发生在原酚氧原子的邻、对位,最终得到酰基迁移到酚羟基邻位或对位的重排产物。

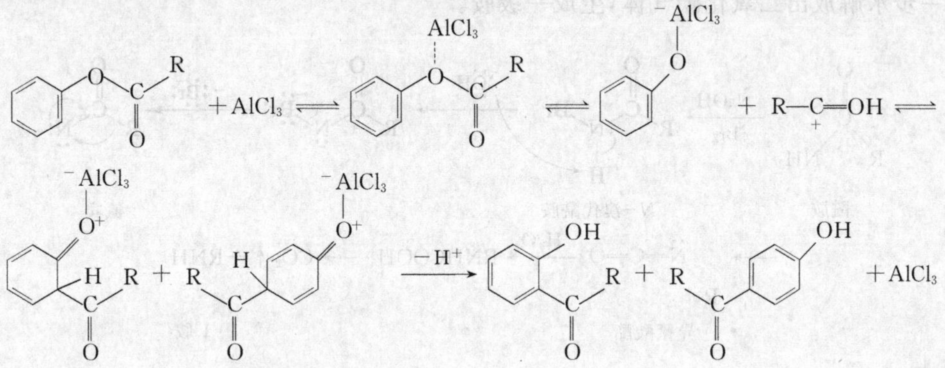

15.3.5　Benzillic 酸重排

邻二酮化合物在强碱作用下发生分子内重排,生成 α-羟基酸。该反应称为 Benzillic 酸重排(二苯基羟基乙酸重排)。在该反应条件下,脂肪族二酮容易发生羟醛缩合,因此难以发生该重排。

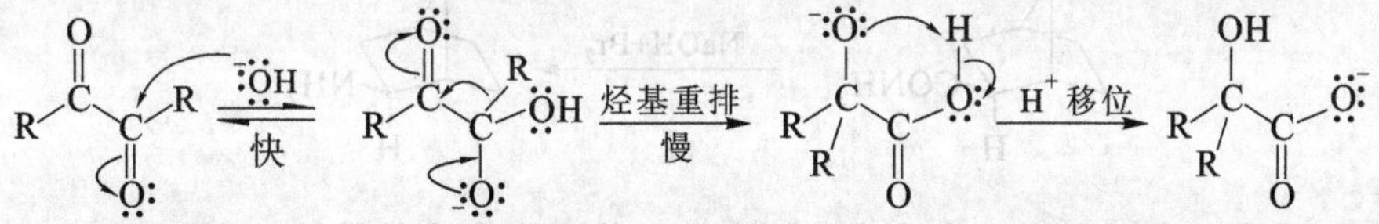

习题 15-12　写出下列化合物在碱的作用下发生乙醇酸重排的产物。

(1)　(2)　(3)

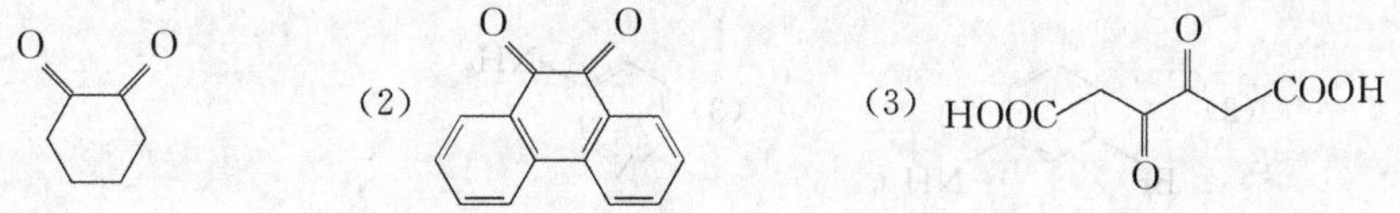

15.4　经过卡宾和氮宾的重排

15.4.1　Hofmann 重排

酰胺在次氯酸钠或次溴酸钠作用下发生降解反应,失去二氧化碳,得到减少一个碳的一级胺。此反应称为 Hofmann 重排。反应的第一步是酰胺在次氯酸钠或次溴酸钠作用下,首先发生氮上氢原子的氯代或溴代,形成 N-卤代酰胺。N-卤代酰胺的氮原子同时受羰基和卤素原子的吸电子作用，使与之相连的氢原子酸性增强，在碱性条件下容易脱去质子，生成氮负离子。随后脱去卤素负离子，形成氮宾(nitrenes)活性中间体，并进一步发生烃基重排，得到异氰酸酯。异氰酸酯进一步水解放出二氧化碳气体，生成一级胺。

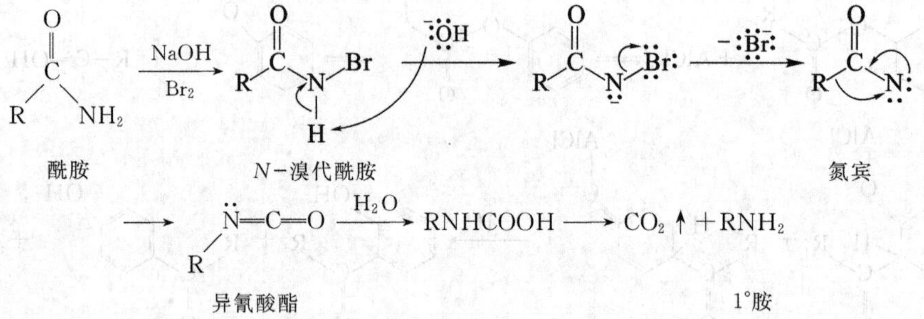

如果酰胺的 α-碳原子是手性碳，反应后，手性碳的构型保持不变。

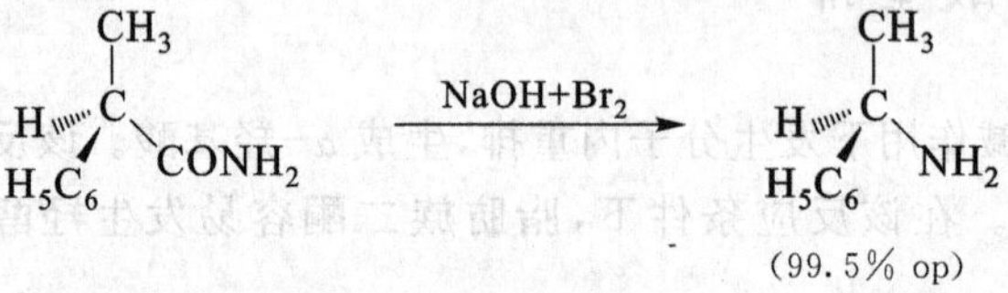

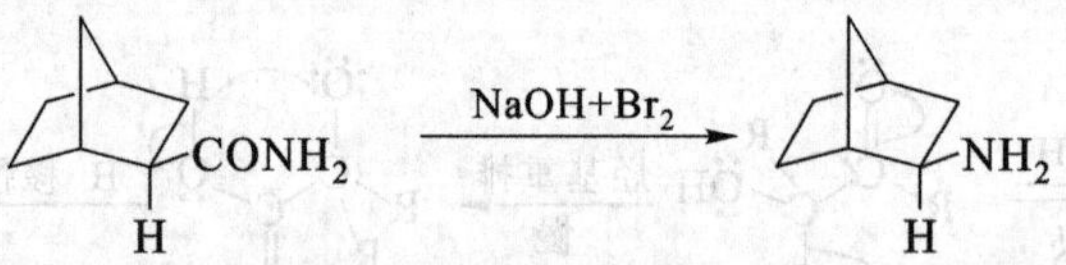

Hofmann 重排反应可以用于合成难于用亲核取代反应合成的伯胺。

习题 15－13　请选择合适的原料合成下列伯胺。

(1) 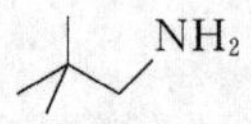　(2) 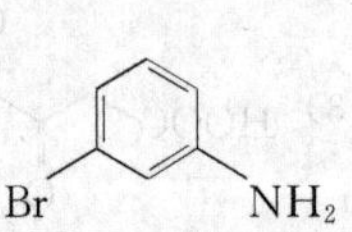　(3) 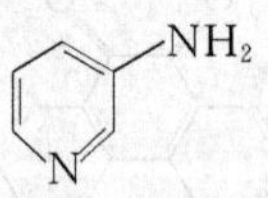

与 Hofmann 重排类似的还有 Lossen 重排、Curtius 重排和 Schmidt 重排。以下是这几个重排反应的通式，它们均经过 nitrenes 形成异氰酸酯中间体，属于分子内重排反应。

Lossen 重排　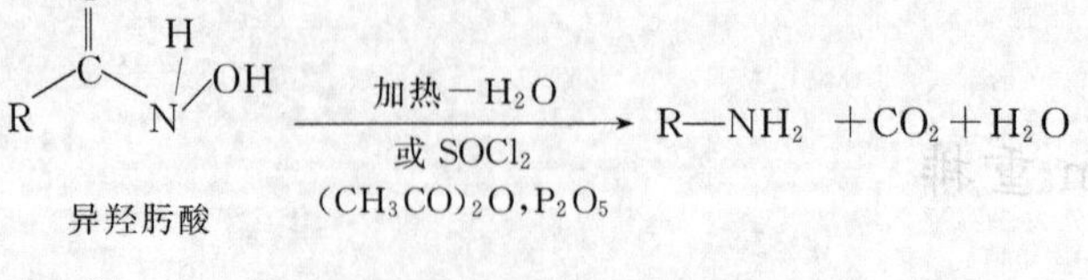

Curtius 重排　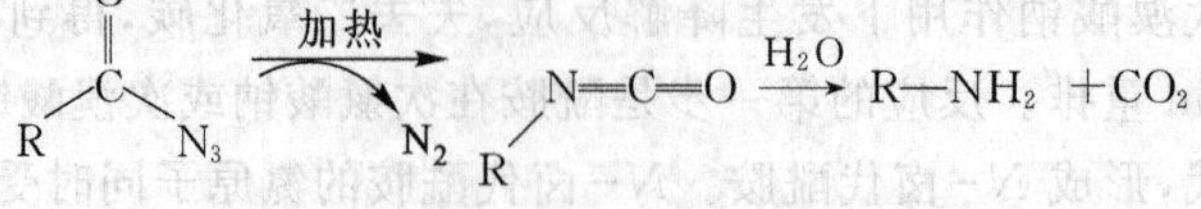

Schmidt 重排 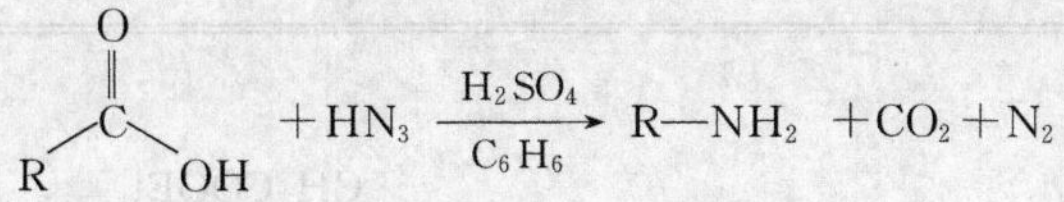

习题 15－14　写出下列反应的产物或中间体或试剂。

(1) 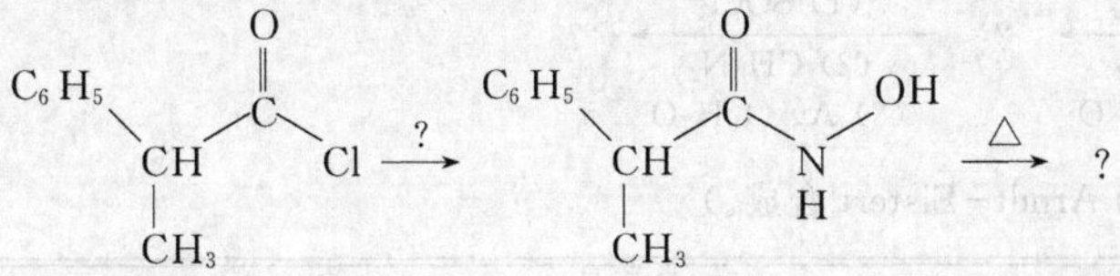

(2) 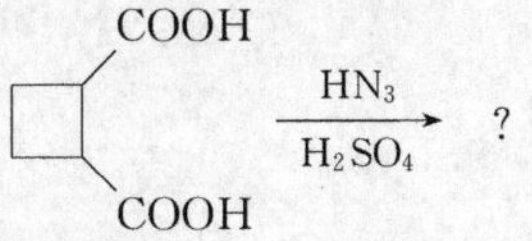

(3) 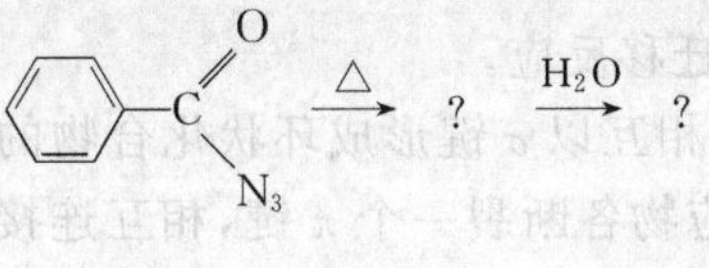

(4) 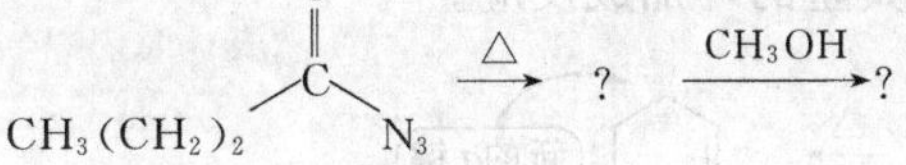

习题 15－15　写出下列反应的机理。

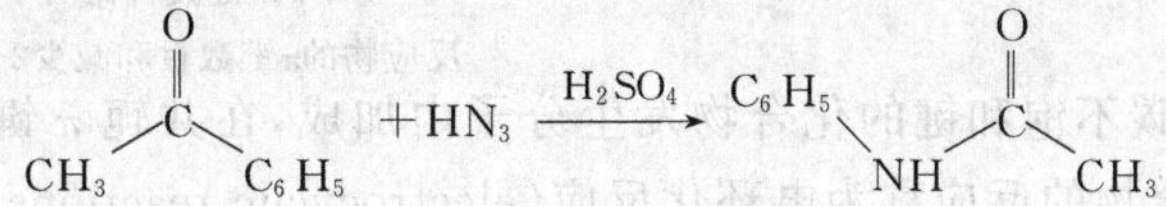

15.4.2　Wolff 重排

α-重氮酮在氧化银的存在下，或在光照射下，放出氮气，经过卡宾中间体，重排得烯酮。此反应称为 Wolff 重排。反应如果在水溶液中进行得到羧酸，在醇中进行则得到酯。

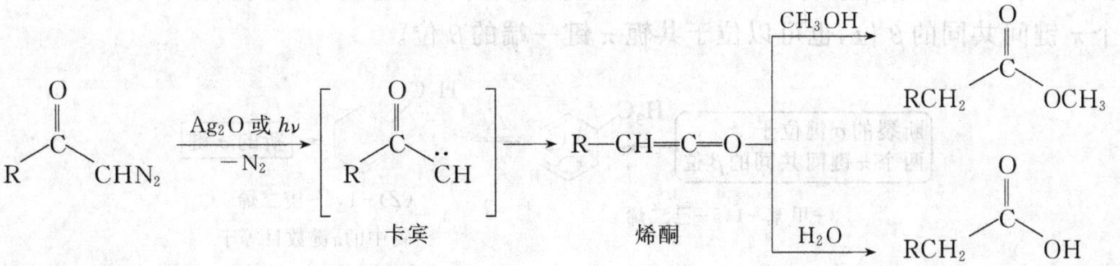

习题 15－16　完成下列反应。

(1) 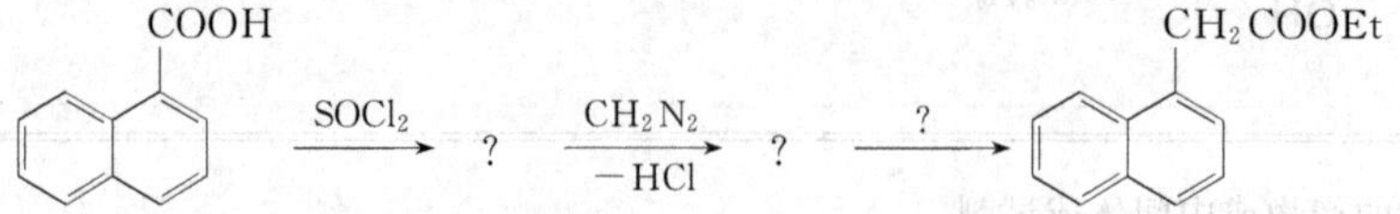

(2) 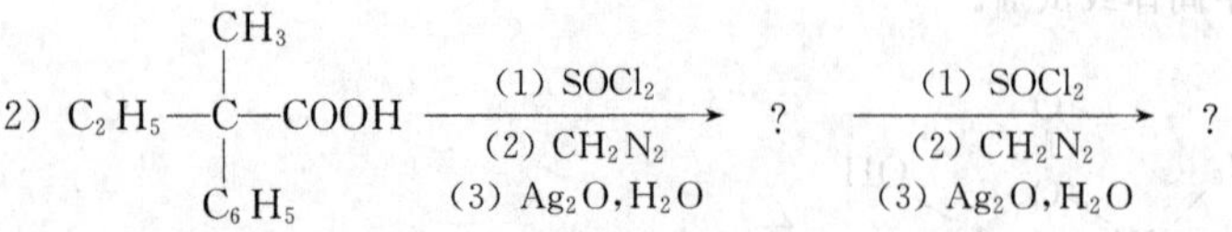

(从羧酸合成高一级的同系物,也称为 Arndt－Eistert 合成。)

15.5　周环反应简介

周环反应包括三种类型的反应:环加成,电环化和 σ－迁移反应。

两个含有碳－碳不饱和键的化合物通过 π 键的断裂,相互以 σ 键形成环状化合物的反应称为环加成反应(cycloaddition reactions)。反应中,两个反应物各断裂一个 π 键,相互连接形成两个新的 σ 键。Diels－Alder 反应(参阅 10.9 节)是典型的环加成反应。

环加成反应 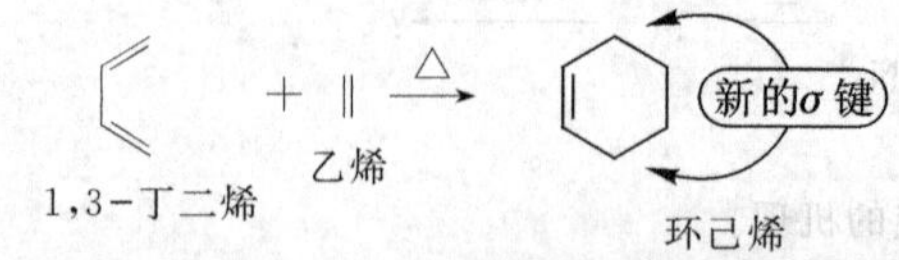

产物中的π键数目比两个
反应物的π键数目和减少2个

一个含有共轭碳－碳不饱和键的化合物发生分子内加成,在共轭 π 键的两端各形成一个新的 σ 键,连接成环状化合物的反应称为电环化反应(electrocyclic reactions)。反应产物比反应物减少一个 π 键。

电环化反应 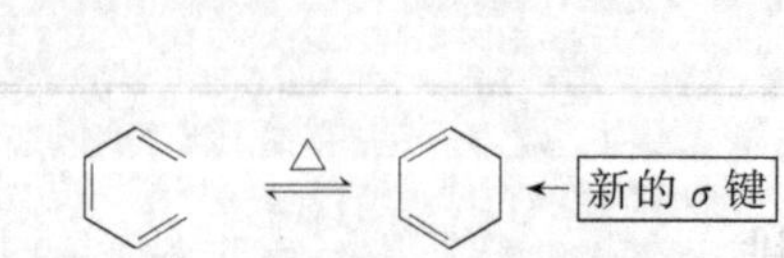

产物中的π键数目比
反应物的π键数目减少1个

σ－迁移反应(sigmatropic reactions)也是分子内反应。在这类反应中,反应物中断裂一个 σ 键,同时形成一个新的 σ 键,分子中的 π 键发生重排迁移,但是数目不改变。断裂的 σ 键可以位于两个 π 键间共同的 β 位,也可以位于共轭 π 键一端的 β 位。

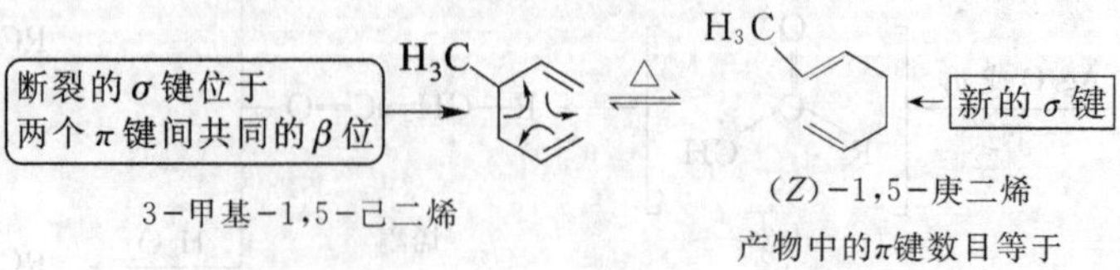

产物中的π键数目等于
反应物的π键数目

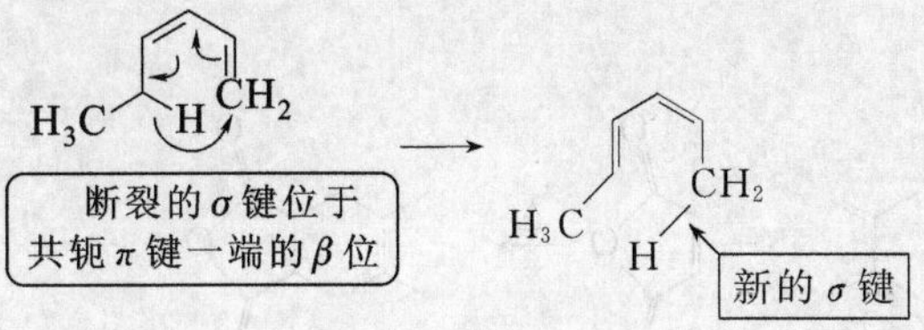

这三类反应均具有高度的立体专一性，产物的构型取决于反应物的构型、反应物中π电子数目以及反应条件等因素。通常这类反应可以在光照条件下进行，也可以在热反应条件下进行。一般将前者称为光化学反应（photochemical reactions），而将后者称为热反应（thermal reactions）。热反应是相对于光反应而言，并不是所有的热反应都需要加热，有些热反应在室温下就可以进行。比如，环戊二烯在室温下存放就会发生 Diels-Alder 反应形成二聚产物。

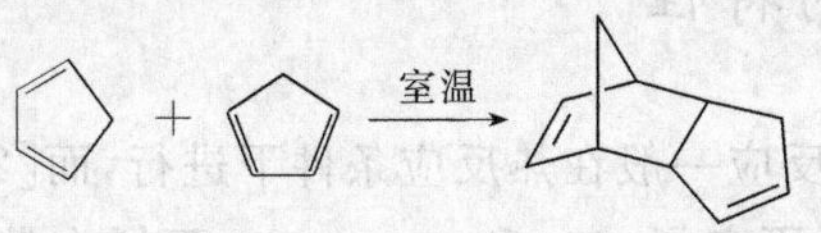

习题 15－17　指出下列反应是电环化反应，还是环加成反应，或是σ－迁移反应。

(1) 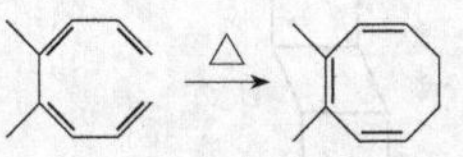

(2) 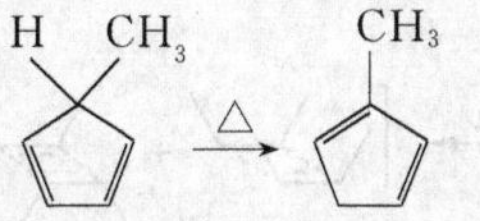

(3) 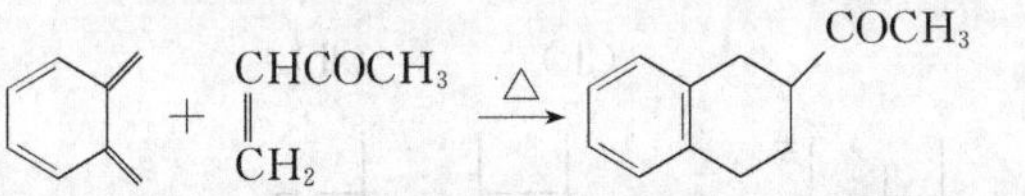

(4) 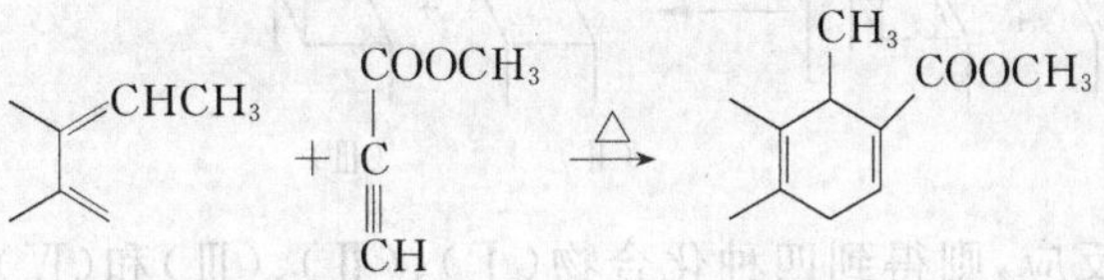

(5) 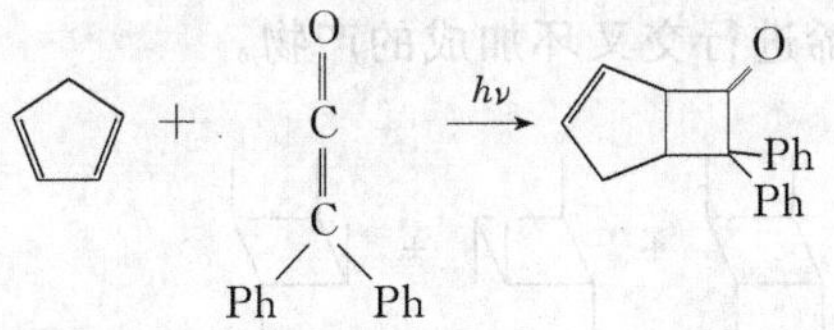

以下将分节介绍环加成反应、电环化反应和轨道对称守恒原理。

15.6　环加成反应

环加成反应可以根据两个不饱和反应物分子中参与反应的π电子数目进行分类。Diels－Alder 反应中一个分子以两个共轭π键与另一分子的一个π键反应，即两个反应分子分别含有 4 个π电子和 2 个π电子，因此称为[4＋2]环加成反应。另一类常见的环加成反应是[2＋2]环加成。

[4+2]环加成反应：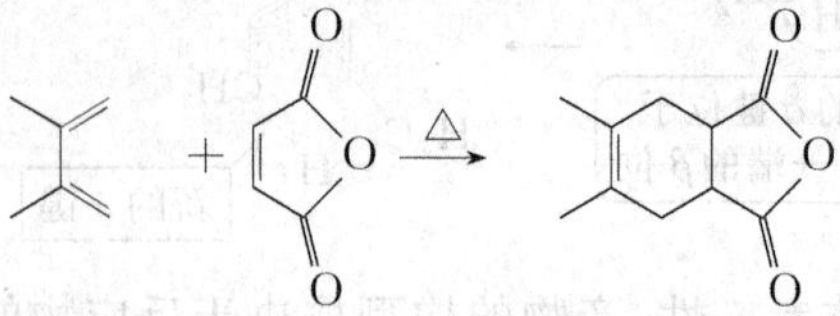

[2+2]环加成反应：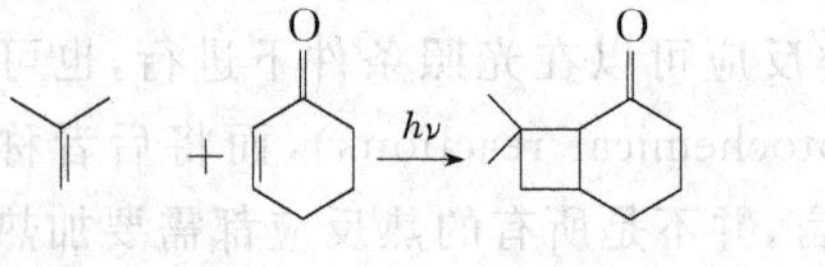

15.6.1　环加成反应的特性

实验表明，[4+2]环加成反应一般在热反应条件下进行，而[2+2]环加成则需要在光照条件下进行。1969 年 Yamazaki 等研究了 *cis*－和 *trans*－2－丁烯在紫外光照射下的[2+2]环加成。*cis*－2－丁烯相互加成得到两种产物（Ⅰ）和（Ⅱ），而 *trans*－2－丁烯反应则得到（Ⅱ）和（Ⅲ），产物具有特定的立体化学构型。说明反应经过了顺式加成的环状过渡态。

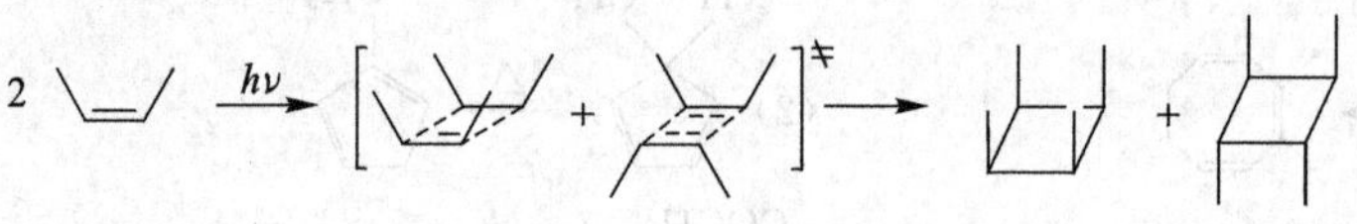

cis－2－丁烯　（Ⅰ）　（Ⅱ）

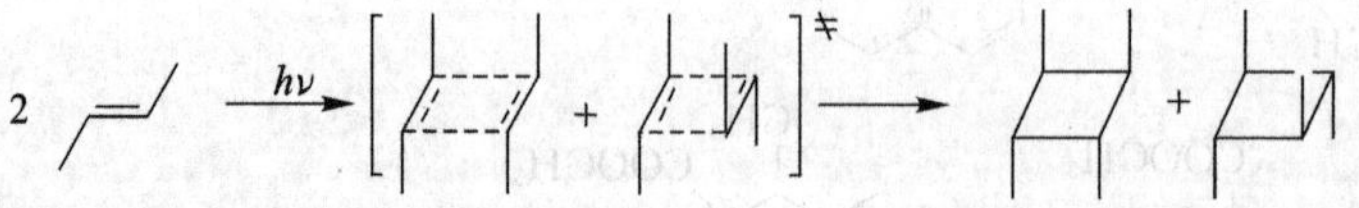

trans－2－丁烯　（Ⅱ）　（Ⅲ）

如果 *cis*－2－丁烯与 *trans*－2－丁烯反应，则得到四种化合物（Ⅰ）、（Ⅱ）、（Ⅲ）和（Ⅳ）的混合物，其中，化合物（Ⅳ）是 *cis*－2－丁烯和 *trans*－2－丁烯进行交叉环加成的产物。

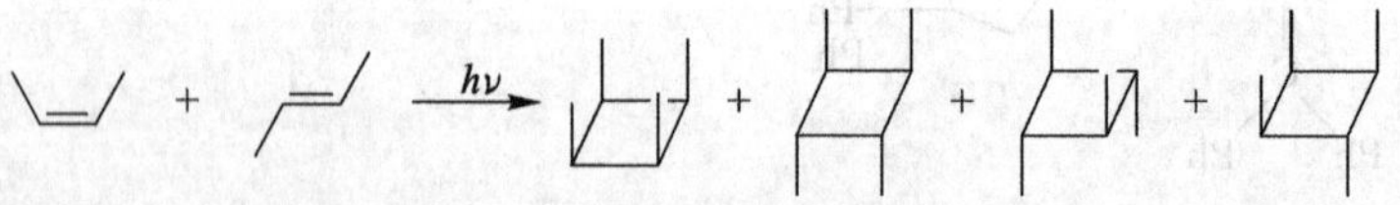

cis－2－丁烯　*trans*－2－丁烯　（Ⅰ）　（Ⅱ）　（Ⅲ）　（Ⅳ）

类似的例子是反式肉桂酸在光照条件下可以生成吐星酸和吐昔酸。

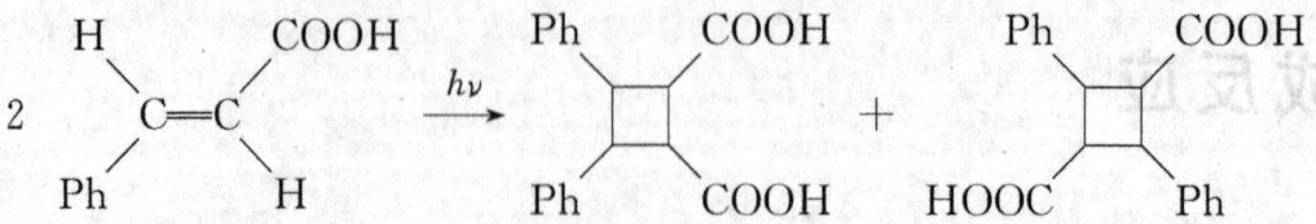

反式肉桂酸　吐星酸　吐昔酸

此外，[6+4]、[8+2]环加成反应需要在热化学反应条件下进行，而[4+4]、[6+6]环加成反应则需要在光化学条件下进行。

[8+2]环加成反应：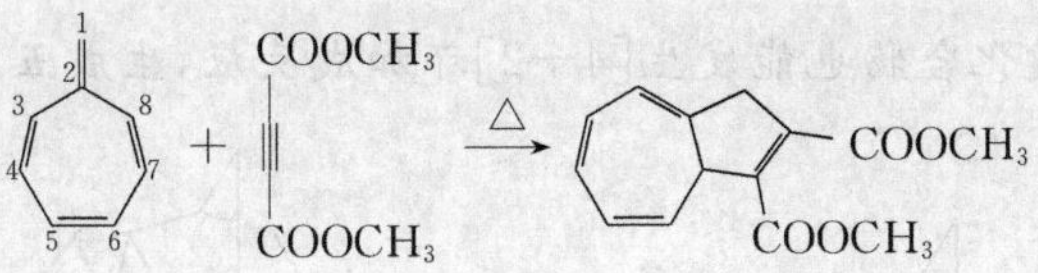

[6+4]环加成反应：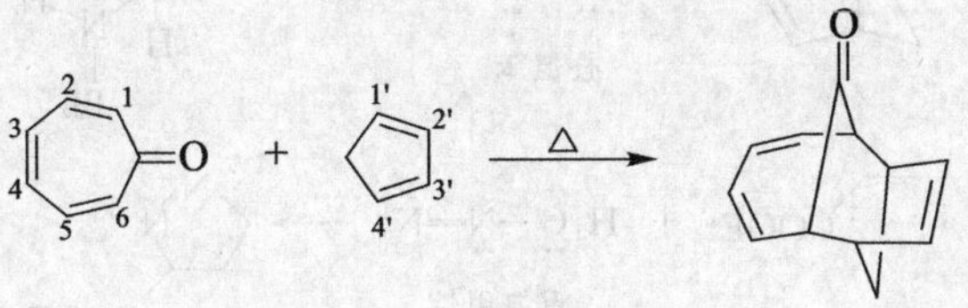

[4+4]环加成反应：2 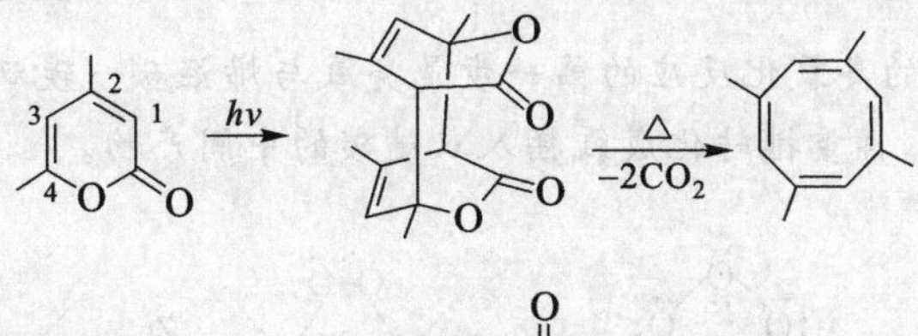

[6+6]环加成反应：2 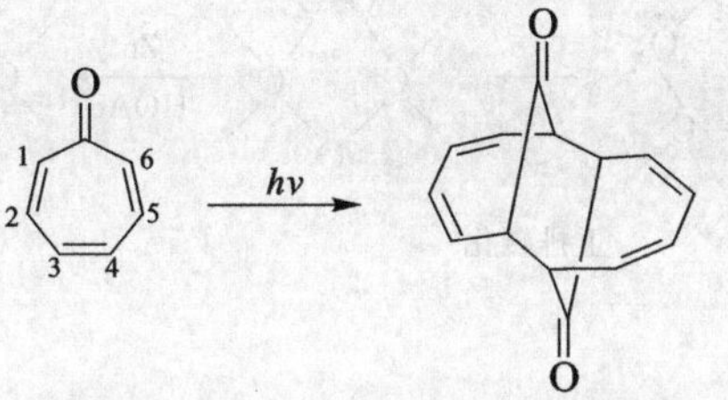

为什么有些环加成反应(如[4+2],[6+4],[8+2])需要在热反应条件下进行？而有些环加成(如[2+2],[4+4],[6+6])需要在光反应条件下进行？以及如何解释环加成反应的立体选择性问题等,曾经是理论有机化学家长期争论的问题。直到 20 世纪 60 年代,Woodward 和 Hoffmann 提出了轨道对称守恒原理后,才很好地解释了环加成反应的特性。以下简要介绍前线轨道理论和分子轨道对称守恒原理。

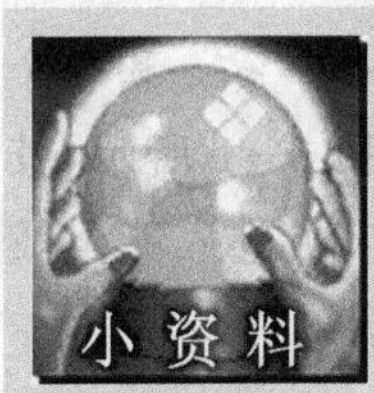

1,3-偶极环加成

1,3-偶极环加成也是环加成反应的一类,分子中含有 $a{=}\overset{+}{b}{-}\underset{\cdot\cdot}{\overset{-}{c}}$ 和 $\underset{\cdot\cdot}{\overset{-}{a}}{-}\underset{\cdot\cdot}{b}{-}\overset{+}{c}$ 型结构的化合物称为1,3-偶极分子,常见的1,3-偶极分子有臭氧、重氮化合物和叠氮化合物等。

臭氧分子：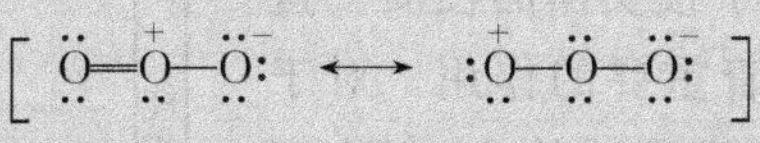

重氮化合物：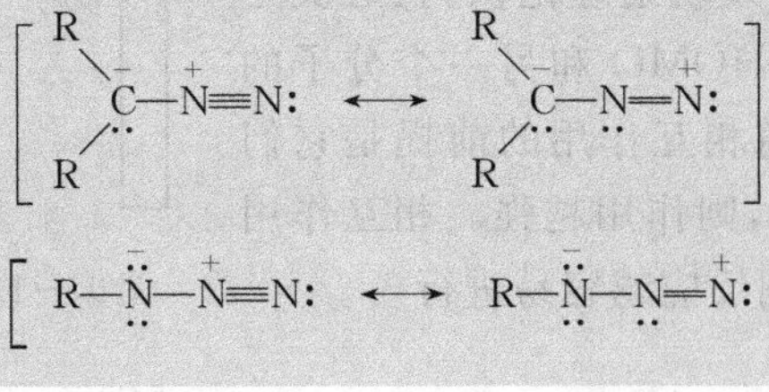

叠氮化合物：

这类化合物与含π键化合物也能发生[4+2]环加成反应，生成五元环化合物。例如：

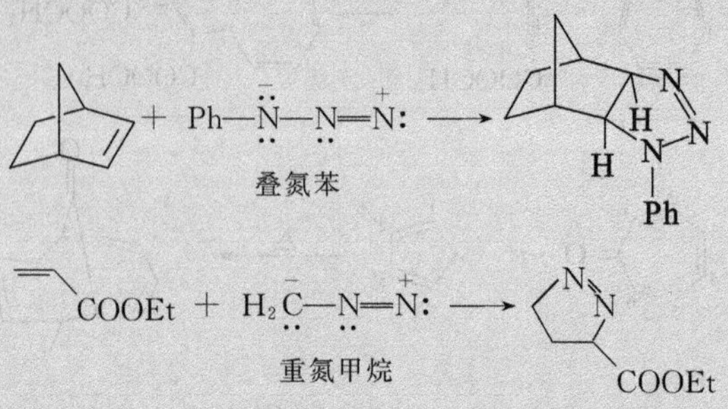

Criegee认为烯烃的臭氧化反应的第一步是臭氧与烯烃碳-碳双键的1,3-偶极环加成反应，生成一个臭氧化物，再重排转化成氧插入双键碳的中间产物。

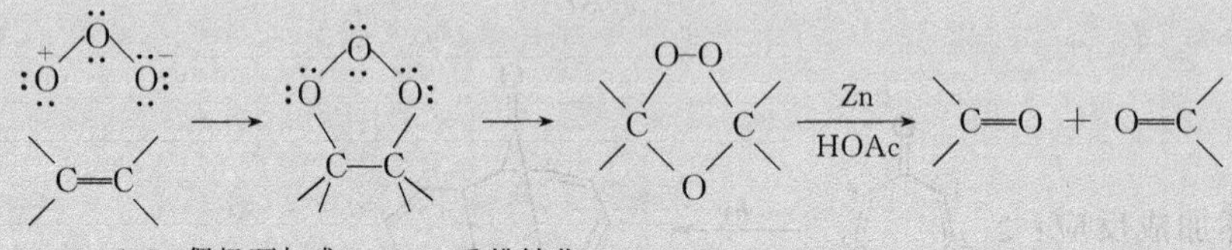

15.6.2 前线轨道理论与分子轨道对称守恒原理简介

1952年，福井谦一以量子力学为理论基础，提出了前线轨道理论。所谓前线轨道(frontier orbitals)，是指能量最高的已被电子占据的分子轨道和能量最低的未被电子充满的分子轨道。前者称为最高被占轨道HOMO(highest occupied molecular orbital)，后者称为最低空轨道LUMO(lowest unoccupied molecular orbital)。

例如，根据分子轨道理论，乙烯分子中共形成六个成键轨道——四个σ_{C-H}、一个σ_{C-C}和一个π_{C-C}，以及六个反键轨道——四个σ^*_{C-H}、一个σ^*_{C-C}和一个π^*_{C-C}。能级顺序如图15-1所示，其中，π_{C-C}是成键轨道中能量最高的，π^*_{C-C}是反键轨道中能量最低的。12个电子依次进入能量较低的成键轨道，其中π_{C-C}就是乙烯分子的HOMO，而π^*_{C-C}就是乙烯分子的LUMO。

福井谦一认为，分子中处于HOMO上的电子受到核的束缚较弱，具有电子给予体的性质；而LUMO则对电子的亲和力较强，具有电子接受体的性质。这两种轨道在化学反应过程中起着重要的作用。对于一个双分子的协同反应，前线轨道理论认为：起决定作用的轨道是一个分子的HOMO和另一个分子的LUMO的作用，而两个轨道相互作用的前提是它们之间有相互重叠，重叠越好，则作用越强。相互作用的两个轨道，能量越相近，则反应越容易进行。

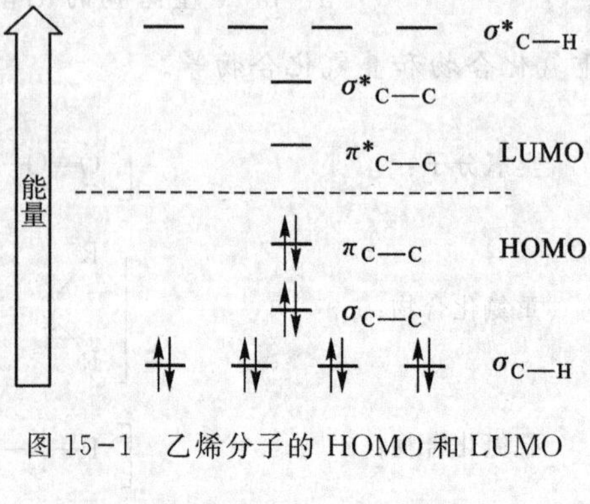

图15-1 乙烯分子的HOMO和LUMO

小资料

福井谦一

福井谦一(Fukui Kenichi),日本量子化学家。1918年10月4日生于奈良市。1948年获京都大学博士学位,1951年起任京都大学物理化学教授。1952年,福井谦一总结出著名的前线轨道理论,解释了多种化学反应规律。福井谦一的理论早期并未引起人们的注意。1959年Woodward和Hoffmann首先肯定这一理论的价值,并用它来研究周环反应的立体化学选择定则,进一步把它发展成为分子轨道对称守恒原理。这些发现不仅解释了以前化学反应中的一些不能解释的现象,而且能预测许多化学反应是否能进行。因此,福井谦一和Hoffmann共获1981年诺贝尔化学奖。福井谦一成为日本,也是亚洲获得诺贝尔奖的第一人。

1965年,Woodward和Hoffmann根据对电环化反应和环加成反应的研究,提出了轨道对称守恒原理:化学反应是分子轨道重新组合的过程,分子轨道的对称性控制化学反应的进程。对于一个基元反应或协同反应来说,反应将按照反应物与产物的分子轨道对称性一致的方式进行。即反应物与产物的分子轨道对称性一致则反应容易发生,否则反应难以进行。

在运用前线轨道理论和轨道对称守恒原理分析周环反应的反应条件和立体化学特征前,先要认识共轭多烯的HOMO、LUMO以及它们的轨道对称性。

乙烯分子的HOMO和LUMO分别是乙烯的π成键轨道和π^*反键轨道,它们分别是由乙烯的两个碳原子的p轨道通过相位相同的叠加和相位相反的削弱而形成(参阅1.3节)。因此,形成的π键和π^*键也是有相位的(参阅图1-12)。考虑它们的相位,乙烯分子中的π键和π^*键具有不同的对称性。其中,π键对于垂直并等分C—Cσ键的平面σ_v而言是对称的;而对于在乙烯分子平面σ_h上通过C—C键中心的C_2轴而言,则是反对称的。相反,π^*键对于垂直并等分C—Cσ键的平面σ_v而言是反对称的,而对于在乙烯分子平面上通过C—C键中心的C_2轴而言,则是对称的。可见,π键与π^*键的对称性刚好相反(如图15-2,可见彩页3)。为了方便表达,用S(symmetric)代表对称,用A(antisymmetric)代表反对称。

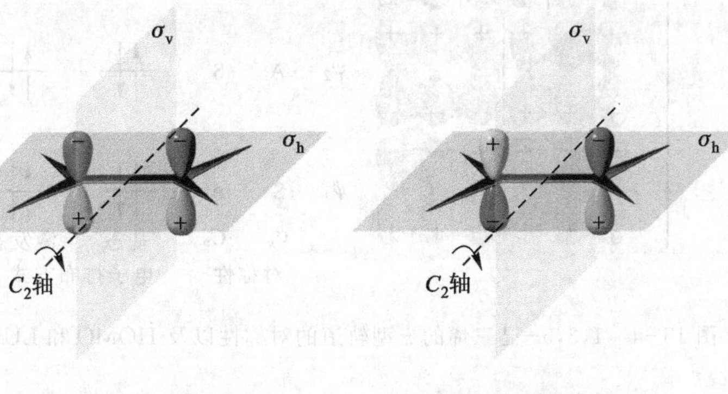

(a) π轨道的对称性　　(b) π^*轨道的对称性

图15-2　乙烯分子的π轨道和π^*轨道的对称性

常见共轭多烯——1,3-丁二烯与1,3,5-己三烯的π型分子轨道的对称性分别如图15-3

和图 15-4 所示。其中 ψ_1、ψ_3 和 ψ_5 对称性相同，ψ_2、ψ_4 和 ψ_6 的对称性相同。

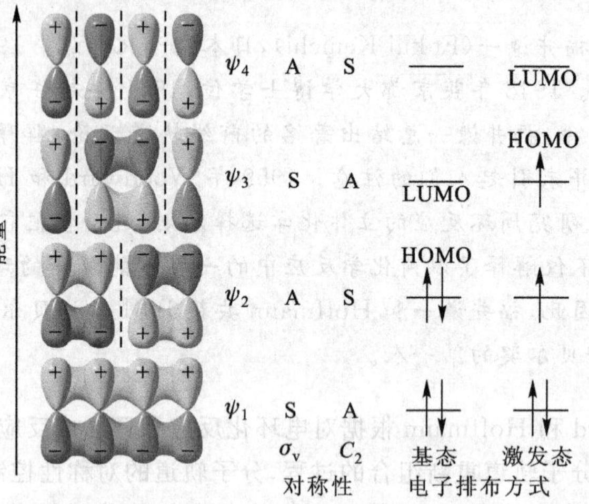

图 15-3　1,3-丁二烯的 π 型轨道的对称性以及 HOMO 和 LUMO

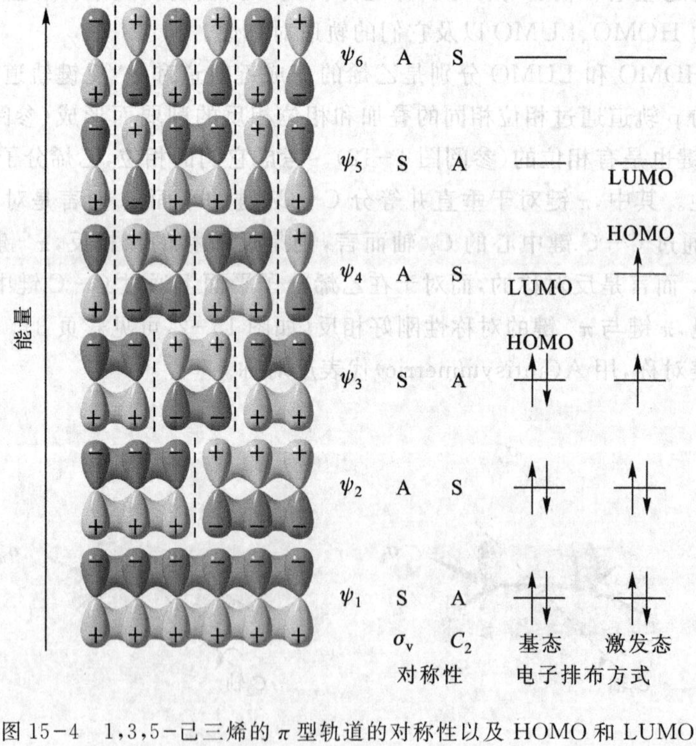

图 15-4　1,3,5-己三烯的 π 型轨道的对称性以及 HOMO 和 LUMO

习题 15-18　画出含有四个、五个双键的共轭多烯的 π 型分子轨道图，分析它们的电子排布情况以及轨道对称性情况，并指出它们在基态和激发态的 HOMO 和 LUMO 轨道。

15.6.3　环加成反应条件和立体化学特征的理论分析

一般来说，如果反应是在热反应条件下进行，是以基态分子进行反应。在光化学反应条件下，少部分分子被激发到激发态，其反应活性很高。因此在光照条件下，如果是单分子反应，是以激发态分子进行反应；如果是双分子反应，则一个分子是激发态而另一个分子为基态，因为绝大部分分子仍在基态。图 15-3 和图 15-4 同时显示了 1,3-丁二烯与 1,3,5-己三烯在基态和激发态的 HOMO 和 LUMO。

对比 1,3-丁二烯在基态和激发态的 HOMO 与 LUMO，可以看出，基态与激发态 HOMO 的对称性相反，同样，LUMO 的对称性也相反。可以预见周环反应在光化学反应条件下与热反应条件下必然具有不同的反应特性。

1,3-丁二烯与乙烯的 Diels-Alder 反应，可在热反应条件下进行。这是因为 1,3-丁二烯的 HOMO 与乙烯的 LUMO 具有相同的对称性，同时，1,3-丁二烯的 LUMO 与乙烯的 HOMO 对称性也相同(如图 15-5 所示)。而这种对称性的一致可以使反应的两个轨道发生同面-同面的同位相重叠，这是一种有效的重叠，能较好地稳定反应的过渡态，因此反应可以顺利进行。

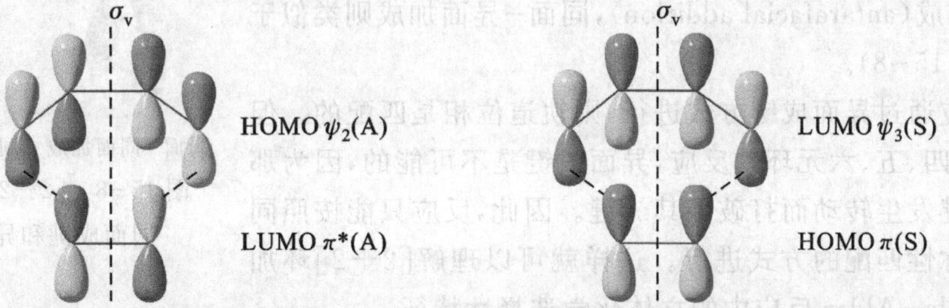

图 15-5　基态时的 1,3-丁二烯与乙烯的前线轨道对称匹配适当

如果上述反应在光化学反应条件下进行，假定激发态的 1,3-丁二烯与基态的乙烯反应，则 1,3-丁二烯的 HOMO 与乙烯的 LUMO 无法匹配；同样，1,3-丁二烯的 LUMO 与乙烯的 HOMO也无法匹配(如图 15-6 所示)，反应将不能按照同面-同面的加成方式顺利进行。

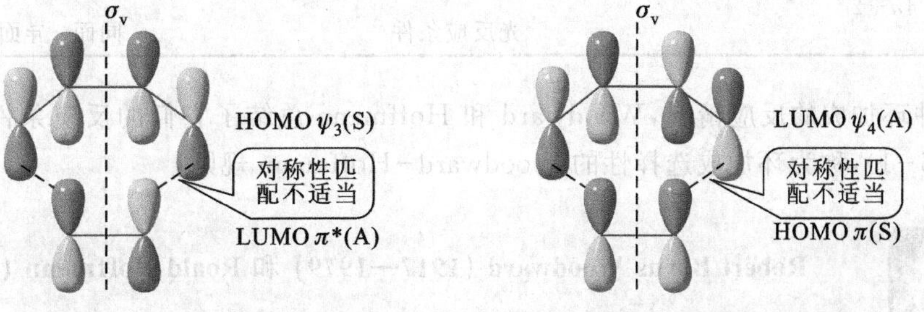

图 15-6　激发态时的 1,3-丁二烯与乙烯的前线轨道对称匹配不适当

与 Diels-Alder 反应不同，[2+2]环加成反应是两个乙烯体系分子相互反应。从图 15-7 中可以清楚地看出：在热反应条件下，基态的两个乙烯型分子的 HOMO 与 LUMO 对称性相反，不

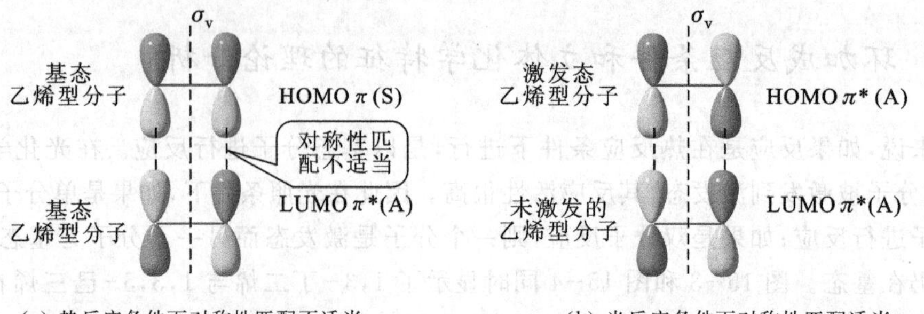

(a) 热反应条件下对称性匹配不适当　　(b) 光反应条件下对称性匹配适当

图 15-7 [2+2]环加成反应在热反应条件下和光反应条件下的对称性匹配情况

能发生同面-同面的同位相重叠,因而反应难以进行。在光化学反应条件下,激发态乙烯型分子的 HOMO 是 π^* 轨道,则它可以与另一个基态乙烯型分子的 LUMO(π^* 轨道)对称性匹配,反应可以顺利进行。

以上分析主要是针对同面-同面加成(suprafacial addition)而言。同面-同面加成反应是指两个含 π 键分子的两端从双键的同一侧进行加成,类似于顺式加成。相应的,还有一种方式,即同面-异面加成(antarafacial addition),同面-异面加成则类似于反式加成(图 15-8)。

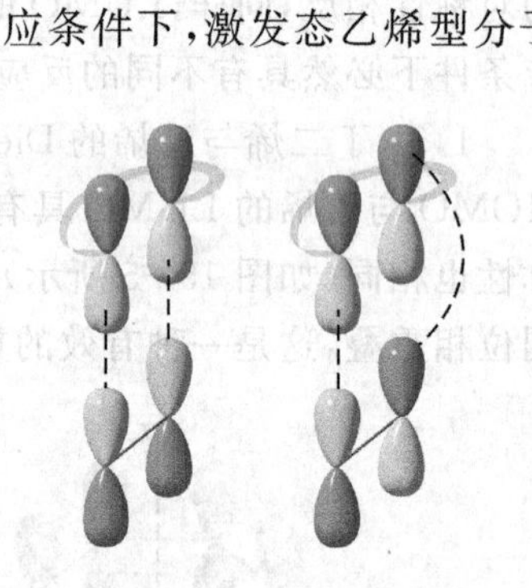

同面-同面加成　同面-异面加成

图 15-8 [2+2]环加成的同面成键和异面成键

如果反应通过异面成键方式进行,则轨道位相是匹配的。但是,对于形成四、五、六元环的反应,异面成键是不可能的,因为那要求一个双键发生转动而打破了其 π 键。因此,反应只能按照同面成键的对称性匹配的方式进行。这样就可以理解[2+2]环加成反应和 Diels-Alder 反应中的立体化学选择性特征。

表 15-1 环加成选择性的 Woodward-Hoffmann 规则

两个反应物中 π 电子数目和	反应条件	对称性允许的关环方式
$4n$	热反应条件	同面-异面加成
	光反应条件	同面-同面加成
$4n+2$	热反应条件	同面-同面加成
	光反应条件	同面-异面加成

对于各种环加成的反应情况,Woodward 和 Hoffmann 总结了它们的反应条件与立体化学特征(见表 15-1),称为环加成选择性的 Woodward-Hoffmann 规则。

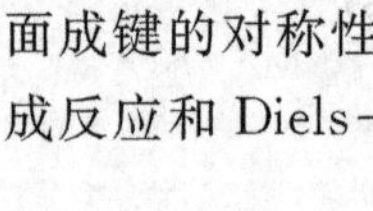

Robert Burns Woodward (1917—1979) 和 Roald Hoffmann (1937—)

Woodward,1917 年生于美国马萨路塞州的波士顿。16 岁进入 Massachusetts Institute of Technology,三年获得学士学位,一年获得博士学位。然后进入 Harvard 大学从事博士后研究。此后一直留在 Harvard 大学任教。

Woodward是20世纪在有机合成化学实验和理论上，取得划时代成果的有机化学家，他以极其精湛的合成技巧，合成了胆固醇、皮质酮、马钱子碱、利血平、叶绿素、四环素等多种复杂有机化合物。据不完全统计，他合成的各种高难度的复杂有机化合物达24种以上，所以被称为“现代有机合成之父”。Woodward因在有机合成方面的杰出贡献而荣获1965年的Nobel化学奖。

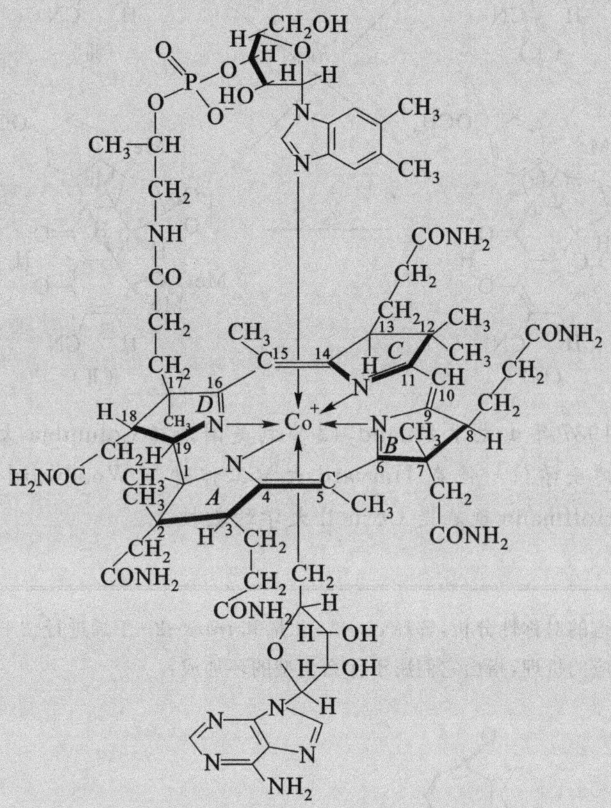

维生素B_{12}的合成工作是Woodward获得诺贝尔化学奖后开始的，他组织了14个国家的110位化学家，协同攻关，共做了近千个复杂的有机合成实验，历时11年，终于在他去世前几年完成了维生素B_{12}全合成。

合成维生素B_{12}的*A*环过程中遇到一些意外的反应。他曾期望将化合物(Ⅰ)加热合成化合物(Ⅱ)，却意外地得到化合物(Ⅲ)，二者在结构上的差别，仅仅在于甲基(Me−)和甲氧酰基在环上的位置不同。进一步实验研究发现，光照下化合物(Ⅲ)可以开环转化成化合物(Ⅳ)，化合物(Ⅳ)受热再发生立体专一的关环反应，可以得到化合物(Ⅱ)，并且光照下化合物(Ⅱ)还能开环又转化为化合物(Ⅰ)。

Woodward认为这是一组绝妙的事实，很好地说明了己三烯电环化反应分别在光照条件和热反应条件下的立体化学特征。继而进行了一系列深入的研究，与青年化学家Hoffmann共同提出了分子轨道守恒原理。如果不是Woodward于1979年去世，他一定能够与福井谦一和Hoffmann一起获得Nobel化学奖，而成为少数两次获得Nobel奖的科学家之一。

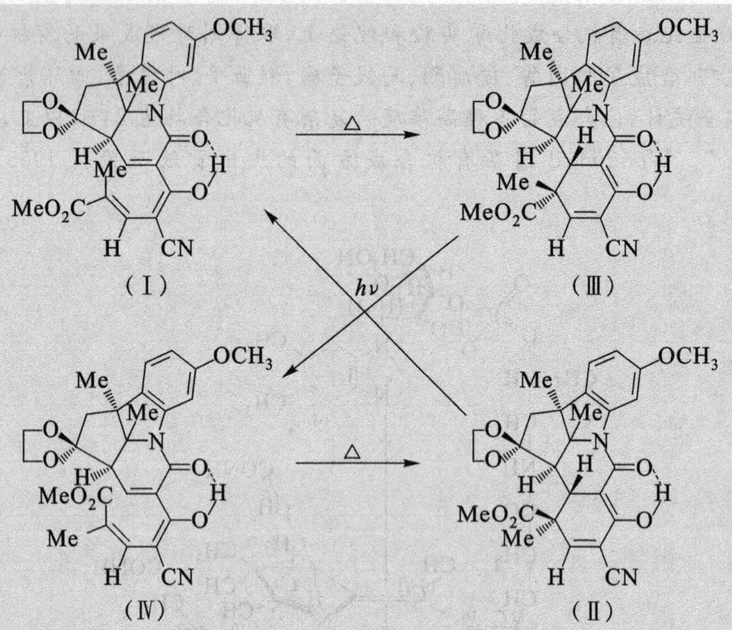

Roald Hoffmann1937 年出生于 Poland，12 岁到美国。在 Columbia 大学获得学士学位后在 Harvard 大学获得博士学位。他在 Harvard 大学工作时与 Woodward 共同提出了分子轨道对称性守恒原理。Hoffmann 现在是 Cornell 大学的教授。

习题 15-19 通过前线轨道的对称性分析，解释 *cis*-2-丁烯和 *trans*-2-丁烯进行[2+2]环加成产物的构型。

习题 15-20 分析下列反应的机理，指出它们属于什么类型的环加成：

(1)
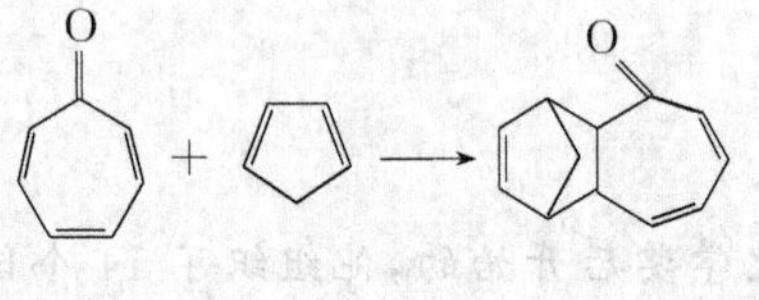

(2)
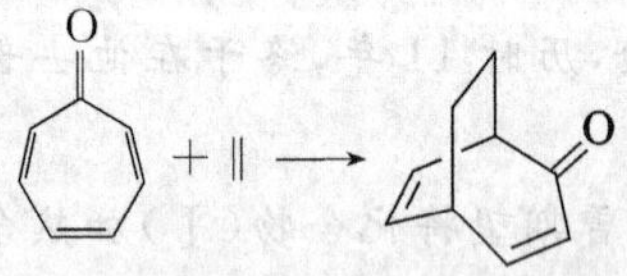

习题 15-21 写出下列反应可能的产物，并指出哪个是主要产物：

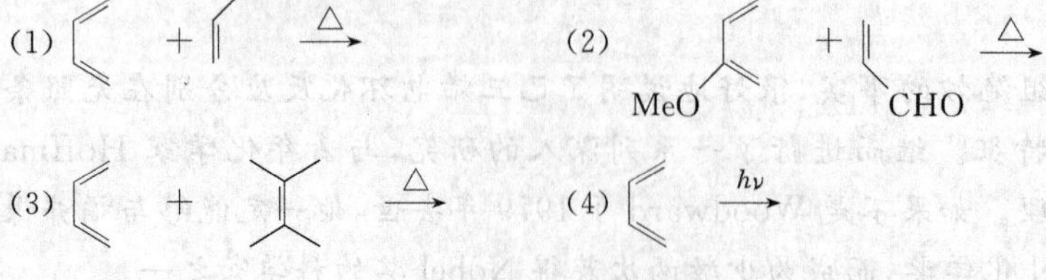

15.7　电环化反应

电环化反应是另一类周环反应，它是含共轭 π 键分子进行的分子内环合反应，反应结果是产物的 π 键比反应物的 π 键减少一个。该反应具有立体专一性，即反应中只得到一个立体构型确定的产物。例如，*cis*-3,4-二甲基环丁烯在热反应条件下进行电环化反应的逆反应，发生开环反应，只得到(2*E*,4*Z*)-己二烯；而在光反应条件下反应得到(2*E*,4*E*)-己二烯。相反，*trans*-3,4-二甲基环丁烯在热反应条件下得到(2*E*,4*E*)-己二烯，而在光反应条件下只得到(2*E*,4*Z*)-己二烯。

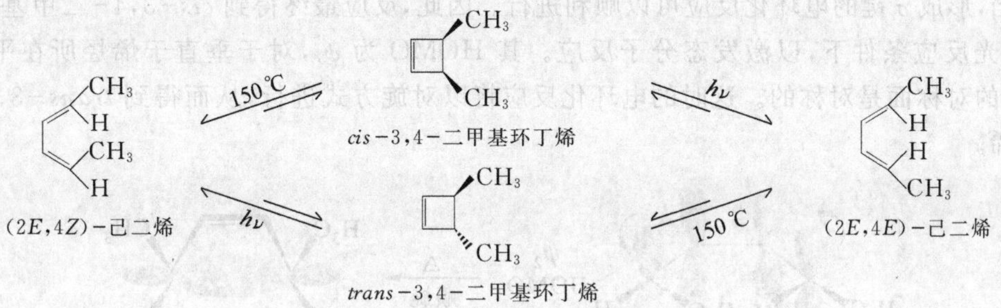

(2*E*,4*Z*,6*E*)-辛三烯在热反应条件下进行电环化反应只得到 *cis*-5,6-二甲基-1,3-环己二烯，而(2*E*,4*Z*,6*Z*)-辛三烯在同样条件下，只得到 *trans*-5,6-二甲基-1,3-环己二烯：

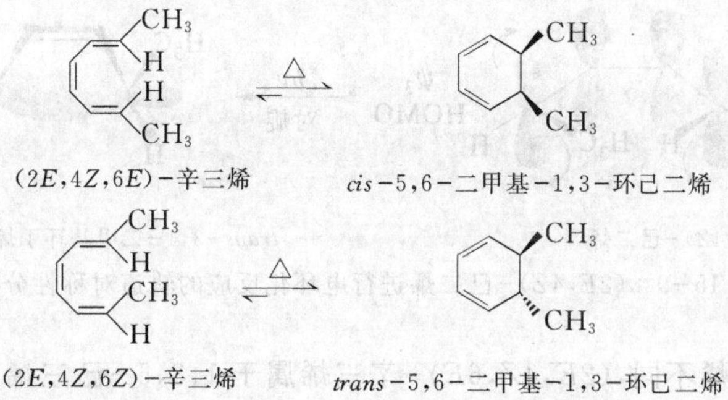

但是，当上述反应在光反应条件下进行时，产物的构型刚好相反。即(2*E*,4*Z*,6*E*)-辛三烯反应得到 *cis*-5,6-二甲基-1,3-环己二烯，而(2*E*,4*Z*,6*Z*)-辛三烯得到 *trans*-5,6-二甲基-1,3-环己二烯。

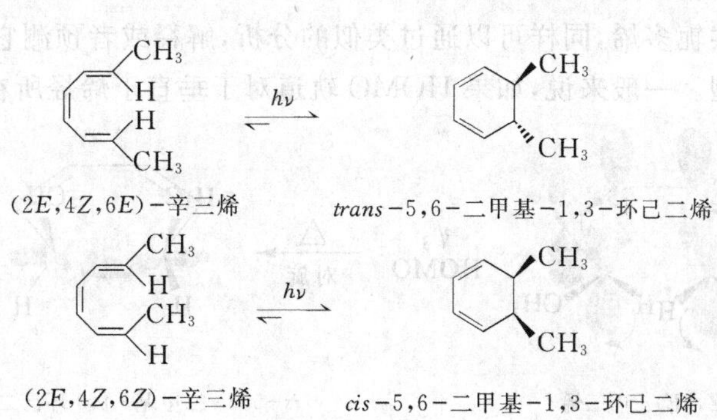

电环化反应是可逆的。一般来说，电环化形成六元环的反应比开环形成开链烯烃更加有利。相反，由于四元环的环张力，四元环的开环反应较共轭二烯的关环更为有利。实际反应中，可以通过控制反应条件使反应朝预期的方向进行。

在电环化反应中，产物的 σ 键是由共轭烯烃的 HOMO 通过两端的 p 轨道发生旋转重叠而成。因为两个 p 轨道必须是同位相重叠，所以其转动形式由 HOMO 的对称性所决定，导致不同反应条件下不同的立体专一性。

对于环丁二烯的开环反应，通常采用关环反应比较容易分析其轨道对称性情况。如图 15-9 所示，(2*E*,4*Z*)-己二烯属于 1,3-丁二烯类型的共轭烯烃，在热反应条件下，其 HOMO 为 ψ_2，对于垂直于烯烃所在平面等分C—C键的对称面是反对称的。这时，只有进行顺旋，使轨道对称性匹配适当，形成 σ 键的电环化反应可以顺利进行。因此，反应最终得到 *cis*-3,4-二甲基环丁烯。相反，在光反应条件下，以激发态分子反应。其 HOMO 为 ψ_3，对于垂直于烯烃所在平面等分 C—C 键的对称面是对称的。这时的电环化反应将以对旋方式进行，从而得到 *trans*-3,4-二甲基环丁烯。

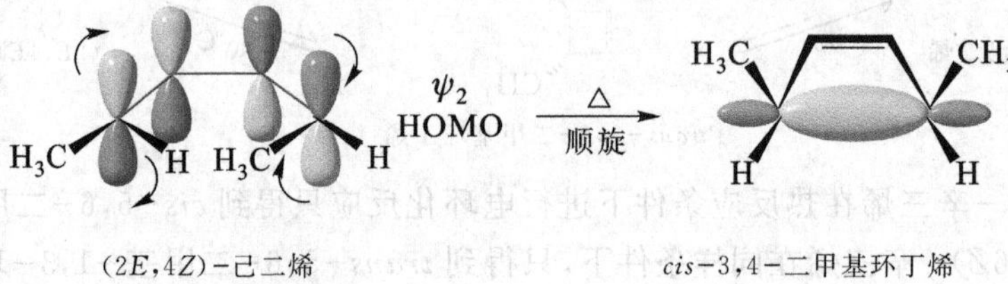

(2*E*,4*Z*)-己二烯　　*cis*-3,4-二甲基环丁烯

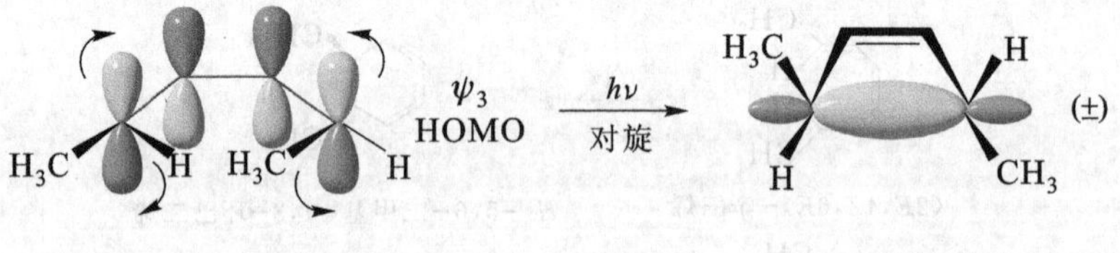

(2*E*,4*Z*)-己二烯　　*trans*-3,4-二甲基环丁烯

图 15-9　(2*E*,4*Z*)-己二烯进行电环化反应的轨道对称性分析

与(2*E*,4*Z*)-己二烯不同，(2*E*,4*Z*,6*E*)-辛三烯属于 1,3,5-己三烯类型的共轭多烯，在热反应条件下，其 HOMO 是 ψ_3，对于垂直于烯烃所在平面等分 C—C 键的对称面是对称的，因此，反应将按照对旋的方式进行。而在光反应条件下，其激发态的 HOMO 轨道是 ψ_4，对于垂直于烯烃所在平面等分 C—C 键的对称面是反对称的，因此反应将以顺旋的方式进行，如图 15-10 所示。

对于其他类型的共轭多烯，同样可以通过类似的分析，解释或者预测它们在不同条件下进行电环化反应的产物构型。一般来说，如果 HOMO 轨道对于垂直于烯烃所在平面等分 C—C 键的

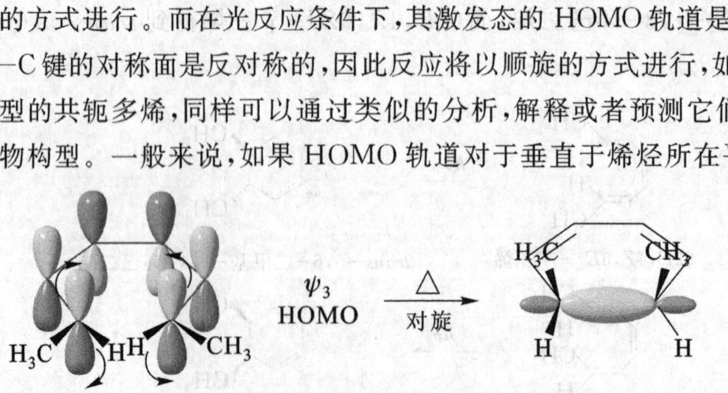

(2*E*,4*Z*,6*E*)-辛三烯　　*cis*-5,6-二甲基-1,3 环己二烯

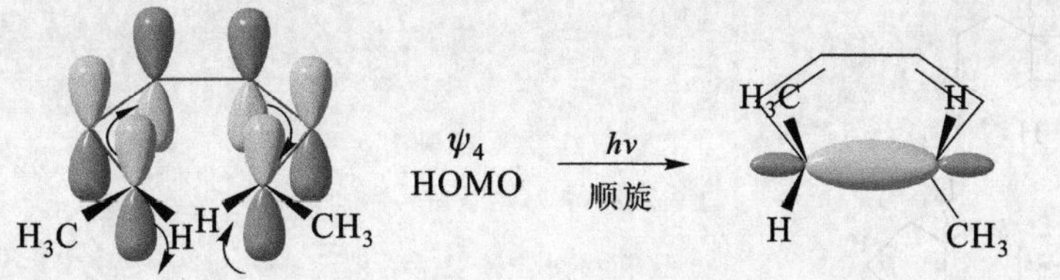

(2E,4Z,6E)-辛三烯　　反-5,6-二甲基-1,3-环己二烯

图 15-10　(2E,4Z,6E)-辛三烯进行电环化反应的轨道对称性分析

对称面是对称的，则反应以对旋的方式进行；反之则以顺旋的方式进行。这种电环化的一般选择性可以用如图 15-11 所示的轨道结构图加以说明。

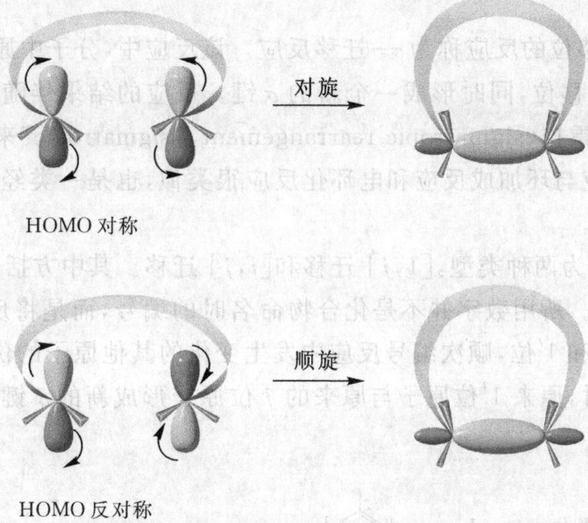

图 15-11　共轭多烯电环化反应的 HOMO 对称性与顺旋、对旋的关系

对于各种共轭多烯的电环化反应情况，Woodward 和 Hoffmann 总结了它们的反应条件与特征，即为电环化反应选择性的 Woodward-Hoffmann 规则，列于表 15-2 中。

表 15-2　电环化反应选择性的 Woodward-Hoffmann 规则

反应物中 π 电子数目	反应条件	对称性允许的关环方式
$4n$	热反应条件	顺旋
	光反应条件	对旋
$4n+2$	热反应条件	对旋
	光反应条件	顺旋

习题 15-22　指出(2E,4Z,6Z,8E)-十碳四烯分别在热反应条件下和光反应条件下的电环化反应是以对旋还是顺旋的方式进行的，产物是顺式还是反式。

习题 15-23　指出下列电环化反应的关环方式是顺旋还是对旋，并准确表示出产物中氢的构型。

(1) 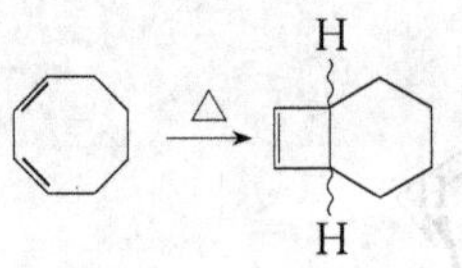

(2) 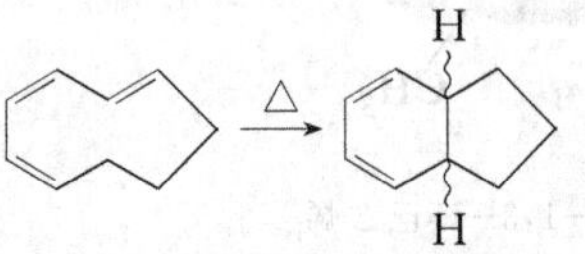

15.8　σ-迁移反应

σ键在分子内发生移位的反应称为σ-迁移反应。该反应中,分子中原有的一个σ键断裂,伴随着体系中原有的π键移位,同时形成一个新的σ键。反应的结果伴随着分子骨架的改变,因此,也常常称为σ-迁移重排(sigmatropic rearrangement,“sigmatropic”来自希腊文“tropos”,是“变化”的意思)。该反应与环加成反应和电环化反应很类似,也是一类经过环状过渡态的反应,因此也归属于周环反应。

σ-迁移反应主要分为两种类型,[1,*j*] 迁移和[*i*,*j*] 迁移。其中方括号内的数字表示σ键迁移前后的位置变化情况。所用数字并不是化合物命名时的编号,而是将反应中断裂的那个σ键连接的两个原子编为1和1′位,顺次编号反应中发生变化的其他原子的位置。所谓 [1,*j*] 迁移是指1—1′位σ键断裂时,原来1′位原子与原来的*j*位原子形成新的σ键。如下例所示的[1,3]σ-迁移和[1,5]σ-迁移:

[1,3]σ-迁移 

[1,5]σ-迁移 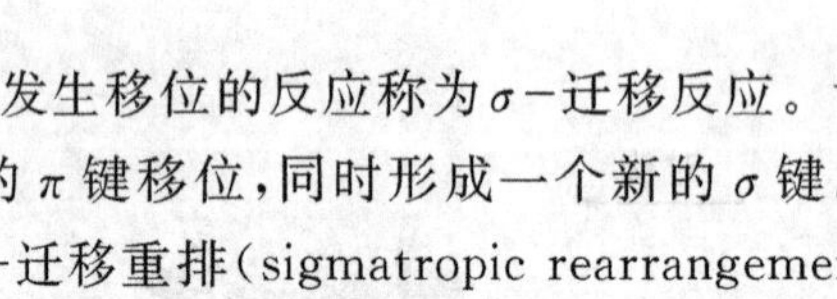

[*i*,*j*]迁移则是指1—1′位σ键断裂时,原来的*i*位原子与原来的*j*位原子形成新的σ键。如下例所示的[3,3]σ-迁移和[3,5]σ-迁移:

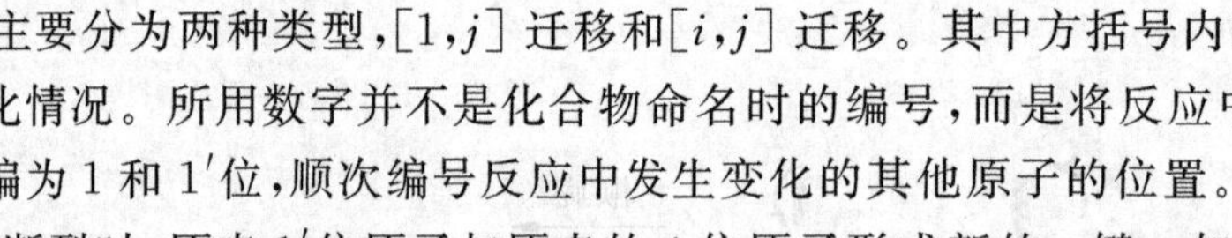

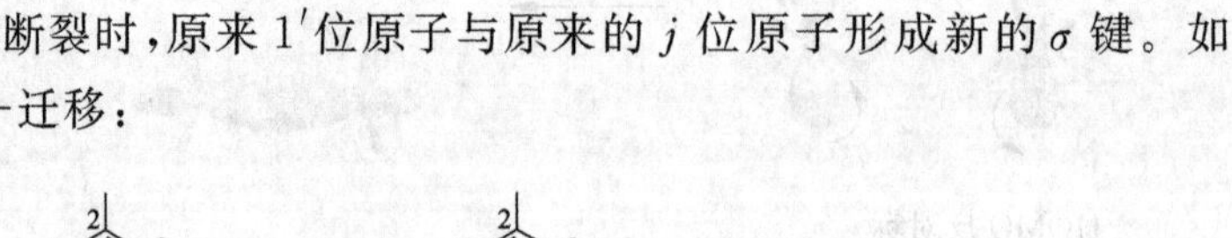

Cope重排和Claisen重排就是两类典型的[3,3]σ-迁移反应。

15.8.1　Cope 重排——[3,3]σ-迁移反应实例

1,5-二烯烃的[3,3]σ-迁移称为 Cope(库伯)重排。

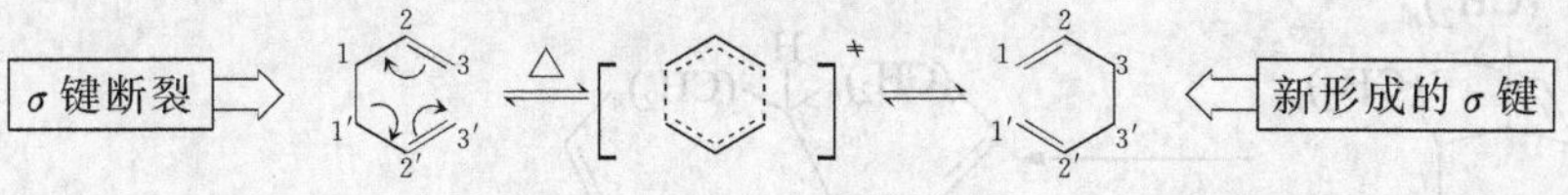

Cope 重排反应中,经过一个环状过渡态,反应物中的一个 σ 键断裂,同时 π 键位置发生迁移,再形成一个新的 σ 键。

在上述反应中,由于反应物与产物结构相同,能量相同,也称为简并 Cope 重排。使用 D 替换 H 后利用 ^{1}H NMR 可以证实反应的发生。

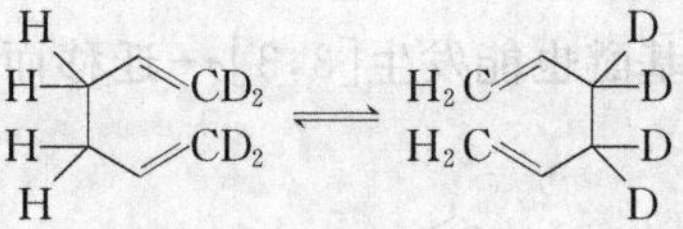

当 1,5-己二烯的 3,3′位上有取代基时,重排反应将导致从单取代双键转化为多取代双键,这种转化在能量上是有利的。

1,5-二烯烃上的某些取代基也可能导致其他的变化。如 1,5-己二烯-3-醇发生[3,3]σ-迁移后,生成烯醇结构,经过互变异构转化为 5-己烯醛。

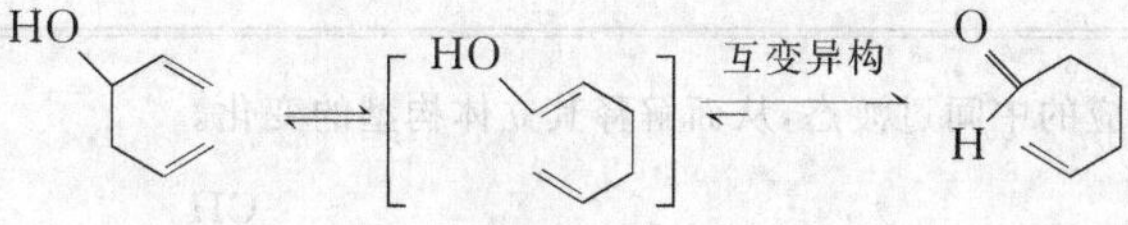

1,5-己二烯-3-醇　　烯醇结构　　5-己烯醛

由于这类重排反应经过六元环过渡态,因此反应具有立体选择性。例如:

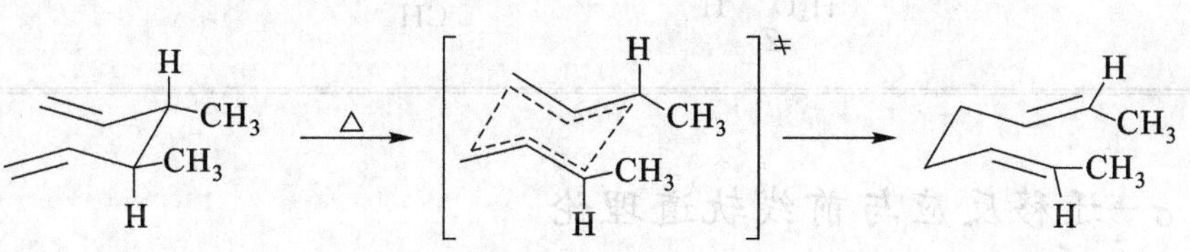

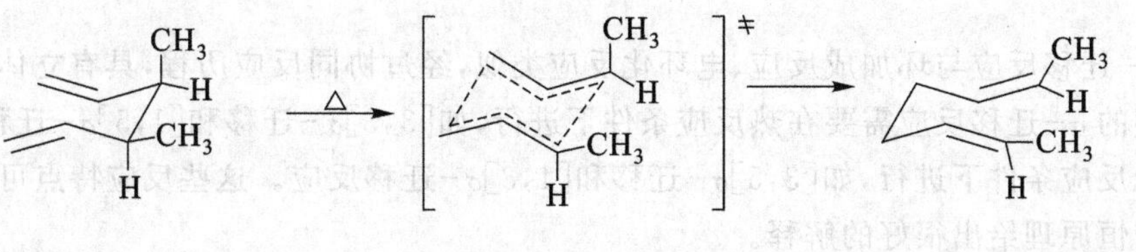

习题 15－24 写出下列反应的机理。

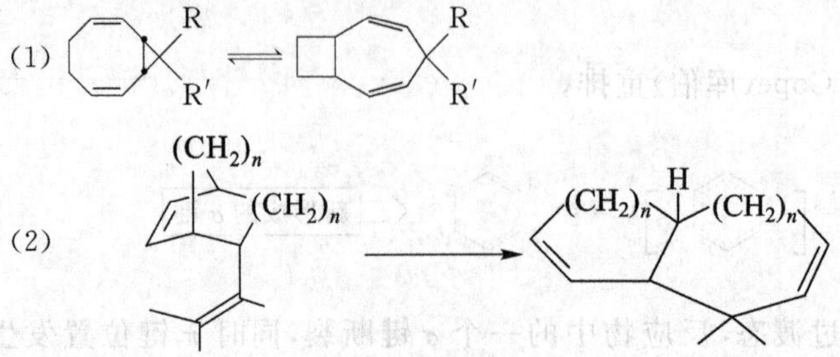

15.8.2 Claisen 重排——[3,3]σ－迁移反应实例

烯丙基芳基醚或烯丙基乙烯基醚也能发生[3,3]σ－迁移而生成醛或酮。此反应称为 Claisen 重排。

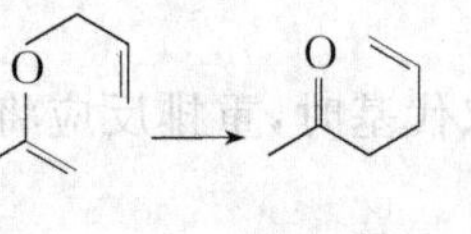

或

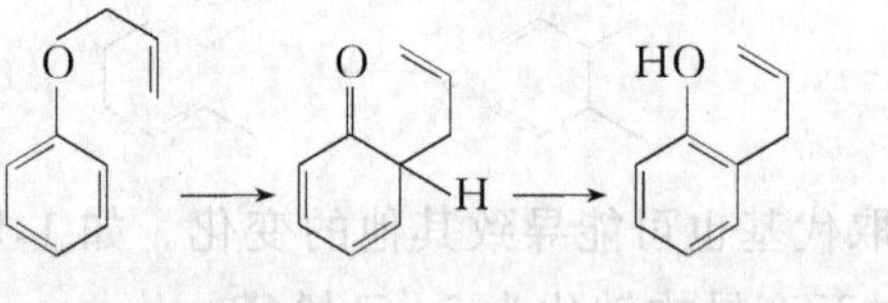

与 Cope 重排相似，该反应也具有立体选择性。

习题 15－25 写出下列反应的中间过渡态，从而解释其立体构型的变化。

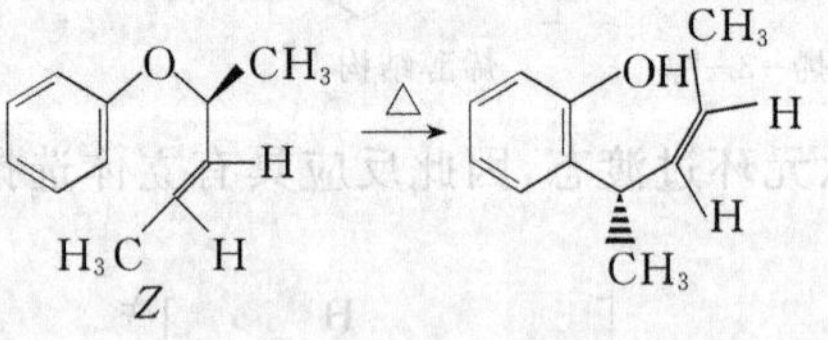

15.8.3 σ－迁移反应与前线轨道理论

上述σ－迁移反应与环加成反应、电环化反应类似，经过协同反应历程，具有立体专一性。其中有些类型的σ－迁移反应需要在热反应条件下进行，如[3,3]σ－迁移和[1,5]σ－迁移反应，有些则需要在光反应条件下进行，如[3,5]σ－迁移和[1,3]σ－迁移反应。这些反应特点可以从前线轨道对称性守恒原理给出很好的解释。

1. [3,3]σ－迁移

能够发生[3,3]σ-迁移反应的基本结构如下，其中 X 可以是碳、氧、氮或硫原子等。

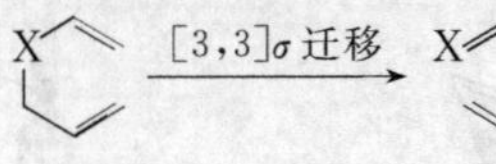

Woodward-Hoffmann 认为 σ-迁移反应是环加成反应的特例。[3,3]σ-迁移反应的过渡态可以看成是断裂了 1,1′位的 σ 键后形成了两个烯丙基自由基，然后在 3,3′位形成新的 σ 键。

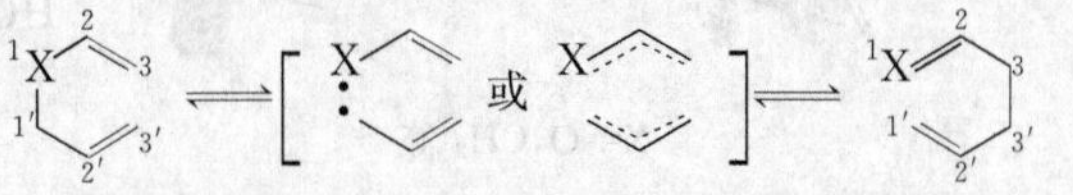

热反应条件下，烯丙基自由基处于基态，其三个电子分别占据 ψ_1 和 ψ_2，其中 ψ_2 轨道上有一个单电子。ψ_2 轨道的对称性如图 15-12a 所示。显然，两个烯丙基自由基的 ψ_2 轨道能够实现对称性允许的同面-同面加成(图 15-12b)，反应容易进行。

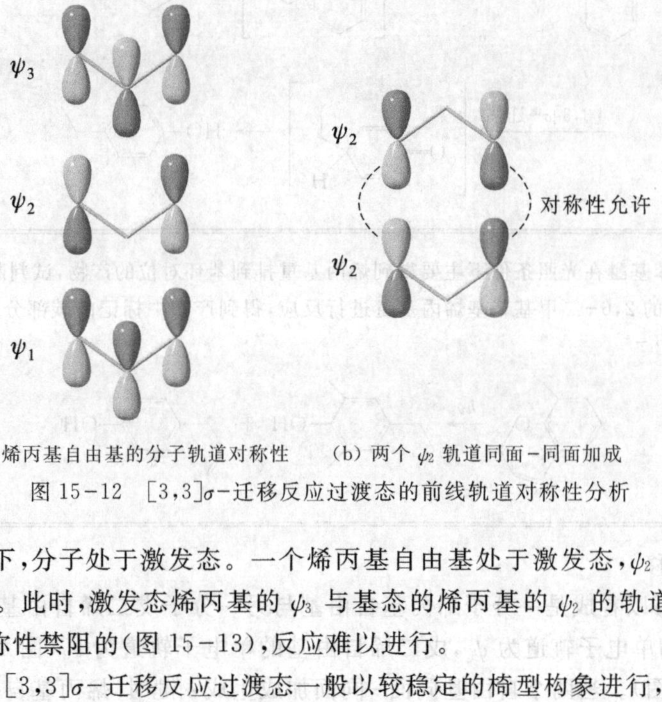

(a) 烯丙基自由基的分子轨道对称性　(b) 两个 ψ_2 轨道同面-同面加成

图 15-12　[3,3]σ-迁移反应过渡态的前线轨道对称性分析

在光反应条件下，分子处于激发态。一个烯丙基自由基处于激发态，ψ_2 中的单电子跃迁到 ψ_3，ψ_3 成为 HOMO。此时，激发态烯丙基的 ψ_3 与基态的烯丙基的 ψ_2 的轨道对称性不匹配，同面-同面加成是对称性禁阻的(图 15-13)，反应难以进行。

热反应条件下，[3,3]σ-迁移反应过渡态一般以较稳定的椅型构象进行，使得过渡态具有较低的势能。图 15-14 展示了椅型环状过渡态中的同面-同面 σ-迁移过程。实际情况是 C1,C1′逐步从 sp^3 转化为 sp^2 杂化，原有的 σ 键逐步断裂，成键的 sp^3 杂化轨道逐步转化为 sp^2 杂化方式中的 p 轨道，分别与 C2,C2′原有 p 轨道形成新的 π 键，同时 C3,C3′逐步从 sp^2 杂化转化为 sp^3 杂化，其原有的对称性匹配的 p 轨道逐步转化为 sp^3 杂化轨道，形成新的 σ 键。

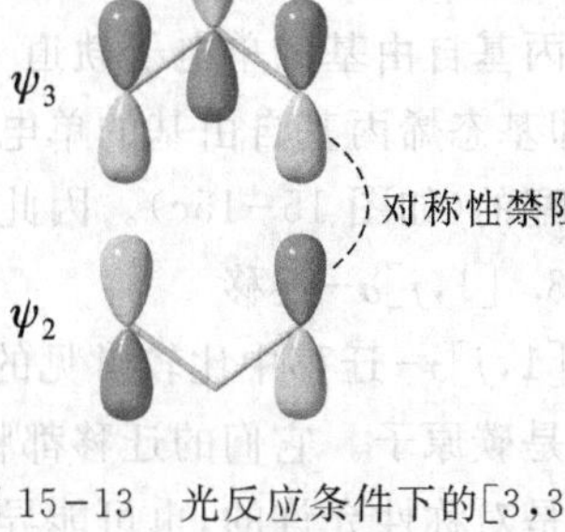

图 15-13　光反应条件下的[3,3]σ-迁移的轨道对称性分析

Claisen 重排反应属于[3,3]σ-迁移，如果使用 ^{14}C 标记的烯丙基苯基醚进行反应，得到的邻位重排产物中，^{14}C 标记的烯丙基端与苯环相连，而在对位的重排产物中，^{14}C 标记的烯

丙基端不直接与苯环相连。说明对位重排产物是两次[3,3]σ-迁移的结果。

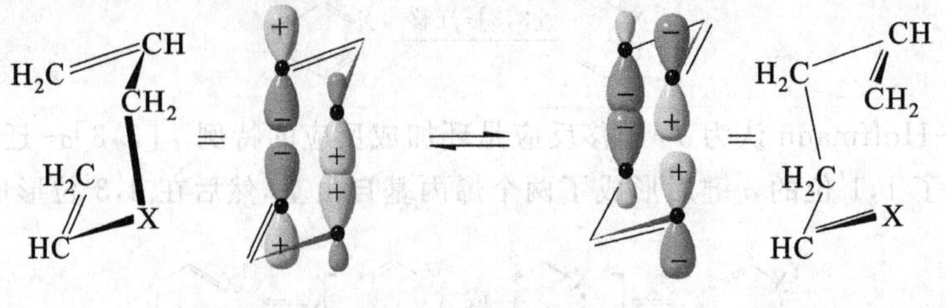

X=O,CH_2 等

图 15-14　[3,3]σ-迁移的椅型环状过渡态中的同面-同面加成过程

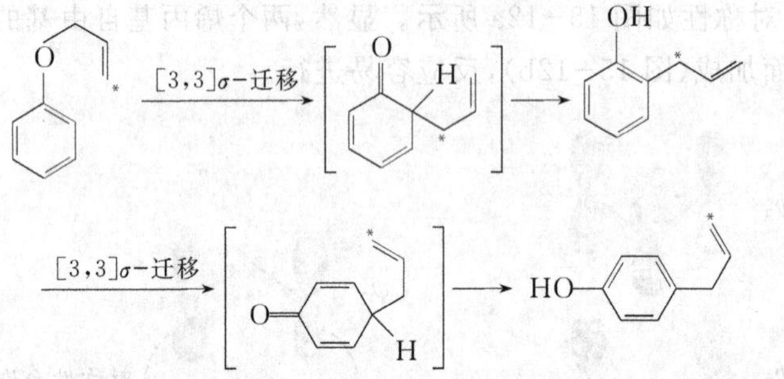

习题 15-26　烯丙基苯基醚在光照条件下主要得到烯丙基重排到苯环对位的产物,试判断该重排反应是如何进行的。当使用^{14}C 标记的 2,6-二甲基苯基烯丙基醚进行反应,得到产物中标记的碳部分与苯环直接相连,部分不与苯环相连,为什么?

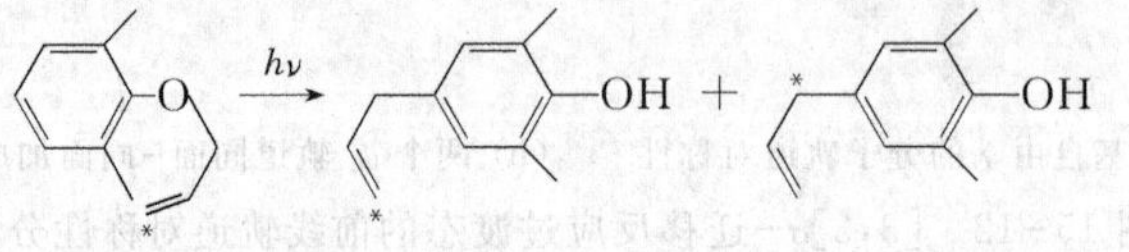

2. [3,5]σ-迁移

[3,5]σ-迁移可以看成是一分子烯丙基自由基与另一分子戊二烯自由基的加成反应。基态时,烯丙基自由基的单电子轨道为 ψ_2,戊二烯自由基的单电子轨道为 ψ_3(图 15-15a 为戊二烯自由基的 π 分子轨道图)。当两个自由基同面-同面加成生成 σ 键时,烯丙基自由基的 ψ_2 与戊二烯自由基的 ψ_3 对称性禁阻(如图 15-15b 所示)。相反,在光照条件下进行同面-同面加成时,激发态烯丙基自由基的单电子轨道 ψ_3 与基态戊二烯基自由基的单电子轨道 ψ_3 是对称性匹配的。同样,即基态烯丙基自由基的单电子轨道 ψ_2 与激发态戊二烯基自由基的单电子轨道 ψ_4 也是对称性匹配的(如图 15-15c)。因此,[3,5]σ-迁移在光反应条件下可以顺利进行。

3. [1,*j*]σ-迁移

[1,*j*]σ-迁移中比较常见的有[1,3],[1,5]和[1,7]σ-迁移。迁移的基团可以是氢原子,也可以是碳原子。它们的迁移都将受轨道对称性匹配影响,[1,*j*]σ-迁移在一定条件下,可能同面迁移是对称性允许的,也可能异面迁移对称性允许的。图 15-16(a)和(b)分别为[1,*j*]氢迁移和[1,*j*]碳迁移的同面迁移和异面迁移示意图。

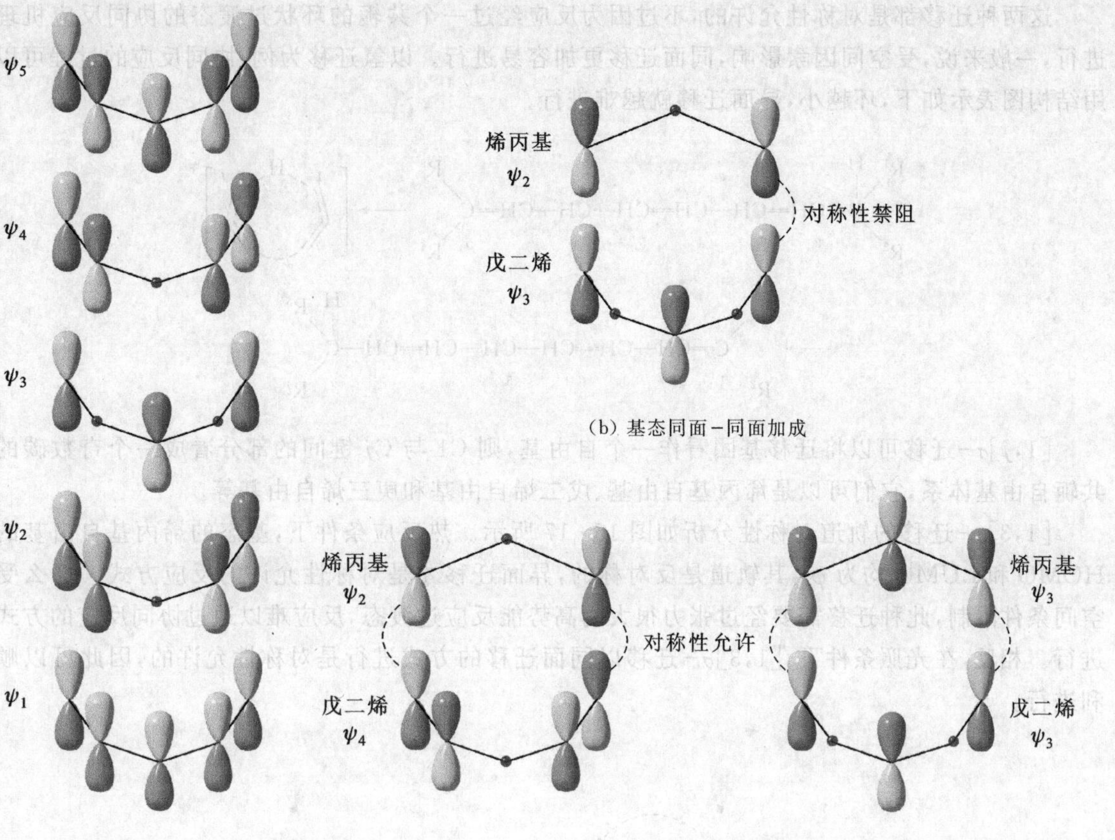

(a) 戊二烯自由基的分子轨道对称性　(b) 基态同面-同面加成　(c) 激发态同面-同面加成

图 15-15　戊二烯自由基的分子轨道对称性与[3,5]σ-迁移轨道对称性分析

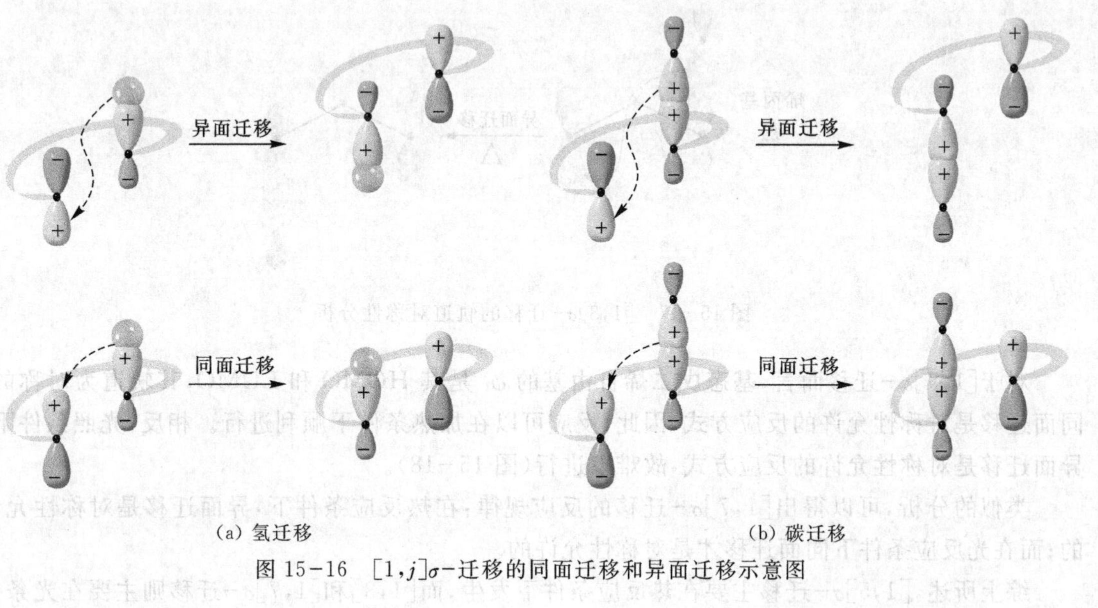

(a) 氢迁移　(b) 碳迁移

图 15-16　[1,j]σ-迁移的同面迁移和异面迁移示意图

这两种迁移都是对称性允许的，不过因为反应经过一个共轭的环状过渡态的协同反应机理进行，一般来说，受空间因素影响，同面迁移更加容易进行。以氢迁移为例，协同反应的过程可以用结构图表示如下，环越小，异面迁移就越难进行。

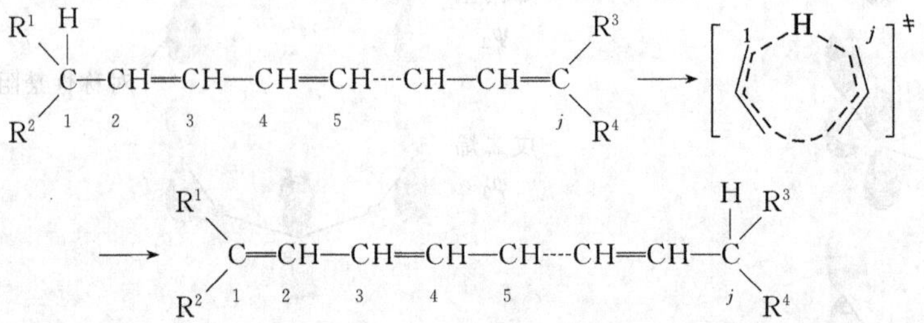

$[1,j]\sigma$-迁移可以将迁移基团看作一个自由基，则 C1 与 Cj 键间的部分看成一个奇数碳的共轭自由基体系，它们可以是烯丙基自由基、戊二烯自由基和庚三烯自由基等。

$[1,3]\sigma$-迁移的轨道对称性分析如图 15-17 所示。热反应条件下，基态的烯丙基自由基的 HOMO 和 LUMO 均为 ψ_2，其轨道是反对称的，异面迁移才是对称性允许的反应方式。那么受空间条件限制，此种迁移需要经过张力很大的高势能反应过渡态，反应难以通过协同反应的方式进行。相反，在光照条件下，$[1,3]\sigma$-迁移以同面迁移的方式进行是对称性允许的，因此可以顺利进行。

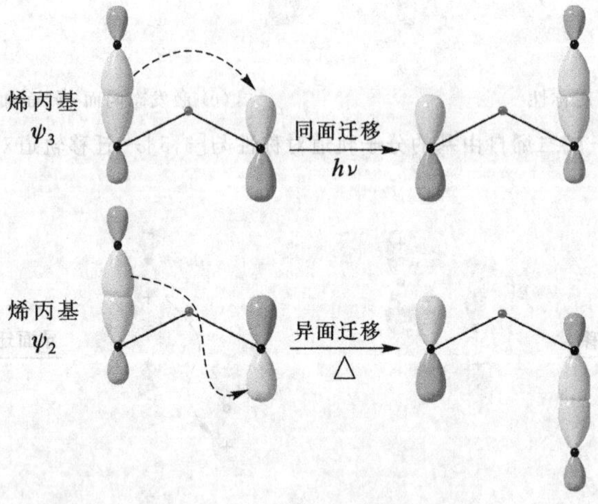

图 15-17 $[1,3]\sigma$-迁移的轨道对称性分析

对于$[1,5]\sigma$-迁移而言，基态戊二烯自由基的 ψ_3 是其 HOMO 和 LUMO，其轨道为对称的，同面迁移是对称性允许的反应方式，因此，反应可以在加热条件下顺利进行。相反，光照条件下，异面迁移是对称性允许的反应方式，故难以进行(图 15-18)。

类似的分析，可以得出$[1,7]\sigma$-迁移的反应规律：在热反应条件下，异面迁移是对称性允许的；而在光反应条件下同面迁移才是对称性允许的。

综上所述，$[1,5]\sigma$-迁移主要在热反应条件下发生，而[1,3]和$[1,7]\sigma$-迁移则主要在光条件

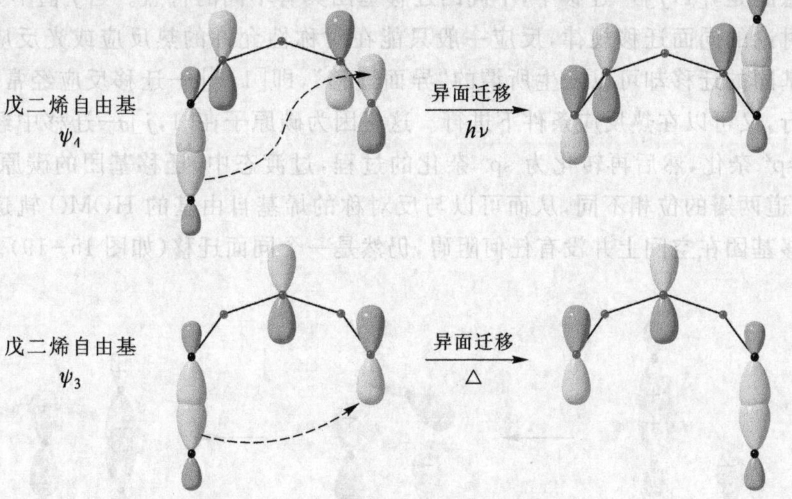

图 15-18　[1,5]σ-迁移的轨道对称性分析

下发生，且均为同面迁移。例如，氘标记的环辛二烯在 150 ℃时可以发生多次[1,5]氢迁移，最终得到四种异构体的混合物：

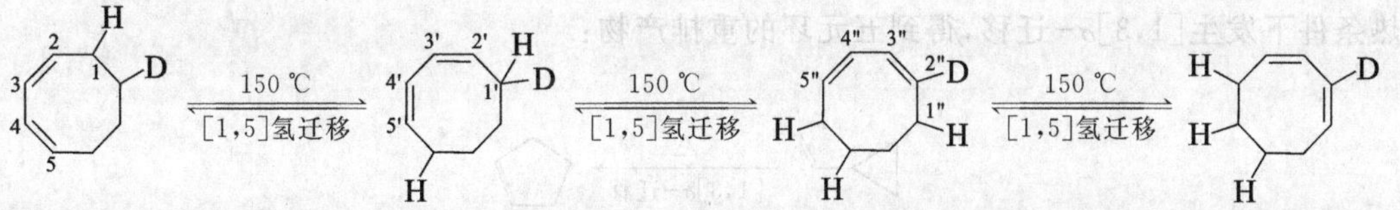

又如，2,7,7-三甲基-1,3,5-环庚三烯在光照条件下可以发生同面的[1,7]σ-迁移，生成1,3,7-三甲基-1,3,5-环庚三烯：

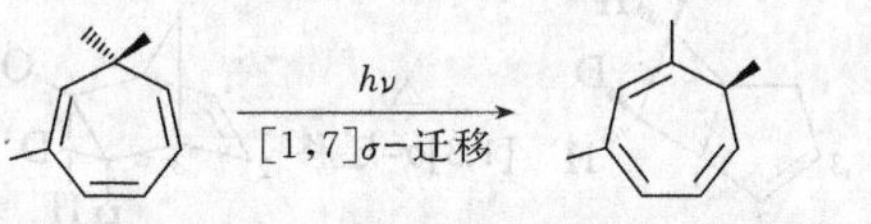

再如，4,6,6-三甲基二环[3.1.1]庚-3-烯-2-酮在光照条件下可以进行[1,3]σ-迁移，转化为2,7,7-三甲基二环[3.1.1]庚-2-烯-6-酮。

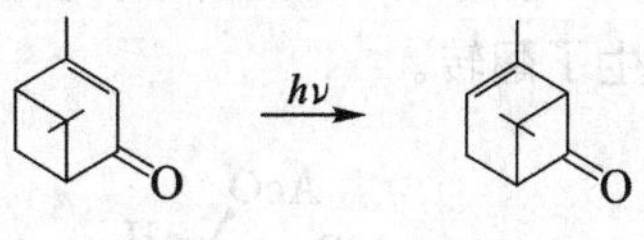

习题 15-27　写出下列反应的产物，并指出属于哪一种 σ-迁移。

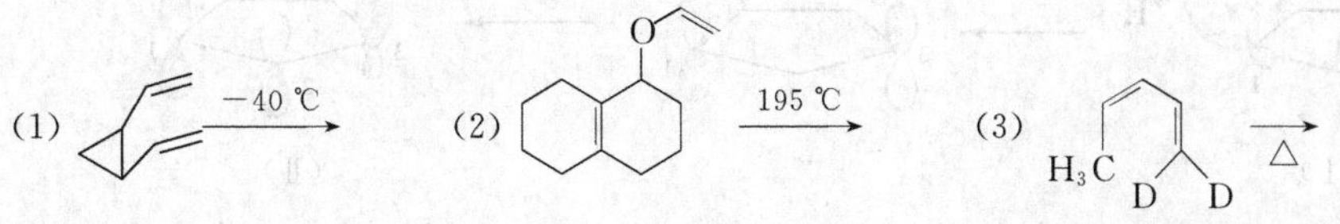

值得注意的是，[1,j]σ-迁移中，不同的迁移基团具有不同的特点。当j值不大时，氢迁移完全遵循上述讨论的同面迁移规律，反应一般只能在对称性允许的热反应或光反应条件下进行。但是碳原子基团的迁移却可以发生所谓的“异面迁移”，即[1,j]σ-迁移反应经常是既可以在光照条件下进行，又可以在热反应条件下进行。这是因为碳原子在[1,j]σ-迁移中经历一个从 sp^3 杂化转化为 sp^2 杂化，然后再转化为 sp^3 杂化的过程，过渡态中，迁移基团的碳原子是 sp^2 杂化的，由于 p 轨道两瓣的位相不同，从而可以与反对称的烯基自由基的 HOMO 轨道连接，顺利实现迁移。迁移基团在空间上并没有任何阻碍，仍然是一个同面迁移（如图 15-19）。

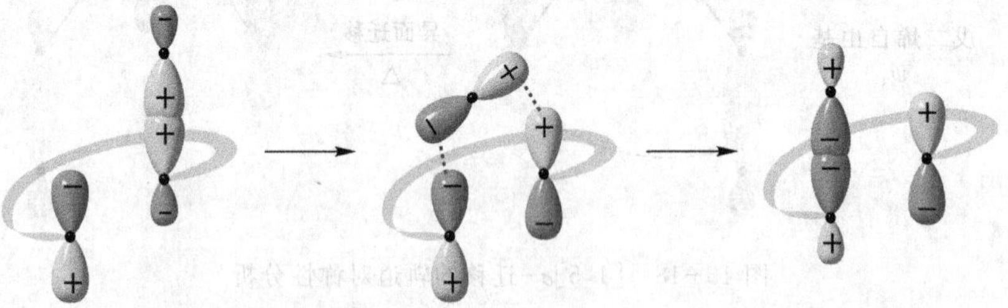

图 15-19　碳原子基团发生[1,j]σ-迁移的另一种同面迁移方式

因此，碳原子的[1,3]σ-迁移在热反应条件下可以发生。例如，乙烯基环丙烷化合物可以在加热条件下发生[1,3]σ-迁移，得到五元环的重排产物：

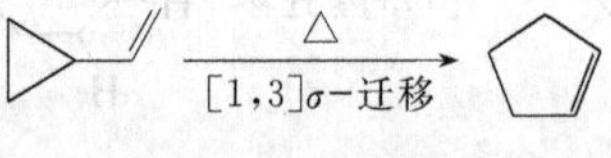

又如，化合物（Ⅰ）加热至 300 ℃可以发生[1,3]σ-迁移，形成化合物（Ⅱ）：

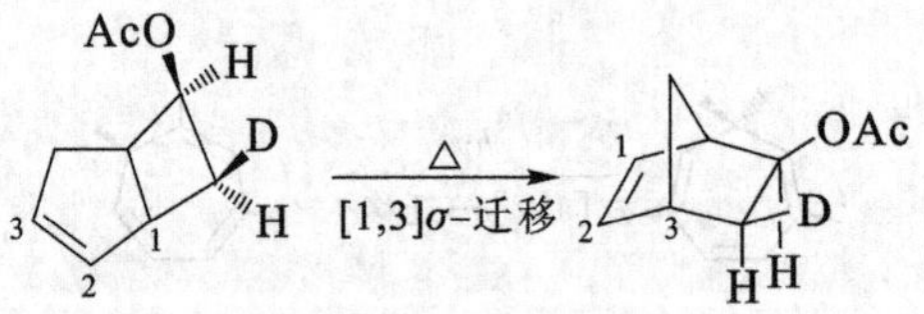

（Ⅰ）　　　　　　　（Ⅱ）

其迁移反应过程的轨道变化如下所示，从中可以明显看出，在化合物（Ⅰ）转化为（Ⅱ）的反应过程中，迁移基团氘代亚甲基的构型发生了翻转。

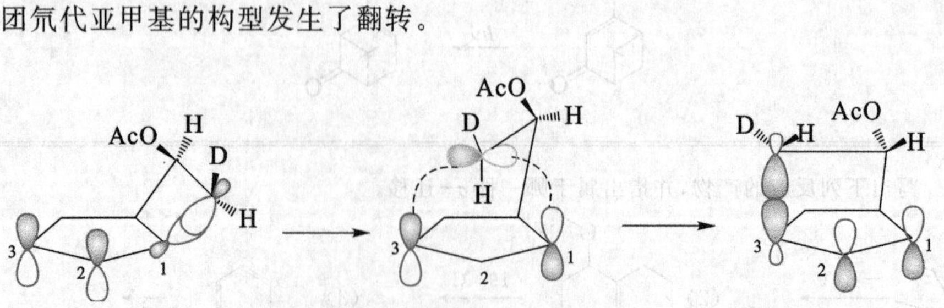

（Ⅰ）　　　　　　　　　　（Ⅱ）

习题 15－28　写出下列重排反应的历程。

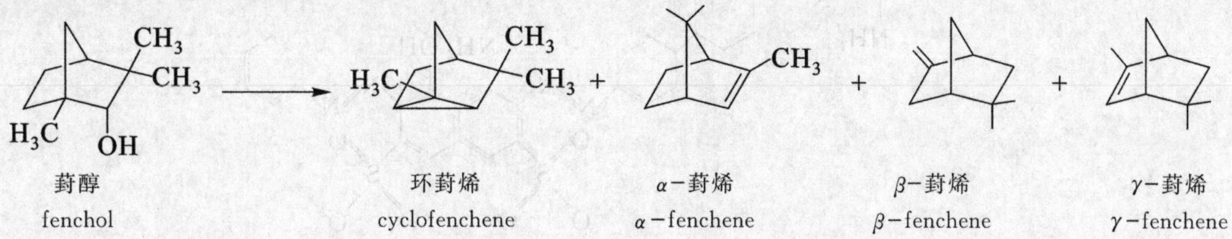

习题 15－29　画出下列化合物(Ⅰ)和(Ⅱ)的构象结构，然后分析从(Ⅰ)转化为(Ⅱ)过程中的基团迁移情况。

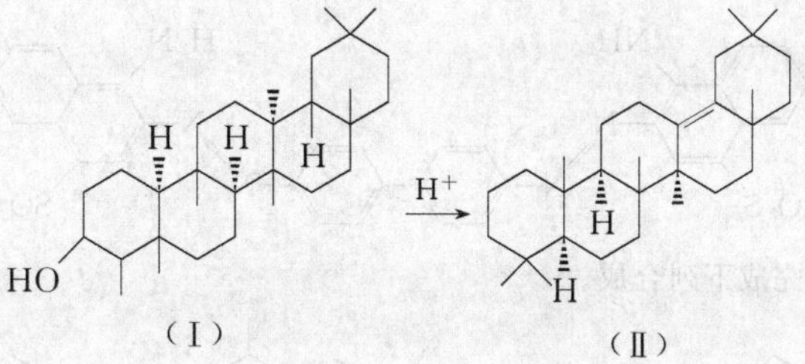

习题 15－30　解释下列实验结果。

1,2－二苯基－1,2－二(对甲氧基苯基)乙二醇发生 pinacol 重排得到 98.6%的对甲氧基苯基迁移产物，而 1,2－二联苯基－1,2－二(对甲氧基苯基)乙二醇发生 pinacol 重排只得到 57%的对甲氧基苯基迁移产物。

习题 15－31　将 1,2－二甲基－1,2－二苯基乙二醇和 1,2－二苯基－1,2－二(对甲氧基苯基)乙二醇混合进行 pinacol重排，得到的产物中只有它们自身的重排产物，这个实验事实说明了什么问题？

习题 15－32　写出下列重排的机理。

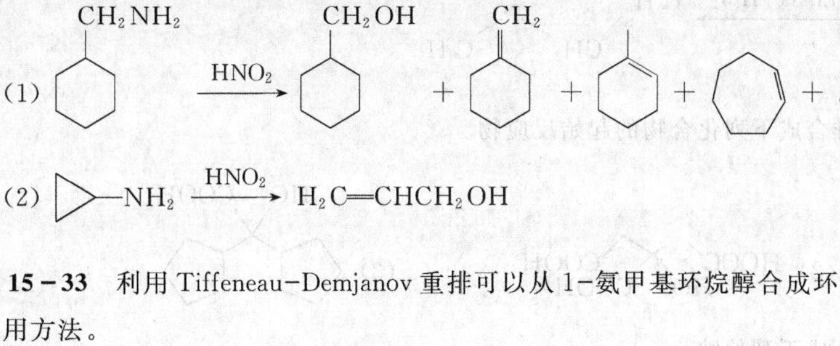

习题 15－33　利用 Tiffeneau－Demjanov 重排可以从 1－氨甲基环烷醇合成环庚酮，试提出合成 1－氨甲基环烷醇的通用方法。

习题 15－34　试写出下列反应的机理。

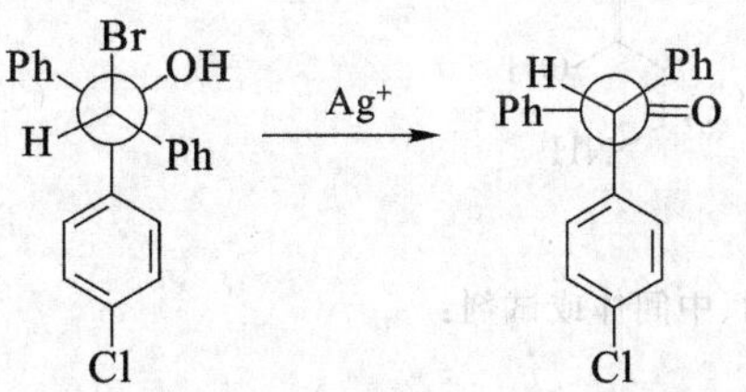

习题 15－35　运用联苯胺重排合成下列化合物。

(1) 直接黑 38(Direct Black38，or Direct Black BRN)

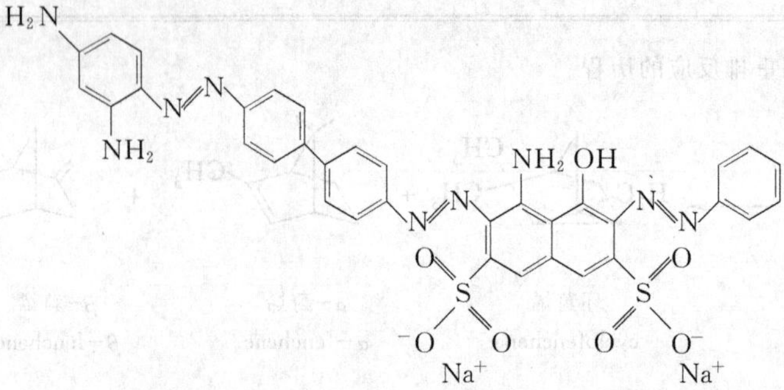

(2) 指示剂刚果红(Congo red)

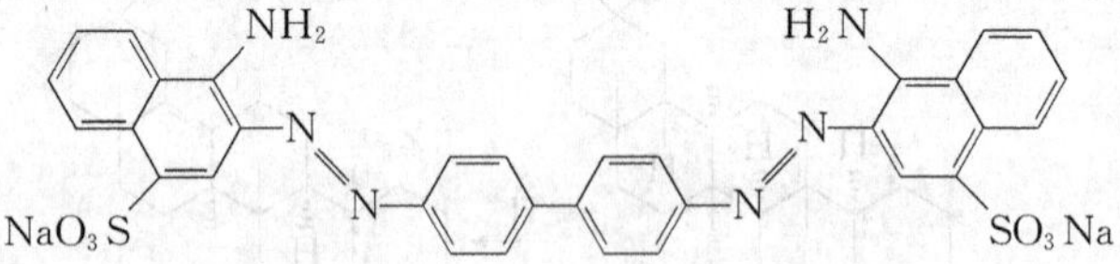

习题 15-36 利用重排反应完成下列合成。

(1) 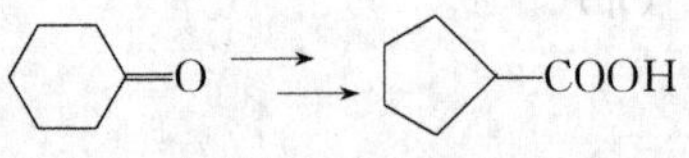 (2) 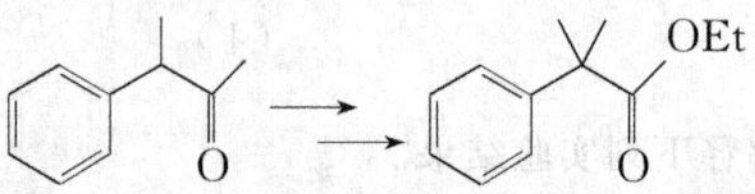

习题 15-37 Sommelet-Hauser 重排是在苯环上引入邻位甲基的好方法，请利用该反应从甲苯合成六甲基苯。

习题 15-38 写出下列反应机理。

(1) 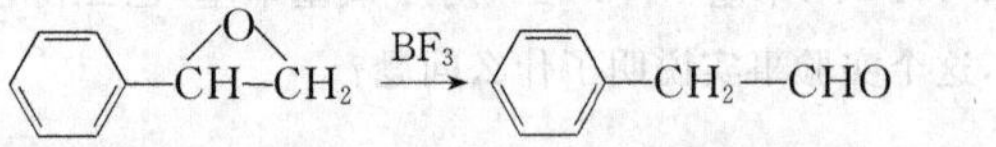

(2) 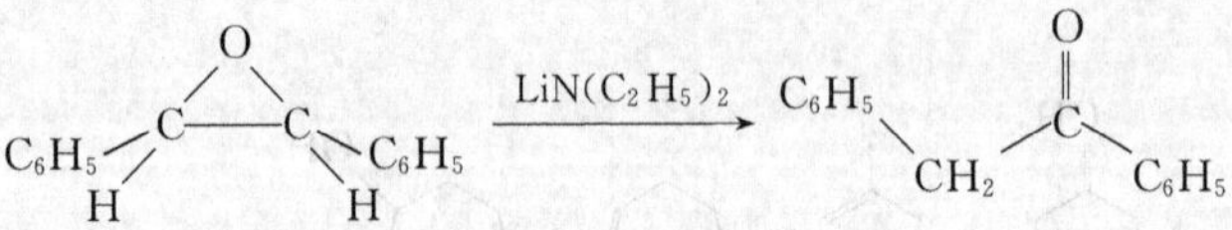

习题 15-39 写出利用乙醇酸重排合成下列化合物的起始反应物。

(1) 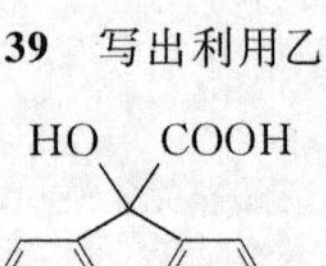 (2) 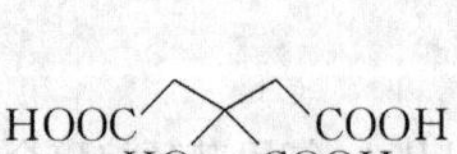 (3) 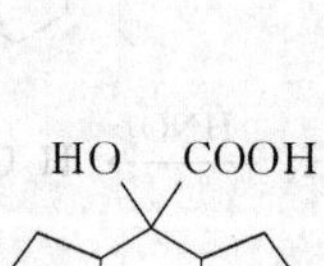

习题 15-40 请选择合适的原料合成下列伯胺。

(1) 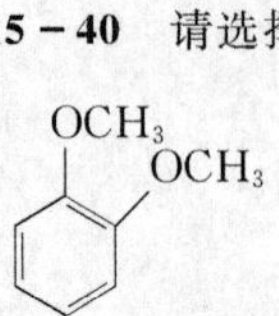 (2) 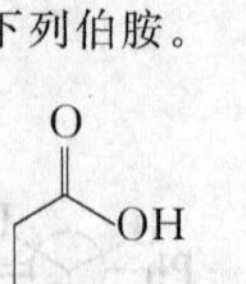 (3) 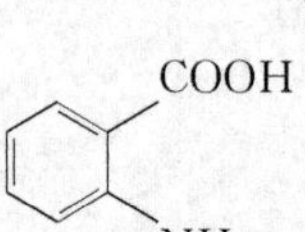

习题 15-41 写出下列反应的产物、中间体或试剂：

(1) 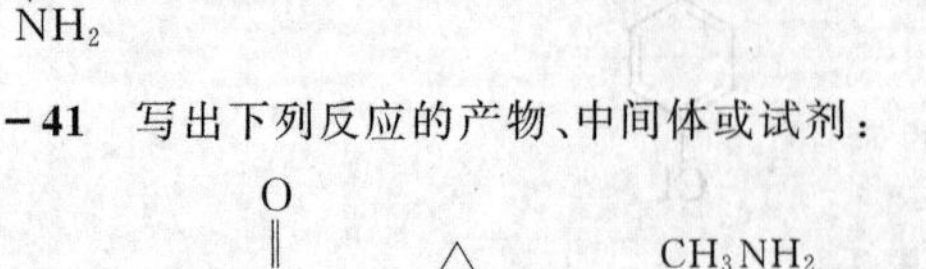 (2) 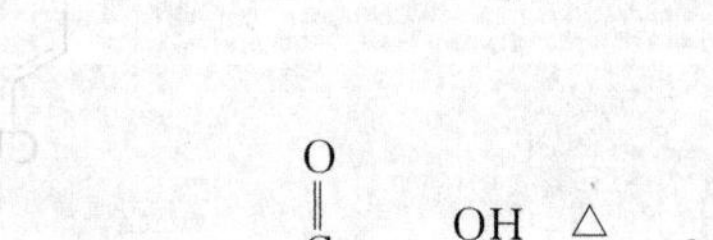

(3) 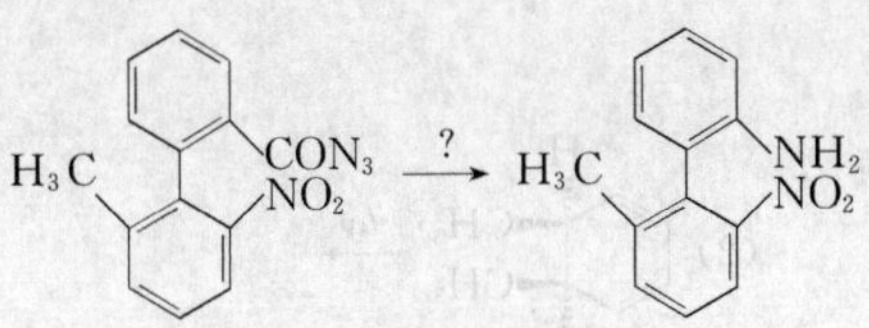

(4) 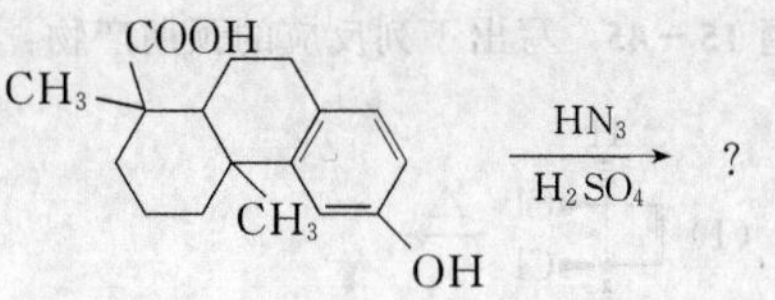

习题 15－42　写出下列反应的预期产物：

(1) 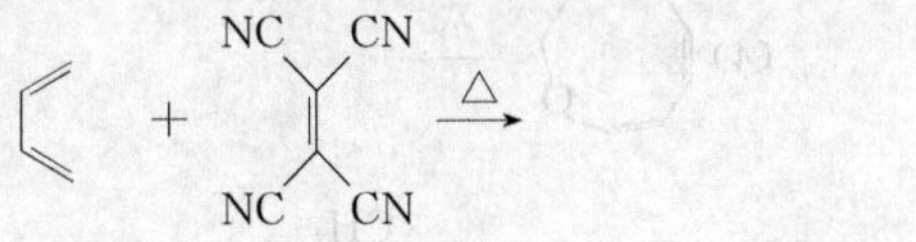

(2) 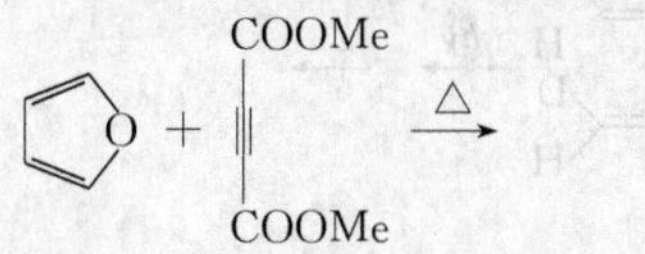

(3) 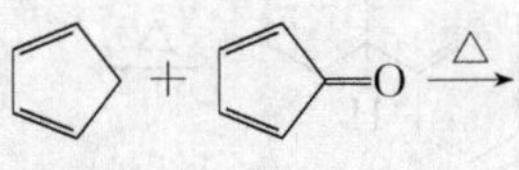

(4) 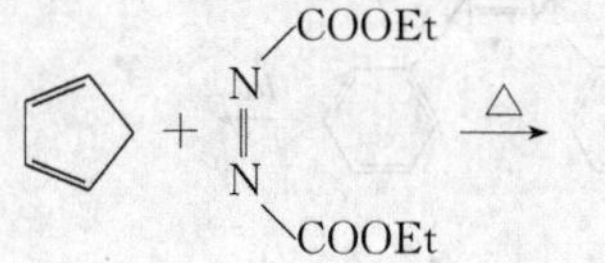

(5) 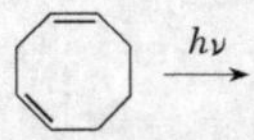

(6) 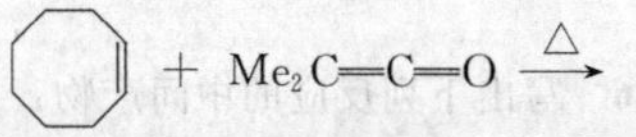

(7) 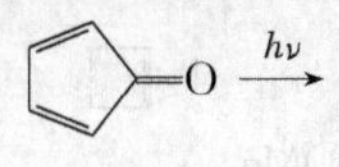

(8)* 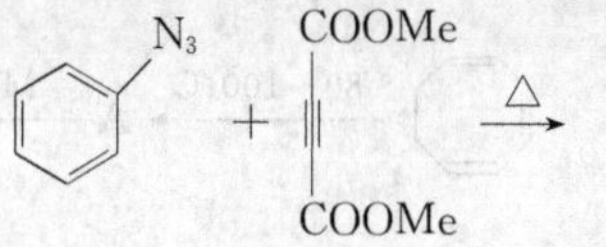

习题 15－43　写出反式肉桂酸在光照条件下生成吐星酸和吐昔酸的机理，分析产物的立体构型。

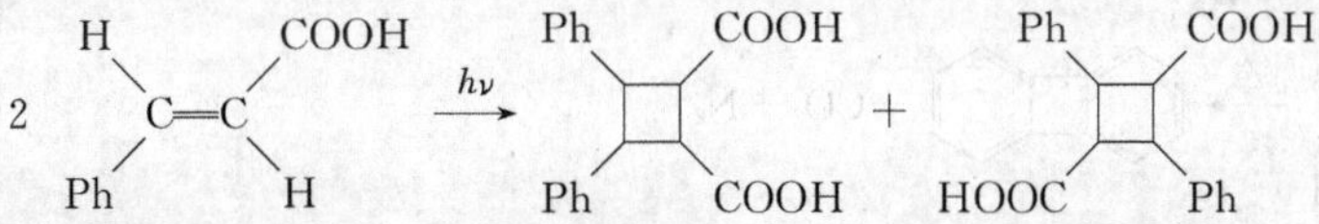

反式肉桂酸　　吐星酸　　吐昔酸

习题 15－44　指出下列反应的立体化学过程和反应条件：

(1) 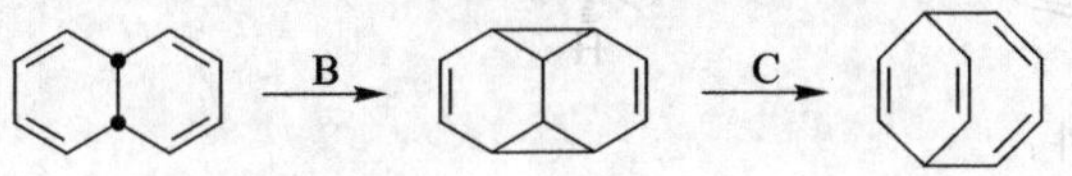

(2) 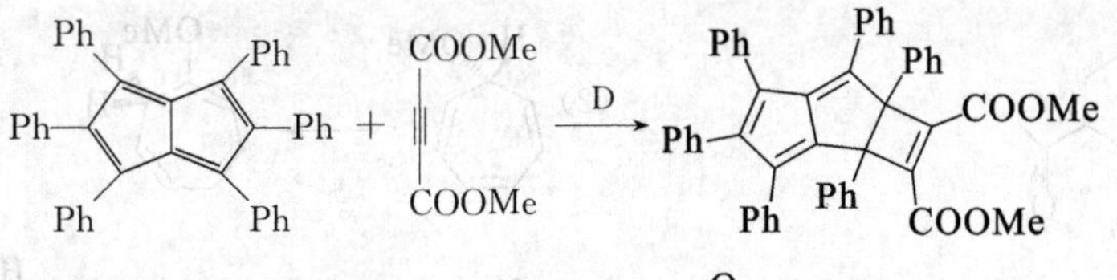

(3) 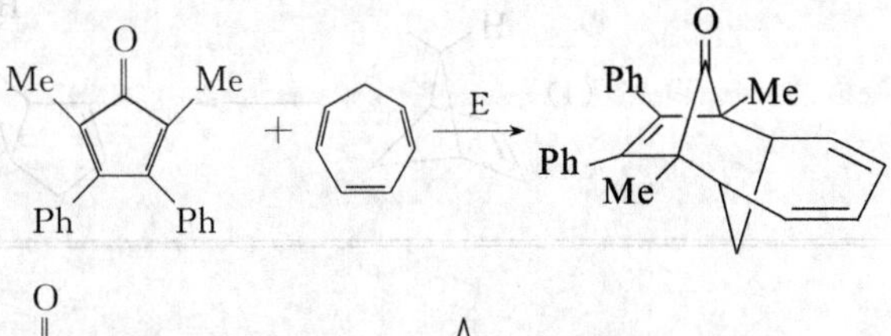

(4) 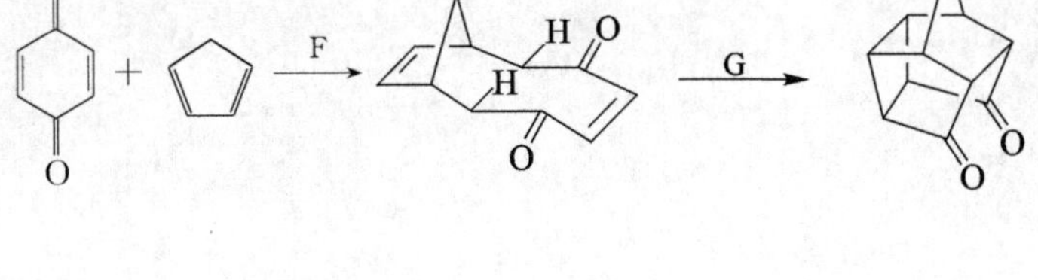

习题 15－45　写出下列反应的预期产物：

(1) 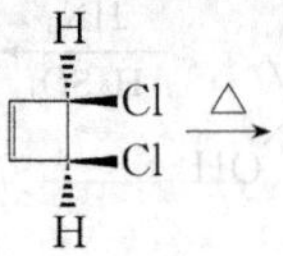

(2) 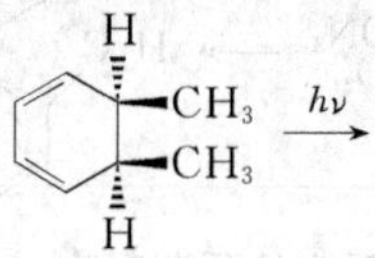

(3) 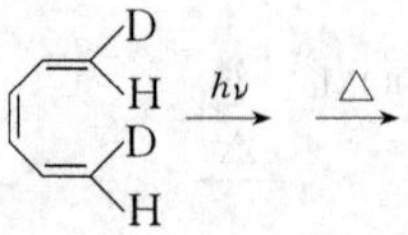

(4) 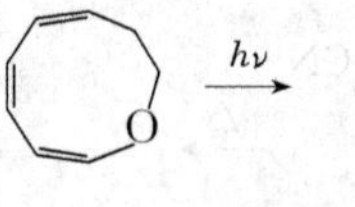

(5) 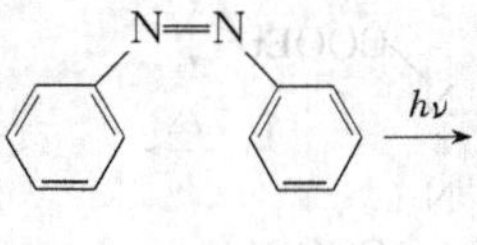

(6) 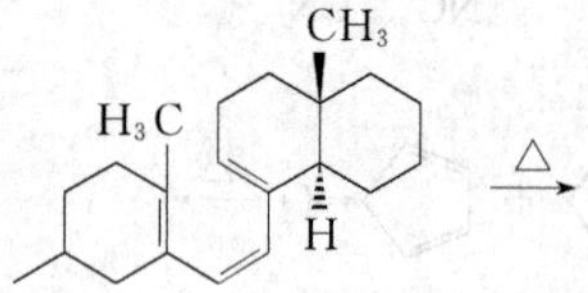

习题 15－46　写出下列反应的中间产物：

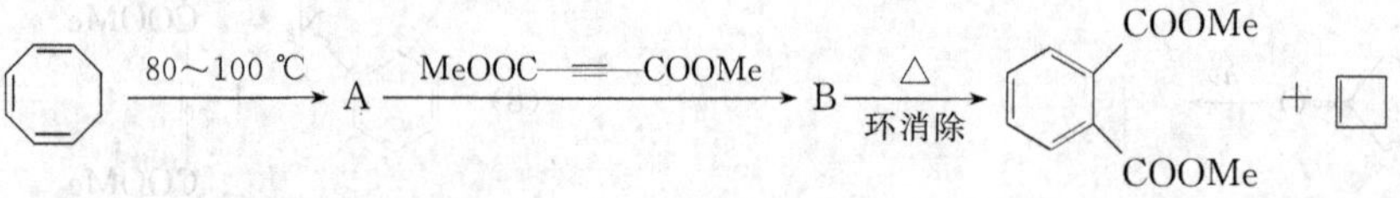

习题 15－47　解释下列反应是如何进行的。

(1) 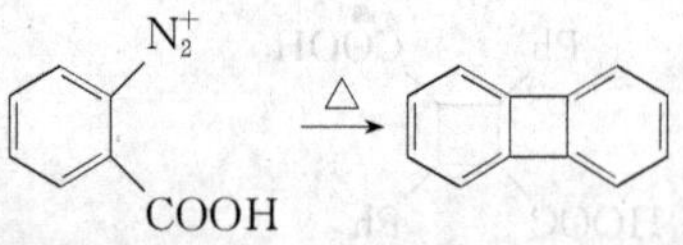

(2) 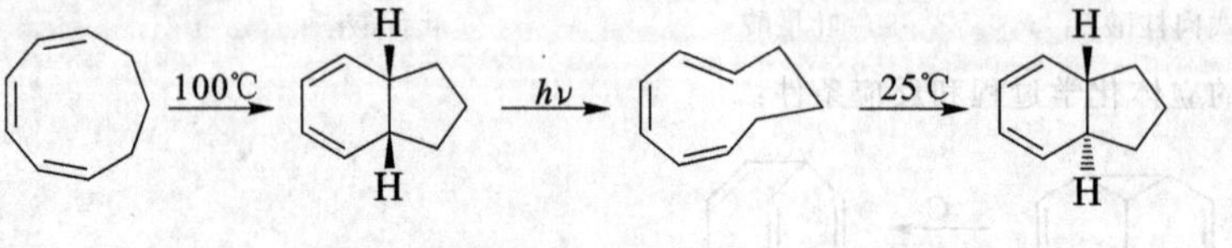

习题 15－48　指出下列 σ－迁移反应的类型和条件：

(1) 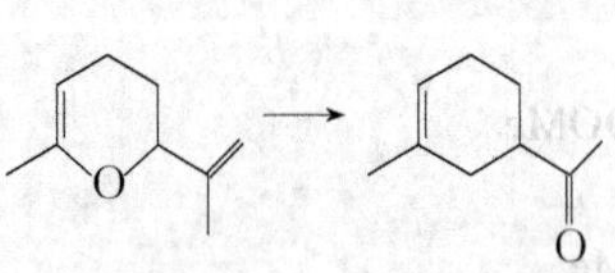

(2) 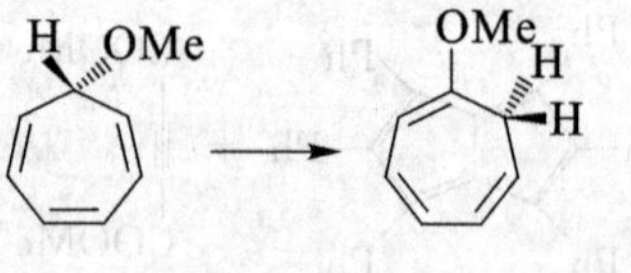

(3) 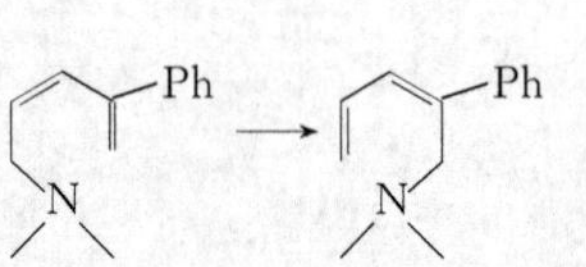

(4) 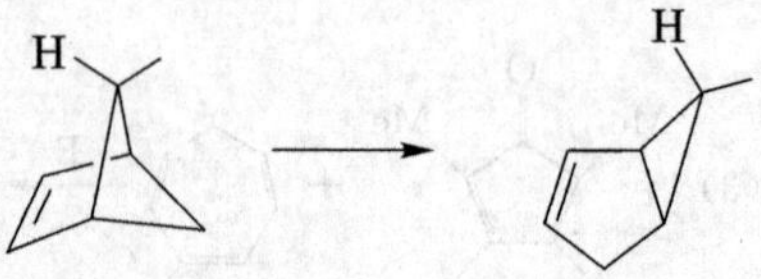

第十六章　多步骤有机合成

（Multistep Syntheses）

有机合成是在有机化学结构理论指导下，应用各种类型的有机化学反应，合成某种特定结构化合物的过程。实际上，有机化合物的转化本身就是有机合成。例如，由乙醇转化成乙醛即属于简单有机合成。但是大多数有机合成比较复杂，包含了多步骤的反应过程。

16.1　有机合成的基本反应类型

在设计特定结构有机化合物的合成路线时，需要考虑三个主要问题：一是如何构建目标化合物的碳架结构，包括小分子增长碳链、建构环系等。第二是引进官能团。第三是复杂化合物合成中，为避免多个官能团在某些反应条件下发生不必要的副反应，需要先保护某些官能团，之后再去保护。从有机合成的角度，可以将有机合成的基本反应归为三类：

（1）官能团的转化与引入；

（2）碳-碳键的形成；

（3）官能团的保护和去保护。

表 16-1 列出了有机合成基本反应在合成中的应用。值得注意的是，有些反应同时具有两种作用。如 Grignard 试剂对羰基的加成，既是 C—C 键形成反应，同时又实现了官能团的转化。又如，形成缩醛和缩酮的反应是官能团转换方法，也是重要的官能团的保护方法。

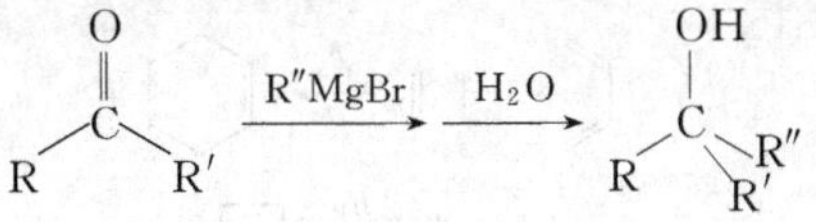

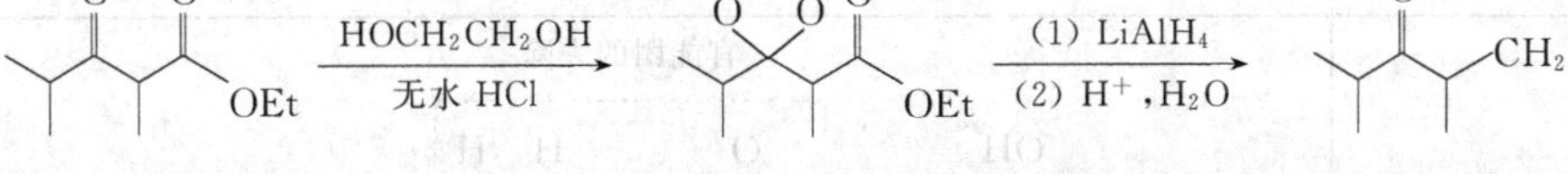

表 16-1　有机合成的基本反应类型

反应类型	具体反应示例	按合成分类
烷烃的自由基卤代反应	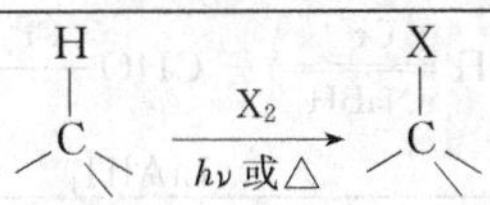	官能团的引入

续表

反应类型	具体反应示例	按合成分类
sp^3 碳上的亲核取代反应	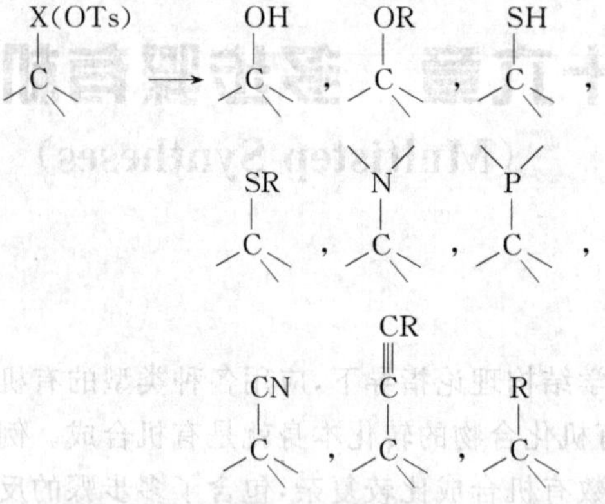	官能团的转化（形成碳-碳键）
消去反应	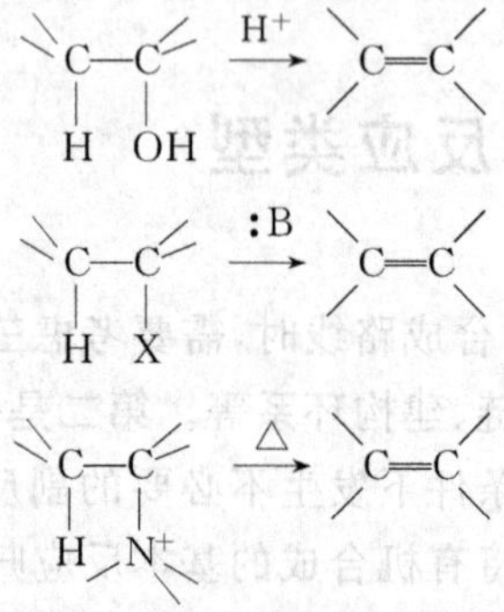	官能团的转化（也可看成是形成碳-碳重键反应）
不饱和碳-碳重键的加成反应	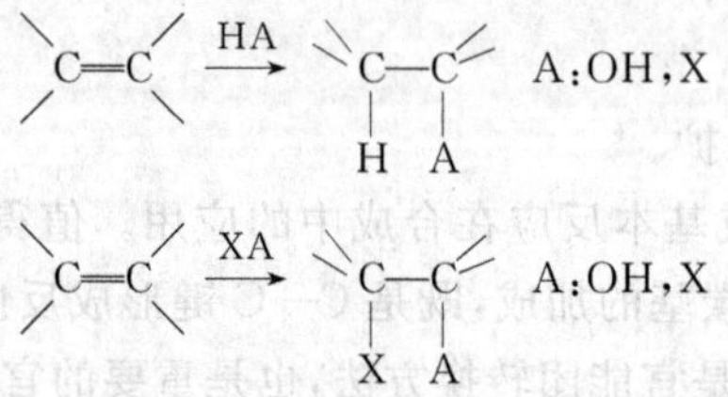	官能团的转化
不饱和碳-碳重键的加成反应（环加成）	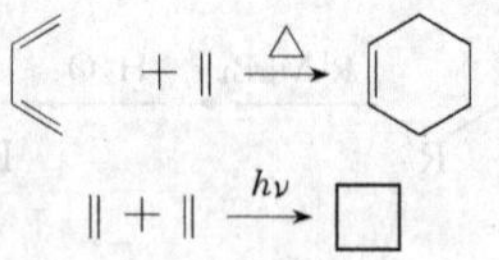	形成碳-碳键构建环系
氧化还原反应	官能团的去除 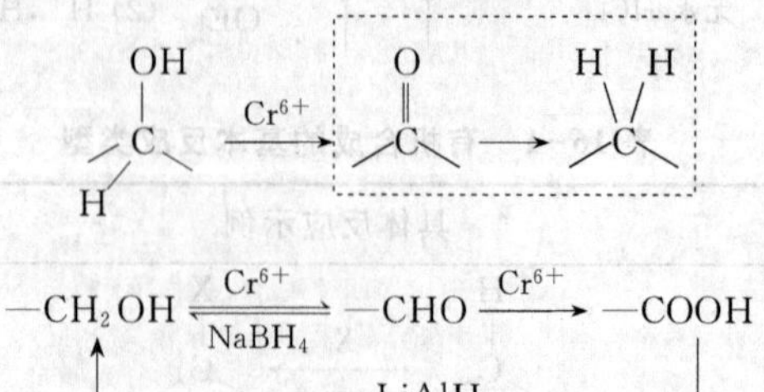	官能团的转化

续表

反应类型	具体反应示例	按合成分类
氧化还原反应	$-CH_2COOH \xrightarrow{LiAlH_4} -CH_2OH$ $-CONR_2 \xrightarrow{LiAlH_4} -CH_2NR_2$ 官能团的去除 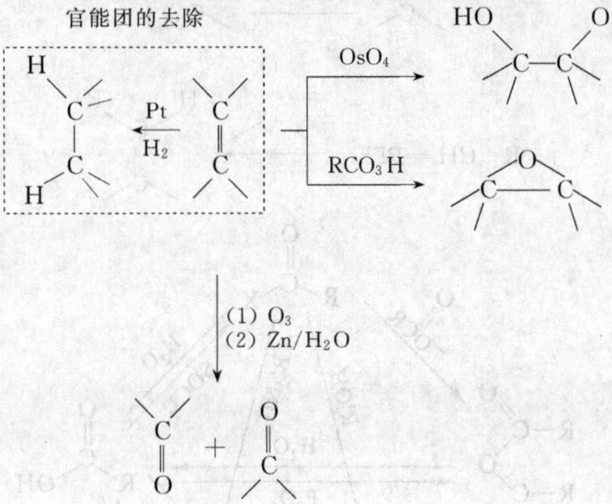	官能团的转化
芳香亲电取代反应	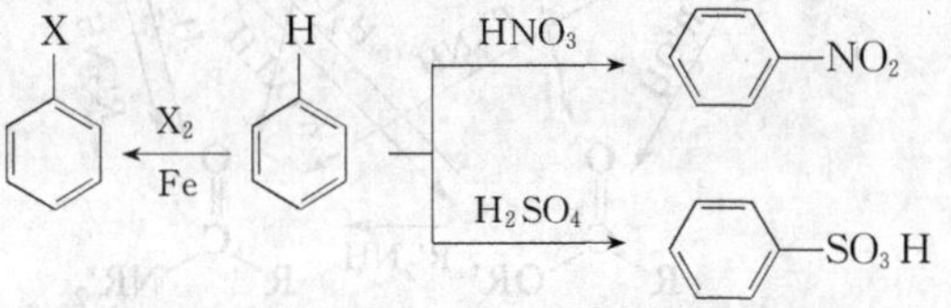	官能团的转化
	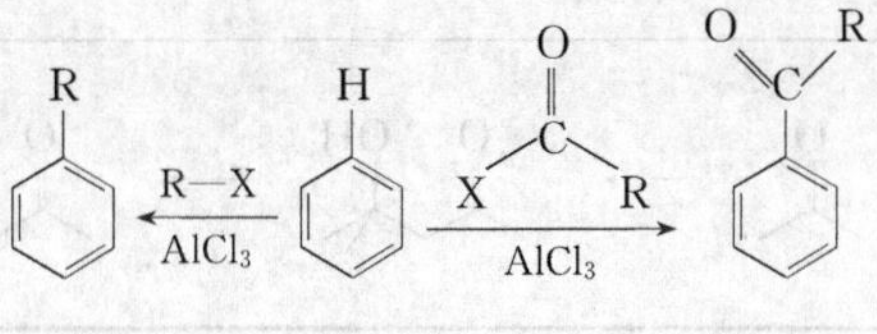	形成碳-碳键
羰基化合物的亲核加成反应与取代反应	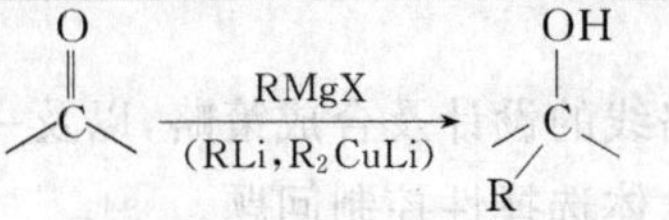 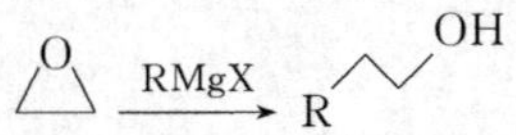 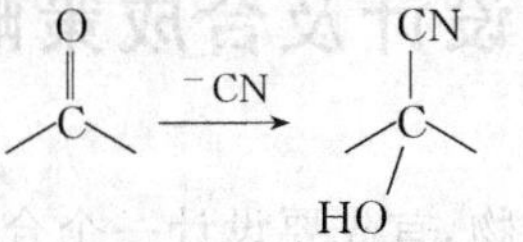	形成碳-碳键
	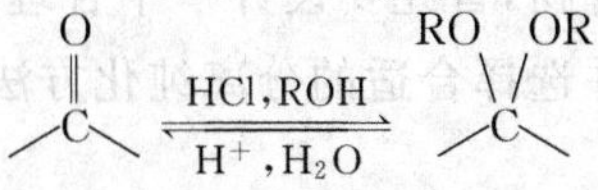 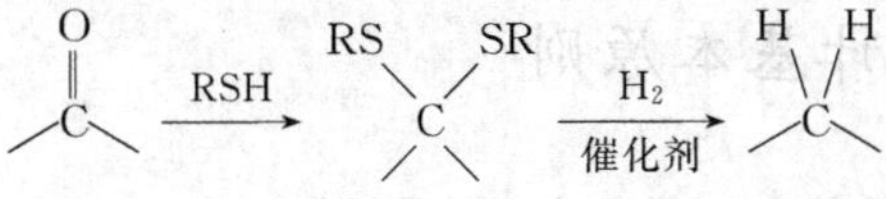	官能团的保护

续表

反应类型	具体反应示例	按合成分类
	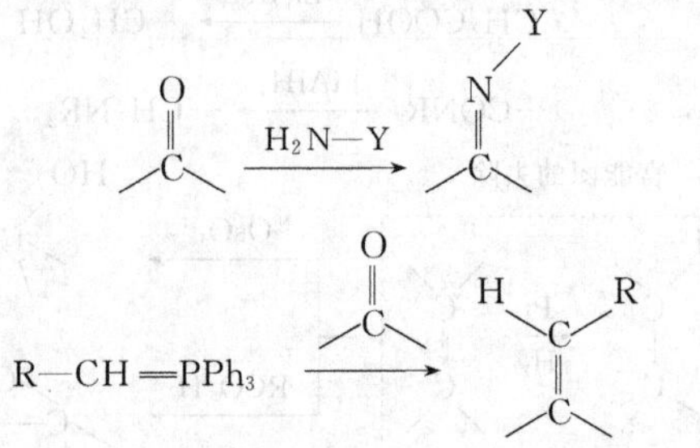	官能团的转化
羰基化合物的亲核加成反应与取代反应	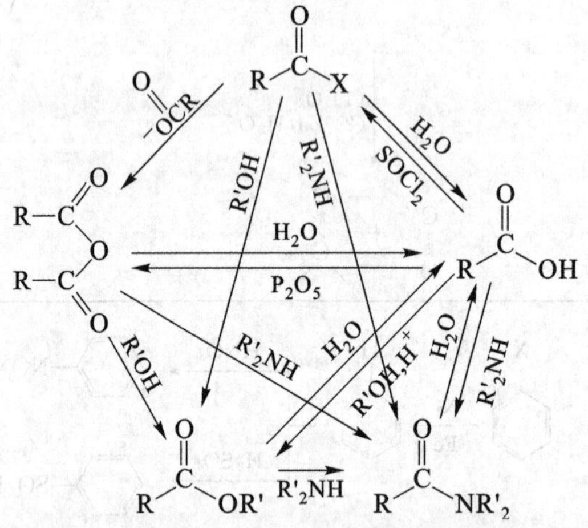	官能团的转化
羰基化合物活泼 α-氢及缩合反应	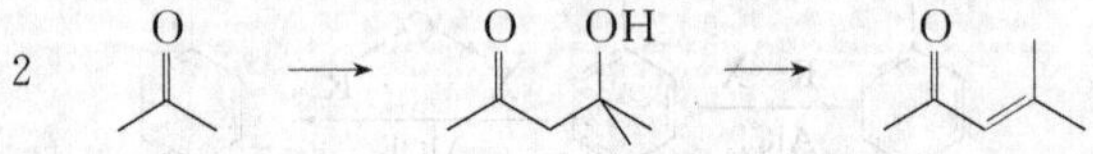	形成碳-碳键

本章将着重讨论有机合成路线的设计及合成策略，以及一些常见基团的保护与去保护方法，同时将简要讨论有机合成中的立体选择性控制问题。

16.2 有机合成路线的设计及合成策略

合成一个特定结构的有机化合物，首先要设计一个合理的合成路线。包括选择合适的起始原料、合适的反应及其反应条件，并选择合适的分离纯化方法等。

16.2.1 合成路线设计基本原则

在设计合成路线时，需要考虑以下几个基本原则：

（1）起始原料简单易得；

（2）合成步骤尽可能短；

（3）合成反应容易进行，试剂易得，反应条件温和，转化率高；

（4）中间体及产物容易分离纯化。

此外，随着人们对环境污染的关注，设计合成路线时，尤其是为工业产品设计合成路线时，必须对能耗、试剂的毒性以及减少生产过程所排放的污染物等问题进行综合考察，寻求最佳的合成路线。不断发展对环境友好的绿色合成反应是合成化学家面临的重大挑战之一。

习题 16－1　查阅文献，明确原子经济学概念。按照这一原则，小结已学反应的原子经济效率情况。

习题 16－2　查阅文献，了解基础化工原料生产情况。

16.2.2　合成策略

合成一个复杂的有机化合物，涉及反应步骤比较多。如果每一步反应都获得 90％的产率，则两步反应的总产率为 81％，三步反应则为 73％。实际上，很多有机反应的产率都比较低，因此多步骤合成反应的总产率一般都很低。表 16－2 列出了多步合成反应的总产率计算结果。

表 16－2　多步有机合成的总产率

合成步骤	每步产率				
	90％	80％	70％	60％	50％
1	90	80	70	60	50
2	81	64	49	36	25
3	73	51	34	22	12
4	66	41	24	13	6
5	59	33	17	7.8	3
6	53	26	12	4.7	1.5

如果从化合物 A 出发经过六步反应得到 G，而各步反应产率可以达到 60％，则总产率只有 4.7％。这种从起始反应物出发经过直线型的多步反应合成目标化合物的策略称为逐步合成策略（stepwise elongation）。采用这种策略设计合成复杂化合物，总产率往往很低。

$$A \xrightarrow{60\%} B \xrightarrow{60\%} C \xrightarrow{60\%} D \xrightarrow{60\%} E \xrightarrow{60\%} F \xrightarrow{60\%} G \quad \text{总产率：4.7\%}$$

除了逐步合成策略，复杂化合物的合成还可以采用另一种合成策略，即片段组合合成策略（fragment condensation）。片段组合合成策略是指将复杂化合物的合成分解为若干个片段的合成，最后组装成目标化合物。采用这种合成策略，总产率可以大大提高。比如上述目标化合物 G 的合成可以采用先合成片段 C 和片段 F，然后再将两者反应合成目标化合物 G。由于 C、F 分别从 A、D 出发经过两步反应合成。当每步反应同样获得 60％的产率时，C、F 的合成产率均为 36％，这时目标化合物 G 的合成总产率可以达到 22％，是上述逐步合成路线的 4.6 倍。

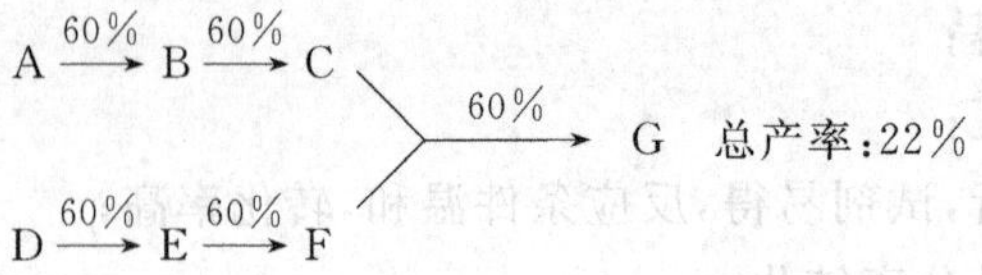

因此，对于复杂化合物的合成，将目标物分为几个大小相当的片段，进行合成，最后再组合成目标化合物的合成路线，可以获得比较高的总产率。在复杂化合物的合成设计中多采用片段组合合成路线，如多肽的合成就是典型的例子。如要合成一个六肽，合成两个三肽片段再组合的总产率肯定高于逐步合成的路线。

16.2.3　有机合成路线的设计方法

对于简单化合物的合成，可以根据有机化学反应知识直接推导出所需要的起始原料及合成反应。设计一个复杂化合物的合成路线，一般不容易直接推导出起始反应物，以及选择合适的反应和条件。这时，常常采用逆合成分析法（retrosynthetic analysis），逐步推导出合理的合成路线。逆合成分析法的基本思路是将目标化合物分子切断成一系列片段，应用有机化学知识，确定每一个片段对应的起始原料，并选择合适的反应来设计合成路线。利用逆合成分析法通常可以得出几条可能的合成路线，然后根据有机化学知识以及合成路线设计的基本原则进行判断和选择，确定一条相对合理的合成路线。

例如，要合成5-甲基-3-己醇，根据逆合成分析法，目标化合物结构中含有一个醇羟基，依据可以得到醇的可能反应进行分析，可以写出两种不同的合成途径：

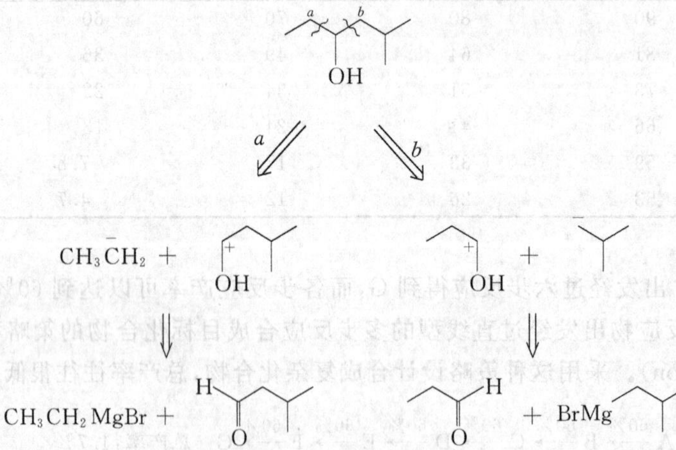

a 方式切断得到的反应路线是由乙基 Grignard 试剂与 3-甲基丁醛为原料进行合成。乙基 Grignard 试剂容易从溴乙烷得到，但是 3-甲基丁醛不是简单的醛，一般还需要再进行逆合成分析设计其合成方法。*b* 方式切断得到的是异丁基 Grignard 试剂和丙醛，丙醛是容易得到的简单醛，而异丁基 Grignard 试剂也可以很方便地从异丁基溴进行格氏反应得到。两条合成路线都是利用 Grignard 试剂对醛的亲核加成反应进行合成，但是相比之下，*b* 方式的合成原料易得，合成步骤较少，因此，可以确定以下合成路线。

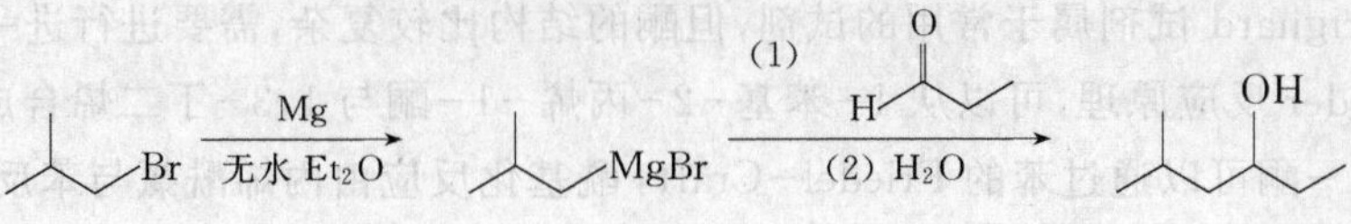

习题 16－3　根据逆合成分析法，写出下列化合物的可能的合成路线，并进行对比分析，确定最佳的合成路线。

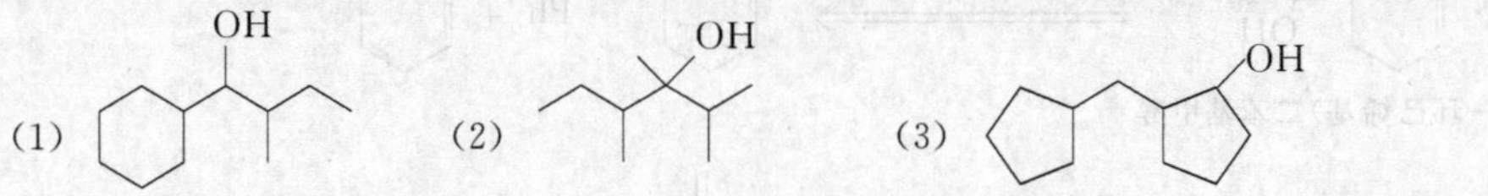

又如，香料橙花酮是一个芳香酮，在逆合成分析中，主要需要考虑的问题是苯环上取代基的引入顺序问题。甲苯是常用的化工基本原料，从甲苯出发，可以写出两种可能的合成路线：

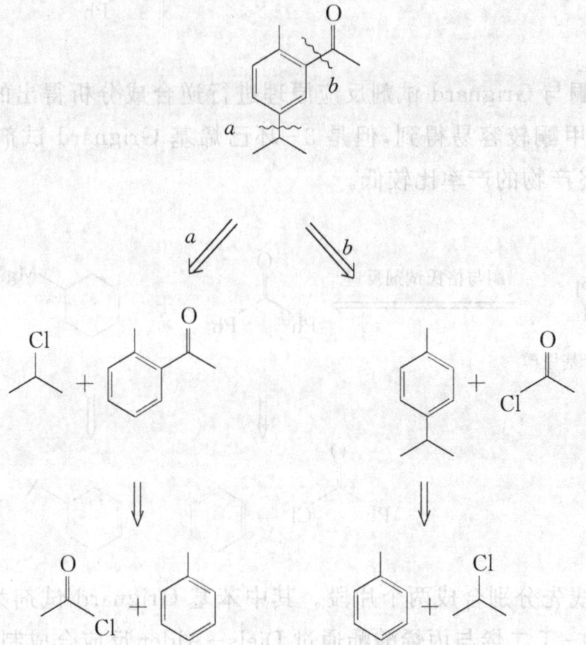

对比两条合成路线，路线 *b* 比较合理。因为先采用 Friedel－Crafts 烷基化反应，异丙基的空间位阻作用将使之优先进入甲基的对位，同样由于空间位阻作用，将使得后引入的乙酰基优先进入甲基的邻位。同时，甲基和异丙基对苯环的活化作用将使 Friedel－Crafts 酰基化反应容易进行。相反，依据合成路线 *a* 先引入乙酰基，则难以保证乙酰化反应一定发生在甲基的邻位，并且，由于乙酰基对苯环的钝化作用，使后引入异丙基的 Friedel－Crafts 烷基化反应难以进行。

再如，合成(3－环己烯基)二苯甲醇。一般从目标化合物的叔醇结构出发进行逆合成分析。叔醇的合成通常有两种方法，一是采用酮与 Grignard 试剂反应；二是采用酯与 2 mol Grignard 试剂反应。后者适用于两个烃基相同的叔醇合成。详细的逆合成分析给出以下三条可供选择的合成路线。

合成路线 1：该合成路线是依据酮与 Grignard 试剂反应的思路进行逆合成分析提出的合成

路线。苯基 Grignard 试剂属于常用的试剂，但酮的结构比较复杂，需要进行进一步逆合成分析。依据 Diels-Alder 反应原理，可以从 1-苯基-2-丙烯-1-酮与 1,3-丁二烯合成得到。而 1-苯基-2-丙烯-1-酮可以通过苯的 Friedel-Crafts 酰基化反应由丙烯酰氯与苯反应合成得到。

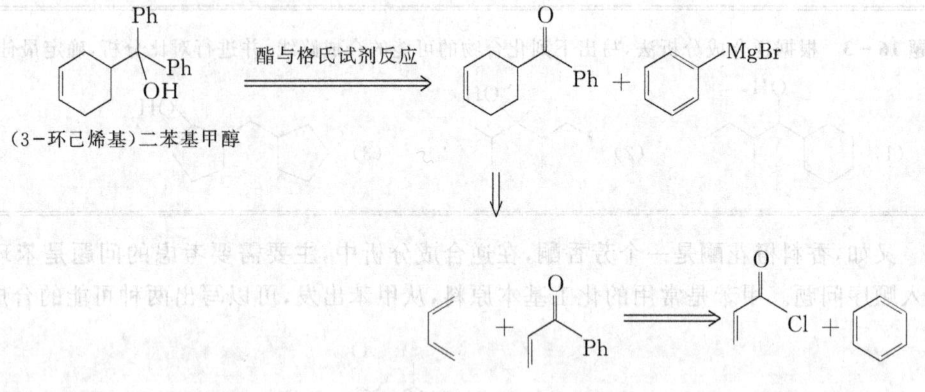

合成路线 2：依据酮与 Grignard 试剂反应原理进行逆合成分析得出的一条合成路线。所得到的两个片段中，二苯甲酮较容易得到，但是 3-环己烯基 Grignard 试剂需要三步反应才能得到，合成路线较长，最终产物的产率比较低。

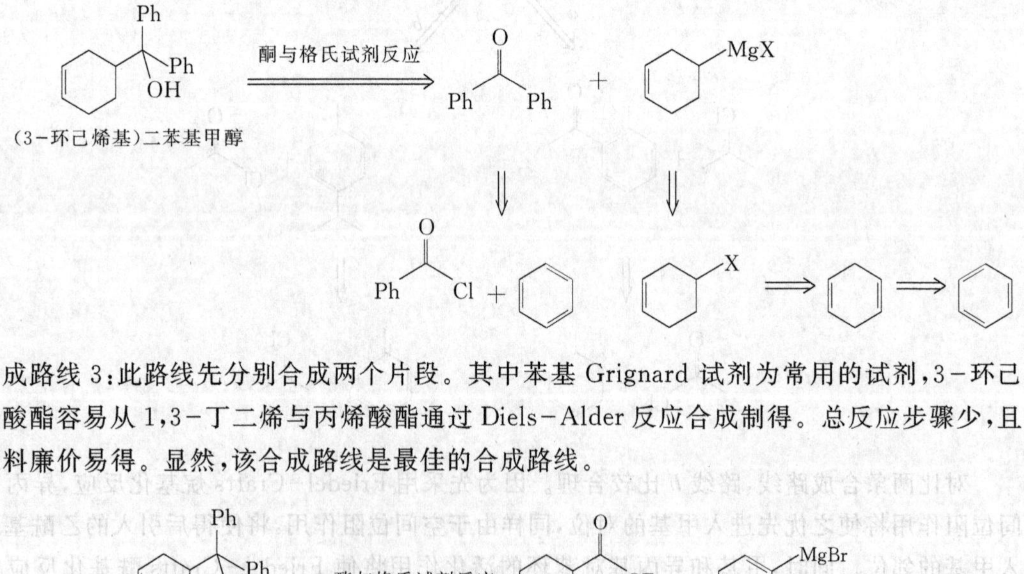

合成路线 3：此路线先分别合成两个片段。其中苯基 Grignard 试剂为常用的试剂，3-环己烯基羧酸酯容易从 1,3-丁二烯与丙烯酸酯通过 Diels-Alder 反应合成制得。总反应步骤少，且反应原料廉价易得。显然，该合成路线是最佳的合成路线。

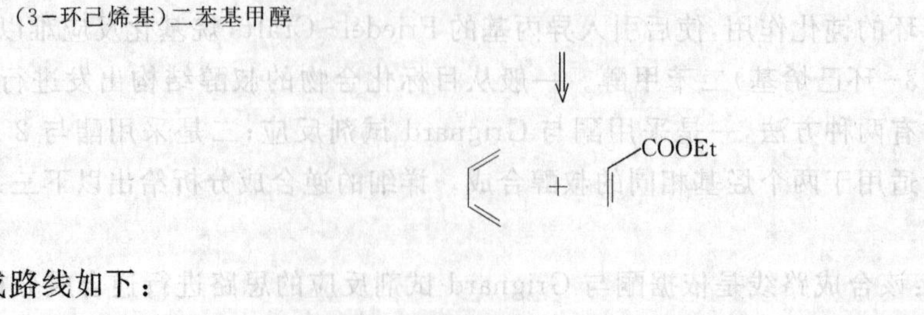

具体合成路线如下：

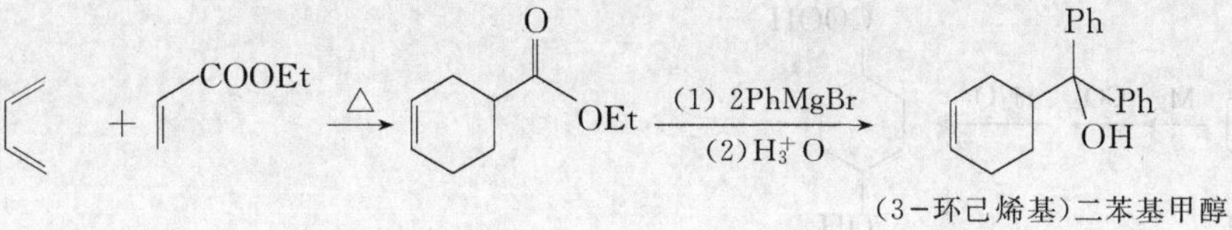

16.3　基团的保护和去保护

在有机合成中，常常遇到的问题是反应的选择性，包括化学选择性、区域选择性和立体选择性。化学选择性是指在分子中存在多种官能团的情况下，在一定条件下某种官能团优先反应的选择性。例如，在保留碳-碳双键的情况下选择性地还原酮羰基成醇。区域选择性则是指分子中若干个同类官能团在反应中的活性不同致使其中一个或几个官能团优先反应的选择性。例如，多个羟基存在的体系中选择地氧化其中一个羟基。立体选择性是指在有机化学反应中，产物的立体构型能够得到控制，优先生成某种立体异构体的选择性，如醛、酮进行亲核加成反应时立体化学选择常符合 Cram 规则。

在有机化学反应中，有些选择性是可以通过选择不同的试剂或合适反应条件实现的。例如，使用硼氢化钠作为还原试剂，可以在碳-碳双键不受影响的情况下还原羰基。又如，仲卤代烃进行亲核取代反应时，选择合适的反应条件，使反应按照 S_N2 机理进行，可以得到构型反转的产物。但是对于多官能团化合物，有时难以控制其化学选择性或区域选择性，这时需要对可能发生副反应的官能团进行保护。例如，含有醛或酮羰基的酯如果要选择性地还原酯基而不还原羰基，在一般情况下难以做到，这时就需要保护羰基后再进行酯基的还原。

习题 16－4　判断下列转化是否能实现，并简述理由。

(1) 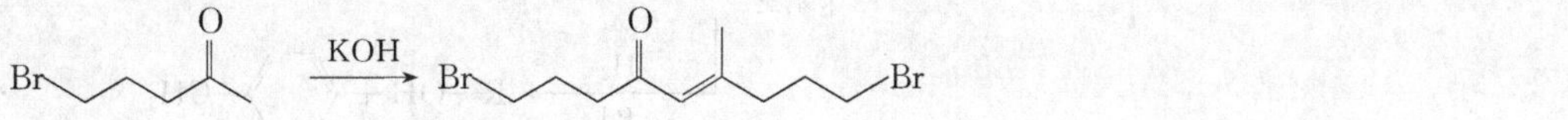

(2) 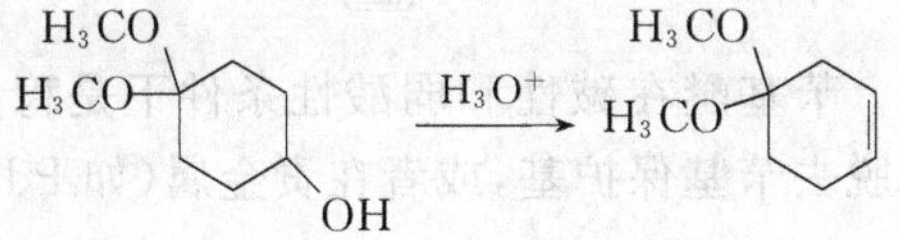

(3) 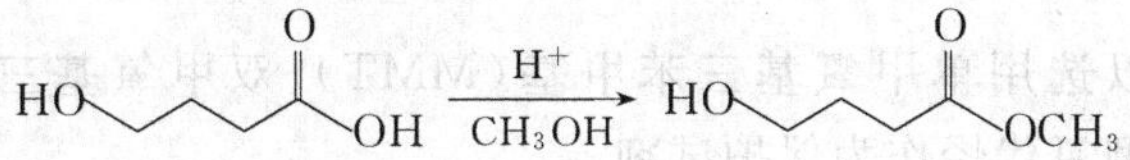

(4) 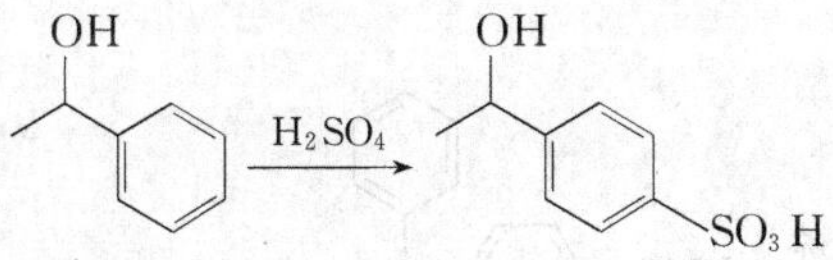

(5) 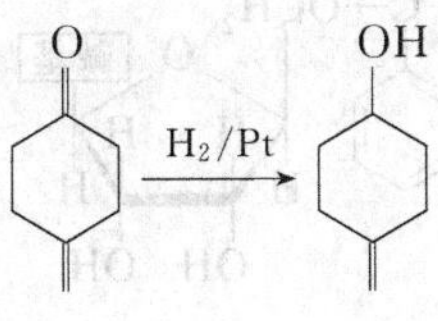

(6) 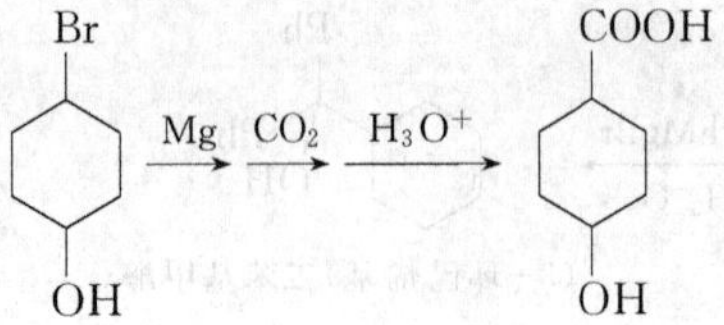

(7) 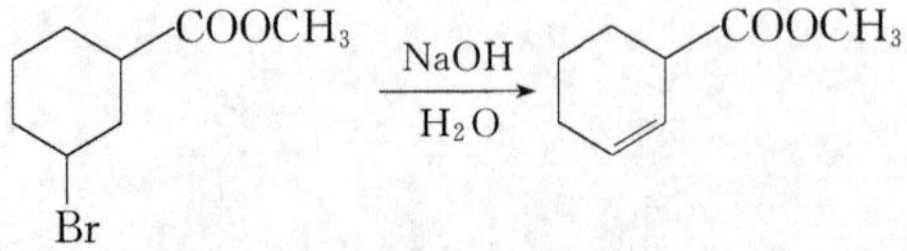

基团保护完成需要的转化后，还需要去保护。而在去保护时不应使分子发生其他的不必要的变化。因此，一个好的基团保护方法，必须符合一个基本条件，即在一定条件下可以容易去保护而回复到保护前的状态。醛、酮在无水酸的催化下与醇反应形成缩醛或缩酮是羰基的一种重要保护方法，因为缩醛或缩酮在碱性条件下是稳定的，而在酸性水溶液中容易水解回复成醛或酮。

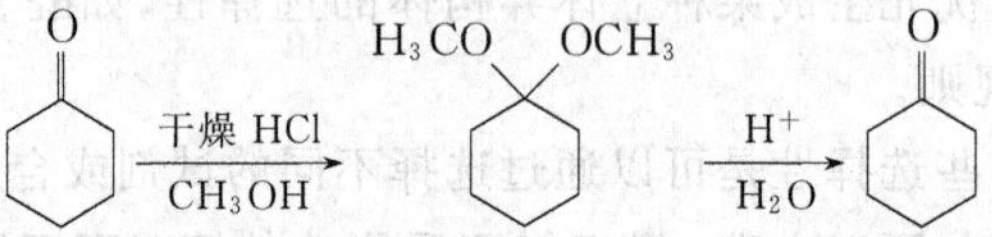

16.3.1 羟基的保护

羟基的保护方法很多，其中形成苄基醚是一种简便有效的方法。

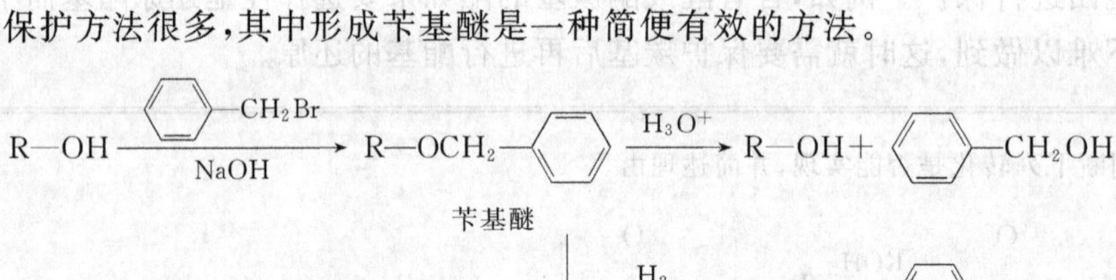

在碱性条件下醇与苄基溴反应即得到苄基醚。苄基醚在碱性和弱酸性条件下是稳定的，但是在强酸性条件下可以在苄基碳上发生 S_N1 反应脱去苄基保护基，或者在贵金属(如 Pd)的催化下催化氢化脱去苄基保护基。

为了选择性地保护二级羟基，可以选用单甲氧基三苯甲基(MMT)、双甲氧基三苯甲基(DMT)或三苯甲基等位阻较大的苄基型氯代烃作为保护试剂。

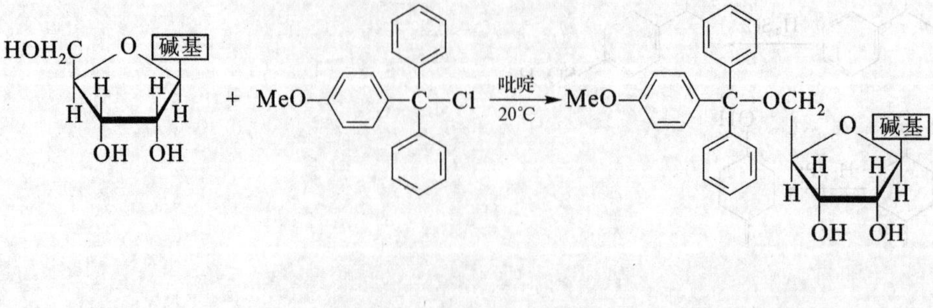

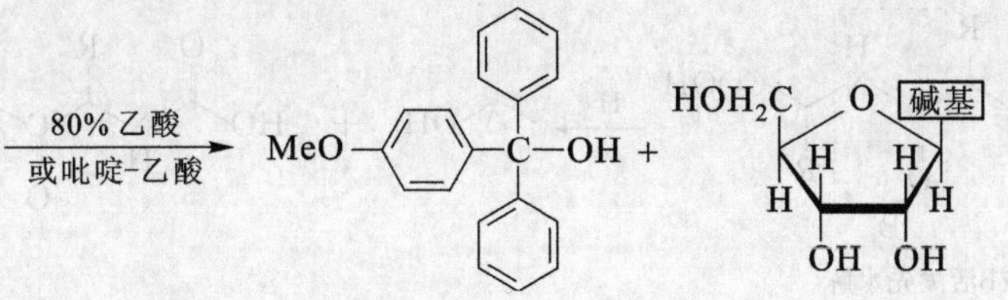

另一个广泛使用的保护醇羟基的方法是与 2,3－二氢吡喃作用形成四氢吡喃醚。四氢吡喃醚实际上是一个缩醛,在酸性条件下可水解成醇。

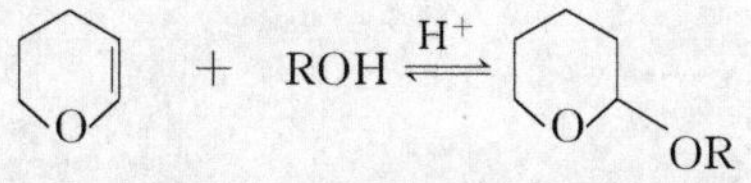

习题 16－5　写出上述反应合理的机理。

16.3.2　氨基的保护

氨基的保护有多种方法,形成酰胺是其中主要的保护方法。一般情况下可以使用乙酸酐使氨基形成乙酰胺达到保护目的(参阅 12.9.3 节)。在多肽合成中,一般是采用氯代甲酸叔丁基酯与氨基在弱碱(如吡啶)作用下形成特定的酰胺(取代氨基甲酸酯)达到保护目的。氨基甲酸酯的水解在酸性条件下进行,先水解为取代氨基甲酸,进一步脱羧得到胺。

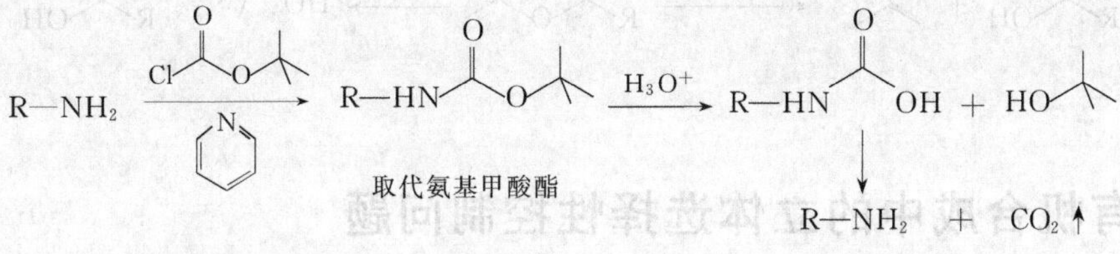

习题 16－6　写出氨基甲酸脱羧的详细机理,解释它比一般羧酸容易脱羧的道理。

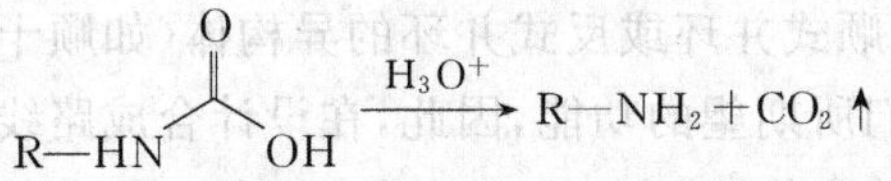

在多肽合成中使用氯甲酸叔丁酯保护氨基,其好处是形成多肽后易去保护。由于取代氨基叔丁基酯的酯基端反应活性较高,可以在较温和的条件下水解得取代氨基甲酸脱羧,回复到氨基,不影响形成的多肽键(酰胺键),而且脱保护基的反应所形成的二氧化碳和叔丁醇很容易从体系中除去。

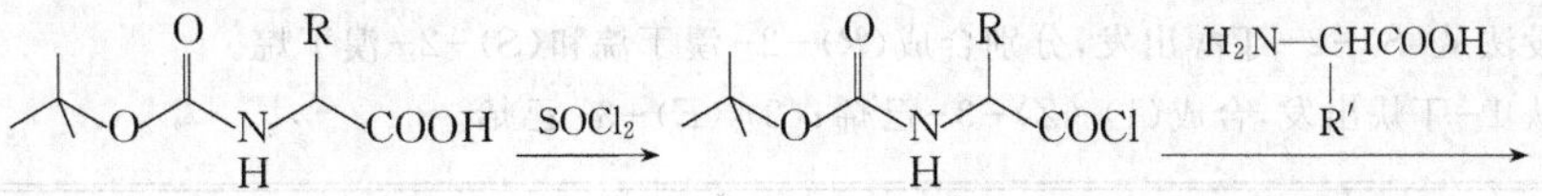

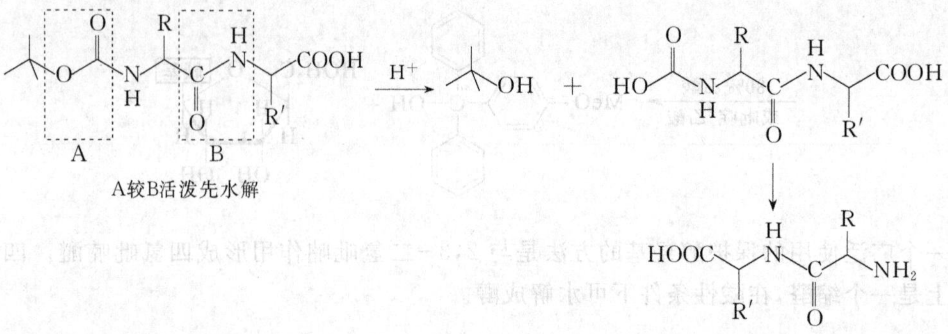

16.3.3 羧基的保护

羧基可以通过形成叔丁酯而得到保护。叔丁酯可以采用酸催化下的烯烃与羧酸的亲电加成反应得到。

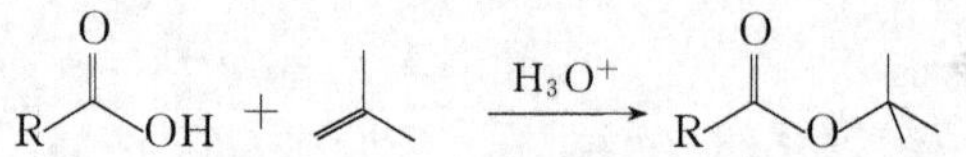

叔丁酯由于空间位阻的关系，在碱性条件下不易水解，但是在酸性水溶液中可以水解成叔丁醇和羧酸。叔丁酯也可以在三氟乙酸催化下水解得异丁烯和羧酸。

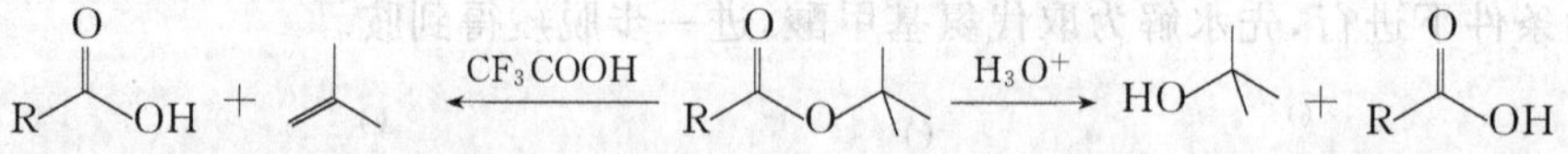

16.4 有机合成中的立体选择性控制问题

在有机合成中，立体选择性控制是一个重要课题。目标化合物可能由于存在双键或手性中心而有多个立体异构体，也可能因为具有多环结构而存在顺式并环或反式并环的异构体（如顺十氢化萘和反十氢化萘）等。通常，只有一种异构体具有我们所期望的功能，因此，在设计合成路线时，需要选择适当的反应类型和条件，以获得所需要构型的产物。

在前述章节中已经讨论了一些立体选择性或立体专一性的反应，如 S_N2 反应的 Walden 构型转换，烯烃的硼氢化反应和催化加氢的顺式加成方式，炔烃在金属钠-液氨条件的还原得到反式烯烃等。通常可以应用这些反应合成特定构型的化合物。

习题 16-7 对已学过反应的立体选择性进行小结。

习题 16-8 设法从(S)-2-丁醇出发，分别合成(*R*)-2-溴丁烷和(S)-2-溴丁烷。

习题 16-9 从 1-丁炔出发，合成(1) (*Z*)-3-己烯；(2) (*E*)-3-己烯。

立体选择性合成的一个重要方面是不对称合成。所谓不对称合成(asymmetric synthesis)是指以非手性的化合物为起始物制备光学活性物质的反应。反应过程中可以使用光学活性物质作为中间体,但不包括使用任何拆分过程作为手段。达到高度的立体选择性(包括对映选择性和非对映选择性)是不对称合成研究追求的目标。不对称合成的途径有以下四种:

1. 酶法合成

生物分子大多数是单一构型的,如糖为D型、氨基酸为L型。酶催化的生物合成是实现不对称合成的主要方法之一。某些酶不仅可以催化天然底物的不对称合成,而且还可以催化非天然底物的不对称合成,如不同来源的醇脱氢酶可以将酮氢化还原为特定构型的醇。例如:

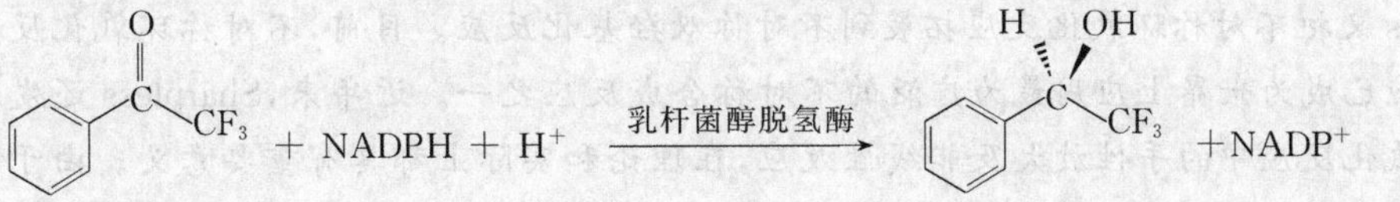

(R)-2,2,2-三氟-1-苯基-1-乙醇

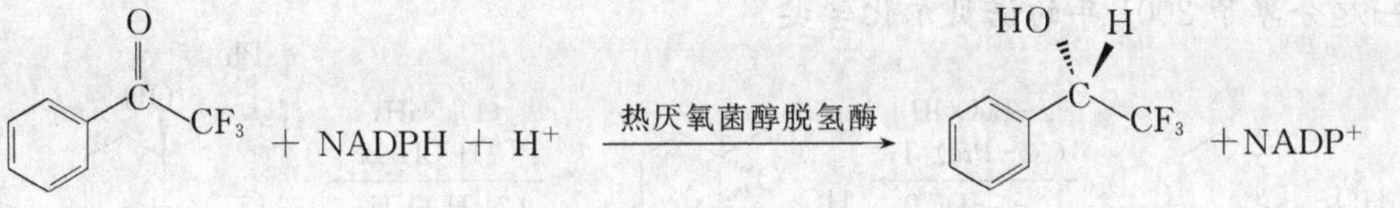

(S)-2,2,2-三氟-1-苯基-1-乙醇

但是多数酶对底物的结构有严格要求,因此适用范围有限。

习题 16-10　查阅文献了解酶催化有机合成的进展。

---

2. 手性催化剂诱导不对称合成

手性催化剂诱导的不对称合成是不对称合成常用的重要方法。研究发现有些手性催化剂诱导的不对称合成只需要应用0.01 mol或者更低的催化剂用量,就可以达到高对映异构体过量值(ee值,参阅5.2.5节)的立体选择性。例如,在手性酒石酸二乙酯(DET)存在下,使用过氧化叔丁醇(*t*-BuOOH)和异丙醇钛氧化烯丙醇的双键可以得到特定构型的环氧化物。

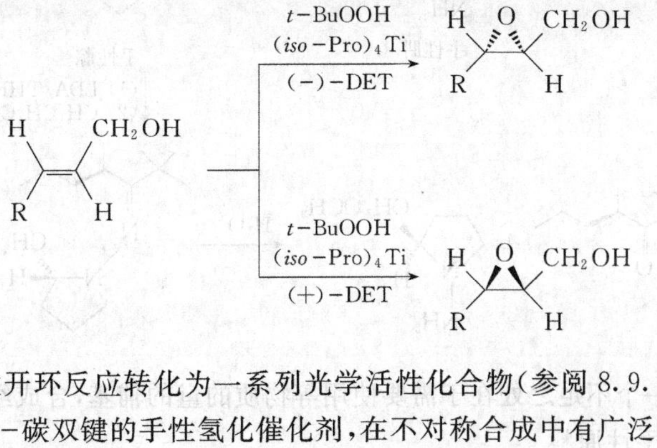

环氧化物可以通过开环反应转化为一系列光学活性化合物(参阅8.9.2节)。

金属铑络合物是碳-碳双键的手性氢化催化剂,在不对称合成中有广泛应用价值(详见19.1.4氨基酸不对称合成)。

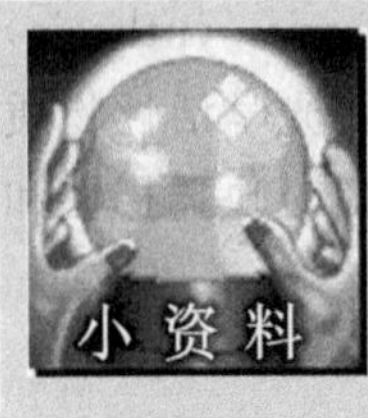

Sharpless 与环氧化反应

K. Barry Sharpless 于 1941 年出生于 Philadelphia。从 Stanford 大学获得博士学位后，先后工作于 Stanford 大学和 MIT(Massachusetts Institute of Technology)，在 MIT，他发现了上述环氧化反应。现在美国 Scripps 研究院工作。

早在 20 世纪 80 年代初，Sharpless 利用 C_2 对称的天然手性分子酒石酸与四氯化钛形成的络合物为催化剂，实现了烯烃的不对称环氧化反应，并在此后的将近 10 年时间里，从实验和理论两方面对这一反应进行了改进和完善，使之成为不对称合成研究领域的又一个里程碑。此后，Sharpless 又把不对称环氧化反应拓展到不对称双羟基化反应。目前，不对称环氧化反应和双羟基化反应已成为世界上应用最为广泛的不对称合成反应之一。近年来，Sharpless 还发现了不对称催化氧化反应中的手性放大及非线性效应，在理论和实际上都具有重要意义。由于他在不对称催化反应中的突出贡献，他与美国科学家 William S. Knowles、日本科学家野依良治(Ryoji Noyori)一起分享了 2001 年的诺贝尔化学奖。

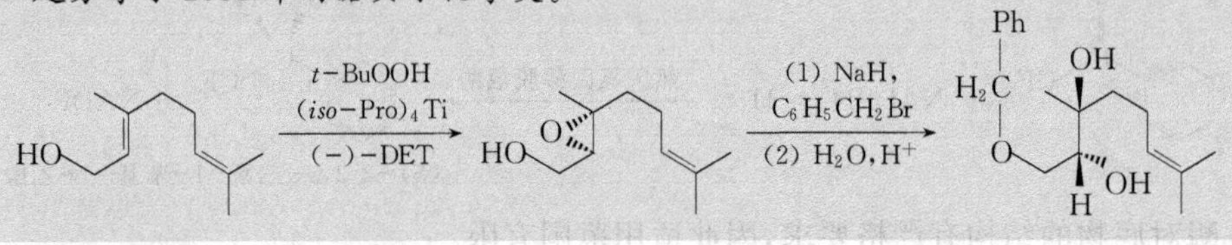

3. 手性辅基辅助合成

通过将手性辅基连接于反应物上，利用手性辅基的手性中心构型对原子或基团的引入产生特定的方向位阻，从而达到立体控制。如使用手性肼与酮反应生成手性腙，再进行烃基化反应，最后水解除去肼的片段，得到立体控制的酮的 α-烃基化产物。

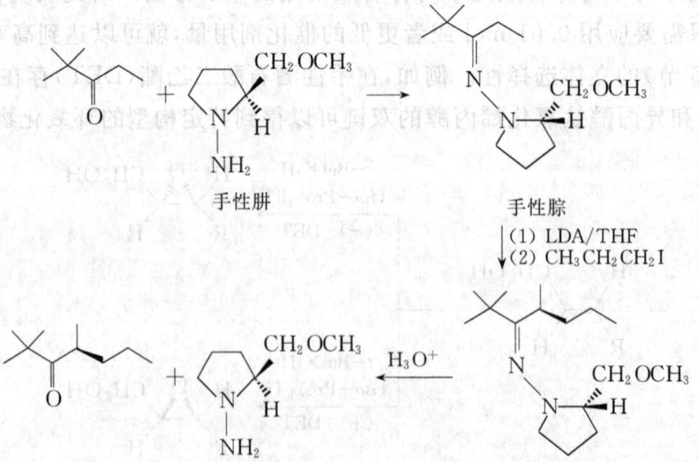

使用手性辅基的一个不足之处在于需要使用等物质的量的辅基，合成经济性较差。

4. 使用特定构型手性原料

使用特定构型的手性原料，将它们结构中的手性中心直接转化为产物中某些片段的手性中心，也是常用的不对称合成的方法之一。自然界存在着丰富的氨基酸、糖等手性化合物源，可以用于构筑一些复杂化合物中的特定手性片段。例如，利用半胱氨酸合成维生素 H(也称为维生素 B_7，或者 biotin)：

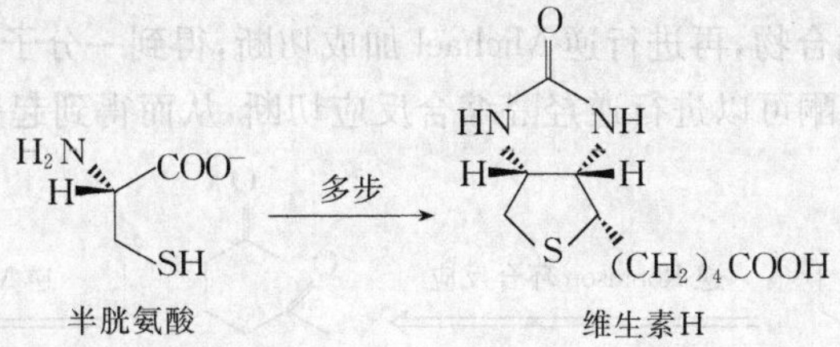

又如，利用 D-果糖合成复杂的手性化合物。

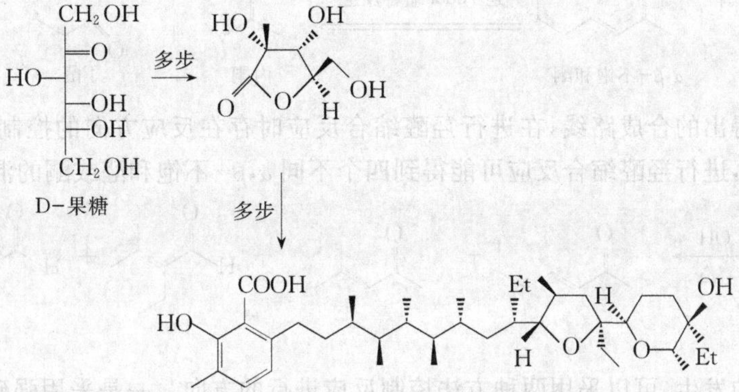

习题 16-11 用给出的原料合成下列化合物：

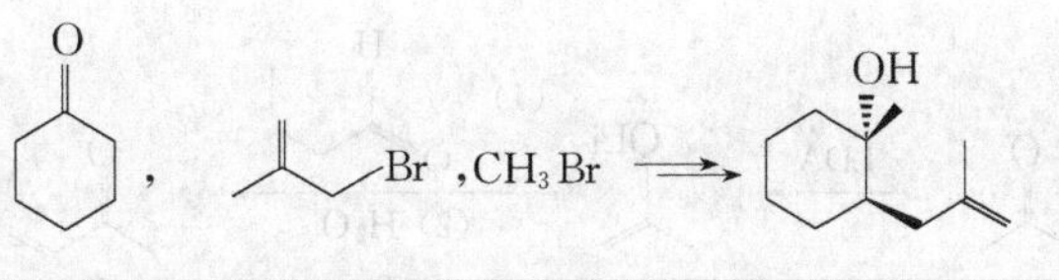

16.5 多步骤有机合成实例分析

有机合成研究包括两个主要领域，即合成方法学研究和目标化合物合成。合成方法学(synthetic methodology)着重于发展一些具有普遍意义的建构特定结构有机化合物的合成反应和方法。例如，有机金属化合物的发现和发展为C—C键的建构提供了普遍适用的方法。目标化合物合成(synthesis of target molecule)则以一些功能化合物的合成以及天然产物的合成为其主要目的。功能化合物指具有特定功能的各种化合物，如香料、染料、光电材料、药物等，它们与人类生活紧密相连。天然产物因其结构复杂独特以及多数具有生理活性等原因而成为合成化学家的研究目标。在有机化学的发展历史中，天然产物的合成曾经是最终验证结构的关键手段。目标物的合成以合成方法学为基础，而目标化合物合成则大大促进合成方法学的发展。合成方法学和目标化合物的合成相互促进，构成了有机化学中独具魅力的有机合成研究领域。

以下选取一些实例讨论合成路线设计基本原则的运用。

例 1：芹菜酮（celery ketone），即 3-甲基-5-丙基-2-环己烯酮，是一种食用香精，其结构中含有环己烯酮的结构。根据有机反应知识，可以从环的双键处切断作为逆合成分析的第一步。切断后转化为一个 1,5-二羰基化合物，再进行逆 Michael 加成切断，得到一分子丙酮和一分子长碳链的 α，β-不饱和酮。α，β-不饱和酮可以进行逆羟醛缩合反应切断，从而得到起始原料丙酮和丁醛。

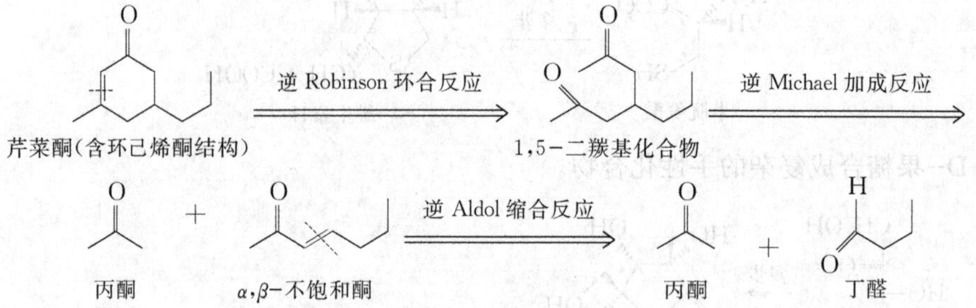

从上述逆合成分析得出的合成路线，在进行羟醛缩合反应时存在反应方向的控制问题。由于丙酮和丁醛都具有 α-氢，进行羟醛缩合反应可能得到四个不同 α，β-不饱和醛或酮的混合物。

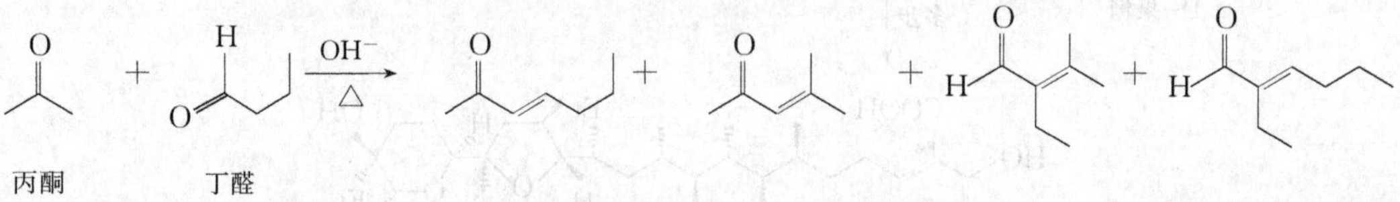

为了避免这种情况的发生，可以采用两种方法控制反应进行的方向。一是采用强碱如 LDA 与丙酮反应先形成烯醇负离子，再与丁醛反应。由于 LDA 的强碱性和对空气及水分的敏感，该反应需要在无水无氧条件下进行，对反应容器也具有较高的要求。

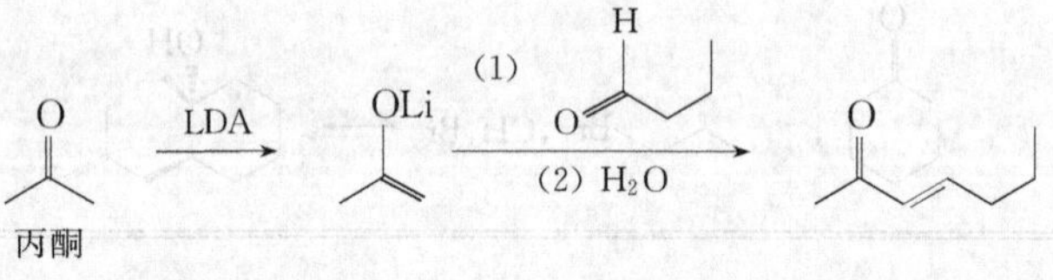

第二种方法是采用活泼亚甲基化合物代替丙酮与丁醛进行缩合反应得到所需要的 α，β-不饱和酮。事实上乙酰乙酸乙酯是良好的丙酮替代品，因为在缩合反应后，可以利用成酮水解反应脱去酯基。另外，使用乙酰乙酸乙酯还可以使反应在较温和的条件下进行，不需要严格的无水无氧条件和特殊的反应容器。

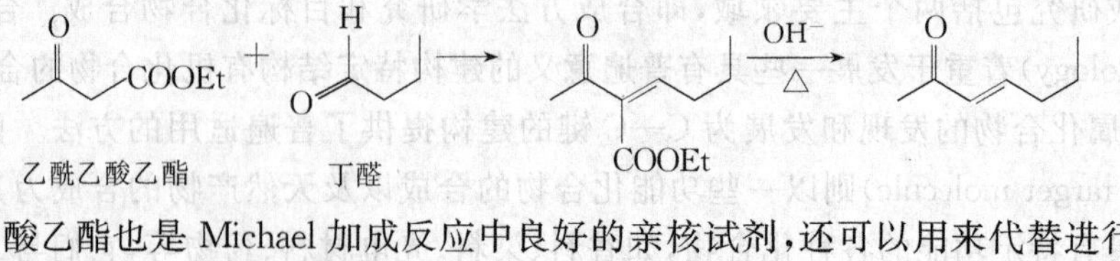

由于乙酰乙酸乙酯也是 Michael 加成反应中良好的亲核试剂，还可以用来代替进行上述逆合成分析中 Michael 加成反应所需要的丙酮。

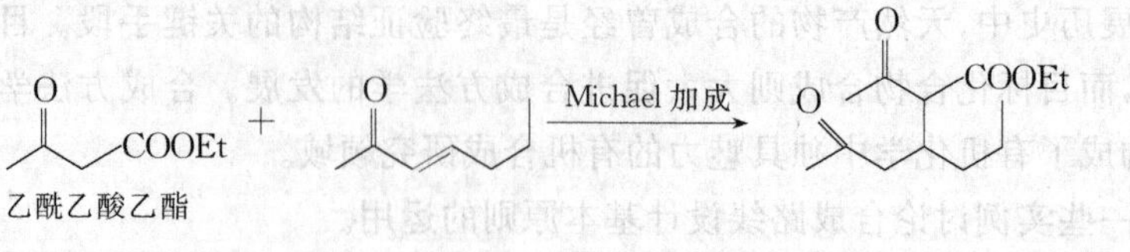

因此，最终可以确定选择丁醛和乙酰乙酸乙酯为起始原料进行合成的路线。实际工业生产就是采用丁醛和乙酰乙酸乙酯为原料，在二乙胺存在下发生缩合反应，然后以10%氢氧化钠溶液进行水解脱羧反应得到芹菜酮。

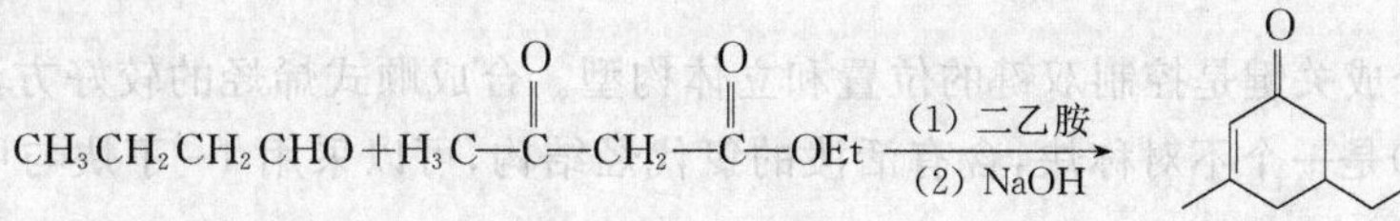

这个实例分析体现了一个很重要的逆合成分析思想，即在必要的时候引入活化基团，采用合适的替代原料进行合成。上例的逆合成路线分析中，如果在逆 Michael 加成切断分析和逆羟醛合成切断时直接采用引入合适活化基团的方法，可以直接得出简化的合成路线。下面是按上述指导思想设计的芹菜酮合成路线，其中 FGA 缩写表示增加官能团，这是合成路线分析中常用的方法。

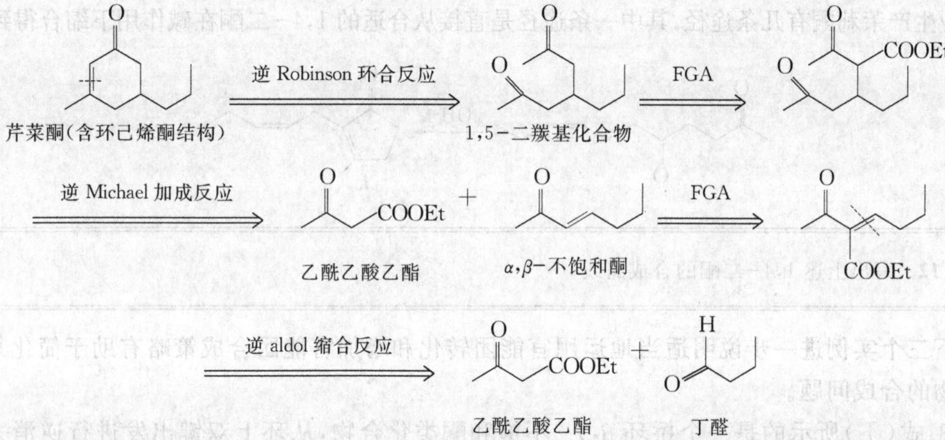

例 2：茉莉酮(*cis*-jasmone)，即 3-甲基-2-(*Z*)-戊烯基-2-环戊烯酮，是一种存在于茉莉油、橙花油、海桐花油、长寿花油、薄荷油和香柠檬中的天然食用香料。类似例 1 的分析方法，从环戊烯酮双键处切断，得到的是一个 1,4-二羰基化合物。进一步的逆合成分析如下式所示：

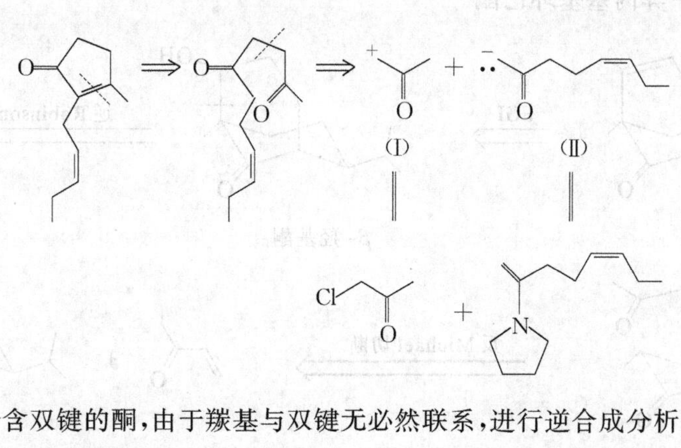

片段(Ⅱ)是一个含双键的酮，由于羰基与双键无必然联系，进行逆合成分析时，要选择合适的切断点。仔细分析片段(Ⅱ)的结构，可以发现羰基的 α 位与 β 位之间是一个较好的切断点，可以转化为丙酮和一个烯丙型卤代烃。

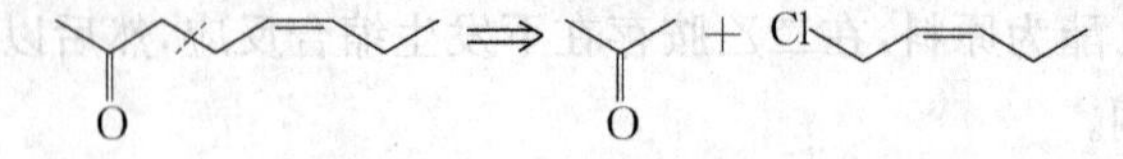

(Ⅱ) (Ⅲ)

片段(Ⅲ)的合成关键是控制双键的位置和立体构型。合成顺式烯烃的较好方法是从炔(Ⅳ)催化氢化而得。(Ⅳ)是一个不对称炔,含有活泼的氯代烃结构,可以采用1-丁炔与甲醛加成后再经卤代反应而得。

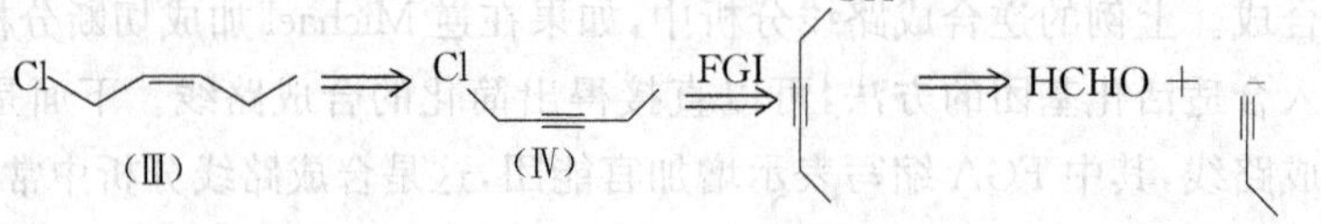

(Ⅲ) (Ⅳ)

工业生产茉莉酮有几条途径,其中一条途径是直接从合适的1,4-二酮在碱作用下缩合得到。

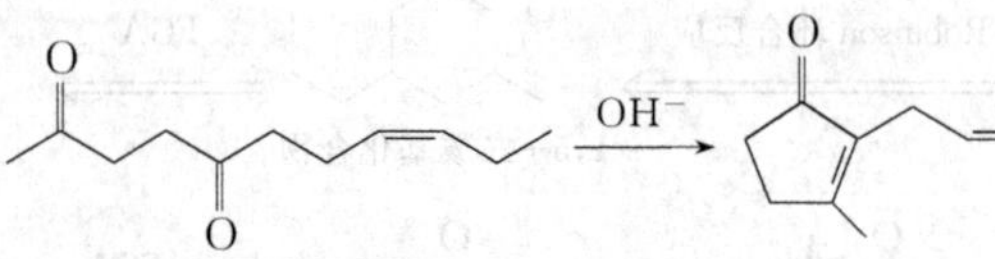

习题 16-12 写出上述1,4-二酮的合成路线。

以下三个实例进一步说明适当地运用官能团转化和增加官能团合成策略有助于简化复杂结构化合物的合成问题。

例3:式(Ⅰ)所示的是一个桥环β,γ-不饱和酮类化合物,从环上双键出发进行逆消去反应的官能团转化,将目标化合物中的β,γ-不饱和酮结构转化为β-羟基酮,使化合物(Ⅰ)的合成得以简化。因为β-羟基酮的逆合成分析可以直接选择在羰基的α,β间进行切断,转化为一个1,5-二酮,再进行反 Michael 加成的逆合成切断,就可以得到两个容易获得的起始原料——3-丁烯-2-酮和2-甲基-5-异丙基基环己酮。

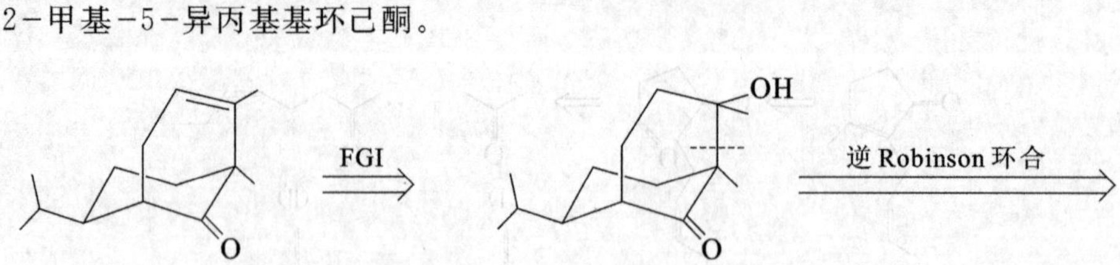

(Ⅰ) β-羟基酮

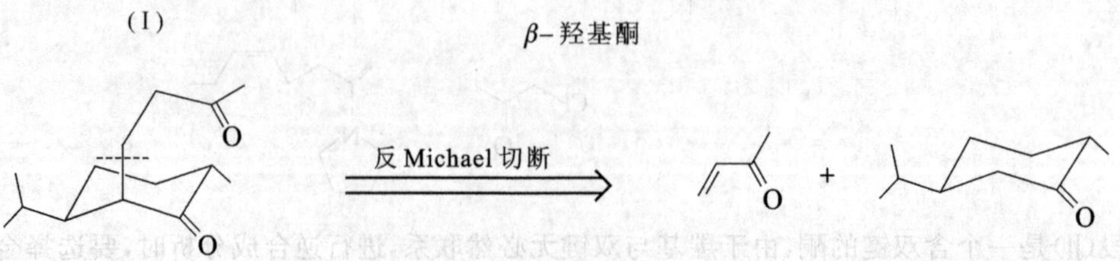

1,5-二酮

按照上述逆合成分析,可以写出化合物(Ⅰ)的合成路线。Michael 加成和分子内的羟醛反应(即 Robinson 环合)可以按照预期的路线进行。问题在于从桥环 β-羟基酮能否顺利转化为最终的 β,γ-不饱和酮结构。分析桥环 β-羟基酮的结构,发现 β-羟基和羰基间的 α-碳是桥头碳,受桥环环张力的影响,β-羟基发生消去反应的时候,不能从 α-碳上脱去氢,只能从羰基的环上 γ-碳上脱去氢,得到较稳定的 β,γ-不饱和酮。

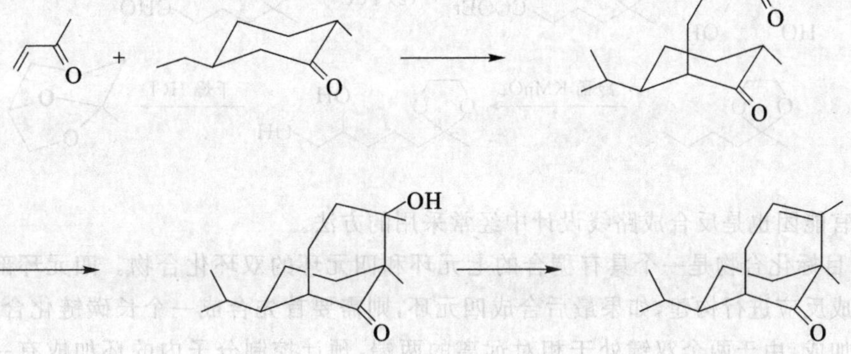

β-羟基酮　　β,γ-不饱和酮

(Ⅰ)

例 4:下面是一个看起来有点古怪的分子,分析其结构,其实是一个缩酮。一旦通过官能团转化将其结构转化为酮和邻二醇,就容易给出逆合成分析的合成路线。

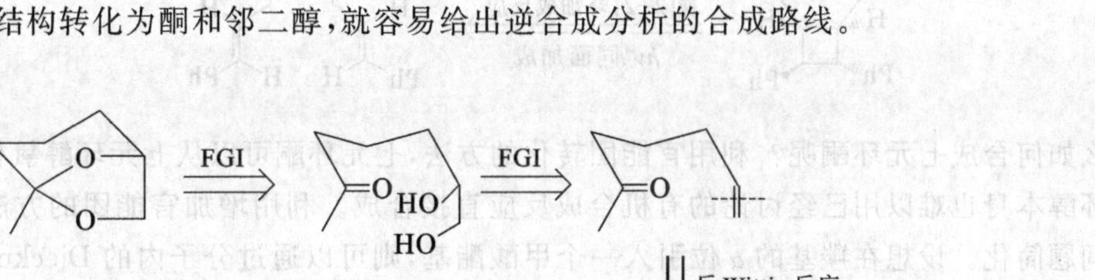

1,5-二羰基化合物

当尝试写出完整的合成路线时,还需要着重考虑两个问题:一是采用活泼亚甲基化合物乙酰乙酸乙酯替代丙酮,将有利于 Michael 加成反应的进行;二是 Wittig 反应中需要保护酮羰基,采用丙烯酸酯替换丙烯醛作为起始反应物将有助于在适当的合成阶段实施羰基的保护。具体合成路线如下所示。首先是乙酰乙酸乙酯与丙烯酸酯在醇钠作用下进行 Michael 加成,得到 2-乙酰基戊二酸酯。然后利用 β-羰基酸酯的性质,在碱性条件下水解酸化加热脱去羰基 β 位的酯基,再进行酯化反应得到 5-氧代己酸酯。选择性保护羰基使之形成缩酮,再还原酯,而后控制氧化羟基使之停留在醛的阶段,Wittig 反应得到末端烯烃,控制氧化得到预期的邻二醇结构。最后在干燥氯化氢作用进行一个分子内的缩酮转化得到目标化合物。

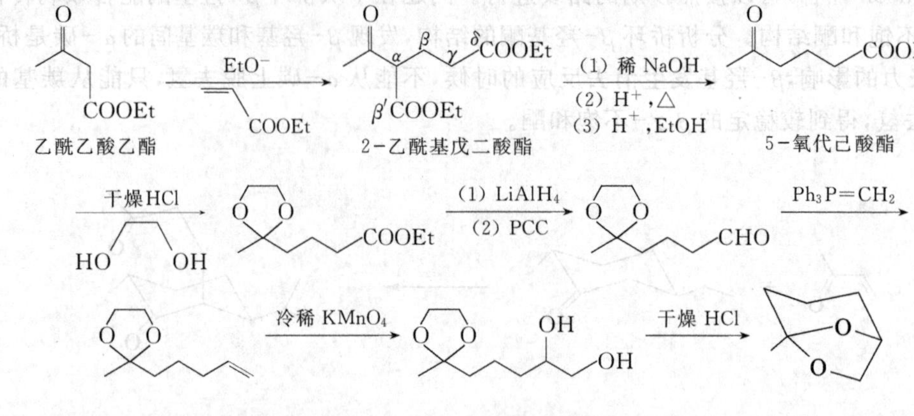

增加官能团也是反合成路线设计中经常采用的方法。

例5：目标化合物是一个具有稠合的七元环和四元环的双环化合物。四元环部分可以考虑通过环加成反应进行构建，如果最后合成四元环，则需要首先合成一个长碳链化合物，再实现分子内的环加成，由于两个双键处于相对远离的两端，预计控制分子内的环加成有一定困难。因此，先合成四元环再合成七元环是比较好的途径。

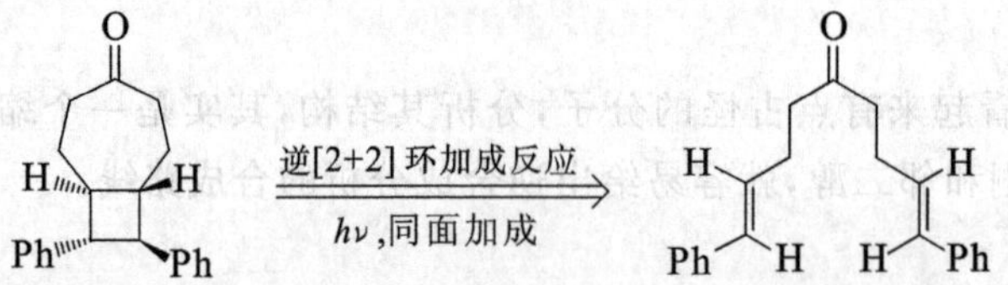

那么如何合成七元环酮呢？利用官能团转化的方法，七元环酮可以从七元环醇氧化得到，但是七元环醇本身也难以用已经讨论的有机合成反应直接合成。利用增加官能团的方法，则可以使合成问题简化。设想在羰基的 α 位引入一个甲酸酯基，则可以通过分子内的 Dieckmann 缩合反应实现这一建环目的。于是目标化合物的合成转化为一个带四元环的二羧酸酯的合成。该二羧酸酯进行逆[2+2]环加成反应得到两分子相同的 γ,δ-不饱和酯，进一步的逆酯合成切断得到起始原料肉桂酸酯和乙酸甲酯或丙二酸二甲酯。

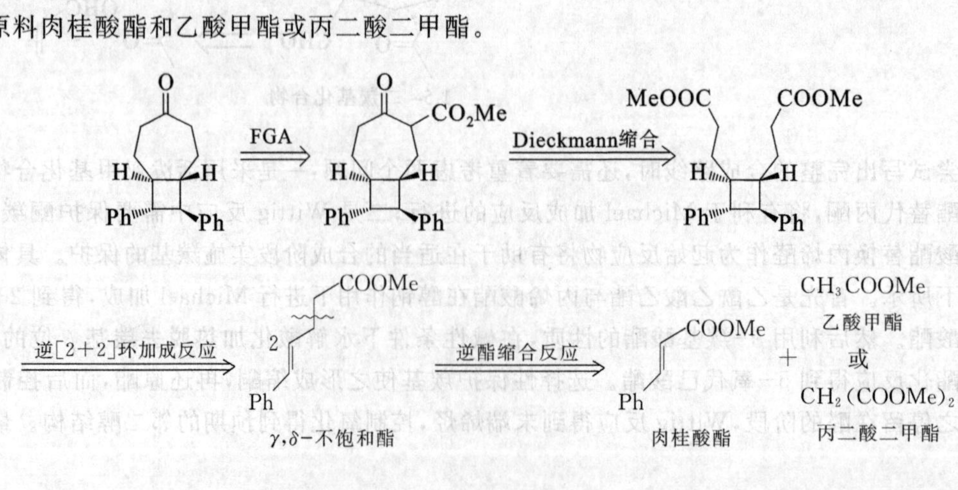

习题 16-13 写出上述目标化合物的正向合成路线。

运用重排反应经常使合成问题简化。

例 6:目标化合物是一个螺环酮的合成,如果能够看出它是一个 pinacol 重排的产物,则合成路线十分简化。

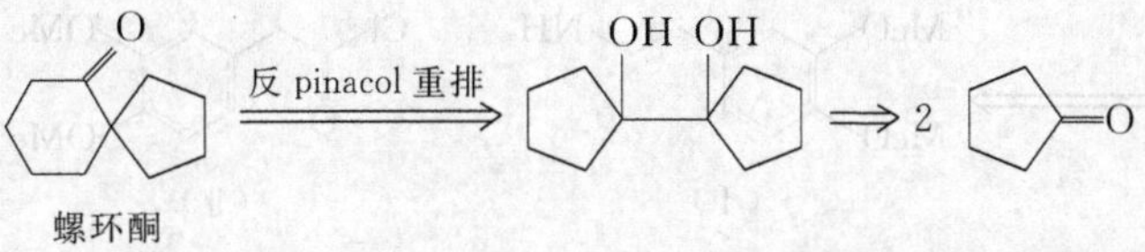

例 7:利用[3,3]σ-迁移反应——oxy-Cope 重排可以实现两种不同环结构的转化。

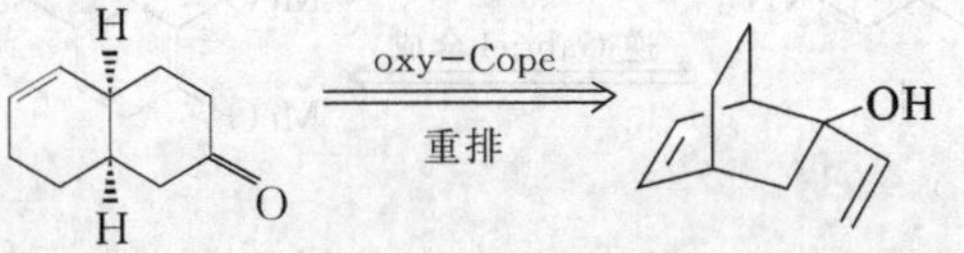

习题 16-14 写出上述转化的反应机理。

习题 16-15 试为上述左右两个结构提出不利用重排反应的合成路线。

例 8:利用 Beckmann 重排可以实现环己酮结构转化为七元环内酰胺,进一步还可以转化为七元环仲胺。

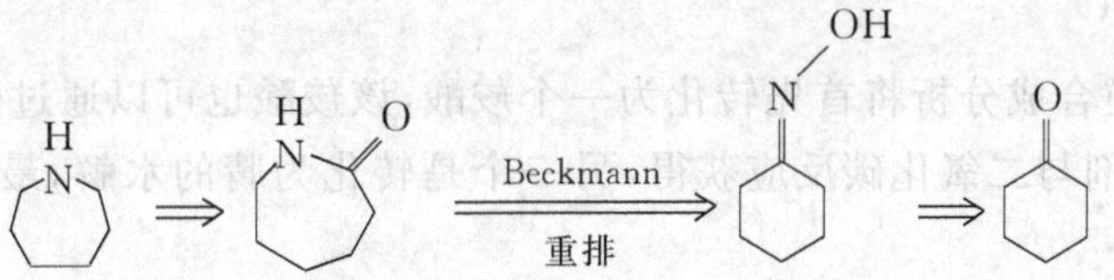

利用重排反应的逆合成路线设计相对不容易掌握,主要是因为重排前后分子骨架发生了较大的变化,不容易识别。注意对比小结重排反应中的前后结构特征将有助于灵活运用它们解决复杂化合物的合成问题。

以下再给出一些含氮化合物以及无任何官能团烷烃的实例分析。

含氮化合物主要有胺、酰胺和杂环化合物,酰胺化合物主要是通过亲核取代反应得到,杂环化合物的建环方法在第十四章进行了初步讨论,这里着重讨论两个实例分析。

对于胺类化合物的合成,从 C—N 键进行第一步的切断是常用的策略。但是直接利用卤代烃与氨的反应来制备胺往往难以控制反应进行的阶段。通常伯胺的合成可以采用 Gabriel 合成法。仲胺和叔胺的合成则可以通过还原酰胺的方法实现。

习题 16-16 醚可以通过还原酯得到吗?为什么?

例 9：目标产物是一个结构对称的仲胺，根据上述讨论的原则，可以在氨基的 α－碳原子上引入一个羰基，这样将一个仲胺的合成转化成一个伯胺（Ⅰ）和一个酰氯（Ⅱ）的合成。

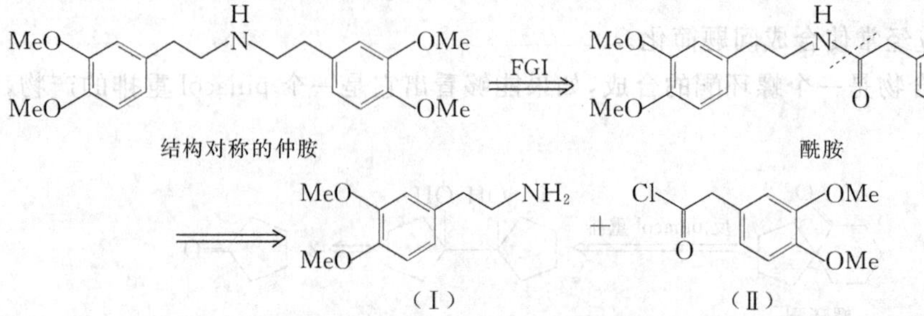

对伯胺(Ⅰ)进行逆合成分析可以给出两条不同的合成路线，一个途径是通过 Gabriel 合成法：

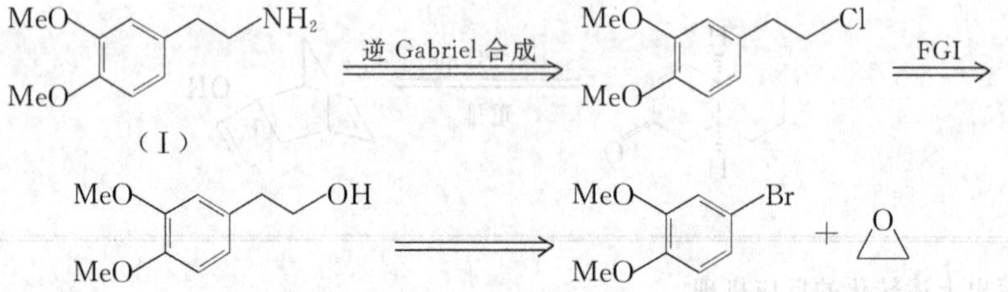

另一个途径是通过腈类化合物的还原：

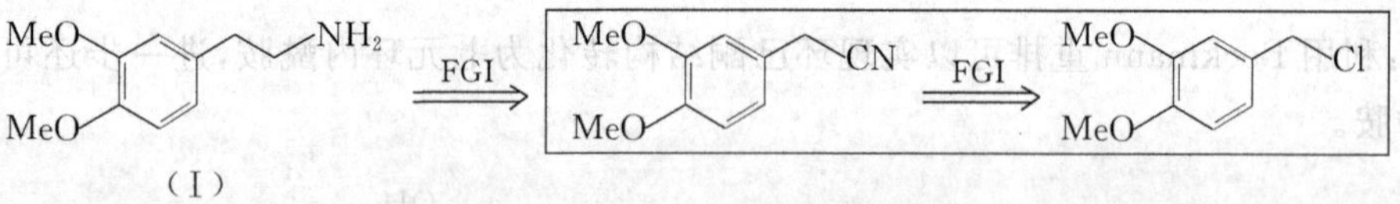

酰氯（Ⅱ）进行逆合成分析将首先转化为一个羧酸，该羧酸也可以通过两种方法合成得到，一个是以 Grignard 试剂与二氧化碳反应获得，另一个是转化为腈的水解，最终都转化为一个苄氯的起始原料。

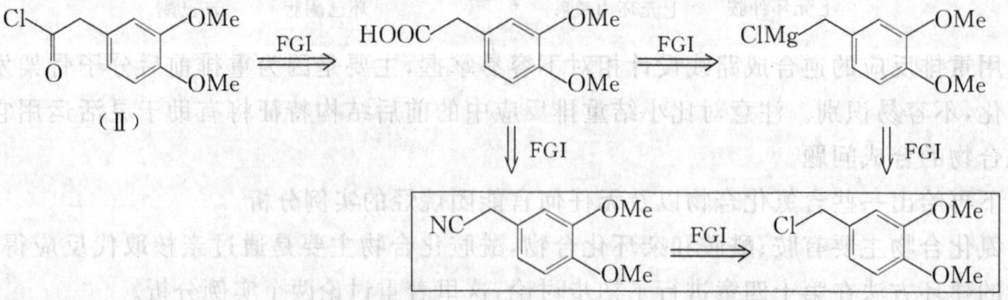

对比伯胺（Ⅰ）与酰氯（Ⅱ）的逆合成分析，可以发现二者如果都采用经过腈的中间体的合成路线，则两个片段的合成具有相同的中间体，这将十分有利于提高合成效率。因此，最终的合成路线确定如下：

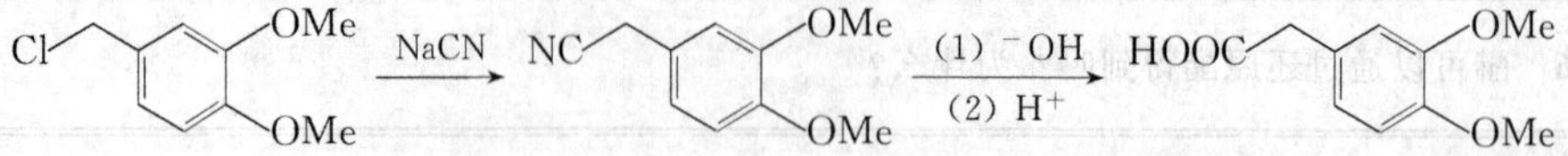

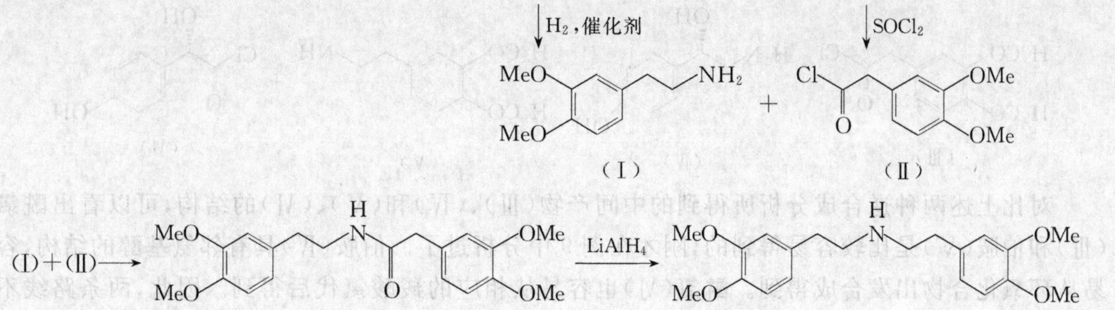

习题 16-17　设计上述合成中的起始原料 3,4-二甲氧基苄基氯的合成路线，并查阅资料了解化工市场是否有该原料或试剂供应。

例 10：目标分子仲胺是一种口服强心剂，俗称地诺帕明（denopamine），比起例 9，地诺帕明的结构中多了些官能团，结构不对称，还有一个手性碳原子，合成路线分析相对复杂些。

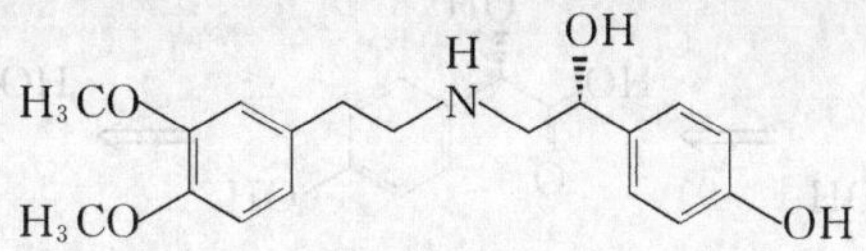

地诺帕明（denopamine）

(*R*)-*α*-[[[2-(3,4-二甲氧基苯基)乙基]氨基]甲基]-4-羟基苯甲醇

参照例 9 的方法，首先通过官能团转化，引入羰基将目标胺的合成转化为一个酰胺的合成。但是由于结构不对称，羰基可以在氨基的两侧不同的位置引入，即可以转化为酰胺（Ⅰ）或酰胺（Ⅱ）。酰胺（Ⅰ）从酰胺键的位置切断转化为酰氯（Ⅲ）和伯胺（Ⅳ），酰胺（Ⅱ）从酰胺键的位置切断转化为伯胺（Ⅴ）和酰氯（Ⅵ）。

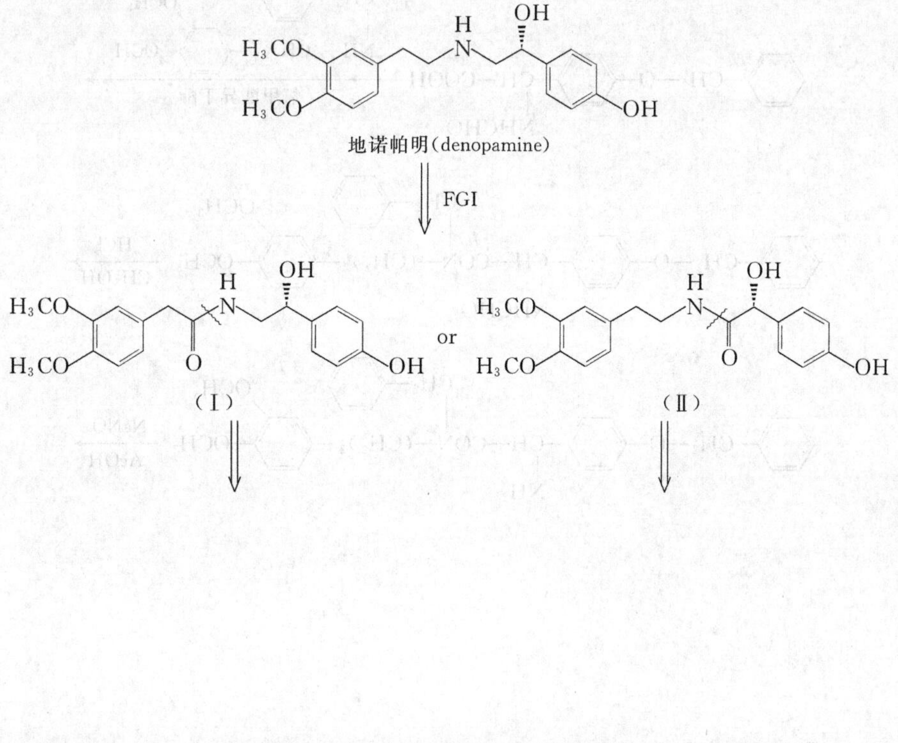

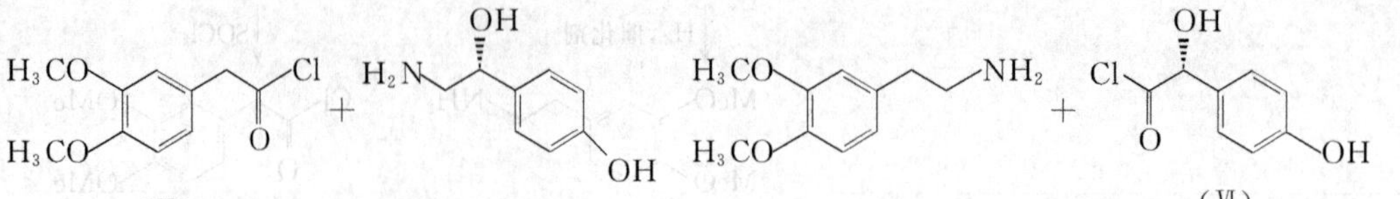

（Ⅲ）　　（Ⅳ）　　（Ⅴ）　　（Ⅵ）

对比上述两种逆合成分析所得到的中间产物（Ⅲ）、（Ⅳ）和（Ⅴ）、（Ⅵ）的结构，可以看出酰氯（Ⅲ）和伯胺（Ⅴ）是比较容易得到的，刚才在例 9 中分析过了。伯胺（Ⅳ）具有邻氨基醇的结构，容易从环氧化合物出发合成得到。酰氯（Ⅵ）也容易从相应的羧酸氯代后得到。因此，两条路线不分伯仲。关键还在于手性碳构型的控制，以及在酰胺化反应中保护醇羟基和酚羟基。伯胺（Ⅳ）和酰氯（Ⅵ）的进一步逆合成分析如下：

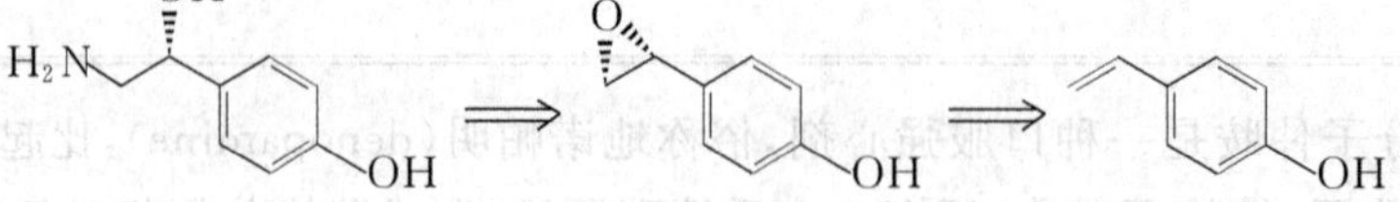

（Ⅳ）

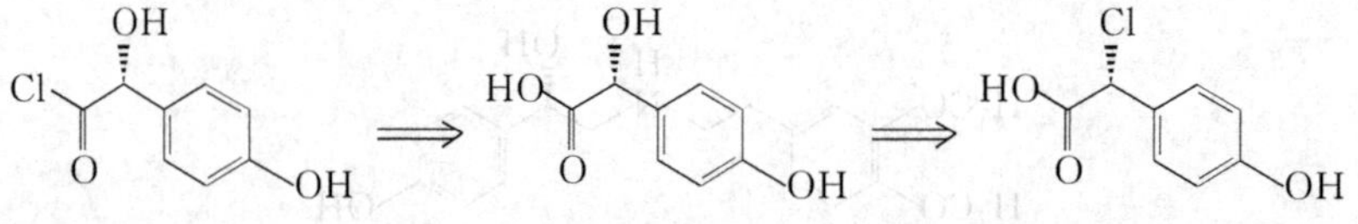

（Ⅵ）

实际工业上生产原料药时采用的合成路线之一如下所示：

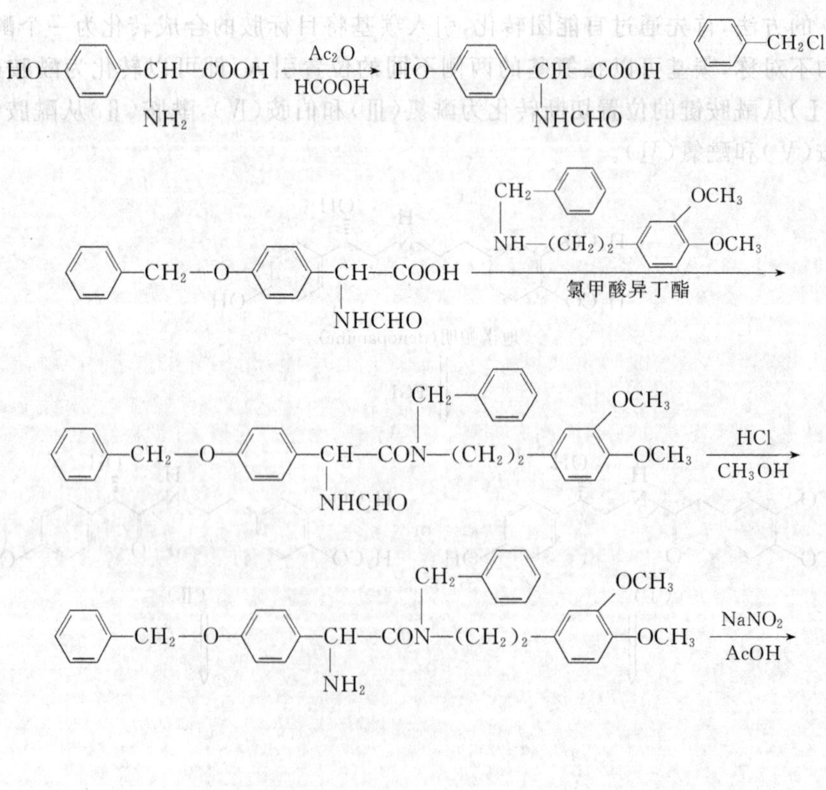

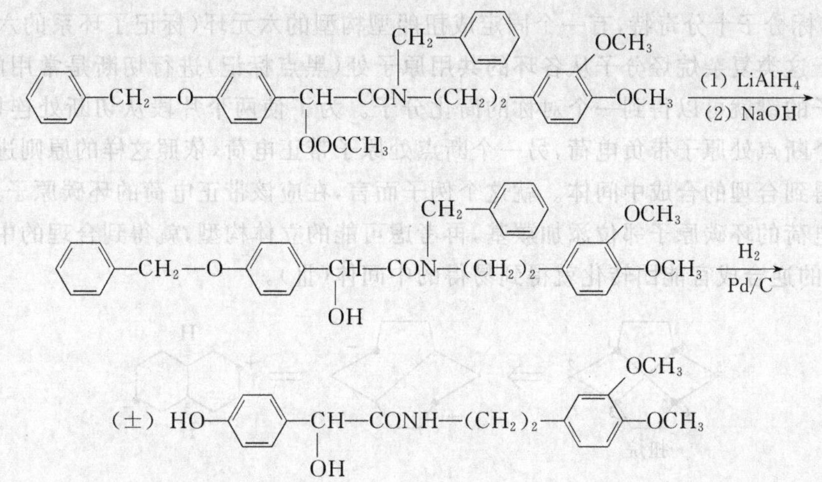

习题 16-18　试为上述工业生产的起始原料 2-(4-羟基苯基)-2-氨基乙酸设计一个合成路线，并通过查阅文献资料了解该原料的化工市场供应情况。

合成烷烃的逆合成分析中，一般在分支点进行切断或者引入官能团是比较好的做法。有机金属试剂的偶联反应、烯烃的催化氢化还原等是合成烷烃化合物的重要方法。

例 11：目标分子是一个对称的带有两个环己基的烷烃。从环己基与直链碳链的结合点着手分析是比较合适的，一种逆合成分析是利用有机金属试剂将目标分子转化为两分子的环己基 Grignard 试剂与 1,3-二卤代丙烷反应。不过有机金属试剂一般需要与活泼的卤代烃反应，所以选用原料时应选择 1,3-二溴丙烷。

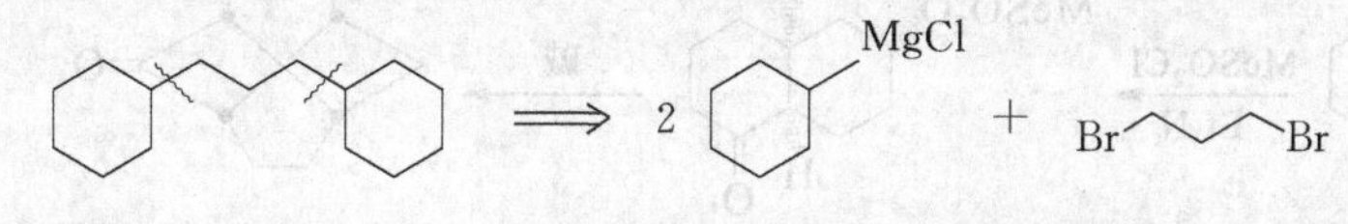

除了上述这个方法，上述目标烷烃还可以有以下两种逆合成分析路线，一个是在环己基与直链碳链的结合部位增加两个双键，从双键处进行逆 Wittig 反应切断，也可以利用 Grignard 试剂与醛加成后脱水得到：

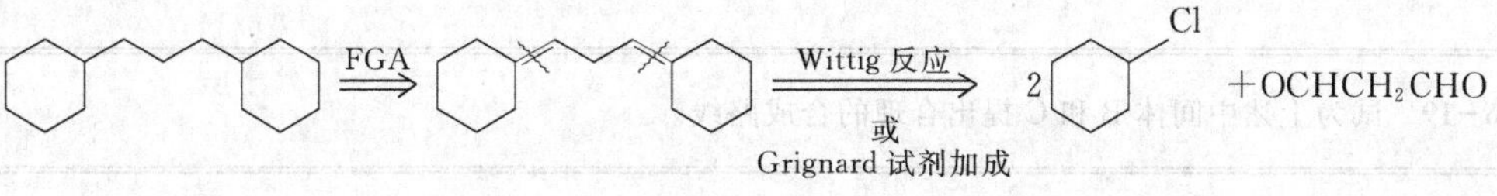

另一个方法是引入一个 α,β-不饱和酮结构，再进行逆羟醛缩合的切断得到环己酮和 3-环己基-2-丙酮，该酮是一个甲基酮，可以利用乙酰乙酸乙酯与氯代环己烷进行烷基化反应得到。

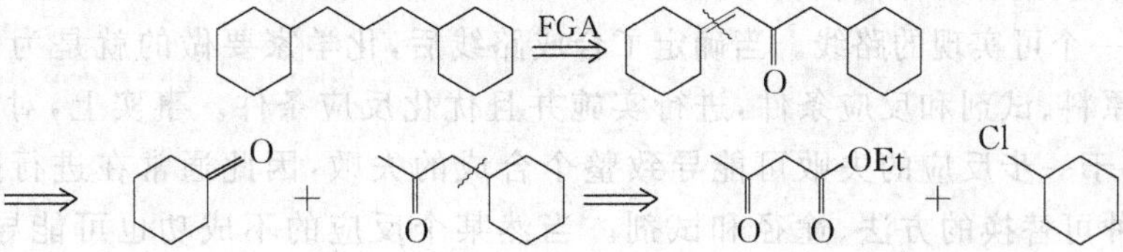

例 12：目标分子十分奇特，有一个固定成扭船型构型的六元环（标记了环系的六元环），称为“扭烷”。对于这类复杂烷烃分子从各环的共用原子处（黑点标记）进行切断是常用的策略，切断一对共用原子的键就可以得到一个对称的简化分子。为了使两个片段从切断处连接，有效的方法是其中一个断点处原子带负电荷，另一个断点处原子带正电荷，依照这样的原则进行官能团的添加就可以得到合理的合成中间体。就这个例子而言，在应该带正电荷的环碳原子上添加羟基，在应该带负电荷的环碳原子邻位添加羰基，再考虑可能的立体构型，就得到合理的中间体（Ⅰ）和（Ⅱ），进一步的逆合成官能团转化就得到易得的中间体（Ⅲ）。

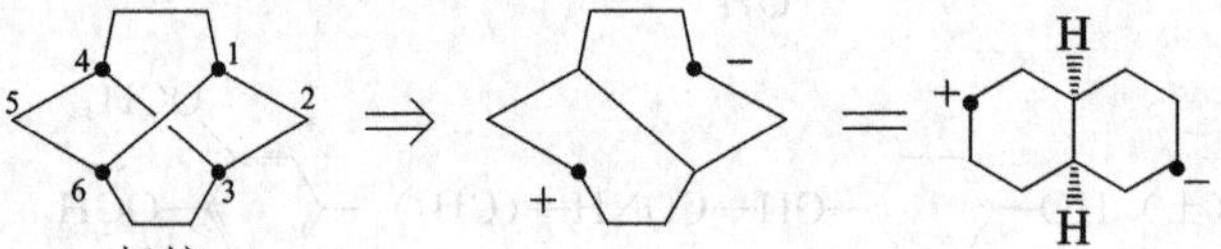

扭烷

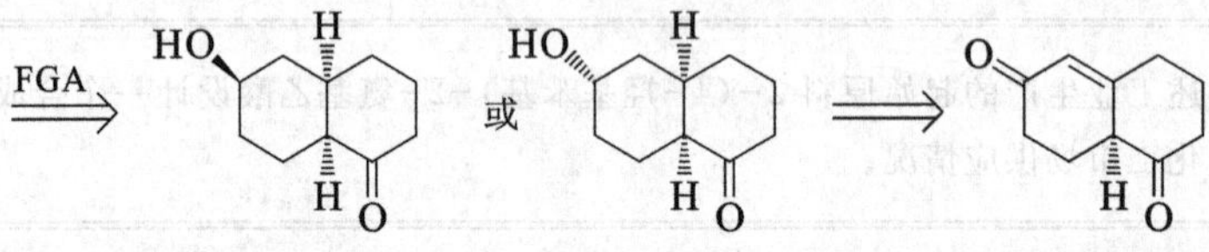

（Ⅰ） （Ⅱ） （Ⅲ）

现在的问题是如何实施从中间体（Ⅰ）或者（Ⅱ）到“扭烷”的有效建环反应呢？已经知道羟基不是一个好的离去基团，在碱作用下，羰基的 α-氢脱去后形成的碳负离子进攻连羟基的碳是不容易进行的。这里需要对羟基进行修饰，使之转化为容易离去的基团。形成甲磺酸酯是一个有效的途径。以下列出了从中间体（Ⅱ）到“扭烷”的合成路线。

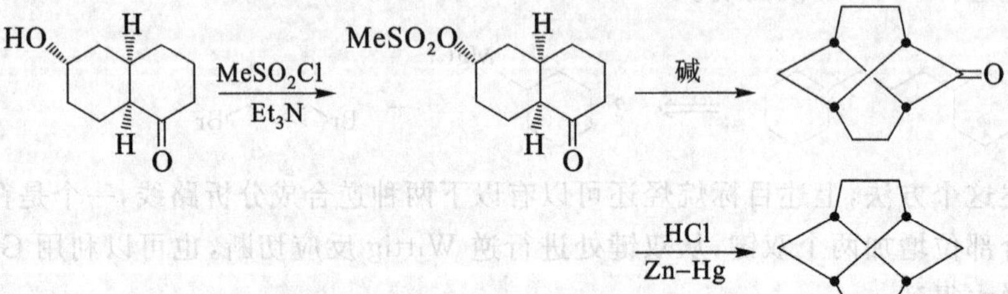

习题 16-19 试为上述中间体 B 和 C 提出合理的合成路线。

复杂化合物的合成实例很多，采用的逆合成分析策略也多种多样，是否能设计出巧妙的合成路线需要具备扎实地掌握有机反应原理和各种合成方法，这需要长期努力并不断实践。

需要指出的是，随着目标化合物结构复杂性的增加，更有必要对可能的合成路线作出细致的分析，以便找出一个可实现的路线。当确定了合成路线后，化学家要做的就是为每一步具体合成寻找合适的原料、试剂和反应条件，进行实施并且优化反应条件。事实上，对于一个目标化合物的合成，由于一步反应的失败可能导致整个合成的失败，因此通常在进行路线设计时需要仔细考虑多种可替换的方法、途径和试剂。当然某个反应的不成功也可能导致新试剂、新方法的诞生。

有机合成是一个十分有挑战性的工作，尽管人们已经合成了十分复杂的化合物如红霉素 A 和海葵毒素。但是自然界的很多奇妙的化合物如生命活性分子的设计、合成，以及新的环境友好的合成方法等均有待于我们和后来者不懈的努力。

习题 16－20　试运用反合成设计路线设计以下化合物的合成路线。

(1) 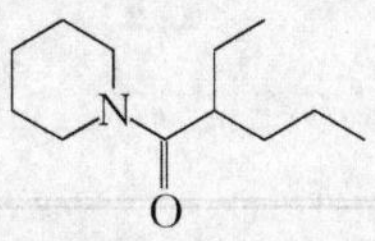

(2) 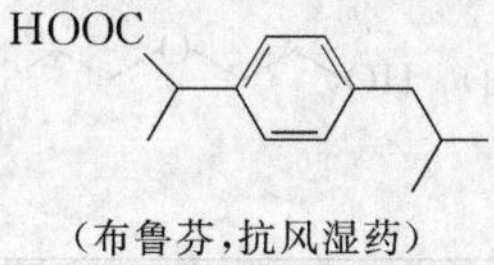

(布鲁芬，抗风湿药)

(3) 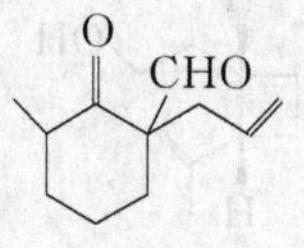

(4) 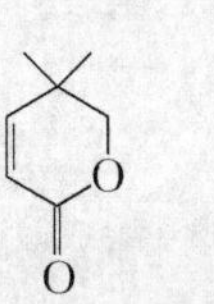

(5) 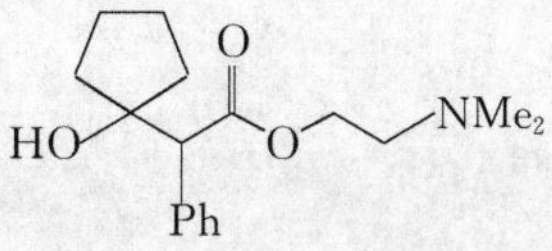

(扩瞳剂)

(6) 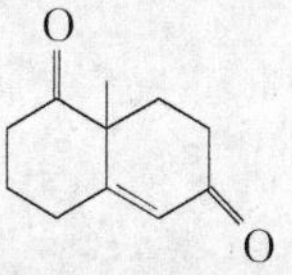

(7) 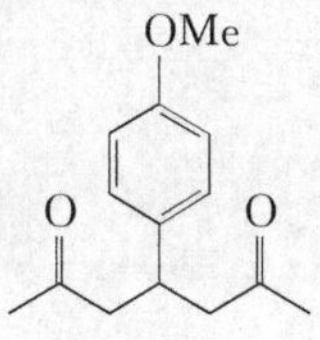

(8) 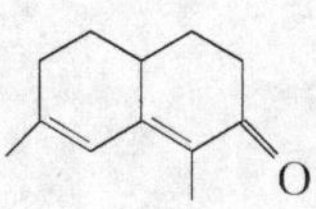

(9) 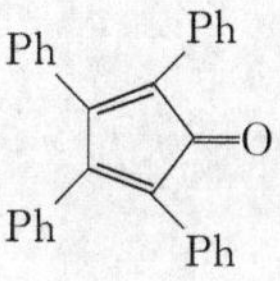

(10) 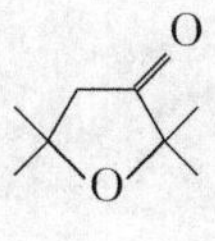

(11) 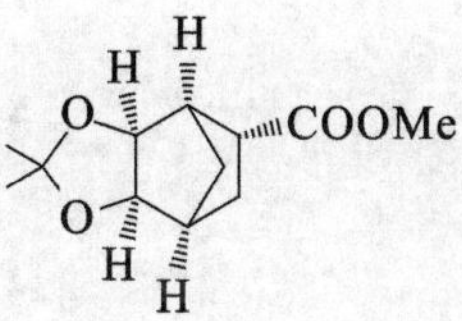

(12) 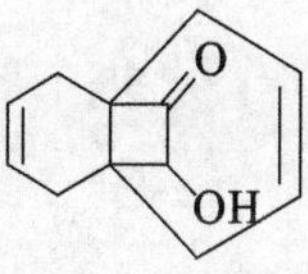

(13) 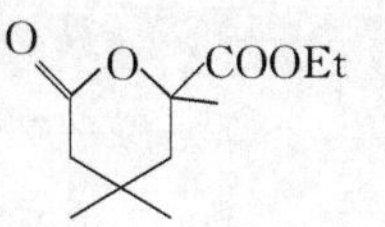

(14) 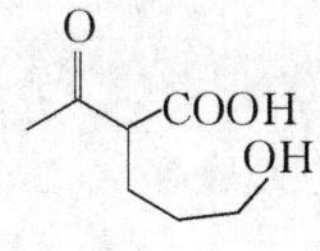

(15) 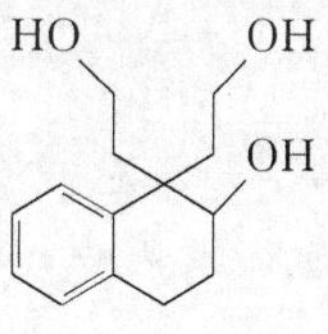

(16) 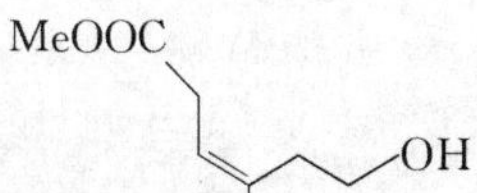

(17) 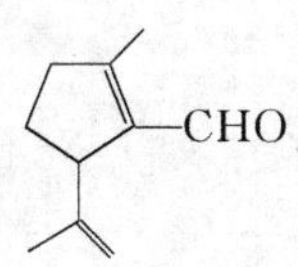

(18) 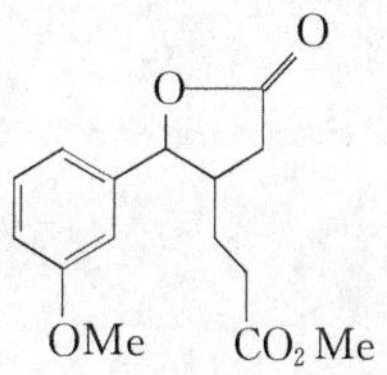

(19) 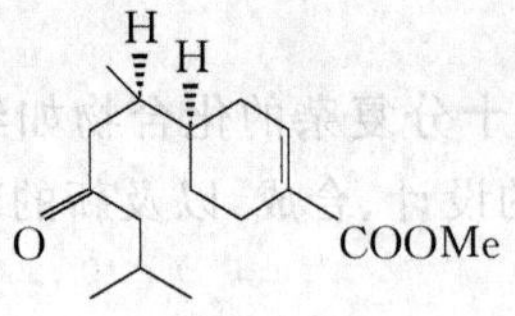

（保幼酮juvabione）

(20) 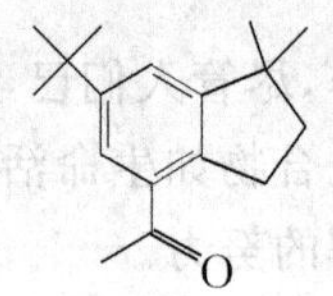

（萨列麝香celestolide）

(21) 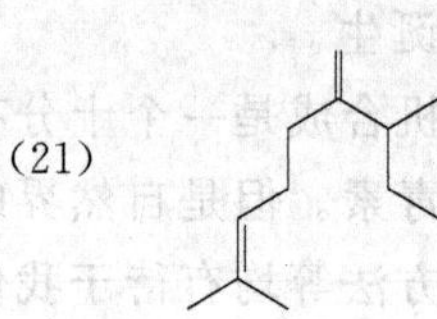

（毕萨波烯bisabolene）

(22) 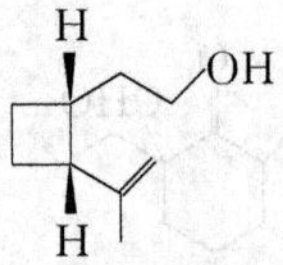

(23) 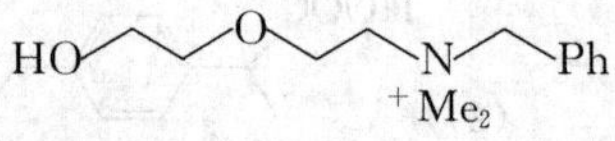

第三部分
生物有机化合物

所有生命体中都存在脂、糖、蛋白质和核酸四大类生物分子，它们都是含碳的有机化合物。这四类生物有机分子与普通的有机分子相比较，结构要复杂得多。正是这种结构的复杂与多样性，使它们具有多种生物功能。本部分（共分四章），将简单介绍这四类重要生物分子的结构、性质和生物功能。更深入、全面的学习可参考有关生物化学教科书或专著。

第十七章 脂　类

(Lipids)

脂类(lipids)化合物是广泛存在于动、植物体内的一大类不溶于水的天然物质。作为一类生物分子,脂类化合物最显著的特点是易溶于有机溶剂,如乙醚、氯仿等,显示出憎水的特性。这种性质使它们有别于糖、蛋白质、核酸等其他生物分子。脂类是根据溶解性质定义的一类生物分子,因此在化学组成和结构上变化较大。它们的结构多种多样,并且不是聚合物(而其他三类生物分子主要以聚合物形式存在)。一般可根据脂类分子中是否含有酯基,将其分为两大类:一类分子中含有酯基,可经碱水解生成脂肪酸和醇类等物质,如蜡、甘油三酯、磷脂等,是真正意义上的酯,被称为可皂化脂质(saponifiable lipids);另一类分子中不含有酯基,不被碱水解,但具有与前一类分子相似的溶解性质,如甾体类、前列腺素类和萜类化合物,被称为不可皂化脂质(unsaponifiable lipids)。

脂类物质在生物体内的功能是多种多样的。例如,磷脂和鞘磷脂是构成生物膜的重要组成成分,它们形成脂双层,与蛋白质等一起共同构成生物膜;脂肪和油脂是生物体中重要的贮能物质,因为分子中含有长烃链,使它们在氧化过程中释放出大量的能量;萜类物质,如脂溶性维生素A,E,K等,具有营养和代谢调节功能;许多甾体类物质,如肾上腺皮质激素等,是生命体中的化学信使,参与细胞内或细胞间的信号传导过程。此外,其他脂类物质还具有促进脂肪溶解和吸收、防水、防热量散发、防机械损伤、参与细胞识别及组织免疫等各种功能。常见的一些脂类化合物的结构和生物功能如图 17-1 所示。

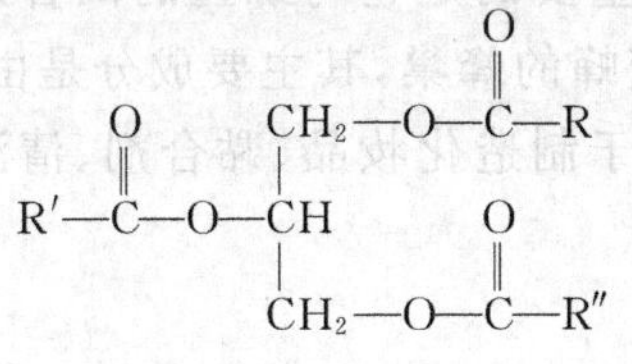

脂肪(fat)
贮存能量

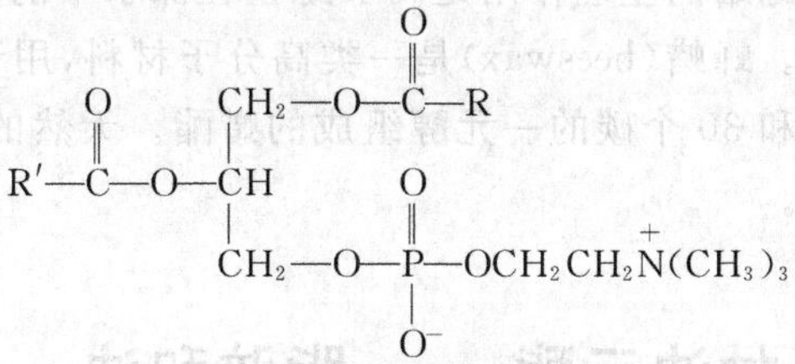

卵磷脂(lecithin)
构成细胞膜的主要成分

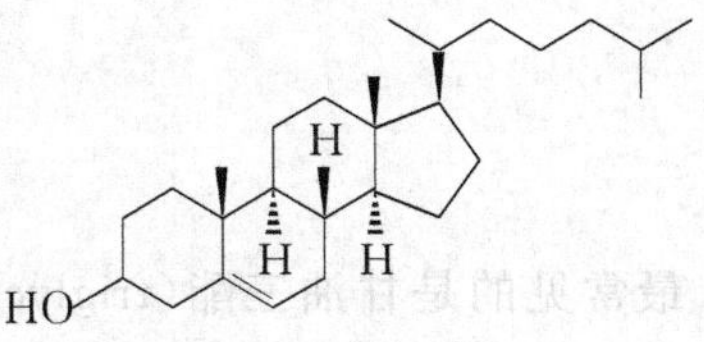

胆固醇(cholesterol)
细胞膜组成成分,其他固醇的生物合成前体

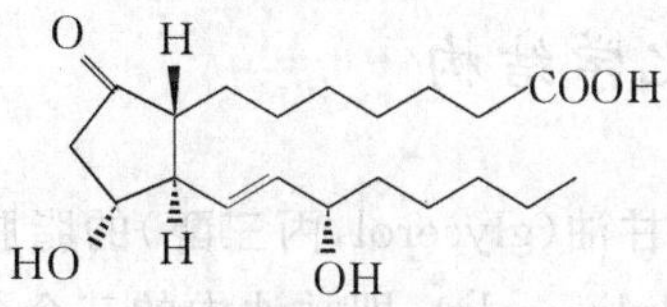

前列腺素(PGE_1)
生物代谢调节剂,多种功能

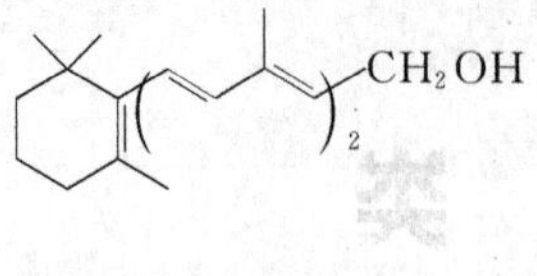

维生素 A(vitamin A)

构成视觉细胞内感光物质的成分

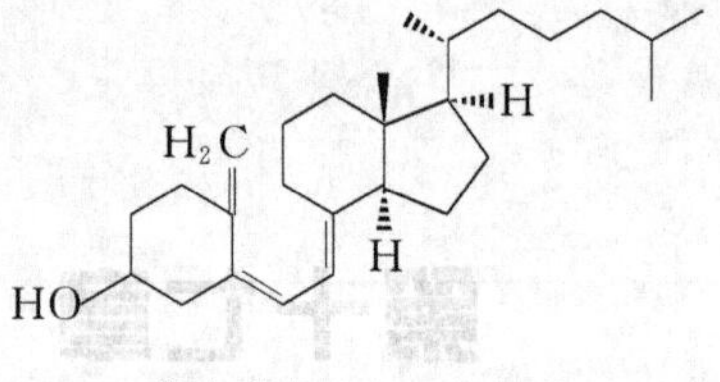

维生素 D_3(vitamin D_3)

抗佝偻病。提高血液钙、磷浓度，利于新骨形成与钙化

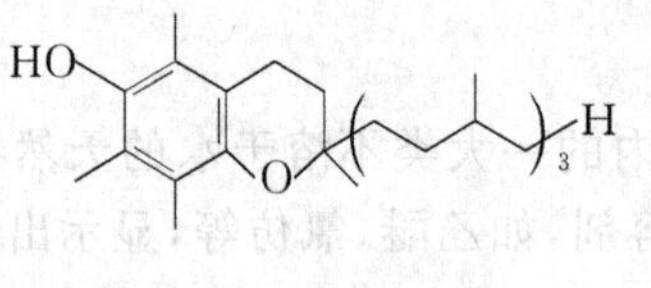

维生素 E(vitamin E)

抗氧化作用，以保护细胞膜的结构与功能。与动物生殖功能有关

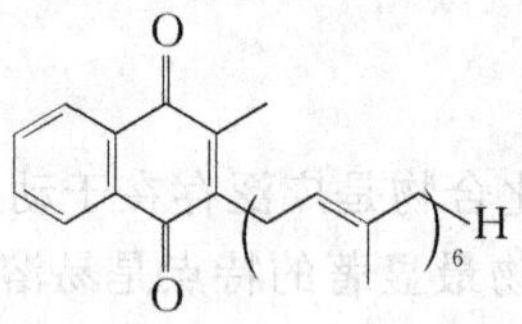

维生素 K_2(vitamin K_2)

促进血液凝固

图 17-1　一些常见脂类化合物的化学结构与生物功能

17.1　蜡

蜡(waxes)是由高级一元醇($C_{16}\sim C_{34}$，链状或环状)和高级脂肪酸($C_{16}\sim C_{36}$)所构成的酯。蜡不溶于水，熔点比甘油三酯高，且不易水解。

天然的蜡主要分为植物蜡和动物蜡，它们一般是多种蜡酯的混合物。植物蜡主要分布在叶、茎、果实的表面，作用是防止水分的蒸发，同时也起保护(如防止寄生虫的侵害)作用。鲸蜡(spermaceti)存在于鲸鱼的头部，其主要成分是由 16 个碳的脂肪酸和 16 个碳的一元醇组成的蜡酯。鲸蜡的生理作用是调节鲸鱼在深水中的浮力，更重要的是它与鲸鱼的回音定位功能密不可分。蜂蜡(beeswax)是一类高分子材料，用于形成蜜蜂的蜂巢，其主要成分是由 26 个碳的脂肪酸和 30 个碳的一元醇组成的蜡酯。天然的蜡可用于制造化妆品、黏合剂、清漆以及防水材料等。

17.2　甘油三酯——脂肪和油

17.2.1　化学结构

甘油酯是甘油(glycerol，丙三醇)的脂肪酸酯。最常见的是甘油三酯(triglycerides)或称三酰甘油(triacylglycerols)，即甘油中的三个羟基均与脂肪酸形成酯(图 17-2)。当甘油三酯中的三个脂肪酸相同时(即 $R^1 = R^2 = R^3$)，称为甘油三单酯(simple triacylglycerols)；当三个脂肪酸不尽相同时，称为甘油三杂酯(mixed triacylglycerols)。

通常将室温下呈固态的甘油三酯称为脂肪(fats)，呈液态的甘油三酯称为油(oils)。大部分哺乳动物中的甘油三酯是脂肪，如牛脂或猪脂。冷血动物和植物中的甘油三酯一般是油，如玉米油、花生油、鱼油等。大多数天然存在的脂肪和油是各种含有不同饱和程度脂肪酸的甘油三酯的混合物。一般来说，来源于植物和冷血动物的油要比来源于热血动物中的脂肪含有更多的不饱和成分。

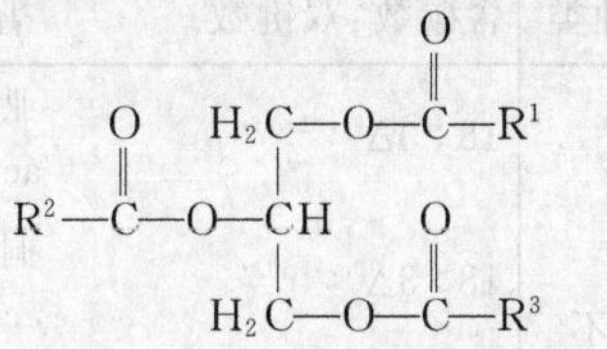

图 17-2　甘油三酯结构通式

17.2.2　脂肪酸

脂肪酸(fatty acids)是带有一个长烃链的羧酸类物质，它是许多脂类物质的基本组成成分。自然界存在的脂肪酸种类很多，其中最常见的脂肪酸列于表 17-1。

天然的脂肪酸一般含有 4～24 个碳原子，可写成 R—COOH。它的非极性烃基 R 是脂类不溶于水而显示脂和油特性的主要贡献基团。

由于天然脂肪酸的生物合成是由两个碳的乙酰基(CH_3CO—)作为一个合成单元，因而几乎所有的天然脂肪酸都含有偶数个碳原子。

烃基 R 可以是饱和的，也可以是不饱和的。饱和脂肪酸的熔点随相对分子质量的增加而增加。不饱和脂肪酸(R 含有一个或几个双键)中双键的位置通常都处于 C9 和 C10 之间。含不止一个双键的脂肪酸，其双键极少出现共轭的情况。

天然脂肪酸中，不饱和双键大多是顺式构型(*Z* 式)，从而导致分子的弯曲，使分子间不能像饱和脂肪酸那样紧密排列，结果，不饱和脂肪酸有较弱的分子间作用力，因而相对分子质量相同的不饱和脂肪酸的熔点要比饱和脂肪酸低。而且随着双键数目的增加，其熔点逐渐降低(参见表 17-1)。

表 17-1　常见的天然脂肪酸

种类	含碳数:双键数	普通命名	系统命名	结构	熔点/℃
饱和脂肪酸	8:0	羊脂酸(caprylic acid)	辛酸(octanoic acid)	$CH_3(CH_2)_6COOH$	17
	10:0	羊腊酸(capric acid)	癸酸(decanoic acid)	$CH_3(CH_2)_8COOH$	31
	12:0	月桂酸(lauric acid)	十二酸(dodecanoic acid)	$CH_3(CH_2)_{10}COOH$	44
	14:0	豆蔻酸(myristic acid)	十四酸(tetradecanoic acid)	$CH_3(CH_2)_{12}COOH$	54
	16:0	软脂酸(palmitic acid)	十六酸(hexadecanoic acid)	$CH_3(CH_2)_{14}COOH$	63
	18:0	硬脂酸(stearic acid)	十八酸(octadecanoic acid)	$CH_3(CH_2)_{16}COOH$	69
	20:0	花生酸(arachidic acid)	二十酸(eicosanoic acid)	$CH_3(CH_2)_{18}COOH$	77

种类	含碳数:双键数	普通命名	系统命名	熔点/℃
不饱和脂肪酸	16:1Δ^{9c}(注)	棕榈油酸(palmitoleic acid)	(9*Z*)-十六碳烯酸(9*Z*)－hexadecenoic acid	0
	18:1Δ^{9c}	油酸(oleic acid)	(9*Z*)-十八碳烯酸(9*Z*)-octadecenoic acid	13
	18:2$\Delta^{9c,12c}$	亚油酸(linoleic acid)	(9*Z*,12*Z*)-十八碳二烯酸(9*Z*,12*Z*)-octadecadienoic acid	—5

续表

种类	含碳数:双键数	普通命名	系统命名	熔点/℃
不饱和脂肪酸	18:3$\Delta^{9c,12c,15c}$	亚麻酸（linolenic acid）	(9*Z*,12*Z*,15*Z*)-十八碳三烯酸(9*Z*,12*Z*,15*Z*)-octadecatrienoic acid	−11
	18:3$\Delta^{9c,11t,13t}$	桐油酸（eleostearic acid）	(9*Z*,11*E*,13*E*)-十八碳三烯酸(9*Z*,11*E*,13*E*)-octadecatrienoic acid	49
	20:4$\Delta^{5c,8c,11c,14c}$	花生四烯酸(arachidonic acid)	(5*Z*,8*Z*,11*Z*,14*Z*)-二十碳四烯酸(5*Z*,8*Z*,11*Z*,14*Z*)-eicosatetraenoic acid	−49
	20:5$\Delta^{5c,8c,11c,14c,17c}$	EPA	(5*Z*,8*Z*,11*Z*,14*Z*,17*Z*)-二十碳五烯酸(5*Z*,8*Z*,11*Z*,14*Z*,17*Z*)-eicosapentaenoic acid	−54
	22:6$\Delta^{4c,7c,10c,13c,16c,19c}$	DHA	(4*Z*,7*Z*,10*Z*,13*Z*,16*Z*,19*Z*)-二十二碳六烯酸(4*Z*,7*Z*,10*Z*,13*Z*,16*Z*19*Z*)-docosahexaenoic acid	−45

注:符号 Δ^{9c} 代表双键的位置在 C9 和 C10 之间,双键的构型为顺式用 c(cis)表示,为反式用 t(trans)表示。

17.2.3　物理性质

脂肪和油一般是无色、无味,为中性的非极性分子。不溶于水,易溶于非极性溶剂。密度均小于 1,具有旋光活性。脂肪和油的熔点依赖于分子中脂肪酸的不饱和程度,特别是顺式双键的数目。这与甘油三酯晶格是否容易排列紧密有关。如图 17-3 中硬脂酸三甘酯的熔点为 72 ℃,油酸三甘酯的熔点只有−4 ℃。

硬脂酸三甘酯

(tristearin)

mp 72 ℃

油酸三甘酯

(triolein)

mp −4 ℃

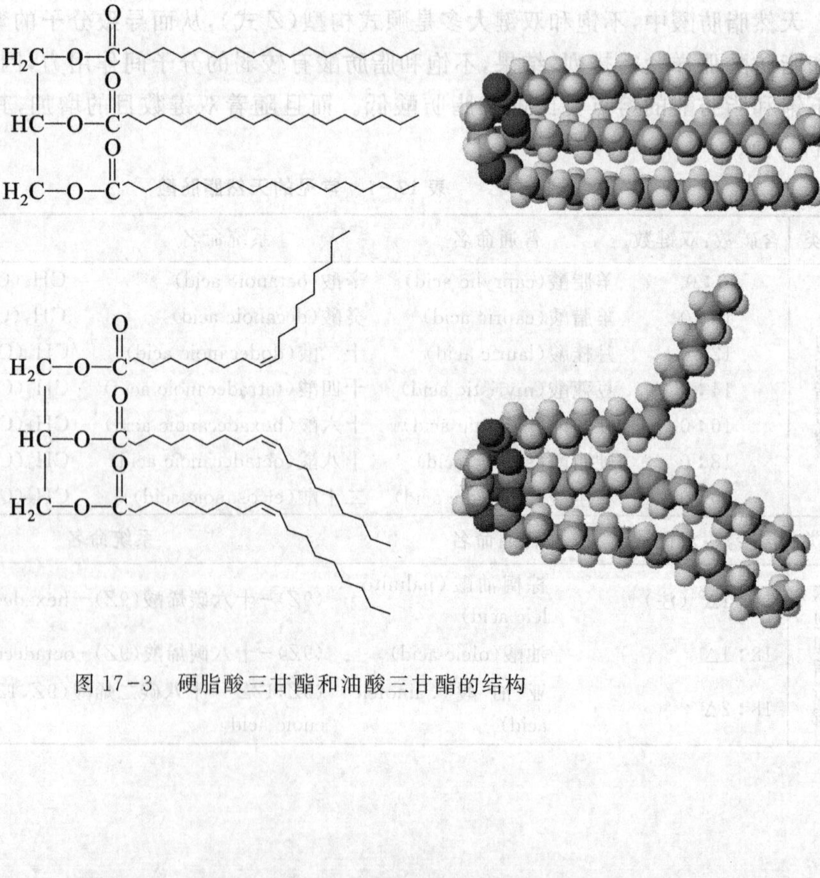

图 17-3　硬脂酸三甘酯和油酸三甘酯的结构

17.2.4 化学性质

1. 水解反应

(1) 化学水解——皂化 脂肪和油在碱性条件下水解的过程称为皂化(saponification)。

脂肪酸一般不溶于水,但在稀碱(KOH、NaOH)溶液中,能分散成微团(micelle)。这是由于脂肪酸与碱中和后生成脂肪酸盐,这种盐的分子是一种两亲性分子(amphipathic molecules),其中带负电荷的羧基是亲水的(hydrophilic),而长烃基链是疏水的(hydrophobic)或亲油的(lipophilic)。这种脂肪酸盐就是肥皂。在水中,大约100至200个肥皂分子自组装成一个微团,如图17-4所示,微团的表面是亲水的极性"头"(polar "head"),而内部为疏水的烃基尾。这种微团因其表面的亲水基团可与水分子形成氢键,并且根据同类电荷相互排斥的原理,表面的负电荷使微团之间不会相互聚集,因而在水中形成一种分散体系。肥皂的去污原理就是将不溶于水的污渍包埋在微团内部,通过微团将污渍带入到水中,达到去污的目的。

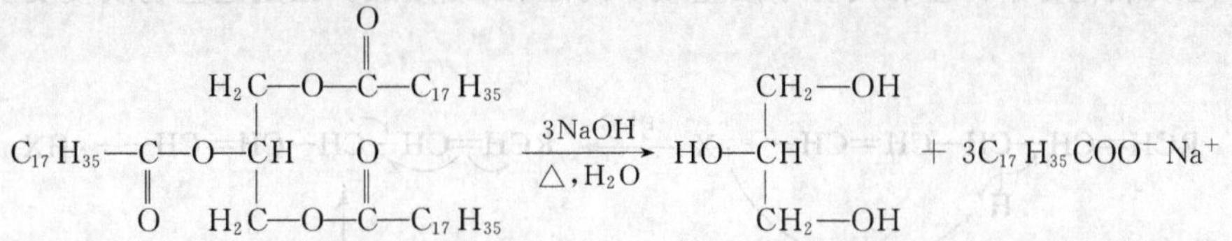

硬脂酸三甘油酯 甘油 硬脂酸钠(肥皂)

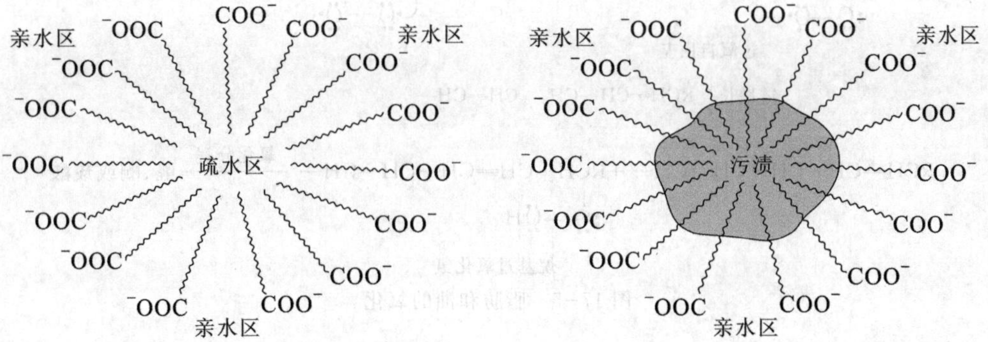

图17-4 肥皂及表面活性剂在水中形成的微团

完全皂化1 g油脂所需KOH的质量(单位mg)称为油脂的皂化值(saponification number)。油脂中脂肪酰基的相对分子质量越小,则皂化值越大。故可通过测定油脂的皂化值,衡量油脂的平均相对分子质量。计算公式为

$$油脂的平均相对分子质量=\frac{3\times56\times1\,000}{皂化值}$$

(2) 酶水解 脂肪和油可以通过脂肪酶(属水解酶)水解为甘油和脂肪酸。脂肪酶不仅存在于人和动物的小肠中,也存在于细菌、霉菌以及富含油脂的植物种子中。人体内的脂肪水解酶主

要由胰脏分泌。胰脂肪酶能特异性地将甘油三酯水解为 2-甘油单酯和两个分子的脂肪酸，2-甘油单酯再经甘油单酯脂肪酶水解，最终生成甘油和脂肪酸。

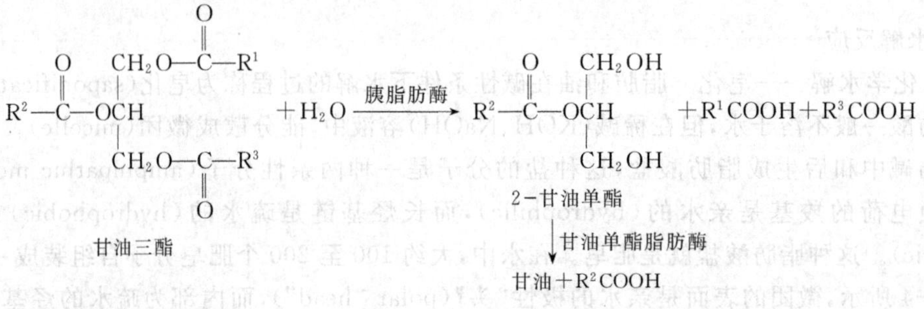

2. 氧化反应与酸败作用

天然油脂暴露在空气中一段时间后，会产生刺鼻臭味，此过程称为酸败(rancidity)。如图 17-5 所示，酸败的主要原因就是油脂中的不饱和脂肪酸容易被 O_2 氧化，通过游离基链式反应生成过氧化物，并继续氧化分解产生相对分子质量较小的醛、酮或羧酸。正是这些物质使变质油脂等产生异味。

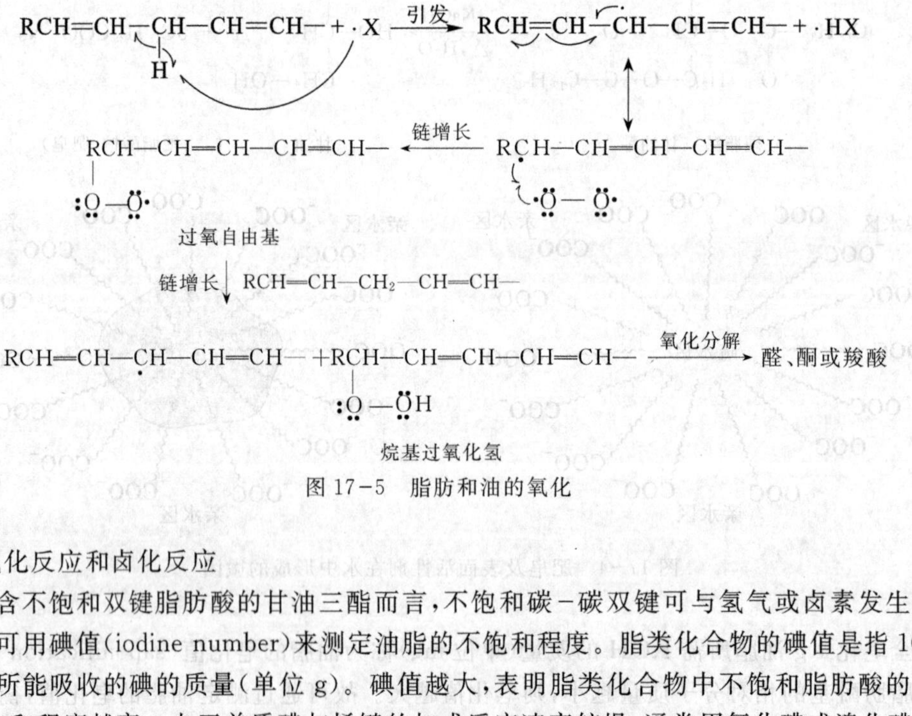

图 17-5 脂肪和油的氧化

3. 氢化反应和卤化反应

对于含不饱和双键脂肪酸的甘油三酯而言，不饱和碳-碳双键可与氢气或卤素发生加成反应。通常可用碘值(iodine number)来测定油脂的不饱和程度。脂类化合物的碘值是指 100 g 脂类化合物所能吸收的碘的质量(单位 g)。碘值越大，表明脂类化合物中不饱和脂肪酸的含量越高，或不饱和程度越高。由于单质碘与烯键的加成反应速率较慢，通常用氯化碘或溴化碘替代单质碘进行反应。

17.2.5 肥皂和去污剂

肥皂是典型的两亲性分子，属于离子型去污剂(ionic detergents)。属于离子型去污剂的还有天然的胆汁酸盐、人工合成的十二烷基磺酸钠等。去污剂是日常生活中不可缺少的一类化学品。从物理化学角度说，去污剂是一种表面活性剂(surfactants)。它能通过降低油滴的界面张力，降低系统的表面能，从而使分散系统得以稳定。对于不溶于水的油污，去污剂分子可以通过疏水基团附着在油污表面，继而形成微团，并且很容易分散到水中，达到去污目的。这种以小微团形式将互不相溶的两相中的一相分散到另一相中从而形成的混合液称为乳状液(emulsion)。上述去污剂去污的过程可以说成是油污被肥皂液所乳化(emulsified)的过程。

使用"硬"水(hard water)会破坏肥皂的去污功能。这是因为硬水是酸性的水或含有 Ca^{2+}、Mg^{2+} 或 Fe^{3+} 等离子的水。在酸性的水中(如环境中的酸雨)，肥皂分子会被质子化生成游离的脂肪酸，作为酸渣(acid scum)漂浮在溶液上层，从而失去了去污功能：

$$CH_3(CH_2)_nCOO^-Na^+ + H^+ \longrightarrow \underset{\text{酸渣}}{CH_3(CH_2)_nCOOH\downarrow} + Na^+$$

许多地区的饮用水中含有钙、镁和铁离子。这些离子能与肥皂分子反应生成不溶物，即硬水渣(hard-water scum)，其结果是破坏了肥皂的去污功能。

$$CH_3(CH_2)_nCOO^-Na^+ + Ca^{2+} \longrightarrow \underset{\text{硬水渣}}{[CH_3(CH_2)_nCOO]_2Ca\downarrow} + Na^+$$

为了避免羧基所带来的去污剂在硬水中沉淀这一问题，合成去污剂(synthetic detergents)通过采用其他一些功能基团替代羧基。其中以磺酸盐使用最为广泛。由于磺酸是比碳酸更强的酸，因而在酸性的水中不会被质子化，而且磺酸的 Ca^{2+}、Mg^{2+}、Fe^{3+} 盐是溶于水的，因而不会在水中形成硬水渣，在多种不同水质条件下都能发挥去污功能。

合成去污剂根据亲水基的不同分为离子型和非离子型两大类。其中离子型去污剂又可分为阴离子型、阳离子型和两性离子型去污剂。下图中列举了一些合成去污剂。

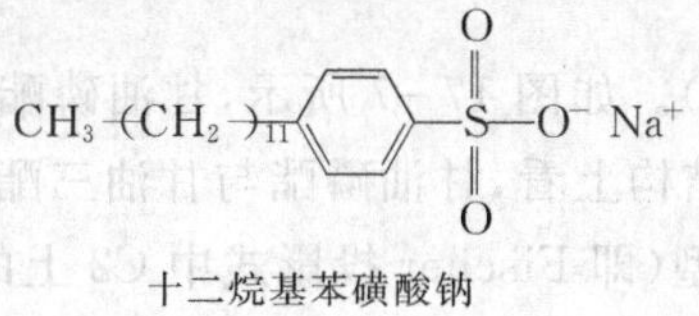

十二烷基苯磺酸钠

sodium dodecyl benzene sulfonate (SDBS)

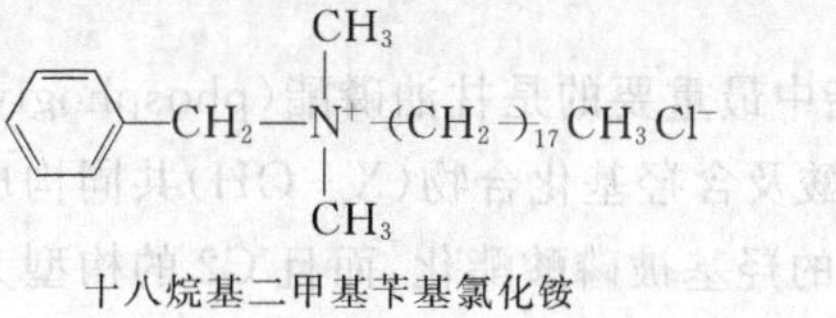

十八烷基二甲基苄基氯化铵

stearyldimethylbenzyl ammonium chloride

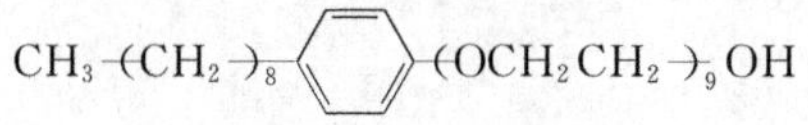

聚氧乙烯壬基苯基醚

polyoxyethylene nonoyl phenyl ether

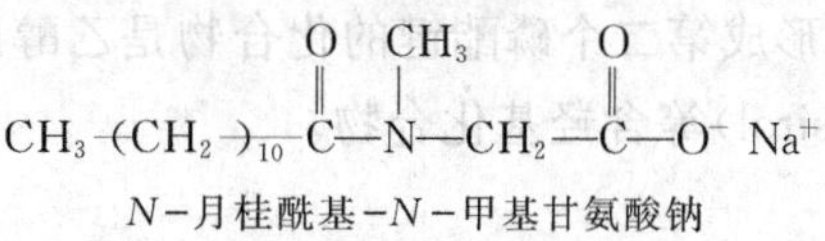

N-月桂酰基-*N*-甲基甘氨酸钠

sodium *N*-lauroyl-*N*-methylglycine

习题 17-1　解释下列各题中熔点的差异

(1) 软脂酸(63 ℃)和硬脂酸(69 ℃)　　(2) 油酸(13 ℃)和亚油酸(-5 ℃)

(3) 软脂酸(63 ℃)和棕榈油酸(0 ℃)

习题 17-2　天然脂肪酸在结构上有哪些共同特点？

习题 17-3　用过量的臭氧与花生四烯酸反应然后用 H_2O_2 处理，会得到什么产物？

习题 17-4　甘油三油酸酯(triolein)被过量的 H_2 完全氢化，请写出其反应式并标明产品的名称，比较它们的熔点。

习题 17-5 如何用天然的月桂酸和 *N*-甲基甘氨酸制得上述的合成去污剂 *N*-月桂酰基-*N*-甲基甘氨酸钠？

17.3 甘油磷酯

17.3.1 化学结构

磷脂(phospholipids)广泛存在于动物和植物组织中，是生物膜(图 17-6)的主要构成成分。

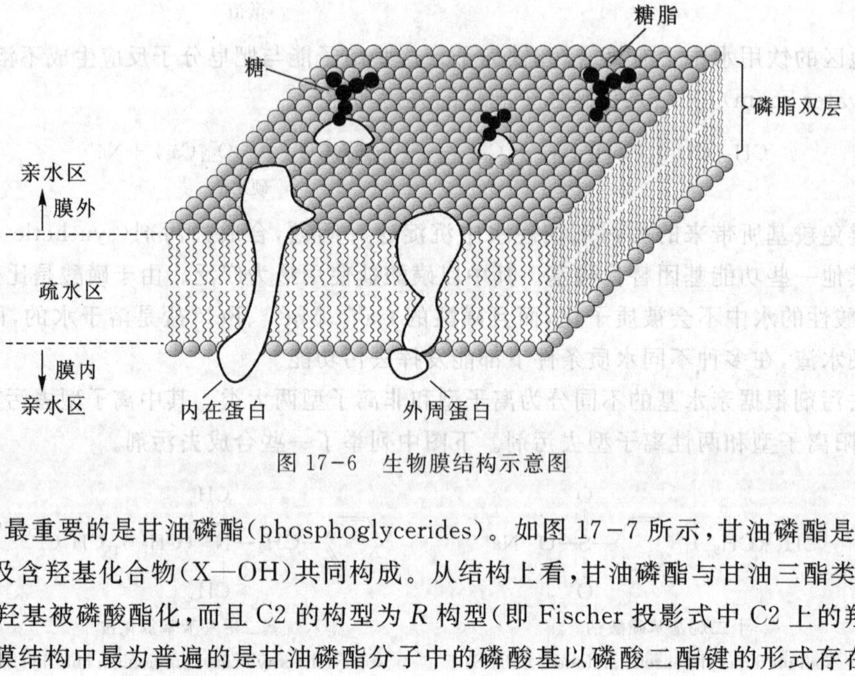

图 17-6 生物膜结构示意图

磷脂中最重要的是甘油磷酯(phosphoglycerides)。如图 17-7 所示，甘油磷酯是由甘油、磷酸、脂肪酸及含羟基化合物(X—OH)共同构成。从结构上看，甘油磷酯与甘油三酯类似，只是甘油 C3 上的羟基被磷酸酯化，而且 C2 的构型为 *R* 构型(即 Fischer 投影式中 C2 上的羟基处于碳链左侧)。膜结构中最为普遍的是甘油磷酯分子中的磷酸基以磷酸二酯键的形式存在。常见的与磷酸基形成第二个磷酯键的化合物是乙醇胺(ethanolamine)、胆碱(choline)、丝氨酸(serine)、肌醇(inositol)等含羟基化合物。

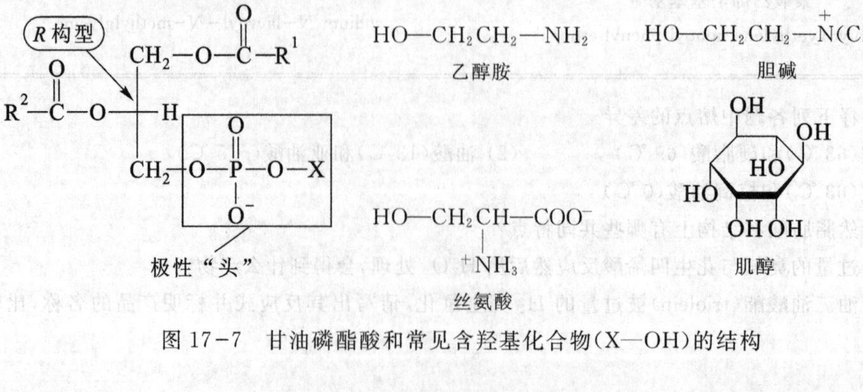

图 17-7 甘油磷酯酸和常见含羟基化合物(X—OH)的结构

脑磷脂和卵磷脂是动植物组织中广泛存在的两种甘油磷酯，它们的化学结构见图 17-8。

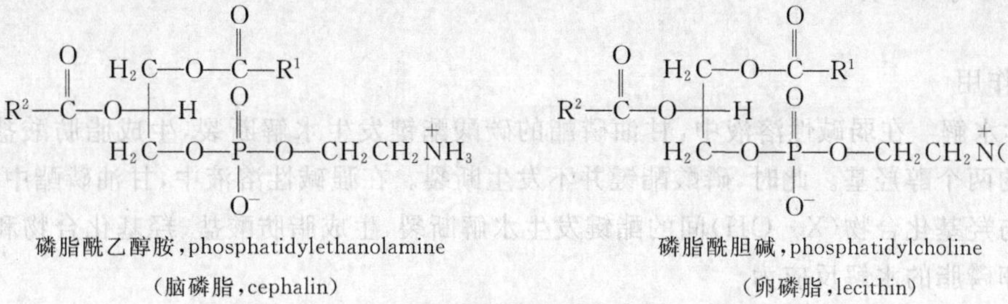

图 17-8 脑磷脂和卵磷脂的化学结构

17.3.2 物理性质

甘油磷酯均含有一个极性“头”(亲水)和两条长的、非极性的“尾”(疏水)。正是这种类似肥皂的结构特点使得磷脂具有某些特殊的性质。它可以像肥皂那样，形成微团或其他聚集形式，其亲水“头”处于外侧，而疏水“尾”被包埋在内部。其中，脂双层(lipid bilayer)是磷脂分子排列聚集的一种最主要方式，如图 17-9 所示，在双层脂膜的表面是亲水的“头”，而疏水的烃基“尾”处于双分子层内部。这种双层脂膜是细胞膜的重要构成成分。典型的双层脂膜厚度大约 5 nm。它能形成一种可以限制水及溶质分子流动的屏障，是生物膜发挥其生物功能的结构基础。双层脂膜重要性质之一是具有流动性(fluidity)，其流动性与脂中脂肪酸组成有关。通常饱和脂肪酸会降低膜的流动性，而不饱和脂肪酸会增加膜的流动性。

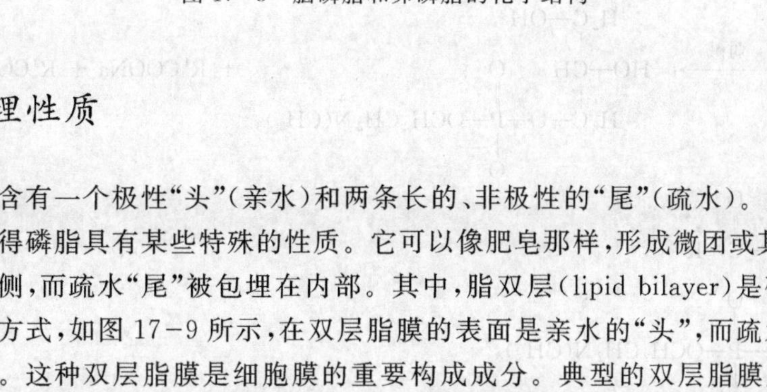

图 17-9 甘油磷酯能聚集成一种极性头暴露于水相而非极性尾包埋于内的双层脂膜

甘油磷酯为白色蜡状固体，能溶于大多数含少量水的非极性溶剂。动物和植物组织中的甘油磷酯很容易用氯仿-甲醇混合溶剂抽提出来。

17.3.3　化学性质

1. 水解作用

(1) 化学水解　在弱碱性溶液中，甘油磷酯的碳酸酯键发生水解断裂，生成脂肪酸盐，同时游离出甘油的两个醇羟基。此时，磷酸酯键并不发生断裂。在强碱性溶液中，甘油磷酯中的碳酸酯键和磷酸与羟基化合物(X—OH)间的酯键发生水解断裂，生成脂肪酸盐、羟基化合物和3-磷酸甘油。如卵磷脂的水解反应为

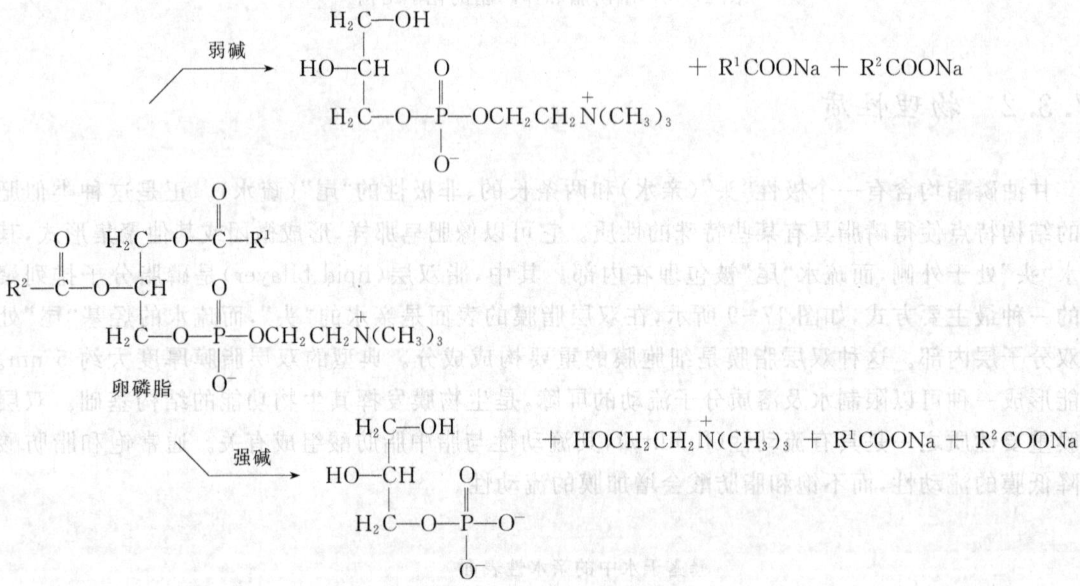

磷酸与甘油之间形成的酯键对碱相对稳定，但可以被酸水解。

(2) 酶水解　甘油磷酯可被多种不同的磷脂酶(phospholipases)水解，产生不同的水解产物。图17-10显示了不同磷脂酶的作用位点。例如，主要存在于蛇毒、蜂毒和哺乳类胰脏中的磷脂酶 A_2 能特异性的水解甘油磷酯C2上的碳酸酯键，形成相应的脂肪酸和溶血甘油磷酯(lysophosphoglyceride)。溶血甘油磷酯是一种很强的表面活性剂，它能溶解细胞膜，对膜造成毒害，这可能是蛇毒产生毒性的主要原因之一。

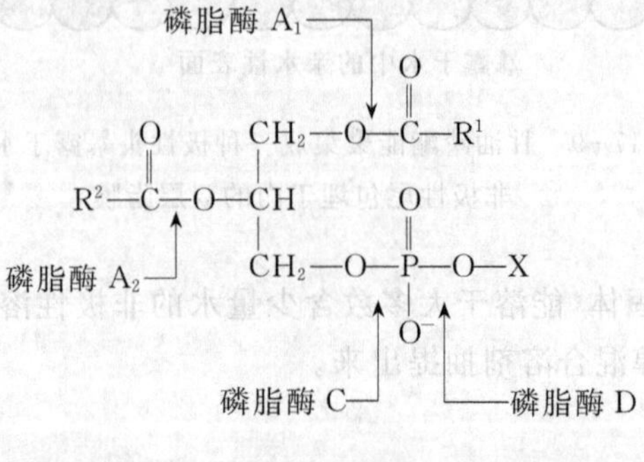

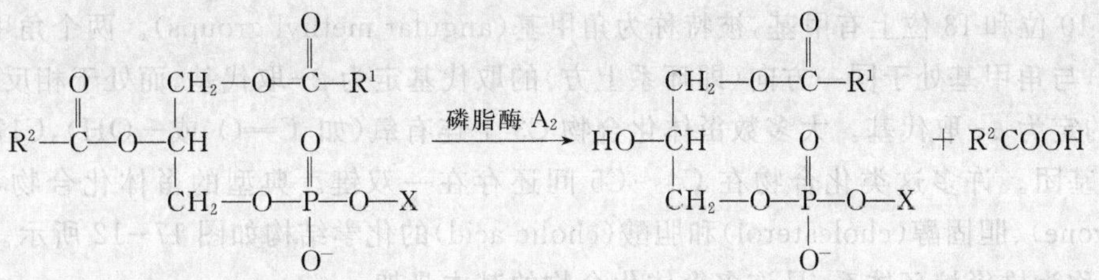

甘油磷酯　　　　　　　　　　溶血甘油磷酯

图 17-10 磷脂酶的不同作用位点

2. 氧化作用

与甘油三酯类似，甘油磷酯中的不饱和脂肪酸在空气中同样会与 O_2 发生氧化分解反应，生成各种氧化分解产物。组成细胞膜的甘油磷酯发生这种氧化分解作用会使细胞膜产生损伤甚至遭到破坏。

小资料

维生素 E 的功用

维生素 E，又称生育酚（tocopherol），其化学结构见图 17-1 中。它是一类重要的抗氧化剂，它能保护脂肪和磷脂免受氧化分解。这是因为与磷脂和油脂相比，维生素 E 更易与 O_2 发生反应，从而防止了生物膜等脂类分子与 O_2 的反应。因此，维生素 E 常常被添加进化妆品、食品等中，发挥其延缓衰老、防腐、抗氧化等作用。

习题 17-6 试判断卵磷脂和磷脂酰丝氨酸分别在低 pH 和中性 pH 时的带电荷情况。

习题 17-7 试从分子的形状出发，分析为什么脂肪酸盐在水中形成的是微团，而甘油磷酯形成的却是脂双层结构？

17.4 甾体化合物

17.4.1 化学结构

甾体化合物（steroids）广泛存在于动植物体中，尽管从化学结构上看它们分子中通常并不含有酯基，但在物理性质上却与前面所述的甘油三酯和甘油磷酯相类似，因此把它们也看作脂类化合物，称为类脂。其他的类脂还包括后面将要讨论到的前列腺素类和萜类化合物。

所有甾体类物质都含有一个环戊烷多氢菲四环体系。四个环分别命名为 A、B、C 和 D 环。其中 A、B、C 是六元环，D 环为五元环。图 17-11 中指明了环中碳的编号。从结构上看，天然的甾体化合物的 A 环与 B 环可以是反式稠合，也可以是顺式稠合，但多数为反式稠合。许多甾体化合物的 10 位和 13 位上有甲基，被特称为角甲基(angular methyl groups)。两个角甲基处于环系的上方，与角甲基处于同一方向(即环系上方)的取代基定为 β-取代基，而处于相反方向(即环系下方)的定为 α-取代基。大多数甾体化合物 C3 上连有氧(如 C═O 或—OH)，C17 上有一侧链或其他基团。许多这类化合物在 C4～C5 间还存在一双键。典型的甾体化合物，如雄甾酮(andosterone)、胆固醇(cholesterol)和胆酸(cholic acid)的化学结构如图 17-12 所示。雄甾酮的基本结构称为雄甾烷环体系，是许多甾体化合物的基本骨架。

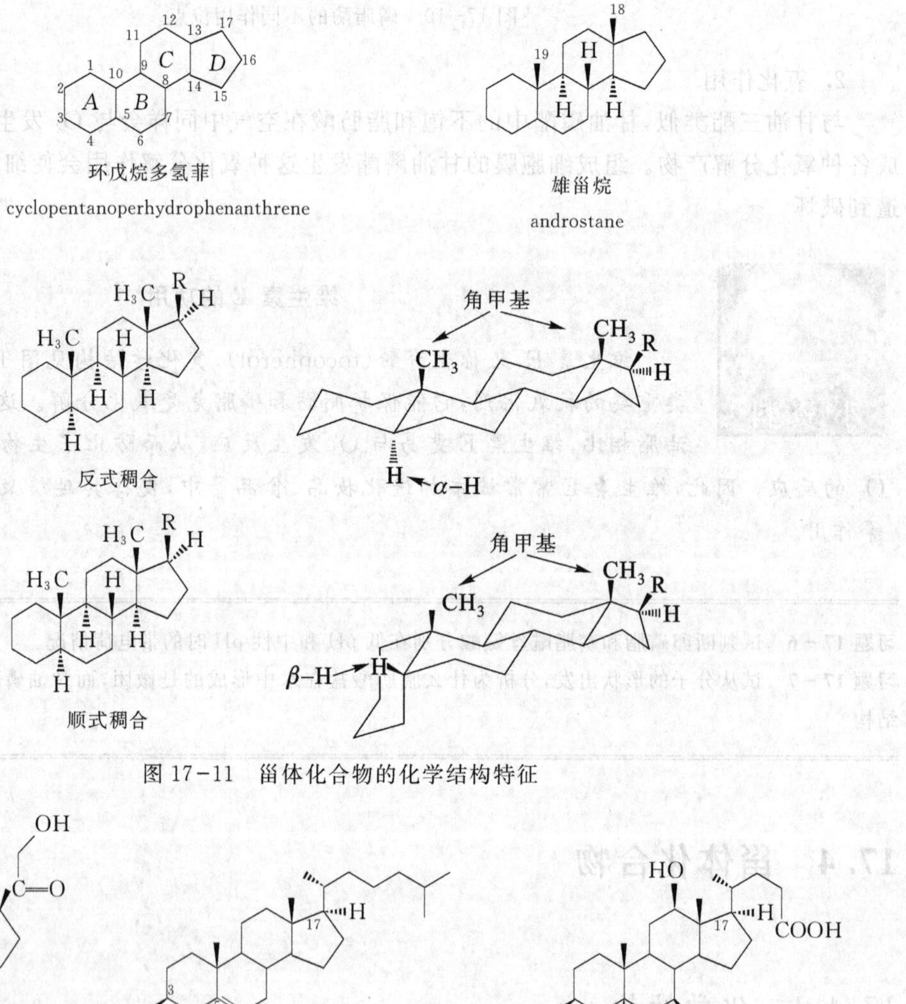

图 17-11 甾体化合物的化学结构特征

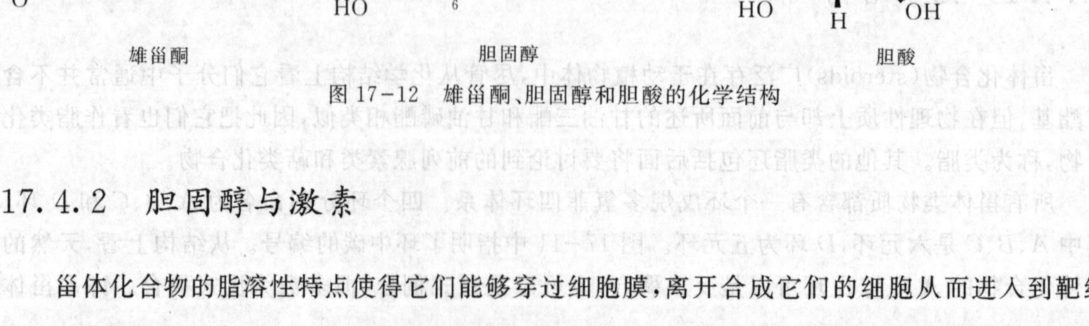

图 17-12 雄甾酮、胆固醇和胆酸的化学结构

17.4.2 胆固醇与激素

甾体化合物的脂溶性特点使得它们能够穿过细胞膜，离开合成它们的细胞从而进入到靶细

胞(target cell)来行使它们的生物功能。甾体化合物通常都具有重要的生物功能。具有代表性的甾体化合物是胆固醇,它是动物中最丰富的甾体化合物。它是细胞膜的一个重要构成成分,其环形结构使得它比其他种类的膜脂更为刚性,因此对膜的流动性产生重要影响。由于胆固醇具有不导电性,因此是神经传导及产生冲动的良好绝缘物。

胆固醇在肝脏中转化为胆酸、鹅脱氧胆酸(chenodeoxycholic acid)和脱氧胆酸(deoxycholic acid)等胆汁酸(bile acid),进而与牛磺酸或甘氨酸化合形成牛黄胆酸(taurocholic acid)和甘氨胆酸(glycocholic acid),二者多以钠盐或钾盐形式构成胆汁酸盐的主要成分。胆汁酸盐是动物体内良好的乳化剂,有利于油脂的消化和吸收。胆固醇也是许多甾体类激素和维生素 D_3 生物合成的前体。此外,它还参与血浆脂蛋白合成和脂肪代谢。胆固醇除人体自身合成外,还可从膳食中获取。尽管胆固醇是生理所必需的重要生物有机小分子,但研究证明胆固醇含量过高将会引起多种疾病,包括胆结石、冠心病等,也是动脉粥样硬化形成的主要原因。

从结构上看,胆固醇分子的母核也是一个雄甾烷环体系,并且在 C3 上有一个 β-羟基,C17 上有一个 8 个碳的侧链,C5～C6 之间有一个双键。胆固醇有 8 个手性中心,理论上共有 256 个可能的立体异构体,但存在于自然界中的只是其中的一种异构体(图 17-12)。

激素(hormones)又被称作"化学信使",它是一类在腺体内合成并通过血液运输到靶组织起刺激或抑制作用的有机化合物。许多激素是甾体化合物,如性激素、肾上腺皮质激素等。

目前,重要的性激素已被广泛研究。其中睾酮(testosterone)是最强的天然雄性激素,而雌甾醇(estradiol)则是最强的天然雌性激素。值得注意的是雄性激素与雌性激素结构上的差异仅仅在于 *A* 环的不同。在雌性激素中,*A* 环为芳香环,而且 C10 上没有角甲基(19-Me)。总的看来,尽管不同种类的甾体类物质的生理作用存在明显的不同,但从结构上看都极为类似,这充分证明了生物化学反应具有高度的专一性。

起初,人们相信任何合成激素的效能都不能与天然激素相媲美。但过去的 30 年中,一些合成激素的效能要比天然的大百倍甚至千倍,如图 17-13 中的乙炔基雌甾醇(ethynyl estradiol),就是一种人工合成的雌性激素,其效能比雌甾醇更强。

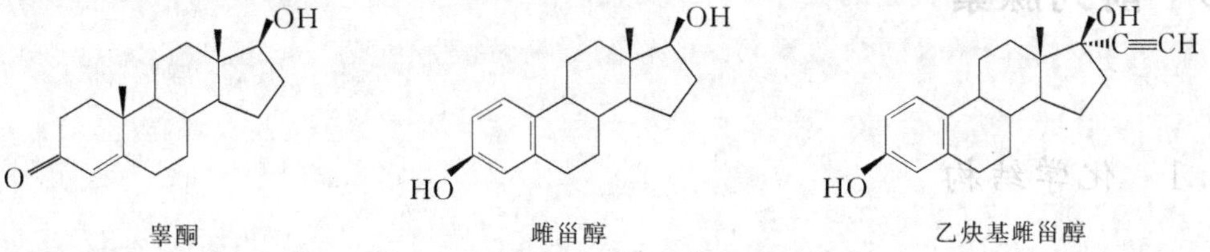

图 17-13　一些天然和合成的性激素

肾上腺皮质激素是最重要的天然甾体化合物之一,它由肾上腺皮质合成。这类激素大都是在甾体骨架的 C11 上含有一个氧功能基(C═O 或—OH)。图 17-14 中的氢化可的松又称皮质醇(cortisol),是主要的肾上腺皮质激素,用于治疗皮炎(如牛皮癣)、关节炎(如类风湿性关节炎)及肺炎(如气喘)等。图 17-14 还给出了两个活性强于天然激素的合成皮质激素类药物。肤轻松(fluocinoione acetonide)是比氢化可的松活性更强的治疗皮炎的药物,其分子中含有两个氟原子。而含氯的倍氯米松(beclometha-sone)是比氢化可的松更强的治疗哮喘的药物。

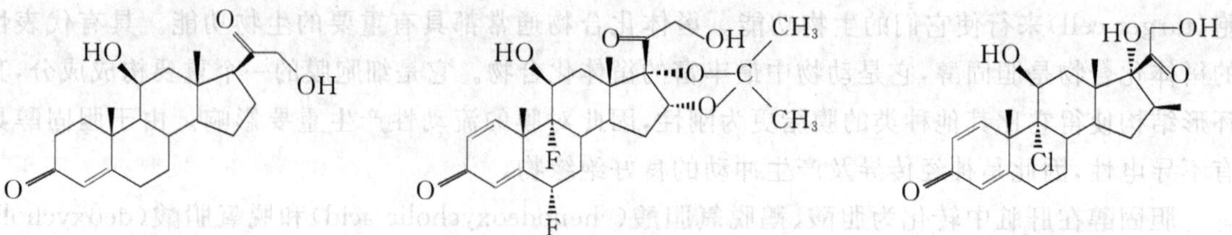

氢化可的松　　　氟轻松,肤轻松　　　倍氯米松

图 17-14 氢化可的松、肤轻松和倍氯米松的化学结构

17.4.3 胆固醇的性质

1. 物理性质

胆固醇为白色晶体,无味,熔点 148.5℃。不溶于水,易溶于丙酮、乙酸乙酯、乙醚、氯仿等有机溶剂。

2. 化学性质

胆固醇分子中的 3β-羟基可以与羧酸形成酯,C5～C6 间的双键易与 H_2、Br_2、I_2 等发生亲电加成反应。胆固醇能与毛地黄糖苷结合产生沉淀,此性质可用于胆固醇的定量测定。胆固醇的氯仿溶液与醋酐(Ac_2O)和浓硫酸混合,发生显色反应,产生蓝绿色混合液,此反应用于甾体化合物的鉴定。

习题 17-8 试用一个简单的萃取方法分离睾酮和雌甾醇的混合物。

习题 17-9 试通过构象分析说明胆酸分子中环的一侧是亲水的,另一侧是疏水的。你如何理解这种结构上的特点对其作为生物乳化剂的重要性?

17.5 前列腺素

17.5.1 化学结构

前列腺素(prostaglandins)是一类脂肪酸衍生物,它是比甾体化合物更强的生物调节剂。因为这类化合物最初是从前列腺的分泌物中分离得到的,所以称为前列腺素。后来发现它们还以微量形式存在于所有的体组织和体液中。前列腺素对多个不同的体系产生作用,包括神经系统、平滑肌、血液,以及再生系统。例如,前列腺素能使子宫和输卵管收缩,可用于引产;能溶解黄体,提高怀孕的概率;还能使血管扩张和收缩;抑制胃酸分泌;抑制脂质分解,等等。人们研究发现,前列腺素可以通过调节腺苷酸环化酶(催化作为第二信使的环腺苷酸的形成)发挥各种作用。有关前列腺素许多重要功能的分子机理还有待于进一步研究。

前列腺素分子中含有一个五元碳环,环上带有两个互为反式的长碳链,其中一条链的末端有一羧基。绝大多数前列腺素含有 20 个碳原子。

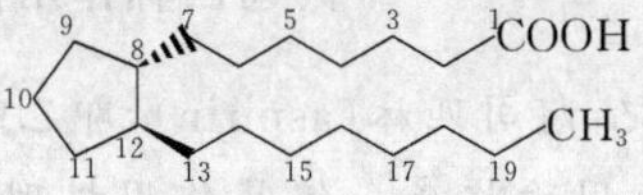

前列腺素的骨架结构

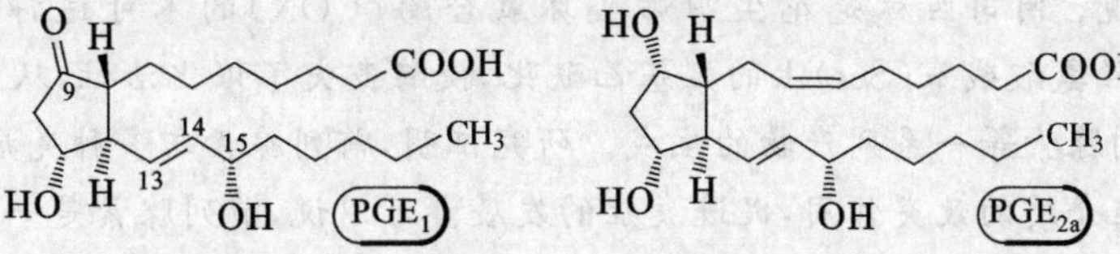

PG 指前列腺素　　F 指 C9 位上连有羟基

E 指 C9 位为酮　　α 指 C9 位的羟基向下

1 指含一个 C═C 键　　2 指含两个 C═C 键

图 17-15　两个常见的前列腺素的化学结构

许多前列腺素在 C11 和 C15 上存在羟基，并且在 C13 和 C14 之间的双键为反式，C9 上有羰基或羟基。如果 9 位是羰基，则属于 E 系列；如果 C9 上连有羟基，则属于 F 系列。图 17-15 列出的是两个常见的前列腺素——PGE_1 和 $PGF_{2\alpha}$。

17.5.2　前列腺素的生物合成途径

前列腺素衍生于花生四烯酸（arachidonic acid）。花生四烯酸是一个含 20 个碳和四个顺式双键的脂肪酸，它是在磷脂酶催化下由细胞膜磷脂转化而成。图 17-16 显示了由花生四烯酸在环氧合酶（cyclooxygenase，COX）催化下经环氧化、过氧化生成环内过氧化物中间体 PGH_2，最终代谢成各种前列腺素类产物的生物合成途径。

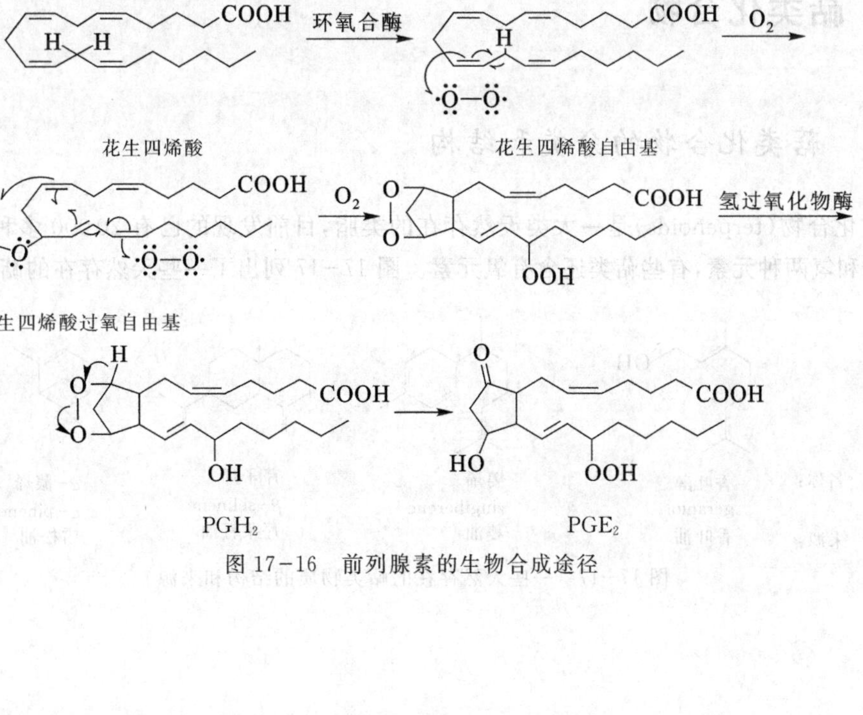

图 17-16　前列腺素的生物合成途径

阿司匹林作用机理

早在19世纪，阿司匹林(aspirin)，即乙酰水杨酸，作为镇痛、解热及消炎药就已被广泛应用于临床。但其作用机理直到1971年才被John Vane发现。阿司匹林是花生四烯酸环氧合酶(COX)的不可逆抑制剂，它通过将COX活性中心的丝氨酸残基(Ser)上的羟基乙酰化，使酶丧失了催化活性，从而抑制了由花生四烯酸出发到前列腺素等一系列产物的生成。研究证明，前列腺素与多种炎症均有密切关系，它能增强其他炎症介质的致炎作用，促进炎症的发展。可以说，前列腺素是一类致炎和致热物质。因此，阿司匹林通过阻断前列腺素类物质的生成发挥作用。事实上，COX存在两种类型，原生型的COX-1和诱生型的COX-2。其中，COX-1调节正常组织细胞的生理活动，COX-2则在炎症细胞中高表达，使炎症组织中的前列腺素含量增加，在炎症过程中起重要作用。由于阿司匹林并不能只选择性地抑制与炎症密切相关的COX-2，因此会产生因胃部血流减少、缺血而引起的溃疡。要减少这种副作用，就需要发展高选择性抑制COX-2的药物，如近年来广泛使用的抗炎新药塞来西布(celebrex)就是一个选择性好的COX-2抑制剂。

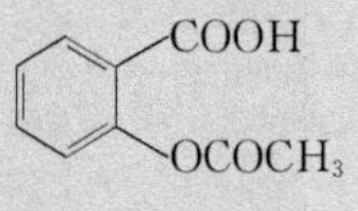

阿司匹林

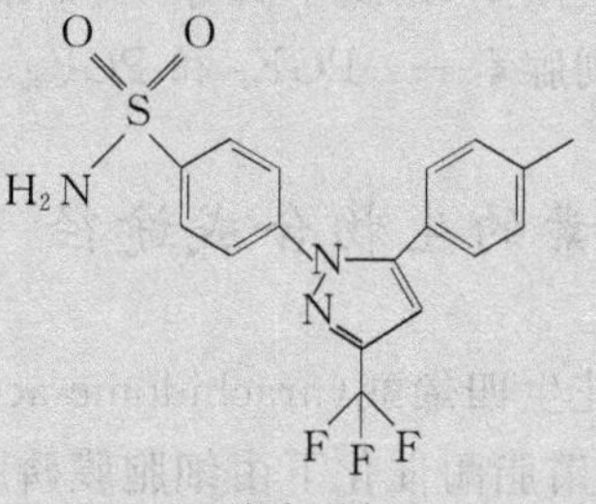

塞来西布

17.6　萜类化合物

17.6.1　萜类化合物的分类和结构

萜类化合物(terpenoids)是一大类天然存在的类脂，目前发现的已有20 000多种。有些萜类只含有碳和氢两种元素，有些萜类还含有氧元素。图17-17列出了一些天然存在的萜类化合物。

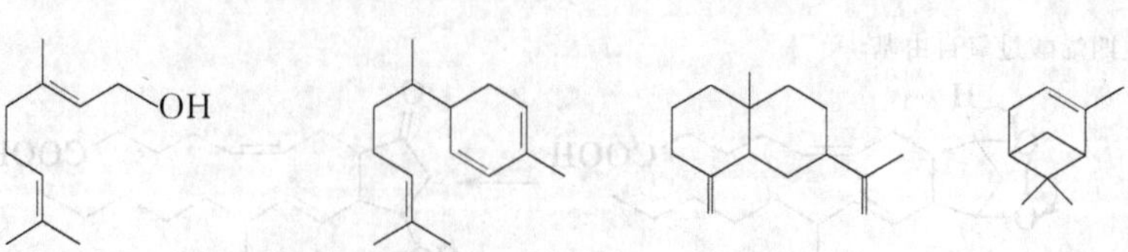

名称：	香叶醇 geraniol	姜烯 zingiberene	芹子烯 β-selinene	α-蒎烯 α-pinene
来源：	香叶油	姜油	芹菜籽油	雪松油

图17-17　一些天然存在的萜类物质的结构和来源

1887 年，德国化学家 Otto Wallach 在确定了一些萜类化合物的结构后，发现这类化合物具有一个共同的结构特点，就是均由两个或多个含五个碳的异戊二烯单元组成。

异戊二烯(isoprene)：　$H_2C{=}C(CH_3){-}CH{=}CH_2$　或 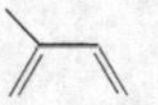

一个异戊二烯单元为 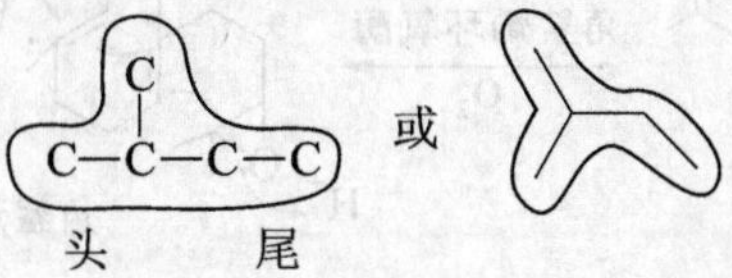

(可以含有双键)

异戊二烯分子和异戊二烯单元具有一个“头”(分支端)和一个“尾”(未分支的乙基)。如月桂烯(myrcene)可以被分割成两个异戊二烯单元，其中一个单元的头与另一个单元的尾相连，即头尾相连的连接方式。芹子烯分子则由三个异戊二烯单元以头尾相连的方式连接而成。

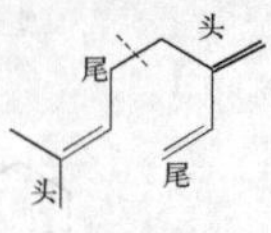

月桂烯

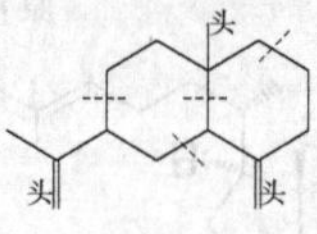

芹子烯

许多萜类化合物含有官能团，主要是含氧的官能团，如羰基、羟基、羧基。例如：

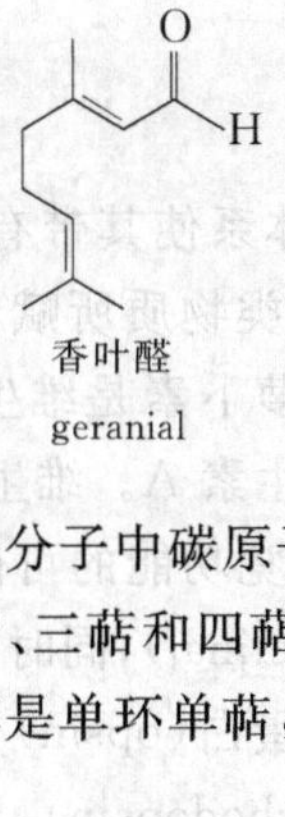

香叶醛
geranial

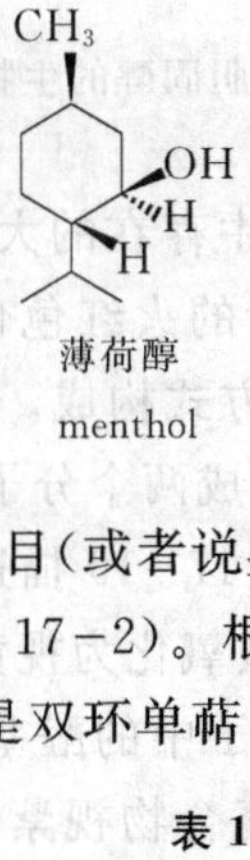

薄荷醇
menthol

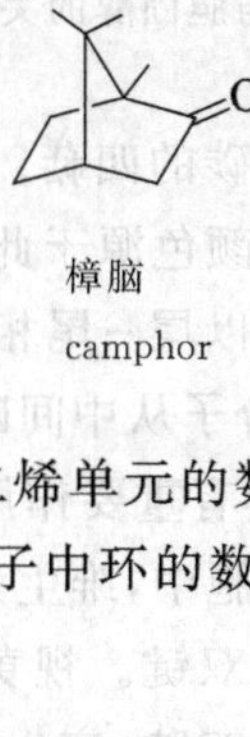

樟脑
camphor

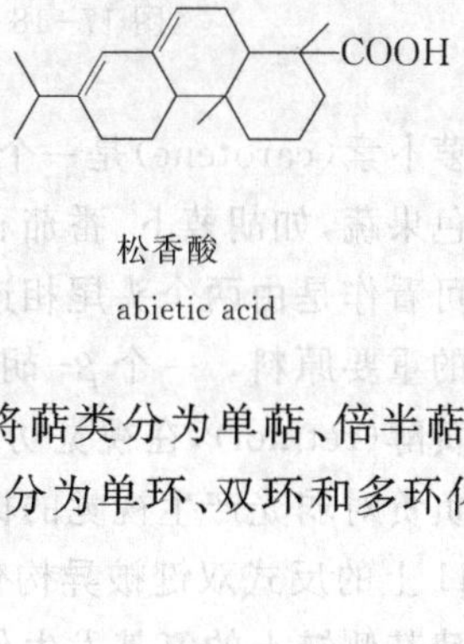

松香酸
abietic acid

根据分子中碳原子的数目(或者说异戊二烯单元的数目)可将萜类分为单萜、倍半萜、二萜、二倍半萜、三萜和四萜等(表 17-2)。根据分子中环的数目，又可分为单环、双环和多环化合物。如薄荷醇是单环单萜，樟脑是双环单萜。

表 17-2　萜类化合物的分类

碳数	异戊二烯单元数目	英文名	中文名	碳数	异戊二烯单元数目	英文名	中文名
10	2	monoterpenes	单萜	25	5	sesterterpenes	二倍半萜
15	3	sesquiterpenes	倍半萜	30	6	triterpenes	三萜
20	4	diterpenes	二萜	40	8	tetraterpenea	四萜

萜类具有广泛的生理作用，也是许多重要生物分子的合成原料。例如，角鲨烯(squalene)是

一个三萜，是胆固醇生物合成的起始原料。如图 17-18 所示，在胆固醇的生物合成中，首先角鲨烯经过环氧化、多步骤环合以及甲基和氢的迁移等反应转化成四环三萜羊毛甾醇(lanosterol)，然后再经过 19 步反应，脱去三个甲基，最终转变为胆固醇。

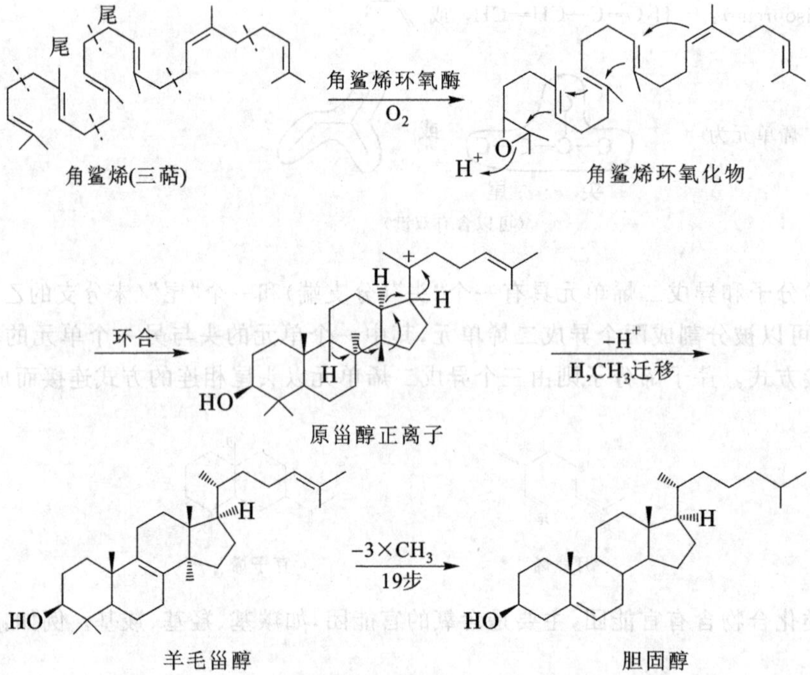

图 17-18 角鲨烯与胆固醇的关系——胆固醇的生物合成

胡萝卜素(carotene)是一个含 40 个碳的四萜。分子中存在的大共轭体系使其带有橙黄色，许多带色果蔬，如胡萝卜、番茄和果汁的颜色源于此，秋叶的火红色也是这类物质所赋予的。胡萝卜素可看作是由两个头尾相连的二萜以尾-尾相连的方式构成。β-胡萝卜素是维生素 A 生物合成的重要原料。一个 β-胡萝卜素分子从中间断裂形成两个分子的维生素 A。维生素 A，又称为视黄醇(retinol)，在视觉功能方面具有重要作用。图 17-19 描述了视觉功能的可能化学机理。在负责对弱光产生视觉的棒状体细胞中，维生素 A 被氧化为视黄醛(retinal)，同时视黄醇分子中 C11 上的反式双键被异构化为顺式双键。视黄醛分子中的醛基与视蛋白(opsin)分子中的赖氨酸残基侧链上的氨基发生作用形成亚胺，产生蛋白复合物视紫红质(rhodopsin)，当视紫红质吸收可见光时，被异构化为反式构型异构体。这种分子构型上的改变产生一种电信号并被传送到大脑，最终以视觉影像展现。

17.6.2 萜类化合物的生物合成

用于萜类化合物生物合成的 C_5 单元化合物是异戊烯焦磷酸(isopentenyl pyrophosphate，IPP)和二甲基烯丙基焦磷酸(dimethylallyl pyrophosphate，DMAPP)。如图 17-20 所示，IPP 的

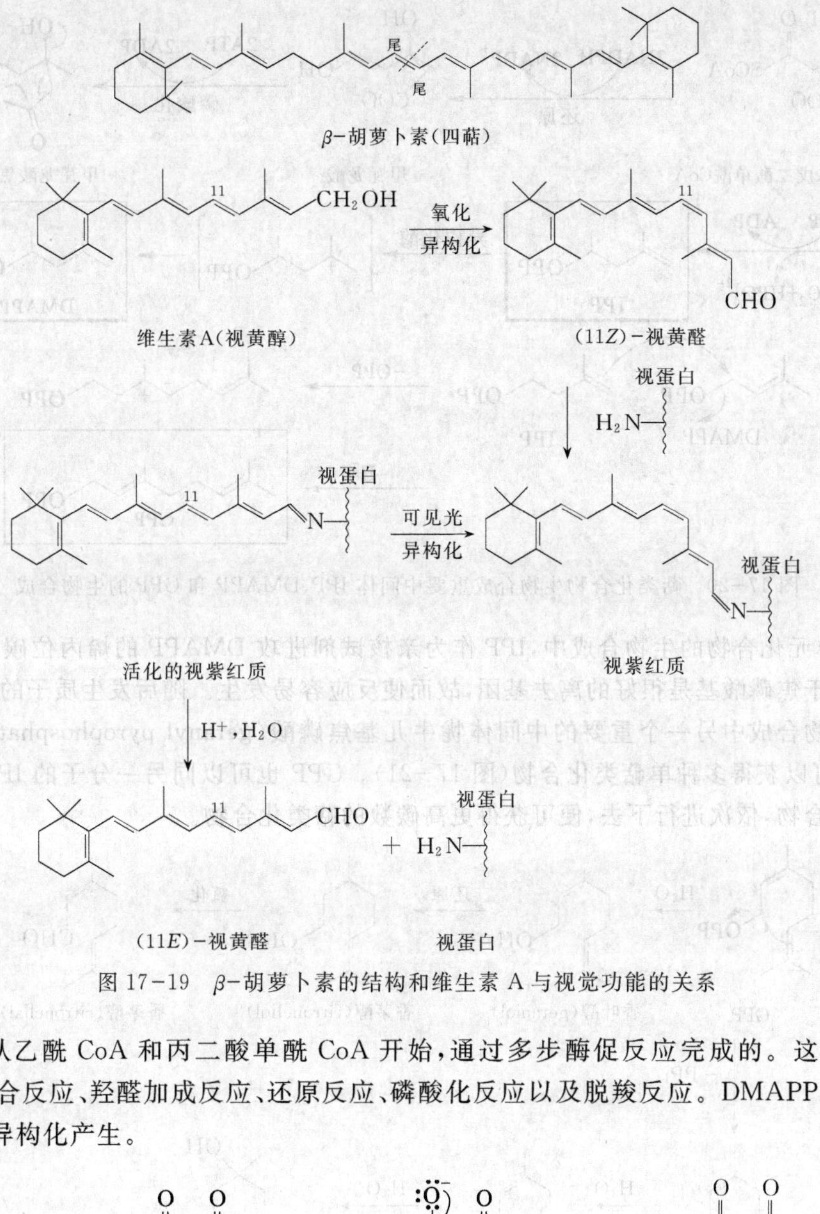

图 17-19　β-胡萝卜素的结构和维生素 A 与视觉功能的关系

生物合成是从乙酰 CoA 和丙二酸单酰 CoA 开始，通过多步酶促反应完成的。这些反应包括 Claisen 酯缩合反应、羟醛加成反应、还原反应、磷酸化反应以及脱羧反应。DMAPP 可以在酶催化下由 IPP 异构化产生。

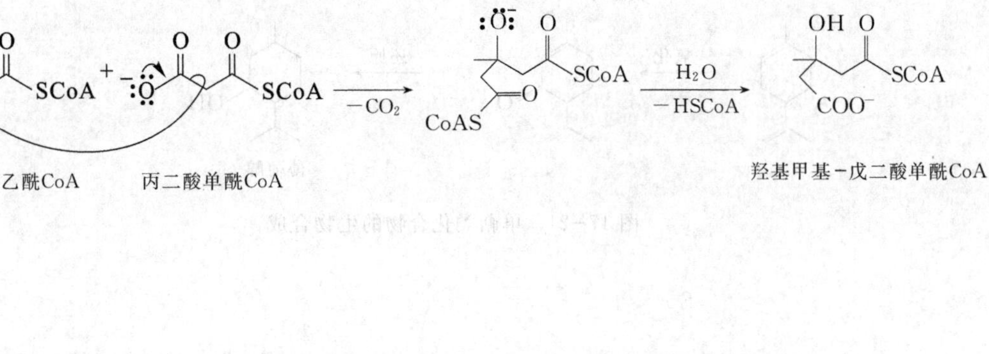

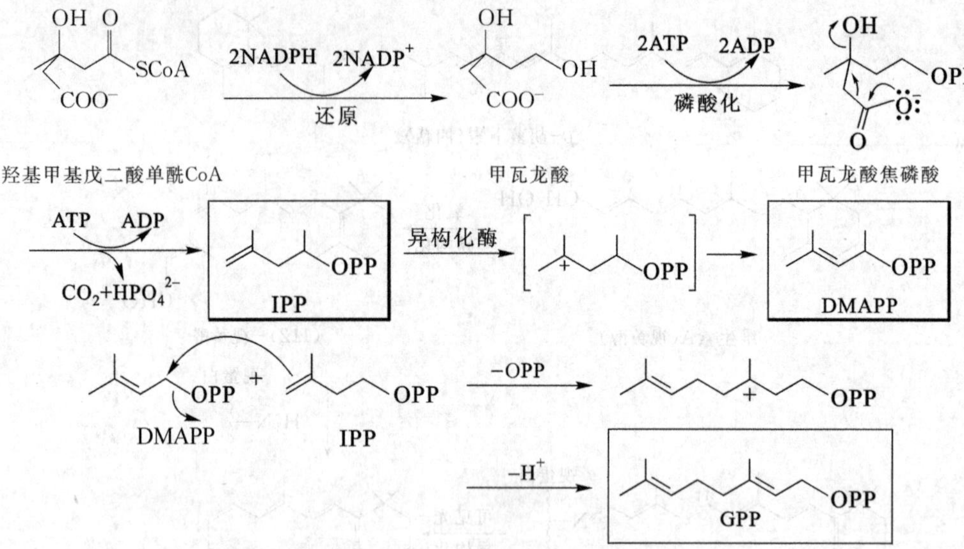

图 17-20　萜类化合物生物合成重要中间体 IPP、DMAPP 和 GPP 的生物合成

在 C_{10} 单元化合物的生物合成中，IPP 作为亲核试剂进攻 DMAPP 的烯丙位碳，发生亲核取代反应。由于焦磷酸基是很好的离去基团，故而使反应容易发生。随后发生质子的离去，得到萜类化合物生物合成中另一个重要的中间体牻牛儿基焦磷酸(geranyl pyrophosphate,GPP)。由 GPP 出发，可以获得多种单萜类化合物(图 17-21)。GPP 也可以同另一分子的 IPP 结合，合成倍半萜类化合物，依次进行下去，便可获得更高碳数的萜类化合物。

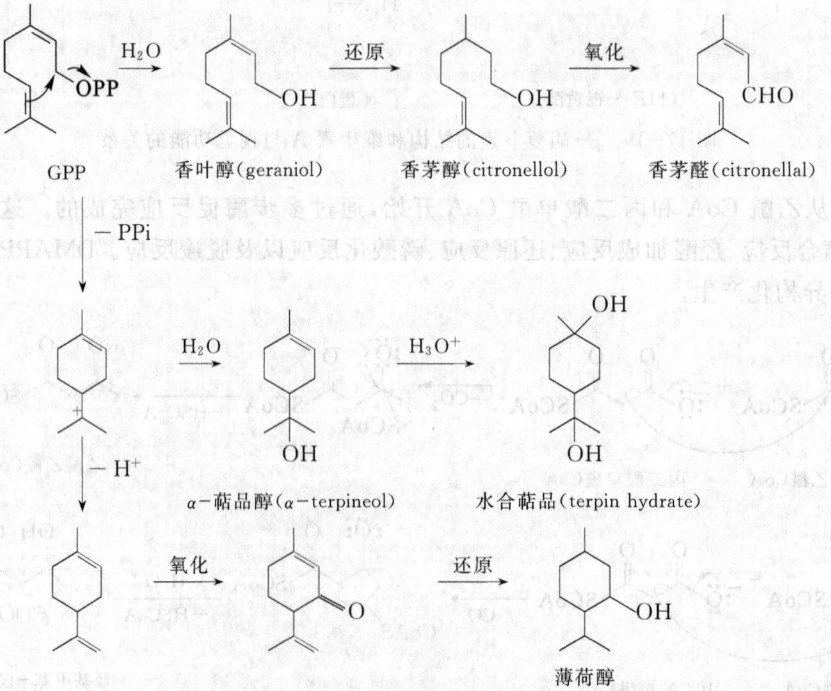

图 17-21　单萜类化合物的生物合成

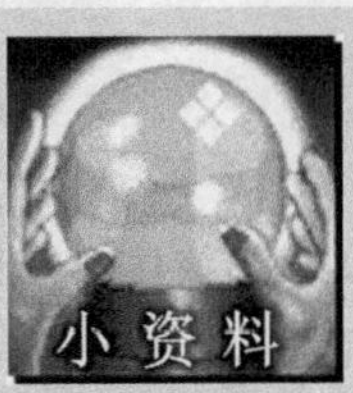

二萜类天然抗癌药物——紫杉醇

紫杉醇(paclitaxel)是从红豆杉属植物中提取出的一种具有高抗肿瘤活性天然物质，是目前临床肿瘤化疗的一线用药。从结构上看，紫杉醇具有一个四环二萜母核，环外连有一苯异丝氨酸侧链，分子中共有11个手性中心和多个取代基团。研究表明，紫杉醇具有很好的抑制肿瘤细胞有丝分裂，促进肿瘤细胞凋亡的能力。

1994年，紫杉醇的全人工合成取得成功。整个过程需要进行20～30步化学反应，相当复杂。尽管由于总收率太低和费用昂贵，目前尚无商业开发价值，但仅从合成角度上讲，紫杉醇的全合成仍不失为有机合成历史上的一座丰碑。

就目前来看，获得紫杉醇最具实用价值的方法是半合成法。该法是从原料相对易得的紫杉醇类似物(如巴卡亭Ⅲ或10-DAB)出发，经过几步结构修饰，便可获得目标产物紫杉醇。

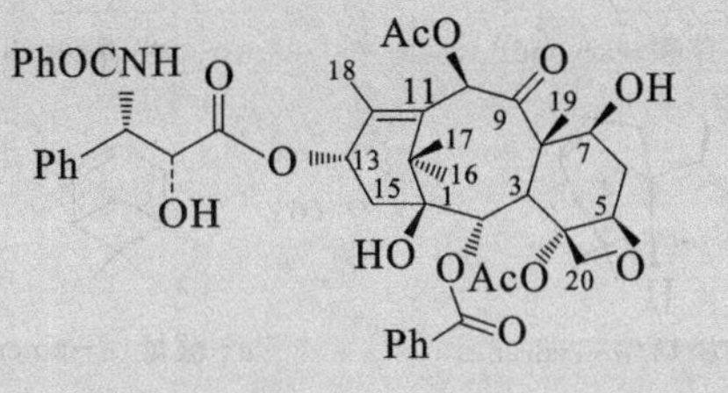

紫杉醇

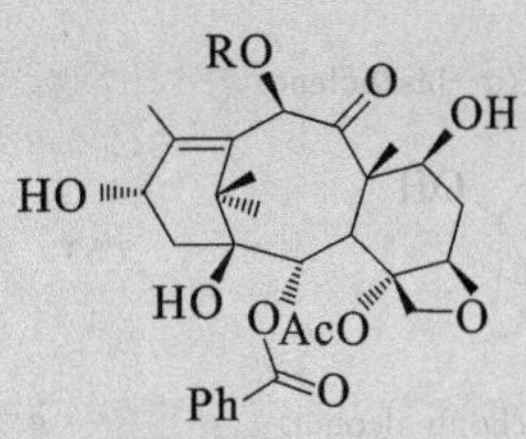

巴卡亭Ⅲ R=Ac

10-DAB R=H

习题 17-10 试标出薄荷醇、香叶醇、樟脑和松香酸的异戊二烯单元。

习题 17-11 下列各化合物属于哪一类物质(甘油三酯、肥皂、蜡、萜还是甾体类)?

(1) 硬脂酸三甘酯　　(2) 十二烷基硫酸钠

(3) $CH_3-(CH_2)_{13}O-\overset{O}{\overset{\|}{C}}-(CH_2)_{16}CH_3$　　(4)

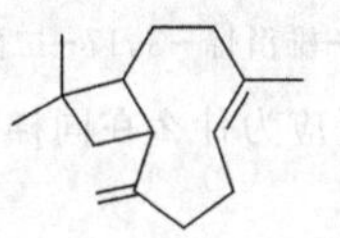

(5)

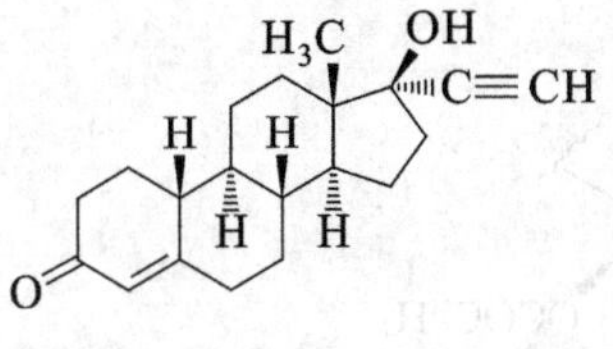

习题 17-12 为什么碳原子数目相同的脂肪酸熔点不同?

习题 17-13 指出油酸三甘酯与下列试剂反应的产物

(1) $NaOH/H_2O$　　(2) H_2/Ni　　(3) Br_2/CCl_4　　(4) O_3，$(CH_3)_2S$

(5) 热 $KMnO_4/H_2O$　　(6) $CH_2I_2/Zn(Cu)$　　(7) 皂化，然后 $LiAlH_4$

习题 17-14 最早使用的合成去污剂之一是烷基硫酸钠($CH_3(CH_2)_nCH_2OSO_3^- Na^+$)，请写出用硬脂酸三甘酯作起始原料制备十八烷基硫酸钠的方法。

习题 17-15 用简单的化学方法鉴别下列各组化合物。

(1) 硬脂酸钠和对十二烷基苯磺酸钠

(2) 豆蔻酸三甘酯和豆蔻酸

(3) 豆蔻酸三甘酯与油酸三甘酯

习题 17-16　画出一个具有光学活性的含有一分子硬脂酸和两分子油酸的甘油三酯的结构。画出该甘油三酯与下列试剂反应的产物结构，并判定每种情况下产物是否有光学活性。

(1) H_2/Ni　　(2) Br_2/CCl_4　　(3) $NaOH/H_2O,\Delta$　　(4) O_3，然后与$(CH_3)_2S$反应

习题 17-17　分别写出下列化合物的化学结构，指出哪些属于两亲性分子？(1) 磷脂酰乙醇胺；(2) 软脂酸三甘油酯；(3) 胆固醇；(4) 胆酸；(5) 维生素 A。分别说明两亲性分子中的亲水部分和疏水部分。

习题 17-18　从油菜籽提取 1 g 油脂，分成两份，分别测定该油脂的皂化值和碘值。测定皂化值的试样消耗氢氧化钾 63 mg，测定碘值的试样消耗的碘达 500 mg。请计算该油脂的平均相对分子质量和碘值。

习题 17-19　标明下列各萜的异戊二烯单元，并指出它们各属于哪种萜（单萜、倍半萜还是二萜）？

(1) 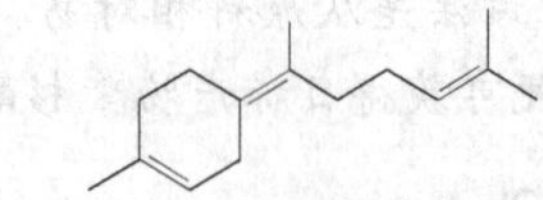

γ-红没药烯(γ-bisabolene)

(2) 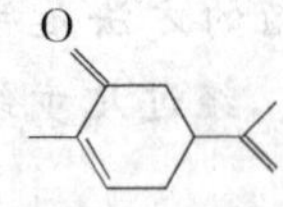

香芹酮(carvone)

(3) 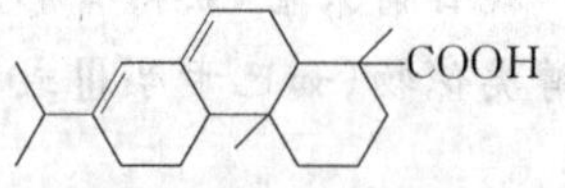

松香酸(abietic acid)

(4) 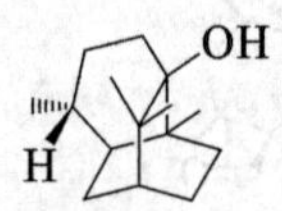

广藿香醇(patchouli alcohol)

(5) 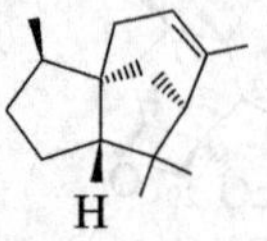

α-雪松烯(α-cedrene)

(6) 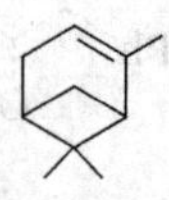

α-蒎烯(α-pinene)

习题 17-20　5-雄甾烯-3,17-二酮在碱性条件下被异构化为 4-雄甾烯-3,17-二酮。请写出这个反应的一个合理的机理。（可参考文献：J Am Chem Soc. 1989, 111, 6419）

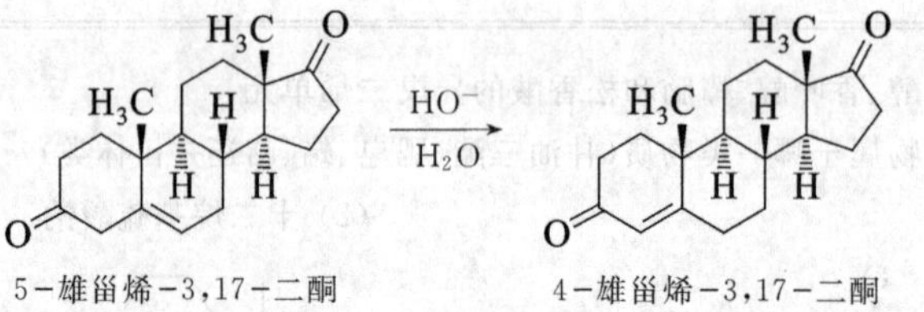

5-雄甾烯-3,17-二酮　　　　4-雄甾烯-3,17-二酮

习题 17-21　解释下列两个反应为什么在同样条件下，反应(1)中的两个羟基都参与了反应，而反应(2)中仅一个羟基发生了反应？

(1) 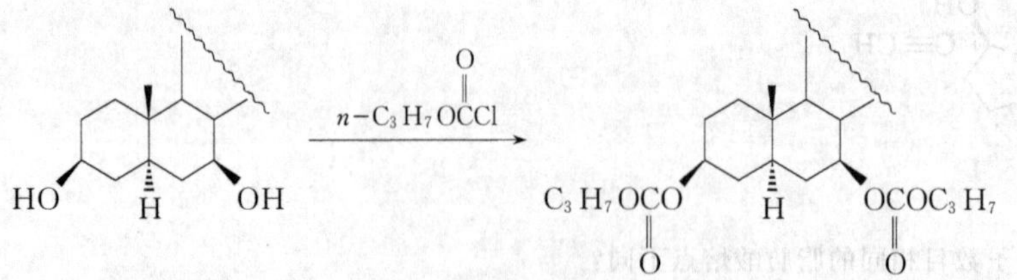

(2) 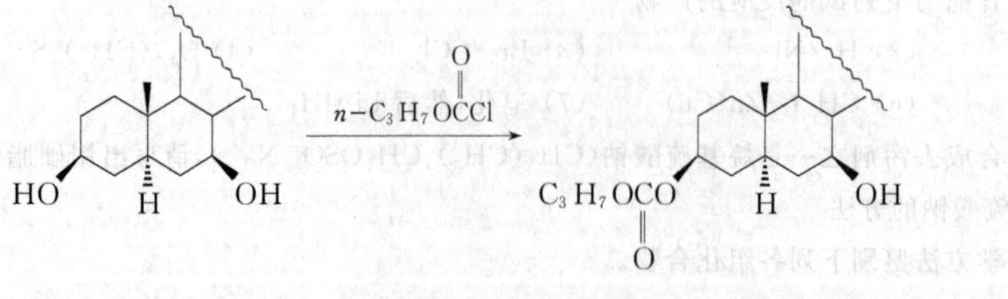

习题 17－22　一个分子式为 $C_{10}H_{18}O$ 的具有光活性的单萜（化合物 A）经催化氢化得一个非光学活性的化合物 B，分子式为 $C_{10}H_{20}O$。当化合物 B 在加热情况下，用酸，然后用 O_3 反应，接着在还原条件下（Zn, H_2O）进行后处理，所获得的一个产品是 4－甲基环己酮。试写出化合物 A 的可能结构。

第十八章　糖　　类

(Carbohydrates)

糖类是生命体中非常重要的一类有机化合物，也是自然界中最丰富的有机化合物。据估计，地球上生物量干重的50%以上是由葡萄糖(glucose)的聚合物构成的。糖类最重要的生物功能是为机体提供生命活动所需的能量，如植物中的淀粉(starch)多糖和动物中的糖原(glycogen)等。糖类其他的生物功能还包括：

(1) 作为生物体的结构成分。如纤维素(cellulose)多糖是植物细胞壁的主要成分，肽聚糖(peptidoglycan)是细菌细胞壁的结构多糖，壳多糖(chitin)是昆虫和甲壳类外骨骼的主要构成成分。

(2) 在生物体内转变为其他物质。糖类在代谢中产生一些重要的中间代谢产物，继而进一步转化为其他生物分子，如氨基酸、核苷酸、脂肪酸等。

(3) 作为细胞识别的信号分子。生物体内，广泛存在着糖与蛋白结合的糖蛋白(glycoproteins)。糖蛋白分子中的糖链部分与细胞识别密切相关。近些年来，随着化学和生物学技术的发展，对糖蛋白和糖脂中糖链的结构和功能有了更多的了解，并因此出现了糖生物学(glycobiology)这门新兴学科。

植物可通过光合作用将二氧化碳和水合成葡萄糖并转化为植物多糖。地球上每年将近有100亿吨的二氧化碳和水转变成纤维素、淀粉等植物多糖产物。几乎人类生存的每个方面都涉及糖类化合物。例如，人类通过摄取食物中的糖类物质来产生和储存机体所需的能量；天然纤维素，如棉花和亚麻用于制造衣料，木材可用作建材、燃料和造纸；天然纤维素经化学改性后可制成各种用途的产品，像人造丝和醋酸纤维素等。

实际上，大到整个自然界，小到个体生命，都维持着物质和能量的平衡。图18-1中所示的是动植物之间维持碳和氧的平衡。植物通过光合作用吸收光能将二氧化碳和水转化为糖类。反过来，动物又通过摄取食物，经过呼吸作用将食物中的糖类氧化为二氧化碳和水，并释放出能量供机体生长和活动所需。可以说，动物和植物是自然界一对相互依赖的有机实体。

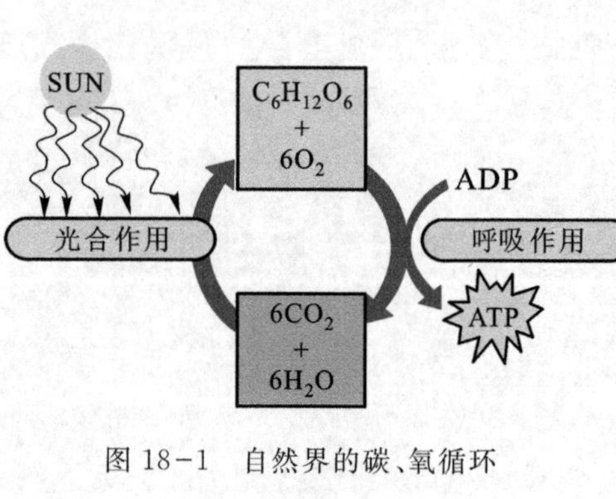

图18-1　自然界的碳、氧循环

最初，糖类被化学家认为是一类“碳水化合物”(carbohydrates)，因为从其分子式来看，它们似乎是由碳与水化合而成，具有通式 $C_n(H_2O)_m$ ($n=m$ 或 $n\neq m$)。但后来发现，有些糖类并不符合该通式，如

鼠李糖 $C_6H_{12}O_5$，因此用“碳水化合物”这一名词来定义糖类是不确切的，但该名词仍在沿用。

糖类较确切的定义是：糖类是多羟基醛、多羟基酮或其衍生物，或水解时能生成这些物质的一类有机化合物的总称。

18.1 糖类的分类

根据其组成的复杂程度，可将糖类分为单糖、寡糖和多糖三类：

(1) 单糖(monosaccharides)—单糖不能被进一步水解生成更为简单的糖，因此又称简单糖。例如，葡萄糖和果糖(fructose)是单糖中的典型代表。

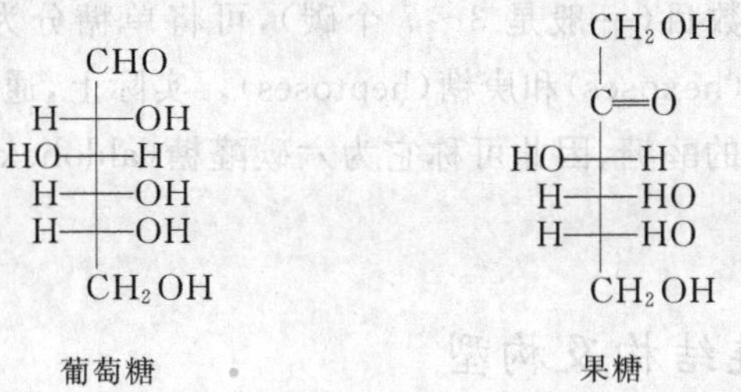

(2) 寡糖(oligosaccharides)—由两个至十个单糖亚单位连接起来的化合物，即寡糖经水解可生成二至十个单糖分子。其中最丰富也是最重要的寡糖是二糖(disaccharides)。例如，蔗糖(sucrose)是一个典型的二糖，它由一分子葡萄糖和一分子果糖组成，经水解可生成葡萄糖和果糖。

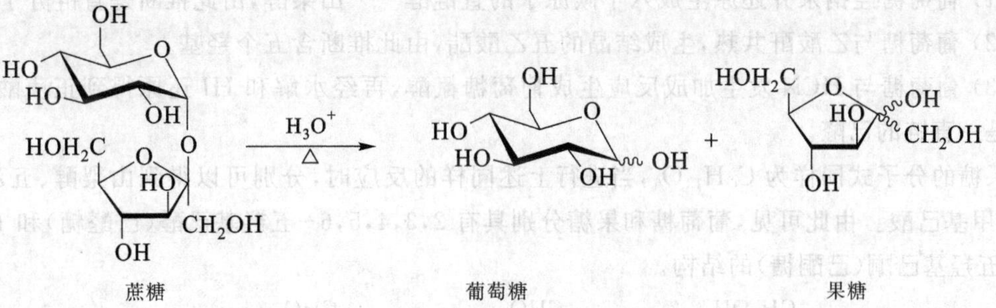

(3) 多糖(polysaccharides)—由多个单糖亚单位连接起来的糖类，即多糖经水解可生成多个单糖分子。多糖是一大类生物大分子，包括淀粉、纤维素、糖原等。它们经水解可生成成千上万个葡萄糖分子。

$$\text{淀粉} \xrightarrow[\triangle]{H_3O^+} \text{超过 1 000 个葡萄糖分子}$$

$$\text{纤维素} \xrightarrow[\triangle]{H_3O^+} \text{超过 1 000 个葡萄糖分子}$$

可见，单糖是寡糖和多糖的结构单元，对单糖结构和反应性质的全面了解对于理解更为复杂的糖类是非常重要的。通过了解相对简单得多的结构单元分子的化学性质来认识更为复杂的生物分子的化学性质具有重要意义，因为它们具有相似的价键结构特点和官能团。例如糖，了解了单糖分子中醇、醛和酮的连接方式和化学性质，就可以基本上掌握糖类的性质。

18.2 单糖

大多数单糖都使用它们的俗名，如葡萄糖、果糖、半乳糖(galactose)和甘露糖(mannose)。在大多数生命体中，最重要的单糖是葡萄糖，它被氧化分解成二氧化碳和水并释放出能量以提供机体所需。

根据单糖中所含的是醛基还是酮基可将其分为醛糖和酮糖，如葡萄糖是醛糖，果糖是酮糖。根据碳链中所含碳原子的数目(一般是 3～7 个碳)，可将单糖分为丙糖(trioses)、丁糖(tetroses)、戊糖(pentoses)、己糖(hexoses)和庚糖(heptoses)。实际上，通常将上述两种术语结合起来使用，如葡萄糖是含六个碳的醛糖，因此可称它为六碳醛糖(aldohexoses)，而果糖则是六碳酮糖(ketohexoses)。

18.2.1 单糖的直链结构及构型

1. 单糖的直链结构

以分子式为 $C_6H_{12}O_6$ 的葡萄糖为例，如图 18-2 所示。经一系列化学反应分析可知，葡萄糖是含有五个羟基的直链己醛，具体分析实验如下：

(1) 葡萄糖经钠汞齐还原生成六个碳原子的直链醇——山梨醇，由此推断是直链分子。

(2) 葡萄糖与乙酸酐共热，生成结晶的五乙酸酯，由此推断含五个羟基。

(3) 葡萄糖与 HCN 发生加成反应生成葡萄糖氰醇，再经水解和 HI 还原得到正庚酸，由此推断是一直链的己醛。

果糖的分子式同样为 $C_6H_{12}O_6$，当进行上述同样的反应时，分别可以得到山梨醇、五乙酸酯和 2-甲基己酸。由此可见，葡萄糖和果糖分别具有 2,3,4,5,6-五羟基己醛(己醛糖)和 1,3,4,5,6-五羟基己酮(己酮糖)的结构。

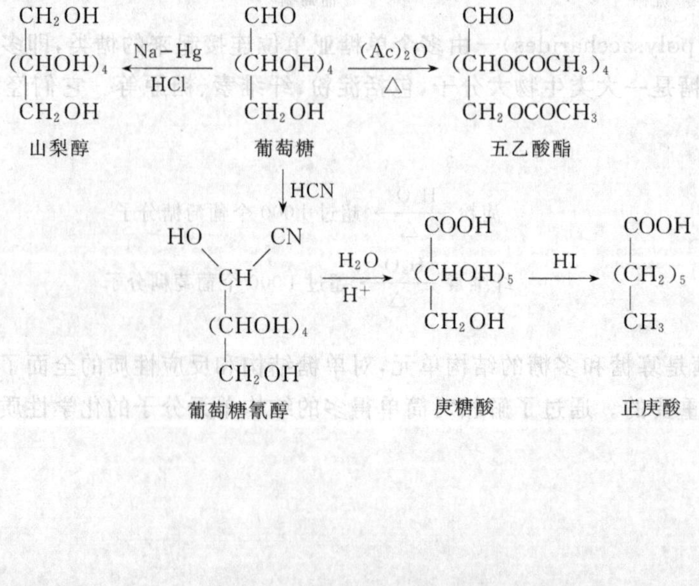

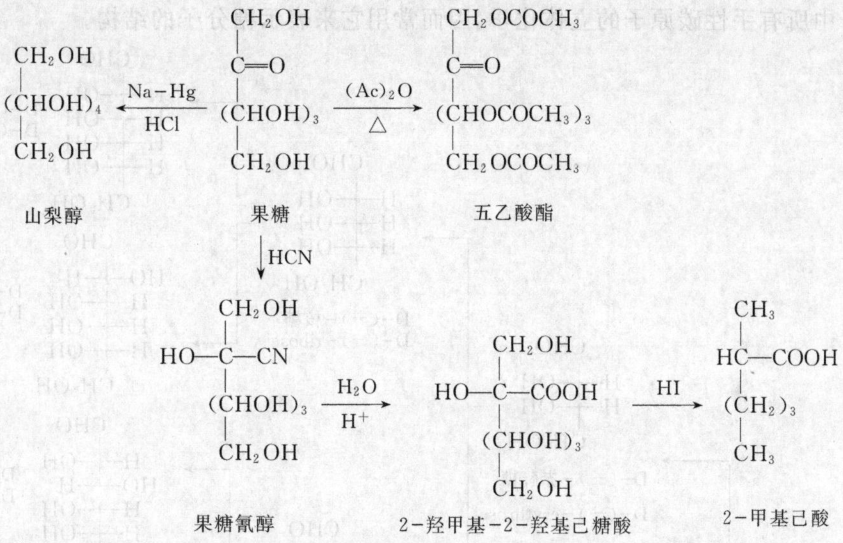

图 18-2 葡萄糖和果糖直链结构的确定

如果不考虑糖的立体结构，己醛糖和己酮糖的直链结构可以表示如下：

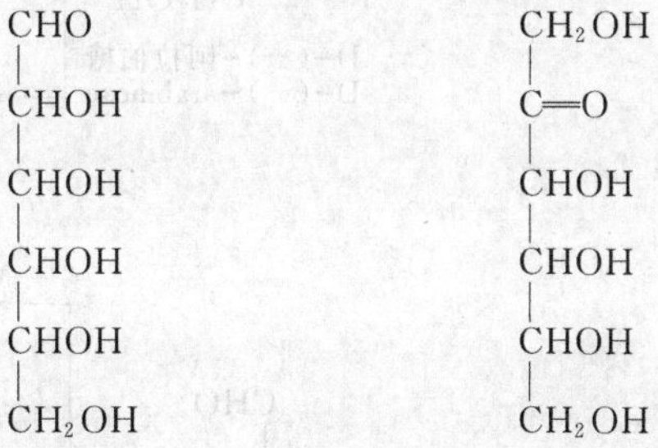

己醛糖 己酮糖

2. 单糖的 D 和 L 构型

甘油醛(glyceraldehyde)是最简单的醛糖，其分子中有一个手性碳原子，因而存在两种异构体，它们互为对映异构。天然存在的甘油醛都是右旋的，用(+)表示。

那么，到底右旋的甘油醛是哪种构型呢？最初，由于研究条件限制，人们无法确定它的真实构型，为了研究方便，人为地规定右旋甘油醛为 D 构型，即 D-(+)-甘油醛，其对映异构体则

D-(+)-甘油醛 L-(-)-甘油醛

[(*R*)-(+)-甘油醛] [(*S*)-(-)-甘油醛]

为 L-(-)-甘油醛。后经实验验证右旋甘油醛的绝对构型恰恰如人为规定的那样是 D 构型的。如图 18-3 所示，在确定了甘油醛的绝对构型之后，能与甘油醛通过化学方法相关联(如通过增碳法或减碳法)的一系列化合物的绝对构型也得以确定为 D 构型。图 18-4 则列出了 D 系列酮糖的化学结构。

图 18-3 和图 18-4 中，糖类的结构均用 Fischer 投影式表示。Fischer 投影式可以方便地显

示糖分子中所有手性碳原子的立体化学,因而常用它来表示糖分子的结构。

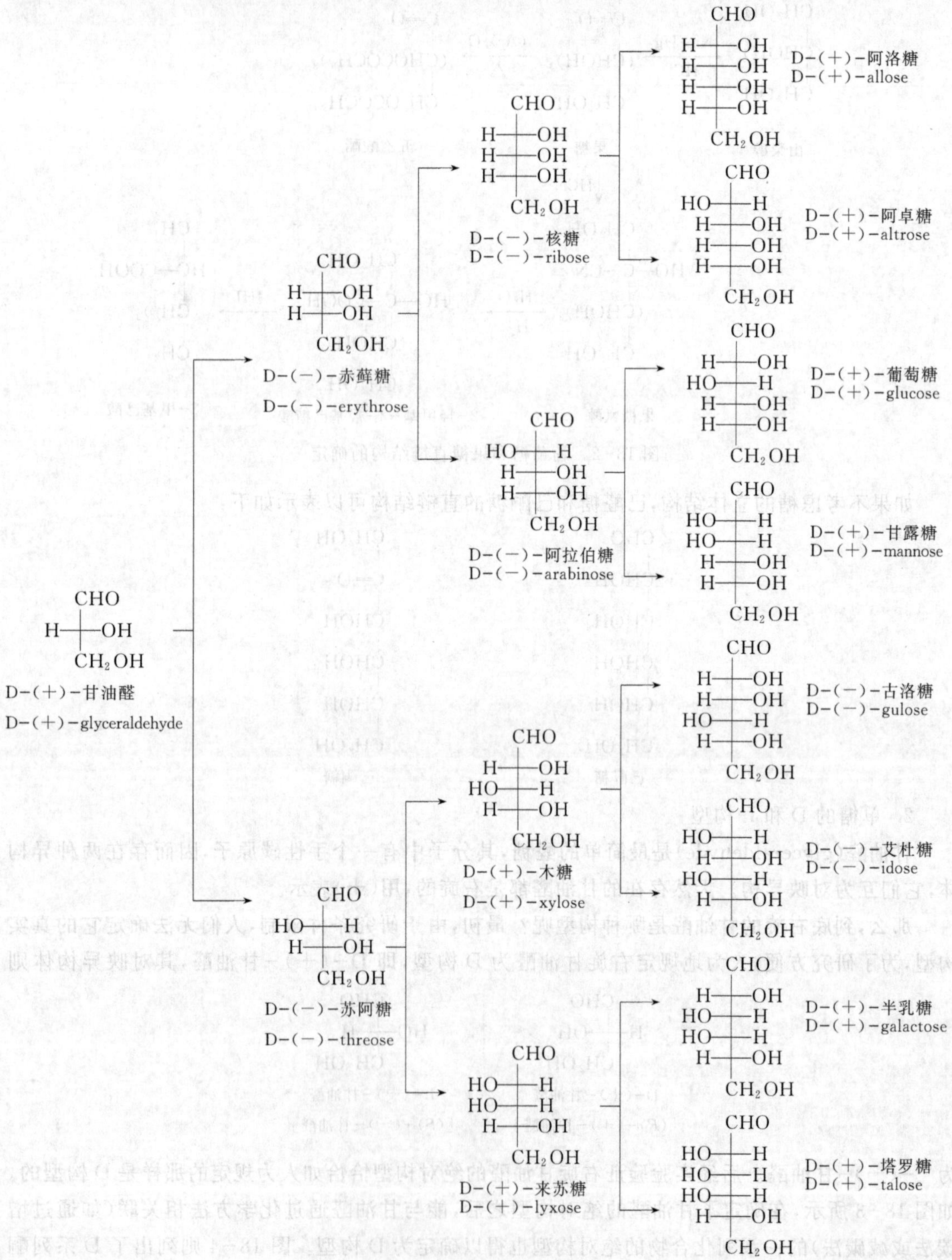

图 18-3 D系列醛糖

(注:除苏阿糖、来苏糖、阿洛糖和古洛糖外,其他都是天然存在的糖)

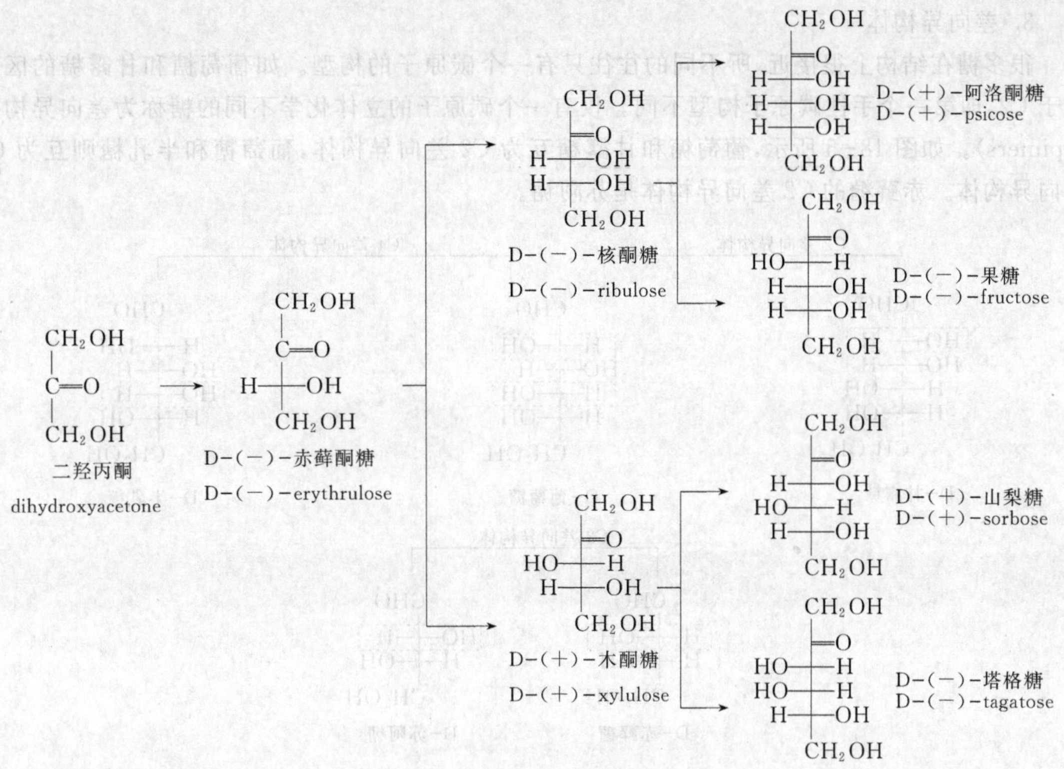

图 18-4 D 系列酮糖

实际上，天然的糖类物质绝大多数是 D 型糖，所谓 D 型糖是指与糖分子中醛基（或酮基）相距最远的手性碳原子上的羟基处在 Fischer 投影式碳链右边的糖。而 L 型糖则是指与醛基（或酮基）相距最远的手性碳原子上羟基处在 Fischer 投影式碳链左边的糖。

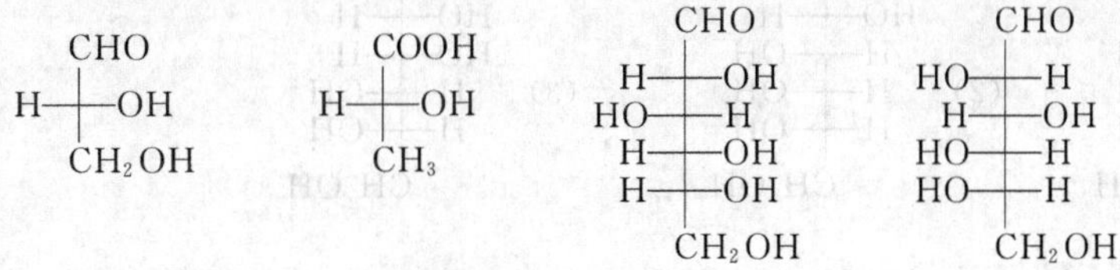

D-(+)-甘油醛　D-(-)-乳酸　D-(+)-葡萄糖　L-(-)-葡萄糖

D 和 L 构型表示法是一种常用的表示糖或氨基酸等生物分子立体化学结构的方法，与立体化学一章中的 *R* 和 *S* 构型表示法（参见 5.2.4）一样，它表示手性中心或分子的相对立体构型，但并不能预示这种化合物在平面偏振光中的旋转方式。如 D-甘油醛是右旋的，但 D-乳酸（D-lactic acid）却是左旋的。换句话说，旋光性就像熔点或沸点一样，它是一种物理特性，要通过实验测得。而 *R* 和 *S*，D 和 L 则是人们为了便于描述分子的结构所做的人为规定。两者之间没有必然的联系。

一个含有 n 个手性碳原子的分子，具有 2^n 个立体异构体。对于一个己醛糖，分子中含有四个手性碳原子，因而有 $2^4=16$ 个立体异构体，其中八个为 D 型糖，八个为相对应的 L 型糖，即相互形成八对对映异构体。如 D-葡萄糖和 L-葡萄糖就是其中的一对对映异构体。

3. 差向异构体

很多糖在结构上很接近，所不同的往往只有一个碳原子的构型。如葡萄糖和甘露糖的区别在于 C2，即第一个手性碳原子构型不同。仅有一个碳原子的立体化学不同的糖称为差向异构体(epimers)。如图 18-5 所示，葡萄糖和甘露糖互为 C2 差向异构体，葡萄糖和半乳糖则互为 C4 差向异构体。赤藓糖的 C2 差向异构体是苏阿糖。

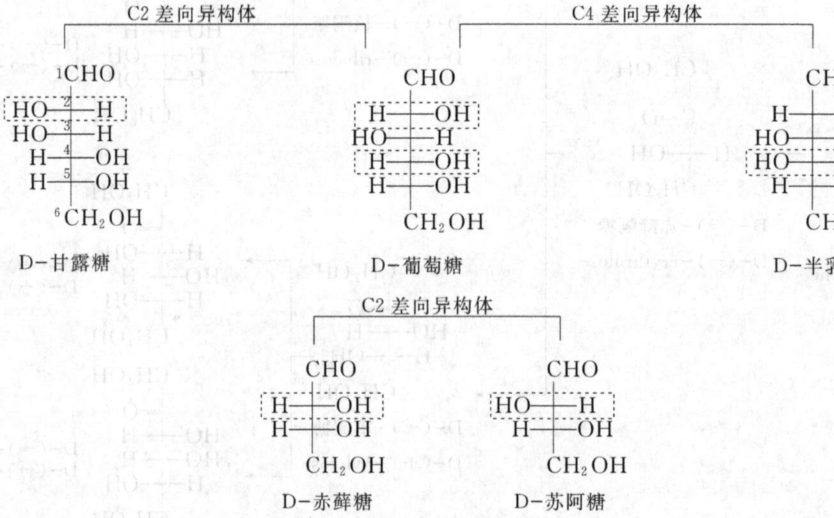

图 18-5　差向异构体

习题 18-1　为下列单糖分类(如:D-己醛糖，L-丁酮糖)。

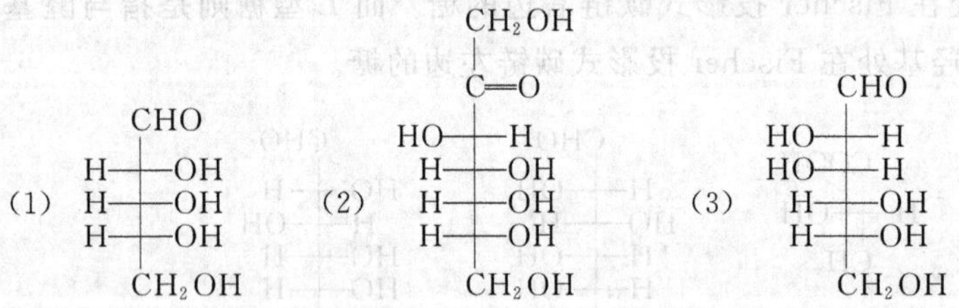

习题 18-2　一个丁醛糖，有多少个手性碳原子？请写出所有丁醛糖立体异构体的结构。

习题 18-3　D-(－)-核糖和 L-(＋)-阿拉伯糖是对映异构体还是非对映异构体？

习题 18-4　D-(＋)-甘露糖的 C3 差向异构体是哪个糖？画出它的结构。

18.2.2　单糖的环状结构和变旋现象

1. 单糖的环状结构

醛(酮)与一分子醇发生加成反应得到半缩醛(或半缩酮)，与第二个分子醇反应则得到缩醛(或缩酮)。一般来说，半缩醛(酮)没有缩醛(酮)那样稳定，很容易分解回到醛(酮)和醇，因而很难将半缩醛(酮)分离出来。

如果一个分子同时含有醛(酮)基和羟基,那么在合适的条件下就可能发生分子内的这种反应,形成环状的半缩醛(酮)。如果形成的环是稳定的五元环或六元环,那么这种环状的半缩醛(酮)结构就特别稳定。事实上,五元或六元环状半缩醛(酮)结构通常要比它们的开链式结构更加稳定。

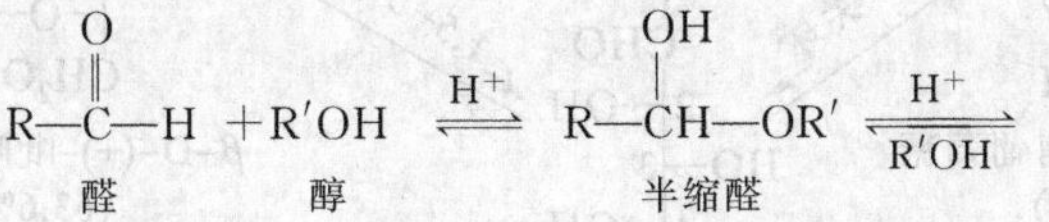

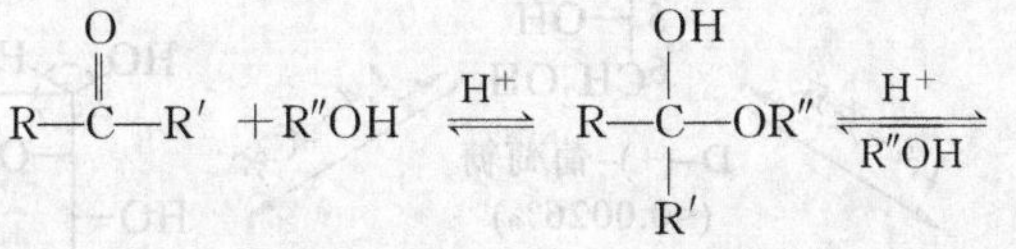

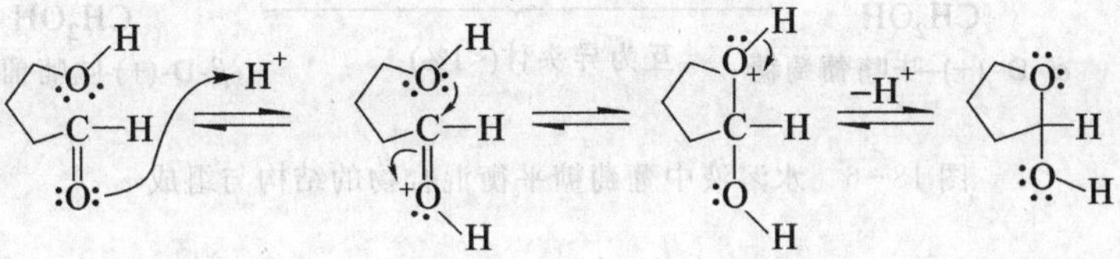

环状半缩醛

实验事实表明,单糖主要以环状半缩醛(酮)的形式存在。以下是一些证明糖以环状半缩醛(酮)形式存在的实验事实:

(1) 变旋现象:当一种结构的糖溶解到水中,其旋光度逐渐变化,最终达到恒定。这种现象被称作变旋现象(mutarotation)。变旋现象是糖特有的一种性质,有关详细内容将稍后叙述。

(2) 糖苷的形成:普通的醛(酮)能与两个分子的醇发生反应形成缩醛(酮),但糖分子只能与一分子醇反应形成缩醛(酮),所形成的缩合产物被称为糖苷(glycosides)。

(3) 醛基的弱反应性:普通的醛可与 $NaHSO_3$ 发生加成反应(参见 13.3.4),糖不能与 $NaHSO_3$ 这种弱反应试剂发生反应。说明糖分子中基本不存在自由醛基。

(4) 波谱特征:单糖在红外光谱中观察不到羰基的特征伸缩振动峰(σ ~1 700 cm^{-1}),醛糖在核磁共振谱中也观察不到醛基质子的信号(δ 8~9)。

2. 葡萄糖的环状半缩醛结构

对于醛糖来讲,分子中含有一个醛基和若干个羟基,合适位置上的羟基可以与醛基发生反应生成环状半缩醛。因此,固态、晶体态的醛糖通常以环状半缩醛形式存在,而在溶液中,醛糖则是以环状半缩醛式和开链式的平衡混合物的形式存在的。对大多数糖来讲,平衡偏向于环状半缩醛形式。

以葡萄糖为例,该分子中的醛基可以与 C5 上的羟基形成六元环状半缩醛,与 C4 上的羟基形成五元环状半缩醛。图 18-6 所示的是葡萄糖形成的各种环状半缩醛结构。可以看出,在形成半缩醛时,分子中多了一个手性碳原子(C1),通常称该碳原子为异头碳原子(anomeric carbon)。可见,D-葡萄糖由开链式转变为环状半缩醛式时,存在两种结构形式,一种为 α-D-葡萄糖,另一种为 β-D-葡萄糖,其中 α 和 β 表明异头碳的构型。

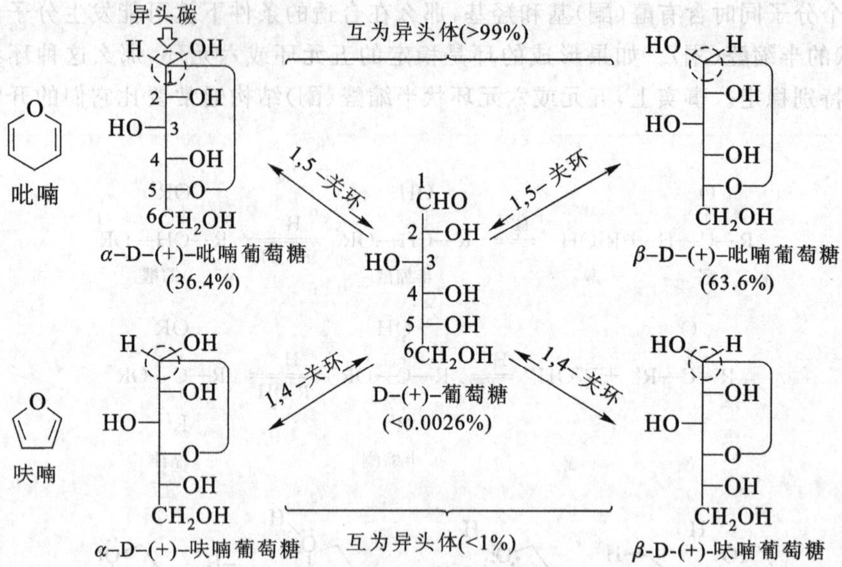

图 18-6　水溶液中葡萄糖平衡混合物的结构与组成

根据形成环状半缩醛的结构特点，通常将六元环的糖称为吡喃糖(pyranoses)，五元环的糖称为呋喃糖(furanoses)。这种命名取自于母核五元环醚呋喃(furan)和六元环醚吡喃(pyran)。因而六元环的α-D-葡萄糖更为准确的名称应为α-D-吡喃葡萄糖(α-D-glucopyranose)，其中α表示糖异头碳的构型，而吡喃糖预示着糖是以六元环形式存在的。

单糖环状结构构型规定如下：如果异头碳(指醛糖分子中的 C1 或酮糖分子中的 C2)上羟基与决定糖构型的羟基(即离异头碳最远的手性碳原子上的羟基)在同一侧的是α构型，不同侧的则是β构型。对于 D-葡萄糖，C1 上的羟基在右侧的是α-D-葡萄糖，在左侧的是β-D-葡萄糖。α-D-葡萄糖和β-D-葡萄糖互为异头体(anomers)。异头体指的是仅半缩醛(酮)碳，亦即异头碳的构型不相同的两个糖。实际上，异头体也是一种差向异构体，一种特殊的非对映体。

3. 环状结构的表示方法

前面在表示糖的开链和环状结构时用的都是 Fischer 投影式。另一种广泛使用的环状结构的表示方法是 Haworth 透视式，这种方法能更直观、更形象地表示的糖的立体结构。尽管 Haworth 透视式将五元环或六元环表示为平面显得不够真实(许多化学家更喜欢使用更为真实的椅型构象形式)，但它可以清楚的反映环上各基团的空间相对位置。

图 18-7 表示如何将 Fischer 投影式转变为 Haworth 透视式的过程。

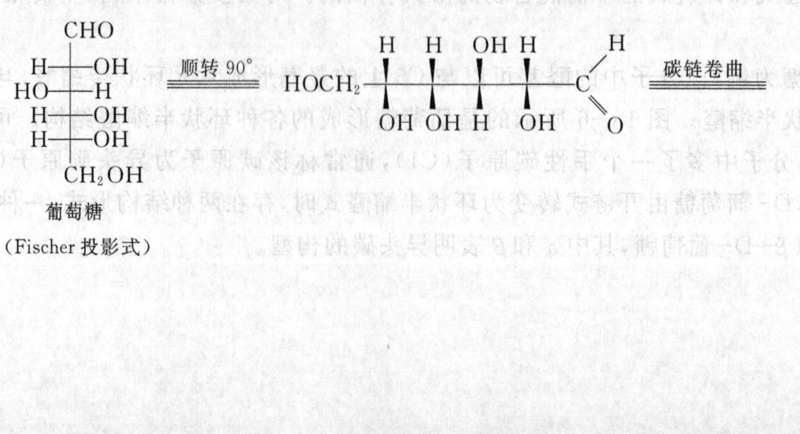

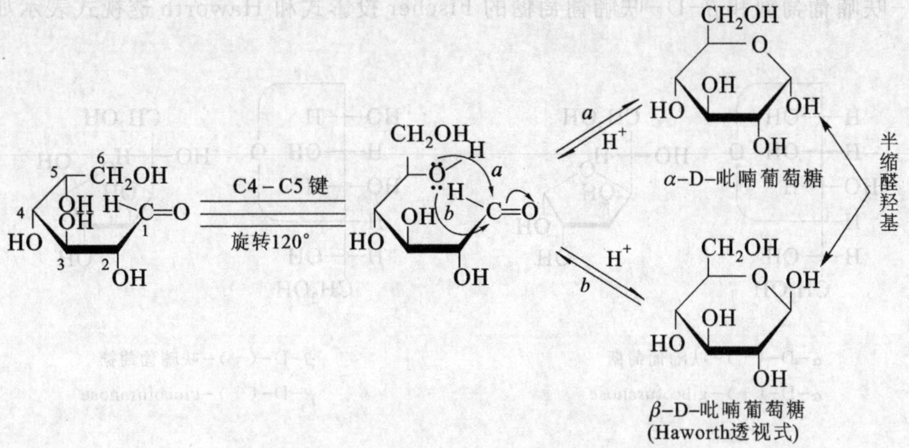

图 18-7 Fischer 投影式与 Haworth 透视式

书写糖的环状半缩醛(酮)结构看起来似乎相当复杂，其实掌握了书写规律，是相当容易的。书写规律如下：

(1) 通常将环中的氧原子放在环平面后侧(吡喃环时，放在右后角)，C1 放在右手边。这时，若与羰基成环的羟基处于 Fischer 式的右边，则糖链尾端的取代基均处在环的上方；若与羰基成环的羟基处于 Fischer 式的左边，则糖链尾端的取代基均处在环的下方。所谓糖链尾端取代基，是指成环羟基所在碳上的环外取代基。例如，对于六碳醛糖成吡喃环时，尾端取代基是 CH_2OH，成呋喃环时，尾端取代基是 $CH(OH)CH_2OH$。

(2) 半缩醛羟基与尾端取代基在环的同一方的为 β 型，反之，在环的不同方的为 α 型。即对 D 系列的糖，α 构型糖的半缩醛羟基向下，β 构型的半缩醛羟基向上。

(3) 环上的 OH 处于 Fischer 垂直链的右边，则在 Haworth 透视式中处在环的下方，左边的 OH 则在 Haworth 透视式的上方。例如，己酮糖中最常见的 D-果糖的环状结构式若用 Haworth 式表示，如图 18-8 有四种异构形式。

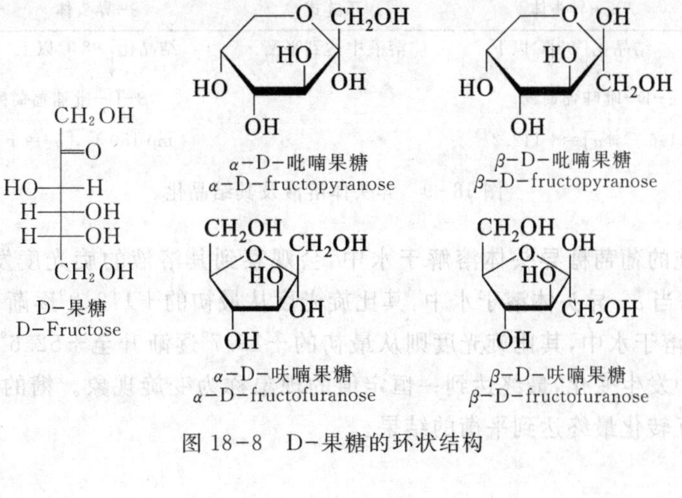

图 18-8 D-果糖的环状结构

α-D-呋喃葡萄糖和β-D-呋喃葡萄糖的Fischer投影式和Haworth透视式表示如下：

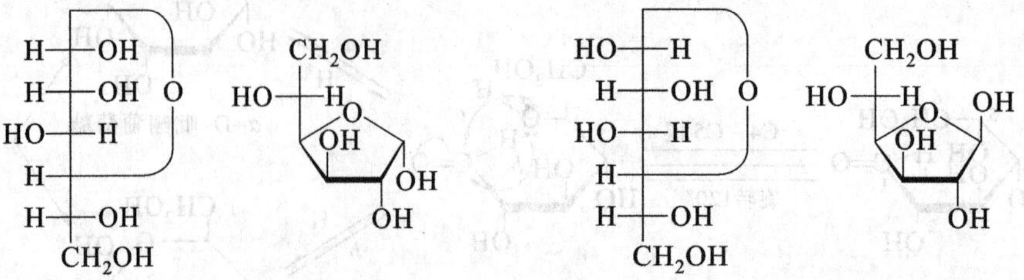

α-D-(+)-呋喃葡萄糖
α-D-(+)-glucofuranose

β-D-(+)-呋喃葡萄糖
β-D-(+)-glucofuranose

4. 变旋现象的化学本质

由于异头体是非对映异构体，它们通常具有不同的性质。例如，α-D-吡喃葡萄糖的熔点为146 ℃，比旋光度为+112.2°，而β-D-吡喃葡萄糖的熔点为150 ℃，比旋光度为+18.7°。如图18-9所示，当葡萄糖在98 ℃以下从水中结晶时，得到的是纯的α-D-吡喃葡萄糖晶体。但如果将水在98 ℃以上蒸发时所形成的结晶则是β-D-吡喃葡萄糖。也就是说，溶液中葡萄糖的结晶条件不同，将得到不同的异头体。在溶液中，这两种异头体通过少量的开链结构形式相互转化达到平衡，形成平衡混合物。在一定条件下也可以通过这种平衡不断地从溶液中获得某种异头体结晶。

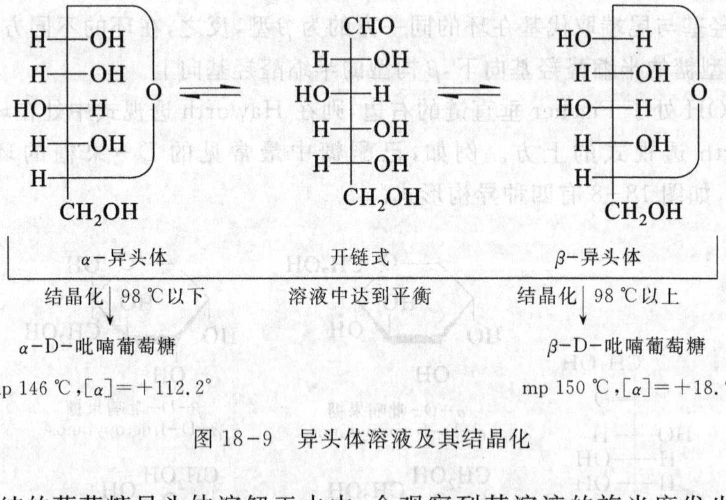

图18-9　异头体溶液及其结晶化

如果将一种纯的葡萄糖异头体溶解于水中，会观察到其溶液的旋光度发生有规律的变化。如图18-10所示，当α-异头体溶于水中，其比旋光度从最初的+112.2°逐渐变小至+52.6°。而将纯的β-异头体溶于水中，其比旋光度则从最初的+18.7°逐渐升至+52.6°。一种构型异构体的旋光度在溶液中发生变化，最终达到一恒定值的现象称为变旋现象。糖的变旋现象是两种异头体在溶液中相互转化最终达到平衡的结果。

纯 α-D-吡喃葡萄糖 $[\alpha]=+112.2^\circ$ —(H_2O)→ α-和 β-异头体平衡混合液 (α-36%，β-64%) $[\alpha]=+52.6^\circ$

纯 β-D-吡喃葡萄糖 $[\alpha]=+18.7^\circ$ —(H_2O)→ α-和 β-异头体平衡混合液

图 18-10　葡萄糖异头体平衡混合液

习题 18-5　试写出 L-甘露糖开链结构的 Fischer 投影式以及其吡喃糖环状结构的 Haworth 透视式。

习题 18-6　试判断下面呋喃葡萄糖是 D 型还是 L 型？是 α 构型还是 β 构型？分别给出它们的化学名称。

(1)
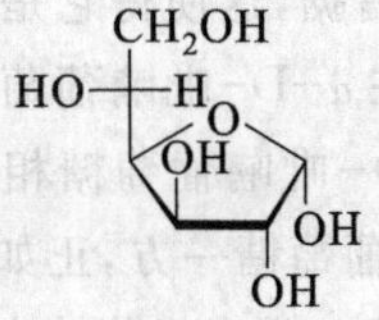

(2)
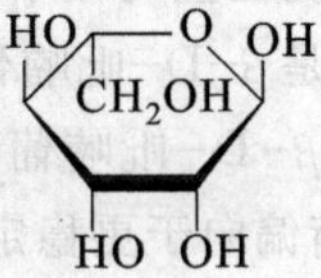

习题 18-7　什么是糖的变旋现象？其化学本质是什么？

18.2.3　单糖的构象

吡喃糖分子有一个含氧的六元环，可以近似地用环己烷的构象(参见 2.8.4)来表示吡喃糖分子的构象。与环己烷类似，吡喃糖的椅型构象通常是较稳定的构象。

为什么葡萄糖是自然界最普遍存在的己醛糖？为什么葡萄糖水溶液中含有更多的 β-D-吡喃葡萄糖？从构象分析中可以得到启示。

Haworth 透视式　　　　椅型构象

α-D-吡喃葡萄糖
α-D-glucopyranose

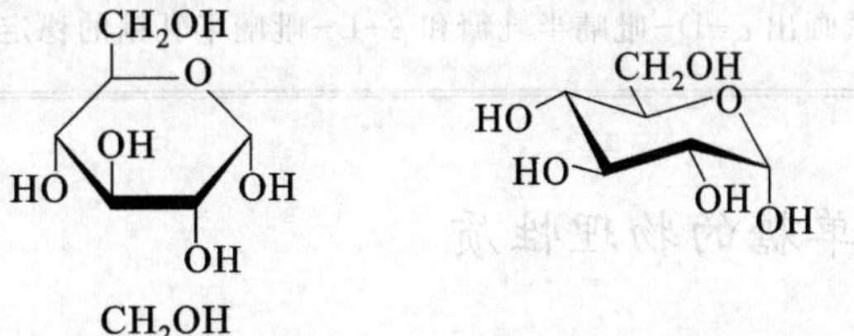

β-D-吡喃葡萄糖
β-D-glucopyranose

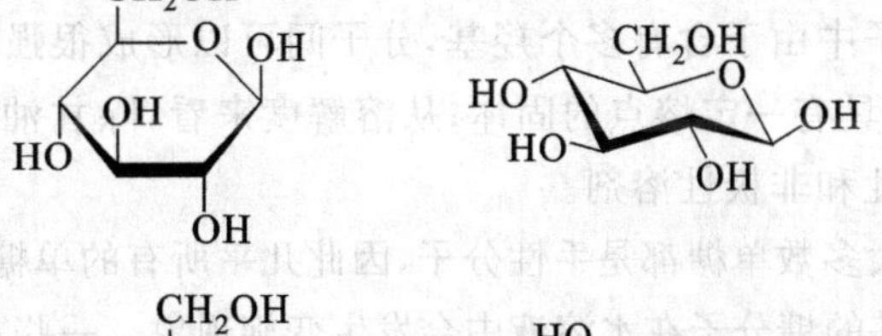

α-D-吡喃半乳糖
α-D-galactopyranose

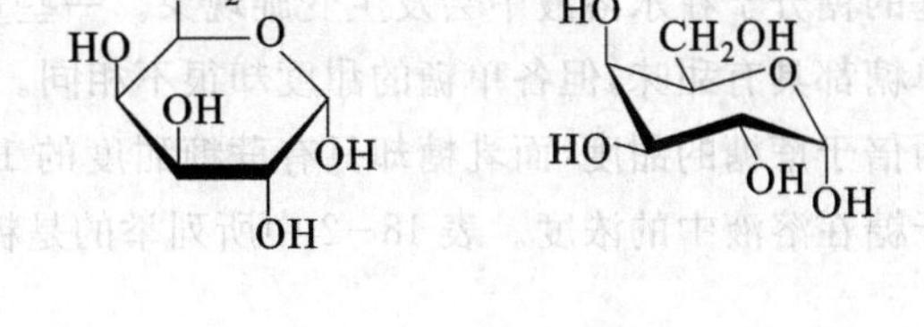

β-D-吡喃古洛糖　　β-L-吡喃古洛糖

β-D-gulopyranose　　β-L-gulopyranose

图 18-11 一些糖的构象式

对于 D-吡喃葡萄糖，要将 Haworth 透视式转变成椅型构象，首先将环中的氧放在右后角，将 5 位羟甲基(CH_2OH)放在平伏键的位置(羟甲基是所有取代基中最大的，处在平伏键位置会更加稳定)。由于 4 位羟基与 5 位羟甲基处于反式位置，自然 4 位上的羟基也应在平伏键位置。同理葡萄糖中 2 位和 3 位上的羟基也都处于平伏键位置。如图 18-11 所示，β-D-吡喃葡萄糖中所有的羟基都处在平伏键位置上，即直立键位置均被小体积的氢原子占据，这使得它是所有己醛糖中最稳定的，因而自然界中最普遍的糖是 β-D-吡喃葡萄糖。由于在 α-D-吡喃葡萄糖中，1 位上的半缩醛羟基处于直立键位置，因而与 β-D-吡喃葡萄糖相比，α-D-吡喃葡萄糖相对没那么稳定，在溶液中，它们之间相互转化的平衡偏向于更稳定的 β-D-吡喃葡萄糖一方，正如图 18-10 所示的，葡萄糖的异头体平衡混合液中 α-D-吡喃葡萄糖占 36%，β-D-吡喃葡萄糖占 64%。

只要记住 β-D-吡喃葡萄糖的羟基全部都处在平伏键位置上，那么其他任何吡喃糖的椅型构象通过与之比较后都很容易画出。例如，要画 α-D-吡喃半乳糖的构象式，由于半乳糖与葡萄糖是 C4 差向异构体，因而只要将 β-D-吡喃葡萄糖构象式中 C4 上的羟基和 C1 上的羟基(因为是 α-异头体)变为直立键即可。

要画 L 型吡喃葡萄糖的构象，可先画出其相应 D 型糖的构象，然后就可画出其镜像异构体 L 型的构象。例如，β-L-吡喃古洛糖(gulose)，可先画出 β-D-吡喃古洛糖的构象(已知古洛糖和葡萄糖不同之处在于 C3 和 C4，所以在这两个位置上的羟基处于直立键)，如图 18-11 所示，β-L-吡喃古洛糖是 β-D-吡喃古洛糖的对映异构体，由此即可画出 β-L-吡喃古洛糖的构象。

习题 18-8 试画出 α-D-吡喃半乳糖和 β-L-吡喃半乳糖的稳定构象，并判断哪个构象更稳定？

18.2.4 单糖的物理性质

单糖分子中由于含有多个羟基，分子间可以形成很强的氢键相互作用。因此，从物质形态来看，单糖均为具有一定熔点的固体；从溶解度来看，除甘油醛微溶于水外，其他单糖均易溶于水，难溶于低极性和非极性溶剂。

由于绝大多数单糖都是手性分子，因此几乎所有的单糖及其衍生物都具有旋光活性，并且含游离半缩醛羟基的糖分子在水溶液中会发生变旋现象。一些重要糖的熔点和比旋光度列于表 18-1。

大多数单糖都具有甜味，但各单糖的甜度却很不相同。如果以蔗糖(sucrose)的甜度作为参考，则果糖具有两倍于蔗糖的甜度，而乳糖却只有蔗糖甜度的 1/6。其实这种比较仅仅是粗略的，因为甜度还依赖于糖在溶液中的浓度。表 18-2 中所列举的是糖及各种甜味剂的相对甜度。

表 18-1 一些重要糖的熔点和比旋光度*

名称	熔点(℃)	$[\alpha]_D^{20}(H_2O)$	名称	熔点(℃)	$[\alpha]_D^{20}(H_2O)$
D-甘油醛	145	+9.4°	乳糖	201～202 (α-)	+52.3°
D-核糖	87	-19.7°	麦芽糖	102～103	+130.4°
2-脱氧-D-核糖	91	-59.0°	蔗糖	160～186 (分解)	+66.5°
D-木糖	144～145	+18.8°	转化糖**	133～134.5	-19.8°
L-阿拉伯糖	157～160	+105.1°	糊精		>200°
D-果糖	103～105 (分解)	-92°	淀粉		≥196°
D-半乳糖	167 (α-或β-)	+80.2°	糖原		+196°～+197°
D-葡萄糖	146 (α-) 83 (α-,1 H_2O) 148～155 (β-)	+52.7°	D-甘露糖	133 (α-) 132 (β-,分解)	+14.2°

* 均为平衡时的比旋光度。

** 转化糖(invert sugar)指蔗糖经水解生成的葡萄糖和果糖的混合物。

表 18-2 一些重要糖及甜味剂的相对甜度

名称	甜度	名称	甜度
蔗糖	1.00	木糖醇	1.25
葡萄糖	0.75	甘露醇	0.50
木糖	0.45	山梨醇	0.50
麦芽糖	0.35	天冬苯丙二肽(aspartame)	180
半乳糖	0.30	acesulfame-K	200
乳糖	0.16	糖精(saccharin)	350
果糖	1.75	甜菊苷(stevioside)	300
转化糖	1.50	莫尼糖精(monellin)	2000

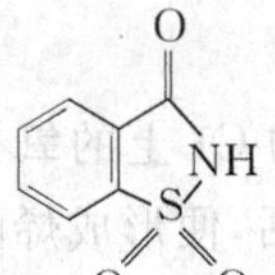

saccharin

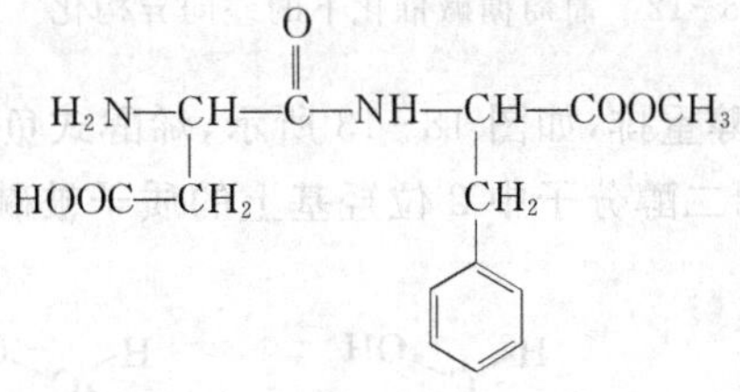

aspartame

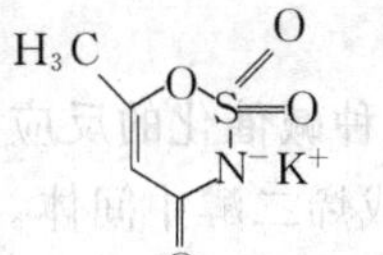

acesulfame-K

随着人们对降低食物中热量摄入需要的增加，一些合成甜味剂，如糖精(saccharin)，天冬苯丙二肽(aspartame)以及 acesulfame-K 被相继开发问世。所有这些合成品的甜度远远大于天然的糖。糖精是最古老的一种合成甜味剂，它已被使用达一个多世纪之久。在 20 世纪 70 年代早期，糖精的安全性曾被怀疑并且提出可能具有致癌性，但现在这种怀疑已被澄清。另一种甜味剂 acesulfame-K 是目前最被推崇的，由于其基本不带有怪味，被广泛用于软饮料中。从结构中可看出，这些合成品与糖类物质并无任何结构上的相似性。

此外，还存在一些天然的甜度远远大于蔗糖的甜味剂。如甜菊苷的甜度为蔗糖的300倍，莫尼糖精(一种含有九个氨基酸残基的寡肽)的甜度更是达到了2000倍。

18.2.5 单糖的化学性质

糖类是多功能基化合物，可以发生各种反应。尽管大多数糖类以环状半缩醛(酮)形式存在，但在溶液中仍然含有少量的开链式结构，因而糖类可以发生醛、酮和醇类化合物所发生的大多数反应。这也是糖类与许多试剂反应时常伴有副反应发生的原因所在。为避免副反应的发生，可以将不期望发生反应的功能基加以保护，待反应完成后，再脱去保护基。这种保护与去保护的方法在糖类的反应与合成中经常用到。

由于在许多反应中糖类都是以其开链式结构发生反应，因而在单糖化学性质的讨论中，主要用开链式结构进行描述。

1. 碱催化下的异构化

在碱性条件下，醛(酮)羰基的α-活泼氢可被可逆地移去，形成烯醇式负离子。这时C2不再是手性碳原子，当重新质子化时，可在烯醇平面两方的任意一方进行，因而产生两种C2构型不同的糖，即一对C2差向异构体，它们处于平衡中。如图18-12所示，这种使多手性中心分子中的一个手性中心的构型发生转化的作用称为差向异构化(epimerization)。

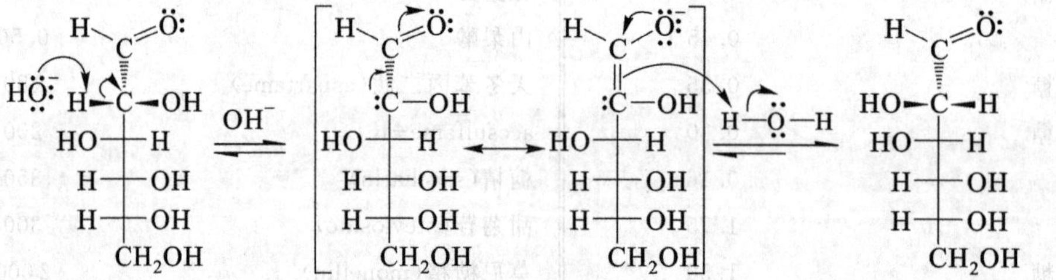

D-葡萄糖 烯醇负离子中间体 D-甘露糖

图18-12 葡萄糖碱催化下的差向异构化

另一种碱催化的反应是烯二醇重排，如图18-13所示，烯醇式负离子Ⅰ的C1上的氧被质子化，便形成烯二醇中间体。如果烯二醇分子中2位羟基上的质子被碱夺取的话，便形成烯醇负离

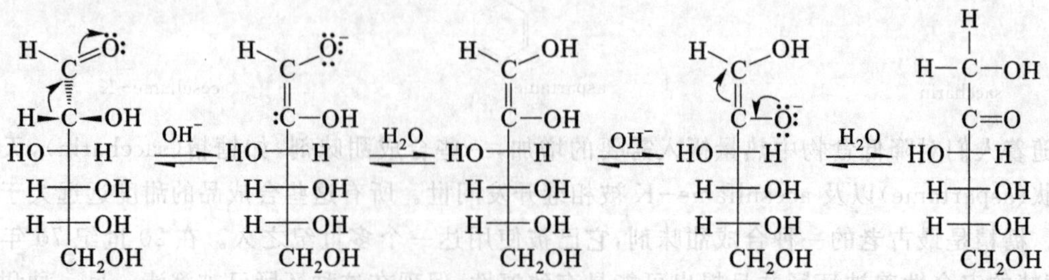

D-葡萄糖 烯醇负离子(Ⅰ) 烯二醇 烯醇负离子(Ⅱ) D-果糖

图18-13 烯二醇重排——D-葡萄糖与D-果糖的相互转化

子Ⅱ。Ⅱ的C1重新质子化的产物便形成六碳酮糖——D-果糖。这一反应又可称为醛糖—酮糖互变异构。

事实上，上述两种碱催化的反应都是酮式—烯醇式互变异构的结果。在强碱性条件下，由于上述两种反应的发生，糖类化合物将生成复杂的混合物。因此，为避免这类副反应发生，常采用中性和酸性条件进行各种糖的反应。当然，经特殊保护的糖是可以在碱性条件下进行反应的。

习题 18-9 写出碱性条件下果糖分子中不稳定性的羰基是如何通过烯二醇重排从C2移到C3的？

习题 18-10 给出 erythrose 经碱催化的差向异构化形成 erythrose 和 threose 混合物的机理。

2. 还原

醛糖和酮糖中的羰基可以被一般的羰基还原试剂，如 H_2 + Pd/C，H_2 + Ni，$NaBH_4$ 等还原。还原的产物是糖醇(alditols)。醛糖的还原得到一种糖醇，酮糖的还原则得到两种糖醇，这是因为酮羰基被还原后形成了一个新的手性中心。例如，D-甘露糖醇(D-mannitol)是D-甘露糖的还原产物，它存在于蘑菇、橄榄和洋葱中。而D-果糖的还原产物是D-甘露糖醇和D-葡萄糖醇(D-glucitol)，两者互为C2差向异构体。

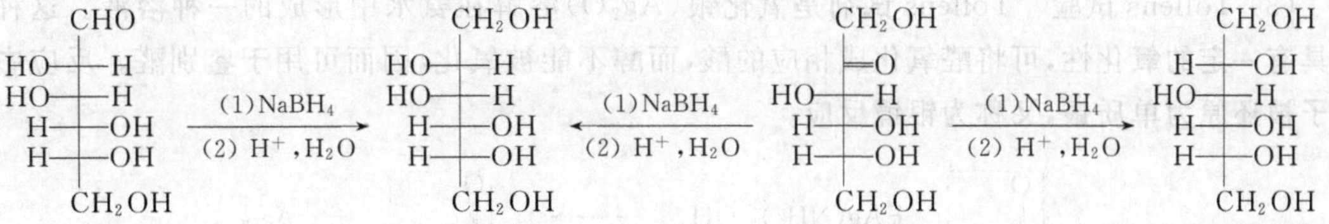

D-葡萄糖醇，又称为L-山梨糖醇(L-sorbitol)，可以通过还原D-葡萄糖或L-古洛糖制得(见下图)，它是生产维生素C的原料。糖醇还可用作食品添加剂和食糖替代品。

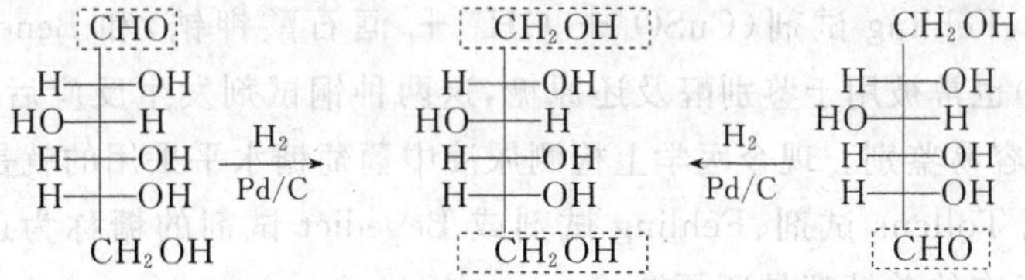

习题 18-11 D-葡萄糖用 $NaBH_4$ 还原时，得到光学活性的葡萄糖醇，而光学活性的D-半乳糖被还原时，却得到没有光学活性的产物，写出该产物的结构，并解释为何其失去了光学活性。

3. 氧化

(1) 溴水 溴水能将醛糖的羰基氧化为羧基，生成醛糖酸(aldonic acids)。由于溴水并不会将糖中的羟基和酮糖的羰基氧化，即具有选择性，而且溴水是酸性的，不会引起糖的差向异构化等副反应。另外，该反应呈颜色变化，是一种鉴别醛糖和酮糖的有用方法。

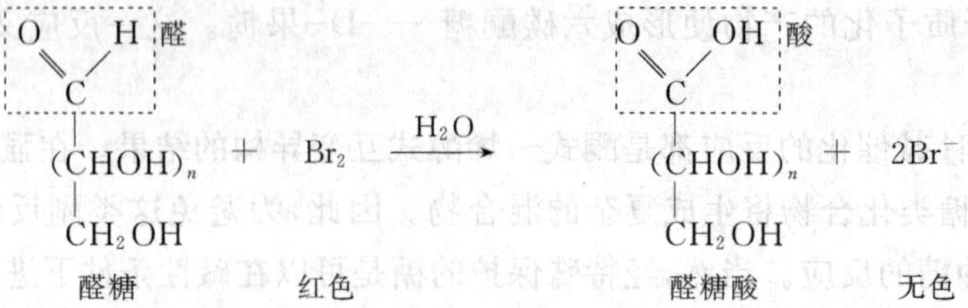

(2) 硝酸 硝酸是一种比溴水氧化性更强的氧化剂，它不仅将醛糖中的羰基氧化为羧基，而且将糖中的末端羟基(CH_2OH)也氧化为羧基。氧化的产物是醛糖二酸(aldaric acids)。进行这类反应时，通常使用稀硝酸。如果采用较浓的硝酸，由于二级醇也会被氧化，因此会形成 C—C 键断裂产物，即较小分子的糖二酸。酮糖在强氧化剂作用下，会在分子的酮羰基处发生 C—C 键断裂，生成两个低分子的酸。

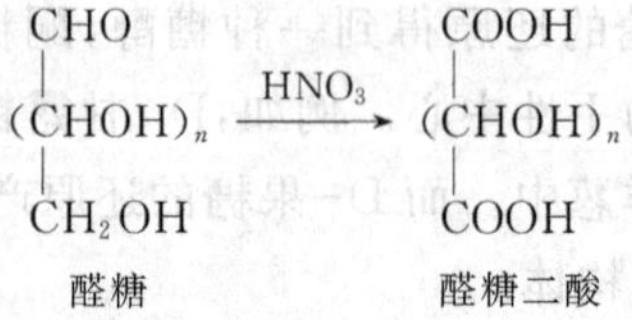

(3) Tollens 试验 Tollens 试剂是氧化银(Ag_2O)溶解在氨水中形成的一种溶液。这种试剂具有一定的氧化性，可将醛氧化成相应的酸，而醇不能被氧化，因而可用于鉴别醛。反应中银离子被还原为单质银，又称为银镜反应。

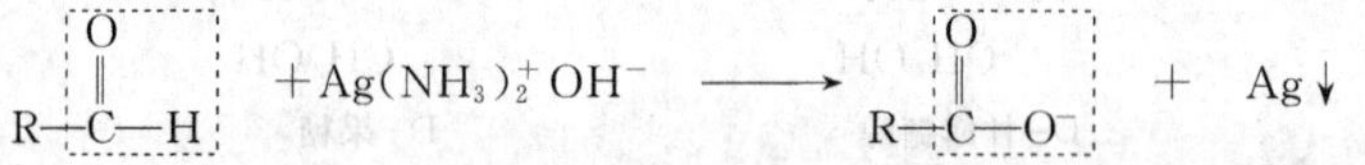

由于反应是在碱性溶液中进行，会导致糖醛基的差向异构化和烯二醇重排等副反应，因而不适用于醛糖酸的合成。也正是由于这些副反应，该试剂不能区分醛糖和酮糖。如图 18-14 所示，在碱性条件下，一个酮糖可通过开链的烯醇式中间体转变为一个醛糖，因而呈现阳性反应。除 Tollens 试剂外，Fehling 试剂($CuSO_4$ + OH^- + 酒石酸钾钠)和 Benedict 试剂($CuSO_4$ + Na_2CO_3 + 柠檬酸)也常被用于鉴别醛及还原糖，这两种铜试剂发生反应后，产生红色的氧化亚铜(Cu_2O)沉淀，很容易鉴别。现今医学上检测尿液中葡萄糖水平采用的就是 Benedict 试剂检测法。通常把能还原 Tollens 试剂、Fehling 试剂或 Benedict 试剂的糖称为还原糖(reducing sugars)，按此定义，所有的单糖都是还原糖。

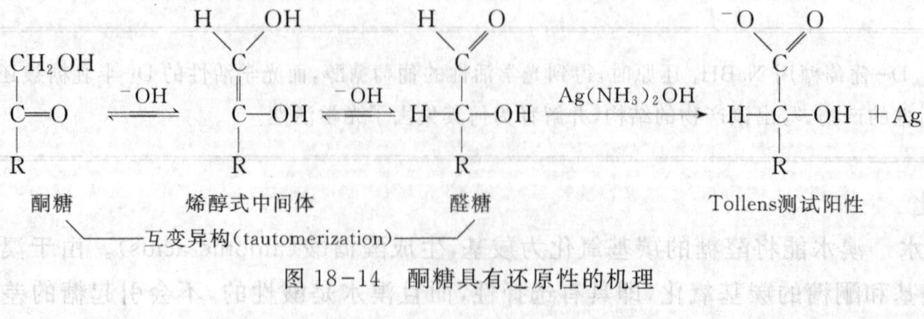

图 18-14 酮糖具有还原性的机理

(4) 高碘酸氧化断裂 在第十一章中，已经提到高碘酸可使邻二醇氧化断裂形成醛或酮(参见 11.3)。糖类分子中因为含有多个邻羟基结构,因此可与高碘酸发生类似的氧化断裂反应。该反应可用于推测糖环的大小,在多糖结构鉴定方面具有重要作用。图 18-15 是以甲基-β-D-葡萄糖苷为例说明高碘酸对糖的氧化。通过分析所形成的甲酸分子的物质的量,就可以确定该糖苷是呋喃型的还是吡喃型的。

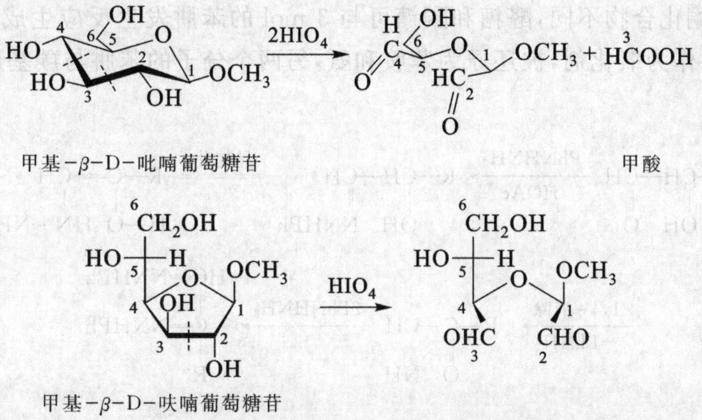

图 18-15　高碘酸氧化断裂法确定糖环的大小

(5) 生物体内的氧化　某些醛糖,如葡萄糖,在特异性的脱氢酶作用下,其醛基能够被保留而只氧化 6 位的伯羟基,生成葡萄糖醛酸(glucuronic acid)。

生物体中的糖类作为主要的供能物质,在多种酶的催化下,经过多个步骤的氧化及断裂反应,最终被彻底氧化为二氧化碳和水,并释放出大量的供机体所需的能量(ATP)。

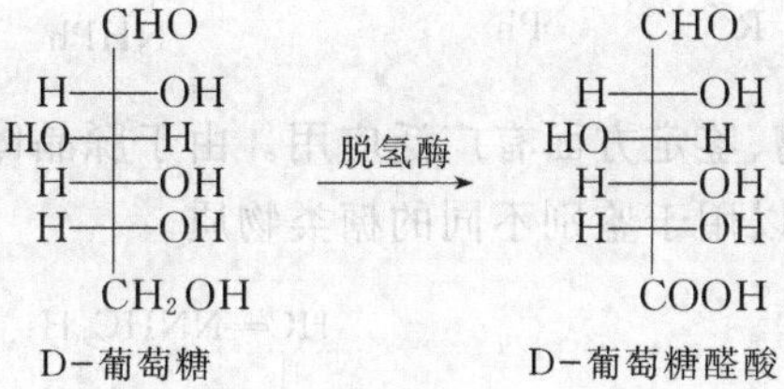

D-葡萄糖　　　D-葡萄糖醛酸

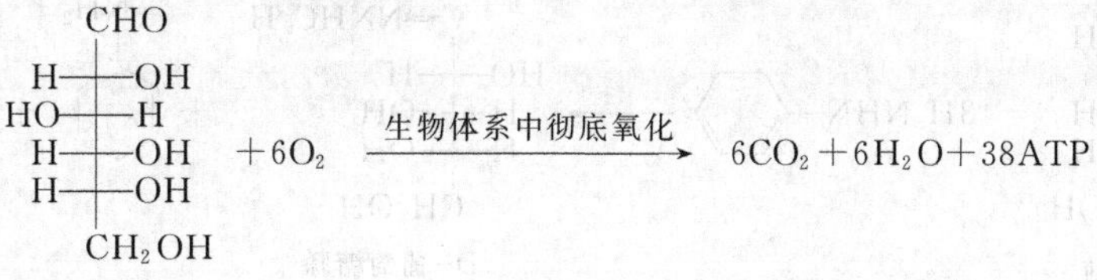

D-葡萄糖

习题 18-12　选择一个戊醛糖和一个戊酮糖为例,分别写出它们与下列氧化剂反应的化学反应式。

(1) 溴水　　(2) 稀硝酸　　(3) Tollens 试剂　　(4) 高碘酸

4. 脎的形成

在第十三章中,已经提到醛、酮化合物可与肼类亲核试剂反应生成腙(hydrazones)(参见 13.4.1)。成腙是醛、酮化合物衍生化最好的方法之一,特别是形成苯腙和 2,4-二硝基苯腙这些结晶物质,它们经酸水解又可获得原来的醛、酮,因此可用来间接分离醛、酮。

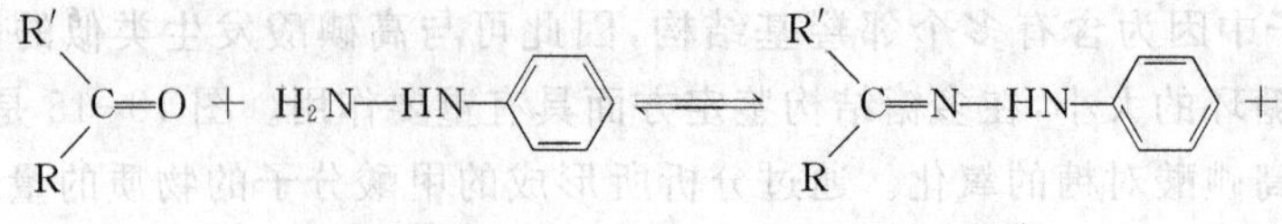

苯肼 苯腙

与普通的醛、酮化合物不同，醛糖和酮糖可与 3 mol 的苯肼发生反应生成脎（osazones）。其中一个分子的苯肼作为氧化剂，被还原为苯胺和氨，另两个分子的苯肼与羰基形成亚胺。该反应的机理如下：

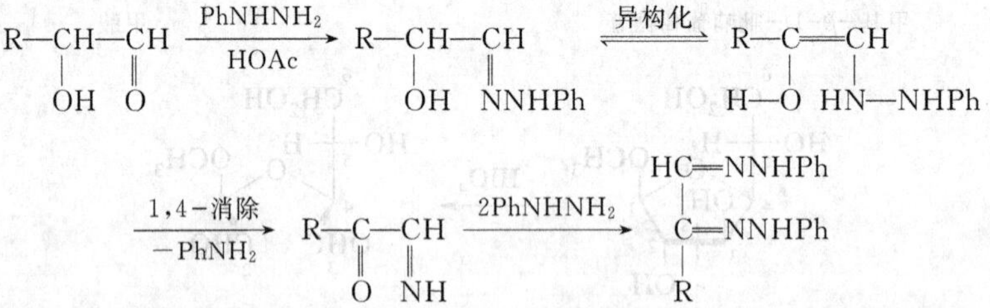

脎

由于脎分子可以形成如下所示的分子内氢键，很稳定。因此，即使苯肼大大过量，反应也不会继续进行，即停止在成脎这一步。

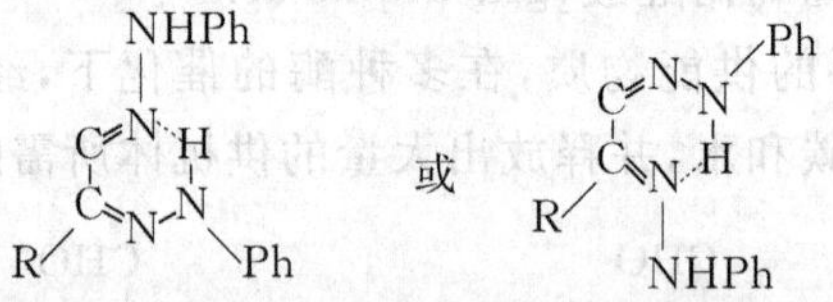

成脎反应在糖分子的分离、鉴定方面有广泛应用。由于脎晶体好，易提纯。不同的单糖所形成的脎有固定的熔点，因而可以用于鉴别不同的糖类物质。

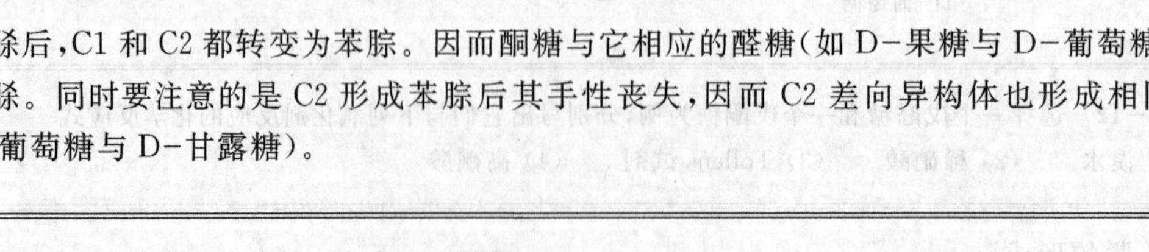

D-葡萄糖 D-葡萄糖脎

成脎后，C1 和 C2 都转变为苯腙。因而酮糖与它相应的醛糖（如 D-果糖与 D-葡萄糖）形成相同的脎。同时要注意的是 C2 形成苯腙后其手性丧失，因而 C2 差向异构体也形成相同的脎（如 D-葡萄糖与 D-甘露糖）。

习题 18-13 什么单糖与 D-ribose 形成相同的脎？

习题 18-14 试用反应方程式表示 D-glucose 与苯肼反应形成脎的过程，并说明成脎后的分子不会进一步与过量的苯肼分子反应的原因。

小资料

糖尿病人血糖的测定

葡萄糖与血红蛋白(hemoglobin)反应形成亚胺中间体。这种亚胺经过一个不可逆重排形成更加稳定的α-氨基酮,称为血红蛋白-A_{Ic}。

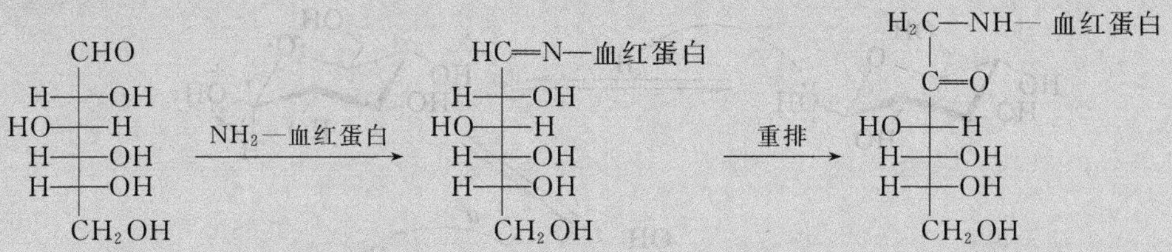

亚胺　　α-氨基酮 血红蛋白-A_{Ic}

胰岛素是一种维持血液中葡萄糖正常水平的激素。糖尿病人由于机体不能合成足够量的胰岛素(insulin),或所合成胰岛素不能有效地刺激其靶细胞从而导致血糖水平升高。目前世界上大约有1亿3500万糖尿病患者,到2025年,糖尿病患者人数估计将超过3亿。

血红蛋白-A_{Ic}形成的量与血液中葡萄糖的浓度成正比,故糖尿病人有较高的血红蛋白-A_{Ic}浓度。测定血红蛋白-A_{Ic}水平是一种了解血液中葡萄糖(血糖)水平的方法。

另外,白内障是一种糖尿病病人普遍会产生的并发症,这是由于葡萄糖与眼睛晶状体中蛋白的氨基发生反应所导致的病症。老年人群中常见的动脉硬化也被认为是葡萄糖与蛋白中氨基反应的结果。可见,维持体内葡萄糖水平的正常是至关重要的。

5. 糖苷的形成

环状单糖的半缩醛(酮)羟基与一分子醇反应生成的缩醛(酮)称为糖苷。糖苷分子中的糖部分称做糖基(glycosyl),非糖部分称做糖配基(aglycone),糖基与糖配基之间的连键称为糖苷键(glycosidic bond)。命名糖苷时,母体名称是相应的糖名称后加“苷”字(英文名称将相应的糖名称词尾“ose”中的“e”改为“ide”),母体名称前放配基的名称和异头碳的构型(α或β)。如下式的乙基-α-D-吡喃葡萄糖苷(ethyl-α-D- glucopyranoside)是乙醇与葡萄糖形成的一种糖苷。

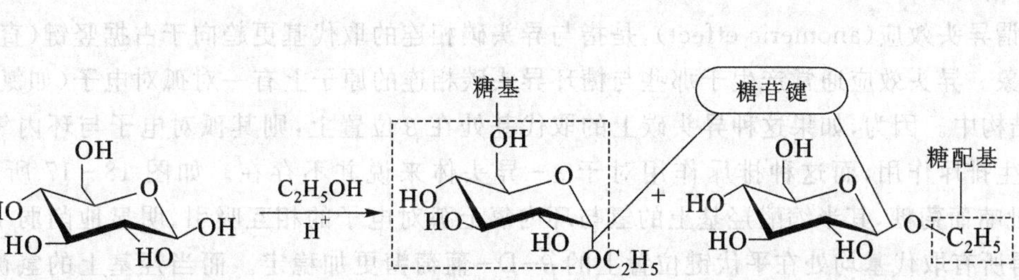

β-D-吡喃葡萄糖　　乙基-α-D-吡喃葡萄糖苷　　乙基-β-D-吡喃葡萄糖苷

从上述反应式可以看到一种异头体(如β-D-吡喃葡萄糖)与一分子醇反应形成α-和β-两种糖苷。该反应的机理如图18-16。

图18-16中,与异头碳相连的半缩醛羟基首先在酸性溶液中质子化,环上氧的孤对电子帮

助一分子水离去，结果生成氧碳鎓离子(oxocarbenium ions)中间体，这时异头碳为平面型的 sp^2 杂化形式，当醇从平面的上方进攻异头碳时，形成 β-糖苷，而当醇分子从平面的下方进攻异头碳时，则形成 α-糖苷。由此可见，这个机理与第十三章中缩醛(酮)形成的机理(参见 13.3.2)是类似的。

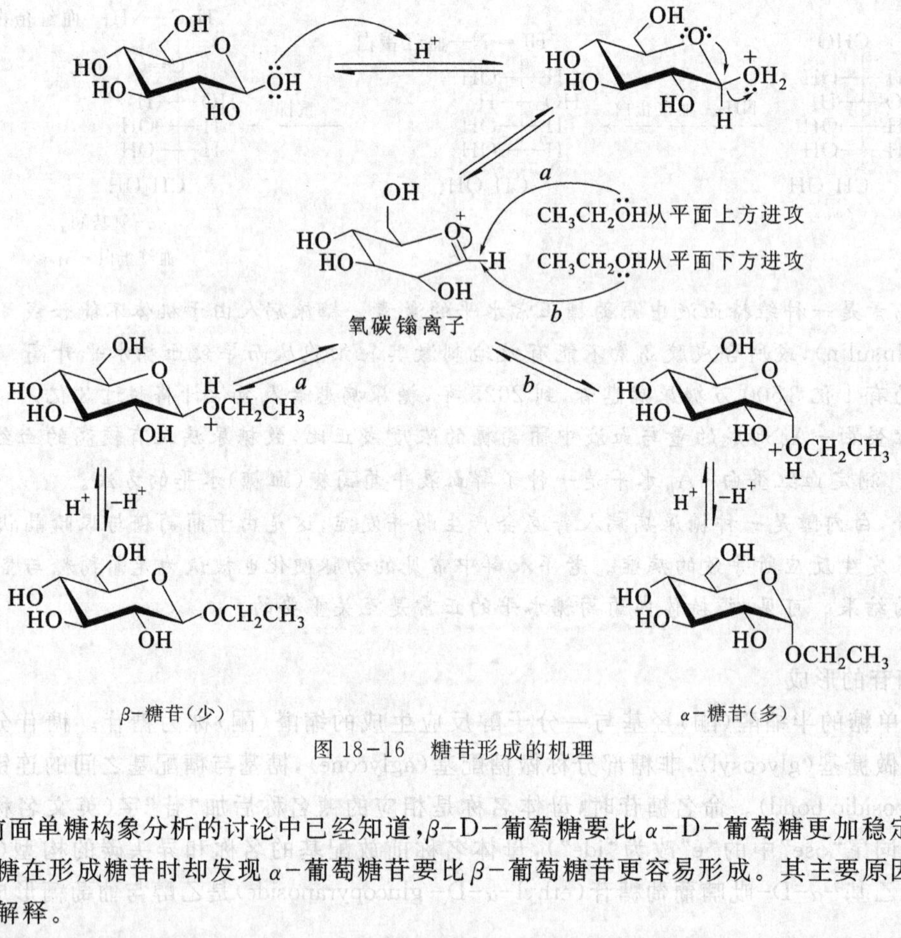

图 18-16　糖苷形成的机理

从前面单糖构象分析的讨论中已经知道，β-D-葡萄糖要比 α-D-葡萄糖更加稳定。但是，D-葡萄糖在形成糖苷时却发现 α-葡萄糖苷要比 β-葡萄糖苷更容易形成。其主要原因可用"异头效应"解释。

所谓异头效应(anomeric effect)，是指与异头碳相连的取代基更趋向于占据竖键(直立键)位置的现象。异头效应通常产生于那些与糖环异头碳相连的原子上有一对孤对电子(如氮、氧等原子)的结构中。因为，如果这种异头碳上的取代基处在 β 位置上，则其孤对电子与环内氧的孤对电子产生排斥作用，而这种排斥作用对于 α-异头体来说并不存在。如图 18-17 所示，对于 β-D-吡喃葡萄糖，其半缩醛羟基上的氢与环内氧上孤对电子的相互吸引，明显地削弱了异头效应，使得所有取代基均处在平伏键位置上的 β-D-葡萄糖更加稳定。而当羟基上的氢被烷基置换后，由于异头效应占据主导地位，从而降低了 β 位置的稳定性，使 α-异头体更为稳定。

由于糖苷是缩醛(酮)类化合物，在水溶液中并不存在开链式醛(酮)，因而没有还原性，不能被 Ag^+ 或溴水等试剂氧化，是一类非还原性糖(nonreducing sugars)。与糖苷不同，单糖是半缩醛(酮)类化合物，它在水溶液中通过开链式形成不同结构形式的平衡混合液。正是因为开链式

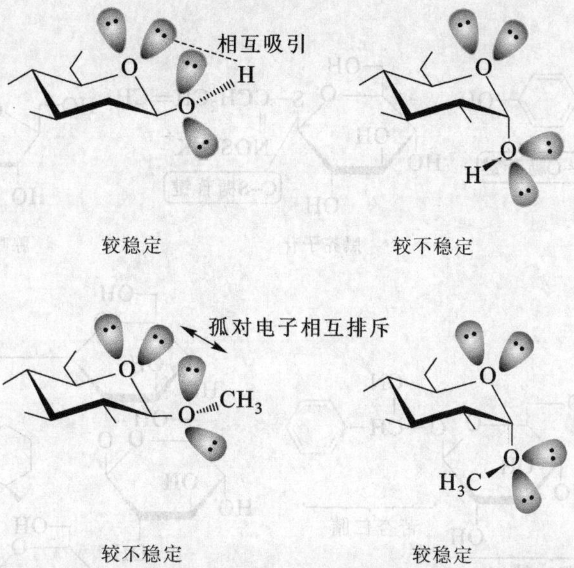

图 18-17 异头效应

结构的存在，使得单糖都具有还原性，是一类还原性糖。也就是说，糖分子中只要有醛基、酮基、半缩醛羟基或半缩酮羟基，就能通过开链式结构的转换平衡将一个氧化剂还原，具有还原性。因此，可根据糖类分子的结构中是否含有这些基团来判断它们是否为还原性糖。

糖苷除了还原性与单糖完全不同外，其他一些重要的物理化学性质也不相同，如糖苷没有变旋现象，没有差向异构现象，也不能成脎。可以说糖苷比单糖本身更为稳定。糖苷可经过酸水解或合适的酶水解生成单糖和醇。

单糖也可以与其他亲核试剂，如胺、硫醇等形成糖苷，所形成的是 C—N 和 C—S 糖苷键。重要的生物分子核酸(DNA 和 RNA)的结构单元中就存在 C—N 糖苷键。下面的反应是一个形成 C—N 糖苷键的例子。

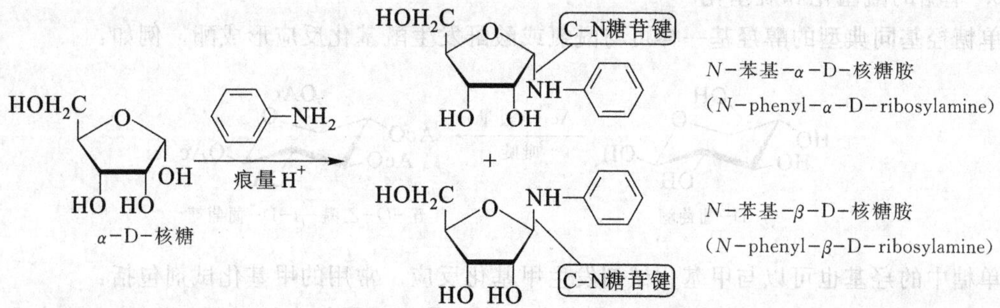

糖苷类物质广泛存在于自然界中，如图 18-18 中的熊果苷(arbutoside)、黑芥子苷(sinigroside)、苦杏仁苷(amygdaloside)都是常见的植物糖苷。而腺嘌呤核苷(adenosine)等则是生命遗传物质核酸中的基本结构成分。甜菊苷(stevioside)是一种甜味剂替代品(甜度 300 倍于蔗糖)，由于它在体内并不发生代谢，能作为非营养性甜味剂。

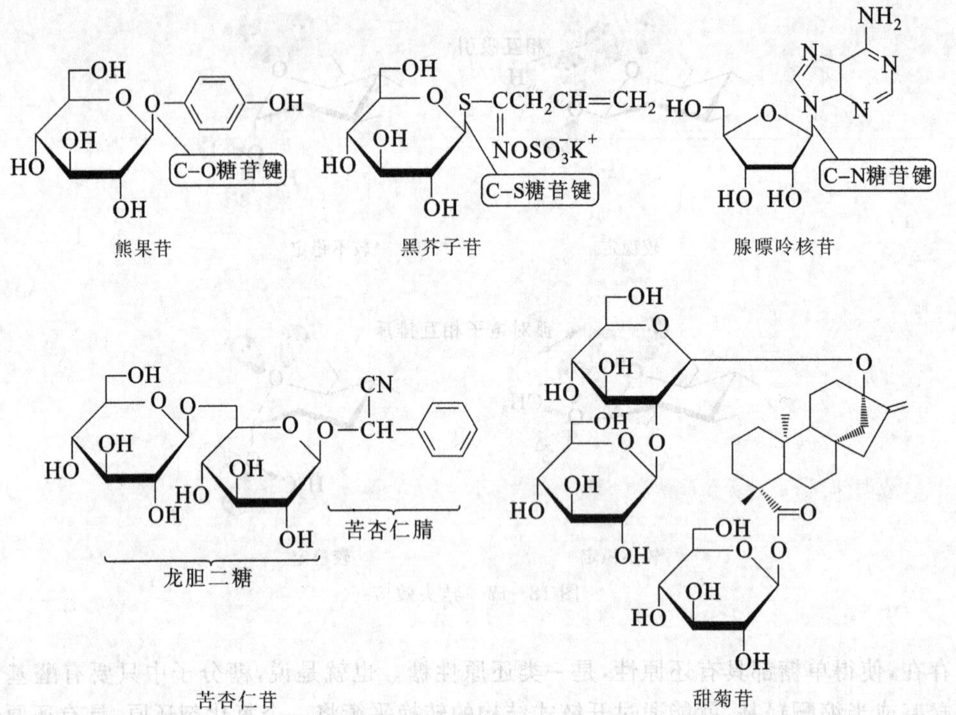

图 18-18 一些天然存在的糖苷

习题 18-15 为什么在形成 C—N 糖苷键的反应中只能使用痕量的酸？

习题 18-16 画出下列各化合物的化学结构，并分别指出它们是否具有还原性。

(1) 甲基-β-D-吡喃半乳糖苷　　(2) 3-*O*-甲基-α-D-吡喃甘露糖

(3) 2,3-二-*O*-乙基-β-D-呋喃果糖　　(4) 1,3-二-*O*-乙基-β-D-呋喃果糖

---

6. 单糖的酰基化和烷基化

单糖羟基同典型的醇羟基一样可与酰氯或酸酐发生酰基化反应形成酯。例如：

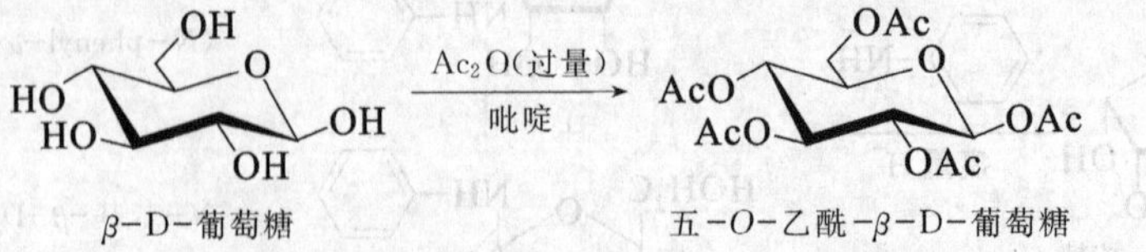

单糖中的羟基也可以与甲基化试剂发生甲基化反应。常用的甲基化试剂包括：

(1) CH_3I/Ag_2O，适用于糖的甲基化。由于羟基是相对弱的亲核试剂，Ag_2O 在这个 S_N2 反应中起到提高碘负离子(I^-)离去能力的作用。

(2) $(CH_3O)_2SO_2/NaOH$，适用于糖苷的甲基化。在碱性条件下会发生异构化的糖不能使用。

当使用过量的甲基化试剂时，糖及糖苷分子中的所有羟基都会发生甲基化，称为完全甲基

化。完全甲基化法是一种常用的用于确定糖环大小的方法。该法的原理如图 18-19 所示，糖及糖苷经完全甲基化后，酸水解将缩醛转变为半缩醛。根据前面所学的知识可知，环状半缩醛形式的产物与其开链形式平衡存在于溶液中。这样，可以由开链式结构中唯一一个游离羟基所在的位置来确定糖环的大小。

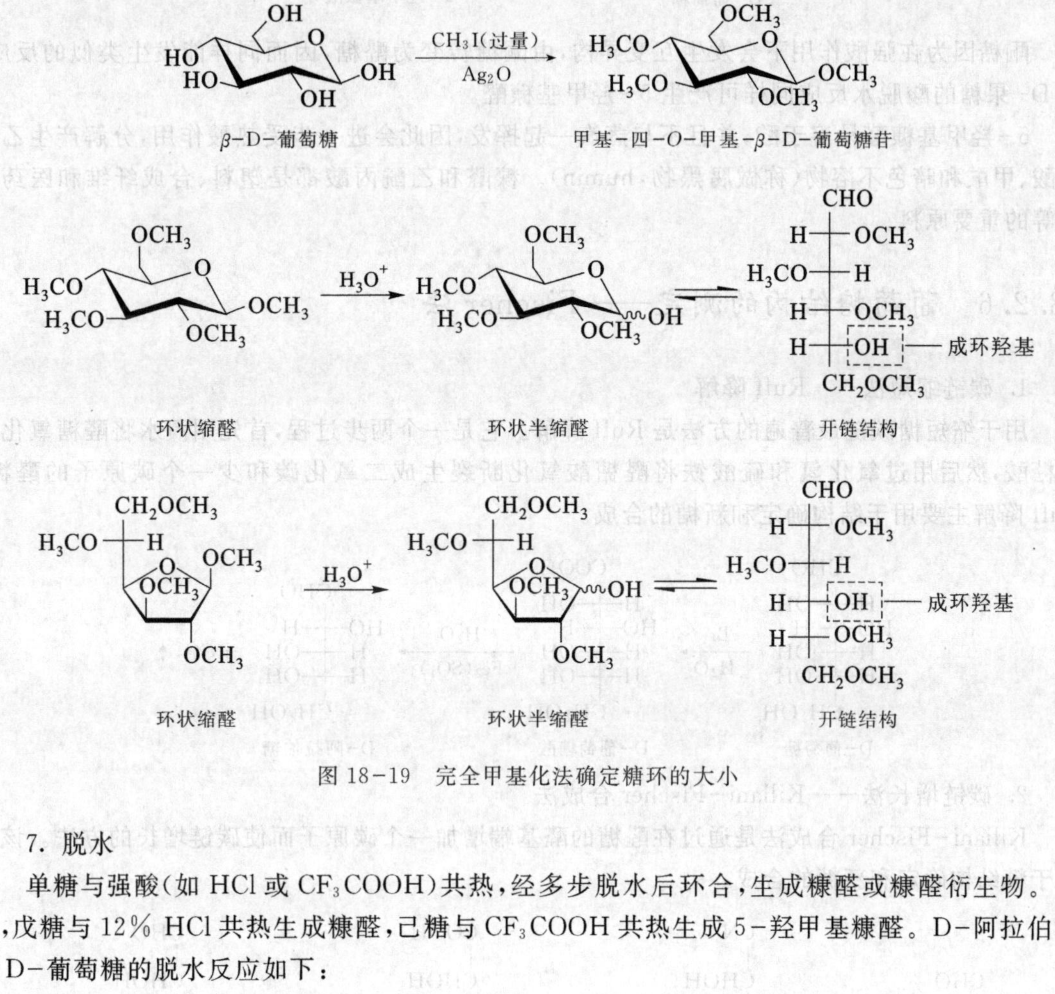

图 18-19　完全甲基化法确定糖环的大小

7. 脱水

单糖与强酸(如 HCl 或 CF_3COOH)共热，经多步脱水后环合，生成糠醛或糠醛衍生物。例如，戊糖与 12% HCl 共热生成糠醛，己糖与 CF_3COOH 共热生成 5-羟甲基糠醛。D-阿拉伯糖和 D-葡萄糖的脱水反应如下：

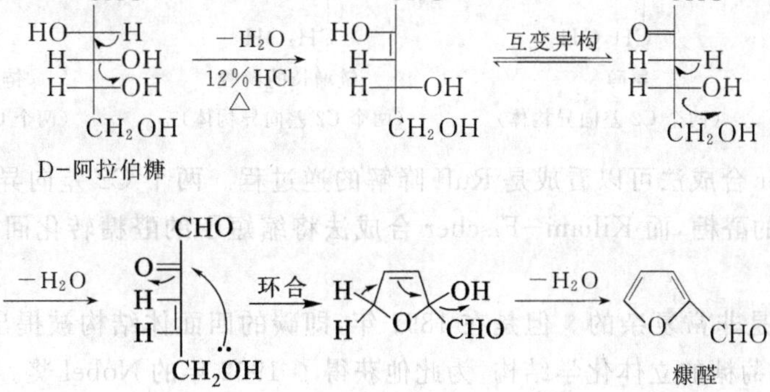

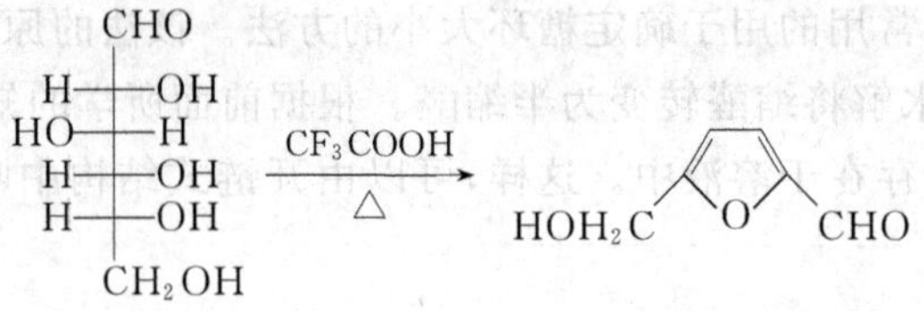

D-葡萄糖　　　　　　　　5-羟甲基糠醛

酮糖因为在强酸作用下会发生互变异构，由酮糖转变为醛糖，因而同样能发生类似的反应，如 D-果糖的酸脱水反应同样可产生 5-羟甲基糠醛。

5-羟甲基糠醛易溶于酸，并且不与蒸汽一起挥发，因此会进一步受热酸作用，分解产生乙酰丙酸、甲酸和暗色不溶物（称做腐黑物，humin）。糠醛和乙酰丙酸都是塑料、合成纤维和医药工业等的重要原料。

18.2.6　葡萄糖结构的测定——Fischer 法

1. 碳链缩短法——Ruff 降解

用于缩短糖碳链最普遍的方法是 Ruff 降解。它是一个两步过程，首先用溴水将醛糖氧化成醛糖酸，然后用过氧化氢和硫酸铁将醛糖酸氧化断裂生成二氧化碳和少一个碳原子的醛糖。Ruff 降解主要用于结构确定和新糖的合成。

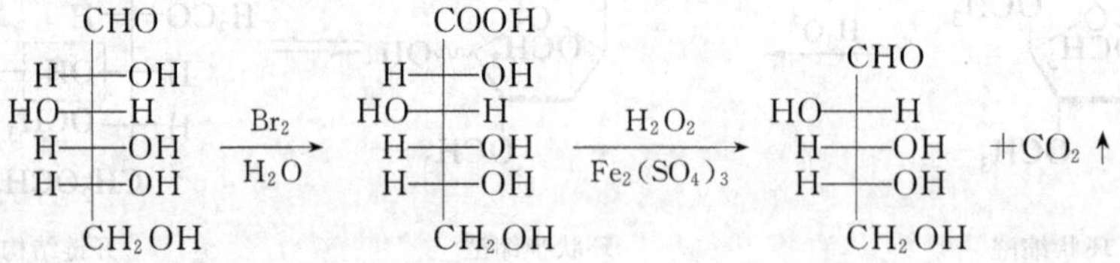

D-葡萄糖　　　　D-葡萄糖酸　　　　D-阿拉伯糖

2. 碳链增长法——Kiliani-Fischer 合成法

Kiliani-Fischer 合成法是通过在醛糖的醛基端增加一个碳原子而使碳链增长的方法。该法用于糖结构确定和新糖的合成。

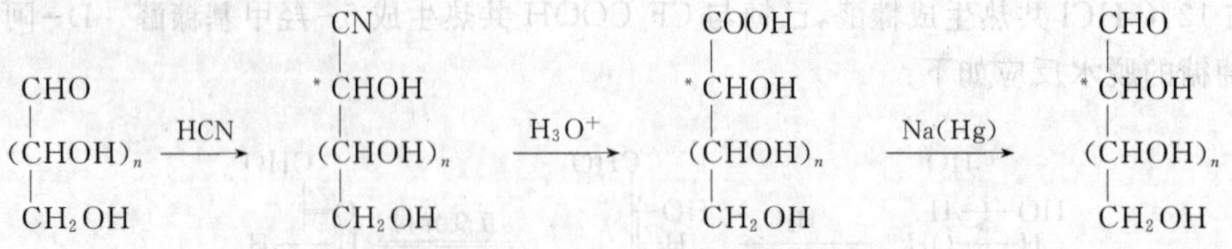

氰醇（两个 C2 差向异构体）　　链增长的糖酸（两个 C2 差向异构体）　　链增长的醛糖（两个 C2 差向异构体）

Kiliani-Fischer 合成法可以看成是 Ruff 降解的逆过程。两个 C2 差向异构体的 Ruff 降解给出相同的缩短了的醛糖，而 Kiliani-Fischer 合成法将缩短了的醛糖转化回到两个 C2 差向异构体。

糖的立体化学是非常复杂的。但是在 1891 年，即碳的四面体结构被提出后仅 14 年，Emil Fischer 便测定了葡萄糖的立体化学结构，为此他获得了 1902 年的 Nobel 奖。下面以 Fischer 证明葡萄糖结构作为典型的例子，展示通过巧妙地使用一些简单的方法来测定复杂的立体化学结构的过程。

在 1891 年，还没有任何方法能测定一个分子的绝对构型，Fischer 无法知道天然存在的葡萄糖是哪一种异构体，于是假设（+）-甘油醛是 D 型的糖，即离醛基最远的手性碳原子上的羟基处在 Fischer 投影式链的右方。

通过 Ruff 降解可以将葡萄糖降解为 D-（+）-甘油醛，并且知道它是一个六碳的醛糖。因此，可以推测己醛糖 D 系列的八个成员中的一个是 D-葡萄糖。Fischer 在确定葡萄糖到底是八个成员中哪个结构时主要是依据下面四个实验结果：

实验结果一：Ruff 降解实验中，葡萄糖和甘露糖给出相同的戊醛糖，即 D-（—）-阿拉伯糖。

实验结果二：Ruff 降解 D-（—）-阿拉伯糖，得到丁醛糖 D-（—）-赤藓糖。然后用硝酸处理，得到无光学活性的醛糖二酸（内消旋酒石酸）。由以上两个结果可以推断 D-赤藓糖必定是结构（Ⅰ），而不是结构（Ⅱ）。由 D-赤藓糖的结构又可以推断 D-（—）-阿拉伯糖必定是下面两个 C2 差向异构体（Ⅲ）和（Ⅳ）中的一个。

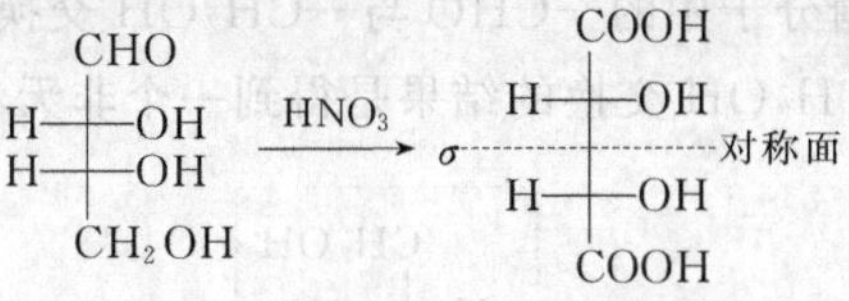

（Ⅰ）赤藓糖　　内消旋酒石酸

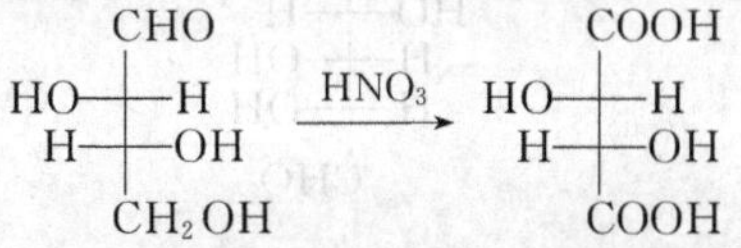

（Ⅱ）　光活性酒石酸

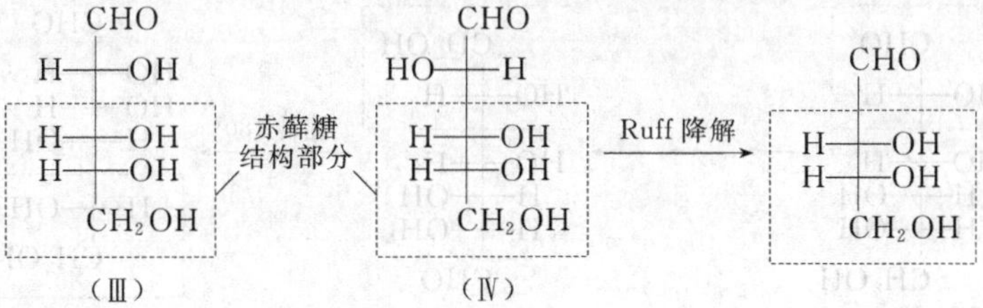

（Ⅲ）　（Ⅳ）

D-（—）-阿拉伯糖可能的结构　　D-（—）-赤藓糖

实验结果三：用硝酸氧化 D-（—）-阿拉伯糖，给出一个光学活性的醛糖二酸。从上述可能的结构（Ⅲ）和（Ⅳ）出发，分析它们经硝酸氧化后的产物可知：结构（Ⅲ）的氧化产物为无光学活性的醛糖二酸；结构（Ⅳ）的氧化产物为光学活性的醛糖二酸。由此可以判断结构（Ⅳ）必定是 D-（—）-阿拉伯糖。

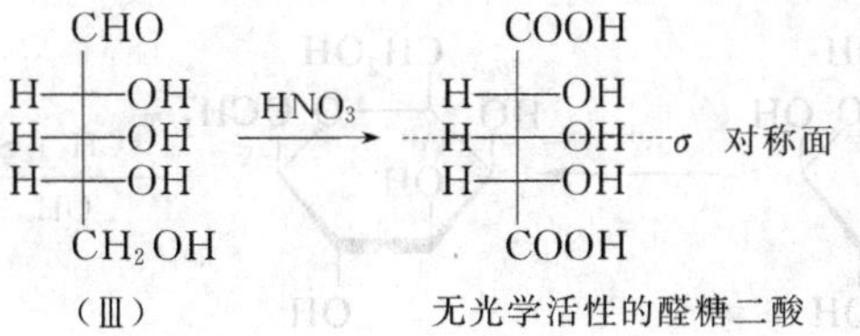

（Ⅲ）　无光学活性的醛糖二酸

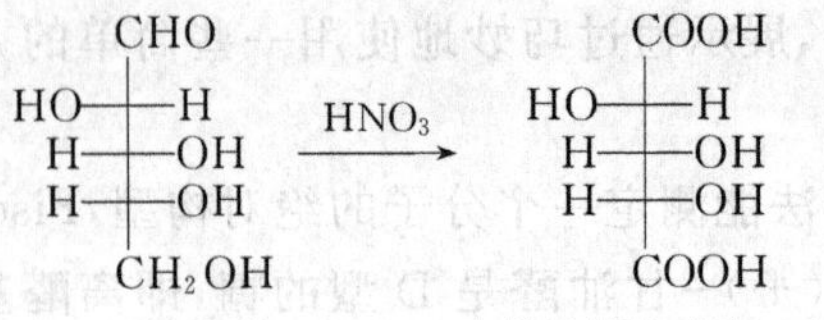

（Ⅳ）阿拉伯糖　　　光学活性的醛糖二酸

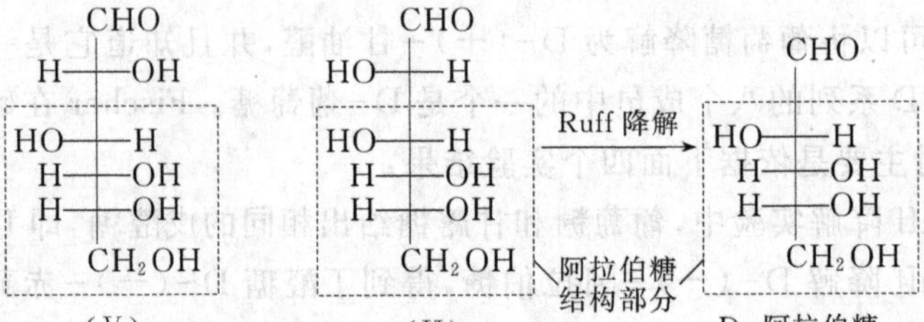

（Ⅴ）　　　（Ⅵ）　　　D-阿拉伯糖

另一方面，既然葡萄糖和甘露糖都被降解为阿拉伯糖，因而结构（Ⅴ）和（Ⅵ）必定是葡萄糖和甘露糖。只是，还不能获知哪个结构是葡萄糖，哪个是甘露糖。

实验结果四：将 D-甘露糖分子中的—CHO 与—CH_2OH 交换后，产物仍然是 D-甘露糖，而将 D-葡萄糖的—CHO 和—CH_2OH 交换的结果是得到一个非天然的 L 型糖。

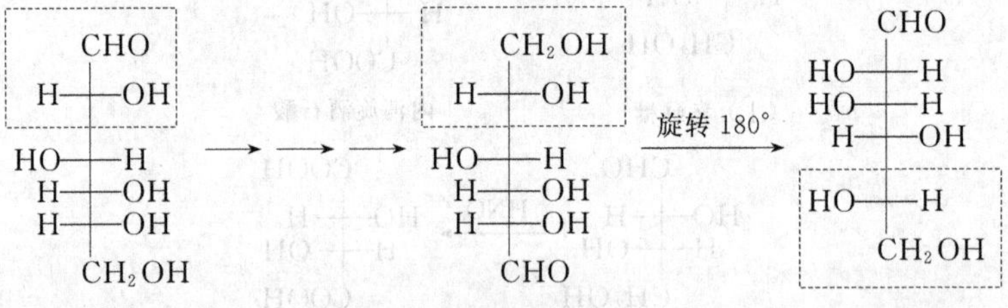

（Ⅴ）
D-葡萄糖　　　末端基团互换　　　L-古洛糖

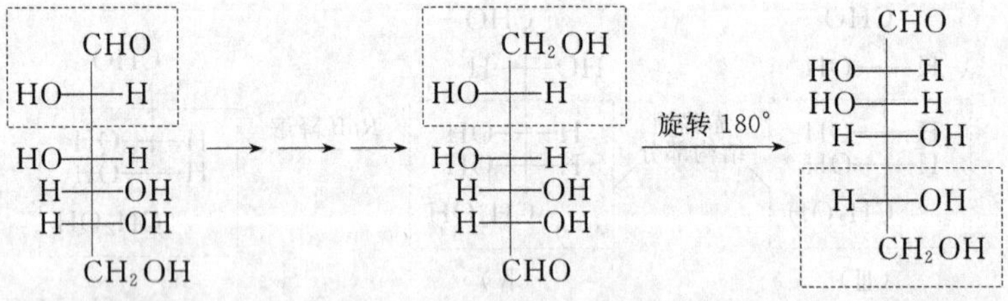

（Ⅵ）
D-甘露糖　　　末端基团互换　　　D-甘露糖

从反应式可清楚地看到结构（Ⅴ）是 D-葡萄糖，（Ⅵ）是 D-甘露糖。

所有其他醛糖的结构也可以用这种推理方法得到确定。

习题 18－17　完成下列反应：

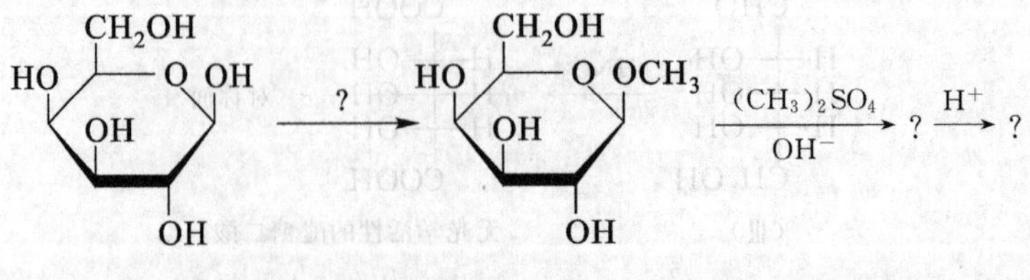

习题 18－18　用 D-核糖和其他合适试剂合成 D-甘露糖。

小资料

Emil Fischer

Emil Fischer（1852—1919），德国化学家。1852 年生于 Euskirchen。1869 年毕业于 Bonn 中学。在 Bonn 大学学习时，成为 Kekulè 的学生。1872 年转学到 Strasbourg 大学，1874 年毕业后在 Baeyer 指导下工作。1878 年随 Baeyer 到 Munich 大学任讲师，次年成为教授。之后还在 Erlangen 大学、Würzburg 大学、Berlin 大学任教授。1899 年被选为英国皇家学会会员和法国科学院院士。1902 年因其在糖类及嘌呤方面的贡献获得 Nobel 化学奖。

1882—1906 年间，Fischer 确定了尿酸、黄嘌呤、鸟嘌呤、咖啡碱和茶碱的结构；1898 年由尿酸合成了嘌呤。Fischer 最大的贡献是成功地合成和分离出多个己醛糖和己酮糖，并确定了它们的构型，从而为糖化学奠定了基础。

由于多数单糖并不易结晶化，这给单糖的分离和纯化带来了困难。Fischer 发现当苯肼与醛糖或酮糖相互反应时，会得到一种不溶于水的黄色的晶体，他将其称为“脎”(osazone)。

Fischer 在研究糖的结构过程中，频繁地使用苯肼，以至于 1919 年因慢性苯肼中毒而与世长辞。

18.3　双糖

双糖(disaccharides)是一个单糖分子的半缩醛羟基与另一个单糖分子的羟基失水缩合所形成的糖。亦即双糖是两个单糖分子通过糖苷键连接起来的化合物。双糖和多糖分子中的单糖单位称做糖残基。

18.3.1　还原性双糖的结构

还原性双糖(reducing disaccharides)是一个单糖分子的半缩醛羟基与另一个单糖分子的醇羟基缩水所形成的双糖。这种双糖具有还原性，能发生变旋现象和差向异构化，也能成脎。天然存在的还原性双糖通常是以 1,4′-糖苷键连接两个单糖残基，个别的是 1,6′-糖苷键。重要的还原性双糖有麦芽糖(maltose)、纤维二糖(cellobiose)和乳糖(lactose)等，图 18－20 表示出它们的结构与糖苷键类型。

两个葡萄糖残基通过 α-1,4′-糖苷键连接形成麦芽糖，即成苷的葡萄糖分子的半缩醛羟基是 α 构型的。麦芽糖是淀粉的基本组成单位，其游离形式在自然界并不存在。用 β-淀粉酶水解淀粉，可以得到麦芽糖。麦芽糖是饴糖的主要成分，可用作营养剂和培养基，其甜度为蔗糖的 35%。

两个葡萄糖残基通过 β-1,4′-糖苷键连接形成纤维二糖，即成苷的葡萄糖分子的半缩醛羟

基是 β 构型的，其两个糖环上的所有羟基和羟甲基都处在平伏键位置，整个分子完全伸展，并且存在分子内氢键。纤维二糖是纤维素的基本组成单位，其游离形式在自然界并不存在。用稀酸小心处理纤维素，可将纤维素水解生成纤维二糖。

乳糖是由一分子半乳糖和一分子葡萄糖缩水通过 β-1,4′-糖苷键连接形成的二糖，成苷的部分是半乳糖。乳糖存在于哺乳动物的乳汁中，甜度约为蔗糖的 70%。由于乳糖是一个水溶性较小、吸湿性较差的双糖，常用于食品和医药工业。

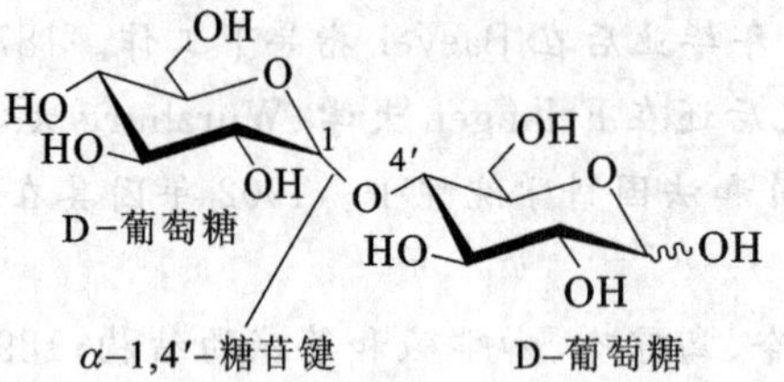

麦芽糖

4-O-(α-D-glucopyranosyl)-D-glucopyranose

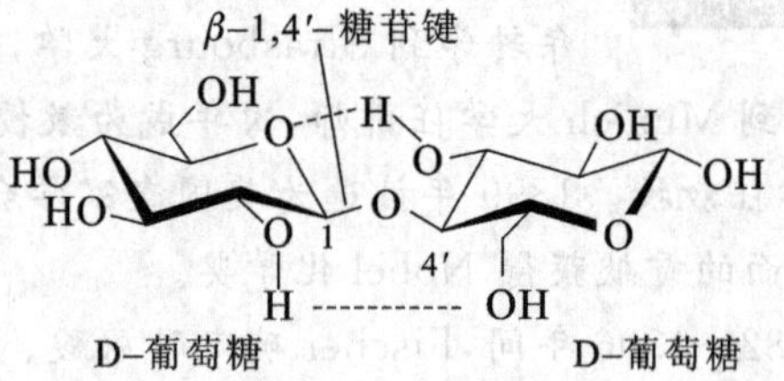

纤维二糖

4-O-(β-D-glucopyranosyl)-D-glucopyranose

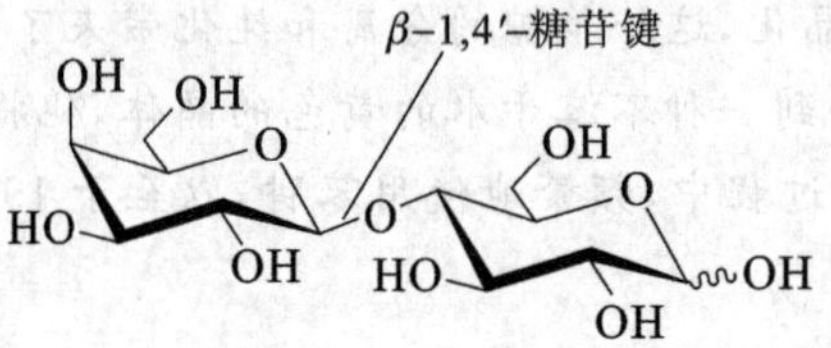

D-半乳糖　　D-葡萄糖

乳糖

4-O-(β-D-galactopyranosyl)-D-glucopyranose

图 18-20　重要的还原性双糖的结构

18.3.2　非还原性双糖的结构

两个单糖分子的两个半缩醛(酮)羟基经缩水形成非还原性双糖(nonreducing disaccharides)。非还原性双糖由于不存在自由的半缩醛羟基，不能发生差向异构化，没有还原性和变旋现象，也不能成脎。其中最重要的非还原性双糖是蔗糖(sucrose)，它也是自然界最普遍存在的双糖。蔗糖即是日常生活所用的食糖，每年全世界生产量约 9 千万吨以上。蔗糖是一分子 D-葡萄糖和一分子 D-果糖缩水通过 1,2′-糖苷键连接起来的化合物：

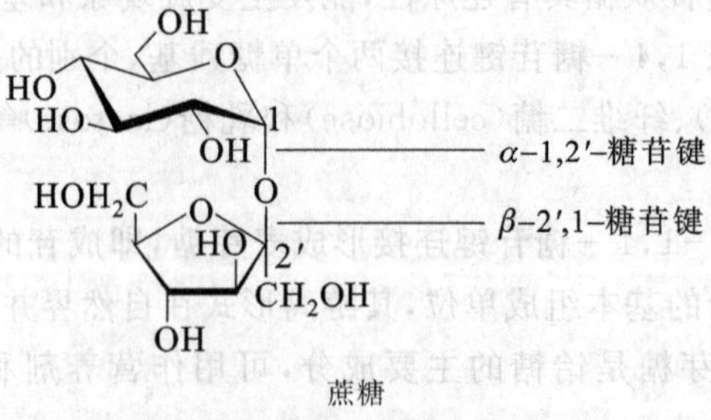

蔗糖

α-D-glucopyranosyl-β-D-fructofuranoside

或 β-D-fructofuranosyl-α-D-glucopyranoside

蔗糖的比旋光度为+66.5°，将其水解后得等物质的量的葡萄糖和果糖的混合物，该混合物有特定的旋光度−22.0°。由于水解前后旋光性发生了转变，因而将葡萄糖和果糖1:1的混合物称为转化糖(invert sugar)，将能水解蔗糖生成转化糖的酶称为转化酶(invertase)。蜜蜂体内存在这种转化酶，因而蜜糖是蔗糖、葡萄糖和果糖的混合物。由于果糖比蔗糖甜，转化糖要比蔗糖甜，因而一些食品标明内含果糖而非蔗糖，意思是达到相同的甜度所含的糖的量要低。

习题 18－19　根据下面二糖的结构，指出它们的糖苷键类型，是否具有还原性和变旋现象。

(1)

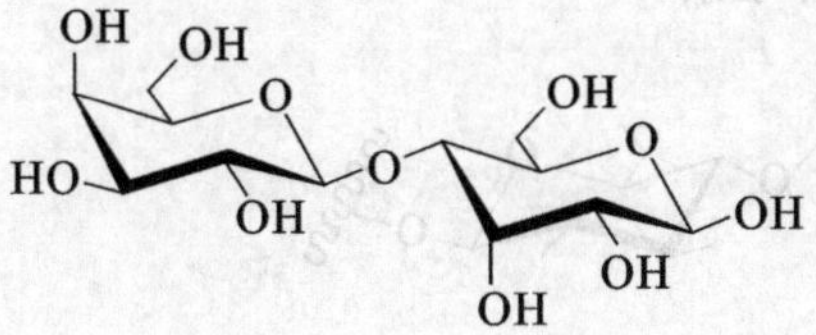

(2)

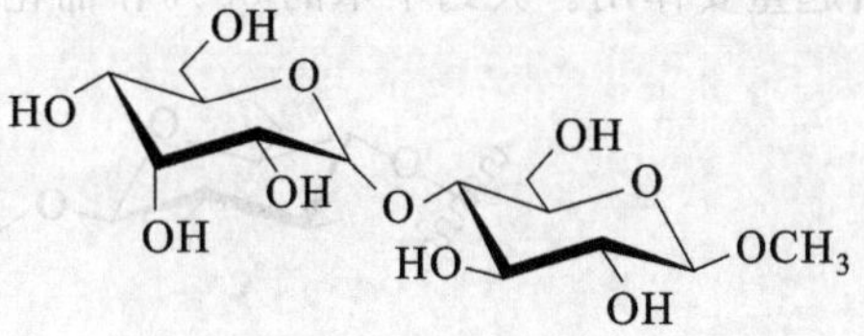

(3)

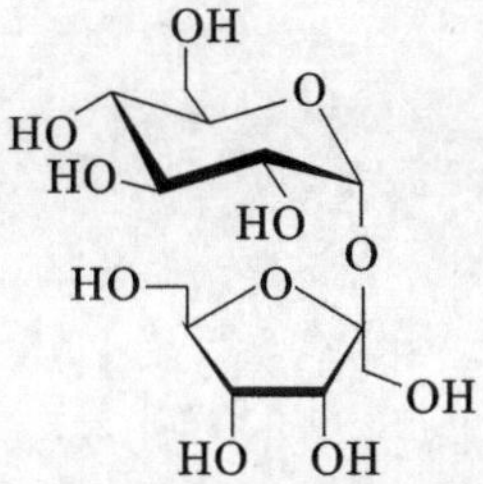

(4)

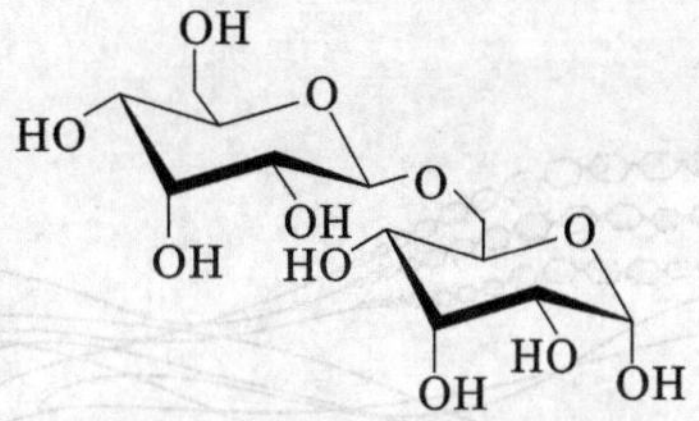

你知道吗

少吃糖果——牙医的劝告

存在于口腔中的细菌含有一种酶，可以将蔗糖转化为葡聚糖(dextran)。葡聚糖是一种由葡萄糖单位主要通过α−1,3′−和α−1,6′−糖苷键(glycosidic linkages)连接起来的多糖。大约牙蚀斑(plaque)的10%由葡聚糖组成。这就是你的牙科医生嘱咐你不要吃太多糖果的化学原因。

18.4　多糖

多糖(polysaccharides)是由多个单糖残基通过糖苷键连接起来的高分子化合物。可以说，单糖是多糖的结构单元。多糖在自然界含量极为丰富，具有储存能量、构成细胞结构等主要生物功能，在生命体系中起着非常重要的作用。大多数多糖含有成百上千个结构单元，除了末端的单糖单位外，其余所有的单糖中半缩醛碳都是以形成糖苷键的形式存在，因而多糖通常没有明显的还原性，也观察不到变旋现象。

多糖按其结构单元的均一性分为同多糖(或均一多糖，homopolysaccharides)、杂多糖(非均一多糖，heteropolysaccharides)和结合多糖(conjugated polysaccharides)。自然界含量最丰富也是最重要的多糖是纤维素、淀粉和糖原。它们都是同多糖，而且均由 D-葡萄糖作为结构单元聚合而成。淀粉和糖原分别是植物和动物的贮能物质，纤维素是植物细胞壁的结构组成成分。

18.4.1 纤维素

纤维素(cellulose)是自然界最丰富的有机材料，它通过植物光合作用合成，作为植物的结构材料起重要作用。大约干木的 50%和棉花的 90%是纤维素。

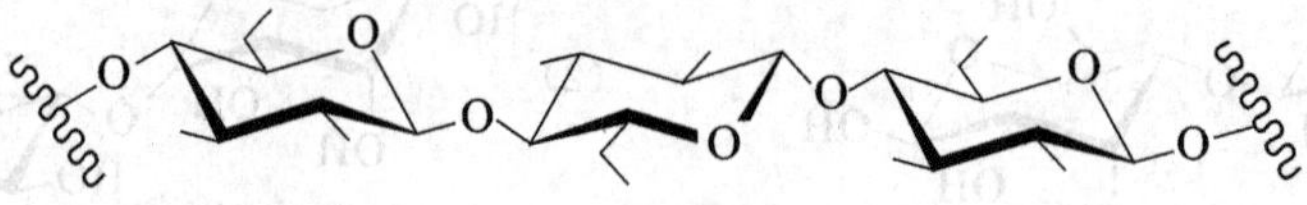

图 18-21 纤维素的一级结构

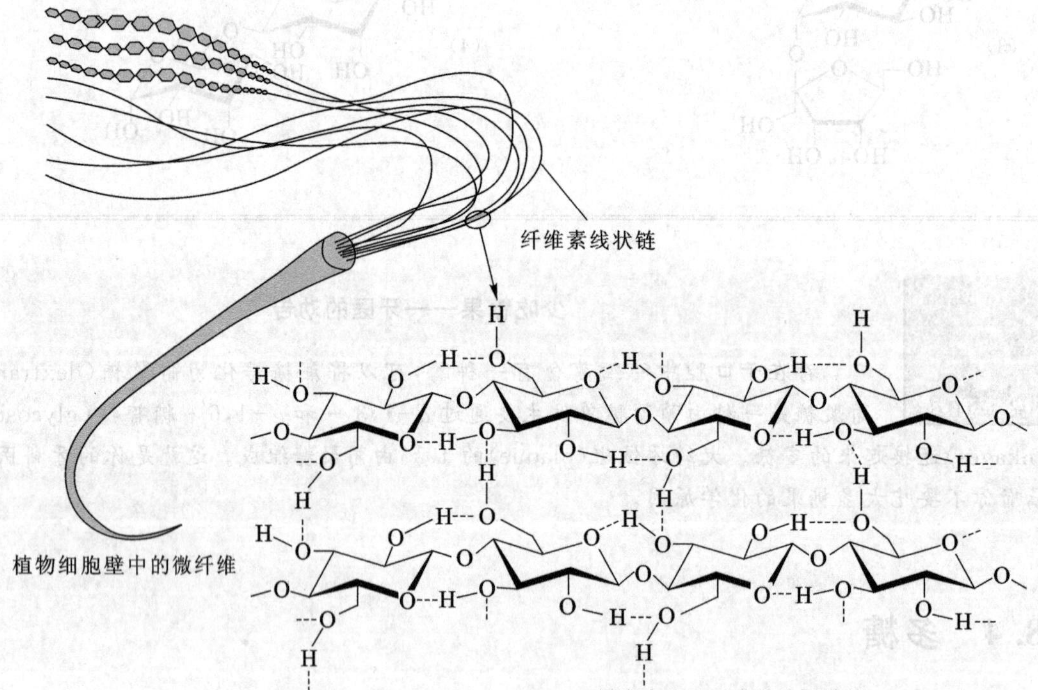

图 18-22 组成细胞壁微纤维的纤维素

如图 18-21 所示，从结构上看，纤维素是由多个 D-葡萄糖以 β-1,4′-糖苷键连接起来的链状多糖，β-D-葡萄糖是它的结构单元，纤维二糖可看成是它的二糖单位。纤维素链中每个糖残基相对于前一个糖残基翻转 180°，整个分子采取完全伸展的构象。环上所有的羟基和羟甲基都处在平伏键位置，相邻的结构单元之间存在分子内氢键（参见图 18-20 中的纤维二糖），这些因素最终导致纤维素分子相当稳定。

除了纤维素分子中各结构单元之间存在分子内氢键外，如图 18-22 所示，各纤维素线状链分子之间还存在分子间氢键，这种氢键网络形成片层结构，片层结构之间进一步通过分子间氢键及糖环疏水内核间的范德华力等相互作用形成胶束（micelle），多个胶束聚集成微纤维（microfibril）。在植物细胞壁中，微纤维包埋在由果胶、半纤维素、木质素及伸展蛋白等组成的基质中。微纤维与基质通过各种相互作用黏合在一起，使细胞壁的抗张强度和机械性能得到进一步的增强，以适应植物抵抗高渗透压和支撑植株的需要。

所有的哺乳动物都含有 α-糖苷酶，可以水解 α-糖苷键，但不含有 β-糖苷酶，因而哺乳动物不能通过摄取纤维素来获得葡萄糖。可是一些含有 β-糖苷酶的细菌寄居在食草动物（如牛、羊、马）的消化道中，因而这些食草动物可以通过摄取纤维素来满足它们对葡萄糖的需要。

小资料

合成纤维（synthetic fibers）

纤维素是用于制造某些重要商品的原料。例如，经特殊处理后，纤维素被纺成人造丝（rayon）。如果用乙酸酐（acetic anhydride）将 OH 酯化，就可得到醋酸纤维（acetate）。人造丝和醋酸纤维是第一代合成纤维，由于这些纤维素产品在生产过程中产生大量的污染性废料，现在已经逐年减产。

18.4.2　淀粉

淀粉（starch）是另一大类自然界普遍存在的多糖物质。淀粉是小麦、土豆、水稻、豆类、玉米等的主要成分。它是两种不同多糖的混合物，即直链淀粉（amylose）（约 20%）和支链淀粉（amylopectin）（约 80%）。

直链淀粉是一种没有分枝的多糖，由多个 D-葡萄糖残基通过 α-1,4′-糖苷键连接而成，如图 18-23 所示。直链淀粉在空间上以螺旋结构存在。由于淀粉螺旋结构的内部大小和极性恰好可以接受碘分子，并与碘分子形成蓝色复合物（图 18-23 右图）。这一颜色反应经常用于鉴别氧化物。待测试样被加到淀粉和碘化钾的混合水溶液中，若待测试样具有氧化性，则碘负离子被氧化为单质碘，因而与淀粉形成蓝色复合物，呈阳性反应。

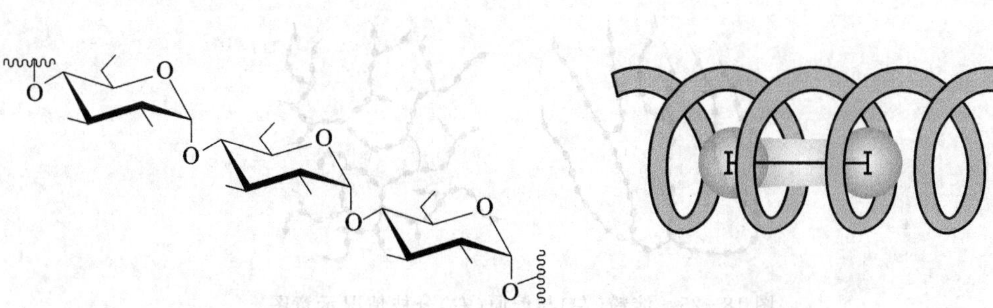

直链淀粉

图 18-23　直链淀粉的部分结构及其与碘分子形成蓝色复合物示意图

支链淀粉则是一种有分枝的多糖，如图 18-24 所示，其分子中除了 α-1,4′-糖苷键，还有 α-1,6′-糖苷键来连接 D-葡萄糖残基，所以产生分枝。支链淀粉可以含有 10^6 个葡萄糖残基，是自然界所发现的最大的分子之一。

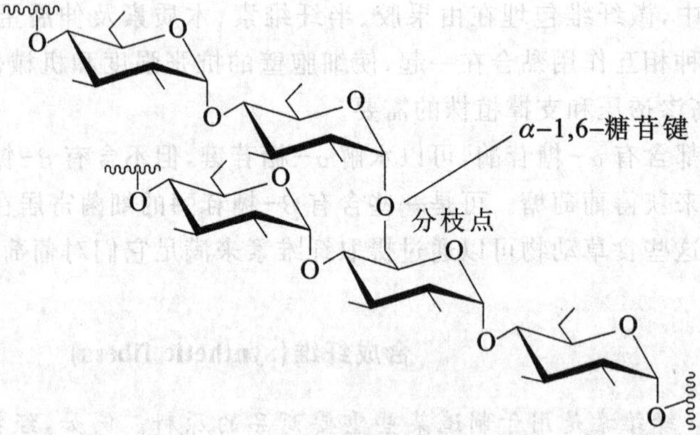

图 18-24　支链淀粉的部分结构

可见，淀粉和纤维素结构上主要的区别在于连接糖残基的糖苷键的种类不同，从而使得二者在物理性质上显著不同。直链淀粉在空间结构上形成一种左手螺旋，使得许多 OH 能与水形成氢键，因而在水中是可溶的。而以 β-糖苷键为连接形式的纤维素分子中各结构单元之间以及纤维素分子之间形成了分子内和分子间氢键，从而使纤维素不溶于水。

18.4.3　糖原

植物以淀粉的形式储存多余的葡萄糖，而动物则是以更为复杂的多糖形式——糖原(glycogen)储存过剩的葡萄糖。实际上糖原从结构上来看与支链淀粉很相似，如图 18-25 所示，只是糖原的分枝更多。通常糖原分子中每 10 个葡萄糖残基就有一个分枝点，而支链淀粉约 25 个葡萄糖残基才有一个分枝点。糖原这种多分枝的特点具有重要的生理学意义，当机体需要能量时，许多葡萄糖分子就可以从多个分枝的末端同时释放出来以供机体所需。

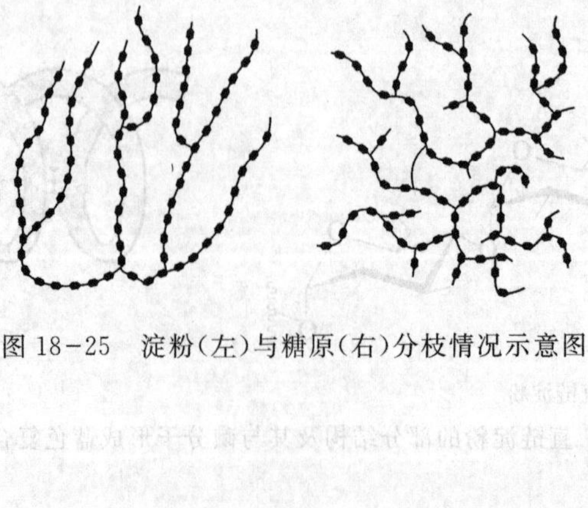

图 18-25　淀粉(左)与糖原(右)分枝情况示意图

18.4.4 壳多糖

壳多糖(chitin),又称甲壳质,是一种与纤维素结构相似的多糖。它是甲壳动物(如龙虾、螃蟹、虾)的壳和昆虫的外壳的主要结构成分。壳多糖像纤维素一样是以β-1,4′-糖苷键为连接方式,所不同的是壳多糖的糖单位是N-乙酰葡萄糖胺(N-acetyl- glucosamine,NAG),亦即单糖分子中C2位置上接的是乙酰氨基而不是羟基。壳多糖化学上不活泼,不与体液发生反应,对组织不起异物反应,无毒,具有抗血栓、耐高温消毒等特点。脱乙酰壳多糖是碱性多糖,有止血、消炎作用,可降低胆固醇、血脂。壳多糖是制取壳聚糖、氨基葡萄糖系列产品的重要原料。壳多糖及其衍生物在医药、化工、保健食品等方面具有重要的用途,有广阔的应用前景。

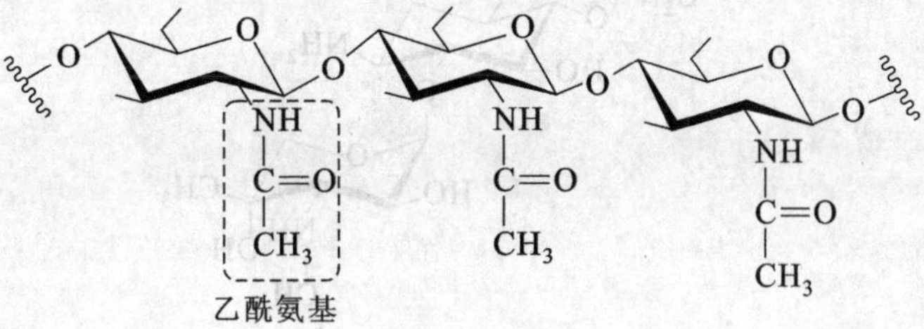

壳多糖

习题 18-20 试指出下面各组多糖结构上的差异。

(1) 直链淀粉与纤维素

(2) 支链淀粉与糖原

18.5 一些重要的糖类及其衍生物

18.5.1 核糖和脱氧核糖

由于核糖(ribose)和脱氧核糖(deoxyribose)是生命的遗传物质核酸的基本组成成分,因而显得特别重要。核糖和脱氧核糖都是戊醛糖,其中脱氧核糖是核糖分子中的一个羟基(2-OH)被氢所取代的产物(参见第二十章)。

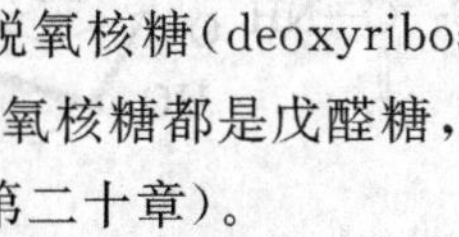

D-核糖

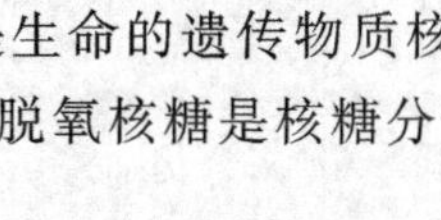

D-2-脱氧核糖

18.5.2 氨基糖

所谓氨基糖(amino sugars)是指糖分子中的羟基被氨基所取代的一类糖。像前面提到的壳多糖的结构单元 N－乙酰基葡萄糖胺就是一种氨基糖衍生物。一些重要的抗生素中含有氨基糖。例如,抗生素庆大霉素(gentamicin)由三个脱氧氨基糖单元组成,其中中间糖单元的环内氧已不存在,因此,严格意义上说它已不是一个糖。

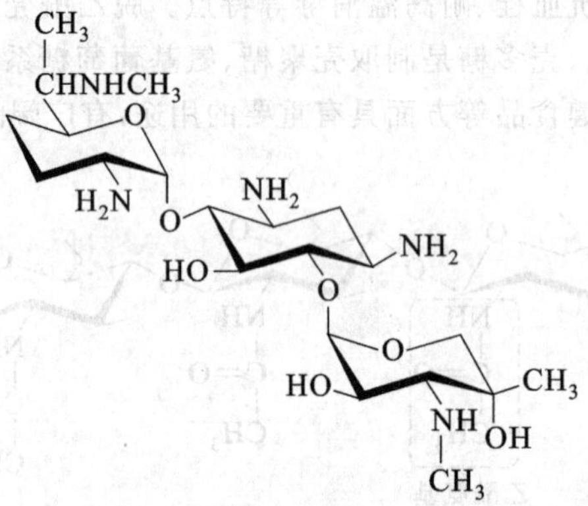

庆大霉素

肝素(heparin)

肝素是一种抗凝聚素(anticogulant),它的功能在于受伤时,防止过量的血液凝块形成。肝素是一个多糖类物质,其结构单元包括氨基葡萄糖(glucosamine),葡萄糖酸(glucuronic acid)等。其结构特点是这些结构单元的某些羟基和氨基被磺酸化或乙酰化,因而是一带高负电荷的大分子。肝素的糖链越长,抗凝聚活性越高。肝素作为抗凝聚素被广泛应用于临床。

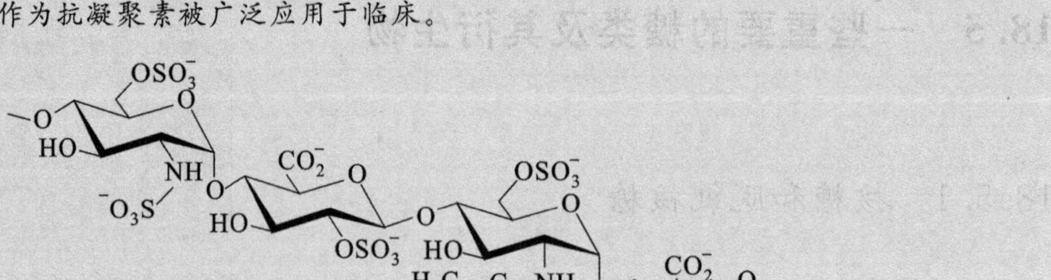

肝素

18.5.3 维生素 C

维生素 C(vitamin C),又称 L－抗坏血酸(L－ascorbic acid)、抗坏血病维生素。维生素 C 是一种十分重要的生物有机小分子，具有多种生理作用，其中最为突出的作用是促进骨胶原的形成。目前对维生素 C 的所有生理功能尚未完全弄清。由于人、豚鼠、猴子、蝙蝠、某些鱼和某些爬行动物等体内缺乏由六碳糖转化为维生素 C 时必不可少的古洛糖酸内酯氧化酶，因而必须通过摄取食物获得。成人每日摄取维生素 C 的推荐量是 60 mg。

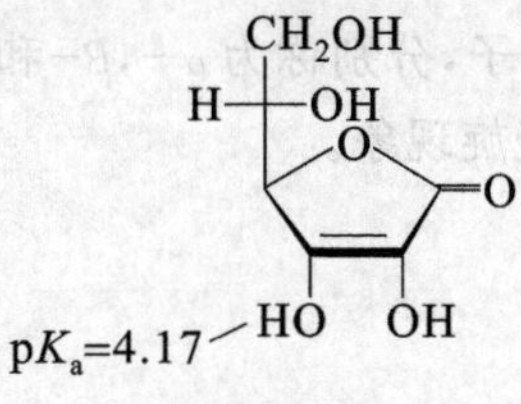

vitamin C

L-抗坏血酸

维生素 C 分子中并不含有羧基，但其 C3 上的羟基有一定的酸性，$pK_a = 4.17$，因而维生素 C 是一种酸性物质。水溶性的维生素 C 是所有维生素中最不稳定的，其在加工、烹饪和贮藏过程中容易被破坏。维生素 C 很容易被进一步氧化成另一种活性形式，即 L-脱氢抗坏血酸（L-dehydroascorbic acid），该氧化产物同样能为人体所利用，具有与维生素 C 类似的生理活性。但如果内酯环被水解打开，则所有的活性丧失殆尽。利用上述性质，维生素 C 可用作抗氧化剂，同时它还是一种自由基捕捉剂，它能捕捉细胞水溶液体系中产生的自由基。

维生素 C 不仅作为重要的医药产品用于预防和治疗多种疾病，也被广泛用于食品、饲料及化妆品中，每年全球维生素 C 的总销量超过 8 万吨。

目前用于生产维生素 C 的方法有化学合成法和微生物转化法两种。如图 18-26 所示，两种方法都是从葡萄糖出发，经氢化还原为 L-山梨醇（L-sorbitol），再通过化学或微生物法获得重要的中间体 L-古洛-2-酮糖酸，接着经烯醇化和内酯化反应生产得到维生素 C。其中，微生物发酵法是维生素 C 生产发展的大方向。

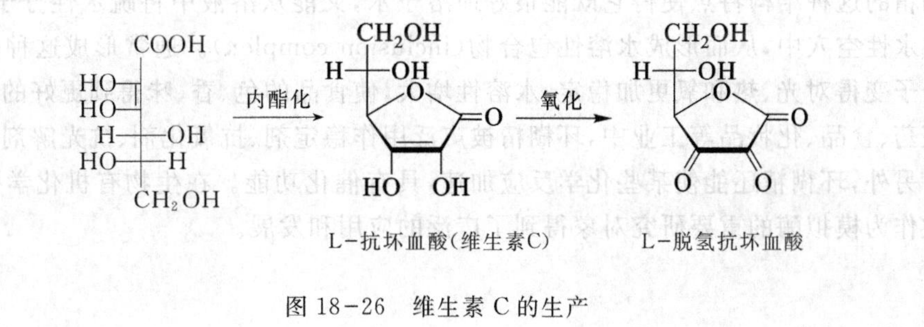

图 18-26 维生素 C 的生产

18.5.4 环糊精

淀粉在某些细菌的作用下，能够生成环糊精（cyclodextrin）。这是因为这些细菌中存在环糊精葡萄糖基转移酶（cyclodextrin glucosytransferase）。环糊精是由六、七或八个葡萄糖残基通过 α-1,4′-糖苷键头尾连接成的环状分子，分别称为 α-、β-和 γ-环糊精。环糊精分子中无游离的半缩醛羟基，属于非还原性糖，没有变旋现象。

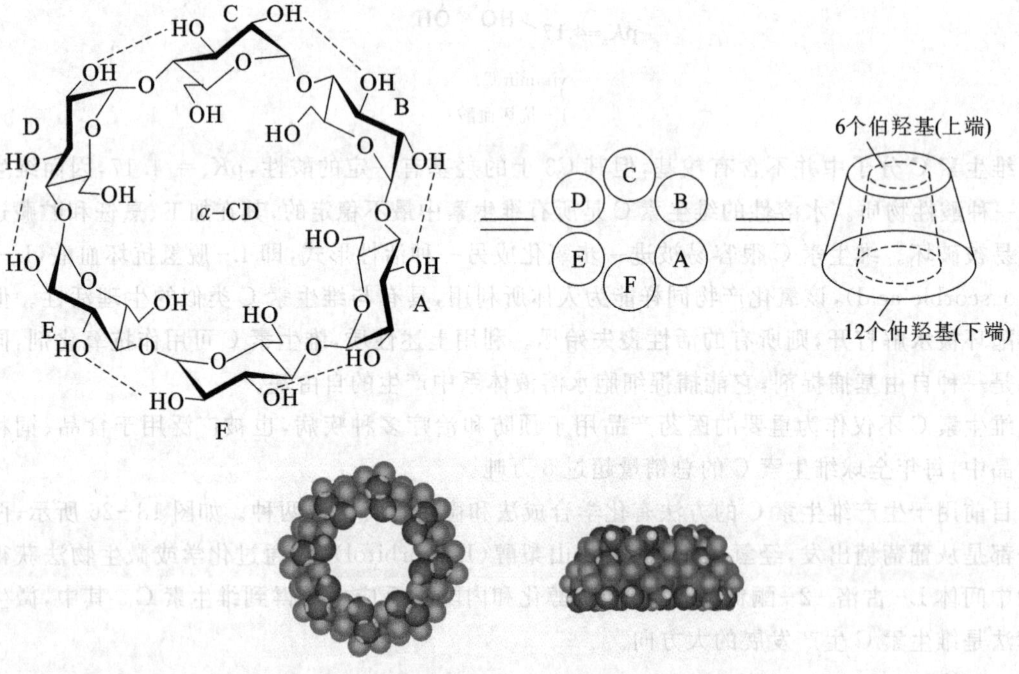

图 18-27 α-环糊精分子的结构、形状及原子堆积模型

环糊精分子从空间形状上看类似一个上小下大的圆筒形。以 α-环糊精为例，如图 18-27 所示，分子中所有的葡萄糖残基 2 位和 3 位碳上的仲羟基（共 12 个）位于圆筒的下端，这 12 个仲羟基两两形成分子内氢键，使分子更加稳定。六个 6 位碳上的伯羟基位于圆筒的上端。环糊精分子的外侧由于羟基的存在是亲水的，而内部空穴大多是 C—H，C—C，C—O 键，是疏水的。

环糊精的这种结构特点使得它既能很好地溶于水，又能从溶液中将疏水性分子或基团包埋在它的疏水性空穴中，从而形成水溶性包合物（inclusion complex）。通常形成这种包合物后，被包合的分子变得对光、热和氧更加稳定，水溶性增大，使食品的色、香、味得到更好的保存或改善。因此在医药、食品、化妆品等工业中，环糊精被广泛用作稳定剂、抗氧化剂、抗光解剂、乳化剂和增溶剂等。另外，环糊精还能使某些化学反应加速，具有催化功能。在生物有机化学研究领域里，环糊精被作为模拟酶的重要研究对象得到了广泛的应用和发展。

18.5.5　葡聚糖

葡聚糖(dextran)又称右旋糖酐，是酵母和细菌中贮存的主要多糖，可由某些细菌发酵蔗糖产生。葡聚糖主链为由 $\alpha-1,6'$－糖苷键将葡萄糖残基连接起来的长链，占整个分子质量的95%，支链主要为由 $\alpha-1,3'$－糖苷键链接的单个葡萄糖残基，占整个分子质量的5%。天然的葡聚糖相对分子质量大小差异很大。

一定相对分子质量(相对分子质量 50 000～100 000)范围的葡聚糖产品可作为血浆代用品。天然葡聚糖经交联剂(如3－氯－1,2－环氧丙烷，又称表氯醇)处理，形成立体网状的交联葡聚糖，其珠状商品称做葡聚糖凝胶(sephadex)。这种材料作为分子筛被广泛用于生物化学分离。

18.5.6　琼脂

琼脂(agar)主要存在于某些海藻中，是一种多糖混合物，其单糖单位是D－半乳糖和L－半乳糖及其衍生物。

琼脂无色、无味，不溶于冷水而溶于热水。极稀的琼脂热溶液(1%～2%)冷却至40～50 ℃，便可形成凝胶。琼脂既可在食品工业中用作果冻等的胶凝剂，在生物化学研究中也可作为免疫扩散和免疫电泳的支持介质，还是微生物固体培养的良好支持物。

从琼脂混合物中分离出的琼脂糖组分被制成珠状的凝胶，其商品名为琼脂糖凝胶(sepharose)，它是常用的凝胶过滤层析的载体物质。

18.5.7　肽聚糖

肽聚糖(peptidoglycan)也称黏肽(mucopeptide)，是细菌细胞壁中的结合杂多糖，其结构单元由杂多糖与短肽共价结合而成，又称为胞壁肽(muropeptide)。其杂多糖部分由 *N*－乙酰葡萄糖胺(NAG)和 *N*－乙酰胞壁酸(NAM)通过 $\beta-1,4'$－糖苷键连接而成。

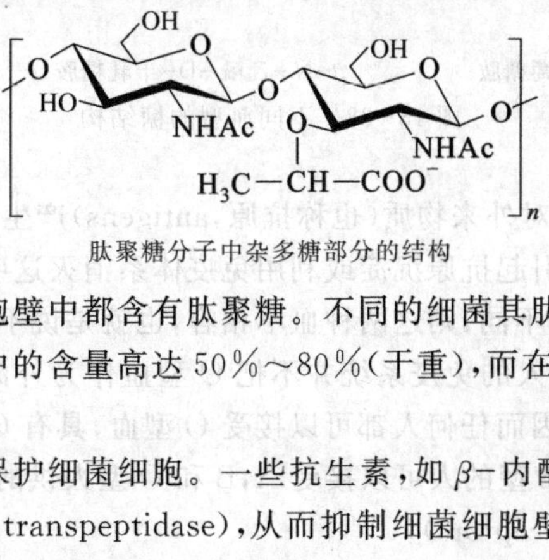

肽聚糖分子中杂多糖部分的结构

所有的细菌和蓝藻的细胞壁中都含有肽聚糖。不同的细菌其肽聚糖的含量差异很大。如肽聚糖在革兰氏阳性菌细胞壁中的含量高达50%～80%(干重)，而在革兰氏阴性菌细胞壁中的含量仅占干重的1%～10%。

肽聚糖的主要功能就是保护细菌细胞。一些抗生素，如 β－内酰胺类抗生素，就是通过抑制肽聚糖转肽酶(peptidoglycan transpeptidase)，从而抑制细菌细胞壁的合成，达到抑制细菌生长的作用。另外，存在于鸡蛋清及动物眼泪中的溶菌酶(lysozyme)，通过催化某些细菌细胞壁多糖的水解,从而溶解细胞壁。

18.6 细胞表面的糖类化合物

许多细胞的表面都含有短的多糖链,这些多糖通过与细胞表面蛋白质中的羟基(OH)或氨基(NH_2)形成糖苷键而与细胞表面相连接。与多糖共价相连的蛋白质又称为糖蛋白(glycoproteins)。糖蛋白中糖组成的含量不一,少的仅约1%,多的高达80%。

许多种类的蛋白质都是糖蛋白,如胶原蛋白(collagens)、免疫球蛋白(immunoglobulins)、促卵泡激素(follicle stimulating hormones)、干扰素(interferons),以及血浆蛋白(blood plasma proteins)都是糖蛋白。多糖链的一种主要功能就是作为细胞表面的受体以传导来自于激素或其他源的信号通过细胞膜进入细胞。细胞表面的糖类物质还可以作为其他细胞、病毒和毒素的识别和结合点起作用。可以说细胞表面的糖类物质为细胞的相互识别提供了一条重要途径。

如图18-28所示,与血红细胞外表面上蛋白质相连的糖的结构决定了血型(A,B或O型)。AB型的血含有A型和B型两种糖的结构。

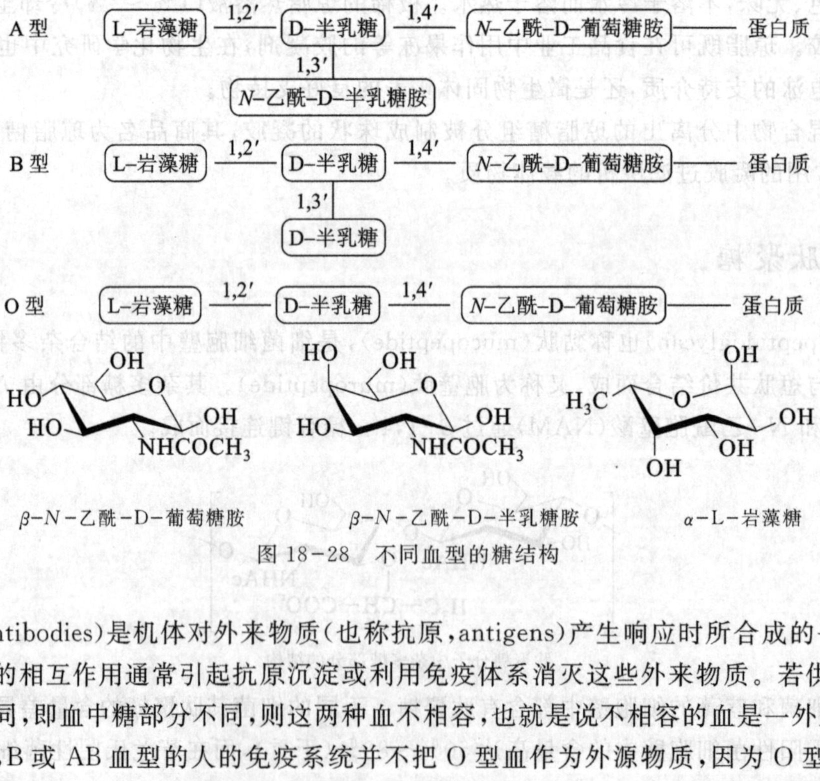

图18-28 不同血型的糖结构

抗体(antibodies)是机体对外来物质(也称抗原,antigens)产生响应时所合成的一类蛋白质。抗体与抗原的相互作用通常引起抗原沉淀或利用免疫体系消灭这些外来物质。若供血者与受血者的血型不同,即血中糖部分不同,则这两种血不相容,也就是说不相容的血是一外来物质。

具有A,B或AB血型的人的免疫系统并不把O型血作为外源物质,因为O型血的糖也是A,B和AB型糖的一部分。因而任何人都可以接受O型血,具有O型血的人又被称做全适供血者(universal donors)。而AB型的人可以接受A,B和O型人供的血,故又将具有AB血型的人称做全适受血者(universal acceptors)。

习题 18－21　指出下面各结构哪个是 D－甘油醛，哪个是 L－甘油醛。

(1) 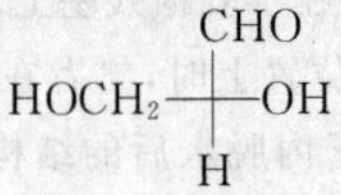　(2) 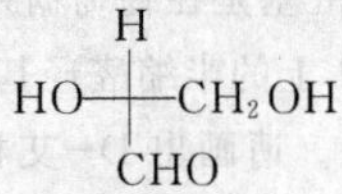　(3) 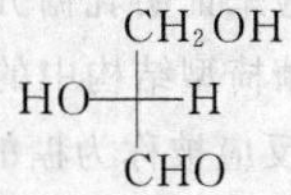

习题 18－22　根据下面给出的结构，回答下列问题：

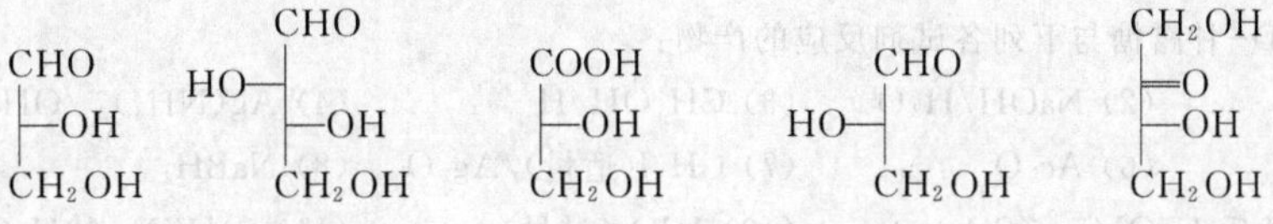

(Ⅰ)　(Ⅱ)　(Ⅲ)　(Ⅳ)　(Ⅴ)

(1) 哪个化合物是(Ⅰ)的对映体？

(2) 哪个化合物不是 D 系列的糖？

(3) 哪个化合物是 D－甘油醛的氧化产物？

习题 18－23　请解释：为什么维生素 C 分子中 C3 羟基的酸性要比 C2 羟基的强？

习题 18－24　醛糖 A 是光学活性的，用 $NaBH_4$ 还原得一非光学活性的糖醇。Ruff 降解给出 B，而 B 的还原产物也是一非光学活性的糖醇。B 的 Ruff 降解产物是具有光学活性的 D－甘油醛。试给出 A、B 及其相应糖醇的结构和名称。

习题 18－25　定义下列述语并举例说明。

(1) 醛糖　(2) 糖　(3) 异头体　(4) 差向异构体

(5) 呋喃糖　(6) 吡喃糖　(7) 酮糖　(8) Haworth 透视式

(9) 单糖　(10) 二糖　(11) 多糖　(12) 还原糖

(13) 脎　(14) 糖苷键　(15) 异头效应　(16) 氨基糖

习题 18－26　就戊醛糖来讲，共有 8 个异构体，试回答下列有关问题：

(1) 哪些形成相同的脎？　(2) 哪些用硝酸氧化时形成光学活性的产物？

习题 18－27　查阅有关资料，了解 D－葡萄糖的核磁共振波谱信息。

习题 18－28　请写出碱性条件下 D－果糖转化成 D－葡萄糖和 D－甘露糖的反应机理。

习题 18－29　将下列糖的 Fischer 投影式改写成 Haworth 透视式。

(1) 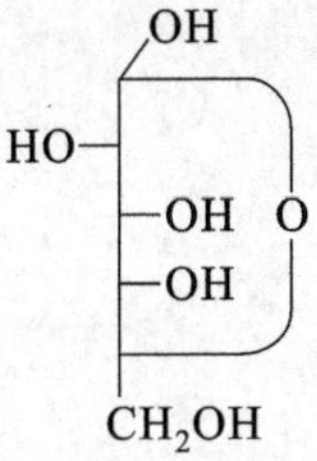　(2) 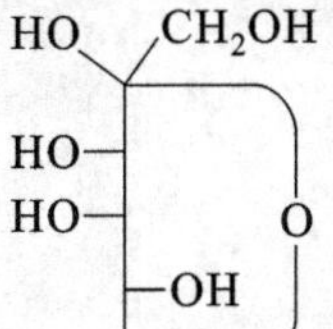

习题 18－30　D－葡萄糖醛酸(即葡萄糖 6 位碳氧化为羧酸的物质)广泛存在于动植物中。它通过与肝脏里的羟基化合物(有毒物质)反应生成葡萄糖苷酸而达到解毒的目的。试写出 β－D－葡萄糖醛酸与苯酚形成葡萄糖苷酸的化学反应式。

习题 18－31　现有两瓶试剂的标签脱落了，已知它们是 D－lyxose 和 D－xylose，你如何确定哪瓶才是 D－lyxose？

习题 18－32　计算平衡时 α－D－glucose 和 β－D－glucose 的百分含量(已知比旋光度分别为：α－D－glucose ＋112.2°，β－D－glucose ＋18.7°，平衡混合物 ＋52.7°)。

习题 18－33　一分子式为 $C_{11}H_{20}O_{10}$ 的双糖 A，可被 α－葡萄糖苷酶或 β－核糖苷酶水解，生成 D－葡萄糖和 D－核糖。A 不能还原 Fehling 试剂，A 与$(CH_3O)_2SO_2$－NaOH 作用生成七甲基醚 B，B 经酸性水解生成 2,3,4,6－四－*O*－甲基－D－葡萄糖和 2,3,5－三－*O*－甲基－D－核糖。试分别写出化合物 A 和 B 的 Haworth 式。

习题 18－34　设计一个实验来证明乳糖分子中的半缩醛基是在葡萄糖残基上而不是在半乳糖残基上。

习题 18－35　当一个吡喃糖椅型结构中的伯羟基和 C1 上的半缩醛羟基都处在竖键位置上时，二者在一定条件下会发生反应形成缩醛，该反应被称为糖的分子内脱水。请画出 D－艾杜糖发生分子内脱水后的结构。100 ℃时，D－艾杜糖的水溶液主要以其脱水形式存在(约 80%)，但是在同样条件下，葡萄糖却只有约 0.1%的脱水形式存在，请解释为什么？

习题 18－36　给出 D－甘露糖与下列各试剂反应的产物：

(1) Br_2/H_2O　(2) $NaOH/H_2O$　(3) CH_3OH/H^+　(4) $Ag(NH_3)_2^+/OH^-$

(5) H_2/Ni　(6) Ac_2O　(7) CH_3I(适量)$/Ag_2O$　(8) $NaBH_4$

(9) Br_2/H_2O，然后 $H_2O_2/Fe_2(SO_4)_3$　(10) HIO_4(过量)　(11) ①HCN　②H_3O^+　③Na(Hg)

习题 18－37　写出下列各糖经完全甲基化后酸水解产物的结构，并为每种情况选择一个合适的甲基化反应的试剂。

(1) D－fructose　(2) ethyl α－D－glucopyranoside　(3) sucrose　(4) lactose

习题 18－38　为什么将醛糖氧化为醛糖酸时使用溴水作氧化剂比 Tollens 试剂好？

习题 18－39　以(＋)－甘油醛为起始原料，经过一系列 Kiliani－Fischer 合成后，分离得到一个未知的糖。以下是该未知糖的一些实验结果：

(a) 分子式为 $C_6H_{12}O_6$；(b) 具有变旋现象；(c) 与溴水反应生成醛糖酸；(d) 与苯肼反应生成脎，熔点 178 ℃；(e) 与 HNO_3 反应得到一个光学活性的醛糖二酸；(f) Ruff 降解后，再经过 HNO_3 氧化得到一个非光学活性的醛糖二酸；(g) 两个 Ruff 降解后，再经 HNO_3 氧化给出内消旋的酒石酸；(h) 甲基化(CH_3I 和 Ag_2O)后酸水解生成 2,3,4,6－四－*O*－甲基化衍生物。

(1) 画出这个未知糖开链式的 Fischer 投影式结构，并加以命名。

(2) 画出该糖环状半缩醛形式的最稳定构象。

第十九章 氨基酸、多肽和蛋白质

(Amino acids, Polypeptides and Proteins)

蛋白质(proteins)是生物体中含量最丰富的一类生物大分子,约占细胞干重的50%以上。蛋白质在细胞的结构和功能方面都起着至关重要的作用。

蛋白质的结构单元分子是α-氨基酸。不同结构的α-氨基酸单元通过酰胺键(又称肽键,peptide bond)连接成结构各异的蛋白质分子。这是蛋白质具有极其复杂、多样的生物功能的分子基础。蛋白质的主要功能列于表19-1。

表19-1 蛋白质的功能

蛋白质种类	例子	功能
结构蛋白	胶原蛋白	结缔组织
酶	蛋白水解酶	将蛋白质水解成肽段或氨基酸
转运蛋白	血红蛋白	运输 O_2 进入细胞
收缩蛋白	肌动蛋白/肌球蛋白	引起肌肉的收缩
保护蛋白	抗体	络合外源蛋白
激素	胰岛素	降血糖,促进糖原合成
毒素	蛇毒	神经传导

蛋白质的研究是生命科学的一个重要研究领域。实际上在蛋白质的研究方面,有机化学和生物化学之间并没有清楚的界限。本章将着重讨论蛋白质的组成成分——氨基酸(amino acids),以及氨基酸之间如何相互连接构成多肽或蛋白质等内容。

19.1 氨基酸

19.1.1 α-氨基酸的结构

氨基酸是分子中既含有氨基(NH_2)又含有羧基(COOH)的一类有机分子的总称。由于蛋白质的结构单元分子都是α-氨基酸,即羧酸的α-碳原子上有一个氨基。因此,氨基酸这个术语通常都用来指α-氨基酸。

虽然蛋白质的种类繁多,但是所有蛋白质都是由20种基本氨基酸(standard amino acids)构成。这 20 种基本氨基酸具有如下结构特点：① 都是 α-氨基酸；② α-碳原子具有手性（甘氨酸除外），均为 L 构型（注意一些天然短肽中含有 D 构型氨基酸），因此除甘氨酸外的 19 种氨基酸都具有旋光活性；③ R 称为氨基酸的侧链，是 α-氨基酸分子中唯一可变部分，R 不同可以衍生出不同的 α-氨基酸。氨基酸的结构通式如下：

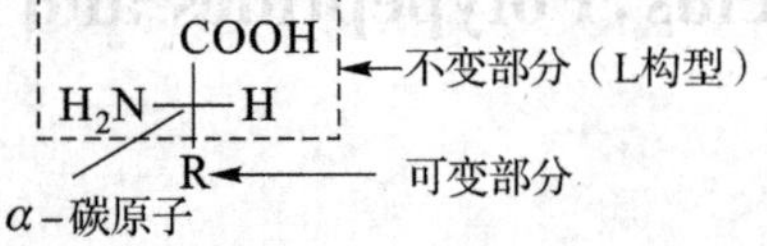

表 19-2 列出了 20 种基本氨基酸的中文名称、英文名称、结构，以及它们的等电点等内容。根据 R 基性质不同，可将 20 种氨基酸分为五类，包括 R 为脂肪烃基的氨基酸、R 中含有芳基的氨基酸、R 中含有极性不带电荷基团的氨基酸、R 中含酸性基团的氨基酸和 R 中含碱性基团的氨基酸。

表 19-2　20 种基本氨基酸

类别	中文名称	英文名称及缩写	侧链 R 基的结构	相对分子质量	pK_1	pK_2	pK_R	等电点	蛋白质中平均出现频率
R 为脂肪烃基的氨基酸(6 个)	甘氨酸	glycine (Gly,G)	—H	75	2.34	9.60		6.0	7.2%
	丙氨酸	alanine (Ala,A)	$—CH_3$	89	2.34	9.69		6.0	7.8%
	缬氨酸*	valine (Val,V)	$—CH(CH_3)_2$	117	2.32	9.62		6.0	6.6%
	亮氨酸*	leucine (Leu,L)	$—CH_2CH(CH_3)_2$	131	2.36	9.60		6.0	9.1%
	异亮氨酸*	isoleucine (Ile,I)	$—CH(CH_3)CH_2CH_3$	131	2.36	9.68		6.0	5.3%
	脯氨酸	proline (Pro,P)	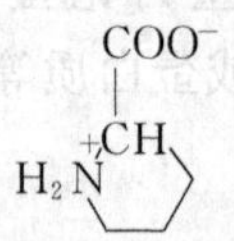	115	1.99	10.96		6.3	5.2%
R 中含有芳基的氨基酸(3 个)	苯丙氨酸*	phenylalanine (Phe,F)	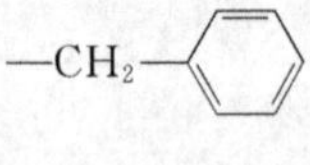	165	1.83	9.13		5.5	3.9%
	酪氨酸	tyrosine (Tyr,Y)	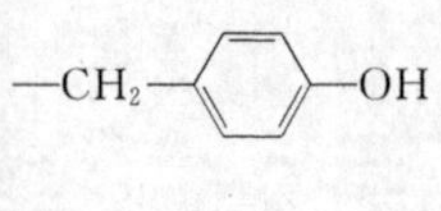	181	2.20	9.11	10.07	5.7	3.2%
	色氨酸*	tryptophan (Try,W)	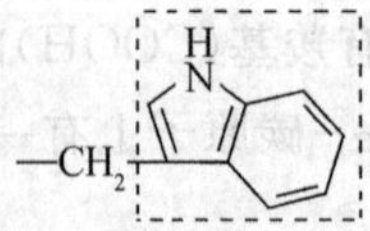 吲哚基	204	2.38	9.39		5.9	1.4%

续表

类别	中文名称	英文名称及缩写	侧链 R 基的结构	相对分子质量	pK_1	pK_2	pK_R	等电点	蛋白质中平均出现频率
R 中含有极性不带电荷基团的氨基酸（6 个）	丝氨酸	Serine (Ser, S)	$—CH_2OH$	105	2.21	9.15		5.7	6.8%
	苏氨酸*	Threonine (Thr, T)	$—CH(OH)CH_3$	119	2.11	9.62		5.6	5.9%
	半胱氨酸	Cysteine (Cys, C)	$—CH_2SH$	121	1.96	8.18	10.28	5.0	1.9%
	甲硫氨酸*	Methionine (Met, M)	$—CH_2CH_2SCH_3$	149	2.28	9.21		5.7	2.2%
	门冬酰胺	Asparagine (Asn, N)	$—CH_2CONH_2$	133	2.02	8.80		5.4	4.3%
	谷氨酰胺	Glutamine (Gln, Q)	$—CH_2CH_2CONH_2$	146	2.17	9.13		5.7	4.3%
R 中含酸性基团的氨基酸（2 个）	门冬氨酸	Aspartate (Asp, D)	$—CH_2COOH$	134	1.88	9.60	3.65	2.8	5.3%
	谷氨酸	Glutamate (Glu, E)	$—CH_2CH_2COOH$	147	2.19	9.67	4.25	3.2	6.3%
R 中含碱性基团的氨基酸（3 个）	赖氨酸*	Lysine (Lys, K)	$—(CH_2)_4NH_2$	146	2.18	8.95	10.53	9.7	5.9%
	精氨酸*	Arginine (Arg, R)	$—(CH_2)_3NHC(=NH)NH_2$ 胍基	174	2.17	9.04	12.48	10.8	5.1%
	组氨酸*	Histidine (His, H)	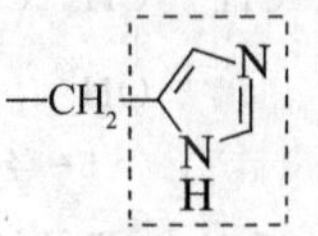 咪唑基	155	1.82	9.17	6.00	7.6	2.3%

* 必须氨基酸。

不同的氨基酸具有不同的特点：

(1) R 中含有芳基的氨基酸，包括苯丙氨酸(Phe)，酪氨酸(Tyr)和色氨酸(Try)，它们的结构特点是具有一个共轭 π 电子体系，易与其他缺电子体系或 π 电子体系形成电荷转移复合物或电子重叠复合物。因此在受体－底物相互作用，或分子识别过程中具有重要的意义。如图 19-1 所示，这三种氨基酸的紫外特征吸收波长在 280 nm 左右。由于其他类型的氨基酸没有明显的紫外吸收。因而大多数蛋白质的紫外特征吸收也在 280 nm 左右。

(2) 脯氨酸(Pro)是 20 种基本氨基酸中唯一一个 R 为环状结构的氨基酸。因此，脯氨酸具有特殊的性质。在多肽链中，脯氨酸残基所在位置必然会发生骨架方向的变化。所以它在蛋白质的立体结构中具有重要作用。

(3) 一些侧链带有功能基的氨基酸，如含巯基的半胱氨酸(Cys)、含羟基的丝氨酸(Ser)、含咪唑基的组氨酸(His)、含羧基的门冬氨酸(Asp)、含氨基的赖氨酸(Lys)等,由于这些功能基具有特殊的反应性质或与底物(或配体)发生特殊相互作用的能力,因而这些氨基酸大多在酶的活性中心或蛋白质的功能区域起重要作用。

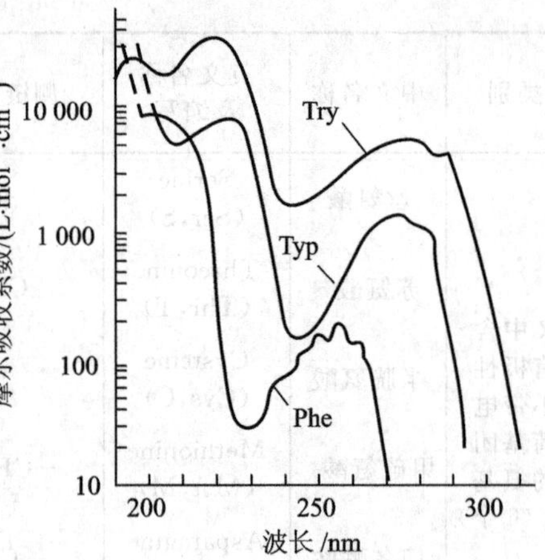

图 19-1　芳香氨基酸的紫外吸收

(4) 表 19-2 中标记了"*"号的氨基酸被称为必需氨基酸(essential amino acids)。所谓必需氨基酸是指人类本身不能合成而必须通过摄取食物来获取的用于合成蛋白质的氨基酸。它包括精氨酸、缬氨酸(Val)、甲硫氨酸(Met)、亮氨酸(Leu)、苏氨酸(Thr)、苯丙氨酸、组氨酸、异亮氨酸(Ile)、赖氨酸和色氨酸。能提供所有必需氨基酸的蛋白质称为完全蛋白质(complete proteins),如肉类、鱼、牛奶和鸡蛋等。成年人每日摄取约 50 g 完全蛋白质就足够了。有些蛋白质缺少一种或几种必需氨基酸,称为不完全蛋白质(incomplete proteins)。植物蛋白质通常是不完全蛋白质。如米、玉米和小麦中都缺乏赖氨酸;米缺少苏氨酸;而玉米缺少色氨酸。豆类蛋白是植物中含有氨基酸种类最多的一类蛋白质,但缺乏蛋氨酸。对于素食者来说,为摄取较完全的氨基酸,必须吃各种不同的植物性食物,同时需要食用牛奶和鸡蛋以提供全面的营养。

(5) 除上述 20 种基本氨基酸外,还有一些不常见的氨基酸,它们也是某些蛋白质的组成成分,但它们都是由上述 20 种基本氨基酸衍生而来的。例如,胶原蛋白中普遍存在 4-羟基脯氨酸(4-hydroxy-proline)和 5-羟基赖氨酸(5-hydroxy-lysine)。

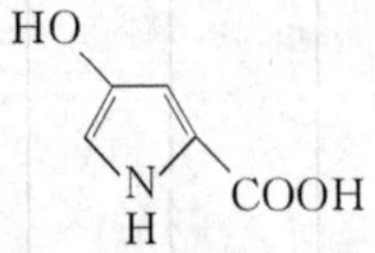
4-羟基脯氨酸

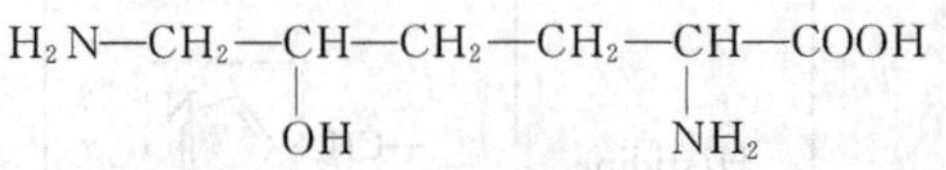
5-羟基赖氨酸

还有一些自然界存在的氨基酸并不是蛋白质的组成成分,这类氨基酸称为"非蛋白氨基酸",如 D-谷氨酸(D-glutamic acid)被发现存在于许多细菌的细胞壁中,D-丝氨酸(D-serine)被发现存在于蚯蚓中。还有一些天然氨基酸并不是 α-氨基酸。例如,γ-氨基丁酸(γ-aminobutyric acid,GABA)是脑神经递质之一,而 β-丙氨酸(β-alanine)则是维生素泛酸的组成成分。

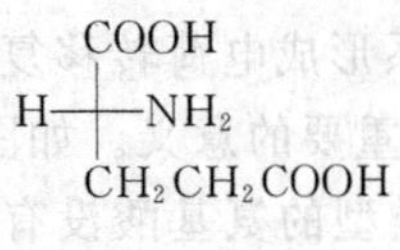
D-谷氨酸

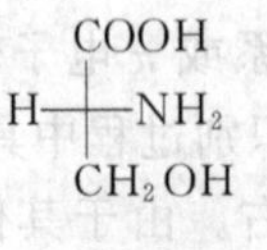
D-丝氨酸

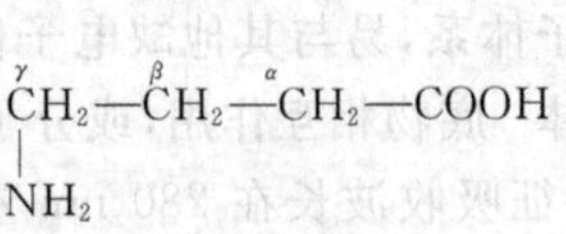
γ-氨基丁酸

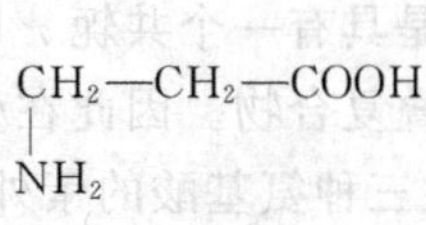
β-丙氨酸

从表 19-2 中可以看出,不同的 α-氨基酸由于侧链 R 基结构上的差异,使得它们在许多物理化学性质方面(如极性、芳香性、酸碱性、体积、构象柔性、形成氢键等非共价作用的能力以及化学反应等)存在较大的差异。氨基酸这种物理化学性质上的多样性是蛋白质结构和功能多样性的基础。

习题 19-1　19 个光学活性的 L 型氨基酸中有 18 个的 α-碳原子是 S 构型，只有半胱氨酸(Cys)的 α-碳原子是 R 构型。试解释原因。

习题 19-2　画出$(2S,3R)$-2-氨基-3-羟基丁酸(即苏氨酸)的 Fischer 投影式。

19.1.2　氨基酸的酸碱性

氨基酸的酸碱性是氨基酸极其重要的性质。它不仅是氨基酸分析分离工作的基础，也是了解多肽和蛋白质许多重要性质的基础。

若按氨基酸的酸碱性来分类，可将 20 种氨基酸分为中性氨基酸、酸性氨基酸和碱性氨基酸。其中中性氨基酸是分子中仅含有一个羧基和一个氨基的氨基酸，共有 15 种，酸性氨基酸是分子中含两个羧基和一个氨基的氨基酸，即门冬氨酸(Asp)和谷氨酸(Glu)，碱性氨基酸则是分子中含一个羧基和两个氨基的氨基酸，即赖氨酸(Lys)，精氨酸(Arg)和组氨酸(His)。

1. 两性解离

从结构上看，α-氨基酸分子中既含有酸性的—COOH，又含有碱性的—NH_2，因此，在水溶液中，它既可以作为酸也可以作为碱起作用。

从物理化学性质上看，所有 α-氨基酸都具有以下一些独特的性质：

(1) 不挥发、高熔点(>200 ℃)的结晶固体。

(2) 在水中的溶解性要比在有机溶剂(乙醚、二氯甲烷等)中好得多。

(3) 其偶极矩 μ 比简单的酸和胺大得多。例如：

$H_3\overset{+}{N}CH_2COO^-$	$CH_3CH_2CH_2NH_2$	CH_3CH_2COOH
$\mu=46.7\times10^{-30}$ C·m	$\mu=4.7\times10^{-30}$ C·m	$\mu=5.7\times10^{-30}$ C·m

(4) 表现出酸碱两重性质，其酸性大都比羧酸的酸性弱，而其碱性也比大多数胺的碱性弱。

R—COOH	R—NH_2	$H_3\overset{+}{N}$—CH(R)—COO^-
$pK_a=5$	$pK_b=4$	$pK_a=10$　　$pK_b=12$

这些性质显然与普通的羧酸和胺不同。这是因为氨基酸在结晶状态或在溶液中，并不是以游离羧基(—COOH)和氨基(—NH_2)的形式存在，而是以解离成两性离子(dipolar ion or zwitterions)的形式存在，即羧基解离成羧基负离子(—COO^-)，而氨基质子化为铵基正离子(—NH_3^+)：

$$\underset{\text{不带电荷}}{H_2N\text{—}\underset{R}{\underset{|}{C}H}\text{—}COOH} \rightleftharpoons \underset{\text{两性离子（主要存在形式）}}{H_3\overset{+}{N}\text{—}\underset{R}{\underset{|}{C}H}\text{—}COO^-}$$

在两性离子中，作为酸的是质子化的氨基(—NH_3^+)，作为碱的是去质子化的羧基(—COO^-)，这就是 α-氨基酸的酸性弱于羧酸而碱性弱于胺的原因。

一个分子中既有正离子，又有负离子，与无机分子，如 NaCl 分子相似，是一种盐，称为内盐(inner salt)，这就是 α-氨基酸都是高熔点的晶体且具有好的水溶性的原因。

在溶液中，氨基酸的存在形式依赖于溶液的 pH。当 pH 发生变化时，氨基酸存在的形式会随之发生变化。如对中性氨基酸来说，在碱性溶液中，质子化的氨基释放出质子，表现出酸的性质，氨基酸以负离子形式存在($H_2NCHRCOO^-$)；在酸性溶液中，羧酸负离子被质子化，表现出碱的性质，氨基酸以正离子形式存在($H_3N^+CHRCOOH$)；在接近中性的溶液中，氨基酸主要是以两性离子的形式存在($H_3N^+CHRCOO^-$)。上述变化如下式所示：

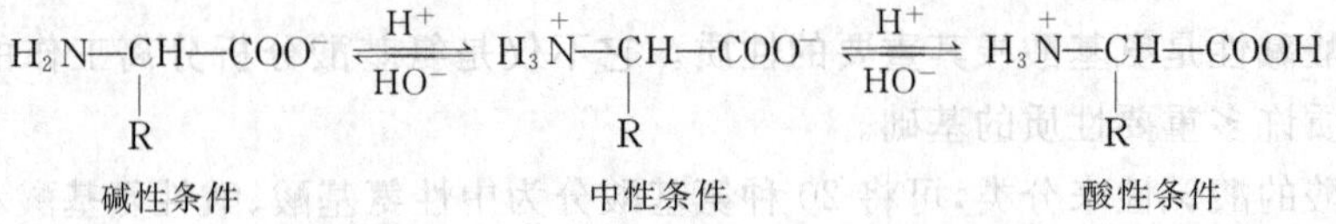

由此可以看出，两性离子既是一种酸，即质子的供体，又是一种碱，即质子的受体：

作为酸： $H_3\overset{+}{N}CHRCOO^- \rightleftharpoons H_2NCHRCOO^- + H^+$

作为碱： $H_3\overset{+}{N}CHRCOO^- + H^+ \rightleftharpoons H_3\overset{+}{N}CHRCOOH$

氨基酸完全质子化时，可看成是多元酸，中性氨基酸为二元酸，酸性氨基酸和碱性氨基酸则为三元酸。以丙氨酸为例，完全质子化的丙氨酸作为二元酸的分步解离式如下：

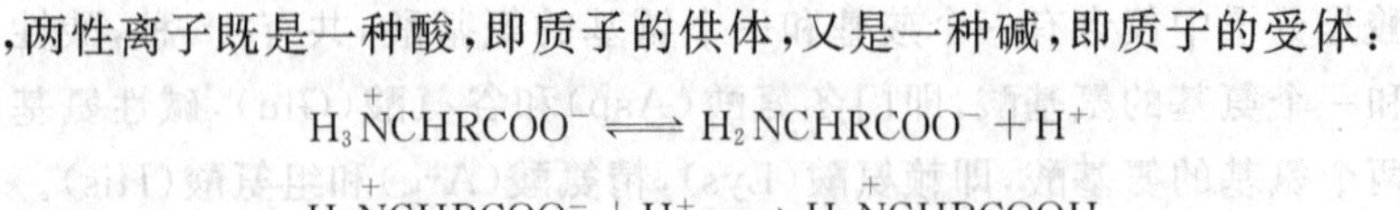

式中，K_1 和 K_2 分别代表 α-氨基酸分子中羧基(—COOH)和质子化氨基($-NH_3^+$)的解离常数。表 19-2 不仅列出了 20 种基本氨基酸的 pK_1 和 pK_2，还给出了侧链可解离基团的解离常数 pK_R。

从表 19-2 中可以看出，α-氨基酸中羧基的酸性(pK_1 = 1.82～2.36)要比醋酸的酸性(pK_a=4.76)强 100 倍以上，这是因为氨基酸分子中的 α-氨基对羧酸的解离产生的诱导效应和场效应所致。在 α-氨基酸分子中，氨基正离子作为强的吸电子基团产生吸电子诱导效应，有利于羧基的解离，另一方面，解离后的羧基负离子与氨基正离子存在静电相互吸引作用，而带正电荷的质子则与氨基正离子存在静电相互排斥作用，从而导致羧基负离子难以与质子相结合。这两种因素最终导致 α-氨基酸羧基酸性大大增加。

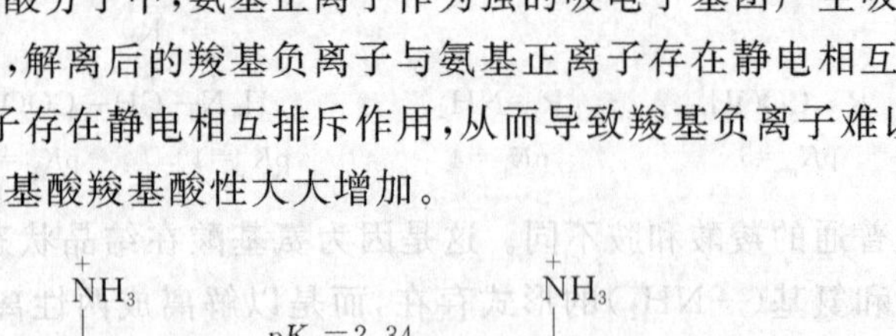

H^+与COO^-不易结合，酸性强

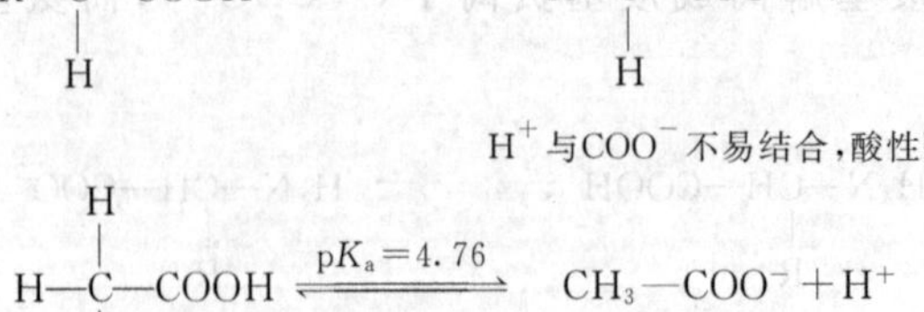

H^+与COO^-易结合，酸性弱

2. 等电点

当溶液处于某一 pH 时，氨基酸溶液中所含的$-NH_3^+$ 和$-COO^-$ 数目正好相等，净电荷为

零。这一 pH 称作该氨基酸的等电点(isoelectric point,简称 pI)。不同的氨基酸具有不同的等电点。

如图 19-2 所示,氨基酸的等电点与氨基酸中可解离基团解离常数的关系,可以从甘氨酸的碱滴定曲线来说明。

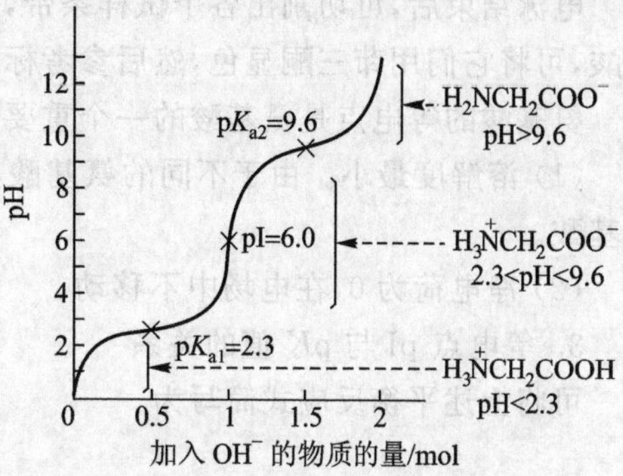

图 19-2　甘氨酸的滴定曲线与等电点

从图 19-2 中可以看到,在 pH=2.3 时,意味着一半的正离子形式(Ⅱ)转变为两性离子形式(Ⅰ),二者处于平衡中;在 pH = 9.6 时,则意味着一半的两性离子形式转变为负离子形式(Ⅲ),二者处于平衡中。当 pH < 2.3 时,主要以Ⅱ式存在,溶液带正电荷,2.3 < pH < 9.6 时,氨基酸则主要以Ⅰ式存在,并伴以少量的正电荷或负电荷。在 pH = 6.0,即等电点时,溶液中正负电荷正好相等,净电荷为零。当 pH > 9.6,主要以Ⅲ式存在,溶液带负电荷。

$$H_3\overset{+}{N}-CH_2-COOH \underset{}{\overset{K_1}{\rightleftharpoons}} H_3\overset{+}{N}-CH_2-COO^- \underset{}{\overset{K_2}{\rightleftharpoons}} H_2N-CH_2-COO^-$$

	低 pH	pI	高 pH
电荷	1^+	1^+1^-	1^-
编号	Ⅱ	Ⅰ	Ⅲ

由于不同的氨基酸具有不同的等电点,因此可以通过电泳将氨基酸混合物分离开来。如图 19-3所示,将氨基酸混合试样点在凝胶薄层或滤纸片上,并置于一定 pH 缓冲溶液的电场中(通常电压有几千伏)。在电场的作用下,带正电荷的试样向阴极移动,带负电荷的试样向阳极移动,不带电荷的试样则在电场中不移动。例如,一个含丙氨酸、赖氨酸和门冬氨酸的混合物,当缓冲溶液的 pH 为 6.0 时,由于丙氨酸的 pI 正好为 6.0,因而净电荷为 0,赖氨酸的 pI = 9.7,带正电

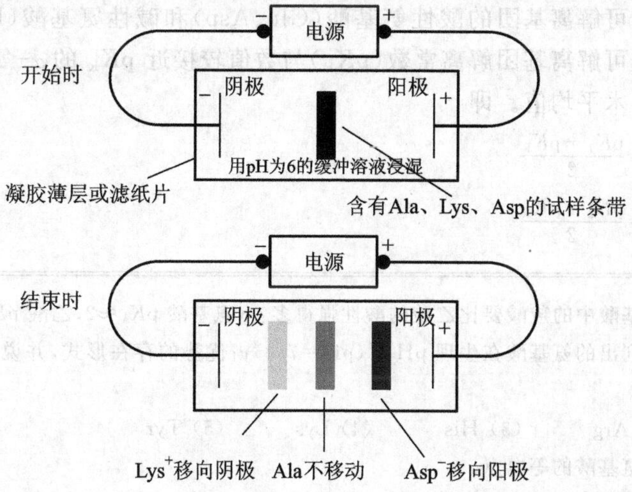

图 19-3　氨基酸混合物(Ala、Lys、Asp)在电泳中移动情况示意图

荷，而门冬氨酸的 pI = 2.8，带负电荷。这个氨基酸混合物处于电场中时，则会在电场的作用下分离开来。

电泳结束后，可切割出各个试样条带，回收各种氨基酸。若用于分析鉴定混合物中的各个氨基酸，可将它们用茚三酮显色，然后参考标准氨基酸，确定它们的种类。

氨基酸的等电点是氨基酸的一个重要性质。当氨基酸处于等电点时，具有以下特点：

(1) 溶解度最小。由于不同的氨基酸具有不同的等电点，因此可以利用此性质分离不同的氨基酸。

(2) 净电荷为 0，在电场中不移动。

3. 等电点 pI 与 pK 值的关系

可将上述平衡反应式简写为

$$\mathrm{II}^+ \underset{}{\overset{K_1}{\rightleftharpoons}} \mathrm{I}^\pm \overset{K_2}{\rightleftharpoons} \mathrm{III}^-$$

由 $\mathrm{II}^+ \overset{K_1}{\rightleftharpoons} \mathrm{I}^\pm + \mathrm{H}^+$ 有：$K_1=\dfrac{[\mathrm{I}^\pm]\cdot[\mathrm{H}^+]}{[\mathrm{II}^+]} \Rightarrow [\mathrm{II}^+]=\dfrac{[\mathrm{I}^\pm]\cdot[\mathrm{H}^+]}{K_1}$

由 $\mathrm{I}^\pm \overset{K_2}{\rightleftharpoons} \mathrm{III}^- + \mathrm{H}^+$ 有：$K_2=\dfrac{[\mathrm{III}^-]\cdot[\mathrm{H}^+]}{[\mathrm{I}^\pm]} \Rightarrow [\mathrm{III}^-]=\dfrac{K_2\cdot[\mathrm{I}^\pm]}{[\mathrm{H}^+]}$

当达到等电点时：$[\mathrm{II}^+]=[\mathrm{III}^-] \Rightarrow \dfrac{[\mathrm{I}^\pm]\cdot[\mathrm{H}^+]}{K_1}=\dfrac{K_2\cdot[\mathrm{I}^\pm]}{[\mathrm{H}^+]}$

整理后得

$$[\mathrm{H}^+]=\sqrt{K_1\cdot K_2} \Rightarrow -\lg[\mathrm{H}^+]=-\frac{1}{2}\lg(K_1\cdot K_2)$$

$$\mathrm{pI}=\frac{\mathrm{p}K_1+\mathrm{p}K_2}{2}$$

对于含一个氨基和一个羧基的氨基酸来说，它的等电点就等于两个解离常数(pK_1 和 pK_2)的算术平均值。

对于侧链上含有可解离基团的酸性氨基酸(Glu、Asp)和碱性氨基酸(Lys、Arg 和 His)，它们的等电点则是侧链可解离基团解离常数(pK_R)与数值较接近 pK_R 的 α-氨基或 α-羧基解离常数(pK_1 或 pK_2)的算术平均值。即

酸性氨基酸：$\mathrm{pI}=\dfrac{\mathrm{p}K_1+\mathrm{p}K_\mathrm{R}}{2}$

碱性氨基酸：$\mathrm{pI}=\dfrac{\mathrm{p}K_2+\mathrm{p}K_\mathrm{R}}{2}$

习题 19-3 为什么氨基酸中的羧酸要比乙酸的酸性强得多？(氨基酸 p$K_\mathrm{a}\approx 2$，乙酸 p$K_\mathrm{a}=4.76$)

习题 19-4 画出下面列出的氨基酸在生理 pH 下(pH=7.3)占优势的存在形式，并说明它们带电荷的情况以及在电场中的移动情况。

(1) Asp (2) Arg (3) His (4) Lys (5) Tyr

习题 19-5 计算下列氨基酸的等电点。

(1) Asn (2) Arg (3) Ser

19.1.3　氨基酸的化学反应

氨基酸同时含有氨基和羧基，可以发生多种典型的有机胺和有机羧酸的反应。不同侧链的基团也能发生不同的反应。应当注意的是在进行氨基酸的各种反应时，需考虑干扰和副反应的问题。

1. α－碳上羧基参与的反应

(1) 酯化反应　与单功能基的羧酸相似，氨基酸在无水醇中通入干燥的 HCl 气体或加入 $SOCl_2$，然后回流可以得到氨基酸的酯化产物。由于在这种条件下，氨基酸分子中的氨基是质子化的($^{+}NH_3$)，因而不会对酯化反应产生干扰。例如：

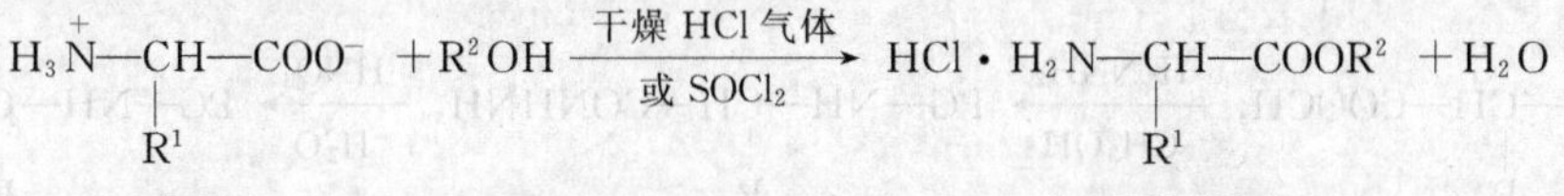

α－氨基酸　　α－氨基酸酯盐酸盐

通常氨基酸的羧基成酯后可以保护羧基使其不发生副反应，因此常常用于肽的合成。最常用的保护基团有甲基、乙基和苄基。这些起到保护作用的酯基在酸性条件下进行水解，就可脱去保护基重新生成游离的羧基。

苄基($PhCH_2$)是特别有用的保护基。去苄基保护时，既可以用酸水解的方式，也可以在中性条件下用催化氢解的方式进行。例如，下面是苯丙氨酸羧基用苄基保护以及去苄基保护的反应：

氨基酸羧基保护反应：

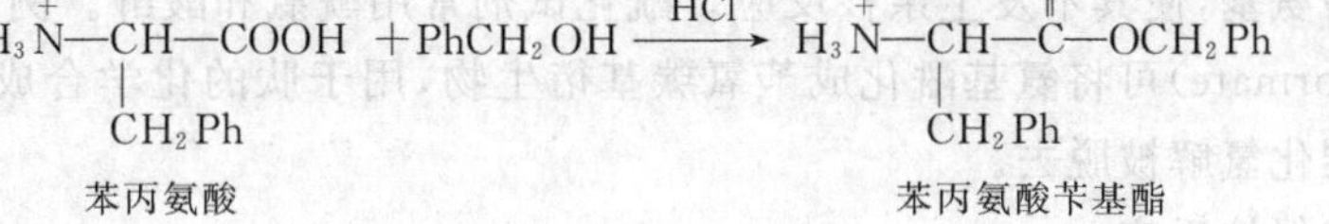

苯丙氨酸　　苯丙氨酸苄基酯

氨基酸羧基去保护反应：

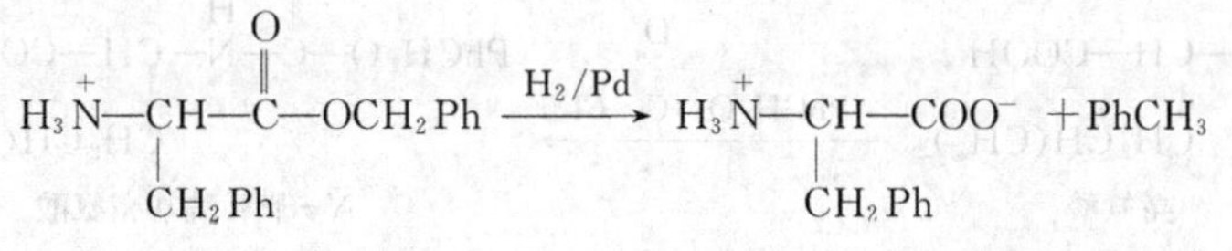

另一方面，由于羧基中的羟基不是一个好的离去基团，因此羧基本身并不具有良好的酰基化能力。当羧基与对硝基苯酚成酯后，由于对硝基苯酚负离子的稳定性使其成为好的离去基团，使氨基酸－对硝基苯酚酯的酰基化能力得到明显提高，所以称为“活性酯”。活性酯是合成肽及氨基酸衍生物的重要中间体。

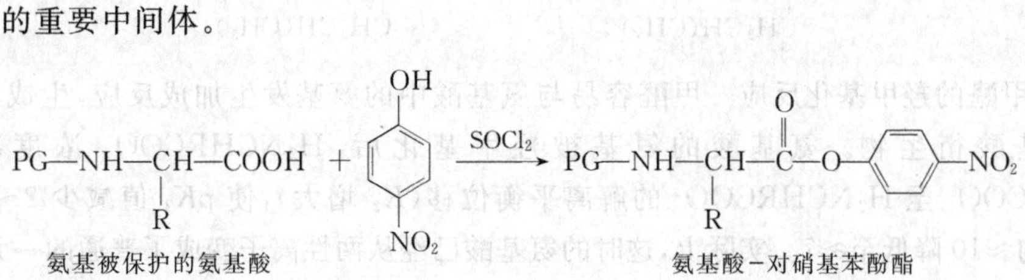

氨基被保护的氨基酸　　氨基酸－对硝基苯酚酯

PG—保护基(protecting group)　　活性酯(active ester)

(2) 成盐反应 氨基酸的羧基与碱作用生成相应的盐($H_2NCHRCOO^- M^+$)。氨基酸的碱金属盐能溶于水,而重金属盐则不溶于水。

(3) 形成酰氯 氨基酸与酰氯化试剂 PCl_3、PCl_5 或 $SOCl_2$ 反应可以制得相应的酰氯。这是使氨基酸羧基活化的一个重要反应。在进行此反应前,一般需要对氨基酸的氨基进行保护。

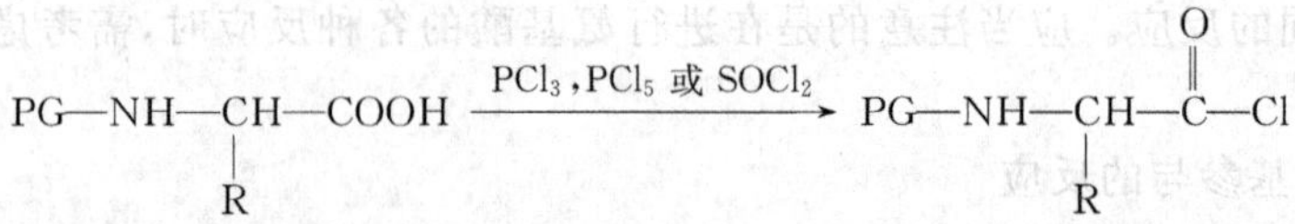

氨基被保护的氨基酸　　氨基被保护的氨基酰氯

(4) 叠氮化反应 氨基经保护的氨基酸甲酯或乙酯与无水肼反应得到氨基酸酰肼,然后与亚硝酸作用得到叠氮化合物。这是氨基酸羧基活化的另一个重要反应,常用在多肽的合成中。

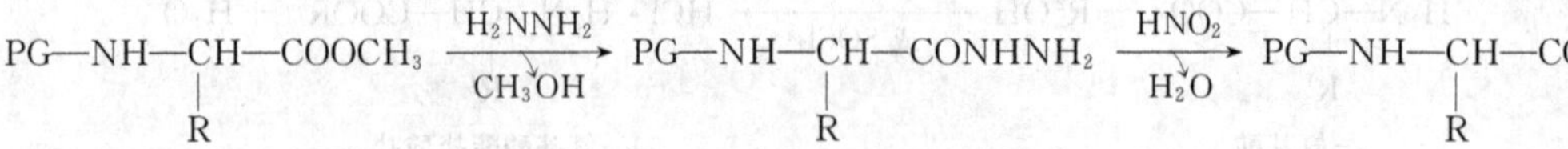

氨基被保护的氨基酸甲酯　　氨基酸酰肼　　叠氮化合物

(5) 脱羧反应 在生物体内氨基酸在氨基酸脱羧酶(amino acid decarboxylase)的作用下,脱去一分子 CO_2 并生成相应的一级胺。

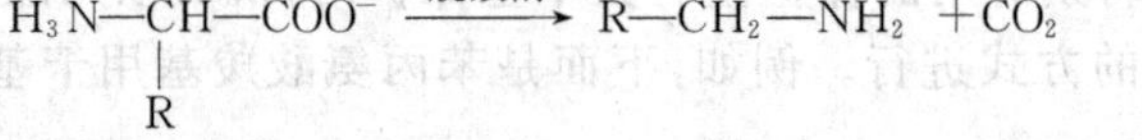

2. α-碳上氨基参与的反应

(1) 酰化反应 氨基酸氨基的酰化可以形成酰胺,类似于羧酸的酯化。氨基的酰化可以用来保护分子中的氨基,使其不发生亲核反应。酰化试剂常用酰氯和酸酐。例如,氯代甲酸苄基酯(benzyl chloroformate)可将氨基酰化成苄氧羰基衍生物,用于肽的化学合成中。苄氧羰基很容易通过水解或催化氢解被脱去。

氨基酸氨基保护反应:

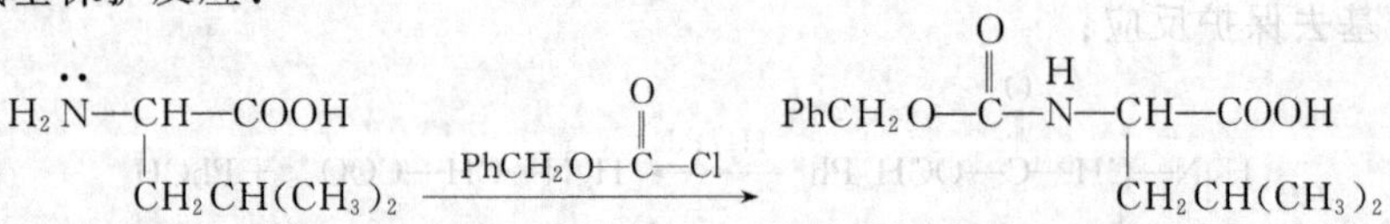

亮氨酸　　*N*-苄氧酰基亮氨酸

氨基酸氨基去保护反应:

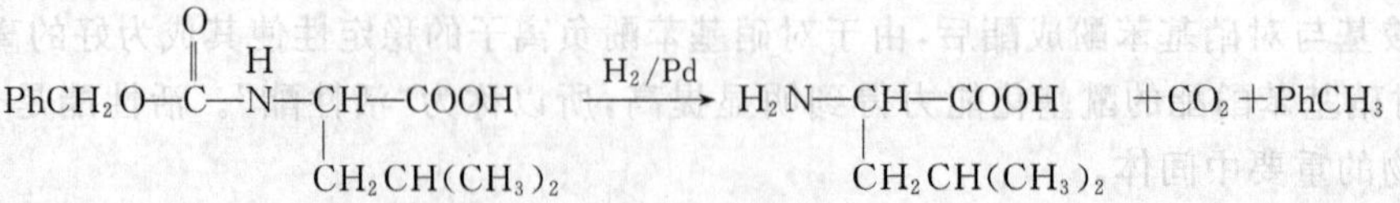

(2) 与甲醛的羟甲基化反应 甲醛容易与氨基酸中的氨基发生加成反应,生成单或双羟甲基化的氨基酸衍生物。氨基酸的氨基被羟甲基化后,$H_2NCHRCOO^-$ 浓度减小,导致 $H_3N^+CHRCOO^-$ 至 $H_2NCHRCOO^-$ 的解离平衡位移(K_2 增大),使 pK_2 值减少 2~3 个 pH 单位,从原来的≈10 降低至≈7。实际上,这时的氨基酸已经从两性离子变成了普通的一元酸,碱滴定的终点在 pH≈9,可用酚酞作指示剂。这就是 Sϕrensen 甲醛滴定法测定氨基酸含量的原理。

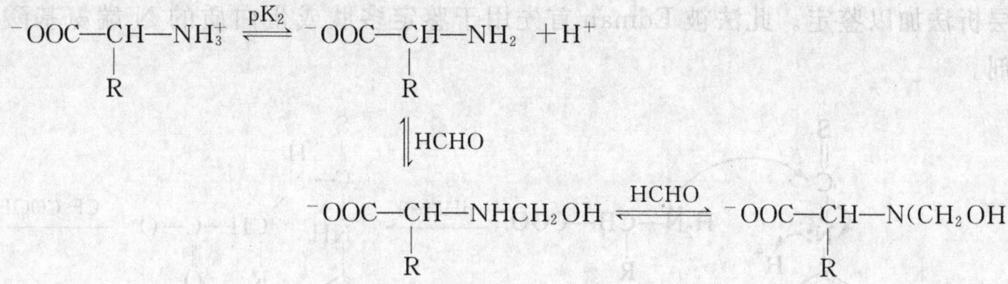

单羟甲基化氨基酸　　双羟甲基化氨基酸

(3) 与亚硝酸的重氮化反应　氨基酸的氨基可以与亚硝酸发生重氮化反应，分解放出氮气，得到 α-羟基酸。

$$H_3\overset{+}{N}-\underset{R}{\underset{|}{CH}}-COO^- + HNO_2 \longrightarrow HO-\underset{R}{\underset{|}{CH}}-COO^- + N_2\uparrow + H_2O$$

α-羟基酸

反应产生的氮气一半来自氨基酸，另一半来自亚硝酸。在标准条件下，测定反应生成氮气的体积，即可计算出氨基酸的量。这是 van Slyke 法定量测定氨基酸的基本原理。

(4) 烃基化反应　氨基酸的氨基可以与烃基化亲电试剂如卤代烃等发生反应，生成氨基被烃基化的产物。

第一次世界大战中曾经使用化学毒气芥子气(yperite)，其毒理作用是与蛋白质中氨基酸的游离氨基发生烃基化反应，从而破坏了蛋白质的正常功能。

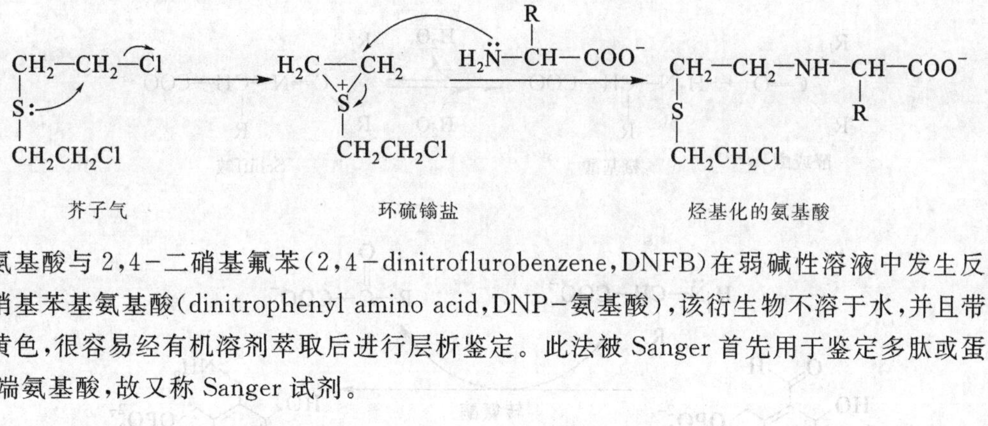

芥子气　　环硫𬭩盐　　烃基化的氨基酸

氨基酸与 2,4-二硝基氟苯(2,4-dinitroflurobenzene,DNFB)在弱碱性溶液中发生反应生成二硝基苯基氨基酸(dinitrophenyl amino acid,DNP-氨基酸)，该衍生物不溶于水，并且带有一定的黄色，很容易经有机溶剂萃取后进行层析鉴定。此法被 Sanger 首先用于鉴定多肽或蛋白质的 N 端氨基酸，故又称 Sanger 试剂。

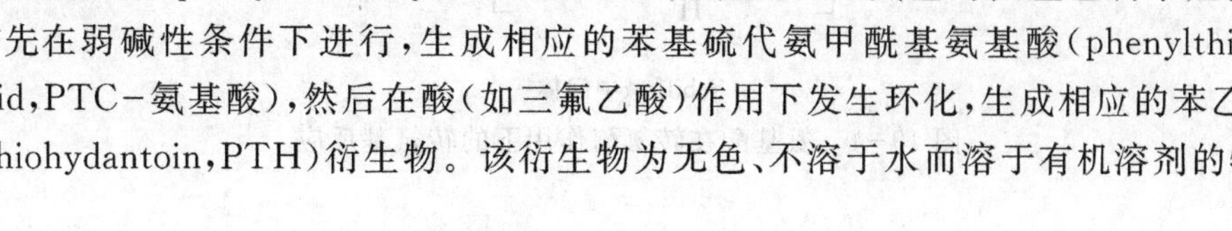

2,4-二硝基氟苯　　DNP-氨基酸(黄色)

苯异硫氰酸酯(phenylisothiocyanate,PITC)与氨基酸 α-氨基的反应也属于烃基化反应。该反应首先在弱碱性条件下进行，生成相应的苯基硫代氨甲酰基氨基酸(phenylthiocarbamyl amino acid,PTC-氨基酸)，然后在酸(如三氟乙酸)作用下发生环化，生成相应的苯乙内酰硫脲(phenylthiohydantoin,PTH)衍生物。该衍生物为无色、不溶于水而溶于有机溶剂的物质，可以用层析法加以鉴定。此法被 Edman 首先用于鉴定多肽或蛋白质的 N 端氨基酸，故又称 Edman 试剂。

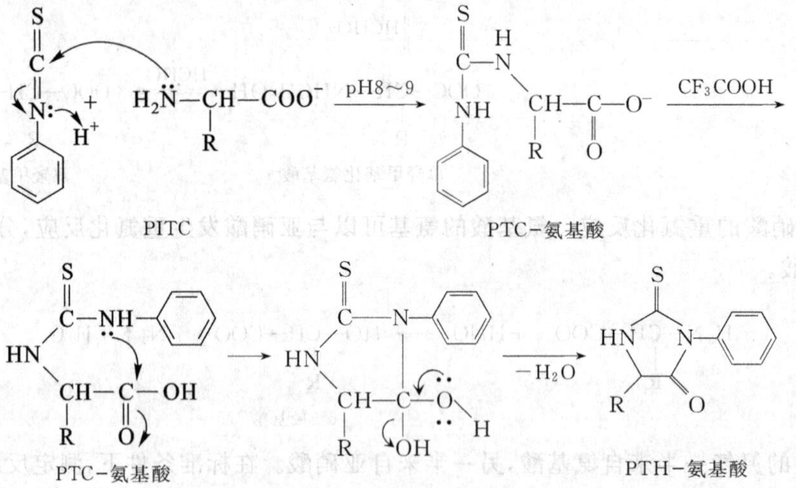

（5）生成 Schiff 碱的反应　氨基酸的氨基同样可以与醛或酮发生亲核加成—消除反应，生成 Schiff 碱（Schiff base，化学本质上是亚胺类物质）。Schiff 碱是生物体内氨基或羰基代谢反应的中间体。例如，氨基的转移反应是氨基酸代谢反应中的一类重要反应，如图 19－4 所示，它是在转氨酶的催化下进行的。在该反应中，辅酶磷酸吡哆醛首先与氨基酸的氨基发生反应生成 Schiff 碱中间体，然后转化成磷酸吡哆胺，将氨基从氨基酸分子中转移出去。

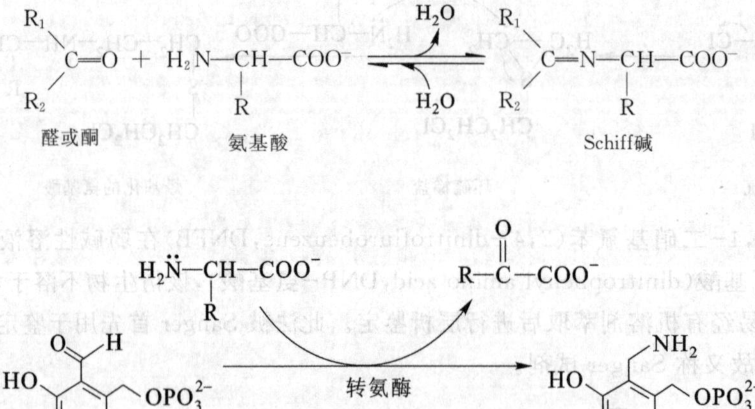

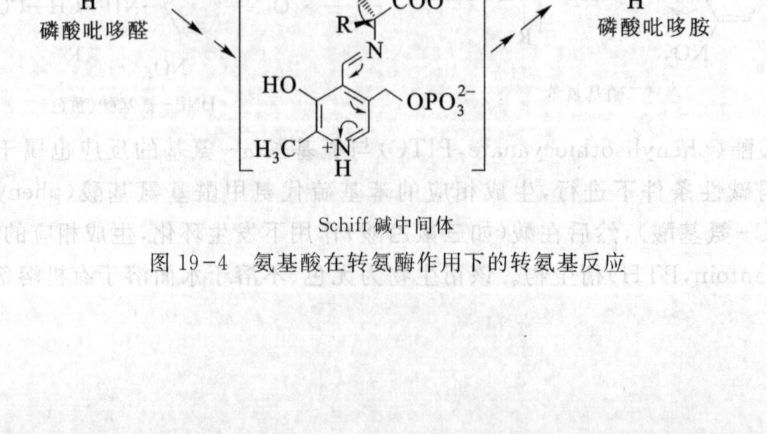

图 19－4　氨基酸在转氨酶作用下的转氨基反应

(6) 脱氨基和转氨基反应　氨基酸的氨基在氨基酸氧化酶的催化下，发生脱氨基反应生成 α－酮酸。

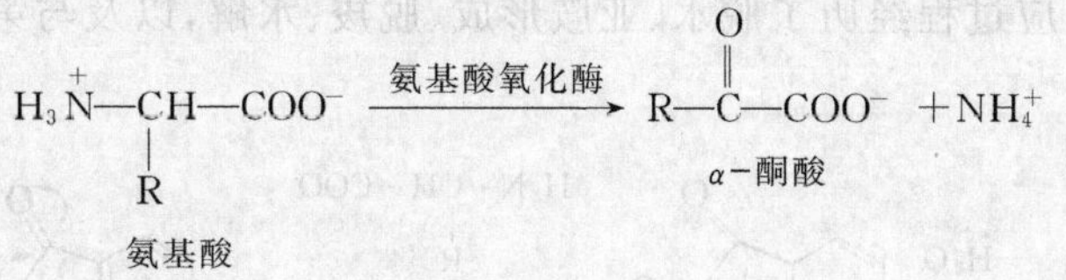

在转氨酶催化下，氨基酸的 α－氨基被转移到 α－酮酸上。例如，下式为谷丙转氨酶催化的反应，该酶的水平是肝功能是否正常的重要指标。

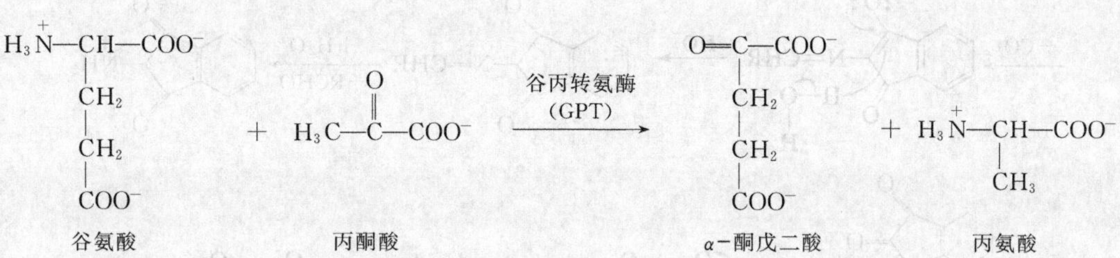

3. α－碳上氨基和羧基共同参与的反应

(1) 成肽反应(分子间失水反应)　α－氨基酸在一定条件下会发生特殊的分子间失水，即一个分子的氨基与另一个分子的羧基缩合形成酰胺键，在蛋白质化学中，酰胺键又称为肽键(peptide bond)。

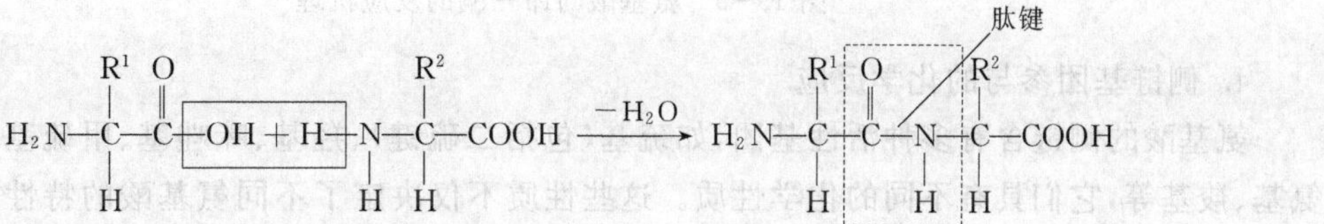

氨基酸的成肽反应是多肽和蛋白质生物合成的基本反应。该反应从热力学上看是一个不能自发进行的反应，因此，实际应用中通过对羧基进行活化，得以使反应顺利进行。

两个分子的氨基酸在加热条件下可以失去两分子水，生成哌嗪二酮(piperazinedione)类化合物。例如，两个丙氨酸分子经加热缩合，得到 3,6－二甲基－2,5－哌嗪二酮。

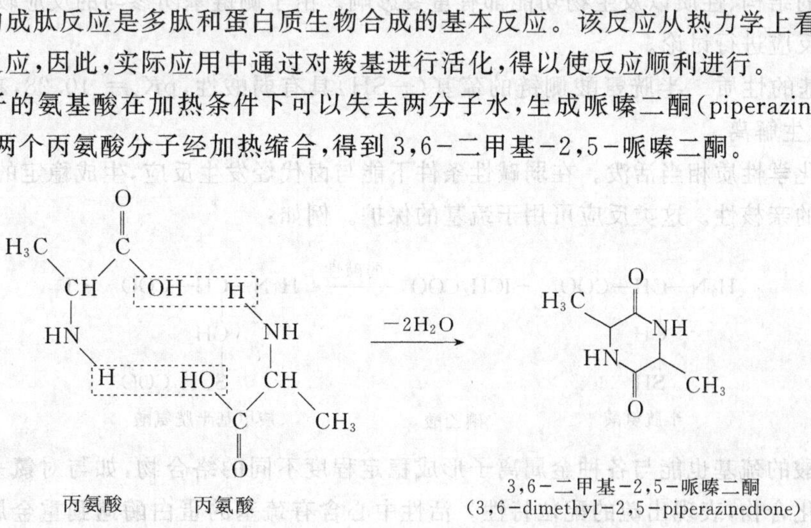

(2) 与茚三酮的反应(α－氨基酸的鉴别反应)　茚三酮(ninhydrin)，又称水合茚三酮，能与

绝大多数 α-氨基酸反应形成紫色物质($\lambda_{max}=570$ nm)，与脯氨酸和羟脯氨酸的反应生成黄色物质($\lambda_{max}=440$ nm)。该反应是鉴别 α-氨基酸的特征反应，常用于氨基酸的定性或定量分析。如图 19-5 所示，整个反应过程经历了脱水、亚胺形成、脱羧、水解，以及与第二个茚三酮形成紫色的缩合物几个过程。

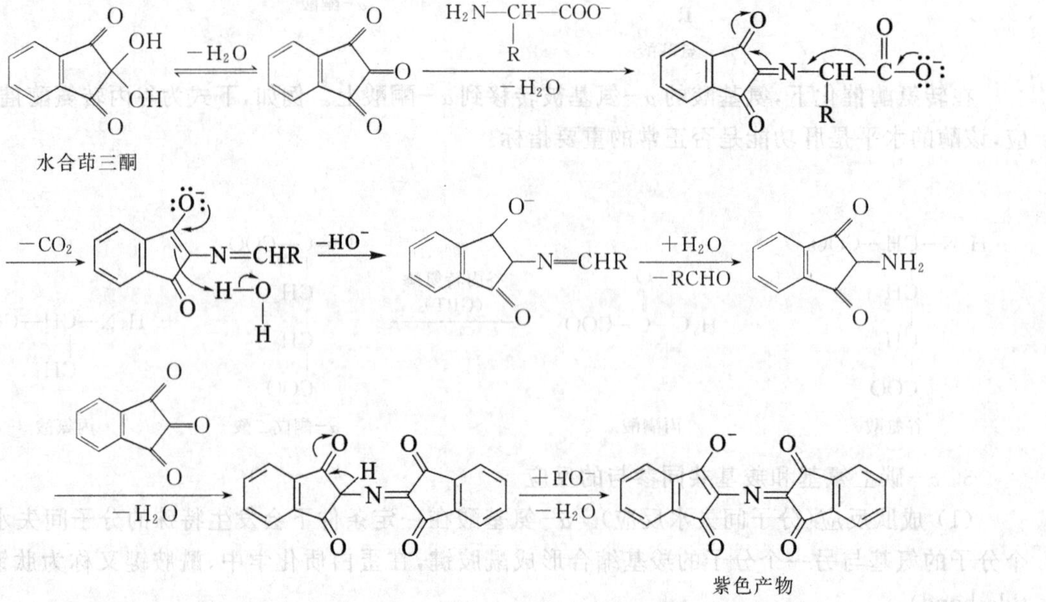

图 19-5　氨基酸与茚三酮的反应机理

4. 侧链基团参与的化学反应

氨基酸的侧链含有多种活性基团，如巯基(包括二硫键)、羟基、咪唑基、甲硫基、胍基、芳基、氨基、羧基等，它们具有不同的化学性质。这些性质不仅决定了不同氨基酸的特性，而且对于多肽和蛋白质的结构、性质以及生物功能都有重要影响。由于侧链基团参与的反应较多，本节仅就几个重要的反应进行讨论。

(1) 巯基的性质　半胱氨酸侧链的巯基(—SH)具有弱酸性，$pK_a=10.28$，在高 pH 条件下，巯基会发生解离。

巯基的化学性质相当活泼。在弱碱性条件下能与卤代烃发生反应，生成稳定的烃基化产物，表现出较强的亲核性。这类反应可用于巯基的保护。例如：

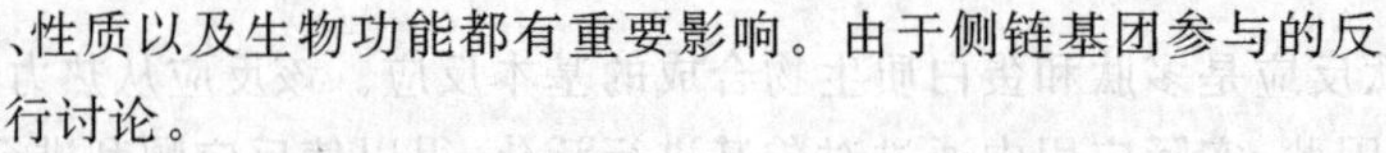

半胱氨酸　　　碘乙酸　　　羧甲基半胱氨酸

半胱氨酸的巯基也能与各种金属离子形成稳定程度不同的络合物，如与对氯汞苯甲酸反应形成有机汞化合物，表现出硫的配位特性。活性中心含有巯基的蛋白酶遇到重金属离子时会生成金属络合物而导致失活。

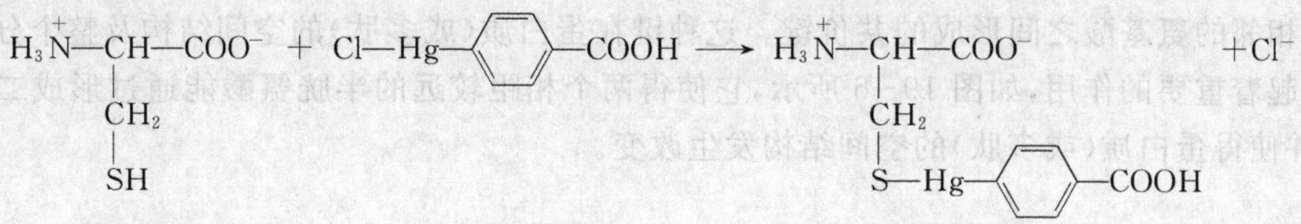

半胱氨酸　对氯汞苯甲酸　半胱氨酸有机汞化合物

半胱氨酸的巯基还具有还原性，很易被氧化为二硫化物胱氨酸（cystine）。二硫化物分子中的 S—S 键被称为二硫键（disulfide bonds）。

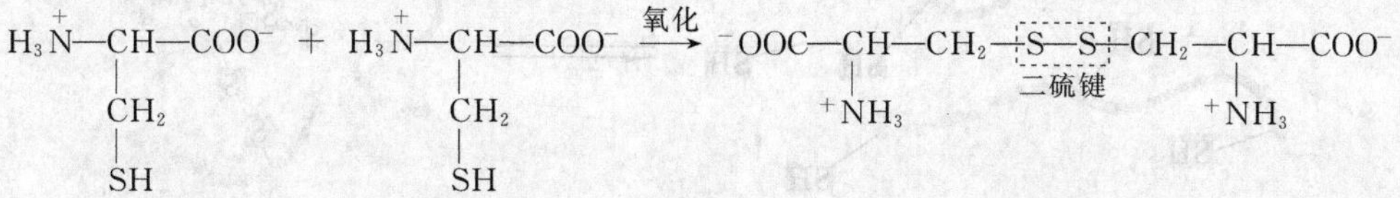

半胱氨酸　半胱氨酸　胱氨酸

反过来，二硫键也可以被还原为巯基。常用的还原剂有巯基乙醇（mercaptoethanol）、巯基乙酸（mercaptoacetic acid）、二硫苏糖醇（dithiothreitol，DTT）等。实际上这一反应相当于硫醇-二硫化物交换反应。其中最有用的是二硫苏糖醇，因为在反应中，二硫苏糖醇转变为含分子内二硫键的稳定六元环，使反应平衡向右方移动。

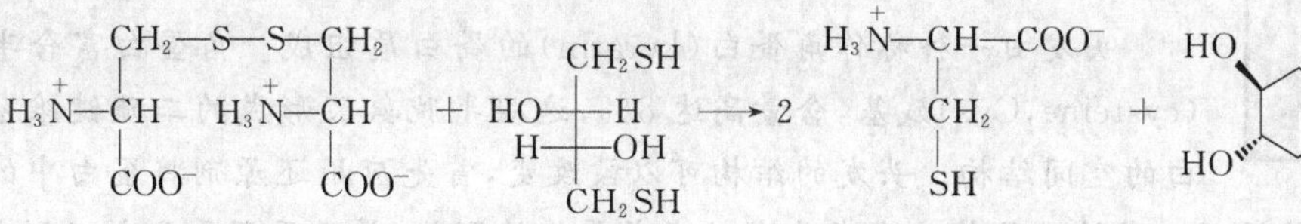

胱氨酸　二硫苏糖醇　半胱氨酸

半胱氨酸与二硫硝基苯甲酸（dithionitrobenzoic acid，DTNB，又称 Ellman 试剂）同样可以发生硫醇-二硫化物交换反应，其产物 5-巯基-2-硝基苯甲酸在 412 nm 波长处有强烈的光吸收（pH＝8.0）。因此可应用该反应通过分光光度法定量测定半胱氨酸的含量。

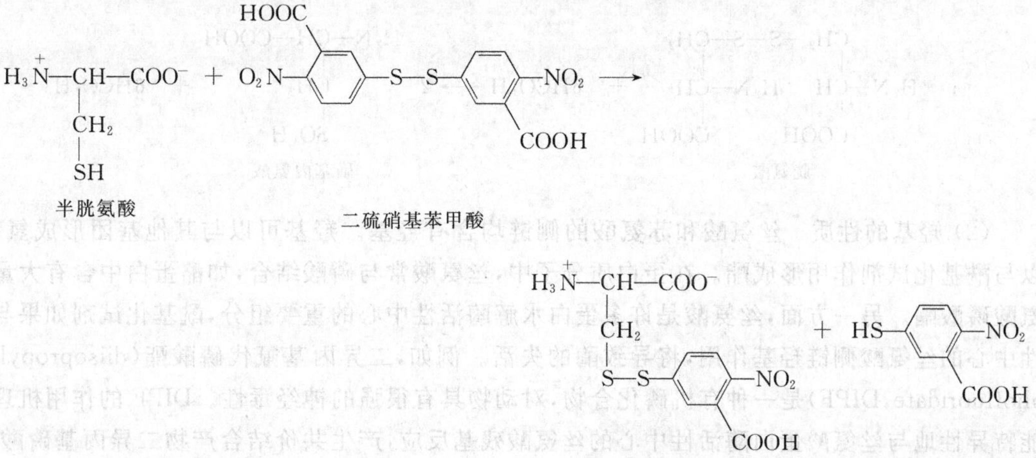

半胱氨酸　二硫硝基苯甲酸

半胱氨酸-硝基苯甲酸二硫化物　5-巯基-2-硝基苯甲酸

蛋白质分子中的两个半胱氨酸可以被氧化形成二硫键，它是蛋白质（或多肽）分子中唯一一种在不相邻的氨基酸之间形成的共价键。这种键在蛋白质(或多肽)的空间结构及整个分子的形状方面起着重要的作用,如图 19-6 所示,它使得两个相距较远的半胱氨酸能通过形成二硫键而靠近,并使得蛋白质(或多肽)的空间结构发生改变。

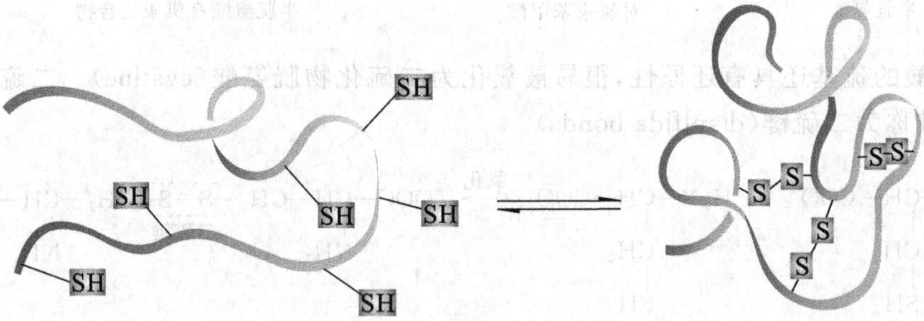

图 19-6　蛋白质(或多肽)中的二硫键

小资料

头发与二硫键

头发由一种称作角蛋白(keratin)的蛋白质组成。角蛋白富含半胱氨酸(cysteine,Cys)残基,含量高达 8%,这些半胱氨酸形成的二硫键维系了角蛋白的空间结构。头发的结构可以被改变,首先应用还原剂将蛋白中的所有二硫键打开,然后用一定的工具将头发卷曲或拉直成需要的形状,最后再用氧化剂以形成新的二硫键。新的二硫键维系着头发新的形状。

二硫键的断裂不仅可以用上述的还原剂进行,还可以用比它们更强的氧化剂作用,将二硫键氧化断裂为磺基,生成磺基丙氨酸(cysteic acid):

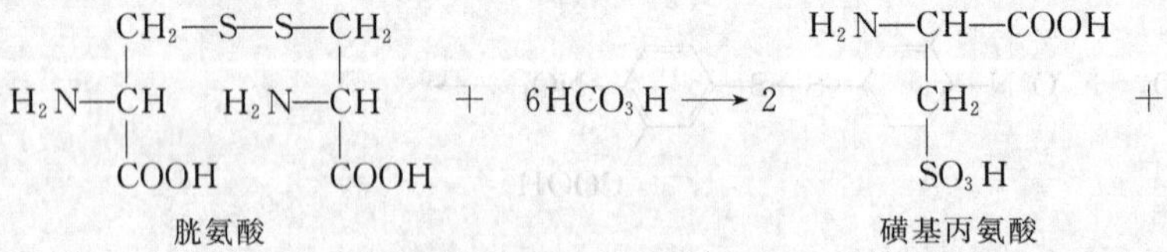

胱氨酸　　　　磺基丙氨酸

(2) 羟基的性质　丝氨酸和苏氨酸的侧链均含有羟基。羟基可以与其他基团形成氢键,可以与酰基化试剂作用形成酯。在蛋白质分子中,丝氨酸常与磷酸结合,如酪蛋白中含有大量的丝氨酸磷酸酯。另一方面,丝氨酸是许多蛋白水解酶活性中心的重要组分,酰基化试剂如果与酶活性中心的丝氨酸侧链羟基作用,将导致酶的失活。例如,二异丙基氟代磷酸酯(diisopropylphosphofluoridate,DIPF)是一种有机磷化合物,对动物具有很强的神经毒性。DIPF 的作用机理是它能特异性地与丝氨酸蛋白酶活性中心的丝氨酸残基反应,产生共价结合产物二异丙基磷酸-酶,导致酶的失活。

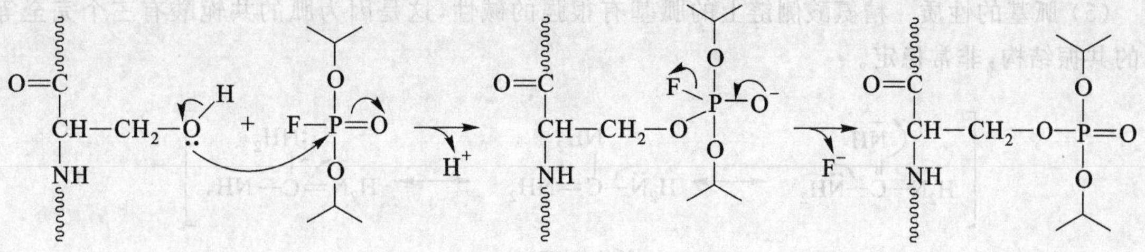

酶活性中心的丝氨酸（活性状态）　DIPF　DIP－酶（非活性状态）

(3) 咪唑基的性质　组氨酸含有咪唑基，咪唑基的 $pK_a = 6.00$。组氨酸是 20 种基本氨基酸中唯一一个 R 基的 pK_a 接近生理 pH 的氨基酸。在接近中性的条件下，组氨酸具有如下的解离平衡：

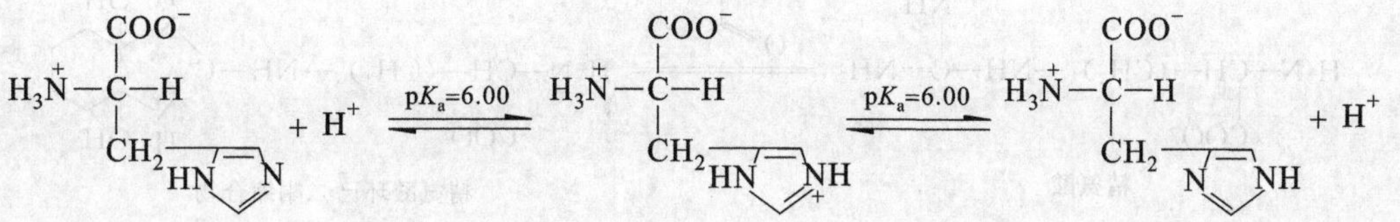

这说明咪唑环的一侧去质子化的同时在另一侧发生质子化，这一重要特点在酶的酸碱催化机制中起着重要作用，即它既可以作为酸又可以作为碱，起质子传递的作用。

咪唑基可以发生多种化学反应。例如，某些酶的组氨酸残基可以被磷酰化，形成磷酸组氨酸，导致酶的活化。又如，酶活性中心的组氨酸的咪唑基如果被烷基化试剂作用形成烷基化咪唑衍生物，将引起酶活性的降低或丧失。

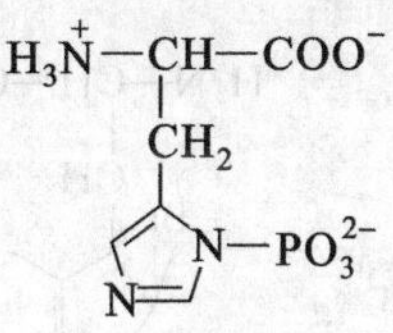

磷酸组氨酸

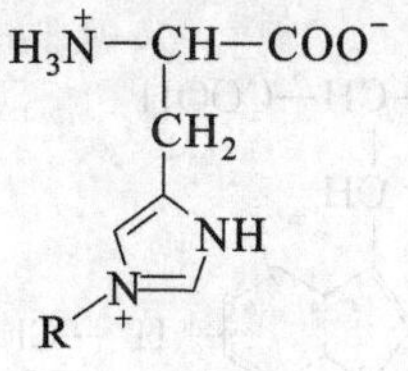

烷基化组氨酸

(4) 甲硫基的性质　甲硫氨酸侧链上的甲硫基具有很强的亲核性，易与烃基化试剂如碘甲烷等发生亲核取代反应形成锍盐(sulfonium salt)。该产物用巯基试剂(如巯基乙醇等)处理，可以除去新上的甲基或原有的甲基，其概率相等。因此，当用 ^{14}C 标记的碘甲烷与甲硫氨酸作用，然后用巯基试剂处理时，能够获得 50% 含同位素标记的甲硫氨酸。这是进行蛋白质或肽同位素标记的一种方法。

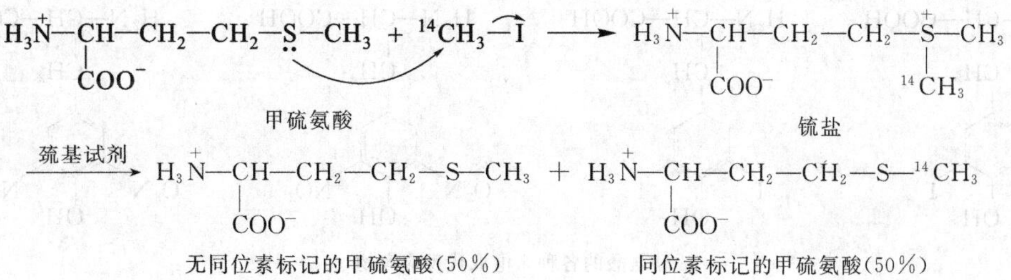

甲硫氨酸　锍盐

无同位素标记的甲硫氨酸(50%)　同位素标记的甲硫氨酸(50%)

(5) 胍基的性质　精氨酸侧链上的胍基有很强的碱性，这是因为胍的共轭酸有三个完全等同的共振结构，非常稳定。

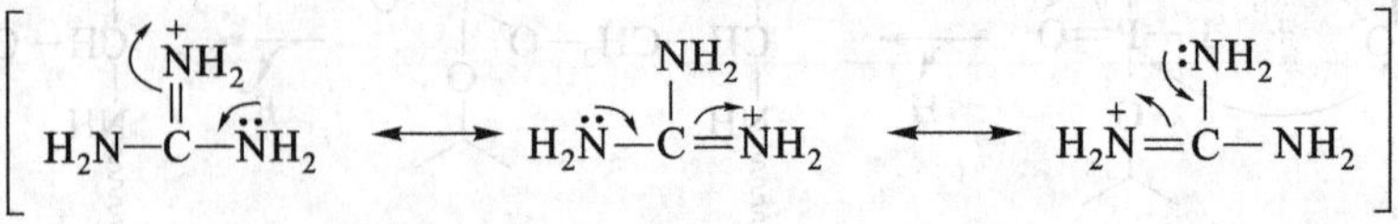

胍的共轭酸

精氨酸侧链上的胍基在硼酸钠缓冲溶液（pH 8～9）中，与1,2-环己二酮反应生成缩合物。该缩合物在羟胺缓冲液中不稳定，会逆转重新生成精氨酸。此反应可用于氨基酸序列分析以及蛋白质结构与功能的研究。

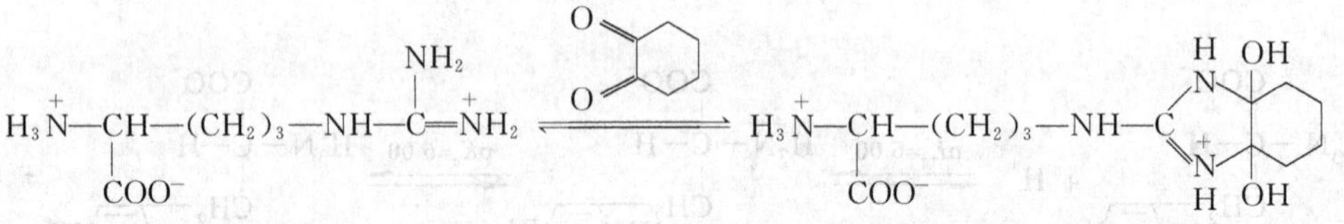

精氨酸　　　　精氨酸环己二酮缩合物

(6) 芳基的性质　苯丙氨酸、酪氨酸和色氨酸分子中都含有芳香环，存在较大共轭体系。在这些共轭 π 电子体系中，由于给电子基团的存在，使它们的电子云密度相对较高，容易与缺电子体系形成电子转移络合物。其中，色氨酸吲哚环上氮原子的贡献使得更容易形成这种络合物。色氨酸的吲哚基在温和条件下就可以与 N-溴代丁二酰亚胺（NBS）发生亲电加成反应，生成环溴鎓离子。

色氨酸电子转移络合物　　　　色氨酸与NBS反应的产物

氨基酸的芳香环同样可以发生各种亲电取代反应。酪氨酸分子中酚羟基的存在使得它很容易在其3位和5位发生亲电取代反应，包括卤代、硝化和与重氮盐的反应等。典型的亲电取代反应产物如下所示：

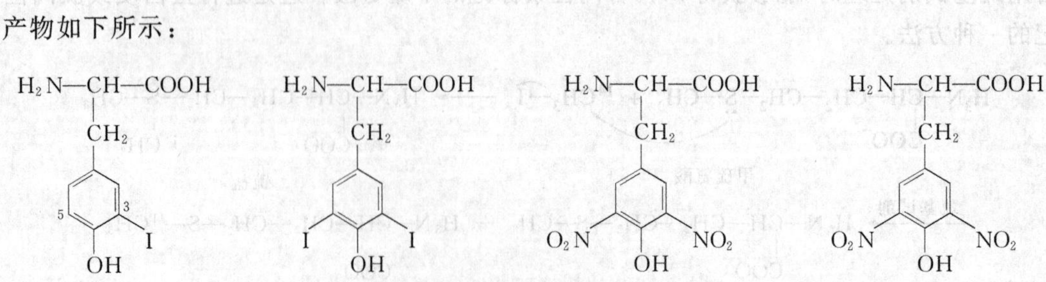

酪氨酸的各种亲电取代反应产物

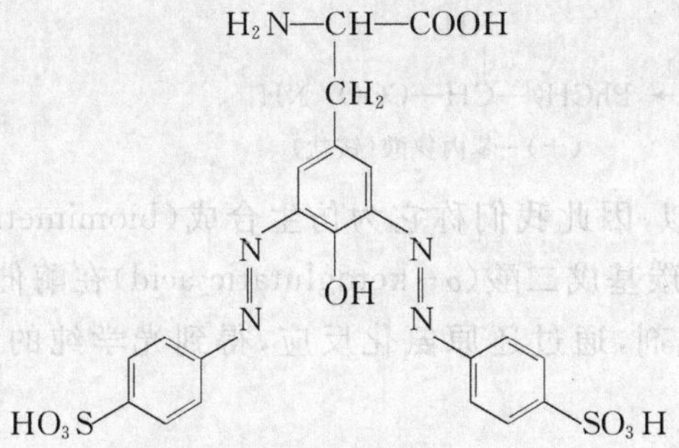

酪氨酸与重氮盐反应的产物(橘黄色)

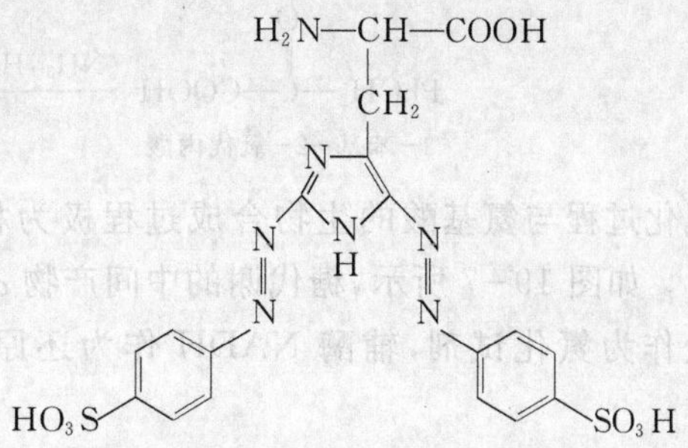

组氨酸与重氮盐反应的产物(棕红色)

酪氨酸的芳基与对氨基苯磺酸的重氮盐反应生成橘黄色的偶氮化合物,这就是 Pauly 显色反应,可用于检测酪氨酸。

另一个 Pauly 显色反应是由组氨酸与对氨基苯磺酸的重氮盐产生,生成棕红色的产物,可用于鉴别组氨酸。应该清楚,尽管组氨酸没有被分到芳香性氨基酸之列,但组氨酸分子中的咪唑基也具有芳香性,而且由于环上氮原子的存在使其环上碳原子具有较强的亲核性,因而可以发生上述 Pauly 显色反应。

习题 19－6　给出 *N*－苄氧羰基甲硫氨酸催化氢解的反应方程式。

习题 19－7　请解释氨基酸氨基的酰化反应为什么要在弱碱性条件下进行?

习题 19－8　请解释为什么在氨基酸的羧基转变为对硝基苯酚酯后,其反应活性大大提高?

习题 19－9　在与茚三酮的反应中,脯氨酸与其他氨基酸有何不同?试写出其反应产物的可能结构。

19.1.4　氨基酸的合成

天然存在的氨基酸可以通过水解蛋白质并经过分离提纯而获得。但是,由于水解条件比较苛刻,有多种氨基酸在水解过程中被破坏,而且分离纯化也比较困难。现在天然氨基酸主要是通过微生物发酵的方法制得。例如,调味用的谷氨酸一钠(味精)和食品、饲料中广泛使用的添加剂赖氨酸就是用微生物发酵方法大量生产的。此外,氨基酸也可以通过化学方法合成。氨基酸的化学合成主要用于制备一些不寻常的或非天然的氨基酸。氨基酸的化学合成,特别是手性合成方法在理论和应用方面都具有重要意义。

1. α－氨基酸的经典化学合成法

(1) 还原氨化法　α－酮酸与氨作用,生成亚胺,再经还原即生成 α－氨基酸。

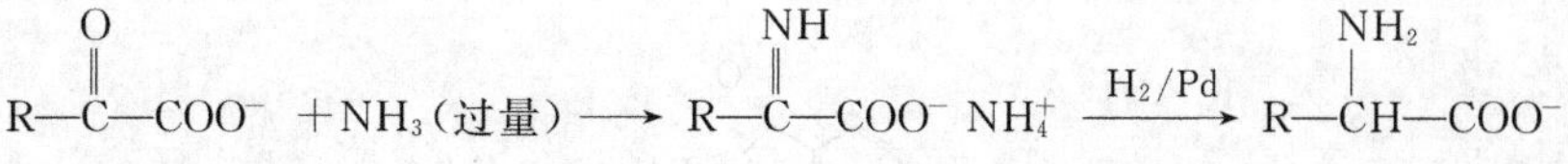

α－酮酸　　亚胺　　(±)－α－氨基酸

实际上整个合成过程是在钯催化剂存在下,将氨气和氢气与 α－酮酸按适当比例混合,一步完成反应,反应产物为外消旋的氨基酸。例如:

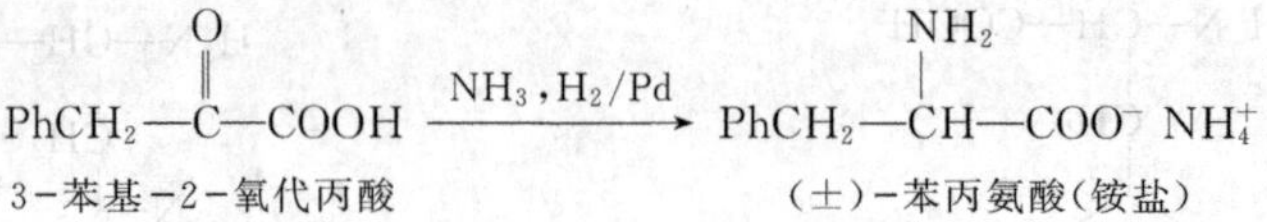

还原氨化过程与氨基酸的生物合成过程极为相似，因此我们称它为仿生合成(biomimetic synthesis)。如图 19-7 所示，糖代谢的中间产物 α-羰基戊二酸(α-ketoglutaric acid)在酶催化下，以铵盐作为氨化试剂，辅酶 NADH 作为还原试剂，通过还原氨化反应，得到光学纯的 L-谷氨酸。

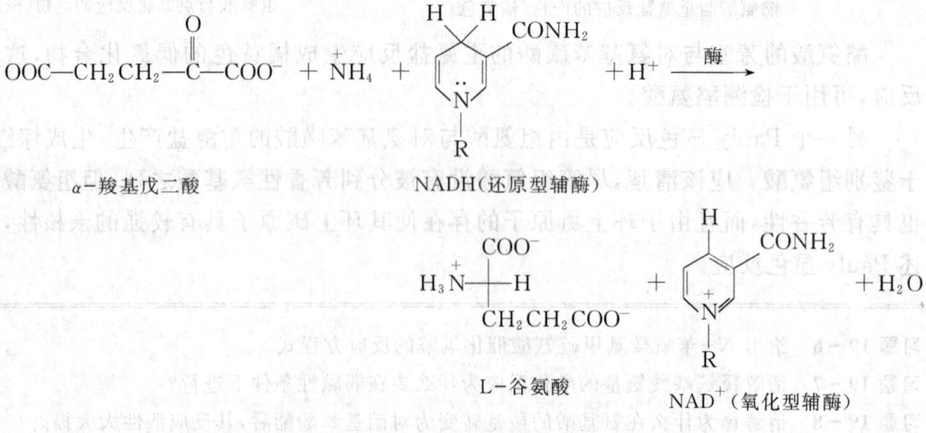

图 19-7 生物体内 L-谷氨酸的合成

(2) α-溴代羧酸氨化法 此法是先制得 α-溴代羧酸，再在封管内或高压釜内与过量的氨气反应得到外消旋的 α-氨基酸。由于 α-氨基酸分子中 α-羧基的存在，使其氨基的碱性要比氨弱，亲核性能较差，所以反应可以停留在一元取代阶段，获得较好的结果。

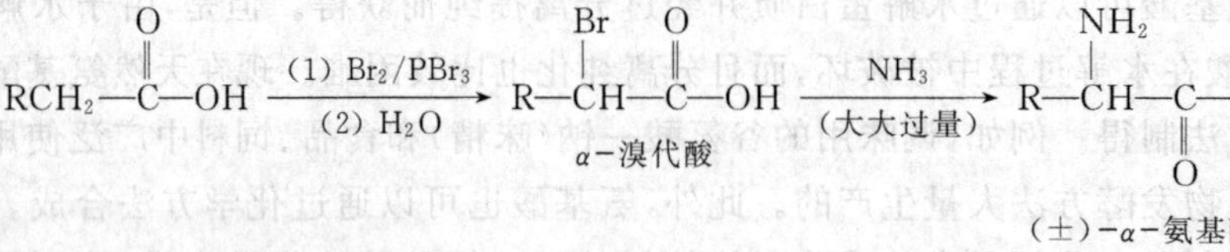

(3) Gabriel-丙二酸酯合成法 此法是 Gabriel 法(一种胺的合成方法)与丙二酸酯羧酸合成法相结合的合成方法，是氨基酸合成中最好的方法之一。

起始原料是 N-邻苯二甲酰亚氨基丙二酸二乙酯(N-phthalimidomalonic ester)，它可由丙二酸二乙酯溴代后与邻苯二甲酰亚胺反应获得：

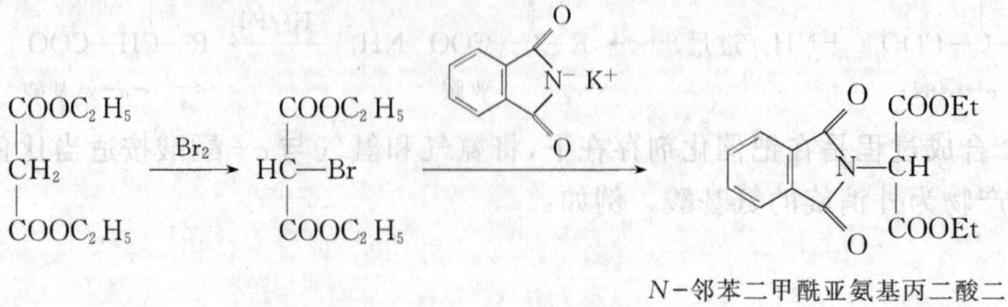

N-邻苯二甲酰亚氨基丙二酸二乙酯

N-邻苯二甲酰亚氨基丙二酸二乙酯很容易发生烷基化反应，然后通过水解和脱羧基反应，生成外消旋的 *α*-氨基酸。

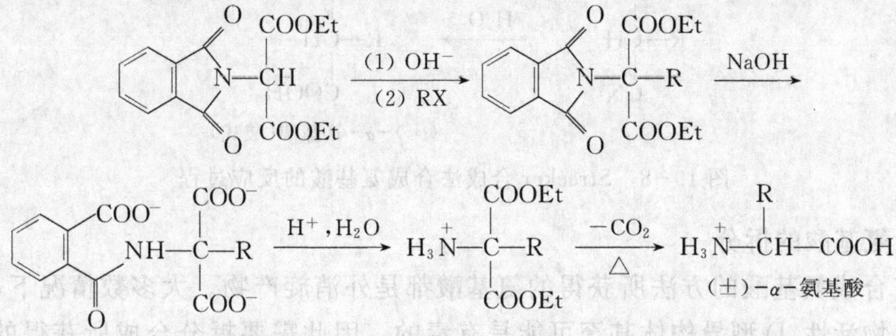

用这种方法可以得到其他合成方法难以得到的 *α*-氨基酸，如甲硫氨酸：

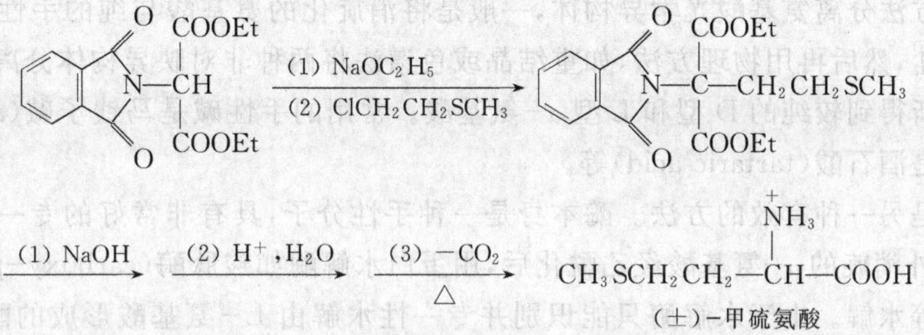

(4) Strecker 合成法　1850 年，德国化学家 Strecker 用乙醛、氨和 HCN 在水溶液中反应，得到外消旋的丙氨酸。该法是最早发现的一种氨基酸合成方法。

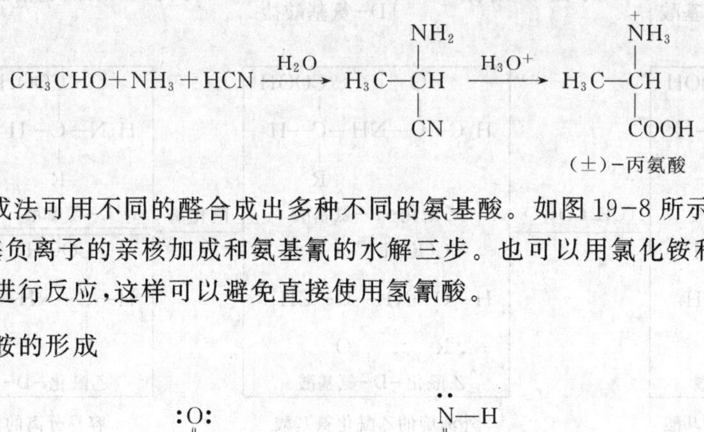

Strecker 合成法可用不同的醛合成出多种不同的氨基酸。如图 19-8 所示，其反应过程包括亚胺的形成、氰基负离子的亲核加成和氨基氰的水解三步。也可以用氯化铵和氰化钾的水溶液代替氢氰酸和氨进行反应，这样可以避免直接使用氢氰酸。

第一步　亚胺的形成

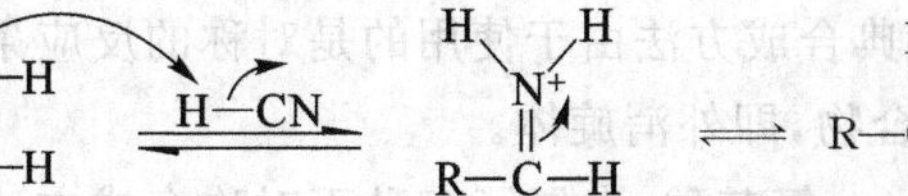

第二步　氰基的亲核加成

第三步　氨基腈的水解

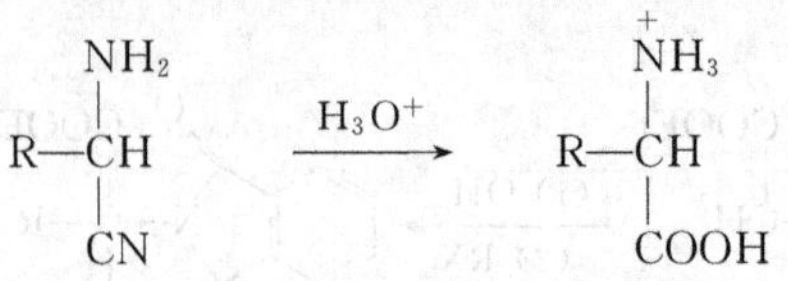

(±)-α-氨基酸(酸式)

图 19-8　Strecker 合成法合成氨基酸的反应过程

2. D,L-氨基酸的拆分

上述所有合成氨基酸的方法所获得的氨基酸都是外消旋产物。大多数情况下,只有L型异构体才具有生物活性,D型异构体甚至可能是有毒的。因此需要拆分合成所获得的外消旋的氨基酸产品。拆分的方法主要包括化学法和酶法两种。

应用化学方法分离氨基酸光学异构体,一般是将消旋化的氨基酸与纯的手性酸或碱生成非对映体结构的盐,然后再用物理方法,如重结晶或色谱法将两种非对映异构体分离开来。最后再用水解方法重新得到较纯的D型和L型 α-氨基酸。常用的手性碱是马钱子碱(strychnine)等,常用的手性酸是酒石酸(tartaric acid)等。

酶拆分法是另一种有效的方法。酶本身是一种手性分子,具有非常好的专一催化活性。如图 19-9 所示,外消旋的α-氨基酸经乙酰化后,用蛋白水解酶如羧肽酶(carboxy-peptidase)或酰化酶(acylase)等水解。由于水解酶只能识别并专一性水解由L-氨基酸形成的酰胺键,因此可以将L-α-氨基酸游离出来,而D-氨基酸仍以乙酰化的氨基酸形式存在,从而达到分离的目的。

L-氨基酸, D-氨基酸 } +纯手性碱(或酸) ⟶ { L-氨基酸盐, D-氨基酸盐 ⟶ 分离(重结晶,色谱法等)

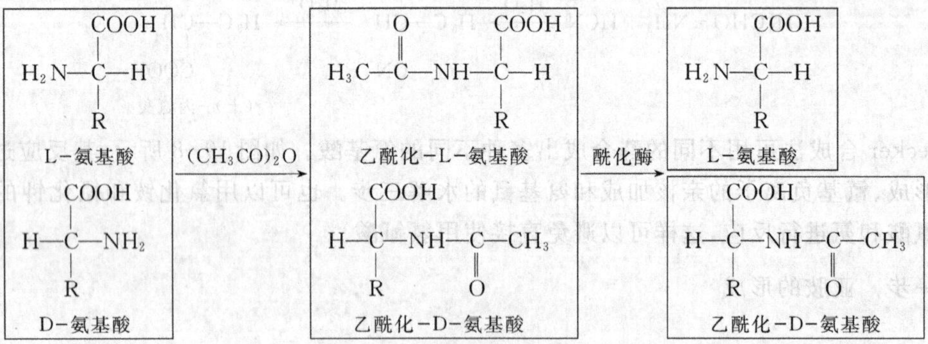

外消旋的氨基酸　　外消旋的乙酰化氨基酸　　容易分离的混合物

图 19-9　消旋化的氨基酸的酶法拆分

3. α-氨基酸的不对称合成

前面讨论的氨基酸的经典合成方法由于使用的是对称的反应条件和环境,因此,只能得到等量的L-和D-α-氨基酸混合物,即外消旋体。

为了直接得到光学纯的α-氨基酸,发展了多种不对称合成方法。不对称合成法的原理是创造一个不对称的反应条件或环境,使取代或加成反应在立体空间上有一定的选择性,从而得到不等量的一对对映异构体甚至光学纯的合成产物。

在氨基酸的不对称合成中，需要使用手性试剂或手性催化剂。如果所用的是光学纯的手性试剂或手性催化剂，而且反应完全是立体选择性的，那么就可以获得光学纯的氨基酸。化学家们通过各种技术和手段，已经可以合成对映体选择性（ee 值）超过 95% 的 α-氨基酸。氨基酸的不对称合成主要有两种策略。

（1）应用不对称前体合成法　此法的关键是设计构建不对称前体。由于前体分子的不对称性，使分子两侧的空间位阻大小不同，进攻试剂选择从位阻小的一侧进攻，从而实现不对称合成。如图 19-10 所示，Corey 法合成光学活性氨基酸的原理是 α-酮酸与手性试剂结合，形成环状中间体亚联氨基内酯（hydrazonolactone），经亚氨基的选择性还原产生相应的 α-氨基酸的手性碳，最后经氢解反应获得光学活性的 α-氨基酸。

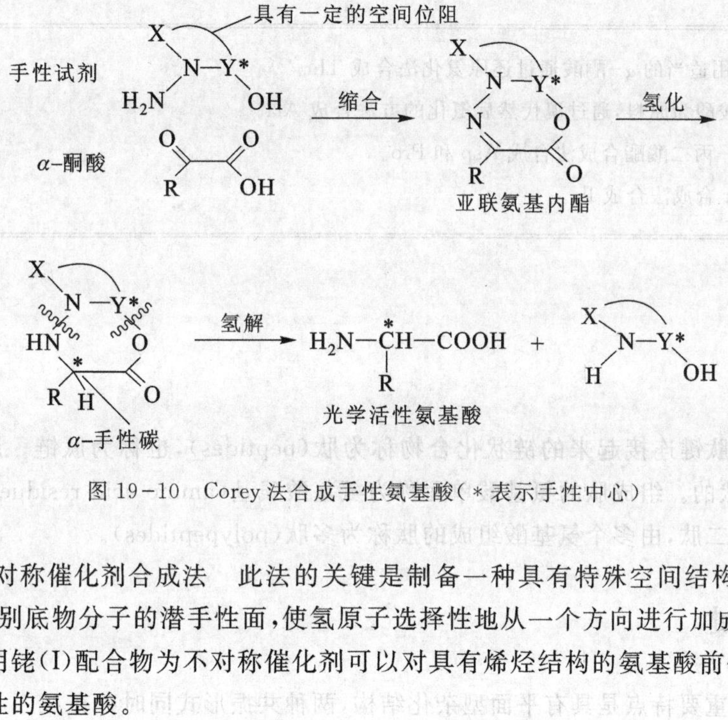

图 19-10　Corey 法合成手性氨基酸（* 表示手性中心）

（2）应用不对称催化剂合成法　此法的关键是制备一种具有特殊空间结构的加氢催化剂，这种催化剂能识别底物分子的潜手性面，使氢原子选择性地从一个方向进行加成，得到光学活性产物。例如，应用铑(I)配合物为不对称催化剂可以对具有烯烃结构的氨基酸前体进行不对称氢化，获得光学活性的氨基酸。

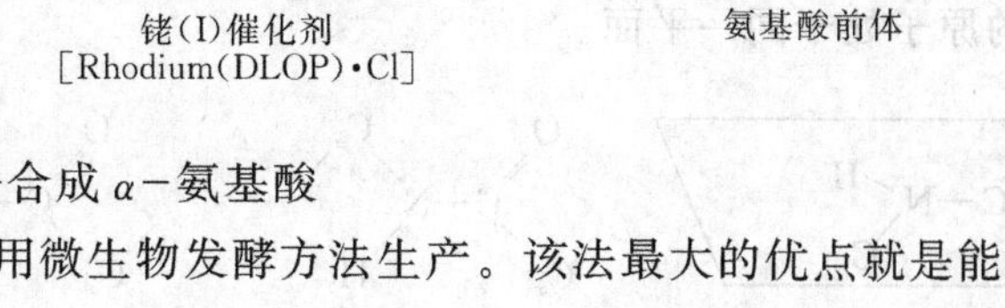

铑(I)催化剂
[Rhodium(DLOP)·Cl]

氨基酸前体

4. 微生物发酵方法合成 α-氨基酸

许多氨基酸都能采用微生物发酵方法生产。该法最大的优点就是能直接获得光学纯的天然氨基酸。

谷氨酸是生产味精(谷氨酸一钠)的直接原料,也是第一种应用发酵法进行工业化生产、且目前产量最高的氨基酸。全世界的年产量超过 50 万吨,中国已经成为世界上最大的谷氨酸生产和消费国。

赖氨酸是人和动物的必需氨基酸之一。在食物和动物饲料中添加适量的赖氨酸有利于人类健康和动物的生长。目前,赖氨酸生产菌的发酵水平已经达到 100 $g \cdot L^{-1}$ 以上,微生物发酵法成了赖氨酸工业化生产的唯一方法。

自 20 世纪 70 年代以来,几乎对所有氨基酸的发酵法生产都进行了研究和开发,已经获得工业化生产的除上述两种氨基酸外,还有精氨酸、谷氨酰胺、亮氨酸、异亮氨酸、脯氨酸、丝氨酸、苏氨酸及缬氨酸等。

发酵法生产氨基酸的关键是获得高产菌种。目前,除了优选野生型菌株外,利用基因重组技术获得氨基酸高产菌种已经成为新的发展方向。

习题 19-10 (1) 用适当的 α-酮酸通过还原氨化法合成 Thr。

(2) 以适当的羧酸为原料,通过溴代然后氨化的方法合成 Ala。

(3) 用 Gabriel-丙二酸酯合成法合成 Asp 和 Pro。

(4) 用 Strecker 合成法合成 Ile。

19.2 肽

氨基酸通过肽键连接起来的链状化合物称为肽(peptides),也称为肽链。肽链可以是开链的,也可以是环状的。组成肽的氨基酸单元称为氨基酸残基(amino acid residues)。由两个氨基酸组成的肽称为二肽,由多个氨基酸组成的肽称为多肽(polypeptides)。

19.2.1 肽键

肽键的一个重要特点是具有平面型杂化结构,两种共振形式同时存在:

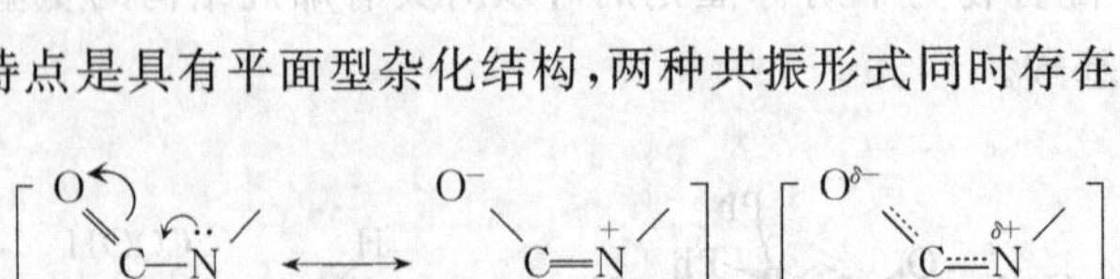

由此可以看出,肽键中的氮原子以 sp^2 杂化形式成键,通过 p-π 共轭使得 C—N 键具有部分双键的性质,即组成酰胺键的原子处于同一平面。

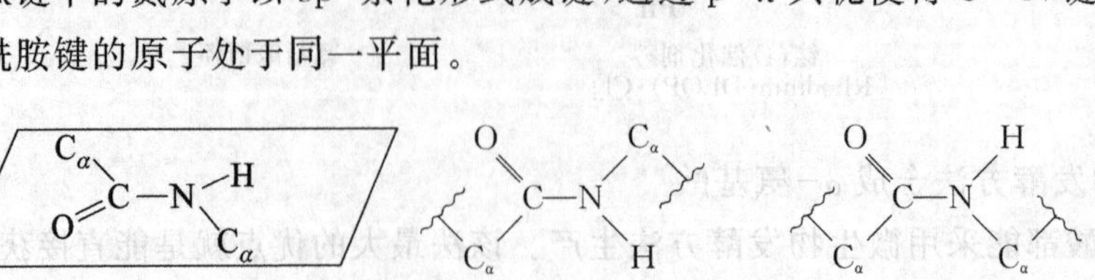

反式 顺式

反式构型　　顺式构型

(注意:此处的反式和顺式构型与书中前面介绍的顺反异构不同。反式构型是指与肽键相连的两个 α-碳原子处于肽键的两侧,反之,则为顺式构型)

由于肽键中 C—N 键不能自由旋转,因此存在顺、反两种可能的构型。在大多数情况下,反式构型在能量上更有利,因此除脯氨酸(Pro)外的所有其他氨基酸之间形成的肽键在绝大多数情况下(99.95%)以反式构型存在。而对于由脯氨酸分子中的仲氨基形成的肽键,约有 6%以顺式构型存在,它们多数出现在 β-转角(β-turns)这种特殊的二级结构中。

如图 19-11 所示,肽链中,三个键(C_α—C,C—N,N—C_α)将两个相邻的 α-碳原子(C_α)原子间隔开,其中 C_α—C 键和 N—C_α 键可以自由旋转,旋转的角度分别为 ψ 和 ϕ,但这种旋转会因侧链 R 基团的大小和电荷受到不同程度的限制。另一方面,C—N 键因具有部分双键的性质不能自由旋转。基于上述原因,整个肽链骨架可以形成特征的空间构象,这是蛋白质具有特定空间结构的重要内因之一。有关空间结构的内容还将在蛋白质的结构一节中讨论。

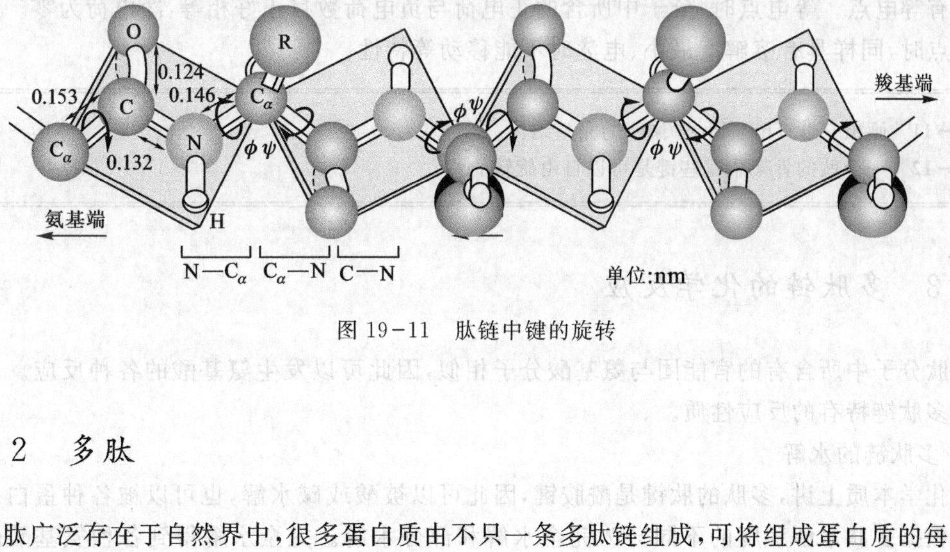

图 19-11　肽链中键的旋转

19.2.2　多肽

多肽广泛存在于自然界中,很多蛋白质由不只一条多肽链组成,可将组成蛋白质的每条多肽链称为蛋白质的亚单位或亚基(subunit)。

多肽是由多种氨基酸按照一定排列顺序由肽键连接而成的化合物。通常将含有 4 个到 10 个氨基酸残基的肽称为寡肽(oligopeptide),相对分子质量超过 6000 的多肽称为蛋白质。多肽中氨基酸的排列顺序称为氨基酸顺序(amino acid sequence),它是多肽和蛋白质最重要的特征之一。下面是一个由 4 个氨基酸组成的四肽:

N 端 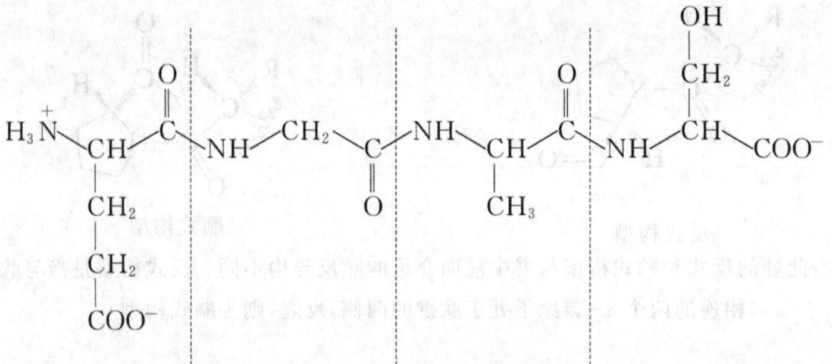 C 端

Glu Gly Ala Ser

任何一条肽链(环肽除外),都有两个终端,含有游离 α-氨基的一端,称为 N 端或氨基端,含有游离 α-羧基的一端,称为 C 端或羧基端。原则上是将肽链的 N 端放在左边,C 端放在右边,氨基酸顺序是指由 N 端开始,以 C 端为终点的排列顺序。如上述四肽的氨基酸顺序为:Glu—Gly—Ala—Ser。

多肽的命名是以 C 端的氨基酸为母体,把肽链中其他氨基酸名称中的酸字改为酰字,将含 N 端的氨基酸写在最前面,然后按它们在链中的顺序依次排列到最后 C 端的氨基酸,所以上述四肽化合物的化学名称应为谷氨酰-甘氨酰-丙氨酰-丝氨酸。

由于多肽分子中含有游离的 N 端氨基和 C 端羧基,以及氨基酸残基侧链中的可解离基团,因此多肽可以看成是一个“大氨基酸”。它的解离性质与简单的氨基酸相似,但情况要复杂得多。多肽也有等电点。等电点时,分子中所含的正电荷与负电荷数目正好相等,净电荷为零。多肽在其等电点时,同样具有溶解度最小、电泳时不能移动等特性。

习题 19-11 画出三肽 Thr—Phe—Met 的完整结构。

习题 19-12 一个肽的骨架中哪些键是可以自由旋转的?

19.2.3 多肽链的化学反应

多肽分子中所含有的官能团与氨基酸分子相似,因此可以发生氨基酸的各种反应。下面主要讨论多肽链特有的反应性质。

1. 多肽链的水解

从化学本质上讲,多肽的肽键是酰胺键,因此可以被酸或碱水解,也可以被各种蛋白水解酶水解。根据多肽水解程度的不同分为完全水解和部分水解。完全水解得到各种氨基酸的混合物,部分水解得到分子较小的多肽片段的混合物。酸或碱在适当条件下能够将肽完全水解,酶水解一般得到的是部分水解产物,并且不同的酶有不同的水解选择性。

(1) 完全水解

酸水解:常用 6 mol·L^{-1} HCl 溶液或 4 mol·L^{-1} H_2SO_4 溶液在 110 ℃左右进行水解,反应时间约 20 h。此法的优点是不易引起水解产物的消旋化。缺点是 Trp 被沸酸完全破坏,Ser 或 Thr 有一小部分被分解,Asn 和 Gln 侧链的酰氨基被水解成羧基。

碱水解:常用 5 mol·L^{-1}NaOH 溶液煮沸 10～20 h。此法的优点是 Trp 在水解中不被破坏。

缺点是水解过程中许多氨基酸都受到不同程度的破坏，产率不高，部分的水解产物发生消旋化。

(2) 选择性水解

酶解法：某些蛋白水解酶(proteolytic enzymes)能特异性地水解多肽链中的某一类肽键，因而能预测出可能得到的小肽段数目以及末端氨基酸的种类。在肽链的氨基酸顺序分析中常常用酶解法首先对较长的肽链进行有针对性的切割，以获得较小的肽段，以便下一步的顺序分析。表19-3 列出了几种常用的蛋白质水解酶的水解特性。

表 19-3　某些蛋白质水解酶的水解特性

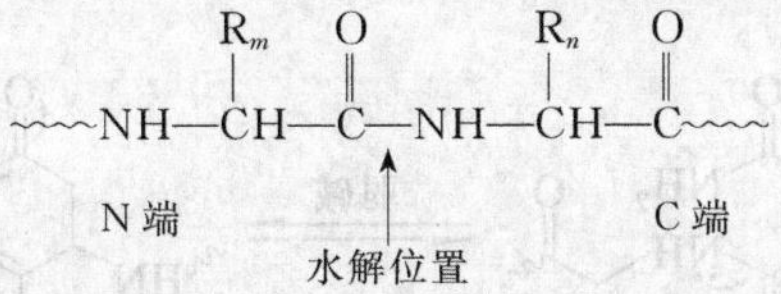

酶	可能的水解位置	存在情况
胰蛋白酶(trypsin)	R_m=Lys,Arg;$R_n \neq$Pro	消化系统
胰凝乳蛋白酶(chymotrypsin)	R_m=Tyr,Phe,Trp,Leu,Ile,Val;$R_n \neq$Pro	消化系统
胃蛋白酶(pepsin)	R_m=Phe,Leu 及其他	胃中，适于低 pH 环境
凝血酶(thrombin)	R_m=Arg	血液
木瓜蛋白酶(papain)	R_m=Arg,Lys	木瓜乳浆
菠萝蛋白酶(bromelain)	R_m=Arg,Lys,Tyr,Gly	菠萝
羧肽酶 A(carboxypeptidase A)	R_n=C 端氨基酸，$R_n \neq$Arg,Lys;$R_m \neq$Pro	消化系统
羧肽酶 B(carboxypeptidase B)	R_n=C 端氨基酸 R_n=Arg,Lys;$R_m \neq$Pro	消化系统

化学降解法：一种较理想的化学选择性水解的方法是溴化氰法，它能选择性地切割甲硫氨酸羧基所形成的肽键。水解过程如图 19-12 所示。

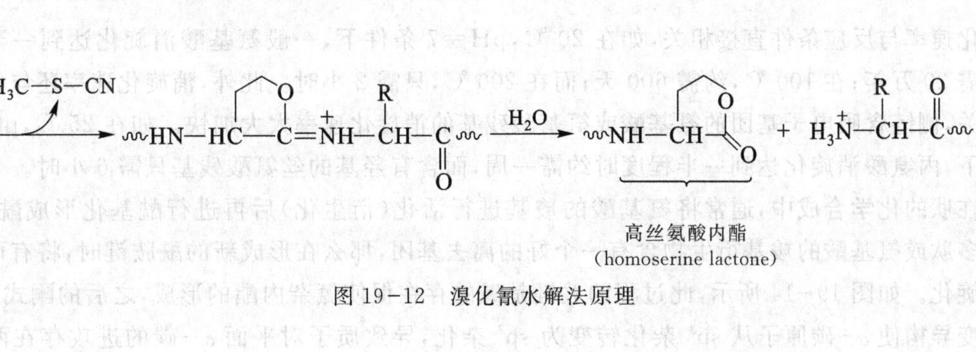

图 19-12　溴化氰水解法原理

此法的特点是专一性强，产率高。

2. 氨基酸的邻基参与反应

当多肽分子中门冬酰胺残基与甘氨酸残基相邻，即肽链存在—Asn—Gly—的氨基酸顺序，在弱碱条件下，将发生如图 19-13 所示的脱氨基反应。反应属于分子内反应，反应的发生是由于肽链主链上酰胺键氮原子亲核进攻与其相距五个原子的侧链氨基甲酰基中缺电子的羰基碳原子，形成稳定的五元环。相互作用的基团或原子由于空间上的邻近使反应得以发生，这种反应也称做邻基参与反应。

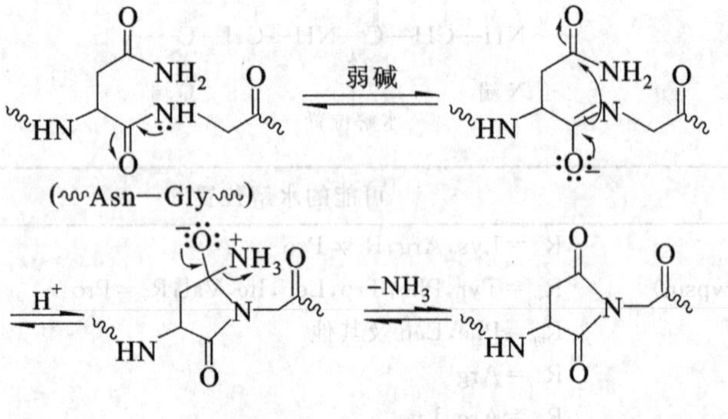

图 19-13　氨基酸脱氨基反应

3. 肽链主链的消旋化

天然的蛋白质和许多天然的肽都由 L-氨基酸组成，也就是说，多肽链中的各个氨基酸残基的 α-手性碳原子保持 L 构型。在正常生理条件下，多肽链主链的构型是相当稳定的。但是在一定条件下也可能发生构型的转变，导致部分乃至完全消旋化。例如，长期在碱性条件或高温下，光学纯的氨基酸或多肽容易发生消旋化。反应是通过烯醇化过程实现的：

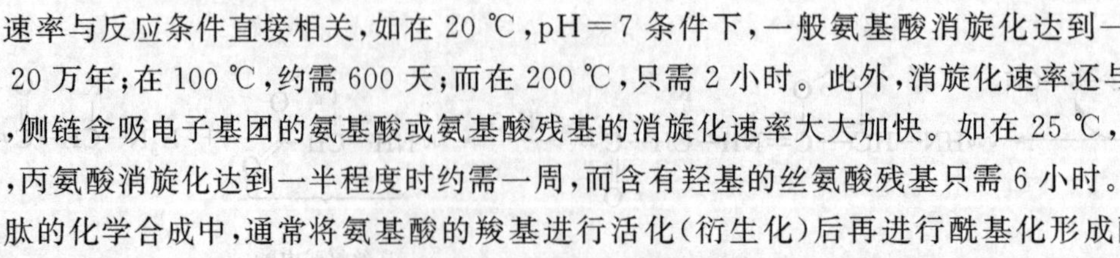

消旋化速率与反应条件直接相关，如在 20 ℃，pH＝7 条件下，一般氨基酸消旋化达到一半程度时约需 20 万年；在 100 ℃，约需 600 天；而在 200 ℃，只需 2 小时。此外，消旋化速率还与侧链结构相关，侧链含吸电子基团的氨基酸或氨基酸残基的消旋化速率大大加快。如在 25 ℃，pH＝12 条件下，丙氨酸消旋化达到一半程度时约需一周，而含有羟基的丝氨酸残基只需 6 小时。

在肽的化学合成中，通常将氨基酸的羧基进行活化（衍生化）后再进行酰基化形成酰胺键。如果多肽或氨基酸的羧基衍生物含有一个好的离去基团，那么在形成新的酰胺键时，将有可能发生消旋化。如图 19-14 所示，此过程的关键是碱的存在促使氮杂内酯的形成，之后的酮式-烯醇式互变异构使 α-碳原子从 sp^3 杂化转变为 sp^2 杂化，导致质子对平面 α-碳的进攻存在两个方向，从而获得消旋化的产物。因此在肽的化学合成中，在进行羧基活化时要特别注意避免这种情况的发生，否则将不可能获得光学纯的多肽产品。

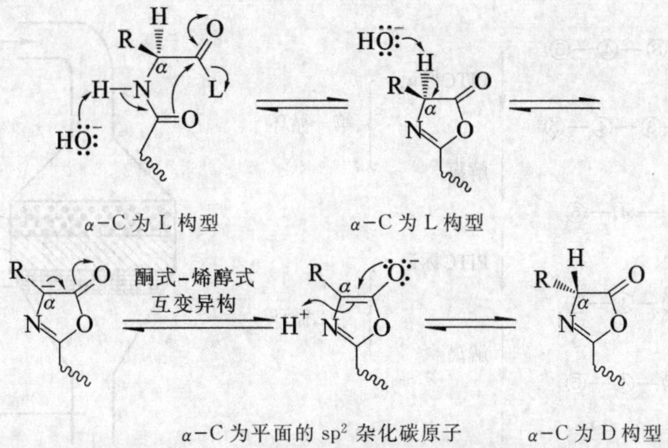

图 19-14　肽链合成中构型转化机理

4. 颜色反应

含有两个以上肽键的多肽可与碱性硫酸铜作用，产生紫红色或蓝紫色络合物，称为多肽的双缩脲反应。这一颜色反应是多肽特有的反应，可用于多肽定量测定。

习题 19-13　为什么溴化氰不断裂半胱氨酸而只断裂甲硫氨酸？

习题 19-14　试说明肽类及氨基酸在碱性条件下发生消旋化的化学本质。

小资料

氨基酸顺序自动分析

肽链测序中最理想的方法就是 Edman 降解法。该法不仅可以测定 N 端氨基酸，而且可以不断重复，直至完成整个多肽链的氨基酸顺序分析。它是现代蛋白质氨基酸顺序自动分析仪的设计基础。Edman 法的基本反应过程如下：

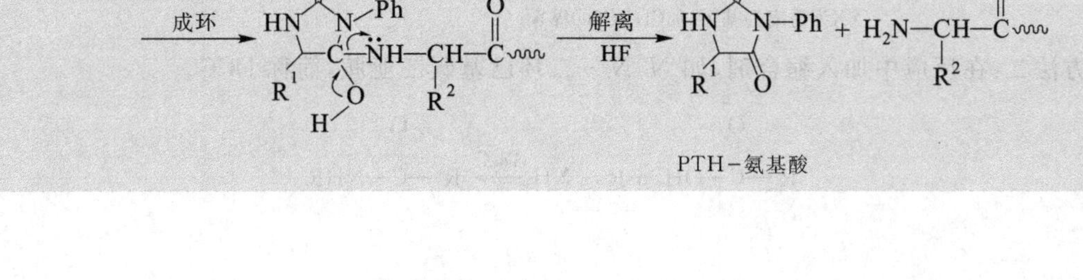

PTH-氨基酸

这个方法最大的优点是在完成了 PITC 标记、成环和解离三步反应后，产生的 PTH–氨基酸(N 端)很容易被检测，而多肽的其余部分则完好无损，可重复与原料 PITC 作用，因而可以从肽链 N 端开始，将氨基酸一个一个剪切下来进行分析鉴定。

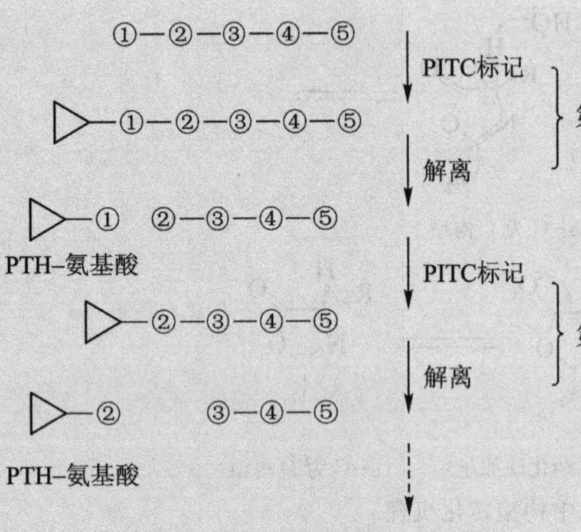

Edman法测定多肽氨基酸顺序示意图

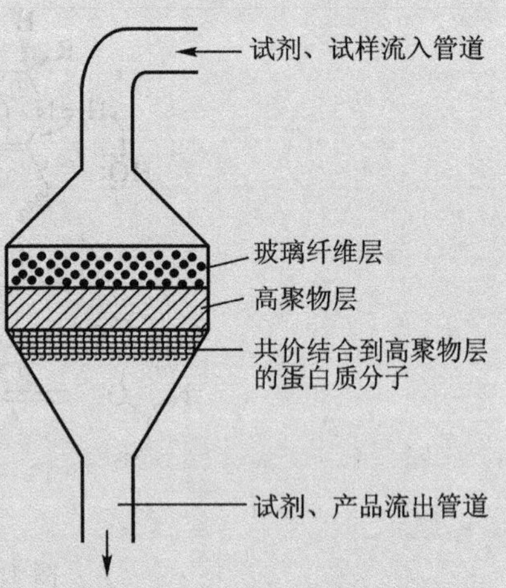

氨基酸顺序自动分析仪原理图

根据 Edman 原理设计的氨基酸顺序自动分析仪可以顺利地测定只有 1×10^{-3} mg 的多肽试样。这种自动分析仪允许进行 50 个 Edman 降解循环。若肽链中氨基酸的数目太多，则仅靠这种仪器无法完成整个肽链顺序的测定，需要将长肽链选择性降解为较短的肽链后，再进行氨基酸顺序自动分析。

19.2.4 多肽的化学合成

1. 经典合成法

多肽的全合成不仅具有重要的理论意义，而且具有重要的应用价值。通过多肽全合成可以验证一个新的多肽的结构；设计合成新的多肽，以用于研究结构与功能的关系；为多肽生物合成反应机制提供重要信息；构建模型酶以及合成新的多肽药物等。

多肽合成是按照设计的氨基酸顺序，通过定向形成酰胺键的方法得到目标分子。多肽的合成，从理论上讲并不复杂，但实施起来却非常困难。

对于简单的羧酸与胺之间形成酰胺键，一般有两种方法：

方法一：将羧酸转变为一个活泼的羧酸衍生物(如酰氯或酸酐)，再与胺作用即可。

$$R^1—\overset{\overset{\displaystyle O}{\|}}{C}—X + R^2—NH_2 \longrightarrow R^1—\overset{\overset{\displaystyle O}{\|}}{C}—NHR^2 + HX$$

(X为易离去基团，如Cl，RCOO等)

方法二：在反应中加入缩合剂，如 N,N'–二环己基碳二亚胺，简称 DCC。

$$R^1—\overset{\overset{\displaystyle O}{\|}}{C}—OH + R^2—NH_2 \xrightarrow{DCC} R^1—\overset{\overset{\displaystyle O}{\|}}{C}—NHR^2$$

但是，氨基酸之间形成酰胺键的情况要复杂得多，因为每一个氨基酸既含有氨基，同时又含有羧基。如果我们将一种氨基酸的羧基活化，则它可以和另一种氨基酸分子的—NH_2 反应，也可以与同一种氨基酸分子中的—NH_2 反应。可以想象，如果将几种氨基酸混合在一起，加入缩合剂，则会得到多种不同多肽的混合物。例如，合成一个最简单的二肽：Gly—Ala。如果简单地将甘氨酸和丙氨酸混在一起后，加入 DCC 进行反应，则不可能得到单一的目标产物，只会得到至少由四种不同二肽及其他多肽（三肽、四肽等）组成的混合物。而且随着肽链的增长，副产物也将更多。

$$\text{Gly}+\text{Ala} \xrightarrow{\text{DCC}} \begin{matrix}\text{Gly—Ala}\\ \text{Gly—Gly}\\ \text{Ala—Gly}\\ \text{Ala—Ala}\end{matrix} + \cdots\cdots$$

显然，要成功合成具有特定氨基酸顺序的多肽，必须满足两个基本条件：一是需要对暂不参与形成酰胺键的氨基和羧基加以保护，同时对氨基酸侧链上的活性基团也要保护，反应完成后，再将保护基团除去；二是对参与形成酰胺键的羧基进行活化。

下面以合成一个简单的三肽 Ala—Val—Phe 为例，介绍经典的化学合成法合成多肽的步骤和方法（合成的方向是从 N 端氨基酸开始，C 端氨基酸结束）。

第一步：N 端氨基酸氨基的保护

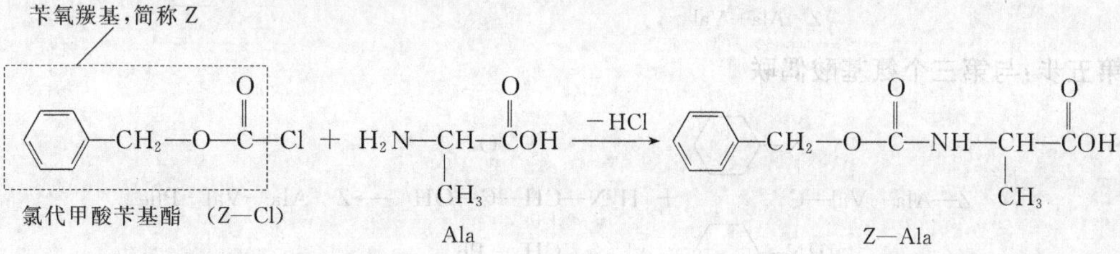

第二步：羧基的活化

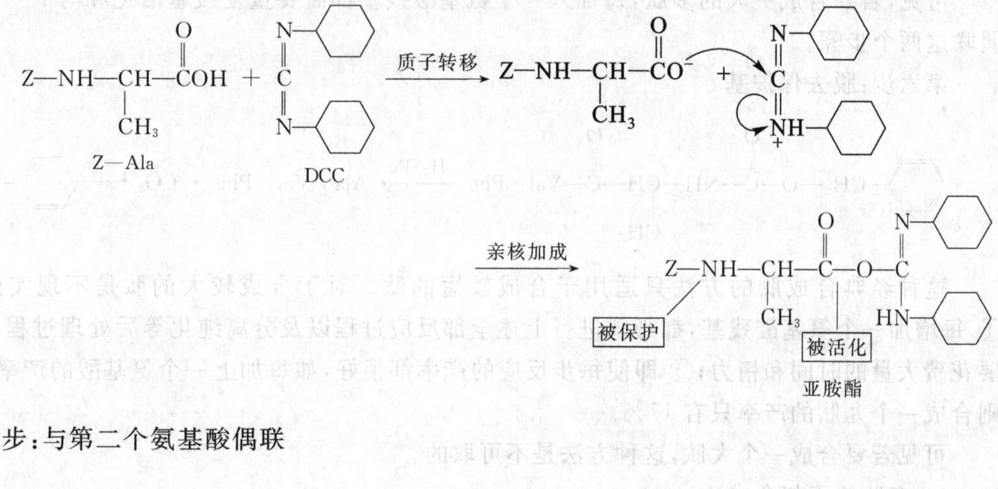

第三步：与第二个氨基酸偶联

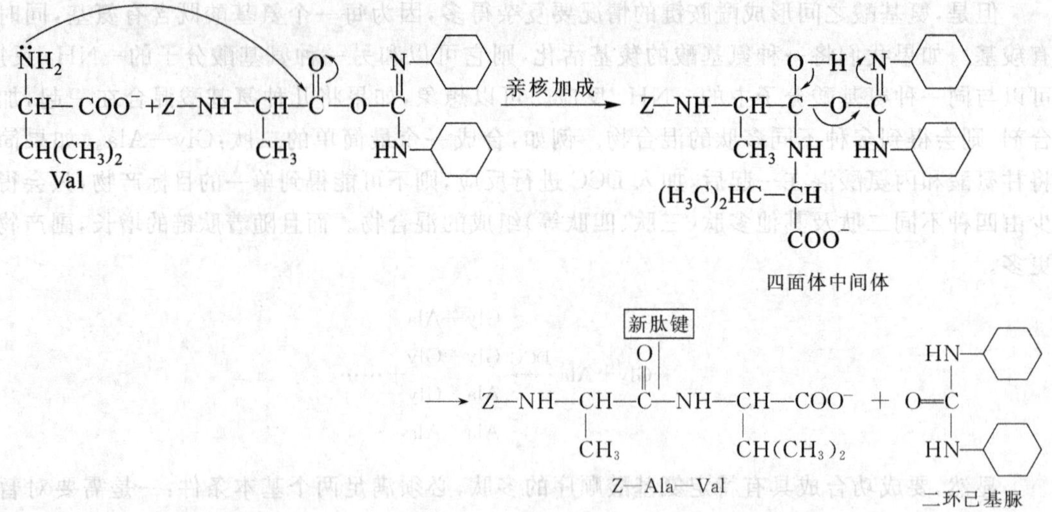

第四步：羧基的活化

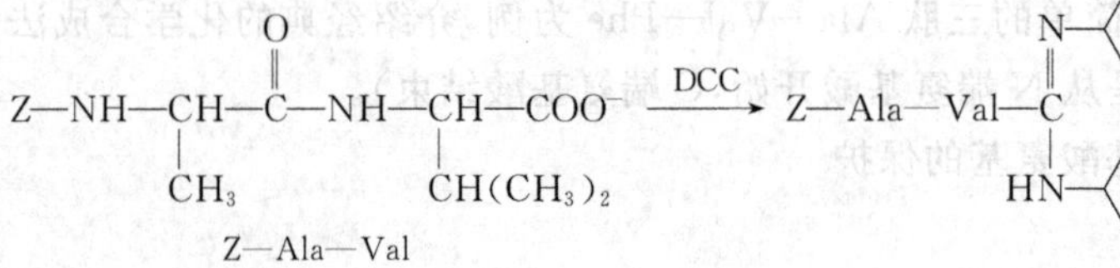

第五步：与第三个氨基酸偶联

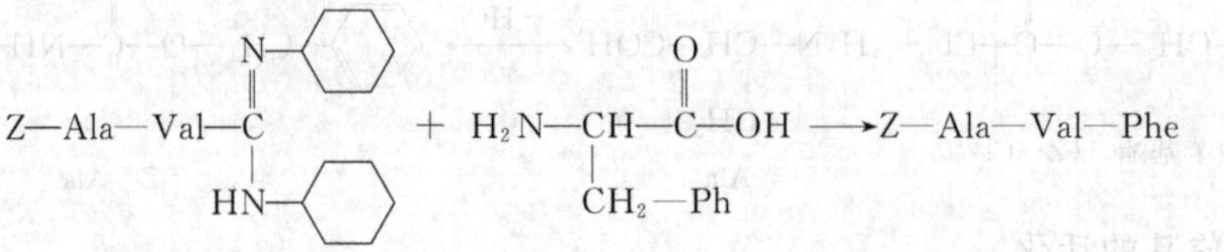

可见，若要合成更大的多肽，每加入一个氨基酸残基都需要重复羧基活化和与下一个氨基酸偶联这两个步骤。

第六步：脱去保护基

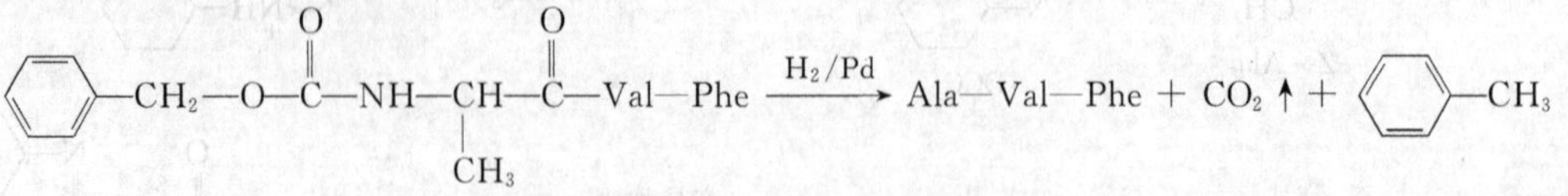

这种经典合成肽的方法只适用于合成较短的肽。对于合成较大的肽是不现实的。因为① 每增加一个氨基酸残基，都必须进行上述全部反应过程以及分离纯化等后处理过程。这将需要花费大量的时间和精力；② 即使每步反应的产率都很好，如每加上一个氨基酸的产率为 80%，则合成一个九肽的产率只有 17%。

可见若要合成一个大肽，这种方法是不可取的。

2. 多肽的固相合成法

1962 年，美国生物化学家 Robert Bruce Merrifield 发展了一种新的合成方法——多肽固相合成法(solid-phase peptide synthesis)。这是多肽合成化学的一个重要突破。它的最大特点是不必纯化中间产物,合成过程可以连续进行,从而为多肽合成自动化奠定了基础。现在广泛应用的“蛋白质自动合成仪”就是在这个基础上发展起来的。

该法是先将所要合成的目标多肽的 C 端氨基酸的羧基以共价键形式与一个不溶性高分子树脂相连,然后以这一氨基酸的氨基作为多肽合成的起点,同其他氨基酸的羧基作用形成肽键。不断重复这一过程,即可得到目标多肽产物。

如图 19-15 所示,通常选用聚苯乙烯为载体,先在树脂的苯基上引进氯甲基,将目标多肽的 C 端羧基与苄基作用形成苄酯,第二个氨基酸的氨基用叔丁氧羰基(*tert*-butoxycabonyl group,缩写为 *t*-BOC)保护后,以 DCC 为缩合剂,使第一个氨基酸游离出的 NH_2 与第二个氨基酸的羧基缩合形成肽键,重复这个程序,则可以合成目标多肽。合成的最后一步是用无水氟化氢将多肽从树脂上解脱,同时氨基末端的保护基也被去掉。

在多肽固相合成中,常用的偶联剂是 DCC,常用的氨基去保护试剂是三氟乙酸。

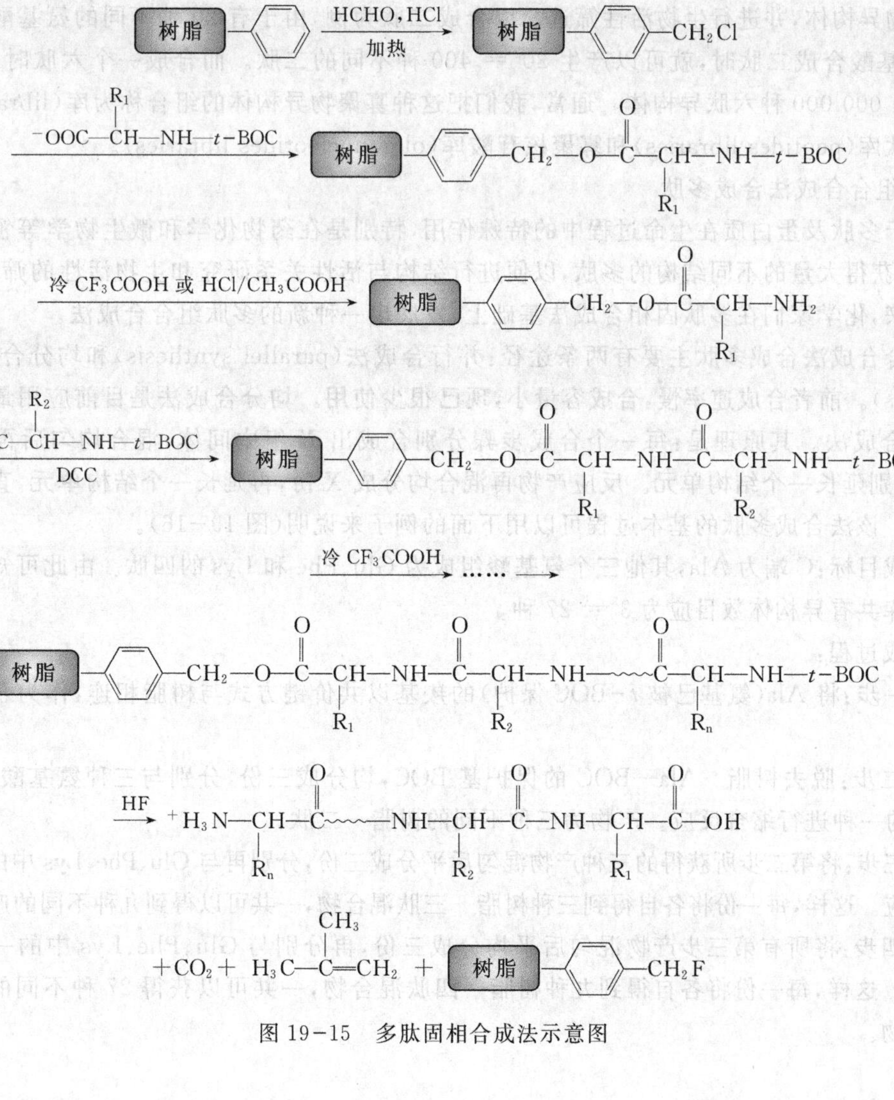

图 19-15　多肽固相合成法示意图

习题 19－15 当加热一个由缬氨酸和 N－保护的亮氨酸组成的混合物时，将会得到什么样的二肽？

习题 19－16 乙酸与苯胺相偶联，用 DCC 作为偶联试剂，请写出该反应的反应机理。

19.2.5 组合合成法合成多肽：多肽库的构建

1. 组合合成法的概念

随着人类对生命现象认识的不断积累和深入，寻找新的生物活性物质的研究已经从单纯的随机筛选进入到了分子设计的新阶段。但是，由于生命现象的复杂性和人们认识的局限性，对大量新化合物进行全面的生物活性的筛选，仍然是非常重要的工作。

组合合成法(combinatorial synthesis)，是近年来发展起来的一种新合成方法。

该法的基本构思是巧妙地应用合成战略和程序，从某些单体或结构单元出发，快速合成大量的寡聚物异构体，并进行生物活性筛选。以合成二肽为例，由于有 20 种不同的氨基酸，因此，用 20 种氨基酸合成二肽时，就可以产生 $20^2 = 400$ 种不同的二肽。而合成一个六肽时，则将产生 $20^6 = 64\ 000\ 000$ 种六肽异构体。通常，我们把这种寡聚物异构体的组合称为库(library)。最重要的是肽库(peptides libraries)和寡聚核苷酸库(oligonucleotides libraries)。

2. 组合合成法合成多肽

由于多肽及蛋白质在生命过程中的特殊作用，特别是在药物化学和微生物学等领域的研究中，需要获得大量的不同结构的多肽，以便进行结构与活性关系研究和生物活性的筛选。因此，近些年来，化学家们在多肽固相合成法基础上，发展出一种新的多肽组合合成法。

组合合成法合成多肽主要有两条途径：并行合成法(parallel synthesis)和均分合成法(split synthesis)。前者合成速率慢，合成容量小，现已很少使用。均分合成法是目前应用最广泛的一种组合合成法。其原理是：每一个合成步骤分别合成出 X 组中间体，混合均匀后再平均分成 X 份，分别延长一个结构单元。反应产物再混合均分成 X 份，再延长一个结构单元，直至完成全部合成。该法合成多肽的基本过程可以用下面的例子来说明(图 19－16)。

合成目标：C 端为 Ala，其他三个氨基酸组成为 Glu、Phe 和 Lys 的四肽。由此可知这种类型的四肽库共有异构体数目应为 $3^3 = 27$ 种。

合成过程：

第一步：将 Ala(氨基已被 t－BOC 保护)的羧基以共价键方式与树脂相连，作为合成反应起点。

第二步：脱去树脂—Ala—BOC 的保护基 BOC，均分成三份，分别与三种氨基酸 Glu、Phe、Lys 中的一种进行缩合反应。产物为三种不同的树脂—二肽。

第三步：将第二步所获得的三种产物混匀后平分成三份，分别再与 Glu、Phe、Lys 中的一种进行缩合反应。这样，每一份将各自得到三种树脂—三肽混合物，一共可以得到九种不同的产物。

第四步：将所有第三步产物混匀后平均分成三份，再分别与 Glu、Phe、Lys 中的一种进行缩合反应。这样，每一份将各自得到九种树脂—四肽混合物，一共可以获得 27 种不同的树脂—四肽化合物。

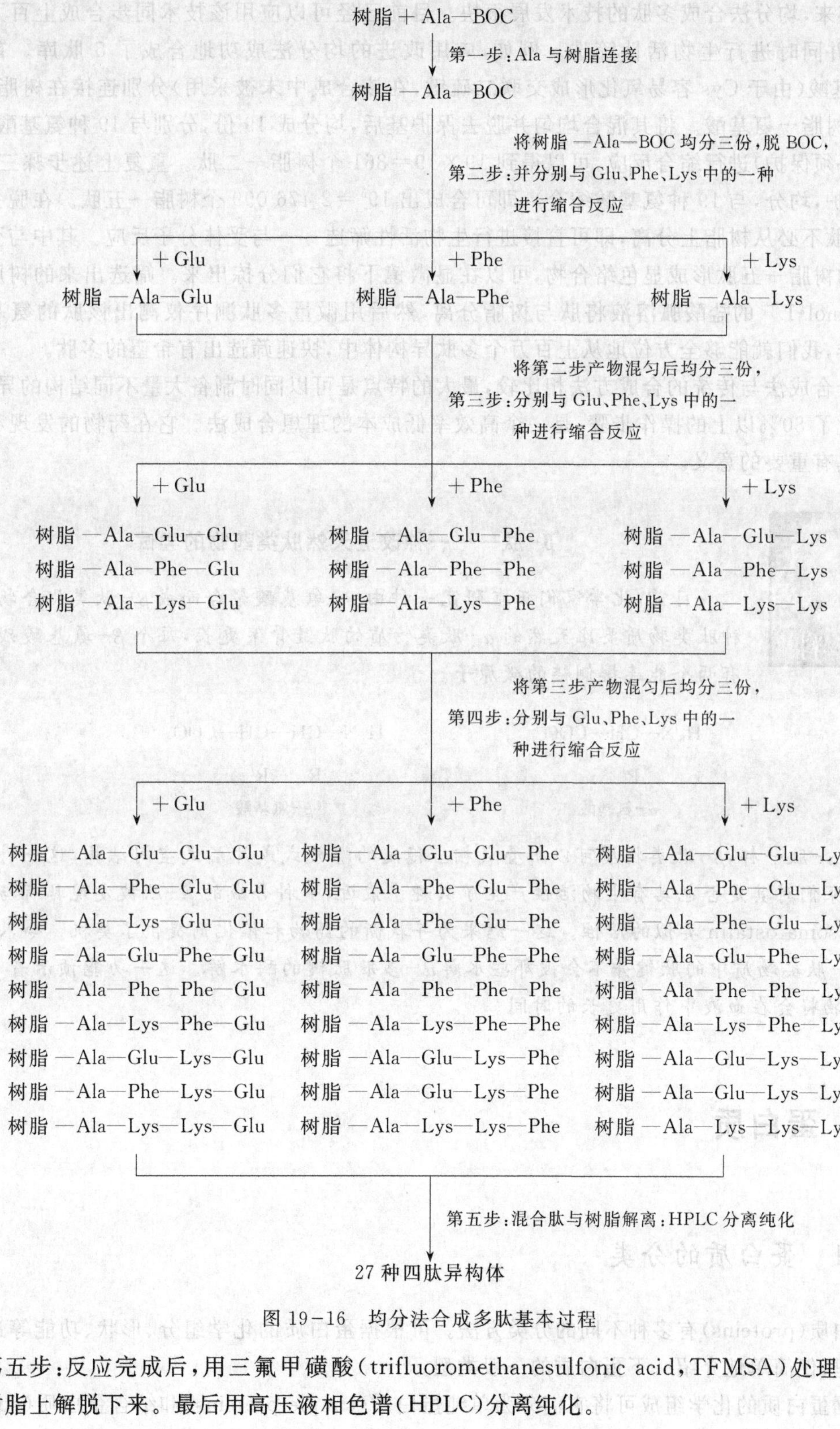

图 19-16　均分法合成多肽基本过程

第五步：反应完成后，用三氟甲磺酸（trifluoromethanesulfonic acid，TFMSA）处理，将混合肽从树脂上解脱下来。最后用高压液相色谱（HPLC）分离纯化。

近年来，均分法合成多肽的技术发展很快。目前已经可以应用该技术同步合成上百万个多肽分子，并同时进行生物活性筛选。例如，应用改进的均分法成功地合成了 5 肽库。首先将 19 种氨基酸（由于 Cys 容易氧化形成交联二硫键，在该合成中未被采用）分别连接在树脂上，得到 19 个树脂－氨基酸。将其混合均匀并脱去保护基后，均分成 19 份，分别与 19 种氨基酸（氨基和侧链必须保护）进行缩合反应，可以得到 19×19＝361 个树脂—二肽。重复上述步骤三次（混合，脱保护，均分，与 19 种氨基酸缩合），即可合成出 19^5＝2 476 099 个树脂—五肽。在脱去保护基后，多肽不必从树脂上分离，即可直接进行生物活性筛选——与受体分子反应。其中与受体分子作用的树脂—五肽形成显色络合物，可以在显微镜下将它们分拣出来。筛选出来的树脂—五肽，用 8 mol·L^{-1} 的盐酸胍溶液将肽与树脂分离，然后用微量多肽测序仪测出该肽的氨基酸顺序。这样，我们就能够全方位地从上百万个多肽异构体中，快速筛选出有希望的多肽。

组合合成法与传统的合成方法相比较，最大的特点是可以同时制备大量不同结构的异构体，而且简化了 80%以上的操作步骤，是一个高效率低成本的理想合成法。它在药物的发现和筛选过程中具有重要的意义。

小资料

β－肽——一种改进天然肽类药物的尝试

目前，化学家们正在研究一种由 β－氨基酸聚合而成 β－肽类化合物。这种肽类物质要比天然的 α－肽类物质的肽链骨架更长，每个 β－氨基酸残基含有两个能连接侧链的碳原子。

α－氨基酸　　　　β－氨基酸

像 α－肽一样，β－肽类物质可以折叠成相当稳定的螺旋式或片层式空间结构，这一特点使得科学家们对其是否也具有生物活性产生了兴趣。最近，一种合成的 β－肽被发现具有与抑生长激素 somatostatin 类似的活性。这一结果为寻找新的药物和催化剂提供了契机。令人惊奇的是，β－肽类物质中的肽键并不会被那些水解 α－多肽肽键的酶水解。这一功能预示着 β－多肽类药物将会在血液中作用更长的时间。

19.3 蛋白质

19.3.1 蛋白质的分类

蛋白质（proteins）有多种不同的分类方法。可根据蛋白质的化学组分、形状、功能等进行分类。这里，仅简单地介绍一下蛋白质的一般类型。

根据蛋白质的化学组成可将它们分为单纯蛋白质（simple proteins）和结合蛋白质（conjugated proteins)。单纯蛋白质水解后的产物仅为氨基酸。如胰岛素、催产素等都是单纯蛋白质。结合蛋白质由蛋白部分和非蛋白部分结合而成。其中非蛋白部分又称为辅基(prosthetic group),如糖、核酸、脂类或其他基团。表 19-4 列出了一些重要的结合蛋白质。

表 19-4 结合蛋白质的分类

类别	辅基	实例
糖蛋白(glycoproteins)	糖类	γ-球蛋白,干扰素
核蛋白(nucleoproteins)	核酸	核糖体,病毒
脂蛋白(lipoproteins)	脂肪、胆固醇	高密度脂蛋白
金属蛋白(metalloproteins)	配价金属	血红蛋白,细胞色素

根据是否形成丝状体或自动盘绕成球形,又可将蛋白质分为纤维状蛋白质(fibrous proteins)和球状蛋白质(globular proteins)。一般纤维状蛋白质不溶于水,作为组织的结构部分起作用,如 α-角蛋白存在于蹄和指甲中,属于结构性蛋白。而球状蛋白质通常具有酶、激素或转运等功能。例如,胰岛素、血红素等都是球状蛋白,属于功能性蛋白。从结构复杂程度上讲,球状蛋白要比纤维状蛋白复杂得多,这与它们作为功能性蛋白密切相关。

19.3.2 蛋白质的结构

多肽是蛋白质的亚单位。蛋白质是由一条或多条多肽链以特定方式组合而成的大分子化合物。形象地说,多肽链像是一根线,蛋白质则像是一条绳子。线以不同的缠绕形式形成了粗细和形状不同的绳子。

蛋白质是由 20 种基本氨基酸组成。这些氨基酸本身并无本质的特征活性,而由氨基酸组成的蛋白质却具有多种多样的生物功能。为什么有的蛋白质具有酶的催化活性,有的具有激素的活性,而有的又具有抗体的活性呢?很明显,蛋白质的性质与它的结构,特别是空间结构密切相关。

蛋白质的结构可分为一级、二级、三级和四级结构四个不同的水平。常将一级结构又称为初级结构,二、三、四级结构又称为高级结构或空间结构。可以说,初级结构是高级结构(three dimensional structure,higher structure)的基础。另一方面,任何一个蛋白质,在其自然状态或活性状态下,都具有特征而稳定的空间结构。一旦这种特征的三维结构遭到破坏,即使它的一级结构不变,蛋白质的生物功能也完全丧失。所以,具有独特的三维结构,是蛋白质区别于普通有机分子最显著的特征。这里只对它们的概念加以介绍,不作详细讨论(详见生物化学教材)。

1. 一级结构(primary structure)

蛋白质的一级结构是指各种氨基酸按一定的排列顺序构成的蛋白质肽链骨架。它包括以下几个方面的内容:①多肽链的数目;②每一条多肽链中氨基酸的数目、种类和排列顺序;③链内二硫键和链间二硫键的数目和位置。

2. 二级结构(secondary structure)

蛋白质的二级结构是指通过链内或链间氢键(hydrogen bond)而形成的只涉及肽链主链的空间结构(与支链无关)。

多肽链中肽键的成键性质(详见 19.2.1)以及肽链主链中的—NH 和—C═O 之间能形成氢键是蛋白质具有特定二级结构的关键因素。最重要的二级结构包括 α-螺旋和 β-折叠。

如图 19-17 所示(见彩页 4),在 α-螺旋(α-helix)中,肽链主链呈现螺旋形。同一条主链中每第 n 个氨基酸残基上的—C═O 与第 $n+4$ 个氨基酸残基上的—NH 之间形成稳定氢键,所有形成氢键的 N、H、O 原子几乎都处于一条直线上,而且这些直线几乎均与螺旋的中心轴平行。两个相邻的氨基酸残基间,亦即两个相邻的 C_α 间的轴距为 0.15 nm,弧度为 100°。因此,3.6 个氨基酸残基形成一个螺旋,旋距为 0.54 nm。天然蛋白质中,α-螺旋大多为右手螺旋。

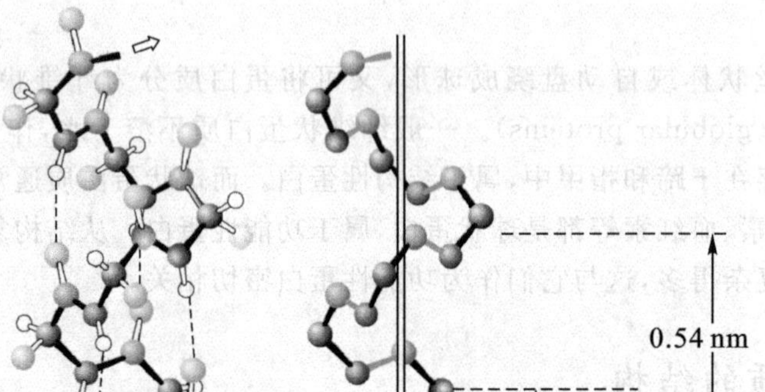

图 19-17 α-螺旋结构

如图 19-18,在 β-折叠(β-pleated sheet)中,肽链的主链几乎是完全伸展的。邻近的两条肽链以相同或相反方向平行或反平行排列成片层状。邻近肽链间的结合力是两条链之间的—C═O和—NH 形成的氢键。

β-折叠结构是比 α-螺旋结构更刚性的一种二级结构形式。这两种结构形式往往同时存在于同一蛋白质分子中。除此之外,还存在一些其他的二级结构形式,如 β-转角(β-turn)和 Ω 环(Ωloop)。

3. 三级结构(tertiary structure)

蛋白质的三级结构是指肽链在二级结构基础上,在空间进一步盘绕、折叠,形成包括主、侧链构象在内的特征三维结构。

蛋白质的三级结构的形成是蛋白质分子中复杂的作用力综合作用的结果。如图 19-19 所

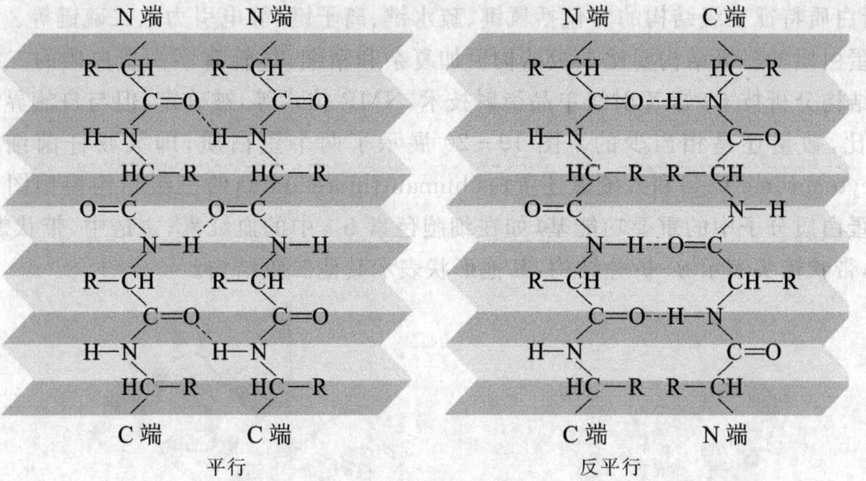

图 19-18 β-折叠结构

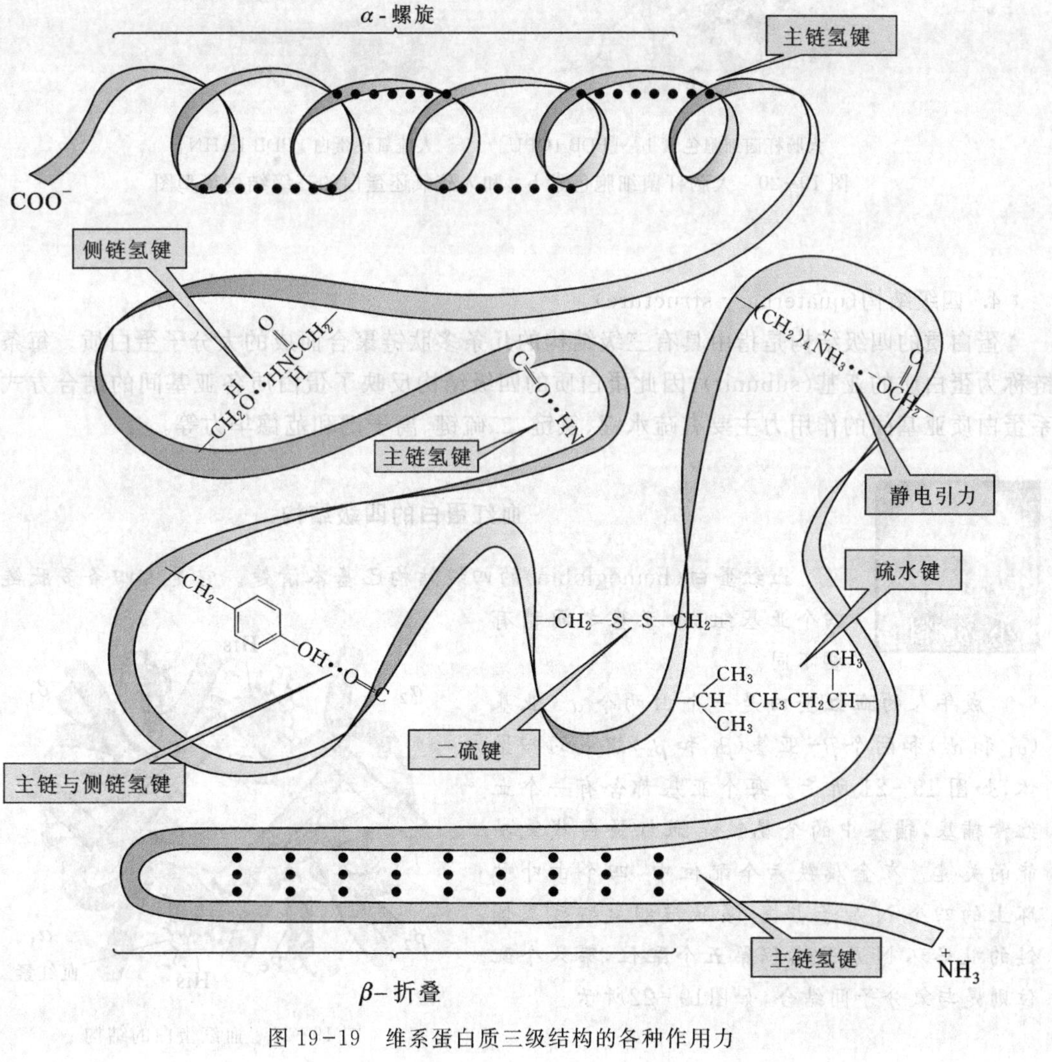

图 19-19 维系蛋白质三级结构的各种作用力

示，维系蛋白质特征三级结构的力包括氢键、疏水键、离子键(静电引力)、二硫键等。

由于蛋白质的三级结构要比二级结构更加复杂和精细，尽管有不少蛋白质的三级结构已经通过各种结构分析技术(如 X 射线单晶衍射技术，NMR 技术等)被确定，但与自然界如此众多的蛋白质相比，数量还是相当少的。图 19－20 展示了两个蛋白质，即大肠杆菌细胞色素 b_{562} (*E. Coli.* cytochrome b_{562})和人硫氧还蛋白(human thioredoxin)的三级结构模型图。图中球棍模型表示蛋白质分子中的重要功能基，如在细胞色素 b_{562} 中的血红素；主链中，带状螺旋表示 α－螺旋结构，带状箭头表示 β－折叠结构，其他形状表示其他二级结构。

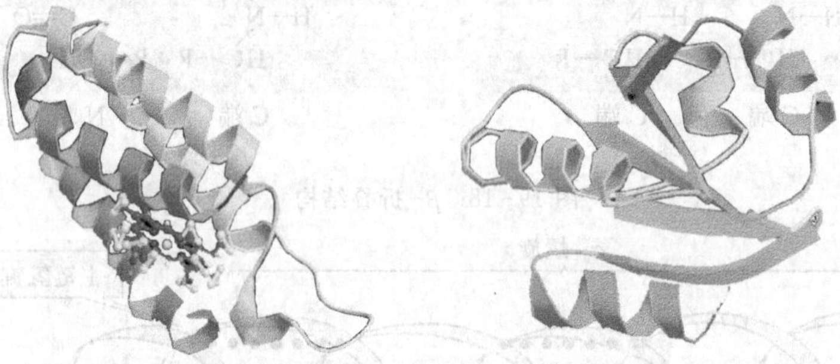

大肠杆菌细胞色素 b_{562}［PDB 1QPU］　　人硫氧还蛋白［PDB 1AHN］

图 19－20　大肠杆菌细胞色素 b_{562} 和人硫氧还蛋白的三级结构模型图

4. 四级结构(quaternary structure)

蛋白质的四级结构是指由具有三级结构的几条多肽链聚合而成的大分子蛋白质。每条多肽链称为蛋白质的亚基(subunit)，因此蛋白质的四级结构反映了蛋白质各亚基间的结合方式。维系蛋白质亚基间的作用力主要有疏水键、氢键、二硫键、离子键和范德华力等。

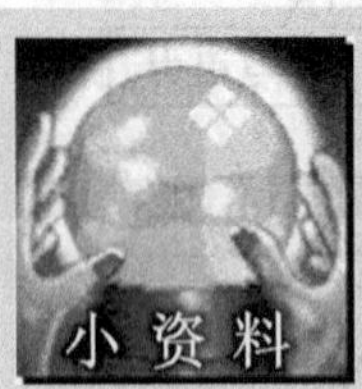

血红蛋白的四级结构

血红蛋白(hemoglobin)的四级结构已基本清楚。它是由四条多肽链，即四个亚基组成，亚基之间稍有些不同。

成年人的血红蛋白是一个由两个 α－亚基(α_1 和 α_2)和两个 β－亚基(β_1 和 β_2)组成的四聚体，如图 19－21 所示。每个亚基都含有一个血红素辅基，辅基中的金属铁是血红蛋白载氧功能的关键。在金属铁六个配位中，四个由卟啉环上的四个 N 原子占据，多肽链组氨酸残基侧链的吡咯环 N 原子占据第五个配位，第六个配位则是与氧分子间结合，如图19－22所示。

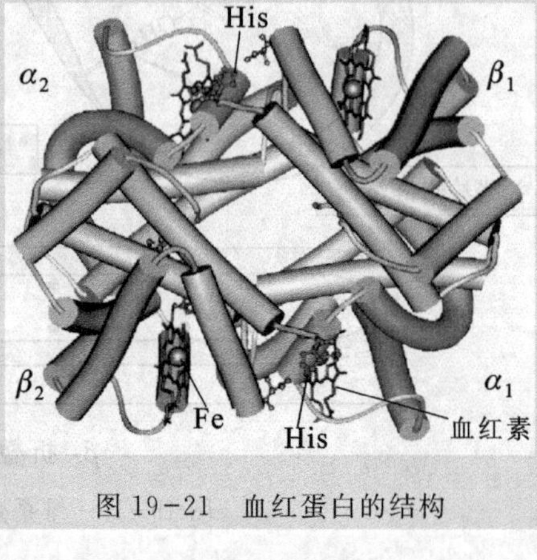

图 19－21　血红蛋白的结构

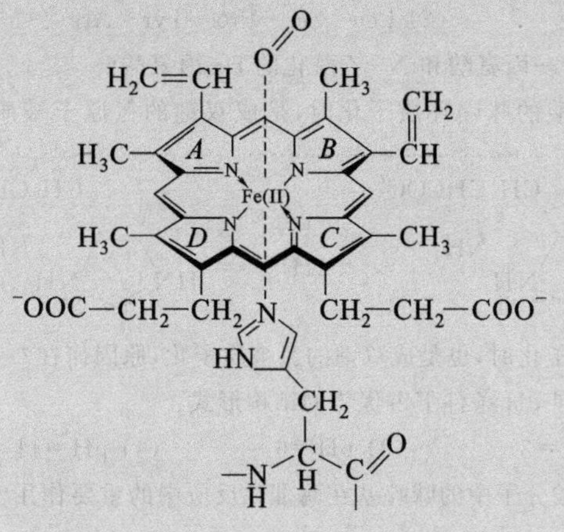

图 19-22 血红素辅基结构

19.3.3 蛋白质的变性

蛋白质的空间结构是由一些非共价的较弱的键力来维持的，如氢键、疏水键等。当活性的天然蛋白质受到某些物理或化学因素影响后，作为稳定蛋白质空间结构的键力会发生变化，从而使分子内部特有的高度有序的空间排列遭到破坏，从而丧失生理活性和引起理化性质的变化。这种现象称为蛋白质的变性作用(denaturation)。由此可以看出，蛋白质的变性是由于二级以上的空间结构发生改变或破坏所致，并不引起一级结构的破坏。

许多因素可以引起蛋白质变性，例如：

(1) 加热。最常见的一个例子就是鸡蛋的受热变性。蛋白中含有可溶性球状蛋白称为白蛋白(albumins)，当受热以后，白蛋白解折叠并凝固成固体的变性蛋白。不同的蛋白质耐热能力不同，有些细菌产生的蛋白在沸水中仍然保留其活性。

(2) pH。当改变溶液的 pH，将会改变蛋白质中链上带电荷的情况，从而破坏静电吸引作用和氢键，引起蛋白质的变性。

(3) 有机溶剂引起的变性是通过破坏蛋白质分子中的疏水作用实现的。

(4) 某些试剂如尿素(urea)和盐酸胍(guanidine hydrochloride)，以及重金属离子也会使蛋白质发生变性。这些试剂可以与蛋白质分子中的某些基团形成更强的氢键，从而破坏蛋白质本身的氢键。重金属离子与蛋白质分子中的氨基酸残基形成络合结构，破坏了蛋白质原有的空间结构。

(5) 表面活性剂如十二烷基磺酸钠可以与蛋白质分子中的非极性基团作用从而干扰了蛋白质分子中正常的疏水作用，引起蛋白质变性。

习题 19-17 什么是蛋白质的二级结构？蛋白质的二级结构主要存在哪两种形式？维系这两种蛋白质二级结构的氢键有何不同？

习题 19－18　写出下列各多肽的化学结构式，并指出它们在 pH ＝ 6.0 时所带电荷情况。

(1) His—Gln—Ala—Phe　　　(2) Leu—Ser—Pro—Tyr—Arg

习题 19－19　如何分离游离的 L－丙氨酸和 *N*－乙酰化的 D－丙氨酸？

习题 19－20　解释为什么组氨酸的咪唑环质子化时，是成双键的氮原子被质子化，而非成单键的 NH，如下所示：

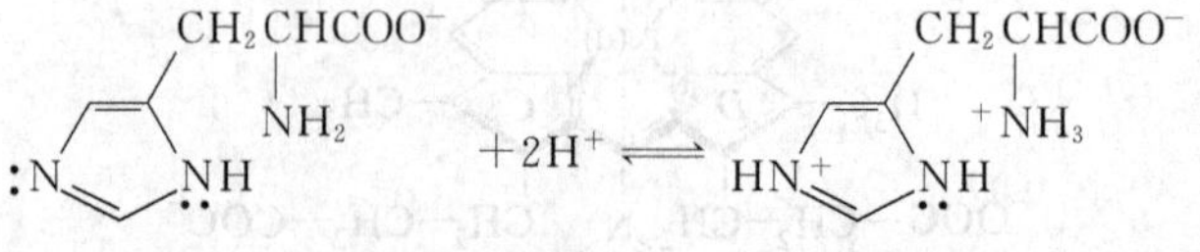

同样，在精氨酸分子中的胍基质子化时，也是成双键的氮被质子化，原因何在？

习题 19－21　指出赖氨酸在下列 pH 条件下占优势的结构形式：

(1) pH＝0　　(2) pH＝3　　(3) pH＝6　　(4) pH＝11

习题 19－22　你如何理解组氨酸分子中的咪唑基在酶催化反应中的重要作用？查阅有关资料了解胰蛋白酶活性中心的组氨酸残基的作用。

习题 19－23　在腌制的干鱼中发现一种致癌物质 CMBA，它的中文化学名称为 2－氯－4－甲硫基丁酸。请指出 CMBA 是从何种氨基酸衍生而来的？写出这种氨基酸的化学结构、中文名称和英文三个字母的缩写名称。

习题 19－24　α－氨基酸可以通过 α－酮酸的还原氨化来合成。请说出下列各代谢中间体在实验室中通过还原氨化反应会得到哪几种氨基酸？而生命体内同样是利用这种模式合成相应的氨基酸的，不同的是生物体的合成是酶催化的具有立体专一性的反应，根据你所掌握的知识，说出这些代谢中间体在细胞中生物合成出的是什么样的氨基酸？

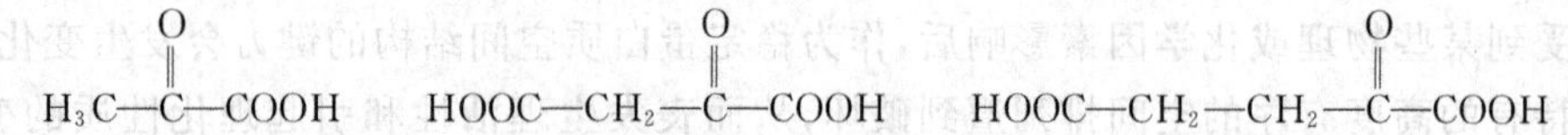

丙酮酸 (pyruric acid)　　草酰乙酸 (oxaloacetic acid)　　α－酮戊二酸 (α－ketoglutaric acid)

习题 19－25　大多数的氨基酸，其 α－羧基的 pK_a 都在 2.0 左右，其 α－氨基的 pK_a 都在 9.0 左右。然而，肽中的 α－羧基 pK_a 为 3.8，α－氨基 pK_a 为 7.8。请解释这种差异。

习题 19－26　Sanger 端基分析法是一种常用的 N 端氨基酸分析方法。这种方法是用 Sanger 试剂(2,4－二硝基氟苯)处理，然后用 6 mol·L^{-1} HCl 溶液水解。N 端氨基酸被转化为 2,4－二硝基苯衍生物而被鉴别。

(1) 给出肽链 N 端氨基酸与 2,4－二硝基氟苯反应的机理，并指出反应的 pH 应控制在弱碱性(pH 8～9)的道理。

(2) 解释为什么 Edman 降解法通常优于 Sanger 法。

习题 19－27　如果你想分离一个含组氨酸、丝氨酸和谷氨酸的混合物，将选择什么 pH 条件进行电泳实验？为什么？

习题 19－28　在氨基丙二酸酯合成氨基酸的方法中只要将卤代烷换成甲醛，便可以合成丝氨酸，请写出这种方法的合成路线。

习题 19－29　试写出应用化学方法和酶法相结合，制备光学纯 L－Met 的全过程。

习题 19－30　试叙述用 Merrifield 固相合成法合成 Phe—Ala—Val 的步骤。

习题 19－31　右图是一个氨基酸的滴定曲线。

(1) 根据该图估计该氨基酸的 pK_{a_1}，pK_{a_2} 和 pI 值

(2) 请判断该氨基酸是中性氨基酸、酸性氨基酸还是碱性氨基酸。

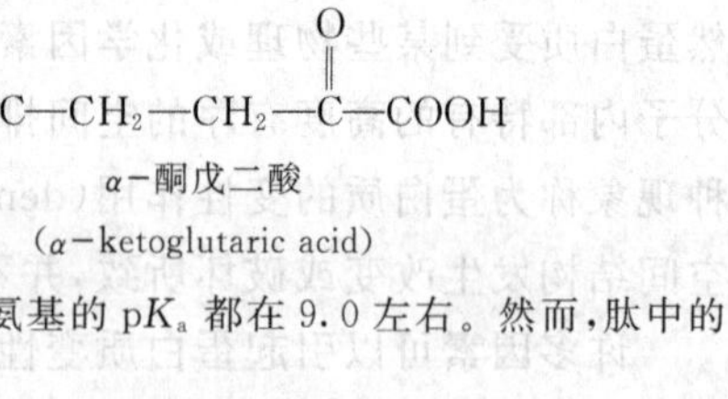

习题 19－32　为什么在 α－螺旋片段中很少发现脯氨酸(Pro)？

习题 19－33　当一个氨基酸用 DCC 处理时，会产生 2,5－哌嗪二酮，试提出一个合适的机理。

习题 19－34　(1) 用胰蛋白酶处理下列十肽，它会断裂成什么样的肽段？

Ala—Ser—Met—Thr—Lys—Gly—Glu—Arg—Ser—Gly

(2) 题(1)中所获得的水解产物都用 DNFB 处理，然后用酸水解，将可以分离出何种 DNP—氨基酸？

(3) 若用 CNBr 处理上述十肽，它会断裂成什么样的肽段？

习题 19－35　定义下列各术语并分别给出一个例子。

(1) 必需氨基酸　(2) 两性离子　(3) 酶法拆分　(4) 等电点

(5) 一级结构　(6) 二级结构　(7) 二硫键　(8) 氨基酸顺序

(9) 固相肽合成法　(10) 蛋白质变性

习题 19－36　写出下列各反应的产物

(1) Phe＋ 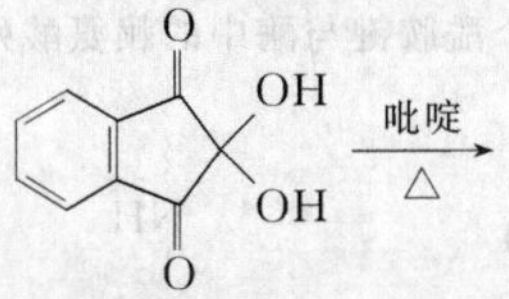

(2) $PhCH_2OC(=O)NHCH_2COOH \xrightarrow{H_2,Pd}$

(3) $H_2N—CH(CH_2OH)—COOH \xrightarrow{(CH_3CO)_2O}$

(4) (±)－脯氨酸 $\xrightarrow{(1)Ac_2O(过量)} \xrightarrow{(2)酰化酶,H_2O}$

(5) $CH_3—CH(CHO)—CH_3 \xrightarrow[H_2O]{NH_3,HCN}$

(6) $H_3C—CH(CH_3)—CH_2—COOH \xrightarrow{Br_2/PBr_3} \xrightarrow{NH_3(过量)}$

(7) 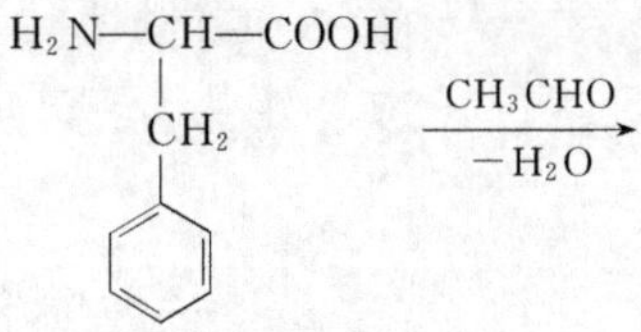

(8) 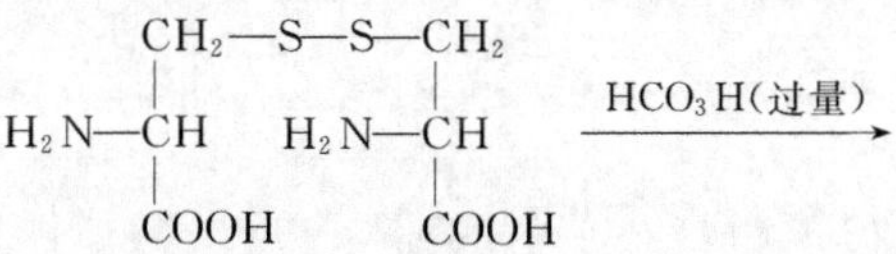

习题 19－37　由下列给出的各起始原料合成相应的基本氨基酸，你可以使用任何需要的试剂。

(1) $CH_3CH_2—CH(CH_3)—C(=O)—COOH$　　(2)

习题 19－38 下面是一个肽的结构

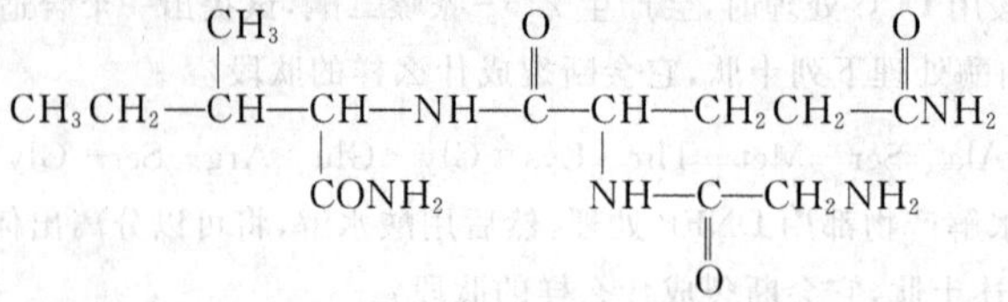

(1) 标出该肽的 N 端和 C 端；

(2) 标出肽键；

(3) 指出每个氨基酸的名称(英文和中文名称)。

习题 19－39 试用经典的肽合成方法合成二肽 Ala—Val。并问如何将该二肽与一个三肽 Ile—Leu—Phe 结合获得五肽 Ile—Leu—Phe—Ala—Val?

习题 19－40 硫辛酸经常被发现在酶的活性部位附近，通常它通过一个酰胺键与酶中的赖氨酸残基相连。

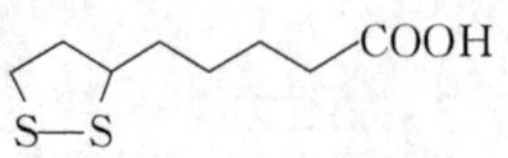

硫辛酸(lipoic acid)

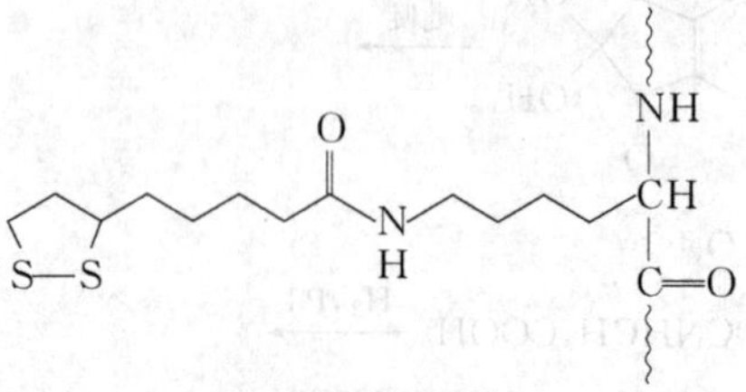

与Lys相键连

(1) 硫辛酸是一氧化剂还是一还原剂？试画出它的还原和氧化两种结构形式。

(2) 指出硫辛酸如何与两个 Cys 残基反应形成一个二硫键。

(3) 一个醛跟硫辛酸会发生什么样的反应？请完成化学反应式：

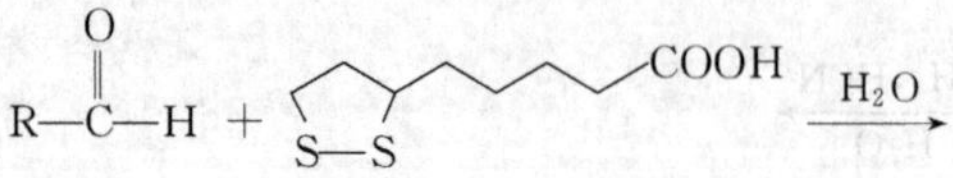

第二十章　核苷酸和核酸

（Nucleotides and Nucleic acids）

核酸(nucleic acids)，包括脱氧核糖核酸(deoxyribonucleic acids，DNA)和核糖核酸(ribonucleic acids，RNA)，是最重要的生物大分子之一。所有生物细胞都含有 DNA 和 RNA。病毒只含有一种核酸，如 DNA 病毒只含有 DNA，RNA 病毒只含有 RNA。

1869 年，DNA 首先从白细胞的核中被分离得到。由于这种物质存在于核中并且具有酸性，因而得名为核酸。直至 1944 年，人们才认识到核酸是遗传信息的携带者。1953 年，James Watson 和 Francis Crick 提出了著名的 DNA 立体结构模型——双螺旋结构(double helix)，这一发现是 20 世纪最伟大的科学成就之一。为此，他们获得了 1962 年的 Nobel 医学生理学奖。

核酸是由核苷酸(nucleotides)连接起来的链状生物大分子，即核苷酸是核酸的结构单元分子。每个核苷酸由核苷(nucleosides)与磷酸基组成，每个核苷又由戊醛糖(2′-脱氧核糖或核糖)与含氮碱组成。核苷、核苷酸和核酸中的含氮碱部分通常称为碱基(bases)。

$$\text{糖}+\text{含氮碱} \longrightarrow \text{核苷} \xrightarrow{\text{磷酸}} \text{核苷酸} \xrightarrow[\text{(线性连接)}]{\text{多个核苷酸}} \text{核酸}$$

20.1　核酸与生命遗传

核酸是自然界一切生命的遗传物质。Crick 的“分子遗传的中心法则”(central dogma of molecular genetics)指出：DNA 的功能是储存遗传信息，并在适当时机将信息传递给 RNA。RNA 的功能是通过阅读、翻译和表达这些信息来合成蛋白质。遗传信息的传递包括以下三个基本步骤：

1. 复制(replication)：是将亲代 DNA 进行复制，得到遗传信息完全保留的子代 DNA 的过程。

2. 转录(transcription)：是阅读 DNA 所携带的遗传信息并将它从细胞核转运到蛋白质的合成场所——核糖体的过程。

3. 翻译(translation)和表达(expression)：是遗传信息被破译(decoded)和用来合成蛋白质的过程。

$$\text{复制}\circlearrowleft \textbf{DNA} \xrightarrow{\text{转录}} \text{RNA} \xrightarrow{\text{翻译表达}} \text{蛋白质}$$

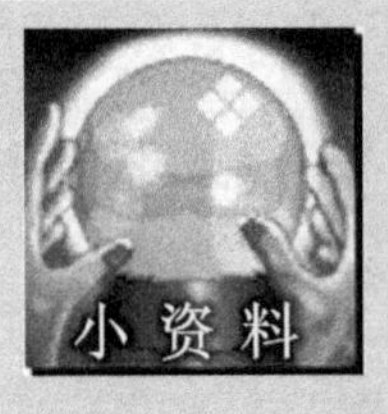

DNA 双螺旋结构模型的确定

解析 DNA 结构是 20 世纪最重要的生物学发现。尽管早在 1869 年德国医生 Friedrich Miescher 就从白细胞的细胞核中分离出了他称为"核素"的物质。但直至 1953 年两位年轻的科学家，James D. Watson 和 Francis H. C. Crick，才在多位科学家研究的基础上解析了达 80 多年之久的化学谜团。

James D. Watson 当时是一位年仅 25 岁的剑桥大学的博士后，美国人，是经过噬菌体小组训练的遗传学家。Francis H. C. Crick，英国人，是一位受过 X 射线晶体学训练的物理学家，提出 DNA 双螺旋结构时他还是一位 37 岁的剑桥大学化学专业的博士研究生。

事实上，在 1953 年 Watson-Crick 发表自然杂志论文前，一系列有关 DNA 的谜团已逐一得到解析：包括 DNA 的化学组成(1900 年)，DNA 分子中不同碱基的数量关系(1950 年，Erwin Chargaff)，以及 DNA 的 X 射线衍射图(1951 年，Maurice Wilkins 和 Rosalind Franklin)。在这些基础上，Watson 和 Crick 根据已知的生化数据、物理化学定律以及作为遗传信息载体的要求等，通过摆弄纸模型和金属模型，终于确定了 DNA 的双螺旋结构模型。

20.2 核酸的结构单元分子——核苷酸

20.2.1 核苷酸的组成和结构

核苷酸经完全水解可以生成戊醛糖，含氮碱和磷酸。

1. 戊醛糖

RNA 中的糖是 β-D-核糖(β-D-ribose)；DNA 中的糖是 β-D-2′-脱氧核糖(β-D-2′-deoxyribose)。

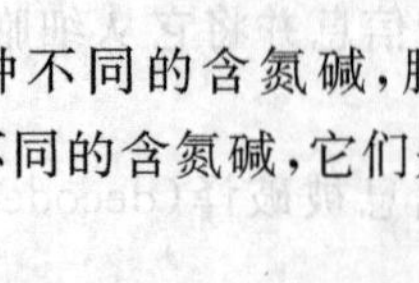

β-D-核糖

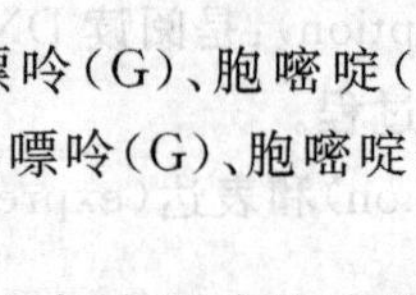

β-D-2′-脱氧核糖

2. 含氮碱

DNA 中存在四种不同的含氮碱，腺嘌呤(A)、鸟嘌呤(G)、胞嘧啶(C)和胸腺嘧啶(T)。RNA 中也存在四种不同的含氮碱，它们是腺嘌呤(A)、鸟嘌呤(G)、胞嘧啶(C)和尿嘧啶(U)(图 20-1)。

含氮碱都是高熔点(300 ℃以上)的无色结晶物质。它们在近中性水溶液中的溶解度很小，在酸性或碱性溶液中的水溶性会明显增加。

碱基是核酸中最重要的组分。它的结构和性质对核酸的结构、性质和生理功能产生重要影

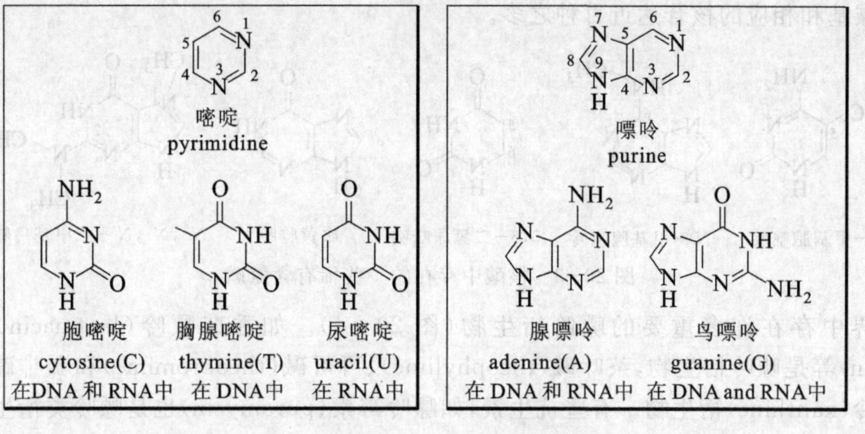

图 20-1　核酸中存在的含氮碱结构

响。由于环上各原子间的共振使大部分键具有部分双键的性质，导致嘧啶碱基是平面型分子，嘌呤碱基也是非常接近平面型的分子。在溶液中，核酸的碱基存在氨基式和亚氨基式或酮式和烯醇式的互变异构现象（图 20-2）。在生理条件下，一般以氨基式或酮式结构存在。碱基互变异构的方向主要取决于介质的条件，其中影响最大的是 pH 和温度。如图 20-2 所示，不同的互变异构体形成氢键的能力和方向有明显差别，这对于核酸大分子中氢键的形成和立体结构有很大影响。如果发生互变异构，将会发生碱基替换，从而引起 DNA 分子的突变。

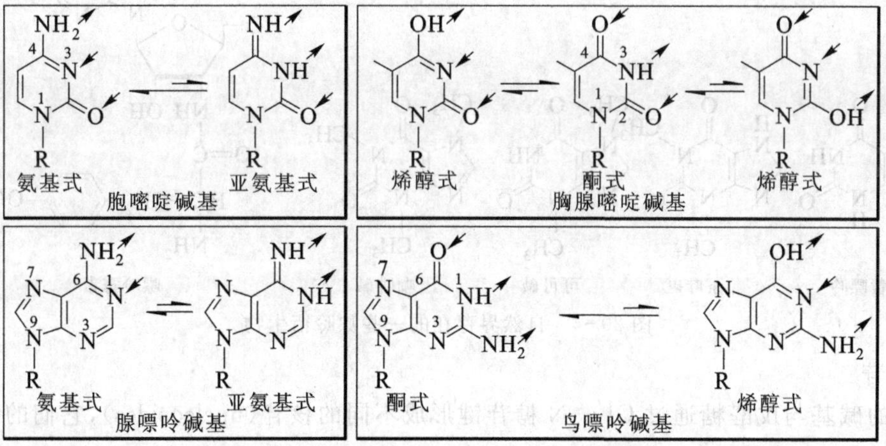

图 20-2　含氮碱基的互变异构及形成氢键的情况

（箭头表示形成氢键的情况：↗表示氢供体，↙表示氢受体）

在核酸中，除上述五种主要的含氮碱基外，还存在一些其他的碱基，称为稀有碱基。它们大多数是上述含氮碱基的衍生物，其中以碱基的甲基化为主要衍生方式。图 20-3 列出了几种常见的稀有碱基，包括存在于 DNA 中的 5-甲基胞嘧啶（m^5C）和 N^6-甲基腺嘌呤（m^6A），存在于 RNA 中的 5,6-二氢尿嘧啶（DHU）、次黄嘌呤（hypoxanthine）和 N^2，N^2，7-三甲基鸟嘌呤（$m_3^{2,2,7}G$）。tRNA 中含有较多的稀有碱基，约占它的碱基重量的 5%，甚至可高达 10%。目前已知的稀有碱基和相应的核苷达近百种之多。

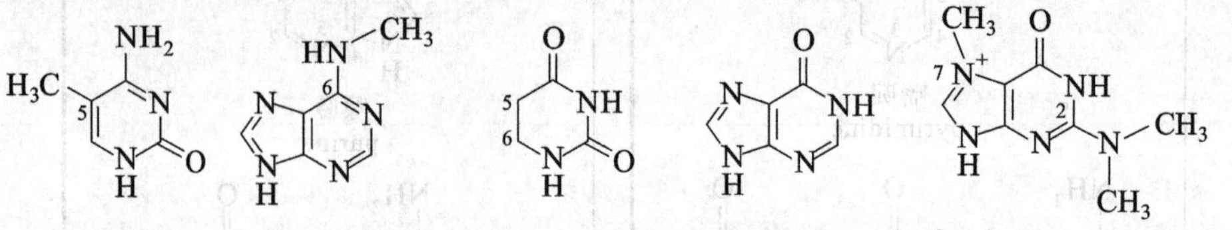

5-甲基胞嘧啶　N^6-甲基腺嘌呤　5,6-二氢尿嘧啶　次黄嘌呤　N^2,N^2,N^7-三甲基鸟嘌呤

图 20-3　核酸中存在的一些稀有含氮碱

自然界中存在许多重要的嘌呤衍生物(图 20-4)。如香菇嘌呤(lentinacin)和虫草素(cordycepin)等是嘌呤衍生物,茶叶碱(theophylline)、可可碱(theobromime)和咖啡碱(caffeine)等是黄嘌呤(xanthine)衍生物。有些抗生素,如嘌呤霉素(puromycin)也是嘌呤类衍生物。

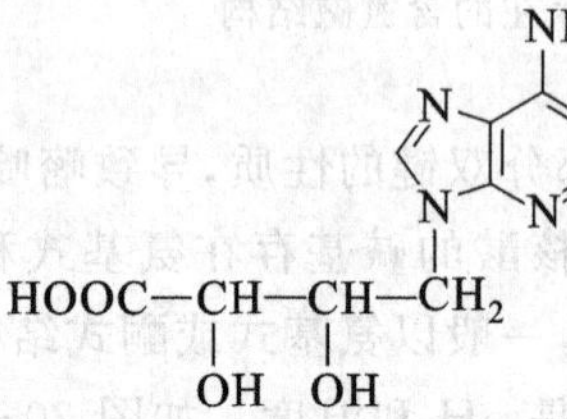

香菇嘌呤

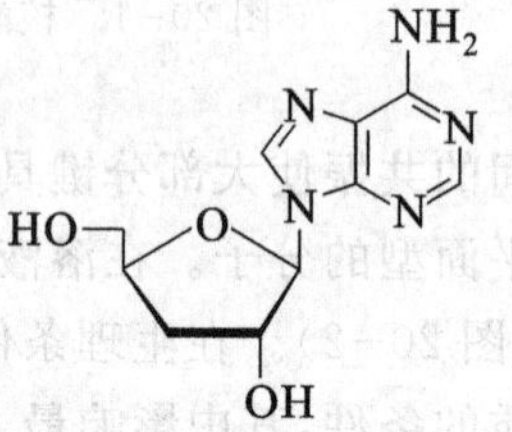

虫草素

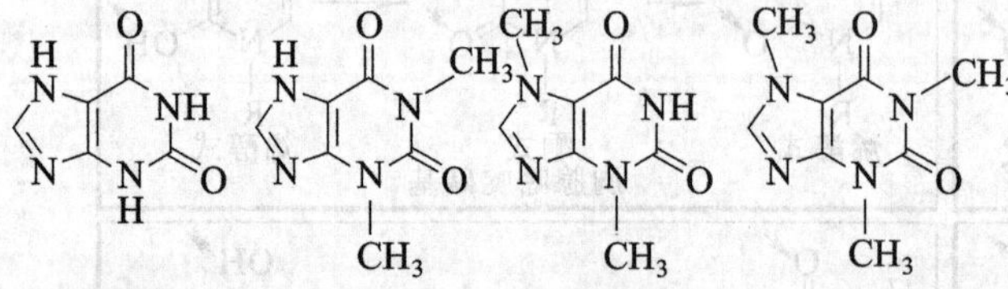

黄嘌呤　茶叶碱　可可碱　咖啡碱

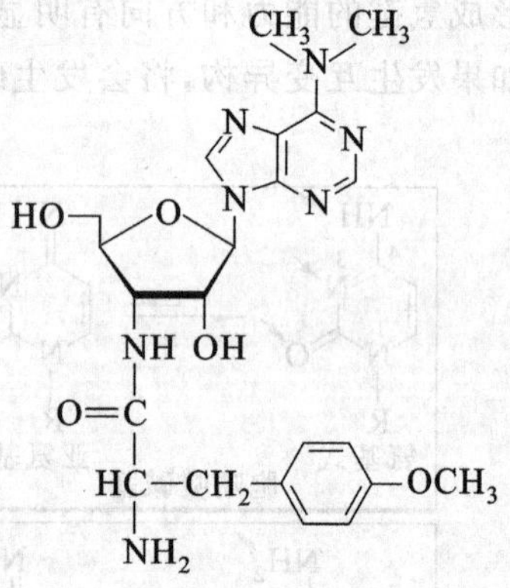

嘌呤霉素

图 20-4　自然界存在的一些嘌呤衍生物

3. 核苷

不同的碱基与戊醛糖通过 C1′—N 糖苷键形成不同的核苷(nucleosides),它们的结构如图 20-5 所示。

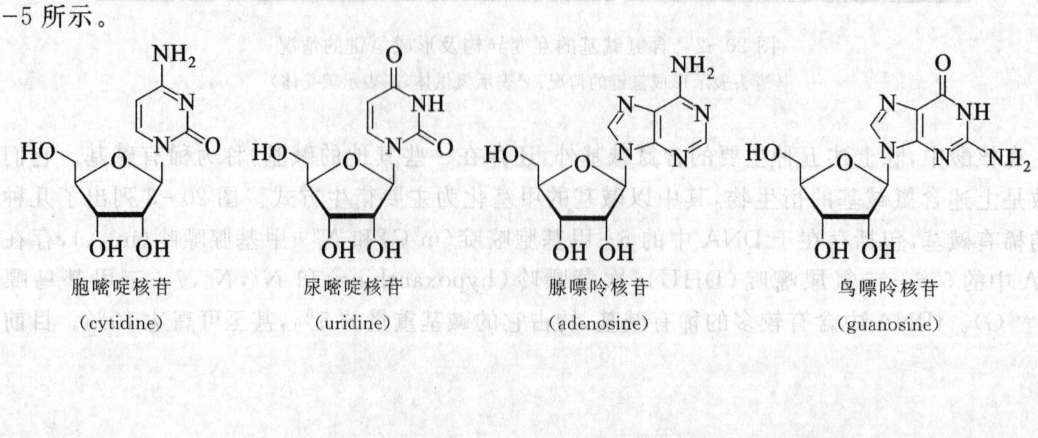

胞嘧啶核苷 (cytidine)　尿嘧啶核苷 (uridine)　腺嘌呤核苷 (adenosine)　鸟嘌呤核苷 (guanosine)

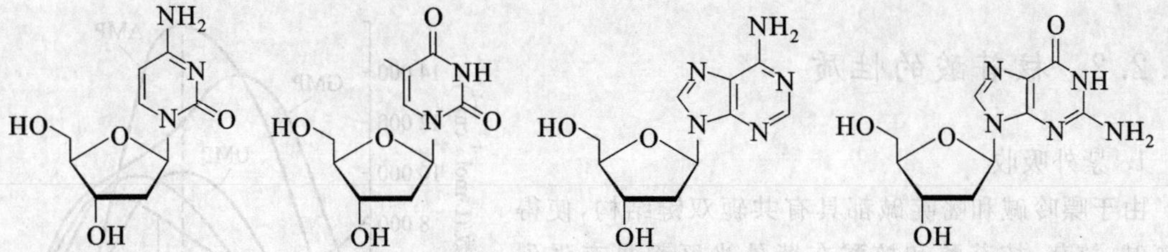

2′-脱氧胞嘧啶核苷 (2′-deoxycytidine)　2′-脱氧胸腺嘧啶核苷 (thymidine)　2′-脱氧腺嘌呤核苷 (2′-deoxyadenosine)　2′-脱氧鸟嘌呤核苷 (2′-deoxyguanosine)

图 20-5　核苷的结构

4. 核苷酸

核苷酸(nucleotides)是核苷的磷酸酯。核苷酸分子中的磷酸酯键由磷酸与糖 C5′上的羟基缩水形成。

不同的核苷与磷酸结合形成不同的核苷酸。脱氧核糖核苷的糖环上存在两个游离羟基(3′-OH 和 5′-OH),而核糖核苷的糖环上则存在三个游离羟基(2′-OH、3′-OH 和 5′-OH)。理论上磷酸可以与任何一个游离羟基形成磷酸酯,但生物体内游离存在的均为 5′-核苷酸。5′-核苷酸是构成核酸大分子的核苷酸单元,即 DNA 和 RNA 的结构单元分别是 5′-脱氧核糖核苷酸和 5′-核糖核苷酸。

表 20-1 列出了组成 DNA 和 RNA 的四个脱氧核苷酸和四个核苷酸的结构通式和名称。

表 20-1　组成 DNA 和 RNA 的核苷酸的结构和名称

核酸		DNA	RNA
核苷酸	结构通式	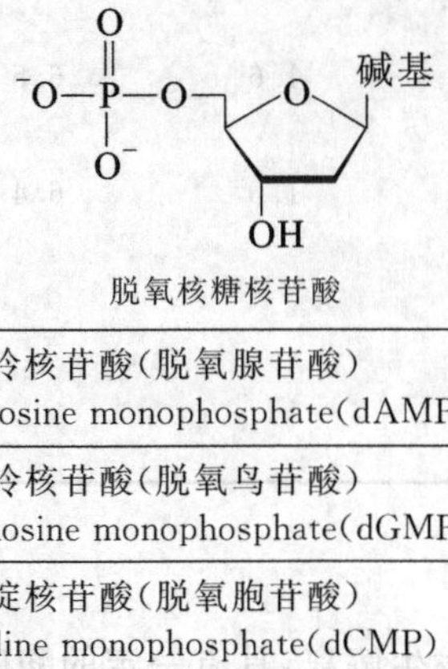 脱氧核糖核苷酸	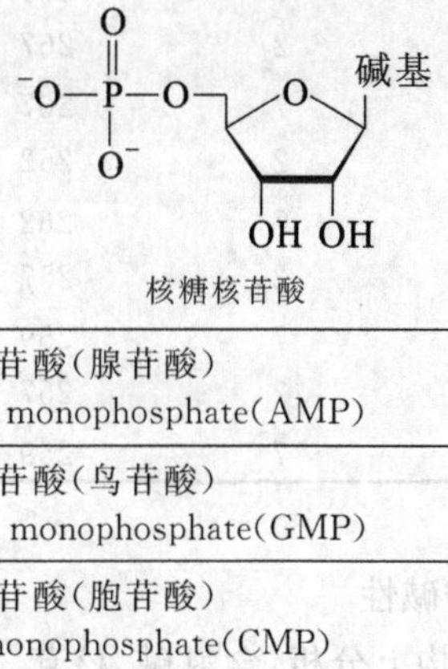 核糖核苷酸
	名称	脱氧腺嘌呤核苷酸(脱氧腺苷酸) deoxyadenosine monophosphate(dAMP)	腺嘌呤核苷酸(腺苷酸) adenosine monophosphate(AMP)
		脱氧鸟嘌呤核苷酸(脱氧鸟苷酸) deoxyguanosine monophosphate(dGMP)	鸟嘌呤核苷酸(鸟苷酸) guanosine monophosphate(GMP)
		脱氧胞嘧啶核苷酸(脱氧胞苷酸) deoxycytidine monophosphate(dCMP)	胞嘧啶核苷酸(胞苷酸) cytidine monophosphate(CMP)
		脱氧胸腺嘧啶核苷酸(脱氧胸苷酸) deoxythymidine monophosphate(dTMP)	尿嘧啶核苷酸(尿苷酸) uridine monophosphate(UMP)

习题 20-1　什么是 DNA 和 RNA 的结构单元?组成 DNA 和 RNA 结构单元的化学组分是什么?

习题 20-2　画出下列各化合物的化学结构。

(1) dCDP　(2) dTTP　(3) UDP　(4) guanosine-5′-triphosphate　(5) 5-氟尿嘧啶

习题 20-3　写出鸟嘌呤的烯醇式结构。是否可以写出腺嘌呤的烯醇式结构?

20.2.2　核苷酸的性质

1. 紫外吸收

由于嘌呤碱和嘧啶碱都具有共轭双键结构，使得含氮碱、核苷、核苷酸和核酸在紫外光区都具有强烈的吸收，最大吸收波长在 260 nm 处附近。不同核苷酸的最大吸收波长和摩尔吸收系数有所不同。由于核苷酸中碱基的紫外吸收光谱受其结构的影响，在不同 pH 下，碱基的结构因其解离特性而不同，因此在测定核苷酸的紫外吸收时应注意在一定的 pH 下进行。一些核苷酸的紫外吸收光谱特征参见图 20－6 和表 20－2。

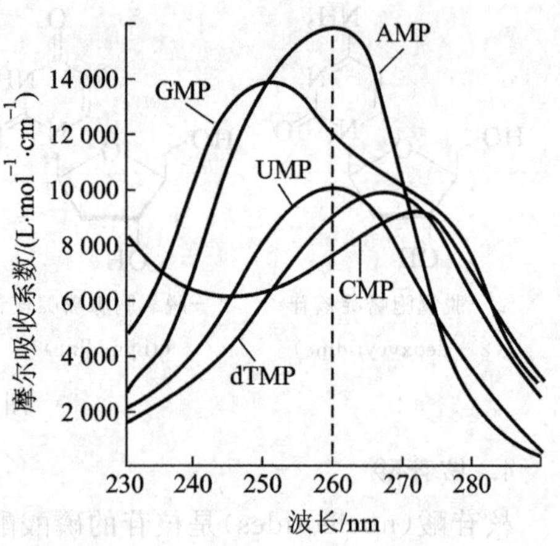

图 20－6　一些核苷酸的紫外吸收光谱

表 20－2　一些核苷酸的紫外吸收光谱数据和 pK_a 值

核苷酸	pH	λ_{max}/nm	κ/($L\cdot mol^{-1}\cdot cm^{-1}$)	磷酸基 pK_{a1}	磷酸基 pK_{a2}	碱基 pK_{a3}
AMP	2	257	15.0×10^3	0.9	6.2	3.8 (N1)
	7	259	15.4×10^3			
GMP	1	256	12.2×10^3	0.7	6.1	2.4 (N7)
	7	252	13.7×10^3			9.4 (N1)
CMP	2	280	13.2×10^3	0.8	6.3	4.5 (N3)
	7	271	9.1×10^3			
dTMP	2	267	9.6×10^3	1.6	6.5	10.0 (N3)
	7	267	9.6×10^3			
UMP	2	262	10.0×10^3	1.0	6.4	9.5 (N3)
	7	262	10.0×10^3			
ADP	2	257	15.0×10^3			
	7	259	15.4×10^3			
ATP	2	257	14.7×10^3			
	7	259	15.4×10^3			

2. 酸碱性

从结构上分析，含氮碱、核苷、核苷酸和核酸都能发生解离，具有一定的酸碱性。

(1) 含氮碱的解离　含氮碱杂环上氮和环外取代基具有一定的结合质子或释放质子的能力，因而这些化合物具有碱性解离和酸性解离的性质。总的来说，嘌呤碱和嘧啶碱都具有弱碱性。这种碱性的主要贡献者是环上 sp^2 杂化的氮原子，由于这类氮原子的孤对电子不参与芳香环电子的离域，具有与吡啶环上氮原子类似的结合质子的能力，表现出一定的碱性。如图 20－7 所示，胞嘧啶中的 N3、腺嘌呤中的 N1 和鸟嘌呤中的 N7 均属于这种情况。含氮碱环外氨基的碱性很弱，在生理条件下不能质子化，这种情况与苯胺的氨基相似。

另外，由于胸腺嘧啶(或尿嘧啶)3 位 NH、腺嘌呤 9 位 NH 以及鸟嘌呤 1 位和 9 位 NH 与 π

体系相连，氮上的孤对电子可以与 π 电子发生 p-π 共轭，使 N—H 键削弱，表现出弱酸性（$pK_a=5\sim12.5$）。这种弱酸性还可以从含氮碱解离出质子后形成的共轭碱的共振稳定性来解释，如图 20-7 画出了尿嘧啶共轭碱和腺嘌呤共轭碱的一些共振结构。

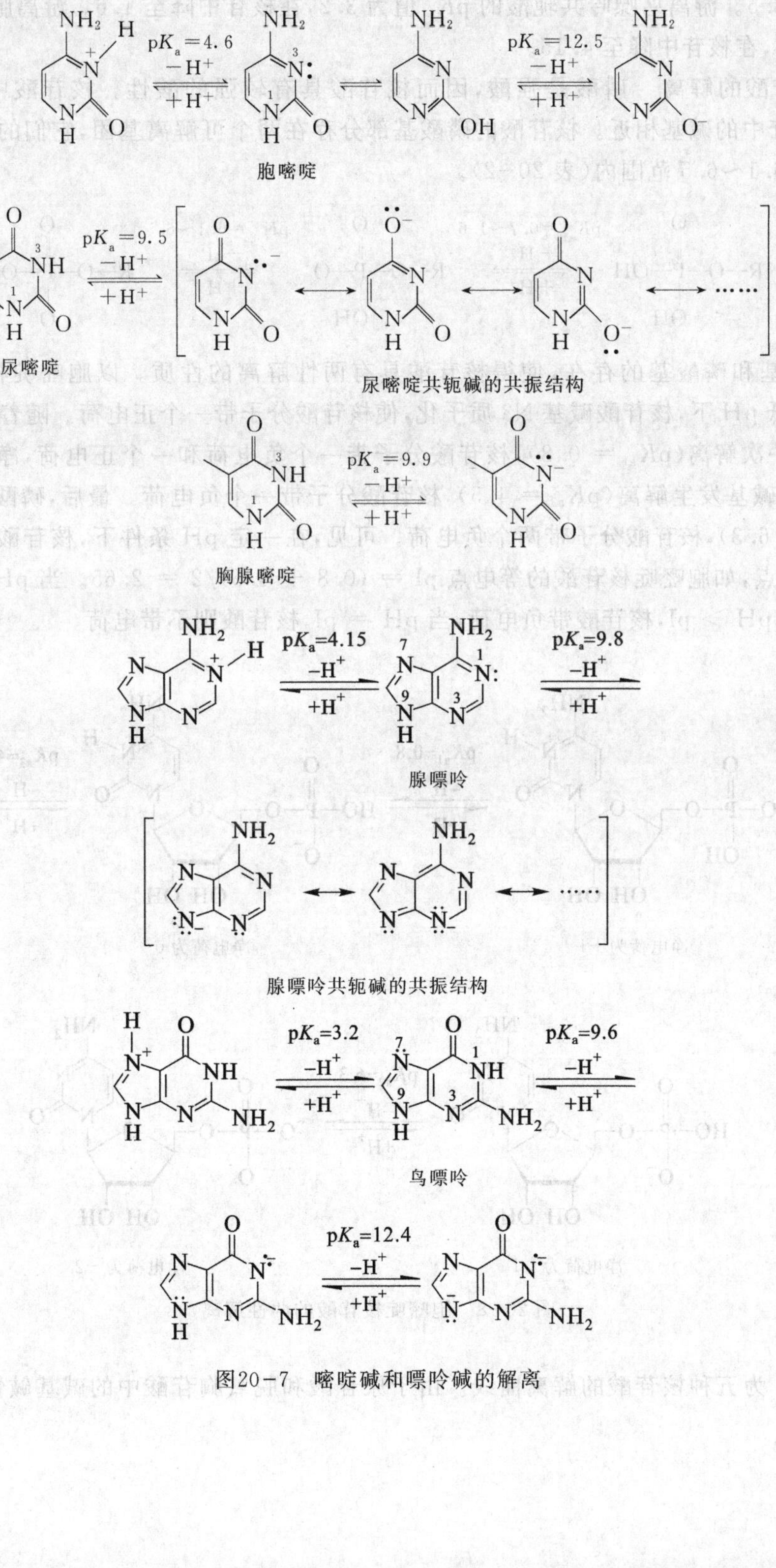

图20-7　嘧啶碱和嘌呤碱的解离

（2）核苷的解离　由于戊醛糖的存在，核苷中碱基的解离受到一定的影响。嘌呤碱 N9 位由于形成糖苷键不再具有解离性质。核苷中碱基可解离基团的解离常数与游离碱相比有所不同。一般来说，糖的存在增强了碱基的酸性解离。例如，游离腺嘌呤共轭酸的 pK_a 值为 4.15，在核苷中降至 3.5。游离鸟嘌呤共轭酸的 pK_a 值为 3.2，在核苷中降至 1.6。游离胞嘧啶共轭酸的 pK_a 值为 4.6，在核苷中降至 4.15。

（3）核苷酸的解离　磷酸是强酸，因而核苷酸具有较强的酸性。核苷酸中，碱基部分的 pK_a 值与核苷中的碱基相近。核苷酸的磷酸基部分存在两个可解离基团，它们的 pK_a 值分别在 0.7～1.6和 6.1～6.5 范围内（表 20-2）。

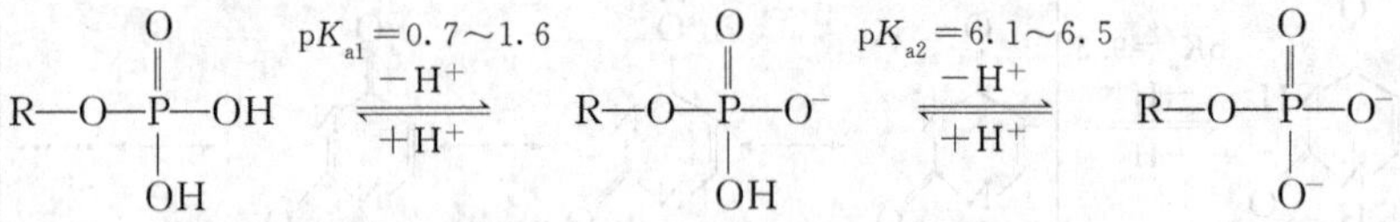

由于碱基和磷酸基的存在，使得核苷酸具有两性解离的性质。以胞嘧啶核苷酸为例，如图 20-8，在低 pH 下，核苷酸碱基 N3 质子化，使核苷酸分子带一个正电荷。随着 pH 的升高，磷酸基发生第一次解离（pK_{a1} = 0.8），核苷酸分子带一个负电荷和一个正电荷，净电荷为零。接着，质子化的碱基发生解离（pK_{a3} = 4.5），核苷酸分子带一个负电荷。最后，磷酸基发生第二次解离（pK_{a2} = 6.3），核苷酸分子带两个负电荷。可见，在一定 pH 条件下，核苷酸可形成两性离子，存在等电点，如胞嘧啶核苷酸的等电点 pI = (0.8 + 4.5)/2 = 2.65。当 pH < pI，核苷酸带正电荷，当 pH > pI，核苷酸带负电荷，当 pH = pI，核苷酸则不带电荷。

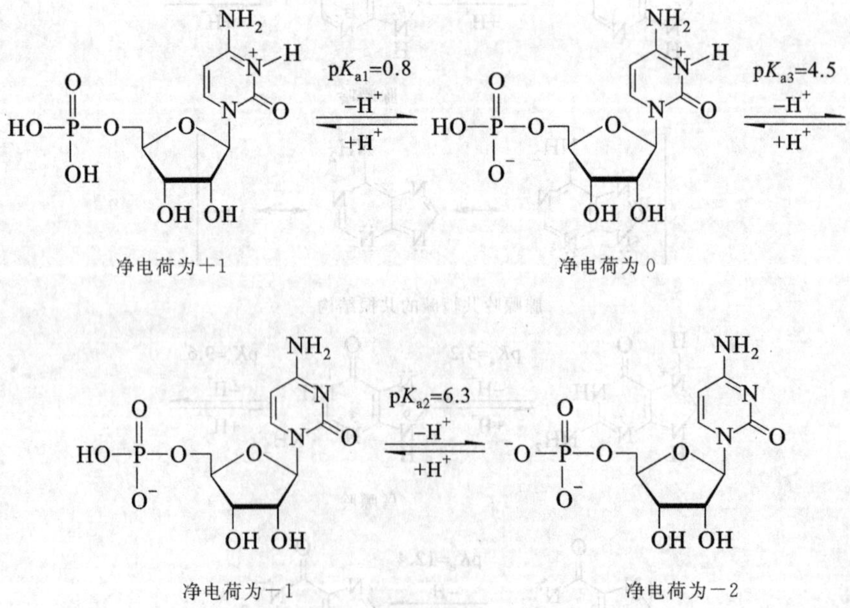

图 20-8　胞嘧啶核苷酸的两性解离

图 20-9 为五种核苷酸的解离曲线。由于尿苷酸和脱氧胸苷酸中的碱基碱性极弱，实际上

无法测出其含氮碱基的解离曲线，因此这两种核苷酸不能形成两性离子，没有等电点。

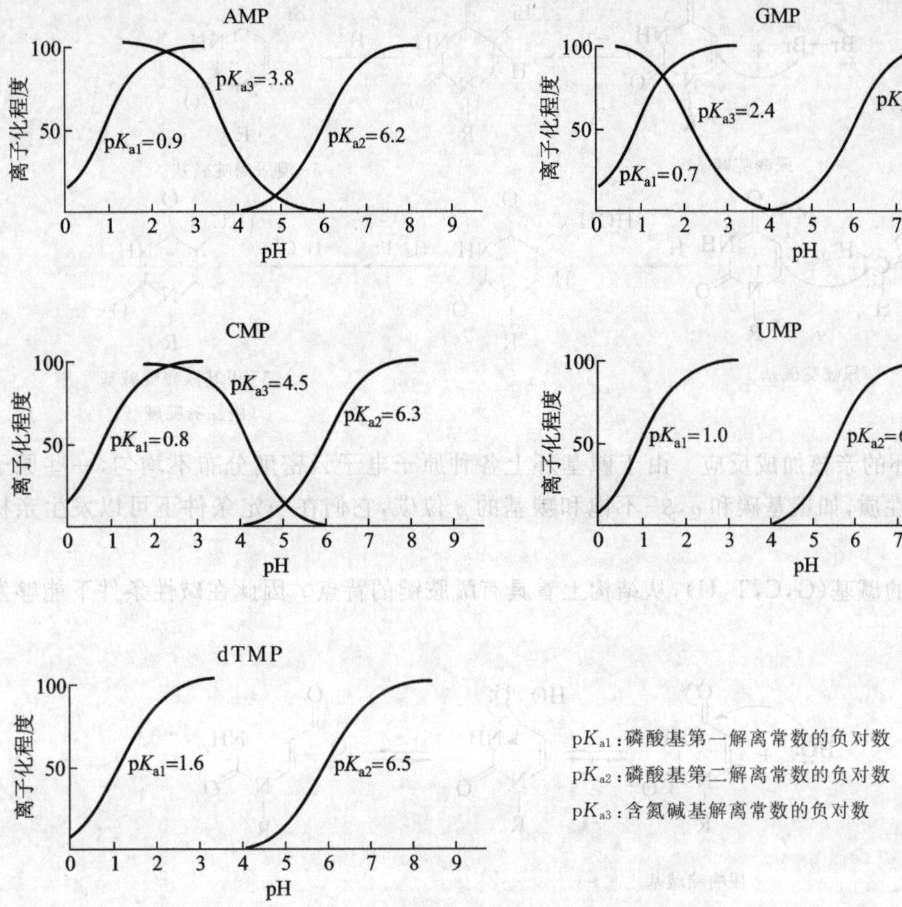

图 20-9　核苷酸的解离曲线

习题 20-4　试写出腺嘌呤苷酸的两性解离式，并以此为依据，推算出它的等电点。

习题 20-5　请从结构出发，解释为什么腺嘌呤 N1 的碱性强于鸟嘌呤 N7 的碱性。

3. 碱基的重要化学反应

(1) 碱基环的亲电取代反应　由于含氮碱基中的嘌呤环和嘧啶环具有芳香环的结构特点，因而可以发生环上的亲电取代反应。环上的氮原子在反应中具有定位效应，分析嘧啶环和嘌呤环的共振结构，可以推断嘧啶环中反应活性最高的是 C5，嘌呤环中反应活性最高的是 C8。

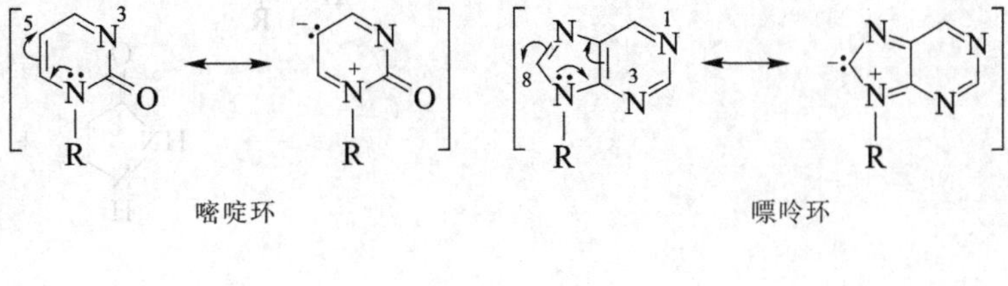

嘧啶环　　　　嘌呤环

例如，尿嘧啶碱基与溴和甲醛的亲电取代反应如下：

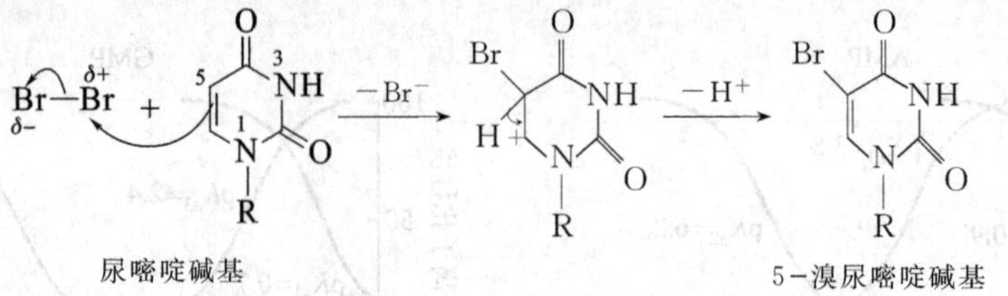

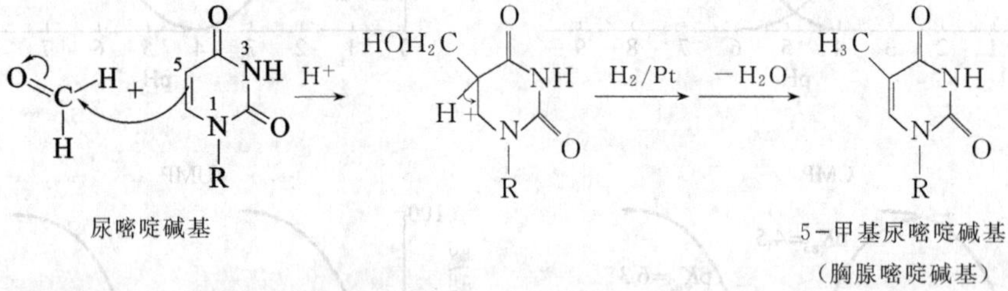

（2）碱基环的亲核加成反应　由于碱基环上各种原子电子云密度分布不均匀，一些原子表现出缺电子的性质，如羰基碳和 α,β-不饱和羰基的 β 位碳，它们在一定条件下可以发生亲核加成反应。

含有羰基的碱基(G,C,T,U)，从结构上看具有酰胺键的特点。因此在碱性条件下能够发生水解开环反应：

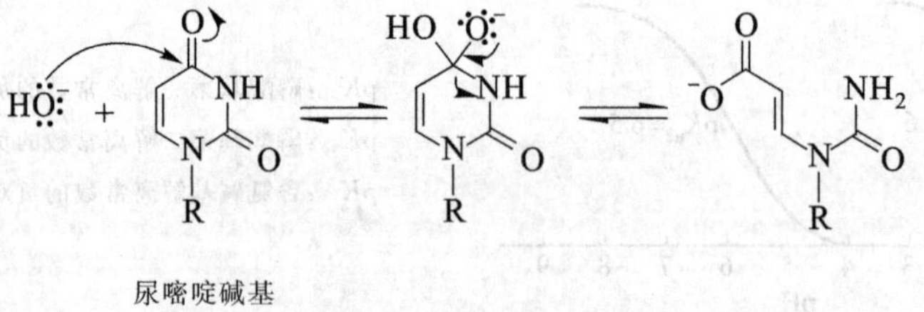

嘧啶碱基能与各种亲核试剂，如肼、羟胺等发生亲核加成反应，反应位点在 C1 和 C6 位。嘌呤碱基不能发生这类反应，因此在核酸分析中有重要应用价值。

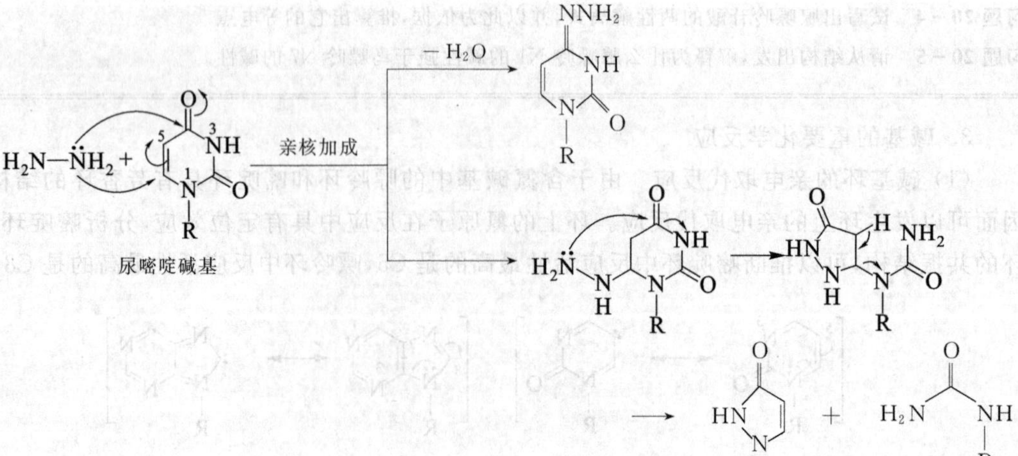

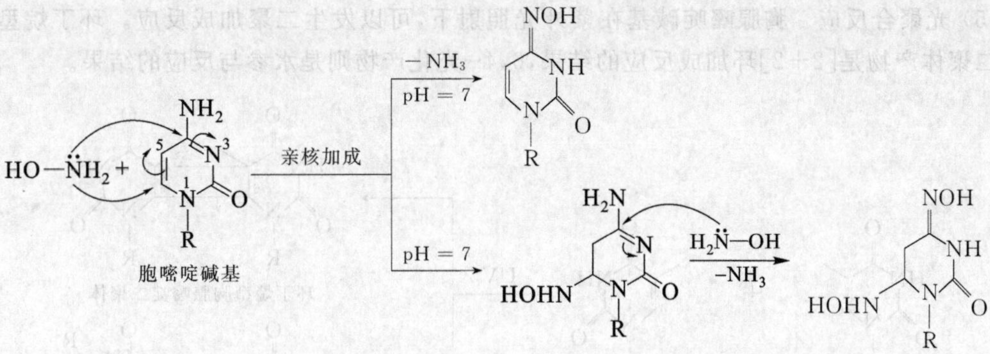

(3) 环上氮的烷基化反应　腺嘌呤、鸟嘌呤和胞嘧啶的环上都有亚胺型(═N—)氮，这些氮的孤对电子由于不参与电子离域而具有较好的亲核性，因而能与各种烷基化试剂发生反应。不同的碱基发生烷基化反应的位置有所不同。腺嘌呤发生烷基化的位置有 N1，N3 和 N7，鸟嘌呤有 N3 和 N7，胞嘧啶发生烷基化的位置是 N3。以上各种碱基发生烷基化反应的活性顺序是 G ＞ A ＞ C。尿嘧啶和胸腺嘧啶在此情况下一般不发生反应。以下列出的是各种碱基的甲基化产物。

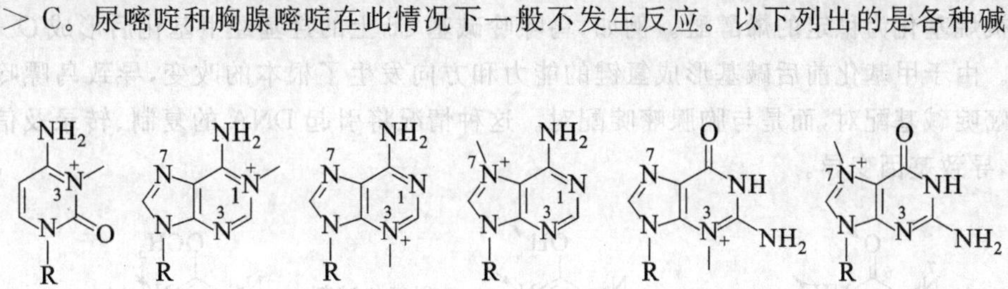

(4) 环外氨基的反应　环外的氨基虽然具有较低的反应活性，但在适当条件下，也可以发生化学反应。例如，胞嘧啶碱基在亚硝酸作用下能形成重氮盐，再经水解转变为尿嘧啶碱基。腺嘌呤碱基和鸟嘌呤碱基也能发生类似的反应，分别转变为次黄嘌呤碱基和黄嘌呤碱基。因此生物体内亚硝酸的存在有可能改变 DNA 的碱基组成，影响或改变碱基形成氢键的能力和方向，导致 DNA 复制错误，从而引起基因变异。

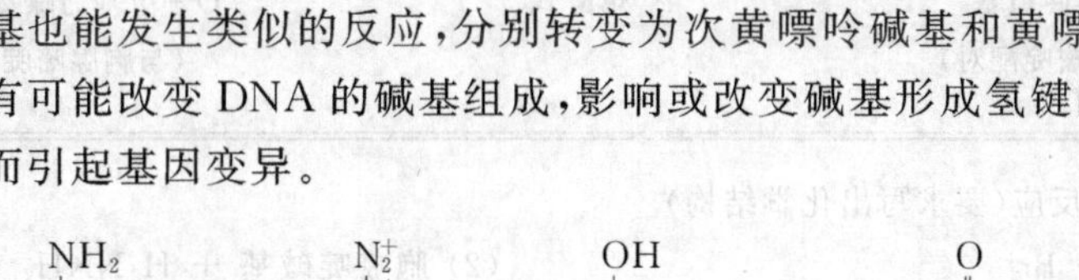

胞嘧啶碱基　　　　尿嘧啶碱基

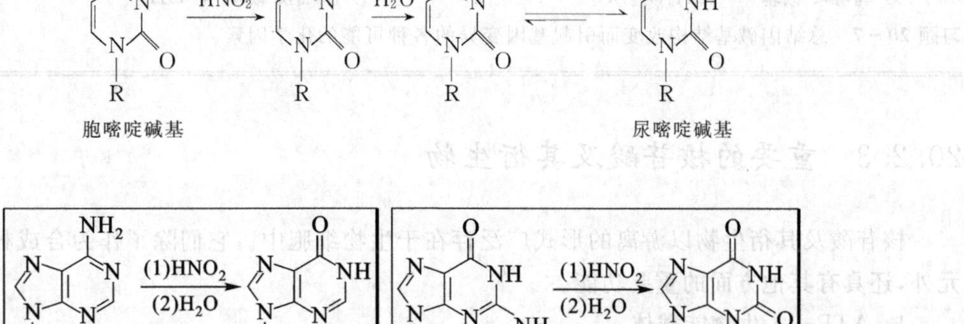

(5) 光聚合反应 胸腺嘧啶碱基在紫外光照射下，可以发生二聚加成反应。环丁烷型胸腺嘧啶二聚体产物是[2+2]环加成反应的结果，6,4-光化产物则是水参与反应的结果。

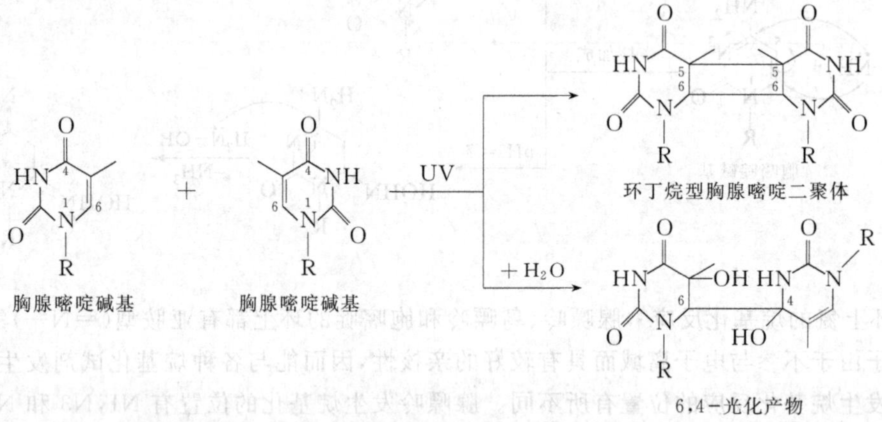

(6) 环外氧原子的烷基化反应 由于含氧碱基存在酮式-烯醇式互变异构，烯醇式结构中的羟基可以被烷基化为稳定的烯醇醚。例如，鸟嘌呤碱基 C6 上的羟基经甲基化后形成 O^6-甲基鸟嘌呤碱基。由于甲基化前后碱基形成氢键的能力和方向发生了根本的改变，导致鸟嘌呤不再与正常的胞嘧啶碱基配对，而是与胸腺嘧啶配对。这种情况将引起 DNA 的复制、转录及信息表达出现错误，导致基因变异。

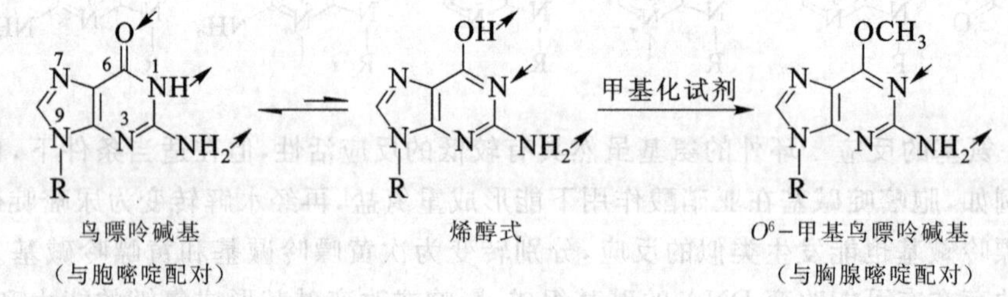

习题 20-6 完成下列反应(要求写出化学结构)

(1) 腺嘌呤碱基 + Br_2　　(2) 胞嘧啶碱基 + H_2NNH_2

(3) 鸟嘌呤碱基 + $(CH_3O)_2SO_2$　　(4) 胞嘧啶碱基 + OH^-

习题 20-7 总结因碱基结构改变而引起基因变异的各种可能的化学因素。

20.2.3 重要的核苷酸及其衍生物

核苷酸及其衍生物以游离的形式广泛存在于生物细胞中。它们除了作为合成核酸的基本单元外，还具有其他方面的重要功能。

1. ATP——生物能载体

生命机体需要连续地供给能量，以保证生命活动的正常运行，如收缩、运动、分子和离子的传输以及生物合成等。毫无疑问，这些能量的最终来源是食物分子在体内氧化释放出的能量(氧化分解能或化学能)或吸收的太阳能(光能)。但是这两种能量实际上都不能被生物直接利用。生物首先需要将上述两种能量转变为生物可以直接利用的能量形式,这种特殊的能量形式就是 ATP。

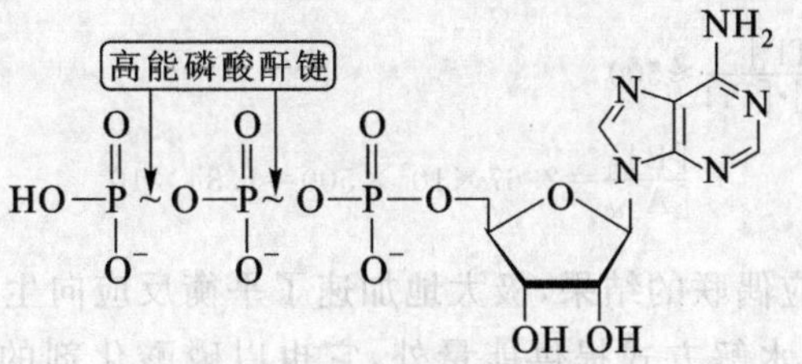

腺嘌呤核苷三磷酸(ATP)

ATP 全称为 adenosine−5′−triphosphate,即腺嘌呤核苷−5′−三磷酸或三磷酸腺嘌呤核苷,是天然存在的最重要的核苷酸之一。ATP 分子中存在两个高能的磷酸酐键(phosphoanhydride,上式中用"～"表示),当 ATP 水解时,高能磷酸酐键断裂,释放出大量的自由能(见下式),可以为机体提供各种活动所需的能量。

$$ATP+H_2O \rightleftharpoons ADP+Pi \quad \Delta G^{\ominus}=-30.5\ kJ\cdot mol^{-1}$$

或

$$ATP+H_2O \rightleftharpoons AMP+PPi \quad \Delta G^{\ominus}=-32.2\ kJ\cdot mol^{-1}$$

另一方面,ADP 和磷酸(Pi)在外界提供能量的情况下,又可重新合成 ATP。在植物中,是由光能提供能量合成 ATP,这个过程称为光合磷酸化(photo phosphorylation)。在动物体中,是由食物分子的氧化分解提供能量合成 ATP,该过程称为氧化磷酸化(oxidative phosphorylation)。

由此可见,ATP 和 ADP 的相互转化实际上是自然界生命体内最重要的能量循环,是自然界植物和动物赖以生存的基础(图 20−10)。

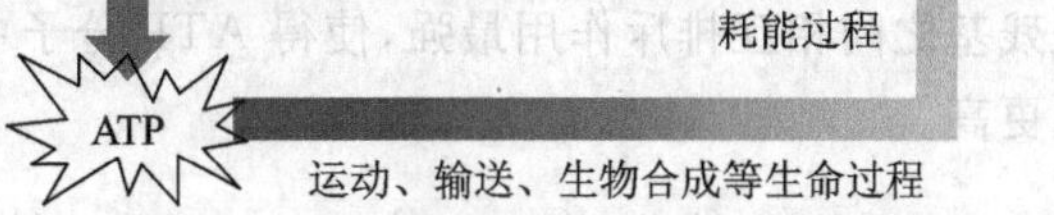

图 20−10　生命体内的 ATP−ADP 循环

ATP 本身并不能作为生物体的储能物质在体内大量存在,实际上它只是作为一种能量转换中间体,即它在生命体内不断形成,也不断消耗,处于一种动态平衡。ATP−ADP 循环的速率相当高,成人在休息状态下,一天要合成和消耗约 50 kg 的 ATP,而在激烈运动下,每分钟就能合成和消耗 ATP 达 0.5 kg。

ATP 能够使与之相偶联的平衡反应向生成物方向进行的速率提高 10^8 倍。例如:

一个生物运动或反应为

$$A \rightleftharpoons B \quad \Delta G^{\ominus}=+16.7\ kJ\cdot mol^{-1}$$

25 ℃时,平衡常数 K_{eq} 与 $\Delta G^{\ominus}$ 的关系为

$$\Delta G^{\ominus}=-RT\ln K_{eq}=-2477.6\ln K_{eq}$$

所以

$$\frac{[B]_{eq}}{[A]_{eq}}=K_{eq}=1.15\times10^{-3}$$

若与 ATP 偶联,则反应为

$$A + ATP + H_2O \xrightarrow{K_{eq}} B + ADP + Pi \quad \Delta G^{\ominus} = 16.7 + (-30.5) = -13.8\ \mathrm{kJ \cdot mol^{-1}}$$

$$\frac{[B]_{eq}}{[A]_{eq}} \cdot \frac{[ADP]_{eq} \cdot [Pi]_{eq}}{[ATP]_{eq}} = K_{eq} = 2.67 \times 10^2$$

已知生物体中：$\dfrac{[ATP]}{[ADP] \cdot [Pi]} \approx 500$

因此　$$\frac{[B]_{eq}}{[A]_{eq}} = 2.67 \times 10^2 \times 500 = 1.34 \times 10^5$$

可见，ATP 与需能反应偶联的结果，极大地加速了平衡反应向生成物的方向移动。

ATP 在生物体内除以水解方式提供能量外，它也以磷酸化剂的形式直接参与多种生化反应，使反应底物变成活化的磷酸化中间体，然后进行下一步的酶促反应。例如，在糖代谢中，葡萄糖首先经磷酸化生成 6-磷酸葡萄糖。许多生物代谢的反应中，也都是以这种途径进行的。

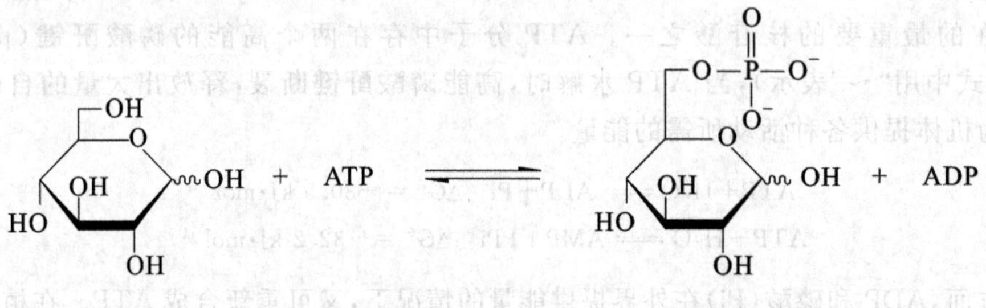

葡萄糖　　　　6-磷酸葡萄糖

此外，ATP 也广泛参与了生物体内多种重要酶系的激活（磷酸化）和失活（去磷酸化）调控过程。

ATP 之所以是一种高能生物载体和高效磷酸化剂，其化学本质可以从三个方面进行解释。

(1) 静电效应　在生理 pH(～ 7.4)条件下，根据解离常数可知，ATP 的磷酸基部分带 3.3 个负电荷，ADP 带 2.8 个负电荷，而磷酸带 1.6 个负电荷，因而 ATP 分子的负电荷密度最高，磷酸残基之间相互排斥作用最强，使得 ATP 分子中的磷酸酐键要比 ADP 或 Pi 更加不稳定，即键能更高。

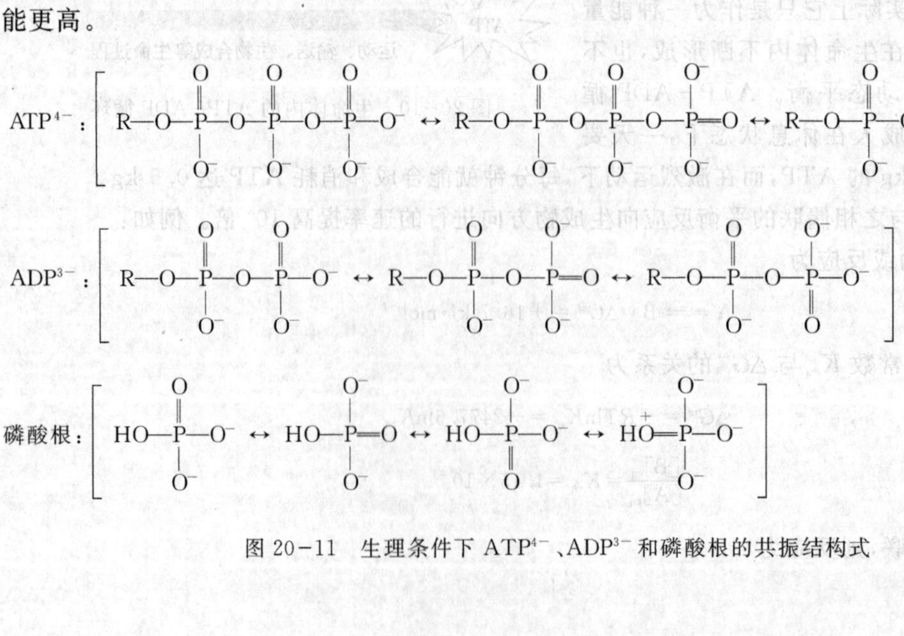

图 20-11　生理条件下 ATP^{4-}、ADP^{3-} 和磷酸根的共振结构式

(2) 溶剂化效应　带负电荷的离子在水溶液中因溶剂化效应而被稳定。由于在 ATP 水解生成 ADP 和 Pi 的反应中，反应物 ATP(负电荷量达 3.3 个)的溶剂化效应没有产物 ADP＋Pi (负电荷总量达 4.4 个)大。

(3) 共振稳定因素　如图 20－11 所示，ATP 解离成 ADP 和磷酸后，共振稳定化因素大大增加。

生物体内除了 ATP 和 ADP 外，还存在与其结构类似的多磷酸核苷酸，如 GTP 和 GDP 等。它们的应用范围比 ATP 小得多，主要在不同的合成代谢反应中作为相应物质活化的磷酸化剂。在许多情况下，ATP 和 GTP 之间可以相互转化。

2. cAMP——第二信使

生物体内还存在游离的环状磷酸核苷酸，其中以 3′,5′－环腺嘌呤核苷单磷酸(adenosine 3′,5′-cyclic monophosphate, cAMP)和 3′,5′－环鸟嘌呤核苷单磷酸(guanosine－3′,5′－cyclic monophosphate, cGMP)研究得较为详细。cAMP 作为激素作用过程中的第二信使，在物质代谢的调节过程中起重要作用。cGMP 在细胞内的确切作用虽未得到肯定，但也受到普遍的重视。

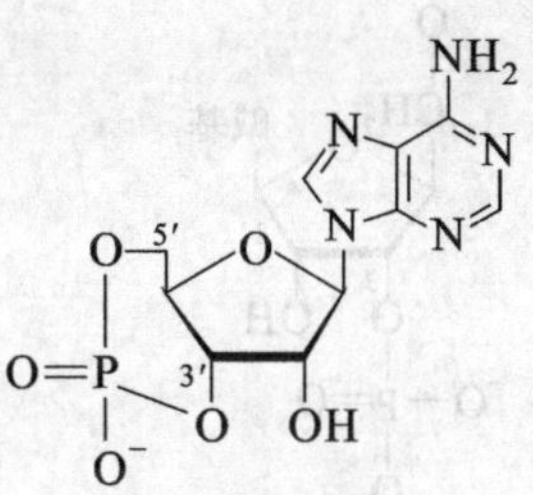

3′,5′－环腺嘌呤核苷单磷酸(cAMP)

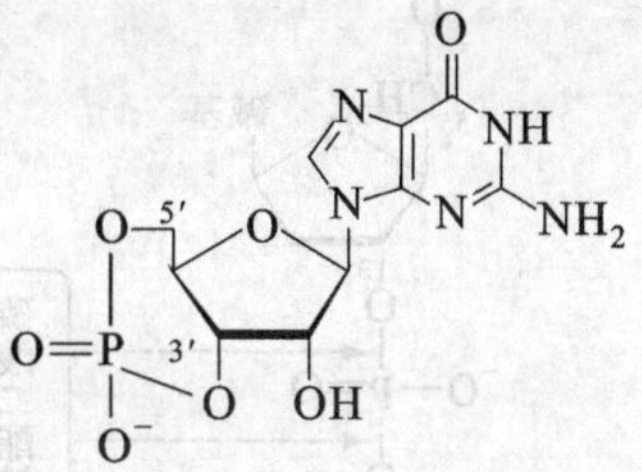

3′,5′－环鸟嘌呤核苷单磷酸(cGMP)

习题 20－8　为什么 ATP 是高能化合物？总结 ATP 的生物学功能。

习题 20－9　分析 cAMP 和 cGMP 中的环状磷酸酯键是高能键(水解能约为 43.9 kJ/mol)的原因。

3. NAD^+ 和 FAD——重要的辅酶

生物体内一些重要的辅酶也是核苷酸的衍生物。例如，氧化还原酶类的辅酶烟酰胺腺嘌呤二核苷酸(nicotinamide adenine dinucleotide, NAD^+)和黄素腺嘌呤二核苷酸(flavin adenine dinucleotide, FAD)分子中都含有 ADP 结构部分。

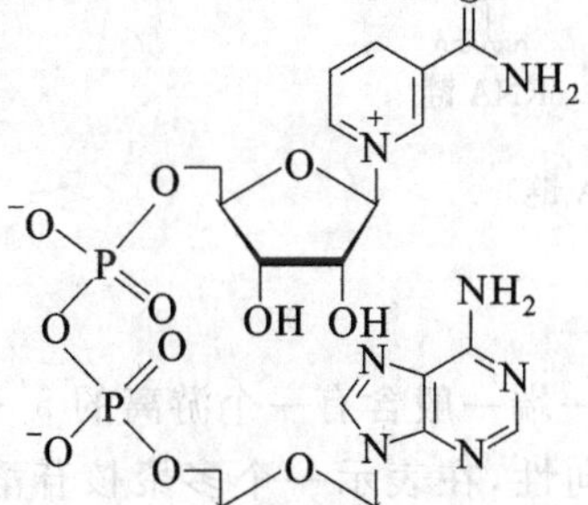

烟酰胺腺嘌呤二核苷酸(NAD^+)

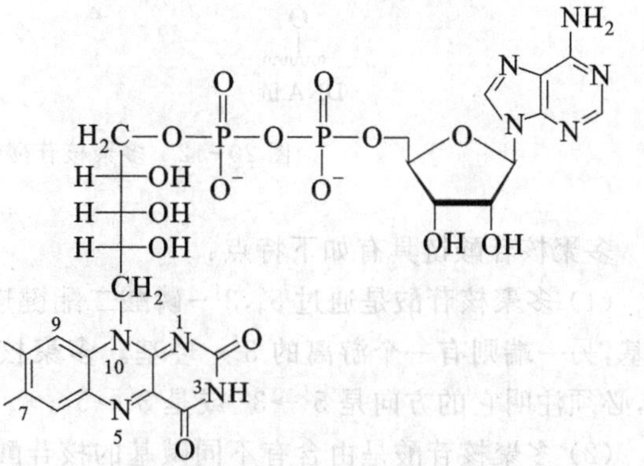

黄素腺嘌呤二核苷酸(FAD)

20.3 核酸的结构

20.3.1 多聚核苷酸

多聚核苷酸是通过核苷酸-5′-磷酸基与另一分子核苷酸C3′羟基形成磷酸二酯键相连而成的链状聚合物。如图20-12所示，由脱氧核糖核苷酸聚合而成的分子称为DNA链；由核糖核苷酸聚合而成的分子称为RNA链。

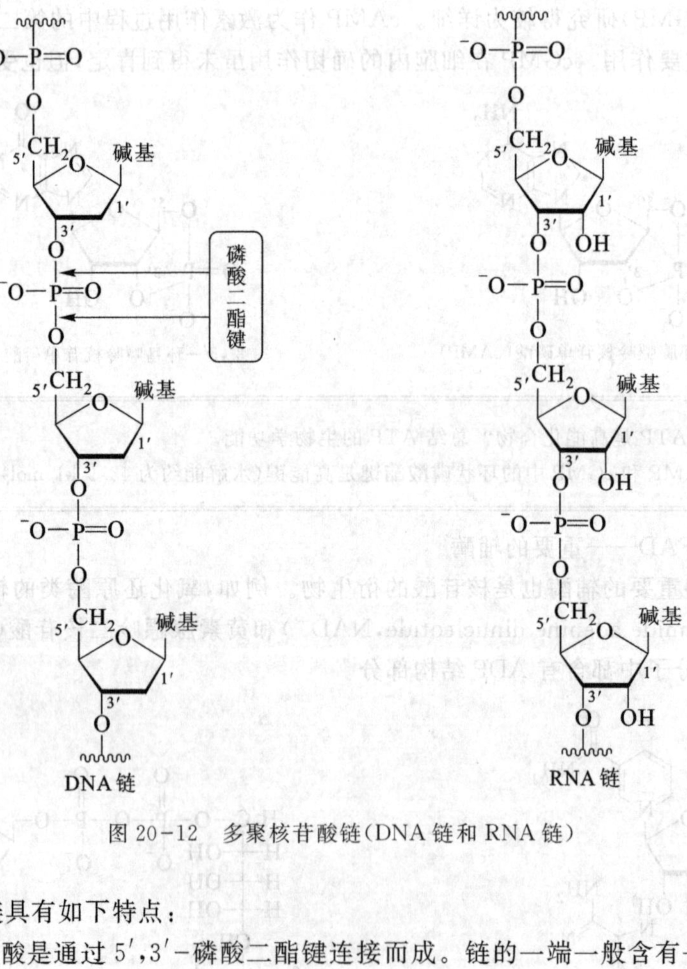

图20-12 多聚核苷酸链(DNA链和RNA链)

多聚核苷酸链具有如下特点：

(1) 多聚核苷酸是通过5′,3′-磷酸二酯键连接而成。链的一端一般含有一个游离的5′-磷酸基，另一端则有一个游离的3′-羟基。多聚核苷酸链具有方向性，在表示一个多聚核苷酸链时，必须注明它的方向是5′→3′或是3′→5′。

(2) 多聚核苷酸是由含有不同碱基的核苷酸所构成，因此具有一定的核苷酸顺序(类似于蛋白质中的氨基酸顺序)，亦即核酸的碱基顺序。核酸的碱基顺序是核酸的一级结构，它具有极其重要的生理意义。实际上，DNA 的碱基顺序本身就是遗传信息储存的分子形式。

在多聚核苷酸链中，由于构成核苷酸单元的戊醛糖和磷酸基相同，体现核苷酸差别的实际上只是它所带的碱基，如果用 P 表示磷酸基，竖线表示戊醛糖，多聚核苷酸的结构可以简化为

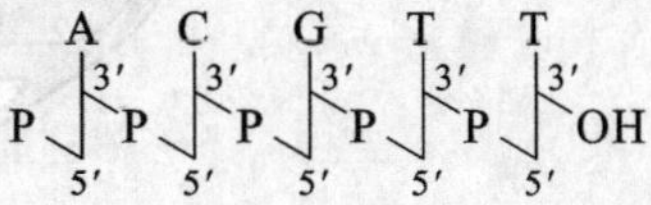

该多聚核苷酸的核苷酸顺序还可更为简化地表示为

$$5'-pApCpGpTpT-3'$$

如果仅关心其中的碱基顺序，则最简便的写法是：$5'-ACGTT-3'$。

20.3.2　DNA 的二级结构

1953 年，Watson 和 Crick 在前人研究的基础上，应用 DNA 晶体的 X 射线衍射图谱和分子模型，提出了著名的 DNA 双螺旋（DNA double helix）结构模型，并对 DNA 的生理意义作出了科学的解释和预测。这一发现，对揭示生命现象的本质和发展与生命科学相关的其他学科产生了深远的影响。

事实上，天然的 DNA 能以三种不同的螺旋形式存在，B—DNA，A—DNA 和 Z—DNA。其中 B—DNA 和 A—DNA 为右手螺旋，Z—DNA 为左手螺旋。Watson 和 Crick 提出的是 B—DNA 双螺旋结构模型，它是水溶液体系中最主要的一种螺旋形式，A—DNA 是非极性溶剂体系中的主要结构形式，Z—DNA 则往往出现在富含 G—C 碱基对的结构区域。实际上，生命体中存在的 DNA 主要以 B—DNA 这种螺旋形式存在。

B—DNA 双螺旋结构模型如图 20-13（见彩页 4）和图 20-14 所示，其要点如下：

(1) DNA 分子由两条多聚核苷酸链组成。两条链沿着一个共同的轴平行盘绕，形成（右手）双螺旋结构。螺旋中的两条链方向相反，即其中一条 DNA 链方向为 $5'\rightarrow3'$，另一条为 $3'\rightarrow5'$。

(2) 嘌呤和嘧啶碱基位于螺旋的内侧，磷酸和脱氧核糖基位于螺旋外侧。碱基环平面与螺旋轴垂直，糖基环平面与碱基环平面成 90°角。

(3) 螺旋的横截面的直径为 2 nm，每条链相邻两个碱基之间轴距为 0.34 nm，每 10 个核苷酸形成一个螺旋，螺旋的螺距（即螺旋旋转一圈上升的高度）为 3.4 nm。

(4) 两条多聚核苷酸链的盘绕力是链间的碱基对所形成的氢键和相邻碱基平面间的 $\pi-\pi$ 堆积作用。DNA 分子中，碱基对的形成有严格的配位规律，即 A 与 T 配对，G 与 C 配对（图 20-14）。因此在 DNA 分子中，嘌呤碱的总数与嘧啶碱的总数相等（即 A+G ＝ T+C）。也就是说，DNA 双螺旋的两条链是严格按照碱基配对原则通过氢键维系的方向相反的互补链。

还需要注意的是，DNA 双螺旋的两条链盘绕成两种大小不同的“沟”（grooves），较宽的称为大沟（major groove），沟宽 1.2 nm，较窄的约 600 pm 宽，称为小沟（minor groove）。研究发现，平面多环芳香化合物可以斜向进入两条链间槽内并且插入到堆积的碱基对之间。许多致癌和治癌试剂就是通过这种方式（DNA 嵌插剂）起作用的。

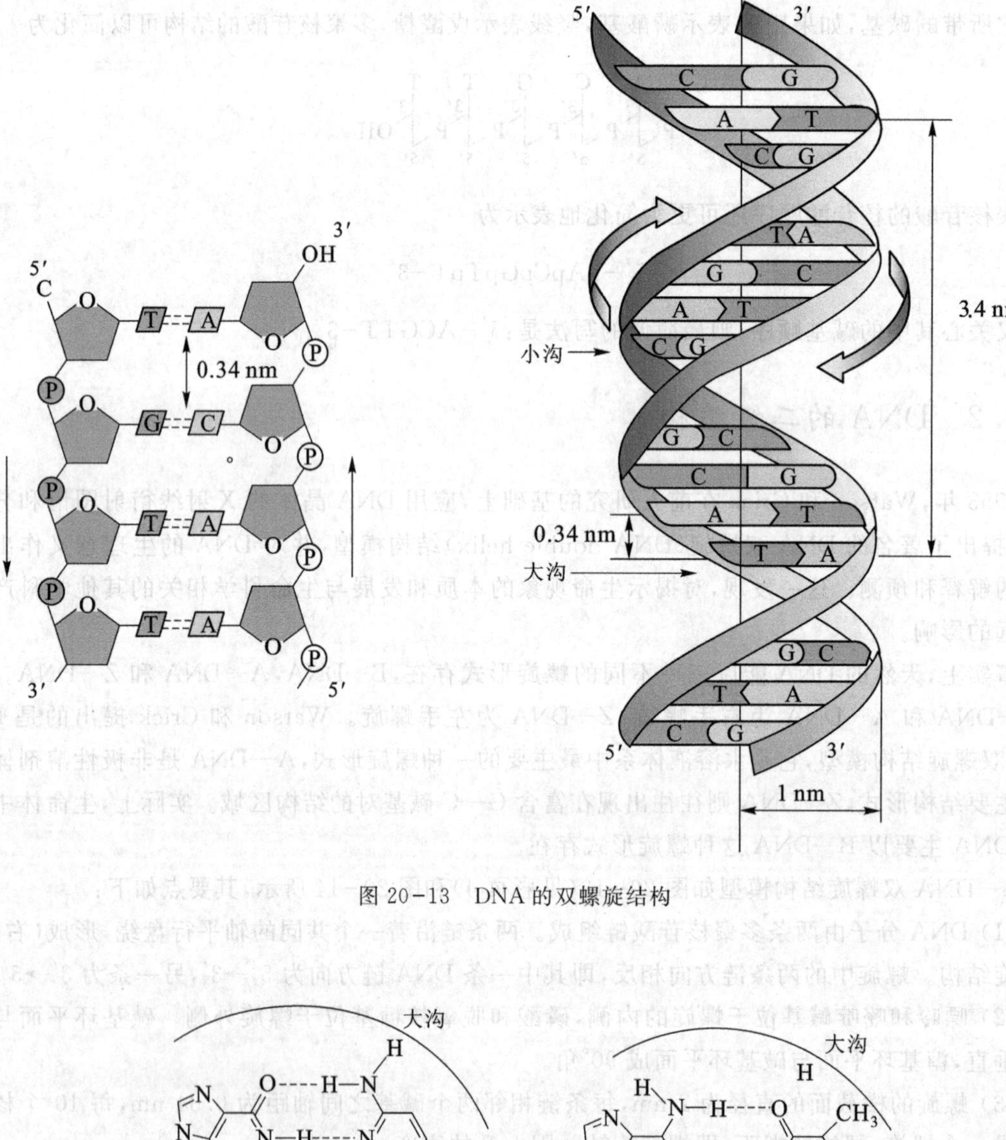

图 20-13 DNA 的双螺旋结构

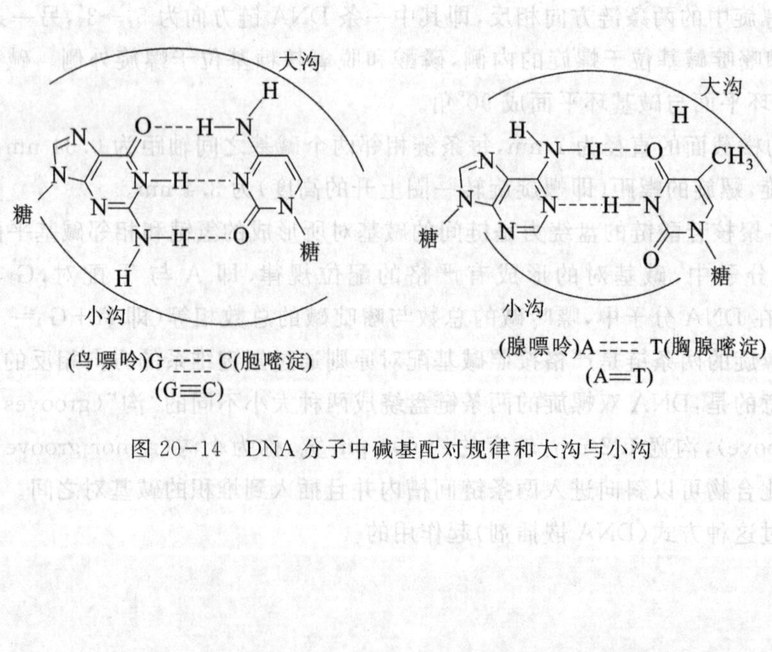

图 20-14 DNA 分子中碱基配对规律和大沟与小沟

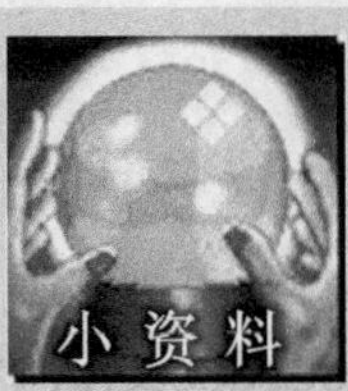

DNA 的 G－四链体结构

生命体内，作为遗传基础物质的 DNA 除了存在 Watson－Crick 双螺旋这种具有极其重要生物学功能的二级结构形式外，同时还存在其他的与生物学功能密切相关的二级结构形式。近些年来，最为引人注目的是 G－四链体(G－quadroplex)。

G－四链体是由一段富含鸟嘌呤(G)的 DNA 序列折叠成的四链体型二级结构。在一定条件下，链间或链内相对应的四个 G 残基之间通过 Hoogsten 氢键联合形成 G－四分体(G－quartet)平面。由于富 G–DNA 片段中的 G 残基成串排列，因而，几个四分体平面通过 π–π 堆积作用层层堆叠，就形成了稳定的四链体 DNA 结构。由于这段四链体是以 G 残基为主形成的，故称为 G－四链体 DNA。

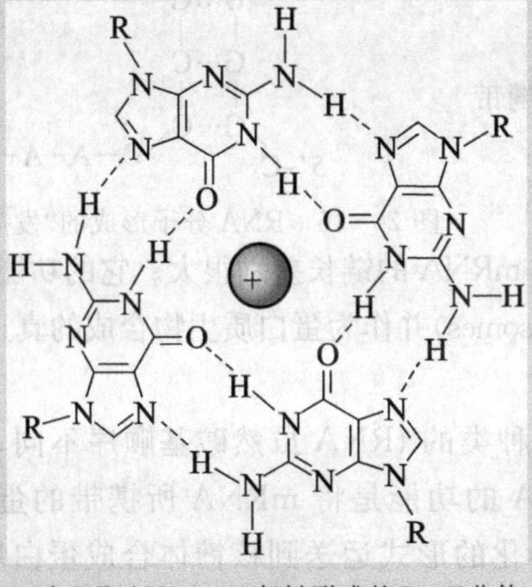
四个G通过Hoogsten氢键形成的G－四分体

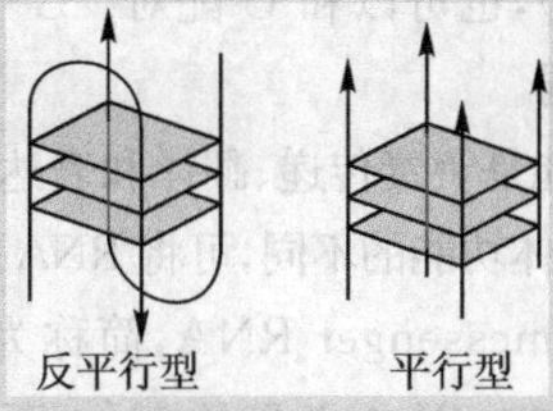

分子间形成的G－四链体

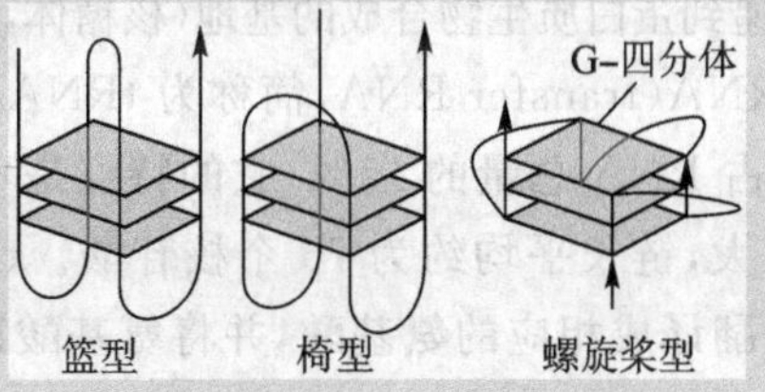

分子内形成的G－四链体

研究发现，富含 G 的 DNA 序列可以在高浓度的钠、钾离子存在下形成 G－四链体结构。某些具有特殊结构、分子中带有正电荷的有机小分子化合物(又称为配体)，也能够通过与 DNA 相互作用，诱导形成和稳定 G－四链体。事实上，人体内多种癌基因/增殖基因中都存在 G－四链体，构成人癌基因 G－四链体家族(quadrome)，用于控制基因的表达，被认为是癌基因/增殖基因的关键性沉默元件。因此，G－四链体 DNA 被认为是抗癌新药设计与研究的新靶点。

习题 20－10　下列哪个碱基对不是核酸中常见的？

(1) A—T　　(2) C—G　　(3) U—T　　(4) A—U

习题 20－11　碱基对是通过哪种键力形成的？通过示意图标出核酸中五种碱基的各个功能基是作为氢键的受体(A)，还是氢键的供体(D)，或者二者兼备(D/A)。

20.3.3　RNA 的结构和分类

从化学组成上看，RNA 具有与 DNA 相似的结构，只是其中的糖组分是核糖，四个碱基为 A，G，C 和 U。RNA 分子比 DNA 分子小得多。在立体结构上，RNA 与 DNA 有明显的差异。RNA 是单链分子，因此并不遵守碱基种类的比例关系，即 RNA 分子中嘌呤碱基的总数不一定等于嘧啶碱基的总数。在 RNA 分子中，部分区域也能形成双螺旋结构。不能形成双螺旋的部分，会形成突环(loop)，这种结构可形象地称为“发夹型”(hairpin)结构，见图 20-15。RNA 的双螺旋结构区域中碱基配对情况并不像 DNA 分子中那样严格。G 除了可以和 C 配对外(主要配对方式)，也可以和 U 配对。G—U 配对形成氢键的能力相对较弱。

RNA 的基本功能是负责传递、翻译和表达 DNA 所携带的遗传信息。根据具体功能的不同，可将 RNA 分为三类：

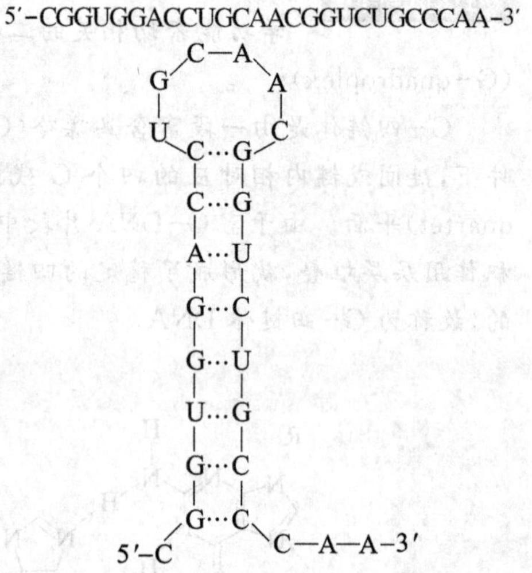

图 20-15　RNA 分子形成的“发夹型”结构

1. 信使 RNA(messenger RNA，简称为 mRNA)

mRNA 约占细胞中 RNA 总量的 5%。不同类型的 mRNA 的链长差别很大。它的功能是将 DNA 的遗传信息传递到蛋白质生物合成的基地(核糖体，ribosomes)并作为蛋白质生物合成的真正模板。

2. 转移 RNA(transfer RNA，简称为 tRNA)

tRNA 约占 RNA 总量的 15%，它的特点是不同种类的 tRNA 虽然碱基顺序不同，但其大小和形状差别不大，链长平均约为 75 个核苷酸。tRNA 的功能是将 mRNA 所携带的蛋白质的氨基酸顺序信息翻译成相应的氨基酸，并将氨基酸以活化的形式运送到核糖体合成蛋白质。因此，20 种基本氨基酸，每一种最少有一个相应的 tRNA。

3. 核糖体 RNA(ribosomal RNA，简称 rRNA)

rRNA 约占 RNA 总量的 80%，是组成蛋白质合成基地核糖体蛋白质(又称核糖体)的主要成分。rRNA 结构比较复杂，它们详细的作用机制目前尚不清楚。一般认为它与蛋白质合成有密切关系。

习题 20-12　RNA 从功能上分为哪三类？请说明这三种 RNA 的功能。

20.4　核酸的性质

20.4.1　核酸的水解

核酸中存在 C—N 糖苷键、磷酸酯键，它们能被酸、碱和酶水解。

1. 酸水解

糖苷键和磷酸酯键都能被酸水解，其中糖苷键比磷酸酯键更易被酸水解。不同的糖苷键对酸的耐受能力不同，如嘌呤碱形成的糖苷键比嘧啶碱形成的糖苷键对酸更不稳定，而又以嘌呤碱与脱氧核糖之间形成的糖苷键最不稳定。DNA 在 pH ＝ 1.6，37 ℃下进行透析，即可完全除去嘌呤碱，成为无嘌呤酸（apurinic acid）。对于嘧啶碱形成的糖苷键，通常需要较强烈的条件，如可用三氟乙酸在 155 ℃下加热 60 min（对 DNA）或 80 min（对 RNA）。

2. 碱水解

核酸分子中的磷酸二酯键在碱性条件下可以水解断裂。DNA 和 RNA 对碱的耐受程度有很大差别。例如，在 0.1 mol/L NaOH 溶液中，RNA 几乎可以完全水解，生成 2′-核苷酸或 3′-核苷酸；DNA 在同样条件下则不受影响。这种水解性能上的差别，与 RNA 核糖 2′-OH 的邻基参与作用有很大关系。如图 20-16 所示，在 RNA 水解时，2′-OH 首先进攻磷酸酯基，在断开磷酸酯键的同时形成环状磷酸二酯中间体，然后在碱的作用下形成水解产物。

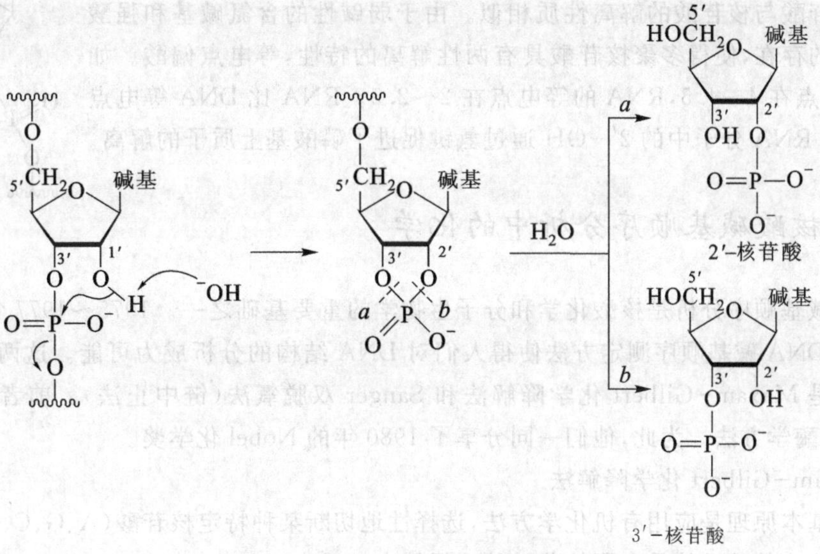

图 20-16　RNA 的碱水解反应过程

3. 酶水解

生物体内存在多种核酸水解酶。这些酶可以水解断裂多聚核苷酸链中的磷酸二酯键。根据水解底物是 DNA 还是 RNA，核酸水解酶分为 DNA 水解酶（DNAase）和 RNA 水解酶（RNAase）。

20.4.2　紫外吸收

核酸的紫外吸收特性来源于其分子中含有嘌呤和嘧啶碱基。其最大吸收波长在 260 nm 附近。

紫外吸收测定法是实验室最常用的定量测定 DNA 和 RNA 的方法。由于碱基的紫外吸收受溶液 pH 等条件的影响，因此测定时应注意在一定的 pH 下进行。另外，蛋白质因含有芳香氨基酸在 280 nm 处有最大吸收。利用核酸和蛋白质紫外吸收的这种差别，可以鉴定核酸试样中的杂蛋白。在定性测定核酸试样的纯度时，可先分别读出 260 nm 和 280 nm 的吸光度（即 A_{260} 和 A_{280}），然后从 A_{260}/A_{280} 的比值即可判断试样的纯度。纯 DNA 的 A_{260}/A_{280} 应大于 1.8，纯 RNA 的 A_{260}/A_{280} 应达到 2.0。试样中如含有杂蛋白等，A_{260}/A_{280} 会明显降低。

被测试样中核酸的含量可以利用核酸的比吸收系数进行测定。比吸收系数是指一定浓度的核酸溶液的吸光度。天然 DNA 的比吸收系数为 0.02（即浓度为 1 μg/mL 的 DNA 溶液在 260 nm处的吸光度），RNA 的比吸收系数为 0.022。运用下面的公式就可计算出被测试样中核酸的含量。

核酸含量（μg/mL）＝（被测试样 A_{260} －对照试样 A_{260}）×稀释倍数/0.02（或 0.022）

20.4.3　解离性质

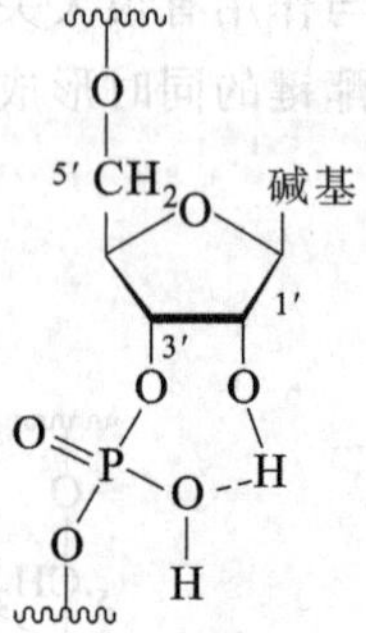

多聚核苷酸与核苷酸的解离性质相似。由于弱碱性的含氮碱基和强酸性的磷酸基的存在，使得多聚核苷酸具有两性解离的特性，等电点偏酸。如 DNA 的等电点在 4～4.5，RNA 的等电点在 2～2.5。RNA 比 DNA 等电点低的原因，是 RNA 分子中的 2′-OH 通过氢键促进了磷酸基上质子的解离。

20.4.4　核酸碱基顺序分析中的化学

核酸的碱基顺序分析是核酸化学和分子生物学的重要基础之一。1975～1977 年，相继发展起来的两种 DNA 碱基顺序测定方法使得人们对 DNA 结构的分析成为可能。这两种重要的测序方法分别是 Maxam-Gilbert 化学降解法和 Sanger 双脱氧法（链中止法）。前者属于化学方法，后者属于酶学方法。为此，他们一同分享了 1980 年的 Nobel 化学奖。

1. Maxam-Gilbert 化学降解法

该法的基本原理是应用有机化学方法，选择性地切断某种特定核苷酸（A、G、C、T）所形成的磷酸酯键。此法的关键就是多聚核苷酸的选择性水解反应。

Maxam-Gilbert 法分为五步：

第一步：将巨大的 DNA 链切割成较小的 DNA 片段。由于 DNA 分子都非常巨大，在 DNA 链测序工作中首先需要将很长的 DNA 链用限制性内切酶（restriction endonucleases）选择性地定点切割成若干个较短的 DNA 片段。

不同的限制性内切酶切割的位点不同，这样就可以得到一组以上的 DNA 片段组，在各个 DNA 片段的顺序测定完成后，便可通过重叠法确定整个 DNA 链的顺序。

第二步：在多聚核苷酸激酶作用下，将放射性同位素 ^{32}P 标记到每个 DNA 片段的 5′-端上。例如下面的标记片段：

$$5'-{}^{32}P—GATCAGCGAT-3'$$

第三步：被标记的 DNA 片段试样被分成四份，分别进行下面不同的化学断裂（或降解）反应，使得断裂的位置分别处在：(1)A；(2)G；(3)C；(4)T 和 C。

尽管一个断裂反应会产生许多片段，但只有那些带有放射性标记(^{32}P)的片段对测序才是有用的。例如，断裂 A 处时产生的有用片段是：^{32}P—G，^{32}P—GATC，^{32}P—GATCAGCG 以及原始片段 ^{32}P—GATCAGCGAT。

以下对选择性化学降解反应进行详细介绍：

(1) 嘌呤碱残基的选择性水解　如图 20-17 所示，核酸中的两种嘌呤碱在温和条件下，与硫酸二甲酯作用分别生成碱基被甲基化的产物。这两种甲基化产物水解脱去碱基的条件不同。中性条件下 N^7-甲基鸟嘌呤即可脱去，而在酸性条件下 N^3-甲基腺嘌呤容易脱去。利用这一差别可以通过控制条件选择性地断裂嘌呤碱形成的 C—N 糖苷键。脱去了碱基的核糖上的磷酸二酯键，在 0.1 mol/L 的 NaOH 碱性条件下发生断裂，而其他的磷酸二酯键在此条件下不受影响。

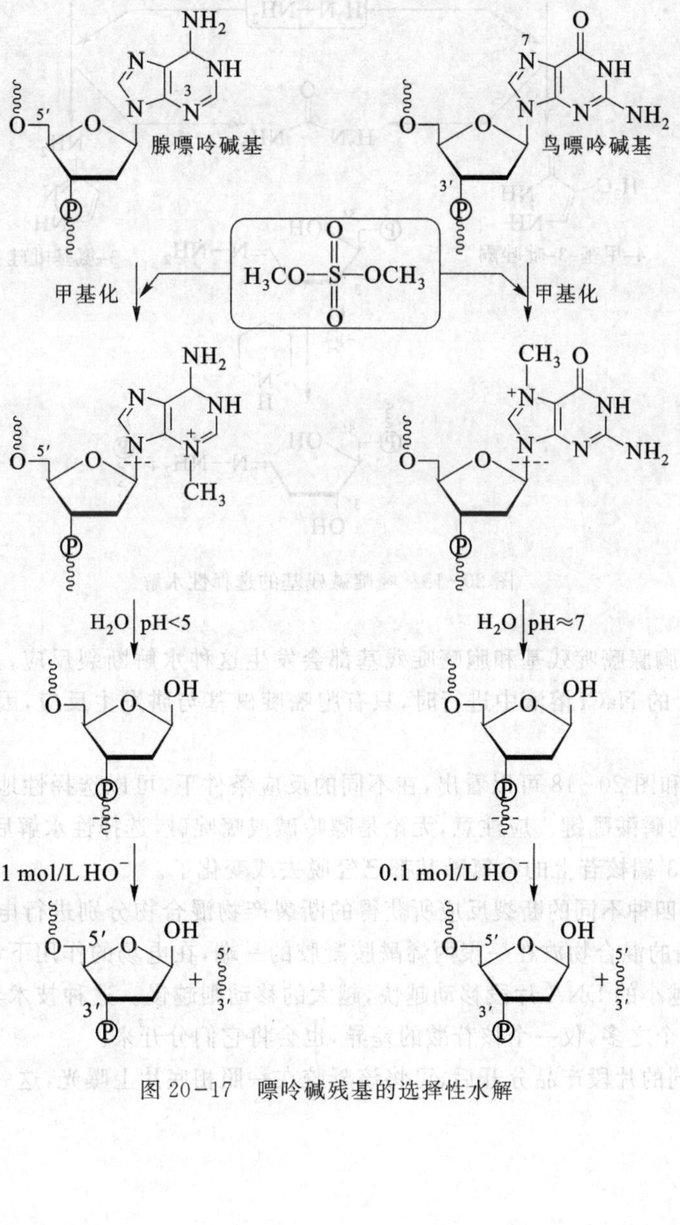

图 20-17　嘌呤碱残基的选择性水解

(2) 嘧啶碱残基的选择性水解　如图 20－18 所示，DNA 链用肼处理，其中的嘧啶碱残基被脱去，生成核糖腙衍生物，再在哌啶(piperidine)作用下水解，核糖腙 3′位的磷酸酯键被水解断裂。

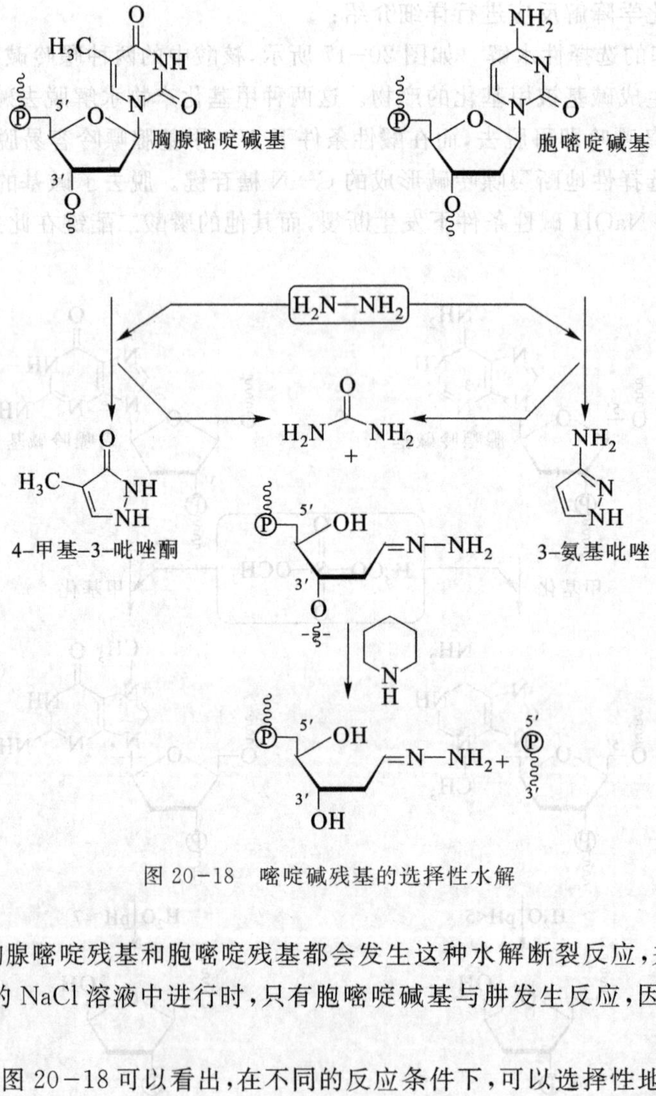

图 20－18　嘧啶碱残基的选择性水解

一般情况下，胸腺嘧啶残基和胞嘧啶残基都会发生这种水解断裂反应，并无选择性。但是，如果在 5 mol·L^{-1} 的 NaCl 溶液中进行时，只有胞嘧啶碱基与肼发生反应，因此可以达到选择性断裂的目的。

由图 20－17 和图 20－18 可以看出，在不同的反应条件下，可以选择性地切断分别由四种不同的核苷酸形成的磷酸酯键。应注意，无论是嘌呤碱或嘧啶碱，选择性水解后，在水解位点(即磷酸酯键断裂位点)3′端核苷上的含氮碱基都已经脱去或变化了。

第四步：通过四种不同的断裂反应所获得的断裂产物混合物分别进行电泳分析。就是将一种 DNA 断裂产品的混合物放在一聚丙烯酰胺凝胶的一端，在电场的作用下，带电荷的产物就会在凝胶上移动。越小的 DNA 片段移动越快，越大的移动则越慢。这种技术灵敏度相当高，即使 DNA 片段有 600 个之多，仅一个核苷酸的差异，也会将它们分开来。

电泳法将不同的片段产品分开后，可将该凝胶在一照相底片上曝光，这一操作称做自显影技术(autoradiography)。凡是5′端带有^{32}P放射性标记的片段便会在底片上显示出一个黑色条带,而那些不带放射性标记的片段则不会被看见。图20-19展现Maxam-Gilbert法的基本过程。

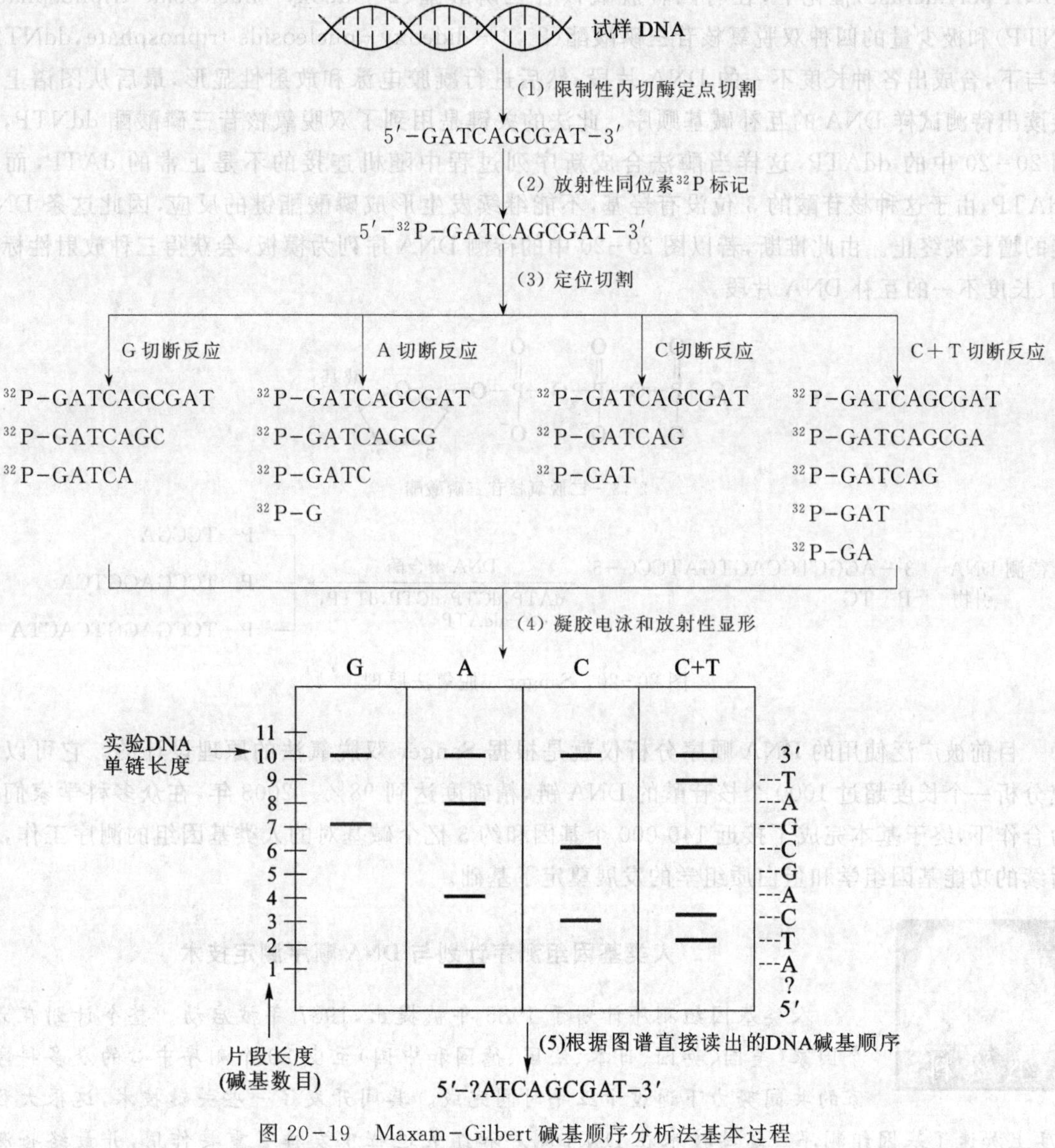

图20-19　Maxam-Gilbert碱基顺序分析法基本过程

第五步:根据电泳图谱可直接读出DNA链的碱基顺序。但应该注意的是,从Maxam-Gilbert法得到的图谱中,不能直接读出DNA 5′端的碱基是什么,需要应用特殊的端基分析法方能确定。这是因为断裂反应获得的是具有5′端放射性标记的处于该碱基前面的片段,因而5′端第一个碱基无法通过该法确定。

2. Sanger双脱氧法中的化学

Sanger法的基本原理与Maxam-Gilbert法有相似之处,都是通过得到多种不同长度的

DNA 片段，进行凝胶电泳后从电泳图谱上读出被测试样的碱基顺序。但是它们在实施方案上完全不同。Sanger 法是将待测定的 DNA 单链作为模板；一小段人工合成的 5′端带有 ^{32}P 标记的 DNA 作为引物（primer），引物 DNA 与待测 DNA 单链的 3′端部分顺序互补；在 DNA 聚合酶（DNA polymerase）催化下，在有四种脱氧核苷三磷酸酯（2′-deoxy-nucleoside triphosphate，dNTP）和极少量的四种双脱氧核苷三磷酸酯（2′，3′-dideoxy-nucleoside triphosphate，ddNTP）参与下，合成出各种长度不一的 DNA 片段，然后进行凝胶电泳和放射性显形，最后从图谱上直接读出待测试样 DNA 的互补碱基顺序。此法的关键是用到了双脱氧核苷三磷酸酯 ddNTP，如图 20-20 中的 ddATP，这样当酶法合成新序列过程中随机连接的不是正常的 dATP，而是 ddATP，由于这种核苷酸的 3′位没有羟基，不能继续发生形成磷酸酯键的反应，因此这条 DNA 链的增长被终止。由此推断，若以图 20-20 中的待测 DNA 序列为模板，会获得三种放射性标记的、长度不一的互补 DNA 片段。

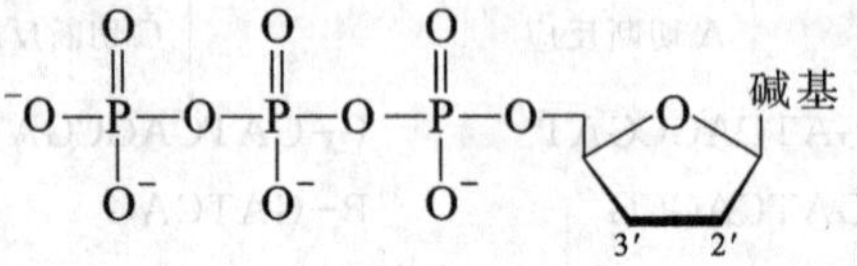

2′，3′-二脱氧核苷三磷酸酯

待测 DNA　3′-AGGCTCCAGTGATCCG-5′
引物　^{32}P—TC

DNA 聚合酶 → dATP，dGTP，dCTP，dTTP，2′，3′-ddATP

^{32}P—TCCGA
^{32}P—TCCGAGGTCA
^{32}P—TCCGAGGTCACTA

图 20-20　Sanger 二脱氧法原理

目前被广泛使用的 DNA 顺序分析仪就是根据 Sanger 双脱氧法的原理设计的。它可以快速分析一个长度超过 1000 个核苷酸的 DNA 链，精确度达到 98%。2003 年，在众多科学家们努力合作下，终于基本完成了接近 140 000 个基因和约 3 亿个碱基对的人类基因组的测序工作，为后续的功能基因组学和蛋白质组学的发展奠定了基础。

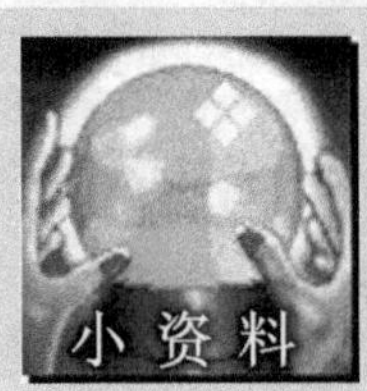

人类基因组测序计划与 DNA 顺序测定技术

人类基因组测序计划于 1985 年被提出，1987 年被启动。整个计划在六个国家（美国、英国、日本、法国、德国和中国）至少 20 个测序中心的众多科学家的共同努力下通过十五年时间完成。其间开发了一些关键技术，这很大程度上加速了基因组测序。这些技术在 DNA 测序和组装过程中发挥了重要作用，并最终将测序的费用从每完成一对碱基需要 1 美元降低到 10 美分。这些技术包括：(1) 自动处理克隆 DNA 的方法；(2) 快速 DNA 测序的生化和分析系统；(3) 组织和分发 DNA 序列的计算机系统；(4) 估计序列可靠性、组装 DNA 序列和鉴定基因的一些算法。

在基因组计划的开始阶段，人工测序 DNA 是相当费时费力的。基因组测序计划的一个主要推动力是开发自动测序技术。Frederick Sanger 于 1977 年开发的链中止法成为现代 DNA 测序技术的基石。

Frederick Sanger，1918 年出生于英国，在剑桥大学获得博士学位，并在剑桥大学医学研究委员会分子生物学实验室从事科学研究。他因首次测定胰岛素的一级结构获得 1953 年的 Nobel 化学奖，又因在核酸测序研究方面的贡献于 1980 年再度分享了 Nobel 化学奖。

20.5　多聚核苷酸的合成

20.5.1　DNA 的生物合成——DNA 的复制

Watson 和 Crick 发现了 DNA 的双螺旋结构不久，就根据双螺旋结构模型提出了著名的 DNA 复制（replication）机制假说，其要点如下：

(1) 当细胞分裂时，组成 DNA 双螺旋的两条链拆开，形成两条单链。

(2) 分别以拆开后的两条 DNA 单链为模板，由 DNA 聚合酶催化，以四种脱氧核苷三磷酸酯（dATP，dGTP，dCTP 和 dTTP）作为底物，按照碱基配对原则（A 对 T，C 对 G），分别合成与模板完全互补的新链，并形成两个新的 DNA 双螺旋分子。这样经过一个复制周期后，子代 DNA 分子的两条多聚核苷酸链中，一条来自亲代 DNA 分子，另一条是新合成的。两个 DNA 分子分别进入两个子细胞。这样，两个子细胞就具有和原来母细胞相同的基本性状。DNA 的这种合成方式称为半保留复制（semiconservative replication）（如图 20-21）。

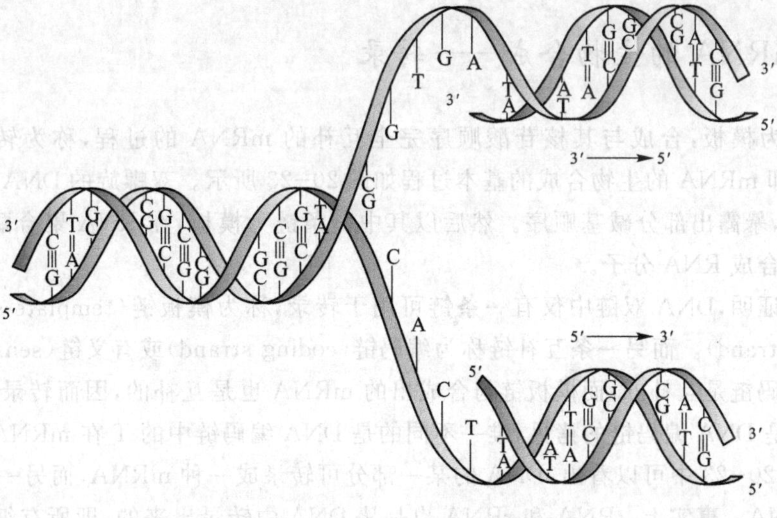

图 20-21　DNA 的半保留复制

在核酸生物合成中所涉及的所有反应都是在酶的催化下进行的。从图 20-22 可以看出，DNA 生物合成的方向是 5′→3′。

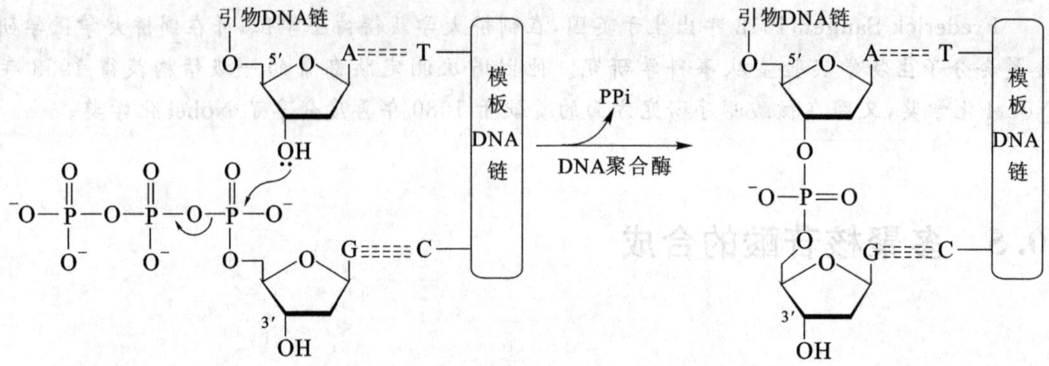

图 20-22 DNA 聚合酶催化下的 DNA 合成

人体细胞的遗传信息含 23 对染色体，每个染色体由几千个基因(即 DNA 片段)组成。一个人体细胞的所有基因的总和(又称为人类基因组，the human genome)含有 3.1 亿个碱基对。尽管 DNA 分子如此巨大，但它们在合成过程中的碱基顺序都是严格复制的，复制过程大约只需几分钟，而且约 10～100 亿个碱基仅会发生一个复制错误。

习题 20-13 如果 DNA 的一条链的碱基顺序是：5′-GGACCTAGATG-3′

问：(1) 与这条 DNA 链互补的链的碱基顺序如何？(2) 互补链 5′端的碱基是什么？

习题 20-14 若用一条黑线代表母体 DNA，用波纹线代表从母体 DNA 合成的子代 DNA，请展示第四子代的 DNA 分子。

20.5.2 mRNA 的生物合成——转录

以 DNA 为模板，合成与其核苷酸顺序完全互补的 mRNA 的过程，称为转录(transcription)。转录，即 mRNA 的生物合成的基本过程如图 20-23 所示。双螺旋的 DNA 分子在转录时双链局部解开，暴露出部分碱基顺序。然后以其中一条链为模板，在 RNA 聚合酶的作用下，按碱基配对原则合成 RNA 分子。

许多实验证明，DNA 双链中仅有一条链可用于转录，称为模板链(template strand)或反义链(antisense strand)。而另一条互补链称为编码链(coding strand)或有义链(sense strand)。既然模板链和编码链是互补的，而模板链与合成出的 mRNA 也是互补的，因而转录过程中所生成的 RNA 分子是 DNA 编码链的拷贝，唯一不同的是 DNA 编码链中的 T 在 mRNA 链中是 U。

从示意图 20-23 中可以看出，DNA 的某一部分可转录成一种 mRNA，而另一部分也可转录成另一种 mRNA。事实上，tRNA 和 rRNA 也是从 DNA 中转录出来的，即所有细胞的 RNA 都是由 DNA 转录而来。

mRNA 分子一般较小，容易通过核膜进入细胞质中与核糖体结合，作为蛋白质合成的模板。

DNA 除了作为模板指导 RNA 的合成外，还存在一些特殊区域(特定的碱基顺序)，作为 RNA 转录的起始或终结指令。

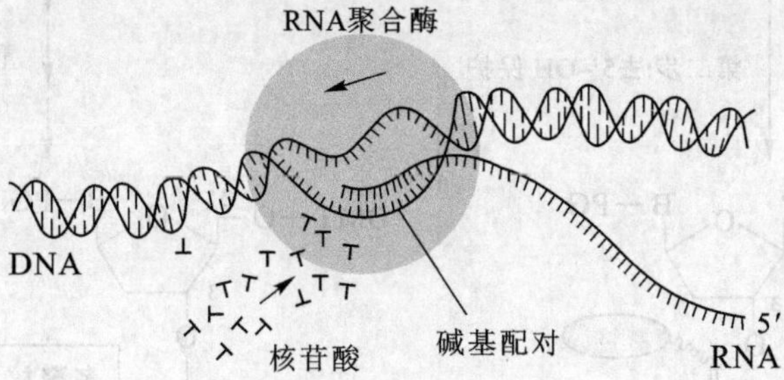

图 20-23 mRNA 的生物合成

习题 20-15 什么样的 RNA 碱基序列是 DNA 碱基序列 5′-GATTCACTAAGT-3′的互补？

20.5.3 寡聚核苷酸的化学合成

寡聚核苷酸的化学合成，在理论和实际应用方面都具有重要意义。核酸的化学合成是一个非常复杂的过程，需要对不参加反应的基团进行保护和去保护，同时还需要对参加反应的基团进行活化。尽管如此，目前 DNA 自动合成仪已经问世，它是根据 DNA 固相合成法设计出来的。这种合成仪目前已经可以快速而准确地合成大小超过 200 个核苷酸的 DNA 片段。

DNA 固相合成法基本过程如图 20-24 所示。

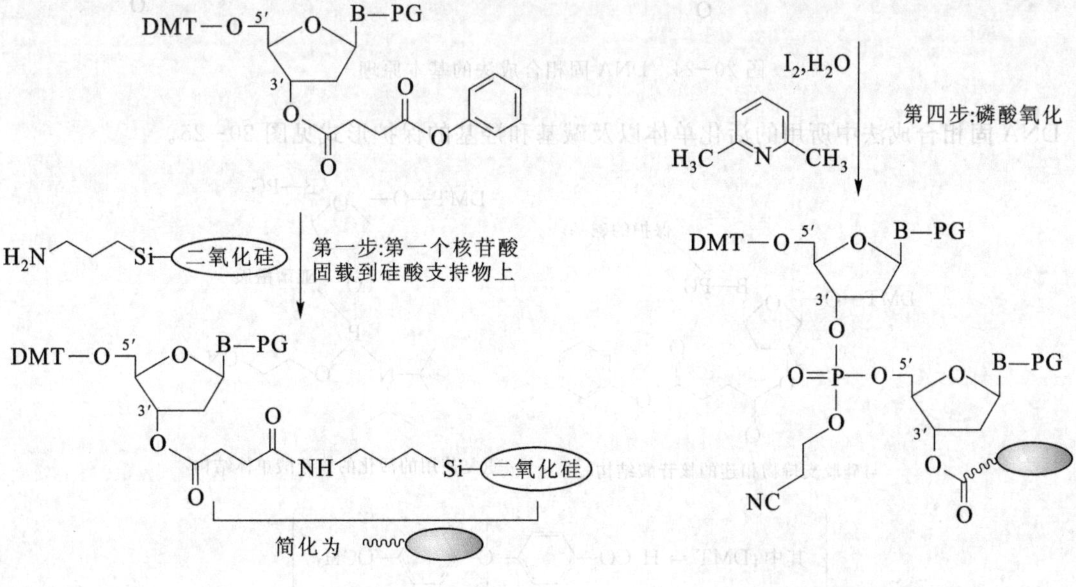

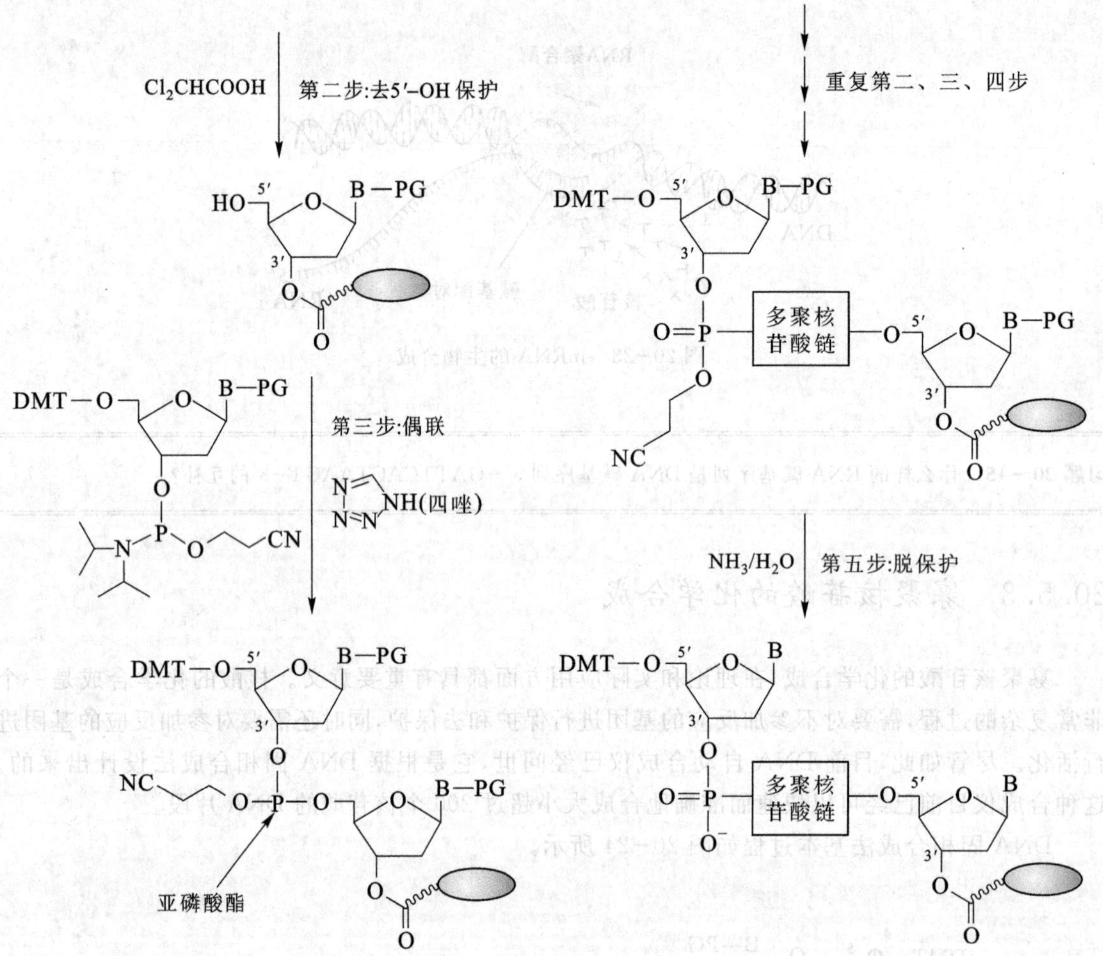

图 20-24　DNA 固相合成法的基本原理

DNA 固相合成法中所用的活化单体以及碱基和羟基的保护形式见图 20-25。

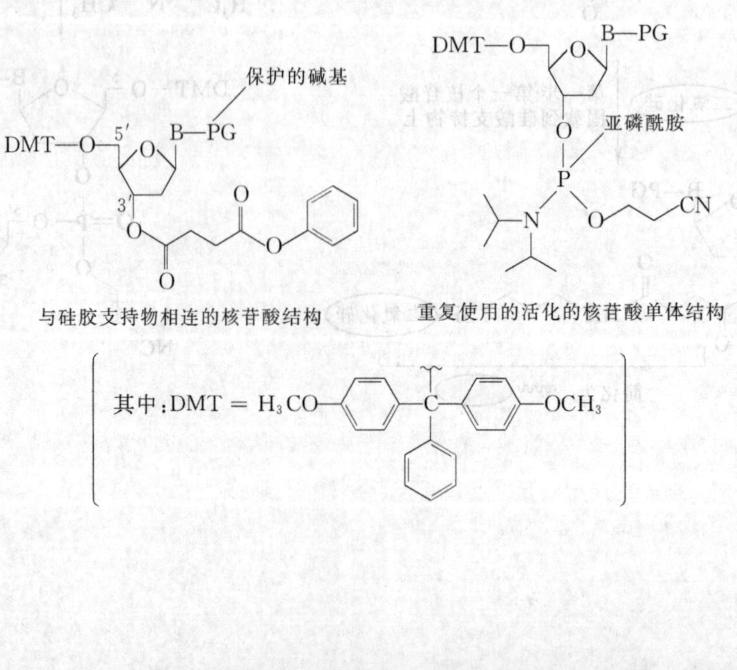

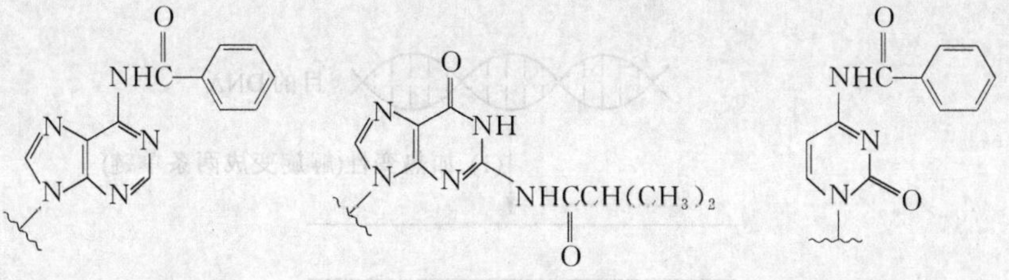

N^6-保护的腺嘌呤　　N^2-保护的鸟嘌呤　　N^4-保护的胞嘧啶

图 20-25 用于核酸固相合成中的一些基本元件

不同的碱基有不同的氨基保护形式，其中腺嘌呤和胞嘧啶用苯甲酰基保护，鸟嘌呤用正丁酰或异丁酰基保护，而胸腺嘧啶由于没有环外 NH_2 而不需保护。

习题 20－16 DMT 醚很易在中等酸性条件下被断裂。试说明该断裂的反应机理。

习题 20－17 建议一个用氨水处理脱去 β-腈基乙基保护基的机理。

20.5.4 PCR 法合成 DNA

1986 年 Kary Mullis 发明了一种重要的 DNA 扩增技术，即 PCR 技术。PCR 技术是聚合酶链反应(polymerase chain reaction)的简称。这种技术就像是印刷术复制出多本书一样，PCR 可以产生目的 DNA 片段的多个拷贝。例如，少于 1 pg 的含有 10 000 个核苷酸残基的 DNA 分子(约含有 100 000 个分子)，通过 PCR 技术可以在几个小时内获得几微克的 DNA 分子(约 10^{11} 个分子)。

PCR 技术的关键是热稳定性的 DNA 聚合酶(*Taq*，Ven 和 *Pfu* DNA 聚合酶)，这类酶可以在较高温度下(70～85 ℃)进行催化聚合。

PCR 的基本原理是应用与待扩增目的 DNA 片段两侧互补的引物，在 DNA 聚合酶的作用下，引发目的 DNA 片段反复复制，从而使该目的 DNA 片段迅速增加。

PCR 的基本过程可分为三步(如图 20-26)，首先合成出与 DNA 的两条单链的一端互补的寡聚核苷酸引物(约含 20 个核苷酸，通常通过化学合成法合成)，然后将起始反应液中的目的 DNA 加热而变性解链。在降低温度复性时，引物分别与两条单链的一端互补结合，称为退火(annealing)。最后，在 DNA 聚合酶的催化下，以目的 DNA 片段为模板进行聚合反应，获得两个目的 DNA 片段。重复这样的步骤，便会获得 4 个、8 个、16 个、32 个等目的 DNA 片段。

PCR 已被设计成自动化仪器。该仪器 1 h 能进行上述的循环步骤达 30 次之多，因而理论上可扩增 2^{30}(～10^9)个 DNA。但是实际上，由于每一循环的效率并没有达到 100%，通常一个扩增实验完成，30 个循环可获得约 10^6～10^8 个 DNA 片段。

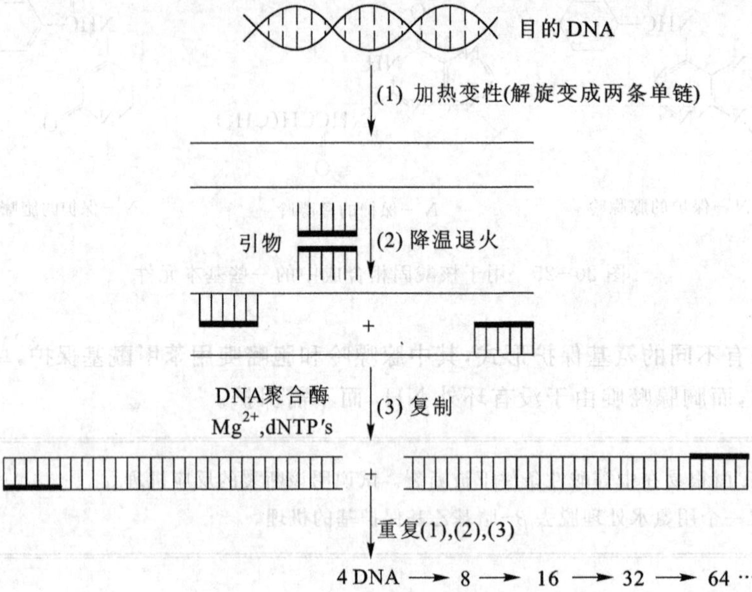

图 20-26 PCR 基本过程示意图

小资料

DNA 指纹分析

人类基因组的基本序列存在个体差异，一般每几百个碱基对中会有一个碱基不同。

1984 年，人们发现在人类基因中含有非编码 DNA (noncoding DNA) 短的重复序列，称做短串联重复点(short tandem repeat loci, STR loci)。进一步研究发现每个人(双胞胎除外)的这些短串联重复点都存在少许不同。因此，可以通过测定其序列获得每个人的 DNA 特征。

美国法学实验室基于 13 种核心短串联重复点，建立起一个组合 DNA 索引系统(Combined DNA Index System, CODIS)，用于为犯罪分子注册建档。当从犯罪现场获得罪犯的 DNA 试样后，可以对其进行 DNA 指纹分析，即用限制性内切酶(restriction endonucleases)将 DNA 试样切割获得含短串联重复点的片段，然后对这个片段进行 PCR 和序列分析。如果所测序列与档案中某个罪犯的序列相吻合，则这个罪犯犯有这次罪行的可能性接近 820 亿比 1。

习题 20－18　命名下列化合物。

(1) 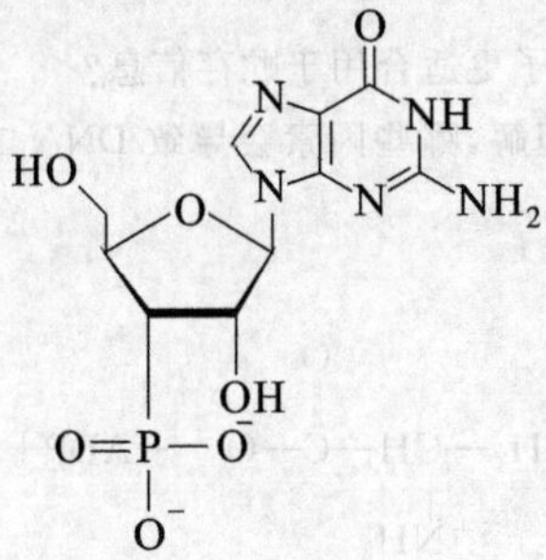

(2) 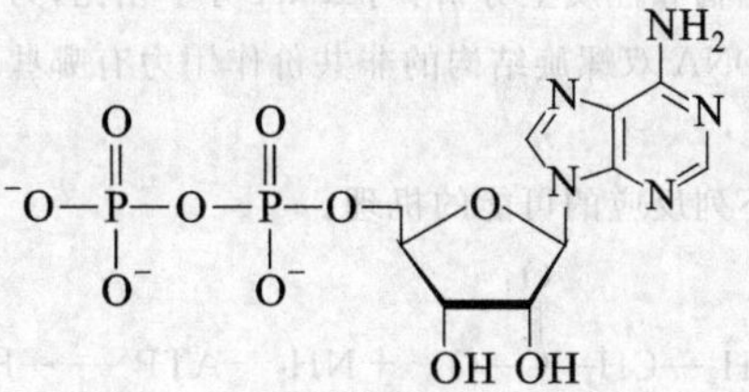

(3) 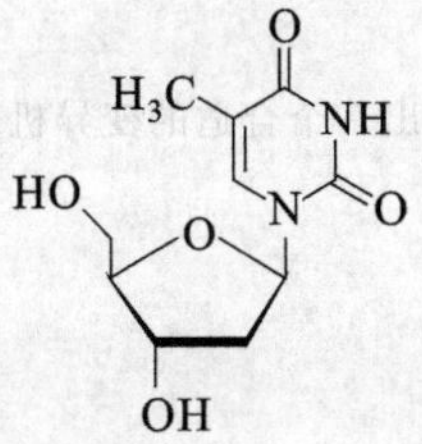

(4) 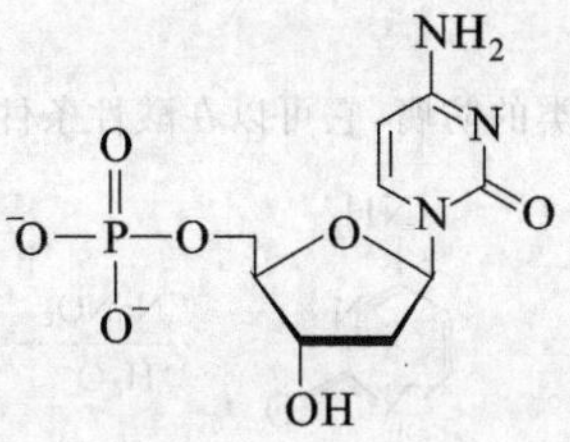

习题 20－19　写出 pH＝7.3 时下列各值的计算过程。

(1) ATP 的电荷数为－3.3　　(2) ADP 的电荷数为－2.8　　(3) 磷酸的电荷数为－1.6

已知：pK_a

ATP	ADP	Pi
0.9	0.9	2.1
1.5	2.8	7.2
7.7	6.8	12.3

注：对习题 20-19 (1) 的解析：

由于 pH＝7.3 要比 ATP 头三个质子化的 pK_a 值碱性大得多，因而这三个基团在该 pH 条件下应该是完全解离的，使 ATP 带有三个负电荷，现在来计算 pK_a＝7.7 的这种可解离基团的情况：

因为

$$K_a=\frac{[A^-]\cdot[H^+]}{[HA]}$$

$$[HA]=\frac{[A^-]\cdot[H^+]}{K_a}$$

$$\frac{[A^-]}{[A^-]+[HA]}=\frac{[A^-]}{[A^-]+\dfrac{[A^-]\cdot[H^+]}{K_a}}=\frac{K_a}{K_a+[H^+]}=\frac{2.0\times10^{-8}}{2.0\times10^{-8}+5.0\times10^{-8}}=0.3$$

所以 ATP 上总带负电荷数＝3＋0.3＝3.3

习题 20－20　试分析判断 RNA 中的四种核苷酸经阳离子交换树脂流出的先后顺序。

习题 20－21　为什么 DNA 不易被碱水解，而 RNA 却容易被碱水解？

习题 20－22　已知 pH ＝ 7.0，鸟嘌呤在 260 nm 处的摩尔吸收系数为 7200，经紫外分光光度计测得鸟嘌呤溶液的吸光度 A_{260}＝ 0.325，计算鸟嘌呤的浓度（比色池内径为 1 cm）。

习题 20－23　有一核酸的两个制剂 A 和 B，A 的 OD_{260}/OD_{280} ＝ 2，B 的 OD_{260}/OD_{280} ＝ 1，请问哪种核酸制剂的纯度高？纯度低的制剂中的主要杂质是何种物质？

习题 20－24　海胆的 DNA 分子中含有大约 32％的 A，推测另外三个碱基的百分含量，为什么？

习题 20－25　一个双螺旋 DNA 分子中有一条链的 A 占 35％，G 占 23％，请推测：(1)该链中 T ＋C 的含量是多少？(2)互补链中 A ＋ G 和 T ＋ C 的含量又是多少？

习题 20－26　试从结构和性质上分析：与 RNA 分子相比，为什么 DNA 分子更适合用于贮存信息？

习题 20－27　维系 DNA 双螺旋结构的非共价作用力有哪些？根据你的理解，哪些因素会导致 DNA 二级结构的破坏？

习题 20－28　写出下列反应的可能的机理。

$$^{-}O{-}\overset{O}{\overset{\|}{C}}CH_2CH_2{-}\underset{^{+}NH_3}{\underset{|}{CH}}{-}\overset{O}{\overset{\|}{C}}{-}O^{-} + NH_3 + ATP \longrightarrow H_2N{-}\overset{O}{\overset{\|}{C}}CH_2CH_2{-}\underset{^{+}NH_3}{\underset{|}{CH}}{-}\overset{O}{\overset{\|}{C}}{-}O^{-} + ADP + Pi$$

Glu　　　　　　　　　　　　Gln

习题 20－29　亚硝酸钠，用于肉类的防腐，它可以在酸性条件下将 C 变异为 U，提出一个合适的变异机理。

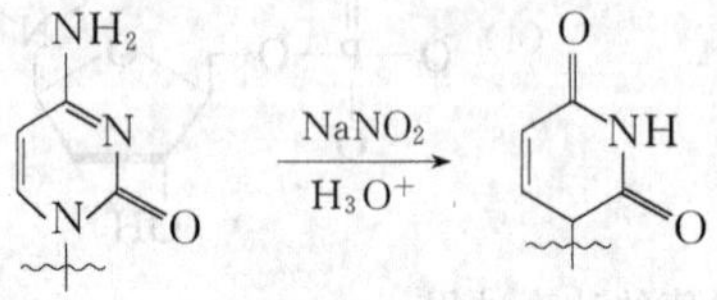

习题 20－30　写出具有顺序为 CTAG 的 DNA 片段的实验室合成步骤。

习题 20－31　查阅文献资料，了解证明 DNA 复制是半保留复制的实验设计原理。

附录一 主要类型有机化合物的 pK_a 范围表

结构式	≈pK_a	结构式	≈pK_a
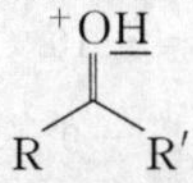	−7～−6	$RCOC\underline{H}_2R'$	16～20
$RO\underline{H}_2^+$	−6～−2	$RCON\underline{H}_2$	16～25
$RSO_3\underline{H}$	−3～3	$RSO_2C\underline{H}_2R'$	约 23
$RCOO\underline{H}$	2～5	$RC\underline{H}_2COOC_2H_5$	约 25
$ArS\underline{H}$	7～8	$RC\equiv C\underline{H}$	约 25
$RCON\underline{H}COR$	约 9	$RC\underline{H}_2CN$	约 25
$ArO\underline{H}$	8～10	$RN\underline{H}_2$	36～40
$RC\underline{H}_2NO_2$	9～10	$PhC\underline{H}_2R$	约 41
$RS\underline{H}$	约 10	$>C=CH—C\underline{H}_2—R$	约 43
$R\overset{+}{N}\underline{H}_3$	10～11	$R_2C=C\underline{H}_2$	约 44
$RO\underline{H}$	15～18	$RC\underline{H}_3$	48～50

附录二　常见典型化合物的 pK_a 值

结构式	pK_a	结构式	pK_a
$CF_3SO_3\underline{H}$	−14	$I-\underline{H}$	−10
$CH_3C\equiv\overset{+}{N}-\underline{H}$	−10	$Br-\underline{H}$	−9
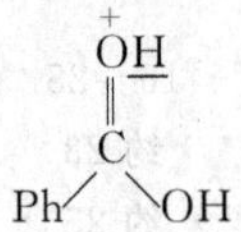	−7.8	$Cl-\underline{H}$	−8
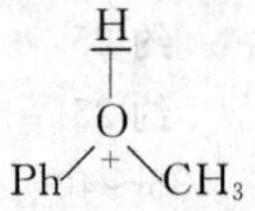	−6.5	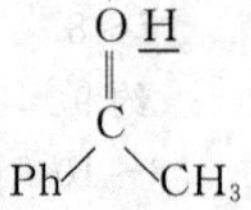	−6.2
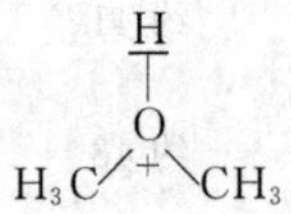	−3.8	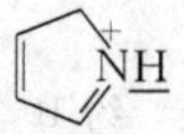	−3.8
$CH_3SO_3\underline{H}$	−2.6	$H_2O^+-\underline{H}$	−1.7
$CF_3COO\underline{H}$	−0.25	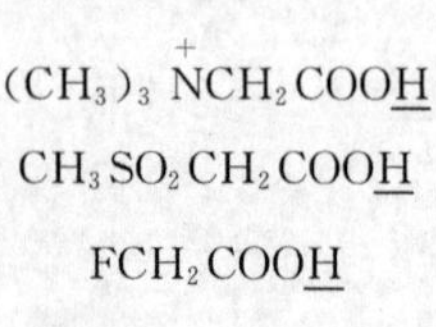	0.25
$(C_6H_5)_2\overset{+}{N}\underline{H}_2$	0.8	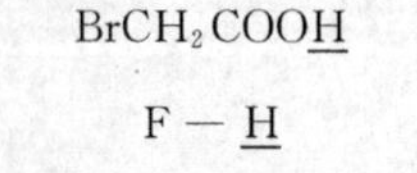	1.0
$O_2NCH_2COO\underline{H}$	1.7	$(CH_3)_3\overset{+}{N}CH_2COO\underline{H}$	1.8
$H_3\overset{+}{N}CH_2COO\underline{H}$	2.3	$CH_3SO_2CH_2COO\underline{H}$	2.4
$NCCH_2COO\underline{H}$	2.5	$FCH_2COO\underline{H}$	2.7
$ClCH_2COO\underline{H}$	2.8	$BrCH_2COO\underline{H}$	2.9
$ICH_2COO\underline{H}$	3.2	$F-\underline{H}$	3.2
$HC\equiv CCH_2COO\underline{H}$	3.3		3.4

续表

结构式	pK_a	结构式	pK_a
$CH_3OCH_2COO\underline{H}$	3.5	$O_2NC\underline{H}_2NO_2$	3.6
$CH_3COCH_2COO\underline{H}$	3.6	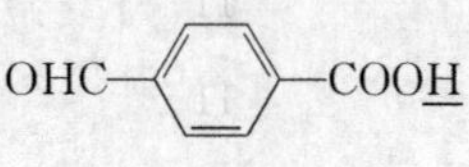	3.7
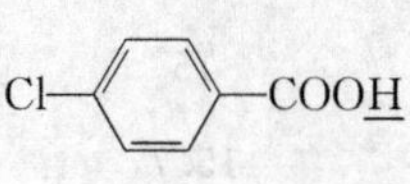	4.0	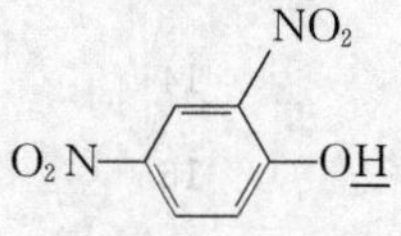	4.1
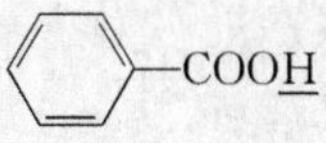	4.2	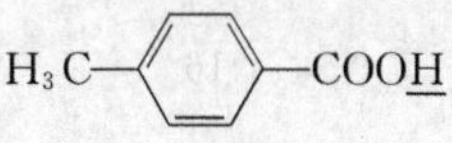	4.3
$CH_2=CHCH_2COO\underline{H}$	4.4	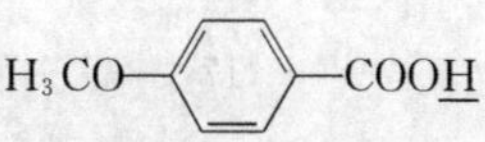	4.5
$C_6H_5N\underline{H}_3^+$	4.6	$CH_3COO\underline{H}$	4.7
$CH_3CH_2CH_2COO\underline{H}$	4.8		5.2
$(CH_3CO)_3C\underline{H}$	5.8	$CH_3COC\underline{H}_2CHO$	5.9
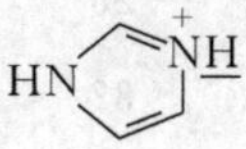	6.9	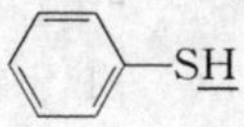	约7
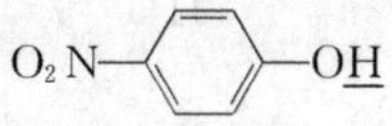	7.1	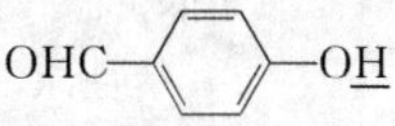	7.7
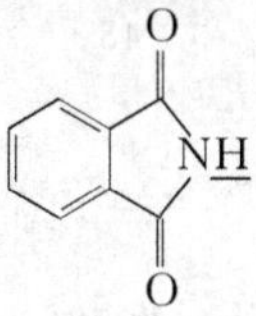	8.3	$CH_3COC\underline{H}_2COCH_3$	8.9
$N\underline{H}_4^+$	9.2	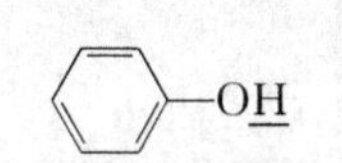	9.4
$(CH_3)_3\overset{+}{N}\underline{H}$	9.8	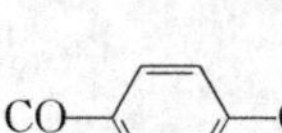	9.9
	10		10

续表

结构式	pK_a	结构式	pK_a
$C\underline{H}_3NO_2$	10	$CH_3CH_2S\underline{H}$	11
$CH_3\overset{+}{N}\underline{H}_3$	11	$(CH_3)_2\overset{+}{N}\underline{H}_2$	11
$CH_3COC\underline{H}_2COOC_2H_5$	11	$NCC\underline{H}_2CN$	12
$CF_3CH_2O\underline{H}$	12	$C\underline{H}_2(COOC_2H_5)_2$	13
$(CH_3SO_2)_2C\underline{H}_2$	14	$CH_3CON\underline{H}_2$	15
$CH_3O\underline{H}$	16	$HO\underline{H}$	15.7
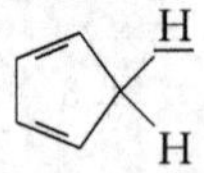	16	$(CH_3)_3CO\underline{H}$	17
$C\underline{H}_3CHO$	17	$CH_3COC\underline{H}_3$	20
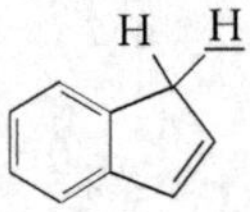	20	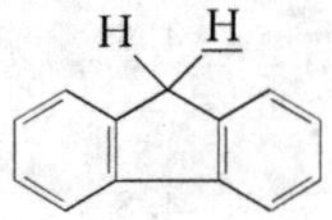	23
	23	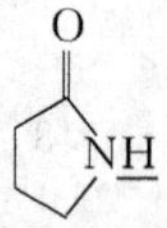	24
$C\underline{H}_3CN$	25	$C\underline{H}_3COOC_2H_5$	25
$PhN\underline{H}_2$	31	$(C_6H_5)_3C\underline{H}$	32
$(C_6H_5)_2C\underline{H}_2$	34	$[(CH_3)_2CH]_2N\underline{H}$	36
$N\underline{H}_3$	38	$C_6H_5C\underline{H}_3$	41
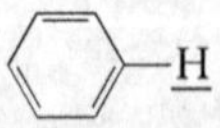	43	$CH_2=CHC\underline{H}_3$	43
$C\underline{H}_4$	约 49	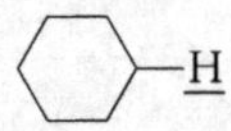	约 52

参考文献

[1] Fox M A, Whitesell J K. Organic Chemistry. 2nd ed. Massachusetts: Jones and Bartlett, 1997.

[2] Bruice P Y. Organic Chemistry. 5th ed. New Jersey: Prentice Hall Inc, 2007.

[3] McMurry J. Organic Chemistry. 7th ed. Belmont: Thomson Brooks/Cole, 2007.

[4] Wade L G. Organic Chemistry. 6rd ed. New Jersey: Prentice Hall Inc, 2006.

[5] 邢其毅，裴伟伟，徐瑞秋，等. 基础有机化学. 3 版. 北京：高等教育出版社，2005.

[6] 汪小兰. 有机化学. 4 版. 北京：高等教育出版社，2005.

[7] Vollhardt K P C, Schore N E. Organic Chemistry. 5rd ed. New York: W. H. Freeman & Co., 2007.

[8] Bailey P S, Bailey C A. Organic Chemistry—A Brief Survey of Concepts and Applications. 5th ed. New Jersey: Prentice Hall, 1995.

[9] Solomons T W G. Organic Chemistry. 9th ed. New York: John Wiley & Sons, 2007.

[10] 傅献彩. 大学化学. 北京：高等教育出版社，1999.

[11] 江元生著. 结构化学. 北京：高等教育出版社，1997.

[12] 邢其毅. 基础有机化学示范教学. 北京：北京大学出版社，1981.

[13] 中国化学会. 有机化学命名原则(1980). 北京：科学出版社，1983.

[14] 王积涛. 有机化学教学参考丛书——有机反应中的酸碱催化. 北京：高等教育出版社，1995.

[15] Ripin D H, Evans D A. Table of pK_a Value.

[16] Reich H J. Bordwell pK_a Table.

[17] 王庆文，杨玉恒，高鸿宾. 有机化学中的氢键问题. 天津：天津大学出版社，1993.

[18] 苏镜娱，曾陇梅. 有机立体化学. 广州：中山大学出版社，1999.

[19] Buxton S R, Roberts S M. Guide to Organic Stereochemistry. Essex: Addison Wesley Longman, 1996.

[20] 叶秀林. 立体化学. 北京：北京大学出版社，1999.

[21] 邓芹英，刘岚，邓慧敏. 波谱分析教程. 北京：科学出版社，2003.

[22] 张华. 现代有机波谱分析. 北京：化学工业出版社，2005.

[23] 谢晶曦，常俊标，王绪明. 红外光谱在有机化学和药物化学中的应用. 修订版. 北京：科学出版社，2001.

[24] 何美玉.现代有机与生物质谱.北京:北京大学出版社,2002.
[25] 穆光照.自由基反应.北京:高等教育出版社,1985.
[26] 高鸿宾.有机活性中间体.北京:高等教育出版社,1987.
[27] 王积涛.有机化学教学参考丛书——脂肪亲核取代反应和消去反应.北京:高等教育出版社,1992.
[28] 王积涛.有机化学教学参考丛书——亲核加成反应.北京:高等教育出版社,1994.
[29] Hudlicky M. Reductions in Organic Chemistry. Chichester:Ellis. Horwood,1984.
[30] Schlosser M, Hegedus L, Lipshutz B, at el. Organometallics in Synthesis — A Manual. Chichester :Wiley,1994.
[31] Gilchrist T L. Heterocyclic Chemistry. 3rd ed. Essex:Addison Wesley,1997.
[32] 花文廷.杂环化学.北京:北京大学出版社,1991.
[33] 刘宗明.分子轨道对称守恒原理及其在有机化学中的应用.北京:高等教育出版社,1982.
[34] 弗莱明 L.前线轨道与有机化学反应.陈如栋,译.北京:科学出版社,1988.
[35] 杜汝励.分子重排反应.北京:人民教育出版社,1981.
[36] Corey E J,Cheng X-M. The Logic of Chemical Synthesis. New York:John Wiley & Sons,1989.
[37] 王葆仁.有机合成反应.北京:科学出版社,1982.
[38] 沃伦•斯同尔特.有机合成设计(合成方法的习题解答和教程).丁升嗪,林子森,译.上海:上海科学技术文献出版社,1981.
[39] 舍伟 M P.有机合成路线推导.余孟杰,译.北京:人民教育出版社,1980.
[40] 何坚,孙金国.香料化学与工艺学——天然、合成、条合香料.北京:化学工业出版社,1995.
[41] 彭司勋.药物化学.北京:中国医药科技出版社,1999.
[42] 郑虎.药物化学.4版.北京:人民卫生出版社,2000.
[43] 古练权.生物化学.北京:高等教育出版社,2000.
[44] 古练权,马林.生物有机化学.北京:高等教育出版社和施普林格出版社,1998.
[45] 王镜岩,朱圣庚,徐长法.生物化学.3版.北京:高等教育出版社,2002.
[46] 张楚富.生物化学原理.北京:高等教育出版社,2003.
[47] Voet D,Voet J G,Pratt C W. Fundamentals of Biochemistry. 2nd ed. New York:John Wiley & Sons,2006.
[48] Nelson D,Cox M. Lehninger Principles of Biochemistry. 4th ed. New York:W H Freeman & Co. ,2005.
[49] Horton H R,Moran L A,Scrimgeour G,et al. Principles of Biochemistry. 4th ed. New York:Pearson Education,2006.
[50] 姚子鹏,金若水.百年诺贝尔奖化学卷.上海:上海科学技术出版社,2001.

[51] 丹弟斯 J,米歇尔 S,吐梯尔 E. 科学家传记百科全书. 刘劲生,张益龙,译. 成都:四川辞书出版社,1992.

[52] 曾少潜. 科技名人词典下册. 北京:中国青年出版社,1988.

[53] David R Lide, et al. CRC Handbook of chemistry and physics, internet version, 2005.

索引

A

B

C

D

E

F

G

H

I

J

M

N

O

P

Q

R

S

T

Z

郑重声明

读者意见反馈

为收集对教材的意见建议，进一步完善教材编写并做好服务工作，读者可将对本教材的意见建议通过如下渠道反馈至我社。

咨询电话　400-810-0598

反馈邮箱　hepsci@pub.hep.cn

通信地址　北京市朝阳区惠新东街4号富盛大厦1座

高等教育出版社理科事业部

邮政编码　100029

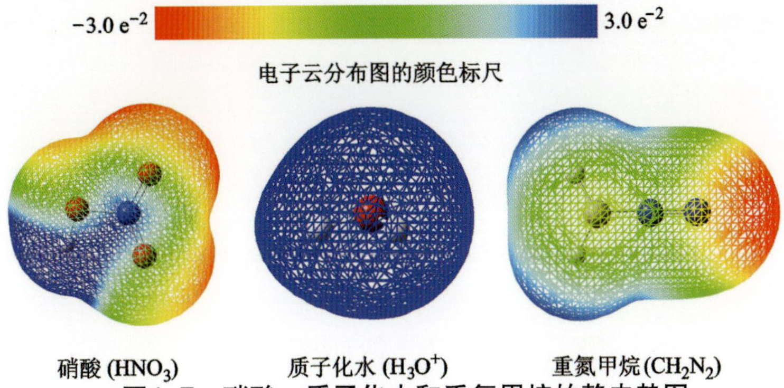

图1-7 硝酸、质子化水和重氮甲烷的静电势图

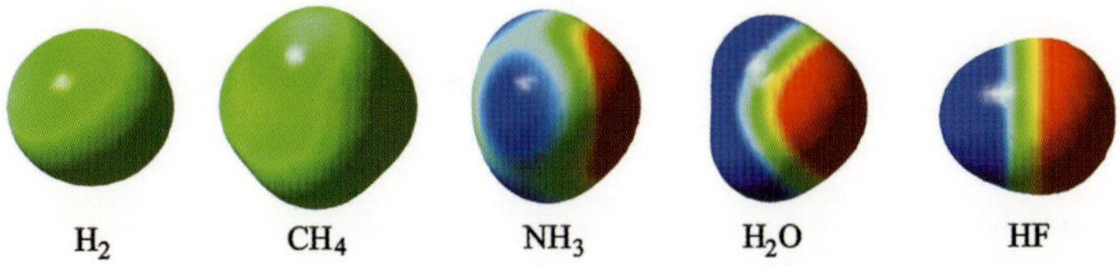

图1-28 H_2、CH_4、NH_3、H_2O和HF分子静电势图

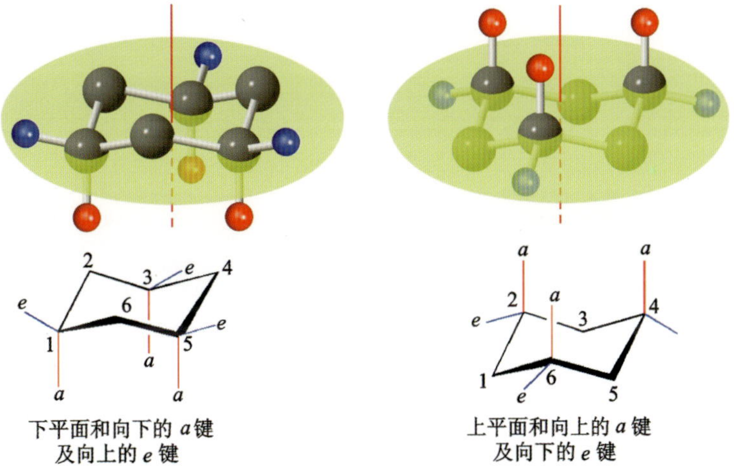

图2-14 环己烷椅型构象的球棍模型和*a*、*e*键分析图

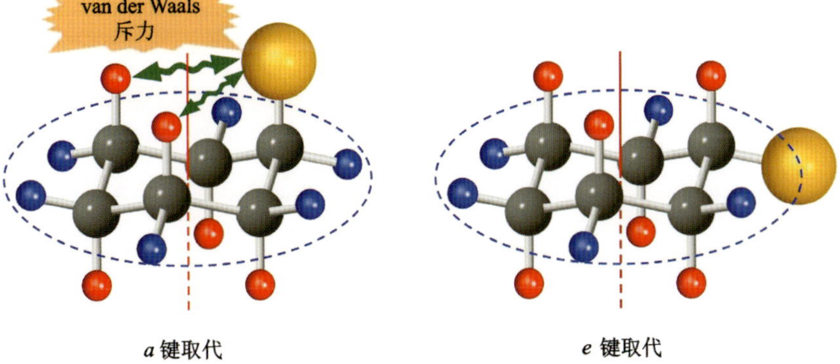

图2-16 椅型环己烷单取代球棍模型图

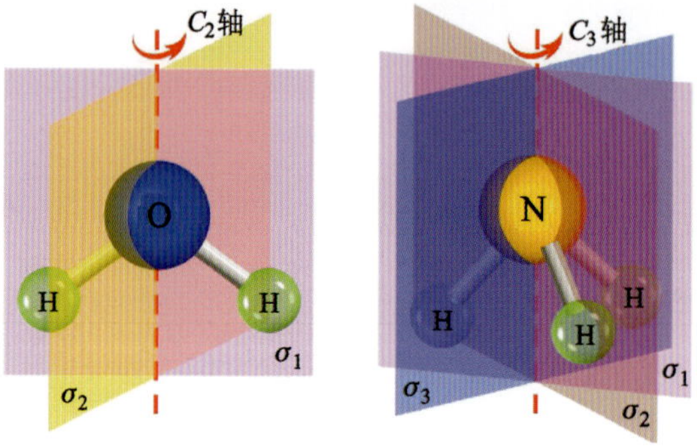

图5-7　H_2O、NH_3的对称面示意图

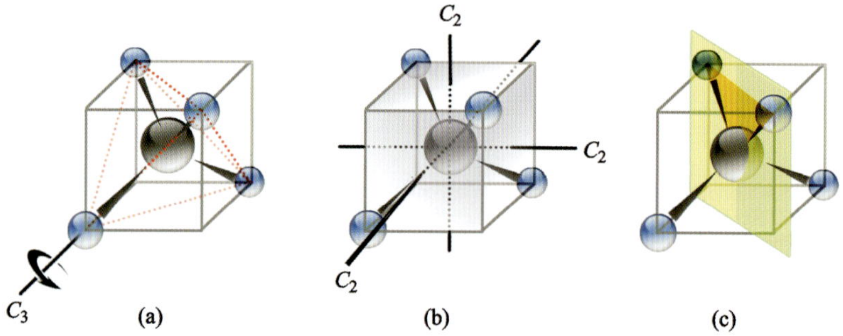

图5-9　甲烷分子的对称性

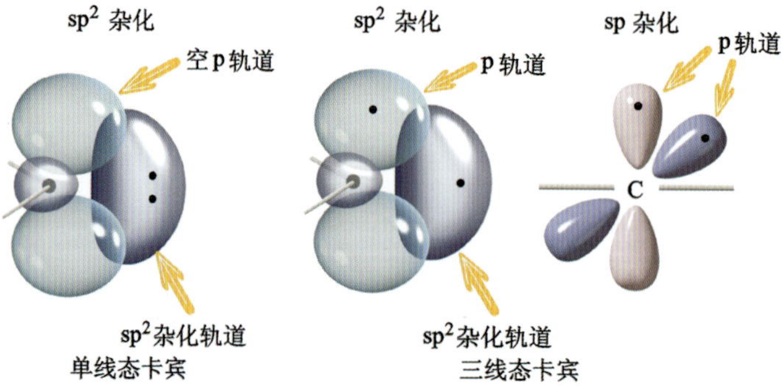

图7-14　卡宾的结构

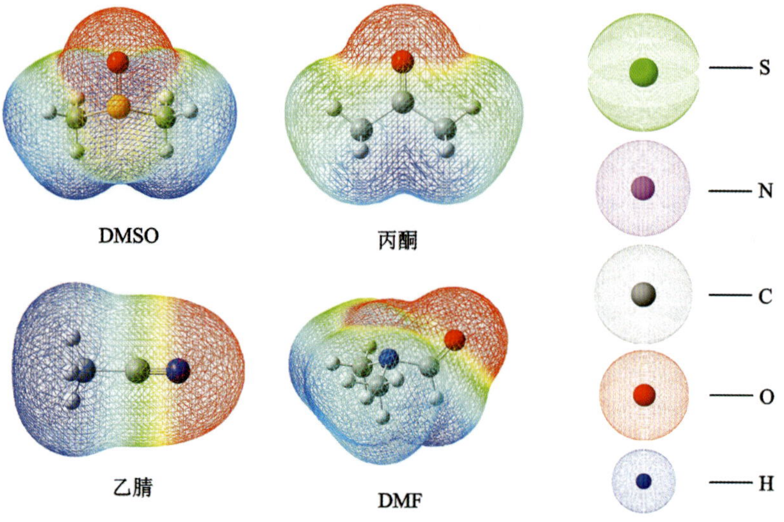

图8-2　DMSO、丙酮、乙腈、DMF的静电势图

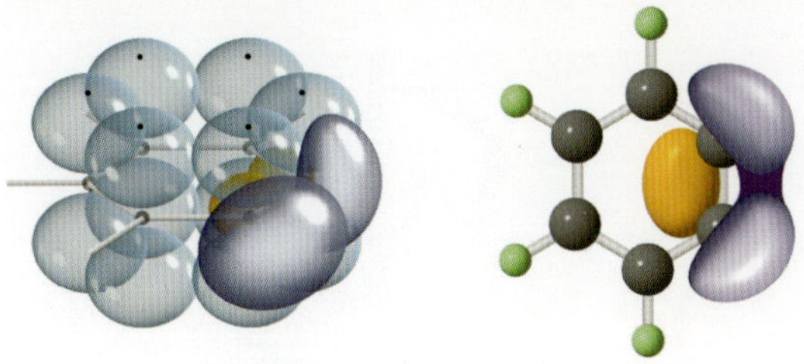

图9-7　苯炔的结构

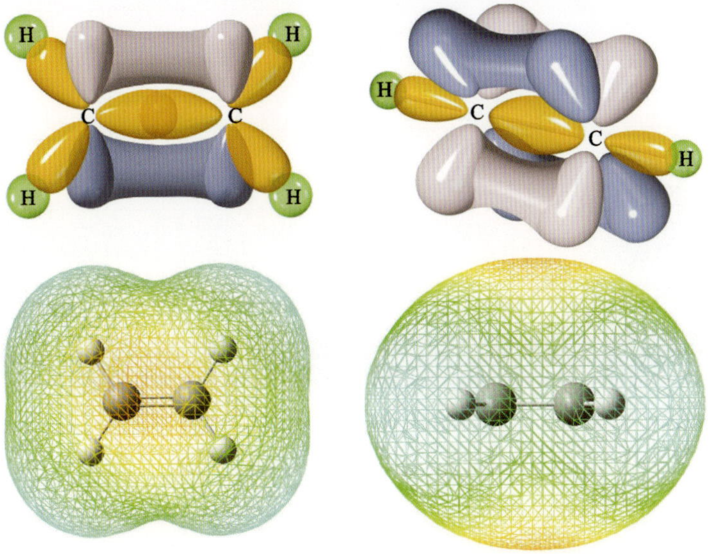

乙烯　　乙炔

图10-1　乙烯、乙炔的成键情况与静电势图

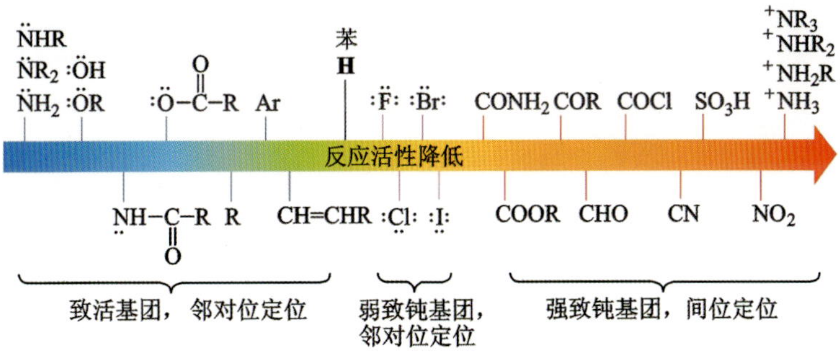

图12-4　各种单取代苯进行亲电取代反应的活性顺序及定位规律

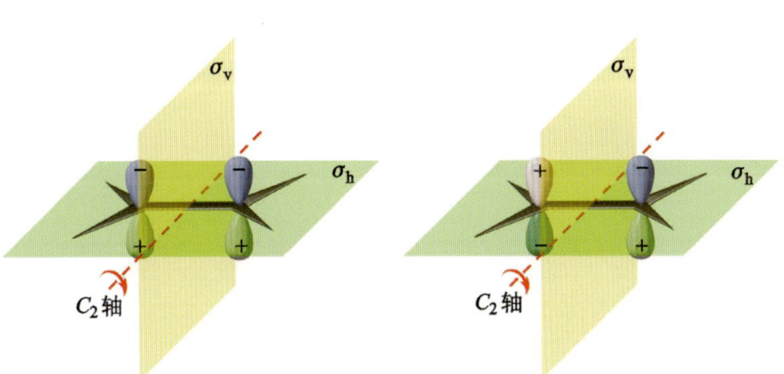

(a) π轨道的对称性　　(b) π^*轨道的对称性

图15-2　乙烯分子的π轨道和π^*轨道的对称性

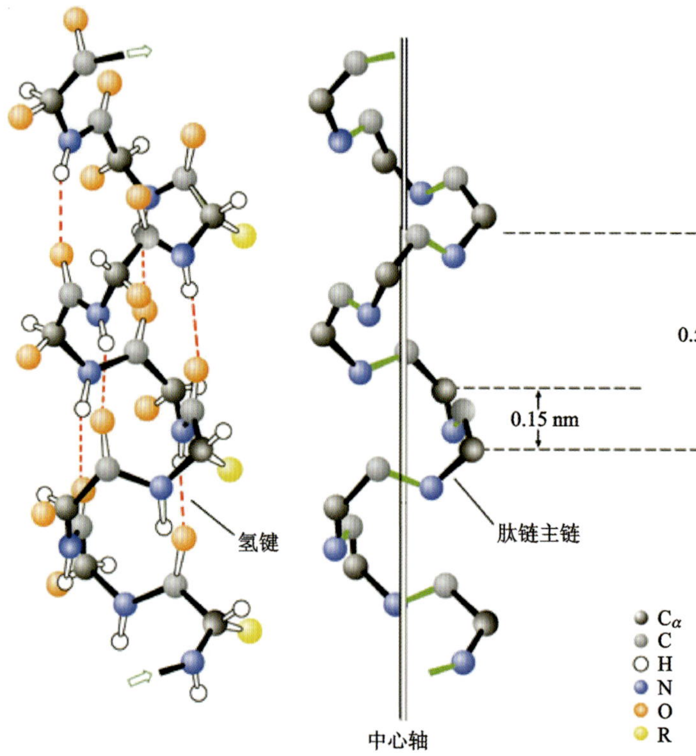

图19-17　α-螺旋结构

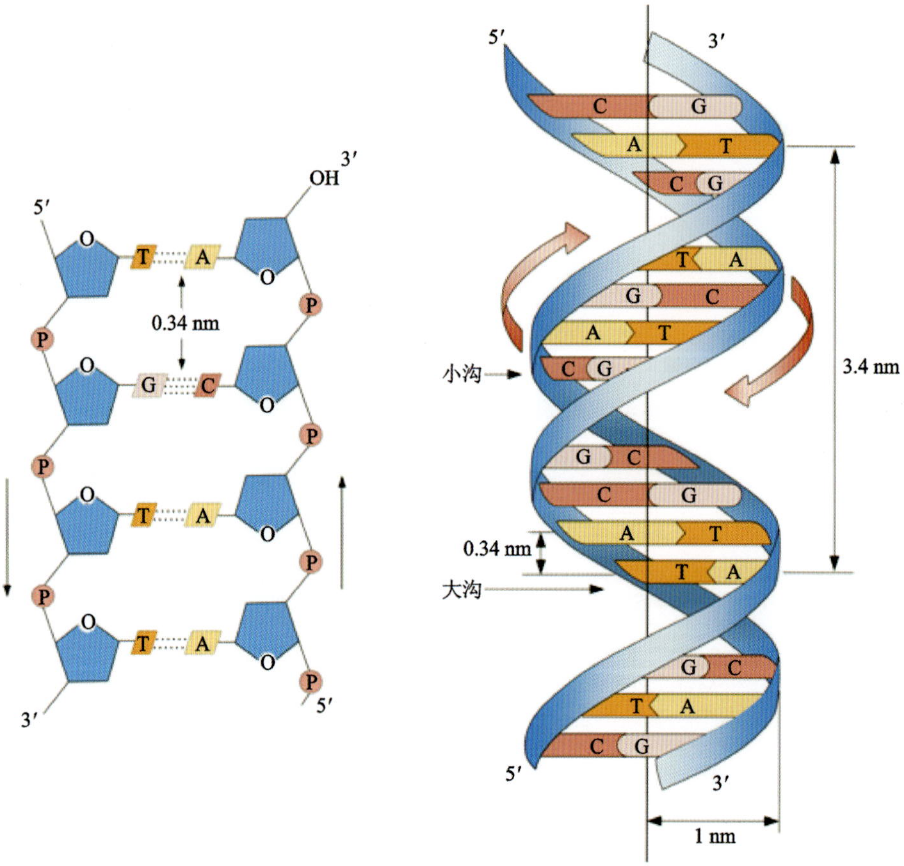

图20-13　DNA的双螺旋结构